Die Edelstähle

Die Edelstähle

Von

Franz Rapatz

Professor Dr.-Ing. Dr. mont. h. c.
Stahlwerk Gebr. Böhler & Co. A. G., Düsseldorf

Fünfte verbesserte und erweiterte Auflage
unter Mitwirkung von

Helmut Krainer
Professor Dr. mont.,
Fried. Krupp, Essen

Josef Frehser
Dr.-Ing.,
Stahlwerk Gebr. Böhler & Co. A. G.
Kapfenberg/Steiermark

Mit 617 Abbildungen und 236 Zahlentafeln

Springer-Verlag Berlin Heidelberg GmbH
1962

Ursprünglich erschienen bei Springer-Verlag OHG., Berlin/Göttingen/Heidelberg 1962
Softcover reprint of the hardcover 1st edition 1962

Library of Congress Catalog Card Number: 62—13694

ISBN 978-3-642-86236-6
DOI 10.1007/978-3-642-86235-9

ISBN 978-3-642-86235-9 (eBook)

Vorwort zur fünften Auflage

Gegenüber der vierten Auflage ist die allgemeine Einteilung, die sich bewährt hat, dieselbe geblieben.

Besonders erweitert wurden die Abschnitte „Baustähle“, „Korrosionsbeständige Stähle“, „Warmfeste Stähle“, „Magnetische Eigenschaften“, „Unmagnetisierbare Stähle“, „Stahlfehler“.

Neu aufgenommen wurde der Abschnitt über „Stähle für Atomkraftanlagen“. Das Schweißen der einzelnen Stähle wurde auf die betreffenden Abschnitte verteilt und bei dem Teil „Abriß über die Metallurgie des Schweißens“ dieser Gegenstand nur so weit allgemein gebracht, als es für das Verständnis der Schweißfragen notwendig ist.

Wegen des Anschwellens des Schrifttums muß wieder darauf hingewiesen werden, daß der Umfang des Buches eine erschöpfende Behandlung des Stoffes nicht gestattet. Besonders schwierig ist, aus bekannten Gründen, die Berücksichtigung des russischen Schrifttums. Wir glauben aber, daß der Versuch gelungen ist, eine allgemeine Übersicht über den Gesamtstoff zu geben. Das angeführte Schrifttum ermöglicht dem Interessierten ein tieferes Eindringen.

Den Herren Dr.-Ing. JOSEF FREHSER und Professor Dr. mont. HELMUT KRAINER danke ich wieder besonders für ihren Beitrag bei der Fertigstellung dieser Auflage.

Dank für die Mitarbeit gebührt auch folgenden Herren: Dipl.-phys. WOLFHARD REICH, Dr.-phil. EKKEHARD KRAINER, Dipl.-Ing. JOSEF JÄGERSBERGER und Obering. FRIEDRICH KOHLBECK.

Ebenso danke ich Herrn Dipl.-Ing. FRANZ MOTALIK für die umsichtige Korrektur.

Düsseldorf, Februar 1962

F. Rapatz

Inhaltsverzeichnis

I. Einleitung

Als „Stahl" bezeichnet man am besten alle Eisenerzeugnisse, die nicht Roheisen, Grauguß oder Hartguß sind. Eine Ausnahme bilden die mehr oder weniger reinen Eisensorten, wie Elektrolyteisen und Armcoeisen.

Etwas abweichend davon definiert die EURONORM „Stähle" als Eisenwerkstoffe, die im allgemeinen eine Eignung für die Warmverformung aufweisen. Mit Ausnahme bestimmter chromreicher Stähle enthalten sie weniger als 1,9% Kohlenstoff, ein Gehalt, der sie gegen Roheisen abgrenzt. Diese Kennzeichnung berücksichtigt nach Ansicht des Verfassers zu wenig die zahlreichen nicht schmiedbaren Erzeugnisse.

Die EURONORM 20—60 unterteilt unlegierte, niedrig legierte und legierte Stähle nach folgender Zahlentafel:

	Al %	B %	Co %	Cr %	Cu %	Mn + Si %
Unlegierte Stähle	< 0,3	—	< 0,2	< 0,3	< 0,4	< 1,5
Niedrig legierte Stähle	—	—	0,2—0,3	0,3—0,5	—	1,5—3
Legierte Stähle	> 0,3	> 0	> 0,3	> 0,5	> 0,4	> 3

	Mo %	Ni %	Pb %	V %	W %
Unlegierte Stähle	< 0,05	< 0,3	< 0,4	< 0,05	< 0,2
Niedrig legierte Stähle	0,05—0,1	0,3—0,5	—	0,05—0,1	0,2—0,3
Legierte Stähle	> 0,1	> 0,5	> 0,4	> 0,1	> 0,3

Die EURONORM gibt dann für „Edelstähle" zum Unterschied von Massen- und Qualitätsstählen folgende Begriffsbestimmung: Edelstähle sind Stähle mit gleichbleibender Eignung zur Wärmebehandlung und/oder besonderen physikalischen oder physikalisch-chemischen Eigenschaften.

Unlegierte und schwach legierte Edelstähle müssen mit ihrem Phosphor- und Schwefelgehalt je unter 0,035% liegen. Legierte Stähle, die für die Wärmebehandlung bestimmt sind, brauchen keine Vorschrift für Schwefel und Phosphor, um als Edelstähle zu gelten. Werden aber legierte Stähle nicht wärmebehandelt, so sind sie nach EURONORM in die Massen- und Qualitätsstähle einzureihen.

Zu den Massen- und Qualitätsstählen gehören auch die legierten Stähle mit hoher Reinheit für Elektrobleche und -bänder, soweit sie als Legierungselement nur Silizium und Aluminium enthalten.

II. Gefügelehre

Für das Verständnis der Eigenschaften des Stahles und des Einflusses der verschiedenen Legierungsbestandteile ist die Kenntnis der Gefügelehre unbedingt notwendig. Aus diesem Grunde fordert der Zweck dieses Buches ein kurzes übersichtliches Eingehen darauf, ohne daß hier die Metallographie ausführlich behandelt werden soll. Zur genaueren Unterrichtung sei auf verschiedene Sonderwerke hingewiesen[1].

Die Gefügelehre beschäftigt sich mit dem Aufbau des Eisens und seiner Legierungen, d. h. mit der Art und der Verteilung der verschiedenen Phasen bei verschiedenen Temperaturen, und mit den sich daraus ergebenden Eigenschaften. Die technische Bedeutung des Eisens und seiner Legierungen beruht vor allem darauf, daß das Eisen selbst mehrere Modifikationen besitzt — man nennt das Polymorphie — und daß das Auftreten und die Verteilung der einzelnen Modifikationen durch Legierung und Wärmebehandlung weitgehend beeinflußt werden können.

Die bei Raumtemperatur beständige Modifikation des Eisens nennt man α-Eisen; es hat ein kubisch-raumzentriertes Gitter mit einer Gitterkonstante von 2,8607 Å (Bild 1, links). Bei der Erwärmung durchläuft das Eisen mehrere Umwandlungen. Bei etwa 910 °C bildet sich γ-Eisen mit kubisch-flächenzentriertem Gitter und einer Gitterkonstante von 3,64 Å (Bild 1, rechts). Da in der flächenzentrierten Elementarzelle 4 Eisenatome vorhanden sind gegenüber nur 2 in der raumzentrierten, ist die Dichte des γ-Eisens größer als die des α-Eisens. Bei der Abkühlung erfolgt die Umwandlung des γ-Eisens in α-Eisen bei etwas niedrigerer Temperatur, etwa 900 °C. Die $\alpha \rightleftarrows \gamma$-Umwandlung zeigt also eine Hysteresis, die um so kleiner ist, je langsamer dieser Temperaturbereich durchschritten

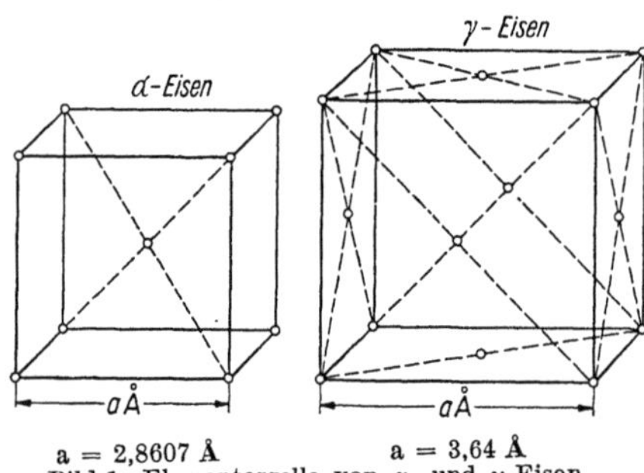

a = 2,8607 Å a = 3,64 Å

Bild 1. Elementarzelle von α- und γ-Eisen

[1] OBERHOFFER, P.: Das technische Eisen. 3., verm. Aufl. von W. EILENDER u. H. ESSER. Berlin: Springer 1936. — GOERENS, P.: Einführung in die Metallographie. 9. Aufl. Düsseldorf: Knapp (in Vorbereitung). 7./8. Aufl. bearb. von P. SCHAFMEISTER u. H.-J. WIESTER. Halle/S.: Knapp 1948. — TAMMANN, G.: Lehrbuch der Metallographie. Chemie und Physik der Metalle und ihrer Legierungen. 3., erw. Aufl. Leipzig: Voß 1923. — HANEMANN, H.: Einführung in die Metallographie und Wärmebehandlung. Berlin: Borntraeger 1915. — HANEMANN, H., u. A. SCHRADER: Atlas Metallographicus. Berlin: Borntraeger 1933. — MITSCHE, R., u. M. NIESSNER: Angewandte Metallographie. Leipzig: Barth 1939. — KÖRBER, F., W. OELSEN, H. SCHOTTKY u. H.-J. WIESTER: Das Zustandsschaubild Eisen-Kohlenstoff und die Grundlagen der Wärmebehandlung des Stahles. Düsseldorf: Stahleisen.

wird und je reiner das Eisen ist. Aber auch reinstes Eisen besitzt diese Hysteresis[1]. Bei weiterer Erwärmung wandelt sich das γ-Eisen bei 1401 °C in δ-Eisen um. Das δ-Eisen hat wieder ein kubisch-raumzentriertes Gitter wie das α-Eisen, ist also mit diesem isomorph, die Gitterkonstante ist aber durch die Wärmeausdehnung erweitert auf 2,93 Å. Der Schmelzpunkt des reinen Eisens liegt bei 1539 °C[2]. Das bei Raumtemperatur ferromagnetische α-Eisen verliert den Ferromagnetismus bei 768 °C, der Curie-Temperatur, oberhalb dieser Temperatur ist es paramagnetisch. Der Übergang vom Ferromagnetismus zum Paramagnetismus am Curie-Punkt erfolgt aber nicht plötzlich, sondern allmählich. Früher bezeichnete man das unmagnetische Eisen mit raumzentrierter Kristallstruktur zwischen 768° und 910 °C[2] als β-Eisen. Das γ-Eisen ist ebenfalls nicht magnetisierbar. Die Curie-Temperatur wird als A_2-Punkt bezeichnet, die α-γ-Umwandlung als A_3- und die γ-δ-Umwandlung als A_4-Umwandlung. Die bei der Erwärmung gefundenen Umwandlungspunkte erhalten noch den Index c, z. B. Ac_3, die bei der Abkühlung gefundenen den Index r, z. B. Ar_3. Die kubisch-raumzentrierte Phase des Eisens — oder seiner Legierungen — heißt Ferrit, z. B. δ-Ferrit, die kubisch-flächenzentrierte, also das γ-Eisen, Austenit.

Das wichtigste Legierungselement des Eisens ist der Kohlenstoff, da das Eisen erst durch einen gewissen Kohlenstoffgehalt härtbar wird, also zu dem, was nach der alten Bezeichnung Stahl ist. Zum Verständnis der bei der Wärmebehandlung des Stahles ablaufenden Gefügeveränderungen muß daher näher auf das Zustandsschaubild Eisen-Kohlenstoff eingegangen werden (Bild 2). In Eisen-Kohlenstoff-Legierungen[3] kann der Kohlenstoff sowohl in der metallischen Grundmasse gelöst als auch ausgeschieden sein, und zwar letzteres entweder in elementarer Form als Graphit bzw. Temperkohle oder als Eisenkarbid Fe_3C (Zementit). Auf die bei tieferer Temperatur auftretenden anderen Eisenkarbide wird später (s. S. 6) eingegangen. Wir haben es also mit zwei verschiedenen Systemen zu tun, die gewöhnlich in einem Doppelschaubild vereinigt werden. In Bild 2 ist das stabile System Eisen-Graphit strichliert, das metastabile System Eisen-Zementit (Fe_3C) voll ausgezogen dargestellt. Unter bestimmten Voraussetzungen ist es möglich, das weniger beständige metastabile System in das stabile graphitische zu überführen, d. h., der Zementit zersetzt sich dann zu Eisen und Graphit.

---

[1] nach W. F. Roeser u. T. H. Wensel: J. Res. Nat. Bur. Stand. Bd. 26 (1941) S. 273/287.

[2] Rogers, B. A., u. K. O. Stamm: Amer. Inst. Min. metallurg. Engrs., Techn. Publ. Nr. 1388; Metals Techn. Bd. 8 (1941) Nr. 7 S. 1/11.

[3] Um Irrtümer zu vermeiden, wird darauf hingewiesen, daß in diesem Buch im weiteren Verlauf dann von „Kohlenstoffstählen" gesprochen, wird wenn kein Legierungsmetall in nennenswerter Menge zulegiert ist und von „legierten Stählen", wenn außer Kohlenstoff noch andere Elemente, meist sind es Metalle, zugegen sind.

Durch Zusatz von Kohlenstoff werden die Umwandlungstemperaturen des Eisens und damit die Existenzbereiche der einzelnen Phasen verändert. Der Schmelzpunkt sinkt bis zum Ledeburiteutektikum bei 4,3% C bis auf 1145 °C (Punkt *C*), der A_4-Punkt wird zu höheren, A_3 zu tieferen Temperaturen verschoben. Kohlenstoff erweitert also den Beständigkeitsbereich der γ-Phase, des Austenits. Bei der Abkühlung wandelt sich der kohlenstoffhaltige Austenit über einen eutektoiden Zerfall im Ferrit und Karbid um. Dieses Eutektoid heißt Perlit, der eutektoide Punkt oder auch Perlitpunkt liegt bei 0,86% C und 721 °C (Punkt *S*);

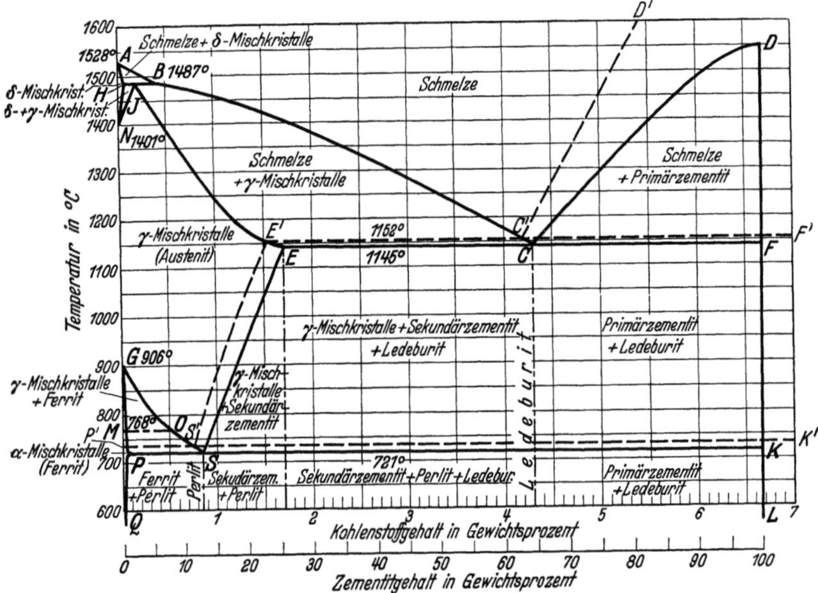

Bild 2. Das Eisen-Kohlenstoff-Diagramm nach der Darstellung von F. KÖRBER und H. SCHOTTKY[1]. (Die gestrichelten Linien beziehen sich auf das stabile, die ausgezogenen Linien und die Gefügebezeichnungen auf das metastabile System)[2]

diese Temperatur der eutektoiden Umwandlung wird als A_1-Punkt bezeichnet. Die A_2-Temperatur wird durch Kohlenstoff nicht verändert (Linie *MO*).

Austenit. Im kubisch-flächenzentriert kristallisierenden Austenit ist der Kohlenstoff auf Zwischengitterplätzen gelöst, da das Kohlenstoffatom im Verhältnis zum Eisenatom klein ist (Einlagerungsmischkristall). Zwischengitterplätze sind die Würfelmitten und die Mitten der Würfelkanten (vgl. Bild 1), es sind also genauso viele Zwischengitterplätze für Kohlenstoffatome wie normale Gitterplätze für Eisenatome in der Elementarzelle vorhanden. Da das Kohlenstoffatom jedoch etwas größer ist als der in der Gitterlücke vorhandene Platz, wird das Grundgitter

[1] s. Fußnote 1, S. 2. [2] Zur Temperatur des Punktes *A* siehe auch S. 3.

aufgeweitet, und es können nicht alle Zwischengitterplätze vom Kohlenstoff besetzt werden; bei der maximalen Löslichkeit des Kohlenstoffs im γ-Eisen von 1,7% sind nur $^1/_{12}$ der Zwischengitterplätze mit Kohlenstoffatomen besetzt.

Im Zustandsschaubild Eisen-Kohlenstoff (Bild 2) ist das Gebiet der homogenen Lösung des Kohlenstoffs im Austenit von den Linien *GOS*, *SE*, *EJ* und *JN* begrenzt. Diese Linien gelten für das Gleichgewicht mit Zementit, bei Abscheidung von Graphit würde die Linie *SE* zu niedrigeren Kohlenstoffgehalten hin verschoben zu *S'E'*. Zugleich werden die Temperaturen des Perlit- und des Ledeburiteutektikums erhöht. Bei der Abkühlung aus dem homogenen γ-Gebiet wird längs der Linie *GOS* Ferrit mit einem Kohlenstoffgehalt entsprechend der Linie *GP*, längs der Linie *ES* Zementit ausgeschieden[1]. Unterhalb *PSK* ist der Austenit nicht beständig, er zerfällt in Perlit. Längs der Linie *EJ* steht der Austenit im Gleichgewicht mit der kohlenstoffreicheren Schmelze, längs *JN* mit dem kohlenstoffärmeren δ-Ferrit.

Die Atome der metallischen Legierungselemente werden nicht wie der Kohlenstoff auf Zwischengitterplätzen eingebaut, sondern ersetzen Eisenatome im Grundgitter, sie bilden sogenannte Substitutionsmischkristalle. Durch Zusatz mancher Legierungselemente, wie Mangan und Nickel, kann das Gebiet des Austenits bis auf Raumtemperatur und darunter erweitert werden; das Gefüge eines solchen Stahles zeigt Bild 3. Der Austenit hat eine geringere Wärmeleitfähigkeit und elektrische Leitfähigkeit als das α-Eisen, ist unmagnetisierbar; die lineare Wärmeausdehnung ist größer. Von allen Gefügebestandteilen der unlegierten Kohlenstoffstähle hat er das höchste spezifische Gewicht.

Bild 3. Austenitgefüge eines Nickelstahles nach Luftabkühlung aus 900 °C. V = 200

Bei mehr oder weniger rascher Abkühlung aus dem Gebiet des homogenen Austenits können verschiedene Gefügearten entstehen, die zum Teil keine Gleichgewichtsphasen sind und daher im Gleichgewichts-

---

[1] Im deutschen und im angloamerikanischen Schrifttum weichen die *ES*-Linien und die maximale Löslichkeit des Kohlenstoffs im Austenit etwas voneinander ab. Nach einer neueren Untersuchung [Heumann, T., u. J. Grosse-Wördemann: Arch. Eisenhüttenw. Bd. 30 (1959) S. 35/39] wird die *ES*-Linie gegenüber dem Bild 2 mit zunehmender Temperatur zu höheren Kohlenstoffgehalten verschoben, und die maximale Löslichkeit am Punkte *E* beträgt 1,97% C.

schaubild des Bildes 2 nicht alle enthalten sind. Diese Gefüge sind in nachstehender Aufstellung enthalten:

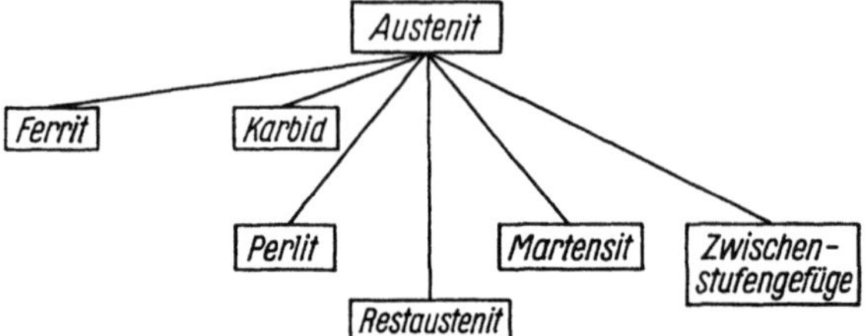

Bild 4. Bei verschiedener Abkühlung aus der festen Lösung eines untereutektoiden Stahles entstehende Gefügearten

Ferrit (Bild 5). Im kubisch raumzentrierten α- und δ-Eisen ist die Kohlenstofflöslichkeit wesentlich geringer als im γ-Eisen. Im α-Eisen beträgt die maximale Löslichkeit 0,018% bei 721 °C (Punkt P). Mit sinkender Temperatur nimmt sie ab bis auf unmeßbar niedrige Werte bei Raumtemperatur. Diese mit der Temperatur abnehmende Löslichkeit des Kohlenstoffs ist mit eine Ursache für eine Ausscheidungshärtung in weichen Stählen; die hierdurch hervorgerufenen Veränderungen der Eigenschaften werden als Alterung bezeichnet. δ-Eisen kann im Gefüge von α-Eisen nicht unterschieden werden, wenn nicht besondere Bildungsbedingungen für die eine oder andere Phase vorliegen. Der δ-Bereich ist bei unlegierten Stählen klein und spielt praktisch keine Rolle, durch manche Legierungselemente, wie Chrom und Silizium, kann er jedoch so weit ausgedehnt werden, daß der γ-Bereich vollkommen verschwindet. Man spricht dann von ferritischen Stählen.

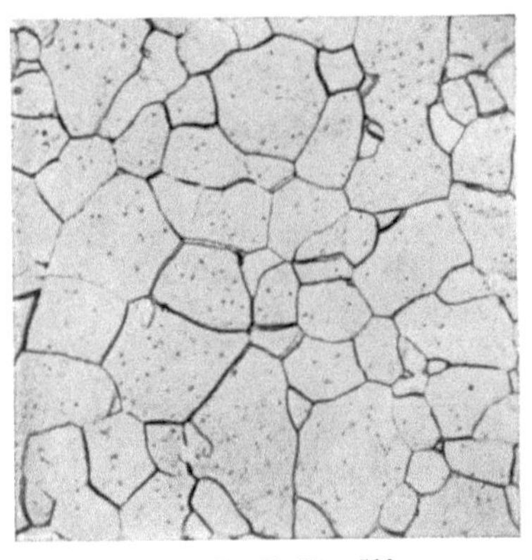

Bild 5. Ferrit. V = 500

Karbide. In reinen Eisen-Kohlenstoff-Legierungen tritt als einziges stabiles Karbid nur Zementit Fe_3C mit orthorhombischer Struktur auf. Daneben werden bei tiefen Temperaturen, z. B. beim Anlassen des Martensits und bei der Ausscheidung des Kohlenstoffs aus übersättigter Lösung im Ferrit, das ε-Karbid und das sogenannte Häggsche[1] Karbid gebildet. Beide haben keine genaue stöchiometrische Zusammensetzung, für das Häggsche Karbid wird meist $Fe_{20}C_9$ und für das hexagonal kristalisierende ε-Karbid Fe_2C angegeben. Der Zementit ist erheblich härter als die Grundmasse und hat von allen Gefügebestandteilen das

[1] Hägg, G. Z.: Kristallogr. Bd. 89 (1934) S. 92/94.

geringste spezifische Gewicht; bei Raumtemperatur ist er schwach ferromagnetisch, seine Curie-Temperatur liegt bei 215 °C. Wird der Zementit aus der Schmelze ausgeschieden, so wird er Primär-, wenn er aus dem Austenit ausgeschieden wird, Sekundärzementit genannt und entsprechend Tertiärzementit, wenn er aus dem Ferrit ausgeschieden wird Der Tertiärzementit liegt vornehmlich als Korngrenzenkarbid vor.

In legierten Stählen kann der Zementit Legierungselemente wie Mangan und Chrom in fester Lösung aufnehmen, wobei sich diese Legierungselemente im Zementit gegenüber der Grundmasse beträchtlich anreichern können. Bei höheren Gehalten an Legierungselementen und entsprechenden Wärmebehandlungen können diese im Stahl aber auch ihre eigenen Sonderkarbide bilden, auf die in einem gesonderten Abschnitt (S. 114ff.) ausführlich eingegangen wird. Stark karbidbildende Legierungselemente, wie Wolfram, Molybdän, Vanadin und Titan, werden jedoch kaum im Zementit angereichert, sie bilden bereits bei niedrigen Gehalten im Stahl Sonderkarbide. Alle diese Sonderkarbide haben einen erheblichen Einfluß auf die Eigenschaften von legierten Stählen, oft beruht die Verwendung dieser nur auf der Anwesenheit der Sonderkarbide in der erforderlichen Verteilung bei entsprechender Wärmebehandlung.

Perlit. Der Perlit ist ein lamellares Aggregat aus Ferrit und Zementit (Bild 6), wobei der Anteil des letzteren etwa 13% beträgt, und entsteht bei Kohlenstoffstählen durch eutektoidischen Zerfall des homogenen Austenitmischkristalls bei Abkühlung unter die A_1-Temperatur. Ein Stahl mit 0,9% C, der genau die eutektoidische Zusammensetzung hat und bei langsamer Abkühlung nur dieses Gefüge zeigt, heißt eutektoider Stahl. In einem untereutektoidischen Stahl mit weniger als 0,9% C wird hierbei vor dem Perlit bei langsamer Abkühlung Ferrit ausgeschieden, in einem übereutektoidischen mit mehr als 0,9% C noch Sekundärzementit. Erfolgt die Perlitumwandlung infolge rascherer Abkühlung erst bei tieferen Temperaturen, so wird der Lamellenabstand immer kleiner und ist im Lichtmikroskop kaum oder nicht mehr auflösbar. Derartige Gefüge werden als Sorbit und Troostit bezeichnet.

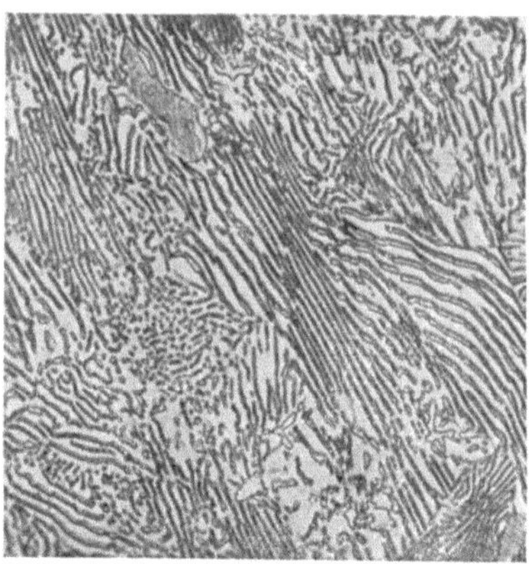

Bild 6. Perlit. V = 500

Kennzeichnend für die Perlitumwandlung ist die Diffusion des Kohlenstoffs im Austenit. Bei der Abkühlung unter die A_1-Temperatur ist der Austenit eines eutektoiden Stahles an Kohlenstoff übersättigt. Durch

Diffusion beginnt dann eine Kohlenstoffanreicherung in kleinsten Bereichen, die von kohlenstoffverarmten Bereichen umgeben sind. Die Kohlenstoffanreicherung geht bis zu Zementitbildung, während in den verarmten Bereichen der Austenit so instabil wird, daß die Umwandlung zu Ferrit einsetzt. Beide Vorgänge verlaufen praktisch gleichzeitig. Die lamellare Ausbildung des Perlits kommt dadurch zustande, daß sich beim Fortschreiten der Umwandlung der Kohlenstoff aus dem Austenit an den bereits gebildeten Zementit anlagert und dieser in den Austenit hineinwächst, wobei sich in den Zwischenräumen der Ferrit bildet. Die Wachstumsrichtung des Perlits ist also parallel zu den Lamellen. Ob bei diesem Vorgang die Karbidbildung aus dem Austenit oder die Ferritbildung die führende Reaktion ist, hängt vom Kohlenstoff- und einem etwaigen Legierungsgehalt und von der Umwandlungstemperatur ab. Da die Diffusionsgeschwindigkeit mit sinkender Temperatur abnimmt, ist die Ausbildung des perlitischen Gefüges stark von der Umwandlungstemperatur abhängig, wobei sich beim Halten dicht unter A_1 überhaupt kein Perlit bildet, sondern ein Aggregat aus Ferrit und kugeligem Zementit, das früher auch als körniger Perlit bezeichnet wurde. Dieser Zustand macht den Stahl weicher, und dieser Vorgang wird daher Weichglühen genannt (s. S. 37ff.). Gewöhnlich entsteht jedoch der lamellare Perlit, in dem der Lamellenabstand mit zunehmender Abkühlungsgeschwindigkeit kleiner wird, da die zur Diffusion des Kohlenstoffs zur Verfügung stehende Zeit kürzer wird und sich die Umwandlung bei tieferen Temperaturen vollzieht, bei der die Diffusionsgeschwindigkeit kleiner ist. Hierbei sinkt Ar_1 bis auf etwa 500 °C ab. In untereutektoiden Stählen wird mit zunehmender Abkühlungsgeschwindigkeit der Ar_3-Punkt mehr gesenkt als der Ar_1-Punkt, bis von einer bestimmten Abkühlungsgeschwindigkeit an beide Punkte zusammenfallen. Diese Temperatur wird Ar' genannt, im Gefüge tritt dann kein Ferrit mehr auf, sondern nur noch feinstreifiger Perlit.

Ledeburit. Eine Eisen-Kohlenstoff-Schmelze mit 4,3% C erstarrt bei der Abkühlung eutektisch zu Ledeburit, einem Gemisch aus Zementit und kohlenstoffgesättigtem Austenit mit 1,7% (s. Bild 14[1], S. 14). Bei Kohlenstoffgehalten über 4,3% werden vor der Erstarrung des Ledeburits aus der Schmelze grobe Zementitnadeln (Primärzementit) oder Graphit ausgeschieden, bei niedrigeren Kohlenstoffgehalten (etwa zwischen 1,7 und 4,3%) wird bei der Abkühlung zunächst ein austenitischer Mischkristall mit niedrigerem Kohlenstoffgehalt ausgeschieden, bis sich die Restschmelze auf 4,3% C anreichert und zu Ledeburit erstarrt. Der austenitische Mischkristall durchläuft bei weiterer Abkühlung die schon erwähnten Umwandlungen.

---

[1] Dieses Bild zeigt nicht reinen Ledeburit, sondern ein Gefüge bestehend aus Ledeburit, Sekundärzementit und Perlit.

Martensit. Der Martensit wird durch eine Umklappumwandlung des Austenits bei schroffer Abschreckung gebildet. Er hat eine nadelige Struktur (Bild 7) und ist das härteste Umwandlungsgefüge, ist aber nicht als eine stabile Phase anzusprechen. Entgegengesetzt zur Perlitumwandlung, bei der der Kohlenstoff aus dem Austenit nach Diffusion ausgeschieden wird, ist bei der Martensitumklappung dem Kohlenstoff keine Zeit zum Austreten aus dem Austenitgitter gegeben, sondern er bleibt auch in dem Gitter des Martensits gelöst. Der Martensit hat ein kubisch raumzentriertes Gitter wie das α-Eisen, das aber durch den eingelagerten Kohlenstoff tetragonal verzerrt ist. Da es sich hierbei um eine stark übersättigte Lösung handelt, ist die Tendenz zur Kohlenstoffausscheidung aus dem Martensit sehr groß.

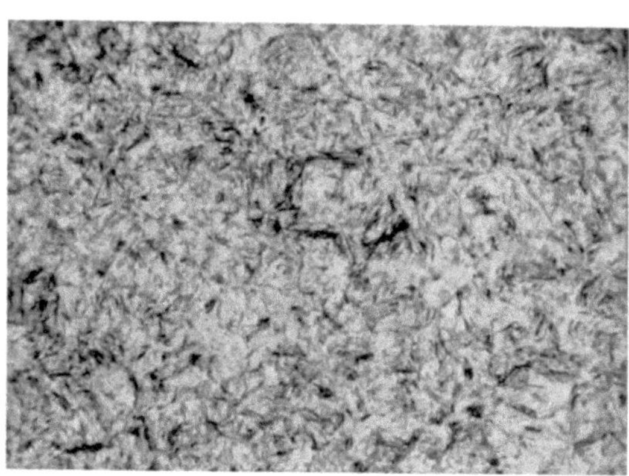

Bild 7. Martensitgefüge eines Stahles mit 0,6% C, 0,6% Mn, 0,25% Si, abgeschreckt aus 820 °C/W

Zwischen dem ursprünglichen Austenitgitter und dem Martensitgitter bestehen Orientierungszusammenhänge, je nach Kohlenstoff- und Legierungsgehalt des Stahles bzw. je nach der Temperatur, bei der sich der Martensit gebildet hat. Mit den möglichen Lagen der Kohlenstoffatome hat sich N. J. PETCH[1] beschäftigt. Die Martensitbildung ist mit einer Volumenvergrößerung bis 1% verbunden. Die Temperatur, bei der die Martensitbildung beginnt, wird als Ar''- oder M_s-Temperatur bezeichnet, sie ist nur abhängig vom Kohlenstoff- (und Legierungs-) Gehalt und von der Austenitisierungstemperatur, aber unabhängig von der Abkühlungsgeschwindigkeit. Bei einem Kohlenstoffgehalt von 0,4% liegt sie bei etwa 400 °C und fällt mit zunehmendem C-Gehalt bis auf 100 °C bei etwa 1% C wie Bild 8 nach R. A. GRANGE und H. M. STEWART[2] zeigt[3]. Beim Unterschreiten der M_s-Temperatur klappt aber nicht sofort der gesamte Austenit um, sondern nur ein Teil, der mit weiterer Abkühlung unter die M_s-Temperatur zunimmt. Ein Beispiel bringt Bild 23 (s. S. 17).

[1] PETCH, N. J.: J. Iron Steel Inst. Bd. 145 (1942) S. 111/128; Bd. 147 (1943) S. 221 P/227 P.

[2] GRANGE, R. A., u. H. M. STEWART: Trans. Amer. Inst. min. metallurg. Engrs. Bd. 167 (1946) S. 467/501; Mater. Methods Bd. 23 (1946) Nr. 6. S. 1621; Trans. Amer. Soc. Met. Bd. 30 (1942) S. 1/26.

[3] Die meisten Legierungsmetalle erniedrigen die M_s-Temperatur.

Die weitere Martensitumwandlung vollzieht sich nicht durch Wachstum der bereits gebildeten Nadeln, sondern nur durch Bildung neuer. Im allgemeinen wandelt sich bei schroffer Abkühlung der Austenit nicht vollständig zu Martensit um, sondern es bleibt bei Raumtemperatur noch ein Rest zurück, der als Restaustenit bezeichnet wird. Aus dem tetragonal verzerrten Martensitgitter wird der Kohlenstoff verhältnismäßig leicht ausgeschieden, beispielsweise schon bei kurzzeitiger Erwärmung auf 300 bis 400 °C oder bei der Abkühlung von der Bildungstemperatur, wenn sich in kohlenstoffärmeren Stählen bei höherer Temperatur Martensit gebildet hat. Der Martensit hat dann ein genau kubisches Gitter wie das α-Eisen und wird durch die ausgeschiedenen Karbide dunkel angeätzt. Man unterscheidet deshalb zwischen tetragonalem und kubischem Martensit. Letzterer ist etwas zäher. Wie hieraus hervorgeht, ist die Abkühlungsgeschwindigkeit sehr wichtig für die Martensitbildung. Die Abkühlungsgeschwindigkeit, bei der erstmals neben Troostit Martensit gebildet wird, heißt untere kritische Abkühlungsgeschwindigkeit, diejenige, bei der ausschließlich Martensit gebildet wird, obere kritische Abkühlungsgeschwindigkeit.

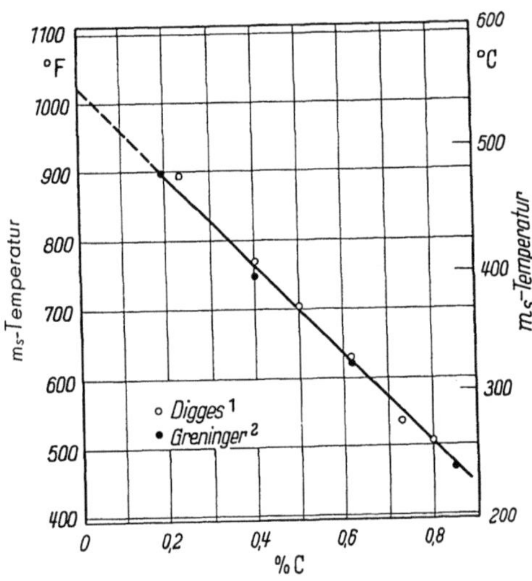

Bild 8. Einfluß des Kohlenstoffs auf die Martensittemperatur bei reinsten Eisenkohlenstofflegierungen (nach R. A. GRANGE u. H. M. STEWART [1])

Zwischenstufengefüge. Das Zwischenstufengefüge[2] wird bei der Umwandlung des Austenits bei Temperaturen zwischen denen der Perlit- und der Martensitumwandlung gebildet. Ähnlich wie der Martensit hat es eine nadelige Struktur (s. Bilder 24, 25, 26, S. 17), nur sind die Nadeln gröber als die Martensitnadeln und von feinen Ausscheidungen durchsetzt. In Kohlenstoffstählen findet man das Zwischenstufengefüge bei normaler Wärmebehandlung nicht, wohl aber in legierten Stählen. Die Bildung des Zwischenstufengefüges ist ähnlich wie die Perlitbildung mit einer Diffusion des Kohlenstoffs verbunden, die Nadeln bilden sich jedoch ähnlich wie die Martensitnadeln durch Umklappung des Austenitgitters. Es

[1] Die Schrifttumsstellen DIGGES[1] und GRENINGER[2] sind der Abhandlung R. A. GRANGE und H. M. STEWART zu entnehmen.

[2] Im angloamerikanischen Schrifttum wird es als Bainit bezeichnet.

existiert daher auch ein Orientierungszusammenhang zwischen Austenit und Zwischenstufenferrit. Im Gegensatz zu den Martensitnadeln wachsen die Nadeln des Zwischenstufengefüges im Verlauf der Umwandlung weiter an. Auch nach der Umwandlung in der Zwischenstufe bleibt vielfach Restaustenit zurück.

Graphit. In Stählen wird Graphitbildung nur selten beobachtet, bei Kohlenstoffgehalten bis 1,5% bedarf es dazu besonderer Vorbedingungen und einer sehr langsamen Abkühlung (s. Graphitische Stähle, S. 265, und Schwarzbruch, S. 1006). Dagegen ist der Graphit im kohlenstoffreichen Roheisen mit höherem Siliziumgehalt ein üblicher Gefügebestandteil. In Stählen mit niedrigerem Kohlenstoffgehalt gelingt es auch bei äußerst langsamer Abkühlung nicht, Graphit zu erhalten, es sei denn, daß Silizium oder andere die Graphitbildung fördernde Elemente in genügenden Mengen vorhanden sind und überdies ausreichend lange Glühzeiten angewendet werden; diese Bedingungen können unter Umständen bei in der Wärme beanspruchten Stählen vorliegen (S. 455).

Restaustenit wird der Anteil des Austenits genannt, der nach dem Ablauf der Umwandlungen erhalten bleibt. Er wird im wesentlichen nach der Umwandlung bei tieferen Temperaturen beobachtet.

Widmannstättensches Gefüge ist kein Gefüge von der Art der eben hier beschriebenen, sondern eine nadel- oder plattenförmige Ausscheidung einer Gefügeart oder Phase in einer anderen; beispielsweise kann der Ferrit in untereutektoiden Stählen in einer solchen nadeligen Anordnung ausgeschieden sein oder auch der Sekundärzementit in übereutektoiden Stählen. Als Beispiel sei auf das Widmannstättensche Gefüge in einem Stahlguß mit 0,26% C in Bild 36, S. 36, verwiesen.

Ablauf der Umwandlungen des Austenits

Von den hier beschriebenen Gefügen können den reinen Umwandlungsgefügen Perlit, Zwischenstufengefüge und Martensit keine Bereiche im Zustandsschaubild zugeschrieben werden, da ihr Vorhandensein nur darauf beruht, daß sich der Austenit mit mehr oder weniger Kohlenstoff in fester Lösung je nach den Abkühlungsbedingungen nach verschiedenen Mechanismen umwandeln kann. Da andererseits diese Gefüge die Eigenschaften des Stahles, besonders die mechanischen, bestimmen, soll hier auf diese Umwandlungsvorgänge, wie sie sich bei den üblichen Wärmebehandlungen vollziehen, näher eingegangen werden.

Genau wie die γ-α-Umwandlung beim reinen Eisen ist die Austenitumwandlung zu Perlit und Ferrit mit einer Hysteresis verbunden, die um so größer ist, je größer die Abkühlungsgeschwindigkeit ist; bei niedrigen Abkühlungsgeschwindigkeiten beträgt sie jedoch kaum mehr als etwa 40 °C, die Umwandlungspunkte liegen also entsprechend auseinander:

Ac_3, die Temperatur der vollständigen Auflösung des Ferrits in Austenit bei der Erwärmung, entspricht ziemlich genau der *GOS*-Linie (Bild 2, Seite 4) und liegt demnach zwischen 721 und 910 °C.

Ar_3, die Temperatur der beginnenden Ferritausscheidung bei der Abkühlung, liegt um 5 bis 20 °C tiefer als Ac_3 bei normaler Abkühlung (etwa in Luft).

Ac_1, die Temperatur der beginnenden Umwandlung von Perlit bzw. Ferrit und Zementit in Austenit bei der Erwärmung, liegt bei 725 bis 730 °C, nur wenig über A_1. Ein Einfluß der Erhitzungsgeschwindigkeit macht sich nur bei sehr hohen Geschwindigkeiten bemerkbar.

Ar_1, die Temperatur des Beginns der Perlitumwandlung, liegt bei Luftabkühlung bei 710 bis 680 °C, sie sinkt mit zunehmender Abkühlungsgeschwindigkeit stark ab bis auf etwa 500 °C.

Ar', die Temperatur der alleinigen Perlitbildung ohne vorherige Ferritausscheidung in untereutektoiden Stählen, sinkt mit zunehmender Abkühlungsgeschwindigkeit ähnlich wie Ar_1 bis auf 500 °C.

Ac_m entspricht der Linie *SE* des Zustandsschaubildes, es ist also bei übereutektoiden Stählen die Temperatur der Ausscheidung des Zementits aus dem Austenit bei der Abkühlung (Sekundärzementit) bzw. die des Inlösunggehens des Zementits in den Austenitkristall bei der Erwärmung. Bei genügend langsamem Überschreiten dieser Linie besteht keine Hysteresis.

Alle diese Umwandlungen sind mit einer Wärmetönung verbunden; beim Zerfall des Austenits wird Wärme frei, die entsprechend bei der Rückumwandlung der ferritischen Gefüge zu Austenit wieder verbraucht wird; die Lösung des Zementits im Austenit erfordert vergleichsweise nur eine geringe Wärmemenge.

Hier sollen nun zunächst die Gefügeveränderungen von Stählen mit verschiedenen Kohlenstoffgehalten bei der Erwärmung beschrieben werden.

1. Ein eutektoider Stahl mit 0,9% C besteht nach Luftabkühlung auf Raumtemperatur aus Perlit (Bild 6, S. 7). Bei Erwärmung ändert sich bis ungefähr 730 °C (Ac_1) am Gefüge nichts, wenn man nicht so langsam erwärmt bzw. bei Temperaturen dicht unterhalb Ac_1 hält, daß sich der Perlit zu körnigem Zementit einformt. Bei 730° (das entspricht dann dem Punkte *S*) wandelt sich der Perlit unter Wärmeaufnahme in Austenit um. Der Austenit beginnt bei etwa 1300 °C zu schmelzen, zwischen 730 und 1300 °C erfolgt nur eine Kornvergrößerung des Austenits.

2. Ein Stahl mit 0,50% C enthält nach Luftabkühlung neben Perlit ein Netzwerk von Ferrit (Bild 9). Bei der Erwärmung wird der Perlit wie im ersten Beispiel bei 730 °C (Ac_1) in Austenit umgewandelt, während der Ferrit zunächst unverändert bleibt, um sich erst mit steigender Temperatur zunehmend im Austenit zu lösen. Dieser Vorgang ist bei

ungefähr 770 °C (Ac_3), das ist bei dem Schnittpunkt mit der *GS*-Linie, abgeschlossen. Bis zum beginnenden Schmelzen bei 1380 °C existiert wieder nur die gleichmäßige austenitische Lösung.

3. Ein Stahl mit 0,35% C verhält sich ähnlich wie der des vorhergehenden Beispiels, nur daß der Ferritanteil größer ist (Bild 10). Ac_1 liegt wieder bei 730 °C, anschließend wird wieder der Ferrit gelöst. Der bei 768 °C noch nicht aufgelöste Ferrit verliert bei dieser Temperatur seinen Magnetismus. Bei etwa 810 °C ist die Auflösung des Ferrits beendet. Bis 1445 °C, der Temperatur des beginnenden Schmelzens, erstreckt sich das Gebiet des homogenen Austenits, bei 1487 °C wandelt sich der bis dahin noch verbliebene Austenit in δ-Ferrit um, der dann bis 1505 °C vollständig geschmolzen ist.

Bild 9. Kohlenstoffstahl mit etwa 0,5% C, Schmiedezustand, Ferrit- und Perlitgefüge. V = 200

4. Ein Stahl mit 0,16% C enthält noch mehr Ferrit (Bild 11); Ac_1 liegt bei 730 °C, bis 850° ist die Umwandlung zu homogenem Austenit abgeschlossen. Bei 1475 °C beginnt sich δ-Ferrit mit niedrigerem Kohlenstoffgehalt zu bilden, oberhalb 1487 °C existiert nur noch δ-Ferrit, der gleichzeitig bei dieser Temperatur zu schmelzen beginnt, bei 1525 °C ist alles geschmolzen.

Bild 10. Kohlenstoffstahl mit 0,35% C, Schmiedezustand, Ferrit- und Perlitgefüge. V = 500

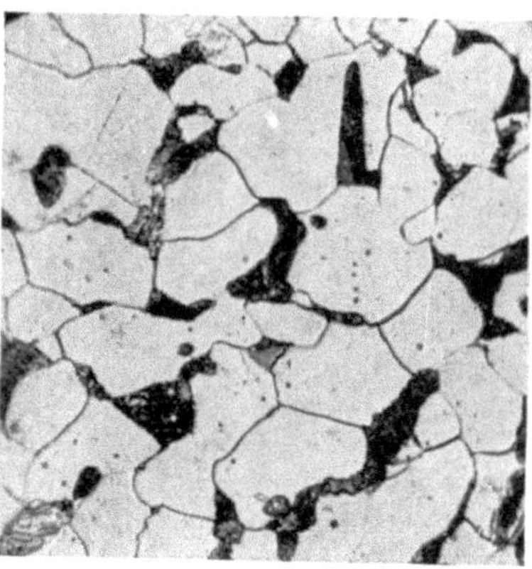

Bild 11. Kohlenstoffstahl mit 0,16% C, Schmiedezustand, Ferrit- und Perlitgefüge. V = 500

5. In einem Stahl mit 0,02% C tritt überhaupt kein Perlit mehr auf; nach Luftabkühlung auf Raumtemperatur ist wegen der verschwindenden Löslichkeit fast der gesamte Kohlenstoff in Form sehr feiner Karbide oder

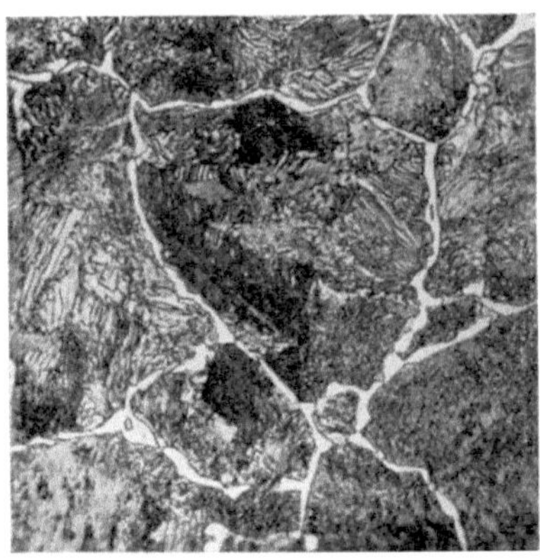

Bild 12. Kohlenstoffstahl mit 1,1% C, Schmiedezustand, Perlit und Zementit. V = 500

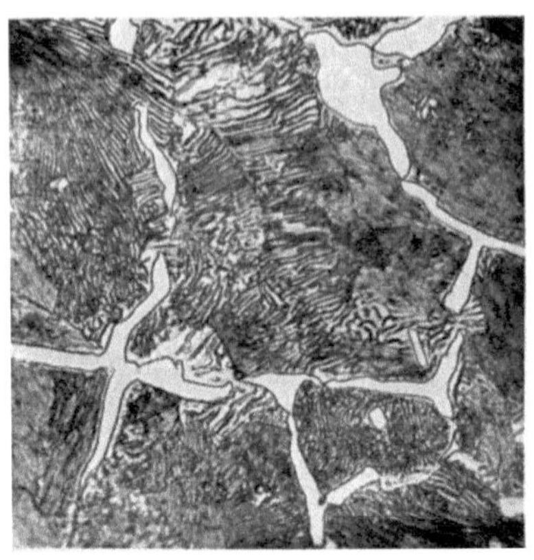

Bild 13. Kohlenstoffstahl mit 1,4% C, Schmiedezustand, Perlit und Zementit. V = 500

auch als Korngrenzenzementit ausgeschieden. Bei der Erwärmung gibt es keinen Ac_1-Punkt. Austenit wird vom Überschreiten der GP-Linie an (bei etwa 740 °C) gebildet. Aber noch bei 800 °C ist der Austenitanteil gering, erst darüber nimmt die Umwandlung stärker zu, um kurz unterhalb 900 °C beendet zu sein.

Bild 14. Kohlenstoffstahl mit etwa 2,2% C, luftgekühlt, bestehend aus Ledeburit, Zementit und Perlit. V = 500

6. Ein Stahl mit 1,1% C enthält neben dem Perlit ein Zementitnetzwerk (Sekundärzementit) an den Korngrenzen (Bild 12). Auch in diesem Stahl wandelt sich der Perlit beim Überschreiten der Linie PSK (Ac_1) bei etwa 730 °C bei der Erwärmung in Austenit um, ohne daß der Sekundärzementit zunächst angegriffen wird. Dieser geht erst mit Erhöhung der Temperatur wegen der damit zunehmenden Löslichkeit des Kohlenstoffs im Austenit in Lösung. Dieser Vorgang ist bei Ac_m bei rund 850 °C für diesen Stahl beendet. Anschließend wird der Bereich des homogenen Austenits durchlaufen, bis bei 1220 °C das Schmelzen einsetzt.

7. In einem Stahl mit 1,4% C ist der Anteil des Sekundärzementits gegenüber dem vorhergehenden Beispiel erhöht (Bild 13). An der Perlit-

umwandlung ändert sich dadurch jedoch nichts, dagegen liegt jetzt Ac_m bei etwa 1000 °C, und das Schmelzen beginnt bei 1160 °C.

8. Ein Stahl mit 2,2% C enthält neben Perlit und Sekundärzementit, die die einzigen Gefügebestandteile in Stählen mit 0,9 bis 1,9% C sind, als dritten Bestandteil Ledeburit, dessen grobe Karbidformen Bild 14 zeigt. Bei der Erwärmung geht der Perlit wieder bei 730 °C in Austenit über, der Sekundärzementit wird zunehmend von 730° bis 1145 °C im Austenit vollständig gelöst, während die Ledeburitkarbide bis 1145 °C unverändert bleiben. Bei dieser Temperatur schmilzt der Ledeburit und bei weiterer Erhöhung der Temperatur auch der restliche Austenit. Eisen-Kohlenstoff-Legierungen mit mehr als 1,9% C sind strenggenommen zum Roheisen zu zählen, da sie den kennzeichnenden Bestandteil des Roheisens, den Ledeburit, enthalten. Da aber derartig hohe Kohlenstoffgehalte in einigen mehrfach legierten Stählen angewandt werden, gehört auch das Verhalten dieses Gefügebestandteiles hierher. Kennzeichnend für die Ledeburitstähle ist, daß sie bei keiner Temperatur im festen Zustand in eine einheitliche homogene Lösung zu bringen sind.

Die bei der Abkühlung des Austenits aus dem Gebiet der homogenen festen Lösung ablaufenden Umwandlungsvorgänge sind auf verschiedensten Wegen untersucht worden, und man hat inzwischen weitgehend Klarheit über die Phänomenologie dieser Vorgänge erlangt, man kann sie aber noch nicht bis ins letzte theoretisch deuten. Schon die Untersuchungen mit veränderlicher Abkühlungsgeschwindigkeit brachten sehr wertvolle Ergebnisse[1], doch blieb hierbei manches ungeklärt. Eine wirkliche Klärung wurde erst durch isothermische Umwandlungsversuche erzielt, die etwa um 1930 von E. C. Bain[2] und vom Kaiser-Wilhelm-Institut für Eisenforschung[3] aufgenommen wurden. Bei diesen Versuchen werden kleine Stahlproben von der Härtetemperatur in geeigneten Abschreckbädern oder Öfen auf die Temperatur, bei der man die Umwandlung untersuchen will, abgeschreckt und der Umwandlungsablauf auf dilatometrischem oder magnetischem Wege verfolgt. Man kann den Vorgang auch rein metallographisch verfolgen, indem man nach verschieden langer Haltezeit auf Umwandlungstemperatur auf Raumtemperatur abschreckt und hier das Gefüge beobachtet, wobei man durch quantita-

---

[1] Wever, F., u. N. Engel: Mitt. K.-Wilh.-Inst. Eisenforschg. Bd. 12 (1930) S. 93/114; s. auch Stahl u. Eisen Bd. 50 (1930) S. 1308. — Esser, H., W. Eilender u. E. Spenlé: Arch. Eisenhüttenw. Bd. 6 (1932/33) S. 389/393. — Wever, F., u. A. Rose: Mitt. K.-Wilh.-Inst. Eisenforschg. Bd. 19 (1937) S. 289/298.

[2] Davenport, E. S., u. E. C. Bain: Trans. Amer. Inst. min. metallurg. Engrs. Bd. 90 (1930) S. 117/154; Techn. Publ. 348.

[3] Wever, F.: Arch. Eisenhüttenw. Bd. 5 (1931/32) S. 367/376. — Engel, N.: Ingeniørvidensk. Skr. A Nr. 31, Kopenhagen (1931). — Wever, F., u. H. Lange: Mitt. K.-Wilh.-Inst. Eisenforschg. Bd. 14 (1932) S. 71/83. — Wever, F., u. W. Jellinghaus: Mitt. K.-Wilh.-Inst. Eisenforschg. Bd. 14 (1932) S. 85/89.

tive Auszählung der einzelnen Gefügebestandteile auch sehr genaue Aufschlüsse erzielen kann[1].

Im folgenden sollen solche metallographischen Untersuchungen der einzelnen Umwandlungsstufen dargestellt werden, wobei für die Perlitumwandlung ein umwandlungsträger Manganstahl verwendet wurde.

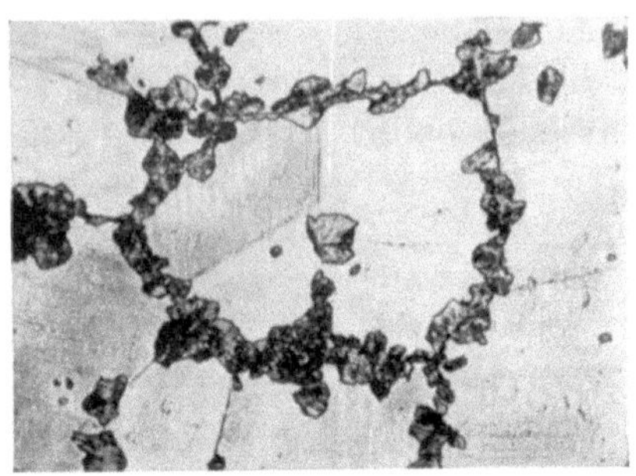

Bild 15. Beginn der Perlitumwandlung in einem Manganstahl bei 500 °C (nach H. Krainer). V = 500

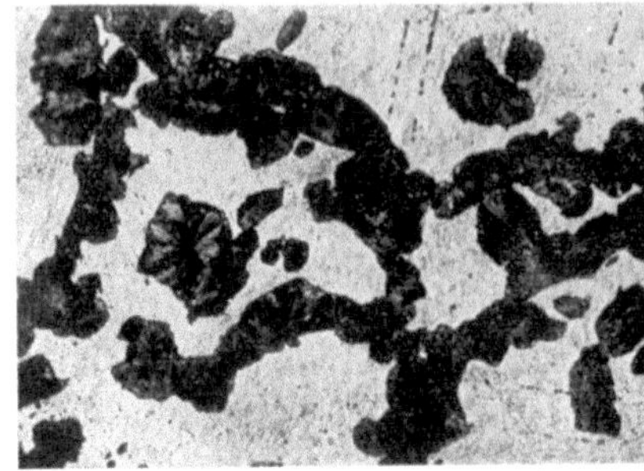

Bild 16. Fortschreitende Perlitumwandlung in einem Manganstahl bei 500 °C (nach H. Krainer). V = 500

Bild 15 zeigt den Beginn der Perlitbildung bei 500 °C, Bild 16 ein weiter fortgeschrittenes Stadium, und in Bild 17 ist die Perlitumwandlung fast vollendet. Aus diesen Bildern erkennt man, wie die Perlitumwandlung aus dem Austenit über Keimbildung und Wachstum abläuft, wobei die Keimbildung bevorzugt an den Korngrenzen einsetzt. Daher ist verständlich,

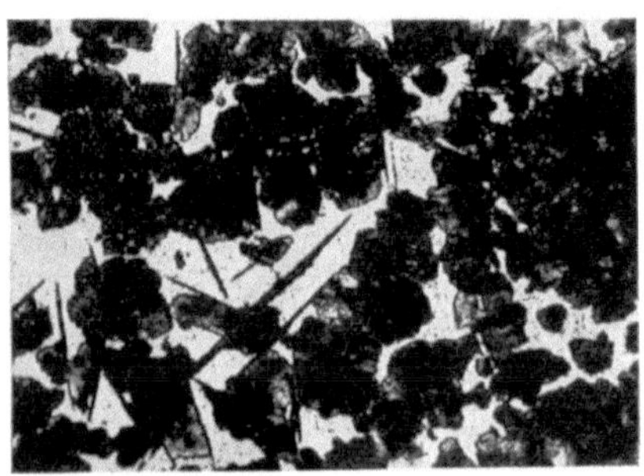

Bild 17. Fortgeschrittene Perlitumwandlung in einem Manganstahl bei 500 °C (nach H. Krainer). V = 500

Bild 18. Teilweise Perlitumwandlung in einem Manganstahl bei 600 °C (nach H. Krainer). V = 500

daß die Korngröße des Austenits einen wesentlichen Einfluß auf die Perlitumwandlung hat. In Bild 18 ist die teilweise Perlitumwandlung dieses Stahles bei 600 °C dargestellt. Der Lamellenabstand des Perlits ist hier

[1] vgl. hierzu H. Krainer u. M. Kroneis: Arch. Eisenhüttenw. Bd. 22 (1951) S. 231/244.

schon so groß, daß er bei 500facher Vergrößerung gut sichtbar ist und man daher den Wachstumsvorgang gut erkennen kann.

Die Martensitbildung soll an einem Stahl mit 1,1% C, 1% Cr und 0,2% V verfolgt werden. Da die Martensitumwandlung nicht isotherm verläuft (mit Ausnahme eines sehr geringen Anteils), sondern die

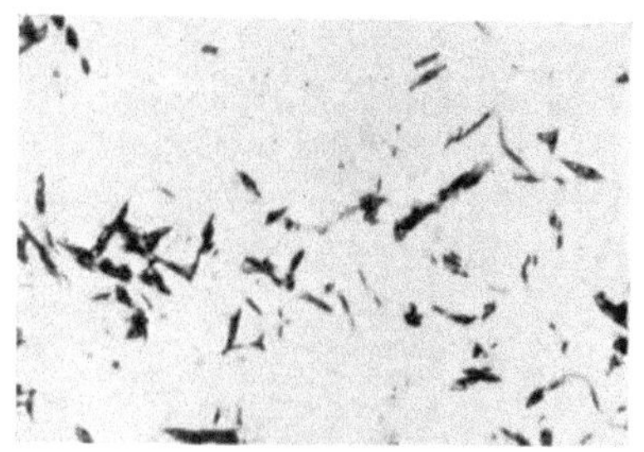

Bild 19. Bei 175 °C in einem Chrom-Vanadin-Stahl mit 1,1% C gebildeter Martensit (nach H. KRAINER). V = 1200

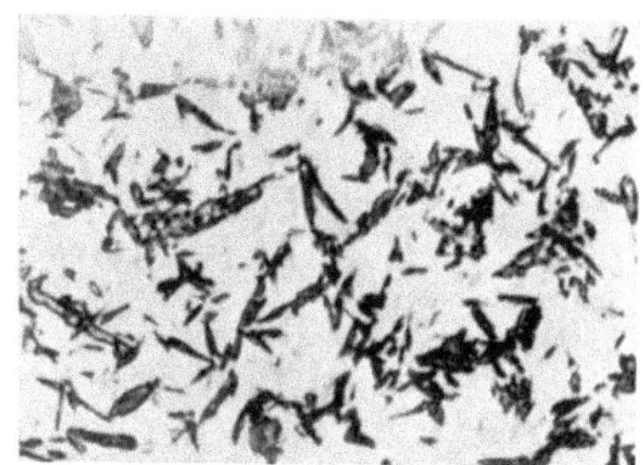

Bild 20. Bei 125 °C in einem Chrom-Vanadin-Stahl mit 1,1% C gebildeter Martensit (nach H. KRAINER). V = 1200

Martensitmenge eine Funktion der Umwandlungstemperatur ist, muß man hier experimentell etwas anders verfahren. Nach einem Vorschlag von A. B. GRENINGER und A. R. TROIANO[1] werden die Proben für die Gefügeuntersuchung von der Härtetemperatur in einem Bad auf die Untersuchungstemperatur abgeschreckt, dort eine gewisse Zeit bis zum Temperaturausgleich gehalten und dann etwa 10 Sekunden bei 350 °C

Bild 21. Bei 50 °C in einem Chrom-Vanadin-Stahl gebildeter Martensit (nach H. KRAINER). V = 1200

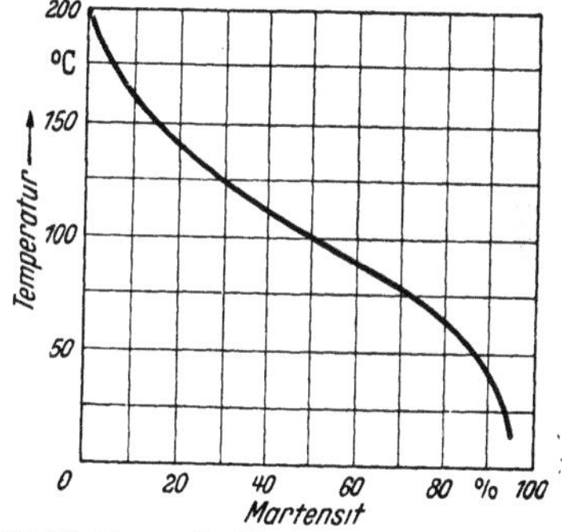

Bild 22. Kurve der Martensitbildung in einem Chrom-Vanadin-Stahl mit 1,1% C nach Härtung von 840 °C (nach H. KRAINER)

angelassen. Beim Anlassen werden aus dem bei der Untersuchungstemperatur gebildeten Martensit sehr feine Karbide ausgeschieden, so daß dieser nach dem Ätzen dunkel erscheint in einer Grundmasse von nicht angelassenem, nur schwach angeätztem Martensit. Die Bilder 19, 20 und 21 zeigen diese fortschreitende Martensitbildung bei 175, 125 und

[1] GRENINGER, A. B., u. A. R. TROIANO: Trans. Amer. Soc. Met. Bd. 28 (1940) S. 537/574; vgl. Stahl u. Eisen Bd. 61 (1941) S. 226.

50 °C nach dem Abschrecken von 890 °C. Wertet man diese Gefüge quantitativ aus, so erhält man die Mengenkurve der Martensitbildung (Bild 22).

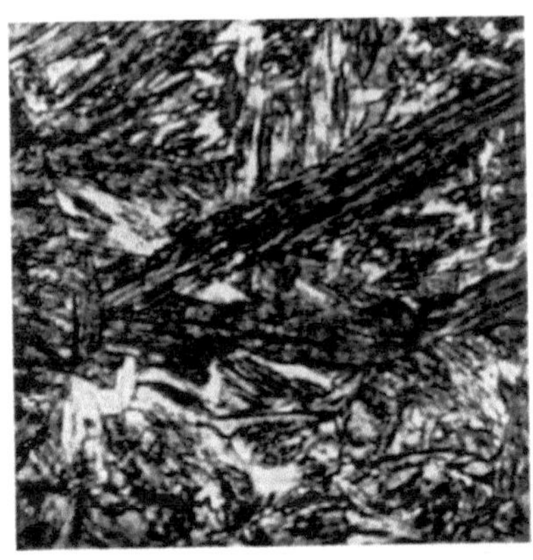

Bild 23. Zwischenstufengefüge im Mangan-Silizium-Stahl, bei 350 °C gebildet. V = 800

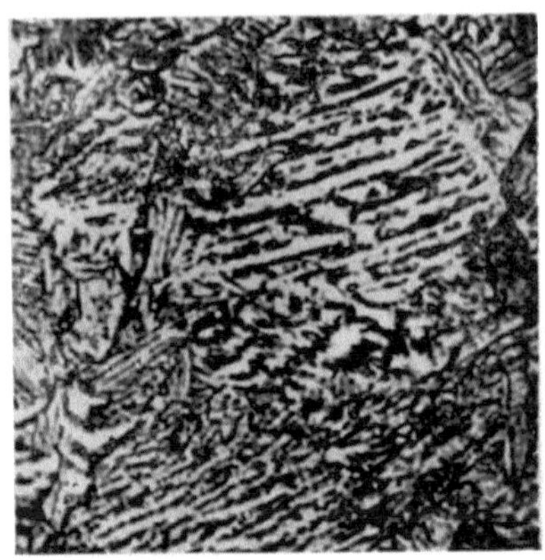

Bild 24. Zwischenstufengefüge in einem Manganstahl, bei 450 °C gebildet. V = 800

Die Zwischenstufenumwandlung läßt sich metallographisch an Kohlenstoffstählen kaum verfolgen, da bei diesen die Perlitumwandlung so schnell verläuft, daß man sie nicht vollständig unterdrücken kann. Besonders gilt dies für die Untersuchung des oberen Temperaturbereichs der Zwischenstufe, da dieser sich vielfach mit der Perlitstufe überschneidet. In Bild 23 ist das Zwischenstufengefüge in einem Mangan-Silizium-Stahl mit 0,4% C, 1,2% Si und 1,2% Mn nach Umwandlung bei 350 °C dargestellt, in Bild 24 in einem Manganstahl mit 0,4 % C und 1,4% Mn nach Umwandlung bei 450 °C. Bild 25 zeigt das Überschneiden von Perlitstufe und Zwischenstufe in einem anderen Manganstahl nach teilweiser Umwandlung bei 400 °C.

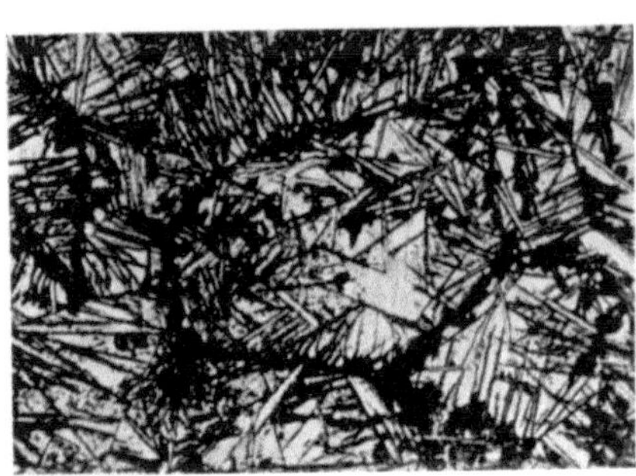

Bild 25. Zwischenstufengefüge, Perlit und Austenit in einem bei 400 °C teilweise umgewandelten Manganstahl (nach H. Krainer). V = 500

Trägt man nun die durch magnetische oder dilatometrische Messungen oder durch Gefügeauswertung gewonnenen Anteile des isotherm umgewandelten Austenits gegen die Umwandlungszeit auf, so erhält man sogenannte Umwandlungskurven (Bild 26). Man erkennt daran, daß die Perlitumwandlung langsam in Gang kommt (Anlauf-

oder Keimbildungszeit), dann aber ziemlich rasch abläuft (Wachstum) bis zur vollständigen Umwandlung. Die Zwischenstufenumwandlung kommt bei höheren Temperaturen schnell in Gang, verläuft aber vielfach nicht vollständig. Die Überlagerung von Perlit- und Zwischenstufenumwandlung ist aus Umwandlungskurven gut zu erkennen. Hierbei beginnt die Umwandlung nach dem Mechanismus der Zwischenstufe und läuft nach dem Mechanismus der Perlitstufe vollständig zu Ende. Die Umwandlung in der Martensitstufe verläuft plötzlich, überlagert sich ihr noch eine Zwischenstufenumwandlung, so kann man dies, wie Bild 26 zeigt, am Umwandlungsablauf deutlich erkennen.

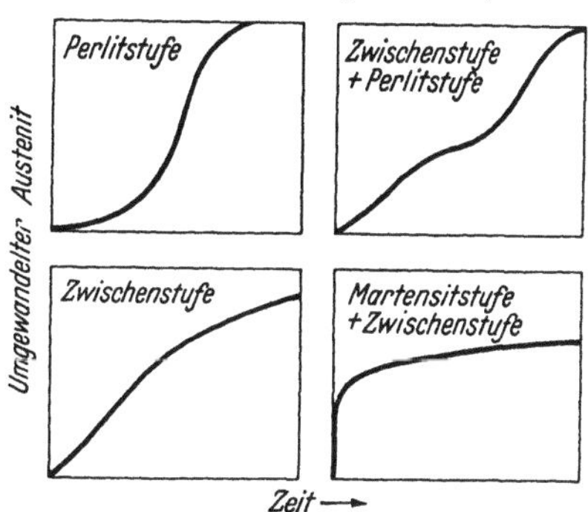

Bild 26. Umwandlungskurven bei isothermischer Umwandlung, schematisch (nach H. KRAINER)

Die bei den verschiedenen Temperaturen gewonnenen Umwandlungsisothermen werden nun in einem Schaubild über den Umwandlungsablauf zusammengefaßt, dem sogenannten ZTU- (Zeit-Temperatur-Umwandlungs-) Schaubild [im angloamerikanischen Schrifttum als TTT- (Time-Temperature-Transformation-) Diagramm bezeichnet][1]. Man trägt dabei für jede Temperatur Umwandlungsbeginn (meist gekennzeichnet durch 1% umgewandelte Austenitmenge) und Umwandlungsende (99% umgewandelter Austenit) über dem Logarithmus der Zeit ein. Zweckmäßig ist es, wenn noch die Kurven für 50% Umwandlung mit eingetragen werden. In Bild 27 ist ein solches Umwandlungsschaubild für einen Stahl mit 0,8% C und 0,8% Mn nach Abschrecken aus 780 °C dargestellt nach Angaben von E. S. DAVENPORT[2] und eigenen Versuchen. Die Trennung zwischen Perlit und Zwischenstufe ist nicht eingetragen, letztere liegt bei diesem Stahl ziemlich tief und überschneidet sich wesentlich mit der Martensitstufe.

Aus dem Umwandlungsschaubild eines Stahles mit 0,3% C und 3% Ni (Bild 28) ist ersichtlich, bei welchen Temperaturen und in welchen Zeiten die voreutektoide Ferritausscheidung vor der Perlitumwandlung

[1] Zusammenstellungen von ZTU-Schaubildern sind: WEVER, F., A. ROSE, W. PETER, W. STRASSBURG u. L. RADEMACHER: Atlas zur Wärmebehandlung der Stähle, Teil I u. II, Düsseldorf 1954/56/58. — Atlas of Isothermal Transformation Diagrams, United States Steel, Pittsburgh 1951, u. Supplement dazu, Pittsburgh 1953. — Atlas of Isothermal Transformation Diagrams of B. S. EN Steels, London 1949 (Iron Steel Inst., Spec. Rep. Nr. 40). — Umwandlungs-Verhalten von Nickelstählen, 2. Aufl. London: The Mond Nickel Company 1952; deutsche Übersetzung: Nickel-Informationsbüro, Frankfurt/M.

[2] DAVENPORT, E. S.: Trans. Amer. Soc. Met. Bd. 27 (1939) S. 853.

abläuft[1]. Diese wird bei untereutektoiden Stählen immer gefunden. Die Schaubilder von solchen Nickelstählen unterscheiden sich grundsätzlich kaum von denen der Kohlenstoffstähle mit gleichem Kohlenstoffgehalt,

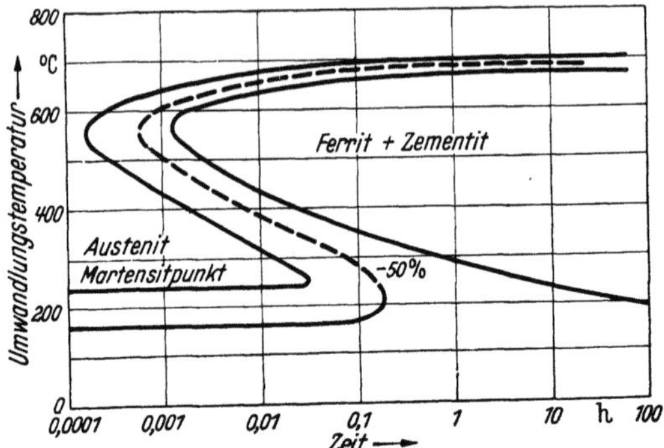

Bild 27. Umwandlungsschaubild eines Stahles mit 0,8% C und 0,8% Mn (nach H. KRAINER)

lediglich die Umwandlungszeiten werden länger. Bild 29 zeigt die voreutektoide Ferritausscheidung in einem Chrom-Molybdän-Stahl mit 0,25% C, 1% Cr und 0,25% Mo bei der isothermen Umwandlung bei 650° nach einer Umwandlungszeit von einer Minute. In der martensitischen Grundmasse sind die Ferritflecken deutlich zu erkennen.

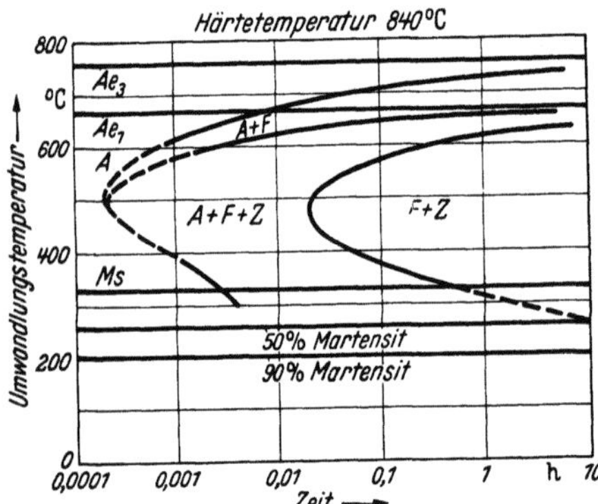

Bild 28. Umwandlungsschaubild eines Stahles mit 0,3% C und 3% Ni (nach H. KRAINER)

Durch Zusatz von Legierungselementen wird diese einfache Form des Umwandlungsschaubildes mit einem Maximum der Umwandlungsgeschwindigkeit bei 500 bis 550 °C stark verändert. Bild 30 zeigt am Beispiel eines Chrom-Vanadin-Stahles, eines Stahles also, der mit Sonderkarbidbildnern legiert ist, wie die Zwischenstufe als eigene Umwandlungsstufe ausgebildet sein kann. Sie hat ein eigenes Umwandlungsmaximum, das durch ein umwandlungsträges Gebiet von der Perlitstufe getrennt ist. In einem etwas höher legierten Nickel-Chrom-Molybdän-Vanadin-Stahl (Bild 31) ist die Umwandlung in der Perlitstufe im Vergleich zu den bisher gezeigten Beispielen schon recht träge geworden, die voll ausgebildete Zwischenstufe ist durch ein Gebiet großer Umwandlungsträgheit von der Perlitstufe getrennt.

[1] Es bedeuten: *A* Austenit, *F* Ferrit, *Z* Zementit, *P* Perlit, *ZG* Zwischenstufengefüge, M_s Martensitpunkt.

Als letztes Umwandlungsschaubild (Bild 32) soll noch das eines Schnellarbeitsstahles mit 18% Wolfram, 4% Chrom, 2% Vanadin, 1% Molybdän und 5% Kobalt nach Erwärmen auf 1300 °C gezeigt werden. Zunächst fällt auf, daß Perlitstufe und Zwischenstufe durch ein praktisch umwandlungsfreies Gebiet getrennt sind. Die Umwandlung in der Perlitstufe ist auf einen verhältnismäßig engen Bereich zusammengedrängt. Wenn wir bei untereutektoiden Stählen eine voreutektoide Ferritausscheidung beobachten können, so finden wir bei diesen Stählen eine Karbidausscheidung aus dem Austenit, ehe die Perlitumwandlung in Gang kommt. Der Bereich dieser Karbidausscheidung ist wesentlich größer als der der Umwandlung in der Perlitstufe, auch beginnt bei den kritischen Temperaturen die Karbidausscheidung schon bei sehr kurzen Zeiten und reicht noch weit unterhalb des Gebietes der Perlitstufe. Dies ist bei der Wärmebehandlung von Schnellarbeitsstählen, besonders bei

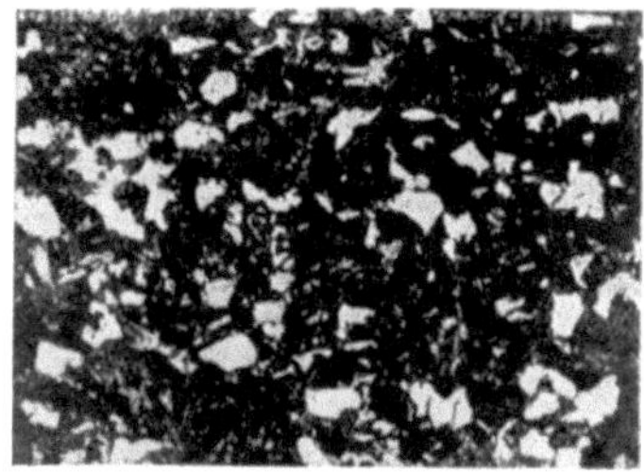

Bild 29. Ferritausscheidung in einem Chrom-Molybdän-Stahl bei 650 °C (nach H. KRAINER). V = 300

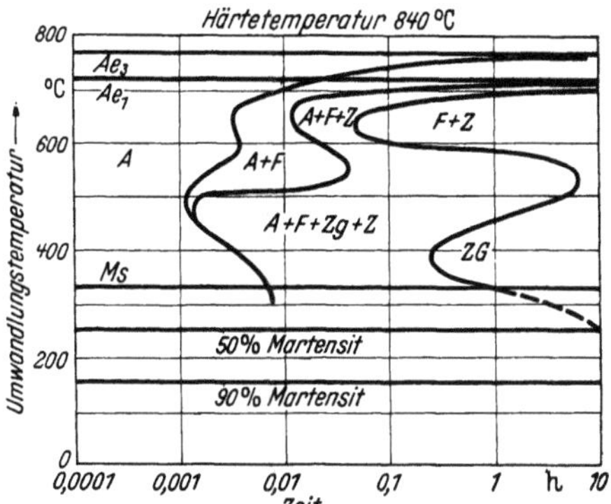

Bild 30. Umwandlungsschaubild eines Stahles mit 0,5% C, 0,9% Mn, 1,1% Cr, 0,2% V (nach H. KRAINER)

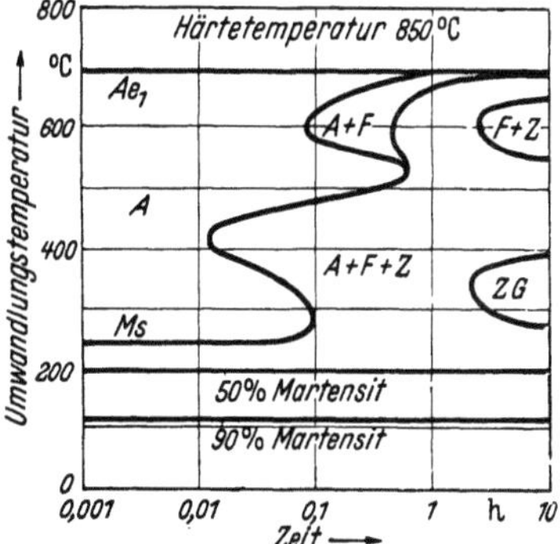

Bild 31. Umwandlungsschaubild eines Stahles mit 0,55% C, 0,7% Cr, 1,7% Ni und 0,3% Mo sowie 0,1% V (nach H. KRAINER)

der Warmbadhärtung, zu beachten. Der Bereich der kritischen Karbidausscheidung muß ziemlich rasch durchlaufen werden. Zu langes Halten in Warmbädern bei Temperaturen oberhalb 530 bis 550 °C führt ebenfalls zu einer Karbidausscheidung, die sich in einer Leistungsminderung des Schnellstahles auswirkt[1]. Die Zwischenstufenumwandlung ist bei diesem

[1] Das Anlassen der abgeschreckten Schnellarbeitsstähle bei 530 bis 580 °C (s. S. 788, 823, 827) bezweckt wohl eine Karbidausscheidung, sie erfolgt dann aber geregelt bei bestimmten Temperaturen und Zeiten und aus einer überwiegend martensitischen Grundmasse.

Stahl sehr ausgeprägt, der Martensitpunkt liegt unterhalb 200 °C. Bei Abkühlung auf Raumtemperatur bildet sich aber nur etwa 70% Martensit, der Restaustenitanteil ist also sehr hoch. Auch die Zwischenstufenumwandlung verläuft bei diesem Stahl in übersehbaren Zeiten nicht vollständig (s. a. Abschnitt „Schnellarbeitsstahl").

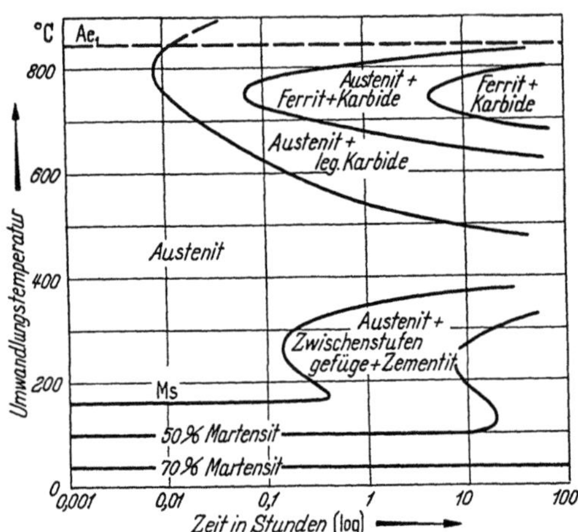

Bild 32. Umwandlungsschaubild eines Schnellarbeitsstahles mit 0,8% C, 18% W, 4% Cr, 2% V, 1% Mo und 5% Co (nach H. KRAINER)

Außer dem Einfluß der Legierungselemente werden die Umwandlungskurven noch durch die Härtetemperatur und die metallurgische Vorgeschichte des Stahles beeinflußt. In der Perlitstufe ist es vor allem die Anlaufzeit, die großen Beeinflussungen unterliegt. Der Vorgang der Keimbildung ist ausgesprochen strukturempfindlich, der Wachstumsvorgang hingegen kaum.

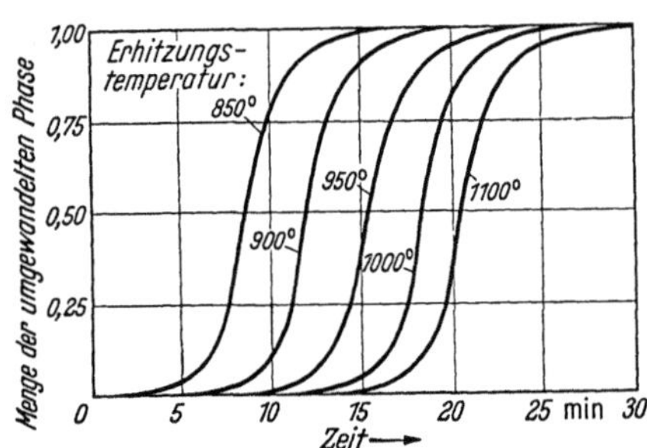

Bild 33. Einfluß der Härtetemperatur auf die Austenitumwandlung in der Perlitstufe bei einem Chrom-Molybdän-Stahl (nach H. KRAINER)

Bild 33 zeigt den Einfluß der Erhitzungstemperatur auf die Austenitumwandlung eines Stahles mit 0,5% Kohlenstoff, 1,1% Chrom und 0,25% Molybdän. Man sieht, daß die Umwandlungsisothermen praktisch durch die höhere Härtetemperatur parallel zu sich selbst nach rechts zu läugeren Anlaufzeiten verschoben werden. Eine ähnliche Wirkung erzielt man auch durch längeres Halten auf der Austenitisierungstemperatur.

Ebenso wie man bei isothermischer Versuchsführung isothermische Umwandlungsschaubilder aufstellen kann, kann man auch kontinuier-

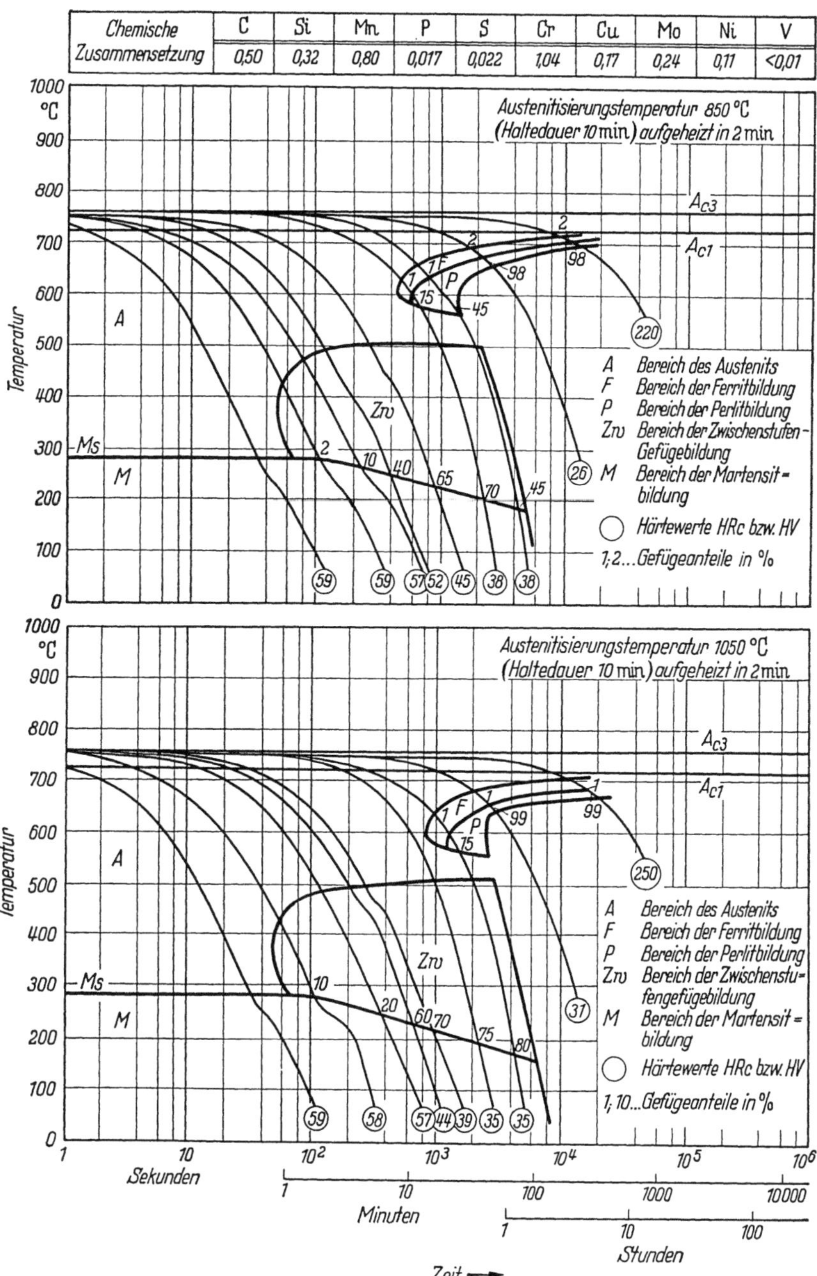

Chemische Zusammensetzung	C	Si	Mn	P	S	Cr	Cu	Mo	Ni	V
	0,50	0,32	0,80	0,017	0,022	1,04	0,17	0,24	0,11	<0,01

Bild 34. Einfluß der Austenitisierungstemperatur auf das Umwandlungsschaubild bei kontinuierlicher Abkühlung an einem Cr-Mn-Mo-Vergütungsstahl (nach F. Wever, A. Rose, W. Strassburg und L. Rademacher[1])

[1] s. Fußnote S. 19.

liche Umwandlungsschaubilder bei stetiger oder kontinuierlicher Abkühlung mit veränderlicher Abkühlungsgeschwindigkeit aufstellen. In diese Schaubilder werden gewöhnlich die Abkühlungskurven mit eingezeichnet, längs derer das Schaubild auch zu lesen ist. Ein Beispiel bringt Bild 34. Wie man sieht, wird der Beginn der Umwandlungen in der Perlit- und Zwischenstufe zu längeren Zeiten und tieferen Temperaturen verschoben, und der Charakter des Schaubildes ändert sich ziemlich mit fortschreitender Umwandlung. Für die Umwandlung in der Perlitstufe ist es möglich, die Linien für den Beginn der Umwandlung bei kontinuierlicher Abkühlung aus dem isothermischen ZTU-Schaubild zu

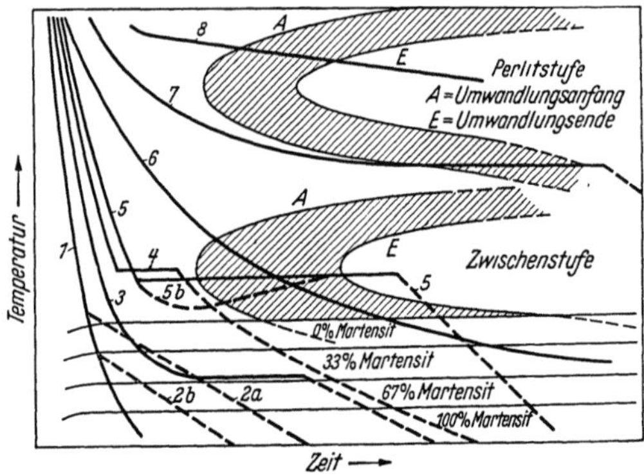

Bild 35. Schematische Darstellung der wichtigsten Wärmebehandlungsverfahren (nach H. KRAINER)

berechnen und umgekehrt, für die Zwischenstufe dagegen nicht[1]. Höhere Austenitisierungstemperaturen oder längeres Halten auf Temperatur verschieben wieder die Umwandlungen nach rechts. Besonderheiten in kontinuierlichen ZTU-Schaubildern werden bei den einzelnen Legierungselementen besprochen.

Zum Abschluß dieser Betrachtungen sollen noch die wichtigsten auf der Austenitumwandlung beruhenden Wärmebehandlungsverfahren sehr schematisch innerhalb eines schematisierten Umwandlungsschaubildes dargestellt werden (Bild 35). Die normale Härtung (*1*) ist durch die Unterdrückung der Umwandlung in Perlit- und Zwischenstufe gekennzeichnet. Die Abkühlung aus dem Bereich der Martensitstufe erfolgt ziemlich rasch bis zur Raumtemperatur. Bei der gebrochenen Härtung (*2*) wird wie bei (*1*) die Umwandlung in der Perlit- und Zwischenstufe unterdrückt, jedoch das Werkstück knapp oberhalb oder unterhalb des Martensitpunktes aus dem Abschreckbad genommen und an Luft langsam erkalten gelassen. Bei der Härtung in warmen Salzlösungen (*3*) wird abgeschreckt in einem Bad, dessen Temperatur unterhalb des

[1] KRAINER, H., u. M. KRONEIS: Arch. Eisenhüttenw. Bd. 22 (1951) S. 231/244. — WEVER, F., u. O. KRISEMENT: Arch. Eisenhüttenw. Bd. 23 (1952) S. 229/237.

Martensitpunktes liegt, jedoch so hoch ist, daß sich nur ein Teil des Austenits in Martensit umwandelt. Nach Ausgleich wird an Luft erkalten gelassen. Bei der Warmbadhärtung (*4*) wird auf Temperaturen oberhalb des Martensitpunktes abgeschreckt. Diese Temperaturen liegen üblicherweise unterhalb der Perlittemperatur, also etwa im Bereich der Zwischenstufe, jedoch ist die Haltezeit nur so kurz, daß die Zwischenstufenumwandlung noch nicht in Gang kommt. Dieses Merkmal ist sehr wesentlich zur Abgrenzung gegenüber der Zwischenstufenvergütung (*5*), bei der auch auf eine Temperatur im Gebiet der Zwischenstufe abgeschreckt wird. Ebenso wie bei der Warmbadhärtung wird die Umwandlung in der Perlitstufe unterdrückt, jedoch wird im Gegensatz zur Warmbadhärtung, wo die Umwandlung in der Zwischenstufe ebenfalls unterdrückt wird, die Umwandlung in der Zwischenstufe ablaufen gelassen. Kurve *6* zeigt eine milde Abkühlung, wie sie häufig bei der Ölhärtung größerer Werkstücke aus legierten Stählen vorliegt. Man erhält ein Mischgefüge aus Zwischenstufe und Martensit. Beim Patentieren (*7*) verläuft die Umwandlung im unteren Teil der Perlitstufe, beim Normalglühen (*8*) verläuft die Umwandlung im mittleren oder oberen Teil der Perlitstufe. Das Weichglühen wird ebenfalls im oberen Teil der Perlitstufe vorgenommen. Auf die einzelnen Wärmebehandlungsverfahren wird später noch näher eingegangen werden.

Veränderungen des Abschreckgefüges beim Anlassen

Unter Anlassen versteht man das Erwärmen nach mehr oder weniger rascher Abkühlung von Temperaturen oberhalb A_1 mit dem Ziel einer Veränderung der durch die Umwandlung entstandenen Gefüge und einer Beeinflussung ihrer Eigenschaften.

Das Anlassen von Perlit spielt technisch keine große Rolle; wenn der perlitische Zustand zur Erzielung eines weichen Gefüges nachgeglüht werden soll, so nennt man diesen Vorgang Weichglühen (s. dieses S. 37).

Beim Anlassen nach dem Ablöschen, wenn ganz oder teilweise die Umwandlung in der Martensitstufe abgelaufen ist, kann man drei bzw. vier Anlaßstufen unterscheiden, die sich nicht so sehr durch die Temperaturbereiche, in denen sie sich abspielen, als durch die Vorgänge, die ablaufen, unterscheiden. Nach der Umwandlung ist der Martensit an Kohlenstoff übersättigt, der also die Tendenz hat, sich auszuscheiden, und außerdem ist Restaustenit zurückgeblieben, der sich beim Erwärmen zersetzen kann. Die erste Anlaßstufe umfaßt die Vorgänge, die mit der Ausscheidung des Kohlenstoffs aus dem Martensit verbunden sind. Sie reicht von Raumtemperatur bis etwa 250 °C. Der Martensit verliert seine tetragonale Verzerrung, ein Rest davon und ein gewisser Kohlenstoffgehalt im Martensit bleiben aber erhalten[1].

[1] KRAINER, H.: Arch. Eisenhüttenw. Bd. 22 (1951) S. 53/62.

Durch die sehr feinen, lichtoptisch nicht auflösbaren Karbidausscheidungen wird er dunkel angeätzt. Bei der ausgeschiedenen Karbidphase handelt es sich wegen der tiefen Temperaturen noch nicht um den Zementit, sondern um das metastabile ε-Karbid[1], das aber im allgemeinen kohlenstoffärmer ist, als es der genauen Zusammensetzung Fe_2C entspricht. Mit der Ausscheidung des Kohlenstoffs aus dem Martensit ist eine Kontraktion verbunden.

Die zweite Anlaßstufe umfaßt die Vorgänge, die mit dem Zerfall des Restaustenits zusammenhängen. Der Restaustenitgehalt ist größer, als man früher allgemein annahm. Beispielsweise hat ein Stahl mit 1,7% C nach Abschrecken von 790 °C in Wasser auf 51 °C und anschließendem Erkalten an Luft bis auf Raumtemperatur 14% Restaustenit, nach direktem Abschrecken in Wasser bis auf 20 °C 9% Restaustenit. Durch eine Tiefkühlung auf die Temperatur der flüssigen Luft (—193 °C) wird sein Anteil auf 2,9% verringert[2,3]. Bereits bei Raumtemperatur kann man in sehr langen Zeiten einen Zerfall des Restaustenits beobachten, in meßbaren Zeiten beginnt er in unlegierten und niedriglegierten Stählen etwa bei 200 °C und ist bei höchstens 280 °C beendet. In dem erwähnten Kohlenstoffstahl beansprucht der Zerfall bei 200 °C 8 Stunden, bei 260 °C 2 Stunden. Der Zerfall erfolgt dabei nach dem Mechanismus der Zwischenstufe. In höher legierten Stählen, insbesondere in solchen, die mit karbidbildenden Elementen legiert sind, z. B. den Schnellarbeitsstählen, kann dagegen der Restaustenit so stabil sein, daß eine Karbidausscheidung erst bei höheren Temperaturen im Bereich der Perlitstufe erfolgt und der an Kohlenstoff verarmte Austenit dann bei der Abkühlung auf Raumtemperatur zu Martensit umgewandelt wird. Dieser Martensit kann dann bei einem zweiten Erwärmen eine entsprechende Anlaßwirkung erfahren. Bei kohlenstoffreichen Stählen kann sich dieser Vorgang auch schon in der Zwischenstufe abspielen. Mit dem Restaustenitzerfall ist eine Volumenvergrößerung verbunden.

In der dritten Anlaßstufe erfolgt die Bildung des stabilen Karbids (Zementit) aus dem kohlenstoffreichen ε-Karbid und dem Restkohlenstoffgehalt des Martensits. Dieser verliert dabei den letzten Rest an Tetragonalität. Diese Vorgänge spielen sich etwa zwischen 260 und 360 °C ab. Der Mechanismus der Umwandlung des ε-Karbids in Zementit ist noch nicht vollständig geklärt, es scheint, als ob noch ein weiterer Zwi-

---

[1] Lement, B. S., B. L. Averbach u. M. Cohen: Trans. Amer. Soc. Met. Bd. 46 (1954) S. 851/877. — Arbusow, M., u. G. V. Kurdjumow: Shurnal Technitschesskoi Fisiki Bd. 10 (1940) S. 1093/1100. — Kurdjumow, G. V., u. L. Lyssac: J. Iron Steel Inst. Bd. 156 (1947) S. 29/36.

[2] Averbach, B. L., u. M. Cohen: Trans. Amer. Soc. Met. Bd. 41 (1949) S. 1024/1060.

[3] Einen guten Überblick über das Verhalten des Restaustenits bringt M. Cohen: Trans. Amer. Soc. Met. Bd. 41 (1949) S. 35/94.

schenzustand über ein weiteres metastabiles Karbid durchlaufen würde. Die hier angegebene untere Temperaturgrenze der dritten Anlaßstufe bezieht sich wieder auf meßbare Zeiten, die Bildung des Zementits aus dem ε-Karbid schließt sich nämlich direkt an dessen Bildung an. Hieraus folgt, daß die erste und dritte Anlaßstufe strenggenommen nicht voneinander getrennt werden können.

Als vierte Anlaßstufe bezeichnet man die Auflegierung des Zementits mit Legierungselementen und die Ausscheidung von Sonderkarbiden in legierten Stählen. Hierauf war bereits kurz eingegangen (s. S. 7).

Das Anlassen der Zwischenstufe führt je nach der Dauer des Anlassens und der Höhe der Temperatur, früher oder später zur Bildung des stabilen Karbides in kleinerer oder größerer Zusammenballung. Damit ist natürlich eine entsprechende Erweichung des Stahles verbunden.

Ausscheidungshärtung

Im Gegensatz zur Abschreckhärtung, die durch Martensitbildung, also durch einen Umwandlungsvorgang gekennzeichnet ist und daher auch als Umwandlungshärtung bezeichnet wird, ist die Ausscheidungshärtung ein ohne Umwandlung verlaufender Vorgang. Voraussetzung für eine Ausscheidungshärtung ist eine mit der Temperatur abnehmende Löslichkeit eines Legierungszusatzes im Grundmetall. Durch Lösungsglühen bei höherer Temperatur wird der Legierungszusatz vollständig oder auch nur teilweise in Lösung gebracht und beim Abschrecken auf Raumtemperatur in übersättigter Lösung gehalten. Beim Anlassen auf Temperaturen unterhalb der Lösungstemperatur wird der der Anlaßtemperatur entsprechende übersättigte Anteil des Legierungszusatzes ausgeschieden. Diese Ausscheidung kann bereits bei Raumtemperatur in entsprechend langen Zeiten ablaufen. Die Ausscheidung kann in Form des reinen Legierungszusatzes oder als intermetallische Verbindung oder, im Falle der Ausscheidung von Kohlenstoff und Stickstoff, als Karbid, Nitrid, Sondernitrid oder auch als Sonderkarbid erfolgen. Mit der Ausscheidung sind Veränderungen der Eigenschaften verbunden, von denen die Härtezunahme am bekanntesten, weil auffälligsten ist. Daher spricht man vielfach auch von Aushärtung. Der Ablauf der Ausscheidung ist ein ziemlich komplizierter Vorgang, der auch noch nicht vollständig geklärt ist. Daher kann hier auch nicht näher auf die allgemeinen Bedingungen eingegangen werden[1].

Bei Stählen ist eine ganze Anzahl von Ausscheidungsvorgängen von Wichtigkeit. Wenn bei einer Wärmebehandlung unterhalb Ac_1 Kohlenstoff und Stickstoff im Ferrit in Lösung gebracht worden sind und an-

[1] Eine Übersicht bringen H. K. Hardy u. T. J. Heal: Report on Precipitation. In: Progress in Metal Physics, hrsg. von B. Chalmers, Bd. 5, S. 143/278. London 1954.

schließend bei Raumtemperatur oder etwas erhöhter Temperatur (bis 250 bis 300 °C) ausgeschieden werden, spricht man von Alterung[1]. Erfolgt die Alterung nach reinem Ablöschen von der Lösungstemperatur unterhalb A_1, so spricht man von Abschreckalterung, erfolgt die Alterung nach einer Kaltverformung, so spricht man von Reckalterung. Mit der Alterung sind eine Erhöhung von Streckgrenze und Zugfestigkeit, eine Härtezunahme und eine Abnahme von Dehnung, Einschnürung und Kerbschlagzähigkeit verbunden, sie äußert sich also in einer Versprödung. Die Alterung wird verursacht durch Wechselwirkung zwischen den sich ausscheidenden Kohlenstoff- und Stickstoffatomen und den Versetzungen, die schließlich bis zur Ausscheidung von Karbiden und Nitriden führt, wobei es sich bei niedrigeren Temperaturen und kürzeren Zeiten um metastabile Phasen handelt wie das ε-Karbid Fe_2C und das α''-Nitrid $Fe_{16}N_2$. Auch ein Einfluß von Sauerstoff auf die Alterung ist verschiedentlich diskutiert worden[2]. Um einen weichen Stahl auf seine Alterungsanfälligkeit hin zu prüfen, wendet man eine sogenannte künstliche Alterung an, die aus einer Kaltverformung von 10% und einstündigem Anlassen bei 250 °C besteht.

Bei Stählen, die mit sonderkarbidbildenden Legierungselementen legiert sind, werden beim Anlassen bei 450 bis 650 °C aus dem Martensit Sonderkarbide ausgeschieden, die eine Sekundärhärtung bewirken. Auf dieser Ausscheidung beruht die Warmhärte der Warmarbeits- und Schnellarbeitsstähle. Bei diesen wird daher auf diese Vorgänge näher eingegangen. Technische Bedeutung hat auch die schon bei niedrigen Gehalten erfolgende Ausscheidung von Kupfer in Baustählen.

Zahlreich sind auch die Anwendungen von Ausscheidungshärtung über intermetallische Phasen in Eisenlegierungen. Hier seien nur erwähnt die Eisen-Kobalt-Molybdän- und Eisen-Kobalt-Wolfram-Legierungen, die Eisen-Nickel-Aluminium- (Alni-) und Eisen-Nickel-Aluminium-Kobalt- (Alnico-) Dauermagnetlegierungen, die Kupfer-Nickel-Eisen-Dauermagnetlegierungen und -Legierungen für Ausscheidungsisoperme und die warmfesten und hochwarmfesten Legierungen, in denen die intermetallischen Verbindungen Ni_3Al und Ni_3Ti ausgeschieden werden (s. S. 273 und 296). In solchen Schwermetallegierungen ist auch die Ausscheidung von Sonderkarbiden von erheblicher Bedeutung für die Warmfestigkeit (s. S. 59 und 310). — Abschließend soll der Vollständigkeit halber noch erwähnt werden, daß die Ausscheidungshärtung von entscheidender Bedeutung für die Vergütung der Leichtmetalle ist.

---

[1] s. hierzu W. Wepner: Der gegenwärtige Stand der Forschung über die Alterung weicher Stähle. Arch. Eisenhüttenw. Bd. 26 (1955) S. 71/98.

[2] s. z. B. W. Jäniche u. H. Beck: Arch. Eisenhüttenw. Bd. 29 (1958) S. 643 bis 651.

III. Wärmebehandlung[1]

1. Begriffsbestimmung der Wärmebehandlungsvorgänge

Um bei den Bezeichnungen der Wärmebehandlungsvorgänge Klarheit zu schaffen und diese Begriffe eindeutig gegeneinander abzugrenzen, sind in dem DIN-Blatt 17014[2] Begriffe und Beschreibung für die thermische Behandlung der Stähle festgelegt worden. Im Beiblatt dieser Norm finden sich die Kurzbezeichnungen für die verschiedenen Wärmebehandlungen.

Wärmebehandlung von Eisen und Stahl nach DIN 17014
(Oktober 1959[3])

Verfahren oder Verbindung mehrerer Verfahren zur Behandlung eines Werkstücks, wobei das Werkstück Änderungen der Temperatur oder des Temperaturablaufs unterworfen wird, um bestimmte Werkstoffeigenschaften zu erzielen.

Eine Warmformgebung oder mit Erwärmung verbundene Verfahren des Oberflächenschutzes fallen nicht unter Wärmebehandlung.

Abkohlung. Siehe unter Entkohlung.

Abkühlungsgeschwindigkeit. Temperaturabnahme in der Zeiteinheit beim Durchlaufen eines bestimmten Temperaturbereiches.

Abschreckdauer. Zeitspanne vom Einbringen in das Abschreckmittel bis zur Entnahme.

Abschrecken[4]. Rasches Abkühlen eines Werkstücks. Auch das Abkühlen *austenitischer Stähle* von hohen Temperaturen (meist über 1000 °C), um beständiges austenitisches Gefüge mit guten Zähigkeitseigenschaften zu erzielen, wird Abschrecken genannt.

Abschreckhärten. Siehe Härten.

Abschrecktemperatur. Temperatur, von der ein Werkstück abgeschreckt wird.

Altern. Einmaliges oder wiederholtes Halten bei mäßigen Temperaturen über oder unter der Raumtemperatur, um beschleunigte Eigenschaftsänderungen herbeizuführen (künstliches Altern), die sich z. T. bei Raumtemperatur erst nach längerer Zeit einstellen (natürliches Altern).

Anlassen. Erwärmen nach vorausgegangenem Härten oder Schweißen, Kaltverformen auf eine Temperatur unterhalb des unteren Umwandlungspunktes Ac_1 und Halten bei dieser Temperatur mit zweckentsprechendem Abkühlen.

Anlaßdauer. Haltedauer auf Anlaßtemperatur.

---

[1] Die Normblatt-Wiedergaben erfolgen mit Genehmigung des Deutschen Normenausschusses. Maßgebend ist die jeweils neueste Ausgabe des Normblattes im Normformat A 4, die bei der Beuth-Vertrieb GmbH., Berlin W 15 und Köln, erhältlich ist.

[2] DIN 17014 (Febr. 1952) ist eine Fortsetzung der seinerzeit von DAEVES [Stahl u. Eisen Bd. 58 (1938) S. 1369/1370] angefangenen und später von DAEVES u. H. SCHRADER [Stahl u. Eisen Bd. 64 (1944) S. 685/687] weitergeführten Arbeiten.

[3] Neuauflage für DIN 17014, Ausgabe Februar 1952.

[4] Dafür ist auch der Ausdruck „Ablöschen“ üblich.

Anlaßsprödigkeit. Verminderung der Zähigkeit beim Anlassen in einem bestimmten Temperaturbereich oder bei langsamem Abkühlen durch diesen Temperaturbereich nach Anlassen.

Anlaßtemperatur. Temperatur, auf der das Werkstück beim Anlassen gehalten wird.

Anwärmdauer. Zeitspanne vom Beginn des Erwärmens bis zum Erreichen der Solltemperatur an der Oberfläche des Werkstücks.

Aufhärtbarkeit. Neigung eines Werkstoffs zum Aufhärten, gekennzeichnet durch die höchste beim (Abschreck-) Härten erreichbare Härte.

Aufhärtung. Höchste in einem Werkstück nach dem Härten erreichte Härte. Unter Aufhärtung kann auch unbeabsichtigt, z. B. nach dem Schweißen oder Brennschneiden erreichte Härte verstanden werden.

Aufkohlen. Siehe unter Einsatzhärten.

Aufkohlungstiefe. Tiefe der über den ursprünglichen Kohlenstoffgehalt hinaus aufgekohlten Randschicht eines Werkstücks.

Aufsticken. Siehe Nitrieren.

Aushärten. Wärmebehandlung unter Ausnutzung der Temperaturabhängigkeit des Lösungsvermögens von Mischkristallen, bestehend in Lösungsglühen, Abschrecken und Halten bei Raumtemperatur (Kaltauslagern) oder bei höheren Temperaturen (Warmauslagern), um die mechanische oder magnetische Härte zu verändern.

Auskochen. Anlassen bei mäßiger Temperatur im Wasser- oder Ölbad.

Auskohlung. Siehe unter Entkohlung.

Auslagern. Siehe unter Aushärten.

Austenitisieren. Erwärmen und Halten auf einer Temperatur oberhalb Ac_1, um das Gefüge vollständig oder teilweise in Austenit umzuwandeln.

Badaufkohlen. Siehe unter Einsatzhärten.

Badnitrieren. Siehe unter Nitrieren.

Badpatentieren. Siehe unter Patentieren.

Blankglühen. Glühen unter Bedingungen, die eine blanke (oxydarme) Oberfläche erzielen lassen.

Blindhärtungsversuch. Versuch zur annähernden Ermittlung der im nicht aufgekohlten Kern gehärteter Einsatzstähle erreichbaren Festigkeit. Er wird im allgemeinen in Scheiben unterschiedlicher Dicke durchgeführt.

Brennhärten. Siehe unter Flammhärten.

Diffusionsglühen. Glühen bei sehr hohen Temperaturen (bei Stählen mit Gefügeumwandlung erheblich oberhalb Ac_3) mit langzeitigem Halten auf dieser Temperatur und nachfolgendem beliebigen Abkühlen, um eine gleichmäßigere Verteilung löslicher Bestandteile zu erhalten.

Direkthärten. Siehe unter Einsatzhärten.

Doppelhärten. Siehe unter Einsatzhärten.

Dunkelglühen. Glühen unter Bedingungen, die eine festhaftende Oxydschicht hervorbringen oder erhalten.

Durchhärtung. Bis zum Kern oder — beim Härten von einer Seite her — bis zur Rückseite eines Werkstückes reichende Härtung.

Durchlaufpatentieren. Siehe unter Patentieren.

Durchvergütung. Vergütung, bei der bis zum Kern des vergüteten Werkstückes annähernd gleiche Festigkeitseigenschaften erreicht worden sind.

Durchwärmdauer. Zeitspanne vom Erreichen der Solltemperatur an der Oberfläche des Werkstückes bis zum Erreichen der Solltemperatur im Kern oder — bei einseitigem Erwärmen — an der Rückseite.

Einfachhärten. Einmaliges Kernhärten oder Randhärten (beides siehe unter Einsatzhärten).

Einhärtbarkeit. Neigung eines Werkstoffes zum Einhärten, gekennzeichnet durch die beim Härten eines bestimmten Querschnitts unter zweckentsprechenden Abkühlungsbedingungen erreichbare Einhärtungstiefe und durch den Verlauf der Härte in Abhängigkeit vom Abstand vom Rand.

Einhärtung. Eingedrungene Härtung in den Querschnitt eines Werkstückes, gekennzeichnet durch die erreichte Einhärtungstiefe und den Verlauf der Härte in Abhängigkeit vom Abstand vom Rand (nach dem Härten).

Einhärtungstiefe. Tiefe der Randschicht eines gehärteten Werkstückes, bis zu der eine bestimmte Härte vorhanden ist.

Einsatzhärten. Härten nach vorhergegangenem Aufkohlen, gegebenenfalls unter gleichzeitigem Aufsticken der Oberfläche.

Aufkohlen (Einsetzen, Zementieren). Meist auf die Randzone beschränkte Kohlenstoffanreicherung durch Halten bei einer Temperatur oberhalb der Umwandlungspunkte Ac_1 oder Ac_3 in Kohlenstoff abgebenden Mitteln. Je nach der Art des angewandten Aufkohlungsmittels spricht man von *Gas-*, *Bad-*, *Pulver-Pastenaufkohlen* (-einsetzen, -zementieren).

Karbonitrieren. Gleichzeitige Kohlenstoff- und Stickstoffanreicherung der Randzone durch Halten bei einer Temperatur über, allenfalls auch unter dem Umwandlungspunkt Ac_1 des Kernwerkstoffes in Kohlenstoff und Stickstoff abgebenden Mitteln.

Härten aus dem Einsatz (Direkthärten). Härten des aufgekohlten Werkstückes am Schluß des Aufkohlens, wobei die Härtetemperatur gegebenenfalls tiefer liegen kann als die Aufkohlungstemperatur, jedoch noch über Ar_1 der Einsatzschicht.

Kernhärten. Härten des aufgekohlten und hiernach bis unter den unteren Umwandlungspunkt Ar_1 des Kernwerkstoffes abgekühlten Werkstückes von der Härtetemperatur des Kernwerkstoffes.

Randhärten. Härten des aufgekohlten und hiernach bis unter den unteren Umwandlungspunkt Ar_1 der Einsatzschicht abgekühlten Werkstückes von der Härtetemperatur der Einsatzschicht.

Doppelhärten. Zweimaliges Härten des aufgekohlten Werkstückes, wobei die erste Härtung von der Härtetemperatur des Kernwerkstoffes, die zweite von der Härtetemperatur der Einsatzschicht vorgenommen wird.

Kernrückfeinen. Abschrecken des Werkstückes von einer Temperatur oberhalb des oberen Umwandlungspunktes Ac_3 des Kernwerkstoffes auf eine Temperatur unterhalb des unteren Umwandlungspunktes Ar_1, um den bei der Aufkohlung grobkörnig gewordenen Kernwerkstoff zu verfeinern.

Zwischenglühen. Glühen eines Werkstückes nach dem Aufkohlen oder nach dem Kernrückfeinen durch längeres Erhitzen auf eine Temperatur knapp unterhalb des unteren Umwandlungspunktes Ac_1 mit nachfolgendem langsamem Abkühlen.

Einsatzhärtungstiefe. Tiefe der Randschicht eines einsatzgehärteten Werkstückes, bis zu der eine bestimmte Härte noch vorhanden ist.

Einsetzen. Siehe unter Einsatzhärten (Aufkohlen und Karbonitrieren).

Einvergütung. Eingedrungene Vergütung in den Querschnitt eines Werkstückes, gekennzeichnet durch den Verlauf der Festigkeitseigenschaften in Abhängigkeit vom Abstand vom Rand (nach dem Vergüten).

Entkohlung. Meist auf die Randschicht eines Werkstückes beschränkte Verringerung des Kohlenstoffgehaltes, wobei ein nahezu vollständiger Entzug des

Kohlenstoffgehaltes *Auskohlung*, ein teilweiser Entzug *Abkohlung* genannt wird.

Entkohlungstiefe. Gesamttiefe der ausgekohlten und abgekohlten Randschicht.

Erwärmdauer. Summe von Anwärmdauer und Durchwärmdauer.

Flammhärten. Härten von Werkstücken nach oberflächigem oder durchgreifendem Erwärmen mit einer Brennerflamme.

Gasaufkohlen. Siehe unter Einsatzhärten.

Gasnitrieren. Siehe unter Nitrieren.

Gebrochenes Härten. Härten in zwei verschieden schroff wirkenden Abkühlungsmitteln nacheinander, ohne Halten in dem ersten Abkühlmittel bis zum Temperaturausgleich.

Glühdauer. Haltedauer auf Glühtemperatur.

Glühen. Erwärmen eines Werkstücks auf eine bestimmte Temperatur und Halten bei dieser Temperatur mit nachfolgendem, in der Regel langsamem Abkühlen.

Glühfrischen. Siehe unter Tempern.

Glühtemperatur. Temperatur, auf die das Werkstück zum Glühen erwärmt wird.

Grobkornglühen (Hochglühen). Glühen bei einer Temperatur oberhalb des oberen Umwandlungspunktes Ac_3 mit zweckentsprechendem Abkühlen, um gröberes Korn (z. B. zur Verbesserung der Zerspanbarkeit) zu erzielen.

Haltedauer. Zeitspanne des Haltens auf einer bestimmten Temperatur, beginnend mit dem Erreichen dieser Temperatur im Kern. Die Durchwärmdauer ist hierin also nicht einbegriffen.

Härtbarkeit (Abschreck-Härtbarkeit). Fähigkeit eines Werkstoffs zur Härtesteigerung durch (Abschreck-) Härten. Der Begriff umfaßt *Aufhärtbarkeit* und *Einhärtbarkeit.*

Härten (Abschreckhärten). Abkühlen von einer Temperatur oberhalb der Umwandlungspunkte A_3 bzw A_1 mit solcher Geschwindigkeit, daß oberflächlich oder durchgreifend eine erhebliche Härtesteigerung, in der Regel durch Martensitbildung, eintritt.

Das Erwärmen muß auf eine Temperatur über die Umwandlungspunkte Ac_1 oder Ac_3 und das Abkühlen von einer Temperatur oberhalb der Umwandlungspunkte Ar_3 oder Ar_1 vorgenommen werden.

Härten aus dem Einsatz. Siehe unter Einsatzhärten.

Härten aus der Warmformgebungshitze (Walzhitze, Schmiedehitze, Ziehhitze). Härten beliebiger Art im Anschluß an die Warmformgebung ohne zwischenliegendes Abkühlen unter den unteren Umwandlungspunkt Ar_1.

Härtetemperatur. Temperatur, auf die vor dem Härten erwärmt wird.

Härtungsrißempfindlichkeit. Neigung zur Rißbildung beim Härten oder im gehärteten nicht angelassenen Zustand.

Hochglühen. Siehe Grobkornglühen.

Induktionshärten. Härten von Werkstücken nach oberflächlichem oder durchgreifendem elektroinduktivem Erwärmen.

Karbonitrieren. Siehe unter Einsatzhärten.

Kernhärten. Siehe unter Einsatzhärten.

Kernrückfeinen. Siehe unter Einsatzhärten.

Lösungsglühen. Glühen zur Lösung ausgeschiedener Bestandteile (siehe unter Aushärten).

Lufthärten. Härten in Luft.

Luftvergüten. Vergüten, bei dem in Luft gehärtet wird.

Luftpatentieren. Siehe unter Patentieren.

Nitrieren (Nitrierhärten, Aufsticken). Glühen in Stickstoff abgebenden Mitteln zum Erzielen hoher Oberflächenhärte.

1. Gasnitrieren. Nitrieren in Stickstoff abgebenden Gasen,
2. Badnitrieren. Nitrieren in Stickstoff abgebenden Salzbädern.

Normalglühen. Erwärmen auf eine Temperatur wenig oberhalb des oberen Umwandlungspunktes Ac_3 (bei überperlitischen Stählen oberhalb des unteren Umwandlungspunktes Ac_1) mit nachfolgendem Abkühlen in ruhender Atmosphäre.

Ölhärten. Härten in Öl.

Ölvergüten. Vergüten, bei dem in Öl gehärtet wird.

Pastenaufkohlen. Siehe unter Einsatzhärten.

Patentieren (Begriff aus der Drahtindustrie). Wärmebehandlung von Draht oder Band, bestehend in einem Erwärmen auf eine Temperatur oberhalb des oberen Umwandlungspunktes Ac_3 und verhältnismäßig raschem Abkühlen zur Erzielung eines für die nachfolgende Kaltverformung günstigen Gefüges.
Man unterscheidet:

1. Durchlaufpatentieren, wobei im Durchlaufofen erhitzt und in einem Bad *(Badpatentieren)* aus Blei oder Salz von 400 bis 500 °C oder nach Erhitzung hoch über dem oberen Umwandlungspunkt Ac_3 an Luft *(Luftpatentieren)* abgekühlt wird.
2. Tauchpatentieren, wobei der Draht oder das Band in Form von Ringen erhitzt und in einem Bad aus Blei oder Salz von 400 bis 550 °C abgekühlt wird.

Perlitisieren. Halten bei einer Temperatur unterhalb des unteren Umwandlungspunktes Ar_1 im Verlauf einer Abkühlung von einer Temperatur oberhalb Ac_1 mit beliebigem weiterem Abkühlen zur Umwandlung in Perlit.

Pulveraufkohlen. Siehe unter Einsatzhärten.

Randhärten. Siehe unter Einsatzhärten.

Rekristallisationsglühen. Glühen bei einer Temperatur im Rekristallisationsbereich nach vorhergegangener Verformung bei einer Temperatur unterhalb dieses Bereiches.

Spannungsfreiglühen. Glühen bei einer Temperatur unterhalb des unteren Umwandlungspunktes Ac_1, meist unter 650 °C, mit nachfolgendem langsamem Abkühlen zum Ausgleich innerer Spannungen, ohne wesentliche Änderung der vorliegenden Eigenschaften.

Stabilglühen. Glühen zum Zusammenballen oder Binden feiner Ausscheidungen, z. B. von Kohlenstoff in nicht stabilisierten austenitischen Stählen bei rd. 850 °C.

Stoßanlassen. Kurzzeitiges Anlassen bei einer Temperatur, die höher ist als die übliche Anlaßtemperatur.

Tauchdauer. Zeitspanne vom Eintauchen in das Bad bis zur Entnahme.

Tauchhärten. Härten der Oberfläche von Werkstücken nach Erwärmen der Randschicht durch kurzzeitiges Eintauchen in hocherhitzte Metall- oder Salzbäder.
Tauchpatentieren. Siehe unter Patentieren.

Tempern. Glühen von weißem Gußeisen zum Zerfall des Zementits bei einer Temperatur oberhalb des unteren Umwandlungspunktes Ac_1,

in Sauerstoff abgebenden Mitteln unter Verringerung des Kohlenstoffgehaltes *(Glühfrischen),*
in neutralen Mitteln ohne wesentliche Verringerung des Kohlenstoffgehaltes.

Tiefkühlen. Nachbehandeln gehärteter Stähle bei tiefen Temperaturen bis zu rd. —180 °C zur Verringerung des Gehaltes an Restaustenit.

Überhitzen. Erwärmen über den oberen Umwandlungspunkt Ac_3 auf so hohe Temperatur, daß bei üblicher Haltedauer eine unerwünschte Kornvergröberung auftritt, die durch Wärmebehandlung oder Verformung wieder rückgängig gemacht werden kann.

Überhitzungsempfindlichkeit. Empfindlichkeit eines Werkstoffes gegen Erhöhungen der Härtetemperatur beim (Abschreck-) Härten. Je größer der Temperaturbereich ist, aus dem ohne nachteiligen Einfluß auf das Ergebnis der Härtung abgeschreckt werden kann, desto geringer ist die Überhitzungsempfindlichkeit und umgekehrt.

Überzeiten. Erwärmen mit so langen Haltezeiten, daß bei üblichen Temperaturen eine unerwünschte Kornvergröberung auftritt, die jedoch durch Wärmebehandlung oder Verformung wieder rückgängig gemacht werden kann.

Verbrennen. Erwärmen über den oberen Umwandlungspunkt Ac_3 auf so hohe Temperatur, daß Schädigungen an den Korngrenzen des Werkstoffes eintreten, die durch Wärmebehandlung oder Verformung *nicht* wieder rückgängig gemacht werden können.

Vergüten. Wärmebehandlung zum Erzielen hoher Zähigkeit bei bestimmter Zugfestigkeit durch Härten und anschließendes Anlassen meist auf höhere Temperatur.

Wärmebehandlung *austenitischer* Stähle siehe unter Abschrecken.

Vergüten aus der Warmformgebungshitze (Walzhitze, Schmiedehitze, Ziehhitze). Vergüten, bei dem das Härten aus der Warmformgebungshitze stattfindet.

Verziehen. Maß- und Formänderungen eines Werkstückes nach der Wärmebehandlung, die durch die Form, die Behandlung, den Werkstoff oder äußere Einflüsse verursacht sein können[1].

Vorwärmen. Langsames Erwärmen auf eine Temperatur unterhalb der beabsichtigten Behandlungstemperatur, z. B. um Spannungsrisse zu vermeiden.

Warmbadhärten. Härten des Werkstückes durch Abkühlen in einem Salz- oder Metallbad mit Halten bis zum Temperaturausgleich und anschließendem beliebigem Abkühlen auf Raumtemperatur.

Wasservergüten. Vergüten, bei dem das Härten in Wasser stattfindet.

Weichglühen. Glühen bei einer Temperatur dicht unterhalb des unteren Umwandlungspunktes Ac_1 (mitunter auch oberhalb Ac_1) oder Pendeln um Ac_1 mit anschließendem langsamem Abkühlen zum Erzielen eines möglichst weichen Zustandes.

Widerstandspatentieren. Patentieren nach einer durchgreifenden elektrischen Widerstandserhitzung.

Zementieren. Siehe unter Einsatzhärten.

Zunderfreiglühen. Siehe unter Blankglühen.

Zwischenglühen. Siehe unter Einsatzhärten.

Zwischenstufenumwandeln. Abkühlen des Werkstückes von der Härtetemperatur in Salz- oder Metallbädern mit Temperaturen, die tiefer, als für die Bildung von Perlit notwendig, aber höher, als für die Martensitbildung erforderlich, liegen; Halten bis zur Beendigung des Umwandelns in der Zwischenstufe und anschließendes beliebiges Abkühlen auf Raumtemperatur.

Zyanbadhärten. Karbonitrieren (siehe unter Einsatzhärten) im Zyanbad.

---

[1] Zu dieser Begriffsbestimmung s. die Ausführungen S. 945.

2. Normalglühen

Das „Normalglühen“ oder „Normalisieren“ besteht aus einer Abkühlung aus Temperaturen oberhalb der Linie *GOS* (Bild 2) an der Luft und bezweckt vorwiegend die weitestgehende Beseitigung groben Gefüges, das entweder vom Guß, von einer Warmverformung bei zu hohen Temperaturen oder von einer Glühung bei hoher Temperatur herrührt. Das Normalglühen kann aber auch dazu dienen, um durch Kaltverformung hervorgerufene Änderungen zu beseitigen.

Am wichtigsten ist das Normalglühen des Stahlgusses. Da Stahlformguß meist unterperlitischer Stahl ist, so liegt das Gebiet der festen Lösung oberhalb der Linie *GOS* des Zustandsschaubildes Bild 2, S. 4. Nach P. OBERHOFFER[1] ist es dabei notwendig, die Linie *GOS* um mindestens 30 °C zu überschreiten. Die Glühtemperaturen für Stahlformguß liegen also je nach der Zusammensetzung zwischen 950 bis 780 °C, und zwar fallend mit steigenden Kohlenstoffgehalten. Stärkeres Hinausgehen über *GOS* führt wieder zu gröberem Korn. Glühen zwischen *PS* und *GOS* ruft eine scheinbare und teilweise Verfeinung des Gefüges hervor, und Gühen unterhalb *PS* beeinflußt lediglich die Ausbildung des Perlits, ohne die Ferritkorngröße zu ändern.

Die Festigkeit wird durch das Normalglühen des Stahlformgusses nur bei großen Stücken erhöht, weil dort die Abkühlung rascher erfolgt als nach dem Gießen. Bei kleineren Stücken, die schon vom Gießen rasch abkühlen und infolge geringerer Korngröße größere Festigkeit aufweisen, wird die Festigkeit durch Normalglühen nicht vergrößert, sondern verringert. Die Wandstärke, bei der durch Normalglühen weder Erhöhung noch Erniedrigung auftritt, ist die „kritische Wandstärke“[2]. Das Normalglühen erfordert eine verhältnismäßig rasche Abkühlung und beseitigt daher die Spannungen nicht. Wenn dies notwendig ist, muß daher dem Normalglühen ein entspannendes Glühen bei 500 bis 600 °C folgen.

Die Bilder 36 und 37 zeigen die Veränderung, die durch Normalglühen im Gefüge und in den Festigkeitseigenschaften eines Stahles mit 0,26% Kohlenstoff erreicht wird. Auch für geschmiedeten Stahl ist ein Normalglühen dann angezeigt, wenn die Verformung bei hoher Temperatur stattfand, wie z. B. bei Gesenkschmiedestücken. Bei untereutektoiden Stählen, die nachträglich gehärtet werden, wird durch vorhergehendes Normalisieren nicht viel geändert, da beim Härten ein völliges Umkristallisieren stattfindet. Bei übereutektoiden Stählen hingegen ist es oft geboten, die großen Karbidgebilde, die durch eine zu hohe Schmiede- oder Walztemperatur entstanden sind, durch Normalglühen zu beseitigen, da die Härtung alle Karbide übrigläßt, die sich oberhalb 800 °C,

---

1 OBERHOFFER, P.: Das technische Eisen, 2. Aufl., Berlin: Springer 1925, S. 346ff.

2 OBERHOFFER, P., u. F. WEISSGERBER: Stahl u. Eisen Bd. 40 (1920) S. 1442.

der Härtetemperatur unlegierter, übereutektoider Stähle, nicht mehr lösen (s. S. 38, 146). Beim Normalglühen hochkohlenstoffhaltiger Stähle, z. B. mit 1,4%, wird es allerdings nicht nötig und auch nicht angezeigt sein, die Löslichkeitslinie *SE* um 30 °C zu überschreiten. Man müßte bei 1,4% Kohlenstoff z. B. bis auf 1100 °C gehen.

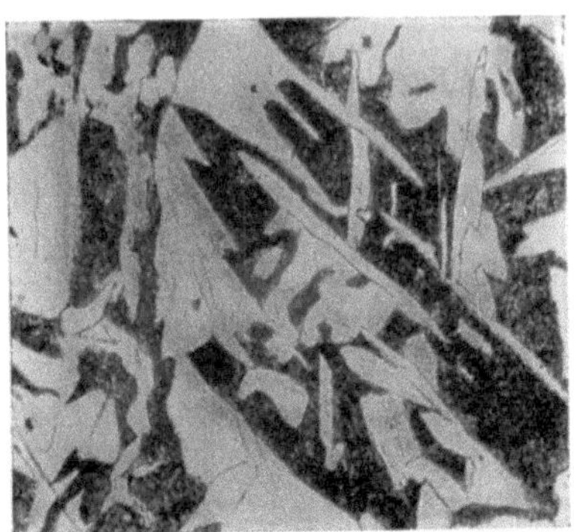

Bild 36. Stahlguß mit 0,26% C in ungeglühtem Zustande.
Streckgrenze 23,4 kg/mm², Zugfestigkeit 43,7 kg/mm², Dehnung 13,1%, Einschnürung 14,2%, Kerbzähigkeit 2,9 mkg/cm². V = 200

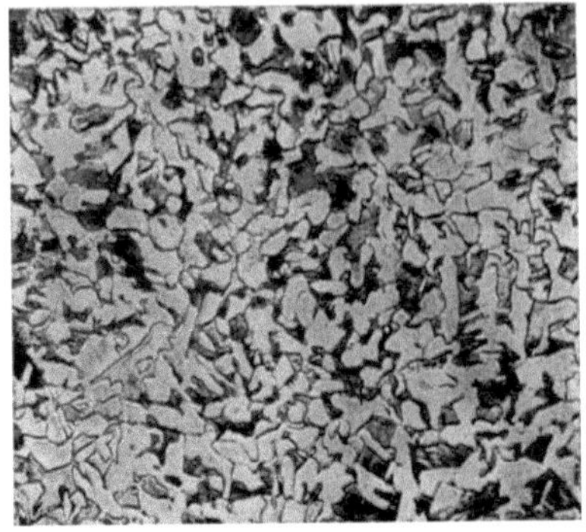

Bild 37. Stahlguß mit 0,26% C bei 880 °C normalgeglüht.
Streckgrenze 28,5 kg/mm², Zugfestigkeit 48,0 kg/mm², Dehnung 24,4%, Einschnürung 40,5%, Kerbzähigkeit 9,4 mkg/cm². V = 200

Das Normalglühen beseitigt alle Wirkungen der Kaltverformung, sei es Kornzertrümmerung, Kalthärtung oder die mit der Kaltverformung verbundene Alterungsgefahr oder grobe Rekristallisation.

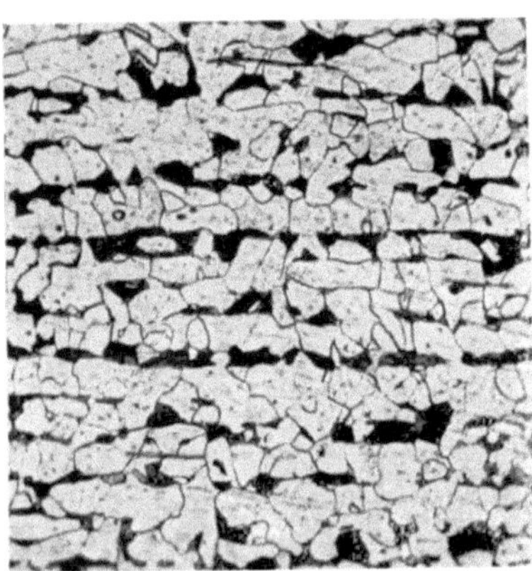

Bild 38. Stahl mit 0,25% C. Walzzustand. V = 100

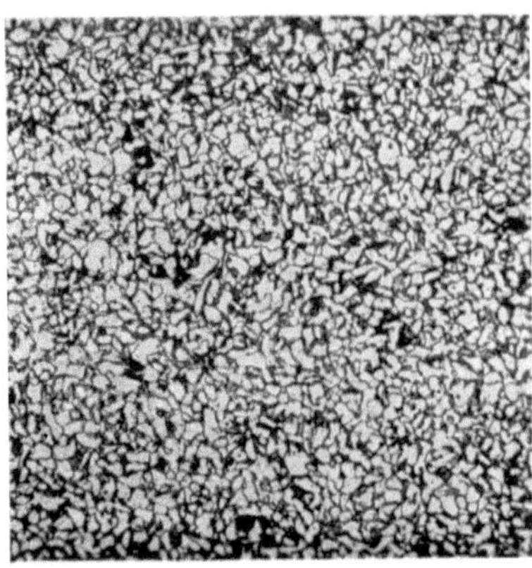

Bild 39. Stahl mit 0,25% C, nach dem Walzen normalisiert. V = 100

Auch vor dem Vergüten werden Werkstücke, die eine nicht befriedigende Kornausbildung von der Warmformgebung her besitzen, z. B. Schmiedestücke usw., normalisiert. Die Normalisiertemperatur legt man hier zweckmäßig so fest, daß man in einem Vorversuch jene Temperatur für das Normalglühen ermittelt, die bei der nachfolgenden Vergütung das beste Gefüge und die besten Eigenschaften ergibt. Die auf diese Weise ermittelten Normalglühtemperaturen können öfter recht beträchtlich oberhalb der Härtetemperatur, in einzelnen Fällen sogar 100 bis 200 °C höher liegen. Ein derartiges Normalglühen ist als Kombination von Normalglühen und Diffusionsglühen zu betrachten. In vielen Fällen ist es damit möglich, unerwünschte Faserbildung zu beheben, auch eine Verbesserung der Querkerbzähigkeit ist damit oftmals zu erreichen.

Die Bilder 38 und 39 zeigen die durch Normalglühen an gewalztem Stahl mit 0,25% C erzielbaren Gefügeänderungen.

3. Weichglühen

Schon der unlegierte Stahl hat nach dem Walzen und Schmieden nach Luftabkühlung Festigkeiten bis 110 kg/mm². Bei hochlegierten Stählen kann die Härte bis über 60 Rockwelleinheiten ansteigen. In diesem Zustand sind die Stähle schwer bearbeitbar und neigen zu Spannungsrissen und müssen daher weich geglüht werden.

Um die Stähle weichzuglühen, müssen je nach der Art des Stahles verschiedene Gefügeänderungen herbeigeführt werden. Bei allen Stählen ist die Überführung des streifigen und des schaligen Zementits in den körnigen notwendig. Kohlenstoff- und leichtlegierte Stähle bedürfen zur Weichglühung nur dieser Kugelung des Zementits. Bei lufthärtenden Stählen, deren höhere Festigkeit nicht nur allein auf die Karbidausbildung, sondern auf Martensit- und Restaustenitgehalt zurückzuführen ist, müssen außerdem diese beiden Gefügebestandteile möglichst zerstört werden. Um dies zu erreichen, muß der Stahl, wenn man Glühtemperaturen oberhalb Ac_1 verwendet, unterhalb Ac_1 langsam abgekühlt werden und unter Umständen im Gebiet der Perlitumwandlung längere Zeit gehalten werden. Dieses langsame Abkühlen muß gegebenenfalls bis in den Zwischenstufenbereich fortgesetzt werden, um Martensitbildung zu verhindern. Auch wenn man beim Glühen von Temperaturen unterhalb Ac_1 ausgeht, ist es notwendig, langsam abzukühlen, um aus dem schon gebildeten Martensit und Restaustenit kugeligen Zementit abzuscheiden.

Auf diesen allgemeinen Erläuterungen fußend sollen nun die Glühverfahren bei den verschiedenen Stahlgruppen beschrieben werden.

Das Weichglühen der untereutektoiden, unlegierten und schwachlegierten Stähle geschieht durch ein einige Stunden dauerndes Halten auf Temperaturen bei etwa 720 °C mit nachfolgendem langsamen Abkühlen bis 650 °C, worauf die Abkühlung rascher erfolgen kann. Auf diese Weise können auch Vergütungsstähle, die nicht mehr als 2% Legierungsbestandteile und Chrom-Nickel-Stähle, die nicht mehr als 3% Ni enthalten, geglüht werden.

Die nächste Gruppe sind die unlegierten und leichtlegierten übereutektoiden Stähle. Bevor wir uns dem Glühen dieser Stähle zuwenden, sollen noch einige Bemerkungen über den Zweck des Weichglühens dieser Stähle gemacht werden.

Das Glühen auf kugeligem Zementit verfolgt nicht allein den Zweck, den Stahl weich zu machen, sondern es schafft auch die Vorbedingungen dafür, daß der gehärtete Stahl das beste Gefüge hat. Durch das Härten löst sich nämlich bei normaler Härtetemperatur nur etwa 1% Kohlenstoff; der Rest bleibt in dem Gefügezustand, in dem er vor dem Härten zugegen war. Handelt es sich beispielsweise um einen Stahl mit 1,4% Kohlenstoff und ist dieser vor dem Härten nicht auf körnigem Zementit

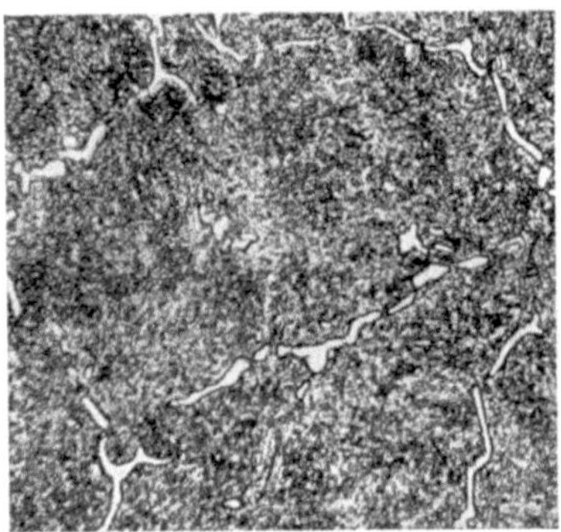

Bild 40. Aus dem Schmiedezustand gehärtet: Ungelöstes Karbid, netzförmig. V = 500

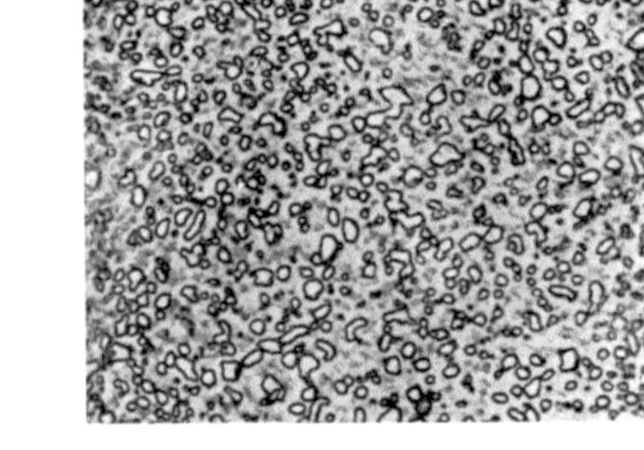

Bild 41. Stahl mit 1,4% C weich geglüht. V = 500

geglüht, sondern aus dem Walzzustand gehärtet, so bleibt die dem Kohlenstoffgehalt (über 1%) entsprechende Karbidmenge in Schalenformen zurück, die grob sind, wenn der Stahl vom Schmieden oder Walzen her grobes Gefüge (hohe Endtemperatur, langsame Abkühlung) oder fein, wenn er vom Schmieden her feines Gefüge hatte. Wenn hingegen vor dem Härten das ganze Karbid in kugeligen Zementit übergeführt war, so bleibt auch der nicht gelöste Anteil in dieser Form übrig. Es läßt sich leicht einsehen, daß es für die Zähigkeit des gehärteten Stahles günstiger ist, wenn zwischen dem Martensit anstatt der starren Schalen zusammenhanglos liegende Kugeln eingebettet sind. Auch die Größe der eingebetteten Kugeln wird von Einfluß sein, wobei kleinere Kugeln leichtere Löslichkeit, also bessere Härtbarkeit zur Folge haben. Hingegen wird bei grob gekugeltem Zementit die Festigkeit niedriger sein. Die Bilder 40, 41, 42 zeigen, wie das Gefüge eines Stahles mit 1,4% Kohlenstoff in Abhängigkeit von der Wärmebehandlung aussieht.

Bild 40 zeigt den Stahl aus dem Schmiedezustand gehärtet, Bild 41 einen weichgeglühten Zustand und Bild 42 den Stahl daraus gehärtet. Aus dem Bild 41 ist ersichtlich, daß kaum unterschieden werden kann, ob die Karbidkugeln vom eutektoiden oder übereutektoiden Zementit herrühren, woraus wieder klar wird, daß hierfür die Bezeichnung „körniger Perlit“ unangebracht ist. Da die Eigenschaften auch von der Größe der eingebetteten Karbidkugeln abhängen und diese wieder in starkem Maße davon beeinflußt sind, ob der Stahl vor dem Glühen grobe oder feine Schalenformen aufwies, so wird der Endzustand von dem Schmiede- oder Walzgefüge stark beeinflußt. Um diesen Einfluß auszuschalten ist es vorteilhaft, den Stahl vor dem Glühen auf einen gleichmäßigen Zustand zu bringen, das heißt, ihn „normal zu glühen“. Bei Ledeburitstählen, z. B. den Schnellstählen und den hochprozentigen Chromstählen mit etwa 2% Kohlenstoff, läßt sich der Stahl durch ein solches Glühen nicht mehr verbessern, da der größere Teil der Karbide nicht mehr in Lösung gebracht werden kann. Hier hängt die Verteilung und Größe der Karbide im wesentlichen von dem Gefüge im Block und vom Verschmiedungsgrad ab.

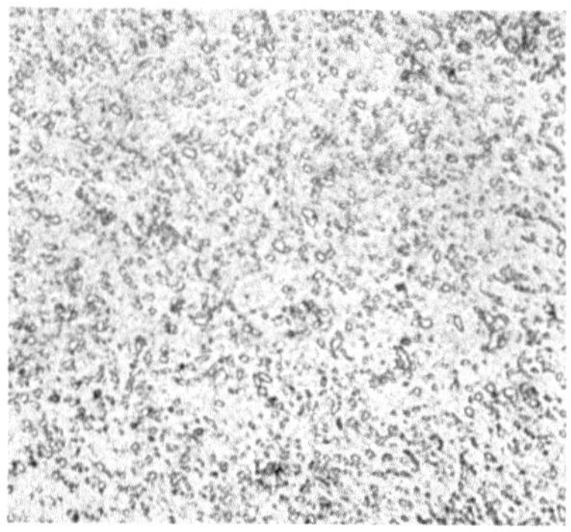

Bild 42. Aus dem geglühten Zustand gehärtet: Ungelöstes Karbid, kugelförmig. V = 500

Für das Weichglühen der übereutektoiden Stähle sind in den letzten zwei Jahrzehnten neue Erkenntnisse gewonnen und grundlegende Änderungen vorgenommen worden. Das Glühen unter oder unmittelbar über dem Haltepunkt hat man verlassen und geht bei unlegierten und schwachlegierten Stählen, z. B. den Wälzlagerstählen, bis 800 °C und sogar darüber, aus welcher Temperatur die Abkühlung verschieden erfolgen kann. Dadurch wird die Glühzeit erheblich abgekürzt. S. Ammareller[1] zeigt die Vorteile der Temperaturerhöhung und die damit verbundene Abkürzung der Glühzeiten. Die Glühtemperatur, von der aus die Abkühlung beginnt, ist vom Kohlenstoffgehalt abhängig, wie es Bild 43 zeigt. Die untere Grenze des hier eingezeichneten Glühbereiches gilt für unlegierte, die obere für legierte Stähle. Danach soll die Glühtemperatur bei Stählen mit weniger als 0,9% Kohlenstoff 730 °C nicht überschreiten, weil sich dann leicht streifiger Perlit bilden kann, wie an dem Beispiel eines unlegierten Stahles auf S. 146 Bild 120[1] gezeigt wird. Der Grund liegt darin, daß sich der Stahl bei höheren Temperaturen im Gebiet völliger Lösung aller Karbide befindet (s. Bild 2), und bei etwas zu rascher Abkühlung sich zu wenig Karbidkeime bilden. Bei einem unlegierten Stahl mit 1,2% C liegt die Glühtemperatur bei 750 °C und bei einem Stahl mit 1,1% C und 1,5% Cr (Wälzlagerstahl) wird sie 770 °C betragen. Die Glüh-

[1] Ammareller, S.: Stahl u. Eisen Bd. 70 (1950) S. 459/463.

dauer bei dieser Temperatur richtet sich danach, ob man sich an der unteren oder an der oberen Grenze des Temperaturbereiches befindet, wobei an der unteren Grenze längere Zeiten möglich und nötig sind. Mit steigender Glühtemperatur und zunehmender Glühzeit nimmt die Glühfestigkeit ab mit gleichzeitiger Vergröberung des körnigen Zementits[1].

Die Abkühlungsgeschwindigkeit soll bei unlegierten Stählen nicht größer sein als 15 °C in der Stunde, bei legierten noch kleiner. Von 650 °C an kann die Abkühlung mit beliebiger Geschwindigkeit erfolgen.

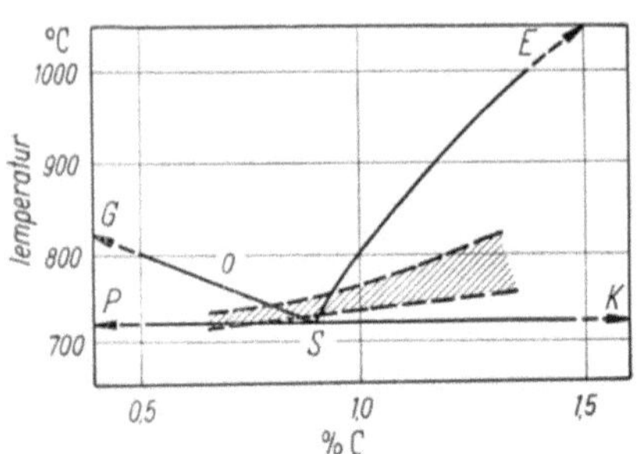

Bild 43. Weichglühtemperaturbereich für Stähle mit 0,50 bis 1,50% C im Zustandsschaubild Eisen-Kohlenstoff (nach S. AMMARELLER)

W. HÜLSBRUCH und E. THEIS[2] haben für Wälzlagerstahl ein etwas abweichendes Verfahren vorgeschlagen, das sie „Weichglühen mit isothermischer Rückumwandlung" nennen. Dies Verfahren besteht darin, daß nach kurzem Halten oberhalb Ac_1 mit beliebiger Geschwindigkeit in den Bereich von Ar_3 bis Ar_1 (etwa 720 bis 700 °C) abgekühlt und hier isotherm bis zum vollständigen Ablauf der Umwandlung gehalten wird. Die Endabkühlung kann dann wieder beliebig schnell erfolgen.

Ein weiterer wesentlicher Fortschritt verbunden mit einer Verbilligung wurde durch die Einführung der Durchzugsöfen erzielt, die das unzweckmäßige Glühen in großen Stapeln nicht mehr notwendig macht. Dieses alte Verfahren hat den Nachteil, daß die Erwärmung und Abkühlung im Inneren des Stapels immer anders verläuft als am Rande, wodurch Ungleichmäßigkeiten unvermeidlich sind. Das Durchziehen dünner, leicht durchwärmbarer Lagen durch lange Öfen gewährleistet hingegen eine gleichmäßige Glühung.

Die Durchzugsöfen gestatten aber auch eine Änderung der Erwärmungs- und Abkühlungsart. Ein von W. CONNERT[3] beschriebenes, hauptsächlich für übereutektoide Stähle dienendes Verfahren beruht darauf, Stahl bis auf etwa 850 °C zu erwärmen, was bei einem Wälzlagerstahl einer Normalglühtemperatur gleichkommt, und verhältnismäßig rasch auf etwa 600 °C abzukühlen und dann auf etwa 800 °C wieder zu erwärmen. Anschließend daran läßt man die Temperatur bis auf 500 °C langsam abfallen. Dieses Verfahren erfaßt drei Vorgänge. Durch die erste Er-

---

[1] CONNERT, W.: Erörterung zu W. HÜLSBRUCH u. E. THEIS: Stahl u. Eisen Bd. 72 (1952) S. 131.

[2] HÜLSBRUCH, W., u. E. THEIS: Stahl u. Eisen Bd. 72 (1952) S. 123/133; s. a. W. CONNERT: Erörterung dazu S. 131.

[3] CONNERT, W.: Stahl u. Eisen Bd. 80 (1960) S. 1049/1060.

wärmung auf hohe Temperaturen und das nachfolgende verhältnismäßig rasche Abkühlen wird der Stahl normalgeglüht und die Folgen etwaigen unzweckmäßigen Vorgehens beim Schmieden oder Walzen beseitigt. Das Verweilen auf Temperaturen von 700 bis 600 °C kommt einem isothermischen Glühen gleich, und schließlich dient die Abkühlung aus der zweiten Temperatur der Kugelung des Zementits. Auf diese Weise soll es möglich sein, alle übereutektoiden Stähle, einschließlich der ledeburitischen, z. B. Schnellarbeitsstähle und hochprozentige Chromstähle, zusammen zu glühen. Bei diesen hochlegierten Stählen ist es wohl die isothermische Glühung, die zur Hilfe kommt. Wenn man aber allen Forderungen der Abnehmer genügen will, wird es kaum zu vermeiden sein, die Stähle auch bei diesem Verfahren in zwei oder mehr Glühgruppen einzuteilen. H. WANKA[1] sagt zu dem CONNERTschen Verfahren, daß die einmalige Erwärmung mit nachfolgender langsamer Abkühlung in den meisten Fällen genügt.

Als allgemeingültiger Fortschritt bleibt aber bestehen, daß die früher gescheute Erwärmung auf hohe Temperaturen Vorteile gebracht hat.

Ein von dem vorhin Geschilderten sehr verschiedenes Glühverfahren erfordern Chrom-Nickel-Vergütungsstähle mit mehr als 2% Nickel und Chrom-Nickel-Werkzeugstähle, die außerdem noch Molybdän und Wolfram enthalten können und deren Kohlenstoffgehalt bis 0,6% ansteigt; besonders letztere widerstehen hartnäckig dem Weichwerden beim Glühen. Die Ursache dafür ist, daß die Zerstörung des Martensits und Restaustenits dieser schon fast martensitischen Stähle schwer gelingt. Man glüht diese Stähle am besten so, daß man sie aus Temperaturen von etwa 650° bis 300 °C sehr langsam abkühlt. Eine Wiederholung der Glühung erleichtert den Erfolg dadurch, daß man bei der zweiten oder unter Umständen dritten Glühung von einem Zustand ausgeht, der schon von vornherein weniger Martensit und Restaustenit enthält und für den weiteren Zerfall dieser beiden Gefügezustände günstige Vorbedingungen gibt.

Eine weitere Möglichkeit des Weichglühens ist das isothermische Glühen aus der Walz- oder Schmiedehitze[2]. Hierbei wird nach der Warmformgebung, die mit genügend hoher Endtemperatur beendigt werden muß, das Glühgut in einen Ausgleichsofen gebracht, dessen Temperatur im oberen Teil der Perlitstufe gehalten wird. Die weichzuglühenden Stähle werden so lange auf dieser Temperatur gehalten, bis die Umwandlung größtenteils abgelaufen ist. Da aber die isothermische Glühtemperatur bei vielen Stahlsorten in engen Grenzen eingehalten werden

[1] WANKA, H.: Erörterung zu W. CONNERT.

[2] KRAINER, H., K. SWOBODA u. W. LAMARCHE: Vertraul. Bericht VDEh Nr. 53 (1944) S. 17/19 (Erörterung). — THEIS, E.: Stahl u. Eisen Bd. 71 (1951) S. 1433 bis 1440. — KRAINER, H.: Erörterung dazu S. 1438/1439.

muß, ist es oft einfacher, an Stelle des Haltens bei der optimalen Glühtemperatur den Umwandlungsbereich mit geringer Abkühlungsgeschwindigkeit zu durchlaufen. Mitunter lassen sich durch das isothermische Glühen schon für den Gebrauch genügend niedrige Festigkeiten erzielen. Ein Beispiel hierfür geben H. KRAINER, K. SWOBODA und W. LAMARCHE[1]. Der Schnellstahl kommt von der Warmformgebung, die oberhalb 800 °C beendet sein muß in einen Ausgleichsofen, dessen Temperatur je nach Zusammensetzung zwischen 700 und 770° liegt und verbleibt dort 2 bis 5 Stunden. Die nach diesem Verfahren erzielten Glühfestigkeiten entsprechen den bei üblicher Glühung erreichbaren. Dies gilt nicht für die hochkobalthaltigen Schnellstähle; bei diesen kann man mit diesem Verfahren kaum Festigkeiten unter 120 kg/mm² erreichen. Meist aber beschränkt sich das isothermische Glühen nach der Walzhitze darauf, lufthärtende Stähle bei dem Abkühlen aus der Warmformungstemperatur vor Härterissen zu bewahren.

Am leichtesten lassen sich gehärtete Stähle weich glühen, da der Kohlenstoff aus dem fein verteilten Zustand des Härtegefüges viel leichter in Kugeln übergeht als aus den platten- und schalenförmigen Gebilden des Schmiede- und Walzzustandes. Um gehärteten Stahl weich zu glühen, genügt es, ihn auf etwa 700 °C zu erwärmen und an die Luft zu legen, wobei man ihn nur verhältnismäßig kurze Zeit auf Temperatur halten muß. Auch hochlegierte Stähle, wie Schnellarbeitsstähle, kann man so behandeln, wobei man 720 bis 730 °C nicht überschreiten darf.

Erwähnenswert ist noch ein von R. HOHAGE und R. ROLLETT[2] empfohlenes Verfahren, das darin besteht, die Stähle nach dem Weichglühen bei 550 bis 750 °C zu erwärmen und aus dieser Temperatur abzuschrecken. Dadurch wird die Härte weiter erniedrigt, besonders aber die Zähigkeit gehoben. Bei diesem, auch für andere Stähle verwendbarem Verfahren, das man Karbidglühung genannt hat, handelt es sich sicherlich um die Unterdrückung einer Ausscheidung.

Für gewisse schwierige Zerspanungsvorgänge, z. B. Hinterdrehen von Fräsern, ist spröder Stahl günstig, wofür dann aber möglichst langsames Abkühlen besser ist.

Versprödende Glühverfahren zur Erzielung einer guten Oberfläche bei der Zerspanung, besonders von Einsatzstählen, werden im Abschnitt „Zerspanbarkeit“ besprochen.

Das Glühen nach einer Kaltverfestigung wird in dem Abschnitt „Kaltverformung — Rekristallisation“ behandelt.

---

[1] KRAINER, H., K. SWOBODA u. W. LAMARCHE: s. Vertraul. Bericht VDEh Nr. 53 (1944) S. 17/19 (Erörterung).

[2] HOHAGE, R., u. R. ROLLETT: Arch. Eisenhüttenw. Bd. 3 (1929/30) S. 233/239; s. a. Stahl u. Eisen Bd. 49 (1929) S. 1519/1520.

4. Härten[1]

Die Härteannahme bei rascher Abkühlung erfolgt durch Umwandlung des Gefüges in Martensit (S. 9, 17) oder durch Bildung von Zwischenstufengefüge (S. 16, 17). Auch der Übergang von Perlit zu Sorbit oder Troostit (S. 7) steigert die Härte.

Unter Härten versteht man das Abkühlen (Abschrecken) aus dem Gebiet der festen Lösung des Austenits mit genügender Geschwindigkeit, um eine Umwandlung in der Perlit- und Zwischenstufe ganz oder zum größeren Teile zu vermeiden und eine Umwandlung überwiegend in der Martensitstufe zu erhalten. Die allgemeinen Grundlagen hierzu sind auf S. 10, 16, 17 behandelt worden, hier wird zu erörtern sein, wie groß die kritische Abkühlungsgeschwindigkeit bei den verschiedenen technischen Stählen ist und welche Abkühlungsgeschwindigkeit bei den verschiedenen Abkühlmitteln erreicht wird.

Die kritische Abkühlungsgeschwindigkeit technischer Kohlenstoffstähle ist bereits erheblich geringer als die reiner Eisen-Kohlenstoff-Legierungen; sie nimmt allgemein ab mit zunehmendem Kohlenstoff- und Legierungsgehalt und zunehmender Austenitisierungstemperatur (Temperatur im Austenitbereich, bei der eine möglichst gleichmäßige Verteilung der festen Lösung erreicht werden soll und von der aus abgelöscht wird). Der Temperaturbereich, innerhalb dessen die Überschreitung der kritischen Abkühlungsgeschwindigkeit besonders wichtig ist, ist der Bereich der Perlitstufe, also, von hochlegierten Stählen abgesehen, etwa zwischen 750 und 450 °C.

Je nach der Legierung der Stähle kann unter ganz verschiedenen Bedingungen noch eine Härtung erzielt werden und daher ist die Auswahl der Abschreckmittel von besonderer Wichtigkeit. Die Abkühlung soll nämlich nicht rascher als zur Erzielung ausreichender Härte nötig ist, vorgenommen werden. Würde man z. B. hochlegierte Stähle schroff in Wasser abschrecken, so würden Härtespannungen von einer Höhe entstehen, die zu einem Reißen des Werkstückes führen würden. Die tatsächlich im Werkstück erzielte Abkühlungsgeschwindigkeit ist abhängig von der Abschreckwirkung des Härtemittels, das den Wärmeübergang vermittelt, von der Wärmeleitfähigkeit und der spezifischen Wärme des Werkstückes. Die beiden letzteren Eigenschaften sind bei den hier in Frage kommenden Stählen praktisch als gleich anzusehen,

[1] Zusammenfassendes Schrifttum über das „Härten", allgemein gesprochen, also jeder Art Härtung und über die Wärmebehandlung überhaupt: Handbuch der Durferrit-Härtetechnik 9, lose Blattausgabe, Frankfurt/M. 1955. — Härtetechn. Tagung 1953. Referate. Berlin: Verlag Technik 1954. — Quenching of Steels. A compilation of papers presented at the National Metal Congress. Cleveland: Amer. Soc. for Metals Okt. 1958. — Grossmann, M. A.: Principles of heat treatment. Cleveland/Ohio: ASM 1955.

bzw. es ist eine wesentliche Beeinflussung nicht möglich; es braucht hier also nur über die Ablöschmittel gesprochen werden.

Die wichtigsten Härtemittel, in der Reihe zunehmender Abschreckwirkung, sind Luft, Öl und Wasser. Die Wirkung dieser und anderer Ablöschmittel, z. T. mit Zusätzen, ist verschiedentlich untersucht worden[1]. Als Beispiele sind in Bild 44a, b, c die Abkühlungsgeschwindigkeit einer Silberkugel von 20 mm Durchmesser in ruhender Luft und Preßluft, in einer Metallschmelze, einer Salzschmelze, in Rüböl und Mineralöl und in Brunnenwasser und 10%iger Natronlauge zusammengestellt. Die Abkühlungsgeschwindigkeit in Luft und Preßluft erreicht sehr rasch nach Beginn der Abkühlung ihre höchsten Werte, bei der weiteren Abkühlung ist sie praktisch verhältnisgleich der Temperatur der abkühlenden Fläche. Dasselbe gilt auch für die Abkühlung in Metallschmelzen und in Salzschmelzen, in denen bei der Erwärmung durch das abzulöschende Stück keine dampf- oder gasförmigen Produkte entstehen. Im Gegensatz dazu treten bei der Abkühlung in flüssigen Ablöschmitteln, in denen Dampf entsteht, Verzögerungserscheinungen auf, besonders bei höheren Temperaturen. Dies gilt besonders für Wasser.

Beim Beginn der Abschreckung bildet sich zunächst eine Dampfhaut (Leidenfrost-Phänomen). Dadurch liegen die Abkühlungsgeschwindigkeiten in diesem Bereich niedriger. Die Dampfhaut bricht bei weiterer Abkühlung zusammen, und die Abkühlungsgeschwindigkeit nimmt bedeutend zu, um dann allmählich bei niederen Temperaturen auf geringe Werte abzusinken. Warmes Wasser hat eine geringere Abschreckwirkung, weil die Dampfhaut bis zu tieferen Temperaturen beständig ist. Durch Bewegung wird sie leicht zerstört, so daß dadurch eine erhebliche Steigerung der Abkühlungsgeschwindigkeit erzielt wird. Unebenheiten an der Oberfläche der Probe bedingen ein stärkeres und ungleichmäßigeres Haften der Dampfhaut, so daß dadurch ungleichmäßige Härtung verursacht werden kann. Bei Wassertemperaturen oberhalb 60 °C ist die Dampfhaut sehr stabil und kann auch durch heftige Bewegungen nicht mehr zerstört werden. Das Abkühlungsvermögen von Wasser mit mehr als 60 °C ist deshalb oberhalb 400 °C ziemlich gering. Die Abkühlungsgeschwindigkeit des Wassers kann durch Zusätze von Natronlauge und Kochsalz erhöht werden, wobei sich Zusätze von etwa 5 bis 10% bewährt haben. Der Natronlauge ist, da sie nicht wie der Kochsalzzusatz zu schwerer Korrosion führt, der Vorzug zu geben. Wie Bild 44d zeigt, wird insbesondere beim Beginn des Abschreckvorganges die Abkühlungsgeschwindigkeit erhöht. Eine Aufschwemmung von gelöschtem Kalk wirkt

---

[1] Wever, F.: Arch. Eisenhüttenw. Bd. 5 (1931/32) S. 367/376. — Rose, A.: Mitt. K.-Wilh.-Inst. Eisenforschg. Bd. 21 (1934) S. 181/196; Arch. Eisenhüttenw. Bd. 13 (1939/40) S. 345/354. — Peter, W.: Arch. Eisenhüttenw. Bd. 20 (1949) S. 263/277; Bd. 21 (1950) S. 395/402.

schwächer als Wasser. Vorteilhaft ist es aber, daß der Abkühlungsvorgang in Flüssigkeiten wie dieser, bei denen sich dünne Oberflächenniederschläge

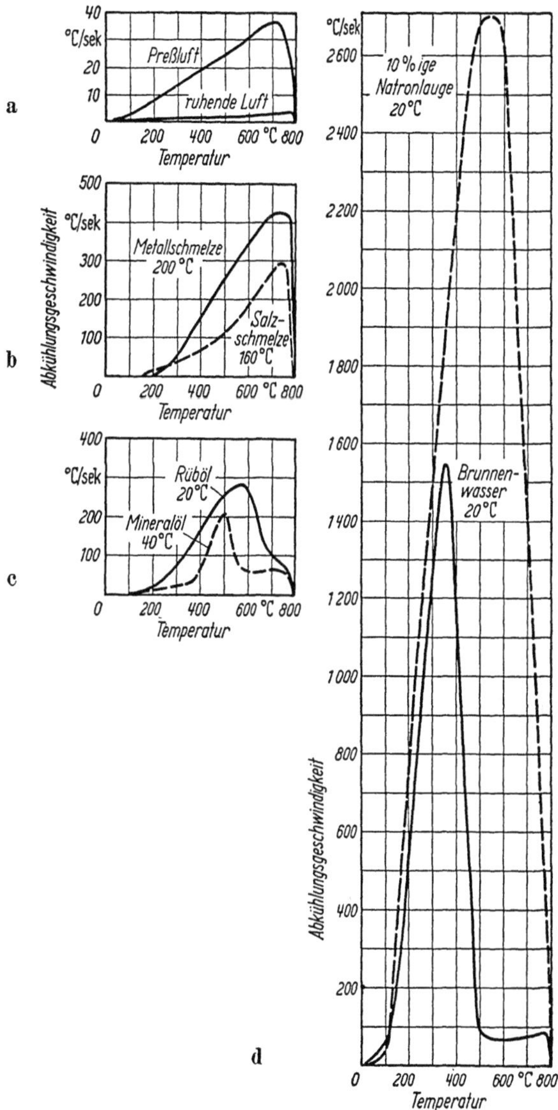

Bild 44 a–d. Abkühlungsgeschwindigkeiten einer Silberkugel von 20 mm Durchmesser in verschiedenen Abschreckmitteln (nach F. WEVER und A. ROSE)

bilden, viel gleichmäßiger verläuft, denn die Niederschläge verhindern das Festsetzen der Dampfhaut und begünstigen somit das Kochen.

Gegenüber Wasser tritt beim Öl die Bildung einer stabilen Dampfhaut auf, die auch durch Bewegung nur wenig beeinflußt werden kann. Diese Dampfhaut entsteht nicht durch Öldampf, sondern durch nichtkondensierbare Gase. Sie bricht bei verhältnismäßig hoher Temperatur bei etwa 500 bis 600 °C zusammen. Hier setzt dann der Kochvorgang ein. Bei der Beurteilung eines Öles muß außer der Größe der maximalen Geschwindigkeit auch noch vor allem die Breite des Kochbereiches berücksichtigt werden. Leichte Öle, die einen großen Gehalt an flüchtigen Bestandteilen haben, verursachen eine starke Dampfbildung und haben deshalb geringeres Abkühlungsvermögen. Je größer die Dichte und je höher die Siedetemperatur, desto größer wird die maximale Abkühlungsgeschwindigkeit, wobei sie sich gleichzeitig zu höheren Temperaturen verschiebt. Der Einfluß der Badtemperatur bei Mineralöl ist sehr verschieden. Steigen die Badtemperaturen bis zu einer bestimmten Grenze an, so wird besonders bei zähen Ölen das Kühlvermögen hinaufgesetzt. Oberhalb dieser Temperatur tritt dann vermehrte Dampfbildung ein, und die Abkühlungsgeschwindigkeit nimmt dann ziemlich rasch ab. Pflanzenöle, wie Rüböl, haben ein wesentlich größeres Abkühlungsvermögen als fast alle Mineralöle (Bild 44c links unten) und eine weitgehende Unabhängigkeit der Abkühlungsgeschwindigkeit von der Badtemperatur.

Durch Vermischen verschiedener Mineralöle sowie Zugabe besonderer Wirkstoffe ist es möglich, Härtemittel mit einer besonders günstigen Abkühlungsgeschwindigkeits-Temperaturcharakteristik herzustellen.

Beim Härten mit Öl spielen weniger die chemischen als die physikalischen Eigenschaften der Öle eine ausschlaggebende Rolle. Bei Mineralölen mit gleichen physikalischen Eigenschaften erhält man ungefähr auch die gleiche Abkühlungscharakteristik, Unterschiede finden sich lediglich in der Höhe der Abkühlungsgeschwindigkeit.

Die Kluft zwischen Wasser- und Ölabschreckung kann man durch Anwendung von Wasserölemulsionen überbrücken. Auch Lösungen von Pektin- und Arabanverbindungen wurden vorgeschlagen; ebenso kann man mit Wasserglaslösungen Abkühlungsgeschwindigkeiten erreichen, die zwischen der des Wassers und verschiedener Öle liegen. Der Nachteil derartiger Lösungen ist, daß sie während des Gebrauches ihre Zusammensetzung verändern. Bild 45 gibt nun nach A. Rose[1] noch einen Überblick über die Größe der Abkühlungsgeschwindigkeiten bzw. der Wärmeübergangszahlen für die verschiedensten Abschreckmittel bei etwa 500 °C Oberflächentemperatur.

Die in Platten verschiedener Stärke beim Abschrecken von 900 °C in verschiedenen Abschreckmitteln in der Plattenmitte bei 650 °C vorliegenden Abkühlungsgeschwindigkeiten haben H. Krainer und K. Swo-

[1] Rose, A.: Mitt. K.-Wilh.-Inst. Bd. 21 (1939) S. 181/196; s. a. Stahl u. Eisen 1940 S. 164, 712, 752.

BODA[1] ermittelt (Bild 46). Öl A ist ein normales Mineralöl mit 4,5° Engler bei 50 °C. Die Öle B, C und D sind Sonderhärteöle, W 20 bedeutet Wasser bei 20 °C und W 60 bei 60 °C. Man sieht, daß die Unterschiede

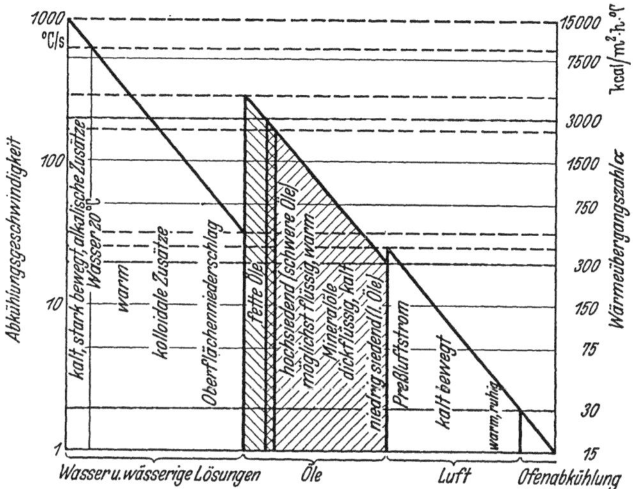

Bild 45. Wärmeübergangszahlen verschiedener Abschreckmittel (nach A. ROSE)

der einzelnen Härtemittel bei kleineren Abmessungen stark ins Gewicht fallen.

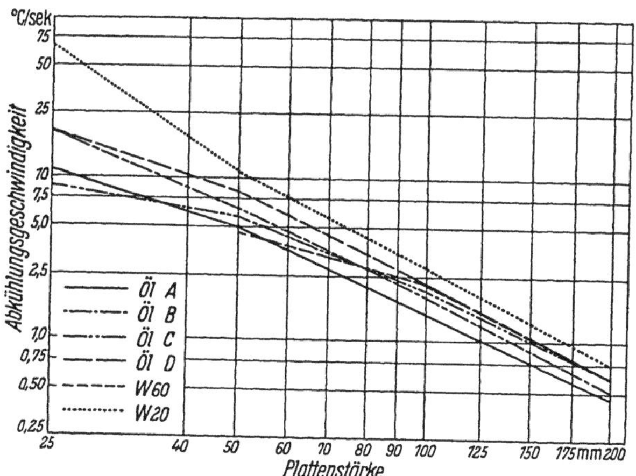

Bild 46. Abkühlungsgeschwindigkeiten in der Plattenmitte in von 900 °C in verschiedenen Abschreckmitteln abgeschreckten Stahlplatten bei 650 °C (nach H. KRAINER und K. SWOBODA)

Warmbadhärtung: Martensit entsteht auch dann, wenn die Abkühlungsgeschwindigkeit in der Perlitstufe so groß ist, daß die Austenit-

[1] KRAINER, H., u. K. SWOBODA: Arch. Eisenhüttenw. Bd. 17 (1943/44) S. 163 bis 176; s. a. Stahl und Eisen Bd. 64 (1944) S. 150.

Umwandlung unterdrückt und die Abkühlung im Gebiet des Martensitpunktes langsam durchgeführt wird. Dies ist die Grundlage der Warmbadhärtung, die auch Stufen- oder Thermalhärtung genannt wird. Die zu härtenden Werkstücke werden hierbei von Härtetemperaturen in einem Metallbad oder Salzbad, in dem Temperaturbereich der Zwischenstufe oder etwas unterhalb, abgeschreckt. Von dieser Temperatur weg werden die Werkstücke an Luft gelegt (s. S. 25). Die Vorteile dieser Härtung sind in den geringen Härtespannungen zu sehen, wodurch der Härteausschuß durch Härterisse und der Verzug verringert werden. Eine hin und wieder behauptete Zähigkeitssteigerung auf Grund eines zäheren Martensites konnte in eigenen Versuchen nicht gefunden werden, doch könnte die Vermeidung von Mikrorissen durch die langsame Martensitbildung zu einer Zähigkeitssteigerung gegenüber einem vom Härten her mit Mikrorissen behafteten Stahl führen.

In Zahlentafel 1 sind Anwendungsbeispiele der Warmbadhärtung gebracht, bei denen die Stähle nach dem Temperaturausgleich im Ab-

Zahlentafel 1. *Beispiele für Warmbadhärtung*

Stahlzusammensetzung	Härtetemperatur °C	Abschrecktemperatur °C	Härte HRC
0,15% C, 1% Cr, 4,5% Ni (nach Einsatzhärtung)	760	200	62
1% C, 1% W, 0,3% V	820	220	62—63
2% C, 13% Cr	950	350—500	64
0,75% C, 18% W, 4% Cr, 1% V	1250	500—550	64

schreckbad an ruhiger Luft abgekühlt wurden. Bei längerem Belassen im Bad nimmt der Stahl schon dort Härte an, wird aber weicher als bei normaler Härtung. Je höher der Stahl legiert und je kleiner daher seine kritische Abkühlungsgeschwindigkeit ist, desto leichter gelingt die Warmbadhärtung und desto größeren Spielraum hat man in der Wahl der Badtemperatur. Beispielsweise beträgt bei den Schnellarbeitsstählen die Temperatur des Warmbades meistens 500 bis 550 °C, hierdurch wird das Anlassen bei 550 bis 580 °C jedoch nicht ersetzt. Bezüglich Einzelheiten muß auf den Abschnitt „Schnellarbeitsstähle“ verwiesen werden (s. S. 788).

Allgemein kann über die Warmbadhärtung gesagt werden, daß man versucht, die Warmbadtemperatur so hoch als möglich zu halten, um möglichst geringe Abschreckspannungen zu bekommen. Die Umwandlungsschaubilder geben bei der Wahl der richtigen Warmbadtemperatur sehr wertvolle Anhaltspunkte, jedoch muß man auf die Möglichkeit von Karbidausscheidungen aus dem Austenit achten und diese durch Anwendung nicht zu langer Haltezeiten unbedingt vermeiden (s. S. 21).

Auch Vergütungsstähle kann man zur Verminderung des Verzuges und der Härtespannungen im Warmbad härten[1]. Da die Vergütungsstähle aber einen niedrigeren Kohlenstoffgehalt haben als die Werkzeugstähle — meist 0,3 bis 0,5% —, muß die Warmbadtemperatur ziemlich hoch liegen, so daß die Gefahr einer Ferritbildung groß ist. Wenn dabei größere Mengen Ferrit entstanden sind, sind die Zähigkeitseigenschaften schlechter als bei einem durch Anlassen des Martensites entstandenen Vergütungsgefüge. Wenn bei Ölablöschung vorwiegend Zwischenstufengefüge an Stelle von Martensit auftritt, so gilt das auf S. 52 Gesagte.

Ein eigenartiges Härteverfahren ist die Härtung aus der Warmformgebungshitze, auch *Walzhärtung*[2] genannt. Hierbei wird der Stahl unmittelbar nach dem Walzen oder Schmieden abgeschreckt, ohne erst langsam abzukühlen. Die Walzendtemperaturen müssen dann natürlich oberhalb Ar_3 liegen und sollen möglichst nicht zu hoch sein. Zweckmäßig wird aber noch ein Glühen in einem Ausgleichsofen zwischengeschaltet, um Temperaturschwankungen, besonders bei langen Stücken und auch bei stark unterschiedlichen Querschnitten, auszugleichen. Das Abschrecken erfolgt fast immer in Wasser. Die Vorteile dieses Wärmebehandlungsverfahrens bestehen neben einer Wärme- und Zeitersparnis darin, daß niedrig oder schwach legierte Baustähle auch noch in größeren Abmessungen durchvergüten als bei üblicher Wärmebehandlung. Dies ist darauf zurückzuführen, daß durch die Erwärmung zum Walzen oder Schmieden weitgehend die die Austenitumwandlung fördernden Keime aufgelöst wurden und keine Zeit zur Abscheidung haben. Gegenüber der Härtung von Temperaturen, die der Walz- oder Schmiedehitze entsprechen, zeigt dieses Verfahren den Vorteil, daß durch die Warmverformung bis zu wesentlich tieferen Endtemperaturen die bei Walzhitze aufgetretene Kornvergröberung, die sich unter Umständen schädlich auswirkt, behoben wird. Nach diesem Verfahren lassen sich auch bei Vorsichtsmaßnahmen Ölhärter in Wasser abschrecken, ohne daß die Rißgefahr zu groß ist. Solche Stähle sollen dann nicht völlig in Wasser erkalten und ferner auch sofort nach dem Abschrecken angelassen werden. Als Folge der besseren Durchvergütung bei diesem Verfahren erreicht man besonders im Kern gegenüber der üblichen Vergütung häufig ein besseres Streckgrenzenverhältnis, höhere Dehnung

[1] Döpfer, H., u. H.-J. Wiester: Arch. Eisenhüttenw. Bd. 8 (1934/35) S. 541 bis 548. — Allen, N. P., L. B. Pfeil u. W. T. Griffiths: Second Report of the Alloy Steels Research Committee. Iron Steel Inst., Spec. Rep. Nr. 24 (1939) S. 343 bis 390.

[2] Schäfer, R., u. W. Drechsler: Stahl u. Eisen Bd. 62 (1942) S. 497/503 u. 809/820. — Legat, A., u. E. Plöckinger: Berg- u. hüttenm. Mh. Bd. 90 (1942) S. 169/175. — Schneider, A.: Stahl u. Eisen Bd. 62 (1942) S. 1002/1003. — Kukla, O., W. Küntscher u. H. Sajosch: Stahl u. Eisen Bd. 62 (1942) S. 1067 bis 1073. — Bollenrath, F., u. H. Kiessler: Stahl u. Eisen Bd. 69 (1949) S. 287/301.

und Einschnürung und Kerbschlagzähigkeit. Hierfür wird im Abschnitt „Vergüten" ein Beispiel gebracht (S. 69). Die Walzhärtung hat sich trotz dieser Vorteile wenig eingeführt, wohl wegen der Schwierigkeiten der Einhaltung von Zeit und Temperatur im Betrieb. Bei der Walzhärtung bildet sich bei größeren Querschnitten außer Martensit natürlich auch Zwischenstufengefüge.

Das Ziel der Härtung ist nicht nur, daß der Stahl, d. h. das Werkstück, eine bestimmte Härte an der Oberfläche annimmt, sondern daß sich diese Härte auch bis in eine bestimmte Tiefe erstreckt. Die Härteannahme, das ist die *Höchsthärte an der Oberfläche* bei Überschreiten der kritischen Abkühlungsgeschwindigkeit, hängt praktisch allein vom im Austenit gelösten Kohlenstoffgehalt des Stahles ab, und zwar so, wie es Bild 47 nach F. T. Sisco[1], J. L. Burns, T. L. Moore, R. S. Archer[2]

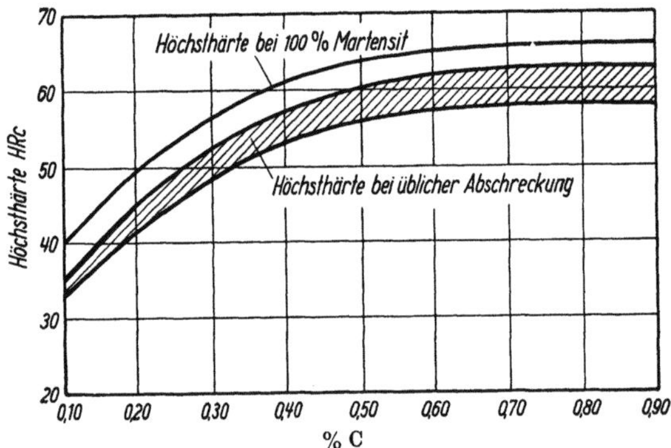

Bild 47. Erreichbare Abschreckhärten in Abhängigkeit von Kohlenstoffgehalt (nach F. T. Sisco, J. L. Burns, T. L. Moore, R. S. Archer und A. L. Boegehold; aus W. Crafts und I. L. Lamont[4])

und A. L. Boegehold[3] zeigt. Die anderen Legierungselemente haben kaum einen Einfluß, es sei denn, daß sie die M_s-Temperatur so weit herabsetzen, daß die Restaustenitmenge zunimmt, oder den Kohlenstoff zu schwerlöslichen Sonderkarbiden abbinden und so den für die Härtung zur Verfügung stehenden Kohlenstoffgehalt vermindern. Auch eine Erhöhung der Abkühlungsgeschwindigkeit über die kritische hinaus bringt höchstens eine geringfügig höhere Härte durch Abnahme des Restaustenitsgehalts. Die Härtetemperatur ist dann von Einfluß, wenn mit zunehmender Erhöhung der Härtetemperatur über Ac_3 mehr Kohlenstoff gelöst

[1] Sisco, F. T.: Modern Metallurgy for Engineers, 2. Aufl., S. 499, New York: Pitman Publishing Corporation 1948, S. 499[4].

[2] Burns, J. L., T. L. Moore u. R. S. Archer: Quantitative Hardenability. Trans. Amer. Soc. Met. Bd. 26 (1938) S. 1/36[4].

[3] Boegehold, A. L.: Selection of Automative Steel on the Basis of Hardenability. SAE Trans. Bd. 52 (1944) S. 472/485[4].

[4] Crafts, W., u. I. L. Lamont. Hardenability and Steel Selection. New York: Pitman Publishing Corporation 1949, S. 87.

wird und damit für die Härtung zur Verfügung steht. Die Haltezeit auf Härtetemperatur kann dieselbe Wirkung ausüben. Ganz anders verhält es sich dagegen mit der Einhärtung und Durchhärtung. Damit auch weiter im Innern eines Werkstückes eine *Martensithärtung* erfolgt, muß ja auch hier die kritische Abkühlungsgeschwindigkeit überschritten werden. D. h. aber, daß alle Maßnahmen, die die kritische Abkühlungsgeschwindigkeit herabsetzen, die Einhärtung vergrößern, wie beispielsweise Erhöhung des Kohlenstoffgehaltes, Zugabe von Legierungselementen, Erhöhung der Austenitisierungstemperatur u. ä. Man kann aber auch umgekehrt durch Zugabe von Legierungselementen, die ziemlich stabile Sonderkarbide bilden, wie Wolfram und Vanadin, und die bei der Abkühlung von einer niedrigen Austenitisierungstemperatur knapp oberhalb Ac_3 die Umwandlung in der Perlitstufe durch unaufgelöste Sonderkarbide ankeimen und beschleunigen, Stähle erzeugen, die nach der Härtung nur eine gleichmäßig dünne gehärtete Schicht über einem zähen Kern aufweisen. Die letzteren und die Kohlenstoffstähle nennt man Schalenhärter. Zu den tiefer einhärtenden Stählen zählen die höher legierten Chrom-, Chrom-Nickel-, Chrom-Nickel-Molybdän, Chrom-Wolfram- und Chrom-Mangan-Stähle. Ungefähre Anhaltszahlen über die Tiefe der Härteschicht nach Härtung von üblichen Temperaturen gibt Zahlentafel 2, Bild 48 zeigt Härtebrüche eines bei 20 mm Stärke nicht durchhärtenden und eines durchhärtenden Stahles. Vielfach gilt als Einhärtungstiefe auf Martensit der Bereich, in dem das Gefüge mehr als 50% Martensit enthält.

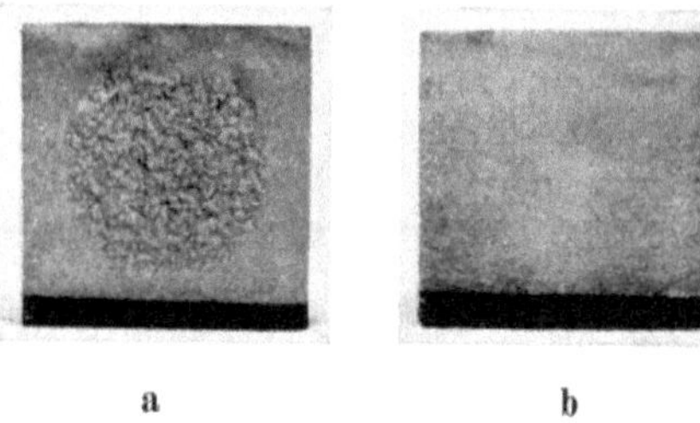

Bild 48. Bruchaussehen eines (a) nicht durchhärtenden und eines (b) durchhärtenden Stahles. Natürliche Größe

Zahlentafel 2
Einfluß einiger Legierungselemente auf die Einhärtungstiefe auf mindestens 50% Martensit

C	Cr	Mn	Wo	Ni	Einhärtungstiefe mm
1,1	—	0,25	—	—	2—4
0,9	—	1,8	—	—	30
0,9	0,5	0,9	—	—	25
1,0	1,0	1,0	1,5	—	40
2,0	13,0	—	—	—	100
1,1	1,3	—	—	—	20
0,5	1,2	—	—	3,0	150

Härteannahme und Einhärtung auf Martensit erfassen den Begriff der Härtbarkeit nicht vollständig, da — wie besonders unter „Härtung durch Zwischenstufengefüge“ (S. 54) und unter „Prüfung der Härtbarkeit“ (S. 61) ausgeführt wird — außer Martensit auch andere Gefügearten zur Härtung beitragen (S. 7, 43).

M. A. GROSSMANN[1] schlug einen Weg vor, den Einfluß der Legierungszusätze auf die Martensithärtbarkeit zahlenmäßig zu erfassen. Er bestimmt die Abkühlungsgeschwindigkeit in verschieden dicken Stahlzylindern bei verschiedenen Abschreckmitteln. Als Vergleichsmaß zieht er den Durchmesser jenes Zylinders heran, der die gleiche Abkühlungsgeschwindigkeit ergibt, wenn seine Oberfläche plötzlich auf Raumtemperatur gebracht wird. Den sich bei diesem „Idealabschrecken" ergebenden Durchmesser bezeichnet er als den idealen kritischen Durchmesser D_I. Bild 49 gibt die Umrechnung in den aktuellen kritischen

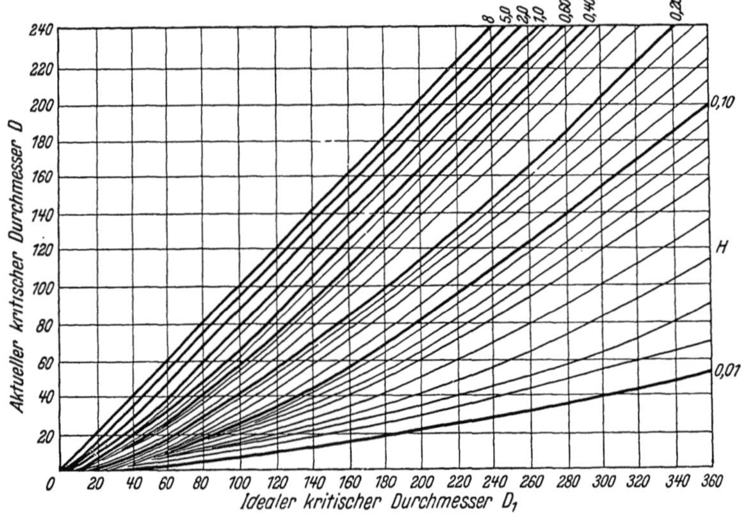

Bild 49. Beziehungen zwischen aktuellen und idealen kritischen Durchmessern bei verschiedenen Abschreckbedingungen (nach M. A. GROSSMANN)

Durchmesser, wobei die Intensität des Abschreckens durch den Abschreckfaktor H gekennzeichnet wird. Für den idealen kritischen Durchmesser ist der Abschreckfaktor H unendlich. Der Abschreckfaktor H beträgt für ruhendes Wasser 1, für stark bewegtes Wasser 1,5 bis 2 und kann bei heftiger Bewegung 4 erreichen. Für unbewegtes Öl beträgt er 0,25 bis 0,30, bei starker Bewegung des Öles 0,4 bis 0,8. Die Durchhärtbarkeit bezieht M. A. GROSSMANN auf einen Martensitgehalt im Kern von 50%. Soll der Martensitgehalt höher sein, so ist der ideale kritische Durchmesser nach Bild 50 zu verringern. In Bild 51 gibt M. A. GROSSMANN[2] die idealen kritischen Durchmesser für Kohlenstoff-

[1] GROSSMANN, M. A., M. ASIMOW u. S. A. URBAN: Härtbarkeit, ihre Beziehungen zum Abschrecken und einige zahlenmäßige Angaben, in: Hardenability of Alloy Steels. Amer. Soc. Met. Cleveland 1939 S. 124/196; vgl. Stahl u. Eisen Bd. 59 (1939) S. 602; s. a. Metal Progr. Bd. 33 (1938) S. 373/376 u. 432.

[2] GROSSMANN, M. A.: Trans. Amer. Inst. min. metallurg. Engrs. Bd. 150 (1942) S. 227/259.

stähle in Abhängigkeit von ihrer McQuaid-Ehn-Korngröße an. In Bild 52 wird der Einfluß der verschiedenen Legierungselemente in der Form eines Multiplikationsfaktors angegeben. Der nach Bild 51 ermittelte ideale kritische Durchmesser ist mit den aus Bild 52 ermittelten Multiplikationsfaktoren zu multiplizieren. Diese Methode, die Härtbarkeit aus der chemischen Zusammensetzung zu errechnen, sei an einem Beispiel erläutert. Es soll die Durchhärtung in Öl für den Martensitgehalt von 50% im Kern von einem Stahl mit 0,55% C, 0,30% Si, 0,60% Mn, 1,60% Ni, 0,7% Cr und 0,3% Mo errechnet werden. Die Korngröße soll 6 betragen. Für den Kohlenstoffstahl wäre der ideale kritische Durchmesser 6,8 mm, die Multiplikationsfaktoren für 0,3% Silizium betragen 1,2, für 0,6% Mangan 3, für 0,7% Chrom 2,5, für 1,6% Nickel 1,6 und für 0,3% Molybdän 1,8. Das Produkt der Multiplikationsfaktoren beträgt 25,92, also rd. 26. Mit 6,8 mm, dem idealen kritischen Durchmesser des Kohlenstoffstahles, multipliziert ergibt 178,8 mm. Für die Ö.härtung beträgt der Abschreckfaktor *H* 0,3.

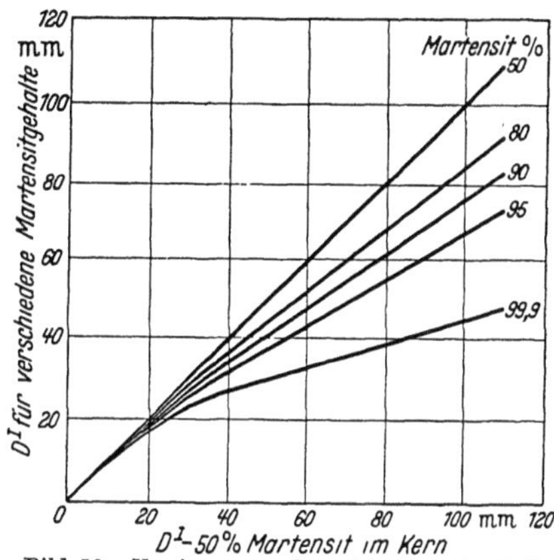

Bild 50. Verringerung des aktuellen, kritischen Durchmessers bei der Forderung höheren Martensitgehaltes (nach J. M. Hodge und M. A. Orehoski[1])

Aus Bild 49 entnimmt man bei 180 mm idealem kritischem Durchmesser und $H = 0,3$ einen aktuellen Durchmesser von 120 mm. Dieser Stahl würd also bei rund 120 mm in Öl noch auf 50% Martensit durchhärten.

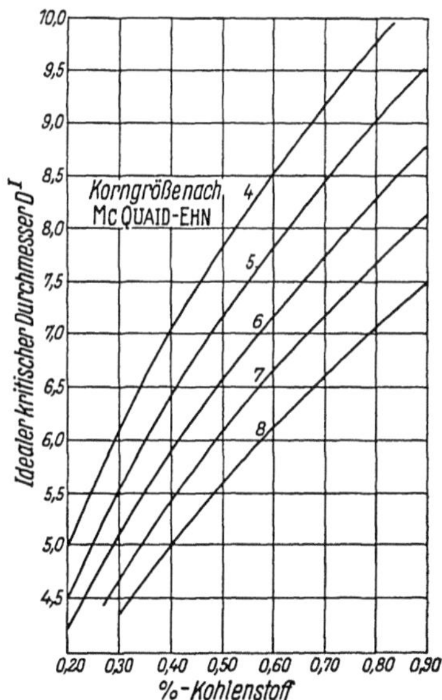

Bild 51. Korngröße und idealer kritischer Durchmesser bei Kohlenstoffstählen (nach M. A. Grossmann)

Als erster Anhalt für die Beurteilung des Legierungseinflusses oder zur Abschätzung des voraussichtlichen Durchhärtevermögens auf Martensit

[1] Hodge, J. M., u. M. A. Orehoski: Trans. Amer. Inst. min. metallurg. Engrs. Bd. 167 (1946) S. 627/642; s. hierzu auch: W. Gerber u. U. Wyss: Von Roll Mitt. Bd. 7 (1948) S. 13/49.

einer Legierung erweisen sich diese Bestimmungen als recht nützlich. Es darf aber nicht übersehen werden, daß dabei Einflüsse anderer Art unberücksichtigt bleiben. Es sind dies einmal die durch Keime veränderliche Härtbarkeit bei gleichem Kohlenstoffgehalt und gleicher Menge der vorgeschriebenen Legierungsmetalle (s. S. 132, 136) und ferner auch die durch die Überhitzbarkeit gekennzeichnete Härteempfindlichkeit, vor der im nachfolgenden die Rede sein wird (S. 56); auch ist der Martensit, den die GROSSMANNsche Berechnung allein beachtet, nicht der einzige Träger der Härtbarkeit. Diese Rechnungen vermochten daher auch nicht die tatsächliche Durchführung von Bestimmungen der Härtbarkeit (S. 63, 351) zu verdrängen.

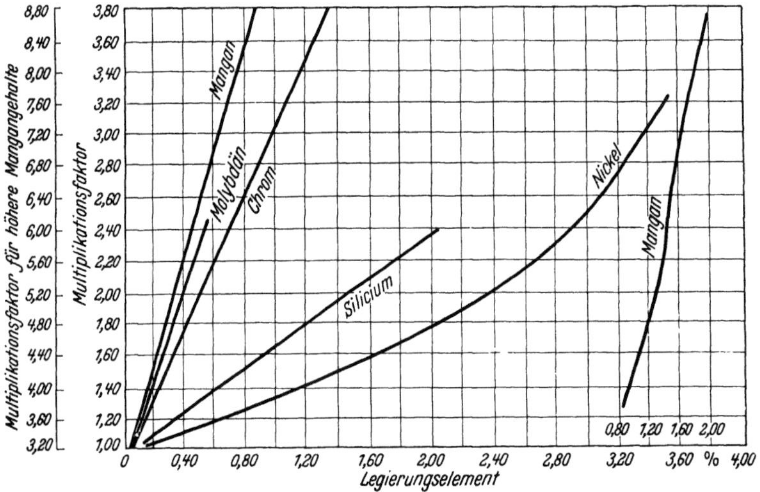

Bild 52. Chemische Zusammensetzung und Härtbarkeit (nach M. A. GROSSMANN)

Ein besonderes Verfahren stellt die *Zwischenstufenhärtung* dar. Hierzu wird der Stahl von der Härtetemperatur in einem Warmbad auf eine Temperatur abgeschreckt, bei der die Zwischenstufenumwandlung (S. 18) vor sich geht, und dort bis zum vollständigen Ablauf derselben gehalten. Das Verhalten der einzelnen Stähle ist so vielfältig, daß sich über die Temperatur des Warmbades und die Verweilzeit keine Gesetze aufstellen lassen. An verschiedenen Stellen dieses Buches (S. 22, 355, 371, 372, 786) sind Zeit-Temperatur-Umwandlungs- (ZTU-) Schaubilder gebracht, aus welchen diese Vielgestaltigkeit entnommen werden kann. Hier sollen nur wenige Beispiele über die Zwischenstufenhärtung gebracht werden.

Bei Federstählen z. B. führt diese Behandlung im Festigkeitsbereich 140 bis 170 kg/mm² zu hohen Zähigkeiten. Ein Anlassen ist hierbei nicht nötig. Läßt man die Zwischenstufenumwandlung aber bei Temperaturen oberhalb etwa 320 bis 350 °C ablaufen, so ist bei der dann erzielten Festigkeit von weniger als 140 kg/mm² kein Gewinn mehr an Zähigkeit gegenüber dem auf gleiche Festigkeit üblich vergüteten Zustand vorhanden[1]. Ein Beispiel hierfür gibt Bild 53 nach eigenen Untersuchungen, das die Kerbschlagzähigkeit eines zwischenstufengehärteten Stahles mit 0,45% Kohlenstoff, 1% Mangan, 1,4% Silizium und 1% Chrom angibt. Dieser Stahl läßt sich in Abmessungen bis etwa 15 mm größte Wandstärke ausgezeichnet zwischenstufenhärten, wobei besonders ein Festigkeitsbereich von 160 bis 180 kg/mm² vorteilhaft anzuwenden ist. Bild 54 zeigt an dem Beispiel eines Werkzeugstahles mit 1% C, 1% Mn und 0,6% Cr, wie oberhalb 250 °C bei normal gehärtetem und nachher angelassenem Stahl größere Härte zurückbleibt als bei den bei derselben Temperatur in der Zwischenstufe umgewandelten. Vergleiche der Biegefestigkeit und der Biegewinkel ergaben, daß in einem Härtebereich von 54 bis 57 HRC die Zwischenstufenhärtung bessere Zähigkeiten ergibt; unter 54 HRC war kein Vorteil mehr zu erzielen.

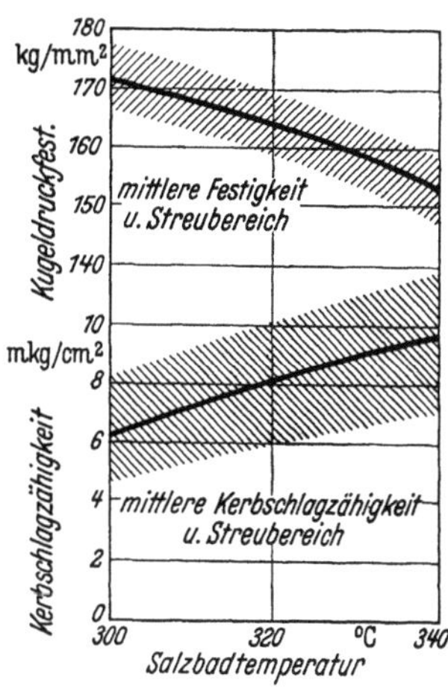

Bild 53. Kerbschlagzähigkeit und Festigkeit eines Stahles mit 0,45% C, 1% Mn, 1,4% Si, 1% Cr nach Zwischenstufenhärtung (nach H. Krainer)

Auch bei hochlegierten, z. B. den Schnellarbeitsstählen wird mitunter die Zwischenstufenhärtung empfohlen. In diesem Fall ist nachträgliches Anlassen erforderlich (s. Abschnitt „Schnellarbeitsstähle" S. 827). Da dort Härten von über 60 Rockwell notwendig sind, spricht man hier besser von Zwischenstufenhärten als von „Zwischenstufenvergüten", welch letzterer Ausdruck wohl auch gebraucht werden kann, wenn es sich um niedrigere Härten handelt. Trotzdem bleibt in diesem Fall das Wort „Zwischenstufenvergüten" irreführend, weil beim „Vergüten" gemäß der Begriffsbestimmung dem Härten immer ein Anlassen folgt (S. 34).

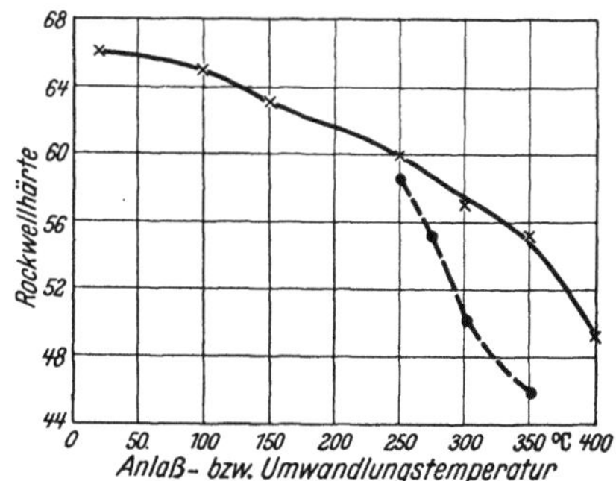

Bild 54. Härte eines Stahles mit 1% C, 1% Mn, 0,9% Cr nach Zwischenstufenhärtung bei verschiedenen Umwandlungstemperaturen (gestrichelt) und nach üblicher Härtung mit nachfolgendem Anlassen (voll ausgezogen)

[1] Connert, W., u. H. Kiessler: Stahl u. Eisen Bd. 68 (1948) S. 137/151; s. a. H. Schrader, H.-J. Wiester u. E. Kunze: Erörterung hierzu S. 146/149.

Härteempfindlichkeit

Allgemein gesprochen kann man einen Stahl dann härteempfindlich nennen, wenn die gewünschten Eigenschaften nur bei Einhaltung eng begrenzter Bedingungen zu erhalten sind, also der Stahl gegen geringe Änderungen der Härtetemperatur, der Anwärmzeit, der Abschreckflüssigkeit usw. empfindlich ist. Dabei wird hauptsächlich die Eindringtiefe des Martensits, die Grob- oder Feinkörnigkeit des Bruchaussehens eine Rolle spielen. Natürlich greifen bei legierten Stählen die Verschiedenheiten auch auf das weiter im Inneren liegende Zwischenstufengefüge über.

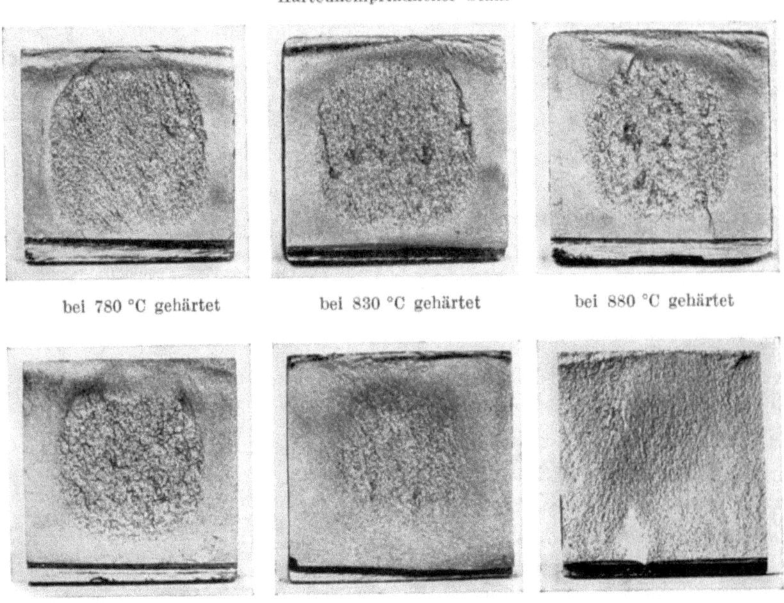

Bild 55. Härtebrüche eines unempfindlichen und eines empfindlichen Stahles. Nat. Gr.

Der Begriff „Härteempfindlichkeit" wird aber auch als Empfindlichkeit gegen die Bildung von Härterissen verstanden, was wieder eng mit dem Obigen zusammenhängt.

Eine besondere Rolle spielt dieser Begriff bei den Wasserhärtern, also hauptsächlich den unlegierten Stählen. Bild 55 zeigt den Unterschied eines härteempfindlichen und eines härteunempfindlichen Kohlenstoffstahles, wobei beide Stähle gleichen Kohlenstoff-, Silizium- und Mangangehalt aufweisen und von unbeabsichtigten Fremdlegierungen wie Chrom und Nickel frei waren. Die Proben waren einmal bei vorgeschriebener Temperatur, das zweitemal um 50 °C und das drittemal um 100 °C überhitzt gehärtet. Die oberen, unempfindlichen Proben haben selbst bei einer Überhitzung von 100 °C noch keine wesentliche Vertiefung und Verschlechterung des Härterandes aufzuweisen, während die unteren empfindlichen in diesem Falle ganz durchhärten und rissig werden.

Das Bruchkorn ist bei dem unempfindlichen Stahl bei 100 °C Überhitzung noch fein, während es bei den empfindlichen bei 50 °C Überschreitung der Härtetemperatur schon grob ist. Eine weitere Eigenschaft des härteunempfindlichen Stahles ist es auch, daß der Übergang von der Härteschicht zum Kern unvermittelt vor sich geht, während bei den empfindlichen Stählen eine größere Menge Troostitinseln im Martensit und Martensitinseln im Troostit liegen. Bei genauerer Betrachtung sieht man dann oft feine Risse von einer Troostitinsel zur anderen laufen, und man gewinnt dadurch den Eindruck, daß solche Stähle mit Tausenden feinen Spannungsrissen durchsetzt sind.

Der Temperaturbereich, aus dem heraus der Stahl ohne Fehler gut gehärtet werden kann, wird als Härtebereich bezeichnet, die untere und obere Grenze als Härtegrenzen. An der unteren Grenze wird gerade die geforderte Härtbarkeit erreicht, während die obere Grenze durch beginnende Überhitzung gekennzeichnet ist. Zur Untersuchung der Überhitzungsempfindlichkeit werden im wesentlichen zwei Wege beschritten. In Amerika wurde von H. W. McQuaid und E. W. Ehn[1] zur Bestimmung der arteigenen Korngröße ein Prüfverfahren entwickelt, das darin besteht, eine Probe bei 927 °C 8 Stunden lang zu zementieren und anschließend mikroskopisch aus dem Zementit-Korngrenzennetzwerk die Korngröße zu ermitteln. Feinkörnige Stähle nehmen schwerer Härte an. Im Anschluß an die erste Veröffentlichung erschien ein umfangreiches Schrifttum hierüber, an dieser Stelle braucht aber nur auf die zusammenfassenden Arbeiten verwiesen zu werden[2]. Diese Korngrößenbestimmung nach McQuaid und Ehn hat den Vorteil großer Einfachheit, ihr Wert darf aber nicht überschätzt werden. Das andere, in Deutschland übliche Verfahren zur Bestimmung der Härtegrenzen unter gleichzeitiger Beurteilung des Mikrogefüges in Abhängigkeit von der Härtetemperatur gibt weitgehendere Aufschlüsse als die McQuaid-Ehn-Probe, die nur eine Aussage über den Zustand bzw. über das Kornwachstumsbestreben eines Stahles bei einer Temperatur macht.

Im wesentlichen hat man es mit zwei Typen von Stählen zu tun, zwischen denen ein allmählicher Übergang liegt, einerseits die feinkörnigen überhitzungsunempfindlichen Stähle, auf der anderen Seite die

[1] McQuaid, H. W., u. E. W. Ehn: Trans. Amer. Inst. min. metallurg. Engrs. Bd. 67 (1922) S. 341/391; s. a. Houdremont, E., u. H. Müller: Stahl u. Eisen Bd. 50 (1930) S. 1321.

[2] Leihener, O.: Stahl u. Eisen Bd. 56 (1936) S. 1273/1278. — Swinden, Th., u. G. R. Bolsover: Stahl u. Eisen Bd. 56 (1936) S. 1113/1124. — Houdremont, E., u. H. Schrader: Stahl u. Eisen Bd. 56 (1936) S. 1412/1422.

grobkörnigen überhitzungsempfindlichen Stähle. Von entscheidendem Einfluß auf die Art der Stähle, ob sie überhitzungsempfindlich (grobkörnig) oder überhitzungsunempfindlich (feinkörnig) sind, ist das angewandte Schmelzverfahren und insbesondere die Art der Desoxydation. Dabei spielt vor allem das Aluminium eine ausschlaggebende Rolle. Stähle, die mit Aluminium desoxydiert werden, sind überhitzungsunempfindlicher als solche, die nicht mit Aluminium behandelt wurden. Hierbei kommt aber nicht allein dem Sauerstoff, sondern auch dem Stickstoff eine Bedeutung zu. Aluminiumnitride und Oxyde, die in Form äußerst fein verteilter Einschlüsse vorliegen, sind die Ursache für das gehemmte Kornwachstum. Hierbei ist ein bestimmter Aluminiumzusatz zur Denitrierung und Desoxydation erforderlich, um überhitzungsunempfindliche Stähle zu erhalten. Nach Untersuchungen der Verfasser ist hierzu im allgemeinen ein Aluminiumzusatz von 0,025%[1] erforderlich. Geringere Aluminiumzusätze reichen nicht aus, höhere Aluminiumzusätze hingegen führen wieder zu einer Steigerung der Einhärtung, die auf die Legierungswirkung des Aluminiums zurückzuführen ist.

Überhitzungsunempfindliche (feinkörnige) Stähle zeigen in der Perlitstufe eine größere Umwandlungsgeschwindigkeit als überhitzungsempfindliche. Bei wasserhärtbaren Kohlenstoffstählen wird also die Härtetiefe weitgehend durch die Stahlherstellung beeinflußt. Mit genügend Aluminium desoxydierte Stähle zeigen eine geringe Härtetiefe, ungenügend desoxydierte Stähle zeigen eine größere Härtetiefe. Der Einfluß der Desoxydation auf die Umwandlungsgeschwindigkeit ist aber auch bei legierten Stählen nachweisbar. Stähle mit genügendem Aluminiumzusatz sind umwandlungsfreudig, solche mit zu geringem Aluminiumzusatz umwandlungsträge. An einem Chrom-Molybdän-Stahl konnte H. Krainer[2] zeigen, daß ein Aluminiumzusatz von 0,025% auch diesen Vergütungsstahl umwandlungsfreudig macht. In diesem Fall wird sicherlich nicht nur die Martensittiefe verringert, sondern auch der Zwischenstufenbereich eingeschränkt. Auch andere Eigenschaften werden durch die arteigene Korngröße des Stahles beeinflußt. Beispielsweise sei erwähnt, daß grobkörnige Baustähle im allgemeinen eine bessere Dauerstandfestigkeit zeigen als feinkörnige (s. S. 446, 447).

Es ist nun der Einfluß der Legierungselemente zu erörtern. Wenn Mangan, Nickel und Chrom, also Elemente, die die Durchhärtung befördern, in größerer Menge zugegen sind, so machen sie den Stahl deshalb empfindlich, weil er infolge seiner Legierung nicht mehr für Wasserhärtung zu verwenden ist, wobei er natürlich nicht grobkörnig zu werden braucht. Die Menge an Chrom, Nickel und Mangan, die bei Wasserhärtung

---

[1] Diese Zahl gilt für das Schmelzen im basisch zugestellten Elektroofen, mit weißer Schlacke nach Abziehen der schwarzen.

[2] Krainer, H.: Arch. Eisenhüttenw. Bd. 17 (1943/44) S. 11/16.

wegen der Rißgefahr noch zulässig ist, ändert sich mit dem Kohlenstoffgehalt und der Form und Größe der zu härtenden Teile. Z. B. wird man einen Stahl mit 0,9% Kohlenstoff nicht mehr gut in Wasser härten können, wenn der Mangangehalt über 0,5% beträgt. Bei niedrigem Kohlenstoffgehalt wird ein höherer Mangangehalt erlaubt sein. Bei manganarmen Stählen würde für Nickel etwa dasselbe gelten, da aber Mangan meist in größerer Menge als 0,2% zugegen ist, wird mehr als 0,25% Nickel für Wasserhärter höheren Kohlenstoffgehaltes verpönt sein. Bei niedrigem Kohlenstoffgehalt, etwa bei Vergütungs- und Einsatzstählen, werden aber auch Nickelgehalte von 3 bis 5% für Wasserhärter gestattet sein. Mangan und Nickel unterscheiden sich in der Wirkung dadurch, daß bei Manganzusatz die Neigung zur Kornvergrößerung zunimmt und keine Überhitzung zulässig ist, während bei Nickelzusatz auch bei stärkerer Überschreitung der Härtetemperatur noch feines Korn erhalten bleibt. Diese Eigenschaft ist sowohl für in Wasser wie in Öl zu härtende Nickel- und Manganstähle wichtig. In diesem Sinne macht das Mangan den Stahl wirklich härte- und überhitzungsempfindlich. Bemerkenswert ist, daß bei guter Desoxydation mit Aluminium oder bei Zusatz von Vanadin diese Überhitzungsempfindlichkeit der Manganstähle zum großen Teil verschwindet. Das Chrom hat bei höheren Kohlenstoffgehalten eine schwächere Wirkung als Mangan und Nickel und darf daher noch bei etwa 1% C bis zu 1,2% bei Wasserhärtern verwendet werden. Zu beachten ist in allen Fällen, daß zwei Elemente gleichzeitig stärker wirken als die Summe der einzelnen Elemente. Eine grundsätzlich andere Stellung nehmen Wolfram, Molybdän und vor allem Vanadin ein. Diese Elemente machen den Stahl härteunempfindlich und lassen selbst bei etwas erhöhter Härtetemperatur noch einen dünnen Härterand entstehen. Wie bereits bemerkt (S. 51), ist dies auf die schwer löslichen Sonderkarbide dieser Elemente zurückzuführen, die in fein verteilter Form selbst bei beträchtlicher Überschreitung der Härtetemperatur ungelöst zurückbleiben und die Umwandlungsgeschwindigkeit des Austenits und dadurch die notwendige kritische Abkühlungsgeschwindigkeit erhöhen. Bei hohen Temperaturen werden die Karbide gelöst und dann gewinnt dieser Stahl stärkere Fähigkeiten zur Einhärtung als unlegierter, da sich nun die Legierungswirkung dieser Elemente bemerkbar macht. Ein Beispiel für die starke Unempfindlichkeit gegen Überhitzung ist in Bild 57 gegeben. Es handelt sich dabei um einen Stahl mit 1% Kohlenstoff, 0,4% Mangan und 0,4% Vanadin. Ein Stahl mit demselben Kohlenstoff- und Mangangehalt würde bei 850 °C durchgehärtet und überhitzt sein, während hier Härtetemperaturen bis 900 °C ohne weiteres vertragen werden (s. darüber auch S. 136 bei Vanadin). Man ist dadurch in der Lage, die Härtetiefe durch die Wahl der Härtetemperatur zu regeln, da man bei höherer Temperatur nicht wie bei unlegierten Stählen Überhitzung befürchten muß.

In ähnlicher Weise wie man bei den Werkzeugstählen die Einhärtetiefe durch die Wahl der Härtetemperatur zu regeln vermag, kann bei Baustählen durch Anwendung höherer Härtetemperaturen die Durchhärtung bzw. Durchvergütung vergrößert werden. In der durch die höhere Härtetemperatur hervorgerufenen Kornvergröberung ist jedoch eine Grenze dieses Verfahrens gegeben. Bezüglich der Empfindlichkeit der einzelnen Stähle gegen überhöhte Härtetemperaturen können allgemeine Angaben nicht gemacht werden, da sich verschiedene Stähle hier sehr verschieden verhalten können. Wenn jedoch, wie bei der Härtung aus Walz- oder Schmiedehitze, das sich bei der hohen Temperatur bildende grobe Korn durch die Warmformgebung zerstört wird, so sind neben besserer Durchvergütung trotz hoher Austenisierungstemperatur auch gute Zähigkeitswerte des Stahles zu erwarten (s. S. 49).

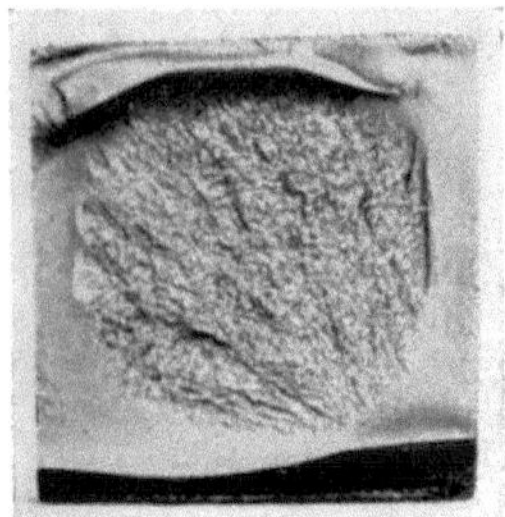
bei 780 °C gehärtet

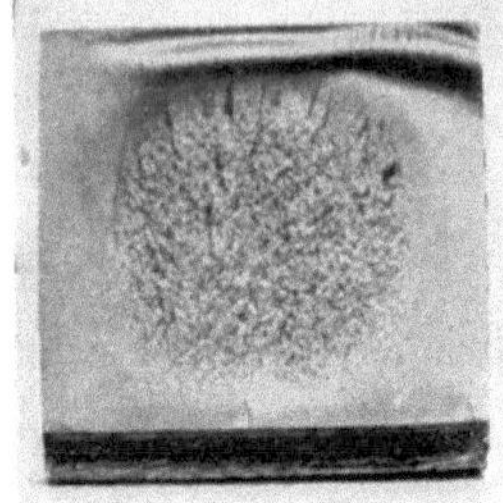
bei 830 °C gehärtet

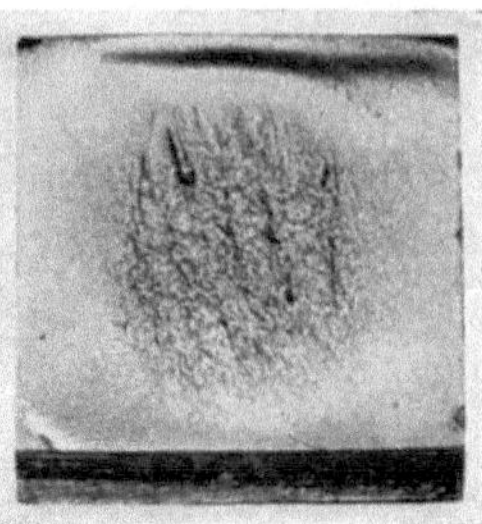
bei 880 °C gehärtet

Bild 56. Härteunempfindlicher Stahl mit regelbarer Einhärtungstiefe. Nat. Gr.

Zahlentafel 3. *Festigkeitseigenschaften von verschieden gehärteten und 2 Stunden bei 620°C angelassenen Stangen mit 42 mm Durchmesser aus Stahl mit rd. 0,27% C, 1,0 bis 1,3% Mn, 0,6 bis 0,9% Cr und 0,1 bis 0,2% V* (nach P. Drastik*)

Stangen	Brinellhärte				Festigkeitseigenschaften im Kern				
	Härtung aus der Schmiedehitze		Übliche Härtung		Streckgrenze	Zugfestigkeit	Streckgrenzenverhältnis	Bruchdehnung	Einschnürung
Nr.	Rand	Kern	Rand	Kern	kg/mm²	kg/mm²		($L_0 = 5d_0$)	%
1	311	302			95,9	102,2	0,94	16,4	58,8
2			277	241	73,5	84,1	0,87	20,4	69,4
3	311	302			96,0	102,1	0,94	16,8	58,7
4			285	248	76,4	87,0	0,87	19,4	66,9
5	321	311			99,6	105,4	0,95	16,8	56,1
6			285	269	82,0	91,0	0,90	20,6	64,9
7	321	311			102,4	107,8	0,95	14,4	48,9
8			212	269	81,6	91,4	0,89	19,6	66,0
9	321	311			101,0	106,2	0,95	16,2	53,3
10			277	241	80,6	86,8	0,93	19,4	67,3
11	311	311			100,2	105,8	0,95	16,8	55,9
12			248	255	79,6	88,5	0,89	19,8	67,3

* Drastik, P.: Stahl u. Eisen Bd. 62 (1942) S. 815.

In Zahlentafel 3 sind einige Ergebnisse an einem walzgehärteten Mangan-Chrom-Vanadin-Stahl zusammengestellt. Bei diesem vanadinhaltigen Stahl wird neben der Durchvergütung sogar auch die Anlaßbeständigkeit erhöht.

Prüfung der Härtbarkeit

Eine einfache Prüfung der Härtbarkeit ist von großer Wichtigkeit, da oft große Schwankungen in den Grenzen der Durchhärtung bzw. Durchvergütung auftreten, besonders dann, wenn aus wirtschaftlichen Gründen Stähle verwendet werden, die in ihren Legierungszusätzen keine unnötigen Reserven haben, was bei der Massenfertigung zu störender Ungleichmäßigkeit führt. Es gilt dies also in erster Linie für Stähle mit Legierungsgehalten bis etwa 2%. Da man die Härteannahme von Stücken verschiedener Querschnitte kennen will, so müßte man von einer Reihe von Abmessungen Härteproben durchführen, was kostspielig und umständlich ist. Zur Vereinfachung haben W. E. Jominy und A. L. Beogehold[1] die Stirnabschreckprobe[2] vorgeschlagen. Hierbei wird ein Rundstab von 25 mm Durchmesser und 100 mm Länge auf Härtetemperatur gebracht und an einer Stirnfläche bis zum völligen Erkalten mit einem Wasserstrahl abgeschreckt. Die Mantelfläche des Zylinders ist dabei der Abkühlung von der wassergekühlten Stirnfläche und der Luftabkühlung an der Mantelfläche ausgesetzt. Es ist klar, daß die Abkühlung um so weniger schroff wirkt, je größer die Entfernung von der abgeschreckten Stirnfläche ist. Damit verbunden entstehen am Prüfkörper Gefügezustände, die verschiedenen Abkühlungsgeschwindigkeiten entsprechen und natürlich bei verschiedenen Stählen je nach ihrer Legierung verschieden sind. Bei hochlegierten Stählen zeigt sich auf der ganzen Länge überwiegend Martensit, bei weniger legierten, angefangen vom Martensit, die verschiedenen Gefügearten, die sich nach dem ZTU-Schaubild nach kontinuierlicher Abkühlung des Stahles ergeben (s. S. 23, 24). An dem gehärteten Probestück wird entlang einer Erzeugenden die Härte bestimmt und die Härteverlaufskurve stellt ein Maß des Durchhärtevermögens des betreffenden Stahles dar[3]. An mehreren Stellen dieses Buches, besonders im Abschnitt „Baustähle" werden Beispiele solcher Härtekurven gebracht (S. 352, 356, 360, 368). Man wird an Beispielen auch sehen, wie Erhöhung der Härtetemperatur die Wirkung verstärkt[4] und ferner in welcher Weise das Anlassen die Härten der beiden Enden wieder einander

[1] Jominy, W. E., u. A. L. Beogehold: Trans. Amer. Soc. Met. Bd. 26 (1938) S. 574/606; vgl. Stahl u. Eisen Bd. 58 (1938) S. 462/463.

[2] Man gebraucht besonders im ausländischen Schrifttum anstatt des Wortes Stirnabschreckprobe den Ausdruck „Jominy-Probe", nach dem Namen desjenigen benannt, der die Probe eingeführt hat.

[3] s. Stahl-Eisenprüfblatt 1650—50.

[4] z. B. auch Bild 34, S. 23.

nähert. Je größer die Entfernung von der abgeschreckten Endfläche ist, um so niedriger ist die Abkühlungsgeschwindigkeit an der betreffenden Stelle (Bild 58). Hat man nun für die einzelnen Punkte entlang der Erzeugenden die Abkühlungsgeschwindigkeiten ermittelt, so kann man mit Hilfe dieser Probe feststellen, welcher Abkühlungsgeschwindigkeit eine bestimmte Härteannahme entspricht. Da andererseits die Abkühlungsgeschwindigkeiten, z. B. der Rundstähle verschiedener Abmessungen, in verschiedenen Abschreckmitteln bekannt sind, kann man mit Hilfe der Stirnabschreckprobe ungefähr auf die Durchhärtung in bestimmten Abmessungen schließen bzw. angeben, bis zu welchen Abmessungen ein Durchhärten in gewünschter Höhe noch erfolgen wird[1]. Aus der Stirnabschreckprobe und den kontinuierlichen ZTU-Schaubildern kann man nämlich folgern, welche Härte und welcher Gefügezustand eine bestimmte Abkühlungsgeschwindigkeit hervorruft, da für praktische Zwecke einer bestimmten Härte ein bestimmter Gefügezustand zugeordnet ist (s. S. 23).

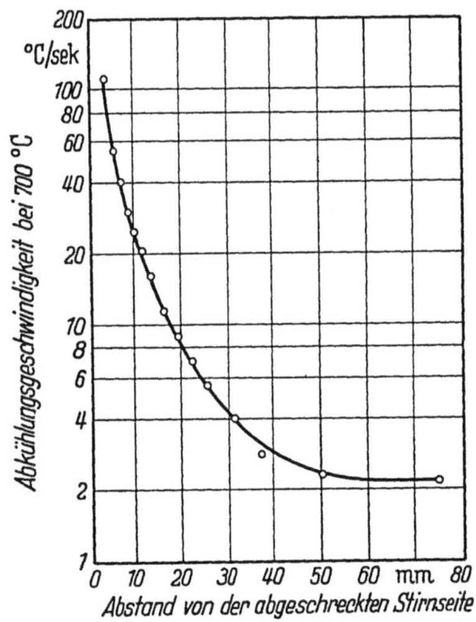

Bild 57. Abkühlungsgeschwindigkeit in verschiedener Entfernung von der Stirne

Im Hinblick darauf, daß die Kenntnis der Festigkeit in manchen Teilen, besonders bei großen Schmiedestücken, von erheblicher Wichtigkeit ist, wurde diese Frage von verschiedenen Seiten untersucht. H. Bühler und F. J. Schmidt[2] befassen sich damit und stellen fest, daß die von H. Gröber und S. Erk[3] sowie T. F. Russell[4] gegebenen Gleichungen für die Abkühlungsvorgänge im Inneren eine gute Annäherung an den wahren Abkühlungsverlauf geben.

Es muß aber auch davor gewarnt werden, die Genauigkeit der Vorhersagen der Durchhärtbarkeit aus der Stirnabschreckprobe zu überschätzen, denn diese berücksichtigt ebenfalls eine Reihe von Umständen nicht, die Streuungen zur Folge haben. Die Ursache dieser Streuungen ist im einzelnen noch nicht geklärt. Es ist aber sicher, daß diese Ver-

[1] s. hierzu die umfangreichen Untersuchungen in: Symposium on the Hardenability of Steel. Iron Steel Inst., Spec. Rep. Nr. 36, London 1946.

[2] Bühler, H., u. F. J. Schmidt: Stahl u. Eisen Bd. 78 (1958) S. 663/668.

[3] Gröber, H., u. S. Erk: Die Grundgesetze der Wärmeübertragung, 2. Aufl. 1933, Berlin/Göttingen/Heidelberg.

[4] Russell, T. F.: First report of the alloy steels research committee. London 1936 (Spec. Rep. Iron Steel Inst. Nr. 14) S. 149/187.

schiedenheiten auf Keimwirkung zurückzuführen sind, wobei die Art und Größe der Keime von Einfluß ist. Diese Keime können Oxyde, Silikate, Sulfide, Nitride oder auch Karbide sein. Bei der verwickelten Art der Reaktionen, bei denen diese Keime im Verlauf des Schmelzens und während der Desoxydation und Denitrierung entstehen, ist es begreiflich, daß es schwierig ist, Art und Menge der Keime immer gleich zu halten. Von besonderem Einfluß ist, wie bekannt, die Desoxydation und vor allem die Denitrierung mit Aluminium (S. 58). Die Keime machen den Stahl umwandlungsfreudiger, setzen also die Härtbarkeit herab. Die bei dieser Erprobung gewonnenen Werte gelten genau nur für bestimmte Schmelzungen; für die Stahlgattung aber nur annähernd. Um die daraus folgende Verschiedenartigkeit der Schmelzungen zu erkennen, haben sich diese Erprobungen als recht wertvoll erwiesen.

Zum Stirnabschreckversuch ist weiter einschränkend zu bemerken, daß dabei auch in Öl zu härtende Stähle an der Stirn mit Wasser abgeschreckt werden und dadurch der Vergleich erschwert wird.

Auch isothermische Umwandlungsversuche, welche die Umwandlungszeit bei bestimmten Temperaturen messen, können in einer Art Schnellprüfung Aufschluß über die vergleichsweise Härtbarkeit eines Stahles geben[1].

5. Anlassen und Vergüten

Eine Begriffsbestimmung des Anlassens und ein Überblick über die hierbei ablaufenden Vorgänge war bereits auf S. 29, 25, 26 gegeben worden. Bei den technisch üblichen Wärmebehandlungsverfahren spricht man vom Anlassen in Verbindung mit Werkzeugstählen und Einsatzstählen und vom Vergüten in Verbindung mit Vergütungsstählen, während Federstähle in einem Härtebereich liegen, wo man sowohl vom Anlassen wie vom Vergüten sprechen kann. Dabei ist unter „Vergüten“ (S. 24) der doppelte Vorgang des Härtens mit nachfolgender Erwärmung zu verstehen. Das Anlassen der Werkzeugstähle bezweckt eine gewisse Verbesserung der Zähigkeit, einen Abbau von Härtespannungen, eine Vorwegnahme von Eigenschaftsveränderungen, die beim Gebrauch über lange Zeiten bei Raumtemperatur ablaufen können, und bei höher legierten Stählen eine Umwandlung des Restaustenits und eine Ausscheidung von Sonderkarbiden zur Erhöhung der Warmfestigkeit. Beim Anlassen soll die Härte aber nicht wesentlich abnehmen. Im Gegensatz dazu soll mit dem Vergüten eine wesentliche Steigerung der Zähigkeit auf Kosten der Härte erreicht werden. D. h. aber, daß das Vergütungsanlassen normalerweise bei höheren Temperaturen vorgenommen wird als das Anlassen der Werkzeug- und Einsatzstähle.

---

[1] KRAINER, H., K. SWOBODA u. F. RAPATZ: Stahl u. Eisen Bd. 69 (1949) S. 122/127. — KRONEIS, M., u. H. KRAINER: Stahl u. Eisen Bd. 71 (1951) S. 1365 bis 1375.

Anlassen der Werkzeugstähle. Die Veränderungen eines unlegierten oder auch niedriglegierten Werkzeugstahles zeigt Bild 59. Der erste merkbare Härteabfall beginnt bei diesen Stählen etwa bei 120 °C, und die Zähigkeit nimmt geringfügig zu, etwa bis 200 °C. Mit steigender Temperatur nimmt die Härte stärker ab, die Zähigkeit steigt aber nicht entsprechend, sondern durchläuft bei 250 bis 300 °C einen Tiefstwert, um erst dann auf höhere Werte zuzunehmen. Dieser hier dargestellte Fall ist zwar nicht in allen Einzelheiten, wohl aber in seinen Grundzügen auf alle Martensithärte annehmenden Stähle zu übertragen. Die Ursache der bei 250 bis 300 °C ablaufenden Versprödung ist noch nicht ganz bekannt, sie dürfte wohl nicht allein auf die Restaustenitzersetzung und die Zersetzung bzw. Umwandlung des Martensits zurückzuführen sein, sondern es könnten auch Ausscheidungsvorgänge, deren Art noch nicht bekannt ist, vor sich gehen. Die Versprödung in diesem Temperaturbereich kann zwischenweilig wenigstens dadurch erklärt werden, daß die aus dem Martensit sich ausscheidenden Karbide, deren Zusammensetzung nicht mit der des Zementits übereinstimmen muß, einen solchen Verteilungsgrad erreicht haben, daß die Zähigkeit hierdurch verringert wird. Auch dürfte ein Zusammenhang mit der beim Vergüten auftretenden Anlaßsprödigkeit bestehen, was auch dadurch wahrscheinlich gemacht wird, daß Molybdän ebenso wie die Anlaßsprödigkeit auch das Sprödwerden im Anlaßbereich von 250 bis 300 °C zum großen Teil verhindert.

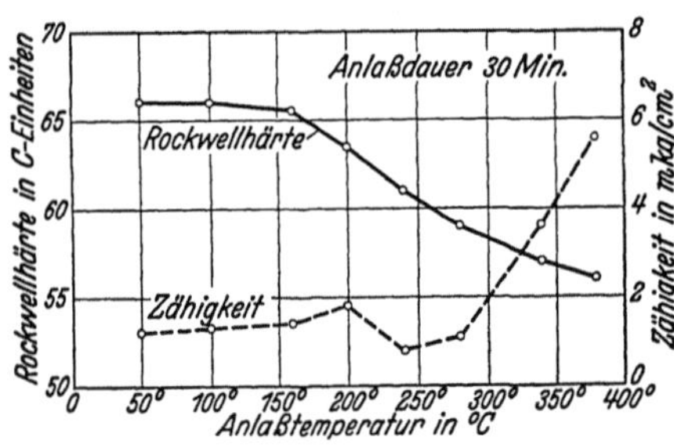

Bild 58. Änderung der Schlagzähigkeit eines Werkzeugstahles in Abhängigkeit von der Anlaßtemperatur

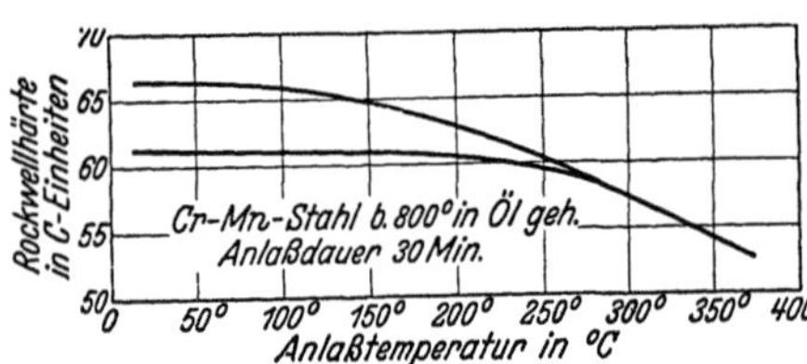

Bild 59. Härteabnahme beim Anlassen zweier Stähle mit verschiedener Ausgangshärte

Der Härteabfall zweier Stähle ungefähr derselben Zusammensetzung, aber ungleicher Ausgangshärte, verläuft angenähert so, wie es Bild 59 am Beispiel eines Chrom-Mangan-Werkzeugstahles zeigt. Bei höherer Ausgangshärte ist die Abnahme schneller als bei niederer, bis sich die beiden Anlaßkurven treffen. Der weichere Stahl verliert aber bei niedrigen Anlaßtemperaturen weniger Härte als der härtere.

In der Regel verläuft der Härteabfall beim Anlassen nicht so gleichlaufend mit der Temperatur wie es Bild 59 zeigte. Bereits bei höheren Kohlenstoffgehalten über 1% kann nach dem Abschrecken so viel Restaustenit zurückbleiben, daß die höchste Härte erst nach dem Anlassen bei 100 bis 150 °C erreicht wird, wenn der Restaustenit größtenteils zersetzt wird. Diese Temperaturen gelten für sonst unlegierte Stähle, bei legierten Stählen erfolgt die Restaustenitzersetzung erst bei höheren Temperaturen. Weiterhin kann eine Sekundärhärtung durch Ausscheidung von Sonderkarbiden in entsprechend legierten Stählen erfolgen. Dies ist besonders bei den Schnellarbeitsstählen der Fall, so daß erst bei diesen näher auf diese Vorgänge eingegangen wird (s. S. 788, 796, 811). Einen Sonderfall bezüglich des Anlassens stellen auch die austenitischen Manganstähle dar (s. diese, S. 160).

Eine besondere Abart des Anlassens ist das künstliche Altern von Werkzeugstählen. Dieses wird bei der Herstellung von Meßwerkzeugen und von Dauermagneten angewendet und bezweckt, Eigenschaftsänderungen, die im Laufe von längerer Zeit von selbst eintreten, künstlich zu beschleunigen und den Stahl für die Zeit des Gebrauchs beständig zu halten. Bei Meßwerkzeugen handelt es sich darum, die Volumenänderung, die nach dem Härten im Laufe des Lagerns von selbst eintritt, durch einen Anlaßvorgang vorwegzunehmen. Dieser Anlaßvorgang muß bei niedriger Temperatur stattfinden, damit die Härte möglichst erhalten bleibt und doch der Stahl schon beständig geworden ist. Hierfür werden für unlegierte und niedriglegierte Stähle 200 Stunden bei 120 °C, für hochlegierte Chromstähle 500 Stunden bei 150° empfohlen[1]. Allerdings sind auch kürzere Zeiten vorgeschlagen worden[2]. Sofern diese Volumenänderung bei höher legierten Stählen mit der Zersetzung des Restaustenits verbunden ist, kann man durch Tiefkühlung in flüssiger Luft eine Verbesserung der Dimensionsstabilität erzielen. Die Veränderungen aber, die durch die Anlaßvorgänge des Martensits bedingt sind, kann man nur durch langzeitiges Anlassen verringern[3].

Wenn man den Stahl bei Zutritt von Sauerstoff anläßt, treten die bekannten *Anlauffarben* auf. Sie werden durch oxydische Schichten hervorgerufen, deren Farbton von ihrer Dicke abhängt. Zeitdauer der Einwirkung und die der Höhe der Temperatur bestimmen die Dicke der Schichten und damit den Farbton. Hierbei ist die Sauerstoffkonzentration ohne Einfluß. Es entstehen dieselben Anlauffarben in normaler Luft, im luftverdünnten Raum und in reinem Sauerstoff, sogar Salpeterbäder geben bei derselben Temperatur dieselben Anlaßfarben. Die einer Anlaßfarbe zugehörige Temperatur kann nachstehender Zusammenstellung entnommen werden:

---

[1] WEBER, A.: Die natürliche und künstliche Alterung des gehärteten Stahles, Berlin: Springer 1926; s. a. Stahl u. Eisen Bd. 46 (1926) S. 1437.

[2] CAHN, E.: Stahl u. Eisen Bd. 49 (1929) S. 1088.

[3] s. hierzu B. S. LEMENT, B. L. AVERBACH u. M. COHEN: Trans. Amer. Soc. Met. Bd. 41 (1949) S. 1061/1092.

20 °C . . blank	260 °C . . purpur	320 °C . . hellblau
200 °C . . blaßgelb	280 °C . . violett	350 °C . . blaugrau
220 °C . . strohgelb	290 °C . . dunkelblau	400 °C . . grau
240 °C . . braun	300 °C . . kornblumenblau	

Diese Anlaßfarben und Temperaturen haben nur Geltung, wenn die Anlaßdauer einige Minuten beträgt, bei kürzerer Anlaßdauer entsprechen die Farben höheren, bei längerer Anlaßdauer tieferen Temperaturen. So werden beispielsweise bei 250 °C Anlaßtemperatur, die braunrot entspräche, im Verlauf von 40 Minuten alle Anlaßfarben von strohgelb bis blau durchlaufen. Bei einem anderen Versuche zeigte sich bei 230 °C nach 15 Minuten die dunkelgelbe Farbe, die nach 30 Minuten in die rote, nach 45 Minuten in die blaue überzugehen begann. Nach 60 Minuten war die Stahloberfläche lichtblau und hatte somit bei der gleichen Anlaßtemperatur von 230 °C in einer Stunde die ganze Farbenreihe durchlaufen. Diese Unsicherheit in der Temperaturbestimmung wird dadurch teilweise ausgeglichen, daß eine längere Erwärmung bei tieferen Temperaturen annähernd dieselbe Wirkung auf den Härteabfall hat, wie eine kürzere bei höheren.

Bei einigen legierten Stählen sind die einer bestimmten Anlaßfarbe entsprechenden Temperaturen höher, insbesondere ist dies bei den hochlegierten Chromstählen, z. B. den nichtrostenden Stählen der Fall. Dies ist begreiflich, da die Oxydschichten bei nichtrostenden Stählen sich erst bei höheren Temperaturen bilden. Die denselben Anlaßfarben entsprechenden Temperaturen sind etwa doppelt so hoch.

Vergütungsanlassen. Gewöhnlich bezieht sich das Vergütungsanlassen auf höhere Temperaturen. Es ist aber nicht möglich, hierfür eine genaue Grenze anzugeben. Man wird beispielsweise einen Chrom-Nickel-Stahl, der nach dem Anlassen bei 600 °C eine Festigkeit von 90 bis 100 kg/mm² hat, als vergütet bezeichnen, während man denselben Stahl nach Anlassen auf eine Härte von 580 HB (entsprechend einer Festigkeit von 180 kg/mm²) nach der Begriffsbestimmung S. 34 kaum noch als vergütet, sondern nur als gehärtet und angelassen bezeichnen kann[1]. Wenn man aber einen Federstahl nach der Härtung durch Anlassen auf 450 bis 500 °C auf eine Festigkeit von etwa 150 kg/mm² bringt, dann ist es zweifelhaft, ob hier Vergütung oder Härtung mit nachfolgendem Anlassen vorliegt. Da aber eine sehr starke Steigerung der Zähigkeit eingetreten ist, so wird man, der Begriffsbestimmung entsprechend, in diesem Fall wohl schon besser vom Federvergüten als vom Federhärten sprechen müssen.

Die beim Vergüten eintretenden Eigenschaftsänderungen werden in Abhängigkeit von der Anlaßtemperatur in einem Vergütungsschaubild

[1] Durch die Stähle, die auf etwa 200 kg/mm² Festigkeit „vergütet" werden (S. 392) — eine Festigkeit, die früher ungewohnt war —, ist in den Begriff „Vergütung" eine neue Unklarheit gekommen.

dargestellt, so wie es Bild 60 für einen Chrom-Nickel-Molybdän-Stahl zeigt. Beim Vergüten sind vor allem die Streckgrenze und das Streckgrenzenverhältnis von Interesse. Wie man aus diesem Bild entnimmt, fallen die Höchstwerte von Streckgrenze und Zugfestigkeit beim Anlassen des martensitischen Zustandes nicht zusammen, da die Zugfestigkeit sofort mit dem Anlassen abfällt, während die Streckgrenze und damit das Streckgrenzenverhältnis bis zu einer Anlaßtemperatur von 300 °C zunehmen. Trotzdem nehmen Dehnung und Einschnürung auch unterhalb von 300 °C schon etwas zu, die Kerbschlagzähigkeit allerdings erst oberhalb 450 °C merklich.

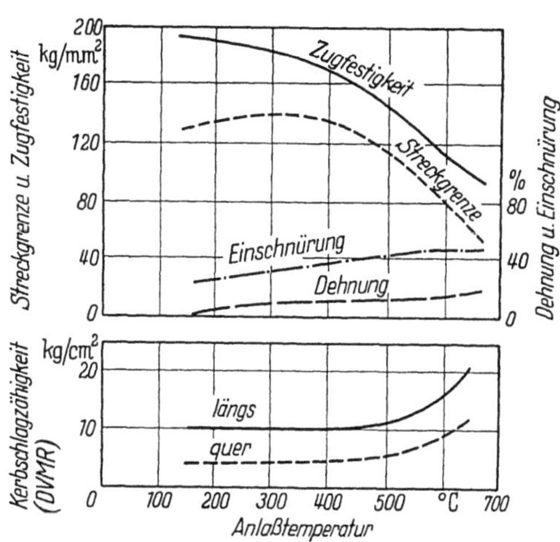

Bild 60. Vergütungsschaubild eines Chrom-Nickel-Molybdän-Stahles mit 0,32% C, 4,3% Ni, 1,2% Cr und 0,34% Mo. Härtetemperatur 840 °C, Vergütungsquerschnitt 60 mm ⌀[1]

Dieses hier beschriebene Vergütungsschaubild gilt streng nur für den Fall, daß beim Abschrecken volle Martensithärte erreicht wurde. Ist dies nicht der Fall und sind Zwischenstufengefüge und Perlit oder Troostit vorhanden, besonders in größeren Querschnitten, so sind von vornherein Zugfestigkeit und Streckgrenze niedriger, letztere nimmt nicht zu, und der Abfall beider erfolgt nicht so rasch. Im ganzen aber bleibt der Charakter des Vergütungsschaubildes ähnlich. Erst wenn bei der Abkühlung voreutektoider Ferrit in größeren Anteilen im Gefüge auftritt, werden das Streckgrenzenverhältnis und die Kerbschlagzähigkeit schlechter, und man muß, um die Ferritausscheidung zu vermeiden, raschere Abkühlung vornehmen oder, wenn dies wegen der Stückgröße nicht möglich ist, die Legierung erhöhen.

Wie man hieraus entnehmen kann, ist die Durchvergütung nicht mit der Durchhärtung gleichzusetzen. Während für eine Durchhärtung durch das ganze Stück beim Ablöschen die kritische Abkühlungsgeschwindigkeit über den ganzen Querschnitt überschritten werden muß, ist dies für eine Durchvergütung nicht notwendig. Für diese genügt es, wenn im Kern ein Gefüge erreicht wird, das Festigkeits- und Zähigkeitseigenschaften aufweist, die nur wenig von denen der angelassenen Randzone abweichen. Daher ist die Durchvergütung auch nicht mit einem festen

[1] Die Kerbschlagzähigkeit soll richtig mit mkg/cm² anstatt mit kg/cm² angegeben werden.

Zahlenwert einem jeden Stahl zuzuordnen, sondern es muß die Anlaßtemperatur mit in Betracht gezogen werden. Wird beispielsweise in einem Stahl in größeren Abmessungen im Kern die Umwandlung weitgehend in der Perlitstufe ablaufen, so wird man dann, wenn auf so hohe Temperaturen angelassen wird (600 bis 650 °C), daß die Festigkeit im Kern nicht wesentlich unter der des Randes liegt, noch von Durchvergütung sprechen können, während beim Anlassen auf niedrigere Temperaturen (450 bis 500 °C), wenn die Randzone noch eine wesentlich höhere Festigkeit hat, keine Durchvergütung mehr vorhanden ist. Auf die Begriffe „Durchhärtung", „Einhärtung" und „Durchvergütung" wird im Abschnitt „Vergütungsstähle" (S. 350) noch einmal zurückzukommen sein.

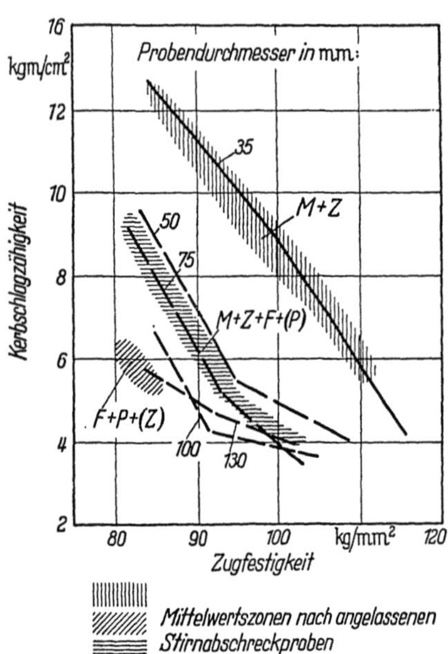

Bild 61[1]. Durchvergütung von Proben von 35 bis 130 mm Dmr. aus Stahl 50 CrV 4 mit 0,53% C, 0,8% Mn, 1,1% Cr und 0,13% V. (Härtungstemperatur 820°, Probennahme: längs, Mitte.) Z = Zwischenstufengefüge; M = Martensit; P = Perlit; F = Ferrit (nach M. Kroneis, R. Gattringer und H. Krainer)

In der Zahlentafel 4 sind die Eigenschaften eines Chrom-Vanadin-Stahles mit 0,53% C, 1,1% Cr und 0,13% V nach Vergüten auf verschiedene Temperaturen in Abmessungen von 35 bis 130 mm nach M. Kroneis, R. Gattringer und H. Krainer[2] zusammengestellt. Wie man aus dieser entnehmen kann, darf man zur Beurteilung der Vergütungswirkung nicht nur die Zugfestigkeit heranziehen, sondern muß auch die Streckgrenze, das Streckgrenzenverhältnis und die Kerbschlagzähigkeit berücksichtigen. Die Ergebnisse dieser Versuche sind in Bild 61 noch einmal in anderer Form zusammengestellt. Die beste Kombination von Zugfestigkeit und Kerbschlagzähigkeit weist das Gefüge auf, das nur aus angelassenem Martensit und Zwischenstufengefüge besteht. Bereits bei Abmessungen von 50 mm und mehr, bei denen im Kern schon etwas Ferrit und Perlit gebildet werden, ist die Kerbschlagzähigkeit, bezogen auf gleiche Festigkeit, wesentlich niedriger. Das Streckgrenzenverhältnis spricht also deutlich erst auf höhere Ferritgehalte an, wie sie bei 100 bis 130 mm Durchmesser vorliegen.

[1] Der Übergang auf das MKS-System (Kraft kp anstatt kg) konnte in diesem Buch nur teilweise durchgeführt werden.

[2] Kroneis, M., R. Gattringer u. H. Krainer: Stahl u. Eisen Bd. 73 (1953) S. 22/30.

Zahlentafel 4. *Zugfestigkeit und Kerbschlagzähigkeit von Stahl 50 CrV 4 bei Vergütung verschiedener Querschnitte in drei Anlaßstufen* (Härtetemperatur 830 °C, Probeentnahme aus der Mitte der Stäbe) (nach M. KRONEIS, R. GATTRINGER und H. KRAINER)

Abmessung mm Dmr.	Anlaßtemperatur °C	Streckgrenze kg/mm²	Zugfestigkeit kg/mm²	Streckgrenzenverhältnis %	Bruchdehnung ($L_0 = 5 d_0$) %	Brucheinschnürung %	Kerbschlagzähigkeit kgm/cm²
35	600	100,4	115,2	87,1	13,2	46,0	4,2
	640	84,3	98,9	85,2	16,2	57,0	8,0
	680	68,3	83,5	81,8	21,2	60,0	12,7
50	600	93,1	106,8	87,2	13,9	48,0	4,2
	640	78,2	94,0	83,2	15,6	51,0	5,5
	680	64,9	82,4	78,9	20,2	59,0	9,9
75	600	83,8	102,5	8,13	15,2	50,0	3,5
	640	75,0	92,4	81,2	16,1	50,0	5,2
	680	63,8	80,9	78,9	20,6	57,0	8,2
100	600	81,1	100,5	80,7	15,1	48,0	3,9
	640	73,9	91,1	81,1	18,7	54,0	4,3
	680	55,0	84,0	65,5	20,6	58,0	6,6
130	600	59,0	98,0	60,2	18,4	54,0	4,3
	640	53,0	91,8	57,7	19,4	55,0	4,7
	680	48,2	83,2	57,9	22,5	57,0	5,6

Alle Maßnahmen, die die Durchhärtung verbessern, verbessern natürlich auch die Durchvergütung. Hier sind vor allem ein Zusatz von Legierungselementen und eine Erhöhung der Abschrecktemperatur anzuführen. Außer der Zurückdrängung der voreutektoiden Ferritbildung (S. 67) wird zusätzlich vermehrt Martensit gebildet; auch der Bereich der Zwischenstufenzone wird erweitert. Einen erheblichen Einfluß hat eine Erhöhung der Abschrecktemperatur, wobei man eine gewisse Kornvergröberung in Kauf nehmen kann, da der Gewinn an Durchvergütung größer ist als der Verlust an Zähigkeit durch die Kornvergröberung. Bild 62 zeigt am Beispiel von Härtekurven auf angelassenen Stirnabschreckproben, wie stark die Durchvergütung bei einer Erhöhung der Härtetemperatur von 810 auf 920 °C an dem Chrom-Vanadin-Stahl 50 CrV 4 verbessert wird[1].

Anlaßsprödigkeit. Die hier geschilderte Zähigkeitszunahme beim Anlassen auf höhere Temperaturen wird nicht in jedem Falle erreicht. Eine Anzahl von Stählen wird beim langsamen Abkühlen von Anlaßtemperaturen zwischen 500 und 600 °C spröde. Diese Erscheinung bezeichnet man als Anlaßsprödigkeit. Die Versprödung äußert sich nur in einer Abnahme der Kerbschlagzähigkeit, nicht in der Dehnung und Einschnürung. Der Bruch verläuft aber im Gegensatz zum normal vergüteten Zustand über die Korngrenzen. Die anderen mechanischen Eigenschaften werden nicht verändert. Trotzdem in den letzten Jahrzehnten eine große

[1] Ausführlicheres darüber im Abschnitt „Baustähle" S. 350—356.

Anzahl von Untersuchungen über die Anlaßsprödigkeit durchgeführt worden sind, ist ihre Ursache letztlich noch nicht bekannt[1].

Die Versprödung, die bei empfindlichen Stählen auch bei Wasserablöschung von der Anlaßtemperatur vollständig fehlt, wird durch langsame Abkühlung, beispielsweise im Ofen, hervorgerufen, aber auch

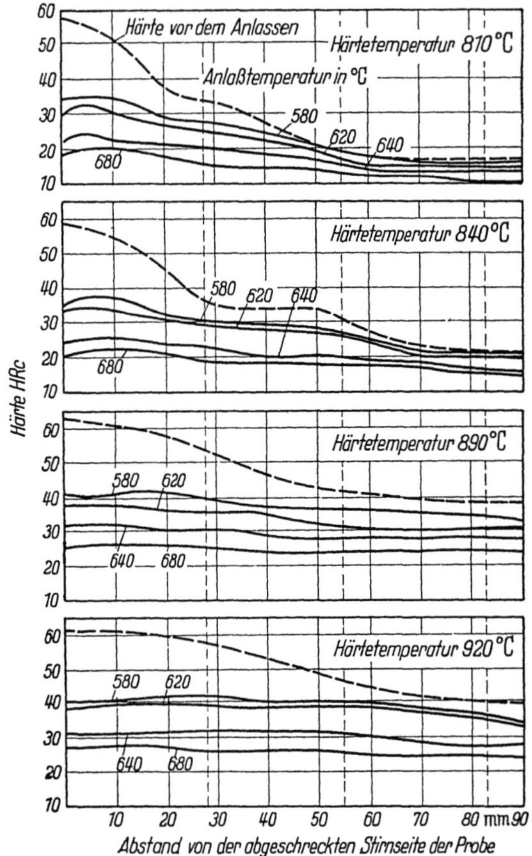

Bild 62. Härtekurven angelassener Stirnabschreckproben aus Stahl 50 CrV 4 mit 0,55% C, 0,8% Mn, 1,1% Cr und 0,14% V (nach M. Kroneis, R. Gattringer und H. Krainer)

durch isothermisches Glühen bei Temperaturen um 500 °C herum, auch wenn nach Abschrecken von einer höheren Anlaßtemperatur zunächst keine Versprödung erfolgt war. Der Ablauf der Versprödung bei isothermen Versuchen zeigt genau die Eigenarten, wie sie von Aushärtungsvorgän-

[1] Zusammenfassende Darstellungen bringen: Hollomon, J. H.: Trans. Amer. Soc. Met. Bd. 36 (1946) S. 473/542 (Arbeiten bis 1945). — Woodfine, B. C.: J. Iron Steel Inst. Bd. 173 (1953) S. 229/240 (Arbeiten bis 1953). — Jaffe, L. D.: J. Metals, Trans. Bd. 7 (1955) Nr. 2, S. 412. — Queneau, B. R.: The Embrittlement of Metals. Amer. Soc. Met. Cleveland 1956 S. 21/39.

gen bekannt sind. Langzeitiges Anlassen bei hohen Anlaßtemperaturen — 650 °C und mehr — kann die Empfindlichkeit gegen die Art der anschließenden Abkühlung vermindern, allerdings muß durch den Legierungsgehalt eine ausreichende Festigkeit nach dem Anlassen bei so hohen Temperaturen gewährleistet sein[1]. Allgemein kann über den Einfluß der Legierungselemente auf die Empfindlichkeit gegen Anlaßsprödigkeit folgendes gesagt werden[2]:

Kohlenstoffstähle zeigen keine Anlaßsprödigkeit. In legierten Stählen ist ein ausreichender Gehalt an Kohlenstoff zur Erzielung einer Vergütung Voraussetzung für das Auftreten der Anlaßsprödigkeit;

Mangan erhöht in mehrfach legierten Stählen, besonders bei Anwesenheit von Chrom, die Empfindlichkeit beträchtlich, in nur mit Mangan legierten Stählen kaum;

für *Chrom* und *Nickel* gilt sinngemäß dasselbe wie für Mangan; Chrom-Nickel-Stähle sind am empfindlichsten, an diesen wurde auch zuerst die Anlaßsprödigkeit festgestellt;

Molybdän vermindert die Empfindlichkeit bei langsamer Abkühlung nach dem Anlassen, die günstigste Wirkung hat ein Mo-Gehalt von etwa 0,3%[3];

Wolfram wirkt ähnlich günstig wie Molybdän, allerdings in etwas höheren Gehalten;

Phosphor erhöht mit zunehmendem Gehalt außerordentlich die Empfindlichkeit[4], und es scheint, daß die Anwesenheit von Phosphor in Gehalten über 0,005% überhaupt eine Voraussetzung für das Auftreten der Anlaßsprödigkeit ist;

ein Einfluß der anderen Legierungselemente und Stahlbegleiter ist kaum vorhanden oder noch nicht eindeutig geklärt.

Außer diesen gesicherten empirischen Tatsachen sind in den zahlreichen Arbeiten, die hier nicht im einzelnen angeführt werden können, die verschiedensten Versuche zur Deutung dieses Phänomens unternommen worden. Die Kinetik der Versprödung und auch die Möglichkeit, durch Glühen bei höheren Anlaßtemperaturen die Empfindlichkeit zu vermindern, lassen auf einen Vorgang schließen, der auf einer Entmischung oder Ausscheidung beruht. Diese vollziehen sich aber nicht im gesamten Gefüge, sondern sind auf die Korngrenzen beschränkt, über die ja auch der Bruch eintritt. Es ist auch gelungen, mit Hilfe von Sonderätzmitteln eine verstärkte Ätzbarkeit der Korngrenzen im an-

[1] Houdremont, E., u. H. Schrader: Arch. Eisenhüttenw. Bd. 7 (1933/34) S. 49/59.

[2] Verwiesen sei auf die Untersuchung von sehr reinen Legierungen von: Preece, A., u. R. D. Carter: J. Iron Steel Inst. Bd. 173 (1953) S. 387/398.

[3] Maurer, E., O. H. Wilms u. H. Kiessler: Stahl u. Eisen Bd. 62 (1942) S. 81/89 u. 115/121.

[4] Bennek, H.: Arch. Eisenhüttenw. Bd. 9 (1935/36) S. 147/154.

laßspröden gegenüber dem anlaßzähen Zustand nachzuweisen (Bild 63), aber selbst im elektronenoptisch vergrößerten Bild kann man nur eine Verbreiterung der Korngrenze feststellen, ohne daß einzelne Teilchen sichtbar sind. So sind auch die Fragen, ob es sich um die Ausscheidung oder Umsetzung von Sonderkarbiden oder auch von Phosphiden handelt, nicht zu entscheiden.

Für die Praxis sind diese Fragen auch nicht wichtig. Die altbekannte Tatsache, daß molybdän- oder wolframlegierte Stähle langsam von der Anlaßtemperatur abgekühlt werden können, ohne zu verspröden, und die Möglichkeiten, bei einer höheren Anlaßtemperatur länger zu glühen oder schnell abzukühlen und anschließend bei niedrigeren Temperaturen einen Spannungsausgleich herbeizuführen, sind die Mittel, die Anlaßsprödigkeit zu vermeiden.

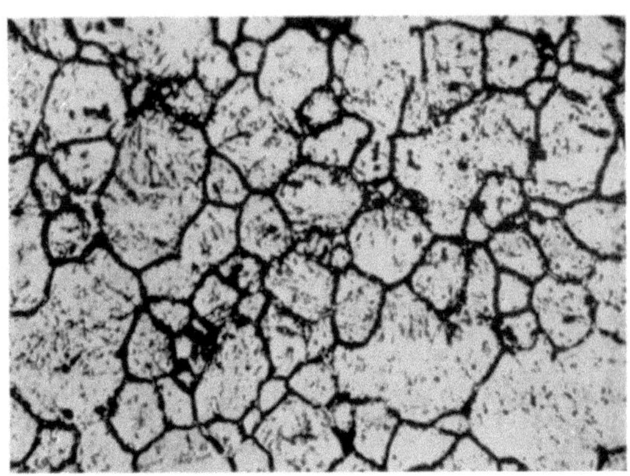

Bild 63. Korngrenzenätzung eines durch Anlassen versprödeten Vergütungsstahles

Außer dieser Anlaßsprödigkeit, die bei etwa 500 °C abläuft, wird noch eine weitere Versprödung im Bereich von Anlaßtemperaturen von etwa 300 °C beobachtet[1]. Diese findet sich in Stählen mit weniger als 0,3% C, die nach dem Härten bereits gute Zähigkeitswerte haben und die als Baustähle höherer Festigkeit verwendet werden können. Voraussetzung für ihr Auftreten ist eine Härtung auf Martensit. Sie ist nicht auf dieselben Ursachen zurückzuführen wie die Anlaßsprödigkeit, sie tritt beispielsweise auch in molybdänhaltigen Stählen auf. Bei dieser Art der Versprödung scheint der Stickstoff einen großen Einfluß zu haben; durch Aluminiumzusatz von etwa 0,1% und Titanzusatz kann sie vermieden oder zumindest stark abgeschwächt werden.

[1] Pomp, A., u. A. Krisch: Mitt. K.-Wilh.-Inst. Eisenforschg. Bd. 24 (1942) S. 219/234. — Schrader, H., H.-J. Wiester u. H. Siepmann: Arch. Eisenhüttenw. Bd. 21 (1950) S. 21/31. — Klingler, L. J., W. J. Barnett, R. P. Frohmberg u. A. R. Troiano: Trans. Amer. Soc. Met. Bd. 46 (1954) S. 1557/1589.

6. Oberflächenhärtung

Einsatzhärten. Eine besondere Art des Härtens ist das Einsatzhärten, wobei es sich darum handelt, nur einer dünnen Schicht an der Oberfläche, die selten stärker sein soll als 2 mm, große Härte zu erteilen; dabei wird verlangt, daß der Kernteil zähe bleibt und keine volle Härte annimmt. Man erreicht dies dadurch, daß man an und für sich nicht oder nur unvollkommen härtbare Stähle bei 800 bis 950 °C eine bestimmte Zeit mit einem Mittel umgibt, aus dem die Oberflächenschicht vor allem Kohlenstoff aufnimmt, also aufgekohlt wird, so daß dieser Schicht dadurch volle Härtbarkeit verliehen wird, während der Kern seine chemische Zusammensetzung und die damit verbundenen Eigenschaften beibehält. Die derart randgekohlten Stücke werden nach dem Einsetzen von der der Randzusammensetzung zukommenden Temperatur, die meist zwischen 780 und 850 °C liegt, abgeschreckt, wodurch die eingesetzte Randschichte hart wird und der Kern zähe bleibt.

Das Einsetzen kann mit festen, flüssigen und gasförmigen Mitteln vorgenommen werden. Als festes Mittel genügt reiner Kohlenstoff allein nicht, da er sich nicht genügend zersetzt und erst bei sehr hohen Temperaturen in wirtschaftlich erträglichen Zeiten in die Oberfläche des Stahles aufgenommen wird. Deshalb muß ein aktivierendes Mittel zugesetzt werden, meistens ein Gemisch von Holzkohle und Bariumkarbonat. Man kann aber auch Lederkohle oder Knochenkohle oder andere stickstoffhaltige verkohlte organische Mittel nehmen. Technische Bedeutung haben heute aber nur noch die Holzkohle-Bariumkarbonat-Mischungen, das günstigste Mischungsverhältnis ist 60:40.

Die Wirkungsweise des Bariumkarbonats versteht man heute noch nicht vollständig. Wahrscheinlich wird die CO–CO_2-Umsetzung aktiviert — was allerdings auch durch Bariumoxyd zu erreichen ist — und das CO–CO_2-Gleichgewicht zu höheren CO-Gehalten hin verschoben, so daß das Kohlenstoffangebot an der Stahloberfläche größer wird und mehr Kohlenstoff in den Stahl eindiffundieren kann[1]. Daraus ist verständlich, daß auch andere Erdalkalikarbonate, wie Strontium- und Kalziumkarbonat, aktivierend wirken können. Jedenfalls nimmt das Karbonat an der Reaktion nur als Träger teil, es wird nicht verbraucht. In geringem Maße mögen auch die im Kohlenpulver schon vorhandenen und durch Reaktion mit dem Wasserdampf entstandenen Kohlenwasserstoffe als gasförmige Mittel förderlich sein. Die Stickstoffverbindungen der Lederkohle und ähnlicher Körper sind deshalb wirksam, weil sie gasförmige zyanidähnliche Verbindungen bilden, die neben Kohlenstoff auch Stickstoff an den Stahl abgeben. Die Menge des aufgenommenen

[1] s. hierzu: Schrader, H.: Arch. Eisenhüttenw. Bd. 26 (1955) S. 527/533. — Hultgren, A.: J. Iron Steel Inst. Bd. 168 (1951) S. 245/259.

Stickstoffes kann bis 0,2% betragen. Es dürfte wohl dem Stickstoff zuzuschreiben sein, daß Lederkohle der Weichfleckigkeit entgegenwirkt.

Es empfiehlt sich, zweckmäßig zusammengesetzte, bewährte Einsatzmittel im Handel fertig zu beziehen, da diese gleichmäßiger geliefert werden können, als dies bei der Selbstherstellung in kleineren Mengen möglich ist[1]. Die modernen Einsatzpulver sind in ihrer Kohlungswirkung den legierten Stählen angepaßt und ermöglichen neben einem fast staubfreien Arbeiten auch noch durch öftere Verwendung eine bessere Ausnutzung des Einsatzmittels. Diese Mischungen, mit Bariumkarbonat als wirksames Mittel, haben die teuere Lederkohle größtenteils verdrängt.

Die Menge des in den Stahl eintretenden Kohlenstoffs hängt nicht nur von der Natur des Einsatzmittels ab, sondern natürlich auch von der Höhe der Temperatur und von der Dauer des Einsetzens. Je höher die Temperatur und je länger die Dauer, desto mehr Kohlenstoff dringt ein und desto tiefer ist die Schicht. Für Zwecke, wo die Oberflächenschicht nicht spröde sein darf, was in der Mehrzahl der Fälle gefordert wird, ist es geboten, daß der Kohlenstoffgehalt nicht über 1% ansteigt, weil sonst beim Härten der übereutektoide Zementit schalenförmig die Korngrenzen fixiert und versprödend wirkt, wenn er nicht durch zeitraubende Sonderbehandlungen vorher in die kugelige Form übergeführt wird. Bild 64 zeigt das Gefüge eines für übliche Zwecke richtig und eines dafür zu stark eingesetzten unlegierten Stahles.

Als Anhaltspunkt mag dienen, daß man bei festen Einsatzmitteln bei einer Einsatztemperatur von 880 °C in 4 Stunden eine Dicke von etwa 1 mm erreicht. Diese Dicke ist aber auch sehr von der Art des Einsatzmittels abhängig. Wird die Schichte stärker, dann ist die Bildung des oben erwähnten Schalenzementites unvermeidlich. Es gibt aber viele Zwecke, bei denen man auf eine dicke Schicht ein großes Gewicht legt (z. B. Verschleißplatten, Baggerbolzen) und wo es nicht viel ausmacht, wenn die Randschicht etwas spröder ist. Wenn es gewünscht wird, ist es möglich, Schichten bis zu 4 bis 5 mm zu erreichen, allerdings braucht man hierbei in Abhängigkeit von der Temperatur, die bis 1000 °C ansteigen kann, bis 20 Stunden[2].

Das Einsetzen in flüssigen Mitteln hat den Vorteil, daß man durch die leichtere Einhaltung der vorgeschriebenen Temperatur den Vorgang besser beherrschen kann. Als flüssige Einsatzbäder dienen Zyansalzbäder, die Kohlenstoff und Stickstoff gleichzeitig in die Oberfläche einführen. In einem Salzbad (Durferrit-Zyanhärtefluß III) wurden Ergebnisse nach Bild 65 erzielt. Die Zahlentafel 5 zeigt Einsatztiefen, wie sie

[1] z. B. Goerig u. Co., Mannheim.

[2] Für das Tiefeinsetzen werden besonders wirkende, sowohl feste[1] wie flüssige Einsatzmittel verkauft (s. Fußnote 3 S. 75).

an unlegierten Stählen bei verschiedener Einsatzzeit und Einsatztemperatur mit einem stark aufkohlenden Salzbad erreicht werden[1]. Über die Wirkung des Stickstoffs in festen Einsatzmitteln bringt

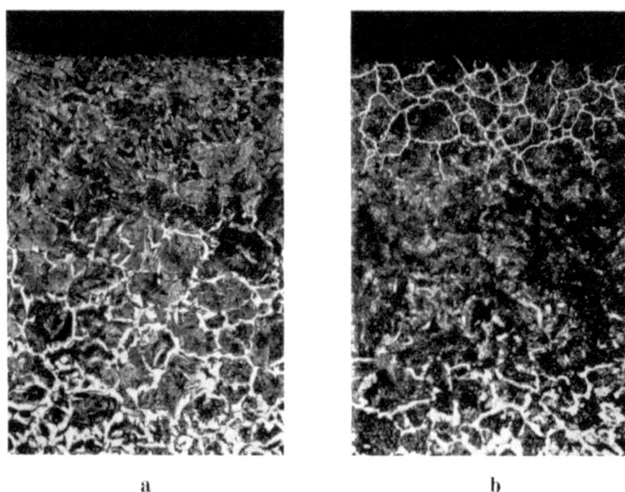

a b

Bild 64. Gefüge eines normal (a) und eines zu stark aufgekohlten (b) Einsatzstahles (ungehärtet). V = 100

H. SCHRADER[2] ausführliche Untersuchungen. Es werden Verbindungen angewendet, die Stickstoff leicht abspalten, z. B. Ferrozyankalium, Ammonchlorid, Natriumnitrat oder organische Stoffe. Außer der Aufnahme von Stickstoff bewerkstelligen diese Zusätze auch, daß die Kohlenstoffdiffusion beschleunigt wird.

Zahlentafel 5. *Einsatztiefe in Abhängigkeit von Einsatztemperaturen und Zeit im Salzbad* (Durferrit C 5[3])

Einsatztemperatur °C	Einsatzdauer h	Einsatztiefe mm
850	1	0,15
	2	0,30
	3	0,40
	5	0,60
930	1/2	0,30
	1	0,55
	2	1,10
	4	1,80

Das Einsetzen mit gasförmigen Mitteln hat gegenüber dem Einsetzen in festen Mitteln den gleichen Vorteil wie die flüssigen, nämlich die gleichmäßige Erwärmung und die gute Regelbarkeit der Einsatztiefe. Schon vor dem ersten Weltkriege verwendete man Leuchtgas

[1] Im Abschnitt „Einsatzstähle" ist auf S. 372 für C 5 eine Formel für die Aufkohlungstiefe in Abhängigkeit vom Ni- und Cr-Gehalt zu finden.

[2] SCHRADER, H.: Arch. Eisenhüttenw. 1955 H. 9 S. 527/533.

[3] Verläßliche Angaben über alle Fragen der Aufkohlung sind aus den Schriften der Degussa, Abteilung Durferrit, Frankfurt/Main, zu entnehmen, sowie Houghton-Chemie, Hannover-Empelde.

(Stadtgas)[1] zum Einsetzen der Panzerplatten. Man baut besondere Öfen, die dem Zwecke der Einsatzhärtung mit gasförmigen Mitteln dienen. Zur Unterstützung der Einsatzwirkung mengt man den Gasen, z. B. dem Benzol, Ammoniak bei und erzielt hierdurch ungefähr dieselbe Wirkung wie bei dem Einsetzen in Zyanbädern. Auch dieses Einsatzverfahren ist praktisch sehr bewährt und wird oft angewendet.

Über die Kohlenstoff- und Stickstoffaufnahme aus gasförmigen Einsatzmitteln sind eine ganze Reihe von Untersuchungen durchgeführt worden, die auch praktische Ergebnisse gezeitigt haben. In Bild 66 ist nach G. W. P. RENGSTORFF, M. B. BEVER und C. F. FLOE[2] angegeben,

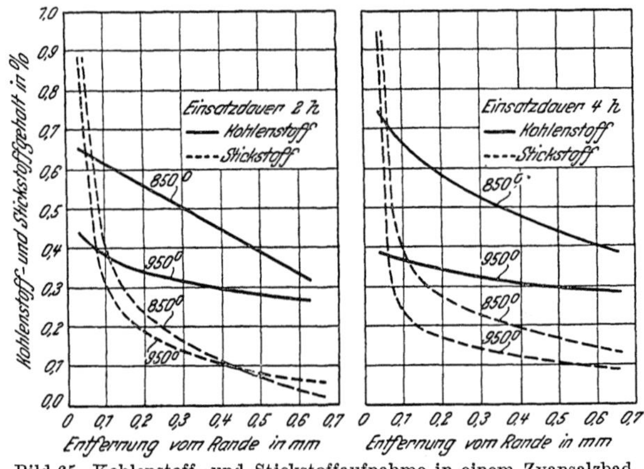

Bild 65. Kohlenstoff- und Stickstoffaufnahme in einem Zyansalzbad

wie ein Gas aus 40% Ammoniak, 10% Methan und 50% Stickstoff bei verschiedenen Temperaturen aufkohlt und aufnitriert (Karbonitrieren s. S. 81). Ferner sei noch auf den zusammenfassenden Bericht von J. POMEY[3] neben anderen verwiesen. Für das Einsetzen in Gasen werden heute, besonders in den Vereinigten Staaten, Ofenatmosphären mit kontrolliertem Kohlenstoff- und beim Karbonitrieren auch Stickstoffgehalt (NH_3) angewendet. Dieser Gehalt stellt sich in Abhängigkeit von den Gehalten an H_2, CO, CO_2, von der Temperatur und beim Karbonitrieren auch vom Ammoniakgehalt von selbst ein[4].

Die Einsatzgeschwindigkeit ist auch von der Stahlzusammensetzung abhängig. Beispielsweise ist in einem Nickelstahl mit 3% Ni die Einsatzgeschwindigkeit gegenüber einem unlegierten Stahl um 30% herabgesetzt. Auf den Einfluß der verschiedenen Legierungselemente, den E. HOUDRE-

[1] EHRENSBERGER, E.: Stahl u. Eisen Bd. 42 (1922) S. 1229, 1276, 1320.

[2] RENGSTORFF, G. W. P., M. B. BEVER u. C. F. FLOE: Metal Progr. Bd. 56 (1949) S. 652ff.

[3] POMEY, J.: Rev. Métall. Bd. 47 (1950) S. 637/657 u. 727/738. — BRAMLEY, A., u. Mitarb.: Trans. Faraday Soc. Bd. 31 (1935) S. 707/734.

[4] SCHMIDT, TH.: Härtereitechn. Mitt. Sonderheft Gasaufkohlung, 1952.

MONT und H. SCHRADER[1] in breitem Rahmen untersucht haben, soll hier jedoch nicht im einzelnen eingegangen werden. Es muß auf die Besprechung der einzelnen Legierungselemente im Abschnitt VIII verwiesen werden.

Als Besonderheit sei noch das Verhalten der Chromstähle besprochen. Chrom hat bei den in Einsatzstählen üblichen Gehalten bis zu etwa 2% kaum einen Einfluß auf die Einsatzgeschwindigkeit, es scheint sie sogar etwas zu beschleunigen. Durch Chrom wird aber infolge der Bildung von Sonderkarbiden der Randkohlenstoffgehalt stark erhöht, was mit erhöhter Sprödigkeit der Randschicht verbunden ist. Daher erfordern die Chrom-, Chrom-Molybdän- und Chrom-Mangan-Einsatzstähle besonders mild wirkende Einsatzmittel, um eine Randüberkohlung zu vermeiden. Bei hohen Chromgehalten, wie sie in rostbeständigen Stählen üblich sind, wird das Einsetzen jedoch schwieriger. Einsatztemperatur und -zeit müssen erhöht werden[2]. Es gelingt aber auch bei diesen Stählen nach R. WEIHRICH[3], bei Verwendung geeigneter Einsatzmittel nach 6stündiger Zementation bei 920 bis 950 °C und Ablöschen von 1020 °C in Öl eine gleichmäßige Einsatzhärtung mit einer Oberflächenhärte von 57 bis 59 HRC bei verhältnismäßig guter Korrosionsbeständigkeit zu erzielen. G. RIEDRICH[4] hat vorgeschlagen, zur besseren Kohlenstoffaufnahme diese Stähle vor dem Einsetzen mit einem Überzug aus Eisen zu versehen, der die Passivierung aufhebt. Nach dem Einsetzen kann die dünne Eisenschicht wieder weggeschliffen werden.

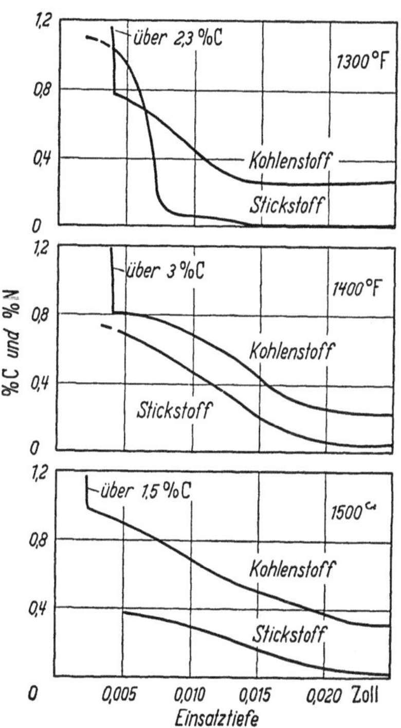

Bild 66. Kohlenstoff- und Stickstoffaufnahmen in 4 Stunden bei verschiedenen Temperaturen eines Stahles, wie S. A. E. 1020 (nach G. W. P. RENGSTORFF, M. B. BEVER und C. F. FLOE)

Welches Einsatzverfahren zweckmäßig anzuwenden ist, kann allgemein nicht gesagt werden. Bei größeren Einsatztiefen, über 1 bis 4 mm, wird man dem Pulver meist den Vorzug geben, bei Einsatztiefen

---

[1] HOUDREMONT, E., u. H. SCHRADER: Arch. Eisenhüttenw. Bd. 8 (1934/35) S. 445/459; s. a. Stahl und Eisen Bd. 55 (1935) S. 468.

[2] WIDAWSKI, E.: Arch. Eisenhüttenw. Bd. 11 (1937/38) S. 195/198.

[3] WEIHRICH, R.: Stahl u. Eisen Bd. 61 (1941) S. 83/84.

[4] RIEDRICH, G.: DRP 739582.

unterhalb 1,2 mm bis etwa 0,3 mm liegt der Hauptanwendungsbereich der Salzbadzementierung. Die Gaszementierung wird vorteilhaft bei Großserien von Teilen mit dünneren Einsatzschichten verwendet, dabei kontinuierlich in langen Durchzugöfen gearbeitet, wo das Gas und die einzusetzenden Teile sich im Gegenstrom bewegen. Es gibt aber auch kleinere Öfen für diskontinuierliche Arbeit, bei denen Gase verschiedener Art, z. B. verdünnte Alkoholdämpfe, gebraucht werden.

Bei allen Einsatzverfahren wird durch lange Erwärmung der Stahl überhitzt und das Korn vergröbert; besonders empfindlich gegen Überhitzung sind die unlegierten Einsatzstähle, während bei den nickellegierten trotz langer Erwärmung und auch bei langsamer Abkühlung von der Einsatztemperatur das Korn nicht viel vergröbert wird. Es besteht nun ohne weiteres die Möglichkeit, den vergröberten Kern dadurch zu verfeinern, daß man den Stahl von Temperaturen des oberen Umwandlungspunktes, also von 900 °C* abschreckt. Diese Temperatur ist aber für den Randteil, der einen Stahl mit 1% Kohlenstoff darstellt, zu hoch und überhitzt ihn. Wählt man die Abschrecktemperatur aber so, daß sie dem Randteil entspricht, so wird der überhitzte Kern nicht verfeinert, weil dies nach Bild 2 erst oberhalb der Linie *GOS* möglich ist und für den weichen Kern diese Temperatur bei etwa 900 °C liegt. Es gibt nun verschiedene Möglichkeiten, um im Kern oder am Rand, oder im Kern und am Rand möglichst günstige Eigenschaften zu erzielen.

Die einfachste Art der Wärmebehandlung ist die Härtung der Werkstücke unmittelbar aus der Einsatzhitze. Durch dieses Verfahren wird der Kern, sofern die Einsatztemperatur mindestens 900 °C betrug, zäh, während der aufgekohlte Randteil überhitzt wird. Härtefehler, wie Risse u. dgl., können aber leicht die Folge dieser Behandlung sein. Für Massenartikel und wenig heikle Teile, bei denen ein gewisses Maß unregelmäßiger Formänderung erlaubt ist und auch ein überhitzter Rand zugelassen wird, kann man dieses Verfahren ohne Bedenken anwenden. Ein Vorteil dieses Verfahrens liegt jedenfalls darin, daß man auf einfache Weise einen zähen Kern erhält.

Um sowohl für den Kern wie für den Rand das beste Gefüge zu erzielen, wendet man die doppelte Härtung an, das erstemal von einer Temperatur, die oberhalb der Umwandlungstemperatur des weichen Kernes liegt, also bei unlegiertem Stahl 900 °C, und das zweitemal von einer Temperatur, die der Härtetemperatur eines Stahles mit 1% Kohlenstoff zukommt. Legt man außer auf bestes Gefüge für Rand und Kern, das durch doppelte Härtung erreicht wird, noch großen Wert auf geringes Verziehen, so sind die Stücke nach der ersten Härtung einer Zwischenglühung bei etwa 600 °C zu unterziehen und hierauf von einer

---

* Bei nickellegiertem Stahl liegt diese Temperatur tiefer.

Temperatur abzuschrecken, wie sie für die Randschicht die beste ist. Bei Nickelstählen kann man die erste Härtung sparen, da eine Überhitzung sich kaum bemerkbar macht.

Zur Verminderung von Härtespannungen und Verzug kann man nach dem Einsetzen auch im Warmbad härten. Die Warmbadtemperatur ist so zu wählen, daß für die Randzone die richtige Härtung gewährleistet ist, sie muß also oberhalb der M_s-Temperatur der Randzone liegen, die aus dem Umwandlungsschaubild zu entnehmen ist (s. z. B. S. 23). Während hierbei in der Randzone die Martensitbildung erst bei der anschließenden Abkühlung auf Raumtemperatur abläuft, wird im Kern bereits bei der Warmbadtemperatur wegen der höheren M_s-Temperatur Martensit und Zwischenstufengefüge und unter Umständen Perlit gebildet, soweit bei der Härtetemperatur im Kern Austenit vorhanden war.

Es wurde schon gesagt, daß ein Kohlenstoffgehalt von mehr als 1% in der Einsatzschicht schädlich sein kann. Dies gilt aber nur mit Einschränkungen, nämlich nur dann, wenn keine weitere Behandlung vorgenommen wird. Wie Bild 12 und 13 zeigte, liegt der Kohlenstoff bei höheren Gehalten vielfach als grober, schalenförmiger Korngrenzenzementit vor, der als solcher das Abblättern begünstigt. Wird dieser Korngrenzenzementit aber durch eine Weichglühung (S. 37) in kugeligen Zementit eingeformt, so ist die Gefahr des Abblätterns weitgehend beseitigt. Hierzu wird der Zementit oberhalb 900 °C vollständig in Lösung gebracht und der Stahl anschließend an Luft abgekühlt oder besser in Öl abgeschreckt und dann bei 700 bis 720 °C geglüht. Höhere Glühtemperaturen, wie sie auf S. 40 für übereutektoide Stähle empfohlen wurden, sind nur dann zu gebrauchen, wenn Gewähr dafür gegeben ist, daß die eingesetzten Teile nicht entkohlen und nicht zu stark anzundern. Wenn also bei tieferer Einsatzschicht auf eine zähe Randschicht Wert gelegt wird, dann ist eine doppelte Härtung anzuwenden, wobei die erste Härtung von erhöhter Temperatur aus vorzunehmen ist.

Dieses Verfahren führt bei legierten Stählen jedoch nicht immer zum Ziel, da man in diesen vielfach die Sonderkarbide nicht mehr vollständig in Lösung bringen kann, besonders bei Tiefzementation. Man muß dann entweder ein sehr mild wirkendes Kohlungsmittel verwenden — was mit großem Zeitaufwand verbunden ist — oder nach dem Einsetzen einen Ausgleich des Randkohlenstoffgehaltes durch Diffusionsglühen herbeiführen. Das Diffusionsglühen wird sofort im Anschluß an die Zementation in neutraler Atmosphäre durchgeführt, entweder bei der Zementationstemperatur oder sogar etwas darüber. Durch die Abwanderung des Kohlenstoffs nach innen wird hierbei die Einhärtungstiefe vergrößert. Man muß sich natürlich davor hüten, daß der Randkohlenstoffgehalt so weit vermindert wird, daß eine Einbuße an Härtbarkeit eintritt.

Über die verschiedenen Einsatz- und Härtebedingungen für die häufiger verwendeten Einsatzstähle und die hiermit erzielten Eigenschaften ist verschiedentlich berichtet worden[1]. Beispielsweise fand J. Kreim, daß man die Chrom-Mangan-Einsatzstähle 16 MnCr 5 und 20 MnCr 5 bei Einsatzschichten bis etwa 1 mm Tiefe bei einer Härtetemperatur von 820 bis 830 °C im allgemeinen nur einmal zu härten braucht. Bei Werkstücken, die eine etwas stärkere Einsatzschicht erfordern, ist ein nicht zu langsames Abkühlen der Stücke von der Einsatztemperatur

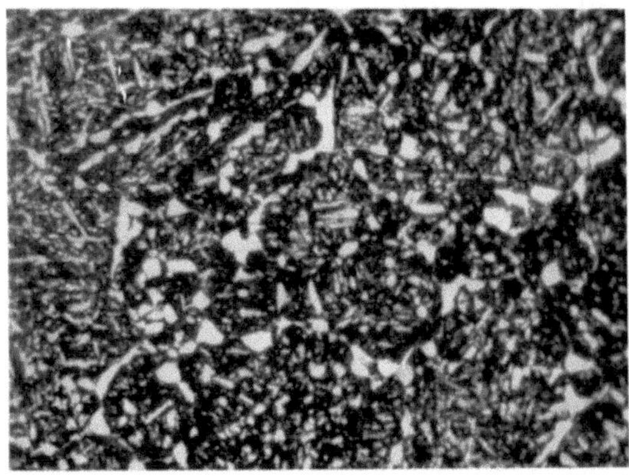

Bild 67. Gefüge anomalen Stahles in der ungehärteten Einsatzschicht

erforderlich, was allerdings mit gewissen betrieblichen Schwierigkeiten verbunden ist. Bei dicken Werkstücken mit tiefen Einsatzschichten wird meist Doppelhärtung notwendig sein. Bei Warmbadhärtung ist als zweckmäßigste Härtetemperatur 830 bis 840 °C anzuwenden. Die Einsatz- und Härtetemperaturen sollten genau eingehalten werden, und man könnte sogar für jede einzelne Schmelze die günstigsten Härtebedingungen durch Vorversuche festlegen. Normalerweise sind aber die Unterschiede im Einsatz, die auf das Einsatzmittel zurückzuführen sind, größer als die vom Stahl bedingten[2]. Wenn ungewöhnliches Verhalten beim Einsetzen festgestellt wird, soll man daher zunächst die Ursache beim Einsatzmittel suchen. Nicht fachgerechte Behandlung des Einsatzmittels führt zu bedeutenden Abweichungen im Einsatzverhalten.

---

[1] Kreim, J.: Stahl u. Eisen Bd. 62 (1942) S. 130/136. — Krainer, H., M. Kroneis u. R. Gattringer: Arch. Eisenhüttenw. Bd. 26 (1955) S. 131/140. — Meyer, H. U.: Stahl u. Eisen Bd. 76 (1956) S. 68/78 (s. S. 231, 366).

[2] Slattenschek, A.: Härtereitechn. Mitt. Bd. 1 (1942) S. 85/134; Bd. 2 (1943) S. 110/122; Bd. 3 (1944) S. 59/121.

Ein Fehler bei unlegierten Einsatzstählen, der auf den Stahl und nicht auf das Einsatzmittel zurückzuführen ist, ist die Weichfleckigkeit. Im Zusammenhang damit ist in Amerika der Begriff „normaler" und „anomaler" Stahl geprägt worden[1]. Das Hauptkennzeichen des anomalen Stahles ist, daß der übereutektoide Zementit, der sich beim Einsetzen bildet, nicht in zusammenhängenden Schalen die Korngrenzen fixiert, sondern in unregelmäßigen Formen (Bild 67) auftritt und von einem Ferritsaum umgeben ist. Häufig ist der anomale Stahl auch feinkörniger; dies ist aber kein eindeutiges Kennzeichen für ihn. Demnach sind die Zusammenhänge zwischen der auf S. 57 behandelten McQuaid-Ehn-Kerngröße und der Härtbarkeit noch nicht geklärt, und es verdient diese Frage auch nicht soviel Aufmerksamkeit, wie sie ihr seinerzeit gegeben wurde. Anomale Gefügeausbildung ist auf eine erhöhte Diffusionsgeschwindigkeit des Kohlenstoffs in diesen Stählen zurückzuführen. Damit wird die kritische Abkühlungsgeschwindigkeit vergrößert, wodurch die Neigung zu Weichfleckigkeit hervorgerufen wird. Durch Anwendung schroffer, abschreckender Salzlösungen, s. S. 44, ist aber meist Abhilfe zu schaffen.

Karbonitrieren. Eine Abart des Zementierens ist das Karbonitrieren. Man gebraucht diesen Ausdruck meist für das Einsetzen von Stählen, die an sich schon härtbar sind, z. B. eines Stahles mit rund 0,4% C und 1% Cr (41 Cr 4). Beim Karbonitrieren wird aus geeigneten Mitteln sowohl Kohlenstoff als auch Stickstoff in die Stahloberfläche abgegeben. Hierfür kommen Gasgemische aus Leuchtgas und Ammoniak im Verhältnis 70:30 in Frage und zyanidhaltige Salzbäder (S. 75). Durch die gleichzeitige Stickstoffaufnahme wird bei gleichen Einsatzzeiten die Härtbarkeit gegenüber reiner Zementation (nur Kohlenstoffaufnahme) erhöht, was die Anwendung dieses Verfahrens für dünnere Einsatzschichten vorteilhaft macht. Damit diese dünnen Schichten genügend getragen werden, muß aber die Kernfestigkeit höher sein, und das erreicht man durch Erhöhung des Kohlenstoffgehaltes und Vergütung vor dem Einsetzen. Kohlenstoff und Stickstoff treten in Zyansalzbädern[1] schon unterhalb Ac_1 ein, so daß in diesem Fall die Karbonitriertemperaturen schon bei etwa 550 °C beginnen[2]. Man spricht aber auch dann von Karbonitrieren, wenn man oberhalb Ac_1 einsetzt und nachher abschreckt (s. S. 31, 75).

Nitrierhärten. Diese besondere Art des Oberflächenhärtens wird eingehend im Abschnitt „Stickstoff", S. 292ff., beschrieben werden.

---

[1] McQuaid, H. W., u. E. W. Ehn: Trans. Amer. Inst. min. metallurg. Engrs. Bd. 67 (1922) S. 341/391; s. a. die Schrifttumsübersicht bei: Houdremont, E., u. H. Müller: Stahl u. Eisen Bd. 50 (1930) S. 1321/1327.

[2] Naumann, F. K.: Stahl u. Eisen Bd. 71 (1951) S. 1329/1331. Zusammenfassender Bericht über Schrifttum.

Flammhärten (Brennhärtung). Bei diesem Härteverfahren wird eine harte Randschicht durch örtliches Erhitzen mit Hilfe von Gasbrennern auf eine Temperatur oberhalb Ac_3 mit nachfolgendem Abschrecken erzeugt. Eine allgemeine Unterrichtung über dieses Arbeitsverfahren gibt H. W. GRÖNEGRESS[1]. Die Anwendung dieses Verfahrens ist außerordentlich vielfältig, die Durchführung im einzelnen hängt von den Formen der oberflächenzuhärtenden Werkstücke ab. Als Beispiel soll die Oberflächenhärtung von Wellen oder Zapfen gezeigt werden. Bild 68 und 69 zeigen die Umlaufhärtung von Zapfen, Bild 70 zeigt den Temperaturverlauf in einem Zapfen von 100 mm Durchmesser bei verschiedenen Erhitzungsgeschwindigkeiten. Bild 71 schließlich zeigt den Härteverlauf über den Querschnitt eines brenngehärteten, vorher vergüteten Kurbelwellenzapfens. Es sei erwähnt, daß dieses Oberflächenhärteverfahren auch zur Herstellung von Zahnrädern mit Erfolg angewendet wird. Die Gefügeausbildung und den Härteverlauf eines nach dem Vorschubverfahren gehärteten Werkstückes aus Ck 60 (DIN 17200) zeigt Bild 72.

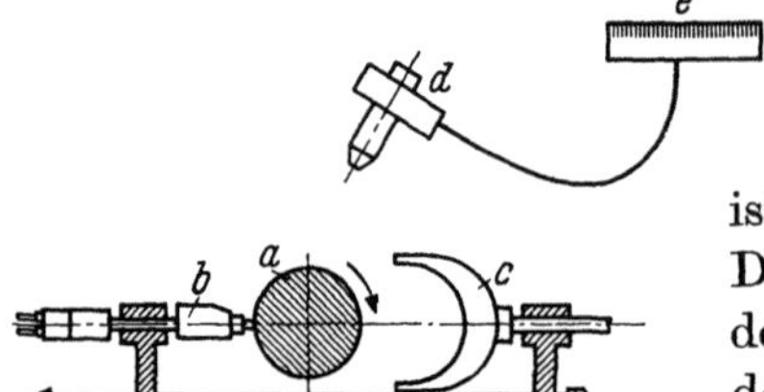

Bild 68. Umlaufhärtung. Schema für den 1. Arbeitsgang: Erhitzen der Lagerstelle der umlaufenden Welle *a* durch den Brenner *b*. Die Oberflächentemperatur kann durch ein optisches Pyrometer *d* mit Anzeigegerät *e* gemessen werden (nach H. W. GRÖNEGRESS)

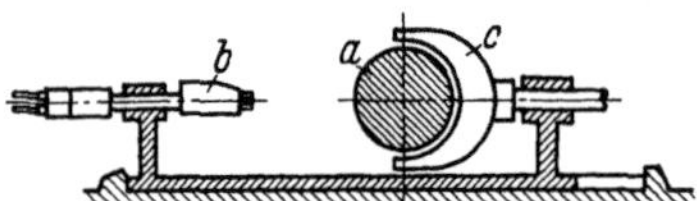

Bild 69. Umlaufhärtung. Schema für den 2. Arbeitsgang: Abkühlen der auf Härtetemperatur erhitzten Lagerstelle durch die Brause, die zugleich mit dem Zurückziehen des Brenners über die Welle geführt wird (nach H. W. GRÖNEGRESS)

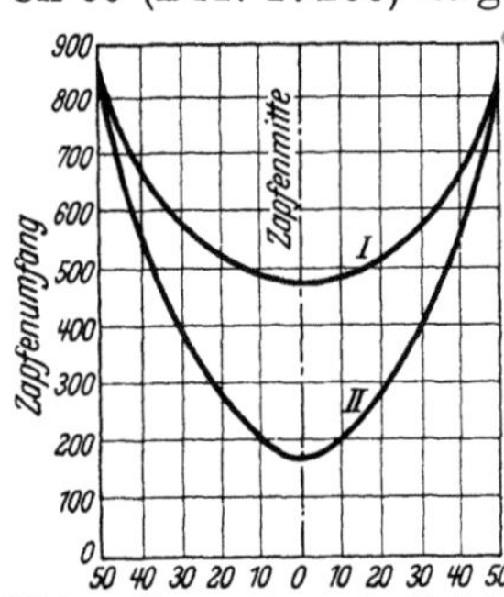

Bild 70. Temperaturverlauf bei der Brennhärtung eines Zapfens (nach H. W. GRÖNEGRESS)

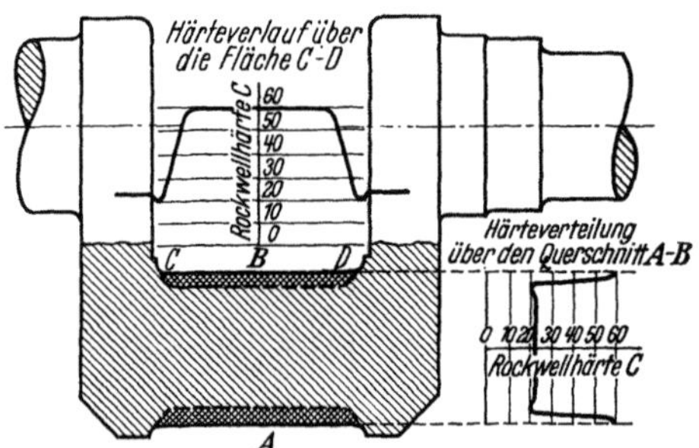

Bild 71. Härteverlauf in einem brenngehärteten Kurbelwellenzapfen (nach H. W. GRÖNEGRESS)

Als Stähle, die nach diesem Verfahren oberflächengehärtet werden können, kommen unlegierte Stähle mit Kohlenstoffgehalten von etwa

[1] GRÖNEGRESS, H. W.: Werkstattbücher Heft 89, Brennhärten. Berlin: Springer 1950.

0,35 bis 0,70% oder legierte Stähle mit etwa 0,35 bis 0,55% C in Betracht. Auch Grauguß und Temperguß können oberflächengehärtet werden, wenn genügend Karbidkohlenstoff zugegen ist.

Induktionshärten. Dieses Verfahren dient demselben Zweck wie das vorhin besprochene, jedoch erfolgt die Erwärmung mit Hilfe von Wirbelströmen, die in der Randschicht induziert werden[1]. Besonders hervorgehoben seien die Veröffentlichungen von G. SEULEN[2]. Dieses Verfahren hat sich für viele Fälle sehr bewährt. Besonders genannt sei die Härtung von Kaltwalzen und Kurbelwellen. Die Gefahr von Härterissen und der Verzug ist bei dieser Härtungsart geringer, weil der Innenteil unverändert bleibt. Ein Vorteil ist auch die rasche örtliche Erwärmung, die dann erwünscht ist, wenn nur ein kleiner Teil des Maschinenteiles oder des Werkzeuges gehärtet werden soll. Auch ist mit diesem Verfahren das Innenhärten von Zylinderbohrungen möglich[3].

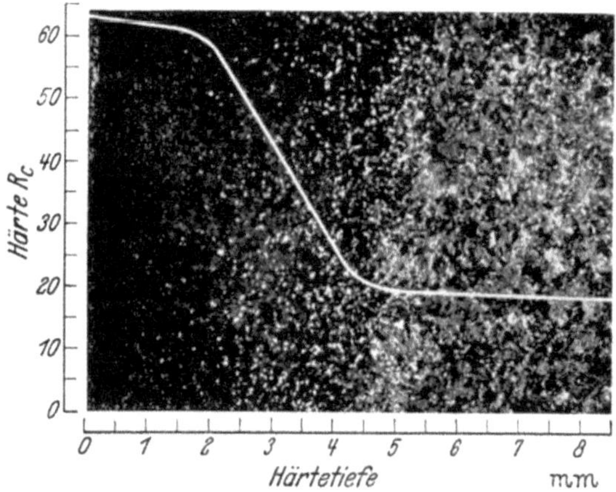

Bild 72. Härteverlauf und Gefüge in einem flammgehärteten Oberflächenteil aus Ck 60 (nach H. W. GRÖNEGRESS)

G. SEULEN und H. VOSS[4] geben einen Überblick über das Induktionshärten mit mittleren Frequenzen. Hierunter versteht man Wechselstrom mit einer Frequenz von etwa 500 bis 20000 Hz. Dieses Verfahren erscheint besonders geeignet zur Erzeugung mittelstarker Härteschichten. Die Tiefe der erzielbaren Härteschicht ist abhängig von

[1] z. B. BENNINGHOFF, W. E., u. H. B. OSBORN: Steel Bd. 108 (1941) Nr. 19 S. 96/98. — SOMES, H. E.: Iron Steel Engr. Bd. 18 (1941) Nr. 7 S. 39/51 und 58; vgl. Stahl u. Eisen Bd. 62 (1942) S. 761.

[2] SEULEN, G.: Härtereitechn. Mitt. Bd. 2 (1943) S. 132/139. Z. VDI 1955 Nr. 25 S. 869/870.

[3] PETERS, F. P., u. E. F. CONE: Metals & Alloys Bd. 13 (1941) Nr. 6 S. 713/722; nach Stahl u. Eisen Bd. 62 (1942) S. 761.

[4] SEULEN, G., u. H. VOSS: Stahl u. Eisen Bd. 63 (1943) S. 929/935 und 962/965.

der Frequenz des verwendeten Wechselstromes. H. B. OSBORN[1] gibt in Abhängigkeit von der Frequenz folgende Mindesthärtetiefen an:

3000 Hertz	1,5 mm	500000 Hertz	0,5 mm
9600 „	1 „	1000000 „	0,25 „
120000 „	0,75 „		

Man kann natürlich mit entsprechenden Frequenzen ohne weiteres tiefere Härteschichten erreichen.

Bei den niedrigeren Frequenzen verwendet man Motorumformer zur Erzeugung des Stromes. Bei Frequenzen von 10000 bis 50000 und Leistungen bis zu etwa 40 kW werden auch Funkenumformer verwendet. Bei noch höheren Frequenzen wendet man Röhrenumformer an. Bei niedrigeren Frequenzen sind die Heizköpfe (Induktionsspulen) etwas komplizierter. Bei den Radiofrequenzen ab 500000 Hertz besteht der Heizkopf aus einem Kupferrohr, das in seiner Form entsprechend der zu härtenden Oberfläche gebogen wird. Trotz der teuren Stromerzeugung kann daher die Anwendung von Radiofrequenzen vorteilhaft sein, wenn kleinere Stückzahlen zur Behandlung vorliegen, da die Kosten eines Heizkopfes gering sind. Bei großen Einhärtetiefen kann auch Netzfrequenz verwendet werden. Im allgemeinen sind aber die geforderten Einhärtetiefen nicht so groß, daß die Anwendung von Netzfrequenz möglich ist. Die induktive Oberflächenhärtung verbreitet sich immer mehr, wobei im einzelnen die Verfahren ähnlich wie beim Flammenhärten (Umlaufhärtung, Vorschubhärtung usw.) angewendet werden.

In einem weiteren Bereich überschneiden sich die Anwendungsmöglichkeiten des Flammenhärtens und des Induktionshärtens. Dünnste Härteschichten sind dem Induktionshärten mit Radiofrequenzen vorbehalten. Bei den übrigen Fällen hat die Frage der Wirtschaftlichkeit entscheidenden Einfluß auf die Wahl des Oberflächenhärteverfahrens. Bei Großserien dürfte das elektrische Verfahren überlegen sein, zumal für die Großserienfertigung die leichte Regelbarkeit und die Automatisierbarkeit von Vorteil sind.

Die rasche Erwärmung beim induktiven Heizen bringt den Vorteil mit sich, daß nur eine äußerst geringe, in vielen Fällen vernachlässigbar kleine Verzunderung auftritt[2].

[1] OSBORN, H. B.: Induction Heating. The Ohio Crankshaft Company, Cleveland/Ohio (1948).

[2] Das induktive Erwärmen wird neuerdings in zunehmendem Maße für verschiedenste Wärmebehandlungen herangezogen. In vielen Fällen hat sich das induktive Erwärmen zum Glühen bewährt, auch wird es mehrfach schon verwendet zum Erwärmen für die Warmformgebung, z. B. Gesenkschmiede u. dgl. m. Die kurzen Erwärmungszeiten und die gedrungene Bauart der Erwärmungseinrichtungen ermöglichen es auch, Anwärmevorrichtungen und z. B. Schmiedemaschinen zu einer Einheit zu vereinigen, die vollautomatisiert werden kann (s. KEGEL, K.: Die Praxis der induktiven Warmbehandlung. Berlin/Göttingen/Heidelberg: Spinger 1961).

Tauchhärten. Bei diesem Verfahren erfolgt das örtliche Erhitzen der Randschicht durch kurzzeitiges Eintauchen in hocherhitzte Metall- oder Salzbäder. Im übrigen wird die Randschicht in gleicher Weise von Temperaturen oberhalb Ac_3 wie beim Flammen- oder Induktionshärten abgeschreckt. Bild 73 nach H. RUHFUSS und J. KLÄRDING[1] zeigt die erforderlichen Eintauchzeiten in Abhängigkeit vom Werkstückdurchmesser bei verschiedenen Tauchbädern. Die Bilder 74 und 75 zeigen den Härteverlauf in Verschleißschienen aus Silizium-Mangan-Stahl, die einseitig aus Salzbädern von 1220 °C tauchgehärtet wurden.

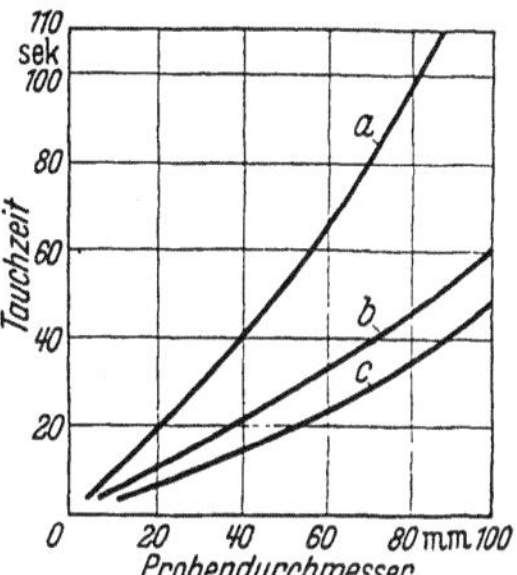

Bild 73. Abhängigkeit der Eintauchzeit vom Werkstückdurchmesser bei verschiedenen Tauchbädern. *a* $BaCl_2$KCl-Bad von 1100 °C, *b* Gußeisenbad von 1250 °C, *c* Zinnbronzebad von 1100 °C (nach H. RUHFUSS und J. KLÄRDING)

O-Ce-Verfahren. Dieses von den Röchlingschen Stahlwerken entwickelte Verfahren zur Herstellung von an der Oberfläche gehärteten und im Kern zähen Maschinenteilen ist zwar kein eigentliches Oberflächenhärteverfahren, soll aber doch hier erwähnt werden. Es besteht darin, daß Stähle mit etwa 0,85% C und einem Mangan- oder Nickelgehalt, dessen Höhe in Abhängigkeit von der Werkstückgröße, bei Zahnrädern in Abhängigkeit vom Modul, gewählt wird, in einem Warmbad bei etwa 200 °C gehärtet werden.

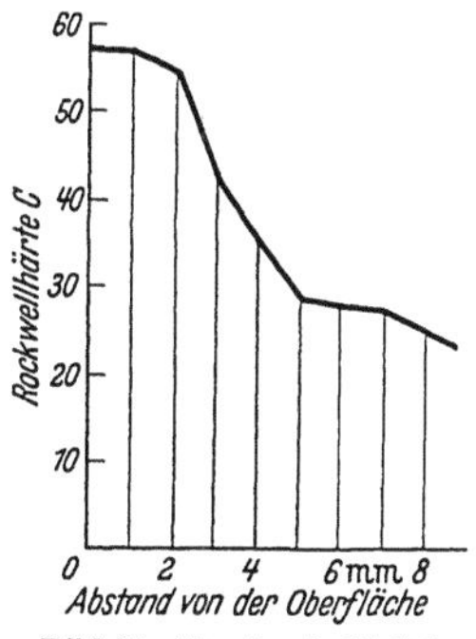

Bild 74. Tauchzeit 55 Sek.

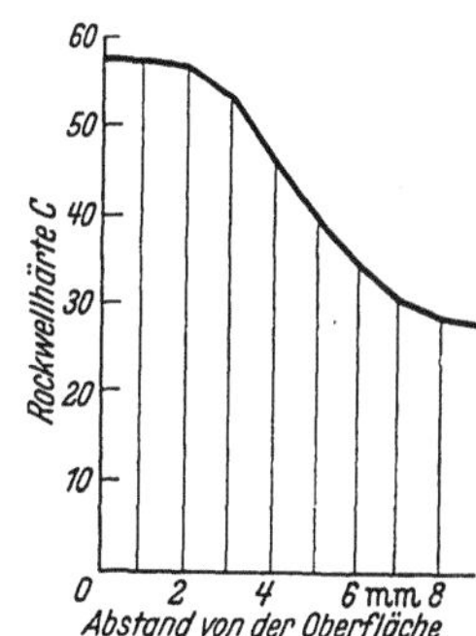

Bild 75. Tauchzeit 60 Sek.

Härteverlauf von 14 mm dicken Verschleißschienen aus Silizium-Mangan-Stahl, hart vergütet, einseitig tauchgehärtet aus Salz von 1220 °C (nach H. RUHFUSS und J. KLÄRDING)

Dieses Verfahren wurde zur Herstellung einiger Zahnradtypen vorübergehend angewendet, hat sich aber wegen der Schwierigkeit der richtigen Schmelzungsauswahl nicht eingeführt[2].

Für die Abkürzung mancher Verfahren zur Oberflächenbehandlung bietet sich die Erwärmung durch Induktion an, die nur örtlich erhitzt

[1] RUHFUSS, H., u. J. KLÄRDING: Z. VDI Bd. 85 Nr. 21 (1941) S. 486/488.
[2] RIEBENSAHM, P.: Härtereitechn. Mitt. Bd. 2 (1943) S. 154/165.

und den Ofen schont. Es wurde z. B. von H. MATYJA, A. MOSZYNSKI und J. TACIKOWSKI[1] sowie M. ASSONOW[2] versucht, auf diese Weise aufzukohlen, zu nitrieren, zu silizieren und aufzuschwefeln. Die ersteren haben bei unlegiertem Stahl bei 1100 °C in 10 Minuten eine Nitriertiefe von 0,5 mm erreicht.

IV. Warmformgebung[3]

Die Formgebung in der Wärme ist gegenüber der Formgebung in der Kälte dadurch erleichtert, daß die Festigkeit des Stahles bei höheren Temperaturen weitaus geringer wird. Als sehr wichtiger Umstand kommt noch hinzu, daß bei höheren Temperaturen die zertrümmerten Kristallkörner in außerordentlich kurzen Zeiten rekristallisieren und dadurch eine Verfestigung mit fortschreitender Verformung nicht eintritt. Bei sehr großen Verformungsgeschwindigkeiten kommt allerdings die Rekristallisation nicht nach. Es ist dies der Grund, warum hochlegierte Stähle bei rascher Verformung leichter reißen als bei langsamer; sie rekristallisieren erst bei hohen Temperaturen so rasch wie unlegierte und schwach legierte bei niedrigeren Temperaturen.

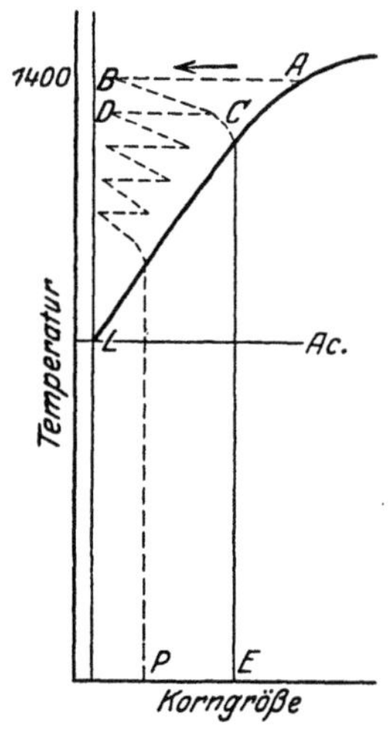

Bild 76. Schematische Darstellung der Korngrößenänderung beim Schmieden (nach H. M. HOWE)

H. M. HOWE[4] machte den Versuch, den Verlauf der Korngrößenänderung bei einer Verformung, die aus mehreren Einzelvorgängen besteht, schematisch in Schaulinien darzustellen und vor allem Korngröße und Endtemperatur in Beziehung zu bringen (Bild 76). Die nach links verlaufenden waagerechten Linien, wie *A–B* und *C–D*, bedeuten die Kornverkleinerung bei der Verformung. Die Temperatur bleibt während

---

[1] MATYJA, H., A. MOSZYNSKI u. J. TACIKOWSKI: Société Française de Métallurgie, Paris 1960.

[2] ASSONOW, M.: Société Française de Metallurgie, Paris 1960.

[3] Zusammenfassendes Schrifttum: SEDLACZEK, H.: Das Walzen von Edelstählen. (Stahleisen-Bücher Bd. 11.) Düsseldorf: Verlag Stahleisen 1954. — NAUJOKS, W., u. D. C. FABEL: Forging handbook (4. Abdr.). Cleveland/Ohio: American Society for Metals 1948. — RUSINOFF, S. E.: Forging and forming metals. Chicago: American Technical Society 1952. — UNKSOW, E. P.: Neue Forschungen der Schmiedetechnologie. (Übers. aus dem Russ.) Berlin: Verl. Technik 1954. — BRUCHANOW, A. N., u. A. W. REBELSKI: Gesenkschmieden und Warmpressen. (Übers. aus dem Russ.) Berlin: Verl. Technik 1955. — LANGE, K.: Gesenkschmieden von Stahl. Berlin/Göttingen/Heidelberg: Springer 1958. — KAESSBERG, H.: Gesenkschmieden von Stahl, II. Teil, 2. Aufl. (Werkstattbücher H. 58). Berlin/Göttingen/Heidelberg: Springer 1951.

[4] HOWE, H. M.: Iron Steels Alloys 1924 S. 263.

der Verarbeitung annähernd gleich. Die nach rechts verlaufenden Linien, wie *B–C*, bedeuten die Rekristallisation während der Abkühlung bis zur nächsten Streckung. *E* wäre die Korngröße, wenn die Verformung bei *C* aufgehört hätte, und *P* die Korngröße, wenn die Verformung bei tieferer Temperatur aufgehört hat.

Auf *A–L* liegen die Korngrößen, über die hinaus bei langem Verweilen auf Temperatur kein weiteres Wachstum auftritt. Die Darstellung Howes berücksichtigt dabei etwa eintretende Umwandlungen nicht. Wenn z. B. das Schmieden oder Walzen im γ-Gebiet begonnen und zu Ende geführt wird, so kann durch Umwandlung in das α-Gebiet bei entsprechender Abkühlung das Gefüge verfeinert werden, ein Vorgang, der beim Normalglühen schon beschrieben wurde.

Liegt die Warmformgebungstemperatur unterhalb der Linien *GOSE* (Bild 2), so wird der Ferrit oder Zementit mitgestreckt und in Form von Zeilen im abgekühlten Werkstoff sichtbar sein; ferritische Stähle rekristallisieren erst unter etwa 750 °C so langsam, daß die Ferritkörner gestreckt bleiben. Ferritisch-perlitische Stähle geben bei der Warmverformung unter *GOS* zeiliges Gefüge. Bei stärker übereutektoiden Stählen wird es nicht möglich sein, die Endtemperatur im Gebiet der festen Lösung zu halten, da sie sonst zu hoch wäre und grobes Korn zur Folge hätte. Bei einem Stahl mit z. B. 1,4% C ist erst über 1000 °C der ganze Zementit gelöst, das ist eine Temperatur, die als Endtemperatur zu hoch wäre, daher wird in diesem Falle der bei der Endschmiedetemperatur schon abgeschiedene Zementit beim Schmieden wie ein Fremdkörper gestreckt und Zeilenanordnung wird nicht zu vermeiden sein. Noch ausgeprägter wird die Zeilenanordnung durch Schmieden von Ledeburitstählen. Bei diesen ist Zeilenbildung unter keinen Umständen zu verhindern, da Lösung des Ledeburits erst beim beginnenden Schmelzen eintritt, wo rotbruch- bzw. heißbruchartiges Aufreißen die Folge ist. Bei der Warmformgebung in der Praxis sind folgende Gesichtspunkte zu beachten: Das langsame Anwärmen, das Durchwärmen, die Haltezeit, die richtige Anfangs- und Endtemperatur beim Walzen und Schmieden und die Abkühlung danach.

Es ist zu empfehlen, das Anwärmen besonders bei legierten Stählen wegen der schlechten Wärmeleitfähigkeit bis auf etwa 600 bis 900 °C langsam vor sich gehen zu lassen, da sonst leicht Spannungsrisse entstehen können. Hierauf kann die Erwärmung rascher erfolgen. Nur die Erhitzung durch elektrische Induktion (s. S. 84) kann ohne Gefahr rasch vorgenommen werden, da — geeignete Frequenz und Stromstärke vorausgesetzt — die Temperaturerhöhung in allen Teilen von Anfang an und in gleicher Weise vor sich geht.

Bei der Erwärmung und bei der Verformung sind Blöcke vorsichtiger zu behandeln als vorverarbeitetes Halbzeug.

Von Wichtigkeit ist die Schmiede- und Walztemperatur und auch die Haltezeit auf Temperatur. Hohe Temperatur und Haltezeit sind erforderlich, um den Stahl in seinem Gefüge auszugleichen und Seigerungen möglichst zum Verschwinden zu bringen. Diese Regel ist für die Vermeidung von Stahlfehlern, wie Fasern, Innenrisse und Flocken, von grundlegender Bedeutung. Besonders wichtig ist dies bei Blöcken, wo hohe Temperatur und Haltedauer auch unmittelbar dazu beiträgt, etwa entstandene Lücken im Primärkorn zu verfestigen[1]. Der Höhe und der Dauer der Erwärmung wird eine Grenze darin gesetzt, daß zu starker Abbrand eintritt. Zu hohe Warmverformungstemperatur führt zu Querrissen, also zum Rotbruch.

Brauchte man auf die schädlichen Einwirkungen der Feuergase auf die Randschicht keine Rücksicht zu nehmen, so bleibt zur Erzielung besten Gefüges immer der Grundsatz bestehen, mit der Temperatur so hoch zu gehen, daß Kantenbrüche eben noch nicht eintreten. Es gilt dies aber nur für die Anfangsschmiedetemperatur. Die Endschmiedetemperatur muß niedriger sein, da sonst das Korn grob und der Stahl spröde wird. Damit die hohe Anfangsschmiedetemperatur in ihrer Wirkung auf die Korngröße verschwindet, muß der Verformungsgrad zwischen der hohen Anfangs- und der niedrigen Endschmiedetemperatur ein genügender sein. Über den dazu notwendigen Verformungsgrad läßt sich schwer eine genaue Aussage machen. Man kann aber annähernd sagen, daß 50%ige Verformung, also eine Streckung auf $1^1/_2$fache Länge in der Nähe der Endverformungstemperatur, genügt, um grobes Korn zu beseitigen. Dasselbe gilt auch dann, wenn erkalteter, überhitzter Stahl nochmals zur Verfeinerung des Kornes warmverformt wird.

Vom Block auf die fertige Abmessung genügt diese Verformung aber nicht, um die Verschweißung der lockeren Blockkorngrenzen und andere schwache Stellen (Risse, Mikrolunker, Sekundärlunker) zusammenzuschweißen. Das Ausmaß dieser Verformung hängt vom Zustand des Blockes ab. Bei gutem Gußgefüge dürfte 2fache Streckung ausreichen, bei schlechtem könnte auch 4fache Streckung nicht genügen. Wie sich im allgemeinen die Festigkeitseigenschaften mit dem Streckungsgrad ändern und wie groß er sein muß, wenn Kerbschlagzähigkeit in der Querrichtung gefordert wird, wird im Abschnitt „Baustähle", S. 374ff., näher ausgeführt. Die Verbesserung der Festigkeitseigenschaften des warmverformten gegenüber dem gegossenen Stahl beruht also auf der Zertrümmerung des Blockgefüges und der Beseitigung der erwähnten Blockschäden. Bei den Eigenschaftsänderungen durch Schmieden oder Walzen spielen die gestreckten Zeilen der Verunreinigungen eine große Rolle. Sie sind die Ursache, daß in der Querrichtung über ein gewisses Verformungsmaß hinaus hohe Kerbzähigkeit nur dann zu

[1] LEITNER, F.: Stahl u. Eisen Bd. 46 (1926) S. 525.

erreichen ist, wenn der Verformungsgrad nicht zu groß ist und etwa das 6- bis 8fache nicht überschreitet. In der Längsrichtung sind über ein gewisses Verformungsmaß hinaus, etwa über das 10fache, die Festigkeitseigenschaften gleichbleibend (S. 374).

Eine Ausnahme in der Bemessung des Verformungsgrades machen die ledeburitischen Stähle, wo zur Zertrümmerung des Ledeburitnetzwerkes und guten Verteilung der Karbide eine größere Verformung notwendig ist (s. S. 998).

So wichtig hohe Anfangsschmiedetemperatur ist, so darf die Bedeutung einer nicht zu hohen Endschmiedetemperatur keineswegs übersehen werden. Schlechte Streckgrenze und Kerbzähigkeit bei Baustählen, grobes Zementitkorn bei Werkzeugstählen sind die Folgen von zu hoher Endschmiedetemperatur.

Bei Werkzeugstählen mit größerem Gehalt an übereutektoidem Kohlenstoff kann es nur durch umständliche Wärmebehandlung gelingen, den Schaden wieder gutzumachen. Bei Stählen mit niedrigem Kohlenstoffgehalt ist es leichter möglich, weil die Lösungstemperatur der Karbide niedriger liegt. Es ist interessant, daß auch Vergütungsstähle, wenn sie bei der Warmverformung überhitzt wurden, auch nach doppelter Vergütung noch, wenn auch im geringen Umfang, geschädigt sind. Augenscheinlich werden im groben Korn entstandene kleine Korngrenzenfehlstellen durch bloße Erwärmung nicht beseitigt.

Zu niedrige Endtemperaturen können die Werkstoffeigenschaften durch Faserbildung nachteilig beeinflussen. In gewissen Fällen, z. B. bei Blattfederstahlwalzung, wird niedrige Endtemperatur zur Erzielung der dort gewünschten Faser gewählt werden. Bei ferritischen und austenitischen Stählen ist die Endschmiedetemperatur deshalb von erhöhter Bedeutung, weil diese Stähle keine Umwandlung haben und durch nachträgliche Wärmebehandlung kaum verändert werden können. Auch örtliche Überhitzung und grobe Rekristallisation nach einer bestimmten Verformung und einem bestimmten Temperaturbereich können sich schädlich bemerkbar machen (s. S. 984).

Die Zahlentafel 6 gibt Anhaltspunkte über die zu wählenden Anfangs- und Endschmiedetemperaturen, wenn es sich nicht um Blöcke, sondern um vorgeschmiedeten Werkstoff handelt. Bei Blöcken ist wegen der erwähnten Schwäche der Primärkorngrenzen die Anfangstemperatur niedriger zu halten, und man muß bei der Anfangsverformung vorsichtiger sein.

Über die Anwärmzeiten in Abhängigkeit vom Querschnitt in einem Gasmuffelofen macht J. D. KELLER[1] Angaben (s. Bild 77).

---

[1] KELLER, J. D : Heat Treat. Forg. Bd. 20 (1934) S. 586/590.

Zahlentafel 6. *Schmiede- und Walztemperaturen einiger Stähle*

Stahlgattung	Anfangstemperatur °C	Endtemperatur[1] °C
Unlegierter Stahl 0,12%	1300	950
Unlegierter Stahl 0,4%	1200	850
Unlegierter Stahl 1,2%	1000	800
Chrom-Nickel-Stähle	1100—1250	850
Schnellarbeitsstähle und Warmarbeitsstahl mit 8 bis 10% Wolfram	1200	900
Hochproz. Chromstähle 2% C, 12% Cr	1050	900
Riffelstähle 1,4% C, 5% W	1100	850
Ferritische rostbeständige Chromstähle	1050—1200	unter 750
Austenitische Stähle	1050—1250	900

[1] In Großeisenwalzwerken, wo es auf die Erzielung eines feinen Gefüges nicht so sehr ankommt, hält man diese Temperatur nicht immer ein.

Dabei wurde die Temperatur außerhalb des Ofens gemessen. Bei diesen Werten handelt es sich um unlegierte Stähle. Bei legierten Stählen verlängert sich die Anwärmdauer um so mehr, je höher die Legierung ist. Sie ist auch, wie man sieht, in gasgefeuerten Öfen bei niedrigen Temperaturen länger als bei höheren, in Salzbädern ist es umgekehrt.

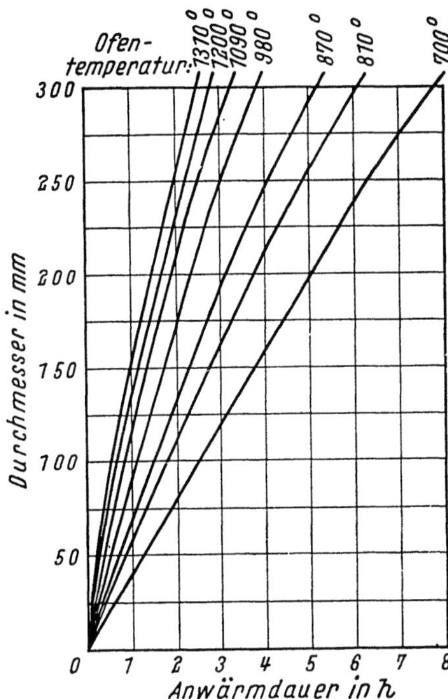

Bild 77. Anwärmzeiten in Abhängigkeit von der Ofentemperatur für verschiedene Querschnitte, berechnet für einen Strahlungsabsorptionskoeffizienten von 60% gegenüber dem schwarzen Körper (nach J. D. KELLER)

Bild 78 gibt *Anwärmzeiten von Stahlstücken* unterschiedlicher Durchmesser und verschiedener Legierung auf 1200 °C. Legierungsgruppen:

Stahlgruppe *1* umfaßt unlegierte Stähle bis 0,4% C sowie unlegierte und legierte Einsatzstähle.

Stahlgruppe *2* enthält alle unlegierten Stähle bis etwa 0,7% C und alle niedrig- und mittellegierten Stähle bis etwa 0,4% C.

Stahlgruppe *3* faßt unlegierte Werkzeugstähle über 0,7% C zusammen, um langsamer Erwärmung in den unteren Temperaturbereichen der folgenden schnellen Erwärmung bei höheren Temperaturen und der kurzen Haltezeit gerecht zu werden.

Stahlgruppe *4* erfaßt legierte Werkzeugstähle und Stähle, die wegen schwieriger Auflösbarkeit ihrer Karbide längere Haltezeit erfordern.

Stahlgruppe *5* sind Schnellarbeitsstähle, ferritische Sonderstähle (z. B. Heizleiterstähle) und austenitische Stähle.

Bild 79 ergänzt Bild 78 durch Zeitangaben für das Anwärmen von Stahlstücken von 500 mm Durchmesser auf verschiedene Temperaturen.

Für Blöcke von 1200 mm Durchmesser

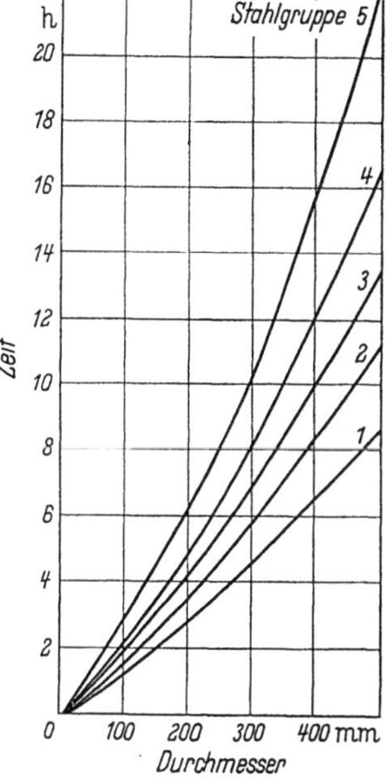

Bild 78. Anwärmzeiten für Stücke bis 500 mm ⌀ auf 1200 °C

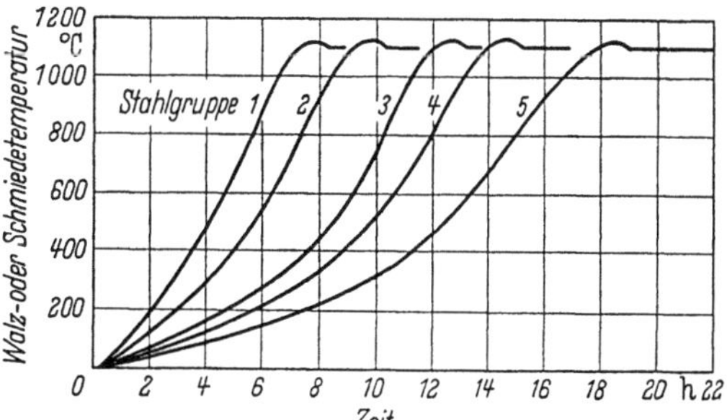

Bild 79. Anwärmzeiten für Stücke von 500 mm ⌀

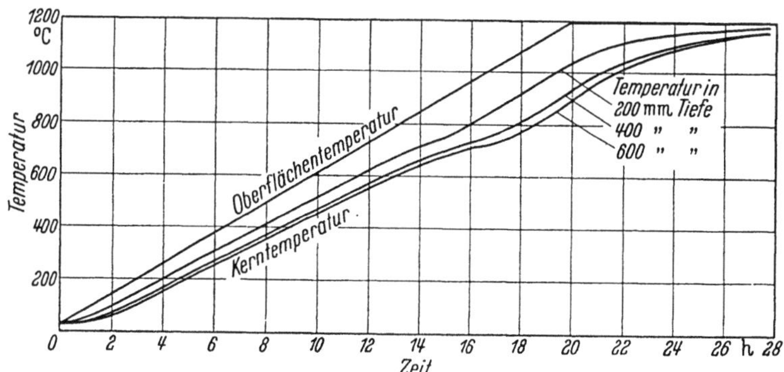

Bild 80. Der Temperaturverlauf an der Oberfläche und im Kern von Blöcken ⌀ 1200 (nach R. Wartmann)

gibt R. Wartmann[1] den Temperaturverlauf an der Oberfläche und im Kern nach Bild 80 an.

[1] Wartmann, R.: Stahl u. Eisen Bd. 79 (1959) S. 703/711.

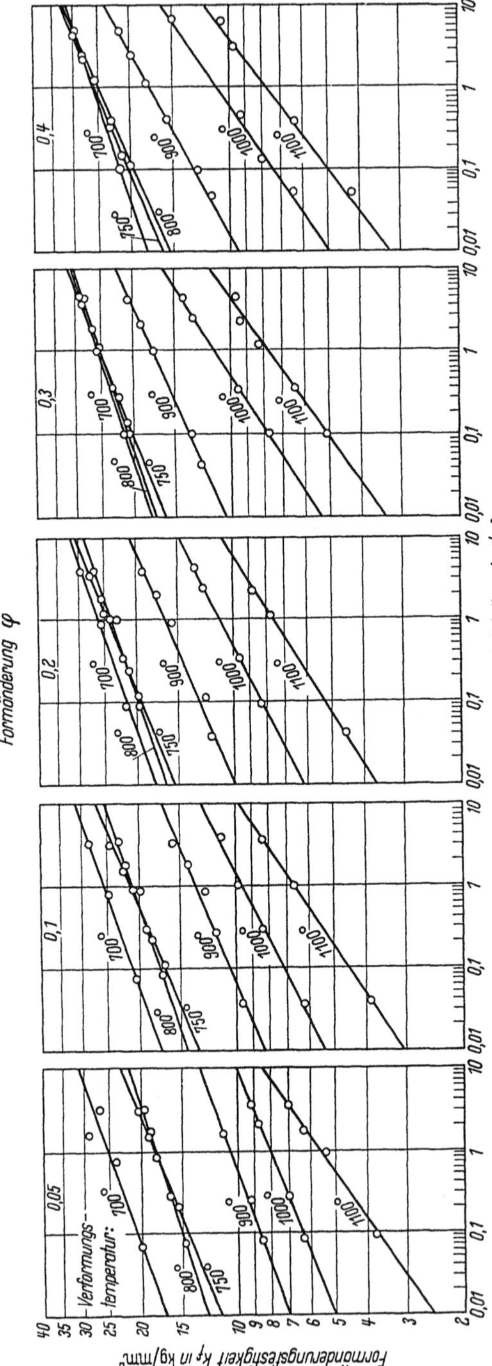

Bild 81. Formänderungsfestigkeit von Stahl C 45 in Abhängigkeit von der Formänderungsgeschwindigkeit für Temperaturen von 700 bis 1100° und Formänderungen von 0,05 bis 0,4 (nach W. LUEG u. H. G. MÜLLER)

Die Haltezeit auf Temperatur ist bei diesen Werten nicht angegeben; die Länge der Haltezeit ist eine Frage wirtschaftlicher und metallkundlicher Erwägungen und wird in den Betrieben vom Gütestandpunkt oft zu kurz bemessen (s. S. 980).

In elektrisch geheizten Öfen ist die Anwärmdauer wegen fehlender Gasbewegung etwas länger. Die in den Bildern 77 bis 79 angegebenen Zeiten sind um 10 bis 20% zu vergrößern, wenn nicht Luftumwälzung vorliegt.

In neuerer Zeit bürgert sich für die Anwärmung zum Schmieden die Induktionsheizung ein[1]. Darüber berichtet G. SEULEN[2].

Mit Rücksicht auf ein feines Gefüge müßte das Abkühlen aus Schmiede- oder Walztemperatur bis 700° verhältnismäßig rasch geschehen. Unterhalb dieser Temperatur dürfen nur unlegierte und schwach legierte Stähle rasch abkühlen. Höher legierte würden zu große Härte annehmen und zu Spannungsrissen neigen. Geboten ist daher mindestens langsame Abkühlung in Asche oder ähnlichem. Sicher zum Ziel führt aber nur isothermische Glühung in besonderen Öfen. Die Glühtemperatur ist aus dem ZTU-Schaubild des betreffenden Stahles zu entnehmen.

Für das Schmieden und Walzen ist natürlich der Formänderungswiderstand eine wichtige Größe. Er ist nicht gleichbleibend, sondern ändert sich nicht nur mit der Temperatur, sondern auch mit der Verformungsgeschwindigkeit und dem Verformungsgrad.

Umfangreiche Studien darüber machten W. LUEG und Mitarbeiter. Das Bild 81 zeigt nach W. LUEG und H. G. MÜLLER[3] wie die Formänderungsfestigkeit mit der Geschwindigkeit und dem Maß der Verformung zunimmt. Man sieht, daß die Geschwindigkeit einen größeren Einfluß hat als der Verformungsgrad. Bei diesen Versuchen handelte es sich um einen unlegierten Stahl mit 0,45% C.

Über den Verformungswiderstand der einzelnen Stähle wäre kurz etwa folgendes zu sagen. Was den Einfluß des Kohlenstoffgehaltes betrifft, so wird häufig angenommen, daß der Verformungswiderstand mit steigendem Kohlenstoffgehalt zunimmt[4]. Versuche des Verfassers ergaben, daß dieser Satz nicht zu verallgemeinern ist; in einem bestimmten Falle zeigt sich sogar das Gegenteil. Es ergab sich, daß bei Anwendung eines Preßdruckes derselben Stärke (s. Bild 82) sich ein Stahl

---

[1] s. Fußnote S. 84.

[2] SEULEN, G.W.: Industrieanz. Bd. 79 (1957) Nr. 30 S. 417/419; Z. Metallkde. Bd. 50 (1959) Nr. 5 S. 299/306.

[3] LUEG, W., u. H. G. MÜLLER: Arch. Eisenhüttenw. Bd. 28 (1957) S. 505/516; s. a. W. LUEG u. U. KRAUSE: Stahl u. Eisen Bd. 80 (1960) S. 1061/1067.

[4] Diese Meinung ist dadurch entstanden, daß man gewöhnt ist, harte Stähle bei niedriger und weiche bei höherer Temperatur zu schmieden.

bei 1100 °C mit 1% Kohlenstoff stärker stauchen ließ als weicher Flußstahl. Grundsätzlich scheint das Gesetz zu bestehen, daß bei niedrigen Temperaturen, solange der Kohlenstoff ganz oder teilweise ungelöst ist, die Verformung durch den Kohlenstoffgehalt erschwert wird. Bei höheren Temperaturen hingegen, bei denen der Kohlenstoff sich gelöst befindet, ist der Verformungswiderstand niedriger, offenbar deswegen, weil diese Legierungen dem Schmelzpunkt um so näher sind, je höher der Kohlenstoffgehalt ist.

Bei der raschen Verformung mit dem Hammer ist der Stahl mit höherem Kohlenstoffgehalt gleich oder schwerer verformbar als der mit niedrigem. Es ist wohl so, daß mit der Nähe des Schmelzpunktes die Rekristallisationsgeschwindigkeit steigt[1].

a b c

Bild 82 a—c. Warmverformbarkeit verschiedener Kohlenstoffstähle unter gleichem Druck. ½ nat. Größe.

a) Probe vor dem Stauchen; b) Kohlenstoffstahl mit 0,10% C bei 1100° gestaucht; c) Kohlenstoffstahl mit 1,0% C bei 1100° gestaucht

Beachtenswert ist die unstetige Änderung der Verformungsfähigkeit beim Übergang von α- in γ-Eisen. So haben E. Houdremont und H. Kallen[2] nachgewiesen, daß weicher Flußstahl beim Übergang vom α-Eisengebiet in das γ-Gebiet schwieriger verformbar wird.

Über „Rotbruch“ und „Heißbruch“ wird einiges im Abschnitt „Schwefel“ (S. 324) ausgeführt. Siehe ferner S. 666.

Alle Legierungselemente erhöhen die Warmfestigkeit, erniedrigen die Rekristallisationsgeschwindigkeit und erhöhen auch dadurch den Verformungswiderstand. Am schwierigsten verformbar sind die warmfesten hochprozentigen Chrom-Nickel-Legierungen, die Schnellarbeitsstähle, die austenitischen Chrom-Mangan- und Chrom-Nickel-Stähle,

---

[1] Rapatz, F.: Werkstofftagung 1927. Stahl und Eisen als Werkstoff Bd. 1 (1928) S. 56/57.

[2] Houdremont, E., u. H. Kallen: Stahl u. Eisen Bd. 45 (1925) S. 1936; Werkstoffausschuß-Bericht Nr. 72.

wobei der Verformungswiderstand bei Walz- und Schmiedetemperatur aus der Warmfestigkeit der Stähle abzuschätzen ist (s. S. 666). Dieser Widerstand beträgt bei austenitischen Chrom-Nickel-Stählen das Mehrfache desjenigen der unlegierten. Bei Walz- und Schmiedeeinrichtungen wird oft zu wenig darauf Rücksicht genommen.

Über den Einfluß des Verformungsgrades auf die Festigkeitseigenschaften, besonders in der Querrichtung, wird im Abschnitt „Baustähle“ ausführlich berichtet; auch von anderen Eigenschaftsänderungen ist dort die Rede (S. 373—377).

V. Kaltverformung und Rekristallisation[1]

Bei der Warmformgebung wachsen die zertrümmerten Kristalle sofort wieder nach allen Seiten gleichmäßig, so daß man bei dem Werkstoff, der bei der ihm gemäßen Temperatur warmverformt wurde, von einer Streckung oder Zertrümmerung nichts mehr merkt. Je mehr man nun mit der Verformungstemperatur heruntergeht, desto langsamer rekristallisieren die zertrümmerten Kristalle, bis man schließlich in einen Bereich gelangt, bei dem die Kristallstreckung und Zertrümmerung erhalten bleibt. Man spricht dann von Kaltverformung. Die Temperatur, bei der die Kaltverformung aufhört und die Warmverformung anfängt, ist nicht scharf abgegrenzt, und es bestehen alle Übergänge zwischen völlig zertrümmerten und wieder rekristallisierten Kristallen.

Man wird bei unlegiertem oder niederlegiertem Stahl unterhalb 400 °C zweifellos von Kalt- und oberhalb 700 °C von Warmverformung sprechen. In den dazwischenliegenden Temperaturbereichen entstehen Übergangszustände je nach der Dauer der Erwärmung und der Rekristallisationsfähigkeit des Stahles.

Bei legierten Stählen ist die Temperatur, bis zu der bei der Verformung Verfestigung eintritt, höher. Bei austenitischen hochwarmfesten Chrom-Nickel-Stählen mit Zusätzen von Kobalt, Wolfram, Vanadin liegt sie nach W. JELLINGHAUS und W. WINK[2] zwischen 1060 und 1000 °C. Sie steigt nach diesen Verfassern bei diesen Stählen mit der in der Grundmasse gelösten Menge Kohlenstoffs (die Versuche erstreckten sich bis zu 0,3% C), also mit der Temperatur des Lösungsglühens. Kobalt hat auf die Höhe der Temperatur keinen Einfluß, dagegen ist der Härteanstieg größer. Wolfram, Molybdän und Vanadin steigern die Rekristallisationstemperatur mäßig, Niob, Titan, Aluminium stärker. Die Rekristallisation setzt nicht an allen Stellen gleichmäßig ein, und es liegen oft grobe und feine Körner nebeneinander.

---

[1] SIEBEL, E.: Die Formgebung im bildsamen Zustande. Düsseldorf: Stahleisen 1932. — POMP, A.: Stahldraht, seine Herstellung und Eigenschaften, 2. Aufl (Stahleisen-Bücher, Bd. 1.) Düsseldorf: Stahleisen 1952. — POMP, A.: Das Kaltwalzen von Bandstahl. In: Handbuch des Eisenhüttenwesens, Bd. 3, S. 488/658. Düsseldorf: Stahleisen; Berlin: Springer 1939.

[2] JELLINGHAUS, W., u. W. WINK: Arch. Eisenhüttenw. Bd. 29 (1958) Nr. 9 S. 559/566; Stahl u. Eisen 1958 S. 1406.

Der Anstieg der Rekristallisationstemperatur ist auch ein Anzeichen für die Steigerung der Warmfestigkeit.

In welchem Ausmaß sich die Stähle bei der Kaltverformung verfestigen, wurde vielfach untersucht.

Für die Kohlenstoffstähle geben W. Lueg und K. H. Treptow[1] Änderungen an einem Beispiel für das Drahtziehen wieder. Untersucht wurden Stähle nach Zahlentafel 7.

Zahlentafel 7

Mechanische Kennwerte und chemische Zusammensetzung der Versuchswerkstoffe

Stahl	Drahtdurchmesser mm	Zugfestigkeit kg/mm²	Dehnung %	Einschnürung %	C %	Si %	Mn %	P %	S %	Cr %	Cu %
1	4,47	35,8	28,4	74	0,03	0,01	0,23	0,028	0,040	0,04	0,28
2	4,44	82,0	15,8	66	0,34	0,20	0,52	0,018	0,017	0,04	0,22
3	4,43	91,5	14,2	57	0,45	0,22	0,43	0,025	0,034	0,06	0,25
4	4,46	103,0	14,2	61	0,56	0,20	0,43	0,019	0,026	0,07	0,22
5	4,45	117,0	11,6	51	0,63	0,15	0,55	0,036	0,017	0,05	0,14
6	4,43	125,0	11,2	51	0,74	0,19	0,61	0,027	0,021	0,07	0,20
7	4,49	136,0	9,6	46	0,89	0,16	0,41	0,020	0,022	0,05	0,22
8	4,48	142,0	8,4	20	0,99	0,17	0,29	0,005	0,020	0,04	0,28

Bild 83 zeigt die Abhängigkeit der Zugfestigkeit von der Querschnittsabnahme und Bild 84 die Änderung der Dehnung und Einschnürung, welche Werte durch die Kaltverfestigung natürlich abnehmen. Bei der Drahtwalzung kann die Verfestigung im Verhältnis zur Verfestigung beim Ziehen je nach dem Walzendurchmesser größer oder kleiner sein. Ein Beispiel für die Veränderungen beim Walzen von Bandstahl geben A. Pomp und H. Poellein[2] (Bild 85). Die dabei untersuchten Stähle hatten Kohlenstoffgehalte von 0,09, 0,29, 0,65, 0,9, 1,14, 1,44% bei 0,04% Silizium und 0,28% Mangan. Die Stähle waren dabei zur leichteren Kaltverformbarkeit auf kugeligen Zementit geglüht worden.

Kaltverformung von Draht durch Ziehen oder Walzen und bei Bändern durch Walzen ist viel studiert worden, um die günstigsten Arbeitsbedingungen zu finden[3].

Um eine gute Kaltverformbarkeit zu ermöglichen, muß der Stahl mit einem Gefüge körnigen Zementits vorliegen. Dazu wird er zunächst über die Umwandlung erwärmt und normalisierend geglüht. Diesem folgt ein Weichglühen.

In welcher Weise kaltverformter Stahl bei Erwärmung auf verschiedene Temperaturen an Härte verliert, ist nach A. Pomp und

[1] Lueg, W., u. K. H. Treptow: Stahl u. Eisen Bd. 75 (1955) S. 757/761.

[2] Pomp, A., u. H. Poellein: Arch. Eisenhüttenw. Bd. 3 (1929/30) S. 223/231; Stahl u. Eisen Bd. 49 (1929) S. 1551.

[3] Pomp, A.: Stahldraht, seine Herstellung und Eigenschaften, 2. Aufl. (Stahleisen-Bücher, Bd. 1.) Düsseldorf: Stahleisen 1952.

H. POELLEIN[1] aus Bild 86 zu ersehen. Die Erweichung wird besonders deutlich bei 500 °C, wo die Rekristallisation begonnen hat. Die bei 250° vorübergehend sich einstellende Härtezunahme ist auf die beschleunigte Alterung durch die Erwärmung zurückzuführen.

Bei Stählen mit einem Kohlenstoffgehalt über 1% richtet sich die angestrebte Zementitausbildung nach dem Verwendungszweck. Wenn

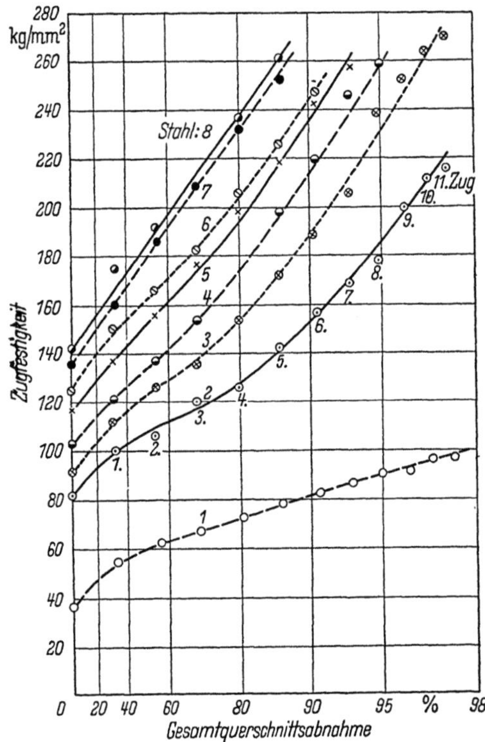

Bild 83. Abhängigkeit der Zugfestigkeit von der Gesamtquerschnittsabnahme beim Drahtziehen (nach W. LUEG und K. H. TREPTOW)

nur möglichst große Weichheit gewünscht wird, ist grobkörniger Zementit das richtige Gefüge, in anderen Fällen, z. B. bei Rasierklingenbandstahl, darf der Zementit aus zwei Gründen nicht zu grob sein: einmal ist die Anwärmzeit kurz und grober Zementit hätte keine Zeit zur Auflösung und zum anderen ist für die Schnittfähigkeit feine Zementitausbildung vorzuziehen.

Das rekristallisierende Glühen zwischen den einzelnen Kaltverformungsgängen, um den Stahl weiter verformbar zu machen, wird unter-

[1] POMP, A., u. H. POELLEIN: Mitt. K.-Wilh.-Inst. Eisenforschg. Bd. 11 (1929) S. 182; vgl. Stahl u. Eisen Bd. 49 (1929) S. 1551.

halb A_1 vorgenommen. Eine Vorglühung bei 400 bis 500 °C verbessert nach G. ODONE und V. BERUTTI[1] die Tiefzieheigenschaften.

Um den Stahl besser verformen zu können, hat man mit Erfolg versucht, ihn während der Verformung auf Temperaturen bis 300 °C zu

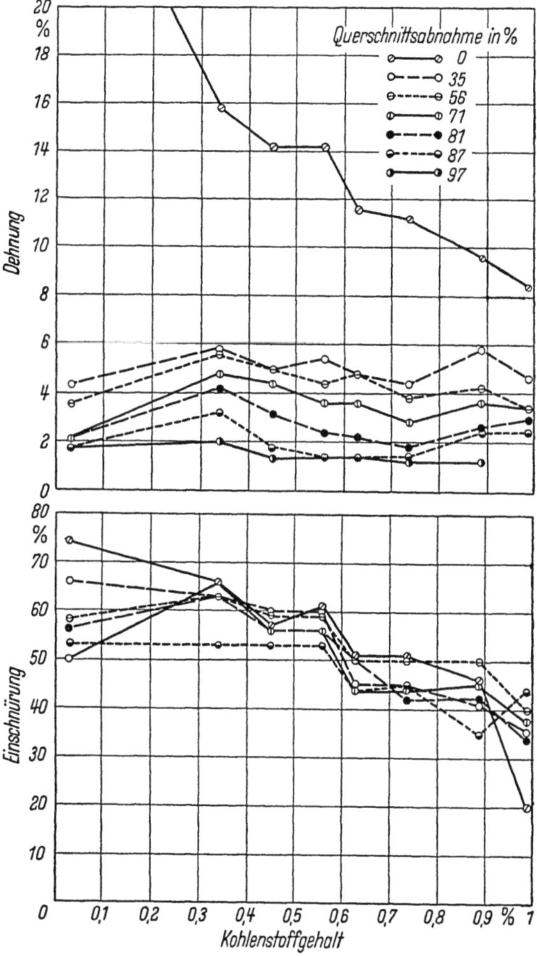

Bild 84. Dehnung und Einschnürung gezogener Drähte in Abhängigkeit von Kohlenstoffgehalt und der Querschnittsabnahme (nach W. LUEG und K. H. TREPTOW)

erwärmen. Selbst Erwärmung auf 50° macht sich schon in günstiger Weise bemerkbar. Die erste Angabe hierfür rührt von A. POMP[2] her, der vorschlug, 4%igen Siliziumstahl bei 50 bis 200 °C zu walzen. Austenitische Stähle, die bei der Kaltverformung Martensitbereiche bilden,

[1] ODONE, G., u. V. BERUTTI: Stahl u. Eisen Bd. 80 (1960) S. 1018/1023.
[2] POMP, A.: Stahl u. Eisen Bd. 44 (1924) S. 1694/1696.

sind auch leichter verformbar, wenn man sie oberhalb des Martensitpunktes, also etwa oberhalb 250 °C, verformt. Dies wurde für die Walzung von Bandstahl vorgeschlagen[1].

Einen wichtigen Einfluß üben bei der Kaltverformung die Ausscheidungsvorgänge aus, die in unbeabsichtigter und unbeherrschbarer Weise den Stahl härter und spröder und weniger verformbar machen können. Dies ist bei den hochlegierten Stählen (s. z. B. S. 443) besonders zu berücksichtigen. Die Ausscheidungsvorgänge spielen hier um so mehr eine Rolle, als sie durch die Kaltverformung begünstigt werden.

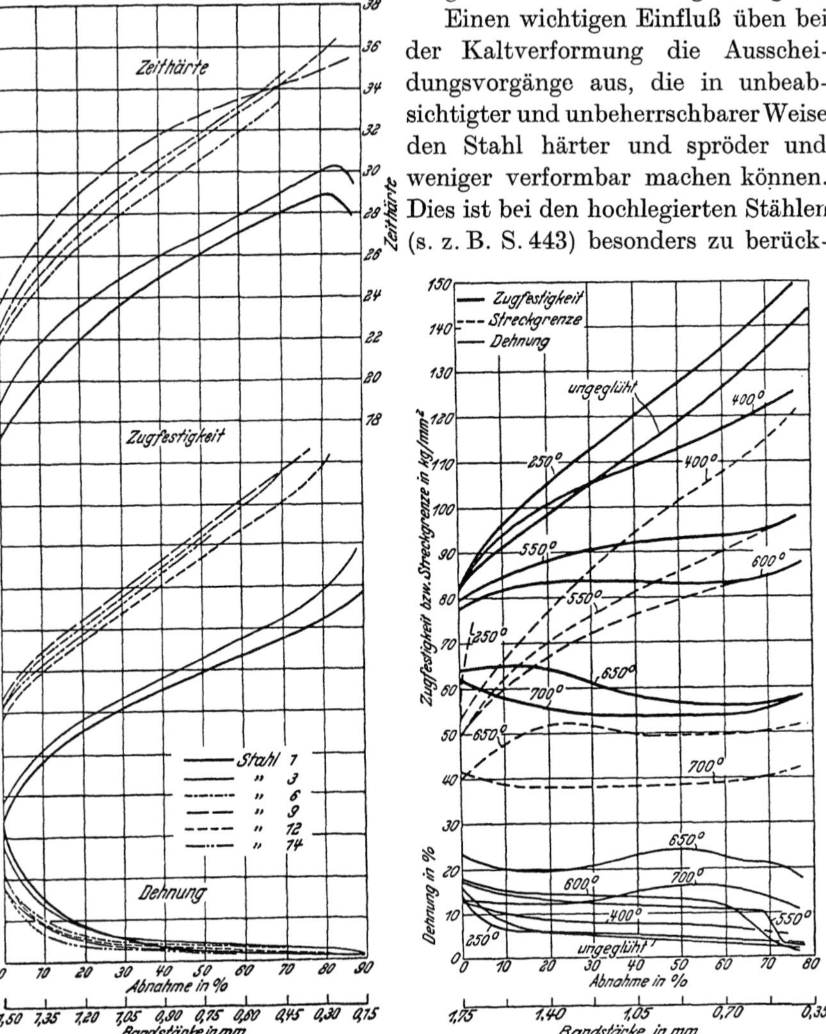

Bild 85. Zugfestigkeit, Dehnung und Zeithärte von Bandstählen verschiedenen Kohlenstoffgehaltes in Abhängigkeit von der Abnahme (Gefüge: körniger Zementit) (nach A. POMP und H. POELLEIN)

Bild 86. Eigenschaftsänderungen eines kaltgewalzten Bandstahles mit 0,65% C, 0,28% Mn durch Glühen (nach A. POMP und H. POELLEIN)

[1] s. a. LUEG, W., u. K. H. TREPTOW: Stahl u. Eisen Bd. 75 (1955) S. 757/767.

Um die Kaltverformbarkeit einiger hochlegierter Stähle, wie Schnellarbeitsstahl, zu verbessern, ist von R. HOHAGE und R. ROLLET[1] die auf S. 42 besprochene Karbidglühung vorgeschlagen worden.

Die Kaltverfestigung von legierten Stählen ist sehr verschieden. Die Verfestigungsfähigkeit einiger legierter Stähle ist nach F. KÖRBER und W. ROHLAND[2] aus Bild 87 zu ersehen. Besonders groß ist die starke Kaltverfestigung der austenitischen Stähle, die im Vergleich zu Flußstahl und ferritischem Stahl noch in Bild 88 nach Untersuchungen von E. HOUDREMONT[3] deutlich gemacht wird, ebenso ist aber auch die Verformbarkeit nach B. STRAUSS[4] groß (Bild 89).

Die Zunahme der Zugfestigkeit mehrerer hochlegierter Stähle ist nach Untersuchungen von S. E. TYSON[5] in Bild 90 wiedergegeben.

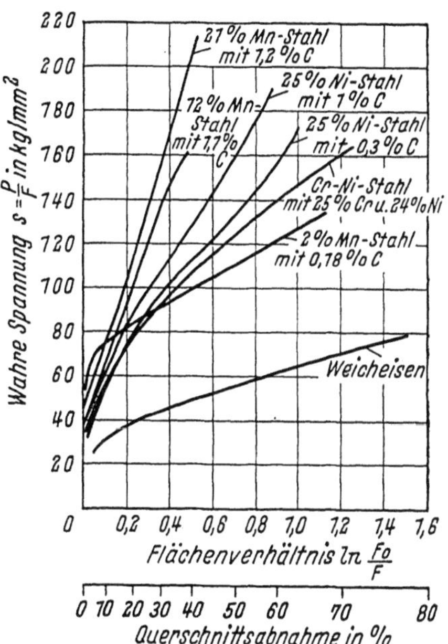

Bild 87. Verfestigungsfähigkeit verschieden legierter Stähle (nach F. KÖRBER und W. ROHLAND)

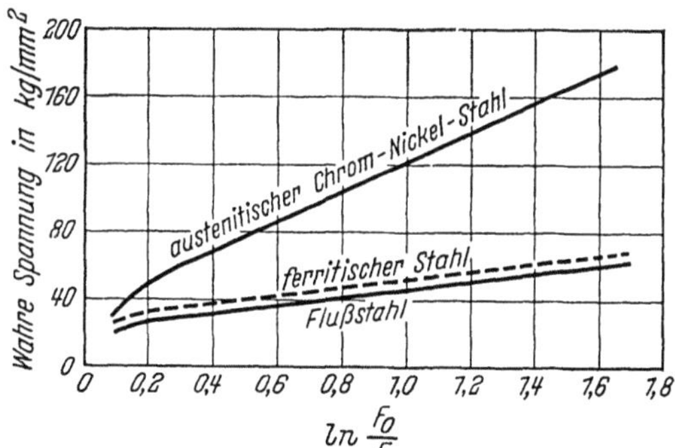

Bild 88. Kaltverfestigung eines austenitischen Chromnickelstahles im Vergleich zu weichem Flußstahl und ferritischem Stahl (nach E. HOUDREMONT)

[1] HOHAGE, R., u. R. ROLLET: Arch. Eisenhüttenw. Bd. 3 (1929/30) S. 233/239; s. a. Stahl u. Eisen Bd. 49 (1929) S. 1519/1520.

[2] Nach F. KÖRBER u. W. ROHLAND: Mitt. K.-Wilh.-Inst. Eisenforschg. Bd. 5 (1924) S. 55/68.

[3] HOUDREMONT, E.: Stahl u. Eisen Bd. 50 (1930) S. 1517/1528.

[4] STRAUSS, B.; Stahl u. Eisen Bd. 47 (1927) S. 2183.

[5] TYSON, S. E.: Stahl u. Eisen Bd. 78 (1958) S. 1835/1836 u. Wire W. Prod. Bd. 32 (1957) S. 1193/1197 u. 1248/1250.

Zahlentafel 8. *Chemische*

Stahlsorte	% C höchstens	% Si höchstens	% Mn höchstens	% P höchstens	% S höchstens
AISI 410 . . .	0,15	1,00	1,00	0,040	0,030
AISI 430 . . .	0,12	1,00	1,00	0,040	0,030
AISI 431 . . .	0,20	1,00	1,00	0,040	0,030
AISI 440 C . .	0,95—1,20	1,00	1,00	0,040	0,030
Greek Ascoloy .	0,15—0,20	0,50	0,50	0,040	0,030
AISI 304 . . .	0,08	1,00	2,00	0,045	0,030
AISI 305 . . .	0,12	1,00	2,00	0,045	0,030
AISI 316 . . .	0,08	1,00	2,00	0,045	0,030
AISI 317 . . .	0,08	1,00	2,00	0,045	0,030
Carpenter Nr. 10	0,08	1,00	2,00	0,045	0,030
Carpenter Nr. 20	0,08	1,00	2,00	0,045	0,030
A-286.	0,08	0,40—1,00	1,00—2,00	0,040	0,030

Anmerkung: Bei einigen der angeführten AISI-Stählen werden die Grenzen verarbeitbarkeit zu erzielen.

Zahlentafel 9. *Mechanische Eigenschaften der Versuchswerkstoffe* (zu Bild 90)

Stahlsorte	Streckgrenze kg/mm²	Zugfestigkeit kg/mm²	Einschnürung %	Kerbschlagversuch mit der Izod-Probe kg/mm²	Härte HB	Härte HR
AISI 410*	28,1	52,7	70	12,4	155	B 82
AISI 430*	31,6	52,7	65	—	155	B 82
AISI 431**. . . .	63,3	77,3	55	7,6	235	C 21
AISI 440-C* . . .	45,7	77,3	30	—	250	C 35
Greek Ascoloy* . .	77,3	94,9	54	—	283	C 30
AISI 304*** . . .	24,6	59,8	70	15,2	150	B 81
AISI 305*** . . .	25,3	57,7	73	15,2	140	B 76
AISI 316*** . . .	21,1	59,8	70	15,2	150	B 81
AISI 347*** . . .	24,6	63,3	65	15,2	160	B 84
Carpenter Nr. 10***	24,6	56,3	75	15,2	130	B 72
Carpenter Nr. 20***	24,6	59,8	65	15,2	150	B 81
A-286***.	26,0	63,3	70	13,8	160	B 85

* Gefüge martensitisch. — ** Gefüge ferritisch. — *** Gefüge austenitisch.

Die Zusammensetzung und die mechanischen Eigenschaften vor der Kaltverformung dieser Stähle sind in Zahlentafel 8 und 9 zu finden.

Die größte Festigkeitszunahme bei der Kaltverformung erreicht man beim „Patentieren". Es wird dabei dem Ziehen der Drähte eine Warmbadabschreckung meist im Bleibad mit nachfolgender Luftabkühlung vorausgeschickt, wobei Abschrecktemperaturen von 850 bis 1000 °C angewendet werden. Es handelt sich dabei um Stähle zwischen 0,5 und

Zusammensetzung der Versuchswerkstoffe (zu Bild 90)

% Cr	% Mo	% Ni	Verschiedenes %
11,50—13,50	—	—	—
14,00—18,00	—	—	—
15,00—17,00	—	1,25—2,50	—
16,00—18,00	0,75 höchstens	—	—
12,00—14,00	0,50 höchstens	1,80—2,20	2,50—3,50 W
18,00—20,00	—	8,00—11,00	—
17,00—19,00	—	10,00—13,00	—
16,00—18,00	2,00—3,00	10,00—14,00	—
17,00—19,00	—	9,00—13,00	10 × % C mind. Nb—Ta
15,00—17,00	—	17,00—19,00	—
19,00—21,00	2,00—3,00	24,00—30,00	3,00—4,00 Cu
13,50—16,00	1,00—1,50	24,00—27,00	1,75—2,25 Ti, 0,10—0,50 V höchstens 0,35 Al

der chemischen Zusammensetzung besonders eng gehalten, um eine bessere Kalt-

0,9% C mit einem Mangangehalt von 0,5 bis 0,8%. Bei dieser Behandlung entsteht feiner Sorbit, der beim Ziehen die Erzielung einer viel höheren Festigkeit gestattet als das Ziehen weichgeglühten Stahles. Um den gewünschten Erfolg zu haben, muß im Bleibad die Umwandlung von Austenit zu Sorbit zu Ende gegangen sein, weil sonst der Restaustenit bei der Abkühlung in Luft zu Martensit wird und die Verformungsfähigkeit beim Ziehen beeinträchtigt. Selbst geringe Verunreinigungen durch Nickel, Chrom, Kupfer und Molybdän sind in dieser Hinsicht schädlich. Bild 91 gibt nach A. Pomp und A. Lindenberg[1] die Festigkeitszunahme eines im Blei abgeschreckten Stahles mit 0,6% C beim Ziehen wieder. Noch höhere Festigkeit erreicht man, wenn man auf die Oberflächengüte ganz besonders Rücksicht nimmt. Man kommt dann bis nahe an 400 kg/mm² Zugfestigkeit. Solche Drähte werden für Klaviersaitendrähte gebraucht.

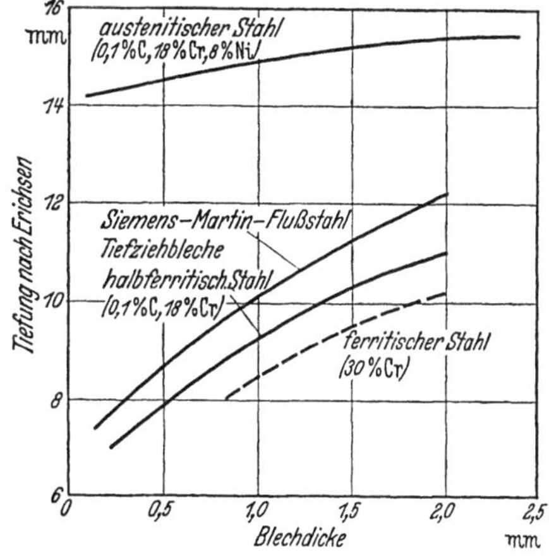

Bild 89. Tiefziehfähigkeit eines austenitischen Chromnickelstahles im Vergleich zu weichem unlegiertem und zu ferritischem Stahl (nach B. Strauss[2])

[1] Pomp, A., u. A. Lindenberg: Mitt. K.-Wilh.-Inst. Eisenforschg. Bd. 12 (1930) S. 39/54.

[2] Strauss, B.: Stahl u. Eisen Bd. 47 (1927) S. 2183/2184.

Zahlentafel 10. *Veränderung der Festigkeitseigenschaften von Weicheisen durch kritische Rekristallisation* (nach F. P. FISCHER)

Behandlungszustand	Streckgrenze kg/mm²	Zugfestigkeit kg/mm²	Dehnung ($l_0 = 5d$) %	Einschnürung %	Kerbschlagzähigkeit für Probeform 3·3·16 cm³ kgm/cm²
Geglüht	21	31	50	79	13
Bis zur Mitte zwischen Streckgrenze und Festigkeit gereckt, dann bei 730° 6 Stunden geglüht (kritisch rekristallisiert)	13	28	32	78	4
Von 910° an Luft normalisiert (umkristallisiert)	23	32	43	80	18
Vergütet	22	31	53	85	über 33
Bis zur Mitte zwischen Streckgrenze und Festigkeit gereckt, dann bei 730° 6 Stunden geglüht (kritisch rekristallisiert)	9	28	36	72	3
Von 910° an Luft normalisiert (umkristallisiert)	23	32	42	81	20

Das Bild 92 zeigt nach A. POMP[1] das Verhalten beim Ziehen. Die Abschreckung in Blei wurde bei 4,2 und 3,6 mm Durchmesser vorgenommen.

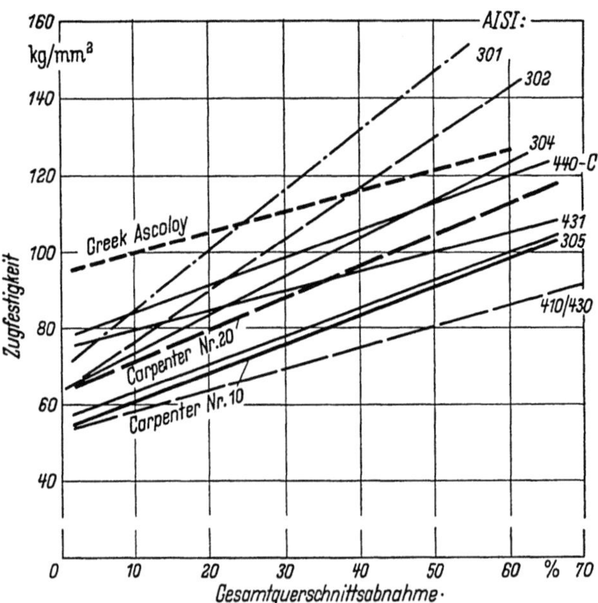

Bild 90. Abhängigkeit der Zugfestigkeit korrosionsbeständiger Stähle von der Gesamtquerschnittsabnahme (nach S. E. TYSON)

[1] POMP, A.: Stahldraht, seine Herstellung und Eigenschaften, 2. Aufl. (Stahleisen-Bücher, Bd. 1.) Düsseldorf: Stahleisen 1952.

In Verbindung mit der Kaltverformung muß auch von der groben Rekristallisation gesprochen werden. Bei einem bestimmten Verformungsgrad, der bei Kohlenstoffstählen um 5 bis 10% liegt, und nachfolgender Glühung in einem bestimmten Temperaturbereich rekristallisiert der Stahl sehr grob. Das Rekristallisationsschaubild von Weichstahl nach P. OBERHOFFER und H. JUNGBLUTH[1] ist aus dem Bild 93 zu ersehen.

Die mit grober Rekristallisation verbundenen Eigenschaftsänderungen sind an einem Beispiel nach F. P. FISCHER[2] aus Zahlentafel 10 zu entnehmen. Man sieht, daß sich die Festigkeit nicht viel ändert, wohl aber die Kerbschlagzähigkeit bedeutend verschlechtert wird. Um die kritische Rekristallisation zu vermeiden, muß entweder die Verformung über oder unter dem kritischen Grad liegen oder es muß danach eine Umkristallisation folgen, die, wie Zahlentafel 10 zeigt, den Schaden wiedergutmacht.

Ein Fehler, der nur bei Stählen ohne Umwandlung vorkommt, also bei austenitischen und ferritischen, ist ein grob kristalliner Bereich, der nach der Warmverformung durch eine Wärmebehandlung nicht

[1] OBERHOFFER, A., u. H. JUNGBLUTH: Stahl u. Eisen Bd. 42 (1922) S. 1513.

[2] FISCHER, F. P.: Krupp. Mh. Bd. 4 (1923) S. 77/114.

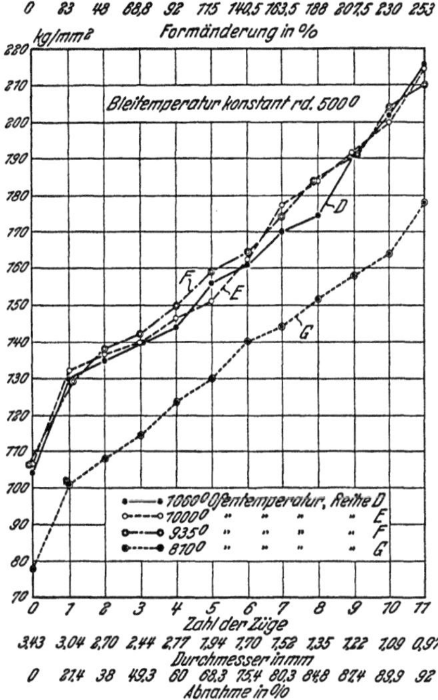

Bild 91. Festigkeitsänderungen eines Stahles mit 0,6% C durch Abschrecken in heißem Bleibad und nachfolgendem Kaltziehen (nach A. POMP und A. LINDENBERG)

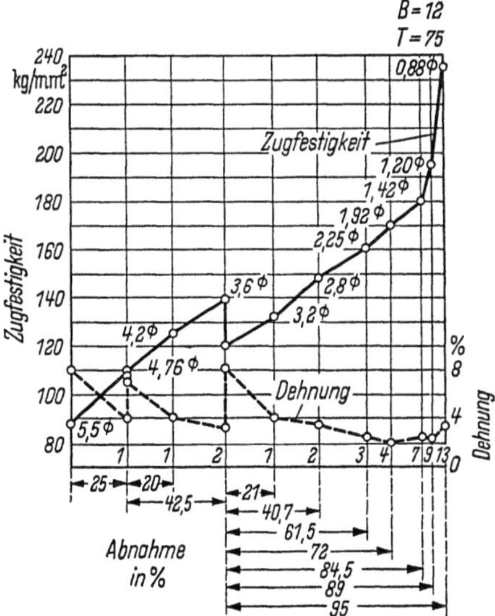

Bild 92. Änderungen der Festigkeitseigenschaften von Klaviersaitendraht durch Ziehen (nach A. POMP)

beseitigt werden kann. Dies ist beim Schmieden und Walzen wohl zu beachten.

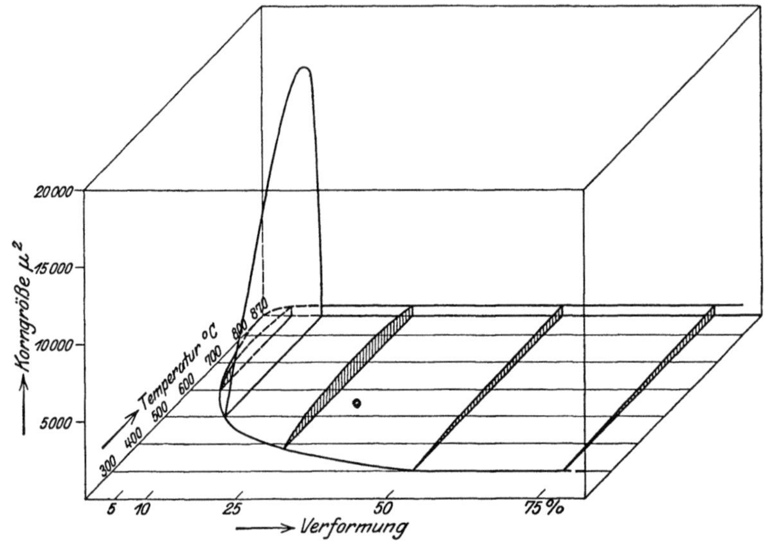

Bild 93. Rekristallisationsdiagramm von Kruppschem Weicheisen 0,08% C, 0,13% Mn, 0,02% Si, 0,002% P, 0,035% S (nach P. OBERHOFFER und H. JUNGBLUTH)

Über die Eigenheiten in bezug auf grobe Rekristallisation der austenitischen und ferritischen, also umwandlungsfreien, Stähle, geben die Bilder 94 nach H. SCHOTTKY und H. JUNGBLUTH[1], 95 nach E. HOUDRE-

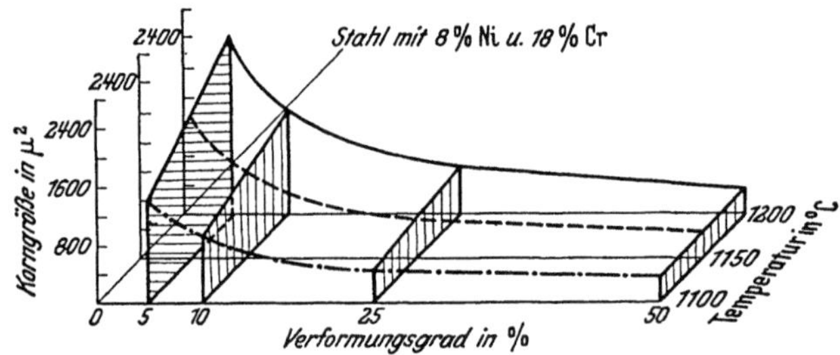

Bild 94. Rekristallisationsschaubild eines austenitischen Cr-Ni-Stahles mit 18% Cr, 8% N (nach H. SCHOTTKY und H. JUNGBLUTH)

MONT[2], 96 nach M. v. MOOS, P. OBERHOFFER und W. OERTEL[3], 97 nach E. HOUDREMONT[4] Aufschluß.

[1] Nach H. SCHOTTKY u. H. JUNGBLUTH: Krupp. Mh. Bd. 4 (1923) S. 197/204. Stahl u. Eisen Bd. 44 (1924) S. 603.

[2] HOUDREMONT, E.: Stahl u. Eisen Bd. 50 (1930) S. 1517/1528.

[3] MOOS, v., M., P. OBERHOFFER u. W. OERTEL: Stahl u. Eisen Bd. 48 (1928) S. 393/403.

[4] HOUDREMONT, E.: Krupp. Mh. Bd. 11 (1930) S. 281; vgl. Stahl u. Eisen Bd. 50 (1930) S. 1517.

Der Temperatur- und Verformungsbereich, an dem entweder beim nachträglichen Glühen oder schon während der Verformung grobe Rekristallisation auftritt, ist verhältnismäßig weit.

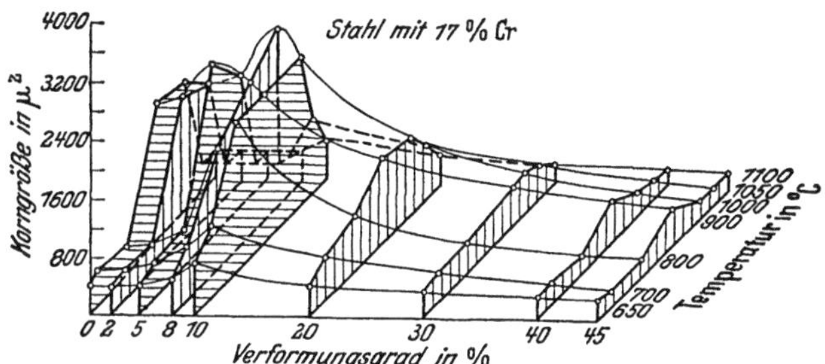

Bild 95. Rekristallisationsdiagramm eines halbferritischen Cr-Stahles mit 17% Cr (nach E. HOUDREMONT)

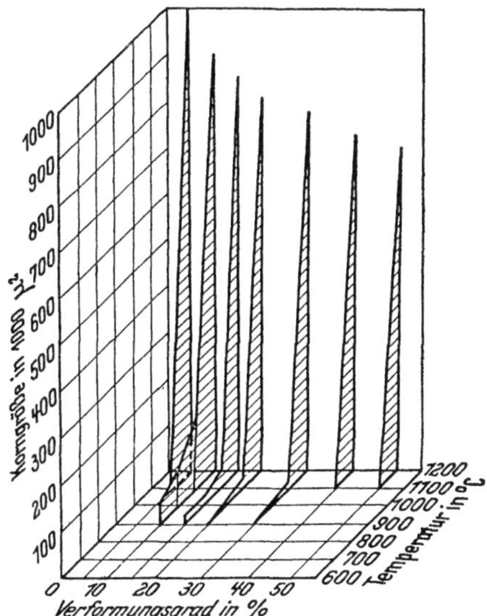

Bild 96. Rekristallisationsschaubild von 4%igem Siliziumstahl (nach M. v. MOOS, P. OBERHOFFER und W. OERTEL)

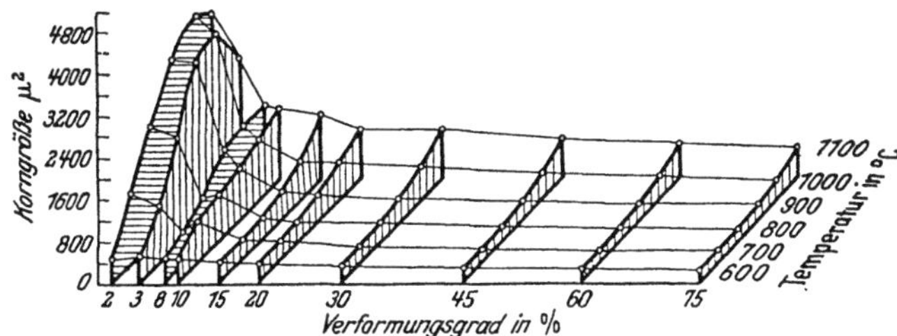

Bild 97. Rekristallisationsdiagramm eines ferritischen Chromstahles mit 30% Cr (nach E. HOUDREMONT)

Bei austenitischen Stählen liegen die Temperaturen der Grobkornbildung höher als bei ferritischen, wie aus den Bildern 94, 95, 97 ersichtlich ist. Es muß daher darauf geachtet werden, daß die Endverformungstemperatur bei letzteren Stählen unter 800 °C liegt.

Das Rekristallisationsverhalten der umwandlungsfreien Stähle kann dazu führen, daß sich im geschmiedeten oder gewalzten Stahl grobes und feines Korn ohne Übergang nebeneinander befinden. Auf diese eigenartige Erscheinung wird im Abschnitt „Stahlfehler" (S. 984) näher eingegangen werden.

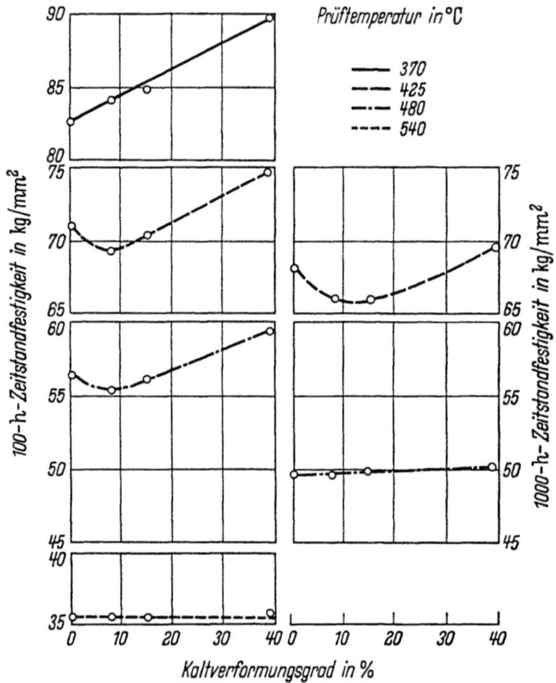

Bild 98. Einfluß der Kaltverformung auf die 100-h- und 1000-h-Zeitstandfestigkeit eines Stahles mit rd. 0,4% C, 1,6% Cr und 0,5% Mo (nach P. SHAHINIAN)

Durch die Kaltverformung werden, in groben Zügen dargestellt, folgende Eigenschaften beeinflußt:

Was die mechanischen Eigenschaften bei Lufttemperatur betrifft, so werden außer der Erhöhung der Festigkeit und der Streckgrenze die Dämpfungsfähigkeit meist erniedrigt. Bei Erhöhung der Temperatur treten durch Kaltverformung, in Abhängigkeit vom Verformungsgrad und der Temperatur so unregelmäßige Änderungen auf, daß sich allgemeine Gesetze noch nicht finden lassen[1].

---

[1] s. z. B. K. BUNGARDT u. H. PREISENDANZ: Arch. Eisenhüttenw. Bd. 29 (1958) S. 241/247; vgl. Stahl u. Eisen Bd. 78 (1958) S. 683.

Ein Beispiel für den Einfluß auf die Zeitstandfestigkeit (S. 435) gibt Bild 98 nach P. SHAHINIAN[1] für nicht austenitischen, warmfesten Stahl; ein anderes Beispiel für austenitischen Stahl geben N. J. GRANT, A. G. BUCKLIN und W. ROWLAND[2] (s. Zahlentafel 11). Die Warm- und Dauerstandfestigkeitseigenschaften steigern sich bis zu einem gewissen Grad. Die verbessernde Wirkung geht jedoch nach der Erholungstemperatur wieder verloren und kann sogar darunter sinken. Diese Frage studierte auch H. A. VOGELS[3] und fand bei kalter Endschmiedung, nach Bild 99 überwiegend Verbesserung (s. dazu auch S. 448).

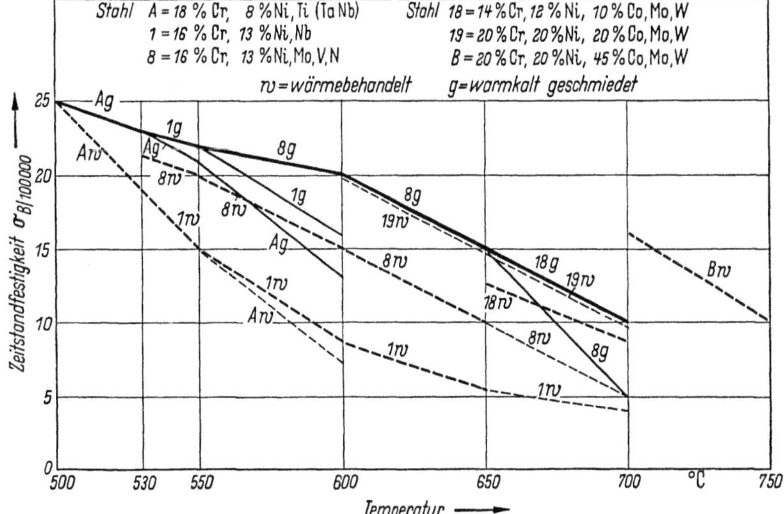

Bild 99. Änderung der Zeitstandfestigkeit einiger austenitischer Chrom-Nickel-Stähle durch Kaltverformung (nach H. A. VOGELS)

Ob die Sigma-Versprödung, die bei warmfesten und hitzebeständigen Chrom- und Chrom-Nickel-Stählen zu beachten ist, durch eine Kaltverformung gefördert wird, ist noch nicht geklärt[4].

---

[1] SHAHINIAN, P.: Stahl u. Eisen Bd. 78 (1958) S. 247.

[2] GRANT, N. J., A. G. BUCKLIN u. W. ROWLAND: Stahl u. Eisen Bd. 78 (1958) S. 248; Trans. Amer. Soc. Met. Bd. 48 (1956) S. 446/455.

[3] VOGELS, H. A.: Stahl u. Eisen Bd. 75 (1955) S. 565.

[4] BUCHHOLTZ, H., H. KRÄCHTER u. F. KRAEMER: Arch. Eisenhüttenw. Bd. 24 (1953) S. 113/125; s. a. Stahl u. Eisen Bd. 79 (1959) S. 47.

Zahlentafel 11. *Einfluß der Kaltverformung auf die Zeitstandfestigkeit eines Stahles mit 18% Cr, 9% Ni und 0,58% Nb*

(nach N. J. Grant, A. G. Bucklin und W. Rowland)

Temperatur °C	1000-h-Zeitstandfestigkeit nach einer Kaltverformung von 0%	10%	20%	30%
	kg/mm²			
650	20,2	22,5	22,9	24,5
705	14,8	16,2	12,8	13,2
815	5,3	4,8	3,7	2,5

VI. Allgemeines über die Wirkung der Legierungselemente

F. Wever[1] hat diese Frage vom Standpunkt des Atomaufbaues studiert. Es zeigt sich die außerordentlich interessante Gruppenbildung in Abhängigkeit von der Stellung im periodischen System. Das Bild 100[1] gibt das Ergebnis dieser Untersuchungen wieder. Man unterscheidet hiernach gemäß der Veränderung der Haltepunkte vier Gruppen.

Zur ersten Gruppe gehören Mangan, Nickel, durch welche Elemente der A_3-Punkt gesenkt wird und die A_4-Umwandlung ansteigt.

Es entstehen auf diese Weise Zustandsschaubilder mit erweitertem γ-Feld, als dessen Vertreter das Zustandsschaubild Eisen-Nickel gelten kann, das schematisiert Bild 101 wiedergibt.

Im Gegensatz hierzu verengen die Elemente Aluminium, Silizium, Phosphor, Titan, Vanadin, Chrom, Molybdän, Wolfram, Zinn, Beryllium den Gammabereich dadurch, daß A_4 gesenkt und A_3 gehoben wird. Auf diese Weise entstehen über einem bestimmten Legierungsgehalt hinaus Stähle, die bei allen Temperaturen ferritisch bleiben und die Umwandlungsfähigkeit verloren haben. Kennzeichnend hierfür ist das Zustandsschaubild Eisen und Chrom, das wiederum vereinfacht Bild 102 zeigt.

Die Gruppe Kohlenstoff und Stickstoff, Kupfer, Zink, Gold zeichnet sich dadurch aus, daß auch hier zunächst A_4 erhöht und A_3 erniedrigt

[1] Wever, F.: Arch. Eisenhüttenw. Bd. 2 (1928/29) S. 739/748; Stahl u. Eisen Bd. 49 (1929) S. 839/40; s. a. H. Schlechtweg: Z. Metallkde. 1940 S. 18. Hier wird der Zusammenhang zwischen dem Aufbau der Elektronenhüllen und der Legierungswirkung besprochen.

wird. Es entstehen aber bei weiterem Legierungszusatz und bei niedrigen Temperaturen nicht wie bei der ersten und zweiten Gruppe homogene Legierungen, sondern heterogene Systeme.

Als Hauptvertreter dieser Gruppe gilt das System Eisen-Kohlenstoff.

	I		II		III		IV		V		VI		VII		VIII			
	a	b	a	b	a	b	a	b	a	b	a	b	a	b	a			b
I														1H				2He
II	3Li ▲		4Be ●			5B ○		6C □		7N □		8O		9F				10Ne
III	11Na ▲		12Mg ▲			13Al ●		14Si ●		15P ●		16S ○		17Cl				18Ar
IV	19K ▲		20Ca ▲		21Sc		22Ti ●		23V ●		24Cr ●		25Mn ■		26Fe	27Co ■	28Ni ■	
		29Cu □		30Zn □		31Ga		32Ge ●		33As ●		34Se		35Br				36Kr
V	37Rb ▲		38Sr ▲		39Y		40Zr ○		41Nb ●		42Mo ●		43Ma		44Ru ■	45Rh ■	46Pd ■	
		47Ag ▲		48Cd ▲		49Jn		50Sn ●		51Sb ●		52Te		53J				54X
VI	55Cs ▲		56Ba ▲		58Ce ○		72Hf		73Ta ●		74W ●		75Re		76Os ■	77Jr ■	78Pt ■	
		79Au □		80Hg ▲		81Tl ▲		82Pb ▲		83Bi ▲		84Po		85-				86Em
VII	87-		88Ra ▲		89Ac		90Th		91Pa		92U							

Bild 100. Die Legierungselemente des Stahles im periodischen System nach ihrer Legierungswirkung gekennzeichnet (nach F. WEVER)

Die letzte Gruppe, die des Bors, Zirkons, Cers und Schwefels, hat einen ähnlichen Aufbau wie die vorige Gruppe, also heterogene Verbindungen mit dem Unterschied aber, daß das γ-Feld außerordentlich ver-

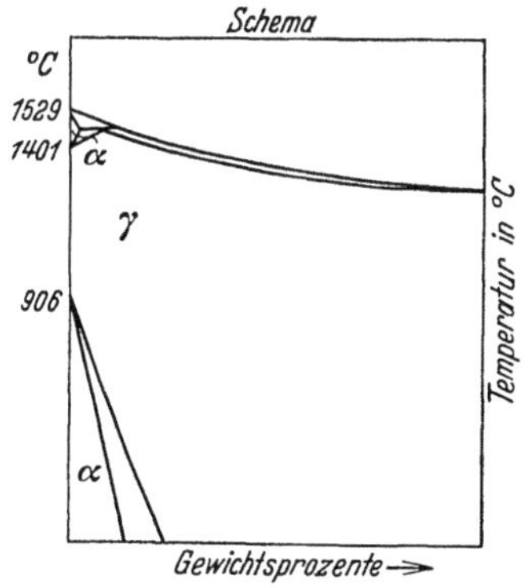

Bild 101. Beispiel eines Systems mit offenem γ-Feld (nach F. WEVER)

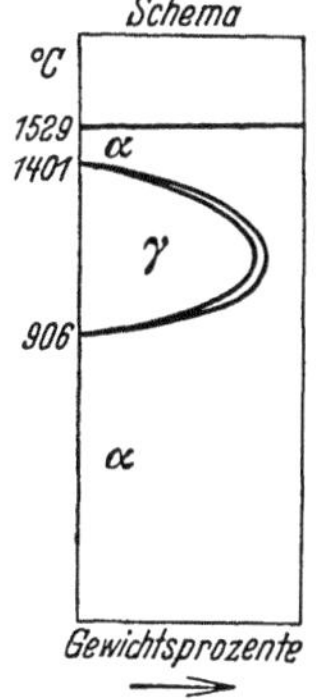

Bild 102. Beispiel eines Systems mit geschlossenem γ-Feld (nach F. WEVER)

engt wird. Beispiel eines solchen Zustandsschaubildes ist das System Eisen-Bor.

Durch Hinzutreten eines dritten Elementes werden die Verhältnisse stark verändert und oft unübersichtlich. Als drittes Element tritt natürlich meist der Kohlenstoff auf. Dieser verstärkt bei der ersten Gruppe die Wirkung, hilft also das γ-Gebiet erweitern. In der Chrom- und Siliziumgruppe wirkt Kohlenstoff also der Ferritbildung entgegen. Bei den übrigen zwei Gruppen ist der Einfluß des Kohlenstoffes unübersichtlich.

Für die praktischen Eigenschaften der Legierungen ergeben sich daraus etwa folgende Grundsätze: Die Legierungen der Gruppe I ergeben bei höheren Gehalten die austenitischen Stähle, die mit ihren allgemeinen Eigenschaften Unmagnetisierbarkeit, Zähigkeit und niedrige Streckgrenze gekennzeichnet sind. Die bekannten austenitischen Mangan-, Nickel- und Chromnickelstähle sind die Vertreter dieser Gruppe.

Als Vertreter der ferritischen Stähle mögen die Silizium- und Chromstähle genannt werden. Das bei diesen Stählen auftretende grobe Korn ist bei den Siliziumstählen erwünscht, sonst aber eine unangenehme Begleiterscheinung. Um den ferritischen Zustand zu erhalten, müssen diese Stähle mit niedrigem Kohlenstoffgehalt erzeugt werden. Diese Legierungen bilden, wenn man noch weitere Elemente, beispielsweise Titan, Molybdän, Wolfram, Kobalt, Nickel hinzulegiert, ein noch lange nicht erschöpftes Feld für ausscheidungshärtbare Legierungen.

Die Gruppen drei und vier bilden, wie der Kohlenstoff, das Bor, der Stickstoff, das Kupfer, die Legierungen der Abschreckhärtung, wenn sie aus dem Gammafeld beschleunigt abgekühlt werden. Gleichzeitig kann aber auch Ausscheidungshärtung stattfinden (z. B. Kupfer).

Allen Legierungen des Eisens, möglicherweise mit einziger Ausnahme des Kobalts, ist es gemeinsam, daß sie die Löslichkeit des Kohlenstoffes im Austenit verringern, also den S-Punkt des Eisenkohlenstoff-Schaubildes nach links verschieben. In bezug auf die kritische Abkühlungsgeschwindigkeit läßt sich eine Einteilung nach den obigen Grundsätzen nicht treffen. Im allgemeinen wird die kritische Abkühlungsgeschwindigkeit, wenn nicht sekundäre Umstände hinzutreten, erniedrigt. Es gilt dies von Legierungsmetallen verschiedener Gruppen in gleicher Weise, z. B. sowohl von Mangan und Nickel wie von Chrom und Silizium. Gewisse Elemente mit schwer löslichen Karbiden, wie Wolfram und Vanadin, erhöhen die kritische Abkühlungsgeschwindigkeit durch den sekundären Umstand, daß die Karbide ungelöst bleiben (s. S. 51, 59, 136). Sobald bei noch höheren Temperaturen völlige Lösung eintritt, ist die kritische Abkühlungsgeschwindigkeit kleiner und die Durchhärtung größer als bei Kohlenstoffstählen.

Das einzige Element, das die kritische Abkühlungsgeschwindigkeit auch unmittelbar erhöhen kann, ist das Kobalt. Dies zeigt sich auch bei hochkobaltlegierten Schnellarbeitsstählen, bei denen durch das

Kobalt die *Gamma-Alpha-Umwandlung* zu höheren Temperaturen verschoben und merklich beschleunigt wird.

Allgemein muß noch bemerkt werden, daß die Wirkung zweier Legierungsmetalle nicht additiv ist und daß zwei Metalle zusammen stärker wirken, als die Summe der einzelnen erwarten ließe.

In bezug auf andere Eigenschaften können allgemeine Richtlinien schwer gegeben werden.

VII. Die Karbide

Das Verhalten der legierten Stähle wird sehr weitreichend durch die in ihnen auftretenden Karbide und die Karbidreaktionen bestimmt. Aus diesem Grunde soll das Grundsätzliche über die Karbide und die Karbidreaktionen in einem besonderen Abschnitt zusammenfassend behandelt werden, während bei den einzelnen Legierungselementen auf die Besonderheiten eingegangen wird.

Die Verschiedenheit in der kritischen Abkühlungsgeschwindigkeit, die auf der Legierung beruht, ist zum größten Teil dem Einfluß dieser Legierungselemente auf die Karbidbildung zuzuschreiben. Es sind

	IV	V	VI	VII	VIII		
3	TiC	VC/V_4C_3	$Cr_{23}C_6$, Cr_7C_3, Cr_3C_2	$Mn_{23}C_6$, Mn_7C_3, Mn_3C	Fe_3C, Fe_2C	Co_3C	Ni_3C
4	ZrC	NbC/Nb_4C_3	Mo_2C, MoC				
5	HfC	TaC, Ta_2C	W_2C, WC				

Kubisch b1; Hexagonal o. trigonal; Orthorhombisch

Bild 103. Übersicht über die Metallkarbide (nach H. J. GOLDSCHMIDT)

hauptsächlich die Karbidreaktionen, die bei warmfesten Stählen die Eigenschaften in der Wärme bestimmen. Die beim Härten ungelöst bleibenden Karbide sind im hohen Maße von Einfluß für die Schneidfähigkeit und den Verschleißwiderstand der Werkzeugstähle. Die sekundär ausgeschiedenen Sonderkarbide sind die Ursache der Anlaßbeständigkeit und Rotgluthärte der Warmarbeits- und Schnellarbeitsstähle. In den Hartmetallen bilden die Karbide überhaupt den überwiegenden Anteil der Grundmasse gegenüber dem Bindemetall, das zurücktritt.

In den letzten Jahren ist eine ganze Anzahl von Untersuchungen über Karbide und Karbidreaktionen in legierten Stählen veröffentlicht worden, die hier jedoch nicht alle im einzelnen aufgeführt werden können. Hier soll in etwa den Ausführungen von H. KRAINER[1] gefolgt werden.

Ähnlich wie sich die Wirkung der Legierungselemente in den Zweistoffsystemen mit Eisen in einen Zusammenhang mit ihrer Stellung im periodischen System bringen läßt, gibt es auch Gesetzmäßigkeiten bei der Karbidbildung. In Bild 103 ist eine solche Übersicht nach H. J. GOLD-

[1] KRAINER, H.: Arch. Eisenhüttenw. Bd. 21 (1950) S. 33/41.

SCHMIDT[1] dargestellt. Von den kubischen Karbiden kristallisieren TiC, ZrC, HfC, VC (V_4C_3), NbC (Nb_4C_3) und TaC im Steinsalztyp. $Cr_{23}C_6$ und $Mn_{23}C_6$ haben eine etwas abweichende Struktur. Die Karbide mit Steinsalzstruktur sind außerordentlich interessante Verbindungen, weil sie zur Ausbildung von Defektstrukturen neigen. Am Beispiel des Titankarbides soll dies näher erläutert werden: Es bleiben bestimmte Gitterplätze entweder unbesetzt oder es tritt statt des Kohlenstoffs Sauerstoff oder Stickstoff in das Gitter ein. Diese Unregelmäßigkeiten führen bei der Erzeugung von Ti-haltiger Karbidmetallen zu erheblichen Schwierigkeiten (s. S. 871). Ähnlich neigt auch das Vanadinkarbid zur Defektgitterbildung. Dies ist der Grund, warum auf Grund chemischer Untersuchungen mehrere Vanadinkarbide wie V_4C_3, V_3C_2 usw. angegeben wurden. In der Tat liegt aber nur ein Vanadinkarbid vor, dessen Formel vielleicht richtiger VC_x oder VC_{1-x} zu schreiben wäre. Auch bei diesem Karbid können Sauerstoff und Stickstoff in das Gitter eintreten. Es liegt bei dem in Stählen gefundenen Vanadinkarbiden wahrscheinlich in den meisten Fällen auch ein solcher Mischkristall vor, da ja alle Stähle Sauerstoff und Stickstoff enthalten und diese Elemente an Vanadin gebunden sein können.

Im Schema des Bildes 103 zeichnen sich als nächste Gruppe die hexagonalen Karbide ab, von denen die Karbide von Tantal, Molybdän und Wolfram in dichtester Packung kristallisieren [auch das ε-Eisenkarbid Fe_2C (s. S. 26) gehört hierher], während Cr_7C_3 und Mn_7C_3 wieder etwas abweichen.

Die letzte Gruppe bilden die mit dem Zementit isomorph kristallisierenden orthorhombischen Karbide.

Wie man hieraus schon sieht, nimmt innerhalb der einzelnen Perioden die Neigung zur Karbidbildung von links nach rechts ab. Titan und Vanadin bilden die sehr stabilen Karbide TiC und VC, die kaum Eisen aufnehmen und Titan und Vanadin werden auch nicht in nennenswertem Maße im Eisenkarbid gelöst. Dagegen vermögen alle Chromkarbide Eisen zu lösen wie auch Chrom bis zu etwa 18% im Zementit gelöst wird. Die Mangankarbide sind aus dem Zustandsschaubild Mangan-Kohlenstoff bekannt, in Stählen werden sie nicht beobachtet. Dafür tritt Mangan weitgehend in das Zementitgitter ein. Die beiden letzten Karbide dieser Periode, Co_3C und Ni_3C, sind bereits instabil und treten in Stählen nicht auf.

Erwähnt werden müssen noch die Doppelkarbide. Das sind Karbide, die nur in den ternären Systemen mit Kohlenstoff auftreten, nicht aber in den binären Randsystemen. Die wichtigsten Beispiele sind F_3W_3C und Fe_3Mo_3C. Diese beiden Karbide sind isomorph und kristallisieren kubisch. Das Verhältnis der beiden metallischen Bestandteile ist nicht so konstant, wie es dieser Formel entspricht. Beispielsweise wird

[1] GOLDSCHMIDT, H. J.: J. Iron Steel Inst. Bd. 160 (1948) S. 345/362.

auch die Formel Fe_4W_2C (bzw. Fe_4Mo_2C) angegeben. Die tatsächliche Zusammensetzung liegt etwa zwischen diesen beiden Grenzen. Weiter existieren in diesen beiden Systemen noch die Karbide $Fe_{21}W_2C_6$ bzw. $Fe_{21}Mo_2C_6$, die mit dem Chromkarbid $Cr_{23}C_6$ isomorph sind.

Man kann den Karbiden also nicht immer eine genaue Formel zuschreiben, besonders nicht in mehrfach legierten Stählen. Wenn man nun weiß, welche Legierungselemente in das Karbid eingetreten sind, faßt man diese in einer Klammer zusammen, die man mit der Anzahl der metallischen Atome in der Formeleinheit versieht, z. B. $(Fe, W)_6C$ oder $(Cr, Fe)_{23}C_6$. Kennt man dagegen nur den Typ des Karbides und

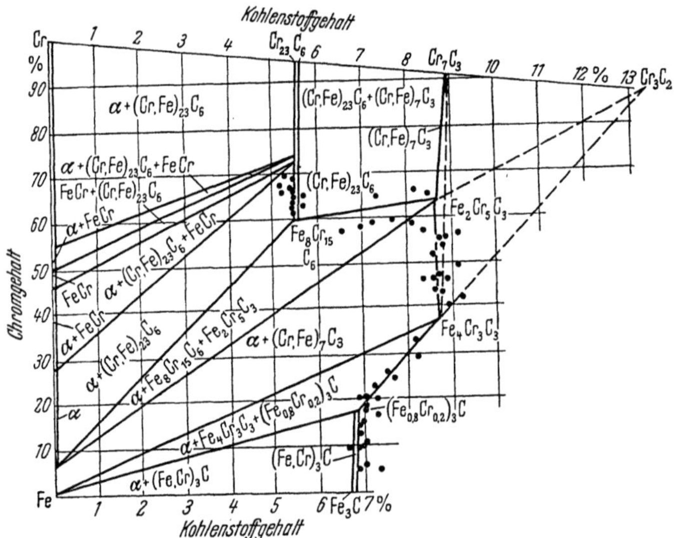

Bild 104. Schnitt durch das Raumschaubild. Gleichgewichte bei 20 °C der Systeme: Eisen-Eisenkarbid, Eisenchromkarbid-Chromkarbid-Chrom (nach TH. HECZKO und W. DANNÖHL)

weiß nichts über den Anteil der verschiedenen Legierungselemente, so setzt man für alle metallischen Atome ein M und schreibt entsprechend M_6C, $M_{23}C_6$ oder MC.

Es sollen nun an einigen charakteristischen Beispielen die Gleichgewichtsverhältnisse zwischen Karbiden und Grundmasse und Karbidreaktionen, wie sie in den verschiedenen legierten Stählen vorhanden sind, besprochen werden.

Bild 104 zeigt an Hand des Zustandsschaubildes Eisen-Chrom-Kohlenstoff nach TH. HECZKO[1] und W. DANNÖHL[2,3], wie verwickelt die Ver-

[1] HECZKO, TH.: Berg- u. hüttenm. Mh. Bd. 92 (1947) S. 125/139.

[2] DANNÖHL, W.: Erörterungsbeitrag zu W. KOCH u. H.-J. WIESTER: Stahl u. Eisen Bd. 69 (1949) S. 85/86.

[3] s. a. K. BUNGARDT, E. KUNZE u. E. HORN: Arch. Eisenhüttenw. Bd. 29 (1958) S. 193/203.

hältnisse sind, wenn mehrere Karbide auftreten (und dazu noch eine intermetallische Verbindung, die σ-Phase). Zunächst vermag der Zementit beträchtliche Mengen Chrom zu lösen, was durch die Schreibweise $(Fe, Cr)_3C$ angedeutet wird. Bei steigendem Chromgehalt folgt das trigonale Karbid $(Cr, Fe)_7C_3$, dessen Zusammensetzung etwa zwischen den Grenzen $Cr_3Fe_4C_3$ und $Cr_5Fe_2C_3$ liegen kann. Daran schließt sich das kubische Karbid $(Cr, Fe)_{23}C_6$ an, dessen Existenzbereich etwa bei $Cr_{15}Fe_8C_6$ beginnt und bis zur Chromseite reicht. Dazu tritt noch die σ-Phase, die hier mit FeCr bezeichnet ist.

Etwas anders liegen die Verhältnisse im System Eisen-Wolfram-Kohlenstoff, wie Bild 105 nach H. Krainer[1] zeigt. Der Zementit vermag kaum Wolfram (bzw. Molybdän) zu lösen, bereits bei niedrigen Wolframgehalten tritt das Mischkarbid $(Fe, W)_{23}C_6$ auf, dem auch bald das Doppelkarbid $(Fe, W)_6C$ folgt[2]. Die Wolframkarbide WC und W_2C sind nicht eingezeichnet, da sie bei den hier untersuchten Wärmebehandlungen in den Grenzen des Bildes 105 nicht auftreten; WC benötigt dazu langzeitige Glühungen, während das W_2C in einem bestimmten Temperaturbereich nur als Übergangsphase auftritt, beispielsweise in Schnellarbeitsstählen.

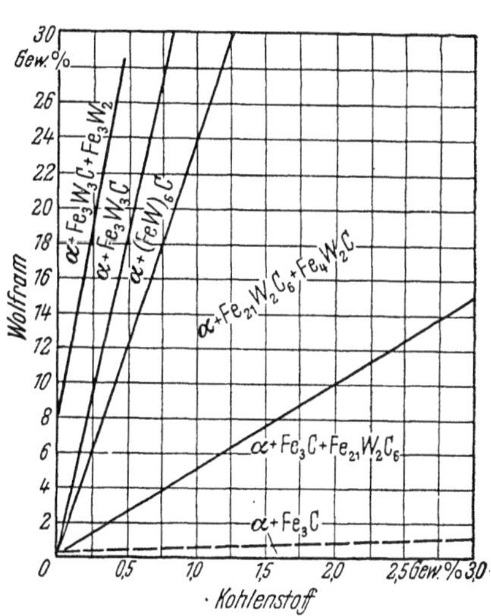

Bild 105. Gleichgewichte bei 20 °C im System Eisen-Wolfram-Kohlenstoff (nach H. Krainer)

Sucht man nun einen Zusammenhang zwischen einzelnen Stahlsorten und den in ihnen vorhandenen Karbiden, so findet man bei Betrachtung des Bildes 105, daß die Warmarbeitsstähle und Schnellarbeitsstähle Zusammensetzungen haben, die etwa im Feld $\alpha + (W, Fe)_6C$ liegen, aber auch in dem Feld, in dem dazu noch $(W, Fe)_{23}C$ vorhanden ist. Neben dem Karbid W_2C, das beim Anlassen ausgeschieden wird, ist aber im Karbid $(W, Fe)_6C$ der Träger der für diese Stähle kennzeichnenden Eigenschaften zu sehen. Besonders verschleißfeste Stähle, wie Riffelstähle, liegen im Bereich des Karbides $(W, Fe)_{23}C_6$, während die

[1] Krainer, H.: Arch. Eisenhüttenw. Bd. 21 (1950) S. 33/38.

[2] Kuo, K.: J. Iron Steel Inst. Bd. 173 (1953) S. 363/375; s. a. L. Habraken: Rev. Métall. Mém. Bd. 51 (1954) S. 541/550 und Laschko, N. F., u. M. D. Nestérowa: Iswest. Akad. Nauk SSSR, Sserija Fisitscheskaya Bd. 15 (1951) S. 67/71, nach Chem. Zbl. Bd. 125 (1954) Nr. 11 S. 2349.

meisten mit Wolfram legierten Kaltarbeitsstähle im Feld $\alpha + Fe_3C +$ $(W, Fe)_{23}C_6$ liegen.

Was das als Karbidbildner auch sehr wichtige Molybdän betrifft, so verhält es sich ähnlich wie Wolfram. Es bildet allein die beiden Karbide MoC und Mo_2C (beide kristallisieren hexagonal) und in Verbindung mit Eisen die kubischen Doppelkarbide $(Mo, Fe)_{23}C_6$ und $(Mo, Fe)_6C$. Das erste hat etwa die Zusammensetzung $Fe_{21}Mo_2C_6$, das zweite liegt zwischen den Grenzen Fe_4Mo_2C und Fe_3Mo_3C. Beides sind ausgesprochene Mischkarbide, die auch noch weitere Legierungselemente aufnehmen, besonders Chrom. K. Kuo[1] hat ein weiteres Doppelkarbid beim Anlassen von Molybdänstählen gefunden, das er mit M_aC_b bezeichnete, da er die Struktur und die Zusammensetzung nicht bestimmen konnte. Es handelt sich um ein instabiles Übergangskarbid.

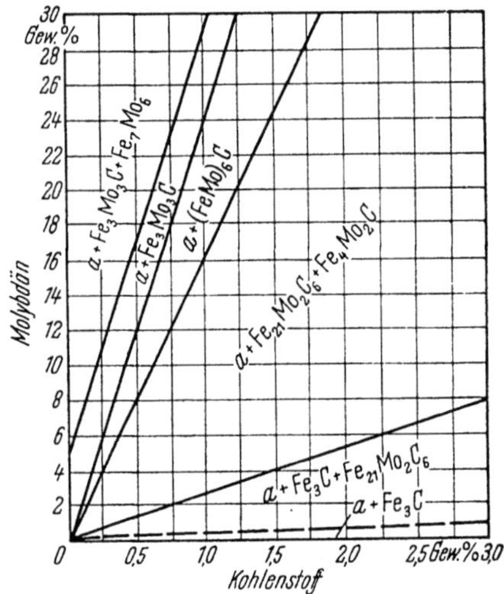

Bild 106. Gleichgewichte bei 20 °C im System Eisen-Molybdän-Kohlenstoff (nach H. Krainer)

In Bild 106 sind die Verhältnisse bei Raumtemperatur im Dreistoffsystem Eisen-Molybdän-Kohlenstoff nach H. Krainer[2] dargestellt. Etwas Molybdän ist im Zementit löslich, mit steigendem Molybdängehalt tritt aber schon bald das $(Mo, Fe)_{23}C_6$ auf, dann auch das $(Mo, Fe)_6C$. Bei sehr hohen Molybdän- und niedrigen Kohlenstoffgehalten wird dazu die ε-Phase beobachtet. Die beiden Molybdänkarbide Mo_2C und MoC lösen wenig oder gar kein Eisen und sind nicht mit eingezeichnet[3]; das Mo_2C ist in Stählen eine Übergangsphase beim Anlassen, und das MoC erscheint erst nach langen Glühzeiten ähnlich wie das WC. Bei Anwesenheit weiterer Legierungselemente, insbesondere Chrom, wird MoC anscheinend vollkommen unterdrückt. In wolfram- und molybdänhaltigen Stählen bilden Mo_2C und W_2C eine wahrscheinlich unbegrenzte feste Lösung. Auch das $(Mo, Fe)_{23}C_6$ ist nicht als stabile Gleichgewichtsphase anzusprechen, nach langen Glühzeiten verschwindet es zugunsten von MoC. Es wird aber durch Chromzusatz stark stabilisiert.

---

[1] s. Fußnote 2 auf S. 117.

[2] Krainer, H.: Arch. Eisenhüttenw. Bd. 21 (1950) S. 39/40.

[3] Diagramme, in denen Mo_2C und MoC enthalten sind, bringen: Crafts, W., u. C. M. Offenhauer: Metals Technology, Febr. 1943, T. P. 1556 und K. Kuo: Jernkont. Ann. Bd. 137 (1953) S. 141/148.

Die Ausscheidung des Mo_2C beim Anlassen ist in den letzten Jahren genauer untersucht worden. In einem Stahl mit 0,11% C und 2,14% Mo treten bei 500 °C die ersten feinen Nadeln auf, die maximale Ausscheidungsgeschwindigkeit liegt bei 600 °C, bis 700 °C wachsen die Teilchen an. Bei 600 °C liegt auch das Maximum der Sekundärhärte, bei 700 °C ist die Härte dann sehr stark abgefallen[1]. Über den Einfluß weiterer Legierungselemente auf die Bildung von Mo_2C ist noch wenig bekannt. In Stählen mit etwa 0,1% C, 2,3% Cr und 1,0% Mo wurde es nicht gefunden, hier treten sowohl bei der Umwandlung[2] bei 685 °C als auch beim Anlassen[3] bei 700 °C das M_6C. und das $M_{23}C_6$ auf, beim Anlassen bei tieferen Temperaturen auch das M_aC_b. Das Mo_2C konnte dagegen in einem Stahl mit 0,14% C, 0,77% Cr, 1,60% Ni und 0,94% Mo nachgewiesen und in Verbindung gebracht werden zu verformungsarmen Brüchen, die dieser Stahl bei Belastung in der Wärme erleidet[4].

Nun bilden die Sonderkarbide aber auch untereinander Mischkristalle, in die die Legierungselemente in unterschiedlichem Maße eintreten. Aus den Untersuchungen an Hartmetallen sind die gegenseitige Löslichkeit vieler Karbide und die Grenzen ihrer Mischkristallbereiche bekannt[5] (s. a. S. 871, 872); dadurch, daß man bei diesen mit gesinterten Proben arbeiten kann, werden die Gleichgewichte verhältnismäßig schnell und sicher erreicht. Anders dagegen in Stählen. Hier spielen sich oft auch nach sehr langen Zeiten noch Umsetzungen zwischen den Karbiden ab, was bedeutet, daß man sich nach den üblichen Wärmebehandlungen vielfach nicht in einem Gleichgewichtszustand befindet. Dieses Wechselspiel der verschiedenen Legierungselemente mit dem Kohlenstoff ist aber von ausschlaggebender Bedeutung für die Stahltechnik. Wenn beispielsweise der Kohlenstoff in Form von Eisenkarbid Fe_3C gebunden ist, ergibt sich je 1% Kohlenstoff ein Karbidvolumen von 15,6% im geglühtem Stahl. Ist der Kohlenstoff aber in Form von $(W, Fe)_{23}C_6$ gebunden, so ergibt sich je 1% Kohlenstoff ein Karbidvolumen von 20,30%. Durch den Wolframzusatz wird also der Volumenanteil der Karbide merklich erhöht. 1% C in $(W, Fe)_6C$ gebunden, ergibt sogar ein Karbidvolumen von 40,6%. Zudem ist die Härte der Doppelkarbide größer als die des Zementits, so daß zur Erhöhung des Verschleißwiderstandes der wolframlegierten Werkzeugstähle sowohl die größere

[1] Kuo, K.: Jernkont. Ann. Bd. 140 (1956) S. 24/46; J. Iron Steel Inst. Bd. 184 (1956) S. 258/268. Hier auch gute Literaturzusammenstellung.

[2] Schrader, A., A. Rose, L. Rademacher u. W. Pitsch: Arch. Eisenhüttenw. Bd. 28 (1957) S. 461/468 .

[3] Habraken, L.: Rev. Métall. Mém. Bd. 51 (1954) S. 541/550.

[4] Wever, F., A. Krisch u. H.-J. Wiester: Arch. Eisenhüttenw. Bd. 26 (1955) S. 463/474.

[5] Kieffer, R., u. P. Schwarzkopf: Hartstoffe und Hartmetalle. Wien: Springer 1953.

Karbidmenge als auch die höhere Härte der Doppelkarbide beitragen werden. Umgekehrt nun bindet ein Kohlenstoffatom im Komplexkarbid $(W, Fe)_6C$ zwei bis drei Atome Wolfram; ist das Wolfram dagegen im Vanadinkarbid VC gelöst, so bindet ein Kohlenstoffatom nur ein Wolframatom, und im Mischkarbid $(W, Fe)_{23}C_6$ werden unter Umständen sogar drei Kohlenstoffatome benötigt, um ein Wolframatom zu binden. Ist andererseits Vanadin im Komplexkarbid gelöst, so bindet ein Atom Vanadin nicht mehr ein Atom Kohlenstoff, sondern nur mehr einen Bruchteil, die Hälfte oder ein Drittel. Dies steht auch mit der Erfahrung im Einklang, wonach bei Schnellarbeitsstählen mit 18% W der Kohlenstoffgehalt der mit 1,5% V legierten Stähle nur um etwa 0,1 bis 0,15% höher als des vanadinfreien Stahles zu bemessen ist, obwohl man, läge das Vanadin als Vanadinkarbid VC vor, etwa 0,3% Kohlenstoff zusätzlich brauchen sollte.

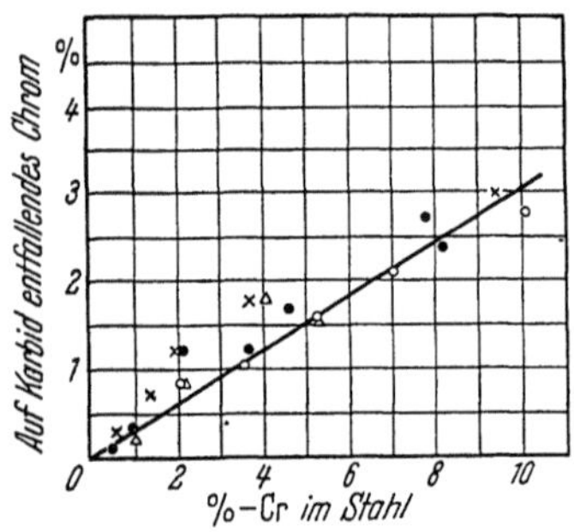

Bild 107. Verteilung des Chroms auf Grundmasse und Karbid (nach TH. HECZKO und E. MAURER). ○ W-Cr-Stähle, ● Cr-Stähle 0,3% C (HECZKO), × Cr-Stähle 0,4% C (HECZKO), △ Cr-Stähle 0,5% C (MAURER u. Mitarb.)

Das Komplexkarbid selbst vermag 5% V zu lösen, und in Schnellarbeitsstählen mit z. B. 9% W zeigt sich freies Vanadinkarbid erst bei Vanadingehalten über 1,7%[1].

In Molybdän-Vanadin-Stählen verhalten sich die Karbide ähnlich wie die in Wolfram-Vanadin-Stählen. Bei den Wolfram-Titan-Stählen ist eine geringe Löslichkeit des Titans im Komplexkarbid wahrscheinlich, während von der anderen Seite her im Titan-Karbid-Mischkristall etwa 70% des Gewichtes an Wolframkarbid gelöst sein kann. Ähnlich liegen die Verhältnisse bei Molybdän-Titan-Stählen. Bei Wolfram-Tantal-Niob-Stählen löst das Wolfram-Komplexkarbid etwas Tantal-Niob sowie das Tantal-Niob-Karbid etwas Wolframkarbid. Die gegenseitige Löslichkeit ist aber gering.

Sehr viele Wolframstähle enthalten zusätzlich noch Chrom, so daß dem System Wolfram-Chrom-Karbid große technische Bedeutung zukommt. Besonders wichtig sind diese Betrachtungen für die Schnellarbeitsstähle. Die Untersuchungen an Stählen mit 14 bis 18% W, mit 0,4 bis 0,8% C und etwa 2 bis 10% Cr haben eine Verteilung des Chroms zwischen Grundmasse und Karbidphase ergeben, wie es in Bild 107 nach TH. HECZKO[2], E. MAURER u. Mitarb.[3] dargestellt ist. Man sieht, daß die Ver-

[1] MITSCHE, R., u. E. M. ONITSCH: Berg- u. hüttenm. Mh. Bd. 92 (1947) S. 13/25.

[2] HECZKO, TH.: Berg- u. hüttenm. Mh. Bd. 92 (1947) S. 125/139.

[3] MAURER, E., TH. DÖRING u. H. BUTTIG: Arch. Eisenhüttenw. Bd. 7 (1933/34) S. 247/256.

teilung des Chroms bei den Wolfram-Chrom-Stählen etwa die gleiche ist wie bei den Chromstählen, es treten aber nach K. Kuo[1] Veränderungen in den Karbidphasen ein, wie Zahlentafel 2 zeigt. Durch Wolfram wird das Auftreten des Chromkarbides Cr_7C_3 vermindert, während Chrom kaum in das Komplexkarbid M_6C aufgenommen wird und daher dessen Anteil auch nicht vermehrt. Dafür kommt dem Mischkarbid $M_{23}C_6$, in dem sowohl Wolfram als auch Chrom gelöst sind, besondere Bedeutung zu. Näheres wird bei den Schnellarbeitsstählen gebracht werden (s. S. 790–793).

Molybdän-Chrom-Stähle verhalten sich ähnlich, bei Vanadin-Chrom-Stählen vermag das Vanadinkarbid wohl einen Teil des Chroms aufzunehmen, ein wesentlicher Teil des Chroms bleibt aber in der Grundmasse gelöst. Die Tantal-Niob-Karbide vermögen Chrom nicht in merklichen Mengen zu lösen.

Titankarbide und Tantal-Niob-Karbide bilden eine lückenlose Mischkristallreihe. Bei Vanadin-Titan-Stählen liegen sowohl titankarbidreiche wie vanadinkarbidreiche Mischkristalle vor.

Diese Ergebnisse wurden an Stählen gewonnen, die nach der Umwandlung in der Perlitstufe lange geglüht waren. Wichtig ist es nun, die Vorgänge zu kennen, die zwischen der Umwandlung und dem Erreichen des Gleichgewichtszustandes ablaufen, besonders dann, wenn die Umwandlung bei tiefen Temperaturen, z. B. in der Martensitstufe, abgelaufen ist und anschließend angelassen wird.

Zur Ausscheidung des Zementits braucht nur der Kohlenstoff zu diffundieren, der verhältnismäßig leicht und schon bei tiefen Temperaturen diffundieren kann, während zur Anreicherung der Legierungselemente im Zementit und zur Bildung von Sonderkarbiden auch die entsprechenden Legierungselemente diffundieren müssen, wozu wegen ihrer schwereren Beweglichkeit längere oder höhere Temperaturen erforderlich sind. So werden selbst bei der Umwandlung in der Perlitstufe noch keine Gleichgewichtskarbide gebildet. Bild 108 zeigt nach F. Wever und W. Koch am Beispiel eines Chromstahles mit 0,4% C und 3,5% Cr, wie während der Umwandlung und vor allem nach Beendigung der Umwandlung bei 600 und 700 °C der Chromgehalt im Karbidisolat zunimmt[2]. Hierbei reichert sich das Chrom zunächst im Zementit an bis zu etwa 18% Cr, anschließend beginnt die Bildung des Chromkarbides Cr_7C_3 auf Kosten des Zementits.

Noch wichtiger als beim Glühen ist das Verhalten von Stählen, die sonderkarbidbildende Legierungselemente enthalten, beim Anlassen. Bei niedrigen Anlaßtemperaturen bis etwa 400 °C kann wohl der Kohlenstoff diffundieren, nicht aber die Legierungselemente. Es können sich

[1] Kuo, K.: J. Iron Steel Inst. Bd. 185 (1957) S. 297/303.

[2] Wever, F., u. W. Koch: Stahl u. Eisen Bd. 74 (1954) S. 989/1000. — Kuo, K.: J. Iron Steel Inst. Bd. 173 (1953) S. 363/375.

Zahlentafel 12. *Karbidumsetzungen beim Anlassen bei 700 °C in Wolfram-Chrom-Stählen* (nach E. Kuo)

Zusammensetzung der Stähle					Röntgenanalyse der Karbide nach dem Anlassen bei 700 °C über					
C %	Mn %	Cr %	W %	Sonstige %	6 min	1 h	5 h	25 h	125 h	500 h
0,55	0,30	0	1,96	—	M_3C	$M_3C + M_6C$	$M_3C + M_6C + MC$	$M_3C + MC$	$M_3C + MC$	$M_3C + MC$
1,30	0,35	0,60	5,10	—	M_3C	M_3C	$M_6C + M_{23}C_6 +$ $+ M_3C$	$M_{23}C_6 + M_6C +$ $+ M_3C$	$M_{23}C_6 + M_6C$	$M_{23}C_6 + M_6C$
1,28	0,32	1,82	4,1	0,18 V	M_3C	M_3C	$MC_6 + M_{23}C_6 +$ $+ M_3C$	$M_{23}C_6 + M_6C +$ $+ M_3C$	$M_{23}C_6 + M_6C$	$M_{23}C_6$
0,45	0,37	1,44	2,18	0,30 Mo 0,20 V	M_3C	M_3C	$M_3C + M_6C$	$M_3C + M_6C$	$M_3C + M_6C$	$M_3C + M_6C +$ $+ M_{23}C_6$
0,34	0,25	3,25	1,58	0,18 Mo 0,08 V	M_3C	M_7C_3	$M_7C_3 + M_6C$	$M_7C_3 + M_6C$	$M_7C_3 + M_6C$	$M_7C_3 + M_6C +$ $+ M_{23}C_6$
0,31	0,34	5,0	1,35	—	M_7C_3	M_7C_3	$M_7C_3 + M_{23}C_6$	$M_{23}C_6 + M_7C_3$	$M_{23}C_6$	$M_{23}C_6$
0,27	0,27	11,6	1,58	0,05 Ni	M_7C_3	$M_{23}C_6$	$M_{23}C_6$	$M_{23}C_6$	$M_{23}C_6$	$M_{23}C_6$
0,30	0,30	12,2	0	—	M_7C_3	$M_{23}C_6$	$M_{23}C_6$	$M_{23}C_6$	$M_{23}C_6$	$M_{23}C_6$
0,32	0,32	1,15	5,30	3,41 Ni	M_2C	M_6C	M_6C	M_6C	$M_6C + M_{23}C_6$	n. b.*
0,34	0,26	5,23	5,42	—	M_2C	$M_6C + M_7C_3$	$M_6C + M_7C_3$	$M_6C + M_7C_3$	$M_6C + M_{23}C_6$ $+ M_7C_3$	n. b.
0,30	0,33	8,72	5,12	—	$M_{23}C_6 + M_2C$	$M_{23}C_6$	$M_{23}C_6 + M_6C$	$M_{23}C_6 + M_6C$	$M_{23}C_6 + M_6C$	n. b.
0,40	0,20	12,6	5,3	—	$M_{23}C_6 + M_2C$	$M_{23}C_6$	$M_{23}C_6$	$M_{23}C_6$	$M_{23}C_6$	n. b.

* n. b. nicht bestimmt

also auch noch keine anderen Vorgänge abspielen als in unlegierten Stählen, wie es auf S. 25, 26 beschrieben wurde. Von etwa 400 °C an ist die Beweglichkeit auch der Legierungselemente so groß, daß sie in den Zementit eintreten können, und bei 450 bis 500 °C beginnt die Bildung von Sonderkarbiden. Zum Unterschied gegen unlegierte Stähle wird aber in diesen legierten Stählen beim Anlassen bei tiefen Temperaturen weniger Eisenkarbid gebildet, d. h. daß der Kohlenstoff im legier-

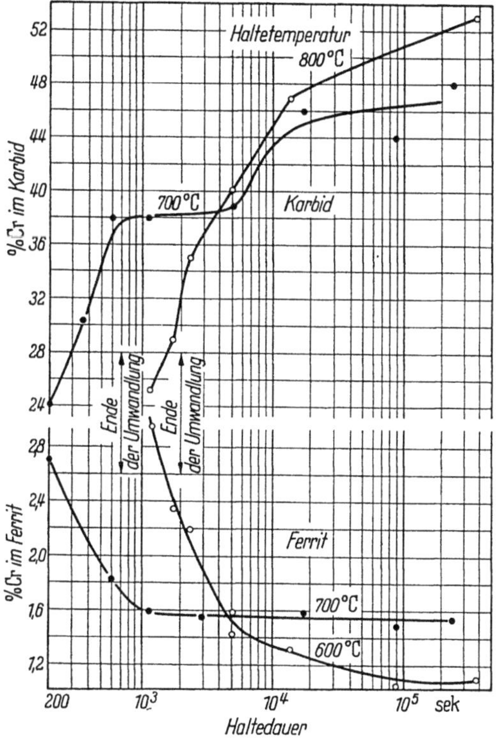

Bild 108. Änderung des Chromgehaltes in der Grundmasse (Ferrit) und im Karbid mit der Haltedauer bei isothermischer Umwandlung (nach F. WEVER und W. KOCH)

ten Martensit fester gehalten wird und dieser daher beim Anlassen weniger erweicht. Dies alles läßt sich bereits an niedriglegierten Werkzeugstählen sehr gut verfolgen[1]. Hier sei das Verhalten von zwei Stählen mit 1,0% C und 1,5% Cr bzw. 1,05% C, 1,1% Cr und 1,5% W beschrieben. Beide Stähle enthalten nach dem Abschrecken von der üblichen Härtetemperatur von 850 bzw. 830 °C ungelöste Restkarbide. Bei dem Chromstahl handelt es sich hierbei um Cr-haltigen Zementit mit etwa

[1] KRAINER, H., K. EBNER, E. KRAINER u. M. STOREK: Radex-Rdsch. 1957 S. 803/831.

9% Cr; von den 1,5% Cr des Stahles sind etwa 0,5% im Restkarbid gebunden. Wie nun Bild 109 zeigt, bleibt bis 350 °C der Cr-Gehalt der Grundmasse konstant; da aber reines Eisenkarbid ausgeschieden worden ist, nimmt der Cr-Gehalt des Karbidisolats, in dem sich sowohl die ungelösten Restkarbide als auch die neu ausgeschiedenen Eisenkarbide befinden, von 9 bis auf etwa 4% ab. Erst von 400 °C an, wenn das Chrom in den Zementit eintritt, nimmt der Cr-Gehalt des Karbidisolats wieder zu und gleichlaufend damit auch der im Karbid gebundene Chromanteil. Nach 4 Stunden bei 700 °C ist der Cr-Gehalt aller Karbide mit 8,8% fast wieder auf dem Cr-Gehalt der Restkarbide von 9%. Sonderkarbide werden in diesem Stahl nicht gebildet.

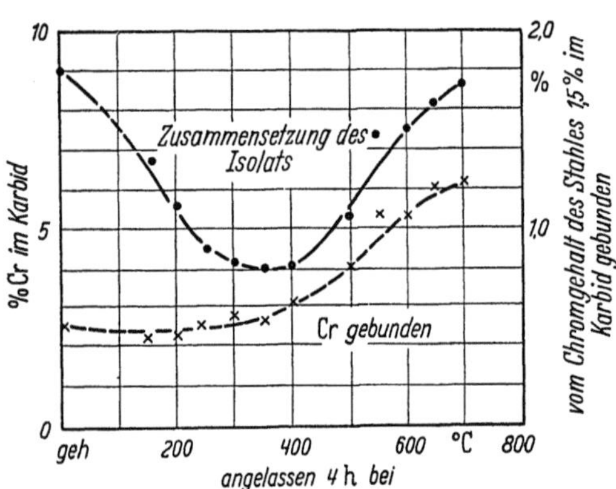

Bild 109. Veränderung des Chromgehaltes im Karbidisolat beim Anlassen eines Stahles mit 1% C und 1,5% Cr (nach H. Krainer, K. Ebner und M. Storek)

Ähnlich verhält sich der Wolfram-Chrom-Stahl, nur daß in diesem das Sonderkarbid $M_{23}C_6$ auftritt. Nach dem Ablöschen enthalten die Restkarbide 11,5% W und 5,5% Cr. Beim Anlassen erfolgt wieder durch Ausscheidung von unlegiertem Eisenkarbid eine Abnahme des W- und Cr-Gehaltes des Karbidisolats, bis 400 °C etwa bis auf 50% der Ausgangswerte. Oberhalb 400 °C nimmt der Cr-Gehalt im Isolat, oberhalb 450 °C auch der W-Gehalt wieder zu. Das Wolfram tritt aber nicht wie das Cr in den Zementit ein, sondern es bildet das Karbid $Fe_{21}W_2C_6$. In diesem ist aber ein Teil des Wolframs durch Chrom ersetzt. Nach 4stündigem Anlassen bei 700 °C ist der W-Gehalt des Isolats auf 8%, der Cr-Gehalt auf 6% gestiegen, d. h., das Verhältnis von W:Cr im Karbid hat sich gegenüber den Restkarbiden verschoben. Das Karbidisolat besteht zu etwa $^2/_3$ aus dem Sonderkarbid $Fe_{21}(W, Cr)_2C_6$ mit einem Atomverhältnis W:Cr nahe bei 1 und zu etwa $^1/_3$ aus legiertem Zementit mit etwa 10% Cr.

Diese beiden Stähle zeigen einen geringen Sekundärhärteanstieg bei kurzen Anlaßzeiten zwischen 450 und 550 °C, der sich allerdings mit zunehmender Anlaßzeit vermindert. Anders ist es in Stählen, die höhere Gehalte an sonderkarbidbildenden Legierungselementen haben und in denen eine Sonderkarbidausscheidung ausgeprägter ist. In diesen kann, wenn die Ausscheidung zu einem kritischen Verteilungsgrad führt, die Härte durch die Sekundärhärtung nach dem Anlassen bei 550 bis 600 °C noch ebenso hoch sein wie im abgeschreckten Zustand. Dies tritt beispielsweise in einem Vanadinstahl mit 0,30% C und 2,1% V[1] um etwa 550 °C ein. Beim Anlassen eines solchen Vanadinstahles ergibt sich folgendes Bild für den Härteverlauf: Für Anlaßtemperaturen zwischen 200 und 500 °C ist ein kleiner Härteabfall festzustellen. Bei Anlaßtemperaturen oberhalb von 550 °C findet man wieder eine Härtesteigerung, die manchmal größer ist als der Härteverlust durch das Anlassen bei niedrigen Temperaturen, so daß man bei bestimmten Stählen im angelassenen Zustand höhere Härten findet als in gehärteten[2]. Diese hohe Anlaßbeständigkeit der mit Sonderkarbidbildnern legierten Stähle hat technisch sehr große Bedeutung, da diese Stähle meist auch noch eine hohe Warmfestigkeit und Warmhärte besitzen. Diese Stähle hoher Warmfestigkeit, Warmarbeitsstähle, Schnellarbeitsstähle usw. sind daher alle mit beträchtlichen Mengen an sonderkarbidbildenden Metallen legiert.

Bei mehrfach legierten Stählen scheidet sich beim Anlassen nun nicht nur ein Sonderkarbid aus, wie in diesem Beispiel das Vanadinkarbid, sondern es gibt eine regelrechte Folge von Karbiden. Dies ist auch schon der Fall bei Stählen, die nur ein sonderkarbidbildendes Legierungselement enthalten, wenn dieses mehrere Sonderkarbide bildet, wie beispielsweise Wolfram und Molybdän[3]. Die Temperaturbereiche und die Anlaßzeiten, in denen die verschiedenen Sonderkarbide auftreten, sind sehr abhängig von der Zusammensetzung des Stahles, besonders vom Mengenverhältnis der Legierungselemente untereinander und vom Verhältnis ihres Anteiles zum Kohlenstoffgehalt. Als Beispiel sind in Zahlentafel 12 die Karbidumsetzungen in verschiedenen Wolfram-Chrom-Stählen beim Anlassen bei 700 °C nach K. Kuo[4] dargestellt. Die Temperatur von 700 °C wurde gewählt, weil hier die Karbide bereits so groß sind, daß sie röntgenographisch gut nachzuweisen sind. Man sieht sehr schön, wie mit zunehmender Anlaßzeit, mit der man sich zunehmend dem Gleichgewicht nähert, Übergangskarbide auftreten und wieder verschwinden, und daß nach langen Anlaßzeiten das Mischkarbid $M_{23}C_6$ in fast allen Stählen dieser Zusammenstellung vorherrschend wird. Übergangskarbide sind der Zementit (M_3C), das Wolframkarbid M_2C und in manchen Fällen das Komplexkarbid M_6C und das Chromkarbid M_7C_3. Es darf hierbei aber nicht vergessen werden, daß die Untersuchungstemperatur 700 °C war. In diesem Temperatur-

[1] Koch, W., u. H.-J. Wiester: Stahl u. Eisen Bd. 69 (1949) S. 80/86.

[2] Wobei die Härtesteigerung auch auf den Austenitzerfall zurückzuführen ist, der erst beim Abkühlen aus der Anlaßtemperatur beim Martensitpunkt (S. 9 u. S. 26) eintritt.

[3] Kuo, K.: J. Iron Steel Inst. Bd. 173 (1953) S. 363/375.

[4] Kuo, K.: J. Iron Steel Inst. Bd. 185 (1957) S. 297/303.

bereich (etwa 600 bis 900 °C) ist bei entsprechenden W- und Cr-Gehalten $M_{23}C_6$ tatsächlich stabiler als M_6C und M_7C_3, bei Temperaturen über 900 bis 1000 °C jedoch nicht mehr.

Beispielsweise geht bei Warmarbeits- und Schnellarbeitsstählen beim Austenitisieren oberhalb 1000 °C vorzugsweise das $M_{23}C_6$ in Lösung und liefert den Härtungskohlenstoff, während M_6C im wesentlichen ungelöst zurückbleibt. Auch in den Chromstählen und Legierungen mit entsprechenden Chromgehalten wird oberhalb 1000 °C das Cr_7C_3 wieder stabiler als das $Cr_{23}C_6$.

Hier konnte nur ein allgemeiner Überblick über das Verhalten der Sonderkarbide gegeben werden. Auf besondere Einzelheiten kann erst bei der Besprechung der einzelnen Legierungselemente und auch im Abschnitt „Schnellarbeitsstähle“ (S. 781) eingegangen werden. Daher sei hier auch darauf verwiesen. Über die Rolle der Karbide in Hartmetallen wird auf S. 871 ff., 894 berichtet werden.

VIII. Stähle nach Legierungselementen geordnet

1. Kohlenstoffstähle

Was Kohlenstoffstahl genannt wird, ist nie mit Kohlenstoff allein legiertes Eisen, sondern enthält absichtlich oder unabsichtlich eine Reihe anderer Bestandteile. So sind Schwefel und Phosphor fast immer ungewollte[1] Beimengungen. Silizium ist in den Erzeugnissen, die „Edelstähle" genannt werden, selten in einer geringeren Menge als 0,10% zugegen[2], Mangan liegt gewöhnlich über 0,15%.

Bezüglich des Siliziums und des Mangans ist es strittig, bis zu welcher Menge an diesen Bestandteilen man die Stähle noch als Kohlenstoffstähle oder schon als Mangan- oder Siliziumstähle zu bezeichnen hat. Soll eine Grenze gezogen werden, so wird sie stets willkürlich sein, jedoch können nach Ansicht des Verfassers Stähle mit mehr als 0,5% Silizium oder mehr als 0,8% Mangan nicht mehr als Kohlenstoffstähle gelten.

Der Einfluß des Kohlenstoffs ergibt sich zum größten Teil schon aus dem bisher in anderen Abschnitten Gesagten. Die wichtigste Eigenschaft des Kohlenstoffs ist, daß er die Festigkeit erhöht und den Stahl härtbar macht.

Ein übersichtliches, wenn auch nicht in den Einzelheiten richtiges Schaubild über die Wirkung des Kohlenstoffs im Eisen auf die Härtbarkeit gab seinerzeit K. Wendt[3] (Bild 110). Dabei handelt es sich um Stähle mit 0,2 bis 0,4% Si und 0,3 bis 0,5% Mn.

Gehen wir zu den einzelnen Verwendungszwecken der Eisen-Kohlenstofflegierungen über, so finden wir, wenn wir von den weicheren zu den härteren fortschreiten, die folgenden hauptsächlichen Gebiete:

Weiche Sorten für Sonderzwecke

Reine und reinste Eisensorten werden vor allem in der Elektrotechnik angewendet. Hierfür sind sowohl Karbonyleisen wie auch durch Schmelzen erzeugte reine Eisensorten gebräuchlich. Sie zeichnen sich durch niedrige Koerzitivkraft, hohe Anfangspermeabilität, hohe Maximal-

---

[1] Eine Ausnahme bilden Automatenstähle, wo höherer Schwefelgehalt zur Verbesserung der Bearbeitbarkeit erwünscht ist.

[2] Bei unsilizierten, unruhig vergossenen Stählen, die aber nicht Edelstähle sind, ist Silizium meist nur in Spuren vorhanden.

[3] Wendt, K.: Krupp. Mh., Juni 1922, S. 141.

permeabilität, hohe Sättigung und geringe Hysteresisverluste aus (s. a. S. 530). Die Herstellung von *Karbonyleisen* erfolgt durch Behandlung von reinem Eisenoxyd (zur technischen Verwertung eignet sich auch reines Erz) mit CO, wobei sich flüssiges Eisenkarbonyl bildet. Erhitzt man dieses, so schlägt sich Eisen in Form von feinstem Pulver (99,95 bis 99,98% Fe) im Destillat nieder.

Durch Sintern von Karbonyleisenpulver hergestellte Proben zeigen nach F. DUFTSCHMID, L. SCHLECHT und W. SCHUBARDT[1] eine Brinellhärte von 56 bis 80 kg/mm² eine Streckgrenze von 11 bis 17 kg/mm², eine Festigkeit von 20 bis 28 kg/mm², eine Dehnung von 30 bis 40% und 70 bis 80% Einschnürung. Die hohe Weichheit und Verformungsfähigkeit hat bei Karbonyleisen zu einigen Anwendungen geführt. Erwähnt sei, daß die Tiefziehfähigkeit von Karbonyleisen besser als die von Kupfer ist[2].

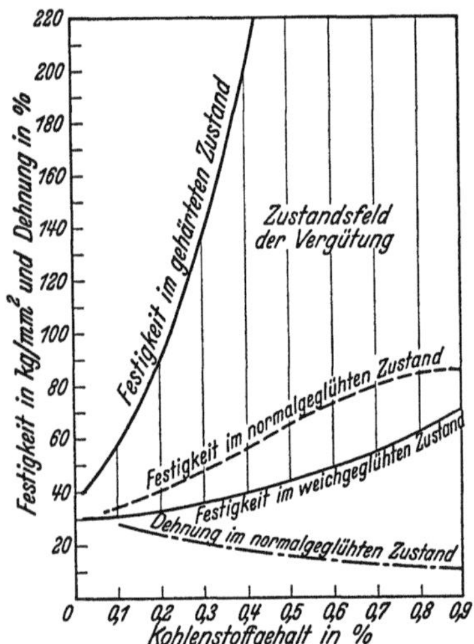

Bild 110. Festigkeit der Kohlenstoffstähle bei verschiedener Behandlung (nach K. WENDT)

Über die Herstellung von *Reinsteisen* im Vakuumschmelzofen liegt ein ausführlicher Bericht von W. JÄNICHE und H. BECK[3] vor.

Der kohlenstoffärmste Stahl, der technisch in größerem Maßstab im basischen Siemens-Martin-Ofen erschmolzen wird, ist das Sonderweicheisen oder, wie es auch genannt wird, das *Armcoeisen*[4]. P. GOERENS und FR. P. FISCHER[5] beschrieben seine Eigenschaften und Verwendungsmöglichkeiten. Für eine mittlere chemische Zusammensetzung von 0,057% Kohlenstoff, 0,097% Mangan, weniger als 0,01% Phosphor und Silizium, weniger als 0,021% Schwefel geben sie folgende Festigkeitseigenschaften an: 20 bis 30 kg/mm² Streckgrenze, 30 bis 32 kg/mm² Bruchgrenze, 41 bis 31% Dehnung, 80 bis 77% Einschnürung.

---

[1] DUFTSCHMID, F., L. SCHLECHT u. W. SCHUBARDT: Stahl u. Eisen Bd. 52 (1932) S. 848.

[2] Weiteres Schrifttum hierüber: KIEFFER, R., u. W. HOTOP: Stahl u. Eisen Bd. 60 (1940) S. 518. — MEYER, H. H.: Werkstoff-Handbuch Stahl und Eisen, O 41—1 (1953).

[3] JÄNICHE, W., u. H. BECK: Arch. Eisenhüttenw. Bd. 10 (1958) S. 631/642; s. a. Stahl u. Eisen Bd. 78 (1958) S. 1708/1709.

[4] Abkürzung für „American Rolling Mill Company".

[5] GOERENS, P., u. FR. P. FISCHER: Krupp. Mh. Bd. 1 (Jan. 1920) S. 5/12; Stahl u. Eisen Bd. 40 (1920) S. 689/691.

Kohlenstoffstähle für Großverwendung

Die gebräuchlichen Kohlenstoffstähle für Großverwendung[1] erstrecken sich über Kohlenstoffgehalte von wenigen Hundertstel Prozent bis zu etwa 1,5%. Unter 0,5% Kohlenstoff herrscht das Gebiet der Baustähle vor, darüber liegen im wesentlichen die Werkzeugstähle, doch ist diese Grenze nicht sehr ausgeprägt, da z. B. verschleißfeste Bauteile, Gewehrlaufstähle, Federstähle, Stähle für Seildrähte usw. Kohlenstoffgehalte über 0,6% enthalten können, während zum Teil Stähle mit weniger als 0,6% Kohlenstoff bis zu den Einsatzstählen herab als Werkzeugstähle Verwendung finden.

Unlegierte Baustähle

Über die chemische Zusammensetzung und die mechanischen Eigenschaften der gebräuchlichsten unlegierten Einsatz- und Vergütungsstähle geben die Normen genügend Aufschluß (s. S. 399–420). In folgenden werden Beispiele für die Verwendungszwecke unlegierter Baustähle gegeben.

~0,10% C, <0,35% Si, <0,50% Mn. Teile für Einsatzhärtung im Fahrzeugbau, wie Bolzen, Büchsen, Zahnräder; Gallsche Ketten, Federböcke, Preß- und Stanzteile, Schrauben und Nieten, Radfelgen usw.

~0,16% C, <0,35% Si, <0,40% Mn. Teile für Einsatzhärtung im Fahrzeugbau, wie Zahnräder, Nockenwellen, Exzenterwellen, Steuerungsteile; Wellen, Gestänge, Hebel, Kolben, Zugstangen, Kettenglieder, Gatterschienen, Kurbeln sowie Teile für den allgemeinen Maschinen- und Fahrzeugbau.

~0,25% C, <0,35% Si, <0,80% Mn. Verwendung wie Stahl mit ~0,16% C, bei etwas höheren Festigkeitsansprüchen; auch beschränkt vergütbar.

~0,35% C, <0,35% Si, <0,80% Mn. Achsen, Wellen, Bolzen, Schrauben, Fahrzeugteile, Bandagen, Kreuzkopfstangen, Zahnstangen, Zugstangen, Spindeln, Naben, Kurbelwellen, Kurbelzapfen, Achsschenkel, Pleuelstangenschrauben, Kupplungsscheiben, Schubstangen, Steuerwellen, Schaltstangen.

~0,45% C, <0,35% Si, <0,80% Mn. Verwendung wie Stahl mit ~0,35% C, bei höheren Festigkeitsansprüchen; weiter für in Wasser zu härtenden Wagenfederstahl.

~0,60% C, <0,35% Si, <0,80% Mn. Keile, Spannzeuge, Nasenscheiben, Pickerspindeln, Pleuelstangen, Waffen- und Maschinenteile, naturharte Federn, Seildrähte, Wagenfederstahl für Ölhärtung.

Außerhalb dieser genormten Kohlenstoffbaustähle finden höhergekohlte Stähle für eine Reihe von Bauteilen Verwendung, von denen die gebräuchlichsten nachstehend angeführt sind.

0,65 bis 1,00% C, <0,35% Si, <0,80% Mn. Verschleißfeste Bau-

[1] s. DIN 17100, Okt. 1957.

und Maschinenteile, wie Roststäbe, Verschleißschienen, Exzenterscheiben, Steuernocken, Reckstangen.

Für Gewehrläufe finden unlegierte Stähle ausgedehnte Verwendung. Wegen der erforderlichen hohen Festigkeit von 80 bis 95 kg/mm² und des Verschleißwiderstandes bevorzugt man Stähle mit 0,60 bis 0,70% C, 0,30 bis 0,45% Si, 0,60 bis 0,80% Mn bei wahlweiser Anwendung von Öl- oder Wasserhärtung; die bessere Durchvergütung bei Wasserhärtung läßt ein ferritarmes bis ferritfreies Gefüge erzielen und soll bessere Zerspanbarkeit, insbesondere beim Bohren, Reiben und Drallziehen, ergeben. Andererseits wird jedoch von einigen Jagdwaffenerzeugern ölvergüteter Werkstoff bevorzugt; auch normalisierte Läufe sollen sich durch gute Bohrbarkeit auszeichnen. Hierzu ist zu bemerken, daß in den Fragen der Zerspanbarkeit, besonders der Bohrbarkeit, noch mancherlei Unklarheit besteht. Oft hält man nicht auseinander, ob es sich um die Standzeit des Werkzeuges oder um glatte Oberfläche des Werkstückes handelt (s. S. 888, 901). Nach der Meinung des Verfassers dürfte Vergütung auf höhere Festigkeiten bessere Oberfläche, Normalglühung bessere Haltbarkeit der Werkzeuge bzw. höhere Schnittgeschwindigkeiten ermöglichen. Vielfach ist solchen Stählen ein geringer Kupfergehalt beigegeben, der zur besseren Durchvergütung und Erhöhung des Erosions- und Rostwiderstandes beiträgt.

Unlegierter Stahl wird weiter für Federn verschiedener Art verwendet. Uhr- und Grammophonfedern (Spiralfedern) werden aus Bandstahl gefertigt und weisen im gehärteten und angelassenen Zustand 180 bis 240 kg/mm² Zugfestigkeit auf. Wickelfedern (Schraubenfedern) stellt man vielfach aus patentiertem und gezogenem Federdraht (Klaviersaitendraht) her, oder bei besonders hoch beanspruchten Federn, wie z. B. Ventilfedern, durch Härten der bereits gewickelten Feder. Zusammensetzungen der vorgenannten Federstähle sind in der Zahlentafel 78 S. 426 enthalten.

Zu den Baustählen muß man auch die Stähle für Preßluftkolben rechnen. Für diese auf Stoß und Verschleiß hochbeanspruchten Bauteile werden vielfach Stähle, wie sie sonst nur für Werkzeuge üblich sind, herangezogen, und zwar verwendet man die höchstwertigen unlegierten Stähle, also solche mit geringster Einhärtung. Dadurch erzielt man in diesen meist kompliziert geformten und stellenweise dünnwandigen Teilen glasharte Oberfläche mit zähem Kern.

Unlegierte Werkzeugstähle[1]

Über die Kohlenstoffwerkzeugstähle haben F. Rapatz und O. Mirt[2] eine Untersuchung veröffentlicht, die eine abschließende Ansicht über

[1] Im deutschen Schrifttum gebraucht man hierfür oft den Ausdruck „reine Kohlenstoffstähle". Dieser Ausdruck wird in diesem Buch vermieden, weil man

diese noch immer wichtige Art von Stählen geben soll. Diese Stähle können als die klassischen und ältesten Vertreter der Edelstähle angesprochen werden, die nicht auf Grund ihrer Legierungsgehalte, sondern wegen ihrer sorgfältigen Herstellung und Behandlung zu den Edelstählen zählen. Sie treten zwar in den letzten Jahrzehnten gegenüber den legierten Stählen immer mehr zurück, sind aber trotzdem noch die bestentsprechenden Stähle, wenn es sich um Werkzeuge handelt, die nur an der Arbeitsfläche hart, nach innen zu aber zäh sein sollen. Dies trifft hauptsächlich für schlagende Werkzeuge zu. Die wichtigste Eigenschaft dieser Stähle ist eine je nach den Erfordernissen stärkere oder schwächere, aber verläßlich erreichbare Einhärtungstiefe und Überhitzungsunempfindlichkeit. Davon ist die Widerstandsfähigkeit gegen Schlag-Sprengwirkung in erster Linie abhängig.

Die Grenzen der chemischen Zusammensetzung der Kohlenstoff- und der niedriglegierten Werkzeugstähle, die auch Schalenhärter sind, kann man aus Zahlentafel 13 ersehen.

Zahlentafel 13. *Chemische Zusammensetzung der unlegierten und niedriglegierten Werkzeugstähle* (Schalenhärter)

Stahlart	% C	% Si	% Mn	% P	% S	% Cr	% Ni	% V
Unlegiert	0,6—1,4	<0,5	<0,35	<0,030	<0,030	—	—	—
C-Cr . .	0,8—1,4	0,3	0,3	0,025	0,025	<0,7	—	—
C-V . .	0,8—1,4	0,3	0,3	0,025	0,025	—	—	<0,5
C-Ni . .	0,8—1,0	0,3	0,3	0,025	0,025	—	<0,7	<0,2

Zahlentafel 14. *Gebräuchliche Bezeichnung der unlegierten Werkzeugstähle bei niedrigen Mangangehalten nach ihrer Härte*

Bezeichnung	% C	Bezeichnung	% C
Weich	0,60—0,75	Mittelhart	1,05—1,15
Zäh	0,75—0,90	Hart	1,15—1,30
Zähhart	0,90—1,05	sehr hart	1,30—1,40

Je nach der Höhe des Kohlenstoffgehaltes hat sich auch eine Einreihung nach der Härteabstufung, wie in Zahlentafel 14 gezeigt ist, eingebürgert. Stähle unter 0,6% C finden Anschluß an die Baustähle, die in ihren gut härtbaren Abstufungen oder auch als Einsatzstähle ebenfalls für bestimmte Werkzeuge Verwendung finden können.

---

darunter sowohl solche Stähle verstehen kann, die außer Eisen nur Kohlenstoff als wesentliche Beimengung enthalten, als auch solche, die wenige Verunreinigungen, wie Schwefel und Phosphor, aufweisen. Derselbe Irrtum kann z. B. bei Chrom-, Manganstählen usw. entstehen, worunter man einmal solche Stähle kennzeichnen kann, die außer Chrom oder Mangan usw. keine anderen Legierungsbestandteile enthalten, oder auch solche, die von Verunreinigungen arm sind. Die entsprechenden englischen Ausdrücke in dem erstgenannten Sinn sind „plain carbon steels", „plain chromium steels" usw.

[2] Rapatz, F., u. O. Mirt: Stahl u. Eisen Bd. 74 (1954) S. 1195/1202.

Das Härtungsverhalten der Stähle ist nicht allein von dem Kohlenstoffgehalt, sondern von unbeabsichtigten geringen Legierungsbestandteilen, von der Verteilung der Karbide und nicht zuletzt von der Menge und der Art der Keime abhängig, wobei neben Karbidkeimen andere Keime, wie Aluminiumoxyd und Aluminiumnitrid, noch wichtiger sind.

Bei der heutigen Betrachtungsweise ist es unerläßlich, sich mit dem *isothermischen Zeit-Temperatur-Umwandlungs-Schaubild* zu befassen.

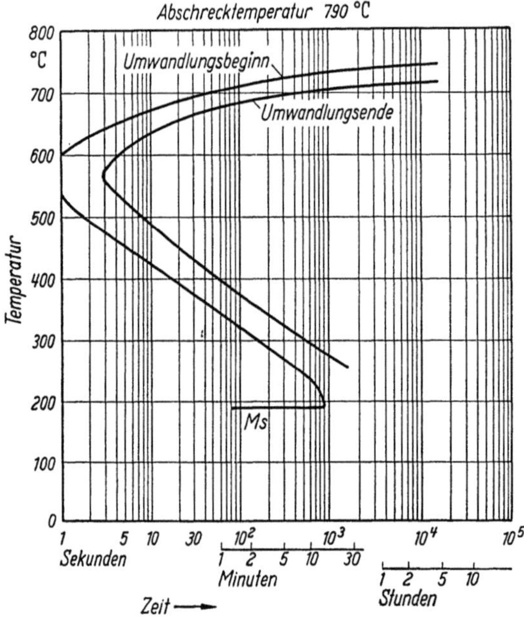

Bild 111. Isothermisches Z.T.U.-Schaubild eines unlegierten Werkzeugstahles mit 1,14% C, 0,16% Si, 0,22% Mn (nach F. R. MORRAL)

Bild 111 zeigt das Schaubild eines unlegierten Werkzeugstahles mit der Zusammensetzung 1,14% C, 0,16% Si, 0,22% Mn, der von 790° abgeschreckt wurde[1]. Das Schaubild gilt im Grundsatz für alle niedriglegierten Werkzeugstähle. Die Tatsache, daß die unlegierten und niedriglegierten Werkzeugstähle Schalenhärter sind, drückt sich auch darin aus, daß bei der Temperatur der größten Umwandlungsneigung der Beginn der Umwandlung schon nach sehr kurzen Haltezeiten eintritt. Eine Zwischenstufenvergütung sowie eine Warmbadhärtung werden demnach nur bei sehr dünnen Querschnitten bis etwa 3 mm möglich sein.

Bei der *Härtung der überhitzungsunempfindlichen*, also keimreichen *Stähle* ist zu beachten, daß sie als Folge ihres großen Umwandlungsbestrebens eine geringere Härtbarkeit aufweisen. Sie erfordern eine

[1] MORRAL, F. R.: Metal Progr. Bd. 48 (1945) S. 818/831.

größere kritische Abkühlungsgeschwindigkeit, um Weichfleckigkeit zu vermeiden. Die übliche Wasserablöschung reicht nicht immer aus; sie müssen manchmal in Salzwasser abgeschreckt werden, damit eine gleichmäßige Härteannahme erzielt wird.

Die *Prüfung der Härtbarkeit* der unlegierten Werkzeugstähle wird durch Härten kleiner Vierkantproben von verschiedenen Härtetemperaturen in Wasser durchgeführt. Die freigelegten Brüche werden auf Einhärtungstiefe und Bruchaussehen beurteilt. Über die Wahl der zweckmäßigen Abmessung von 16 bis 30 mm Vierkant sowie über den Einfluß der Vorbehandlung und Haltezeit auf Härtetemperatur sind die Meinungen nicht ganz einheitlich. Der Verfasser zieht 25 mm Vierkant vor (s. Bild 56 S. 56).

Auf jeden Fall ist darauf zu achten, daß die Bedingungen immer gleichgehalten werden, da die Versuchsergebnisse in der Regel nur für das betreffende Stahlwerk als betriebseigener Gütemaßstab gelten. Es ist jedoch zu erwähnen, daß der Einfluß des Querschnittes auf die Einhärtungstiefe besonders bei kleinen Querschnitten sehr wesentlich ist.

In den Vereinigten Staaten von Amerika sind verschiedene Kurzprüfverfahren zur Ermittlung der Tiefe der *Einhärtung*[1] und der *Überhitzungsempfindlichkeit* entwickelt worden, von denen die P-F-Probe (Penetration-Fracture-Test) nach B. F. SHEPHERD[2] am meisten verbreitet zu sein scheint. Es handelt sich dabei um einen Befund der Einhärtung, der in Zahlen ausgedrückt wird, und zwar wird ein Bruch angegeben, in dem der Zähler die Tiefe der Einhärtung in vierundsechzigstel Zoll ($^1/_{64}''$) und der Nenner die Bruchkorngröße entsprechend einer festgelegten Bruchkorntafel bezeichnet. Man sagt z. B., daß ein Stahl bei der P-F-Probe einen Befund von $^7/_9$ ergibt, und meint dabei, daß die Einhärtung an einer zylindrischen Probe von $^3/_4''\varnothing$ bei einer gegebenen Härtetemperatur $^7/_{64}''$ beträgt und die Bruchkorngröße gleich dem Bruchkorn des Stahles Nr. 9 der Vergleichstafel ist. Als Vergleichstafel wird von der American Society for Metals und vom Jernkontor, Stockholm, eine Bruchprobenreihe von zehn Stählen herausgegeben. Beide Tafeln stimmen für praktische Zwecke mit ausreichender Genauigkeit überein.

B. F. SHEPHERD[3] hat diese Probe selbst wegen des erforderlichen großen Arbeitsaufwandes vereinfacht und die P-V-Probe (Penetration Velocity

[1] Die Einhärtung wird in diesem Zusammenhang nach dem Bruchaussehen gemessen und nicht nach der Dicke der Schicht mit mindestens 50% Martensit (s. S. 53 u. 351).

[2] SHEPHERD, B. F.: Trans. Amer. Soc. Met. Bd. 38 (1947) S. 354/397.

[3] SHEPHERD, B. F.: Trans. Amer. Soc. Met. Bd. 22 (1934) S. 979/1016. — POST, C. B., O. V. GREENE u. W. H. FENSTERMACHER: Trans. Amer. Soc. Met. Bd. 30 (1942) S. 1202/1254. — MCMULLAN, O. W.: Trans. Amer. Soc. Met. Bd. 35 (1945) S. 584/608. — JOMINY, W. E.: Trans. Amer. Soc. Met. Bd. 27 (1939) S. 1072/1089.

of Penetration-Vee-Shape) entwickelt, bei der mit keilförmigen Proben eine Aussage über das Härtungsverhalten gegeben werden soll. Die P-V-Probe hat sich aber noch wenig eingeführt und wird anscheinend auch von namhaften amerikanischen Edelstahlwerken nur zu Versuchszwecken herangezogen.

Wenn wir diese amerikanischen und deutschen Erprobungen miteinander vergleichen, so ist unserer Meinung nach der von den deutschen Stahlwerken angewandten Prüfung der Härtbarkeit der Vorzug zu geben, weil sie trotz oder man kann auch sagen wegen ihres subjektiven Befundes, allerdings von erfahrenen Fachleuten, Einzelheiten (Body oder Timbre) berücksichtigt, die durch die beiden Zahlen der P-F-Probe nicht erfaßt werden können.

Der Zusammenhang von Kohlenstoffgehalt und erzielbarer Höchsthärte wurde in Bild 47[1] S. 50 dargestellt.

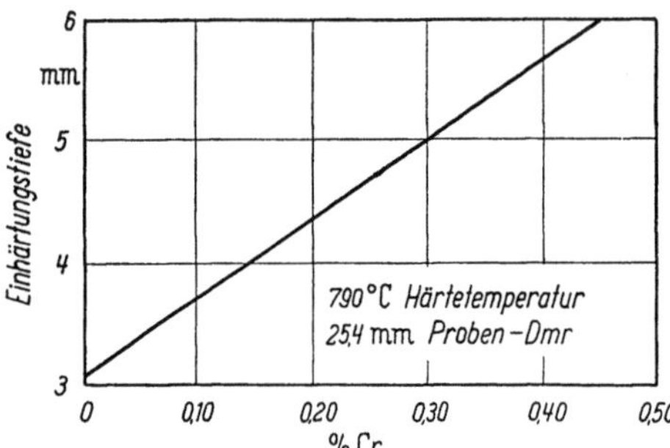

Bild 112. Einfluß kleiner Chromgehalte auf die Einhärtung eines Werkzeugstahles mit 1% C, 0,25% Si und 0,25% Mn (nach A. J. Scheid jr.)

Von den Legierungselementen, deren Einfluß auf Einhärtungstiefe berücksichtigt werden muß, sind die wichtigsten Silizium, Mangan, Chrom und Nickel.

Bei der Betrachtung der einzelnen Legierungselemente fällt auf, daß Silizium schon bei Gehalten von 0,2% das Verhalten beim Härten beeinflußt, bemerkenswert ist nämlich, daß Stähle mit einem Siliziumgehalt von weniger als 0,10% gut abschütten, was Sensenhersteller sehr schätzen. Auf die Härtbarkeit wirkt Mn stärker als Si, so daß Stähle mit 1% C und 0,4% Mn oder Stähle mit 0,5% C und 0,8% Mn in kleiner Abmessung nicht mehr in Wasser gehärtet werden dürfen. Schwefel und Phosphor haben auf die Einhärtung praktisch keine Wirkung, wenn ihre Gehalte 0,03% nicht überschreiten. An sich härtet ein Stahl mit 0,03% P wohl tiefer ein als ein solcher mit 0,01% P, doch wird der Einfluß der Phosphorgehalte in dieser Größenordnung durch die Summe der immer gegenwärtigen Anteile an Chrom, Nickel und Kupfer überdeckt.

Wird bei größeren Querschnitten eine größere Einhärtungstiefe für notwendig gehalten, so wird den Werkzeugstählen Chrom bis zu etwa 0,5% zugesetzt. Seine Wirkung kann aus Bild 112 entnommen werden, das

[1] s. a. Burns, J. L., T. L. Moore u. R. S. Archer: Trans. Amer. Soc. Met. Bd. 26 (1938) S. 1/36; vgl. Stahl u. Eisen Bd. 58 (1938) S. 439.

von A. J. Scheid jr.[1] an Proben eines Stahles mit 1% C, 0,25% Si und 0,25% Mn von 25,4 mm ∅ nach Abschrecken von 790° gewonnen wurde.

E. Houdremont, H. Bennek und H. Schrader[2], J. G. Zimmermann, R. H. Aborn und E. C. Bain[3], F. Wever, A. Rose und H. Eggers[4] sowie F. Wever und H. Lange[5] untersuchten eingehend den *Einfluß des Vanadins auf die Härtungseigenschaften.* Kennzeichnend für das Verhalten der Vanadinstähle ist die Eigenschaft des Vanadinkarbids, erst bei verhältnismäßig hohen Temperaturen und auch dann nur langsam vom Austenit gelöst zu werden. Sind die Erhitzungstemperaturen vor dem Abschrecken nur ebenso hoch, wie sie bei unlegierten Stählen üblich sind, so verhalten sich vanadinhaltige Stähle etwa so wie unlegierte Stähle mit einem um den an Vanadin gebundenen Anteil geringeren Kohlenstoffgehalt. Die Einhärtungstiefe ist hierbei gering. Das ungelöste Vanadinkarbid wirkt stark hemmend auf das Kornwachstum des Austenits, so daß Stähle schon mit geringen Vanadingehalten überhitzungsunempfindlich werden.

Ist die Erhitzungstemperatur hoch genug und die Erhitzungszeit genügend lang, so daß das Vanadinkarbid gelöst wird, so bewirkt das Vanadin, wie alle im Austenit löslichen Legierungszusätze, eine Verlangsamung der Austenitumwandlung und damit eine Verbesserung der Härtbarkeit und eine Vergrößerung der Einhärtungstiefe.

Dies ist bei manchen Werkzeugen, die starken Schlägen oder hohem Druck ausgesetzt sind, wichtig, wobei, um die Einhärtungstiefe zu vergrößern, mit etwas Chrom und Nickel nachgeholfen werden kann.

Das Verhalten eines Vanadinstahles im Vergleich zu einem unlegierten Stahl zeigt in anschaulicher Weise Bild 113, bei dem auch der Verlauf der Härte nach dem Abschrecken über den Stabquerschnitt dargestellt ist.

Ein Zusatz von etwa 0,7% Ni gemeinsam mit Vanadin ermöglicht eine Beherrschung der Einhärtung in weiten Grenzen, wobei sich die Härteschicht noch durch große Zähigkeit auszeichnet. Es ist dabei nicht überraschend, daß durch *Erhöhung* der *Härtetemperatur* die Einhärtungstiefe vergrößert wird, was wohl hauptsächlich darauf zurückzuführen ist, daß die Keimzahl abnimmt. Das Verwendungsbereich der mit Chrom

---

[1] Scheid, A. J., jr.: Trans. Amer. Soc. Met. Bd. 28 (1940) S. 445/471; vgl. Stahl u. Eisen Bd. 60 (1940) S. 692/693.

[2] Houdremont, E., H. Bennek u. H. Schrader: Arch. Eisenhüttenw. Bd. 6 (1932/33) S. 24/34 (Werkstoffaussch. 182); vgl. Stahl u. Eisen Bd. 52 (1932) S. 693.

[3] Zimmermann, J. G., R. H. Aborn u. E. C. Bain: Trans. Amer. Soc. Met. Bd. 25 (1937) S. 755/787; vgl. Stahl u. Eisen Bd. 58 (1938) S. 458/459.

[4] Wever, F., A. Rose u. H. Eggers: Mitt. K.-Wilh.-Inst. Eisenforschg. Bd. 18 (1936) S. 239/246; vgl. Stahl u. Eisen Bd. 57 (1937) S. 323.

[5] Wever, F., u. H. Lange: Mitt. K.-Wilh.-Inst. Eisenforschg. Bd. 21 (1939) S. 57/64; vgl. Stahl u. Eisen Bd. 59 (1939) S. 493.

oder Nickel legierten Schalenhärter liegt deshalb bei Abmessungen oberhalb 40 mm Vierkant. Bild 114 zeigt die Zunahme der Einhärtungstiefe

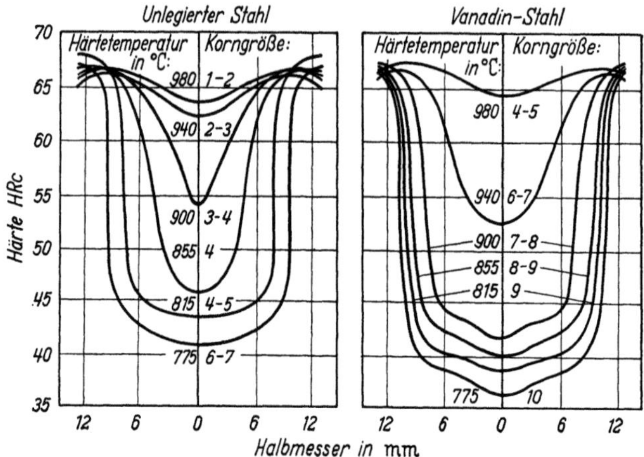

Bild 113. Härteverteilung nach Härtung von unterschiedlicher Temperatur in einen Stahl mit Vanadinzusatz (nach J. G. ZIMMERMANN, R. H. ABORN und E. C. BAIN)

mit der Erhöhung der Härtetemperatur[1]; sie verläuft aber nicht bei allen Stählen in gleicher Weise, sondern wird durch die Legierungszusätze

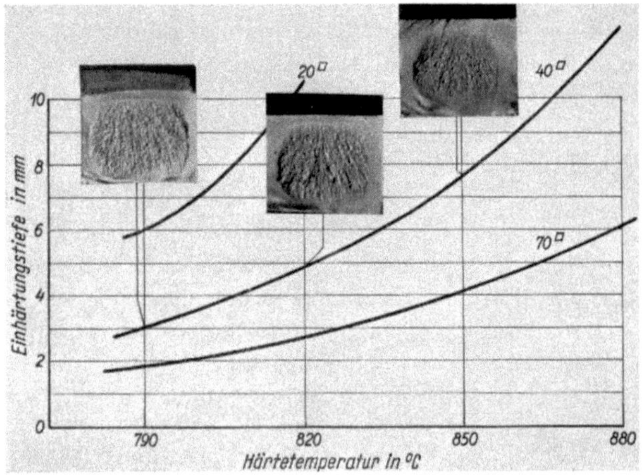

Bild 114. Einhärtungstiefe eines Nickel-Vanadin-Kaltschlag- und Prägestahles in Abhängigkeit von der Härtetemperatur und den Probenabmessungen (nach F. RAPATZ und O. MIRT)

beeinflußt. Hierbei muß die Wirkung von Nickel, Mangan und wohl auch Chrom, die nur die Grundmasse beeinflussen, und von Vanadin, das durch Karbidbildung die Keimzahl vergrößert, unterschieden werden.

[1] RAPATZ, F., u. O. MIRT: Stahl u. Eisen Bd. 74 (1954) S. 1195/1202.

E. HOUDREMONT und H. SCHRADER[1] untersuchten die Wirkung geringer Stickstoffgehalte bei Stählen, die im Vakuum erschmolzen wurden. Sie stellten fest, daß durch das Fehlen des Aluminiumnitrids eine Keimwirkung und Verminderung der Überhitzungsempfindlichkeit ausblieb. H. KRAINER und K. SWOBODA[2] studierten den *Einfluß höherer Stickstoffgehalte* auf Stähle mit etwa 1,1% C, 0,15% Si, 0,20% Mn, wobei die Stickstoffgehalte, die sonst etwa 0,004% N betragen, durch Zusätze von nitrierten Eisenspänen und Aluminium bis auf 0,016% N erhöht wurden. Allerdings wurde dabei nicht festgestellt, wieviel Stickstoff an das Alu-

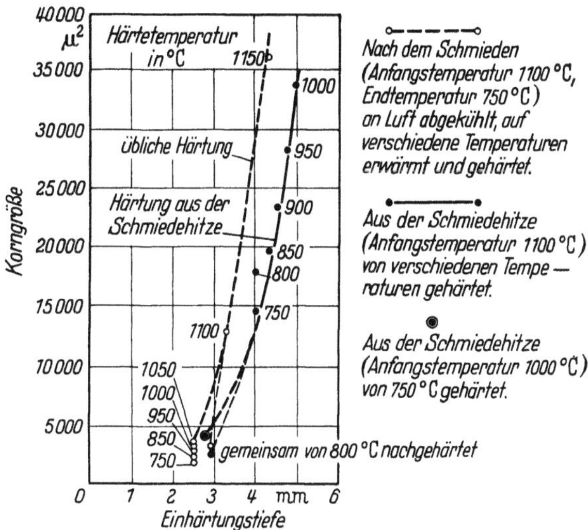

Bild 115. Abhängigkeit der Einhärtungstiefe von Korngröße und Schmiedetemperatur (nach F. BOLLENRATH und H. KIESSLER)

minium gebunden war. Es wurde beobachtet, daß steigende Stickstoffgehalte die Durchhärtung erhöhen und gleichzeitig die Überhitzungsempfindlichkeit vermindern.

Die *Korngröße des Austenits*, die von den vorhandenen Keimen (als welche nichtmetallische Einschlüsse oder Karbide anzusehen sind) vom Ausgangsgefüge des Stahles vor der Erwärmung, der Geschwindigkeit der Erwärmung und der Haltezeit abhängt, beeinflußt ebenfalls die Einhärtung. Aus Bild 115, das für einen Stahl von 0,75% C von F. BOLLENRATH und H. KIESSLER[3] aufgestellt wurde, sieht man, daß ein bei hoher

[1] HOUDREMONT, E., u. H. SCHRADER: Techn. Mitt. Krupp, A., Forschungsber. Bd. 1 (1938) S. 139/156.

[2] Unveröff. Untersuch. der Forschungsanstalten der Gebr. Böhler & Co. AG., Kapfenberg 1944.

[3] BOLLENRATH, F., u. H. KIESSLER: Stahl u. Eisen Bd. 69 (1949) S. 287/301.

Temperatur geschmiedeter Stahl eine höhere Einhärtungstiefe hat als nach niedriger Schmiedetemperatur, also ein Stahl mit geringerer Austenitkorngröße vor dem Härten. Eine oft erörterte und noch nicht geklärte Frage ist die, ob ungeglühte Stähle oder solche, die auf kugeligem Zementit geglüht sind, stärker einhärten. Nach unseren Erfahrungen haben die ungeglühten Stähle mit vielen kleinen Keimen, die sich beim Erwärmen auf Härtetemperatur im Austenit leichter lösen, die bessere Einhärtung. Die größeren Karbide des weichgeglühten Ausgangszustandes lösen sich beim Austenitisieren weniger leicht und wirken beim Abschrecken als Keime für den sich bildenden Martensit. Die Folge davon ist eine geringere Einhärtung.

Aus demselben Grunde nimmt die *Einhärtungstiefe bei übereutektoidischen Stählen* mit zunehmendem Kohlenstoffgehalt ab, da die vermehrten Karbide als Keime im Sinne einer größeren Umwandlungsfreudigkeit wirken. Unterhalb der eutektoidischen Zusammensetzung fördert Kohlenstoff hingegen die Einhärtbarkeit, da er gänzlich gelöst ist und in der Grundmasse als Legierungsbestandteil wirkt.

Bei Stählen mit Kohlenstoffgehalten *über* 0,9% ist das Gefüge mit kugeligem Zementit der beste Ausgangszustand für die nachfolgende Härtung. Die Gründe hierfür wurden auf S. 38 an Hand der Bilder 40, 41, 42 ausführlich erläutert.

Wie sehr bei nahezu gleichem Kohlenstoff-, Silizium- und Mangangehalt die *Einhärtungstiefe* verschiedener Stähle voneinander abweicht, hat B. F. SHEPHERD[1] an 12 Schmelzen, deren Zusammensetzung in Zahlentafel 15 angegeben ist, gezeigt. Aus Bild 116 ist deutlich der Einfluß des Silizium- und Mangangehaltes zu erkennen. Die Schmelzen 2,

Zahlentafel 15. *Chemische Zusammensetzung der von* F. B. SHEPHERD *untersuchten unlegierten Werkzeugstähle*

Nr.	% C	% Si	% Mn	Nr.	% C	% Si	% Mn
1	1,02	0,03	0,09	7	1,04	0,16	0,29
2	1,03	0,15	0,28	8	1,00	0,28	0,31
3	1,07	0,09	0,15	9	0,97	0,29	0,46
4	1,07	0,22	0,34	10	0,99	0,31	0,36
5	1,00	0,17	0,24	11	0,98	0,27	0,50
6	1,09	0,26	0,26	12	0,94	0,36	0,45

5 und 7 zeigen aber trotz nahezu gleichen Kohlenstoff-, Silizium- und Mangangehalten stark verschiedene Einhärtungstiefen. Ähnliche Unterschiede zeigen die Schmelzen 9, 11 und 12. Es ist offensichtlich, daß die Schmelzführung die Ursache der Verschiedenheit bei der Einhärtung ist, und es dürfte keinem Zweifel unterliegen, daß die Keime neben den Legierungsmetallen von großem Einfluß sind.

[1] SHEPHERD, B. F.: Trans. Amer. Soc. Met. Bd. 38 (1947) S. 354/397.

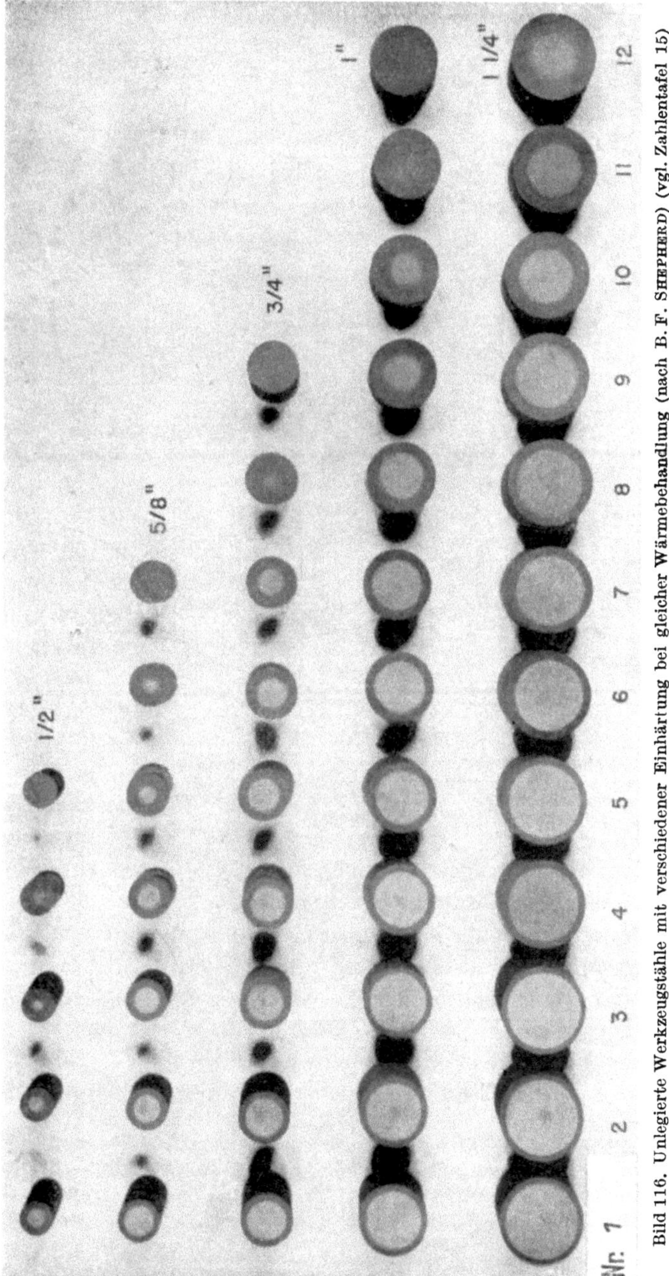

Bild 116. Unlegierte Werkzeugstähle mit verschiedener Einhärtung bei gleicher Wärmebehandlung (nach B. F. SHEPHERD) (vgl. Zahlentafel 15)

Die Untersuchungen von F. RAPATZ und O. MIRT beweisen zusätzlich, daß die Desoxydation durch Silizium allein den Stahl härteempfindlich beläßt und erst durch Aluminiumzusatz die für die Überhitzungsunempfindlichkeit notwendigen Keime in Form von Aluminiumoxyden und Nitriden gebildet werden.

In den Vereinigten Staaten von Amerika wird auch häufig die *Verdrehschlagzähigkeit*[1] (torsion-impact-value) zur Beurteilung der Werkzeugstähle herangezogen. Sie zeigt zum Unterschied von den bekannten niedrigen Kerbschlagzähigkeitswerten hohe Zähigkeitswerte in einem engen Anlaßtemperaturbereich, der auch von der Härtetemperatur abhängig ist[2]. In Bild 117 sind Messungen der Verdrehschlagzähigkeit eines unlegierten Stahles mit 1,06% C in Abhängigkeit von der Härte- und Anlaßtemperatur wiedergegeben. Das Absinken der Werte bei einer Anlaßtemperatur von 250° wird einer Zersetzung des Restaustenits oder einer Koagulation des Zementits zu einer kritischen Größe zugeschrieben. Über den statischen Verdrehversuch s. S. 726.

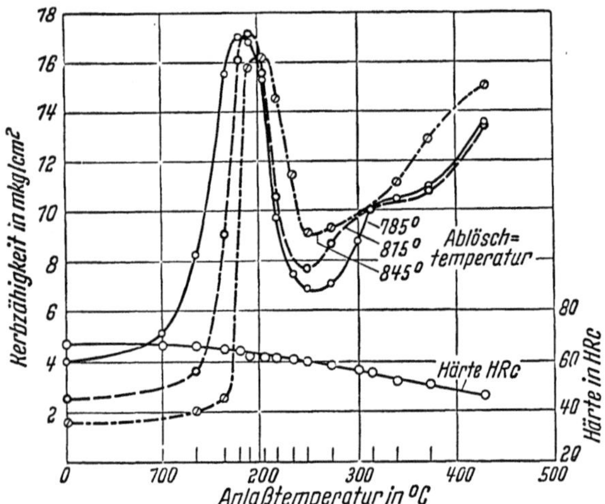

Bild 117. Beurteilung der Zähigkeit eines unlegierten Stahles mit 1,06% C durch Schlagverdrehproben im Vergleich zur Rockwellhärte bei verschiedenen Härte- und Anlaßtemperaturen (nach G. V. LUERSSEN und O. V. GREENE)

In Zahlentafel 16[3] ist die chemische Zusammensetzung und die Einteilung von unlegierten Stählen für Werkzeuge zu finden. In der Zahlentafel 17[3] sind die erreichten Härten nach dem Abschrecken, der durchhärtende Durchmesser bei bester Härtung in Wasser und Öl und die Einhärtungstiefe bei Wasserhärtung zusammengestellt. In Bild 118[3] sind Richtwerte für Oberflächenhärten und ihre Änderung durch Anlassen

[1] LUERSSEN, G. V., u. O. V. GREENE: Proc. Amer. Soc. Test. Mater. Bd. 33 (1933) II, S. 315/333. — Dieselben: Trans. Amer. Soc. Met. Bd. 22 (1934) S. 311/346; vgl. Arch. Eisenhüttenw. Bd. 9 (1935/36) S. 143/144. — Dieselben: Trans. Amer. Soc. Met. Bd. 23 (1935) S. 861/885; s. a. PALMER, F. A.: Tool steel simplified. Carpenter Steel Company 1937.

[2] LUERSSEN, G. V., u. O. V. GREENE: Trans. Amer. Soc. Met. Bd. 23 (1935) S. 861/885.

[3] Stahl-Eisen-Werkstoffblatt 150-58, Ausg. Sept. 1958.

Zahlentafel 16

Chemische Zusammensetzung und Einteilung der unlegierten Stähle für Werkzeuge (nach Stahl-Eisen-Werkstoffblatt 150–58, Sept. 1958)

	Güteklasse	Kurzname	Chemische Zusammensetzung (Richtwerte) % C etwa	% Si	% Mn	% P höchstens	% S höchstens	Stoffnummer allgemein	für Feilen oder Raspeln	für Sensen oder Sicheln	für Steinbearbeitungswerkzeuge
Edelstähle	1. Güte	C 110 W 1	1,10	<0,25	<0,25	0,025	0,025	1550	—	—	—
		C 100 W 1	1,00	<0,25	<0,25	0,025	0,025	1540	—	—	—
		C 85 W 1	0,85	<0,25	<0,25	0,025	0,025	1530	—	—	—
		C 70 W 1	0,70	<0,25	<0,25	0,025	0,025	1520	—	—	—
	2. Güte	C 130 W 2	1,30	<0,30	<0,35	0,030	0,030	1660	1663	—	—
		C 115 W 2	1,15	<0,30	<0,35	0,030	0,030	1650	—	1652	1651
		C 100 W 2	1,00	<0,30	<0,35	0,030	0,030	1640	—	—	1641
		C 85 W 2	0,85	<0,30	<0,35	0,030	0,030	1630	—	1632	1631
		C 70 W 2	0,70	<0,30	<0,35	0,030	0,030	1620	—	—	1621
	3. Güte	C 90 W 3	0,90	0,25/0,50	0,40/0,60	0,035	0,035	1760	—	—	1761
		C 75 W 3	0,75	0,25/0,50	0,60/0,80	0,035	0,035	1750	—	—	—
		C 67 W 3	0,67	0,25/0,50	0,60/0,80	0,035	0,035	1744	—	—	—
		C 60 W 3	0,60	0,25/0,50	0,60/0,80	0,035	0,035	1740	—	—	1741
		C 45 W 3	0,45	0,25/0,40	0,60/0,80	0,035	0,035	1730	1733	1732	—
		C 35 W 3	0,35	0,25/0,40	0,40/0,60	0,035	0,035	1720	1723	—	—
		C 15 W 3	0,15	0,15/0,35	0,25/0,50	0,035	0,035	1705	—	—	—
	Stähle für Sonderzwecke	C 87 WS[1]	0,85	0,25/0,40	0,50/0,70	0,025	0,020	1840	—	—	—
		C 85 WS	0,85	0,25/0,40	0,50/0,70	0,025	0,025	1830	—	—	—
		C 80 WS	0,80	0,08/0,15	0,20/0,32	0,030	0,030	—	—	1822	—
		C 55 WS	0,55	<0,15	0,30/0,50	0,030	0,030	1820	—	—	—
Qualitätsstähle		C 75	0,75	0,25/0,50	0,60/0,80	0,045	0,045	0605[2]	—	—	—
		C 67	0,67	0,25/0,50	0,60/0,80	0,045	0,045	0603[2]	—	—	—
		C 60	0,60	0,25/0,50	0,50/0,80	0,045	0,045	0601[2]	—	—	—
		C 53	0,53	0,25/0,50	0,40/0,70	0,045	0,045	0505[2]	—	—	—
		C 45	0,45	0,25/0,50	0,50/0,80	0,045	0,045	0503[2]	—	—	—
		C 35	0,35	0,25/0,50	0,40/0,70	0,045	0,045	0501[2]	—	—	—

[1] Muß im Elektroofen erschmolzen werden. — [2] Bei den für die Qualitätsstähle angegebenen Stoffnummern handelt es sich um die in der „Einheitlichen Nummerung von Erzeugnissen der Eisen schaffenden Industrie" (Ausgabe 1. 7. 1954, ergänzt 1. 1. 1958, Wirtschaftsvereinigung Eisen- und Stahlindustrie, Düsseldorf) festgelegten Nummern. Diese entsprechen folgenden teils noch gebräuchlichen Stoffnummern der vom Verein Deutscher Eisenhüttenleute herausgegebenen Stahl-Eisen-Liste (Ausgabe Januar 1948 mit Nachtrag Februar 1949): 0605 entspricht 0773, 0603 entspricht 0761, 0601 entspricht 0751, 0505 entspricht 0740, 0503 entspricht 0721, 0501 entspricht 0651.

Zahlentafel 17. *Richtwerte für das Härtungsverfahren der unlegierten Stähle für Werkzeuge*[1] (nach Stahl-Eisen-Werkstoffblatt Sept. 1958)

	Kurzname	Härte im weichgeglühten Zustand HB höchstens	Durchhärtender Durchmesser[2] bei bester Härtung in Wasser mm etwa	Durchhärtender Durchmesser[2] bei bester Härtung in Öl mm etwa	Einhärtungstiefe bei Wasserhärtung bei Dicken von mm etwa	Einhärtungstiefe bei Wasserhärtung mm etwa	Ungefähre Oberflächenhärte HRC bei Wasserhärtung	Ungefähre Oberflächenhärte HRC bei Ölhärtung (im durchgehärteten Zustand)
Edelstähle	C 110 W 1	210	8—10	(2,0)	12—60	3—2	65	(63)
	C 100 W 1	200	8—10	(2,0)	12—60	3—2	65	(63)
	C 85 W 1	190	8—10	(2,0)	12—60	3—2	64	(63)
	C 70 W 1	180	8—10	(2,0)	12—60	3—2	63	(62)
	C 130 W 2	210	10—12	(2,5)	15—50	3,5—2	65	(63)
	C 115 W 2	210	10—12	(2,5)	15—80	3,5—2	65	(63)
	C 100 W 2	200	10—12	(2,5)	15—80	3,5—2	65	(63)
	C 85 W 2	190	10—12	(2,5)	15—80	3,5—2	64	(63)
	C 70 W 2	180	10—12	(2,5)	15—80	3,5—2	63	(62)
	C 90 W 3	240	(15)	7	(20—100)	(5—3)	(65)	63
	C 75 W 3	240	—	8—10	—	—	—	62
	C 67 W 3	240	—	8—10	—	—	—	60
	C 60 W 3	230	(20)	8—10	(25—100)	(6—4)	(65)	58
	C 45 W 3	190	15	(4)	20—100	5—3	57	(50)
	C 35 W 3	170	15	—	20—80	5—3	44	—
	C 15 W 3	130	—	—	—	—	—	—
	C 87 WS	(220)	(20)	7	(25—100)	(6—4)	(65)	63
	C 85 WS	(220)	(20)	7	(25—100)	(6—4)	(65)	63
	C 80 WS	(190)	(10—12)	2,5	(15—80)	(3,5—2)	(65)	63
	C 55 WS	(170)	8	—	10—20	3—2	60	—
Qualitätsstähle	C 75	240	—	10—15	—	—	—	62
	C 67	240	—	10—15	—	—	—	60
	C 60	230	(20)	10—15	—	—	(63)	58
	C 53	210	15	8—12	—	—	60	54
	C 45	190	15	(5)	—	—	57	(50)
	C 35	170	15	—	—	—	44	—

[1] Eingeklammerte Werte besagen, daß dieser Zustand oder diese Härtebehandlung nur selten vorkommen; sie sind der Vollständigkeit halber angeführt.

[2] Bei Blechen und breiteren Flachstählen ist mit geringerer Durchhärtung zu rechnen.

gegeben. Man unterscheidet je nach der Einhärtungstiefe und der Verläßlichkeit drei Güten. In der Spitzengruppe mit der schwächsten Einhärtung liegen Mangan bei 0,15 bis 0,25%, Silizium bei 0,15 bis 0,25%. Als durchschnittliche Einhärtung dieser in Wasser zu härtenden Schalenhärter kann für einen Bezugsquerschnitt von 20 mm 2 bis 3 mm angenommen werden.

Gütegruppen 1 (Extraqualitäten) kommen ausschließlich im Elektroofen zur Erschmelzung. Für die Gütegruppen 2 und 3 liegen die Mangangehalte höher und entsprechend die Einhärtung tiefer. Man verlangt von den unlegierten Werkzeugstählen, besonders von der Gütegruppe 1, größte Gleichmäßigkeit aller Eigenschaften auch innerhalb verschiedener Schmelzungen.

In der folgenden Zusammenstellung sind für die verschiedenen Kohlenstoffabstufungen und Güten Verwendungsbeispiele angegeben[1].

Die Spitzengruppe der unlegierten Werkzeugstähle wird zum größten Teil im basisch zugestellten *Elektroofen*, seltener im Hochfrequenzofen[2], ausnahmsweise noch im Tiegelofen erschmolzen; die anderen Gruppen werden, je nach Erfordernis, im Elektro- oder *Siemens-Martin-Ofen* her-

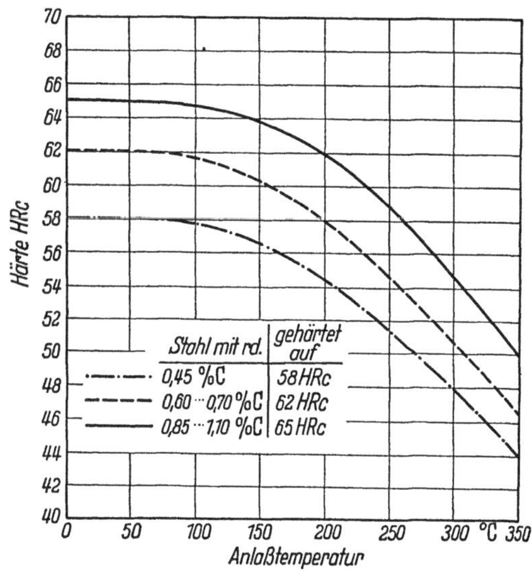

Bild 118. Richtwerte für die Oberflächenhärte von unlegierten Stählen für Werkzeuge in Abhängigkeit von der Anlaßtemperatur (Anlaßdauer etwa 20 bis 30 min, Probendurchmesser 30 mm)

gestellt. Als Einsatz werden sorgfältig ausgewählte Rohstoffe benötigt, die frei von den im Schrott so häufigen Begleitelementen Chrom und Nickel (manchmal wird man in diesem Zusammenhang auch Kupfer, Zinn und Arsen zu berücksichtigen haben) sein müssen, da bereits geringe Anteile dieser Elemente die Einhärtung stark beeinflussen. Für den Tiegelofen schmolz man früher Holzkohlen-Roheisen im Frischfeuer nieder und schmiedete die Luppen, die als Einsatz dienten, aus. Dieses teure Verfahren ist heute wohl als ausgestorben zu betrachten.

Man kann mit Sicherheit sagen, daß der heutige Elektrostahl dem Tiegelstahl mindestens gleichkommt, weil man die Desoxydation mit Kohlenstoff, die Entphosphorung und Entschwefelung im Elektroofen besser beherrschen kann. Auch die richtige Anwendung des Alu-

[1] Stahl-Eisen-Werkstoffblatt 150-58, Ausg. Sept. 1958.

[2] Richtiger wäre der Ausdruck „Mittelfrequenzofen".

Kurzname	Verwendungsbeispiele
	Edelstähle
	Werkzeugstähle 1. Güte
C 110 W 1	kleine Schnitte, Fräser, Gewindeschneidwerkzeuge, Spiralbohrer, Räumnadeln, Reibahlen, Kaltschlagmatrizen, Messer und Backen an Drahtstiftmaschinen, Ziehringe und Ziehstempel
C 100 W 1	Schnitte, größere Fräser, Holzbearbeitungswerkzeuge, Kaltschlagmatrizen, Tiefzieh-, Fließpreß- und Prägewerkzeuge, Kaltlochstempel, Endmaße
C 85 W 1	Kaltmatrizen, Gesenke mit flachen und mittleren Gravuren, Scherenmesser, größere Schnitte, Hohlprägewerkzeuge, Hammerkerne
C 70 W 1	hochwertige Schlacht- und Brotmesser, Nadeln für die Textilindustrie, Holzbandsägen, Scherenmesser
	Werkzeugstähle 2. Güte
C 130 W 2	besonders schnitthaltige Messer, chirurgische Instrumente, aus dem Vollen geschliffene Gewindebohrer, Reibahlen, Schaber, Stichel, Ziehmatrizen, Ziehdorne, Feilen, Wetzstähle
C 115 W 2	wie C 110 W 1, jedoch bei entsprechend geringeren Anforderungen, Werkzeuge zum Bearbeiten von sehr hartem Gestein
C 100 W 2	wie C 100 W 1, jedoch bei entsprechend geringeren Anforderungen, Werkzeuge zum Bearbeiten von hartem Gestein, Handmeißel
C 85 W 2	große Schnitte, Stanzen und Kaltmatrizen, Löffel- und Lederstanzen, Scherenmesser, Schraubenzieher, Warmschlagsäume, Hammersättel, Hammerkerne, Handhämmer, Werkzeuge zur Bearbeitung von hartem Gestein, Sensen, Sicheln, Handmeißel, Abgratwerkzeuge
C 70 W 2	Scherenmesser, Schneidwaren, wie Tisch- und Taschenmesserklingen, Holzbohrer, Hammergesenke, größere Warmschlagsäume, Döpper, Nietstempel, Schrottmeißel, Werkzeuge zum Bearbeiten von weichem Gestein, Spitzeisen, Handmeißel
	Werkzeugstähle 3. Güte
C 90 W 3	Messer für Ölhärtung, z. B. Schlachtmesser, Mähmaschinenmesser, Abgratschnitte und -stempel, einfach geformte Werkzeuge zur Bearbeitung von hartem und mittelhartem Gestein, ungehärtete Steinsägenblätter, Baggerzähne, Baggereimermesser usw.
C 75 W 3	ölgehärtete oder naturharte Warmgesenke und Warmwalzen, Stammblätter für Kreissägen mit eingesetzten Schnellstahlzähnen, Spannpatronen, Spannzangen, Walzstopfenstangen, Ziehdorne, Mähmaschinenmesser, Holzkreissägen
C 67 W 3	Handsägen, Gemüse- und Krauthobelmesser, Fleischmaschinenmesser, E[illegible]nmesser, Spachtel, Zementabstreifmesser, Äxte mit besonder[illegible] Güteklasse, ungehärtete Kunstharzformen, ölgehärtete oder n[illegible]urharte Warmarbeitswerkzeuge

Kurzname	Verwendungsbeispiele
C 60 W 3	Schäfte und Körper von Schnellstahl- oder Hartmetall-Verbundwerkzeugen, Holzkreissägen, landwirtschaftliche Messer aller Art, Holländermesser, Beiß- und Kneifzangen, Küchen- und Tafelmesser, ungehärtete Warmsägeblätter
C 45 W 3	Messer aller Art (Häcksel-, Futter- und Rübenmesser), Fleischmaschinenmesser, Holzbohrer, Handmeißel, Hämmer-, Flach- und Rundzangen, Schraubenzieher und Schraubenschlüssel, Äxte, Beile, Erdbohrmeißel, Warmgesenke für Wasserhärtung, Raspeln, Sicheln
C 35 W 3	Raspeln aller Art, auch zur Verwendung im aufgekohlten Zustand; federnde Teile, wie Heu-, Dung- und Koksgabeln; Holzbohrer, Zangen
C 15 W 3	im Einsatz zu härtende Werkzeuge, wie Kunstharzformen, Druckplatten, Lehren, Drehbankbacken
	Werkzeugstähle für Sonderzwecke
C 87 WS	hochbeanspruchte Gatter- und Kreissägen sowie Blockband- und Trennbandsägen für die Holzverarbeitung
C 85 WS	Gatter- und Kreissägen sowie Blockband- und Trennbandsägen für die Holzverarbeitung, Handsägen für die Forstwirtschaft, Hammerkerne, Mähmaschinenmesser
C 80 WS	ölgehärtete Sensen und Sicheln
C 55 WS	verstählte Äxte, Beile, Ambosse, Hämmer, Scheren, Zangen, feuergeschweißte Schnittmatrizen und -ringe
	Qualitätsstähle
C 75, C 67 C 60, C 53 C 45, C 35	für geringer beanspruchte Werkzeuge

miniumzusatzes[1] hat Fortschritte gemacht, die man zur Zeit des Tiegelstahles nicht so gut in der Hand hatte.

Die *Warmformgebung* der unlegierten und niedriglegierten Werkzeugstähle wird zwischen 1050 und 800° vorgenommen[2], bietet sowohl beim Schmieden als auch beim Walzen keine besonderen Schwierigkeiten. Wichtig ist, besonders bei Stählen mit höherem Kohlenstoffgehalt, eine nicht zu hohe Endverformungstemperatur, da sich sonst gröberer Schalenzementit ausbildet. Falls der Stahl bei der Warmverformung aber überhitzt wurde, empfiehlt es sich, eine Normalglühung oder eine Vorvergütung durch eine Ölhärtung durchzuführen, wobei die

[1] KRIFKA, O.: Die metallurgische Kennzeichnung basischer und saurer Edelstahlschmelzverfahren. Dr.-mont.-Diss., Montan. Hochschule Leoben. 1933.

[2] Näheres darüber s. Stahl-Eisen-Werkstoffblatt 150-58, 3. Ausg., Sept. 1958.

Erwärmungstemperatur so weit hinaufgehen soll, daß der Sekundärzementit wenigstens zum größten Teil gelöst wird, also z. B. bei einem Kohlenstoffgehalt von 1,20% auf 900°.

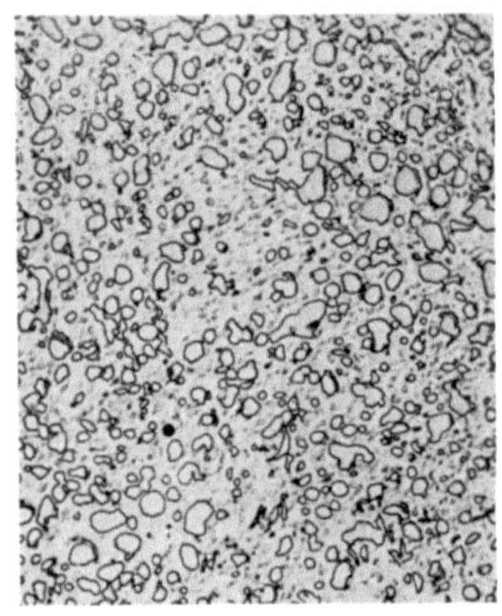

Bild 119. Mittlere Karbidkorngröße 3 bis 6 μm

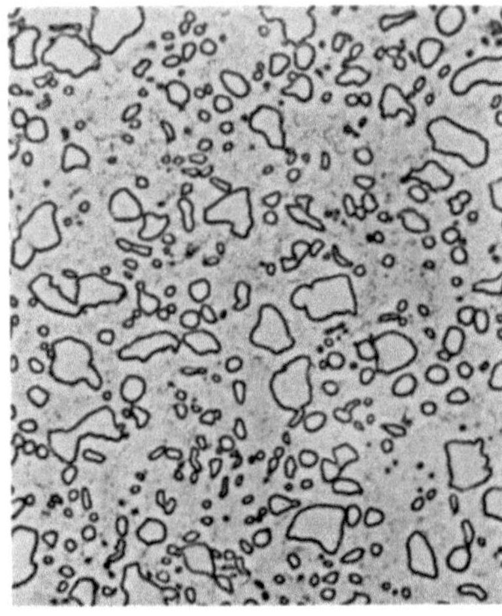

Bild 120. Mittlere Karbidkorngröße 6 bis 12 μm

Bilder 119 u. 120. Gefüge von weichgeglühtem C 110 W 1 (Ätzung alkoholische Salpetersäure). V = 500

Nach der Warmverformung werden die Werkzeugstähle zunächst weichgeglüht und in diesem Zustand an die Verbraucher geliefert. Durch die Glühung wird eine bessere Zerspanbarkeit erreicht, da die Zugfestigkeit nach dem Glühen, je nach dem Kohlenstoffgehalt der Stähle, bei 55 und 80 kg/mm² liegt, was einer Härte von 156 bis 240 HB entspricht.

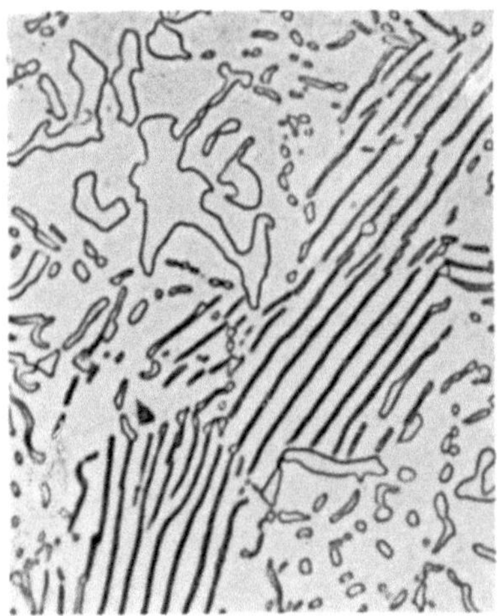

Bild 121. Gefüge eines geglühten Werkzeugstahles mit Anteilen von streifigem Perlit. V = 500

Das *Gefüge* eines richtig weichgeglühten Werkzeugstahles soll gleichförmige, kleinere Zementitteilchen, in Ferrit eingebettet, aufweisen, wie in den Bildern 119 und 120 wiedergegeben. Es gibt dabei zwei Meinungen: eine, die einen mittleren Karbidkorndurchmesser von 3 bis 6 μm (Bild 119), und eine, die einen Korndurchmesser von 6 bis 12 μm (Bild 120) vorzieht. Streifiger Perlit wird manchmal bis zu einer Menge von 25% zugelassen. Bei untereutektoiden Stählen entsteht streifiger Perlit schon bei geringer Überschreitung der vorgeschriebenen Glühtemperatur. Bild 121 zeigt das Gefüge eines so geglühten Stahles.

Über die *Vorgänge bei der Weichglühung* und ihre betriebliche Durchführung wurde auf S. 37—42 das Wesentliche gesagt, und es wird empfohlen, es nachzulesen.

Als neuzeitlichstes Verfahren ist auch für diese Stähle das Glühen in langen Durchlauföfen zu empfehlen (s. S. 40, 41).

2. Manganstähle[1]

Das System Eisen-Mangan

In Bild 122 ist das Zustandsschaubild Fe–Mn nach M. Hansen und K. Anderko[2] dargestellt, und zwar bei tieferen Temperaturen so, wie es etwa einem Gleichgewichtszustand entspräche. Mangan erweitert den Bereich der γ-Phase sehr stark, d. h., mit steigendem Mn-Gehalt werden die δ—γ-Umwandlung zu höheren und die γ—α-Umwandlung zu tieferen Temperaturen verschoben. So wird oberhalb etwa 10% Mn kein δ-Mischkristall mehr gebildet. Die γ—α-Umwandlung zeigt eine mit steigendem Mn-Gehalt und sinkender Temperatur stark zunehmende Hysterese, zugleich ist die Umwandlung nicht mehr diffusionsgesteuert, sondern verläuft über einem Umklappmechanismus wie die Martensitbildung. Solange das Mangan im Mischkristall noch diffundieren kann, wird ein Mn-armer α-Mischkristall ausgeschieden, während der verbleibende Austenit an Mangan angereichert wird. Bei der bei tieferen Temperaturen ablaufenden martensitischen Umwandlung treten keine Konzentrationsänderungen im Mn-Gehalt ein; die hierbei entstehende Phase wird vielfach mit α' bezeichnet. Da bei tieferen Temperaturen (etwa unterhalb 500 bis 400 °C) auch in sehr langen Zeiten kein Diffusionsausgleich und damit keine Einstellung des Gleichgewichts zu erzielen ist, kann man das Auftreten der verschiedenen Phasen besser an Hand eines Teilschaubildes, wie es M. Hansen und K. Anderko[2] Bild 123 zeigt, verfolgen. In ein solches Schaubild sind die Temperaturen für den Beginn der Umwandlung eingezeichnet ohne

---

[1] s. D. A. Oliver u. W. H. Boyd: Monographie Manganese Steel. Publ. for Hadfields Limited, Sheffield. Edinburgh/London 1956.

[2] Hansen, M., u. K. Anderko: Constitution of Binary Alloys, 2. Aufl. 1958, New York/Toronto/London, S. 664/677.

Rücksicht auf die Vollständigkeit der Umwandlungen und die Gleichgewichtsbedingungen. Wie man sieht, fällt die Temperatur der γ—α'-Umwandlung bei der Abkühlung mit steigendem Mn-Gehalt stark ab, wobei die Umwandlung zunehmend unvollständig bleibt. Bei der Erwärmung setzt die Rückumwandlung $\alpha' \to \gamma$ nicht bei derselben, sondern erst bei wesentlich höherer Temperatur ein und kann bereits mit

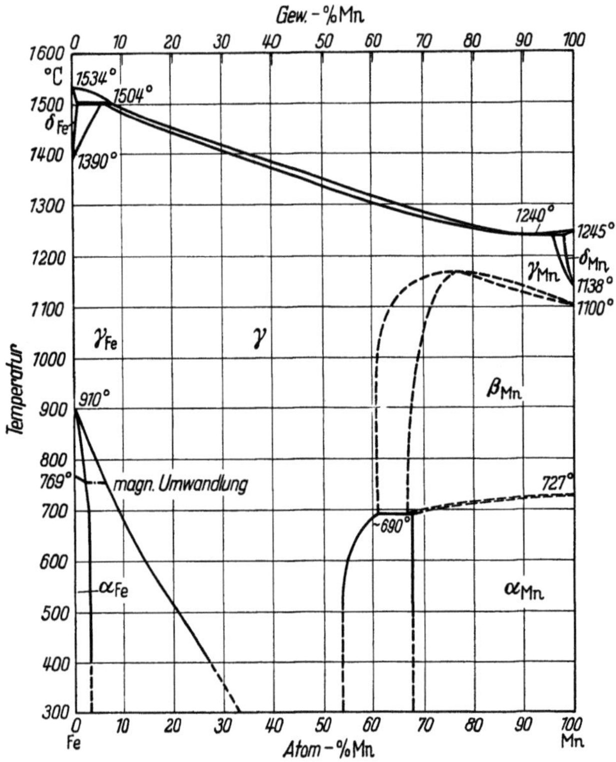

Bild 122. Zustandsschaubild Fe-Mn (nach M. HANSEN und K. ANDERKO)

Diffusionsvorgängen und einer gewissen Gleichgewichtseinstellung verbunden sein. Der Bereich zwischen der $\gamma \to \alpha'$- und der $\alpha' \to \gamma$-Umwandlung ist irreversibel, in ihm hängt das Vorhandensein der verschiedenen Phasen davon ab, ob man aus dem γ-Gebiet heraus abkühlt oder aus dem α'-Gebiet heraus erwärmt.

Im Gebiet von 12 bis 30% Mn existiert eine weitere Umklappumwandlung, bei der die ε-Phase gebildet wird. Die ε-Phase hat eine hexagonal dichteste Kugelpackung, ist unmagnetisierbar und hat ein kleineres Volumen als die γ-Phase. Sie ist nicht als eine stabile Phase anzusehen, ihre Bildung wird ebenso wie die der α-Phase durch Kaltverformung sehr erleichtert, und die oft außerordentlich breiten „Gleitlinien“ in austenitischen Manganstählen bestehen aus ε-Phase. Nach sehr starker Kaltverformung bildet sich beim Anlassen aus der ε-Phase die α-Phase, ohne daß sofort eine Rückumwandlung zu Austenit erfolgt. Dies spricht dafür, daß die ε-Phase eine Übergangsphase in der Umwandlung von der γ-Phase zum raumzentrierten Mischkristall ist. Die $\gamma \rightleftarrows \varepsilon$-Umwandlung hat eine wesentlich geringere Hysterese als die $\gamma \rightleftarrows \alpha$-Umwandlung.

Kohlenstofffreie Eisen-Mangan-Legierungen haben bis jetzt keine praktische Bedeutung erlangt.

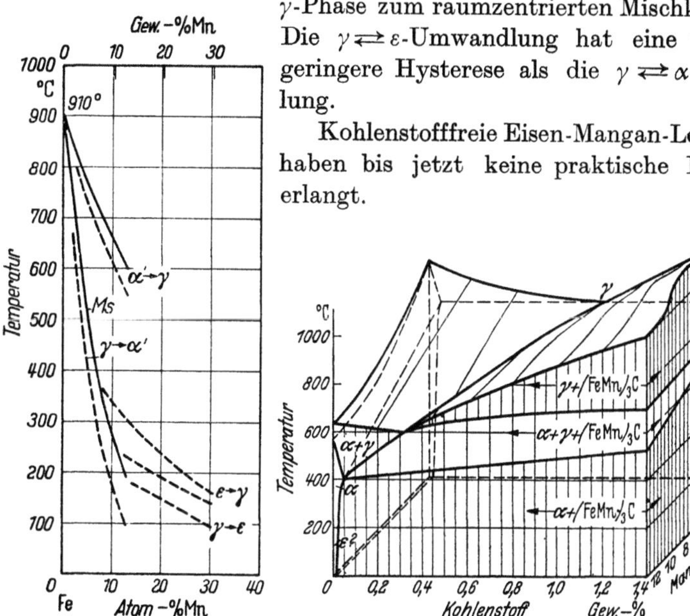

Bild 123. Teilschaubild der eisenreichen Manganlegierungen (nach M. Hansen und K. Anderko)

Bild 124. Die Umwandlungen im festen Zustand der Eisen-Mangan-Kohlenstoff-Legierungen (nach F. M. Walters jr. und C. Wells)

Das System Eisen-Mangan-Kohlenstoff

Von den Randsystemen des Dreistoffsystems Fe-Mn-C wurden die beiden Systeme Fe-C und Fe-Mn bereits besprochen, das dritte, das System Mn-C, ist ziemlich kompliziert aufgebaut und auch noch nicht restlos geklärt. Es kann aber, da hier nur Stähle mit Mn-Gehalten bis etwa 20% interessieren, außer Betracht bleiben. In Bild 124 ist nach F. M. Walters jr. und C. Wells[1] ein räumlicher Ausschnitt aus der Eisenseite des Dreistoffschaubildes dargestellt, in dem folgende Phasen berücksichtigt sind:

α-Mischkristall,	γ-Mischkristall,
ε-Phase	und das Mischkarbid $(Fe, Mn)_3C$.

Das Eisen-Mangan-Mischkarbid entsteht dadurch, daß im Zementit (Fe_3C) Eisenatome durch Manganatome ersetzt werden, ohne daß ein

[1] Walters, F. M., jr., u. C. Wells: Trans. Amer. Soc. Met. Bd. 24 (1936) S. 359 bis 374.

neuer Gittertyp entsteht. Ein bestimmtes Verhältnis von Eisen- zu Manganatomen besteht nicht, vielmehr hängt der Mangangehalt des Kar-

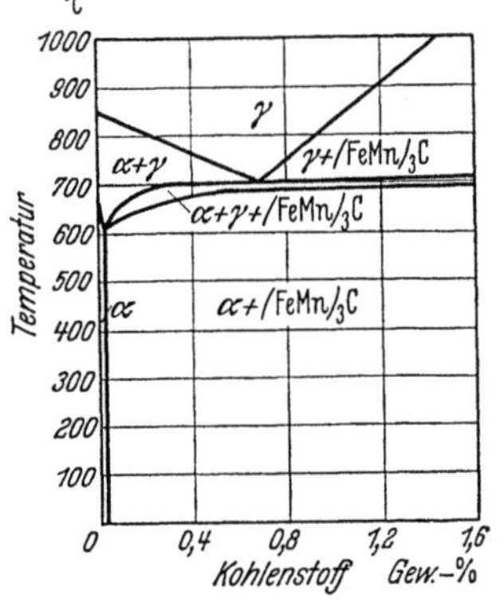

Bild 125. Schnitt durch das System Eisen-Mangan-Kohlenstoff bei 2,5% Mn (nach W. TOFAUTE und K. LINDEN)

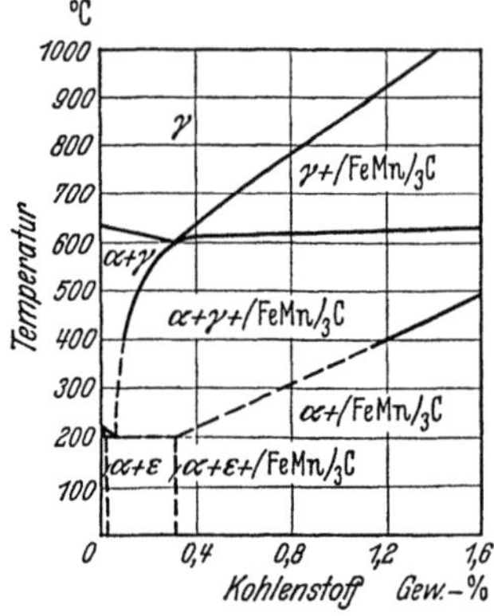

Bild 126. Schnitt durch das System Eisen-Mangan-Kohlenstoff bei 13% Mn (nach W. TOFAUTE und K. LINDEN)

bides vom Mangangehalt des Stahles und von der Wärmebehandlung ab. Dies wird durch die Schreibweise $(Fe, Mn)_3C$ angedeutet. Entsprechend können in den Mangankarbiden Mn_7C_3 und $Mn_{23}C_6$ Manganatome durch Eisenatome ersetzt werden.

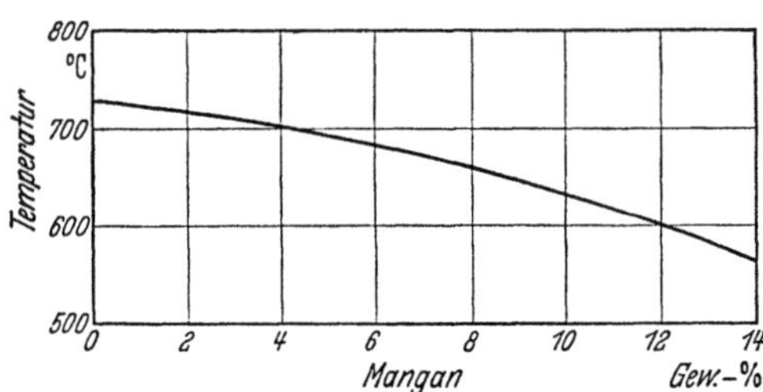

Bild 127. Einfluß des Mangans auf die Temperatur des Perlitpunktes (nach F. M. WALTERS jr. und C. WELLS)

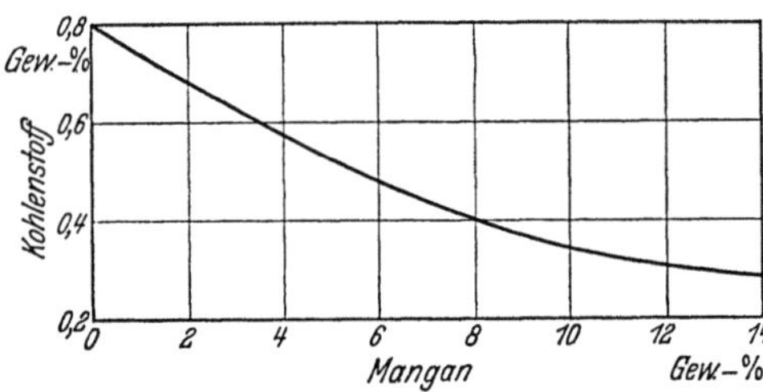

Bild 128. Einfluß des Mangans auf den Kohlenstoffgehalt des Perlits (nach F. M. WALTERS jr. und C. WELLS)

Die Bilder 125 und 126 nach W. TOFAUTE und K. LINDEN[1] stellen Schnitte durch das Dreistoffsystem bei 2,5 und 13% Mn dar. Am auffallendsten ist die Verschiebung des Perlitpunktes durch Mangan zu tieferen Temperaturen und niedrigeren Kohlenstoffgehalten, wie es genauer Bild 127 für die Temperatur und Bild 128 nach F. M. WALTERS jr. und C. WELLS[2] für den Kohlenstoffgehalt zeigen. Der Punkt *E* des Eisen-Kohlenstoff-Diagramms wird nur geringfügig zu höheren C-Ge-

[1] TOFAUTE, W., u. K. LINDEN: Arch. Eisenhüttenw. Bd. 10 (1936/37) S. 515 bis 524; vgl. Stahl u. Eisen Bd. 57 (1937) S. 611.

[2] s. Fußnote 1 auf S. 149.

halten und tieferen Temperaturen verschoben, so daß mit zunehmendem Mangangehalt die Karbidausscheidungslinie aus dem Austenit immer flacher verläuft (vgl. die Fläche in Bild 124). Der ε-Phase ist auch im Dreistoffschaubild kein Zustandsfeld zuzuschreiben, man kann ihr Auftreten in bestimmten Legierungsbereichen nur andeuten. Die Bildung der ε-Phase hängt stärker noch als in kohlenstofffreien Fe-Mn-Legierungen von der voraufgehenden Wärmebehandlung ab, beispielsweise kann bei genügendem Kohlenstoffgehalt durch Ausscheidung manganreicher Karbide bei höheren Temperaturen der Grundmasse so viel Mangan entzogen werden, daß trotz eines Mangangehaltes des Stahles von über 12% keine ε-Phase gebildet wird, während sie nach schneller Abkühlung aus dem homogenen γ-Gebiet auftreten würde. Die Bildung manganreicher Karbide ist auch der Grund, warum die Phasengrenze zwischen den Gebieten $\alpha + \gamma + (Fe, Mn)_3C$ und $\alpha + (Fe, Mn)_3C$ mit steigendem Kohlenstoffgehalt zu höheren Temperaturen verschoben wird (vgl. Bild 126).

Der Mangangehalt der Karbide schwankt stark mit der Wärmebehandlung. Nach J. O. ARNOLD und A. A. READ[1] enthalten weichgeglühte Manganstähle Karbide, deren Mangangehalt etwa das Fünffache des Mangangehaltes des Stahles beträgt, wogegen nach den Untersuchungen von E. HOUDREMONT, W. KOCH und H.-J. WIESTER[2] das Verhältnis des Mangangehaltes im Stahl zu dem des isolierten Karbides etwa 1:4 beträgt. Erfolgt die Umwandlung des Stahles aber in der Zwischenstufe oder in der Martensitstufe mit nachfolgendem Anlassen bei niedrigen Temperaturen, so scheidet sich ein Karbid mit etwa demselben Mangangehalt aus, wie er durchschnittlich im Stahl vorhanden ist. Wird der Stahl nach einer Zwischenstufenumwandlung oder Martensitumwandlung im Gebiet der Perlitstufe geglüht, so verändern die Karbide ihre Zusammensetzung, sie nehmen Mangan auf, bis sie dem bei der Perlitumwandlung gebildeten Karbid entsprechen. Bei Umwandlungen in der Perlitstufe oder beim Glühen verringern daher Karbidausscheidungen den Mangangehalt der Grundmasse.

Von praktischer Wichtigkeit ist der Einfluß von Mangan auf das Umwandlungsverhalten. Durch Mangan wird die Umwandlung in der Perlitstufe zu längeren Zeiten verschoben und die Martensittemperatur herabgesetzt, so daß bei höheren Mangangehalten (etwa über 2%) im ZTU-Schaubild die Zwischenstufe mit einem eigenen Maximum der Umwandlungsgeschwindigkeit auftritt. Höhere Kohlenstoffgehalte drängen nach F. WEVER und K. MATHIEU[3] die Zwischenstufe jedoch wieder

---

[1] ARNOLD, J. O., u. A. A. READ: J. Iron Steel Inst. Bd. 81 (1910) S. 176.

[2] HOUDREMONT, E., W. KOCH u. H.-J. WIESTER: Arch. Eisenhüttenw. Bd. 18 (1944/45) S. 147/154.

[3] WEVER, F., u. K. MATHIEU: Mitt. K.-Wilh.-Inst. Eisenforschg. Bd. 22 (1940) S. 9/18.

zurück und begünstigen die Umwandlung nach dem Mechanismus der Perlitstufe. Bei niedrigeren Mangangehalten überschneiden sich Perlit- und Zwischenstufe, hier wird eine Trennung erst durch Zusatz von karbidbildenden Legierungselementen wie Chrom oder Vanadin erreicht. Beispielsweise genügen bei einem Stahl mit 0,4% C und 1,6% Mn schon 0,1% V, um beide Umwandlungsgebiete zu trennen.

Bei normaler Luftabkühlung sind Stähle mit niedrigen Mangangehalten perlitisch, mit mittleren martensitisch und mit hohen austenitisch. L. GUILLET[1] entwarf ein Schaubild (Bild 129), aus dem annähernd die Einreihung der Manganstähle gemäß ihrer Zusammensetzung in die drei Gruppen, perlitische, martensitische und austenitische, abgelesen werden kann. Obwohl dieses Schaubild nicht genau stimmt, gibt es für praktische Bedürfnisse einen Anhalt. Vorausgesetzt wird dabei, daß die Stähle in Luft abgekühlt werden. Das neuere Gefügeschaubild von K. LINDEN[2] (Bild 130) berücksichtigt auch langsamere und raschere Abkühlung. Rasche Abkühlung ergibt etwa die Verhältnisse des GUILLETschen Schaubildes; bei langsamer Abkühlung gibt es auch bei hohem Kohlenstoffgehalt unterhalb 8% Mn keinen martensitfreien Austenit, und unterhalb 4% Mn tritt kein Martensit mehr auf.

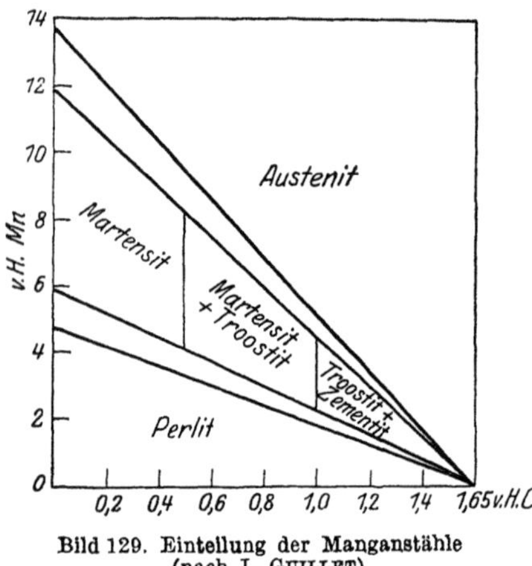

Bild 129. Einteilung der Manganstähle (nach L. GUILLET)

Mangan begünstigt die Martensitbildung, erhöht die Anlaßbeständigkeit des Martensits in Stählen bis 2% Mangan kaum. Gehärtet erweichen sie beim Anlassen bei nicht wesentlich höheren Temperaturen wie Kohlenstoffstähle.

Praktisch verwendet werden zwei Gruppen von Stählen, solche mit bis zu 3% Mangan und solche mit 12 bis 15% Mangan. Die martensitischen Manganstähle werden kaum gebraucht, weil sie sich nur sehr schwer in einen gut bearbeitbaren Zustand bringen lassen. Es gelingt nur durch besonders langwierige Glühbehandlungen, sie vom martensitischen in einen weicheren Zustand überzuführen.

Die Manganstähle zeigen zwei unerwünschte Besonderheiten. Sie neigen zur Längsfaserung bei stärkerer Verarbeitung in einer Richtung. Die ausgeprägte Längsfaser bedingt eine Verschlechterung der Quer-

[1] GUILLET, L.: Étude Industrielle des Alliages Métalliques. Texte, Paris 1906, S. 314. [2] LINDEN, K.: Dr.-Ing.-Dissertation Aachen 1937.

eigenschaften, insbesondere der Querkerschlagzähigkeit. Die Längsfaserung ist eine Folge von Schlackeneinschlüssen, die das Mangan seiner großen Affinität zu Sauerstoff und Schwefel wegen bildet und die als Hauptbestandteile Manganoxyd und Mangansulfid enthalten. Durch besonders sorgfältige Entschwefelung und Desoxydation gelingt es aber,

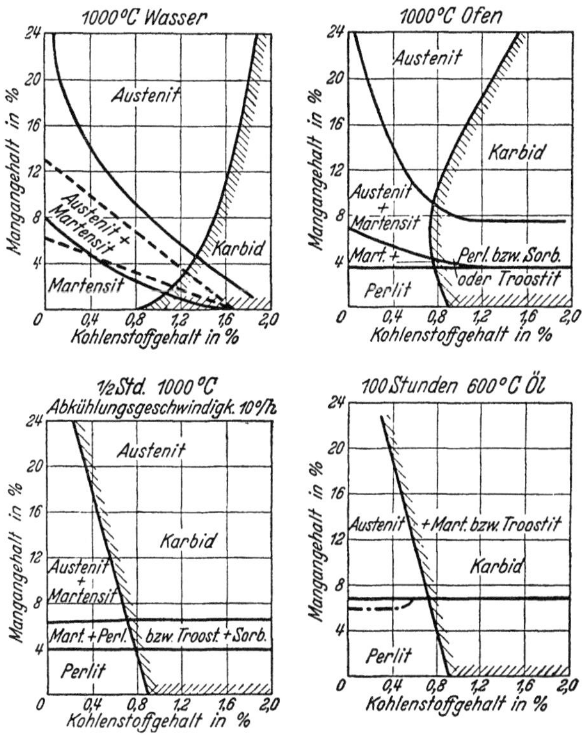

Bild 130. Zustandsschaubilder von Manganstählen bei verschiedenen Temperaturen (nach K. LINDEN)

die Menge der Einschlüsse zu vermindern und damit auch die Längsfaserung auf ein erträgliches Maß herabzusetzen.

Eine weitere unerwünschte Eigenschaft der Manganstähle ist ihre Überhitzungsempfindlichkeit bei der Härtung und damit auch bei der Vergütung, doch ist es möglich, durch Zusatz von karbidbildenden Elementen, wie Chrom, Vanadin, Molybdän, die Härtegrenzen zu erweitern. Ähnlich wirkt eine verstärkte Zugabe von Aluminium.

Manganbaustähle. In Zahlentafel 18 sind die Eigenschaften der üblichsten Manganbaustähle wiedergegeben, der noch folgende ergänzende Bemerkungen hinzugefügt werden sollen.

Zahlentafel 18. *Manganlegierte Baustähle*
(Festigkeitswerte für den vergüteten Zustand)

	C %	Mn %	Streckgrenze kg/mm²	Zugfestigkeit kg/mm²	Dehnung $l = 5d$ %	Verwendungszweck
1	0,1 0,2	1,0 2,5	—	50/70	—	Flugzeugbleche, Knotenbleche; Beschläge u. dgl.
2	0,1 0,2	1,0 3,0	—	—	—	Schweißdraht
3	bis 0,20	bis 1,5	>34	52/64	24	Hochbaustähle, Rahmenbleche, Kesselbleche
4	0,35 0,45	0,80 1,20	>45	70/85	15	Warm- und kaltgestauchte Schrauben, Vergütungsstähle, wie z.B. Achsen, Wellen
5	0,25 0,35	1,20 2,00	>45	70/85	15	Schweißbarer Vergütungsstahl, Achsen, Wellen, Gasflaschen, große Schmiedestücke
6	0,45 0,55	1,40 2,00	>100	120/140	10/6	Blattfedern im Fahrzeugbau
7	0,45 0,60	1,50 2,00	—	100/150	—	Verschleißbeanspruchte Bauteile, Führungsschienen
8	0,50 0,70	1,20 2,00	—	100/150	—	Schienen, vergütet für Herzstücke
9	0,80 1,00	1,50 2,00	—	120/180	—	Hochverschleißbeanspruchte Bauteile, Förderschnecken

Zu 1. Diese Stähle werden im normalgeglühten und vergüteten Zustand verwendet. Sie zeichnen sich durch günstige Schweißeigenschaften aus, weil sie gegen Abkühlung aus verschiedenen Temperaturen, wie sie beim Schweißen natürlicherweise immer vorliegen, verhältnismäßig unempfindlich sind; sie nehmen aus Temperaturen oberhalb Ac_3 wenig Härte an und erweichen bei Temperaturen unterhalb Ac_3 wenig. Verstärkter Aluminiumzusatz bei der Desoxydation macht diese Eigenschaft — infolge der Erhöhung der Keimzahl und der Verminderung der Korngröße — noch ausgeprägter und macht den Stahl außerdem weniger alterungsanfällig (S. 27)[1]. Als Flugzeugbleche sind sie zum Teil durch die Chrom-Molybdän-Stähle verdrängt worden.

Zu 2. Diese Manganstähle bilden einen großen Teil der heute üblichen Drähte für Elektroschweißung, und zwar sowohl ummantelte als auch blanke. Auch die Drähte für Unterpulverschweißung sind blanke Drähte dieser Art. Bei der Bemessung des Mangangehaltes muß davon ausgegangen werden, daß während des Niederschmelzens ein großer Teil des

[1] s. z. B. H. Hauttmann: Entwicklung der schweißbaren, hochfesten Sonderbaustähle. Schweißtechnik, Wien Bd. 10 (1956) S. 149/155.

Mangans abbrennt, was bei ummantelten Drähten durch erhöhten Manganzusatz in die Ummantelung, bei Unterpulverschweißung durch Zusatz von Ferro-Mangan zum Pulver mehr oder weniger ausgeglichen werden kann. Saure Pulver verschlacken das Mangan wegen der basischen Eigenschaften des MnD stärker.

Zu 3. Zu dieser Stahlgruppe gehört der größere Teil der sog. hochfesten, schweißbaren Massenbaustähle. Sie werden im walzharten oder bei höheren Ansprüchen im normalgeglühten Zustand verwendet[1]. Im Ausland, vor allem in den Vereinigten Staaten, werden zu diesen Stählen auch noch Molybdän und Chrom und in kleinen Mengen Nickel bis zu etwa 0,3% zugesetzt. Derartige Stähle finden auch Anwendung für Eisenbahnachsen und Rahmenbleche. Sie werden meist im normalgeglühten Zustand, bei dünneren Abmessungen auch walzhart, verwendet[2].

Als Einsatzstähle werden Stähle, die nur mit Mangan legiert sind, bei uns nicht mehr gebraucht[3].

Zu 4. Die Wirkung des Mangans in Vergütestählen besteht vor allem darin, daß es die kritische Abkühlungsgeschwindigkeit vermindert und so die Durchvergütung größerer Querschnitte ermöglicht.

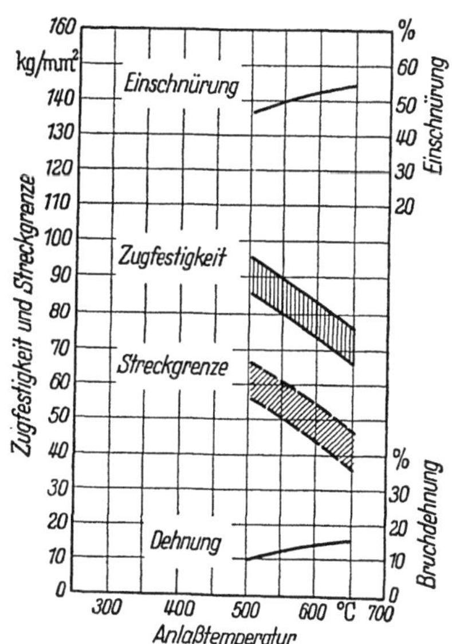

Bild 131. Vergütungsschaubild eines Stahles mit 0,3% C, 1,4% Mn, 0,3% Si

Manganvergütungsstähle sind stark anlaßspröde. Ein geringer Zusatz von Molybdän beseitigt diesen Fehler. Vanadin ist weniger wirksam.

Bild 131 zeigt das Vergütungsschaubild eines Manganvergütungsstahles mit 0,3% C und 1,4% Mn.

Ausführliche Untersuchungen über Manganvergütungsstähle und den Einfluß von Silizium, Chrom und Vanadin auf diese Stähle führten H. KALLEN und F. MEYER[4], H. KIESSLER[5], H. SCHWARTZBART und

---

[1] s. Fußnote 1 auf S. 154.

[2] DIN 17100, Oktober 1957.

[3] SCHRADER, H., u. F. BRÜHL: Techn. Mitt. Krupp, Forsch.-Ber. Bd. 2 (1939) S. 207/215; s. a. Stahl u. Eisen Bd. 60 (1940) S. 76/77.

[4] KALLEN, H., u. F. MEYER: Techn. Mitt. Krupp, Forsch.-Ber. Bd. 2 (1939) S. 215/222; Stahl u. Eisen Bd. 60 (1940) S. 162/163; POMP, A., u. A. KRISCH: Mitt. K.-Wilh.-Inst. Eisenforschg. Bd. 23 (1941) S. 135/185.

[5] KIESSLER, H.: Stahl u. Eisen Bd. 61 (1941) S. 509/516.

J. P. SHEEHAN[1], A. S. KENNEFORD und T. WILLIAMS[2] sowie K. REICHEL[3] durch.

Zu 5. Auch dieser Stahl findet infolge seiner billigen Legierung vielseitige Verwendung, u. a. auch für größere Schmiedestücke, s. S. 382.

Zu 6. Ein großer Teil der im festländischen Europa hergestellten Kraftwagenfedern besteht aus diesem Werkstoff. Die Eigenschaften dieses Stahles sind in Bild 132 bei verschiedenen Anlaßtemperaturen wiedergegeben.

Zu 7. Diese Stähle finden Anwendung für besonders hochbeanspruchte Schienen und im vergüteten Zustand neben Manganhartstahl für Herzstücke von Weichen und Kreuzungen. Bei Beachtung von Vorsichtsmaßregeln sind diese Stähle noch schweißbar, zumindest für Haftschweißungen, z. B. bei Verschleißblechen.

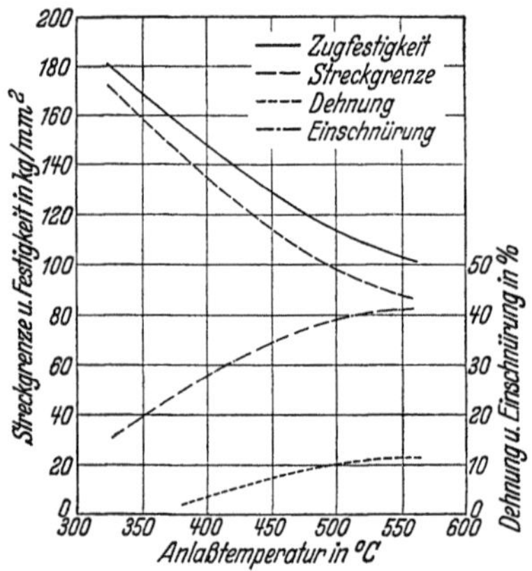

Bild 132. Vergütungsschaubild eines Manganfederstahles. Härtetemperatur 82 °C

Zu 8 und 9. Diese Stähle werden zur Herstellung von Bauteilen, die besonders großem Verschleiß ausgesetzt sind, wie Backen, Walzenringe, Spindeln usw., benutzt. Das Schwergewicht dieses Stahles liegt aber schon auf der Werkzeugseite.

Manganwerkzeugstähle. Auch bei den Manganwerkzeugstählen wird vor allem die Fähigkeit des Mangans, die Härtetiefe zu vergrößern und die Durchhärtung größerer Querschnitte zu ermöglichen, ausgenutzt. Der Übergang von den Kohlenstoffstählen zu den Manganstählen ist stetig, da eine Reihe von Kohlenstoffwerkzeugstählen mit erhöhtem Mangangehalt erzeugt werden. Als Manganstähle sollen in diesem Zusammenhang nur solche bezeichnet werden, die wenigstens 0,8% Mangan enthalten. Stähle mit höherem Mangangehalt werden nicht mehr in Wasser gehärtet, sondern es muß als Abschreckmittel das milder wirkende Öl angewandt werden. Nur mit Mangan legierte Stähle sind überhitzungsempfindlich, weshalb man den Manganwerkzeugstählen meist noch karbidbildende Elemente wie Vanadin, zulegiert, wobei die Karbide als Keime wirken. Eine Übersicht über die wichtigsten Stähle dieser Gruppe gibt Zahlentafel 19, zu der ergänzend folgendes hinzugefügt werden möge.

[1] SCHWARTZBART, H., u. J. P. SHEEHAN: Iron Age Bd. 178 (1956) Nr. 6 S. 85/89, Nr. 7 S. 102/106 und Nr. 8 S. 107/110.

[2] KENNEFORD, A. S., u. T. WILLIAMS: J. Iron Steel Inst. Bd. 185 (1957) Nr. 4 S. 466/474.

[3] REICHEL, K.: Stähle für Luftfahrt. Luftfahrttechn. Bd. 3 (1957) Nr. 6 S. 123/130.

Zahlentafel 19

Zusammensetzungs- und Verwendungsbeispiele von manganhaltigen Werkzeugstählen

Lfd. Nr.	C %	Mn %	Sonstige Zusätze %	Verwendungsbeispiele
1	0,50	1,0	0,50 Si	Gesenke, Ambosse, Schlagsäume
2	0,25	1,7	2,0 Cr, 0,4 Mo	Gesenke hoher Leistung
3	0,50	1,8		Spannbacken, Schläger, Baggereimermesser
4	0,90	1,8		Schwalbungen für Briketterzeugung, Schläger, Baggereimermesser, Roststäbe, Mahlstifte
5	1,0	1,0	0,50 Cr	
6	0,90	2,0	0,15 V	Verzugsarme Werkzeugstähle für Gewindeschneidwerkzeuge, Reibahlen, Schnitte, Meßwerkzeuge usw.
7	1,0	1,0	1,0 Cr, 1,5 W	
8	1,0	1,0	0,5 Cr, 0,5 W	
9	1,0—1,3	12—15	0—1,5 Cr	Werkzeuge der Zerkleinerungsindustrie, Schwalbungen, verschleißfeste Auftragsschweißen

Zu 1. Dieser in vergütetem Zustand verwendete Stahl ist ein gebräuchlicher Gesenkstahl für flachere Gesenke. Er wird in Wasser gehärtet und je nach Gesenkform auf 140 bis 180 kg/mm² angelassen. Trotz dieser einfachen Legierung ist dieser Stahl von hoher Leistungsfähigkeit.

Zu 2. Dieser Stahl wird im vergüteten Zustand für große und größte Gesenke gebraucht. Die Härtung kann außer in Öl auch in Preßluft durchgeführt werden. Er hat sich — was den Verschleißwiderstand betrifft — als vollwertiger Ersatz für Chrom-Nickel- und Chrom-Nickel-Molybdän-Stähle erwiesen. Sein Nachteil ist eine gewisse Rißempfindlichkeit beim Härten. Oft mögen die durch das Mangan und Chrom hineingebrachten Verunreinigungen die Ursache hierfür sein.

Zu 3. Es handelt sich um denselben Manganstahl, wie er für Federn gebraucht wird (Zahlentafel 18, Stahl 6). Er ist für die angeführten Werkzeuge ein vielgebrauchter, billiger Ölhärter. Die Eigenschaften dieses Stahles sind in Bild 132 bei verschiedenen Anlaßtemperaturen gegeben.

Zu 4. Dieser Stahl wird zu ähnlichen Zwecken wie Stahl 3 verwendet. Für lange Schwalbungen, die zäher als kurze sein müssen, wird er dem Chromstahl Nr. 10, S. 193, vorgezogen. Er hat sich für andere verschleißbeanspruchte Werkzeuge sehr bewährt.

Zu 5 und 6. Diese Stähle werden in Öl gehärtet und bei etwa 200° angelassen. Beim Abschrecken verändern diese Stähle nur sehr wenig ihre Form, sie sind also praktisch maßbeständig; sie gehören zu den auf

S. 736, 763, 952, 953 besonders behandelten verzugsarmen Stählen. Sie werden verwendet für Bohrer, Stehbolzenbohrer, Fräser, Reibahlen, Gewindestrehler, Fassonmesser und Schnitte, Meßwerkzeuge, Teller- und Kreismesser zum Papierschneiden, Rollstempel und Stanzen, Ziffernstempel, Kunstharzpreßformen.

Zu 7 und 8. Siehe auch Wolframstähle, S. 220, Nr. 12.

Zu 9. Eigenschaften und Verwendung der austenitischen Manganstähle[1]. Diesem wichtigen Stahl muß ein besonderer Abschnitt gewidmet werden.

R. A. J. HADFIELD[2] wollte einen Stahl für Schneidwerkzeuge finden und gelangte bei den höheren Mangangehalten in das Gebiet der austenitischen Stähle. Bei seinem Erscheinen erregte dieser Stahl berechtigtes Aufsehen, da man damals seine Eigenschaft, beim Abschrecken zäh und beim Glühen härter zu werden, nicht erklären konnte.

Bild 133. Gefüge eines bei 1000 °C abgeschreckten hochprozentigen Manganstahles. Ätzmittel Salpetersäure. V = 200

Die meist angewendeten Stähle dieser Gruppe haben einen Kohlenstoffgehalt von 1,0 bis 1,4% und einen Mangangehalt von 12 bis 15%. Oberhalb 16% wird die Warmformgebung schwierig.

Die Abschreckung erfolgt zweckmäßig aus 1000 °C im Wasser. Wesentlich höhere Ablöschtemperaturen als 1030 °C sollen nicht angewandt werden, weil diese zu einer Kornvergröberung führen würden, wodurch die Zähigkeit verringert wird. Ein solcher grobkörnig gewordener Stahl läßt sich durch Wärmebehandlung allein, weil der Stahl keine Umwandlung mitmacht, nicht wieder feinkörnig machen.

[1] s. darüber ausführlich: OLIVER, D. A., u. W. H. BOYD: Manganese Steel. Publ. for Hadfields Limited, Sheffield. Edinburgh/London 1956.

[2] HADFIELD, R. A. J.: Iron Steel Inst. Bd. 2 (1888) S. 41/82.

Nach der Abschreckung besteht das Gefüge aus Austenit. Bild 133 zeigt das rein polyedrische Aussehen in diesem Zustand. Der in diesem Bild dargestellte Schliff ist mit Salpetersäure geätzt und läßt fast un-

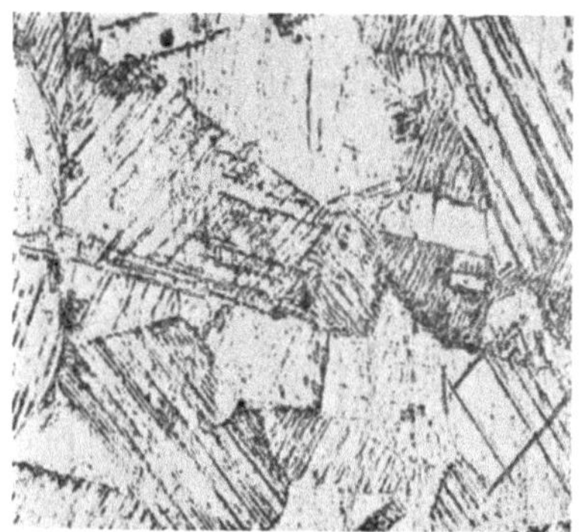

Bild 134. Gefüge eines bei 1000 °C abgeschreckten hochprozentigen Manganstahles. Ätzmittel verdünnte Salzsäure. V = 200

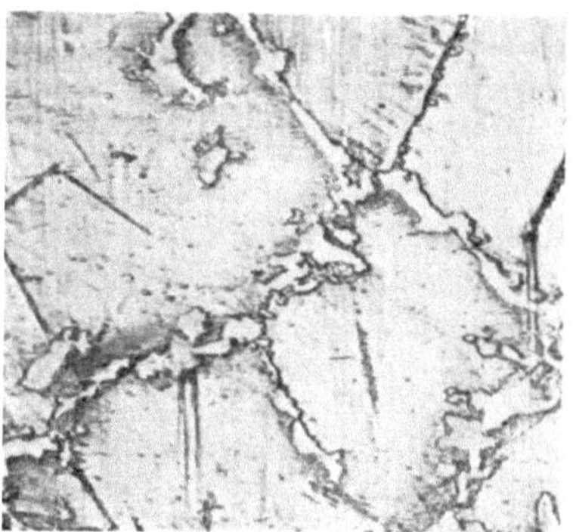

Bild 135. Gefüge eines aus 1000 °C an der Luft abgekühlten hochprozentigen Manganstahles. V = 200

gegliederten Austenit erkennen, während derselbe, aber mit Salzsäure geätzte Schliff, wie er auf Bild 134 zu sehen ist, Zwillingsbildung aufweist. Wird dieser aber von Temperaturen unterhalb 1000 °C und oberhalb A_1 abgeschreckt, so sind im Gefüge Karbide zu sehen; bei Stücken über 200 mm Stärke bleiben auch bei Abschrecktemperaturen von 1000° im Inneren die Karbide nicht mehr vollkommen gelöst.

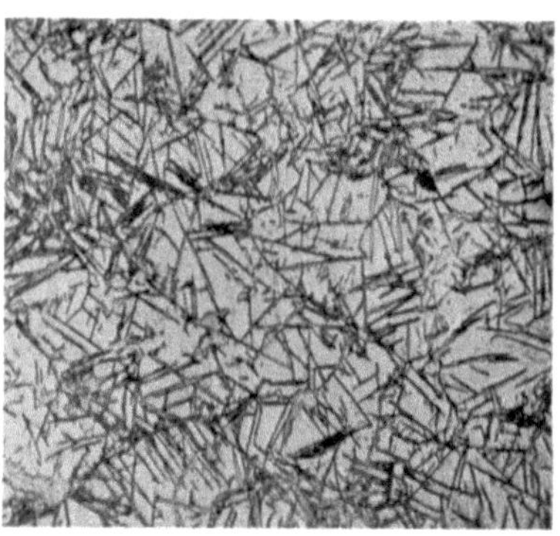

Bild 136. Kleingefüge in abgeschrecktem, auf 600 °C erwärmten und langsam abgekühlten hochprozentigen Manganstahl. V = 200

Durch Änderung der Abkühlungsgeschwindigkeit bekommt man alle Stufen vom reinen Austenit bis zu dem vollständig mit Nadeln durchsetzten martensitähnlichen Gefüge. Bild 135 stellt das Gefüge eines aus hohen Temperaturen an der Luft abgekühlten Stahles dar. Sekundärzementit hat sich an den Korngrenzen abgeschieden, innerhalb der Korngrenzen beginnen sich Martensitnadeln zu bilden.

In Bild 136 ist ein stark mit Spaltflächen durchsetztes Gefüge zu sehen, wie es durch Erwärmen auf 600 °C und nachfolgendem, langsamem Abkühlen von vorher aus 1000 °C abgeschrecktem Stahl zustande kommt. In geschmiedetem oder nicht genügend rasch abgeschrecktem

Stahl sieht man oft nur Andeutungen von Nadeln. Man sieht also, daß sowohl eine langsame Abkühlung sowie ein Anlassen bei 300 bis 600 °C den Austenit teilweise zum Zerfall bringen. Dadurch werden sowohl roher als abgeschreckter Stahl ferromagnetisch. Bei genügend langer Anlaßdauer nimmt er nach E. MAURER[1] mehr oder minder die Eigenschaften eines martensitischen Stahles an. Dagegen bestreiten D. A. OLIVER und W. H. BOYD[2] die Martensitbildung und sagen, daß diese Annahme besonders auf der Prüfung von Drehspänen beruht, dort aber erfolge die Martensitbildung nur durch die vorangegangene Kaltverformung. Aus ihren ausführlichen Untersuchungen sei angeführt, daß Proben, die bei tiefen Temperaturen — wie man annehmen könnte durch Martensitbildung verspröden — nach der Rückkehr zur Normaltemperatur die ursprüngliche Zähigkeit wiedergewinnen. Es war also keine Umwandlung von Austenit zu Martensit eingetreten. Die Härtesteigerung beim Anlassen, die bis 500 Brinelleinheiten gehen kann, sei auf eine Ausscheidung feiner Karbide im Innern des Kornes zurückzuführen. Unterwirft man nach OLIVER und BOYD den Stahl nach einer Erwärmung von 1000 °C einer isothermen Umwandlung zwischen 300 und 600 °C, so führt dies zur langsamen Bildung von lamellarem oder körnigem Perlitgefüge. Das Gefüge nach Wasserablöschung von der Austenitisierungstemperatur ist stabil bis etwa 260 °C, doch scheidet sich beim Erwärmen auf höhere Temperaturen ein Manganeisenkarbid aus, bei gleichzeitiger teilweiser Umwandlung des Austenits mit den bekannten Auswirkungen auf Zähigkeit, Härte und Magnetismus. Eine vollständige Umwandlung des Austenits würde außerordentlich lange Zeiten erfordern.

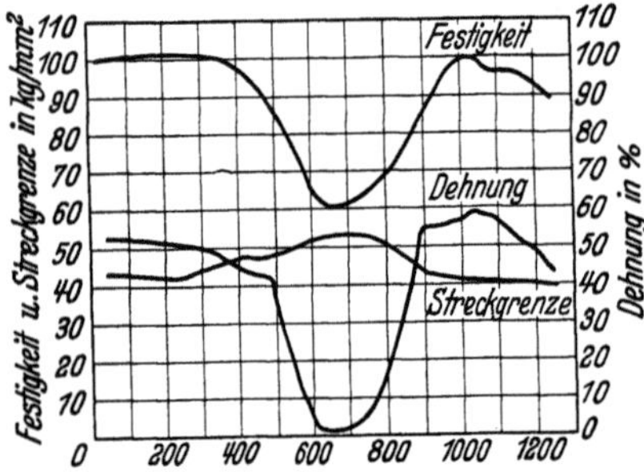

Bild 137. Zerreißwerte eines abgeschreckten austenitischen Manganstahles nach Wiedererwärmen und nochmaligem Abschrecken (nach G. GUZZONI)

Die Änderung der mechanischen Eigenschaften eines abgeschreckten austenitischen Stahles durch eine zweite Erwärmung und nachfolgendes Abschrecken zeigt Bild 137 nach G. GUZZONI[3].

Bei tiefen Temperaturen ändert der abgeschreckte Stahl die Festigkeit wenig, dagegen vermindert sich die Zähigkeit erheblich, bleibt aber

[1] MAURER, E.: Mitt. K.-Wilh.-Inst. Eisenforschg. Bd. 1 (1920) S. 39/86 u. 1 Aufschlagtafel.

[2] OLIVER, D. A., u. W. H. BOYD: Manganese Steel. Publ. for Hadfields Limited, Sheffield. Edinburgh/London 1956.

[3] GUZZONI, G.: Gli acciai comuni e speciali, Hoepli, Milano, 1939, 2. Aufl. S. 391.

immer noch so groß, um gegenüber schwach legierten ferritisch-perlitischen Stählen einen Vorteil zu bieten.

Aus alledem ersieht man, wie vielfältigen Gefügeänderungen und demnach Änderungen seiner mechanischen Eigenschaften dieser Stahl unterworfen ist.

Die bemerkenswerteste Eigenschaft für das praktische Verhalten ist seine hohe Verfestigungsfähigkeit im abgeschreckten Zustand. Als Maß der Verfestigungsfähigkeit kann man die Zunahme der wahren Spannung beim Zugversuch je 1% Querschnittsverminderung benutzen. Flußstahl zeigt dabei eine Verfestigung von etwa 0,5 kg/mm² je 1% Querschnittsabnahme, hochprozentiger austenitischer Manganstahl aber 3 bis 4,5 kg/mm². Die Folge dieser Erscheinung ist zunächst, daß Zerreißstäbc aus diesem Stahl ohne Ausbildung einer deutlichen Einschnürung reißen und eine sehr hohe Dehnung zeigen. Die Kaltverfestigung ist so stark, daß der sich anfänglich verformende Anteil trotz des verringerten Querschnittes mehr Belastung verträgt als der unverformte oder im späteren Verlauf weniger verformte größere Querschnitt, auf den dann infolgedessen die übrige Verformung übergreifen muß. Bei anderen Stählen genügt die durch die Verformung erzeugte Festigkeitssteigerung nicht, um die Verringerung des Querschnittes auszugleichen. Die Verformung setzt sich an derselben Stelle bis zum Bruche fort. Beim hochprozentigen Manganstahl kommt es auf diese Weise zu einer hohen Gleichmaßdehnung.

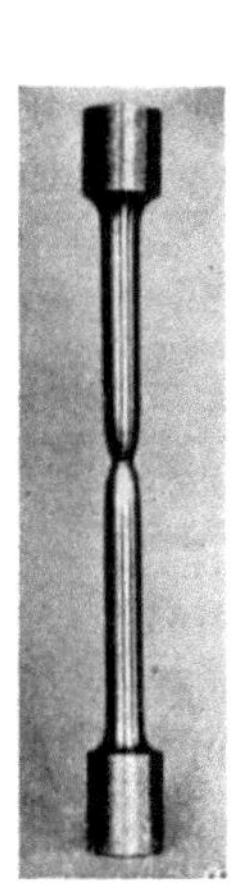

Bild 138

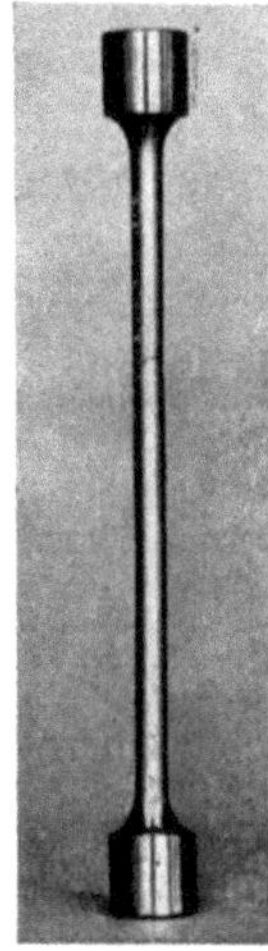

Bild 139

Bild 138. Ausbildung der Einschnürung bei ferritisch-perlitischem Stahl

Bild 139. Ausbildung der Einschnürung bei abgeschrecktem austenitischem Manganstahl

Bilder 138 und 139 zeigen den Unterschied in der Ausbildung der Einschnürung bei ferritisch-perlitischem und austenitischem Stahl. Die Ergebnisse des Zugversuches hängen aber sehr stark von der Zurichtung des Probestabes ab. Nur bei sehr sorgfältig hergestellten Oberflächen können hohe Dehnungswerte von etwa 80% erzielt werden. Bei üblicher Probenoberfläche wird aber nur eine Dehnung von 20 bis 40% und dementsprechend auch eine niedrigere Festigkeit gefunden. Eine weitere Folge der hohen Verfestigung und der verhältnismäßig niederen Streckgrenze ist die geringe Brinellhärte dieser Stähle. Als Umrechnungsfaktor auf die Zerreißfestigkeit benutzt man bei diesen Stählen im abgelöschten Zustande zweckmäßig 0,5. Die hohe Verfestigungsfähigkeit bedingt aber auch die schlechte Zerspanbarkeit dieser Stähle. Sie ist wirtschaftlich nur durch Schleifen und durch Zerspanen mit Hartmetallwerkzeugen möglich. Vor

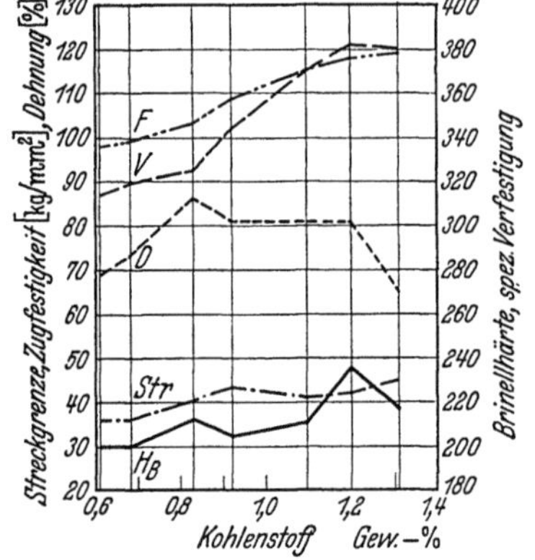

Bild 140. Einfluß des Kohlenstoffgehaltes auf die mechanischen Eigenschaften von Stählen mit 13% Mn (nach H. KRAINER)

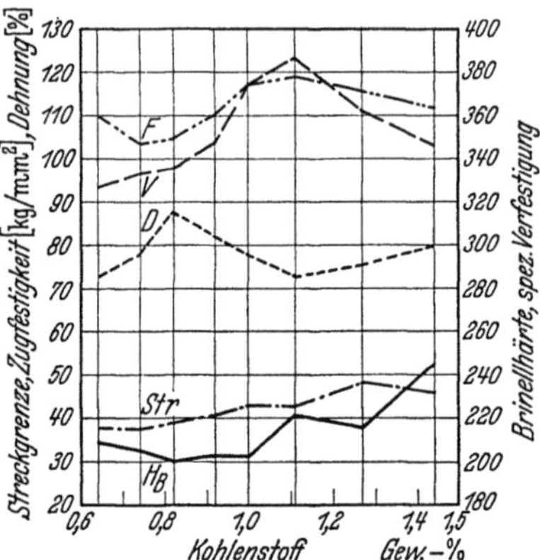

Bild 141. Einfluß des Kohlenstoffgehaltes auf die mechanischen Eigenschaften von Stählen mit 16% Mn (nach H. KRAINER)

Einführung der Hartmetalle versuchte man die Bearbeitbarkeit mit bescheidenem Erfolg durch Erwärmen zu verbessern und man erreicht in der Wärme bestenfalls eine einigermaßen zufriedenstellende Bohrbarkeit. Der schwierigen Zerspanbarkeit wegen wird dieser Stahl vielfach als Guß verwendet. Da er im gegossenen, noch nicht weiterbehandelten Zustand verhältnismäßig spröde ist, müssen Gußstücke unbedingt abgelöscht werden.

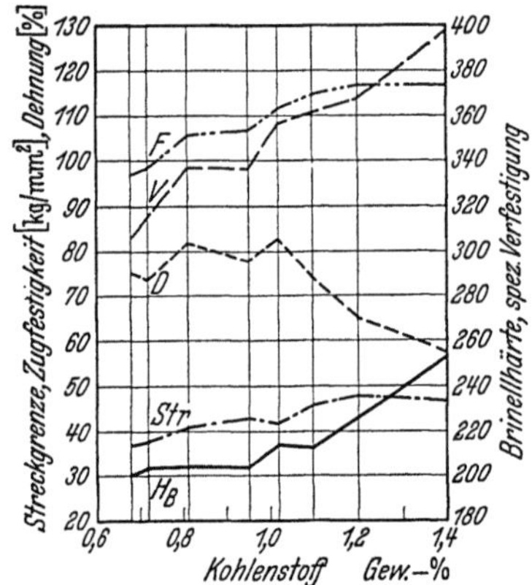

Bild 142. Einfluß des Kohlenstoffgehaltes auf die mechanischen Eigenschaften von Stählen mit 19% Mn (nach H. KRAINER)

Die hohe Verfestigungsfähigkeit ist aber auch die Ursache jener Eigenschaft, die ihn zu einem wertvollen Werkstoff macht, nämlich der Verschleißfestigkeit. Da die hohe Verschleißfestigkeit auf die Verfestigungsfähigkeit zurückgeführt werden muß, ist es klar, daß der Stahl nur bei solchen Beanspruchungen verschleißfest ist, wo eine entsprechende Verformung der Oberfläche durch ausreichenden Druck hervorgerufen wird. Die Härtung durch Kaltverformung kann bis auf 600 HB gebracht werden. Bei Abnützungsvorgängen, bei denen eine Kaltverformung nicht auftritt, z. B. weichem Mahlgut oder Sandstrahl, wird der Stahl stark angegriffen (s. S. 930). Man schlug deshalb auch vor, den Stahl vor Ingebrauchnahme oberflächlich durch Kaltverformung zu härten.

Dieser Stahl führt oft den Namen „Manganhartstahl“, ein Name, der nicht zutreffend ist, weil der Stahl im Verhältnis zur Festigkeit sogar weich ist (s. S. 930). Die Bezeichnung hat sich aber — wohl wegen der Verschleißfestigkeit — eingebürgert.

Die Festigkeitseigenschaften austenitischer Manganstähle[1] in Abhängigkeit von Mangan und Kohlenstoff zeigen die Bilder **140, 141** und **142**. Brinellhärte, Streckgrenze, Bruchfestigkeit und spezifische Verfestigung nehmen mit steigendem Kohlenstoffgehalt zu, während die Dehnung die größten Werte bei mittleren Kohlenstoffgehalten von etwa 1,1% zeigt. Im Hinblick auf die mit der spezifischen Verfestigung im

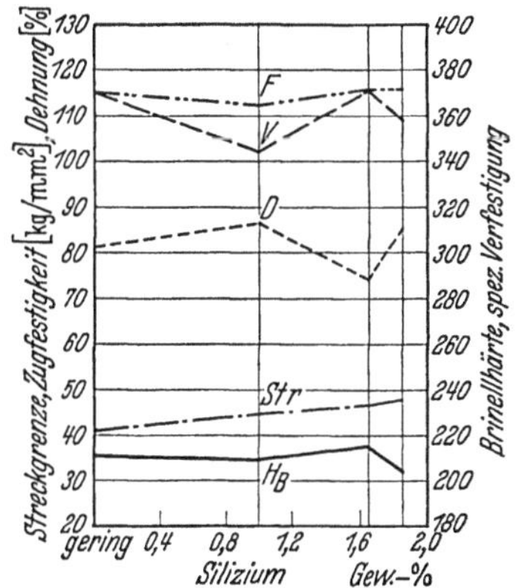

Bild 143. Einfluß des Siliziumgehaltes auf die mechanischen Eigenschaften von Stählen mit 1,1% C und 13% Mn (nach H. Krainer)

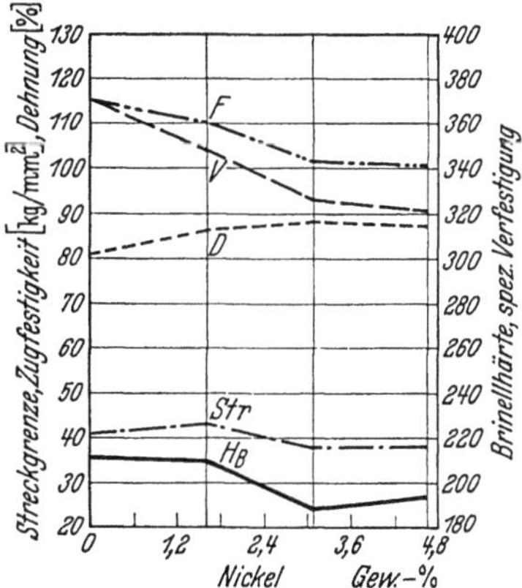

Bild 144. Einfluß des Nickelgehaltes auf die mechanischen Eigenschaften von Stählen mit 1,1% C und 13% Mn (nach H. Krainer)

Zusammenhang stehende Verschleißfestigkeit eignen sich am besten daher Mangangehalte von etwa 13% und Kohlenstoffgehalte von 1,1 bis 1,3%. Es folgt dies auch daraus, daß der Kosten halber meist mit Ferromangan von 6% C geschmolzen wird, wodurch bei den angegebenen Mangangehalten der Kohlenstoff von selbst in den angegebenen Grenzen bleibt. Bei höheren Kohlenstoffgehalten bleibt nach dem Abschrecken sprödemachender Korngrenzenzementit übrig.

Bild 143 zeigt den Einfluß von Silizium auf 13%igen Manganstahl. Mit zunehmendem Siliziumgehalt steigen Härte und Streckgrenze an, während sich die Zugfestigkeit und spezifische Verfestigung kaum ändern. Bei höheren Siliziumgehalten tritt ein Abfall in der Dehnung ein.

Nickel (Bild 144) erniedrigt in Gehalten bis zu 4% die Härte, die Streckgrenze, die Bruchfestigkeit und die spezifische Verfestigung. Die Dehnung steigt geringfügig an. Durch Nickelzusätze wird die Gefahr

[1] Krainer, H.: Arch. Eisenhüttenw. Bd. 11 (1937/38) S. 279/282.

des Reißens durch Verkleinerung der Schrumpfspannungen vermindert. Durch Chromzusätze (Bild 145) lassen sich die Streckgrenze und die Brinellhärte nach oben verschieben, die Bruchfestigkeit und die Verfestigung wird wenig beeinflußt, die Dehnung aber vermindert. Es scheint Verschleißfälle zu geben, wo diese Veränderung von günstigem Einflusse ist. In anderen Fällen wieder, wie beim Brechen von hartem Gestein, könnte die niedrige Zähigkeit auf Grund des Chromzusatzes ein Nachteil sein, da er wegen der größeren Sprödigkeit zu rascherem Abrieb führt. Bei mürberem Gestein hingegen scheint der Chromzusatz geringe Vorteile zu bringen. Beim Hinzulegieren von Kupfer (Bild 146) wird die

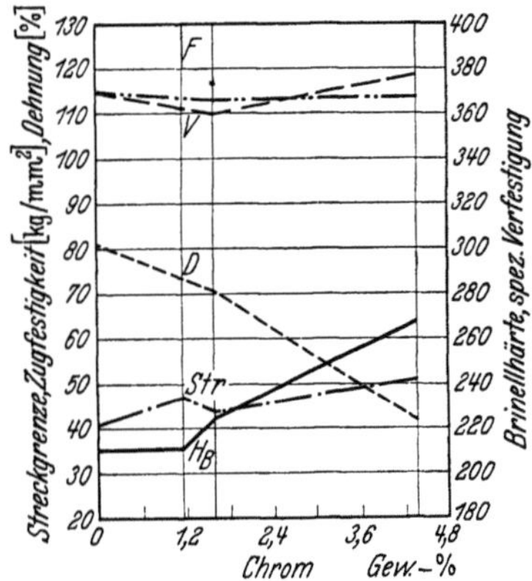

Bild 145. Einfluß des Chromgehaltes auf die mechanischen Eigenschaften von Stählen mit 1,1% C und 13% Mn (nach H. KRAINER)

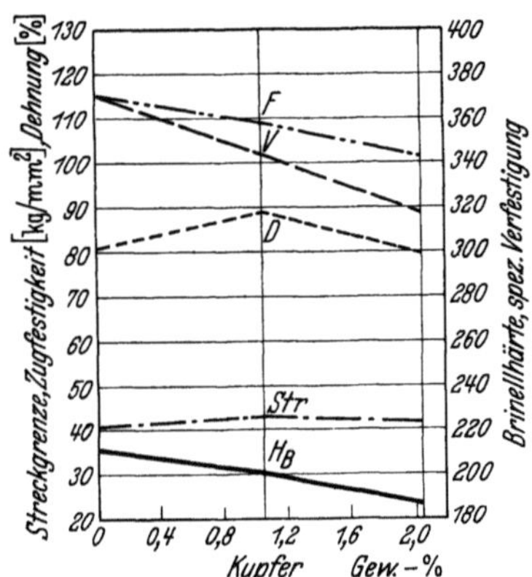

Bild 146. Einfluß des Kupfergehaltes auf die mechanischen Eigenschaften von Stählen mit 1,1% C und 13% Mn (nach H. KRAINER)

Streckgrenze und ebenso die Dehnung kaum verändert, während die Bruchfestigkeit, die Brinellhärte und die spezifische Verfestigung absinken. Deshalb lassen sich kupferlegierte Manganhartstähle ebenso wie die nickellegierten etwas leichter spanabhebend bearbeiten. Wolfram und Molybdän üben nur einen geringen Einfluß aus. Vanadin bewirkt eine Steigerung der Streckgrenze und Härte, während das Formänderungsvermögen abnimmt. Tantal, Titan und Zirkon steigern die Härte und Streckgrenze, die Dehnung wird vermindert.

Stickstoff erhöht nach G. RIEDRICH[1], H. KRAINER und K. SWOBODA[2] und F. RAPATZ[3] in Manganstählen die Streckgrenze und das Verformungsvermögen.

Anwendung findet der hochlegierte Manganstahl dort, wo große Widerstandsfähigkeit gegen Abnutzung erforderlich und die Möglichkeit

[1] RIEDRICH, G.: Stahl u. Eisen Bd. 60 (1940) S. 815/818.

[2] KRAINER, H., u. K. SWOBODA: Jahrbuch 1942 der deutschen Luftfahrtforschung II/133.

[3] RAPATZ, F.: Stahl u. Eisen Bd. 61 (1941) S. 1073/1078.

der Kaltverfestigung der Oberfläche gegeben ist, z. B. für Schwalbungen in der Briketterzeugung, Baggerbolzen, Baggerbüchsen, Siebbleche, Gitterstäbe, Schläger. Als Stahlguß wird er verwendet für Herz- und Kreuzungsstücke im Eisenbahn- und Straßenbahnbau, für Brechbacken, Brechringe, Brikettpreßteile. Eine Beurteilung des Verschleißwiderstandes, wie er an Prüfmaschinen gemessen wird, ist bei der Vielfältigkeit der Verschleißvorgänge unzulässig. Allgemein gilt, daß diese Stähle bei Druckverschleiß durch die starke Erhöhung der Festigkeit besonders günstig sind. Bei Verschleißarten wie beim Sandstrahlen hingegen bringt der Stahl keine Vorteile.

Dieser Manganstahl wird auch gerne zu Auftragsschweißungen herangezogen. Es interessiert daher sein Verhalten bei der Schmelzschweißung. Beim Aufschweißen auf austenitischem Stahl entsteht kaum eine Schädigung; es sei denn, daß das austenitische Gefüge des abgelöschten Stahles durch die Erwärmung auf 300 bis 800 °C etwas geändert wird. Bei der Elektroschweißung ist nun dieser Bereich räumlich sehr begrenzt und die Erwärmung dauert auch nur so kurze Zeit, daß man in den meisten Fällen eine die Verwendung hindernde, schädliche Wirkung nicht zu befürchten braucht. Die Schweißstelle selbst kühlt infolge des Wärmeentzuges durch die Eisenunterlage so rasch ab, daß ohne Abschrecken im Wasser Austenitgefüge entsteht. Bei Mehrlagenschweißung erleidet bei der Nachschweißung die vorherige Lage eine ähnliche Veränderung durch die Erwärmung auf die oben genannten Temperaturen.

Bild 147. Martensitische Übergangszone einer Auftragsschweißung mit austenitischem Manganstahl auf Schienenstahl

Größere Schwierigkeiten treten auf, wenn der austenitische Manganstahl auf eine Unterlage von unlegiertem oder schwach legiertem Stahl aufgebracht werden soll. Es entsteht dann eine, wenn auch nur sehr dünne Übergangsschicht, in der sich notwendigerweise auch ein martensitischer Bereich befinden muß (s. Bild 147). Diese dünne harte Zwischenschicht gibt oft die Veranlassung zum Ausbrechen an der Übergangsstelle. Eine Schwierigkeit beim Schweißen bildet auch der verhältnismäßig große Ausdehnungskoeffizient dieses Stahles, der $18 \cdot 10^{-6}$ beträgt. Man muß daher darauf achten, daß sich möglichst wenig von der Stahlmasse auf einmal erwärmt und ist deshalb auch gezwungen, mit Unterbrechungen zu schweißen.

Als Auftragsschweißdraht wurde von J. H. HALL[1] ein Stahl mit 1,2% Kohlenstoff, 10 bis 14% Mangan und 3 bis 5% Nickel empfohlen. Dieser Stahl gibt nicht nur zähere Schweißen, sondern auch weniger spröde Übergangsstellen; einmal dadurch, daß der Übergangsmartensit zäher ist, und zum zweiten dadurch, daß durch den Nickelzusatz die Schrumpfspannungen verringert werden. Wenn man das Nickel sparen will, ist eine Erhöhung des Mangangehaltes auf 14 bis 15% zu empfehlen.

Als unmagnetisierbarer Baustahl für Rotorkappen, Bandagendrähte usw. werden Stähle mit 8 bis 20% Mn, 0,2 bis 0,6 C, 0 bis 10% Ni und 0 bis 5% Cr gebraucht. Näheres s. Abschnitt „Unmagnetisierbare Stähle" (S. 554).

Besonderheiten bei der Erzschmelzung und Weiterverarbeitung der Manganstähle. Die Besonderheiten und Schwierigkeiten bei der Erzeugung sind durch die leichte Oxydationsfähigkeit des Mangans und durch den basischen Charakter des MnO gegeben. Die leichte Oxydationsfähigkeit hat die Bildung von Einschlüssen zur Folge, so daß man im Siemens-Martin-Ofen nicht gerne Stähle mit einem Mangangehalt von über 2% schmilzt. Eine weitere Folge ist die, daß Schrott aus hochprozentigen Manganstählen beim Einschmelzen den größten Teil des Mangans verliert.

Die Basizität des MnO verbietet auch die Erschmelzung in Öfen mit saurem Futter. Dies hat z. B. zur Folge, daß Hochfrequenzöfen, die meist sauer zugestellt sind, für die Erschmelzung von Stählen mit höherem Mangangehalt nicht verwendet werden können. Gießstopfen, Pfannenfutter und Gießringe, die meist sauer zugestellt sind, werden auch stark angegriffen, was den Schlackengehalt des Stahles weiter vermehrt. Dieses basische Verhalten des MnO macht sich gleichfalls bei Formguß, wo die Formmassen überwiegend sauer sind, sehr unangenehm bemerkbar. Bei Formguß aus 12%igem Manganstahl zieht man, um bessere Oberflächen zu bekommen, für die Formmasse Magnesit heran.

Bei der Warmverformung verhalten sich die Manganstähle gutartig; es ergibt sich schon daraus, daß fast allen Stählen zur Verbesserung der Warmverformbarkeit Mangan zugesetzt wird, auch wenn dieses Element für die gewünschte Legierungswirkung des Stahles nicht nötig ist. Es ist dies der Bildung von Manganoxyd (MnO) und Mangansulfid (MnS) zuzuschreiben (s. S. 324, 971).

Bei Stählen, die schon bei Abkühlung an der Luft stärker härten, sind zur Vermeidung von Rissen die auf S. 93 beschriebenen Maßnahmen anzuwenden.

---

[1] HALL, J. H.: Metal Progr. Bd. 20 (1931) Nr. 5 S. 69/72.

3. Nickelstähle[1]

Das System Eisen-Nickel

Nickel gehört zu den Elementen, die in Eisenlegierungen den Bereich der γ-Phase erweitern; Nickel selbst kristallisiert mit kubisch flächenzentriertem Gitter. Daher existiert im System Eisen-Nickel im

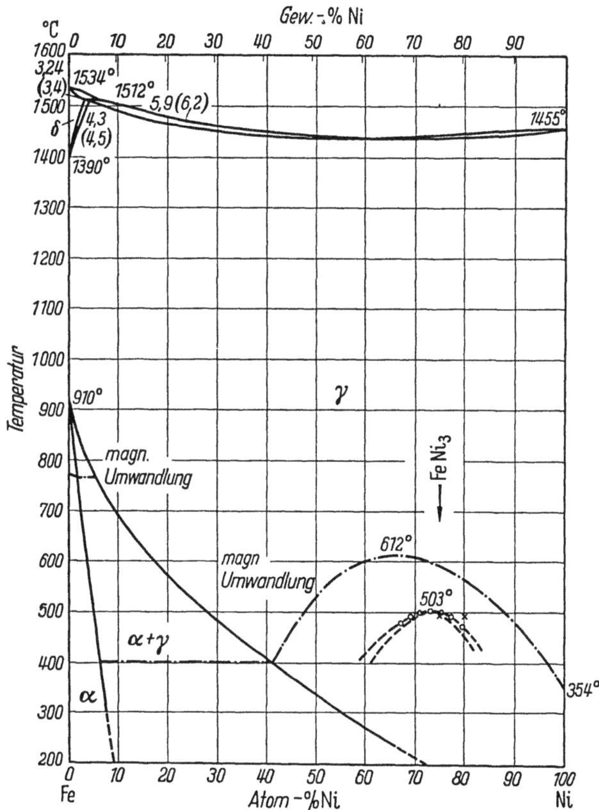

Bild 148. Zustandsschaubild Fe-Ni (nach M. HANSEN und K. ANDERKO)

festen Zustand zwischen 1400 °C und 900 °C eine lückenlose Reihe von Mischkristallen, wie es Bild 148 zeigt[2]. Auf der eisenreichen Seite existiert oberhalb 1400 °C ein kleiner δ-Bereich bis 3,24% Ni bei 1512 °C, der anschließende $\delta + \gamma$-Bereich reicht bis 4,3% Ni, der Bereich aus Schmelze und δ bis 5,9% Ni.

---

[1] HALL, A. M.: Nickel in Iron and Steel. New York: Wiley and Sons, London: Chapman & Hall 1954.

[2] HANSEN, M., u. K. ANDERKO: Constitution of Binary Alloys, 2. Aufl. New York/Toronto/London: McGraw-Hill 1958, S. 677/684.

Über das System Eisen-Nickel liegt eine außerordentlich große Zahl von Untersuchungen vor, die hier nicht im einzelnen diskutiert werden können. Es soll deshalb auf die Darstellung von M. HANSEN und K. ANDERKO[1] zurückgegriffen werden. Durch Nickel wird die A_3-Umwandlung stark erniedrigt, so daß man schon bald in Temperaturbereiche kommt, in denen sich ein Gleichgewicht kaum noch oder überhaupt nicht mehr einstellt, ähnlich wie im System Eisen-Mangan. Die in Bild 148 eingezeichneten Phasengrenzen sind in sehr langen Glühzeiten oder mittels besonderer Methoden gewonnen. Die Mischungslücke ($\alpha + \gamma$) wird mit fallender Temperatur erheblich erweitert, was einer Gleichgewichtseinstellung ebenfalls entgegenwirkt. Daher verläuft die γ—α-Umwandlung mit steigendem Nickelgehalt zunehmend auch bei hinreichend langsamer Temperaturänderung nicht mehr reversibel. Das Gebiet dieser irreversiblen Legierungen reicht von 6 bis 30% Ni (im engeren Sinn des Wortes werden damit die Legierungen mit etwa 25 bis 30% Ni bezeichnet), oberhalb 30% Ni ist der Mischkristall bereits bis Raumtemperatur beständig.

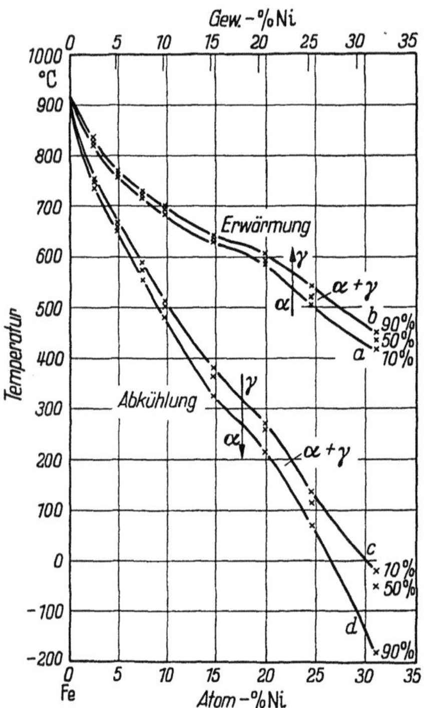

Bild 149. Teilschaubild der eisenreichen (irreversiblen) Fe-Ni-Legierungen, die α—γ-Umwandlungen anzeigend (nach M. HANSEN und K. ANDERKO[1])

Im Bereich der Irreversibilität stellt man die Vorgänge besser in einem Teilschaubild dar (Bild 149). Hier sind die Grenzbereiche eingezeichnet, in denen bei der Abkühlung die $\gamma \rightarrow \alpha$-Umwandlung und bei der Erwärmung die $\alpha \rightarrow \gamma$-Umwandlung abläuft. Diese $\alpha \rightleftarrows \gamma$-Umwandlung verläuft über einen diffusionslosen Umklappmechanismus wie die Martensitbildung in Kohlenstoffstählen, das Gefüge hat nach der $\gamma \rightarrow \alpha$-Umwandlung auch ein martensitartiges Aussehen. Zur Unterscheidung gegen die Gleichgewichts-α-Phase wird es als α_2-Phase oder auch einfach als Martensit bezeichnet.

Die kubisch flächenzentrierten Legierungen mit höherem Ni-Gehalt haben eine reversible magnetische Umwandlung, deren Curie-Tempera-

[1] s. Fußnote 2 auf S. 167.

tur bei ungefähr 65% Ni ihr Maximum hat. Unter Nicht-Gleichgewichtsbedingungen sind auch die Legierungen mit weniger als 42% Nickel ferromagnetisch; die Curie-Temperatur erreicht etwa für eine Legierung mit 28% Ni 400 °C.

Im Gebiet um 75 Atom-% Ni herum existiert eine Überstrukturphase Ni_3Fe, das Maximum der Ordnungstemperatur liegt etwas über 500 °C. In diesem Bereich zeigen die physikalischen Eigenschaften sehr starke Veränderungen mit dem Nickelgehalt, was zu einer umfangreichen Verwendung der Eisen-Nickel-Legierungen für Werkstoffe mit besonderen physikalischen Eigenschaften geführt hat. Daher sind außer der einen Überstrukturphase Ni_3Fe auch noch andere geordnete Mischphasen vermutet worden, sie konnten aber bisher nicht nachgewiesen werden.

Das System Eisen-Nickel-Kohlenstoff

Das System Eisen-Nickel-Kohlenstoff ist bis heute noch nicht so genau untersucht, daß man ein einigermaßen sicheres Gleichgewichtsschaubild aufstellen könnte[1]. Im System Nickel-Kohlenstoff existiert ein instabiles Karbid Ni_3C, das leicht zu Nickel und Graphit zerfällt; in Stählen tritt es nicht auf und auch keine anderen Sonderkarbide. Das Perliteutektikum wird durch Nickel zu niedrigeren Kohlenstoffgehalten verschoben und seine Temperatur herabgesetzt, etwa um 8 °C je Prozent Nickel. So liegt der Perlitpunkt bei 15% Ni etwa bei 0,15% C und 620 °C. Im Zementit wird Nickel nicht angereichert, sondern im Gegenteil, im Gleichgewicht ist der Zementit nickelärmer als die Grundmasse; nur wenn bei tieferen Temperaturen Karbide ausgeschieden werden, haben sie denselben Nickelgehalt wie die Grundmasse. Wird aber anschließend durch Anlassen auf höhere Temperaturen das Gleichgewicht angenähert, so verarmen diese Karbide an Nickel. Eine karbidstabilisierende Wirkung hat Nickel also nicht, eher wird durch Nickel die Graphitbildung begünstigt.

Auf die Austenitumwandlung bei Unterkühlung hat Nickel einen ziemlichen Einfluß[2], allein schon dadurch, daß es den Existenzbereich des Austenits zu tieferen Temperaturen erweitert. Der Mechanismus der Perlitumwandlung über Keimbildung und -wachstum wird durch Nickel

[1] s. z. B. C. M. SCHWITTER: Metals Handbook, 1948 Ed. S. 1254. Cleveland: Amer. Soc. Met.

[2] BAIN, E. C.: Arch. Eisenhüttenw. Bd. 7 (1933/34) S. 41/47. — DÖPFER, H., u. H.-J. WIESTER: Techn. Mitt. Krupp Bd. 3 (1935) S. 87/99. — LANGE, H., u. K. MATHIEU: Mitt. K.-Wilh.-Inst. Eisenforschg. Bd. 20 (1938) S. 125/134. — ALLEN, N. P., L. B. PFEIL u. W. T. GRIFFITHS: Second Report Alloy Steels Res. Comm., Iron Steel Inst., Spec. Rep. Nr. 24 (1939) S. 369/390. — SHEEHAN, J. P., C. A. JULIEN u. A. R. TROIANO: Trans. Amer. Soc. Met. Bd. 41 (1949) S. 1165/1203.

nicht verändert[1], durch die Herabsetzung der A_3- und der A_1-Temperatur wird aber die Perlitstufe insgesamt zu tieferen Temperaturen und damit das Maximum der Umwandlungsgeschwindigkeit zu längeren Zeiten verschoben. Das geht so weit, daß beispielsweise in Nickelstählen mit 10% Ni überhaupt keine Perlitstufe mehr beobachtet wird. Dadurch werden die kritische Abkühlungsgeschwindigkeit verringert und die Durchhärtung und Durchvergütung erhöht. In nur mit Nickel legierten Stählen geht die Perlitstufe kontinuierlich in die Zwischenstufe über; man kann auch in untereutektoidischen Stählen den voreutektoiden

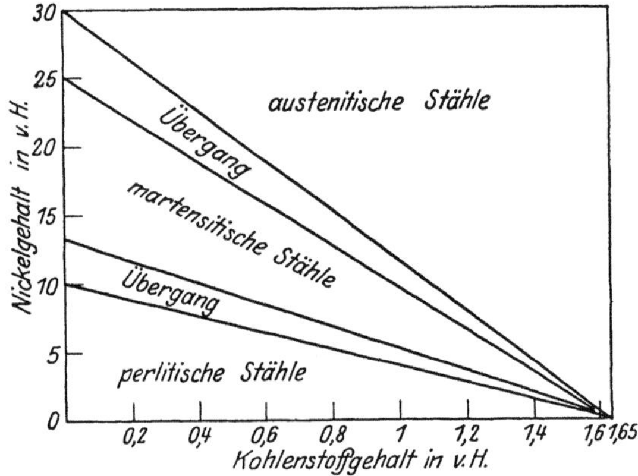

Bild 150. Einteilung der Nickelstähle (nach L. GUILLET)

Ferrit nicht vom Zwischenstufenferrit unterscheiden. Die Martensittemperatur wird durch Nickel gesenkt in ähnlichem Ausmaß wie bei den kohlenstofffreien irreversiblen Eisen-Nickel-Legierungen (vgl. Bild 149). Bei höherem Legierungs- und Kohlenstoffgehalt nimmt dadurch der Restaustenitgehalt nach dem Ablöschen zu.

Eine schematische Einteilung der Nickelstähle, die für verhältnismäßig rasche Abkühlung (z. B. Luftabkühlung kleinerer Querschnitte) von höheren Temperaturen ungefähr zutrifft, gibt L. GUILLET[2] (Bild 150). Für den praktischen Gebrauch hat sich, ähnlich wie bei den Manganstählen (S. 152), diese Einteilung in perlitische, martensitische und austenitische Stähle als zweckmäßig erwiesen.

Nickel erhöht in Stählen besonders die Zähigkeit, wobei vor allem die Querwerte günstig beeinflußt werden. Das Nickel wirkt kornverfeinernd und vermindert die Überhitzungsempfindlichkeit des Stahles.

---

[1] PARCEL, R. W., u. R. F. MEHL: J. Metals Trans. Bd. 4 (1952) S. 771/780.

[2] GUILLET, L.: Les aciers spéciaux, Vol. 1, Paris 1904. — S. a. die Strukturdiagramme von T. KASE: Sci. Rep. Tôhoku Univ. Bd. 14 (1925) S. 173/217 und J. T. EASH u. N. B. PILLING: Trans. AIME Bd. 150 (1942) S. 289; Amer. Inst. min. metallurg. Engrs., Techn. Publ. 1432, Metals Techn. Bd. 9 (1942) Nr. 2.

Die die Härtetiefe vergrößernde und die Zähigkeit steigernde Wirkung wird auch in mehrfach legierten Stählen beobachtet, vor allem die Chrom-Nickel-Stähle zeigen Eigenschaften, die sie zu umfangreichster Anwendung geeignet erscheinen lassen.
Da die Nickelvorkommen auf wenige Staaten beschränkt sind, hat man versucht, das Nickel durch Mangan zu ersetzen. Nach den GUILLETschen Diagrammen (s. S. 152, 170) könnte man schließen, daß das Nickel durch die halbe Menge Mangan ersetzt werden könnte. Abgesehen davon, daß die Manganstähle in den Querwerten empfindlicher sind und ungünstiger liegen als die Nickelstähle, kann dies auf höher legierte Stähle nicht angewandt werden. So ist in korrosionsbeständigen Stählen die austenitbildende Wirkung des Mangans geringer als die des Nickels. Deshalb ist bei diesen Stählen Nickel durch Mangan nicht austauschbar. Außerdem neigen Chrom-Mangan-Stähle stärker als Chrom-Nickel-Stähle zur Abscheidung der spröden Sigma-Phase. Austenitische Chrom-Nickel-Stähle hingegen sind die Hauptvertreter der korrosions- und hitzebeständigen Stähle und bei Gegenwart karbidbildender Elemente, wie Molybdän, Wolfram, Niob, haben sie zudem ausgezeichnete Warmfestigkeitseigenschaften. Die Wirkung der Karbide fällt hier zusammen mit der höheren Festigkeit des austenitischen Gefüges. Die Warmfestigkeit wird durch Nickel allein wohl etwas verbessert, doch ist bei Vergütungsstählen der Einfluß im Vergleich zu Molybdän, Wolfram, Vanadin gering. Erst bei austenitischen Chrom-Nickel-Stählen hat das Nickel die obengenannte stärkere Wirkung auf die Warmfestigkeit.

Als korrosionsbeständige Stähle haben nur mit Nickel legierte (Ni-Gehalte 25 bis 35%) keine Bedeutung mehr; lediglich der Stahl Nr. 7 der Zahlentafel 20 wird als rostträger Stahl benutzt. Für Werkstoffe mit besonderen magnetischen Eigenschaften und auch für unmagnetisierbare Stähle wird Nickel sowohl zusammen mit anderen Metallen wie für sich allein viel verwendet (s. S. 522, 545).

In den folgenden Zahlentafeln sind die wichtigsten in der Praxis gebrauchten Nickelstähle zusammengestellt.

Nickelbaustähle. Ausgedehnte Anwendung haben Nickelstähle als Vergütungs- und Einsatzstähle gefunden; auch hier führten Zusätze von Chrom, Molybdän und Wolfram zu den höchstwertigen Stählen. In Einsatzstählen bewirkt Nickel nach E. HOUDREMONT und H. SCHRADER[1] bei Einsatztemperaturen von 830 bis 850 °C vor allem eine Kornverfeinerung. Der Randkohlenstoffgehalt und die Eindringtiefe werden leicht ermäßigt. In Vergütestählen wird vor allem die die Durchvergütung steigernde und die Zähigkeit erhöhende Wirkung des Nickels ausgenützt. Auch setzt das Nickel die Alterungsempfindlichkeit des Stahles herab.

[1] HOUDREMONT, E., u. H. SCHRADER: Arch. Eisenhüttenw. Bd. 8 (1934/35) S. 445.

Zahlentafel 20. *Nickellegierte Baustähle*

Nr.	C	Ni	Streckgrenze kg/mm²	Zugfestigkeit kg/mm²	Dehnung $l = 5d$ %	Verwendungszweck
			Einsatzstähle			
1	0,12	1,5	>45*	60/80*	>16*	Für einsatzgehärtete Teile mit mittlerer Kernfestigkeit und höchsten Zähigkeitsanforderungen
2	0,12	3,00	>45 >55*	60/80 70/90*	>18 >16*	
3	0,12	5,00	>55 >70*	75/95 90/120*	>17 >15*	Kältebeanspruchte Bauteile, für Turbinenschaufeln vergütet
			Vergütungsstähle			
4	0,25	1,20	>35	55/65	>22	Schwere Schmiedestücke
5	0,25	2,00	>45	65/80	>18	
6	0,32	3,00	>45	75/90	>16	Kältebeanspruchte Bauteile Schwere Schmiedestücke Hochbeanspruchte Schrauben
7	0,15	9,00	>70	85/90	>15	rostträger Gewehrlaufstahl

* Wasserhärtung.

Einsatz- und Vergütungsstähle, die nur mit Nickel legiert sind, werden wohl noch angewendet, aber weit weniger häufig als die zusätzlich mit Chrom und Molybdän legierten. In der Zahlentafel 20 sind die gebräuchlichsten nur mit Nickel legierten Stähle angegeben.

Nickelwerkzeugstähle. Als Werkzeugstähle werden Stähle, die außer Kohlenstoff noch Nickel enthalten, nicht angewendet. Zusammen mit Vanadin findet ein Stahl für Prägewerkzeuge, die im Wasser zu härten sind, Verwendung. Er ist ein Schalenhärter, der nicht überhitzungsempfindlich ist, mit 0,9% C, 0,3% Mn, 0,7% Ni, 0,2% V (s. S. 131).

Für Bandsägen für Holz wurde auch ein Stahl mit 0,6 bis 0,9% C und 0,5 bis 3% Ni, gegebenenfalls 0,2 bis 0,5% Cr angewandt. Eine große Bedeutung haben jedoch Werkzeugstähle, die neben Nickel noch Chrom, Wolfram, Molybdän enthalten, vor allem für Gesenke und Kaltprägewerkzeuge erlangt (S. 767, 745).

Stähle mit besonderen physikalischen Eigenschaften. Es wurde schon erwähnt, daß das Nickel eine Reihe physikalischer Eigenschaften stark beeinflußt, so daß Nickellegierungen als Werkstoffe für diesen Zweck in Betracht kommen. Da die Stähle im einzelnen in den entsprechenden Abschnitten enthalten sind, soll hier nur eine Übersicht gegeben werden.

Zahlentafel 21. *Verwendung des Nickels in Legierungen mit besonderen magnetischen Eigenschaften*

Eigenschaft	Bezeichnung	Ni %	Zusammensetzung		Anwendung
			Fe %	Sonstiges %	
1. temperaturabhängige Sättigung	Thermoperm	30	70		Apparate- und Meßgerätebau
2. magnetisch hart, hohe Koerzitivkraft	a) Hondalegierungen	10—25	Rest	15—36 Co 8—25 Ti 0—15 Al	Dauermagnete
	b) Mishimalegierungen	12—35	Rest	8—15 Al 0—25 Co 0—6 Cu	
	c)	40—20	20—10	Rest Cu	
	d)	24	0	41 Co 35 Cu	
3. magn. weich, hohe Anfangspermeabilität oder gleichbleibende Permeabilität bei kleinen Feldern	a) Permalloy A	78,5	21,5	—	Meßwandler, Krarupkabel, Pupinspulen, Geräte der Schwachstromtechnik, bes. d. Nachrichten-Übertragung
	b) Megaperm	65	25	10 Mn	
	c) Hipernik	50	50	—	
	d) Perminvar	45	30	25 Co	
	e) Texturisoperme	40—55	60—45	oder	
	f) Ausscheidungs-isoperme	35—60	Rest	9—15 Cu 3—4 Al	

Der thermische Ausdehnungskoeffizient wird durch Nickel sehr stark beeinflußt (Abschnitt „Wärmeausdehnung"). Ein Stahl mit 36% Ni hat einen sehr geringen Ausdehnungsbeiwert (Invarstahl).

Ein Stahl mit 36% Ni, 12% Cr, gegebenenfalls 4% W, hat einen temperaturunabhängigen Elastizitätsmodul (Elinvar). Ein Stahl mit 46% Ni (Platinit) hat den gleichen Ausdehnungsbeiwert wie Platin und Glas und findet für Einschmelzdrähte Verwendung (s. dazu Abschn. „Wärmeausdehnung", S. 941).

Die größten Veränderungen erfahren die magnetischen Eigenschaften, Nickel ermöglicht sowohl die Herstellung magnetisch weicher, magnetisch harter, wie auch unmagnetisierbarer Stähle.

In Zahlentafel 21 sind die wichtigsten Legierungen zusammengestellt, die außerdem ausführlich im Abschnitt „Magnetische Eigenschaften" beschrieben sind. Auch der elektrische Widerstand und die Thermokraft werden durch Nickel beeinflußt. Technisch wichtige Legierungen dieser Art sind im Abschnitt „Elektrischer Widerstand" und „Heizleiterlegierungen" besprochen. Nickelstähle für unmagnetisierbare Werkstoffe werden im Abschnitt „Unmagnetisierbare Stähle" behandelt.

Besonderheiten der Nickelstähle bei ihrer Erschmelzung und Weiterverarbeitung[1]

Die Herstellung von Nickelstählen kann in basischen und sauren Öfen erfolgen. Niedriglegierte Stähle werden auch in SM-Öfen, hochlegierte in Lichtbogen- oder Induktions- („Hochfrequenz"-) Öfen erschmolzen. Nickel ist edler als Eisen und kann daher durch Oxydation nicht aus dem Stahlbad entfernt werden. Durch den Nickelgehalt des Schrottes steigt auch der Nickelgehalt der mit Schrott erzeugten Stähle im Laufe der Zeit an, so daß heute auch in nicht absichtlich nickellegierten Stählen häufig Nickelgehalte von 0,2 bis 0,4% gefunden werden. Schwefel bildet mit Nickel ein bei 645 °C schmelzendes Eutektikum, so daß höhere Schwefelgehalte leicht zu Rotbruch führen. Man erzeugt daher Nickelstähle meist mit höheren Mangangehalten, z. B. mit über 0,5% Mn. Da Nickel ein großes Lösungsvermögen für Gase, insbesondere Wasserstoff (Flockenbildung), hat, wird es gewöhnlich vor der Kochperiode zugesetzt, um die schädlichen Gase zu entfernen.

Beim Abkühlen der Blöcke aus dem Guß ist ihre Rißempfindlichkeit zu beachten; es kann dabei die eben erstarrte Gußhaut bei noch flüssigem Inneren reißen, wie auch das Innere des schon erstarrten Blockes. Nicht zu hohe Gießtemperatur und Gießgeschwindigkeit, richtige Kokillen, langsames Abkühlen nach erfolgter Erstarrung und nicht zu

[1] Näheres s. bei: F. Leitner u. E. Plöckinger: Die Edelstahlerzeugung. Wien: Springer 1950; F. Sommer u. H. Pollack: Elektrostahlerzeugung. Düsseldorf: Stahleisen 1950.

frühes Ziehen aus der Kokille sind die Vorbeugungsmittel. Diese Rißempfindlichkeit ist hauptsächlich auf die Neigung der Nickelstähle zur groben Transkristallisation zurückzuführen (s. darüber auch im Abschnitt „Chrom-Nickel-Stähle", S. 207).

In den Öfen zum Wärmen auf Schmiede- oder Walztemperatur sind die Stähle mit mehr als 5% Ni vor schwefelreichen Gasen zu schützen, da sich sonst Nickelsulfid in den Oberflächenschichten anreichert und bei der Warmverformung Rotbruch hervorruft. Besonders empfindlich sind Legierungen mit sehr hohen Nickelgehalten, wie z. B. Nimonic u. dgl. (s. S. 468, 470). Aber auch in schwefelarmen Feuergasen ist langes Verweilen schädlich, da auch das Nickeloxyd, das sich schließlich doch bildet, Ursache von Rotbruch in den Oberflächenschichten ist, wenn auch diese Erscheinung weniger auffällig ist als die durch Schwefel hervorgerufene Brüchigkeit. Da Nickel keine höhere Warmfestigkeit mit sich bringt, bieten die perlitischen und martensitisch-perlitischen Stähle der Warmverformung selbst keinen größeren Widerstand als die unlegierten Stähle.

Bei der Abkühlung luftgehärteter Stähle sind Maßnahmen wie bei Manganstählen (s. S. 93) anzuwenden.

4. Chromstähle[1]

Das System Eisen-Chrom

Über das Zustandsschaubild Eisen-Chrom liegt ein umfangreiches Schrifttum vor, trotzdem sind die Phasengrenzen noch nicht in allen Einzelheiten genau bekannt. Dies ist im wesentlichen auf die teilweise sehr geringe Geschwindigkeit der Phasenänderun genund auf den starken Einfluß von kleinen Mengen an Verunreinigungen hauptsächlich Kohlenstoff, Stickstoff und Sauerstoff, zurückzuführen. Hier soll wieder auf die Literaturauswertung von M. HANSEN und K. ANDERKO[2] Bezug genommen werden.

In Bild 151 ist das Zweistoffsystem Eisen-Chrom dargestellt. Danach gehört Chrom zu den Elementen, die das γ-Gebiet abschnüren. Trotzdem wird der A_3-Punkt noch bis etwa 7% Cr gesenkt, bis auf 830 °C, um erst anschließend anzusteigen. Die A_4-Temperatur wird durch Chrom stark erniedrigt, so daß bei etwa 12,5% Cr das γ-Gebiet vollständig abgeschnürt ist. Zwischen dem γ- und dem α-Gebiet existiert eine $\alpha + \gamma$-Mischungslücke, die aber sehr schmal ist. Form und Ausdehnung der γ-Schleife werden schon durch sehr kleine Mengen Kohlenstoff und Stickstoff verändert, dazu ist die Phasenumwandlung eine sehr träge

[1] KINZEL, A. B., u. W. CRAFTS: The Alloys of Iron and Chromium. London: McGraw-Hill 1937.

[2] HANSEN, M., u. K. ANDERKO: Constitution of Binary Alloys, 2. Aufl. New York/Toronto/London 1958.

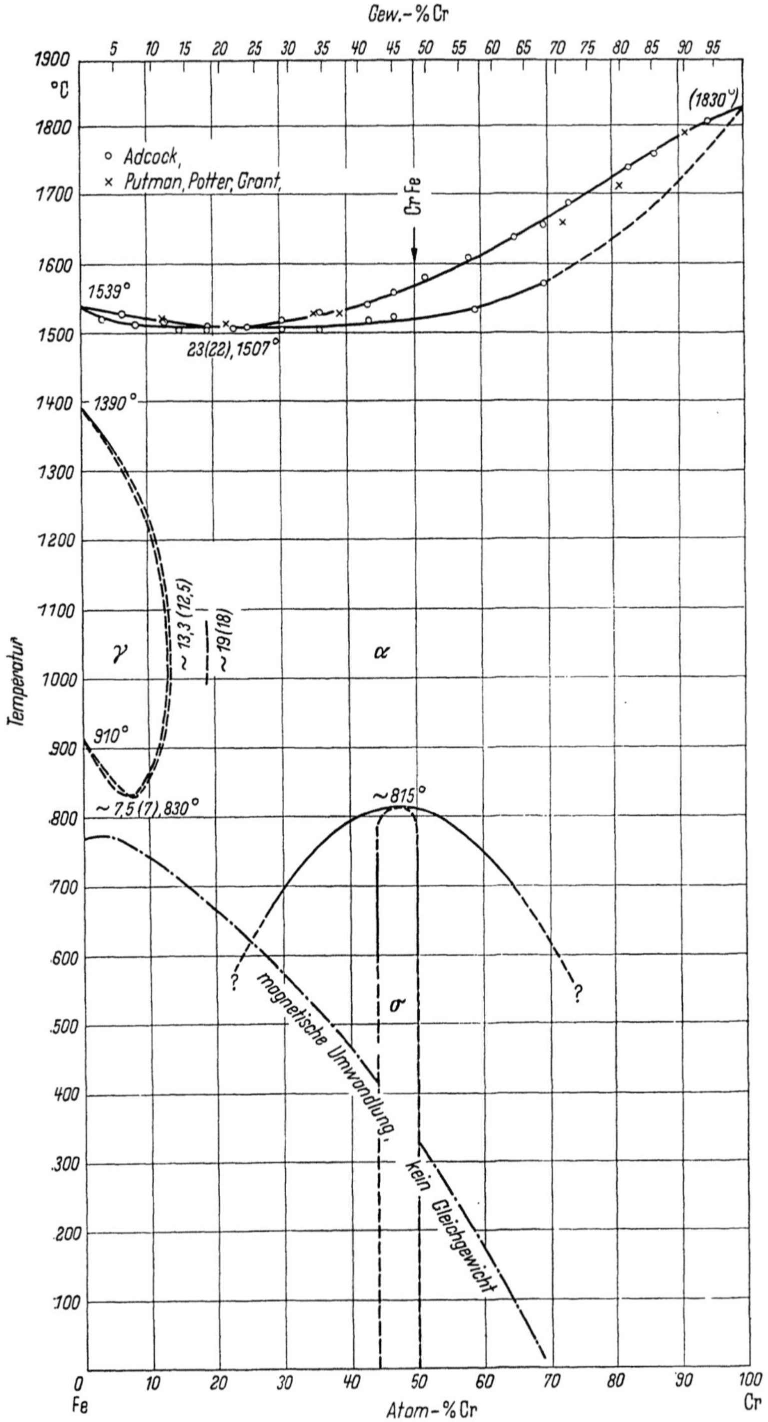

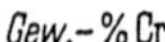

Bild 151. Zustandsschaubild Fe-Cr (nach M. HANSEN und K. ANDERKO)

Reaktion, so daß die hier eingezeichneten Grenzen noch mit einiger Unsicherheit behaftet sind.

In technischen Legierungen ist die $\alpha + \gamma$-Mischungslücke ausgedehnter, verursacht durch den Einfluß der üblichen Begleitelemente, besonders Kohlenstoff, Stickstoff, Mangan, Nickel und andere.

Alle Eisen-Chrom-Legierungen bilden nach der Erstarrung eine lückenlose Reihe von Mischkristallen, da das Chrom selbst kubischraumzentriert kristallisiert. Die Liquidus- und Soliduskurve haben ein Minimum, in dem sie sich berühren. Es liegt zwischen 20 und 25% Cr etwas über 1500 °C. Der Schmelzpunkt des Chroms ist mit 1830 °C angegeben, wahrscheinlich liegt er aber noch höher. Auf der chromreichen Seite ist der Abstand zwischen Liquidus- und Soliduslinie sehr groß.

Unterhalb etwa 820 °C wird die Mischkristallreihe durch eine intermetallische Phase unterbrochen, die zuerst von E. C. Bain und W. E. Griffiths[1] beobachtet wurde und die heute nach einem Vorschlag von P. Schafmeister und R. Ergang[2], die sich zuerst ausführlich damit befaßten, allgemein Sigma-Phase heißt. Sie hat ungefähr die Zusammensetzung FeCr, mit Abweichungen zu niedrigeren Eisengehalten. Ihr Existenzbereich reicht bei 600 °C von 42 bis 48,5% Cr; die Zweiphasenbereiche $\alpha + \sigma$ erstrecken sich bei 600 °C bis 25 bzw. 70% Cr. In technischen Stählen wird die σ-Phase auch schon bei wesentlich tieferen Chromgehalten beobachtet, wahrscheinlich wegen der Anwesenheit von Silizium und ähnlich wirkender Elemente. Die σ-Phase ist sehr spröde, mit ihrer Ausscheidung sind eine Härtesteigerung und Versprödung sowie eine Volumenzunahme verbunden. Die Ausscheidung der σ-Phase verläuft träge, wird jedoch durch eine Kaltverformung beschleunigt. Ohne Kaltverformung wird die σ-Phase unterhalb 600 °C nicht mehr beobachtet, nach starker Kaltverformung und sehr langen Zeiten jedoch noch bei 500 °C. Hohe Chromgehalte verstärken die Versprödung. Zwischen 850 und 900 °C verschwindet diese Phase durch Wiederauflösung der nichtmetallischen Verbindungen vollkommen.

Das beste Mittel, unter bestimmten Glühbedingungen, das Fortschreiten oder Verschwinden der σ-Ausscheidung zu messen, ist die Feststellung der Kerbschlagzähigkeit von Proben, die bei gefährlichen Temperaturen langzeitig geglüht und daraus rasch abgekühlt wurden.

[1] Bain, E. C., u. W. E. Griffiths: Trans. Amer. Inst. min. metallurg. Engrs. Bd. 75 (1927) S. 166/213.

[2] Schafmeister, P., u. R. Ergang: Arch. Eisenhüttenw. Bd. 12 (1938/39) S. 459/464.

Eine zusammenfassende Darstellung mit Schrifttumsangaben s. Stahl u. Eisen Bd. 79 (1959) Nr. 1 S. 46/51 und auch Trans. Amer. Inst. min. metallurg. Engrs. Bd. 75 (1927) S. 166/213; vgl. Stahl u. Eisen Bd. 47 (1927) S. 1378/1379 sowie Mitt. K.-Wilh.-Inst. Eisenforschg. Bd. 13 (1931) S. 93/108.

Die σ-Phase hat eine tetragonale Kristallstruktur mit 30 Atomen in der Elementarzelle[1]. Außer im System Eisen-Chrom tritt die σ-Phase noch in zahlreichen weiteren binären und ternären Systemen auf. Besonders interessieren die korrosions- und zunderbeständigen Chrom-Nickel- und Chrom-Mangan-Stähle, wovon noch in den betreffenden Abschnitten wegen ihrer Wichtigkeit (s. z. B. S. 444, 564, 619, 624, 678) die Rede sein wird.

Die Chrom-Eisen-Legierungen und die Chromstähle mit niedrigem Kohlenstoffgehalt zeigen weiter noch eine eigenartige Versprödung bei 475 °C. E. Baerlecken und H. Fabritius geben eine zusammenfassende Darstellung[2], wieweit Chromstähle zwischen 11 bis 20% Cr nach Beanspruchung im Bereich der 475°-Versprödung eine Änderung ihrer Eigenschaften erfahren. Die Literaturangaben, ergänzt durch Versuche von E. Baerleker und H. Fabritius, haben gezeigt, daß unter Zugrundelegung einer Beanspruchungsdauer von 100000 Stunden der Chromgehalt zur Vermeidung der 475°-Versprödung 12,8% nicht übersteigen darf. Bei gleichzeitiger Zugabe anderer Legierungselemente kann der kritische Chromgehalt auf 12% erniedrigt werden. Bei 18% Chrom bedarf es aber zur Versprödung nur einer Erwärmungsdauer von 20 Stunden.

Die Aussagen über den Einfluß der verschiedenen Legierungskomponenten sind z. T. recht unsicher, da Ausscheidungsvorgänge bisher nicht genügend beobachtet wurden. Während höhere Kohlenstoffgehalte durch Bildung chromreicher Karbide die Versprödungsneigung herabsetzen, haben stärkere Karbidbildner, wie Titan und Niob, einen fördernden Einfluß. Der Einfluß des Molybdäns auf die 475°-Versprödung wird, zumindest bei Molybdängehalten über etwa 1,9%, von einem sich ähnlich auswirkenden Ausscheidungsvorgang überdeckt. Die Temperatur

---

[1] Bergmann, G., u. D. P. Shoemaker: Acta cryst. Bd. 7 (1954) S. 857/865. — Bain, E. C., u. W. E. Griffiths: Trans. Amer. Inst. min. metallurg. Engrs. Bd. 75 (1927) S. 166/213; vgl. Stahl u. Eisen Bd. 47 (1927) S. 1378/1379.

[2] Stahl u. Eisen Bd. 78 (1958) S. 1395. In dieser Zusammenfassung wird folgendes Schrifttum berücksichtigt:

Bandel, G., u. W. Tofaute: Arch. Eisenhüttenw. Bd. 15 (1941/42) S. 307/320. — Riedrich, G., u. F. Loib: Arch. Eisenhüttenw. Bd. 15 (1941/42) S. 175/182. — Scheil, M. A.: Metal Progr. Bd. 52 (1947), Juli-Heft, S. 91/102. — Newell, H. D.: Metal Progr. Bd. 51 (1947), April-Heft, S. 617/626. — Hochmann, J.: Rev. Métall., Mém. Bd. 48 (1951) S. 734/758. — Hoch, G.: Arch. Eisenhüttenw. Bd. 23 (1952) S. 257/276. — Masumoto, H., H. Saitô u. M. Sugihara: Sci. Rep. Res. Inst. Tôhoku Univ., Ser. A 5 (1953) S. 203/207. — Lena, A. J., u. M. F. Hawkes: J. Metals, Trans. Bd. 6 (1954) S. 607/615. — Habraken, L.: Rev. Métall. Bd. 51 (1954) S. 541/550. — Baerlecken, E., u. H. Fabritius: Stahl u. Eisen Bd. 75 (1955) S. 1774/1784. — Wever, F., A. Krisch u. H.-J. Wiester: Arch. Eisenhüttenw. Bd. 26 (1955) S. 463/474. — Williams, R. O., u. H. W. Paxton: J. Iron Steel Inst. Bd. 185 (1957) S. 358/374. — Thum, A., u. K. Richard: Arch. Eisenhüttenw. Bd. 28 (1957) S. 325/337.

der stärksten Versprödung nimmt mit fallendem Chromgehalt ab. Bei niedrigeren Chromgehalten dürften daher Beanspruchungen unter 475 °C eher zur Versprödung führen als solche über 475 °C. 13- bis 14%ige Chromstähle können bei 500 °C ohne Bedenken langzeitig beansprucht werden. Weitere Legierungszusätze haben vielfach die Tendenz, die Temperatur des Versprödungsmaximums herabzusetzen.

In welcher Weise durch die Versprödung sich die Korrosionsbeständigkeit verschlechtert, wird im Abschnitt „Rost- und säurebeständige (korrosionsbeständige) Stähle“ besprochen (s. S. 591). Hier sei nur erwähnt, daß nach K. BUNGARDT und W. SPYRA[1] die Abtragung im Durchschnitt um 20% beschleunigt wird. Diese Versprödung ist für das Schweißen ohne Bedeutung, weil die Verweilzeiten auf der kritischen Temperatur von 475 °C zu kurz sind, um zum Tragen zu kommen, wohl aber dann, wenn die Betriebstemperatur um 475 °C liegt. Da diese Stähle aber selten bei so hohen Temperaturen gebraucht werden, so ist diese Art Versprödung praktisch ziemlich bedeutungslos.

Durch kurze Glühung bei 600 °C wird der frühere Zustand wiederhergestellt.

Die Curie-Temperatur wird durch Chrom zunächst leicht erhöht, dann fällt sie stark ab. In dem Bereich, in dem die σ-Phase auftreten kann, hat die Wärmebehandlung einen ziemlichen Einfluß darauf, im metastabilen Gleichgewicht nach rascher Abkühlung von Temperaturen über 800 °C fällt sie etwa linear mit steigendem Chromgehalt ab.

Das System Eisen-Chrom-Kohlenstoff

Das System war bereits im allgemeinen Abschnitt über die Karbide besprochen worden (s. S. 116). Danach bildet das Chrom drei Karbide: $Cr_{23}C_6$ (kubisch), Cr_7C_3 (trigonal) und Cr_3C_2 (orthorhombisch). Das Karbid Cr_3C_2 tritt nur bei sehr hohen Kohlenstoffgehalten auf und wird in Stählen und selbst im Ferrochrom nicht beobachtet. In Stählen können sich in den Karbiden Eisen- und Chromatome weitgehend gegenseitig ersetzen, im Fe_3C können bis zu 18% Fe durch Cr ersetzt werden, im $Cr_{23}C_6$ bis zu 35% Cr und im Cr_7C_3 bis zu 50% Cr durch Fe.

Das Dreistoffsystem Eisen-Chrom-Kohlenstoff ist dadurch so interessant, weil hier im Eisen zwei Legierungselemente aufeinandertreffen, die bezüglich der Ausdehnung des γ-Gebietes entgegengesetzt wirken. Chrom schnürt es ab, Kohlenstoff erweitert es. Dazu kommen die Sonderkarbide mit ihren verschiedenen Existenzbereichen. Zu berücksichtigen ist auch, daß bei der Bildung der Sonderkarbide der Grundmasse sowohl Chrom als auch Kohlenstoff entzogen wird. So zeigt beispielsweise Bild 152 etwas schematisiert auf Grund älterer Untersuchungen[2], wie

---

[1] BUNGARDT, K., u. W. SPYRA: Arch. Eisenhüttenw. Bd. 27 (1956) S. 777/786.

[2] TOFAUTE, W., C. KÜTTNER u. A. BÜTTINGHAUS: Arch. Eisenhüttenw. Bd. 9 (1935/36) S. 607/617.

bei niedrigem Kohlenstoffgehalt mit zunehmendem Cr-Gehalt das Gebiet des reinen Austenits, ausgehend vom System Fe-C, eingeengt wird. Selbstverständlich existiert auch bei höheren Cr-Gehalten (und hohen C-Gehalten) noch Austenit, aber nicht als einzige Phase, sondern bei gleichzeitiger Anwesenheit von Schmelze, α-Eisen oder Sonderkarbiden. Umgekehrt erweitert der Kohlenstoff, ausgehend vom Randsystem Fe-Cr, den Bereich des homogenen Austenits zu höheren Cr-Gehalten. Dies findet aber eine Begrenzung durch die Bildung von Sonderkarbiden. Bild 153 gibt nach E. C. BAIN[1] in schematischer Weise wieder, wie bis zu einem Kohlenstoffgehalt von 0,40% der Austenitbereich erweitert wird. Es ergeben sich daraus drei Gruppen von Eisen-Chrom-Kohlenstoff-Legierungen, und zwar solche, die bei geeigneten Temperaturen vollständig austenitisch werden und bei der Abkühlung vollständig umwandeln, solche, die (im Bereich der Mischungslücke) nur teilweise austenitisch werden und nur teilweise umwandeln, und solche, die umwandlungsfrei sind. Die erste Gruppe wird als „perlitisch und martensitisch", die zweite als „halbferritisch" und die dritte als „ferritisch" bezeichnet.

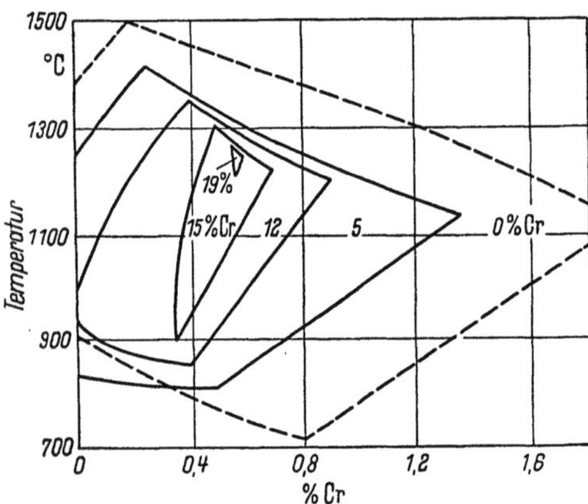

Bild 152. Einfluß von Chrom auf den Existenzbereich der γ-Phase (nach W. TOFAUTE, C. KÜTTNER und A. BÜTTINGHAUS)

Die erste genauere Darstellung des Dreistoffschaubildes Fe-Cr-C von W. TOFAUTE, C. KÜTTNER und A. BÜTTINGHAUS[2] wurde von W. DANNÖHL[3] nach Versuchsergebnissen von TH. HECZKO[4] ergänzt. Die neueste Untersuchung von K. BUNGARDT, E. KUNZE und E. HORN[5] ergab zusätzlich zu den älteren Untersuchungen die Existenz von insgesamt fünf Vierphasenebenen, von denen auf dreien peritektische Umsetzungen mit der Schmelze ablaufen und auf zweien die γ—α-Umwandlung in Verbindung mit den Karbiden peritektoidisch abläuft. Damit hat sich

[1] BAIN, E. C.: Functions of Alloying Elements in Steel. Amer. Soc. Met. Cleveland 1939.

[2] s. Fußnote 2 auf S. 179.

[3] DANNÖHL, W.: Erörterungsbeitrag zu W. KOCH u. H.-J. WIESTER: Stahl u. Eisen Bd. 69 (1949) S. 80/86, s. bes. S. 85/86.

[4] HECZKO, TH.: Berg- u. hüttenm. Mh. Bd. 92 (1947) S. 125/139.

[5] BUNGARDT, K., E. KUNZE u. E. HORN: Arch. Eisenhüttenw. Bd. 29 (1958) S. 193/203.

auch die Anzahl der Phasenräume vermehrt. Als Beispiele aus dieser Untersuchung zeigen die Bilder 154 und 155 zwei Vertikalschnitte bei 2

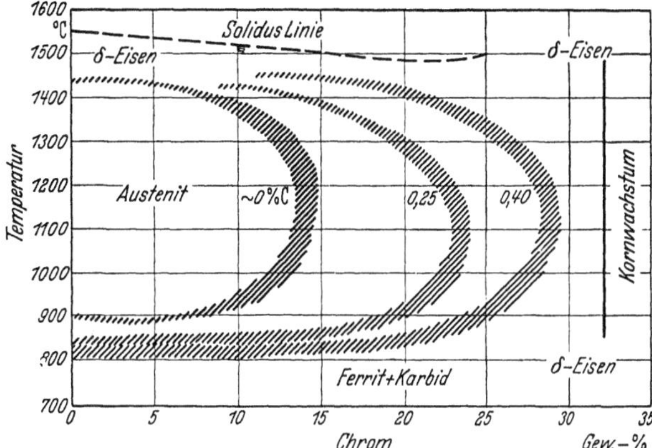

Bild 153. Gefügezustand der Chromstähle bei Kohlenstoffgehalten von 0 bis 0,40% C (nach E. C. BAIN)

und 13% Cr, aus denen man deutlich den wechselnden Einfluß von Chrom und Kohlenstoff auf den Existenzbereich der γ-Phase und auf

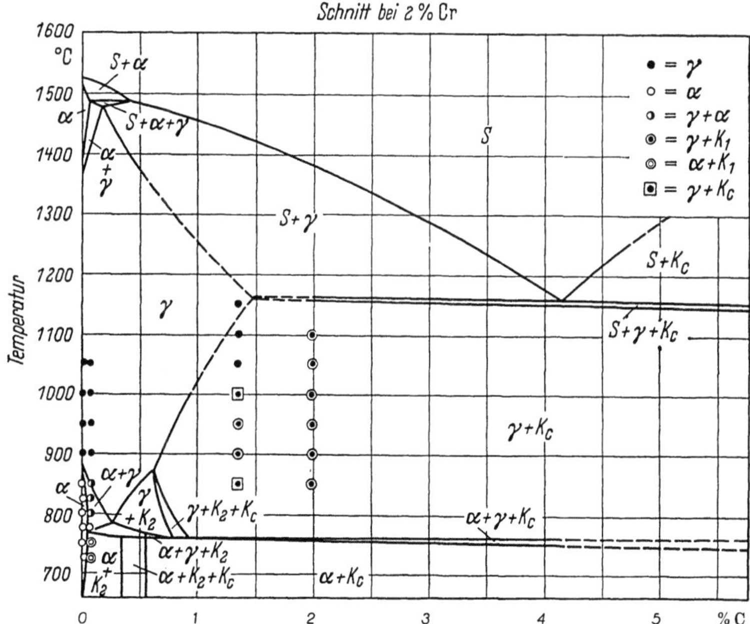

Bild 154. Schnitt durch Fe-Cr-C-System bei 2% Cr (nach K. BUNGARDT, E. KUNZE und E. HORN)

das Auftreten von rein ferritischen Legierungen und die etwas verwirrende Vielfalt von Phasenräumen entnehmen kann. Es hat sich jedoch gezeigt, daß man für die Praxis mit einer wesentlich einfacheren Darstellung der Einteilung der Chromstähle auskommt, wie sie Bild 156

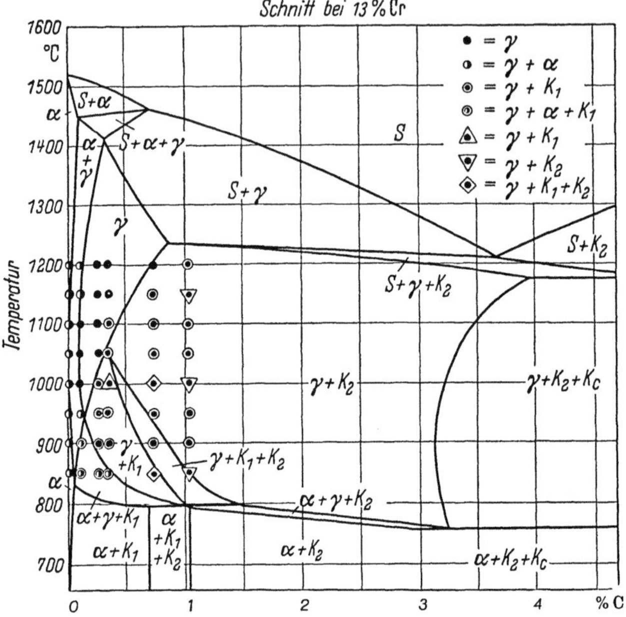

Bild 155. Schnitt durch das Fe-Cr-C-System bei 13% Cr (nach K. BUNGARDT, E. KUNZE und E. HORN)

zeigt. Wenn diese Darstellung auch nicht alle Einzelheiten berücksichtigt, genügt sie doch, um sich schnell einen Überblick zu verschaffen.

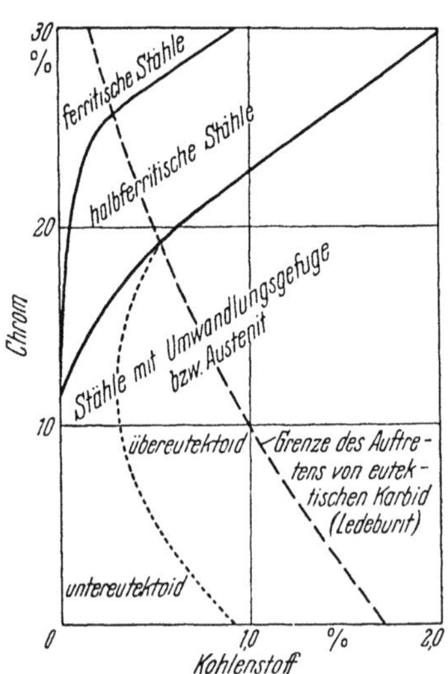

Abb. 156. Einteilung der Chromstähle (nach TOFAUTE, KÜTTNER u. BÜTTINGHAUS)

Von Bedeutung ist, daß die Punkte *S* und *E* des Eisen-Kohlenstoff-Diagramms durch Chrom zu niedrigeren Kohlenstoffgehalten verschoben werden.

Einfluß von Chrom auf die Härtbarkeit des Stahles. Durch den Zusatz von Chrom zu Kohlenstoffstählen wird die kritische Abkühlungsgeschwindigkeit vermindert und damit die Durchhärtung verbessert. Da das Chrom den Perlitpunkt zu niedrigeren Kohlenstoffgehalten verschiebt, vermehrt es den Karbidgehalt und wirkt dadurch im Sinne einer Kohlenstofferhöhung und damit zusätzlich im Sinne einer Verminderung der kritischen Abkühlungsgeschwindigkeit. Außerdem wird durch Chrom die Diffusionsgeschwindigkeit des Kohlenstoffs verringert, woraus sich eine Verkleinerung der Ausscheidungsgeschwindigkeit im Umwandlungsgebiet ergibt, so daß sich auch aus diesem Grunde die Wirkung des Chroms auf die Verbesserung der Härtbarkeit erklärt. Bei Stählen, die stabile Chromkarbide enthalten (Cr_7C_3 oder $Cr_{23}C_6$), kommt also noch die allen karbidbildenden Elementen gemeinsame Eigenschaft vergrößerter Härtbarkeit hinzu. Voraussetzung dabei ist, daß die Härtetemperatur so hoch gewählt wird, daß sich die Sonderkarbide im Austenit weitgehend auflösen. Steigende Härtetemperatur, verbunden mit zunehmender Auflösung der Sonderkarbide, wirkt daher stark verringernd auf die kritische Abkühlungsgeschwindigkeit. Wird die Härtetemperatur derartiger Stähle zu niedrig gewählt, so bleiben ungelöste Karbide im Austenit zurück, die dann im Gebiet der Umwandlung als Keime wirken und damit die Härtefähigkeit sogar vermindern können. Solange die Temperatur nicht so hoch ist, daß alle Karbide in Lösung gehen, verhindern diese ein Kornwachstum und verringern damit die Überhitzungsempfindlichkeit. Die Wirkung des Chroms als sonderkarbidbildendes Element ist aber viel geringer als die von Wolfram oder Vanadin. Das Ausmaß der Wirkung des Chroms auf die untere kritische Abkühlungsgeschwindigkeit zeigen die Bilder 157 und 158 nach Untersuchungen von A. Rose u. W. Fischer[1]. Dieser Einfluß bei der Abkühlung von hohen Temperaturen ist wesentlich für die Verwendung von Chrom in Bau- und Werkzeugstählen.

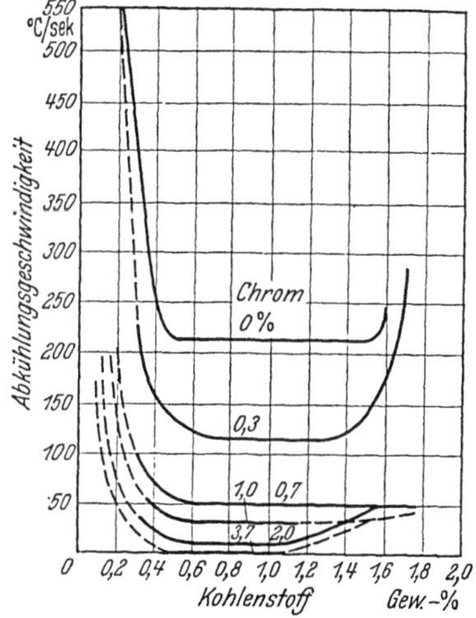

Bild 157. Untere kritische Abkühlungsgeschwindigkeit in Abhängigkeit vom Kohlenstoffgehalt bei verschiedenen Chromgehalten (nach A. Rose und W. Fischer)

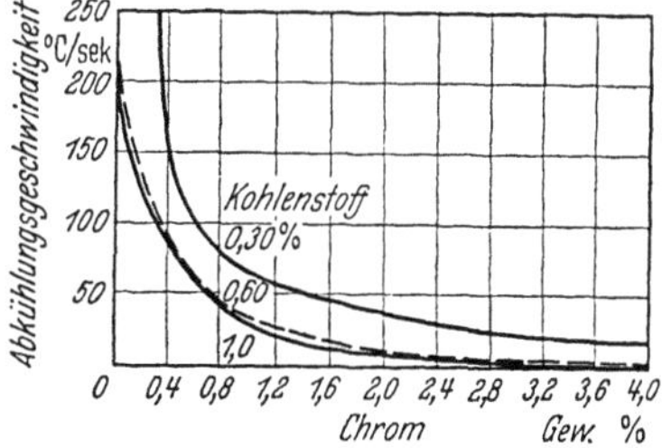

Bild 158. Untere kritische Abkühlungsgeschwindigkeit in Abhängigkeit vom Chromgehalt bei verschiedenen Kohlenstoffgehalten (nach A. Rose und W. Fischer)

Bemerkenswert ist in diesem Zusammenhang die Feststellung von H. Cornelius[2], daß bei gleicher Durchhärtung die Festigkeitseigen-

[1] Rose, A., u. W. Fischer: Mitt. K.-Wilh.-Inst. Eisenforschg. Bd. 21 (1939) S. 133/145.

[2] Cornelius, H.: Arch. Eisenhüttenw. Bd. 16 (1942/43) S. 173/186.

schaften vergüteter Proben vielfach nur wenig von der Stahlzusammensetzung abhängen. Daraus ergibt sich der Schluß, daß die Anwendung höherer Chromgehalte vor allem nur bei größeren Querschnitten zweckmäßig ist. Diese Feststellungen, die auch für anders legierte Stähle gelten, besagen etwa, daß, sofern einmal Durchhärtung vorliegt, die durch An-

Bild 159. Gefüge eines ledeburitischen Chromstahles im weichgeglühten Zustande. V = 500

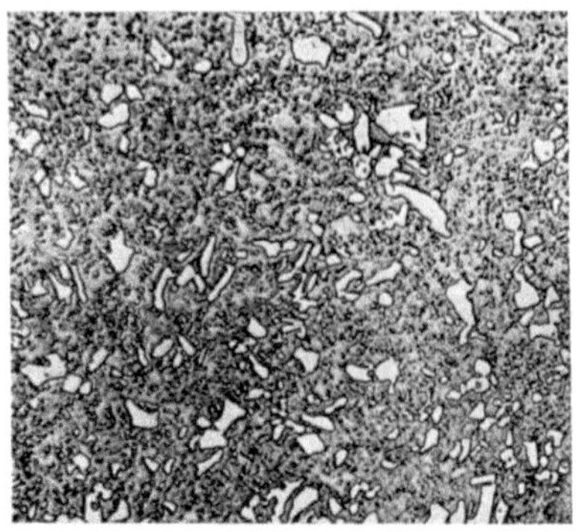

Bild 160. Gefüge eines Stahles wie Bild 159, aber bei 950 °C gehärtet. V = 500

lassen erreichten Festigkeitseigenschaften durch Erhöhung des Legierungsgehaltes nicht mehr nennenswert gesteigert werden können.

Von besonderem Interesse ist das Verhalten von Stählen mit etwa 2% C und 12% Cr. Es wurde bereits darauf hingewiesen, daß bei Stählen, die stabile Karbide enthalten, wesentlich höhere Härtetemperaturen zur Erreichung der Höchsthärte und vor allem zur Erreichung der höchsten Anlaßbeständigkeit angewendet werden müssen als bei normalen Kohlenstoffstählen. Bei diesen Chromstählen tritt bei Anwendung höherer Härtetemperaturen in steigendem Maße Austenit neben Martensit im Gefüge nach dem Abschrecken auf.

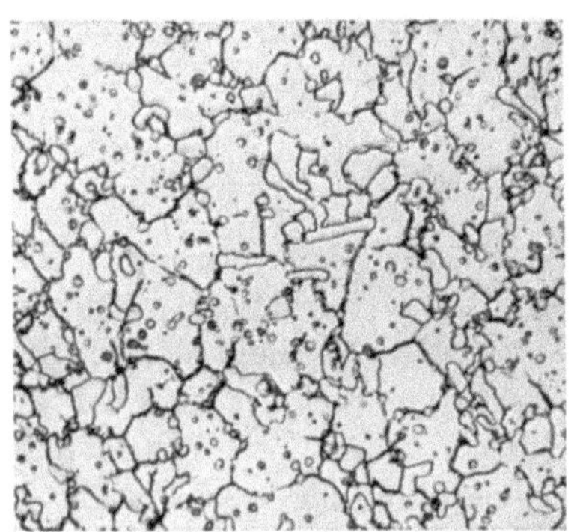

Bild 161. Gefüge eines Stahles wie Bild 160, aber bei 1150 °C abgeschreckt. V = 500

In dem Bild 159 ist das Gefüge im weichgeglühten Zustand, im Bild 160 aus 950° und im Bild 161 aus 1150° abgeschreckt zu sehen. Bild 162 zeigt nach F. Rapatz, H. Krainer und K. Swoboda[1] die Härte und den Austenitgehalt eines Stahles mit 1,75% C und 13% Cr nach Ölhärtung in Abhängigkeit von der Härtetemperatur. Bei den höch-

[1] Rapatz, F., H. Krainer u. K. Swoboda: Arch. Eisenhüttenw. Bd. 20 (1949) S. 115/123.

sten Härtetemperaturen ist dieser Stahl, abgesehen von den ungelösten Karbiden, praktisch rein austenitisch. Dieser Austenit ist weitgehend beständig. Erst durch Anlassen auf 500 °C und höher läßt er sich zer-

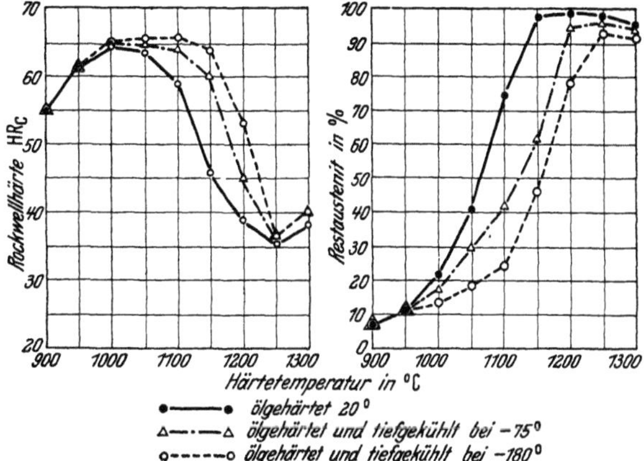

Bild 162. Härte und Restaustenitgehalt von Stahl A mit 1,75% C und 13% Cr in Abhängigkeit von der Härte- und Umwandlungstemperatur (nach F. Rapatz, H. Krainer und K. Swoboda)

setzen. Die Zersetzung geht so vor sich, daß sich beim Anlassen bei 500 bis 600 °C aus dem Austenit Karbide ausscheiden; dadurch wird der Austenit weniger beständig und bei der nachfolgenden Abkühlung wandelt er sich teilweise oder zur Gänze in Martensit um. Diese Umwandlung weit unterhalb der Anlaßtemperatur ist es, die zu einer Härtesteigerung führt. Das Gefüge eines so angelassenen Stahles führt Bild 163 vor.

Bild 163. Gefüge eines Stahles wie Bild 158, aber nach dem Abschrecken bei 500 °C angelassen. V = 500

Bilder 164a bis d zeigen die Veränderungen der Härte dieses Stahles durch Anlassen nach Härtung von 1000 bis 1300 °C. Das nächste Bild (Bilder 165a und b) zeigt, wie wiederholtes Anlassen zu einer Verminderung der Härte führt. Die höhere Anlaßbeständigkeit chromlegierter Stähle ist nach E. Houdremont[1] darauf zurückzuführen, daß sich die Sonderkarbide auch aus dem α-Eisen (Martensit) erst bei hohen Temperaturen ausscheiden, wodurch die verzögerte Abnahme der Härte beim Anlassen der Chromstähle verursacht wird. Bei niedriglegierten Chromstählen, die keine Sonderkarbide enthalten, in denen

[1] Houdremont, E.: Handbuch der Sonderstahlkunde, 3. Aufl. Berlin/Göttingen/Heidelberg: Springer/Düsseldorf: Stahleisen 1956, S. 179, 974.

also im Eisenkarbid ein Teil des Eisens durch Chrom ersetzt wird, ist nur eine geringere Verzögerung der Härteabnahme beim Anlassen vorhanden.

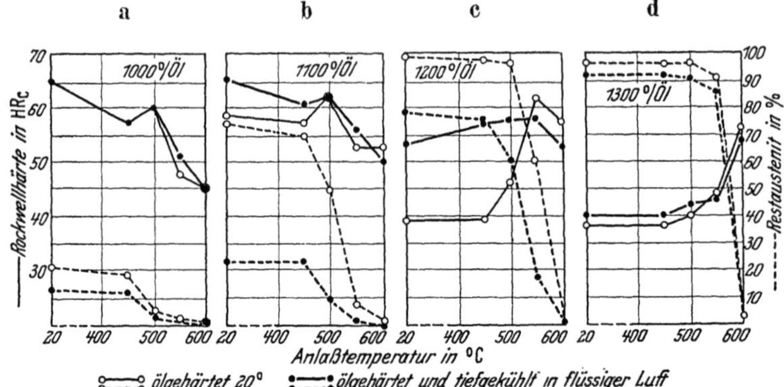

Bild 164a bis d. Einfluß der Anlaßtemperatur auf die Härte und den Restaustenitgehalt von Stahl A nach Abschrecken von verschiedenen Temperaturen (Anlaßzeit 1 Std.) (nach F. RAPATZ, H. KRAINER und K. SWOBODA)

Ein großer Vorteil bei der Verarbeitung von Chromstählen liegt darin, daß ein Zusatz von Chrom den A_1-Punkt erhöht. Es ist daher zum Unterschied von den Nickel- und Manganstählen immer möglich,

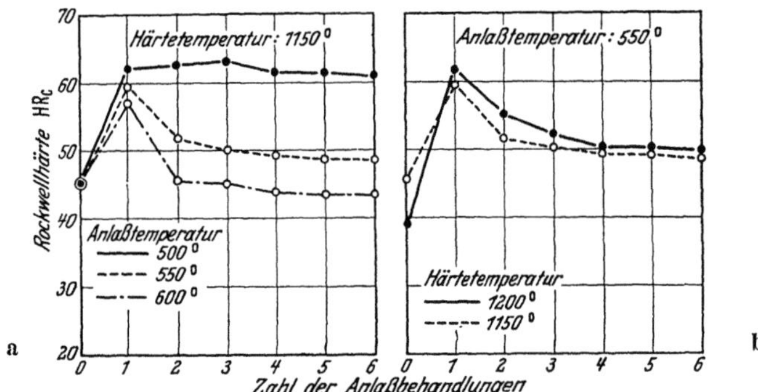

Bild 165a und b. Einfluß eines wiederholten einstündigen Anlassens auf die Härte von Stahl A (nach F. RAPATZ, H. KRAINER und K. SWOBODA)

Stähle, die durch die Abkühlung hart (martensitisch) geworden sind, durch Ausglühen weich und bearbeitbar zu machen. Die hohe Lage von Ac_1 ermöglicht es immer, eine vollkommene Ausscheidung der Karbide zu erreichen und somit einen für die Bearbeitung günstigen, weichen Zustand.

Nach E. HOUDREMONT und H. SCHRADER[1] hat das Chrom in Einsatzstählen eine starke Erhöhung des Randkohlenstoffgehaltes zur Folge.

[1] HOUDREMONT, E., u. H. SCHRADER: Arch. Eisenhüttenw. Bd. 8 (1934/35) S. 445/459.

Bis 3% Cr wird die Eindringtiefe nicht wesentlich verändert. Bei sehr hohen Einsatztemperaturen und sehr langen Einsatzzeiten wird eine Verminderung der Eindringtiefe im Vergleich zu unlegiertem Stahl beobachtet. Schon aus der Tatsache des erhöhten Kohlenstoffgehaltes in der Randzone bei gleichbleibender bzw. verminderter Eindringtiefe kann der Schluß gezogen werden, daß Chrom die Kohlenstoffdiffusion verzögert. Mit Rücksicht auf den hohen Kohlenstoffgehalt ergibt sich ein hoher Gehalt an Karbiden, die in der Randzone in der Grundmasse eingebettet sind und nach dem Innern zu Netzwerke bilden, die mit zunehmendem Abstand von der Oberfläche immer größer werden, weil dort nach längerer Zeit der das Kornwachstum hemmende Einfluß des Korngrenzenzementites fehlte. Chromhaltige Einsatzstähle sind daher gegen zu hohe Zementationstemperaturen ziemlich empfindlich, weil ein grobes Zementitnetzwerk zu einer unzulässigen Sprödigkeit der Einsatzschicht führt. Die Gefahr zu großer Sprödigkeit wird noch durch die starke Anhäufung von Randkarbiden erhöht. Mit Rücksicht auf den hohen Karbidgehalt ist die Verschleißfestigkeit der Einsatzschicht chromlegierter Stähle größer als bei Kohlenstoffstählen. Die starke Neigung chromlegierter Einsatzstähle zur Bildung von übereutektoidem Zementit, bzw. von Randkarbiden, läßt es angezeigt erscheinen, zum Einsetzen dieser Stähle mild wirkende Einsatzmittel zu verwenden.

Chrombaustähle. Aus der Zahlentafel 22 sind Zusammensetzung und Verwendungszweck der wichtigsten Chrombaustähle zu ersehen. Die Mangangehalte sind nicht besonders angeführt; sie liegen bei den Stählen in der Regel zwischen 0,4 und 0,8% und bei den Kugellagerstählen nach alter Überlieferung meist niedriger, Ausnahme s. S. 192. Der Zahlentafel seien folgende ergänzende Bemerkungen hinzugefügt.

Zu 1. Dieser Stahl wird viel für Kolbenbolzen verwendet.

Zu 2. Das Hauptanwendungsgebiet dieses Stahles sind karbonitrierte Schalträder (s. Karbonitrieren S. 81). Das Einsetzen erfolgt in zyanhaltigen Salzbädern.

Zu 3. Es ist dies ein billiger, verhältnismäßig zäher Vergütungsstahl.

Zu 4 und 5. Der vornehmlichste Verwendungszweck dieses Stahles sind Federn, besonders Drehstabfedern, welch letztere in Deutschland meist aus diesem Stahl angefertigt werden. Auch für wärmebeanspruchte Federn bis 300 °C und für hohe Vergütungsfestigkeiten hat der Stahl Bedeutung. Vergütefestigkeiten bis zu 135 kg/mm² sind für Hinterachswellen heute nichts Ungewöhnliches mehr.

Zu 6. Dieser Ölhärter war für die deutsche Luftwaffe der fast ausschließlich gebrauchte Zylinderstahl. Er zeichnet sich durch gute Zer-

Zahlentafel 22. *Zusammensetzung und Verwendungszweck von Chrombaustählen*

Lfd. Nr.	Bezeichnung	C %	Cr %	Streckgrenze kg/mm²	Zugfestigkeit kg/mm²	Dehnung $L_0 = 5 d_0$	Verwendungszweck
1	15 Cr 3 (EC 60)	0,15	0,70	> 40*	60/85	>13	Einsatzstahl nach DIN 17210
2	41 Cr 4	0,41	1,10	>130*	155/180	> 7	Einsatzstahl für hohe Kernhärten. Schalträder karbonitriert
3	34 Cr 4 (VC 135)	0,34	1,10	>50	75/90	>13	Vergütungsstahl nach DIN 17200
4	50 Cr V 4 (VCV 150)	0,50	1,10 +V	>120	135/160 75/135	> 6	Federstahl n. DIN 1669. Hochfester Vergütungsstahl im Fahrzeugbau
5	—	0,60	1,2 O 1,0 Si	>120	135/160	> 6	Schraubenfedern, Ventilfedern, bis 300 °C
6	—	0,45	1,40	> 75	90/100	>14	Flugzeugzylinder
7	45 Cr V 7	0,45	1,70 +V	>60	80/100	> 12	Vergütungsstahl für hohe Beanspruchungen
8	W 1	1,05	0,50	gehärtet und angelassen, > 62 HRC			Kugeln, Rollen, Nadeln, > 10 ⌀
9	W 2	1,05	1,00				Kugeln, Rollen > 17 ⌀, Ringe
10	W 3	1,00	1,50				Kugeln, Rollen, Ringe

* Kernfestigkeit im einsatzgehärteten Zustand, 30 ⌀.

spanbarkeit und gleichzeitig durch gute Verschleiß- und Laufeigenschaften aus.

Zu 7. Es ist dies der nickel- und molybdänfreie Spitzenvergütungsstahl, der im Kriege nur in wenigen Fällen nicht für die Chrom-Nickel-Stähle eintreten konnte.

Über diesen Chrombaustahl sowie über die unter 1 bis 3 genannten wird noch im Abschnitt „Baustähle" zurückzukommen sein, wo sie mit den anderen Baustählen in Vergleich gesetzt werden. Sie spielten während des zweiten Weltkrieges in Europa eine große Rolle.

Zu 8, 9 und 10. Der größte Teil aller Wälzlagerstähle fällt in die angegebenen Grenzen. Ihrem Legierungscharakter nach fallen die Wälzlagerstähle unter die Werkzeugstähle; sie sind jedoch ihrer Verwendung nach eine der bedeutendsten Gruppen der Baustähle.

Eine zusammenfassende Darstellung über diese Stahlgruppe bringt H. Diergarten[1, 2]. Als Bauteile für Kugellager, Rollenlager und Nadellager unterliegen diese Stähle sehr hohen örtlichen Zug-, Druck-, Schub-,

[1] Diergarten, H.: Z. VDI 1942 Nr. 11/12 S. 167/170.

[2] Diergarten, H.: Werkstoff-Handbuch Stahl und Eisen, 3. Aufl., Düsseldorf 1953, Q 81-1/5.

Wechselbeanspruchungen und natürlich auch Verschleißbeanspruchungen. Diesen Beanspruchungen werden am wirtschaftlichsten übereutektoide Chromstähle gerecht, deren Chromgehalte entsprechend der erforderlichen Durchhärtung für die vorkommenden Abmessungen in den Grenzen von 0,4 bis 1,65% Chrom liegen. Bei Fertigwandstärken von mehr als 30 mm bei Ringen wird der Stahl Nr. 10 mit 0,60% Silizium und 1% Mangan legiert, um die Durchhärtung zu sichern.

Um den höheren örtlichen Beanspruchungen standzuhalten, sind bei der Herstellung der Wälzlagerstähle besondere metallurgische Vorkehrungen erforderlich. Die Anforderungen an die Gleichmäßigkeit des Werkstoffes sind meist höher als selbst bei hochwertigen Werkzeugstählen. Vor allem kommt es auf möglichst geringe Schlackengehalte und eine gleichmäßige Karbidverteilung an. Schlacken und Karbidseigerungen werden als Mitursache für geringere Lebensdauer durch Verschleiß oder Ermüdungsbrüche angesehen. Dementsprechend muß die Erzeugung geleitet werden, und der Prüfung des Reinheitsgrades, sowie der Karbidseigerungen wird größte Bedeutung beigemessen. Richtreihen dienen als Beurteilungsmaßstab, wobei jene von H. Diergarten[1], die ASTM-Prüfmethode[2] und die des Jernkontors[3] die gebräuchlichsten sind. Den scharfkantigen oxydischen Einschlüssen wird ein ungünstigerer Einfluß zugeschrieben, weshalb der Beurteilungsmaßstab strenger ist als bei Sulfidschlacken. Die Ausbildung der Karbidzeilen und die Größe der einzelnen Karbide bedürfen ebenfalls einer Begrenzung nach oben. Wenn auch die Ansichten nicht eindeutig sind, ob die Ursache für die Zeiligkeit in den Primärseigerungen des Blockes oder in den Sekundärseigerungen nach der Warmverarbeitung zu suchen ist, lassen die Untersuchungen von H. J. Eckstein[4] den Schluß zu, daß die Karbidzeiligkeit die Folge von Blockseigerungen ist. Dies deckt sich mit den Erfahrungen über die günstige Wirkung niedriger Gießtemperatur, einer Diffusionsglühung des Blockes und höheren Verformungsgrades. (Siehe darüber mehr im Abschnitt „Stahlfehler", S. 986.)

Wälzlager werden in rationellster Weise zum Teil schon vollautomatisch gefertigt, und es kommt daher der Zerspanbarkeit des geglüht zur Auslieferung kommenden Werkstoffes größte Bedeutung zu. Nicht zu feinkörnig koagulierter körniger Zementit bringt hier die besten Voraussetzungen, während größere Reste von lamellarem Perlit jede Automatenfertigung unmöglich machen. Die Wünsche der verschiedenen Kugellagerfabriken sind dabei nicht immer dieselben; die einen legen

[1] Diergarten, H.: Beurteilung von Wälzlagerstählen nach den Schlackeneinschlüssen. Arch. Eisenhüttenw. Bd. 10 (1936/37) S. 197/210.

[2] ASTM Standards 1955, Part 1: Ferrous Metals.

[3] Jernkontoret Schweden: B. Rinman, H. Kjerrman und B. Kjerrman: Schlackenskala für die Beurteilung von Schlackeneinschlüssen in Stahl. Uppsala 1936.

[4] Eckstein, H. J.: Neue Hütte Bd. 4 (1959) S. 304/311.

besonderen Wert auf gute Härtbarkeit, was bei feinkugeligem Zementit leichter erreicht wird als bei gröberem. Anderen wieder scheint das Härten von Stahl mit gröber gekugeltem Zementit keine Schwierigkeiten zu machen; sie ziehen gröber gekugelten Zementit, der eine geringere Festigkeit und damit bessere Zerspanbarkeit gewährleistet, vor. Mehr oder weniger starke Koagulation der Karbide regelt man mit der Abkühlungsgeschwindigkeit aus der Glühtemperatur.

Über die anzuwendenden Glühtemperaturen, Abkühlungsarten und über die neuzeitlichen Durchzugöfen wurde auf S. 40 das Nötige gesagt.

Dem Härten riß- und verziehungsanfälliger Teile, wie Rollen und Ringe, soll ein Spannungsfreiglühen bei 600 bis 650 °C vorangehen. Rollen und Kugeln unter 20 mm Durchmesser werden in der Regel in Öl, darüber in Wasser gehärtet. Für Ringe ist Öl- oder Warmbadhärtung üblich. Anlassen bei 150 bis 170 °C erhöht die Zähigkeit und Maßbeständigkeit der Lager bei Lagerung und im Betrieb. Bei großen Ringdurchmessern wird fallweise eine Stabilisierung durch Tiefkühlen vorgenommen, wobei ein Teil des Restaustenits zersetzt wird. Die Einbauhärten der Teile schwanken zwischen 58 und 65 Rc und haben keinen merklichen Einfluß auf die Lebensdauer der Lager.

Zahlentafel 23 gibt Zusammensetzung und Verwendung von Wälzlagerstählen wieder. In der Zahlentafel 24 ist die Wärmebehandlung und die erreichte Härte angeführt. Zur Glühung ist zu bemerken, daß Normalglühen und Weichglühen in Durchzugöfen oft in einem Arbeitsgang vorgenommen wird. Die Härtung von Kugeln und Rollen erfolgt vorwiegend in Süß- oder Salzwasser, von kleinen Kugeln, Rollen und Nadeln in Mineralöl von etwa 3 Engler-Grad bei 20 °C. Die Härtetemperatur beträgt je nach Abmessung und Legierungsgehalt 780 bis 840 °C. Ringe und Scheiben werden bei 810 bis 870 °C gehärtet in bewegtem Mineralöl mit einer Viskosität von etwa 6 Engler-Grad bei 20 °C. Warmbadhärtung wird bei den Stählen W 3 = 100 Cr 6 und besonders W 4 = 100 CrMn 6 mehr und mehr angewendet. Gutes Durchwärmen und entsprechend langes Halten zum Lösen der Karbide und Ausgleich des Kohlenstoffgehalts ist zweckmäßig.

Durch das Anlassen sollen die mechanischen Spannungen ausgeglichen, die Zähigkeit erhöht und Maßbeständigkeit (künstliche Alterung) erzielt werden. Die Anlaßtemperatur liegt im allgemeinen bei 150 bis 170 °C, die Anlaßzeit bei 1 bis 2 Stunden. Werden höhere Temperaturen und längere Zeiten angewendet, so sinken Tragfähigkeit und Lebensdauer mit fallender Härte stark ab.

Aus der Zahlentafel 23 ist ersichtlich, daß die Mangangehalte bei den ersten drei Stählen niedrig sind. Man fürchtet, daß höhere Mangangehalte mehr Verunreinigungen mit sich bringen und die Weichglühbarkeit erschweren. Eine Ausnahme von dem niedrigen Mangangehalt

Zahlentafel 23[1]

Zusammensetzung und Verwendung üblicher Wälzlagerstähle (vgl. Stahl-Eisen-Werkstoffblatt 350—53) (nach H. DIERGARTEN)

Sorte Benennung	% C	% Si	% Mn	% P höchstens	% S höchstens	% Cr	% Mo	% Ni	Verwendung
105 Cr 2 (W 1)	1,00 bis 1,10	0,15 bis 0,35	0,25 bis 0,40	für Stähle aus Siemens-Martin- und Hochfrequenzöfen: 0,030	0,025	0,40 bis 0,60			Walzstahl unter 10 mm Dmr. für Kugeln, Rollen und Nadeln
105 Cr 4 (W 2)	1,00 bis 1,10	0,15 bis 0,35	0,25 bis 0,40			0,90 bis 1,15			Walzstahl mit 10 bis 17 mm Dmr. für Kugeln, Rollen und Ringe
100 Cr 6 (W 3)	0,95 bis 1,05	0,15 bis 0,35	0,25 bis 0,40	für Stähle aus basischen Lichtbogenöfen: 0,025	0,020	1,40 bis 1,65			Kugeln und Rollen aller Abmessungen, Ringe und Scheiben bis 30 mm Fertigwanddicke
100 CrMn 6 (W 4)	0,95 bis 1,05	0,50 bis 0,70	1,00 bis 1,20			1,40 bis 1,65			Ringe mit mehr als 30 mm Fertigwanddicke

Zahlentafel 24[1]. *Temperaturen für die Wärmebehandlung üblicher Wälzlagerstähle* (nach H. DIERGARTEN)

Stahl	Normalglühen °C	Weichglühen °C	Spannungsfreiglühen °C	Höchste Härte nach Glühen HB 30—30	Härten in Wasser °C	Härten in Öl °C	Anlassen °C	Erzielte Oberflächenhärte HRC etwa
105 Cr 2	850—880	750—800	600—650	207	780—810	810—840	150—170	bei Kugeln: 60—66
105 Cr 4	860—890	750—800	600—650	207	790—820	820—850	150—170	bei Kurzrollen: 8—65
100 Cr 6	870—900	750—800	600—650	207	(800—830)	830—870	150—170	bei Walzen: 56—64
100 CrMn 6	860—890	740—790	600—650	217	—	830—860	150—170	bei sonstigen Teilen: 58—65

[1] DIERGÄRTEN, H.: Werkstoff-Handbuch Stahl und Eisen (1953) Q 81 — 3/4.

macht, wie man aus Zahlentafel 23 sieht, der Stahl W 4, der zur Durchhärtung des größeren Querschnittes höherer Mangangehalte bedarf.

Chromwerkzeugstähle. Eine Übersicht über die Chromwerkzeugstähle gibt Zahlentafel 25. Im einzelnen ist noch zu bemerken:

Zu 1. Dieser Stahl gilt sowohl für Band-, Kreis- als auch Bügelsägen als der am meisten gebrauchte. Bei höheren Anforderungen ist auch ein Vanadingehalt gebräuchlich.

Zu 2. Dieser Stahl ist im Solinger Gebiet für Rasiermesser als der Spitzenstahl anzusehen. Bei Ziehringen, für die er früher stark in Gebrauch war, ist man auf den höherwertigen Wolfram-Vanadin-Stahl übergegangen (s. Stahl 16, S. 220).

Zu 4. Einsatzstahl für Kunstharzpreßformen bei mittleren Kernhärten und guter Einsenkbarkeit.

Zu 5. Dieser Stahl liegt an der Grenze zwischen Wasser- und Ölhärtung, wobei bei kleinen und komplizierten Teilen der Ölhärtung meist der Vorzug zu geben ist. Außer für Kaltschlagwerkzeuge und Schlagsäume wird er für kleine Kaltwalzen gebraucht.

Zu 6 und 7. Stähle dieser Art haben neben den allgemein üblichen W-haltigen Dauerstählen zunehmend Verwendung für auf Schlag beanspruchte Werkzeuge gefunden. Für Kaltlochstempel hat Stahl 6 die W-Stähle an Leistung übertroffen. Stahl 7 hat zudem den Vorteil, wasser- und ölhärtbar zu sein.

Zu 8. Dieser Stahl ist für Gewindeschneidwerkzeuge, was gleichzeitig hohe Schneidfähigkeit und Zähigkeit betrifft, dem als Spitzenstahl geltenden Chrom-Mangan-Wolfram-Stahl [S. 220 (Nr. 12), 732 (9), 736] der nächste.

Zu 9. Diese Stähle werden für Werkzeuge verwendet, die große Härte und Maßbeständigkeit beim Härten verlangen. Sie sind infolge der vielen beim Härten nicht gelösten Karbide sehr widerstandsfähig gegen Abnutzung.

Zu 10. In der deutschen Braunkohlenindustrie ist dieser Stahl für Brikettpreßschwalbungen der weitaus am meisten gebrauchte. Er ist bei einer Vergütung auf 410 bis 470 HB und Nachlassen der Kanten auf 350 bis 410 HB für diesen Fall die richtige Mitte zwischen Zähigkeit und Widerstand gegen Abnutzung.

Zu 11. Für hochbeanspruchte Kaltwalzen ist der Stahl unter Nr. 7 der meist verwendete. Er genügt den Anforderungen an hoher Härte und Polierfähigkeit am besten. Die Härtung muß trotz der verhältnismäßig hohen Legierung im Wasser erfolgen. (Näheres s. unter „Stahl für Kaltwalzen", s. S. 752.)

Auch für Kaltschlagwerkzeuge wird dieser Stahl gerne gebraucht, besonders dann, wenn großer Preßdruck und damit Gefahr des Eindrückens der Härteschicht vorliegt. Diese Stähle liegen an der Grenze der Wasserhärter. Man muß daher bei heikleren Teilen zur Ölhärtung greifen.

Zahlentafel 25. *Zusammensetzung und Verwendungsbeispiele für Chromwerkzeugstähle*

Lfd. Nr.	Bezeichnung	C in %	Cr in %	Sonstige kennzeichnende Zusätze	Verwendungsbeispiele
1	80 CrV 2	0,85	0,50	0—0,2 V	Holzsägenbleche
2	140 CrV 1	1,40	0,5	0,1	Rasiermesser, Ziehringe
3	140 Cr 3	1,40	0,7	—	Hochbeanspruchte Feilen, Prüffeilen
4	15 Cr 3	0,15	0,70	—	Einsatzstahl für Kunstharzpreßformen
5	105 Cr 4	1,05	1,00	—	Kaltwalzen, Schlagsäume, Kaltprägewerkzeuge
6	61 CrSiV 5	0,60	1,2	1,0 Si 0,1 V	Dauerstähle für Einsteckwerkzeuge, Kaltlochstempel, Schermesser
7	45 SiCrV 6	0,45	1,5	1,5 Si 0,15 V	
8		1,0	1,3	1,3 Si 0,1 V	Gewindeschneidwerkzeuge, Prägestempel
9	145 Cr 6	1,4	1,5	0,15 V	Verzugsarm für Schnitt- und Stanzwerkzeuge, Gewindeschneidwerkzeuge
10	200 Cr 8	2,0	2,0	—	Arbeitsschwalbungen, Mahlstifte und Schläger in der Hartzerkleinerung
11	85 Cr 7	0,85	1,5—2,0	—	Kaltwalzen, Lichtrollen
12	X 210 CrW 12 X 210 Cr 12 X 165 CrMoV 12	1,0—2,2	12,0	0—1,0 W 0—1,0 Mo 0—4,0 V	Hochleistungsschnitte, Gewindewalzwerkzeuge, Fließpreßwerkzeuge, Meßwerkzeuge, Kaltschlagwerkzeuge, Hammerkerne, Zieheisen
13	—	2,0—3,0	25,0	fallweise W, Co, Ni	Walzstopfen, Einlaßkerne, Warmziehringe
14	—	3,0—5,0	28—35		Legierungen für Auftragsschweißungen

Zu 12. Man kann diesen Stahl als den am häufigsten für die Hochleistungsschnittwerkzeuge gebräuchlichen ansehen. Meist wird seine Zusammensetzung mit 2% C und 12% Cr gewählt. Kleine Wolfram-, Molybdän- und Vanadinzusätze verbessern diesen Stahl weiter. Auch Kobaltzusätze (etwa 3%) wurden vorgeschlagen, um den Stahl anlaßbeständiger zu machen. Das Gefüge dieses Stahles in verschiedenen Zuständen und die Änderung seiner Härte durch verschiedene Härte- und Anlaßtemperaturen wurde auf S. 184 ausführlich behandelt.

Seine Härte und die große Menge an Karbiden machen diesen Stahl besonders widerstandsfähig gegen Abnutzung. Die günstigste Härtetemperatur liegt bei etwa 970 °C. Aus 1150 °C gehärtet, wird er austenitisch (Austenit + ungelöste Karbide), wie aus Bild 162 zu ersehen war. Der so abgeschreckte Stahl wird durch Anlassen auf etwa 540 bis 580 °C wegen der Umwandlung des Austenits in Martensit wieder hart. Durch Zusätze von Kobalt hat man versucht, die Zerspanbarkeit zu verbessern.

Zu 13. Dieser Stahl ist im Gußzustand austenitisch. Durch Erwärmen auf Temperaturen von 500 °C wird er durch Martensitbildung hart. Die Brinellhärte dieses Stahles ist trotz seines austenitischen Gefüges ziemlich hoch und beträgt etwa 350. Diese hohe Härte, die verhältnismäßige Zähigkeit und die Warmbeständigkeit machen den Stahl für Warmarbeitswerkzeuge, die keine allzu große Zähigkeit erfordern, ausgezeichnet verwendbar. Mitunter empfahl man den Stahl wohl auch gegen Verschleiß in der Kälte, wie für Brikettschwalbungen, seine geringe Zähigkeit läßt aber selten Vorteile für diesen Zweck erwarten. Das Schmieden dieses Stahles ist sehr schwierig, so daß er fast ausschließlich in gegossenem Zustand zur Verwendung kommt. Durch Zusätze von Wolfram und Kobalt wird diese Legierung merklich verbessert (s. Abschnitt „Wolframstähle“ S. 221/22).

Zu 14. Diese als gegossene Stäbe zu verwendenden Auftragslegierungen werden S. 868 näher behandelt.

Chromstähle mit besonderen physikalischen und chemischen Eigenschaften. In Zahlentafel 26 sind schließlich noch die Chromstähle mit besonderen chemischen oder physikalischen Eigenschaften zusammengefaßt. Bei jeder Nummer sind die Zusammensetzungsgrenzen so weit gesteckt, daß jeweils mehrere Stähle innerhalb dieser Grenzen liegen. Die näheren Angaben über diese Stahlgruppen finden sich in den betreffenden Abschnitten. Hier sind die Stähle nur deshalb angeführt, um eine Übersicht über alle Chromstähle zu gewinnen.

Zu 1 bis 4. s. dazu den Abschnitt „Rost- und säurebeständige (korrosionsbeständige) Stähle“.

Zu 5. Es handelt sich hier um einen sehr wichtigen warmfesten, vergütbaren Stahl.

Zu 6. s. Abschnitt „Druckwasserstoffbeständige Stähle“.

Zahlentafel 26

Zusammensetzung und Anwendungsgebiete von Chromstählen mit besonderen chemischen oder physikalischen Eigenschaften

Lfd. Nr.	Bezeichnung Beispiele	C %	Cr %	Sonstige Zusätze %	Anwendungsgebiete
1	X 10 Cr 13 X 8 Cr 17	< 0,10	13—18	—	Nicht vergütbare rost- und säurebeständige Stähle
2	X 20 Cr 13 X 30 Cr 13	0,10—0,35	13—15	0—1,5 Mo	Vergütbare rostbeständige Stähle
3	X 40 Cr 13 X 90 CrMoV 18	0,35—1,0	13—18	0—1,5 Mo 0—1,5 Co	Härtbare rostbeständige Stähle
4	X 22 CrNi 17	0,20	17	2,0 Ni	Seewasserbeständiger Stahl
5	X 20 CrMoVW 12 1	0,20	12	1,0 Mo 0,5 W 0,3 V	Warmfester, rostbeständiger Stahl bis 600 °C
6	17 CrMoV 10 21 CrVMoW 12	< 0,25	2—6	Mo, W, V	Druckwasserstoffbeständige Stähle
7	X 45 CrSi 9 3 X 80 CrNiSi 20	0,40—0,80	9—20	0—3 Mo 1—3 Si 0—0,5 V	Ventilkegelstähle
8	X 10 CrAl 13 X 10 CrSi 13	0,10	6—25	1—2,5 Si 0—1,5 Al	Zunderbeständige Stähle, 800—1200 °C
9	G X 120 Cr 29	0,2—1,0	28	0—2 Mo	Säure- und zunderbeständige Legierungen, meist Gußlegierungen
10	Cr 030 Cr 035	0,9—1,1 0,9—1,1	3,3 5,0		Dauermagnete

Zu 7. Der Chrom-Silizium-Stahl mit 9% Chrom und 3% Silizium (s. S. 720) wird zwar immer noch viel gebraucht, tritt an Bedeutung aber allmählich gegenüber den siliziumärmeren Stählen mit 12 bis 20% Cr zurück.

Zu 8. s. S. 682 und Werkstoffblatt „Hitzebeständige Stähle" 470-54/ Mai 1954.

Zu 9. Bei diesen Stählen handelt es sich meist um Gußlegierungen.

Zu 10. s. S. 517.

Einfluß von Mangan auf Chromstähle

Wird zu härtbaren Chromstählen Mangan zugesetzt, tritt so wie bei einem Nickelzusatz eine weitere Verminderung der kritischen Abkühlungsgeschwindigkeit ein, was bei Vergütungs- und Einsatzstählen wichtig ist.

Die Unterschiede in der Wirkung des Nickels im Vergleich zum Mangan sind bei höheren Mangangehalten sehr zu beachten.

Während ein Nickelzusatz zu höher legierten Chromstählen den Existenzbereich der ferritischen Phase sehr stark einengt, kann diese Wirkung bei einem Manganzusatz nur in geringerem Ausmaß beobachtet werden. Es genügt daher in einem Chromstahl mit z. B. 18% Cr, der durch einen Zusatz von 10% Ni austenitisch wurde, ein gleich hoher Mangangehalt als Ersatz für das Nickel nicht, um den rein austenitischen Zustand herbeizuführen. Die rein austenitischen Stähle liegen in einem verhältnismäßig engen Legierungsbereich (s. S. 624). Die hochlegierten Chrom-Mangan-Stähle sind überwiegend ferritisch-austenitische Mischstähle mit besonderen Erscheinungen. Sie werden auf S. 624ff. noch eingehend besprochen.

Von Bedeutung für die Verarbeitung von niedriglegierten Chrom-Mangan-Stählen ist ferner, daß sie wesentlich überhitzungsempfindlicher als die Chrom-Nickel-Stähle sind. Die Überhitzungsempfindlichkeit kann durch Zulegieren von z. B. Vanadin beseitigt werden.

Chrom-Mangan-, korrosions- und hitzebeständige sowie Baustähle. In die Zahlentafel 27 sind der Einfachheit halber neben den Baustählen auch die rost-, säure- und hitzebeständigen Stähle eingereiht.

Zu 1 und 2. Diese beiden Stähle haben sich nach anfänglichen Schwierigkeiten als sehr brauchbare Einsatzstähle bewährt, nachdem man sich an die besondere Behandlung mit mild aufkohlenden Mitteln gewöhnt und die günstigste Zusammensetzung herausgefunden hat. Sie sind trotz ungünstiger Voraussage zum großen Teil an die Stelle der Chrom-Nickel-Stähle getreten. In Amerika ist man gegenüber diesen Stählen allerdings noch immer zurückhaltend.

Zu 3. Dieser Stahl ist ein für kleine Abmessungen gut verwendbarer Vergütungsstahl. Hervorzuheben ist sein günstiges Verhalten bei der

Zahlentafel 27

Zusammensetzung und Verwendungsbeispiele von Chrom-Mangan-Baustählen und rost-, säure- und hitzebeständigen Stählen

Lfd. Nr.	Bezeichnung	C %	Cr %	Mn %	Sonstige Zusätze %	Streckgrenze kg/mm²	Zugfestigkeit kg/mm²	Dehnung $L_0 = 5 d_0$ %	Verwendungszweck
1	16 MnCr 5 (EC 80)	0,16	1,0	1,2		>60	80—110	>10	Einsatzstahl nach DIN 17210
2	20 MnCr 5 (EC 100)	0.20	1,2	1,3		>70	100—130	>8	Einsatzstahl nach DIN 17210
3	27 MnCrV 4	0,27	0,8	1,2	0,15 V	>45	70—85	>15	Gut schweißbarer Vergütungsstahl, schweißbare hochfeste Bleche
4	VMC 140	0,40	1,2	1,2	0,7 Si	>70	90—105	>11	Vergütungsstahl nach DIN 1665
5	W 4	1,0	1,5	1,0		gehärtet und angelassen >62 HRC			Große Laufringe in Wälzlagern
6		0,3—1,0	1—2	1—2					Hochverschleißfeste Auftragsschweißungen
7		0,10	12—19	19—10	1—1,5 Ni +N				Rost- und säurebeständige Stähle, Besteckbleche
8		0,10	8—14	16—18	1—3 Si 0—1,5 Ni +N				Hitzebeständige und warmfeste Stähle
9	X 40 MnCr 18	0,45	5	18	N	30—90	75—100	50—18	Induktorkappen

Schmelzschweißung. Er härtet neben der Schweiße ähnlich wie der auf S. 154 genannte Stahl nicht stark auf, übertrifft den letztgenannten aber an Festigkeit in der Schweißverbindung. Man kann nach der Vergütung Festigkeiten bis 130 kg/mm^2 erreichen.

Zu 4. Es handelt sich hierbei um einen nickel-molybdänfreien Vergütungsstahl mit sehr hochwertigen Vergütungseigenschaften auch in größeren Abmessungen.

Zu 5. Zur Verbesserung der Durchhärtung wird diesem Wälzlagerstahl ein höherer Mangangehalt gegeben, wodurch er für größere Abmessungen, z. B. für schwere Laufringe, geeignet wird (s. S. 189).

Zu 7 und 8. Diese beiden Stahlgruppen werden wieder in den zuständigen Abschnitten besprochen.

Zu 9. Für Induktorkappen ergibt dieser Stahl im kaltverformten Zustand die höchsten Streckgrenzen unter den für diesen Verwendungszweck gebräuchlichen Stählen.

Chrom-Mangan-Werkzeugstähle. Zu den in der Zahlentafel 28 genannten Chrom-Mangan-Werkzeugstählen ist im einzelnen folgendes zu sagen:

Zahlentafel 28

Zusammensetzung und Verwendung von Cr-Mn-Werkzeugstählen

	C %	Cr %	Mn %	Sonstige Zusätze %	Verwendungsbeispiele
1	1,0 —1,10	~0,50	~1,0	—	Verzugsarmer und maßbeständiger Stahl für Gewindeschneidwerkzeuge, Schnitte, Meßwerkzeuge
2	0,90—1,10	~1,0	~1,0	~1,5 W	wie oben, jedoch mit gesteigerter Schneidfähigkeit
2a	0,90—1,10	~0,6	~1,1	~0,6 W	
3	0,20—0,40	~2,0	~2,0	0,30—0,50 Mo	Gesenke, lufthärtende Kunstharzpreßformen

Zu 1 und 2. Stahl 2 ist in bezug auf Maßbeständigkeit, Schneidhaltigkeit und Zähigkeit der Spitzenstahl unter den Werkzeugstählen dieser Art. Sein Nachteil im Gebrauch ist die etwas schwierige Schleifbarkeit, die auf der Bildung einer durch Schleifen zu stark angelassenen Oberflächenschicht beruht. Die Wärmeleitfähigkeit ist wegen der höheren Legierung schon verhältnismäßig schlecht, dagegen die Anlaßbeständigkeit noch nicht so hoch, alsdaß sie wie beim Schnellarbeitsstahl der Erwärmungstemperatur beim kräftigeren Schleifen widerstehen könnte. Man hält diesen Fehler oft fälschlich für Entkohlung[1]. Er ist vermeidbar durch vorsichtiges Schleifen oder durch Abschmirgeln, was natürlich nicht immer möglich ist. Auch bei der Warmverformung erfordert dieser Stahl wegen seiner Rißanfälligkeit vorsichtige Behandlung beim

[1] Näheres darüber s. F. RAPATZ: Stahl u. Eisen Bd. 57 (1937) S. 250; s. a. Abschnitt „Stahlfehler" S. 1007.

Abkühlen, am besten ist Abkühlung in einem Ofen. Stahl 1 ist der bereits auf S. 157 besprochene Stahl 5.

Der Stahl 2 steht im Wettbewerb zu dem Manganstahl 6 (S. 157), dem Chromstahl 9 (S. 193) und dem Chrom-Silizium-Stahl 8 (S. 193). Welchem dieser Stähle der Vorzug zu geben ist, ist vielfach Sache der Gewöhnung, und man wird schwer darüber eine Einigung erzielen. Die Verfasser ziehen diesen Stahl (2) dem Manganstahl und auch dem Chromstahl wegen seiner größeren Zähigkeit, dem Manganstahl auch wegen seiner besseren Schneidhaltigkeit vor.

In den letzten Jahren hat ein Stahl mit der Zusammensetzung nach 2a sehr weite Verbreitung gefunden. Wenn auch der Stahl 2a eine nicht ganz so gute Schneidhaltigkeit wie der Stahl 2 hat, so ist er doch bei der Warmverarbeitung und Wärmebehandlung weit weniger rißempfindlich. Der Stahl 2 zeigt im Gegensatz zu 2a schon ziemlich stark lufthärtende Eigenschaften. Auch ist der Stahl 2a wohl etwas weniger schleifempfindlich als der Stahl 2.

Zu 3. Es ist dies der schon als Manganwerkzeugstahl 2 auf S. 157 genannte Stahl. Siehe auch S. 767.

Einfluß von Nickel auf Chromstähle

B. Strauss und E. Maurer[1] haben zuerst den Gefügezustand bei Raumtemperatur von Eisen-Chrom-Nickel-Legierungen mit einem

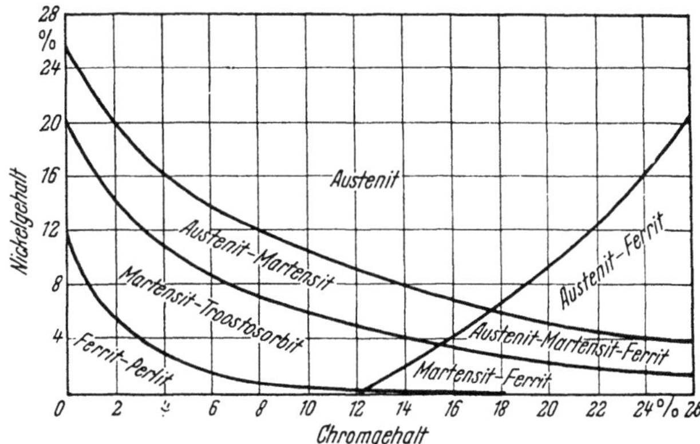

Bild 166. Gefügeschaubild der Chrom-Nickel-Stähle (nach B. Strauss u. E. Maurer)

Kohlenstoffgehalt von 0,2% in einem Schaubild gemäß Bild 166 festgehalten. Daraus ergibt sich die Einteilung der Chrom-Nickel-Stähle in austenitische, martensitische und ferritisch-perlitische. Dieses Schaubild gilt für Stähle, die aus 1100 °C an freier Luft abkühlen. Bei langsamer Abkühlung oder bei längerem Glühen bei tieferen Temperaturen würden sich die eingezeichneten Linien etwas nach oben (zu höheren

[1] Strauss, B., u. E. Maurer: Krupp. Mh. Bd. 1 (1920) S. 129/146.

Nickelgehalten) verschieben. Das Zustandsschaubild für Chrom-Nickel-Stähle ist in den Abschnitten „Rost- und säurebeständige (korrosionsbeständige) Stähle" S. 615, 618 sowie auch „Zunderbeständige Stähle" genauer behandelt. Wir werden dort sehen, daß außer dem Austenit-, Martensit- und dem ferritisch-perlitischen Bereich noch die Delta- und die Sigma-Phase in diesem und im Gesamtbereich der Fe-Cr-Ni-Legierungen berücksichtigt werden müssen.

Die austenitischen Cr-Ni-Stähle finden, wie die beiden genannten Abschnitte zeigen werden, ausgedehnteste Verwendung. Für die Verwendbarkeit der zwei anderen Gruppen gilt ähnliches wie für die Nickel- und Manganstähle, von denen gesagt wurde, daß die martensitischen Stähle wegen ihrer schwierigen Weichglühbarkeit und ihrer Empfindlichkeit bei der Abkühlung nicht verwendet werden, wogegen man die ferritisch-perlitischen vor allem für Vergütungs- und Einsatzstähle gebraucht. Durch den Nickelzusatz wird hierbei der Umwandlungspunkt erniedrigt und durch Verminderung der kritischen Abkühlungsgeschwindigkeit die Härtbarkeit und Durchhärtung erhöht. Ein Stahl mit z. B. 0,4% C, 1,0% Cr und 3% Ni härtet bei 300 mm Durchmesser bis in den Kern mehr als 50% martensitisch durch. Ohne Nickel würde der Stahl nur bis zu einem Durchmesser von etwa 60 mm auf Martensit durchhärten.

Chrom-Nickel-Baustähle. Das Schwergewicht der Verwendung der ferritisch-perlitischen Chrom-Nickel-Stähle liegt auf der Seite der Vergütungs- und Einsatzstähle, wo sie allerdings eine überragende Bedeutung haben. Eine Übersicht über die Chrom-Nickel-Baustähle gibt Zahlentafel 29[1], wobei vermerkt sei, daß diese Stähle auch noch im Abschnitt „Baustähle" im Zusammenhang mit anderen Stählen behandelt werden. In dieser Zahlentafel sind die alten Bezeichnungen nach DIN 1662 mit berücksichtigt, da sie gerade bei diesen Stählen noch oft gebraucht werden.

Die großen Vorteile der Chrom-Nickel-Stähle als Baustähle sind ihre gute Durchvergütbarkeit, ihr geringes Kornwachstum bei der Warmbehandlung und die damit verbundenen günstigen Zähigkeitseigenschaften, die den höchsten Ansprüchen an Vergütungs- und Einsatzstähle genügen. Die Chrom-Nickel-Vergütestähle neigen jedoch zu Anlaßsprödigkeit. Diese läßt sich, wie im Abschnitt „Vergüten" erwähnt, durch Molybdän- und Wolframzusätze beheben.

Zu 1 und 2. Diese Stähle werden auf der ganzen Welt als die Einsatzstähle mit der größten Zähigkeit und der gleichmäßigsten Kernhärte angesehen. Die Steigerung der Kernhärte wird hier hauptsächlich durch Erhöhung der Nickelzusätze erreicht. Im geringen Ausmaß wird auch

---

[1] Die Zugfestigkeitswerte gelten bei den Einsatzstählen für den Innenteil nach der Einsatzhärtung (s. Blindhärteversuch S. 32 u. 417) und bei den Vergütungsstählen für den vergüteten Zustand.

Zahlentafel 29. *Zusammensetzung und Verwendungsbeispiele von Chrom-Nickel-Baustählen*

Lfd. Nr.	Bezeichnung	C %	Cr %	Ni %	Sonstige Zusätze %	Streckgrenze kg/mm²	Zugfestigkeit kg/mm²	Dehnung $L_0 = 5\,d_0$ %	Verwendungszweck bzw. Norm
						a) Einsatzstähle			
1	ECN 25	0,13	0,80	2,5		>56	80—100	>14	Einsatzstahl nach DIN 1662
2	ECN 35	0,14	0,75	3,5		>58	90—120	>9	Einsatzstahl nach DIN 1662
3	15 CrNi 6	0,15	1,5	1,5		>65	90—120	>9	Einsatzstahl nach DIN 17210
4	18 CrNi 8	0,17	2,0	2,0		>80	120—145	>7	Einsatzstahl nach DIN 17210
5	AISI 4320	0,20	0,50	1,8	Mo 0,25	>75	100—120	>9	
6	AISI 8620	0,20	0,50	0,60	0,20	>70	85—105	>12	Einsatzstahl aus der Reihe „three alloyed-steels“
						b) Vergütungsstähle			
7	VCN 15 h	0,36	0,6	1,5		>60	75—86	>16	Vergütungsstähle nach DIN 1662
8	VCN 25 h	0,36	0,8	2,5		>65	80—95	>12	
9	VCN 35 h	0,32	0,8	3,5		>75	90—105	>12	
10	36 CrNiMo 4	0,36	1,0	1,0	Mo 0,20	>70	90—105	>12	Vergütungsstähle nach DIN 17200
11	34 CrNiMo 6	0,34	1,5	1,5	0,20	>80	100—120	>11	
12	30 CrNiMo 8	0,30	2,0	2,0	0,30	>90	110—130	>10	
13	~AISI 4340	0,40	0,80	1,4	0,40	>80	100—120	>12	Vergütungsstahl
14	—	0,30	0,80	3,0	0,50	>90	105—115	>10	Vergütungsstahl für höchste Beanspruchung
15	AISI 8640	0,40	0,50	0,60	0,20	>70	85—95	14	Vergütungsstahl aus der umfangreichen Reihe der „three alloyed-steels“

noch ein Stahl mit 4,5% Ni, entsprechend „ECN 45" für höchste Kernhärten bei hohen Zähigkeitseigenschaften verwendet.

Zu 3 und 4. Seit etwa 20 Jahren haben sich diese Typen eingebürgert, bei denen die höhere Kernhärte durch höheren Chromgehalt herbeigeführt wird. Dieser Stahltyp wird, besonders wenn man Nickel sparen will, Stahl 1 und in manchen Fällen auch 2 verdrängen.

Zu 5. Es ist dies ein sehr gebräuchlicher, amerikanischer Einsatzstahl für höhere Kernfestigkeiten. Kennzeichnend ist der niedrige Chromgehalt, den man zur Vermeidung von Überkohlungen bevorzugt, und ein Molybdänzusatz als Ausgleich zur Erreichung der geforderten Härtbarkeit (s. S. 373 über die Rolle des Molybdäns in Einsatzstählen).

Zu 6. Dieser Stahl wurde ursprünglich zur wirtschaftlichen Verwertung der Legierungsbestandteile im Schrott geschaffen. Stähle dieser Art, die mit relativ niedrigem Chrom-, Nickel- und Molybdängehalt legiert sind, haben ein weites Anwendungsfeld, insbesondere für Zahnräder im Personenwagenbau. Gute Zerspanbarkeit und günstiges Verzugsverhalten wird diesen Stählen nachgesagt.

Zu 7 bis 9. Ähnlich den Einsatzstählen 1 bis 3 ist diese Stahlgruppe sehr verbreitet. Auch hier steigert man, um zu hohen Festigkeiten zu gelangen, oft mehr als nötig den Nickel- anstatt des Chromgehaltes. Diese Vergütungsstähle können, solange Molybdän oder ein anderes die Anlaßsprödigkeit unterbindendes Element fehlt, nicht als Spitzenstähle angesehen werden. Ausführlicheres über diese Stähle bringt wieder Abschnitt „Baustähle" S. 390.

Zu 10 bis 12. Bei diesen Stählen ist zur Steigerung der Festigkeit derselbe Weg begangen worden wie bei den Einsatzstählen 3 und 4, wo auch der Nickel- und Chromgehalt etwa gleich sind.

Da diese Stähle zusätzlich mit Molybdän legiert sind, sind sie den alten Chrom-Nickel-Stählen gemäß 7 bis 9 trotz nicht hohem Nickelaufwand überlegen.

Zu 13. Dies ist ein amerikanischer, genormter, häufig verwendeter, hochwertiger und wirtschaftlicher Vergütungsstahl, der auch in Europa Bedeutung gewonnen hat.

Zu 14. Vergütungsstahl für hohe Festigkeiten bei guter Zähigkeit auch in der Querrichtung. Dieser Stahl ist immer dann am Platze, wenn es gilt, höchsten Beanspruchungen gerecht zu werden.

Zu 15. Vergütungsstahl entsprechend der unter Stahl 6 aufgezeigten Entwicklungsrichtung.

Chrom-Nickel-Werkzeugstähle. Nickel fördert wohl die Durchhärtung, ist aber zur Erreichung von hohen Härten, z. B. 62 HRC, unverläßlich. Hierfür mag die Bildung von Restaustenit in größeren Anteilen, die sich schon bei Nickelgehalten über 0,6% unangenehm bemerkbar macht, verantwortlich sein. Da Nickel im Stahl außerdem keine Karbide bildet, wird es für Schneidwerkzeuge und solche für größten Verschleißwiderstand in der Kälte kaum verwendet. Den Nickelstählen wird außerdem die Eigenschaft zugeschrieben, daß sie „fressen" (S. 927, 928, 930). Die Verwendung des Nickels bei Werkzeugstählen beschränkt sich deshalb auf Warmarbeits- und Kaltpreß- sowie Kaltschlagwerkzeuge, wo die Durchhärtbarkeit, Zähigkeit und die geringe Neigung zur Grobkornbildung der Nickelstähle voll zur Geltung kommen.

Zu den in der Zahlentafel 30 angegebenen Stählen ist noch folgendes zu bemerken.

Zu 1. Austenitischer Warmarbeitsstahl zur Verarbeitung schwer preßbarer Schwermetallegierungen auf Rohr- und Strangpressen (s. S. 774).

Zu 2. Wegen seiner Durchvergütbarkeit auf sehr hohe Festigkeiten — selbst bei großen Querschnitten — wird dieser Stahl neben Stahl 5 für Preßstempel an liegenden Rohr- und Strangpressen eingesetzt. Für Formteil-Preßgesenke, vorwiegend mit tiefen Gravuren, findet Stahl 2 auf Grund seiner bei hoher Festigkeit guten Zähigkeit Verwendung.

Zu 3 und 4. Hauptanwendungsgebiet dieser Stähle sind Kaltprägewerkzeuge, insbesondere Besteckstanzen, wobei Stahl 3 vorwiegend luftgehärtet wird.

Zu 5 und 6. Diese Stahlart, hergestellt in zwei Abstufungen, hat als Gesenkstahl auf der ganzen Welt Eingang gefunden und zählt zu den am meisten gebrauchten. Er ist zwar nicht so zäh wie Stahl 2, aber leichter zerspanbar, was für die Herstellung von Gesenkformen besonders wichtig ist.

Zu 7. Lufthärtender Einsatzstahl für große Querschnitte zur Herstellung von Matrizen für die Kunststoffverarbeitung.

Zu 8. Dieser Standard-Einsatzstahl, über den an anderer Stelle (s. S. 395) gesprochen wird, findet auch als Werkzeugstahl, insbesondere für Matrizen für die Kunststoffverarbeitung, ausgedehnte Verwendung.

Zu 9 und 10. Diese Stähle weisen einen hohen Widerstand gegen Brandrißbildung (s. S. 764) auf.

Zu 11. Die Beanspruchung der Zahnkerben ist eine Art Beanspruchung auf Dauerfestigkeit, und das Nickel wird nicht wegen der Verbesserung des Verschleißwiderstandes, sondern im Sinne der Verbesserung der Baustahleigenschaften zugesetzt.

Zu 12. Während für die meisten Produkte aus Glas Graugußformen meistens genügen, wird für die Herstellung hochwertiger Gläser zunderbeständiger Stahl, der sich durch geringe Neigung zum Kleben auszeichnet, verwendet.

Zahlentafel 30. *Zusammensetzung und Verwendungsbeispiele von Cr-Ni-Werkzeugstählen*

Lfd. Nr.	Bezeichnung	C %	Cr %	Ni %	Sonstiges %	Verwendungsbeispiele
1	45 CrNiW 58 52	0,45	13	13	W, V	Preßmatrizen für Schwermetallegierungen
2	35 NiCrMo 16	0,35	1,4	4	0,3 Mo	Formteilpreßgesenke, Preßstempel
3	40 NiCrMo 15	0,40	1,5	4	0,25 Mo oder 0,50 W	Besteckstanzen, Prägewerkzeuge
4	50 NiCr 13	0,50	1,0	3,5	0—0,2 Mo	Besteckstanzen, Prägewerkzeuge
5	56 NiCrMoV 7	0,55	1,0	1,7	0,6 Mo + V	Schmiedehammergesenke, Preßstempel
6	55 NiCrMoV 6	0,55	0,7	1,7	0,3 Mo + V	Schmiedehammergesenke
7	19 NiCrMo 15	0,19	1,3	4,0	0,2 Mo	Lufthärtender Einsatzstahl für Kunststoffpreßformen
8		0,14	0,75	3,5		Einsatzstahl für Kunststoffpreßformen
9	26 NiCrMoV 5	0,26	0,7	1,5	0,3 Mo 0,2 V	Pilgerdorne bis 120 ⌀
10	28 NiCrV 5	0,28	0,7	1,2	0,2 V	Pilgerdorne bis 180 ⌀
11		0,8	0,5	0,5		Holzsägenbandstahl
12		0,15	20 25	4—35		Glaspreßformen

Die Zahlentafel 31 bringt in weiten Grenzen die Zusammensetzung und Verwendung der Chrom-Nickel-Stähle mit besonderen chemischen und physikalischen Eigenschaften. Auch hier gilt das, was für die Chrom- und Chrom-Mangan-Stähle derselben Verwendungsreihe gesagt ist und es sei deshalb auf die Sonderabschnitte verwiesen.

Die Herstellung von korrosionsbeständigen Chromeisenschichten durch Diffusion, durch „Inchromieren" wird auf S. 880 im Abschnitt „Oberflächenschutzverfahren" beschrieben.

Besonderheiten bei der Erzeugung der Chromstähle. Erschmelzung und Weiterverarbeitung[1]

Chrom oxydiert leichter als Eisen. Es wird daher das Ferrochrom erst nach der Desoxydation in das Bad eingebracht, um unnötige Legierungsverluste zu vermeiden. Stähle mit hohem Chromgehalt werden am besten im Elektroofen hergestellt, da im SM-Ofen zu stark oxydierende Bedingungen herrschen.

Im basischen SM-Ofen geht man bis 2% und im sauren bis 3,5% Chrom.

Die Verknappung des Chroms während des Krieges hat Schmelzverfahren zur Entwicklung gebracht, den Chromstahlschrott so einzuschmelzen, daß das Chrom erhalten bleibt; nach den vorher üblichen Verfahren ließ man es — wenn es sich um Chromgehalte unter 2% handelte — in die Schlacke gehen. Eine der Maßnahmen, dies zu verhindern, ist zunächst die, die Schlackenmenge gering zu halten, um schon dadurch — dem Massenwirkungsgesetz zufolge — das Übergehen des Chroms in die Schlacke einzuschränken. Um beim SM-Ofen die Schlacke möglichst vom Eisen- und Manganoxyd zu befreien, setzt man entweder mit erhöhter Roheisenzugabe ein oder gibt Silizium- oder Aluminiumgrieß auf die Schlacke. Die Schmelze muß besonders gegen Ende heiß gehalten werden. Im Elektroofen führt man die Kochperiode nicht bis zu Ende durch und hört mit dem Erzzusatz schon bei etwa 0,15% C auf. Bei Chromgehalten über 1% verzichtet man, um das Chrom zu schonen, überhaupt auf das Kochen und arbeitet von Beginn an reduzierend — wenn auch der Stahlwerker dagegen oft seine berechtigten Bedenken hat. Auch im Elektroofen ist — um die Reduktionswirkung des Kohlenstoffes gegenüber den Chromoxyden zur Geltung kommen zu lassen — heißes Arbeiten nötig. Da die Schlacke, besonders im Elektroofen, für die Entphosphorung zu wenig oxydierend ist, ist es zu empfehlen, mit phosphorarmem Schrott zu arbeiten.

---

[1] Näheres über diese Fragen s. F. Leitner-E. Plöckinger: Die Edelstahlerzeugung. Wien: Springer 1950; F. Sommer-H. Pollack: Elektrostahlerzeugung. Düsseldorf: Stahleisen 1950.

Zahlentafel 31

Zusammenfassung und Verwendungsgebiete von Cr-Ni-haltigen Stählen mit besonderen chemischen oder physikalischen Eigenschaften

Lfd. Nr.	C %	Si %	Mn %	Cr %	Ni %	Sonstige Zusätze %	Verwendungszweck
1	~,15	~1,0	~2,0	12,—20,	7,—22,	Mo, Cu, TaNb	Korrosionsbeständige Stähle
2	~,20	1,—2,5	~2,0	15,—30,	4,—37,	Ti	Zunderbeständige Stähle
3	,35—,50	1,—3,	~1,5	13,—27,	3,—16,	Mo, W, V	Ventilstähle
4	< ,50	1,	< 2,0	12,—20,	8,—35,	Mo, W, V, Co, TaNb, Ti	Hochwarmfeste Stähle für Gas- und Dampfturbinen
5	< ,15	,5—2,5	,5—3,	15,—30,	20,—80,		Heizleiter- und Widerstandslegierungen
6	,25	~,20	~,20	12,	37,		Temperaturunabhängiger Elastizitätsmodul, z. B. für Unruhefedern, Stimmgabeln
7	< ,65	< 1,0	bis 16	3—19	5—10		Unmagnetisierbare Stähle
8	,20	< ,60	6,0	12,	10,		Bandagendraht

Das Einschmelzen hochchromhaltigen Schrottes, z. B. von rostfreiem Stahl, muß auf ein Umschmelzen ohne viel Schlackenarbeit abgestellt sein. Die Chromverluste sind dabei im sauer zugestellten Ofen — sowohl

Induktions- wie Lichtbogenofen — kleiner. Gütemäßig sind dagegen basisch erschmolzene Stähle vorzuziehen (s. S. 424, 376). Die Verwendung des Schrottes der korrosionsbeständigen Chrom- und Chrom-Nickel-Stähle zur Herstellung von Stählen und niedrigem Kohlenstoffgehalt hat durch das Niederschmelzen in der Sauerstoffflamme sehr gewonnen[1].

Beim Erschmelzen von Chromstählen können erhebliche Mengen von Stickstoff aufgenommen werden[2]. Sie sind oft schon im Ferrochrom enthalten; bei hohen Chromgehalten des Stahles können sie aber auch während des Schmelzens in den Stahl eintreten, außerdem kann im kohlenstoffarmen Chrom- oder Ferrochrom Wasserstoff enthalten sein. Die aufgenommenen Gasmengen können beim Vergießen zu Schwierigkeiten wegen Blasenbildung führen, wobei der Stickstoff unschädlicher ist als der Wasserstoff (s. Flocken S. 1003).

Die Ausbildung des Gußgefüges der Chrom- und Chrom-Nickel-Stähle ist bei den einzelnen Stahlgruppen verschieden. Die austenitischen Stähle neigen besonders zur groben Primärkristallisation und auch zur Transkristallisation, was die Rißbildung begünstigt, weil der Stahl bei der Warmverformung und oft schon während der Erstarrung im Block längs der gleichgerichteten Kristalle aufreißt. Diese Erscheinung ist auch noch stark ausgeprägt bei den Vergütungs- und Einsatzstählen, die 2 bis 4% Nickel enthalten. Bei den ferritischen Chromstählen setzt die Transkristallisation bei höheren Gießtemperaturen ein als bei den Cr-Ni-Stählen.

Es ist bemerkenswert, daß austenitische Chrom-Mangan-Stähle die transkristalline Erstarrung weniger zeigen und daß die Transkristallisation bei Chrom-Nickel-Vergütungsstählen mit 0,3 bis 0,5% C, etwa 1% Cr und 3 bis 5% Ni viel öfter ein erschwerender Übelstand ist als bei nickelfreien Vergütungsstählen. Es ist also das Nickel, das die Transkristallisation fördert. Die ferritischen Chrom-Aluminium- und Chrom-Silizium-Stähle kristallisieren auch sehr grob, aber mit etwas weniger Transkristallisation.

Das Chrom vermindert die Wärmeleitfähigkeit. Es sind daher vor der Warmformgebung längere Anwärm- und Haltezeiten nötig als bei Kohlenstoffstählen. Stähle, die an der Luft stärker härten, vor allem perlitisch-martensitische Chrom-Nickel-Stähle, sind nach der Warmformgebung entweder sehr langsam abzukühlen oder, noch besser, im Perlitbereich des ZTU-Schaubildes nachzuwärmen (s. S. 93). Der Formänderungswiderstand bei der Warmformgebung ist um so größer, je

---

[1] Bungardt, K., E. Pakulla u. K. Tesche: Stahl u. Eisen Bd. 72 (1952) S. 245/255.

[2] s. Abschnitt „Stickstoff“, in welchem der Einfluß des Stickstoffes als Legierungselement in Chromstählen besprochen wird.

höher die Warmfestigkeit der zu verformenden Legierung ist. Er wird daher bei den austenitischen Chrom-Nickel-Stählen am größten, bei den Chrom-Mangan-Stählen kleiner und bei den ferritischen Stählen nicht wesentlich größer als bei weichem Flußeisen sein. Dazu kommt noch der Einfluß von Temperatur und Dauer der Erwärmung auf die Rekristallisation. Bei ferritischen Stählen tritt bei den normalen Warmverformungsbedingungen erst knapp unter etwa 800 °C Verfestigung auf. Einzelne warmfeste austenitische Stahllegierungen, die bei 1000 °C warmfester sind als unlegierte bei 700 °C, können sich beim Schmieden oder Walzen auch noch oberhalb 1000 °C verfestigen (s. S. 94, 101).

Es kommt hier der Zusammenhang zwischen Warmfestigkeit und Rekristallisationsgeschwindigkeit zum Ausdruck. Zusätzlich zu den Aus-

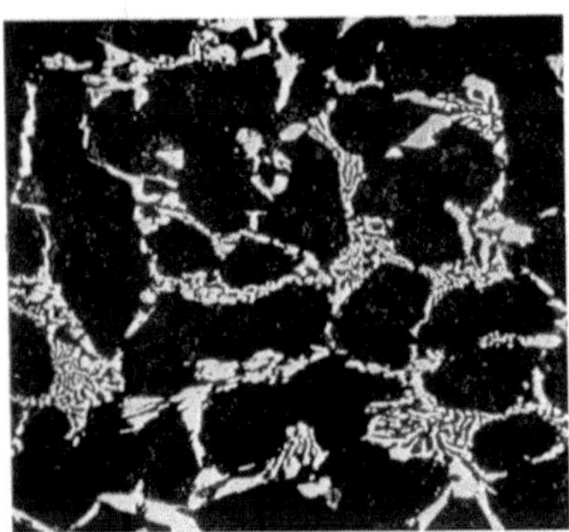

Bild 167. Kleingefüge (Ledeburitnetzwerk) eines Stahles mit 2% C und 12% Cr. V = 500

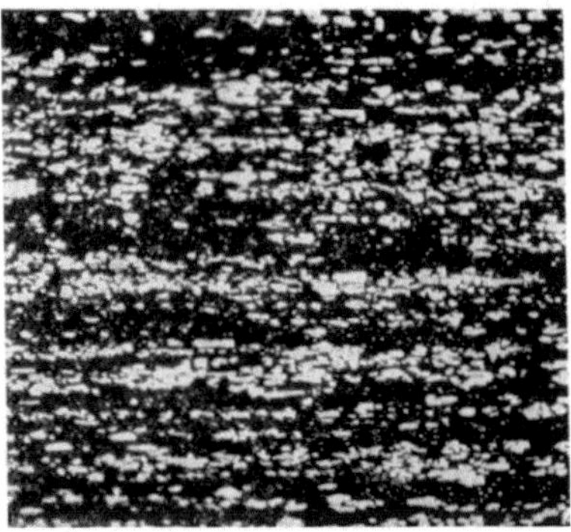

Bild 168. Kleingefüge eines Stahles mit 2% C und 12% Cr nach starker Verschmiedung (Längsschliff). V = 200

scheidungsvorgängen durch Sonderkarbide, die aber nicht bei allen austenitischen Stählen eine Rolle spielen, ist es eben die erst bei hohen Temperaturen sich vollziehende Rekristallisation, die die hohe Warmfestigkeit hauptsächlich bedingt.

Die Endtemperatur bei der Warmformgebung und der Verformungsgrad in der letzten Hitze sind für die Feinkörnigkeit des Gefüges der austenitischen und ferritischen Legierungen maßgebend. Diese Stähle können durch keine nachträgliche Wärmebehandlung verfeinert werden. Durch zu hohe Schmiede- oder Walztemperaturen grobkörnig gewordene perlitische und perlitisch-martensitische Stähle kann man natürlich wie Stahlformguß durch Normalglühen im Gefüge verbessern (S. 36).

Den großen Einfluß der Warmformgebung auf das Gefüge ledeburitischer Stähle zeigen die Bilder 167 und 168 für einen Stahl mit 12,0% Cr und 2,0% C. Im gegossenen Zustand ordnet sich der Ledeburit in Form eines Netzwerkes an, dessen Ausbildung bei gegebener Zusammensetzung hauptsächlich durch die Erstarrungsgeschwindigkeiten bestimmt und bei langsamer Abkühlung gröber als bei schneller Abkühlung sein wird. Die Erstarrungstemperatur liegt bei 1150 bis 1160 °C (Erstarrungspunkt des Ledeburits bei 12 %igen Chromstählen). Beim Walzen oder Schmieden werden die Ledeburitkarbide, die wie Fremdkörper im Austenit liegen, zeilenförmig verteilt werden. Das Bild 167 zeigt das Ledeburitnetzwerk im gegossenen Zustand, das Bild 168 zeigt für den gleichen Stahl das Gefüge nach der Warmformgebung. In bezug auf Rißempfindlichkeit beim Schmieden und Walzen verhält sich dieser Stahl trotz seines hohen Kohlenstoffgehaltes gutartig; natürlich darf der Schmelzpunkt des Ledeburites nicht überschritten werden.

Eine besondere Art von Spannungsrissen, die bei Chrom-, Chrom-Nickel- und Chrom-Mangan-Stählen und auch Manganstählen häufig auftreten, sind die Flocken (s. S. 1003).

Will man die Schmelzschweißung anwenden, so entstehen bei härtbaren Stählen Schwierigkeiten durch Aufhärtung (s. S. 655); bei den ferritischen ist es die Grobkornbildung und bei den austenitischen die interkristalline Korrosion, die besonders beachtet werden müssen. Ausführlicheres bringen die Abschnitte „Abriß über die Metallurgie des Schweißens" und die bei den „Korrosionsbeständigen Stählen" (s. S. 652) und bei den Baustählen gebrachten Ausführungen über das Schweißen (s. S. 395).

5. Wolframstähle[1]

Das System Eisen-Wolfram

Wolfram gehört zu der Gruppe der Legierungselemente, die das γ-Gebiet abschnüren. Außerdem ist es ein starker Sonderkarbidbildner. Wolfram hat schon sehr früh in der Edelstahltechnik große Bedeutung erlangt.

Bild 169 zeigt das Zustandsschaubild Eisen-Wolfram nach der Literaturauswertung von M. Hansen[2]. Obwohl über dieses System noch manche Unklarheiten bestehen, sind keine wesentlichen neueren Untersuchungen bekannt, die hier Klarheit gebracht hätten[3]. Das homogene γ-Gebiet ist bei 3,2% W abgeschnürt, das Zweiphasengebiet bis 6,6% W, d. h., oberhalb dieses Wolframgehaltes sind die Eisen-Wolfram-Legierungen umwandlungsfrei. Im System Eisen-Wolfram ist das Auftreten zweier intermediärer Phasen, der ε-Phase und der ζ-Phase, einigermaßen gesichert. Die ε-Phase bildet sich bei 1040 °C aus dem α-Mischkristall und

[1] Gregg, J. L.: The Alloys of Iron and Tungsten; The Alloys of Iron Research, Monograph Series. New York and London: McGraw-Hill 1934.

[2] Hansen, M.: Der Aufbau der Zweistofflegierungen. Berlin: Springer 1936, S. 759.

[3] Hansen, M., u. K. Anderko: Constitution of Binary Alloys, 2. Aufl. New York/Toronto/London: McGraw-Hill 1958, S. 732/737.

der ζ-Phase, kristallisiert hexagonal und hat die Zusammensetzung Fe_2W. Für die ζ-Phase, Bildungstemperatur 1640 °C, wird von H. ARNFELT[1] die Zusammensetzung Fe_3W_2 angegeben, sie kristallisiert hexagonal. W. P. SYKES und K. R. VAN HORN[2] bestätigen dies; nach H. ARNFELT und A. WESTGREN[3] kristallisiert die ζ-Phase jedoch rhomboedrisch

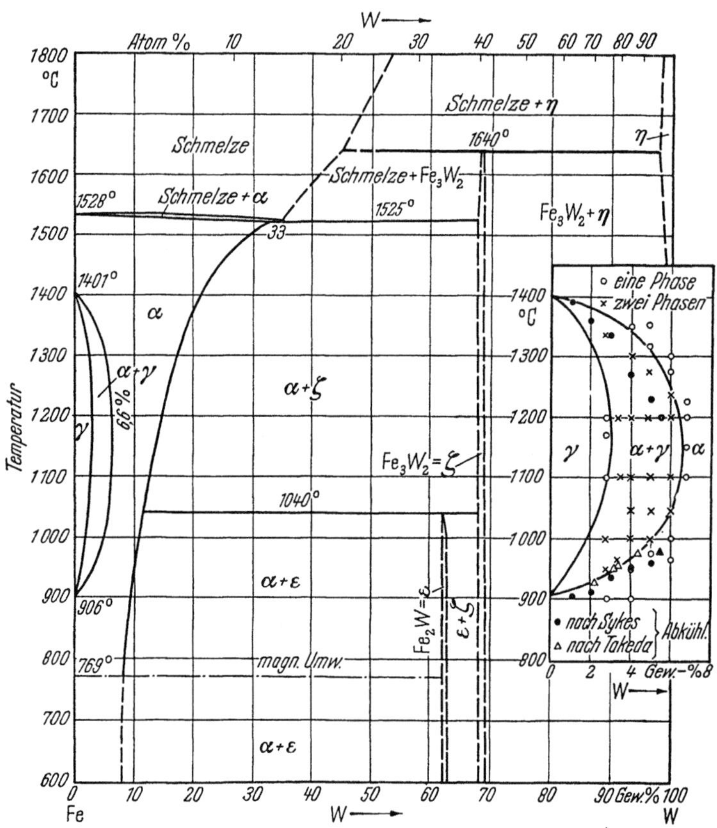

Bild 169. Zustandsschaubild der Eisen-Wolfram-Legierungen (nach M. HANSEN)

und hat die Zusammensetzung Fe_7W_6. Dagegen beobachtete H. J. GOLDSCHMIDT[4] bei dem Versuch, in gesinterten Proben die ε-Phase zu erzeugen, drei verschiedene Strukturen, die alle Modifikationen der ζ-Phase darstellen, und vermutet für die eisenreichste von diesen die Zusammensetzung Fe_7W_3.

[1] ARNFELT, H.: Iron Steel Inst. Carnegie School Mem. Bd. 17 (1928) S. 1/13.

[2] SYKES, W. P., u. K. R. VAN HORN: Trans. Amer. Inst. min. metallurg. Engrs. Bd. 105 (1933) S. 198/212.

[3] ARNFELT, H., u. A. WESTGREN: Jernkont. Ann. Bd. 119 (1935) S. 185/196.

[4] GOLDSCHMIDT, H. J.: J. Iron Steel Inst. Bd. 170 (1952) S. 189/204.

Die Verbindung Fe_3W_2 ist bei 1526 °C im Eisen entsprechend einem Wolframgehalt von 33% löslich. Bis 600 °C sinkt die Löslichkeit auf etwa 8% Wolfram, nach einer neueren Untersuchung auf 4,5% W [1]. Kohlenstofffreie Eisen-Wolfram-Legierungen sind also zur Ausscheidungshärtung befähigt. Untersuchungen über Aushärtung von Eisen-Wolfram-Legierungen liegen von W. P. SYKES[2], K. S. SELJESATER und B. A. ROGERS[3], W. P. SYKES[4] und C. S. SMITH[1] vor.

Nach diesen Untersuchungen werden die Eisen-Wolfram-Legierungen von etwa 1400 °C abgeschreckt und erreichen ihre höchste Härte beim Anlassen in Temperaturgebieten von 700 bis 800 °C. Außer der Härte steigen auch Remanenz und Koerzitivkraft an. Der Ausscheidungseffekt des Wolframs wird durch Zulegierung von Kobalt noch wesentlich gesteigert. Diese Legierungen sind im Abschnitt „Kobalt" besprochen. Eisen-Wolfram-Legierungen haben keine technische Anwendung gefunden.

Kohlenstoffhaltige Eisen-Wolfram-Legierungen

Von dem Dreistoffsystem Eisen-Wolfram-Kohlenstoff ist das Randsystem Wolfram-Kohlenstoff von besonderem Interesse. Es hat seine Bedeutung vor allem auch durch die Verwendung von Wolframkarbiden zur Herstellung von Hartmetallen erhalten. Bild 170 gibt das Zustandsschaubild Wolfram-Kohlenstoff nach W. P. SYKES[5]. Wolfram bildet zwei Karbide, W_2C (β-Phase) und WC (γ-Phase). W_2C und WC bilden ein bei 2525 °C schmelzendes Eutektikum, dessen Kohlenstoffgehalt von W. DAWIHL[6] mit 4,1% C angegeben wird. Die gegossenen Karbidhartmetalle haben eine Zusammensetzung, die etwa bei diesem Kohlenstoffgehalt liegt. In den gesinterten Hartmetallen hingegen soll, von Ausnahmefällen abgesehen, nur das Karbid WC mit 6,12% C enthalten sein (s. S. 871).

Das Karbid W_2C tritt in zwei allotropen Modifikationen auf, von denen das β W_2C oberhalb von 2400 °C und das αW_2C unterhalb 2400 °C beständig ist. Nach WESTGREN und PHRAGMÉN[7] hat das α W_2C ein hexagonal dichtest gepacktes Gitter, WC dagegen ein einfaches hexagonales Gitter.

Über die Eisen-Wolfram-Kohlenstoff-Legierungen liegen im Hinblick auf die große technische Bedeutung dieser Legierungen eine große

[1] SMITH, C. S.: J. appl. Phys. Bd. 12 (1941) S. 817/822.

[2] SYKES, W. P.: Trans. Amer. Inst. min. metallurg. Engrs. Bd. 73 (1926) S. 968/1008.

[3] SELJESATER, K. S., u. B. A. ROGERS: Trans. Amer. Soc. Steel Treat. Bd. 19 (1932) S. 553/576.

[4] SYKES, W. P.: Trans. Amer. Soc. Met. Bd. 28 (1940) S. 892/908.

[5] SYKES, W. P.: Metals Handbook 1948 S. 1184; Amer. Soc. Met. Cleveland.

[6] Naturforschung und Medizin in Deutschland 1939—1946. Bd. 33. Metallkunde der Nichteisenmetalle T. 2. Wiesbaden 1948. (Für Deutschland bestimmte Ausgabe der Fiat Review of German Science.)

[7] WESTGREN, A., u. G. PHRAGMÉN: Z. anorg. allg. Chem. Bd. 156 (1926) S. 27.

Anzahl von Einzeluntersuchungen vor. Die Verhältnisse im System Eisen-Kohlenstoff-Wolfram sind ziemlich kompliziert und sie sind im Hinblick auf die Unsicherheit der Versuchsunterlagen als noch nicht vollständig geklärt zu betrachten. Es soll also deshalb auch von der Wiedergabe des ternären Zustandsschaubildes, das TAKEDA[1] aufgestellt hat, Abstand genommen werden.

Eine schematische Darstellung der Phasenverteilung bei Raumtemperatur im Dreistoffsystem Eisen-Wolfram-Kohlenstoff war bereits im Abschnitt „Karbide" gebracht worden[2] (s. Bild 105, S. 117). Außer den aus den Randsystemen bekannten Karbiden Fe_3C, W_2C und WC existieren hiernach noch zwei Doppelkarbide, das mit dem Chromkarbid $Cr_{23}C_6$ isomorphe $(W, Fe)_{23}C_6$, für das vielfach die Formel $Fe_{21}W_2C_6$ angegeben wird, und das ebenfalls kubische Karbid $(W, Fe)_6C$, dessen Existenzbereich etwa zwischen den Grenzen Fe_3W_3C und Fe_4W_2C liegt, und das meist als η-Karbid bezeichnet wird. Außerdem wird noch vom Auftreten eines weiteren, mit diesem isomorphen Karbid berichtet (η'), das wahrscheinlich kohlenstoffärmer ist und dem in einem Falle die Zusammensetzung $(W, Fe)_{12}C$ zugeschrieben wurde[3, 4].

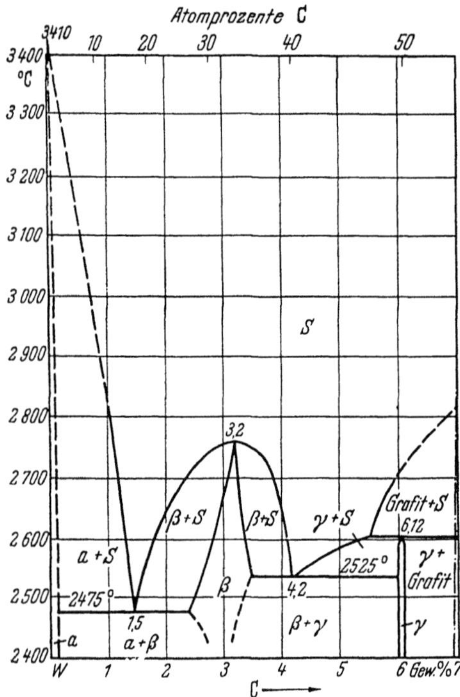

Bild 170. Zustandsschaubild der Wolfram-Kohlenstoff-Legierungen (nach W. P. SYKES)

Die gegenseitige Löslichkeit dieser Karbide ist unterschiedlich. Der Zementit vermag nur geringe Mengen Wolfram zu lösen, bereits bei einem Wolfram-Kohlenstoffverhältnis von 0,5 tritt neben dem Zementit

[1] TAKEDA, S.: Technol. Rep. Tôhoku Univ. Bd. 9 (1930) S. 447.

[2] KRAINER, H.: Arch. Eisenhüttenw. Bd. 21 (1950) S. 39/41.

[3] SATO, T., T. NISHIYAMA u. M. OHASHI: J. Jap. Inst. Metals Bd. 21 (1957) S. 662/665.

[4] Außerdem sei noch verwiesen auf die Arbeiten von: GOLDSCHMIDT, H. J.: J. Iron Steel Inst. Bd. 160 (1948) S. 345/362 u. Bd. 170 (1952) S. 189/209. — KUO, K.: J. Iron Steel Inst. Bd. 174 (1953) S. 223/228.

das $(W, Fe)_{23}C_6$ auf[1] mit variablen Gehalten an Wolfram. Auch im $(W, Fe)_6C$ liegen unterschiedliche Gehalte an Wolfram vor.

Nun ist es nicht so, daß alle diese Karbide auch im Gleichgewicht, d. h. nach sehr langen Glühzeiten, vorliegen. In Wolframstählen sind der Zementit, WC und $(W, Fe)_6C$ die stabilen Karbide, während W_2C und $(W, Fe)_{23}C_6$ nur Übergangskarbide sind. Beispielsweise konnte H. KRAINER[2] nachweisen, daß sich das stabile Karbid WC durch Zersetzen des Karbides $(W, Fe)_{23}C_6$ bildet. Das W_2C wird bei höheren Wolframgehalten beim Anlassen nach dem Abschrecken bereits in kurzen Zeiten ausgeschieden, bei längeren Anlaßzeiten verschwindet es aber wieder zugunsten des $(W, Fe)_6C$ [1].

Das stabile Wolframkarbid WC entsteht ungefähr unter denselben Bedingungen wie Graphit im unlegierten Stahl[3], also bei zu niedriger Temperatur während der Warmformgebung und bei zu langem Glühen. Da das WC schwer löslich ist, zeigen Wolframstähle, die verglüht sind, geringere Härteannahme und wolframhaltige Magnetstähle zu geringe Koerzitivkraft. Die Abscheidung von WC ist also in allen Fällen eine unerwünschte Erscheinung und man sucht Wolframstähle so zu behandeln, daß sich die Vorgänge im metastabilen System abwickeln; ist jedoch Wolframkarbid ausgeschieden worden, so muß ein solcher verglühter Wolframstahl auf Temperaturen oberhalb 1050 °C erhitzt und dann nicht zu langsam abgekühlt werden. Die normale Härtetiefe wird wieder erreicht, wenn nach dieser Behandlung neuerlich von der üblichen Härtetemperatur, das ist etwa 800 °C, abgeschreckt wird.

Die Neigung der Wolframstähle, beim „Verglühen" WC auszuscheiden, läßt sich aber sehr leicht dadurch beheben, daß man diesen Stählen 0,5 bis 1,0% Chrom zulegiert oder den Mangangehalt erhöht. Die Wirkung von Chrom und von Mangan liegt darin, daß beide das Übergangskarbid $M_{23}C_6$ stabilisieren und damit die Umsetzung dieses Karbides zu WC behindern. Das geht auch schon aus Zahlentafel 12 (s. S. 122) hervor; während in dem ersten chromfreien Stahl bereits nach 5 h bei 700 °C WC vorhanden ist, ist in dem zweiten Stahl mit nur 0,60% Cr auch nach 500 h bei 700 °C kein WC nachweisbar.

Die Karbidphasen und -umsetzungen in Wolfram-Chrom-Stählen sind einerseits metallkundlich sehr interessant, andererseits aber auch von großer technischer Bedeutung, da diese Stähle umfangreiche Verwendung als Kalt- und Warmarbeitsstähle finden.

Auf den wechselseitigen Einfluß von Chrom auf die Wolframkarbide und von Wolfram auf die Chromkarbide war jedoch bei der allgemeinen

---

[1] KUO, K.: J. Iron Steel Inst. Bd. 173 (1953) S. 363/375.

[2] s. Fußnote 2 auf S. 212.

[3] ZIELER, W.: Stahl u. Eisen Bd. 49 (1929) S. 1083. — PÖLZGUTER, F., u. W. ZIELER: Stahl u. Eisen Bd. 49 (1929) S. 521.

Besprechung der Karbide schon so weit eingegangen worden (s. S. 117, 124), daß hier nur darauf verwiesen zu werden braucht.

Einen Überblick über die Verschiebung des Perlitpunktes und den Punkt des beginnenden Ledeburites gibt nach P. OBERHOFFER, K. DAEVES und F. RAPATZ[1] Bild 171. Man sieht, daß die Löslichkeit des Kohlenstoffes noch mehr als bei Chromstählen verringert wird. Ac_1 und Ar_1 werden durch Wolfram nach sehr alten Untersuchungen von O. BÖHLER[2] kaum beeinflußt, Ac_1 wird geringfügig gehoben. Erst bei Gehalten von über 10% wird die Erhöhung deutlich und bei 20% tritt bei 780 °C Abschrecktemperatur überhaupt keine Härtung mehr ein. Allgemein ist zu diesen Angaben zu bemerken, daß das Dreistoffschaubild Eisen-Wolfram-

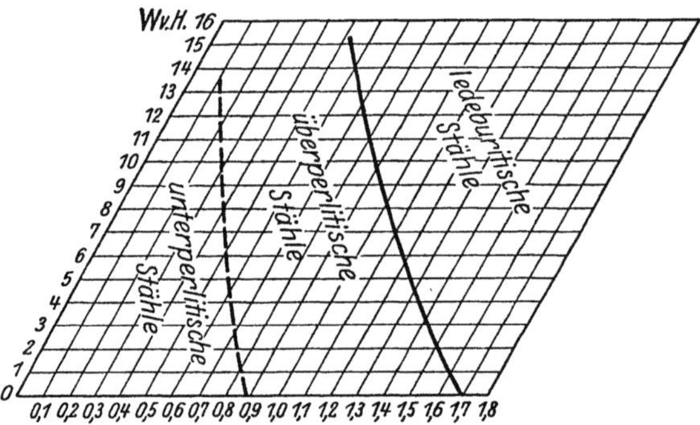

Bild 171. Einteilung der Wolframstähle nach der Löslichkeitslinie des Kohlenstoffes (nach P. OBERHOFFER, K. DAEVES und F. RAPATZ)

Kohlenstoff nach den neueren Erkenntnissen über die Karbide einer gründlichen Überarbeitung bedarf und daß sich dabei dann manche Phasengrenze verschieben dürfte.

Die Wirkung des Wolframs auf den Stahl ist vor allem auf die Bildung von Sonderkarbiden zurückzuführen. Bezüglich der Härtbarkeit ist festzustellen, daß bei Anwendung niedriger Härtetemperaturen, die nicht genügen, um die Sonderkarbide in Lösung zu bringen, die Härtetiefe verringert wird. Wendet man jedoch Härtetemperaturen an, die zur Lösung dieser Karbide führen, so wird eine Verringerung der kritischen Abkühlungsgeschwindigkeit und damit eine Zunahme der Härtetiefe beobachtet. Dies gilt allgemein für die Karbidbildner wie Molybdän, Vanadin, Titan, Tantal. Beim Anlassen verzögert Wolfram die Kohlenstoffausscheidung aus dem Martensit und die Karbidbildung[3]

[1] OBERHOFFER, P., K. DAEVES u. F. RAPATZ: Stahl u. Eisen Bd. 44 (1924) S. 432.

[2] BÖHLER, O.: Wolfram- u. Rapidstahl, Wien 1904 (Dr.-Ing.-Diss. Techn. Hochschule Berlin) vgl. Stahl u. Eisen Bd. 25 (1905) S. 768/769.

[3] s. hierzu auch H. KRAINER, E. KRAINER, K. EBNER u. M. STOREK: Härterei-techn. Mitt. Bd. 14 (1959) H. 1 S. 24/50.

(s. S. 26). Das Wolfram hat weiter den Vorteil, daß die Grobkornbildung bei Stählen mit mehr als 3% Wolfram erst bei Temperaturen über 1000 °C in Erscheinung zu treten beginnt. Da demnach Stähle mit weniger als 3% Wolfram nicht über 1000 °C erwärmt werden dürfen, muß man sie, wenn sie verglüht sind, überschmieden, um sie wieder brauchbar zu machen.

In Baustählen ist Wolfram neben Molybdän ein Zusatz zur Verhinderung des Auftretens der Anlaßsprödigkeit. Seine Wirkung in dieser Hinsicht ist aber gering, und wenn es hierfür noch verwendet wird, so ist es nur ein Überbleibsel aus der Zeit, wo man den überragenden Einfluß des Molybdäns noch nicht kannte. Wolfram erhöht die Warmfestigkeit sowohl in den härtbaren Vergütungsstählen, als auch in den hochwarmfesten austenitischen Stählen.

Die ausgedehnteste Anwendung findet Wolfram als Zusatz zu Werkzeugstählen. Auch hier ist die Wirkung des Wolframs, wie schon vorhin erwähnt, auf die Bildung von Sonderkarbiden zurückzuführen. Von den Werkzeugstählen sind die Schnellarbeitsstähle Gegenstand eines umfangreichen Sonderschrifttums geworden und werden auch hier ihrer großen Bedeutung wegen gesondert behandelt werden.

Die hohe Härte der Wolframkarbide macht diese zum wichtigsten Bestandteil der gesinterten Hartmetalle. Auch gegossenen Schneidmetallen wird Wolfram zugesetzt. Diese Werkstoffe werden ausführlich weiter unten noch besprochen werden (s. S. 869).

Die Karbide der Wolframstähle sind sowohl im Gußgefüge wie auch im geschmiedeten und gewalzten Zustand feiner als die Karbide des Kohlenstoffstahles und der Chromstähle.

Wolframbaustähle. Die Anwendung des Wolframs in Baustählen ist in den vergangenen zwei Jahrzehnten zurückgegangen. Seine Wirkung zur Vermeidung der Anlaßsprödigkeit wird, wie erwähnt, vom Molybdän übertroffen, was auch für die Erhöhung der Durchvergütung und der Warmfestigkeit gilt.

Eine Übersicht über die wichtigsten wolframhaltigen Baustähle gibt die Zahlentafel 32.

Zu 1. Hier wird durch Heranziehen dreier Karbidbildner — ähnlich wie bei dem später zu besprechenden Werkzeugstahl S. 219, 236 und im Verhältnis zur aufgewendeten Legierung ein besonderer Widerstand in der Wärme erzielt. Außer, daß diese Stähle warmfest sind, widerstehen sie auch der entkohlenden Wirkung des Wasserstoffes.

Zu 2. Dieser Einsatzstahl ist das Gegenstück zu dem unter 3. erwähnten Vergütestahl. Er zeichnet sich durch hohe Kernfestigkeit bei gleichzeitig guter Dehnung, Einschnürung und Kerbschlagzähigkeit aus.

Zahlentafel 32. *Zusammensetzung und Verwendungsbeispiele wolframhaltiger Baustähle*

Lfd. Nr.	Bezeichnung	C %	W %	Cr %	Sonstige Zusätze %	Streckgrenze kg/mm²	Zugfestigkeit kg/mm²	Dehnung $L_0 = 5\,d_0$; %	Verwendungsbeispiele
1	21 CrVMoW 12	0,20	0,50	3,0	0,5 Mo 0—0,8 V	>55	80—95	>14	Druckwasserstoffbeständig, warmfest
2		0,17	1,0	1,2	4,0 Ni				Einsatzstahl für höchstbeanspruchte Kurbelwellen
3		0,35	1,0	1,2	4,0 Ni				Vergütungsstahl für höchstbeanspruchte Kurbelwellen
4		0,65	1—2			>60	85—95	>15	Gewehrlaufstahl
5		0,45	0,5	1,6	0,5 Mo 0,9 V	>100	110—125	>12	Hochleistungsgewehrlaufstahl für hochrasante Munition
6	X 45 CrNiW 18 9	0,45	1,5 3,0	14 20	14 Ni 8 Ni	>50	75—90	>30	Ventilstähle für höchstbeanspruchte Auslaßventile
7	X 20 CrMoWV 12 1	0,20	0,5	12,0	0,65 Ni 1,0 Mo 0,3 V	>60	80—95	$L > 14$ $Q > 11$	Bauteile mit höherer Warmfestigkeit
8	Weitere wolframhaltige hochwarmfeste Legierungen auf Cr-Ni-(Co)-Grundlage und Stellite (s. S. 468, 868)								

In Einsatzstählen wird durch Wolfram der Randkohlenstoffgehalt geringfügig erhöht und die Eindringtiefe etwas verringert. Bei normalen Einsatzzeiten und Einsatztemperaturen wird die Korngröße eingesetzter Stähle praktisch unwesentlich beeinflußt, allerdings neigen die Wolframstähle häufig zu einer Gefügetrennung im Sinne von anomalen Stählen. Außer im Chrom-Nickel-Stahl wurde Wolfram als Zusatz zu Einsatzstählen nicht verwendet. Da bei Einsatzstählen die Verhütung der Anlaßsprödigkeit unwichtig ist, könnte Wolfram höchstens den Zweck haben, den Verschleißwiderstand zu erhöhen; der Wert des Wolframs bei Einsatzstählen wird im ganzen mit Recht angezweifelt.

Zu 3. Dieser Baustahl war lange Zeit der höchst beanspruchbare Baustahl, der den Stahlverbrauchern zur Verfügung stand. Er hatte den Vorteil, daß er nicht anlaßspröde war und die Erreichung hoher Festigkeiten und Streckgrenzen bei noch genügender Dehnung zuließ. So fand dieser Stahl z. B. Anwendung für hochbeanspruchte Kurbelwellen[1]. Heute wird an seiner Stelle fast ausschließlich Chrom-Nickel-Molybdän- oder Chrom-Molybdän-Vanadin-Stahl herangezogen; seine Verwendung hierfür ist bei den heutigen Werkstoffkenntnissen nicht mehr gerechtfertigt.

Zu 4. Dieser Stahl wurde viel als Gewehrlaufstahl verwendet. Insbesondere fand er Anwendung als Laufstahl für Maschinengewehrläufe. Er hatte seinerzeit die größte Bedeutung, wurde jedoch in letzter Zeit durch mit Chrom und Vanadin legierte Stähle ersetzt. Seine kennzeichnenden Eigenschaften sind eine durch die große Feinkörnigkeit bedingte hohe Streckgrenze, gute Anlaßbeständigkeit und höhere Verschleißfestigkeit, sowie gegenüber gewöhnlichem Gewehrlaufstahl erhöhte Warmfestigkeit.

Die Erfahrungen des zweiten Weltkrieges haben aber erwiesen, daß man selbst bei Maschinengewehrläufen mit unlegiertem Stahl auskommt, dessen geringe Warmfestigkeit durch bessere Wärmeleitfähigkeit aufgewogen wird.

Zu 5. Dieser Gewehrlaufstahl weist eine hohe Streckgrenze auf, die auch nach dem Löten noch erhalten bleibt. Seine guten Festigkeitswerte ermöglichen geringes Gewicht des Gewehrlaufes und hohe Sprengsicherheit bei Verwendung von Hochrasanzpatronen.

Zu 6. Wie aus früheren Ausführungen ohne weiteres ersichtlich, steigert das Wolfram die Warmfestigkeit auch in austenitischen Stählen, wo es außerdem die Streckgrenze erhöht, ohne ein allzu starkes Absinken der Dehnung zu verursachen. Diese Stähle haben daher weitestgehende Anwendung als Werkstoff für hochbeanspruchte Auslaßventile für Verbrennungskraftmaschinen gefunden. Näheres siehe Abschnitt

[1] Das Zeppelin-Luftschiff war damit ausgerüstet.

„Ventilstähle". Innerhalb dieser Zusammensetzung liegt auch der weiter unten erwähnte Werkzeugstahl 18.

Zu 7. Dieser durch Abschreckhärtung vergütbare Stahl verträgt Beanspruchungstemperaturen bis etwa 600 °C und stellt dadurch eine Überleitung zu den warmfesten austenitischen Stählen dar.

Zu 8. Bei diesen hochwarmfesten austenitischen Legierungen wird die an sich schon hohe Warmfestigkeit durch den Zusatz von sonderkarbidbildenden Elementen, unter anderem des Wolframs, noch verstärkt.

Bei den Stelliten erhöht der Wolframzusatz den Verschleißwiderstand und die Warmhärte.

Für Dauermagnete war ein Stahl mit 0,7% C und 6% W, 0 bis 0,5% Cr bis zum Beginn der zwanziger Jahre beherrschend, verlor seine Stellung aber dann an die Chrom- und Chrom-Kobalt-Stähle, die später durch die Nickel-Aluminium-(Kobalt-)-Stähle verdrängt wurden (s. S. 522).

Wolframwerkzeugstähle. Als Werkzeugstähle finden sowohl mit Wolfram allein legierte Stähle und insbesondere auch Stähle, die mit Chrom legiert sind, Verwendung. Das Chrom verringert schon in geringen Mengen die kritische Abkühlungsgeschwindigkeit des Wolframstahles stark. Es macht den Stahl bald zum Ölhärter. 0,4% Cr rufen z. B. in Wolframstählen eine weit stärkere Zunahme der Einhärtung hervor als etwa bei Zusatz zu einem wolframfreien 1%igen Kohlenstoffstahl. Aus diesem Grunde vermeidet man bei gewissen heiklen Werkzeugen aus Wolframstahl, die in Wasser gehärtet werden sollen, Zusätze von nicht mehr als 0,2% Cr. Ob bei einem bestimmten Chromgehalt der Stahl schon als Öl- oder noch als Wasserhärter zu gelten hat, hängt von der Form und Größe des Werkzeuges ab. Verwendet man z. B. einen Stahl mit 1% C, 2% W, 0,8% Cr für Sägen, dann muß der Stahl in Öl gehärtet werden. Man kann und soll aber sogar einen Stahl mit 1,4% C, 5% W, 0,8% Cr in Wasser härten, wenn es sich um Riffelstähle oder um größere Kaltziehwerkzeuge handelt.

Man kann wohl sagen, daß kein Legierungsmetall für Werkzeuge so wertvoll ist wie das Wolfram; erst in den letzten Jahren macht ihm das Molybdän den Rang streitig. Bei gewöhnlicher Temperatur sind Wolframstähle die härtesten. Bei einem Stahl mit 1% C, 15 bis 20% W erreicht man 72 HRC, wohl die größte Härte, die man durch Abschreckhärtung erzielen kann. Bei Warmarbeitsstählen ist das Wolfram noch immer wichtig, wird aber zusehends durch Molybdan verdrängt.

Für die Legierungsplanung im großen ist der Austausch des Wolframs durch andere Metalle wichtig, wobei zwischen Warm- und Kaltarbeitsstählen ein Unterschied zu machen ist. Bei den letzteren ist Wolfram weniger leicht durch Molybdän zu ersetzen.

Ebenso wie das Wolfram bildet das ihm in vieler Hinsicht ähnliche Molybdän Sonderkarbide, zu deren Bildung wegen des halb so großen Atomgewichtes auch nur etwa ein halb so großer Legierungszusatz als bei Wolfram gebraucht wird. Stähle, die im Bereich $\alpha + (FeW)_6C$ (Bild 105, S. 117) und $\alpha + (FeMo)_6C$ (Bild 106, S. 118) liegen, haben sehr ähnliche Eigenschaften, hohe Warmfestigkeit, hohe Anlaßbeständigkeit, aber ihre Eigenschaften sind nicht völlig gleich. Auch das sonderkarbidbildende Vanadin verbessert die Anlaßbeständigkeit und erhöht die Warmfestigkeit. Nach H. KRAINER, K. SWOBODA und F. RAPATZ[1] ist aber trotz vieler Ähnlichkeiten die Wirkung jedes dieser Legierungselemente durchaus spezifisch. Die Anlaßbeständigkeit erhöht Vanadin stärker als Wolfram oder Molybdän, die Warmfestigkeit wird durch Molybdän am stärksten beeinflußt; Wolfram liegt in beiden Fällen dazwischen. Die früher oft genannte Regel, 4 Teile Wolfram könnten durch 2 Teile Molybdän oder 1 Teil Vanadin ersetzt werden, ist damit nur von sehr begrenzter und bedingter Richtigkeit. Auch müssen dabei noch weitere Beeinflussungen der Eigenschaften des Stahles berücksichtigt werden, z. B. die Wärmeleitfähigkeit oder besonders bei Warmarbeitsstählen die Brandrißempfindlichkeit, die durch Wolfram zurückgedrängt, durch Vanadin aber gefördert wird[2]. Es darf aber auch nicht übersehen werden, daß so mancher überraschende „Austausch" darin begründet ist, daß der „alte" Stahl ja gar nicht die für einen gegebenen Verwendungszweck beste Zusammensetzung hatte. Der Weg der modernen Stahlentwicklung zielt deshalb darauf ab, die spezifische Wirkung jedes einzelnen Elementes richtig auszunützen, was zwangsläufig zu komplexeren Stählen führt. Da aber auch die Karbide untereinander Mischkristalle bilden, so können auch dadurch noch weitere Wirkungen erzielt werden. Wenn in mehrfach legierten Stählen die Legierungselemente richtig aufeinander abgestimmt sind, so lassen sich demnach Wirkungen erzielen, die merklich über denen liegen, die man zu erwarten hätte, wenn man die Legierungswirkung der einzelnen Elemente einfach addieren könnte, wie die einfache Austauschregel voraussetzt (s. S. 236, 814).

Stahlentwicklungen auf dieser Grundlage waren bei Warmarbeits- und Schnellarbeitsstählen recht erfolgreich. Zunächst ist der Zusatz von Vanadin zu Schnellarbeits- und Warmarbeitsstählen zu erwähnen. Wolfram-Molybdän-Vanadin-legierte Schnellarbeits- und Warmarbeitsstähle haben große Bedeutung erlangt. Schon 1916 wurden im Edelstahlwerk Kapfenberg Schnellarbeitsstähle mit 4% Cr, 6% W, 5% Mo und 0,5% V sowie 4% Cr, 2% W, 7% Mo, 0,8% V erzeugt, Stähle, die

[1] KRAINER, H., K. SWOBODA u. F. RAPATZ: Arch. Eisenhüttenw. Bd. 20 (1949) S. 111/114.

[2] HOHAGE, R., W. VÖLKER u. R. v. TINTI: Arch. Eisenhüttenw. Bd. 17 (1943/44) S. 57/64.

Zahlentafel 33. *Zusammensetzung und Verwendungsbeispiele der Wolframwerkzeugstähle*

Lfd. Nr.	Bezeichnung	C %	W %	Cr %	Sonstige Zusätze %	Verwendungsbeispiele
1		0,90—1,30	0,90			Spiral- und Gewindebohrer; meist als Silberstahl
2	120 W 4	1,15	1,20	0,35		Metallsägen
3		1,7	8,0	1,5		Zieheisen für Stahldraht höchster Festigkeit
4	115 W 8	1,15	2,0	0,2		Metallsägenbleche
5	X 210 CrW 12 X 165 CrMoV 12	2,2—1,0	bis 1,0	13,0	bis 0,6 Mo 0,15 V	Lufthärtender Schnittstahl, Räumnadeln, Zieheisen
6		0,55	1,10	8,5	1,2 Mo, 0,13 V	Stahl für hochbeanspruchte Maschinenmesser
7	~135 WCrV 4	1,50	1,20	0,60	0,20 V	Rössel und Schloßteile von Strickmaschinen
8	142 WV13	1,50	3,0—5,0	0,60	0,30 V	Riffelstahl
9	145 V 12	1,50	1,0	0,50	1,5 V	Riffelstahl
10		1,30	8,0		0,40 V	Riffelstahl
11	80 WCrV 3	0,80	0,70	0,50	0,30 V	Maschinenmesser für Holz und Kunststoffe
12	105 WCr 6	1,0	1,50	1,0	1,0 Mn	Verzugsarmer Stahl für Stehbolzen und Gewindebohrer, feine Schnitte, Schneideisen
13	35 WCrV 7 45 WCrV 7	0,35—0,45	2,0	1,0	1,0 Si (0,20 V)	Dauerstahl für Preßlufteinsteckwerkzeuge, Hand- und Schrottmeißel, Kaltschermesser, Warmmatrizen zur Schrauben- und Nietenerzeugung, Warmschermesser, Hammerkerne
14	60 WCr 7	0,55	2,5	1,5	1,0 Si	Hochbeanspruchte Kaltlochstempel, Holzbearbeitungswerkzeuge wie Hack-, Schäl- und Hobelmesser
15	93 WV 4	0,85—1,05	1,20		0,20—0,50 V	Maschinenmesser aller Art, meist als Verbundstahl

16	X 130 W 5	1,30	3,0—5,0		bis 0,50 V	Kaltziehmatrizen für Stahl- und Metallrohre
17	80 WV 2	0,80	0,50		0,20 V	Verstählte Maschinenmesser für Papier
18	X 50 NiCrWV 13 13	0,45	3,0	12,0	12 Ni	Strang- und Rohrpreßmatrizen für Stahl
19		0,29	0,9	1,9	2,6 Ni, 0,25 Nb 2,6 Mo	Druckgießwerkzeuge für die Schwermetallverarbeitung
20		0,29	0,9	1,9	1,35 Ni, 3,25 Mo 3,25 Co	Höchstbeanspruchte Druckgießwerkzeuge für die Schwermetallverarbeitung
21		0,23	9,5	2,3	1,7 Ni 0,15 V	Ungefähr gleich wie Stahl 29, für gesteigerte Anforderung an die Warmzähigkeit
22		2,5	5,0	20,0	1,0 Ni 0,5 V	Warmziehringe
23		0,30	5,0	1,0	5,0 Co	Druckgußformen für Schwermetall
24	X 30 WCrCoV 9 3	0,30	9,0	2,5	2,5 Co 0,35 V	Strang- und Rohrpreßmatrizen und Dorne für Schwermetallverarbeitung
25	X 37 CrMoW 5 1	0,36	1,3	5,0	1,4 Mo 0,35 V	Bevorzugt für Druckgießwerkzeuge für die Leichtmetallverarbeitung (AISI H 12)
26	45 CrVMoW 5 8	0,45	0,50	1,5	0,5 Mo 0,9 V	Hochbeanspruchte Warmarbeitswerkzeuge, insbesondere Backen, Matrizen und Stempel zur Schrauben- und Nietenerzeugung
27	X 60 WCrMoV 9 4	0,55	9,5	3,8	0,85 Mo 0,7 V	Warmpreßstempel
28	X 30 WCrV 5 3	0,32	4,5	2,5	0,60 V	Hochbeanspruchte Warmarbeitswerkzeuge aller Art
29	X 30 WCrV 9 3	0,30	9,0	2,5	0,35 V	Hochbeanspruchte Warmarbeitswerkzeuge aller Art
30		0,53	18,0	4,0	1,1 V	Dorne für Stahl- und Schwermetall-Rohrpressen (AISI H 26)
31	X 30 WCrV 4 1	0,30	4,5	1,2	0,20 V	Dorne für Metallrohrpressen, wasserkühlbar

heute mit einem auf etwa 1 bis 2% erhöhtem Vanadingehalt sehr große Bedeutung zuerst in den Vereinigten Staaten, später auch bei uns erlangt haben. Der Schnellarbeitsstahl mit 4% Cr, 2,8% W, 2,8% Mo, 2,5% V konnte trotz seines niedrigen Legierungsgehaltes in einem beachtenswerten Bereich den Schnellarbeitsstahl mit 4% Cr, 18% W, 1% V ersetzen. Auch der Warmarbeitsstahl mit 1,5% Cr, 0,5% W, 0,5% Mo und 0,9% V ist ein Beispiel eines Stahles mit bester Legierungsausnützung.

Bei Kaltarbeitsstählen konnten Wolframstähle mehrfach erfolgreich durch Vanadin- oder Vanadin-Wolfram-Stähle ersetzt werden. Es darf deshalb noch manche interessante Entwicklung auf diesem Gebiet erwartet werden.

Zahlentafel 33 gibt einen Überblick über die häufigst gebrauchten mit Wolfram legierten Werkzeugstähle.

Die Reichhaltigkeit dieser Zahlentafel gibt ein Bild von der Wichtigkeit der Wolframwerkzeugstähle. Folgende Erläuterungen zu den einzelnen Stählen mögen das Bild erweitern.

Zu 1. Für Spiralbohrer ist dieser Stahl sehr verbreitet. Der unter dem Namen „Silberstahl“ bekannte gezogene bzw. geschliffene und polierte Werkzeugstahl war bis vor kurzem meist dieser Stahl und erst in den letzten Jahren ist er durch Chrom- oder/und Vanadinstähle teilweise verdrängt worden — eine Entwicklung, die nicht mehr rückgängig gemacht werden kann.

Von den zwei Abstufungen ist die mit 1,3% C die gebräuchlichere; der weichere Stahl wird dann herangezogen, wenn die Beanspruchung einen zähen Stahl erfordert.

Zu 2. Dieser Stahl ist ähnlich dem gleichfalls der Zerspanungsarbeit dienenden Stahl 1 aufgebaut. Der Unterschied liegt nur im Chromgehalt, der wegen der Härtbarkeit in Öl notwendig ist. Das Ablöschen im Wasser würde die Werkzeuge zu sehr verziehen.

Zu 3. Die Tatsache, daß dieser Stahl in dem vorliegenden Fall dem 12%igen Chromstahl (S. 184) vorgezogen wird, beweist, daß die Wolframkarbide dem Stahl einen höheren Verschleißwiderstand geben als die Chromkarbide.

Zu 4. Es handelt sich um einen Stahl für Metallsägen hoher Leistung.

Zu 5. Der geringe Wolframzusatz zu dem ausführlich behandelten, hochprozentigen Chromstahl verbessert seine Schnitthaltigkeit unwesentlich; er dient aber dazu, die Härtbarkeit von Werkzeugen mit mehr als 40 mm Stärke auch an der ruhenden Luft zu gewährleisten — eine Eigenschaft, die bei heiklen Werkzeugen erwünscht ist. Dies kann wohl auch durch einen Manganzusatz von etwa 1% erreicht werden, womit aber wieder der Nachteil der schweren Weichglühbarkeit verbunden ist; ein Nachteil, der bei diesem ohnehin schon schwer zerspanbaren Chromstahl nicht unwichtig ist. In den Vereinigten Staaten wird dieser Stahl an Stelle des Wolframzusatzes mit 0,6% bis 1,0% Mo und bis 0,5% V verwendet, allerdings in der weicheren Abstufung mit 1,65% C.

Zu 6. Dieser in Öl und Luft härtbare Stahl wurde für solche Maschinenmesser entwickelt, wo die ledeburitischen Hochleistungsschnittstähle (S. 184, 194) zu wenig zäh sind.

Zu 7. Um den für diese Werkzeuge nötigen hohen Verschleißwiderstand zu erreichen, ist ein hoher Karbidanteil im Härtegefüge nötig. Während man bis vor kurzem fast ausschließlich diesen oder Stahl 8 heranzog, ist zuletzt der ledeburitische Chromstahl (S. 184) in dieses Verbrauchsgebiet eingedrungen.

Zu 8, 9 und 10. Für Zerspanungsarbeiten bei geringen Geschwindigkeiten sind diese Stähle die besten. Solche Arbeiten sind dann gegeben, wenn die Werkzeuge oder die Formgebung und Spanentfernung sehr heikel sind, z. B. Gewehrlaufbohrer, Messer für die Drallbearbeitung von Gewehrläufen („Ziehmesser" genannt), Feinstdrehwerkzeuge in der Uhrenindustrie. Auch für die Bearbeitung sehr harter oder stark verschleißender Werkstoffe wie Hartgummi, Horn und Kunststoffe kommen sie in Frage. Vor dem Erscheinen der Karbidhartmetalle waren diese Stähle die einzigen, die hart genug waren, um wenigstens bei geringer Geschwindigkeit Hartgußwalzen, z. B. Mühlenwalzen, zu „riffeln". Heute werden diese Teile fast ausschließlich mit Hartmetall geriffelt, die Bezeichnung „Riffelstähle" für diese Stähle ist aber geblieben.

Der verbreitetste der drei Stähle ist Stahl 8. Ob Stahl 9 sich einführt, hängt nur vom Preisverhältnis des Wolframs zum Vanadin ab. Bei Stahl 10 erreicht man am verläßlichsten Rockwellhärten von 68 bis 70 HRC, wobei er durch den Kobaltzusatz an Zähigkeit verbessert wird. Die Härtung des letzteren erfolgt am besten durch Erwärmen auf 1100 °C, Ablaufenlassen auf 800 °C und Abschrecken in Wasser.

Zu 11. Es ist dies ein gut schneidender Stahl für Maschinenmesser zum Bearbeiten von Holz und Kunststoffen.

Zu 12. Dieser Stahl wurde schon bei den Chrom-Mangan-Stählen (Zahlentafel 28, S. 198) näher behandelt. Das Wolfram erhöht die Schneidhaltigkeit, trägt aber auch zu den Härtungseigenschaften nicht unwesentlich bei.

Zu 13. Für Preßluftwerkzeuge, wie Meißel und Döpper, sowie auch für eine große Zahl von Warmwerkzeugen zählt dieser Stahl zu den Standardstählen. Man ist auch ohne Wolfram vorgegangen und kommt dann etwa zu dem S. 268 behandelten Stahl 2. Soweit reine Kaltarbeit in Frage kommt, erscheint der Wolframzusatz auch nicht so sehr nötig, hingegen ist er für Warmarbeit unentbehrlich. Vanadin ist zur Erzielung der auf S. 219 beschriebenen Mehrfachwirkung wertvoll. Die Siliziumzugabe geschieht berechtigt oder unberechtigt aus dem Gedanken heraus, den bei Preßluftwerkzeugen oft vorkommenden Dauerbruch durch Erteilung guter Federstahleigenschaften zu verhindern. Die Beanspruchung der Schäfte dieser Werkzeuge ist auch tatsächlich der einer schwingenden Feder ähnlich. Die kohlenstoffärmere Abstufung wird für Wasserhärtung gebraucht — die härtere Abstufung wäre dafür zu rißempfindlich. So erzielt man die höhere Härte trotz niedrigerem Kohlenstoffgehalt.

Zu 14. Für die Zähigkeit der Kaltlochstempel ist das Wolfram wohl nicht erforderlich; für die Schneidhaltigkeit hingegen hat es, wie schon öfter darauf hingewiesen, hohen Wert (z. B. S. 215, 218, 222).

Zu 15. Dieser Stahltyp hat sich in langer Entwicklung für die Maschinenmesser als der bei der erforderlichen Zähigkeit noch am schneidhaltigsten herausgestellt. Das leicht oxydierbare Chrom erschwert durch Oxydbildung das Verschweißen beim Schmieden oder Walzen und verhindert es ganz, wenn man den Verbundstahl durch Zusammengießen des Werkzeugstahles mit dem weichen unlegierten Stahl herstellt.

Zu 16. Für diese Beanspruchung sind nur an harten Sonderkarbiden reiche Stähle genug widerstandsfähig gegen Abnutzung, wenn man für eine größere Stückzahl maßhaltige Werkzeuge haben will. Auch Stahl 9 kommt für solche Werkzeuge in Betracht.

Zu 18. Die Verarbeitung von Stahl in Strangpressen erfolgt bei etwa 1200 °C. Dabei verschleißen Matrizen aus vergütbaren martensitisch-perlitischen Stählen bald, weil ihre Warmfestigkeit oberhalb 650 °C rasch abfällt, während die der austenitischen noch länger bestehen bleibt (S. 436). In diesem Falle wird die an sich schon vorhandene Warmbeständigkeit dieser austenitischen Chrom-Nickel-Stähle noch dadurch gesteigert, daß man die Matrizenscheiben bis zu 650 °C herab schmiedet. Die Verformung bei dieser Temperatur ist für diesen Stahl gleichbedeutend mit starker Kaltverfestigung. Da diese Stähle weiters bei kurzer Temperatureinwirkung erst über 1000 °C (S. 94, 101) rekristallisieren und sich entfestigen, tritt durch diesen Schmiedevorgang eine starke Verbesserung des Warmverschleißwiderstandes ein.

Zu 19, 20. Neuzeitlicher, mehrfach legierter Warmarbeitsstahl hoher Leistung mit verhältnismäßig niedrigem Legierungsgehalt und deshalb guter Wärmeleitfähigkeit sowie Brandrißbeständigkeit. Er ist besonders geeignet für Schwermetall-Druckgußformen und wird für höchste Stückzahlen auch mit Kobalt legiert.

Zu 21. Die Verwendung von Nickelzusätzen zu diesen Wolframstählen ist im Rückgang.

Zu 22. Diese Gußlegierung wurde schon bei den Chromstählen (S. 193, Nr. 13) angeführt.

Zu 23, 24, 27, 28, 29. Die Stähle dieser Gruppen sind, ebenso wie Stahl 26, die warmbeständigsten, martensitisch-perlitischen Vergütungsstähle und werden in ihrer Warmhärte nur über 650 °C von den Schnellstählen übertroffen, die aber für die meisten Warmarbeiten zu spröde sind.

Innerhalb dieser Stahlgruppen war jahrzehntelang Stahl 29 (mitunter mit Weglassung des Vanadins) weitaus vorherrschend, er war der klassische Warmarbeitsstahl. Ebenso wie bei den Schnellstählen ist zur Erzielung hoher Warmhärte, der sogenannten „Rotgluthärte", hohe Abschrecktemperatur nötig.

Dieser Stahl ist auch in theoretischer Hinsicht interessant, denn es ist bei ihm besonders augenfällig, daß durch mildere Abschreckung mehr Austenit entsteht als durch schroffe. Legt man einen solchen Stahl aus etwa 1100 °C an die ruhige Luft, so bekommt man eine Brinellhärte von etwa 430 und in Öl abgeschreckt etwa 500 (s. Bild 172). Läßt man aber beide Stücke bei Temperaturen bis 600 °C an, so steigert der erstere seine Härte bedeutend und der letztere etwas, und man wird bei beiden durchschnittlich auf 520 bis 540 Brinelleinheiten kommen. Es ist dies ein Beweis dafür, daß im ersten Falle mehr Austenit bestehen geblieben ist als im zweiten Fall, weil die Gesamthärtesteigerung beim Anlassen der Umwandlung des Restaustenits in Martensit zuzuschreiben ist. Magnetische Messungen haben es bestätigt, daß es sich nicht allein um eine Ausscheidungshärtung handelt, sondern vorwiegend um Zerstörung des Austenits. Bild 172 zeigt auch, in welcher Weise die Anlaßbeständigkeit von der Härtetemperatur abhängig ist. Bei Stählen, die bei niedriger Temperatur gehärtet werden, erreicht man eine bedeutend geringere Anlaßbeständigkeit, und man nützt so die bei diesen Stählen erreichbaren Eigenschaften nicht aus.

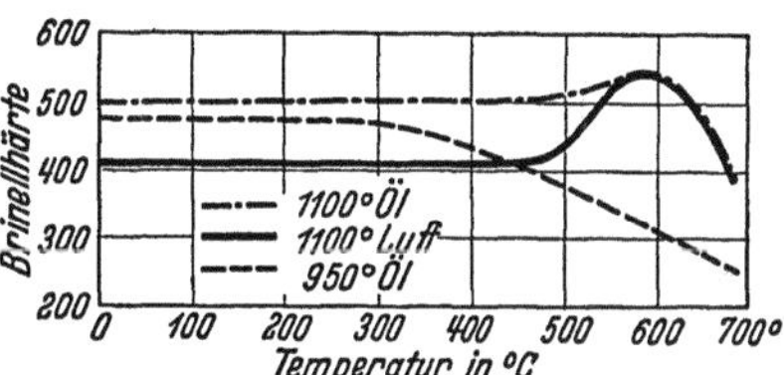

Bild 172. Härteänderungen beim Anlassen eines verschieden abgeschreckten Stahles mit 0,3% C, 8,0% W, 2,0% Cr und 0,4% V

Kobalt und Nickel machen den Stahl zäher und etwas anlaßbeständiger. Das Kobalt hat vor dem Nickel dabei den Vorteil, daß es das Weichglühen nicht wesentlich erschwert, und Stahl 24 gilt deshalb als Spitzenstahl dieser Gruppe.

Vanadin verbessert den Stahl dadurch, daß es seine Härteempfindlichkeit verringert und die Warmbeständigkeit erhöht. 0,4% Vanadin erhöhen in einem Temperaturbereich zwischen 650 bis 700 °C die Anlaßbeständigkeit um 50 °C, d. h., ein vanadinhaltiger Stahl behält beispielsweise die gleiche Festigkeit bei 700 °C wie ein vanadinfreier bei 650 °C. Der Nachteil des Vanadins kann allerdings die Härtesteigerung durch Anlassen sein, die bei Stählen, die zu niedrig oder nicht angelassen sind, zu unzulässigen Härtesteigerungen während der Arbeit selbst führt. Auffällig tritt dies bei luftgehärteten Stählen in Erscheinung. Beispielsweise wäre dies der Fall, wenn das Werkzeug während seiner Beanspruchung im Hinblick auf seine Zähigkeit keine höhere Arbeitshärte als 450 Brinelleinheiten verträgt und diese durch das Anlassen während der Arbeit auf 500 gesteigert würde. Auf eine sorgfältige Anlaßbehandlung ist deshalb bei diesem Stahl Wert zu legen (s. Warmversprödung, Fußnote S. 227).

Vorübergehend versuchte man Stahl 28 durch Erhöhung des Wolframanteiles auf 10 bis 11% und Weglassung des Chroms und Vanadins in seiner Zähigkeit zu verbessern. Dies mußte aber ein Fehlschlag sein, da dann selbst bei der gefährlichen Wasserhärtung keine genügende Einhärtung zustande kommt.

Die Stellung der hochprozentigen Wolfram-Chrom-Stähle wie 24 und 29 ist in den letzten 20 Jahren durch die Stähle 26 und 28 erschüttert worden,

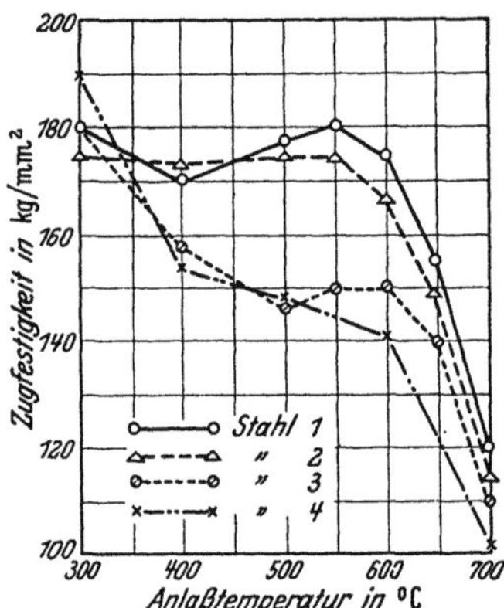

Bild 173. Anlaßbeständigkeit

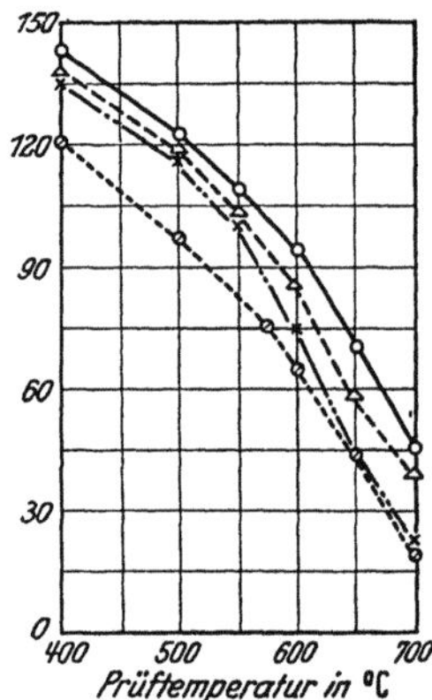

Bild 174. Warmzugfestigkeit (Vergütung auf rd. 150 kg/mm² Zugfestigkeit bei 20°)

und ihr Verbrauch ist stark gesunken ohne Schaden für die Haltbarkeit der Werkzeuge. Er mag nur noch bei einzelnen Strangpreßmatrizen und Spritzgußwerkzeugen einen Vorteil bieten. Von den Stählen 26 und 28 ist natürlich 28 der zähere. Stahl 23 ist besonders für Spritzgußformen ausgebildet, ohne daß feststeht, ob hierfür nicht ebenso 28 benützbar ist.

Die Begründung für diese neuen Entwicklungen geben die Bilder 173[1] und 174 nach Untersuchungen von H. Krainer, K. Swoboda und F. Rapatz[2].

Man ersieht daraus, daß durch Steigerung des Wolframgehaltes auf 8% die Anlaßbeständigkeit und Warmfestigkeit ganz geringfügig nur bei hohen Vergütungsfestigkeiten verbessert wird und ein hoher Grad dieser Eigenschaften mit geringeren Legierungsgehalten erzielbar ist, als man früher meinte. Nicht zu übersehen ist ferner der schon erwähnte Vorteil der besseren Wärmeleitfähigkeit der Stähle mit

[1] Stahl 1: 0,32% C, 0,30% Mn. 2,25% Cr, 0,30% V, 8,5% W; Stahl 2: 0,31% C, 0,39% Mn, 3,00% Cr, 0,39% V, 4,47% W; Stahl 3: 0,26% C, 0,44% Mn, 1,28% Cr, 0,35% V, 1,77% W; Stahl 4: 0,38% C, 0,68% Mn, 1,62% Cr, 0,24% V, 0,75% Mo.

[2] Krainer, H., K. Swoboda u. F. Rapatz: Arch. Eisenhüttenw. Bd. 20 (1949) S. 111/114.

geringen Legierungsanteilen, wodurch die etwa noch vorhandene höhere Warmfestigkeit ausgeglichen wird[1].

Zu 25. Wolframlegierte Abstufung zu den Universal-Warmarbeitsstählen mit 5% Cr und Zusätzen von Molybdän und Vanadin.

Zu 26. Dieser wichtige Stahl ist schon in der Einleitung zu den Wolframwerkzeugstählen (S. 219) gewürdigt worden und wird noch im Abschnitt „Werkzeugstähle“ (S. 768–778) mit den Stählen 22, 23, 24, 28, 29 zu vergleichen sein. Er ist berufen, in das Verwendungsgebiet dieser Gruppe einzudringen.

Zu 30. Warmarbeitsstahl auf Schnellarbeitsstahl-Grundlage mit abgesenktem Kohlenstoffgehalt.

Zu 31. Es ist die warmbeständigste Stahllegierung, die ohne Rißgefahr Wasserkühlung verträgt, was bei Dornen für liegende Pressen erforderlich ist. Höher legierte, warmbeständige Stähle vertragen nur noch Ölkühlung.

Besonderheiten bei der Herstellung von Wolframstählen

Das Verhalten des Wolframs im Schmelzgang ist dadurch gekennzeichnet, daß es wohl weniger leicht als das Chrom, aber immerhin noch stärker als das Eisen oxydiert. Der basisch zugestellte Siemens-Martin-Ofen verschlackt das Wolfram mehr als der saure, was darauf zurückzuführen ist, daß Wolframoxyd die Rolle einer Säure spielt und daher zu Basen ein stärkeres Vereinigungsbestreben hat als zu Säuren. Im basischen Lichtbogenofen, wo man beim Niederschmelzen von wolframhaltigen Schrott nur mit einer reduzierenden Schlacke arbeitet, tritt eine Oxydation des Wolframs nicht ein — wobei man infolge des Fehlens einer Oxydationsperiode natürlich auf eine Entfernung des Phosphors verzichten muß. Der sauer zugestellte Lichtbogenofen hat den Vorteil des rascheren Niederschmelzens — ähnlich wie sauer umhüllte Elektroschweißdrähte rascher schweißen als basisch umhüllte. Phosphor und Schwefel bleiben im Stahl, auch liegen hier die nach Ansicht des Verfassers nachteiligen Eigenschaften des sauer erschmolzenen Stahles vor, wovon auf S. 376 näher die Rede ist.

Eine Neigung zu übermäßig groben Erstarrungsgefüge, wie etwa bei den Chrom-Nickel-Stählen, ist bei den Wolframstählen nicht zu befürchten. Hingegen sind die Karbidseigerungen, die sich im gewalzten oder geschmiedeten Stahl als Zeilen vorfinden, eine unangenehme Begleiterscheinung.

Beim Glühen der Wolframstähle sind die etwas leichtere Entkohlung und das „Verglühen“ (S. 213) als unangenehme Eigenschaften zu vermerken. Die Entkohlung wird besonders beim Wolfram-Silberstahl lästig empfunden, da der Verbraucher bei maßgenau gezogenen Werkstoffen

[1] Wolframchromstähle haben, wenn sie außerdem Molybdän oder Vanadin enthalten, die unangenehme Eigenschaft, in höheren Festigkeitsbereichen zu verspröden (s. S. 766). Darauf wird auch noch im Abschnitt „Werkzeugstähle“ zurückzukommen sein.

schwer dazu zu gewinnen ist, zur Entfernung der weichen Haut mit einer Maßzugabe zu arbeiten. Zur Beseitigung der Weichhaut empfiehlt man, die Glühung in einer oxydierenden Atmosphäre zu führen, bei der die weiche Haut rascher abzundert als sie sich neu bildet. Die maßgenaue Herstellung durch spitzenloses Schleifen ist ein Weg, diese Schwierigkeiten zu beseitigen.

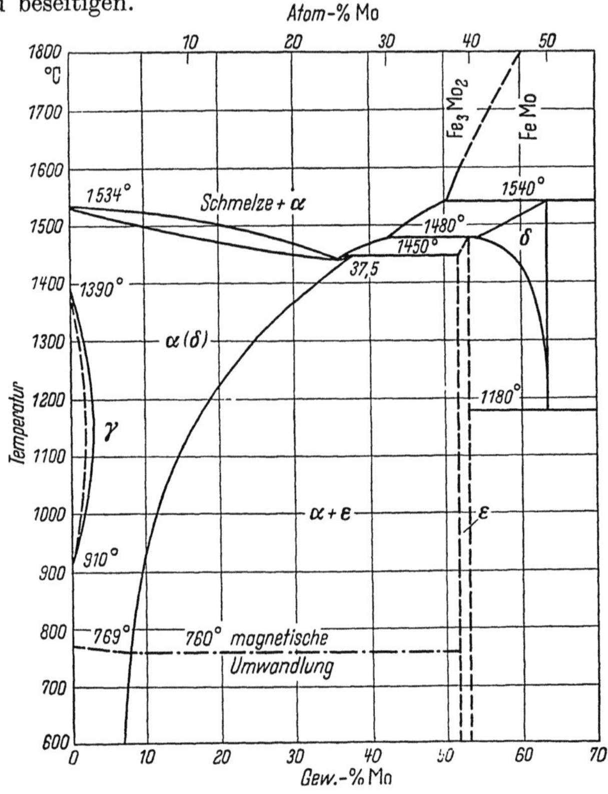

Bild 175. Zustandsschaubild Eisen-Molybdän (nach M. HANSEN und K. ANDERKO)

6. Molybdänstähle[1]

Das System Eisen-Molybdän

Molybdän verhält sich in den Legierungen des Eisens sehr ähnlich dem Wolfram. Ebenso wie dieses schnürt es das γ-Gebiet ab und ist ein starker Karbidbildner.

In Bild 175 ist das Zustandsschaubild Eisen-Molybdän dargestellt[2], dessen große Ähnlichkeit mit dem der Eisen-Wolfram-Legierungen auf-

[1] GREGG, J. L.: The Alloys of Iron and Molybdenum: The Alloys of Iron Research, Monograph Series. London: McGraw-Hill 1932.

[2] HANSEN, M., u. K. ANDERKO: Constitution of Binary Alloys, 2. Aufl. New York/Toronto/London: McGraw-Hill 1958, S. 668/670.

fällt. Der Schmelzpunkt des Eisens wird durch Molybdän bei 35,5% auf 1440 °C gesenkt. Der A_4-Punkt wird durch Molybdän stark erhöht, der Scheitel des abgeschlossenen γ-Gebietes liegt bei 2,75% Mo[1]. Es treten zwei intermetallische Verbindungen auf, die ε-Phase und die σ-Phase. Die ε-Phase ist isomorph mit der ζ-Phase im System Fe-W, ihr Existenzbereich entspricht der Zusammensetzung Fe_3Mo_2, wogegen im Idealfalle ihrer Struktur die Formel Fe_7Mo_6 zukommt[2]. Die σ-Phase hat etwa die Zusammensetzung FeMo, sie entspricht der σ-Phase im System Fe-Cr und hat dieselbe tetragonale Struktur wie diese[3]. Ihr Existenzbereich ist ziemlich eng begrenzt. Außer diesen beiden Phasen wird noch vom Auftreten einer Phase Fe_2Mo berichtet[4], es fehlen aber genauere Untersuchungen, so daß ihr kein Feld im Schaubild zugeordnet werden kann.

Die maximale Löslichkeit von Molybdän (in Form der ε-Phase) in α-Eisen beträgt 37,5% bei 1450 °C, sie nimmt mit sinkender Temperatur schnell ab. Daher lassen sich Eisen-Molybdän-Legierungen durch Ablöschen von höherer Temperatur und Anlassen gut aushärten. Eisen-Molybdän-Legierungen ohne andere Zusätze haben aber keine technische Anwendung gefunden, dagegen weisen Legierungen, die außerdem Kobalt oder Kupfer enthalten, brauchbare Dauermagneteigenschaften auf (s. S. 518, 519).

Kohlenstoffhaltige Eisen-Molybdän-Legierungen

Über die Rolle des Molybdäns als Karbidbildner und das in dieser Hinsicht sehr ähnliche Verhalten zu Wolfram ist auf S. 118 nachzulesen.

Nach H. Schrader[5] wird in Eisen-Kohlenstoff-Legierungen durch Molybdän Ac_3 erhöht, Ac_1 hingegen wenig verändert. Die Hysterese zwischen Ac_1 und Ar_1, Ac_3 und Ar_3 wird durch Molybdän erheblich vergrößert. Dies steht im Zusammenhang mit der die Durchhärtung stark steigernden Wirkung des Molybdäns. Nach H. Schrader wirkt Molybdän in dieser Richtung doppelt so stark als Chrom. Der Einfluß des Molybdäns auf das Umwandlungsverhalten läßt sich in kurzen Worten etwa so kennzeichnen, daß Molybdän die Perlitbildung stark verzögert, dagegen die voreutektoide Ferritausscheidung und die Zwischenstufenumwandlung und in übereutektoidischen Stählen auch die voreutektoidische Karbidausscheidung nur wenig verlangsamt[6]. Dies bewirkt, daß in molybdänlegierten Stählen die Umwandlungsgeschwindigkeit in der

---

[1] Sykes, W. P.: Trans. Amer. Soc. Steel Treat. Bd. 10 (1926) S. 839/871 u. 1035; vgl. Stahl u. Eisen Bd. 47 (1927) S. 1341/1342.

[2] Arnfelt, H., u. A. Westgren: Jernkont. Ann. Bd. 119 (1935) S. 185/196.

[3] Bergman, G., u. D. P. Shoemaker: Acta cryst. Bd. 7 (1954) S. 857/865.

[4] Zaletaeva, R. P., N. F. Lashko, M. D. Nesterova u. S. A. Yuganova: Doklady Akademii Nauk SSSR Bd. 81 (1951) S. 415—416.

[5] Houdremont, E., u. H. Schrader: Techn. Mitt. Krupp, Forsch.-Ber. Bd. 2 (1939) S. 23/46.

[6] Blanchard, J. R., R. M. Parke u. A. J. Herzig: Trans. Amer. Soc. Met. Bd. 31 (1943) S. 849—876; Iron Steel Bd. 17 (1944) Nr. 11 S. 519/522.

Zwischenstufe vergleichsweise hoch ist und daß diese daher in ihrer charakteristischen Widmannstättenschen Ausbildung bevorzugt in molybdänhaltigen Stählen beobachtet wird. Dies ist auch besonders im Inneren größerer Schmiedestücke aus molybdänhaltigem Stahl der Fall, weil hier gerade die Abkühlungsbedingungen so sind, daß durch die verzögernde Wirkung des Molybdäns die Perlitbildung unterdrückt wird, es aber nicht mehr zu einer Martensitbildung kommt.

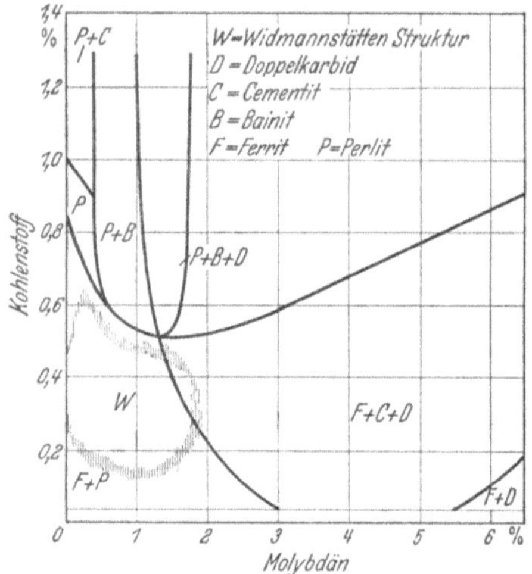

Bild 176. Gefüge von Molybdänstählen nach Luftabkühlung von 900 °C (nach J. R. BLANCHARD, R. M. PARKE und A. J. HERZIG)

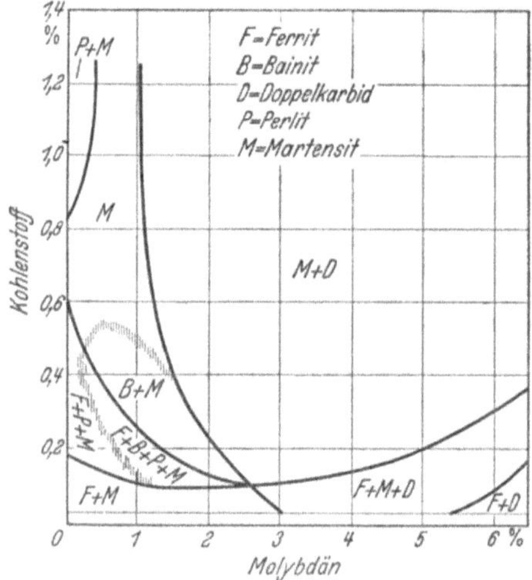

Bild 177. Gefüge von Molybdänstählen nach Wasserabkühlung von 900 °C (nach J. R. BLANCHARD, R. M. PARKE und A. J. HERZIG)

Die Bilder 176 und 177 veranschaulichen nach J. R. BLANCHARD, R. M. PARKE und A. J. HERZIG[1] die in Molybdänstählen nach Luftabkühlung und Wasserabschreckung von 900 °C vorliegende Gefügeverteilung. Es sind in diesen Bildern die amerikanischen Bezeichnungen beibehalten, unter Bainit ist das Zwischenstufengefüge zu verstehen. Der hier eingetragene Bereich mit Widmannstättenscher Struktur betrifft voreutektoidischen Ferrit, der in molybdänhaltigen Stählen oft auch eine besondere Ausbildungsform hat[2].

Die Eigenschaften der Molybdänkarbide sind kennzeichnend für das Verhalten von Molybdänstählen. Einerseits ist das Molybdänkarbid zum

---

[1] BLANCHARD, J. R., R. M. PARKE u. A. J. HERZIG: Trans. Amer. Soc. Met. Bd. 27 (1939) S. 697/718.

[2] HULTGREN, A., u. Mitarbeiter: Kungl. Svenska Vetenskapsakad. Handl. 4. Ser. Bd. 4 Nr. 3, Stockholm 1953. — HABRAKEN, L.: Rev. univ. Mines Bd. 94 (1951) S. 164/180; HABRAKEN, L.: Sur la Métallographie électronique, Lüttich 1953.

Teil leicht löslich, so daß das Molybdän keine Erhöhung der Härtetemperatur erfordert und die Durchhärtung vergrößert. Andererseits wirken die gemäß dem Gleichgewichtszustand noch nicht gelösten Restkarbide wie Sonderkarbide (z. B. Vanadin); deshalb erhöht Molybdän wesentlich die Temperatur der beginnenden Kornvergröberung. Nach H. SCHRADER wird diese Temperatur bei Stählen mit 1% C von 800 °C bei Kohlenstoffstahl auf 1100° bei 3% Molybdän erhöht.

Ebenfalls der Wirkung als sonderkarbidbildendes Element entspricht die die Anlaßbeständigkeit und Warmfestigkeit erhöhende Wirkung des Molybdäns. Hierbei wird die Anlaßbeständigkeit und Warmfestigkeit besonders durch Anwendung höherer Härtetemperaturen erhöht. Ein hervorstechender Unterschied gegenüber Wolfram ist, daß es die Einhärtung viel stärker erweitert.

Wichtig ist noch die Wirkung des Molybdäns in legierten Vergütungsstählen, in welchen Molybdänzusätze das Auftreten der Anlaßsprödigkeit (S. 69) zu verhindern vermögen. Die hierfür gebräuchlichen Gehalte liegen bei 0,2 bis 0,4%, aber schon Gehalte von 0,1% haben eine sehr deutliche Wirkung.

In Einsatzstählen könnte man das Molybdän zunächst für ersetzbar durch Chrom und Nickel halten, weil Anlaßsprödigkeit (S. 69) bei der Wärmebehandlung der Einsatzstähle nicht zu befürchten ist. Wie H. U. MEYER[1] aber nachgewiesen hat, verhindert es die Bildung weicher, viel Austenit enthaltender Randschichten, was besonders bei nickelhaltigen Einsatzstählen der Fall sein kann. Darauf werden wir noch im Abschnitt „Einsatzstähle" (S. 366, 370, 373) zurückkommen.

Molybdän ist also ein Legierungselement mit einer Reihe sehr wertvoller Eigenschaften. Es erhöht die Härtbarkeit und die Warmfestigkeit und verhindert die Anlaßsprödigkeit in einem weiten Temperaturbereich. Bei den Baustählen, die in der Kälte arbeiten, kann man, wenn man die zähesten Chrom- und Chrom-Nickel-Stähle haben will, auf einen Molybdänzusatz nicht verzichten, und bei hochwarmfesten Baustählen ist es geradezu unentbehrlich. Bei warmfesten Werkzeugstählen geht die Entwicklung unverkennbar in der Richtung der Verdrängung des Wolframs, wobei bei gleicher Warmhärte der Vorteil besserer Wärmeleitfähigkeit vorliegt, da etwa ein Teil Molybdän für zwei Teile Wolfram eintritt. Dieselbe Entwicklung ist auch bei den Schnellarbeitsstählen zu beobachten. Als Nachteil gegenüber dem Wolfram könnte vielleicht vermerkt werden, daß die Molybdänkarbide den Stahl etwas weniger verschleißfest machen als die Wolframkarbide, obwohl auch hier noch längere Beobachtungsreihen abgewartet werden müssen. Wichtig ist bei Molybdän auch die dem Wolfram und Vanadin fehlende Verbesserung

[1] MEYER, H. U.: Stahl u. Eisen Bd. 76 (1956) S. 68/78.

der Korrosionseigenschaften gegen Schwefelverbindungen bei den korrosionsbeständigen Stählen (S. 595, 596, 598, 617, 621).

Diese vielseitigen Eigenschaften gestatten wohl die Bemerkung, daß Molybdän besonders im Verhältnis zu Wolfram immer noch zu wenig eingesetzt wird; Molybdän wäre sicherlich mehr im Gebrauch, wenn man mit seiner Verwendung gleichzeitig mit der des Wolframs angefangen hätte.

Molybdänbaustähle

In Zahlentafel 34 finden sich Zusammensetzung und Verwendungsbeispiele molybdänhaltiger Baustähle[1].

Darüber hinaus ist zu den einzelnen Stählen folgendes zu bemerken:

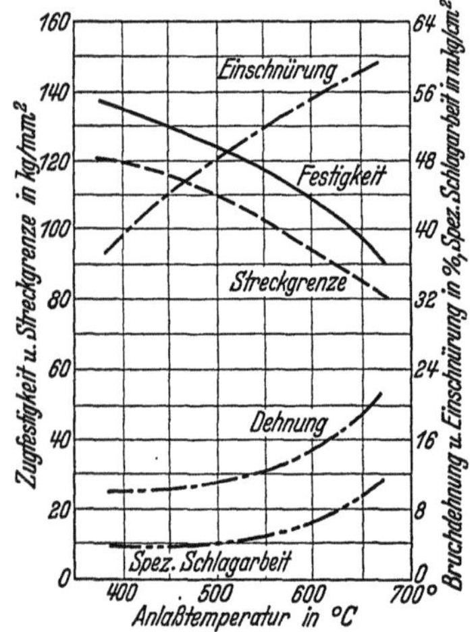

Bild 178. Vergütungsschaubild eines Stahles mit 0,4% C, 0,98% Cr, 0,28% Mo, ⌀ 60 mm

Zu 1. Auf dem Gebiet der Einsatzstähle ist seit einigen Jahren eine kennzeichnende Entwicklung zu Mo-haltigen Stählen mit niedrigem Cr-Gehalt festzustellen. Bei der aus fertigungstechnischen Gründen oft zweckmäßigen Direkthärtung wird auch die äußerste Zone der Einsatzschicht infolge der geringen Restaustenitgehalte gut hart.

Zu 2. Da durch Molybdän die Karbide feinkörniger und härter werden, besteht die Möglichkeit, daß dieser Stahl bessere Lauf- und Verschleißeigenschaften hat als der molybdänfreie. Ein Beweis ist hierfür aber noch nicht gebracht worden.

Zu 3. Mit dieser Stahlgruppe begann der Nickelersatz bei den Einsatzstählen. Diese Stähle haben im Vergleich zu den Chrom-Nickel-Stählen den Vorteil, daß sie — wohl wegen des kleineren Restaustenitanteiles — härter sind, aber den Nachteil der etwas schwierigeren Einsatzbehandlung (S. 77), sowie der ungleichmäßigeren Kernhärte, S. 394, welcher Nachteil bei nicht zu großen Abmessungen kaum vorliegt.

Zu 4 und 5. Mit diesen Stählen erreicht man bei kleineren Abmessungen Durchvergütbarkeit und Zähigkeit, wie sie auch bei Chrom-Nickel-Molybdän-Stählen nicht besser ist. Chrom-Nickel-Stählen ohne Molybdän sind sie in kleineren Abmessungen bis etwa 60 mm ⌀ sogar überlegen (s. a. S. 390). Bild 178 zeigt das Vergütungsschaubild eines Stahles mit 0,4% C, 0,98% Cr und 0,28% Mo.

[1] Das Mangan ist nur bei einem Gehalt von 0,8% und darüber angegeben.

Zahlentafel 34. *Zusammensetzung und Verwendungsbeispiele von Mo-haltigen Baustählen*

Lfd. Nr.	Bezeichnung	C	Mo	Cr	Ni	Sonstige Zusätze	Verwendungsbeispiele
1	20 MoCr 4 20 CrMo 2	0,20	0,30 0,50	0,30 0,60			Einsatzstähle für kleine und mittlere Zahnräder SAE 4119
2		1,0	0,25	0,5 1,5			Wälzlagerstähle
3	20 CrMo 5 15 CrMo 5	0,13 0,23	0,25	1,0 1,4		0,8—1,2 Mn	Einsatzstähle nach DIN 1663[1]
4	25 CrMo 4 34 CrMo 4 42 CrMo 4	0,25 0,34 0,42	0,20 0,20 0,20	1,05 1,05 1,05			Vergütungsstähle nach DIN 17200, Warmfeste Stähle
5	50 CrMo 4	0,46 0,54	0,20	1,0			Vergütungsstähle SAE 4130, 4140, 4150
6		0,10 0,45	0,25		1,65 3,75		Einsatz und Vergütungsstähle SAE 4615, 4620, 4640, 4815, 4820
7	28 NiCrMo 74 28 NiCrMo 44	0,25 0,28	0,30 0,42	0,3 1,15	1,3 1,15		Vergütungsstähle, schwere Schmiedestücke wie Rotorkörper
8	30 CrNiMo 8 34 CrNiMo 6 36 CrNiMo 4	0,30 0,35 0,36	0,30 0,20 0,20	2,0 1,5 1,15	2,0 1,5 1,15		Vergütungsstahl vom Typ 2/2 nach DIN 17200
9		0,40	0,25	1,3	4,0		Zahnradstähle
10		0,12 0,23	0,20	0,50	0,55	0,8 Mn	Amerikanischer dreifachlegierter Einsatzstahl
11		0,28 0,33	0,20	0,50	0,55	0,90 Mn	Amerikanischer dreifachlegierter Vergütungsstahl
12		0,40	0,40	0,75	1,4		Stahl mit hoher Dauerfestigkeit und Kerbschlagzähigkeit
13	33 CrAlNi 7 32 AlCrMo 4 30 CrMoV 9	0,25 0,40	0,20	1,0 2,5	0 — 1,0	0—1,0 Al 0—0,3 V	Nitrierstähle
14		0,10 0,30	0,30 1,0	1,0 6,0		0—1,0 V 0—0,7 W	Dauerstandsfeste und druckwasserstoffbeständige Stähle

[1] In DIN 17210 ist kein Molybdän vorgeschrieben.

Zahlentafel 35. *Zusammensetzung und Verwendung von Mo-haltigen Werkzeugstählen*

Lfd. Nr.	Bezeichnung	C	Mo	Cr	Sonstige Zusätze	Verwendungsbeispiele
1	X 45 NiCrMo 4	0,35 bis 0,45	0,25	1,0 bis 1,5	3,0—4,0 Ni	Kaltprägestahl, Besteckstanzen, Pfaffen, Gesenke
2	35 NiCrMo 16	0,35	0,25	1,3	4,0 Ni	Warmgesenkstähle
3	28 NiMo 17	0,27	1,5	0,7	4,3 Ni 0,15 V	Pilgerdorne
4	28 NiCrMoV 10	0,27	0,7	0,7	2,4 Ni 0,3 V	
5	26 NCrMoV 5	0,26	0,3	0,8	1,4 Ni 0,2 V	
6	55 NiCrMoV 6 56 NiCrMoV 7	0,55	0,30 0,70	0,60 1,0	1,5—2,0 Ni 0,15 V	Gesenke, Warm- u. Kaltschermesser, Warmarbeitswerkzeuge, Kunstharzpreßformen, Kaltprägewerkzeuge
7		0,55	0,45	1,1	0,4 Ni 0,1 V	Warmwalzen, Gesenke
8		0,30	3,0	2,0	1,2—2,5 Ni, 1,0 W 0—4,0 Co, bis 0,25 Nb	Spritz- und Preßgußformen für Leicht- und Schwermetall, wassergekühlte Warmarbeitswerkzeuge
9		0,55	1,2	8,5	1,1 W 0,15 V	Hackmesser in der Zellulose-Industrie, Kaltschermesser
10	45 CrVMoW 58	0,45	0,50	1,6	0,5 W 0,9 V	Warmarbeitswerkzeuge aller Art
11	X 165 CrMoV 12	1,7	0,6	12,0	0,5 W 0,1 V	Einsenkpfaffen, Besteckstanzen, Holzfräser
12	X 100 CrMoV 51	1,0	1,25	5,0	0,25 V	Amerikanischer lufthärtbarer Universalstahl für Kalt- und Warmarbeit

13	45 CrMoV 67	0,30 0,50	0,60	1,50	0,3 V	Rezipientenbüchsen, Stauchwerkzeuge, Spritzgußmatritzen für Leichtmetall, Besteckstanzen, Einsenkpfaffen
14	X 32 CrMoV 33	0,35	2,9	2,9	0,5 V bis 3 Co	Schwermetallverarbeitung
15	X 38 CrMoV 51 X 40 CrMoV 51 X 37 CrMoW 51	0,35	1,30	5,0	0,35—1,1 V 0—1,4 W 0—3,5 Co	Spritz- und Preßgußformen für Leichtmetall, Rezipientenbüchsen, Strangpreßmatritzen für Leichtmetall
16	40 CrMuMo 7	0,25 0,40	0,20 0,40	2,0	1,4—2,0 Mn bis 0,2 V	Gesenke, Rezipientenmäntel
17	X 6 CrMo5	0,05	0,55	4,0		kalteingesenkte Kunstharzformen
18	100 CrMo 5	1,0	0,3	1,1		Hohlbohrer
19	110 MoV 5	1,10	0,50		0,20 V	Gewindeschneidwerkzeuge

An der unteren Kohlenstoffgrenze sind sie für vergütbare Schweißverbindungen wegen ihrer Rißunempfindlichkeit gut verwendbar.

Nicht zu vergessen ist, daß diese Stähle leichter weichglühbar sind als die Chrom-Nickel-Vergütungsstähle.

Zu 6. Diese chromfreien Stähle sind für kleine Abmessungen die zähesten Einsatz- und Vergütungsstähle; da Nickel und Molybdän in den Schmelzöfen nicht oxydieren, haben sie wenig Einschlüsse.

Zu 7. Diese Stähle verbinden Durchvergütbarkeit und Zähigkeit in einem hohen Maße und sind außerdem spannungsfreiglühbar, ohne anlaßspröde zu werden (gegen langsames Abkühlen, wie es bei großen Stükken unvermeidlich ist, unempfindlich, s. S. 69, 390) und werden daher mit Recht als die höchstwertigen Vergütungsstähle angesehen.

Zu 8. Diese Stähle sind für hohe Festigkeiten die am besten geeigneten.

Zu 9. Wo aus fertigungstechnischen Gründen Einsatzstähle nicht angewendet werden können (Verzug), greift man unter anderem zu Lufthärtern, mit denen im vergüteten Zustand Festigkeiten von 160 bis 180 kg/mm^2 erreicht werden, wodurch noch etwa Laufeigenschaften ähnlich jenen der Einsatzstähle erzielt werden.

Zu 10 und 11. Diese Stähle entstanden aus dem Bedürfnis, durcheinandergekommenen, verschieden legierten Schrott zu verwenden. Durch die auf S. 219 und 814 gestreifte Wirkung von mehreren Legierungsbestandteilen ergaben sich bessere Stähle, als man ursprünglich erwartete. Die Entwicklung auf diesem Gebiet läßt annehmen, daß man hochwertige, legierungsparende Typen ausbilden wird.

Zu 13. Es sei auf den Abschnitt „Nitrierstähle" verwiesen.

Zu 14. Auch hier erzielt man durch die Gegenwart von Molybdän, Vanadin und Wolfram, also von mehreren Elementen gleichzeitig, besonders warmfeste Stähle (s. darüber S. 469, 844).

Molybdänwerkzeugstähle

Zahlentafel 35 gibt eine Übersicht über die gebräuchlichsten Molybdänwerkzeugstähle.

Zu 1. Das Molybdän vermehrt die Einhärtung und gibt relative Sicherheit gegen Versprödung beim Anlassen auf etwa 300 °C, welche Wärmebehandlung bei Kaltarbeitsstahl nötig ist (s. S. 745).

In Warmarbeitsstählen kommt die bekannte Wirkung auf Anlaßbeständigkeit, Warmfestigkeit und Verhinderung der Anlaßsprödigkeit zur Auswirkung.

Zu 2. Für besonders auf Sprengwirkung beanspruchte Schmiedehämmergesenke wird dieser in seinem Kohlenstoffgehalt niedrig liegende Stahl verwendet.

Zu 3, 4 und 5. Bei Pilgerdornen macht man deshalb vom Molybdän Gebrauch, weil Molybdänstähle bei gleicher Warmhärte und Warmfestigkeit besser wärmeleitfähig sind als Wolframstähle (s. S. 231). Dadurch wird der Stahl in der Außenschicht nicht so heiß und verträgt so die Wasserkühlung besser (s. darüber Abschnitt „Pilgerdorne", S. 780).

Zu 6. Das zu 3, 4 und 5 Gesagte gilt auch hier.

Zu 7. In den Vereinigten Staaten von Amerika ist ein Chrom-Molybdän-Stahl für Gesenke gebräuchlich; er kommt vereinzelt auch in Europa vor. Der niedrige Legierungsaufwand läßt diesen Stahl, der etwa die gleiche Leistung wie Stahl 6 hat, interessant erscheinen.

Zu 8. Neuzeitlicher, mehrfach legierter Warmarbeitsstahl mit verhältnismäßig niedrigem Legierungsgehalt und trotzdem hoher Leistung. Er ist gut wärmeleitfähig und brandrißbeständig. Für Schwermetalldruckgußformen ist er besonders geeignet und wird für höchste Stückzahlen auch mit Kobalt legiert.

Zu 9. Dieser sowohl in Öl wie an Luft härtbare Stahl wurde für solche Maschinenmesser entwickelt, bei denen ledeburitische Schnittstähle nicht zäh genug sind.

Zu 10. Stahl 10 wurde auf S. 219 und 226 eingehend behandelt.

Zu 11. Unter den ledeburitischen Chromstählen ist dieser Stahl nächst dem mit 2% C, 12% Cr der wichtigste. Er wird auch bei größeren Querschnitten an Luft hart genug.

Zu 12 und 15. Diese Stähle wurden in Amerika zuerst angewendet. Als Vorteil des Stahles 12 kann gesagt werden, daß der geringe Härteverzug im Gegensatz zu den 12%igen Chromstählen wegen der geringeren Zeilenausbildung (fast ledeburitfrei) gleichmäßiger, also unabhängig von der Walz- oder Schmiederichtung sein soll. Als Warmarbeitsstahl wird diese Legierung mit der gleichen Zusammensetzung oder geringem Kohlenstoffgehalt verwendet (Stahl 15). Fallweise wird auch noch bis etwa 1% Wolfram zulegiert. Für Druckguß hat sich dieser Stahl als Standardstahl eingeführt.

Zu 13. Der Stahl hält bei Rezipientenbüchsen die richtige Mitte zwischen Rißsicherheit und Verschleißbeständigkeit. Er ist aber auch ein ausgezeichneter Kaltarbeitsstahl, wie das Beispiel der Besteckstanzen zeigt.

Zu 14. Hier gilt auch das für Stahl 8 Gesagte.

Zu 16. Diese Chrom-Mangan-Molybdän-Stähle sind wohl leistungsfähig, werden aber von den Chrom-Nickel-Molybdän-Stählen, weil diese zäher sind, allmählich verdrängt.

Zu 17. Niedrig gekohlter, höher legierter Einsatzstahl mit guter Kalteinsenkbarkeit für hochbeanspruchte Formen in der Kunststoffindustrie. Die Kernfestigkeit des einsatzgehärteten Stahles liegt zwischen 85 und 95 kg/mm^2.

Zu 18. Dies ist der heute gebräuchlichste Stahl für die Herstellung von hartmetallbestückten Gesteinsbohrern. Seine Naturhärte liegt regelmäßig etwa im Bereich von 120 bis 140 kg/mm^2, also ziemlich unabhängig von der bei der Herstellung dieser Werkzeuge schwankenden Austenitisierungstemperatur.

Zu 19. Es bleibt abzuwarten, ob dieser Stahl dem Wolframstahl an Schneidhaltigkeit gleichkommt, an Zähigkeit dürfte er ihn voraussichtlich übertreffen.

Molybdänstähle mit besonderen physikalischen Eigenschaften

Was die Stähle mit besonderen physikalischen Eigenschaften anbelangt, so ist darüber in Zahlentafel 36 eine zusammenfassende Aufstellung gegeben.

Zu 1. Für die Hondaschen Kobaltmagnetstähle ist das Molybdän ein notwendiger Begleiter (s. S. 519).

Zu 2. Diesen an sich wertvollen Magnetstählen wurde die weitere Entwicklung und Einführung durch die etwa zur selben Zeit gefundenen Mishimamagnetstähle (s. S. 521) verlegt.

Zu 3 und 4. Siehe darüber im Abschnitt „Korrosionsbeständige Stähle“ (S. 595, 598, 617, 621).

Zahlentafel 36. *Zusammensetzung und Verwendungsbeispiele Mo-haltiger Stähle mit besonderen physikalischen Eigenschaften und chemisch beständige Stähle*

Lfd. Nr.	Bezeichnung	C %	Mo %	Cr %	Ni %	sonstige Zusätze	Verwendungsgebiete
1	Co 070 Co 050	1,0	1—2	4—10		2—36 Co	Dauermagnetstähle
2		—	15	—	—	12 Co	Kohlenstofffreie ausscheidungshärtbare Dauermagnet-Legierung
3		0,1 1,0	0 bis 2,0	12 bis 30	—	0—2 Co 0—0,20 V + Ti	Korrosions- und säurebeständige Cr-Stähle
4		< 0,12	1 bis 5	16 bis 20	8 bis 15	0—3,0 Cu + TaNb, Ti	Korrosions- und säurebeständige Cr-Stähle
5		—	20	—	60,0	20 Fe	gegen Schwefelsäure und beschränkt gegen Salzsäure beständige Legierungen
5a		—	30	—	60,0	10 Fe	
5b		—	20	15	58	Rest Fe	
5c		—	10	—	36	2% Cu	
6		< 0,1	1 bis 3	17 bis 25	17 bis 25	0—3 Cu + Ti, TaNb	Säure- und gut IK-beständige Stähle
7		< 0,1	1,0 3,0	15 bis 20,0	4 bis 8,0	Cu, Al Ti u. Ta Nb	Ausscheidungshärtbare korrosionsbeständige Stähle
8	X 8 CrNiMo 275	< 0,1	1,5	27	5,0		Korrosions- und säurebeständiger Stahl

Zu 5. Diese Legierungen werden näher bei den säurebeständigen Legierungen besprochen. Die Legierung 5c hat ein annähernd ebenso gutes Korrosionsverhalten wie die höher legierten dieser Gruppe (s. S. 598)

Zu 6. Für reduzierende Angriffsmittel, wie verdünnte Salzsäure, auch bei höheren Temperaturen, hat sich eine Erhöhung der Nickelgehalte in den bekannten 18/12-Stählen mit Zusätzen bewährt.

Zu 7. In den Vereinigten Staaten ist eine Reihe von ausscheidungshärtbaren, korrosionsbeständigen Stählen entwickelt worden. Streckgrenze und Festigkeit können damit bis zu 110 bzw. 140 kg/mm^2 gesteigert werden. Diese Stähle finden im Flugzeug- und Raketenbau Verwendung. Über ihre Einsatzmöglichkeit in der chemischen Industrie liegen noch wenig Erfahrungen vor.

Zu 8. Ursprünglich für die Essigsäureindustrie entwickelt, gewinnt dieser Stahl durch seine höhere Streckgrenze in Verbindung mit seiner chemischen Beständigkeit, die an jene der 18-10-2-Stähle heranreicht, zunehmende Bedeutung.

Besonderheiten bei der Erschmelzung und Verarbeitung von Molybdänstählen[1]

Das Molybdän verhält sich bei der Erschmelzung in ähnlicher Weise angenehm wie das Nickel; es ist schwerer oxydierbar als das Eisen, so daß es außer in Form von Ferromolybdän auch in Form von Kalziummolybdat und Molybdänoxyd zugesetzt werden kann, aus dem es durch das Eisen reduziert wird. Es kann daher aus dem Schrott durch die üblichen metallurgischen Vorgänge nicht aus dem Stahl entfernt werden und natürlich auch nicht als Desoxydationsmittel dienen. Ähnlich wie aus dem Oxyd wird Molybdän auch aus seinem Sulfid in das Bad reduziert, was bei der Herstellung von Automatenstählen, insbesondere rostfreien, Anwendung findet, da der Schwefel vom Stahlbad aufgenommen wird.

Da das Molybdänsulfid ähnlich wie das Nickelsulfid ein tiefschmelzendes Eutektikum bildet, können netzförmige Sulfideinschlüsse in Molybdänstählen auftreten, die bei der Warmverformung zu Zerreißungen führen können.

Molybdän erhöht durch die Verringerung der kritischen Abkühlungsgeschwindigkeit die Empfindlichkeit gegen Spannungsrisse, es sind aber z. B. molybdänhaltige Chrom-Nickel- oder Chrom-Mangan-Stähle weniger empfindlich als solche ohne Molybdän und denselben Durchhärteeigenschaften (dann natürlich höheren Chrom-Nickel- oder Chrom-Mangan-Gehalten). Der Grund hierfür liegt in der schon besprochenen (S. 69, 215, 236) geringeren Anfälligkeit gegen Versprödung bei verschiedenen Abkühlungsbedingungen in verschiedenen Temperaturbereichen.

---

[1] Näheres s. F. Leitner u. E. Plöckinger: Die Edelstahlerzeugung. Wien: Springer 1950.

Aus diesen Gründen ist Molybdän auch beim Schweißen sehr vorteilhaft. Da es nicht abbrennt, bleibt es als Legierungselement erhalten, die geringe Anfälligkeit gegen Versprödung schützt vor Spannungsrissen und schließlich beeinflußt es den Lichtbogenübergang angenehm — bei der Gasschweißung bilden sich keine störenden Schlackenhäute und bei der Elektroschweißung macht es den Lichtbogen ruhiger.

Durch die erhöhte Warmfestigkeit wird die Warmformgebung molybdänhaltiger Stähle schwieriger, was sich besonders deutlich bei den austenitischen Stählen zeigt.

Stähle mit höherem Molybdängehalt neigen zu stärkerer Verzunderung. Bei Stählen über 3% Molybdän verflüchtigt sich beim Schmieden und Walzen ein Teil des Molybdäns in Form des Oxydes als Molybdänrauch. In der unter der Zunderdecke liegenden Stahlschicht bleibt das Molybdän aber erhalten. Schnellarbeitsstähle mit Molybdängehalten entkohlen beim Weichglühen auch dann, wenn im Luftüberschuß geglüht wird; sie müssen daher verpackt werden.

7. Vanadinstähle[1]

Vanadin gehört zu den Elementen, die das γ-Gebiet abschnüren und Sonderkarbide bilden. Das Zustandsschaubild Eisen-Vanadin hat sehr große Ähnlichkeit mit dem System Eisen-Chrom[2], die γ-Phase wird aber bereits bei 1,1% V abgeschnürt[3]. Im Bereich der Zusammensetzung FeV tritt eine σ-Phase auf, sie bildet sich schon kurz unterhalb 1200 °C. Bei 700 °C reicht sie von 35 bis 55 Gew.-% V, die Grenzen des Zweiphasenbereiches $\alpha + \sigma$ liegen bei dieser Temperatur bei 22,5 und 65 Gew.-% V[4]. Ansonsten existiert durchgehend eine homogene Mischkristallbildung, in der allerdings Ordnungsvorgänge (bei 45 und 27% V) möglich sind[5].

In kohlenstoffhaltigen Eisen-Vanadin-Legierungen zeichnet sich das Vanadin dadurch aus, daß es kaum in den Zementit eintritt und nur ein einziges Sonderkarbid (VC) und keine Doppelkarbide bildet. Daher eignen sich solche Legierungen besonders gut zur Untersuchung des Einflusses eines sonderkarbidbildenden Elementes auf die Umwandlung und Karbidausscheidung.

---

[1] Hougardy, H.: Die Vanadinstähle. Berlin: P. u. G. Gärtner 1934.

[2] s. das Schaubild bei Hansen, M., u. K. Anderko: Constitution of Binary Alloys, 2. Aufl. New York/Toronto/London: McGraw-Hill 1958, S. 729/732.

[3] Lucas, W. R., u. W. P. Fishel: Trans. Amer. Soc. Met. Bd. 46 (1954) S. 277/285 geben als Grenze der maximalen Ausdehnung des γ-Gebietes 1,35% V bei 1115 °C und als Grenze des $\gamma + \alpha$-Gebietes 1,5% V an. Außerdem nehmen sie ein Minimum in der A_3-Temperatur bei 0,2% V bei 896 °C an.

[4] Martens, H., u. P. Duwez: Trans. Amer. Soc. Met. Bd. 44 (1952) S. 484/494.

[5] Bungardt, K., u. W. Spyra: Arch. Eisenhüttenw. Bd. 30 (1959) S. 95/102.

Die älteren Untersuchungen über Eisen-Vanadin-Kohlenstoff-Legierungen sind von E. HOUDREMONT[1] ausgewertet und in Form von isothermischen Schnitten dargestellt worden (Bild 179). Bei Raumtemperatur ist Vanadinkarbid nur in geringer Menge im α-Eisen löslich (etwa entsprechend 0,1% V), die Löslichkeit nimmt aber mit steigender Temperatur zu, so daß Aushärtungserscheinungen in vanadinhaltigen Stählen erwartet werden können. Auch im Austenit ist VC viel weniger löslich als z. B. der Zementit, jedoch nimmt die Löslichkeit mit steigender Temperatur stärker zu.

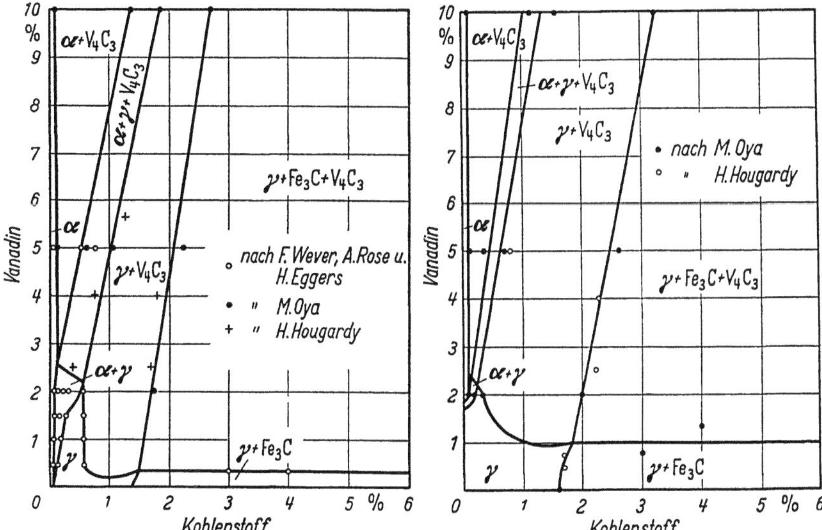

Bild 179. Isothermische Schnitte durch das Dreistoffschaubild Eisen-Kohlenstoff-Vanadin bei 900 und 1100 °C [nach F. WEVER, A. ROSE u. H. EGGERS: Mitt. K.-Wilh.-Inst. Eisenforschg. Bd. 18 (1936) S. 239/246. — M. ÔYA: Sci. Rep. Tôhoku Univ. Bd. 19 (1930) S. 449/472. — J. G. ZIMMERMANN, R. H. ABORN u. E. C. BAIN: Trans. Amer. Soc. Met. Bd. 25 (1937) S. 755/787. — E. HOUDREMONT, H. BENNEK u. H. SCHRADER: Arch. Eisenhüttenw. Bd. 6 (1932/33) S. 24/34. — H.-J. WIESTER: Unveröffentlichte Untersuchungen. — H. HOUGARDY: Arch. Eisenhüttenw. Bd. 4 (1930/31) S. 497 bis 503]

Im Stahl bindet (im Karbid VC) 1% Vanadin etwa 0,16% C. Dieses an sich interessante Karbid kristallisiert kubisch im Steinsalztyp und neigt stark zu Defektgitterbildung; die Kohlenstoffgehalte können bei gleicher Struktur zwischen etwa 11 und 19%, dem stöchiometrischen Wert, schwanken[2]. Überdies bildet das Vanadinkarbid mit den isotypen VO und VN Mischkristalle, ein Vorgang, der auch im Stahl nicht ausgeschlossen ist. Chemisch findet man daher bei Karbiduntersuchungen in Stählen im allgemeinen einen Kohlenstoffgehalt, der niedriger ist,

[1] HOUDREMONT, E.: Handbuch der Sonderstahlkunde, 3. Aufl. Berlin/Göttingen/Heidelberg: Springer u. Düsseldorf: Stahleisen 1956, S. 976.

[2] KRAINER, H., u. K. KONOPICKY: Berg- u. hüttenm. Mh. Bd. 92 (1947) S. 166 bis 178.

als es dem gesättigten VC entspricht, so daß man diesem kubischen Karbid die Formel V_4C_3 zuschrieb. Vielfach ist es auch noch unter dieser Bezeichnung in Zustandsschaubildern eingetragen. Aber schon E. Maurer, Th. Döring und W. Pulewka[1] haben festgestellt, daß es sich hierbei um ein und dasselbe Karbid des Gittertyps VC handelt. Auch ein gelegentlicher Hinweis auf Vanadinkarbide mit höheren Kohlenstoffgehalten[2] konnte nicht bestätigt werden. Für das kubische Karbid wäre es am richtigsten, als Formel $VC_{(1-x)}$ anzugeben, wobei x den Kohlenstoffdefekt angäbe.

Die Perlitumwandlung vollzieht sich in Eisen-Vanadin-Kohlenstoff-Legierungen über eine Vierphasenebene, deren Temperatur nahe bei der Temperatur des Perlitpunktes in Kohlenstoffstählen liegt und durch Vanadin kaum beeinflußt wird. Hierbei zerfällt ein homogener Austenit mit etwa 0,65% V und 0,34% C in ein Gemenge von Vanadinferrit, Vanadinkarbid und Zementit. Stähle mit höheren Vanadin- und Kohlenstoffgehalten scheiden bei der Abkühlung aus dem homogenen austenitischen Zustand zunächst Vanadinkarbid aus, wenn dazu die notwendige Zeit zur Verfügung steht. Der weitere Umwandlungsablauf ähnelt dann dem eines Kohlenstoffstahles, dessen Kohlenstoffgehalt um so viel niedriger ist als der an Vanadin gebundene Anteil ausmacht. Bleibt noch genug Vanadin in Lösung, d. h. bei Abschreckung von hoher Austenitisierungstemperatur, so wird bei der Perlitumwandlung sofort Vanadinkarbid gebildet, und zwar sowohl in Vanadinstählen[3], als auch in mehrfach legierten Stählen, die einen ausreichenden Vanadingehalt zur Bildung von Vanadinkarbid haben[4].

Hierbei sind die Karbide vielfach so fein, daß eine Entscheidung darüber, ob es sich bei einzelnen Gefügearten um voreutektoidischen Ferrit, um Karbid oder ein eutektoidisches Reaktionsprodukt handelt, nur mit dem Elektronenmikroskop bei hoher Vergrößerung getroffen werden kann[5].

Die Perlitumwandlung selbst wird zu längeren Zeiten verschoben, was auch durch die bei der hohen Austenitisierungstemperatur eingetretene Kornvergröberung verursacht sein kann. Bei höheren Vanadingehalten werden Perlit- und Zwischenstufe getrennt[3,6]. Die Martensittemperatur wird durch Vanadin gegenüber Kohlenstoffstählen nicht verändert.

---

[1] Maurer, E., Th. Döring u. W. Pulewka: Arch. Eisenhüttenw. Bd. 13 (1939/40) S. 337/344.

[2] Bischof, W.: Arch. Eisenhüttenw. Bd. 8 (1934/35) S. 255/258.

[3] Rose, A., u. W. Peter: Stahl u. Eisen Bd. 72 (1952) S. 1063/1075.

[4] Rose, A., u. L. Rademacher: Stahl u. Eisen Bd. 77 (1957) S. 409/421.

[5] Schrader, A., A. Rose, L. Rademacher u. W. Pitsch: Arch. Eisenhüttenw. Bd. 28 (1957) S. 461/468.

[6] Wever, F., u. H. Lange: Mitt. K.-Wilh.-Inst. Eisenforschg. Bd. 21 (1939) S. 57/64.

Kennzeichnend für die Eigenschaften von Vanadinstählen ist also das Verhalten des Vanadinkarbides[1]. Bei niedrigen Härtetemperaturen, bei welchen das Vanadinkarbid ungelöst bleibt und damit weniger Kohlenstoff in Lösung ist, hat das Vanadin eine kornverfeinernde und umwandlungsfördernde Wirkung, die sich in einer herabgesetzten Härtbarkeit bemerkbar macht. Bei hohen Härtetemperaturen, bei denen das Vanadinkarbid ganz oder wenigstens zum größten Teil in Lösung geht, wirkt Vanadin umwandlungshemmend, verbessert die Härtbarkeit und vergrößert die Einhärtungstiefe. Ist das Vanadinkarbid aber erst einmal vollständig in Lösung, dann setzt auch bald eine Kornvergröberung ein (s. S. 135).

Die Ausscheidung des Vanadinkarbides beim Anlassen und die dadurch hervorgerufene Sekundärhärtesteigerung[2] ist schon kurz erwähnt worden (s. S. 241). Bei 500 °C beginnt die Bildung sehr feiner Vanadinkarbide, die hier bis zu einem einigermaßen vollständigen Ablauf sehr lange — mehrere hundert Stunden — benötigt. Den stärksten Einfluß auf die Härte hat die Ausscheidung zwischen 500 und 600 °C; oberhalb 625 °C beginnt ein sichtbares Wachstum der ausgeschiedenen Teilchen, verbunden mit einem Abfall der Härte. In technischer Hinsicht bewirkt diese Ausscheidung der Vanadinkarbide eine beträchtliche Verbesserung der Anlaßbeständigkeit.

Nach älteren Untersuchungen von P. Grün[3] verbessert Vanadin durch diese Ausscheidung von Vanadinkarbid auch die Dauerstandfestigkeit von Stählen bei 400 bis 500 °C. Im Kurzversuch, insbesondere bei Temperaturen über 500 °C, werden zu hohe Werte der Dauerstandfestigkeit von ausscheidungshärtenden Stählen, wie Vanadinstählen, gefunden. Die Dehnungsgeschwindigkeit nimmt zwar zunächst ab, nach dem Abklingen der Ausscheidung und der Zusammenballung der ausgeschiedenen Karbide steigt sie aber stärker an. Außerdem ist bei ausscheidungshärtenden Stählen bei Vergütung auf höhere Festigkeit leicht die Gefahr einer Versprödung gegeben (s. S. 27). Tatsächlich ist der Einfluß von Vanadin auf die Warmfestigkeit wesentlich geringer als der von Molybdän[4]. Langzeitversuche bei 500 °C haben ergeben, daß bei vor-

[1] Houdremont, E., H. Bennek u. H. Schrader: Arch. Eisenhüttenw. Bd. 6 (1932/33) S. 24/34. — Wever, F., A. Rose u. H. Eggers: Mitt. K.-Wilh.-Inst. Eisenforschg. Bd. 18 (1936) S. 239/246. — Zimmermann, J. G., R. H. Aborn u. E. C. Bain: Trans. Amer. Soc. Met. Bd. 25 (1937) S. 755/787.

[2] Crafts, W., u. J. L. Lamont: J. Metals Bd. 2 (1950) S. 561/574. — Koch, W., u. H.-J. Wiester: Stahl u. Eisen Bd. 69 (1949) S. 80/86. — Wever, F., A. Rose u. W. Peter: Arch. Eisenhüttenw. Bd. 21 (1950) S. 367/380. — Kuo, K.: J. Iron Steel Inst. Bd. 184 (1956) S. 258/268.

[3] Grün, P.: Arch. Eisenhüttenw. Bd. 8 (1934/35) S. 205/211.

[4] Rapatz, F., H. Krainer u. K. Swoboda: Arch. Eisenhüttenw. Bd. 20 (1949) S. 115/123. — Krainer, H., K. Swoboda u. F. Rapatz: Arch. Eisenhüttenw. Bd. 20 (1949) S. 111/114).

wiegend auf Vanadin aufgebauten warmfesten Stählen sowohl die Warmfestigkeit als auch insbesondere das Langzeit-Dehnverhalten viel ungünstiger ist, was wohl den durch die Ausscheidungsvorgänge bedingten Gefügeveränderungen zuzuschreiben ist[1] (s. S. 443).

Eine für Baustähle wichtige und vom Molybdän unterschiedliche Eigenschaft des Vanadins liegt darin, daß es nicht wie jenes schon bei normaler Härtetemperatur die Einhärtungstiefe vergrößert. Es bewirkt bei normaler Härtetemperatur eher eine geringere Einhärtung. Bei Baustählen kommt meist fortlaufende Vergütung vieler Teile bei gleichbleibender Wärmebehandlung vor, und es muß auf die mit wechselnder Härtetemperatur veränderliche Härtetiefe, was bei Werkzeugstählen günstig ausgenützt werden kann (S. 136), verzichtet werden. Der Hauptwert des Vanadins bei Vergütungsstählen ist, die Überhitzungsempfindlichkeit zu verhindern, die bei nicht sorgfältig erschmolzenen Stählen auch bei normaler Vergütung stören könnte; denselben Erfolg könnte man aber auch durch geringen Aluminiumzusatz erreichen. Daneben ist aber auch als Vorteil zu beachten, daß das Vanadin höhere Anlaßtemperaturen erfordert und dadurch den vergüteten Stahl, sofern man ihn nach dem Anlassen langsam abkühlt, spannungsfreier macht.

Vanadinzusätze von 0,04 bis 0,08% machen den Stahl vor allem gegen den Einfluß der Endwalztemperatur unempfindlicher, dies ist mit Aluminium allein nicht zu erreichen. Daher ist bei Gefahr hoher Endtemperatur ein Zusatz von 0,1% V zum Gesenkschmiedestück richtiger; wegen der Vergütung allein ist er unnötig, da hierfür Aluminium auslangt.

Bei über 0,1% V tritt beim Anlassen Vanadineffekt (Aushärtung) auf, der wie jede Aushärtung zähigkeitsvermindernd wirkt. Die Anlaßsprödigkeit vanadin- und titanlegierter Stähle ist bei gleicher Zusammensetzung und Erschmelzung größer als die der vanadin- oder titanfreien (unveröffentlichte Untersuchungen H. Krainer und K. Swoboda).

Wichtig ist die wohltätige Wirkung bei der Schweißung; der Stahl härtet wegen der Kohlenstoffbindung an das Vanadin weniger auf und ist auch wegen der Überhitzungsunempfindlichkeit in den überhitzten Teilen in der Nähe der Schweiße weniger spröde.

Die große Anlaßbeständigkeit der vanadinhaltigen Stähle macht sie für warmfeste Stähle geeignet.

Die Beständigkeit des Vanadinkarbides bei erhöhten Temperaturen gegen Wasserstoff hat Vanadinstähle als druckwasserstoffbeständige Stähle Anwendung finden lassen.

In Einsatzstählen wirken Vanadinzusätze kornverfeinernd und vermindern die Überhitzungsempfindlichkeit. Nach H. Schrader und

---

[1] s. hierzu auch W. Koch, A. Krisch u. A. Schrader: Arch. Eisenhüttenw. Bd. 28 (1957) S. 445/459.

F. Brühl[1] war aber die Kernfestigkeitssteigerung bei Mangan-Vanadin-Stählen durch Vanadinzusätze von 0,2% auch für Mangangehalte von 2,3% und ebenso eine Erhöhung des Vanadinzusatzes auf 0,5% unter gleichzeitiger Erhöhung des Kohlenstoffgehaltes unzureichend. Die Wirkung der Kohlenstoffabbindung durch den Vanadinzusatz zu schwerlöslichen Karbiden konnte selbst bei erhöhten Abschrecktemperaturen, bei denen ein Verzug beim Ablöschen noch erträglich wäre, nicht ausgeglichen werden.

Für Werkzeugstähle wird Vanadin stark benützt. Die große Menge unlöslicher Karbide und die Erhöhung der Warmbeständigkeit des Härtegefüges ist bei Stählen für Schneidwerkzeuge von Bedeutung. In welcher Weise durch Erhöhung der Härtetemperaturen bei verschiedenen Vanadingehalten schon bei einfach legierten Vanadinstählen die Standzeit beim Drehen zunimmt, zeigen E. Houdremont, H. Bennek und H. Schrader[2] (Bild 180). Dabei waren die Härtetemperaturen veränderlich und den Vanadingehalten angepaßt. In der Regel verwendet man aber für Schneidzwecke nicht die nur mit Vanadin legierten Stähle, sondern Vanadin als Zusatz zu Chrom-, Wolfram-, Chrommolybdän- und Chromwolframmolybdänstählen. Vanadin ist heute ein unerläßlicher Zusatz zur Herstellung hochwertiger Schnellarbeitsstähle. Bei höheren Vanadinzusätzen zum Schnellarbeitsstahl muß der Kohlenstoffgehalt erhöht werden. Mit höheren Vanadin- und Kohlenstoffgehalten lassen sich bei Schnellarbeitsstählen hohe Verschleißhärten erzielen, die diese Stähle für Hochleistungsschnellstähle daher besonders geeignet machen (s. Abschnitt „Schnellarbeitsstähle“, S. 783, 813).

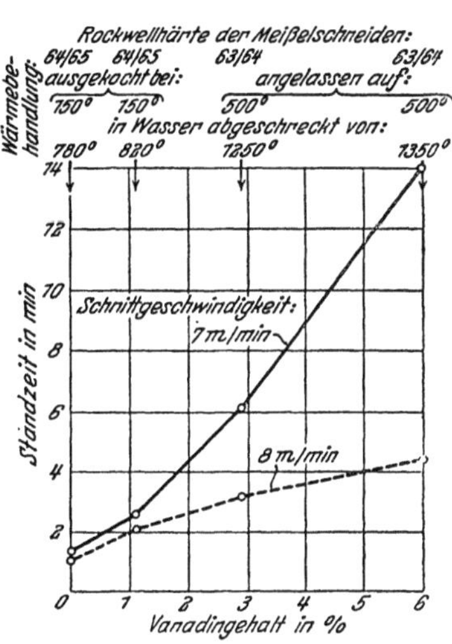

Bild 180. Steigerung der Standzeit beim Drehen durch Vanadinzusatz (nach E. Houdremont, H. Bennek und H. Schrader)

Auch für Warmarbeitsstähle ist Vanadin um so mehr geeignet, als die Beständigkeit mit steigender Härtetemperatur zunimmt und hohe Härtetemperaturen ohne Überhitzung zulässig sind.

Die Eigenschaft der Vanadinstähle, bei höherer Härtetemperatur die Einhärtungstiefe ohne Überhitzung zu vergrößern, hat zur Entwicklung

[1] Schrader, H., u. F. Brühl: Techn. Mitt. Krupp A Forsch.-Ber. Bd. 2 (1939) Nr. 16 S. 207/215; s. a. Stahl u. Eisen Bd. 60 (1940) S. 76/77.

[2] Houdremont, E., H. Bennek u. H. Schrader: Arch. Eisenhüttenw. Bd. 6 (1932/33) S. 24/34.

von mit Vanadin legierten Werkzeugstählen mit veränderlicher Einhärtungstiefe geführt (s. S. 135).

Vanadin wirkt als schwaches Desoxydationsmittel und wirkt auch denitrierend. Das Primärkorn wird durch Vanadinzusätze etwas verfeinert, doch ist die Ursache hierfür noch nicht klar erkannt; es dürfte sich aber wohl um Keime der Vanadinoxyde handeln. Deshalb finden Vanadinzusätze auch zu hochwertigem Stahlguß Verwendung.

Vanadinbaustähle

In Zahlentafel 37 sind die wichtigsten Vanadinbaustähle niedergelegt, wobei darauf aufmerksam gemacht wird, daß der Mangangehalt nur dann angegeben ist, wenn er 0,8% übersteigt.

Zu bemerken ist im einzelnen: *Zu Stahl 1.* Bei kleineren Querschnitten bis zu 120 kp/mm² Festigkeit hat sich dieser Stahl, der viel verwendet wird und sich auch halten dürfte, eingeführt. Wegen der leichten Überhitzbarkeit der Manganstähle wäre ein solcher Stahl ohne Vanadin in der Praxis schlecht verwendbar. Ein höherer Aluminiumzusatz würde bezüglich Überhitzbarkeit dieselben Dienste leisten; Vanadin hat aber den Vorteil, daß dadurch Perlitstufe und Zwischenstufe deutlich getrennt sind, was Zwischenstufenhärtung ermöglicht (S. 242, 244).

Zu Stahl 2. Im allgemeinen genügt für Maschinengewehrläufe unlegierter Stahl. Erhöhte Warmfestigkeit, wie sie dieser Stahl hat, ist dann nötig, wenn hohe Schußzahl und schlechte Kühlung vorliegen. Geringe Molybdänbeigaben verbessern den Stahl bedeutend.

Zu Stahl 3. Hier kommt der auf S. 244 beschriebene gute Einfluß auf die Schweißbarkeit zur Geltung; das Vanadin verfeinert das Korn und vermindert die Härteannahme bei der Luftabkühlung. Dieser Stahl ist dem Chrommolybdänstahl (Stahl 4, S. 233) aber unterlegen.

Zu Stahl 4. Für kleinere Abmessungen ist dieser Stahl bis zu hohen Festigkeiten gut brauchbar. Größere Abmessungen härten weniger durch und reißen deshalb beim Härten leichter.

Zu Stahl 5. Dieser Stahl war während des zweiten Weltkrieges in Deutschland für den allgemeinen Gebrauch der höchstlegierte Baustahl, der allgemein zugelassen war. Bei Schweißverbindungen erreichte man nach der Vergütung bis zu 130 kp/mm² Festigkeit in der Verbindung, was allerdings große Vorsichtsmaßregeln erforderte. Er ist auch ein vielgebrauchter Federstahl sowohl für Blatt- als auch für Stabfedern.

Zu Stahl 6. Auch dieser Stahl ist für hohe Beanspruchungen gut brauchbar, für die Schmelzschweißung ist der Kohlenstoffgehalt zu hoch. Bei Panzern, bei denen es sich nicht um Konstruktionsschweißungen handelte, kam man auch mit diesem hohen C-Gehalt zurecht.

Zahlentafel 37. *Zusammensetzung und Verwendungsbeispiele vanadinhaltiger Baustähle*

Lfd. Nr.	Bezeichnung	C %	V %	Cr %	Mo %	Sonstige Zusätze %	Streckgrenze kp/mm²	Zugfestigkeit kp/mm²	Dehnung $L_0 = 5d_0$ %	Verwendungsbeispiele
1	42 MnV 7	0,42	0,15			1,8 Mn	>70	90—105	>12	Vergütungsstahl nach DIN 17200
2		0,65	0,20	0,80	≦ 0,25		>70	>85	>15	Maschinengewehrläufe
3	27 MnCrV 4	0,28	0,15	0,80		1,1 Mn				Vergütungsstahl, gut schweißbar
4	50 CrV 4	0,50	0,10	1,1		0,90 Mn	>120	135—170	>6	Vergütungsstahl, Federstahl nach DIN 17221
5		0,30	0,15	2,5			>75	90—105	>12	Vergütungsstahl
6	~45 CrV 7	0,45	0,10	2,0						Vergütungsstahl, Geschützrohre und Panzerbleche
7	~30 CrMoV 9	0,30	0,25	2,5	0,20		>90	110—130	>10	Vergütungsstahl nach DIN 17200 Nitrierstahl
8		0,10 0,30	0,30 1,0	1,0 6,0	0,20 1,0	bis 0,8 W				Warmfeste und druckwasserstoffbeständige Stähle
9		0,45	1,0	18,0		9,0 Ni				Hochbeanspruchte Auslaßventilkegel

Dadurch, daß er auch der am meisten gebrauchte Panzer- und Kanonenrohrstahl war, war er eine Art Universalstahl.

Stahl 7 wird bei den Nitrierstählen besprochen.

Stahl 8 s. S. 466, 484, 485.

Zu Stahl 9. Dieser Stahl war gegen Kriegsende als Austauschstahl gegen die wolframhaltigen Stähle (Stahl 8, S. 220) gedacht. Bei normalen Verhältnissen bietet das Vanadin gegenüber Wolfram weder preislich noch gütemäßig einen Vorteil.

Vanadinwerkzeugstähle

Die Reihe der vanadinlegierten Werkzeugstähle ist, wie man aus Zahlentafel 38 sieht, umfangreicher als die der Baustähle. Das ist auch verständlich, da es bei den Werkzeugstählen besonders auf die Karbidwirkung ankommt. Wenn man auch nicht, wie dies manchmal geschieht, die Karbidwirkung einzelner Elemente, wie W, Mo, V als gegenseitig ersetzbar ansehen kann, da ja jedes ganz spezifische Wirkungen hervorruft (s. S. 219), so überschneiden sich die Wirkungen dieser Karbidbildner doch in jeweils verhältnismäßig breiten Bereichen. Das ermöglicht einmal, durch gleichzeitiges Zulegieren von W, Mo und V in richtig abgestimmten Mengen bei geringstem Legierungsaufwand höchste Leistungen zu erzielen, andererseits bietet sich die Möglichkeit, sich der Rohstofflage anzupassen und dem oder jenem Element für die Erzeugung von Stählen bestimmten Verwendungszweckes den Vorzug zu geben. In manchen Fällen hat sich gezeigt, daß man mit gleichem Erfolg z. B. Stahl 2 und 3 der Zahlentafel 38 einen Vanadinstahl an Stelle eines Wolframstahles (Stahl 8, S. 220) verwenden kann.

Zu den einzelnen Werkzeugstählen der Zahlentafel 38 ist folgendes zu sagen.

Zu 1. Dieser Stahl mit „regelbarer Einhärtungstiefe“ wurde auf S. 135 besprochen. Der Stahl wird aber wenig gebraucht; deshalb, weil die für Schlagwerkzeuge nötige, tiefere Härteschicht erst bei so hohen Härtetemperaturen erzielt wird, daß starker Verzug zu befürchten ist. Für diesen Zweck eignet sich besser ein zusätzlich mit etwas Nickel legierter Stahl Nr. 13 (S. 135).

Zu 2. Durch diesen Stahl wurde gezeigt, daß das Vanadin für das Wolfram bei hochverschleißfesten Ziehwerkzeugen voll eintreten kann. Ob dies auch für spanabhebende Werkzeuge der Fall ist, muß sich noch erweisen. Die Verwendung dieses Stahles wird auch vom Preisverhältnis der beiden Metalle Wolfram und Vanadin abhängen. Jedenfalls empfiehlt es sich, diese Neuschöpfung mit Interesse zu verfolgen.

Zu 3. Es handelt sich um einen Übergang zu dem Wolframstahl Nr. 8, S. 220. Das Chrom sichert bessere Einhärtung und bei kleinen Werkzeugen sogar Ölhärtbarkeit.

Zu 3a. Werkzeugstahl besonders hoher Verschleißfestigkeit. Er findet Verwendung zur Herstellung von Werkzeugen zum Pressen von Schleifscheiben (Dentalkörper) und von Magnesitsteinen, Spritzdüsen zum Verspritzen von Korundmasse sowie für Schnittwerkzeuge.

Zu 4. s. S. 221, Stahl 26, und S. 226[1].

Zu 4a. Hier gilt dasselbe wie bei Stahl 12, S. 234.

Zu 5. Das Vanadin erweitert wie Stahl 1 den Bereich der Härtetemperatur.

Zu 6. Durch Anwendung eines niedrigen Mangangehaltes erreicht man eine besonders geringe Einhärtung, die dann nötig ist, wenn kleine Werkzeuge nicht durchhärten sollen, um bei der Schlagwirkung nicht zu brechen.

Zu 7. Das Vanadin hat hier den Hauptzweck, die Überhitzbarkeit zu vermindern, die bei diesem hochkohlenstoffhaltigen Stahl leicht zum Reißen führt.

Zu 8. Dieser Stahl entspricht etwa dem Stahl Nr. 1, S. 220.

Zu 9. Dieser Stahl gilt nicht nur als guter Stahl für Kaltlochstempel, der dem Stahl 14, S. 220, nicht viel nachsteht, sondern auch als Kaltprägestahl.

Zu 10. s. unter Chromstählen S. 193, Stähle Nr. 6 und 7.

Zu 11 und 12. s. S. 193, Stähle Nr. 8 und 9.

Zu 13. Das Nickel erhöht die Einhärtung und gibt etwas höhere Zähigkeit als das auch die Einhärtung fördernde Mangan.

Für hochbeanspruchte Kaltschlagwerkzeuge hat sich dieser Stahl infolge seiner stärkeren Einhärtung und mit der Härtetemperatur regelbaren Einhärtetiefen ein weites Anwendungsgebiet geschaffen. Er hat nicht den mit Stahl 1 verbundenen Nachteil der unverläßlichen Härtetiefe.

Zu 14. Hier hat das Vanadin wieder keinen anderen Zweck, als den Stahl weniger überhitzungsempfindlich zu machen, was bei der Überhitzungsempfindlichkeit der Manganstähle besonders erwünscht ist.

Zu 15. Die Maschinenmesser lassen in der Zusammensetzung nur einen schmalen Bereich zu, der schneidfähig und gleichzeitig bruchsicher genug ist. Man ist durch langjährige, kostspielige Versuche zu dieser Zusammensetzung gekommen und würde sich schwer entschließen, sich in das unsichere Feld einer anderen Zusammensetzung zu begeben.

Zu 16. Es ist dies die begehrteste Zusammensetzung für solche Teile. Das Vanadin dient hier nicht nur als Mittel gegen Überhitzung, sondern auch schon als teilweiser Ersatz für das Wolfram.

Zu 16a. Dem alten Silberstahl mit 1% W wird in Deutschland eine Abart mit 0,07 bis 0,12% V anstatt des Wolframs meist vorgezogen.

---

[1] Krainer, H., K. Swoboda u. F. Rapatz: Arch. Eisenhüttenw. Bd. 20 (1949) S. 111/114.

Zahlentafel 38. *Zusammensetzung und Verwendungsbeispiele vanadinhaltiger Werkzeugstähle*

Lfd. Nr.	Bezeichnung	C %	V %	Cr %	Mo %	W %	Sonstige Zusätze %	Verwendungsbeispiele
1	95 V 4	0,95	0,40					Kaltschlagwerkzeuge
2		1,4	1,2					Ziehringe und Ziehstempel
3	145 V 12	1,5	1,4	0,5		1,0		Riffelstahl
3a		2,4	4,0	12,0	0,8			Hochverschleißfester Werkzeugstahl für Preßformen
4	45 CrVMoW 5 8	0,45	0,9	1,4	0,5	0,5		Warmarbeitsstahl für hohe Beanspruchung
4a	X 100 CrMoV 5 1	1,0	0,25	5,0	1,25			Amerikanischer lufthärtbarer Universalstahl für Kalt- und Warmarbeit
5	100 V 1	0,95	0,1					Kaltschlagwerkzeuge
6	100 V 1	1,1	0,1					Stiftenbacken und -messer
7	140 CrV 1	1,4	0,1	0,5				Ziehringe, Rasiermesser
8	~ 115 CrV 3	1,1	0,15	1,0				Silberstahl
8a		0,5	0,1	1,1				Schraubenschlüssel
9	61 CrSiV 5	0,6	0,1	1,2			1,0 Si 0,8 Mn	Massivprägewerkzeuge Kaltlochstempel
10	45 SiCrV 6	0,4	0,15	1,3			1,5 Si	Dauerstahl
11	~ 90 CrSi 5	1,0	0,1	1,3			1,3 Si	Verzugsarmer Stahl für Fräser, Gewindeschneidwerkzeuge

12	145 Cr 6	1,5	0,1	1,5				Verzugsarmer Stahl, für Fräser, Gewindeschneidwerkzeuge
13		0,80 0,90	0,20				0,7 Ni	Kaltschlagstahl
14	~ 90 MuV 8	0,9	0,15				2,0 Mn	Verzugsarmer Stahl für Schnitte
15	~ 100 WV 4	0,9 1,2	0,05 0,10	0,5		1,2		Maschinenmesser
16	~ 135 WCrV 4	1,5	0,2	0,6		1,2		Rössel- und Schloßteile von Strickmaschinen
16a	120 WV 4	1,2	0,1	0,2		1,0		Für kleinere Werkzeuge und Konstruktionsteile wie Spiralbohrer, Gewindebohrer, Paßstifte u. dgl.
17	~ 142 WV 13	1,4	0,5			3,5		Ziehringe, Ziehstempel
18		1,3 1,5	0,5 0,20	0 bis 0,80		3—8		Riffelstähle
19	X 30 WCrV 4 1	0,30	0,20	1,0		4,0		Warmarbeitsstahl, wasserkühlbar
20	X 30 WCrV 5 3	0,30	0,60	2,5		4,5		Warmarbeitsstahl für hohe Beanspruchung
21	X 30 WCrV 9 3	0,30	0,40	2,8		8,5		Warmarbeitsstahl für hohe Beanspruchung
22	~ 60 WCrMoV 9 4	0,60	1,0	4,0		9,5		Warmarbeitsstahl für hohe Beanspruchung
23	55 NiCrMoV 6	0,55	0,1	0,7	0,20 0,70		1,6 Ni	Gesenke
24	45 CrMoV 6 7	0,30 0,50	0,30	1,6	0,60			Innenbüchsen für Strangpressen, Schrauben- und Nietenmatrizen

Zu 17. Hier ersetzt das Vanadin etwa 2% W (s. S. 220, Nr. 8).

Zu 18. Die Wirkung des Vanadins ist wie bei Stahl 16 bzw. 17.

Zu 19. Die Vanadinkarbide machen den Stahl warmfest (S. 244) und binden gleichzeitig so viel Kohlenstoff ab, daß der Stahl Wasserkühlung aushält.

Zu 20, 21, 22. Diese Stähle sind ausführlich auf S. 225, 226 besprochen. Das Vanadin ist hier für die Warmfestigkeit ein unerläßlicher Bestandteil.

Zu 23. In den letzten Jahren wird dieser Stahl erzeugt. Jedoch soll der Vanadingehalt 0,1% nicht übersteigen, um die Durchhärtung nicht zu stören.

Zu 24. Dieser Stahl war in den letzten 15 Jahren für Innenbüchsen der beliebteste. Er leitet wegen seiner verhältnismäßig niedrigen Legierung die Wärme gut ab und ist doch warmfest genug.

Vanadinstähle mit besonderen physikalischen Eigenschaften

Was die Heranziehung des Vanadins für Stähle mit besonderen physikalischen Eigenschaften betrifft, so ist die Wirkung auf die dauermagnetischen Eigenschaften dem des Chroms, Wolframs und Molybdäns ähnlich. Die Koerzitivkraft beruht auf der Verspannung des Gitters, die im vollgehärteten Zustande am höchsten ist und durch die Sonderkarbide noch vergrößert wird. Gegenüber Chrom-, Wolfram- und Molybdänstählen ist der Nachteil der schlechten Durchhärtbarkeit der Vanadinstähle so schwerwiegend, daß sie für martensithärtbare Dauermagnete nicht herangezogen werden.

Vanadin erhöht bis zu Gehalten von etwa 18% den Curie-Punkt. Die Sättigung wird durch V erniedrigt. Kleine V-Gehalte erhöhen nach T. D. Yensen und N. A. Ziegler[1] die Permeabilität.

Für ausscheidungshärtbare Dauermagnete wurde eine Legierung mit 50% Co und 10% V vorgeschlagen, die möglichst kohlenstofffrei sein soll. Sie kommt in den magnetischen Eigenschaften etwa dem abschreckungshärtbaren 30%igen Kobalt-Chrom-Wolfram-Stahl gleich[2] (s. S. 519).

In Amerika wurde eine aushärtbare Kobalt-Eisen-Vanadin-Legierung (Vicalloy) entwickelt, über die im Abschnitt „Magnetische Eigenschaften“ S. 519/520 berichtet wird.

Der Einfluß des Vanadins bei der Stahlerzeugung[3]

Das Vanadin geht bei Erschmelzung von vanadinhaltigem Einsatz im Verhältnis zu den angewendeten Gehalten eher weniger in die

---

[1] Yensen, T. D., u. N. A. Ziegler: Techn. Publ. amer. min. metallurg. Engrs. Nr. 427 (1931) S. 1/7.

[2] Iron Age Bd. 146 (1940) Nr. 5 S. 51.

[3] Näheres hierüber s. F. Leitner u. E. Plöckinger: Die Edelstahlerzeugung. Wien: Springer 1950.

Schlacke als das Chrom und kann deshalb auch nicht als ein gutes Desoxydationsmittel angesehen werden. Dadurch aber, daß es das Primärkorn verfeinert und die Überhitzbarkeit hintanhält, ist es ein bequemes Mittel, nicht sorgfältiges Vergießen und Erschmelzen wenigstens teilweise auszugleichen. Möglicherweise hat auch die denitrierende Wirkung einen günstigen Einfluß und ist durch die Bildung von Sondernitriden vielleicht mit die Ursache für die Kornverfeinerung des Primärkornes. Wegen dieser Verfeinerung des Primärkornes wird es auch Stahlguß gerne zugesetzt.

Vanadingehalte bis 2% bringen bei der Warmverarbeitung noch keine Erschwerungen, und selbst solche mit 4% lassen sich noch schmieden.

Im ganzen können Vanadinstähle bei der Erschmelzung und Verarbeitung als gutartig bezeichnet werden.

8. Kobaltstähle[1]

Kobalt nimmt unter den Legierungselementen des Eisens eine gewisse Sonderstellung ein, dadurch, daß es das γ-Gebiet weder wesentlich erweitert noch abschnürt. Wie das Zustandsschaubild (Bild 181, nach der Literaturauswertung von M. Hansen und K. Anderko[2]) zeigt, wird zwar die A_4-Temperatur durch Kobalt so erhöht, daß bei mehr als etwa 20% Co kein δ-Ferrit mehr auftritt, A_3 wird aber nicht gesenkt, sondern im Gegenteil auch etwas erhöht bis zu einem Maximum bei 985 °C knapp unterhalb 50% Co. Anschließend fällt jedoch die Temperatur der $\gamma-\alpha$-Umwandlung, erst schwach, dann stärker. Der $\alpha+\gamma$-Zweiphasenbereich ist auf der eisenreichen Seite sehr schmal, im Gebiet des Absinkens der Umwandlungstemperatur wird er jedoch erheblich breiter und reicht beispielsweise bei 600 °C von 76 bis 89% Co. Kobalt selbst hat in der Gegend von 400 °C eine Umwandlung von der kubisch flächenzentrierten in eine Struktur mit hexagonal dichtester Kugelpackung (ε-Phase). Die Temperatur dieser Umwandlung wird durch Eisen stark herabgesetzt.

Im Bereich der Zusammensetzung FeCo tritt eine Ordnungsumwandlung ein mit einem Maximum der Ordnungstemperatur von 730 °C.

Die Temperatur der magnetischen Umwandlung des Eisens wird durch Kobalt erhöht, sie fällt bei mehr als 15% mit der der $\alpha-\gamma$-Umwandlung zusammen. Reines Kobalt ist ebenfalls ferromagnetisch mit einer Curie-Temperatur von 1115 °C, durch Eisenzusätze wird sie herab-

---

[1] Zeitschrift: Cobalt. Monograph. Ed. by Centre d'Information du Cobalt, Brüssel, sowie Kobalt. Düsseldorf: Kobalt-Information.

[2] Hansen, M., u. K. Anderko: Constitution of Binary Alloys, 2. Aufl. New York/Toronto/London: McGraw-Hill 1958, S. 471/474.

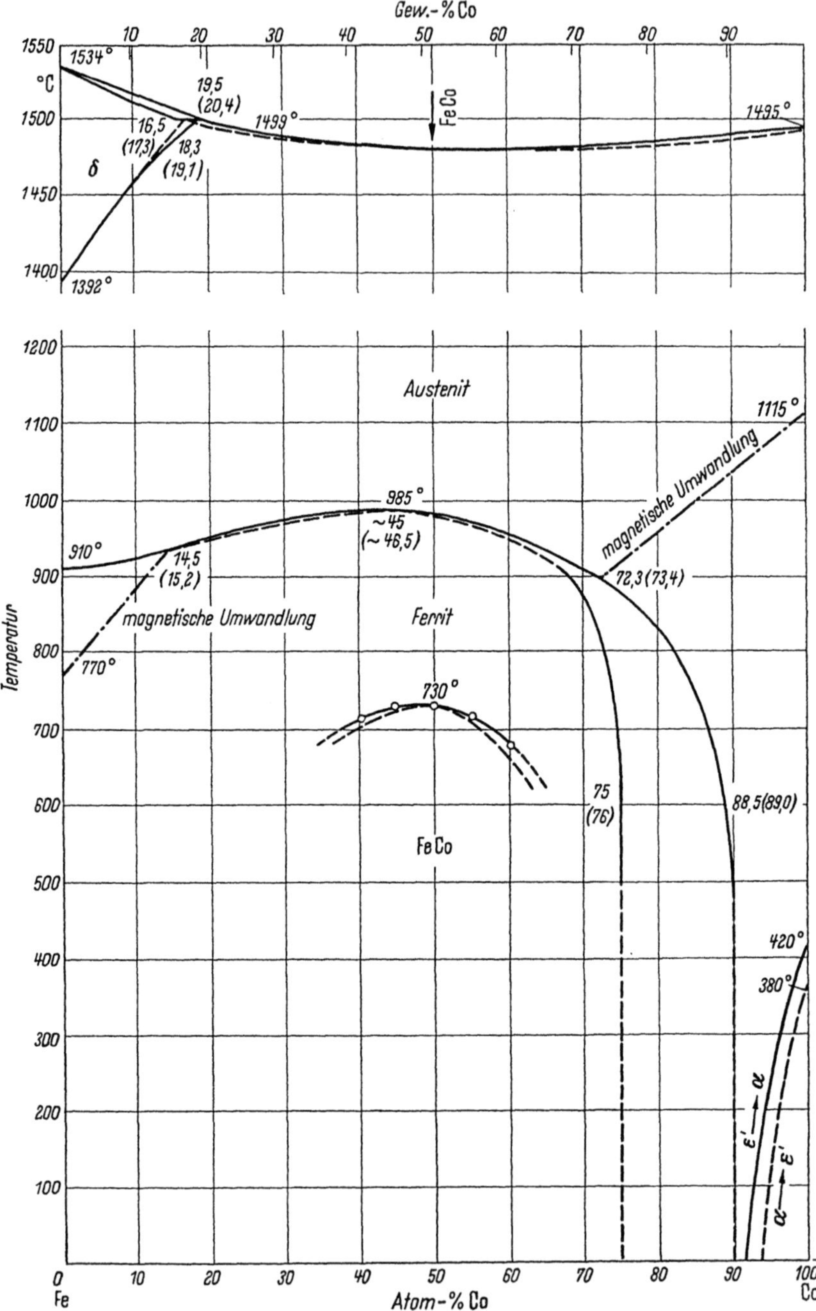

Bild 181. Zustandsschaubild Eisen-Kobalt (nach M. HANSEN und K. ANDERKO[1])

[1] s. Fußnote 2 S. 253.

gesetzt, bis sie ebenfalls die Temperatur der $\gamma - \alpha$-Umwandlung bei etwa 73% Co erreicht. Kobalt ist das bisher einzige bekannte Element, das die magnetische Sättigung des Eisens erhöht (s. S. 533); dies hat Kobalt zu einem außerordentlich wertvollen Legierungselement in magnetisch weichen Legierungen und in umwandlungs- und ausscheidungshärtenden Dauermagnetlegierungen gemacht.

Ebenso ist Kobalt das einzige Element, das die Wärmeleitfähigkeit von Eisen bei Gehalten von über 20% erhöht. In Zusammenhang damit steht die ähnliche Beeinflussung der elektrischen Leitfähigkeit.

Im Dreistoffsystem Eisen-Kobalt-Kohlenstoff[1] ist der Einfluß von Kobalt gering, neue Phasen treten nicht auf — Kobalt bildet keine Sonderkarbide — und die Phasengrenzen werden geringfügig verschoben. A_1 und A_3 werden etwas erhöht[2,3], nur bei sehr hohen Kobaltgehalten (über 80%) wird der Beständigkeitsbereich des Austenites bis auf Raumtemperatur erweitert. Wichtig ist, daß Kobalt die Graphitbildung fördert, doch geht unterhalb A_1 gebildeter Graphit bei Erwärmung ins γ-Gebiet leicht wieder in Lösung.

Kobalt verringert die Einhärtungstiefe, d. h. es vergrößert die kritische Abkühlungsgeschwindigkeit[3]. Damit steht in Übereinstimmung, daß Kobalt die Umwandlung in der Perlitstufe beschleunigt[4]. Dabei erweitert Kobalt den Härtebereich. Obwohl Kobalt keine Sonderkarbide bildet und auch nicht in den Zementit eintritt[5], erhöht es die Anlaßbeständigkeit. Damit steht im Zusammenhang auch die Verbesserung der Schneidhaltigkeit von Kohlenstoffstählen durch Kobalt. Die Erhöhung der Anlaßbeständigkeit, hervorgerufen durch die diffusionshemmende Wirkung des Kobalts, ist auch der Grund, warum es bei Schnellarbeits- und Warmarbeitsstählen gern zugesetzt wird. Die Festigkeit niedrig gekohlter Stähle wird im geglühten und normalisierten Zustand durch Kobalt mäßig erhöht.

In mehrfach legierten Stählen kann der Einfluß des Kobalts von dem hier geschilderten abweichen. Beispielsweise erweitert es in Eisen-Chrom-Kobalt-Kohlenstoff-Legierungen bei Chromgehalten über 10% den Bereich der γ-Phase[6] und erhöht den Restaustenitgehalt in Schnellarbeitsstählen.

---

[1] VOGEL, R., u. W. SUNDERMANN: Arch. Eisenhüttenw. Bd. 6 (1932/33) S. 35/38.

[2] SCHERER, R.: Arch. Eisenhüttenw. Bd. 1 (1927/28) S. 325/329.

[3] HOUDREMONT, E., u. H. SCHRADER: Krupp. Mh. Bd. 13 (1932) S. 1/54.

[4] DAVENPORT, E. S.: Trans. Amer. Soc. Met. Bd. 27 (1939) S. 837. — HAWKES, M. F., u. R. F. MEHL: Trans. Amer. Inst. min. metallurg. Engrs. Bd. 172 (1947) S. 467.

[5] HULTGREN, A., u. Mitarbeiter: Kungl. Svenska Vetenskapsakad. Handl. 4. Ser. Bd. 4 Nr. 3, Stockholm 1953.

[6] HABRAKEN, L., u. D. COUTSOURADIS: Cobalt (März 1959) Nr. 2, S. 11/22.

In technischer Hinsicht verdienen das Dreistoffsystem Eisen-Kobalt-Vanadin[1] Interesse, in ihm existieren magnetisch weiche und Dauermagnetwerkstoffe, und das Dreistoffsystem Kobalt-Chrom-Kohlenstoff[2], das die Grundlage für Dauermagnetstähle und für eine Reihe warmfester Werkstoffe ist.

Über die praktisch gebrauchten Kobaltstähle geben die Zahlentafeln 39 und 40 Aufschluß. Wie man daraus sieht, hat Kobalt bei Baustählen keinen Eingang gefunden.

Kobaltwerkzeugstähle

Zur Zahlentafel 39, über Werkzeugstähle, ist im einzelnen noch zu bemerken:

Zu 1. R. SCHERER[3] schlug seinerzeit diesen Stahl als Wasserhärter vor, weil er neben geringem Verzug eine bessere Schnittleistung als andere niedriglegierte Stähle haben soll. Der Stahl konnte sich nicht durchsetzen.

Zu 2. Die Schnittleistung der 12%igen Chromstähle hat man durch Kobaltzusatz zu verbessern versucht. Es sind dies die Chrom-Kobalt-Stähle nach P. R. KÜHNRICH[4]. Auch bei diesen Stählen ist die Wirkung des Kobalts wohl auf die Steigerung der Anlaßbeständigkeit und der Warmhärte des Stahles zurückzuführen. Als Beispiel wird folgende Zusammensetzung angeführt: 1,5% C, 12% Cr, 3,5% Co. Diese Stähle wurden noch durch Zusätze von Molybdän, Wolfram und Vanadin verbessert in der Erwartung, bei niedrigem Wolframgehalt Stähle mit Schnellarbeitsstahleigenschaften zu bekommen. Bei Zerspanungsarbeiten mit kleineren Schnittgeschwindigkeiten, wo es mehr auf Verschleiß als auf Anlaßbeständigkeit ankommt, trat dies wohl ein; nicht aber bei höheren Schnittgeschwindigkeiten (S. 716, 817). Auch als nitrierfähiger Werkzeugstahl sind diese Stähle versucht worden.

Zu 2a. Diese Stähle haben gegenüber den meist gebrauchten rostbeständigen Chromstählen mit 0,4% C und 13% Cr den Vorteil, daß sie bei genügender Rostbeständigkeit härter sind. Der Kobaltzusatz gestattet bei rostbeständigen Chromstählen die Steigerung der Härte durch Erhöhung der Kohlenstoffgehalte, ohne die Korrosionsbeständigkeit so zu schädigen wie bei Stählen ohne Kobalt.

Es wird dies damit erklärt, daß die durch Chrom bewirkte Verschiebung des Punktes S (s. S. 181) verringert wird. Die schwierige Verarbeitbar-

[1] KÖSTER, W., u. H. SCHMID: Arch. Eisenhüttenw. Bd. 26 (1955) S. 345/353 u. 421/425.
[2] KÖSTER, W., u. F. SPERNER: Arch. Eisenhüttenw. Bd. 26 (1955) S. 555/559.
[3] SCHERER, R.: Arch. Eisenhüttenw. Bd. 1 (1927/28) S. 328.
[4] KÜHNRICH, P. R.: DRP 394485.

Zahlentafel 39. *Zusammensetzung und Verwendungsbeispiele kobaltlegierter Werkzeugstähle*

Lfd. Nr.	Bezeichnung	C %	Co %	Cr %	W %	Mo %	V %	Verwendungsbeispiele
1		0,90	2—5					Gewindebohrer und ähnliche verzugsarme Werkzeuge; Wasserhärter
2	X 165 CrCoMo 12 X 210 CrCoW 12	1,5 bis 2,4	1 bis 4,0	9 bis 14,0	0 bis 1,0	0 bis 2,0	0 bis 1,0	Schnitte, Fräser, Zieheisen
2a		1,1	2,5	18	—	1,5		Rostsicherer Werkzeugstahl hoher Härte
3	X 30 WCrCoV 9 3	0,30	2—10	2—4	8—10		0 bis 1,0	Hochbeanspruchte Warmarbeitsstähle, z. B.: Dorne, Matrizen für Rohrpressen
4		1,5 bis 3,0	2 bis 5,0	15 bis 25	bis 5	0 bis 1,5 Ni		Walzstopfen, Brikettschwalbungen, Führungsbolzen
5		0,6 bis 1,5	0 bis 20,0	bis 5,0	bis 22,0	bis 8,0	bis 5,0	Schnellarbeitsstähle
6		0,1	10 bis 40			5—30		Ausscheidungshärtbare Legierungen hoher Härte mit Schnellstahl- und Dauermagneteigenschaft
7		0,1	10 bis 40		10 bis 30			
8		1,0 bis 3,0	30 bis 70	Rest Cr + W + Mo				Gegossene Schneidmetalle, Stellite
9		5 8,0	5,0 15	Rest: Karbid der Metalle W, Mo, Ti, V, Ta				Gesinterte Hartmetalle
10		0,30	3,0	1,8	0,9	3,0	Ni 1,30	Druckgußformen für Schwermetall
11		0,32	3,0	2,8		2,8	0,5	

keit (hoher Kohlenstoffgehalt), besonders zu feinen Schneidwaren, hat die Verbreitung dieses Stahles behindert.

Zu 3. Für Strangpreßmatrizen gilt dieser Stahl als derjenige, der die höchsten Beanspruchungen aushält.

Zu 4. Diese meist im gegossenen Zustand gebrauchten Stähle gelten für die genannten Zwecke als die verschleißfestesten. Wie groß der Vorteil gegenüber der 13%-Chromstählen ist, bleibt dahingestellt, manchmal spielt gewohnheitsmäßige Überlieferung eine zu große Rolle.

Zu 5. Dazu wird im Abschnitt „Schnellarbeitsstähle" noch manches zu sagen sein (S. 809).

Zu 6 und 7. Diese ausscheidungshärtbaren Legierungen wurden eingehend von W. KÖSTER[1] untersucht. Die größte Härtesteigerung bei der Ausscheidung findet bei 600 bis 800 °C statt.

Erfolgt die Ausscheidung aus austenitischer Grundmasse, so sind die höheren, bei ferritischer Grundmasse die niedrigeren Anlaßtemperaturen zu wählen. Bei einer Legierung mit 15% W und 30% Co wurde nach Ablöschen und Anlassen bei 600 bis 700 °C eine Härte von über 700 Brinelleinheiten gefunden. Stähle, die die γ-α-Umwandlung mitmachen, zeigen außer der Ausscheidungs- noch Umwandlungshärtung. W. P. SYKES[2] erzielte an einer Legierung mit 20% W und 30% Co eine Härte von 69 HRC nach Ablöschen aus 1300 °C und Anlassen bei 600 °C. Derartige Legierungen sollen Schneideigenschaften zeigen, die zwischen denen von Schnellarbeitsstählen und gegossenen Schneidmetallen liegen. Ein Nachteil ist ihre hohe Sprödigkeit. Ein Vorteil ist, daß sie im abgelöschten Zustand noch bearbeitbar sind und die durch Ausscheidung erfolgende Härtung keinen Verzug verursacht.

Die ebenfalls von W. KÖSTER[1] untersuchten aushärtbaren Molybdän-Kobalt-Eisen-Legierungen zeigen große Ähnlichkeit mit den Wolfram-Kobalt-Eisen-Legierungen. Legierungen mit 10 bis 20% Mo und 30% Co lassen RC-Härten von 70 bis 72 erzielen. R. H. HARRINGTON[3] erreichte auch an einer kohlenstoffhaltigen, aushärtbaren Legierung mit der Zusammensetzung: 1% C, 36% Co, 6% Cr, 8% Mo, 0,4% V eine Härte von 71 bis 72 HRC.

Die außerordentlich hohe Härte und Warmfestigkeit läßt bei der Verwendung als Schnellarbeitsstahl sehr hohe Schneidleistungen erwarten. Diese können im Grobschnitt auch beträchtlich über denen des 17%-Kobaltschnellstahles liegen. Leider sind diese Legierungen aber so spröde, daß dadurch ihre Verwendbarkeit äußerst beschränkt ist. Im übrigen sind sie ja durch die Sinterhartmetalle als überholt anzusehen.

---

1 KÖSTER, W.: Arch. Eisenhüttenw. Bd. 6 (1932/33) S. 17/23.

2 SYKES, W. P.: Trans. Amer. Soc. Met. Bd. 25 (1937) S. 953/1012.

3 HARRINGTON, R. H.: Trans. Amer. Soc. Met. Bd. 26 (1938) S. 37/51.

Zu 8 und 9. Diese Legierungen werden ausführlich in den betreffenden Abschnitten besprochen.

Zu 10 und 11. Neuzeitlicher Hochleistungs-Warmarbeitsstahl mit verhältnismäßig geringem Legierungsgehalt und deshalb gute Wärmeleitfähigkeit und Brandrißbeständigkeit. Er ist besonders geeignet für Schwermetall-Druckgußformen

Kobaltstähle mit besonderen physikalischen und chemischen Eigenschaften. Über gebräuchliche Kobaltstähle mit besonderen physikalischen und chemischen Eigenschaften gibt Zahlentafel 40 Aufschluß.

Zu 1. Es handelt sich um die höchstwertige Gruppe der in größerem Maße gebrauchten walzbaren Dauermagnetlegierungen. Verwiesen sei auf S. 519.

Zu 2. Diese Legierungen gehören in das Gebiet der Mishimamagnetstähle, wo sie die höchstentwickelte Stufe darstellen (s. S. 522).

Zu 3. Diese von W. Köster[1] vorgeschlagenen Legierungen sind wohl den martensitisch abschreckhärtbaren Dauermagnetstählen überlegen, kamen aber nicht zur Verwendung, da sie durch die fast zur selben Zeit entdeckten Mishimamagnetstähle überholt waren.

Zu 4. s. S. 193, 224

Zu 5. Dieser Stahl findet Verwendung, weil er dieselbe Wärmeausdehnung hat wie gewisse Glasarten.

Zu 6. Dieser Stahl übertrifft den Stahl mit 36% Ni (S. 173) in der geringen Wärmeausdehnung.

Zu 7. Die Verwendung dieser sonst hervorragenden Legierung wird durch ihre schwere Verarbeitbarkeit in der Wärme und Kälte eingeschränkt.

Zu 8. Die auf S. 255 u. 540 erwähnte Verstärkung der magnetischen Sättigung erreicht ihren Höchstpunkt von 10% bei 35% Kobalt. Da alle Stahlbegleiter, wie Kohlenstoff, Silizium, Mangan, die Sättigung mindern, muß die Legierung möglichst rein hergestellt werden. Sie finden Verwendung für Polspitzen, Spulenkerne, Elektromagnete. Ein Nachteil dieser Legierung ist ihre große Sprödigkeit in der Wärme und in der Kälte, wobei es sich um Zerfall an den Korngrenzen handelt. Zur Verbesserung der Verarbeitbarkeit werden geringe Umsätze von Cr (0,5%), Mangan oder Vanadin empfohlen.

Zu 9. Die Legierung ist die zunderfesteste walzbare Heizleiterlegierung (S. 687).

Zu 10. s. S. 468.

Besonderheiten bei der Herstellung der Kobaltstähle

Bei der Erschmelzung der Kobaltstähle treten wegen der schweren Oxydierbarkeit keine Verluste auf. Die Warmverformung wird durch

[1] Köster, W.: Arch. Eisenhüttenw. Bd. 6 (1932/33) S. 17/23.

Zahlentafel 40

Zusammensetzung und Verwendungsbeispiele für kobaltlegierte Stähle mit besonderen physikalischen und chemischen Eigenschaften

Lfd. Nr.	C %	Co %	Cr %	W %	Mo %	Al %	Verwendungsbeispiele
1	1,0	2 bis 36,0	3 bis 10,0	0 bis 5	0 bis 1,5		Umwandlungshärtbare Dauermagnetlegierungen
2	< 0,1	2 bis 30,0		Ni 14 bis 30	0—10 Ti 0— 7 Cu 0— 2 Nb	3 bis 15,0	Ausscheidungshärtbare Ni-Al-Co-Dauermagnetlegierungen
3	0,1	12,0			15		Ausscheidungshärtbare Co-Mo-Dauermagnetlegierungen
4	niedrig	25,0		45 Ni			Perminvar
5	,,	18,0		29 Ni			Einschmelzdrähte für Hartglas
6	,,	5,0		31 Ni			Superinvar
7	,,	70 bis 50	30,0	Ni 0—20			Zahnersatzteile
8	,,	35,0					Legierung mit hoher magnetischer Sättigung
9	,,	bis 3,0	20 bis 30			4—6,0	Heizleiter bis 1300 °C
10	bis 0,40	bis 45,0	bis 30,0	bis 5,0	bis 5,0	Ta, Nb bis 5,0 13 bis 35 Ni	Hochdauerstandfeste Stähle, z. B.: für Gasturbinenschaufeln

die Erhöhung der Warmfestigkeit erschwert; bei der Abkühlung sind die bei härtbaren Nickelstählen notwendigen Vorsichtsmaßregeln nicht nötig, weil es wenig Einfluß auf die Lufthärtbarkeit hat. Auffällig ist die Korngrenzenbrüchigkeit der 35%igen Legierung.

9. Siliziumstähle

Silizium ist das erste der hier zu besprechenden Legierungselemente, die in Eisenlegierungen das γ-Gebiet abschnüren, ohne Sonderkarbide zu bilden. Dafür treten eine Reihe von Siliziden — intermetallische Eisen-Silizium-Verbindungen — auf. In Bild 182 ist das Zustandsschaubild Eisen-Silizium nach der Literaturauswertung von M. HANSEN und K. ANDERKO[1] dargestellt. Obwohl die Untersuchungen über dieses System sehr zahlreich sind, bestehen noch einige Unklarheiten, angedeutet durch gestrichelte Linien.

Das homogene γ-Gebiet reicht bis 1,75% Si, das $\alpha + \gamma$-Zweiphasengebiet bis 2,15% Si bei etwa 1150 °C[2]. Im anschließenden homogenen α-Bereich läuft eine Ordnungsumwandlung ab, die geordnete Phase ist Fe_3Si und hier mit α' bezeichnet. Nach einer neueren Untersuchung[3] bildet sich die geordnete Phase nicht schon aus der Schmelze, wie in Bild 182 eingezeichnet, sondern sie hat ihre höchste Bildungstemperatur bei 1120 °C. Der Ordnungsvorgang ist oberhalb 6% Si nachweisbar, er ist verbunden mit einer Gefügeänderung, einer Erhöhung der Wärmeleitfähigkeit und der elektrischen Leitfähigkeit und einer Versprödung. Mit weiter steigendem Siliziumgehalt treten neue Phasen auf. Zwischen 1020 und 1200 °C wird um 20% Si herum eine Phase α'' vermutet mit derselben Struktur wie α', aber anderer Zusammensetzung[4]. Ihr Auftreten und ihr Existenzbereich müssen aber noch gesichert werden. Zwischen 825 und 1030 °C ist die η-Phase Fe_5Si_3 mit hexagonaler Struktur beständig, während sich die ε-Phase FeSi mit kubischer Struktur aus der Schmelze bildet und bis Raumtemperatur stabil ist. Auf der siliziumreichen Seite existiert die ζ-Phase $FeSi_2$. Die Löslichkeit von Silizium im Eisen beträgt bei 1000 °C 18,5%, sie sinkt mit der Temperatur auf weniger als 15%. Die Temperatur der magnetischen Umwandlung fällt mit steigendem Siliziumgehalt.

Das ternäre System Eisen-Silizium-Kohlenstoff ist ebenfalls des

---

[1] HANSEN, M., u. K. ANDERKO: Constitution of Binary Alloys, 2. Aufl. New York/Toronto/London: McGraw-Hill 1958, S. 711/717.

[2] CRANGLE, J.: Brit. J. appl. Phys. Bd. 5 (1954) S. 151/154.

[3] GLASER, F. W., u. W. IVANICK: J. Metals, Trans., Bd. 8 (1956) S. 1290 bis 1295.

[4] FARQUHAR, M. C. M., H. LIPSON u. A. R. WEILL: J. Iron Steel Inst. Bd. 152 (1945) S. 457/472.

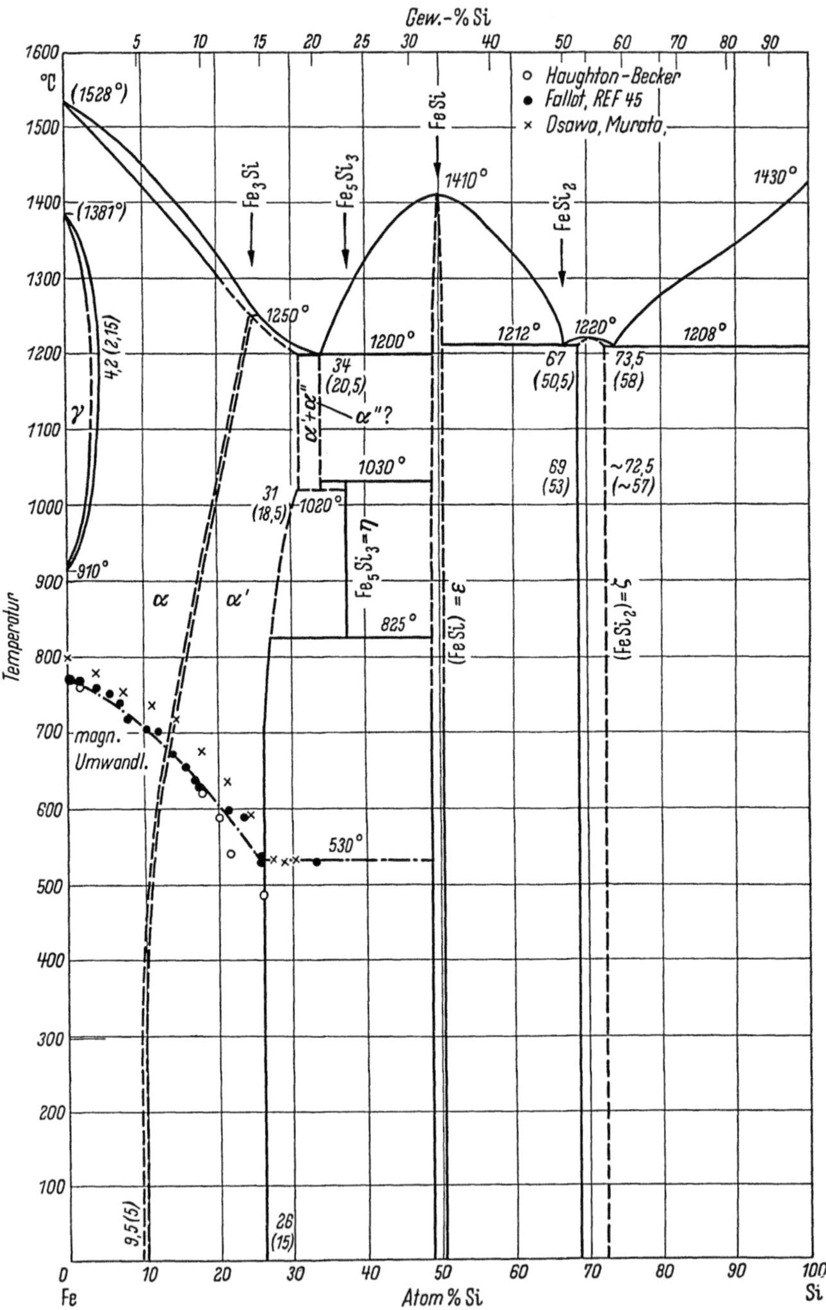

Bild 182. Zustandsschaubild Fe-Si (nach M. Hansen und K. Anderko)

öfteren untersucht worden[1]. Der wichtigste Einfluß von Silizium ist die Begünstigung der Graphitbildung. Daher beziehen sich auch die meisten Untersuchungen bei höheren Kohlenstoffgehalten auf das stabile System mit Graphit. Silizium erhöht sowohl die Ar_1- und Ac_1- als auch Ar_3- und Ac_3-Temperaturen und vermindert die Kohlenstofflöslichkeit im Austenit. Daher werden der Perlitpunkt S und der Punkt E mit steigendem Siliziumgehalt zu niedrigeren Kohlenstoffgehalten verschoben. Beispielsweise liegt der Punkt S für 4,5% Si bei etwa 850 °C und 0,45% C. Aus diesem Einfluß und der entgegenlaufenden Wirkung von Silizium und Kohlenstoff auf die Ausdehnung des γ-Gebietes folgt ein ähnliches Verhalten, wie es die Eisen-Chrom-Kohlenstoff-Legierungen zeigen (s. S. 180) und wie es die Projektion des Zustandsbereiches der γ-Phase auf die Eisen-Siliziumseite in Bild 183 nach der älteren Untersuchung von E. Scheil[2] erkennen läßt.

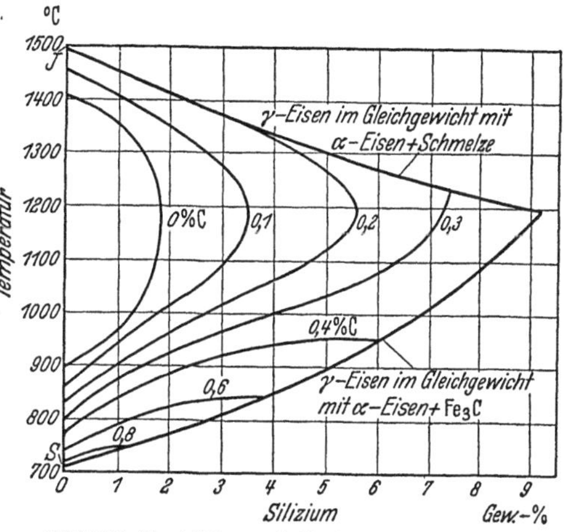

Bild 183. Projektion auf die Seite Eisen-Silizium (nach E. Scheil)

Silizium bildet das sehr stabile Karbid SiC, doch konnte dieses bisher in Stählen nicht nachgewiesen werden, sondern nur in Legierungen mit 20 bis 23% Si[3]. Obwohl Silizium kein Sonderkarbidbildner im üblichen Sinne ist, wurde in Dreistofflegierungen mit höherem Kohlenstoffgehalt ein Gefügebestandteil entdeckt, der ein Eisen-Silizium-Karbid sein könnte, aber noch nicht näher identifiziert ist[4]. In Legierungen mit 3 bis 4% Si und niedrigem Kohlenstoffgehalt unter 0,1% wird nach dem Abschrecken von hohen Temperaturen ein Karbid ausgeschieden[5], über das noch wenig bekannt ist, das aber sicher kein

[1] Kříž, A., u. F. Pobořil: J. Iron Steel Inst. Bd. 122 (1930) II, S. 191/213; Bd. 126 (1932) S. 323/349. — Murakami, T.: Sci. Rep. Tôhoku Univ. Bd. 10 (1921) S. 79/92. — Satô, T.: Techn. Rep. Tôhoku Univ. Bd. 9 (1930) S. 515/565. — Jass, H., u. H. Hanemann: Gießerei Bd. 25 (1938) S. 293/299. — Yensen, T. D.: J. Iron Steel Inst. Bd. 120 (1929) S. 187/206. — Rickett, R. L., u. N. C. Fick: Metals Techn. Bd. 13 Nr. 2 (Febr. 1946), Techn. Publ. 1966.

[2] Scheil, E.: Mitt. Forsch.-Inst. Ver. Stahlwerke, Dortmund Bd. 1 (1928/30) S. 1/12.

[3] Fulton, J. C., u. J. Chipman: J. Metals, Trans., Bd. 6 (1954) S. 356/357.

[4] Marles, D.: J. Iron Steels Inst. Bd. 158 (1948) S. 433/436.

[5] Owen, W. S., u. B. G. Street: J. Iron Steel Inst. Bd. 172 (1952) S. 15/18. — Harry, E. D.: J. Iron Steel Inst. Bd. 167 (1951) S. 241/246.

Zementit und kein ε-Karbid ist[1]. Im Zementit wird Silizium nicht angereichert, eher ist dessen Siliziumgehalt niedriger als der der Grundmasse[2].

Die kritische Abkühlungsgeschwindigkeit wird durch Silizium vermindert und damit die Einhärtungstiefe vergrößert. Silizium wirkt in dieser Richtung zwar stärker als Nickel, jedoch schwächer als Mangan, Chrom und Molybdän. Silizium vermindert die Diffusionsgeschwindigkeit des Kohlenstoffes in Eisen. Nach E. C. MACHIN und R. C. SPENCER[3] sowie E. HOUDREMONT und H. SCHRADER[4] vermindert Silizium in Einsatzstählen die Eindringtiefe, setzt den Randkohlenstoff herab und wirkt der Kornvergröberung entgegen. Anlaß- und Weichglühvorgänge werden durch Silizium verzögert; die Glühfestigkeit siliziumhaltiger Stähle liegt höher als die siliziumfreier Stähle, bedingt durch die erschwerte Zusammenballung der Karbide und durch die Erhöhung der Festigkeit der Grundmasse. Silizium erhöht sehr stark die Zunderbeständigkeit des Eisens, was andererseits wieder dazu führt, daß die Siliziumstähle stark zur Entkohlung neigen, weil die Entkohlung dem Zunder vorläuft. Nach E. T. BITTNER[5] ist die Entkohlung und der Zunderverlust einiger Stähle in der nebenstehenden Zahlentafel 41 angeführt. Die Ergebnisse wurden an Proben von 38 mm ⌀ in oxydierenden Ofengasen gewonnen.

Auf die Anwendung des Siliziums in zunderbeständigen sowie in korrosionsbeständigen Legierungen wird S. 669, 679, 680 u. S. 572 eingegangen werden. In Baustählen wird Silizium meist zusammen mit anderen Legierungselementen, insbesondere Mangan, verwendet. Bei höheren Siliziumgehalten müssen höhere Härtetemperaturen angewendet werden, da sonst vollständige Austenitisierung nicht mehr auftritt. Besondere Bedeutung haben die siliziumlegierten Stähle als Federstähle erlangt.

Da Silizium die Graphitisierung fördert, wird graphitischen Stählen ein höherer Siliziumgehalt zugesetzt. Von den graphitischen Stählen erwartet man besseres Verschleißverhalten und bessere Zerspanbarkeit. Die einander anscheinend ausschließenden Eigenschaften „bessere Zerspanbarkeit" und „größerer Verschleißwiderstand" sind wohl dadurch erklärlich, daß beim Zerspanen der Graphit Schmiermittel für das Zerspanungswerkzeug ist und in ähnlicher Weise als Schmiermittel den Verschleiß des aus graphitisiertem Stahl hergestellten Werkzeuges herabdrückt. Als Baustähle sollen diese Stähle noch den Vorteil geringer Kerbempfindlichkeit bei Schwingungsbeanspruchungen haben.

---

[1] LESLIE, W. C., R. M. FISHER u. N. SEN: Acta Met., New York, Bd. 7 (1959) S. 632/644.

[2] KOCH, W., u. H.-J. WIESTER: Stahl u. Eisen Bd. 69 (1949) S. 73/79. — HULTGREN, A.: Trans. Amer. Soc. Met. Bd. 39 (1947) S. 915/1005.

[3] MAHIN, E. G., u. R. C. SPENCER: Trans. Amer. Soc. Steel Treat. Bd. 15 (1929) S. 117/144.

[4] HOUDREMONT, E., u. H. SCHRADER: Arch. Eisenhüttenw. Bd. 8 (1934/35) S. 445/449.

[5] BITTNER, E. T.: Trans. Amer. Soc. Met. Bd. 40 (1948) S. 263.

Zahlentafel 41. *Entkohlungstiefe und Zunderverlust einiger Stähle* (nach E. T. BITTNER)

Stahl AISI		820 °C 1 Std.	870 °C 1 Std.	870 °C 6 Std.	925 °C 1 Std.	926 °C 6 Std.	gewalzt
Entkohlungstiefe (soweit Ferritzunahme noch erkennbar) in mm							
8660	Cr–Ni–Mo	0,025	0,025	0,127	0,076	0,410	0,076
6150	Cr–V	0,076	0,076	0,152	0,101	0,380	0,380
9262	Si–Mn	0,152	0,254	0,640	0,380	0,840	0,350
1095	C	0,051	0,076	0,178	0,101	0,300	—
Zunderverlust (Tiefe in mm je Fläche)							
8660	Cr–Ni–Mo	0,025	0,025	0,152	0,101	0,254	
6150	Cr–V	0,025	0,025	0,152	0,101	0,254	
9262	Si–Mn	0	0	0,025	0,025	0,025	
1095	C	0,025	0,127	0,460	0,280	0,640	

Zusammensetzung der untersuchten Stähle

	C	Si	Mn	Cr	Ni	Mo	S	P	V
8660	0,55/65	0,20/25	0,75/1,00	0,40/0,60	0,40/0,70	0,15/0,25	0,04	0,04	—
6150	0,48/55	0,20/25	0,66/1,00	0,80/1,00	—	—	0,04	0,04	0,15
9262	0,55/65	1,80/2,2	0,75/1,00	0,25/0,40	—	—	0,04	0,04	—
1095	0,90/1,05	0,15/0,3	0,30/0,50	—	—	—	0,05	0,04	—

Nach eigenen Untersuchungen der Verfasser lassen sich Stähle mit 1,5% C, 0,35% Mn, etwa 1% Si bei 1050 bis 950 °C ohne Graphitabscheidung (Schwarzbruch S. 1006) schmieden, wobei dieser enge Schmiedetemperaturbereich sorgfältig eingehalten werden muß. Graphitabscheidung beim Schmieden wäre wegen der daraus erfolgenden starken Faserbildung schädlich. Dem Schmieden hat eine Normalglühung bei 880 bis 900 °C zu folgen. Die Graphitierung eines Stahles der erwähnten Zusammensetzung gelingt durch einstündige Glühung bei 800 °C mit daran anschließender Abkühlung von 10 °C je Stunde, bis 500 °C. Diese Wärmebehandlung läßt noch so viel Zementit übrig, daß der Stahl gut härtbar bleibt.

Zusätze von Mo bis 0,5% und Ni bis 3% verfeinern die Graphitausscheidungen, erleichtern die Härtbarkeit in Öl und geben dem Stahl sonst noch die Molybdän- und Nickelstählen zukommenden Eigenschaften. Durch diese Zulegierung muß die Abkühlungsgeschwindigkeit beim Graphitisieren bis 7 °C je Stunde erniedrigt werden. — Bei Härtung in Wasser lassen die graphitischen Stähle 64 und bei Härtung in Öl 61 HRC erreichen.

Praktische Erfahrungen über diese Stähle sind bei uns allerdings noch nicht bekannt geworden. Die Vorteile der Graphitabscheidungen leuchten aber ein, so daß es sich wohl verlohnt, diese Stähle weiter zu verfolgen. Erschwerend für ihre Einführung ist die sehr sorgfältig einzuhaltende Wärmebehandlung beim Schmieden und Glühen.

Bezüglich des Schrifttums sei hingewiesen auf F. R. BONTE und

M. FLEISCHMANN[1], G. A. STUMPF und F. R. BONTE[2], F. R. BONTE[3] sowie auf M. I. SCHTSCHEPAK und B. S. SLUTZKAJA[4].

Siliziumbaustähle

In der Zahlentafel 42 sind Zusammensetzung und Verwendung der siliziumlegierten Baustähle angegeben.

Zu bemerken ist dazu noch:

Zu 1. Bei diesem Stahl müssen Silizium und Mangan gegeneinander abgestimmt sein, wobei man mit Rücksicht auf die Schweißbarkeit Silizium nicht gern über 0,7% ansteigen läßt. Das Kupfer ist zur Verbesserung der Streckgrenze und des Korrosionsverhaltens erwünscht, aber nicht nötig.

Zu 2. Dieser Stahl ist dem obigen St 52 ähnlich, nur ist die Festigkeit etwas niedriger. Bei diesem als „Cromansil“ bekannten Stahltyp ist das Chrom immer zugegen.

Zu 3. Dieser Stahl ist für die Silizium-Mangan-Vergütungsstähle das charakteristische Beispiel. Seine gegenüber den Chrom-Nickel-Stählen allgemein als besser angesehene Verschleißfestigkeit hat vielleicht ihren Grund in dem Fehlen von Restaustenit, der bei Chrom-Nickel-Stählen schwer vermeidbar ist. Ferner wird dieser Stahl aus wirtschaftlichen Gründen vielfach für oberflächengehärtete Teile herangezogen.

Zu 4. Für Blattfedern wurde dieser Stahl in den letzten 20 Jahren durch den Mangan- und vor allem durch den Chrom-Vanadin-Stahl stark verdrängt. Da bei Blattfedern die Oberfläche nicht bearbeitet wird, hat die starke Weichhäutigkeit vielleicht öfter zu Dauerbrüchen geführt.

Zu 5. Diese Stähle liegen nahe an Stahl 4, nur sind Stähle in unterer Kohlenstofflage leichter be- und verarbeitbar und bei weniger hohen Festigkeiten vorzuziehen.

Zu 6. Der Stahl ist der weicheren Abstufung wegen der Gruppe 5 vergleichbar.

Zu 7. Der Verwendungszweck erfordert eine Feder mit besonders hoher Elastizitätsgrenze, ohne daß die Lastwechselzahl (bis 10000 Schüsse) an die der normalen Dauerfestigkeit heranreicht.

Zu 8. Es ist dies ein für in der Wärme beanspruchte Federn sehr gebräuchlicher Stahl. Auch bei gewöhnlicher Temperatur ist er dem allein mit Silizium legierten Stahl 4 mindestens gleichwertig.

Zu 9. Neben den Cr-V-Federstählen hat sich ein neuer Federstahltyp auf Cr-Si-Grundlage für hochbeanspruchte Stähle bewährt.

---

[1] BONTE, F. R., u. M. FLEISCHMANN: Metal Progr. Bd. 31 (1937) Nr. 4 S. 409 bis 413.

[2] STUMPF, G. A., u. F. R. BONTE: Heat Treat. Forg. Bd. 23 (1937) S. 380/385; Iron Age Bd. 140 (1937) Nr. 11, S. 36/39 u. 85/86.

[3] BONTE, F. R.: Steel Bd. 109 (1941) Nr. 21, S. 80.

[4] SCHTSCHEPAK, M. I., u. B. S. SLUTZKAJA: Stal Bd. 1 (1941) S. 50/53.

Zahlentafel 42. *Zusammensetzung und Verwendungsbeispiele von siliziumlegierten Baustählen*

Lfd. Nr.	Bezeichnung	C %	Si %	Mn %	Cr %	Sonstige Zusätze	Verwendungsbeispiele
1		0,10 0,20	bis 1,0	0,5 1,5		bis 0,5 Cu	Schweißbare Hochbaustähle St 52
2		0,15	0,80	1,2		bis 0,5 Cu bis 0,5 Cr	Amerikanische Hochbaustähle „Cromansil“
3	37 MnSi 5	0,34 0,40	1,10 1,40	1,10 1,40			Vergütungsstahl nach DIN 17200 verschleißfest, oberflächenhärtbar
4	~ 66 Si 7	0,60	2,0	0,5			Schraubenfedern, Blattfedern für Wagen- und Kraftfahrzeuge
5	„	0,45 0,65	1,8 2,2	0,60 0,90			SAE 9250, SAE 9260 für Federn
6	51 Si 7	0,50	1,7	0,70			Wasserhärtbarer Stahl für Trag-, Spiral- und Pufferfedern von Eisenbahnfahrzeugen
7		0,60	3,0	1,0			Geschützvorholfedern
8		0,60	1,0	0,40	1,2		Schraubenfedern jeder Art, bis 300 °C wärmebeanspruchbar
9	~ 67 SiCr 5	0,6	1,6	0,60	0,8		Federstahl
10		0,40 0,55	1,6				Zahnradstähle
11		0,40 0,55	1,0	0,50 2,50	0,80 1,50	Ni 1—4 Mo 0,30—0,60	Hochfeste Vergütungsbaustähle

Zahlentafel 43. *Zusammensetzung und Verwendungsbeispiele siliziumlegierter Werkzeugstähle*

Lfd. Nr.	Bezeichnung	C %	Si %	Mn %	Cr %	W %	V %	Verwendungsbeispiele
1	61 CrSiV 5	0,40 0,65	0,70 1,70	0,30 0,80	1,0 1,50	—	0,15	Preßluft-Einsteckwerkzeuge, -Hand- -Schrottmeißel, Kaltlochstempel, Kalt- und Warmschermesser
2	35 WCrV 7 45 WCrV 7	0,35 0,53	0,80 1,00	0,30	1,0 1,7	2,0 2,5	bis 0,2	Preßluft-Einsteckwerkzeuge aller Art, wie Meißel, Döpper, Nietenstemmer; Schermesser, mittelbeanspruchte Warmarbeitswerkzeuge, Kaltlochstempel
3	~64 SiCr 5	0,6	1,65	0,65	0,8			Spannpatronenstahl
4	125 CrSi 5	1,0 1,3	1,1 1,5	0,65	1,25		bis 0,10	Verzugsarmer Werkzeugstahl hoher Schneidhaltigkeit für Gewindeschneidwerkzeuge, Fräser, Bohrer usw.

Zu 10. Für vergütet zur Verzahnung kommende Zahnräder, Zahnkränze usw. finden Stähle mit erhöhtem Si-Gehalt wegen ihrer guten Laufeigenschaften Verwendung.

Zu 11. Eine der bemerkenswertesten Entwicklungen im letzten Jahrzehnt auf dem Baustahlgebiet[1] führte zur Anwendung von Vergütungsfestigkeiten von Bauteilen, besonders Flugzeugblechen, in den Grenzen von 140 bis 200 kg/mm². Solche Stähle liegen in den hier angegebenen Legierungsgrenzen. Die Entwicklung strebt zu Vergütefestigkeiten bis zu 280 kg/mm².[1]

Der am meisten hierfür gebrauchte Stahl ist AISI 4340 und hat folgende Zusammensetzung: 0,38/0,43% C, 0,65/0,85% Mn, 1,65/2,00% Ni, 0,7/0,9% Cr und 0,2/0,3% Mo (s. S. 420).

Siliziumwerkzeugstähle

Die Zahlentafel 43 gibt die Eigenschaften von kennzeichnenden Siliziumwerkzeugstählen wieder. Zu bemerken ist:

Zu 1 und 2. Das für Federstähle günstige Elastizitätsverhalten der Siliziumstähle ist wohl der Grund, daß das Silizium für Preßluftwerkzeugstähle, die ja auch einer federnden Dauerbeanspruchung standhalten müssen, gerne genommen wird. Die Warmfestigkeitseigenschaften werden bei diesen zwei Stählen in erster Linie durch Wolfram und Vanadin hervorgerufen.

[1] s. Abschnitt „Baustähle“ S. 392.

Zu 3. Für Spannpatronen sind Stähle mit ausreichender Härte und gutem elastischen Verhalten erforderlich. Mit Rücksicht auf den Verzug sind meist Ölhärter gebräuchlich.

Zu 4. Die in Anbetracht der sonstigen Legierung gute Schneidfähigkeit dieses Stahles legt die Vermutung nahe, daß das Silizium die Schneidwirkung erhöht. Auch zeichnet sich dieser Stahl durch sehr geringen und regelmäßigen Verzug beim Härten aus.

Siliziumstähle mit besonderen chemischen und physikalischen Eigenschaften

In der Zahlentafel 44 finden sich die wichtigsten Siliziumstähle mit besonderen chemischen und physikalischen Eigenschaften.

Zu Stahl 1. Diese Stahlgruppe zeigt die Wirkung des Siliziums auf die Kornzerfallsicherheit. Die vorher bekannte klassische Forderung war Fernhaltung des Kohlenstoffs entweder dadurch, daß man ihn unter 0,06% hält oder bei höheren Gehalten ihn an schwerlösliche Sonderkarbide bildende Elemente, wie Tantal, Niob oder Titan, bindet (s. S. 574). Höhere Siliziumgehalte wirken ähnlich, aber abgeschwächt[1]. Die Wirkungsweise wird allerdings, wie auf S. 573 besprochen, auf andere Ursachen zurückgeführt.

Zu 2. Diese Legierungen, die sich durch sehr hohe Säurebeständigkeit auszeichnen, sind nur gießbar, sehr spröde und können nur durch Schleifen bearbeitet werden, was ihren Anwendungbereich einschränkt.

Zu 3 und 4 s. S. 682.

Zu 5. In diesen Stählen geht man mit dem Silizium gerade so weit, als es die Walzbarkeit und Vergütbarkeit noch erlaubt (s. a. S. 719).

Zu 7. Diese Stähle werden im Abschnitt „Magnetische Eigenschaften" erörtert.

Über den Versuch, durch Oberflächenbehandlung Silizium in die Oberfläche unlegierten Stahles einzubringen und ihn dadurch korrosionsbeständig zu machen, s. S. 880.

Die hohe Korrosionsbeständigkeit von Ferro-Silizium mit 70% Si soll nach K. Frenk[2] in der Weise nutzbar gemacht werden, daß man Behälter, Reaktionsgefäße usw. mit gegossenen Ferro-Siliziumplatten auskleidet.

Besonderheiten bei der Erzeugung der Siliziumstähle

Siliziumstähle bis zu 4% Si kann man in allen Ofengattungen erschmelzen. Man zieht in Deutschland aber basisch zugestellte Öfen vor. Nur muß man dabei, besonders wenn es sich um höheren Siliziumgehalt handelt, Vorsorge treffen, daß sich durch Oxydation nicht zuviel Kieselsäure bildet, weil dies die Zustellung stark angreift. Die magnetisch weichen Siliziumstähle mit niedrigem Kohlenstoffgehalt erschmilzt man bis etwa 4% Si sowohl im basischen wie im sauren S.M.- und Elektroofen.

[1] Scherer, R., G. Riedrich u. G. Hoch: Arch. Eisenhüttenw. Bd. 13 (1939/40) S. 53/57. [2] Frenk, K.: Dechema Monographien Bd. 13 (1942) S. 71/81.

Zahlentafel 44

Zusammensetzung und Verwendungsbeispiele von siliziumlegierten Stählen mit besonderen chemischen und physikalischen Eigenschaften

Lfd. Nr.	Bezeichnung	C %	Si %	Mn %	Cr %	Ni %	Sonstige Zusätze %	Verwendungsbeispiele
1		< 0,10	1,5 3,0	0,5 1,0	18,0	9,0	0—2,0 Mo	Rost- und säurebeständige Stähle, mäßig I.K.-beständig
2		0,20 1,0	12 bis 18,0					Säurebeständige Gußlegierung
3		< 0,20	1,0 3,0	< 1,5	< 25	< 40		Zunderbeständige Stähle
4		< 0,30	1,0 3,0	0,5	< 25,0		< 5 Al bis 0,1 Ti	
5	X 45 CrSi 9 3 X 80 CrNiSi 20	0,40 0,80	2,0 4,0	0,4	2,5 bis 20	bis 1,5		Ventilkegelstähle
6	X 45 CrNiW 18 9	0,45	1,0 3,0	1,0	14,0 19,0	9,0 13,0	1—3 W	
7		niedrig	1,0 5,0	0,1 0,4				Dynamo- und Transformatorenbleche

Bei saurem Ofen muß man aber, wenn man Schwefel- und Phosphorarmut wünscht, entsprechend reinen Schrott verwenden. Für hochlegierte ferritische Chrom-Silizium-Stähle verwendet man den basischen Elektroofen und auch Induktionsofen, sowohl sauer wie basisch zugestellt.

Ferritische Stähle müssen bei der Warmverformung und beim Schweißen mit besonderer Vorsicht behandelt werden (s. S. 89, 107, 613 und 656).

10. Aluminium im Stahl[1]

Aluminium gehört zu den Legierungselementen des Eisens, die das γ-Gebiet abschnüren. Bild 184 zeigt das Zustandsschaubild Eisen-Aluminium nach einer Literaturauswertung von W. L. FINK und L. A. WILLEY[2]. Auch eine neuere Literaturauswertung[3] hat hiergegen keine wesentlichen Änderungen erbracht. Das γ-Gebiet ist bei etwa 1% Al abgeschnürt, anschließend existiert ein homogenes Mischkristallgebiet bis etwa 35 Gew.-% Al, jedoch sind die $\gamma + \alpha$- und $\varepsilon + \zeta$-Phasengrenzen nicht sehr genau bekannt, besonders zu tiefen Temperaturen hin. Im kubisch raumzentrierten Mischkristall bilden sich zwei Überstrukturphasen entsprechend den Zusammensetzungen Fe_3Al und FeAl. Von diesen ist Fe_3Al in einem begrenzten Temperatur- und Konzentrationsbereich ferromagnetisch. Die Bezeichnungen dieses Gebietes in Bild 183 bedeuten: $\alpha_n =$ nichtmagnetisierbare und $\alpha_m =$ magnetisierbare ungeordnete α-Phase; α_{1n} und $\alpha_{1m} =$ nichtmagnetisierbare und magnetisierbare Überstrukturphase Fe_3Al; $\alpha_{2n} =$ nichtmagnetisierbare Überstrukturphase FeAl.

Das Dreistoffsystem Eisen-Aluminium-Kohlenstoff ist wiederholt untersucht worden[4], doch streuen die Angaben so stark, daß hier von einer Wiedergabe abgesehen werden muß. Durch Zusatz von Kohlenstoff zu Eisen-Aluminium-Legierungen wird das γ-Gebiet wieder erweitert, Aluminium vermindert jedoch die Kohlenstofflöslichkeit im γ-Gebiet. Dadurch wird der Perlitpunkt zu niedrigeren Kohlenstoffgehalten verschoben, die A_1- und die A_3-Temperatur werden geringfügig erhöht. An der Karbidbildung beteiligt sich Aluminium bei niedrigen Gehalten nicht, in den Zementit tritt es nicht ein. Erst bei hohen Aluminiumgehalten wird ein Eisen-Aluminium-Doppelkarbid beobachtet. Ähnlich wie Silizium fördert Aluminium die Graphitbildung.

---

[1] s. hierzu ausführlicher: CASE, S. L., u. K. R. VAN HORN: Aluminium in Iron and Steel. New York u. London 1953.

[2] FINK, W. L., u. L. A. WILLEY: Metals Handbook, Amer. Soc. Met. Cleveland 1948, S. 1161; s. a. A. G. GROYER u. H. W. PHILIPPS: J. Inst. Met. London Bd. 38 (1927) S. 35/44. — F. WEVER u. A. MÜLLER: Mitt. K.-Wilh.-Inst. Eisenforschg. Bd. 11 (1929) S. 220/223.

[3] HANSEN, M., u. K. ANDERKO: Constitution of Binary Alloys, 2. Aufl. New York/Toronto/London: McGraw-Hill 1958, S. 90/95.

[4] Zuletzt von K. LÖHBERG u. W. SCHMIDT: Arch. Eisenhüttenw. Bd. 11 (1937/38) S. 607/614.

Bei der Zugabe von Aluminium zum Stahl ist zu unterscheiden zwischen der Legierungswirkung des Aluminiums und seiner Wirkung als Desoxydations- und Denitrierungsmittel[1]. Dies ist bedingt durch seine große Affinität zu Sauerstoff und Stickstoff. Die Denitrierung durch Aluminium hat zwei verschiedene Wirkungen: die Verminderung der

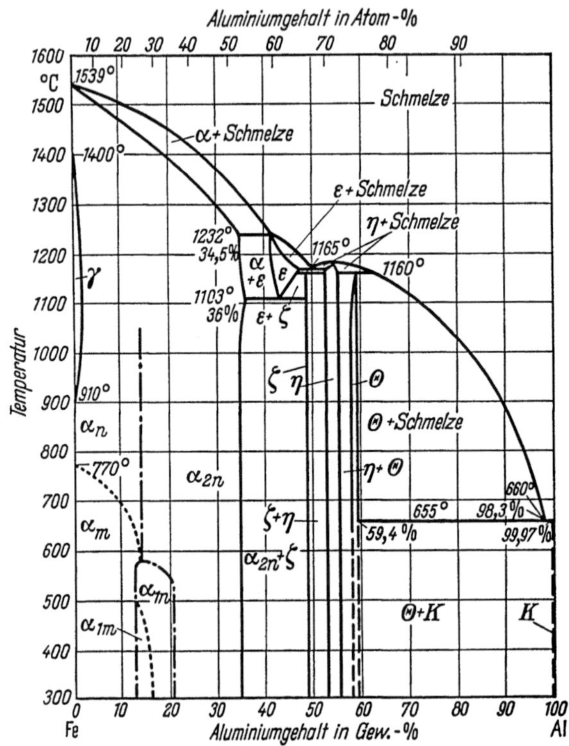

Bild 184. Zustandsschaubild Fe-Al (nach W. L. Fink und L. A. Willey)

Alterungsanfälligkeit von Flußstahl und die Verminderung der Überhitzungsempfindlichkeit. Die Verwendung von Aluminium zur Herstellung von alterungsbeständigen Stählen geht auf A. Fry[2] zurück; näher eingegangen wird hierauf im Abschnitt „Stickstoff", S. 288.

Der Einfluß des Aluminiums auf die Korngröße des Stahles und auf die Umwandlungsgeschwindigkeit wurde zunächst vor allem von amerikanischen Forschern untersucht[3], die fanden, daß bereits Aluminium-

[1] Houdremont, E., u. H. Schrader: Techn. Mitt. Krupp, Forsch.-Ber. Bd. 1 (1938) S. 139/156.

[2] Fry, A.: Krupp. Mh. Bd. 7 (1926) S. 185/196; vgl. Stahl u. Eisen Bd. 46 (1926) S. 1363/1364.

[3] Zusammengefaßt von O. Leihener: Stahl u. Eisen Bd. 56 (1936) S. 1273 bis 1278.

gehalte von 0,02 bis 0,2% zu einer Verringerung der Austenitkorngröße und der Einhärtungstiefe führen. Nach E. HOUDREMONT und H. SCHRADER ist das Aluminiumnitrid als Ursache der Behinderung des Kornwachstums und damit der Erweiterung der Härtegrenzen anzusehen[1]. Hierzu müssen die Nitridpartikelchen eine bestimmte Größe und Verteilung haben, der Mechanismus dieser Reaktion ist aber noch nicht bis ins einzelne geklärt[2]. Auch auf die Eigenschaften in der Wärme üben schon sehr geringe Mengen von Aluminiumnitrid eine ähnliche Wirkung aus wie erheblich größere Mengen Sonderkarbide[3]. Im Abschnitt „Stickstoff“, S. 290, wird hierauf näher eingegangen.

Neben dem für diese Wirkungen maßgeblichen hexagonalen Aluminiumnitrid AlN wurde noch ein kubisches Aluminiumnitrid in Stählen mit höherem Al-Gehalt beim Aufnitrieren beobachtet, dessen Zusammensetzung aber noch nicht bekannt ist[4].

Höhere Aluminiumgehalte als zur Desoxydation und Denitrierung notwendig sind, üben eine deutliche Legierungswirkung aus; die Härtbarkeit wird erhöht. Gebrauch wird hiervon jedoch nicht gemacht. Man setzt Aluminiumgehalte von etwa 1% Nitrierstählen zu, hier dient das Aluminium als Nitridbildner. In Einsatzstählen wirken geringe Aluminiummengen von etwa 0,1% stark vermindernd auf die Überhitzungsempfindlichkeit der Einsatzschicht.

Ein wichtiges Legierungselement ist Aluminium in den Alni- und Alnico-Dauermagnetlegierungen hoher Leistung[5]. Die guten Dauermagneteigenschaften dieser Legierungsgruppe beruhen auf der Ausscheidung einer ferromagnetischen Phase in einer ferromagnetischen Grundmasse. In Bild 185 sind drei isotherme Schnitte bei 1350, 950 und 750 °C durch das Dreistoffsystem Eisen-Nickel-Aluminium nach A. J. BRADLEY[6] dargestellt. Eingezeichnet sind folgende Phasen (unter Weglassung der Phasen auf der aluminiumreichen Seite):

α: kubisch raumzentriert,
α': kubisch raumzentriert mit Überstruktur entsprechend NiAl,
γ: kubisch flächenzentriert,
γ': kubisch flächenzentriert mit Überstruktur entsprechend Ni_3Al.

---

[1] s. a. BORN, K., u. W. KOCH: Stahl u. Eisen Bd. 72 (1952) S. 1268/1277.

[2] s. hierzu CHATTERJEA, A. B., u. B. R. NIJHAWAN: Metal Treatm. Drop Forg. Bd. 24 (1957) Nr. 136, S. 3/6 und Nr. 137, S. 54/59 und die dortigen Diskussionen von R. L. RICKETT, W. C. LESLIE u. C. E. SIMS, S. 59/60.

[3] RAPATZ, F., W. HUMMITZSCH u. H. KRAINER: Vertraul. Ber. VDEh Nr. 74 (1944); s. a. F. RAPATZ u. J. FREHSER: Stahl u. Eisen Bd. 69 (1949) S. 605/607.

[4] KOCH, W., CHR. ILSCHNER-GENSCH u. H. ROHDE: Arch. Eisenhüttenw. Bd. 27 (1956) S. 701/706.

[5] MISHIMA, T.: Ohm Bd. 19 (1932) S. 353; Stahl u. Eisen Bd. 53 (1933) S. 79.

[6] BRADLEY, A. J.: J. Iron Steel Inst. Bd. 163 (1949) S. 19/30; Bd. 168 (1951) S. 233/244.

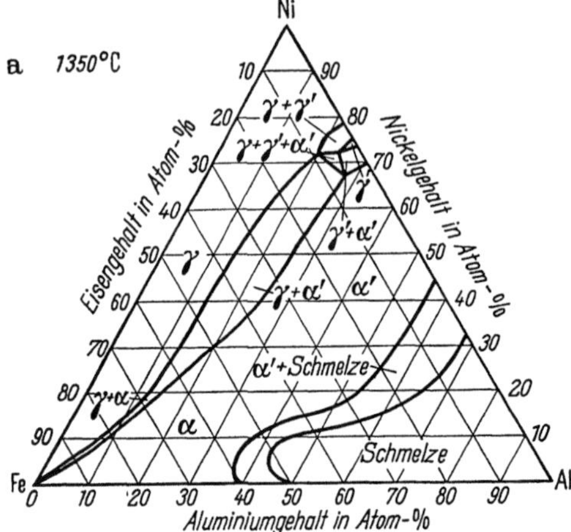

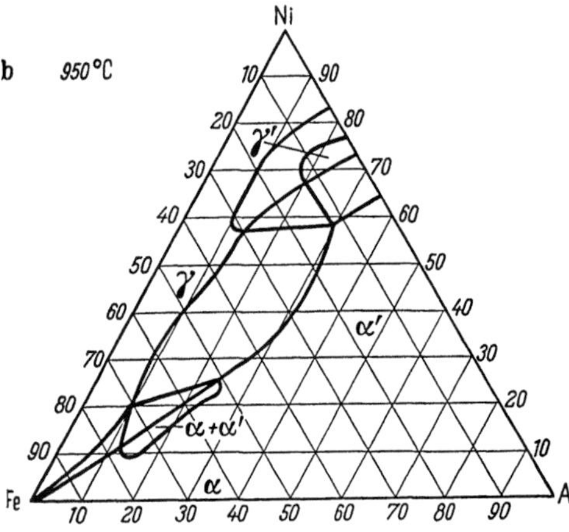

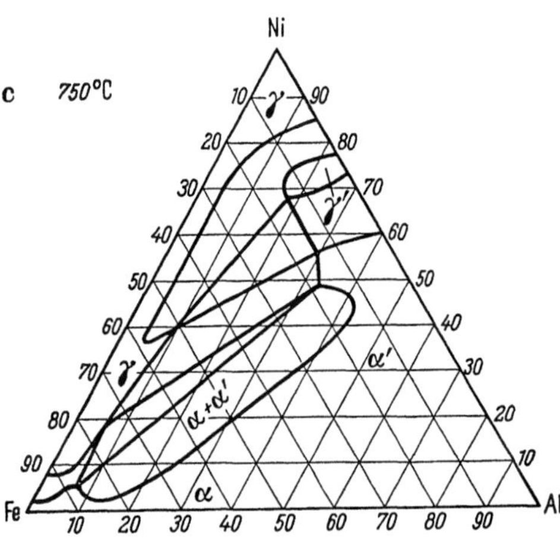

Bild 185 a—c. Isotherme Schnitte durch das Dreistoffsystem Fe-Ni-Al (nach A. J. BRADLEY)

Die besten magnetischen Eigenschaften werden im Bereich der Zusammensetzung Fe_2NiAl erzielt, wobei als Grenzen (in Gewichtsprozent) 20 bis 30% Ni und 10 bis 15% Al angegeben werden. Wie man aus Bild 186 entnimmt, liegt diese Zusammensetzung bei hohen Temperaturen im Gebiet der homogenen α-Phase, mit Sinken der Temperatur dehnt sich jedoch der Bereich, in dem γ-Phase ausgeschieden wird, so weit aus (etwa bei 950 °C), daß mit dem Auftreten der flächenzentrierten Phase gerechnet werden kann. Mit weiter sinkender Temperatur läuft diese Zusammensetzung dann aber in den $\alpha + \alpha'$-Zweiphasenbereich, der sich erheblich ausgeweitet hat.

Es ist bis heute noch nicht eindeutig geklärt, auf welchem Vorgang die hohe Koerzitivkraft dieser Legierungen beruht. Die übliche Wärmebehandlung zur Erzielung bester magnetischer Eigenschaften besteht aus einer Abkühlung von Temperaturen zwischen 1150 und 1300 °C mit bestimmter Geschwindigkeit in einem Magnetfeld und gegebenenfalls einem Anlassen im Temperaturbereich zwischen 500 und 750 °C. Dies läßt auf einen hierbei ablaufenden Ausscheidungsvorgang oder Ordnungsvorgang schließen. Angenommen worden sind die Ausscheidung der flächenzentrierten Phase[1, 2], eine Ordnungsumwandlung mit Bildung der raumzentrierten α'-Phase[3], eine Mehrfachaushärtung[4] oder sogar nur eine periodische Konzentrationsschwankung als Vorstufe eines heterogenen Zerfalles[5]. Die Entscheidung zwischen diesen Annahmen ist schwierig, da die Änderungen im Gefüge sich in so kleinen Bereichen vollziehen, daß selbst elektronenoptisch kaum eine genaue Bestimmung im Zustand bester magnetischer Werte möglich ist, wohl

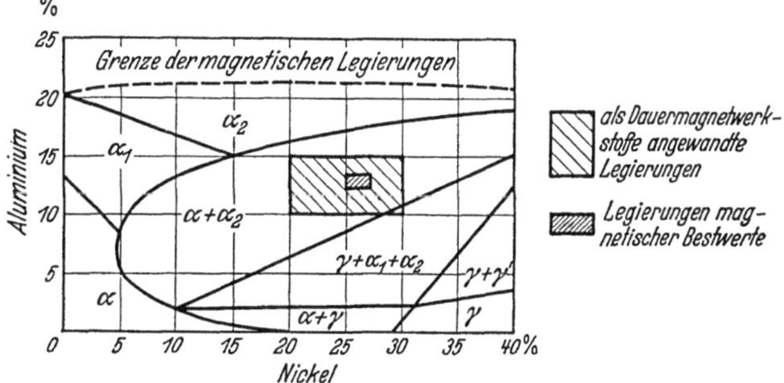

Bild 186. Zustandsschaubild der Fe-Ni-Al-Legierungen (nach A. J. BRADLEY)

aber nach verlängertem Anlassen[2, 6]. Am wahrscheinlichsten ist jedoch, daß das Auftreten der magnetischen Bestwerte mit der Bildung der geordneten α'-Phase zusammenhängt (s. dazu S. 521).

Verwendung der Aluminiumstähle. Eine Übersicht über die Verwendung von Aluminium in Stählen gibt Zahlentafel 45. Dabei kommen Werkzeugstähle überhaupt nicht vor, dagegen ist Al sehr wichtig für die ausscheidungshärtbaren Dauermagnete und für den Nitrierstahl.

---

[1] KÖSTER, W.: Stahl u. Eisen Bd. 53 (1933) S. 849/856.

[2] HEIDENREICH, R. D., u. E. A. NESBITT: J. appl. Phys. Bd. 23 (1952) S. 352 bis 371.

[3] KIUTI, S.: Rep. aeron. Res. Inst. Tokyo Univ. Bd. 13 (1938) S. 555/581. — BRADLEY, A. J., u. A. TAYLOR: Proc. roy. Soc. A Bd. 166 (1938) S. 353/375. — BRADLEY, A. J.: J. Iron Steel Inst. Bd. 171 (1952) S. 41/47. — SNOEK, J. L.: Physica Haag Bd. 6 (1939) S. 321/331.

[4] DANNÖHL, W.: Arch. Eisenhüttenw. Bd. 15 (1941/42) S. 321/330 u. 379/387

[5] JONG, J. J. DE, J. M. G. SMEETS u. A. B. HAANSTRA: J. appl. Phys. Bd. 29 (1958) S. 297/298.

[6] FAHLENBRACH, H.: Techn. Mitt. Krupp Bd. 12 (1954) S. 177/184 und Bd. 14 (1956) S. 12/15. — KRONENBERG, K. J.: Z. Metallkde. Bd. 45 (1954) S. 440/447. — KRONENBERG, K. J., u. R. K. TENZER: J. appl. Phys. Bd. 29 (1958) S. 299/301.

Zahlentafel 45. *Zusammensetzung und Verwendungsbeispiele von aluminiumhaltigen Stählen*

Lfd. Nr.	Bezeichnung	C %	Si %	Cr %	Ni %	Mo %	Al %	Co %	Cu %	Sonstiges %	Verwendungsbeispiele
1	33 CrAlNi 7 32 AlCrMo 4 34 CrAl 6 27 CrAl 6	0,1 0,5		1,0 2,5	0 bis 2,5	0 bis 0,5	~1			bis 0,15 V	Nitrierstahl
2		0—0,1	bis 5				bis 9				Magnetisch weiche Legierung geringer Verlustziffer
3		0,1	1,0 3,0	6,0 25,0			0 bis 5,0				Zunderbeständiger Stahl
4		0,1		20 25 37,5			5 5 7,5	0 bis 3,5			Heizleiterdrähte
5	X 7 CrAl 13	< 0,07		14,0			0,2				Stahl für einschweißbare Turbinenschaufeln
6		< 0,1	< 1,0	15 bis 20,0	4 bis 8	bis 3,0	0,2 2,0	Ti 0,5 1,5			Ausscheidungshärtbare, rostsichere Stähle
7		0,05			12 bis 30		8 bis 16	0 bis 25	0 bis 7	bis 6,5 Ti	Dauermagnetstähle

Zu 1. Diese Stähle sind die am häufigsten verwendeten Stähle für das Oberflächenhärteverfahren durch Versticken (s. Abschnitt „Stickstoff"). Die stark stickstoffabbindende Wirkung des Aluminiums führt zur Ausbildung der harten Oberflächenschicht. Die aluminiumhaltigen Nitrierstähle erreichen die höchsten Oberflächenhärten der üblichen Nitrierstähle.

Zu 2. Diese Stähle wurden wiederholt für Dynamobleche und für Transformatorenbleche vorgeschlagen. Untersuchungen über diese Stähle sind u. a. von F. WEVER und G. HINDRICHS[1] und H. MASUMOTO[2] veröffentlicht worden. Zu einer praktischen Verwendung dieser Stähle ist es bis jetzt noch nicht gekommen, weil die Herstellung und Verarbeitung der hierfür üblichen Siliziumstähle einfacher und billiger ist. Außerdem fehlen bei den Aluminiumstählen noch die Einzelkenntnisse über die Verarbeitung beim Warm- und Kaltwalzen und beim Glühen. Die Verarbeitungsverfahren haben bei derartigen Stählen einen besonders großen Einfluß auf ihre Güte.

Zu 3. Aluminium erhöht nach N. A. ZIEGLER[3] die Zunderbeständigkeit des Stahles außerordentlich stark. Aluminium-Eisen-Legierungen haben den Nachteil, daß die schützende Zunderschicht bei mehrfacher Erwärmung und Abkühlung leicht abspringt. Besser verhalten sich Legierungen von Eisen, Aluminium und Chrom[4]. Da diese Legierungen, die durchwegs halbferritisch bis ferritisch sind, schwierig zu verarbeiten und im Gebrauch zu spröde sind, haben sich aus ihnen Chrom-Silizium-Aluminium-Legierungen entwickelt, die in Deutschland unter dem Namen Sicromale bekanntgeworden sind (s. darüber S. 682).

Diese Stähle mit 6 bis 25% Cr, 1 bis 3% Si und 1 bis 5% Al sind gut warmverarbeitbar, wenn die Summe des Siliziums und Aluminiumgehaltes 6% nicht übersteigt. Ihre hohe Zunderbeständigkeit läßt die Verwendung bis 1200 °C zu, doch tritt beim Gebrauch über 1000 °C durch Kornvergröberung Sprödigkeit auf.

Zu 4. Diese Legierungen haben ausgedehnte Anwendung als Heizleiterdrähte gefunden. Die Legierung mit 20% Cr und 5% Al ist unter dem Namen Megapyr und die mit 25% Cr, 5% Al und 3% Co unter dem Namen Kanthal bekanntgeworden. Diese Legierungen können bis 1300 °C verwendet werden. Ihr elektrischer Widerstand ist höher als der der früher üblichen Chrom-Nickel-Legierungen. Die Legierung mit 37,5% Cr und 7,5% Al verhält sich ähnlich wie die beiden vorher

[1] WEVER, F., u. G. HINDRICHS: Mitt. K.-Wilh.-Inst. Eisenforschg. Bd. 13 (1931) S. 273/289.

[2] MASUMOTO, H.: Trans. Sci. Rep. Tôhoku Univ., Honda Annivers. Vol. 1936 S. 388.

[3] ZIEGLER, N. A.: Amer. Inst. min. metallurg. Engrs. Bd. 100 (1932) S. 269.

[4] SCHEIL, E., u. E. H. SCHULZ: Arch. Eisenhüttenw. Bd. 6 (1932/33) S. 156.

erwähnten, doch zeichnet sie sich durch einen besonders hohen elektrischen Widerstand aus[1] (s. ausführlich darüber S. 687).

Zu 5. Ein Aluminiumzusatz zu einem 13%igen Cr-Stahl mit $< 0,1\%$ C erhöht den Ferritanteil und vermindert dadurch die Härteannahme, wodurch die Gefahr der Härterisse in der Schweißzone herabgesetzt wird.

Zu 6. Hier gilt das in Zahlentafel 49 unter 7 Gesagte (S. 302).

Zu 7. Von diesen Stählen wird im Abschnitt „Magnetische Eigenschaften" (S. 521) noch ausführlich die Rede sein.

Besonderheiten bei der Erzeugung der Aluminiumstähle

Bei der Erschmelzung der Aluminiumstähle ist vor allem die leichte Oxydationsfähigkeit des Aluminiums zu berücksichtigen, die sich schon dadurch zeigt, daß es ein starkes Desoxydationsmittel ist. Aus diesem Grunde werden im S.M.-Ofen mit Aluminium legierte Stähle höchstens bis zu einem Gehalt von 100stel % erzeugt. Im basischen Elektroofen kann man ohne Vorschmelzen bis zu etwa $1^1/_2\%$ Aluminium gehen, wobei man gerne 2% des Gehaltes kurz vor dem Abstich zusetzt. Schmilzt man vor, so kann man über $1^1/_2\%$ hinausgehen, setzt sich aber der Gefahr einer ungleichmäßigen Verteilung des Aluminiums aus. Die mit dem starken Abbrand verbundene Aluminiumoxydbildung verschlechtert die Blockoberfläche.

Bei Dauermagnetstählen, die bis zu 10% Aluminium enthalten, kann nur der Induktionsofen herangezogen werden. Im basisch zugestellten Induktions- (Hochfrequenz-) Ofen kann man auch Schrott verwenden. Bevor man bei diesen Öfen die basische Zustellung kannte und gezwungen war, auf saurem Herd zu erschmelzen, mußte man Aluminium ganz zuletzt zugeben; Schrottverwendung war natürlich ausgeschlossen. Kleinere Öfen eignen sich für die Herstellung dieser Magnetstähle besser als größere.

Für das Walzen und Schweißen ferritischer Stähle gilt das, was für ferritische Siliziumstähle auf S. 271 gesagt wurde.

11. Kupferstähle[2]

Dem Kupfer hat man früher in der Stahllegierungstechnik wenig Beachtung geschenkt, obwohl dieses Metall zu denjenigen gehört, die

[1] Hoyt, S. L., u. M. A. Scheil: Trans. Amer. Soc. Met. Bd. 23 (1935) S. 1022 bis 1046.

[2] s. die Literaturzusammenstellung bei M. Hansen u. K. Anderko: Constitution of Binary Alloys, 2. Aufl. New York/Toronto/London: McGraw-Hill 1958, S. 580/582.

Ferner ausführliche Beschreibungen: Cornelius, H.: Kupfer im technischen Eisen. Berlin: Springer 1940. — Lorig, C. H., u. R. R. Adams: Copper as an Alloying Element in Steel and Cast Iron. New York/Toronto/London: McGraw-Hill 1948.

interessanteste Legierungswirkungen hervorrufen. Zu nennen sind die Ausscheidungshärtung, die Erhöhung der Korrosionsbeständigkeit an Luft und, in austenitischen Stählen, gegen verschiedene Säuren, die Erhöhung der Streckgrenze im naturharten und vergüteten Zustand,

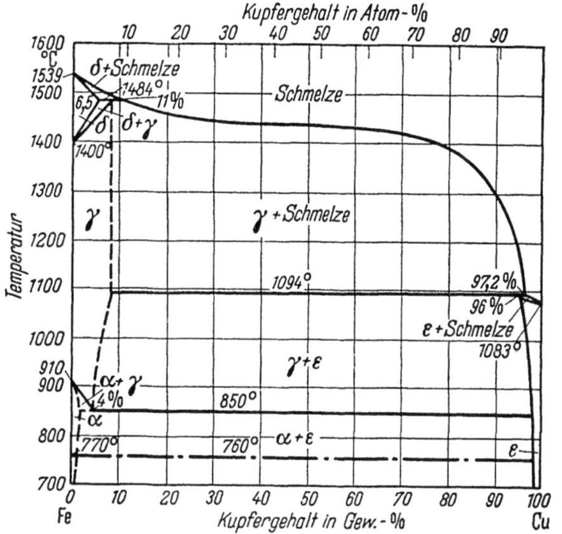

Bild 187. Zustandsschaubild Fe-Cu (nach M. HANSEN und K. ANDERKO)

die Verbesserung der Durchvergütung sowie schließlich der Einfluß auf die magnetischen Eigenschaften.

Kupfer erweitert in Legierungen mit Eisen das γ-Gebiet, gleichzeitig ist aber die Löslichkeit von Kupfer sowohl im γ- als auch im α-Eisen

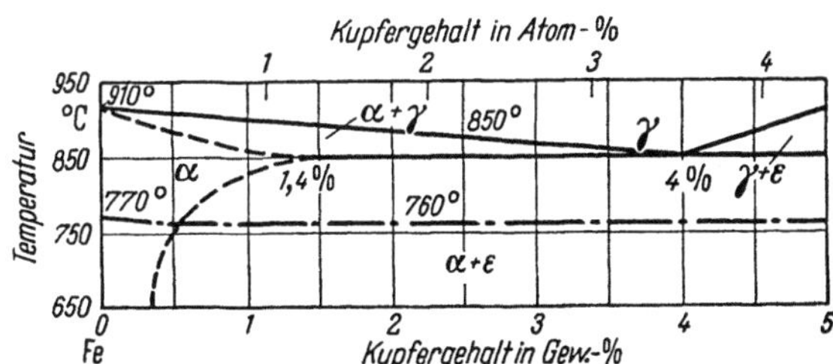

Bild 188. Eisenreiche Seite des Zustandsschaubildes Fe-Cu (nach M. HANSEN und K. ANDERKO)

begrenzt. Daher hat das Zustandsschaubild Eisen-Kupfer (Bild 187)[1] eine große Ähnlichkeit mit dem Zustandsschaubild Eisen-Kohlenstoff, besonders auf der eisenreichen Seite (Bild 188). Die Lage der gestrichelt eingezeichneten Kurven ist nicht sehr sicher. Durch Kupfer wird der

[1] HANSEN, M., u. K. ANDERKO: Constitution of Binary Alloys, 2. Aufl. New York/Toronto/London: McGraw-Hill 1958.

Schmelzpunkt des Eisens gesenkt, Kupfer selbst schmilzt bei 1083 °C. Die Temperatur der peritektischen Reaktion Schmelze + $\gamma \rightleftarrows$ Cu (1094 °C) ist sehr genau bekannt, während die Angaben über die Gleichgewichtstemperatur für die eutektoide γ-α-Umwandlung wegen ihrer starken Hysterese stark streuen zwischen 745 und 860 °C. Die maximale Löslichkeit von Kupfer im γ-Eisen beträgt etwa 8% (bei 1094 °C), sie sinkt auf etwa 4% bei der eutektoiden Temperatur. Im α-Eisen ist sie niedriger, für die eutektoide Temperatur werden 1,4% angegeben, bei 700 °C sind noch etwa 0,3% Cu löslich. Die Temperatur der magnetischen Umwandlung wird durch Kupfer gesenkt.

In Eisen-Kupfer-Legierungen können daher zweierlei Härtungseffekte auftreten, nämlich die Ausscheidungshärtung und die Umwandlungshärtung. Bei der ersteren wird nach Abschrecken aus dem α-Gebiet (600 bis 850 °C) beim Anlassen Kupfer aus der übersättigten Lösung ausgeschieden. Die größten Festigkeitssteigerungen erfolgen beim Anlassen bei 450 bis 500 °C[1]. Wird dagegen ein hoch kupferhaltiger Stahl aus dem γ-Gebiet (oberhalb 850 °C) abgeschreckt, so tritt eine Umwandlungshärtung auf, die der Martensithärtung in Eisen-Kohlenstoff-Legierungen entspricht. Da die Löslichkeit des Kupfers im α-Eisen kleiner ist als im γ-Eisen, wird beim anschließenden Anlassen Kupfer ausgeschieden und es erfolgt eine zusätzliche Aushärtung. Diesen Vorgang veranschaulicht Bild 189 an einem Stahl mit 0,04% C und 5% Cu[2]. Beim Anlassen martensitischen Gefüges bewirkt nach A. Rose und A. Krisch[3] schon 0,1% Cu oberhalb 400 °C einen Ausscheidungsvorgang.

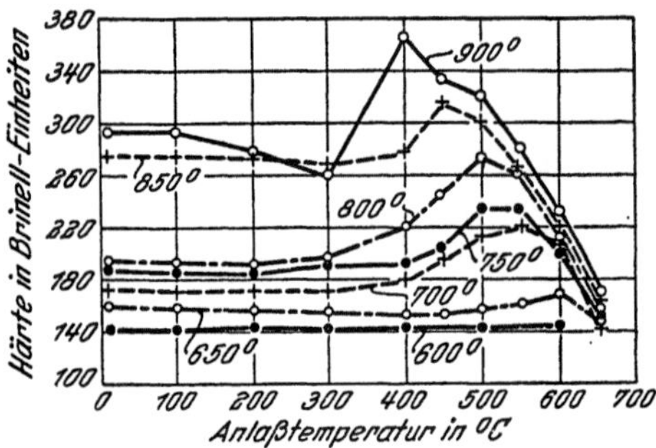

Bild 189. Härteänderungen durch Abschrecken und Anlassen eines 5% igen Kupferstahles (nach H. Buchholtz und W. Köster)

Die Ausscheidung von Eisen auf der kupferreichen Seite ist ebenfalls ein sehr interessanter Vorgang, besonders im Hinblick auf magnetische Eigenschaften, doch würde es zu weit führen, hierauf näher einzugehen[4].

In kohlenstoffhaltigen Legierungen beteiligt sich Kupfer nicht an der Karbidbildung, auch bildet es keine Sonderkarbide, sondern erhöht

[1] Nehl, F.: Stahl u. Eisen Bd. 50 (1930) S. 678/686.
[2] Buchholtz, H., u. W. Köster: Stahl u. Eisen Bd. 50 (1930) S. 687/695.
[3] Rose, A., u. A. Krisch: Stahl u. Eisen Bd. 80 (1960) S. 1007/1017.
[4] s. z. B. A. Knappwost: Z. Metallkde. Bd. 45 (1954) S. 137/142. — Newkirk, J. B.: J. Metals, Trans., Bd. 9 (1957) S. 1214/1220.

eher die Neigung zur Graphitbildung[1]. Kupfer verzögert etwas die γ-α-Umwandlung in der Perlitstufe, wohl durch die Erniedrigung der Umwandlungstemperatur. Trotzdem erhöht Kupfer schon von 0,2% an die Härtbarkeit von Kohlenstoff-Werkzeugstählen[2]. Auch beim Patentieren von Stahldraht können sich schon derartige Kupfergehalte bemerkbar machen durch schädliche Verzögerung der Umwandlung (s. S. 103). Die Möglichkeit, Kupfer Vergütungsstählen zuzusetzen, ist verschiedentlich untersucht worden. Kupferzusätze zu Chrom-, Nickel- und Chrom-Nickel-Stählen erhöhen Streckgrenze und Zugfestigkeit, besonders auch das Streckgrenzenverhältnis, teilweise allerdings auf Kosten der Zähigkeit. R. HARRINGTON[3] führte Untersuchungen durch über Vergütungsstähle mit 0,26 bis 0,3% C, 0,8 bis 0,9% Cr, 0 bis 3,5% Ni und 3,4 bis 0% Cu. Auf die Anlaßsprödigkeit hat Kupfer anscheinend keinen verschlechternden Einfluß. Verwendung haben derartige Stähle nicht gefunden.

Dagegen wird Kupfer in Gehalten bis zu 0,55% dem hochfesten Baustahl St 52 zugesetzt[4] und ähnlichen Stählen. Unter der Bezeichnung St 52 werden Stähle geliefert mit bis zu 0,2% C, bis 0,5% Si, bis 1,2% Mn und höchstens 0,55% Cu. Zusätzlich kann noch zulegiert werden bis zu 0,4% Cr oder 0,3% Mn oder 0,2% Mo. In Dicken bis zu 18 mm muß bei St 52 eine Streckgrenze von 36 kg/mm² und eine Festigkeit von 52 kg/mm² erreicht werden. Den Einfluß des Kupfers auf die Festigkeitseigenschaften dieses Stahltyps untersuchten E. HOUDREMONT, H. BENNEK und H. NEUMEISTER[5] und fanden, daß die Streckgrenze durch Kupferzusatz eine Steigerung von 1 bis 4 kg/mm² erfährt, die Steigerung der Festigkeit ist nach dieser Untersuchung jedoch geringer. Diese mehrfach legierten Stähle sind bei uns aber zugunsten des mit Mangan allein legierten zurückgetreten. Man regelt bei diesem die Festigkeitseigenschaften durch Mangan und Kohlenstoff und die für das Schweißen nötige verringerte Härtbarkeit durch Aluminium (S. 272). Die Erhöhung der Streckgrenze durch Kupfer, die auch bei erhöhten Temperaturen von 350 bis 400 °C erhalten bleibt, hat dazu geführt, daß kupferlegierte Stähle als schweißbare Stähle für den Kesselbau verwendet werden. Hierbei handelt es sich um Kupfer-Nickel- und um Kupfer-Nickel-Molybdän-Stähle, auch unter Zusatz von Chrom. Diese Stähle haben den Vorteil, daß sie beim Schweißen auch in großen Quer-

---

[1] STOGOFF, A. F., u. W. S. MESSKIN: Arch. Eisenhüttenw. Bd. 2 (1928/29) S. 321/331.

[2] BENNEK, H.: Techn. Mitt. Krupp Bd. 2 (1934) S. 129/133; Stahl u. Eisen Bd. 55 (1935) S. 160/164.

[3] HARRISON, R.: J. Iron Steel Inst. Bd. 137 (1938) S. 285.

[4] SCHULZ, E. H., u. W. BISCHOF: Z. VDI Bd. 84 (1940) S. 229/235.

[5] HOUDREMONT, E., H. BENNEK u. H. NEUMEISTER: Techn. Mitt. Krupp, Forsch.-Ber. Bd. 2 (1939) S. 99/114.

schnitten nicht wesentlich aufhärten, da die Umwandlung nach dem Schweißen vornehmlich in der Zwischenstufe abläuft, so daß nach abschließendem Stabilglühen auch gute Festigkeitseigenschaften vorhanden sind[1].

Kupfer erhöht die Korrosionsbeständigkeit des Stahles. Dies bezieht sich nicht auf den Angriff in korrosiven Medien, sondern nur auf das Rosten in Industrieluft. Dabei verhindert der Kupferzusatz nicht das Rosten, sondern er verzögert es nur. Hierzu genügen schon Kupfergehalte von 0,2 bis 0,3% im Stahl[2], Gehalte über 0,5% ergeben keine weitere Verbesserung. Da der unbeabsichtigte Kupfergehalt im Stahl zur Zeit etwa 0,2% beträgt, ist ein absichtlicher Kupferzusatz zur Erhöhung der Witterungsbeständigkeit nicht notwendig. Als rostträge Stähle kamen auch noch Kupfer-Molybdän-Stähle in Anwendung[3], auch wurden hierfür Kupferstähle mit erhöhtem Phosphorgehalt[4] vorgeschlagen.

Den säurebeständigen Chrom-Nickel-Stählen wird ebenfalls häufig Kupfer zugesetzt, um den Korrosionswiderstand dieser Stähle gegen bestimmte Angriffsmittel zu erhöhen, beispielsweise gegen Schwefelsäure (s. S. 595). Bei diesen Stählen soll es auch die Beständigkeit gegen Spannungsrißkorrosion erhöhen.

Auf die Zunderbeständigkeit ist Kupfer im Stahl ohne Einfluß. Ausscheidungshärtbare Fe-Ni-Cu-, Fe-Ni-Co-Cu-, Fe-Mo-Cu- und Fe-Ni-Al-Cu-Legierungen finden als Werkstoffe mit besonderen magnetischen Eigenschaften (s. S. 514, 520, 521) Verwendung.

Verwendung der Kupferstähle

Eine Zusammenstellung der technisch angewendeten Kupferstähle ist in Zahlentafel 46 gegeben. Bemerkt sei:

Zu 1. Das Kupfer erhöht durch Ausscheidungshärtung die Streckgrenze und macht dadurch auch den Stahl in seinen Festigkeitseigenschaften gegen rasche Abkühlung unempfindlicher; eine Eigenschaft, die für Schweißzwecke besonders erwünscht ist. Die rostverzögernde Wirkung des Kupfers ist eine angenehme Beigabe. Die hier angeführten Grenzen umfassen eine Gruppe von Stählen, aus der ein Stahl mit 0,15/0,2% C; 0,3% Cu; 0,4/0,65% Si; 1 bis 1,4% Mn, als bei uns bevorzugt verwendet, hervorzuheben ist.

Zu 2. Seine besonderen Eigenschaften erreicht dieser Stahl erst durch seinen Kupferzusatz. Er besitzt dadurch erhöhte Widerstandsfähigkeit gegenüber dem Einfluß der Atmosphäre, der Feuchtigkeit, des

[1] Nehl, F., u. A. Rose: Stahl u. Eisen Bd. 74 (1954) S. 1054/1062.

[2] s. z. B. Daeves, K., u. K. Trapp: Stahl u. Eisen Bd. 58 (1938) S. 245/248. — Eisenstecken, F., u. W. Stinnes: Arch. Eisenhüttenw. Bd. 27 (1956) S. 469 bis 474.

[3] Cone, E. F.: Metals and Alloys Bd. 9 (1938) S. 243/254.

[4] Lorig, C. H., u. D. E. Krause: Metals and Alloys Bd. 7 (1936) S. 69/73.

Zahlentafel 46. *Zusammensetzung und Verwendungsbeispiele von kupferhaltigen Stählen*

Nr.	C %	Cu %	Si %	Mn %	Cr %	Ni %	Mo %	Sonstiges %	Verwendungsbeispiele
1	0,15 0,20	0,30 1,0	0,20 1,10	0,40 1,50	0 bis 1,5	0 bis 1,0	0 bis 0,3	bis 0,2 P	Hochbaustähle vom Typ St 52
2	0,1	0,4							Rostträger Stahl für das Pressen von Eternitplatten, Behälterbau, Eisenbahnoberbau, Gasleitungen
3	0,55	0,25	0,40	0,70					Gewehrlaufstahl
4	< 0,1	0 bis 4,0			15,0 20,0	4 bis 14,0	0 bis 3,0	TaNb ~ 0,4 oder/ und Ti ~ 0,3	Ausscheidungshärtbare, rostsichere Stähle
5	0,20	3 bis 4,0	1,0	1,0	14 bis 17	18 bis 22		W bis 3, Mo 3,5, Co 7—12, Ti 0,5 bis 1,5, V 0,2—0,8 + B, + N	Hochwarmfeste Stähle
6	0,10	3,0	0,60	0,80	18,0	9,0		Ti, Ta, Nb Zusätze	Korrosionsbeständige Stähle
7	< 0,10	1,0 2,0	0,60	0,80	18,0	18,0 22,0	2 bis 3,5	Ti, Ta, Nb Zusätze	Erhöhte Beständigkeit gegen kalte und heiße H_2SO_4
8	0,10	0 bis 6,0				25 bis 30,0		6—10 Co 9—14 Al	Ausscheidungshärtbare Dauermagnetlegierungen
9	0,10	2 bis 7,0				14 bis 20,0		7—10 Al 15—25 Co	Dauermagnetlegierung mit magnetischer Vorzugsrichtung
10		3,5				24		41 Co	Ausscheidungshärtbare Dauermagnetlegierung
11		9,0 bis 13,0				35 bis 50,0			Isoperme, Legierung mit gleichbleibender Permeabilität
12		5,0			2,0	76,0			Mumetall-Legierung mit hoher Anfangspermeabilität
13		14				72	3,0		Hochpermeable Legierung „1040“
14		30 bis 33				67 bis 70,0			Monelmetall

Wiedertrocknens und der in Industriegebieten in der Luft vorhandenen Schwefelverbindungen.

Dieser rostträge Stahl ist nicht mit den rost- und säurebeständigen Stählen zu verwechseln.

Zu 3. Auch bei diesem Stahl dürfte das Kupfer wegen der höheren und gleichmäßigeren Streckgrenze vorteilhaft sein, nicht wegen der korrosionshemmenden Wirkung, die in diesem Fall wahrscheinlich unbedeutend ist.

Zu 4. Hier gilt dasselbe wie das S. 302 in Zahlentafel 49 unter 4 Gesagte.

Zu 6 und 7. s. Abschnitt „Korrosionsbeständige Stähle" (S. 595).

Zu 8, 9 und 10. s. „Magnetstähle", S. 520, 521.

Zu 11, 12 und 13. s. „Magnetische Eigenschaften", S. 545.

Zu 14. Monelmetall ist beständig gegen Schwefelsäure. Für die Kaltschweißung von Grauguß ist es immer noch der Zusatzwerkstoff, der für die Schweißverbindung bessere Eigenschaften ergibt als andere Zusatzwerkstoffe. Der Grund hierfür ist der dem Gußeisen näher liegende Schmelzpunkt des Monelmetalls; Stähle hingegen schmelzen bei höheren Temperaturen, wodurch ein zu großer Teil des Gusses mit aufgeschmolzen wird und beim Abkühlen harte Stellen zur Folge hat.

Kupferstähle bei der Erschmelzung und Verarbeitung

Das Kupfer ist schwerer oxydierbar als Eisen und kann deshalb bei der Stahlherstellung nicht entfernt werden. Es reichert sich deshalb immer mehr im Stahl an, und in Siemens-Martin-Stählen beträgt der Kupfergehalt zur Zeit wie gesagt schon etwa 0,2%[1].

In bezug auf die Warmverarbeitbarkeit steht das Kupfer in keinem guten Ruf. Kupfer kann Rotbruch verursachen. Nach den Untersuchungen von F. Nehl[2] entsteht Rotbruch dadurch, daß bei der Verzunderung des Eisens das Kupfer nicht oxydiert wird, sich unter der Zunderschicht anreichert und, wenn die Warmverformungstemperatur die Schmelztemperatur des Kupfers überschreitet, entlang der Korngrenze eindringt und so den Bruch verursacht. Daraus erklärt sich, daß die Warmrisse über eine gewisse Oberflächenschicht nicht eindringen und den Kern des Stahles verschonen. Die Rißbildung erstreckt sich über den Temperaturbereich von 950 bis 1150 °C[3], d. h., auch unterhalb des Schmelzpunktes des Kupfers ist diese Art Rotbrüchigkeit vorhanden. Ob durch Verunreinigungen der Schmelzpunkt der Korngrenzenphase so weit herabgesetzt wird oder ob hier noch ein

---

[1] Rockrohr, G.: Stahl u. Eisen Bd. 72 (1952) S. 118/122.

[2] Nehl, F.: Stahl u. Eisen Bd. 53 (1933) S. 773/778; Bd. 58 (1938) S. 779/784.

[3] Born, K.: Stahl u. Eisen Bd. 73 (1953) S. 1268/1280.

anderer Mechanismus mitwirkt, ist noch nicht bekannt. Diese Rotbrüchigkeit wird durch Zinn sehr verschlimmert. Durch einen Nickelzusatz von wenigstens 2% zu Kupferstählen wird die Rotbruchneigung vermindert, wahrscheinlich deshalb, weil sich nach dem Abzundern höher schmelzende Nickel-Kupfer-Legierungen bilden. Oberhalb 1200 °C wird jedoch durch Nickel die Rißbildung verstärkt[1].

12. Stickstoff im Stahl

In Bild 190 ist das Zustandsschaubild Eisen-Stickstoff nach der Literaturauswertung von M. HANSEN und K. ANDERKO[2] dargestellt. Da Stickstoff im flüssigen und festen Eisen bei hohen Temperaturen nur wenig löslich ist, mußten die Eisen-Stickstoff-Legierungen zur Aufstellung des Zustandsschaubildes durch Eindiffusion von Stickstoff bei mittleren Temperaturen gewonnen werden. Auf der eisenreichen Seite werden folgende Phasen beobachtet[3]:

a) Die kubisch raumzentrierte α-Phase, in der auf Zwischengitterplätzen der Stickstoff bis zu einer max. Löslichkeit von 0,10% bei 590 °C eingelagert ist.

b) Die kubisch flächenzentrierte γ-Phase, in der der Stickstoff ebenfalls auf Zwischengitterplätzen eingelagert ist; die max. Löslichkeit beträgt 2,80% N bei 650 °C.

c) Das ebenfalls kubisch flächenzentrierte γ'-Nitrid Fe_4N mit einem etwas unsymmetrischen Homogenitätsbereich. Die Stickstoffatome befinden sich in geordneter Lage in der Würfelmitte des Gitters.

d) Das ε-Nitrid mit hexagonal dichtester Kugelpackung; es hat einen sehr weiten Homogenitätsbereich von 4,35 bis 11% N.

e) Das orthorhombische ζ-Nitrid Fe_2N mit einem sehr schmalen Homogenitätsbereich.

f) Das metastabile α''-Nitrid mit tetragonal raumzentriertem Gitter, das in das Zustandsschaubild nicht eingezeichnet ist. Es tritt unterhalb 300 °C bei Ausscheidungsvorgängen aus dem Ferrit und beim Anlassen von Stickstoffmartensit auf und hat im Idealfall die Zusammensetzung $Fe_{16}N_2$. (Dies gibt direkt die Anzahl der Atome in der Elementarzelle an, es ist aber auch die Formel Fe_8N gebräuchlich.)

Das System Eisen-Stickstoff hat bei niedrigen Stickstoffgehalten (bis etwa 2,5%) unterhalb von 900 °C eine gewisse Ähnlichkeit mit dem System Eisen-Kohlenstoff. Der γ-Mischkristall zerfällt bei langsamer Abkühlung eutektoidisch in Braunit analog der Perlitbildung im System Fe-C. Der eutektoidische Punkt liegt bei 2,35% N und 590 °C. Bei rascher Abkühlung bildet sich aus der γ-Phase Stickstoffmartensit.

In der α-Phase nimmt die Stickstofflöslichkeit im Gleichgewicht mit

---

[1] BUCHHOLTZ, H., u. R. PUSCH: Stahl u. Eisen Bd. 73 (1953) S. 204/212.

[2] HANSEN, M., u. K. ANDERKO: Constitution of Binary Alloys, 2. Aufl. New York/Toronto/London: McGraw-Hill 1958, S. 670/675.

[3] Die hier angegebenen Löslichkeiten und Phasengrenzen beziehen sich auf den derzeitigen Stand der Untersuchungen, kleine Veränderungen durch andere oder verbesserte Untersuchungsverfahren wird es wohl noch geben; s. hierzu: BURDESE, A.: Metallurg. ital. Bd. 47 (1955) S. 357/361.

der γ'-Phase Fe_4N mit sinkender Temperatur entsprechend Bild 191 ab. Die älteren Bestimmungen von W. KÖSTER[1] durch Messung des elektrischen Widerstandes werden durch neuere Dämpfungsmessungen[2,3] gut

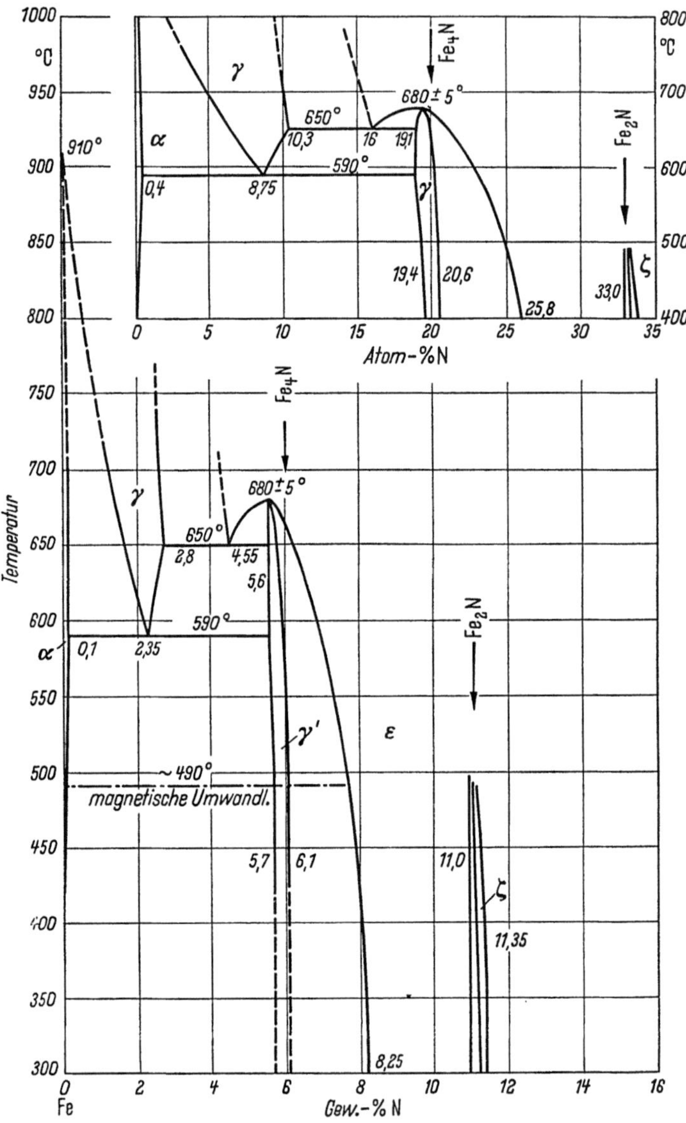

Bild 190. Zustandsschaubild Fe-N nach der Schrifttumsauswertung von M. HANSEN und K. ANDERKO

[1] KÖSTER, W.: Arch. Eisenhüttenw. Bd. 3 (1929/30) S. 637/658.
[2] DIJKSTRA, L. J.: J. Metals Bd. 1 (1949) S. 252/260.
[3] FAST, J. D., u. M. B. VERRIJP: J. Iron Steel Inst. Bd. 180 (1955) S. 337/343.

bestätigt, während die Abweichung bei mikrokalorimetrischen Messungen wohl methodisch bedingt ist. Bei tiefen Temperaturen wird die α''-Phase ausgeschieden, die Löslichkeit des Stickstoffs im Gleichgewicht mit dieser ist größer; sie beträgt bei 200 °C etwa 0,009% und würde bei 400 °C etwa 0,20% betragen[1]. Bei der Ausscheidung aus übersättigter Lösung in diesem Temperaturbereich wird die α''-Phase vor der γ'Phase ausgeschieden, unterhalb 200 °C wird bei üblichen Versuchszeiten nur die α''-Phase beobachtet, erst bei sehr langen Zeiten auch γ'; oberhalb 300 °C ist die Ausscheidung der γ'-Phase bereits so schnell, daß ein etwaiges Vorlaufen der α''-Phase nicht beobachtet wird[2,3].

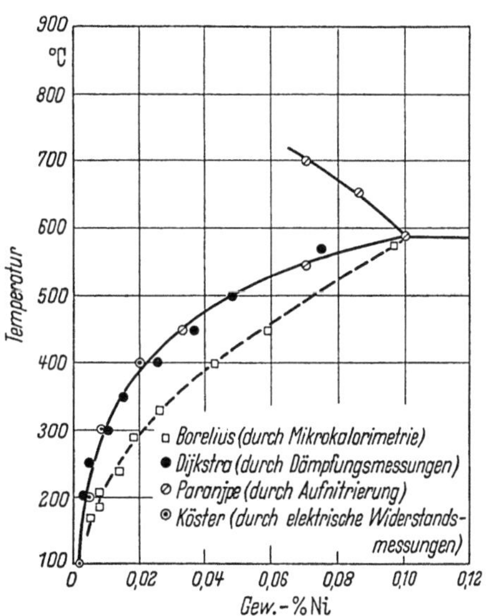

Bild 191. Löslichkeit des Stickstoffes in α-Eisen in Abhängigkeit von der Temperatur (nach G. Borelius, H. Berglund[6], L. J. Dijkstra[2], V. G. Paranjpe, M. Cohen, M. B. Bever und C. F. Floe[1], W. Köster[7])

Mit der Ausscheidung der Nitride beim Anlassen nach dem Abschrecken sind Aushärtungs- und Versprödungserscheinungen und Veränderungen der magnetischen Eigenschaften verbunden. Letztere sind besonders von W. Köster[4] und in neuerer Zeit von J. Kerr und C. Wert[5] untersucht worden. Hiernach ist mit der Ausscheidung der α''-Phase eine erhebliche Zunahme der Koerzitivkraft verbunden, während die Ausscheidung der γ'-Phase kaum einen Einfluß hat.

Die durch die Nitridausscheidung hervorgerufenen Versprödungen werden durch Anlassen bei 250 °C und darüber beseitigt. In diesem Zustand sind dann die Nitride im Gefügebild deutlich sichtbar. Stickstoffausscheidungen sind auch als Ursache der Fryschen Kraftwirkungsfiguren

[1] Paranjpe, V. G., M. Cohen, M. B. Bever und C. F. Floe: J. Metals, Trans., Bd. 2 (1950) S. 261/267.

[2] Dijkstra, L. J.: J. Metals, Trans., Bd. 1 (1949) S. 252/260.

[3] Lagerberg, G., u. B. S. Lement: Trans. Amer. Soc. Met. Bd. 50 (1958) S. 141/162.

[4] Köster, W.: Arch. Eisenhüttenw. Bd. 4 (1930/31) S. 537/539.

[5] Kerr, J., u. C. Wert: J. appl. Phys. Bd. 26 (1955) S. 1147/1151.

[6] Borelius, G., H. Berglund u. O. Avsan: Arkiv fysik Bd. 2 (1951) S. 551/557.

[7] Köster, W.: s. Fußnote 1 S. 286.

anzusehen. Stickstoff ist die Hauptursache der Alterung weichen Flußstahles (s. hierzu S. 27). Da aber die kräftigen Desoxydationsmittel, wie Aluminium, Titan, Zirkon, die bei der Herstellung alterungsbeständiger Stähle angewandt werden, sowohl Sauerstoff als auch Stickstoff abbinden, läßt sich schwer feststellen, ob überhaupt und bis zu welchem Grad der Sauerstoff als Mitursache anzusehen ist. Die weitaus größere Anfälligkeit der stickstoffreichen Windfrischstähle spricht für den Stickstoff als Hauptursache. Diese Ansicht wird auch durch den Einwand nicht widerlegt, daß Windfrischstähle auch sauerstoffreicher sind; denn es würde sich hier nur um die Wirkung des gelösten Sauerstoffes handeln, der viel weniger als Stickstoff löslich ist und der auch im Herdfrischstahl zur Absättigung der Löslichkeitsgrenze überreichlich vorhanden ist.

Im engen Zusammenhang mit der Alterung steht auch die Blausprödigkeit. Hierunter versteht man eine Verminderung der Verformungsfähigkeit und Steigerung der Festigkeit im Temperaturbereich von 100 bis 300 °C, also im Gebiet der Blauwärme. Der niedrigste Wert der Kerbschlagzähigkeit liegt allerdings bei etwas höheren Temperaturen, bei etwa 350 bis 450 °C[1]. Wird der Biegeversuch jedoch nicht dynamisch, sondern statisch durchgeführt, so entspricht der niedrigste Wert bezüglich seiner Temperaturlage dem Höchstwert der Festigkeit[2]. Da also die Vorgänge, die bei Raumtemperatur in sehr langen Zeiten die Alterung hervorrufen, bei 200 bis 300 °C soviel schneller ablaufen, kann man auf einfache Art und Weise das Ausmaß der Alterung durch eine „künstliche Alterung“ bei diesen Temperaturen prüfen, wobei man eine Kaltverformung zu Hilfe nimmt. Dabei ist es gleichgültig, ob die Verformung bei Raumtemperatur oder im Gebiet der Blauwärme vorgenommen wird. Normalerweise wird die künstliche Alterung so durchgeführt, daß man bei Raumtemperatur 10% verformt und eine Stunde bei 250 °C anläßt. Mit der Festigkeit steigt natürlich auch die Härte im Gebiet der Blauwärme bei alterungsanfälligen Stählen. Daher kann man schon durch einfache Bestimmung der Warmhärte die Alterungsanfälligkeit eines Stahles untersuchen, wobei dann der Härteunterschied etwa zwischen 100 und 200 °C ein Maß hierfür ist[3].

Ebenfalls in Zusammenhang mit dem Stickstoff steht die sogenannte „Laugensprödigkeit“, die dann auftritt, wenn gewöhnliches Flußeisen oder auch niedriglegierte Stähle unter Zugspannungen dem Angriff von heißen Laugen oder Salzlösungen ausgesetzt sind. Diese Brüchigkeit wird durch einen interkristallinen Korrosionsangriff verursacht, daher bezeichnet man sie auch besser mit „interkristalliner Spannungsriß-

[1] s. z. B. J. D. Fast: Stahl u. Eisen Bd. 73 (1953) S. 1484/1496 u. 1614.

[2] Maurer, E., u. R. Mailänder: Stahl u. Eisen Bd. 45 (1925) S. 414.

[3] Hesse, W.: Arch. Eisenhüttenw. Bd. 24 (1953) S. 173/181. — Houdremont, E., W. Wepner u. H.-J. Wiester: Arch. Eisenhüttenw. Bd. 26 (1955) S. 279 bis 285.

korrosion". Sie ist neben der mechanischen Beanspruchung an eine kritische Zusammensetzung des Korrosionsmittels und einen kritischen Gefügezustand des Stahles gebunden[1], die Empfindlichkeit hiergegen läßt sich durch scharfe Desoxydation mit Aluminium und Silizium und durch geeignete Wärmebehandlung aber weitgehend vermindern[1,2]. Über die Spannungsrißkorrosion der korrosionsbeständigen Stähle, die sich hiervon unterscheidet, s. S. 585.

In unlegierten und niedriglegierten Stählen gelingt es nicht, höhere Stickstoffgehalte in die Schmelze einzubringen und auch nach der Erstarrung in fester Lösung zu halten. Daher hat Stickstoff in diesen Stählen auch keine Bedeutung als Legierungselement gewonnen, wohl aber in Stählen mit höherem Chromgehalt, da durch Chrom die Löslichkeit des Stickstoffs in der Schmelze und auch nach der Erstarrung im festen Zustand stark erhöht wird[3]. Nach H. KRAINER und O. MIRT[4] lösen Chromstähle etwa $^1/_{75}$ des Chromgehaltes an Stickstoff. In diesen Stählen erweitert Stickstoff ähnlich wie Kohlenstoff das γ-Feld, so daß beispielsweise umwandlungsfreie Chromstähle durch Stickstoffzusatz wieder teilweise austenitisch werden, sofern der Chromgehalt unter 30% liegt. Bei Stickstoffzusatz sind Chrom-Nickel-[5] und Chrom-Mangan-Stähle[4] schon bei niedrigeren Nickel- und Mangangehalten bei Raumtemperatur austenitisch, wie überhaupt in allen Stählen, die im Grenzbereich des Austenits liegen, Stickstoff die Beständigkeit des Austenits erhöht[6]. Damit verbunden ist eine bessere Tiefziehfähigkeit. Durch Stickstoffzusatz wird in austenitischen Stählen die Streckgrenze bei Raumtemperatur erhöht[7], desgleichen die Warmfestigkeit, und letztens auch bei nichtaustenitischen Stählen. — Die Ursache hierfür liegt bei diesen Stählen einerseits in der austenitstabilisierenden Wirkung des Stickstoffs, andererseits aber auch — und dies ist natürlich bei nichtaustenitischen Stählen allein maßgebend — in dem gleithemmenden Einfluß der sich aus der festen Lösung ausscheidenden Nitride.

---

[1] HOUDREMONT, E., H. BENNEK u. H. WENTRUP: Stahl u. Eisen Bd. 60 (1940) S. 757/763 u. 791/797.

[2] FRY, A.: Krupp. Mh. Bd. 7 (1926) S. 185/196. — RÄDEKER, W.: Stahl u. Eisen Bd. 73 (1953) S. 485/492. — BAERLECKEN, E., u. W. HIRSCH: Stahl u. Eisen Bd. 73 (1953) S. 785/789. — RÄDEKER, W., u. H. GRÄFEN: Stahl u. Eisen Bd. 76 (1956) S. 1616/1628.

[3] Neue und genaue Angaben hierüber finden sich bei E. T. TURKDOGAN u. S. IGNATOWICZ: J. Iron Steel Inst. Bd. 188 (1958) S. 242/247.

[4] KRAINER, H., u. O. MIRT: Arch. Eisenhüttenw. Bd. 15 (1941/42) S. 467/472.

[5] KRAINER, H., u. M. NOWAK-LEOVILLE: Arch. Eisenhüttenw. Bd. 15 (1941/42) S. 507/518.

[6] TOFAUTE, W., u. H. SCHOTTKY: Arch. Eisenhüttenw. Bd. 14 (1940/41) S. 71/76.

[7] RAPATZ, F.: Stahl u. Eisen Bd. 61 (1941) S. 1073/1078. — SCHERER, R., G. RIEDRICH u. H. KESSNER: Stahl u. Eisen Bd. 62 (1942) S. 347/352: s. a. die Erörterung: Arch. Eisenhüttenw. Bd. 15 (1941/42) S. 514/518.

Zahlentafel 47

Dauerstandfestigkeit (DVM) bei 500 °C verschiedener nitridhaltiger Stähle

Probe	C %	Si %	Mn %	Al %	Zr %	N %	DVM Dauerstandfestigkeit bei 500 °C in kg/mm²
1*	0,02	Spur	0,30	—	—	0,13	4
2	0,02	0,08	0,46	—	0,03	0,003	7
3	0,15	0,79	1,31	—	0,17	0,003	5
4	0,04	0,92	1,56	—	0,29	0,011	12
5	0,02	0,07	1,06	0,02	0,02	0,021	17
6*	0,05	0,20	0,73	Ti	0,03	0,09	24
7*	0,03	0,18	0,66	0,04	—	0,078	24

* Dabei handelt es sich um ein im Lichtbogen niedergeschmolzenes Schweißgut, da sonst diese hohe Stickstoffmenge im Stahl nicht festzuhalten gewesen wäre. Die übrigen Proben stammten von im Elektroofen erschmolzenen und geschmiedeten Blöcken.

Wie die Untersuchungen von F. Rapatz, W. Hummitzsch und H. Krainer[1] gezeigt haben, ist der Einfluß verschiedener Nitride sehr verschieden. Gewisse Sondernitride erhöhen die Dauerstandfestigkeit weit mehr als z. B. das Eisennitrid. Es erhellt dies aus Zahlentafel 47, in der die Dauerstandfestigkeit nach der DVM-Probe einiger nitridhaltiger Stähle bei 500 °C festgehalten ist.

Man sieht, daß der verhältnismäßig hohe Stickstoffgehalt der Probe 1, der in Form von Eisennitrid enthalten ist, die Dauerstandfestigkeit des unlegierten, weichen Stahles nur unwesentlich geändert hat. Bei den übrigen Proben hingegen haben schon äußerst geringe Mengen eine große Wirkung, und bei 5, 6 und 7 erzielt man dieselben Dauerstandfestigkeiten wie bei den mit Vanadin, Molybdän und mit Wolfram legierten dauerstandfesten Vergütestählen.

Die Tatsache, daß geringe Mengen von Sondernitriden die Dauerstandfestigkeit sonst unlegierter Stähle außerordentlich beeinflussen, läßt daran denken, mit ihrer Hilfe dauerstandfeste Stähle herzustellen. Führt man z. B. den im Thomasstahl vorhandenen Stickstoff in wirksame Sondernitride über, so kann man auf diese Weise den sonst schädlichen Stickstoff als nützlichen Legierungsbestandteil verwenden. Ein Versuch hat gezeigt, daß ein Stück im Handel erhältlichen, mit verhältnismäßig viel Aluminium behandelten Thomasstahles bei 500 °C eine DVM Dauerstandfestigkeit von 8 kg/mm² hatte. Dies gilt für die im Kurzzeitversuch ermittelte Dauerstandfestigkeit, nicht für Zeitstandfestigkeit in langen Zeiten.

Eine endgültige Erklärung der Wirkungsweise dieser Sondernitride kann noch nicht gegeben werden. Nach C. Holthaus und W. Holtmann[2]

[1] Rapatz, F., W. Hummitzsch u. H. Krainer: Vertraul. Ber. Ver. Dtsch. Eisenhüttenl. Nr. 74 (1944). — Rapatz, F., u. J. Frehser: Stahl u. Eisen Bd. 69 (1949) S. 605/607.

[2] Holthaus, C., u. W. Holtmann: Arch. Eisenhüttenw. Bd. 17 (1943/44) S. 247/260.

sowie nach H. KEMPF und K. ABRESCH[1] ist eine größere Löslichkeit der Sondernitride, wie des TiN oder ZrN im festen Stahl nicht sehr wahrscheinlich. E. HOUDREMONT und H. SCHRADER[2] nehmen an, daß sich das Aluminiumnitrid erst bei sehr hohen Temperaturen löst, was durch die Arbeiten von H.-J. WIESTER, H. A. VOGELS und H. ULMER[3] bestätigt wurde. Ähnliche Verhältnisse können auch für Titan- und Zirkonnitrid, die in einem, wenn auch sehr kleinem Maße im Stahl löslich sein dürften, angenommen werden. Eine so erhebliche Beeinflussung der festen Lösung an sich durch so geringe Mengen ist kaum anzunehmen, so daß als wahrscheinlichste Erklärung ein Ausscheidungsvorgang übrigbleibt. Warum aber — im Vergleich zu den Sonderkarbiden (S. 59, 113, 117 und 125) — schon eine so geringe Menge so stark einwirkt, dafür ist die Erklärung noch zu finden.

Gelegentlich auftretende auffällige Mehrleistungen bei Warmarbeitsstählen und Schnellarbeitsstählen legten die Annahme nahe, daß dort in geringer Menge anwesende und nicht beachtete Sondernitride die Ursache für diese Erscheinungen sind. F. RAPATZ und J. FREHSER[4] finden, daß Gehalte von wenigen hundertstel Prozent an Titan oder Zirkon gebundenen Stickstoff die Schneidleistung der Schnellarbeitsstähle heben können (s. S. 810).

Den Stickstoff zieht man auch zur Schaffung hochfester, schweißbarer Baustähle dadurch heran, daß man ihn an nitridbildende Elemente wie Aluminium oder Titan bindet. Die Nitride dienen dann anstatt der Karbide zur Steigerung der Festigkeit, ohne daß die Aufhärtung sich so unangenehm auswirkt wie beim Schweißen sonstiger hochfester, schweißbarer Stähle, deren Festigkeit durch Kohlenstoff, Mangan, Molybdän, Kupfer erreicht wird[5].

Bedeutung hat der Stickstoff bei dem auf A. FRY[6] zurückgehenden Nitrierhärteverfahren erlangt. FRY hat hierzu zwei grundlegende Erkenntnisse finden müssen. Die erste Erkenntnis war die, den Stahl unterhalb der eutektoiden Temperaturen, also unterhalb 590 °C zu versticken, da sich oberhalb dieser Temperatur sehr spröde Schichten bilden. Der zweite Schritt war das Herausfinden von entsprechenden Legierungen. Für die Oberflächenhärtung durch Versticken sind vor allem Legierungen geeignet, die eine höhere Anreicherung an Stickstoff an

---

[1] KEMPF, H., u. K. ABRESCH: Arch. Eisenhüttenw. Bd. 17 (1943/44) S. 261 bis 270.

[2] HOUDREMONT, E., u. H. SCHRADER: Techn. Mitt. Krupp A, Forsch.-Ber. Bd. 1 (1938) S. 139/156; vgl. Arch. Eisenhüttenw. Bd. 12 (1938/39).

[3] WIESTER, H.-J., H. A. VOGELS u. H. ULMER: Stahl u. Eisen Bd. 79 (1959) S. 1120.

[4] RAPATZ, F., u. J. FREHSER: Stahl u. Eisen Bd. 69 (1949) S. 605/607.

[5] Ö.P. 163174, 15. 3. 1945. — WIESTER, H.-J., W. BADING, H. RIEGEL u. W. SCHOLZ: Stahl u. Eisen Bd. 77 (1957) S. 773/784. — WIESTER, H.-J., usw.[3].

[6] FRY, A.: Krupp. Mh. Bd. 4 (1923) S. 137; Stahl u. Eisen Bd. 43 (1923) S. 1271.

der Oberfläche erzielen lassen. Besonders geeignet sind Stähle, die Aluminium, Chrom, Molybdän, Vanadin, Titan enthalten.

Einige häufig angewandte Stahllegierungen für Nitrierhärtung gibt Zahlentafel 48 wieder.

Zu dieser Zahlentafel ist noch zu bemerken, daß es sich hier nur um ausgesprochene Nitrierstähle handelt und nicht auch um solche, die wohl auch nitriert werden können, aber nur eine verhältnismäßig dünne Schicht aufweisen, z. B. die 13%igen Chromstähle und die 18/8 Chrom-Nickel-Stähle. Die in der Zahlentafel genannten Stähle sind vor allem danach zu scheiden, ob sie Aluminium enthalten oder nicht. Die Aluminiumstähle haben gegenüber den andern zwar eine sehr harte und verhältnismäßig tiefe Oberflächenschicht, aber schlechtere Vergüteeigenschaften des Kernes; sie sind auch im Kern spröder.

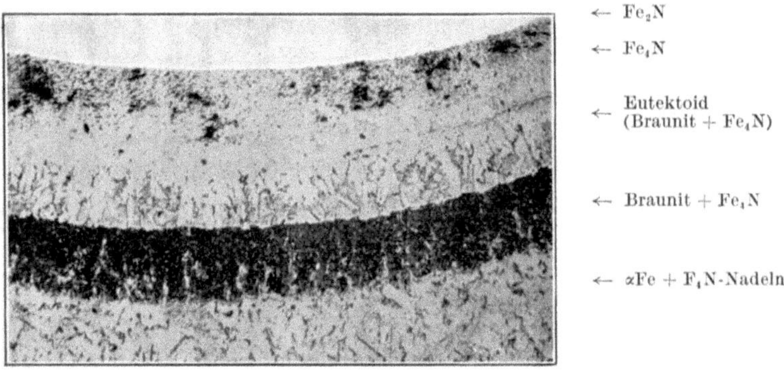

Bild 192. Gefügeausbildung in Schichten verschiedenen Stickstoffgehaltes (nach W. KÖSTER). V = 150

Die zu nitrierenden Stähle werden vor dem Nitrieren vergütet und nach dieser Wärmebehandlung bearbeitet. Wichtig ist dabei, daß die entkohlten Schichten entfernt werden.

Das Nitrieren wird bei Temperaturen von etwa 500 °C während einer Zeit von 48 bis 96 Stunden durchgeführt. Die zu nitrierenden Gegenstände werden in Kästen aus Chrom-Nickel-Legierungen gegeben und unter Durchströmenlassen von Ammoniak langsam auf Nitriertemperatur erwärmt. Nach dem Nitrieren läßt man sie unter Durchströmen von Ammoniak langsam erkalten.

Das Gefüge der Nitrierschicht zeigt Bild 192. Man kann erkennen, daß alle auf Grund des Zustandsschaubildes zu erwartenden Gefügearten auftreten. Die Zunahme der Nitriertiefe mit der Nitrierdauer zeigt Bild 193.

Die Vorteile der Nitrierung sind, kurz zusammengefaßt, folgende:

Die hohe Oberflächenhärte nitrierter Gegenstände macht sie sehr verschleißfest, wobei die hohe Oberflächenhärte bis zu Temperaturen

Zahlentafel 48. *Zusammensetzung und Verwendungsbeispiele gebräuchlicher Nitrierstähle*

Lfd. Nr.	Bezeichnung	C %	Cr %	Ni %	Mo %	V. %	Al %	Arbeitsfestigkeit kp/mm²	Verwendungsbeispiele
1	27 CrAl 6	0,27	1,4				1,1	65— 80	Ventilspindeln und -platten für Heißdampfarmaturen, Schleif- und Fräsmaschinenspindeln, Meßwerkzeuge
2	30 CrAlS 5	0,30	1,2				0,9 0,2 S	65— 80	Leicht zerspanbarer Stahl für Automatenteile, besonders für die Textilindustrie
3	34 CrAl 6	0,35	1,4				1,1	80—100	Für Teile mit höchster Oberflächenhärte bei geringer mechanischer Beanspruchung und Querschnitten unter 60 mm ∅
4	32 AlCrMo 4	0,33	1,1		0,20		1,1	80—100	Wie oben, jedoch bis zu Querschnitten von 80 mm ∅
5	33 CrAlNi 7	0,34	1,7	1,0			1,1	85—100 100—115	Für Teile mit großen Querschnitten
6		0,28	2,5			0,20		90—110	Mechanisch hochbeanspruchte Bauteile bei geringeren Anforderungen an die Oberflächenhärte
7	31 CrMoV 9	0,30	2,5		0,20	0,15		90—110 110—130	Wie oben, jedoch für höchstbeanspruchte Teile, insbes. Kurbelwellen

von etwa 500 °C erhalten bleibt. Die Nitrierhärtung läßt sich praktisch verzugsfrei durchführen, in der Nitrierschicht bleiben lediglich Druckspannungen zurück. Die Dauerfestigkeit wird durch Nitrieren erhöht, hingegen nicht die bei erhöhter Belastung zu erwartende Zeitfestigkeit (S. 342). Bezüglich der Kerbempfindlichkeit s. S. 342.

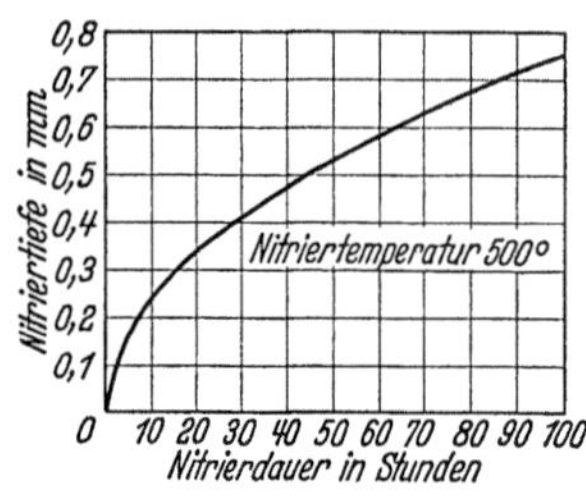

Bild 193. Nitriertiefe und Nitrierdauer (nach KRUPP)

Die Nitrierschichten zeigen gegenüber dem Grundwerkstoff eine wesentlich erhöhte Korrosionsbeständigkeit, so daß das Nitrieren zum Teil auch ein Rostschutzverfahren ist. Einen Überblick über den Korrosionsschutz von Stahl durch Nitrieren gibt G. HIEBER[1]. Im Zusammenhang damit steht die bemerkenswerte Erhöhung der Korrosionswechselfestigkeit durch Nitrieren.

13. Titanstähle[2]

Das Zustandsschaubild Eisen-Titan ist in Bild 194 dargestellt[3], es ist allerdings noch mit einigen Unsicherheiten behaftet. Das homogene γ-Gebiet ist bei etwa 0,65% Ti, das $\alpha + \gamma$-Gebiet bei 0,8% Ti abgeschnürt. Von den im System Eisen-Titan auftretenden Titaniden wird auf der eisenreichen Seite die ε-Phase Fe_2Ti ausgeschieden. Die maximale Löslichkeit von Titan in α-Eisen im Gleichgewicht mit dieser Phase beträgt etwa 7% bei 1340 °C, mit fallender Temperatur nimmt sie stark ab und dürfte bei Raumtemperatur kleiner als 0,5% sein[4]. Daher sind Eisen-Titan-Legierungen zur Ausscheidungshärtung befähigt, ältere Untersuchungen hierüber stammen von W. KROLL[5] und R. WASMUHT[6]. Technische Bedeutung haben diese Eisen-Titan-Legierungen aber nicht gefunden.

Anders ist es dagegen mit der Ausscheidung von Titaniden in hochlegierten Stählen und Schwermetallegierungen. Beispielsweise können austenitische Stähle mit 18% Cr und 8% Ni durch Titan ausgehärtet werden. Da das Titan aber das γ-Gebiet einengt, sind diese Stähle nicht mehr rein austenitisch, sie haben also bei höheren Titangehalten die Nachteile von halb- bzw. ganzferritischen Stählen; der Korrosions-

[1] HIEBER, G.: Stahl u. Eisen Bd. 62 (1942) S. 489.

[2] Ausführliche Beschreibung s. G. F. COMSTOCK: Titanium in Iron and Steel. New York u. London 1955.

[3] HANSEN, M., u. K. ANDERKO: Constitution of Binary Alloys, 2. Aufl. New York/Toronto/London 1958, S. 723/727.

[4] NOAKES, J. E., A. H. TURNER u. R. A. ARTMAN: Acta cryst. Bd. 10 (1957) S. 770/771.

[5] KROLL, W.: Metallwirtsch. Bd. 9 (1930) S. 1043/1045.

[6] WASMUHT, R.: Arch. Eisenhüttenw. Bd. 5 (1931/32) S. 45/46; Krupp. Mh. Bd. 12 (1931) S. 159/178.

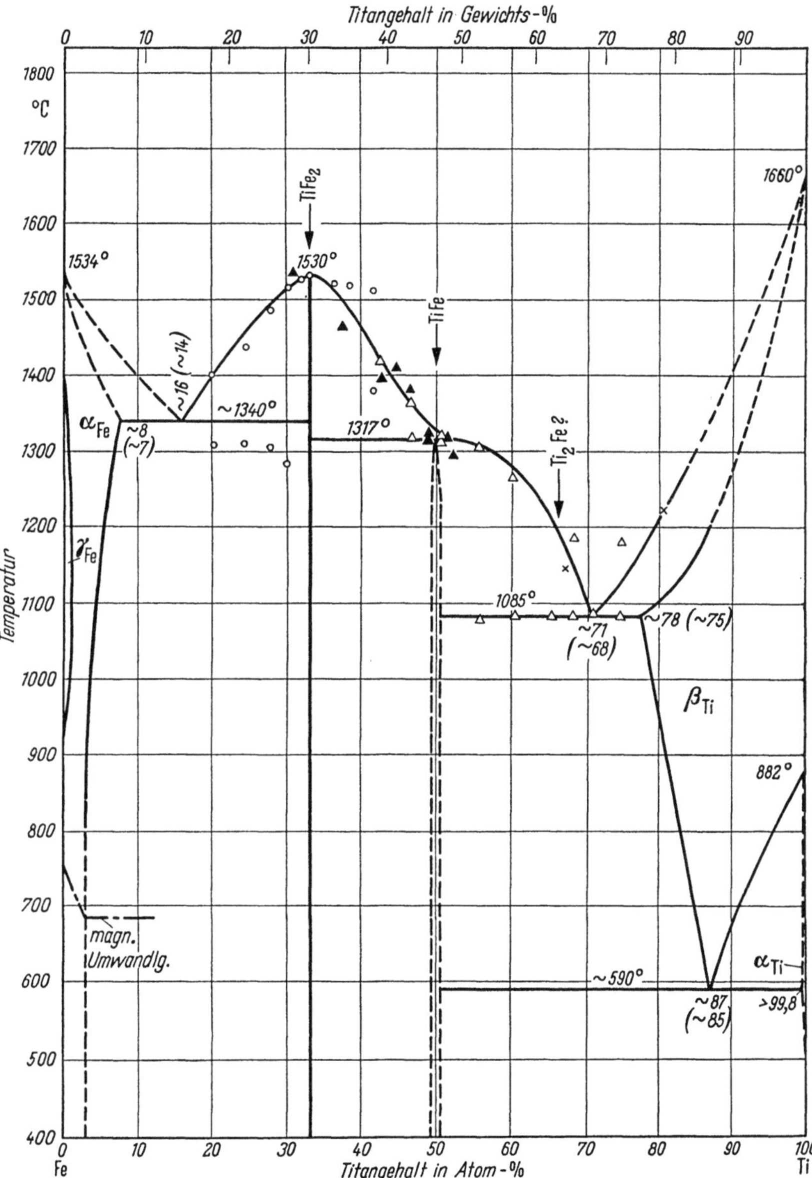

Bild 194. Zustandsschaubild Fe-Ti (nach M. HANSEN und K. ANDERKO)

widerstand ist vermindert, und im ausgehärteten Zustand sind sie spröde[1]. Bedeutung haben aber Stähle dieses Typs mit etwa 17% Cr,

[1] BENNEK, H., u. P. SCHAFMEISTER: Arch. Eisenhüttenw. Bd. 5 (1931/32) S. 615 bis 620.

7% Ni und 0,5 bis 0,8% Ti als rostbeständige Stähle hoher Festigkeit. Dies sind instabil austenitische Stähle, beim Abkühlen von etwa 1050 °C wird Martensit gebildet, der durch eine Anlaßbehandlung bei 450 bis 550 °C zusätzlich ausgehärtet wird. Die erzielbaren Festigkeiten liegen über 150 kg/mm².

Durch Erhöhung des Nickelgehaltes werden diese Stähle aber wieder rein austenitisch, und in diesen steigert die Ausscheidung des Nickel-Titanids Ni_3Ti nicht nur die Festigkeit bei Raumtemperatur, sondern auch besonders die Warmfestigkeit und Zeitstandfestigkeit. So weisen die Legierungen mit 25 bis 30% Ni, etwa 15% Cr, Titangehalten von 1,5 bis 4% und Zusätzen weiterer Elemente, wie Molybdän, Wolfram, Vanadin und Niob, bei Eisengehalten um etwa 50%, die in Deutschland zuerst unter dem Namen Tinidur[1] bekanntgeworden sind, sehr hohe Warmfestigkeits- und Zeitstandfestigkeitswerte auf. Aber auch die Eigenschaften der hochwarmfesten Nickellegierungen beruhen im wesentlichen auf ihrem Titangehalt. Diese Legierungen haben etwa folgende Zusammensetzung: 16 bis 20% Cr, 1,5 bis 4% Ti, 0,5 bis 6% Al, 0 bis 20% Co, 0 bis 10% Mo mit weiteren Zusätzen an Wolfram und Niob, Rest Ni; die bekanntesten Vertreter sind die Nimonic-Legierungen (s. S. 468, 470). In ihnen wird eine Phase mit der Struktur des Nickel-Aluminids Ni_3Al ausgeschieden (γ'-Phase), in der aber ein Teil des Aluminiums durch Titan ausgetauscht ist; erst durch diesen Austausch werden die hohen Warmfestigkeiten erreicht, titanfreie Legierungen weisen bei weitem nicht so gute Eigenschaften auf. Dasselbe gilt für aluminiumfreie Legierungen, in denen reines Ni_3Ti ausgeschieden wird. In diesen Legierungen muß also das Verhältnis von Titan zu Aluminium sehr genau abgestimmt werden, es liegt in den meisten Fällen zwischen 1 : 1 und 1,5 : 1 (s. S. 468, 470, Zahlentafel 95, 97).

Die Ausscheidungshärtung in kohlenstofffreien Legierungen mit bis zu 15% Titan, Kobaltgehalten von 25 bis 35% und Nickelgehalten von etwa 16%, Rest Eisen, ergibt sehr hohe Koerzitivkräfte[2]. Diese Legierungen sind aber schwierig in der Herstellung und haben keine wesentliche Bedeutung erlangt. Dagegen setzt man den bekannten Aluminium-Nickel-Kobalt-Legierungen Titan bis zu 6% zu, um die Koerzitivkraft zu erhöhen, allerdings auf Kosten der Remanenz (s. S. 521).

In Eisen-Titan-Kohlenstoff-Legierungen treten neben dem Zementit Fe_3C und dem Titankarbid TiC keine Mischkarbide auf[3].

[1] Bandel, G., u. H.-J. Wiester: Brennstoff-Wärme-Kraft Bd. 1 (1949) S. 203.

[2] Honda, K., H. Masumoto u. Y. Shirakawa: Sci. Rep. Tôhoku Univ. Bd. 23 (1934) S. 365/373.

[3] Tofaute, W., u. A. Büttinghaus: Arch. Eisenhüttenw. Bd. 12 (1938/39) S. 33/37; s. a. Murakami, Y., H. Kimura u. Y. Nishimura: J. Jap. Inst. Met. Bd. 21 (1957) S. 669/673 u. 712/716.

Die gegenseitige Löslichkeit der beiden Karbide ist gering, wenn überhaupt vorhanden. Das Titankarbid geht im Eisen nur sehr schwer und bei hohen Temperaturen knapp unter dem Schmelzpunkt in Lösung. Da das Titan den Kohlenstoff zu Titankarbid abbindet, das bei den üblichen Härtetemperaturen nicht in Lösung geht, wird die Härtbarkeit durch Titan vermindert. In kohlenstoffarmen Stählen wird bei Titangehalten bis zu 1,5% die Festigkeit erhöht, bei weiterer Steigerung des Titangehaltes fällt sie aber wieder[1]. Solche Stähle sollen eine hohe Verschleißfestigkeit haben. In schweißbaren Stählen höherer Festigkeit wird bereits durch 0,2% Ti die Streckgrenze durch die Ausscheidung von Titankarbiden erhöht und außerdem die Härtbarkeit vermindert, was günstig für die Schweißbarkeit ist[2]. In schwachlegierten Stählen wird durch Titanzusatz die Empfindlichkeit gegen Spannungsrißkorrosion erheblich vermindert, wenn das Gewichtsverhältnis von Titan zu Kohlenstoff größer als 4 : 1 ist[3].

In unlegierten und niedriglegierten Stählen entspricht die Wirkung des Titans der eines sonderkarbidbildenden Elementes, das aber noch schwerer als Vanadin zur Lösung und damit nicht zu brauchbarer Ausnutzung zu bringen ist[4]. Bei niedriglegierten Stählen werden durch Titanzusatz bei praktisch möglichen Härtetemperaturen die Einhärtungstiefe vermindert und die Durchhärtung und Durchvergütung herabgesetzt. In Chrom-Vergütungsstählen mit 1 und 2,5% Cr werden bei Titanzusatz höhere Härtetemperaturen als bei Vanadinzusatz benötigt, trotzdem sind die ersteren weicher und schlechter in der Anlaßbeständigkeit. Bei gleicher Vergütungsbehandlung haben die vanadinhaltigen Stähle höhere Streckgrenze und Zugfestigkeit, bei Vergütung auf gleiche Festigkeit ist bei ihnen die Bruchdehnung und Kerbschlagzähigkeit besser. Nach Erfahrungen der Verfasser wirkt in Chrom-Vergütungsstählen ein Titanzusatz allgemein ungünstig auf die Kerbschlagzähigkeit, insbesondere auf die in der Querrichtung.

Durch Titanzusätze zu Vergütungsstählen läßt sich eine wesentliche Erhöhung der Dauerstandfestigkeit bei 500 °C erzielen[5]. Die hierzu erforderlichen hohen Abschrecktemperaturen von 1200 °C machen jedoch eine praktische Verwendung unmöglich.

---

[1] Mathesius, H.: Stahl u. Eisen Bd. 48 (1928) S. 853/858.

[2] Neumeister, H., u. H.-J. Wiester: Stahl u. Eisen Bd. 65 (1945) S. 1/9 36/43 u. 68/77.

[3] Baerlecken, E., u. W. Hirsch: Stahl u. Eisen Bd. 73 (1953) S. 785/789.

[4] Houdremont, E., F.-K. Naumann u. H. Schrader: Arch. Eisenhüttenw. Bd. 16 (1942/43) S. 57/71; s. a. Crafts, W., u. J. L. Lamont: Trans. Amer. Inst. min. metallurg. Engrs. Bd. 167 (1946) S. 698. — Northcott, L., u. D. McLean: J. Iron Steel Inst. Bd. 157 (1947) S. 492/512.

[5] Houdremont, E., u. G. Bandel: Arch. Eisenhüttenw. Bd. 16 (1942/43) S. 85 bis 100.

Nach F. K. NAUMANN[1] sind Titanzusätze in druckwasserstoffbeständigen Stählen günstig. Die Wirkung des Titans beruht in diesem Falle auf der Bildung stabiler, durch Wasserstoff nicht zersetzbarer Karbide.

Die Eigenschaft des Titans, Kohlenstoff zu einem unlöslichen Karbid zu binden, macht es neben Niob-Tantal geeignet, in korrosionsbeständigen Chrom-Nickel-Stählen die interkristalline Korrosion zu verhindern. In diesen Stählen gehen die Titankarbide aber etwas leichter als die Niobkarbide in Lösung. Für diesen Zweck wird auch den rostbeständigen schweißbaren Chromstählen Titan zugesetzt.

Die Verbindungswärme des Titans mit Sauerstoff (auf Sauerstoff bezogen) liegt zwischen der des Siliziums und der des Aluminiums. H. WENTRUP und G. HIEBER[2] stellten übereinstimmend damit fest, daß die desoxydierende Wirkung des Titans wesentlich stärker als die des Siliziums, aber schwächer als die des Aluminiums ist. Nach dem Zirkon hat Titan die höchste Verbindungswärme mit Stickstoff, so daß es stark denitrierend wirkt. Das Titannitrid, Titankarbid und Titanoxyd TiO, die alle im Steinsalztyp kristallisieren, bilden untereinander Mischkristalle. Bei geringen Titanzusätzen zum Stahl, besonders deutlich aber im Schweißgut, findet man daher auch immer Mischkristalle dieser Art. Die Titannitride sind etwa quadratische, rötliche, bei höheren Kohlenstoffgehalten aber grau gefärbte, nicht verformbare Einschlüsse, die ein sicheres Zeichen dafür sind, daß der Stahl mit Titan behandelt wurde.

Wie A. FRY[3] ausführlich dargelegt hat, bindet Titan auch Schwefel ab, wodurch der Schwefel in eine die Warmverarbeitung nicht mehr störende Form übergeführt wird. Von dieser Tatsache macht man insbesondere bei der Herstellung von Nickellegierungen Gebrauch.

Wegen der desoxydierenden und denitrierenden Eigenschaften des Titans finden Titanzusätze bei Schweißdrähten Anwendung. Bei Schnellarbeitsstahl gestatten nach H. SCHRADER[4] Zusätze unter 0,15% eine Erhöhung der Härtetemperatur um 50 °C und dadurch eine Verbesserung der Schneidleistung. Größere Zusätze sind schädlich, weil sie zuviel Kohlenstoff binden. Über die Wirkung der sich bildenden Titanoxyde und -nitride als Keime s. S. 63 sowie der Nitride auf Warmfestigkeit s. S. 290, 738, 820.

Die große Härte des Titankarbids hat dazu Veranlassung gegeben, Titankarbide für gesinterte Hartmetalle zu verwenden.

Die schwierige Herstellung der Titanstähle beeinträchtigt ihre Anwendung. Titan wird meist in Form von Ferrotitan mit 20 bis 45% Ti in den Stahl eingebracht. Dieses enthält 5 bis 20% Al. Die Blockoberfläche wird durch die hohen Aluminiumgehalte sehr verschlechtert, so

[1] NAUMANN, F. K.: Techn. Mitt. Krupp, Forsch.-Ber. Bd. 1 (1938) S. 223/243.

[2] WENTRUP, H., u. G. HIEBER: Techn. Mitt. Krupp, Forsch.-Ber. Bd. 2 (1939) S. 115.

[3] FRY, A.: Vertraul. Ber. Ver. Dtsch. Eisenhüttenl. 1944, Nr. 65.

[4] SCHRADER, H.: Stahl u. Eisen Bd. 64 (1944) S. 646.

daß titanlegierte Stähle viel Bearbeitung des Blockes erfordern. Auch der Abbrand ist groß, so daß enge Analysengrenzen bei höheren Titangehalten schwierig einzuhalten sind. Verwendet man an Stelle von Ferrotitan aber Titanmetall, das leider aber sehr viel teurer als Ferrotitan ist, so hat man beim Legieren mit Titan nur geringe Schwierigkeiten und erhält Blöcke, deren Oberfläche gut ist. Die Ursache der schlechten Blockoberfläche ist demnach nicht hauptsächlich das Titan, sondern das Aluminium.

Auf S. 302 sind die praktisch verwendeten Titanstähle mit den Tantal- und Niobstählen zusammengefaßt.

14. Niob und Tantal im Stahl[1,2,3]

Da Niob und Tantal fast immer ihrer großen Ähnlichkeit wegen gemeinsam vorkommen und in den Ferrolegierungen fast immer beide

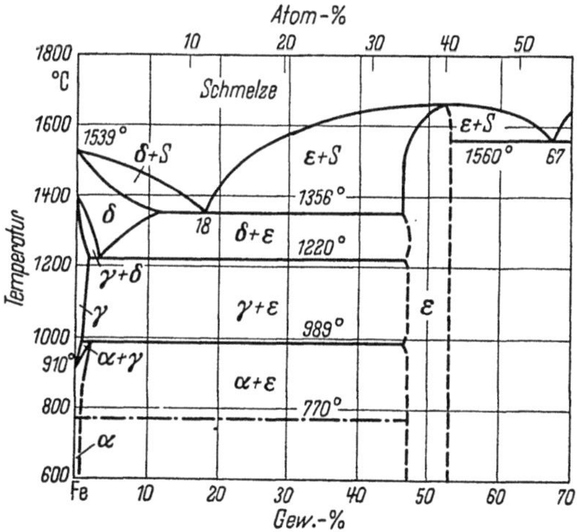

Bild 195. Die Eisenseite des Zustandsschaubildes Eisen-Niob (nach H. EGGERS und W. PETER)

enthalten sind, sollen sie hier gemeinsam besprochen werden. Bild 195 zeigt das Zustandsschaubild Eisen-Niob nach H. EGGERS und W. PETER[4] und R. GENDERS und R. HARRISON[5]. Das γ-Gebiet wird durch Niob eingeengt. Auf der eisenreichen Seite (mit mehr als 50 Atom-% Fe)

[1] Im Angelsächsischen ist an Stelle von Niob der Name Columbium mit dem chemischen Symbol Cb üblich.

[2] Ausführliche Beschreibung s. W. O. BINDER: Columbium in Iron and Steel, in: Boron, Calcium, Columbium, and Zirconium in Iron and Steel, New York u. London 1957, S. 103/414.

[3] HABRAKEN, L.: Applications et perspectives d'avenir du niobium. Centre National de Recherches Métallurgiques. Lüttich, April 1960.

[4] EGGERS, H., u. W. PETER: Mitt. K.-Wilh.-Inst. Eisenforschg. Bd. 20 (1938) S. 199/203.

[5] GENDERS, R., u. R. HARRISON: J. Iron Steel Inst. Bd. 140 (1939) S. 29/37.

existiert nur eine intermetallische Phase, die als ε-Phase bezeichnet wird und deren ideale stöchiometrische Zusammensetzung noch nicht bekannt ist[1]. Angenommen werden Fe_5Nb_3, Fe_2Nb und Fe_3Nb_2. Der Gitteraufbau deutet darauf hin, daß ihr im Idealfall die Zusammensetzung Fe_2Nb zukommt[2]. Die Schmelze zerfällt bei 1356 °C bei etwa 18% Nb eutektisch zu δ-Fe und ε-Phase, bei 1220 °C zerfällt das δ-Fe bei etwa 2,6% Nb eutektoidisch zu γ-Fe und ε-Phase. Das γ-Fe setzt sich bei 989 °C mit der ε-Phase zu α-Fe um, das bei dieser Temperatur etwa 1,8% Nb lösen kann. Die Begrenzung des γ-Gebietes beruht also sowohl darauf, daß die A_4-Temperatur herabgesetzt und die A_3-Temperatur erhöht wird, als auch auf der Ausscheidung der ε-Phase. Im α- und δ-Fe ist die Löslichkeit des Niobs in Form der ε-Phase größer als im γ-Fe, mit sinkender Temperatur nimmt sie beträchtlich ab, so daß die Möglichkeit einer Ausscheidungshärtung gegeben ist. Ein Chrom-Nickel-Niob-Stahl mit 18 % Cr, 8% Ni und 3,5% Nb beispielsweise erreicht nach Abschrecken von 1250 °C und Anlassen bei 550 °C eine Zerreißfestigkeit von über 150 kg/mm².

Das Zustandsschaubild Eisen-Tantal wurde von R. GENDERS und R. HARRISON[3] aufgestellt. Es ist grundsätzlich dem Schaubild Eisen-Niob ähnlich, so daß die Wiedergabe hier entfallen kann.

Im Dreistoffsystem Eisen-Niob-Kohlenstoff[4] treten der Zementit und ein Niobkarbid auf, aber keine Mischkarbide. Für das Niobkarbid werden die Formeln NbC und Nb_4C_3 angegeben, wahrscheinlich neigt aber dieses Karbid zur Fehlstellenbildung ähnlich wie das Vanadinkarbid (s. S. 241), und die beiden Formeln geben die Grenzen des Existenzgebietes an. Das Niob hat eine wesentlich stärkere Affinität als Eisen zu Kohlenstoff, so daß sich Zementit erst bildet, wenn das gesamte Niob zu Karbid gebunden ist; eine gegenseitige Löslichkeit beider Karbide besteht nicht. Von Bedeutung ist, daß die Kohlenstofflöslichkeit im Austenit durch die Bildung des Niobkarbids stark herabgesetzt wird. Der Perlitpunkt wird durch steigenden Niobzusatz entsprechend der an Niob gebundenen Kohlenstoffmenge zu höheren Kohlenstoffgehalten verschoben. Die Verschiebung geht also in anderer Richtung als bei den mischkarbidbildenden Elementen, z. B. Chrom und Mangan. Ähnlich wie Niob verhalten sich Tantal und die anderen Bildner von Monokarbiden, wie das Titan und das Vanadin.

---

[1] s. a. M. HANSEN u. K. ANDERKO: Constitution of Binary Alloys, 2. Aufl. New York/Toronto/London 1958, S. 675/677.

[2] WALLBAUM, H. J.: Z. Kristallogr. Abt. A, Bd. 103 (1941) S. 391/403; Arch. Eisenhüttenw. Bd. 14 (1940/41) S. 521/526.

[3] GENDERS, R., u. R. HARRISON: J. Iron Steel Inst. Bd. 134 (1936) S. 173 bis 212; s. a. M. HANSEN u. K. ANDERKO: Constitution of Binary Alloys, 2. Aufl. New York/Toronto/London 1958, S. 720/722.

[4] EGGERS, H., u. W. PETER: Mitt. K.-Wilh.-Inst. Eisenforschg. Bd. 20 (1938) S. 205/211.

Der Einfluß von Niob bei der Wärmebehandlung kohlenstoffhaltiger Stähle ist ähnlich der der anderen starken Karbidbildner. Bei üblichen Härtetemperaturen werden Durchhärtung und Durchvergütung durch Abbindung von Kohlenstoff vermindert, erst bei stärkerer Erhöhung der Härtetemperatur geht diese Verminderung zurück. Dabei verhindern die eingelagerten Karbide ein übermäßiges Kornwachstum. Beim Anlassen wird nach Abschrecken von genügend hoher Temperatur eine Sekundärhärtung durch Ausscheidung der Niobkarbide beobachtet und, wenn über die Abbindung des Kohlenstoffs hinaus noch freies Niob vorhanden ist, auch durch die der Eisenniobide.

In kohlenstoffarmen Stählen werden bereits durch 0,2% Nb sehr hohe Dauerstandsfestigkeiten bei 500 °C erzielt[1].

Es ist jedoch nicht geklärt, ob diese Werte wiederholbar sind und worauf man sie zurückführen soll. Es wurde vermutet, daß solche Werte nur bei den zufällig außergewöhnlich niedrigen Schwefel- und Manganwerten (0,005 und 0,006%) erreichbar sind. Dies würde aber noch keinen Anhaltspunkt für eine Erklärung geben. Man könnte vielleicht diese überraschende Erscheinung ähnlich wie bei Titan und Zirkon mit der Bildung von Sondernitriden in Verbindung bringen, wobei immer noch die Ausscheidung von Eisennitrid und Niobkarbid mehr oder weniger maßgeblich mitspielt.

Die Eigenschaften von kohlenstoffarmen Chromstählen mit 4 bis 6% Cr werden durch Niobzusätze stark verbessert, und von diesen besonders die Zähigkeit[2].

Unlegierte und niedriglegierte Flußstähle können durch einen Zusatz von Niob und Tantal in der Höhe des zur vollständigen Abbindung des Kohlenstoffes erforderlichen ähnlich dem Titan (S. 297) wesentlich weniger empfindlich gegen Spannungsrißkorrosion gemacht werden[3], wohingegen bei austenitischen Stählen dieser günstige Einfluß nicht zu bemerken ist.

Die starke kohlenstoffabbindende Wirkung von Tantal und Niob macht diese Elemente vorzüglich geeignet, in austenitischen Chrom-Nickel-Stählen den Kornzerfall zu verhindern. Auch werden sie rostsicheren Chromstählen zugesetzt, um die Schweißbarkeit dieser Stähle zu verbessern. Bemerkenswert ist die Steigerung der Dauerstandfestigkeit austenitischer Chrom-Nickel-Stähle durch Niob-Tantal-Zusätze.

Tantalkarbid kommt auch bei gesinterten Hartmetallen als Zusatz zu Wolframkarbid in Frage und bewirkt dann wie das Titankarbid erhöhte Schneidhaltigkeit bei der Zerspanung von Stahl, wobei die Sprödigkeit der Titankarbid enthaltenden Hartmetalle gemildert wird.

---

[1] Wever, F., u. W. Peter: Arch. Eisenhüttenw. Bd. 15 (1941/42) S. 357/363. — Peter, W.: Arch. Eisenhüttenw. Bd. 15 (1941/42) S. 364/368.

[2] Franks, R.: Trans. Amer. Soc. Met. Bd. 27 (1939) S. 78/105.

[3] Baerlecken, E., u. W. Hirsch: Stahl u. Eisen Bd. 73 (1953) S. 785/789.

Zahlentafel 49. *Zusammensetzung und Verwendungsbeispiele titan-, tantal- und nioblegierter Stähle*

Lfd. Nr.	C %	Ti %	TaNb %	Cr %	Ni %	Mo %	Sonstiges %	Verwendungsbeispiele
1	0,15 0,20	0,4					0,8 Mn	Elektroschweißdraht
2	< 0,4	bis 2,5	0,8 4,0	13 bis 20,0	10,0 35,0	1,3 4,0	bis 0,8 V bis 4,7 W bis 0,15 N bis 45,0 Co	Hochdauerstandfeste Stähle z. B. (Tinidur)
3	< 0,10	0,6		18,0		0 bis 2,0		Schweißbare, rost- und säurebeständige Chromstähle
4	< 0,10		1,0	18,0		0 bis 2,0		Schweißbare, rost- und säurebeständige Chromstähle
5	< 0,10	Ti > 5×C oder Ta > 16×C oder Nb > 8×C		16,0 20,0	8,0 15,0	0 bis 2,5		Gegen interkristalline Korrosion beständige Stähle
6	< 0,10	Ti > 5×C oder Ta > 16×C oder Nb > 8×C		17,0 25,0	17,0 25,0	1 bis 3	bis 3,0 Cu	
7	< 0,1	0,5 1,5	0,2 0,5	15,0 20,0	4 8	bis 3,0	0,2—2 Al	Ausscheidungshärtbare rostsichere Stähle
8	< 0,1	1—7			14 bis 20		20—30 Co 5—8 Al	Ausscheidungshärtbare Dauermagnetlegierungen

Schließlich sind hier am Schluß dieses Abschnittes die gebräuchlichen Titan- und Tantal-Niob-Stähle in der Zahlentafel 49 zusammengefaßt.

Zu 1. Stahl 1 wird für Seelenschweißdrähte[1] gebraucht. Das Titan bindet Stickstoff und Sauerstoff zu verhältnismäßig unschädlichen Nitriden und Oxyden.

Zu 2. Es handelt sich um dauerstandfeste Stähle für die Luftfahrt und auch für ortsfeste Gasturbinen. Die Verwendung von Molybdän und der Stickstoffzusatz erbringt bei 700 °C eine Steigerung der Belastbarkeit um 1 kg/mm². Die nicht mehr zu den Stählen zählenden, Titan enthaltenden Nimonic-Legierungen sind an anderer Stelle behandelt (S. 468, 470).

Zu 3 und 4. Titan und Niob/Tantal verringern die Kornvergröberung dieser ferritischen Stähle (s. S. 656) beim Schweißen, wobei das Titan etwas wirksamer ist als Niob/Tantal. Außerdem dämmen diese Elemente den Kornzerfall ein, ohne ihn aber ganz zu verhindern (s. S. 580).

Zu 5, 6. In dieser Gruppe befinden sich die bekannten kornzerfallsicheren Chrom-Nickel-Stähle. Bei der Wertung des Titans gegenüber Niob ist zu bedenken, daß das Titan infolge seines niedrigeren Atomgewichtes wohl einen geringeren Zusatz erfordert und leichter beschaffbar ist, aber die auf S. 576 geschilderten Nachteile hat. Zu beachten ist ferner das Herausbrennen des Titans beim Schweißen, wodurch Kreuznähte ihre Sicherheit gegenüber interkristalliner Korrosion verlieren können (s. S. 575).

Zu 7. Diese ausscheidungshärtbaren Stähle zeichnen sich trotz der Ausscheidung durch gute Korrosionsbeständigkeit und durch hohe Warmfestigkeit aus. Die erreichbaren Festigkeiten liegen bei 110 bis 140 kg/mm² und können durch vorhergegangenes Kaltwalzen bis auf 200 kg/mm² gesteigert werden. Sie wurden hauptsächlich für den Raketenbau entwickelt und haben in der chemischen Industrie noch wenig Eingang gefunden.

Zu 8. Diese Legierungen werden im Abschnitt „Dauermagnetstähle" ausführlich behandelt.

15. Borstähle[2]

Das Zustandsschaubild Eisen-Bor zeigt Bild 196 nach den älteren Untersuchungen von F. Wever und A. Müller[3], neuere Untersuchungen bei niedrigeren Borgehalten (unter 0,05%) haben hier zwar Verände-

[1] Es sind dies Elektroschweißdrähte, die im Innern des Drahtes lichtbogenstabilisierende und desoxydierende sowie denitierende Bestandteile als „Seele" enthalten.

[2] Ausführliche Beschreibung s. R. A. Grange: Boron in Iron and Steel, in: Boron, Calcium, Columbium, and Zirconium in Iron and Steel, New York u. London 1957, S. 1/57.

[3] Wever, F., u. A. Müller: Mitt. K.-Wilh.-Inst. Eisenforschg. Bd. 11 (1929) S. 193/223.

rungen ergeben, nicht aber im grundsätzlichen Aufbau bei höheren Borgehalten[1]. Es treten zwei Boride auf, denen wahrscheinlich die Formeln Fe_2B und FeB zukommen.

Der Bereich der homogenen γ-Phase ist sehr schmal, bereits bei sehr niedrigen B-Gehalten wird er von heterogenen Gebieten abgeschnürt, in denen als zweite Phase Schmelze bzw. Borid vorhanden sind.

Die Löslichkeit des Bors ist im α-Eisen etwas größer als im γ-Eisen, so daß die γ-α-Umwandlung peritektoid abläuft. Trotz neuerer Arbeiten

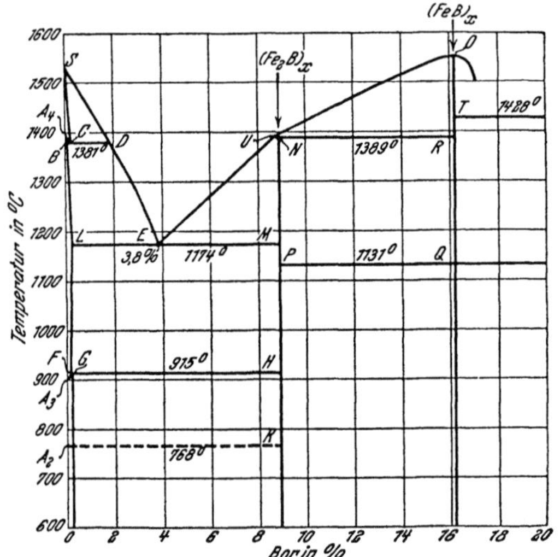

Bild 196. Zustandsschaubild Eisen-Bor (nach F. Wever und A. Müller)

sind die Verhältnisse hier aber noch nicht vollständig geklärt[2, 3, 4] Bild 197. Die Angaben über die maximale Löslichkeit von B im α-Eisen bei der peritektoiden Temperatur schwanken zwischen 0,002 und 0,008%, die über die maximale Löslichkeit im γ-Eisen von etwa 0,019% bis auf das Doppelte (bei der eutektischen Temperatur, für die rund 1175 °C angenommen wird).

In welcher Form Bor in das Eisengitter aufgenommen wird, ist auch noch nicht ganz klar. Einiges spricht dafür, daß es im γ-Eisen in den Würfelmitten auf Zwischengitterplätzen eingelagert ist und im α-Eisen auf regulären Gitterplätzen Eisenatome substituiert[3, 5]; Dämpfungs-

[1] s. M. Hansen u. K. Anderko: Constitution of Binary Alloys, 2. Aufl. New York/Toronto/London 1958, S. 249/252.

[2] Busby, P. E., M. E. Warga u. C. Wells: J. Metals, Trans., Bd. 5 (1953) S. 1463/1468.

[3] McBride, C. C., J. W. Spretnak u. R. Speiser: Amer. Soc. Metals Bd. 46 (1954) S. 499/520.

[4] Nicholson, M. E.: J. Metals, Trans., Bd. 6 (1954) S. 185/190.

[5] Busby, P. E., u. C. Wells: J. Metals, Trans., Bd. 6 (1954) S. 972.

messungen lassen jedoch auch im α-Eisen eine Einlagerung auf Zwischengitterplätzen wahrscheinlich erscheinen[1], während Gitterkonstantenmessungen eher auf Substitution in beiden Phasen hindeuten[2].

Das Dreistoffsystem Eisen-Bor-Kohlenstoff ist nicht genau untersucht[3], bekannt sind 2 Borkarbide, B_4C und B_6C. Im Zementit kann der Kohlenstoff weitgehend durch Bor substituiert werden[4], außerdem ist ein Borkarbid mit der ungefähren Formel $Fe_{23}(C, B)_6$ gefunden worden[5], wobei es sich um ein Karbid vom Typ $M_{23}C_6$ handelt, in dem ebenfalls Kohlenstoff durch Bor ausgetauscht ist.

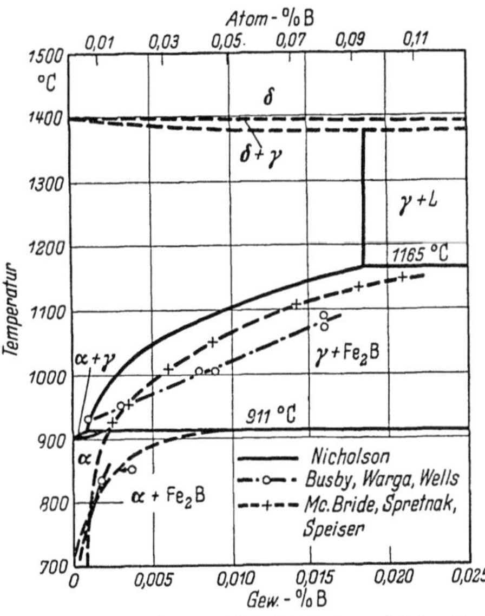

Bild 197. Zustandsschaubild Fe-B für niedrige Borgehalte (nach M. E. NICHOLSON sowie P. E. BUSBY, M. E. WARGA, C. WELLS und weiter nach C. C. MCBRIDE, J. W. SPRETNAK u. R. SPEISER)

Da die Löslichkeit des Bors im Eisen mit sinkender Temperatur abnimmt, ist die Möglichkeit einer Aushärtung gegeben. In kohlenstofffreien Stählen erhöht Bor zwar die Festigkeit beim Anlassen[6], ein regelrechter Ausscheidungseffekt tritt aber nicht auf. Abschreckhärtbarkeit wurde in Stählen mit 0,38 bis 1,26% B durch Zusatz von 2% Mn erreicht. Hierbei verläuft der Härtungsvorgang ähnlich der Martensitbildung in Kohlenstoffstählen. Auch in austenitischen Chrom-Nickel-Stählen werden Zugfestigkeit und besonders Streckgrenze durch Borzusatz erhöht, die Zähigkeit und der Korrosionswiderstand werden aber vermindert[6,7]. Diese Veränderungen werden aber auch nicht durch eine Boridausscheidung direkt verursacht, sondern in Stählen, die an der Grenze des Stabilitätsbereiches des Austenits

[1] THOMAS, W. R., u. G. M. LEAK: Nature Bd. 176 (1955) S. 29. — HASIGUTI, R. R., u. G. KAMOSHITA: J. phys. Soc. Japan Bd. 9 (1954) S. 646.

[2] GOLDHOFF, R. M., u. J. W. SPRETNAK: J. Metals, Trans., Bd. 9 (1957) S. 1278 bis 1283.

[3] VOGEL, R., u. G. TAMMANN: Z. anorg. allg. Chem. Bd. 123 (1922) S. 225.

[4] NICHOLSON, M. E.: J. Metals, Trans., Bd. 9 (1957) S. 1/6.

[5] CARROLL, K. G., L. S. DARKEN, E. W. FILER u. L. ZWELL: Nature Bd. 174 (1954) S. 978/979.

[6] WASMUHT, R.: Krupp. Mh. Bd. 12 (1931) S. 273/281.

[7] CORNELIUS, H.: Arch. Eisenhüttenw. Bd. 12 (1938/39) S. 499/505.

liegen, durch eine Martensitbildung und bei stabilen mit gleichzeitig höherem Kohlenstoffgehalt durch die Ausscheidung eines Borid-Karbid-Mischkristalls. Technische Bedeutung haben alle diese erhöhten Borzusätze aber nicht erlangt.

Wohl aber haben sehr niedrige Zusätze von weniger als 0,005% B zu niedriglegierten Vergütungsstählen einige Bedeutung, da Bor in diesen Gehalten bereits die Härtbarkeit erhöht und so teure Legierungselemente ersetzen kann. Ausgegangen ist die Entwicklung dieser borhaltigen Stähle von den Vereinigten Staaten im und nach dem letzten Krieg. Hier hatte man gefunden, daß in mehrfach legierten Stählen ein Teil des Nickels und des Molybdäns durch Bor ersetzt werden kann ohne Verminderung der Härtbarkeit bzw. daß bei sonst gleichem Legierungsgehalt die Härtbarkeit erhöht wird[1]. In Kohlenstoffstählen ist die Wirkung des Bors nicht so ausgeprägt, in den legierten Stählen hängt sie vom Kohlenstoffgehalt ab. Bei niedrigen Kohlenstoffgehalten ist sie am stärksten, sie nimmt ab mit steigendem C-Gehalt und ist in eutektoiden Stählen praktisch nicht mehr vorhanden.

In Europa, wo der Legierungsaufbau der Vergütungsstähle durchweg anders geartet ist als in den Vereinigten Staaten, wo die Borstähle sogar genormt sind (S. 423), haben sich diese Borstähle nicht in umfangreicherem Maße einführen können, da hier die Ersparnis an Legierungselementen schon bis zur möglichen Grenze vorangetrieben war. In Mangan-, Mangan-Silizium-, Chrom-, Chrom-Vanadin- und Chrom-Mangan-Stählen ist zwar diese Wirkung des Bors vorhanden, man kann jedoch in ihnen kaum weiter am Legierungsgehalt sparen und ihn durch Bor ersetzen. Wenn man diesen Stählen Bor zusetzt, liegt man höchstens sicherer an der oberen Grenze des Streubandes der Eigenschaften, beispielsweise an der der Stirnabschreckkurven[2,3]. Nach diesen Untersuchungen ist keine größere Ersparnis als etwa 0,5% Cr oder ebensoviel an Mangan zu erwarten.

Wird höherwertigen Stählen zur Verbesserung der Durchvergütung und insbesondere der Zähigkeit Nickel und zur Vermeidung der Anlaßsprödigkeit Molybdän zugesetzt, so kann bei diesen Bor diese spezifische Wirkung nicht ersetzen und also auch nicht zur Einsparung von Nickel und Molybdän führen.

Das Bor wird meist nicht in Form von Ferrobor zugesetzt, sondern

---

[1] s. hierzu Boron Steels, 2. Aufl., hrsg. von E. E. THUM, Amer. Soc. Met. Cleveland 1953. — Boron Steels, Production and Use, hrsg. von der OEEC, Paris 1954. — Special Meeting on Boron in Steel des Iron and Steel Institute am 29. 4. 1953 in London. — Ferner die Referate von E. THEIS: Stahl u. Eisen Bd. 70 (1950) S. 382/384; Bd. 71 (1951) S. 258/260; Bd. 74 (1954) S. 412/418 u. S. 655/660.

[2] SCHERER, R., K. BUNGARDT u. E. KUNZE: Stahl u. Eisen Bd. 72 (1952) S. 1433 bis 1442.

[3] KRAINER, H., u. M. KRONEIS: Stahl u. Eisen Bd. 72 (1952) S. 1652/1657.

in besonderen Vorlegierungen, die neben 0,2 bis 2% B noch größere Mengen Aluminium, Vanadin, Titan, Mangan, Silizium, Kalzium und Zirkon enthalten. Handelsbezeichnungen hierfür sind Silvaz, Silcaz, Grainal und andere.

Die Wirkungsweise eines Borzusatzes, der zu dieser Verbesserung der Durchvergütung führt, ist noch nicht vollkommen bekannt. Aus den ZTU-Schaubildern kann man entnehmen, daß Bor in Kohlenstoffstählen die Umwandlung nur unwesentlich verlangsamt, daß es aber in legierten Stählen die voreutektoide Ferritbildung und auch den Beginn der Perlitbildung stark zurückdrängt, ohne aber das Ende der Umwandlung zu verzögern. Die Zwischenstufe wird kaum beeinflußt, und auch die Ms-Temperatur wird nicht verändert. Da die Umwandlung in der Perlitstufe hauptsächlich von den Korngrenzen ausgeht, ist ein Einfluß von Bor auf den Keimbildungsprozeß des Ferrits in den Korngrenzen zu vermuten[1, 2]. Dieser Einfluß muß aber auf den Temperaturbereich der Perlitstufe begrenzt sein, da die Bildung des Zwischenstufenferrits, die auch nicht von den Korngrenzen ausgeht, durch Bor nicht beeinflußt wird. Für eine Ansammlung von Bor in den Korngrenzen spricht auch, daß nach langzeitigem Glühen unterhalb 900 °C in borhaltigen Stählen eine Korngrenzenausscheidung beobachtet wurde[3].

Bor hat bereits in sehr niedrigen Gehalten einen günstigen Einfluß auf die Abschreckalterung[4], ohne die mechanischen Eigenschaften zu beeinflussen, so daß borhaltige Stähle für Tiefziehbleche vorgeschlagen worden sind[5].

W. R. Breeler[6] findet, daß Zusätze über 0,2% B bei molybdänhaltigen Schnellarbeitsstählen eine merkliche Verbesserung bringen. Stähle mit 0,8% C und 0,06% B waren schon nicht mehr schmiedbar; bei 0,6% C sollen die Stähle, wenn kleine Blöcke vorlagen, noch schmiedbar gewesen sein.

In einer Reihe von amerikanischen Patentschriften werden kohlenstofffreie Legierungen mit etwa 1,75% Bor, 18% Wolfram oder 14% Molybdän und Eisen, Nickel oder Kobalt als aushärtbarer Werkstoff für Schneidwerkzeuge empfohlen. Nach eigenen Untersuchungen sind

---

[1] Simcoe, C. R., A. R. Elsea u. G. K. Manning: J. Metals, Trans., Bd. 8 (1956) S. 984/988.

[2] Görlich, H.-K., u. G. Stein: Arch. Eisenhüttenw. Bd. 30 (1959) S. 737/742.

[3] Potaszkin, R., u. M. Jaspart: Rev. Métall., Mém., Bd. 48 (1951) S. 379/412.

[4] Morgan, E. R., u. J. C. Shyne: J. Metals, Trans., Bd. 9 (1957) S. 65/69.

[5] Morgan, E. R., u. J. C. Shyne: J. Metals, Trans., Bd. 9 (1957) S. 781/785; J. Iron Steel Inst. Bd. 185 (1957) S. 156/160. — Shoenberger, L. R.: Trans. met. Soc. AIME Bd. 212 (1958) S. 402/405.

[6] Breeler, W. R.: Trans. Amer. Soc. Met. Bd. 27 (1939) S. 289/336, Stahl und Eisen Bd. 59 (1939) S. 314.

diese Legierungen nicht schmiedbar und als Werkstoff für Schneidwerkzeuge nicht geeignet.

Günstig wirken sich niedrige Borgehalte von einigen Tausendstel Prozent in warmfesten austenitischen Stählen und Schwermetallegierungen auf Nickelgrundlage, die durch Aluminium und Titan ausgehärtet werden (s. S. 276), aus, und zwar wird die Zeitstandfestigkeit erhöht und vor allem die Dehnung im Zeitstandversuch wesentlich verbessert. Hierzu werden vielfach außer dem Bor Zirkongehalte unter 0,1% zugesetzt. Auch anderen Nickellegierungen setzt man häufig Bor in Gehalten bis zu 0,001% zu, dadurch soll eine Verfeinerung des Gußgefüges erreicht werden, so z. B. für Auftragschweißungen an Ventilen. Bor hat einen hohen Neutroneneinfangquerschnitt, daher werden Borlegierungen: Borkarbid mit Aluminium (Boral) oder Borstähle, wie auf S. 709 näher behandelt wird, häufig für Abschirm- und Regelzwecke im Reaktorbau verwendet.

Nach J. Laissus[1] können Eisen und Kohlenstoffstähle zwischen 800 und 1100 °C mit amorphem Bor oder Ferrobor zementiert werden, wobei folgende Änderungen festgestellt wurden: Eine erhebliche Steigerung der Oberflächenhärte nach dem Abschrecken, eine geringe Oxydierbarkeit der Oberfläche bei Temperaturen bis 800 °C und eine beträchtliche Verminderung der Angriffe durch 50%ige Salzsäure. Die borierte Schicht besteht entsprechend dem Zustandsschaubild aus fester Lösung und Eisenborid. In den letzten Jahren sind im russischen Schrifttum eine Reihe von Arbeiten über die technische Verwendbarkeit des Borierens erschienen, ohne daß bekannt ist, in welchem Umfange es tatsächlich eingesetzt wird[2]. Das Bor wirkt auch als starkes Desoxydationsmittel.

16. Blei im Stahl

Bei Aluminium und bei Messing hat ein Zusatz von Blei zur Erhöhung der Bearbeitbarkeit mit spanabhebenden Werkzeugen nach G. Masing und G. Ritzau[3] erfolgreich Anwendung gefunden.

Von diesen Verfassern wurde dann festgestellt, daß die Zerspanbarkeit von Legierungen sich allgemein verbessern läßt, wenn Beimengungen, die nur wenig in den flüssigen Grundlegierungen löslich sind, nach dem Erstarren sich in feinverteilter Suspension im Gefüge wiederfinden. Eine solche Suspension von Blei führt zur besseren Zerspanbarkeit, wahrscheinlich infolge der Schmierwirkung des Bleies. Dies gilt auch für Zusätze von Blei zu Stählen.

---

[1] Laissus, J.: Rev. Métall., Mém., Bd. 24 (1927) S. 591.

[2] s. das Referat von O. Schaaber: Härterei-Techn. u. Wärmebeh. (Beil. z. Z. wirtsch. Fertigung) Bd. 6 (1960) S. 42/46.

[3] Masing, G., u. G. Ritzau: Z. Metallkde. Bd. 28 (1936) S. 293/296.

Blei ist in Eisen sowohl im flüssigen als auch im festen Zustand unlöslich, verändert deshalb auch nicht die Umwandlungspunkte des Eisens[1] und beeinflußt nicht die mechanischen Eigenschaften bei Raumtemperatur, sofern sein Gehalt unter etwa 0,5% liegt. Gehalte von 0,2% Pb verbessern aber schon erheblich die Zerspanbarkeit von Stählen, und zwar unabhängig von sonstigem Legierungsgehalt. In bezug auf die Eigenschaftsänderungen ist der Zusatz von Blei zu Automatenstählen also günstiger als der von Schwefel oder Phosphor, andererseits ist es aber metallurgisch nicht einfach, Blei der Stahlschmelze zuzusetzen. Insbesondere erfordern die dabei entstehenden giftigen Bleidämpfe eine gewisse Sorgfalt.

Die ersten Untersuchungen über Bleizusätze zur Verbesserung der Zerspanbarkeit zum Stahl stammen von amerikanischen Forschern, später folgten deutsche[2].

Es ist dabei zu beachten, daß die normalerweise beim Zerspanen auftretenden Temperaturen oberhalb des Schmelzpunktes von Blei (327 °C) liegen. Man beobachtet daher auch bei erhöhten Prüftemperaturen eine Abnahme der Zähigkeitseigenschaften bleihaltiger Stähle.

In Amerika haben bleihaltige Automatenstähle Bedeutung gewonnen. Aber auch in Europa gewinnen diese Stähle immer mehr an Wichtigkeit (S. 906). Es fehlt auch nicht an Vorschlägen, das Blei nicht nur Automatenstählen, sondern z. B. Vergütungsstählen, Einsatzstählen, Schnellarbeitsstählen zuzusetzen (S. 907).

17. Zirkon, Zer und Seltene Erden (Mischmetall), Magnesium und Kalzium im Stahl[3]

In diesem Abschnitt sind die bisher noch nicht besprochenen Elemente zusammengefaßt, die in kleinen Mengen zur Desoxydation, Denitrierung, Entschwefelung und sonstigen metallurgischen Zwecken dem Stahl zugesetzt werden, die aber selten eine unmittelbare Legierungswirkung ausüben.

Zirkon verhält sich in Stählen ähnlich wie Titan und Niob-Tantal, jedoch ist seine Löslichkeit wesentlich geringer. Diese soll im γ-Fe bis zu 0,8% und im α-Fe bis zu 0,3% betragen[4].

---

[1] s. das Zustandsschaubild bei M. Hansen u. K. Anderko: Constitution of Binary Alloys, 2. Aufl. New York/Toronto/London 1958, S. 695.

[2] Ausführliches darüber s. Abschnitt „Zerspanbarkeit".

[3] Ausführlichere Beschreibungen s. G. T. Motock u. C. M. Offenhauer: Zirconium in Iron and Steel und F. J. Shortsleeve u. D. C. Hilty: Calcium in Iron and Steel, in: Boron, Calcium, Columbium, and Zirconium in Iron and Steel, S. 414/515 bzw. S. 59/101. New York u. London 1957.

[4] Vogel, R., u. W. Tonn: Arch. Eisenhüttenw. Bd. 5 (1931/32) S. 387/389.

Zirkon gehört zu den Karbidbildnern, es bildet das Karbid ZrC, in den Zementit tritt es nicht mit ein, es erhöht eher die Neigung zur Graphitbildung.

In austenitischen Chrom-Nickel-Stählen kann Zirkon ähnlich wie die anderen Karbidbildner eine Stabilisierung gegen interkristalline Korrosion bewirken, es wird hierfür aber nicht verwendet. Überhaupt hat Zirkon, obwohl es oft vorgeschlagen wurde, als Legierungselement wenig Anwendung gefunden. Große Bedeutung hat es aber in metallurgischer Hinsicht. Zirkon hat von allen Metallen die höchste Verbindungswärme mit Stickstoff (auf Stickstoff bezogen), so daß Zirkon das kräftigste Denitrierungsmittel ist, das uns zur Verfügung steht. Das Zirkonnitrid ZrN wird in Form von gelben, würfelartigen, nicht verformbaren Einschlüssen in mit Zirkon behandelten Stählen festgestellt.

Als Desoxydationsmittel erreicht es fast die Wirkung des Aluminiums. Auch wirkt Zirkon bei höheren Gehalten entschwefelnd. (Es bildet das Sulfid ZrS_2.) Nach W. ZIELER[1] vermindert Zirkon infolge seiner Einwirkung auf Sauerstoff und Schwefel die Zahl der nichtmetallischen Einschlüsse im Stahl, was nur so zu erklären ist, daß die Oxyde, Sulfide und Nitride leicht aufsteigen und sich abscheiden. Zweckmäßig wird das Zirkon in Form von Ferro-Zirkon-Silizium in der Pfanne zugesetzt.

Stähle mit erhöhtem Schwefel-, aber niedrigem Mangangehalt werden durch Zirkonzusatz schmiedbar. Daher wurde Zirkonsulfidzusatz zur Herstellung voll beruhigter Automatenstähle und gut bearbeitbarer rostfreier Stähle vorgeschlagen.

Seiner starken denitrierenden und desoxydierenden Wirkung wegen findet Zirkon wie Titan Anwendung als Zusatz zu Elektroschweißdrähten, und zwar zu Seelendrähten (s. S. 303). Die Zusätze übersteigen nicht 0,5%.

Bemerkenswert ist der schon in sehr geringer Menge starke Einfluß des Zirkonnitrides (s. S. 290) auf die Warmfestigkeit. Es liegt also hier eine unmittelbare Legierungswirkung vor. Auch bei den Schweißdrähten geht der Einfluß über die Desoxydation und Denitrierung hinaus, da der beim Schweißen aus der Luft aufgenommene Stickstoff als Nitrid an das Zirkon gebunden wird und die Warmfestigkeit und Dauerstandfestigkeit erhöht.

In hochwarmfesten Nickellegierungen, die mit Titan und Aluminium ausgehärtet werden, wirken niedrige Zirkonzusätze bis zu 0,1% in Verbindung mit Borzusätzen günstig auf das Zeitstandverhalten. Sie erhöhen vor allem die Dehnung bei Langzeitbeanspruchung (S. 470).

Die Verwendung des Zirkons wird ähnlich der des Titans durch seine leichte Oxydierbarkeit und daraus folgenden Schwierigkeit, es ohne Verluste in den Stahl zu legieren, beeinträchtigt.

[1] ZIELER, W.: Arch. Eisenhüttenw. Bd. 5 (1931/32) S. 167, 299.

Zer wird gewöhnlich nicht allein, sondern in Verbindung mit anderen Seltenen Erden als *Mischmetall* mit etwa 50 bis 55% Zer, 20 bis 25% Lanthan, 15 bis 20% Neodym und 10% anderen Seltenen Erden oder auch in Form anderer Verbindungen verwendet.

Aus einer neueren Untersuchung des Zweistoffsystems Fe-Ce folgt, daß die maximale Löslichkeit von Zer im Eisen etwa 0,4% beträgt.

Mischmetall wirkt in Stählen desoxydierend und entschwefelnd, in unlegierten und niedriglegierten Stählen lohnt der Aufwand aber nicht. In höher legierten austenitischen Stählen und auch in anderen Schwermetallegierungen kann durch Zugabe von Mischmetall die Verarbeitbarkeit verbessert werden[1], die Ergebnisse aus Versuchen und aus der Praxis sind aber nicht ganz einheitlich.

Wesentlich für diese Wirkung von Mischmetall scheint die vorhergehende Desoxydationsführung zu sein. In Heizleiterlegierungen wird durch Zer bzw. Mischmetall die Lebensdauer günstig beeinflußt[2] (S. 688).

Magnesium wirkt ebenfalls entschwefelnd und desoxydierend. Bedeutung hat Magnesium in den letzten Jahren dadurch gewonnen, daß es in Gußeisen zur kugeligen Ausbildung des Graphits führt; der Mechanismus, der dies bewirkt, ist aber noch nicht restlos bekannt[3]. Zur Desoxydation wird Magnesium Nickellegierungen zugesetzt.

Kalzium ist ein sehr scharfes Desoxydationsmittel, verwendet wird es meistens in Form von Silicokalzium. Es wirkt aber auch entschwefelnd. Die Löslichkeit von metallischem Kalzium im flüssigen Stahlbad ist sehr gering, wenn überhaupt vorhanden. Darüber hinaus hat Kalzium einen sehr hohen Dampfdruck bei der Temperatur des flüssigen Stahles, so daß man es mit besonderen Kunstgriffen in das Stahlbad einführen muß, damit es wirklich mit dem Stahlbad reagieren kann und nicht an der Oberfläche abbrennt. Günstig wirkt sich Kalzium vor allem bei Gußeisen aus.

Ähnlich wie Zer wird durch Kalzium die Lebensdauer von Heizleitern günstig beeinflußt[2].

18. Arsen, Zinn und Antimon im Stahl

Diese drei Elemente gehören zu den Stahlschädlingen, und nur bei Antimon ist gelegentlich versucht worden, seine Legierungswirkung auszunützen.

Arsen gehört zur selben Gruppe des periodischen Systems wie Phosphor und verhält sich in Stählen auch ähnlich wie dieses. Arsen schnürt

[1] Post, C. B., D. G. Schoffstall u. H. O. Beaver: J. Metals Bd. 3 (1951) S. 973/977 B; Proc. Electric Furnace Steel Conf., AIME Bd. 9 (1951) S. 115/133.

[2] Hessenbruch, W.: Metalle und Legierungen für hohe Temperaturen, 1. Teil, S. 110ff. Berlin 1940.

[3] s. z. B. A. Wittmoser u. E. Houdremont: Arch. Eisenhüttenw. Bd. 27 (1956) S. 241/257.

das γ-Gebiet ab bei etwa 3,5 bis 4% As, die Löslichkeitsgrenze im α-Eisen ist nicht sehr genau bekannt, für 730 °C werden etwa 10% As angegeben, ausgeschieden wird das Arsenid Fe_2As[1].

Als Legierungselement hat Arsen durchaus keine Bedeutung, wohl aber als Stahlschädling wegen seines starken Einflusses auf die Zähigkeitseigenschaften. Da Arsen schlechter oxydierbar ist als Eisen, kann es durch eine oxydierende Behandlung nicht aus dem Stahlbad entfernt werden, auch sind keine anderen Verfahren hierfür bekannt. Arsenhaltige Erze müssen also vor der Verhüttung entarseniert werden, wenn der Arsengehalt dies erforderlich macht. Trotzdem ist im Laufe der Jahre mit einer Zunahme des mittleren Arsengehaltes im Stahl zu rechnen. Aus den umfangreichen Untersuchungen von E. HOUDREMONT, H. BENNEK und H. NEUMEISTER[2] über den Einfluß von Arsen auf die Eigenschaften des Stahles ist folgendes zu entnehmen: Arsen beeinflußt die Ausbildung von Lunkern und Blasen in den Blöcken nicht; in unberuhigten Stählen seigert es ähnlich wie Phosphor, die Arsenseigerungen lassen sich aber noch schlechter als die Phosphorseigerungen beseitigen[3]. Die Warmverformbarkeit bleibt bis 1% As erhalten. Zugfestigkeit und Streckgrenze werden durch Arsen erhöht, Dehnung und Kerbzähigkeit herabgesetzt, letzteres besonders bei Chrom-Nickel-Vergütungsstählen bei höherer Festigkeit. Die Härtbarkeit von Kohlenstoff-Werkzeugstählen wird durch kleine Arsengehalte nicht geändert, höhere Arsengehalte verringern die Härtetiefe. Die Schmelzschweißbarkeit soll durch Arsengehalte bis 0,25% im allgemeinen nicht beeinflußt, die Feuerschweißbarkeit hingegen bereits durch geringe Arsengehalte ungünstig beeinflußt werden.

In einer späteren Arbeit haben H. KRAINER und W. DAUM[4] den Einfluß geringer Arsengehalte in Mangan-Vanadin-, Chrom-Vanadin- und Chrom-Nickel-Vanadin-Stählen untersucht, deren Zusammensetzungen in Zahlentafel 50 angegeben sind. Die Mangan-Vanadin-Stähle wurden von 860 °C, die Chrom-Vanadin- und Chrom-Nickel-Vanadin-Stähle von 900 °C in Öl gehärtet. Die Anlaßzeit betrug durchweg 2 Stunden, abgekühlt wurde sowohl in Wasser als auch in Luft. Die Kerbschlagzähigkeit reagiert am stärksten auf diese niedrigen Arsengehalte, Ergebnisse

[1] s. hierzu M. HANSEN u. K. ANDERKO: Constitution of Binary Alloys, 2. Aufl. New York/Toronto/London 1958, S. 162/164.

[2] HOUDREMONT, E., H. BENNEK u. H. NEUMEISTER: Techn. Mitt. Krupp, Forsch.-Ber. Bd. 1 (1938) S. 101/119; Arch. Eisenhüttenw. Bd. 12 (1938/39) S. 91 bis 101.

[3] KOHN, A.: C. R. hebd. Séances Acad. Sci., Paris Bd. 233 (1951) S. 178/180. — CRUSSARD, C., A. KOHN, C. DE BEAULIEU u. J. PHILIBERG: Rev. Métall. Bd. 56 (1959) S. 395/406.

[4] KRAINER, H., u. W. DAUM: Berg- u. hüttenm. Mh. Bd. 97 (1952) S. 67/72.

Zahlentafel 50. *Chemische Zusammensetzung der von* H. KRAINER *und* W. DAUM *untersuchten arsenhaltigen, legierten Baustähle*

Stahl		C %	Si %	Mn %	Cr %	V %	Ni %	As %
1	Mangan-Vanadin-Stähle	0,42	0,36	1,62	—	0,21	—	—
2		0,44	0,43	1,51	—	0,20	—	0,11
3		0,41	0,28	1,81	—	0,20	—	0,16
4		0,41	0,55	1,63	—	0,20	—	0,33
5		0,40	0,30	1,56	—	0,21	—	0,56
6	Chrom-Vanadin-Stähle	0,44	0,16	0,79	1,74	0,10	—	—
7		0,40	0,27	0,87	1,89	0,19	—	0,11
8		0,40	0,22	0,93	2,00	0,19	—	0,15
9		0,37	0,14	0,90	1,80	0,20	—	0,30
10		0,42	0,27	0,90	1,83	0,18	—	0,51
11	Chrom-Nickel-Vanadin-Stähle	0,39	0,38	0,94	1,04	0,13	1,71	—
12		0,36	0,47	0,91	1,41	0,11	1,63	0,10
13		0,38	0,36	0,93	1,44	0,14	1,63	0,17
14		0,42	0,37	0,95	1,50	0,12	1,73	0,29
15		0,41	0,41	0,96	1,46	0,14	1,70	0,52

sind im Bild 198 dargestellt. Besonders bei höheren Vergütefestigkeiten, also niedriger Anlaßtemperatur und langsamer Abkühlung nach dem Anlassen, wirken Arsengehalte verschlechternd auf die Kerbschlagzähigkeit. KRAINER und DAUM sind der Ansicht, daß man in Kohlenstoff- und Mangan-Baustählen Arsengehalte bis 0,10% noch zulassen könnte, in Chrom- und Chrom-Nickel-Baustählen, die auch noch Vanadin enthalten können, sollte man jedoch Arsengehalte über 0,05% besser vermeiden. In einer neueren Arbeit finden A. ROSE und A. KRISCH[1], daß bis zu einem Gehalt von 0,225 % As wohl eine Steigerung der Festigkeit im normalgeglühten und vergüteten Zustand (höhere Anlaßbeständigkeit) vorliegt, daß aber die mechanischen Eigenschaften, insbesondere die Kerbschlagzähigkeit nicht verschlechtert werden. Bemerkt sei dazu, daß Stähle mit höheren Gehalten von diesen beiden Forschern nicht untersucht wurden und daß es sich dabei um Stähle handelte, die außer Arsen nur geringe Mengen Kupfer enthielten.

Zinn ist aus ganz anderen Gründen als Arsen ein Stahlschädling. Im Zustandsschaubild Eisen-Zinn sind die Phasengrenzen auf der eisenreichen Seite nicht sehr genau bekannt[2], das γ-Gebiet wird bei etwa 2% Sn abgeschnürt, die maximale Löslichkeit von Zinn im Eisen liegt bei etwa 800 °C in der Nähe von 18%. Mit sinkender Temperatur nimmt die Löslichkeit stark ab, ausgeschieden wird die intermetallische Verbindung FeSn. Da der Abstand zwischen Liquidus- und Soliduslinie sehr groß ist, seigert Zinn sehr stark trotz seiner hohen Löslichkeit, was

[1] ROSE, A., u. A. KRISCH: Stahl u. Eisen Bd. 80 (1960) S. 1007/1017.

[2] s. hierzu M. HANSEN u. K. ANDERKO: Constitution of Binary Alloys, 2. Aufl. New York/Toronto/London 1958, S. 718/720.

sich vor allem bei großen Schmiedeblöcken sehr unangenehm bemerkbar machen kann.

Zinn ist edler als Eisen, kann deshalb durch Oxydation nicht aus der Schmelze entfernt werden, und man muß den kleinen manchmal durch

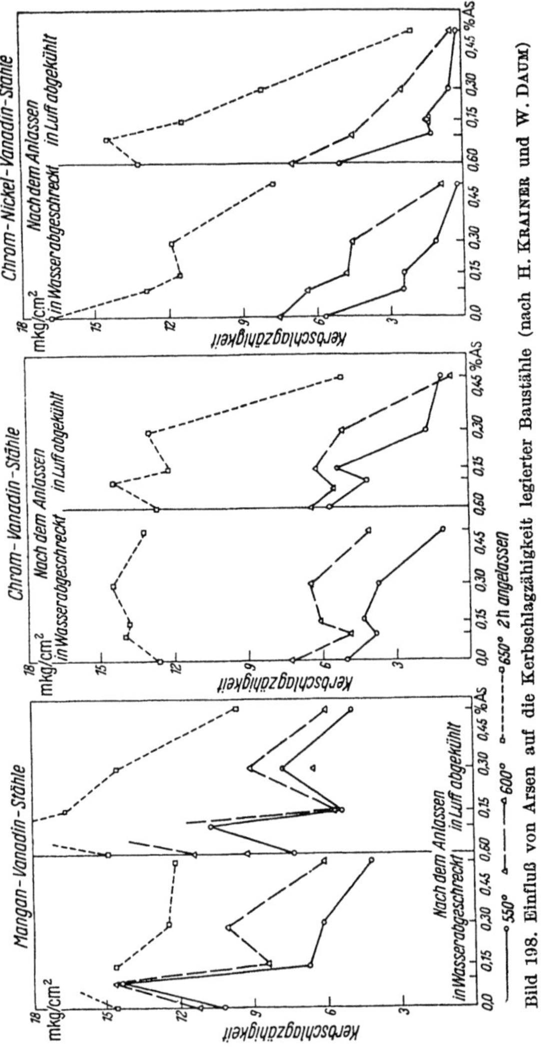

Bild 198. Einfluß von Arsen auf die Kerbschlagzähigkeit legierter Baustähle (nach H. KRAINER und W. DAUM)

den Schrott oder durch die Ferrolegierungen eingebrachten Zinnmengen Beachtung schenken. Bei der Verzunderung reichert sich aus ebendiesem Grunde Zinn in der Oberfläche an und führt zur Rotbrüchigkeit und ist deshalb so besonders unangenehm, weil es schon in Gehalten von

0,05% die durch Kupfer verursachte Rotbrüchigkeit erheblich verstärkt[1] (s. S. 284).

Nach P. OBERHOFFER[2] macht Zinn das Eisen spröde. Besonders bei höheren Kohlenstoffgehalten verringert Zinn nach J. H. WHITELEY und A. BRAITHWAITE[3] Dehnung und Einschnürung. Zinngehalte über 0,06% sollten vermieden werden. Nach J. H. ANDREW und J. B. PEILE[4] wird bei Stählen mit 0,1 bis 0,3% C besonders die Kerbschlagzähigkeit nachteilig beeinflußt. In unlegierten Werkzeugstählen mit 1% C wird nach S. v. HOFSTEN[5] die Härtbarkeit durch kleine Zinngehalte nur wenig beeinflußt. Die Zähigkeit wurde hierbei allerdings nicht untersucht. In legierten Baustählen wirkt Zinn sich sehr nachteilig auf die Kerbschlagzähigkeit aus, wie sowohl G. R. BOLSOVER und S. BARRACLOUGH[6] als auch H. KRAINER und W. DAUM[7] feststellten. Die Ergebnisse von KRAINER und DAUM seien auszugsweise wiedergegeben. Zahlentafel 51

Zahlentafel 51. *Chemische Zusammensetzung der zinnhaltigen, legierten Baustähle* (nach H. KRAINER und W. DAUM)

Stahl		C %	Si %	Mn %	Cr %	V %	Ni %	Sn %
1	Mangan-Vanadin-Stähle	0,47	0,31	1,70	—	0,14	—	—
2		0,42	0,25	1,60	—	0,14	—	0,08
3		0,41	0,31	1,50	—	0,16	—	0,11
4		0,37	0,32	1,35	—	0,16	—	0,21
5		0,44	0,47	1,55	—	0,17	—	0,38
6	Chrom-Vanadin-Stähle	0,42	0,64	0,72	1,67	0,19	—	—
7		0,43	0,24	0,76	1,87	0,16	—	0,15
8		0,45	0,23	0,86	1,89	0,21	—	0,20
9		0,50	0,29	0,75	2,12	0,19	—	0,28
10		0,46	0,19	0,66	1,89	0,13	—	0,33
11	Chrom-Nickel-Vanadin-Stähle	0,45	0,22	0,69	1,37	0,09	1,66	—
12		0,46	0,45	0,68	1,40	0,13	1,67	0,14
13		0,44	0,39	0,67	1,54	0,13	1,65	0,16
14		0,44	0,20	0,61	1,49	0,13	1,69	0,18
15		0,41	0,25	0,64	1,55	0,13	1,67	0,34

gibt die Zusammensetzung der untersuchten Mangan-Vanadin-, Chrom-Vanadin- und Chrom-Nickel-Vanadin-Stähle wieder. Die Kerbschlagzähigkeiten, die im ölvergüteten Zustand erreicht wurden, sind Bild 199

[1] BORN, K.: Stahl u. Eisen Bd. 73 (1953) S. 1268/1280.

[2] OBERHOFFER, P.: Das technische Eisen, 3. Aufl. Berlin 1936, S. 196.

[3] WHITELEY, J. H., u. A. BRAITHWAITE: J. Iron Steel Inst. Bd. 107 (1923) S. 161/174.

[4] ANDREW, J. H., u. J. B. PEILE: J. Iron Steel Inst. Bd. 128 (1933) S. 193 Nr. 20, 60, 64.

[5] HOFSTEN, S. v., G. MALMBERG, B. D. ENLUND. H. KJERRMAN u. A. WAHLSTEEN: Jernkont. Ann. Bd. 126 (1942) S. 1/70.

[6] BOLSOVER, G. R., u. S. BARRACLOUGH: Iron Coal Tr. Rev. Bd. 145 (1942) S. 261/262, 266.

[7] KRAINER, H., u. W. DAUM: Berg- u. hüttenm. Mh. Bd. 97 (1952) S. 67/72

zu entnehmen. Bei langsamer Abkühlung nach dem Anlassen wirkt Zinn noch stärker versprödend. Diese Ergebnisse lassen somit Zinngehalt über 0,05% in legierten Baustählen untunlich erscheinen.

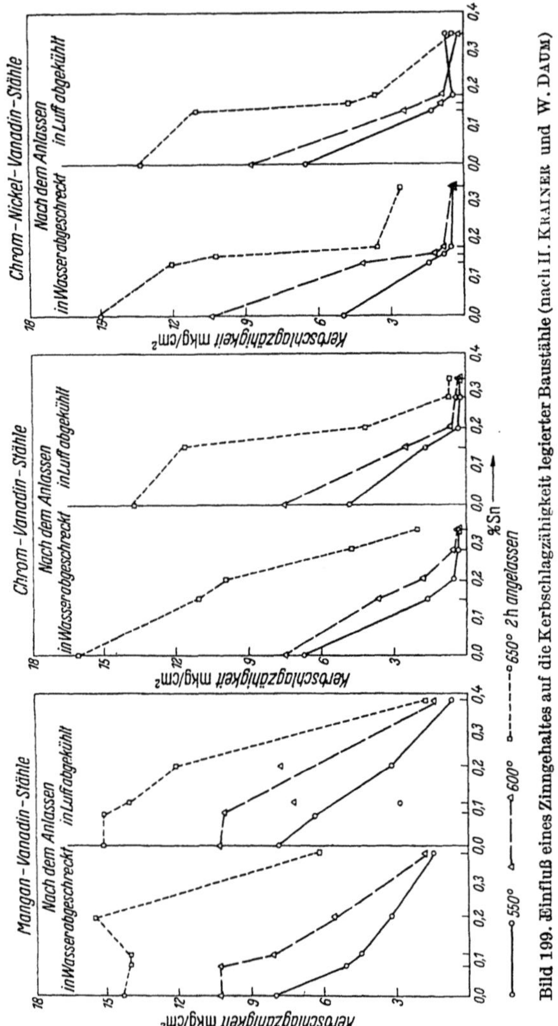

Bild 199. Einfluß eines Zinngehaltes auf die Kerbschlagzähigkeit legierter Baustähle (nach H. Krainer und W. Daum)

Die Ausscheidungseffekte von Zinn in ternären Legierungen sind untersucht worden, Eisen-Nickel-Zinn von H. Legat[1] sowie P. Schafmeister und R. Ergang[2], Eisen-Kobalt-Zinn von W. Köster und

[1] Legat, H.: Metallwirtsch. Bd. 17 (1938) S. 277/278.

[2] Schafmeister, P., u. R. Ergang: Techn. Mitt. Krupp A, Forsch.-Ber. Bd. 2 (1939) S. 125/138.

W. GELLER[1], jedoch hat sich für diese Legierungen keine praktische Verwertung finden lassen.

Antimon gehört zur selben Gruppe des periodischen Systems wie Phosphor und Arsen. Es schnürt das γ-Gebiet bei ungefähr 2% Sb ab, die maximale Löslichkeit in Eisen beträgt etwa 20% bei 1000 °C, mit sinkender Temperatur nimmt die Löslichkeit aber sehr stark ab[2].

Gelegentlich ist vorgeschlagen worden, Antimon in Gehalten von 0,05 bis 5% korrosionsbeständigen Legierungen zur weiteren Verbesserung der Korrosionsbeständigkeit zuzusetzen[3]. Auch noch höhere Antimongehalte wurden in Aussicht genommen, Bedeutung haben diese Legierungen aber nicht erlangt.

Über den Einfluß des Antimons auf die mechanischen Eigenschaften ist wenig bekannt[4]. Es ist anzunehmen, daß es allgemein die Zähigkeit verschlechtert. Unangenehm macht sich Antimon beim Schmieden bemerkbar, schon 0,1% führen zur Rotbrüchigkeit[5].

19. Beryllium, Uran, Selen, Silber, Wismut und Platin in Legierungen des Eisens

Beryllium verhält sich in Legierungen des Eisens ähnlich wie Titan, auch die Zustandsschaubilder sind ähnlich[6]. Das γ-Gebiet wird bereits von 0,45% Be abgeschnürt. Bei der Temperatur der Eutektikalen (1165 °C) beträgt die Löslichkeit im α-Eisen etwa 7,4% Be, sie nimmt mit sinkender Temperatur ab und ist bei Raumtemperatur sicher kleiner als 2% Be, wie Aushärtungsuntersuchungen ergaben. Es scheidet sich die Verbindung Be_2Fe aus.

G. MASING[7] und W. KROLL[8] untersuchten die durch Beryllium hervorgerufenen Aushärtungsvorgänge. Nach K. S. SELJESATER und B. A. ROGERS[9] erreicht eine Beryllium-Eisen-Legierung mit 1,8% Be nach Abschrecken von 1120 °C und Anlassen bei 550 °C eine Rockwell-C-Härte von 63. Diese Legierungen sind, da sie ferritisch sind, grobkörnig und im ausgehärteten Zustand spröd. Der Ausscheidungseffekt

---

1 KÖSTER, W., u. W. GELLER: Arch. Eisenhüttenw. Bd. 8 (1934/35) S. 557/560.

2 s. hierzu M. HANSEN u. K. ANDERKO: Constitution of Binary Alloys, 2. Aufl. New York/Toronto/London 1958, S. 708/710.

3 Amer. Patent 1846100; F.P. 695398.

4 JONES, B., u. J. D. D. MORGAN: J. Iron Steel Inst. Bd. 140 (1939) S. 115 bis 136.

5 ROSSARD, C., u. P. BLAIN: Rev. Métall. Bd. 56 (1959) S. 175/180.

6 s. hierzu M. HANSEN u. K. ANDERKO: Constitution of Binary Alloys, 2. Aufl. New York/Toronto/London 1958, S. 284/286.

7 MASING, G.: Z. Metallkde. Bd. 20 (1928) S. 19.

8 KROLL, W.: Wiss. Veröff. Siemens-Konzern Bd. 8 (1929) S. 220/235.

9 SELJESATER, K. S., u. B. A. ROGERS: Trans. Amer. Soc. Steel Treat. Bd. 19 (1932) S. 553/576.

tritt auch in austenitischen Stählen auf, jedoch werden hier höhere Anlaßtemperaturen benötigt, da Diffusionsvorgänge in austenitischen Stählen träger verlaufen[1]. Die erzielbare Höchsthärte liegt niedriger als in ferritischen Stählen[2]. Zu beachten ist, daß Beryllium ein starker Ferritbildner ist, so daß austenitische Stähle mit 18% Cr und 8% Ni bereits bei Zusatz von 1% Be fast rein ferritisch sind. Damit diese Stähle bei Berylliumzusatz austenitisch bleiben, muß der Chromgehalt herabgesetzt und der Nickelgehalt erhöht werden. Unterhalb der Aushärtungstemperatur zeigen bei kurzzeitigen Beanspruchungen ausgehärtete Legierungen eine hohe Warmfestigkeit. Bei langzeitigen Beanspruchungen trifft dies aber häufig nicht mehr zu, da einerseits mechanische Spannungen die Ausscheidungsvorgänge beschleunigen und zu tieferen Temperaturen verschieben, andererseits die Dehngeschwindigkeit bei gleichzeitig verlaufenden Ausscheidungsvorgängen erhöht und damit die Warmfestigkeit erniedrigt wird, eine Erscheinung, die auch für andere Legierungen gültig ist.

In kohlenstoffhaltigen Stählen bildet Beryllium das Sonderkarbid Be_2C, das sehr stabil ist und bis zu sehr hohen Temperaturen nicht in Lösung geht. Die Bildung dieses Karbids verringert den zur Härtung zur Verfügung stehenden Kohlenstoffgehalt. Metallurgisch ist Beryllium ein scharfes Desoxydations- und Entschwefelungsmittel.

Die von J. LAISSUS[3] angegebene Möglichkeit, durch Berylliumdiffusion im Stahl harte Oberflächenschichten zu erzeugen, wurde von I. E. KONTOROWITSCH und M. J. LWOWSKI[4] überprüft. Die Härte der an hoch gekohlten Eisenlegierungen sich bildenden Berylliumkarbidschicht ist außerordentlich hoch und erreicht über 2000 Vickerseinheiten, jedoch unterliegt diese Schicht einer langsamen Zerstörung durch den Einfluß insbesondere feuchter Luft, so daß diese Oberflächenschicht ihrer geringen chemischen Beständigkeit wegen praktisch nicht verwertet werden kann.

Beryllium findet hauptsächlich Anwendung zur Erhöhung der Festigkeit von Nickel und Kupfer und deren Legierungen, insbesondere für Federwerkstoffe. Auch Eisen-Nickel-Legierungen hat man durch Beryllium ausgehärtet, um bessere Gebrauchseigenschaften zu erreichen. Reines Beryllium wird im Reaktorbau verwendet (s. S. 695).

Uran gehört zu den sonderkarbidbildenden Elementen, umfangreichere Untersuchungen an Uranstählen sind aber nicht durchgeführt worden. Die Herstellung von Uranstählen ist schwierig, weil das Uran

---

[1] z. B. SNOEK, J. L.: Physica, Haag, Bd. 8 (1941) S. 734/744.

[2] BENNEK, H., u. P. SCHAFMEISTER: Arch. Eisenhüttenw. Bd. 5 (1931/32) S. 615/620.

[3] LAISSUS, J.: Rev. Métall., Mém., Bd. 32 (1935) S. 293/301, 351/360 u. 401/422.

[4] KONTOROWITSCH, I. E., u. M. J. LWOWSKI: Westnik Metalloprom. Bd. 19 (1939) Nr. 12 S. 64/70.

sehr stark abbrennt und seines hohen Schmelzpunktes wegen sich schwer auflöst, sie gelingt aber nach H. BENNEK und C. G. HOLZSCHEITER[1] mit niedriglegiertem Ferro-Uran. Das Urankarbid ist bis zu einem ziemlich hohen Grade im Austenit löslich, so daß die Anlaßbeständigkeit erhöht wird. Die Durchhärtung wird durch Uran bei entsprechender Härtetemperatur vergrößert, die Überhitzungsempfindlichkeit etwas verringert. Hohe Härtetemperaturen können bei höher gekohlten Uranstählen nicht angewandt werden, da sich bei verhältnismäßig niedriger Temperatur ein Schmelzeutektikum bildet. Praktische Verwendung haben die Uranstähle trotz einiger Versuche und Patentanmeldungen nicht erlangt.

Selen gehört im periodischen System zur selben Gruppe wie Schwefel. Nach amerikanischen Vorschlägen wird es zur Verbesserung der Zerspanbarkeit rostbeständigen Chrom-Nickel-Stählen und auch Nitrierstählen höherer Festigkeit zugesetzt. Es soll hier ähnlich wirken wie Zirkonsulfid (s. S. 310, 611).

Silber ist in reinem Eisen im festen Zustand praktisch unlöslich, dagegen soll eine gewisse Löslichkeit in korrosionsbeständigen Stählen mit 18% Cr und 8% Ni bestehen. Silber soll in diesen Stählen die Beständigkeit gegen Salzsäure und Chlorionen verbessern, insbesondere die durch letztere hervorgerufene Neigung zu Lochfraß verringern[2]. Die Wirkung des Silbers wird so erklärt, daß sich an der Oberfläche des Stahles eine unlösliche Schutzschicht aus Silberchlorid bildet. Reproduziert werden konnten diese Angaben nicht, so daß sich für Silber in Stählen bisher keine technische Anwendung gefunden hat.

Wismut soll in nichtrostenden Stählen mit 25% Cr und 12% Ni sowie 19% Cr und 9% Ni die Zerspanbarkeit verbessern, jedoch die Warmformgebung und die Warmfestigkeit verschlechtern[3]. Praktische Verwendung hat es in Stählen nicht gefunden. Es soll hier aber auf die magnetischen Mangan-Wismut-Legierungen hingewiesen werden, mit denen bei der genauen stöchiometrischen Zusammensetzung MnBi nach Ausbildung einer hexagonalen Überstruktur ein Energieprodukt $(BH)_{max}$ von über $5 \cdot 10^6$ erreicht werden kann bei Koerzitivkräften von etwa 3400 Oersted und Remanenzen von 4300 Gauß[4].

Platin-Eisenlegierungen seien hier wegen ihrer magnetischen Eigenschaften der Vollständigkeit halber erwähnt. Das Zustandsschaubild Eisen-Platin hat gewisse Ähnlichkeiten mit dem System Eisen-Nickel.

[1] BENNEK, H., u. C. G. HOLZSCHEITER: Arch. Eisenhüttenw. Bd. 9 (1935/36) S. 193/200.

[2] LANDGRAF, G. F.: Trans. electrochem. Soc. Bd. 77 (1940) S. 105/109.

[3] PRAY, H., R. S. PEOPLES u. F. W. FINK: Amer. Soc. Test. Mater., Vorabzug 29. Juni 1941, 10 S., nach Metals & Alloys Bd. 14 (1941) Nr. 2 S. 241.

[4] ADAMS, E., W. M. HUBBARD u. A. M. SYELES: J. appl. Phys. Bd. 23 (1952) S. 1207/1211.

Bis etwa 25% Pt existiert ein irreversibler Bereich, mit steigendem Platingehalt treten drei geordnete Phasen auf: Fe_3Pt, FePt und $FePt_3$[1]. Die Bildung der geordneten Phase FePt bei 50 Atom-% Pt ist mit sehr guten Dauermagneteigenschaften verbunden. Erreicht wird ein Energieprodukt von $3{,}7 \cdot 10^6$ [2]. Technische Bedeutung haben diese Legierungen wegen ihres Preises nicht erlangt, zumal nach H. NEUMANN[2] auch in Kobalt-Platin-Legierungen mit 52 Atom-% Pt bei geeigneter Wärmebehandlung weit bessere Leistungen — bis zu $9 \cdot 10^6$ — erzielt worden sind[3].

20. Phosphor im Stahl

In Edelstählen ist der Phosphor ein unerwünschtes Begleitelement. Er wird so niedrig als möglich (unter 0,03%) gehalten, so daß ein wesentlicher Einfluß auf die Eigenschaften dieser Stähle nicht zu erwarten ist.

Das Zustandsschaubild Eisen-Phosphor ist in Bild 200 dargestellt[4]. Das γ-Gebiet wird bereits von sehr niedrigen Phosphorgehalten abgeschnürt, und zwar reicht das homogene γ-Gebiet bis 0,25% P, das $\gamma + \alpha$-Gebiet bis 0,48% P bei 1150 °C[5]. Der homogene α-Bereich wird durch die Ausscheidung des Eisenphosphorides Fe_3P begrenzt, dessen Löslichkeit mit steigender Temperatur zunimmt, so daß man in diesem Bereich Aushärtungsvorgänge beobachten kann[6]. Eisen-Phosphor-Schmelzen mit mehr als 10% P neigen sehr stark zur Unterkühlung bei der Erstarrung, wobei die primäre Bildung von Fe_3P unterdrückt wird und sich statt dessen ein instabiles Eutektikum zwischen α-Fe und Fe_2P bei etwa 945 °C bildet, wie es in Bild 200 gestrichelt eingezeichnet ist.

Das Dreistoffsystem Eisen-Phosphor-Kohlenstoff ist in seinen groben Zügen untersucht[7], weitere Phasen als in den Randsystemen existieren nicht. Phosphor scheint die Stabilität des Zementits zu erhöhen.

Bei dem Einfluß von Phosphorgehalten über 0,05% auf die mechanischen Eigenschaften muß man unterscheiden zwischen dem Einfluß in kohlenstofffreiem Eisen bzw. kohlenstoffarmem Stahl und dem in kohlenstoffhaltigen Stählen. In Eisen-Phosphor-Legierungen erhöht Phosphor bei Raumtemperaturen Zugfestigkeit und Streckgrenze und bis etwa 0,25% auch die Dehnung. Bei tiefen Temperaturen wirkt es schon von niedrigeren Gehalten an versprödend. Der Steilabfall der Kerbschlagzähigkeit wird zunächst bis etwa 0,1% P zu niedrigeren

[1] KUSSMANN, A., u. G. Gräfin v. RITTBERG: Z. Metallkde. Bd. 42 (1950) S. 470 bis 477.

[2] NEUMANN, H.: Arch. techn. Messen 1937, Z. 912-1.

[3] MARTIN, D. L., u. A. H. GEISLER: J. appl. Phys. Bd. 24 (1953) S. 498.

[4] HANSEN, M., u. K. ANDERKO: Constitution of Binary Alloys, 2. Aufl. New York/Toronto/London 1958, S. 692/695.

[5] ROQUET, P., u. G. JEGADEN: Rev. Métall., Mém., Bd. 48 (1951) S. 712/721.

[6] KÖSTER, W.: Arch. Eisenhüttenw. Bd. 4 (1930/31) S. 609/611.

[7] VOGEL, R.: Arch. Eisenhüttenw. Bd. 3 (1929/30) S. 369/381.

Temperaturen verschoben, erst dann wird er — allerdings stärker — zu höheren verschoben. Auch die Arbeitsaufnahme in der Hochlage

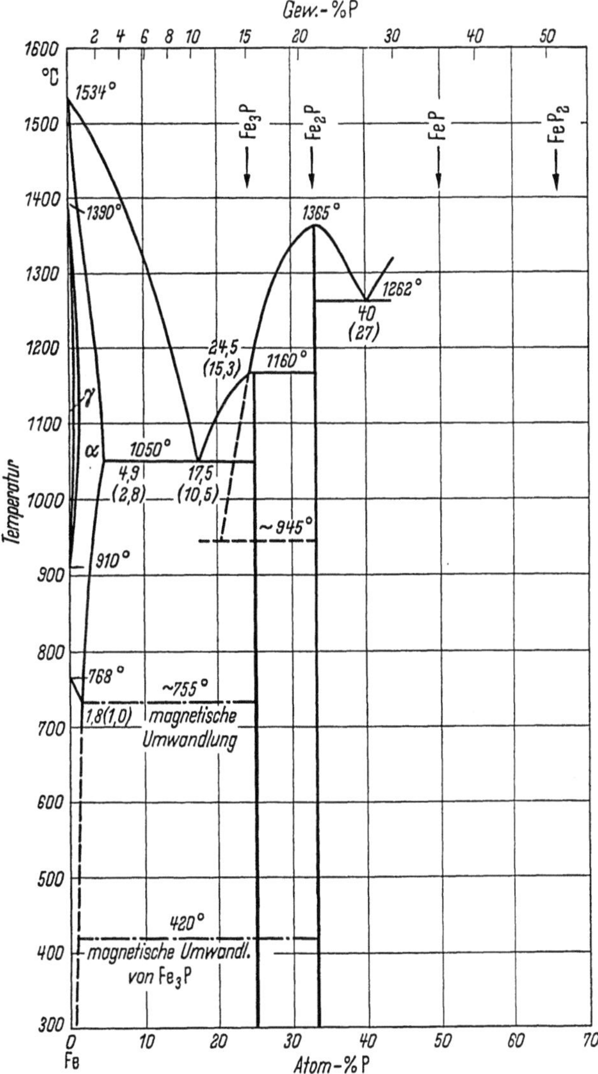

Bild 200. Eisenreiche Seite des Zustandsschaubildes Fe-P (nach M. HANSEN und K. ANDERKO)

nimmt ab[1]. Auf Grund dieses günstigen Einflusses von Phosphor ist vorgeschlagen worden, solche kohlenstoffarmen Stähle mit höherem

[1] STANLEY, J. K.: Iron Age Bd. 152 (1943), 19. Aug., S. 42/44. — HOPKINS, B. E., u. H. R. TIPLER: J. Iron Steel Inst. Bd. 188 (1958) S. 218/237.

Phosphorgehalt, unter Umständen mit Stickstoffzusatz, als Baustähle zu verwenden[1].

Mit steigendem Kohlenstoffgehalt geht die günstige Wirkung des Phosphors verloren und es bleibt nur noch die Versprödung. Daher gilt Phosphor ganz allgemein als Stahlschädling, und er wird in Edelstählen möglichst unter 0,03% gehalten, wie oben erwähnt. In diesem Bereich übt er noch keinen meßbaren schädlichen Einfluß aus, mit Ausnahme der Anlaßsprödigkeit. Hier wirken Phosphorgehalte von 0,01% an verschlechternd auf die Kerbschlagzähigkeit, besonders in Mangan- und Chrom-Mangan-Stählen[2].

Eine weitere unangenehme Eigenschaft des Phosphors ist seine starke Tendenz zu seigern, bedingt durch den großen Abstand zwischen Solidus- und Liquiduslinie. Hiermit verbunden ist vielfach eine Zeilenstruktur der Stähle (s. S. 972, 994). Durch die Phosphorseigerungen ist die Versprödung durch Phosphor viel stärker, als es dem Durchschnittsgehalt des Stahles an Phosphor entsprechen würde. Nachgewiesen werden die P-Seigerungen normalerweise durch die OBERHOFFERsche Ätzung (S. 994), man hat sie aber auch schon mit Hilfe des radioaktiven Phosphorisotops P^{32} sichtbar gemacht[3]. Bei höheren Phosphorgehalten hat man sogar auf gebrochenen Korngrenzen Ausscheidungen festgestellt, die aber noch nicht eindeutig identifiziert sind[4]. Zur Beseitigung der P-Seigerungen werden sehr lange Glühzeiten benötigt, selbst noch bei 1200 °C[5].

Zur Verminderung des Schmierens weichen Flußeisen bei der spanabhebenden Bearbeitung wird Phosphor in Gehalten bis zu etwa 0,3% bei der Herstellung von Preßmuttereisen zugesetzt. Stähle für Granaten werden häufig mit einem erhöhten Phosphorgehalt zur Erhöhung der Sprödigkeit hergestellt. Die höhere Sprödigkeit bedingt eine größere Anzahl von Sprengstücken. Da Phosphor den Rostwiderstand von Flußstahl, besonders bei gleichzeitiger Anwesenheit von Kupfer verbessert[6] und die Festigkeit erhöht, sind eine Reihe niedriglegierter Baustähle mit erhöhtem Phosphor- und Kupfergehalt vorgeschlagen worden, in großen Massen werden sie aber nicht angewendet. Dagegen haben

[1] KALLING, B.: DPA St. 1016/18d/1/30 (1950). — JOSEFSSON, Å.: J. Iron Steel Inst. Bd. 177 (1954) S. 118/128.

[2] GREAVES, R. H., u. J. A. JONES: J. Iron Steel Inst. Bd. 111 (1925) S. 231 bis 255. — BENNEK, H.: Arch. Eisenhüttenw. Bd. 9 (1935/36) S. 147/154. — WOODFINE, B. C.: J. Iron Steel Inst. Bd. 173 (1953) S. 240/255. — PREECE, A., u. R. D. CARTER: J. Iron Steel Inst. Bd. 173 (1953) S. 387/398.

[3] KOHN, A.: Rev. Métall., Mém., Bd. 51 (1954) S. 503/513. — KRAINER, H., u. E. KRAINER: Schweizer Arch. angew. Wiss. Techn. Bd. 22 (1956) S. 402/413. — INMAN, M. C., u. H. R. TIPLER: Acta Met., New York Bd. 6 (1958) S. 73/84.

[4] INMAN, M. C., u. H. R. TIPLER: Acta Met., New York Bd. 7 (1959) S. 221/222.

[5] KOHN, A.: Rev. Métall., Mém., Bd. 51 (1954) S. 503/513.

[6] IORIG, C. H., u. D. E. KRAUSE: Metals & Alloys Bd. 7 (1936) S. 69/73. — EISENSTECKEN, F., u. W. STINNES: Arch. Eisenhüttenw. Bd. 27 (1956) S. 469/474.

Phosphatüberzüge auf Eisen als Rostschutz ausgedehnte Anwendung gefunden.

Über die Vorschläge, Phosphor korrosionsbeständigen Stählen zuzusetzen, wird im diesbezüglichen Abschnitt berichtet (S. 574).

21. Schwefel im Stahl

Der Schwefel muß in Edelstählen ebenso wie der Phosphor im allgemeinen als ein unerwünschtes Begleitelement angesehen werden. Seine

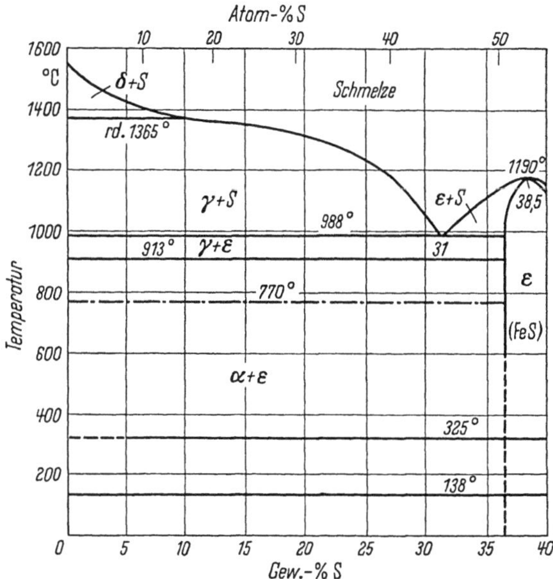

Bild 201. Die eisenreiche Seite des Zustandsschaubildes Eisen-Schwefel (nach J. CHIPMAN und anderen)

Bedeutung zur Verbesserung der Zerspanbarkeit bei Automatenstahl ist jedoch wesentlich größer als die von Phosphor, da auch legierte Baustähle und nichtrostende Stähle in immer größerem Ausmaß mit Zusätzen von Schwefel bis zu 0,40% zur Erleichterung der Zerspanbarkeit hergestellt werden. Der schädliche Einfluß von Schwefel auf Stahllegierungen ist vor allem an die Begriffe „Rotbruch" und „Heißbruch" gebunden. Eisen und Eisensulfid bilden, wie das Zustandsschaubild Eisen-Schwefel[1] (Bild 201) zeigt, ein niedrig schmelzendes Eutektikum, das in Gegenwart von Eisenoxydul zu noch tieferen Temperaturen verschoben wird. In Stählen mit höheren Schwefelgehalten (z. B. 0,3%)

[1] Im wesentlichen nach J. CHIPMAN: Metals Handbook, Amer. Soc. Met., Cleveland 1948, S. 1215; s. a. M. HANSEN u. K. ANDERKO: Constitution of Binary Alloys, 2. Aufl. New York/Toronto/London 1958, S. 704/708.

umschließt das Eisensulfid netzartig die Primärkörner. Dies wurde neuerdings auch mit Hilfe von radioaktivem Schwefel nachgewiesen[1].

Solche Legierungen haben bei der Warmformgebung zwei Brüchigkeitsbereiche, und zwar ein Rotbruchgebiet bei Temperaturen von etwa 800 bis 1000 °C infolge der mangelnden Plastizität der schwefelhaltigen netzartigen Umhüllung der einzelnen Körner und ein Heißbruchgebiet bei Temperaturen von über 1200 °C infolge der Schmelzpunktherabsetzung durch das Eisensulfid, die ein vorzeitiges Schmelzen der schwefelhaltigen Korngrenzen bedingt.

Hinzu kommt, daß die Löslichkeit des Schwefels sowohl im γ- als auch im α-Eisen sehr niedrig ist[2], sie beträgt bei 1350 °C 0,05% und bei 913 °C 0,005% im γ- und 0,02% im α-Eisen. Außerdem sammelt sich der Schwefel auch im festen Zustand bevorzugt an den Korngrenzen an und scheidet sich nicht gleichmäßig im Korninnern aus, wie Diffusionsuntersuchungen gezeigt haben[3].

Zwischen dem Rotbruch- und dem Heißbruchgebiet liegt ein Temperaturbereich genügender Verformbarkeit, in dem nach Untersuchungen von A. Niedenthal und H. Bennek[4] durch genügend langsames Verformen die netzartigen Sulfidausscheidungen fast völlig unschädlich gemacht werden.

Die beiden Begriffe „Rotbruch“ und „Heißbruch“ werden oft nicht auseinandergehalten. Sehr häufig spricht man allgemein von „Rotbruch“ und meint dabei auch den „Heißbruch“. Tatsächlich ist bei den meisten Stählen die Brüchigkeit im hohen Temperaturbereich wichtiger, weil die Brüchigkeit im niedrigen Bereich an so hohe Schwefelgehalte (über 0,2%) gebunden ist, wie sie nur bei Automatenstählen vorkommen. Ausnahmen sind besonders bei Nickel gegeben, wo niedrig schmelzende Eutektika auftreten und schon bei kleinen Schwefelgehalten „Heißbruch“ hervorrufen, der dann in der Praxis auch wieder meist „Rotbruch“ genannt wird. Ähnlich wie Nickel verhalten sich Kobalt und Molybdän. Andere Legierungselemente, wie z. B. Chrom, Mangan und Zirkon, bilden mit dem Schwefel Sulfide, die einen sehr hohen Schmelzpunkt haben, so daß sie wie andere hochschmelzende Einschlüsse punktförmig im Stahl verteilt sind und keine Rot- oder Heißbrucherscheinungen hervorrufen.

Nach A. Fry[5] wird Schwefel von Titan zu Titansulfid gebunden, das im Stahl keine schädlichen Wirkungen haben soll. Auch Nickel-

---

[1] Keh, A. S., u. L. H. van Vlack: J. Metals, Trans., Bd. 8 (1956) Sect. 2, S. 950/958.

[2] Rosenqvist, T., u. B. L. Dunicz: J. Metals, Trans., Bd. 4 (1952) S. 602/608. — Turkdogan, E. T., S. Ignatowicz u. J. Pearson: Rev. Métall., Mém., Bd. 52 (1955) S. 725/730; J. Iron Steel Inst. Bd. 180 (1955) S. 349/354.

[3] Besnard, S., u. J. Talbot: C. R. Acad. Sci., Paris Bd. 246 (1958) S. 607/608.

[4] Niedenthal, A., u. H. Bennek: Arch. Eisenhüttenw. Bd. 7 (1933/34) S. 683/686.

[5] Fry, A.: Vertraul. Bericht VDEh Nr. 65, 1944, 10 S.

legierungen setzt man häufig geringe Titanmengen zu, um den Schwefel zu binden und die Warmverarbeitbarkeit zu verbessern.

Wie S. 905 näher ausgeführt, haben Schwefelzusätze zur Erhöhung der Zerspanbarkeit des Stahles nicht nur bei den unlegierten Automatenstählen, sondern auch bei legierten, z. B. den korrosionsbeständigen Stählen praktische Bedeutung erlangt (S. 616).

Der Zusatz von Schwefel zu legierten Automatenstählen erfolgt häufig auch in Form von Molybdänsulfid und zu korrosionsbeständigen Stählen auch als Zirkonsulfid.

Der Einfluß des Schwefels auf die mechanischen Eigenschaften in der Längs- und in der Querrichtung ist verschieden. Während in der Längsrichtung mit steigendem Schwefelgehalt keine wesentlichen Veränderungen der Festigkeits- und Zähigkeitseigenschaften beobachtet werden können, werden die Quereigenschaften durch die bei der Warmformgebung gestreckten Sulfideinschlüsse verschlechtert. Das Schmelzen solcher absichtlich verunreinigter Stähle, die jedoch trotzdem hohen Anforderungen genügen sollen, ist schwierig. Zweckmäßig wird dabei schon ein Einsatz mit erhöhtem Schwefelgehalt gewählt, um ein Aufschwefeln in der Pfanne zu vermeiden. Künstlich aufgeschwefelte Stähle haben meist eine weniger feine Sulfidverteilung.

Der Schwefel ist jenes Begleitelement des Eisens, das bei der Erstarrung die stärkste Neigung zu Seigerungen hat. Der Schwefelgehalt kann bei größeren Güssen in jenen Teilen, die zum Schluß erstarren, ein Vielfaches des durchschnittlichen Schwefelgehaltes betragen und daher zu Fehlererscheinungen im Innern großer Schmiedestücke führen, so daß man bei der Herstellung von großen Stücken niedrige Schwefelgehalte anwenden soll. Auch bei der Verarbeitung der gewöhnlichen Automatenstähle treten häufig Oberflächen- und Spannungsrisse infolge dieser Verunreinigungen auf. Es ist daraus zu ersehen, daß Schwefelzusätze zur Erleichterung der Zerspanbarkeit keineswegs in allen Fällen eine ideale Lösung darstellen (s. S. 907).

22. Wasserstoff im Stahl

Ein Zustandsschaubild Eisen-Wasserstoff läßt sich trotz der Kenntnisse, die man über die Löslichkeit des Wasserstoffs im Eisen hat, nicht aufstellen. Auf Grund thermodynamischer Überlegungen kommen W. GELLER und TAK-HO SUN[1] zu dem Schluß, daß Wasserstoff das γ-Gebiet erweitert, aber nur in sehr geringem Ausmaß. Gemessen wurde eine Erniedrigung des Ar_3-Punktes um 4 °C durch die gelöste Wasser-

[1] GELLER, W., u. TAK-HO SUN: Arch. Eisenhüttenw. Bd. 21 (1950) S. 423/430.

stoffmenge, die bei 910 °C im Gleichgewicht mit einem äußeren Wasserstoffdruck von einer Atmosphäre steht[1].

Die Löslichkeit des Wasserstoffs im Eisen ist bei Raumtemperatur gering, sie steigt mit steigender Temperatur. Beim Übergang von α- zum γ-Eisen und von δ-Eisen zum flüssigen Zustand erfolgt eine sprunghafte Zunahme der Löslichkeit, beim Übergang γ-Eisen zu δ-Eisen anscheinend eine entsprechende Abnahme. Trägt man den Logarithmus der Löslichkeit gegen die reziproke Temperatur auf, so erhält man in

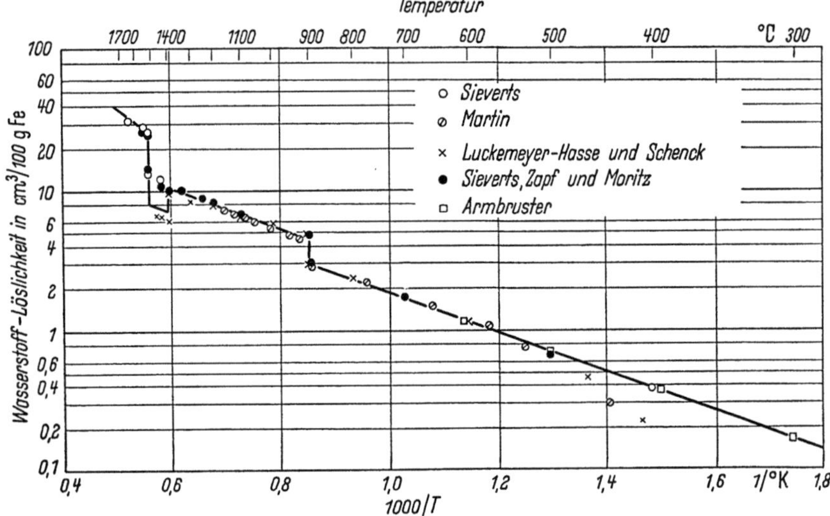

Bild 202. Wasserstofflöslichkeit im Eisen in Abhängigkeit von der Temperatur bei Atmosphärendruck [nach E. MARTIN: Arch. Eisenhüttenw. Bd. 3 (1929/30) S. 407/416. — LUCKEMEYER-HASSE, L., u. H. SCHENCK: Arch. Eisenhüttenw. Bd. 6 (1932/33) S. 209/214. — SIEVERTS, A., G. ZAPF u. H. MORITZ: Z. phys. Chem. Bd. 183 (1938/39) S. 19/37, mit einer Auswertung älterer Ergebnisse von A. SIEVERTS. — ARMBRUSTER, M.: J. Amer. chem. Soc. Bd. 65 (1943) S. 1043/1054]

den einzelnen Phasen Geraden, wie Bild 202 zeigt. Der gelöste Wasserstoff wird sowohl im α- als auch im γ-Eisen auf Zwischengitterplätzen eingelagert. Neben der Temperatur ist die Wasserstofflöslichkeit im Eisen vom äußeren Wasserstoffdruck abhängig, und zwar ist sie proportional der Quadratwurzel aus diesem[2].

Wichtig für den Einfluß von Wasserstoff auf Eisen und Stahl sind aber auch die Diffusion und die Durchlässigkeit. Der Wasserstoff hat von allen bekannten Legierungselementen die größte Diffusionsgeschwindigkeit im Eisen, wahrscheinlich diffundiert er im ionisierten Zustand, d. h. als Proton. Die Durchlässigkeit ist von der Diffusion streng zu trennen. Während für die diffundierende Menge Wasserstoff nur sein Konzentrationsgefälle maßgebend ist, sind für die von einem Blech

---

[1] POST, C. B., R. E. LAKE u. W. R. HAM: Trans. Amer. Soc. Met. Bd. 27 (1939) S. 530/537.

[2] SIEVERTS, A.: Z. phys. Chem. Bd. 77 (1911) S. 591/613.

durchgelassenen Wasserstoffmengen die bei der Wasserstoffaufnahme und -abgabe an den Oberflächen ablaufenden Reaktionen die geschwindigkeitsbestimmenden. Dabei handelt es sich auf der einen Seite um Adsorption, Dissoziation und Absorption des angebotenen Wasserstoffs und auf der anderen Seite um die Desorption des abgegebenen Wasserstoffs[1]. Von diesem sind besonders die Dissoziation und wohl auch die Wasserstoffaufnahme katalytische Vorgänge, auf die Spurenelemente, wie Schwefel, Phosphor und Arsen, einen starken Einfluß haben. Unterhalb etwa 300 °C wird gasförmiger Wasserstoff an der Stahloberfläche nicht mehr dissoziiert, so daß man unter diesen Bedingungen hier keine Durchlässigkeit mehr beobachten kann, wohl aber, wenn der Wasserstoff beispielsweise elektrolytisch in statu nascendi angeboten wird. Dieser Wasserstoff kann sich dann in Hohlräumen oder im Innern von Behältern, die äußerlich in Säure eingetaucht sind, molekular abscheiden und ganz beträchtliche Drucksteigerungen verursachen, da der einmal molekular abgeschiedene Wasserstoff vom Stahl bei niedrigen Temperaturen nicht wieder aufgenommen wird[2].

Ein Hinweis auf den Einfluß der Spurenelemente auf die Wasserstoffaufnahme, auch aus Säuren oder Elektroyten, in denen der Wasserstoff naszierend angeboten wird, ist die Tatsache, daß sehr reines Eisen beim Lösen in reinen Säuren keinen Wasserstoff aufnimmt[3]. Andererseits heißt das aber, daß technische Stähle beim Beizen immer Wasserstoff aufnehmen.

Die Legierungselemente des Eisens verändern die Lösungsfähigkeit für Wasserstoff, und zwar wird sie durch Nickel, Mangan und Kobalt anscheinend erhöht und durch Aluminium, Chrom, Kohlenstoff, Molybdän, Niob und Silizium wohl etwas vermindert, es bestehen hier aber noch Unklarheiten[4]. In austenitischen 18/8-Chrom-Nickel-Stählen ist bei 900 bis 1000 °C beispielsweise die Löslichkeit höher als im reinen γ-Eisen[5].

Als Legierungselement erhöht Wasserstoff im Gußeisen und in Stahl die Stabilität der Karbidphase und verbessert die Durchhärtung[6]. Der

---

[1] s. a. die theoretischen Betrachtungen hierzu von R. Ash u. R. M. Barter: Phil. Mag. 8. Ser. Bd. 4 (1959) S. 1197/1208.

[2] Bardenheuer, P., u. G. Thanheiser: Mitt. K.-Wilh.-Inst. Eisenforschg. Bd. 10 (1928) S. 323/342.

[3] Körber, F., u. H. Ploum: Mitt. K.-Wilh.-Inst. Eisenforschg. Bd. 14 (1932) S. 229/248; vgl. Stahl u. Eisen Bd. 52 (1932) S. 1177. — Besnard, S., u. J. Talbot: Rev. Métall., Mém., Bd. 56 (1959) S. 163/170.

[4] s. hierzu auch W. Geller u. Tak-Ho Sun: Arch. Eisenhüttenw. Bd. 21 (1950) S. 423/430.

[5] Blanchard, R.: C. R. hebd. Séances Acad. Sci., Paris Bd. 248 (1959) S. 966/968.

[6] Houdremont, E., u. P. A. Heller: Stahl u. Eisen Bd. 61 (1941) S. 756/760; Techn. Mitt. Krupp, Forsch.-Ber. Bd. 4 (1941) S. 117/126.

Einfluß auf den Ablauf der Umwandlung ist gering, das Ende der isothermen Umwandlung wird zu längeren Zeiten verschoben, der Anfang dagegen nicht[1]. Bei der Umwandlung wird Wasserstoff abgegeben[2].

Der Einfluß von Wasserstoff auf die mechanischen Eigenschaften von Eisen und Stahl ist ziemlich komplex und beruht wohl auf der Wechselwirkung von diffundierendem Wasserstoff mit den wandernden Versetzungen[3]. Im normalen Zugversuch werden Dehnung und Einschnürung durch Wasserstoff stark vermindert, Streckgrenze und Zugfestigkeit wenig oder gar nicht erhöht, d. h., der Wasserstoff wirkt stark versprödend. Mit zunehmender Verformungsgeschwindigkeit wird diese Versprödung aber geringer[4], so daß sie im Kerbschlagversuch nicht immer beobachtet wird[5]. Die Wasserstoffversprödung wird um so stärker, je höher die Festigkeit des Werkstoffs ist. In austenitischen Stählen wird eine Versprödung durch Wasserstoff nicht beobachtet.

Wasserstoff kann ähnlich wie Kohlenstoff und Stickstoff im Eisen eine ausgeprägte Streckgrenze hervorrufen, Voraussetzung ist natürlich, daß die Kohlenstoff- und Stickstoffgehalte so niedrig sind, daß im nicht mit Wasserstoff beladenen Zustand die Spannungs-Dehnungs-Kurve glatt verläuft. Eine ausgeprägte Streckgrenze wird dann auch nicht bei Raumtemperatur beobachtet, sondern nur bei Prüfung bei tieferen Temperaturen[6]. Im Zusammenhang hiermit wird bei 105 °K ein Maximum der inneren Dämpfung gefunden[7].

Eine besondere Form der Wasserstoffversprödung ist der sogenannte verzögerte Bruch (delayed fracture), der in den Vereinigten Staaten in Stählen sehr hoher Festigkeit nach dem galvanischen Aufbringen einer Kadmiumschicht bei mehrachsigen Belastungen unterhalb der Streckgrenze vielfach beobachtet worden ist und zu Unannehmlichkeiten geführt hat[8].

---

[1] Cottrell, C. L. M.: J. Iron Steel Inst. Bd. 176 (1954) S. 273/282.

[2] Andrew, J. H., H. Lee, H. K. Lloyd u. M. Stephenson: J. Iron Steel Inst. Bd. 156 (1947) S. 208/253.

[3] Eine Zusammenstellung der hierüber aufgestellten Theorien findet sich bei F. de Kazinczy: J. Iron Steel Inst. Bd. 177 (1954) S. 85/92; s. a. A. Siede u. W. Rostoker: Trans. Met. Soc. AIME Bd. 212 (1958) S. 852/855.

[4] Brown, J. T., u. W. M. Baldwin jr.: J. Metals, Trans., Bd. 6 (1954) S. 298 bis 303.

[5] Bastien, P., u. P. Azou: Rev. Métall., Mém., Bd. 49 (1952) S. 837/848; Bd. 54 (1957) S. 93/100. — Bell, W. A., u. A. H. Sully: J. Iron Steel Inst. Bd. 178 (1954) S. 15/18.

[6] Rogers, H. C.: Acta Met. Bd. 4 (1956) S. 114/117; Bd. 5 (1957) S. 112/113.

[7] Weiner, L. C., u. M. Gensamer: Acta Met., New York Bd. 5 (1957) S. 692 bis 694.

[8] Klier, E. P., B. B. Muvdi u. G. Sachs: J. Metals, Trans., Bd. 9 (1957) S. 106 bis 112. — Johnson, H. H., J. G. Morlet u. A. R. Troiano: Trans. Met. Soc. AIME Bd. 212 (1958) S. 528/536.

Verschiedene Fehlererscheinungen im Stahl sind auf die Wirkung des Wasserstoffes zurückzuführen. Beim Beizen sammelt sich der atomar diffundierende Wasserstoff nach P. Bardenheuer und G. Thanheiser[1] an Lockerstellen (Schlacken, Lunker) unter Druck molekular an und

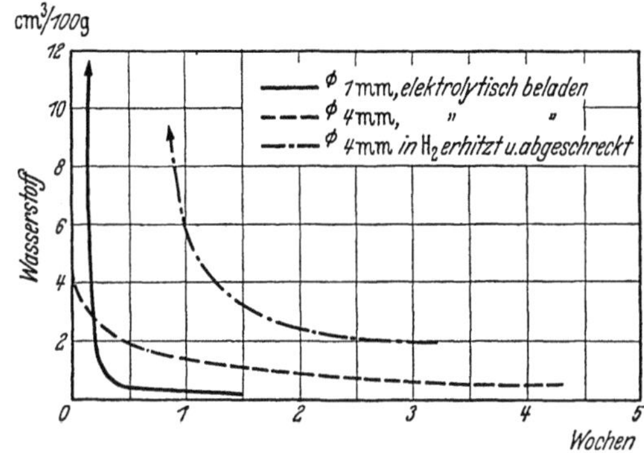

Bild 203. Wirkung des Lagerns auf den Wasserstoffaustritt aus einem Draht mit 0,04% C, 0,31% Mn und 0,11% Cu (nach P. Bardenheuer und G. Thanheiser)

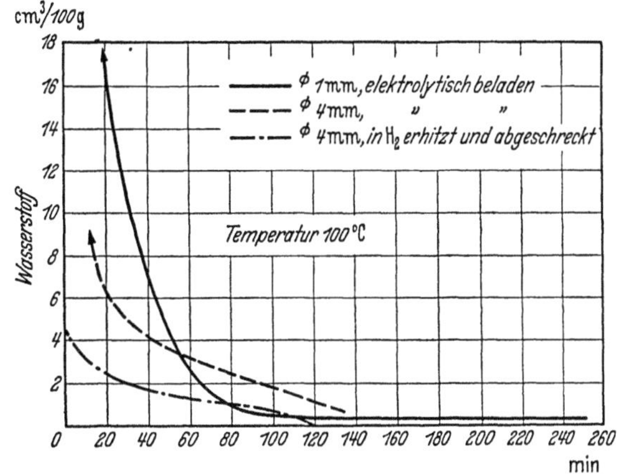

Bild 204. Einfluß der Temperatur des siedenden Wassers auf den Wasserstoffaustritt aus einem Draht mit 0,04% C, 0,31% Mn, 0,11% Cu (nach P. Bardenheuer und G. Thanheiser)

führt bei dünnen Blechen zu Beizblasen unmittelbar nach der Einwirkung der Säure. Bei größeren Wandstärken, wenn der Druck bei Raumtemperatur nicht mehr ausreicht, um eine Ausbauchung herbeizuführen, tritt diese Erscheinung bei einem nachfolgenden Erwärmen, durch das eine Drucksteigerung des Gases und eine Verminderung der

[1] Bardenheuer, P., u. G. Thanheiser: Mitt. K.-Wilh.-Inst. Eisenforschg. Bd. 10 (1928) S. 323/342; s. a. Bardenheuer, P., u. H. Ploum: Mitt. K.-Wilh.-Inst. Eisenforschg. Bd. 16 (1934) S. 129/136.

Festigkeit des Werkstoffes erfolgt, ein. Da Eisen- und Stahllegierungen vor dem Kaltwalzen und Ziehen stets entzundernd gebeizt werden, könnte sich die mit der Wasserstoffaufnahme verbundene Versprödung bei der nachfolgenden Verformung ungünstig auswirken. Die Eigenschaft des Wasserstoffes jedoch, bei längerem Lagern[1] (Bild 203) oder schneller beim Erwärmen[1] (Bild 204) auszutreten, ermöglicht es, den Stahl wieder zäh zu machen. Will man durch Beizen feststellen, ob gehärteter Stahl Härterisse hat, so ist er vorher zu glühen, da im gehärteten Stahl durch Wasserstoffaufnahme allein Risse entstehen.

Auf die Erscheinung der Flockenbildung im Stahl, deren Ursache ebenfalls der Wasserstoff ist, wird an anderer Stelle ausführlich eingegangen (S. 1003).

Auch im Schweißgut hochwertiger Lichtbogenschweißungen, die mit dick ummantelten Elektroden hergestellt wurden, können außergewöhnliche Brucherscheinungen, die sog. Fischaugen, durch den aus der Ummantelung aufgenommenen Wasserstoff verursacht werden[2]. Die Ursache ist hier dieselbe wie bei den Flocken[3].

Bei höheren Temperaturen wirkt der Wasserstoff stark entkohlend. Entkohlungserscheinungen können bei Kohlenstoffstählen schon bei niedrigen Temperaturen (etwa 250 bis 300 °C) unter hohen Drücken, wie z. B. in Hydrieröfen, bei gleichzeitiger Rißbildung auftreten. Stähle, die von Wasserstoff schwer angreifbare Sonderkarbide enthalten, wie z. B. Molybdän- oder Wolframkarbide, zeigen diese Erscheinung auch bei Temperaturen von 600 °C noch nicht (s. dazu S. 481).

In den letzten Jahren ist in niedriglegierten Stählen höherer Festigkeit bei Belastung in schwefelwasserstoffhaltigen Lösungen häufig eine transkristalline Spannungsrißkorrosion beobachtet worden[4], die auf ein Zusammenwirken von aufgenommenem Wasserstoff mit den Spannungen zurückzuführen ist. Diese Erscheinung trägt auch den Namen „Sulfid-Spannungskorrosion" (s. S. 489, 583).

Über die Bedingungen, unter denen mehr oder weniger Wasserstoff vom Stahlbad aufgenommen wird, sind eine Reihe von Untersuchungen

---

[1] Bardenheuer, P., u. G. Thanheiser: Mitt. K.-Wilh.-Inst. Eisenforschg. Bd. 10 (1928) S. 323/342.

[2] Bennek, H., u. F. H. Müller: Arch. Eisenhüttenw. Bd. 14 (1940/41) S. 605/615; Techn. Mitt. Krupp, Forsch.-Ber. Bd. 4 (1941) S. 99/116. — Zapffe, C. A., u. C. E. Sims: Weld. J. Res. Counc. Bd. 19 (1940) S. 377/395. — Erdmann-Jesnitzer, F., u. H. Kowalkowski: Arch. Eisenhüttenw. Bd. 24 (1953) S. 361/368.

[3] s. hierzu Millett, E. J.: Brit. Weld. J. Bd. 3 (1956) S. 497/509. — Vaughan, H. G., u. M. E. de Morton: Brit. Weld. J. Bd. 4 (1957) S. 40/61.

[4] N. A. C. E. Symposium über Sulfid-Spannungskorrosion: Corrosion Bd. 8 (1952) S. 326/360. — Class, I.: Werkstoffe u. Korrosion Bd. 6 (1955) S. 237/245. — Baldy, M. F., u. R. C. Bowden: Corrosion Bd. 11 (1955), Okt., S. 19/24. — Herzog, E.: C. R. Acad. Sci., Paris Bd. 244 (1957) S. 1499/1502.

veröffentlicht worden, in denen dieses Verhalten quantitativ verfolgt worden ist[1]. Siehe darüber auch S. 1003 (Flocken).

23. Sauerstoff im Stahl

Der Sauerstoff spielt bei allen Stahlherstellungsverfahren eine große Rolle. Die Reaktionen, die sich sowohl beim Frischen wie bei der Desoxydation abspielen, sind an die Wirkung des Sauerstoffs gebunden.

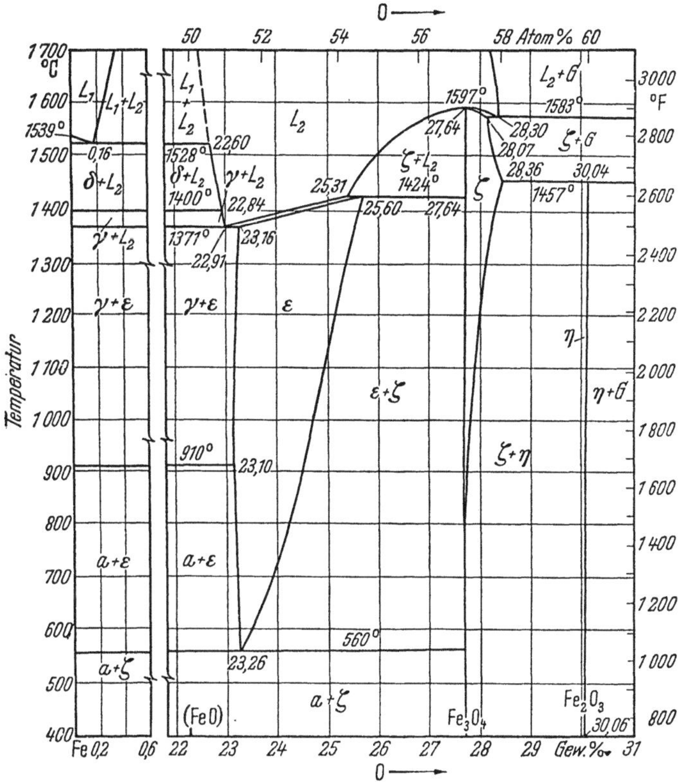

Bild 205. Zustandsschaubild Eisen-Sauerstoff (nach L. S. Darken und R. W. Gurry)

Für die Eigenschaften des fertigen Stahles sind jene Desoxydationsprodukte, die vor dem Abgießen nicht mehr in die Schlacke gehen können und daher im Stahl zurückbleiben, von Bedeutung. Je nach den angewendeten Desoxydationsmitteln wird der Sauerstoff dann im Stahl

[1] Wentrup, H., H. Fucke u. O. Reif: Stahl u. Eisen Bd. 69 (1949) S. 117 bis 122. — Piper, E., H. Hagedorn u. H. Backes: Stahl u. Eisen Bd. 73 (1953) S. 817/828. — Sommer, F.: Stahl u. Eisen Bd. 72 (1952) S. 32/35. (Referate über amerikanische Arbeiten). — Epstein, H., J. Chipman u. N. J. Grant: J. Metals, Trans., Bd. 9 (1957) S. 597/608.

in verschiedenen Bindungsformen vorliegen, wie z. B. als MnO, SiO_2, Al_2O_3 usw. Außerdem muß immer damit gerechnet werden, daß die Desoxydation nicht vollständig verlaufen ist und daß noch gewisse, wenn auch sehr kleine Restmengen an FeO[1] und an gelöstem Sauerstoff im Stahl vorhanden sind.

Das Zustandsschaubild Eisen-Sauerstoff[2] (Bild 205) zeigt außer dem α-, γ- und δ-Eisen und den verschiedenen Schmelzen (die hier mit L_1 und L_2 bezeichnet sind) folgende Phasen: ε-Wüstit (FeO), ζ-Magnetit (Fe_3O_4) und η-Hämatit (Fe_2O_3). Der Wüstit zersetzt sich bei 560 °C im Gleichgewicht zu Magnetit und α-Eisen.

Die Löslichkeit des Sauerstoffs im festen Eisen ist in den letzten Jahren Gegenstand einer Reihe von Untersuchungen gewesen. Hierbei hat sich herausgestellt, daß die gemessene Löslichkeit sehr stark von Verunreinigungen und Stahlbegleitelementen beeinflußt wird, und zwar nimmt sie mit dem Gehalt an diesem zu. Reinstes, vakuumgeschmolzenes Eisen hat eine O_2-Löslichkeit von 7 ppm (0,0007%) zwischen 700 und 880 °C, bei Elektrolyteisen beträgt sie bei 700 °C 50, bei 850 °C 150 ppm. Im γ-Eisen ist die Löslichkeit möglicherweise noch niedriger[3]. Es ist also noch die Frage offen, ob in reinstem Eisen eine echte Löslichkeit für Sauerstoff überhaupt besteht oder ob die hier angegebenen Werte nicht noch auf inhomogene Sauerstoffverteilung in Korngrenzen- oder Gitterfehlstellen zurückzuführen sind. Da der Sauerstoff aber erwiesenermaßen im Eisen diffundiert[4], und zwar nicht nur über die Korngrenzen[5], muß doch eine Löslichkeit angenommen werden. Ungeklärt ist auch die Frage, worauf die erheblich höhere scheinbare Löslichkeit bei Anwesenheit von Verunreinigungen zurückzuführen ist[6].

Im flüssigen Stahl ist Sauerstoff aber löslich; die Löslichkeit wird entscheidend durch die Legierungsgehalte des Stahles an C, Si, Al, Ti, Mn usw. beeinflußt. Es würde hier zu weit führen, auf diese für die Stahlherstellung höchst wichtige Frage einzugehen. Es sei hier nur auf die große Bedeutung der oxydischen Einschlüsse, die bei der Desoxydation entstehen, hingewiesen.

Beim Einfluß des Sauerstoffs auf die Stahleigenschaften ist zu unterscheiden zwischen dem des gelösten Sauerstoffs und dem oxydischer

---

[1] Sifferlen, R.: C. R. hebd. Séances Acad. Sci., Paris Bd. 244 (1957) S. 1192 bis 1193; Bd. 247 (1958) S. 1608/1611.

[2] Nach L. S. Darken u. R. W. Gurry: J. Amer. chem. Soc. Bd. 68 (1946) S. 798/816; s. a. Metals Handbook, Amer. Soc. Met., Cleveland 1948.

[3] s. hierzu den Vorschlag von A. U. Seybolt: J. Metals, Trans., Bd. 6 (1954) S. 641/644.

[4] Sifferlen, R., u. C. Bourelier: C. R. hebd. Séances Acad. Sci., Paris Bd. 244 (1957) S. 2928/2929.

[5] Meijering, J. L.: Acta Met., New York Bd. 3 (1955) S. 157/162.

[6] vgl. A. U. Seybolt: Trans. Met. Soc. AIME Bd. 215 (1959) S. 298/300.

Einschlüsse. In reinem Eisen[1] hat der Sauerstoff keinen wesentlichen Einfluß auf Zugfestigkeit und Streckgrenze, nur Dehnung und Einschnürung werden etwas vermindert. Dagegen wird die Kerbschlagzähigkeit schon von 0,003% O_2 an wesentlich verschlechtert. Verbunden ist dies mit einem Bruch über die Korngrenzen. Prüft man im Zugversuch bei tiefen Temperaturen, beispielsweise bei —196 °C, so erhält man auch hier vorzeitige verformungslose Korngrenzenbrüche bei herabgesetzter Festigkeit. Bereits durch niedrige Zusätze von Kohlenstoff und Mangan wird diese Versprödung durch Sauerstoff aufgehoben.

Es ist früher immer wieder vermutet worden, daß die Alterungsvorgänge und die Blausprödigkeit mit dem Sauerstoff in Zusammenhang stehen. Insbesondere erhielten diese Vermutungen eine Stütze dadurch, daß mit Aluminium gut desoxydierter Stahl diese Alterungsvorgänge nicht oder in wesentlich schwächeren Ausmaßen zeigt. Heute weiß man aber, daß der Stickstoff der wesentliche Grund für die Alterung ist (s. S. 288) und daß das Aluminium in diesem Zusammenhang nicht als Desoxydations-, sondern als Denitrierungsmittel wirkt. Allerdings verursacht Sauerstoff in reinem Eisen ein gewisses Maß von Alterung, also eine Härtesteigerung beim Anlassen nach vorhergehendem Abschrecken[2], und hat wohl auch einen Einfluß auf die Reckalterung[3], aber dies ist nur sekundärer Art.

Auf den Einfluß der verschiedenartigen oxydischen Einschlüsse hier einzugehen, würde zu weit führen. Neben der direkten Wirkung auf die mechanischen Eigenschaften können sie in fein verteilter Form ankeimend auf Erstarrungs- und Umwandlungsvorgänge wirken. In aluminiumbehandelten Feinkornstählen beruht die Kornverfeinerung des Austenitkorns aber nicht hauptsächlich auf der Bildung von Aluminiumoxyden, sondern vor allem auf der Ausscheidung von Aluminiumnitriden[4], die bei Überhitzung auf 1000 bis 1050 °C, wenn auch die Feinkörnigkeit verlorengeht, wieder in Lösung gehen, was bei Aluminiumoxydteilchen nicht der Fall ist.

---

[1] Hierzu liegen neuere Untersuchungen vor von W. P. Rees, B. E. Hopkins u. H. R. Tipler: J. Iron Steel Inst. Bd. 169 (1951) S. 157/168. — Rees, W. P., u. P. Hopkins: J. Iron Steel Inst. Bd. 172 (1952) S. 403/409. — Wever, F., W. A. Fischer u. H. Engelbrecht: Stahl u. Eisen Bd. 74 (1954) S. 1521/1526.

[2] Fast, J. D.: Stahl u. Eisen Bd. 73 (1953) S. 1484/1496. — Wever, F., W. A. Fischer u. H. Engelbrecht: Stahl u. Eisen Bd. 74 (1954) S. 1521/1526.

[3] Jäniche, W., u. H. Beck: Arch. Eisenhüttenw. Bd. 29 (1958) S. 643/651.

[4] Born, K., u. W. Koch: Stahl u. Eisen Bd. 72 (1952) S. 1268/1277. — Chatterjea, A. B., u. B. R. Nijhawan: Metal Treatm. Drop Forg. Bd. 24 (1957) S. 3/6 u. 54/59.

IX. Stähle nach Verwendungsgebieten geordnet

1. Baustähle[1]

(Vergütungs- und Einsatzstähle[2])

Außer den Vergütungs- und Einsatzstählen sind zu den Baustählen im weiteren Sinne noch zuzuzählen die Federstähle, die Ventilstähle, die Turbinenschaufelstähle. Zu den Baustählen zählt man aber auch Stähle mit Werkzeugstahleigenschaften, wie die Wälzlagerstähle, Stähle für Einspritzdüsennadeln, Teile für Preßluftkolben und andere, die aber der Verwendung nach Baustähle sind. Die Hauptmenge der Baustähle sind die Vergütungs- und Einsatzstähle, die man wohl als Baustähle im engeren Sinne bezeichnen kann. Dabei ist nicht zu vergessen, daß sowohl Vergütungs- wie Einsatzstähle auch für Werkzeuge gebraucht werden können, so z. B. die ersteren für Gesenke und die letzteren für Kunstharzpreßformen.

Dauerbruch

Einflußgrößen auf die Belastbarkeit von Maschinenteilen

(Dauerschwingfestigkeit, Oberfläche, Gestalt, Eigenspannungen)

In den Fragen der Beanspruchung der Maschinen- und Fahrzeugteile und über die Grenzen, bis zu denen von der Werkstoffseite die Wünsche der Konstrukteure erfüllt werden können, haben in den letzten dreißig Jahren die Festigkeitslehre und die Werkstoffkunde eine erfreuliche wissenschaftliche Entwicklung gebracht — im Gegensatz zu den Werkzeugstählen, wo man wie vor Jahrzehnten noch bei der rein technologischen Behandlung stehengeblieben ist.

Bis etwa 1920 machte man im Vergleich zu den heutigen Vorstellungen sehr vereinfachte Annahmen. Man zog für die Berechnung keine anderen Werkstoffeigenschaften heran als Streckgrenze, Festigkeit, Elastizitätsmodul und Elastizitätsgrenze; über die Beanspruchungen der Konstruktionsteile wußte man nicht viel mehr, als nach der statischen Berechnung der als homogen und elastisch angenommenen Stahlteile abzuleiten war. Die Einführung des Begriffes „Dauerschwingfestigkeit", kurz „Dauerfestigkeit", war ein großer Schritt nach vorwärts. Man beachtete aber noch einige Zeit den Einfluß der Gestalt auf die Verteilung der Spannung zu wenig, ebensowenig die Eigenspannungen und die Zwangslage des

---

[1] Übersichtliches Schrifttum s. W. Küntscher, H. Kilger u. H. Biegler: Hilfs- und Nachschlagebuch Technische Baustähle. Halle (Saale): Knapp 1958.

[2] Rostbeständige Chromstähle, die auch als Vergütungsstähle verwendet werden können, sind in einem anderen Abschnitt behandelt.

mehrachsigen Zustandes. Es kann nicht Aufgabe dieses Buches sein, sich ausführlich mit diesem Gegenstand zu befassen; ein kurzer Überblick darüber soll aber doch nicht fehlen, um auch hier einen Beitrag über die so notwendige Verbindung zwischen Konstrukteur und Werkstoffmann herzustellen.

Die Frage, die hier zu beantworten ist, ist die, wie groß bei einem Konstruktionselement nach einer bestimmten Belastung die Spannungen in den verschiedenen Teilen sind, und wenn man dies weiß, welche Beanspruchung der Werkstoff ertragen kann. Was den Werkstoff betrifft, so war die begriffliche Trennung in statische und schwingende Beanspruchung von großer Bedeutung. Für ruhende Beanspruchung ist die

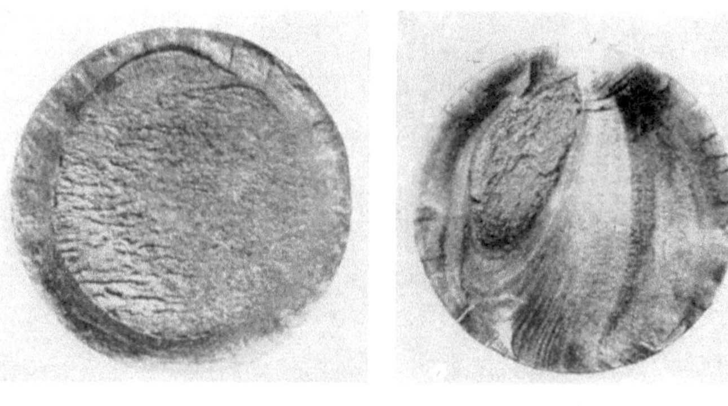

a b

Bild 206. a) Dauerbruch einer Eisenbahnachse infolge zu scharfer Drehriefe; b) Dauerbruch einer Lok-Treibkurbel durch Kerbwirkung der Keilnut (nach I. J. POHL)

Streckgrenze die richtige Berechnungsgrundlage, wenn nicht auch hier Eigenspannungen berücksichtigt werden müssen. Maschinen- und Fahrzeugteile sind aber meist nicht einer ruhenden Belastung, sondern einer mehr oder minder regelmäßig wiederkehrenden Belastung und teilweise vollkommenen Entlastung unterworfen, also schwingend beansprucht. Brüche, die durch Überlastung infolge Schwingungsbeanspruchung eintreten, nennt man Ermüdungsbrüche, Dauerbrüche oder Dauerschwingbrüche. Im Gegensatz dazu spricht man von Gewaltbrüchen, wenn der betreffende Teil einer ausnahmsweise unerwartet eintretenden schlagartigen Beanspruchung erliegt. Der Ermüdungsbruch unterscheidet sich vom Gewaltbruch vor allem dadurch, daß der Anbruch verformungslos in Schichten erfolgt, bis schließlich der Restquerschnitt durch Gewaltbruch zugrunde geht.

Die Bilder 206 u. 207 zeigen[1], um einleitend die zwei Hauptbruchformen zu unterscheiden, Ermüdungsbrüche (Bild 206) und einen

[1] Das Gesicht des Bruches metallischer Werkstoffe, Bd. I/II S. 127. München u. Berlin: Allianz-Vers.-AG. 1956.

Gewaltbruch (Bild 207). Nach einer ungefähren Schätzung sind 80% der vorkommenden Brüche Dauerbrüche, die einer normalen Betriebs-

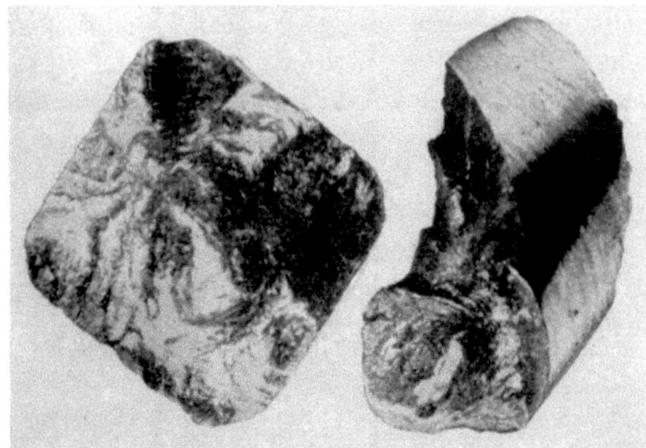

Bild 207. Verdrehungsbruch einer Kraftwagenhinterachse (nach I. J. POHL)

Bild 208. Dauerbruch mit drei Anbruchstellen des Lagerzapfens einer Kurbelwelle (nach I. J. POHL)

beanspruchung zuzuschreiben sind, und 20% Gewaltbrüche, also die Folge einer unvorhergesehenen Beanspruchung.

Der Ausgangspunkt des Dauerbruches kann, wie man aus Bild 206 ersieht, verschiedener Art sein. Wie Bild 208[1] deutlich macht, kann er auch von mehr Stellen als nur einer ausgehen. Das Bild gibt den Bruch des Lagerzapfens einer Kurbelwelle 350 mm ⌀ wieder. Man sieht drei Dauerbrüche, die selbständig, vermutlich durch lockeres Aufsitzen, entstanden waren. Im folgenden wird im einzelnen näher auf „Dauerbruch" und auf die Einflußgrößen, die zu dieser Bruchart führen, eingegangen.

Dauerschwingfestigkeit. Als Dauerbeanspruchung bezeichnet man eine Beanspruchung, die sich wiederholt zwischen einer Oberspannung und einer Unterspannung verändert. Derartige Beanspruchungen lassen sich auch so darstellen, daß man eine ruhende Mittelspannung und eine ihr überlagerte Wechselspannung mit gegebenen Spannungsausschlag annimmt. Die größte derartige Beanspruchung, die ein Werkstoff eben noch dauernd erträgt, ohne zu Bruch zu gehen, heißt seine „Dauerschwingfestigkeit", kurz „Dauerfestigkeit". Bei Stahl wird im allgemeinen angenommen, daß er bei gegebener Beanspruchung beliebig viele Lastwechsel erträgt, wenn er bei dieser Beanspruchung 3 bis 10 Millionen Lastwechsel ausgehalten hat. Man prüft daher gewöhnlich nur 3 Millionen Lastwechsel, wobei zu bemerken ist, daß die ertragene Beanspruchung sich zwischen 3 und 10 Millionen Lastwechsel sehr wenig ändert.

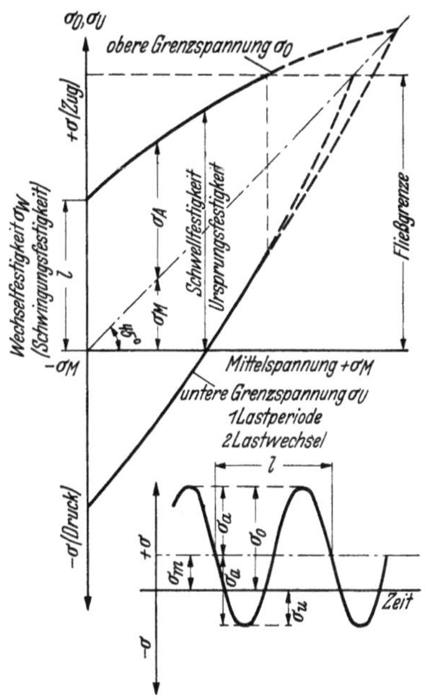

Bild 209. Schema einer Dauerbeanspruchung und des Dauerfestigkeits-Schaubildes für Zug-Druck-Beanspruchung mit Zugmittelspannungen

Bild 209 zeigt den Verlauf der ertragenen Grenzspannung, angefangen mit einer Mittelspannung $\sigma = 0$ und immer stärker werdenden positiven Mittelspannungen. Ist die Mittelspannung 0, dann spricht man von „Wechselfestigkeit" (früher Schwingungsfestigkeit). Ist die Druckspannung auf 0 gesunken, dann wird die Dauerfestigkeit „Schwellfestigkeit" (früher Ursprungsfestigkeit) genannt. Noch weiter rechts liegen die Bereiche mit statischer Vorspannung bis herauf zur Fließgrenze, über die hinaus man nicht mehr von Dauerfestigkeit sprechen kann.

Ist die Beanspruchung höher, etwa bei Überschreitung der Elastizitätsgrenze, so geht die Probe bei einer geringeren Lastwechselzahl zu

[1] s. Fußnote 1 S. 335.

Bruch. Die Bruchlastwechselzahl liegt um so niedriger, je höher die Beanspruchung ist (Wöhler-Kurve). Wird ein Bauteil während seiner Lebensdauer durch verhältnismäßig wenig Lastwechsel beansprucht, so kann seiner Berechnung eine höhere Beanspruchung als die Dauerfestigkeit zugrunde gelegt werden. In diesem Fall kann man der Berechnung gemäß der Wöhler-Kurve eine höhere Belastung zugrunde legen, die „Zeitfestigkeit" genannt wird.

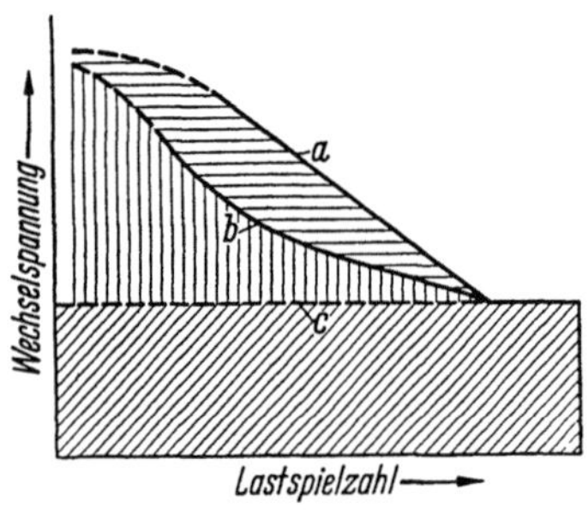

Bild 210[1]. Erweitertes Wöhler-Schaubild (nach HEMPEL)
a Wöhler-Linie, *b* Schadenslinie, *c* Wechselfestigkeit

Da die inneren Zerstörungen bei Überschreitung der Dauerfestigkeit schon bald eintreten, wird der Werkstoff schon dauernd geschädigt, bevor die der jeweiligen Zeitfestigkeit entsprechende Lastspielzahl erreicht ist. Solche Überschreitungen setzen daher nachfolgend die Dauerfestigkeit herab. Die in dem von M. HEMPEL[1] gegebenen schematischen Bild 210 gegebene untere Linie — die sogenannte „Schadenslinie" — zeigt an, bis zu welcher Höhe und wie lange der Stahl belastet werden kann, ohne die Dauerfestigkeit herabzusetzen[2].

Links von der Linie *b* auferlegte Beanspruchungen, wenn sie auch über der Wechselfestigkeit (Dauerfestigkeit) liegen, schädigen dieselbe nachfolgend nicht. Beanspruchungen zwischen *b* und *a* bringen nach diesem Bild dauernden Schaden.

Die Bedeutung der Schadenslinie bedarf in ihren Einzelheiten wohl noch der Aufklärung. Im allgemeinen darf man annehmen, daß das Festigkeitsverhalten bei oftmals wiederholter Beanspruchung und die Höhe der Dauerfestigkeit bei Beanspruchungen unterhalb der Schadenslinie nicht beeinflußt wird. Kurzzeitige, d. h. nicht zu häufige Überbeanspruchungen führen vor allem bei einsinniger Belastung zu erhöhten Dauerfestigkeitswerten, wenn auch dann die Beanspruchung über die Schadenslinie hinausgehen mag. Man nützt diesen sogenannten „Trainer"-Effekt besonders bei weichen und verfestigungsfähigen Stählen auch praktisch aus. Dies ist sowohl in der Verfestigung an den überelastisch verformten Stellen im Gefüge als auch in den an diesen Stellen zurückbleibenden Eigenspannungen begründet. Daher kann das Festigkeitsverhalten bei schwingender Beanspruchung besonders für unstetig geformte Werkstücke dadurch verbessert werden, daß eine oder mehrere, aber nicht zu viele gleichsinnige Überlastungen mit überelastischen

[1] Nach M. HEMPEL: Z. VDI Bd. 94 (1952) S. 884.

[2] Siehe z. B. E. SIEBEL u. G. STÄHLI: Arch. Eisenhüttenw. Bd. 15 (1941/42) S. 519/527.

Formänderungen ohne Anriß an den gefährlichen Kerbstellen vorweggenommen werden.

Dieser Vorgang muß allerdings so durchgeführt werden, daß keine überstarken Verformungen auftreten, weil dann solche Schädigungen entstehen, die den vorzeitigen Anbruch herbeiführen können.

Eine ausgezeichnete Zusammenfassung über Dauerfestigkeitsprüfungen und Werkstoffverhalten bei der Schwingungsbeanspruchung gibt M. Hempel[1].

Die Frage, welche Werkstoffänderungen zum Dauerbruch führen, war Gegenstand vieler Untersuchungen. Röntgenographische Prüfungen[2] zeigten, daß geringe plastische Verformungen schon bald zu Beginn der Beanspruchung auftreten, die sich zunächst auf das ganze Werkstoffvolumen erstrecken, in weiterer Folge dann an bevorzugten Stellen, sei es nun solchen erhöhter Spannungen, z. B. an scharfen Übergängen, oder durch kleine Werkstoffehler, zu Werkstofftrennungen, d. i. kleinen Rissen, führen. Man bezeichnet diesen Vorgang als „Werkstoffzerrüttung"[3]. Diese den Dauerbruch einleitende Werkstoffzerrüttung ist eine im Anfangsstadium schwer erkennbare, aber bleibende Schädigung, und man kann sie nur durch Erwärmung auf Temperaturen beseitigen, wo durch Diffusion und Rekristallisation Werkstofferholung, damit aber auch Änderung der Festigkeitseigenschaften, eintritt. Diese Temperatur ist vom Werkstoff und vom Maß der Zerrüttung abhängig. Man wird aber gut tun, sie nicht unter 600 °C anzunehmen. — Aus der Entstehung des Dauerbruches aus kleinsten, sich allmählich erweiternden Rissen ergibt sich zwanglos, daß Dauerbrüche auch bei zähen Werkstoffen nicht Verformungs-, sondern Trennbrüche sind.

Solange es sich um polierte Längsproben aus geschmiedetem oder gewalztem Stahl handelt, die an der Biegewechselmaschine geprüft werden, so gelten für die Biegewechselfestigkeit σ_{bW} zwei rohe Formeln. σ_B bedeutet die Zugfestigkeit und σ_S die Streckgrenze. Entweder sagt man $\sigma_{bW} = C \cdot \sigma_B$, wobei C ein Beiwert ist, der zwischen 0,4 und 0,6 schwankt, oder man sagt $\sigma_{bW} = 0{,}25 \cdot (\sigma_S + \sigma_B) + 5\ \text{kg/mm}^2$. Nach beiden Formeln beträgt die Biegewechselfestigkeit mit einer Abweichung $\pm 20\%$ etwa die Hälfte der Zugfestigkeit. Diese einfache Beziehung gibt aber noch lange keine allgemeingültige Unterlage für die Berechnung der zulässigen Grenzspannungen an Bauteilen, wie sie in Wirklichkeit vorkommen. Sie wird sehr stark vom Zustand der Oberfläche, von der Form und Größe des Körpers und schließlich von den Eigenspannungen beeinflußt. Bemerkenswert ist dagegen, daß die Frequenzen der Last-

[1] Hempel, M.: Z. VDI Bd. 94 (1952) S. 809/815 u. 882/837.

[2] z. B. Glocker, R., W. Lutz u. O. Schaaber: Z. VDI Bd. 85 (1941) S. 793/800.

[3] Der auf S. 338 erwähnte Trainer-Effekt ist eine Kaltverformung und keine Werkstoffzerrüttung in dem hier gebrauchten Sinne.

spiele, sofern die Probe sich nicht erwärmt und die Temperatur nicht zu hoch liegt, eine geringe Rolle spielt[1]. Erst über 10000 Lastspiele je Minute nimmt die Dauerfestigkeit im allgemeinen etwas zu.

Oberfläche. Der Zustand der Oberfläche ist von wesentlichem Einfluß, wie Bild 211 zeigt.

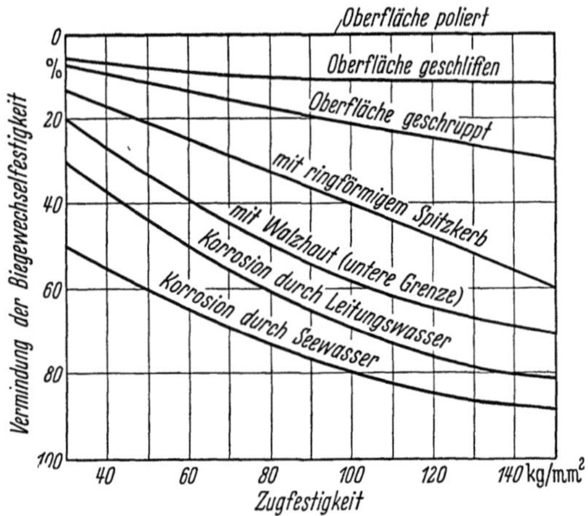

Bild 211. Verminderung der Biegewechselfestigkeit von Stählen durch Oberflächenbeschaffenheit, Kerben und Korrosion (nach Arbeitsblatt Nr. 1 vom Fachausschuß für Maschinenelemente im VDI)

Außer dieser allgemeinen Aussage sind im besonderen noch folgende Gesichtspunkte zu berücksichtigen:

Quer verlaufende Riefen sind schädlicher als parallel zur Längsachse verlaufende[2].

Proben mit Kerben, wie Nuten, Bohrungen oder auch anderen Formkerben, ergeben Nenndauerfestigkeiten, die gegenüber der Dauerfestigkeit des Werkstoffes um so niedriger sind, je höher die sog. Formziffer der Kerbe ist. Diese Formziffer ist das Verhältnis der maximalen Spannung im Kerbgrund zur Nennspannung. Das Verhältnis zwischen der Dauerfestigkeit des Werkstoffes und der Nenndauerfestigkeit des gekerbten Teiles nennt man die Kerbwirkungszahl. Die Formziffer ist zwar vom Werkstoff unabhängig; die Kerbwirkungszahl hingegen nimmt mit steigender Zugfestigkeit des Stahles, wie sich aus Bild 211 ergibt, ab. Spröde Werkstoffe sind kerbempfindlicher als zähe.

A. Pomp und M. Hempel[2] geben in der Zahlentafel 52 Werte an, aus denen hervorgeht, in welchem Verhältnis die Biegewechselfestigkeit in

[1] Körber, F., u. M. Hempel: Mitt. K.-Wilh.-Inst. Eisenforschg. Bd. 18 (1936) S. 15/19; Hempel, M., u. E. Houdremont: Stahl u. Eisen Bd. 73 (1953) S. 1503 bis 1511.

[2] Zu diesen Fragen s. insbesondere: Dauerschwingfestigkeit von R. Mailänder, Werkstoff-Handbuch Stahl u. Eisen, 3. Aufl. Düsseldorf 1953, D 11—1 ff.

Zahlentafel 52. *Beziehungen zwischen Biegewechselfestigkeit und Zugfestigkeit für verschiedene Stabformen und Werkstoffgruppen* (nach A. POMP und M. HEMPEL)

Werkstoff	Beziehungen zwischen Biegewechselfestigkeit und Zugfestigkeit		
	Vollstab * $[\sigma_{bW} = C_0 \cdot \sigma_B]$	Kerbstab ** $[\sigma_{bW(K)} = C_K \cdot \sigma_B]$	Lochstab *** $[\sigma_{bW(L)} = C_L \cdot \sigma_B]$
Chrom-Molybdän-Vergütungsstähle	$\sigma_{bW} = 0{,}519 \cdot \sigma_B$	$\sigma_{bW(K)} = 0{,}262 \cdot \sigma_B$	$\sigma_{bW(L)} = 0{,}298 \cdot \sigma_B$
Chrom-Molybdän- und Chrom-Nickel-Einsatzstähle	$\sigma_{bW} = 0{,}439 \cdot \sigma_B$	$\sigma_{bW(K)} = 0{,}265 \cdot \sigma_B$	$\sigma_{bW(L)} = 0{,}273 \cdot \sigma_B$
Nickelhaltige und nickelfreie Stähle	$\sigma_{bW} = 0{,}468 \cdot \sigma_B$	$\sigma_{bW(K)} = 0{,}246 \cdot \sigma_B$	$\sigma_{bW(L)} = 0{,}262 \cdot \sigma_B$
Gesamtmittel	$\sigma_{bW} = 0{,}463 \cdot \sigma_B$	$\sigma_{bW(K)} = 0{,}256 \cdot \sigma_B$	$\sigma_{bW(L)} = 0{,}275 \cdot \sigma_B$

* Probendurchmesser $D = 7{,}52$ mm

** Spitzkerb: Kerbflankenwinkel = 60°; Kerbtiefe $t = 0{,}75$ mm; Abrundungsradius im Kerbgrund $r = 0{,}1$ mm; $t/D = 0{,}1$; $r/t = 0{,}13$.

*** Querbohrung: Bohrungsdurchmesser: $d = 1{,}1$ mm; $d/D = 0{,}15$.

bestimmten Fällen bei gekerbten und gelochten Stäben gegenüber dem Vollstab abnimmt.

Oberflächenbeschädigungen, wie Aufrauhung, „Fressen" (S. 927), „Reiboxydation" (S. 926), Versprödung durch Stickstoffaufnahme, vermindern die Dauerfestigkeit.

Besonders schädigend ist, wie Bild 211 anzeigt, die Korrosion, weil dabei durch tiefgehende, scharfe Einkerbungen hohe Spannungsspitzen entstehen können[1].

Bei der Beeinflussung durch Kerben ist zu beachten, daß der Gesamtkörper eine geringere Belastung erträgt, als es seinem inneren Aufbau zukommt, welcher innere Aufbau durch die Kerben durchaus nicht geändert wird (sofern nicht Kaltverfestigung hinzukommt). Es liegt nur daran, daß durch die Kerben die Spannung örtlich überhöht wird.

Einen zahlenmäßigen Nachweis über den Einfluß der Schärfe des Querschnittsübergangs gibt H. WIEGAND[2] in Bild 212. Darin wird gezeigt, wie bei abnehmendem Krümmungsradius die Dauerfestigkeit abnimmt. H. WIEGAND[2] gibt außerdem eine Übersicht über den Einfluß von Werkstoff, Oberflächenhärtung (Nitrieren) und Kerben auf die Bemessung biegebeanspruchter Teile.

Kaltverfestigung oder Härtung der Oberfläche bringen erhebliche Änderungen. Schon die mechanische Bearbeitung, z. B. durch Drehen, Schleifen und Polieren, erzeugt eine meist ungewollte Kaltverfestigung der Randschicht, die an sich die Dauerfestigkeit erhöht. Allerdings

[1] THUM, A., u. H. OCHS: Korrosion und Dauerfestigkeit. Berlin: VDI-Verlag 1937. (Mitt. d. Materialprüfungsanstalt an der T. H. Darmstadt, H. 9.)

[2] WIEGAND, H.: Z. VDI Bd. 84 (1940) S. 505/510; Masch.-Bau Betrieb Bd. 21 (1942) S. 105/109.

werden dadurch auch Eigenspannungen hervorgerufen, die Zug- oder Druckspannungen sein können und in Abhängigkeit von der Art der Beanspruchung günstig oder ungünstig wirken. Absichtlich aufgebrachte Oberflächenhärte, entweder durch Kalthärtung oder Oberflächenhärtung mittels Kohlenstoff oder Stickstoff, erzeugt Druckspannungen.

Dadurch ist es möglich, die Dauerfestigkeit zu erhöhen. Druckspannungen an der Oberfläche oder größere Festigkeit an der Oberfläche lassen vor allem bei Biegungs- oder Verdrehungsbeanspruchungen höhere Dauerfestigkeit erreichen. Die Einsatzhärtung und die Nitrierhärtung bewirken deshalb eine Erhöhung der Dauerfestigkeit. Bei einsatzgehärteten und nitrierten Proben kann es vorkommen, daß bei Lastwechselzahlen, die der Dauerfestigkeit entsprechen, der Dauerbruch unterhalb der Einsatz- oder Nitrierschicht beginnt, besonders dann, wenn die Festigkeit des Kernwerkstoffes niedrig ist. Überlastungen größeren Ausmaßes dagegen geben den harten Randschichten Anlaß zu Anrissen. Die Zeitfestigkeit ist bei stärkerer Überlastung daher geringer als in Stählen, die nicht oberflächenbehandelt sind.

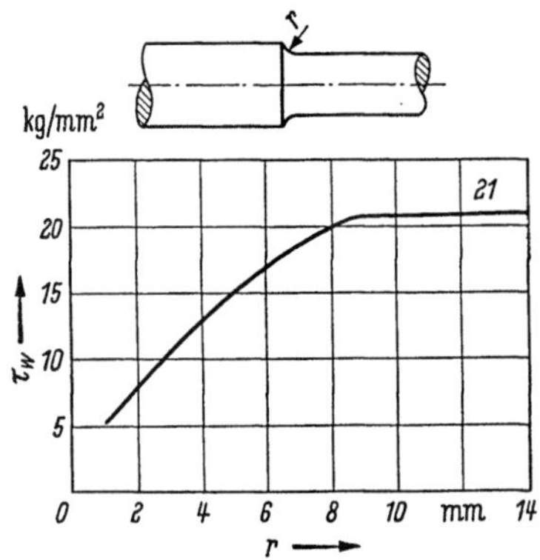

Bild 212. Wechselfestigkeit τ_W eines Stahles in Abhängigkeit vom Hohlkehlhalbmesser (nach H. WIEGAND[1])

Einsatzhärtung und Nitrierung wirken also, sofern die Dauerfestigkeit nicht wesentlich überschritten wird, auch dann günstig, wenn hohe Verschleißfestigkeit der Oberfläche — weswegen Einsatzhärtung und Nitrierung hauptsächlich angewendet werden — nicht nötig ist. Fällt durch ungünstige Gestaltung, etwa durch Querbohrungen, die entlastende Druckspannung weg, so bleibt auch die geschilderte günstige Wirkung aus; sie wird wieder hervorgerufen, wenn auch die Bohrungen im Einsatz gehärtet werden. Die Erhöhung der Dauerfestigkeit beträgt sowohl nach dem gewöhnlichen Einsetzen wie nach dem Nitrieren etwa 20%[2]. Die Einsatzschicht erhöht also in diesem Fall nicht allein den Verschleißwiderstand, sondern auch die Dauerfestigkeit.

Bild 213 gibt nach H. WIEGAND[3] ein Beispiel, welchen Einfluß die Einsatzbehandlung auf ringförmige Körper hat. Man sieht, daß es in diesem Fall am günstigsten war, innen und außen im Einsatz zu härten.

---

[1] s. Fußnote 2 S. 341.

[2] WIEGAND, H.: Z. VDI Bd. 83 (1939) S. 1089; Bd. 84 (1940) S. 507.

[3] WIEGAND, H.: Oberfläche und Dauerfestigkeit. Berlin-Spandau: BMW Flugmotorenbau 1940.

H. BÜHLER[1] untersuchte die Eigenspannungen von Werkstücken nach einer Oberflächenhärtung mit Leuchtgas-Sauerstoff-Flammen. Auch dabei werden in allen Fällen Druckspannungen in den oberflächengehärteten Zonen festgestellt. Ihre Größe hängt auch vom Durchmesser des Werkstückes und der Vorschubgeschwindigkeit ab. Aus der Arbeit von BÜHLER sei Bild 214 wiedergegeben.

Auch durch Kaltverformung der Oberfläche, etwa Abblasen mit gehärteten Stahlkugeln, erzielt man Ähnliches. Die Wirkung ist wohl

Probekörper	Zustand und Behandlung des Probekörpers	dauernd ertragene Wechselbeanspruchung in kg
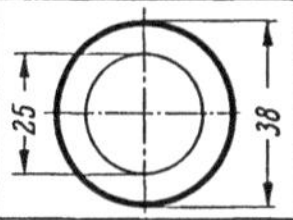 25; 38	nur außen 0,8···1 mm tief einsatzgehärtet	3700
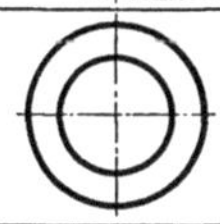	außen und innen je 0,8···1 mm tief einsatzgehärtet.	6700
 Schlacke	nur außen 0,8···1 mm tief einsatzgehärtet im gefährdeten Querschnitt eine Schlackenzeile.	3000
 Schlacke	außen und innen 0,8···1 mm tief einsatzgehärtet im gefährdeten Querschnitt eine Schlackenzeile, die mit einsatzgehärtet wurde.	5700

Bild 213[2]. Dauerversuche mit verschiedenartig einsatzgehärteten Kolbenbolzenhohlkörpern (nach H. WIEGAND)

in erster Linie auf das Ausgleichen der Kerben durch das Abstrahlen zurückzuführen, zum Teil vielleicht auch auf dadurch hervorgerufene Druckspannung.

Über den Einfluß der durch Induktionshärtung erzeugten harten Oberflächenschicht machte F. BOLLENRATH[3] ausführliche Untersuchungen. Er fand, daß die für geringere Einhärtungstiefen von 0,16 bis 1,2 und 2,2 mm je nach Stahlart ermittelten Verdrehwechselfestigkeiten unter den Werten des vergüteten Stahles ohne Randhärtung bleiben, jedoch bei Erhöhung der Einhärtetiefe die Verdrehwechselfestigkeit über diese Werte ansteigen.

[1] BÜHLER, H.: Z. VDI Bd. 98 (1956) S. 220/222, s. a. H. BÜHLER: Arch. Eisenhüttenw. Bd. 25 (1954) S. 153/158; sowie auch Stahl u. Eisen Bd. 76 (1956) S. 1307/1309.

[2] s. Fußnote 1 S. 341.

[3] BOLLENRATH, F.: Arch. Eisenhüttenw. Bd. 28 (1957) S. 801/806.

Gestaltfestigkeit. Der Konstrukteur und Werkstoffmann, der bei seiner Arbeit mit der größten zulässigen Beanspruchung rechnen muß, hat aber nicht nur auf die Beschaffenheit der Oberfläche und die Art der Kerben zu achten, sondern auf die Formgebung überhaupt, d. h. auf die Summe aller Einflüsse, die die sog. „Gestaltfestigkeit" bestimmen. Es ist dies ein von A. THUM geprägter, treffender Ausdruck[1]. THUM sagt, daß man bei wechselnder Beanspruchung die Stellen der höchsten Spannungsspitzen kennen muß. Hat man sich einen Überblick über die Verteilung der Beanspruchungen verschafft, so wird man an den Stellen mit geringer Beanspruchung so lange Werkstoff fortnehmen können, bis die Beanspruchung in allen Punkten des Konstruktionsteiles möglichst gleichmäßig geworden ist. Allerdings läßt sich der Körper gleicher Spannung nur annähernd verwirklichen, weil man in der Formgebung der Konstruktionsteile durch den Verwendungszweck und durch die Herstellung und Arbeitsbedingungen meist festgelegt ist, so daß die obengenannte Forderung nur beschränkt berücksichtigt werden kann. Der Weg der mathematischen Vorberechnung erweist sich für die Mehrzahl der praktisch vorkommenden Fälle als ungangbar, weil die Rechnungen zu schwierig sind. Aus diesem Grunde gehen auch die neueren Verfahren darauf hinaus, die wirkliche Spannungsverteilung in den Werkstücken durch Messung der örtlichen elastischen Verformung zu bestimmen.

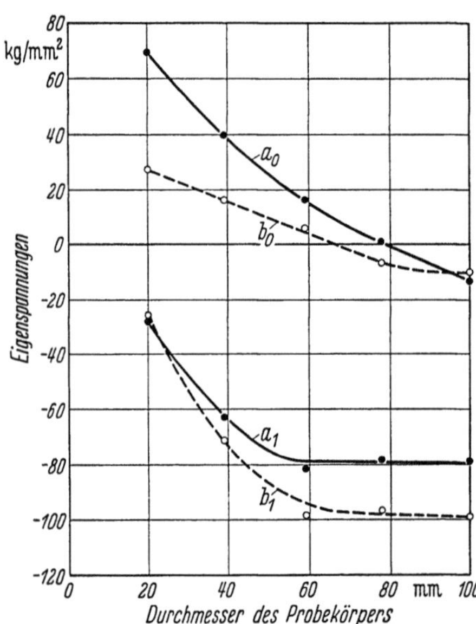

Bild 214. Eigenspannungen im Kern und in der Randzone bei rd. 2,5 mm Einhärtungstiefe in Abhängigkeit vom Durchmesser des Probekörpers (nach H. BÜHLER). a_0 Längsspannungen im Kern, b_0 Tangentialspannungen im Kern, a_1 Längsspannungen in der Randzone, b_1 Tangentialspannungen in der Randzone

Zur annähernden quantitativen Spannungsbestimmung mittels ähnlicher Versuchskörper empfiehlt sich das spannungsoptische Verfahren, das auch die Beanspruchung im Inneren von Konstruktionsteilen zu messen gestattet. Das Verfahren, das aber neuerdings immer mehr in den

[1] THUM, A., u. W. BUCHMANN: Dauerfestigkeit und Konstruktion. Berlin: VDI-Verlag 1932. (Mitt. d. Materialprüfungsanstalt an der T. H. Darmstadt, H. 1.) — THUM, A: Die Entwicklung der Lehre von der Gestaltfestigkeit Z. VDI Bd. 88 (Nov. 1944) Nr. 45/46, S. 609/615.

Vordergrund tritt, ist die Feindehnungsmessung im betriebsmäßig belasteten Konstruktionsteil selbst[1, 2].

Man sieht also, daß die Belastbarkeit von Körpern mit nicht einfacher Gestalt von einer Reihe von Einflüssen bestimmt wird, so daß diese Belastbarkeit oft weit unterhalb von der im zylindrisch polierten Stab liegt. Das Beispiel einer Kurbelwelle sei nach T. KLINGENSTEIN, H. KOPP und E. MICKEL[3] (Bild 215) angeführt. Man sieht, daß von der Zugfestigkeit von 100 kg/mm² und von der — an zylindrischen, polierten — Probestücken im Laboratorium gefundenen Dauerfestigkeit von rd. 50 kg/mm² schließlich nur 7 kg/mm² zulässige Belastung übriggeblieben sind. Zu ähnlichen Ergebnissen kommt A. TH. WUPPERMANN[4]. Er gibt die zulässige Belastung für Kurbelwellen nur um weniges höher an als T. KLINGENSTEIN und Mitarbeiter.

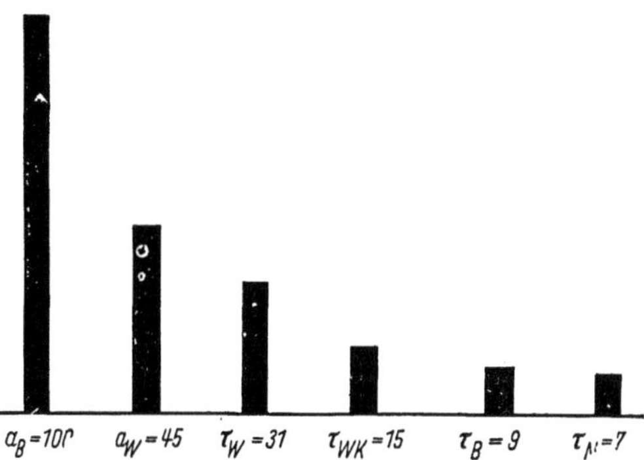

Bild 215. Ursachen der geringen Belastbarkeit einer Kurbelwelle im Verhältnis zur Zugfestigkeit (nach T. KLINGENSTEIN, H. KOPP und E. MICKEL)

In diesem Fall wurden keine Eigenspannungen angenommen. Bei ihrem Vorhandensein treten weitere Umstände ein, die die Beurteilung der Belastbarkeit noch verwickelter machen (s. Eigenspannungen S. 342, 347).

Dämpfungsfähigkeit. Als bedeutungsvoll für den Widerstand gegen Bruch — sowohl Dauer- wie Gewaltbruch — wird auch die Dämpfungsfähigkeit[5] angesehen. Sie ist die Arbeit, die der beanspruchte Teil

[1] SCHLOSSER, E.: Philips-Meßgeräte zur zerstörungsfreien Werkstoffprüfung. Berg- u. hüttenm. Mh. Bd. 98 (1953) S. 132/135. — MARX, W.: Elektronischer Tastdehnungsmesser. Berg- u. hüttenm. Mh. Bd. 98 (1953) S. 183/184.

[2] BOLLENRATH, F., u. A. TROST: Wechselbeziehungen zwischen Spannungs- und Verformungsgradient. Arch. Eisenhüttenw. Bd. 21 (1950) S. 431/436; Bd. 22 (1951) S. 327/335.

[3] KLINGENSTEIN, T., H. KOPP u. E. MICKEL: Mitt. Forsch.-Anst. Gutehoffn. Bd. 6 (1938) S. 40. Im Bilde bedeuten: σ_B Zugfestigkeit, σ_W Wechselfestigkeit auf der Dauerbiegemaschine, τ_W Wechselfestigkeit des großen Probestabes auf dem Drehschwingungsprüfstand, τ_{WK} Wechselfestigkeit des gekerbten Stabes auf dem Drehschwingungsprüfstand, τ_B Gestaltfestigkeit der naturgroßen Kurbelkröpfung auf dem Drehschwingungsprüfstand, τ_M Dauerhaltbarkeit der ganzen Kurbelwelle im Motor.

[4] WUPPERMANN, A. TH.: Stahl u. Eisen Bd. 77 (1957) 1117/1122.

[5] FÖPPL, O.: Mitt. Wöhler-Inst. Braunschweig 1937, Nr. 30, S. 5/34. — THUM, A., u. C. PETERSEN: Z. Metallkde. Bd. 33 (1941) S. 249/259; Bd. 34 (1942) S. 39/46.

in Wärme umsetzt, und es kommt dann nur der übrigbleibende Teil der Schwingungsarbeit für die Formänderung in Betracht. Ein gutes Dämpfungsvermögen ist erwünscht, um Teile vor dem Aufschaukeln auf zu hohe Ausschläge zu bewahren. Die Bedeutung der Dämpfung ist noch nicht ganz geklärt, einmal deswegen, weil sie nur in einem geringen Volumanteil vorliegt und erst bei hoher Beanspruchung zustande kommt. Sie wächst, wenn sie einmal eingetreten ist, rasch an, bleibt aber wahrscheinlich unabhängig von der Lastspielzahl. Was den Einfluß des Werkstoffes betrifft, so haben weichgeglühte Stähle ein höheres Dämpfungsvermögen als härtere. Besonders hohe Dämpfungsfähigkeit haben austenitische Stähle.

Eigenspannungen durch Wärmebehandlung und Verarbeitung

In diesem Abschnitt soll von Eigenspannungen nur so weit die Rede sein, als sie Baustähle betreffen. Die Eigenspannungen bei Werkzeugstählen werden in dem Abschnitt „Form- und Maßänderungen bei der Wärmebehandlung" (S. 946) behandelt.

Es ist klar, daß die Höhe der zulässigen Grenzspannung erniedrigt oder erhöht wird, wenn dem Stahlteil Eigenspannungen innewohnen, die es schon ohne äußere Beanspruchungen vorbelasten oder die der Belastung entgegenwirken. Darüber hinaus können Eigenspannungen bei der Bearbeitung, vor allem bei der spanabhebenden, durch einseitige Auslösung von Spannungen die Ursache von Verwerfungen sein.

Von den absichtlich aufgebrachten Eigenspannungen und ihrem Einfluß war schon auf S. 342 die Rede.

Die jetzt zu besprechenden Eigenspannungen verdanken ihre Entstehung verschiedenen Gründen; entweder sind es Wärmespannungen oder Umwandlungsspannungen oder sie sind durch elastische oder plastische Verformungen absichtlich oder unabsichtlich hervorgerufen.

Wenn ein Körper ungleichmäßig abkühlt, bleiben immer Eigenspannungen zurück, deren Größe davon abhängt, wie groß während der Abkühlung die Temperaturunterschiede innerhalb der verschiedenen Teile des Körpers waren. Körper mit großem Durchmesser lassen wegen der Behinderung der Formänderung und dem damit verbundenen schwierigen Spannungsausgleich beim Abkühlen meist gefährlichere Spannungen entstehen als schwach dimensionierte Teile. Zu den Wärmespannungen kommen bei Umwandlungen noch die Spannungen hinzu, die durch die mit Umwandlungen stets verbundenen Volumenänderungen hervorgerufen werden. Die stärksten Spannungen dieser Art sind die Härtungsspannungen.

Geschweißte Teile sind besonders kennzeichnende Beispiele für das gleichzeitige Auftreten von Wärme- und Umwandlungsspannungen und die damit verbundenen Gefahren. Dabei können schwach dimensionierte Teile infolge von Spannungen reißen. Diese Art Spannungen ist deshalb schwer zu beherrschen, weil die Abkühlung aus verschiedenen Temperaturen erfolgt und meist verwickelt gestaltete Körper vorliegen. Ein Glühen, um die Spannung zu vermeiden, ist wegen der verwickelten Gestalt und oft auch wegen der Größe nicht möglich. Es ist als sicher anzunehmen, daß bei geschweißten Teilen die Eigenspannungen häufig größer sind als die vom Konstrukteur berechnete Beanspruchung[1].

Was die durch Verformungen bei Raumtemperatur bewirkten Spannungen betrifft, so lassen sich die von elastischen Verformungen begleiteten Spannungen durch die aufgewendete Verformungsarbeit rechnerisch erfassen. Eine strenge Scheidung zwischen elastischen und plastischen Verformungen ist nicht möglich, denn auch bei letzteren bleibt ein Teil der aufgebrachten Arbeit in Form von Spannungen zurück. Bei auferlegten Betriebsspannungen sind eintretende kleine plastische Verformungen oft von Vorteil, weil durch solche Fließvorgänge ein Teil der Spannungen abgebaut und die Gefahr des Reißens vermindert wird. Wie auf S. 338 ausgeführt wurde, kann durch plastische Verformungen auch die Dauerfestigkeit verbessert werden.

In diesem Zusammenhang ist es bemerkenswert, daß bei statischen Beanspruchungen auf Zug und Druck, wie H. Bühler[2] ausführt, die Spannungen sogar um 60% vermindert werden, wenn die Zug- und Druckbeanspruchung im Bereich der 0,2-Dehngrenze liegt. Statische Zugbeanspruchungen, die auf spannungsfreie Stäbe aus metallischen Werkstoffen guter Verformungsfähigkeit aufgebracht werden, verursachen nach Bühler auch im plastischen Bereich bis zur Streck- oder 0,2-Dehngrenze keine Eigenspannungen nennenswerter Größenordnung.

Spannungsfreiglühen und Spannungsfreivergüten sind nach dem Vorgesagten Wärmebehandlungen, die oft nötig sind. Stahlteile werden praktisch spannungsfrei, wenn man sie auf Temperaturen, bei denen die Dauerstandfestigkeit klein geworden ist, längere Zeit hält; die Spannungen bauen sich dann von selbst etwa auf die Höhe der Dauerstandfestigkeit bei dieser Temperatur ab. Langsame Abkühlung aus dieser Temperatur muß natürlich folgen, damit nicht von neuem größere Spannungen entstehen. Man wird daraus begreifen, daß man nur von einer praktischen und nicht von einer völligen Spannungsfreiheit sprechen kann. Zum Spannungsfreivergüten gehört das langsame Abkühlen aus der Anlaßtemperatur. Aus den Ausführungen auf S. 69 ging hervor, daß damit Versprödung verbunden ist, wobei das Maß der Versprödung stark schwankt. Das sicherste Mittel, Zähigkeit und

---

[1] s. dazu Kloth, W.: Atlas der Spannungsfelder in technischen Bauteilen. Düsseldorf: Stahleisen 1961.

[2] Bühler, H.: Arch. Eisenhüttenw. Bd. 26 (1955) S. 51/54.

Spannungsfreiheit zu vereinigen, ist die Verwendung von molybdänhaltigen Vergütungsstählen.

Das Glühen zur Entfernung von Spannungen, die bei der Zerspanung entstanden waren, hat vor der letzten Bearbeitung, also vor dem Schlichten oder Schleifen zu geschehen und nicht etwa nach der Fertigbearbeitung. Das Stück hätte, wenn die Glühung nach der Fertigbearbeitung erfolgt, zwar keine Spannungen mehr, es könnten aber Formänderungen durch Auslösung der Spannungen eintreten, die man nicht wieder beseitigen dürfte, ohne neue Spannungen zu erzeugen oder unzulässige weitere Spanabnahmen durchführen zu müssen.

Statistik über Schadensfälle. Es ist sehr interessant, die Ursachen von Schadensfällen in einer Statistik zu erfassen. Dazu liegen Untersuchungen von M. HEMPEL[1] vor.

Daraus ergibt sich, daß der Werkstoff selbst nur in den wenigsten Fällen die Ursache des Versagens ist.

Zahlentafel 53. *Dauerbruch-Statistik* (nach M. HEMPEL)[1]

Art des Bruches	Anzahl der Brüche	Von der Anzahl der Brüche entfallen auf: Werkstoff (Herstellung)	Weiterverarbeitung[2]	Werkstatt[3]	Konstruktion und Betrieb
Bau- und Maschinenteile[4] (1932 bis 1939)	465	4%	8%	22,5%	65,5%
Flugmotorenteile[5]	4142	0,5%	—	13,5%	86%

Anteile für Konstruktion und Betrieb

Gesamt	falsche Werkstoffauswahl	fehlerhafte Konstruktion	Oberflächenfehler[6]	Kerbwirkungen[7]	Überbelastungen[8]
65,5%	1%	5,5%	19%	33%	7 %
86 %	—	—	6%	3,5%	76,5%

Gewaltbruch

Ein Gewaltbruch, d. i. ein plötzlicher Bruch über den ganzen Querschnitt, entsteht, wenn die Spannungen in dem Werkstück unerwartet so hoch ansteigen, daß die Festigkeit des Werkstoffes überschritten wird. Ihm gehen meist starke plastische Verformungen des Werkstoffes voraus. Nur bei sehr spröden Werkstoffen oder bei Dehnbehinderung

[1] HEMPEL, M.: Z. VDI Bd. 94 (1952) S. 815.

[2] Kalt- und Warmformgebung, Wärmebehandlung.

[3] Fertigbearbeitung, Montage, Wartung, Reparatur.

[4] Nach Schrifttumsangaben zusammengestellt.

[5] MÜLLER, W./VON DER HEYDEN: Dauerbrüche an Motor- und Zellenteilen. Lilienthal-Ges. f. Luftfahrtforschg., Berlin Bd. 116 (1939) S. 3/4.

[6] Freßstellen, Reibkorrosion, Korrosion, Narben, Überwalzungen.

[7] Hohlkehlen, Bohrungen, Gewinde, Keilnuten.

[8] Resonanzschwingungen, Belastungsschwankungen.

durch einen Kerb oder mehrachsiger Spannung tritt Gewaltbruch ohne vorhergehende Verformung auf. Der verformungslose Trennbruch zeigt

Bild 216. Spröder Gewaltbruch an der Trommel des Läufers einer Dampfturbine (nach I. J. POHL)

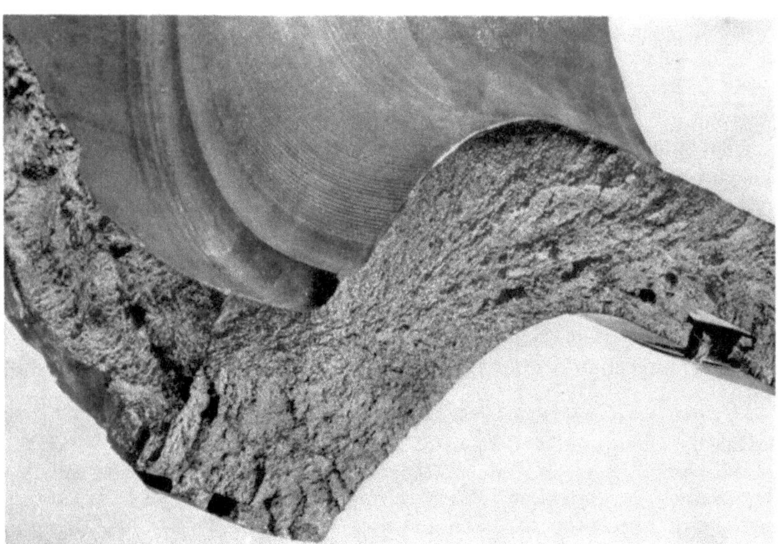

Bild 217. Teilstück von Bild 216, aber in größerem Maßstab (nach I. J. POHL)

sich nicht nur bei spröden, sondern auch bei zähen Werkstoffen, wenn durch mehrachsige Verspannung Dehnungsbehinderung vorliegt.

Die Bilder 216 u. 217 zeigen ein solches Beispiel an der Trommel des Läufers einer Dampfturbine, der wegen Schaufelschaden schlagartig abgebremst wurde. Die Kerbschlagzähigkeit betrug nur 1 mkg/cm²[1].

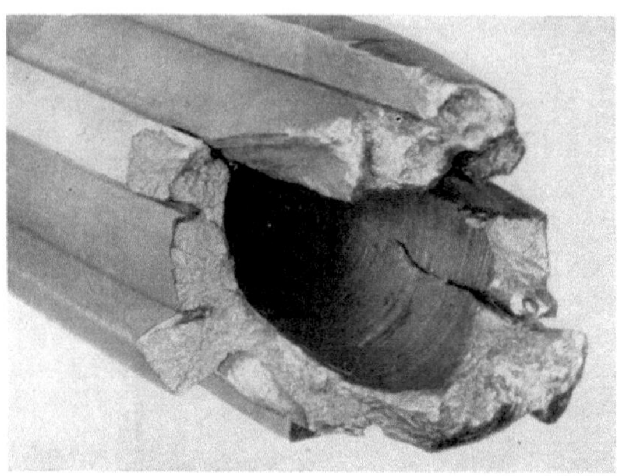

Bild 218. Durch Gewaltbeanspruchung gebrochene Unterwelle (nach I. J. POHL)

Gleitbruch mit plastischer Verformung zeigt sich dann, wenn die Schubfestigkeit kleiner als die Trennfestigkeit ist. Ein Beispiel dafür zeigt das Bild 218. Dazu ist zu bemerken, daß hier ein Mischbruch vorliegt, rechts vorwiegend ein Verformungsbruch und links vorwiegend ein verformungsloser Bruch. Die Ursache waren scharfkantige Übergänge.

Durchhärtung und Durchvergütung[2]

Aus dem Abschnitt „Wärmebehandlung" ergab sich, daß die härtende Abschreckwirkung von der Oberfläche gegen das Innere zu abnimmt und daß diese Abnahme bei verschiedenen Stählen sehr verschieden ist. Bei der Angabe von Festigkeitswerten muß man daher immer danach fragen, bis zu welchem Querschnitt diese Werte erreicht werden. Man spricht daher von „Durchhärtung" oder „Durchvergütung" bis zu bestimmten Querschnitten. Der Begriff der Durchvergütung unterscheidet sich von der Durchhärtung in der Weise, daß der Durchvergütungsquerschnitt

[1] Das Gesicht des Bruches metallischer Werkstoffe. Bearb. von E. J. POHL. München u. Berlin: Allianz-Vers.-AG. 1956, S. 26.

[2] Übersichtliches und erschöpfendes Schrifttum darüber liegt in zwei folgenden Werken vor: Atlas zur Wärmebehandlung der Stähle, Max-Planck-Institut und Verein Deutscher Eisenhüttenleute, Düsseldorf 1954/56/58. CRAFTS, W., J. L. LAMONT: Metallurgy Series, Hardenability and Steel Selection. London: Pitman 1949.

derjenige ist, bis zu welchem der betreffende Stahl auch im Kern oder bis zu einer bestimmten Tiefe die geforderten Festigkeitseigenschaften, das ist vor allem Streckgrenze und Festigkeit, nach dem Vergüten oder Härten (bei Einsatzstählen) annimmt. Der Durchvergütungsquerschnitt ist daher abhängig von den geforderten Eigenschaften. Er ist kleiner, wenn Streckgrenze und Festigkeit hohe Werte aufweisen müssen, und größer, wenn sie niedriger sind. Mit Rücksicht darauf geben die Normen (s. S. 382, 383, 404, 405) auch gewährleistete Festigkeitseigenschaften ausdrücklich nur im Zusammenhang mit bestimmten Querschnitten an.

Wenn also der Begriff Durchvergütung insoweit klar ist, so ist der Begriff Durchhärtung oder Einhärtung unklar. Darunter versteht man einerseits diejenige Tiefe, bis zu der die Abkühlungsgeschwindigkeit hinreicht, um überwiegend Martensit zu bilden. A. GROSSMANN[1] schlug vor, als Grenze den Bereich zu nehmen, bis zu dem noch 50% Martensit zu sehen ist (s. S. 53). Andererseits aber spricht man von Durchhärtung im Zusammenhang mit jeder Art Härte, die das aus dem γ-Bereich abgekühlte Stück annimmt. Auch die Bezeichnung Zwischenstufenhärtung ist hier gebräuchlich, obwohl hier kein Martensit entsteht. Bei Einsatzstählen ist es z. B. schwer, den Ausdruck Durchhärtung an überwiegende Martensitbildung zu binden, da bei diesen Stählen unterhalb der eingesetzten Schicht in den wenigsten Fällen diese Forderung erfüllt ist. Man kann bei Einsatzstählen auch wieder nicht von Durchvergütung sprechen, weil dem Härten kein Anlassen bei hohen Temperaturen nachfolgt (s. Begriffsbestimmung Vergüten S. 34). Demnach bleibt nichts übrig, als den Ausdruck Durchhärtung auch für diejenigen Fälle beizubehalten, wo außer der überwiegenden Martensithärtung noch Härtung durch andere Gefügeausbildung erfolgt. Es wäre demnach richtig, das Wort Durchvergütung nur dann anzuwenden, wenn es sich nach der Begriffsbestimmung um eine Vergütung handelt und bei allen Fällen, wo durch Abschreckung eine Härtezunahme erfolgt, von Durchhärtung oder Einhärtung zu sprechen. Man müßte dann die Einhärtungstiefe nach M. A. GROSSMANN etwa ,,Einhärtungstiefe auf Martensit nennen.

Das heute gebräuchlichste Verfahren, die Durchhärtungsfähigkeit eines Stahles zu prüfen, ist die Stirnabschreckprobe[2], deren Durchführung und Bedeutung bei der ,,Prüfung der Härtbarkeit" (s. S. 61) besprochen wurde. An den folgenden soll gezeigt werden, in welcher Weise Legierung und Austenitisierungstemperatur von Einfluß sind und wie sich die auf verschiedene Härte gebrachten Teile beim Anlassen verhalten. An den Bildern 219, 220, 221, 223[2] ist ersichtlich, wie mit steigender Legierung die Härtbarkeit zunimmt.

[1] s. Fußnote 2 S. 350.
[2] Atlas zur Wärmebehandlung der Stähle. Düsseldorf: Stahleisen 1954/56/58.

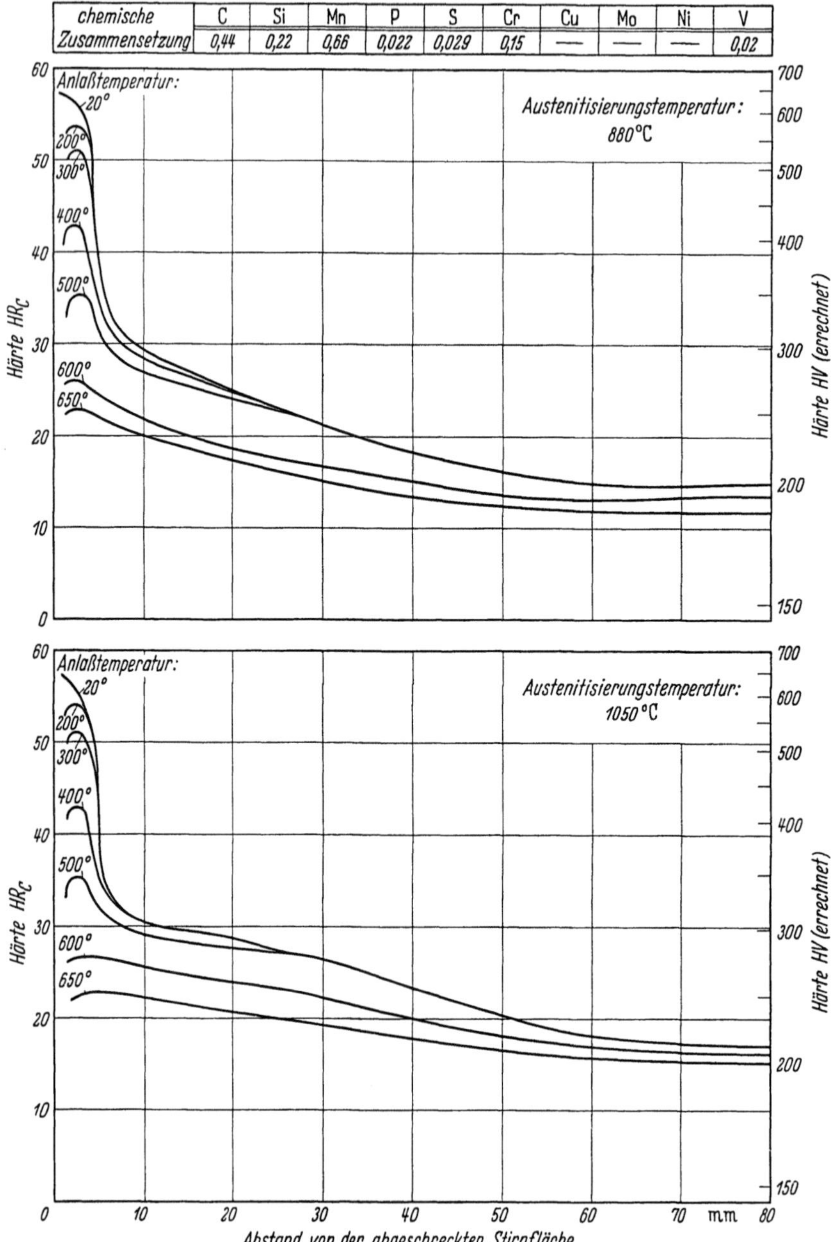

Härtekurven angelassener Stirnabschreckproben einer Schmelze nachfolgender Zusammensetzung

chemische	C	Si	Mn	P	S	Cr	Cu	Mo	Ni	V
Zusammensetzung	0,44	0,22	0,66	0,022	0,029	0,15	—	—	—	0,02

Bild 219. Härtekurven angelassener Stirnabschreckproben von Stahl CK 45 (nach A. Rose, W. Peter, W. Strassburg und L. Rademacher[1])

[1] s. Fußnote 1 S. 357.

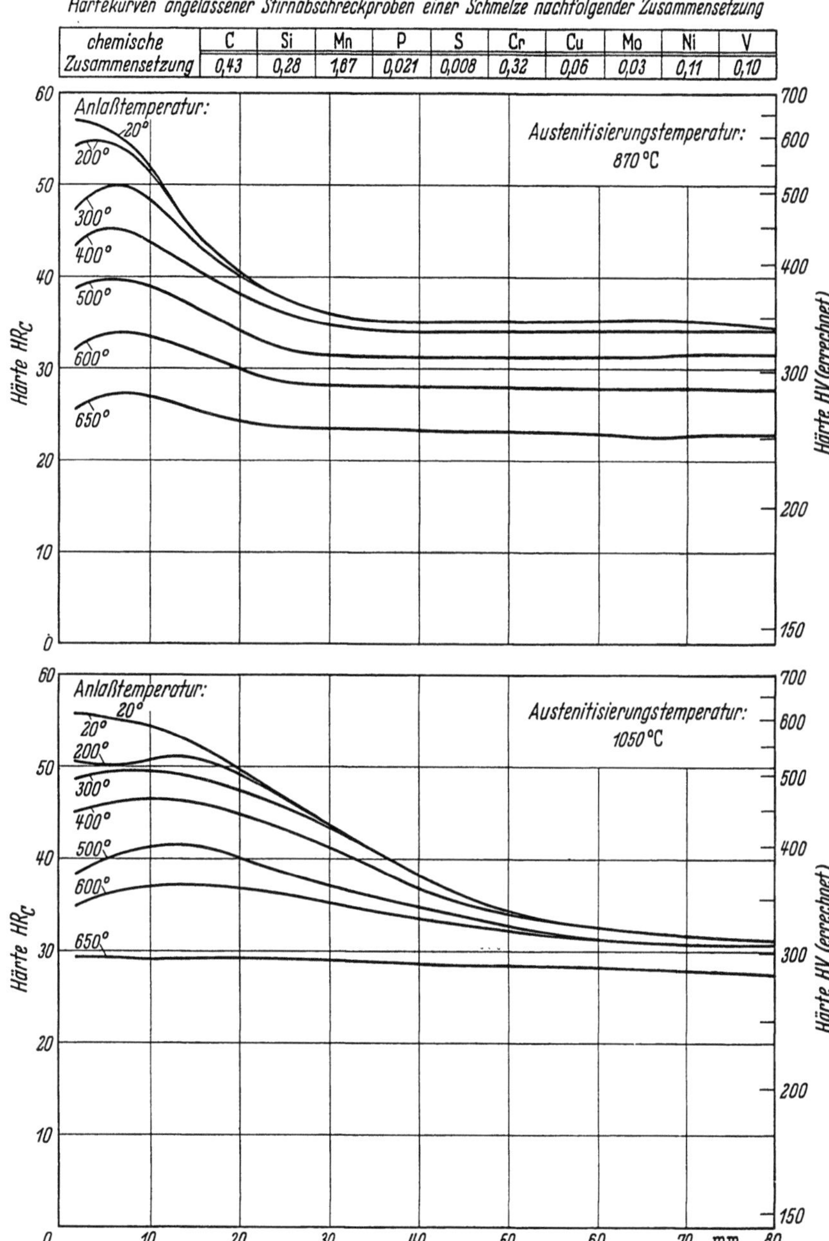

chemische Zusammensetzung	C	Si	Mn	P	S	Cr	Cu	Mo	Ni	V
	0,43	0,28	1,67	0,021	0,008	0,32	0,06	0,03	0,11	0,10

Bild 220. Härtekurven angelassener Stirnabschreckproben von Stahl 42 Mn V 7 (nach A. ROSE, W. PETER, W. STRASSBURG und L. RADEMACHER[1])

[1] s. Fußnote 1 S. 357.

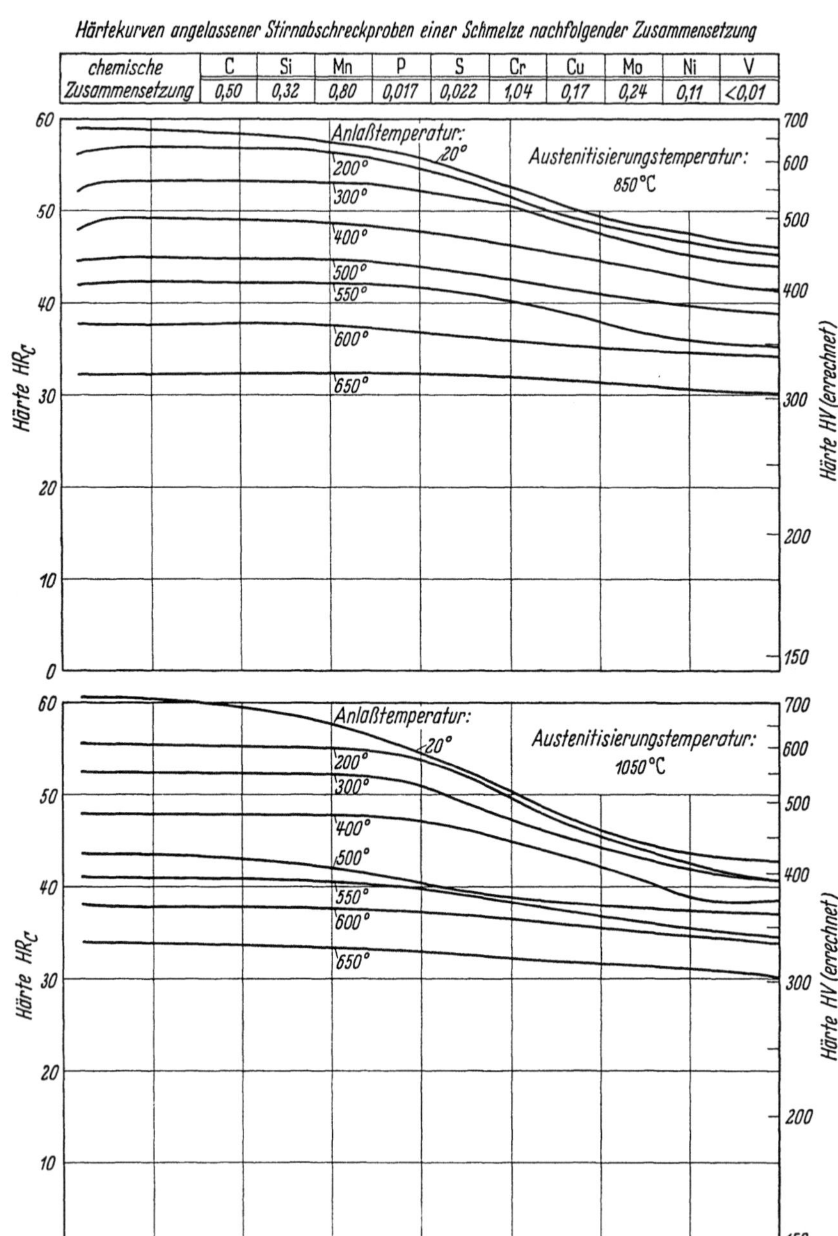

chemische Zusammensetzung	C	Si	Mn	P	S	Cr	Cu	Mo	Ni	V
	0,50	0,32	0,80	0,017	0,022	1,04	0,17	0,24	0,11	<0,01

Bild 221. Härtekurven angelassener Stirnabschreckproben von Stahl 50 CrMo 4 (nach A. Rose, W. Peter, W. Strassburg und L. Rademacher[1])

[1] s. Fußnote 1 S. 357.

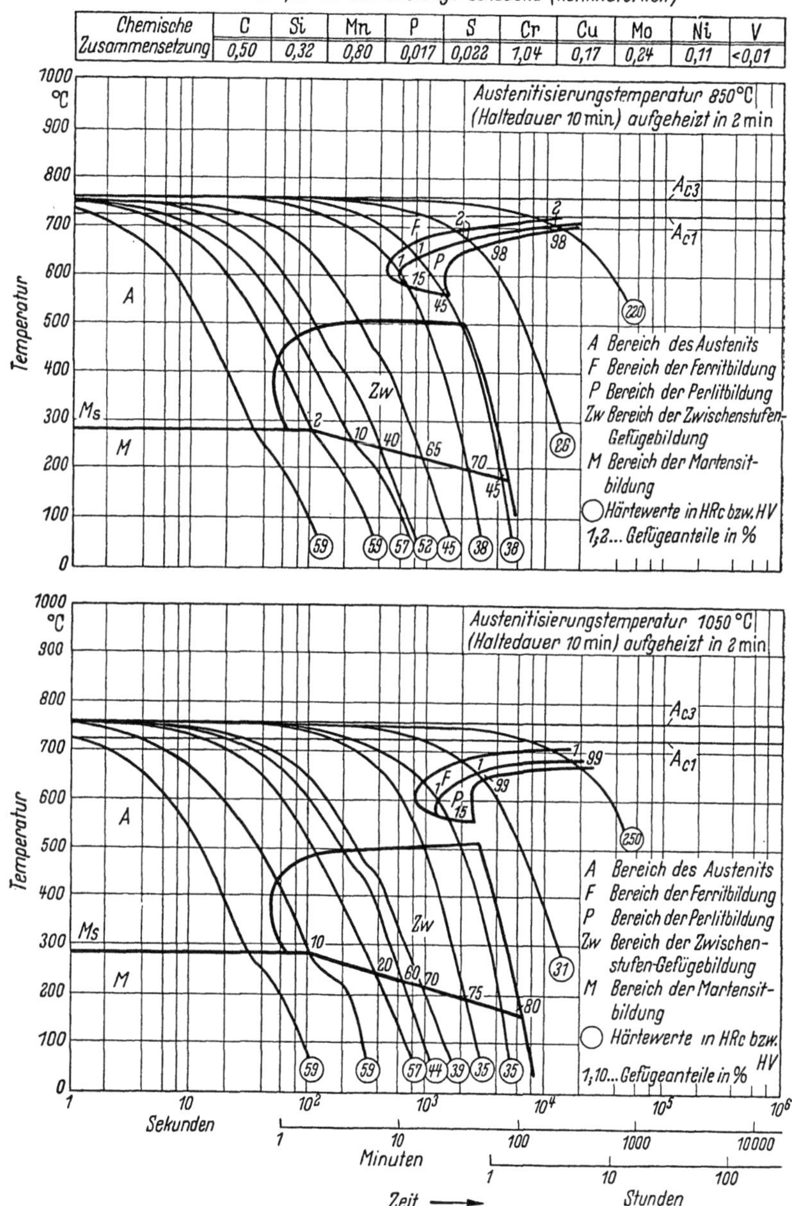

Bild 222. ZTU-Schaubild des Stahles 50 CrMo 4 bei kontinuierlicher Abkühlung (nach A. Rose, W. Peter, W. Strassburg und L. Rademacher[1])

[1] s. Fußnote 1 S. 357.

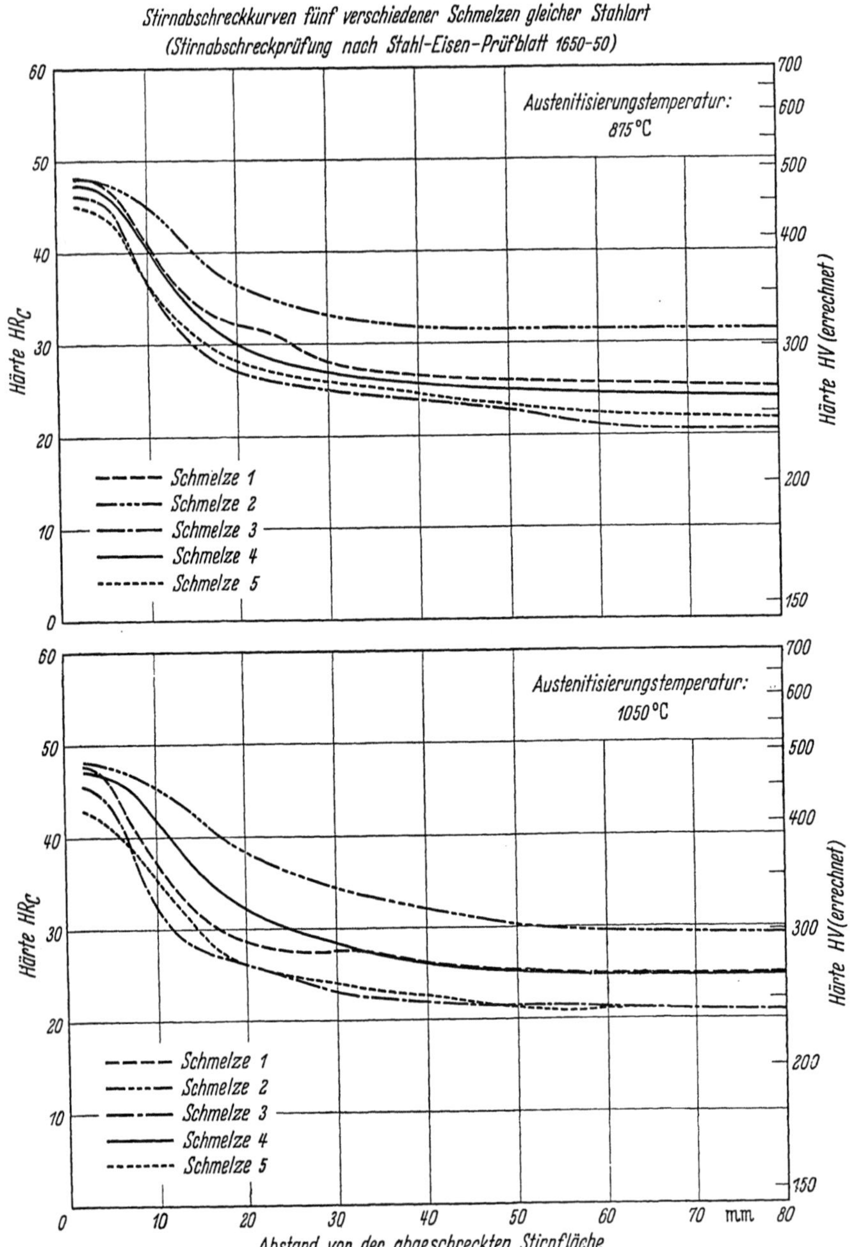

Bild 223. Stirnabschreckkurven verschiedener Schmelzen des Stahles 25 CrMo 4 (nach A. Rose, W. Peter, W. Strassburg und L. Rademacher[1])

---

[1] s. Fußnote 1 S. 357.

An den Kurven erkennt man auch das Verhalten beim Anlassen. und man sieht, daß sich die Festigkeiten zwischen dem schroff abgeschreckten und dem anderen Ende um so mehr ausgleichen, je höher die Anlaßtemperatur ist. Besonders ausgeprägt ist dies bei den höher legierten Stählen der Fall. Zu beachten ist auch bei allen Stählen der deutliche Einfluß der Härtetemperatur (Austenitisierungstemperatur), der bei höheren Anfangstemperaturen, wie beim Schweißen, noch mehr hervortritt (s. S. 398).

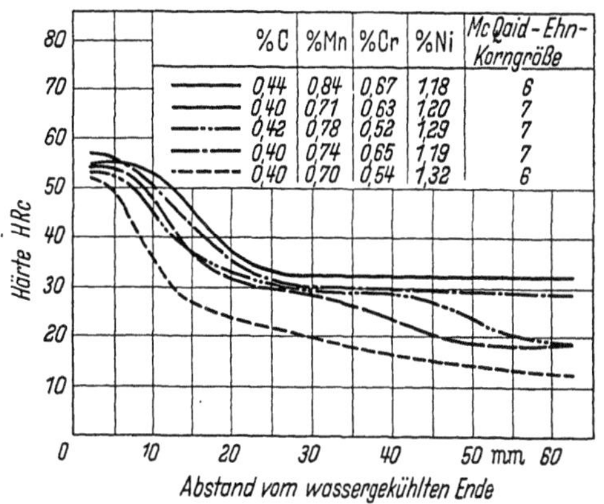

Bild 224. Stirnabschreckproben verschiedener Schmelzungen derselben Stahlgattung (nach G. T. WILLIAMS)

In Bild 222[1] sei zum Stahl 50 CrMo 4 das ZTU-Schaubild bei kontinuierlicher Abkühlung gezeigt, um zu sehen, welche Gefügearten den dort verzeichneten Härten zukommen.

An dem Bild 223, das den Härteverlauf nicht angelassener Proben verschiedener Schmelzungen der Stahlgattung 25 CrMo 4 vorführt, sieht man auch, daß die Härteannahme stark schwankt. Man hat es also auch bei genauer Einhaltung der vorgeschriebenen Zusammensetzung nicht in der Hand, Streuungen der Härteannahme zu vermeiden. Auf S. 63 wurden die Ursachen hierfür angegeben.

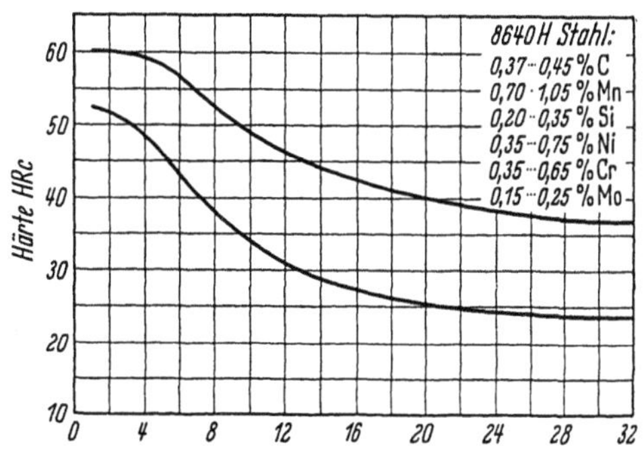

Bild 225. Vorgeschlagenes Härtestreuband für den Stahl 8640 H. (Society of Automotive Engineers und American Iron and Steel Institute)

G. T. WILLIAMS[2] zeigt weiter an einem Beispiel nach Bild 224, wie sehr die Härteannahme bei Schmelzungen praktisch desselben Kohlenstoff-, Chrom-, Mangan- und Molybdängehalts verschieden sein kann.

Die Amerikaner tragen diesem Umstand dadurch Rechnung, daß für die verschiedenen Stähle Härteannahmen innerhalb eines Streubandes

[1] Atlas zur Wärmebehandlung der Stähle. Düsseldorf: Stahleisen 1954/56/58. T. 2 von A. ROSE, W. PETER, W. STRASSBURG u. L. RADEMACHER.

[2] WILLIAMS, G. T.: Trans. Amer. Soc. Met. Bd. 28 (1940) S. 157/181; s. a. H. KRAINER: Arch. Eisenhüttenw. Bd. 17 (1943/44) S. 11/16.

zugelassen sind. Das Bild 225[1] gibt für den Stahl 8640 H ein solches Streuband wieder. Die Werte zwischen der oberen und unteren Kurve liegen, wie man sieht, weit auseinander. Bei niedrig legierten Stählen sind die Streuungen größer, bei höher legierten überwiegt der Einfluß der Legierung. In den Vereinigten Staaten wird die Stirnabschreckprobe auch als Abnahmeprüfung angewendet. Der Abnehmer hat dann die Wahl, zu prüfen, ob die Probe innerhalb des Streubandes liegt, oder er kann auch die Zusammensetzung genauer vorschreiben. Beides gleichzeitig vorzuschreiben wäre zuviel verlangt und auch nicht nötig.

Es liegen auch eine Reihe von Untersuchungen vor, durch die bei verschiedenen Stählen und an verschiedenen Querschnitten nicht nur die bei der Stirnabschreckprobe gefundene Brinellhärte, sondern auch Dehnung, Kerbschlagzähigkeit und Einschnürung festgestellt wurden.

Bild 226 faßt nach Untersuchungen von E. Houdremont und H. Kallen[2] die Durchvergütungseigenschaften der Chrom-Molybdän-Vergütungsstähle zusammen. Die Anlaßtemperatur wurde so gewählt, daß die Festigkeit des Randes innerhalb einer gewissen Festigkeitsstufe lag. Sehr ausführliche Untersuchungen von A. Pomp und A. Krisch[3] befaßten sich mit dem Mangan-, dem Chrom-Molybdän- und vergleichsweise mit

Zahlentafel 54

Zusammensetzung der von A. Pomp *und* A. Krisch *untersuchten Stähle*

Werkstoffe	Chemische Zusammensetzung						
	C %	Si %	Mn %	Cr %	Ni %	Mo %	V %
Stahl O (Manganstahl)	0,12 bis 0,20	0,3 bis 0,6	2,0 bis 2,4	—	—	—	—
Stahl P (Chrom-Mangan-Vanadin-Stahl)	0,24 bis 0,30	<0,4	1,0 bis 1,3	0,6 bis 0,9	—	—	0,1 bis 0,2
Fliegwerkstoff 1454 (Chrom-Molybdän-Stahl)	0,30 bis 0,37	<0,35	0,5 bis 0,8	0,9 bis 1,2	—	0,15 bis 0,25	—
Fliegwerkstoff 1456 (Chrom-Molybdän-Vanadin-Stahl)	0,24 bis 0,34	<0,4	0,4 bis 0,8	2,3 bis 2,7	—	0,15 bis 0,25	0,10 bis 0,35
Fliegwerkstoff 1460 (Chrom-Nickel-Molybdän-Stahl)	0,26 bis 0,34	<0,5	0,3 bis 0,8	1,8 bis 2,3 (2,3 bis 2,7)	1,8 bis 2,3 (1,3 bis 1,8)	0,2 bis 0,4	(0,1 bis 0,25)

[1] Crafts, W., u. J. L. Lamont: Metallurgy Series, Hardenability and Steel Selection, London 1949, S. 141.

[2] Houdremont, E., u. H. Kallen: Techn. Mitt. Krupp Bd. 2 (1934) S. 117/126.

[3] Pomp, A., u. A. Krisch: Mitt. K.-Wilh.-Inst. Eisenforschg. Bd. 20 (1938) S. 103/123; Bd. 24 (1942) S. 145/158, 159/166; Bd. 23 (1941) S. 182ff.

einem Chrom-Nickel-Molybdän-Stahl. Aus der Zahlentafel 54 ist ersichtlich, um welche Stähle es sich dabei handelte, und aus den Bildern 227 bis 231 ist zu entnehmen, wie sich bei diesen Stählen in verschiedenen Querschnitten die Eigenschaften vom Rand zum Kern ändern. Man erkennt die

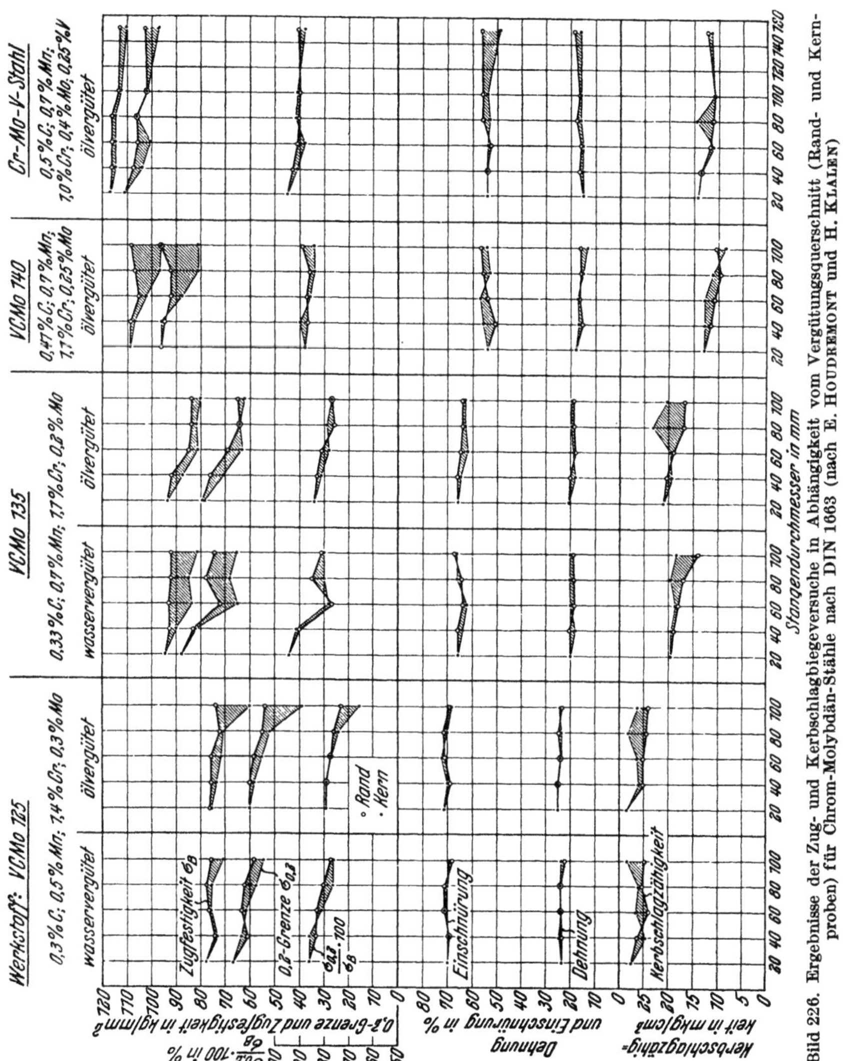

Bild 226. Ergebnisse der Zug- und Kerbschlagbiegeversuche in Abhängigkeit vom Vergütungsquerschnitt (Rand- und Kernproben) für Chrom-Molybdän-Stähle nach DIN 1663 (nach E. HOUDREMONT und H. KLALEN)

Verschlechterung der Eigenschaften von Chrom-Nickel-Molybdän zum Chrom-Molybdän- und weiter zum Chrom-Mangan- und Mangan-Stahl; unübertroffen bleibt der höher legierte Chrom-Nickel-Molybdän-Stahl; es ist weiter erkennbar, wie stark bei einigermaßen gleichen Gehalten an

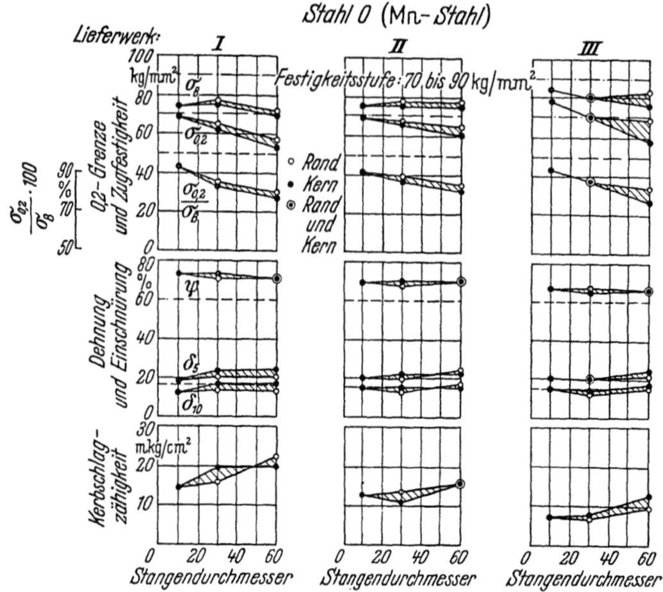

Bild 227. Ergebnisse der Zug- und Kerbschlagbiegeversuche in Abhängigkeit vom Vergütungsquerschnitt (Rand- und Kernproben) für einen Manganstahl (nach A. POMP und A. KRISCH)

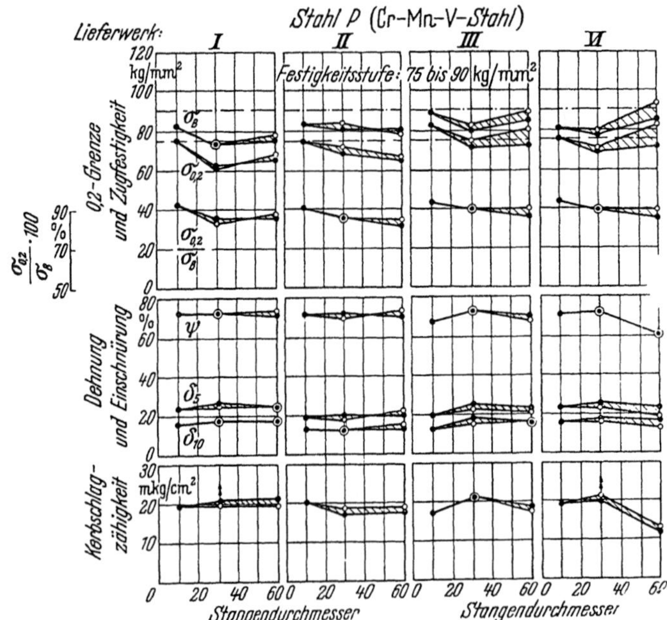

Bild 228. Ergebnisse der Zug- und Kerbschlagbiegeversuche in Abhängigkeit vom Vergütungsquerschnitt (Rand- und Kernproben) für einen Chrom-Mangan-Vanadin-Stahl (nach A. POMP und A. KRISCH)

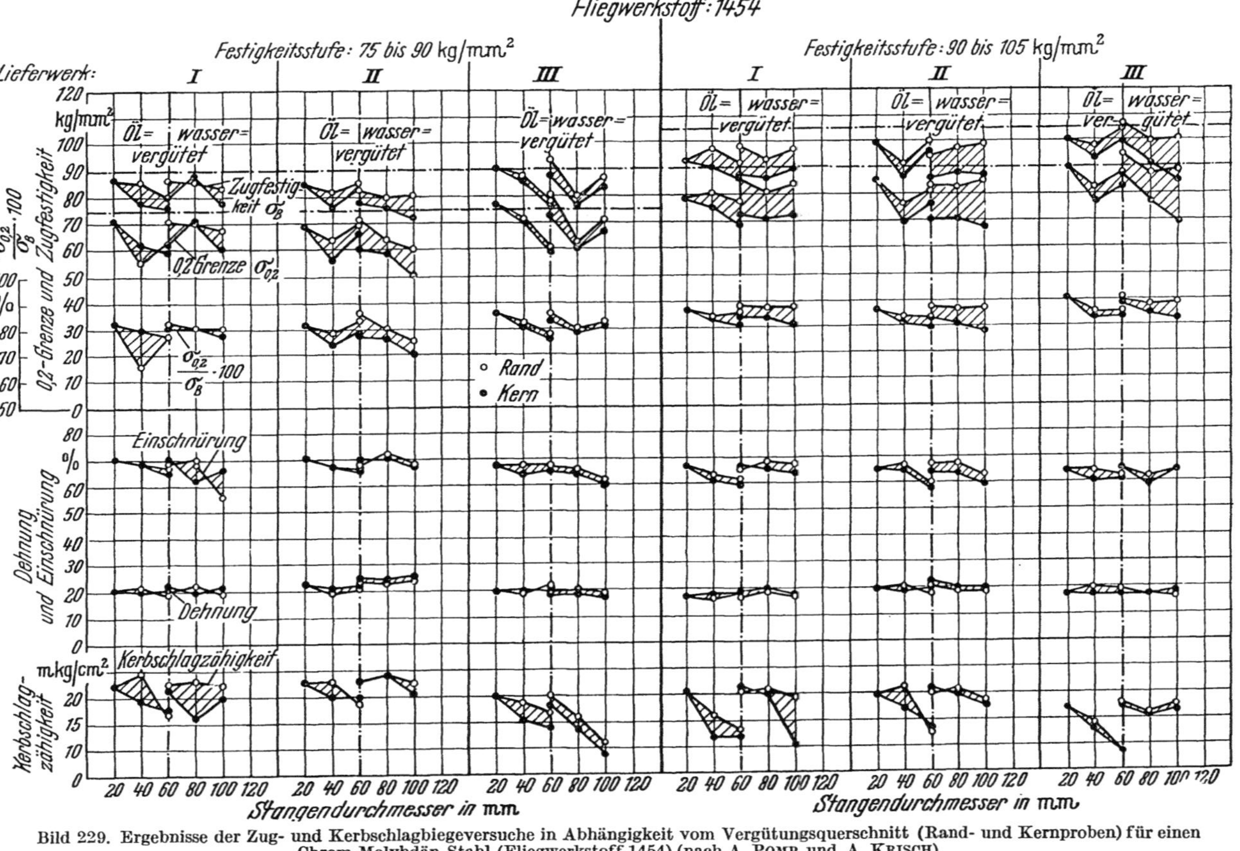

Bild 229. Ergebnisse der Zug- und Kerbschlagbiegeversuche in Abhängigkeit vom Vergütungsquerschnitt (Rand- und Kernproben) für einen Chrom-Molybdän-Stahl (Fliegwerkstoff 1454) (nach A. POMP und A. KRISCH)

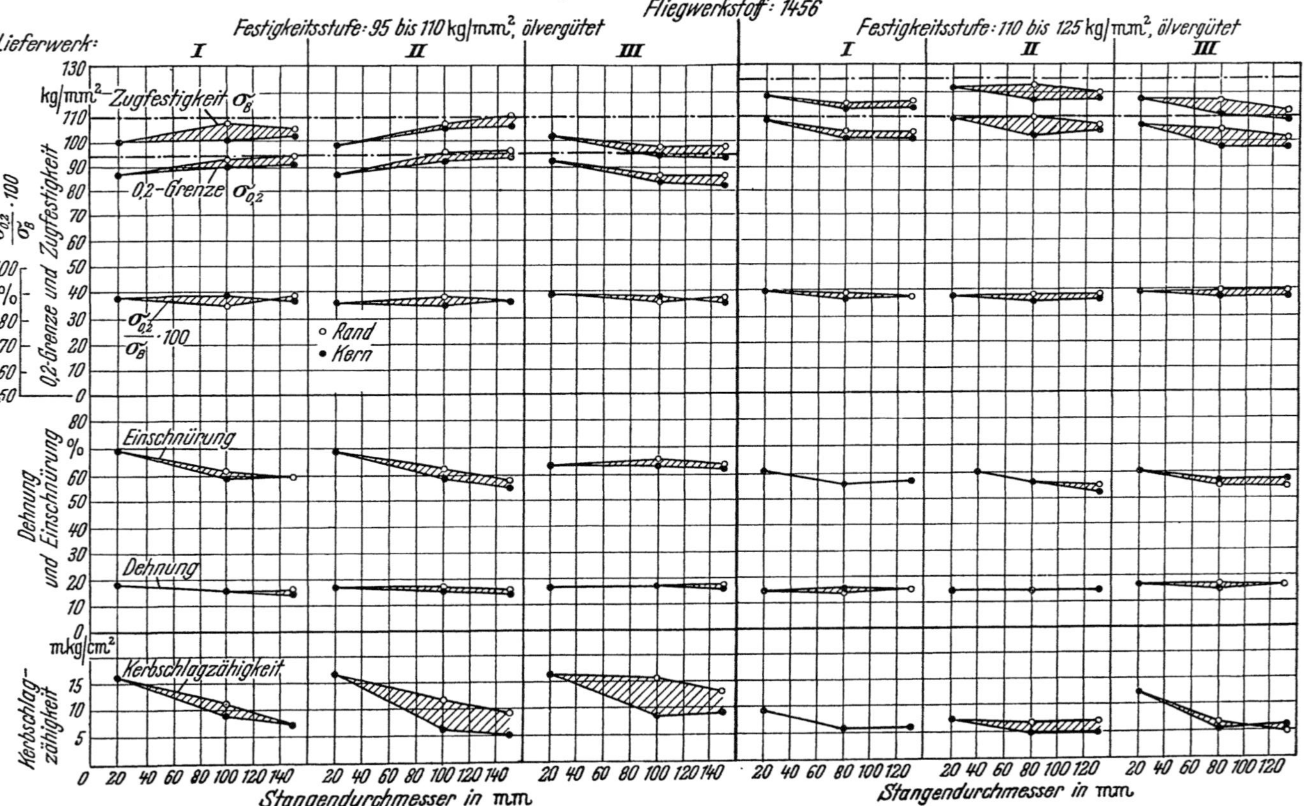

Bild 230. Ergebnisse der Zug- und Kerbschlagbiegeversuche in Abhängigkeit vom Vergütungsquerschnitt (Rand- und Kernproben) für einen Chrom-Molybdän-Vanadin-Stahl (Fliegwerkstoff 1456) (nach A. POMP und A. KRISCH)

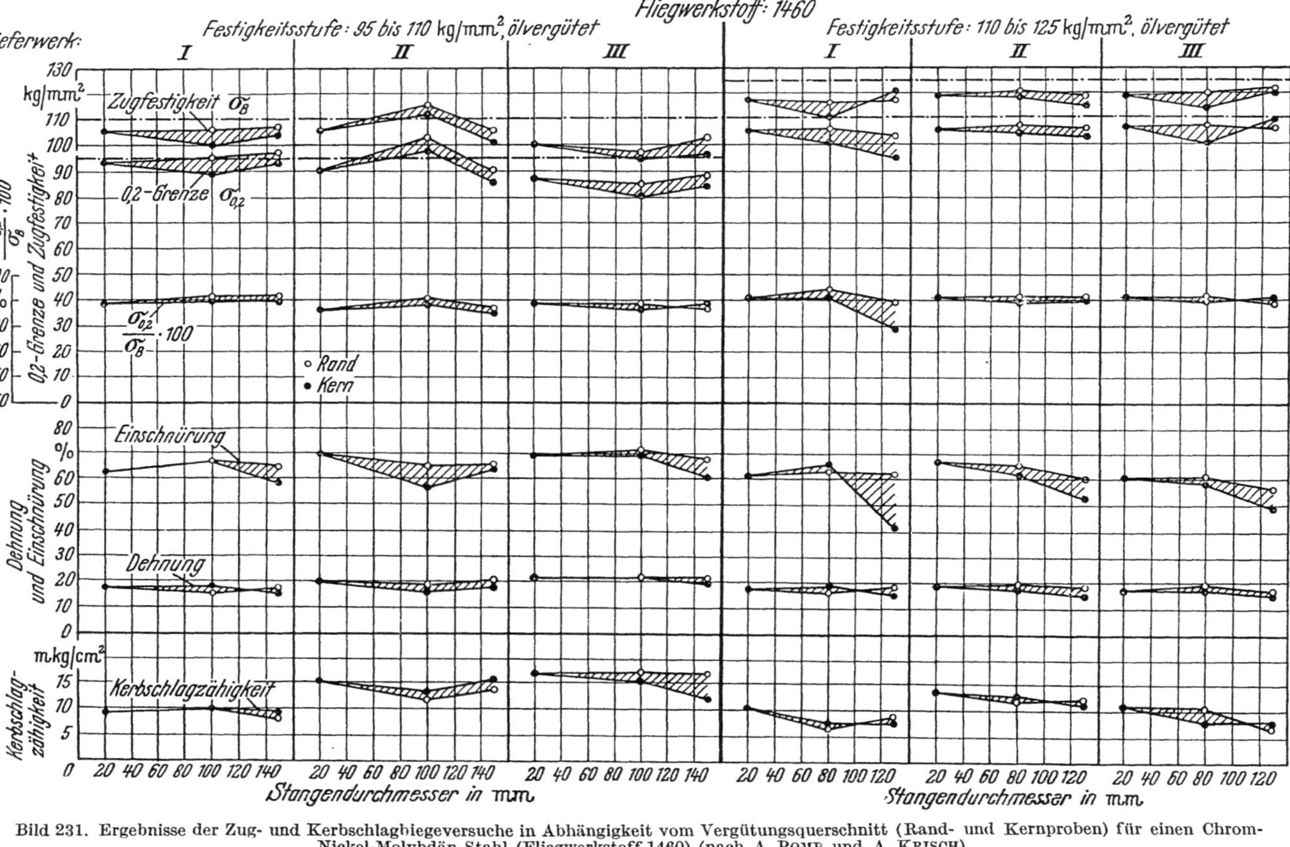

Bild 231. Ergebnisse der Zug- und Kerbschlagbiegeversuche in Abhängigkeit vom Vergütungsquerschnitt (Rand- und Kernproben) für einen Chrom-Nickel-Molybdän-Stahl (Fliegwerkstoff 1460) (nach A. POMP und A. KRISCH)

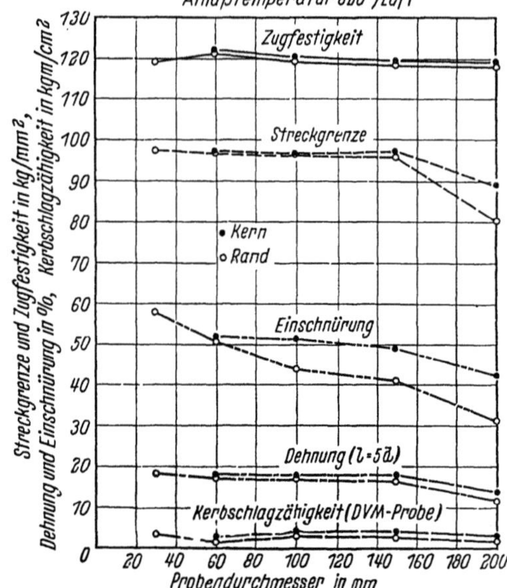

Bild 232. Abhängigkeit der Festigkeitseigenschaften eines Stahles mit 0,46% C, 1,3% Mn und 2,5% Cr vom Vergütungsquerschnitt (gehärtet um 850° in Öl) (nach E. HOUDREMONT)

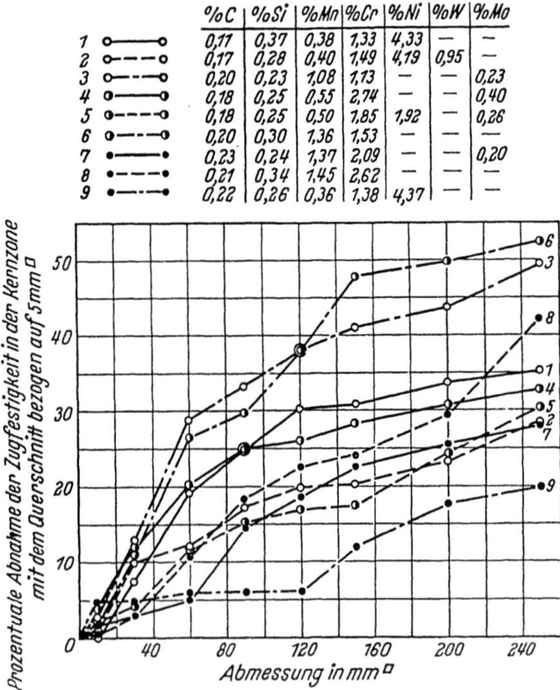

	%C	%Si	%Mn	%Cr	%Ni	%W	%Mo
1	0,17	0,37	0,38	1,33	4,33	—	—
2	0,17	0,28	0,40	1,49	4,19	0,95	—
3	0,20	0,23	1,08	1,13	—	—	0,23
4	0,18	0,25	0,55	2,74	—	—	0,40
5	0,18	0,25	0,50	1,85	1,92	—	0,26
6	0,20	0,30	1,36	1,53	—	—	—
7	0,23	0,24	1,37	2,09	—	—	0,20
8	0,21	0,34	1,45	2,62	—	—	—
9	0,22	0,26	0,36	1,38	4,37	—	—

Bild 233. Absinken der Kernfestigkeit und der Stückgröße bei verschiedenen legierten Einsatzstählen (nach E. HOUDREMONT, s. Fußnote 1 S. 365)

Kohlenstoff, Chrom, Mangan, Molybdän und Vanadin die Durchhärtungseigenschaften schwanken. Ein weiteres Beispiel über einen auf hohe Festigkeit vergüteten Chrom-Mangan-Stahl gibt Bild 232.

Über die „Durchhärtungs"eigenschaften einiger Einsatzstähle verschafft das Bild 233[1] eine übersichtliche Vorstellung. Zu bemerken ist dazu, daß die Werte stark mit dem Kohlenstoffgehalt schwanken und

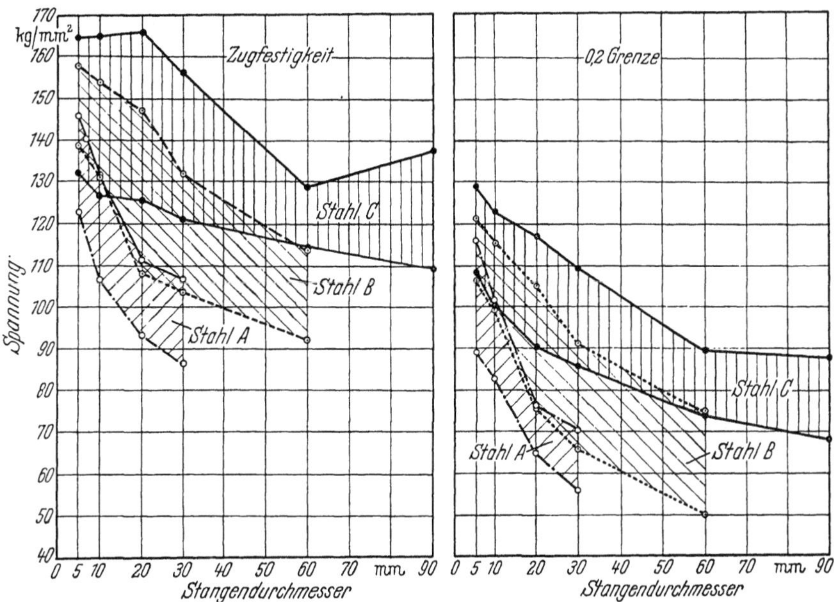

Bild 234. Streubereich für Zugfestigkeit und 0,2-Grenze bei Einsatzstählen (nach A. POMP und A. KRISCH)

schon deshalb verhältnismäßig unverläßlich sind; es folgt ja nicht wie beim Vergüten dem Härten ein ausgleichendes Anlassen.

Mehr darüber ist in der erwähnten Untersuchung A. POMP und A. KRISCH[2] zu finden, wobei aber die Chrom-Nickel-Stähle nicht berücksichtigt sind. Dabei wurden die Stähle EC 80[3] (Stahl A), EC 100[4] (Stahl B) und ECMo 100[5] (Stahl C) untersucht. Wie groß die Streubereiche bei diesen Versuchen mit Stählen verschiedener Werke waren, zeigt Bild 234.

Eine Untersuchung über die Härtbarkeit der Einsatzstähle an der

---

[1] HOUDREMONT, E.: Handbuch der Sonderstahlkunde, 3. Aufl., unter Mitarbeit von H.-J. WIESTER. Berlin/Göttingen/Heidelberg: Springer u. Düsseldorf: Stahleisen 1956.

[2] POMP, A., u. A. KRISCH: Mitt. K.-Wilh.-Inst. Eisenforschg. Bd. 23 (1941) S. 182ff.

[3] jetzt 16 MnCr 5 (S. 401). [4] jetzt 20 MnCr 5. [5] jetzt 20 CrMo 5.

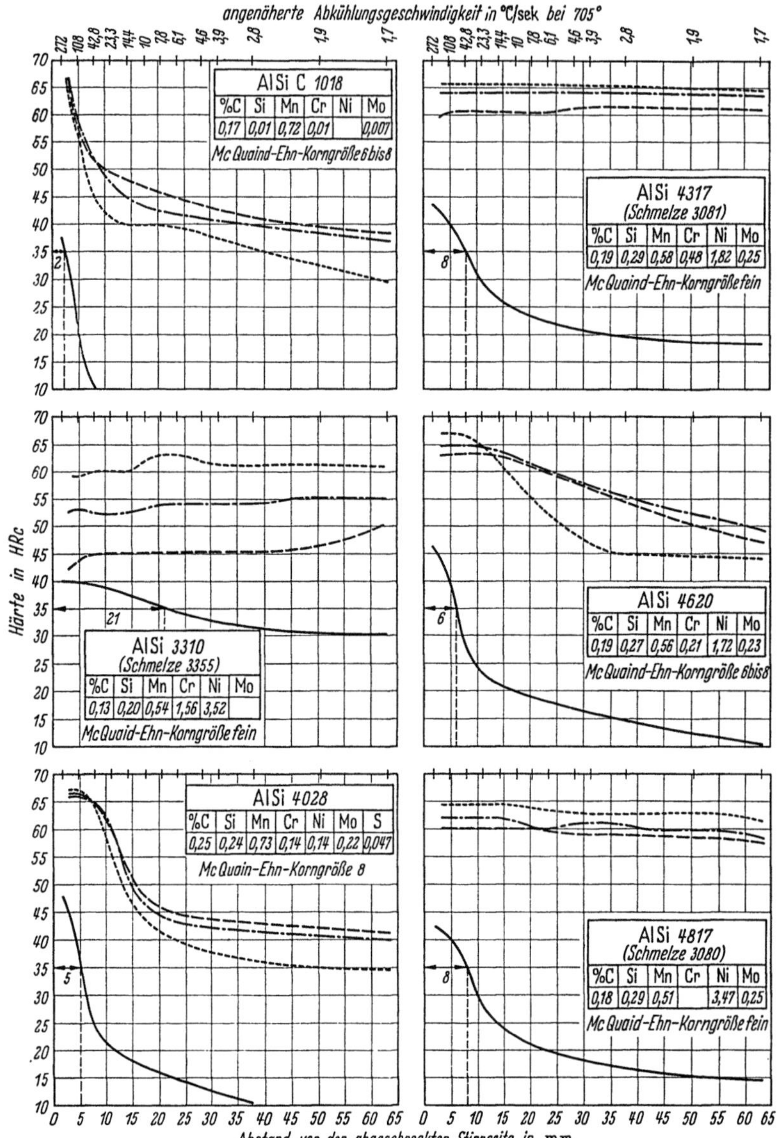

Bild 235. Randhärtbarkeit für Randkohlenstoffgehalte von 0,9, 1,0 und 1,1% und Kernhärtbarkeit der Werkstoffe der Gruppe 1 mit mittlerer Härtbarkeit des Grundwerkstoffs (Abstand von der abgeschreckten Stirnseite, für den die Härte gleich 35 HRC ist, zwischen 2 und 7 mm). Wärmebehandlung des Grundwerkstoffs: 20 Minuten 925 °C/Abschrecken; des Randwerkstoffs: 9 Stunden

Stirnabschreckprobe gemessen gibt H. U. MEYER[1], wobei er sowohl die Härtbarkeit der aufgekohlten Randschicht wie die des aufgekohlten

[1] MEYER, H. U.: Stahl u. Eisen Bd. 76 (1956) Nr. 2 S. 68/78; BOEGEHOLD, A. L.: Selection of automotive steel on the basis of hardenability. In: Contributions to the

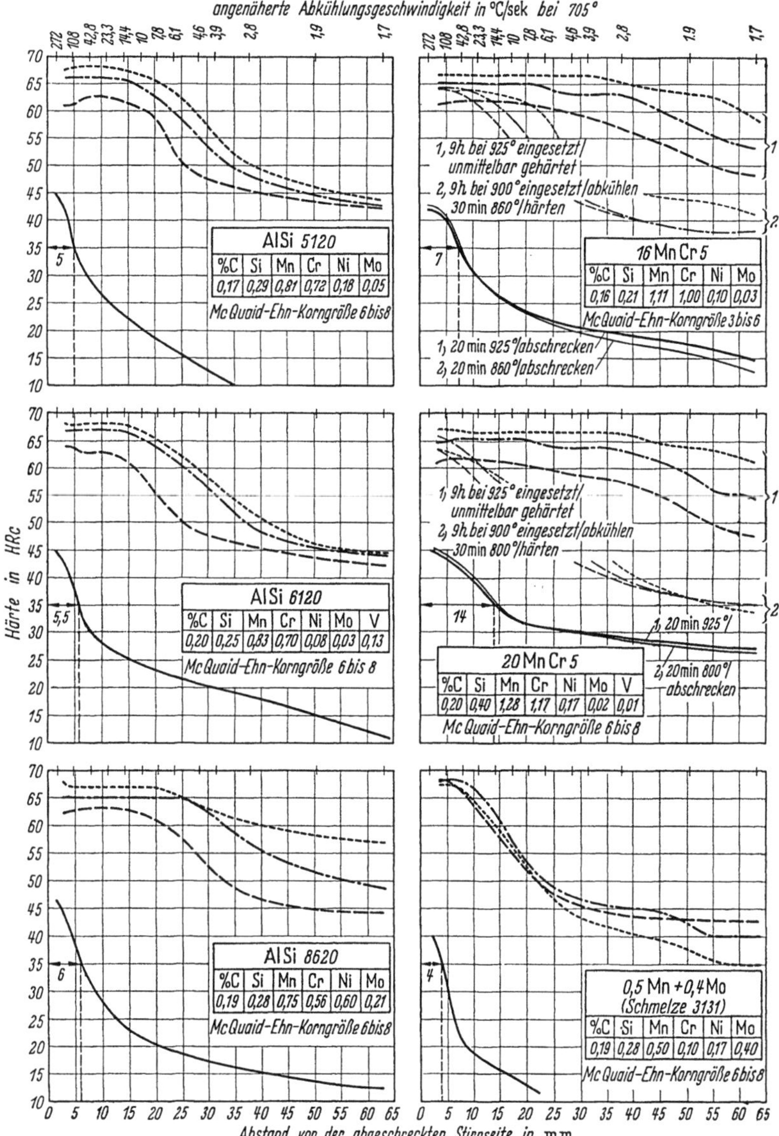

bei 925 °C eingesetzt in Rapid-Aufkohlungspulver, unmittelbar gehärtet. Bei 16 MnCr 5 wurde neben dieser Wärmebehandlung (Kurven 1) eine weitere erprobt (Kurven 2). Grundwerkstoff ——— ; Randhärtbarkeit für 0,9% C – – – ; 1,0% C —·—·— ; 1,1% C — — — (nach H. U. MEYER)

Kernes mißt. In den Bildern 235 und 236 ist das Verhalten einiger genormter amerikanischer und deutscher Stähle zu sehen. Die Versuche

metallurgy of steel. Nr. 11: Hardenability of alloy steels. American Iron and Steel Institute. New York, Mai 1949, S. 121/160.

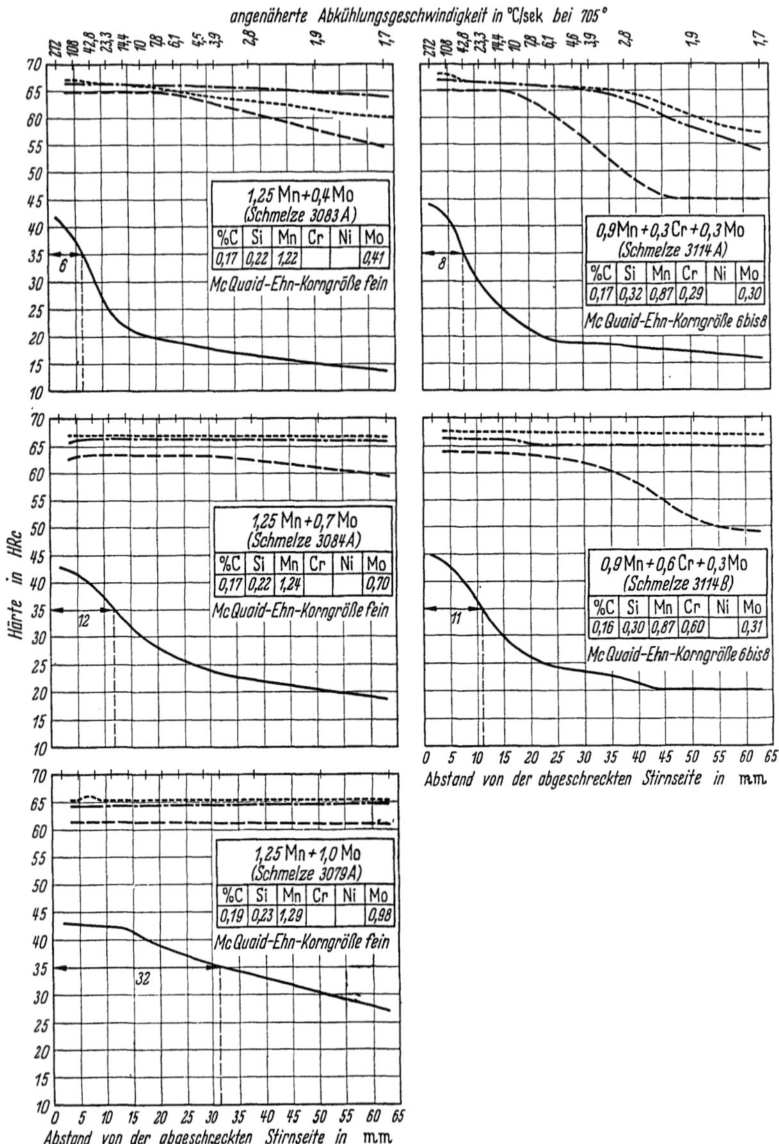

Bild 236. Randhärtbarkeit für Randkohlenstoffgehalte von 0,9, 1,0 und 1,1% und Kernhärtbarkeit der Werkstoffe der Gruppe 2 mit höherer Härtbarkeit des Grundwerkstoffs (Abstand von der abgeschreckten Stirnseite, für den die Härte gleich 35 HRC ist, zwischen 8 und 32 mm). Wärmebehandlung des Grundstoffs: 20 Minuten 925 °C/Abschrecken; des Randwerkstoffs: 9 Stunden bei 925 °C

wurden so durchgeführt, daß die eingesetzten und nach dem Stirnabschreckverfahren gehärteten Probestücke an der Mantelfläche an drei Stellen verschieden stark abgeschliffen wurden, und zwar bis zu Tiefen, wo der Kohlenstoffgehalt 1,1%, 1% und 0,9% beträgt, so daß die drei

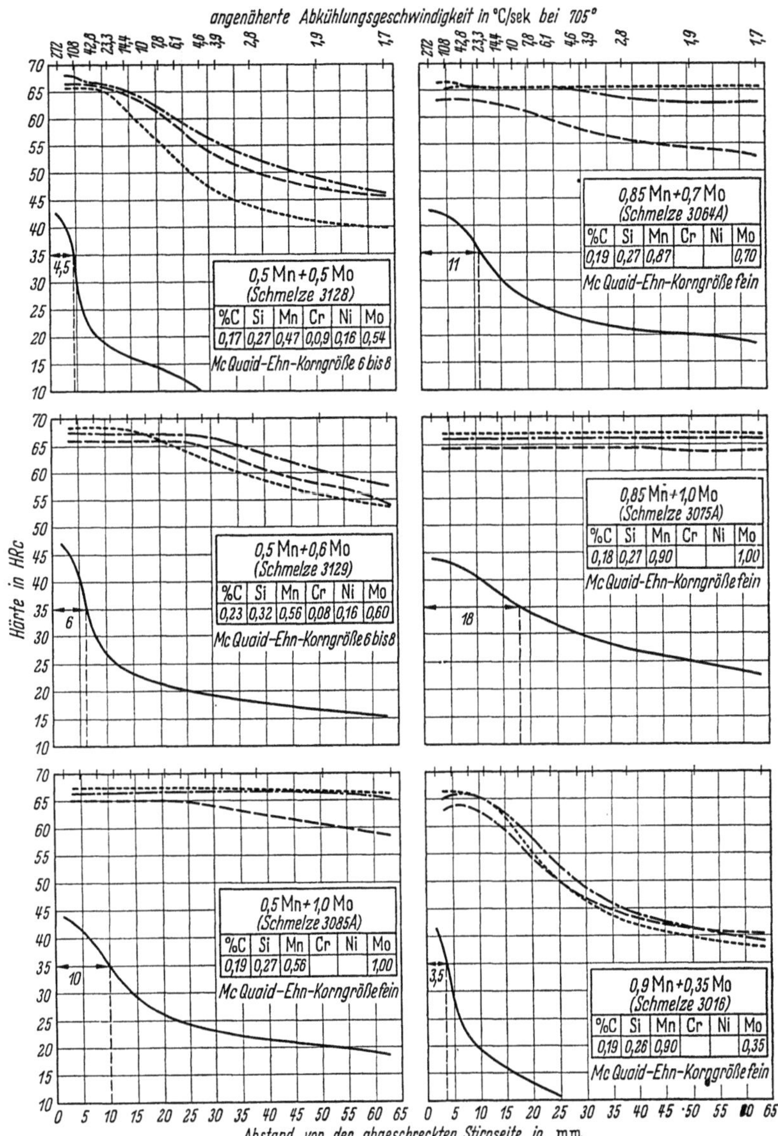

eingesetzt in Rapid-Aufkohlungspulver, unmittelbar gehärtet. Bei 20 MnCr 5 wurde neben diese Wärmebehandlung (Kurven 1) eine weitere erprobt (Kurven 2). Grundwerkstoff ——— ; Randhärtbarkeit für 0,9% C — — — ; 1,0% C —·—·— ; 1,1% C — — — (nach H. U. MEYER)

oberen Linien der Härtbarkeit verschieden aufgekohlten Einsatzschichten entsprechen. Die oben an der Abszisse angegebenen Zahlen sind die Abkühlungsgeschwindigkeiten an den betreffenden Stählen. Es fällt auf, daß bei einer Reihe von Stählen trotz gleicher Kernhärtbarkeit die

Randhärtbarkeit verschieden ist. Die größte Härte weisen manche Stähle mit 0,9% C auf, während bei solchen mit 1% C und 1,1% C die Höchstwerte teilweise abfallen. Dieser Abfall ist nach H. U. MEYER[1] auf den Restaustenit zurückzuführen. Besonders auffällig ist diese Erscheinung bei Stählen mit höherem Nickelgehalt, z.B. bei AISI 3310, aber auch bei anderen zu bemerken. Durch Zusatz von Molybdän wird dieser für den Verschleiß der Randschicht abträgliche Härteabfall beseitigt, und zwar auch bei nickelreichen Stählen. Die Ansicht, daß das Molybdän den Einsatzstählen nicht zugesetzt zu werden braucht, weil bei diesen Stählen die Anlaßsprödigkeit keine Rolle spielt, trifft also nicht zu. Für die Kernhärtbarkeit ist das Molybdän nicht nötig, wohl aber für eine gute Randhärte. In Erkenntnis dieser Tatsache kommen auch in Deutschland über die Norm 17210 hinaus die folgenden zwei Stähle in Frage:

	C	Mn	Cr	Mo
20 MoCr 4	0,20%	0,70%	0,40%	0,45%
20 CrMo 2	0,20%	0,70%	0,60%	0,35%

Die in der Einsatzschicht von außen nach innen abnehmenden Kohlenstoffgehalte haben natürlich auch verschiedenen Ablauf der Umwandlung zur Folge. Damit befassen sich ausführlich H. KRAINER, M. KRONEIS und R. GATTRINGER[2]. Die Bilder 237 und 238 geben isothermische Zeit-Temperatur-Umwandlungs-Schaubilder für zwei wichtige Einsatzstähle wieder. Die praktische Nutzanwendung solcher Zeit-Temperatur-Umwandlungs-Schaubilder liegt hier darin, daß man, soweit dies aus solchen Schaubildern möglich ist, Schlüsse auf das Härtungsverhalten bei verschiedener Art der Abkühlung ziehen kann; zum anderen, daß man aus den Schaubildern unmittelbar ablesen kann, welche isothermische Wärmebehandlungen für das Zwischenglühen entsprechend sind. Wenn man z. B. die Angaben für den Stahl MnCr 5 auswertet, so findet man, daß bei 630 °C eine Haltezeit auf isothermischer Glühtemperatur von etwa 15 min und bei 600 °C von etwa 20 min ausreicht, um Kern und Rand umzuwandeln. Unter solchen Bedingungen ist die aufgekohlte Zone immer einwandfrei in der Perlitstufe umgewandelt. Bei umwandlungsträgen Schmelzen kann es vorkommen, daß im Kern — dort läuft, wie die Bilder gezeigt haben, die Umwandlung verhältnismäßig rasch an, geht jedoch ziemlich langsam zu Ende — die Umwandlung nicht vollständig in der Perlitstufe abläuft, sondern sich ein geringer Rest erst in der Zwischenstufe umwandelt. Wird nach der Zwischenglühung jedoch gleich auf Härtetemperatur erhitzt, so bleiben diese geringfügigen Austenitmengen unzersetzt. In beiden Fällen konnten die Verfasser bisher jedoch nachteilige Folgen einer nicht ganz voll-

---

[1] s. Fußnote 1 S. 366.

[2] KRAINER, H., M. KRONEIS u. R. GATTRINGER: Arch. Eisenhüttenw. Bd. 26 (1955) H. 3 S. 131/140.

ständigen Umwandlung des Kernes in der Perlitumwandlung nicht beobachten, allerdings nur dann, wenn die unzersetzten Austenitmengen sehr gering waren.

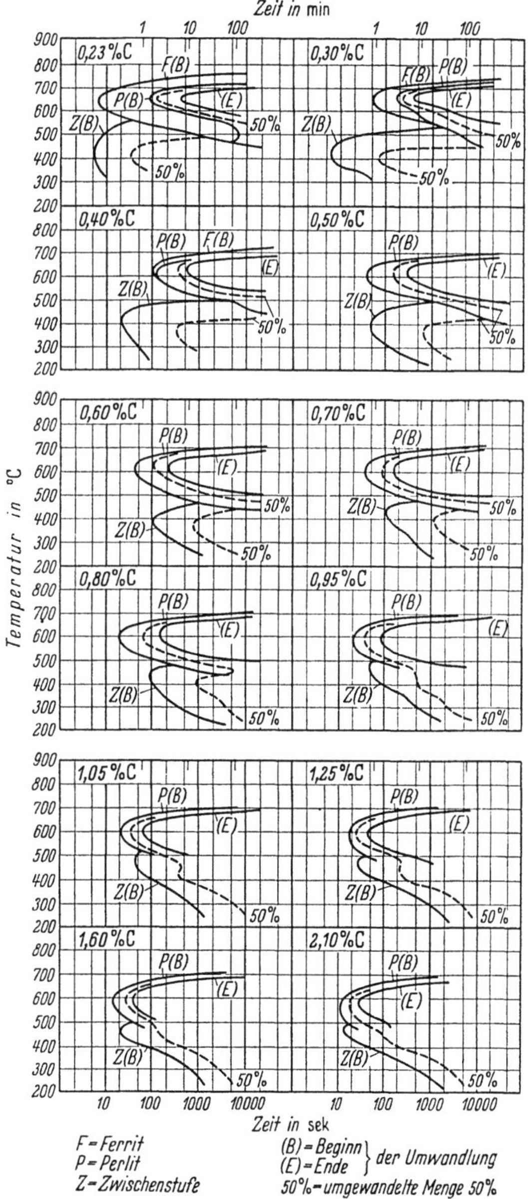

Bild 237. Zeit-Temperatur-Umwandlungs-Schaubilder für verschiedene Kohlenstoffgehalte in der Einsatzschicht von Stahl 7 A (20 MnCr 5)[1] (nach H. Krainer, M. Kroneis und R. Gattringer)

[1] s. a. S. 368.

Für die Aufkohlungstiefe geben die drei Verfasser für ein C-5-Bad[1] folgende Formel an:

$$\text{Aufkohlungstiefe in mm} = (0{,}8 - 0{,}035\% \times \text{Ni} - 0{,}085 \times \% \text{ Cr}) \times \times \sqrt{\text{Einsatzzeit in h}}.$$

Ferner wurde von H. KRAINER und Mitarbeitern[1] die Schlagzähigkeit einsatzgehärteter Proben geprüft. Die höchsten Schlagzähigkeiten werden mit Chrom-Nickel-Stählen und mit 5%igem Nickelstahl erreicht. Dann folgen die Chrom-Molybdän-, Nickel- und Nickel-Molybdän-Stähle. Die Schlagzähigkeit der Chrom-Mangan-Stähle liegt etwas unterhalb der

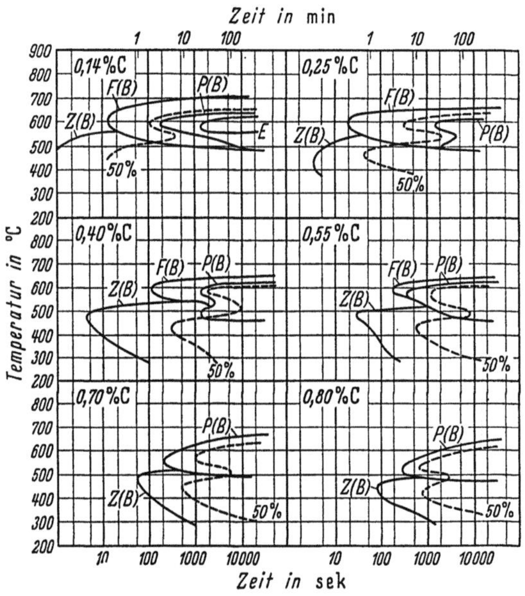

Bild 238. Zeit-Temperatur-Umwandlungs-Schaubilder für verschiedene Kohlenstoffgehalte in der Einsatzschicht von Stahl 16 A (ECN 53) (nach H. KRAINER, M. KRONEIS und R. GATTRINGER)

letzten Gruppe. Die unlegierten Stähle und der Einsatzstahl EC 60 haben gegenüber den legierten Stählen bei dem angewandten Prüfverfahren eine beträchtlich geringere Schlagzähigkeit.

H. KOELZER, H. SIGWART, W. BREUER und B. FINNERN[2] geben für die Verwendung und Behandlung der Einsatzstähle in den Kraftwagen-Werken einige Richtlinien an, die hier wiedergegeben sind:

Die für Personenwagen-Zahnräder hauptsächlich verwendeten Mangan-Chrom-Einsatzstähle wurden für die Zerspanung meist normal-

[1] KRAINER, H., M. KRONEIS u. R. GATTRINGER: Arch. Eisenhüttenw. Bd. 26 (1955) S. 131/140; s. zu dieser Frage auch S. 75.

[2] KOELZER, H., H. SIGWART, W. BREUER u. B. FINNERN: Vortrag, gehalten am 2. World Metallurgical Congress in Chicago, am 5. 11. 1957. (Stähle für Zahnräder.)

geglüht und, nach dem Aufkohlen in einem milden Kohlungsmittel in der Kiste, einfach gehärtet. Die gegenwärtige Entwicklung geht zur kontinuierlichen Gasaufkohlung und zum Härten unmittelbar aus der Einsatztemperatur. In einem Großbetrieb wird Mangan-Chrom-Stahl zur Erzielung einer guten Zerspanbarkeit im Salzbad bei hohen Temperaturen geglüht und anschließend im Salzbad isotherm umgewandelt, woraus sich zusätzliche Vorteile für die Gleichförmigkeit und hinsichtlich Verzug ergeben sollen.

Neben den in DIN 17210 gezeigten Stählen kommen für den Personenwagen noch die oben angeführten (S. 370) zwei molybdänhaltigen Stähle in Frage. Bei hohen Zähigkeitsanforderungen werden für Zahnräder größerer Querschnitte Stähle herangezogen, die zusätzlich noch Nickel enthalten.

Bei Verwendung einer isothermischen Zwischenglühung zur Zerstörung des Restaustenites wandeln beide Stahlarten, die Molybdän-Chrom- und die Mangan-Chrom-Stähle, in brauchbar kurzen Zeiten um; dabei ist die Umwandlung der Mangan-Chrom-Stähle etwas schneller.

Die Zerspanbarkeit, die für Einsatzstähle besonders wichtig ist, wird unter Zerspanbarkeit (S. 908) genauer behandelt. Hier sei nur eine kurze Vorbemerkung eingeschaltet: Wenn Einsatzstähle nach dem Walzen oder Schmieden langsam abkühlen, fallen sie für die Zerspanung oft zu weich aus, d.h., sie schmieren bei niedrigen Schnittgeschwindigkeiten, die z. B. beim Stoßen und Räumen nicht zu vermeiden sind.

Bei einer Normalglühung fällt der Mangan-Chrom-Einsatzstahl mit einer Brinellhärte von 146 bis 187 an. Im Bereich von 146 bis 159 HB schmiert der Stahl so stark, daß ausreichende Oberflächengüte nicht erzielt wird. Abhilfe bringt eine Grobkornglühung (S. 415, 908) mit isothermischer Umwandlung, wodurch eine Härte von 163 bis 197 HB erzielt wird. Die molybdänlegierten Einsatzstähle fallen nach Normalglühung etwa in den Bereich von 146 bis 174 HB und sollen nach Aussage der Kraftwagenwerke hervorragende Oberflächengüte ergeben.

Die Festigkeitswerte in der Längs- und Querrichtung

Wenn von Festigkeitswerten die Rede ist, so versteht man darunter — wenn nichts anderes gesagt ist — die Werte in der Längsrichtung. Infolge der Faser (S. 985 ff.) sind die Werte in der Querrichtung schlechter. Nun gibt es viele Gebrauchsteile, die in der Querrichtung beansprucht werden. Als klassisches Beispiel hierfür seien Geschützrohre und andere Hohlkörper angeführt; aber auch in anderen Fällen kommen beim „Anschneiden der Faser", z. B. bei Kurbelwellen und Zahnrädern, nur diejenigen Beanspruchungen als zulässig in Betracht, die der Körper in der Querrichtung verträgt.

Während die Zugfestigkeit in der Regel praktisch gleichbleibt, verändert sich die Dehnung schon deutlich; noch stärker fallen ab die

Dauerfestigkeit, die Einschnürung und die Kerbschlagzähigkeit. Der Wertabfall in der Querrichtung hängt von der Art, Menge und Verteilung der Einschlüsse, von der Blockgröße, von der Behandlung bei der Warmverformung und vom Verformungsgrad ab. Diese Wertverminderung ist in den meisten Fällen als ein Gütemaßstab für den Stahl anzusehen.

A. W. und H. BREARLEY[1] sprachen vor etwa 40 Jahren die Ansicht aus, daß die Kerbschlagzähigkeit in der Längsrichtung bei Handelsstählen dreimal so hoch ist wie in der Querrichtung. Ist sie nur zweimal so groß, so könne man den Stahlwerker dazu beglückwünschen. Heute ist man aber so weit, daß man selbst bei Stählen bis zu 2% Mangan in der Querrichtung 70% der Kerbschlagzähigkeit der Längsrichtung erreicht[2]. A. POMP und A. KRISCH[3] haben auf Grund von Untersuchungen den Nachweis erbracht, daß bei niedrigen Festigkeitsstufen ein kleinerer Abfall der Kerbschlagzähigkeit besteht als bei höheren. Ungefähr parallel damit laufen die Werte der Einschnürung. K. KREITZ[4] fand bei unlegiertem Stahl in Abhängigkeit vom Verschmiedungsgrad Längs- und Querwerte, wie sie sich aus Bild 239 ergeben. Es handelte sich dabei um Teile, die zu einem Block 440 mm vierkant verschmiedet wurden (s. S. 377). Auch hier liegt nur ein Beispiel vor, das nicht verallgemeinert werden darf. Weitere Untersuchungen liegen vor, z. B. die von M. SCHMIDT[5],

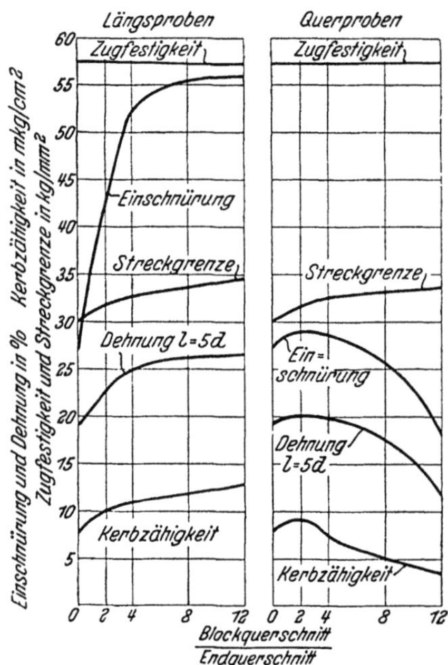

Bild 239. Wirkung des Verschmiedungsgrades auf die Festigkeitseigenschaften eines Stahles mit 0,36% C quer und längs zur Faserrichtung (nach K. KREITZ)

[1] BREARLEY, A. W., u. H. BREARLEY: Ingots and Ingot Moulds, S. 203. London: Longmans, Green Co. 1918. Dieselben: Blöcke und Kokillen. Dt. Bearbeitung von F. RAPATZ. Berlin: Springer 1926, S. 131.

[2] WIESTER, H.-J., H. A. VOGELS u. H. ULMER: Stahl u. Eisen Bd. 79 (1959) H. 16, S. 1120/1129.

[3] POMP, A., u. A. KRISCH: Mitt. K.-Wilh.-Inst. Eisenforschg. Bd. 24 (1942) S. 159/166.

[4] KREITZ, K.: Stahl u. Eisen Bd. 55 (1935) S. 831.

[5] SCHMIDT, M.: Arch. Eisenhüttenw. Bd. 11 (1937/38) S. 393/400.

A. JÜNGER[1], G. v. RÖSSING[2]. Diese Untersuchungen, insbesondere zusammenfassend die von v. RÖSSING, beschäftigten sich u. a. mit der Dauerfestigkeit. Es wurde dabei gefunden, daß bei 3- bis 10fachem Verschmiedungsgrad die Dauerfestigkeit in der Querrichtung um 10 bis 30% abnimmt.

Nach H. KRAINER[3] nimmt in der Längsrichtung mit wachsendem Verschmiedungsgrad die Wechselfestigkeit glatter und gekerbter Proben im Verhältnis zur Zugfestigkeit ab, die Kerbempfindlichkeit steigt an. In der Querrichtung sinkt das Verhältnis der Wechselfestigkeit glatter und gekerbter Proben zur Zugfestigkeit mit zunehmendem Verschmiedungsgrad ebenfalls ab, die Kerbempfindlichkeit scheint jedoch durch den Verschmiedungsgrad in der Querfaser nicht merklich beeinflußt zu werden. Das Verhältnis der Wechselfestigkeit in der Querfaser zu der in der Längsfaser an glatten und gekerbten Stäben nimmt mit steigendem Verschmiedungsgrad ab, wobei der Abfall der Wechselfestigkeit von der Längs- zur Querfaser bei den glatten Proben größer als bei den gekerbten ist. Danach ist der schädigende Einfluß der hier als Kerben wirkenden Zeilen geringer als der sonst bei gekerbter Oberfläche von Prüfstäben bemerkt wurde.

Die Verschlechterung in der Querrichtung ist hauptsächlich den nichtmetallischen Einschlüssen, die bei der Warmverformung gestreckt werden, zuzuschreiben. Der Einfluß ist von der Art, Größe, Form und Menge der Einschlüsse abhängig. Es ist klar, daß sie desto schädlicher sind, je mehr Schlackeneinschlüsse vorhanden sind, wobei man weiters sehen kann, daß größere Ansammlungen und größere Teile schädlicher sind als gleichmäßig fein verteilte, wenn auch deren Menge verhältnismäßig groß ist (s. S. 987, 990). Die Menge der Einschlüsse hängt stark von der Legierung des Stahles ab. Leicht oxydierende Elemente bilden mehr Oxyde als schwer oxydierende. Zu den in den Stahlschmelzöfen nicht oxydierenden Elementen der Baustähle zählen Nickel und Molybdän. Ihr Zusatz hat daher auf die Querwerte einen geringen Einfluß. Zu den leicht oxydierenden Elementen gehören leider die wichtigsten Legierungszusätze Chrom und Mangan. Man vermeidet daher im basischen SM-Ofen Legierungsgehalte von mehr als 2% dieser Metalle, besonders wenn beide zugegen sind, was meist der Fall ist. Im sauren SM-Ofen geht man bis $3^1/_2$% Chrom. Auch das Silizium gehört zu den leicht oxydierenden Elementen. Das Vanadium oxydiert noch leichter als Chrom und Mangan. Es kann daher bei höheren Gehalten nur im Elektroofen zugesetzt werden. Noch stärkere Neigung zur Oxydbildung haben Aluminium und Titan, deren Anwendung als Legierungsmetalle daher bei Mengen über 0,1% auf den Elektroofen beschränkt ist.

---

[1] JÜNGER, A.: Mitt. Forsch.-Anst. Gutehoffn. Bd. 1 (1930/32) S. 9, 15/16, 45 u. 50/56.

[2] RÖSSING, G. v.: Arch. Eisenhüttenw. Bd. 15 (1941/42) S. 407/412.

[3] KRAINER, H.: Arch. Eisenhüttenw. Bd. 15 (1941/42) S. 543/546.

Außer den oxydischen Verbindungen sind es besonders die Schwefelverbindungen, die als Zeilenbildner in Betracht kommen[1]. Schwefel befindet sich im erkalteten Stahl fast zur Gänze in Form von abgeschiedenen Schwefelverbindungen, zum großen Teil Mangansulfiden.

Der Phosphor bleibt im Gegensatz zum Schwefel im Mischkristall gelöst, reichert sich aber durch Seigerungen örtlich stark an. Die Diffusion erfolgt sehr träge, und Phosphorstreifen bleiben im warmverformten Stahl erhalten (s. S. 994).

Um den Einfluß der Schwefel-, Phosphor- und Oxydverbindungen auf die Faserbildung zu verhindern, ist als bestes Mittel Diffusionsglühung zu empfehlen.

O. Kukla, W. Küntscher und H. Sajosch[2] schlugen Diffusionsglühungen bei hohen Temperaturen im endverformten Zustand vor. Tatsächlich lassen sich auf diese Weise Verbesserungen erzielen. Die Versuche dieser Verfasser befaßten sich mit einem Vergütungsstahl mit 0,4% C, 1,8% Mn und 0,12% V. H. Krainer und K. Swoboda[3] wiesen aber darauf hin, daß man wirtschaftlicher arbeiten und noch bessere Erfolge durch längeres Erwärmen auf hohe Schmiedetemperaturen erreichen kann, womit gegenüber dem Diffusionsglühen des schon geschmiedeten Teiles noch der Vorteil verbunden ist, daß kein grobes Korn zurückbleibt, weil es durch die sich an die Erwärmung anschließende Verformung zerstört wird.

Von Einfluß ist auch die Form der Einschlüsse. In dieser Hinsicht stellen die bei der Warmverformung zu Fäden und Bändern ausgezogenen Einschlüsse schädlichere Werkstoffunterbrechungen in der Querrichtung dar als die zerbröckelnden. Die saueren glasigen Einschlüsse gehören dem ersteren Typ und die basischen dem letzteren an. Zu beachten sind auch die Verformungstemperaturen. Bei niedrigen Verformungstemperaturen sind die Einschlüsse weniger verformbar und neigen mehr zum Zerbröckeln[4] (s. S. 990).

Bei den Arbeiten im Stahlwerk muß es sich bei Berücksichtigung der Quereigenschaft in erster Linie darum handeln, die Einschlüsse zu vermeiden oder zu beseitigen. Eine zusammenfassende Darstellung, wie man die Menge der güteverschlechternden Einschlüsse niedrig halten oder beseitigen kann, gibt H. Schenck[5]. Über die Einschlüsse in verschiedenen

---

[1] z. B. Hoff, H.: Stahl u. Eisen Bd. 71 (1951) S. 1293/1310.

[2] Kukla, O., W. Küntscher u. H. Sajosch: Stahl u. Eisen Bd. 62 (1942) S. 1067/1073 u. Bd. 63 (1943) S. 337/338.

[3] Krainer, H., u. K. Swoboda: Vertraulicher Bericht 63 VDEh, April 1944; Krifka, O., u. F. Rapatz: Vertraul. Ber. VDEh Nr. 77, 1944, 6 S. — Rapatz, F.: Radex-Rdsch. 1948 S. 9/14.

[4] Rapatz, F.: Radex-Rdsch. 1948 S. 9/14; Colombier, M. L.: Rev. Métall., Mém., Bd. 44 (1947) S. 47/57.

[5] Schenck, H.: Stahl u. Eisen Bd. 77 (1957) S. 1442/1450. Erörterungsbeitrag S. 1698/99.

Edelstahlsorten gibt O. KRIFKA[1] wertvolle Aufschlüsse. Auch er weist darauf hin, daß die theoretischen Grundlagen für die Beherrschung der Art der Einschlüsse noch recht unvollständig sind. Als wirksame Maßnahme empfiehlt er Desoxydation so lange als möglich mit Kohlenstoff und anschließend mit einer Mangan-Silizium-Legierung und gibt den im basischen Herd erschmolzenen Stählen den Vorzug vor denen, die im saueren Herd erschmolzen wurden. Ausführlich befaßt sich R. ROSEGGER[2] mit der Desoxydation und sagt in Übereinstimmung mit O. KRIFKA, daß die Produkte aus der Siliziumdesoxydation sich schwerer abscheiden. Er empfiehlt, überwiegend mit Aluminium zu desoxydieren, weil sich dann die Reaktionsprodukte rascher nach oben absetzen. R. ROSEGGER[3] gibt außerdem eine gute Schrifttumsübersicht an. Über Zeilen, Fasern und ihre Ursachen s. die Ausführungen auf S. 985ff. Für sehr hoch beanspruchte Teile dürfte trotz erhöhter Kosten das Schmelzen im Vakuum (S. 1009) bald wichtig werden; bei niedrigen Schwefelgehalten ist dann der Abfall der Werte in der Querrichtung kaum bemerkbar.

Schwere Schmiedestücke

Sinngemäß schließt sich an den vorigen Absatz die Erörterung über Schmiedestücke an, weil dabei die eben behandelten Eigenschaften in der Querrichtung und die nichtmetallischen Einschlüsse eine besondere Rolle spielen. — Wie der Name sagt, handelt es sich um Stücke mit großem Durchmesser für Maschinenteile wie z. B. Achsen und Wellen, Läufer für Dampf- und Wasserturbinen, Läufer und Scheiben für Gasturbinen, Induktorkörper. Auch der Werkzeugbau benötigt große Schmiedestücke, z. B. Rezipientenmäntel und Büchsen für Strang- und Rohrpressen, Kalt- und Warmwalzen, Schleudergußkokillen u. a.

In diesem Abschnitt soll aber nur von Teilen für den Maschinenbau, also von Konstruktionsstählen, die Rede sein. Sie sind hohen mechanischen Beanspruchungen, bei einigen Teilen auch in der Wärme, ausgesetzt. Daher sind die Anforderungen an die mechanischen Eigenschaften demgemäß. Es muß dafür gesorgt sein, daß die Stähle in großen Querschnitten durchvergütbar und so rein und fehlerarm sind, um auch bei Beanspruchungen in der Querrichtung zu genügen. In den letzten Jahren haben sich einige Arbeiten mit dem immer wichtiger werdenden Gegenstand befaßt. W. COUPETTE[4] untersuchte eingehend den Einfluß der Seigerungen auf die Querwerte und bestätigt, daß sie um so

[1] KRIFKA, O.: Radex-Rdsch. 1951 S. 42/61.

[2] ROSEGGER, R.: Radex-Rdsch. 1958 S. 292/305.

[3] CHIPMAN, J., u. K. L. FETTERS: Trans. Amer. Soc. Met. Bd. 29 (1941) S. 953. — CHIPMAN, J.: In Basic Open Hearth Steelmaking. AIME New York 1944, S. 498. — HILTY, D. C., u. W. CRAFTS: J. Metals, Trans., Bd. 188 (1950) S. 414. — PLÖCKINGER, E., u. R. ROSEGGER: Stahl u. Eisen Bd. 77 (1957) S. 701/714, 798/804. — PLÖCKINGER, E.: Stahl u. Eisen Bd. 76 (1956) S. 739/748.

[4] COUPETTE, W.: Stahl u. Eisen Bd. 61 (1941) S. 1013/1022 u. S. 1036/1042.

schlechter sind, je stärker die Seigerungen sind. Er stellte den Höchstwert der Querwerte bei 2- bis 3facher Verformung fest (s. dazu S. 374).

Aus der wichtigen Arbeit von S. AMMARELLER[1] seien in den Bildern 240, 241 und 242 die Festigkeitseigenschaften sowie die Kerbschlagzähigkeit eines Schmiedestückes von etwa 13 t, 930 mm Ballendurchmesser, abgeschmiedet aus dem Unterteil eines 56 t schweren Blockes, angeführt.

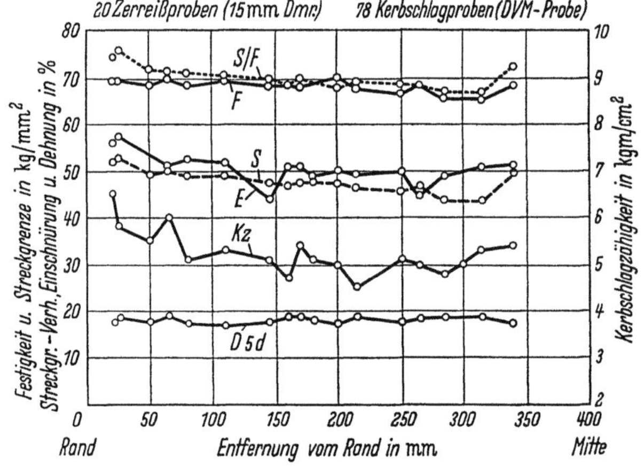

Bild 240. Ergebnisse von Zerreiß- und Kerbschlagbiegeversuchen an Längsproben (nach S. AMMARELLER)

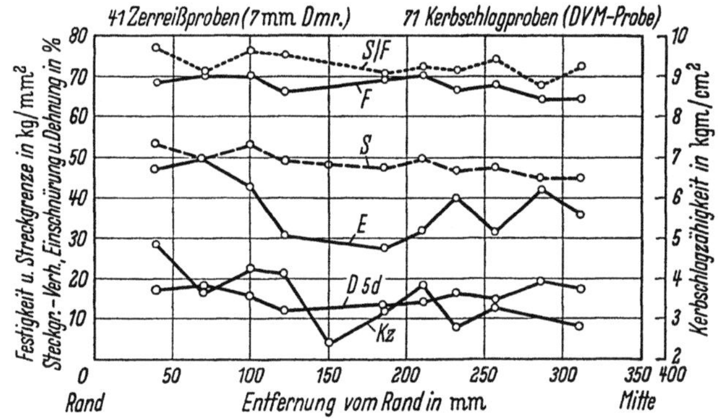

Bild 241. Ergebnisse von radialen Zerreiß- und Kerbschlagproben (nach S. AMMARELLER)

Der Stahl hatte folgende Zusammensetzung: 0,37% C, 0,28% Si, 1,10% Mn, 0,02% P, 0,025% S, 0,28% Mo, 0,01% Cr, 0,01% Ni, 0,21% Cu.

Das Bild 240 zeigt die Werte der Längsproben, das Bild 241 die Werte der Radialproben und das Bild 242 die Werte der Tangentialproben.

Das Bild 243[2] gibt wieder, was unter Längs-, Tangential-, Quer- und Radialproben zu verstehen ist.

[1] AMMARELLER, S.: Stahl u. Eisen Bd. 70 (1950) S. 125/133.

[2] Aus Stahl-Eisen-Werkstoffblatt 550—51, März 1951.

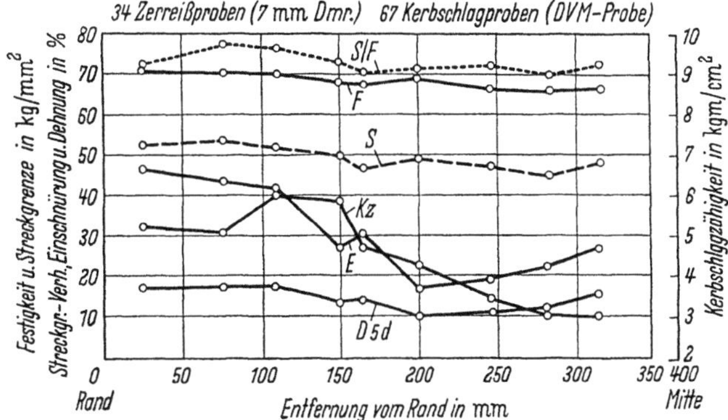

Bild 242. Ergebnisse von tangentialen Zerreiß- und Kerbschlagproben (nach S. AMMARELLER[1])

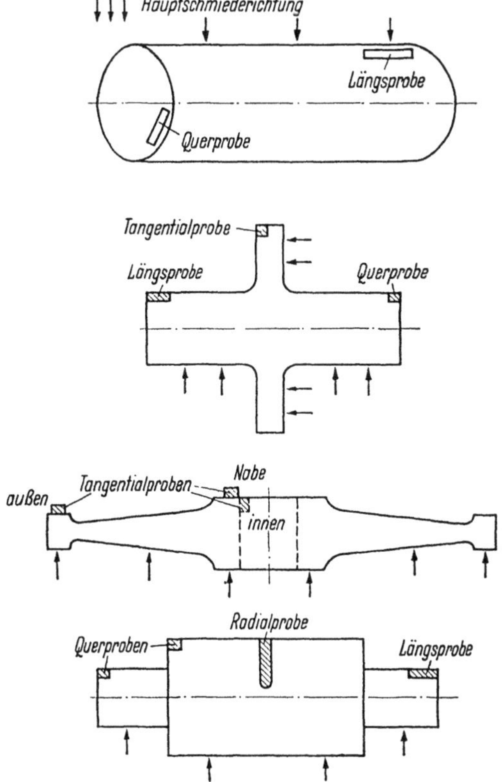

Bild 243. Schematische Darstellung der Lage von Längs-, Tangential-, Quer- und Radialproben in Schmiedestücken (nach Stahl-Eisen-Werkstoffblatt, 550-51, März 1951)

[1] s. Fußnote 1 auf S. 378.

Zahlentafel 55. *Gewährleistete Festigkeitswerte für vergütete Schmiedestücke*

Markenbezeichnung	Stoffnummer	Vergütungsquerschnitt mm ∅	Streckgrenze kg/mm² mind.	Zugfestigkeit kg/mm²	Bruchdehnung ($L_0 = 5d_0$) % mind. L[1]	T[1]	Q[1]	Kerbschlagzähigkeit[2] kgm/cm² mind. L[1]	T[1]	Q[1,3]
C 35[4]	06 51	bis 500	27[5]	50—60	20	17	14	6	5	4
Ck 35	11 81	bis 250	30	50—60	22	19	15	6	5	4
		bis 150	32	55—65	20	18	15	6	5	4
C 45[4] Ck 45	07 21 11 91	bis 150	36	60—72	17	15	13	5	4	3
20 Mn 5	50 53	bis 250	30	50—60	21	19	15	7	5	4
		bis 150	35	55—65	20	18	14	6	5	4
30 Mn 5	50 66	bis 300	35	55—70	20	18	14	6	5	4
36 Mn 5	50 67	bis 250	40	60—75	17	15	13	5	4	4
		bis 150	45	60—75	17	15	13	5	4	3
38 MnSi 4	51 20	bis 500	35[7]	55—70	20	18	14	6	5	4
		bis 300	40	60—75	17	15	13	5	4	4
		bis 200	45	65—80	16	14	12	5	4	3
46 MnSi 4	51 21	bis 500	40	60—75	17	15	13	5	4	3
			45	65—80	16	14	12	5	4	3
			50	70—85	15	12	10	4	4	—
53 MnSi 4	51 41	bis 500	50	75—90	14	11	9	4	—	—
			55	80—95	12	10	8	3	—	—
24 Ni 4	56 13	beliebig	30[6]	50—60	24	21	18	10	8	7
		bis 500	35[7]	55—65	22	20	16	9	8	7
24 Ni 8	56 33	beliebig	35[7]	55—65	22	20	16	9	8	7
		bis 300	40	60—75	20	18	15	8	7	6
		bis 150	45	65—80	18	16	14	7	6	4
34 Ni 5	56 20	beliebig	35[7]	55—65	20	18	15	8	7	5
		beliebig	40	60—75	19	17	14	7	6	5
		bis 300	45	65—80	18	16	13	6	5	4
		bis 200	50	70—85	16	14	11	5	5	4
22 Mo 4	54 19	bis 300	32	50—60	20	18	17	7	6	6
34 CrMo 4	72 20	bis 500	40	65—80	16	15	14	5	5	4
		bis 300	45	70—85	15	14	13	5	5	4
		bis 150	50	75—90	14	13	12	4	4	3
42 CrMo 4	72 25	bis 500	45	65—80	16	14	13	5	4	4
		bis 300	50	70—85	15	13	12	5	4	4
		bis 250	55	75—90	14	13	12	4	4	3
		bis 150	60	80—95	13	12	11	4	3	—
			65	85—100	12	11	10	3	3	—
16 CrMo 4	72 42	bis 300	35	55—70	20	18	18	6	5	5

[1] L = Längsprobe, Q = Querprobe, T = Tangentialprobe.

[2] Geprüft an DVM-Probe nach DIN 50115.

[3] Wird nur bei glatten Stangen und Wellen gewährleistet.

[4] Für diese Stähle wird keine Kerbschlagzähigkeit gewährleistet.

Markenbezeichnung	Stoffnummer	Vergütungsquerschnitt mm ⌀	Streckgrenze kg/mm² mind.	Zugfestigkeit kg/mm²	Bruchdehnung ($L_0 = 5d_0$) % mind. L[1]	T[1]	Q[2]	Kerbschlagzähigkeit[3] kgm/cm² mind. L[1]	T[1]	Q[1,3]
22 CrMo 4	72 52	beliebig	40	60—75	18	16	15	6	5	4
		bis 300	45	65—80	17	15	14	5	5	4
		bis 250	50	65—80	17	15	14	5	5	4
		bis 150	55	70—85	16	14	13	5	4	3
16 CrMo 4 4	73 37	bis 200	35	55—70	20	18	18	6	5	5
		bis 150	40	60—75	18	16	15	6	5	5
22 CrMo 4 4	73 54	beliebig	40	60—75	18	16	16	6	5	5
		bis 500	45	65—80	17	15	15	6	5	5
		bis 300	50	65—80	17	15	15	6	5	5
		bis 250	55	70—85	16	14	13	5	4	3
		bis 150	60	75—90	16	14	13	5	4	3
24 CrMoV 5 5	77 33	beliebig	50	65—80	17	15	15	6	6	5
		bis 500	55	70—85	16	14	14	6	5	4
		bis 300	60	75—90	16	14	14	6	5	4
36 NiCrMo 3	65 06	bis 500	40	60—75	18	16	13	7	6	5
		bis 300	45	65—80	17	15	12	6	5	4
			50	70—85	16	14	11	6	5	4
		bis 150	55	75—90	15	13	11	5	4	3
			65	80—95	14	12	10	4	4	—
28 NiCrMo 4	65 13	beliebig	35[7]	55—70	20	17	15	8	6	5
			40[8]	60—75	19	17	15	7	6	5
		bis 500	45[9]	65—80	18	16	14	6	5	4
		bis 300	50[10]	70—85	17	15	13	6	5	4
			55	75—90	16	14	12	5	4	3
		bis 250	60	80—95	15	13	11	5	4	3
34 CrNiMo 6	65 82	bis 300	60	75—90	17	15	13	7	6	5
			70	80—95	17	15	13	7	6	5
			80	90—105	15	13	11	6	5	4
		bis 150	75	85—100	16	14	12	7[12]	6[12]	5[12]
			85	95—110	14	12	10	6	5	4
			95	105—125	12	10	8	5	4	3
28 NiCrMo 7 4	65 92	beliebig	50[10]	65—80	18	16	14	6	5	4
			55[11]	70—85	17	15	13	6	5	4
			60	75—90	16	14	12	5	4	3
28 NiCrMo 4 4	67 61	beliebig	35	60—75	18	16	14	7	6	5
		bis 500	40	60—75	18	16	14	7	6	5
			45	65—80	17	15	13	6	5	4
		bis 300	50	70—85	17	15	13	6	5	4
			55	75—90	15	13	11	5	4	3
			60	80—95	15	13	11	5	4	3

[5] Für Radialproben mind. 22 kg/mm².
[6] Für Radialproben mind. 25 kg/mm².
[7] Für Radialproben mind. 30 kg/mm².
[8] Für Radialproben mind. 35 kg/mm².
[9] Für Radialproben mind. 40 kg/mm².
[10] Für Radialproben mind. 45 kg/mm².
[11] Für Radialproben mind. 50 kg/mm².
[12] Für Siemens-Martin-Stähle liegen die Werte um eine Einheit niedriger.

Bild 244[1] zeigt den Einfluß der Probenart und -lage auf die Biegewechselfestigkeit (s. a. S. 375).

Die Eigenschaften, die bei verschiedenen Stählen gewährleistet werden können, sind in dem Stahl-Eisen-Werkstoffblatt[2] nach Zahlentafel 55 wiedergegeben. Dieses Werkstoffblatt umfaßt eine große Reihe von Stählen, angefangen von unlegierten Stählen mit 0,2 bis 0,45% C bis zu den Chrom-Nickel-Molybdän-Stählen, von denen der höchstlegierte 34 CrNiMo 6 ist mit 0,30/0,38% C, 0,15/0,35% Si, 0,30/0,50% Mn, 1,3/1,6% Cr, 0,20/0,30% Mo, 1,4/1,7% Ni. Als viel verwendeter Stahl

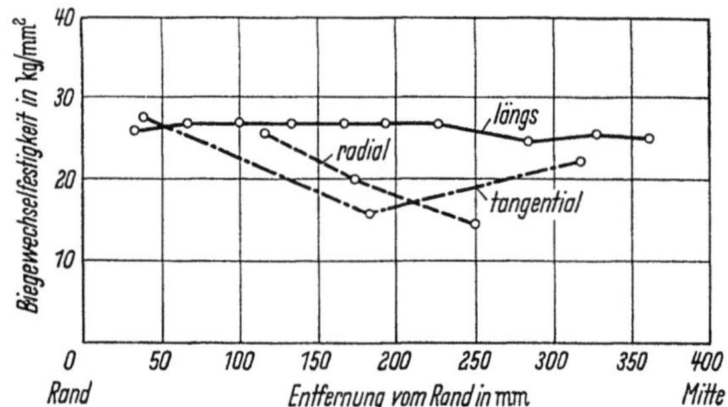

Bild 244. Einfluß der Probenart und -lage auf die Biegewechselfestigkeit (nach S. AMMARELLER)

gilt auch 28 NiCrMo 7 4 mit 0,24/0,32% C, 0,15/0,35% Si, 0,30/0,50% Mn, 1,1/1,4% Cr, 0,30/0,40% Mo, 1,8/2,1% Ni. Für diese Stähle sind aus demselben Werkstoffblatt die gewährleistete Bruchdehnung und Kerbschlagzähigkeit in der Längsrichtung bei Tangential- und Radialproben zu ersehen. Wie man sieht, sind die gewährleisteten Werte an Kerbschlagzähigkeit und Dehnung stark von der Richtung, aus der sie entnommen sind, abhängig. In der Zahlentafel 56[3] sind die Warmfestigkeitswerte einiger Stähle aus diesem Werkstoffblatt[2] zusammengefaßt.

S. AMMARELLER und P. GRÜN führen in Zahlentafel 57 Zusammensetzungen und Verwendungszwecke einiger in den Vereinigten Staaten von Amerika gebräuchlichen Stähle für große Schmiedestücke an.

H. H. BURTON[4] empfiehlt einen Chrom-Molybdän-Stahl, der in England viel gebraucht wird. Er hat folgende Zusammensetzung: 0,25% C, 0,55% Mn, 0,25% Ni, 3,35% Cr, 0,55% Mo. Es ist derselbe Stahl, der in den englischen Normen die Bezeichnung En 40 B trägt und zunächst als Nitrierstahl gedacht war. Die Festigkeitseigenschaften dieses Stahles

[1] AMMARELLER, S.: Stahl u. Eisen Bd. 70 (1950) S. 132.

[2] Stahl-Eisen-Werkstoffblatt 550—51, Ausg. März 1951.

[3] AMMARELLER, S., u. P. GRÜN: Stahl u. Eisen Bd. 72 (1952) S. 653/662.

[4] BURTON, H. H.: Metal Progr. Bd. 63 (1953) Nr. 1, S. 125/129.

Zahlentafel 56. *Gewährleistete Warmfestigkeitswerte für die im Stahl-Eisen-Werkstoffblatt 550 enthaltenen Molybdän-, Chrom-Molybdän- und Chrom-Molybdän-Vanadin-Stähle* (nach S. AMMARELLER und P. GRÜN)

Marken-bezeichnung	Stoff-nummer	Streckgrenze bei mind. kg/mm²				DVM-Kriechgrenze[1] bei mind. kg/mm²						
		20°	300°	350°	400°C	350°	400°	450°	475°	500°	525°	550°C
22 Mo 4	54 19	32	28	26	24	25	21	16	15	12	9	(4)
		40	32	30	27	28	23	17	14	10	7	(4)
		45	36	33	30	32	25	18	14	10	7	(4)
34 CrMo 4	72 20	50	40	37	33	35	28	20	15	11	7	(4)
42 CrMo 4	72 25	55	44	40	36	38	30	21	16	11	7	(4)
		60	46	42	38	40	32	24	18	11	7	(4)
		65	48	44	40	42	35	28	20	11	7	(4)
		35	29	27	24	25	21	16	13	10	7	(4)
16 CrMo 4	72 42	40	32	30	27	28	23	17	14	10	7	(4)
22 CrMo 4	72 52	45	36	33	30	31	25	18	14	10	7	(4)
		50	40	37	33	35	28	20	15	11	7	(4)
		55	44	40	36	38	30	21	16	11	7	(4)
		35	31	29	25	26	22	19	17	15	11	(7)
		40	33	31	28	29	25	20	18	15	11	(7)
16 CrMo 4 4	73 37	45	37	35	32	33	28	21	19	15	11	(7)
22 CrMo 4 4	73 54	50	40	38	35	36	30	23	19	15	11	(7)
		55	44	41	37	38	32	24	20	15	11	(7)
		60	48	45	40	41	35	26	21	16	11	(7)
		50	42	40	37	38	33	27	23	20	15	(10)
24 CrMoV 5 5	77 33	55	46	44	41	42	36	29	24	20	15	(10)
		60	50	48	45	46	40	31	26	21	15	(10)

[1] Die Einklammerung bestimmter Werte der DVM-Kriechgrenze zeigt an, daß der Werkstoff für die betreffende Temperatur im Dauerbetrieb zweckmäßig nicht mehr verwendet wird.

in verschiedenen Teilen des Rotorkörpers sind aus der Zahlentafel 58 zu ersehen.

Diese höher legierten Vergütungsstähle benötigt man zur Erreichung höherer Festigkeit und gleichzeitig genügender Zähigkeit. Diese Stähle müssen dazu auf größere Querschnitte durchvergütbar, müssen also auch im Inneren, d. h. bei langsamer Abkühlung, härtbar sein. Für die Härtung bei dieser verhältnismäßig niedrigen Abkühlungsgeschwindigkeit sind die oberhalb des Martensitpunktes entstehenden verschiedenen Abstufungen des Zwischenstufengefüges besonders wichtig. Die volle Martensithärtung, die nicht in die Tiefe des Querschnittes greift, spielt dabei kaum eine Rolle. Außerdem ist eine schroffe Abkühlung im Wasser, um die Martensithärtung zu fördern, nicht angebracht, weil die Stücke dabei reißen würden. Meist begnügt man sich mit Abkühlung an freier Luft. Die ZTU-Schaubilder der

Zahlentafel 57. *Für hochwertige Schmiedestücke in den Vereinigten Staaten von Amerika angewendete Stähle* (nach S. Ammareller und P. Grün)

Bezeichnung[1]	C %	Si %	Mn %	Cr %	Mo %	Ni %	V %	Streckgrenze mind. kg/mm²	Vergütungsquerschnitt mm Dmr.
4140	0,38/0,43	0,20/0,35	0,75/1,00	0,80/1,10	0,15/0,25 (0,40/0,50)[2]			46 56	250 180
4340	0,38/0,43	0,20/0,35	0,60/0,80	0,70/0,90	0,20/0,30 (0,40/0,60)[2]	1,65/2,00		48 74 (88)[2]	500 100
	0,30/0,35				0,35/0,50	2,50	mit und ohne	40	500
	0,30/0,35				0,50			28[4]	ohne Angabe
	0,30/0,35				0,50	2,75		48[3,4]	
	0,30/0,35			0,90	0,50	2,50		60[4] (88)	(Ringe)

[1] Nach American Iron and Steel Institute. [2] Für Turbinenschaufelräder. [3] Ritzel für Reduziergetriebe. [4] Läufer für Turbogeneratoren.

Zahlentafel 58

Mechanische Eigenschaften großer Schmiedestücke aus einem Cr-Mo-Stahl für Turbogeneratoren (nach H. H. Burton[1])

Lage	Richtung	Streckgrenze bei 0,5% Dehnung	Höchstbelastung kg/mm²	Dehnung %	Einschnürung %	Biegung °
Niederdruck-Turbinen-Rotor, 54″ Durchmesser, 117″ Länge						
Untere Wellenende	längs	53,85	71,30	26,1	67,0	180
Obere Wellenende	längs	55,75	73,33	26,0	67,8	180
Rotorkörper (unten)	quer	53,44	70,80	24,2	57,3	180
Rotorkörper (oben)	quer	54,98	72,28	24,2	53,9	180
Rotorkörper (unten)	radial	54,35	71,98	23,0	62,6	—
Rotorkörper (oben)	radial	55,12	72,56	22,2	55,1	—
Kern (oben)	längs	56,67	73,82	25,0	61,5	—
Kern (Mitte)	längs	58,15	68,05	19,3	45,6	—
Kern (unten)	längs	53,58	67,35	26,9	70,0	—
Rotor für Turbo-Drehstromgenerator, 37″ Durchmesser, 158″ Länge						
Untere Wellenende	längs	58,64	74,59	24,9	68,6	180
Obere Wellenende	längs	58,78	75,36	25,0	70,0	180
Rotorkörper (oben)	quer	57,79	74,59	21,5	51,6	180
Rotorkörper (oben)	radial	57,58	74,24	20,0	49,7	180
Kern (oben)	längs	60,54	77,90	22,3	61,1	—

[1] Burton, H. H.: Metal Progr. Bd. 63 (1953) Nr. 1, S. 125/129.

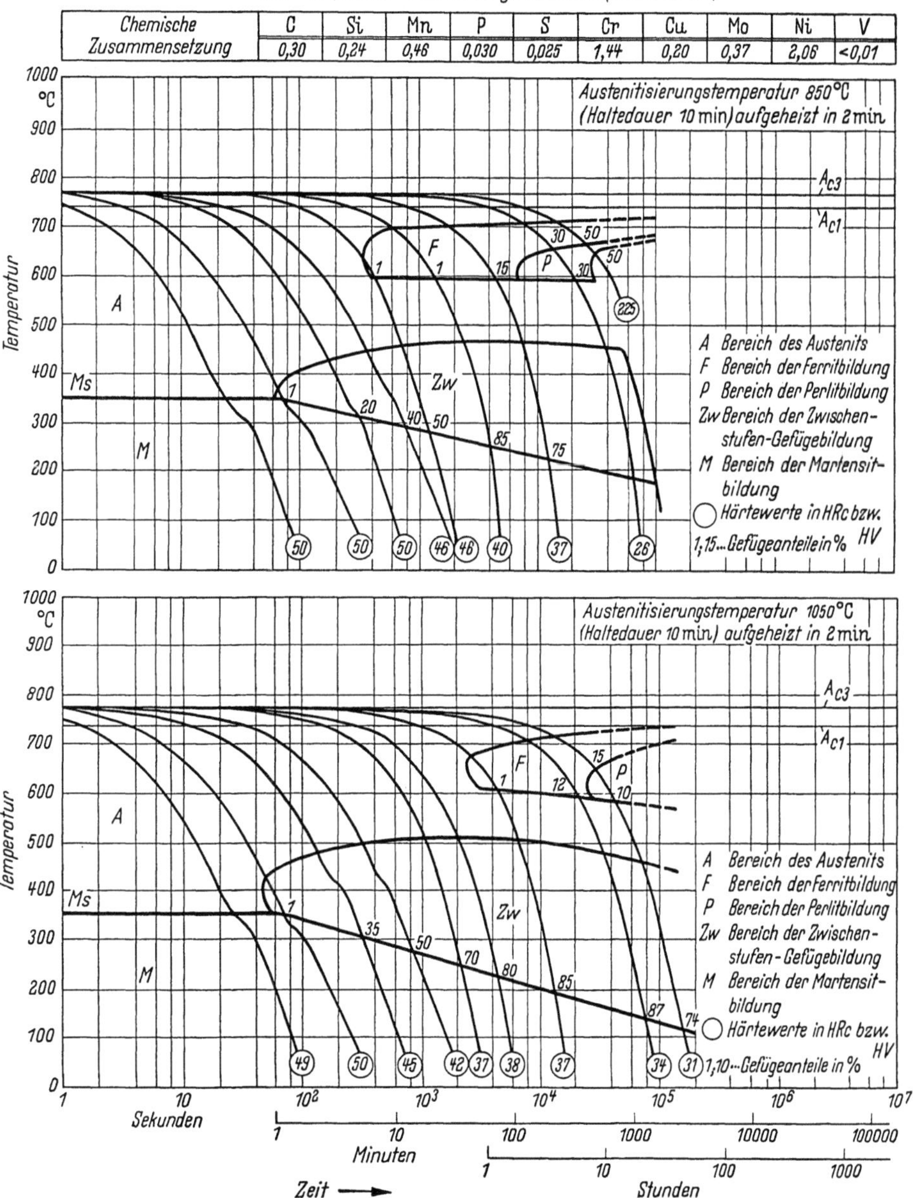

Bild 245. Zeit-Temperatur-Umwandlungsschaubild (kontinuierlich) des Stahles 28 NiCrMo 7 4 (nach A. Rose, W. Peter und W. Strassburg[1])

[1] Atlas zur Wärmebehandlung der Stähle. Düsseldorf: Stahleisen 1954/56/58.

Stähle 28 NiCrMo 7 4 und des englischen Chrom-Molybdän-Stahles sind in den Bildern 245/246 zu sehen. Die Bilder 247 und 248 geben das Kleingefüge des englischen Stahles wieder.

Aus diesen Schaubildern ersieht man, daß sich bei langsamer Abkühlung, wie es im Innern großer Stücke nicht anders sein kann, Mischgefüge verschiedener Zusammensetzung bilden, wobei das Zwischenstufengefüge die größte Rolle spielt und dieses wieder in seiner Härte sehr davon abhängig ist, ob die Abkühlung langsamer oder rascher vor sich geht. Die verhältnismäßig große Unabhängigkeit der Gefügearten von der Abkühlungsgeschwindigkeit weist darauf hin, daß Luftabkühlung

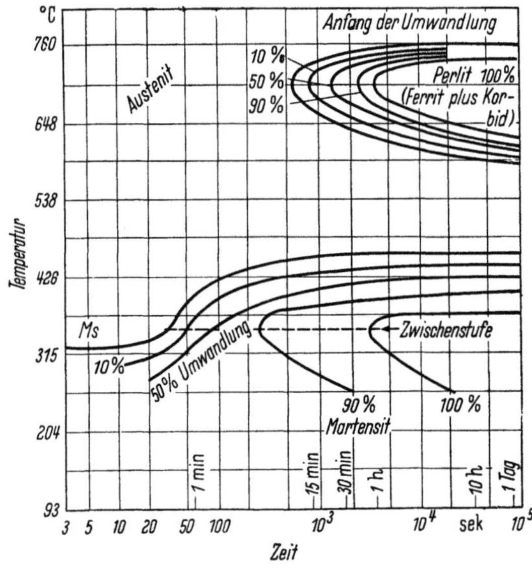

Bild 246. Zustandsschaubild (kontinuierlich) eines 3%igen Chrom-Molybdän-Stahles, verwendet für einen geschmiedeten Rotor aus Härtetemperatur, abgeschreckt bei 900 °C. Chemische Zusammensetzung: 0,25% C, 0,55% Mn, 0,25% Ni, 3,35% Cr, 0,55% Mo (nach H. H. BURTON)

in den meisten Fällen genügt; die Abkühlungsgeschwindigkeiten sowohl in Öl als auch in Luft liegen besonders gegen das Innere zu innerhalb derjenigen Grenzen, wo kein großer Einfluß zu bemerken ist.

Für den englischen Stahl wird der Vorteil angegeben, daß im Perlitbereich die Umwandlung von Austenit in Perlit in kurzer Zeit vor sich geht. Sie beginnt nach etwa 10 Minuten und ist in etwa 1 Stunde zu Ende, während die Umwandlung bei dem Chrom-Nickel-Stahl 28 NiCrMo 7 4 wohl schon in 5 Minuten beginnt, aber erst in etwa 4 Stunden zu Ende ist; bei überhitzter Härtung beginnt sie später. Für die Wahl dieses Stahles war wohl auch seine gute Erschmelzbarkeit im sauren SM-Ofen und damit die geringere Flockengefahr (s. S. 1003) maßgebend. S. AM-

MARELLER[1], W. HEISCHKEIL[2], H. H. BURTON[3] und O. KRIFKA[4] behandeln die Herstellung dieser großen Stücke und geben Anweisungen zur Vermeidung von Fehlern, wie Flocken, Einschlüsse und Faser, soweit dies überhaupt möglich ist.

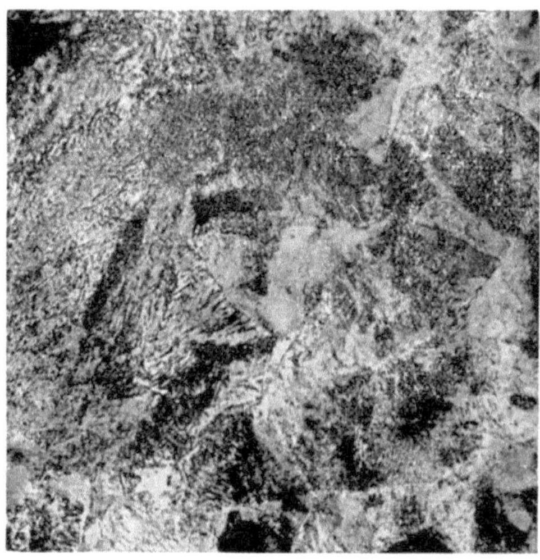

Bild 247. Kleingefüge eines geschmiedeten Rotors aus 3%igem Chrom-Molybdän-Stahl. 0,93 m ⌀, 3,96 m lang: nach isothermischer Umwandlung bei 704 °C, Brinellhärte 179. Perlit mit etwas Ferrit in netzförmiger Anordnung. V = 500

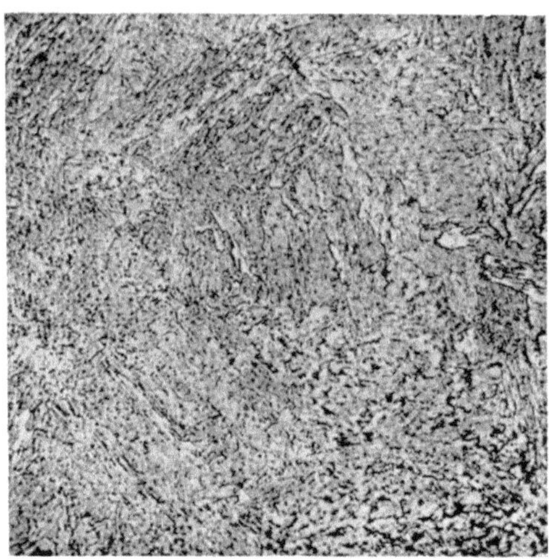

Bild 248. Angelassener Bainit vom gleichen Schmiedestück nach endgültiger Wärmebehandlung, Brinellhärte 223. V = 500

[1] AMMARELLER, S.: Stahl u. Eisen Bd. 70 (1950) S. 125/133.
[2] HEISCHKEIL, W.: Stahl u. Eisen Bd. 72 (1952) S. 663/668.
[3] BURTON, H. H.: Metal Progr. Bd. 63 (1953) S. 129.
[4] KRIFKA, O.: Stahl u. Eisen Bd. 74 (1954) S. 760/768.

Um Zusammenschweißung der Fehlstellen zu gewährleisten, wendet man meist einen Verschmiedungsgrad von mindestens 2,5 an. Er darf aber auch nicht über ein gewisses Maß gehen, weil sonst die Querwerte wieder abnehmen; als übliche obere Grenze des Verschmiedungsgrades gilt etwa der neunfache. Die Schmiedearbeit wird entweder nur durch Recken oder durch Recken und Stauchen durchgeführt. Man muß bei dieser Frage davon ausgehen, daß jede Verformung quer zur Richtung einer Fehlstelle, als welche auch grobe Primärkorngrenzen gelten müssen, diese durch Auseinanderdrücken vergrößert und Verformung in der Längsrichtung sie durch Zusammenschweißen mehr oder weniger zum Verschwinden bringt. Da Blockfehler, besonders Lockerstellen an den Primärkorngrenzen, sowohl in der Querrichtung wie auch in der Richtung der Blockachse verlaufen, wird oft vorgeschlagen, in beiden Richtungen zu verformen, also zu recken und zu stauchen (wobei das Stauchen dem Recken — strenggenommen ist daher das Recken des unverformten Blockes vom Standpunkt der Gefährlichkeit durch Aufreißen auch ein „Stauchen" — vorausgehen kann). Über die Notwendigkeit des Stauchens sind die Meinungen aber geteilt. S. Ammareller und P. Grün[1] befürworten es. H. H. Burton[2] glaubt, daß dadurch nur eine geringe oder gar keine Verbesserungen erreicht werden. O. Krifka[3] erzielte durch wiederholtes Stauchen und Recken keine Verbesserungen der Querwerte. Der Verfasser selbst ist der Ansicht, daß bei sorgfältiger Beachtung der beim Gießen und Schmieden notwendigen Maßnahmen ein Stauchen nicht nötig ist.

A. Tomlinson und J. D. Stringer[4] wollen an Modellversuchen finden, welche Stauchgrade notwendig sind. Sie gebrauchen für die Versuche Zylinder von 100 mm ∅, die sie mit einer Bohrung versahen, die wieder fest verschlossen wurde. Das Ergebnis war, daß zur Verschweißung 4fache Stauchung erforderlich war. Auf diese Versuche kommen wir im Abschnitt „Stahlfehler" (S. 982) noch zurück.

Unbestritten bleibt der von S. Ammareller und P. Grün hervorgehobene Umstand, daß man durch wechselweises Recken und Stauchen größere Querschnitte mit dem nötigen Verformungsgrad anfertigen kann, als dies bei bloßem Recken der Fall ist. Um die Anwendung großer Blöcke zu umgehen, wurde von J. Čabelka[5] ein Verfahren vorgeschlagen, große Querschnitte in großen Längen dadurch herzustellen, daß man

---

[1] Ammareller, S., u. P. Grün: Stahl u. Eisen Bd. 72 (1952). S 653/662.

[2] Burton, H. H.: Metal Progr. Bd. 63 (1953) S. 125/129.

[3] Krifka, O.: Radex-Rdsch. 1951 S. 42/61.

[4] Tomlinson, A., u. J. D. Stringer: J. Iron Steel Inst. Bd. 188 (1958) S. 209/217, s. Stahl u. Eisen Bd. 79 (1959) S. 44.

[5] Čabelka, J.: Persönliche Mitteilungen anläßlich der Besichtigung des Forschungsinstitutes für Schweißtechnik, Preßburg (Okt. 1959).

kurze aufgestauchte schon vergütete Stücke durch ein besonderes Schweißverfahren, das „Schlackenschweißverfahren"[1], zusammenfügt[2]. Dadurch kann man auch bei großen Abmessungen, wozu bei der bisherigen Herstellung beispielsweise 150 bis 200 t schwere Blöcke gebraucht werden müssen, mit 25 t schweren Blöcken auskommen. Nach Ansicht des Verfassers hat dieses Verfahren Aussicht auf Erfolg.

Aus elektrotechnischen Gründen brauchen bestimmte Schmiedestücke, wie Turbo-Wechselstrom-Rotore, eine gute Permeabilität (siehe S. 536). Für den Chrom-Molybdän-Stahl gibt H. H. BURTON[3] nach Bild 249 Werte an.

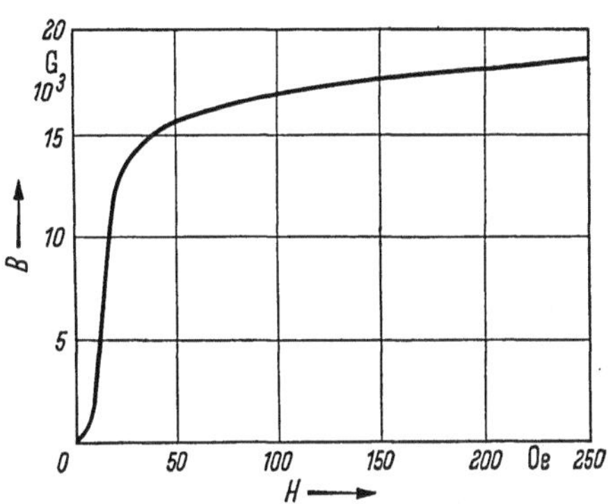

Bild 249. Permeabilität eines geschmiedeten Rotors nach abgeschlossener Wärmebehandlung. Stahl wie bei Bild 247 (nach H H. BURTON)

Erwähnenswert sind die Prüfungsverfahren der fertiggestellten Schmiedestücke. Soweit es sich um die Festigkeitsprüfungen handelt, braucht dcm auf S. 377/384 Gesagten wenig hinzugefügt zu werden. Vermerkt sei der Beitrag von R. SCHINN[4]. Wichtig ist es aber zu wissen, ob auch im Inneren, dem für die mechanische Prüfung unzugänglichen Teil, möglichst Fehlerfreiheit besteht. Hierbei leistet die Prüfung mit den Ultraschallgeräten so gute Dienste, daß dieses Verfahren bei der Herstellung großer Schmiedestücke nicht mehr wegzudenken ist. H. und E. KRAINER[5] haben ihre Erfahrungen hierzu in Veröffentlichungen niedergelegt. Die Prüfung schwerer Schmiedestücke auf Fehler hat durch die Anwendung der zerstörungsfreien Prüfung große Fortschritte gemacht. Mit Ultraschall sind nach L. BRAND[6] Flocken und Risse in Seigerungen gut zu erkennen, um so mehr natürlich schwammige Zonen und porige Stellen. Mit dem Betratron sind nur gröbere Fehler festzustellen.

[1] PATON, E. O.: Schweißtechn., Berl., Bd. 7 (1957) S. 252/259. — ANDERS, W.: Schweißen u. Schneiden Bd. 9 (1957) S. 12/24. — ANDERS, W., u. W. HENSCHKE: Schweißtechn., Berl., Bd. 8 (1958) S. 393/400. — ANDERS, W.: Technik Bd. 11 (1956) S. 761/766. — ERDMANN-JESNITZER, F., u. G. KÄMMLER: Schweißtechn., Berl., Bd. 8 (1958) S. 288/292. — MÜLLER, R.: Schweißen u. Schneiden Bd. 10 (1958) S. 359.

[2] Die wärmebeeinflußte Zone ist, wie angegeben wird, so schmal, daß sie trotz fehlender, nachträglicher Behandlung als unschädlich hingenommen wird.

[3] BURTON, H. H.: Metal Progr. 1953 S. 125/129.

[4] SCHINN, R.: Prüfung schwerer Schmiedestücke für die Läufer von Turbinen und Stromerzeugern durch Hohlbohrproben. Z. VDI Bd. 94 (1952) S. 837/842. — Derselbe: Stahl u. Eisen Bd. 77 (1957) S. 1674/1686.

[5] KRAINER, H., u. E. KRAINER: Radex-Rdsch. 1951 H. 8, S. 323/329.

[6] BRAND, L.: Stahl u. Eisen Bd. 79 (1959) S. 32/36.

Einige Gesichtspunkte für die Verwendung der Vergütungs- und Einsatzstähle

Die Auswahl der Vergütungs- und Einsatzstähle ist am besten an Hand der genormten Stähle zu treffen (s. S. 399/418). Dort sind die Festigkeitseigenschaften verschiedener Querschnitte angegeben. Ferner wurden auf den S. 359ff. die Durchhärtungs- und Vergütungseigenschaften ausführlich besprochen. Aus diesen Eigenschaften ergibt sich die Größe der Beanspruchung, die man dem Stahl auferlegen kann. Bei Kenntnis dieser Eigenschaften ist es Sache des Konstrukteurs, zu überlegen, wieweit die Erhaltung der Randwerte gegen das Innere zu nötig ist. Es hat z. B. keinen Zweck, in Teilen, die nicht gleichmäßig auf Zug, sondern auf Biegung oder Verdrehung beansprucht sind und wo nur an der Oberfläche die Grenzspannung auftritt, mit der Legierung unnötig hinaufzugehen, um stärkere Durchvergütung zu erzielen. Hier ist es grundsätzlich richtiger, die Vergütbarkeit durch höheren Kohlenstoffgehalt als durch mehr Legierungsmetall zu erreichen. Vollends unnötig ist es, bei kleinen Abmessungen z. B. höher legierte Chrom-Nickel-Vergütungsstähle etwa mit 3 bis 4% Ni zu gebrauchen.

Von den zur Wahl stehenden Vergütungsstählen kommen hauptsächlich Mangan-, Mangan-Chrom-, Chrom-Molybdän-, Chrom-Nickel- und Chrom-Nickel-Molybdän-Stähle mit bis zu 3,5% Ni in Betracht. Chrom-Molybdän-Stähle genügen den Ansprüchen an Festigkeit und Zähigkeit bis etwa 80 mm ⌀ und Chrom-Nickel-Molybdän-Stähle bis etwa 150 mm ⌀. Die Chrom-Mangan- und noch mehr die Mangan-Stähle sind auf kleinere Querschnitte zu beschränken; bei Forderungen an hohe Zähigkeit wird man außerdem eine Festigkeit von 90 kg/mm^2 nicht gerne überschreiten, weil bei diesen Stählen oberhalb dieser Festigkeit die Zähigkeit unverhältnismäßig rasch abfällt.

Für große Abmessungen, die durchvergütet und zäh und spannungsfrei sein sollen, sind Chrom-Nickel-Molybdän-Stähle die verläßlichsten Vergütungsstähle. Als Grundsatz sollte gelten, daß Chrom-Nickel-Vergütungsstähle ohne jeden Molybdänzusatz überhaupt nicht angewendet werden sollten; man spare lieber mit dem Nickelgehalt als mit dem Molybdän. So wird z. B. ein Stahl mit 2,5% Ni und 0,3% Mo an Durchvergütung einem Stahl mit 3,5% Ni und sonst gleichen Legierungsanteilen kaum nachstehen, ihm aber auch wegen der größeren Zähigkeit auch bei langsamer Abkühlung und weiters wegen der Spannungsfreiheit überlegen sein. Schon Gehalte von 0,1% Mo (s. S. 69, 231) haben eine deutliche Wirkung.

Ni- und Mo-freie Vergütungsstähle. Bezüglich der Verwendbarkeit von Chrom-Mangan-Molybdän-Stählen als Austausch für Chrom-Nickel- und Chrom-Nickel-Molybdän-Stähle kamen H. CORNELIUS und H. KRAI-

NER[1] zu dem Schluß, daß Mangangehalte über 1% wegen der stärkeren Anlaßsprödigkeit und wegen der durch das Mangan hervorgerufenen stärkeren Verunreinigungen nicht ratsam sind; diese Verunreinigungen bedingen schlechte Querwerte. Die obere Begrenzung der zweckmäßigen Legierung bei Chrom-Mangan-Stählen hängt vom Verhältnis Chrom zu Mangan ab. Die Summe beider soll 4% nicht überschreiten. So soll bei 3% Cr der Mangangehalt nicht höher als 1% sein. Es gibt aber auch Stähle mit 2% Cr und 2% Mn. Wie schon erwähnt, darf dann das Molybdän zur Vermeidung der Anlaßsprödigkeit nicht fehlen. Das Vanadin vermag das Fehlen des Molybdäns wohl teilweise auszugleichen,

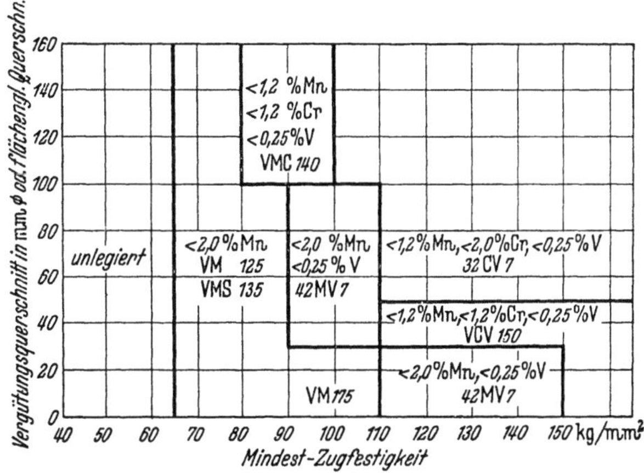

Bild 250. Anwendungsgebiete von nickel- und molybdänfreien Vergütungsstählen (nach R. SCHERER)

ersetzt es aber keineswegs vollkommen. Mit den sowohl nickel- als auch molybdänfreien Vergütungsstählen befaßte sich besonders H. KIESSLER[2]. Auch nach diesem Verfasser sind vorwiegend mit Chrom legierte Stähle solchen vorzuziehen, die vorwiegend mit Mangan legiert sind. Diese den Kriegsverhältnissen angepaßten Stähle treten in ihrer Bedeutung in normalen Zeiten zurück.

Eine Übersicht über die in verschiedenen Festigkeits- und Abmessungsbereichen im zweiten Weltkriege verwendeten nickel- und molybdänfreien Vergütungsstähle gibt nach R. SCHERER[3] Bild 250: man sieht die Steigerung vom unlegierten über den manganlegierten zum chrommanganlegierten Stahl, der für normale Zwecke Vergütungsstahl war, der höchstlegierte. Die in diesem Schaubild gegebene Anweisung gilt nicht für normale Zeiten, zeigt aber, wie man sich in Notzeiten helfen kann.

[1] CORNELIUS, H., u. H. KRAINER: Stahl u. Eisen Bd. 61 (1941) S. 871/877.
[2] KIESSLER, H.: Stahl u. Eisen Bd. 61 (1941) S. 509/516.
[3] Nach persönlichen Angaben.

Höchstfeste Vergütungsstähle. Eine wichtige neuzeitliche Entwicklung der Vergütungsstähle geht über die bis vor kurzem übliche Höchstfestigkeit erheblich hinaus. Diese hohen Festigkeiten werden im Flugzeug und Raketenbau gebraucht, z. B. für das Fahrgestell und die am stärksten belasteten Teile der Flugzeuge, für die Zahnräder der Landungsgestelle, für die Hüllen der gesteuerten Raketen und für andere höchstbeanspruchte Teile. Diese Stähle sind im Sinne der Begriffsbestimmung (S. 34) trotz der hohen Festigkeit noch Vergütungsstähle zu nennen, weil sie bis etwa 500 °C ihre Festigkeit beibehalten.

G. A. ROBERTS[1] nennt folgende Bedingungen, die diese Stähle erfüllen müssen:

Volle Härtbarkeit bei Luftabkühlung bis zu Durchmessern von 500 mm.

Hochlage des Martensitpunktes (260 bis 370 °C), weil dadurch ein durch Anlassen leichter zersetzbarer Restaustenit vorliegt.

Eine Sekundärhärtung durch Anlassen bei 510 bis 520 °C.

Erhaltung der hohen Festigkeiten bis 500 °C, welche Temperaturen im Gebrauch durch Aufschaukeln der Schwingungen entstehen.

Die trotz der hohen Festigkeit hohen Anlaßtemperaturen befreien den Stahl von Härtungsspannungen und von Wasserstoff, der bei der etwa notwendigen elektrolytischen Behandlung sich gebildet hat.

Zahlentafel 59 bringt nach G. A. ROBERTS die chemische Zusammensetzung heute schon gebräuchlicher höchstfester Vergütungsstähle. Es sind dies etwa die Stähle, die bisher nur als Warmarbeitsstähle gebraucht wurden[2]. Zahlentafel 60 führt die nach Vergütung erhaltenen Härten, den Martensitpunkt und den Gehalt an Restaustenit an.

Zahlentafel 61 gibt an, bei welchen Temperaturen die bei bestimmten Anlaßtemperaturen erlangte Festigkeit 100 Stunden bestehenbleibt.

Die Zusammensetzung einiger Stähle, von denen man Festigkeiten bis zu 300 kp/mm² erwartet, sind in der Zahlentafel 62 angeführt. Hier rechnet man wohl mit der günstigen Wirkung des Nickelgehaltes. Die Beständigkeit bis zu hohen Temperaturen dürfte allerdings nicht so gut sein wie der Stähle nach Zahlentafel 61, weil der Molybdängehalt niedriger ist.

Es ist auch versucht worden, die hohe Warmhärte der Schnellarbeitsstähle heranzuziehen, in der Erwartung, Festigkeiten über 200 kp/mm² gebrauchen zu können. Bis heute ist man aber auch bei den molybdänlegierten Schnellstählen noch nicht soweit, um die Ansprüche an Zähigkeit zu erfüllen[3]. Auch halbaustenitische Stähle mit 17% Cr, 7% Ni und 1% Al oder 15% Cr, 7% Ni, 2% Mo und 1% Al wären

[1] ROBERTS, G. A.: Rev. Métall. Bd. 58 (1961) S. 65/77.

[2] RUFF, P. E.: Metal Progr. Bd. 75 (1959) H. 3 S. 103/107.

[3] Tool Steels for Aircraft by L. V. KLAYBOR. Procressing and Conversion Bd. 44 (1958) S. 16/18.

Zahlentafel 59

Chemische Zusammensetzung höchstfester Vergütungsstähle (nach G. A. Roberts)

Bezeichnung	Erschmolzen	C	Cr	Mo	V	Si	Mn	S	P
X 2	an der Luft	0,22	5,17	1,21	0,52	0,82	0,27	0,026	0,014
X 3	an der Luft	0,305	5,03	1,30	0,50	0,86	0,29	0,021	0,018
VJ	an der Luft	0,40	5,21	1,30	0,54	0,98	0,37	0,011	0,017
VJ-VM	im Vakuum[1]	0,36	5,02	1,24	0,48	0,78	0,28	0,013	0,006
X 5	an der Luft	0,48	4,83	1,35	0,49	0,86	0,25	0,021	0,014

Zahlentafel 60

Vergütungswerte der Stähle nach Zahlentafel 59

Bezeichnung	% C	Härtetemperatur °C	Rc-Härte nach der Luftabkühlung	Rc-Härte nach dem Anlassen bei 510 °C	Beginn der Martensitbildung °C	Gehalt an Restaustenit nach Luftabkühlung %	Gehalt an Restaustenit nach Anlassen bei 510 °C %
X 2	0,22	1000° ± 10	49,0	51,6	365	2,4	< 1
X 3	0,31	1010° ± 10	55,0	55,1	345	3,1	< 1
VJ	0,40	1010° ± 10	57,5	56,5	270	6,9	< 1
VJ-VM	0,36	1010° ± 10	57,1	56,0	300	4,9	< 1
X 5	0,48	1010° ± 10	61,6	58,0	250	8,7	

Zahlentafel 61

Beständigkeit der Festigkeit der Vergütungsstähle nach Zahlentafel 60

Anlaßtemperatur °C	Beständigkeit der Festigkeit bis zu 100 Stunden °C
530	480
560	510
585	535
650	595

Zahlentafel 62

Einige höchstfeste Baustähle, die in der Entwicklung sind (nach J. W. Sands[2])

Bezeichnung	C %	Mn %	Si %	Ni %	Cr %	Mo %	V %	Angenäherte Zugfestigkeit kp/mm²
En. 30 B (Britisch)	0,30	0,50	0,20—0,25	4,20	1,25	0,30	—	175
4350	0,50	0,75	0,20—0,25	1,83	0,80	0,25	—	210
98 B 40 (abgeändert)	0,40	0,75	0,20—0,25	0,85	0,80	0,20	Bor	200
USS Strux	0,43	0,90	0,55	0,75	0,90	0,55	Bor	200
Super Hy-Tuf . .	0,40	1,30	2,30	—	1,40	0,35	0,20	210
Super HT (TM-2) .	0,40	0,85	0,60	2,20	1,45	0,50	—	210
Inco	0,40	0,80	1,60	1,83	0,85	0,38	0,08	210
Hi C Super Hy-Tuf	0,47	1,28	2,42	—	1,11	0,42	0,25	230
„Super" Inco . . .	0,55	0,80	2,10	3,60	0,90	0,50	—	240

[1] Durch Schmelzen im Vakuum erhält man in der Regel noch bessere Werte, weil solche Stähle ärmer an Einschlüssen sind.

[2] Sands, J. W.: Super High Strength Steels for Aircraft Applications, Proceedings of the 1955 Sagamore Research Conference Aug. 1955. Sponsored by Ordnance Corps United States Army.

vielleicht geeignet. Man bekommt bei diesen Stählen Festigkeiten bis zu 180 kp/mm², nach I. BÉHAR[1].

Für die Dauerfestigkeit der Stähle nach Zahlentafel 59 wurden von verschiedenen Verfassern (s. bei G. A. ROBERTS[2]) Werte gefunden, die etwa die Hälfte der Zugfestigkeit betrugen.

Einen Beitrag zu diesem Gegenstand liefern I. V. PAISSOV und SO YUNG CHO[3]. Dieser Veröffentlichung ist eine Zusammenstellung über Stähle für die Flugzeugindustrie beigefügt.

Einsatzstähle. Die Frage, ob man Einsatzstähle als Vergütungsstähle verwenden soll, ist grundsätzlich zu verneinen. Aus den Ausführungen auf S. 67 hat sich ergeben, daß zur Erzielung bester Vergütungseigenschaften der Stahl nach dem Abschrecken möglichst viel Martensit haben soll; der niedrige Kohlenstoffgehalt der Einsatzstähle läßt nicht viel oder keinen Martensit entstehen. Dazu kommt, daß die Anlaßtemperaturen beträchtlich niedriger liegen als bei den eigentlichen Vergütungsstählen, wodurch die Befreiung von Spannungen nicht immer gewährleistet ist. Schließlich ist zu bedenken, daß bei den Einsatzstählen die Härte nach dem Abschrecken (höhere Abschrecktemperaturen als bei den kohlenstoffreicheren Stählen sind außerdem erforderlich) ungleichmäßig ausfällt und daher auch keine gleichmäßige Festigkeit nach dem Anlassen erwartet werden kann. In Ausnahmefällen, z. B. dann, wenn man vergütete Teile durch Schmelzschweißung verbinden will und bei üblichen Vergütungsstählen, deren Kohlenstoffgehalt um 0,3% liegt, der Stahl zu stark aufhärtet, mag man vergütete Einsatzstähle als Aushilfsmittel gelten lassen[4].

Bei der Auswahl der Einsatzstähle sind drei Hauptgesichtspunkte maßgebend: die Kernhärte und ihre verläßliche Einhaltung, die Zähigkeit des einsatzgehärteten Stahles (gehärtete Randschicht und des Kernes) und schließlich der Verschleißwiderstand der Einsatzschichte. Die Kernhärte und Zähigkeit sowie das Umwandlungsverhalten wurden auf S. 371 beschrieben. Der Verschleißwiderstand hängt in erster Linie von der Härte ab. Außer der nach dem üblichen Verfahren gemessenen Härte, z. B. der Rockwellhärte, kommt auch der Karbidgehalt in Frage, der aber meist so liegt, daß nach dem Härten keine oder nur sehr wenig freie Karbide übrigbleiben. Die Kernhärten bei verschieden dicken Stücken

---

[1] BÉHAR, I.: Herbsttagung Société Française de Métallurgie, Paris 1960.

[2] ROBERTS, G. A.: Rev. Métall. Bd. 58 (1961) S. 65/77.

[3] PAISSOV, I. V., u. SO YUNG CHO: Metallovedenie i obrabotka metallov 1958, Nr. 2, S. 2/6.

[4] Ausführliche Versuche über die Eignung von molybdänfreien Einsatzstählen als Vergütungsstähle wurden von A. POMP u. A. KRISCH: Mitt. K.-Wilh.-Inst. Eisenforschg. Bd. 24 (1942) S. 219/234 durchgeführt. Diese Versuche zeigen ein für diese Einsatzstähle ungünstiges Ergebnis. — Über schweißbare Vergütungsstähle s. S. 397.

waren aus den Bildern 227, 234 zu ersehen. Ausgehend von der Erfahrung, daß die Einhaltung verläßlicher Abschreckhärten um so leichter ist, je mehr die Wirkung den Legierungsmetallen und je weniger sie dem Kohlenstoff überlassen wird, bekommt man bei höher legierten Chrom-Nickel-Stählen leichter gleichbleibende Härten als bei den Chrom-Molybdän- und den Chrom-Mangan-Stählen. Auch an Zähigkeit übertreffen die Chrom-Nickel-Stähle die Chrom-Molybdän- und besonders die Chrom-Mangan-Stähle. In Zweifel gezogen wird die Überlegenheit der Chrom-Nickel-Stähle nur in bezug auf die Verschleißfestigkeit der Einsatzschichte. Dies könnte seinen Grund in dem etwas größeren Karbidgehalt der Einsatzschichte bei den Chrom-Molybdän- und Chrom-Mangan-Stählen haben und vielleicht in der größeren Härte der Karbide letzterer Stähle. Mit Recht wird auch angeführt, daß hoher Nickelgehalt nach dem Abschrecken Austenitanteile zurückläßt, die den Verschleißwiderstand herabmindern. Für den Einsatzstahl mit 4 bis 4,5% Ni hat dieser Nachteil Gültigkeit, in Anbetracht dessen, daß es sich in der Einsatzschichte um einen Stahl mit 1% C, 4 bis 4,5% Ni und 1% Cr handelt. Bei dem Stahl mit 3,5% Ni spielt diese Erscheinung nur noch eine geringe Rolle. Mit abnehmendem Nickelgehalt verschwindet diese Erscheinung natürlich immer mehr. Wie auf S. 365 ausgeführt, schlägt H. U. Meyer zur Vermeidung größerer Anteile Restaustenits Molybdänzusatz vor (S. 368). Zur Zerstörung des schädlichen Restaustenitgehaltes kann man sich, wenn nötig, der Tiefkühlung bedienen[1].

Die Chrom-Molybdän- und Chrom-Mangan-Stähle begegneten anfangs auch deshalb Widerstand, weil ihre Einsatzbehandlung eine andere ist und weil sie vor dem Schleifen angelassen werden müssen. Die Schwierigkeiten der Einsatzbehandlung sind aber als überwunden anzusehen (s. S. 77), aber das Anlassen vor dem Schleifen wird der Sicherheit halber heute auch bei unlegierten und nickellegierten Einsatzstählen fast allgemein ausgeübt.

Die Zusammensetzung von festen Einsatzpulvern und die zur Aktivierung üblichen Zusätze werden von H. Schrader[2] beschrieben (S. 75).

Schweißen der Vergütungs- und Einsatzstähle

Bei der Schmelzschweißung der Vergütungs- und Einsatzstähle ist vor allem auf die Aufhärtung im Schweißgut und in der wärmebeeinflußten Zone Rücksicht zu nehmen. Die beiden wichtigsten Einflußgrößen sind die Härtbarkeit des Stahles, die nicht allein durch seine chemische

[1] Kunze, E.: Stahl u. Eisen Bd. 70 (1950) S. 227/233.

[2] Schrader, H.: Arch. Eisenhüttenw. Bd. 26 (1955) S. 527/533.

Zusammensetzung, sondern auch durch die Eigenart seiner Erschmelzung gegeben ist, sowie die Blechdicke. C. B. VOLDRICH und O. E. HARDER[1]

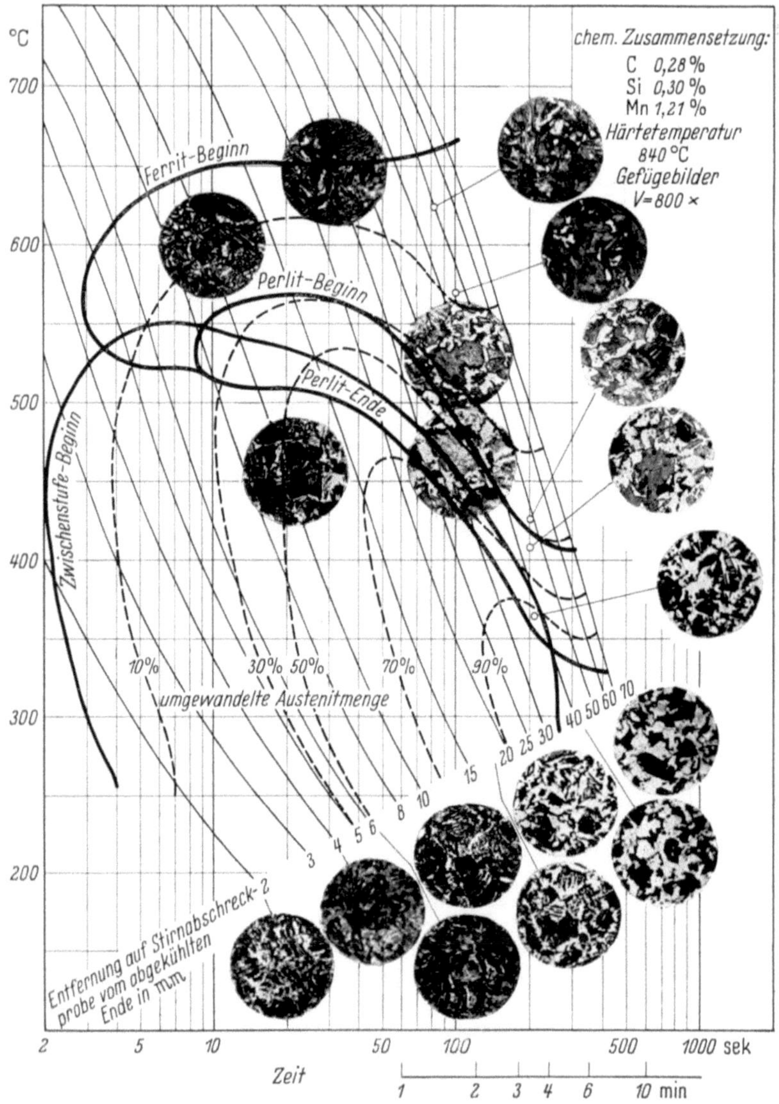

Bild 251. Zeit-Temperatur-Umwandlungsschaubild eines schweißbaren Mangan-Vergütungsstahles (nach H. KRAINER)

stellen eine Formel auf, wonach aus der chemischen Zusammensetzung die Zulässigkeit für das Schweißen errechnet werden soll. Die Formel

[1] VOLDRICH, C. B., u. O. E. HARDER: Weld. Res. Counc. 1949 S. 326/336.

lautet:

$$C\% + \frac{Mn\%}{6} + \frac{Ni\%}{15} + \frac{Cr\%}{5} + \frac{Mo\%}{4}.$$

Das C-Äquivalent soll bei 12,7 mm Blechdicke nicht mehr als 0,5%, bei 25,4 mm nicht mehr als 0,45% und bei 50 mm nicht mehr als 0,40% betragen. Dabei lassen die beiden Verfasser allerdings die Einflüsse der Stahlherstellung auf die Umwandlungsfreudigkeit außer acht. Gerade die leicht legierten Stähle, wie sie für das Schweißen in Frage kommen,

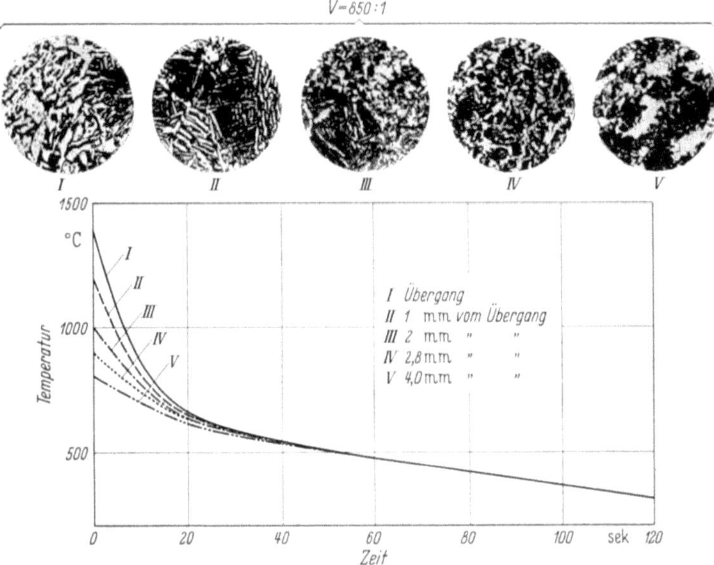

Bild 252. Temperatur und Gefüge im Grundwerkstoff in Abständen von der Schweiße des Stahles nach Bild 251 (nach H. Krainer)

sprechen besonders für die Erschmelzungsart an. Es kann z. B. bei gleicher chemischer Zusammensetzung die Anlaufzeit der Umwandlung in der Perlitstufe in Abhängigkeit von Herstellungsverfahren und Desoxydation in dem Bereich von 1 bis 5 schwanken. Zu wenig beachtet wird auch, daß beim Schweißen viel höhere Austenitisierungstemperaturen vorkommen als beim üblichen Härten.

In Bild 251 ist nach H. Krainer[1] das ZTU-Schaubild bei kontinuierlicher Abkühlung mit dazugehörigen Gefügebildern eines Stahles mit 0,28% C, 0,30% Si und 1,21% Mn wiedergegeben. Es ist ein Stahl, der gerade noch als schweißbar anzusprechen ist.

Das Bild 252 gibt nun für ein 10 mm dickes Blech den Temperaturverlauf bis zu einem Abstand von 4 mm von der Schweiße wieder. Man

[1] Krainer, H.: Radex-Rdsch. 1953 S. 238/245.

sieht, daß die Gefüge- und Abkühlungsbedingungen im wärmebeeinflußten Grundwerkstoff wesentlich anders sind als bei der Abkühlung aus Härtetemperatur von 840 °C. Neben der Schweiße sind aber alle Ausgangstemperaturen bis hinauf zum Schmelzpunkt vorhanden.

Aus Bild 252 sieht man, daß im kritischen Temperaturbereich zwischen 700 und 500 °C, in welchem die Umwandlung in der Perlitstufe vor sich geht, die Abkühlungsgeschwindigkeit nur geringe Unterschiede aufweist. Die Unterschiede in der Abkühlungsgeschwindigkeit sind viel zu klein, um die Größe der Gefügeunterschiede allein damit klären zu können, man vergleiche in Bild 252, IV und V. Der Einfluß der Austenitisierungstemperatur ist als überwiegend anzusehen. Es sind also leider weder die ZTU-Schaubilder noch die Stirnabschreckproben, wie sie T. Norén[1] vorschlägt, zur Prüfung der Schweißbarkeit verläßlich genug. Diese Proben geben, ebenso wie die Formel von C. B. Voldrich und O. E. Harder, nur Anhaltspunkte.

Die Auswahl der Zusatzwerkstoffe ist so zu treffen, daß das Schweißgut möglichst gleichwertige Eigenschaften mit dem Grundwerkstoff hat. Höhere Legierungen und höhere Kohlenstoffgehalte erschweren wegen der stärkeren Aufhärtung die Schmelzschweißbarkeit. Gasschweißung ist gegenüber der Elektroschweißung im Nachteil, da die wärmebeeinflußte Zone breiter ist, wodurch die Riß- und Verwerfungsgefahr vergrößert wird. Es ist verständlich, daß die Vergütungsstähle wegen ihres höheren Kohlenstoffgehaltes schwieriger zu verschweißen sind als die Einsatzstähle. Will man in der Schweißstelle die Eigenschaften des vergüteten oder einsatzgehärteten Grundwerkstoffes haben, so muß man die Schweißung im weichgeglühten Zustand vornehmen und die Vergütungs- oder Einsatzbehandlung nach dem Schweißen vornehmen.

Zur Verringerung der Aufhärtung wird eine Herabsetzung der Abkühlungsgeschwindigkeit durch Vorwärmung angestrebt. In demselben Sinne wie die Vorwärmung wirkt die Anwendung stärkerer Schweißelektroden und höherer Stromstärken.

In vielen Fällen wird man außer der Vorwärmung auch eine nachträgliche Glühung vornehmen müssen, die sich nach dem vorliegenden Grundwerkstoff zu richten hat. Bei stark aufhärtenden Stählen ist besonders davor zu warnen, ohne Vorwärmung Ausbesserungsschweißungen vorzunehmen. Durch solche Schweißungen entstehen örtlich starke Aufhärtungen und Spannungsspitzen, welche die Ursache für vorzeitige Risse sein können. Aus diesem Grunde müssen bei solchen Stählen auch Zündstellen vermieden werden.

Durch konstruktive Maßnahmen, wie z. B. Verlegen der Schweißnähte in die neutrale Zone bei vorliegender Biegebeanspruchung, kann

---

[1] Norén, T.: Werkstoffkunde für die Lichtbogenschweißung von Eisen und Stahl (Übers. aus dem Schwed.), Solingen 1955.

man eine Entlastung der Schweißnaht herbeiführen. Grundsätzlich müssen bei der Ausführung wichtiger Schweißarbeiten sowohl vom konstruktiven als auch metallurgischen Standpunkt aus gründliche und vorsichtige Überlegungen angestellt werden.

Je nach ihrer Schmelzschweißbarkeit kann man die Einsatz- und Vergütungsstähle in verschiedene Schwierigkeitsgrade einteilen:

I. Schmelzschweißbar ohne Vor- und Nachbehandlung.
Dazu gehören: Unlegierte Einsatzstähle.

II. Schmelzschweißbar mit empfehlenswerter mäßiger Vorwärmung bis ungefähr 200 °C.
Dazu gehören: Nickel-Einsatzstähle und C 25; Ck 22 (DIN 17006).

III. Bedingt schmelzschweißbar mit Vorwärmung auf 250 bis 450 °C, wobei die Vorwärmtemperatur von der im Übergang erreichten Härtespitze abhängig gemacht wird, die einen Wert von 350 HB nicht überschreiten darf.
Dazu gehören: Chrom-Mangan-Einsatzstähle. 30 Mn 5; C 35; Ck 35.

IV. Bedingt schmelzschweißbar mit Vor- und Nachbehandlung.
Dazu gehören: 25 CrMo 4.

V. Bedingt schmelzschweißbar mit Vorwärmung und Nachvergütung.
Dazu gehören: Chrom-Einsatzstähle. 30 CrMo V 9; 34 Cr 4.

VI. Bedingt schmelzschweißbar in Sonderfällen bei sehr hoher Vorwärmung und Nachglühen nur bei Verwendung von Sonderelektroden.
Dazu gehören: G—X 25 Cr 15; G—X 40 CrNi 27.4.

VII. Schmelzschweißung ist zu vermeiden.
Dazu gehören die Stähle: 35 NiCr 18; 30 CrNiMo 8; 34 CrNiMo 6; 36 CrNiMo 4; 31 NiCr 14; 24 NiCr 14; 36 NiCr 6; 45 CrV 7; 50 CrV 4; 41 Cr 4.

Die genormten Vergütungs- und Einsatzstähle

Die Normen verfolgen einmal den Zweck, allgemeinverständliche, für alle Stahlwerke gültige Bezeichnungen einzuführen; dadurch wird von selbst die Zahl der im Handel befindlichen Stähle verringert. Darüber hinaus geben die deutschen Normen auch Behandlungsanleitungen für das Vergüten und Einsatzhärten sowie für das Schmieden und Glühen, und sie geben ferner die Verwendungszwecke an. — Hier sollen nur die deutschen Normstähle sowie die der Vereinigten Staaten von Amerika behandelt werden.

Die in den DIN-Blättern gegebenen Vorschriften genügen manchem Verbraucher nicht. Diese Verbraucher geben dann Sondervorschriften, die über die DIN hinausgehen. Außer den DIN gibt es eine Reihe Werkstoffvorschriften in den Werkstoffblättern des Vereins Deutscher Eisenhüttenleute, z. B. die von schweren Schmiedestücken, die auch Vergütungsstähle betreffen und auf S. 377 schon behandelt wurden[1].

In der Deutschen Norm haben die Kurzzeichen folgende Bedeutung[2]:

[1] Die Werkstoffblätter wurden auch bei anderen Abschnitten, wie korrosionsbeständige, zunderbeständige Stähle und Stahlguß, herangezogen.

[2] DIN 17006, Blatt 3, Okt. 1949, Eisen u. Stahl: Systematische Benennung. — Deutscher Normenausschuß, DIN Taschenbuch, 4. Teil A, 18. Aufl. Berlin/Köln u. Düsseldorf, Mai 1952.

Legierte Stähle. In den Normen sind vorläufig nur niedriglegierte Stähle erfaßt, wie sie hauptsächlich für Konstruktionszwecke benötigt werden. Die Benennung eines niedriglegierten Stahles gliedert sich wie folgt:

Vorgesetzte Kohlenstoffkennzahl (mittlerer Kohlenstoffgehalt × 100),
Legierungsbestandteile nach ihrem fallenden (wahren) %-Gehalt geordnet,
Legierungskennzahlen, durch Multiplikator gebildet,

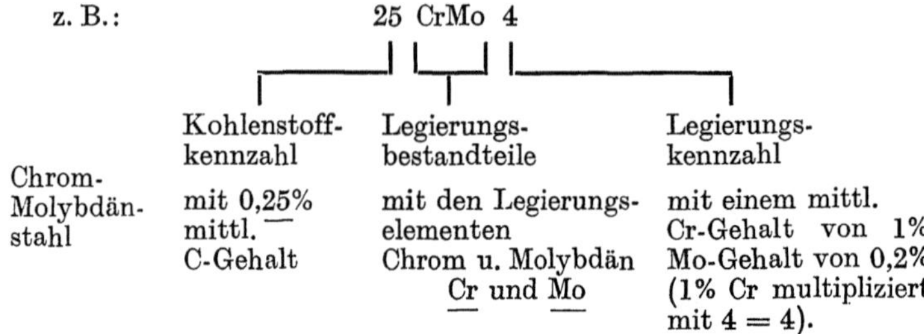

Nur diejenigen Elemente werden in die Benennung aufgenommen, die zur Charakterisierung des Stahles bzw. zur Unterscheidung von anderen ähnlichen Stählen nötig sind. Dasselbe gilt für die Legierungszahlen.

Legierungsbestandteile. Chemische Elemente und ihre Symbole

Aluminium . . .	Al	Phosphor . . .	P
Chrom	Cr	Schwefel. . . .	S
Kobalt	Co	Silizium	Si
Kohlenstoff . . .	C	Stickstoff . . .	N
Kupfer	Cu	Titan	Ti
Mangan	Mn	Vanadium . . .	V
Molybdän	Mo	Wolfram . . .	W
Nickel	Ni		

Legierungskennzahlen. Die Zahlen hinter den Legierungszusätzen sind nicht die wirklichen Gehalte an Legierungselementen, sondern sind, um einfache glatte Zahlen zu erhalten, die mittleren Sollgehalte des Legierungselementes multipliziert mit nachstehendem Multiplikator

Legierungszusätze	Multiplikator bei niedriglegierten Stählen
Chrom, Kobalt, Mangan, Nickel, Silizium, Wolfram	4
Aluminium, Kupfer, Molybdän, Titan, Vanadium	10
Phosphor, Schwefel, Stickstoff, Kohlenstoff	100

1. Beispiel: Der Stahl 25 CrMo 4 (siehe DIN 17200) ist wie folgt zusammengesetzt:

Mittlerer Gehalt an C . . . . . 0,25% (Grenzanalysen 0,22 bis 0,29% C),
mittlerer Cr-Gehalt . . . . . . 1% (Grenzanalysen 0,9 bis 1,2 % Cr),
mittlerer Mo-Gehalt . . . . . . 0,20% (Grenzanalysen 0,15 bis 0,25% Mo).

Die Charakteristik des Stahles ist in der Hauptsache durch den Cr-Gehalt von 1% gegeben und in der Legierungskennzahl ausgedrückt, d. h. 1% Cr × 4 = 4.

Zur Kennzeichnung des Behandlungszustandes sind vorerst folgende Kennbuchstaben vorgesehen (Kennbuchstaben für weitere Wärmebehandlungsverfahren sind in Vorbereitung):

A	= Angelassen	HJ	= Oberfläche Induktionsgehärtet
B	= Behandelt auf beste Bearbeitbarkeit bei der Zerspanung	K	= Kaltverformt (kaltgewalzt, kaltgezogen u. dgl.)
		N	= Normalgeglüht
E	= Einsatzgehärtet	NT	= Nitriert
G	= Weichgeglüht	S	= Spannungsfreigeglüht
H	= Gehärtet	U	= Unbehandelt
HF	= Oberfläche Flammengehärtet	V	= Vergütet

Beispiel: Einsatzstahl mit 0,15% C im Einsatz gehärtet . . . . C 15 E
(ze 15 E)

Soll der Mindestwert der Festigkeit angegeben werden, ohne daß ein bestimmter Behandlungszustand genannt wird, so ist vor die Festigkeitszahl der Buchstabe F zu setzen.

Beispiele: Chromstahl mit 0,15% C und 0,75% Cr im Einsatz gehärtet . . . . 15 Cr 3 E
(15 kro 3 e)

Chrom-Molybdänstahl (z. B. Turbinenscheibe) mit 0,25% C, 1,2% Cr und 0,60% Mo vergütet auf 65 kg/mm² Zugfestigkeit und spannungsfreigeglüht . . 25 CrMo 56 V + S 65
(25 kromo 56 vau plus es 65)

Elektro-Chrom-Vanadiumstahl mit 0,13% C, 1,25% Cr und 0,3% V mit gewährleisteter Warmfestigkeit . . . . E 13 CrV 53.8
(e 13 krovau 53 punkt 8)

Automatenstahl mit 0,22% C und 0,20% S 22 S 20
(22 es 20)

Beschränkung auf die unbedingt nötigen Kennzeichen. Im Interesse möglichster Kürze der Stahlbenennungen liegt es, sowohl nur die wirklich charakteristischen Legierungselemente aufzunehmen als auch alle anderen Angaben über Erschmelzungsart, besondere Eigenschaften, Garantieumfang, Behandlung usf. dann wegzulassen, wenn sie nicht unbedingt erforderlich sind. Bei Vergütungsstählen z. B., die im Normblatt nur mit *einer* bestimmten Mindestfestigkeit im vergüteten Zustand aufgeführt sind, genügt für die Behandlung der Zusatz V = vergütet ohne Angabe der Festigkeitszahl, wenn sie vergütet geliefert werden sollen.

Offene (unverschlüsselte) Angaben über die chemische Zusammensetzung. Ist eine vollständige Angabe der Analyse nötig, so sind die einzelnen Elemente in nachstehender Reihenfolge mit ihrem jeweiligen Gewichtsprozentsatz dahinter aufzuführen:

C Si Mn P S

hinter diesen kommen die besonderen Legierungszusätze an Cr, Mo, Ni, V usw. in alphabetischer Reihenfolge.

Beispiel: C .24/.32 Si .15/.35 Mn .30/.50 P $\leqq$ .035 S $\leqq$ .035 Cr 1.2/1.5 Mo .15/.25 Ni 1.5/1.8

Benennung der hochlegierten Stähle

Grundsätzliches. Die hochlegierten Stähle werden wie die niedriglegierten nach ihrer chemischen Zusammensetzung benannt. Um aber trotz der hohen Legierungszusätze kurze Legierungskennzahlen zu erhalten, wird für die Legierungszusätze der Multiplikator 1 angewandt; für den Kohlenstoffgehalt bleibt der

Multiplikator 100 bestehen. Zur Unterscheidung von den niedriglegierten Stählen muß bei den hochlegierten ein großes X vorangesetzt werden.

Den Kern der Benennung bilden:

der Vorbuchstabe X (unmittelbar vor der Kohlenstoffkennzahl)
die Kohlenstoffkennzahl
die chemischen Symbole der charakteristischen Legierungszusätze
die Kennzahlen der Legierungszusätze;
dieser Kern kann durch Fettdruck, Unterstreichen usw. hervorgehoben werden.

Verzicht auf den Buchstaben X. Auf das X kann, im Sinne möglichster Kürze, in denjenigen Fällen verzichtet werden, in denen die Kohlenstoffkennzahl (C = Kennzahl), weil nicht kennzeichnend, weggelassen wird.

Schriftart in Katalogen und Tabellen. In Katalogen und Tabellen, in denen es sich nur um hochlegierte Stähle handelt, ist es zulässig, den Vorbuchstaben X und die C-Kennzahl im Druck zurücktreten zu lassen. Diese beiden Angaben brauchen auch in mündlichen Verhandlungen nicht immer ausgesprochen zu werden. Bei Bestellungen usw. müssen sie stets genannt werden.

Beispiele: Nichtrostender Stahl mit 0,10% C, 18% Cr und 8% Ni
X 10 CrNi 18 8
(ix 10 kroni 18 8)

Nichtrostender Stahl mit 0,10% C, 18% Cr, 9% Ni und 2% Ti
X 10 CrNiTi 18 9 2
(ix 10 kroniti 18 9 2)

Die Vergütungsstähle sind in den DIN 17200 wie folgt beschrieben. (Die schweren Schmiedestücke, die auch zu den Vergütungsstählen zu zählen sind, werden gesondert behandelt, s. S. 370.)

Vergütungsstähle nach DIN 17200 (Ausgabe Dezember 1951)[1]

Eigenschaften

Weitere Stahlmarken s. DIN 17200 Beiblatt Ausgabe Mai 1952.

Ersatz für DIN 1667 zugleich teilweiser Ersatz für:
DIN 1662 nebst Beibl. 5, 6, 8, 9, 10, 11 } für Vergütungsstähle
DIN 1663 nebst Beibl. 5, 7, 8, 9 } für Vergütungsstähle

Diese Norm ist das Ergebnis mehrjähriger Arbeit der interessierten Kreise einschließlich der Stahlverbraucher. Sie ersetzt u. a. auch die alten Normblätter DIN 1661 und DIN 1665, die bereits seit November 1943 ungültig sind und deren veraltete Markenbezeichnungen, z. B. StC 25.61 nach DIN 1661 bzw. VM 125 nach DIN 1665, nicht mehr anzuwenden sind.

1. Allgemeines

1.1 Diese Norm umfaßt die z. Z. empfehlenswerten unlegierten und legierten Baustähle, die in Form von Walzerzeugnissen, Gesenkschmiedestücken und Freiformschmiedestücken bis etwa 250 mm Durchmesser oder Dicke nach Vergütung bei üblichen Temperaturen verwendet werden. Unter Vergüten ist dabei Härten

[1] Wiedergegeben mit Genehmigung des Deutschen Normenausschusses. Maßgebend ist die jeweils neueste Ausgabe des Normblattes im Normformat A 4, die bei der Beuth-Vertrieb GmbH., Berlin W 15 und Köln erhältlich ist.

Zahlentafel 63. *Chemische Zusammensetzung der Vergütungsstähle nach DIN 17200 (Dez. 1951)*

Markenbezeichnung nach DIN 17006	Markenbezeichnung bisher nach DIN 1663 oder DIN 1667	Stoffnummer nach DIN 17007[1]	C %	Si %	Mn %	P %[2] höchstens	S %[2] höchstens	Cr %	Mo %	Sonstige %	Markenbezeichnung veraltet[3]
					Qualitätsstähle						
C 22	C 22	1.0611	0,18—0,25	0,15—0,35	0,30—0,60	0,045	0,045	—	—	—	StC 25.61
C 35	C 35	1.0651	0,32—0,40	0,15—0,35	0,40—0,70	0,045	0,045	—	—	—	StC 35.61
C 45	C 45	1.0721	0,42—0,50	0,15—0,35	0,50—0,80	0,045	0,045	—	—	—	StC 45.61
C 60	C 60	1.0751	0,57—0,65	0,15—0,35	0,50—0,80	0,045	0,045	—	—	—	StC 60.61
					Edelstähle						
Ck 22[4]	—	1.1151	0,18—0,25	0,15—0,35	0,30—0,60	0,035	0,035	—	—	—	—
Ck 35[4]	—	1.1181	0,32—0,40	0,15—0,35	0,40—0,70	0,035	0,035	—	—	—	—
Ck 45[4]	—	1.1191	0,42—0,50	0,15—0,35	0,50—0,80	0,035	0,035	—	—	—	—
Ck 60[4]	—	1.1221	0,57—0,65	0,15—0,35	0,50—0,80	0,035	0,035	—	—	—	—
40 Mn 4	—	1.5038	0,36—0,44	0,25—0,50	0,80—1,1	0,035	0,035	—	—	—	—
30 Mn 5	32 Mn 5	1.5066	0,27—0,34	0,15—0,35	1,2 —1,5	0,035	0,035	—	—	—	VM 125
37 MnSi 5	37 MnSi 5	1.5122	0,33—0,41	1,1 —1,4	1,1 —1,4	0,035	0,035	—	—	—	VMS 135
42 MnV 7	42 MnV 7	1.5223	0,38—0,45	0,15—0,35	1,6 —1,9	0,035	0,035	—	—	0,07—012 V	—
34 Cr 4	—	1.7033	0,30—0,37	0,15—0,35	0,50—0,80	0,035	0,035	0,90—1,2	—	—	VC 135
41 Cr 4	—	1.7035	0,38—0,44	0,15—0,35	0,50—0,80	0,035	0,035	0,90—1,2	—	—	—
25 CrMo 4	VCMo 125	1.7218	0,22—0,29	0,15—0,35	0,50—0,80	0,035	0,035	0,90—1,2	0,15—0,25	—	—
34 CrMo 4	VCMo 135	1.7220	0,30—0,37	0,15—0,35	0,50—0,80	0,035	0,035	0,90—1,2	0,15—0,25	—	—
42 CrMo 4	VCMo 140	1.7225	0,38—0,45	0,15—0,35	0,50—0,80	0,035	0,035	0,90—1,2	0,15—0,25	—	—
50 CrMo 4	—	1.7228	0,46—0,54	0,15—0,35	0,50—0,80	0,035	0,035	0,90—1,2	0,15—0,25	—	—
30 CrMoV 9	—	1.7707	0,26—0,34	0,15—0,35	0,40—0,70	0,035	0,035	2,3 —2,7	0,15—0,25	0,10—0,20 V	—
36 CrNiMo 4	—	1.6511	0,32—0,40	0,15—0,35	0,50—0,80	0,035	0,035	0,90—1,2	0,15—0,25	0,90—1,2 Ni	—
34 CrNiMo 6	—	1.6582	0,30—0,38	0,15—0,35	0,40—0,70	0,035	0,035	1,4 —1,7	0,15—0,25	1,4 —1,7 Ni	—
30 CrNiMo 8	—	1.6590	0,30—0,34	0,15—0,35	0,30—0,60	0,035	0,035	1,8 —2,1	0,25—0,35	1,8 —2,1 Ni	—

[1] In Vorbereitung. Die Stoffnummern sind für die maschinelle Auswertung von Unterlagen aller Art notwendig. [2] Die Werte gelten für basischen Stahl, für sauren Stahl können höhere Phosphor- und Schwefelgehalte vereinbart werden. [3] Siehe Vorbemerkung. [4] Diese Markenbezeichnungen müßten nach DIN 17006 heißen: KC 22, KC 35, KC 45 und KC 60, da der Buchstabe K als Kennzeichen eines kleinen Phosphor- und Schwefelgehaltes vor dem Symbol C für den Kohlenstoff steht. Da aber die Markenbezeichnungen Ck... bereits bekannt sind, werden diese vorerst beibehalten, vorbehaltlich einer späteren Umstellung nach entsprechender Übergangszeit.

Markenbezeichnung nach DIN 17006	bisher nach DIN 1667	Stoffnummer nach DIN 17007	C %	Si %	Chemische Mn %
27 MnCrV 4	—	1.8162	0,24—0,30	0,15—0,35	1,00—1,3
36 Cr 6	—	1.7059	0,32—0,40	0,15—0,35	0,30—0,60
42 CrV 6	—	1.7561	0,38—0,46	0,15—0,35	0,50—0,80
50 CrV 4	50 CrV 4	1.8159	0,47—0,55	0,15—0,35	0,80—1,1

Zahlentafel 65. *Gewährleistete Festigkeits-*

Marke	G (weichgeglüht)	V (vergütet)							
		bis 16 mm Durchmesser				über 16 bis 40 mm Durchmesser			
	Brinellhärte HB 30 kg/mm² höchstens	Streckgrenze kg/mm² mind.	Zugfestigkeit kg/mm²	Bruchdehnung ($L_0=5d_0$) % mind.	Brucheinschnürung % mind.	Streckgrenze kg/mm² mind.	Zugfestigkeit kg/mm²	Bruchdehnung ($L_0=5d_0$) % mind.	Brucheinschnürung % mind.
C 22	155	36	55— 65	20	40	30	50— 60	22	45
Ck 22	155	36	55— 65	20	45	30	50— 60	22	50
C 35	172	42	65— 80	16	35	37	60— 72	18	40
Ck 35	172	42	65— 80	16	40	37	60— 72	18	45
C 45	206	48	75— 90	14	30	40	65— 80	16	35
Ck 45	206	48	75— 90	14	35	40	65— 80	16	40
C 60	243	57	85—105	12	25	49	75— 90	14	30
Ck 60	243	57	85—105	12	30	49	75— 90	14	35
40 Mn 4	217	65	90—105	12	40	55	80— 95	14	45
30 Mn 5	217	—	—	—	—	55	80— 95	14	45
25 CrMo 4	217	65	90—105	12	50	55	80— 95	14	55
37 MnSi 5	217	80	100—120	11	35	65	90—105	12	40
34 Cr 4	217	80	100—120	11	40	65	90—105	12	45
41 Cr 4	217	80	100—120	11	40	65	90—105	12	45
34 CrMo 4	217	80	100—120	11	45	65	90—105	12	40
42 MnV 7	217	90	110—130	10	30	80	100—120	11	35
42 CrMo 4	217	90	110—130	10	40	80	100—120	11	45
36 CrNiMo 4	217	90	110—130	10	45	80	100—120	11	50
50 CrMo 4	235	—	—	—	—	90	110—130	10	40
34 CrNiMo 6	235	—	—	—	—	90	110—130	10	45
30 CrMoV 9	248	—	—	—	—	105	125—145	9	35
30 CrNiMo 8	248	—	—	—	—	105	125—145	9	40

Zahlentafel 66. *Gewährleistete Festigkeitseigenschaften*

Markenbezeichnung	G (weichgeglüht)	V (vergütet)							
		bis 16 mm Durchmesser				über 16 bis 40 mm Durchmesser			
	Brinellhärte HB 30 kg/mm² höchstens	Streckgrenze kg/mm² mind.	Zugfestigkeit kg/mm²	Bruchdehnung ($L_0=5d_0$) % mind.	Brucheinschnürung % mind.	Streckgrenze kg/mm² mind.	Zugfestigkeit kg/mm²	Bruchdehnung ($L_0=5d_0$) % mind.	Brucheinschnürung % mind.
27 MnCrV 4	217	65	90—105	12	50	55	80— 95	14	55
36 Cr 6	217	80	100—120	11	45	65	90—105	12	50
42 CrV 6	217	90	110—130	10	40	80	100—120	11	45
50 CrV 4	235	—	—	—	—	90	110—130	10	40

	Zusammensetzung P % höchstens	S % höchstens	Cr %	Mo %	Sonstige %	Markenbezeichnung veraltet
	0,035	0,035	0,60—0,90	—	0,07—0,12 V	—
	0,035	0,035	1,4 —1,7	—	—	—
	0,035	0,035	1,4 —1,7	—	0,07—0,12 V	—
	0,035	0,035	0,90—1,2	—	0,07—0,12 V	VCV 150

eigenschaften der Stähle nach Zahlentafel 63

	V (vergütet) über 40 bis 100 mm Durchmesser				über 100 bis 250 mm Durchmesser			
	Streckgrenze kg/mm² mind.	Zugfestigkeit kg/mm²	Bruchdehnung ($L_0=5d_0$) % mind.	Brucheinschnürung % mind.	Streckgrenze kg/mm² mind.	Zugfestigkeit kg/mm²	Bruchdehnung ($L_0=5d_0$) % mind.	Brucheinschnürung % mind.
	—	—	—	—				
	—	—	—	—				
	33	55— 65	20	45				
	33	55— 65	20	50				
	36	60— 72	18	40				
	36	60— 72	18	45				
	44	70— 85	15	35				
	44	70— 85	15	40				
	45	70— 85	15	50	—	—	—	—
	45	70— 85	15	50	42	65— 80	16	55
	45	70— 85	15	60	42	65— 80	16	65
	55	80— 95	14	45	45	70—85	15	50
	55	80— 95	14	50	—	—	—	—
	55	80— 95	14	50	—	—	—	—
	55	80— 95	14	55	45	70— 85	15	60
	70	90—105	12	40	—	—	—	—
	70	90—105	12	50	55	75— 90	14	55
	70	90—105	12	55	55	75— 90	14	60
	80	100—120	11	45	60	80—100	13	50
	80	100—120	11	50	60	80—100	13	55
	90	110—130	10	40	70	90—110	12	50
	90	110—130	10	45	70	90—110	12	55

der Vergütungsstähle nach Zahlentafel 64

	V (vergütet) über 40 bis 100 mm Durchmesser				über 100 bis 250 mm Durchmesser			
	Streckgrenze kg/mm² mind.	Zugfestigkeit kg/mm²	Bruchdehnung ($L_0=5d_0$) % mind.	Brucheinschnürung % mind.	Streckgrenze kg/mm² mind.	Zugfestigkeit kg/mm²	Bruchdehnung ($L_0=5d_0$) % mind.	Brucheinschnürung % mind.
	45	70— 85	15	60	42	65— 80	16	65
	55	80— 95	14	55	45	70— 85	15	60
	70	90—105	12	50	55	75— 90	14	55
	80	100—120	11	45	60	80—100	13	50

mit nachfolgendem Anlassen meist auf höhere Temperaturen zur Erzielung guter Zähigkeit bei einer bestimmten Festigkeit zu verstehen.

Für Vergütung geeignete Automatenstähle s. DIN 1651. Für Stähle für größere Schmiedestücke sowie für warmfeste Stähle sind besondere Normblätter vorgesehen.

1.2 Die Stähle werden im Siemens-Martin-Ofen oder im Elektroofen erschmolzen. Das *Herstellungsverfahren* bleibt, sofern nichts anderes vereinbart wird, dem Lieferer überlassen.

1.3 Die Stähle werden gewalzt in Rund-, Vierkant-, Sechskant- und Flachquerschnitten sowie in Blechen und Bändern oder geschmiedet geliefert.

Zulässige *Maßabweichungen* für:

fertiggewalzten Stahl siehe DIN 1612, DIN 1013 bis 1017
Bleche siehe DIN 1541 bis 1543
Schmiedestücke siehe DIN 7524, 7525 und 7527
vorgewalzten Stahl von Fall zu Fall vereinbaren.

1.4 Der *Wärmebehandlungszustand,* in dem der Stahl geliefert werden soll, ist vom Besteller stets anzugeben. Zur Kennzeichnung wird je nach Zustand an die Markenbezeichnung angehängt:

G = weichgeglüht, N = normalgeglüht, V = vergütet.

1.5 Der *Gewichtsberechnung* ist eine Wichte von 7,85 kg/dm³ zugrunde zu legen.

2. Chemische Zusammensetzung

2.1 Einen Überblick über die chemische Zusammensetzung der einzelnen *Stahlmarken* gibt Zahlentafel 63 und die Ergänzung nach Zahlentafel 64 (S. 404/405).

2.2 Die *Edelstähle* unterscheiden sich von den Qualitätsstählen durch größere Gleichmäßigkeit, weitergehende Freiheit von nichtmetallischen Einschlüssen und bessere Oberflächenbeschaffenheit. Diese Eigenschaften kommen in den niedrigeren Phosphor- und Schwefelgehalten nur zum Teil zum Ausdruck.

2.3 Bei geringen Abweichungen in der chemischen Zusammensetzung sind für die Ablieferung die Festigkeitseigenschaften im Gebrauchszustand nach Zahlentafel 65 und nach Ergänzungstafel 66 (S. 404/405) maßgebend.

3. Gebrauchseigenschaften

3.1 Die Festigkeitswerte in den Zahlentafeln 65 u. 66 gelten für die Prüfung von Rundstahl in Faserrichtung, wobei die Probenachse bei Abmessungen bis 40 mm Durchmesser in der Längsachse des Rundstahls und bei Abmessungen über 40 mm Durchmesser ein Sechstel der Rundstahldicke unter der Oberfläche oder so nahe als möglich an dieser Stelle liegen soll.

Die für Abmessungen bis 16 mm Durchmesser angegebenen Werte des vergüteten Zustandes gelten nur für die Vergütung von *Fertigteilen* unter 16 mm Durchmesser.

3.2 Bei Erzeugnissen mit anderen als kreisrunden Querschnitten sind die Angaben in Abschnitt 3.1 sinngemäß anzuwenden.

3.3 Die Qualitätsstähle werden auch normalgeglüht (N) mit Festigkeitswerten nach Zahlentafel 67 (S. 408) geliefert.

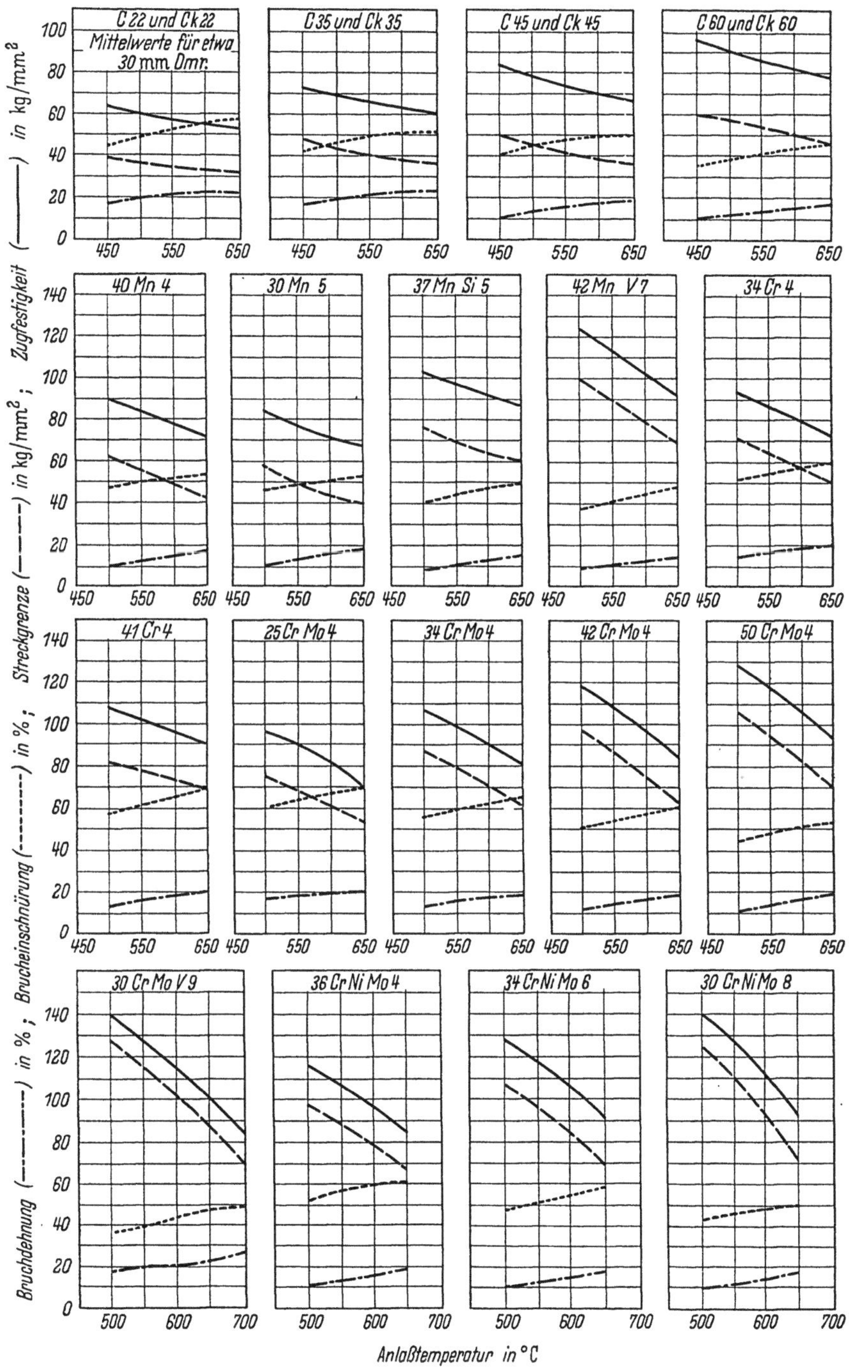

Bild 253. Anhalt über den Einfluß der Anlaßtemperatur auf die Festigkeitseigenschaften von Vergütungsstählen (Mittelwerte für einen Querschnitt von etwa 60 mm Durchmesser) nach DIN 17200[1]

[1] DIN 17200, Ausg. Dez. 1951.

Zahlentafel 67. *Gewährleistungswerte für normalgeglühte Qualitätsstähle*

Marke einschließlich Behandlungsbezeichnung	Durchmesser mm	Streckgrenze kg/mm² mindestens	Zugfestigkeit kg/mm²	Bruchdehnung ($L_0 = 5 d_0$) % mindestens
C 22 N	bis 40	24	42–50	27
C 35 N	bis 100	28	50–60	22
C 45 N	bis 100	34	60–72	18
C 60 N	bis 100	39	70–85	15

3.4 Alle Stähle dieser Norm sind für die Abbrennstumpfschweißung geeignet, die Stähle C 22, Ck 22, 25 CrMo 4 und 30 Mn 5 auch für die Schmelz- und Widerstandsschweißung.

4. Warmverarbeitung und Wärmebehandlung

4.1 Schmieden[1]. Die Stücke sind vorsichtig zu erhitzen. Die beim Schmieden zweckmäßig einzuhaltenden Temperaturbereiche sind in den Zahlentafeln 68 u. 69 (S. 409) angegeben; beim Gesenkschmieden ist zur Erleichterung der Formgebung vorsichtiges Erhitzen bis auf höchstens 50 grd höhere Temperaturen zulässig. Hohe Temperaturen dürfen nicht lange gehalten werden. Die geschmiedeten Stücke sind möglichst langsam abzukühlen und gegebenenfalls anschließend zu glühen oder normalzuglühen oder zu vergüten.

4.2 Weichglühen. Die Stücke sind je nach Querschnitt bis zu mehreren Stunden lang bei den in den Zahlentafeln 68 u. 69 angegebenen Temperaturen zu glühen und möglichst langsam abzukühlen.

Zahlentafel 68. *Temperaturen für Schmieden und Wärmebehandlung*

Marke	Schmieden °C	Weichglühen °C	Normalglühen °C	Vergüten: Härten in Wasser °C	Vergüten: Härten in Öl °C	Vergüten: Anlassen °C
C 22 u. Ck 22	1100–850	650–700	880–910	860–890	870–900	530–670
C 35 u. Ck 35	1100–850	650–700	860–890	840–870	850–880	
C 45 u. Ck 45	1100–850	650–700	840–870	820–850	830–860	
C 60 u. Ck 60	1050–850	650–700	820–850	800–830	810–840	
40 Mn 4	1100–850	650–700	850–880	820–850	830–860	530–670
30 Mn 5	1100–850	650–700	850–880	820–840	830–850	
37 MnSi 5	1050–850	680–720	860–890	830–850	840–860	
42 MnV 7	1050–850	640–680	860–890	840–860	850–870	
34 Cr 4	1050–850	680–720	850–880	820–840	830–850	530–670
41 Cr 4	1050–850	680–720	850–880	820–840	830–850	
25 CrMo 4	1050–850	680–720	860–890	830–850	840–860	530–670
34 CrMo 4	1050–850	680–720	850–880	820–840	830–850	
42 CrMo 4	1050–850	680–720	850–880	820–840	830–850	
50 CrMo 4	1050–850	680–720	850–880	820–840	830–850	
30 CrMoV 9	1050–850	680–720	870–900	840–870	850–880	
36 CrNiMo 4	1050–850	650–700	850–880	820–840	830–850	530–670
34 CrNiMo 6	1050–850	650–700	850–880	—	830–850	
30 CrNiMo 8	1050–850	650–700	850–880	—	830–850	

[1] s. dazu Abschnitt „Warmverformung" S. 86.

4.3 Normalglühen. Die Stücke sind auf die in den Zahlentafeln 68 u. 69 angegebenen Temperaturen vorsichtig so lange zu erwärmen, bis auch der Kern diese Temperatur erreicht hat, und anschließend in ruhender Atmosphäre abzukühlen.

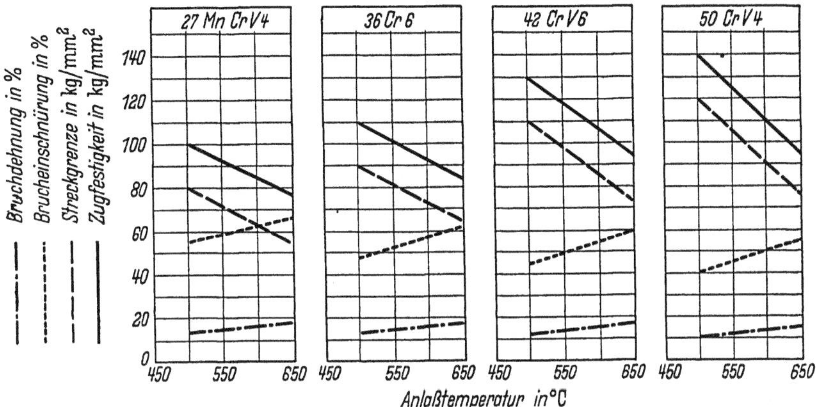

Bild 254[1] wie Bild 253

4.4 Vergüten. Die Stücke sind gleichmäßig und durchgreifend, d. h. je nach dem Querschnitt unterschiedlich lange, auf die Abschrecktemperaturen zu erwärmen. Bei Stählen, für die Wasser- *und* Ölhärtung in Frage kommen, ist die Art der Härtung je nach Form und Größe des jeweils vorliegenden Werkstückes zu wählen. Die Stähle C 60, Ck 60, 42 MnV 7, 41 Cr 4, 42 CrMo 4 und 50 CrMo 4 sind gegen Abschrecken in Wasser empfindlich. Die Anlaßtemperatur ist nach den gewünschten Festigkeitseigenschaften zu wählen, wofür die Schaubilder in den Bildern 253 u. 254 einen Anhalt geben. Die Anlaßdauer richtet sich im wesentlichen nach der Größe der Teile. Zur Vermeidung von Anlaßsprödigkeit ist bei molybdänfreien Stählen Abkühlung von der Anlaßtemperatur in Öl oder, wenn die Stückabmessungen und die Stahlart es erlauben, auch in Wasser angebracht; sonst kann an Luft abgekühlt werden.

Zahlentafel 69

Temperaturen für Schmieden und Wärmebehandlung der Stähle nach Zahlentafel 64

Marken-bezeichnung	Schmieden °C	Weich-glühen °C	Normal-glühen °C	Vergüten: Härten in Wasser °C	Vergüten: Härten in Öl °C	Vergüten: Anlassen °C
27 MnCrV 4	1050—850	680—720	860—890	850—870	860—880	530—670
36 Cr 6	1050—850	680—720	850—880	820—840	830—860	530—670
42 CrV 6	1050—850	680—720	850—880	(820—840)	830—860	530—670
50 CrV 4	1050—850	680—720	850—880	(820—840)	830—860	530—670

Die Vergütungsstähle für große Schmiedestücke sind noch nicht in der DIN erfaßt, aber schon im Stahl-Eisen-Werkstoffblatt niedergelegt; s. darüber im Abschnitt „Schwere Schmiedestücke" (S. 377).

[1] DIN 17200, Ausg. Dez. 1951.

5. Prüfung

5.1 Für den *Prüfumfang* gilt DIN 1612.

5.2 Gegebenenfalls sind durchzuführen:
der Zugversuch nach DIN 50146 (früher DIN 1605 Blatt 2),
die Ermittlung der 0,2-Grenze nach DIN 50144,
die Härteprüfung nach Brinell nach DIN 50351,
die Prüfung der chemischen Zusammensetzung nach den vom Chemikerausschuß des Vereins Deutscher Eisenhüttenleute angegebenen Verfahren[1].

Zahlentafel 70. *Verwendungsbereiche der Vergütungsstähle nach DIN 17200*[2]

erforderliche Mindest-Streckgrenze in kg/mm² (25 bis 120)

Durchmesserbereich:

bis 16 mm	über 16 bis 40 mm	über 40 bis 100 mm	über 100 bis 250 mm
30 CrMoV 9, 30 CrNiMo 8			
42 CrMo 4, 42 MnV 7, 36 CrNiMo 4	50 CrMo 4, 34 CrNiMo 6	30 CrMoV 9, 30 CrNiMo 8	30 CrMoV 9, 30 CrNiMo 8
34 Cr 4, 41 Cr 4, 34 CrMo 4, 37 MnSi 5	42 CrMo 4, 42 MnV 7, 36 CrNiMo 4	50 CrMo 4, 34 CrNiMo 6	50 CrMo 4, 34 CrNiMo 4
25 CrMo 4, 40 Mn 4	34 Cr 4, 41 Cr 4, 34 CrMo 4, 37 MnSi 5	42 CrMo 4, 42 MnV 7, 36 CrNiMo 4	42 CrMo 4, 36 CrNiMo 4
C 60, Ck 60	25 CrMo 4, 40 Mn 4, 30 Mn 5	34 Cr 4, 41 Cr 4, 34 CrMo 4, 37 MnSi 5	34 CrMo 4, 37 MnSi 5
C 45, Ck 45	C 60, Ck 60	25 CrMo 4, 40 Mn 4, 30 Mn 5	25 CrMo 4, 30 Mn 5
C 35, Ck 35	C 45, Ck 45	C 60, Ck 60	
C 22, Ck 22	C 35, Ck 35	C 45, Ck 45	
	C 22, Ck 22	C 35, Ck 35	

[1] Handbuch für das Eisenhüttenlaboratorium, Bd. 2: Untersuchung der metallischen Werkstoffe, Düsseldorf: Stahleisen 1941.

[2] DIN 17200, Ausg. Dez. 1950.

6. Beanstandungen

Äußere und innere Fehler berechtigen zu Beanstandungen, wenn sie die für den Werkstoff zulässige Verarbeitung und Verwendung ernstlich beeinträchtigen. Der Besteller muß dem Lieferwerk die Möglichkeit geben, sich von der Berechtigung der Beanstandung zu überzeugen; deshalb müssen alle Belegstücke bis zu einer Vereinbarung über die Erledigung der Beanstandung zur Verfügung des Lieferwerkes gehalten werden.

7. Anwendungsbereiche

7.1 Richtlinien über die Anwendungsbereiche auf Grund der Mindeststreckgrenze im vergüteten Zustand sind aus Zahlentafel 70 zu entnehmen.

7.2 Höher *legierte Stähle* haben in der Regel eine bessere Durchvergütbarkeit und bei gleicher Festigkeit eine höhere Zähigkeit als die niedriger legierten Stähle.

Mit Rücksicht auf Schwankungen in der Legierungsversorgung hat es sich als zweckmäßig erwiesen, eine größere Auswahl von Stahlmarken, als in DIN 17200, Ausgabe Dezember 1951, enthalten ist, für Vergütungsstähle vorzusehen. Außer den in DIN 17200 bisher aufgeführten Stahlmarken werden daher die Edelstähle 27 MnCrV 4, 36 Cr 6, 42 CrV 6 und 50 CrV 4 erschmolzen (Zahlentafel 64).

DIN 17200 gilt auch für diese Stähle, jedoch sind Abschnitt 2.1 und Zahlentafel 63 durch Zahlentafel 64, Abschnitt 3.1 und Zahlentafel 65 durch Zahlentafel 66 und Abschnitt 4 und Zahlentafel 68 durch Zahlentafel 69 zu ergänzen, in Abschnitt 4.4, Zeile 5, sind die Stähle 42 CrV 6 und 50 CrV 4 einzufügen, in Zahlentafel 70 sind die Stähle 27 MnCrV 4, 36 Cr 6, 42 CrV 6 und 50 CrV 4 in die Felder einzuordnen, in denen jeweils die entsprechenden Stähle 25 CrMo 4. 34 CrMo 4, 42 CrMo 4 und 50 CrMo 4 aufgeführt sind.

Einsatzstähle nach DIN 17210 (Ausgabe Januar 1959)[1]

Gütevorschriften

1. Allgemeines

1.1 Geltungsbereich

Diese Norm umfaßt die z. Z. gängigen unlegierten und legierten Baustähle für Einsatzhärtung. Dabei wird unter Einsatzhärten ein Härten nach vorhergegangenem Aufkohlen der Randschicht eines Werkstückes — gegebenenfalls unter gleichzeitigem Aufsticken — verstanden.

Für Einsatzhärtung geeignete unlegierte Automatenstähle siehe DIN 1651.

1.2 Maße und Maßabweichungen

1.21 Die Stähle werden geliefert in Form von Halbzeug, warmgewalztem oder warmgeschmiedetem Stabstahl (Rund-, Vierkant-, Sechskant- und Flachstahl), warmgewalztem Breitflachstahl, warm- oder kaltgewalztem Blech und Band, nahtlosen Rohren, Freiform- und Gesenkschmiedestücken.

---

[1] Wiedergegeben mit Genehmigung des Deutschen Normenausschusses. Maßgebend ist die jeweils neueste Ausgabe des Normblattes im Normformat A 4, die bei der Beuth-Vertrieb GmbH., Berlin W 15 und Köln erhältlich ist.

1.22 • Für Halbzeug können die zulässigen Maßabweichungen bei der Bestellung vereinbart werden. Für die übrigen in Abschnitt *1.21* genannten Erzeugnisse bestehen Maßnormen (vgl. Aufzählung am Schluß dieser Norm).

1.3 Gewichtserrechnung und Gewichtsabweichungen

1.31 Der Gewichtserrechnung ist eine Wichte von 7,85 kg/dm³ zugrunde zu legen, soweit für Band und Blech in den entsprechenden Normen nichts anderes festgelegt worden ist.

1.32 • Soweit in den am Schluß dieser Norm angeführten Normen nichts festgelegt ist, können die zulässigen Gewichtsabweichungen bei der Bestellung vereinbart werden.

1.4 Kurzbezeichnung

1.41 Zur Kurzbezeichnung der Stähle gehört außer dem nach DIN 17006 gebildeten Kurznamen für die Stahlsorte (vgl. Zahlentafeln 71, 72) der Kennbuchstabe für den Behandlungszustand (vgl. Abschnitt *2.52*).

Beispiel: Kurzbezeichnung des Einsatzstahles 16 MnCr 5, wärmebehandelt auf Ferrit-Perlit-Gefüge: 16 MnCr 5 BG.

1.42 Die Kurznamen für Stahlsorte und Behandlungszustand sind an die Kurzbezeichnungen nach DIN 1353 für die Erzeugnisse anzuhängen.

Beispiel: Ein runder Stabstahl, warmgewalzt, mit einem Durchmesser von 8 mm nach DIN 1013 aus 16 MnCr 5 BG des Beispiels in Abschnitt *1.41* erhält die Bezeichnung: Rund 8 DIN 1013—16 MnCr 5 BG oder (abgekürzt nach DIN 1353): Rd 8 DIN 1013—16 MnCr 5 BG oder ⌀ 8 DIN 1013—16 MnCr 5 BG.

1.43 Die Stoffnummern in Zahlentafel 71 wurden nach DIN 17007 Blatt 2 (in Vorbereitung) gebildet.

2. Anforderungen

2.1 Herstellungsverfahren

• Die Stähle werden im Siemens-Martin-Ofen oder im Elektroofen erschmolzen. Das Herstellungsverfahren bleibt, sofern bei der Bestellung nichts anderes vereinbart wird, dem Lieferer überlassen.

2.2 Lieferzustand

• Die Stähle werden im allgemeinen wärmebehandelt geliefert, sie können auch unbehandelt, d. h. in den nach Abschnitt *1.21* möglichen Verarbeitungszuständen geliefert werden. Der Wärmebehandlungszustand, in dem der Stahl geliefert werden soll, ist vom Besteller stets anzugeben (beachte auch Abschnitt 1.4); in Betracht kommen die Zustände nach Abschnitt 2.52.

2.3 Chemische Zusammensetzung

2.31 Einen Überblick über die chemische Zusammensetzung der einzelnen Stahlsorten gibt Zahlentafel 71.

2.32 Die *Edelstähle* unterscheiden sich von den Qualitätsstählen durch größere Gleichmäßigkeit, weitergehende Freiheit von nichtmetallischen Einschlüssen und bessere Oberflächenbeschaffenheit. Diese Eigenschaften kommen in den niedrigeren Phosphor- und Schwefelgehalten nur teilweise zum Ausdruck.

• Die mit einem Punkt gekennzeichneten Abschnitte enthalten Angaben über mögliche Sondervereinbarungen.

Zahlentafel 71. *Chemische Zusammensetzung der Einsatzstähle nach DIN 17210*

Stahlsorte Kurzname nach DIN 17006	Stoffnummer nach DIN 17007[1]	Chemische Zusammensetzung in % C	Si	Mn	P höchstens	S höchstens	Cr	Ni
				Qualitätsstähle				
C 10	1.0301	0,06—0,12	0,15—0,35	0,25—0,50	0,045	0,045	—	—
C 15	1.0401	0,12—0,18	0,15—0,35	0,25—0,50	0,045	0,045	—	—
				Edelstähle				
Ck 10	1.1121	0,06—0,12	0,15—0,35	0,25—0,50	0,035	0,035	—	—
Ck 15	1.1141	0,12—0,18	0,15—0,35	0,25—0,50	0,035	0,035	—	—
15 Cr 3	1.7015	0,12—0,18	0,15—0,35	0,40—0,60	0,035	0,035	0,50—0,80	
16 MnCr 5	1.7131	0,14—0,19	0,15—0,35	1,0 —1,3	0,035	0,035	0,08—1,1	—
20 MnCr 5	1.7147	0,17—0,22	0,15—0,35	1,1 —1,4	0,035	0,035	1,0 —1,3	—
15 CrNi 6	1.5919	0,12—0,17	0,15—0,35	0,40—0,60	0,035	0,035	1,4—1,7	1,4—1,7
18 CrNi 8	1.5920	0,15—0,20	0,15—0,35	0,40—0,60	0,035	0,035	1,8—2,1	1,8—2,1

2.321 • Wird ein bestimmter Reinheitsgrad, d. h. ein höchstzulässiger Gehalt an nichtmetallischen Einschlüssen verlangt, so können zwischen Besteller und Lieferer besondere Vereinbarungen getroffen werden (beachte Abschnitt *4.32*).

2.33 Bei geringen Abweichungen von den Angaben in Zahlentafel 71, die sich auf die Schmelzenanalyse beziehen, sind für die Ablieferung die Festigkeitseigenschaften nach Abschnitt *2.41* maßgebend.

2.4 Festigkeitseigenschaften

2.41 • Die *Festigkeitswerte* für den Zustand E in Zahlentafel 72 gelten für die Kernzone eines blindgehärteten Rundstabes von etwa 30 mm Durchmesser in Faserrichtung. Der Besteller kann statt dessen die im Blindhärtungsversuch (vgl. Abschnitt 4.35) zu ermittelnden Härtewerte nach Zahlentafel 73 für *eine* der angegebenen Scheibendicken vorschreiben.

2.42 Für die Stähle im unbehandelten Zustand (vgl. Abschnitt 2.2) können keine Festigkeitswerte angegeben werden.

2.43 Die *Härte* auf der *Oberfläche* der einsatzgehärteten Teile nach dem Anlassen muß mindestens 59 HRC entsprechen.

2.5 Technologische Eigenschaften

2.51 Schweißbarkeit. Alle Stähle dieser Norm sind für die Abbrennstumpfschweißung und Schmelzschweißung geeignet.

Bei der Schmelzschweißung sind jedoch bei den Stählen 16 MnCr 5, 20 MnCr 5, 15 CrNi 6 und 18 CrNi 8 besondere Vorsichtsmaßnahmen, wie z. B. Vorwärmung, anzuwenden.

2.52 • *Zerspanbarkeit.* Die Zerspanbarkeit der Stähle hängt von der Wärmebehandlung ab. Als Wärmebehandlungsarten kommen in diesem Zusammenhang in Betracht:

a) Weichglühen (Kennbuchstabe G) (vgl. Abschnitt 3.2). Im weichgeglühten Zustand dürfen die in Zahlentafel 72 festgelegten Härtewerte nicht überschritten werden.

[1] z. Z. noch Entwurf.

Zahlentafel 72. *Gewährleistete Festigkeitseigenschaften der Einsatzstähle nach DIN 17210*

Stahlsorte Kurzname nach DIN 17006	Behandlungszustand						
	G[1,2] (weichgeglüht[3])	BF[1,2] (wärmebehandelt zum Erzielen einer bestimmten Zugfestigkeit[4])	BG[1,2] (wärmebehandelt zum Erzielen von Ferrit-Perlit-Gefüge[5])	E (im Einsatz gehärtet[6]) im Kern			
	Brinellhärte HB 30			Streckgrenze	Zugfestigkeit	Bruchdehnung ($L_0 = 5d_0$)	Brucheinschnürung
	kg/mm² höchstens	kg/mm²	kg/mm²	kg/mm² mindestens	kg/mm²	% mindest.	% mindest.
C 10	131	—	—	25	42— 52	19	50
Ck 10	131	—	—	25	42— 52	19	55
C 15	140	—	—	30	50— 65	16	45
Ck 15	140	—	—	30	50— 65	16	50
15 Cr 3	187	143—187[7]	—	40	60— 85	13	45
16 MnCr 5	207	156—207[7]	140[8]—187	60	80—110	10	40
20 MnCr 5	217	170—217[7]	152[8]—201	70	100—130	8	35
15 CrNi 6	217	170—217[7]	152 —201	65	90—120	9	40
18 CrNi 8	235	187—235[7]	170 —217	80	120—145	7	35

[1] Diese Kennbuchstaben sind bei der Bestellung an den Kurznamen der Stahlsorte anzuhängen, z. B. 15 Cr 3 G, 16 MnCr 5 BF.

[2] Die für diesen Zustand angegebenen Härtewerte gelten nicht für Stahl, der nach der Wärmebehandlung kalt verformt wurde.

[3] vgl. Abschnitt 3.2. [4] vgl. Abschnitt 3.3. [5] vgl. Abschnitt 3.4.

[6] Beachte Abschnitt 2.41.

[7] Der Stahl kann nach Vereinbarung auch auf eine höhere Festigkeitsstufe vergütet geliefert werden.

[8] Diese Werte gelten nur für Abmessungen $\leq$ 60 mm Durchmesser.

Zahlentafel 73. *Änderung der Brinellhärte mit dem Härtungsquerschnitt nach Blindhärtung (Anhaltswerte)*

Stahlsorte Kurzname nach DIN 17006	Härte HB 30[1] bei Proben von			
	5 mm Dicke	10 mm Dicke	30 mm Dicke	60 mm Dicke
C 10, Ck 10	174—262	143—201	118—163	—
C 15, Ck 15	207—293	170—235	143—187	—
15 Cr 3	235—331	197—285	170—248	—
16 MnCr 5	285—375	255—341	229—321	—
20 MnCr 5	341—429	311—401	285—375	—
15 CrNi 6	311—401	285—375	255—341	—
18 CrNi 8		375—461	341—415	311—388

[1] Für die angenäherte Umrechnung der Härte in die Zugfestigkeit gilt DIN 50150 — Härtevergleichstabellen.

b) Wärmebehandeln zum Erzielen einer bestimmten Zugfestigkeit (Kennbuchstaben BF) (vgl. Abschnitt 3.3). In diesem Behandlungszustand muß die in Zahlentafel 72 unter BF angegebene Härtespanne eingehalten werden.

c) Wärmebehandeln zum Erzielen einer bestimmten Gefügeausbildung, und zwar von Ferrit-Perlit-Gefüge (Kennbuchstaben BG) (vgl. Abschnitt 3.4). In diesem Behandlungszustand muß die in Zahlentafel 72 unter BG angegebene Härtespanne eingehalten werden. Außerdem muß ein gut ausgeprägtes Ferrit-Perlit-Gefüge vorliegen. Über die Höhe der an sich vorhandenen geringen Anteile an Zwischenstufengefüge und Sekundärzeilen können besondere Vereinbarungen getroffen werden. Die Kornausbildung kann beliebig sein. Werden vom Besteller bestimmte Forderungen an die Korngröße gestellt, so sind besondere Vereinbarungen zu treffen.

2.53 • Arteigene Korngröße. Wird eine bestimmte Spanne für die arteigene Korngröße der Stähle verlangt, so können über sie zwischen Besteller und Lieferwerk Vereinbarungen getroffen werden. Es ist zu beachten, daß unlegierte feinkörnige Einsatzstähle zu Weichfleckigkeit neigen können.

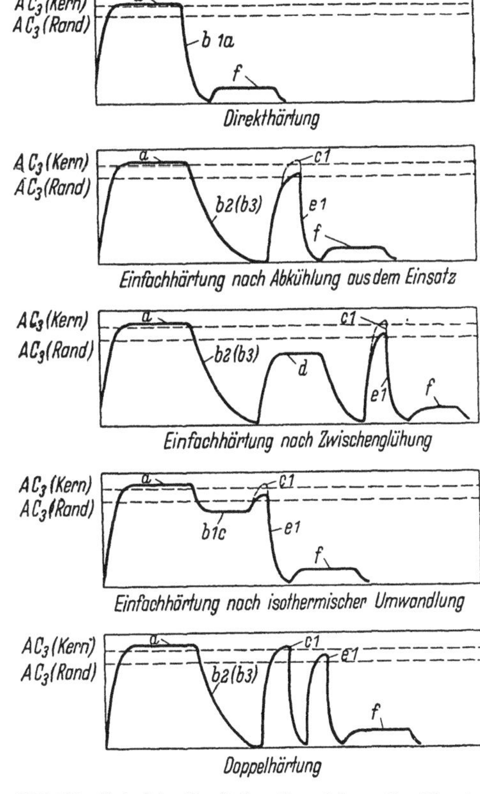

Bild 255. Beispiele für Behandlungsfolgen für Einsatzstähle nach DIN 17210

3. Warmverarbeitung und Wärmebehandlung

3.1 Schmieden. Beim Freiform- und Gesenkschmieden ist der Temperaturbereich 1150 bis 850 °C einzuhalten. Die Stücke sind vorsichtig zu erhitzen und dürfen nicht lange auf hohen Temperaturen gehalten werden. Sie sind nach dem Schmieden sachgemäß abzukühlen und anschließend gegebenenfalls nach Abschnitt 3.2, 3.3 oder 3.4 entsprechend der Bestellvorschrift wärmezubehandeln.

3.2 Weichglühen (G): Die Stücke sind je nach Querschnitt bis zu mehreren Stunden bei 650 bis 700 °C zu glühen und möglichst langsam abzukühlen.

3.3 Wärmebehandeln *zum Erzielen* einer *bestimmten Zugfestigkeit* (BF): Die Stücke werden von einer Temperatur zwischen etwa 850 und 950 °C zweckentsprechend abgekühlt und gegebenenfalls bei etwa 500 bis 650 °C angelassen.

3.4 Wärmebehandeln zum *Erzielen* einer *bestimmten Gefügeausbildung* (BG): Die Stücke werden von einer Temperatur zwischen etwa 900 und 1000 °C geregelt abgekühlt.

Zahlentafel 74. *Temperaturen für das Blindhärten und die Einsatzbehandlung*

Stahlsorte Kurzname nach DIN 17006	Blindhärten		*a* Einsetzen[1]	*b* Abkühlen[2]	*c* Härten[2]		*d* Zwischenglühen		*e* Härten[2]		*f* Anlassen auf
	von °C	in	°C	in	von °C	in	bei °C	mit Abkühlen in	von °C	in	°C
C 10, Ck 10	780 bis 790	Wasser	850 bis 930	1a) Wasser (oder Öl) 1b) Warmbad 180 bis 250° C 2) Einsetzkasten 3) Luft	890—920	1) Wasser (oder Öl) 2) (Warmbad 180 bis 250 °C	650—680	Luft oder Ofen	770—800	1) Wasser (oder Öl) 2) (Warmbad 180 bis 250 °C)	150—180
C 15, Ck 15					890—920		650—680		770—800		150—180
15 Cr 3					870—900		650—680		770—800		150—180
16 MnCr 6	860 bis 870	Öl		1a) Öl (oder Wasser) 1b) Warmbad 180 bis 250 °C 1c) Salzbad 580 bis 680 °C 2) Einsetzkasten[3] 3) Luft	850—880	1) Öl (oder Wasser) 2) Warmbad 180 bis 250 °C	650—680	Ofen oder Luft	810—840	1) Öl (oder Wasser) 2) Warmbad 180 bis 250 °C	170—210
20 MnCr 5					850—880		650—680		810—840		170—210
15 CrNi 6	820 bis 830	Öl			840—870		630—650		800—830		170—210
18 CrNi 8					840—870		630—650		800—830		170—210

[1] Die Wahl der Aufkohlungstemperatur und des verwendeten Kohlungsmittels hängt von der Höhe des gewünschten Randkohlenstoffgehaltes, dem Verlauf der Kohlungskurve und der verlangten Einsatzhärtetiefe ab.

[2] Die Art der Härtung (Direkthärtung, Einfachhärtung, Doppelhärtung, vgl. Bild 1) und der jeweils benutzten Abschrecktemperatur hängt von den verlangten Gebrauchseigenschaften des fertigen Bauteils (Verschleißhärte, Dauerfestigkeit, Maßänderungen, Verzug usw.) ab. Es ist zu beachten, daß der Verzug unter sonst gleichen Voraussetzungen größer wird, je mehr Wärmebehandlungsoperationen durchgeführt werden.

[3] Bei 18 CrNi 8 kann bei größeren Abmessungen und Aufkohlungstiefen Neigung zu Spannungsrissen beim Abkühlen im Einsetzkasten bestehen. Abhilfe ist möglich durch direktes Abschrecken aus dem Einsatz oder durch geregelte Abkühlung unmittelbar nach der Aufkohlung.

3.5 Einsatzhärten (E): Zum Aufkohlen in Pulvern dürfen bei 16 MnCr 5, 20 MnCr 5, 15 CrNi 6 und 18 CrNi 8 nur mild wirkende Einsatzmittel verwendet werden. Die Temperaturen für die verschiedenen Härtungsmöglichkeiten gibt Zahlentafel 74 an. Aus Zahlentafel 74 und dem Bild 255 sind Beispiele für Behandlungsfolgen zu ersehen.

4. Prüfung

4.1 Prüfumfang und durchzuführende Versuche

4.11 • Der Prüfumfang ist bei der Bestellung zu vereinbaren.

4.12 • Eine Nachprüfung der chemischen Zusammensetzung und/oder des Reinheitsgrades, d. h. des Gehalts an nichtmetallischen Einschlüssen kann bei der Bestellung vereinbart werden.

4.13 Durchzuführen ist der Zugversuch an blindgehärteten Proben oder statt dessen nach Vereinbarung der Blindhärtungsversuch an *einer* bestimmten Scheibendicke.

4.14 Je nach dem Behandlungszustand, in dem geliefert wird, kommt eine Prüfung der Brinellhärte in Betracht.

4.2 Probenahme

Über die Probenahme für die nach Abschnitt 4.1 durchzuführenden oder zu vereinbarenden Prüfungen sind bei der Bestellung Verabredungen zu treffen.

4.3 Anzuwendende Prüfverfahren

4.31 Falls die Nachprüfung der *chemischen Zusammensetzung* bei der Bestellung vereinbart wurde, ist sie nach den vom Chemikerausschuß des Vereins Deutscher Eisenhüttenleute angegebenen Verfahren[1] vorzunehmen.

4.32 Falls die *Prüfung des Reinheitsgrades* bei der Bestellung vereinbart wurde, ist sie nach Stahl-Eisen-Prüfblatt 1580 — Stufendrehversuch zur makroskopischen Prüfung von Stählen auf nichtmetallische Einschlüsse — [2] vorzunehmen.

4.33 Der *Zugversuch* ist nach DIN 50146 auszuführen, und zwar mit dem kurzen Proportionalstab nach DIN 50125 mit einem Durchmesser von 10 mm, der aus den nach den Angaben in Zahlentafel 74 blindgehärteten Stäben von etwa 30 mm Durchmesser in Längsrichtung herausgearbeitet wird.

4.34 Die *0,2-Grenze* ist nach DIN 50144 zu ermitteln.

4.35 Der *Blindhärtungsversuch* ist nach Stahl-Eisen-Prüfblatt 1660[2] mit den in Zahlentafel 4 dieser Norm angegebenen Härtetemperaturen auszuführen. Üblicherweise wird die Prüfung an 10 mm oder 30 mm dicken Scheiben von 80 mm □ vorgenommen.

4.36 Die *Brinellhärte ist nach* DIN 50351, die *Vickershärte* nach DIN 50133 und die *Rockwellhärte* nach DIN 50103 zu ermitteln.

5. Beanstandungen

Äußere und innere Fehler berechtigen zur Beanstandung, wenn sie die für die Stahlsorte angemessene Verarbeitung und Verwendung ernstlich beeinträchtigen. Der Besteller muß dem Lieferwerk die Möglichkeit geben, sich von der Berechtigung der Beanstandung zu überzeugen; deshalb müssen alle schadhaften Stücke und der angelieferte Werkstoff bis zu einer Vereinbarung über die Erledigung der Beanstandung zur Verfügung des Lieferwerkes gehalten werden.

---

[1] Handbuch für das Eisenhüttenlaboratorium, Bd. 2: Die Untersuchung der metallischen Werkstoffe, Düsseldorf: Stahleisen 1941; Bd. 4: Schiedsanalysen, Düsseldorf: Stahleisen 1955.

[2] Düsseldorf: Stahleisen.

Für die Stähle dieser Norm in Betracht kommende Maßnormen

für warmgewalzten Stab-, Flach- oder Breitflachstahl und für warmgeschmiedete Stäbe:

DIN 1013 Warmgewalzter Rundstahl, Maße, zulässige Abweichungen, Gewichte
DIN 1014 Warmgewalzter Vierkantstahl, Maße, zulässige Abweichungen, Gewichte
DIN 1015 Warmgewalzter Sechskantstahl, Maße, zulässige Abweichungen, Gewichte
DIN 1015 Warmgewalzter Sechskantstahl, Maße, zulässige Abweichungen, Gewichte
DIN 1017 Blatt 1 Warmgewalzter Flachstahl für allgemeine Verwendung, Maße, zulässige Abweichungen, Gewichte
DIN 59200 Warmgewalzter Breitflachstahl, Maße, zulässige Abweichungen, Gewichte
DIN 7527 Blatt 6 Geschmiedete Stäbe

Für blanke Stäbe:

DIN 668 Blanker Rundstahl, Maße, zulässige Abweichungen nach ISA-Toleranzfeld h 11, Gewichte
DIN 178 Blanker Vierkantstahl, Maße, zulässige Abweichungen, Gewichte
DIN 176 Blanker Sechskantstahl, Maße, zulässige Abweichungen, Gewichte
DIN 174 Blanker scharfkantiger Flachstahl, Maße, zulässige Abweichungen, Gewichte

Für Bleche und Bänder:

DIN 1541 Stahlblech unter 3 mm (Feinblech); Dicken, Größen, Maß- und Gewichtsabweichungen
DIN 1542 Stahlblech von 3 bis 4,75 mm (Mittelblech); Dicken, Größen, Maß- und Gewichtsabweichungen
DIN 1543 Stahlbleche 5 mm und darüber (Grobbleche); Maß- und Gewichtsabweichungen
DIN 1016 Bandstahl, warm gewalzt
DIN 1544 Kaltbänder aus Stahl, Maße

Für Rohre:

DIN 2448 Nahtlose Flußstahlrohre — mit den zulässigen Maßabweichungen nach DIN 17175 Blatt 1 Nahtlose Rohre aus warmfesten Stählen.

Für Schmiedestücke

DIN 7524 Schmiedestücke aus Stahl, Gesenkschmiedestücke; zulässige Abweichungen in Maßen und Gewichten
DIN 7525 Schmiedestücke aus Stahl, technische Richtlinien für Lieferung, Gestaltung und Herstellung; gesenkgeschmiedete, schmiedemaschinengestauchte und gesenkgeschmiedete Buchsen
DIN 7527 Schmiedestücke aus Stahl, technische Richtlinien für Lieferung, Gestaltung und Herstellung; freiformgeschmiedete Scheiben, Lochscheiben, Ringe, Büchsen und Stäbe.

Baustahlnormen in den Vereinigten Staaten von Amerika

Aus den in den folgenden Zahlentafeln 75, 76, 77 wiedergegebenen Normen der Vereinigten Staaten von Amerika, die in Zahlentafel 77 auch die Borstähle (S. 303) und einen Nitrierstahl aufgenommen haben, ist ersichtlich, daß man in den dortigen Normen viel weitergehend,

Zahlentafel 75. *Kohlenstoffstähle* (nach Steel Products Manual Inst. 1957)

AISI Nr.	SAE Nr.	Chemische Zusammensetzung[1,2] % C	% Mn	% P höchstens	% S höchstens
C 1008	1008	0,10 max.	0,25/0,50	0,040	0,050
C 1010	1010	0,08/0,13	0,30/0,60	0,040	0,050
C 1011	—	0,08/0,13	0,60/0,90	0,040	0,050
C 1012	1012	0,10/0,15	0,30/0,60	0,040	0,050
C 1015	1015	0,13/0,18	0,30/0,60	0,040	0,050
C 1016	1016	0,13/0,18	0,60/0.90	0,040	0,050
C 1017	1017	0,15/0,20	0,30/0,60	0,040	0,050
C 1018	1018	0,15/0,20	0,60/0,90	0,040	0,050
C 1019	1019	0,15/0,20	0,70/1.00	0,040	0,050
C 1020	1020	0,18/0,23	0,30/0,60	0,040	0,050
C 1021	1021	0,18/0,23	0,60/0,90	0,040	0,050
C 1022	1022	0,18/0,23	0,70/1.00	0,040	0,050
C 1023	1023	0,20/0,25	0,30/0,60	0,040	0,050
C 1024	1024	0,19/0,25	1,35/1,65	0,040	0,050
C 1025	1025	0,22/0,28	0,30/0,60	0,040	0,050
C 1026	1026	0,22/0,28	0,60/0.90	0,040	0,050
C 1027	1027	0,22/0,29	1,20/1,50	0,040	0,050
C 1029	—	0,25/0,31	0,60/0,90	0,040	0,050
C 1030	1030	0,28/0,34	0,60/0,90	0,040	0,050
C 1031	—	0,28/0,34	0,30/0,60	0,040	0,050
C 1033	1033	0,30/0,36	0,70/1.00	0,040	0,050
C 1035	1035	0,32/0,38	0,60/0,90	0,040	0,050
C 1036	1036	0,30/0,37	1,20/1,50	0,040	0,050
C 1037	1037	0,32/0,38	0,70/1,00	0,040	0,050
C 1038	1038	0,35/0,42	0,60/0,90	0,040	0,050
C 1039	1039	0,37/0,44	0,70/1,00	0,040	0,050
C 1040	1040	0,37/0,44	0,60/0,90	0,040	0,050
C 1041	1041	0,36/0,44	1,35/1,65	0,040	0,050
C 1042	1042	0,40/0,47	0,60/0,90	0,040	0,050
C 1043	1043	0,40/0,47	0,70/1,00	0,040	0,050
C 1045	1045	0,43/0,50	0,60/0,90	0,040	0,050
C 1046	1046	0,43/0,50	0,70/1,00	0,040	0,050
C 1049	1049	0,46/0,53	0,60/0,90	0,040	0,050
C 1050	1050	0,48/0,55	0,60/0,90	0,040	0,050
C 1051	—	0,45/0,56	0,85/1,15	0,040	0,050
C 1052	1052	0,47/0,55	1,20/1,50	0,040	0,050
C 1053	—	0,48/0,55	0,70/1,00	0,040	0,050
C 1055	1055	0,50/0,60	0,60/0,90	0,040	0,050
C 1060	1060	0,55/0,65	0,60/0,90	0,040	0,050
C 1070	1070	0,65/0,75	0,60/0,90	0,040	0,050
C 1078	1078	0,72/0.85	0,30/0,60	0,040	0,050
C 1080	1080	0,75/0,88	0,60/0,90	0,040	0,050
C 1084	1084	0,80/0,93	0,60/0,90	0,040	0,050
C 1085	1085	0,80/0,93	0,70/1,00	0,040	0,050
C 1086	1086	0,80/0,93	0,30/0,50	0,040	0,050
C 1090	1090	0,85/0,98	0,60/0,90	0,040	0,050
C 1095	1095	0,90/1,03	0,30/0,50	0,040	0,050

[1] Nach der Schmelzanalyse. — [2] Falls ein Siliziumgehalt verlangt wird, sind folgende Spannen oder Grenzwerte üblich:

AISI-Nr.	% Si
bis C 1015 ausschließlich	$\leq$ 0,10
C 1015 bis C 1025 einschließlich	$\leq$ 0,10; 0,10 bis 0,20 oder 0,15 bis 0,30
über C 1025	0,10 bis 0,20 oder 0,15 bis 0,30.

Zahlentafel 76. *Legierte Stähle* (nach Steel Products Manual Inst. 1958) (Fußnoten s. S. 424)

AISI[1] Nr.	Chemische Zusammensetzung % C	% Si	% Mn	% P[1] höchstens	% S[1] höchstens	% Cr[2]	% Mo[2]	% Ni[2]	SAE Nr.
1330	0,28/0,33	0,20/0,35	1,60/1,90	0,040	0,040	—	—	—	1330
1335	0,33/0,38	0,20/0,35	1,60/1,90	0,040	0,040	—	—	—	1335
1340	0,38/0,43	0,20/0,35	1,60/1,90	0,040	0,040	—	—	—	1340
1345	0,43/0,48	0,20/0,35	1,60/1,90	0,040	0,040	—	—	—	1345
3140	0,38/0,43	0,20/0,35	0,70/0,90	0,040	0,040	0,55/0,75	—	1,10/1,40	3140
E 3310	0,08/0,13	0,20/0,35	0,45/0,90	0,025	0,025	1,40/1,75	—	3,25/3,75	3310
4012	0,09/0,14	0,20/0,35	0,75/1,06	0,040	0,040	—	0,15/0,25	—	4012
4023	0,20/0,25	0,20/0,35	0,70/0,90	0,040	0,040	—	0,20/0,30	—	4023
4024	0,20/0,25	0,20/0,35	0,70/0,90	0,040	0,035 0,050	—	0,20/0,30	—	4024
4027	0,25/0,30	0,20/0,35	0,70/0,90	0,040	0,040	—	0,20/0,30	—	4027
4028	0,25/0,30	0,20/0,35	0,70/0,90	0,040	0,035 0,050	—	0,20/0,30	—	4082
4037	0,35/0,40	0,20/0,35	0,70/0,90	0,040	0,040	—	0,20/0,30	—	4037
4042	0,40/0,45	0,20/0,35	0,70/0,90	0,040	0,040	—	0,20/0,30	—	4042
4047	0,45/0,50	0,20/0,35	0,70/0,90	0,040	0,040	—	0,20/0,30	—	4047
4063	0,60/0,67	0,20/0,35	0,75/1,00	0,040	0,040	—	0,20/0,30	—	4063
4118	0,18/0,23	0,20/0,35	0,70/0,90	0,040	0,040	0,40/0,60	0,08/0,15	—	4118
4130	0,28/0,33	0,20/0,35	0,40/0,60	0,040	0,040	0,80/1,10	0,15/0,25	—	4130
4135	0,33/0,38	0,20/0,35	0,70/0,90	0,040	0,040	0,80/1,10	0,15/0,25	—	4135
4137	0,35/0,40	0,20/0,35	0,70/0,90	0,040	0,040	0,80/1,10	0,15/0,25	—	4137
4140	0,38/0,43	0,20/0,35	0,75/1,00	0,040	0,040	0,80/1,10	0,15/0,25	—	4140
4142	0,40/0,45	0,20/0,35	0,75/1,00	0,040	0,040	0,80/1,10	0,15/0,25	—	4142
4145	0,43/0,48	0,20/0,35	0,75/1,00	0,040	0,040	0,80/1,10	0,15/0,25	—	4145
4147	0,45/0,50	0,20/0,35	0,75/1,00	0,040	0,040	0,80/1,10	0,15/0,25	—	4147
4150	0,48/0,53	0,20/0,35	0,75/1,00	0,040	0,040	0,80/1,10	0,15/0,25	—	4150
4320	0,17/0,22	0,20/0,35	0,45/0,65	0,040	0,040	0,40/0,60	0,20/0,30	1,65/2,00	4320
4337	0,35/0,40	0,20/0,35	0,60/0,80	0,040	0,040	0,70/0,90	0,20/0,30	1,65/2,00	4337

E 4337	0,35/0,40	0,20/0,35	0,65/0,85	0,025	0,025	0,70/0,90	0,20/0,30	1,65/2,00	—
4340	0,38/0,43	0,20/0,35	0,60/0,80	0,040	0,040	0,70/0,90	0,20/0,30	1,65/2,00	4340
E 4340	0,38/0,43	0,20/0,35	0,65/0,85	0,025	0,025	0,70/0,90	0,20/0,30	1,65/2,00	E 4340
4422	0,20/0,20	0,20/0,35	0,70/0,90	0,040	0,040	—	0,35/0,45	—	4422
4427	0,24/0,29	0,20/0,35	0,70/0,90	0,040	0,040	—	0,35/0,45	—	4427
4520	0,18/0,23	0,20/0,35	0,45/0,65	0,040	0,040	—	0,45/0,60	—	4520
4615	0,13/0,18	0,20/0,35	0,45/0,65	0,040	0,040	—	0,20/0,30	1,65/2,00	4615
4617	0,15/0,20	0,20/0,35	0,45/0,65	0,040	0,040	—	0,20/0,30	1,65/2,00	4617
4620	0,17/0,22	0,20/0,35	0,45/0,65	0,040	0,040	—	0,20/0,30	1,65/2,00	4620
4621	0,18/0,23	0,20/0,35	0,70/0,90	0,040	0,040	—	0,20/0,30	1,65/2,00	4621
4718	0,16/0,21	0,20/0,35	0,70/0,90	0,040	0,040	0,35/0,55	0,30/0,40	0,90/1,20	4718
4720	0,17/0,22	0,20/0,35	0,50/0,70	0,040	0,040	0,35/0,55	0,15/0,25	0,90/1,20	4720
4815	0,13/0,18	0,20/0,35	0,40/0,60	0,040	0,040	—	0,20/0,30	3,25/3,75	4815
4817	0,15/0,20	0,20/0,35	0,40/0,60	0,040	0,040	—	0,20/0.30	3,25/3,75	4817
4820	0,18/0,23	0,20/0,35	0,50/0,70	0,040	0,040	—	0,20/0,30	3,25/3,75	4820
5015	0,12/0,17	0,20/0,35	0,30/0,50	0,040	0,040	0,30/0,50	—	—	5015
5046	0,43/0,50	0,20/0,35	0,75/1,00	0,040	0,040	0,20/0,35	—	—	5046
5115	0,13/0,18	0,20/0,35	0,70/0,90	0,040	0,040	0,70/0,90	—	—	5115
5120	0,17/0,22	0,20/0,35	0,70/0,90	0,040	0,040	0,70/0,90	—	—	5120
5130	0,28/0,33	0,20/0,35	0,70/0,90	0,040	0,040	0,80/1,10	—	—	5130
5132	0,30/0,35	0,20/0,35	0,60/0,80	0,040	0,040	0,75/1,00	—	—	5132
5135	0,33/0,38	0,20/0,35	0,60/0,80	0,040	0,040	0,80/1,05	—	—	5135
5140	0,38/0,43	0,20/0,35	0,70/0,90	0,040	0,040	0,70/0,90	—	—	5140
5145	0,43/0,48	0,20/0,35	0,70/0,90	0,040	0,040	0,70/0,90	—	—	5145
5147	0,45/0,52	0,20/0,35	0,70/0,90	0,040	0,040	0,85/1,15	—	—	5147
5150	0,48/0,53	0,20/0,35	0,70/0,90	0,040	0,040	0,70/0,90	—	—	5150
5155	0,50/0,60	0,20/0,35	0,70/0,90	0,040	0,040	0,70/0,90	—	—	5155
5160	0,55/0,65	0,20/0,35	0,75/1,00	0,040	0,040	0,70/0,90	—	—	5160
E 50100	0,95/1,10	0,20/0,35	0,25/0,45	0,025	0,025	0,40/0,60	—	—	50100
E 51100	0,95/1,10	0,20/0,35	0,25/0,45	0,025	0,025	0,90/1,15	—	—	51100
E 52100	0,95/1,10	0,20/0,35	0,25/0,45	0,025	0,025	1,30/1,60	—	—	52100

Zahlentafel 76 (Fortsetzung)

AISI Nr.	Chemische Zusammensetzung % C	% Si	% Mn	% P[1] höchstens	% S[1] höchstens	% Cr[2]	% Mo[2]	% Ni[2]	SAE Nr.
							% V		
6118	0,16/0,21	0,20/0,35	0,50/0,70	0,040	0,040	0,50/0,70	0,10/0,15	—	6118
6120	0,17/0,22	0,20/0,35	0,70/0,90	0,040	0,040	0,70/0,90	0,10 Min	—	6120
6150	0,48/0,53	0,20/0,35	0,70/0,90	0,040	0,040	0,80/1,10	0,15 Min	—	6150
							%Mo		
8115	0,13/0,18	0,20/0,35	0,70/0,90	0,040	0,040	0,30/0,50	0,08/0,15	0,20/0,40	8115
8615	0,13/0,18	0,20/0,35	0,70/0,90	0,040	0,040	0,40/0,60	0,15/0,25	0,40/0,70	8615
8617	0,15/0,20	0,20/0,35	0,70/0,90	0,040	0,040	0,40/0,60	0,15/0,25	0,40/0,70	8617
8620	0,18/0,23	0,20/0,35	0,70/0,90	0,040	0,040	0,40/0,60	0,15/0,25	0,40/0,70	8620
8622	0,20/0,25	0,20/0,35	0,70/0,90	0,040	0,040	0,40/0,60	0,15/0,25	0,40/0,70	8622
8625	0,23/0,28	0,20/0,35	0,70/0,90	0,040	0,040	0,40/0,60	0,15/0,25	0,40/0,70	8625
8627	0,25/0,30	0,20/0,35	0,70/0,90	0,040	0,040	0,40/0,60	0,15/0,25	0,40/0,70	8627
8630	0,28/0,33	0,20/0,35	0,70/0,90	0,040	0,040	0,40/0,60	0,15/0,25	0,40/0,70	8630
8637	0,35/0,40	0,20/0,35	0,75/1,00	0,040	0,040	0,40/0,60	0,15/0,25	0,40/0,70	8637
8640	0,38/0,43	0,20/0,35	0,75/1,00	0,040	0,040	0,40/0,60	0,15/0,25	0,40/0,70	8640
8642	0,40/0,45	0,20/0,35	0,75/1,00	0,040	0,040	0,40/0,60	0,15/0,25	0,40/0,70	8642
8645	0,43/0,48	0,20/0,35	0,75/1,00	0,040	0,040	0,40/0,60	0,15/0,25	0,40/0,70	8645
8650	0,48/0,53	0,20/0,35	0,75/1,00	0,040	0,040	0,40/0,60	0,15/0,25	0,40/0,70	8650
8655	0,50/0,60	0,20/0,35	0,75/1,00	0,040	0,040	0,40/0,60	0,15/0,25	0,40/0,70	8655
8660	0,55/0,65	0,20/0,35	0,75/1,00	0,040	0,040	0,40/0,60	0,15/0,25	0,40/0,70	8660
8720	0,18/0,23	0,20/0,35	0,70/0,90	0,040	0,040	0,40/0,60	0,20/0,30	0,40/0,70	8720
8735	0,33/0,38	0,20/0,35	0,75/1,00	0,040	0,040	0,40/0,60	0,20/0,30	0,40/0,70	—
8740	0,38/0,43	0,20/0,35	0,75/1,00	0,040	0,040	0,40/0,60	0,20/0,30	0,40/0,70	8740
8742	0,40/0,45	0,20/0,35	0,75/1,00	0,040	0,040	0,40/0,60	0,20/0,30	0,40/0,70	8742
8822	0,20/0,25	0,20/0,35	0,75/1,00	0,040	0,040	0,40/0,60	0,30/0,40	0,40/0,70	8822
9255	0,50/0,60	1,80/2,20	0,70/0,95	0,040	0,040	—	—	—	9255
9260	0,55/0,65	1,80/2,20	0,70/1,00	0,040	0,040	—	—	—	9260
9262	0,55/0,65	1,80/2,20	0,75/1,00	0,040	0,040	0,25/0,40	—	—	9262
E 9310	0,08/0,13	0,20/0,35	0,45/0,65	0,025	0,025	1,00/1,40	0,08/0,15	3,00/3,50	9310
9840	0,38/0,43	0,20/0,85	0,70/0,90	0,040	0,040	0,70/0,90	0,20/0,30	0,85/1,15	9840
9850	0,48/0,53	0,20/0,35	0,70/0,90	0,040	0,040	0,70/0,90	0,20/0,30	0,85/1,15	9850

Zahlentafel 77. *Borstähle und ein Nitrierstahl* (nach Steel Products Manual Inst. 1958)

AISI Nr.	Chemische Zusammensetzung % C	% Si	% Mn	% P [1] höchstens	% S [1,3] höchstens	% Cr [2]	% Mo [2]	% Ni [2]	SAE Nr.
				Borstähle [4]					
50B40	0,38/0,43	0,75/1,00	0,040	0,040	0,20/0,35	—	0,40/0,60	—	50B40
50B44	0,43/0,48	0,75/1,00	0,040	0,040	0,20/0,35	—	0,40/0,60	—	50B44
50B46	0,43/0,50	0,75/1,00	0,040	0,040	0,20/0,35	—	0,20/0,35	—	50B46
50B50	0,48/0,53	0,75/1,00	0,040	0,040	0,20/0,35	—	0,40/0,60	—	50B50
50B60	0,55/0,65	0,75/1,00	0,040	0,040	0,20/0,35	—	0,40/0,60	—	50B60
51B60	0,55/0,65	0,75/1,00	0,040	0,040	0,20/0,35	—	0,70/0,90	—	51B60
81B45	0,43/0,48	0,75/1,00	0,040	0,040	0,20/0,35	0,20/0,40	0,35/0,55	0,08/0,15	81B45
86B45	0,43/0,48	0,75/1,00	0,040	0,040	0,20/0,35	0,40/0,70	0,40/0,60	0,15/0,25	86B45
94B15	0,13/0,18	0,75/1,00	0,040	0,040	0,20/0,35	0,30/0,60	0,30/0,50	0,08/0,15	94B15
94B17	0,15/0,20	0,75/1,00	0,040	0,040	0,20/0,35	0,30/0,60	0,30/0,50	0,08/0,15	94B17
94B30	0,28/0,33	0,75/1,00	0,040	0,040	0,20/0,35	0,30/0,60	0,30/0,50	0,08/0,15	94B30
94B40	0,38/0,43	0,75/1,00	0,040	0,040	0,20/0,35	0,30/0,60	0,30/0,50	0,08/0,15	94B40
				Nitrierstahl		% Al			
	0,38/0,43	0,50/0,70	0,040	0,040	0,20/0,40	0,95/1,30	1,40/1,80	0,30/0,40	

[1], [2], [3] s. Fußnoten S. 424.

[4] Es kann angenommen werden, daß diese Stähle $\geqq$ 0,0005% B haben.

insbesondere nach dem Kohlenstoffgehalt abstuft. In diesen Normen fehlen aber, im Gegensatz zu den unseren, Vorschriften über die zu erreichenden Festigkeitseigenschaften. Über die Eigenschaften von Vergütungs- und Einsatzstählen als Stahlguß s. S. 832ff. und S. 843.

2. Federstähle

Federn müssen die Eigenschaft haben, nach einer starken Belastung und Entlastung wieder in ihre vorherige Lage zurückzukehren. Zusätzlich müssen dann viele Federn, als deren kennzeichnendste Vertreter die Kraftwagenfedern genannt werden, schwingende Beanspruchung aushalten. Um der ersten Forderung zu genügen, muß die Elastizitätsgrenze hoch sein, wobei man sich aber in der Praxis damit begnügt, die hohe Streckgrenze als Kennzeichen hoher Elastizitätsgrenze anzunehmen. Die verschiedene Eignung von Stählen mit nahezu derselben Streckgrenze läßt sich aber nur aus der verschieden hohen Elastizitätsgrenze erklären.

Je nach Verwendungszweck, Legierungs- und Herstellungsart kommen Federn naturhart, gezogen, patentiert oder gehärtet und angelassen, wobei Wasser- und Ölhärtung möglich ist, zur Anwendung. Über die Dauerfestigkeit von Schraubenfedern unterschiedlicher Fertigungsart berichten A. Pomp und M. Hempel*. Danach ist bei 20 °C eine Überlegenheit der Dauerfestigkeit von Federn aus legiertem Stahldraht gegenüber unlegiertem nicht feststellbar. Es wurden auch keine Unterschiede zwischen den aus schlußvergüteten Federn und den aus schluß-

Fußnoten zur Zahlentafel 76 „Legierte Stähle" und 77 „Borstähle"
AISI = American Iron and Steel Institute
SAE = Society for Automotive Engineers.

[1] Stahlsorten mit „E" vor der Nummer werden üblicherweise im basischen Elektroofen erschmolzen. Alle anderen Stahlsorten werden überlicherweise im basischen Siemens-Martin-Ofen erschmolzen, können jedoch auch bei Einhaltung der Grenzen für den Phosphor- und Schwefelgehalt im basischen Elektroofen hergestellt werden. — Für die verschiedenen Erschmelzungsverfahren gelten folgende Höchstwerte für den Phosphor- und Schwefelgehalt:

Erschmelzung im	basischen Elektroofen	≤ 0,025%
	basischen Siemens-Martin-Ofen	≤ 0,040%
	sauren Elektroofen	≤ 0,050%
	sauren Siemens-Martin-Ofen .	≤ 0,050%

[2] In legierten Stählen sind geringe Gehalte gewisser Elemente vorhanden, die nicht festgelegt und nicht erforderlich sind, sie dürfen in folgenden Höchstgehalten vorhanden sein: ≤ 0,35% Cu, ≤ 0,25% Ni, ≤ 0,20% Cr und 0,06% Mo.

[3] Wenn für den Schwefelgehalt untere und obere Grenzen angegeben sind, so handelt es sich um aufgeschwefelte Stähle.

* Pomp, A., u. M. Hempel: Arch. Eisenhüttenw. Bd. 21 (1950) S. 243/262; Mitt. Max-Planck-Inst. Eisenforschg., Abh. 516.

vergüteten Draht hergestellten Federn gefunden. In diesem Zusammenhang verdient auch erwähnt zu werden, daß voll gehärtete und nicht angelassene Stähle wohl eine hohe Festigkeit, aber eine niedrige Elastizitätsgrenze haben, also unter Umständen schlecht federn können. Die Elastizitätsgrenze hebt sich beim Lagern von selbst, ein Vorgang, der beim Erwärmen auf 200 °C sich in kurzer Zeit auslöst. Dasselbe gilt nicht nur von abgeschreckten, sondern auch von solchen Stählen, die durch Kaltverformung gehärtet sind.

Die Durchschnittszusammensetzung der gebräuchlichsten Federstähle sowie die Art ihrer Behandlung und Verwendung gibt Zahlentafel 78. Allgemeines über Dauerfestigkeit s. S. 337ff.

Zu 1, 2, 3 und 4. Diese Kohlenstoffstähle dienen vergütet zur Herstellung von Fahrzeugfedern sowie im patentierten Zustand zur Fertigung von auf Automaten kaltgewickelten Federn für den Massenbedarf.

Der unter 2 genannte Stahl mit 0,6 bis 0,7% C wird vorwiegend für die Herstellung von Ventilfedern verwendet; jedoch sind hierfür in geringerem Maße auch Chrom-, Vanadin- und Siliziumstähle gebräuchlich.

Bei hochbeanspruchten Ventilfedern muß zur Erreichung höchster Sicherheit gegen Bruch der Oberflächenbeschaffenheit größtes Augenmerk zugewendet werden. Zur Vermeidung von Oberflächenfehlern sind verschiedene Herstellungsverfahren für Ventilfedern bekannt geworden. Werden diese Federn aus patentiertem und kaltgezogenem Draht gewickelt, so werden an die Stahlgüte sowie an die Verarbeitung bis zur Feder besondere Anforderungen gestellt. Voraussetzung zur Erlangung der erforderlichen Oberflächengüte nach dem Ziehen ist beste Verformbarkeit des Drahtes nach der Warmbadvergütung (Durchlaufpatentierung). Dazu wird völlige Freiheit von Cr, Cu, Ni und anderen Legierungselementen des Drahtwerkstoffes verlangt, denn schon kleinste Gehalte dieser Legierungen können die Umwandlungsgeschwindigkeiten dieses Stahles verzögern und erschweren den Arbeitsablauf an den meist für größeren Durchsatz eingerichteten Durchlaufpatentieranlagen. Wandelt der Stahl nicht vollständig im untersten Bereich der Perlitstufe um, so kommt es, wenn auch in geringen Mengen, zur Martensitbildung, die keine einheitliche Verformung beim Ziehen gestattet. Solche Erscheinungen geben nicht nur fehlerhaften Federdraht, sondern auch gefügebedingt schlechte mechanische Werte. Um diesen Herstellschwierigkeiten zu begegnen, werden die Ventilfedern vielfach aus Draht mit geschliffener und polierter Oberfläche in geglühtem Zustand gewickelt, wobei die Gefahr der Oberflächenverletzung wegen des geringen Verformungswiderstandes des Stahles am kleinsten ist; die Härtung (Schlußvergütung) der Federn erfolgt sodann im fertig gewickelten Zustand. Eine weitere Verbesserung der Dauerfestigkeit erzielt man durch Kugelstrahlen, bei denen die fertigen Ventilfedern in ihrer Oberfläche eine Festigkeits-

Zahlentafel 78

Zusammensetzung, Arbeitsfestigkeit und Verwendungszweck gebräuchlicher Federstähle

Nr.	Zusammensetzung in % C	Si	Mn	Behandlung	Festigkeit in kg/mm²	Verwendungszweck
1	0,45 0,60	0,20 0,20	0,50 0,70	vergütet	90—180	Fahrzeugfedern geringer Beanspruchung
2	0,60 0,70	0,10 0,20	0,40 0,70	vergütet oder patentiert gezogen	140—180	Ventilfedern
3	0,70 1,00	0,10 0,20	0,40 0,60	patentiert gezogen	170—350	Zug- und Druckfedern hoher Beanspruchung (Klaviersaitendraht)
4	0,90 1,20	0,15 0,25	0,20 0,30	vergütet	200—240	Uhrfedern, Grammophonfedern, Triebwerksfedern
5	0,45 0,55	1,50 1,80	0,60 0,80	vergütet	130—160	Trag-, Spiral- und Pufferfedern, Federringe, Vibrationsfedern
6	0,55 0,65	1,70 2,00	0,60 0,80	vergütet	130—200	Hochbeanspruchte Schraubenfedern, Drehstabfedern
7	0,45 0,55	0,20 0,40	1,60 1,90	vergütet	120—150	Fahrzeugfedern
8	0,45 0,55	Si 0,2 0,4 Cr 0,9 1,2 V 0,1 0,2		vergütet	130—160	Drehstabfedern bei hohen Vorlasten, Spiralfedern, hochbeanspruchte Blattfedern, auch für höhere Temperaturen bis 300 °C
9	0,55 0,65	Si 0,8 1,0 Cr 1,0 1,2	0,30 0,50	vergütet	130—160	Federn für Temperaturbeanspruchung bis 300 °C gewundene Biegefedern
10	0,60 0,65	Si 2,5 3,0	0,8 1,0	vergütet	160—180	Hochbeanspruchte Schraubenfedern, Tellerfedern
11	0,55 0,65	Si 0,2 0,35 Cr 0,4 0,6 Ni 0,4 0,7 Mo 0,15 0,25	0,75 1,00	vergütet	$>$ 150	Fahrzeugfedern, Trag- und Schraubenfedern, Drehstabfedern
12	0,65 0,75	Cr 0,75 Mo 0,20		vergütet	$>$ 150	wie 11

steigerung erfahren. Eine weitere Verbesserung der Dauerfestigkeit erreicht man nach S. AMMARELLER durch kurzzeitiges Anlassen der gestrahlten Federn bei 230 bis 320 °C[1]. Eine Verletzung der Oberfläche der Federn durch das Strahlen mittels Stahlgrieß muß vermieden werden, da von dieser Stelle Dauerbrüche ihren Ausgang finden.

Kohlenstoffstähle mit C-Gehalten über 1% dienen für Federn, an die sehr hohe Anforderungen gestellt werden. Es sind dies Uhrenfedern, Grammophonfedern und Antriebsfedern für Gerätetriebwerke. Sie werden zur Vermeidung von Oberflächenfehlern aus kaltgewalztem, fallweise auch poliertem Bandstahl hergestellt und blank gehärtet, dann angelassen auf 200 bis 240 kg/mm².

Für diese Federn werden aber auch neben den Kohlenstoffstählen in steigendem Maße legierte Stähle mit etwa 0,6% C, 1,2 Si und 1,2 Mn herangezogen. Vielfach werden auch Cr-Zusätze von 0,4% bis 1% angewendet. Wird bei Unruhen von Chronometern, Federn von Schweremessern und sonstigen physikalischen Instrumenten weitgehende Temperaturunabhängigkeit gefordert, so ist es durch Legierungen mit ungefähr 36% Ni und 12% Cr möglich, im weiten Bereich praktische Temperaturunabhängigkeit des Elastizitätsmoduls zu erzielen.

Zu 5, 6, 9 und 10. Für hochbeanspruchte Federn haben Si-Stähle ein umfangreiches Anwendungsgebiet gefunden. Si erhöht die Festigkeit, insbesondere wird aber das Verhältnis der Streckgrenze zur Festigkeit erhöht. Diese Federstähle weisen Si-Gehalte von 1 bis 3% auf.

Bei der Herstellung von Federn aus Si-legierten Stählen muß beachtet werden, daß sie beim Walzen und Schmieden stärker zur Entkohlung neigen als andere legierte Stähle (s. S. 265). Die durch die Oberflächenentkohlung entstandene Weichhaut ist nicht in der Lage, die bei Dauerbeanspruchung auftretenden Spannungen aufzunehmen, und es beginnt von da ausgehend ein Dauerbruch.

Um die Vorteile des Manganstahles (bessere Härtefähigkeit, geringere Entkohlungsgefahr) mit dem Vorteil des Si-Stahles (Unempfindlichkeit beim Härten, erhöhte Anlaßbeständigkeit) zu vereinen, verwendet man in größerem Umfang Mn-Si-Stähle. Diese Stähle geben eine gute Durchvergütung auch bei größeren Querschnitten und sind weniger härteempfindlich als Mn-Stähle. Außer den Si-Mn-Stählen hat ein Cr-Si-Stahl viel Verwendung gefunden, der vor allem infolge seiner hohen Anlaßbeständigkeit für Federn geeignet ist, deren Federung bei Betriebstemperaturen bis 300 °C möglichst unverändert bleiben soll. Untersuchungen über die Dauerfestigkeit unlegierter und legierter Schraubenfedern bis zu Temperaturen von 250 °C ergaben nach A. POMP und

---

[1] AMMARELLER, S.: Die Federstähle, ihre Entwicklung, Eigenschaften und Anwendungsgebiete. Stahl u. Eisen Bd. 72 (1952) S. 475/489.

M. Hempel[1] u. a. folgende bemerkenswerte Ergebnisse: 1. Die Dauerfestigkeit nicht verfestigter Federn, die aus schlußvergütetem Draht hergestellt wurden, zeigt bei unlegierten Stählen einen Abfall bei 250 °C, die Dauerfestigkeit legierter Stähle ist bei 250 °C höher als bei 20 °C. 2. Verfestigung (Kugelstrahlen) steigert bei Federn aus schlußvergütetem Draht die Dauerfestigkeit unregelmäßig (7 bis 80%). 3. Bei schlußvergüteten Federn steigt durch Verfestigung die Dauerfestigkeit regelmäßig um etwa ein Drittel.

Zu 7. Ein großer Teil der Kraftwagenfedern wird aus diesem Mn-Stahl hergestellt. — Mn-Stähle zeigen durch die starke Ausbildung von Mn-Sulfidzeilen eine sehr ausgeprägte Faserbildung nach Bild 257, die für Blattfedern, wie sie im Fahrzeugbau vorkommen, bis zu einem gewissem Grad erwünscht ist. Hohe Walz- und Härtetemperatur zerstören das fasersehnige Bruchaussehen, auch bei Vorhandensein von Schlackenzeilen. Es haben sich aber auch Stähle ohne Faserbruch, wie z. B. Chrom-Vanadin-Stähle, als Federstähle bewährt.

Bild 256. Bruchaussehen eines Mangan-Federstahles

Zu 8. Dieser Cr-V-Stahl wird vorwiegend für hochbeanspruchte Biegefedern und Drehungsfedern bei hohen Vorlasten verwendet sowie Federn, die bei höheren Temperaturen noch ausreichende Federung besitzen müssen.

Zu 11 und 12. Cr-Ni-Mo- und Cr-Mo-legierte Federstähle haben besonders in Amerika erhöhte Bedeutung gewonnen, wo sie vor allem für Kraftwagenfedern die Si- und Si-Mn-legierten Federstähle zurückdrängten. Diese Stähle erleiden gegenüber den Siliziumstählen wesentlich geringere Entkohlung, so daß auch kein nennenswerter Abfall in der Wechselfestigkeit infolge weicher Haut eintritt, und sie bedürfen daher beim Walzen weniger Vorsichtsmaßnahmen.

Im Gegensatz zu Stählen für Biegungsfedern, bei denen somit zur Herstellung eines zähen Faserbruches eine gewisse Verunreinigung mit Schlacken und Einschlüssen erwünscht ist, legt man bei Stählen für Drehungsfedern auf hohe Stahlreinheit großen Wert.

[1] Pomp, A., u. M. Hempel: Arch. Eisenhüttenw. Bd. 21 (1950) S. 263/272; Mitt. Max-Planck-Inst. Eisenforschg., Abh. 517.

Als besonders geeignete Stähle für hochwertige Drehstabfedern werden Stähle mit etwa 1% Cr und 0,2% V sowie mit 1 bis 2% Si und 1% Cr angesehen, die für diesen Verwendungszweck meist im Elektroofen erschmolzen werden.

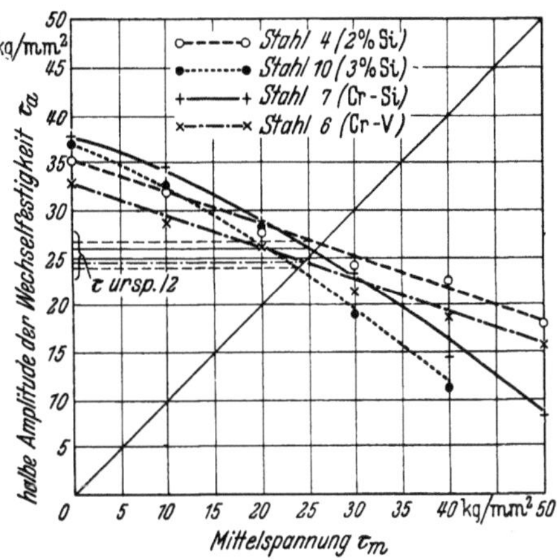

Bild 257. Verdrehwechselfestigkeit legierter Federstähle in Abhängigkeit von der mittleren Schubspannung bei geschliffenen Proben (nach H. KRAINER und H. WITTIG)

Die Brauchbarkeit verschiedener Stähle für hochbeanspruchte Drehstabfedern sowie die Abgrenzung der für die verschiedenen Abmessungsbereiche zu verwendenden Stähle untersuchten H. KRAINER und H. WITTIG[1].

Wie die Bilder 257 und 258 zeigen, verhalten sich die Cr-Si-Stähle und der Stahl mit 2% Si im Gebiet der Verdrehwechselfestigkeit bei kleinen Vorspannungen am besten, bei hohen Vorspannungen hingegen der Stahl mit 2 Si und der Cr-%V-Stahl.

Unter Berücksichtigung der Durchhärtung wird in Zahlentafel 79 ein Verwendungsvorschlag für die Werkstoffauswahl für hochbeanspruchte Drehungsfedern wiedergegeben, wobei die im Kopf der Zahlentafel angeführte Beanspruchungsart berücksichtigt wird.

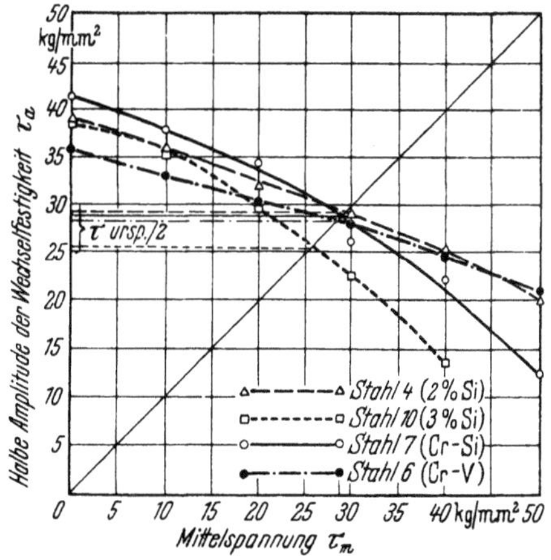

Bild 258. Verdrehwechselfestigkeit legierter Federstähle in Abhängigkeit von der mittleren Schubspannung bei Proben mit Glühhaut (nach H. KRAINER und H. WITTIG)

Die guten Wechselfestigkeitseigenschaften des Stahles mit 2% Si legen es nahe, ihn für hochbeanspruchte Drehungsfedern bis 30 mm ∅ heranzuziehen. Bei größeren Abmessungen empfiehlt sich die Verwendung von Cr-Si-Stählen bei kleineren Vorlasten und von Cr-V-Stählen bei hohen Vorlasten.

Eine öfters gefragte Eigenschaft ist die Federung bei höheren Temperaturen. Diese Forderung kann mit den gebräuchlichen Federstählen

[1] Vertraul. Ber. VDEh Nr. 66, Mai 1944.

Zahlentafel 79. *Vorschlag für die Werkstoffauswahl hochbeanspruchter Drehstabfedern*

Abmessung mm Durchmesser	Wechselfestigkeit und geringe Vorlasten	Ursprungsfestigkeit	Hohe Vorlasten
bis 5	unlegierte Stähle patentiert oder ölschlußgehärtet	unlegierte Stähle patentiert oder ölschlußgehärtet	unlegierte Stähle patentiert oder ölschlußgehärtet
5—30	mit 2% Si (Cr-Si-Stahl)	mit 2% Si	mit 2% Si
30—80	Cr-Si-Stahl	Cr-Si-Stahl (Cr-V-Stahl)	Cr-V-Stahl
über 80	Cr-V-Stähle mit erhöhtem Cr-Gehalt		

nur bis zu Temperaturen von etwa 400 °C befriedigend erfüllt werden, da darüber hinaus mit einem allmählichen Verschwinden der Elastizitätsgrenze gerechnet werden muß. Bei mäßigen Temperaturen bis etwa 300 °C kommt man mit Cr-Si- oder Cr-V-Stählen nach Zahlentafel 78, Stahl Nr. 9 und Nr. 8, aus. Bei höheren Temperaturen muß man auf Stähle übergehen, die in Zahlentafel 80 angegeben sind.

Zahlentafel 80. *Zusammensetzung warmfester Federstähle*

Stahl Nr.	Chemische Zusammensetzung C %	Si %	Mn %	Cr %	W %	Mo %	V %	Verwendungsbereich bis °C
1	0,30	0,30	0,30	2,40	4,30	—	0,60	500
2	0,30	0,30	0,30	2,70	9,00	—	0,40	500
3	0,75	0,30	0,30	4,00	18,00	—	1,00	550
4	0,80	0,30	0,30	4,00	6,00	5,00	2,00	550

Stahl 1 und 2 sind international bekannte Warmarbeitsstähle.

Stahl 3 und 4 sind die bekannten Schnellarbeitsstähle, Typ 18-4-1 und 6-5-4-2.

Die Härtung der Federn aus diesen Stählen erfolgt nach der dem Stahltyp entsprechenden Art, jedoch werden die Federn bis auf 140 bis 160 kg/mm² mindestens 2mal angelassen, was einer Anlaßtemperatur von etwa 600 bis 670 °C entspricht.

Nach Angaben von F. P. Zimmerli[1] sind Federn aus Schnellarbeitsstahl bei 370 °C mit 28 kg/mm² und bei 425 °C noch mit 14 kg/mm² belastbar.

Für Federn, die in der chemischen Industrie Verwendung finden, ist es auch erforderlich, daß sie Rost- und Säurebeständigkeit aufweisen. In diesem Falle werden als Federstähle die bekannten Legierungen mit 18% Cr und 8% Ni, kaltgezogen, bei erhöhter chemischer

[1] Zimmerli, F. P.: The Metals Used for Mechanical Springs. Metal Progr. Bd. 61 (1952) Nr. 6, S. 97.

Beanspruchung der Typ 18-8 mit 2% Mo und abgesenktem C-Gehalt verwendet. Für geringere Beanspruchung genügt auch ein 13%-Cr-Stahl mit 0,20% C, vergütet und kaltverfestigt. Auch hier ist, wie schon auf S. 425 erwähnt, durch ein Anlassen der kaltverfestigten Feder eine Verbesserung der Federeigenschaften zu erzielen. Dabei sollen die Anlaßtemperaturen für den 13%-Cr-Stahl nicht 300 °C und für die 18-8-Typen nicht 450 °C überschreiten.

Federn aus den üblichen Federstählen werden durch Schutzüberzüge, wie Lack, Keramik, galvanisch aufgebrachte Metalle usw., vor Korrosion geschützt. Bei den mit diesem Verfahren oft in Zusammenhang stehenden Beizarbeiten ist zu beachten, daß durch Wasserstoffeinwirkung eine gefährliche Versprödung eintreten kann.

Eine bisher wenig beachtete Möglichkeit, Federn mit schwierigen Formen herzustellen (gewellte Tellerfedern und ähnliche), ist die, Einsatzstähle zu verwenden und dann aufzukohlen. Es kommen jedoch nur Federabmessungen in Frage, die mit entsprechend abgestimmten Aufkohlungsverfahren über den ganzen Querschnitt aufgekohlt werden können.

3. Warm- und dauerstandfeste Stähle[1]

(Warmfestigkeit, Dauerstandfestigkeit, Dehnverhalten, Kriechgrenze, Zeitstandfestigkeit usw.)

Allgemeines. Die Anwendung von Stählen mit Warmfestigkeitseigenschaften, die über die von unlegiertem Stahl hinausgehen, ist bei Werkzeugstählen alt und reicht bis weit in das 19. Jahrhundert zurück, wenn man an die Mushetstähle, die Vorläufer der Schnellarbeitsstähle, denkt (S. 781). Der im Jahr 1900 erfundene Schnellarbeitsstahl ist als ein hochverschleißfester Warmarbeitsstahl anzusehen. Bei diesen Stählen begnügte man sich aber mit der Feststellung einer bestimmten Leistung im Betrieb, ohne sich viel mit den Gefügeveränderungen der bei hoher Temperatur beanspruchten Stähle zu befassen. Wenn schon Zahlenwerte, die einen Anhalt für eine Bewertung im Betrieb geben sollten, festgestellt wurden, so war es hauptsächlich die Warmhärte oder die in einem Kurzversuch gefundene Zerreißfestigkeit in der Wärme.

Erst das Drängen der Konstrukteure, die Arbeitstemperatur der *Wärmekraftmaschinen* zu erhöhen, um damit die Wirtschaftlichkeit zu verbessern, zwang die Werkstoffleute dazu, sich mit dem Verhalten der Stähle bei hohen Temperaturen eingehend zu beschäftigen.

Ein eindrucksvolles Beispiel über die bessere Ausnutzung der Brennstoffe mit dem Steigen der Arbeitstemperatur gibt das Bild 259; es zeigt, wie sich der Wärmeverbrauch mit der Arbeitstemperatur verringert.

[1] Übersichtliches Schrifttum s. KÜNTSCHER, W. H. KILGER u. H. BIEGLER: Hilfs- und Nachschlagebuch Technische Baustähle, 3. Aufl. Halle (Saale): Knapp 1958.

Während um das Jahr 1900 die Kessel mit Dampftemperaturen von etwa 250 °C betrieben wurden und somit für die in Betracht kommenden Bauteile unlegierte Stähle herangezogen werden konnten, haben derzeit die Heizdampftemperaturen moderner Höchstdruckkessel etwa 650 °C erreicht. Bei Gasturbinenteilen, besonders bei Flugzeugen, geht man mit den Temperaturen oft noch wesentlich darüber hinaus.

Den Wärmekraftmaschinen folgten die Geräte für die chemische Hochdrucksynthese, die Stähle forderten, die bei hohen Temperaturen nicht nur mechanischer, sondern auch chemischer Beanspruchung widerstehen müssen. Wenn man die Faustregel bedenkt, daß eine Erhöhung

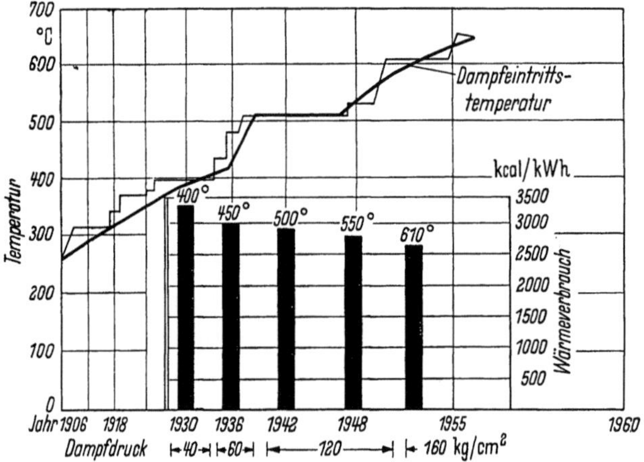

Bild 259. Dampfeintrittstemperatur und Wärmeverbrauch bei Dampfkesseln

von 10 grd die Geschwindigkeit des Ablaufs einer chemischen Reaktion verdoppelt, so kann man ermessen, wie wichtig es ist, hohe Temperaturen anwenden zu können.

Diese Forderungen stellten die Metallkundler vor Aufgaben, zu deren Lösung ein Arbeitsaufwand notwendig wurde, den man vor 30 Jahren nicht vorhersah. Heute aber ist ein großer Anteil der Arbeit in den Versuchsanstalten der Stahlwerke und der einschlägigen großen Maschinenfabriken auf Untersuchungen der Eigenschaften der Stähle in der Wärme abgestellt. Die Erfolge entsprechen auch den Anstrengungen. Die derzeitige Entwicklung läßt aber erkennen, daß der Fortschritt der Technik auf diesem Gebiet noch nicht als abgeschlossen angesehen werden kann (s. S. 475, 477).

Verhältnismäßig einfach ist es, sich mit den kurzzeitig feststellbaren Werten von Warmhärte und Warmfestigkeit auseinanderzusetzen. Schwieriger aber wird es, wenn langzeitige Beanspruchung vorliegt, wobei der Werkstoff allmählich fließt. Letzteres Verhalten wird den Hauptteil der Ausführungen dieses Abschnittes ausmachen.

Kurzzeitverhalten

Warmhärte und Warmfestigkeit im Kurzversuch. Schon bei diesen beiden Werten zeigt sich der Einfluß der Belastungsdauer. Bei der Messung der Warmhärte dauert die Beanspruchung Sekunden, beim Warmkurzzerreißversuch Minuten. Wie groß schon hier der Unterschied ist, zeigt Bild 260. Der Einheitlichkeit halber ist auch die Warmfestigkeit in Brinellhärte umgerechnet.

Warmhärte, Warmfestigkeit und Warmstreckgrenze sind Werte, die für die Beurteilung von Warmarbeitswerkzeugen in Betracht kommen. Bei diesen dauert die Beanspruchung manchmal nur wenige Sekunden, in anderen Fällen so lange, wie ein Warmzerreißversuch Zeit erfordert.

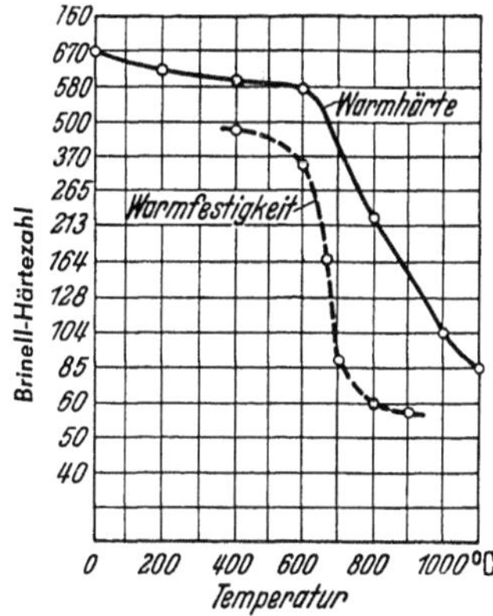

Bild 260. Warmhärte und Warmfestigkeit im Kurzzerreißversuch eines gehärteten Schnellarbeitsstahles

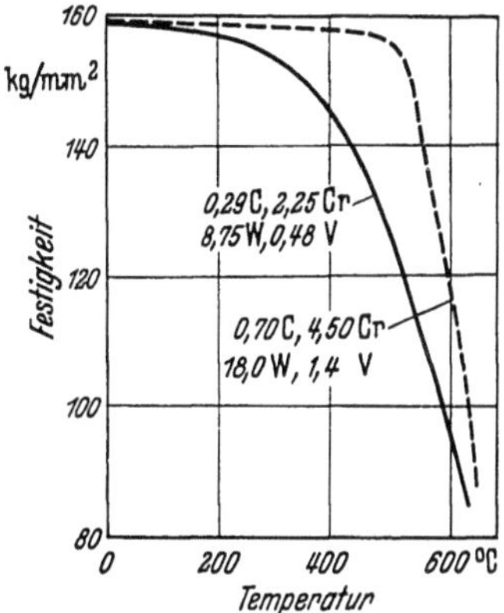

Bild 261. Warmfestigkeit im Kurzzerreißversuch von Schnell- und Warmarbeitsstahl

Selten geht die ununterbrochene Beanspruchung dieser Werkzeuge über $^1/_2$ Stunde hinaus mit Ausnahme der Zerspanungswerkzeuge, die man im weiteren Sinne zu den Warmarbeitswerkzeugen zählen kann. Für die Berechnung der Beanspruchung der Werkzeuge lassen sich diese Werte kaum gebrauchen. Sie geben nur einen Anhaltspunkt für die Bewährung im Betrieb. Man hat sich deshalb auch mit Warmstreckgrenze und Warmfestigkeit von Werkzeugstählen wenig befaßt. In Bild 261 ist die Warmfestigkeit eines Schnellarbeits- und die eines Warmarbeitsstahles im engeren Sinne wiedergegeben.

Über Warmfestigkeiten von Warmarbeitsstählen s. S. 226 und Warmhärte von Schnellarbeitsstählen S. 784.

Da nicht nur Eisenlegierungen, sondern auch andere metallische Körper, ja sogar keramische Stoffe, in der Wärme beansprucht, als Bauteile oder auch Werkzeuge in Frage kommen, sei hier für die erste Beurteilung in Bild 262 die Warmfestigkeit von Hartmetall, Schnellstahl und Sinterkorund im Kurzzerreißversuch miteinander verglichen.

Bei diesem Vergleich schneidet Sinterkorund schlecht ab, da für Schnellstahl und Hartmetall nach S. L. Hoyt[1] die Warmbiegefestigkeit und für Sinterkorund nach E. Ryschkewitsch[2] die Zerreißfestigkeit ermittelt wurden und die Werte nicht ohne weiteres vergleichbar sind. Man sieht aber, daß bei sehr hohen Temperaturen, bei denen die Warmfestigkeit der Sinterkarbide schon verschwunden ist, der Sinterkorund noch erhebliche Festigkeit aufweist. Daraus erklären sich auch die großen Schnittgeschwindigkeiten, die Sinterkorund verträgt, wenn er als Schneidwerkstoff gebraucht wird. Natürlich dürfen dann wenig Ansprüche an die Zähigkeit gestellt werden (S. 878).

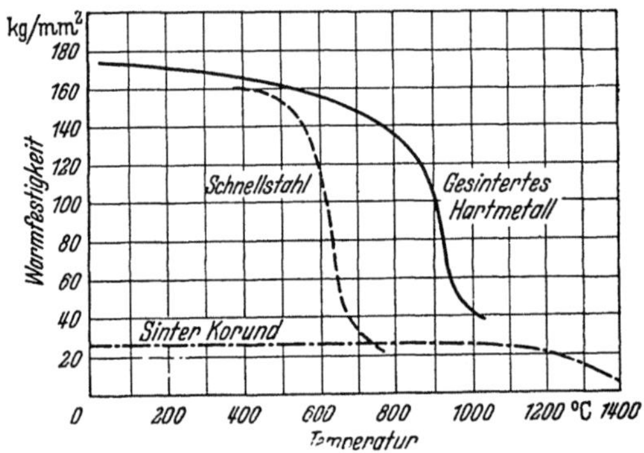

Bild 262. Warmfestigkeit von Schnellarbeitsstahl, Hartmetall und Sinterkorund (nach S. L. Hoyt und E. Ryschkewitsch)

Langzeitverhalten bei Temperaturen bis etwa 400 °C

Warmstreckgrenze. Für langzeitig in der Wärme beanspruchte Maschinenteile ist der Kurzversuch an der Zerreißmaschine nur bis zu verhältnismäßig niedrigen Temperaturen maßgebend für die Belastbarkeit. Diese Temperaturen liegen bei unlegiertem Stahl zwischen 300 und 350 °C und bei legiertem Stahl bis etwa 400 °C. Um zu Werten zu kommen, die dem Dauerverhalten entsprechen, muß der Versuch zur Feststellung der Warmstreckgrenze so geführt werden, daß die Belastung allmählich gesteigert und dadurch der Versuch verlängert wird[3]. Beispiele von Warmstreckgrenzen verschiedener Vergütungsstähle sind aus der Zahlentafel 81 ersichtlich.

Langzeitverhalten bei Temperaturen über 400 °C

Bei höheren Temperaturen ist der Zeiteinfluß so groß, daß man mit einem kurzdauernden Warmzerreißversuch nicht zum Ziele kommt. Der Werkstoff dehnt sich in Abhängigkeit von Legierung, Wärmebehandlung

[1] Hoyt, S. L.: Gen. Elektr. Co. Res. Lab. Nr. 535 (1930).
[2] Ryschkewitsch, E.: Ber. dtsch. keram. Ges. Bd. 22 (1941) S. 363/371.
[3] Nach DIN 50112.

Zahlentafel 81. *Warmstreckgrenzen einiger unlegierter und schwachlegierter Stähle* (nach P. GRÜN und K. KREITZ[1])

C	Cr	Mo	Ni	0,2-Grenze (Warmstreckgrenze) kg/mm² bei einer Temperatur von			
%	%	%	%	20°	300°	350°	400 °C
0,46	0,30	—	—	35	24	21	18
0,31	0,30	—	—	35	26	24	21
0,34	1,05	—	—	45	35	31	27
0,36	0,55	0,13	0,85	55	40	37	31
0,34	1,05	0,20	—	50	40	37	33
0,28	1,2	0,25	1,2	60	46	42	39
0,22	0,30	0,35	—	32	28	26	24
0,17	1,05	0,45	—	35	31	29	26
0,18	1,3	1,1	—	70	59	56	52

und Temperatur in unübersichtlicher Weise weiter, bis er schließlich bei Überschreitung einer bestimmten Belastung und einer bestimmten Zeitdauer reißt. Für die dabei sich abspielenden Vorgänge haben sich zur Kennzeichnung folgende Begriffe eingebürgert:

Kriechen. Darunter versteht man einen Verformungsvorgang bei gleichbleibender Beanspruchung. Der Werkstoff erleidet also bei konstant gehaltener Spannung eine Nachdehnung, die mit der Zeit fortschreitet.

Die Geschwindigkeit der Nachdehnung ist die *Kriechgeschwindigkeit.*

Kriechgrenze ist diejenige ruhende Belastung, die in einem bestimmten Zeitraum eine bestimmte Kriechgeschwindigkeit hervorruft. Es kann also von einer Kriechgrenze nur im Zusammenhang mit einer Zeitdauer und einer angegebenen Dehnung gesprochen werden.

Die *DVM-Kriechgrenze* σ_{DVM} ist eine besonders festgelegte Kriechgrenze, bei der in der 25. bis 35. Stunde nach Lastaufgabe die Dehngeschwindigkeit $10 \cdot 10^{-4}$%/h beträgt und obendrein die bleibende Dehnung nach 45 Stunden den Wert von 0,2% nicht überschreitet[2].

Dauerstandfestigkeit. Sie ist diejenige Spannung, die der Stahl bei einachsiger statischer Belastung unendlich lange ohne Bruch aushält. Weil unendlich lange Prüfzeiten nicht möglich sind, wählt man als Maßstab die *Zeitstandfestigkeit* als diejenige Beanspruchung, die nach Ablauf einer bestimmten Versuchszeit den Bruch der Probe hervorruft.

Die bei verschiedenen Versuchszeiten (100, 1000, 10000, 100000 Stunden) bestimmten Zeitstandfestigkeiten werden als $\sigma_{B/100}$, $\sigma_{B/1000}$ usw. bezeichnet. Soll die Temperatur in Kurzzeichen angegeben werden, so wird vor diese Zeichen gesetzt z. B. 500 $\sigma_{B/1000}$.

Zeit(stand)bruchdehnung ist die bleibende Verlängerung der Meßlänge nach dem Bruch der Probe, bezogen auf die ursprüngliche Meßlänge, *Zeit(stand)brucheinschnürung* die bleibende Querschnittsänderung, bezogen auf den Anfangsquerschnitt.

[1] GRÜN, P., u. K. KREITZ: Werkstoff-Handbuch Stahl u. Eisen, 3. Aufl., Düsseldorf 1953. Q 28-1/5. [2] Nach DIN 50117.

Dauerstanddehngrenze, wohl auch wahre Kriechgrenze genannt, ist die ruhende Zugbeanspruchung, bei der der Kriechvorgang bei einem bestimmten Betrag der bleibenden Dehnung im Rahmen der Meßgenauigkeit zum Stehen kommt.

Ein Beispiel wäre ein Stahl mit 10 kg/mm² Dauerstanddehngrenze bei 500 °C und 0,2% bleibender Dehnung. Als kleinste Dehngeschwindigkeit könnte z. B. 0,00001% je Stunde angenommen werden.

Zeitstanddehngrenze ist die Beanspruchung, die nach Ablauf einer bestimmten Versuchszeit einen bestimmten Betrag an bleibender Dehnung (meist 0,2% oder 1%) hervorruft (z. B. 8 kg/mm² bei 800 °C nach 300 Stunden 1% Gesamtdehnungs-Zeitstanddehngrenze $\sigma_{1/300}$).

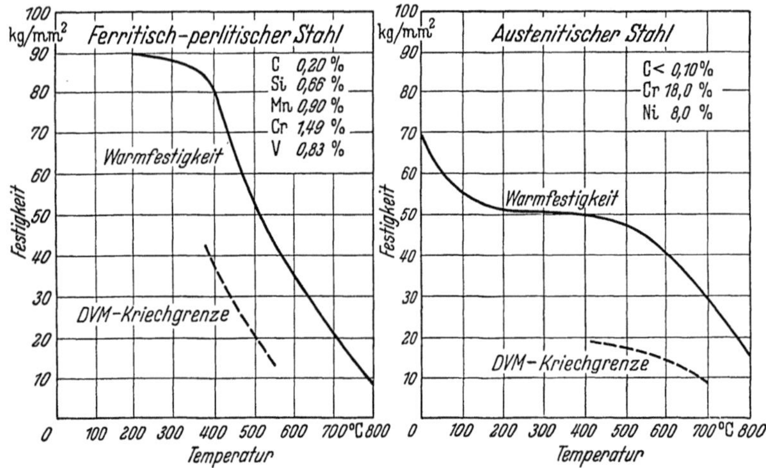

Bild 263. Warmfestigkeit und Dauerstandfestigkeit eines perlitischen und eines austenitischen Stahles

DVM-Kriechversuch. Als man vor etwa 35 Jahren erkannt hatte, daß der Warmzerreißversuch für die Belastbarkeit während längerer Zeit keinen brauchbaren Wert gibt, war die DVM-Kriechgrenze σ_{DVM} der erste Schritt, um Werte zu finden, die die Belastung, Dehngeschwindigkeit und Dehngrenze zusammen erfaßte. Wie groß schon hier der Unterschied zwischen der Warmfestigkeit und den hierbei gefundenen Werten ist, zeigt Bild 263. Obwohl es sich bald herausstellte, daß die Dehnung nach 45 Stunden im besten Falle nur unterhalb 500 °C in etwa zum Stillstand kommt, war die DVM-Kriechgrenze doch eine Zahl, die verhältnismäßig rasch zu finden und als erster Anhaltspunkt für das Dauerverhalten in der Wärme noch immer brauchbar ist.

In der Zahlentafel 82 sind die Warmstreckgrenzen und die DVM-Kriechgrenzen einiger ferritisch-perlitischer Stähle (nach P. Grün und K. Kreitz[1]) angegeben. Bemerkenswert dabei ist der Vergleich bei

[1] Grün, P., u. K. Kreitz: Werkstoff-Handbuch Stahl u. Eisen, 3. Aufl., Düsseldorf 1953. Q 28-1/5.

Zahlentafel 82. *Warmstreckgrenzen und DVM-Kriechgrenzen warmfester Stähle* (nach P. Grün und K. Kreitz[1])

Stahlbezeichnung[2]	0,2-Grenze (Warmstreckgrenze) kg/mm² bei einer Temperatur von				DVM-Kriechgrenze kg/mm² bei einer Temperatur von			
	20°	300°	350°	400 °C	400°	450°	500°	550 °C
a) Gruppe 1								
Ck 35	28	22	19	16	11	8	4	
Ck 45	35	24	21	18	14	8	4	
14 Mn 4*	29	22	20	19	17	13	6	
20 Mn 5	30	24	22	20	14	8	4	
30 Mn 5	35	26	24	21	15	9	4	
38 MnSi 4	40	30	27	23	16	9	4	
34 Cr 4	45	35	31	27	20	11	5	
36 NiCrMo 3	55	40	37	31	22	12	6	
b) Gruppe 2								
34 CrMo 4	50	40	37	33	28	20	11	
28 CrNiMo 4	60	46	42	39	31	22	12	
34 CrNiMo 6	75	57	51	46	35	25	12	
15 Mo 3*	29	24	22	19	17	15	12	4
22 Mo 4	32	28	26	24	21	16	12	4
16 CrMo 4	35	29	27	24	21	18	10	4
22 CrMo 4	50	40	37	33	28	20	11	4
22 CrV 4	50	38	35	31	27	19	10	4
13 CrMo 4 4*	30	26	24	22	21	19	15	7
16 CrMo 4 4	35	31	29	26	23	19	15	7
22 CrMo 4 4	50	42	39	35	30	25	15	7
24 CrMoV 5 5	60	50	48	45	40	30	20	10
17 CrMoV 6	70	59	56	52	50	45	30	20

* Werte für nahtlose Rohre.

400 °C, bei welcher Temperatur die beiden Werte noch nicht stark voneinander abweichen; darüber hinaus ist nur die Kriechgrenze von Wert.

Wenn bis etwa 550 °C die DVM-Kriechgrenze noch ungefähr ein Maßstab ist, so ist man darüber hinaus auf Langzeitversuche angewiesen. Diese Temperatur ist auch etwa die Grenze, bis zu der mit wenigen Ausnahmen (S. 454, 484) die ferritisch-perlitischen und martensitischen Stähle anzuwenden sind.

Ein interessantes Beispiel über den fehlenden Zusammenhang zwischen der DVM-Kriechgrenze und den Langzeitwerten zeigt die Zahlentafel 83 nach A. Thum und K. Richard[3]. Es ist daraus zu ersehen, daß die Zeitstandfestigkeit für 10000 Stunden kleiner, aber auch größer sein kann als die DVM-Kriechgrenze. Belastete man ferner verschiedene Proben in der Höhe der DVM-Kriechgrenze so lange, bis der Bruch eintrat, so schwankten z. B. bei 500 °C die Zeiten zwischen 2500 und 100000 Stunden, bei wenig verschiedener (24,5 und 21 kg/mm²) DVM-Kriechgrenze.

[1] s. Fußnote S. 436. [2] s. S. 400.

[3] Thum, A., u. K. Richard: Z. VDI Bd. 87 (1943) S. 513/520.

Zahlentafel 83. *Dauerstandverhalten verschiedener Stähle bei 500 °C* (nach A. THUM und K. RICHARD)

Werkstoff	Chemische Zusammensetzung								Wärmebehandlung	Festigkeitseigenschaften bei 20 °C		Festigkeitseigenschaften bei 500 °C		
	C	Mn	Si	Ni	Cr	Mo	V	Ti	(abgeschreckt von . . . . / in . . . ; angelassen bei . . . . / in . . . .)	Streckgrenze	Zugfestigkeit	DVM-Dauerstandfestigkeit	Zeit bis Bruch bei Belastung in Höhe der DVM-Dauerstandfestigkeit	Zeitstandfestigkeit für 10000 h Haltbarkeitsdauer
	%	%	%	%	%	%	%	%		kg/mm²	kg/mm²	kg/mm²	h	kg/mm²
Unlegiert	0,22	0,52	0,24	—	—	—	—	—	normalgeglüht	40/36	48,5	3,5	>70000	rd. 7
Cr-Mo-Stahl	0,19	0,79	0,32	—	0,68	0,38	—	—	900°/Luft; 630°/Luft	49,3	62,4	16,5	60000	22,5
Ni-Mo-Cr-Stahl	0,11	0,46	0,22	1,53	0,72	0,88	—	—	870°/Öl; 590°/Luft	79	89,1	31	2500	21
Cr-V-Stahl	0,28	0,47	0,39	—	1,26	—	1,03	—	1050°/Öl; 740°/Luft	72,6	82,2	24,5	2500	20
Cr-Mo-V-Stahl	0,30	0,51	0,27	—	1,61	1,28	0,10	—	950°/Luft; 680°/Luft	74	91	31,2	3000	25
Cr-Ni-Stahl	0,10	0,62	0,60	8,4	18,0	—	—	0,67	1030°/Wasser	33	70,5	21	100000	31

Inwieweit Dehnung, Dehngeschwindigkeit und Belastung zusammenhängen, zeigt Bild 264 in schematischer Darstellung. Man sieht oben, wie die Bruchlasten mit der Dauer der Belastung abnehmen, in der Mitte, wie sich die zulässige Belastbarkeit erhöht, wenn 0,1%, 0,2%,

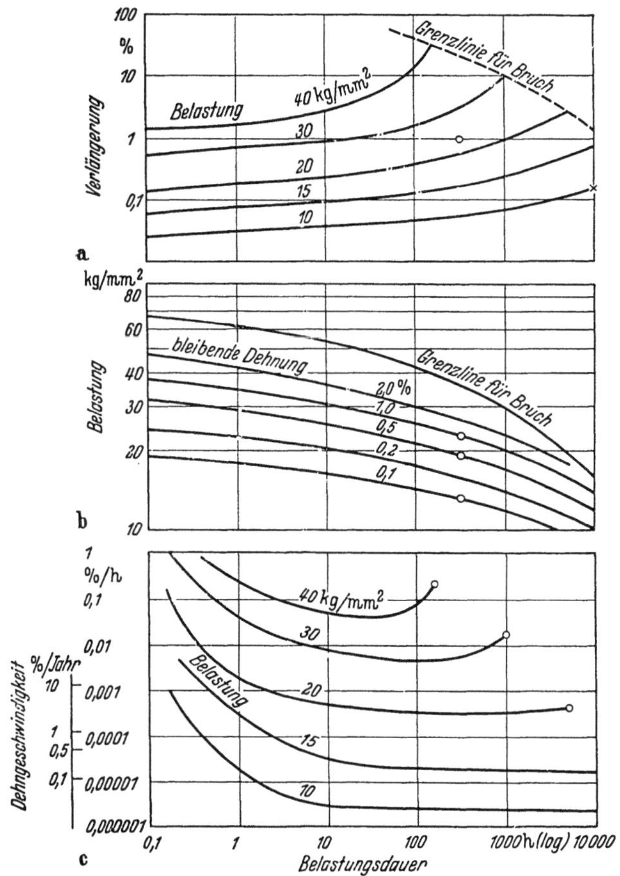

Bild 264 a—c. Auswertung von Dauerstandversuchen (nach A. Thum und K. Richard)

0,5%, 1% oder 2% bleibende Dehnung zugelassen werden, und unten, wie bei geringer Belastung die Dehnung schließlich zum Stehen kommt und bei hoher Belastung nach anfänglichem Abklingen wieder zunimmt und bald zum Bruch führt.

Eine neuere schematische Darstellungsweise nach DIN 50118 zeigt Bild 265.

Dabei bedeutet ε_{ges} die Gesamtdehnung und ε_{bl} die bleibende Dehnung, die man bei den Versuchen mißt.

An Hand der gewonnenen Dehnungen werden Zeitdehnlinien gezeichnet.

Der 1. Abschnitt in Bild 265 umfaßt den Zeitraum, in dem die hohen Kriechgeschwindigkeiten zu Beginn des Versuches abnehmen.

Der 2. Abschnitt in Bild 265 umfaßt den Zeitraum mit praktisch gleichmäßiger Kriechgeschwindigkeit, die aber nicht bei allen Versuchen gefunden wird.

Der 3. Abschnitt im Bild umfaßt den Zeitraum, in dem die Kriechgeschwindigkeit zunimmt, wobei es schließlich zur Ausbildung der Einschnürung und zum Bruch kommt. Bei verformungsarmen Brüchen kann der 3. Abschnitt sehr kurz sein.

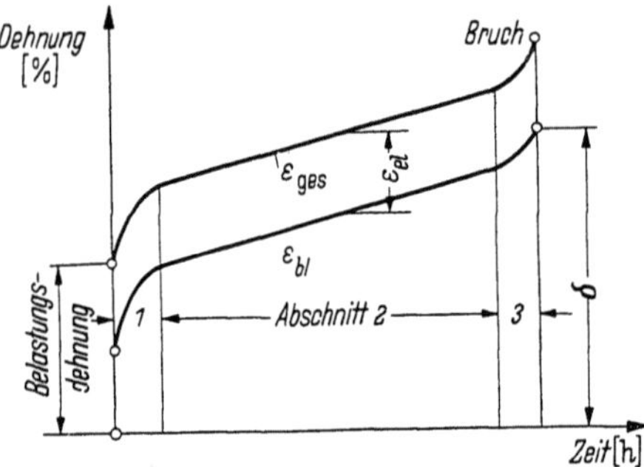

Bild 265. Schematischer Verlauf der Zeitdehnlinie nach DIN 50118

Die Zeitdehnlinien werden in ein Zeitstandschaubild nach Bild 266 umgezeichnet.

Aus dem Schaubild können sowohl die gewünschten Zeitdehngrenzen als auch die Zeitstandfestigkeiten abgegriffen werden. Die Extrapolation nach der Zeit soll möglichst nur in einer Größenordnung (höchstens innerhalb einer Zehnerpotenz) vorgenommen werden. Eine Extrapolation der Bruchdehnungs- und Brucheinschnürungswerte ist nicht zweckmäßig. Extrapolierte Werte sind einzuklammern. Aus Bild 266 können beispielsweise folgende Werte abgegriffen werden:

a) Zeitstandfestigkeiten

$\sigma_{B/1000}$ ($\sigma B/1000$) $= 27$ kg/mm²
$\sigma_{B/10\,000}$ ($\sigma B/10\,000$) $= 15$ kg/mm²
$\sigma_{B/100\,000}$ ($\sigma B/100\,000$) $=$ (9 kg/mm²)

b) Zeitdehngrenzen

$\sigma_{0,2/1000}$ (σ 0,2/1000) $=$ (12 kg/mm²)
$\sigma_{1/1000}$ (σ 1/1000) $= 20$ kg/mm²
$\sigma_{1/10\,000}$ (σ 1/10000) $=$ (13 kg/mm²)

c) Zeitbruchdehnungen

$\delta_{5/100}$ (δ 5/100) $= 26\%$
$\delta_{5/1000}$ (δ 5/1000) $= 11\%$
$\delta_{5/10\,000}$ (δ 5/10000) $= 2{,}5\%$

d) Zeitbrucheinschnürungen

ψ_{100} (ψ 100) $= 54\%$
ψ_{1000} (ψ 1000) $= 18\%$
$\psi_{10\,000}$ (ψ 10000) $= 2\%$

Nach dem Vorhergehenden ist es klar, daß bei der Wahl eines Stahles verschiedene Angaben notwendig sind. Wenn also der Konstrukteur vom Werkstoffmann einen Stahl für eine bestimmte Gebrauchstemperatur verlangt, so müssen außer der Höhe der Belastung und der Temperatur die Dauer der Belastung und die zugelassene Dehnung angegeben werden. Die Bilder 264, 265, 266 haben gezeigt, wie sehr sich die zugelassene Belastung in Abhängigkeit von diesen Größen ändert.

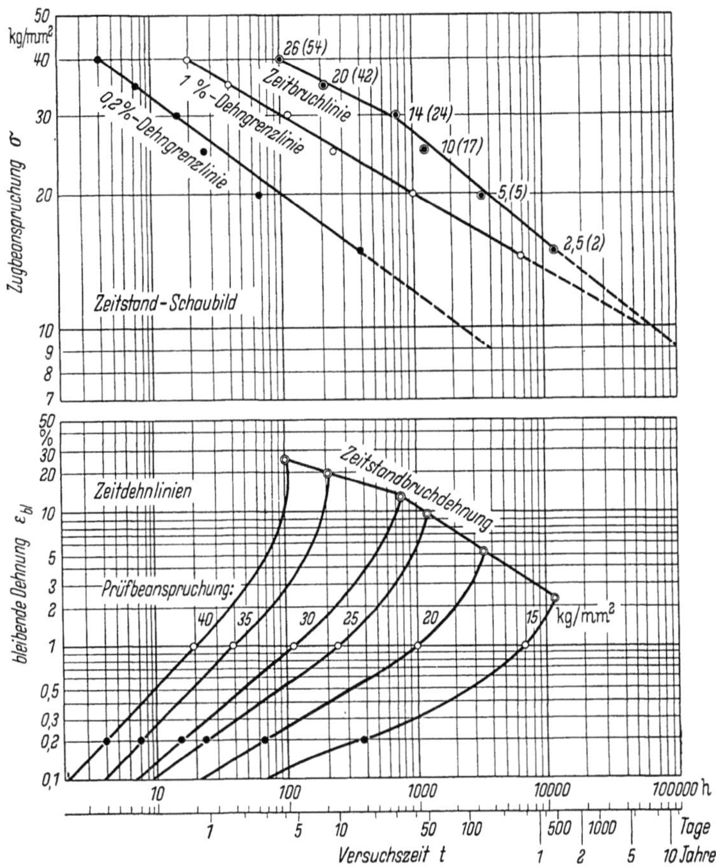

Bild 266. Beispiel eines Zeitstandschaubildes nach DIN 50118

Gefüge- und Eigenschaftsänderungen während längerer Zeit. Einfluß der Legierungszusätze

Die Gefügeänderungen bis zum Bruch sind mannigfacher Art und schwer übersehbar.

Anlassendes Glühen infolge der höheren Temperatur bei der Beanspruchung, Recken mit Kaltverfestigen, Kristallerholung mit Rekristallisation, Ausscheidungen im Korn und Änderungen an den Korngrenzen, etwaiger chemischer Angriff, interkristalline Korrosion und Spannungsrißkorrosion gehen nacheinander und nebeneinander in verschiedenem und wechselndem Ausmaß vor sich.

Das Anlassen und das damit verbundene Erweichen des Stahles wird um so deutlicher zum Ausdruck kommen, je niedriger der Stahl vor dem Gebrauch angelassen wurde und je höher die Gebrauchstemperatur ist. Man wird, um Veränderungen durch den Anlaßvorgang während des Gebrauchs möglichst zu unterbinden, den Stahl — soweit es sich um ferritisch-perlitischen Stahl handelt — schon vorher so vergüten, d. h. nach dem Härten so hoch anlassen, daß solche Änderungen nachträglich möglichst wenig eintreten. Beim Vergleich des Verlaufes der Dauerstand- und Warmfestigkeit eines ferritisch-perlitischen Vergütungs- und eines austenitischen Stahles mit steigender Temperatur wird klar, daß beim Vergütungsstahl in der Nähe der Anlaßtemperatur die beiden Werte rasch abzufallen beginnen, während bei austenitischen Stählen diese Unstetigkeit natürlich nicht erscheint (s. S. 436, Bild 263). Austenitische Stähle sind daher oberhalb 550° bis 600 °C dauerstand fester als ferritisch-perlitische und martensitische, wenn letztere auch bei niedrigen Temperaturen höhere Werte haben können.

Die nächsten Einflußgrößen, welche die Fließvorgänge bestimmen, sind die Kaltverfestigung und die Kristallerholung. Die Kaltverfestigung erhöht den Widerstand gegen das Gleiten. Rekristallisation sucht die Verfestigung aufzuheben. Ausscheidungen wirken wie Kaltverformungen verfestigend. Der anfänglich rasche Anstieg der Dehngeschwindigkeit, wie es in den Bildern 264, 265, 266 zu sehen war, ist im Anfangsstadium dem überwiegenden Einfluß der Anlaßglühung zuzuschreiben. Im späteren Verlauf, wo die Dehnung abklingt und regelmäßig verläuft, halten sich Verfestigung und Kristallerholung etwa das Gleichgewicht, oder wenn die Dehnung zum Stehen kommt, findet keiner dieser Vorgänge statt. Bei hohen Belastungen, wo die Dehnung stark zunimmt und der Bruch bald eintritt, eilt die Kristallerholung vor.

Legierungszusätze haben auf diese Vorgänge natürlich einen entscheidenden Einfluß.

Sie erhöhen die Anlaßbeständigkeit des durch Martensitbildung gehärteten Stahles, womit mehr oder weniger immer eine Erhöhung der Warmfestigkeit verbunden ist. Das Bild 267 zeigt nach K. Kreitz[1] in schematischer Weise die Verbesserung durch die einzelnen Zusätze. Gebraucht werden hierfür hauptsächlich Molybdän, Vanadin und Wolfram, deren Karbide aus der festen Lösung langsam ausfallen und, solange sie nicht über die „kritische Größe“ hinauswachsen, durch Sperren der Gleitebenen die Verformung behindern und dadurch die Festigkeit steigern[2]. Außer den Sonderkarbiden können auch Sondernitride (S. 289) nützlich sein.

---

[1] Kreitz, K.: Mitt. Ver. Großkesselbes. 1948 Nr. 2/3 S. 2/21.

[2] Bain, E. C., u. Z. Jeffries: Iron Age Bd. 112 (1923) S. 805; Stahl u. Eisen Bd. 44 (1924) S. 989.

Hierbei tritt beim Anlassen in der Regel keine Härtesteigerung, sondern nur eine Verzögerung des Härteabfalles ein; eine Ausnahme hiervon wurde bei den Vanadinstählen beobachtet (S. 243), womit eine Versprödung verbunden ist.

Eine besondere Stellung nehmen die austenitischen Stähle ein. Austenit ist an sich schon warmfester als Ferrit; zudem liegt seine Rekristallisationstemperatur höher, wodurch seine Warmfestigkeit weiter gefördert wird. Schon das reine Eisen weist beim Umwandlungspunkt zum Austenit trotz der Temperaturzunahme zunächst eine Erhöhung der Warmfestigkeit auf. Hoch warmfest sind austenitische Stähle mit hohem Chromgehalt, während austenitische Mangan- und austenitische Nickelstähle weniger warmfest sind. Bei den austenitischen Stählen sind

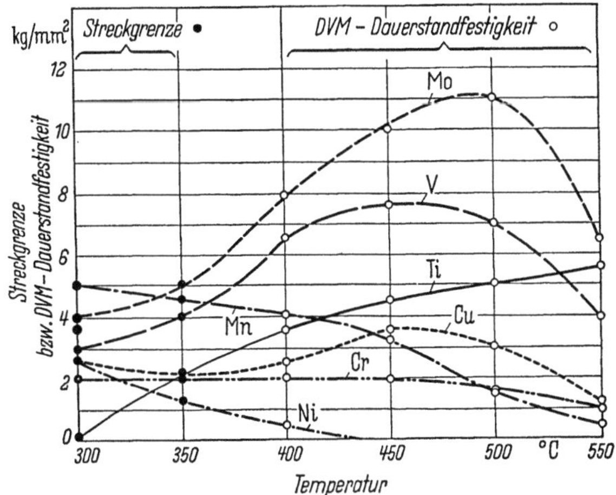

Bild 267. Erhöhung der Streckgrenze bzw. DVM-Kriechgrenze durch 0,5% Legierungselemente gegenüber unlegiertem Stahl (nach K. Kreitz)

es außer den Molybdän-, Vanadin-, Wolframkarbiden und den Sondernitriden noch das Niobkarbid und das Titankarbid sowie intermetallische Verbindungen, die sich ausscheiden und die Warmfestigkeit steigern. Austenitische Chrom-Nickel-Stähle mit solchen Zusätzen sind die höchstwarmfesten Stähle; zur weiteren Steigerung dient, weil es die Diffusion noch mehr verlangsamt, das Kobalt (s. S. 255). Zusätze von Beryllium sind mit Erfolg angewendet worden, welches Element intermetallische Verbindungen zur Ausscheidung bringt (S. 317). In ferritischen Stählen beteiligen sich etwa dieselben Verbindungen an den Ausscheidungsvorgängen, wobei aber wegen des meist niedrigen Kohlenstoffgehaltes nicht Karbide, sondern intermetallische Verbindungen vorwiegen. Bei ferritischen Stählen sind Ausscheidungen für die Zähigkeit besonders von Nachteil, da sie die Sprödigkeit dieser an sich schon wenig zähen Stähle noch mehr wie bei austenitischen vergrößern.

Eine besondere Art von Ausscheidung intermetallischer Art im Ferrit, im schwächeren Grade auch im Austenit, ist die Sigma-Phase, die wegen ihrer stark versprödenden Wirkung gefürchtet wird (s. S. 117, 177, 200, wo ausführlich davon die Rede ist). In welchem Maße Sigma-Phase, andere intermetallische Verbindungen und Karbidausfällung bei den einzelnen Stählen beteiligt sind, ist schwer zu sagen. Die Vorgänge spielen sich nebeneinander ab und beeinflussen sich gegenseitig in unübersichtlicher Weise.

Wieder eine andere Art der Versprödung ist die der korrosionsbeständigen Chromstähle bei 475 °C (S. 178), deren Einfluß auf die Warmfestigkeitseigenschaften noch nicht genügend untersucht wurde.

Zu beachten ist allgemein, daß die Ausscheidungs- und Koagulationsvorgänge Jahre dauern können; denn die für den Gebrauch vorgeschriebene Wärmebehandlung — sei es Normalglühen und Vergüten (bei ferritisch-perlitischen Stählen) oder Abschrecken (bei austenitischen Stählen) — hinterläßt den Stahl in einem Zustand, der bei längerem Gebrauch und höheren Temperaturen veränderlich ist. Im Verlauf der Beanspruchung kann sich die Warmfestigkeit im Anfang dadurch erhöhen, daß die aus der festen Lösung vor Anwendung der Warmbehandlung ausgeschiedenen Teile noch nicht die kritische Größe erreicht haben. Bei langandauernder Erwärmung sinkt durch Überschreiten der kritischen Größe der Widerstand ab.

Einfluß der Wärmebehandlung. Bei ferritisch-perlitischen Stählen kommt für die Härtung entweder Abschrecken in Öl oder Normalglühen in Frage. Bezüglich der Höhe der Abschrecktemperatur könnte man zunächst annehmen, daß bei hohen Temperaturen, die mehr Karbide lösen, bessere Eigenschaften zustande kommen. Dies trifft nach E. Theis[1] wohl für die DVM-Kriechgrenze, aber für langzeitige Beanspruchungen in der Mehrzahl der Fälle nicht zu.

Die auf niedrige Festigkeit, also bei höheren Temperaturen angelassenen Stähle nach Zahlentafel 84 haben im Durchschnitt kein besseres Dauerverhalten. Es hat demnach keinen Zweck, bei langer Beanspruchung auf höhere Festigkeiten als unbedingt notwendig zu vergüten. Es ist nach Theis auffallend, daß die Versprödungsneigung stärker ist, wenn die Ausgangsfestigkeit höher war. Die Zahlentafel 84 zeigt wieder, wie schon Zahlentafel 83, wie wenig man von der DVM-Kriechgrenze auf die Zeitstandfestigkeit schließen kann.

Das Normalglühen scheint nach H. Bennek und G. Bandel[2] ein gegen Kriechen widerstandsfähigeres Gefüge zu ergeben als Ölvergütung, und zwar auch dann, wenn man von der gleichen Ausgangsfestigkeit ausgeht wie bei ölvergüteten Stählen. Es zeigen dies die

[1] Theis, E.: Stahl u. Eisen 1951 S. 619/624.

[2] Bennek, H., u. G. Bandel: Stahl u. Eisen Bd. 63 (1943) S. 695/700.

Zahlentafel 84. *Gegenüberstellung der Werte der Zeitstandfestigkeit und der DVM-Kriechgrenze für 500 °C bei verschiedener Vorbehandlung* (nach E. THEIS[1])

Chemische Zusammensetzung C %	Cr %	Mo %	V %	Zugfestigkeit bei 20° kg/mm²	Warmstreckgrenze bei 500° kg/mm²	DVM-Kriechgrenze bei 500° kg/mm²	Zeitstandfestigkeit (10000 h) bei 500° kg/mm²	Zeitstandfestigkeit (100000 h) bei 500 °C kg/mm²
0,22	0,13	0,30	—	55,4 65,0	25,4 —	13,5 19,5	14,0 16,5	7,5 8,0
0,15	0,75	0,42	—	56,6 77,7	31,5 47,0	21,0 23,5	16,0 18,0	9,5 10,0
0,21	0,76	0,56	0,16	75,2 86,0	41,8 50,9	30,0 38,0	21,0 23,5	14,5 14,5
0,17	1,09	0,54	0,19	91,7	52,4	32,0	28,0	15,0
0,25	1,05	0,52	0,20	82,8	47,5	32,0	27,0	17,0
0,29	1,04	0,60	0,19	89,2	48,4	36,0	27,0	15,0
0,20	1,40	0,56	0,21	85,0	46,4	26,5	24,0	15,5

Bilder 268, 269 sowohl für die DVM-Kriechgrenze wie für die Zeitstandfestigkeit und auch für das Dehnverhalten an.

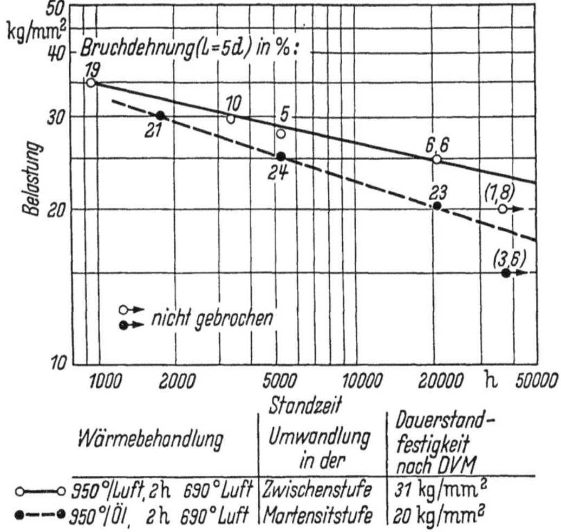

Bild 268. Zeitstandversuche bei 500 °C an Stahl mit 0,31% C; 1,6% Cr, 1,3% Mo nach Öl- und Luftvergütung (nach H. BENNEK und G. BANDEL)

Eine Erklärung für das günstige Verhalten des Zwischenstufengefüges ist noch nicht gefunden.

H. BENNEK und G. BANDEL führen auch aus, welche Stähle durch das Normalglühen in das Zwischenstufengefüge übergeführt und welche in Öl abgeschreckt werden sollen. Bei Stücken größerer Wanddicke muß man bei allen Stählen, um Durchvergütung zu erzielen, zur Öl-

[1] s. Fußnote 1 S. 444.

abschreckung greifen. Hochlegierte Stähle nehmen bei Luftabkühlung kein Zwischenstufengefüge an, sondern werden martensitisch, also mit zu hoher Ausgangshärte für den Gebrauch. Man bleibt deshalb bei diesen Stählen bei der Ölabschreckung mit nachfolgendem Anlassen.

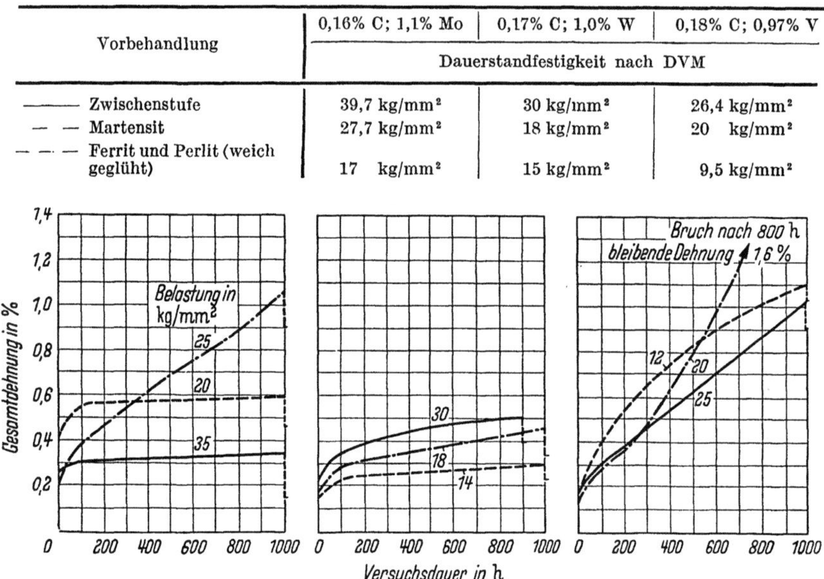

Vorbehandlung	0,16% C; 1,1% Mo	0,17% C; 1,0% W	0,18% C; 0,97% V
	Dauerstandfestigkeit nach DVM		
——— Zwischenstufe	39,7 kg/mm²	30 kg/mm²	26,4 kg/mm²
— — Martensit	27,7 kg/mm²	18 kg/mm²	20 kg/mm²
— · — Ferrit und Perlit (weich geglüht)	17 kg/mm²	15 kg/mm²	9,5 kg/mm²

Bild 269. Dauerstandversuche bei 500 °C an drei Stählen bei verschiedener Vorbehandlung (nach H. BENNEK und G. BANDEL)

Einen deutlichen Einfluß übt auch die Korngröße aus. Aus der Zahlentafel 85 ist nach H. BENNEK und G. BANDEL[1] ersichtlich, daß gröberes Korn durch hohe Austenitisierungstemperaturen hervorgerufen,

Zahlentafel 85. *Zeitstandversuche bei 500 °C an unlegierten Stählen mit verschiedener Korngröße und Dauerstandfestigkeit nach DVM* (nach H. BENNEK und G. BANDEL)

Chemische Zusammensetzung C %	Si %	Mn %	Al gesamt %	Wärmebehandlung	Dauerstandfestigkeit bei 500 °C kg/mm²	Zeitstandversuch bei 500 °C mit 10 kg/mm² Belastung Zeit bis zum Bruch in h gekerbt[2]	glatt
0,16	0,40	0,45	0,08[3]	900°/Luft	5,4	2272	1768
				1170°/Luft	7,3	2488	1716
						(7152)[4]	(7152)[4]
0,14	0,38	0,41	0,002	925°/Luft	9,8	2368	1408
				1100°/Luft	9,5	2176	1576
						(7152)[4]	(7152)[4]

[1] BENNEK, H., u. G. BANDEL: Stahl u. Eisen Bd. 63 (1943) S. 655 u. 657.

[2] Rundkerb (0,75 mm Halbmesser) von 13 auf 10 mm Durchmesser.

[3] Aluminiumzusatz 0,10%.

[4] Bei 6 kg/mm² Belastung noch nicht gebrochen.

höhere DVM-Kriechgrenze und auch größere Zeitstandfestigkeit nach sich zieht. Der Einfluß der Korngröße tritt auch dann hervor, wenn man sie durch Aluminiumzusatz verkleinert, es wird dann das Verhalten in der Wärme schlechter. Was nach Zahlentafel 85 an unlegiertem Stahl gezeigt wurde, gilt auch für legierten.

Nach S. H. WEAVER[1] ist zufolge Bild 270 in höheren Temperaturbereichen das grobe Korn und bei niedrigen Temperaturen das feinere Korn in bezug auf die Dauerstandfestigkeit von Vorteil. Es würde dies mit der Beobachtung zusammentreffen, daß bei niedrigen Temperaturen die Korngrenzen und bei höheren Temperaturen das Korninnere fester

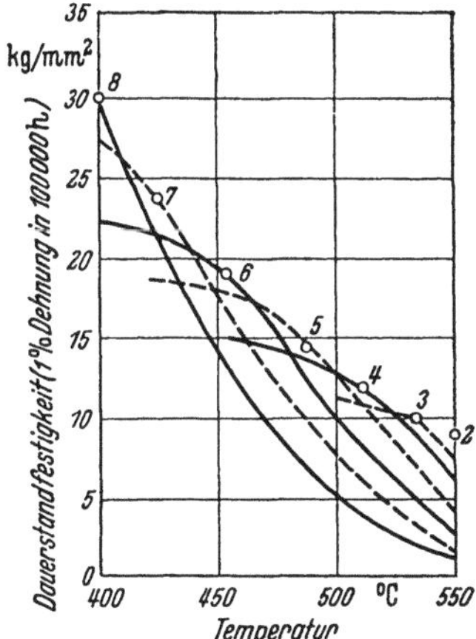

Bild 270. Einfluß der Korngröße auf die Dauerstanddehngrenze von Molybdänstählen mit 0,10% bis 0,48% C und 0,5% Mo. Darstellung von A. POMP (nach Versuchen von S. H. WEAVER)

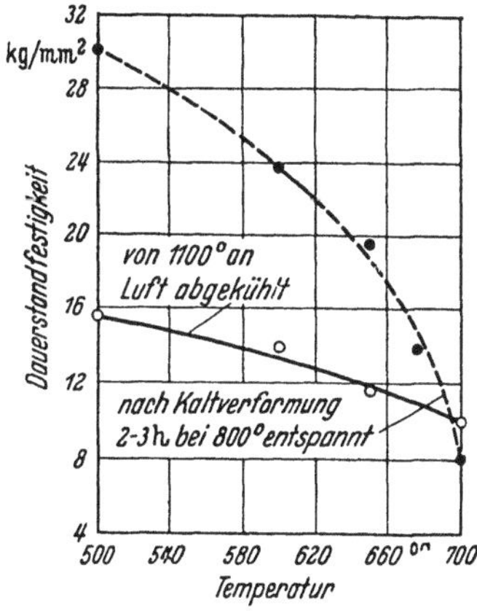

Bild 271. Einfluß einer Kaltverformung auf die DVM-Kriechgrenze eines Stahles mit 0,26% C, 3,0% Si, 1,18% Mn, 19,30% Cr, 10,23% Ni. 0,79% TaNb, 1,12% W (nach R. SCHERER)

ist. Grobes Korn vermindert die Korngrenzenflächen, ist also ein Zustand, der bei höheren Temperaturen günstig ist. H. BENNEK und G. BANDEL[2], die sehr ausführliche Untersuchungen angestellt haben, glauben, daß nicht das Grobkorn unmittelbar die Ursache sein muß, sondern die Änderung des Abschreckgefüges, die den hohen Abschrecktemperaturen zuzuschreiben ist. Jedenfalls sind die Dinge hier noch nicht so klar, daß wir den Vorgang technisch beherrschen und ausnützen könnten.

Einfluß der Kaltverfestigung. Wenn man bei dauerstandfesten Stählen von Kaltverfestigung spricht, so meint man eine Verformung unterhalb der Rekristallisationstemperatur, also derjenigen Temperatur, bei der Rekristallisation in kurzer Zeit eintritt. Diese Temperatur liegt bei legierten höher als bei unlegierten Stählen, und sie ist besonders bei austenitischen

[1] WEAVER, S. H.: Gen. Electr. Rev. Bd. 43 (1940) S. 357/364; s. a. Stahl u. Eisen Bd. 61 (1941) S. 482. (Die Zahlen 2—8 bedeuten die Korngröße nach A. S. T. M. E. 19-33.)

[2] BENNEK, H., u. G. BANDEL: Stahl u. Eisen Bd. 63 (1943) S. 699.)

Stählen so hoch, daß sie schon im Bereich der Schmiedetemperatur unlegierter Stähle liegt. Es können sich z. B. hochwarmfeste Stähle noch bei 1000 °C verfestigen (S. 96). Was den Einfluß der Kaltverformung auf den Kriechwiderstand betrifft, so kann man als Regel annehmen, daß er bei niedrigen Temperaturen und bei kurzzeitiger Beanspruchung verbessert, im Verlauf der Kristallerholung aber schwächer wird als bei nicht kaltverformten Stählen. Ein Beispiel hierfür gab nach Bild 271 R. SCHERER[1], wo die DVM-Kriechgrenze als Maßstab gilt. Man sieht, daß

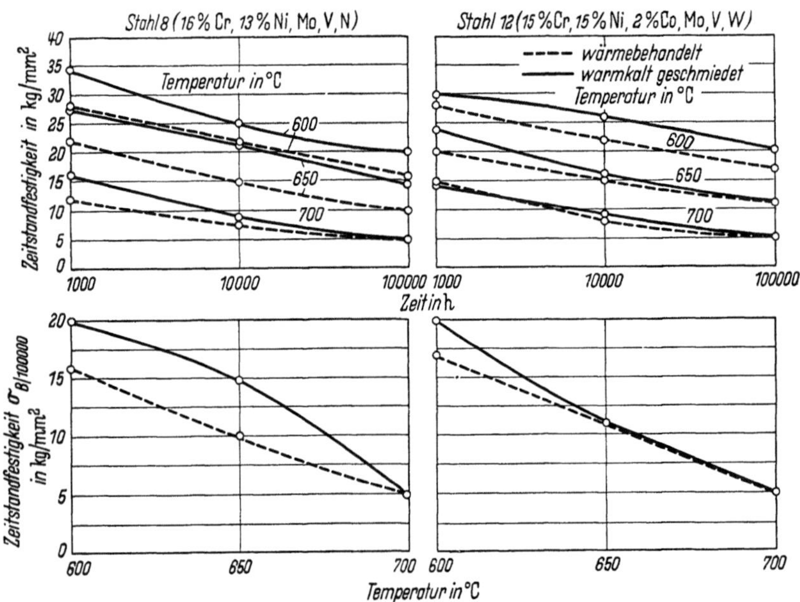

Bild 272. Einfluß der Warmkaltschmiedung auf die Zeitstandfestigkeit zweier austenitischer Stähle bei 600 bis 700 °C (nach H. VOGELS)

sich die beiden Linien bei 700 °C schon überschnitten haben, und ferner, daß eine Entspannung bei 800 °C die Kaltverformung noch nicht aufgehoben hatte. Später hat H. VOGELS[2] ausführlich diese Frage untersucht und auch das Verhalten bei Langzeitbeanspruchung mit einbezogen. Ein Beispiel aus seinen Untersuchungen gibt nach H. VOGELS Bild 272 (s. a. S. 109). Die Kaltverformung führte man in der Weise durch, daß die Stähle bei 800 bis 650 °C zu Ende geschmiedet, also warm-kaltgeschmiedet wurden. Man sieht auch hier die Tendenz, daß der Einfluß der Kaltverformung bei längerer Beanspruchung zurückgeht oder ganz verschwindet. Dieses Warm-Kaltschmieden kann schädliche Nachwirkungen dadurch haben, daß der Stahl im Gebrauch durch Eigenspannungen, die im

[1] nach persönlichen Angaben.

[2] VOGELS, H. A.: Stahl u. Eisen Bd. 75 (1955) S. 559/570.

warm-kaltgeschmiedeten Stahl zurückgeblieben sind, verstärkte Neigung zu verformungslosen Brüchen und zur Spannungsrißkorrosion hat. In manchen Fällen wird ein Mittelweg in der Weise gangbar sein, daß man nach dem Warm-Kaltschmieden bei 750 bis 800 °C entspannt, wodurch ein Teil des durch Warm-Kaltschmieden verbesserten Kriechwiderstandes erhalten bleibt und doch die Eigenspannungen herabgesetzt werden. Aus diesen Gründen ist die Warm-Kaltschmiedung, wenn überhaupt, nur mit Vorsicht anwendbar. Siehe auch die Versuche von P. SHAHINIAN, S. 108.

Der Bruchvorgang

Bei niedrigen Temperaturen sind die Korngrenzen fester als das Korninnere und die Verformung spielt sich, auch wenn die Belastung bis zum Bruch führt, innerhalb des Korns, also transkristallin ab. Bei

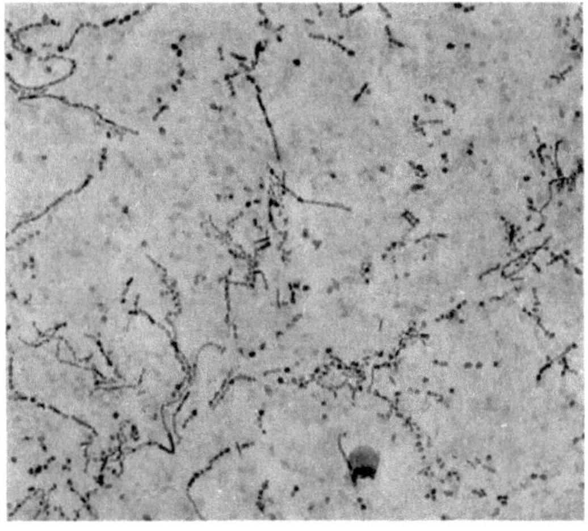

Bild 273. 40000 : 1. Gefüge eines Stahles mit 0,09% C, 18,2% Cr, 10% Ni, 0,22% Mo, 0,012% N. Bei 1080 °C/Wasser abgelöscht und 1570 Stunden bei 600 °C mit 18 kg/mm² belastet (nach A. SCHRADER)

höheren Temperaturen werden die Korngrenzen schwächer und der Bruch erfolgt dann dort. Derjenige Bereich, wo Korngrenzen und Korninneres gleichen Widerstand haben, wurde auch die äquikohäsive[1] Temperatur genannt. Diese schematische Vorstellung mußte später dahin erweitert werden, daß sich sowohl im Korninneren wie an den Korngrenzen gleichzeitig sehr verwickelte Vorgänge abspielen.

Je höher die Temperatur ist, und dies trifft vor allem bei der Beanspruchungstemperatur der austenitischen Stähle zu, desto verwickelter und unübersichtlicher werden die Vorgänge, da bei höherer Temperatur

[1] JEFFRIES, Z., u. R. S. ARCHER: Science of Metals, London 1924 S. 659; s. a. STÄGER, H., u. H. ZSCHOKKE: Schweiz. techn. Z. 1932 Nr. 22/23.

die Diffusion erleichtert wird und immer neue Gefügearten gebildet werden, die, kaum entstanden, wieder einem neuen Zustand zustreben,

Bild 274. Stahl wie nach Bild 273. 80000 : 1. Bei 1080 °C/Wasser abgelöscht und 1570 Stunden bei 650 °C mit 12 kg/mm² belastet (nach A. SCHRADER)

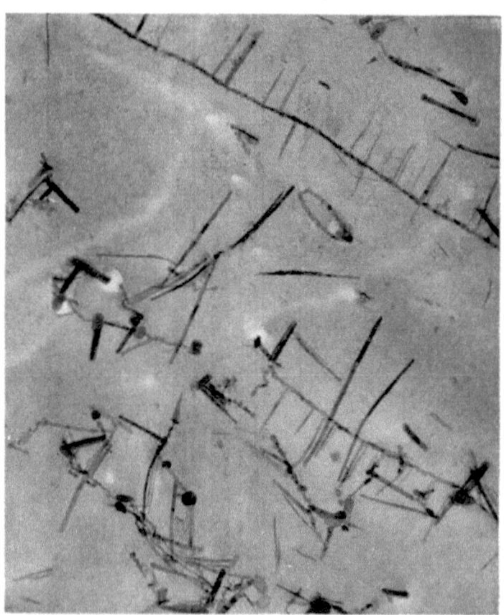

Bild 275. Stahl wie nach Bild 274. 40000 : 1. 1080 °C/Wasser. 5404 Stunden 650 °C 9 kg/mm² (nach A. SCHRADER)

wobei die Temperatur doch nicht hoch genug ist, um bei diesen Vielzahlsystemen auch noch nach Jahren zu einem Gleichgewichtszustand zu kommen. Wie die Schädigung im Laufe der Zeit fortschreiten kann, soll an zwei Stählen deutlich gemacht werden.

Ein Beispiel für die unübersichtlichen Änderungen des Gefüges im Verlauf langzeitiger Erwärmung auch im Korninnern gibt A. SCHRADER[1] in den Bildern 273, 274, 275 für einen Stahl mit 0,09% C, 18,2% Cr, 10,0% Ni, 0,22% Mo, 0,012% N, mit 0,64% Ti stabilisiert, wobei die Belastung bei den angegebenen Zeiten und Temperaturen durchgeführt wurde. Die darauf bezogene Belastungshöhe ist mit angegeben. Die auf den Bildern sichtbaren Ausscheidungen rufen in den meisten Fällen

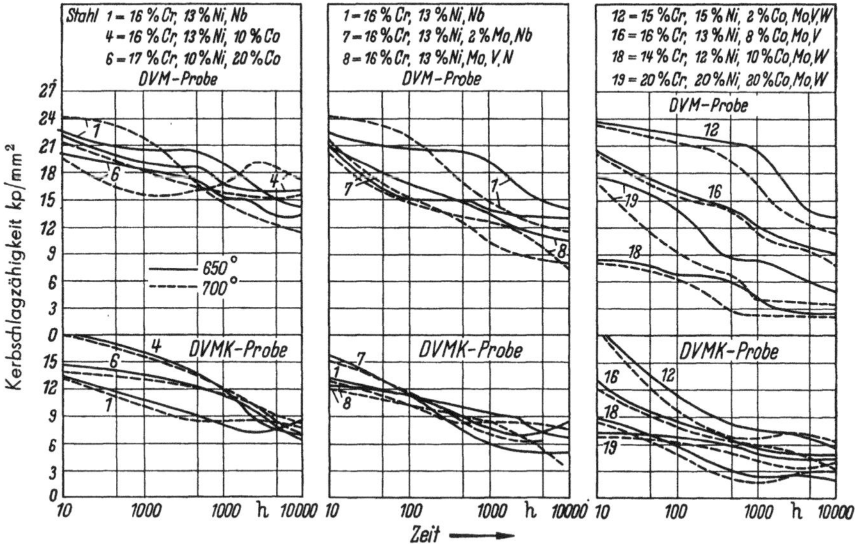

Bild 276. Abfall der Kerbschlagzähigkeit einiger austenitischer Stähle bei Langzeitglühung

anfängliche Versprödung hervor, die am besten durch Abfall der Kerbzähigkeit gemessen wird. Die Verringerung der Zähigkeit dauert lange an, kommt in manchen Fällen wieder zum Stehen, und es kann sein, daß bei Erreichung bestimmter Zusammenballungen die Kerbschlagzähigkeit wieder ansteigt. Beispiele über die Veränderung der Kerbschlagzähigkeit gibt Bild 276.

Die Bilder 277, 278, 279 geben für einen Stahl mit 0,1% C, 16% Cr, 13% Ni, 1,3% Mo, 0,8% V + Nb die Änderungen an den Korngrenzen wieder.

Der Stahl zeigt in Bild 277 im lösungsgeglühten Zustand (aus 1100 °C abgekühlt) meist geradlinige und wenig ausgeprägte Korn-

[1] SCHRADER, A.: Journées internationales de microscopie electronique appliquée et l'Industrie 1956, Oktober, S. 537/543. Centre National de Recherches Metallurgiques, Section de Liège.

grenzen. In Bild 278 erscheinen allmählich Ausscheidungen und nach Bild 279 im weiteren Fortschreiten Risse, die durch Betriebs- und Eigen-

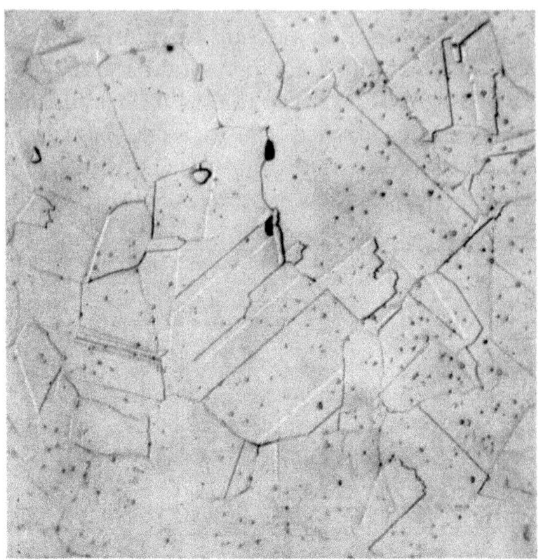

Bild 277. Stahl mit 0,1% C, 16% Cr, 13% Ni, 1,3% Mo, 0,8% V + Nb lösungsgeglüht 1050 °C. V = 500

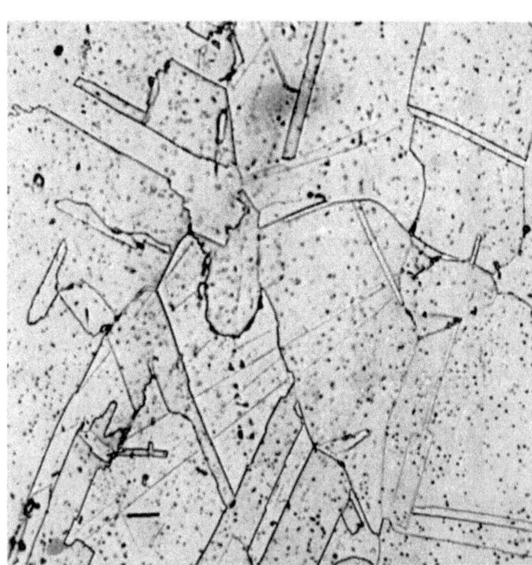

Bild 278. Stahl wie Bild 277 nach Betriebsdauer von 20 000 Stunden bei 550 bis 600 °C an weniger stark beanspruchter Stelle. V = 500

spannungen hervorgerufen werden, die das lockere Gefüge nicht mehr ertragen kann.

Nimmt man zu diesen Vorgängen noch die an den Korngrenzen bei hoher Temperatur und langer Zeit auch bei stabilisierten austenitischen Stählen (S. 576) noch immer gefährliche interkristalline Korrosion und die Veränderungen, die zur Spannungsrißkorrosion führen können, so hat man das Bild ständigen Wechsels, dessen Ende nicht übersehen werden kann.

Großen Gefahren sind besonders Hochdruckgefäße der chemischen Industrie ausgesetzt, wo alle eben geschilderten Fehlermöglichkeiten vorliegen. Hier stößt auch der Konstrukteur, der die Beanspruchung angeben soll, vor fast unlösbare Ungewißheiten. Durch das ständige Fließen ändern sich Werkstoffeigenschaften und auch die der Flächen-

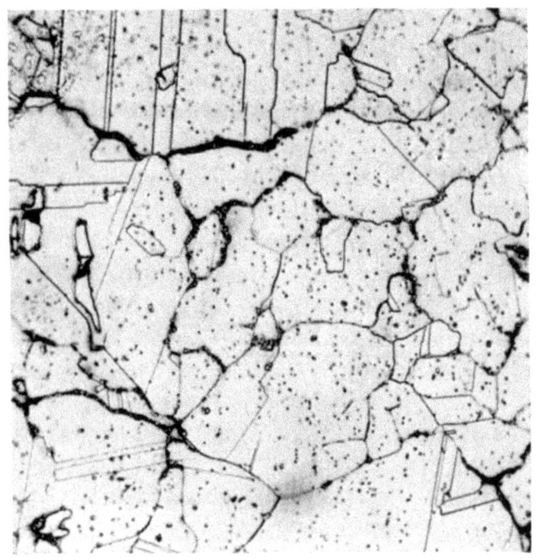

Bild 279. Stahl wie Bild 277 nach Betriebsdauer von 20000 Stunden bei 550 bis 600 °C an stark beanspruchter Stelle. V = 500

einheit auferlegte Spannung. Es ist z. B. sogar möglich, daß in Hochdruckrohren die höchste Beanspruchung nicht an der Innenwand bleibt, sondern im Verlauf des Fließens allmählich nach außen wandert. Anbringung von Dehnungsmessern, um die Höhe der Spannungen zu ermitteln, hat deshalb einen fraglichen Wert, weil die Höhe der Spannungen durch das Fließen im Verlauf des Gebrauchs sich ändern kann. Bei diesen Schwierigkeiten ist es also billig, daß bei neuen Verfahren und Anwendungen das Wagnis nicht nur einer Seite aufgebürdet wird.

Die bisherigen Erfahrungen haben aber gezeigt, daß trotz einiger Schadensfälle die Verwendung von hochdauerstandfesten Stählen bei der Hochdrucksynthese nicht mehr wegzudenken ist. Ein gutes Beispiel für die Bewährung der austenitischen Stähle bei hohen Temperaturen geben die Dampfkessel, die schon einen Dauerbetrieb von mehreren Jahren bei 600 bis 650 °C ohne Schadensfälle hinter sich haben[1]. Allerdings liegt der Fall bei Dampfkesseln einfacher als bei der chemischen Hochdrucksynthese, wo die Wanddicke größer ist und zusätzlich die Geräte durch interkristalline Korrosion und Spannungsrißkorrosion mehr gefährdet sind.

Bei der Wahl des Stahles ist zu berücksichtigen, daß diese Schädigungen bei austenitischen Stählen leichter auftreten als bei vergütbaren, die für Rißkorrosion und interkristalline Korrosion weniger anfällig sind.

Auch die Warmrisse (S. 662) treten bei austenitischen Schweißungen häufiger auf als bei Schweißungen vergüteter Stähle. Die Verwendung austenitischer Stähle ist deshalb nur dort am Platz, wo hohe Temperaturen zur Beschleunigung der Umsetzung für nötig angesehen werden. Man bedenke dabei aber, daß chemische Prozesse bei einer Temperatursteigerung von nur 10 °C in der Regel schon doppelt so rasch verlaufen.

Die Bilder 273 bis 275 und 277 bis 279 zeigten Beispiele, in welcher Weise bei austenitischen Stählen sich Schäden entwickeln können. Wenn man also auf höhere Temperaturen als 550 °C bis 580 °C nicht entscheidenden Wert legt, so kann man den vergütbaren Chrom-Molybdän-Stahl mit 12% Cr und 2% Mo (S. 467, Nr. 9, 10, 11) heranziehen.

I. Class[2] behandelt Eigenschaften, Verarbeitung und Verwendung dieses Stahles, besonders im Hinblick auf den Dampfkesselbau. Der Stahl füllt die Lücke zwischen den niedriglegierten und den austenitischen Stählen aus und kann nach I. Class sogar bis nahe an 600 °C beaufschlagt werden; für den letzten Abschnitt des Überhitzers empfiehlt er dann austenitischen Stahl. Dieser Chrom-Molybdän-Stahl läßt sich leichter schmieden als der austenitische, und es sind schon Blöcke bis zu 70 t für schwere Schmiedestücke verwendet worden. Wegen seiner guten Härtbarkeit erfordert das Schweißen allerdings besondere Maßnahmen (S. 478).

Eine andere Art von Brüchen sind die unerwarteten verformungsarmen Brüche, die hauptsächlich bei niedriglegierten Chrom-Nickel-Molybdän-Stählen, aber auch bei Chrom-Molybdän-Stählen, bei einer Temperatur von etwa 500 °C, aufgetreten sind. Diese Erscheinung hatte seinerzeit große Überraschung hervorgerufen und zu manchen Erörterungen Anlaß gegeben[3].

[1] Kauhausen, E., u. H. A. Vogels: Schweißen u. Schneiden Bd. 4 (1952) S. 35/40.

[2] Class, I.: Mitt. Ver. Großkesselbes. (1959) H. 58, S. 38/59. — Derselbe: Stahl u. Eisen Bd. 80 (1960) S. 1126.

[3] Literaturzusammenstellung bei F. Wever, A. Krisch u. H.-J. Wiester: Arch. Eisenhüttenw. Bd. 26 (1955) S. 463/474.

In Bild 280 ist das Kleingefüge eines in dieser Art geschädigten dauerstandfesten Stahles dargestellt.

Das Aufreißen der Korngrenzen tritt bei einer Belastung auf, die weit unter der liegt, die nach der DVM-Kriechgrenze zu erwarten wäre.

E. HOUDREMONT[1] nimmt als wahrscheinliche Erklärung an, daß sich an den Korngrenzen spröde Karbidausscheidungen anlagern, und zwar gerade bei etwa 500 °C. Geht man nämlich auf höhere Temperaturen, bei denen die Karbide wieder gelöst werden, verschwindet die Gefahr des Aufreißens, obwohl die DVM-Kriechgrenze niedriger wird. Zur Erklärung wurde auch die Möglichkeit herangezogen, daß sich durch die Dauererwärmung Grafitteilchen abscheiden und dadurch die Schwächung hervorrufen (S. 1006).

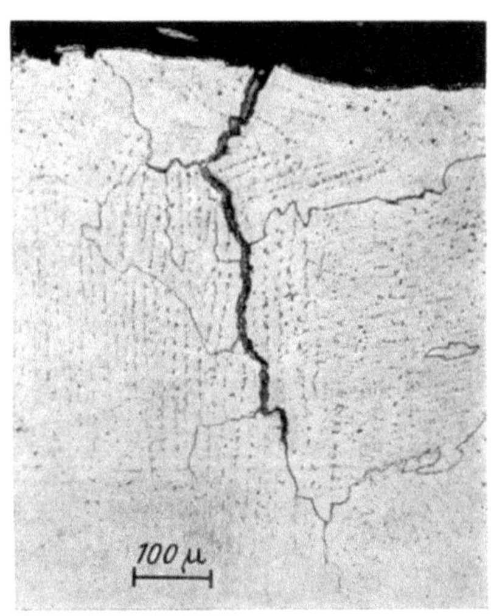

Bild 280. Gefüge eines warmfesten Stahles (interkristalline Risse in der Nähe der Bruchstelle) nach Dauerglühung bei 500 °C unter Last von 15 kg/mm² bis zum Bruch (7920 Stunden) (nach E. HOUDREMONT[1])

Auch höher legierte Stähle, z. B. mit 12% Cr, und auch austenitische, zeigen verformungsarme Brüche infolge Aufreißens der Korngrenzen. Die in den Bildern 277 bis 279 sichtbare fortschreitende Schwächung der Korngrenzen sowie die interkristalline Korrosion und die Spannungsrißkorrosion sind Anlaß genug zu verformungslosen Brüchen. Bei diesen hochlegierten Stählen ist die Ursache aber eine andere als bei den Brüchen nach Bild 280.

Für alle diese verwickelten Vorgänge der Beanspruchung in der Wärme fehlt heute noch vielfach die Erklärung, und es wird noch jahrelanger Forschung bedürfen, um sichere Aussagen für das Langzeitverhalten im Betrieb machen zu können. Diese Untersuchungen werden zunächst von den Veränderungen im Atomgitter ausgehen müssen, wo sich Fehlstellen und Versetzungen ständig neu bilden.

Es ist zu erwarten, daß die metallkundliche Forschung, die auf diesem Gebiet bereits voll eingesetzt hat, uns ein tieferes Eindringen in die Vorgänge bei der Beanspruchung in der Wärme bringen wird. Das S. 456, Fußnote, angegebene Schrifttum gestattet eine Einführung in diesen wichtigen

---

[1] HOUDREMONT, E.: Stahl u. Eisen Bd. 59 (1939) S. 1/8.

Gegenstand[1]. (Es sei hier auch bemerkt, daß der Sprödbruch bei Raumtemperatur und in der Kälte auch von dieser Seite anzufassen ist.)

Dauerschwingfestigkeit in der Wärme

Da dauerstandfeste Stähle meist als Baustähle verwendet werden, unterliegen sie ebenso wie diese oft einer Wechselbeanspruchung. Entweder sind es, wie bei Dampfleitungen, ungewollte Schwingungen oder die durch den Gang der Maschine bedingten Wechselbeanspruchungen wie bei Turbinen. Es interessiert daher bei diesen Stählen die Dauerfestigkeit bei höheren Temperaturen ebenso wie die der Baustähle bei normaler Temperatur.

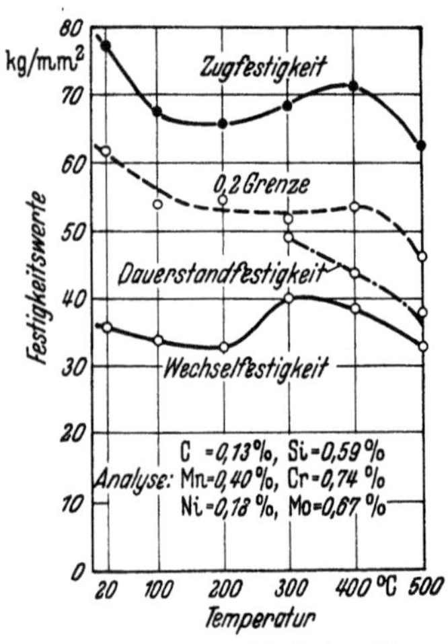

Bild 281. Wechselfestigkeit eines Chrom-Molybdän-Stahles in der Wärme (nach M. Hempel und H. Krug)

Nach dem Wöhler-Verfahren findet man nach M. Hempel und H. Krug[2] beim Chrom-Molybdän-Stahl Werte nach Bild 281. Es ist bemerkenswert, daß die Wechselfestigkeit bei 500 °C fast dieselbe ist wie bei gewöhnlicher Temperatur und daß sie nicht weit von der Dauerstandfestigkeit entfernt liegt. Für die Feststellung der Dauerfestigkeit bei erhöhten Temperaturen gibt das Wöhler-Verfahren aber ein unvollständiges Bild, weil es die Dehnung nicht berücksichtigt.

Nun ist aber ähnlich wie bei statischer Beanspruchung nur eine bestimmte Dehnung zulässig.

M. Hempel und H. Krug haben unter Berücksichtigung dieser Forderung eine besondere Prüfmaschine gebaut. — Sie finden sehr interessante Gesetzmäßigkeiten, die an Hand von 3 Vergütungsstählen in Bild 282 niedergelegt sind. Man sieht einen ähnlichen Verlauf wie bei den bekannten Schaubildern, die bei gewöhnlichen Temperaturen den Zusammen-

[1] Read, W. T., jr.: Dislocations in Crystals. London: McGraw-Hill 1953. — Cottrell, A. H.: Dislocations and Plastic Flow in Crystals. Oxford: The Clarendon Press 1958. — Fisher, I. C., W. G. Johnston, T. Vreeland u. R. Thomson: Dislocations and Mechanical Properties of Crystals. J. Wiley & Sons, London (1957). — „Vacancies and other Point Defects in Metals and Alloys" (Symposium). Inst. of Metals, London (1958). — „Creep and Recovery" (Symposium). ASM Cleveland (1957). — Seeger, A.: Theorie der Gitterfehlstellen. In: Handbuch der Physik. Hrsg. von S. Flügge. Berlin/Göttingen/Heidelberg: Springer, Bd. 7, T. 1. Kristallphysik, 1955; s. a. Bd. 7, T. 2. Kristallplastizität, 1958.

[2] Hempel, M., u. H. Krug: Mitt. K.-Wilh.-Inst. Eisenforschg. Bd. 24 (1942) S. 71.

hang zwischen Dauerschwingfestigkeit und Mittelspannung angeben (s. S. 337). Der Unterschied liegt aber darin, daß die Dehnung berück-

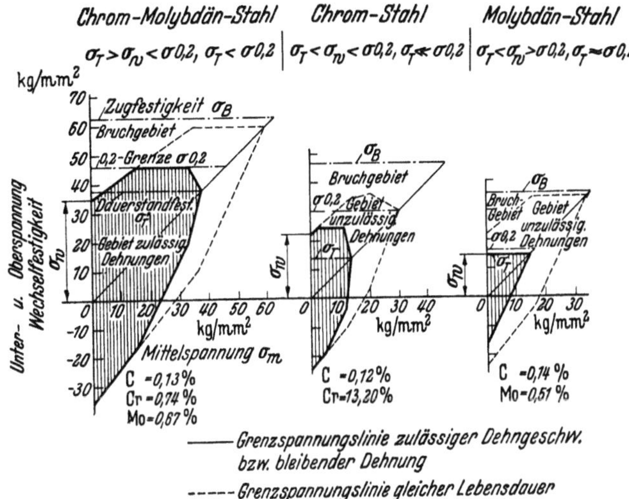

Bild 282. Dauerfestigkeitsschaubilder der 3 obigen Versuchswerkstoffe bei 500 °C (nach M. HEMPEL und H. KRUG)

sichtigt wird. Im schraffierten Teil liegen die Gebiete, in dem sie kleiner ist als die nach dem DVM-Verfahren zugelassene. Im übrigen, also rechts

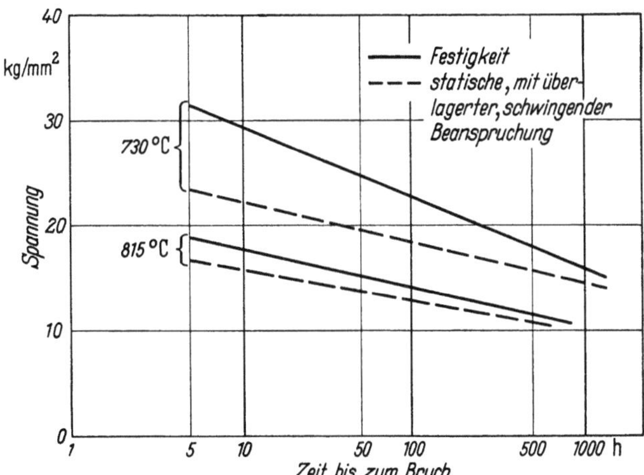

Bild 283. Bruchlasten bei statischer und überlagerter schwingender Beanspruchung einer Legierung mit 0,15% C, 21% Cr, 20% Ni, 20% Co, 1,5% Mn, 3% Mo, 2,5% W, 1% Nb + Ta, 0,15% N (nach M. URBAIN)

davon liegend, ist sie größer. Man sieht im Vergleich zum Bild 281, daß bei der Mittelspannung 0, also der Wechselfestigkeit, die Werte auch in dem schraffierten Teil nahe der Dauerstandfestigkeit nach dem DVM-Verfahren liegen, und zwar einmal etwas darüber, das andere Mal etwas darunter. Es ist leicht vorstellbar, daß bei dieser Art Zug-Druck-Beanspruchung der Werkstoff nicht genug Zeit zum Fließen hat. Es ist ferner leicht einzusehen, daß die Frequenz, also die Zahl der Lastwechsel in der Zeiteinheit von Einfluß ist, weil es von ihr abhängt, wie lange die kurzzeitige Zugbeanspruchung dauert. Wenn wir uns in dem Bild 282 nach rechts begeben, also uns der einseitigen Belastung nähern, so kommen wir immer mehr auf das Gebiet der unzulässigen Dehnung.

Im allgemeinen sind die von M. HEMPEL und H. KRUG gefundenen Werte als eine angenehme Überraschung anzusehen, denn man hätte im Hinblick auf die Erfahrungen, die man mit der Dauerstandfestigkeit gemacht hat, weniger erwartet.

Über Legierungen, die nicht mehr Stähle sind, bringt M. URBAIN[1] eine Untersuchung über schwingende Belastung nach Bild 283; s. dazu auch S. 476 über gesinterte Karbide.

Übersicht über gebräuchliche warmfeste und hochwarmfeste Stähle und Legierungen

Eine Übersicht über die Eigenschaften gebräuchlicher dauerstandfester Stähle und einiger Legierungen, die nicht mehr als Stahl zu bezeichnen sind, geben folgende Zahlentafeln und Bilder. Bei der Bewertung dieser Zahlentafeln und Bilder ist zu beachten, daß Versuchswerte in Dauerstandlaboratorien stark streuen und daß es sich bei Fehlen weiterer Angaben meist um Mittelwerte handelt. Die Streuungen rühren davon her, daß geringe Änderungen der Wärmebehandlung (Korngröße!) und des Reinheitsgrades (Schlackenverunreinigungen, Korngrenzensubstanzen!) von verhältnismäßig großem Einfluß sind. Ferner ist darauf aufmerksam zu machen, daß sich das Dehnverhalten kleiner Probestäbe nicht ohne weiteres auf große Körper, vor allem nicht auf Hohlkörper, übertragen läßt. Immerhin geben die vielen folgenden Werte brauchbare Anhaltspunkte für den Konstrukteur.

Zunächst sind in den Zahlentafeln 86, 87, 88 die chemische Zusammensetzung, die gewährleisteten Festigkeitseigenschaften, die Warmverarbeitung und Wärmebehandlung der niedriglegierten Vergütungsstähle für nahtlose Kesselkörper nach Stahl-Eisen-Werkstoffblatt 610-51 wiedergegeben[2].

I. CLASS[3] gibt in drei Zahlentafeln Angaben über drei Stahlgruppen wieder, und zwar in Zahlentafel 89 Werte über Zeitstandfestigkeiten vergütbarer Stähle bis 100000 Stunden, in Zahlentafel 90 Werte über Zeitstandigkeit und das Zeitdehnverhalten des auf S. 454 erwähnten

[1] URBAIN, M.: „Cobalt“, Centre d'Information du Cobalt, Brüssel (1958) Nr. 1.

[2] Stahl-Eisen-Werkstoffblatt 610-51 v. 1. Sept. 1951.

[3] CLASS, I.: Stahl u. Eisen Bd. 80 (1960) S. 1117/1135.

Zahlentafel 86. *Chemische Zusammensetzung niedriglegierter, warmfester Stähle nach Stahl-Eisen-Werkstoffblatt 610—51* (Ausgabe September 1951)

Markenbezeichnung[1]	Stoff-nummer[2]	Chemische Zusammensetzung[3] % C	% Si	% Mn	% Cr	% Mo	% V	Schweißbarkeit
St 41	0578	<.22	.15/.35	>.40	—	—	—	schweiß-
St 44	0608	<.25	.15/.35	>.40	—	—	—	bar[4]
17 Mn 4	0916	.14/.20	.20/.40	.90/1.2	—	—	—	[4]
19 Mn 5	0935	.17/.23	.40/.60	1.0/1.3	—	—	—	[4]
15 Mo 3[6] DMo 3	5415	.12/.20	.15/.35	.50/.80	—	.25/.35	—	[4]
15 CrMo 3[7]	7205	.10/.18	.15/.35	.60/.90	.60/.90	.10/.20	—	[4]
20 Mo 3[6]	5416	.16/.24	.15/.35	.50/.80	—	.25/.35	—	schweiß- [4]
18 CrMo 3[7]	7207	.14/.22	.15/.35	.70/1.0	.50/.80	.10/.20	—	bar[4] [4]
13 CrMo 4 4[8]	7335	.10/.18	.15/.35	.40/.70	.70/1.0	.40/.50	—	[5]
13 CrMoV 4 2[9]	7709	.10/.18	.15/.35	.40/.70	.90/1.2	.20/.30	.15/.25	[5]
16 CrMo 4 4[8]	7337	.12/.20	.15/.35	.50/.80	.90/1.2	.40/.50	—	[5]
16 CrMoV 4 2[9]	7708	.12/.20	.15/.35	.50/.80	.90/1.2	.25/.35	.15/.25	[5]

[1] Nach DIN 17006. [2] Nach DIN 17007 (z. Z. Entwurf).
[3] Der Phosphor und Schwefelgehalt darf bei den unlegierten Stählen und bei den Stählen 17 Mn 4 und 19 Mn 5 höchstens je 0,050%, bei den übrigen legierten Stählen höchstens je 0,040% betragen.
[4] Ein Vorwärmen auf mindestens 200 °C wird empfohlen.
[5] Ein Vorwärmen auf mindestens 200 °C ist erforderlich.
[6,7,8,9] Je nach Wanddicke nach Wahl des Herstellers.

hochlegierten, nichtaustenitischen Stahles und in Zahlentafel 91 Werte über das Zeitdehnverhalten dreier austenitischer Stähle.

Die Bilder 284 bis 288 geben die DVM-Kriechgrenze, die Belastungen für die 1% Zeitdehngrenze bei 10000 und 100000 Stunden und die Zeitstandfestigkeiten für 10000 und 100000 Stunden für eine Reihe von Legierungen nach Erfahrung der Verfasser an. Die Zusammensetzung und mechanische Eigenschaften bei Raumtemperatur der Vergütungsstähle findet sich in der Zahlentafel 92 und 93 und die der austenitischen in der Zahlentafel 94.

Die Entwicklung der hochwarmfesten Stähle ist wegen der großen Bedeutung, welche die hohen Arbeitstemperaturen haben, über die Stähle, zu Legierungen hinausgegangen, die Nickel und Kobalt als Grundwerkstoff enthalten. Diese Legierungen wurden in England und Amerika entwickelt.

Für einige Legierungen dieser Art sind in den Zahlentafeln 95 und 96 nach E. Houdremont[1] die chemische Zusammensetzung, die Festigkeitseigenschaften bei Raumtemperatur sowie das Dauerstandverhalten bis 800 °C angegeben. Diese Legierungen werden bei etwa 1100 °C lösungsgeglüht und durch längeres Erwärmen auf etwa 700 °C ausgehärtet. Ihre

[1] Houdremont, E.: Handbuch der Sonderstahlkunde, 3. Aufl. Berlin/Göttingen/Heidelberg: Springer u. Düsseldorf: Stahleisen 1956, S. 1084.

Zahlentafel 87. *Gewährleistete Festigkeitseigenschaften nach Werkstoffblatt 610—51 der Stähle nach Zahlentafel 86*

Marken-bezeichnung	Zug-festigkeit kg/mm²	Streckgrenze bei kg/mm² mind.						DVM-Kriechgrenze[1] bei kg/mm² mind.							Bruch-dehnung[2] ($L_0 = 5\,d_0$) % mind.		Kerbschlag-zähigkeit[5] kg/cm² mind.		Wärme-behandlungs-zustand
		20°	200°	250°	300°	350°	400 °C	400°	425°	450°	475°	500°	525°	550 °C	L[3]	Q[4]	L[3]	Q[4]	
St 41	41—50	23	20	18	16	14	11	10	8	6	(4)	—	—	—	24	21	6	4	normalgeglüht
St 44	44—53	24	21	19	17	15	12	11	9	7	(4)	—	—	—	23	20	5	4	normalgeglüht
17 Mn 4	47—56	27	25	23	21	18	15	14	12	10	(7)	—	—	—	23	20	7	5	normalgeglüht
19 Mn 5	52—62	32	26	24	23	21	18	17	15	13[6]	10[6]	(6)	—	—	19	17	6	4	normalgeglüht
15 Mo 3 15 CrMo 3 20 Mo 3 18 CrMo 3	44—55	27	24	22	20	19	17	16	15	14	13	11	8	(4)	24	21	7	5	normal-geglüht[7]
13 CrMo 4 4 13 CrMoV 4 2 16 CrMo 4 4 16 CrMoV 4 2	44—56 45—60 44—56 45—60	29	27	26	25	23	21	20	19	18	16	15	11	(6)	24	21	7	5	luft- oder ölvergütet

[1] Die Einklammerung bestimmter Werte der DVM-Kriechgrenze zeigt an, daß der Werkstoff bei dieser Temperatur im Dauerbetrieb zweckmäßig nicht mehr verwendet wird.

[2] Bei Verwendung der Sammler nach den Werkstoffvorschriften für Landdampfkessel muß die Bruchdehnung $\geqq \frac{1000}{\text{Zugfestigkeit}}$ betragen. [3] An Längsproben. [4] An Querproben (vgl. Absatz 12 und 12.1 der technischen Lieferbedingungen). [5] Geprüft an der DVM-Probe. [6] Im spannungsfreigeglühten Zustand liegt der Wert um 2 kg/mm² tiefer. [7] 15 CrMo 3 und 18 CrMo 3 werden u. U. vergütet.

Zahlentafel 88. *Warmverarbeitung und Wärmebehandlung der Stähle nach Zahlentafel 86*

Markenbezeichnung	Schmieden °C	Weichglühen °C	Normalglühen °C	Vergüten Härten °C	Vergüten Anlassen °C	Anlaßdauer min	Spannungsfreiglühen Glühtemperatur °C	Spannungsfreiglühen Glühdauer min
St 41	1100 bis 850	650 bis 700	880—910	—	—	—	600 bis 650	je mm Wand- dicke 1—2, mind. 20—30
St 44			870—900	—	—	—		
17 Mn 4			880—910	—	—	—		
19 Mn 5			870—900	—	—	—		
15 Mo 3			910—940	—	—	—		
15 CrMo 3			910—930	(910—930)	(630—700)	s. u.		
20 Mo 3			960—940	—	—	—		
18 CrMo 3			910—930	(910—930)	(630—700)	s. u.		
13 CrMo 4 4			910—940	910—940	650—720	je mm Wanddicke 1, mind. 20		20—20
13 CrMoV 4 2			910—960	910—960	700—750			
16 CrMo 4 4			910—940	910—940	650—720			
16 CrMoV 4 2			910—960	910—960	700—750			

Zahlentafel 89. *10000-h- und 100000-h-Zeitstandfestigkeit druckwasserstoffbeständiger Stähle* (nach I. Class)

Sortenbezeichnung nach DIN 17006	*	Prüftemperatur °C	Zeitstandfestigkeit für eine Beanspruchungsdauer von 10000 h kg/mm²	100000 h kg/mm²
10 Cr 11	N 5 B	500 550	9 3	4 1
10 CrMo 11	N 5	500 550	11 5	7 2
17 CrMoV 10	N 8 N	500 550	18 8	12 4
12 CrMo 19 5		500 550	17 8	11 4
	N 8	500 550	19 9	12 5
20 CrMoV 13 5	N 9	500 550	18 10	12 6
21 CrVMoW 12	N 10	500 550	23 13	15 7
X 22 CrMoV(W) 12 1	N 12	500 550 600	30 21 8,5	25 16 5
X 8 CrNiMoVNb 16 13	NA 3 W	500 550 600	35 28 22	29 22 16
X 8 CrNiMoVNb 16 13	NA 3	550 600	32 27	26 21

* Nach Werksvorschriften der Badischen Anilin- und Sodafabrik.

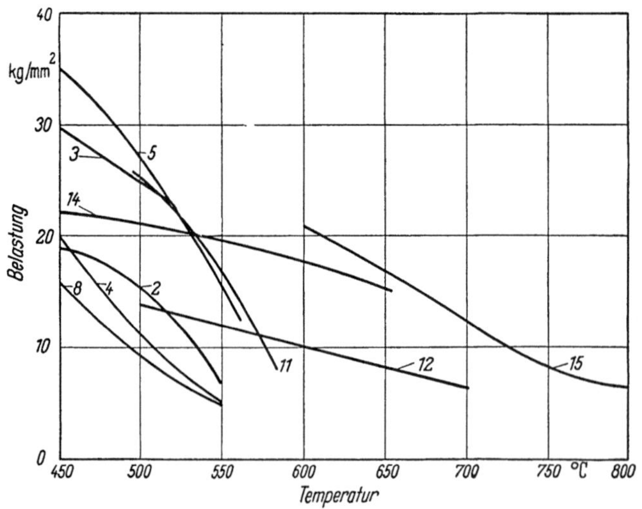

Bild 284. DVM-Kriechgrenze (σ DVM) von Stählen nach Zahlentafel 92, 93, 94

Zahlentafel 90. *Chemische Zusammensetzung, mechanische Eigenschaften bei Raumtemperatur, Zeitstandfestigkeit und Dehnverhalten eines hochlegierten nichtaustenitischen Chromstahles* (nach I. Class)

Chemische Zusammensetzung							Wärmebehandlung
% C	% Si	% Mn	% Cr	% Mo	% V	% W [1]	
0,17—0,23	≦ 0,40	≦ 0,70	10,5—12,5	0,30—0,80	0,25—0,35	0,90—1,20	2 h 1000 bis 1050 °C/Öl oder Luft — 2 h 680 bis 750 °C/Ofen oder ruhige Luft

Streckgrenze	Zugfestigkeit	Bruchdehnung	Brucheinschnürung	DVM-Kerbschlagzähigkeit	Zeitstandfestigkeit für 10 000 h / 100 000 h Beanspruchungsdauer bei (kg/mm²)				1%-Zeitdehngrenze für 10 000 h / 100 000 h Beanspruchungsdauer bei (kg/mm²)			
					10 000 h		100 000 h		10 000 h		100 000 h	
kg/mm²	kg/mm²	%	%	kgm/cm²	500 °C	550 °C	500 °C	550 °C	500 °C	550 °C	500 °C	550 °C
mind. 55	75—90	mind. 14[2] mind. 11[1]	mind. 35[2] mind. 25[1]	rd. 5[2] rd. 3[1]	31	20[1]	22	12[1]	25	15[1]	18	9[1]

[1] Nur bei Stahl X 22 CrMoWV 12 1. [2] Für Stahl X 22 CrMoV 12 1.

Zahlentafel 91. *Chemische Zusammensetzung, mechanische Eigenschaften bei*

Stahlbezeichnung[1]	Chemische Zusammensetzung[2]							Behandlungs-zustand
	% C	% Cr	% Mo	% N	% Nb	% Ni	% V	
X 8 CrNiNb 16 13 (NA 1)	0,06	16,5			>10×% C	13,0		ab-geschreckt
X 8 CrNiMoVNb 16 13 (NA 3 W)	0,06	16,5	1,3	0,1	>10×% C	13,0	0,7	aus-gehärtet
X 8 CrNiMoVNb 16 13 (NA 3)	0,06	16,5	1,3	0,1	>10×% C	13,0	0,7	warmkalt-verfestigt

[1] Nach DIN 17006. In Klammern: Werksbezeichnung der Badischen Anilin- und
[2] Richtangaben.
[3] Die unterschiedlichen Werte für die Eigenschaften im Zugversuch und die Kerb- — von oben nach unten gelesen — für Durchmesser bis 100, 100 bis 150 bzw. 150 bis
[4] Die Zeitdehngrenz- und Zeitstandfestigkeitswerte gelten bei Stahl X 8 CrNiMoVNb temperatur.
[5] Extrapolierte Werte.

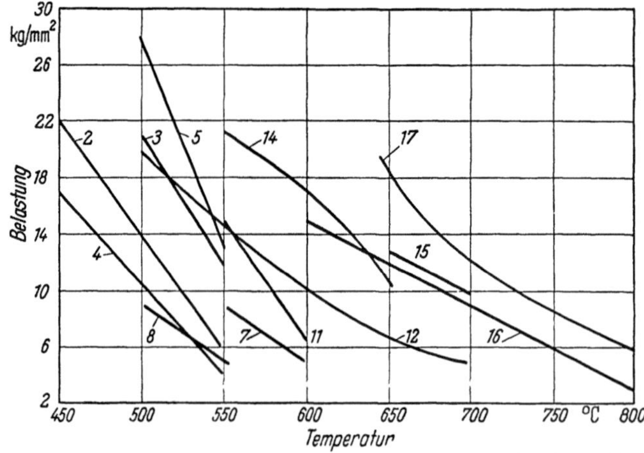

Bild 285. 1%-10000-Stunden-Zeitdehngrenze ($\sigma_{1/10000}$) der Stähle nach Zahlentafel 92, 93, 94

Raumtemperatur und Zeitdehnverhalten dreier austenitischer Stähle (nach I. CLASS)

Mechanische Eigenschaften											
bei 20 °C[3]				bei erhöhten Temperaturen[4] 1%-Zeitdehngrenze und *Zeitstandfestigkeit* bei							
				500 °C		550 °C		600 °C		650 °C	
				für eine Beanspruchungsdauer von							
Streckgrenze kg/mm²	Zugfestigkeit kg/mm²	Bruchdehnung ($L_0 = 5 d_0$)	Kerbschlag-zähigkeit DVM-Probe	10^4 h	10^4 h	10^4 h	10^4 h	10^4 h	10^4 h	10^4 h	10^4 h
mind.		% mind.	mkg/cm²[2]	kg/mm²							
22	52 bis 70	35	~15	20 *32*	16 *25*	14 *22*	10 *15*	10 *15*	6 *8*	—	—
25	55 bis 75	30	~10	24 *33*	18 *28*	21 *25*	14 *20*	17 *21*	10 *14*	11 *14*	7 *9*
50	65 bis 85	17	6	—	—	28	20	23	16	16[5]	10[5]
45	65 bis 85	18	6	—	—	*32*	*26*	*27*	*21*	*21*[5]	*14*[5]
40	60 bis 80	19	6	—	—	—	—	—	—	—	—

Sodafabrik.

schlagzähigkeit bei Stahl X 8 CrNiMoVNb 16 13 im warmkaltverformten Zustand gelten, 250 mm.

16 13 im warmkaltverformten Zustand für eine Streckgrenze von 50 kg/mm² bei Raum-

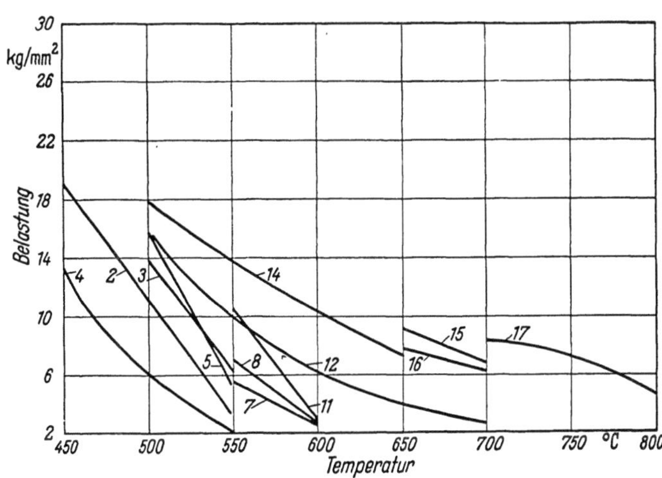

Bild 286. 1%-100000-Stunden-Zeitdehngrenze ($\sigma_{1/100000}$) der Stähle nach Zahlentafel 92, 93, 94

Zahlentafel 92. *Zusammensetzung, Werkstoffnummer und Normbezeichnung sowie mechanische Eigenschaften bei Raumtemperatur der Stähle Nr. 1—8. Niedriglegierte, vergütbare, warmfeste Stähle*

Nr.		Zustand	Streckgrenze kg/mm² mind.	Zugfestigkeit kg/mm²	Dehnung $L_0 = 5\ d_0$ % mindestens		Kerbschlagzähigkeit mkg/mm² (DVMR) mindestens
1	Legierungstyp: C 0,15, Mo 0,3, Mn 0,7% Werkstoff-Nr. 5415 15 Mo 3 (DIN 17006)	normalgeglüht	27	44—55	längs quer	24 21	7 6
2	Legierungstyp: C 0,14, Cr 0,9, Mo 0,45% Werkstoff-Nr. 7335 13 CrMo 4 4 (DIN 17006)	vergütet	29	45—60	längs quer	24 21	7 5
3	Legierungstyp: C 0,16, Mo 0,8, V 0,3%	vergütet	60	70—85	längs quer	16 14	8 5
4	Legierungstyp: C 0,25, Cr 1,1, Mo 0,2% Werkstoff-Nr. 7254 24 CrMo 5 (DIN 17006)	I vergütet	50	65—80	längs quer	17 14	7 4
		II vergütet	45	60—75	längs quer	18 15	8 5
5	Legierungstyp: C 0,24, Cr 1,4, Mo 0,55, V 0,2% Werkstoff-Nr. 7733 24 CrMoV 5 5 (DIN 17006)	I vergütet	65	80—95	längs quer	14 12	7 4
		II vergütet	55	70—85	längs quer	16 12	6 4
6	Legierungstyp: C 0,2, Cr 1,3, Mo 1,1, V 0,3% Werkstoff-Nr. 8070 21 CrMoV 5 1 (DIN 17006)	vergütet	55	70—85	längs quer	16 12	8 5
7	Legierungstyp: C 0,1, Cr 2,3, Mo 1,0% Werkstoff-Nr. 7380 10 CrMo 9 10 (DIN 17006)	vergütet	27	45—60	längs quer	22 19	6 4
8	Legierungstyp: C 0,1, Cr 5,5, Mo 0,5% Werkstoff-Nr. 7362 12 CrMo 19 5 (DIN 17006)	vergütet	40	60—75	längs quer	17 14	7 5

Warmverformbarkeit ist schwierig, und sie werden deshalb, wenn die Anforderungen an Zähigkeit nicht zu hoch sind, im gegossenen Zustand, bei kleinen Teilen meist als Präzisionsguß (Feinguß) (S. 846) gebraucht.

Zahlentafel 93. *Zusammensetzung, Werkstoffnummer und Normbezeichnung sowie mechanische Eigenschaften bei Raumtemperatur der Stähle Nr. 9—11. Hochlegierte, vergütbare, warmfeste Stähle*

Nr.		Zustand	Streckgrenze kg/mm² mind.	Zugfestigkeit kg/mm²	Dehnung $L_0 = 5\ d_0$ % mindestens		Kerbschlagzähigkeit mkg/cm² (DVMR) mindestens
9	Legierungstyp: C 0,2, Cr 12, Mo 1,2% Werkstoff-Nr. 4921 X 20 CrMo 12 1 (DIN 17006)	vergütet	50	70—85	längs quer	15 12	7 4
10	Legierungstyp: C 0,2, Cr 12, Mo 1,0, V 0,3% Werkstoff-Nr. 4933 (4997) X 20 CrMoV 12 1 (DIN 17006)	vergütet	60	80—95	längs quer	14 11	5 3
11	Legierungstyp: C 0,2, Cr 12, Mo 1,0, W 0,5, V 0,3% Werkstoff-Nr. 4935 (4998) X 22 CrMoWV 12 1 (DIN 17006)	vergütet	60	80—95	längs quer	14 11	5 3

Zahlentafel 94. *Zusammensetzung, Werkstoffnummer und Normbezeichnung sowie mechanische Eigenschaften bei Raumtemperatur der Stähle Nr. 12—17. Austenitische, hochwarmfeste Stähle*

Nr.		Zustand	Streckgrenze kg/mm² mind.	Zugfestigkeit kg/mm²	Dehnung $L_0 = 5\ d_0$ % mindestens		Kerbschlagzähigkeit mkg/cm² (DVMR) mindestens
12	Legierungstyp: C 0,1, Cr 16, Ni 13% + Nb Werkstoff-Nr. 4961 X 8 CrNiNb 16 13 (DIN 17006)	lösungsgeglüht	22	50—65	längs quer	35 20	15 10
	Die angegebenen Werte gelten nur für Abmessungen bis 100 mm						
13	Legierungstyp: C 0,1, Cr 16, Ni 16, Mo 2% + Nb Werkstoff-Nr. 4981 X 8 CrNiMoNb 16 16 (DIN 17006)	lösungsgeglüht	22	52—70	längs quer	35 20	15 6
14	Legierungstyp: C 0,1, Cr 16, Ni 13, Mo 1,3, V 0,8% + Nb Werkstoff-Nr. 4988 + N X8 CrNiMoVNb 16 13 (DIN 17006)	lösungsgeglüht und ausscheidungsgehärtet	25	55—75	längs quer	30 20	10 6
15	Legierungstyp: C 0,4, Cr 13, Ni 13, Mo 2, W 2,5, Co 10, Nb 3%	lösungsgeglüht	35	65—85	längs quer	16 12	5 3
16	Legierungstyp: C 0,4, Cr 20, Ni 20, Mo 4, W 4, Co 20, Nb 4%	lösungsgeglüht	50	80—100	längs	20	5
17	Legierungstyp: C 0,4, Cr 20, Ni 20, Mo 4, W 4,7, Co 45, Nb 3%	lösungsgeglüht und ausscheidungsgehärtet	50	85—100	längs	15	4

Zahlentafel 95. *Chemische Zusammensetzung einiger hochwarmfester*

Nr.	Bezeichnung	Chemische				
		C %	Si %	Mn %	Co %	Cr %
1	S-816; G 32	0,30/0,50	0,5	<1,0	45—47	20—25
2	Stellit 30; X-40 . . .	0,40/0,50	0,5	<1,0	50—55	25
3	Vitallium	0,25	0,60	0,60	62	27
4	Nimonic 80A; Inconel X	<0,10	<1,0	1,0	(2,0)	15—21
5	Nimonic 90	<0,10	<1,5	1,0	15—21	18—21
6	Nimonic 95	0,20	0,5	0,7	16—18	20
7	Hastelloy B	0,10	0,5	0,5	—	1,0

Zahlentafel 96. *Festigkeitseigenschaften bei Raumtemperatur sowie Zeitstand-*

Nr.	Streckgrenze	Zugfestigkeit	Temperatur: 600 °C				Temperatur: 650 °C			
			$\sigma_{1,0}$ in		σ_B in		$\sigma_{1,0}$ in		σ_B in	
			kg/mm² für				kg/mm² für			
	kg/mm²	kg/mm²	1000 h	10000 h	1000 h	10000 h	1000 h	10000 h	1000 h	10000 h
1	—	100—110	—	—	—	—	—	—	35—39	31
2	—	80	—	—	—	—	—	—	32	—
3	—	75	—	—	—	—	—	—	31—33	—
4	60	110	44[1]	34[1]	46	36	38[1]	26[1]	42	27
5	80	125	—	—	—	—	44[1]	35[1]	45	36
6	80	125	—	—	—	—	—	—	—	—
7	—	100	—	—	—	—	—	—	29	—

[1] Zeitdehngrenzen für 0,5% bleibende Dehnung.

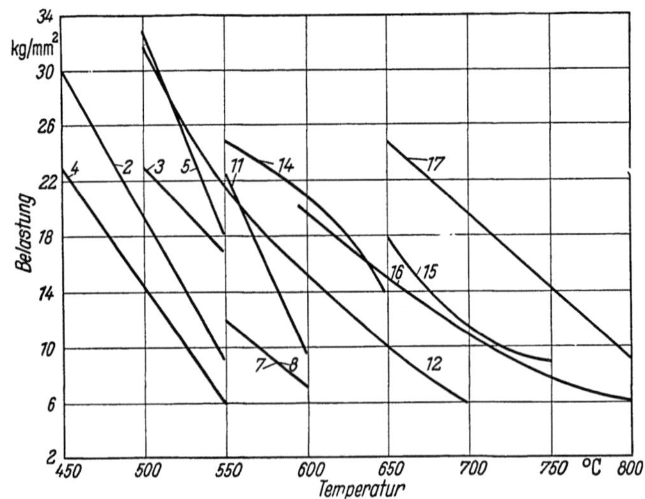

Bild 287. 10000-Stunden-Zustandfestigkeit ($\sigma_{B/10000}$) der Stähle nach Zahlentafel 92, 93, 94

Legierungen auf Nickel- und Kobaltgrundlage (nach E. HOUDREMONT)

Zusammensetzung						
Mo %	Ni %	V %	W %	Ti %	Nb/Ta %	Sonstige %
2—3	10—20	(3,0)	(4)	—	(1,0—4,0)	—
(6)	10—16	—	(8)	—	—	1,0 Fe
5	3	—	—	—	—	1,0 Fe
—	73—75	—	—	2,5	(1,0)	1,0 Al; 0,5—7,0 Fe
—	58	—	—	2,5	—	1,5 Al; 5 Fe
—	55	—	—	2,5	—	1,75 Al; 1,5 Fe
28	65	—	—	—	—	4 Fe

festigkeit bis 800° der Legierungen nach Zahlentafel 95 (nach E. HOUDREMONT)

Temperatur: 700 °C				Temperatur: 750 °C				Temperatur: 800 °C			
$\sigma_{1,0}$ in		σ_B in		$\sigma_{1,0}$ in		σ_B in		$\sigma_{1,0}$ in		σ_B in	
kg/mm² für				kg/mm² für				kg/mm² für			
1000 h	10000 h	1000 h	10000 h	1000 h	10000 h	1000 h	10000 h	1000 h	10000 h	1000 h	10000 h
27	—	26—29	23	20	—	19—22	17	13	—	14—16	—
—	—	27	—	—	—	22	—	—	—	17	—
—	—	22—25	—	—	—	15—18	—	—	—	12—14	—
27[1]	15[1]	28,5	16,5	18[1]	9,5[1]	18	9,5	—	—	9	—
33[1]	—	34	26	23[1]	—	24	15	13[1]	—	14	(8)
36[1]	—	37	—	24[1]	—	25	—	15[1]	—	16	—
—	—	22	—	—	—	16	—	—	—	11	—

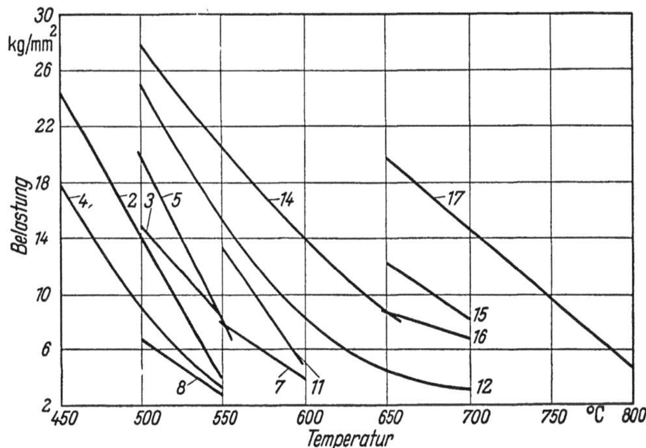

Bild 288. 100000-Stunden-Zeitstandfestigkeit ($\sigma_{B/100\,000}$) der Stähle nach Zahlentafel 92, 93, 94

In den Zahlentafeln 97 bis 100 finden sich die Zusammensetzung, Festigkeitseigenschaften bei Raumtemperatur und die Zeitstandfestigkeiten zweier Nickellegierungen vor, von denen eine bis 980 °C und die andere bis 1000 °C geprüft wurde[1].

Zahlentafel 97. *Chemische Zusammensetzung und Verwendungsempfehlung zweier hochwarmfester Legierungen auf Nickelgrundlage* (nach Nimocast Alloys)[1]

Legierung	Durchschnittliche chemische Zusammensetzung in %										Besondere Eigenschaften	Empfohlene Wärmebehandlung
	C	Si	Mn	Cr	Co	Fe	Ti[2]	Al[2]	Mo	Ni		
Nimocast 242	0,3	0,3 Si+Mn max <1%	0,3	20	10	1 max	0,3 max	0,2 max	10	Rest	großer Widerstand gegen Stöße und Hitze	gegossen
Nimocast 258	0,2	0,4	0,3	10	20	2 max	3,7	4,8	5	Rest	Sehr gutes Kriechverhalten bis 1000 °C und gute Gießbarkeit	nach dem Gießen 4—8 h bei 1000 °C Luftkühlung, 16 h bei 850 °C Luftkühlung

Zahlentafel 98. *Festigkeitseigenschaften bei Raumtemperatur der Legierungen Nimocast 258 und Nimocast 242 im Feinguß hergestellt*

Legierung	Zustand	Belastung bei verschiedener bleibender Dehnung			Zerreißfestigkeit	Dehnung in % bei $4\sqrt{\text{Länge}}$
		0,1%	0,2%	0,3%		
Nimocast 258	gegossen	48,6	51,0	53,0	54,6	3,4
	wärmebehandelt	47,8	49,6	51,2	52,4	4,5
	wärmebehandelt	46,6	47,8	48,8	49,0	4,5
Nimocast 242	gegossen	17,0	19,2	21,4	31,1	7,9

Wärmebehandlung: 4 h 900 °C luftgekühlt + 16 h 850 °C luftgekühlt,
Wärmebehandlung: 4 h 1000 °C luftgekühlt + 16 h 850 °C luftgekühlt.

Zahlentafel 99. *Zeitstandfestigkeit bei 30 bis 300 h und 700 bis 980 °C von Nimocast 258*

Temperatur °C	Zeitstandfestigkeit 30 h	100 h	300 h	Bruchdehnung
700	35	33	31	1,5
750	28	27	(25)	1,3
815	26	23	21	3,5
870	20	17	15	6,2
980	(8)	7	5	5,5

Nicht eingeklammerte Zahlen sind extrapolierte Werte.

[1] The Nimocast Alloys: Some Properties of Nickel-base Casting Alloys for High-temperature Service, by D. R. Wood, M. A., A. I. M. and J. F. Gregg, B. Sc. (The Mond Nickel Company, Ltd.), Sept. 1957. [2] s. S. 296.

Zahlentafel 100. *Zeitstandfestigkeit bei 30 bis 100 h und 750 bis 1000 °C von Nimocast 242*

Temperatur °C	Zeitstandfestigkeit 30 h	100 h	Bruchdehnung
750	14,1	11,7	20,6
815	9,4	7,5	19,6
870	6,6	(5,3)	21,8
940	5,0	4,1	16,9
1000	3,7	2,5	15,8

Nicht eingeklammerte Zahlen sind extrapolierte Werte.

Zahlentafel 101. *Zeitbruchdehnung und Zeitbrucheinschnürung der Nickel-Chrom-Molybdän-Legierungen nach Prüfung bei 800 °C* (nach H. ZEUNER[1])

Schmelze Nr.	Werkstofftyp	Belastung bei 800 °C in kg/mm²	Zeit bis zum Bruch oder Prüfzeit in h	Zeitbruchdehnung $L_0 = 10d_0$ in %	Zeitbrucheinschnürung in %	Brinellhärte vor dem Versuch in kg/mm²	Brinellhärte nach dem Versuch in kg/mm²
V 722	20% Cr,	2,0	1394	2,1	5,8	137	132
und	Rest Nickel	3,0	144	3,0	7,7	132	129
V 734		3,5	168	6,3	9,6	130	122
		4,0	30 n. g.	—	—	128	116
		5,0	24	5,2	5,8	142	134
V 727	20% Cr,	2,5	431 n. g.	—	—	140	131
und	4% Mo,	3,0	1935	6,0	7,7	142	128
V 840	Rest Nickel	3,5	912 n. g.	—	—	136	137
		4,0	390	12,5	3,8	132	132
		5,0	576	31,0	57,7	138	131
		6,0	166	19,5	29,5	138	129
V 728	20% Cr,	2,0	1918 n. g.	—	—	152	139
und	8% Mo,	3,0	1918 n. g.	—	—	156	140
V 831	Rest Nickel	3,5	192	—	—	148	155
		4,0	3010	32,5	36,0	151	138
		5,0	718	21,3	37,5	157	141
		7,0	238	49,0	36,0	153	137
		8,0	3	2,0	4,0	157	170
V 730	20% Cr,	3,0	3882 n. g.	—	—	210	213
und	12% Mo,	4,0	3882 n. g.	—	—	201	224
V 832	Rest Nickel	5,8	2112	11,5	34,0	220	231
		6,5	1512	16,7	28,7	216	231
		8,0	194	19,2	24,9	206	215
		11,0	445	25,0	45,0	212	195
V 732	20% Cr,	6,0	8312	2,8	4,0	273	325
	16% Mo,	7,0	906	4,8	7,8	282	325
	Rest Nickel	8,0	522	5,0	14,3	268	313
		9,0	47	7,1	4,0	271	310
		12,0	32	20,8	17,0	278	309

n. g. = nicht gebrochen.

In den Zahlentafeln 101 bis 105 finden sich weitere Angaben über hochwarmfeste Legierungen nach H. ZEUNER[1].

[1] ZEUNER, H.: Dauerstandfester Stahlguß für das mittlere und hohe Temperaturgebiet. Kongreßvorträge. 23. Internationaler Gießereikongreß, Düsseldorf 1956. Vortrag Nr. 118, 6 S.

Zahlentafel 102. *Zeitbruchdehnung und Zeitbrucheinschnürung der Nickel-Chrom-Molybdän-Legierungen nach Prüfung bei 600 °C* (nach H. ZEUNER)

Schmelze Nr.	Werkstofftyp	Belastung bei 600 °C in kg/mm²	Zeit bis zum Bruch oder Prüfzeit in h	Zeitbruch-dehnung $L_0 = 10 d_0$ in %	Zeitbruch-ein-schnürung in %	Brinell-härte vor dem Versuch in kg/mm²	Brinell-härte nach dem Versuch in kg/mm²
V 1170	20% Cr,	8	1560 n. g.	—	—	138	133
	4% Mo,	10	1560 n. g.	—	—	132	131
	Rest Nickel	15	1560 n. g.	—	—	135	140
V 728	20% Cr,	10	2540	0,42	—	138	135
	8% Mo,	20	1080	12	8,7	145	158
	Rest Nickel						
V 764	20% Cr,	8	1530 n. g.	—	—	205	281
	12% Mo,	10	1530 n. g.	—	—	201	273
	Rest Nickel	15	360	1,50	5,8	220	338
		19	1530 n. g.	—	—	215	282
		21	1530 n. g.	—	—	209	297
		24	1530 n. g.	—	—	203	274
		26	1530 n. g.	—	—	203	293
		30	1530 n. g.	—	—	208	289
		31	1530 n. g.	—	—	212	279
		32	1530 n. g.	—	—	218	283
		31	1584	0,25	—	215	285
		34	1530 n. g.	—	—	219	256
V 733	20% Cr,	10	1510 n. g.	—	—	288	458
	16% Mo,	15	1510 n. g.	—	—	275	439
	Rest Nickel	20	1510 n. g.	—	—	283	452
		24	1510 n. g.	—	—	291	441
		26	1510 n. g.	—	—	272	434
		29	703	0,27	4,0	281	457
		30	1075	0,6	4,0	291	460

n. g. = nicht gebrochen.

Mit den Legierungen, die im Feinguß hergestellt werden, befaßt sich ausführlich R. SCHWALBE[1]. Besonders für sehr hohe Temperaturen eignen sich im Feinguß (s. S. 849) hergestellte Legierungen gut. Nach diesem Verfahren lassen sich nicht warm verformbare Legierungen ohne viel Bearbeitung gut in die Form bringen. R. SCHWALBE gibt für die Legierungen:

Inconel 713 C: 0,20% C, 1% Mn, 6% Al, 12,5% Cr, 5% Fe, 4,5% Mo, 2% Nb + Ta, 0,75% Ti, Rest Ni,

Udimet 700: 4,25% Al, <0,1% B, 19% Co, 15% Cr, 4% Fe, 5,2% Mo, 3,5% Ti, Rest Ni,

Zeitstandfestigkeiten nach Bild 289.

Für den Feinguß stehen heute noch die Kobaltlegierungen wegen ihrer besseren Gießeigenschaften an erster Stelle. Sie genügen jedoch den steigenden Anforderungen, besonders im Frischgasturbinenbau, vielfach nicht mehr. Die aushärtbaren Nickellegierungen gewinnen daher trotz ihrer verhältnismäßig schlechten Vergießbarkeit immer mehr an Bedeu-

[1] SCHWALBE, R.: Stahl u. Eisen Bd. 80 (1960) S. 36/45.

Zahlentafel 103. *Zeitbruchdehnung und Zeitbrucheinschnürung der Nickel-Chrom-Legierungen mit steigendem Kohlenstoffgehalt nach Prüfung bei 700 °C* (nach H. ZEUNER)

Schmelze Nr.	Werkstofftyp	Belastung bei 700 °C in kg/mm²	Zeit bis zum Bruch oder Prüfzeit in h	Zeitbruchdehnung $L_0 = 10\,d_0$ in %	Zeitbrucheinschnürung in %	Brinellhärte vor dem Versuch in kg/mm²	Brinellhärte nach dem Versuch in kg/mm²
V 841	20% Cr,	3	3576	2,5	4,0	137	126
	Rest Nickel	4	1520	3,0	7,5	129	128
		5,5	460	4,7	9,6	122	129
		6,5	288	2,3	9,6	131	123
V 957	0,250% C,	5,5	4320 n. g.	—	—	250	238
	20% Cr,	7,0	2760	0,6	3,7	268	238
	Rest Nickel	8,5	252	1,2	4,0	261	241
		8,5	165	1,0	4,0	253	241
		10,0	20	0,4	2,0	241	236
V 958	0,631% C,	7	4120	1,2	7,0	270	247
	20% Cr,	8,5	3980	1,3	4,0	261	245
	Rest Nickel	10,0	2650	17,6	34,2	258	241
		10,0	1625	16,0	40,7	263	234
		12,0	290	14,0	66,0	251	246

n. g. = nicht gebrochen.

Zahlentafel 104. *Zeitbruchdehnung und Zeitbrucheinschnürung der Nickel-Chrom-Molybdän-Legierung mit Kohlenstoffzusatz nach Prüfung bei 800 °C* (nach H. ZEUNER)

Schmelze Nr.	Werkstofftyp	Belastung bei 800 °C in kg/mm²	Zeit bis zum Bruch oder Prüfzeit in h	Zeitbruchdehnung $L_0 = 10\,d_0$ in %	Zeitbrucheinschnürung in %	Brinellhärte vor dem Versuch in kg/mm²	Brinellhärte nach dem Versuch in kg/mm²
V 1239	0,300% C,	7	550	14,2	53,7	257	215
	19,5% Cr,	7,5	382	15,1	52,3	261	244
	3,94% Mo,	8	269	25,8	45,2	251	239
	Rest Nickel	9	130	27,4	57,7	259	239
		10	121	25,6	61,5	265	280
		12	103	26,0	39,0	257	244
		5	2158	n. g.	—	—	—
		6	1510	n. g.	—	—	—

n. g. = nicht gebrochen.

Zahlentafel 105. *Zeitbruchdehnung und Zeitbrucheinschnürung der Nickel-Chrom-Molybdän-Legierung mit Wolfram- und Kohlenstoffzusatz nach Prüfung bei 800 °C* (nach H. ZEUNER)

Schmelze Nr.	Werkstofftyp	Belastung bei 800 °C in kg/mm²	Zeit bis zum Bruch oder Prüfzeit in h	Zeitbruchdehnung $L_0 = 10\,d_0$ in %	Zeitbrucheinschnürung in %	Brinellhärte vor dem Versuch in kg/mm²	Brinellhärte nach dem Versuch in kg/mm²
V 1240	0,330% C,	5	2000 n. g.	—	—	272	269
	20% Cr,	6	3220	11,3	37,1	265	263
	4% Mo,	8	875	22,2	45,2	265	269
	2,52% W,	9	454	19,6	51,0	268	257
	Rest Nickel	10	172	27,0	48,2	270	272
		12	120	20,0	52,3	251	239

n. g. = nicht gebrochen.

tung. Sie enthalten Aluminium und Titan in Gesamtmengen bis zu 8%, oft zusätzlich noch Spurenelemente wie Bor und Zirkon. Sie müssen meist im Vakuum erschmolzen und auch im Vakuum oder zumindest unter Schutzgas vergossen werden, um günstigste Eigenschaften zu erhalten.

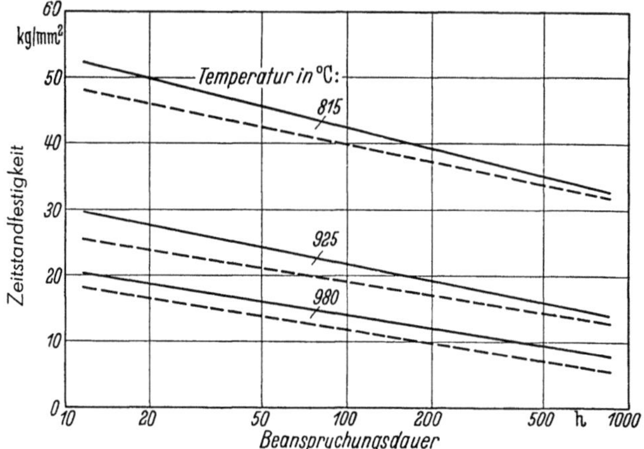

Bild 289. Zeitbruchlinien der Nickel-Feingußlegierungen Inconel 713 C gestrichelt und Udimet 700 volle Linie (nach R. SCHWALBE)

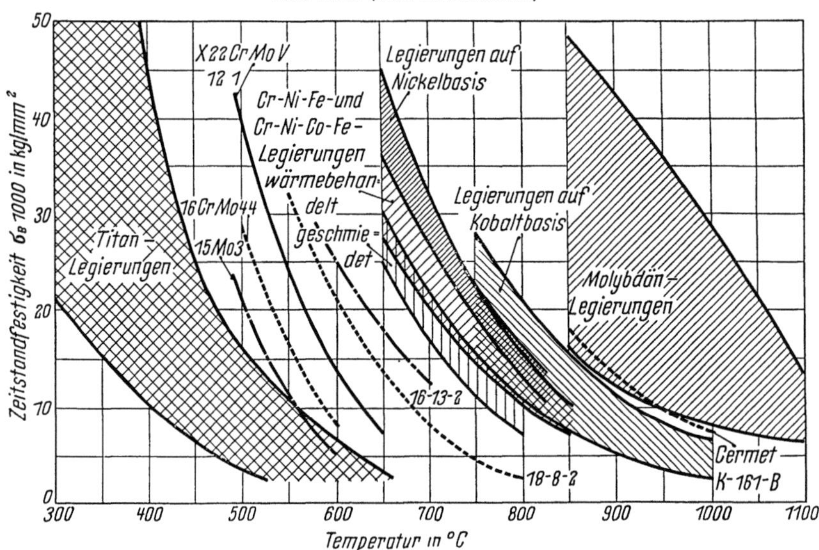

Bild 290. 1000-Stunden-Zeitstandfestigkeiten verschiedener Legierungen und Stähle (z. T. nach Metals Handbook[1])

In Zahlentafel 106 ist auch das Zeitdehnverhalten einer Legierung auf Kobalt-Chrom-Nickelgrundlage mit 0,4% C, 23% Cr, 10% Ni, 7% W, 0,6% Mn, 0,6% Si, 1% Fe, Rest Kobalt vorzufinden.

[1] Metals Handbook 1954. Supplement. Cleveland/Ohio 1954, S. 48; s. Metal Progr. Bd. 66 (1954) Nr. 1—A, S. 48.

In Bild 290 sind die 1000-h-Zeitstandfestigkeiten verschiedener Legierungsgruppen in ungefährer Abgrenzung zu finden, woraus sich

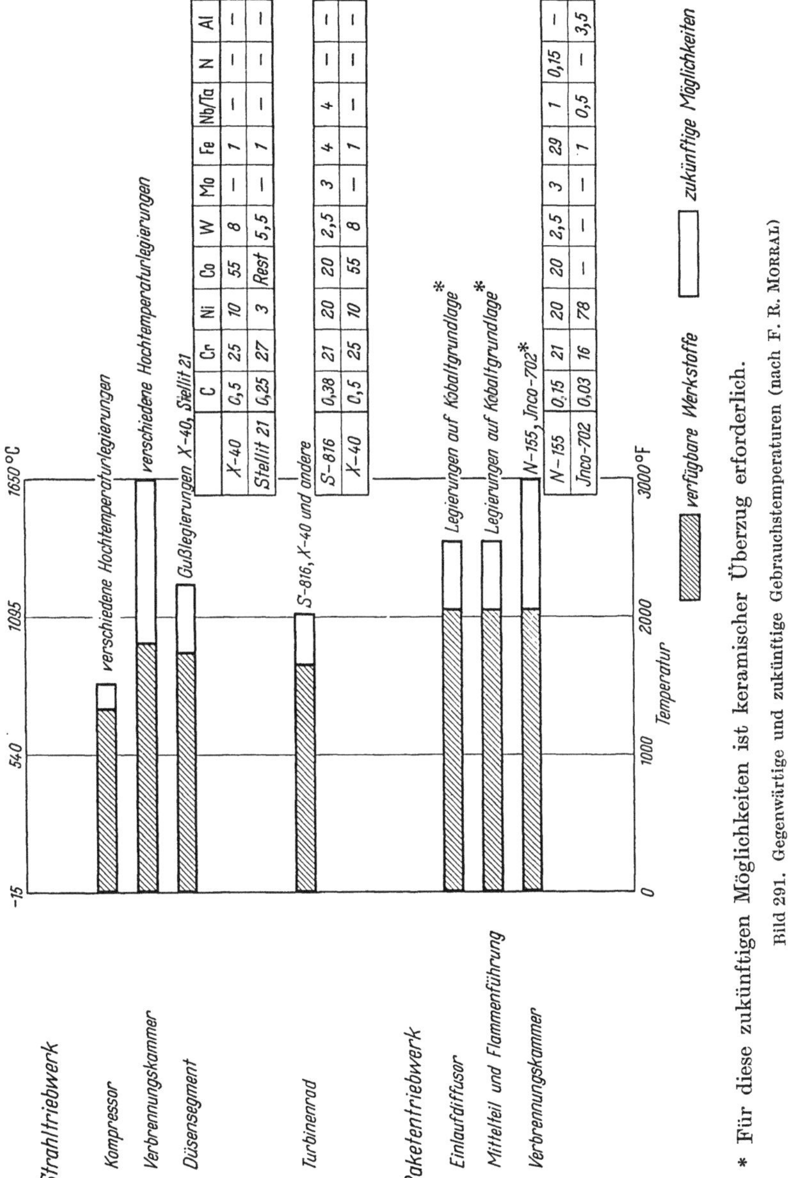

	C	Cr	Ni	Co	W	Mo	Fe	Nb/Ta	N	Al
X-40	0,5	25	10	55	8	–	1	–	–	–
Stellit 21	0,25	27	3	Rest	5,5	–	1	–	–	–

S-816	0,38	21	20	20	2,5	3	4	4	–	–
X-40	0,5	25	10	55	8	–	1	–	–	–

N-155	0,15	21	20	20	2,5	3	29	1	0,15	–
Jnco-702	0,03	16	78	–	–	–	1	0,5	–	3,5

* Für diese zukünftigen Möglichkeiten ist keramischer Überzug erforderlich.

Bild 291. Gegenwärtige und zukünftige Gebrauchstemperaturen (nach F. R. MORRAL)

ungefähr ableiten läßt, bis zu welchen Temperaturen die Legierungen brauchbar sind. Demnach sind niedriglegierte Vergütungsstähle bis

Zahlentafel[1] 106. *Zeitdehnverhalten einer Gußlegierung mit 0,4% C, 23% Cr, 10% Ni, 7% W, Rest Kobalt* (nach Metals Handbook)

Legierung	Temp.	Belastung	Zeit	Dehnung bei Aufbringung d. Last	Dehnungsgeschwindigkeit %				Bleibende Dehnung %			
	°F	lbs	h	%	500 h	1000 h	1500 h	2000 h	500 h	1000 h	1500 h	2000 h
X-40	1350	15000	1728	0,097	0,000042	0,000069	0,000069	0,000069	0,115	0,160	0,200	0,215
X-40	1500	9000	2136	0,043	0,000066	0,000035	0,000014	0,000014	0,106	0,120	0,125	0,133
X-40	1500	12000	1728	0,074	0,000037	0,000021	0,000021	0,000012	0,241	0,250	0,265	0,255
X-40	1500	14000	1896	0,062	0,00014	0,00004	0,00004	0,00004	0,240	0,364	0,375	0,382
X-40	1600	9000	1872	0,037	0,0001	0,00006	0,00005	0,00005	0,165	0,195	0,218	0,243
X-40	1600	17500	2599	0,156	0,00065	0,00048	0,00070	0,00178	1,40	1,67	1,95	2,58

[1] Metals Handbook 1948, S. 580.

etwa 500 °C, höher legierte bis etwa 560 °C und bis etwa 600 °C Stähle mit 12% Cr und 2% Mo brauchbar, darüber bis etwa 750 bis 800 °C je nach Beanspruchungsdauer, wo der Verwendungsbereich der Stähle aufhört. Bis etwa 900 °C kommen die Nickel- und Kobaltlegierungen nach Zahlentafeln 97 bis 106 in Frage.

F. R. Morral[1] bringt in Bild 291 Vorschläge für die Verwendung dieser Kobalt- und Nickellegierungen in Teilen von Strahl- und Raketentriebwerken mit Angaben, bis zu welchen Temperaturen die betreffenden Legierungen jetzt schon gebraucht werden können und was für die nächste Zukunft zu erwarten ist.

Auch gesinterte Karbide werden nach verschiedenen Verfassern, z. B. J. C. Redmond[2], hierfür herangezogen, wonach ein Werkstoff aus 65% TiC, 15% NbC-TaC-TiC-Mischkristall und 20% Co (Handelsname Kentanium 138A) bei 980 °C eine Zeitstandfestigkeit hat, die etwa 70 % höher ist als die des Vitalliums (S. 468). Diese Karbidlegierungen sollen längere Zeit, Korrosionsbeanspruchungen der heißen Gase bis zu 1500 °C und kurzzeitige bis 2500 °C aushalten. Ein Vorteil dieser Titanlegierung ist ihr niedriges spezifisches Gewicht. Redmond gibt für 820 °C eine Dauerschwingfestigkeit von 31,6 kg/mm² an.

Bemerkenswert ist der Versuch, tonerdereiche Verbundwerkstoffe (Cermetalle) zu verwenden, die nach Untersuchungen von W. Jellinghaus und

[1] Morral, F. R.: „Cobalt". Centre d'Information du Cobalt. Brüssel 1959, H. 2.

[2] Redmond, J. C.: In: Kieffer, R., u. P. Schwarzkopf: Hartstoffe und Hartmetalle. Wien: Springer 1953, S. 658.

Zahlentafel 107. *Biegefestigkeit einiger tonerdereichen Verbundstoffe bei 800° und 1000 °C* (nach W. JELLINGHAUS und T. SHUIN)

Werkstoffzusammensetzung in Gew.-%			Sintertemperatur[1]	Sinterzeit[1]	Biegefestigkeit in kg/mm² bei			100-h-Zeitstandbiegefestigkeit in kg/mm² bei	
Al_2O_3	Cr	Fe	°C	h	20 °C	800 °C	1000 °C	800 °C	1000 °C
50,7	—	49,3	1650	1,5	15,4	12,7	9,2	10—11	5 —6
50,7	—	49,3	1350	40	21,0	14,2	11,0	10—11	5 —6
68	—	32	1800	1,5	18,3	16,2	10,4	12—13	8 —9
35,3	48	16,7	1600	1,5	20,7	19,4	14,7	19	6,5—7

T. SHUIN[2] Eigenschaften in der Wärme haben, wie sie in der Zahlentafel 107 gezeigt sind.

Diese Stoffe sind durch die Zusätze von Eisen und Chrom zäher und bis 20% Al_2O_3 sogar warmverformbar. Vorteilhaft wäre ihre Wider-

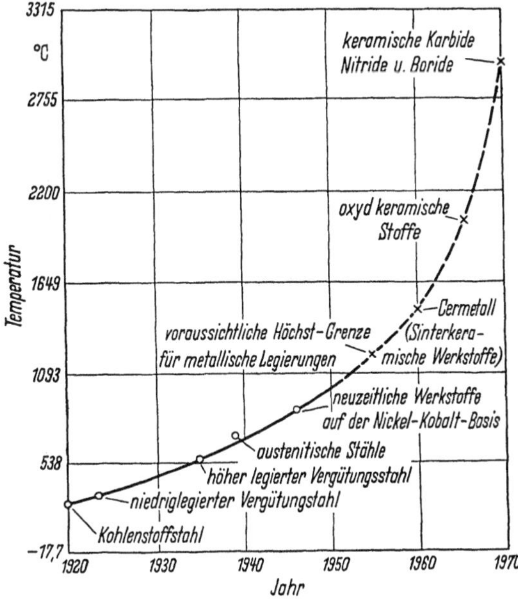

Bild 292. Entwicklung warmfester Baustoffe und Vorhersage für die Zukunft (nach J. H. COLLINS)

standsfähigkeit gegen Verbrennungsgase. Über Eisen-Aluminiumoxyd-Verbundstoffe berichtet auch A. GATTI[3]. Die theoretische Seite der im englischen Sprachgebrauch „dispersion strengthened alloys" genannten Stoffe beleuchtet C. G. GOETZEL[4]. Wichtig ist natürlich vor allem die Teilchengröße und der Dispersionsgrad. Löslichkeit des Zusatzkörpers spielt, soweit es das Aluminium betrifft, keine Rolle, sondern über die

[1] Das Sintern erfolgte im Vakuum.

[2] JELLINGHAUS, W., u. T. SHUIN: Stahl u. Eisen Bd. 78 (1958) S. 419/429.

[3] GATTI, A.: Trans. Met. Soc. AIME, Bd. 215 (1959) S. 753/755.

[4] GOETZEL, C. G.: J. Metals Bd. 11 (1959) S. 189/194 u. 276/280.

bloße Härte des Aluminiumoxydes hinaus Gitterstörungen an den Grenzflächen.

R. Scherer und R. Oppenheim[1] geben eine Übersicht über die für den Raketenbau in Betracht kommenden Werkstoffe — vom Leichtmetall bis zu den keramischen Stoffen. Interessant ist die Vorhersage J. H. Collins[2] über die Entwicklung der warmfesten Baustoffe bis zum Jahre 1970, wie sie in Bild 292 gezeigt wird. Diese Vorhersage stammt schon aus dem Jahre 1940 und ist vielleicht etwas kühn — sie geht bis über 2500 °C, gibt der bisherigen Entwicklung aber ungefähr recht.

Schweißen der warmfesten Stähle

Dem Schweißen der vergütbaren Stahlgruppen nach den Zahlentafeln 86, 89, 92, 93 sind durch ihre Härtbarkeit gewisse Grenzen gezogen.

Die Stähle nach Zahlentafel 86 und Stähle Nr. 1, 2, 3 der Zahlentafel 92 bieten wegen ihrer niedrigen Legierung und des geringen Kohlenstoffgehaltes die wenigsten Schwierigkeiten. Es ist allerdings auch dort schon bei Wanddicken über 10 mm je nach Legierung und Wanddicke eine Vorwärmung von 100 bis 400 °C erforderlich, damit die Bildung von Martensit und härterem Zwischenstufengefüge verhindert wird. Nach dem Schweißen ist, je nach gewünschter Gebrauchsfestigkeit, ein Anlassen von 600 bis 700 °C vorzunehmen. Die übrigen Stähle der Zahlentafel 92 benötigen größere Vorsicht, d. h. Vorwärmung an der oberen Grenze und langsamere Abkühlung.

Die hochlegierten Vergütungsstähle nach Zahlentafeln 93 und 89 (N 9, N 10, N 12) sind noch stärker härtbar und müssen daher noch vorsichtiger behandelt werden. Die Vorwärmtemperatur soll mindestens 450 °C betragen. Bei dünneren Wandstärken unter 10 mm kann die Vorwärmung geringer gehalten werden unter der Voraussetzung, daß durch die beim Schweißen entstehende Wärme die Temperatur von 450 °C örtlich erreicht wird. Nach dem Schweißen kann nicht unmittelbar aus der Schweißhitze zum Anlassen übergegangen werden, sondern die Schweißverbindung muß langsam abkühlen, entweder bis auf Raumtemperatur oder zumindest auf 150 °C. Dann erst wird die Naht auf eine Temperatur von 750 bis 780 °C angelassen, und zwar 5 bis 6 Stunden. Bei Wanddicken unter 12 mm ist eine kürzere Anlaßzeit (3 bis 4 Stunden) ausreichend. Dann erfolgt die Abkühlung im Ofen oder unter Abdeckung mit Sand oder Asbest. Ausführlicheres darüber bringt I. Class[3].

Bei den austenitischen Stählen nach Zahlentafeln 89 (NA 3 W, NA 3), 91, 94 sind Vorsichtsmaßregeln wegen der Härteannahme natürlich nicht

[1] Scherer, R., u. R. Oppenheim: Luftfahrttechn. Bd. 6 (1960) S. 313/322.

[2] Collins, J. H.: J. of aeronautical Scie. (April 1940); s. a. A. Michel: Metal Progr. Bd. 63 (1953) Nr. 1, S. 124.

[3] Class, I.: Mitt. Ver. Großkesselbes. (1959) H. 58, S. 38/59.

nötig. Es kann daher das Schweißen im allgemeinen ohne Vorwärmung des Grundwerkstoffes vorgenommen werden. Bei Werkstoffdicken von über 25 mm ist auf 100 bis 200 °C vorzuwärmen. Es ist jedoch darauf zu achten, daß die Temperatur des Bauteiles durch die Schweißhitze in Schweißnahtnähe 300 bis 350 °C während des Schweißvorganges nicht überschreitet (Kontrolle mit Thermocolor- oder Thermochromstift). Der Grund dieser Vorsichtsmaßnahmen ist die Gefahr der Verwerfungen, der die austenitischen Stähle wegen ihrer größeren Wärmeausdehnung stärker ausgesetzt sind als die anderen. Zur Unterbindung der Verwerfungen wird sogar Wasserkühlung während des Schweißens empfohlen. Eine nachträgliche Wärmebehandlung der Schweißverbindung kommt in der Regel nicht in Betracht. Falls bei Anhäufung von Schweißnähten größere Schweißspannungen zu erwarten sind, kann ein Spannungsfreiglühen durchgeführt werden. Wirksame Entspannung ist erst bei Temperaturen von 800 bis 900 °C, je nach Werkstück möglich. Die Höhe der Entspannungstemperatur und die Zeit richten sich nach der Größe und Verwendung der Schweißkonstruktion.

Das Schweißen der austenitischen Stähle wird auch beim Schweißen der austenitischen, korrosionsbeständigen Stähle behandelt, worüber dort nachzulesen empfohlen wird (S. 657).

4. Hochdruckstähle, insbesondere druckwasserstoffbeständige Stähle[1]

In der chemischen Industrie werden Behälter aus Stahl benötigt, die bei hohem Druck und höheren Temperaturen beständig sein müssen. Dasjenige Gas, das hierbei am meisten zu berücksichtigen ist, ist Wasserstoff. Wasserstoff wird bei hohem Druck und hoher Temperatur bei der Ammoniaksynthese, bei der Hydrierung von Kohlenwasserstoffen, zur Treibstoffherstellung und bei der Spaltung (cracking) von Teer, Erdöl oder auch bei der Synthese von Methylalkohol angewendet. Außer dem Angriff durch Wasserstoff können die Druckgefäße aber auch dem Angriff von Schwefelwasserstoff, bei der Dissoziation von Ammoniak dem atomaren Stickstoff und dem in feuchtem Gas enthaltenen Wasserdampf ausgesetzt sein.

Eine große Anzahl von Synthesen der organischen und anorganischen Chemie ist mit einer als Hydrierung bezeichneten Anlagerung von Wasserstoff oder einer Dehydrierung verknüpft. Nach I. CLASS[2] sind zu nennen die katalytische Druckhydrierung der Ammoniaksynthese, die Synthese

[1] Zusammenfassend berichtet über diesen Gegenstand I. CLASS: Stand der Kenntnisse über die Eigenschaften druckwasserstoffbeständiger Stähle. Stahl u. Eisen Bd. 80 (1960) S. 1117/1135, mit ausführlichen Schrifttumsangaben.

[2] s. a. O. VAN ROSSUM: Chem.-Ing.-Techn. Bd. 25 (1953) Nr. 8/9, S. 481/487. — CLASS, I.: Werkstoffe u. Korrosion Bd. 5 (1954) Nr. 8/9 S. 281/285; Chem.-Ing.-Techn. Bd. 29 (1957) S. 372/386. — CLASS, I.: Stahl u. Eisen Bd. 80 (1960) S. 1117/1135.

des Methanols und der höheren Alkohole, die Erzeugung verschiedener Chemikalien, die Hochdrucktölhydrierung, die verbunden mit Krackanlagen zur Veredelung der Treiböle dient. Während man bei einigen Verfahren (Dehydrierung zur Erzeugung von Sondertreibstoffen) mit Drücken unter 100 at auskommt, gibt es Hydrierverfahren, die mit Drücken bis 1000 at und mit Temperaturen bis 600 °C arbeiten.

Die Einwirkung des Wasserstoffes kann physikalischer und chemischer Natur sein. Die nach I. Class nicht ganz geklärte physikalische Wirkung besteht in einer Oberflächenadsorption und in einer Diffusion. Die Adsorption setzt eine Dissoziation in atomaren Wasserstoff voraus, beginnt aber schon bei 100 °C. Die Diffusion ist für die chemische Einwirkung eine notwendige Voraussetzung. Während die Adsorption, die den Stahl versprödet, erst bei Drücken von einigen 1000 at gefährlich wird (nach I. Class), ist der Entkohlung durch die Reaktion $Fe_3C + H_2 = 3Fe + CH_4$ das Hauptaugenmerk zuzuwenden.

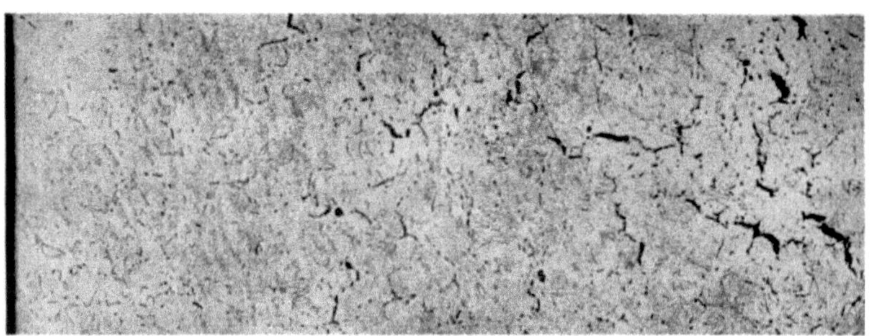

Bild 293. Gefüge eines von Wasserstoff angegriffenen Chrom-Molybdän-Stahles (nach F. K. Naumann)

Der Wasserstoff greift unlegierten Stahl nur an, wenn hoher Druck und hohe Temperaturen gleichzeitig vorhanden sind. Hohe Temperaturen allein schädigen ihn nicht. Liegen beide Bedingungen vor, so entkohlt der Wasserstoff den Stahl. Das sich bei dieser Umsetzung aus dem Kohlenstoff des Karbids und dem Wasserstoff bildende Methan ist nicht so diffusionsfähig wie Wasserstoff, führt deshalb zu hohen Drücken in den Leerstellen und sprengt das Gefüge des Stahles auf. Durch diesen Vorgang wird das Gefüge gelockert, und zwar so weit, bis schließlich die Körner den Zusammenhang verlieren, s. Bild 293.

Es ist bemerkenswert, daß nahe der Oberfläche, wo der Wasserstoff rasch entweichen kann, keine Korngrenzenschädigung zu sehen ist. I. Class[1] weist dies an Versuchen nach, wie aus Bild 294 erhellt.

Aus Bild 295 ersieht man den Abfall der mechanischen Eigenschaften gegen das Innere der Druckgefäßwand nach dem Angriff durch Wasserstoff bei 100 atü und einer Temperatur von 450 °C.

[1] Class, I.: VDI-Z. Bd. 97 (1955) Nr. 2, S. 33/41.

Die grundlegenden Untersuchungen über die Mittel zur Verhinderung dieser Korngrenzenzerstörung stammen von F. K. NAUMANN[1]. Der Angriff wird verhindert, wenn Chrom, Molybdän, Vanadin, Wolfram, Titan, Zirkon, Niob hinzulegiert werden, deren Karbide durch Wasserstoff schwer angegriffen werden. Der Legierungszusatz muß je nach der Temperatur und dem Druck abgestimmt werden, um die Gefäße für wirtschaftlich lange Zeit haltbar zu machen.

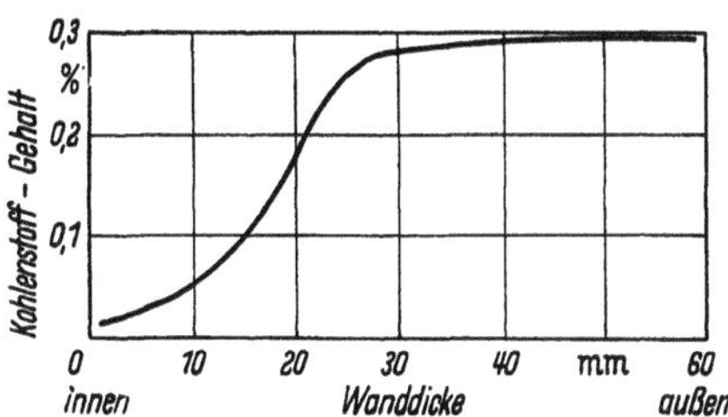

Bild 294. Abnahme der Entkohlung durch Wasserstoff mit zunehmender Entfernung von der Oberfläche (nach I. CLASS)

Bild 296 zeigt nach F. K. NAUMANN[1], welchen Einfluß der Chromzusatz auf die Einschnürung nach Wasserstoffglühung hat, wenn man diesen Wert als Kennzeichen der Schädigung ansieht. Bei diesen Versuchen wurde ein Druck von 300 kg/cm² und einer Beanspruchungsdauer von 100 Stunden gewählt. Es handelte sich dabei um Zugproben von 6 mm ∅.

Man kann annehmen, daß der Stahl praktisch für lange Zeit beständig ist, wenn er nur stabile Karbide, wie solche des Titans, Zirkons und Niobs enthält, was auch in der senkrechten Linienführung in dem Bild 297 zum Ausdruck kommt. Diese letzteren Legierungsmetalle allein werden aber schon wegen ihres hohen Preises nicht gebraucht und auch deswegen nicht, weil zur Gewährleistung der Vergütungseigenschaften Chrom und Molybdän zugegen sein müssen, die zur Verhütung des Korngrenzenangriffs zwar weniger wirksam sind, aber auch genügen. Bei Chrom, Molybdän und Wolfram ist der Wärmebehandlungszustand für die Haltbarkeit von Bedeutung, denn die Sonderkarbide bildenden Elemente verbinden sich mit Kohlenstoff zunächst gemeinschaftlich mit dem Eisen in verschiedenen Verhältnissen, und die Be-

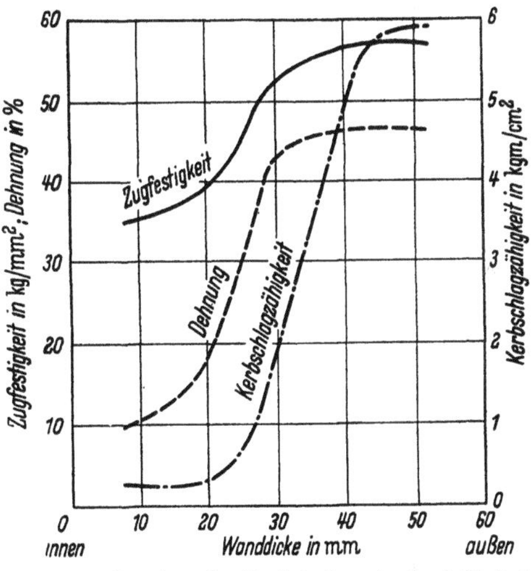

Bild 295. Abnahme der Festigkeitswerte durch Entkohlung, gegen das Innere der Wand (nach I. CLASS)

[1] NAUMANN, F. K.: Stahl u. Eisen Bd. 58 (1938) S. 1240.

ständigkeit gegen Wasserstoff wird um so größer, je mehr die Karbide des Chroms, Molybdäns und Wolframs gegenüber dem Eisenkarbid überwiegen. Man erreicht dies durch hohe Anlaßtemperaturen nach dem Abschrecken. Erst dadurch wird das Eisen aus den Karbiden mehr oder weniger verdrängt. Die praktisch notwendigen Anlaßtemperaturen liegen bei den vergütbaren Stählen bei 650° bis 730 °C.

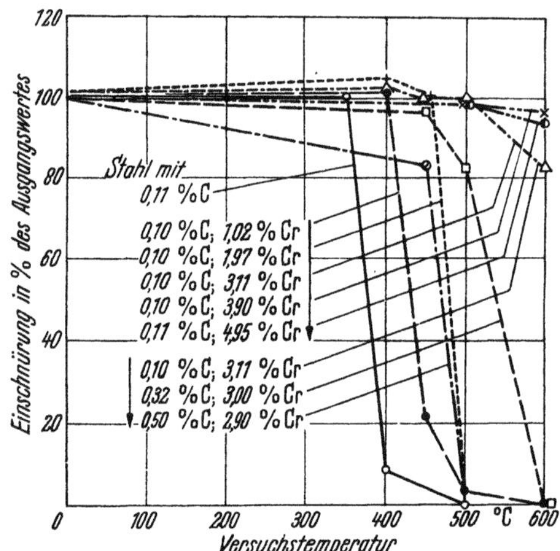

Bild 296. Einfluß von Chrom auf die Einschnürung nach Wasserstoffglühung (300 kg/cm² H_2, 100 Stunden) (nach F. K. Naumann)

Bild 297 gibt einen ersten Aufschluß darüber, bei welchen Temperaturen und Legierungsgehalten die Stähle druckwasserstoffbeständig sind, wobei natürlich auch der Druck zu berücksichtigen ist; in diesem Fall handelt es sich um 300 kg/cm². Die Versuchsdauer betrug 100 Stunden.

I. Class[1] wertet auch Angaben von G. A. Nelson[2], S. Schuyten[3] und K. Bischoff[4] aus und kommt zu Grenzkurven der Anwendbarkeit für verschiedene legierte Vergütungsstähle nach Bild 298. Dabei werden auch Langzeitversuche berücksichtigt.

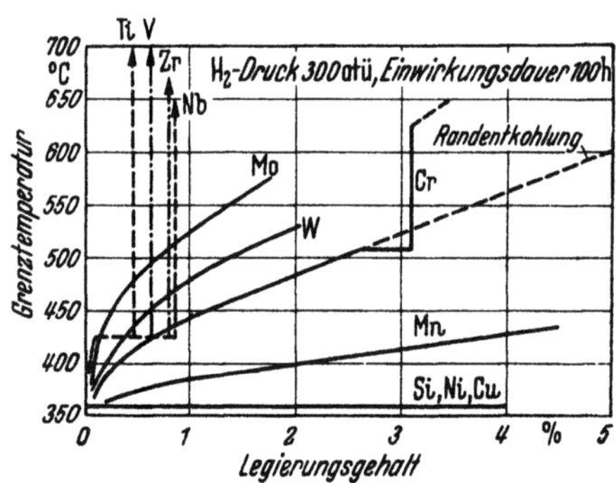

Bild 297. Einfluß der Legierung auf die Wasserstoffbeständigkeit von Stählen mit 0,1% C (300 kg/cm² H_2, 100 Stunden) (nach F. K. Naumann)

Diese Grenzkurven wurden mit Laboratoriumsversuchen wie auch mit Betriebserfahrungen belegt. Die Versuche wurden sowohl mit Modellhohlkörpern, die hohen Drükken und Temperaturen ausgesetzt waren, durchgeführt, als mit sog. Einlegeproben gemacht, die zuerst von F. K. Nau-

[1] Class, I.: Stahl u. Eisen Bd. 80 (1960) S. 1133/1134.

[2] Nelson, G. A.: Petroleum Refiner Bd. 29 (1950) S. 104/110. — Derselbe: Trans. Amer. Soc. mech. Engrs. Bd. 73 (1951) S. 205/213.

[3] Schuyten, S.: Corrosion-Mater. Protect. Bd. 4 (1947) Nr. 5, S. 13/18; vgl. Chem. Abstr. Bd. 42 (1948) Sp. 90.

[4] Bischoff, K.: Stahl u. Eisen Bd. 57 (1937) S. 400/402.

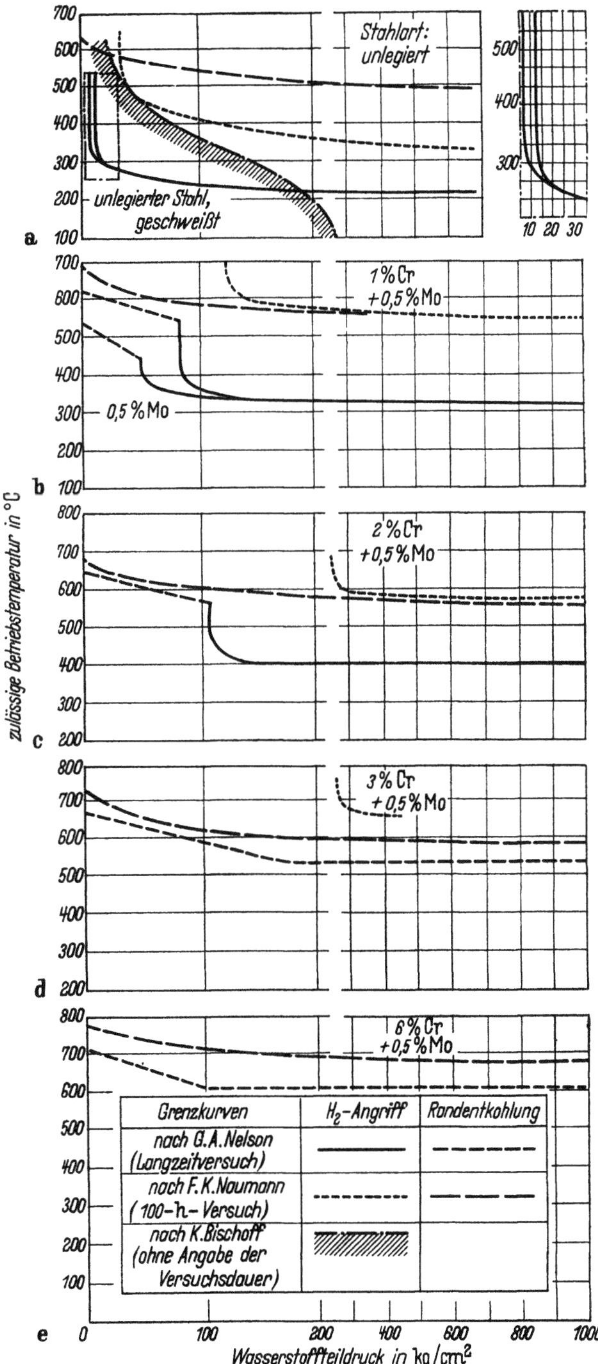

Bild 298 a—e. Grenzkurven für die Anwendbarkeit von druckwasserstoffbeanspruchten unlegierten und legierten Stählen bei kürzerer und längerer Beanspruchungsdauer (nach Angaben von G. A. NELSON, S. SCHUYTEN, K. BISCHOFF und F. K. NAUMANN ausgewertet von I. CLASS)

MANN[1] vorgeschlagen wurden. Die Einlegeproben werden ohne mechanische Beanspruchung dem Wasserstoff unter Druck und hoher Temperatur ausgesetzt. Die Beanspruchung stimmt deshalb nicht mit den Betriebsbedingungen überein, gibt aber in kurzer Zeit eine zusätzliche Voraussage über das wahrscheinliche Verhalten.

Die in Bild 298 gegebenen Grenzkurven können nur mit Vorbehalt angewendet werden, da die Unterlagen verschiedenartig sind und die mechanische Beanspruchung zu wenig berücksichtigt wird. Selbst die Langzeitdruckversuche an Hohlkörpern im Laboratorium sind nicht ohne weiteres auf große Hohlkörper zu übertragen, da Ähnlichkeitsgesetze nur sehr angenähert gelten. Als unbedenklich bezeichnet es aber G. A. NELSON[2], die Stähle nach Zahlentafel 108 bei den angegebenen Temperaturen und praktisch vorkommenden hohen Drücken zu gebrauchen.

Zahlentafel 108. *Zulässig erscheinende Betriebstemperaturen für druckwasserstoffbeanspruchte Stähle bei beliebig hohen Wasserstoffdrücken* (nach G. A. NELSON)

Stahlart	Zulässig erscheinende Temperatur
Unlegierter Stahl mit niedrigem Kohlenstoffgehalt	220 °C
Stahl mit rd. 1% Cr und 0,5% Mo	330 °C
Stahl mit rd. 2% Cr und 0,5% Mo	400 °C
Stahl mit rd. 3% Cr und 0,5% Mo	540 °C
Stahl mit rd. 6% Cr und 0,5% Mo	610 °C

Was die in der Industrie angewendeten Stähle betrifft, so bedurfte es einer langen und mühevollen Entwicklung, um zu den heutigen Vorschriften zu kommen. Eine Zusammenstellung über jetzt nicht mehr verwendete Stähle gibt Zahlentafel 109 nach I. CLASS[3]. Heute werden die Stähle nach Zahlentafel 110 in Deutschland allgemein gebraucht.

CLASS macht ausführliche Angaben über die Zeitstandfestigkeiten dieser Stähle und über andere Warmfestigkeitseigenschaften sowie ihre Wärmebehandlung.

Der zulässige Teildruck des Wasserstoffs wird bei N 8 N, N 9 und N 10 von I. CLASS mit 700 kg/cm² angegeben.

Bei höheren Drücken und Temperaturen über 550 °C werden Chromstähle mit 12% Cr, 0,2% C, 1% Mo + V + W oder auch austenitische mit 16% Cr, 0,1% C, 1,3% Mo, 31% Ni, 0,8% V + Nb verwendet. Über die Warmfestigkeitseigenschaften dieser Stahlgattungen siehe Zahlentafeln 88, S. 461, 89, S. 462, 90, S. 463, 91, S. 464, sowie Bilder 284 bis 288. Die austenitischen Stähle haben eine größere Durchlässigkeit für Wasserstoff, so daß sie nicht nur wegen ihrer hohen Dauerstand-

[1] NAUMANN, F. K.: Stahl u. Eisen Bd. 57 (1937) S. 889/899.
[2] NELSON, G. A.: Trans. ASME, Ser. B, J. Engng. Ind., Bd. 81 (1959) S. 92/93.
[3] CLASS, I.: Stahl u. Eisen Bd. 80 (1960) S. 1122.

festigkeit, sondern auch aus diesem Grund widerstandsfähiger sind. Druckwasserstoffbeständige Stähle unterliegen bei der Ammoniaksynthese mehr oder weniger der Nitrierhärtung. Die Temperatur der Nitrierhärtung liegt nicht weit von den bei dem Hochdruckverfahren angewendeten Temperaturen und auch die druckwasserstoffbeständigen Stähle sind nitrierhärtbar, so daß eine Oberflächenhärtung durch Stickstoff unvermeidlich ist. Da die Nitrierschicht aber auch in langen Zeiten nicht über 0,8 mm hinaus kommt, sind nur dünnwandige Teile gefährdet. Es ist klar, daß die Nitrierhärtung verstärkt wird, wenn zusätzlich noch eine Schädigung infolge Aufsprengung der Korngrenzen durch Wasserstoff eintritt, weil dann Ammoniak nicht nur an der Oberfläche, sondern auch an den aufgeweiteten Korngrenzen aufstickt. Austenitische Stähle sind auch hier gegen die gleichzeitige Wirkung von Wasserstoff und Ammoniak am widerstandsfähigsten. Eine vollkommen befriedigende Lösung, Stähle gegen dieses Gasgemisch widerstandsfähiger zu machen, ist nach I. Class aber noch nicht gefunden.

Zahlentafel 109. *Zusammenstellung älterer, heute nicht mehr verwendeter druckwasserstoffbeständiger Stähle* (nach I. Class)

Werksbezeichnung*	Chemische Zusammensetzung % C	% Cr	% Mo	% W	% V	Bemerkungen
N 6	0,15—0,20	>5,5	>0,35	—	>0,1	Sehr hohe Druckwasserstoffbeständigkeit; Warmfestigkeitseigenschaften reichen aber für Spitzenanforderungen nicht aus
N 7	0,15—0,20	~7	~1	~1	—	Erlangte keine Bedeutung, da der hohe Legierungsaufwand nicht als Leistungssteigerung zur Auswirkung kommt
N 8	0,15—0,20	>2,5	>0,5	>0,5	—	Weniger anspruchsvoll als N 6 bei der Wärmebehandlung; hinsichtlich Warmfestigkeit den steigenden Anforderungen nicht gewachsen
N 8 V	0,18—0,23	>2,5	>0,5	—	>0,4	Vorgänger von Stahl 20 CrMoV 13 5 (N 9); erhöhte Warmfestigkeit durch günstige Wahl der chemischen Zusammensetzung (erhöhter V-Gehalt); genaue Vergütungsbehandlung erforderlich
N 8 A	0,18—0,25	2,0—2,3	—	—	0,2—0,3	Molybdänfreier Austauschstahl für N 8 während der Kriegszeit, zum Einsatz bis rd. 400 °C

* Werksbezeichnung der Badischen Anilin- und Sodafabrik.

Zahlentafel 110. *Druckwasserstoffbeständige Stähle nach dem Stahl-Eisen-Werkstoffblatt 590-51*

Sortenbezeichnung nach DIN 17006	[1]	Werkstoffnummer	Chemische Zusammensetzung % C	% Si	% Mn	% Cr	% Mo	% Ni	% V	% W	Verwendungszweck
16 Cr 9	N 1 K	7071	0,12 bis 0,2	0,15 bis 0,35	0,3 bis 0,5	2,2 bis 2,5	—	—	—	—	Kernrohre von Wickelbehältern, Schmiedestücke
16 CrMo 9 3	N 1 W	7281	0,12 bis 0,2	0,15 bis 0,35	0,3 bis 0,5	2,0 bis 2,3	0,30 bis 0,40	—	—	—	
21 CrMo 10[2]	(N 1 N)	6572	0,18 bis 0,25	0,15 bis 0,35	0,60 bis 0,80	2,3 bis 2,6	0,30 bis 0,40	$<0,80$	—	—	Hochdruckhohlkörper (Öfen, Regeneratoren, Heißabscheider)
24 CrMo 10	N 1 N	7273	0,20 bis 0,28	0,15 bis 0,35	0,50 bis 0,80	2,3 bis 2,6	0,20 bis 0,30	$<0,80$	—	—	Hochdruckhohlkörper (Öfen, Regeneratoren, Heißabscheider)
20 CrMo 9	N 1 S	7283	0,16 bis 0,24	0,15 bis 0,35	0,30 bis 0,50	2,1 bis 2,4	0,25 bis 0,35	$<0,80$	—	—	Geschweißte Hochdruckhohlkörper
24 CrNi 9	N 1 A	6001	0,20 bis 0,28	0,15 bis 0,35	0,60 bis 0,80	2,0 bis 2,3	—	0,50 bis 0,80	—	—	Deckel zu Hochdruckhohlkörpern
10 Cr 11[3]	N 5 B	7083	0,08 bis 0,12	0,15 bis 0,35	0,30 bis 0,50	2,7 bis 3,0	—	—	—	—	Bündelrohre, Hochdruck-Dichtungslinsen
17 CrMoV 10	N 8 N	7766	0,15 bis 0,20	0,15 bis 0,35	0,30 bis 0,50	2,5 bis 2,8	0,20 bis 0,30	—	0,10 bis 0,20	—	Rohre und Formstücke bei Temperaturen bis rd. 400 °C
20 CrMoV 13 5	N 9	7779	0,17 bis 0,23	0,15 bis 0,35	0,30 bis 0,50	3,0 bis 3,3	0,50 bis 0,60	—	0,45 bis 0,55	—	Rohre und Formstücke bei Temperaturen bis rd. 480 °C
21 CrVMoW 12	N 10	8212	0,18 bis 0,25	0,15 bis 0,35	0,30 bis 0,50	2,7 bis 3,0	0,35 bis 0,45	—	0,75 bis 0,85	0,30 bis 0,45	Rohre und Formstücke bei Temperaturen bis rd. 520 °C
12 CrMo 19 5		7362	$<0,15$	0,30 bis 0,50	0,30 bis 0,60	4,0 bis 6,0	0,45 bis 0,65	—	—	—	Rohre für Erdöl- und Destillieranlagen

[1] Nach Werksvorschriften der Badischen Anilin- und Sodafabrik. [2] Im Stahl-Eisen-Werkstoffblatt 590-51 nicht enthalten.
[3] 10 CrMo 11 (N 5) wie N 5 B, jedoch zusätzlich 0,20 bis 0,30% Mo.

Sind die Gase feucht, so kommt Entkohlung durch Wasserdampf hinzu. Während die Entkohlung durch Wasserstoff tief in das Innere dringt, beschränkt sich die Entkohlung durch Wasserdampf auf die Zone der Oberfläche weil dieser bald zu Wasserstoff reduziert wird, so daß die durch Wasserdampf entkohlte Schicht sehr dünn ist.

Insbesondere bei der Herstellung von Treibstoffen, wo der Rohstoff Erdöl oder Kohle und Schwefel enthält, spielt die Gegenwart von Schwefelwasserstoff und organischen Schwefelverbindungen eine Rolle. Bei hohen Gehalten an Schwefelwasserstoff greift man zu den nichtrostenden Vergütungsstählen mit 0,2% C, 12% Cr, 1% Mo + V + W; noch beständiger sind die austenitischen Stähle. Letztere sind wegen ihrer guten Warmfestigkeitseigenschaft oft erwünscht; ihrer Beständigkeit ist aber oberhalb 650 °C wegen der Bildung leicht flüssiger Sulfideutektika eine Grenze gesetzt (s. S. 173, 175). Bei den Chromstählen ist die Versprödung bei 475 °C zu berücksichtigen, die aber bei 500 °C wieder verschwindet. Diese Erscheinung ist auch deshalb nicht von besonderer Bedeutung, weil die Vergütungschromstähle, etwa solche mit 12% Cr, viel weniger empfindlich sind als die ferritischen mit über 17% Cr, die jedoch wegen ihrer geringen Warmfestigkeit für Druckgefäße nicht gebraucht werden.

Bei einigen Hochdruckverfahren kommt neben der Wirkung des Wasserstoffs noch die des Kohlenstoffs hinzu. Ein Beispiel ist die Methanolsynthese[1], wo CO sich bei Temperaturen von 120 bis 300 °C mit Eisen und Nickel zu gasförmigem Eisen- und Nickel-Carbonyl verbindet und dadurch die Oberfläche des Eisens abgetragen wird. Bei Temperaturen über 300 °C braucht man diesen Vorgang nicht mehr zu berücksichtigen. Chromzusatz verringert die Abtragung durch Carbonylbildung.

Bei Temperaturen über 700 °C kohlen CO, CH_4 und andere Kohlenwasserstoffverbindungen den Stahl auf. Derartige Temperaturen kommen aber heute noch nicht für Hochdruckverfahren in Frage.

Die Schäden, die bei den Hochdruckkörpern im Betrieb auftreten, haben mehrfache Ursachen. Abgesehen von den Schäden, die aus den eben beschriebenen Beanspruchungen infolge Überschreitung der Temperaturen und der unzweckmäßigen Wahl der Stähle stammen, geht man nicht fehl, wenn man sagt, daß ein großer Anteil der Schadensfälle durch Spannungsrißkorrosion verursacht wird. Die Spannungen, welche die Rißkorrosion verursachen, können herrühren von Schweißspannungen, von Spannungen, die bei der Verarbeitung des Stahles verblieben sind (S. 346) und schließlich von der Betriebsbeanspruchung selbst.

Bei vergütbaren Stählen entsteht in der Schweiße (sofern ein artgleicher Schweißwerkstoff verwendet wird) und im Grundwerkstoff Abschreckgefüge verschiedener Art, sei es Martensit oder Zwischenstufe

[1] Rossum, O. van: Chem.-Ing.-Techn. Bd. 25 (1953) S. 485. — S. auch Class, I.: Chem.-Ing.-Techn. Bd. 29 (1957) S. 383.

(s. S. 10). Es ist daher nach dem Schweißen eine Anlaßglühung zu empfehlen, einmal um die Spannungen zu vermindern und auch um das Härtungsgefüge zu beseitigen, weil es wie auf S. 482 gesagt, weniger beständig ist. Das Anlassen könnte auch durch Nachwärmen mit der Gasflamme erfolgen. Es ist aber schwierig, dies in richtiger Weise durchzuführen.

Am empfehlenswertesten ist es, den ganzen Druckkörper nach dem Schweißen auf Anlaßtemperaturen zu erwärmen. Dies beseitigt auch am besten die Gefahr der Spannungsrißkorrosion. Auch bei austenitischen Stählen, die ja bei der Schweißung keine Härte annehmen, ist es ratsam, sie bei etwa 750 °C auszuglühen, also bei einer Temperatur, bei der nachträglich keine wesentliche Gefügeänderung auftritt und die Spannungen beseitigt sind.

Diese Empfehlung, nachträglich zu glühen, weist darauf hin, daß es zwecklos ist, den austenitischen Stahl bei einer niedrigen Temperatur zu Ende zu walzen oder zu schmieden, um ihm höhere Warmfestigkeiten zu geben[1]. Glüht man, so gehen die bei der Kaltwarmverformung gewonnenen höheren Festigkeiten wieder zurück, unterließe man das Glühen, beschwört man die Gefahr der Spannungsrißkorrosion herauf.

Für das Schweißen der vergütbaren Stähle gilt im übrigen das, was bei Baustählen (S. 375) und bei den warmfesten Stählen (S. 478) gesagt wurde.

Was bei dem Schweißen der austenitischen Stähle außerdem zu berücksichtigen ist, s. S. 657 und 683.

Mit der durch die Betriebsbeanspruchung hervorgerufenen Spannungsrißgefahr, die auch zu Nachwirkungen in der Kälte führen kann, muß man sich natürlich abfinden.

Die Rißbildung durch Spannungsrißkorrosion tritt in der Mehrzahl der Fälle zur Zeit des Stillstandes im kalten Zustand auf. Während dieser Zeit treten schwache Angriffsmittel verschiedener Art, vor allem Kondensate von Chloriden u. dgl. in Erscheinung. Es ist aber auch möglich, daß die Rißkorrosion während des Betriebs bei höheren Temperaturen durch Gasangriff auftritt. Ein Beispiel hierfür sind die Schäden bei verschiedenen Erdölfeldern[2], wo H_2S als angreifendes Gas in Frage

---

[1] Vogels, H. A.: Einfluß verschiedener Legierungselemente auf die Eigenschaften warmfester, austenitischer Cr-Ni-Stähl im Temperaturgebiet von 600 bis 700 °C. Stahl u. Eisen Bd. 75 (1955) S. 559/570.

[2] Nach E. Baerlecken, K. Lorenz u. G. Kalwa: Erdöl u. Kohle Bd. 11 (1958) S. 537/543 (s. S. 583) z. B. an folgenden Orten:

1. Pincher-Creckfeld Canada 10,2% H_2S, 6,5% CO_2, Bodendruck 345 atü, Bodentemperatur 85 °C, Corrosion (Houston) Bd. 8 (1952) S. 326/355.

2. Lacq in Frankreich 15% H_2S, 9% CO_2, 530 atü Druck, 140 °C Bodentemperatur. Corrosion et Anticorrosion Bd. 4 (1956) S. 157, L. Cauchois, J. Didier u. E. Herzog.

3. Deutschland — F. K. Naumann: Erdöl-Ztg. Bd. 73 (1957) S. 4.

kommt (Sulfid-Spannungsrißkorrosion, s. S. 330). Über den Angriff von H_2S s. a. unter „Zunderbeständige Stähle“ (S. 674).

Was im Hinblick auf diese Gefahren bei der Wahl zwischen den austenitischen Stählen und dem Stahl mit 12% Cr und MoV (W) gilt, wurde auf S. 454 gesagt.

5. Stähle bei tiefen Temperaturen

Die Veränderungen der Festigkeitseigenschaften bei tiefen Temperaturen sind heute von verstärktem Interesse. Erinnert sei an Flugzeuge, Eisenbahnen in kalten Ländern und an die moderne Kältetechnik. Solche Teile arbeiten mitunter nicht nur bei den niedrigen Temperaturen der Luftatmosphäre, sondern man geht bis nahe an den absoluten Nullpunkt heran. Die Untersuchungen über diese Stähle sind den Bedürfnissen gefolgt und haben wohl ausreichende Aufklärung gebracht. Bei fallender Temperatur steigen Härte, Festigkeit und Dauerfestigkeit, während die Verformungsfähigkeit abfällt; besonders die letztere Eigenschaft ist gefürchtet, weil sie durch verformungslose Brüche (Trennbrüche) zu unerwarteten Schadensfällen führt. Das Ausmaß der Veränderungen ist bei den verschiedenen Stählen sehr unterschiedlich.

Bei Erniedrigung der Temperatur ändern sich außer den Festigkeitseigenschaften auch noch andere Eigenschaften, z. B. nehmen spezifische Wärme und der elektrische Widerstand ab. Die Änderungen der magnetischen Eigenschaften sind unregelmäßig. So hat die Permeabilität in der Regel einen Tiefpunkt bei etwa 400 °C. Eine ausführliche Arbeit über die Änderungen der Festigkeitseigenschaften stammt von A. Krisch und G. Haupt[1]. Die Zusammensetzung und Wärmebehandlung der untersuchten Stähle sind in der Zahlentafel 111 angegeben. In welcher Weise sich die Härte dieser Stähle mit abnehmender Temperatur steigert, zeigen Bild 299 und 300.

Es ist ersichtlich, daß die Härtezunahme um so größer ist, je niedriger die Härte bei gewöhnlicher Temperatur war. Bei hoher Ausgangshärte zeigt sich fast keine Härtezunahme. Im allgemeinen haben austenitische Stähle eine größere Neigung zur Härtezunahme bei tiefer Temperatur. In ähnlicher Richtung wie die Härte verlaufen, wie Bild 301 darstellt[2], die Änderungen der Zugfestigkeit. Bemerkenswert ist, daß die Umrechnungszahl von 0,35 zur Berechnung der Zugfestigkeit aus der Härte auch für Tieftemperaturen wenig veränderlich wird, sie steigt höchstens bei ganz

[1] Pomp, A., A. Krisch u. G. Haupt: Mitt. K.-Wilh.-Inst. Eisenforschg. Bd. 21 (1939) S. 219/230; vgl. Krisch, A., u. G. Haupt: Arch. Eisenhüttenw. Bd. 13 (1939/40) S. 299/308; vgl. Stahl u. Eisen Bd. 60 (1940) S. 105. (Mit umfangreichen Zahlenangaben.)

[2] Krisch, A., u. G. Haupt: Arch. Eisenhüttenw. Bd. 13 (1939/40) S. 306.

Zahlentafel 111. *Chemische Zusammensetzung, Festigkeitseigenschaften und*

Nr.	Bezeichnung	Chemische Zusammensetzung C %	Si %	Mn %	P %	S %	Cr %	Ni %
1	Cr-Mo-Stähle	0,29	0,15	0,47	0,014	0,01	1,04	—
2		0,22	0,33	0,60	0,015	0,005	0,83	0,09
3		0,22	0,17	0,66	0,013	0,014	1,08	0,08
4		0,29	0,15	0,47	0,014	0,01	1,04	—
5		0,22	0,33	0,60	0,015	0,005	0,83	0,09
6		0,22	0,17	0,66	0,013	0,014	1,08	0,08
7		0,29	0,15	0,47	0,014	0,01	1,04	—
8		0,22	0,33	0,60	0,015	0,005	0,83	0,09
9		0,22	0,17	0,66	0,013	0,014	1,08	0,08
10		0,29	0,15	0,47	0,014	0,01	1,04	—
11		0,22	0,33	0,60	0,015	0,005	0,83	0,09
12		0,22	0,17	0,66	0,013	0,014	1,08	0,08
13		0,36	0,25	0,83	0,015	0,004	1,12	0,15
14		0,36	0,25	0,83	0,015	0,004	1,12	0,15
15		0,43	0,35	0,66	0,014	0,005	1,02	0,08
16	Cr-Mo-V-Stähle	0,40	0,21	0,64	0,018	0,003	1,80	0,06
17		0,40	0,21	0,64	0,018	0,003	1,80	0,06
18		0,25	0,35	0,61	0,016	0,01	2,59	—
19		0,31	0,29	0,67	0,010	0,006	2,36	—
20		0,29	0,33	0,65	0,015	0,010	2,37	—
21		0,25	0,35	0,61	0,016	0,01	2,59	—
22		0,31	0,29	0,67	0,010	0,006	2,36	—
23		0,29	0,33	0,65	0,015	0,010	2,37	—
24	Cr-Stähle	0,36	0,35	0,60	—	—	0,5	1,5
25		0,29	0,35	0,60	—	—	0,5	1,5
26		0,13	0,24	0,53	0,017	0,025	0,53	2,36
27		0,24	0,35	0,60	—	—	0,75	3,5
28		0,35	0,35	0,60	—	—	1,30	4,5
29	Cr-Ni-Mo-Stähle	0,29	0,24	0,42	0,012	0,034	1,25	2,77
30		0,28	0,40	0,64	0,01	0,01	2,46	1,53
31		0,34	0,27	0,45	0,012	0,009	1,88	2,27
32		0,32	0,33	0,64	0,013	0,010	2,23	2,19
33		0,28	0,40	0,64	0,01	0,01	2,46	1,53
34		0,34	0,27	0,45	0,012	0,009	1,88	2,27
35		0,32	0,33	0,64	0,013	0,010	2,23	2,19
36	Cr-Ni-W-Stahl	0,20	0,18	0,38	0,014	0,005	1,56	4,20
37	Cr-Stähle	0,04	1,32	0,41	0,06	0,012	5,97	0,20
38		0,41	0,33	0,38	0,014	0,011	13,6	0,20
39	Ni-Stähle	0,24	0,35	0,66	0,024	0,032	Spur	1,66
40		0,16	0,18	0,50	—	—	—	5,16
41	Austenitische Ni-Stähle	0,57	0,31	6,88	—	—	—	13,00
42		0,04	0,02	0,29	—	—	—	35,98
43		0,12	0,24	0,94	—	—	—	42,06

[1] Aus den Härtewerten errechnet.

Wärmebehandlung der untersuchten Werkstoffe (nach A. Krisch und G. Haupt)

Mo	Sonstiges	Eigenschaften bei 20 °C				Wärmebehandlung
		Streckgrenze	Zugfestigkeit	Dehnung δ_5	Einschnürung	
%	%	kg/mm²	kg/mm²	%	%	
0,22	—	67,5	80,4	22,2	73	Wasservergütet
0,22	—	67,0	80,4	21,8	75	850°/Wasser/600 bis 610 °C
0,22	—	74,6	83,7	19,7	72	Wasservergütet
0,22	—	65,8	81,2	20,7	73	Ölvergütet
0,22	—	61,3	76,0	19,1	69	860°/Öl/550 bis 560 °C
0,22	—	66,4	80,1	20,4	70	Ölvergütet
0,22	—	93,3	103,7	16,0	64	Wasservergütet
0,22	—	85,3	95,5	18,7	70	850°/Wasser/520 bis 530 °C
0,22	—	83,9	92,0	18,5	70	Wasservergütet
0,22	—	88,4	100,1	14,2	63	Ölvergütet
0,22	—	71,7	85,9	17,6	71	860°/Öl/400 bis 420 °C
0,22	—	70,6	90,0	15,1	67	Ölvergütet
0,25	—	68,5	84,6	22,3	70	830°/Öl/640 bis 650 °C
0,25	—	84,9	99,1	18,3	64	830°/Öl/580 °C
0,22	—	93,8	108,0	17,3	61	800°/Öl/580 °C
0,36	0,19 V	94,2	103,6	17,5	64	800°/Öl/620 bis 630 °C
0,36	0,19 V	101,5	110,7	16,9	64	800°/Öl/610 bis 620 °C
0,28	0,27 V	86,6	98,3	18.8	70	Ölvergütet
0,24	0,19 V	86,7	98,8	18,0	70	850°/Öl/610 °C
0,33	0,20 V	92,9	103,0	17,0	64	Ölvergütet
0,28	0,27 V	109,1	118,7	16,0	62	Ölvergütet
0,24	0,19 V	110,2	122,2	15,0	63	850°/Öl/600 °C
0,33	0,20 V	106,3	117,0	17,0	61	Ölvergütet
—	—	—	63[1]	—	—	[2]
—	—	—	70[1]	—	—	
—	—	—	57[1]	—	—	
—	—	—	84[1]	—	—	
—	—	—	89[1]	—	—	
0,40	—	—	93[1]	—	—	—
0,23	0,09 V	93,4	105,8	17,3	63	Ölvergütet
0,40	—	89,6	105,0	19,0	69	850°/Öl/620 °C
0,30	0,16 V	86,3	99,0	19,6	69	Ölvergütet
0,23	0,09 V	104,2	116,8	15,1	60	Ölvergütet
0,40	—	104,3	117,8	16,7	65	850°/Öl/590 °C
0,30	0,16 V	105,3	118,2	15,4	60	Ölvergütet
0,06	0,79 W	104,0	127,0	14,9	61	—
0,40	—	—	54[1]	—	—	—
—	0,08 Cu	—	97[1]	—	—	Weichgeglüht
—	—	—	66[1]	—	—	—
—	—	46,0	60,1	28,0	69	850°/Luft/560 °C
—	—	35,5	72,2	81,8	76	Geschmiedet, ohne nachträgliche Wärmebehandlung
—	—	42,5	52,5	27,6	72	
—	—	35,5	57,4	35,6	70	

[2] Unbekannt.

Zahlentafel 111. *Chemische Zusammensetzung, Festigkeitseigenschaften*

Nr.	Bezeichnung	Chemische Zusammensetzung C %	Si %	Mn %	P %	S %	Cr %	Ni %
44	Austenitische Cr-Ni-Stähle	0,10	0,48	0,40	0,010	0,026	17,98	8,07
45		0,11	0,56	0,62	0,011	0,025	17,72	8,48
46		0,10	0,83	0,36	—	—	17,87	9,24
47		0,24	0,70	0,44	—	—	24,95	13,75
48		0,24	0,64	0,46	—	—	24,95	24,36
49	Austenitische Cr-Ni-Legierungen	—	—	1,78	—	—	15,1	60,3
50		—	—	1,18	—	—	21,0	71,6
51	Austenitische Cr-Mn-Stähle	0,09	0,46	9,38	—	—	16,86	—
52		0,11	0,27	13,2	0,019	0,006	15,1	1,43
53		0,13	0,47	15,5	0,022	0,008	14,2	1,08
54		0,13	0,47	15,5	0,022	0,008	14,2	1,08
55		0,11	0,40	16,4	0,026	0,012	15,6	0,80
56		0,11	0,48	17,70	—	—	9,88	—
57	Austenitische Cr-Mn-Si-Stähle	0,15	4,00	16,59	—	—	7,49	—
58		0,08	3,25	17,2	0,052	0,004	7,70	0,10
59	Weicheisen	0,01	0,07	0,09	0,009	0,029	—	—
60	Nickel	—	0,03	0,56	—	—	—	99,00
61	Elektrolytkupfer	—	—	—	—	—	—	—
62	Handelsblei	—	—	—	—	—	—	—

tiefen Temperaturen auf 0,38 an. Nur bei austenitischen Stählen sind die Umrechnungszahlen wie bekanntlich auch bei Raumtemperatur andere. Die Umrechnungszahl innerhalb einer Stahlgruppe bleibt aber so weit unveränderlich, daß man aus der Härte bei tiefen Temperaturen auf die Festigkeit schließen kann und sich kostspielige Zerreißversuche erspart.

In den Zahlentafeln 112, 113, 114[1] sind chemische Zusammensetzung und die gewährleisteten Festigkeitseigenschaften der für tiefe Temperaturen empfohlenen Stähle nach Stahl-Eisen-Werkstoffblatt 680 – Kaltzähe Stähle, wiedergegeben.

Diejenige Eigenschaft, die durch die Kälte am unangenehmsten beeinträchtigt wird, ist die Formänderungsfestigkeit, für die auch hier die

[1] Stahl-Eisen-Werkstoffblatt 680. 1. Ausg. Dezember 1960.

und Wärmebehandlung der untersuchten Werkstoffe (Fortsetzung)

Mo %	Sonstiges %	Eigenschaften bei 20 °C: Streckgrenze kg/mm²	Zugfestigkeit kg/mm²	Dehnung δ_5 %	Einschnürung %	Wärmebehandlung
0,28	0,09 Cu 0,53 Ti	—	60[1]	—	—	—
0,20	0,23 Cu 0,22 Ti 1,03 W	29,7	67,2	45,2	72	—
—	—	—	54[1]	—	—	1200 °C abgeschreckt
—	—	—	59[1]	—	—	1200 °C abgeschreckt
—	—	—	58[1]	—	—	1200 °C abgeschreckt
7,18	15,4 Fe	34,7	77,4	39,9	65	—
—	1,0 Fe 4,14 Co	—	—	—	—	Geschmiedet, ohne nachträgliche Wärmebehandlung
—	—	—	76[1]	—	—	1050 °C/Luft
0,06	—	—	68[1]	—	—	—
0,08	—	—	87[1]	—	—	Warmgewalzt
0,08	—	—	64[1]	—	—	Abgeschreckt
—	—	—	64[1]	—	—	—
0,96	—	—	65[1]	—	—	1050 °C/Luft
—	0,55 Ti	—	89[1]	—	—	1050 °C/Luft
0,04	—	—	81[1]	—	—	1050—1080 °C/Luft
—	99,8 Fe	—	—	—	—	—
—	0,36 Fe 0,02 Co	—	—	—	—	—
—	99,96 Cu	—	22,5	55,3	74	—
—	—	—	2,1	33,2	—	—

[1] Aus den Härtewerten errechnet

Kerbschlagzähigkeit in Ermangelung eines Besseren als Vergleichsmaßstab dient.

Die Scheidung in Werkstoffgruppen ist deutlich, nichtaustenitische Stähle verlieren mehr von ihrer Zähigkeit als die austenitischen Stähle, die bis zu tiefsten Temperaturen zäh bleiben, besonders wenn der Austenit beständig ist.

In den Bildern 302 und 303 gibt E. HOUDREMONT[1] die Veränderung der Festigkeitseigenschaften von zwei austenitischen Chrom-Mangan-

[1] HOUDREMONT, E.: Handbuch der Sonderstahlkunde, 3. Aufl., Berlin/Göttingen/Heidelberg: Springer 1956, S. 713/714.; s. a. H.-J. WIESTER: Stahl u. Eisen Bd. 63 (1943) S. 41/47 u. 64/74.

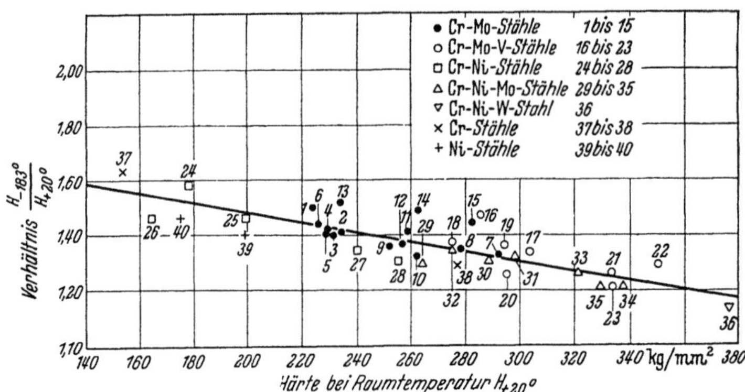

Bild 299. Härtesteigerung bei tiefen Temperaturen in Abhängigkeit von der Härte bei Raumtemperatur (nach A. Krisch und G. Haupt)

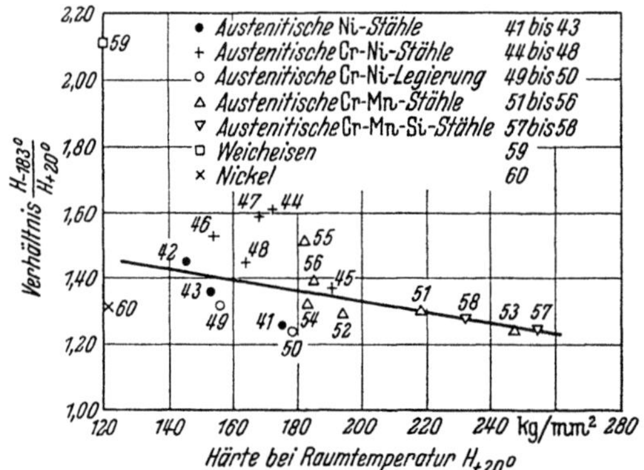

Bild 300. Härtesteigerung bei tiefen Temperaturen in Abhängigkeit von der Härte bei Raumtemperatur (nach A. Krisch und G. Haupt)

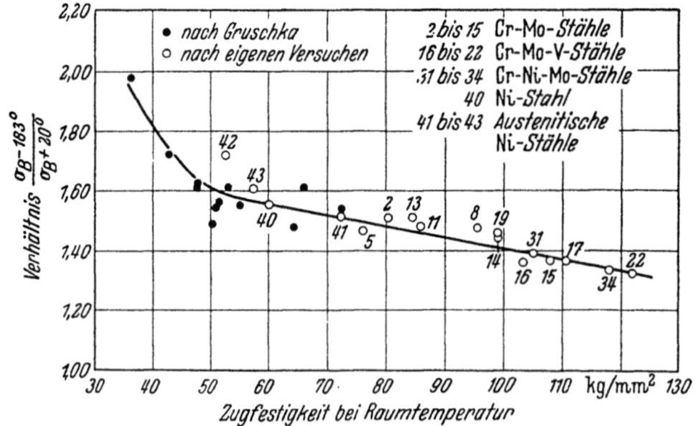

Bild 301. Zugfestigkeitssteigerung bei tiefen Temperaturen in Abhängigkeit der Zugfestigkeit bei Raumtemperatur (nach A. Krisch und G. Haupt)

Nickel-Stickstoff-Stählen in Abhängigkeit von der Temperatur wieder, welche Arbeit das eben Gesagte besonders deutlich macht.

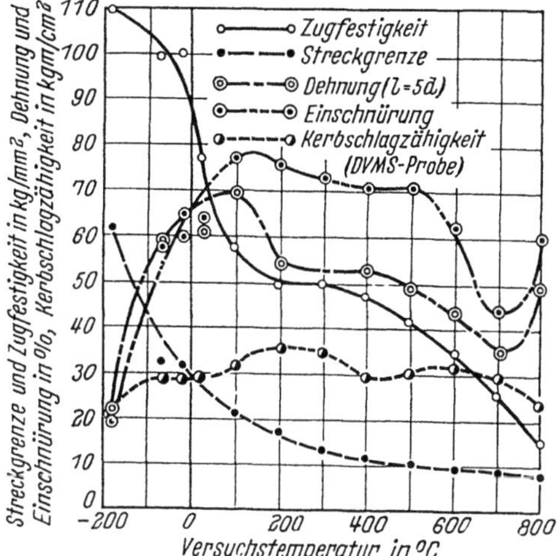

Bild 302. Mechanische Eigenschaften eines Stahles mit 0,07% C, 0,45% Si, 13,6% Mn, 14,8% Cr, 1,54% Ni und 0,11% N in Abhängigkeit von der Temperatur (Zerreißversuche von 20 Minuten Dauer) (nach E. HOUDREMONT)

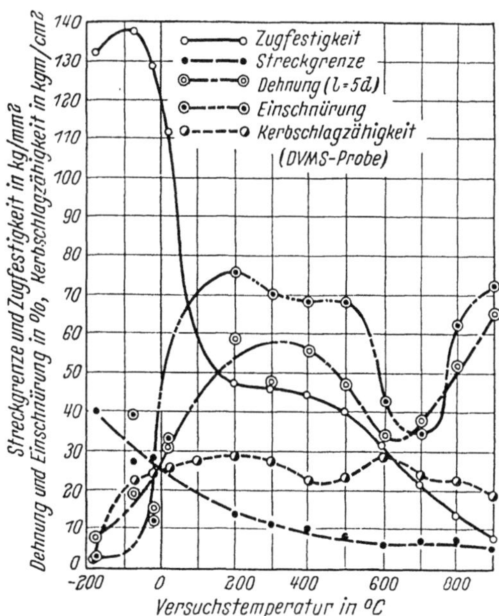

Bild 303. Mechanische Eigenschaften eines Stahles mit 0,08% C, 0,31% Si, 8,4% Mn, 14,4% Cr, 13,2% Ni, 0,082% N in Abhängigkeit von der Temperatur (Zerreißversuche von 20 Minuten Dauer) (nach E. HOUDREMONT)

Zahlentafel 112. *Chemische Zusammensetzung der kaltzähen Stähle (nach der Schmelzenanalyse) nach Stahl-Eisen-Werkstoffblatt 680* (Ausgabe Dezember 1960)

Stahlsorte Kurzname nach DIN 17006	Werkstoffnummer nach DIN 17007 Blatt 2[1]	% C	% Si	% Mn	% P höchstens	% S höchstens	% Cr	% Mo	% Ni	Sonstiges
TT St 35	1.0356	≦0,16	0,10/0,35	0,40/0,60	0,050	0,050	—	—	—	—
TT St 41	1.0437	≦0,20	0,10/0,35	0,50/0,70	0,050	0.050	—	—	—	—
TT St 45	1.0456	≦0,22	0,10/0,35	0,40/0,70	0,050	0,050	—	—	—	—
25 CrMo 4	1.7218	0,22/0,29	0,15/0,35	0,50/0.80	0,035	0,035	0,90/1,2	0,15/0,25	—	—
14 Ni 6	1.5622	0,10/0,18	0,15/0,35	0,30/0,50	0,035	0,035	—	—	1.3/1,6	—
12 Ni 19	1.5680	≦0,20	0,15/0.35	0,30/0.50	0,035	0,035	—	—	4,5/5,0	—
X 40 MnCr 22[2]	1.5152	0,30/0,50	0,30/0,80	21,0/24,0	0,100	0,050	3,0/5,	—	—	—
X 12 MnCr 18 11	1.5161	≦0.15	≦1,0	17,0/19,0	0,080	0,030	11,0/13,0	0,30/0,80	1,5/2,5	—
X 12 CrNi 18 9[3]	1.6900	≦0,12	≦1,0	≦2,0	0,045	0.030	17,0/19,0	—	8,0/10,0	—
X 10 CrNiTi 18 10[4]	1.6903	≦0,10	≦1,0	≦2,0	0,045	0,030	17,0/19,0	—	9,0/11,0	Ti ≧ 5 × %C

[1] z. Z. Entwurf.

[2] Der Mangangehalt des Stahles darf 17,0/19,0% betragen, falls er 0,08/0,12% N hat; dieser Stahl X 40 MnCrN 18 hat die Werkstoffnummer 5151.

[3] Stahl kommt auch als Stahlguß G-X 15 CrNi 18 9, Werkstoffnummer 6902, in Betracht. Über die Prüfung und die zu gewährleistenden Prüfwerte sind zwischen Besteller und Lieferer Vereinbarungen zu treffen.

[4] Der Stahl wird als X 10 CrNiNb 18 10, Werkstoffnummer 6905, auch mit Niob stabilisiert geliefert, wobei Nb ≧ 8×% C.

Zahlentafel 115. *Chemische Zusammensetzung der Versuchsstähle* (nach M. Hempel und J. Luce)

Stahlbezeichnung	Stangenabmessung mm	C %	Si %	Mn %	P %	S %	Cr %	Mo %	Ni %	Wärmebehandlung
Cr-Mo 1	20 ⌀	0,22	0,33	0,60	0,015	0,005	0,83	0,22	0,09	850°/Wasser, 600 bis 610 °C
Cr-Mo 2	20 ⌀	0,22	0,33	0,60	0,015	0,005	0,83	0,22	0,09	850°/Wasser, 520 bis 530 °C
Cr-Ni-Mo	20 ⌀	0,34	0,27	0,45	0,012	0,009	1,88	0,40	2,27	850°/Öl, 620 °C
C 1 (St 34.11)	30 □	0,08	Spur	0,59	0,041	0,023	—	—	—	1/2 h 930°/Luft
C 2 (St 50.11)	20 ⌀	0,40	0,17	0,78	0,019	0,043	Cu	—	—	1 h 870°/Ofen
C 3 (St 70.11)	26 ⌀	0,64	0,11	0,75	0,020	0,052	0,10	—	—	1 h 780°/Luft

Zahlentafel 113. *Für die kaltzähen Stähle gewährleistete Prüfwerte*[1] *bei 20 °C nach Stahl-Eisen-Werkstoffblatt 680* (Ausgabe Dezember 1960)

Stahlsorte Kurzname nach DIN 17006	Werkstoff-nummer nach DIN 17007 Blatt 2[2]	Zugfestigkeit kg/mm²	Streck-grenze kg/mm² mind.	Bruch-dehnung ($L_0 = 5\,d_0$) % mind.	Bruchein-schnürung % mind.
TT St 35 N[3]	1.0356	35—45	23	25	45
TT St 35 N[4]		35—45	21	24	45
TT St 35 V[3]		40—50	26	24	45
TT St 35 V[4]		40—50	24	23	45
TT St 41 N[4]	1.0437	41—50	24	22	40
TT St 41 V[4]		45—55	27	21	40
TT St 45 N[3]	1.0456	45—55	26	21	40
TT St 45 V[3]		50—60	29	20	40
25 CrMo 4	1.7218	60—75	45	18	60
14 Ni 6	1.5622	50—60	28	22	65
12 Ni 19	1.5680	60—75	45	20	55
X 40 MnCr 22	1.5152	70—90	28	35	30
X 12 MnCr 18 11	1.5161	65—80	30	50	45
X 12 CrNi 18 9	1.6900	50—70	22	50	60
X 10 CrNiTi 18 10	1.6903	50—75	25[5]	40	50

[1] Die Werte gelten für Längsproben.
[2] z. Z. Entwurf.
[3] Rohre.
[4] Bleche.
[5] Bei Rohren 24 kg/mm².

Für Stahlgußlegierungen haben H. JURETZEK und W. TROMMER[1] den Abfall der Kerbzähigkeit bei niedrigen Temperaturen untersucht. Danach sind bei perlitischen Stählen 5% Ni notwendig, um bei —180 °C noch 3 mkg/cm² zu erhalten, ein Wert, der meist gefordert wird. Die austenitischen Stähle, in diesem Fall Cr-Mn-Stähle, übertreffen auch hier die anderen.

Von großem Interesse ist natürlich auch die Dauerfestigkeit bei tiefen Temperaturen. M. HEMPEL und J. LUCE[2] haben eine Reihe von Stählen nach Zahlentafel 115 (s. S. 496) erprobt. Es war vorauszusehen, daß mit der Zugfestigkeit auch die Dauerfestigkeit ansteigt. In Bild 304 sind die Zug-Druck-Wechselfestigkeiten bis —188 °C für polierte Vollstäbe zusammengestellt.

[1] JURETZEK, H., u. W. TROMMER: Gießerei Bd. 30 (1943) S. 21/24. Siehe das dort angeführte reichhaltige Schrifttumsverzeichnis; s. a. Stahl u. Eisen Bd. 63 (1943) S. 447.

[2] HEMPEL, M., u. J. LUCE: Mitt. K.-Wilh.-Inst. Eisenforschg. Bd. 23 (1941) S. 53/79; Arch. Eisenhüttenw. Bd. 15 (1941/42) S. 423/430; vgl. Stahl u. Eisen Bd. 62 (1942) S. 252. — Auch Dr.-Ing.-Diss. von J. LUCE, Bergakademie Clausthal (mit Zahlenangaben).

Zahlentafel 114. *Für die kaltzähen Stähle gewährleistete Werte*[1] *der Kerbschlagzähigkeit nach Stahl-Eisen-Werkstoffblatt 680* (Ausgabe Dezember 1960)

Stahlsorte Kurzname nach DIN 17006	Werkstoffnummer nach DIN 17007 Blatt 2[2]	Prüftemperatur[3] °C	Probenform nach DIN 50115	Kerbschlagzähigkeit kgm/cm² mind.
TT St 35 N	1.0356	20 −120	DVM[6] DVMF[6]	12 12
TT St 35 V	1.0356	20 −120	DVM[6] DVMF[6]	15 15
TT St 41 N[4]	1.0437	20 −120	DVM DVMF	11 10
TT St 41 V[4]	1.0437	20 −120	DVM DVMF	14 13
TT St 45 N[5]	1.0456	20 −120	DVM[6] DVMF[6]	10 8
TT St 45 V[5]	1.0456	20 −120	DVM[6] DVMF[6]	13 11
25 CrMo 4	1.7218	20 −80	DVM DVM	12 5
14 Ni 6	1.5622	20 −100	DVM DVM	15 8
12 Ni 19	1.5680	20 −170	DVM DVM	16 5
X 40 Mn Cr 22	1.5152	20 −195	DVM DVM	16 6,5
X 12 MnCr 18 11	1.5161	20 −195	DVM DVM	20 6
X 12 CrNi 18 9	1.6900	20 −195	DVM DVM	20 15
X 10 CrNiTi 18 10	1.6903	20 −195	DVM DVM	15 11

[1] Die Werte gelten für Längsproben.

[2] z. Z. Entwurf.

[3] Die Prüftemperaturen unter 0 °C bedeuten nicht die tiefsten Verwendungstemperaturen. [4] Bleche. [5] Rohre.

[6] Bei Rohren sind die Proben aus den fertigen Rohren so herauszuarbeiten, daß ihre Breite (in Richtung des Kerbs gemessen) gleich der Rohrwanddicke ist.

Aus dem linken Teil des Bildes 305 ist zu ersehen, wie sich die Verhältniszahl Dauerfestigkeit zu Zugfestigkeit mit fallender Temperatur bei glatten und bei gekerbten Stäben ändert. Bei Vergleich mit dem rechten Schaubild fällt auf, daß die Unterschiede bei Vollstäben groß sind, während bei gekerbten die Unterschiede zwischen hohen und tiefen Temperaturen zusammenschrumpfen.

Die in den Zusammenstellungen angegebenen Werte bedürfen in den Einzelheiten sicherlich noch einer Ergänzung in dem Sinne, daß außer der Legierung noch Erschmelzungsart und Wärmebehandlung berücksichtigt werden müssen. Die allgemeine Richtung aber ist die, daß für tiefe Temperaturen legierte, vornehmlich Nickelstähle verwendet werden müssen und für sehr tiefe Temperaturen austenitische Stähle[1].

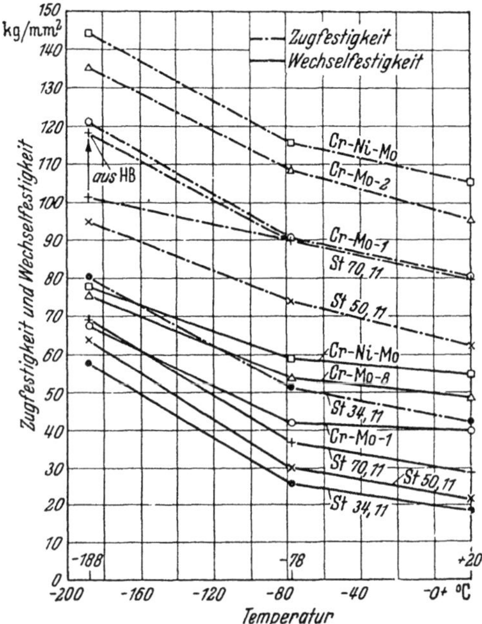

Bild 304. Zug- und Wechselfestigkeit verschiedener Stähle in Abhängigkeit von der Temperatur (nach M. HEMPEL und J. LUCE)

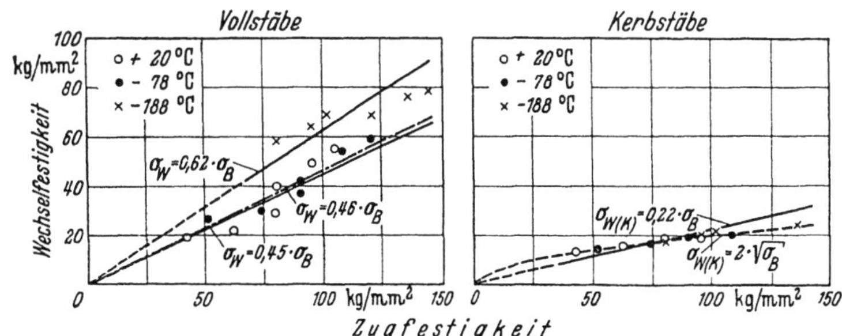

Bild 305. Wechselfestigkeit von Voll- und Kerbstäben in Abhängigkeit von der Temperatur (nach M. HEMPEL und J. LUCE)

[1] Über amerikanisches Schrifttum auf diesem Gebiet s. z. B.: L. SEIGLE u. R. M. BRICK: Trans. Amer. Soc. Met. Bd. 40 (1948) S. 813/869. — HOKE, J. H., PH. G. MABUS u. G. N. GOLLER: Research Laboratories Armco Steel Corp. Baltimore. Metal Progr. Bd. 55 (1949) S. 643/648.

6. Magnetische Eigenschaften[1]

1. Allgemeine Begriffe — Ferromagnetische Kenngrößen.
2. Der Ferromagnetismus (Physik).
3. Dauermagnetwerkstoffe.
4. Magnetisch weiche Werkstoffe.

Allgemeine Begriffe

Eisen und Magnetismus sind seit alters her zwei engverknüpfte Begriffe, die Verbindung beider führte zum Begriff Ferromagnetismus. Nach dem Verhalten der Werkstoffe im Magnetfeld kann man sie in drei Gruppen einteilen, in diamagnetische, paramagnetische und ferromagnetische Stoffe. In einem magnetischen Feld wird jeder Körper zu einem magnetischen Dipol. Bei den ferromagnetischen und paramagnetischen Körpern ist das magnetische Moment des induzierten Dipols dem Felde gleichgerichtet, in einem inhomogenen Felde tritt daher eine (anziehende) Kraft in Richtung zunehmender Feldstärke auf. Bei den Ferromagnetika ist diese Anziehungskraft um mehrere Größenordnungen stärker als bei den paramagnetischen Stoffen. Die Diamagnetika werden infolge des dem Magnetfeld entgegengesetzten Dipolmomentes aus dem inhomogenen Felde herausgedrängt. Die Kraftwirkungen sind größenordnungsmäßig gleich wie bei den paramagnetischen Stoffen.

Das magnetische Verhalten eines Werkstoffes wird streng durch die Magnetisierungskurve, d. h. durch die Abhängigkeit der magnetischen Kraftliniendichte im Werkstoff, der Induktion B, von der magnetischen Feldstärke H beschrieben[2].

Bei den para- und den diamagnetischen Werkstoffen ist der Zusammenhang zwischen der Induktion B und der Feldstärke H linear. Das Verhältnis Induktion zur Kraftliniendichte im Vakuum (Feldstärke) nennt man die Permeabilität:

$$\mu = \frac{B}{\mu_0 H}\,^{3}.$$

[1] Der Hauptbeitrag dieses Abschnittes stammt von E. Krainer, Kapfenberg. Zusammenfassende Darstellungen der Grundlagen des Ferromagnetismus finden sich z. B. in folgenden Büchern: Pawlek, F.: Magnetische Werkstoffe. Berlin/Göttingen/Heidelberg: Springer 1952. — Reinboth, H.: Technologie und Anwendung magnetischer Werkstoffe. Berlin: VEB Verlag Technik 1958. — Koch, K. M.: Einführung in die Physik der magnetischen Werkstoffe. Wien: Deuticke 1957.

[2] Maßsysteme: CGS-System: H (Oersted), B (Gauß); praktisches Maßsystem: H (Amp/cm); B (Vsec/cm^2) = (Wb/cm^2); 1 Amp/cm = 1,256 Oersted; 1 Gauß = 10^{-8} Wb/cm^2.

[3] Die relative Permeabilität μ ist dimensionslos. μ_0 = Induktionskonstante hat im CGS-System den Wert 1 Gauß/Oersted, im praktischen System den Wert $1{,}256 \cdot 10^{-8}$ Vsec/Amp · cm.

Für diamagnetische Werkstoffe ist μ um einige 10^{-6} bis 10^{-5} kleiner als 1, für paramagnetische Werkstoffe um 10^{-6} bis 10^{-3} größer als 1 und unabhängig von der Feldstärke. Bei ferromagnetischen Stoffen kann μ Werte von 1 bis 10^6 annehmen und ist stark feldstärkenabhängig. Die Abhängigkeit der Induktion von der Feldstärke ist nicht mehr linear. Darüber hinaus zeigt die Magnetisierungskurve der Ferromagnetika als besonders kennzeichnend eine starke Hysteresis. Die Ausbildung der Magnetisierungsschleifen charakterisieren die Eigenschaften der Ferromagnetika.

Vielfach wird zur Beschreibung der magnetischen Eigenschaften eines Körpers nicht seine Induktion B, sondern seine Magnetisierung (das ist das magnetische Moment je Volumeinheit) gewählt.

$$M = B - \mu_0 H \quad \text{im praktischen Maßsystem,}$$

$$4\pi M^* = B - \mu_0 H \quad \text{im CGS-System}$$

oder

$$I = \frac{B}{\mu_0} - H$$

bzw.

$$4\pi I^* = \frac{B}{\mu_0} - H.$$

Aus dieser Beziehung ergibt sich entsprechend zur Permeabilität das Verhältnis I/H, das Suszeptibilität genannt wird,

$$\chi = \mu - 1$$

bzw.

$$4\pi \chi^* = \mu - 1.$$

Beginnt man ein Ferromagnetikum vom unmagnetischen Zustandspunkt ($H = 0$, $B = 0$) aus zu magnetisieren, so verläuft mit steigender Feldstärke die Magnetisierung I zunächst nach der „Jungfräulichen Magnetisierungskurve", bis man schließlich ab einer bestimmten Feldstärke keine weitere Zunahme der Magnetisierung feststellen kann, d.h., man hat die Sättigung I_s bzw. (M_s) erreicht. Die Induktion B erreicht im Gegensatz zur Magnetisierung keinen endlichen Sättigungswert, sondern steigt weiterhin mit H, wegen $B = M + \mu_0 H$, an. Schaltet man nun das Feld ab, $H = 0$, so entmagnetisiert sich ein ferromagnetischer Werkstoff nicht, sondern es verbleibt ein Restmagnetismus, die sogenannte Remanenz $M_r = B_r$. Die Remanenz beträgt im allgemeinen $^1/_2$ bis $^2/_3$ der magnetischen Sättigung. Soll die Magnetisierung oder Induktion auf Null gebracht werden, so muß ein Magnetfeld umgekehrter Richtung angelegt werden. Die Feldstärke, bei der die Induktion B den Wert Null erreicht, heißt Induktionskoerzitivkraft $_BH_c$, die Feldstärke, bei der die Magnetisierung Null wird, die Magnetisierungskoerzitivkraft $_IH_c$. Den Kurvenast der Magnetisierungsschleife zwischen Remanenz und

Koerzitivkraft nennt man Entmagnetisierungskurve. Steigert man das negative Magnetfeld über die Koerzitivkraft hinaus, so wird die Magnetisierung bzw. die Induktion ebenfalls negativ und erreicht schließlich den negativen Sättigungswert. Schaltet man das Feld ab bzw. schaltet man wieder ein positives Feld ein, so vollzieht sich ein Ummagnetisierungsvorgang wie vorhin beschrieben, aber in umgekehrter Richtung.

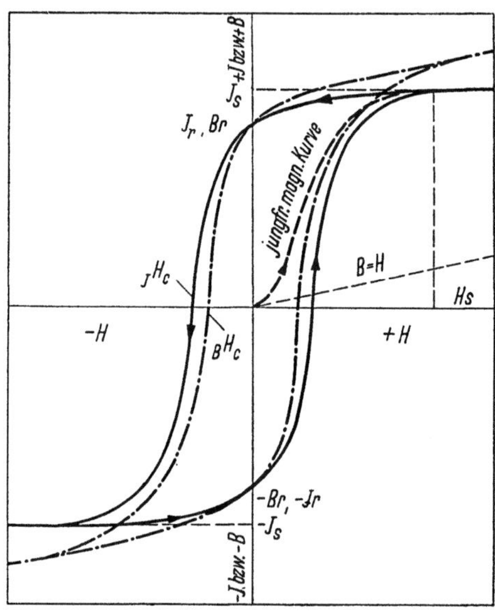

Bild 306. Magnetisierungsschleife ferromagnetischer Werkstoffe (nach H. NEUMANN)

Setzt man ein Ferromagnetikum einem periodischen Wechselfeld aus, so durchläuft die Magnetisierung bzw. die Induktion immerfort die Magnetisierungsschleife, wie im Bild 306 durch Pfeile[1] angedeutet.

Der Ferromagnetismus

(Diamagnetismus, Paramagnetismus, Antiferro- und Ferrimagnetismus)

Eine atomistische Theorie des Aufbaus und der Eigenschaften der Materie, wie sie angestrebt wird und heute schon mit großem Erfolg zur Deutung vieler physikalischer Erscheinungen der Materie herangezogen wird, muß natürlich auch die magnetischen Eigenschaften der Materie umfassen. Nach dem heutigen Stande der Erkenntnisse lassen sich jedoch nur der Para- und der Diamagnetismus als Atomeigenschaften erklären. Der Ferromagnetismus ist eine Kristalleigenschaft, die durch im Kristall auftretende Wechselwirkungen zwischen den ein-

[1] NEUMANN, H.: Arch. techn. Messen V 956—2, Sept. 1937 und Lehrbücher der Physik.

zelnen Atomen und ihren permanenten magnetischen Momenten unter ganz bestimmten Bedingungen zustande kommt.

Geht man etwa vom Bohrschen Atommodell aus, so erkennt man, daß nach den Gesetzen der Elektrodynamik die Elektronenbewegung ein magnetisches Feld erzeugen muß bzw. daß jeder Elektronenbahn ein magnetisches Moment, Bahnmoment, zukommt. Da das magnetische Moment eines um ein Zentrum rotierenden Ladungsträgers von der Umlaufgeschwindigkeit und der von der Bahn umschlossenen Fläche und der Neigung der Bahnfläche zur Magnetfeldrichtung abhängt, ist verständlich, daß das magnetische Bahnmoment eines Elektrons entsprechend den heutigen Vorstellungen des Atombaues gequantelt ist und nur ganze Vielfache eines kleinstmöglichen Wertes, des Bohrschen Magnetons, haben kann. Die Umlaufgeschwindigkeit und die Bahnfläche des umlaufenden Elektrons wird durch die Haupt- und Nebenquantenzahl n und 1 festgelegt, die Neigung der Elektronenbahn zum Magnetfeld durch die magnetische Quantenzahl. Des weiteren besitzt jedes Elektron durch seine Drehbewegung um die eigene Achse noch das sogenannte Spinmoment. Schließlich hat auch jeder Atomkern noch ein magnetisches Moment, was aber infolge seiner Kleinheit bei diesen qualitativen Überlegungen vernachlässigt werden kann. Das magnetische Moment eines Atoms ergibt sich als Resultierende der magnetischen Momente aller Elektronen. Nach dem Paulischen Prinzip[1] werden in abgeschlossenen Elektronenschalen die magnetischen Momente kompensiert, so daß nur Elemente mit nicht abgeschlossenen Elektronenschalen permanente magnetische Atommomente haben können.

Wird ein Atom in ein Magnetfeld gebracht, so wird infolge der elektromagnetischen Induktion das Elektronensystem des Atoms zusätzlich beschleunigt und versetzt das Atom in eine Präzessionsbewegung mit der sogenannten Lamorfrequenz ω_L[2]. Die mit der Winkelgeschwindigkeit ω_L umlaufenden Elektronen kommen in ihrer Wirkung einem Kreisstrom gleich und erzeugen ein magnetisches Moment, das dem Induktionsgesetz entsprechend dem äußeren Magnetfelde entgegengesetzt gerichtet sein muß. Dadurch erhält jedes Atom ein „diamagnetisches Moment", das jedoch bei Atomen oder Ionen mit nicht vollständig besetzten Elektronenschalen, die ein permanentes magnetisches Moment besitzen, durch dieses überdeckt wird. Atome und Ionen mit abgeschlossenen Elektronenschalen (Edelgaskonfiguration) sind diamagnetisch und bleiben im Molekül- oder Kristallverband diamagnetisch, wenn die Elektronenkonfiguration nicht gestört wird.

Für das Zustandekommen paramagnetischer oder ferromagnetischer Eigenschaften, wobei, wie bereits erwähnt, ferromagnetische Eigen-

[1] Pauli, W., jr.: Z. Phys. Bd. 31 (1925) S. 765.
[2] Lamor, F.: Philos. Mag. Bd. 44 (1897) S. 503.

schaften bei festen kristallisierten Stoffen nur bei ganz bestimmten Voraussetzungen auftreten können, ist ein permanentes magnetisches Atommoment nötig.

Der Paramagnetismus von Gasen, Flüssigkeiten und Festkörpern entsteht durch das Widerspiel der ordnenden Wirkung eines Magnetfeldes, das die permanenten Atommomente auszurichten versucht, und der Wärmebewegung, die die statistische Richtungsverteilung der atomaren Magnetmomente herzustellen versucht. Unter der Annahme, daß keine oder vernachlässigbare Wechselwirkungen zwischen den atomaren Momenten bestehen, hat P. LANGEVIN[1] eine theoretische Beschreibung entwickelt, die das CURIEsche Gesetz

$$\chi = \frac{c}{T}$$

verständlich macht und die Aufklärung für die überraschend kleinen, bei Raumtemperatur gemessenen Suszeptibilitätswerte gibt.

Da tatsächlich nur in wenigen Fällen, bei Gasen und einigen Flüssigkeiten, die Wechselwirkungen zwischen den atomaren magnetischen Momenten vernachlässigbar klein sind, treten bei vielen paramagnetischen Stoffen Abweichungen von der LANGEVINschen Theorie bzw. vom CURIEschen Gesetz auf. Durch verschiedene ganz bestimmte, sehr starke Kopplungseffekte der atomaren magnetischen Momente, die in festen Stoffen nur bei ganz bestimmter Kristallisation auftreten können, werden Abweichungen vom paramagnetischen Verhalten der Stoffe hervorgerufen, die als Ferromagnetismus, Antiferromagnetismus und Ferrimagnetismus bekannt sind. Die Elektronenverteilung der Atome und die Energiezustände der Elektronen werden bei der Kristallisation gemäß der gegenseitigen Beeinflussung der Atome wesentlich verändert. Im einatomigen Gas sind die Energiezustände der Elektronen scharf definiert, im Kristallverband tritt infolge der Störung durch die benachbarten Atome eine Entartung der Energiezustände ein, d. h., die einzelnen Elektronen haben nicht scharfe Energieniveaus, sondern Energiebereiche; es können sich diese Energiebereiche von Elektronen verschiedener Elektronenschalen auch überschneiden. In Metallkristallen geht die Entartung so weit, daß die äußersten Elektronen der Metallatome nahezu frei im Metallgitter sind, man spricht daher vom Elektronengas. Für das Ausmaß der Entartung der Elektronenzustände ist die Stärke der Wechselwirkungen zwischen den Atomen verantwortlich. Quantenmechanisch können diese Wechselwirkungen durch die Austauschenergie bzw. das Austauschintegral beschrieben und berechnet werden. Die Elektronen in den entarteten Energiebereichen bzw. die Elektronen des Elektronengases sind energiemäßig nach dem PAULI-

[1] LANGEVIN, P.: J. Physique Bd. 4 (1905) S. 678.

Prinzip auf die zulässigen Energiestufen verteilt, d. h., es können jeweils immer nur zwei Elektronen, aber mit entgegengesetztem Spin im gleichen Energiezustand sein. Die Entartung der Elektronenzustände führt weiters dazu, daß die magnetischen Bahnmomente der Atome weitestgehend in kristallisierten Stoffen kompensiert werden, so daß im wesentlichen nur die Spinmomente übrigbleiben, die aber je nach Vorzeichen des Austauschintegrals in Parallel- oder in Antiparallelstellung geordnet werden. Die Austauschenergie und natürlich auch das Austauschintegral sind wesentlich vom Atomabstand und somit vom Kristallbau, von der Temperatur, von Fremdatomeinlagerungen usw. abhängig.

Ist das Austauschintegral in einem gegebenen Kristall positiv (nach W. HEISENBERG[1] wird das Austauschintegral positiv, wenn der Kernabstand gegenüber dem Elektronenschalenradius groß ist), so tritt Parallelorientierung der Spinmomente auf; dieser Zustand charakterisiert die Ferromagnetika. Je höher der Wert des Austauschintegrals ist, um so besser ist die Paralleleinstellung der Spinmomente und um so geringer ist die Störung der Paralleleinstellung durch die Wärmebewegung.

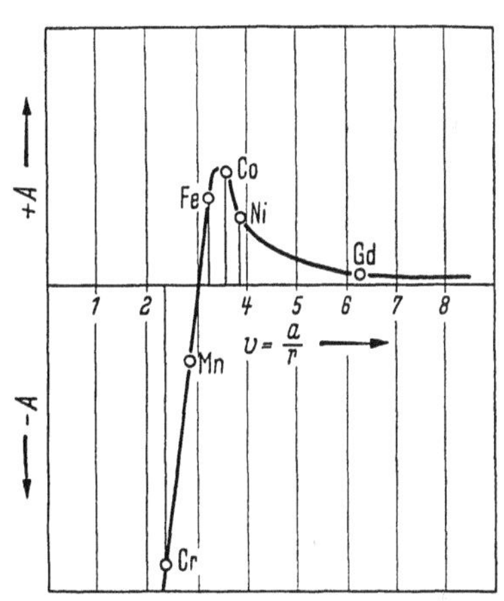

Bild 307. Austauschintegral als Funktion $v = \frac{\text{Kernabstand}}{\text{Schalenradius}}$ (nach W. HEISENBERG)

Aus dem Widerspiel Temperaturbewegung und Ordnungskraft erklärt sich der Übergang vom ferromagnetischen Zustand in den paramagnetischen Zustand oberhalb der sogenannten Curie-Temperatur. Nach Bild 307 erkennt man, daß nach der entwickelten Theorie Eisen, Kobalt, Nickel und die seltenen Erden ferromagnetisch sein müssen, die Curie-Temperaturen der seltenen Erden sind jedoch wegen dem kleinen Wert der Austauschintegrale sehr niedrig. Bemerkenswert ist, daß das Mangan, das paramagnetisch ist und ein negatives Austauschintegral nach Bild 307 besitzt, mit anderen nichtferromagnetischen Legierungskomponenten (HEUSLERsche Legierungen) ferromagnetische Legierungen bildet. Durch die Einlagerung der Fremdatome in das Mangangitter und Bildung einer für die HEUSLERsche Legierung typischen β-Struktur wird das Austauschintegral positiv gemacht, so daß Paralleleinstellung der Spinmomente bzw. Ferromagnetismus auftritt.

[1] HEISENBERG, W.: Z. Phys. Bd. 49 (1928) S. 619.

Bei negativem Austauschintegral tritt eine Erscheinung auf, die nach L. Néel[1] als „Antiferromagnetismus“ bezeichnet wird. Der Antiferromagnetismus ist ein Ordnungszustand der Spinmomente, der die Magnetisierung erschwert.

Der Übergang vom ungeordneten paramagnetischen Zustand in den geordneten antiferromagnetischen Zustand ist völlig analog wie der

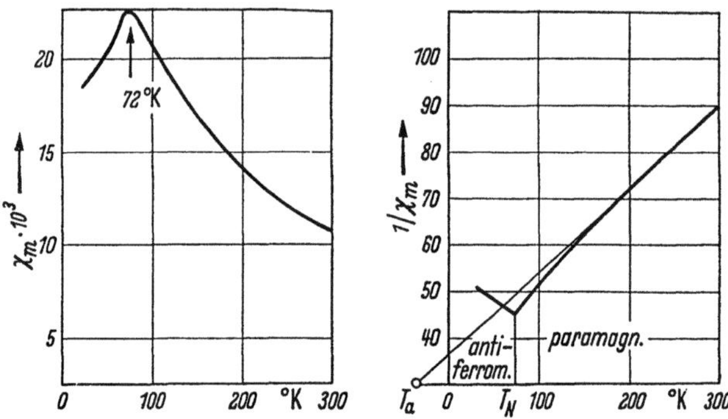

Bild 308. Suszeptibilität von MnF_2, Néel-Punkt T_N und asympt. Curiepunkt T_a (nach H. Bizette)[2]

Übergang vom paramagnetischen Zustand in den ferromagnetischen Zustand bei den Ferromagnetika. Die Übergangstemperatur heißt Néel-Punkt, und bei Temperaturen oberhalb des Néel-Punktes gilt für die Suszeptibilität das Curie-Weisssche Gesetz mit einer approximativen Curie-Temperatur unterhalb des absoluten Nullpunktes (Bild 308). Der Ordnungszustand bei den antiferromagnetischen Stoffen besteht in einer antiparallelen Ausrichtung der Spinmomente (Bild 309), wodurch diese sich kompensieren und die Suszeptibilität in Richtung der Spinausrichtung bei tiefen Temperaturen praktisch Null ist. Bei Magnetisierung senkrecht dazu sind Drehungen der Spinmomente möglich. Die Suszeptibilität einer polykristallinen Probe ist ein Mittelwert aus den Suszeptibilitäten senkrecht und parallel zur Spinorientierung, da bei einer polykristallinen Probe nur in abgegrenzten Bereichen, Weissschen Bezirken, einheitliche Orientierung bzw. antiparallele Orientierung der Spinmomente auftritt.

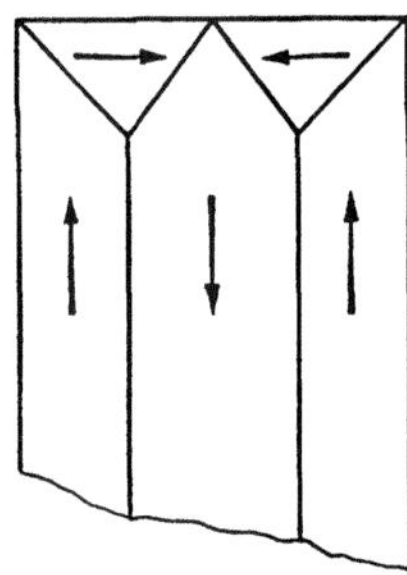

Bild 309. Weisssche Bezirke (schematisch)

Der Ferrimagnetismus, wie er bei den sogenannten Ferriten auftritt, kommt durch zwei gekoppelte Teilgitter mit entgegengesetzter, aber verschieden starker Magnetisierung zustande. Der Ferrimagnetismus ist

[1] Néel, L.: Ann. Phys. [11] Bd. 5 (1936) S. 232. — Derselbe: Ann. Phys. [12] Bd. 3 (1948) S. 137.

[2] Bizette, H.: J. Phys. Radium Bd. 12 (1951) S. 161.

demnach nach L. Néel ein nichtkompensierter Antiferromagnetismus. Bei den Ferriten handelt es sich vorwiegend um Mischoxyde mit Spinellstruktur mit 2wertigen und 3wertigen Metallionen. Im Spinellkristall bilden die Sauerstoffionen ein kubisch-flächenzentriertes Gitter und in den Oktaeder- bzw. Tetraederhohlräumen werden die Metallionen eingelagert. Sind alle 3wertigen Ionen in den Oktaederhohlräumen untergebracht, so tritt Kompensation der magnetischen Momente auf, wie zum Beispiel bei Zink- oder Kadmiumferrit. Bei den magnetischen Ferriten ist nur die Hälfte der 3wertigen Eisenionen auf den Oktaederplätzen untergebracht, während die übrigen Oktaederplätze von den 2wertigen Ionen besetzt werden, wodurch keine Kompensation der magnetischen Momente mehr möglich ist[1] (Zahlentafel 116).

Zahlentafel 116. *Zusammensetzung und Atomeigenschaften der Ferrite* (nach W. Koch und W. Jellinghaus)

	Tetraederplatz	Oktaederplatz		Magnetische Momente je Molekül in μ_B *	
				berechnet	gemessen
ZnO · Fe^2O^3	Zn''	Fe''' →	Fe''' ←	0	0
FeO · Fe^2O^3	Fe''' →	Fe'' →	Fe''' ←	4	4,2
MnO · Fe^2O^3	Fe''' →	Mn'' →	Fe''' ←	5	5,0
NiO · Fe^2O^3	Fe''' →	Ni'' →	Fe''' ←	2	2,3

* μ_B = 1 Bohrsches Magneton.

Der unmagnetische Zustand in einem ferromagnetischen Kristall kommt dadurch zustande, daß der Kristall eine magnetische Bereichstruktur aufweist. Innerhalb der einzelnen Bereiche, Weisssche[2] Bezirke genannt, sind die magnetischen Momente der Atome alle gleichgerichtet und es weist der Bezirk dadurch eine spontane Magnetisierung auf. In den einzelnen Weissschen Bezirken sind die spontanen Magnetisierungen verschieden orientiert. Die Einstellung der spontanen Magnetisierung ist im Kristall nur nach bestimmten kristallographischen Richtungen spontan möglich, d. h., Einkristalle der ferromagnetischen Werkstoffe sind magnetisch anisotrop; sie sind in verschiedenen Richtungen unterschiedlich magnetisierbar. Die Unterteilung der Kristalle in Weisssche Bezirke und die Größe und Anordnung dieser Bereiche wird durch das Energieminimalprinzip bestimmt. Zwischen den einzelnen Weissschen Bezirken verschiedener Orientierung bilden sich Übergangsbereiche endlicher Dicke, die sogenannten Blochschen[3] Wände, aus. Die Summe der

[1] Koch, K. M.: Einführung in die Physik der magnetischen Werkstoffe. Wien: Deuticke 1957.

[2] Weiss, P.: Phys. Z. Bd. 9 (1908) S. 358.

[3] Bloch, F.: Z. Phys. Bd. 74 (1932) S. 295.

Streufeldenergie, herrührend von der Magnetfeldstreuung durch die spontane Magnetisierung und Wandenergien, muß ein Minimum sein, dies tritt bei einer ganz bestimmten Bereichsunterteilung auf, da die Streufeldenergie mit zunehmender Anzahl von WEISSschen Bezirken je Volumeinheit abnimmt, die Wandenergie jedoch proportional mit der Anzahl der BLOCHschen Wände, d. h. mit der Anzahl der WEISSschen Bezirke, zunimmt. Die Aufteilung der WEISSschen Bezirke ist etwa wie in Bild 309 idealisiert dargestellt anzunehmen, wie mit Hilfe von BITTER-Streifen an Fe-Si-Kristallen z. B. von H. J. WILLIAMS[1] sehr schön gezeigt werden konnte.

Das ferromagnetische α-Eisen besitzt in Richtung der Würfelkanten [100] die magnetische Vorzugsrichtung. Man kann also annehmen, daß in einem α-Fe-Einkristall im unmagnetischen Zustand je gleichviel WEISSsche Bereiche in etwa gleicher räumlicher Verteilung mit allen sechs möglichen Richtungen der spontanen Magnetisierung vorhanden sein werden. Legt man nun an einem Eiseneinkristall in Richtung einer Würfelkante ein schwaches Feld an, so werden zunächst die in Feldrichtung orientierten WEISSschen Bezirke etwas wachsen, indem sich BLOCHsche Wände verschieben; dabei nimmt die Magnetisierung stetig zu.

Beim Abschalten des Feldes sind die Wandverschiebungen rückläufig. Die reversiblen Wandverschiebungen werden durch die inneren Spannungen im Kristall behindert und sind nur in beschränktem Maße möglich. Bei Beaufschlagung mit einem stärkeren Feld klappen die Magnetisierungen der WEISSschen Bezirke in die Magnetisierungsrichtung um, d.h., in etwa $^1/_6$ der WEISSschen Bezirke müssen Umklappungen um 180° und in etwa $^4/_6$ müssen die spontanen Magnetisierungen um 90° springen. Man nennt diese Vorgänge 180°- und 90°-Sprünge, die Magnetisierung steigt dabei sprunghaft an und erreicht die Sättigung (Bild 310, Kurve *a*). Beim Abschalten des Feldes bleibt der Kristall gesättigt.

Bei Magnetisierung eines α-Fe-Einkristalls in einer anderen Richtung, z. B. [110] oder [111] (Flächendiagonale oder Raumdiagonale), verläuft der Magnetisierungsvorgang ganz ähnlich, bei geringen Feldstärken treten Wandverschiebungen auf, bei etwas höheren Feldstärken setzen die 180°- und 90°-Sprünge ein. Nach Ablauf der Sprünge erreicht die Magnetisierung nicht die Sättigung, da die Magnetisierungsvektoren alle in [100]-(Würfelkanten-) Richtungen liegen und nur die Komponenten in Feldrichtung $M_S \cdot \cos\varphi$ wirksam werden, d. h., beim Magnetisierungsfeld in [110]-Richtung ist $M \sim 0{,}7\, M_S$ und bei Feldrichtung in [110]-Richtung $M \sim 0{,}6\, M_S$. Erst bei weiterer Steigerung der Feldstärke nimmt die Magnetisierung langsam zu und erreicht schließlich durch Drehung der Magnetisierungsvektoren aus der Vor-

[1] WILLIAMS, H. J.: Phys. Rev. Bd. 52 (1937) S. 94 u. 747.

zugslage in Feldrichtung die Sättigung M_S. Beim Abschalten des Feldes drehen sich die Magnetisierungsvektoren in die Vorzugslagen zurück, so daß die Remanenz eben 0,6 bis 0,7 (M_S) der Sättigung beträgt.

Ganz ähnliche Verhältnisse liegen bei der Magnetisierung von Nickeleinkristallen vor; beim Nickel sind die Raumdiagonalrichtungen [111] die Vorzugslage, und beim Kobalt, das hexagonal kristallisiert (dichteste Kugelpackung), ist die Vorzugslage parallel zur Hauptachse. (Beim Kobalt fallen, da nur eine Vorzugslage existiert, die 90°-Sprünge weg.)

Die Magnetisierungskurven polykristalliner Werkstücke ergeben sich aus der Überlagerung von Einkristallmagnetisierungskurven und allen möglichen Feldrichtungen. Dazu kommen noch Einflüsse durch den Aufbau des polykristallinen Haufwerkes, Korngrenzen, Einschlüsse, Spannungen dazu, die im allgemeinen die Magnetisierbarkeit vermindern. Der Einfluß von inneren und äußeren Spannungen auf die magnetischen Eigenschaften hängt eng mit der Magnetostriktion zusammen. Im Rahmen dieses Buches soll hierauf jedoch nicht näher eingegangen werden. Von grundlegender Bedeutung sind innere Spannungen, Einschlüsse usw. für den Um- und Entmagnetisierungsvorgang bzw. für die Koerzitivkraft.

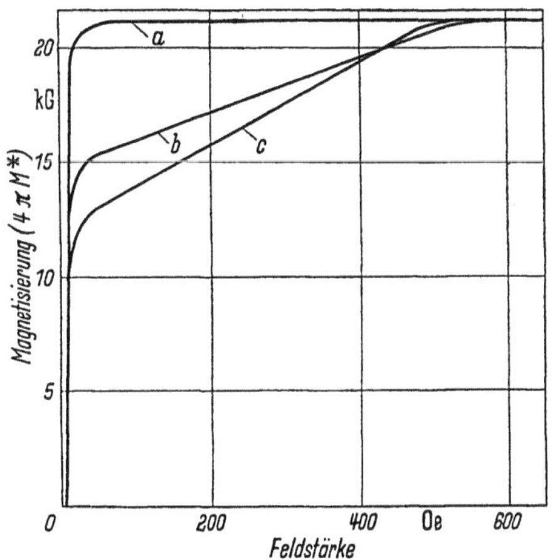

Bild 310. Magnetisierung von α-Fe-Einkristallen. Feldrichtung a) in [100], b) in [110], c) in [111] (nach K. HONDA, H. MASUMOTO und S. KAYA[1])

Nach R. BECKER und W. DÖRING[2] soll die Ummagnetisierung eines WEISSschen Bezirkes von einer Art Keim, ein submikroskopisch WEISSscher Bereich, der bereits z. B. durch thermische Fluktuation in Feldrichtung umgeklappt ist, ausgehen und durch Wandverschiebungen fortschreiten.

Die für eine bestimmte Wandverschiebung nötige Feldstärke hängt vom Energiegradienten der Blochwandenergie ab. Zur Erklärung der Ortsabhängigkeit der Blochwandenergie stehen drei Theorien zur Verfügung: die Spannungstheorie von R. BECKER und W. DÖRING[2] und

---

[1] HONDA, K., H. MASUMOTO u. S. KAYA: Sci. Rep. Tôhoku Univ. Bd. 17 (1928) S. 111/130.

[2] BECKER, R., u. W. DÖRING: Ferromagnetismus, Kap. III. Berlin: Springer 1939.

E. KONDORSKY[1], die Fremdkörpertheorie von M. KERSTEN[2] und die Streufeldtheorie von L. NÉEL[3]. Wahrscheinlich wirken in allen Werkstoffen Effekte entsprechend aller drei Theorien zusammen. Nach der Spannungstheorie sind die räumlichen Spannungsschwankungen für die Änderung der Wandenergie verantwortlich, und es ist die Koerzitivkraft dem Gradienten der inneren Spannungen, der Dicke der BLOCHschen Wände, der Magnetostriktion direkt und der Sättigung verkehrt proportional

$$\left(H_c \sim \frac{\lambda \cdot \delta}{M_S} \left(\frac{d\sigma}{dx}\right)_{\max}\right).$$

Der Fremdkörpertheorie von M. KERSTEN entsprechend wird die Wandenergie durch Einbeziehung von Fremdkörpern und damit Verkleinerung der Wandflächen zu einem Minimum gemacht. Jede Verschiebung der Wand durch ein äußeres Feld, wodurch die BLOCHschen Wände sich ähnlich wie Gummimembranen, die zwischen den Fremdkörpern aufgespannt sind, verformen, führt zu einer Vergrößerung der Wandfläche, d. h. der Wandenergie. Die Wand wird sich so lange elastisch durchbiegen, d. h. reversibel sein, bis die Oberflächenspannung vom Energiegewinn aus einer Wandverschiebung über die Fremdkörper hinweg übertroffen wird. Demnach wird die Koerzitivkraft wesentlich von Teilchengröße und Volumanteil der unmagnetischen Fremdeinschlüsse, der mittleren Wandenergie, Blochwanddicke und Sättigung abhängen. Insbesondere zeigt sich, daß eine kritische Teilchengröße maximale Koerzitivkräfte bedingt

$$\left(H_c \sim K \frac{2\delta/d}{1 + 2(\delta/d)^2} \frac{d}{S^2}\right).$$

Die Theorien von BECKER und KERSTEN wurden von L. NÉEL kritisch untersucht. NÉEL sieht nicht in den inneren Spannungen und in den Einschlüssen den ausschließlichen Grund der Veränderlichkeit der Wandenergien, sondern macht die Streufelder, die durch unterschiedliche magnetische Sättigung oder unmagnetische Einschlüsse hervorgerufen werden, hierfür verantwortlich. Durch Pulverdiagramme (BITTERsche[4] Streifen) konnten diese Ansichten durch die Entdeckung der Zipfelbildung an unmagnetischen Einschlüssen wesentlich gestützt werden.

Extrem hohe Koerzitivkräfte werden an ferromagnetischen Teilchen erhalten, wenn diese eine gewisse kritische Größe unterschreiten. In solchen kleinen Teilchen können Ausrichtungen der Magnetmomente nicht mehr durch Wandverschiebungen, sondern nur noch durch Drehprozesse entgegen der Kristallenergie erfolgen. Je höher die Kristallanisotropie ist,

---

[1] KONDORSKY, E.: Phys. Z. Sowjet. Bd. 11 (1937) S. 597.

[2] KERSTEN, M.: Grundlagen einer Theorie der ferromagnetischen Hysterese und der Koerzitivkraft. Leipzig: S. Hirzel 1943.

[3] NÉEL, L.: Ann. Univ. Grenoble Bd. 22 (1946) S. 299.

[4] BITTER, N.: Phys. Rev. Bd. 41 (1932) S. 507.

um so höher wird die Koerzitivkraft. Aber auch bei Teilchen aus Werkstoffen mit kleinen Anisotropiekonstanten können hohe Koerzitivkräfte auftreten, wenn die Teilchen langgestreckte Formen haben. In diesem Fall ist in Längsrichtung der Entmagnetisierungsfaktor wesentlich kleiner als in der Querrichtung, wodurch die Längsrichtung magnetische Vorzugsrichtung wird, d. h., es wird die fehlende oder zu geringe Kristallanisotropie durch eine Formanisotropie ersetzt.

Magnetisch harte Werkstoffe (Dauermagnetwerkstoffe)

Der Arbeitsbereich eines Dauermagneten liegt im zweiten Quadranten der Magnetisierungskurve, denn ein Dauermagnet wird entweder als loses Stück oder auch eingebaut in einem System zunächst stark aufmagnetisiert und dann sich selbst überlassen. Ist der Magnet lose oder in ein System mit Luftspalt eingebaut, so stellt sich durch das entmagnetisierende Feld $-H = NB_r$, dessen Größe von den Magnet- bzw. Luftspaltabmessungen bestimmt wird, ein bestimmter Arbeitspunkt auf der Entmagnetisierungskurve ein. Je größer die Koerzitivkraft ist, um so geringer ist die relative Entmagnetisierung bei Magneten gleicher Abmessung bzw. es können bei Werkstoffen mit hohen Koerzitivkräften kleinere Dimensionsverhältnisse L/d bzw. L_{magn}/F_{magn} angewendet werden.

Wird nun nachträglich der Luftspalt des Magnetsystems verkleinert, d. h. das entmagnetisierende Feld verringert, oder wird ein bereits magnetisierter Dauermagnet in ein System eingeführt, so steigt die Induktion nicht nach der Entmagnetisierungskurve an, sondern nach einer innerhalb der Hysteresisschleife gelegenen Kurve. Bei wiederholten Änderungen des äußeren Feldes sinken die Rücklaufschleifen zunächst immer tiefer ab, bis sie schließlich nach einer genügenden Anzahl von periodischen Feldänderungen eine stabile Lage und Form angenommen haben, der Magnet befindet sich dann im stabilen permanenten Zustand, die stabilisierten Rücklaufschleifen heißen permanente Magnetisierungsschleifen (Bild 311).

Die in einem Luftspalt eines Magnetsystems verfügbare Energie ist dem Produkt aus Induktion × Feldstärke, $B \times H$, des jeweiligen Arbeitspunktes proportional. Entlang der Entmagnetisierungskurve nimmt das Produkt $B \times H$ einen Maximalwert an. Den Punkt mit größtem $B \times H$-Wert, den sogenannten $(BH)_{\max}$-Wert, nennt man den optimalen Arbeitspunkt, seine Koordinaten B_a und H_a werden als optimale Arbeitsinduktion und optimale Arbeitsfeldstärke bezeichnet. Nach Möglichkeit wird man bestrebt sein, den Dauermagneten im optimalen Arbeitspunkt durch geeignete Wahl der Magnet- bzw. Luftspaltabmessung arbeiten zu lassen, da das nötige Magnetvolumen, um in einem bestimmten Luftspalt eine bestimmte Induktion zu erzielen, dem $B \times H$

im Arbeitspunkt verkehrt proportional ist,

$$V_{magn} = \frac{B^2_{Luft} V_{Luft}}{(B \cdot H) \cdot \eta},$$

d. h., ein Minimum wird, wenn $B \times H$ den Maximalwert $(B \times H)_{max}$ hat. Bilder 312 und 313 zeigen vergleichsweise die für ein bestimmtes System nötigen Magnetvolumina bzw. Magnetgewichte bei Anwendung verschiedener Magnetwerkstoffe. Auf den permanent magnetischen Kurven ist der (BH)-Wert stets kleiner als auf der Entmagnetisierungskurve. Der Wert der permanenten Permeabilität μ_p (diese ist gleich der Neigung der permanent magnetischen Kurve) ist ein Maß für die Stabilität des Dauermagneten gegenüber von Störfeldern. (Die Anfangsneigung der permanent magnetischen Kurven heißt reversible Permeabilität μ_r; μ_r ist stets kleiner als μ_p.) Das Dimensionsverhältnis des Magneten, Länge zu Querschnitt, wird bei gegebenen Luftspaltabmessungen und vorgegebenem Arbeitspunkt vom Verhältnis Arbeitsinduktion zu Arbeitsfeldstärke

$$\frac{L_{magn}}{F_{magn}} = K \frac{L_{Luft}}{F_{Luft}} \frac{B_a}{H_a}$$

bestimmt.

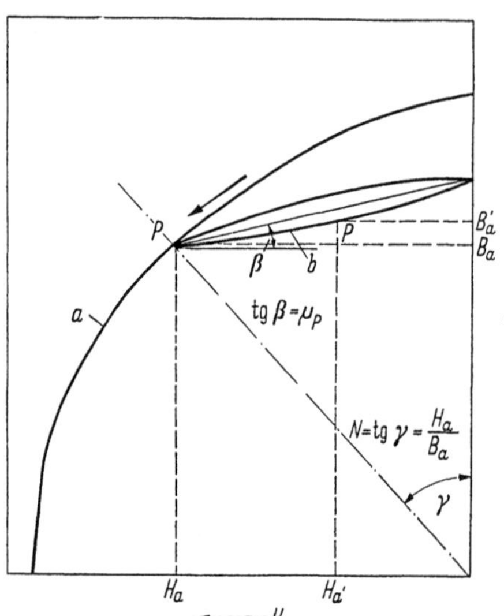

Bild 311. Entmagnetisierungs- und permanentmagnetische Kurve eines Dauermagneten

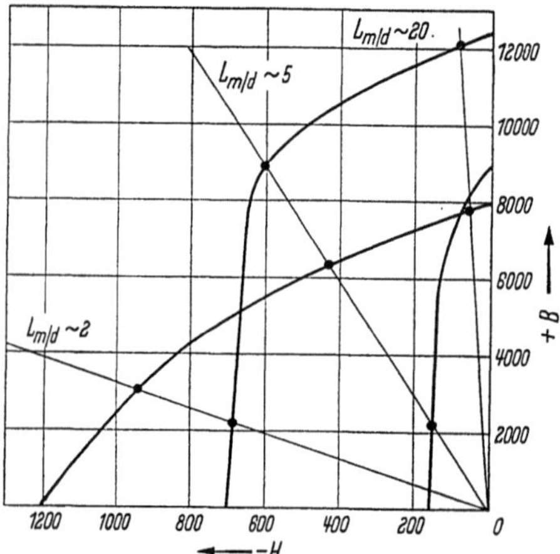

Bild 312. Arbeitspunkt von Dauermagneten bei verschiedenen Dimensionsverhältnissen

Wie der Vergleich aus Bild 311 und 312 zeigt, ist für die Gestaltgebung eines Dauermagneten bzw. eines Magnetsystems nicht der $(BH)_{max}$-Wert allein ausschlaggebend, sondern auch das Koordinatenverhältnis des optimalen Arbeitspunktes B_a/H_a, welcher für das Dimensionsverhältnis L_{magn}/F_{magn} bestimmend ist (Bild 314).

Die Dauermagnetwerkstoffe machten in den letzten Jahrzehnten eine stürmische Entwicklung durch. Die Fortschritte in der Stark- und Schwachstromtechnik, Funktechnik usw. sind wesentlich durch die Verbesserung der magnetischen Werkstoffe beeinflußt bzw. erst möglich gemacht worden. Die Magnete konnten durch die erzielten Gütewertsteigerungen ($BH_{\max}$) nicht nur kleiner dimensioniert werden, sondern bestimmte Probleme wurden überhaupt erst durch Anwendung der-

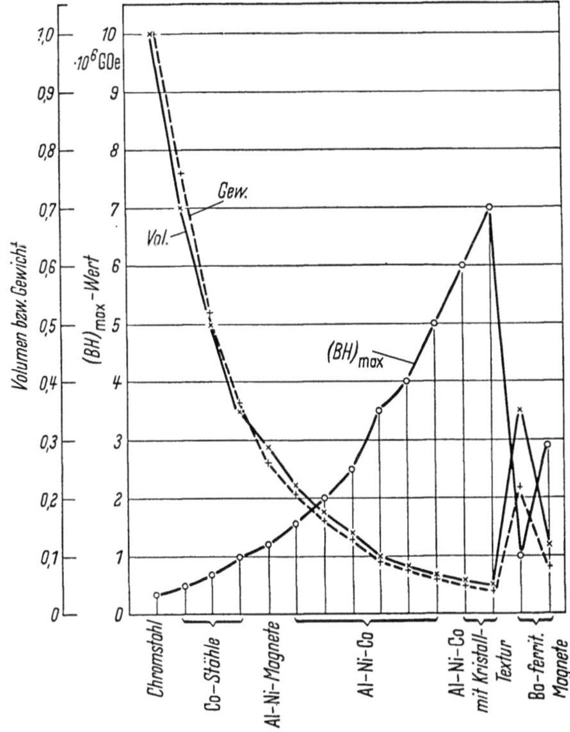

Bild 313. Die $(BH)_{\max}$-Werte der gebräuchlichsten Dauermagnetwerkstoffe. Volumen und Gewichte von Magneten gleicher Leistung

artiger Werkstoffe mit hohen $BH_{\max}$-Werten und hohen Koerzitivkräften lösbar.

Der älteste Dauermagnetwerkstoff ist der unlegierte höher kohlenstoffhaltige Stahl. Durch Zulegieren von Chrom, Wolfram, Molybdän und Kobalt wurden diese härtbaren Stähle in ihren Dauermagneteigenschaften verbessert. Ein bedeutender Fortschritt konnte durch die Entdeckung der ausscheidungshärtbaren Legierungen der Systeme Fe-Co-W bzw. Fe-Co-Mo durch W. KÖSTER[1] erzielt werden. Kaum etwas später

[1] KÖSTER, W.: Z. Elektrochem. Bd. 38 (1932) S. 549. — Derselbe: Arch. Eisenhüttenw. Bd. 6 (1932/33) S. 17.

wurden durch T. MISHIMA[1] in Japan die Fe-Ni-Al-Dauermagnetwerkstoffe bekannt, in stetiger Weiterentwicklung gingen daraus die heute gebräuchlichen Al-Ni- und Al-Ni-Co-Dauermagnetwerkstoffe mit Cu-, Ti-, Nb- usw. Zusätzen hervor. Alle diese ausscheidungshärtbaren Legierungen sind äußerst schwer verform- und bearbeitbar, die Al-Ni- und Al-Ni-Co-Magnetwerkstoffe können nur gegossen oder gesintert hergestellt werden. Es lagen daher Bestrebungen vor, leicht verformbare Dauermagnetwerkstoffe zu entwickeln. Solche Werkstoffe sind die Legierungen der Systeme Fe-Ni-Cu nach O. DAHL[2] u. Mitarbeiter sowie H. NEUMANN[3], Fe-Co-Cu und Co-Ni-Cu nach W. DANNÖHL[4] bzw. Fe-Co-V nach E. A. NESBITT u. G. A. KELSALL[5]. Werkstoffe mit sehr hohen $(BH)_{max}$-Werten und Koerzitivkräften wurden in den Systemen Pt-Fe und Pt-Co von L. GRAF u. A. KUSSMANN[6] und W. JELLINGHAUS[7] entdeckt, die durch Überstrukturbildung ihre magnetischen Eigenschaften erhalten. In den letzten Jahren haben ferromagnetische Oxyde, der Bariumferrit und Bleiferrit als Dauermagnetwerkstoffe an Bedeutung gewonnen[8–11]. Aus wirtschaftlichen Gründen haben für die praktische Anwendung nur die Werkstoffgruppen der härtbaren kohlenstoffhaltigen Stähle, die Al-Ni- und Al-Ni-Co-Legierungen und die Barium- bzw. Bleiferrite Bedeutung gewonnen.

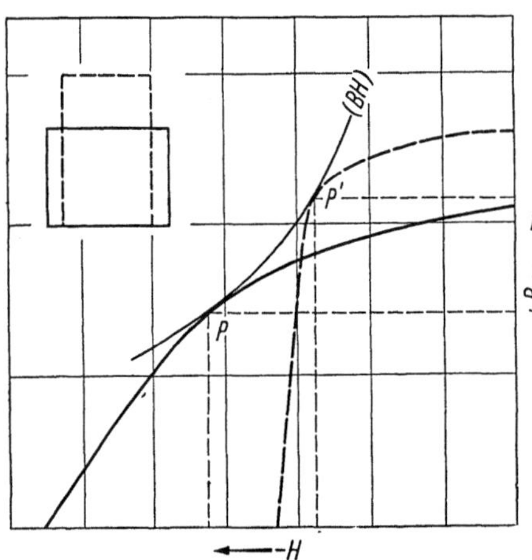

Bild 314. Vergleich der Form von Magnetkernen gleichen Volumens und gleicher Leistung aus zwei verschiedenen Magnetwerkstoffen mit gleichen $(BH)_{max}$-Werten, aber verschiedenen Koordinaten des Arbeitspunktes

[1] MISHIMA, T.: Ohm Bd. 19 (1932) 7; Stahl u. Eisen Bd. 53 (1933) S. 79.

[2] DAHL, O., u. J. PFAFFENBERGER: Z. techn. Phys. Bd. 15 (1934) S. 99/106. — DAHL, O., J. PFAFFENBERGER u. N. SCHWARZ: Metallwirtsch. Bd. 14 (1935) S. 665.

[3] NEUMANN, H.: Metallwirtsch. Bd. 14 (1935) S. 778.

[4] DANNÖHL, W.: Z. Metallkde. Bd. 30 (1938) S. 95.

[5] NESBITT, E. A., u. G. A. KELSALL: Phys. Rev. Bd. 58 (1940) S. 203.

[6] GRAF, L., u. A. KUSSMANN: Phys. Z. Bd. 36 (1935) S. 544.

[7] JELLINGHAUS, W.: Z. techn. Phys. Bd. 17 (1936) S. 33.

[8] WENT, J. J., G. W. RATHENAU, G. W. VAN OOSTERHOUT: Philips techn. Rdsch. Bd. 13 (1952) S. 361.

[9] STUIJTS, A. L., G. W. RATHENAU u. G. H. WEBER: Philips techn. Rdsch. Bd. 16 (1955) S. 221.

[10] STUIJTS, A. L., u. H. P. J. WIJN: Philips techn. Rdsch. Bd. 19 (1957/58) S. 225.

[11] PAWLEK, F., u. K. REICHEL: Arch. Eisenhüttenw. Bd. 28 (1957) S. 241.

Zusammenfassend stehen als Dauermagnetwerkstoffe folgende Werkstoffgruppen zur Verfügung[1]:

1. Martensitisch härtbare Stähle:
   a) Kohlenstoffstähle,
   b) Wolfram-, Chrom- und Chrom-Wolfram-Magnetstähle,
   c) Kobaltmagnetstähle.
2. Durch Gefügeumwandlung ohne Martensitbildung härtbare Dauermagnetwerkstoffe:
   a) Eisen-Kobalt-Vanadin-Legierungen,
   b) Eisen-Nickel-Kupfer-Legierungen,
   c) Eisen-Mangan-Legierungen,
   d) Eisen-Aluminium-Kohlenstoff-Legierungen,
   e) Austenitische Eisen-Chrom-Nickel-Legierungen.
3. Ausscheidungshärtbare Werkstoffe:
   a) Eisen-Nickel-Aluminium-Legierungen und Eisen-Nickel-Kobalt-Aluminium-Legierungen,
   b) Eisen-Nickel-Kupfer-Legierungen,
   c) Nickel-Kupfer-Kobalt-Legierungen,
   d) Eisen-Kobalt-Molybdän- bzw. Eisen-Kobalt-Wolfram-Legierungen.
4. Legierungen mit Überstruktur:
   a) Platinlegierungen,
   b) Manganlegierungen.
5. Pulvermagnete.
6. Ferritmagnete.

Entsprechend der praktischen Bedeutung sind in die deutsche Norm DIN 17410[2] nur die Al-Ni- bzw. Al-Ni-Co-Legierungen und die Bariumferrite aufgenommen worden.

Die martensitisch härtbaren Werkstoffe. Die magnetische Härte der martensitisch gehärteten Stähle beruht auf den inneren Spannungen im Martensit und dem heterogenen Gefügeaufbau aus Martensit, unmagnetischem Restaustenit und schwach magnetischen Karbiden. Beim Anlassen der gehärteten Stähle nimmt zunächst durch Spannungsabbau, Restaustenitzersetzung die Koerzitivkraft ab. Durch Ausscheidung von Karbiden kann, wenn die Karbide eine kritische Teilchengröße erreichen, die Koerzitivkraft ein Sekundärmaximum erhalten (Bild 315). Das magnetische Verhalten dieser Werkstoffe kann nach den Theorien von R. Becker[3] und W. Döring sowie M. Kersten[4] erklärt werden.

[1] vgl. a. F. Pawlek: Magnetische Werkstoffe. Berlin/Göttingen/Heidelberg: Springer 1952 und H. Reinboth: Technologie und Anwendung magnetischer Werkstoffe. Berlin: VEB Verlag Technik 1958.

[2] DIN 17410 2. Ausgabe, Entwurf Mai 1960.

[3] Becker, R., u. W. Döring: Ferromagnetismus, Kap. III. Berlin: Springer 1939.

[4] Kersten, M.: Grundlagen einer Theorie der ferromagnetischen Hysterese und der Koerzitivkraft. Leipzig: S. Hirzel 1943.

a) Kohlenstoffstähle werden heute als Dauermagnetwerkstoffe kaum mehr verwendet, so daß sich eine eingehende Besprechung erübrigt. Die Abhängigkeit der Koerzitivkraft gehärteter Stähle vom Kohlenstoffgehalt zeigt Bild 315. Die Remanenz dieser Stähle liegt zwischen 8000 bis 10000 G. Diese Werkstoffe unterliegen sehr starken Alterungserscheinungen.

b) Die ersten legierten Magnetstähle waren Wolframstähle mit Wolframgehalten von 5 bis 6% und Kohlenstoffgehalten von etwa 0,6 bis 0,9%. Die optimalen Eigenschaften wurden mit einem Stahl von 0,75% C und 6% W nach Wasserhärtung aus 830 °C erreicht, die magnetischen Eigenschaften sind in Zahlentafel 117 festgehalten. Durch Zu-

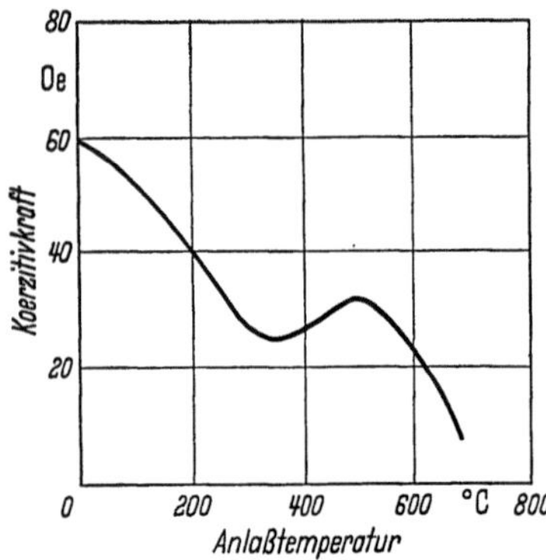

Bild 315. Abhängigkeit der Koerzitivkraft eines unleg. Stahles mit 1,07% C von der Anlaßtemperatur (Anlaßzeit 2 Stunden) (nach H. KRAINER[1])

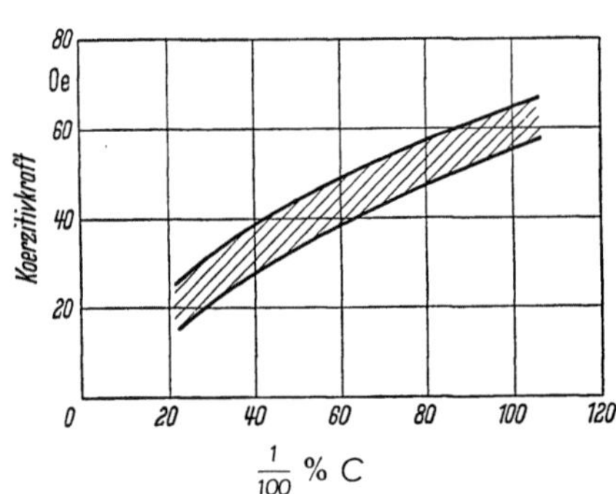

Bild 316. Koerzitivkraft von gehärteten Kohlenstoffstählen in Abhängigkeit von Kohlenstoffgehalt

sätze von Chrom kann der Wolframstahl für Ölhärtung geeignet gemacht werden, nach W. A. ERACHTIN[2] sind Chromzusätze bis 0,8% günstig (s. Zahlentafel 117). Die Wolframstähle wurden während des ersten Weltkrieges durch die Chromstähle verdrängt. Aus preislichen Gründen haben sich die billigeren Chromstähle für anspruchslosere Anwendungen bis heute auf dem Markt gehalten. Mit einem etwa 3%igen Chromstahl werden $BH_{\max}$-Werte von etwa $0{,}30 \cdot 10^6$ G·Oe erzielt.

Die Wirkung von Zusätzen wurde mannigfach untersucht. Silizium bis zu 1% steigert geringfügig die Koerzitivkraft, erniedrigt leicht die Remanenz, so daß der $(BH)_{\max}$-Wert nur unwesentlich beeinflußt wird; die Alterung wird durch Silizium stark herabgesetzt. Zusätze von Sonderkarbidbildnern in wenigen Zehntel Prozent wirken günstig auf den $(BH)_{\max}$-Wert und die Koerzitivkraft. Ebenfalls wirken sich geringe Aluminiumgehalte bei den 3- bis 4%igen Chrommagnetstählen günstig

---

[1] KRAINER, H.: Arch. Eisenhüttenw. Bd. 22 (1951) S. 53/62.

[2] ERACHTIN, W. A.: Stal Bd. 8 (1938) Nr. 6, S. 39.

aus. Manganzusätze haben auf die magnetischen Eigenschaften nur geringfügigen Einfluß; Nickel- und Kupferzusätze wirken verschlechternd. Wolframstähle sind sehr glühempfindlich weil es zu einer Bildung von Sonderkarbiden kommen kann, die bei der Austenitisierung nicht aufgelöst werden und somit als Legierungselemente nicht zur Wirkung kommen können. Hingegen sind Chromstähle diesbezüglich unempfindlich und können bei 750 °C weichgeglüht werden.

Zahlentafel 117. *Zusammensetzung und magnetische Eigenschaften von Wolfram-, Chrom- und Chrom-Wolfram-Stählen*

Chemische Zusammensetzung						Magnetische Werte			Härtung	
C %	Mn %	Si %	Cr %	W %	Mo %	$(BH)_{max}$ 10^6 G·Oe	B_r G	$_BH_c$ Oe	Temp. °C	Abschreckmittel
0,75	0,30	0,30	—	6,0	—	0,36	10000	75	830	Wasser
0,60	0,30	0,15	0,8	5,9	—	0,38	11150	76	850	Öl
1,10	0,30	0,30	4,0	0,20	0,10	0,35	10000	70	850	Öl
1,00	0,90	0,30	5,0	—	—	0,38	11000	750	870	Öl

Die Chrom- und die Wolframmagnetstähle altern sehr stark, wobei im wesentlichen zwei Alterungseffekte zu beobachten sind, nämlich die magnetische Alterung und die Gefügealterung. Bei der magnetischen Alterung handelt es sich um eine Arbeitspunktverschiebung des Magneten

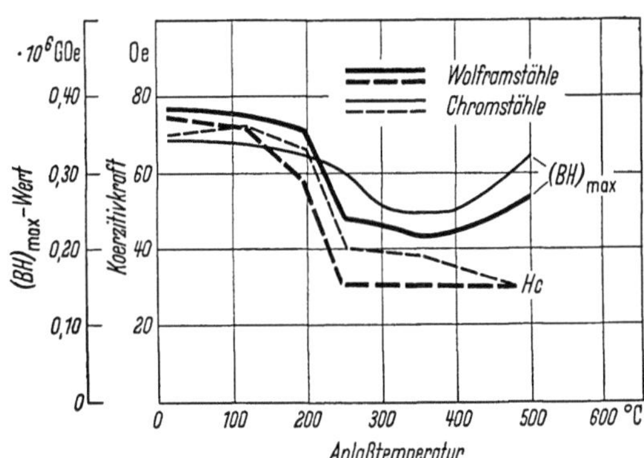

Bild 317. Gefügealterung von Wolfram- und Chrommagnetstahl (nach W. KÖSTER[1])

durch statistische Umklappvorgänge, die durch Feld-, Temperaturschwankungen, Erschütterungen und nicht zuletzt durch das eigene entmagnetisierende Feld des Magneten hervorgerufen werden. Die magnetische Alterung kann durch erneute Aufmagnetisierung vollkommen aufgehoben werden. Die Gefügealterung bewirkt eine Veränderung der magnetischen Eigenschaften des Magnetwerkstoffes und kann nur durch eine neuerliche Härtung rückgängig gemacht werden. Die

[1] KÖSTER, W.: Stahl u. Eisen Bd. 53 (1933) S. 849/856.

Gefügealterung beruht im wesentlichen auf Anlaßvorgängen des Härtungsgefüges. Durch eine Anlaßbehandlung bei 100 °C etwa, künstliche Alterung, kann die natürliche Alterung bei Raumtemperatur vorweggenommen werden. Zusätze von Sonderkarbidbildnern und Silizium setzen die Gefügealterung, da sie die Kohlenstoffdiffusion im Martensit hemmen, herab. Den Verlauf der Gefügealterung beim Anlassen und der magnetischen Alterung bei der Lagerung bei Raumtemperatur geben die Bilder 317 und 318 wieder.

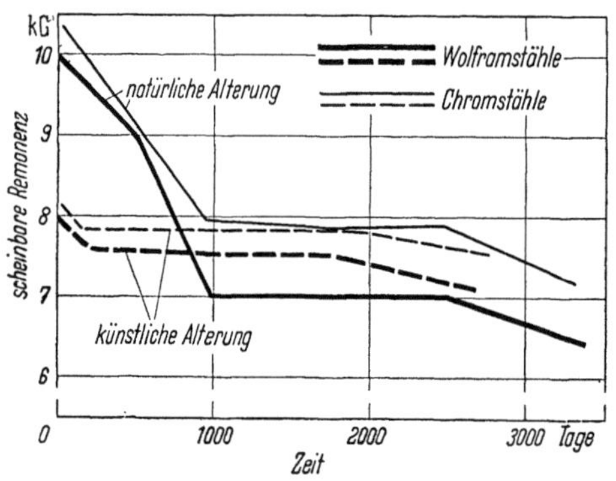

Bild 318. Magnetische Alterung eines Chrom- und eines Wolframstahles (nach R. L. DOWDELL)[2]

c) Die Kobaltmagnetstähle gehen in der Hauptsache auf eine Entwicklung von K. HONDA[1] zurück. Das Kobalt bewirkt die Bildung eines sehr feinen Härtegefüges und erhöht dabei auch die Sättigung und geringfügig die Remanenz. Durch Zusätze von Sonderkarbidbildnern kann die Koerzitivkraft erhöht werden. Auf diese Weise wurden die heute noch verwendeten Kobaltmagnetstähle (Zahlentafel 118) erhalten. Bei 30% Co hat der erzielbare $(BH)_{\max}$-Wert sein Maximum, höhere Co-Gehalte sind daher zwecklos. Durch die stabilisierende Wirkung des Kobalts auf das martensitische Gefüge altern die Kobaltmagnetstähle in weitaus geringerem Ausmaße. Dies trifft sowohl für die Gefüge- als auch die magnetische Alterung zu (Bild 319). Daher werden Kobaltmagnetstähle trotz ihres hohen Preises und den verhältnismäßig, gegenüber den in den nächsten Abschnitten zu besprechenden Al-Ni- und Al-Ni-Co-Magnet-

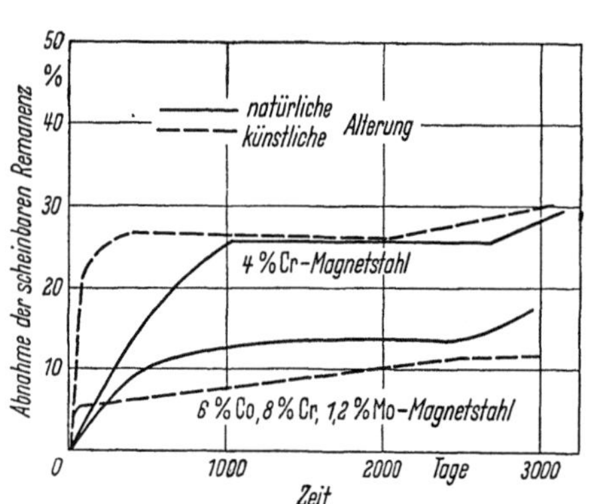

Bild 319. Vergleich der magnetischen Alterung eines Chrom- und eines Kobaltmagnetstahles (nach R. L. DOWDELL[2])

---

[1] HONDA, K., u. S. SAITO: Electrician Bd. 85 (1920) S. 706; Sci. Rep. Tôhoku Imp. Univ. Bd. 9 (1920) S. 417.

[2] DOWDELL, R. L.: Trans. Amer. Soc. Met. Bd. 22 (1934) S. 19/30.

Zahlentafel 118

Zusammensetzung und magnetische Eigenschaften von Kobalt-Chrom-Magnet-Stählen

Zusammensetzung							Magnetische Eigenschaften			Wärmebehandlung
C %	Si %	Mn %	Co %	Cr %	W %	Mo %	$BH_{(max)}$ 10^6 G·Oe	B_r G	$_BH_c$ Oe	
1,0	0,20	0,30	2,0	3,5	0,5	—	0,40	10000	90	860 °C/Öl
1,0	0,20	0,30	6,0	8,0	—	1,2	0,55	9000	130	*
0,95	0,20	0,20	15,0	8,0	—	1,0	0,75	9000	200	*
1,0	0,20	0,20	30,0	4,5	4,5	0,5	1,00	9000	270	850 °C/Öl

* = Vorwärmen bei 750 °C und Glühen bei 1150 °C/Luft, Zwischenglühen bei 650 bis 750 °C/Luft, Härten aus 950 bis 1020 °C/Öl.

werkstoffen, niedrigen $(BH)_{max}$-Werten für den Meßgerätebau verwendet. Die Kobaltmagnetstähle sind ohne allzu große Schwierigkeiten warmverformbar, die Zerspanung ist allerdings etwas schwierig, da die Kobaltstähle selbst nach sorgfältiger Glühung hohe Härten aufweisen.

Durch Gefügeumwandlung ohne Martensitbildung härtbare Dauermagnetwerkstoffe. Die Werkstoffgruppe soll hier nur ganz kurz gestreift werden. Die Anwendung von Werkstoffen aus dieser Gruppe ist auf einige wenige Sonderfälle beschränkt. Die magnetisch-harten Eigenschaften dieser Werkstoffe beruhen darauf, daß sie durch geeignete Wärmebehandlung oder Kaltverformung und Wärmebehandlung in einen 2-Phasen-Zustand, aus α-Phase (Ferrit) und γ-Phase (Austenit), mit günstigem Verteilungsgrad der Phasen gebracht werden können. Diese Werkstoffe sind alle sehr gut warm- und kaltverformbar, sie können daher als Drähte, dünne Bänder usw. zur Anwendung kommen.

a) Von E. A. Nesbitt und G. A. Kelsall[1] wurden im Jahre 1940 Werkstoffe auf Basis Co-Fe-V, unter dem Namen Vicalloy, bekanntgemacht. Durch Kaltverformung von 94 bis 98% und Anlassen können mit diesen Legierungen beachtliche $(BH)_{max}$-Werte und Koerzitivkräfte erzielt werden (Zahlentafel 119).

Die starke Kaltverformung bringt natürlich eine Textur, doch fällt offenbar die magnetische Vorzugsrichtung mit der Vorzugslage der Verformungstextur zusammen; die Hysteresisschleife nähert sich der Rechteckform.

b) Ähnliche Verhältnisse liegen bei den austenitischen Mangan-, Chrom-Mangan- und Chrom-Nickel-Stählen vor, die durch starke Kaltverformung und Anlaßbehandlung in den 2-Phasen-Zustand Ferrit/Austenit gebracht werden können; die erzielbaren magnetischen Eigenschaften können Zahlentafel 119 entnommen werden. Cr-Ni-Stahldrähte hatten zeitweise als Tondraht Bedeutung erlangt.

[1] Nesbitt, E. A., u. G. A. Kelsall: Phys. Rev. [2] Bd. 58 (1940) S. 203 u. E. A. Nesbitt: Amer. Inst. Min. Met. Engg., Techn. Publ. Nr. 1973, Metals Techn. Bd. 13 (1946).

Zahlentafel 119

Warm- und kaltverformbare Dauermagnetlegierungen, deren magnetische Eigenschaften durch Kaltverformung und/oder Wärmebehandlung erhalten werden

Werkstoffbezeichnung	Zusammensetzung			Magnetische Eigenschaften			Behandlung
	Fe %	Co %	V %	$(BH)_{max}$ 10^6 G·Oe	B_r G	$_BH_c$ Oe	
Vicalloy I	38,5	52,5	9,0	1,35	14200	130	94% Kaltverformung + 8h 600 °C
Vicalloy I	37,2	52,9	9,4	1,00	9000	300	1200 °C/Öl + 8h 600 °C
Vicalloy II	34,0	52,0	14,0	3,50	10000	520	98% Kaltverformung + 8h 600 °C
	Fe	Mn	—				
X 50 Mn 12	85,0	12,0 bis 14,0		0,47 0,25	6350 4150	175* 160**	80—90% Kaltverformung bei 500—550 °C angelassen * = längs ** = quer
	Fe	Cr	Ni				
X 10 CrNi 18 9	70	18,0	10,0	0,5	3000	400	Über 90% kaltverformt bei 550 °C angelassen
X 10 CrNiMo 18 10	70	18,0	Ni 10 Mo 2	0,4	2000	500	
	Fe	Ni	Cu				
CuNiFe	20	20	60	1,9	5800	600	kaltverformt und angelassen
	Co	Ni	Cu				
CoNiCu	29	21	50	0,9	3400	700	
	Fe	Cu | Al	C				
	88	3 | 7	1,5	0,4	6300	185	1200 °C/Öl + flüssige Luft + anlassen 550 °C

c) Werkstoffe aus der Legierungsgruppe Fe-Ni-Cu und Co-Ni-Cu wurden u. a.[1,2] von H. LEGAT[3] sowie W. DANNÖHL[4] untersucht. Sie sind heute unter den Bezeichnungen CuNiFe und CoNiCu bekannt. Nach anfänglich unbefriedigenden Ergebnissen sind die Werkstoffe heute wohl gut brauchbar (s. Zahlentafel 119).

d) Eisen-Aluminiumlegierungen mit etwa 1,5% C und 7 bis 8% Al sind mit einem Kupferzusatz von 2 bis 3% nach Angaben von I. L. SNOEK[5] magnetisch härtbar. Diese Legierungen bestehen, nach Ab-

[1] DAHL, O., u. J. PFAFFENBERGER: Z. techn. Phys. Bd. 15 (1934) S. 99. — DAHL, O., J. PFAFFENBERGER u. N. SCHWARZ: Metallwirtsch. Bd. 14 (1935) S. 665.

[2] NEUMANN, H.: Metallwirtsch. Bd. 14 (1935) S. 778.

[3] LEGAT, H.: Metallwirtsch. Bd. 16 (1937) S. 743.

[4] DANNÖHL, W., u. H. NEUMANN: Z. Metallkde. Bd. 30 (1938) S. 217/231.

[5] SNOEK, I. L.: New Development in Ferromagnetic Materials. New York, Amsterdam: Elsevier-Publ. 1947.

löschen aus sehr hohen Temperaturen und anschließendem Tiefkühlen, aus $\gamma + \varepsilon$-Phase. Bei einer nachträglichen Anlaßbehandlung wandelt sich die γ-Phase in eine stark magnetische α-Phase um, so daß ein 2-Phasen-Gefüge $\alpha + \varepsilon$-Phase vorliegt, wobei die ε-Phase unmagnetisch ist.

Ausscheidungshärtbare Magnetwerkstoffe. a) Die Verbreiterung der Hysteresisschleife durch Ausscheidungsvorgänge hat W. KÖSTER[1] erstmals an Fe-Co-W- und Fe-Co-Mo-Legierungen beobachtet. Die wichtigsten auf Ausscheidungshärtung beruhenden Dauermagnetwerkstoffe beruhen auf dem von T. MISHIMA[2] 1931 entdeckten Dreistoffsystem FeNiAl. Viele Untersuchungen und Bemühungen, durch Legierungszusätze diese Werkstoffe weiter zu verbessern, führten zu den Fe-Ni-Co-Al-Cu-Legierungen, die heute als Al-Ni-Co-Dauermagnetwerkstoffe allgemein bekannt sind und in Zahlentafel 120 und 121 als genormte Werkstoffe angeführt wurden. Eine metallkundliche Erläuterung zu diesen Stählen findet sich auf S. 273.

Geringe Kupferzusätze fördern die Ausscheidung, so daß bei optimalen Wärmebehandlungen deutliche Koerzitivkrafterhöhungen beobachtet werden, die Remanenz nimmt etwas ab, bei einem optimalen Cu-Gehalt von 2 bis 4% haben die $(BH)_{max}$-Werte der Fe-Ni-Al-Legierungen mit etwa 20 bis 28% Ni und 12 bis 15% Al ein Maximum.

Kobaltzusätze bis zu 5% steigern die Koerzitivkraft in stärkerem Maße, die Remanenz sinkt dabei ab, die $(BH)_{max}$-Werte werden aber leicht angehoben. Die Ausscheidungsgeschwindigkeit wird merklich verzögert, die Abkühlgeschwindigkeit kann wesentlich vermindert werden,

Zahlentafel 120. *Chemische Zusammensetzung der AlNi-, AlNiCo- und Bariumferrit-Dauermagnetwerkstoffe nach DIN 17410* (Entwurf Mai 1960)

Werkstoff		Chemische Zusammensetzung				
Kurzname in Anlehnung an DIN 17006	Stoffnummer nach DIN 17007	Al %	Co %	Cu %	Ni %	Ti %
AlNi 120 . . .	1.3728	12,0—13,0	0—4,0	2,0—4,0	25,0—28,0	0—1,0
AlNiCo 160 . .	1.3743	9,0—13,0	12,0—17,0	2,0—6,0	18,0—24,0	0—1,0
AlNiCo 190 . .	1.3745	9,0—12,0	12,0—17,0	2,0—4,0	19,0—24,0	0—1,0
AlNiCo 220 . .	1.3756	6,0—8,0	24,0—30,0	3,0—6,0	13,0—19,0	5,0—9,0
AlNiCo 350 . .	1.3758	6,5—7,5	30,0—34,0	4,0—5,0	14,0—16,0	5,0—6,0
AlNiCo 400 . .	1.3760	8,0—9,0	23,0—25,0	3;0—4,0	14,0—15,0	0—1,0
AlNiCo 500 . .	1.3761	8,0—9,0	23,0—25,0	3,0—4,0	14,0—16,0	—
Bariumferrit 100	1.3641	$BaO \cdot 6\,Fe_2O_3$				
Bariumferrit 300	1.3643					

[1] KÖSTER, W.: Arch. Eisenhüttenw. Bd. 6 (1932/33) S. 17. — Derselbe: Z. Elektrochem. Bd. 38 (1932) S. 549.

[2] MISHIMA, T.: Stahl u. Eisen Bd. 53 (1933) S. 79; Ohm Bd. 19 (1932) S. 7.

Zahlentafel 121. *Magnetische Eigenschaften*
(1. Spalte = MKSA-System,

Werkstoff		Größte Energiedichte $(BH)_{max}$		Remanenz B_r		Koerzitivfeldstärke $_BH_c$		
Kurzname in Anlehnung an DIN 17006	Stoffnummer nach DIN 17007	mWs/cm²	10^6 GOe	μVs/cm²	G	A/cm	Oe	Richt-
		mindestens						
AlNi 120	1.3728	8,8	1,1	58	5800	504	630	
AlNiCo 160	1.3743	11,9	1,5	66	6600	560	700	
AlNiCo 190[2]	1.3745	14,4	1,8	75	7500	608	760	
AlNiCo 220[1]	1.3756	15,1	1,9	62	6200	800	1000	
AlNiCo 350[2]	1.3758	26,2	3,3	84	8400	920	1150	
AlNiCo 400[2]	1.3760	30,2	3,8	112	11200	488	610	
AlNiCo 500[2]	1.3761	35,7	4,5	120	12000	504	630	
Bariumferrit 100[3] . .	1.3641	6,4	0,8	21	2100	1320	1650	
Bariumferrit 300[3,2] .	1.3643	20,0	2,5	35	3500	1520	1900	

* Nach DIN 17410.
[1] Nur für Werkstoffe ohne Vorzugsrichtung.
[2] Werte gelten nur für Vorzugsrichtung.
[3] Diese Werte gelten für 20 °C. Die Induktionswerte erniedrigen sich um 2% erniedrigung im Bereich von −50 bis +150 °C.

d. h., daß auch starke Querschnitte einwandfrei auf gute magnetische Werte behandelt werden können. Bei hohen Kobaltzusätzen tritt neben einer Koerzitivkrafterhöhung auch eine höhere Remanenz auf, das Energieprodukt wird wesentlich verbessert. Da Kobalt die Ausscheidungen hemmt, werden 3 bis 6% Kupfer, um die Ausscheidungsgeschwindigkeit wieder zu erhöhen, zugesetzt.

An weiteren Zusatzelementen zur Erhöhung der Koerzitivkraft haben das Titan und das Niob einige Bedeutung erlangt (s. Zahlentafeln 120 und 121, AlNiCo 220 und AlNiCo 350). Vom Titan wird das Gefüge etwas feinkörniger, Niob zeigt diese Wirkung nicht. Verunreinigungen durch Kohlenstoff, Phosphor, Schwefel und auch Silizium und Mangan wirken schädlich. Der Aluminiumgehalt muß sehr genau für jede Legierung eingehalten werden, da die magnetischen Eigenschaften in Abhängigkeit vom Aluminiumgehalt ein scharfes Maximum zeigt (Bild 320). Die Aluminium-Nickel- und Al-Ni-Co-Legierungen sind äußerst spröde, nicht warmverformbar und nicht zerspanbar, so daß Dauermagnete aus diesen Legierungen durch Gießen oder Sintern hergestellt werden müssen.

Zum Sintern werden die Pulvermischungen aus einer Fe-Al- oder Fe-Al-Co-Vorlegierung, Eisenpulver, Nickelpulver, Kupferpulver, Titanpulver usw. zusammengesetzt. Die Verwendung von Aluminiumpulver ist wegen Al_2O_3-Bildung nicht möglich. Die Sinterung der Preßlinge erfolgt im Vakuum bei Temperaturen über 1200 °C.

Näheres über das Sintern dieser Magnetlegierungen siehe im Abschnitt: „Sinterstähle" (S. 864).

*der Werkstoffe nach Zahlentafel 120**
2. Spalte = cgs-System)

werte	Induktion im Punkt größter Energiedichte B_a		Feldstärke im Punkt größter Energiedichte H_a		Reversible Permeabilität μ_{rev}	Wichte etwa
	μVs/cm²	G	A/cm	Oe		kg/dm³
	34	3400	304	380	4,5—5,5	6,8
	39	3900	336	420	4—5	7,1
	45	4500	352	440	4—5	7,1
	36	3600	456	570	3—4	7,2
	52	5200	560	700	3—4	7,2
	90	9000	376	470	4—5	7,3
	95	9500	400	500	4,5—6	7,3
	10	1060	680	850	1,1—1,2	4,9
	20	2000	1120	1400	1,1—1,2	5,0

bei je 10° Temperaturerhöhung und erhöhen sich um 2% bei je 10° Temperatur-

Unter der Bezeichnung Preßmagnete werden Erzeugnisse auf den Markt gebracht, die durch Pulvern von wärmebehandelten Gußmagneten aus Al-Ni- oder Al-Ni-Co-Legierungen und Zusammenpressen mit Kunstharzbindern hergestellt werden.

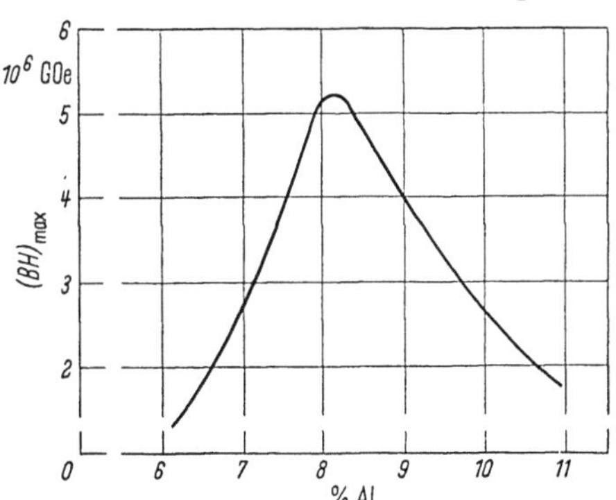

Bild 320. Abhängigkeit des $(BH)_{max}$-Wertes bei AlNiCo 500 vom Aluminiumgehalt (nach W. JELLINGHAUS[1])

Die Wärmebehandlung der Al-Ni- und Al-Ni-Co-Legierung besteht üblicherweise in einer Homogenisierung bei Temperaturen von 1150 bis 1300 °C mit folgendem Abschrecken in Luft, Preßluft, Emulsion oder Öl. Anschließend werden die Magnete durch eine Anlaßbehandlung im Temperaturbereich 500 bis 780 °C ausscheidungsgehärtet. Eine entscheidende Verbesserung der magnetischen Eigenschaften kann nach D. A. OLIVER und J. W. SHEDDEN[2] durch eine Wärmebehandlung in einem starken Magnetfeld knapp unter der Curie-Temperatur bei Legierungen mit hochliegendem Curie-Punkt erzielt werden. Die Ausscheidungs-

[1] JELLINGHAUS, W.: Arch. Eisenhüttenw. Bd. 16 (1942/43) S. 247/252.
[2] OLIVER, D. A., u. J. W. SHEDDEN: Nature, Lond., Bd. 142 (1938) S. 209.

keime werden dabei in der Richtung des Magnetfeldes orientiert, so daß bei der Ausscheidungshärtung ein gerichtetes Gefüge entsteht. Zur Erzielung optimaler magnetischer Eigenschaften sollen die Ausscheidungen 50 bis 100 Å im Durchmesser und 200 bis 500 Å Länge erreichen, es können also diese Ausscheidungsvorgänge nur durch elektronenmikroskopische Methoden untersucht werden[1].

Bild 321 a, b und c zeigt elektronenmikroskopische Aufnahmen von einem mit und ohne magnetfeldbehandeltem AlNiCo-500-Magneten. Bei der nicht magnetfeldbehandelten Probe sind die Ausscheidungen nach allen drei Würfelkanten gerichtet, bei der magnetfeldbehandelten Probe sind alle Ausscheidungen parallel zum Feld ausgerichtet. Dementsprechend sind die magneti-

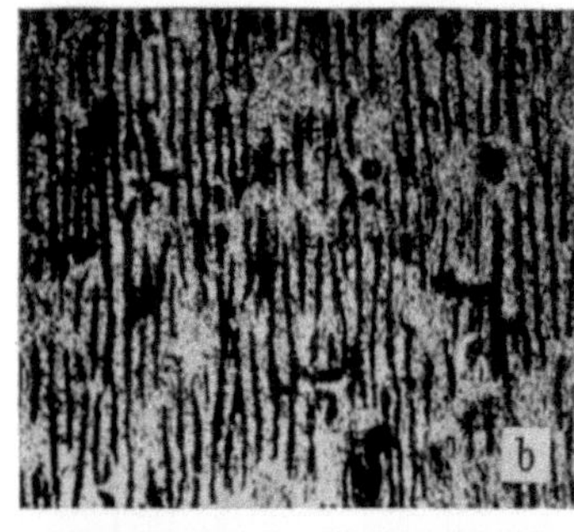

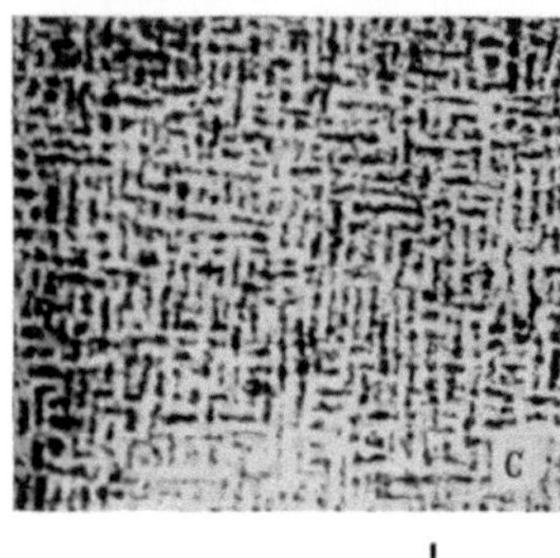

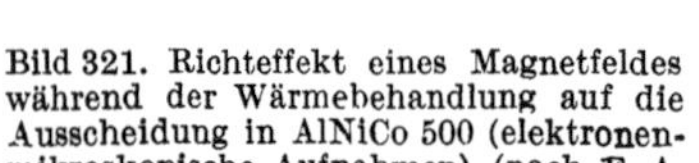

Bild 321. Richteffekt eines Magnetfeldes während der Wärmebehandlung auf die Ausscheidung in AlNiCo 500 (elektronenmikroskopische Aufnahmen) (nach E. A. Nesbitt und R. D. Heidenreich)[1]

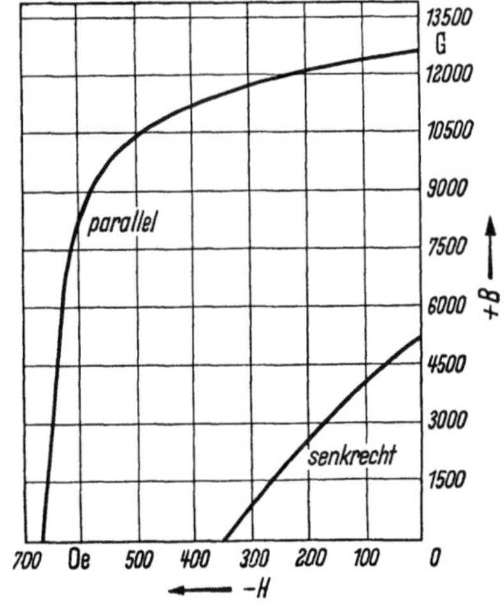

Bild 322. Entmagnetisierungskurven von AlNiCo 500, parallel und senkrecht zur magnetischen Vorzugsrichtung

schen Eigenschaften der magnetfeldbehandelten Probe richtungsabhängig (Bild 322), derartige Magnete besitzen eine magnetische Vor-

[1] Nesbitt, E. A., u. R. D. Heidenreich: Electr. Engng. Bd. 71 (1952) S. 530.

zugsrichtung. Eine weitere Gütesteigerung der Gußmagnete, insbesondere auf Legierungsgrundlage AlNiCo 500, konnte durch Erzeugung einer Gußtextur[1] erreicht werden; es sind heute in der industriellen Erzeugung $(BH)_{max}$-Werte von 6 bis $7 \cdot 10^6 \cdot$ G·Oe, im Laboratorium bis $8{,}5 \cdot 10^6 \cdot$ G·Oe erzielbar (s. Bild 323).

Die Al-Ni- und Al-Ni-Co-Dauermagnetwerkstoffe sind wesentlich stabiler als die martensitisch härtbaren Stahlmagnete. Gefügealterung tritt überhaupt erst bei höheren Temperaturen, über etwa 400 °C, auf. Die magnetische Alterung und die Empfindlichkeit gegen Erschütterungen sind wesentlich geringer. Magnete mit magnetischer Vorzugslage

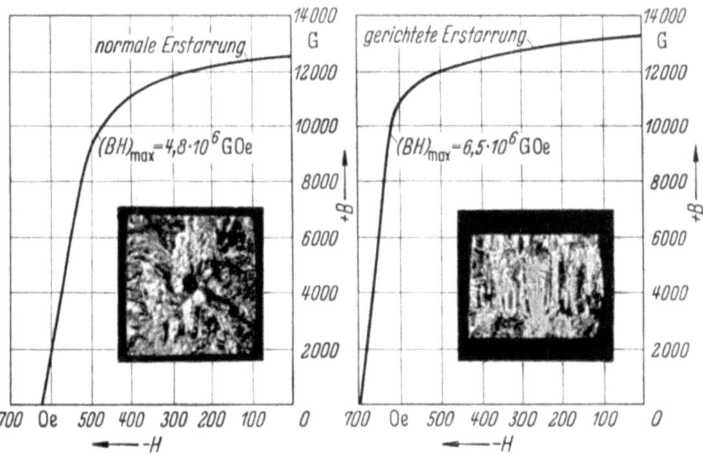

Bild 323. Einfluß der Kristallorientierung auf die magnetischen Eigenschaften von AlNiCo 500

zeigen eine noch kleinere magnetische Alterung. Dynamisch beanspruchte Al-Ni-Co-Magnete erreichen schon nach wenigen Zyklen ohne starken Flußverlust den permanent stabilen Zustand[2].

b) Von den weiteren ausscheidungshärtbaren Magnetlegierungen haben nur die Werkstoffe auf Cu-Ni-Fe- und Cu-Ni-Co-Basis einige Bedeutung erlangt. Die Ausscheidungshärtbarkeit dieser Legierungen beruht auf der Mischungslücke im System Cu-Fe bzw. Cu-Co. Während durch die Ausscheidungshärtung namhafte Koerzitivkräfte erzielt werden können, bleiben die Werkstoffe mechanisch weich und können sogar im ausscheidungsgehärteten Zustand kaltverformt werden.

Mit einer Legierung von 68% Cu, 20% Ni, 12% Fe werden im isotropen Zustand: Koerzitivkraft = 470 Oe, Remanenz = 2200 G, $(BH)_{max} = 0{,}34 \cdot 10^6 \cdot$ G·Oe, im anisotropen Zustand (Fasertextur durch Kaltverformung): Koerzitivkraft = 670 Oe, Remanenz = 3600 G und

[1] Bernius, R. E.: DRP 811976 Kl 21g v. 25. 1. 1949.

[2] Titz, I., F. Raidl u. H. Krainer: Arch. Eisenhüttenw. Bd. 26 (1955) S. 491.

$(BH)_{max}$-Werte von $1{,}11 \cdot 10^6 \cdot$ G·Oe erreicht. Bei der Legierung 60% Cu, 20% Ni, 20% Fe liegen die Remanenzen höher, dafür aber sind die Koerzitivkräfte niedriger; im isotropen Zustand: Koerzitivkraft = 3500 Oe, Remanenz = 3400 G, $(BH)_{max} = 0{,}32 \cdot 10^6 \cdot$ G·Oe, im anisotropen Zustand: Koerzitivkraft = 370 Oe, Remanenz = 5300 G, $(BH)_{max}$-Wert $= 0{,}95 \cdot 10^6 \cdot$ G·Oe. Ähnliche Ergebnisse werden mit den Legierungen 29% Co, 21% Ni, 50% Cu, $_BH_c = 700$ Oe, $B_r = 3500$ G, $(BH)_{max} = 0{,}70 \cdot 10^6 \cdot$ G·Oe und 41% Co, 24% Ni, 35% Cu, $_BH_c = 550$ Oe, $B_r = 5500$ G, $(BH)_{max} = 1{,}0 \cdot 10^6 \cdot$ G·Oe erzielt.

c) Die von W. Köster[1] und unabhängig davon von K. S. Seljesater und B. A. Rogers[2] untersuchten Systeme Fe-Co-W bzw. Fe-Co-Mo haben keine praktische Bedeutung erlangt, da den erzielbaren magnetischen Eigenschaften $(BH)_{max}$ von etwa $1{,}0 \cdot 10^6 \cdot$ G·Oe, $_BH_c = 200$ bis 280 Oe ein zu hoher Legierungsaufwand gegenübersteht (12% Co, 17% Mo).

Magnetlegierungen mit Überstruktur. Von dieser Werkstoffgruppe sind die von L. Graf und A. Kussmann[3] entdeckten Fe-Pt- und die von W. Jellinghaus[4] entdeckten Co-Pt-Legierungen interessant. Die günstigsten magnetischen Eigenschaften werden nach einer Abschreckbehandlung aus sehr hohen Temperaturen (1350 °C bzw 1200 °C) erreicht; bei einer Fe-Pt-Legierung mit 70% Pt betragen die Koerzitivkraft 2000 Oe, die Remanenz 6000 Oe und der $(BH)_{max}$-Wert $3{,}5 \cdot 10^6 \cdot$ G·Oe, bei einer Legierung mit 77% Pt und 23% Co wurden Koerzitivkräfte = 2600 Oe, Remanenz = 4500 G und $(BH)_{max} = 4 \cdot 10^6 \cdot$ G·Oe erzielt. Die hohe magnetische Härte hängt mit der Bildung einer tetragonalen, magnetischen Überstrukturphase zusammen, die die ferromagnetische, ungeordnete Grundmasse in Teilbereiche der Größenordnung von Weissschen Bezirken unterteilt. Diese Unterteilung ist nach Néel Ursache der hohen Koerzitivkraft.

Ebenfalls hohe Koerzitivkräfte, $_BH_c =$ etwa 6000 Oe, werden mit einer Legierung 86% Ag, 9% Mn, 5% Al erreicht, jedoch ist die Remanenz äußerst niedrig (500 G). Bei dieser Legierung bildet sich eine ferromagnetisch geordnete Phase aus und das Koerzitivkraftmaximum stellt sich ein, wenn die Überstrukturbereiche die kritische Größe erreicht haben.

Eisenpulvermagnete. Es wurde verschiedentlich an Mineralpulvern, an pyrophoren Eisenpulvern beobachtet, daß mit abnehmender Teilchengröße die Koerzitivkraft zunimmt. Sind die Teilchen genügend klein, so ist jedes Teilchen ein einziger Weissscher Bezirk, und eine Ausrichtung der

[1] Köster, W.: Z. Elektrochem. Bd. 38 (1932) S. 549. — Derselbe: Arch. Eisenhüttenw. 1932/33 S. 17.

[2] Seljesater, K. S., u. B. A. Rogers: Trans. Amer. Soc. Steel Treat. Bd. 19 (1932) S. 553.

[3] Graf, L., u. A. Kussmann: Phys. Z. Bd. 36 (1935) S. 544.

[4] Jellinghaus, W.: Z. techn. Phys. Bd. 17 (1936) S. 33.

magnetischen Momente kann nur mehr durch Drehprozesse erfolgen (L. NÉEL[1], R. M. BOZORTH[2], E. KONDORSKY[3]). Die Koerzitivkraft hängt demnach wesentlich von der Kristallenergie[4] ab, daher können mit Pulvern der Verbindung MnBi, die eine sehr hohe Kristallenergie hat, sehr hohe Koerzitivkräfte (s. Bild 324) erzielt werden. Beim Pressen der Pulvermagnete muß Sorge getragen werden, daß die Teilchen nicht verschweißen, man fügt aus diesem Grunde Salze der Eisenmetalle, Formiate, Oxalate usw. von Erdalkalien, Al, Cd usw. bei. Der Mangel an hoher Kristallenergie von Eisen, oder auch Eisen-Kobalt mit bis 35% Kobalt, das ohnedies eine schon höhere Kristallenergie besitzt, kann durch besondere Gestaltgebung der Pulverteilchen ausgeglichen werden. Gibt man den Pulverteilchen längliche Gestalt, so erhalten diese infolge der in Längs- und Querrichtung stark verschiedenen Entmagnetisierungsfaktoren in Längsrichtung eine magnetische Vorzugsrichtung, wodurch die Drehprozesse erschwert werden bzw. die Koerzitivkraft erhöht wird.

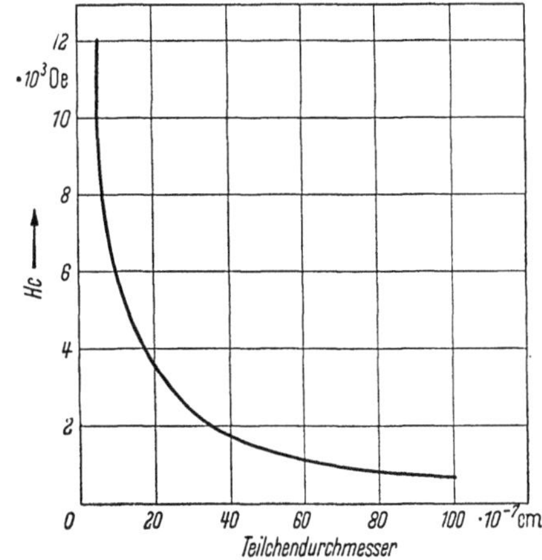

Bild 324. Abhängigkeit der Koerzitivkraft eines MnBi-Pulvers von der Teilchengröße (nach C. GUILLAND[5])

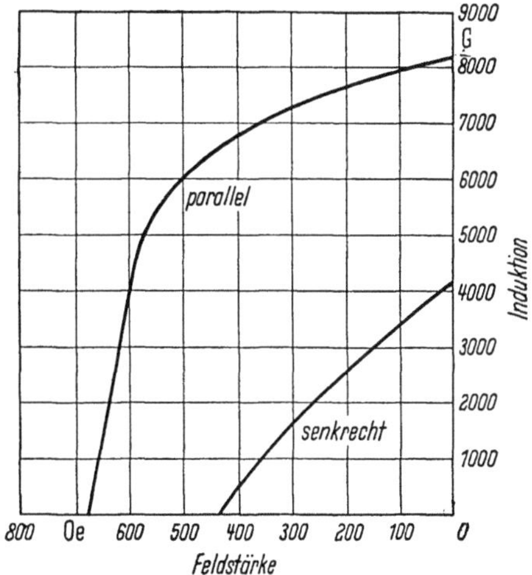

Bild 325. Entmagnetisierungskurven von Eisen-Kobalt-Pulvermagneten mit Gestaltsanisotropie, parallel und senkrecht zur Vorzugsrichtung (Packungsdichte 46%) (nach F. E. LUBORSKY, T. O. PAINE und L. J. MENDELSOHN[6])

Beim Pressen der Magnete aus gestaltsanisotropem Pulver

[1] NÉEL, L.: C. R. hebd. Séances Acad. Sci. Bd. 224 (1947) S. 1488 u. 1550.

[2] BOZORTH, R. M.: Physica Bd. 15 (1949) S. 207; Electr. Engng. Bd. 68 (1949) S. 471.

[3] KONDORSKY, E.: Doklady Akademii Nauk SSR Bd. 70 (1950) S. 215.

[4] KITTEL, C.: Rev. Modern Physics Bd. 21 (1949) S. 541.

[5] GUILLAND, C.: Thesis Strasbourg 1943.

[6] MENDELSOHN, L. J., F. E. LUBORSKY u. T. O. PAINE: J. appl. Phys. Bd. 25 (1955) S. 1274. — LUBORSKY, F. E., T. O. PAINE u. L. J. MENDELSOHN: J. appl. Phys. Bd. 27 (1957) S. 344.

legen sich natürlich die Teilchen mehr oder minder parallel, so daß der Pulvermagnet als Ganzes anisotrop wird (Bild 325). Die magnetischen Eigenschaften der Pulvermagnete hängen neben der Teilchengröße und der Gestaltanisotropie wesentlich von der Packungsdichte ab, da die Remanenz monoton mit der Packungsdichte ansteigt, während die Koerzitivkraft absinkt. Der $(BH)_{max}$-Wert erreicht im Bereich von 45 bis 55% Packungsdichte optimale Werte.

Oxydmagnete. Das älteste bekannte ferromagnetische Oxyd ist der Magnetit, aber der Magnetit ist als Dauermagnetwerkstoff infolge seiner niederen Koerzitivkraft nicht geeignet. Der Magnetit kristallisiert in einer Spinellstruktur und es sind die Fe^{III}-Ionen auf zwei nicht gleichwertigen Gitterplätzen, nämlich auf Tetraeder- und Oktaederlücken zwischen den kubisch angeordneten Sauerstoffionen untergebracht, so daß die, nach der ANDERSONschen[1] Theorie der Super-Exchange-Wechselwirkung antiparallel gekoppelten Atommomente sich nicht kompensieren können. Durch teilweisen Ersatz der Fe^{II}-Ionen durch Kobalt gelang es, oxydkeramische Dauermagnete mit Koerzitivkräften von 1000 bis 1300 Oe, Remanenzen von 1500 bis 2000 G und $(BH)_{max}$-Werten von 0,4 bis $0{,}6 \cdot 10^6 \cdot G \cdot Oe$ auf dem Sinterwege herzustellen. In jahrelangen Forschungen in den Philips-Laboratorien wurde eine neue Gruppe ferromagnetischer Oxydverbindungen mit der Zusammensetzung entsprechend $BaO \cdot 6(Fe_2O_3)$, $BaO \cdot 8(Fe_2O_3) \cdot 2FeO$ gefunden, worin die erstere überragende technische Bedeutung erlangt hat und die Grundlage für die Bariumferrite bildet. Nach V. ADELSKÖLD[2] bilden die Sauerstoffionen des Bariumferrits eine hexagonale dichteste Kugelpackung, wovon einige Sauerstoffplätze durch Bariumionen ersetzt sind. Innerhalb des Sauerstoffionengerüstes können die Ferri-Ionen in fünf verschiedenen Positionen untergebracht werden. Vergleicht man die Bariumferritstruktur mit einem Spinellgitter, so erkennt man, daß im Bariumferrit die Ionenkonfiguration teilweise mit der Konfiguration im kubischen Spinell übereinstimmt, so daß das ferrimagnetische Verhalten des hexagonalen Bariumferrits erklärlich wird. Die Bariumionen können ganz oder teilweise durch Blei- oder Strontiumionen, ohne die Kristallstruktur wesentlich zu verändern, ersetzt werden, der Magnetoplumbit $PbO \cdot 6(Fe_2O_3)$ hat dementsprechend ähnliche magnetische Eigenschaften. Eine Abschätzung des resultierenden magnetischen Momentes aller Ferri-Ionen nach der ANDERSONschen[1] Theorie ergibt ein Gesamtmoment bei 0 °K von 100,5 $G\,cm^3/g$ in Richtung der hexagonalen Achse, dem steht ein aus Messungen auf 0 °K extrapolierter Wert von 110 $G\,cm^3/g$ gegenüber, was als sehr gute Übereinstimmung gelten darf. Infolge der hohen

[1] ANDERSON, P. W.: Phys. Rev. Bd. 79 (1950) S. 350.

[2] ADELSKÖLD, V.: Arkiv för Kemi, Mineralogi och Geologi Bd. 12A (1938) Nr. 29, S. 1.

magnetischen Anisotropie der hexagonalen Bariumferritkristalle kann eine sehr hohe Koerzitivkraft erwartet werden; leider liegen die praktisch erzielten Koerzitivkräfte noch wesentlich unter den theoretisch zu erwartenden Werten.

Bariumferrite werden aus BaO- und Fe_2O_3-Gemischen durch Sintern bei hohen Temperaturen in oxydierender Atmosphäre, wobei sich die hexagonalen Ferritkristalle bilden, hergestellt. Es sind leider die magnetischen Eigenschaften, insbesondere die Koerzitivkraft des so hergestellten Werkstoffes, infolge zu großer Körner, recht unbefriedigend, so daß man gezwungen ist, dieses Vorprodukt nochmals zu mahlen. Die kritische Korngröße ist beim Bariumferrit wesentlich, nämlich einige μm höher als beim Eisenpulver oder bei den Ausscheidungen in den ausscheidungshärtbaren Werkstoffen. Durch Pressen und Sintern werden

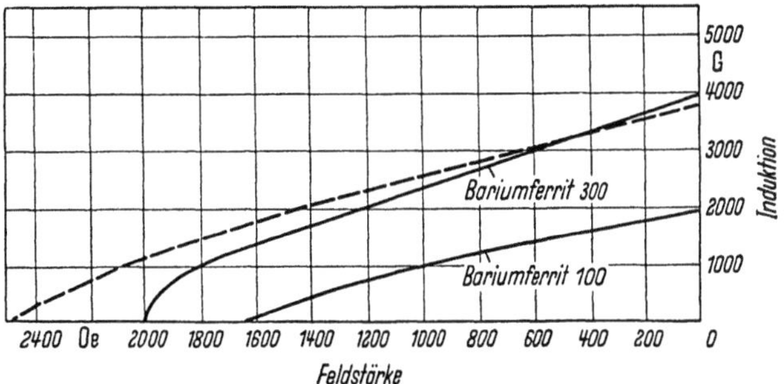

Bild 326. Entmagnetisierungskurven verschiedener handelsüblicher Bariumferritmagnete

nun aus diesem Bariumferritpulver die oxydkeramischen Magnete hergestellt.

Da das Pulver magnetisch und magnetisch anisotrop ist, besteht die Möglichkeit, durch Pressen im Magnetfeld vorzugsgerichtete Magnete herzustellen, es sind dies die Bariumferrit-300-Magnete nach DIN 17410[1]. Die Bariumferrite 100 werden aus demselben Vorprodukt, aber ohne Magnetfeld verpreßt und daher magnetisch isotrop. Bild 326 gibt die Entmagnetisierungskurven der heute bereits handelsüblichen Bariumferrite. Die wirtschaftliche Bedeutung der Bariumferrite liegt in der Billigkeit der Ausgangsprodukte, weil keine teuren Legierungselemente wie Co, Ni usw. nötig sind. Infolge ihres hohen spezifischen elektrischen Widerstandes und der hohen Koerzitivkraft bieten sich für die Bariumferrite neue Anwendungs- und Konstruktionsmöglichkeiten in magnetischen Systemen.

Magnetisch weiche Werkstoffe

Allgemeines. Die magnetisch weichen Werkstoffe sollen im allgemeinen eine kleine Koerzitivkraft haben und bei kleinen Feldstärken

[1] DIN 17410, 2. Ausgabe, Entwurf Mai 1960.

eine hohe Induktion erreichen, also eine hohe Anfangspermeabilität aufweisen. Bei Verwendung im Wechselfeld (Wechselstrom) sollen die Ummagnetisierungs- und Wirbelstromverluste so klein als möglich sein. Neben diesen allgemeinen Forderungen werden bei den verschiedenen Anwendungsfällen in der Elektrotechnik noch zusätzliche Anforderungen an die Werkstoffe gestellt. Die Werkstoffe für die Starkstromtechnik sollen, da sie in großen Mengen zum Einsatz kommen, aus wirtschaftlichen Gründen billig sein. In der Schwachstromtechnik spielen preisliche Erwägungen bei der Werkstoffauswahl meist keine solche Rolle.

Ursprünglich stand nur Eisen als magnetisch weicher Werkstoff zur Verfügung und auch heute noch sind für die Starkstromtechnik weiche niedriglegierte Stähle die wichtigsten Baustoffe. Von R. HADFIELD[1] wurde bereits 1889 auf die Vorzüge der Eisen-Silizium-Legierungen hingewiesen, aber erst nach der Jahrhundertwende wurden Bleche mit 2 bis 4% Silizium durch die Firma Capito und Klein[2, 3] technisch erzeugt und in die Praxis eingeführt. Die magnetischen Eigenschaften der silizierten Bleche wurden schrittweise bis zum heutigen Tage verbessert und es stehen heute in den kornorientierten Blechen Spitzenprodukte für den Transformatorenbau zur Verfügung.

Die Entwicklung der Schwachstromtechnik, Funk- und Nachrichtentechnik wurde maßgeblich durch die Entdeckung und Erforschung der magnetischen Eigenschaften der Eisen-Nickel-Legierungen durch G. W. ELMEN[4], der auch die Permalloy-Legierung fand, beeinflußt. Die letzte Entwicklungsstufe wurde durch die Entdeckung der Ferrite[5] eingeleitet.

Magnetische Eigenschaften des reinen Eisens. An reinstem Eisen, Reinheitsgrad über 99,99%, wurde die magnetische Sättigung mit 21580 ± 10 G bei 25 °C festgestellt[6]. Die magnetische Sättigung ist natürlich nach dem CURIEschen Gesetz temperaturabhängig, die Curie-Temperatur beträgt 768 °C. Eiseneinkristalle sind magnetisch anisotrop, die Vorzugsrichtung fällt mit der [100]-Richtung zusammen, wie in der Einleitung zu den magnetischen Eigenschaften bereits dargelegt wurde. Der niedrigste bisher an reinsten Eisenproben erzielte Wert für die Koerzitivkraft liegt nach P. P. CIOFFI[7] bei 0,025 Oe. Diese Probe hatte eine Anfangspermeabilität von 14000 G/Oe. An einem Eiseneinkristall konnte in [100]-Richtung eine Maximalpermeabilität von 1 450 000 G/Oe[8] erzielt

[1] HADFIELD, R.: J. Iron Steel Inst. 1889, II, S. 231.

[2] GUMLICH, E.: Elektrotechn. Z. 23 (1902) S. 101.

[3] KLEIN, H. A.: Geschichte der Transformatorenbleche. Stahl u. Eisen Bd. 46 (1926) S. 1052.

[4] ARNOLD, H. D., u. G. W. ELMEN: J. Franklin Inst. Bd. 195 (1923) S. 621.

[5] SNOEK, J. L.: Philips techn. Rdsch. Bd. 8 (1946) S. 353.

[6] SANFORD, R. L., u. E. G. BENNETT: J. Res. Nat. Bur. Stand. Bd. 26 (1941) S. 1.

[7] CIOFFI, P. P.: Phys. Rev. Bd. 39 (1932) S. 363.

[8] CIOFFI, P. P., u. O. L. BOOTHBY: Phys. Rev. Bd. 55 (1939) S. 673.

werden. Diese Werte sind Spitzenwerte, die angenähert mit den nach den Theorien erwartbaren Höchstwerten übereinstimmen. In der Praxis kann auf keinen Fall mit ähnlichen Werten gerechnet werden. Die technischen Eisenbegleiter wirken sich alle mehr oder minder nachteilig auf

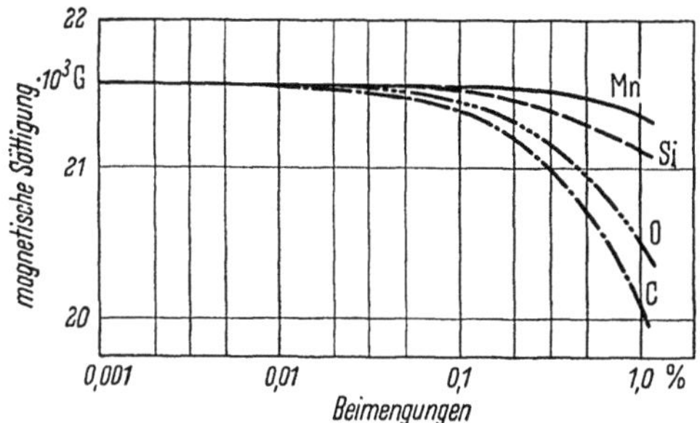

Bild 327. Einfluß von Verunreinigungen auf die Sättigungsmagnetisierung von Eisen (nach E. GEROLD[1])

die magnetischen Eigenschaften aus, wie auch aus den Bildern 327 und 328 entnommen werden kann. Besonders stark ist die Wirkung von N_2 durch Ausscheidung nadeliger Eisennitride, schon 0,01% N_2 erhöht die Koerzitivkraft auf 3 Oe. Die Koerzitivkraft wird aber darüber

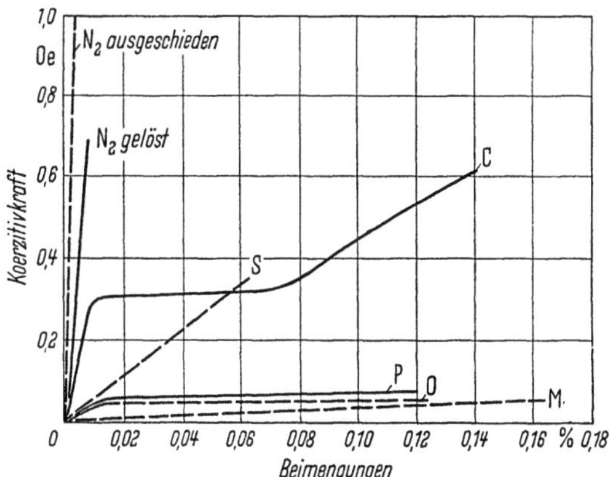

Bild 328. Einfluß von Verunreinigungen auf die Koerzitivkraft des Eisens (nach F. PAWLEK[2])

hinaus auch von der Korngröße beeinflußt (Bild 329). In den Darstellungen Bild 329 und 330 nach T. D. YENSEN und N. A. ZIEGLER[3] und T. D. YENSEN[4] sind jeweils die Einflüsse der Korngröße bzw. der Zu-

[1] GEROLD, E.: Stahl u. Eisen Bd. 51 (1931) S. 613/615.

[2] PAWLEK, F.: Magnetische Werkstoffe S. 110. Statt M in Bild 328 lies Mn.

[3] YENSEN, T. D., u. N. A. ZIEGLER: Trans. Amer. Soc. Met. Bd. 23 (1935) S. 556. — Dieselben: Trans. Amer. Inst. min. metallurg. Engrs. Bd. 116 (1935) S. 397/404.

[4] YENSEN, T. D.: Trans. Amer. Soc. Met. Bd. 27 (1939) S. 797/820.

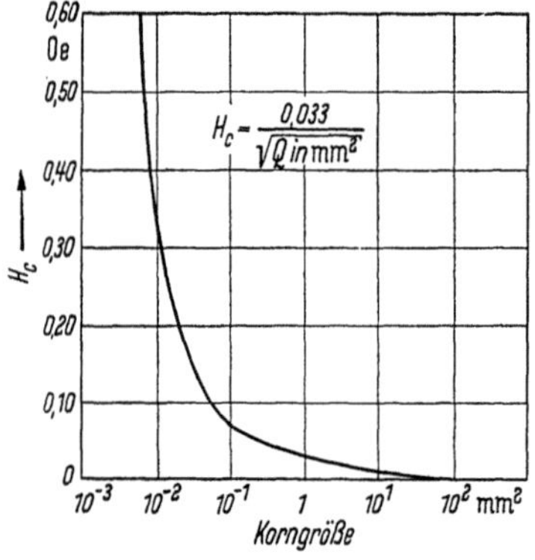

Bild 329. Einfluß der Korngröße auf die Koerzitivkraft des Eisens (nach T. D. Yensen und N. A. Ziegler[1])

Bild 330. Einfluß von Legierungszusätzen auf die Sättigungsmagnetisierung des Eisens (nach T. D. Yensen[2])

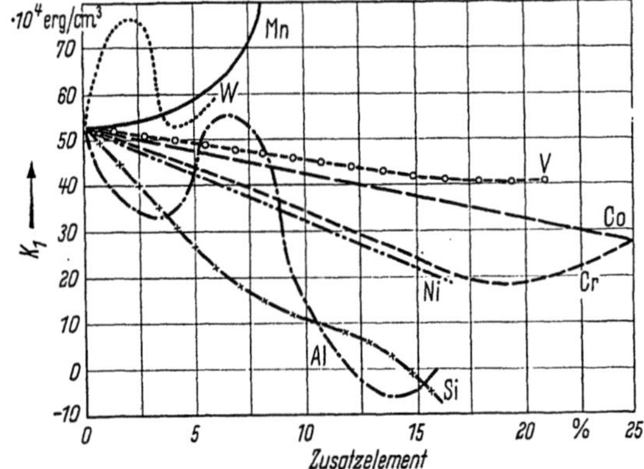

Bild 331. Einfluß von Legierungszusätzen auf die Kristallenergie des Eisens (nach L. Went und J. L. Snoek[3])

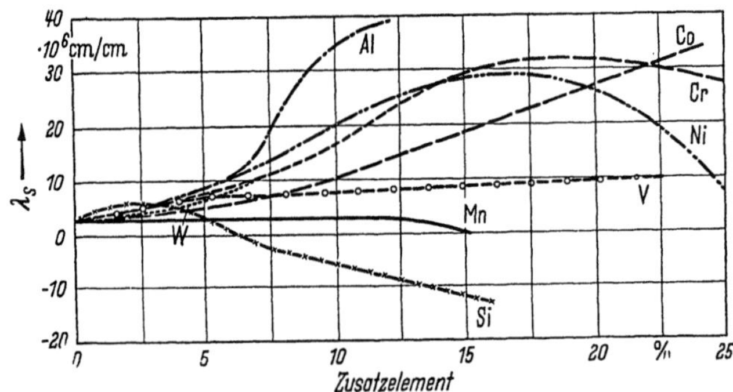

Bild 332. Einfluß von Legierungsbestandteilen auf die Sättigungsmagnetostriktion des Eisens in Richtung der Vorzugslage (nach L. Went[3])

[1] s. Fußnote 3 S. 531 [2] s. Fußnote 4 S. 531

[3] Went, L., u. J. L. Snoek. New Development in Ferromagnetic Materials. New York-Amsterdam: Elsevier Publ. Co. 1947.

sammensetzung eliminiert. Im technisch erzeugten Reineisen werden Koerzitivkräfte von 0,5 Oe erzielt. Durch Legierungszusätze wird die magnetische Sättigung im allgemeinen erniedrigt, nur Kobaltzusätze erhöhen die Sättigung des Eisens (Bild 330) (s. S. 255, 259). Die Koerzitivkraft und die Permeabilität (Anfangs- und Maximalpermeabilität) werden günstig oder ungünstig beeinflußt, je nachdem sich die Kristallenergie und die Magnetostriktion durch den Legierungszusatz ändern (Bild 331 und 332). Um eine Erniedrigung der Koerzitivkraft bzw. eine Erhöhung der Permeabilität zu erreichen, sollen nach den Theorien die Kristallenergie und die Magnetostriktion möglichst klein, im optimalen Fall beide gleichzeitig Null werden.

Die Werkstoffe der Starkstromtechnik

a) Werkstoffe für Transformatoren, Generatoren und Motore.

α) *Dynamo- und Trafobleche.* Neben der Forderung nach hoher Induktion bzw. Sättigung haben für die Trafo- und Dynamobleche die Ummagnetisierungsverluste besondere Bedeutung, da die Ummagnetisierungsverluste der Transformatoren eines Energienetzes durch die Kraftwerke aufgebracht werden müssen. Diese Verluste sind sehr hohe, für Deutschland betragen sie nach Schätzungen von K. I. SIXTUS[1] größenordnungsmäßig 10^9 kWh/Jahr, nach H. REINBOTH[2] für die USA im Jahre 1953 $16 \cdot 10^9$ kWh. Beim Elektromaschinenbau haben diese Ummagnetisierungsverluste keine so überragende Bedeutung.

Die Ummagnetisierungsverluste setzen sich aus drei Anteilen, den Hystereseverlusten, den Wirbelstromverlusten und den Nachwirkungsverlusten zusammen.

Die Hystereseverluste werden durch den Flächeninhalt der Hysteresisschleife charakterisiert, durch Verminderung der Koerzitivkraft können die Hysteresisverluste erniedrigt werden.

Den Wirbelstromverlusten kann man durch Erhöhung des elektrischen Widerstandes der Trafobleche und Aufteilung des Kernes in dünne Bleche begegnen. Der elektrische Widerstand wird durch Aluminium- und Siliziumzugaben wirksam erhöht, darüber hinaus wird durch Silizium auch die Kristallenergie des Eisens und die Sättigungsmagnetostriktion erniedrigt, so daß mit einer Verringerung der Koerzitivkraft gerechnet werden kann. Leider wird die Verarbeitbarkeit durch höhere Siliziumgehalte wesentlich erschwert oder unmöglich gemacht, so daß man die Vorteile, die eine Steigerung des Siliziumgehaltes über 4,5% noch bringen würde, nicht mehr ausnützen kann. Da Silizium die Sättigung des Eisens vermindert und das Eisen spröde macht, werden für die Segmente und Zähne der Rotoren und Statoren von Generatoren

[1] SIXTUS, K. I.: Feinmechanik u. Präzision Bd. 49 (1941) S. 139.

[2] REINBOTH, H.: Technologie und Anwendung magnetischer Werkstoffe. Berlin: VEB Verlag Technik 1958.

und Motoren niedriglegierte Bleche verwendet. Von ausschlaggebender Bedeutung für die Güte der Dynamo- und Trafobleche ist die Reinheit der Werkstoffe, der Kohlenstoff soll höchstens einige hundertstel Prozent betragen, die Desoxydation der Schmelzen muß sehr sorgfältig durchgeführt werden. Durch hochdisperse Silikateinschlüsse wird die Koerzitivkraft erhöht und die Permeabilität vermindert. Die Herstellung der Bleche kann bei Siliziumgehalten von 4,5% nur durch Warmwalzen, bei Siliziumgehalten bis 3,5% auch durch Kaltwalzen vorgenommen werden. Das Warmwalzen geschieht von 1000 bis 1050 °C bis etwa 700 °C. Einen entscheidenden Einfluß auf die magnetischen Eigenschaften hat die Schlußglühung, weil sie die bei der Verarbeitung (Walzen, Schneiden usw.) entstandenen Spannungen beseitigt, das Kristallgefüge verbessert und unter Umständen bei Verwendung geeigneter Ofenatmosphären eine chemische Reinigung bewirken kann. Die Glühung wird vorwiegend bei 800 bis 850 °C mit darauffolgender langsamer Abkühlung durchgeführt. Man trachtet damit eine Grobkornbildung und Ausscheidung des Kohlenstoffes als unschädlichen Graphit zu erreichen. Bei Anwendung zu hoher Glühtemperaturen kann eine Verschlechterung der Verlustziffer durch Kohlenstofflösung und anschließende Karbidausscheidung eintreten. Es sind eine Vielzahl von Behandlungsvorschlägen bekannt geworden, so auch Glühung in H_2 oder Vakuum bei höchsten Temperaturen, auf die hier aber nicht im einzelnen eingegangen werden kann.

Da aus den Untersuchungen von H. J. WILLIAMS[1] an Fe-Si-Einkristallen und Rahmenkristallen eine starke Richtungsabhängigkeit der magnetischen Eigenschaften hervorging, war zu erwarten, daß auch im Blech, falls eine Kornorientierung gelingt, sich diese vorteilhaft auswirken müsse. N. P. GOSS[2] gelang es als erstem (1935), nachdem geeignete Kaltwalzeinrichtungen zur Verfügung standen, an Blechen mit 3 bis 3,5% Si eine geeignete Rekristallisationstextur zu erzeugen. Er erzielte dies dadurch, daß er warmgewalztes 3-mm-Blech jeweils um etwa 50% kaltwalzte, bei etwa 900 °C kurzzeitig zwischenglühte und nach der letzten Kaltwalzung bei 1100 °C glühte. Dieses Verfahren wird zur Erzeugung kornorientierter Trafobleche oder -bänder, z. B. Trancor 3 X, im wesentlichen mit geringen Abänderungen angewendet, als Neuerung wird die Endglühung bei noch höheren Temperaturen, 1200 °C oder mehr, in H_2-Gas durchgeführt.

Nach R. M. BOZORTH[3] u. a.[4] haben die Gossbleche eine von der normalen Walz- und Rekristallisationstextur abweichende Kornorientierung.

[1] CIOFFI, P. P., H. J. WILLIAMS u. R. M. BOZORTH: Phys. Rev. Bd. 51 (1937) S. 1009. — WILLIAMS, H. J.: Bd. 52 (1937) S. 747.

[2] GOSS, N. P.: Trans. Amer. Soc. Met. Bd. 23 (1935) S. 511.

[3] BOZORTH, R. M.: Trans. Amer. Soc. Met. Bd. 23 (1935) S. 1107.

[4] BURWELL, J. T.: Amer. Inst. min. metallurg. Eng., Techn. Publ. Nr. 1178, 4 S., Metals Techn. Bd. 7 (1940) Nr. 2.

Zahlentafel 122. *Magnetische und mechanische Eigenschaften von Elektroblechen nach DIN 46400* (Ausg. Sept. 1954)

Bezeichnung	Si	C	Dicke	Ummagnetisierungsverluste bei 50 Hz und		Koerzitivkraft	Induktion (kG) bei				Dichte g/cm³		Biegezahl
				10 kG	15 kG		10	25	100	300	mit Zunder	entzundert	
	%	%	mm	W/kg		$_BH_c$	AW/cm						
1. Warmgewalzte Bleche													
I 3,6	~0,7	< 0,08	0,5	3,6	8,6	0,9	—	15,3	17,3	19,8	7,8	7,85	10
II 3,0	~1,0	< 0,08	0,5	3,0	7,2	0,85	—	15,0	17,1	19,5	7,75	7,8	10
III 2,6	~1,7	< 0,08	0,5	2,6	6,3	0,75	—	14,9	17,0	19,4			
III 2,3	~2,3	< 0,07	0,5	2,3	5,6	0,75	—	14,7	16,9	19,3	7,65	7,7	6
III 2,0	~2,7	< 0,07	0,5	2,0	4,9	0,65	—	14,5	16,7	19,0			
IV 1,45	~3,4	< 0,07	0,35	1,45	3,6	0,5	13,2	14,6	17,1	19,2	—	7,6	2
IV 1,30	~3,9	< 0,07	0,35	1,30	3,3	—	12,9	14,3	16,5	18,9	—	7,6	2
IV 1,10	~4,3	< 0,07	0,35	1,10	2,7	—	12,9	14,4	16,5	18,5	—	7,55	1
IV 1,00	~4,0	< 0,07	0,35	1,0	2,5	0,3	12,9	14,4	16,5	18,5	—	7,55	1
2. Kaltgewalzt, kornorientiert													
Trancor 3 X	~3,4	< 0,07	0,35	0,7	1,25	0,3	17,5	18,5	19,5	20,0	—	7,65	2
Trancor 2 X	~3,4	< 0,07	0,35	0,85	1,35	0,3	17,2	18,5	19,5	20,0	—	—	—

In der Gosstextur liegen die Würfelkanten parallel zur Walzrichtung und die Rhombendodekaederflächen [110] parallel zur Walzebene.

Zahlentafel 122 gibt eine Zusammenstellung der wichtigsten Eigenschaften der Elektrobleche nach DIN 46400, der kornorientierten Trafobänder Trancor 3 X und Trancor 2 X wieder.

Ergänzend soll noch erwähnt werden, daß das Silizium teilweise oder auch vollständig durch Aluminium ersetzt werden kann. Aus einem Werkstoff mit 4% Aluminium können ebenfalls Bleche mit Gosstextur, mit den Siliziumblechen entsprechenden Werten hergestellt werden. Neuerdings laufen Bemühungen, silizierte Trafobleche mit Würfeltextur[1–3] herzustellen, da derartige Bleche im Gegensatz zum Gossblech auch in Querrichtung gute magnetische Eigenschaften haben.

Interessante Ergebnisse erhielt H. MASUMOTO[4] bei der Untersuchung des Systems Fe-Si-Al. Die Legierung Sendust mit 9,5% Si und 5,5% Al weist folgende Werte auf: Anfangspermeabilität 30000 G/Oe, Maximalpermeabilität 120000 G/Oe, Koerzitivkraft 0,022 Oe. Diese Legierung ist außerordentlich spröde, ist nur gießtechnisch formbar und sollte in der Schwachstromtechnik als Massekerne zur Anwendung kommen.

β) Dynamogußstücke und Schmiedeteile. Bei mechanisch höher beanspruchten Teilen von Elektromaschinen, wie Polräder, Polplatten, Wellen, Induktorkörper usw., haben die Festigkeitseigenschaften den Vorrang und man ist zur Verwendung von Stahlguß- und Schmiedeteilen gezwungen. Die hierfür verwendeten Stähle sollen verhältnismäßig rein sein, um trotz höherer Festigkeitswerte noch hohe Induktionen zu haben.

Im DIN-Blatt 1681 sind die Eigenschaften für die Stahlgußqualitäten GS 38 und GS 45 festgelegt. Für die Werkstoffe GS 52 und GS 60 wurden noch keine Festlegungen getroffen. Untersuchungen über die Beziehungen der magnetischen Induktion zum Kohlenstoff-, Silizium-, Mangangehalt und zur Brinellhärte von unlegiertem Stahlguß haben A. KOLORZ und K. LÖHBERG[5] angestellt. Demnach bestehen zwischen Induktion und Brinellhärte von unlegiertem normalisiertem Stahlguß eindeutige Beziehungen. Mangan und Silizium in Gehalten, wie sie bei unlegiertem Stahlguß üblich sind, ließen keinen Einfluß auf die magnetische Induktion erkennen. Schmiedestähle haben im geglühten Zustand etwas höhere Induktionen als Stahlguß gleicher Zusammensetzung. Im vergüteten Zustand liegen die Induktionen etwas niedriger. Bei hochbeanspruchten Rotorkörpern verzichtet man zugunsten der Festigkeits-

[1] ASSMUS, F., K. DETERT u. G. IBE: Z. Metallkde. Bd. 48 (1957) S. 344.

[2] MÖBIUS, H.-E., u. F. PAWLEK: Arch. Eisenhüttenw. Bd. 29 (1958) S. 423,

[3] WALTER, J. L., W. R. HIBBARD jr., H. C. FIEDLER, H. E. GRENOBLE. R. H. PRY u. P. G. FRISCHMANN: J. Metals Bd. 10 (1958) S. 509.

[4] MASUMOTO, H.: Sci. Rep. Tôhoku Univ., Honda Annivers Vol., 1936, S. 388.

[5] KOLORZ, A., u. K. LÖHBERG: Gießerei Bd. 46 (1959) S. 187.

eigenschaften auf sehr hohe magnetische Induktionen und verwendet vielfach sogar leichtlegierte Stähle im vergüteten Zustand (s. S. 382, 387). Über die magnetischen und mechanischen Eigenschaften von Dynamostahlguß und Schmiedestücken für die Starkstromtechnik gibt die Zahlentafel 123 Aufschluß. In diese Zahlentafel ist auch das Dynamogußeisen GG 12.9 nach DIN 1691 aufgenommen. Das Dynamogußeisen ist ein Maschinenformguß ohne besondere Festigkeitsvorschriften mit etwa 3% C und 3% Si und findet für magnetisch und mechanisch minderbeanspruchte Maschinenteile Verwendung. Damit beste magnetische Werte erreicht werden, soll der Kohlenstoff möglichst vollständig als Graphit abgeschieden werden, daher glüht man Dynamogußeisen bei 800 bis 900 °C.

b) Werkstoffe für Relais und Elektromagnete. Beim Relaisbau wird vom Werkstoff eine hohe Induktion bei geringen Feldstärken und ein sicheres Abfallen der Induktion auf einen sehr kleinen Wert beim Abschalten des Erregerfeldes verlangt. Das heißt, der Relaiswerkstoff

Zahlentafel 123. *Magnetische und mechanische Eigenschaften von Dynamostahlguß, Dynamogußeisen und Schmiedestähle für Elektromaschinen*

Bezeichnung	Analyse in %			Streckgrenze	Zugfestigkeit	Dehnung	Magnetische Induktion in kG bei AW/cm			
	C	Si	Mn	kp/mm²	kp/mm²	%	25	50	100	300
	<0,06	<0,05	0,20	30	>30	30	15,0	16,7	18,0	20,0
GS 38.9[1]	0,14 0,19	0,50	0,50	—	>38	20	14,5	16,0	17,5	19,5
GS 45.9[1]	0,20 0,28	0,50	0,50	—	45	>16	24,5	16,0	17,5	19,5
GS 52[2]	0,30 0,35	0,50	0,60	—	>52	12	14,0	15,8	17,2	19,0
GS 60[2]	0,40 0,45	0,50	0,60	—	>60	8	13,5	15,5	17,0	18,5
Dynamogußeisen[3] GG 12.9	3	3	—	—	—	—	—	8,0	—	—
für Schmiedestücke[4]										
CK 10 *	0,10	0,35	0,50	20—25	35—40	36	16,0	17,0	18,0	20,0
CK 22 *	0,25	0,35	0,80	>20	40—55	27	15,6	16,2	17,5	20,0
CK 35 *	0,35	0,35	0,80	>28	50—65	23	14,5	16,0	17,3	19,5
CK 35 **	0,35	0,35	0,80	>35	>65—75	>15	14,0	15,7	17,0	19,3

* normalgeglüht. — ** vergütet. [1] nach DIN 1681 (März 1942). — [2] in DIN 1681 ist nur die Zusammensetzung genormt. — [3] nach DIN 1691 (Nov. 1949). — [4] nach eigenen Messungen.

Zahlentafel 124. *Zusammensetzung, physikalische und technologische Eigenschaften für Relaiseisen (Richtwerte) nach DIN 17405* (Entwurf Oktober 1959)

Werkstoffsorte		Chemische Zusammensetzung		Dichte	Härte[2]		Biegezahl[3]	Tiefung[4] bei 1 mm Blechdicke	Elektrischer Widerstand
Kurzname	Werkstoffnummer[1]	C %	Si %	kg/dm³	HV kp/mm²	HRB		mm	$\frac{\Omega \cdot mm^2}{m}$
				Unlegierte Stähle					
RFe 140[5] . . .	1.1011	0,10	< 0,15	7,8	80—135[6]	—	—	—	0,15
RFe 120 . . .	1.1012	0,10		7,8	80—135[6]		>2	9—11	0,15
RFe 100 . . .	1.1013	0,10		7,8	80—135[6]		>2	9—11	0,15
RFe 80 . . .	1.1014	0,05		7,8	80—135[6]		>2	9—11	0,15
RFe 60 . . .	1.1015	0,05		7,8	80—135		>2	—	0,12
RFe 40 . . .	1.1016	0,05		7,8	80—135		>2	9—11	0,12
RFe 20 . . .	1.1017	0,05		7,8	80—135		>2	9—11	0,10
RFe 12 . . .	1.1018	0,05		7,8	80—135		>2	9—11	0,10
				Siliziumstähle					
RSi 48	1.3840	≦0,08	2,5—4	7,6—7,7	—	60—80[7]	½—4	nicht tiefziehfähig	0,42—0,58
RSi 25	1.3842								
RSi 24	1.3843								
RSi 12	1.3845								
				Nickelstähle und Nickellegierungen					
RNi 24	1.3911	≈ 36% Ni	Rest Fe	8,2	160—200	—	>2	>8	0,75
RNi 12	1.3926	≈ 50% Ni		8,3	160—200		>2	>8	0,45
RNi 8	1.3927			8,3	160—200		>2	>8	0,45
RNi 5	2.	70—80% Ni, kleine Mengen Cu, Cr u. Mo		8,6	160—200		>2	>8	0,50
RNi 2	2.			8,6	160—200		>2	>8	0,55

[1] Eine Norm über Werkstoffnummern für Eisen und Stahl ist in Vorbereitung. [2] Im vorgeglühten Zustand. [3] Im biegbar vorgeglühten Zustand. [4] Im tiefziehbar vorgeglühten Zustand. [5] Automatengüte. [6] Gewährleistete Werte. [7] Gilt nicht für warmgewalzte Bleche.

Zahlentafel 125. *Magnetische Eigenschaften der Relaiseisen nach Fertigglühen (gewährleistete Werte) nach DIN 17405* (Entwurf Oktober 1959)

Werkstoffsorte		Koerzitivfeldstärke			Alterungszahl der Koerzitivfeldstärke	Mindestwerte der magnetischen Induktion für die Kommutierungskurve in μVs/cm²[2] für eine magnetische Feldstärke H von								
Kurzname	Werkstoffnummer[1]	A/cm	Oe	Vergleichsstreubereich nach DIN 51849 %		0,2 A/cm	0,5 A/cm	1 A/cm	2 A/cm	3 A/cm	5 A/cm	10 A/cm	40 A/cm	0 A/cm (Remanenz)
					Unlegierte Stähle									
RFe 140[3,4]	1.1011	<1,40	<1,75	±5	≦10	—	—	—	—	115	130	—	160	—
RFe 120[4]	1.1012	<1,20	<1,5			—	—	—	—	115	130	145	160	—
RFe 100[4]	1.1013	0,4—1,0	0,5—1,25			—	—	—	100	120	130	145	160	100
RFe 80[4]	1.1014	0,4—0,8	0,5—1,0			—	—	—	110	120	130	145	160	110
RFe 60[4]	1.1015	<0,60	<0,75			—	—	—	115	125	135	145	160	120
RFe 40	1.1016	<0,40	<0,5	±10		—	—	—	115	125	135	145	165	120[5]
RFe 20	1.1017	<0,20	<0,25			—	—	—	115	125	135	145	165	120[5]
RFe 12	1.1018	<0,12	<0,15			—	—	—	115	125	135	145	165	120[5]
					Siliziumstähle									
RSi 48	1.3840	<0,48	<0,6	±10	<5	—	—	60	—	110	120	—	150	50
RSi 25	1.3842	<0,24	<0,3			—	—	60	—	110	120	—	150	70
RSi 24	1.3843	<0,24	<0,3			—	—	120	—	130	135	—	150	100[5]
RSi 12	1.3845	<0,12	<0,15			—	—	120	—	130	135	—	150	100[5]
					Nickelstähle und Nickellegierungen									
RNi 24	1.3911	<0,24	<0,3	±10	<5	20	45	70	—	90	100	—	118	45[5]
RNi 12	1.3926	<0,12	<0,15			50	90	110	—	125	135	—	145	60[5]
RNi 8	1.3927	<0,08	<0,1	±20		50	90	110	—	125	135	—	145	60[5]
RNi 5	2.....	<0,05	<0,06			50	65	70	—	—	—	—	75	30[5]
RNi 2	2.....	<0,025	<0,03			50	53	55	—	—	—	—	58	20[5]

[1] Eine Norm über Werkstoffnummern für Eisen und Stahl ist in Vorbereitung. [2] 1 μVs/cm² ≙ 100 G. [3] Automatengüte.

[4] Die gewährleisteten Werte beziehen sich auf ein Fertigglühen von 4 Stunden bei 820 °C ± 10 grd in Elektrolytwasserstoff (nicht besonders getrocknet), falls keine besonderen Vereinbarungen getroffen sind. Abkühlung im Ofen bis 550 °C nicht schneller als 30 grd/Stunde. Weitere Ofenabkühlung beliebig.

[5] Diese vorläufig gewährleisteten Werte bedürfen noch der Bestätigung durch weitere Untersuchungen.

muß magnetisch sehr weich sein und, da die magnetischen Kreise der Relais alle einen Luftspalt haben, soll die scheinbare Remanenz (Induktion nach dem Abschalten des Erregerstromes) möglichst niedrig sein. Ein Relais soll nach Möglichkeit knapp unter derselben Erregerfeldstärke, bei der es anzieht, auch wieder abfallen. Den Unterschied zwischen Anziehfeldstärke und Abfallfeldstärke — die Abfallfeldstärke muß aber immer größer als Null sein — nennt man den Unsicherheitsbereich. Nach Bild 333[1] ist der Unsicherheitsbereich etwa 2mal so breit als die Koerzitivkraft. Für den Relaisbau also sollen die Werkstoffe eine niedrige und über längere Zeiten konstante Koerzitivkraft haben. Die Vorschriften für Relaiseisen sind in Zahlentafel 124 und 125 nach DIN 17405 zusammengestellt. Die Alterung von Relaiseisen wird vor allem durch Kohlenstoff und Stickstoff hervorgerufen. Hochwertiges Relaiseisen muß daher einen sehr hohen Reinheitsgrad haben. Durch Abbindung des Stickstoffes mit Aluminium kann die Alterung beim technischen Reineisen auf ein erträgliches Maß eingeschränkt werden. Für feine Relais der Schwachstromtechnik finden auch Fe-Ni-Legierungen Anwendung. Die Besprechung dieser Werkstoffe erfolgt im Abschnitt „Werkstoffe der Schwachstromtechnik".

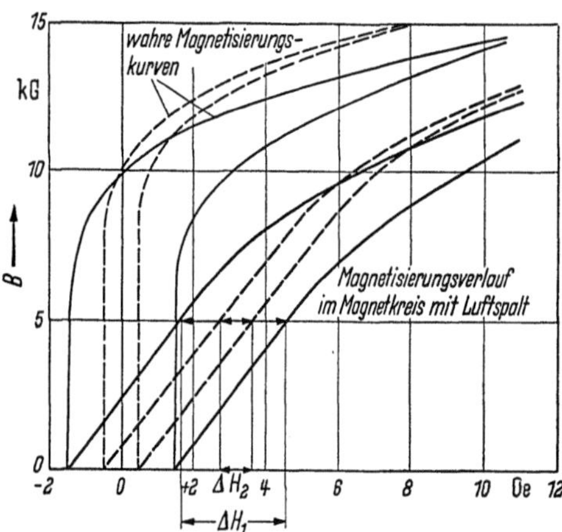

Bild 333. Unsicherheitsbereich ΔH eines Relais bei verschiedener Koerzitivkraft des Ankerwerkstoffes (nach H. Reinboth[1])

Für den Bau von Elektromagneten ist es wichtig, große Kraftliniendichten zu erreichen, daher sind höchste Sättigungsmagnetisierungen nötig. Die Koerzitivkraft tritt dabei ganz in den Hintergrund. Wenn die Sättigung von reinem Eisen nicht mehr ausreicht, kann mit Eisen-Kobalt-Legierungen mit 35 bzw. 50% Co vorgegangen werden, womit Sättigungsmagnetisierungen von 23500 bzw. 24500 Gauß erreicht werden.

Das Bild 334 stellt die Magnetisierungskurven von Reineisen und Kobalteisen gegenüber. Kobalteisen kann auch bei höheren Temperaturen als Magnetwerkstoff eingesetzt werden, da die Curie-Temperaturen mit 950 °C bzw. 980 °C sehr hoch liegen. Die Kobalt-Eisenlegierungen

[1] Reinboth, H.: Technologie und Anwendung magnetischer Werkstoffe. Berlin: VEB Verlag Technik 1958.

sind sehr spröde und ihre Warmverarbeitung ist sehr schwierig. Um die Verarbeitbarkeit zu verbessern, wurden Zusätze, wie 1 bis 2% Vanadin u. a., vorgeschlagen. Da Kobalt ein sehr teures Legierungsmetall ist, lohnt sich der Einsatz dieser Werkstoffe nur da, wo höchste Kraftliniendichten erzielt werden sollen, z. B. als Polspitzen für sehr starke Elektromagnete usw.

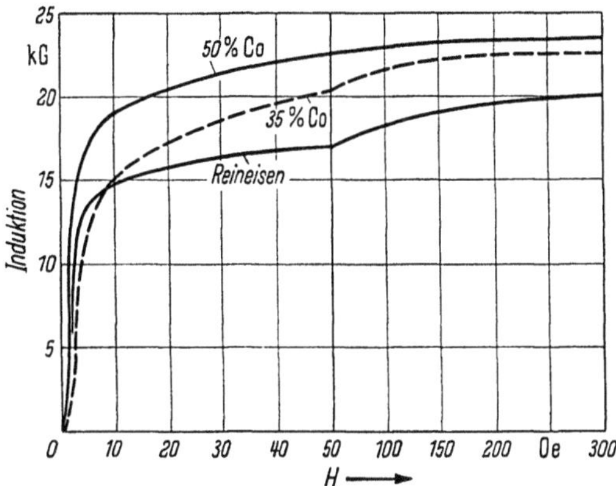

Bild 334. Magnetisierungskurven von Reineisen und Eisenkobaltlegierungen (nach eigenen Messungen)

Werkstoffe für die Schwachstromtechnik

In der Schwachstromtechnik werden wesentlich andere Anforderungen an die magnetischen Eigenschaften der Werkstoffe gestellt als in der Starkstromtechnik. Bei den Übertragern, Meßwandlern, Drosseln der Schwachstromtechnik werden neben kleinen Verlusten hohe Anfangspermeabilitäten, oftmals hohe Konstanz der Permeabilität gefordert. Für magnetische Schalter, Speicher und Verstärker soll die Magnetisierungsschleife möglichst rechteckig sein. Werkstoffe für magnetische Abschirmungen sollen höchstpermeabel sein, da die magnetische Abschirmwirkung der Permeabilität direkt proportional ist. Die Werkstoffe für die Hochfrequenztechnik müssen geringe Wirbelstromverluste an erster Stelle haben, es können daher metallische Werkstoffe nur in Form von dünnen Bändern im Tonfrequenzbereich eingesetzt werden. Bei höheren Frequenzen ist man gezwungen, Massekerne zu verwenden. Massekerne werden aus ferromagnetischen Pulvern, z. B. Karbonyleisenpulver, Mo-Permalloy-Pulver oder Sendustpulver, durch Pressen mit einem Kunstharzbinder, der zugleich als Isolator wirkt, hergestellt. Für die Höchstfrequenztechnik werden Ferrite vom Spinelltypus herangezogen. Werkstoffe mit stark temperaturabhängiger Induktion werden zur Kompensation des Temperatureinflusses in allen möglichen magnetischen Kreisen herangezogen.

Den wichtigsten Gebrauchseigenschaften nach geordnet stehen also die folgenden Werkstoffe zur Besprechung:

1. Hochpermeable Werkstoffe.
2. Werkstoffe mit konstanter Permeabilität, geringer Instabilität.
3. Werkstoffe mit temperaturabhängiger Induktion.
4. Werkstoffe für die Hochfrequenztechnik. (Hierfür kommen Massekerne und Ferrite in Betracht, die im Rahmen dieses Buches keine gesonderte Behandlung erfahren sollen.)

Die Übertrager der Schwachstromtechnik arbeiten im Anfangsgebiet der technischen Magnetisierungsschleife. Die Hysteresisschleife wird nicht über das Rayleigh-Bereich reversibler Magnetisierung, gekennzeichnet durch die Lanzettenform der Magnetisierungsschleife, hin ausgesteuert. Es ist daher für Übertragerwerkstoffe eine hohe Anfangspermeabilität erwünscht, um die Einbaumaße möglichst klein halten zu können. Die Amplitudenabhängigkeit der Permeabilität, d. h. der Anstiegsfaktor, soll möglichst gering sein, damit die nichtlinearen Verzerrungen des Magnetisierungsstromes klein bleiben. Gegen Störungen durch Gleichfelder sollen die Übertrager möglichst unempfindlich sein, d. h. eine geringe Instabilität besitzen. Als Maß der Instabilität wird der Ausdruck

$$S = \frac{\mu_{100} - \mu_{20}}{\mu_{20}} \cdot 100 \quad [\%]$$

benutzt.

Nun stehen die Forderungen nach höchster Permeabilität bzw. nach geringem Anstiegsfaktor und geringer Instabilität in einem Widerspruch zueinander, so daß man sich zwischen Werkstoffen, die entweder der einen oder der anderen Forderung weitgehend entsprechen, zu entscheiden hat. Für die meisten Übertrager und Meßwandler werden hochpermeable Werkstoffe herangezogen; in der Nachrichtentechnik ist man gezwungen, auf geringe Instabilität höchstes Augenmerk zu legen und Werkstoffe mit konstanter Permeabilität zu verwenden.

Hochpermeable Werkstoffe. Bei geringen Ansprüchen werden für Übertrager auch kaltgewalzte, mitunter auch warmgewalzte Trafobleche herangezogen, daher sind im Normblatt DIN 41301 diese Werkstoffe als Gruppe A und C angeführt. Zahlentafel 126 gibt die Sorten und deren physikalische Eigenschaften für Übertragerbleche nach DIN 41301 wieder.

Fußnoten zu Zahlentafel 126:

[1] Die angegebene Farbkennzeichnung gilt vorerst nur für Kernbleche. Für Bandkerne ist eine Regelung in Bearbeitung. — [2] Begriff s. Abschn. 2.4. — [3] Prüfung s. Abschn. 8.1. — [4] Begriffe s. Abschn. 2.1 und 2.2, Prüfung Abschn. 8.2. — [5] Die Sorten A 2 und A 3 können auch mit Ringproben (s. Abschn. 8.22) geprüft werden; die Permeabilität μ_{20} ist dann $\geqq 800$. — [6] Gilt nur für vom Lieferer fertig geglühte Kernbleche, sonst 1900 ± 200. — [7] Richtungsabhängig (s. Abschn. 2.3). Die genaue Bedeutung der Fußnote ist aus dem Original DIN Blatt 41301 zu ersehen. Siehe dazu noch H. Reinboth: Technologie und Anwendung magnetischer Werkstoffe. Berlin: VEB Verlag Technik 1958.

Zahlentafel 126. *Sorten, Dicken und physikalische Eigenschaften für Übertrager nach DIN 41301* (Ausgabe Mai 1954)

Sorte	Zusammensetzung	Farbkennzeichnung[1] Farbe	Farbkennzeichnung[1] Zahl der Streifen	Wichte γ [kg/dm³] Richtwert	Spez. elektr. Widerstand ϱ $\left[\frac{\Omega mm^2}{m}\right]$ Richtwert	Temperaturbeiwert der Permeabilität[2] α [°/₀₀/°C] Richtwert	Dicke[3] [mm] zulässige Abweichung ± 10%	Magnetische Eigenschaften[4] Kernbleche: M 20, M 22 Permeabilität μ_{20}	Kernbleche: M 30, M 30 z, Permeabilität μ_{20}	Kernbleche: M 42 bis M 102 Permeabilität μ_{20}	M 20 bis M 102 Anstieg der Permeabilität [10⁴ m²/Wb] δ_s	M 20 bis M 102 Anstieg der Permeabilität [10⁴ m²/Wb] δ_{100}	Bandkerne Permeabilität μ_{20}	Bandkerne Anstieg der Permeabilität [10⁴ m²/Wb] δ_s	Bandkerne Anstieg der Permeabilität [10⁴ m²/Wb] δ_{100}
A 1	Stahl mit ≈ 2,5 bis 4,5% Si	hell-grün	1	7,7	0,45	+ 1	0,35 0,15	800 ± 150	850 ± 150	850 ± 150	≦ 20	≦ 5	850 ± 150	≦ 20	≦ 5
A 2			2	7,55	0,5		0,05 0,35 0,2	800 ± 150 —	800 ± 150 —	800 ± 150 ≧ 700[5]	—	≦ 10	800 + 150 —	—	—
A 3			3	7,55	0,5		0,5 0,35 0,2	—	—	≧ 700[5]	—	—	—	—	—
C 2	Stahl mit ≈ 3,5 bis 4,5% Si	weiß	2	7,55	0,5	+ 1	0,35 0,15	—	—	≧ 1200	—	≦ 10	μ_5 ≧ 700[7]	—	—
C 3			3	7,55	0,5		0,35	—	—	≧ 1500	—	≦ 10	μ_{10} ≧ 1400[7]	—	—
D 1	Stahl mit ≈ 36 bis 40% Ni	hell-blau	1	8,15	0,65	+ 2	0,35 0,10 0,05	1900 ± 200	2000 ± 200[6]	2000 ± 200	≦ 3	≦ 2	2000 ± 200	≦ 3	≦ 2
D 2			2	8,15	0,65		0,35 0,10 0,05	≧ 1600 ≧ 1600	≧ 1700 ≧ 1600	≧ 1700 ≧ 1600	≦ 6	≦ 4	≧ 1700 ≧ 1600	≦ 6	≦ 4
F 1	Nickel-Eisen-Legierung mit ≈ 50% Ni	—	—	8,25	0,45	—	0,35 0,10 0,05	—	—	—	—	—	μ_5 ≧ 2500	—	—
E 3	Nickel-Eisen-Legierung mit ≈ 75% Ni	hell-rot	1	8,6	0,45	+ 2	0,35 0,20 0,10 0,05	μ_5 ≧ 8000	μ_5 ≧ 9000	μ_5 ≧ 11000	—	—	μ_5 ≧ 16000	—	—

Die eigentlichen hochpermeablen Werkstoffe nach DIN 41301, Gruppe D, F und E, gehören dem System Fe-Ni an und sollen hier näher besprochen werden.

Im System Fe-Ni durchlaufen sowohl die Anisotropiekonstanten als

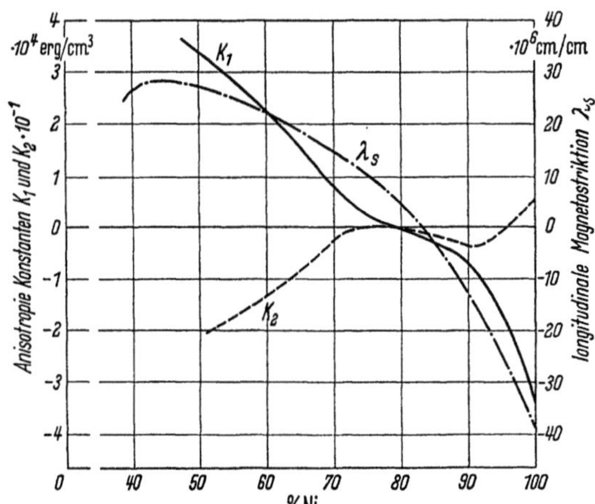

Bild 335. Anisotropiekonstanten und Sättigungsmagnetostriktion von Fe-Ni-Legierungen (nach R. M. BOZORTH sowie Y. MASIYAMA[1, 2])

auch die Sättigungsmagnetostriktion den Wert Null, wie nach R. M. BOZORTH[1] und Y. MASIYAMA[2] aus Bild 335 ersichtlich ist. Die magnetische Sättigung der Fe-Ni-Legierungen hat bei etwa 30% Ni ein Minimum, da bei dieser Zusammensetzung die γ-Kristalle unmagnetisch sind. Oberhalb 30% Ni liegt die magnetische Umwandlungstemperatur der γ-Kristalle hoch genug, daß die Sättigungsmagnetisierung wieder höhere Werte erreicht (Bild 336). Sowohl nach der Spannungstheorie als auch nach der Fremdkörpertheorie muß die Anfangspermeabilität im Bereich um 80% Ni beachtliche Werte erreichen, wie dies auch tatsächlich der Fall ist. Die in

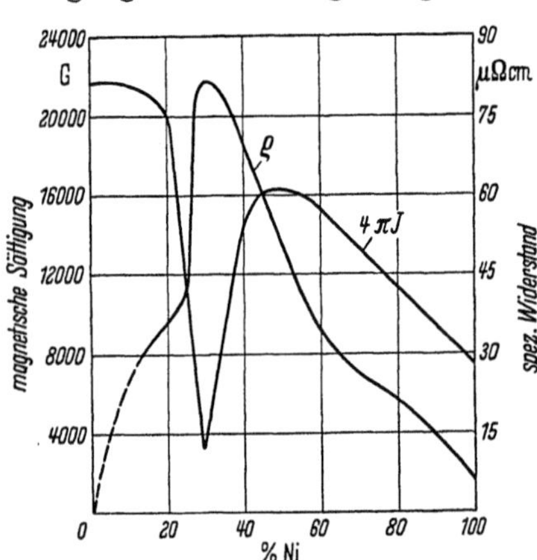

Bild 336. Magn. Sättigung und spez. elektr. Widerstand von Fe-Ni-Legierungen (nach T. D. YENSEN[3])

[1] BOZORTH, R. M., u. J. F. DILLINGER: Physics Bd. 6 (1935) S. 285/291.

[2] MASIYAMA, Y.: Sci. Rep. Tôhoku Univ. Bd. 20 (1931) S. 574/593.

[3] YENSEN, T. D.: Magnetic and Electric. Properties of Ni-Fe-Alloys. J. Amer. Inst. Electr. Eng. Bd. 39 (1920) S. 396/405.

Bild 337 nach O. DAHL und F. PAWLEK[1] angegebenen hohen Werte der Anfangspermeabilität wurden nur bei rascher Abkühlung ab 600 °C erreicht. Bei langsamer Abkühlung bildet sich eine geordnete Phase $FeNi_3$ mit schlechten magnetischen Werten aus. Diese Erscheinung wurde bereits vom Entdecker dieser Fe-Ni-Legierungen, G. W. ELMEN[2], beobachtet und als Permalloyeffekt bezeichnet, die Fe-Ni-Werkstoffe sind allgemein als Permalloy bekannt. Für die Maximalpermeabilitäten dieser Werkstoffe gilt ganz Ähnliches. Von den Fe-Ni-Legierungen konnten sich nur die Legierungen mit etwa 36% Ni und 50% Ni durchsetzen. Die Permalloylegierung hat in der Praxis aus wirtschaftlichen Gründen und wegen des Permalloyeffektes keinen Eingang gefunden. Man versuchte, durch ternäre und quaternäre Legierungsbildung diesen Werkstoff zu verbessern bzw. den Permalloyeffekt zu unterdrücken. Theoretisch sind bedeutende Verbesserungen zu erwarten, wenn es gelingt, die Nulldurchgänge der Anisotropiekonstante und der Sättigungsmagnetostriktion auf naheliegende Konzentrationen zu verlegen. Die wichtigsten, auf Grund dieser Überlegungen entwickelten und in der Praxis auch verwendeten Werkstoffe sind Mo-Permalloy, Permalloy-C, Supermalloy, das Mu-Metall, der Werkstoff 1040. Über die Eigenschaften dieser Werkstoffe gibt Zahlentafel 127 Auskunft. Die Schlußglühung dieser Werkstoffe, im allgemeinen bei hohen Temperaturen in H_2-Gas, ist von außerordentlicher Bedeutung. Nach der Wärmebehandlung dürfen keinerlei Verformungen vorgenommen werden, da dadurch die Permeabilität sehr stark erniedrigt wird. Durch die Wahl der Glühtemperatur oberhalb und unterhalb der Rekristalli-

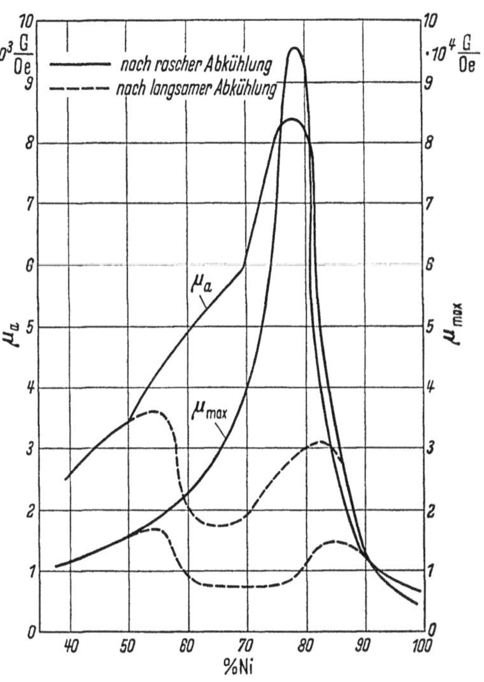

Bild 337. Anfangs- und Maximalpermeabilität von Fe-Ni-Legierungen nach verschiedener Wärmebehandlung (nach O. DAHL und F. PAWLEK sowie G. W. ELMEN[1,2])

[1] DAHL, O., u. F. PAWLEK: Z. Phys. Bd. 94 (1935) S. 504/522.

[2] ELMEN, G. W.: J. Franklin Inst. Bd. 207 (1929) S. 583/617.

Zahlentafel 127. *Zusammensetzung und physikalische Eigenschaften von Fe-Ni-Legierungen* (nach H. REINBOTH*)

Bezeichnung der Legierung Behandlungszustand	Zusammensetzung					Dichte	Spez. Widerstand	Curie-Temperatur in	μ_a	μ_{max}	Anstieg	Koerzitivkraft	Sättigung
	Ni %	Fe %	Cu %	Cr %	Mo %	g/cm³	$\mu\Omega$/cm	°C	G/Oe	G/Oe	δ_s	Oe	Gauß
36 Ni, hochpermeabel	36	64	—	—	—	8,15	65	300	2000	14000	—	0,1	13000
36 Ni, konstant	36	64	—	—	—	8,15	65	300	2000	6000	3	< 0,3	13000
50 Ni, isotrop	50	50	—	—	—	8,25	45	510	3500	28000	—	< 0,1	15000
50 Ni, Würfeltextur	50	50	—	—	—	8,25	45	510	3500	60000	—	—	—
Permalloy C	78	19	—	—	3	8,60	60	500	20000	100000	—	< 0,015	8000
Supermalloy	79	15	—	—	5	8,77	65	400	120000	1,100000	—	0,004	7000
Mu-Metall	76	16	5	2	—	8,58	25	430	18000	60000	—	< 0,05	8500
1040	72	11	14	—	3	8,70	55	290	38000	110000	—	< 0,014	6000

* REINBOTH, H.: Technologie und Anwendung magnetischer Werkstoffe. Berlin: VEB Verlag Technik.

sationstemperatur kann insbesondere beim Werkstoff mit 36% Ni eine hochpermeable oder eine konstantpermeable Abstufung hergestellt werden. Durch Wärmebehandlung im Magnetfeld können bei einer Legierung mit etwa 65% Ni namhafte Richteffekte erzielt werden, für die Praxis konnte jedoch dieser Werkstoff keine große Bedeutung erlangen.

Bei der Erschmelzung dieser Werkstoffe geht man von möglichst reinen Rohstoffen aus, vor allem sollen Verunreinigungen an Schwefel (S. 175, 324), Phosphor, Sauerstoff peinlich vermieden werden, da dadurch die Warmverarbeitbarkeit empfindlich verschlechtert bzw. unmöglich gemacht wird. Zur Entschwefelung und Desoxydation wird dieser Legierung Mangan und Magnesium zugesetzt. Kohlenstoffgehalte im Gußblock bis 0,15% haben sich günstig ausgewirkt.

Die Fe-Ni-Legierung mit 50% Nickel läßt sich mit Würfeltextur herstellen, die Magnetisierungsschleife erlangt dadurch Rechteckform. Dieser Werkstoff wird für magnetische Verstärker, Speicher und Schaltdrosseln verwendet. Die Bedingungen zur Erzielung einer Würfeltextur sind genau einzuhalten. Sie wurden von O. DAHL und F. PAWLEK[1] eingehend untersucht. Diese Werkstoffe wurden unter Bezeichnungen wie 5000 Z, Deltamax u. ä. bekannt.

Werkstoffe mit konstanter Permeabilität. Diese Werkstoffe werden

[1] DAHL, O., u. F. PAWLEK: Z. Metallkde. Bd. 28 (1936) S. 266.

in der Nachrichtentechnik für Übertrager, Verstärker, Pupinspulen usw., überall dort, wo nur sehr kleine Instabilitäten zulässig sind, verwendet.

Den unmittelbaren Übergang von den Permalloy-Legierungen zu den Werkstoffen konstanter Permeabilität bilden Werkstoffe des Systems Fe-Ni-Co, die *Perminvare* (G. W. ELMEN[1]).

Besonders interessant ist die Legierung mit 45% Ni, 30% Fe, 25% Co, durch die auffällige Form ihrer Magnetisierungsschleife in der Art einer sogenannten Krawatten- oder Schmetterlingsschleife (Bild 338 nach H. KÜHLEWEIN[2]) nach einer Wärmebehandlung bei 1000 °C mit langsamer Abkühlung. Durch eine Abschreckbehandlung und nachfolgendes Anlassen erhält diese Legierung bis etwa 5 Oe nahezu konstante Permeabilität von rund 400 G/Oe. Die Instabilität ist ziemlich unbefriedigend hoch. Hinsichtlich Instabilität befriedigende Eigenschaften können nur mit den sogenannten *Isopermen* erreicht werden. Diese Isoperme zeichnen sich durch eine schrägliegende, schmale Hysteresisschleife (Bild 339[3]) aus. Die Bezeichnung Isoperm wurde von H. JORDAN[4] erstmals für einen Fe-Ni-Cu-Werkstoff geprägt und hat sich seitdem allgemein eingebürgert. Die ersten Isoperme wurden von O. DAHL[5], sowie O. DAHL, I. PFAFFENBERGER und H. SPRUNG[3] ausführlich untersucht. Die Forderungen der Fernmeldetechnik, Instabilitäten kleiner als 2% und kleine Hysteresekonstanten, bedingen eine kleine Remanenz. Es wurden daher zunächst Untersuchungen über den Einfluß von Ausscheidungen angestellt. Durch Kaltverformung konnten anfänglich nicht allzu günstige Werte erzielt werden, wohl aber waren die Untersuchungen bei den Ausscheidungslegierungen erfolgreich und führten zu den heute bekannten „Aus-

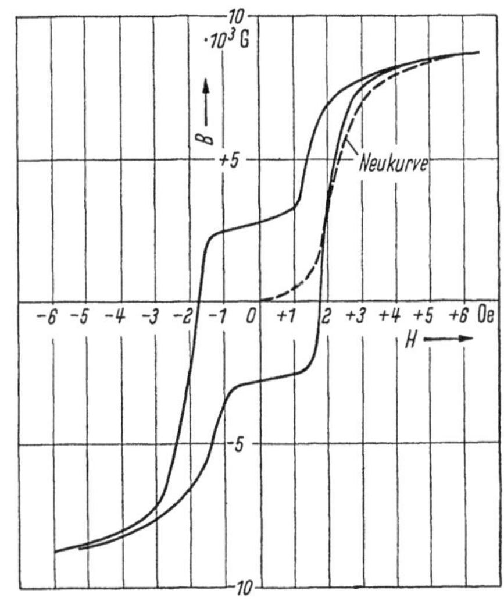

Bild 338. Hysteresisschleife einer Legierung mit 45% Ni, 30% Fe, 25% Co nach Ausglühung bei 1000 °C und langsamer Abkühlung (nach H. KÜHLEWEIN[2])

[1] ELMEN, G. W.: J. Franklin Inst. Bd. 207 (1929) 583/617.

[2] KÜHLEWEIN, H.: Wiss. Veröff. Siemens-Konz. Bd. 11 (1932) S. 124/140.

[3] DAHL, O., I. PFAFFENBERGER u. H. SPRUNG: Elektrotechn. Nachr. Bd. 10 (1933) S. 317, 543, 559.

[4] JORDAN, H.: Elektr. Nachr.-Techn. 1924 S. 1, 7.

[5] DAHL, O.: Jahrbuch des Forschungs-Instituts der Allgemeinen Elektricitäts-Gesellschaft Bd. 3. 1931/32. S. 163.

scheidungsisopermen". Aber schon kurze Zeit nach der Entwicklung führten die Kaltverformungsversuche durch Entdeckung der „Texturisoperme", das sind Werkstoffe, die ihren Isopermcharakter durch eine Textur erhalten, zum Erfolge.

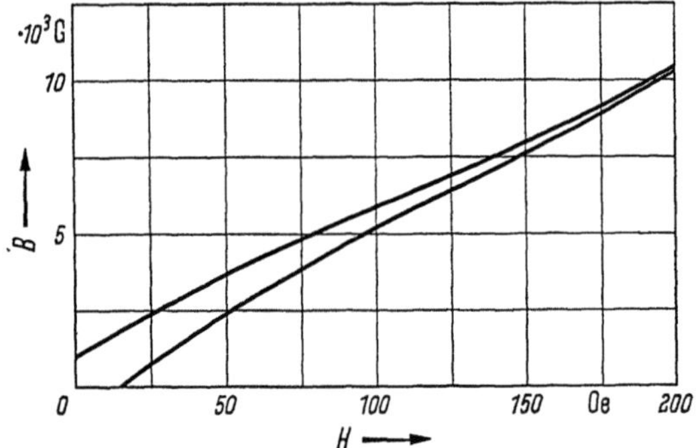

Bild 339. Isopermkurve einer ausscheidungsbehandelten Fe-Ni-Cu-Legierung mit 35% Ni, 52% Fe, 13% Cu (nach O. DAHL, I. PFAFFENBERGER und H. SPRUNG[1])

Die Zusammensetzung der Ausscheidungsisoperme liegt im Bereich 50 bis 65% Fe, 30 bis 50% Ni, 9 bis 13% Cu. Die Herstellung erfolgt durch starkes Kaltwalzen, Abschrecken aus 1000 °C und einer folgenden Anlaßbehandlung bei 450 bis 550 °C, worauf wieder ein Kaltwalzvorgang folgt. Mit Ausscheidungsisopermen können Instabilitäten unter 0,5% erreicht werden, die Permeabilitäten betragen größenordnungsmäßig 50 G/Oe. Die Isopermeigenschaften der Ausscheidungsisoperme

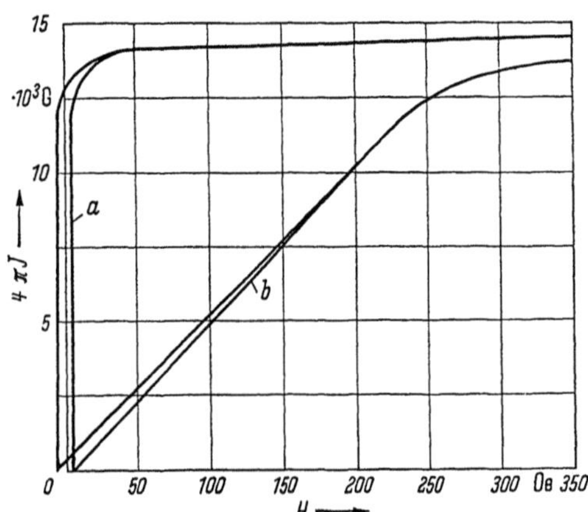

Bild 340. Texturisoperm: 50%-Ni-50%-Fe-Legierung: *a*) Würfeltextur, *b*) Fasertextur (nach O. DAHL, I. PFAFFENBERGER und H. SPRUNG[1])

[1] s. Fußnote 3 auf S. 547.

dürften im wesentlichen auf inneren Spannungen im Zusammenhang mit während der Kaltwalzung auftretenden gerichteten Ausscheidungen und einer Walzanisotropie beruhen.

Die Texturisoperme auf Legierungsbasis Fe-Ni mit 50 bis 65% Eisen, 35 bis 50% Nickel werden durch eine nachfolgende Kaltreckung von Band mit Würfeltextur hergestellt (Bild 340). Durch die Kaltreckung geht die rechteckige Hysteresisschleife in die charakteristische Isoperm-

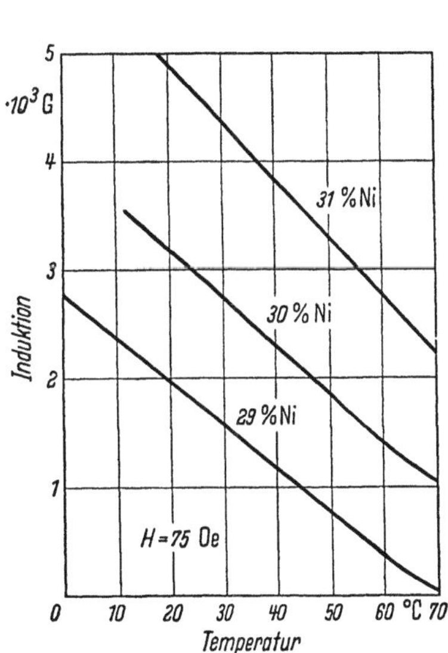

Bild 341. Induktionstemperatur-Kurven von Fe-Ni-Legierungen mit 29 bis 31% Ni

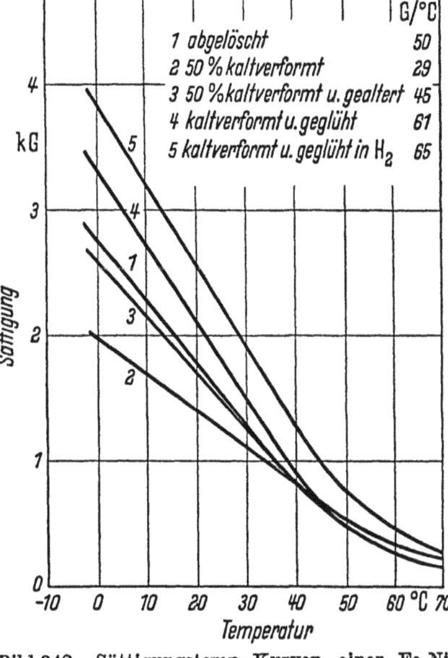

Bild 342. Sättigungstemp.-Kurven einer Fe-Ni-Legierung mit 29% Ni auf verschiedenen Behandlungen (H = 50 Oe) (nach A. Pohl[1])

schleife über. Die Isopermeigenschaften hängen vermutlich mit einer sich bei der Kaltreckung bildenden Fasertextur zusammen. Die Güten der Isopermeigenschaften hängen wesentlich von der Exaktheit der vorher vorliegenden Würfeltextur ab, es ist daher der Einstellung der Würfeltextur größtes Augenmerk zu schenken.

Werkstoffe mit temperaturabhängiger Induktion. Die Temperaturabhängigkeit des magnetischen Flusses in Magnetkreisen von Meßgeräten kann man korrigieren, indem man als Nebenschluß im Magnetkreis einen Werkstoff mit stärkerem negativen Temperaturkoeffizienten der Induktion verwendet. Als solche Werkstoffe kommen Fe-Ni-Legierungen mit etwa 30% Ni, die einen Curie-Punkt im Bereich von 60 bis 80 °C haben, in Betracht[2]. Die Lage des Curie-Punktes und die Höhe

[1] Pohl, A.: Ö. P. 187600. — DBP. 1043369 vom 29. April 1954.

[2] Stäblein, F.: Techn. Mitt. Krupp Bd. 2 (1934) S. 127/128.

der Induktion sind, wie Bild 341[1] zeigt, stark vom Nickelgehalt abhängig, so daß bei der Herstellung dieser Werkstoffe der Nickelgehalt in sehr engen Grenzen gehalten werden muß.

Die Glühbehandlung dieser Werkstoffe ist weit weniger empfindlich als bei den Permalloy-Legierungen. Durch Verbindung von Kaltverformung und Glühbehandlung unter der Rekristallisationstemperatur kann der Temperaturkoeffizient in gewissen Grenzen (s. Bild 342) beeinflußt werden.

7. Unmagnetisierbare Stähle[2]

Stähle, die im magnetischen Feld möglichst geringen Magnetismus annehmen, werden in zunehmendem Maße gebraucht. Verwendungsgebiete hierfür sind z. B. Teile, denen im magnetischen Kraftlinienfeld kein Nebenschluß geboten werden soll, wie Induktorkappenringe, Bandagendrähte, oder dort, wo starke Wechselfelder im magnetisierbaren Werkstoff hohe Erwärmung und Wirbelströmeverluste hervorrufen würden, wie Bolzen für Transformatoren, oder dort, wo der Verlauf des natürlichen erdmagnetischen Feldes nicht gestört werden soll, wie bei Kompensatorengehäusen, und in neuerer Zeit besonders bei Minenräumbooten.

Alle nichtaustenitischen Stähle sind stark magnetisierbar, wogegen die austenitischen, mit Ausnahme der Stähle mit über 30% Nickel, sehr wenig magnetisierbar sind. Vollkommene Unmagnetisierbarkeit gibt es aus mehreren Gründen auch bei diesen Stählen nicht.

Einmal ist der Austenit an sich nicht so homogen, daß nicht örtlich kleine Martensitinseln vorhanden wären. Diese Gefügeinseln bilden für sich Teile mit einem sehr hohen magnetischen Sättigungsgrad.

Zum zweiten wird bei der Verarbeitung durch Kaltverformung weiter Martensit gebildet. Dies geschieht nicht nur bei der Herstellung hochwarmfester Drähte durch Ziehen, wo Kaltverfestigung notwendig ist, sondern im geringeren Maß und auch nur örtlich bei der Zerspanung, bei der Kaltverformung der Bleche und sogar schon beim Richten fertiger Gegenstände. Die Neigung, auf diese Weise magnetisierbar zu werden, hängt nicht nur vom Kaltverformungsgrad ab, sondern auch von der Stabilität des Austenits.

---

[1] Krainer, E., u. A. Pohl: Unveröffentlicht.

[2] Zusammenfassendes Schrifttum: Werkstoff-Handbuch Stahl und Eisen. Hrsg. vom Verein Deutscher Eisenhüttenleute. 3. Aufl. Düsseldorf 1953. O 51—1/3. — Schmidt, M., u. H. Legat: Hitzebeständige Cr-Mn-Stähle. Arch. Eisenhüttenw. Bd. 10 (1936/37) S. 297/306. — Legat, H.: Beitrag zur Kenntnis der austenitischen Chrommanganstähle. Arch. Eisenhüttenw. Bd. 11 (1937/38) S. 337/341. — Riedrich, G.: Unmagnetische Baustähle mit 17—18% Mn. Stahl u. Eisen Bd. 60 (1940) S. 817. — Grass, W.: Entwicklung und Stand der nichtmagnetisierbaren Stähle. Stahl u. Eisen Bd. 75 (1955) S. 1558/1562. — Kroneis, M., u. R. Gattringer: Nichtmagnetisierbare Stähle für hohe mechanische Beanspruchungen. Stahl u. Eisen Bd. 81 (1961) S. 431/445.

Was die Kaltverfestigung bei stabil austenitischen Stählen betrifft, so beruht diese wahrscheinlich auf feinstverteilten, submikroskopischen Ausscheidungen — in erster Linie wohl Karbide — in den Gleitebenen, wodurch eine weitere Verformung erschwert wird. Je geringer aber die Stabilität des Austenits ist, desto stärker ist die im mikroskopischen Gefüge nur schwer erkennbare, aber röntgenographisch nachweisbare Martensitbildung an den Gleitebenen, die eine zusätzliche Festigkeitssteigerung ergibt und selbstverständlich auch in den magnetischen Eigenschaften ihren Ausschlag findet.

Als unmagnetisierbare Stähle kommen die austenitischen Chrom-Nickel-, Chrom-Mangan- und Chrom-Mangan-Nickel-Stähle in Frage.

Das Gebiet stabiler Chrom-Nickel-Austenitlegierungen ist aus den Schaubildern von B. Strauss und E. Maurer (S. 199), den von R. Scherer, G. Riedrich und G. Hoch (S. 615) sowie aus dem von A. S. Schaeffler (S. 618) zu entnehmen. Man entnimmt daraus, wo der Ferritanteil, vor dem man sich hüten muß, beginnt. Zum Bild Schaeffler ist zu bemerken, daß es sich um Gefüge niedergeschmolzenen Schweißgutes handelt, wobei man höhere Abschrecktemperaturen und damit andere Gefügeausbildung zugrunde legen muß als bei den beiden anderen Schaubildern, wobei Luftabkühlung aus 1100 °C vorausgesetzt wird. Das Schaeffler-Schaubild gibt auch die Äquivalentwerte im Verhältnis zu Chrom an, wenn Molybdän, Silizium und Niob zugegen sind. In demselben Schaubild findet sich auch die Äquivalentzahl von Mangan zu Nickel.

In welcher Weise schon geringe Zunahmen des Ferritanteiles die Permeabilität erhöhen bzw. unzulässige Werte ergeben, zeigt Zahlentafel 128. Z. B. ist 1,1 oft schon zu hoch und 1,03 noch gestattet.

Zahlentafel 128. *Beispiel für Permeabilität und Ferritgehalt*

Ferritanteil	Permeabilität bei 100 Oersted
0,59%	1,03
0,60	1,06
0,63	1,1

Eine entgegengesetzte vorteilhafte Wirkung hat Stickstoff. Aus Zahlentafel 129 ersieht man nach W. Tofaute und H. Schottky[1], wie Stickstoff schon bei geringen Nickelgehalten die magnetische Sättigung herabsetzt.

Bei Chrom-Mangan-Stählen kann man aus dem Schaubild von H. Legat (Bild 343[2]) ablesen, welche Bereiche stabilen Austenit haben. Die Linie $B_1' B_1 C_1$ gibt hierbei die Grenze der im luftgekühlten Zustand austenitischen Stähle, die Linie $B_2' B_2 C_2$ jene der nach allen Wärme-

[1] Tofaute, W., u. H. Schottky: Techn. Mitt. Krupp, Forschungsber. Bd. 3 (1940) S. 103/110; s. a. Rapatz, F.: Stahl u. Eisen Bd. 61 (1941) S. 1073/1076.

[2] Legat, H.: Arch. Eisenhüttenw. Bd. 11 (1937/38) S. 337/341.

Zahlentafel 129. *Mechanische Eigenschaften und magnetische Sättigung von hoch stickstoffhaltigen Chrom-Nickel-Stählen (von 1100 °C in Wasser abgelöscht)* (nach W. Tofaute und H. Schottky)

Chemische Zusammensetzung						Streckgrenze	Zugfestigkeit	Dehnung $l_0=5{,}65\cdot\sqrt{f}$	Dehnung $l_0=11{,}3\cdot\sqrt{f}$	Magn. Sättigung (für $H=10\,000$ Oersted)
C	Si	Mn	Cr	Ni	N_2					
%	%	%	%	%	%	kg/mm²	kg/mm²	%	%	Gauß
0,04	0,35	0,49	21,7	3,20	0,29	58,0	88,5	48,2	43,6	1100
0,04	0,33	0.51	22,7	4,20	0,27	60,0	86,5	41,9	36,3	850
0,05	0,48	0,53	23,1	5,20	0,28	55,5	83,8	47,9	41,2	100

behandlungen und praktisch vorkommenden Kaltverformungen rein austenitischen, also vollkommen stabilen Stähle wieder.

Über Permeabilität, Remanenz und Koerzitivkraft der austenitischen Stähle muß aber noch einiges Grundsätzliche hinzugefügt werden. Die

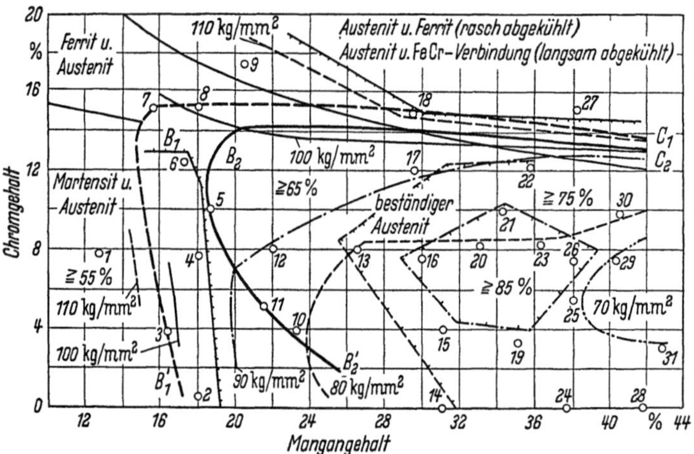

Bild 343. Ausschnitt aus der Eisenecke des Zustandsschaubildes Eisen-Chrom-Mangan bei 0,10 bis 0,2% C für Raumtemperatur (nach H. Legat)

Messung der Permeabilität kann nämlich zu unverläßlichen Werten führen. Die Ursache hierfür ist die verhältnismäßig große Koerzitivkraft, die selbst bei der geringen Remanenz[1] einen „permanenten Magnet“ von einer Stärke ergibt, die für den vorliegenden Zweck nicht zu vernachlässigen ist.

Dieser permanente Magnetismus ist aber auch bei der Messung der Remanenz zu beachten. An einem Beispiel sei dies erläutert. Ein unmagnetisierbarer Stahl ergab in einem Feld von 250 Oersted eine Permeabilität $\mu = 1{,}043$. Bei einer zweiten Messung mit etwa 500 Oersted

[1] s. Stahl 6 u. 7 der Zahlentafel 131, schon bei kleinen Reckgraden.

wurde etwas mehr, und zwar $\mu = 1{,}045$, gemessen. Durch Umkehrung der Feldrichtung sank die Permeabilität scheinbar auf μ 1,002, weil bei der Umkehr der größte Teil der Feldstärke zur Vernichtung des permanenten Magnetismus verbraucht wurde. Man muß daher bei der Messung des wahren Wertes von einem im Wechselfeld völlig entmagnetisierten Körper ausgehen.

Es ist also festzuhalten, daß die sogenannten „antimagnetischen Werkstoffe" trotz kleiner Permeabilität das Verhalten des Dauermagneten zeigen und daß für die Beurteilung seiner Stärke Permeabilität und Koerzitivkraft richtig gemessen werden müssen. Die Kaltverformung ändert diese Werte bei verschiedenen Stählen in verschiedener Weise.

Die Zahlentafel 130 enthält die chemische Zusammensetzung einiger nichtmagnetisierbarer Stähle und die Zahlentafel 131 die magnetischen Eigenschaften im abgelöschten Zustand und die durch verschiedene Kaltverformungsgrade veränderten.

Man sieht z. B. bei den Stählen 4 und 7 ein erhebliches Ansteigen der Werte durch Kaltverformung, obwohl sie ohne Kaltverformung den anderen gleichwertig sind.

In Zahlentafel 132 sind für vier dieser Stähle auch die Festigkeitseigenschaften zu finden.

Zahlentafel 130. *Chemische Zusammensetzung der nach Zahlentafel 131 untersuchten nichtmagnetisierbaren Stähle*

Nr.	C %	Si %	Mn %	Cr %	Ni %	Mo %	Nb %	N %
1	0,64	0,48	8,97	3,20	7,27	—	—	0,013
2	0,47	0,43	17,71	5,02	—	—	—	0,069
3	0,20	0,42	6,36	12,37	10,53	—	—	—
4	0,23	0,77	7,71	8,42	5,66	—	—	—
5	0,32	0,70	8,81	8,47	6,16	—	—	—
6	0,27	0,78	13,79	8,32	6,06	—	—	—
7	0,09	0,32	17,23	10,82	0,79	0,52	—	—
8	0,05	0,84	0,70	16,80	12,05	0,14	—	0,07
9	0,04	0,64	0,94	18,28	10,46	0,08	—	—
10	0,05	0,66	1,51	17,39	14,05	—	—	—
11	0,04	0,47	0,86	18,16	11,37	1,93	0,28	—
12	0,04	0,69	1,66	17,31	16,04	2,18	—	—

Über die Verwendung dieser Stähle sei noch folgendes vermerkt: Für Zwecke, wo keine besonders guten Werte verlangt werden und man schwere Bearbeitbarkeit in Kauf nimmt, genügt der verhältnismäßig billige Stahl Nr. 2. Für Induktorkappenringe wird meist ein Stahl wie Stahl Nr. 1 und auch 2 herangezogen. Diesen Stählen setzt man mitunter auch 0,10% Stickstoff zu und kann dann bei 1 das Nickel weglassen oder niedriger halten[1]. Für diesen Verwendungszweck wird hohe Streckgrenze verlangt, die über den ganzen Ring gleichmäßig verteilt

[1] Riedrich, G.: Stahl u. Eisen Bd. 60 (1940) S. 815/818.

Zahlentafel 131. *Magnetische Eigenschaften und ihre Änderung durch Kaltverformung der Stähle nach Zahlentafel 130*

Nr.	Magnetische Eigenschaften																											
	abgelöscht				Reckgrad 10%				Reckgrad 20%				Reckgrad 30%				Reckgrad 40%				Reckgrad 50%				bis z. Einschnür.			
	μ_{100}	μ_{1000}	R_s	H_c	μ_{100}	μ_{1000}	R_s	H_c	μ_{100}	μ_{1000}	R_s	H_c	μ_{100}	μ_{1000}	R_s	H_c	μ_{100}	μ_{1000}	R_s	H_c	μ_{100}	μ_{1000}	R_s	H_c	μ_{100}	μ_{1000}	R_s	H_c
1	1,00	1,03	0	—	1,012	1,012	0	—	1,00	1,008	0	—	1,012	1,008	0	—	1,017	1,002	0	—	1,037	1,03	0	—	1,012	1,023	0	—
2	1,012	1,025	0	—	1,017	1,010	0	—	1,012	1,037	0	—	1,012	1,022	0	—	1,00	1,030	0	—	1,00	1,024	0	—	1,012	1,04	0	—
3	1,012	1,015	0	—	1,012	1,024	0	—	1,00	1,010	0	—	1,012	1,010	0	—	1,017	1,008	0	—	1,00	1,025	0	—	1,012	1,04	0	—
4	1,017	1,010	0	—	1,28	1,13	69	110	2,14	1,61	225	73,3	2,90	2,07	433	55,6	3,61	2,44	674	52,2	3,75	2,52	777	51,0	—	—	—	—
5	1,012	1,009	0	—	1,012	1,010	0	—	1,00	1,004	0	—	1,012	1,018	0	—	1,012	1,019	0	—	1,017	1,026	0	—	1,027	1,031	0	—
6	1,017	1,03	0	—	1,017	1,008	0	—	1,027	1,03	0	—	1,012	1,013	0	—	1,012	1,003	0	—	1,018	1,028	0	—	1,027	1,037	0	—
7	1,034	1,015	0	—	1,456	1,18	60,4	76,4	1,79	1,61	186	67,6	3,61	2,35	448	53,2	5,92	3,15	820	48,6	8,09	3,96	1190	45,3	9,51	4,85	1560	44,0
8	1,012	1,008	0	—	1,012	1,022	0	—	1,00	1,017	0	—	1,012	1,03	0	—	1,017	1,03	0	—	1,00	1,007	0	—	1,017	1,013	0	—
9	1,017	1,000	0	—	1,012	1,023	0	—	1,017	1,03	0	—	1,052	1,036	<20	~ 100	1,120	1,061	<20	~ 70	1,176	1,078	<20	~ 70	1,194	1,08	<20	~ 80
10	1,00	1,02	0	—	1,012	1,007	0	—	1,00	1,017	0	—	1,012	1,012	0	—	1,00	1,02	0	—	1,012	1,015	0	—	1,00	1,018	0	—
11	1,00	1,02	0	—	1,017	1,012	0	—	1,00	1,007	0	—	1,017	1,000	0	—	1,012	1,018	0	—	1,012	1,008	0	—	1,027	1,030	0	—
12	1,017	1,025	0	—	1,012	1.005	0	—	1,00	1,019	0	—	1,00	1,018	0	—	1,012	1,018	0	—	1,012	1,020	0	—	1,017	1,020	0	—

μ_{100} = Permeabilität bei 100 Oe. μ_{1000} = Permeabilität bei 1000 Oe. R_s = Remanenz (Gauß). H_c = Koerzitivkraft (Oe).

sein soll. Es darf daher die für die nötige Kaltverformung erforderliche Aufweitung der Ringe keine örtliche Kalthärtung hervorrufen, die für magnetische und Festigkeitseigenschaften schädliche Auswirkungen hat. Die Kaltverformungstemperatur darf 300° nicht überschreiten.

Für Bandagendrähte dienen Stähle wie Stahl Nr. 3. Das Kupfer soll – worüber die Meinungen auseinandergehen – die Spannungsrißkorrosion verhindern, aber nach R. Weihrich[1] eine schädliche Alterungserscheinung zur Folge haben. Derselbe Verfasser gibt auch eingehende Behandlungsvorschriften an. Für Konstruktionsteile mit hoher Streckgrenze kann Stahl Nr. 2 als Beispiel dienen. Er hat genügend Festigkeit für höher beanspruchte Kurbelwellen und kann bei nitrierter Oberfläche auch für Zahnräder seine Dienste tun, ohne daß erhebliche Steigerung der Magnetisierbarkeit zu befürchten wäre.

Zur Erläuterung über die Rolle der nichtmagnetisierbaren Stähle in den Minenräumbooten sei folgendes gesagt:

In den Minen sind empfindliche elektrische Apparate eingebaut, die ansprechen und die Minen zur Explosion bringen, wenn magnetisch erregbare Körper die Kraftfelder des Erdfeldes durchschneiden und dadurch

[1] Weihrich, R.: Arch. Eisenhüttenw. Bd. 15 (1941/42) S. 153/154; s. a. Stahl u. Eisen Bd. 61 (1941) S. 894.

Zahlentafel 132. *Festigkeitseigenschaften und Wärmebehandlung von vier nichtmagnetisierbaren Stählen der Zahlentafel 130*

Stahlnummer	Werkstoffnummer	Normbezeichnung nach DIN 17006	Zustand	Mechanische Eigenschaften				Wärmebehandlung	
				Streckgrenze kg/mm² mind.	Zugfestigkeit kg/mm²	Dehnung ($L = 5d$) % mind.	Kerbschlagzähigkeit nach DVM kgm/cm² (Richtwerte)	Schmieden °C	Abschrecken °C
1	—	X 65 MnNiCr 9 7	abgeschreckt	30	65— 80	45	22	1100 bis 750 Luftabkühlung	1050 bis 1100 Wasser
			abgeschreckt und verschieden stark kaltverformt	60 75	80—95 90—105	35* 25*	10* 8*		
2	3817	X 40 MnCr 18	abgeschreckt	30	70— 90	40	20	1100 bis 750 Luftabkühlung	1020 bis 1070 Wasser
			abgeschreckt und verschieden stark kaltverformt	60 70 80	80— 90 85—100 95—110	30* 20* 20*	10* 8* 8*		
3	3962	X 20 CrNiMn 12 9	abgeschreckt kaltgezogen und endgeglüht	120	150—180	**	—	1100 bis 750 Luftabkühlung	1050 bis 1100 Wasser
4	—	X 22 MnCrNi 18 8	abgeschreckt	24	60— 75	40	12	1100 bis 750 Luftabkühlung	1050 bis 1100 Wasser
			Formguß abgeschreckt	23	60— 75	25	10	—	

* Mindestwerte für tangential entnommene Proben.
** Bruchdehnung für 200 mm Meßlänge für Drähte über 1 mm Durchmesser $> 1\%$.

in dem Gerät einen Strom induzieren. Dabei wirkt sowohl der durch das Erdfeld induzierte Magnetismus als auch der permanente Magnetismus, der, wie aus dem Vorangegangenen hervorgeht, immer in einem gewissen Maß auch in den nichtmagnetisierbaren Stählen vorhanden ist. Geringe Werte der Permeabilität, der Remanenz und der Koerzitivkraft sind daher selbstverständliche Forderungen an die Stähle bei dieser Verwendung und außerdem möglichst geringe Änderung dieser Werte durch Kaltverformung, wenn diese zu befürchten ist. Die Auswahl wird aber nicht allein von den magnetischen Eigenschaften bestimmt, sondern auch von den Verarbeitungskosten, vor allem von der Zerspanbarkeit.

Von den Stählen der Zahlentafel 130 sind am günstigsten bearbeitbar die Stähle wie 4, 9 und 10. Da ein Stahl wie 10 für den Großverbrauch meist zu teuer ist, begnügt man sich mit Stahl 4. Für Konstruktionsteile mit besonders strengen Anforderungen nimmt man Stähle wie Stahl Nr. 8.

Die magnetische Inaktivität von austenitischen Stahlkörpern wird stärker, als man vermuten konnte, durch oberflächlich vorhandene, mehr oder weniger magnetisierbare Körper vermindert. Entkohlte Haut, die infolge des verringerten Kohlenstoffgehaltes etwas permeabler macht, und besonders Zunderhaut (das Eisen im Oxyd hat natürlich seinen flächenzentrierten Aufbau verloren und ist wieder raumzentriert geworden) sind daher bei hohen Ansprüchen zu vermeiden.

Von anderen Eigenschaften sei kurz folgendes erwähnt:

Die Wärmeleitfähigkeit dieser Stähle ist gegenüber unlegiertem Stahl niedriger und liegt bei etwa 0,035 cal·/cm·s·°C.

Etwa im gleichen Verhältnis steigt der elektrische Widerstand. Er beträgt etwa 0,7 Ohm·mm²/m bei 20 °C.

Die Stähle 3, 8, 9, 11 sind gut, die Stähle 4, 5, 6, 7 mäßig rostbeständig.

8. Rost- und säurebeständige (korrosionsbeständige) Stähle[1]

Um dem Leser das Zurechtfinden zu erleichtern, sei der Gedankengang dieses Abschnittes vorausgeschickt, der durch die Herausstellung der Unterabschnitte klargemacht werden soll.

[1] Die Korrosion metallischer Werkstoffe. Hrsg. O. Bauer, O. Kröhnke u. G. Masing. Bd. 1. Leipzig: S. Hirzel 1936. — Bungardt, K.: Stahl u. Eisen Bd. 70 (1950) S. 582/596. — Roesch, K.: Stahl u. Eisen Bd. 70 (1950) S. 596/607. — Masing, G.: Lehrbuch der allgemeinen Metallkunde, S. 537 ff. Berlin/Göttingen/Heidelberg: Springer 1950. — Evans, U. R.: Metallic Corrosion, Passivity and Protection. 2. ed. London: Edward Arnold & Co. 1948. — Zapffe, C. A.: Stainless Steels. The American Society for Metals, Cleveland, Ohio, 1949. — Monypenny, J. H. G.: Stainless, Iron and Steel, 3. ed. London. Bd. 1. 1951; Bd. 2. 1954. — ABC der Stahlkorrosion unter besonderer Berücksichtigung der chemisch beständigen Stähle. Düsseldorf: Mannesmann AG 1958.

Allgemeines über den Korrosionsvorgang

Bei der Korrosion des unlegierten Stahles und auch derjenigen legierten, die als nichtkorrosionsbeständige Stähle zu betrachten sind, laufen folgende Vorgänge verhältnismäßig rasch ab.

Bei Korrosionsangriffen durch feuchte Luft, Säuren, sonstige wässerige Lösungen handelt es sich um einen elektrochemischen Vorgang. An der Anode tritt das Metall in Form von Ionen in Lösung, die nach allen Seiten diffundieren. In dem Maße, wie Metall in Lösung geht, entwickelt sich an der Kathode Wasserstoff, wobei in neutralen Elektrolyten die Umgebung der Kathode durch Bildung des OH-Ions alkalische Reaktion annimmt. Sobald nun die positiv geladenen Metallionen in diese alkalische Zone gelangen, reagieren sie mit den OH-Ionen unter Bildung von Hydroxyden. Bei Abwesenheit von Sauerstoff kommt diese Reaktion bald zum Stillstand. Ist Sauerstoff zugegen, so bilden sich Hydroxyde des dreiwertigen Eisens, die an der Luft im weiteren Verlauf Wasser verlieren, wobei Verbindungen mehr oder weniger lockerer Art zustande kommen, die wir Rost nennen. In analoger Weise geht der Angriff durch Säuren im Anfangsstadium vor sich, nur daß sich die sich bildenden Hydroxyde in der überschüssigen Säure auflösen. Beim Angriff durch Nichtelektrolyten — etwa Gasen — handelt es sich um eine unmittelbare chemische Reaktion. Es wird sich z. B. an trockener Luft ein Oxyd bilden, das verschieden dicht, also verschieden porös sein kann. Unter Umständen kann auch bei unlegierten Stählen schon eine sehr dünne Schicht, die nur ein oder zwei Molekühllagen stark zu sein braucht, eine schützende Haut (Luftpassivität) bilden.

Bei den korrosionsbeständigen Stählen besteht desgleichen eine Auflösungstendenz, d. h. eine Neigung der Stähle, zu korrodieren. Der Ablauf dieser Vorgänge ist jedoch infolge der Legierungsbestandteile, unter denen besonders Chrom zu nennen ist, mit so großen Hemmungen behaftet, daß die vorstehend geschilderten Vorgänge sich sehr langsam abspielen und diese Stähle praktisch korrosionsbeständig sind.

Bevor wir auf die einzelnen Gruppen der korrosionsbeständigen Stähle eingehen, wollen wir uns damit befassen, welche Vorstellungen über die Entstehung der Passivität vorherrschen. Ebenso wollen wir zunächst die bei allen Stahlgruppen, Chrom-, Chrom-Nickel-, Chrom-Molybdän-Stählen, allgemein vorkommenden Erscheinungen, wie Kornzerfall, Lochfraß, Spannungsrißkorrosion, Versprödungserscheinungen, behandeln.

Das Hauptelement, das zur Erzielung der Korrosionsbeständigkeit notwendig ist, ist das Chrom. Es macht die Oberfläche gegen Angriffe von oxydierenden Mitteln unempfindlich; es passiviert die Oberfläche. Der Grad der Passivität hängt vom Chromgehalt und vom Angriffsmittel ab. Mit steigendem Chromgehalt nimmt der Angriff ab, bis Passivität erreicht wird, wobei die Passivitätsgrenze von der Stärke des Korrosionsmittels abhängt. Es ist verständlich, daß außer dem Chrom auch der Kohlenstoffgehalt eine Rolle spielt, weil er, soweit die Karbide noch nicht in Lösung sind, der Grundmasse durch die Chromkarbide Chrom entzieht und dieses Element teilweise unwirksam macht.

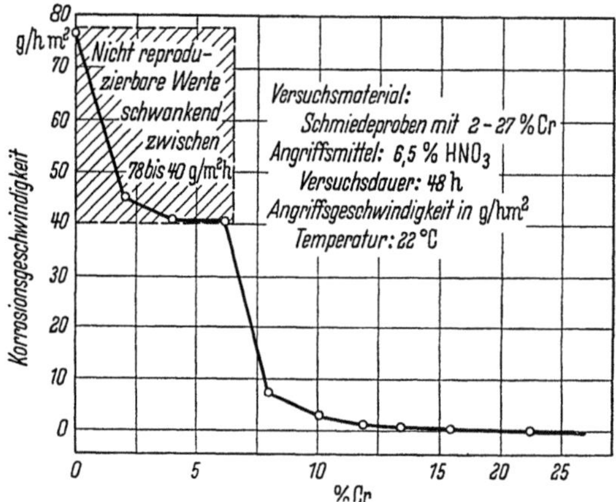

Bild 344. Abhängigkeit der Korrosionsgeschwindigkeit vom Chromgehalt bei geschmiedeten Stahlproben in 6,5%iger Salpetersäure (nach C. CARIUS[1])

Über den allgemeinen Einfluß des Chromgehaltes auf die Korrosionsgeschwindigkeit gibt Bild 344 Aufschluß. Aus dem Bild ist ersichtlich, daß bis 6% Cr die Gewichtsverluste stark streuen. Von 6 bis 8% fällt die Korrosionsgeschwindigkeit rasch ab, bis schließlich unter den vorliegenden Korrosionsbedingungen bei 15,9% kein nachweisbarer Gewichtsverlust eintritt. Der Stahl ist passiv geworden, d. h., er wird innerhalb langer Zeit nicht merklich angegriffen. Wird als Angriffsmittel Salpetersäure höherer Konzentration verwendet, so reichen bereits niedere Chromgehalte zur Passivierung aus. Es genügt z. B. bei 30%iger Salpetersäure ein Chromgehalt von 10%. Wir sehen also, daß stärkere Oxydationsmittel, also größerer Sauerstoffdruck, die Passivität früher eintreten lassen. Bei den weiteren Ausführungen werden wir erfahren, daß nach Überschreitung einer gewissen Konzentrationsgrenze die Passivität verlorengeht.

[1] CARIUS, C.: Arch. Eisenhüttenw. Bd. 26 (1955) S. 769/776.

Was die Ursache der Passivität betrifft, so war lange die Ansicht alleinherrschend, daß es eine sehr dünne Chromoxydschicht ist, die nur wenige Moleküle stark zu sein braucht und so fest haftet, daß sie den Stahl passiv macht. Sie sei so dünn, daß dadurch nicht einmal der polierte Glanz der Oberfläche geändert wird. Eine Reihe grundlegender Untersuchungen von C. CARIUS[1] haben uns aber eine neue Vorstellung über die Passivierungsvorgänge gebracht. CARIUS hat es wahrscheinlich gemacht, daß die Passivierung des Chromstahles in der Hauptsache durch Ausbildung eines Adsorptionsgleichgewichts des Sauerstoffs, der an der Stahloberfläche adsorptiv gebunden ist, hervorgerufen wird. Wir haben dann keine Chromstahl-, sondern eine Sauerstoffelektrode vor uns, die ein

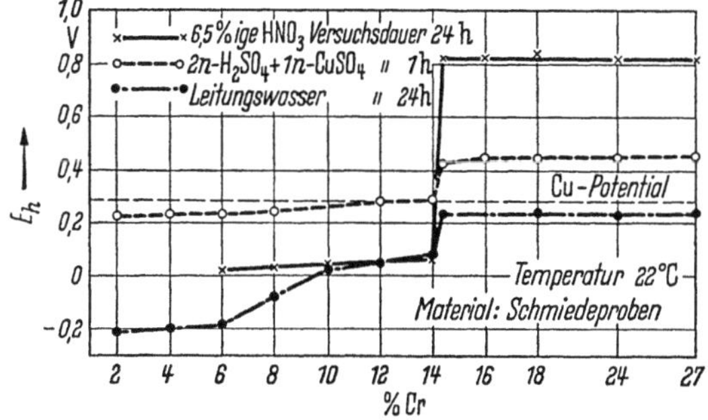

Bild 345. Potentiale kohlenstoffarmer Chromstähle in 6,5% iger Salpetersäure mit sauerer Kupfersulfatlösung in Leitungswasser von 22 °C (nach C. CARIUS)

edleres Potential hat als die Wasserstoffionen und sich durch diese nicht in Lösung bringen läßt. Welche Sauerstoffpotentiale sich mit zunehmendem Chromgehalt in verschiedenen Lösungen ausbilden, zeigt Bild 345.

Bei den hier untersuchten Stählen, ebenso wie denjenigen nach Bild 344, handelt es sich um solche mit Kohlenstoffgehalten von 0,06 bis 0,11%, Si-Gehalt etwa 0,08 bis 0,4% und Mn-Gehalt 0,10 bis 0,4%. Der Anstieg des Potentials verläuft in allen drei Versuchslösungen in 6,5% iger Salpetersäure, saurer Kupfersulfatlösung und in Leitungswasser bei 22° in derselben Richtung. Zwischen 13,95 und 14,45% Cr sieht man einen ruckartigen Anstieg, nachdem vorher eine allmähliche Zunahme festzustellen ist. Während das Potential des Stahles mit 13,95% Cr in Salpetersäure 0,065 V und in Wasser 0,085 V beträgt, verursacht eine Erhöhung des Chromgehaltes um 0,5% eine Veredelung des Potentials in Salpetersäure auf 0,825 V und in Wasser auf 0,285 V. Entsprechend dem Anstieg des Potentials nimmt, wie aus Bild 344 zu ersehen war, die Korrosionsgeschwindigkeit ab. Der Stahl mit 13,95% Cr wird von Salpetersäure angegriffen, rostet und zeigt in Kupfersulfat-

[1] CARIUS, C.: Arch. Eisenhüttenw. Bd. 26 (1955) S. 769/776; Bd. 27 (1956) S. 323/335; Bd. 27 (1956) S. 401/412.

lösung Abscheidungen von Kupfer. Bei 14,45% Cr liegt in Kupfersulfatlösung das Potential des Stahles mit 0,425 V edler als das Kupferpotential. Es findet dann keine Kupferabscheidung mehr statt. Dazu muß bemerkt werden, daß die raschen Änderungen nicht immer genau bei diesen Zahlenwerten gefunden werden, aber bei Wiederholung der Versuche nicht weit davon liegen.

Bemerkenswert ist, daß zwischen 6 und 13,95% Cr trotz positivem Potential noch keine Passivität vorliegt. In diesem Bereich zwischen Aktivität und Passivität gibt es Zwischenzustände unbekannter Art, die Oxyde verschiedener Zusammensetzung sein können, gemeinsam mit adsorptiv gebundenem elementarem Sauerstoff. Es besteht also eine

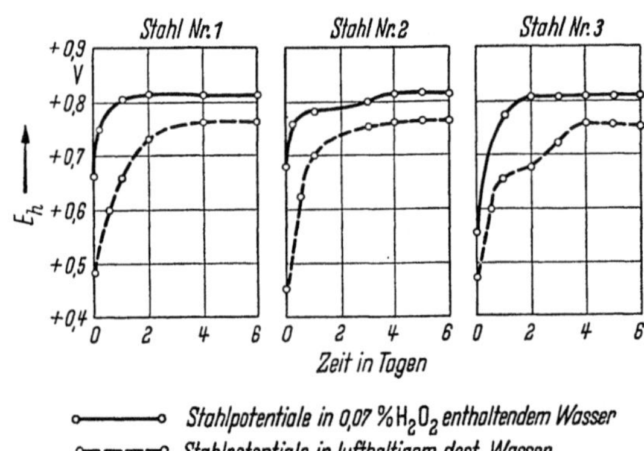

Bild 346. Zeit-Potentialkurven der Stähle nach Zahlentafel 133 in lufthaltigem, destilliertem Wasser und in Wasserstoffsuperoxydlösung bei 22 °C nach Beizen in Salzsäure (1 : 3) bei 90 °C mit anschließender Passivierung durch Wasserstoffsuperoxyd (nach C. Carius)

mit Chromgehalt zunehmende und erst allmählich vorherrschende Passivierungsneigung, bis bei etwa 14% Cr die Ausbildung der Sauerstoffelektrode und erst damit die Passivität ermöglicht wird. In keiner der drei Lösungen wird der theoretische Wert der am Platin gemessenen Potentiale erreicht. Er sollte in Salpetersäure 0,976 V, in Kupferlösung 0,825 V und in Wasser 0,480 V betragen. Es ist dies die Folge eines unabhängig von den vorstehend beschriebenen Vorgängen sich vollziehenden langsamen Auflösungsverlaufes der genannten Stähle. Hierdurch bedingt wird zusätzlich Sauerstoff verbraucht, so daß zur Einstellung der erforderlichen theoretischen Potentiale nicht hinreichend Sauerstoff zur Verfügung steht. Irreversible Vorgänge verhindern die Einstellung höherer Sauerstoffpotentiale. Dieser Unterschied der Potentiale ist ein Hinweis dafür, daß nicht der elementare Sauerstoff allein wirksam bleibt. Die Folge davon ist, daß auch im Zustand sogenannter Passivität Resterscheinungen wirksam bleiben und bei den korrosionsbeständigen Stählen keine Widerstandsfähigkeit von unbegrenzter Zeit

Zahlentafel 133. *Chemische Zusammensetzung der nach Bild 346 untersuchten Stähle*

Stahl Nr.	% C	% Si	% Mn	% Cr	% Mo	% Ni
1	0.05	0,45	0,53	18,10	0,36	10,05
2	0.06	0,32	0,68	18,45	2,11	11,70
3	0,07	0,87	0,95	17,65	4,65	14,20

gewährleistet ist. Eine geringe, wenn auch sehr langsame Abtragung findet auch im passiven Zustand statt.

Das Bild 346[1] zeigt die Potentiale, die sich in Abhängigkeit vom Chromgehalt nach verschiedenen Zeiten in destilliertem, lufthaltigem und in wasserstoffsuperoxyd-enthaltendem Wasser einstellen. Die chemische Zusammensetzung der untersuchten Stähle ist in Zahlentafel 133 wiedergegeben.

Bei diesen Versuchen wurden die Proben, um störende Oberflächenoxyde zu entfernen, mit Salzsäure gebeizt. Wie man sieht, braucht es in allen Fällen einige Zeit, bis sich ein gleichbleibendes Potential einstellte. Dieses Potential nennt man das Ruhepotential.

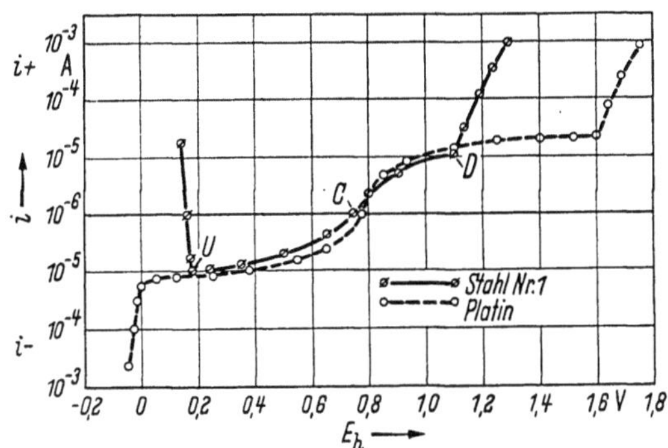

Bild 347. Stromdichte-Potentialkurven des Stahles 1 und des Platins in siedender 4 n-Schwefelsäure bei stufenweiser Rücknahme der angelegten Spannung (nach C. Carius)

Ein ausgezeichnetes Verfahren zur Kennzeichnung des korrosionschemischen Verhaltens haben wir in der Aufnahme von Stromdichte-Potentialkurven, ein Verfahren, das von C. Carius[2] ausgearbeitet wurde. Das Bild 347 zeigt für einen Stahl mit 18,1% Cr, 10,05% Ni, 0,36% Mo und 0,05% C den Verlauf der Stromdichte-Potentialkurve. An Hand dieses Bildes sollen auch die verschiedenen Bezeichnungen erläutert werden.

C ist das Ruhepotential, das sich unter den gegebenen Korrosionsbedingungen von selbst einstellt. Steigert man die Spannung, so gelangt man bei *D* zum Durchbruchspotential, wo die Spannung die Sauerstoff-

[1] Carius, C.: Arch. Eisenhüttenw. Bd. 27 (1956) S. 323/335.
[2] Carius, C.: Arch. Eisenhüttenw. Bd. 27 (1956) S. 401/412.

schicht durchschlägt und bei weiterer Zunahme der Spannung der Strom rasch ansteigt. *D* beträgt 1,15 V; *C* hat den Wert 0,75 V. Verringert man die Spannung, so kommt man bei *U* zum Umschlags- oder Aktivierungspotential, von wo an, selbst bei weiterer Erniedrigung der Spannung, eine Erhöhung der Stromstärke eintritt, der Stahl sich also löst. Das Umschlagspotential ist demnach dasjenige Potential, bei dem die Fähigkeit des Stahles, Sauerstoff in genügender Menge adsorptiv zu binden, nicht mehr besteht. Das Potential muß mindestens bis zu diesem Wert gehoben werden, um Beständigkeit zu erreichen. Es liegt in diesem Fall bei 0,19 V. Innerhalb des Polarisationsbereichs von 0,19 bis 1,15 V ist der Stahl unter den angegebenen Bedingungen passiv.

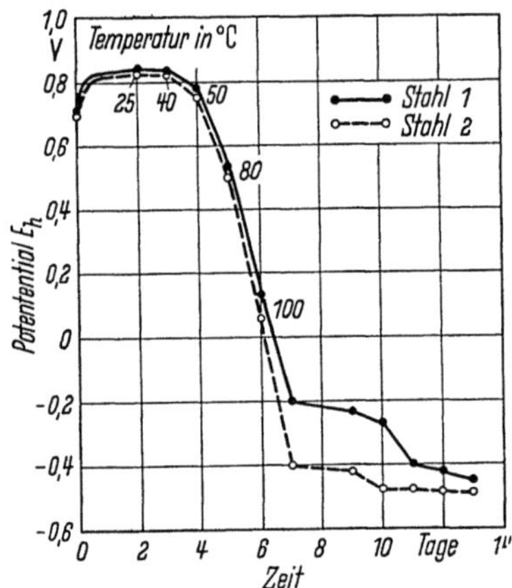

Bild 348. Verunedelung der Potentiale der Stähle 1 und 2 in destilliertem Wasser bei Verminderung des Sauerstoffgehaltes durch Sieden bei gleichzeitigem Einleiten von Wasserstoff (nach C. CARIUS)

Mit abnehmender Temperatur verschiebt sich das Umschlagspotential zu weniger positiven Werten. Das Durchbruchspotential verändert seine Lage nur unwesentlich in Richtung von Pluswerten, und bei Raumtemperatur wird 1,2 V nicht überschritten. Der Beständigkeitsbereich erweitert sich also mit abnehmender Temperatur.

Die Stromdichte-Potentialmessungen geben auch weitere Aufschlüsse bei der Untersuchung von selektiven Korrosionserscheinungen, also solchen, die sich nicht über die ganze Oberfläche erstrecken, z. B. interkristalline Korrosion, Lochfraß, Spannungsrißkorrosion, wovon später die Rede sein wird.

Zur Erhärtung der Theorie der Sauerstoffelektrode wurde durch Kochen destillierten Wassers der Sauerstoff ausgetrieben und die dadurch entstehende Verunedelung des Potentials gemessen.

Bild 348[1] zeigt dies an Stählen 1 und 2 nach Zahlentafel 133.

Die Werte sinken zu unedlen Potentialen ab, und der Stahl rostet in sauerstofffreiem Wasser.

Nach alledem muß die Theorie der Bedeckung mit einer Chromoxydschicht als Hauptursache verlassen werden. Die Umkehrbarkeit der Vorgänge und die Verunedelung in sauerstofffreiem Wasser läßt eine andere Erklärung nicht zu, denn eine Reduktion des Chromoxyds, die nach der Oxydtheorie angenommen werden müßte, läßt sich schwer vorstellen. Diese Theorie hat einen hohen Grad von Wahrscheinlichkeit, der auch

[1] CARIUS, C.: Arch. Eisenhüttenw. Bd. 27 (1956) S. 323/335.

durch einen einfachen Versuch erwiesen wird, der darin besteht, daß in diesem Fall in siedender 20%iger Schwefelsäure die Passivität des Stahles erhalten bleibt. Unter diesen Bedingungen ist es sehr unwahrscheinlich, daß Oxyde als solche beständig sind, vielmehr ist anzunehmen, daß der passive Stahl in der Lage ist, Sauerstoff, der während des Siedens der 20%igen Schwefelsäure von der Säure abgegeben wird, adsorptiv an der Oberfläche des Stahles zu binden.

Warum gerade die Legierung mit Chrom den Austritt der Metallionen aus dem Gitter verhindert, darüber gibt es nur spekulative Vorstellungen[1]. In der elektrochemischen Spannungsreihe ist nämlich Chrom unedler als Eisen, und doch schützt es letzteres vor dem Angriff.

Es wurde bereits angedeutet, daß die Passivität keine Widerstandsfähigkeit von unbestimmt langer Zeit ist. Eine geringe Abtragung findet auch im passiven Zustand statt. Ein Hinweis und eine Erklärung dafür gibt schon die auf S. 560 erwähnte Tatsache, daß das theoretische Potential nicht erreicht wird, weil anscheinend außer der schützenden Sauerstoffhaut doch noch Oxyde verschiedener Zusammensetzung in geringem Maße mitwirken.

Einfluß der Wärmebehandlung und Kaltverformung (Übersicht). Zunächst soll hier nur ein vorläufiger Überblick gegeben werden. Im einzelnen werden die Einflüsse von Wärmebehandlung und Kaltverformung bei den folgenden Unterabschnitten genauer dargestellt.

Wenn im Vorhergehenden soviel vom Einfluß der chemischen Zusammensetzung des Stahles auf die Korrosion die Rede war, so darf nicht vergessen werden, daß der Gefügezustand, wie er durch die Wärmebehandlung gegeben wird, gleichfalls beachtet werden muß. Wie wir schon sagten, ist bei Stählen mit höherem Kohlenstoffgehalt das Chrom in den Karbiden angereichert und die Grundmasse verarmt. Daraus ergibt sich, daß nach einer Wärmebehandlung, durch die die Karbide gelöst werden, die Korrosionsbeständigkeit steigt oder, wie bei Messerwaren, erst dadurch ermöglicht wird. Ein Anlassen, das die Karbide ausfällt, macht den Vorgang rückgängig (s. besonders rostbeständige Chromstähle S. 605). Auch bei den austenitischen Chrom-Nickel-Stählen ist die Korrosionsbeständigkeit von Abschrecktemperatur und der Haltezeit auf Temperatur abhängig (S. 357). Welchen Einfluß die Temperatur der Warmverformung, Abschreck- und Glühtemperatur auf die interkristalline Korrosion haben, wird noch bei Behandlung dieser Frage ausdrücklich erörtert werden (s. S. 565, 574, 577).

Von Einfluß auf die Korrosionsbeständigkeit ist auch die durch längeres Glühen zwischen 560 bis 800 °C sich bildende Sigma-Phase (s. darüber S. 109, 117, 145, 177, 200, 444). Die allgemeine Korrosions-

---

[1] Carius, C.: Arch. Eisenhüttenw. Bd. 27 (1956) S. 401/412.

beständigkeit wird verschlechtert, wie von L. SMITH und K. W. J. BOWEN[1] an einem Beispiel in Bild 349 gezeigt wird, hingegen die Neigung zur interkristallinen Korrosion verringert.

Die Versprödung bei 475 °C (S. 178, 144), die ebenso die Korrosionsbeständigkeit beeinträchtigt, ist nicht mit der Sigma-Versprödung zu verwechseln. Sie wird durch Kurzzeitglühung bei 600 °C wieder beseitigt, wogegen die Sigma-Versprödung sowohl zu ihrer Bildung wie zu ihrer Beseitigung höhere Temperaturen und längere Glühzeiten erfordert. (Näheres s. S. 177, 200.)

Was die Kaltverformung betrifft, so wird die gleichmäßig abgetragene Korrosion dadurch gefördert. Die Wirkung ist bei verschiedenen Korrosionsmitteln unterschiedlich. H. ZITTER[2] gibt hierfür nach Bild 350 ein Beispiel.

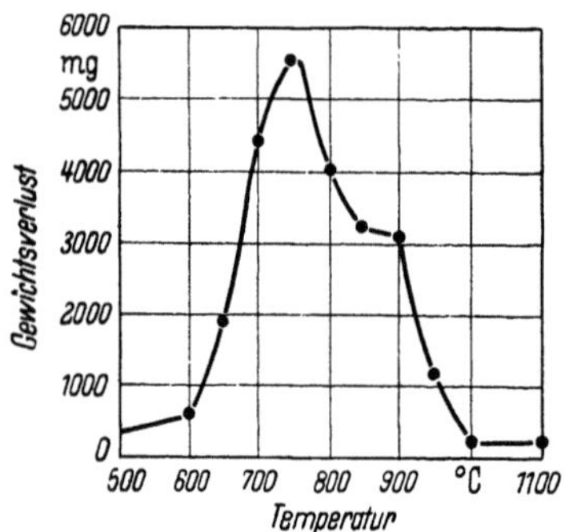

Bild 349. Abhängigkeit des Korrosionsangriffes in 25%iger Schwefelsäure von der Glühtemperatur bei einem mit Titan stabilisiertem Stahl mit 18% Cr, 8% Ni und 3% Mo (nach L. SMITH und K. W. J. BOWEN)

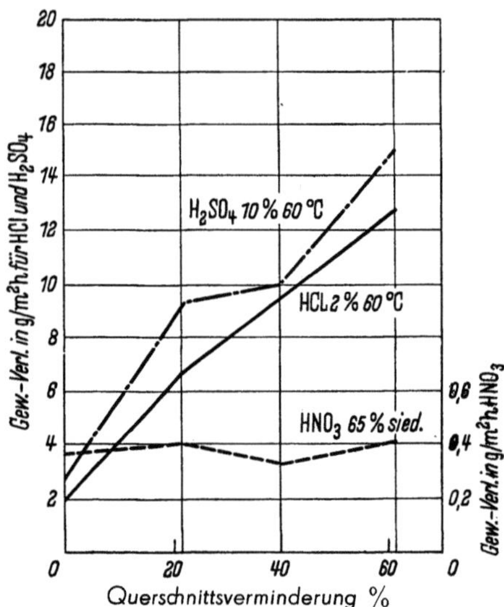

Bild 350. Einfluß einer Kaltverformung auf die Beständigkeit eines Chrom-Nickel-Stahles in Säuren (nach H. ZITTER)

Bei dem Kornzerfall trifft dies nicht zu; er wird im Gegenteil dadurch geschwächt. Ein Beweis hierfür bringt die Tatsache, daß die Schnittränder von Blechen weniger angegriffen werden und daß nach H. ZITTER[3] grob geschliffene Flächen geringere Kornzerfallserscheinungen aufweisen als fein geschliffene. Man muß als Grund hierfür wohl annehmen, daß durch das Zerreiben der Korngrenzen ihr Einfluß zurücktritt. Auch die Spannungsrißkorrosion wird durch Kaltverformung zurückgedrängt und unter Umständen zum Verschwinden gebracht (s. S. 585). Der ungünstige Einfluß zu hoher Abschrecktemperaturen auf die Beständigkeit der austenitischen Stähle gegen Kornzerfall wird auf S. 576 behandelt.

---

[1] SMITH, L., u. K. W. J. BOWEN: J. Iron Steel Inst. Bd. 158 (1948) S. 295/305.

[2] ZITTER, H.: Werkstoffe u. Korrosion Bd. 10 (1959) S. 320.

[3] ZITTER, H.: Arch. Eisenhüttenw. Bd. 28 (1957) S. 401/416.

Interkristalline Korrosion der austenitischen Stähle

Für die korrosionsbeständigen, unter ihnen aber besonders die säurebeständigen Stähle ist die „interkristalline Korrosion" oder der „Kornzerfall" von großer Bedeutung. Diese Erscheinung ist vor allem beim Schweißen zu beachten. Da die austenitischen, das sind die Chrom-Nickel-Stähle, wichtiger sind, befaßte man sich bei diesen Stählen mehr mit dem Kornzerfall als bei den weniger wichtigen ferritischen Chromstählen.

In den kritischen Temperaturbereichen scheiden sich die gelösten Chromkarbide vorwiegend an den Korngrenzen und in ihrer unmittel-

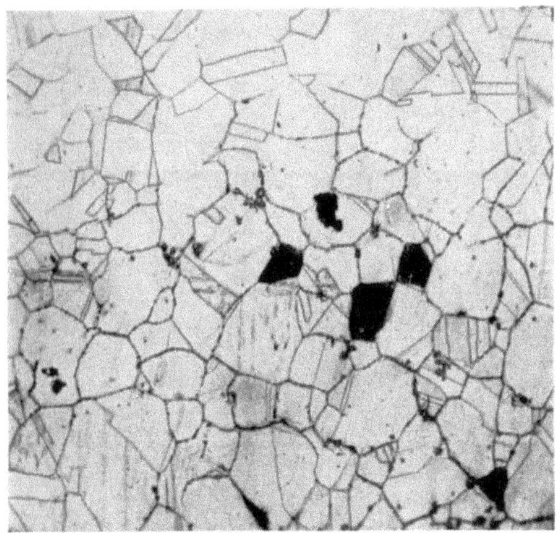

Bild 351. Kleingefüge eines interkristallin angegriffenen austenitischen Chrom-Nickel-Stahles

baren Nähe aus. Dieser Temperaturbereich liegt bei den austenitischen Stählen zwischen 450 und 800 °C, am stärksten ausgeprägt zwischen 650 und 750 °C, bei den ferritischen über 900 °C, also bei höheren Temperaturen. Es ist wohl zu beachten, daß sich nach dem Erwärmen dem äußeren Anschein nach nichts und auch in den mechanischen Eigenschaften kaum etwas zeigt, der Schaden „Kornzerfall" tritt erst ein, wenn der Stahl nach der Reizglühung (Sensibilisierung) Korrosionsmitteln ausgesetzt wird. Der Stahl wird, mit dem freien Auge gesehen, durch den Korrosionsangriff wenig verändert. Erst beim Biegen erscheinen durch Aufreißen die Risse.

Das Bild 351 zeigt das Kleingefüge eines an den Korngrenzen angegriffenen austenitischen Stahles und das Bild 352 eine Biegeprobe.

Bei sehr starkem und langandauerndem Korrosionsangriff zerfällt der Stahl sogar zu Pulver; das Innere des Kornes bleibt aber mehr oder weniger unangegriffen. Dies ist sogar ein Verfahren, das zur Herstellung von Pulvern aus diesem Stahl in Betracht gezogen wurde (s. S. 862).

Man muß wohl annehmen, daß die Ursache des Kornzerfalls die Verarmung an Chrom in der Nähe der Karbide ist, die sich überwiegend an den Korngrenzen abgeschieden und der Grundmasse Chrom entzogen haben. Die verhältnismäßig niedrigen Temperaturen, bei denen Kornzerfall auftritt, erfordern sehr lange Zeiten, um das Chrom aus dem Inneren des Korns nachfließen zu lassen. Für die geringere Beständigkeit der Korngrenzen kommt aber nicht allein die dort an Chrom verarmte Grundmasse in Frage, sondern auch der Potentialunterschied zwischen Korngrenzen und Korninnerem. Enthält die Legierung hohen Kohlenstoffgehalt, z.B.

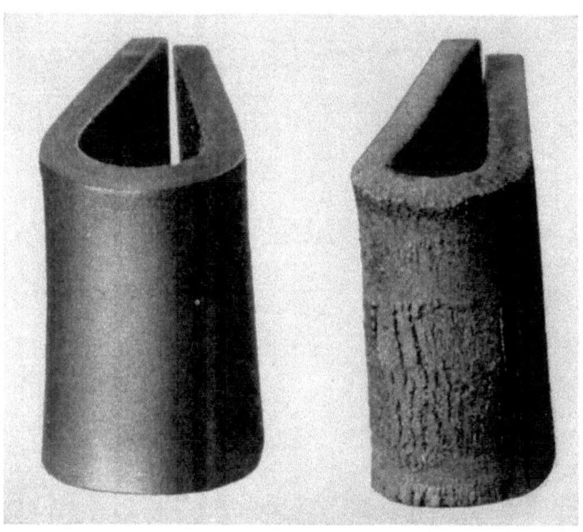

Bild 352. Biegeproben zur Prüfung auf interkristalline Korrosion; *links:* beständig, *rechts:* anfällig

0,12%, der für diesen Fall schon als hoch anzusehen ist, so können nach Bild 166 (S. 199) durch Chromverarmung Martensitzonen entstehen, wodurch die Störung des Gleichgewichts und die Neigung zu elektrochemischem Zerfall noch vergrößert wird[1].

Der gefährliche Temperaturbereich und die Zeit, nach welcher eine schädliche Einwirkung erkennbar wird, hängt von einer Reihe von Einflußgrößen ab. Das in Deutschland übliche Prüfverfahren[2] besteht darin, daß man den Stahl durch Wärmebehandlung anfällig macht und in einer Prüflösung aus:

1000 cm^3 destilliertem Wasser
100 cm^3 Schwefelsäure (1,84 g/cm^3) und
110 g Kupfersulfat ($CuSO_4 + 5\,H_2O$)

---

[1] STRAUSS, B., H. SCHOTTKY u. J. HINNÜBER: Z. anorg. allg. Chem. Bd. 188 (1930) S. 309/324; s. a. Stahl u. Eisen Bd. 50 (1930) S. 1473.

[2] Stahl-Eisen-Prüfblatt 1875–53, 1. Ausg. April 1953.

168 Stunden kocht, anschließend die Blechproben um einen Biegedorn (Krümmungshalbmesser gleich der doppelten Blechdicke) üblicherweise bis zu einem Biegewinkel von 90° biegt. Bei Rohren bestehen besondere Vorschriften (s. darüber das Stahl-Eisen-Prüfblatt 1875-53).

Die Wärmebehandlung, die der Korrosionserprobung vorangeht, besteht in einem Glühen bei 650°, wobei man die stabilisierten Stähle (s. S. 574), wenn man sie nach der STRAUSSschen Lösung prüft, 1 Stunde und die unstabilisierten mit Kohlenstoffgehalten von höchstens 0,06% 10 Minuten anläßt. Man setzt also bei den unstabilisierten von vornherein größere Anfälligkeit voraus (nach Prüfblatt 1875-53). Die Lösung nach dem Verfahren des Stahl-Eisen-Prüfblattes ist eine etwas abgeänderte Strauß-Lösung und kann praktisch als STRAUSSsche Lösung bezeichnet werden.

Außer diesem eben beschriebenen Prüfverfahren werden noch andere angewendet. Als Prüflösungen seien folgende Beispiele angeführt:

Zahlentafel 134[1]

Verschiedene Prüflösungen zur Ermittlung der interkristallinen Korrosion

Zusammensetzung nach Angaben des Schrifttums	Prüfdauer	Prüftemperatur	Art der Beurteilung	Beschrieben von
111 g $CuSO_4+5H_2O$ 98 g H_2SO_4 ($d = 1{,}84$ g/cm³) mit Wasser aufgefüllt auf 1 l (HATFIELDsche Lösung)	72 h	Siedetemperatur	Biegeprobe (Dorn von dreifachem Durchmesser, 90°)	W. H. HATFIELD[2]
			Klangprobe	S. PLANKENSTEINER[3]
Chemisch reine Salpetersäure ($d = 1{,}42$ g/cm³) (HUEYsche Lösung)	5mal 48 h	Siedetemperatur	Gewichtsverlust	W. R. HUEY[4] ASTM-Standard[5]
3% HF 10% HNO_3	5mal 1 h 3mal 4 h	70 °C 80 °C	Gewichtsverlust	W. O. BINDER und C. M. BROWN[6] F. K. BLOOM und M. E. CARRUTHERS[7]

[1] ZITTER, H.: Arch. Eisenhüttenw. Bd. 28 (1957) S. 401.

[2] HATFIELD, W. H.: Erörterungsbeitrag zu L. B. PFEIL u. D. G. JONES: J. Iron Steel Inst. Bd. 127 (1933) S. 337/389, s. bes. S. 380/383. — ROLLASON, E. C.: J. Iron Steel Inst. Bd. 127 (1933) S. 391/423 u. 4 Taf., s. bes. S. 407.

[3] PLANKENSTEINER, S.: Z. Ind. Techn. Bd. 2 (1947) Nr. 1 S. 16/20.

[4] HUEY, W. R.: Trans. Amer. Soc. Steel Treat. Bd. 18 (1930) S. 1126/1143.

[5] ASTM-Standard A 262–55 T-Boiling nitric acid test for corrosion-resisting steels (1955), Book of ASTM-Standards. P. 1: Ferrous metals, Philadelphia/Pa. 11 S.

[6] BINDER, W. O., u. C. M. BROWN: Symposium on evaluation tests for stainless steels, Philadelphia/Pa. 1950 (Spec. techn. Publ. Amer. Soc. Test. Mater. Nr. 93), S. 146 bis 182 u. 217/231.

[7] BLOOM, F. K., u. M. E. CARRUTHERS: wie unter 6, S. 87/102 u. 217/231.

Die Proben in Salpetersäure und auch in Flußsäure-Prüflösungen zeigen weniger die Anfälligkeit gegen interkristalline Korrosion an sich an, als die Verstärkung der allgemeinen Oberflächenabtragung. In Deutschland zieht man die Prüfung nach STRAUSS-HATFIELD der nach HUEY vor, während in den Vereinigten Staaten und von dort kommend vielfach auch in Europa die Prüfung nach HUEY mehr gebraucht wird. Das bessere Ansprechen der $CuSO_4/H_2SO_4$-Lösung auf Kornzerfall ergibt sich sehr deutlich aus dem Bild 353, wo nach M. A. STREICHER[1] Widerstandszunahme und allgemeiner Korrosionsangriff in Vergleich gesetzt sind. Man sieht, daß elektrischer Widerstand mit fortschreitendem Kornzerfall ansteigt und bei der Prüfung mit $CuSO_4/H_2SO_4$ viel rascher zunimmt als nach der Prüfung in HNO_3; die allgemeine Korrosion jedoch ist in $CuSO_4/H_2SO_4$ viel schwächer. Da es sich aber hier nur um Prüfung gegen Kornzerfallbeständigkeit handelt, ist hierfür die $CuSO_4/H_2SO_4$-Lösung vorzuziehen.

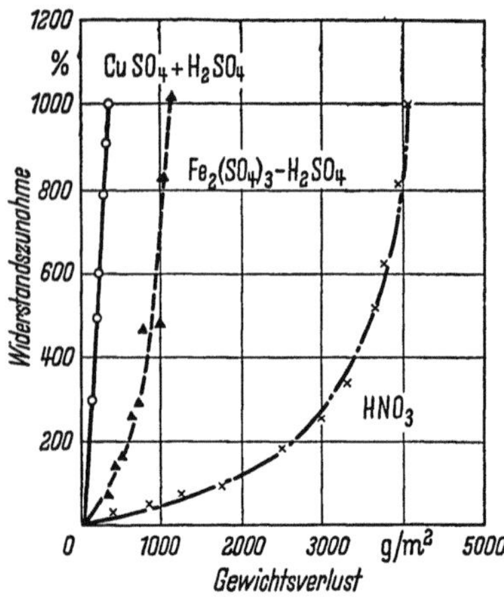

Bild 353. Vergleich der Wirkung verschiedener Prüflösungen auf Kornzerfall durch Messung des elektrischen Widerstandes (nach M. A. STREICHER)

Durch Prüfung mit 10%iger Oxalsäure weist M. A. STREICHER[2] ferner nach, daß der Angriff der Korngrenzen in verschiedener Weise vor sich gehen kann. Der schwächste Kornangriff liegt vor, wenn die Korngrenzen nur in „Stufen" angegriffen werden; am stärksten gelockert ist das Gefüge, wenn um jedes Korn „Furchen" auftreten; die „Doppelstruktur" mit Stufen und Furchen liegt dazwischen. Nun können Stähle, trotz gefährlicher Furchenstruktur, sogar bei Herausfallen ganzer Körner bei Angriff durch Salpetersäure weniger Verlust anzeigen mit der harmloseren „Doppelstruktur". Auch aus diesem Grunde gibt die Huey-Probe keinen richtigen Aufschluß über die Anfälligkeit gegen Kornzerfall.

Was die Bewertung des Verfahrens nach HUEY auf die allgemein abtragende Korrosion betrifft, so wird davon auf S. 568 die Rede sein.

Bei der Einführung der austenitischen Chrom-Nickel-Stähle in die chemische Industrie achtete man in Unkenntnis der Ursachen des Kornzerfalls nicht auf niedrigen Kohlenstoffgehalt und ließ sogar 0,25% C

[1] STREICHER, M. A.: J. electrochem. Soc. Bd. 106 (1959) S. 161.
[2] ZITTER, H.: Werkstoffe u. Korrosion Bd. 8 (1957) S. 746/760.

zu. Erst nach schweren Schadensfällen erkannte man die Mittel zur Bekämpfung der interkristallinen Korrosion.

Es sind dies:

Niedriger Kohlenstoffgehalt,

Erhöhte Ferritanteile,

Stabilisierendes Glühen,

Stabilisierung des Kohlenstoffes mit Titan oder Niob/Tantal.

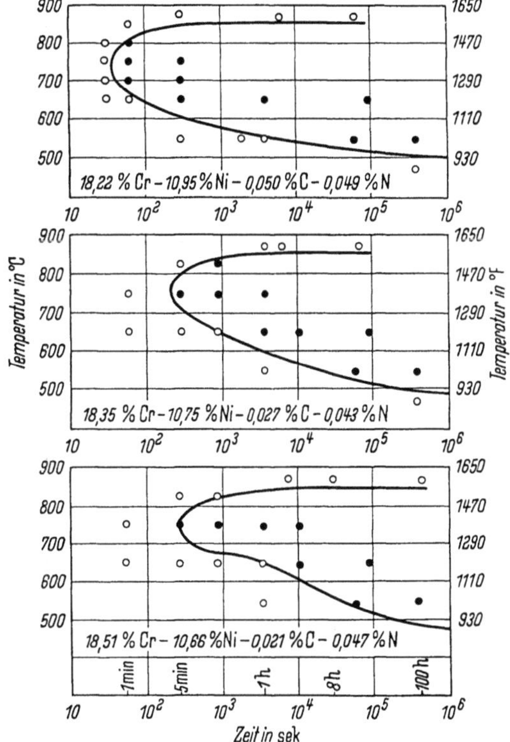

Bild 354. Zeit-Temperatur-Fällungskurven, darstellend den Einfluß des Kohlenstoffgehaltes (nach W. O. BINDER, C. M. BROWN und R. FRANKS[1])

Niedriger Kohlenstoffgehalt. Bei Fried. Krupp in Essen wurde der Einfluß des Kohlenstoffgehaltes zuerst erkannt und daraus der Schluß gezogen, ihn zu erniedrigen[2]. Später wurden diese Erkenntnisse durch eine Veröffentlichung von B. STRAUSS, H. SCHOTTKY, J. HINNÜBER[3]

[1] BINDER, W. O., C. M. BROWN u. R. FRANKS: Trans. Amer. Soc. Met. Bd. 41 (1949) S. 1301/1370.

[2] DRP 561160 v. 10. 2. 1928.

[3] STRAUSS, B., H. SCHOTTKY u. J. HINNÜBER: Z. anorg. allg. Chem. Bd. 188 (1930) S. 309.

ausführlich begründet. Man begrenzte daraufhin den Kohlenstoffgehalt auf max. 0,07%[1]. Wenn auch für einen großen Teil der Verwendungszwecke dieser Kohlenstoffgehalt niedrig genug ist, um die Menge der ausfallenden Chromkarbide in unschädlichen Grenzen zu halten, so ist eine völlige Beständigkeit gegen interkristalline Korrosion bei längeren Glühzeiten, auch bei noch niedrigeren Kohlenstoffgehalten, nicht gewährleistet. W. O. BINDER, C. M. BROWN, R. FRANKS[2] untersuchten zuerst sehr ausführlich die Neigung zur Anfälligkeit bei sehr niedrigen Kohlenstoffgehalten und auch gleichzeitig den Einfluß des noch immer unvermeidlich vorhandenen Stickstoffgehaltes.

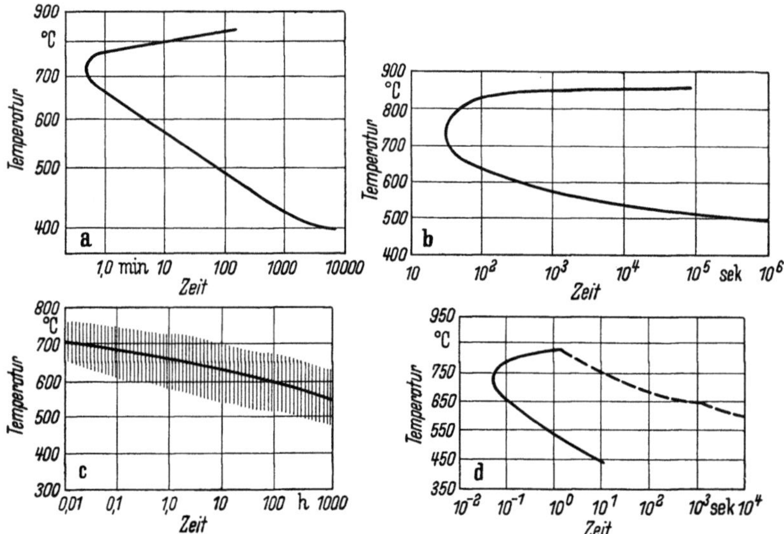

Bild 355 a–d. Zeit-Temperatur-Fällungskurven bei Prüfung in $CuSO_4$-H_2SO_4, a) nach E. C. ROLLASON[3]; b) nach W. O. BINDER, C. M. BROWN und R. FRANKS[4]; c) nach E. C. BAIN, R. H. ABORN und J. J. B. RUTHERFORD[5]; d) nach N. JU. PALTSCHUK[6]

Im Bild 354 sieht man das Ergebnis von Versuchen an Stählen mit 0,021%, 0,027% und 0,05% C bei Stickstoffgehalten von 0,04% bis 0,05%.

Praktische Beständigkeit besteht nach BINDER und Mitarbeitern bei einem Kohlenstoffgehalt von 0,015% und einem Stickstoffgehalt nicht über 0,05%. Die Verfasser verstehen unter praktischer Beständigkeit

[1] DRP 561160 v. 10. 2. 1928. Fried. Krupp.

[2] s. Fußnote 1 auf S. 569.

[3] ROLLASON, E. C.: J. Iron Steel Inst. Bd. 127 (1933) S. 391/423.

[4] BINDER, W. O., C. M. BROWN u. R. FRANKS: Trans. Amer. Soc. Met. Bd. 41 (1949) S. 1301/1370.

[5] BAIN, E. C., R. H. ABORN u. J. J. B. RUTHERFORD: Trans. Amer. Soc. Steel Treat. Bd. 21 (1933) S. 481.

[6] PALTSCHUK, N. JU.: Avtomatičeskaja Svarka Bd. 6 (1953) Nr. 2, S. 3/14.

ein Standhalten von 100 Stunden bei 550 °C. Bei sehr langen Glühzeiten ist aber auch ein Stahl mit nur 0,01% C nicht beständig[1].

Es ist auffällig, daß unter 0,02% C, bei welchem Gehalt der gesamte Kohlenstoff auch bei 650 °C, also in dem gefährlichen Bereich gelöst ist, der Stahl anfällig war. Man muß wohl annehmen, daß entweder der noch vorhandene Stickstoffgehalt nicht berücksichtigt wurde oder daß andere Veränderungen an den Korngrenzen, etwa Störungen des Atomgitters oder Martensitzustandes (S. 566) mitspielen.

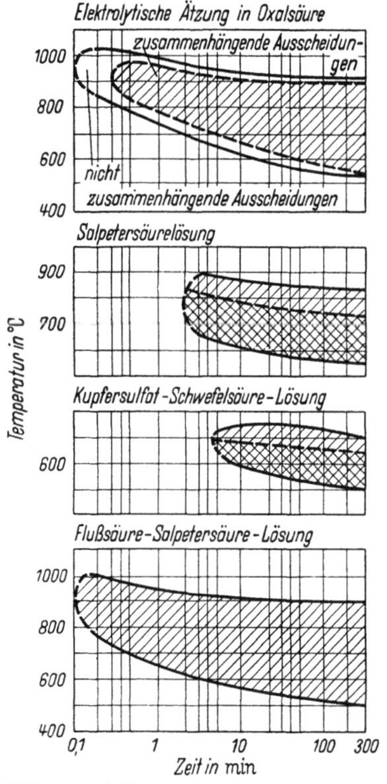

Bild 356. Zeit-Temperatur-Fällungskurven für Korngrenzenkarbide bei verschiedenen Prüflösungen (nach H. ZITTER[5])

Zeit-Temperatur-Fällungskurven nach Versuchen anderer Forscher[1-4] sind in Bild 355 wiedergegeben. Man sieht, daß der Kurvenverlauf von verschiedenen Forschern sehr verschieden gefunden wird. Besonders auffällig und aus der Reihe fallend sind die Ergebnisse von E. C. BAIN, R. H. ABORN und J. J. B. RUTHERFORD[4].

Natürlich fallen solche Kurven auch bei verschiedenen Prüfverfahren verschieden aus, wie z. B. H. ZITTER[5] nach Bild 356 zeigt. Man ersieht daraus auch, daß das schärfste Verfahren das mit der Flußsäure-Salpetersäure-Lösung ist.

H.-J. WIESTER und G. PIER[6] geben weitere Beispiele nach Bildern 357 und 358. Vollkommen unangreifbar ist danach nur der Stahl mit 0,006% C. Würde man die Versuchsdauer auf überaus lange Zeiten ausdehnen — exakte Versuche darüber liegen noch nicht vor —, so verlieren die Karbide allmählich ihre kritische feine Verteilung und formen sich zu größeren Teilen um. Dann verschwinden auch die labilen Zustände, wie die chromverarmte Zone und etwaige Martensitanteile und Gitterstörungen, und der Stahl würde auch bei höherem Kohlen-

---

[1] ROSENBERG, S. J., u. J. H. DARR: Trans. Amer. Soc. Met. Bd. 41 (1949) S. 1261/1300.

[2] [3] [4] s. Fußnoten 4-6 auf S. 570.

[5] ZITTER, H.: Arch. Eisenhüttenw. Bd. 28 (1957) S. 401/416.

[6] WIESTER, H.-J., u. G. PIER: Arch. Eisenhüttenw. Bd. 30 (1959) S. 293/297.

stoffgehalt nach langem Glühen seine Anfälligkeit verlieren. Vielleicht tritt dies bei 650 °C erst nach Jahren, bei 800° schon in wenigen Stunden ein. Natürlich ist auch der Chromgehalt von Bedeutung. Höhere Gehalte machen den Stahl unempfindlicher, weil bei gleichem Kohlenstoffgehalt die Chromverarmung sich nicht so auswirkt wie bei niedrigen Chromgehalten. W. O. BINDER und Mitarbeiter[1] sagen, daß die in Bild 354 dargestellten Ergebnisse bei Chromgehalten bis 25% gelten, was aller-

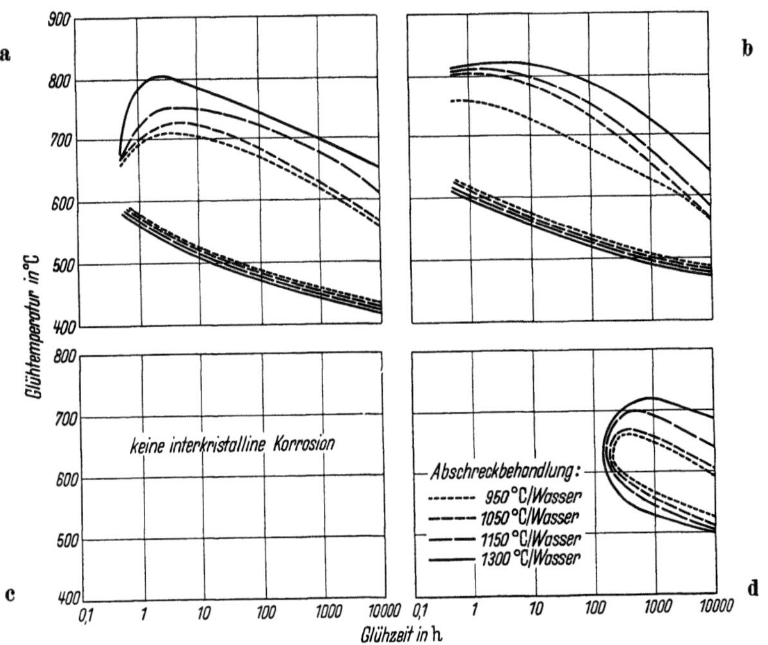

Bild 357 a—d. Zeit-Temperatur-Schaubilder für unstabilisierte Chrom-Nickel-Stähle (nach H.-J. WIESTER und G. PIER)

a) Stahl X 5 CrNi 18 9 mit 0,06% C, 17,8% Cr, 10,3% Ni; b) Stahl X 5 CrNiMo 18 10 mit 0,07% C, 17,9% Cr, 11,1% Ni, 2,2% Mo; c) Stahl X 5 CrNi 18 9 mit 0,006% C, 17,9% Cr, 10,3% Ni; d) Stahl X 5 CrNiMo 18 10 mit 0,015% C, 18,0% Cr, 11% Ni, 2,2% Mo

dings einen nicht sehr großen Einfluß des Chroms über 18% zeigen würde, eine Annahme, die unwahrscheinlich ist.

Am Bilde 358 erkennt man weiter, daß selbst stabilisierte Stähle nur nach Abschreckung aus bestimmten Temperaturen sicher sind und daß zu hohe Abschrecktemperaturen schaden, worauf auf S. 576 weiter eingegangen wird.

Erhöhte Ferritanteile. Anteile von Ferrit im Austenitgefüge, wie sie durch Erhöhung von Silizium oder bei größeren Gehalten von Molybdän

---

[1] BINDER, W. O., C. M. BROWN u. R. FRANKS: Trans. Amer. Soc. Met. 1949 S. 1301/1370.

hervorgerufen werden, verringern die Anfälligkeit gegen interkristalline Korrosion, weil, wie wir später sehen werden (s. S. 579), die Bedingungen, unter denen austenitisches Gefüge anfällig wird (Anlassen bei 500 bis 800 °C), bei ferritischen Stählen einen gegenteiligen, nämlich günstigen Einfluß haben. R. SCHERER, G. RIEDRICH und G. HOCH[1] halten einen Ferritanteil von 10 bis 20% für ausreichend. Eine weitere Erklärung wird damit gegeben, daß die Chromverarmung an den Korngrenzen (S. 566) da-

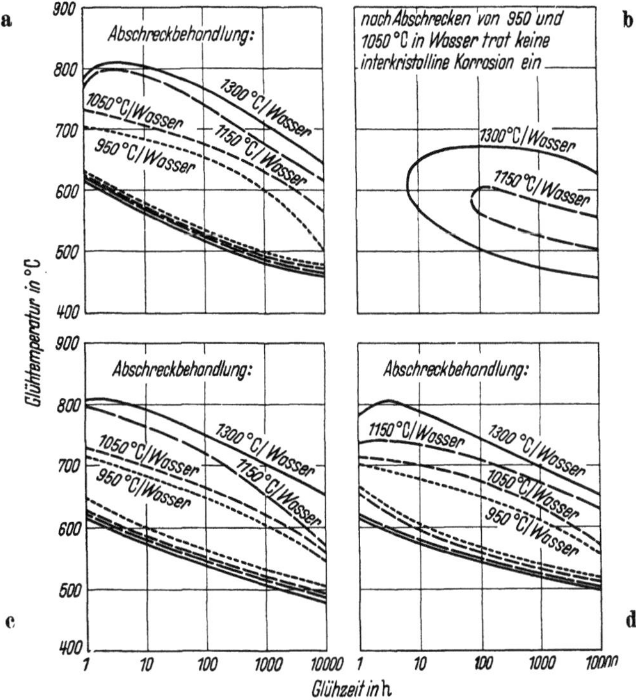

Bild 358a—d. Zeit-Temperatur-Kornzerfallschaubilder für mit Niob und Titan stabilisierte Chrom-Nickel-Stähle (nach H.-J. WIESTER und G. PIER)
a) X 10 CrNiTi 18 9 mit 0,06% C, 18,1% Cr, 10,5% Ni, 0,33% Ti; b) X 10 CrNiNb 18 9 mit 0,06% C, 18,9% Cr, 9,9% Ni, 0,64% Nb; c) X 10 CrNiMoTi 18 10 mit 0,07% C, 16,9% Cr, 11,6% Ni, 2,2% Mo, 0,44% Ti; d) X 10 CrNiMoNb 18 10 mit 0,08% C, 17,4% Cr, 11,5% Ni, 2,4% Mo, 0,47% Nb (ungenügender Niobgehalt)

durch wettgemacht wird, daß der Austenit Chrom, das im Ferrit nicht mehr löslich ist, an sich zieht und vielleicht anstatt 18% 20 bis 25% Chrom enthält, wodurch er nicht mehr kornzerfallanfällig wird. Hinzu kommt ferner noch, daß die Anfälligkeit des Ferrites an sich schwächer ist. Außer Silizium trägt auch das Molybdän zur Bildung des Ferritanteiles bei und seine mildernde Wirkung auf die Anfälligkeit gegen Kornzerfall ist diesem Umstand zuzuschreiben.

[1] SCHERER, R., G. RIEDRICH u. G. HOCH: Arch. Eisenhüttenw. Bd. 13 (1939/40) S. 53/57; s. a. Stahl u. Eisen Bd. 59 (1939) S. 869; s. dazu Bild 397 S. 615.

Andererseits ist dabei nicht zu übersehen, daß der Ferritanteil schon an sich und überdies durch die Verminderung seines Chromgehaltes weniger korrosionsbeständig ist. Gehalte über 15% Ferrit sind in dieser Hinsicht schon bedenklich.

Auf die Nachteile, die wegen der schwierigen Warmverformbarkeit mit dem Ferritanteil verbunden sind, wird auf S. 666 eingegangen werden. Auch der etwas überraschende Vorschlag, einen günstigen Erfolg durch höhere Phosphorgehalte zu erreichen[1], dürfte auf die ferritbildende Wirkung des Phosphors zurückzuführen sein. Phosphor wird aber wegen seiner sonstigen Schädlichkeit kaum in Betracht kommen.

Stabilisierendes Glühen. Ein weiteres Mittel besteht darin, die Abscheidungen von den Korngrenzen dadurch zu entfernen, daß man neue Korngrenzen schafft. Es kann dies durch eine Kaltverformung geschehen, der ein niederes Glühen bis etwa 800 °C folgt. Dabei wird durch Rekristallisation der Verlauf der Korngrenzen geändert, und es kommt nur ein Teil der Abscheidungen in ihnen zu liegen. Anstatt Kaltverformung und Glühen kann man auch eine Warmverformung bei Temperaturen unterhalb 800 °C eintreten lassen. Diese Verfahren haben sehr wenig Anwendung gefunden, weil ihre Durchführung im großen kaum möglich ist. Erschwerend ist auch, daß die so erzielten Gefügezustände durch Schweißen wieder beseitigt werden. Bei Stählen wie den molybdänhaltigen, die weniger anfällig sind, genügt oft ein stabilisierendes Glühen (800 bis 850 °C) ohne vorherige Kaltverformung — ein Verfahren, das in den Vereinigten Staaten für geschweißte Gegenstände, auch für molybdänfreie Stähle ausgeübt wird.

Zusatz von Titan und/oder Niob/Tantal. Das verläßlichste Mittel, den Kornzerfall möglichst zu unterbinden, ist die Hinzufügung von Elementen, die den Kohlenstoff viel stärker an sich binden, als es das Chrom vermag. Als solche Elemente wurden bisher mit Erfolg Titan, Niob und Tantal gebraucht. Diese Elemente bilden Karbide, die auch bei höheren Temperaturen eine geringe Löslichkeit haben und daher der Grundmasse etwa dieselben Eigenschaften geben wie die eines Stahles mit sehr niedrigem Kohlenstoffgehalt. Man muß so viel von diesen Legierungselementen zugeben, daß der ganze Kohlenstoff gebunden wird, abzüglich jenes Anteiles von etwa 0,02%, der gelöst bleibt. Die Wirksamkeit der Elemente Titan, Niob und Tantal steht demnach unter Berücksichtigung ihrer Atomgewichte annähernd im Verhältnis 4 : 11 : 16, wobei bei Titan zusätzlich der stärkere Abbrand berücksichtigt werden muß. Die Beseitigung der Gefahr der interkristallinen Korrosion durch Zusatz von Tantal/Niob und Titan beruht auf Erfindungen aus dem Jahr 1928,

[1] Brit. Pat. 461187 vom 6. 8. 1934.

1929 und 1930[1]. Diese grundlegenden Erfindungen, zusammen mit der Erniedrigung des Kohlenstoffs, ermöglichten erst die weitgehende Verwendung der korrosionsbeständigen Chrom-Nickel-Stähle.

BINDER und Mitarbeiter[2] geben eine Formel an, die auch den Stickstoff berücksichtigt. Sie lautet:

$$\% \text{ Niobgehalt} = 0{,}093\% + 7{,}7\,(\% \text{ Kohlenstoff} - 0{,}013) + 6{,}6\%\,(\text{Stickstoff} - 0{,}022)$$

Da Niob teilweise in fester Lösung bleibt und den Stickstoff nicht völlig an sich reißt, braucht man davon nach F. RAPATZ[3] weniger als der Formel NbN entspricht. Bei Titanzusatz hingegen muß die gesamte Abbindung des Stickstoffs durch Titan berücksichtigt werden. Sofern so viel Titan, Niob oder Tantal zugegeben ist, daß der Kohlenstoff und Stickstoff genügend gebunden wird, ist die Wirkung auf die Verhinderung der interkristallinen Korrosion bei Titan und Niob etwa die gleiche. Für das Titan spricht die geringere Menge, die notwendig ist, für Niob und Tantal spricht, daß diese beiden Legierungselemente bei der Erschmelzung des Stahles weniger Schwierigkeiten machen als das Titan, dessen leichte Oxydierbarkeit beim Gießen zu unreinen Blöcken führt und mehr Abfall zur Folge hat. Ein Vorteil des Niobs ist es auch, daß es beim Schweißen nicht wie das Titan abbrennt und beim Wiedererwärmen einer Schweißnaht, wie es bei einer Kreuznaht der Fall ist, dort Anfälligkeit zur interkristallinen Korrosion auftreten kann. Das Tantal liegt, was die Oxydierbarkeit betrifft, zwischen Niob und Titan. Das käufliche Ferro-Niob enthält meist größere oder kleinere Anteile von Tantal, die den Wert der Legierung entsprechend herabsetzen. Wie sich andere Karbidbildner verhalten, ist zum Teil noch ungeklärt. So wäre es z. B. interessant, Zirkon- oder Thorzusätze auf ihre Wirkung zu prüfen. Ohne weitere Prüfung hätte man annehmen können, daß das Vanadin wegen seiner Affinität zu Kohlenstoff (s. S. 240) gut geeignet wäre. Es hat aber trotzdem, wie R. SCHERER, G. RIEDRICH und G. HOCH[4] fanden, bis 3% keine genügende Wirkung. Der kornzerfallhemmende Einfluß ist wohl vorhanden, soll aber nach diesen Verfassern mehr vom durch das Vanadin bedingten Ferritanteil (s. S. 573) hervorgerufen sein, als durch die Bindung des Kohlenstoffes.

[1] DRP 561160 v. 10. 2. 1928, Fried. Krupp: Kohlenstoffgehalt unter 0,07%. DRP 614646 v. 27. 6. 1929, Fried. Krupp: Stabilisierung des Kohlenstoffs durch Titan. Ursprüngliche Unterlagen des DRP 643444 v. 22. 7. 1930, Fried. Krupp: Stabilisierung des Kohlenstoffs durch Tantal und/oder Niob; DRP 575181 v. 24. 4. 1928, Gebr. Böhler & Co.: Stabilisierung des Kohlenstoffs durch Tantal.

[2] BINDER, W. O., C. M. BROWN u. R. FRANKS: Trans. Amer. Soc. Met. 1949 S. 1301/1370.

[3] RAPATZ, F.: Stahl u. Eisen Bd. 61 (1941) S. 1073 u. 1076.

[4] SCHERER, R., G. RIEDRICH u. G. HOCH: Arch. Eisenhüttenw. Bd. 13 (1939/40) S. 53/57; s. a. Stahl u. Eisen Bd. 59 (1939) S. 869.

Naheliegend ist die Frage, ob der niedere Kohlenstoffgehalt oder die Kohlenstoffabbindung durch Niob, Tantal, Titan vorteilhafter ist. Diese Frage ist nicht eindeutig zu beantworten, da Vorteilen Nachteile gegenüberstehen. Die Stähle mit niederem Kohlenstoffgehalt haben den Vorteil, daß sie gegen allgemeine Korrosion, d. h. gleichmäßigen Korrosionsangriff über die ganze Oberfläche, etwas beständiger sind. Dagegen sind Stähle mit Karbildbildnern gegen Kornzerfall sicherer, wie aus dem Bild 358 zu ersehen war. Bei Stählen mit besonders niedrigem Kohlenstoffgehalt (unter 0,04%) ist es schwierig, im Schmelzgang oxydische Verunreinigungen fernzuhalten, die nach H. ZITTER[1] den Angriff nicht unerheblich begünstigen. Die Kaltverformungsfähigkeit ist natürlich bei den Stählen mit niedrigem Kohlenstoffgehalt besser. Auch neigen sie weniger zu Warmrissen beim Schweißen (s. S. 662). Wenn die Stähle bei Temperaturen etwa über 400 °C beansprucht werden, dann ist Niobzusatz wegen der Warmfestigkeit erforderlich. Zusätze von Niob/Tantal und Titan, die über die S. 575 vorerwähnte Formel stärker hinausgehen, sind schädlich. Bei Niobzusatz können Warmrisse die Folge sein, die durch leicht flüssige eutektische Verbindungen an den Korngrenzen verursacht werden[2]. Titan im Überschuß erzeugt sehr bald verhältnismäßig viel Ferrit, der die Widerstandsfähigkeit gegenüber Salpetersäure schädigt. Im Ferrit scheidet sich außerdem bevorzugt Sigma-Phase aus, die aber zur Ausscheidung so lange Zeiten erfordert, wie sie beim Schweißen nicht vorkommen. Die Sigma-Phase ist daher bei korrosionsbeständigen Stählen, die in der Kälte beansprucht werden, von geringer Bedeutung. Werden die Stähle bei Temperaturen über 400 °C lange Zeiten beansprucht, so gibt kein Mittel eine sichere Gewähr gegen Kornzerfall (s. S. 453).

Was die *Wärmebehandlung vor dem Schweißen* betrifft, so bringt Abschrecken bei 1050 bis 1100 °C das Blech in den besten Zustand. Darauf folgende Glühungen bei Temperaturen und Zeiten links der Nasenkurve nach Bild 339 wirken im Sinne einer teilweisen Sensibilisierung, wenn sich auch vor dem Schweißen noch kein Schaden zeigt.

Zu beachten ist aber bei den mit Titan und Niob/Tantal stabilisierten Stählen, daß zu hohe Ausgangstemperaturen, die besonders auch beim Warmpressen von Rohren vorkommen, die Stabilisierung zum Teil aufheben. Die Begründung hierfür ist, daß bei sehr hohen Temperaturen, z. B. 1200°, auch diese Karbide teilweise in Lösung gehen und sich im gefährlichen Temperaturbereich nicht als reine Titan- und Niobkarbide abscheiden, sondern auch Chrom mitnehmen und die Grundmasse verarmen.

---

[1] ZITTER, H.: Werkstoffe u. Korrosion Bd. 8 (1957) S. 746/760.

[2] RAPATZ, F.: Berg- u. hüttenm. Mh. Bd. 95 (1950) S. 368/370. — KAUHAUSEN, E., u. H. A. VOGELS: Metal Progr. Bd. 67 (1955) S. 129/136.

Es erwies sich dies an der von H.-J. WIESTER und G. PIER[1] (S. 572, 573) gezeigten Einbuße der Beständigkeit gegen Kornzerfall bei hohen Abschrecktemperaturen. Weitere Untersuchungen darüber liegen vor von H.-J. WIESTER, H.-J. SCHÜLLER und P. SCHWAAB[2]. Bei hohen Temperaturen ändert sich auch die Gefügeverteilung zwischen Austenit und Ferrit in der Weise, daß der Ferritanteil zunimmt, was wohl die Kornzerfallsicherheit nicht schädigt, aber die Verarbeitbarkeit in der Wärme ungünstig beeinflußt (S. 666).

Durch längeres Glühen bei Temperaturen zwischen 900 und 1100 °C werden die stabilen Karbide zurückgebildet und damit der Stahl wieder beständig gemacht, auch der Ferrit geht auf denjenigen Anteil zurück, der dem Gleichgewicht bei diesen Temperaturen entspricht; im unteren

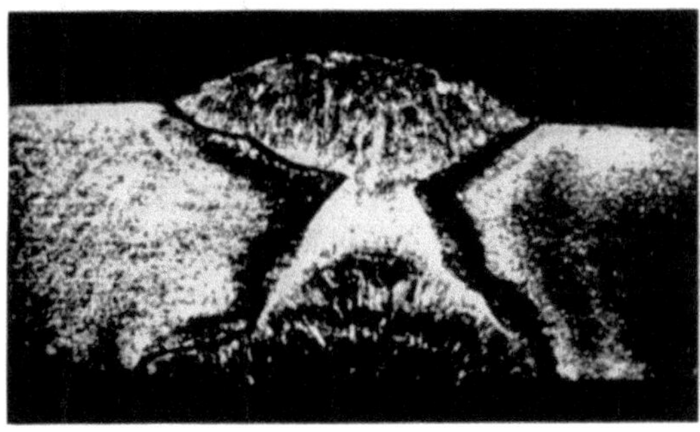

Bild 359. Messerlinienangriff bei einem austenitischen Cr-Ni-Stahl (nach H. ZITTER)

Temperaturbereich sind, wie K. BUNGARDT und G. LENNARTZ[3] näher ausführen, längere Zeiten für diesen Vorgang erforderlich als im oberen.

Wenn man also aus Gründen der guten und raschen Warmverarbeitbarkeit, wie beim Rohrpressen, hohe Temperaturen anwenden muß, so ist eine solche Nachbehandlung zu empfehlen. Nichtstabilisierte Stähle sind gegen solche Überhitzung nur in dem Sinne empfindlich, daß der Ferritanteil zunimmt.

Beim Schweißen steigt die Temperatur unmittelbar neben dem flüssigen Schweißgut auch auf solche gefährlichen Bereiche über 1200 °C. Die Folge davon ist bei stabilisierten Stählen eine sehr schmale Zone, die kornzerfallsanfällig wird (s. Bild 359). Sie hat aber kaum zu Beanstandungen geführt, weil dieser sogenannte „Messerlinienangriff“ [4] erst bei so langer nachträglicher Erwärmung erscheint, wie sie beim Schweißen nicht

[1] WIESTER, H.-J., u. G. PIER: Arch. Eisenhüttenw. Bd. 30 (1959) S. 293/297.

[2] WIESTER, H.-J., H.-J. SCHÜLLER u. P. SCHWAAB: Arch. Eisenhüttenw. Bd. 30 (1959) S. 304.

[3] BUNGARDT, K., u. G. LENNARTZ: Arch. Eisenhüttenw. Bd. 27 (1956) S. 127 bis 133; s. a. Stahl u. Eisen Bd. 27 (1956) S. 300.

[4] ZITTER, H.: Schweißtechn., Wien, Jg. 10 (1956) 113/17.

vorkommt. Auf dem Bild erscheint die Zone übertrieben stark angegriffen, weil sie, um sie deutlich zu machen, sehr scharf geätzt wurde. Bei Kohlenstoffgehalten unter 0,05 % ist Messerlinienangriff nicht zu befürchten.

Zusammenfassende Empfehlung zur Behebung der interkristallinen Korrosion der austenitischen Stähle. Bei nicht zu scharfen Angriffen, wie sie z. B. bei Apparaturen in der Lebensmittelindustrie, in Färbereien und durch Essigsäure erfolgen, genügen in den meisten Fällen unstabilisierte Stähle mit weniger als 0,07% C. Verminderung des Kohlenstoffgehalts bis auf 0,02% verbessert die Beständigkeit.

Stabilisierung des Kohlenstoffs durch Zusätze von Titan oder Niob/Tantal gestattet eine Erhöhung des Kohlenstoffgehalts bis 0,12%, bei welchen Zusätzen auch der Stickstoffgehalt berücksichtigt werden muß. Diese Stähle sind gegen interkristalline Korrosion beständiger als die mit niedrigem Kohlenstoffgehalt, es sei denn, der Kohlenstoffgehalt liegt unter 0,02%. In der Großerzeugung ist dies aber nicht erreichbar. Bei Temperaturen über etwa 400 °C gebraucht man nur mit Niob stabilisierte Stähle, trotzdem ist man bei diesen Temperaturen nicht in allen Fällen gegen Kornzerfall sicher (S. 453, 576).

Ferritbildende Elemente, wie Silizium, Molybdän, Vanadin, verringern ohne Stabilisierung des Kohlenstoffes bis zu einem gewissen Grade die Anfälligkeit, erschweren aber die Warmverarbeitbarkeit (siehe S. 666).

Stabilisierendes Glühen, als Ersatz für Legierungszusätze, erfüllt nur dann seinen Zweck, wenn der Gegenstand *nach* dem Schweißen stabilisierend geglüht wird.

Interkristalline Korrosion der ferritischen Stähle

Auch bei diesen Stählen zeigt sich der Kornzerfall, aber unter anderen Bedingungen als bei den austenitischen. E. Houdremont und P. Schafmeister[1] untersuchten diese Erscheinung zuerst und fanden, daß die ferritischen Stähle durch rasches Abkühlen aus Temperaturen über 900 °C anfällig und durch Anlassen auf 650 bis 800 °C davon wieder befreit werden, während bei austenitischen Stählen gerade die Abkühlung aus hohen Temperaturen die Anfälligkeit beseitigt und die Glühung bei niedrigen Temperaturen sie hervorruft.

Das Bild 360 zeigt den auffälligen Unterschied nach R. A. Lula, A. J. Lena, G. C. Kiefer[2]. Bei dem austenitischen Stahl wird die der Schweiße zunächst liegende Zone nicht angegriffen. Sie erscheint erst in weiterer Entfernung davon; bei den ferritischen liegt sie unmittelbar daran, also im Bereich hoher Temperaturen.

[1] Houdremont, E., u. P. Schafmeister: Arch. Eisenhüttenw. Bd. 7 (1933/34) S. 187; s. a. Stahl u. Eisen Bd. 53 (1933) S. 962.

[2] Lula, R. A., A. J. Lena u. G. C. Kiefer: Trans. Amer. Soc. Met. Bd. 46 (1954) S. 197/230.

Welche Temperaturen und Zeiten notwendig sind, um den Kornzerfall in Erscheinung treten zu lassen, zeigt H. ZITTER[1] an einem Beispiel (s. Bild 361). Man sieht, daß die Anfälligkeit schon in kürzester Zeit

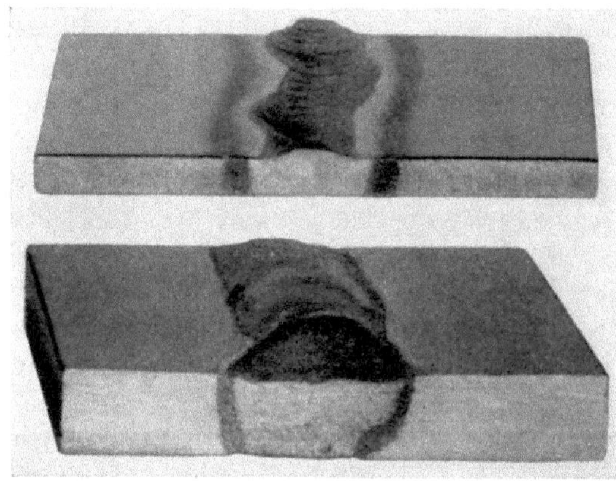

Bild 360. Geschweißte Proben eines austenitischen (oben) und eines ferritischen Stahles (unten nach dem Angriff durch Salpetersäure-Flußsäure (nach R. A. LULA, A. J. LENA und G. C. KIEFER[2])

eintritt und ferner, daß die kritische Temperatur mit dem Chromgehalt nach oben verschoben wird.

Zur Beseitigung des Schadens genügt nach Obigem eine kurzzeitige Glühung zwischen 650 und 850 °C. Da das Glühen geschweißter Gegen-

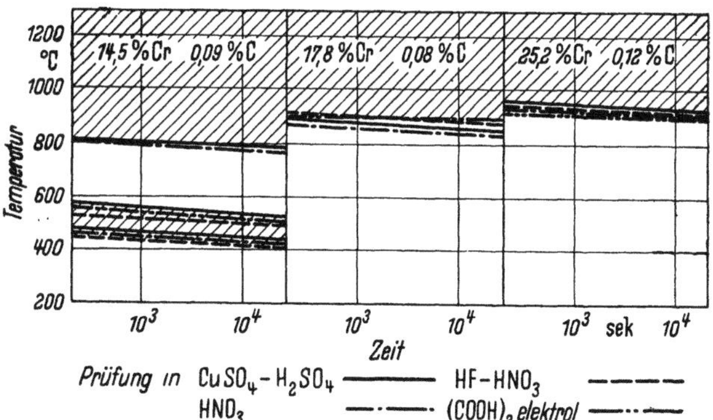

Bild 361. Interkristalline Korrosion von ferritischen Cr-Stählen in Abh. von Anlaßzeit und Temperatur (nach H. ZITTER)

stände nicht immer möglich ist, sucht man nach ähnlichen Mitteln wie bei austenitischen Stählen, um trotz der Abkühlung aus dem gefährlichen Bereich die Anfälligkeit hintanzuhalten. Man versuchte es zuerst durch

[1] Nach persönlichen Angaben.
[2] s. Fußnote 2 S. 578.

Erniedrigung des Kohlenstoffs. E. HOUDREMONT und W. TOFAUTE[1] fanden, daß auch bei 0,01% C die Anfälligkeit noch nicht beseitigt wird. Erst bei Entkohlung im Wasserstoffstrom oder Schmelzen im Hochvakuum, wenn der Kohlenstoff auf praktisch 0 abgesunken ist, ist der Stahl nicht mehr empfindlich. E. HOUDREMONT und W. TOFAUTE geben ferner an, daß durch Zusatz von Titan im Verhältnis 1 : $17^1/_2$ die Gefahr beseitigt werde. Demgegenüber stellen R. A. LULA, A. J. LENA und G. C. KIEFER[2] fest, daß dies nur für schwächere Angriffsmittel zutrifft, z. B. Kupfersulfatlösungen, nicht aber für Salpetersäure. Diese Verfasser glauben, daß die Karbidverarmung nur zum Teil mitwirkt und daß an den Korngrenzen intermetallische Verbindungen und keine Chromkarbide auftreten. E. BAERLECKEN, W. A. FISCHER und K. LORENZ[3] bestätigen, daß die Anfälligkeit selbst bei schroffer Abkühlung schon bei 0,01% C beginnt. Bei rein ferritischen Stählen (s. Bild 152, S. 180) wird mit zunehmendem Chromgehalt die Empfindlichkeit verringert; bei den Stählen mit teilweiser Umwandlung nimmt die Anfälligkeit mit der Höhe dieses Anteiles ab.

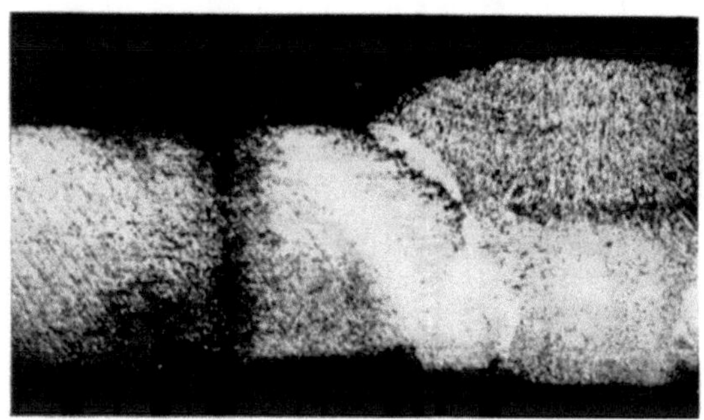

Bild 362. Interkristalline Korrosion bei einem halbaustenitischen Cr-Ni-Stahl (nach H. ZITTER)

Man sieht, daß bei den ferritischen Stählen eine Beseitigung der Gefahr der interkristallinen Korrosion nicht in so weitem Maße möglich ist als bei den austenitischen. Dies spielt in der Technik glücklicherweise eine nicht so große Rolle, weil diese Stähle viel weniger gebraucht werden als die austenitischen.

Stähle, die ein austenitisch-ferritisches Gefüge haben, werden sowohl im Temperaturgebiet über 900 °C wie auch in dem bei 600 bis 800 °C anfällig, wie dies Bild 362 für einen Stahl mit 27% Cr, 4,5% Ni, 2% Mo und 0,08% C nach H. ZITTER[4] zeigt.

Verschiedene Korrosionsarten

Lochfraßkorrosion (Punktkorrosion) (engl. pitting). In Lösungen von Chloriden, Bromiden, Jodiden, nicht aber Fluoriden des Natriums

[1] HOUDREMONT, E., u. W. TOFAUTE: Stahl u. Eisen Bd. 72 (1952) S. 539/545.

[2] LULA, R. A., A. J. LENA u. G. C. KIEFER: Trans. Amer. Soc. Met. Bd. 46 (1954) S. 197/230.

[3] BAERLECKEN, E., W. A. FISCHER u. K. LORENZ: Stahl u. Eisen Bd. 81 (1961) S. 768/777.

[4] Nach persönlichen Angaben.

und des Kaliums beobachtet man unter bestimmten Konzentrationsbedingungen die sog. Lochfraßkorrosion. Örtlich und zeitlich verschieden entstehen nadelstichfeine, in konzentrierten Lösungen größere lochartige Anfressungen. Scharfrandig, ohne vermittelnden Übergang an sie angrenzend, bleiben andererseits ausgedehnte Flächenteile unangegriffen. Der Stahl hat seine Eigenschaft als unangreifbare Elektrode eingebüßt. Mit Hilfe von Zeit-Potentialkurven läßt sich nachweisen, daß in Zusammenhang mit dieser Erscheinung die Potentiale schwanken.

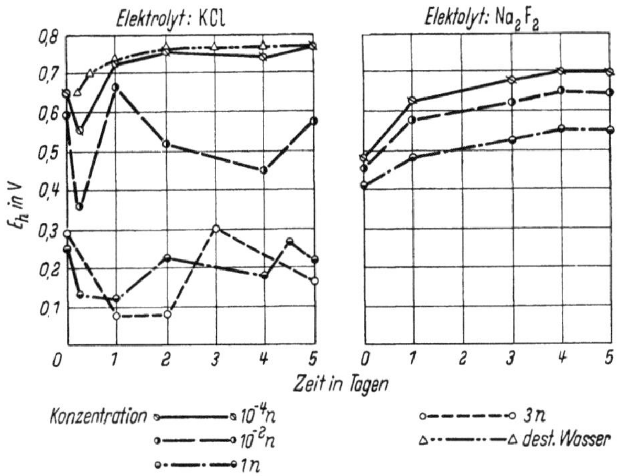

Bild 363. Zeit-Potentialkurven des Stahles 1 in lufthaltigem destilliertem Wasser in KCl- und in Na_2F_2-Lösungen bei 22° (nach C. CARIUS[1])

Das Bild 363 zeigt eine Versuchsreihe in KCl- und Na_2F_2-Lösungen. Die Salzlösungen und auch das destillierte Wasser wurden luftgesättigt, mit der Atmosphäre in Berührung stehend, ohne Durchleiten von Sauerstoff verwendet. In ähnlicher Weise, wie es in fast salzfreiem Wasser der Fall ist, stellte sich in 10^{-4} n-Lösung in zwei Tagen das dem Gleichgewicht entsprechende Sauerstoffpotential von +765 mV ein. Demgegenüber gelangt dieses bereits in 10^{-2} n-Lösung nicht zur Ausbildung. Nach anfänglich vorhandener Neigung, höheren positiven Werten zuzustreben, sinken die Potentiale von anfänglich +250 bis +300 mV auf +50 mV. Bei zeitweiser Veredelung besteht darüber hinaus die Neigung, erneut auf geringere positive Werte zu sinken. Oberhalb einer bestimmten, hier für den Stahl mit 0,05% C, 0,45% Si, 0,53% Mn, 18,10% Cr, 10,05% Ni, 0,36% Mo durch 10^{-4}-fache Normalität an Chlorionen festgelegten Konzentration wird der bisher ausschließlich potentialbestimmende Vorgang der Sauerstoffionisation durch andere Vorgänge abgelöst, deren

[1] CARIUS, C.: Arch. Eisenhüttenw. Bd. 27 (1956) H. 5 S. 323/335.

Einfluß nunmehr die potentialbildenden Vorgänge am Stahl zu beherrschen beginnt. Man sieht, daß zwei verschiedene Reaktionen in ein und derselben Lösung an der in zunächst einheitlichem Zustand vorliegenden Stahloberfläche sich abzuspielen vermögen, wenn, wie im vorliegenden Fall, die Chlorionen in höherer als 10^{-4}-facher Normalität zugegen sind. C. CARIUS[1] nimmt an, daß der Sauerstoff imstande ist, die Chlorionen zu aktivieren. Die Chlorionen durchschlagen dann die Sauerstoffhaut. In ähnlicher Weise wie Lösungen mit Chlorionen verhalten sich solche, die Jod- oder Bromionen enthalten. Demgegenüber wurde, wie man aus Bild 363 sieht, in Fluoridlösungen ein stetiger Verlauf der Potentialkurven gefunden und die Beständigkeit bleibt im Gegensatz zu den Chloridlösungen erhalten. Nach C. CARIUS ist die Erklärung die, daß Fluor mit Hydroxylionen nach der Gleichung

$$F_2 + 2\,OH' \rightarrow 2\,F' + H_2O + O$$

unter Freiwerden von Sauerstoff reagiert und dadurch am Stahl ein der Intensität der Reaktion entsprechender, zusätzlich sich geltend machender Sauerstoffdruck aufrechterhalten wird. Die weitere Folge ist die Abschirmung des Stahles gegenüber Fluoratomen.

Einschlüsse, Karbidseigerungen fördern den ungleichmäßigen Angriff nicht wesentlich. Dem Lochfraß entgegen wirken Zusätze von Molybdän. Bei konzentrierten Lösungen gebraucht man austenitische Stähle mit Zusätzen bis 5% Mo, bei Meerwasser genügt ein Stahl mit 0,10% C, 18% Cr und 2% Mo.

Spannungsrißkorrosion[2]. An Stellen, die, wie das Bild 364 schematisch wiedergibt, unter Spannung stehen, bilden sich unter Einwirkung der Korrosion Risse, und zwar mit seltener Ausnahme nur an der Zug- und nicht an der Druckseite. Bemerkenswert ist hierbei, daß verhältnismäßig schwache Angriffsmittel wie Chloridlösungen die Stähle mehr gefährden können als starke. Bei letzteren tritt an Stelle der selektiven Spannungsrißkorrosion ein gleichbleibend abtragender Angriff ein.

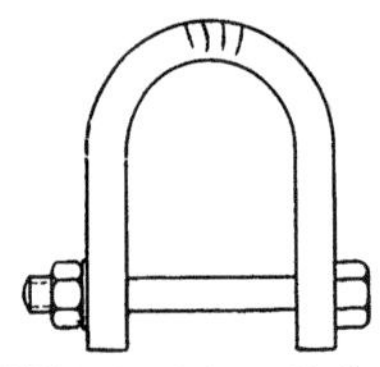

Bild 364. Schematisches Bild über Eintreten der Spannungsrißkorrosion an der Zugseite einer gebogenen Probe

Die Spannungsrißkorrosion kann aber auch durch Angriffsmittel, deren Schädlichkeit nicht zu erwarten war, verursacht werden. So fanden E. BAERLECKEN und K. LORENZ[3] bei einem Schadensfall an Dampfrohren aus stabilisiertem Chrom-Nickel-Stahl Natronlaugeneinbruch als

[1] CARIUS, C.: Arch. Eisenhüttenw. Bd. 27 (1956) S. 323/335.

[2] Eine übersichtliche Darstellung über die in diesem Buch besonders interessierenden 18/8 Cr-Ni-Stähle findet sich: Report on Stress-Corrosion Cracking of Austenitic Chromium-Nickel-Stainless Steels. ASTM Special Technical Publication Nr. 264 (1960).

[3] BAERLECKEN, E., u. K. LORENZ: Mitt. Ver. Großkesselbes. Nr. 54, 1958, S. 215/219.

Ursache. Ferritgehalt vermindert die Anfälligkeit; dagegen scheint bei sehr hohen Nickelgehalten wieder größere Sicherheit einzutreten.

Ein gefährliches Angriffsmittel für die Bildung von Sulfidspannungsrißkorrosion ist auch Schwefelwasserstoff. E. BAERLECKEN, K. LORENZ und G. KALWA[1] befassen sich ausführlich mit dieser Frage. Durch die Reaktion $Fe^{++}H_2S \rightarrow FeS + 2H^+$ bildet sich atomarer Wasserstoff, der das Gitter aufweitet. Die Stähle sind um so empfindlicher, je höher die Festigkeit ist. Aus dem Bild 365 ist ersichtlich, daß die Standzeit bei Stählen mit hohen Chromgehalten nicht wesentlich über denjenigen mit niedrigen und ohne Chrom liegen. Es besteht daher in diesem Fall wenig Aussicht, durch Legierungsmaßnahmen Abhilfe zu schaffen[2].

Bei Reaktoranlagen, die mit flüssigen Metallen wie Natrium gekühlt werden, hat es sich gezeigt, daß schon geringe Sauerstoffgehalte Spannungsrißkorrosion herbeiführen können (S. 706).

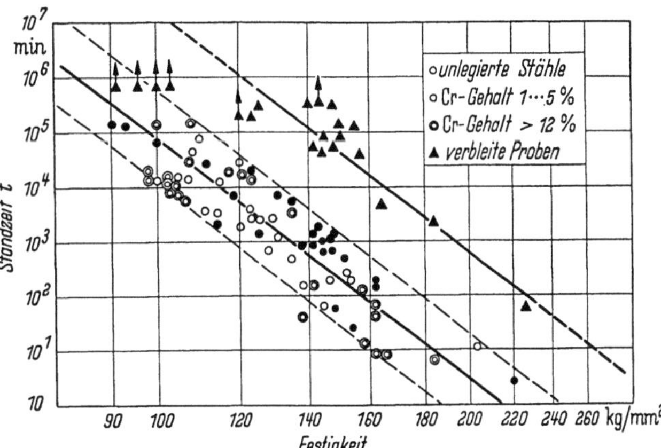

Bild 365. Abhängigkeit der Standzeit verschieden legierter Werkstoffe von der Festigkeit und Einfluß einer Verbleiung bei der Prüfung von Hebelproben unter einer Belastung von 60 kg/mm² in H_2S-gesättigter Kleesalzlösung (nach E. BAERLECKEN, K. LORENZ und G. KALWA)[3]

Eine befriedigende Erklärung für die Spannungsrißkorrosion steht noch aus. Man kann annehmen, daß es sich wie in dem Fall des eben erwähnten Schwefelwasserstoffangriffes um Gitterstörungen handelt.

Über den Einfluß des Gefüges und gewisser Legierungszusätze liegen ausführliche Untersuchungen von H. H. UHLIG und R. A. WHITE[4] vor. Danach ist in austenitischen Stählen mit Ferritanteil dieser beständiger als der Austenit, gleichgültig, ob letzterer durch Kohlenstoff, Stickstoff oder Niob stabilisiert wird. Stickstoff soll auch, abgesehen von seiner Austenitförderung, besonders schädlich sein, der sich, wie die

---

[1] BAERLECKEN, E., K. LORENZ u. G. KALWA: Erdöl u. Kohle Jg. 11 (1958) S. 537/543 nebst vielen Schrifttumsangaben.

[2] Über den Angriff von gasförmigem SO_2 liegen von denselben Verfassern Versuche vor (S. 674).

[3] In dem Bild bedeuten die vollen Ringe Chromgehalte von 1 bis 5%.

[4] UHLIG, H. H., u. R. A. WHITE: Trans. Amer. Soc. Metals Bd. 52 (1960) S. 830/847; s. Stahl u. Eisen Bd. 80 (1960) S. 1225/1227.

Verfasser annehmen, an Versetzungen ausscheidet; der Einfluß des Kohlenstoffes, von dem man wegen der Vergrößerung des Austenitbereiches eine durchaus schädliche Wirkung erwarten müßte, ist schwan-

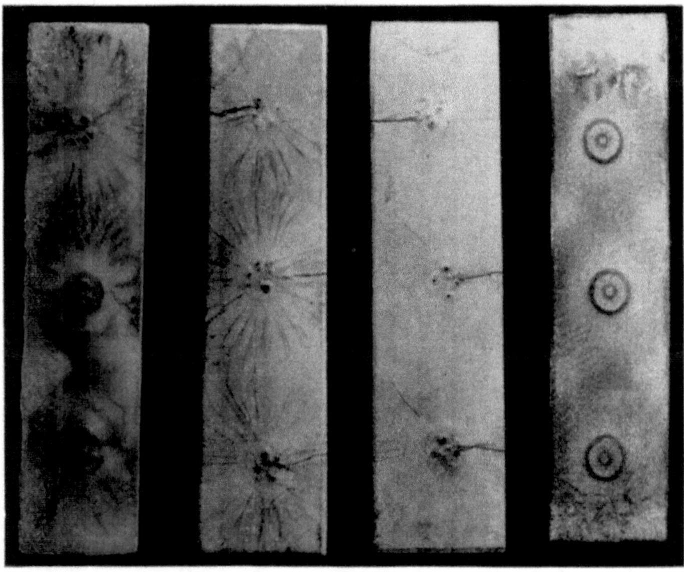

Bild 366. Spannungsrißkorrosion eines korrosionsbeständigen Stahles an Brinelleindrücken

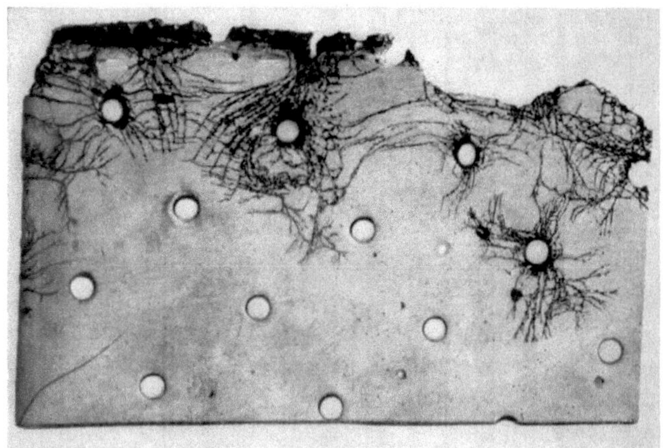

Bild 367. Spannungsrißkorrosion an einem Siebblech nach ½jähriger Betriebsdauer. Titanstabilisierter 18/8 Cr-Ni-Stahl

kend, meist aber zeigt sich wohl, daß er schädlich ist. — Erhöhte Siliziumgehalte sollen vorteilhaft sein, weil sie die Ferritbildung an sich begünstigen und bei einer Kaltverformung unverändert ferritisch bleiben[1].

[1] s. a. HERBERT KRAINER, demnächst.

Was den Einfluß der plastischen Verformung anlangt, so wurde gelegentlich ein günstiger Einfluß gefunden. Allgemeine Aussagen darüber sind verfrüht.

Während man bei der interkristallinen Korrosion — ohne sich über die Erklärung ganz einig zu sein — wenigstens die Abhilfsmaßnahmen durch Legierungszusätze kennt, hat man bei oft so gefährlicher Spannungskorrosion derartige Mittel noch nicht sicher gefunden.

Der Gefahr der Spannungsrißkorrosion sind Stähle ausgesetzt, die durch Schneiden und Bördeln verspannt werden. Auch durch Schweißen entstehen sehr häufig gefährliche Spannungen.

Die Bilder 366, 367, 368 geben Beispiele solcher Erscheinungen wieder.

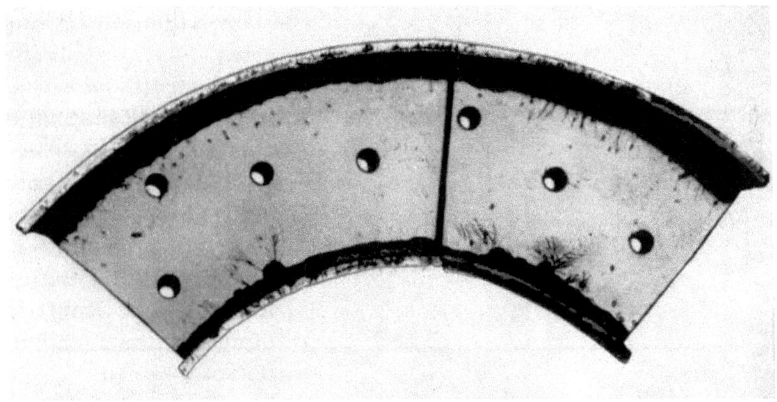

Bild 368. Spannungsrißkorrosion in einem geschweißten austenitischen Apparateteil

Die Ergebnisse der Untersuchungen von W. Rädeker und H. Gräfen[1] an unlegierten und schwachlegierten Stählen sind für korrosionsbeständige Stähle nicht anwendbar, vor allem deshalb, weil bei den letzteren die Risse gemäß Bild 369[2] wohl zum kleinen Teil interkristallin, hauptsächlich aber intrakristallin verlaufen. Bei unlegierten Stählen hingegen bilden sie sich immer an den Korngrenzen.

Der Fehler zeigt sich, wie aus dem Vorausgehenden zu ersehen war, sowohl bei der Belastung im elastischen wie auch im plastischen Verformungsbereich und ist nicht zu vergleichen mit dem, was man Sprödbruch nennt. Er ist auch nicht zu verwechseln mit der interkristallinen Korrosion, da Spannungsrißkorrosion bei stabilisierten Stählen ebenso wie bei nicht stabilisierten auftreten kann. Unter Umständen verwechselt man sie auch mit dem Dauerbruch, und es kann wohl sein, daß ein kleiner Anriß durch die mechanische Dauerbeanspruchung

[1] Rädeker, W., u. H. Gräfen: Stahl u. Eisen Bd. 76 (1956) S. 1616 ff., s. a. S. 289.

[2] Rapatz, F.: Schweißen u. Schneiden Jg. 6 (1954), Sonderheft S. 128/133.

zur Erweiterung des Risses führt. Die Zeit, nach welcher Risse erscheinen, ist unberechenbar, und man ist auch nach Jahren noch nicht sicher davor.

Die Prüfung, ob ein Stahl gegen Spannungsrißkorrosion empfindlich ist, wird so durchgeführt, daß man eine Biegeprobe nach Bild 364 in heißer Magnesium- oder Kalziumchloridlösung prüft. Die Konzentration beträgt zweckmäßig zwischen 40 und 45% des Salzes. Unter Verwendung dieser Lösung kann die Entstehung der einzelnen Risse mit bloßem Auge verfolgt werden. Zur Beschleunigung der Rißbildung empfiehlt es sich, den Lösungen geringe Mengen eines Oxydationsmittels hinzuzusetzen. Sehr vorteilhaft ist es, eine nur 40%ige siedende Kalziumchloridlösung zu verwenden, der zur Beschleunigung des Angriffs geringe Mengen eines Oxydationsmittels, am besten Kupferchlorid, zugesetzt wird (0,1 g $CuCl_2$ auf 1 l Lösung). Der Kupferchloridzusatz kann nach Verbrauch wiederholt werden.

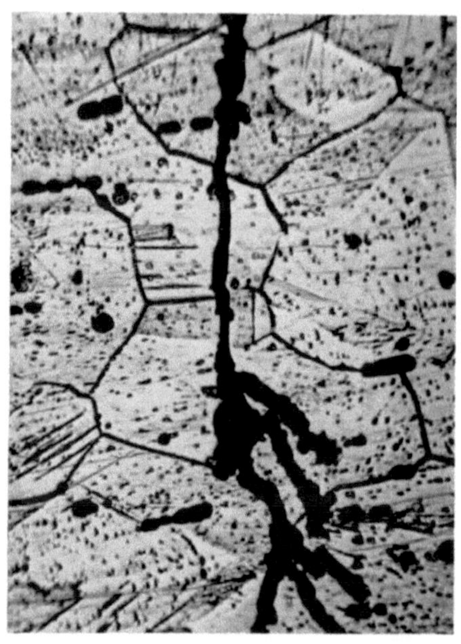

Bild 369. Durch anodische Polarisation verursachte intrakristalline Korrosion bei 18/8 Chrom-Nickel-Stählen. V = 500

Die Verwendung von Lösungen geringerer Konzentration ist zwar auch möglich, jedoch ist eine längere Zeitdauer bis zum Auftreten der Risse erforderlich. Werden die Lösungen obengenannter Konzentration verwendet, so zeigen sich die ersten Risse bereits nach 2 bis 5 Stunden. Kann man nach etwa 24 Stunden keine Risse feststellen, ist man durchaus berechtigt, den Stahl unter den vorliegenden Prüfbedingungen der Verspannung als rißunempfindlich zu bezeichnen.

Ausführliche Untersuchungen über die Spannungsrißkorrosion von nichtrostenden austenitischen Stählen führten mit Hilfe von Potentialmessungen T. P. Hoar und J. G. Hines[1] durch. Sie finden einen Einfluß von Zeit und Belastung auf die Entstehung der Spannungsrißkorrosion nach Bild 370. Während bei unbelasteten Proben die Potentialdifferenz zunächst ansteigt, bei einer bestimmten Zeit aber gleichbleibt,

[1] Hoar, T. P., u. J. G. Hines: J. Iron Steel Inst. Bd. 182 (1956) S. 124/143; vgl. Stahl u. Eisen Bd. 78 (1958) S. 311.

so fällt sie bei belasteten Proben bei Eintritt des Bruches plötzlich ab, um dann erst wieder anzusteigen. An dem Bild 370 sieht man ferner, daß bei mechanisch stark belasteten Proben der Bruch früher eintritt als bei schwach belasteten.

F. K. BLOOM[1] betont, daß die austenitischen Stähle an meisten gefährdet sind, und er schlägt deshalb vor, wenn möglich, diese Stähle durch andere zu ersetzen (s. a. S. 454). Als weitere Mittel werden empfohlen, die durch Verdunsten entstehende Salzkonzentration durch Ausspülen mit Wasser unschädlich zu machen, ferner Isolierungsmittel anzuwenden und die Dichtungen trocken zu halten. Eine Wärmebehandlung der fertiggestellten Geräte wird meist von Vorteil sein.

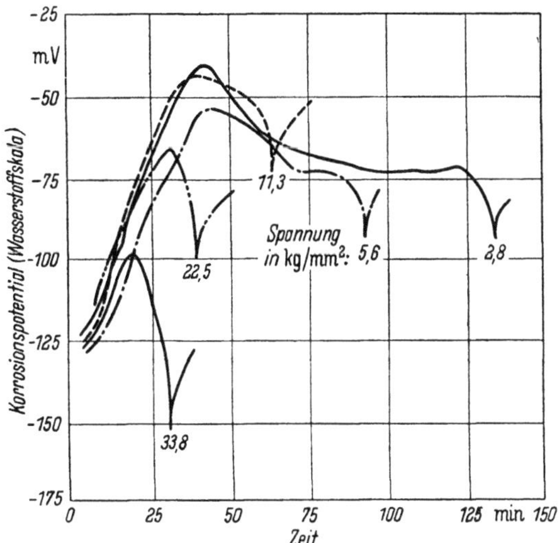

Bild 370. Potentialverlauf verspannter Drähte unter dem Einfluß zunehmender Belastung bis zum Eintritt der Rißbildung (nach T. P. HOAR und J. G. HINES)

Über die beim Schweißen und Zurichten hierfür zu beachtenden Umstände wird bei der Besprechung des Schweißens der korrosionsbeständigen Stähle kurz eingegangen werden (S. 662).

Berührungskorrosion oder Kontaktkorrosion[2]. Es ist bekannt, daß bei der leitenden Verbindung zweier Metalle mit verschiedenem Eigenpotential in einem Elektrolyten das unedlere zur Anode wird und verstärkt in Lösung geht, während das edlere Metall durch kathodische Polarisation geschützt wird. So wird z. B. verzinktes Eisen so lange vor Korrosion geschützt bleiben, als überhaupt noch Zink vorhanden ist. Anstatt des schützenden unedleren Metalls kann man durch Anlegung

[1] BLOOM, F. K.: Stress-Corrosion Cracking of Austenitic Chromium-Nickel Stainless Steels. ASTM Special Technical Publication Nr. 264 (1960).

[2] CARIUS, C.: Ber. über die 5. Korrosionstagung 1935 (VDI-Verlag) Berlin 1936. S. 61/72. — RAPATZ, F., u. L. WETTERNIK: Öst. Chem.-Ztg. Bd. 51 (1950) Nr. 3, S. 42/47.

einer äußeren Stromquelle den metallischen Werkstoff kathodisch polarisieren und dadurch schützen. Diese Wege sind bei chemisch beständigen Stählen nicht immer gangbar, da man ihr Verhalten nicht vorhersehen kann. Sie besitzen, wie wir sehen, zwei Potentiale, nämlich eines, das ihrem passiven Zustand entspricht und etwas höher als das Kupferpotential liegt, und ein Aktivpotential, das etwa die Größenordnung des Eisens hat. Bei einer ganzen Reihe von Verwendungen arbeiten diese Stähle im Gebiet des passiven Potentials, so zum Beispiel bei allen oxydativ verlaufenden Prozessen oder überall dort, wo sie der Rostbeständigkeit halber Verwendung finden. Aber auch in verdünnten Säuren bei Raumtemperatur sind die meisten der korrosionsbeständigen Chrom-Nickel-Stähle deshalb beständig, weil sie im passiven Zustand verbleiben. Man kann sie aber aus diesem Zustand durch Berührung mit einem unedlen Metall, wie etwa Zink, herausbringen, das heißt aktivieren. Der Stahl wird je nach Konzentration und Art der betreffenden Säure auch nach Entfernung des Zinkstabes entweder dauernd aktiv bleiben, das heißt also, angegriffen werden, oder er wird nach einiger Zeit wieder sein edles passives Potential annehmen und somit unangegriffen bleiben. Man kann also einen solchen Stahl durch leitende Verbindung mit unedlerem Material nicht vor Angriff schützen. Bei Verbindung mit Kupfer und Kupferbronzen kann es leicht vorkommen, daß einmal der Stahl und das andere Mal das Metall edler ist, da die Höhe des passiven Potentials keine so konstante Größe ist wie das Normalpotential eines Elementes. Man wird daher am besten tun, bei der Konstruktion chemischer Apparate die gleichzeitige Verwendung von chemisch beständigen Stählen und anderen Metallen zu vermeiden. Wo dies aber nicht zu umgehen ist, soll wenigstens für eine vollkommen elektrische Isolierung der beiden Werkstoffe Sorge getragen werden. Zur Isolierung können Gummi, Kunststoffe und andere Isoliermittel verwendet werden.

Spaltkorrosion. An Stellen, wo sich dünne Flüssigkeitshäute bilden, also in feinen Spalten, z. B. an Dichtungsringen, Isolierstoffen oder unter Nietköpfen (Spaltkorrosion), tritt, wie C. Carius nachgewiesen hat[1], durch Sauerstoffmangel eine Verunedelung ein, die bis zur lokalen Aktivierung führen kann. Zu ihrem Auftreten ist das Vorhandensein verschiedener Metalle (wie bei der Kontaktkorrosion) nötig.

Die Spaltkorrosion läßt sich dadurch vermeiden, daß man durch starkes Aufeinanderpressen der zu verbindenden Teile, seien es Nietköpfe oder Dichtungs- und Isolierstoffe, das Eindringen von Flüssigkeit verhindert. Ferner wird man schon von vornherein Stellen mit engen Fugen oder Spalten vermeiden und Nietung durch Schweißen ersetzen.

---

[1] Carius, C.: Arch. Eisenhüttenw. Bd. 27 (1956) S. 401/412.

Löslichkeit der korrosionsbeständigen Stähle und Legierungen in verschiedenen Säuren

Um den Begriff „Beständigkeit" zu kennzeichnen, hat man in der Praxis eine Löslichkeitsgrenze eingeführt. Ein Stahl gilt bei einem bestimmten Korrosionsangriff dann als „beständig", wenn der stündliche Verlust je m^2 0,1 g nicht übersteigt.

Die Löslichkeit der korrosionsbeständigen Stähle in Säure hängt von vielen Einflußgrößen ab. Die Art der Säure, ihre Konzentration, die Temperatur geben eine Unzahl von Möglichkeiten. Zunächst ist festzuhalten, daß die Passivität des Stahles, die durch Chrom hervorgerufen wird, nur die Widerstandsfähigkeit gegen oxydische Angriffsmittel sichert und nicht gegen reduzierende. Gegen letztere bedarf es anderer Zusätze, als deren wichtigste Nickel, Molybdän und Kupfer in Frage kommen. Als oxydierende Angriffsmittel kommen hauptsächlich Salpetersäure HNO_3 und salpetrige Säure HNO_2, als reduzierende Salzsäure HCl und Flußsäure HF in Betracht. Schwefelsäure und organische Säure können verschieden wirken, sowohl reduzierend wie oxydierend. Das Aktiv- und das Durchbruchspotential der ferritischen Chromstähle (z. B. 0,1% C, 18% Cr) liegt etwa gleich wie bei den austenitischen Stählen (8% Ni, 18% Cr, 0,07% C). Demgemäß bewegt sich der Widerstand gegen Salpetersäure in beiden Stählen in ähnlichen Grenzen. Dagegen ist die Widerstandsfähigkeit gegen Schwefelsäure durch den Nickelzusatz schon in gewissem Ausmaß vorhanden und wird durch weitere Zusätze von Molybdän und Kupfer noch bedeutend erhöht. In Salzsäure befindet sich der Stahl völlig im aktiven Zustand. Es ist wieder das Molybdän, das für die Widerstandsfähigkeit nötig ist (S. 238, 598). Die verschiedenen Sauerstoffpotentiale gemäß der Stromdichtepotentialkurve sind also kein Maßstab für die Löslichkeit in nicht oxydierenden Säuren.

Bei den Zahlenangaben über den Angriff in verschiedenen Säuren ist zu beachten, daß eine *Verallgemeinerung* nur in *beschränktem Maße zulässig* ist. Verschiedene Umstände ändern das Verhalten oft stark. So vermindern manche Verunreinigungen schon in geringer Menge die Widerstandsfähigkeit. Ein Beispiel hierfür gibt Bild 371 nach W. B. de Long[1] für sehr kleine Chromgehalte in der Salpetersäure.

Ferner ist die Kaltverformung, wie auf S. 564 gezeigt wurde, von erheblicher Wirkung, und zwar viel schwächer in Salpeter- als in Schwefel- oder Salzsäure.

H. Zitter[2] macht in Bild 372 deutlich, wie die Haltedauer auf Abschrecktemperatur sich äußern kann; in diesem Fall waren 20 Minuten

[1] de Long, W. B.: Symposium on evaluation tests for stainless steels. Philadelphia/Pa. 1950 (Spec. techn. Publ. Amer. Soc. Test. Mater. Nr. 93) S. 212.

[2] Zitter, H.: Werkstoffe u. Korrosion Bd. 10 (1959) S. 320.

Haltedauer nötig, um den für die Korrosionsbeständigkeit besten Gefügezustand zu erreichen. Wieder war der Einfluß bei Salz- und Schwefelsäureangriff stärker als bei Salpetersäure.

Wie in Stählen mit 10% Ni das Chrom die Beständigkeit in den drei wichtigsten Säuren beeinflußt, zeigt H. ZITTER[1] in Bild 373. Der

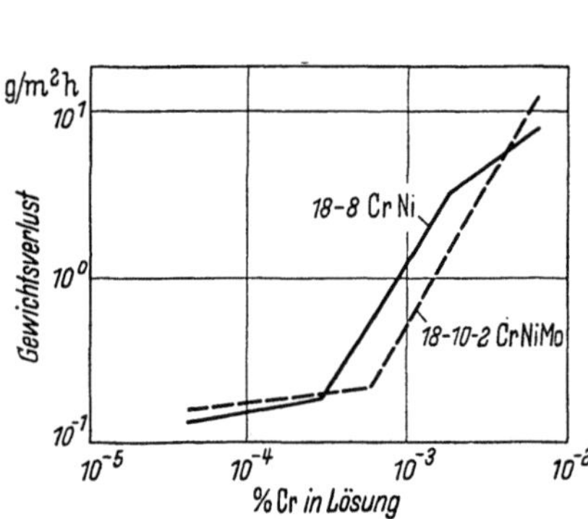

Bild 371. Einfluß von Cr-Gehalten in 65% HNO_3, siedend, auf die Korrosion (nach W. B. DE LONG)

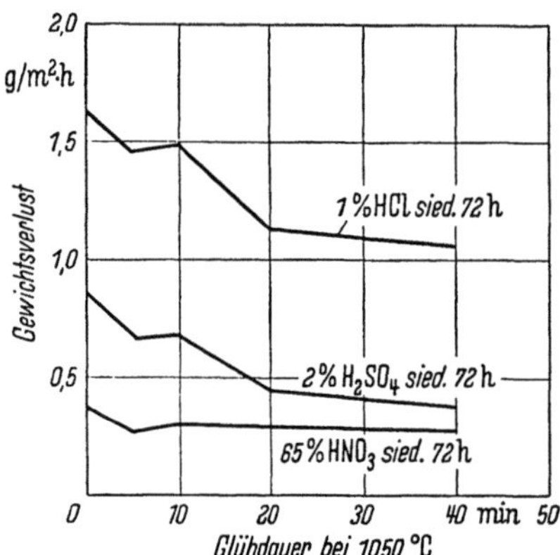

Bild 372. Gewichtsverluste eines 18-10-2 CrNiMo-Stahles in Abhängigkeit von der Dauer der Endwärmebehandlung (nach H. ZITTER)

Gewichtsverlust nimmt in Salpeter- und Schwefelsäure mit dem Chromgehalt ab, in Salzsäure hingegen zu, weil im aktiven Zustand Chrom sich schlechter verhält als Eisen.

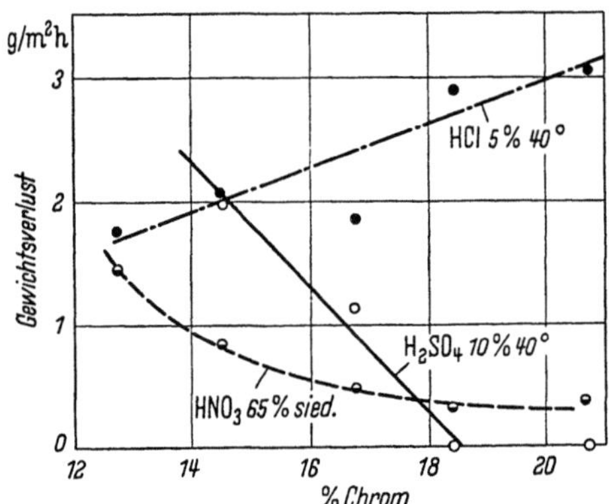

Bild 373. Angriff von Stählen mit 10% Ni in verschiedenen Säuren in Abhängigkeit vom Cr-Gehalt (nach H. ZITTER)

Eine der wichtigsten Säuren in der chemischen Industrie ist die *Salpetersäure*. Gegen diese Säure ist die Beständigkeit sowohl bei den ferritischen als auch den austenitischen Stählen sehr groß.

---

[1] ZITTER, H.: Werkstoffe u. Korrosion Bd. 10 (1959) S. 312.

Über das Korrosionsverhalten der ferritischen Chromstähle geben die Bilder 374[1] Aufschluß. Die Zunahme der Beständigkeit noch von 16% Cr aufwärts ist noch immer beträchtlich.

Zu erwähnen ist hier auch die Versprödung nach längerem Verweilen bei etwa 475 °C (S. 178, 444), wobei die Versprödung auch eine große Erhöhung des Angriffes mit sich bringt, wie E. BAERLECKEN

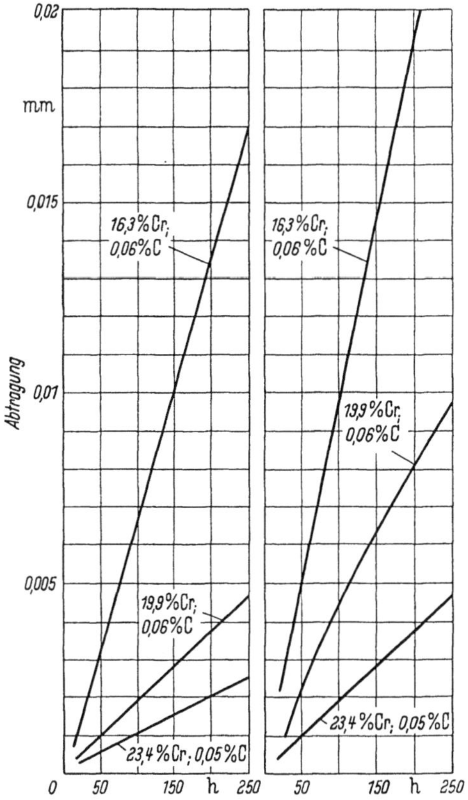

Bild 374. Abtragung von Chromstählen mit verschiedenen Chromgehalten in siedender Salpetersäure in Abhängigkeit von der Zeit (nach ABC Stahlkorrosion — Mannesmann). *links:* 50%ige HNO_3; *rechts:* 65%ige HNO_3

und H. FABRITIUS[2] nach Bild 375 näher ausführen. K. BUNGARDT und W. SPYRA[3] machen darüber die allgemeine Angabe, daß die Abtragung um 20% vergrößert wird.

[1] ABC der Stahlkorrosion unter besonderer Berücksichtigung der chemisch beständigen Stähle. Düsseldorf: Mannesmann Verkaufsgemeinschaft 1958.

[2] BAERLECKEN, E., u. H. FABRITIUS: Stahl u. Eisen Bd. 78 (1958) S. 1389/1395.

[3] BUNGARDT, K., u. W. SPYRA: Arch. Eisenhüttenw. Bd. 27 (1956) S. 777/786; vgl. Stahl u. Eisen Bd. 77 (1957) S. 54.

Im praktischen Verhalten braucht man darauf aber selten Rücksicht zu nehmen, da eine solche Erwärmung in diesem Gebrauchsfalle kaum in Frage kommt.

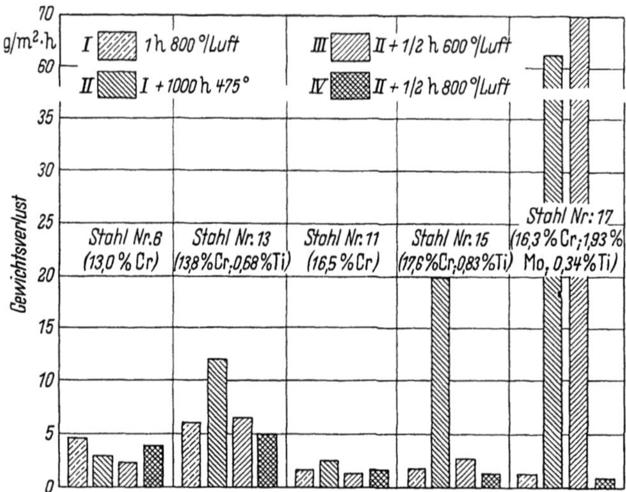

Bild 375. Einfluß einer 1000stündigen Glühung bei 475 °C auf das Korrosionsverhalten in kochender Salpetersäure (Kochzeit bei Nr. 6, 13 und 15 10 Tage; bei 17 2 Tage) (nach E. BAERLECKEN und H. FABRITIUS[1])

In austenitischen Stählen vermindert Molybdän, wie Bild 376[2] erweist, die Beständigkeit gegen Salpetersäure. Dafür ist wohl der durch Molybdän bewirkte chromarme Ferritanteil verantwortlich.

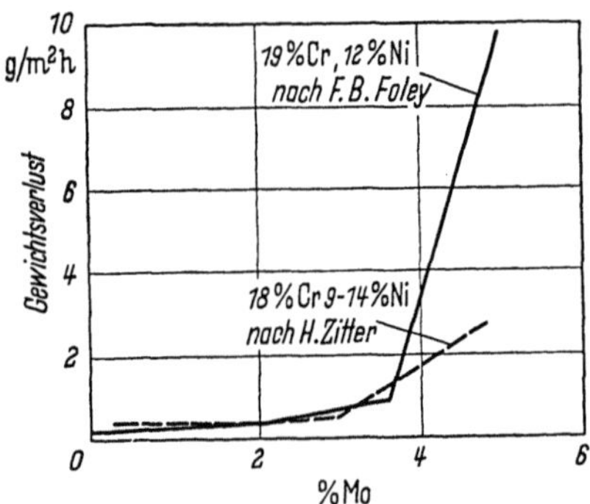

Bild 376. Beständigkeit von Cr-Ni-Stählen in konz. sied. HNO_3 in Abhängigkeit von Mo-Gehalt (nach F. B. FOLEY und H. ZITTER[2])

[1] s. Fußnote 2 auf S. 591.

[2] FOLEY, F. B.: Symposium on Evaluation Tests for Stainless Steels. Philadelphia/Pa. 1950 (Spec. techn. Publ. Amer. Soc. Test. Mater. Nr. 93) S. 174 bzw. H. ZITTER: Werkstoffe u. Korrosion Bd. 10 (1959) S. 311/321.

Beständigkeitsschaubilder der Chrom-Nickel- und Chrom-Nickel-Molybdän-Stähle nach Versuchen von H. ZITTER[1] sind in Bild 377 zusammengefaßt. Man sieht, daß bei Molybdänzusätzen der Nickel- oder der Chromgehalt erhöht werden muß, um den Stahl nicht stärker angreifbar zu machen. Ähnlich verschlechternd wie Molybdän sind auch höhere Siliziumzugaben. Dagegen halten Siliziumgußlegierungen mit 15% Si, wie auf S. 629 ausgeführt wird, selbst bei Siedetemperatur rau-

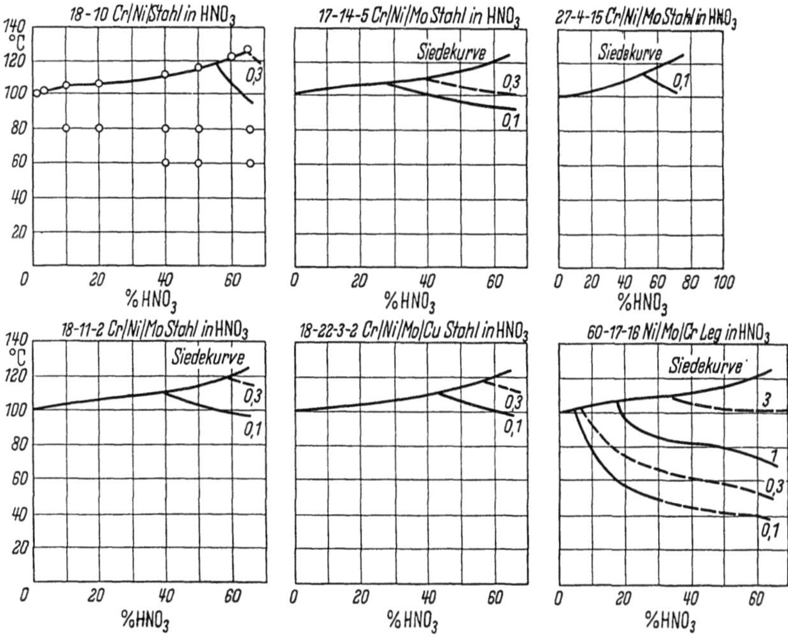

Bild 377. Beständigkeitsschaubilder von Cr-Ni-, Cr-Ni-Mo- und Cr-Ni-Mo-Cu-Stählen in HNO_3 (nach H. ZITTER[1])

chender Salpetersäure stand. Bei Abwesenheit von wesentlichen Molybdän- und Siliziumsätzen sind höhere Nickelgehalte als 8% ohne Wirkung.

Das *Salpetersäure-Schwefelsäure*-Gemisch wird in der chemischen Industrie als Mischsäure oft gebraucht. Die Beständigkeit der Chrom-Nickel- und Chrom-Nickel-Molybdän-Stähle gegenüber diesen Säuregemischen ist nach Versuchen von H. ZITTER[2] in Bild 378 wiedergegeben. Man sieht, daß schon verhältnismäßig geringe Mengen Salpetersäure genügen, um den 18/10-Chrom-Nickel-Stahl gegen Schwefelsäure beständig zu machen. Irgendwelche zusätzliche Legierung bringt gegenüber

[1] ZITTER, H.: Werkstoffe u. Korrosion Bd. 8 (1957) S. 759.
[2] ZITTER, H.: Werkstoffe u. Korrosion Bd. 8 (1957) S. 760.

diesem Stahl nur geringe Verbesserungen im Gebiet höherer Konzentrationen an Schwefel- und Salpetersäure.

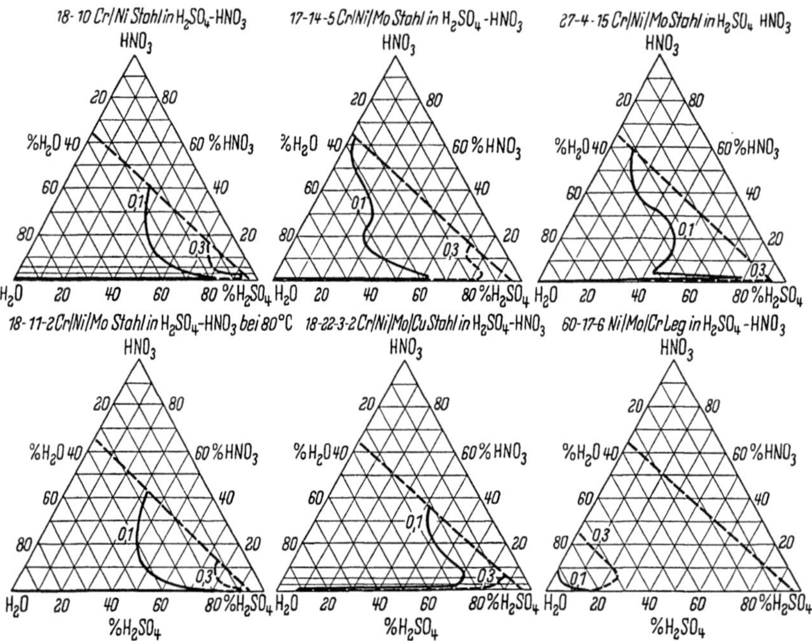

Bild 378. Beständigkeitsschaubilder von Cr-Ni- und Cr-Ni-Mo-Stählen in HNO_3-H_2SO_4-Gemischen (nach H. ZITTER[1])

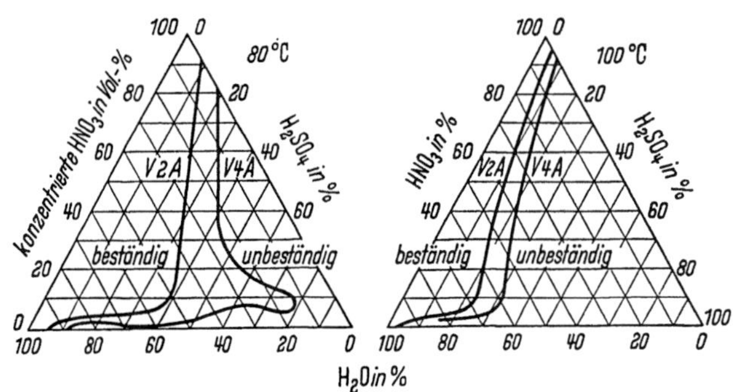

Bild 379. Beständigkeitsgrenzen (0,1 g/m² · h Gewichtsabnahme) in Salpetersäure-Schwefelsäure-Gemischen bei 80 und bei 100 °C für zwei Chrom-Nickel-Stähle (V2A: 18% Cr und 8% Ni; V4A: 18% Cr, 10% Ni und 2% Mo) nach Untersuchungen von H.-J. ROCHA[2]

Diese Werte gelten für 80 °C. In welcher Weise sich das Verhalten bei 100 °C ändert, zeigt H.-J. ROCHA[2] in Bild 379 an einem Beispiel, das allerdings mit den Ergebnissen von H. ZITTER nicht ganz übereinstimmt.

[1] s. Fußnote 2 auf S. 593.

[2] ROCHA, H.-J.: s. H. BRAUN: Werkstoffe u. Korrosion Bd. 3 (1952) S. 93/98.

Die salpetrige und die *Phosphorsäure* verhalten sich nicht viel verschieden von der Salpetersäure (s. Beständigkeitstafeln S. 641).

Von der *Schwefelsäure* H_2SO_4 sagten wir, daß sie reduzierend und auch oxydierend wirken kann, reduzierend bei Luftausschluß und oxydierend bei Durchlüftung. Im letzteren Falle ist der Angriff schwächer. Das bessere Verhalten der austenitischen Stähle gegenüber den ferritischen kann, wie wir sagten, nicht auf die Höhe des Sauerstoffpotentials zurückzuführen sein, weil dieses bei beiden Stählen gleich ist. Die Ursachen sind nicht geklärt. Es handelt sich entweder um selektive Herauslösung der Legierungskomponenten Eisen, Chrom und Nickel oder um schwer wegdiffundierbare Sulfate. Eine Verbesserung der Beständigkeit gegen Schwefelsäure erweist sich durch Hinzufügung von Molybdän, die noch mehr gesteigert wird, wenn man außerdem noch Kupfer beigibt. C. CARIUS[1] erklärt dies durch eine Kupferabscheidung, die mit Stahl ein Lokalelement bildet und an ihm ein Sauerstoffpotential erregt.

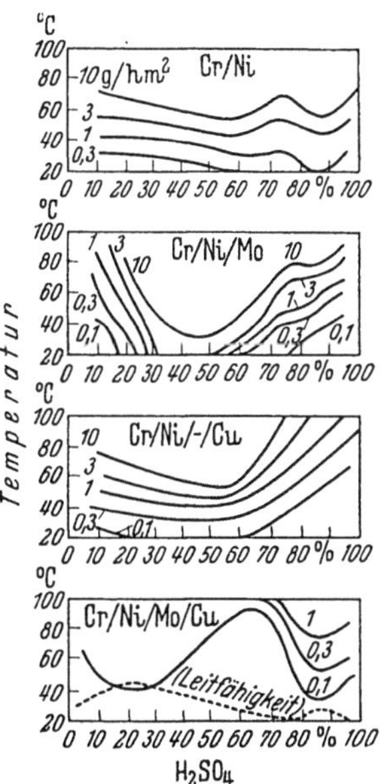

Bild 380. Einfluß von Molybdän und Kupfer in Cr-Ni-Stählen auf die Lösegeschwindigkeit in H_2SO_4 (Linien gleicher Gewichtsverluste) (nach H.-J. ROCHA)

Wie Chrom-Nickel-Stähle in ihrem Widerstand durch Molybdän und Kupfer verbessert werden, zeigt nach H.-J. ROCHA[2] schematisch das Bild 380. Genauere Angaben für zwei bestimmte Stähle gibt nach eigenen Versuchen Bild 381. Beständigkeitstafeln in Schwefelsäure hat H. ZITTER[3] nach Bild 382 zusammengestellt.

Größte Beständigkeit gegen Schwefelsäure wird durch eine Nickel-Molybdän-Legierung ohne Chrom erzielt. Die Beständigkeit gegen siedende Schwefelsäure und solche bei 70 °C und bei verschiedener Konzentration ist in Bild 383 zu sehen. Infolge des Fehlens von Chrom ist natürlich Beständigkeit gegen Salpetersäure nicht vorhanden.

Auf S. 564 wurde gesagt, daß die Sigma-Ausscheidung die Korrosionsbeständigkeit schädigt. Ein Beispiel, wie durch Sigma-Ausscheidung die Widerstandsfähigkeit in 25%iger Schwefelsäure verringert wird, gaben L. SMITH und K. W. J. BOWEN[4] (s. Bild 349, S. 564). Es handelte

[1] CARIUS, C.: Arch. Eisenhüttenw., demnächst.

[2] ROCHA, H.-J.: Dechema Monographien Bd. 12 (1941) S. 66, Verlag Chemie Berlin.

[3] ZITTER, H.: Werkstoffe u. Korrosion Bd. 8 (1957) H. 12 S. 758.

[4] SMITH, L., u. K. W. J. BOWEN: J. Iron Steel Inst. Bd. 158 (1948) S. 295/305; s. a. Stahl u. Eisen Bd. 79 (1959) S. 51.

sich um einen wegen des Titangehaltes für die Ausscheidung empfindlichen Stahl.

Salzsäure wirkt nur aktiv, d. h. sie befindet sich stets im Bereich der Wasserstoffentwicklung. Höhere Molybdän- und Nickelgehalte sind

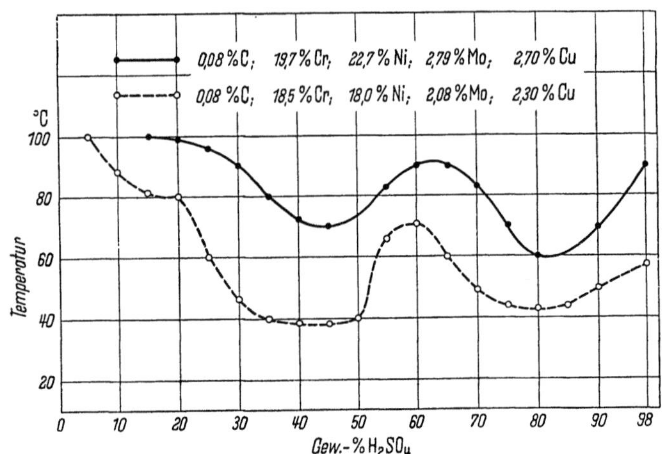

Bild 381. Beständigkeit in Schwefelsäure zweier Chrom-Nickel-Molybdän-Kupferstähle

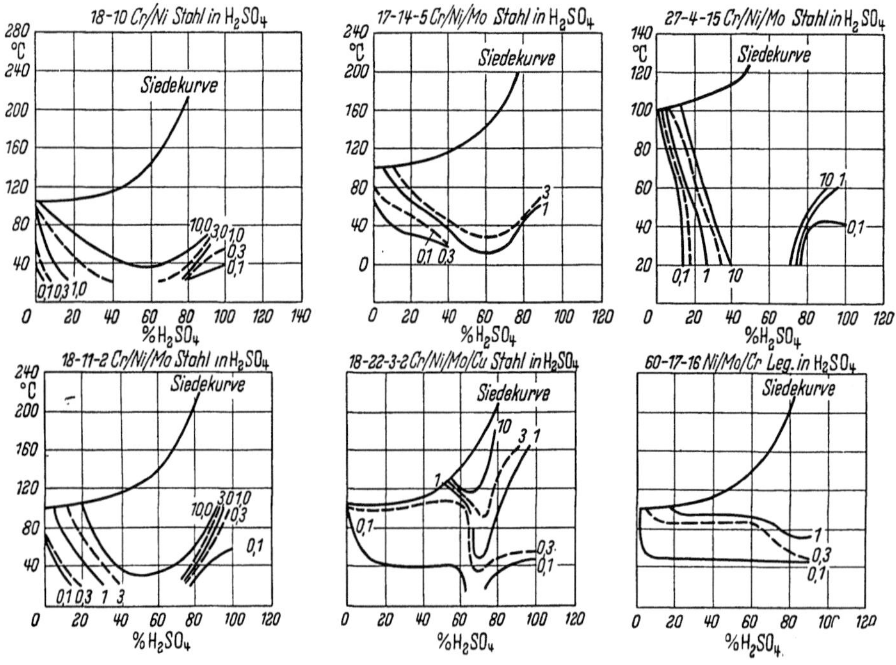

Bild 382. Beständigkeitsschaubilder in Schwefelsäure (nach H. ZITTER)

hier unerläßlich. Warum der Angriff der Salzsäure durch Molybdän erschwert wird, ist nicht geklärt. Chromzusatz allein gibt keine Beständigkeit; sie wird nur mit Hilfe der beiden obenerwähnten Metalle erzielt.

H. ZITTER[1] fand ein Beständigkeitsverhalten, wie es in Bild 384 gezeigt wird. Wie man sieht, kann man von verhältnismäßig guter Beständigkeit erst bei Legierungen mit mindestens 17% Mo sprechen.

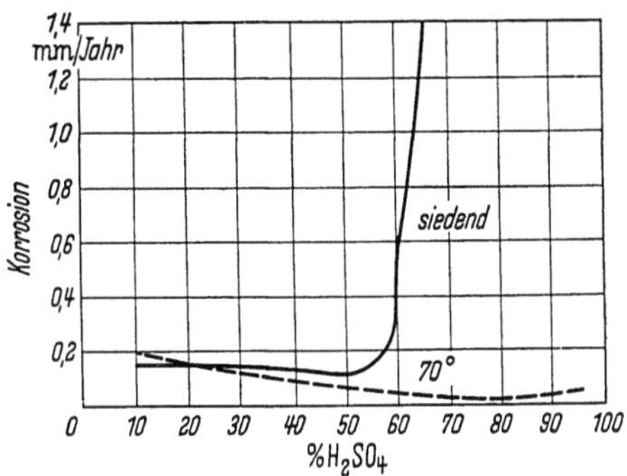

Bild 383. Abtragung durch H_2SO_4 bei 70 °C und siedend, bei einer Legierung mit 62% Ni und 31% Mo, Rest Fe

Zu gut beständigen Legierungen kommt man erst, wenn man sich in einen Legierungsbereich begibt, wo man nicht mehr von Stahl sprechen kann. Solche Legierungen enthalten z. B. 62% Ni, 32% Mo, Rest Eisen mit geringem Mangan- und Siliziumgehalt. Die Beständigkeit dieser Legierung ist im Bild 385 wiedergegeben, wobei bemerkenswert

[1] ZITTER, H.: Werkstoffe u. Korrosion Bd. 8 (1957) S. 579.

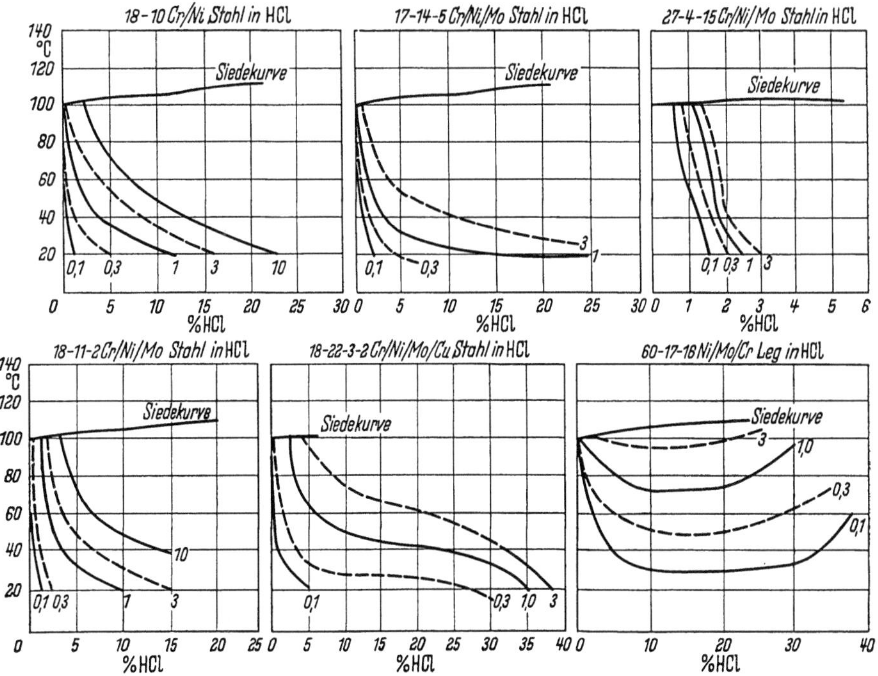

Bild 384. Beständigkeitsschaubilder in Salzsäure (nach H. ZITTER)

ist, daß der belüftete Stahl weniger widersteht als der luftfreie, was man vielleicht darauf zurückführen kann, daß das Nickeloxyd durch Salzsäure leichter löslich ist als das Nickelmetall. Bei dieser Legierung ist wegen des fehlenden Chroms natürlich keine Beständigkeit gegen Salpetersäure zu erwarten.

Erfordern die Betriebsverhältnisse, daß der Stahl auch gegen diese Säure standhalten soll, dann ist Chromzusatz notwendig, jedoch ist es dann für schmiedbare Legierungen notwendig, mit dem Molybdängehalt so weit herunterzugehen, daß nurmehr verdünnte Säuren nicht wesentlich angreifen.

Organische Säuren. Korrosionsbeständige Chrom- und Chrom-Nickel-

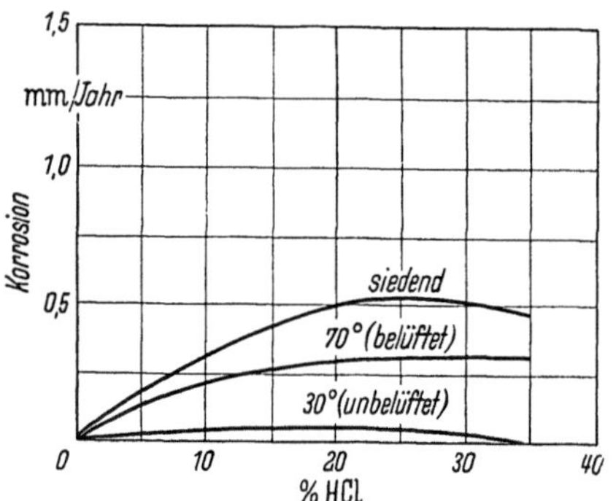

Bild 385. Abtragung durch Salzsäure unter verschiedenen Korrosionsbedingungen bei einer Legierung mit 62% Ni, 31% Mo, Rest Fe

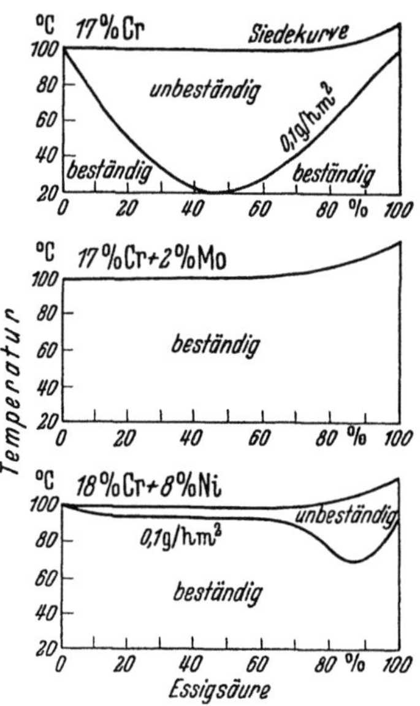

Bild 386. Einfluß von Mo und Ni auf die Beständigkeit von Stählen mit 17 bis 18% Cr in reiner Essigsäure (ermittelt aus dem Gewichtsverlust aktivierter Proben)

Stähle befinden sich in den meisten organischen Säuren, z. B. Ameisensäure, Oxalsäure, im aktiven Bereich, also im Bereich der Wasserstoffentwicklung (S. 596). Diese Säuren verhalten sich demnach in dieser Beziehung wie Salzsäure, nur ist die Wirkung weitaus schwächer. Von den genannten Säuren ist Ameisensäure verhältnismäßig aggressiv. Die Beständigkeit der Chromstähle wird durch Zusätze von Molybdän und Nickel verbessert. Eine allgemeine Regel kann nicht angegeben werden, die Beständigkeit muß man von Fall zu Fall bestimmen. Von großer Wichtigkeit, besonders für industrielle Zwecke, ist die Beständigkeit gegen *Essigsäure.* Ein schematisches Bild 386[1] kennzeichnet den Einfluß von Mo und Ni auf die Beständigkeit von Stählen mit 17 bis 18% Cr in reiner Essigsäure. Es ist bemerkenswert, daß der Molybdänzusatz bessere Wirkungen als der Zusatz von Nickel hat.

[1] ABC der Stahlkorrosion (Mannesmann, Düsseldorf 1958) S. 34/35.

Organische Säuren, die Nitritverbindungen sind ($-NO_2$) und Sauerstoff abspalten, wie Pikrinsäure, passivieren den Stahl. (Näheres s. Beständigkeitstafeln S. 644.)

Alkalien. Kaliumhydroxyd, Natriumhydroxyd, Kalziumhydroxyd passivieren den Stahl bis zu hohen Prozentsätzen (s. Beständigkeitstafeln S. 638, 642). Die Widerstandsfähigkeit gegen schmelzende Alkalien bei den zunderbeständigen Stählen s. S. 677.

Phosphorsäure (H_3PO_4). Sie passiviert im durchlüfteten Zustand wie Schwefelsäure den Stahl. Luftfreie Säure greift den Stahl an, aber in schwächerem Maße wie die Schwefelsäure.

Nach diesen Erläuterungen über die Vorbedingungen zur Korrosionsbeständigkeit, die verschiedenen Arten der Korrosion und die Gesetze für die Beständigkeit gegen verschiedene Angriffsmittel wollen wir die einzelnen Untergruppen der korrosionsbeständigen Stähle beschreiben. Dem Leser wird beim Studium der einzelnen Stahlgruppen empfohlen, auf die Erläuterungen der allgemeingültigen Gesetze auf S. 557—598 zurückzugreifen.

Eigenschaften der in der Praxis verwendeten Stähle, unterteilt in Stahlgruppen

Korrosionsbeständige Chromstähle

Die Einteilung der Stähle für Verwendung in gehärtetem Zustand, in vergütetem Zustand und als ferritische Stähle beruht hauptsächlich auf dem Verhältnis Chrom zu Kohlenstoff. Auf S. 559 wurde an Hand des Bildes 345 ausgeführt, wie die Beständigkeit mit steigendem Chromgehalt größer wird, um unter den dort angegebenen Korrosionsbedingungen bei 0,1% C und 14,45% Cr praktisch vollkommene Beständigkeit zu erreichen. Dieses bei niedrigem Kohlenstoffgehalt gefundene Verhalten wird natürlich mit steigendem Kohlenstoffgehalt ungünstig.

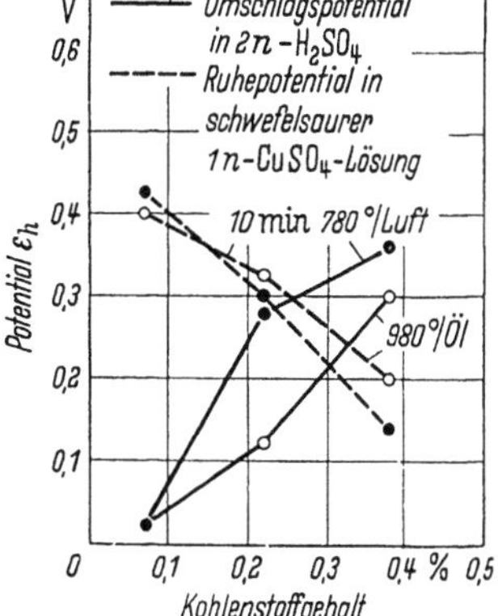

Bild 387. Einfluß des Kohlenstoffgehaltes und der Wärmebehandlung auf die Passivierungsneigung eines Stahles mit 14% Cr in schwefelsaurer Lösung bei 22 °C (nach C. Carius)

Wie bei einem Chromgehalt von 14% bei steigendem Kohlenstoffgehalt die Umschlagspotentiale steigen und die Ruhepotentiale fallen, zeigt nach C. Carius Bild 387[1].

Ist der Chromgehalt mindestens 13% und der Kohlenstoffgehalt nicht höher als 0,35%, so werden beim Härten so viel Chromkarbide gelöst, daß der Stahl etwa so beständig ist, als ob er sehr niedrigen C-Gehalt hätte.

[1] Carius, C.: Arch. Eisenhüttenw. Bd. 26 (1955) S. 776.

Chromstähle für Verwendung im gehärteten Zustand (Messerstähle). Über den Zusammenhang zwischen Korrosionsverhalten und Anlaßbehandlung von gut härtbaren rostbeständigen Chromstählen machten C. CARIUS und A. BÄUMEL[1] gründliche Untersuchungen. An drei Typen von Messerstählen mit 0,4% C, 14% Cr, mit 0,5% C, 15% Cr, 0,5% Mo und mit 1,1% C, 18% Cr, 1% Mo wurde die beim Anlassen der gehärteten Stähle auftretende Änderung des Korrosionsverhaltens und der Härte untersucht. Das Korrosionsverhalten wurde dabei durch Ermittlung der Gewichtsverluste in siedender 5%iger Essigsäure sowie durch Bestimmung der Wasserstoffsuperoxydlösung, die notwendig ist, um einen aktiv in Schwefelsäure eingesetzten Stahl zu passivieren, untersucht.

Bei Anlaßtemperaturen bis zu 400 °C und Anlaßzeiten bis 50 Stunden konnte an keinem der drei Stähle eine Verschlechterung des Korrosionsverhaltens und ein Abfall der Härte im Vergleich zum gehärteten Zustand festgestellt werden. Bei isothermischer Anlaßbehandlung über jeweils 1000 Stunden im Temperaturbereich zwischen 475° und 700 °C zeigen die Gewichtsverlustkurven Maxima, die mit steigender Anlaßtemperatur nach berechenbarer Gesetzmäßigkeit zu kürzeren Anlaßzeiten verschoben werden. Während die Gewichtsverluste der untersuchten Stähle im gehärteten Zustand in siedender 5%iger Essigsäure bei etwa 0,5 $g/m^2 h$ liegen, steigen diese im Korrosionsmaximum bis etwa 80 $g/m^2 h$ an. Nach Überschreiten des Korrosionsmaximums fallen die Gewichtsverluste auf einen konstanten, von der Anlaßdauer unabhängigen Wert ab, der stets um ein Vielfaches größer ist als der des gehärteten Stahles. Die nach hinreichend langer Anlaßdauer sich einstellende Korrosionsanfälligkeit kann als Glühanfälligkeit bezeichnet werden, weil der Stahl dabei im geglühten Zustand vorliegt. Die in den Gewichtsverlustkurven zum Ausdruck kommenden Veränderungen des Korrosionsverhaltens während der isothermischen Anlaßbehandlung von rostfreien Messerstählen findet ihre Erklärung durch die während des Anlassens dieser Stähle auftretenden Ausscheidungsvorgänge, wie sie von K. KUO[2] und S. HEISKANEN[3] untersucht worden sind.

Der Chromgehalt der gebräuchlichsten Messerstähle liegt bei 13 bis 14% und ist notwendig, um Passivierung und Schutz vor Korrosion zu erzielen. Die dem Stahl zugesetzte Menge an Chrom muß dabei homogen im Eisen-Chrom-Mischkristall gelöst sein. Da außerdem in Messerstählen ein verhältnismäßig hoher Kohlenstoffgehalt zur Erlangung hinreichender Härtewerte notwendig ist, scheiden sich in

---

[1] CARIUS, C., u. A. BÄUMEL: Arch. Eisenhüttenw. Bd. 32 (1961) S. 237/249.

[2] KUO, K.: J. Iron Steel Inst. Bd. 173 (1953) S. 363/375.

[3] HEISKANEN, S.: Änderung der Struktur und der Eigenschaften eines gehärteten 13prozentigen Chromstahles beim Anlassen. Dissertation an der Technischen Hochschule Helsinki, 1955. Jernkont. Ann. Bd. 139 (1955) S. 361/411.

diesen Stählen auf Grund der großen Neigung des Chroms zur Karbidbildung große Mengen an hochchromhaltigen Karbiden beim Anlassen aus. Die örtliche Chromanreicherung in den Karbiden geht auf Kosten einer entsprechenden Chromverarmung in der Umgebung der ausgeschiedenen Karbidteilchen. Zwischen den chromverarmten und den chromreichen Zonen bilden sich intensiv wirksame lokale Korrosionselemente aus, die die starke Korrosionsanfälligkeit der angelassenen Stähle bedingen.

Im Anfangsstadium der Ausscheidung ist die Bildungsgeschwindigkeit der Karbide so groß, daß alles an das sich bildende Karbid herandiffundierende Chrom sofort in das Karbid eingebaut wird. Solange das der Fall ist, nimmt die Chromverarmung zu und die Korrosionsanfälligkeit wird größer. In dem Maße, als die Karbidbildung fortschreitet, nimmt aber der Kohlenstoffgehalt im ursprünglichen Martensitgitter ab. Mit abnehmendem Kohlenstoffgehalt im Grundgitter wird jedoch die Bildungsgeschwindigkeit der Karbide kleiner. Außerdem nimmt bei Annäherung der Chromkonzentration an den Sättigungswert die Anreicherungsgeschwindigkeit ab. Das führt dazu, daß von einem gewissen Zeitpunkt an mehr Chrom an die Karbide diffundiert als in der gleichen Zeit von diesen aufgenommen werden kann. Es kommt in zunehmendem Maße zu einem Diffusionsausgleich der Chromkonzentration, wodurch die Korrosionsanfälligkeit wieder geringer wird und sich schließlich bei abgeschlossener Karbidbildung und vollständigem Diffusionsausgleich auf den konstanten Wert der Glühanfälligkeit einstellt.

Wie bereits erwähnt, sind die Gewichtsverluste im geglühten Zustand um ein Vielfaches größer als im gehärteten Zustand. Das beruht darauf, daß im geglühten Zustand durch die große Menge Karbid dem Grundgitter so viel Chrom entzogen wird, daß der Chromgehalt unter die Resistenzgrenze sinkt. Wie K. Kuo[1] und H. S. Heiskanen[2] zeigen konnten, beträgt der Chromgehalt des sich im Gleichgewicht bei 700 °C ausscheidenden Eisen-Chrom-Mischkarbids 75%, so daß sich ein Karbid der formalen stöchiometrischen Zusammensetzung $Cr_{18} \cdot Fe_5C_6$ bildet. Unter Außerachtlassung der sicher geringen Löslichkeit des Kohlenstoffs im Chromferrit läßt sich daher unter Zugrundelegung der obigen Formel der Chromgehalt im geglühten Grundwerkstoff berechnen. Für einen Messerstahl mit 0,42% C und 13,6% Cr ergibt sich hiernach im geglühten Grundwerkstoff ein Chromgehalt von 8,9%, der zweifellos zu niedrig ist, um dem Stahl eine gute Korrosionsbeständigkeit zu verleihen. Der Anstieg des Gewichtsverlustes von etwa 0,5 g/m² h im ge-

[1] Kuo, K.: J. Iron Steel Inst. Bd. 173 (1953) S. 363/375.

[2] Heiskanen, S.: s. Fußnote 3 auf S. 600.

härteten Zustand auf etwa 15 g/m² h im geglühten Zustand ist danach durchaus verständlich.

Die starke zwischenzeitige Korrosionsanfälligkeit von angelassenen Messerstählen hat grundsätzlich die gleiche Ursache wie die interkristalline Korrosionsanfälligkeit von austenitischen Chrom-Nickel-Stählen. In beiden Fällen ist die mit der Karbidausscheidung beim Anlassen verbundene Chromverarmung an der Verschlechterung der Korrosionseigenschaften schuld. Trägt man für festgehaltene Anlaßtemperaturen die Anfälligkeit in bezug auf interkristalline Korrosion bei austenitischen Chrom-Nickel-Stählen gegen die Anlaßzeit auf, so ergibt das ebenfalls Kurven mit Anfälligkeitsmaxima. Im Gegensatz zu den Messerstählen läßt sich aber bei diesen Stählen durch hinreichend langes Glühen die interkristalline Korrosionsanfälligkeit wieder völlig beseitigen. Dieser Unterschied ist dadurch begründet, daß die sich bei den Austeniten ausscheidende Menge an Karbid gering ist und der Chromgehalt des Grundgitters weit über der Resistenzgrenze liegt. Es kommt damit durch die Karbidausscheidung in keinem Falle zu einem so großen Chromentzug im Grundkörper, daß dadurch die Resistenzgrenze unterschritten wird.

Bei Messerstählen mit 13 bis 14% Chrom und etwa 0,4% Kohlenstoff erreicht man im gehärteten, nicht angelassenen Zustand 55 bis 57 HRC und im polierten Zustand Beständigkeit gegen Rosten in Wasser und an der Luft. Durch Auskochen in Wasser läßt sich eine Härtesteigerung um eine Rockwelleinheit erzielen. Noch wirksamer ist Abkühlen in flüssiger Luft, wodurch der größte Teil des Restaustenits in Martensit übergeführt wird. Dieser Stahl ist zwar nicht so schneidfähig wie ein gehärteter Kohlenstoffstahl mit 1% Kohlenstoff, bei dem mit Leichtigkeit eine Rockwellhärte über 63 HRC erreicht werden kann. Behandelt man den rostfreien Stahl aber richtig, dann ist seine Schneidfähigkeit nicht geringer als die von gewöhnlichen Messerwaren, deren Kohlenstoffgehalt unter 0,8% liegt. Die Fehler bestehen darin, daß man den Stahl bei zu niedriger Temperatur härtet oder zu stark anläßt oder die Schneide beim Schleifen erweicht. Die niedrige Härtung läßt die Karbide zum großen Teil ungelöst.

Bei dem rostbeständigen Stahl mit etwa 0,4% Kohlenstoff gelingt es bei der üblichen Härtetemperatur von 950 bis 1000 °C nicht, alle Karbide zu lösen. Höhere Härtetemperatur ergibt durch teilweise Austenitbildung einen Abfall der Härte und ist daher unzulässig. Niedriger Kohlenstoffgehalt, bei dem wohl alle Karbide gelöst werden, würden zu geringe Härte und Schneidfähigkeit ergeben. Durch Erfahrung hat sich aber herausgestellt, daß dieser geringe Karbidrest für die Rostbeständigkeit der Messerwaren unschädlich ist, vorausgesetzt, daß sie sich im polierten Zustand befinden. Bild 388 zeigt das Gefüge eines geglühten und Bild 389 eines bei 1000 °C gehärteten rostbeständigen Messerstahles. Aus Bild 389 ist ersichtlich, daß ein kleiner Teil der Karbide ungelöst zurückgeblieben ist. Bild 390 zeigt den Verlauf der Härte in Abhängigkeit von Härte-

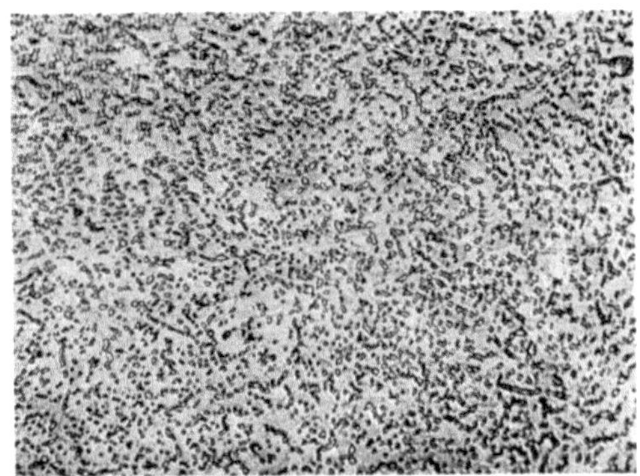

Bild 388. Gefüge eines Stahles mit 0,4%, C 14% Cr im weichgeglühten Zustande

und Anlaßtemperatur in schematischer Weise. Genauere Untersuchungen liegen vor über den Zusammenhang zwischen Härtetemperatur, Kohlenstoffgehalt und erreichbarer Härte von W. Peter und W. Matz[1] nach Bild 391.

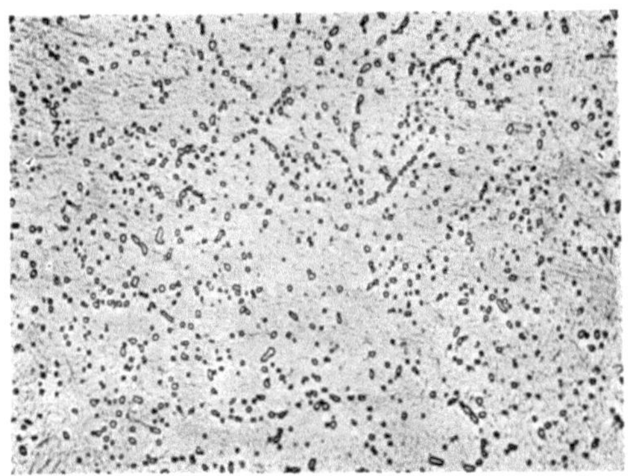

Bild 389. Gefüge eines Stahles wie nach Bild 388, aber bei 1000 °C gehärtet. V = 500

Danach liegt die günstigste Härtetemperatur zwischen 950 und 980 °C. Bei Überschreitung erhält man zu große Anteile von Austenit und bei 1180 °C und einem Kohlenstoffgehalt über 0,8% reinen Austenit. Das

[1] Peter, W., u. W. Matz: Arch. Eisenhüttenw. Bd. 28 (1957) S. 807/823.

Bild 392 stellt dar, in welcher Weise die Widerstandsfähigkeit gegen Essigangriff mit der Härtetemperatur steigt und mit der Anlaßtemperatur fällt.

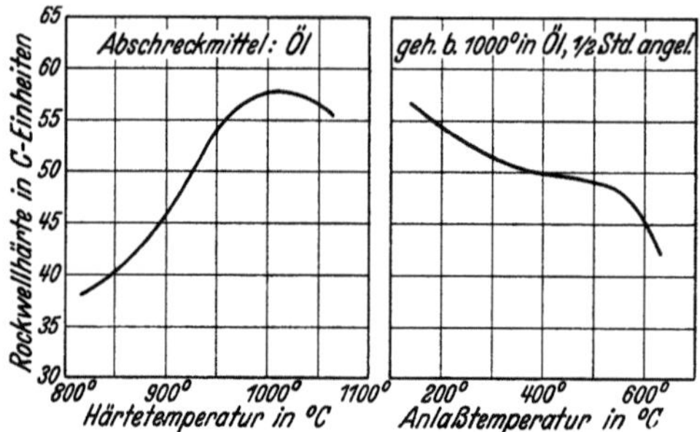

Bild 390. Härte eines rostbeständigen Messerstahles in Abhängigkeit von Härte- und Anlaßtemperatur

Wenn es sich nicht um Teile handelt, die bei hoher Härtetemperatur sich zu stark verziehen, so ist Härten bei 980 bis 1000 °C in Öl zu empfehlen.

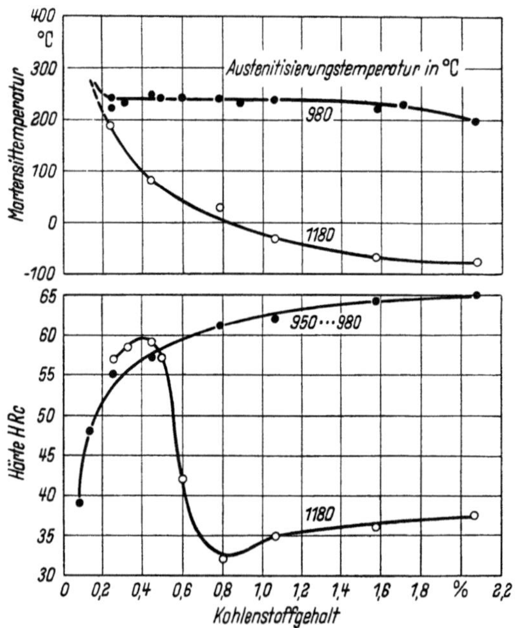

Bild 391. Einfluß von Austenitisierungstemperatur und Kohlenstoffgehalt auf die Martensittemperatur und die Abschreckhärte von Stählen mit rd. 13% Cr (nach W. Peter und W. Matz)

Man erzielt dadurch dieselbe Härte wie in Wasser, wo man wegen der Reißgefahr 950 °C meist nicht gut überschreiten kann. Die Rostbeständigkeit nimmt aber von 950 bis 1000 °C Härtetemperatur erheblich zu. Wie bei allen Chromstählen ist auch hier zu beachten, daß es zur Lösung der Karbide günstig ist, nach Erreichung der Härtetemperatur nicht sofort abzuschrecken, sondern den Stahl einige Minuten auf Temperatur zu halten.

Bei der Anlaßbehandlung darf auch nicht übersehen werden, daß die Anlaßfarben bei sehr viel höheren Temperaturen auftreten als bei

In Öl gehärtet bei:

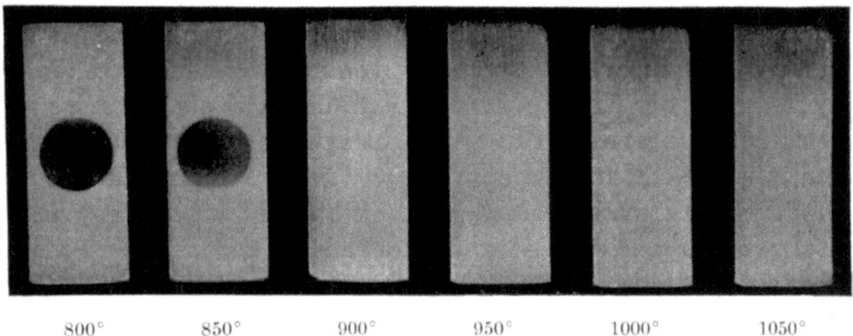

800° 850° 900° 950° 1000° 1050°

Aus 1000° in Öl gehärtet und angelassen bei:

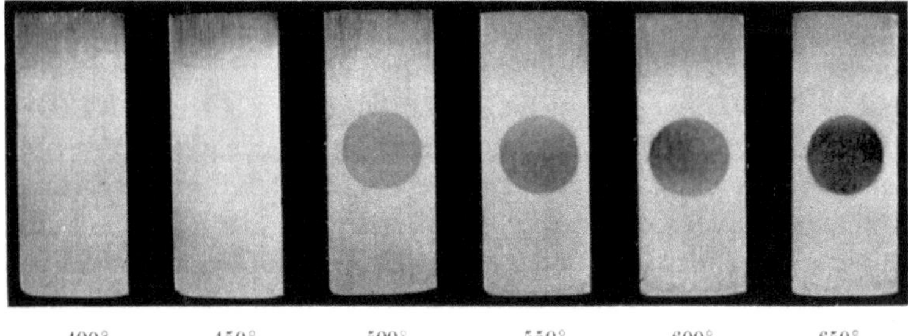

400° 450° 500° 550° 600° 650°

Bild 392. Einwirkung eines Essigtropfens auf rostfreien Messerstahl im gehärteten und angelassenen Zustand

anderen Stählen. So zeigt sich gelb erst bei 400 °C und blau erst bei 500 °C. Bei 300 °C ist überhaupt noch keine Anlaßfarbe zu bemerken, eine Erscheinung, die sich zwanglos aus der schweren Oxydationsfähigkeit des Stahles erklärt.

Zu der erwähnten sorglosen Behandlung der Messer beim Schleifen wird der Schleifer eben durch das späte Auftreten der Anlaßfarben verleitet. Es wird wohl Wert darauf gelegt, daß ein rostbeständiger Stahl 55 bis 58 Rc-Einheiten am Messerrücken hat, aber die Schneide selbst weist oft viel geringere Härte auf. Aus Messungen der Mikrohärte, die auf Rc-Einheiten umgerechnet wurden, ergaben sich häufig an beliebig aus dem Handel herausgegriffenen Messern nahe an der Schneide nur 45 HRC und weniger. Die geringe Wärmeleitfähigkeit des rostfreien Stahles und das späte Erscheinen der Anlaßfarben verleiten den Schleifer zu allzu starkem Andrücken, wodurch sich der Stahl stark erwärmt und infolge Anlaßwirkung erweicht.

Es gibt auch Stahlwerke, die mit dem Kohlenstoffgehalt bis 0,30% heruntergehen, wodurch zwar Rostbeständigkeit und Verarbeitbarkeit etwas verbessert werden, die Schneidfähigkeit aber verringert wird. Die Klagen darüber, daß es entweder an Schneidfähigkeit oder an Rostbeständigkeit mangelt, haben zu verschiedenen Versuchen geführt, den nichtrostenden Messerstahl durch andere Legierungszusätze zu verbessern. So wird Molybdän verwendet, wobei man Zusätze bis etwa 1% benutzt. Es ist denkbar, daß dadurch eine bessere Schneidfähigkeit infolge der Vermehrung der Karbide erreicht wird, die dann auch, wenn sie ungelöst zurückbleiben, nicht mehr die Rostbeständigkeit so stark benachteiligen, weil sie chromärmer sind als bei reinen Chromstählen und dadurch die Grundmasse chromreicher bleibt. Eine ähnliche Wirkung könnte man sich auch mit Vanadin vorstellen, das noch mehr als das Molybdän den Kohlenstoff an sich zieht und das Chrom aus den Karbiden in die Grundmasse drängt.

Eine weitere Verbesserung besteht darin, außer Molybdän Kobalt bis etwa 4% zuzusetzen und den Kohlenstoff bis zu 1% zu erhöhen. Bei diesen Stählen erreicht man Härten von 58 bis 62 HRC. Diese Stähle sind wegen der hohen Härte und der nach der Härtung ungelöst gebliebenen Karbide schneidfähiger als der Standardstahl für Messer mit 0,4% C und 13 bis 14% Cr. Sie sind korrosionsbeständiger als solche mit demselben Chrom- und Kohlenstoffgehalt ohne Molybdän und Kobalt. Das Molybdän verdrängt das Chrom teilweise aus den Karbiden und das Kobalt erweitert, wie auf S. 256 gesagt wurde, die Löslichkeit der Karbide durch Erhöhung des Kohlenstoffgehaltes im Perlit. Beide Elemente erhöhen also den Chromgehalt in der Grundmasse, woraus sich die bessere Rostbeständigkeit gegenüber Stählen gleichen Chrom- und Kohlenstoffgehaltes ohne Molybdän und Kobalt erklärt.

Ein anderer Vorschlag ging dahin, den Mangangehalt auf 1 bis 2% zu erhöhen[1]. Dadurch soll angeblich die Abschreckhärte höher werden, obwohl man eigentlich annehmen müßte, daß bei der verhältnismäßig hohen Härtetemperatur des rostfreien Stahles und bei diesem erhöhten Mangangehalt vermehrte Austenitbildung und dadurch ungenügende Härte entsteht. Nach Kenntnis des Verfassers hat sich dieser Vorschlag auch nirgends durchgesetzt. Was das dem Mangan in dieser Hinsicht verwandte Nickel betrifft, so vermeidet man es aus dem eben angeführten Grunde der vermehrten Austenitbildung. Mangan- und Nickelzusätze von mehr als 1% haben außerdem noch den Nachteil der schwereren Weichglühbarkeit des Stahles.

Zur Erzielung größerer Härten wendet man auch Abkühlung nach dem

[1] DRP 571882 und 592935, A. v. VEGESACK.

Härten bei tiefen Temperaturen an, um möglichst viel vom Restaustenit in Martensit überzuführen, ein Verfahren, das bei der Härtung von rostbeständigen Wälzlagern gebraucht wird.

Die Zahlentafel 135 gibt eine Aufstellung über die chemische Zusammensetzung, Härte und den Verwendungszweck einiger Stähle dieser Gruppe.

Zahlentafel 135. *Chromstähle für Verwendung im gehärteten Zustand*[1]

Nr.	Werkstoff-Nr.	C %	Cr %	Mo %	Co %	Arbeitshärte	Verwendungszweck
1	4034	0,4	14			54 HRC	Standardmarke für Messer, Scheren, chirurgische Instrumente, ferner für verschleißfeste Bauteile.
2	—	0,5	14			54—57 HRC	Wie Nr. 1, aber mit größerer Härte.
3	4110	0,5	14	0,6		54—57 HRC	Wie Nr. 2, insbesondere für Messerklingen mit hoher Schneidhärte
4	~ 4112 AISI-Nr. 440 B	0,9	17	1		56—58 HRC	Schneidende chirurgische Instrumente, Messerklingen hoher Schneidhärte, Düsen, Teile für Viskosepumpen, Waagenschneiden und -pfannen, rostbeständige Wälzlager u. dgl.
5	—	1	17	1	1,5	60—62 HRC	Wie Nr. 4

Bei diesen Stählen darf wegen der großen Härteannahme in und neben der Schweiße die übliche Elektro- oder Gasschweißung nicht angewandt werden. Zulässig ist Stumpfschweißung, wenn man dafür sorgt, daß die Teile nach der Schweißung sofort in einen Wärmeofen von 650 bis 700 °C kommen und in diesem Temperaturbereich einige Zeit verbleiben (s. S. 656 und Bild 408 dortselbst).

Chromstähle für Verwendung im vergüteten oder geglühten Zustand. Die nächste Gruppe ist die der Vergütungsstähle (s. Zahlentafel 136). Um wegen der notwendig hohen Anlaßtemperatur die Korrosionsbeständigkeit nicht zu sehr zu schädigen, geht man mit dem Kohlenstoffgehalt selten über 0,25% und höchstens bis 0,35%, selbst dann, wenn ein höherer Verschleißwiderstand wünschenswert wäre. Der Chromgehalt liegt bei etwa 14%. Um die für die erhöhte Beanspruchung bei Maschinenteilen notwendigen hohen physikalischen Werte, wie Festigkeit, Dehnung, Kerbzähigkeit zu erreichen, ist es nicht zu empfehlen, mit dem Kohlenstoff unter 0,12% zu bleiben, da solche Stähle teilweise ferritisch sein können und dadurch ihre Vergütbarkeit verschlechtert wird. Man gerät

[1] s. darüber auch Stahl-Eisen-Werkstoffblatt 400—54 (Mai 1954).

Zahlentafel 136[1]. *Chromstähle für Verwendung im vergüteten Zustand*

Nr.	Werkstoff-Nr.	C %	Cr %	Mo %	Ni %	Arbeitsfestigkeit	Verwendungszweck
6	4122 AISI-Nr. —	0,35	16	1		80—110 kp/mm²	Teile im allgemeinen Maschinen-, Schiffs- und Apparatebau, die erhöhter Korrosion ausgesetzt sind, besonders jener in Seewasser, oder die Anforderungen an die Warmfestigkeit unterliegen.
7	4021 AISI-Nr. 420	0,2	14			75—100 kp/mm²	Teile des allgemeinen Maschinenbaues z. B. Pumpenwellen, Plunger, Ventile und -sitze, Kolbenstangen, Holländermesser; für nichtschneidende chirurgische Instrumente.
8	4120	0,2	14	1		75—100 kp/mm²	Wie Nr. 2, jedoch auch bei Temperaturen bis 500 °C.
9	4024 AISI-Nr. 403	0,15	14			70— 90 kp/mm²	Für Dampfturbinenschaufeln, Pumpenwellen, Ventile, Kolbenstangen.
10	4119	0,15	14	1		75—100 kp/mm²	Wie Nr. 4, jedoch auch bei Temperaturen bis 500 °C.
11	4057 AISI-Nr. 431/414	0,2	18		1,6	80—110 kp/mm²	Teile des allgemeinen Maschinen- und Schiffsmaschinenbaues, die Seewasser ausgesetzt sind, auch in Berührung mit Bronze, wie Pumpenteile, Wellen, Kolbenstangen, Ventile usw.; ferner für mechanisch stark beanspruchte Teile in Molkereien und Papierfabriken.
12	4104 AISI-Nr. 430 F	0,15	16		S 0,2—0,4	70— 85 kp/mm²	Massengegenstände, wie Schrauben, Bolzen, Muttern, die auf Automaten hergestellt werden.

[1] s. darüber auch Stahl-Eisen-Werkstoffblatt 440/454 (Mai 1954).

In dieser Zahlentafel und in den folgenden sind die Stähle fortlaufend numeriert, da in der Zahlentafel 140 die Korrosionseigenschaften aller Stähle und Legierungen 1—34 zusammengefaßt sind.

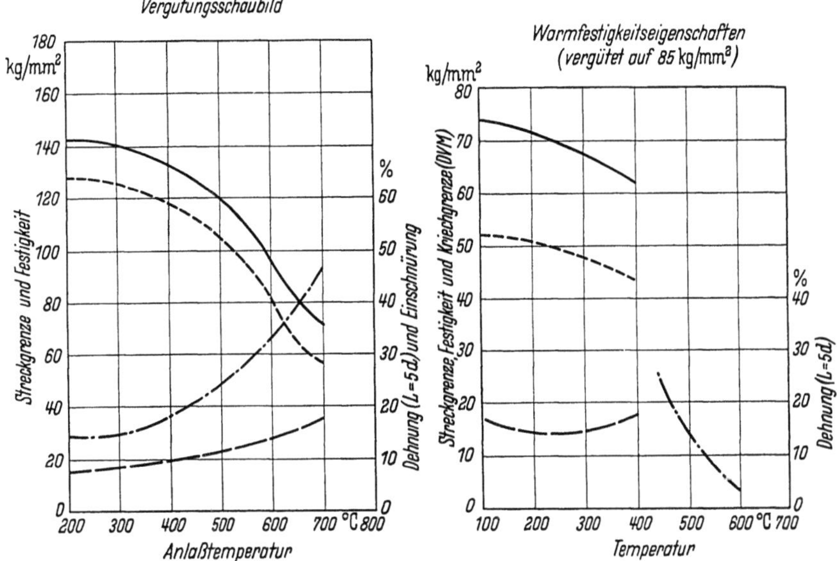

Bild 393. Vergütungsschaubild und Warmfestigkeitseigenschaften eines Stahles mit 0,15% C und 14% Cr

——— Festigkeit -·-·- Einschnürung ——— Festigkeit ——— Dehnung
---- Streckgrenze ——— Dehnung ---- Streckgrenze -·-·- Kriechgrenze (DVM)

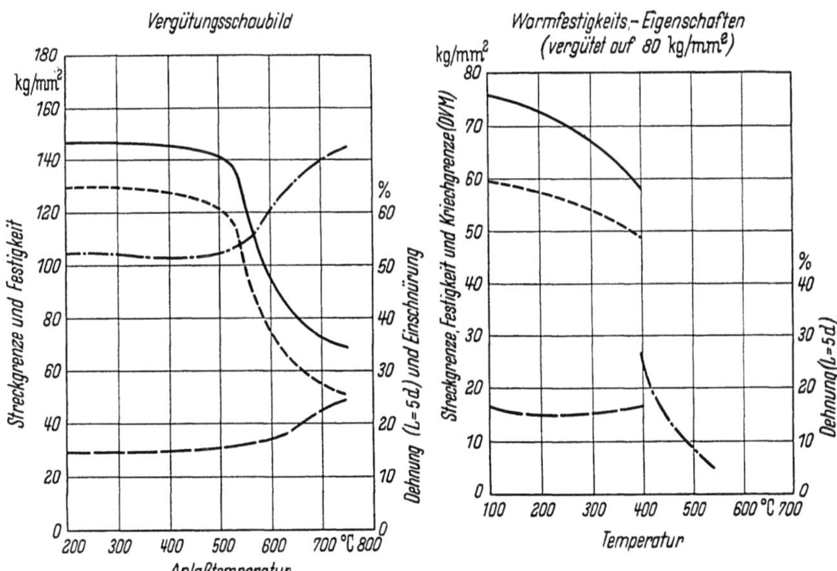

Bild 394. Vergütungsschaubild und Warmfestigkeitseigenschaften eines Stahles mit 0,15% C, 14% Cr und 1% Mo

——— Festigkeit -·-·- Einschnürung ——— Festigkeit ——— Dehnung
---- Streckgrenze ——— Dehnung ---- Streckgrenze (nach DIN 50112) -·-·- Kriechgrenze (DVM)

in das Gebiet der halbferritischen Stähle (s. S. 180). Je höher man die Festigkeit des Stahles wählt, desto höher kann man mit dem Kohlenstoff gehen, ohne die Korrosionsbeständigkeit stark zu vermindern. Die Korrosionsbeständigkeit des weich geglühten Zustandes hängt bei einem bestimmten Chromgehalt nur vom Kohlenstoffgehalt ab, und es ist aus diesem Grunde nicht zu empfehlen, bei nicht vergütetem Stahl 0,15% C zu überschreiten. Über die Einsatzhärtbarkeit dieser Stähle s. S. 77.

Bei Verwendung in höheren Temperaturen wird dem Stahl häufig Molybdän zugesetzt, das die Warmfestigkeit und Anlaßbeständigkeit wesentlich erhöht. In den Bildern 393 und 394 werden ein molybdänfreier und ein molybdänhaltiger Vergütungsstahl miteinander verglichen. Sowohl Anlaßbeständigkeit (links) wie auch die Warmfestigkeit nehmen durch Molybdän beträchtlich zu. Geht man mit dem Chromgehalt über 16% hinaus, bedarf es wegen der Erweiterung des Deltafeldes zur Vergütbarkeit höherer Kohlenstoffgehalte. Um nun Stähle mit erhöhter Korrosionsbeständigkeit und gleichzeitig höheren Festigkeitswerten zu bekommen, hat man einen Stahltyp mit 0,2% C, 18% Cr und 1,5 bis 2% Ni geschaffen (Stahl 11). Das Nickel drückt den Stahl aus dem Ferritgebiet heraus, so daß dieser Stahl bei 0,2% C in den Grenzen 85 bis 140 kg/mm² vergütbar ist. Allerdings ist die Grenze der Zusammensetzung zwischen dem Gebiet schlechter Vergütbarkeit und dem zu großer Härteannahme sehr eng. Geringe Verschiebungen des Kohlenstoff- und Nickelgehaltes nach unten und des Chromgehaltes nach oben lassen das unerwünschte, spröde, schlecht vergütbare Δ-Gebiet erscheinen, umgekehrt wieder ist der Stahl bei etwas höherem Kohlenstoff- und Nickelgehalt und niedrigerem Chromgehalt martensitisch, neigt schon bei Abkühlung aus der Temperatur der Warmformgebung zu Rissen und ist schwer weichglühbar. In seiner Art ist dieser Stahl aber unersetzlich, besonders dann, wenn es sich um Seewasser-Lochfraß handelt und außerdem an die mechanischen Eigenschaften hohe Anforderungen gestellt werden. Versuche, das Nickel durch Elemente zu ersetzen, die auch das γ-Feld erweitern, wie Mangan und Stickstoff, haben in bezug auf Lochfraßbeständigkeit nicht befriedigt.

Da der rostbeständige Stahl in seiner Verbreitung bereits so zugenommen hat, daß auch Massenteile daraus hergestellt werden, so entstand das Bedürfnis, den Stahl für bessere Bearbeitbarkeit auszubilden. Man ist hierbei einen ähnlichen Weg gegangen wie bei den unlegierten Automatenstählen[1] und verwendet Zusätze von etwa 0,2 bis 0,4% Schwefel (Stahl 12), die in dem Stahl Zeilen hervorrufen und die Bearbeitbarkeit in ähnlicher Weise wie bei den unlegierten Automatenstählen erleichtern. Der Schwefel wird meist in Form von Schwefelblüte

[1] Palmer, F. R.: Stahl u. Eisen Bd. 49 (1929) S. 1056; Trans. Amer. Soc. Steel Treat. Bd. 14 (1928) S. 877 u. 950; Iron Age, 21. Febr. 1932, S. 247.

dem Gießstrahl zugesetzt. Von der Verwendung von Molybdän- oder Zirkonsulfid ist man abgegangen. Die Rostbeständigkeit wird durch die Zeilen kaum beeinträchtigt. Übliche Zusammensetzungen eines solchen Stahles sind z. B. 0,10 bis 0,15% C, 15 bis 17% Cr, 0,2 bis 0,4% S oder auch 0,10% C, 14% Cr, 0,4% Mo, 0,4% S. Auch Zusätze von Selen und Blei wurden vorgeschlagen[1], ohne daß es zu einer breiteren Anwendung gekommen ist.

Halbferritische, ferritische und ferritisch-austenitische Stähle. Ein Stahl mit 0,12% C und 13% Cr nimmt bei 1000 °C Abschrecktemperatur 120 kg/mm² Festigkeit an, ist also noch verhältnismäßig gut vergütbar. Hingegen steigert ein Stahl mit 0,08% C und 15% Cr beim Abschrecken seine Härte nur wenig. Damit kommen wir in das Gebiet der halbferritischen Stähle. Diese verspröden ihr Korn nicht in so unangenehmer Weise wie die rein ferritischen und werden aus hoher Temperatur abgekühlt nicht so hart wie die vergütbare Gruppe. Es wirkt sich dies beim Walzen, Schmieden und Schweißen dadurch aus, daß solche Teile in ihren Eigenschaften zwischen den gut härtbaren und den zwar weichen, aber spröden ferritischen Stählen stehen.

Die Zusammensetzung der halbferritischen Stähle liegt zwischen 0,07 und 0,09% C und 14 bis 16% Cr. Aus Bild 153 (S. 181) war das Gebiet zu entnehmen, in dem sie in Abhängigkeit vom Kohlenstoff- und Chromgehalt liegen. Sie sind zwar weniger korrosionsbeständig als die ferritischen mit höherem Chromgehalt, werden aber oft den letzteren vorgezogen, die, wie weiter unten beschrieben, zur Kornvergröberung neigen. Man verwendet sie in der Salpetersäureindustrie und zur Herstellung von Bestecken.

Rein ferritische Stähle, die nach Bild 153 (S. 181) bei etwa 0,10% C und etwa 17% Cr beginnen, verlieren die Umwandlungsfähigkeit. Sie zeigen verschiedene Eigenschaften, die ihre Verwendbarkeit erschweren, auf die deshalb näher eingegangen werden muß. Diese drei Übelstände sind starke Kornvergröberung bei Erwärmung auf höhere Temperaturen, die Versprödung bei 475 °C, die schon S. 178, 444, 591 behandelt wurde, und Kornzerfall. Die Kornvergröberung bedingt schon beim Schmieden und Walzen die Einhaltung eines engen Temperaturbereichs, der bei der Endformgebung an der unteren Grenze, etwa bei 750 bis 800 °C, liegen muß. Dies wieder hat zur Folge, daß bei diesen schon ziemlich warmfesten Stählen eine geringe Kaltverfestigung eintritt. So konnte T. Holland-Nelson[2] zeigen, daß der Stahl nach dem Walzen bei 700 bis 800 °C eine Brinellhärte von etwa 200 kg/mm² auf-

[1] Palmer, F. R.: USA-Pat. Nr. 1846100 (1932), Iron Age Bd. 130 (1932) S. 404/405.

[2] Holland-Nelson, T.: Heat. Treat. Forg. Juni 1931 S. 564/569.

weist gegenüber etwa 155 kg/mm² im abgeschreckten Zustand. Es bedarf Glühtemperaturen von etwa 800 °C, um diese Verfestigung wieder zu beseitigen. Besonders unangenehm ist das Grobkorn beim Schweißen, da hohe Temperaturen neben der Schweißstelle unvermeidlich sind.

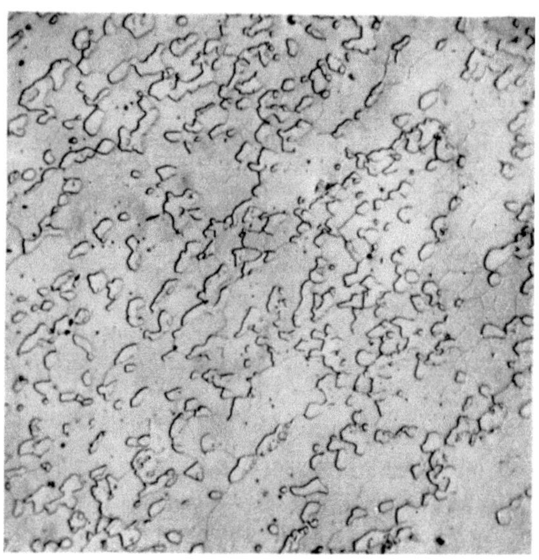

Bild 395. Stahl mit 0,2% C, 1% Si, 25% Cr, 4% Ni nach dem Walzen an der Luft abgekühlt. V = 500

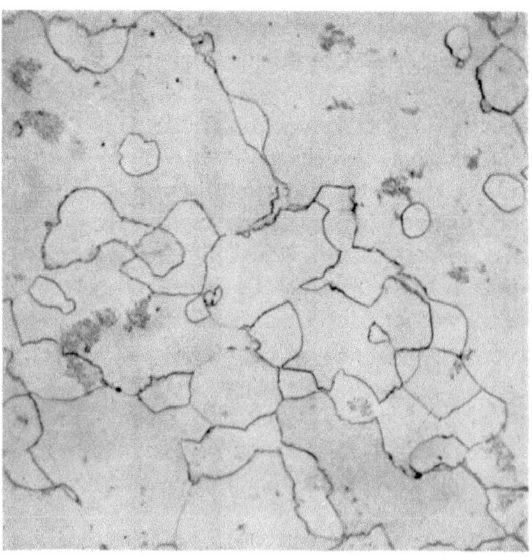

Bild 396. Stahl wie nach Bild 394, nachträglich 2stündig bei 1200 °C geglüht und dann an der Luft abgekühlt. V = 500

Wieviel stärker das Ferritkorn unter gleichen Erwärmungsbedingungen wächst als das Austenitkorn, zeigen die Bilder 395 und 396 an einem mit austenitisch-ferritischem Mischgefüge. Bild 395 stellt den Ausgangszustand und Bild 396 den Zustand nach 2stündiger Glühung bei 1200 °C dar. Das stärkere Wachstum des Ferrits ist deutlich.

Man kann das Kornwachstum durch Zusatz von Titan einschränken. Sein Einfluß beruht auf der keimbildenden Wirkung der Verbindungen TiC und TiO_2 bzw. TiN. Trotzdem bleibt immer noch ein größeres Streben zum Kornwachstum bestehen als bei den austenitischen Stählen.

Wie auf S. 580 ausgeführt wurde, verwendet man Titan auch, um den Kornzerfall zu verhindern. Wie wir aber sahen, ist eine so weitgehende Beseitigung der Anfälligkeit wie bei austenitischen Stählen nicht erreichbar. Aus den Entstehungsursachen des Kornzerfalls bei ferritischen Stählen ergab sich, wie noch einmal erinnert sei, daß das Abschrecken aus hohen Temperaturen die Anfälligkeit fördert und das Glühen bei 600 bis 700 °C sie beseitigt. Es sind also die bei austenitischen Stählen schädlichen Temperaturen hier von Vorteil und die dort die Gefahr beseitigenden hier gefährlich.

Der wichtigste, die Korrosionsbeständigkeit verbessernde Zusatz zu den ferritischen Chromstählen ist das Molybdän. Es erhöht bei Zusatz von 1 bis 2% die Beständigkeit gegen verdünnte Schwefelsäure und auch organische Säuren, wie Ameisen- und Essigsäure. Gegen schwefelige Säure gewinnen sie erst durch Molybdän die Beständigkeit. Diese Stähle sind gegen viele Angriffsmittel praktisch ebenso beständig wie die Chrom-Nickel-Molybdän-Stähle. Ihr Hauptnachteil gegenüber diesen ist die schwierige mechanische Verarbeitbarkeit des Bleches und die größere Empfindlichkeit der geschweißten Teile, selbst bei Zusätzen von Titan und Niob.

In Amerika wurde versucht, ferritische Chromstähle durch Zusätze von Aluminium und Stickstoff gegen Kornwachstum und Versprödung beim Schweißen unempfindlicher zu machen. Die Zusammensetzung dieser Stähle liegt in folgenden Grenzen vor:

Kohlenstoff	0,02—0,05%
Chrom	20— 30%
Aluminium	0,4 —0,8 %
Stickstoff	0,04—0,08% [1].

Versuche des Verfassers ergaben dazu teilweise gute, aber streuende Ergebnisse.

Die Zahlentafel 137 gibt eine Zusammenstellung der wichtigsten ferritischen Chromstähle wieder.

[1] USA-Patent Nr. 2624668 u. 2624669.

Zahlentafel 137*. *Ferritische, halbferritische und ferritisch-austenitische Chromstähle*[1]

Nr.	Werkstoffnummer AISI-Nr.	C %	Cr %	Mo %	Ti %	Ni %	Zerreißfestigkeit kg/mm²	Verwendungszweck
13	—	0,08	14				50—60	Für Bestecke, wie Löffel, Gabel, Messer; Griffe, Beschläge, Verkleidungen.
14	4016 430	0,1	18				50—65	Gut tiefziehfähig, für Bestecke, Verkleidungen, für Bauteile in der chemischen Industrie, wie z. B. Salpetersäure- und Seifenindustrie.
15	4501 430 T	0,1	18		bis 1		50—65	Chemisch beständige Bauteile und Apparate in Brauereien und Molkereien, in der Zucker- und Nahrungsmittelindustrie; Eiszellen, in der Salpetersäure-, Papier- und Zellstoffindustrie, in Färbereien, die mit alkalischen Flotten und Superoxydbleichen arbeiten.
16	4523	0,1	18	2 +Ti			50—65	Bauteile für Salinen, Fotoindustrie, für Färbereien, bei Verwendung saurer Flotten ohne Schwefelsäure, Viskose-, Zellwoll- und Sulfit-Zellstoffindustrie, Fettsäureindustrie usw.
17	4104 430 F	0,15	16 +S				60—70 geglüht 70—85 vergütet	Allgemeiner Maschinenbau, Teile, die auf Automaten gut zerspanbar sein sollen, sowie Schrauben, Bolzen und Muttern.
18	—	0,08	27	1,5		4	70—85	Chemische Industrie, Papierindustrie, Fotoindustrie, Färbereien usw.

Die Gußlegierungen der Chrom- sowie Chrom-Nickel-Stähle werden in dem Abschnitt „Stahlguß" gesondert behandelt.

Über das Schweißen der Stähle s. S. 652, 657.

Korrosionsbeständige Chrom-Nickel-Stähle

Die gebräuchlichsten korrosionsbeständigen Chrom-Nickel-Legierungen liegen in ihren Gehalten von 0,02 bis 0,15% C, 15 bis 20% Cr

* In dieser Zahlentafel und in den folgenden sind die Stähle fortlaufend numeriert, da in der Zahlentafel 140 die Korrosionseigenschaften aller Stähle und Legierungen 1—34 zusammengefaßt sind.

[1] Der Stahl Nr. 13 ist wegen seines niedrigen Chromgehaltes halbferritisch (ferritisch-perlitisch) und der Stahl Nr. 18 wegen des Ni-Zusatzes ferritisch-austenitisch.

und 7 bis 20% Ni. Höhere Nickelgehalte sind in der Regel nur bei Heizleiter- und dauerstandfesten Legierungen üblich.

Über die Korrosionseigenschaften dieser Stähle und ihre Ursachen wurde schon Ausführliches gesagt. Verwiesen sei besonders auf das Verhalten bei abtragender Korrosion s. S. 593/599, interkristalline Korrosion s. S. 565/578, Lochfraßkorrosion s. S. 580, Spannungsrißkorrosion s. S. 582, Berührungskorrosion S. 587, Spaltkorrosion s. S. 588.

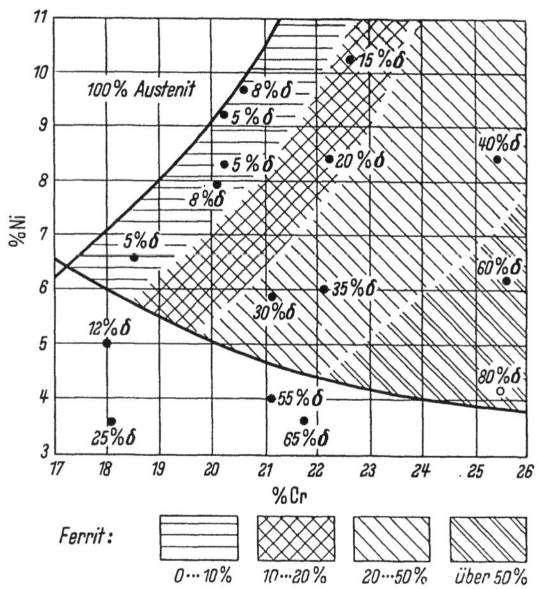

Bild 397. Gefügezusammensetzung der Cr-Ni-Stähle innerhalb des Austenit-Ferrit-Gebietes (nach R. SCHERER, G. RIEDRICH und G. HOCH)

Die wichtigste Gruppe der korrosionsbeständigen Stähle sind die austenitischen oder überwiegend austenitischen, meist etwas Ferrit enthaltenden Chrom-Nickel-Stähle. Ihr Haupttyp ist der Stahl mit 17 bis 18% Cr, 8 bis 10% Nickel, mit etwaigen Zusätzen von Titan, Niob, Molybdän, Kupfer, welche Elemente, mit Ausnahme des letzteren, den Ferritanteil vermehren. Das Zustandsschaubild der Chrom-Nickel-Stähle wurde von B. STRAUSS und E. MAURER[1] (s. Bild 166) aufgestellt und auf S. 199 schon angeführt. Dieses Schaubild gilt für den Fall, daß die Stähle aus 1100 °C an der Luft abkühlen. R. SCHERER, G. RIEDRICH und G. HOCH[2] haben dieses Schaubild nach Bild 397 durch Eintragung der Zustandsbereiche für die Sigma-Phase und den δ-Ferrit ergänzt. Die Größe des Ferritanteils ist wichtig für den Einfluß auf die

[1] STRAUSS, B., u. E. MAURER: Krupp Mh. Bd. 1 (1920) S. 129/146.

[2] SCHERER, R., G. RIEDRICH u. G. HOCH: Arch. Eisenhüttenw. Bd. 13 (1939/40) S. 53/57.

Zahlentafel 138*. *Korrosionsbeständige schmied- und walzbare Chrom-Nickel-Stähle*

Nr.	Werkstoffnummer AISI-Nr.	C %	Cr %	Ni %	Mo %	Cu %	Zerreißfestigkeit kg/mm²	Verwendungszweck
19	4300 302	0,1	18	8			60—75	Gegen Kornzerfall mäßig beständig, für den allgemeinen Maschinenbau, die Nahrungs- und Genußmittelindustrie; stumpfe chirurgische Instrumente
20	—	0,2	19	7,5			70—80	Wegen des höheren Kohlenstoffgehaltes größerer Verschleißwiderstand, insbesondere für Walzenmesser von Holländer- und Kegelstoffmühlen in der Papierindustrie. Gegen Kornzerfall nicht beständig
21	4301 304	0,06	18	9			55—70	Für allgemeinen Maschinenbau, Zahnprothesen und kosmetische Industrie usw. Gegen interkristalline Korrosion gut beständig
22	—	<0,03	18	9			50—65	Niedrig gekohlter Chrom-Nickel-Stahl mit besonderer Beständigkeit gegen interkristalline Korrosion, besonders bei höheren Anforderungen an die Beständigkeit gegen Salpetersäure und für Bauteile, bei denen auf eine Wärmebehandlung nach dem Schweißen verzichtet werden muß, unempfindlich gegen Warmrisse im Schweißgut
23	4305 303	0,1	18	9 + S			60—75	Automatenstahl, Verwendung für Teile, die sehr gut zerspanbar sein sollen, wie Schrauben, Bolzen, Muttern
24	4307	0,08	12	12				Besonders gut tiefziehfähig, daher für tiefgezogene und geprägte Gegenstände in der Metallwarenindustrie geeignet
25	4550 347 4541 321	0,1 0,1	18 18	10 + Nb 10 + Ti			60—75	Gegen interkristalline Korrosion sehr gut beständig. Für Nahrungs- und Genußmittelindustrie, Öl- und Seifenerzeugung, Salpetersäure und Sprengstoffindustrie, Lederindustrie usw.

* In dieser Zahlentafel und in den folgenden sind die Stähle fortlaufend und Legierungen 1—34 zusammengefaßt sind.

Zahlentafel 138 (Fortsetzung)

Nr.	Werkstoffnummer AISI-Nr.	C %	Cr %	Ni %	Mo %	Cu %	Zerreißfestigkeit kg/mm²	Verwendungszweck
26	4401 316	0,06	18	11	2 + Nb		55—70	Gegen interkristalline Korrosion sehr gut beständig. Für Bauteile mit höherer chemischer Beanspruchung in der Zellulose- und Papiererzeugung, in Färbereien, für Zellwolle- und Kunstseidenindustrie, Film- und Fotoindustrie, pharmazeutische Industrie
27	—	<0,03	18	11	2		50—70	Wie Nr. 8, besonders für Bauteile, bei denen auf eine Wärmebehandlung nach dem Schweißen verzichtet werden muß, unempfindlich gegen Warmrisse im Schweißgut
28	4436 317	0,06	18	11	3 + Nb		60—75	Für Teile, die chemisch höher beansprucht werden, den wie für Leitungen, die SO_2-haltiges Gas führen, Siebkörbe usw., ferner in der Kunstseidenindustrie
29	4580 4571	0,07 0,1	18 18	11 11	2 + Nb 2 + Ti		60—75	Wie Nr. 26
30	4449 317	0,05	17	14	5		55—70	Für chemisch stärkere Beanspruchungen wie Stahl Nr. 15 und Nr. 17
31	4595	0,07	18	18	2 + Nb	2	60—75	Gegen interkristalline Korrosion sehr gut beständig, für Kunstfasererzeugung, Färbereien, Beizeinrichtungen in der Stahl- und Metallindustrie
32	—	0,07	18	22	3 + Nb	2	60—75	Hohe Beständigkeit gegen Schwefelsäure verschiedener Konzentration, für Bauteile, wie z. B. Beiztröge, Rohrleitungen, Spinnbadeinrichtungen für Viskose- und Rayonproduktion; gegen interkristalline Korrosion sehr gut beständig

numeriert, da in der Zahlentafel 140 die Korrosionseigenschaften aller Stähle

Zahlentafel 138 (Fortsetzung)

Nr.	Werkstoffnummer AISI-Nr.	C %	Cr %	Ni %	Mo %	Cu %	Zerreißfestigkeit kg/mm²	Verwendungszweck
33	—		16	60	17 + Fe			Sehr hohe Korrosionsbeständigkeit und Warmfestigkeit; beständig gegen Schwefelsäure, auch bei neutralen und reduzierenden Bedingungen und verhältismaßig beständig gegen Salzsäure.
34				64	28 + Fe			Chromfreie[1] Legierung, besonders beständig gegen Salzsäure aller Konzentrationen und Temperaturen, gegen Schwefelsäure aller Konzentrationen bis 70 °C oder kochend bis 50%. Gegen oxydierende Säuren, wie Salpetersäure, und Salze dieser Säure nicht beständig

[1] Diese Legierung ist zwar chromfrei, wird aber wegen ihrer Gebrauchseigenschaft mit angeführt.

interkristalline Korrosion und auf die Warmverformbarkeit (S. 573); die Sigma-Phase für die Versprödung bei bestimmten Temperaturen (S. 177, 564).

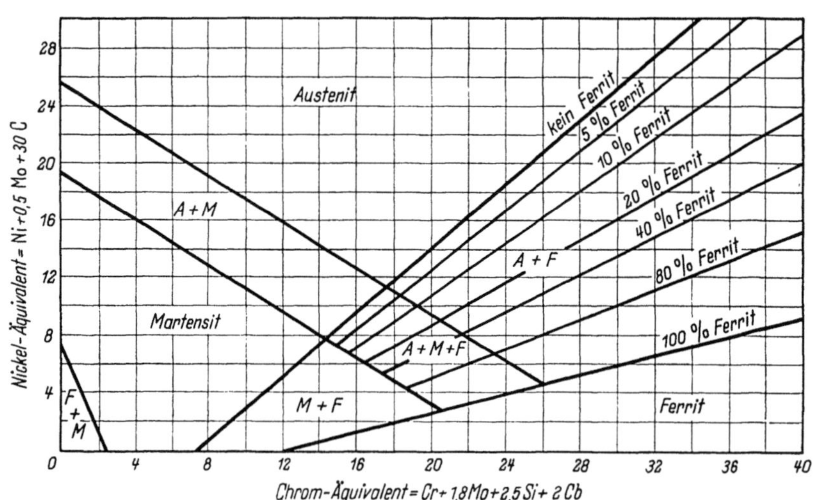

Bild 398. Gefügeschaubild der Cr-Ni-Si-Mo-Nb-Stähle, niedergeschmolzen als Schweißgut (nach A. L. SCHAEFFLER)

Ein Schaubild, in dem auch der Einfluß des Molybdäns, Siliziums und Niobs berücksichtigt wird, gibt A. L. SCHAEFFLER[1] nach Bild 398, das aber für ein niedergeschmolzenes Schweißgut gilt, also für Zustände, die durch Abkühlung aus sehr hohen Temperaturen entstehen.

Für die korrosionsbeständigen Chrom-Nickel-Stähle interessiert nur der Bereich der Gehalte, wo nach Bild 166 der Martensit nicht mehr auftritt, also diejenigen mit über 7% Nickel bei einem Chromgehalt, der Beständigkeit gewährleistet (14%).

Die Zustandsschaubilder 399 und 400 von P. SCHAFMEISTER und R. ERGANG[2] umfassen den Gesamtbereich der Eisen-Chrom-Nickel-Legierungen bis zu den höchsten Chrom- und Nickelgehalten. Die Bilder geben isotherme Schnitte bei 650° und 800 °C wieder. Sie zeigen eine Abgrenzung der Bereiche, bei welchem Chrom- und Nickelgehalt nur Austenit auftritt, weiter die Gebiete, wo neben Austenit auch Ferrit vorhanden ist. Ferner ist daraus zu ersehen, in welchen Bereichen sich die spröde Sigma-Phase ausbildet. Die vorstehende Zahlentafel 138 gibt eine Zusammenstellung der wichtigsten korrosionsbeständigen schmied- und walzbaren Chrom-Nickel-Stähle.

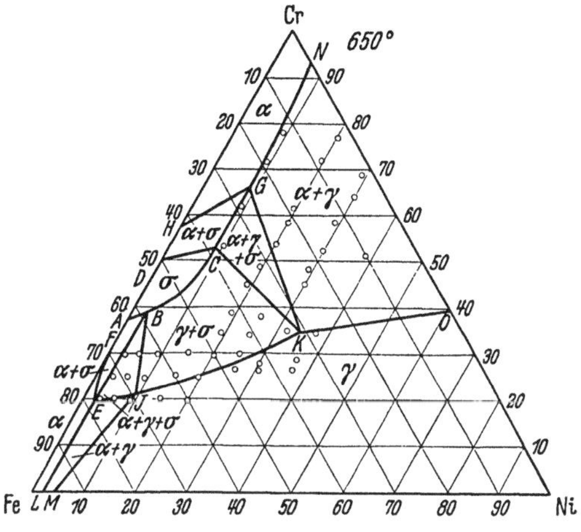

Bild 399. Isothermer Schnitt durch das Zustandsschaubild Eisen-Chrom-Nickel (nach P. SCHAFMEISTER und R. ERGANG). Verteilung der Phasen bei 650 °C

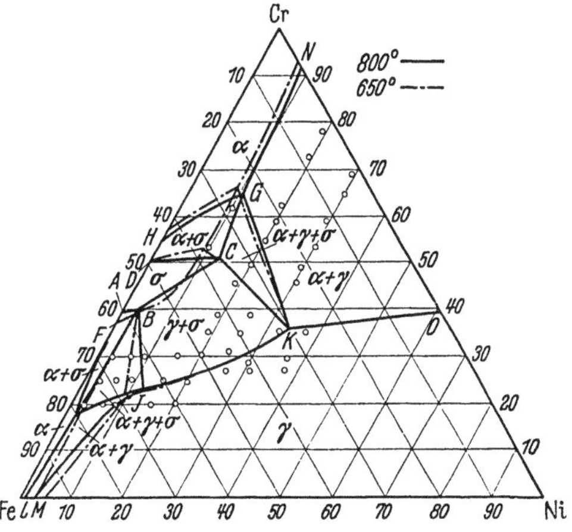

Bild 400. Isothermer Schnitt durch das Zustandsschaubild Eisen-Chrom-Nickel (nach P. SCHAFMEISTER und R. ERGANG). Verteilung der Phasen bei 650 und 800 °C

Die in den Vereinigten Staaten von Amerika genormten korrosions- und hitzebeständigen Stähle sind in der Zahlentafel 139 zusammen-

[1] SCHAEFFLER, A. L.: Weld. J. 1947 S. 601/620.

[2] SCHAFMEISTER, P., u. R. ERGANG: Techn. Mitt. Krupp 1939 H. 2, S. 5/14; siehe Arch. Eisenhüttenw. Bd. 12 (1938/39) S. 459/464.

Zahlentafel 139. *In den Vereinigten Staaten von Amerika genormte Korrosions- und hitzebeständige Stähle* (nach Steel Products Manual Juni 1957)

AISI[1] Nr.	Chemische Zusammensetzung[2]															
	% C	% Si	% Mn höchstens	% P	% S	% Al	% Cr	% Mo	% N	% (Nb + Ta)	% Ni	% Se	% Ta	% Ti	% Zr	
201	0,15 Max.	1,00	5,50/ 7,50	0,060	0,030		16,00/ 18,00		0,25 Max.		3,50/ 5,50					
202	0,15 Max.	1,00	7,50/ 10,00	0,060	0,030		17,00/ 19,00		0,25 Max.		4,00/ 6,00					
301	0,15 Max.	1,00	2,00	0,045	0,030		16,00/ 18,00				6,00/ 8,00					
302	0,15 Max.	1,00	2,00	0,045	0,030		17,00/ 19,00				8,00/ 10,00					
302 B	0,15 Max.	2,00/ 3,00	2,00	0,045	0,030		17,00/ 19,00				8,00/ 10,00					H
303	0,15 Max.	1,00	2,00	0,20	0,15 Min.		17,00/ 19,00	0,60* Max.			8,00/ 10,00				0,60* Max.	
303 Se	0,03 Max.	1,00	2,00	0,20	0,06		17,00/ 19,00				8,00/ 10,00	0,15 Min.				
304	0,08 Max.	1,00	2,00	0,045	0,030		18,00/ 20,00				8,00/ 12,00					
304 L	0,03 Max.	1,00	2,00	0,045	0,030		18,00/ 20,00				8,00/ 12,00					
305	0,12 Max.	1,00	2,00	0,045	0,030		17,00/ 19,00				10,00/ 13,00					

[1] AISI = American Iron and Steel Institute. [2] * = wahlweise.

Zahlentafel 139 (Fortsetzung)

AISI[1] Nr.	Chemische Zusammensetzung[2]															
	% C	% Si (höchstens)	% Mn (höchstens)	% P (höchstens)	% S	% Al	% Cr	% Mo	% N	% (Nb + Ta)	% Ni	% Se	% Ta	% Ti	% Zr	
308	0,08 Max.	1,00	2,00	0,045	0,030		19,00/ 21,00				10,00/ 12,00					
309	0,20 Max.	1,00	2,00	0,045	0,030		22,00/ 24,00				12,00/ 15,00					
309 S	0,08 Max.	1,00	2,00	0,045	0,030		22,00/ 24,00				12,00/ 15,00					
310	0,25 Max.	1,50	2,00	0,045	0,030		24,00/ 26,00				19,00/ 22,00					H
310 S	0,08 Max.	1,50	2,00	0,045	0,030		24,00/ 26,00				19,00/ 22,00					H
314	0,25 Max.	1,50/ 3,00	2,00	0,045	0,030		23,00/ 26,00				19,00/ 22,00					H
316	0,08 Max.	1,00	2,00	0,045	0,030		16,00/ 18,00	2,00/ 3,00			10,00/ 14,00					
316 L	0,03 Max.	1,00	2,00	0,045	0,030		16,00/ 18,00	2,00/ 3,00			10,00/ 14,00					
317	0,08 Max.	1,00	2,00	0,045	0,030		18,00/ 20,00	3,00/ 4,00			11,00/ 15,00					
321	0,08 Max.	1,00	2,00	0,045	0,030		17,00/ 19,00				9,00/ 12,00			5 X C Min.		

[1] AISI = American Iron and Steel Institute. [2] = wahlweise.

Zahlentafel 139 (Fortsetzung)

AISI[1] Nr.	Chemische Zusammensetzung[2]														
	% C	% Si höchstens	% Mn höchstens	% P höchstens	% S höchstens	% Al	% Cr	% Mo	% N	% (Nb + Ta)	% Ni	% Se	% Ta	% Ti	% Zr
347	0,08 Max.	1,00	2,00	0,045	0,030		17,00/ 19,00			10 X C Min.	9,00/ 13,00				
348	0,08 Max.	1,00	2,00	0,045	0,030		17,00/ 19,00			10 X C Min.	9,00/ 13,00		0,10 Max.		
403	0,15 Max.	0,50	1,00	0,040	0,030		11,50/ 13,00								
405	0,08 Max.	1,00	1,00	0,040	0,030	0,10/ 0,30	11,50/ 14,50								
410	0,15 Max.	1,00	1,00	0,040	0,030		11,50/ 13,50								
414	0,15 Max.	1,00	1,00	0,040	0,030		11,50/ 13,50				1,25/ 2,50				
416	0,15 Max.	1,00	1,25	0,06	0,15 Min.		12,00/ 14,00	0,60* Max.							0,60* Max.
416 Se	0,15 Max.	1,00	1,25	0,06	0,06		12,00/ 14,00					0,15 Min.			
420	Over 0,15	1,00	1,00	0,040	0,030		12,00/ 14,00								
430	0,12 Max.	1,00	1,00	0,040	0,030		14,00/ 18,00								

[1] AISI = American Iron and Steel Institute. [2] * = wahlweise.

Zahlentafel 139 (Fortsetzung)

AISI[1] Nr.	Chemische Zusammensetzung[2] % C	% Si	% Mn	% P	% S	% Al	% Cr	% Mo	% N	% (Nb + Ta)	% Ni	% Se	% Ta	% Ti	% Zr
		höchstens													
430 F	0,12 Max.	1,00	1,25	0,06	0,15 Min.		14,00/ 18,00	0,60* Max.							0,60* Max.
430 F Se	0,12 Max.	1,00	1,25	0,06	0,06		14,00/ 18,00					0,15 Min.			
431	0,20 Max.	1,00	1,00	0,040	0,030		15,00/ 17,00				1,25/ 2,50				
440 A	0,60/ 0,75	1,00	1,00	0,040	0,030		16,00/ 18,00	0,75 Max.							
440 B	0,75/ 0,95	1,00	1,00	0,040	0,030		16,00/ 18,00	0,75 Max.							
440 C	0,95/ 1,20	1,00	1,00	0,040	0,030		16,00/ 18,00	0,75 Max.							
446	0,20 Max.	1,00	1,50	0,040	0,030		23,00/ 27,00		0,25 Max.						
501	Over 0,10	1,00	1,00	0,040	0,030		4,00/ 6,00	0,40/ 0,65							
502	0,10 Max.	1,00	1,00	0,040	0,030		4,00/ 6,00	0,40/ 0,65							

[1] AISI = American Iron and Steel Institute. [2] * = wahlweise.

gestellt. Wie ersichtlich, wird dabei zwischen korrosions- und hitzebeständigen Stählen nicht unterschieden. Der Verfasser setzte — soweit sich dies entnehmen läßt und soweit er darüber unterrichtet ist — zu den Stählen, die nur für hitzebeständige Zwecke gebraucht werden, den Buchstaben „H" ein.

Ebenso wie bei den Normen über Baustähle (s. S. 420) wird außer der chemischen Zusammensetzung keine andere Eigenschaft angegeben.

Über die physikalischen Eigenschaften der korrosionsbeständigen Chrom-Nickel-Stähle sei noch folgendes angeführt:

Magnetisierbarkeit. Die Stähle mit reinem Austenitgefüge und Nickelgehalten unter 30% sind nicht magnetisierbar. Entsprechend dem Ferritgehalt lassen sie sich schwach magnetisieren, z. B. Stahl Nr. 17. Die Stähle mit hohem Nickelgehalt sind mehr oder weniger stark magnetisierbar, obwohl der sonstige Charakter der Stähle austenitisch ist, z. B. Legierung Nr. 33.

Die Wärmeleitfähigkeit liegt zwischen 0,03 und 0,04 cal/cm·s·°C.

Der Elastizitätsmodul liegt bei 20 °C bei etwa 20000 kg/mm^2, *die Wärmeausdehnung* zwischen 20° und 100° 16—17·10^{-6} m/m·°C, zwischen 20° und 500° bei 18,5·10^{-6}.

Die Streckgrenze liegt wie bei allen austenitischen Stählen niedrig und bleibt im abgeschreckten und nicht kaltverformten Zustand unter 50% der Zerreißfestigkeit.

Eine Zusammenstellung über Zusammensetzung und Festigkeitseigenschaften der rost- und säurebeständigen Stahlgußsorten wird auf S. 838—843 gebracht.

Korrosionsbeständige Chrom-Mangan-Stähle

Bei der nahen Verwandtschaft des Mangans zum Nickel hätte man erwartet, etwa bei denselben Gehalten an Mangan wie Nickel austenitische Chrom-Mangan-Stähle zu bekommen. Die Arbeiten von M. Schmidt und H. Legat[1] haben aber gezeigt, daß Chrom-Mangan-Stähle nur in einem engen Bereich rein austenitisch sind, wie aus dem Bild 401 hervorgeht. Dieser Bereich liegt bei einem Kohlenstoffgehalt von 0,10% etwa um 15% Chrom und 15% Mangan. Bei höheren Chromgehalten treten andere Gefügebestandteile, vor allem Ferrit, aber auch versprödende Chrom-Eisen-Verbindungen auf. Die im Schaubild von Schmidt und Legat angegebene Grenzlinie der Bildung dieser Verbindungen bei 700 °C ist durch Untersuchungen von P. Schafmeister und R. Ergang[2] nach Bild 402 genauer festgelegt worden. Man sieht, daß zwischen dem γ- und α-Gebiet (Ferrit-Gebiet) eine Mischungslücke besteht, die zum großen Teil durch die spröde Sigma-Phase ausgefüllt ist. Diese

[1] Schmidt, M., u. H. Legat: Arch. Eisenhüttenw. Bd. 10 (1936/37) S. 297/306.

[2] Schafmeister, P., u. R. Ergang: Techn. Mitt. Krupp (März 1939) H. 3, S. 15/24; vgl. Arch. Eisenhüttenw. Bd. 12 (1938/39) S. 507/510.

spröde Phase kann sich bei längerer Erwärmung aber auch aus dem Ferrit und schließlich auch aus dem Austenit bilden. Die Veränderungen dieser Art sind noch nicht genügend studiert, beanspruchen aber auch kein besonderes Interesse, da Chrom-Mangan-Stähle in diesem Legierungsbereich wenig verwendet werden. Bei hohen Kohlenstoffgehalten bekommt man auch in einem weiteren Bereich des Chrom-Mangan-Gehaltes reinen Austenit.

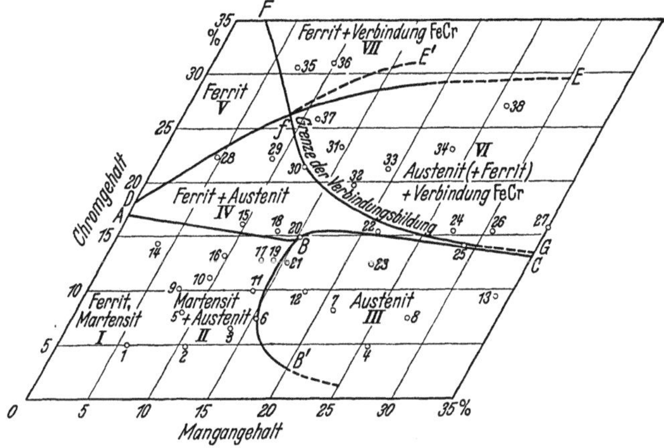

Bild 401. Zustandsschaubild der Eisen-Chrom-Mangan-Legierungen (nach M. SCHMIDT und H. LEGAT)

Solange der Stahl noch geringe Anteile von Ferrit enthält, scheint die Beständigkeit gegen Rosten im Vergleich zu manganarmen Stählen mit gleichem Chromgehalt etwas schlechter zu sein, bei vorwiegend austenitischen Stählen mit gelöstem Kohlenstoff ist sie etwas besser. Dasselbe gilt für den Angriff durch Salpetersäure. Schwefelsäure greift Chrom-Mangan-Stähle schon bei großer Verdünnung stark an. Bemerkenswert ist der gute Widerstand gegen Gase, die schwefelige Säure oder Schwefelwasserstoff enthalten. In dieser Hinsicht sind sie den Stählen mit höherem Nickelgehalt überlegen, wenn nicht bei höheren Temperaturen andere Nachteile damit verbunden wären,

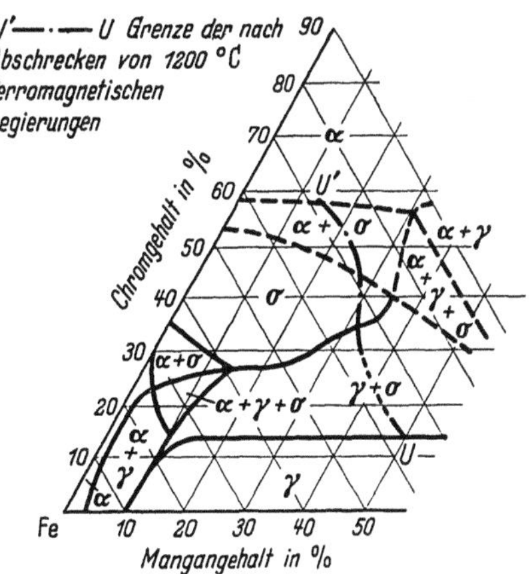

Bild 402. Isothermer Schnitt bei 700 °C durch das System Fe-Cr-Mn (nach P. SCHAFMEISTER und R. ERGANG)

wovon im Abschnitt „Zunderbeständige Stähle“ näher die Rede sein wird (S. 681).

Sofern die Stähle austenitisch oder wenigstens vorwiegend austenitisch sind, haben sie im Vergleich zu den Chromstählen den Vorteil der größeren Zähigkeit, was bei der Blechverarbeitung wichtig ist. Unangenehm ist dabei aber die stärkere Kalthärtbarkeit gegenüber den Chrom-Nickel-Stählen.

Eine Einschränkung für die Verwendbarkeit der Chrom-Mangan-Stähle ergibt sich auch daraus, daß, wie oben erwähnt, Stähle mit höheren Chromgehalten aus dem reinen Austenitbereich herausfallen und auch noch durch Ausscheidung die spröde Sigma-Phase enthalten. Der Stickstoff ist auch hier ein Mittel, den Austenitbereich zu erweitern; das Mangan dient bei der Erschmelzung neben dem Chrom als Stickstoffträger, wodurch leichter als bei den Chrom-Nickel-Stählen Stickstoffgehalte bis 0,2% im Stahl bleiben[1].

Für Besteckwaren werden die Chrom-Mangan-Stähle mitunter deshalb verlangt, weil sie gegenüber der bläulichen Farbe der Chrom- und Chrom-Nickel-Stähle einen „weichen, gelben Ton" haben. Eine solche, eine Zeitlang viel gebrauchte Legierung war ein Stahl mit 0,15% C, 9% Cr, 1,8% Mo, 0,5% Ni, dessen Korrosionsbeständigkeit trotz des niedrigen Chromgehaltes für Bestecke genügte (Roneusil).

Über die interkristalline Korrosion der Chrom-Mangan-Stähle ist wenig bekannt. Nach Untersuchungen des Verfassers[1] bestünde die Aussicht, durch Niob- oder Tantalzusätze günstige Wirkungen zu erzielen, welche Zusätze bei gleichzeitiger Anwesenheit von Stickstoff aus denselben Gründen wie bei den Chrom-Nickel-Stählen (S. 575) sehr genau bemessen sein müssen.

Die Verwendbarkeit der Chrom-Mangan-Stähle leidet — abgesehen davon, daß sie aus Gütegründen nur in Ausnahmefällen den Chrom-Nickel-Stählen vorzuziehen sind — noch daran, daß beim Einschmelzen des Schrottes das Mangan nur im basisch zugestellten Ofen teilweise erhalten bleibt, im sauer zugestellten aber ganz verlorengeht. Letzteres ist besonders deshalb unangenehm, weil der kernlose Induktionsofen, der für die Erschmelzung niedrig gekohlter Legierungen viel verwendet wird, wegen der schlechten Haltbarkeit meist nicht mit basischem Tiegel versehen wird.

Austenitische Chrom-Mangan-Nickel-Stickstoff-Stähle. Da zeitweilig Nickelmangel besteht, so sind die Versuche sehr alt, Nickel durch Mangan zu ersetzen. Dieser Austausch ist aber, wie wir sahen, für das Korrosionsverhalten und die Gefügeausbildung so ungünstig, daß er sich nicht durchsetzen konnte. Zugaben von Mangan bis zu 2% sind nicht als Nickelaustausch aufzufassen, weil man bis zu diesem Gehalt Mangan wegen der besseren Warmverformbarkeit und zur Vermeidung von Warmrissen beim Schweißen zusetzt.

---

[1] Rapatz, F.: Stahl u. Eisen Bd. 61 (1941) S. 1073/1078.

Neuere amerikanische Versuche gingen dahin, das Nickel nicht wegzulassen, sondern nur niedriger zu halten und zur Austenitbildung nur mäßige Manganzusätze und dazu noch Stickstoff heranzuziehen. Diese Stähle haben dann nicht mehr die ungünstigen Nebenerscheinungen der Chrommanganstähle. Man hat verschiedene Zusammensetzungen versucht, um einen stabilen Austenit zu bekommen. R. FRANKS, W. O. BINDER, J. THOMPSON[1] und F. P. HUDDLE[2] haben darüber Untersuchungen angestellt, auf die hier nur verwiesen sei.

Die Zahlentafel 139a gibt Beispiele einiger Chrom-Nickel-Mangan-Stickstoff-Stähle, die nach amerikanischen Vorschlägen den Chrom-Nickel-Stählen gleichwertig sein sollen, also 201 dem Stahl 301, 202 dem Stahl 302 usw.

Zahlentafel 139 a[3]. *Amerikanische Vorschläge für nickelarme austenitische Stähle*

AISI-Bezeichnung		Analyse in %				
		C	Mn	Cr	Ni	N
201	Amerikanische Vorschläge	0,10	6	17	5	0,2
301	gleichwertig	0,10	1	17	7	—
202	Amerikanische Vorschläge	0,06	9	18	5	0,2
302	gleichwertig	0,10	1	18	8	—
204	Amerikanische Vorschläge	0,08	10	18	5	0,2
304	gleichwertig	0,08	1	18	9	—
204 L	Amerikanische Vorschläge	0,03	10	18	5	0,2
304 L	gleichwertig	0,03	1	18	9	—

Diese Stähle sind wohl dann als Ersatz für die 18/8-Chrom-Nickel-Stähle anzusprechen, wenn es sich um die Verwendung für Ornamentalzwecke und für häusliche Gebrauchsgegenstände handelt. Dieser Anteil ist in den Vereinigten Staaten sehr groß; in Europa hingegen kommt er bis jetzt kaum in Betracht.

Von den angeführten Stählen ist höchstens der Stahl 204 L gegen interkristalline Korrosion einigermaßen beständig. Bei den übrigen ist der Kohlenstoffgehalt zu hoch. Eine Bindung des Kohlenstoffes durch Titan und Niob verbietet sich deshalb, weil dann auch Stickstoff ganz oder zum großen Teil an diese Elemente geht. Dazu kommen noch die Schwierigkeiten der Erzeugung (s. S. 289, 626), weswegen die Aussichten für diese Stähle in Europa nicht sehr groß sind.

Nickel-Molybdän- und Nickel-Molybdän-Chrom-Legierungen. Eine auf S. 618 schon besprochene Legierung mit 28% Mo, 65% Ni[4] ist gegen

[1] FRANKS, R., W. O. BINDER u. J. THOMPSON: Austenitic Chromium-Manganese-Nickel Steels Containing Nitrogen. Trans. Amer. Soc. Metals Bd. 47 (1955) S. 231/266.

[2] HUDDLE, F., P.: Nickel Conservation with High-Manganese. Met. Progr. Dez. 1955, S. 100/103.

[3] Persönliche Mitteilung der Electro Metallurgical Company, New York.

[4] FIELD, B. E.: Amer. Inst. Mines Techn. Publ. 1929 Nr. 191; Iron Age 1929, S. 667/669.

Schwefelsäure und Salzsäure gut beständig, wird aber von Salpetersäure wegen der Chromfreiheit angegriffen. Eine Legierung mit 16% Cr, 17% Mo, 60% Ni entspricht in dieser Hinsicht, ist aber sehr schwer schmied- und walzbar. Sowohl diese wie auch die chromfreie Ni-Mo-

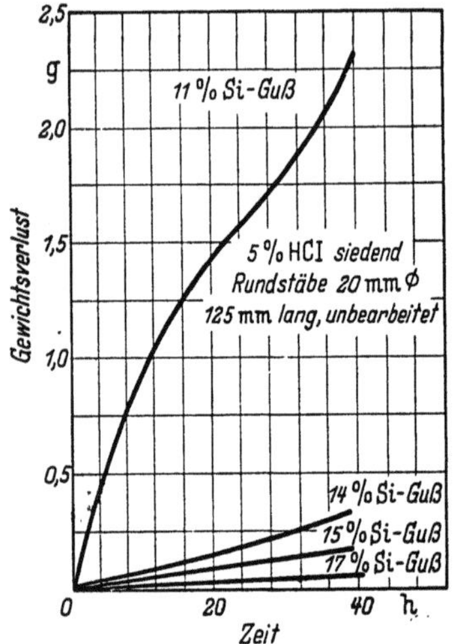

Bild 403. Einwirkung siedender Salzsäure auf Siliziumguß (nach W. DENNECKE)

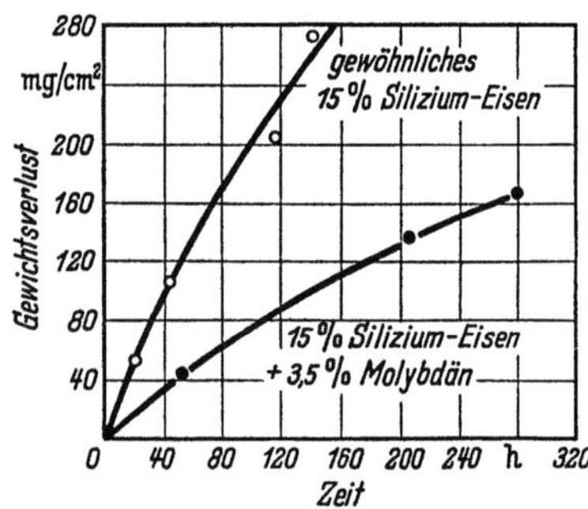

Bild 404. Korrosion von Mo-freiem und Mo-haltigem Siliziumguß in kochendem 70%igem HCl (nach W. DENNECKE)

Legierung sind nach einer Erwärmung, wie sie beim Schweißen vorkommt, in den Korngrenzen gefährdet. Diese Art interkristalliner Korrosion kommt bei diesen Legierungen, aber nur Angriff durch Salzsäure (10% HCl, kochend) zum Vorschein. M. PRÖTZL[1] zeigt, daß die Temperatur der Lösung der die Korngrenzen gefährdenden Bestandteile bei etwa

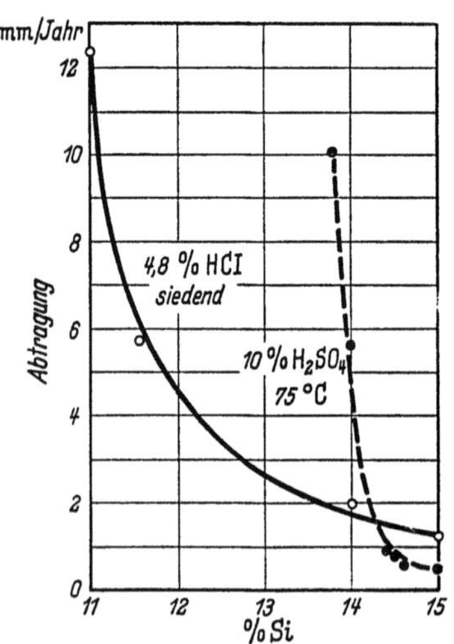

Bild 405. Einwirkung des Siliziumgehaltes auf die Beständigkeit von Eisen-Silizium-Guß in HCl und H_2SO_4 (nach W. DENNECKE)

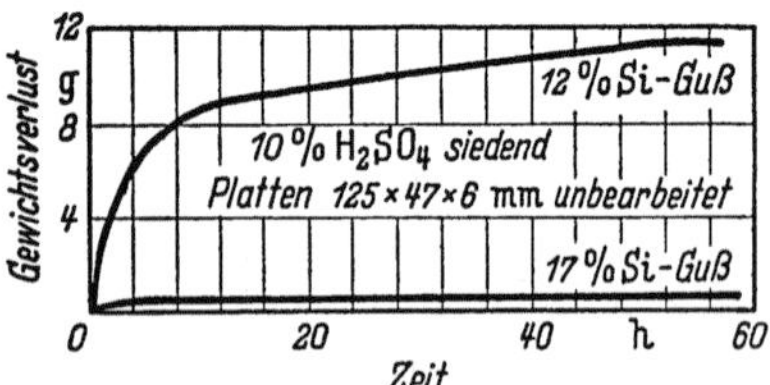

Bild 406. Einwirkung siedender H_2SO_4 auf Siliziumguß (nach W. DENNECKE)

---

[1] PRÖTZL, M.: Arch. Eisenhüttenw. Bd. 29 (1958) S. 745/756.

1200 °C liegt, woraus die Abscheidungen nur durch rasche Abkühlung verhindert werden können.

Demzufolge müßte die Warmverformung bei dieser Temperatur vorgenommen werden, und es müßte sowohl nach dieser als auch nach dem Schweißen rasch abgekühlt werden.

Siliziumlegierungen. Silizium in höheren Gehalten schützt den Stahl vor chemischen Angriffen besser als Chrom. Solche Legierungen sind rostbeständig, verhältnismäßig gut beständig gegen Salpetersäure, Schwefelsäure, ja sogar gegen verdünnte Salzsäure. Auch Beständigkeit gegen Zundern liegt vor. Der Gebrauch dieser Legierungen ist aber sehr beschränkt, weil sie nicht schmiedbar und sehr spröde sind. Ihre Festigkeit liegt unter der des Gußeisens. Vor dem Aufkommen der Karbidschneidmetalle konnte man den Gußkörpern die endgültige Form nur durch Schleifen geben.

Die Zusammensetzung liegt zwischen 0,1 bis 1% C, 12 bis 18% Si, meist zwischen 0,2 bis 0,6% C, 12 bis 15% Si; der Mangangehalt soll mit 0,2 bis 0,4% niedriger liegen. W. DENNECKE[1] gibt in den Bildern 403 bis 406 an, wie der Widerstand mit steigendem Siliziumgehalt in Salz- und Schwefelsäure besser wird. Die Oberflächensilizierung wird auf S. 883 besprochen.

Beständigkeitstafeln üblicher korrosionsbeständiger Stähle

Eine Übersicht über die Beständigkeit der in den Zahlentafeln 135, 136, 137, 138 angeführten Stähle und Legierungen gegen verschiedene Angriffsmittel geben die anliegenden Tabellen nach Zahlentafel 140.

Als Maß für die Beständigkeit bei gleichmäßigem Angriff über die ganze Fläche wird gewöhnlich der Gewichtsverlust in Gramm je Quadratmeter und Stunde angegeben. Diese Zahlen entsprechen ungefähr der Abtragung von 1 mm im Jahr.

In den Tabellen entspricht

0 einem Gewichtsverlust bis 0,1[2]
1 einem Gewichtsverlust von 0,1—1,0
2 einem Gewichtsverlust von 1,0—10,0
3 einem Gewichtsverlust über 10,0.

---

[1] DENECKE, W., aus: „Wissenschaft und Praxis des Gießereiwesens" S. 220 u. 222. Düsseldorf: Gießerei-Verlag 1955.

[2] In diesem Fall gilt der Stahl als praktisch „beständig" (s. S. 589) gegen gleichmäßigen Angriff. Für die Bewertung der Beständigkeit gegen Kornzerfall, Spannungsrißkorrosion, Lochfraß haben diese Zahlen keine Bedeutung.

Zahlentafel 140. *Beständigkeit der Stähle und Legierungen nach den Zahlentafeln 135 bis 138 gegen verschiedene Angriffsmittel*

Angriffsmittel	Punktkorrosion	Konzentration %	Spez. Gewicht bei 20 °C	Temperatur °C	Stahl Nr. 1–10, 12, 13	Stahl Nr. 11, 14, 15	Stahl Nr. 16	Stahl Nr. 18	Stahl Nr. 19, 21, 25	Stahl Nr. 26, 28, 29, 30	Stahl Nr. 31, 32
Aceton $CH_3 \cdot COCH_3$				20 und kochend	1	0	0	0	0	0	0
Acetylchlorid $CH_3 \cdot COCl$	P		1,104	20 und kochend	—	—	—	—	1	0	0
Äthyläther $C_2H_5 \cdot O \cdot C_2H_5$				20 und kochend	0	0	0	0	0	0	0
Äthylalkohol (Sprit) $C_2H_5 \cdot OH$			0,789	20	0	0	0	0	0	0	0
Äthylchlorid C_2H_5Cl	P			0	0	0	0	0	0	0	0
Äthylenchlorid $CH_2Cl \cdot CH_2Cl$	P			warm	—	—	—	—	0	0	—
Äthylglykol $HO \cdot CH_2 \cdot CH_2 \cdot OH$			1,113	20	2	1	0	0	0	0	—
Ätzkali s. Kaliumhydroxyd											
Ätzkalk s. Calziumhydroxyd											
Aktivin (Chloramin T) $CH_3 \cdot C_6H_4 \cdot SO_2 \cdot NClNa \cdot 3H_2O$	P			20 und kochend	—	—	0	0	1	0	0
Alaun $KAl(SO_4)_2 \cdot 12H_2O$ wässerige Lösung		10		20 und kochend	1	0	0	0	0	0	0
wässerige kalt ges. Lsg.				kochend	3	3	3	—	3	2	0[1]
Aluminium Al geschmolz.				750	3	3	3	3	3	3	3
Aluminium-Acetat $Al(C_2H_3O_2)_3$ wässerige Lösung gesättigt bei 20 °C				20 und kochend	0	0	0	0	0	0	0
Aluminiumchlorid $AlCl_3 \cdot 6H_2O$ wässerige Lösung	P	5	1,045	50	—	—	—	0	0	0	0
	P	10	1,090	20	—	—	—	2	3	2	2
	P	25		20	—	—	—	2	3	2	2
Aluminiumhydroxyd $Al(OH)_3$ kaltgesättigte wässerige Lösung				20	—	0	0	0	0	0	—
Aluminiumnitrat $Al(NO_3)_3 \cdot 9H_2O$ wässerige Lösung				20	0	0	0	0	0	0	0
Aluminiumsulfat $Al_2(SO_4)_3$ wässerige Lösung		10	1,105	20	1	0	0	0	0	0	0
				kochend	3	3	3	0	2	0	0
wässerig kalt ges. Lsg.				20	2	2	0	0	1	0	0
				kochend	3	3	3	—	3	2	0[1]

[1] Gilt nur für Stahl 32.

Zahlentafel 140 (Fortsetzung)

Angriffsmittel	Punkt-korrosion	Konzen-tration %	Spez. Gewicht bei 20 °C	Temperatur °C	Stahl Nr. 1–10, 12, 13	Stahl Nr. 11, 14, 15	Stahl Nr. 16	Stahl Nr. 18	Stahl Nr. 10, 21, 25	Stahl Nr. 26, 28, 29, 30	Stahl Nr. 31, 32
Ameisensäure HCOOH		10	1,024	20	2	1	0	0	0	0	0
				kochend	3	3	1	1	2	1	1
		50	1,120	20	2	2	0	0	0	0	0
				kochend	3	3	3	1	3	1	1
		80	1,186	20	2	2	0	0	0	0	0
				kochend	3	3	3	1–2	3	2	1
		konz.	1,221	20	1	1	0	0	0	0	0
				kochend	3	3	1	1	1	1	0
Ammoniak NH_4OH wässerige Lösung, alle Konzentrationen				20 und kochend	0	0	0	0	0	0	0
Ammoniumbifluorid $NH_4 \cdot HF_2$ kaltgesätt. Lsg.	P			20	3	3	2	—	0	0	0
Ammoniumbikarbonat $(NH_4)HCO_3$ wässerige Lösung, alle Konzent.				20	0	0	0	0	0	0	0
Ammoniumchlorid NH_4Cl wässerige Lösung	P	25	1,070	20	—	—	0	0	1	0	0
				kochend	—	—	—	0	2	1	1
	P	50		kochend	—	—	3	—	2	1	1
kaltgesättigt mit Cu u. Zn-Chloriden				kochend	3	3	3	3	3	3	3
Ammoniumkarbonat $(NH_4)_2CO_3 \cdot H_2O$ wässerig kalt gesättigte Lösung				20 und kochend	0	0	0	0	0	0	0
Ammoniumnitrat NH_4NO_3 wässerig kaltges. Lösg.				20 und kochend	0	0	0	0	0	0	0
geschmolzen				169	—	—	—	0	1	0	0
Ammoniumoxalat $(NH_4)_2C_2O_4$ wäss. Lsg.		5		20	—	0	0	0	0	0	0
Ammoniumperchlorat NH_4ClO_4 wäss. Lösung		10		20	0	0	0	0	0	0	0
				kochend	2	2	1	0	0	0	0
Ammoniumsulfat $(NH_4)_2SO_4$ wässerige Lösung, alle Konzentr.				20	1	1	0	0	0	0	0
				kochend	2	2	1	0	1	0	0
Ammoniumsulfit $(NH_4)_2SO_3 \cdot H_2O$ wässerige Lösung		konz.		20	0	0	0	0	0	0	0
				kochend	2	2	0	0	0	0	0
Anilin $C_6H_5 \cdot NH_2$ roh		konz.		20	—	0	0	0	0	0	—
Anilinhydrochlorid $C_6H_5 \cdot NH_2 \cdot HCl$	P			20	—	3	3	—	3	3	—
Antichlor s. Natriumthiosulfat											

Zahlentafel 140 (Fortsetzung)

Angriffsmittel	Punkt-korrosion	Konzen-tration %	Spez. Gewicht bei 20 °C	Temperatur °C	Stahl Nr. 1–10, 12, 13	Stahl Nr. 11, 14, 15	Stahl Nr. 16	Stahl Nr. 18	Stahl 19, 21, 25	Stahl Nr. 26, 28, 29, 30	Stahl Nr. 31, 32
Antimon Sb, geschmolzen				650	3	3	3	3	3	3	—
Antimon-Trichlorid $SbCl_3$			3,140	20	—	—	3	3	3	3	3
Apfelsäure $HOOC \cdot CH_2$ $CH(OH) \cdot COOH$ w. Lsg.		5 bis 50		100	—	0	0	0	0	0	0
Arsensäure wäss. Lösung $H_3AsO_4 \cdot {}^1/_2 H_2O$				65	—	—	0	0	0	0	0
Atmosphärische Korrosion					0	0	0	0	0	0	0

Die völlige Beständigkeit der verschiedenen Stähle hängt von der Art, Zusammensetzung und dem Wassergehalt der Atmosphäre ab und ist in Industriegebieten und in Küstennähe bedeutend geringer als im Hochgebirge oder in Trockengebieten. Für die höchste Beständigkeit der Stähle ist polierte Oberfläche und gute Pflege Bedingung.

Angriffsmittel	Punkt-korrosion	Konzen-tration %	Spez. Gewicht bei 20 °C	Temperatur °C	Stahl Nr. 1–10, 12, 13	Stahl Nr. 11, 14, 15	Stahl Nr. 16	Stahl Nr. 18	Stahl 19, 21, 25	Stahl Nr. 26, 28, 29, 30	Stahl Nr. 31, 32
Bariumchlorid $BaCl_2 \cdot 2H_2O$ warmges. wässerige Lösung	P			kochend	1	0	0	0	0	0	0
Bariumhydroxyd $Ba(OH)_2 \cdot 8H_2O$ heißges. wässerige Lösung				kochend	1	0	0	0	0	0	0
Bariumnitrat $Ba(NO_3)_2$ alle Konz. wäss. Lösg.				kochend	—	—	0	0	0	0	0
Benzin jeder Art				20 und kochend	0	0	0	0	0	0	0
Benzoesäure $C_6H_5 \cdot COOH$ alle Konz. wäss. Lösg.				20 und kochend	0	0	0	0	0	0	0
Benzol C_6H_6			0,878	20 und kochend	0	0	0	0	0	0	0
Bier gegoren (kein Beigeschmack)				20 und kochend	—	—	—	0	0[1]	0	0
Bittersalz s. Magnesiumsulfat											
Blei Pb, geschmolzen				400	—	—	—	0	—	—	—
				600	—	0	—	0	—	—	—
Bleiacetat (Bleizucker) $(CH_3 \cdot COO)_2Pb \cdot 3H_2O$ wässerige Lösung				20	—	0	0	0	0	0	0
				kochend	1	0	0	0	0	0	0
Bleiacetat basisch (Bleiessig) w. Lsg. alle Konz.				20 und kochend	0	0	0	0	0	0	0

[1] Es sind nur stabilisierte Stähle zu verwenden.

Zahlentafel 140 (Fortsetzung)

Angriffsmittel	Punktkorrosion	Konzentration %	Spez. Gewicht bei 20 °C	Temperatur °C	Stahl Nr. 1–10, 12, 13	Stahl Nr. 11, 14, 15	Stahl Nr. 16	Stahl Nr. 18	Stahl Nr. 19, 21, 25	Stahl Nr. 26, 28, 29, 30	Stahl Nr. 31, 32
Bleinitrat $Pb(NO_3)_2$ wässerige Lösung		50		kochend	—	—	0	0	0	0	0
Bleichlauge (Hypochlorite) bis max. 20 g Cl/l	P			20 u. 40	—	—	1	0	—	0[1]	—
Bleichlösung s. Chlorkalk											
Blut, rein					0	0	0	0	0	0	0
Blutlaugensalz s. Kaliumferricyanid											
Bonderlösung s. Eisenphosphat											
Borax $Na_2B_4O_7 \cdot 10H_2O$ wässerige Lösung, kalt gesättigt				20 und kochend	0	0	0	0	0	0	0
geschmolzen					3	3	3	3	3	3	3
Borsäure H_3BO_3 alle Konz. wässerige Lösung				20	0	0	0	0	0	0	0
				kochend	1	1	0	0	0	0	0
Branntwein				20 und kochend	—	—	0	0	0	0	0
Brom Br, feucht	P		3,14	20	3	3	3	3	3	3	3
Bromwasser	P	0,03		20	3	—	—	0	0	0	0
	P	0,3		20	3	—	—	—	1	1	—
	P	1,0	1,004	20	3	—	—	—	3	3	—
Bromsilber AgBr trocken oder feucht	P			20	0	0	0	0	0	0	0
Buttermilch				20	—	0	0	0	0	0	0
Buttersäure $CH_3 \cdot CH_2 \cdot CH_2 \cdot COOH$		100	0,959	20	1	0	0	0	0	0	0
				kochend	3	3	0	0	2	0	0
Cadmium Cd, geschmolzen				400	—	—	—	—	2	1–2	—
Calziumbisulfit $Ca(HSO_3)_2$ wässerige Lösung			1,044	20	2	1	0	0	0	0	—
				kochend	3	—	—	0	3	0	—
bei 20 atm. Druck				200	3	—	—	0	3	0	—
Calziumchlorid $CaCl_2 \cdot 6H_2O$ wäss. Lsg., kalt gesättigt	P	ca. 42		20	0	0	—	0	—	0	—
				kochend	2	2	—	1	—	0[1]	—
Calziumhydroxyd $Ca(OH)_2$ (Kalkmilch)				20 und kochend	—	0	0	0	0	0	0
Calziumhypochlorit $Ca(ClO)_2 \cdot 4H_2O$ wässerige Lösung			1,035	20 u. 40	—	—	1	—	—	0[1]	—

[1] Gilt nur für Stahl 30.

Zahlentafel 140 (Fortsetzung)

Angriffsmittel	Punktkorrosion	Konzentration %	Spez. Gewicht bei 20 °C	Temperatur °C	Stahl Nr. 1—10, 12, 13	Stahl Nr. 11, 14, 15	Stahl Nr. 16	Stahl Nr. 18	Stahl Nr. 19, 21, 25	Stahl Nr. 26, 28, 29, 30	Stahl Nr. 13, 32
Campher (Kampfer) $C_{10}H_{16}O$				20	0	0	0	0	0	0	0
Chininsalze, neutral				20	—	—	0	0	0	0	0
Chlor, Cl_2, Gas trocken				20	0	0	0	0	0	0	0
feucht	P			20	3	3	3	3	3	3	3
Chloramin T s. Aktivin											
Chlorbenzol C_6H_5Cl			1,106	kochend	3	3	0	0	0	0	0
Chloressigsäure (mono-)	P	50		20	3	3	3	3	3	3	3
$CH_2Cl \cdot COOH$ wäss. Lsg.		konz.		20	3	3	3	3	3	3	3
Chlorkalk $CaCl(OCl) \cdot CaO \cdot 2H_2O$ trocken	P			20	3	3	0	0	0	0	—
feucht				20	3	3	1	—	1	0[1]	—
Chloroform $CHCl_3$				20 und kochend	0	0	0	0	0	0	0
Chlorschwefel S_2Cl_2	P	100	1,678	20	1	1	0	0	0	0	0
				kochend	2	2	1	0	0	0	0
Chlorsäure $HClO_3$	P			20	—	—	—	3	3	3	—
Chlorsulfonsäure	P	10		20	3	3	3	3	3	3	3
$SO_2 \cdot OH \cdot Cl$		konz.	1,79	20	3	3	—	0	0	0	0
Chlorwasser gesättigt	P			20	—	—	—	—	—	1[1]	—
Chlorwasserstoffgas HCl trocken				20	—	—	1	—	1	1	—
				100	—	—	2	—	2	2	—
				500	—	—	3	—	3	3	—
Chromalaun s. Kaliumchromsulfat											
Chromsäure Cr_2O_3, rein		10	1,08	20	1	0	0	0	0	0	0
H_2SO_4-frei, wäss. Lösg.				kochend	3	2	1	—	1	1	0
		50	1,51	20	2	1	1	—	1	0	0
				kochend	3	3	3	—	3	3	3
techn., H_2SO_4-haltig		50	1,51	20	3	3	2	—	1	1	—
wässerige Lösung				kochend	3	3	3	—	3	3	—
Dampf jeder Temperatur s. Wasserdampf											
Diazotierungsbad,				20	3	3	1	—	1	1	0
schwach salzsauer				warm	3	3	2	—	2	1	1
Dichloräthylen CHCl : CHCl trocken				20 und kochend	—	0	0	0	0	0	0

[1] Gilt nur für Stahl 30.

Zahlentafel 140 (Fortsetzung)

Angriffsmittel	Punktkorrosion	Konzentration %	Spez. Gewicht bei 20 °C	Temperatur °C	Stahl Nr. 1—10, 12, 13	Stahl Nr. 11, 14, 15	Stahl Nr. 16	Stahl Nr 18	Stahl Nr. 19, 21, 25	Stahl Nr. 26, 28, 29, 30	Stahl Nr. 31, 32
Eisen-(III)-Chlorid $FeCl_3 \cdot 6H_2O$ wäss. Lsg.	P	10	1,065	20 und kochend	—	—	3	3	3	3	3
Eisen-(III)-Nitrat $Fe(NO)_3)_3 \cdot 9H_2O$ w. Lsg.				20 und kochend	0	0	0	0	0	0	0
Eisenphosphat (Bonderlösung)				98	1	0	0	0	0	0	0
Eisen-(II)-sulfat $FeSO_4 \cdot 7H_2O$ wäss. Lsg.				20 und kochend	0	0	0	0	0	0	0
Eisen-(III)-sulfat $Fe_2(SO_4)_3$ wäss. Lösung				20 und kochend	—	—	0	0	0	0	0
E ntwickler, photogr.				20	1	0	0	0	0	0	—
Erdöl					0	0	0	0	0	0	0
Essig				20	0	0	0	0	0	0	0
				kochend	2	1	0	0	0	0	0
Essigsäure $CH_3 \cdot COOH$		10	1,012	20	0	0	0	0	0	0	0
				kochend	3	2	0	0	0	0	0
		50	1,057	20	1	0	0	0	0	0	0
				kochend	3	2	1	0	2	0	1
		80	1,070	20	2	1	0	0	0	0	0
				kochend	3	2	1	0	2	1	1
Eisessig		konz.	1,049	20	1	0	0	0	0	0	0
				kochend	2	1	2	0	1	1	1
roh, techn.		konz.		kochend	—	—	—	0	—	—	—
Essigsäureanhydrid $(CH_3 \cdot CO)_2O$			1,082	20	0	0	0	0	0	0	0
				kochend	2	1	0	0	0	0	0
Fällbad s. Spinnbad											
Farbflotten, alkalisch od. neutral				20 und kochend	—	—	0	0	0	0	0
organisch sauer				20 und kochend	—	—	0	0	0	0	0
schwach schwefelsauer (H_2SO_4 unter 0,3%)				20	—	—	0	0	0	0	0
				kochend	—	—	—	0	—	0	0
stark schwefelsauer (H_2SO_4 über 0,3%)				20	—	—	0	—	1	0	0
				kochend	—	—	1	—	3	1	0
Fettsäure (Ölsäure) $CH_3 \cdot [CH_2]_7 \cdot CH:CH$, $[CH_2]_7 \cdot COOH$ techn.				150	0	0	0	0	0	0	0
15 at. Druck				180	2	2	1	0	1	0	0
2—3 at. Druck				200	3	2	1	0	1	0	0
Fettsäure mit Spuren H_2SO_4				heiß	—	—	2	—	3	1	0
Fixiersalz	P			20	—	—	0	0	0	0	0

Sorgfältige Pflege und Reinhaltung der Geräte ist zu beachten, da beim Eintrocknen der Fixierbäder Lochfraß auftritt.

Zahlentafel 140 (Fortsetzung)

Angriffsmittel	Punktkorrosion	Konzentration %	Spez. Gewicht bei 20 °C	Temperatur °C	Stahl Nr. 1—10, 12, 13	Stahl Nr. 11, 14 ,15	Stahl Nr. 18	Stahl Nr. 16	Stahl Nr. 19, 21, 25	Stahl Nr. 26, 28, 29, 30	Stahl Nr. 31, 32
Fleisch					0	0	0	0	0	0	0
Flourwasserstoffsäure HF		10	1,036	20	—	—	—	—	2	2	1
(Flußsäure)				100	—	—	—	—	3	3	3
		40	1,128	20	—	—	—	3	3	3	2
trockenes Gas				100	3	3	1	1	1	1	—
Formaldehyd HCHO wäss. Lösung		40		20 und kochend	0	0	0	0	0	0	0
Fruchtsäfte				20 und kochend	—	—	0	0	0	0[1]	0
Furfurol $C_4H_3O \cdot CHO$				kochend	0	0	0	0	0	0	0
				Dampf	0	0	0	0	0	0	0
Gallusäures $C_6H_2(OH)_3 \cdot COOH$ bei 100°C gesätt. wäss. Lösg.		ca. 25		kochend	0	0	0	0	0	0 0	0
Gerbsäure (Tannin)		50		20	0	0	0	0	0	0	0
				kochend	1	1	1	0	0	0	0
kaltgesätt. wäss. Lösg.				20	—	0	0	0	0	0	0
Glaubersalz s. Natriumsulfat											
Glyzerin $HO \cdot CH_2 \cdot CH(OH) \cdot CH_2 \cdot OH$			1,260	20 und heiß	0	0	0	0	0	0	0
Grubenwasser (sauer) bis 1% H_2SO_4				20	—	—	—	—	0	0	0
Harn	P			20 und	—	—	0	0	0	0	0
Harnsäure $C_5H_4N_4O_3$				20	—	—	—	0	0	0	0
Harnstoff $H_2 \cdot NCO \cdot NH_5$				20	0	0	0	0	0	0	0
Hirschhornsalz $NH_4HCO_3 \cdot NH_4CO_2NH_2$ gesätt. wässer. Lösung				20 und heiß	0	0	0	0	0	0	0
Hydrazinsulfat wäss. Lösg. $(NH_2)_2 \cdot H_2SO_4$		10		kochend	—	—	2	—	2	2	1
Hyroxylaminsulfat $(NH_2OH)_2 \cdot H_2SO_4$ w. Lsg.		10		20 und kochend	—	—	0	0	0	0	0
Jod trocken				20	—	—	0	0	0	0	—
feucht	P			20	2	2	1	—	1	0	—
Jodtinktur	P			20	2	2	1	—	1	0[2]	—
Jodoform CHJ_3				20	0	0	0	0	0	0	0
Dampf				60	—	—	0	0	0	0	0

[1] Wegen allfälliger Geschmacksveränderung und Verfärbung ist Stahl 27 vorzuziehen.
[2] Gilt nur für Stahl 30.

Zahlentafel 140 (Fortsetzung)

Angriffsmittel	Punktkorrosion	Konzentration %	Spez. Gewicht bei 20 °C	Temperatur °C	Stahl Nr. 1–10, 12, 13	Stahl Nr. 11, 14, 15	Stahl Nr. 16	Stahl Nr. 18,	Stahl Nr. 9, 21 25	Stahl Nr. 26, 28, 29, 30	Stahl Nr. 31, 32
Kaffee				20 und kochend	—	—	—	0	0	0	0
Kalialaun s. Alaun											
Kalilauge s. Kaliumhydroxyd											
Kalisalpeter s. Kaliumnitrat											
Kaliumacetat $CH_3 \cdot COOK$ geschmolzen				292	—	—	—	0	0	0	0
Kaliumbichromat $K_2Cr_2O_7$ wässerige Lösung		25		20	0	0	0	0	0	0	0
				kochend	3	2	0	0	0	0	0
Kaliumbifluorid KHF_2 kaltgesätt. wäss. Lösung				20	3	2	1	0	0	0	0
Kaliumbisulfat $KHSO_4$ wässerige Lösung		2	1,014	90	—	—	—	0	3	1–2	0
		5	1,035	20	3	3	1	0	2	0	0
				90	3	3	3	0	3	2	0[1]
		15	1,110	90	3	3	3	0	3	2	1[1]
Kaliumbitartrat $KC_4H_5O_6$ (Weinstein) kaltges. wäss. Lösung bei 100 °C ges. wäss. Lösung				20	—	—	0	0	0	0	0
				kochend	—	—	1	—	2	1	0
Kaliumbromid KBr wässerige Lösung	P	1 bis 10		15	—	—	—	0	0	0	—
				50	3	—	—	0	0	0	0
Kaliumchlorat, $KClO_3$ bei 100 °C ges. wäss. Lösg.		ca. 36		kochend	—	—	0	0	0	0	0
Kaliumchlorid KCl	P	5		20	—	—	—	—	—	0	0
				50	—	—	—	—	—	0	0
wässerige Lösung	P	30		20	—	—	—	—	—	0	—
				50	—	—	—	—	—	0[2]	—
Kaliumchromsulfat $KCr(SO_4)_2 \cdot 12H_2O$ (Chromalaun) ges. wäss. Lösung			1,60	20	2	2	1	—	1	0	0
				kochend	3	3	3	—	3	3	1
Kaliumcyanat KCNO wässerige Lösung				20	0	0	0	0	0	0	0
Kaliumcyanid KCN wäss. Lösg. alle Konz.				20	0	0	0	0	0	0	0

[1] Gilt nur für Stahl 32.
[2] Gilt nur für Stahl 30.

Zahlentafel 140 (Fortsetzung)

Angriffsmittel	Punktkorrosion	Konzentration %	Spez. Gewicht bei 20 °C	Temperatur °C	Stahl Nr. 1–10, 12, 13	Stahl Nr. 11, 14, 15	Stahl Nr. 16	Stahl Nr. 18	Stahl Nr. 19, 21, 25	Stahl Nr. 26, 28, 29, 30	Stahl Nr. 31, 32
Kaliumferricyanid $K_3[Fe(CN)_6]$ rotes Blutlaugensalz, ges. wäss. L.				20 und kochend	—	—	0	0	0	0	0
Kaliumferrocyanid $K_4[Fe(CN)_6]$ gelbes Blutlaugensalz, ges. w. Lsg.				20 und kochend	—	—	0	0	0	0	0
Kaliumhydroxyd KOH, Kalilauge wässerige Lsg.		25	1,25	20 und kochend	0	0	0	0	0	0	0
		50	1,54	20	0	0	0	0	0	0	0
				kochend	1	0	0	0	0	0	—
heißgesättigt		68		120	2	1	0	0	0	0	0
geschmolzen				360	3	3	3	3	3	3	3
Kaliumhypochlorit KClO wässerige Lösung, bis 20 g aktives Cl/l	P			20 u. 40	—	—	1	0	—	0[1]	—
Kaliumjodid KJ wässerige konz. Lösung	P			20 und kochend	2	1	0	0	0	0	—
Kaliumkarbonat K_2CO_3 (Pottasche) wäss. Lösung		50	1,540	20 und kochend	0	0	0	0	0	0	0
geschmolzen				1000	3	3	3	3	3	3	3
Kaliumnitrat KNO_3 (Kalisalpeter) wässerige konzentrierte Lösung				20 und kochend	0	0	0	0	0	0	0
geschmolzen				550	—	—	0	0	0	0	0
Kaliumoxalat $K_2C_2O_4$ wäss. Lösung alle Konz.				20	0	0	0	0	0	0	0
				kochend	2	0	0	0	0	0	0
Kaliumpermanganat $KMnO_4$, wäss. Lösung		10		20	0	0	0	0	0	0	0
				kochend	1	0	0	0	0	0	0
Kaliumsulfat K_2SO_4 wäss. Lösung alle Konz.				20 und kochend	—	—	0	0	0	0	0
Kalkmilch s. Calziumhydroxyd											
Karbolsäure s. Phenol											
Karnallit $MgCl_2 \cdot KCl_2 \cdot 6\,H_2O$ kaltgesätt. wäss. Lösung	P			20 und kochend	—	—	—	—	—	0[1]	—
Kieselfluorwasserstoffsäure H_2SiF_6, Dämpfe				100	3	2	1	—	1	1	0

[1] Gilt nur für Stahl 30.

Zahlentafel 140 (Fortsetzung)

Angriffsmittel	Punkt-korrosion	Konzentration %	Spez. Gewicht bei 20 °C	Temperatur °C	Stahl Nr. 1—10, 12, 13	Stahl Nr. 11, 14, 15	Stahl Nr. 16	Stahl Nr. 18	Stahl Nr. 19, 21, 25	Stahl Nr. 26, 28, 29, 30	Stahl Nr. 31, 32
Kohlendioxyd CO_2 (Kohlensäure) trocken und feucht				20 und heiß	0	0	0	0	0	0	0
Königswasser ($3HCl + HNO_3$)				20	3	3	3	3	3	3	3
Kopallack					0	0	0	0	0	0	0
Kreosot				20	0	0	0	0	0	0	0
				kochend	2	1	0	0	0	0	0
Kühlsohlen je nach Zusammensetzung auf Anfrage											
Kupferazetat wäss. Lösung $(CH_3 \cdot COO)_2Cu \cdot H_2O$				20 und kochend	—	0	0	0	0	0	0
Kupfer-(II)-chlorid $CuCl_2 \cdot 2H_2O$ wäss. Lösg.	P	1	1,007	20	—	—	1	0	1	0	—
				75	—	—	3	3	3	3	—
	P	5	1,046	20	—	—	2	1	2	1	—
kaltgesättigt	P			20	—	—	3	—	3	3	—
Kupfernitrat $Cu(NO_3)_2 \cdot 6H_2O$ wässerige Lösung		50		20 und kochend	0	0	0	0	0	0	0
Kupferoxydammoniak (Kupferoxyd gesättigt in 50%igem Ammoniak)				20	—	—	0	0	0	0	0
Kupfersulfat $CuSO_4 \cdot 5H_2O$ (Kupfervitriol) wässerige Lösung aller Konz.				20 und kochend	0	0	0	0	0	0	0
Kupfersulfat gesättigte Lösung + 3% H_2SO_4				20	—	—	0	0	0	0	0
Leim				20 und heiß	—	—	0	0	0	0	0
Leinöl				20 und heiß	0	0	0	0	0	0	0
Leinöl + 3% H_2SO_4				200	—	—	1	0	1	0	0
Likör				20	—	—	—	0	0	0	—
Lysoform (Kaliseife + Formalin)				20 und heiß	0	0	0	0	0	0	0
Lysol (50% Kresol + Öl- bzw. Harzseifen)				20 und heiß	0	0	0	0	0	0	0

Zahlentafel 140 (Fortsetzung)

Angriffsmittel	Punktkorrosion	Konzentration %	Spez. Gewicht bei 20 °C	Temperatur °C	Stahl Nr. 1–10, 12, 13	Stahl Nr. 11, 14, 15	Stahl Nr. 16	Stahl Nr. 18	Stahl Nr. 19, 21, 25	Stahl Nr. 26, 28, 29, 30	Stahl Nr. 31, 32
Magnesiumchlorid	P	15	1,127	20	3	—	0	0	0	0	0
$MgCl_2 \cdot 6H_2O$	P	20	1,145	20	3	1	0	0	0	0	0
wässerige Lösung				kochend	—	—	—	—	—	1[1]	—
	P	30	1,28	20	3	1	0	0	0	0	0
Magnesiumsulfat		ca.		20	2	1	0	0	0	0	0
$MgSO_4 \cdot 7H_2O$ (Bittersalz)		26	1,296	kochend	—	—	0	0	0	0	0
wäss. gesätt. Lösung											
Maleinsäure HOOC·HC:CH·COOH wässerige Lösung		50		100	0	0	0	0	0	0	0
Manganchlorür $MnCl_2 \cdot 4H_2O$ wäss. Lösg.	P	50		20 und kochend	—	—	0	0	0	0	0
Mangansulfat $MnSO_4 \cdot 7H_2O$ wässerige Lösung alle Konz.				20	0	0	0	0	0	0	0
Meerwasser				20	—	0[2]	0	0	0	0	0
				50	—	—	—	—	—	0[1]	—

wobei jedoch die örtlichen Bedingungen entscheidend sind

Angriffsmittel	Punktkorrosion	Konzentration %	Spez. Gewicht bei 20 °C	Temperatur °C	Stahl Nr. 1–10, 12, 13	Stahl Nr. 11, 14, 15	Stahl Nr. 16	Stahl Nr. 18	Stahl Nr. 19, 21, 25	Stahl Nr. 26, 28, 29, 30	Stahl Nr. 31, 32
Methylalkohol CH_3OH (Methanol, Holzgeist)			0,792	20 und kochend	—	—	0	0	0	0	0
Methylenchlorid CH_2Cl_2 wasserfrei	P		1,336	20 und kochend	0	0	0	0	0	0	0
Milch frisch und sauer				20 und heiß	—	0	0	0	0	0	0
Milchsäure wäss. Lösung		1,5		20	0	0	0	0	0	0	0
$CH_3 \cdot CH(OH) \cdot COOH$				kochend	2	2	0	0	0	0	0
		10	1,02	20	1	1	0	0	0	0	0
				kochend	3	2	1	0	2	0	0
konz.			1,22	20	1	0	0	0	0	0	0
				kochend	3	2	2	2	2	1	0
Mischsäuren (Nitriersäuren) Volumprozent konz.											
Säuren:											
99% Salpeters. konz.				20	—	—	0	0	0	0	0
+ 1% Schwefels. konz.				50	—	—	0	0	0	0	0
90% Salpeters. konz.				20	—	—	0	0	0	0	0
+ 10% Schwefels. konz.				50	—	—	0	0	0	0	0

[1] Gilt nur für Stahl 30.
[2] Gilt nur für Stahl 16.

Zahlentafel 140 (Fortsetzung)

Angriffsmittel	Punkt-korrosion	Konzen-tration %	Spez. Gewicht bei 20 °C	Temperatur °C	Stahl Nr. 1–10, 12, 13	Stahl Nr. 11, 14, 15	Stahl Nr. 16	Stahl Nr. 18	Stahl Nr. 19, 21, 25	Stahl Nr. 26, 28, 29, 30	Stahl Nr. 31, 32
50% Salpeters. konz.				20	—	—	0	0	0	0	0
+ 50% Schwefels. konz.				50	3	2	1	0	0	0	0
				90	3	3	2	—	1	1	0–1
				120	3	3	3	—	2	2	1–2
38% Salpeters. konz.				20	—	—	0	0	0	0	0
+ 60% Schwefels. konz.				50	3	3	1	0	0	0	0
+ 2% Wasser											
15% Salpeters. konz.				20	—	—	0	0	0	0	0
+ 20% Schwefels. konz.				50	3	3	1	0	0	0	0
+ 65% Wasser											
5% Salpeters. konz.				20	—	—	0	0	0	0	0
+ 30% Schwefels. konz.				50	3	2	1	0	0	0	0
+ 65% Wasser				90	3	3	2	0	0	0	0
				kochend	—	—	—	—	1–2	1–2	1
3% Salpeters. konz.				20	—	—	0	0	0	0	0
+ 30% Schwefels. konz.				50	3	2	1	0	0	0	0
+ 67% Wasser											
Natriumacetat $CH_3 \cdot COONa \cdot 3H_2O$ warmges. wäss. Lösung				kochend	0	0	0	0	0	0	0
Natriumbicarbonat $NaHCO_3$ wässerige Lösung alle Konzentr.				20	0	0	0	0	0	0	0
Natriumbisulfat $NaHSO_4 \cdot H_2O$ wäss. Lsg.		10	1,077	20	2	1	0	0	0	0	0
				kochend	3	2	1	0	1	0	0
Natriumbisulfit $NaHSO_3$ wässerige Lösung		50		20	1	0	0	0	0	0	0
				kochend	3	3	1	0	0	0	0
Natriumbromid $NaBr \cdot 2H_2O$ wäss. Lsg.	P	20	1,175	80	—	—	—	—	—	0[1]	—
Natriumchlorat $NaClO_3$ wässerige Lösung	P	30		20 und kochend	—	—	0	0	0	0	0
Natriumchlorid NaCl (Kochsalz) wäss. Lösg.	P	5		20	—	—	—	—	—	0	0
				50	—	—	—	—	—	0–1	—
		30		20	—	—	—	—	—	0	—
				50	—	—	—	—	—	0[1]	—
techn., ges. wäss. Lösg. (Sole)	P			50	—	—	—	—	—	0[1]	—
Natriumfluorid NaF wässerige Lösung		5	1,052	20	—	—	—	—	—	0	—

[1] Gilt nur für Stahl 30.

Zahlentafel 140 (Fortsetzung)

Angriffsmittel	Punkt-korrosion	Konzentration %	Spez. Gewicht bei 20 °C	Temperatur °C	Stahl Nr. 1–10, 12, 13	Stahl Nr. 11, 14, 15	Stahl Nr. 16	Stahl Nr. 18	Stahl Nr. 19, 21, 25	Stahl Nr. 26, 28, 29, 30	Stahl Nr. 31, 32
Natriumhydroxyd NaOH (Natronlauge) wässerige Lösung		20	1,222	20 und kochend	0	0	0	0	0	0	0
		35	1,384	20	0	0	0	0	0	0	0
				kochend	1	0	0	0	0	0	0
		50	1,530	120	—	—	0	0	1	0	0
		70		90	—	—	0	0	0	0	0
				kochend	—	—	—	—	3	—	—
geschmolzen				318	3	3	3	3	3	3	3
Natriumhypochlorit NaClO, wäss. Lösung, bis 20 g aktives Cl/I	P			20 und warm	—	—	1	0	—	0[1]	—
Natriumkarbonat Na_2CO_3 (Soda) kaltges. w. Lösg.				20 und kochend	0	0	0	0	0	0	0
geschmolzen				900	3	3	3	3	3	3	3
Natriumnitrat $NaNO_3$ (Chilesalpeter) konz. wässerige Lösung				20 und kochend	0	0	0	0	0	0	0
geschmolzen				360	—	0	0	0	0	0	0
Natriumnitrit $NaNO_2$ warmges. wäss. Lösung				kochend	—	0	0	0	0	0	0
Natriumperborat $NaBO_3 \cdot 4H_2O$ ges. w. L.				20	—	0	0	0	0	0	0
Natriumperchlorat $NaClO_4 \cdot H_2O$ wäss. Lösg.		10	1,066	20 und kochend	—	—	0	0	0	0	0
Natriumperoxyd Na_2O_2 wässerige Lösung		10		20	2	1	0	0	0	0	0
				100	3	2	0	0	0	0	0
Natrium-o-Phosphat, sek. $Na_2HPO_4 \cdot 12H_2O$ w. Lsg.				20 und kochend	0	0	0	0	0	0	0
Natrium-o-Phosphat, tert. $Na_3PO_4 \cdot 12H_2O$ kaltges. wäss. Lösung				20 und kochend	0	0	0	0	0	0	0
Natriumsalicylat $NaC_7H_5O_3$ ges. wäss. Lsg.				20	0	0	0	0	0	0	0
Natriumsilikat Na_2SiO_3 (ca. $9H_2O$) ges. w. Lösg.				20 und heiß	0	0	0	0	0	0	0
Natriumsulfat (Glaubersalz) $Na_2SO_4 \cdot 10H_2O$ kaltges. wäss. Lösung				20 und kochend	0	0	0	0	0	0	0

[1] Gilt nur für Stahl 30.

Zahlentafel 140 (Fortsetzung)

Angriffsmittel	Punktkorrosion	Konzentration %	Spez. Gewicht bei 20 °C	Temperatur °C	Stahl Nr. 1—10, 12, 13	Stahl Nr. 11, 14, 15	Stahl Nr. 16	Stahl Nr. 18	Stahl Nr. 19, 21, 25	Stahl Nr. 26, 28, 29, 30	Stahl Nr. 31, 32
Natriumsulfid $Na_2S \cdot 9H_2O$ wäss. Lösung		20		20 und kochend	—	0	0	0	0	0	0
		50		kochend	—	—	—	0	0	0	0
warmgesättigte Lösung				100	—	—	1–2	1–2	1–2	1–2	—
Schwärzung bzw. Dunkelfärbung der Oberfläche möglich											
Natriumsulfit $Na_2SO_3 \cdot 7H_2O$ wäss. Lsg.		50		kochend	2	2	1	—	0	0	0
Natriumtetraborat $Na_2B_4O_7 \cdot 10H_2O$ (Borax) ges. wäss. Lösg.				20 und kochend	0	0 0	0	0 0	0	0 0	0
geschmolzen					3	3	3	3	3	3	3
Natriumthiosulfat $Na_2S_2O_3 \cdot 5H_2O$ (Antichlor) wässerige Lösung	P	25		20 und kochend	—	—	0	0	0	0	0
Natriumzitrat wäss. Lösg. $Na_3C_6H_5O_7 \cdot 2H_2O$		3,5		20	0	0	0	0	0	0	0
Natronlauge s. Natriumhydroxyd											
Nickelchlorid $NiCl_6 \cdot 6H_2O$ wässerige Lösung	P			20	—	—	—	—	0	0	0
Nickelnitrat $Ni(NO_3)_2 \cdot 6H_2O$, w. Lösg.		5 bis 10		20	0	0	0	0	0	0	0
Nickelsulfat $NiSO_4 \cdot 7H_2O$ warmges. wäss. Lösung				kochend	—	0	0	0	0	0	0
Nitriersäure s. Mischsäuren											
Nitrosesäure 60° Bé, 4—5% Nitrosegehalt				20	—	—	1	—	0	0	0
				75	—	—	—	—	—	1	1
Novocaïn $H_2 \cdot N \cdot C_6H_4 \cdot CO_2$ $\cdot CH_2 \cdot CH_2 \cdot N(C_2H_5)_2 \cdot HCl$				20	0	0	0	0	0	0	0
Obstpulpe SO_2-hältig					—	—	0	0	0	0	0
Öle (Schmieröle, miner.)				20 und heiß	0	0	0	0	0	0	0
Öle (vegetabilische)				20 und heiß	0	0	0	0	0	0	0
Oleïnsäure (Ölsäure) s. Fettsäure											
Oxalsäure HOOC·COOH·$2H_2O$ wässerige Lösung		10		20	1	0	0	0	0	0	0
				kochend	3	2	2	1–2	2	2	1
		25		kochend	3	3	2	1–2	2	2	1
		50		kochend	—	—	3	—	3	2	1

Zahlentafel 140 (Fortsetzung)

Angriffsmittel	Punkt-korrosion	Konzen-tration %	Spez. Gewicht bei 20 °C	Temperatur °C	Stahl Nr. 1–10, 12, 13	Stahl Nr. 11, 14, 15	Stahl Nr. 16	Stahl Nr. 18	Stahl Nr. 19, 21, 25	Stahl Nr. 26, 28, 29, 30	Stahl Nr. 31, 32
Paraffin, geschmolzen					0	0	0	0	0	0	0
Peressigsäure				50	—	—	—	—	0	0	0
P_3-Waschmittel				95	0	0	0	0	0	0	0
Persil				20 und warm	0	0	0	0	0	0	0
Petroläther				20 und kochend	0	0	0	0	0	0	0
Petroleum				20 und heiß	0	0	0	0	0	0	0
Phenol C_6H_5OH Karbolsäure rein				kochend	2	1	1	0	1	0	0
+ 10% Wasser				kochend	3	1	1	0	1	0	0
roh, 90% Phenol				20	0	0	0	0	0	0	0
				kochend	3	3	1	0	1	0	0
Phosphorsäure H_3PO_4		1	1,005	kochend	2	1	0	0	0	0	0
		10	1,05	20	2	1	0	0	0	0	0
				kochend	2	2	0	0	0	0	0
		50	1,34	20	—	—	0	0	0	0	0
				kochend	3	3	1	—	2	1	1
		80	1,64	20	—	—	0	0	1	0	0
				kochend	3	3	2	—	3	2	1
		konz.		20	2	2	1	—	1	0	0
				kochend	3	3	3	3	3	3	3
Phosphorsäureanhydrid P_2O_5 trocken und feucht				20	—	—	1	—	1	0	0
Photograph. Entwickler				20	—	—	0	0	0	0	—
Photograph. Fixierbad[1]	P			20	—	—	0	0	1	0	0
Pikrinsäure $C_6H_2OH(NO_2)_3$ alle Konzentrationen				20	0	0	0	0	0	0	0
Pinksalz s. Zinnammoniumchlorid											
Pökellauge (keine Verfärbung der Lauge)	P			20	—	0	0	0	0	0	0
Pottasche s. Kaliumkarbonat											
Pulpe s. Obstpulpe											
Pyrogallol $C_6H_3(OH)_3$ wäss. Lösg. alle Konz.				20 und kochend	0	0	0	0	0	0	0

[1] Sorgfältige Pflege und Reinhaltung der Geräte ist zu beachten, da beim Eintrocknen der Fixierbäder Lochfraß auftritt.

Zahlentafel 140 (Fortsetzung)

Angriffsmittel	Punkt-korrosion	Konzen-tration %	Spez. Gewicht bei 20 °C	Temperatur °C	Stahl Nr. 1–10, 12, 13	Stahl Nr. 11, 14 und 15	Stahl Nr. 16	Stahl Nr. 18	Stahl Nr. 19, 21, 25	Stahl Nr. 26, 28, 29, 30	Stahl Nr. 31, 32
Quecksilber, Hg	P	0,1		20 u. 50	0	0	0	0	0	0	0
Quecksilber-(II)-chlorid	P[1]	0,7		20	2	1	0	0	0	0	—
$HgCl_2$ (Sublimat)				kochend	3	3	0	0	1	0	—
wässerige Lösung		5		20	2	2	1	1	1	1	—
				kochend	3	3	3	2	2	2	—
Quecksilber-(II)-cyanid $Hg(CN)_2$ wäss. Lösung		5		20	—	—	—	0	0	0	0
Quecksilber-(II)-nitrat $Hg(NO_3)_2 \cdot H_2O$ wäss. Lsg.				20 und kochend	0	0	0	0	0	0	0
Salizylsäure $HC \cdot C_6H_4 \cdot COOH$				20	0	0	0	0	0	0	0
Salmiak s. Ammoniumchlorid											
Salmiakgeist s. Ammoniak											
Salpeter s. Kaliumnitrat											
Salpetersäure HNO_3		1	1,005	20	0	0	0	0	0	0	0
spez. Gewicht bei 15 °C				kochend	1	0	0	0	0	0	0
		5	1,028	20	0	0	0	0	0	0	0
				kochend	1	0	0	0	0	0	0
		10	1,057	20	0	0	0	0	0	0	0
				kochend	1	1	0	0	0	0	0
		25	1,152	20	—	0	0	0	0	0	0
				kochend	—	1	0	0	0	0	0
		40	1,252	kochend	—	1	1	0	0	0	0
konz. rauchend		65	1,398	85	—	1	1	0	0	0	0
				kochend	—	3	1	1–2	1	2	—
		80	1,460	65	—	1	0	0	0	0	—
				kochend	—	3	1	1–2	1	2	—
		90	1,492	20	—	0	0	0	0	0	—
				kochend	—	3	2	—	2	3	—
Salpetersäure,		99	1,515	20	—	2	1	—	1	2	—
konz. rauchend				kochend	—	3	3	3	3	3	—
			1,53	20	—	0	0	0	0	0	—
				60	—	1	1	—	1	1	—
Salpetrige Säure HNO_2 konz.				20	—	—	0	0	0	0	—

[1] Starke Lochkorrosion.

Zahlentafel 140 (Fortsetzung)

Angriffsmittel	Punktkorrosion	Konzentration %	Spez. Gewicht bei 20 °C	Temperatur °C	Stahl Nr. 1—10, 12, 13	Stahl Nr. 11, 14, 15	Stahl Nr. 16	Stahl Nr. 18	Stahl Nr. 19, 21, 25	Stahl Nr. 26, 28, 29, 30	Stahl Nr. 31, 32
Salzsäure, HCl	P	0,2	1,001	20	—	2	2	0	1	0	0
				50	—	2	2	1	2	1	1
	P	0,5	1,002	20	—	3	3	0–1	1	0	0
				50	—	3	3	2	3	2	1
	P	1	1,005	20	—	3	3	0–1	2	1	0
				50	—	3	3	2	3	2	1
	P	2	1,010	20	—	3	3	3	3	3	3
				50	—	3	3	3	3	3	3
Schmalz				20	0	0	0	0	0	0	0
Schmierseife				20	0	0	0	0	0	0	0
Schokolade				20	0	0	0	0	0	0	0
Schwefel geschmolzen				130	0	0	0	0	0	0	0
siedend				445	3	3	3	—	2	2	2
Schwefelchlorid S_2Cl_2	P	100	1,678	20	1	1	0	0	0	0	0
(Schwefelchlorür)				kochend	2	2	1	0	0	0	0
Schwefelkohlenstoff CS_2 rein				20 und kochend	0	0	0	0	0	0	0
Schwefelsäure H_2SO_4		0,1		100	—	—	—	—	—	0	0
(Hierbei gelten die Angaben in der letzten Spalte nur für Stahl 32		1	1,007	20	—	—	—	—	—	0	0
				85	—	—	—	—	—	2	0
				100	—	—	—	—	—	3	1
		5	1,03	20	—	—	—	—	—	0	0
				50	—	—	—	—	—	1	0
				85	—	—	—	—	—	3	1
				kochend	—	—	—	—	—	3	1
		10	1,07	20	—	—	—	—	—	0	0
				50	—	—	—	—	—	2	0
				85	—	—	—	—	—	3	1
				kochend	—	—	—	—	—	—	1
Schwefelsäure		20	1,14	20	—	—	—	—	—	2	0
				50	—	—	—	—	—	3	1
				85	—	—	—	—	—	—	1
				kochend	—	—	—	—	—	—	1
		40	1,31	20	—	—	—	—	—	—	0
				50	—	—	—	—	—	—	1
				85	—	—	—	—	—	—	1
				kochend	—	—	—	—	—	—	1
		50	1,40	20	—	—	—	—	—	—	0
				50	—	—	—	—	—	—	0
				85	—	—	—	—	—	—	1
				kochend	—	—	—	—	—	—	1–2
		60	1,50	20	—	—	—	—	—	—	0
				50	—	—	—	—	—	—	0
				85	—	—	—	—	—	—	1
				100	—	—	—	—	—	—	1
				kochend	—	—	—	—	—	—	3

Zahlentafel 140 (Fortsetzung)

Angriffsmittel	Punktkorrosion	Konzentration %	Spez. Gewicht bei 20 °C	Temperatur °C	Stahl Nr. 1–10, 12, 13	Stahl Nr. 11, 14, 15	Stahl Nr. 16	Stahl Nr. 18	Stahl Nr. 19, 21, 25	Stahl Nr. 26, 28, 29, 30	Stahl Nr. 31, 32
Schwefelsäure		70	1,61	20	—	—	—	—	—	—	1
				50	—	—	—	—	—	—	1
				85	—	—	—	—	—	—	2
				100	—	—	—	—	—	—	2
				kochend	—	—	—	—	—	—	3
		80	1,73	20	—	—	—	—	—	1	0
				50	—	—	—	—	—	2	1
				85	—	—	—	—	—	—	2
				100	—	—	—	—	—	—	2
				kochend	—	—	—	—	—	—	3
		90	1,82	20	—	—	—	—	—	0	0
				50	—	—	—	—	—	2	1
				85	—	—	—	—	—	—	1
				100	—	—	—	—	—	—	1
				kochend	—	—	—	—	—	—	3
		96	1,84	20	—	—	—	—	—	—	0
				50	—	—	—	—	—	2	0–1
				85	—	—	—	—	—	—	1
				100	—	—	—	—	—	—	1
				kochend	—	—	—	—	—	—	3
		100	1,84	70	—	—	—	—	—	0	0
				100	—	—	—	—	—	—	1
Schwefelsäure rauchend, 11% freies SO_3 (Oleum)				20	—	—	—	—	—	0	0
				100	—	—	—	—	—	—	0
rauchend, 60% freies SO_3 (Oleum)				20	—	—	—	—	—	0	0
				80	—	—	—	—	—	0	0
Schwefelwasserstoff H_2S Gas trocken				bis 200	0	0	0	0	0	0	0
Gas feucht				20	3	3	1	0	0	0	0
Schwärzung bzw. Dunkelfärbung der Oberfläche möglich											
Schweflige Säure H_2SO_3 kaltgesätt. wäss. Lösung				20	2	2	0	0	0	0	0
kaltgesätt. wäss. Lösung bei 4—8 at Druck				160	—	—	—	—	—	0	—
Schwefligsäure-Anhydrid SO_2 (Schwefeldioxyd)				20—100	—	—	—	—	0	0	—
				100—500	—	—	—	—	2	0	—
Seife geschmolzen					0	0	0	0	0	0	0
Senf	P			20	2	0	0	0	0	0	0
Silberbromid AgBr trocken und feucht	P			20	0	0	0	0	0	0	0
Silbernitrat $AgNO_3$ (Höllenstein) wäss. Lösg.		10	1,088	20 und kochend	0	0	0	0	0	0	0
geschmolzen				250	3	2	0	0	0	0	0

Zahlentafel 140 (Fortsetzung)

Angriffsmittel	Punktkorrosion	Konzentration %	Spez. Gewicht bei 20 °C	Temperatur °C	Stahl Nr. 1–10, 12, 13	Stahl Nr. 11, 14, 15	Stahl Nr. 16	Stahl Nr. 18	Stahl Nr. 19, 21, 25	Stahl Nr. 26, 28, 29, 30	Stahl Nr. 31, 32
Soda s. Natriumkarbonat											
Spinnbäder bis 10% H_2SO_4				80	—	—	1	—	1	1	0
über 10% H_2SO_4				80	—	—	—	—	3	3	1
Stearinsäure			0,838	80	0	0	0	0	0	0	0
$CH_3 \cdot [CH_2]_{16} \cdot COOH$				130	—	—	0	0	0	0	0
Sulfitgase (Zellstoffkocherabgase) bis 8 atü				160	—	—	—	0	—	0	—
Sulfitlauge (frische Kocherlauge oder Ablauge)				20	—	—	0	0	0	0	—
				80	—	—	1	0	2	0	—
				140	—	—	—	0	3	0	—
Superphosphat + 3% H_2SO_4				20	—	—	—	0	0	0	—
Tannin s. Gerbsäure											
Teer, rein				20 und heiß	0	0	0	0	0	0	0
Terpentinöl				20 und heiß	0	0	0	0	0	0	0
Tetrachlorkohlenstoff CCl_4				20 und kochend							
Thioglykolsäure			1,325	20	—	—	—	—	—	0	0
$HS \cdot CH_2 \cdot COOH$				kochend	—	—	—	—	—	1	0
Tinte (Eisengallustinte)					0	0	0	0	0	0	0
Toluol $C_6H_5 \cdot CH_3$				20 und kochend	0	0	0	0	0	0	0
Trichloräthylen	P			20	0	0	0	0	0	0	0
$CHCl:CCl_2$				kochend	—	—	0	0	1	0	0
Trichloressigsäure $CCl_3 \cdot COOH$ alle Konz.				20	—	—	—	—	3	3	3
Trinatriumphosphat s. Natrium-o-Phosphat tert.											
Vaseline				20 und warm	0	0	0	0	0	0	0
Wasser H_2O dest.				20 und kochend	—	0	0	0	0	0	0
Trink- und Süßwasser				20 und kochend	0	0	0	0	0	0	0
Dampf				400	0	0	0	0	0[1]	0[1]	0
Wasserglas (K- und Na-Silikate)				20 und heiß	0	0	0	0	0	0	0

[1] Es sind nur die Stähle 25, 26, 29 vorzusehen.

Zahlentafel 140 (Fortsetzung)

Angriffsmittel	Punktkorrosion	Konzentration %	Spez. Gewicht bei 20 °C	Temperatur °C	Stahl Nr. 1—10, 12, 13	Stahl Nr. 11, 14, 15	Stahl Nr. 16	Stahl Nr. 18	Stahl Nr. 19, 21, 25	Stahl Nr. 26, 28, 29, 30	Stahl Nr. 31, 32
Wasserstoffperoxyd H_2O_2 rein		30	1,11	20 und warm	0	0	0	0	0	0	0
techn., stabilisiert		85	1,37	70	—	—	—	—	—	0[1]	—
Wein				20 und warm	—	0	0	0	0	0	0
Weinessig 4—5% Essigsäure, ohne H_2SO_4				20	—	0	0	0	0	0	0
Weinsäure HOOC·CH(OH)·CH(OH)·COOH wässerige Lösung		10	1,043	20	0	0	0	0	0	0	0
				kochend	3	3	0	0	1	0	0
		25	1,120	20	1	0	0	0	0	0	0
				kochend	3	3	2	1	2	2	1
		50	1,266	20	3	2	0	0	0	0	0
				kochend	3	3	2	1	2	2	1
		75		kochend	3	3	2	—	2	2	1
Xylole $C_6H_4(CH_3)_2$				20 und kochend	—	0	0	0	0	0	0
Zink Zn, geschmolzen				500	3	3	3	3	3	3	3
wässerige Lösung	P	20	1,187	20	—	0	0	0	0	0	0
Zinkchlorid $ZnCl_2$				90	—	2	0	0	0	0	0
				20	—	—	—	—	0	0	0
	P	ca. 68	1,90	kochend	—	—	—	—	3	1[2]	2
Zinksulfat $ZnSO_4 \cdot 7H_2O$ warmgesätt. wäss. Lösg.				kochend	—	—	0	0	0	0	0
Zinn Sn, geschmolzen				300	2	2	0	0	0	0	0
				500	3	3	3	3	3	3	3
Zinnammoniumchlorid $(NH_4)_2SnCl_6$ (Pinksalz) kaltgesätt. wäss. Lösg.	P			20	2	2	1	—	1	0	0
				60	3	3	3	—	3	3	—
Zinnchlorid $SnCl_4 \cdot 5H_2O$ wässerige Lösung	P	24	1,212	20	3	3	2	—	1	1	—
				kochend	3	3	3	—	3	3	—
Zinnchlorür $SnCl_2 \cdot 2H_2O$ kaltgesätt. wäss. Lösg.	P			50	—	—	0	—	1	0	0
				kochend	—	—	3	—	3	3	3
Zitronensaft				20	0	0	0	0	0	0	0
Zitronensäure HO·C(CH_2·COOH)$_2$·COOH wässerige Lösung		5	1,018	140,3 atü	—	—	0	0	1	0	0
		10	1,037	20	0	0	0	0	0	0	0
				kochend	3	2	0	0	0	0	0
		50	1,222	20	0	0	0	0	0	0	0
				kochend	3	2	1	0	2	1	0
Zuckerlösung				20 und heiß	0	0	0	0	0	0	0

[1] Kein katalytischer Einfluß.
[2] Gilt nur für Stahl 30.

Eine Liste von rost- und korrosionsbeständigen Gebrauchsgegenständen mit Empfehlungen der hierfür zu verwendenden Stähle gibt die Zahlentafel 141. Die nähere Kennzeichnung der Stähle kann in den Zahlentafeln 135—138 gefunden werden, und auch in der Zahlentafel 139 der amerikanischen Norm, soweit in den Zahlentafeln 135—138 die AISI-Nr. angegeben ist.

Zahlentafel 141

Korrosionsbeständige Gebrauchsgegenstände und hierzu empfohlene Stähle

Gegenstand	Stahl-Nr.
Antriebswellen	7, 11
Apparate für Sole über 50 °C,	
Apparate für Sulfitablauge	27, 26, 29
Armaturen, klein und groß	9, 13, 19
Autobeschläge	14, 19
Autoklaven für die Fettindustrie, für die Fleischkonservierung	19, 25
Autoklaven für die Sterilisierung von Verbandstoffen und chirurgischen Instrumenten	19
Autokühlerverkleidungen	14, 19
Badezimmereinrichtungen	14, 19
Bar-Tische	15, 19
Beizeinrichtungen, Schwefelsäure	31, 32
Bestecke (Löffel, Gabeln, Messergriffe)	13, 14, 21, 24
Besteckgabeln	7
Bierbrauereien (Lagerfässer)	21
Bojen	19
Chirurgische Instrumente:	
federnd	1, 4, 7
schneidend	4, 5
stumpf	7, 19, 26, 29
Chlorbleichanlagen	30
Dampfleitungen	19, 21
Dampfturbinen (Leitschaufeln)	9, C 0,1% Cr 14% Mo 1%, C 0,15% Cr 14% Mo 1%
Eispickel	1
Eiszellen	15, 19
Essigsäureanlagen	C < 0,1% Cr 26% Ni 4% Mo 1,5% C 0,1% Cr 27% Ni 4% Mo 1,5%
Färbereieinrichtungen	15, 16, 25, 26, 29, 22, 27, 30, 31
Fässer	19, 25, 26, 29
Federn, allgemein	1
Fettindustrie (Destillierblasen)	22, 25, 26, 27, 29
Fetterzeugung (Teile für die...)	21, 25
Filmindustrie (Teile für die...)	21, 27
Fleischaufhängehaken und -schienen	7, 14, 19
Fleischerbeile	1
Fleischermesser	4

Gegenstand	Stahl-Nr.
Fleischwölfe (Lochscheiben)	4
Foto-Industrie (Teile für die...)	19, 27, 29, 26
Gärbottiche	15, 22, 25
Gebißfedern	21
Gebißplatten	21
Geschirrbleche	21, 24
Grundwerkmesser	7, 19
Hefebottiche	16, 15, 22
Hochdrucksyntheseanlagen, korrosionsbeständige Bauteile	33
Holländermesser (Walzen und Grundwerkmesser)	7, 19, 22
Injektionsnadeln	7
Kaplan-Turbinenschaufeln	7, 9
Klingen	1, 2, 3
Knochendraht	C 0,2% Cr 18% Ni 12%, C 0,2% Cr 18% Ni 12% Mo 2%
Knochennägel	C 0,2% Cr 18% Ni 12%, C 0,2% Cr 18% Ni 12% Mo 2%
Knochenschrauben	20, wie 27, aber 0,15% C
Kolbenstangen	1, 7, 9, 11
Kompressoren (Büchsen für Sauerstoff)	7
Küchenmesser	1, 2
Kugellager	4, 5
Kunstseidenindustrie	29, C 0,06%, Cr 18% Ni 11% Mo 3% + Nb
Laugenleitungen	16, 29
Lebensmittelindustrie (Teile für die...)	9, 21, 22, 25, 29
Lederindustrie (Teile für die...)	21, 22, 25, 27
Lehren	4, 5
Maischebottiche	22, 25, 21
Maßstäbe	1, 20
Meßbänder	19, 21
Messerklingen	1, 2, 3, 4, 5
Messergriffe	13, 14, 24, 21
Milchkannen	9, 15, 19, 21, 25, 27
Milchkühler	9, 15, 19, 21, 25, 27
Milchseparatorenbestandteile	9, 15, 19, 21, 25, 27
Nieten	9, 13, 19
Obstpressenteile	11, 19
Peltonräder	7, 9, fallweise 1% Ni
Plunger	1, 7, 26
Portalverkleidungen	13, 14, 19
Pumpenwellen	7, 9, 11
Reklamebuchstaben	13, 14, 19
Riffelwalzen	7
Rohrleitungen	15, 16, 19, 26, 30, 31, 32 und C 0,06%, Cr 18%, Ni 11%, (Mo 3% + Nb)
Salpetersäureanlagen	14, 15, 25
Seifenindustrie (Teile für die...)	21, 25

Gegenstand	Stahl-Nr.
Siebkörbe und -rohre	19, 26, C 0,06%
	Cr 18%
	Ni 11%
	Mo 3% + Nb
Soleleitung	26, 30
Sodaerzeugung (Teile für die...)	30
Spiegel	14, 21, 24
Stoßfänger von Automobilen	9
Sulfitlauge- und Ablaugeleitungen	26, 27, 29
	und C 0,06% und C 0,08%
	Cr 18% Cr 27%
	Ni 11 % Ni 4%
	Mo 3% + Nb Mo 1,5%
Schanktische, Schaufenster	14, 19
Scheinwerfer	14
Scheren	1
Schiffsschrauben	19
Schrauben	9, 12, 17, 19, 23, 26
Taschenmesser	1, 4
Turbinenschaufeln (Dampf)	7, 9, C 0,2%
	Cr 14%
	Mo 1%
Uhrgehäuse	21, 24
Ventile	1, 7, 11, 26
	und C 0,2% und C 0,06%
	Cr 14% Cr 18%
	Mo 1% Ni 11%
	Mo 3% +Nb
Ventilsitze	7, 9 C 0,2%
	Cr 14%
	Mo 1%
Ventilspindeln	9, 11, C 0,35%
	Cr 16%
	Mo 1%
Viskosepumpen	1, 4
Waagen	15, 19
Waagenschneiden	1, 4, 5
Wälzlager	4, 5
Waschmaschinen	15, 19, 21
Weinbereitung (Destillierblasen)	26, 27, 29
Wurstschneidemaschinen (Kreisschneidemesser)	1, 4
Zahnärztliche Geräte	12, 17, 19
Zahnersatzteile, Zahnklammern, Zahnkronen	21, C 0,2%
	Cr 18%
	Ni 12%
Zellstoffindustrie (Teile für die...)	27, 31, 32
Zuckerindustrie (Teile für die...)	15, 21, 22, 25

Schweißen der korrosionsbeständigen Stähle[1]

Wenn bei korrosionsbeständigen Stählen vom Schweißen die Rede ist, so kann nur Schmelzschweißung gemeint sein (wozu auch die Abbrennstumpfschweißung [S. 652, 961] gehört). Das Hammer- und Preß-

[1] Zusammenfassendes Schrifttum: H. Thielsch: Weld. Res. Counc. 1950 S. 361/404.

schweißen ist, wie aus den Ausführungen auf S. 961 hervorgeht, bei den hohen Chromgehalten nicht anwendbar, wohl aber die Abbrennstumpfschweißung.

Beim Schweißen dieser Stähle sind die unvermeidlichen Erscheinungen und die mehr oder weniger vermeidbaren Fehler zu unterscheiden.

Zu den unvermeidbaren Vorgängen gehören bei den härtbaren und vergütbaren Chromstählen nach Zahlentafel 135 und 136 die Aufhärtung, bei den ferritischen und austenitischen Stählen die Kornvergröberung in und neben der Schweiße. Beide sind gegeben durch die Erwärmung des Grundwerkstoffes und der Schweiße auf bestimmte Temperaturen.

Zu den mehr oder weniger vermeidbaren Fehlern sind die interkristalline Korrosion, die Warmrissigkeit der Schweiß- und in geringerem Grad die Spannungsrißkorrosion zu zählen.

Bei allen Gruppen der korrosionsbeständigen Stähle ist sowohl das Schweißen im elektrischen Lichtbogen als auch mit der Sauerstoffflamme möglich. Bei der Gasschmelzschweißung ist sorgfältige Fernhaltung sowohl des Sauerstoffs wie des Azetylenüberschusses notwendig. Neutrale Flamme ist zwar auch beim Schweißen von unlegiertem Stahl geboten, Sauerstoff- oder Azetylenüberschuß wirken sich dort aber nicht so schädlich aus wie bei nichtrostendem Stahl, wo schon geringer Sauerstoffüberschuß starkporige Schweißen hervorruft und durch Azetylenüberschuß infolge der Verwandtschaft des Chroms zu Kohlenstoff rasch Kohlenstoff aufgenommen wird und der Stahl dadurch seine Korrosionsbeständigkeit einbüßt. Für die Schweißbarkeit mit der Flamme ist ein Siliziumgehalt von mehr als 0,2% erforderlich. Es dürfte dies darauf zurückzuführen sein, daß zur Lösung des Chromoxydes und zur Bildung einer flüssigen Schlacke eine bestimmte Menge Kieselsäure nötig ist.

Die Gasschmelzschweißung war bis zum Aufkommen der elektrischen Schutzgasschweißung für die Schweißung dünner Bleche nötig, hat jetzt aber ihre Bedeutung stark verloren und sollte wegen der Fehleranfälligkeit (Gefahr der Kohlenstoffaufnahme oder zu starke Erwärmung) möglichst vermieden werden.

Wenn die Schweißung im elektrischen Lichtbogen an freier Luft durchgeführt wird, dann muß mit umhüllten Drähten geschweißt werden. Die Umhüllung muß sorgfältig ausgewählt werden, damit die Schweiße möglichst dieselbe Zusammensetzung wie der Grundwerkstoff hat (sofern man nicht absichtlich einen artfremden Zusatzwerkstoff nimmt, wie es bei der Schweißung ferritischer oder perlitischer Stähle mit austenitischen Zusatzwerkstoffen öfters vorkommt).

Bei der Schweißung in Schutzgas, das in Form von Argon, Helium, Wasserstoff und Kohlensäure in Frage kommt, braucht man natürlich keine Umhüllung zum Schutz des niederschmelzenden Stahles. Die

Schutzgasschweißung erlaubt auch die Schweißung dünner Bleche (unter 2 mm), die mit umhüllten Drähten nicht möglich ist, und breitet sich sowohl auf Kosten der Gasschweißung wie der mit umhüllten Stäben immer mehr aus[1].

Man hat aber nicht nur auf fehlerfreies Schweißgut zu achten, sondern muß auch die Veränderungen berücksichtigen, die im Grundwerkstoff durch die Wärmebeeinflussung erfolgen. Nicht nur die Temperatur, sondern auch die Zeitdauer, während welcher der Grundwerkstoff sich in gefährlichen Temperaturen befindet, ist von Wichtigkeit. Die längere Erwärmungsdauer und die breitere Erwärmungszone bei der Gasschmelzschweißung ist ein weiterer Grund, warum beim heutigen Stand der Schweißtechnik von der Gasschmelzschweißung abgeraten wird.

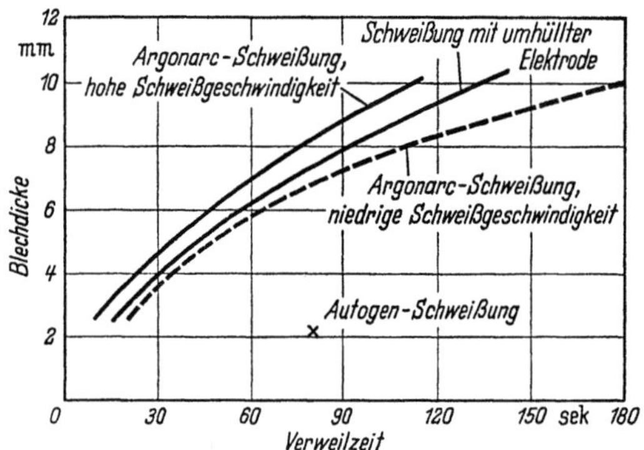

Bild 407. Verweilzeit zwischen 600 und 1000 °C in Abhängigkeit vom Schweißverfahren und von der Blechdicke (nach H. ZITTER)

Wie im Abschnitt „Interkristalline Korrosion" ausgeführt wurde, sind die Temperaturen zwischen 550 und 800 °C für die Anfälligkeit gefährlich. Es wurde ferner darauf hingewiesen, daß auch die Zeitdauer von großem Einfluß ist.

Wie lange die Verweilzeiten zwischen 600° und 1000 °C bei verschiedenen Schweißverfahren sind, entnehme man aus Bild 407[2]. Die diesem Bild zugrunde liegenden Versuche bezogen sich auf austenitische Stähle, sind aber mit geringen Änderungen auf ferritische und perlitische Stähle anwendbar.

Eine noch geringere Beeinflussung der Nachbarschaft als beim elektrischen Schweißen erfolgt beim Widerstandsschweißen, bei dem die zu verschweißenden Teile ohne Zuhilfenahme eines Zusatzwerkstoffes durch Widerstandsheizung unmittelbar aneinandergeschweißt werden. Eine

[1] SCHMIDT, A.: Schweißen unter Schutzgas. Schweißtechnik 1954 S. 52/56, 64/70. — KEEL, B.: Neue Erkenntnisse über die Vorgänge im MIG-Lichtbogen (Sigma). Ztschr. Schweißtechnik, Zürich 1957 H. 4 S. 86/89. — LUDWIG, H. C.: Metal Transfer Characteristics in Gasshielded Arc Welding. Weld. J. (1957) S. 23-s/26-s.

[2] ZITTER, H.: Arch. Eisenhüttenw. 1957 S. 401/416.

solche Schweißung, die entweder Stumpf- oder Punktschweißung ist, kann wegen des kleinen Erwärmungsbereiches sogar auch bei martensitischen und ferritischen Chromstählen angewendet werden[1].

Auch bei den austenitischen Stählen bringt die Punktschweißung Vorteile, und zwar wird durch die kurzzeitige, auf enge Grenzen beschränkte Erwärmung kaum eine Anfälligkeit zur interkristallinen Korrosion hervorgerufen. Weiter bewährt sich die Punktschweißung zur Verarbeitung von durch Kaltwalzung hochverfestigten Blechen, da die geringe Wärmeeinwirkung keinen großen Festigkeitsabfall bedingt.

Wir wollen uns nun den besonderen Bedingungen beim Schweißen verschiedener Stahlgruppen zuwenden.

Bei den *härt- und vergütbaren Stählen* (bei den vollhärtbaren Stählen wie Stahl 1 und 2 nach Zahlentafel 135 kommt die Schweißung mit Zusatzwerkstoff kaum in Frage) kommt es hauptsächlich darauf an, eine zu große Härteannahme zu verhindern. Die Schweißung der vergütbaren Chromstähle erfolgt mit artähnlichen Chromstählen, aber auch mit ferritischen. Letztere ergeben durch Vermischung mit dem Grundwerkstoff meist genügend hohe Festigkeiten in der Schweiße, wenn es sich nur um eine Schweißlage handelt; bei mehreren Lagen kommt die Nichthärtbarkeit des Ferrits zur Geltung. Bei Verwendung von Chromstählen als Zusatzwerkstoff ist es aber sehr zu empfehlen, die Stähle Nr. 4 und 6 vor der Schweißung auf 200 bis 300 °C und die anderen auf 250 bis 400 °C vorzuwärmen und sie noch in der Schweißwärme bei 700 bis 800 °C nachzuglühen. Je stärker der Stahl Härte annimmt, desto höher soll die Vorwärmtemperatur und desto langsamer die Abkühlung sein. Durch die Vor- und Nachbehandlung vermeidet man, daß die Stähle rissig werden und verbessert die Zähigkeit des beim Schweißen spröde gewordenen Werkstoffes. Das ZTU-Schaubild Bild 408[2] eines härtbaren Chromstahles gibt Anweisungen für die Behandlung, zeigt an, wo die Martensittemperatur liegt, deren rasches Durchschreiten beim Abkühlen besonders gefährlich ist und über der im Zwischenstufenbereich die Vorwärmung mindestens liegen soll. Ferner ersieht man daraus die Nachglühtemperatur im Perlitbereich und die Temperatur der Austenitbeständigkeit, die für die Stufenschweißung wichtig ist, die in neuerer Zeit in schwierigen Fällen empfohlen wird. Sie besteht darin, daß man den Stahl über 800 °C erwärmt, in den Bereich der Austenitbeständigkeit bis etwa 500 °C abkühlen läßt und in diesem Bereich, wo keine Härteannahme zu befürchten ist, schweißt und nach-

[1] TOFAUTE, W.: Z. VDI 1937 S. 1117/22; Techn. Mitt. Krupp Bd. 6 (1938) S. 17/24. — HOUGARDY, H.: Elektroschweißg. 1938 S. 5/9. — HOUGARDY, H., u. P. SCHIERHOLD: Fertigung Bd. 43 (1939) Nr. 3 S. 24/31. — SPARAGEN, W., u. G. E. CLAUSSEN: Weld. J. Bd. 18 (1939) Research Supplm. S. 1/7, 44/48, 65/107; vgl. Metallwirtsch. Bd. 18 (1939) S. 366/368; Z. VDI Bd. 84 (1940) S. 132/136.

[2] Atlas zur Wärmebehandlung der Stähle. Düsseldorf: Stahleisen 1954/56/58.

träglich wieder auf 650 bis 700 °C erwärmt. Bei vergüteten Stählen ist es kaum möglich, genau dieselbe Festigkeit auch in der Schweiße und der beeinflußten Zone zu bekommen wie im vorher vergüteten Teil. Will man überhaupt dieselbe Festigkeit haben, so ist man gezwungen, das ganze Stück nach dem Schweißen zu vergüten. Wenn man aber die Vorwärmung und Nachglühung, die man oft als lästig empfindet, vermeiden will, so nimmt man austenitischen Zusatzwerkstoff, wobei

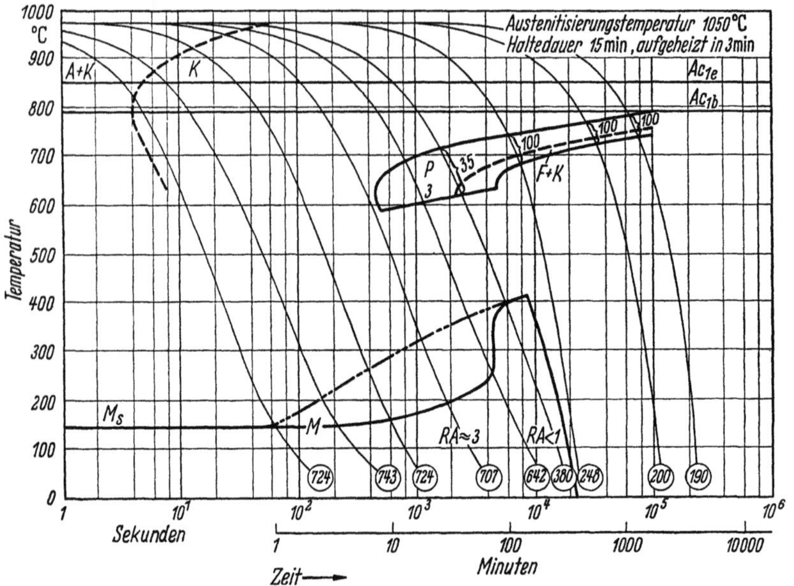

Bild 408. Kontinuierliches Zeit-Temperatur-Umwandlungsschaubild eines Stahles mit 0,44% C, 13,12% Cr, 0,2% Mn, 0,3% Si (nach F. WEVER und A. ROSE). (Das Schaubild aus 980 °C Austenitisierungstemperatur weicht unwesentlich davon ab.)[1]

wohl die Schweiße zäh ist, man aber auf die Verbesserung des Grundwerkstoffes verzichten muß.

Bei den *ferritischen Stählen* ist die Hauptschwierigkeit das Kornwachstum bei hohen Temperaturen, was sowohl die Schweiße und auch den Werkstoff daneben spröde macht. Zusätze von Titan können dem Übelstand zum Teil abhelfen. Stickstoff- und Aluminiumzusätze in einem bestimmten Verhältnis wurden hierfür vorgeschlagen (s. S. 613), um so durch Keimvermehrung die Kornvergröberung zu verhindern, so daß die Stähle als verhältnismäßig gut schweißbar angesehen werden können. Beim Schweißen ist eine Vorwärmung auf 200 bis 300 °C und eine Nachglühung bei 700 bis 800 °C zu empfehlen. Durch die Vorwärmung vermindert man die Rißgefahr und durch die Nachglühung die Sprödig-

[1] Im Bilde bedeutet *K* Karbid und *RA* Restaustenit. Über ZTU-Schaubilder s. z. B. S. 23, 355, 385.

keit, wie sie die ferritischen Stähle durch die starke Kornvergröberung erleiden. Sie bleiben aber immer noch, und besonders in der Schweiße, verhältnismäßig spröde.

Was die interkristalline Korrosion anbelangt, so wurde auf S. 578 ausgeführt, daß die Entstehungsbedingungen andere sind als bei den austenitischen Stählen. Der gefährdete Bereich liegt hier nicht zwischen 600 und 800 °C, sondern bei 1000 °C (s. Bild 345, S. 579).

Schweißen austenitischer Chrom-Nickel-Stähle. Da die austenitischen korrosionsbeständigen Stähle am wichtigsten sind, soll das Schweißen dieser Gruppe ausführlich behandelt werden.

Die drei Hauptschäden, die dem Stahl zugefügt werden können, sind die Anfälligkeit zur interkristallinen Korrosion, die Spannungsrißkorrosion und die Warmrissigkeit der Schweiße sowie ihrer unmittelbaren Nachbarschaft.

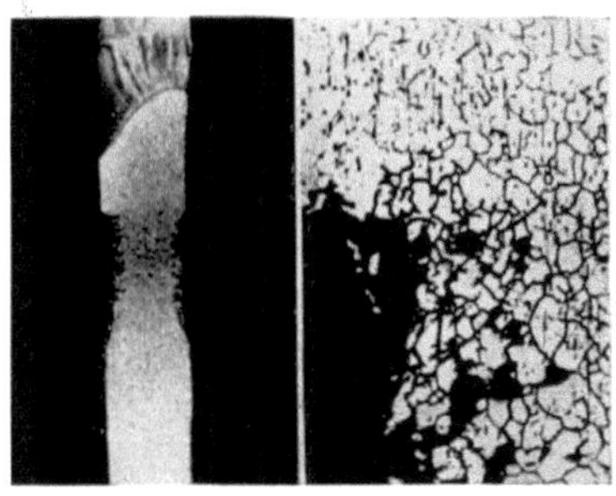

Bild 409. Querschnitt durch Schweiße und Grundwerkstoff einer austenitischen Schweißverbindung sowie das Kleingefüge der durch interkristalline Korrosion zerstörten Zone

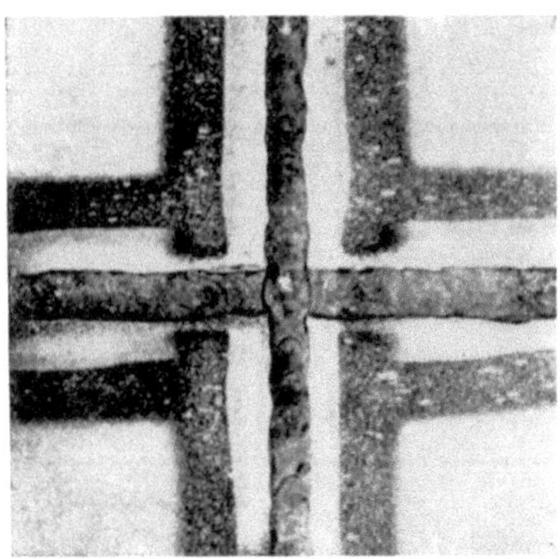

Bild 410. Angriff durch interkristalline Korrosion nach der Schweißung

Über das Wesen der interkristallinen Korrosion wurde auf S. 565 das Nötige gesagt, und es wird empfohlen, diesen Abschnitt nachzulesen. Wie sich der Fehler beim geschweißten Teil äußert, zeigen die Bilder 409 und 410.

Bild 409[1] zeigt den Schnitt durch eine Schweißnaht, bei der in einer bestimmten Entfernung von der Schweißstelle die Temperatur etwa 600 bis 700 °C betrug, wobei die Anfressungen sichtbar sind. Im rechten Teil des Bildes ist das Kleingefüge dargestellt, aus dem erkennbar ist, daß die Korngrenzen zerfressen wurden und die Körner selbst mehr oder weniger unbeschädigt blieben.

Bild 410 stellt den Schaden von außen gesehen dar. Der dunkle Streifen neben der Schweiße gibt die geschädigte Zone wieder, und man

[1] Rapatz, F.: Schweißen u. Schneiden Jg. 6 (1954) S. 128/133 (Sonderheft).

sieht, daß zwischen diesen und der Schweiße selbst ein heller Streifen geblieben ist, in dem die Temperatur oberhalb 900 °C lag. Beim Auflegen der zweiten Schweiße wurde dieser Streifen auch geschädigt, was bei einer Kreuzschweißung wohl zu beachten ist.

Wie auf S. 574 gesagt, ist das sicherste Mittel zur Vermeidung des Kornzerfalles nach dem Schweißen der Zusatz von Titan oder Niob. Auch niedrige Kohlenstoffgehalte werden angewendet (S. 569); dieses Mittel ist allerdings nicht so sicher (S. 576). Wie lange Stähle mit Kohlenstoffgehalten von 0,03 bis 0,05% bei 650 °C ohne Schaden verweilen dürfen, zeigt Bild 411 nach H. ZITTER[1]; es ist ein Durchschnittsergebnis von 300 Schmelzungen. Als Prüflösung diente $CuSO_4/H_2SO_4$.

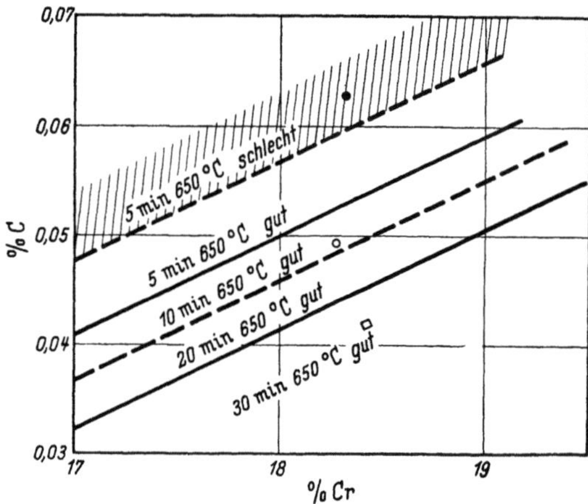

Bild 411. Prüfergebnisse von unstabilisierten 18-10 Cr-Ni-Stählen nach verschiedener Anlaßbehandlung. Geprüft in $CuSO_4/H_2SO_4$ (nach H. ZITTER[1])

Bei der Verwendbarkeit eines Stahles zum Schweißen darf nicht vergessen werden, daß der Begriff „interkristalline Korrosion" als relativ anzusehen ist. Bei milderen Angriffsmitteln erscheint der Stahl als beständig, bei einem schärferen als unbeständig. Die Relativität der Beständigkeit zeigt das Bild 412[2]. Dabei wird wieder deutlich, welche Rolle der Kohlenstoff bei unstabilisierten Stählen spielt. Während bei der Prüfung in Kupfersulfatschwefelsäurelösung (linke Bildreihe) die drei hier abgebildeten geschweißten Stahlproben mit C-Gehalten von 0,07, 0,05 und 0,04% keinen Angriff beiderseits der Schweiße zeigen, tritt demgegenüber bei Verwendung eines schärferen Angriffsmittels, wie dies durch eine Lösung von Flußsäure, Salpetersäure, Schwefelsäure und Wasser (mittlere Bildreihe) im Verhältnis 1 : 1 : 2 : 8 gegeben ist, Angriff bei den 0,07 und 0,05% C enthaltenden Stählen ein. Die Schweißprobe mit 0,04% C dagegen bleibt unter diesen Bedingungen noch unangegriffen.

[1] persönliche Mitteilung.

[2] RAPATZ, F.: Schweißen u. Schneiden Jg. 6 (1954) S. 128/133 (Sonderheft).

Verwendet man eine darüber hinaus noch schärfer angreifende Lösung, z. B. eine Lösung von Flußsäure, Salpetersäure und Wasser im Verhältnis 1 : 1 : 8 (rechte Bildreihe), so wird, wie Bild 412 zeigt, auch dieser Stahl im kritischen Temperaturgebiet angegriffen. Man kann also nur im Zusammenhang mit einem bestimmten Korrosionsfall von einer Beständigkeit gegen Kornzerfall sprechen.

Stabilisierte Stähle sind so beständig, daß sie noch bei längeren Verweilzeiten, als sie beim Schweißen vorkommen, nicht angegriffen werden.

Bild 413[1] zeigt in Anlehnung an die Ausführungen über das Aktivierungspotential der Stähle (S. 562), wie sich dieser Wert bei Stählen mit 0,04% und 0,07% C einerseits nach bestimmten Anlaßzeiten und andererseits beim Schweißen ändert. Man sieht, daß sich auch bei dem Stahl mit 0,07% und bei größeren Blechstärken das Aktivierungspotential noch nicht bis zu dem gefährlichen Wert erhöht. Dieser Stahl wird erst nach

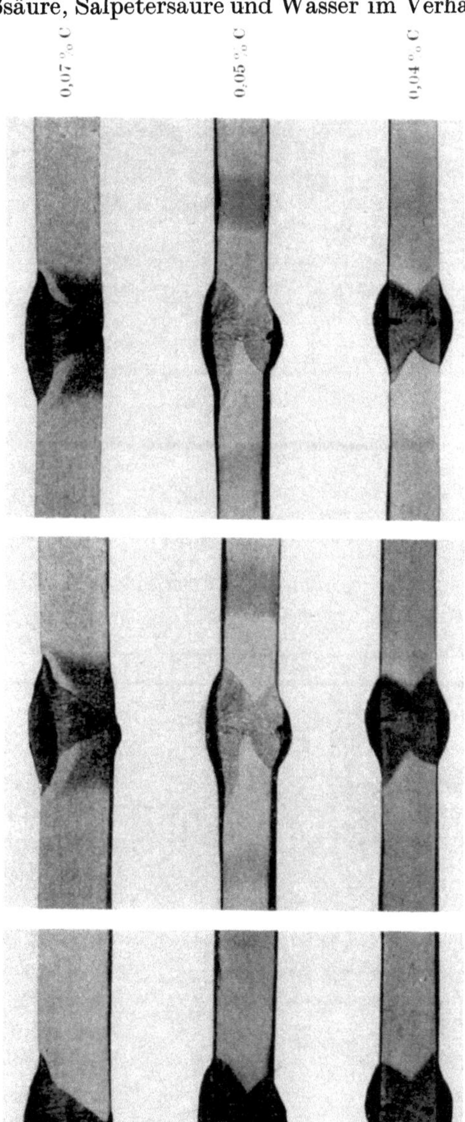

Bild 412. Interkristalliner Korrosionsangriff bei unstabilisierten 18/8 Cr-Ni-Stählen, in Abhängigkeit vom Kohlenstoffgehalt und von verschiedenen Prüflösungen

[1] s. Fußnote 2 auf S. 658.

einer Anlaßdauer von 25 Minuten gefährdet, weil das Aktivierungspotential bis dahin noch unterhalb der Schädlichkeitsgrenze liegt, deren E_h-Wert 0,35 in Volt beträgt.

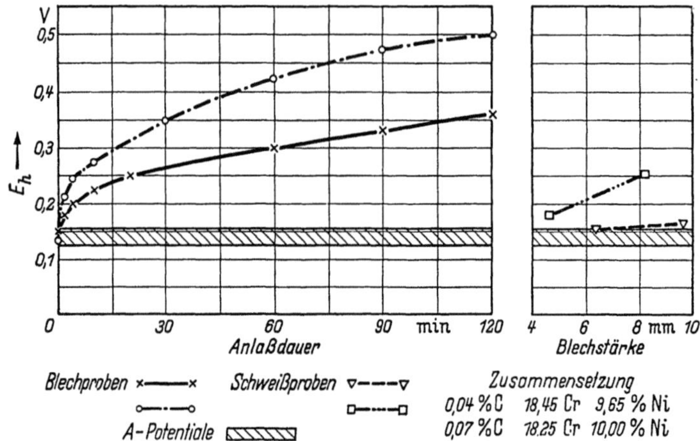

Bild 413. Ansteigen der Aktivierungspotentiale ungeschweißter und geschweißter Proben bei steigenden Anlaßzeiten

Prüft man nun mit der Straußlösung geschweißte Proben, bei denen Verweilzeiten auf der gefährlichen Temperatur in Abhängigkeit von der Blechdicke, wie man am Bild 407 sah, zwischen Sekunden bis wenigen Minuten lagen, so ergibt sich ein Brauchbarkeitsbereich des Kohlenstoffgehaltes, wie er nach H. ZITTER aus Bild 414[1] ersichtlich ist. Demnach wäre bei dünnen Blechen unstabilisierter Stahl sogar mit 0,08% oder 0,09% C brauchbar. Der Brauchbarkeitsbereich wird unwesentlich eingeschränkt, wenn man eine Wurzelnaht nachschweißt. Es ist dies in Bild 414 durch eine knapp darunterliegende Linie angedeutet.

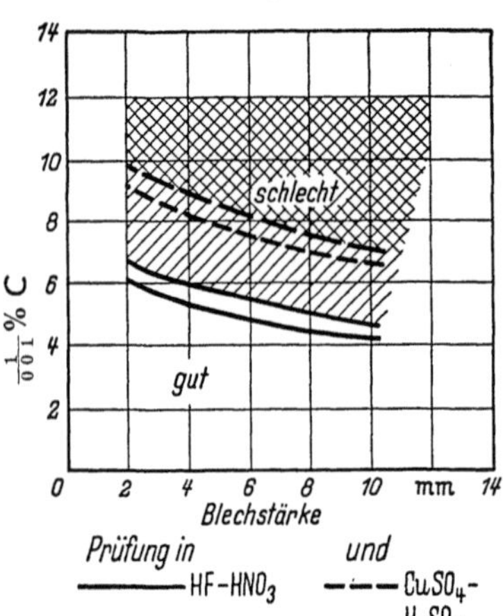

Bild 414. Prüfergebnisse von mit umhüllten Elektroden geschweißter 18/10 Cr-Ni-Stähle in Abhängigkeit vom C-Gehalt und von der Blechstärke (nach H. ZITTER)

Will man strenger sein, z. B. in Fällen, wo stark oxydierende Angriffsmittel vorliegen, so wäre unter Umständen die Prüfung mit Flußsäure-Salpetersäure zu empfehlen, und man erkennt aus dem Bild, daß dann der Brauchbarkeitsbereich etwas eingeschränkt, aber immer noch verhältnismäßig weit ist.

[1] ZITTER, H.: Arch. Eisenhüttenw. Bd. 28 (1957) S. 401/416; Stahl u. Eisen Bd. 77 (1957) S. 1094/1095.

Für viele Fälle, z. B. für Apparaturen in der Lebensmittelindustrie, in Färbereien, ferner bei Angriff durch Essigsäure oder verdünnts Schwefelsäure, genügt die Prüfung mit der Straußlösung.

Alles in allem muß mit Deutlichkeit hervorgehoben werden, daß nach Einführung der Kohlenstoffgrenze bis 0,07% bei Tausenden von Tonnen Stahl die Schadensfälle durch interkristalline Korrosion kaum ins Gewicht fallen, vorausgesetzt, daß es sich um die genannten milderen Beanspruchungen handelt.

Man kann auch mit Recht sagen, daß die Prüfung z. B. nach einer halbstündigen Glühung bei 650 °C für eine große Zahl von Fällen zu streng ist und oft zur Auswahl von unwirtschaftlich teuren Stählen führt. Das Prüfblatt 1875[1] hat dem auch Rechnung getragen und ein Prüfverfahren vorgeschlagen, das den Bedingungen beim Schweißen entspricht.

Bei schärferen Beanspruchungen muß man zu strengeren Prüfarten mit längerer Verweildauer und stärkeren Angriffsmitteln greifen. Solche Fälle liegen vor bei heißer Salpetersäure, bei Säuren mit oxydierenden Mitteln, z. B. Chromsäurezusätzen, Oxalsäure. Man wird dann mit Flußsäure-Salpetersäure-Lösung prüfen und, wenn nötig, stabilisierte Stähle gebrauchen müssen oder auch solche mit höchstens 0,03% C (Stähle 23, 27 der Zahlentafel 138, S. 616 und 304 L und 316 L die Zahlentafel 139, S. 620). Letztere kommen wegen ihrer leichteren Verarbeitbarkeit und unter Umständen auch aus Preisgründen immer mehr in Gebrauch; sie haben den Vorteil, daß man bei ihnen die Warmrisse beim Schweißen leichter vermeiden kann, was besonders bei dickwandigen Blechen, wie für den Reaktorbau, wichtig ist. Für Beanspruchungen bei Temperaturen über 400 °C reicht die Warmfestigkeit dieser Stähle aber nicht aus; es kommen dann mit Niob stabilisierte Stähle in Frage, die Warmfestigkeit und relativ große Sicherheit gegen Kornzerfall miteinander verbinden, die allerdings bei höheren Temperaturen auch bei diesen Stählen auf die Dauer nicht unbedingt gegeben ist (S. 453).

Bei der Herstellung von geschweißten Geräten aus austenitischen Stählen muß auch auf die Gefahr der Spannungsrißkorrosion hingewiesen werden. Über ihre Entstehungsbedingungen s. die Ausführungen S. 582. Da Spannungen nicht nur bei der mechanischen Verarbeitung, sondern auch beim Schweißen und bei der Zurichtung hierfür entstehen können, so kann auch das Schweißen für die Spannungsrißkorrosion verantwortlich gemacht werden. Um die Gefahr auf ein Mindestmaß zu beschränken, ist es angebracht, bei der Konstruktion darauf zu achten, daß die durch Schweißen entstehenden Spannungen möglichst gering sind. Es ist dies

[1] Zitter, H.: Prüfblatt 1875/1953: Prüfung nichtrostender Stähle auf interkristalline Korrosion. Düsseldorf: Verlag Stahleisen.

eine Empfehlung, wie sie natürlich allgemein für jede Schweißung gilt, aber viel zuwenig beachtet wird. Ein letztes Mittel ist es noch, den geschweißten Gegenstand, um ihm seine Spannungen möglichst zu nehmen, auf hohe Temperatur zu erwärmen und dann in freier Luft abkühlen zu lassen. Es braucht hier nicht die für die austenitischen Stähle gewöhnlich angewendete Temperatur von 1100 °C gewählt zu werden, sondern es genügen 900 °C. Da, wie erwähnt, sowohl stabilisierte als auch unstabilisierte Stähle anfällig sind, hilft hier eine solche Auswahl nichts.

Warmrissigkeit. Der dritte Fehler, der die Schweißung austenitischer Stähle bedroht, ist, wie oben erwähnt, die Warmrissigkeit.

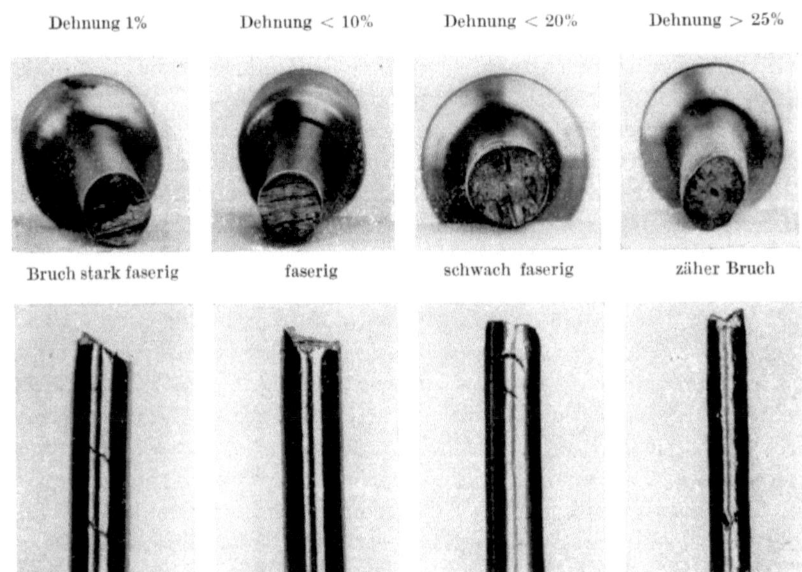

Bild 415. Zerreißproben des Schweißgutes austenitischer Cr-Ni-Stahlelektroden mit verschiedener Anfälligkeit für Wärmerisse

Dieser Fehler kommt nicht allein bei austenitischen Stählen vor, sondern auch bei anderen. Er ist aber hier schwerer zu vermeiden als bei nichtaustenitischen Stählen. Diese Risse entstehen während der Abkühlung, wahrscheinlich schon kurz nach der Erstarrung. Das Gefüge solcher Schweißungen ist locker und häufig an den Korngrenzen ganz aufgerissen. Die Folge davon ist geringe Dehnung und Einschnürung, was sich zeigt, wenn man aus Schweißgut einen Zerreißstab herstellt und seine Dehnung prüft.

Bild 415[1] zeigt die Zerreißstäbe von in diesem Sinne guten und schlechten Schweißungen.

---

[1] Rapatz, F.: Schweißen u. Schneiden Jg. 6 (1954) S. 128/133.

Man sieht z. T. klaffende Risse und ein zermürbtes Gefüge, aber auch solche Stellen, die nicht ausgesprochene Risse haben, sondern deren Korngrenzen nur geschwächt erscheinen[1]. Diese Lockerung der Korngrenzen ist bei jedem gegossenen, nicht verformten Stahlteil nicht zu vermeiden und auch nicht bei Schweißen, die eben als Stahlguß zu betrachten sind. Ein augenfälliger Beweis, daß Guß gegenüber geschmiedeten und gewalzten Teilen lockeres Gefüge hat, ist die Tatsache, daß die Ultraschallprüfung bei Gußstücken schwerer anwendbar ist, weil die Grenzen des Gußkornes die Ultraschallwellen wie Fehlstellen zurückwerfen. Beim Schmieden oder Walzen verschwinden durch die Verformung und Neubildung der Korngrenzen diese Lockerstellen.

Je nach der Art der nichtmetallischen Verunreinigungen ist der Zusammenhalt an den Korngrenzen verschieden. Bei leicht schmelzbaren oder lange im zähflüssigen Zustand bleibenden Zwischensubstanzen ist die Korngrenzenfestigkeit gering.

Die Ursache dieser Warmrisse liegt also an der mangelnden Festigkeit der Korngrenzen bei hohen Temperaturen. Man kann sich vorstellen, daß diese Substanzen noch nicht steif sind, während der Stahl in seiner Gesamtheit bereits erstarrt ist, eine Erscheinung, die ungefähr auf dieselbe Ursache zurückzuführen ist wie der Rotbruch. Der zwischen den Kristallen liegende Mörtel ist zu schwach. Außer den nichtmetallischen Verunreinigungen können darin auch leichtflüssige Eutektika, durch zu großen Niobgehalt gebildet, die Ursache sein[2]. Der große Ausdehnungskoeffizient der Cr-Ni-Stähle, der im Laufe des Abkühlens ursprünglich schwache Lockerungen zu schädlichen erweitert, trägt zur Entstehung des Fehlers bei. Auch hier kann wieder gesagt werden, daß erhöhte Abkühlungsspannungen die Rißbildung begünstigen können.

Wie dem Fehler zu begegnen ist, ist Sache der Schmelzführung bei der Herstellung der Stähle, die für Schweißdrähte verarbeitet werden. Die Erschmelzung solcher Stähle gehört zu den schwierigsten Aufgaben, die der Stahlwerker zu lösen hat.

Besonders schwierig ist es, Stähle, die keinen Ferritanteil haben, also rein austenitisch sind, wie die 18/10-Stähle, dahin zu bringen, daß die Schweißung ohne Warmrisse ist. Leichter gelingt dies bei solchen, die einen geringen Ferritanteil haben, wie die mit 2% Mo, aber auch Stähle mit 19% Cr und 9% Ni haben noch einige Prozent Ferrit. Die Wirkung des Ferrites ist wohl darauf zurückzuführen, daß der

---

[1] s. dazu RUTTMANN, W., K. BAUMANN u. M. MÖHLING: Schweißtechnik, Wien (1957) H. 1, S. 6—10; H. 2, S. 19—22.

[2] RAPATZ, F.: Berg- u. hüttenm. Mh. Bd. 95 (1950) H. 12 S. 368/370. — KAUHAUSEN, E., u. H. A. VOGELS: Entwicklung von Elektroden zum Schweißen austenitischer Stähle für Hochdruckkessel. Schweißen u. Schneiden Jg. 4 (1952) S. 35/40; s. a. W. HIRSCH u. H. W. FRITZE: Schweißen u. Schneiden Jg. 8 (1956) S. 81/85.

weichere, nachgiebige Ferrit den Spannungen leichter nachgibt und sich verformt, bevor die Risse entstehen.

Verhältnismäßige Sicherheit gegen Warmrisse bieten, wie S. 576 angedeutet, Stähle mit sehr niedrigem Kohlenstoffgehalt (max. 0,03%); vielleicht deshalb, weil sie so weich sind, daß dieser weiche Austenit ähnlich dem Ferritanteil vor der Rißbildung eine Verformung übernehmen kann.

Über die oft notwendige Verbindung von ferritisch-perlitischen mit austenitischen Stählen liegt von I. Class[1] eine ausführliche Untersuchung vor mit Vorschlägen zur Beseitigung der dabei auftretenden Schwierigkeiten, die hauptsächlich durch das spröde Übergangsgefüge zwischen Austenit und Perlit hervorgerufen wird, ähnlich, wie es z. B. bei dem auf S. 165 und S. 966 beschriebenen Fall vorliegt.

Löten der korrosionsbeständigen Stähle

Für manche Zwecke zieht man aus verarbeitungstechnischen Gründen das Löten vor. Obwohl es schwieriger als bei unlegierten Stählen ist, kann man es bei Einhalten bestimmter Vorschriften gut durchführen. Als gangbarste Hartlötmittel kommen hochschmelzende Messinglote (Hart- und Schlaglot) sowie Silberlote nach DIN 1710 in Betracht. Ein Silberstahllot mit

Kupfer	33,5%
Zink	21,0%
Kadmium	15,5%

läßt sich infolge seines verhältnismäßig niederen Schmelzpunktes, etwa 750 °C, leicht verlöten. Die Schmelztemperatur bei Verwendung der Silberlote nach DIN 1710 beträgt 850 bis 950 °C. Gelötet wird am besten in der Wasserstoffflamme mit etwas Sauerstoff.

Für das Weichlöten verwendet man Zinn und Blei zu gleichen Teilen. Die Schmelztemperatur ist 250 bis 300 °C.

Eine Beeinflussung der Nachbarschaft tritt nur beim Hartlöten ein. Daher kann man von den austenitischen korrosionsbeständigen Stählen nur die kornzerfallsicheren, also schweißfesten, ohne Beeinträchtigung ihrer Beständigkeit hartlöten.

Die Gründe für die schlechte Lötbarkeit der rostfreien Stähle gegenüber anderen sind die schlechtere Wärmeleitfähigkeit und die Zunderbeständigkeit. Die geringere Wärmeleitfähigkeit verlangt längere Erwärmung der Naht, die Zunderbeständigkeit, wegen des Fehlens der Eisenoxyde, andere Flußmittel. Beim Weichlöten werden z. B. Pasten aus Chlorzink und Salzsäure angewendet. Beim Hartlöten können als Flußmittel Borax und Borsäure dienen[2].

[1] Class, I.: Mitt. Ver. Großkesselbes. (Juni 1959) H. 60, S. 181/187.

[2] Schafmeister, P., u. H. Schottky: Metallwirtsch. Bd. 18 (1939) S. 43/47; Techn. Mitt. Krupp Bd. 7 (1939) S. 91/96.

Besonderheiten bei der Erzeugung korrosionsbeständiger Stähle

Bei der Erschmelzung bedient man sich nur des Elektroofens, da im SM-Ofen so hohe Chromgehalte, wie sie bei diesen Stählen notwendig sind, infolge der oxydierenden Flamme zu große Verluste und zuviel Einschlüsse ergeben würden. Wenn die Wahl zwischen Lichtbogen- und kernlosem Induktionsofen (Hochfrequenzofen) vorliegt, so ist dazu zu sagen, daß letzterer den Vorteil bietet, die Aufkohlung zu vermeiden und den Schrott ohne besondere Maßnahmen verwenden zu können. Durch die Einführung des Niederschmelzens mit der Sauerstoffflamme ist aber die Verwendung des Schrotts im Lichtbogenofen bei geringen Chromverlusten und die Einhaltung niedrigster Kohlenstoffgehalte möglich geworden[1].

Was die Güte betrifft, so ist der Verfasser der Meinung, daß der basische Elektrostahl im allgemeinen reiner ist als der aus dem Hochfrequenzofen, denn hier ist die im basischen Ofen so wirksame Schlackenarbeit nicht anwendbar. Außerdem ist er sauer zugestellt und der sauer erschmolzene Stahl ergibt wegen der leichtschmelzbaren sauren Einschlüsse in der Regel mehr Abfälle bei der Warmverformung. Es sei aber hinzugefügt, daß die Ansicht über die Güte des aus beiden Öfen erschmolzenen Stahles verschieden ist.

Die Warmverformung der härtbaren und vergütbaren Stähle nach Zahlentafel 135, 136 bietet wenig Schwierigkeiten. Man muß vor allem auf die Vermeidung der Härtungsspannungsrisse beim Abkühlen achten. Diese Stähle bedürfen einer sehr langsamen Abkühlung oder einer Nachwärmung im Perlitgebiet. Am vorsichtigsten ist bei der Abkühlung der Stahl Nr. 11 zu behandeln. Die Perlitnase des ZTU-Schaubildes S. 656 (Bild 408) zeigt die günstigste Nachwärmtemperatur an.

Die ferritischen Stähle haben einen engen Bereich bei der Endwarmverformung, weil sie bei Überschreitung dieser engen Temperaturgrenze grobkörnig werden. Man geht bei der Verformung so weit herunter, als die Walzmöglichkeiten es eben gestatten und soll, wenn möglich (bei großen Stücken schwer einzuhalten), zuletzt 750 °C nicht überschreiten. Danach kann der Stahl beliebig abgekühlt werden.

Am wenigsten Schwierigkeiten beim Schmieden und Walzen bieten die rein austenitischen Stähle oder solche mit einem geringen Anteil von Ferrit. Sie werden bei einigermaßen genauer Einhaltung der Warmverformungstemperatur nicht in schädlicher Weise grobkörnig, da das Bestreben zum Kornwachstum bei austenitischen Stählen geringer ist als bei den ferritischen (s. S. 612). Zu bemerken ist, daß die austenitischen

---

[1] FISCHER, R.: Stahl u. Eisen Bd. 70 (1950) S. 10/21; BUNGARDT, K., E. PAKULLA u. K. TESCHE: Stahl u. Eisen Bd. 72 (1952) S. 245/255; CRAFTS, W., u. H. P. RASSBACH: J. Metals Bd. 4 (1952) S. 20/25; s. a. Stahl u. Eisen Bd. 73 (1953) S. 1729/1732.

Stähle hohe Warmfestigkeit haben und daher hohe Schmiede- und Walzdrücke[1] erfordern. Das Schmieden schwerer Stücke erfordert wegen der Zerschmiedungsgefahr (S. 980) größere Vorsicht.

Enthalten die Stähle größere Mengen von Ferrit — die Grenze liegt bei etwa 8% —, so neigen die Stähle zur Warmrissigkeit beim Schmieden oder Walzen. Der Ferrit hat ein anderes Warmverformungsverhalten als der Austenit und ist bei hohen Temperaturen viel weicher. Er gleitet zwischen die Austenitkörner und reißt sie auf. Diese Schwierigkeit erscheint z. B. bei Stählen mit hohem Molybdängehalt, wie Nr. 16, 17, 18.

Ein wenig beachteter und schwer zu beherrschender Fehler bei den ferritischen und austenitischen Stählen hat seine Ursache in der Umwandlungsfreiheit dieser Stähle. Die Endverformungstemperatur liegt

Zahlentafel 142. *Blockerzeugung der verschiedenen korrosions- und hitzebeständigen Stähle in den Vereinigten Staaten im Jahre 1955 nach Angaben des amerikanischen Iron and Steel Institute*

Stahl-Nr.	% C	% Cr	% Ni	Andere Elemente, %	Block-erzeugung
201	0,10	17		Mn 6	11050 t
202	0,06	18		Mn 9	8340
301	0,08/0,20	16/18	6/8	Mn 2,0 max	55340
302	0,08/0,20	17/17	8/10	Mn 2,0 max	208642
302 B	0,08/0,20	17/19	8/10	Si 2,00—3,00 Mn 2,00 max	677
303	0,15 max	17/19	8/10	P, S, Se 0,07 mind. Zr, Mo 0,60 max	37285
304	0,08 max	18/20	8/11	Mn 2,0 max	190250
308	0,08 max	19/21	10/12	Mn 2,0 max	6358
309	0,20 max	22/24	12/15	Mn 2,0 max	9165
310	0,25 max	24/26	19/22	Mn 2,0 max	12073
316	0,10 max	16/18	10/14	Mo 2,0 —3,0 max	78343
321	0,08 max	17/19	8/11	Ti mind. 5 × C	47071
347	0,08 max	17/19	9/12	Cb 10 × C	14433
Andere korrosionsbeständige Chrom-Nickel-Stähle mit:					
Nickel unter 8%, andere Legierungsmetalle unter 10%					3
Nickel unter 8%, andere Legierungsmetalle über 10%					15744
Nickel 8 bis 16%, andere Legierungsmetalle unter 10%					2380
Nickel 8 bis 16%, andere Legierungsmetalle über 10%					25487
Nickel 16 bis 24%, andere Legierungsmetalle unter 10% . . .					313
Nickel 16 bis 24%, andere Legierungsmetalle über 10% . . .					3652
Nickel über 24%, andere Legierungsmetalle unter 10%					2313
Nickel über 24%, andere Legierungsmetalle unter 10%					12485
				insgesamt	741404

[1] Unter Walzdruck ist die aufgewendete Druckkraft zu verstehen und nicht das, was der praktische Walzwerker oft als Verformungsgrad versteht.

besonders bei den warmfesten austenitischen Stählen schon im Bereich der „Kaltverformung", z. B. bei 800 °C. Wenn nun nachträglich, wie es beim Walzen und besonders beim Schmieden oft vorkommt, der Stahl nachgewärmt wird und Teile des Querschnittes verschieden stark verformt werden, so entsteht bei kritischer Temperatur und kritischem Verformungsgrad grobe Rekristallisation. Besonders beim Schmieden ist es unvermeidlich, daß Teile des Schmiedekörpers bei niedrigerer Temperatur als der Hauptteil verformt werden. Dies ist die Ursache, daß mitunter Bereiche sehr grober Kristalle an einzelnen Stellen des warmverformten Stahles liegen. Näheres darüber s. Abschnitt „Fehler" (S. 984 Bild 568).

Bei der Wichtigkeit der korrosionsbeständigen Stähle ist es interessant zu wissen, wieviel davon erzeugt und zu welchen Zwecken sie verwendet werden.

Das amerikanische Iron and Steel Institute gibt für das Jahr 1955 Mengen nach Zahlentafel 142 an, wobei allerdings die hitzebeständigen Stähle miterfaßt sind (s. S. 624, Zeile 2).

Im Jahre 1956 war die Blockerzeugung auf 1248300 metr. t angestiegen.

Angaben über die Erzeugung dieser Stähle in den Vereinigten Staaten im Jahre 1958 bringt Zahlentafel 143[1].

Zahlentafel 143. *Herstellung an Blöcken aus nichtrostenden und hitzebeständigen Stählen nach Stahlsorten in den Vereinigten Staaten im Jahre 1958*

Stahlnummer	Erzeugung in metr. t	Stahlnummer	Erzeugung in metr. t
201	12563	403	11838
202	14206	405	3191 (405, 406)
301	36188	406	
302	122775 (302, 302 B)	410	35821
302 B		414	404
303		416	
und 303 Se	24058	und 416 Se	19822
304	141946	420	3442
308	3092	430	192140
309	4105	430 F	
310		und 430 F Se	1701
und 310 S	5677	431	2702
316	31328	440 A	1281
321	27864	440 B	2369 (440 B, 440 C)
347	14632	440 C	
alle übrigen	67777	442	581
Zusammen	506211	443	279
		446	1387
501, 502 und alle übrigen chromreichen hitzebeständ. Stähle	18911	alle übrigen	8017
		Zusammen	284975
Insgesamt			810097[2]

[1] Stahl u. Eisen Bd. 79 (1959) S. 1227.

[2] Der Rückgang von 1956 auf 1958 erklärt sich durch den großen Stahlstreik.

Über die verschiedenen Verwendungszwecke in den Vereinigten Staaten von Amerika der wichtigsten korrosionsbeständigen Chrom-Nickel-Stähle gibt die nachstehende Zahlentafel 144 Aufschluß.

Zahlentafel 144. *Verbrauch der korrosionsbeständigen Stähle im 1. Halbjahr 1956 in den Vereinigten Staaten in short tons *[1]; aufgeteilt nach Verwendungszwecken*

Bezeichnung	s. t.	%
Verbraucherwaren		
1. Kraftfahrzeugbau	52884	14,5
2. Haushaltgeräte	11516	3,2
3. Küchengeräte	10713	2,8
4. Besteckwaren	9901	2,7
5. Einrichtungsgegenstände	2045	0,6
6. Verschiedenes	5097	1,4
Insgesamt	92156	25,2
Berufsausrüstung		
7. Medizinische Geräte	2244	0,6
8. Wissenschaftliche Geräte	3024	0,8
9. Verschiedenes	13575	3,7
Insgesamt	18843	5,1
Bauwesen		
10. Installation	6994	1,9
11. Architektur	13927	3,8
12. Verschiedenes	7906	2,2
Insgesamt	28827	7,9
Industrieausrüstung		
13. Chemie	7982	2,2
14. Öl und Gas	4360	1,2
15. Papier	4700	1,3
16. Textil	3912	1,1
17. Molkereigeräte	7033	1,9
18. Lebensmittel	7220	2,0
19. Elektrische Geräte	14886	4,1
20. Metallverarbeitung	10312	2,8
21. Landwirtschaftliche Geräte	935	0,3
22. Eisenbahn	2516	0,7
23. Schiffbau	2926	0,8
24. Halterungen, Verschlüsse	12603	3,4
25. Behälter	2814	0,8
26. Schmiede- und Drahtindustrie	49869	13,6
27. Luftfahrt	30240	8,3
28. Rüstung	3892	1,1
29. Verschiedenes	29623	8,1
Insgesamt	195823	53,6
30. Export	12315	3,4
Nicht erfaßt	17391	4,8
Gesamtverbrauch	**365355**	100

* 1 short ton = 907,18 kg.

[1] Metals Bulletin, Special Stainless Steels Issue, Juni 1957. Metals Information, London.

Man beachte, daß sich der Verbrauch von 365355 s.t., meist Bleche, auf $^1/_2$ Jahr, die Blockerzeugung von 1248300 metr.t hingegen auf das ganze Jahr 1956 bezieht und daß der Verbrauch ohne die zunderbeständigen Stähle angegeben ist. Das Blockgewicht steht also zum Halbjahresverbrauch im richtigen Verhältnis.

In der Bundesrepublik verlief nach Metall Bull.[1] die Erzeugung an Blöcken korrosions- und hitzebeständiger Stähle wie folgt: 1957: 125400t; 1958: 136200t; 1959: 191400[2]; 1960: 259900[2].

9. Hitze- und zunderbeständige Stähle[3]

Die zunderbeständigen Stähle müssen in erster Linie widerstandsfähig gegen Verbrennungsgase sein, wobei als Angriffsmittel außer dem Sauerstoff noch Kohlensäure, Kohlenmonoxyd, Wasserdampf, Stickstoff der Luft, schwefelhaltige Gase sowie Flugasche, Teile der Ofenmauer usw. in Frage kommen. Gefordert werden ferner gute Verarbeitbarkeit und vor allem bei Blechen Schweißbarkeit und möglichst große Beständigkeit gegen Versprödung im Dauergebrauch.

Über die Vorgänge beim Zundern ist ein so umfangreiches Schrifttum angewachsen, daß hier nur ein kleiner Teil genannt werden kann. Hauptsächlich soll auf die Quellen verwiesen werden, die dem Leser leichter zugänglich sind.

Zunächst ist zu erläutern, was mit dem unlegierten Stahl beim Angriff durch den Sauerstoff der Luft vor sich geht.

Unlegierter Stahl ist für praktische Zwecke bis etwa 500 °C zunderbeständig, d. h., die dabei auftretende Oxydschicht bleibt haften und verstärkt sich, wenn es überhaupt der Fall ist, nur sehr langsam. Die Bedingungen für Zunderbeständigkeit sind bis 500° also gegeben. Bei höherer Temperatur bleibt aber der Vorgang nicht stehen. Er bleibt deshalb nicht stehen, weil bei Steigerung der Temperatur die Diffusionsgeschwindigkeit des Sauerstoffs durch das Eisenoxyd von außen nach innen und des Eisens von innen nach außen so groß wird, daß die Deckschichten immer dicker werden und abblättern. Wie zu erwarten, ist die Außenschicht die oxydreichste und die Innenschicht die oxydärmste. Es folgen von außen nach innen: Fe_2O_3, Fe_3O_4 und eine dritte, die annähernd aus Wüstit ist, bestehend aus einer Lösung von Fe_3O_4 in FeO.

Zur theoretischen Erklärung dieser Diffusionsvorgänge, die den Rahmen dieses Buches überschreiten, sei auf L. B. Pfeil, C. Wagner und besonders auf K. Hauffe[4] verwiesen.

---

[1] Metall Bull. 7. März 1961 S. 11—13 (aus Nickel-Berichte Aug. 1961, S. 261).

[2] einschl. Saarland.

[3] ASTM-Standards (1953). Küntscher, W., W. Kilger u. H. Biegler: Technische Baustähle. Halle (Saale): Wilh. Knapp 1958.

[4] Pfeil, L. B.: J. Iron Steel Inst. Bd. 119 (1929) S. 501/560; Stahl u. Eisen Bd. 49 (1929) S. 1238/1239. — Wagner, C.: Z. phys. Chem. Bd. 21 (1933) S. 25/41. — Hauffe, K.: Arch. Eisenhüttenw. Bd. 24 (1953) S. 161/171; Stahl u. Eisen Bd. 73 (1953) S. 735.

Um zu zunder- und hitzebeständigen Stählen zu gelangen, bedarf es der Legierungselemente Chrom, Silizium und Aluminium, wobei das Chrom die Hauptrolle spielt und die beiden anderen nur zusätzlich verwendet werden.

Die Erklärung für die Rolle dieser drei Elemente, mit der sich ausführlich E. HOUDREMONT und G. BANDEL[1] befassen, ist darin gegeben, daß diese Metalle Oxydschichten bilden, die die Diffusion des Sauerstoffs erschweren. Wenn bei längerer Einwirkung der Gase doch mehr Sauerstoff zuwandert, so diffundieren Chrom und die beiden anderen Elemente so rasch aus dem Inneren heran, daß sie den von außen herantretenden Sauerstoff abbinden. Da diese drei Elemente bevorzugt oxydieren, enthalten diese Deckschichten, solange die Schutzwirkung anhält, FeO nur in geringer Menge. FeO tritt nicht als selbständige Phase auf, sondern ist in den anderen Oxyden oder Silikaten gelöst oder als Spinell ($FeO \cdot Cr_2O_3$) enthalten.

Es liegt also ein ähnlicher Fall vor wie bei der Korrosion durch Luft oder Säure, wo das an sich leichter oxydierende Element durch eine Oxyd- oder sonstige Deckschicht (S. 559, 562) das Metall vor dem weiteren Angriff schützt. Die Chrom-, Silizium- und Aluminiumoxyde haben außerdem noch die Eigenschaft, nicht nur dicht, sondern feuerfest zu sein, d. h. hohe Schmelzpunkte zu haben.

Geht man mit den Temperaturen immer höher, so steigt die Diffusionsgeschwindigkeit des Sauerstoffs und wird schließlich so groß, daß die Nachlieferung von Chrom, Silizium und Aluminium nicht mehr genügt und der Vorgang in ähnlicher Weise verläuft wie bei unlegiertem Stahl. Je mehr solcher Legierungsbestandteile im Stahl enthalten sind, desto höher kann die Temperatur ansteigen, bevor dieser Umschwung eintritt.

Der regelmäßige Ablauf dieser Vorgänge kann aber durch Gefügeumwandlungen, Fehlstellen und Einschlüsse, alten Zunder, Rauch und Staub gestört werden.

Es ist ein glückliches Zusammentreffen, daß die hochhitzebeständigen Stähle entweder ferritisch oder austenitisch, also ohne Umwandlung sind. Es bleiben demnach die mit der Umwandlung verbundenen Volumenänderungen, die ein Abplatzen der schützenden Oxydschichten begünstigen, aus.

Fehlstellen und Einschlüsse stören die Diffusion und die damit verbundene Nachlieferung von Chrom, Silizium und Aluminium, so daß örtliche Zundergruben entstehen. Auch Eisenoxyd, an oder unter der Oberfläche, oft verbunden mit Schmiedefehlern oder Oxyden an Schweißnähten, bewirken dieselbe örtliche Zunderung (Rös'chenbildung). Rauch und Staub, Teile des Ofenmauerwerks bringen eine weitere Unübersichtlichkeit in dem Verlauf des Zunderns hinzu. Rös'chenbildung kommt aber auch ohne diese störenden Einflüsse vor, wenn die Tem-

[1] HOUDREMONT, E., u. G. BANDEL: Arch. Eisenhüttenw. Bd. 11 (1937/38) S. 131/138; Stahl u. Eisen Bd. 57 (1937) S. 1058.

peratur höher liegt, als sie dem betreffenden Stahl zumutbar ist. Die Deckschichten werden dann nicht von der ganzen Fläche auf einmal, sondern örtlich nach und nach durchbrochen. Man muß dann entweder die Temperatur erniedrigen oder, soweit dies noch hilft, die Legierung erhöhen. Die Röschenbildung ist etwa mit dem Lochfraß der korrosions- und säurebeständigen Stähle vergleichbar (s. S. 580). Sie tritt besonders an Ecken, Kanten, Verletzungen und Einschlüssen auf, weil dort der Nährboden früher verarmt, und es entstehen auf diese Weise örtlich ähnliche Bedingungen, wie sie beim Zundern nicht zunderbeständiger Stähle vorliegen. Es ist daher nicht verwunderlich, daß gerade niedriglegierte zunderbeständige Stähle mehr zu örtlicher Zerstörung neigen, da die Legierung früher erschöpft wird. Daraus ist weiter verständlich, daß die mit Silizium und Aluminium legierten Stähle dieses Übel eher aufweisen, weil die Zusätze dieser Metalle kleiner sind als die von Chrom.

In geringerem Maße wirkt auch der Stickstoff der Luft auf die Verzunderung ein. Bei austenitischen Chrom-Nickel- und Chrom-Mangan-Stählen stabilisiert der Stickstoff den Austenit und verbessert dadurch die Warmfestigkeitseigenschaften; aber auch bei hochlegierten Chromstählen ist dies in geringerem Ausmaß bemerkbar. In diesem Sinne wirkt der Stickstoff eher verbessernd statt verschlechternd. Dagegen ist bei stark aluminiumhaltigen Stählen die Bildung von unlöslichen Aluminiumnitriden bei Temperaturen über 1000 °C so groß, daß eine schädigende Verarmung des Aluminiums in der Grundmasse zustande kommt.

Die Verzunderung, insbesondere die örtliche, wird durch aufschließende Mittel, wie Borax, Vanadinsäure, Molybdänsäure, schon bei sehr geringen Mengen begünstigt. Letztere zwei Säuren können sich bei der Verzunderung von vanadin- oder molybdänhaltigen Stählen bilden. Da fast alle mineralischen Treibstoffe vanadinhaltig sind, enthalten ihre Verbrennungsgase Vanadinsäure, wodurch die Lebensdauer von Teilen, die den Heizgasen bei hoher Temperatur ausgesetzt sind, verringert wird. Eine Abscheidung dieser schädlichen Verunreinigungen ist bis jetzt noch nicht gelungen. E. Fitzer und J. Schwab empfehlen zur Milderung hohen Siliziumgehalt des Stahles[1] (S. 883).

Der eben geschilderte Vorgang der Verzunderung gilt für oxydierende Verbrennungsgase ohne den schädlichen Einfluß schwefelhaltiger oder aufkohlender Gase und für Gase mit nicht zu hohem Wasserdampfgehalt.

Man sieht, wie viele Einflüsse wirken, und man kann davon ableiten, wie schwierig es ist, eine für den Betrieb gültige Prüfung auf Zunder-

[1] Fitzer, E., u. J. Schwab: Berg- u. hüttenm. Mh. Bd. 98 (1953) S. 1/7. Siehe darüber verschiedene Beiträge im: A Symposium on High-Temperature Steels and Alloys for Gas Turbines: Special Report Nr. 43, Iron Steel Inst., Juli 1952. — A. de S. Brasunas: Corrosion Bd. 11 (1955) Nr. 1 S. 17/18. — Harris, G. T., H. C. Child u. J. A. Kerr: J. Iron Steel Inst. Bd. 179 (1955) Nr. 3 S. 241/248.

beständigkeit durchzuführen. Man wird sich zunächst auf das Verhalten in solchen oxydierenden Verbrennungsgasen beschränken, in denen schwefelhaltige Gase und Wasserdampf in nicht zu großen Mengen zugegen sind. Soweit eine Kurzprüfung überhaupt richtige Schlüsse auf das Dauerverhalten zuläßt, geht man am besten so vor[1], daß man Proben 5 mal 24 Stunden den Prüftemperaturen aussetzt. Die Form der Stücke wird, wenn möglich, rund gewählt, etwa ⌀ 10 und 50 bis 60 mm lang, da so die erforderliche feingeschliffene Oberfläche am leichtesten herzustellen ist. Der Feinschliff ist notwendig, um die Größe der Oberfläche einigermaßen genau ermitteln zu können. Die Beibehaltung der gleichen Probenform ist deshalb nötig, um die gleichen Kantenverhältnisse zu haben, was wegen des Abspringens der Zunderschichten und deren Ausbildungsart wichtig ist. Ein zahlenmäßiger Vergleich zwischen Rundproben und Vierkantproben ist daher unzulässig. Die Rundprobe hat ferner den Vorteil, daß sie im Ofen so gelagert werden kann, daß sie praktisch nur auf zwei Punkten aufliegt. Zur Lagerung dienen entsprechend geformte Schamotte- oder Chromoxydsteine. Ein Stahl gilt bei einer bestimmten Temperatur als zunderbeständig, wenn er bei dieser Prüfung nach 120 Stunden nicht mehr als 1 $g/m^2 \cdot h$ verliert und bei einer Temperaturerhöhung um 50 °C der Zunderverlust unter 2 $g/m^2 \cdot h$ liegt.

Der größte Fehler bei der Zunderprüfung kann bei der Entzunderung der Proben entstehen. Diese darf nur mit solchen Beizen durchgeführt werden, die das Grundmaterial nicht angreifen. Für diesen Zweck eignet sich am besten die Beizung in NaOH–NaH nach H. GILBERT[2], der man gegebenenfalls noch eine Beizung in $KMnO_4$–NaOH mit nachfolgender Braunsteinzerstörung in HNO_3–H_2O_2 nach J. POMEY[3] und L. WETTERNIK[4] folgen lassen kann.

Die nach diesem Verfahren gemessenen Zunderverluste einiger zunderbeständiger Stähle zeigt das Bild 416. Das Verhalten in der Praxis weicht aber von den hier gegebenen Werten oft erheblich ab. Die Bedingungen sind meist nicht dieselben wie bei dem hier geschilderten Versuch; auch ist der Verlauf der Abzunderung häufig nicht so regelmäßig wie es in dem Bild gezeigt wird.

Die Zusammensetzung der nach Bild 416 untersuchten Stähle ist aus der Zahlentafel 145 ersichtlich (s. S. 682).

Es ist danach z. B. Stahl Nr. 9 beständig bis 1100 °C und Nr. 8 bis über 1200 °C.

[1] WETTERNIK, L.: Korrosion u. Metallsch. Bd. 18 (1942) H. 4 S. 130/134. — KRAINER, H., L. WETTERNIK u. C. CARIUS: Arch. Eisenhüttenw. Bd. 22 (1951) S. 103/110; Stahl u. Eisen Bd. 71 (1951) S. 406.

[2] GILBERT, H.: Iron Steel Bd. 19 (1946) S. 129/132 u. 175/176; vgl. auch Stahl u. Eisen Bd. 69 (1949) S. 313/314.

[3] POMEY, J.: J. Iron Steel Inst., März 1946.

[4] WETTERNIK, L.: Berg- u. hüttenm. Mh. Bd. 94 (1949) H. 2, S. 34/40.

Die obengenannten Beimengungen der Verbrennungsgase beeinflussen das Zundern etwa in folgender Weise:

Aufkohlende Gase erhöhen den Kohlenstoffgehalt der Stähle und beeinflussen das Verhalten des Stahles unter der Wirkung des Kohlenstoffs, wie auf S. 679 ausgeführt wird, überwiegend in schädlicher Weise. Verbrennungsgase sind aber kaum so stark reduzierend, daß eine Aufkohlung zustande kommt. Es müßte das Kohlenmonoxyd in großem

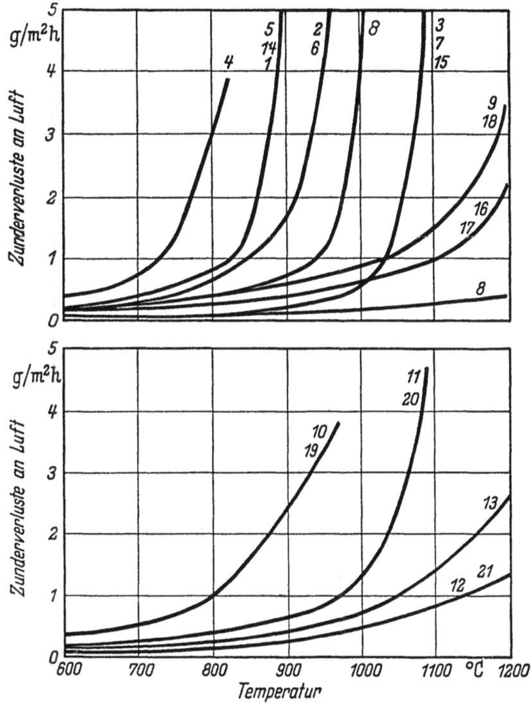

Bild 416. Stündliche Zunderverluste an Luft der Stähle nach Zahlentafel 145. Versuchsdauer 120 h

Überschuß zugegen sein, was aber bei technischen Gasen kaum der Fall sein kann. Kohlendioxyd wirkt ähnlich wie Luft, nur zundert es etwas stärker als letzteres Gas. Überhitzter Wasserdampf verringert die Beständigkeit gegen Zundern. Man erklärt sich dies dadurch, daß Wasserdampf die Oxydschichten lockerer und durchlässiger macht.

Ganz besonders muß auch der Schwefelgehalt im angreifenden Gas beachtet werden. Dabei ist sehr zwischen Schwefeldioxyd (SO_2) und Schwefelwasserstoff (H_2S) zu unterscheiden. Der Angriff durch SO_2 ist weitaus geringer als der durch H_2S, weil durch SO_2 vorwiegend oxydhaltige Schutzschichten gebildet werden und bei H_2S die weniger schützenden Sulfide.

E. Baerlecken, K. Lorenz und G. Kalwa machten darüber eine zusammenfassende Studie[1]. Die Wirkung von Chromoxydschichten macht sich beim SO_2-Angriff schon bei Legierungen mit geringen Chromgehalten ähnlich günstig bemerkbar wie beim Zunderverhalten an Luft. Über den Angriff durch H_2S s. S. 583.

Bild 417 gibt nach E. Houdremont und G. Bandel[2] den Zunderverlust verschiedener Stähle in reinem Schwefeldioxyd wieder. Man sieht, daß bald, besonders bei gleichzeitigem Siliziumzusatz, eine sprunghafte Steigerung des Widerstandes vorliegt. Obwohl dieses Verhalten weitgehend dem an Luft ähnlich ist, darf nicht übersehen werden,

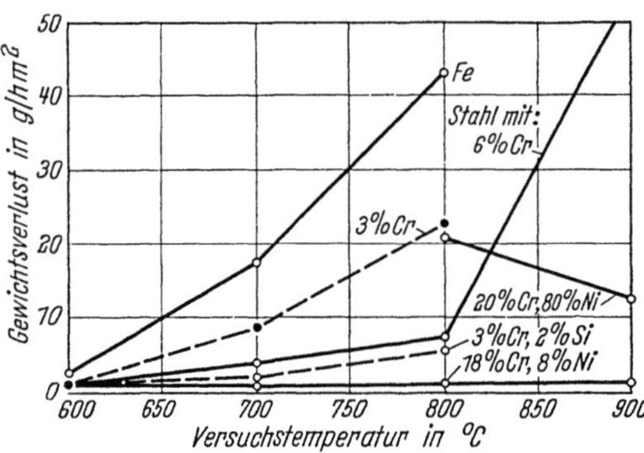

Bild 417. Zunderung einiger Stähle in reinem Schwefeldioxyd (Versuchsdauer 50 h) (nach E. Houdremont und G. Bandel)

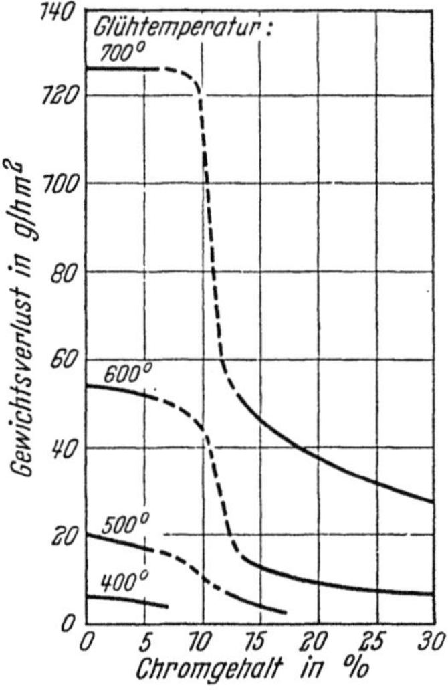

Bild 418. Gewichtsverlust von Chromstählen beim Glühen in Schwefelwasserstoff bei verschiedenen Temperaturen (nach E. Houdremont)

daß sich bei Oxydation durch SO_2 auch Schwefel in der Schutzschicht anreichert. Dies führt schließlich früher als bei reinem Sauerstoffangriff zum Zusammenbruch der Schutzwirkung. Der Eintritt dieses Zusammenbruches ist abhängig von der Gesamtkonzentration des SO_2 und vom Luftüberschuß. A. Preece[3] gibt z. B. an, daß in Verbrennungsgasen der schädliche Einfluß des SO_2 durch 4% Sauerstoffüberschuß größtenteils aufgehoben wird. Eine unangenehme Ausnahme machen nickelhaltige Stähle, die nach E. Houdremont und G. Bandel[2] oberhalb etwa 650 °C leichtflüssige, nickelhaltige Sulfid-Eutektika bilden (s. S. 173) und die

---

[1] Baerlecken, E., K. Lorenz u. G. Kalwa: Erdöl u. Kohle Jg. 11 (1958) S. 537/543.

[2] Houdremont, E., u. G. Bandel: Arch. Eisenhüttenw. Bd. 11 (1937/38) S. 131/138.

[3] Preece, A.: Scaling of Gas-Turbine Alloys: Special Report Nr. 43, London: The Iron and Steel Institute, Juli 1952.

Schutzwirkung oberhalb dieser Temperatur aufheben. Ankrustungen kalk- und alkalihaltiger Aschenteile schaffen auch bei nickelfreien Stählen ungünstigere Verhältnisse.

Kommt es zu Betriebsstillständen, so können die Kondensate selbst bei niedrigen SO_2-Gehalten im Gas zu starken Korrosionen führen.

Der gegenüber SO_2 viel stärkere Angriff durch H_2S wird nach E. HOUDREMONT durch Bild 418 gekennzeichnet. Es ist daraus ersichtlich, wie der Widerstand mit steigendem Chromgehalt zunimmt. Beim Überschreiten von etwa 10% Cr werden so viel schützende Chromsulfide gebildet, daß sie die Diffusionsfähigkeit der Metalle im Zunder hemmen. Aluminium und Silizium verstärken nach F. K. NAUMANN[1] die Wirkung des Chroms, wenn sie in Gehalten von mehreren Prozenten zugegen sind, geringe Beimengungen sollen im Gegenteil schädlich sein.

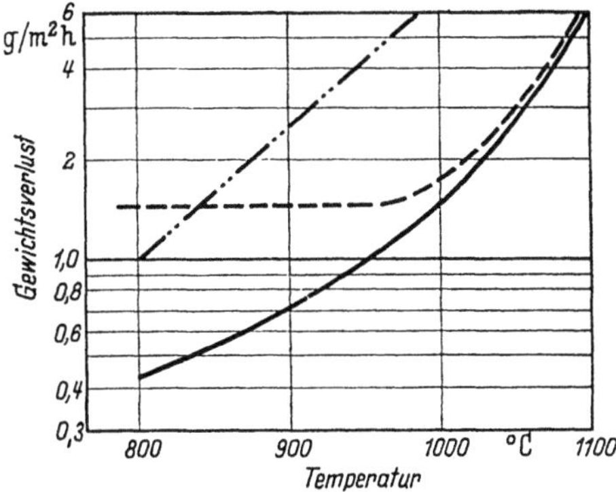

Bild 419. Zunderverhalten eines Stahles mit 0,1% C, 2,4% Si und 6% Cr in Verbrennungsgasen verschiedener Zusammensetzung
---- Gasüberschuß -·-·- Gasüberschuß + SO_2 (0,5%) -··-··- Luftüberschuß + SO_2 (0,5%) Leuchtgasverbrennungsatmosphäre

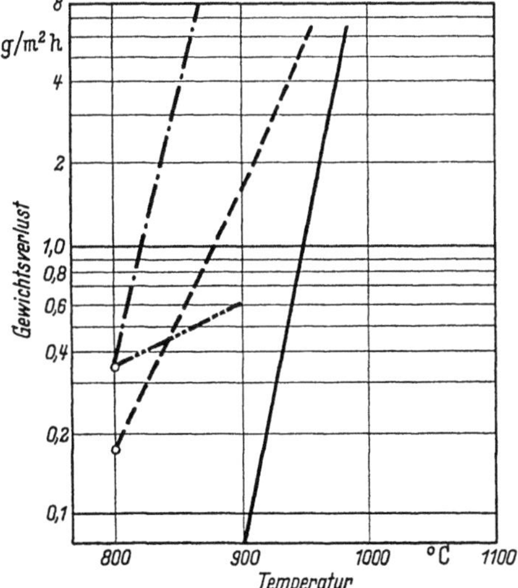

Bild 420. Zunderverhalten eines Stahles mit 0,10% C, 1% Si, 18% Cr und 1% Al in Verbrennungsgasen verschiedener Zusammensetzung
—— Luftüberschuß --- Gasüberschuß -·-·- Gasüberschuß + SO_2 (0,5%) -··-··- Luftüberschuß + SO_2 (0,5%) Leuchtgasverbrennungsatmosphäre

In welcher Weise bei technischen Verbrennungsgasen der Zunderverlust durch SO_2- und noch mehr durch H_2S-Gehalte zunimmt, zeigen an zwei Beispielen nickelfreier Stähle Bild 419 und Bild 420.

Das Verhalten eines vielgebrauchten Cr-Ni-Stahles sieht man am Bild 421. Das Nickel verringert bei schwefelhaltigem Gas deutlich die Beständigkeit gegen den nickelfreien Stahl (Bild 420) gleichen Chromgehaltes.

Zu den in den Bildern 419, 420 vorgeführten Ablauf des Zunders

[1] NAUMANN, F. K.: Techn. Mitt. Krupp, Ber. Bd. 6 (1938) S. 77/87.

ist zu bemerken, daß es sich um Beispiele unter bestimmten Betriebsverhältnissen handelt, die in den Einzelheiten nicht verallgemeinert werden dürfen.

Die schlechte Beständigkeit der Chrom-Nickel-Stähle gegen schwefelhaltige Gase ist beim Ofenbau für die Verwendung zunderbeständiger Stähle ein ernstliches Hindernis, da Ofengase, aus der Kohle und aus dem Heizöl herrührend, meist mehr oder weniger Schwefel enthalten. Wenn nur geringfügige mechanische Belastung vorliegt, so kann man

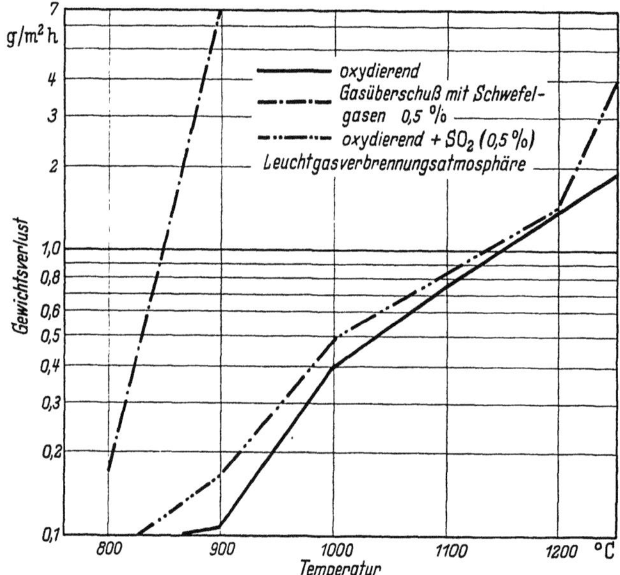

Bild 421. Zunderverhalten eines Stahles mit 0,15% C, 2% Si, 19,5% Cr, 12% Ni in Verbrennungsgasen verschiedener Zusammensetzung

auch bei hohen Temperaturen wohl Chromstähle verwenden; liegt aber hohe Temperatur und gleichzeitig starke Belastung vor, so genügen, um die Belastung zu ertragen, nur Chrom-Nickel-Stähle, die gegenüber Schwefel aber nicht beständig sind. Da zunderbeständige Stähle für den Ofenbau große Vorteile bieten, so reinigt man oft aus diesem Grunde die Gase von Schwefel. Der in Zahlentafel 145 (s. S. 682) unter Nr. 9 angeführte Stahl ermöglicht einen Mittelweg; infolge des niedrigen Nickelgehaltes wird er erst bei hohen Schwefelgehalten stärker angegriffen, und doch ist die Belastbarkeit schon verhältnismäßig hoch. Zur Erhöhung des Austenitanteiles bei gleichzeitig niedrigem Nickelgehalt dient der Zusatz von Stickstoff, der bei hochlegierten Stählen in geringem Maß auch aus der Luft aufgenommen wird, wie auf S. 671 ausgeführt wurde.

Die Widerstandsfähigkeit der Stähle gegen Wasserstoff, Ammoniak und Kohlenmonoxyd bei hohen Temperaturen und hohem Druck wurde an anderer Stelle dieses Buches behandelt (S. 479 ff.).

Wissenswert ist auch, ob die zunderbeständigen Stähle als Behälter für leicht schmelzbare Metalle und Salze gebraucht werden können. Dazu ist zu sagen, daß Schmelzen aus Kupfer und Kupferlegierungen hochlegierte Chromstähle wenig angreifen und daß auch Chrom-Nickel-Stähle ausreichend beständig sind. Hält man oxydierende Einflüsse und damit Bleioxydbildung fern, so gilt dies auch für Blei (Aufstreuen von Holzkohlepulver). Als Behälter für geschmolzenes Aluminium und für Zink sind zunderbeständige Stähle nicht besser als unlegierte. Gegen oxydierende Salze, wie Nitrate, sind die Stähle durch die Bildung einer chromoxydhaltigen Schutzschicht beständig. Chloriden widerstehen sie nicht besonders; am besten ist noch hochlegierter Chromstahlguß, aber auch dabei ist ein gewisser Angriff unvermeidbar. Bei hohen Temperaturen, wie sie bei der Härtung von Schnellarbeitsstahl unter Verwendung von Bariumchlorid erforderlich sind, sind diese Stähle nicht besser als Flußeisen. Gegen Zyanbäder sind hochlegierte Chrom-Nickel-Stähle ausreichend beständig. Zum Schutz vor den Verbrennungsgasen kann man solche Behälter außen mit einer Schicht zunderbeständigen Stahles plattieren (s. S. 884) oder mit einer Auftragschweißung versehen.

Zu den Anforderungen an zunderbeständige Stähle gehört nicht nur chemische Beständigkeit, sondern auch Beständigkeit der physikalischen Eigenschaften. Sowohl ferritische wie austenitische Stähle zeigen bei bestimmten Temperaturen Gefügeänderungen, welche die physikalischen Eigenschaften verschlechtern. Die ferritischen Stähle verspröden, wie auf S. 178 ausgeführt wird, bei 475 °C, wobei die Neigung zur Versprödung mit dem Chromgehalt ansteigt. Zusätze von Silizium und Aluminium verstärken diesen Vorgang. Die Versprödung ist bei Temperaturen von etwa 475 °C wenig fühlbar, wohl aber ist der Stahl nach Abkühlung auf Lufttemperatur erheblich spröder. Bei Erhitzung über 550 °C verschwindet die Versprödung, so daß diese Erscheinung wenig Schaden anrichtet, unter der Voraussetzung, daß die Teile während der Abkühlung im gefährlichen Temperaturbereich nicht zu lange verweilen.

Ein zweiter Temperaturbereich, in dem Versprödung auftritt, ist der Bereich der Sigma-Ausscheidung, der zwischen 500° und 900 °C und auf S. 177 und anderen im Hinblick auf die Chromstähle schon beschrieben wurde. S. 619 wurde auch gesagt, daß nicht nur Ferrit, sondern auch Austenit davon betroffen werden kann. Bild 422 gibt z. B. nach W. P. Rees, B. D. Burns und A. J. Cook wieder, in welchem Maße sich bei 650° und 800 °C die Sigma-Phase im System Fe-Ni-Cr ausscheidet. Diese Untersuchungen bestätigen, daß bis zu einem Gehalt von 30% Ni auch der Austenit davon nicht verschont bleibt.

Allerdings bedarf es beim Austenit dazu längerer Glühzeiten als beim Ferrit.

Kohlenstoff und Stickstoff verzögern die Entstehung dieses versprödenden Bestandteils; hohe Chromgehalte, Silizium, Molybdän, Titan und Niob begünstigen die Sigma-Phase.

Die ferritischen Stähle neigen noch zu einer dritten Art der Versprödung, nämlich durch starke Kornvergröberung oberhalb 900 °C. Diese Veränderung kann natürlich durch Erwärmen auf hohe Temperaturen nicht nur nicht beseitigt, sondern nur verstärkt werden; sie wird durch Titan- und Niobzusätze etwas verringert.

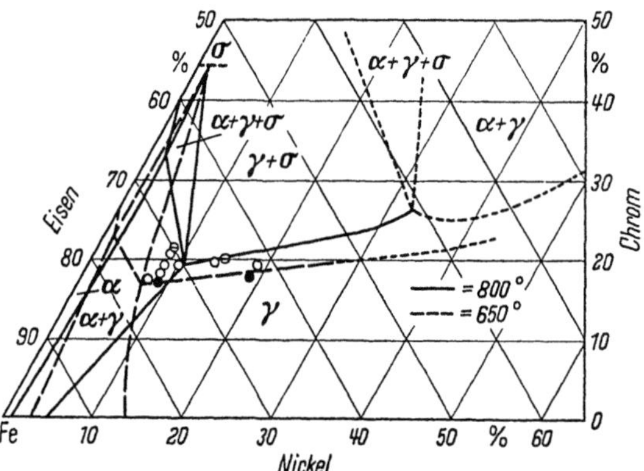

Bild 422. Zustandsschaubild Eisen-Nickel-Chrom bei 650° und 800° C und Glühzeiten bis 4800 h nach röntgenographischen Untersuchungen (von W. P. Rees, B. D. Burns und A. J. Cook[1])

Schließlich gibt es bei ferritischen Stählen eine vierte Art schädlicher Beeinflussung bei hohen Temperaturen, die aus der geringen Karbidlöslichkeit im Ferrit herrührt. Es lagern sich, wenn der Kohlenstoffgehalt über 0,15% liegt, Karbidschnüre an die Korngrenzen. Auch hier werden Titan- und Niobzusätze angewendet. Dadurch kann man die Karbidabscheidungen wohl mildern, aber nicht verhindern.

Weniger unangenehme, aber nicht ganz ausbleibende Gefügeveränderungen erleiden bei langzeitiger Beanspruchung auch die austenitischen Stähle. Eine Art der Schädigung ist wieder die Anlagerung von Karbiden an den Korngrenzen. Der in Frage kommende Hitzebereich erstreckt sich von der Temperatur, bei der sich die Karbide in größerem Umfange auszuscheiden beginnen, also bei 600 °C, bis zu der Temperatur, bei der die Karbide sich noch nicht genügend wieder gelöst haben, also bis etwa 950 °C. Diese Korngrenzenkarbide bedingen ihrerseits Verarmung an Chrom in den Korngrenzen (s. S. 566), wodurch die Verzunderung längs dieser Korngrenzen eindringen kann, und andererseits kann durch die

[1] Rees, W. P., B. D. Burns u. A. J. Cook: Iron Steel Inst. Bd. 162 (1949) S. 325/336; s. a. Stahl u. Eisen Bd. 79 (1959) S. 47.

Karbidschnüre an den Korngrenzen eine Schwächung der Festigkeitseigenschaften, besonders der Zähigkeit, erfolgen. Durch Zusatz karbidstabilisierender Elemente, wie Nb/Ta und Ti, wird die Chromverarmung in den Korngrenzen zwar verhindert, nicht aber die Ausscheidung von Karbidschnüren, so daß der Zusatz dieser Elemente wohl eine deutliche Verbesserung, aber keine ganz sichere Abhilfe bedeutet. Wenn es sich nicht um aufkohlende Gase handelt, richtet diese Erscheinung wenig Schaden an.

Bei Temperaturen über 1000 °C macht sich ein stärkeres Kornwachstum bemerkbar, das aber nicht so groß ist wie bei den ferritischen Stählen, und bei der hohen Ausgangszähigkeit der austenitischen Chrom-Nickel-Stähle ist diese Art Schädigung ebensowenig ins Gewicht fallend wie die durch die Karbidabscheidungen und die Sigma-Phase.

Über den Einfluß der einzelnen Legierungsbestandteile auf das Zundern sei zusätzlich noch folgendes hinzugefügt:

Chrom. Wie schon ausgeführt, ist das Chrom für die zunderbeständigen Stähle das wichtigste Legierungsmetall. Aus dem Bild 423 ist nach G. Riedrich[1] aus der oberen Linie ersichtlich, wie hoch bei verschiedenem Siliziumgehalt der Chromgehalt sein muß, damit der Stahl bei bestimmten Temperaturen zunderbeständig ist. Für einigermaßen höhere Ansprüche sind die Stähle erst dann verwendbar, wenn das Gefüge entweder ferritisch oder austenitisch, also praktisch ohne Umwandlung ist, weil dadurch Werfen und Verziehen infolge der Volumenänderungen vermieden wird. Die Verwendung perlitischer Stähle beschränkt sich daher auf Temperaturen unterhalb des Umwandlungspunktes.

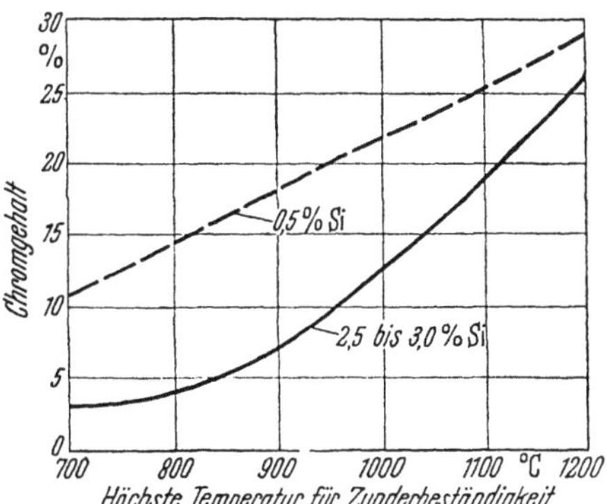

Bild 423. Einfluß des Chroms auf die Zunderbeständigkeit bei zwei verschiedenen Siliziumgehalten (nach R. Riedrich)

Die Versprödung bei 475 °C durch hohe Chromgehalte wurde schon auf S. 677 besprochen und die Abscheidung der Sigma-Phase ebenso auf S. 677 und früher.

Kohlenstoff. Der Einfluß des Kohlenstoffs ist verwickelter Art und noch nicht in allem geklärt. Bei Temperaturen, wo die Karbide ganz oder teilweise ungelöst sind, wird ein entsprechender Chromanteil der Grundmasse entzogen und geht für den Schutz gegen die Verzunderung verloren. Der in der Grundmasse gelöste Chromanteil nimmt natürlich mit steigender Temperatur zu. Bei Temperaturen unterhalb des Halte-

[1] Riedrich, G.: Stahl u. Eisen Bd. 61 (1941) S. 852/860.

punktes, etwa unterhalb 750 °C, wird am wenigsten Chrom gelöst sein, da bei dieser Temperatur die Karbide, die das Chrom konzentriert enthalten (S. 116, 601), ausgefällt sind. Man sieht also, daß wechselnde und für den praktischen Gebrauch unverläßliche Eigenschaften vorliegen. Um bei hohen Kohlenstoffgehalten die Zunderbeständigkeit zu gewährleisten, muß man entsprechend dem Kohlenstoffgehalt den Chromzusatz erhöhen. Solche Legierungen mit hohem Kohlenstoffgehalt finden ihre ausschließliche Verwendung für Guß, für welchen Zweck sie auch wegen der leichteren Gießbarkeit den kohlenstoffarmen vorgezogen werden (s. Zahlentafel 145 und 201, S. 846).

Silizium. Zur Unterstützung des Chroms leistet das Silizium gute Dienste, da es ähnlich wie das Chrom zunderbeständige Oxydschichten bildet. Zusätze über 3% werden allerdings kaum verwendet, da darüber hinaus bei den üblichen Chromgehalten die Warmverformbarkeit sehr erschwert wird. Die Zugabe von Silizium erstreckt sich sowohl auf austenitische und ferritische sowie auch auf vergütbare Legierungen mit Gehalten von 4 bis 10% Chrom, welch letztere Legierungen in der Hauptsache für Ventilstähle dienen. In welchem Ausmaße das Silizium für die Zunderbeständigkeit das Chrom in ferritischen Stählen ersetzen kann, ergab sich aus Bild 423. Bei Temperaturen unterhalb 1000 °C leistet demnach für die Zunderbeständigkeit 1% Silizium denselben Dienst wie 3 bis 4% Chrom. Gegen die Einwirkung schwefelhaltiger Gase wird dem höheren Siliziumgehalt ein günstigerer Einfluß zugeschrieben.

Aluminium. Das Aluminium ist in seiner Wirkung dem Silizium ähnlich. Es werden sogar höhere Gehalte als 3% gebraucht, und Legierungen mit 20% Chrom und 5% Aluminium sind gerade noch walzbar. Diese Gruppe wird aber gesondert unter dem Abschnitt „Heizleiterlegierungen" behandelt. Für Zunderbeständigkeit im engeren Sinne geht man auch nicht über 2,5% Aluminium. Aluminiumstähle haben wie Siliziumstähle den Nachteil, daß dabei, wie auf S. 671 erwähnt, leichter örtliche Anfressungen vorkommen. Zu beachten ist, daß nicht nur der Sauerstoff, sondern auch der Stickstoff der Luft aluminiumverzehrend wirkt.

Nickel. Das Nickel ist edler als das Eisen und oxydiert daher später und es ist aus diesem Grunde für die Bildung schützender Oxydschichten bei geringem Nickelgehalt wertlos. Erst bei hohen Gehalten, etwa über 20%, oxydiert es und bildet spinellartige Nickel-Chrom-Oxyde, die feuerbeständig sind und wodurch bei hohen Nickelgehalten die Zunderbeständigkeit verbessert wird. Wichtiger als für die Zunderbeständigkeit ist Nickel hingegen für die Bildung austenitischen Gefüges, wodurch die Kaltverformung verbessert, gute Schweißbarkeit ermöglicht und vor allem noch über 600 °C die Dauerstandfestigkeit hoch bleibt, was für gewichttragende Teile notwendig ist. Nachteilig ist das Nickel bei Korrosion durch schwefelhaltige Gase, weil sich niedrig schmelzende, die Oxyde aufschließende Nickelsulfide bilden (s. S. 173, 674).

Mangan. Das Mangan ist dem Nickel nur insofern ähnlich, als es im Verein mit Chrom und zur Unterstützung des Nickels austenitisches Gefüge und damit Warmfestigkeit über 600 °C hervorruft. Diese Ähnlichkeit gilt allerdings nur in groben Zügen, denn im Gegensatz zu Chrom-Nickel-Stählen sind die Chrom-Mangan-Stähle, wie auf S. 624 ausgeführt wird, nur in einem engen Bereich ohne ferritischen Anteil, wodurch die Warmfestigkeit nachteilig beeinflußt wird, und außerdem neigen diese Stähle stark zur Sigma-Versprödung. Auf die Zunderfestigkeit selbst ist Mangan von nachteiligem Einfluß, so daß Stähle mit mehr als 4% Mangan nicht über 900 °C zunderbeständig sind. Ein Vorteil dieser Stähle ist ihre Widerstandsfähigkeit gegen schwefelhaltige Gase.

Stickstoff. Stickstoff erweitert den Beständigkeitsbereich des Austenits und verleiht diesem darüber hinaus höhere Streckgrenze und höhere Dauerstandfestigkeit. Zusätze bis zu 0,2% zu austenitischen Chrom-Nickel-, Chrom-Mangan- und Chrom-Nickel-Mangan-Stählen kommen daher in Frage[1]. Diese Stähle leiden unter dem Übelstand der Versprödung durch Ausscheidungsvorgänge bei 500 bis 800 °C.

Titan, Tantal, Niob. Diese Elemente erhöhen die Dauerstandfestigkeit durch verzögerte Ausscheidung der Karbide und der Nitride. Sie vermindern wohl die durch Korngrenzen-Karbidanlagerungen verursachte Versprödung, können aber bei höheren Gehalten wieder Versprödung durch Ausscheidung der Sigma-Phase begünstigen (S. 576).

Molybdän, Vanadin. Diese Elemente können bei Stählen, die zu örtlich verstärkter Zunderbildung neigen, diesen Vorgang durch die zunderaufschließende Wirkung der Molybdän- und Vanadinsäuren begünstigen. Wolfram dürfte sich in dieser Hinsicht neutraler verhalten. Über den schädlichen Einfluß der Vanadinsäure, die aus den Verbrennungsgasen der Treibstoffe stammt, wurde schon auf S. 671 berichtet.

Schweißen der zunderbeständigen Stähle

Für die meisten zunderbeständigen Gegenstände, die aus Blech herzustellen sind, ist die einzige Verbindungsmöglichkeit die Schmelzschweißung.

Die *ferritischen* Stähle werden entweder mit artgleichen Zusatzwerkstoffen verbunden oder mit austenitischen. Besonders bei Gebrauch ferritischer Zusatzdrähte sind die auf S. 656 für die Schweißung ferritischer korrosionsbeständiger Bleche beschriebenen Vorsichtsmaßnahmen zu empfehlen. Bei Verwendung austenitischer Zusatzwerkstoffe ist die Schweiße ohne Behandlung zäh, der Grundwerkstoff behält aber

[1] Ausführliches darüber s. F. Rapatz: Stahl u. Eisen Bd. 61 (1941) S. 1073/1078.

Zahlentafel 145. *Chemische Zusammensetzung, Gefüge, Zeitdehn-*

Nr.	Werkstoff Nr.	AISI Bezeichnung	Zusammensetzung					Gefüge	Zeitdehngrenze $\sigma\ ^1/_{1000}$ in kp/mm² bei (mindestens)		
			C %	Si %	Cr %	Ni %	Al %		600 °C	700 °C	800 °C
1	4712	—	0,1	2,4	6	—	—	Ferrit mit Perlitanteilen	2,0	0,5	0,1
2	4722	405	0,1	2,2	13	—	—	Ferrit	3,5	1,0	0,4
3	4741	442	0,1	2	18	—	—	Ferrit	—	—	0,4
4	—	—	0,12	2	3	—	—	Ferrit mit Perlit-	—	—	—
5*	4713	501	0,08	0,8	6,5	—	0,5	anteilen	2,0	0,5	0,1
6*	4724	—	0,1	1,2	13	—	1	Ferrit	3,5	1,0	0,4
7*	4742	406	0,1	1	18	—	1	Ferrit	—	—	0,4
8*	4762	—	0,1	1,5	24	—	1,5	Ferrit	—	—	0,4
9	4821	327	0,2	1	25	4	—	Ferrit + Austenit	—	—	0,3
10	4898	321	0,1	0,5	18	9	—	Austenit	10,0	3,0	1,5
11	4828	309	0,15	2	20	12	—	Austenit	10,0	4,5	2,0
12	4841	310	0,15	2	25	20	—	Austenit	—	—	2,0
13	—	330	0,1	2	21	34	—	Austenit	9,0	4,0	2,0
14	4710	—	0,3	2	6,7	—	—	Ferrit mit Perlitanteilen	2,7	0,8	0,3
15	4740	—	0,35	2	18	—	—	Ferrit + Karbide	3,0	1,0	0,4
16	4776	—	0,3	1	28	—	—	Ferrit + Karbide	3,0	1,0	0,4
17	4777	—	1,1	1	28	—	—	Ferrit + Karbide	3,0	1,0	0,4
18	4823	—	0,4	1	27	4	—	Ferrit + Austenit	—	—	0,7
19	—	302	0,1	1	18	8	—	Austenit	10,0	4,0	1,7
20	4826	—	0,4	2	22	10	—	Austenit	10,0	4,0	1,7
21	4846	—	0,4	2	26	14	—	Austenit	10,0	4,6	2,3

* Die Stähle 5—8 sind unter dem Namen „Sicromale" bekannt. [1] Biegefestigkeit in

Zu der Zahlentafel 145 sei folgendes ergänzend hinzugefügt:

Die Zeitdehngrenze gibt an, wie hoch der Stahl belastet werden darf, damit er sich in 1000 Stunden nicht mehr als 1% in seiner Länge dehnt. Man sieht den großen, schon öfter erwähnten Unterschied zwischen den ferritischen und austenitischen Stählen.

Die Glühbehandlung der ferritischen Stähle besteht in einer Erwärmung auf 750 bis 850 °C, mit Ausnahme des Stahles Nr. 1, der auf 930 bis 950 °C erwärmt wird. Aus diesen Temperaturen werden die Stähle an Luft abgekühlt. Die austeni-

die durch die Kornvergröberung hervorgerufene Sprödigkeit in vollem Umfang. Trotzdem wird oft mit austenitischen Zusatzstoffen geschweißt, weil die Anwärmung und Nachglühung unbequem und wegen der komplizierten Form der Gegenstände oft schwer anwendbar ist. Bei Teilen, die Angriffen schwefelhaltiger Gase ausgesetzt sind, muß man austenitische Zusatzwerkstoffe aus Gründen, die auf S. 676 dargelegt sind, vermeiden. Wird in mehreren Lagen geschweißt, dann ist es in Anbetracht der erhöhten Sicherheit vorteilhaft, zunächst austenitisch zu schweißen und die letzte Lage oder mehrere Schlußlagen mit ferritischem Stahl herzustellen. Ein Nachteil der Schweißung ferritischer Stähle mit

grenzen und Beständigkeit der wichtigsten zunderbeständigen Stähle

Zeitdehngrenze σ 1/1000 in kp/mm² bei (mindestens)				Streckgrenze	Zugfestigkeit	Temperaturbeanspruchung in Luft bis	Beständigkeit gegen schwefelhaltige Gase		Nr.
900 °C	1000 °C	1100 °C	1200 °C	mind. kp/mm²	kp/mm²	°C	oxydierende	reduzierende	
—	—	—	—	40	60—75	800—900	sehr gut	gut	1
0,15	—	—	—	35	55—70	950	sehr gut	bis 830 °C	2
0,15	0,07	(0,03)	—	35	55—70	1050	sehr gut	bis 850 °C	3
—	—	—	—	35	50—65	700	gut	gut	4
—	—	—	—	35	50—65	800	sehr gut	gut	5
0,15	—	—	—	35	50—65	950	sehr gut	bis 850 °C	6
0,15	0,07	—	—	35	50—65	1050	sehr gut	bis 850 °C	7
0,15	0,07	(0,08)	—	35	55—70	1200	sehr gut	bis 1100 °C	8
0,1	0,04	(0,02)	—	40	65—80	1100	sehr gut	unbeständig zw. 850—950 °C bis 820 °C	9
—	—	—	—	27	60—75	800	sehr gut	gut	10
0,9	0,4	(0,15)	—	25	60—75	1000	sehr gut	bis 830 °C	11
0,9	0,4	0,15	(0,05)	27	60—75	1200	sehr gut	bis 830 °C	12
0,9	0,4	0,12	(0,05)	27	65—80	1200	gut	gering	13
—	—	—	—	—	70[1]	800	sehr gut	gut	14
0,15	(0,05)	—	—	—	65[1]	950	sehr gut	bis 850 °C	15
0,15	0,07	(0,03)	—	—	60[1]	1050	sehr gut	gut	16
0,15	0,07	(0,03)	—	—	50[1]	1150	sehr gut	gut	17
0,3	0,1	(0,04)	—	—	65[1]	1100	sehr gut	bis 820 °C	18
—	—	—	—	—	75[1]	800	sehr gut	gut	19
0,7	0,3	—	—	—	75[1]	1000	sehr gut	bis 830 °C	20
1,1	0,5	0,12	(0,05)	—	75[1]	1200	sehr gut	bis 830 °C	21

kg/mm².

tischen Stähle schreckt man ab aus Temperaturen von 1050 bis 1100 °C vor dem Gebrauch bei starken Querschnitten in Wasser und bei dünnen in Luft.

Der Elastizitätsmodul liegt bei Lufttemperatur zwischen 20000 und 21000, bei 400 °C bei 18500 und bei 600 °C bei 12500 kp/mm². Bei den Temperaturen von 400 und 600 °C kann man von einem Elastizitätsmodul aber nur bei den ferritischen Walz- und Schmiedestählen sprechen.

Die Wärmeausdehnung von 20 bis 800 °C liegt bei den ferritischen Stählen bei 12 bis $13 \cdot 10^{-6}$ m/m · °C und bei den austenitischen bei 17 bis $18 \cdot 10^{-6}$ m/m · °C.

austenitischen ist auch der ungleiche Ausdehnungsbeiwert von Grundwerkstoff und Schweiße, wodurch bei langen Nähten durch das Erwärmen und Abkühlen Verwerfungen unvermeidlich sind.

Austenitische Stähle werden natürlich mit austenitischen Drähten verschweißt; eine Vorwärmung auf 200 °C wird bei Teilen verwickelter Gestalt mitunter empfohlen. Nachwärmung ist überflüssig. Eine Ausnahme machen Gußteile, die auf 700 bis 800 °C vorgewärmt und langsam abgekühlt werden sollen.

Bezüglich verschiedener Schweißverfahren, ob mit Gas oder elektrisch oder mit Schutzgas, gilt das schon im Abschnitt „Korrosionsbeständige Stähle" über das Schweißen Gesagte (S. 654, 662).

In der Zahlentafel 145[1] findet man die chemische Zusammensetzung, die Gefügeeigenschaften, die Festigkeitseigenschaften bei Lufttemperatur und in der Wärme sowie die Beständigkeit gegen zundernde, schwefelfreie und schwefelhaltige Gase.

Die in den Vereinigten Staaten von Amerika genormten zunderbeständigen Stähle sind u. a. in der Zahlentafel 139 (s. S. 620) enthalten.

Aus diesen Zahlentafeln ist nur zum Teil zu entnehmen, welche Stähle für zunderbeständige Zwecke herangezogen werden können. Diejenigen, bei denen man Verwendung gegen Zunderbeständigkeit annehmen kann, sind mit H bezeichnet.

10. Heizleiterlegierungen und elektrischer Widerstand[2]

Mit zunehmender Anwendung der elektrischen Energie in Technik, Industrie, Gewerbe, Haushalt usw. erlangten auch die metallischen elektrischen Widerstandswerkstoffe erhöhte Bedeutung.

Zahlentafel 146

Spezifischer Widerstand ϱ und Temperaturkoeffizient $\alpha_{0,100}$[3] einiger reinen Metalle[4]

Metall	Temperatur	$\varrho \cdot 10^6$	$\alpha_{0,100}$
	°C	$\Omega \cdot$ cm	$10^{-3} \cdot$ grd^{-1}
Aluminium			
Reinheit: 99,997%	20	2,63	4,30
99,97 %		2,65	
99,5 %		2,75	
für Elektrotechnik		2,78	
Eisen, elektrolytisch	0	8,9	6,57
Armco	20	11,0—14,0	5,5—6,0
Armco, technisches Eisen	20	9,48—14,0	5,5—6,0
Weicher Stahl, C ~ 0,10%	20	14,9	~5,7
Gold	0	2,04	3,98
Nickel, elektrolytisch	0	6,141	6,82
99,98% vakuumgeschmiedet	0	6,141	6,92
Handelsqualität, geschmiedet	0	9,48—11,33	4,5—5,1
Silber	0	1,47	4,10
Platin	0	9,81	3,92
Kupfer			
reinst	20	1,695	4,33
technisches			
weich	20	1,75	
hart	20	1,48—1,80	

[1] Diese Stähle werden bei höheren C-Gehalten als Stahlguß verwendet.

[2] Zusammenfassendes Schrifttum: Heizleiterhandbuch der Vakuumschmelze Heraeus, Hanau 1954; Kanthalhandbuch Hallstahammar, Schweden 1958.

[3] $\alpha_{0,100} = \frac{1}{100} \frac{\varrho\,100\,°\mathrm{C} - \varrho\,0\,°\mathrm{C}}{\varrho\,0\,°\mathrm{C}}$.

[4] LANDOLT-BÖRNSTEIN, 6. Aufl., 4. Bd., 3. Teil, 4411. Berlin/Göttingen/Heidelberg: Springer 1957.

Als kennzeichnende Eigenschaften eines Widerstandswerkstoffes werden hoher spezifischer elektrischer Widerstand und im allgemeinen ein kleiner Temperaturkoeffizient des Widerstandes verlangt. Daneben sind ausreichende mechanische Eigenschaften bei Raumtemperatur bzw. gute Verarbeitbarkeit, befriedigende Lebensdauer: d. h. bei bei höheren Temperaturen verwendeten Widerstandswerkstoffen: gute Warmfestigkeit, Zunderbeständigkeit usw., erwünscht. Letztere Eigenschaften sind insbesondere für die Heizleiterlegierungen von Bedeutung. Aber auch andere Eigenschaften, wie thermische Ausdehnung, Strahlungsvermögen, Widerstandsfähigkeit gegen bestimmte chemische Angriffe usw., können für die Werkstoffwahl ausschlaggebend sein.

Der spezifische elektrische Widerstand der reinen Metalle (Zahlentafel 146) ist im allgemeinen sehr nieder und der Temperaturkoeffizient ziemlich hoch, so daß als Widerstandswerkstoffe vorwiegend Legierungen verwendet werden.

Der elektrische Widerstand von Metallen wird durch Beimengungen stets erhöht, der Temperaturkoeffizient im allgemeinen erniedrigt, durch besondere Legierungsauswahl sind auch negative Temperaturkoeffizienten möglich.

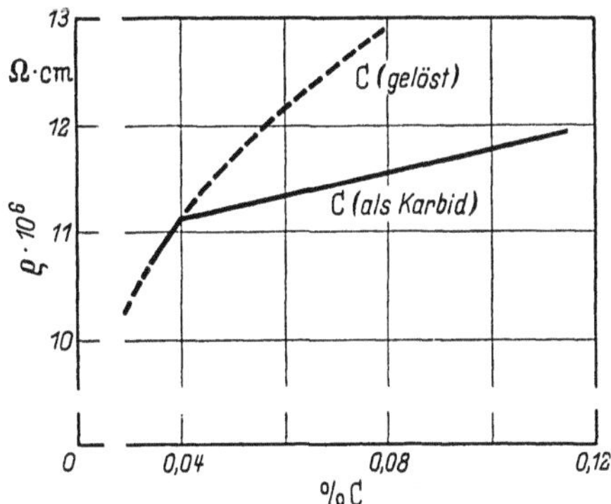

Bild 424. Einfluß des Kohlenstoffes auf den spez. Widerstand von reinem Eisen (nach W. KÖSTER)

Aus dem Bild 424 nach W. KÖSTER[1] kann der Einfluß des Kohlenstoffgehaltes auf den spezifischen Widerstand von Reineisen entnommen werden. Der Einfluß einiger Legierungselemente auf den elektrischen Widerstand des Eisens geht aus Bild 425 nach F. STÄBLEIN[2] hervor. Ähnliche Verhältnisse liegen bei den anderen Metallen vor, wie z. B. aus der entsprechenden Darstellung bei Kupfer, Bild 426, nach F. PAWLEK und H. HAHN[3] hervorgeht. Eine Reihe wichtiger Widerstandswerkstoffe sind Kupferlegierungen. Nachfolgende Zahlentafel 147 gibt eine kurze Übersicht über diese Werkstoffe. Eine eingehende Behandlung dieser Widerstandswerkstoffe fällt jedoch nicht in den Rahmen dieses Buches.

Der spezifische elektrische Widerstand und der Temperaturkoeffizient sind keineswegs nur von der Zusammensetzung eines Werkstoffes ab-

---

[1] KÖSTER, W.: Arch. Eisenhüttenw. Bd. 2 (1928/29) S. 503/522.

[2] STÄBLEIN, F.: Kruppsche Mh. Bd. 9 (1928) S. 181/189.

[3] PAWLEK, F., u. H. HAHN: Metall Bd. 4 (1950) S. 263.

Zahlentafel 147. *Die wichtigsten eisenfreien Widerstandswerkstoffe und ihre elektrischen Eigenschaften*[1]

Legierungsgruppe	Widerstands-werkstoff	Haupt-bestandteile in Gew.-%	$\varrho \cdot 10^4$ $\Omega \cdot \frac{mm^2}{m}$	$\alpha_{0,100} \cdot 10^3$ (‰ je °C)
Kupfer-Nickel	Nickelin	67 Cu 30—31 Ni 2— 3 Mn	0,40	0,11
	Konstantan	54 Cu 45 Ni 1 Mn	0,50	±0,030
Kupfer-Mangan . . .	Isabellin	84 Cu 13 Mn 3 Al	0,50	—0,02
	Novokonstant	82,5 Cu 12 Mn 4 Al 1,5 Fe	0,65	—0,04
	Manganin	86 Cu 12 Mn 2 Ni	0,43	~0,01
Goldchrom		97,95 Au 2,05 Cr	0,33	±0,001

[1] LANDOLT-BÖRNSTEIN, 6. Aufl., 4. Bd., 3. Teil, 4415.

hängig, sondern sie werden in mannigfacher Weise von der thermischen und mechanischen Vorbehandlung beeinflußt. Die Widerstandsmessung und die Aufnahme von Widerstandstemperaturkurven sind daher ein ausgezeichnetes Mittel der metallkundlichen Forschung.

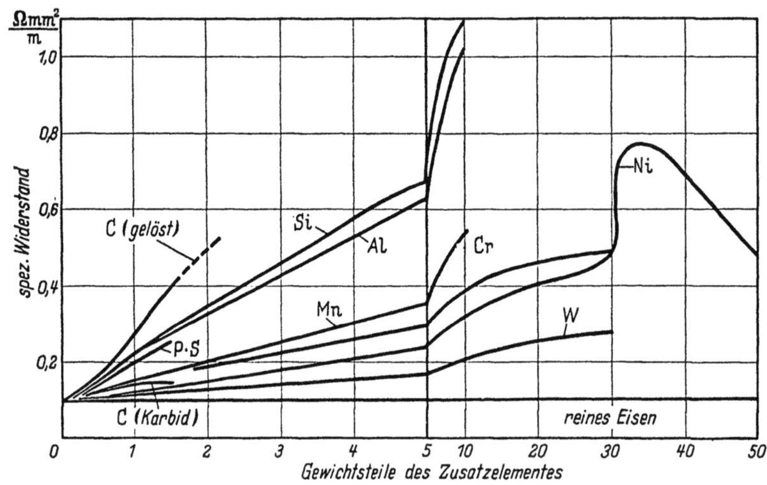

Bild 425. Beeinflussung des spez. elektrischen Widerstandes von reinem Eisen durch verschiedene Legierungselemente (nach F. STÄBLEIN)

Für die Elektrowärmeerzeugung durch Widerstandserhitzung werden neben den keramischen Heizwiderständen Graphit, SiC, $MoSi_2$, in großem Umfange metallische elektrische Widerstandswerkstoffe, die für diesen Zweck gute Zunderbeständigkeit und Warmfestigkeitseigenschaften haben müssen, verwendet. Als Heizleiterlegierungen kommen im wesentlichen zwei Werkstoffgruppen, die FeCrAl-Legierungen und die FeNiCr, bzw. NiCr-Legierungen, in Betracht.

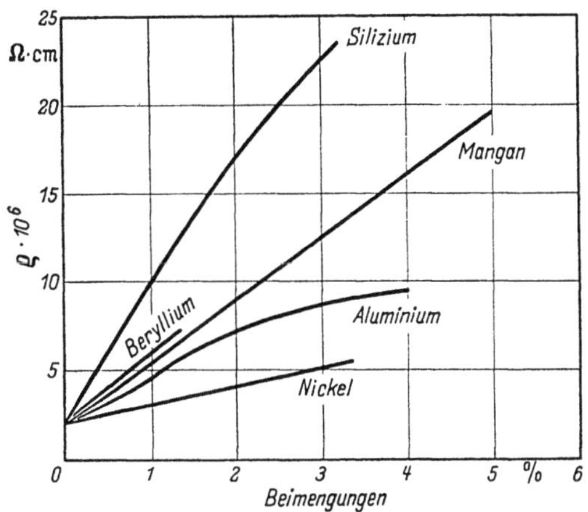

Bild 426. Veränderung des spez. elektrischen Widerstandes von Kupfer durch metallische Beimengungen (nach F. PAWLEK und H. HAHN)

Die zur Zeit üblichen eisenfreien bzw. eisenhaltigen Heizleiterwerkstoffe sind nach DIN 17470 die in folgender Zahlentafel 148 angeführten Legierungen.

Außer den in Zahlentafel 148 angeführten Bestandteilen werden den Heizleiterlegierungen noch Sonderzusätze beigegeben.

Zahlentafel 148. *Eisenhaltige Heizleitwerkstoffe nach DIN 17470* (Nov. 1951)

Werkstoffbezeichnung nach DIN 17006	Werkstoff-Nr.	Chemische Zusammensetzung C %	Si %	Mn %	Cr %	Ni %	Al %	Gefüge
CrAl 85	1,4903	<0,10	0,5—1,0	0,5	7,5—8,5	—	5—6	ferritisch
CrAl 205	1,4905	<0,10	0,5	0,5—1,5	19—21	—	4—5	
CrAl 305	1,4774	<0,10	0,5	0,5	28—30	—	4—5	
CrNi 2520	1,4843	<0,20	0,5—2,5	0,5—1,0	23—25	18,5—19,5	—	austenitisch
NiCr 3020	1,4860	<0,20	0,5—1,5	1,0—2,0	20—22	29,0—31,0	—	
NiCr 6015	1,4867	<0,15	0,5—1,5	1,0—2,0	14—16	58,0—62,0	—	
NiCr 8020	1,4869	<0,15	0,5—1,5	0—3,0	18—20	76,0—80,0	—	

Nach W. HESSENBRUCH u. a.[1] bewirken Zusätze von seltenen Erdmetallen, Erdalkalien, Zirkon, Thorium u. ä. eine namhafte Erhöhung der Zunderbeständigkeit bzw. der Lebensdauer.

Die Lebensdauer eines Heizleiters bei hohen Temperaturen wird im wesentlichen vom Verhalten bzw. den Eigenschaften der sich bildenden Oxydschichte bestimmt. Die gute Zunderbeständigkeit der hochlegierten Chrom- und Chrom-Nickel-Stähle und der Nickel-Chrom-Heizleiterstoffe dürfte auf Ausbildung einer festhaftenden dichten Spinellschichte, die den Durchtritt von Metallionen bzw. die Diffusion von Sauerstoffionen zum Metall stark hemmt, beruhen. Bei nickelarmen Chromstählen bildet sich bei fortschreitender Oxydation im wesentlichen eine Cr-Fe-Spinellmischphase aus, in der eine starke Chromanreicherung stattfindet. Bei den Nickel-Chrom-Legierungen wird bei der Verzunderung eine Nickel-Chrom-Spinellphase gebildet. Bei den Chrom-Aluminium-Heizleiterlegierungen wird, falls die Temperatur hoch genug ist, eine kompakte Al_2O_3-Deckschichte gebildet, die die weitere Metallionendiffusion stark hemmt. Der genaue Aufbau der Zunderschicht ist jedoch noch nicht restlos geklärt. Die die Zunderbeständigkeit verbessernde Wirkung geringer Zusätze von Erdalkalien, seltener Erdmetalle usw. kann daher nicht eindeutig erklärt werden, dürfte aber zum Teil wenigstens auf der Fähigkeit der Spinellbildung ohne Beteiligung von Eisenionen und zum Teil auch auf eine günstige Beeinflussung der Ionen- und Elektronenfehlordnung in den Spinellschichten beruhen. Die günstige Wirkung von Thorium und Zirkon könnte auch durch ihre stark denitrierende Wirkung unterstützt werden.

Unter Berücksichtigung dieser Erkenntnisse konnte in den letzten Jahren die Lebensdauer der Heizleiterlegierungen wesentlich erhöht, die höchstzulässige Heizleiterelementtemperatur beträchtlich gesteigert werden. Einen Überblick über die zur Zeit höchstzulässigen Anwendungstemperaturen von Heizleiterdrähten mit etwa 2 mm Durchmesser bei Dauerverwendung an Luft gibt nachstehende Zahlentafel 149.

Entsprechend der höheren zulässigen Betriebstemperaturen sind bei den Cr-Al-Heizleitern auch die zulässigen Oberflächenbelastungen

[1] HESSENBRUCH, W.: Metalle und Legierungen für hohe Temperaturen, Bd. I. Berlin: Springer 1940. — FRÖHLICH, K. W., u. A. BARTHEL: Metallwirtsch. Bd. 21 (1942) S. 103/105. — DEISINGER, W., u. H. PFEIFFER: ETZ-B Bd. 7 (1955) S. 382/386. — HAUFFE, K.: Reaktionen in und an festen Stoffen. Berlin/Göttingen/Heidelberg: Springer 1955.

GULBRANSON, A., u. F. A. KENNETH: Rate of Oxydation of Three Ni-Cr-Heater Alloys between 500 and 900 °C. J. electrochem. Soc. Bd. 101 (April 1954) S. 163/170.

PFEIFFER, H., u. K. HAUFFE: Zundervorgänge an Metallen und Metallegierungen. Verlag Technik Berlin 1952. — HAUFFE, K.: Mechanismus der Oxydation von Eisen und legierten Stählen bei hohen Temperaturen. Metalloberfläche, Ausgabe A, Jg. 8 (1954) S. 97/103. MORRE, W.: Oxydation of Metals at High Temperature. J. electrochem. Soc. Bd. 100 (1953) S. 302/313.

Zahlentafel 149

Werkstoff	CrAl 8 5	CrAl 20 5	CrAl 30 5	CrNi 25 20	NiCr 30 20	NiCr 60 15	NiCr 80 20
Anwendungs-temperatur °C	1050	1300	1350	1050	1100	1125	1200

Zahlentafel 150

Zulässige spezifische Oberflächenbelastungen der Heizleiterwerkstoffe bei Betrieb in Luft

Elementtemperatur	800 °C	900 °C	1000 °C	1100 °C	1200 °C
CrAl 20 5	3,5	2,5	1,5	1	0,7
CrAl 30 5	>7	>5	3,5	3	2
NiCr 80 20	3,5	2,5	1,5	1	0,7
NiCr 30 20	3	2	1,0	0,7	—

(Watt/cm^2) bedeutend höher als bei den Ni-Cr-Heizleitern, wie auch aus Zahlentafel 150 hervorgeht. Bild 427, nach A. SCHULZE und D. BENDER u. a.[1], stellt eine vergleichende Darstellung der Lebensdauern der gebräuchlichsten Heizleiterwerkstoffe dar. Als Lebensdauerkennzahl gilt die Schaltzahl bis zum Durchbrennen einer Prüfheizwendel, die im

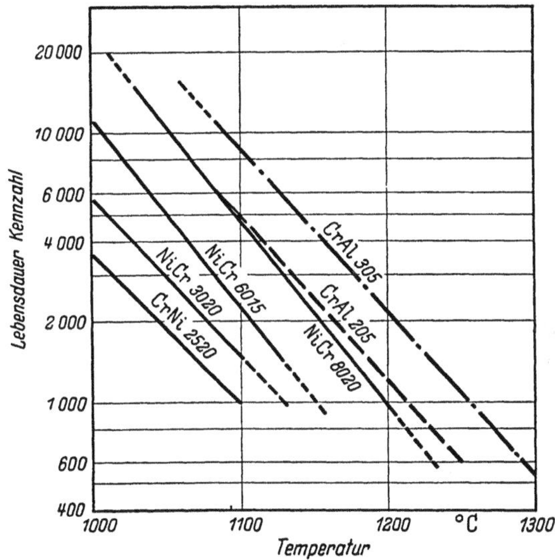

Bild 427. Lebensdauerkennzahlen verschiedener Heizleiterwerkstoffe (Prüfung an Wendeln d_i = 3 mm, Drahtdurchmesser 0,4 mm) (nach A. SCHULZE und D. BENDER)

regelmäßigen Wechsel 2 Minuten ein- und 2 Minuten ausgeschaltet wird, wobei die Heizwendeltemperatur laufend kontrolliert und auf ±0,5% konstant gehalten wird. In Bild 427 sind die Lebensdauerkennzahlen einheitlich auf eine Drahtdicke 0,4 mm bezogen.

[1] SCHULZE, A., u. D. BENDER: Metall Bd. 9 (1955) Nr. 1/2, S. 7/13; Nr. 19/20, S. 878/882; s. a. Stahl u. Eisen Bd. 76 (1956) S. 632. Heizleiterhandbuch der Vakuumschmelze Heraeus, Hanau 1954; Kanthalhandbuch Hallstahammar, Schweden 1958.

Die Lebensdauer von Heizleiterelementen wird ganz wesentlich von der Ofenatmosphäre beeinflußt, aber auch die Reaktionsmöglichkeiten mit keramischen Stoffen sind zu berücksichtigen, insbesondere sind höhere Eisenoxyd- und Alkaligehalte der Keramiken sehr schädlich. Kohlenstoffhaltige Ofenatmosphären wirken auf alle Heizleiterlegierungen durch Karbidbildung und teilweise Reduktion der Oxydschichten nachteilig; durch Senkung der Betriebstemperaturen können vorzeitige Schäden vermieden werden.

Schwefelhaltige Ofenatmosphären greifen die nickelreichen Werkstoffe NiCr 8020, NiCr 6015 und NiCr 3020 heftig durch Bildung von NiS an, das einen verhältnismäßig tiefen Schmelzpunkt, 790 °C, besitzt und mit Nickel ein bei 645° schmelzendes Eutektikum bildet (S. 173, 324), wodurch das Heizelement zerstört wird. CrAl-Heizleiter werden von S-Gasen nur ganz wenig angegriffen.

Die Aluminium-Oxydschichte der CrAl-Werkstoffe wird von N_2- in O_2-armen N_2-reichen Atmosphären, unter Aluminium-Nitridbildung abgebaut, daher sind Heizelemente aus CrAl-Werkstoffen in derartigen Ofenatmosphären nicht verwendbar, NiCr-Heizleiter werden hingegen kaum angegriffen. Verheerende Wirkung auf Heizleiterelemente haben auch Alkalidämpfe, z. B. aus Glasschmelzöfen od. dgl.

Neben der hohen Zunderbeständigkeit sind natürlich die folgenden Gebrauchseigenschaften (Zahlentafel 151) nach DIN 17470 für die Anwendung der Heizleiterlegierungen bedeutungsvoll. Die nickelhaltigen Werkstoffe sind in den mechanischen Eigenschaften den CrAl-Werkstoffen beträchtlich überlegen, sie sind leichter verformbar, zeigen keine oder nur ganz geringe Versprödung und haben gute Warmfestigkeitseigenschaften, während die Cr-Al-Heizleiterwerkstoffe bei Raumtemperatur schwierig verformbar und verarbeitbar sind, bei Betriebsbeanspruchung sehr stark verspröden und nur geringe Warmfestigkeitswerte besitzen. Wendel aus CrAl-Draht müssen um engere Dorne (D etwa 5*d*) als Wendel aus NiCr-Draht, bei denen Dorne mit 7- bis 10fachen Drahtdurchmessern verwendet werden können, gewickelt werden. Wählt man bei frei liegenden Wendeln zu große Dorndurchmesser, so können die Wendeln während des Betriebes zusammenfallen, Kurzschlüsse verursachen und somit zerstört werden. Darüber hinaus können Heizelemente aus NiCr-Heizleitern ohne Schwierigkeiten elektrisch und autogen geschweißt werden. Die Schweißung bei CrAl-Heizelementen dagegen ist mit großer Vorsicht auszuführen, bevorzugt soll elektrisch mit Graphitelektrode ohne Zusatz und ohne Flußmittel und mit Gleichstromaggregat geschweißt werden.

Zahlentafel 151. *Chemische Zusammensetzung und Gebrauchseigenschaften von Heizleiterlegierungen* (nach DIN 17470, Nov. 1951)

Markenbezeichnung	Wichte	Schmelzpunkt etwa	Spezifischer elektrischer Widerstand in $\frac{\text{Ohm}\cdot\text{mm}^2}{\text{m}}$ bei °C									Spezifische Wärme in $\frac{\text{cal}}{\text{g}\cdot°\text{C}}$		Wärmeleitfähigkeit in $\frac{\text{cal}}{\text{cm}\cdot\text{s}\cdot°\text{C}}$	Mittlere Wärmeausdehnung in $\frac{10^{-6}\cdot\text{m}}{\text{m}\cdot°\text{C}}$ zwischen 20 °C und				
	kp/dm³	°C	20	200	400	500	600	700	800	900	1000	bei 20°C	zwischen 0 u.100°C	bei 20 °C	200°	400°	600°	800°	1000°
CrAl 8 5	7,2	1500	1,25	1,28	1,31	1,34	1,39	1,42	1,43	1,44	1,44	0,12	0,15	0,030	12	13	14	15	16
CrAl 20 5	7,2	1500	1,37	1,38	1,39	1,40	1,41	1,41	1,42	1,42	1,43	0,11	0,15	0,030	11	12	13	14	15
CrAl 30 5	7,1	1500	1,44	1,44	1,45	1,45	1,46	1,46	1,46	1,46	1,46	0,11	0,15	0,030	11	12	13	14	15
CrNi 25 20	7,8	1380	0,95	1,04	1,11	1,15	1,17	1,20	1,22	1,24	1,26	0,12	0,13	0,031	16	17	18	18	19
NiCr 30 20	7,9	1390	1,04	1,11	1,17	1,20	1,22	1,24	1,26	1,28	1,30	0,12	0,13	0,031	15	16	17	18	18
NiCr 60 15	8,2	1390	1,11	1,15	1,18	1,20	1,20	1,21	1,22	1,23	1,25	0,11	0,13	0,032	14	25	16	16	17
NiCr 80 20	8,3	1400	1,09	1,11	1,13	1,13	1,12	1,12	1,12	1,12	1,13	0,10	0,12	0,035	14	15	16	16	17

Markenbezeichnung	Festigkeitseigenschaften bei 20 °C			Zeitdehngrenze σ 1/1000 in kp/mm² bei °C							Verarbeitbarkeit	Empfindlichkeit gegen Erschütterung bei Raumtemperatur nach Gebrauch
	Streckgrenze (0,2-Grenze) kp/mm² mindestens	Zugfestigkeit kp/mm²	Bruchdehnung (L_0 = 100 mm) % mindestens	600	700	800	900	1000	1100	1200		
CrAl 8 5	40	55—75	12	4	1,5	0,6	0,25	0,1	—	—	empfindlich gegen Rückbiegung, dickere Querschnitte nur b. rund 250° verformbar	mittel
CrAl 20 5	40	65—80	12	4	1,5	0,6	0,25	0,1	0,03	0,01		groß
CrAl 30 5	40	75—85	12	4	1,5	0,6	0,25	0,1	0,03	0,01		groß
CrNi 25 20	30	60—75	40	10	4,5	2,0	0,9	0,4	0,15	—	gut	nach Gebrauch bei 500° bis 750 °C empfindlich, über 900 °C unempfindlich
NiCr 30 20	30	60—75 *	30 *	10	4,5	2,0	0,9	0,4	0,15	—		unempfindlich
NiCr 60 15	30	60—75	30	8	4,0	1,5	0,9	0,4	0,15	—		
NiCr 80 20	30	60—75	30	8	4,0	1,5	0,9	0,4	0,15	0,05		

* Drähte mit *d* größer als 0,5 mm.

11. Stähle für den Bau von Kernspaltungskraftwerken[1]

Im Vergleich zu der langen Entwicklungszeit der Dampfkraftanlagen hat die industrielle Energiegewinnung aus der Kernspaltung einen sehr raschen Aufschwung in kurzer Zeit genommen. Die vom Maschinenbau an die Werkstoffe gestellten vielfältigen hohen Anforderungen hinsichtlich der Festigkeitseigenschaften, der Korrosionsbeständigkeit usw. werden für den Reaktorbau noch übertroffen, zumal ein zusätzlicher Bewertungsfaktor, die Beeinflussung der Stoffe durch die Kernstrahlung, zu berücksichtigen ist. Die Auslese nach diesen sogenannten Kerneigenschaften hat das Ausscheiden sonst bereits bewährter und das Vordringen bisher wenig bekannter Stoffe zur Folge gehabt, so z.B. Zirkon, Beryllium, die seltenen Erdmetalle Samarium, Gadolinium usw. Die Kenntnisse über die Herstellung und Verarbeitung dieser Metalle haben stark zugenommen, seit sie für die Verwendung im Reaktorbau wieder entdeckt wurden.

Bedingt durch die Vielfalt von Reaktortypen sowohl für Forschungszwecke als auch für die Energiegewinnung, ergeben sich auch unterschiedliche Anforderungen an die Werkstoffe. Es ist heute noch nicht abzusehen, welche Reaktortypen größere praktische Bedeutung gewinnen werden. Es ist deshalb auch noch nicht möglich, die Frage nach Stählen für den Reaktorbau auch nur annähernd vollständig zu behandeln.

Von kleineren Verschiedenheiten abgesehen, kann man heute nach G. F. Kohlmayr[2] von 12 verschiedenen Formen von Kraftwerksreaktoren sprechen, die sich in verschiedenen Entwicklungsstufen befinden und von denen man erwartet, daß sie sich sowohl in technischer als auch wirtschaftlicher Beziehung bewähren werden. Es sind dies der

Druckwasser- und Siedereaktor
Natrium-Graphit-Reaktor
homogene Lösungsreaktor
schnelle Brutreaktor
gasgekühlte Graphitreaktor
thermische Brut-Schmelzreaktor
Schwerwasserreaktor
organisch gebremste Reaktor
homogene Keramikreaktor
Plutonium-Schmelzreaktor und der
Suspensions-Reaktor

Es können hier nur die wichtigsten Werkstofffragen, die für den Reaktorbau allgemeinere Bedeutung haben, erörtert werden. Auf die Stähle für Nebenhilfseinrichtungen, wie Wärmeaustauscher, Rohrleitungen, Pumpen, sowie Turbinen und Generatoren, wird hier nicht eingegangen, da im großen und ganzen hierfür die üblichen Stähle Verwendung finden.

---

[1] Verfasser dieses Abschnittes ist J. Jägersberger, Kapfenberg. Zusammenfassendes Schrifttum: Reactor Handbook. United States Atomic Energy Comm., New York 1955; Nuclear Eng. Handbook. New York: McGraw-Hill 1958; Jägersberger, J.: Hochlegierte Stähle in Kernenergieanlagen, Die Atomwirtschaft, Düsseldorf Bd. 6 (1961) H. 3 u. 5.

[2] Kohlmayr, G. F.: Atompraxis Bd. 5 (1959) S. 66/73.

Im Vordergrund steht das Verhalten aller im Reaktor zu verwendenden Stoffe gegenüber den kernphysikalischen Vorgängen, und zwar in mehrfacher Hinsicht. Einmal sind die Reaktorbaustoffe an der für die Kettenreaktion wichtigen Neutronenbilanz insofern beteiligt, als sie Neutronen einfangen oder streuen. Die Wahrscheinlichkeit des Neutroneneinfanges ist für die Auswahl aller in Reaktoren verwendeten Werkstoffe wichtig. Dies gilt insbesondere für Bauteile unmittelbar im Reaktorkern.

Es gibt eine Reihe von Strahlungen, die imstande sind, die Eigenschaften von festen Körpern zu beeinflussen. Elektronenstrahlen haben nur verhältnismäßig geringe Eindringtiefe in Werkstoffe. Röntgenstrahlen und Gammastrahlen wirken im wesentlichen dadurch, daß sie ihre Energie auf Elektronen übertragen. Ihre Wirkung ist der von schnellen Elektronenstrahlen ähnlich.

Bei Neutronenstrahlen muß unterschieden werden zwischen schnellen Neutronen, die unmittelbar aus einer Kernreaktion kommen und Energien in der Größenordnung von einigen Millionen Elektronvolt haben, und langsamen Neutronen, die bereits anderweitig abgebremst worden sind. Die Energie der letzteren liegt in der Größenordnung der kritischen Energie eines Gasmoleküls, also bei einigen 100stel Elektronvolt. Die langsamen Neutronen bewirken keine wesentliche Verschiebung von Atomkernen oder von Hüllenbestandteilen, aber sie werden von den Atomkernen des durchstrahlten Werkstoffes mehr oder weniger leicht eingefangen.

Die Kernspaltung eines Brennstoffatoms wird durch ein Neutron geeigneter Geschwindigkeit ausgelöst. Bei der Spaltung werden etwas mehr als zwei Neutronen frei, eines wird zur Aufrechterhaltung der Reaktion gebraucht, der Rest dient zum Teil zur Umwandlung von Brennstoff in spaltbares Material, zum Teil zur Deckung der unvermeidlichen Verluste. Zur Steuerung des Reaktors muß ein gewisser Neutronenüberschuß vorhanden sein. Der Neutronenhaushalt des Reaktors bedingt die Verwendung von Werkstoffen mit niedriger Neutronenabsorption. Lediglich für die Kontrollstäbe, Abschaltstäbe und Schutzeinrichtungen verwendet man Werkstoffe mit hoher Neutronenabsorption.

Zum Verständnis der Kenngröße des sogenannten Wirkungsquerschnittes soll hier kurz auf einige kernphysikalische Vorgänge eingegangen werden. Da das Neutron keine elektrische Ladung besitzt, wird es von den Atomhüllen und dem Coulombschen Feld des Kernes nicht beeinflußt. Trotzdem besteht eine gewisse Wahrscheinlichkeit dafür, daß das eine oder andere Neutron hin und wieder auf einen Kern der umgebenden Materie stoßen wird. Die Wahrscheinlichkeit hierfür wird wesentlich durch die Fläche bestimmt werden, die dem Neutron auf seiner Flugbahn von solchen Kernen geboten wird. Sie hat zunächst die Größenordnung des Quadrates des Kernradius, also demnach etwa 10^{-24} cm². Nun ergibt sich aber aus der experimentellen Erfahrung, die Quantenmechanik bestärkt und begründet dies, daß unter bestimmten Umständen die Wirkung des in der Flugbahn des Neutrons liegenden Kernes auf das Neutron so ist, als ob seine Fläche ein Vielfaches seiner geometrischen Fläche sei. Man nennt diese tatsächlich auf das Neutron wirkende Fläche den „Wirkungsquerschnitt σ“ des Kernes. Seine Einheit ist 1 barn[1] = 10^{-24} cm². Auf einen Versuch der Deutung des Wirkungsquerschnittes gegenüber dem geometrischen Querschnitt des Atomkernes (der ja wieder nur ein Abbild der Wirklichkeit ist) kann hier verzichtet werden.

Der Wirkungsquerschnitt ist aber nicht etwa konstant, sondern in seiner Größe stark von verschiedenen Umständen abhängig, vor allem von der Atomsorte des Kernes, von der Energie des Neutrons und von der Art der Reaktion zwischen Neutronen und Kern. Ein und derselbe

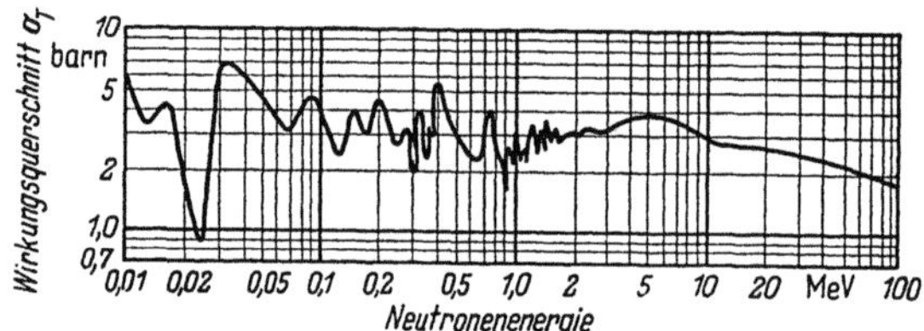

Bild 428. Totaler Wirkungsquerschnitt von Eisen (nach American Institute of Physics Handbook 1957)

Kern hat also für ein und dasselbe Neutron mit ein und derselben Geschwindigkeit verschiedene Werte von σ, je nachdem, ob es sich um eine Spaltung, um einen Einfang, um einen elastischen oder unelastischen Stoß handelt. Diese σ-Werte sind aber für die Berechnung von Reaktoren sehr wichtig, denn von ihnen hängt die Wahrscheinlichkeit ab, wie viele Neutronen durchschnittlich zur Spaltungsreaktion gelangen. So zeigt zum Beispiel Bild 428 den totalen Wirkungsquerschnitt von Eisen in Abhängigkeit von der Neutronenenergie.

Außer dem mikroskopischen Wirkungsquerschnitt σ wird auch viel der makroskopische Querschnitt $\sum = \sigma \cdot N$ [$\mathrm{cm}^2/\mathrm{cm}^3 = \mathrm{cm}^{-1}$] benutzt, der die freie Weglänge eines Neutrons in Zentimetern angibt. Außerdem berücksichtigt er noch die makroskopischen Zustände, also zum Beispiel Druck und Temperatur, von denen bei Gasen die Anzahl der Atomkerne N/cm³ sehr stark abhängt.

In Zahlentafel 152 sind die Absorptionsquerschnitte der wichtigsten Elemente für thermische Neutronen zusammengestellt[2]. Die in dieser

---

[1] Stephenson, R.: Introduction to Nuclear Engineering. New York: McGraw-Hill 1954.

[2] Reactor Handbook, Bd. Materials. U. S. Atomic Energy Commission 1955.

Zahlentafel 152. *Wirkungsquerschnitte für die Absorption thermischer Neutronen*

1. Elemente mit niedrigem Absorptionsquerschnitt		2. Elemente mit mittlerem Absorptionsquerschnitt		3. Elemente mit hohem Absorptionsquerschnitt	
Element	Absorptions-querschnitt barn/Atom	Element	Absorptions-querschnitt barn/Atom	Element	Absorptions-querschnitt barn/Atom
O	0,0002	Zn	1,06	Se	11,8
C	0,0045	Nb	1,1	Mn	12,6
Be	0,0090	Sr	1,16	Os	14,7
F	0,010	Ba	1,18	W	19,2
Bi	0,032	N	1,78	Ta	21,3
Mg	0,059	K	1,97	Cs	29
Si	0,13	Ge	2,35	Cl	31,6
Pb	0,17	Mo	2,4	Co	34,8
Zr	0,18	Fe	2,43	Ag	60
P	0,19	Ga	2,71	Li	67
Al	0,215	Cr	2,9	Au	94
H	0,330	Tl	3,3	Hf	115
Ca	0,43	Cu	3,59	Rh	150
Na	0,49	As	4,1	In	190
S	0,49	Ni	4,5	Hg	380
Sn	0,65	Te	4,5	Ir	440
Ce	0,70	V	4,7	B	750
		Ti	5,6	Cd	2400
		Sb	6,4	Eu	4500
		Br	6,5	Sm	6500
		J	6,7	Gd	44000
		Pd	8,0		
		Pt	8,1		

Zahlentafel vorgenommene Einteilung umfaßt drei Gruppen, nämlich Elemente mit Neutronen-Absorptionsquerschnitten unter 1 barn/Atom, Elemente mit Absorptionsquerschnitten von 1 bis 10 barn/Atom und solche mit Absorptionsquerschnitten von mehr als 10 barn/Atom.

Vom Standpunkt der Neutronenökonomie sind vor allem die in der ersten Spalte angegebenen Metalle zweckmäßig. Insbesondere sind dies Magnesium, Beryllium, Aluminium und Zirkon. Magnesium ist wegen seiner ungünstigen mechanischen und korrosionschemischen Eigenschaften nur sehr beschränkt einsatzfähig. Beryllium weist von allen Metallen den geringsten Neutronen-Absorptionsquerschnitt auf, jedoch besteht die Schwierigkeit, dieses Metall in duktiler Form herzustellen.

Zirkon ist ein außerordentlich günstiges Metall für Konstruktionselemente des Reaktors, allerdings muß es frei von Hafnium sein, da dieses Element einen sehr hohen Neutronen-Absorptionsquerschnitt besitzt. Der normale Hafniumgehalt des technischen Zirkons von 2% würde den Absorptionsquerschnitt mehr als verzehnfachen.

Aus Zahlentafel 152 ist zu entnehmen, daß Mangan und Kobalt eine gegenüber Eisen beträchtlich höhere Neutronenabsorption besitzt. Diese beiden Elemente wird man daher in Stählen, die niedrige Neutronenabsorption besitzen sollen, nicht als Legierungselemente anwenden. Wie aus Zahlentafel 152 weiter zu ersehen ist, gibt es auch Elemente mit außerordentlich großem Absorptionsquerschnitt, wie z. B. Kadmium, Bor, Hafnium und insbesondere einige seltene Erden. Von Bedeutung für die Stahltechnik sind insbesondere Bor und einige seltene Erdmetalle, die besonders hohe Wirkungsquerschnitte aufweisen. Wie Bild 429 zeigt, ist

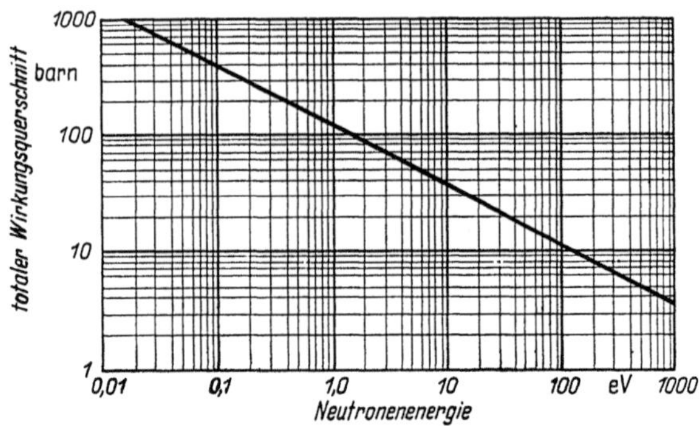

Bild 429. Wirkungsquerschnitt von Bor, abhängig von der Neutronenenergie[1]

der totale Wirkungsquerschnitt von Bor proportional $1/v$ (v = Neutronengeschwindigkeit). Samarium zeigt Resonanz wie in Bild 428 für Eisen dargestellt. Diese Elemente werden zur Herstellung neutronenabsorbierender Werkstoffe verwendet.

Zahlentafel 153. *Aktivierungsverhalten der wichtigsten Legierungselemente für Stähle bei Bestrahlung mit thermischen Neutronen* (nach H. Krainer[1])

Element	Aktiviertes Isotop	Anteil des Isotops %	Wirkungsquerschnitt zur Aktivierung σ_{act} (barns)	Aktives Isotop	Halbwertszeit**	β-Strahlung MeV	γ-Strahlung MeV
1	2	3	4	5	6	7	8
Titan	Ti^{50}	5,34	0,14	Ti^{51}	5,8 min	1,9, 2,2	0,32
Vanadin	V^{51}	99,76	4,5	V^{52}	3,8 min	2,5	1,44
Chrom	Cr^{50}	4,3	11	Cr^{51}	27,8 d	—	0,32
Mangan	Mn^{55}	100	13,4	Mn^{56}	2,58 h	0,65—2,81	0,82—2,13
Eisen	Fe^{58}	0,3	0,9	Fe^{59}	46 d	0,27—1,56	0,19—1,3
Kobalt	Co^{59}*	100	2,0	Co^{60}	5,28 a	0,3 —1,48	1,17—1,33
Nickel	Ni^{64}	1,1	2,6	Ni^{65}	2,5 h	0,6 —2,1	0,37—1,49
Kupfer	Cu^{63}	69	3,9	Cu^{64}	12,8 h	0,57	1,34
	Cu^{65}	31	1,8	Cu^{66}	5,1 min	1,59, 2,63	1,04
Niob	Nb^{93}	100	1,0	Nb^{94}	6,6 min	1,3	0,415
Molybdän	Mo^{98}	23,75	0,13	Mo^{99}	68 h	0,45—1,23	0,04—0,78
Tantal	Ta^{181}	100	19	Ta^{182}	111 d	0,18—0,51	0,06—1,2
Wolfram	W^{186}	28,4	34	W^{187}	24 h	0,62, 1,3	0,07—0,77

[1] Krainer, H.: Berg- u. hüttenm. Mh. Bd. 103 (1958) H. 7.

* $Co^{59} + n \rightarrow Co^{60m} + \gamma$, $\sigma = 16$, $\tau\, Co^{60m} = 10{,}4$ min, 99,7% $\rightarrow Co^{60}$.

** min = Minuten, h = Stunden, d = Tage, a = Jahre (1 barn = 10^{-24} cm²).

Absorbierte Neutronen können eine Umwandlung des absorbierenden Kernes in ein radioaktives Isotop verursachen. Dies bedeutet, daß viele Werkstoffe durch die Neutronenbestrahlung im Reaktor radioaktiv werden. In Zahlentafel 153 sind die wichtigsten, durch Neutronenabsorption bedingten Reaktionen angeführt. In der zweiten Spalte ist das aktivierbare Isotop, in dritter Spalte sein Anteil im natürlich vorkommenden Element und in der vierten der Wirkungsquerschnitt für die Aktivierung angeführt. Je höher der Anteil des aktivierbaren Isotops und je höher der Wirkungsquerschnitt, um so mehr wird vom aktiven Isotop, das in Spalte 5 angeführt ist, gebildet. Das aktive Isotop zerfällt unter Aussendung von β- und γ-Strahlung mit Energien, die in Spalte 7 und 8 angegeben werden. Die Zerfallsgeschwindigkeit ist durch die in Spalte 6 angegebene Halbwertszeit gekennzeichnet. Das Eisen selbst wird nur verhältnismäßig wenig aktiviert, Mangan beträchtlich, hat aber eine sehr kurze Halbwertszeit. Besondere Beachtung verdienen hier Kobalt und Tantal. In Zahlentafel 154 ist die Gleichung für die Ausbeute in Curie je Gramm bestrahltem Element angeführt. Eine Curie-Aktivität bedeutet $3{,}7 \cdot 10^{10}$ Zerfallsakte je Sekunde, was etwa der Anzahl der Zerfallsakte von 1 g Radium entspricht. Die Ausbeute in Curie/g ist proportional dem Neutronenfluß und dem Aktivierungsquerschnitt und hängt von der Bestrahlungszeit und Halbwertszeit ab. Bei langer Halbwertszeit ist die Ausbeute etwa proportional der Bestrahlungszeit. Die Zahlentafel zeigt, welche außerordentlich hohen Aktivitäten durch Neutronenbestrahlung in Kobalt hervorgerufen werden. Selbst geringe Kobaltmengen, die immer in Eisen enthalten sind, können zu gefährlichen Strahlungsquellen werden.

Zahlentafel 154. *Aktivierung von Kobalt durch Neutronenbestrahlung*

$$N_{(t)} = 1625 \cdot 10^{13} \cdot \frac{F \cdot \sigma_{\text{act}}}{A} \left(1 - e^{-\frac{0{,}693}{\tau} t}\right)^{1}$$

$N_{(t)}$ Ausbeute in Curie g^{-1}
F Neutronenfluß n $cm^{-2} s^{-1}$
σ_{act} Aktivierungsquerschnitt in cm^2
t Bestrahlungszeit
τ Halbwertszeit des gebildeten Isotops
A Atomgewicht

Beispiel: Co $\sigma_{\text{act}} = 20$ barns, $\tau = 5{,}28$ a

Erreichte Aktivität in Curie g^{-1}

F \ t	1 Jahr	5,28 Jahre	36,5 Jahre
10^{11} n $cm^{-2} s^{-1}$	0,06	0,37	0,54
10^{12} n $cm^{-2} s^{-1}$	0,65	3,7	5,4
10^{13} n $cm^{-2} s^{-1}$	6,5	37,0	54,0
10^{14} n $cm^{-2} s^{-1}$	65,0	370,0	540,0

[1] aus Krainer, H.: Berg- und hüttenm. Mh. Bd. 103 (1958) H. 7.

C. D. Bopp und O. Sisman[1] (Bild 430) untersuchten das Abklingen der γ-Strahlung eines Chrom-Nickel-Stahles mit 18% Chrom und 10% Nickel, der 1170 Stunden mit 10^{12} n/cm^2·s bestrahlt wurde. Unmittelbar nach der Bestrahlung ist die hohe Aktivität in erster Linie auf das radioaktive Mangan zurückzuführen. Da die Halbwertszeit des Mangans aber nur 2,58 Stunden beträgt, nimmt die Aktivität sehr rasch ab. In der rechten Hälfte des Bildes erkennt man das Abklingen der Strahlung des aktivierten Chroms, das mit einer Halbwertszeit von 27,8 Tagen merklich schneller als das radioaktive Eisen mit einer Halbwertszeit von 46 Tagen zerfällt. Nach längeren Zeiten geht die Aktivität des betrachteten Stahles praktisch nur mehr auf das Kobalt mit seiner langen Halbwertszeit von 5,28 Jahren zurück.

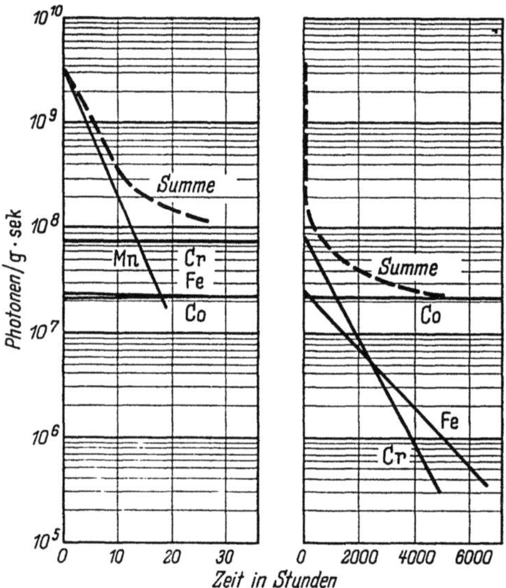

Bild 430. Abklingen der γ-Strahlung in einem Stahl mit 18% Cr und 10% Ni, der 1170 Stunden mit 10^{12} n/cm^{2}s bestrahlt wurde (nach C. D. Bopp und O. Sisman)

Die Schlußfolgerung, die man hieraus ziehen kann, ist, daß man für den Bau von Reaktoren Stähle mit sehr niedrigen Kobaltgehalten verwenden sollte. Die meisten Eisenerze enthalten geringe Mengen Kobalt, die über das Roheisen in den Stahl gelangen. Übliche Stähle enthalten daher 0,01 bis 0,03% (100 bis 300 ppm) Kobalt. Diese Menge erscheint zunächst sehr niedrig, aber wenn wir bedenken, welche Mengen Kobalt ein großes Reaktorgefäß enthält — z. B. ein 1000 t schwerer Behälter mit 0,02% — 200 kg — und wie stark Kobalt durch Neutronenstrahlung aktiviert werden kann, so sehen wir, daß ein stählernes Reaktorgefäß ein γ-Strahler von so ungeheurer Stärke werden kann, daß es selbst lange Zeit nach dem Aufhören der Neutronenbestrahlung nicht betretbar ist, da der menschliche Körper schon in kürzester Zeit einer tödlichen γ-Strahlenmenge ausgesetzt wäre. Man strebt daher für den Reaktorbau Stähle mit Kobaltgehalten kleiner als 0,005 oder gar 0,003% Co an. Da Kobalt durch Oxydation nicht aus dem Eisen entfernt werden kann, müssen solche Stähle aus kobaltarmen Erzen hergestellt werden.

[1] Bopp, C. D., u. O. Sisman: Nucleonics Bd. 14 (1956) H. 1 S. 46.

In den USA mißt man dem Kobaltgehalt jedoch nicht mehr diese große Bedeutung bei, wie es in Europa meist noch getan wird. Für Stahlbauteile im Reaktorkern begnügt man sich nach ASTM mit Kobaltgehalten von max. 0,05% [1].

Die Frage der Strahlenbeeinflussung von Stahl im Reaktorbau ist wohl von großer Bedeutung[2], aber heute noch nicht endgültig geklärt. Die Entwicklung schreitet jedoch rasch voran und die Vermehrung der Werkstoffprüfreaktoren mit hohem Neutronenfluß läßt erwarten, daß in absehbarer Zeit über genügend Unterlagen für die Auswahl und Entwicklung der Reaktorbaustoffe verfügt werden kann.

Die Frage der Strahlenbeeinflussung von Festkörpern ist auch vom theoretischen Standpunkt höchst bedeutungsvoll, und es sei hier auf die Zusammenfassungen von K. LINDNER und E. SCHMID[3,4,5] verwiesen.

Hoch energetische Teilchen, die auf ein Metall auftreffen, können ihre Energie auf mehrfache Weise verlieren. Wechselwirkung mit den Hüllenelektronen der Gitteratome führt zu Anregung und Ionisation. Stößt ein einfallendes Partikel mit einem Atomkern zusammen, so wird dieser aus seiner Gleichgewichtslage entfernt, d. h., es wird eine Leerstelle erzeugt werden. Die herausgeschlagenen Atome werden in Zwischengitterplätzen metastabile Gleichgewichtslagen finden. Ist das eingeschossene Partikel ein Neutron, so wird es sehr viel weniger Energie durch Anregung und Ionisation verlieren als geladene Korpuskel, hauptsächlich wird seine Energie durch Kernstöße abgebaut und schließlich, falls es das Metall nicht als thermisches Neutron verläßt, von einem Atomkern unter Bildung eines stabilen oder unstabilen Isotops eingefangen.

Bild 431 gibt schematisch nach D. S. BILLINGTON[6] die Wirkung von Korpuskularstrahlen im zweidimensionalen Gitter wieder. Nach den Gesetzen des elastischen Stoßes wird von einem stoßenden Partikel mit der Masse m und der Energie E im Mittel ein Betrag

$$\Delta E = 2E \cdot \frac{m \cdot M}{(m + M)^2}$$

auf die ruhende Partikel der Masse M übertragen. Das Maximum der übertragenen Energie liegt bei Massengleichheit der Stoßpartner. Elektronen können daher wegen ihrer kleinen Masse auch bei hoher Ausgangsenergie nur kleine Energiebeträge auf Gitteratome übertragen.

[1] ASTM Committee A 10 Sub. XIII (Nuclear Specifications of Stainless Steels).
[2] BILLINGTON, D. S.: Nuclear Metallurgy, AIME Special Report 1956 Series Nr. 3 S. 31/54.
[3] LINDNER, K., u. E. SCHMID: Ergebn. exakt. Naturw. Bd. 28 (1955) S. 302.
[4] LINDNER, K., u. E. SCHMID: Nucleonics Bd. 16 (1958) H. 1 S. 29/40.
[5] LINDNER, K., u. E. SCHMID: Schweißtechnik 1957 H. 5 S. 2/10.
[6] BILLINGTON, D. S.: Nucleonics Bd. 14 (1956) H. 9 S. 54.

Übersteigt der übertragene Energiebetrag die Bindungsenergie des betreffenden Gitteratoms — bei Metallen etwa 25 eV —, so wird es aus seiner Gleichgewichtslage entfernt, unter Umständen unter Übertragung

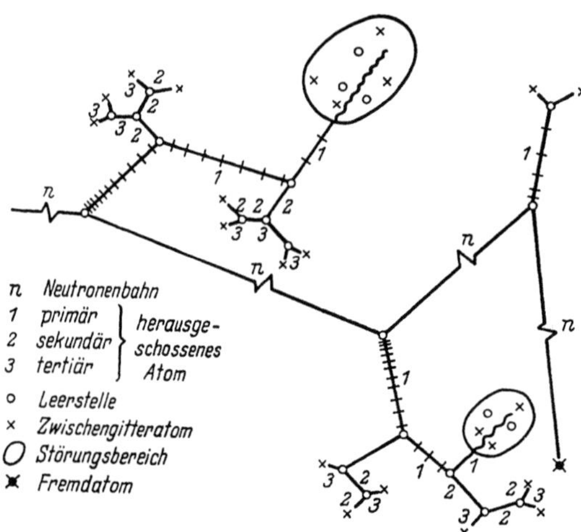

Bild 431. Schematische Darstellung der Wirkung von Korpuskularstrahlen im zweidimensionalen Gitter (nach D. S. BILLINGTON)

einer so hohen Energie, daß es selbst weitere Kerne aus ihren Gleichgewichtslagen herausschlagen kann.

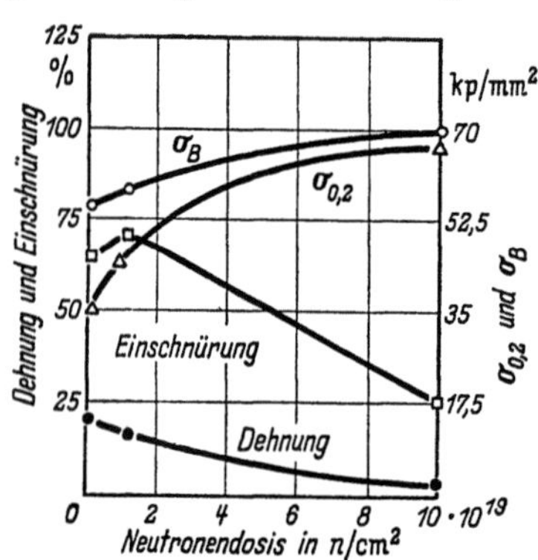

Bild 432. Einfluß einer Neutronenbestrahlung auf die mechanischen Eigenschaften von Kesselstahl ASTM, A 212 (nach I. C. WILSON)

Es ist zu erwarten, daß diese Frenkeldefekte (Paare von Leerstellen und Zwischengitterplätzen) die strukturempfindlichen Eigenschaften von Metallen, wie Festigkeit, Zähigkeit, mehr oder weniger stark beeinflussen. Bild 432 zeigt nach I. C. WILSON[1] den Einfluß einer Neutronenbestrahlung auf Kesselstahl. Ähnliches Verhalten zeigen, wie in Bild 433 und Bild 434 dargestellt, auch austenitische Stähle und niedriglegierte Stähle nach N. F. PRAVDYUK, S. T. KONOBEEVSKY, A. D. AMAYEV und Y. I. POKROVSKY[2]. Festigkeit und insbesondere Streckgrenze werden erhöht, Dehnung und Einschnürung nehmen ab, ähnlich den Veränderungen der Festigkeitseigenschaften durch Kaltverformung.

[1] WILSON, I. C.: Nucleonics Bd. 14 (1956) H. 9 S. 53.

[2] PRAVDYUK, N. F., S. T. KONOBEEVSKY, A. D. AMAYEV u. Y. I. POKROVSKY: Proceedings of the Second United Nations International Conference on the Peaceful Uses of Atomic Energy (1958), Vol. 5, P/2052.

Bild 435 gibt den Einfluß der Neutronenbestrahlung auf die Kerbschlagzähigkeit von Kesselstahl nach der gleichen Quelle wieder; die Übergangs-

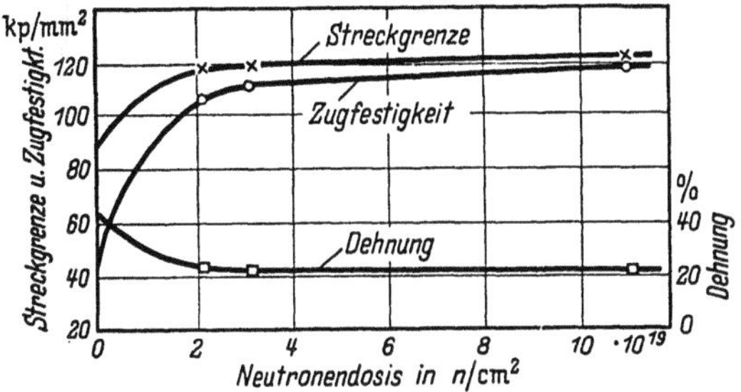

Bild 433. Einfluß einer Neutronenbestrahlung auf die mechanischen Eigenschaften eines Stahles mit 14% Cr, 14% Ni, 3% Mo und Nb (nach N. F. PRAVDYUK u. Mitarb.)

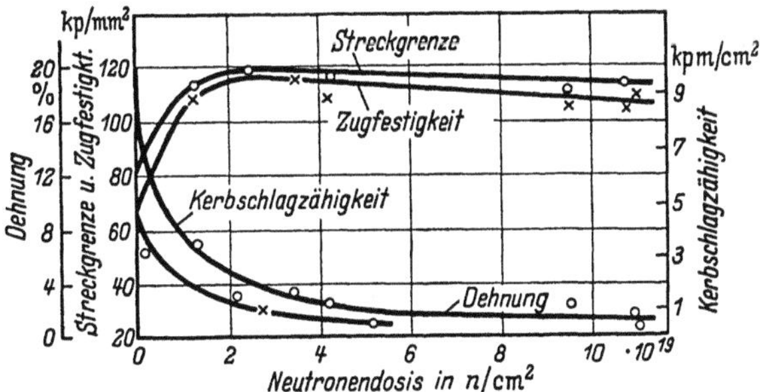

Bild 434. Einfluß einer Neutronenbestrahlung auf die mechanischer Eigenschaften eines Stahles mit 0,25% C, 3% Cr + Ni + Mo (nach N. F. PRAVDYUK u. Mitarb.)

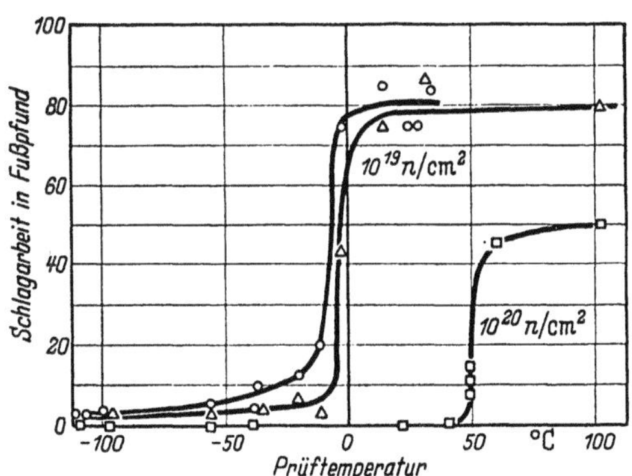

Bild 435. Beeinflussung der Kerbschlagzähigkeit von Kesselbaustahl A 212 durch Neutronenbestrahlung (nach I. C. WILSON)

temperatur wird beträchtlich erhöht. Die Folgerung aus diesen Ergebnissen ist, für Reaktorbaustähle solche mit möglichst tief liegender Übergangstemperatur (aluminiumberuhigte Feinkornstähle) zu verwenden.

Die Veränderung der mechanischen Eigenschaften durch Kaltverformung läßt sich durch Erholungs- bzw. Rekristallisationsglühungen rückgängig machen. Ein ähnlicher Einfluß von Glühungen ist auch bei neutronenbestrahltem Stahl zu erwarten. E. BALDWIN[1] konnte an Biegeproben zeigen, daß ein Kesselstahl A 201, der mit einer Neutronendosis von $4{,}3 \cdot 10^{20}$ n/cm² bestrahlt wurde, durch eine Glühung bei 315 °C (s. Bild 436) wieder ein zähes Verhalten bekommt. Nach Glühung bei nur 260 °C ist er noch spröde geblieben.

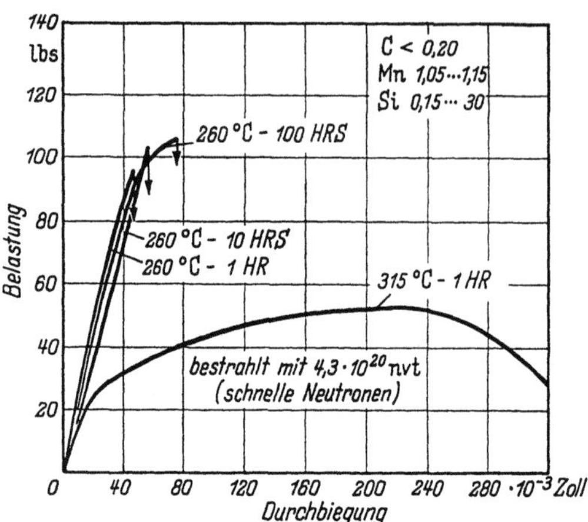

Bild 436. Lastdurchbiegungskurven von bestrahltem Stahl A 201 nach Glühung (nach E. BALDWIN)

N. F. PRAVDYUK, S. T. KONOBEEVSKY, A. D. AMAYEV und Y. I. POKROVSKY[2] untersuchten den Einfluß der Temperatur auf die Festigkeitseigenschaften von legierten Stählen und austenitischen chemisch beständigen Stählen bei Neutronenbestrahlung über den Bereich von 80 bis 600 °C, wobei sehr wesentliche Eigenschaftsänderungen gefunden wurden. Die Ergebnisse zeigen Zahlentafel 155 und 156. Bei einer Bestrahlungstemperatur von 80 °C steigen Festigkeit und Streckgrenze an, während die Dehnung abnimmt; in Übereinstimmung mit E. BALDWIN[1] nehmen die Festigkeitswerte in dem Maße ab, wie die Neutronenbestrahlung zunimmt. Weiter zeigen die Untersuchungen,

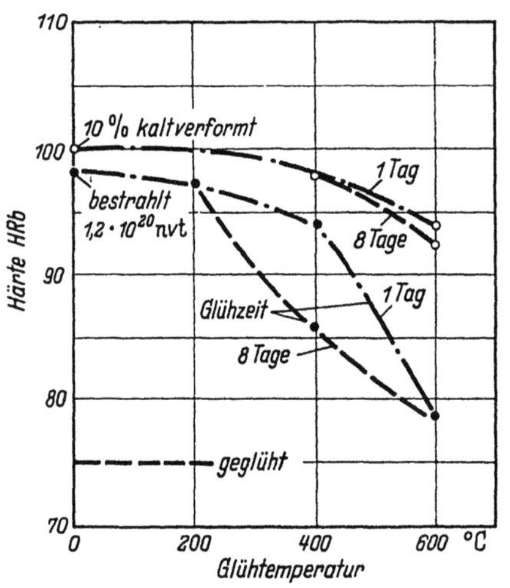

Bild 437. Einfluß von Glühungen auf kaltverformten und auf mit Neutronen bestrahlten Chrom-Nickel-Niob-Stahl (AISI 347) (nach W. F. MURPHY und S. H. PAINE)

[1] BALDWIN, E.: Weld. J. Bd. 36 (1957) S. 346.

[2] PRAVDYUK, N. F., S. T. KONOBEEVSKY, A. D. AMAYEV u. Y. I. POKROVSKY: Proceedings of the Second United Nations International Conference on the Peaceful Uses of Atomic Energy (1958), Vol. 5, P/2052.

daß bei 300 °C und einem Neutronenfluß von $2{,}4 \cdot 10^{18}$ n/cm² eine Zunahme der Streckgrenze bei fast allen Proben erfolgt.

Den Einfluß von Glühungen auf neutronenbestrahlten in Vergleich zu 10% kaltverformten Chrom-Nickel-Niob-Stahl haben W. F. MURPHY

Zahlentafel 155. *Einfluß der Neutronenbestrahlungstemperatur auf die mechanischen Eigenschaften von chemisch beständigen Stählen und niedriglegierten Stählen* (nach N. F. PRAVDYUK u. Mitarb.)

Zusammensetzung und Zustand	Bestrahlungszustand		Streckgrenze		Zugfestigkeit		Dehnung	
	Temperatur °C	Neutronendosis 10¹⁸ n/cm²	vor Bestrahlung kp/mm²	nach Bestrahlung kp/mm²	vor Bestrahlung kp/mm²	nach Bestrahlung kp/mm²	vor Bestrahlung %	nach Bestrahlung %
18Cr-9Ni-Ti abgelöscht	80	1,4	24	44	66	74	65	55
	300	2,4	26	42	71	73	64	50
	380	5,2	—	31	—	67	—	60
	470	3,5	—	29	—	75	—	52
	600	4,4	32	27	76	76	62	70
18Cr-12Ni-2Mo-Ti abgelöscht und geglüht bei 850 °C 2 Stunden	80	100	30	67	67	85	70	45
	300	7	35	36	69	79	60	57
	470	10	—	30	—	70	—	55
	600	11	33	28	76	71	48	51
14Cr-14 Ni-3Mo-Nb abgelöscht	80	50	25	67	67	89	50	29
	300	3,7	25	29	68	74	56	52
0,1C-20Cr-40Ni-4(W + Nb) abgelöscht	80	100	43	63	76	95	39	25
	300	2,5	42	50	82	86	39	28
	470	3,5	38	40	81	86	38	36
	600	4,4	44	50	80	87	39	35
0,2C-0,5Mn-0,2Si-0,2Cr normalisiert bei 880 °C	80	1,4	46	71	75	82	22	15
	300	2,4	48	68	77	100	23	17

Zahlentafel 156. *Einfluß der Neutronenbestrahlung bei 80 °C auf die mechanischen Eigenschaften von verschiedenen Werkstoffen* (nach N. F. PRAVDYUK u. Mitarb.)

Zusammensetzung	Neutronendosis 10¹⁸ n/cm²	Streckgrenze kp/mm²	Zugfestigkeit kp/mm²	Dehnung %	Zunahme in % für Streckgrenze	Zunahme in % für Zugfestigkeit	Zunahme in % für Dehnung
18Cr-9Ni-Ti	—	24	65	66	—	—	—
	0,3	37	72	65	+ 54	+11	− 1,5
	1,4	44	74	55	+ 83	+14	−17
	100	92	100	43	+283	+54	−35
C 0,22, Mn 0,48, Si 0,30, Cr 3,3, Ni 1,0, Mo 0,38%, gehärtet und angelassen auf 650 °C	—	67	83	20	—	—	—
	1,4	75	85	12,7	+ 12	+ 2	−36
	10	110	115	7,0	+ 64	+39	−65
	23	116	119	3,5	+ 73	+44	−82,5
	49	102	113	2,0	+ 52	+36	−90
	110	103	112	1,7	+ 54	+35	−91,5
Kohlenstoffstahl	—	46	75	22	—	—	—
	1,4	70	81	15	+ 52	+ 8	−32
	30	101	106	8	+120	+41	−63,5
	50	113	116	4,5	+145	+55	−80
	310	111	113	4	+141	+50	−82

und S. H. PAINE[1] untersucht. Bild 437 läßt klar erkennen, daß die durch Neutronenbetrahlung hervorgerufene Werkstoffschädigung bei niedrigeren Temperaturen rückgängig gemacht wird als die durch Kaltverformung bedingte. Dies ist ein für die Verwendung der Werkstoffe im Reaktor schwerwiegendes Ergebnis. Die gleichen Verfasser haben auch noch den Einfluß der Temperatur bei der Neutronenbestrahlung auf die Veränderung der Zugfestigkeit untersucht, indem die Proben, die wohl mit der gleichen Neutronendosis (in Bild 438 in Prozent der angewendeten Höchstdosis angegeben), aber bei verschiedener Temperatur bestrahlt

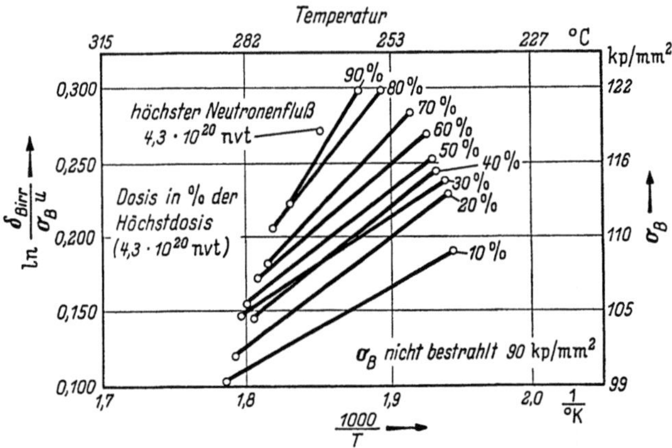

Bild 438. Einfluß der Temperatur während der Bestrahlung und Neutronendosis auf die Änderung der Zugfestigkeit (nach W. F. MURPHY und S. H. PAINE)

wurden, miteinander verglichen. Der Einfluß der Neutronenbestrahlung nimmt mit steigender Temperatur sehr rasch ab; nach diesen Untersuchungen wäre oberhalb 400 °C kaum noch ein Einfluß der Neutronenbestrahlung auf austenitische Chrom-Nickel-Stähle zu erwarten.

Auch der Einfluß einer Neutronenbestrahlung auf die Biegewechselfestigkeit wurde von D. O. LEESER[2] untersucht. Die Zahlentafel 157 gibt die Beeinflussung der Wechselfestigkeit durch Neutronenbestrahlung auf Kesselbaustahl, rostbeständigen Chromstahl und austenitischen Chrom-Nickel-Stahl wieder. Die durch die Neutronenbestrahlung hervorgerufene Festigkeitserhöhung bedingt auch eine Erhöhung der Dauerwechselfestigkeit.

Die außerordentlich wichtige Frage, wie die Kriechgeschwindigkeit bei höherer Temperatur unter Einfluß der Neutronenbestrahlung verändert wird, haben I. C. WILSON und D. S. BILLINGTON[3] untersucht. Sie

[1] MURPHY, W. F., u. S. H. PAINE: Paper Nr. 185, ASTM Meeting 1956.

[2] LEESER, D. O.: Radiations Effect on Materials. ASTM Publ. Nr. 208, Philadelphia 1956, S. 154/161.

[3] WILSON, I. C., u. D. S. BILLINGTON: Nucl. Eng. Cleveland 1955 S. 91.

Zahlentafel 157. *Beeinflussung der Biegewechselfestigkeit von Stählen durch Neutronenbestrahlung ($8 \cdot 10^{19}$ nvt thermisch, $9 \cdot 10^{19}$ schnell)* (nach D. O. LEESER)

Werkstoff	Nicht bestrahlt		Bestrahlt	
	ohne Kerbe	mit Kerbe	ohne Kerbe	mit Kerbe
	σ_w kp/mm²	σ_w kp/mm²	σ_w kp/mm²	σ_w kp/mm²
Kesselstahl A 212	34	20	30	21
Rostbeständiger Chromstahl (AISI 410, 13% Cr)	28	30	34	39
Rostbeständiger Chrom-Nickel-Stahl (AISI 304, 18% Cr, 9% Ni)	35	14	35	15

fanden, wie man aus Bild 439 ersieht, daß die Kriechgeschwindigkeit durch den Einfluß der Neutronenbestrahlung geringfügig vermindert wird; ein sehr beruhigendes Ergebnis, das aber wohl noch weiterer Bestätigung bedarf. Die Tatsache, daß merkliche Schädigungen bei Stahl erst bei Bestrahlung mit einer Dosis von mehr als 10^{20} nvt auftreten,

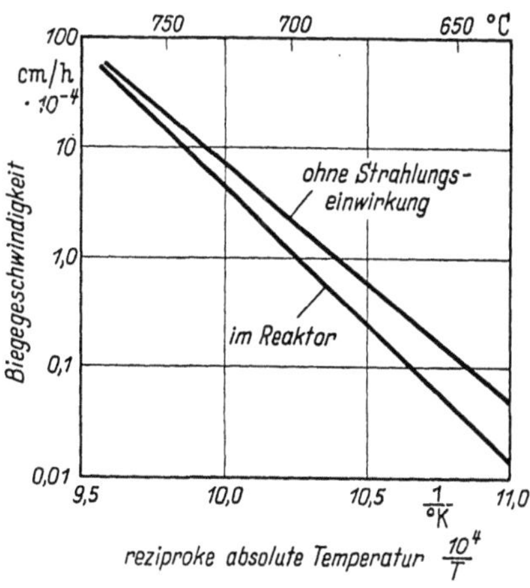

Bild 439. Einfluß der Neutronenbestrahlung auf die Kriechgeschwindigkeit von 18/8-Chrom-Nickel-Niob-Stahl (nach I. C. WILSON und D. S. BILLINGTON)

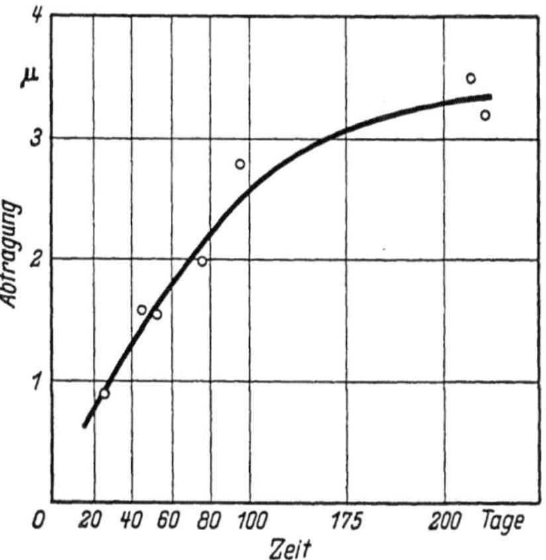

Bild 440. Angriff von $UO_2 \cdot SO_4$-Lösungen bei 250 °C auf Chrom-Nickel-Stahl (AISI 347). Konzentration der Lösungen 0,15 bis 0,23 n (nach A. C. BACARELLA)

ist sehr wesentlich, da damit alle Stahlteile, die keinem größeren Fluß als 10^{11} Neutronen/cm$^2 \cdot$sek ausgesetzt sind, genügende Sicherheit gegen Schädigung durch Neutronenstrahlung aufweisen. Die Teile des Reaktors, die höheren Neutronenflüssen ausgesetzt sind, haben aber auch höhere Betriebstemperaturen. Wir haben vorhin gesehen, wie stark Temperaturerhöhungen die Wirkung der Neutronenbestrahlungen herabsetzen, so daß der Einfluß der Werkstoffschädigung durch Neutronenbestrahlung auch in diesem Falle beim derzeitigen Stand unserer Kenntnisse nicht überschätzt werden darf.

Ein Gebiet, dem besondere Beachtung zu schenken ist, sind die Korrosionsfragen in der Reaktortechnik[1]. Einmal treten besondere Korrosionsbeanspruchungen bei den homogenen Reaktoren auf. Bild 440 z. B. gibt Untersuchungen über die Korrosion von Chrom-Nickel-Niob-Stahl nach AISI 347 (S. 622) in 0,17 bis 0,23 molaren Lösungen von Uranylsulfat bei 250 °C nach A. C. BACARELLA[2] wieder.

V. P. CALKINS[3] fand, daß die Strahlungsmenge von rund 10^{20} Neutronen je cm^2, der ein Werkstück in einem normalen Reaktor im Laufe eines Jahres ausgesetzt ist, noch nicht ausreicht, um die Korrosionseigenschaften von austenitischem Stahl merklich zu verändern.

Besonders zu beachten ist aber, daß die Strahlungen im Reaktor, insbesondere die Korpuskularstrahlungen, chemische Veränderungen im angreifenden Medium verursachen können, die eine gegebenenfalls zu beachtende Änderung der Aggressivität zur Folge haben.

Als Beispiel einer vergleichenden Untersuchung über den Einfluß einer Neutronenbestrahlung auf das Korrosionsverhalten gegenüber strömendem Wasser bei 282 °C seien in Zahlentafel 158 Ergebnisse von T. ROCKWELL und P. COHEN[4] angeführt, die zeigen, daß die Deckschichtenbildung unter Einfluß der Bestrahlung rascher erfolgt als ohne dieselbe. Eine besondere Beachtung ist natürlich bei den Reaktorbaustoffen auch der Spannungsrißkorrosion und der interkristallinen Korrosion zu schenken; die Erfahrungen, die hier bereits in großem Umfang gesammelt worden sind, müssen bei der Werkstoffwahl und Konstruktion auch beim Reaktorbau berücksichtigt werden, wenn Fehlschläge vermieden werden sollen.

Zahlentafel 158. *Heißwasserkorrosion bestrahlter Legierungen* ($T = 282\ °C, v = 3\ m/s$) [nach T. ROCKWELL und P. COHEN (Progr. in Nucl. Energy)]

Werkstoff	Menge in 10^{19} n/cm²	Gewichtszunahme in mg/dm²
18/8-Stahl	—	7
	10	10
ZrSn-Legierung	—	4
	10	200

Als Kühlmittel werden auch Alkalimetalle, wie Na, K oder NaK-Legierungen verwendet, die Chrom-Nickel-Stahl nicht angreifen, sofern sie sauerstofffrei sind. Bereits geringe Sauerstoffgehalte können zu beträchtlichem Angriff, auch zu Spannungsrißkorrosion, führen. Sofern

[1] LA QUE, F. L., u. M. A. CORDOVI: The Iron and Steel Institute. — The British Nuclear Energy Conference, London, Dez. 1960.

[2] BACARELLA, A. C.: Dok C. F. 56 2—3.

[3] CALKINS, V. P.: Nucleonics Bd. 12 (1954) Nr. 9 S. 8/16.

[4] ROCKWELL, T., u. P. COHEN: Progr. in Nucl. Energy IV, Technology and Engineering I, S. 256. London u. New York: Pergamon Press 1956.

der Sauerstoffgehalt im Natrium unter 10 ppm zu liegen kommt, wie es z. B. beim natriumgekühlten Reaktor in Santa Susanna/Calif. der Fall ist, genügen bereits die üblichen Kesselstähle auf Chrom-Molybdän-Grundlage mit 2,5% Cr und 1% Mo[1]. Die hauptsächlichst verwendeten Stähle sind nach R. F. Koenig und E. G. Brush[2] AISI 304 mit max. 0,04% C, 18% Cr und 9% Ni, der bis etwa 530 °C in flüssigem Natrium gute Korrosionsbeständigkeit aufweist, sowie die extrem niedrig gekohlte Abart mit max. 0,03% C, 18% Cr und 9% Ni. Durch Bestrahlung soll nach H. Pearlman[3] die korrodierende Wirkung der Alkalimetalle nicht beeinflußt werden.

Bei rein austenitischem Stahl konnte durch Neutronenbestrahlung in einem Reaktor eine deutliche Erhöhung der magnetischen Permeabilität nachgewiesen werden.

Die Wahl der Reaktorwerkstoffe stellt eine schwierige Frage dar, weil ein Werkstoff meist nicht alle Forderungen, die man an ihn zu stellen hat, gleichzeitig voll erfüllt; auch müssen wirtschaftliche Gesichtspunkte bedacht werden, wenn man an den Bau von Kraftwerksreaktoren denkt. Die Anforderungen, die an unlegierte oder niedriglegierte Stähle zu stellen sind, wurden früher schon angedeutet. Aber auch bei höher legierten Stählen ist eine Reihe besonderer Anforderungen zu beachten. Zahlentafel 159[4] gibt die Zusammensetzung, Behandlung und Festigkeitseigenschaften häufig gebrauchter, austenitischer, chemisch beständiger Stähle wieder. Dabei wird meist ein niedriger Kobalt-, Tantal- und Borgehalt gefordert. Grundsätzlich sind diese Stähle für den Bau von Kernspaltungsanlagen dieselben Legierungstypen, wie sie für die entsprechende chemische Beständigkeit erforderlich sind und im Abschnitt chemisch beständige Stähle aufscheinen. Die Höhe des Kobaltgehaltes ist für den Einzelfall festzulegen. Aus der Forderung nach außergewöhnlich niedrigen Kobaltgehalten ergeben sich aber sehr große Verteuerungen, so daß man aus diesem Grunde prüfen sollte, ob die Anwendung eines besonders kobaltarmen Stahles im betreffenden Falle wirklich angebracht ist. Tantal tritt als Begleiter von Niob auf; in Sonderfällen kann auch der Tantalgehalt noch niedriger gehalten werden, wenn man Niob mit geringeren Tantalgehalten, das allerdings teuer ist, als Rohstoff verwendet. Ein Feld, dem besondere Beachtung beim Bau von Kernspaltungsanlagen geschenkt wird, ist die Anwendung plattierter Werkstoffe.

---

[1] Jägersberger, J.: die atomwirtschaft, Nr. 5/1961, S. 283/288.

[2] Koenig, R. F., u. E. G. Brush: Materials & Methods, Dez. 1955, S. 110/114.

[3] Pearlman, H.: Atomic Energy Commission NAA-SR 2225, 1957.

[4] Diese Zahlentafel gibt gegenüber denjenigen in Zahlentafel 138 (S. 616) (Abschnitt „Rost- und säurebeständige Stähle") insofern etwas geänderte Werte, als sie amerikanische Vorschriften wiedergeben.

Zahlentafel 159. *Chemisch beständige Stähle für den Reaktorbau*

	Chemische Zusammensetzung								Werkstoffnummer	AISI	Warmformgebung		Warmbehandlung		Mechanische Eigenschaften			
	C %	Si %	Mn %	Cr %	Ni %	Mo %	%	%			Verformungstemperatur °C	Abkühlungsart	Abschrecktemperatur °C	Abkühlungsart	Streckgrenze kp/mm²	Zugfestigkeit kp/mm²	Dehnung ($L_0 = 5 d_0$) mind. %	Kerbschlagzähigkeit kpm/cm²
1	max. 0,03	<1	$\leqq 2$	18	9				—	304 L	1150—750	Luft	1000—1050	Wasser[1]	mind. 20	50—70	65	20
2	max. 0,06	<1	$\leqq 2$	18	9				4301	304	1150—750	Luft	1000—1050	Wasser[1]	20	50—70	65	20
3	$\leqq 0{,}12$	<1	$\leqq 2$	18	9				4300	302	1150—750	Luft	1000—1050	Wasser[1]	22	50—70	65	20
4	$\leqq 0{,}06$	<1	$\leqq 2$	18	11	2,5			4401	316	1150—750	Luft	1050—1100	Wasser[1]	20	50—70	45	20
5	$\leqq 0{,}03$	<1	$\leqq 2$	18	12	2,5			—	316 L	1150—750	Luft	1050—1150	Wasser[1]	20	50—70	45	20
6	$\leqq 0{,}10$	<1	$\leqq 2$	18	10		Nb[2] $\geqq 8 \times C$		4550	347	1150—750	Luft	1020—1070	Wasser[1]	25	50—75	40	15
7	$\leqq 0{,}10$	<1	$\leqq 2$	18	10			Ti $\geqq 5 \times C$	4541	321	1150—750	Luft	1020—1070	Wasser[1]	25	50—75	40	15
8	$\leqq 0{,}10$	<1	$\leqq 2$	18	11	2	Nb $\geqq 8 \times C$		4580	—	1150—750	Luft	1020—1070	Wasser[1]	25	50—75	40	15
9	$\leqq 0{,}10$	<1	$\leqq 2$	18	11	2		Ti $\geqq 5 \times C$	4571	—	1150—750	Luft	1020—1070	Wasser[1]	25	50—75	40	15
10	$\leqq 0{,}07$	<1	$\leqq 2$	18	20	2	Nb $\geqq 8 \times C$	Cu 2			1150—750	Luft	1050—1100	Wasser[1]	25	50—75	40	15
11	$\leqq 0{,}07$	<1	$\leqq 2$	18	22	3	Nb $\geqq 8 \times C$	Cu 2			1150—750	Luft	1070—1120	Wasser[1]	>28	55—75	35	12

[1] $<$ 2 mm Luft. [2] Ein Teil des Nb kann durch die doppelte Menge Ta ersetzt sein.

Eine besondere Gruppe stellen die Legierungen mit hoher Neutronenabsorption, wie sie für die Herstellung von Kontrollstäben und Schutzeinrichtungen verwendet werden, dar. Da Bor eine hohe Neutronenabsorption zeigt, lag die Herstellung von borlegierten Stählen nahe. Das Zustandsschaubild Eisen-Bor (s. Bild 196, S. 304) wurde von F. WEVER und A. MÜLLER untersucht. Sie fanden bei 3,8% Bor ein bei 1174 °C schmelzendes Eutektikum. Die Löslichkeit von Bor im festen Zustand wurde u. a. von M. E. NICHOLSON[1] (s. Bild 197, S. 305) untersucht und mit sehr niedrigen Werten angegeben:

700 °C	0,002%
900 °C	0,003%
1165 °C	0,018%

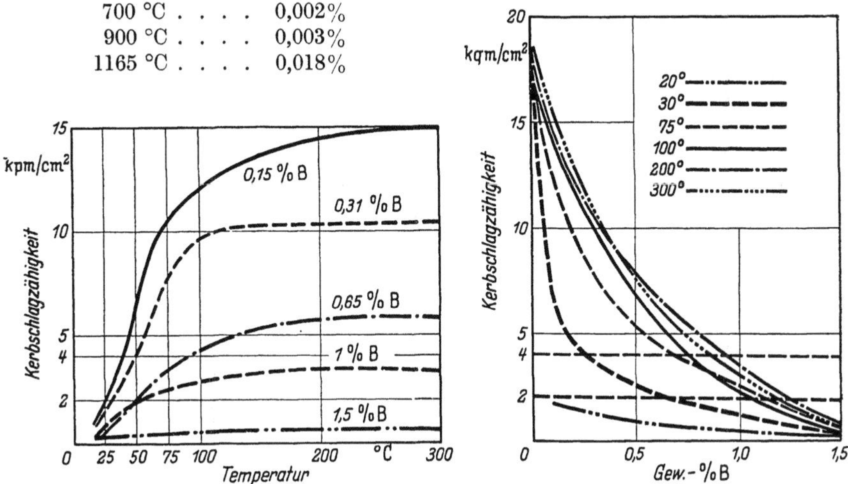

Bild 441. Kerbschlagzähigkeit kohlenstoffarmer Borstähle verschiedenen Borgehaltes bei verschiedenen Temperaturen (nach J. HOCHMANN und A. DESESTRET)

In den höher borlegierten Stählen, wie sie für den Reaktorbau interessant sind (1 bis 4%), liegt daher nahezu das gesamte Bor in Form von ausgeschiedenem Eisenborid vor. Bei höheren Borzusätzen kann bei den üblichen 18/8-Cr-Ni-Stählen der austenitische Charakter nicht mehr erhalten werden. Das Bor liegt in solchen Stählen in Form eines komplexen Eisen-Chrom-Nickel-Borides vor. Um austenitisches Gefüge zu erhalten, sind höhere Nickelgehalte anzuwenden. So sind Stähle mit 17% Cr und 15% Ni auch noch bei 4% Bor austenitisch. Da die zahlreich ausgeschiedenen Boride erhebliche Mengen Chrom abbinden, brachten K. BUNGARDT und R. OPPENHEIM[2] den Vorschlag, die übliche Stahlzusammensetzung durch Erhöhung des Chromgehaltes in Abhängigkeit vom Borgehalt zu ändern, gleichzeitig könnte der Nickelgehalt hingegen etwas

[1] NICHOLSON, M. E.: AIME Bd. 200 (1954) S. 185/190.

[2] BUNGARDT, K., u. R. OPPENHEIM: Arch. Eisenhüttenw. Bd. 32 (1961) S. 95 bis 101.

Zahlentafel 160
Mechanische Eigenschaften von Kohlenstoffstählen mit Borzusatz bei verschiedenen Temperaturen. (Walzstahl quadr. 20 mm nach J. HOCHMANN und A. DESESTRET)

Borgehalt	Zugfestigkeit	Bruchdehnung	Einschnürung	Kerbschlagzähigkeit kpm/cm²					
Gew.-%	kp/mm²	%	%	≈ 20°	50°	75°	100°	200°	300 °C
0	34,5 34,5	37,8 37,1	79 79	18,3 18,4	19,4 18,9 19,9	20,4 18,4 20,4	17,3 18,3	16,8 16,3	16,8 20,4
0,12	33,4	37,1	76	1,4 1,7	—	—	14,3 14,8	16,3 13,8 13,8	14,8 15,8
0,15	34,2 33,2	37,6 33,7	70 72	1,7 1,4	9,2; 3,8 6,0; 6,0 2,5; 3,8 3,2	11,0 10,6	13,8 12,6	14,8 13,3	13,8 16,3
0,31	39,6 37,6	34,5 28,2	62 63	1,7 0,9	2,9; 2,0 2,9; 6,4 4,2; 3,5 2,9	8,4 6,4 8,0	9,2 10,1	10,1 9,7	10,1 11,0
0,65	42,8 42,8	25,7 26,4	44 45	0,5 0,8	1,7 1,4 2,6	4,2 3,8 3,8	3,8 3,8	5,6 6,0	5,2 6,0
1,00	—	—	—	—	1,7 1,7	2,5 2,9	2,0 2,5	3,2 3,8	3,2
1,50	65,6 66,3	5,0 6,0	6 8	0,2 0,4	0,2 0,6 0,2	0,4 0,4	0,4 0,4	0,6 0,9	0,6

Zahlentafel 161. *Mechanische Eigenschaften von chemisch beständigen Austenit-17/15-Stählen mit Borzusatz bei verschiedenen Temperaturen* (Walzstahl quadr. 20 mm nach J. HOCHMANN und A. DESESTRET)

Borgehalt	Zugfestigkeit	Bruchdehnung	Einschnürung	Kerbschlagzähigkeit kpm/cm²						
Gew.-%	kp/mm²	%	%	≈ 20°	50°	75°	100°	150°	200°	300 °C
0,68	64,8	34	50	7,2	—	—	7,2	—	7,2	6,8
	64,8	33,5	50	6,8	—	—	6,8	—	6,8	6,8
0,99	69,8	27,0	44	4,5	3,8	4,2	4,2	4,2	4,5	4,2
	69,8	28,0	41	4,2	4,9	4,9	3,8	4,2	3,8	4,5
1,09	71,2	28,0	37	3,8	4,2	3,8	3,8	3,8	4,5	3,8
	68,4	23,0	31	4,5	4,2	4,5	3,5	3,5	4,5	4,2
1,47	71,8	23,0	32	2,5	3,5	2,5	2,5	3,2	2,5	2,5
	70,5	23,0	36	2,5	2,5	2,5	2,9	2,9	2,5	2,9
1,90	70,5	12,1	12	1,1	—	—	1,4	—	1,1	1,1
	70,5	11,0	10	1,1	—	—	1,1	—	1,1	1,1

gesenkt werden. J. HOCHMANN und A. DESESTRET[1] untersuchten Kohlenstoffstähle und austenitische Stähle mit 1 bis 2% Bor und solche mit 3,5 bis 4,5% Bor, besonders jedoch den Einfluß der Borgehalte auf die

[1] HOCHMANN, J., u. A. DESESTRET: Proceedings of the Second United Nations International Conference on the Peaceful Uses of Atomic Energy, 1958, Vol. 5, P/272, S. 396/402.

Kerbschlagzähigkeit in Abhängigkeit von der Prüftemperatur. Bild 441 und Zahlentafel 160 lassen die Versprödung durch Borzusatz entnehmen. Ersichtlich ist, daß größere Borgehalte den Stahl auch bei höheren Temperaturen völlig spröde machen. Bild 442 und Zahlentafel 161 zeigen die Versprödung der austenitischen Stähle durch Borgehalte über 0,5%.

Die Erschmelzung der borlegierten Stähle bereitet grundsätzlich keine Schwierigkeiten. Die Verfasser weisen jedoch auf die Notwendigkeit hin, das Ferrobor vor dem Einsetzen auf etwa 600 bis 800 °C zu erhitzen ist, um die Feuchtigkeit auszutreiben. Die Schmelztemperatur der Kohlenstoffstähle mit Borzusatz beträgt etwa 1460 °C.

Die Hauptschwierigkeiten treten erst bei der Warmformgebung auf. Die Temperaturgrenzen für das Walzen und Schmieden sind nach den gleichen Verfassern sehr genau einzuhalten und werden für die Kohlenstoffstähle mit 900 bis 1080 °C und die austenitischen Stähle mit 900 bis 1100 °C angegeben.

Um die Versprödung borlegierter Stähle zu mildern, wurden verschiedentlich Versuche von J. Hochmann und A. Desestret[1] sowie T. H. Middleham, S. R. Rait und E. W. Colbeck[2] angestellt mit Zusätzen von Al, Ti, Mo, W und Nb in Gehalten bis 1%. Aluminium-Bor-Stähle wurden auch schon von H. Cornelius und W. Bungardt[3] geprüft. Die Kerbschlagzähigkeit bei Raumtemperatur wird durch die Zusätze (Zahlentafel 162) nicht merklich verbessert. Nur im Temperaturbereich von 100 bis 300 °C ergibt sich bei Zusätzen von Ti, Al und Nb eine geringe Verbesserung. Gleichzeitig wurden durch Al- oder Ti-Zusatz die Dehnung und Einschnürung etwas erhöht.

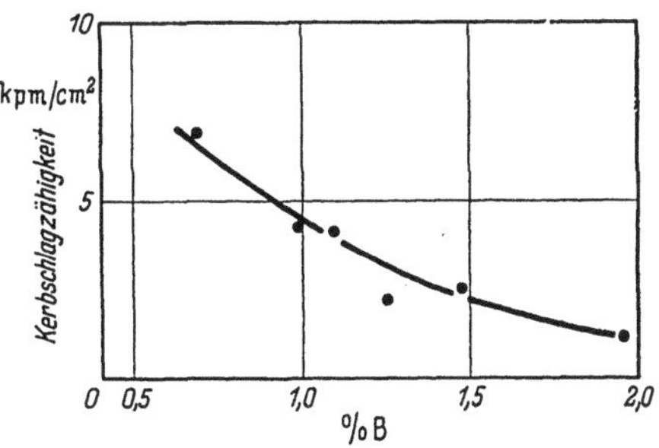

Bild 442. Einfluß des Borgehaltes auf die Kerbschlagzähigkeit eines Stahles mit 17% Cr und 15% Ni (nach J. Hochmann und A. Desestret)

Im Hinblick auf die schwierige Warmverarbeitbarkeit höher borlegierter Stähle wurde ein Ausweg über den Guß gesucht. Aber auch beim Gießen sind besondere Vorsichtsmaßnahmen, wie bereits ausgeführt, erforderlich. Bild 443 gibt nach H. Krainer[4] das Gefüge sowie

[1] s. Fußnote 1 S. 710.

[2] Middleham, T. H., S. R. Rait u. E. W. Colbeck: J. Iron Steel Ind. Bd. 187 (1957) S. 1/14.

[3] Cornelius, H., u. W. Bungardt: Arch. Eisenhüttenw. Bd. 13 (1939/40) S. 539/542.

[4] Krainer, H.: Berg- u. hüttenm. Mh. Bd. 103 (1958) S. 125/136.

Zahlentafel 162. *Einfluß von zusätzlichen Legierungselementen auf die mechanischen Eigenschaften von Kohlenstoffstählen mit Borzusatz bei verschiedenen Temperaturen* (Walzstahl quadr. 20 mm nach J. HOCHMANN und A. DESESTRET)

Zusammensetzung[1] Gew.-%	Zugfestigkeit kp/mm²	Bruchdehnung %	Einschnürung %	Kerbschlagzähigkeit kpm/cm² ≈ 20°	50°	75°	100°	200°	300 °C
Al, 0,92	52,2	13,5	22	0,3	—	—	0,9	1,4	1,7
B, 1,50	52,2	12,8	20	0,3	—	—	0,9	1,7	1,7
Ti, 0,95	51,1	12,8	22	0,8	—	—	1,7	1,7	1,7
B, 1,65	50,5	13,4	22	0,8	—	—	1,4	1,4	1,7
Nb, 1,16	49,3	10,2	23	0,16	—	—	1,1	1,4	1,4
B, 1,61							1,4	1,4	1,4
B, 1,50	65,6	5,0	6	0,2	0,2	0,4	0,4	0,9	0,6
	66,3	6,0	8	0,4	0,6	0,4	0,4	0,9	
					0,2				

Zusammensetzung, Härte und Kerbschlagzähigkeit eines Stahlgusses mit 2% Bor wieder. Bild 444 zeigt Zusammensetzung und Gefüge sowie

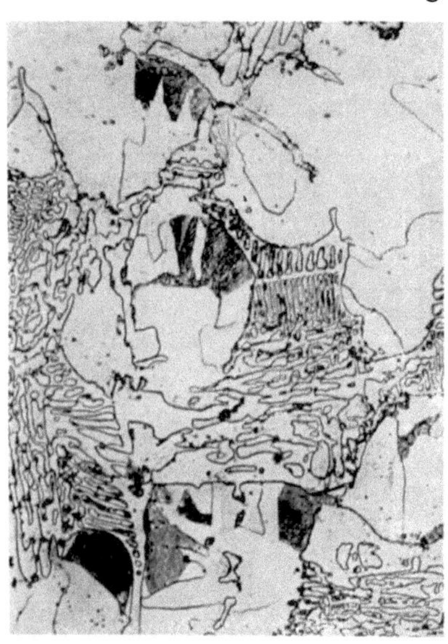

Bild 443. Gefüge eines Stahles mit 0,13% C, 0,55% Si, 0,32% Mn, 2,06% B im Gußzustand. V = 300. HB = 269 kp/mm²; Kerbschlagzähigkeit = 0,4 kpm/cm² (nach H. KRAINER)

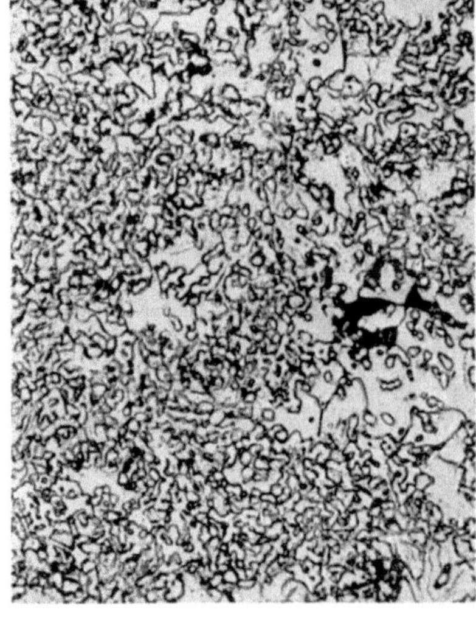

Bild 444. Gefüge eines Stahles wie nach Bild 443, aber geschmiedet, Streckgrenze 55 kp/mm²; Dehnung 4%; Zugfestigkeit 70 kp/mm² (nach H. KRAINER). V = 300

Festigkeitseigenschaften eines warmverformten Stahles mit 2% Bor. Durch die Warmverformung ist das im Gußzustand in grober Form auftretende Eutektikum zerbrochen und die einzelnen Gefügeteile gleichmäßig verteilt worden.

Gefüge, Zusammensetzung und Festigkeit eines austenitischen Cr-Ni-Stahles mit etwa 1% Bor im gegossenen Zustand sind nach dem gleichen

[1] Kohlenstoff <0,04% bei allen Stählen.

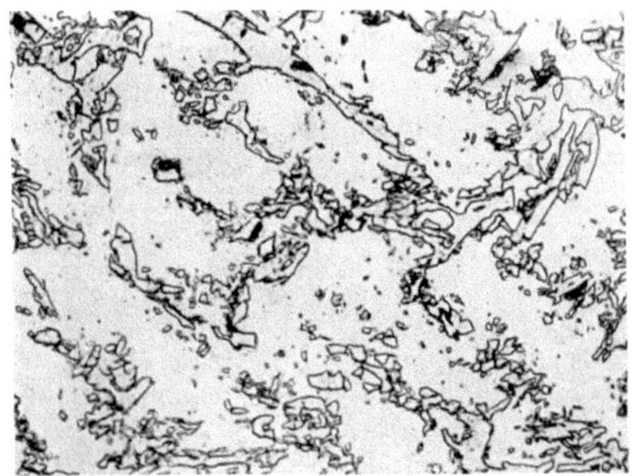

Bild 445. Gefüge eines Stahles mit 0,14% C, 0,66% Si, 0,40% Mn, 18,9% Cr, 14,6% Ni, 1,7% Nb und 0,9% B im Gußzustand. Zugfestigkeit = 41 kp/mm², Dehnung = 3% (nach H. KRAINER). V = 300

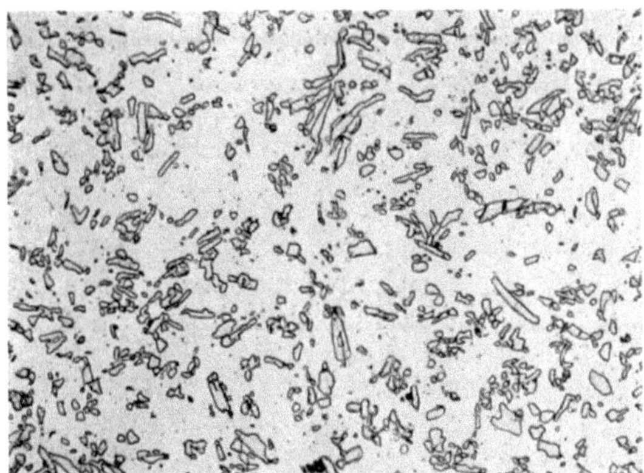

Bild 446. Gefüge eines Stahles wie nach Bild 445, aber geschmiedet und abgeschreckt. Streckgrenze = 37 kp/mm², Zugfestigkeit 70 kp/mm², Dehnung = 25% (nach H. KRAINER). V = 300

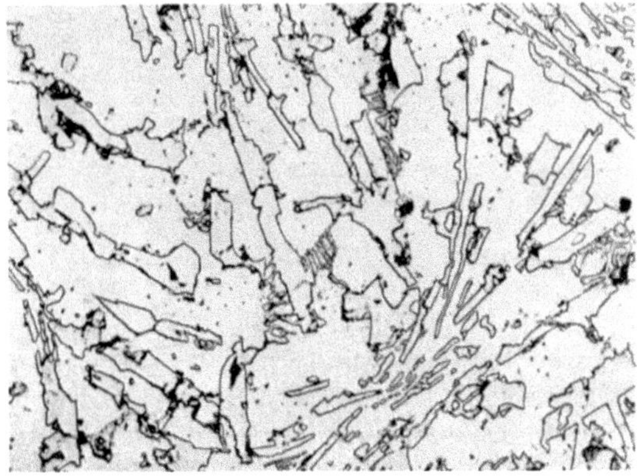

Bild 447. Gefüge eines Stahles mit 0,17% C, 0,30% Si, 0,39% Mn, 18,54% Cr, 14,50% Ni, 1,9% Nb/Ta und 1,99% B im Gußzustand. HB = 255 kp/mm², Kerbschlagzähigkeit 0,3 kpm/cm² (nach H. KRAINER). V = 300

Verfasser aus Bild 445, im warmverformten und abgelöschten Zustand aus Bild 446 zu entnehmen. Bild 447 gibt Zusammensetzung, Härte, Kerbschlagzähigkeit und Gefüge eines austenitischen Stahlgusses mit 2% Bor wieder.

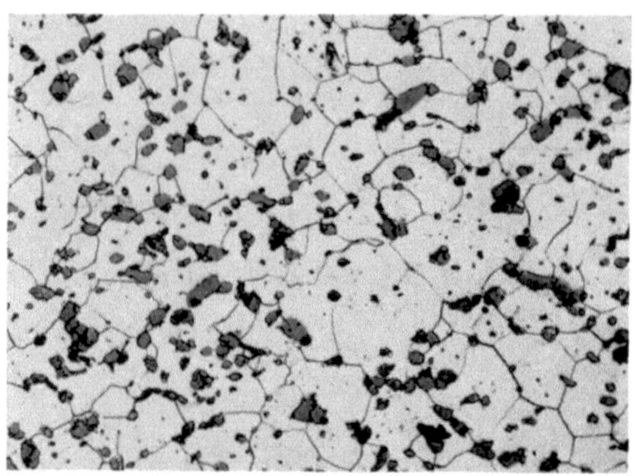

Bild 448. Gefüge eines Stahles mit 5% Samariumoxyd. Dichte 7,4 g/cm³, BH = 110 kp/mm² (Abmessung 14,5 × 13,5 mm²) (nach H. KRAINER). V = 90

Die Nachteile der borlegierten Stähle ließen nach anderen Wegen suchen, Werkstoffe mit hoher Neutronenabsorption zu entwickeln. Hierzu bieten sich Legierungen mit seltenen Erdmetallen, wie Samarium

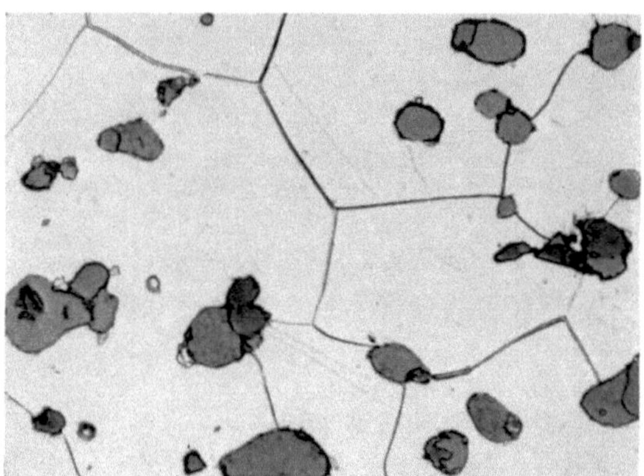

Bild 449. Gefüge eines Stahles wie nach Bild 448, aber V = 450

und Gadolinium, an. Die Reduktion der Oxyde des Samariums, Europiums und des Gadoliniums zu Metall ist aber sehr schwierig, auch ist bei der Erschmelzung von solchen Legierungen, sofern man dies nicht im Vakuum vornimmt, mit einem beträchtlichen Abbrandverlust zu rechnen, so daß man Verbundkörper aus Stahl und Oxyden der seltenen Erdmetalle auf pulvermetallurgischem Weg herstellt und diese dann durch Warmverarbeiten, wie Schmieden, Walzen, Strangpressen, verformt. K. ANDERSON[1] wies schon darauf hin, daß die Anwendung solcher Verbundkörper auch wirtschaftlich zu vertreten ist.

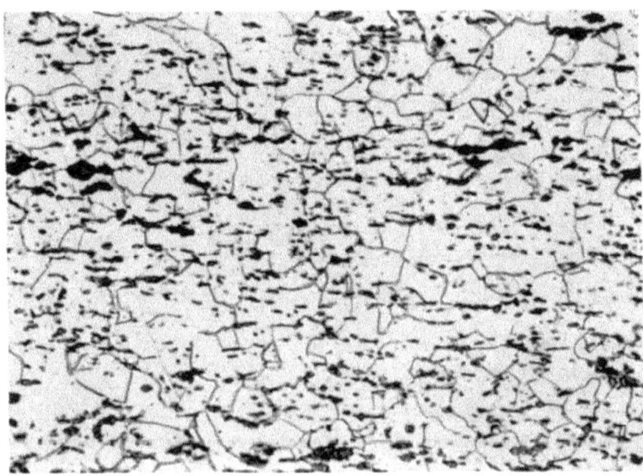

Bild 450. Gefüge eines Stahlbleches mit 5% Samariumoxyd. d = 2,5 mm, Dichte 7,4 g/cm³. V = 90

Im folgenden seien einige Bilder (448 bis 451) nach H. KRAINER[2] von Verbundlegierungen, Stahl mit 5% Samariumoxyd, gezeigt. Die Einzelheiten zu diesen Gefügebildern sind den Bildunterschriften zu entnehmen. Es sind natürlich auch Verbundkörper mit anderen Zusammensetzungen sowie Oxyden anderer seltener Erden möglich, die von Fall zu Fall untersucht werden müßten.

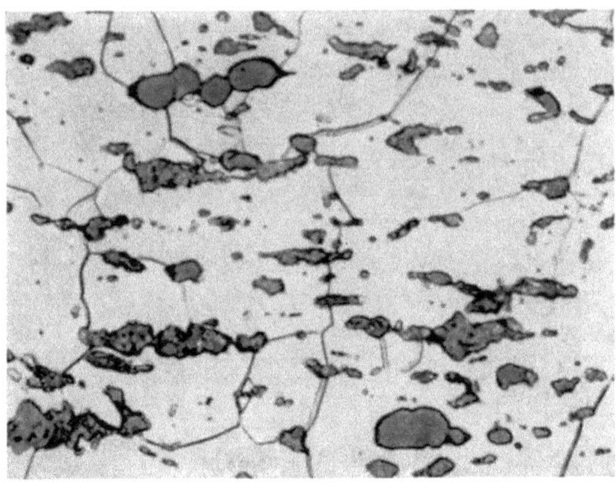

Bild 451. Gefüge eines Stahlbleches wie nach Bild 450, aber V = 450

[1] ANDERSON, K.: Nucleonics Bd. 15 (1957) H. 1 S. 44/46.

[2] KRAINER, H.: Berg- u. hüttenm. Mh. Bd. 103 (1958) S. 125/136.

Umhüllung der Brennstoffelemente. Ein besonderes Gebiet für die Anwendung von austenitischen Stählen im Reaktorbau sind die Umhüllungen der Brennstoffelemente. Bisher haben sich als geeignete Werkstoffe für Brennstoffhüllen Al, Mn, Zr, Be bzw. deren Legierungen bewährt[1], weil sie einen hinreichenden kleinen Absorptionsquerschnitt für thermische Neutronen haben. Für Kraftwerksreaktoren, die mit höheren Kerntemperaturen arbeiten, ist es erforderlich, auf andere Werkstoffe überzugehen.

Ob dabei austenitischer Stahl eine Vorzugsstellung einnehmen wird, ist noch nicht endgültig entschieden. Um die Neutronenabsorption, die bei Stählen an sich sehr hoch ist, in erträglichen Grenzen zu halten, wird die Dicke der Brennstoffumhüllungen möglichst extrem dünn gehalten. Daher muß auch der Reinheit des Stahles hinsichtlich der metallischen Einschlüsse besonderes Augenmerk gewidmet werden. Geringste Verunreinigungen können während des Betriebes sogenannte heiße Stellen verursachen und zu dem gefürchteten Durchbrennen der Brennstoffelemente führen. Die Forderung, austenitische Stähle für diese Beanspruchung im Vakuum zu erschmelzen, erscheint somit durchaus berechtigt[2].

Ferner wird, um einen guten Wärmekontakt zwischen Stahlhülse und Uranstäben zu gewährleisten, als Zwischenschicht eine bei Raumtemperatur flüssige Natrium-Kalium-Legierung mit 22% Natrium verwendet[3,4].

Zusammenfassende Arbeiten über Brennstoffelemente und deren Umhüllungen liegen von L. M. Wyatt[5] vor.

Stähle für die Spaltstoffherstellung und -aufbereitung. Für eine technisch und wirtschaftlich befriedigende Kernspaltung in Reaktoren ist die Aufbereitung von Spaltstoffen in geeigneter Form und Aufarbeitung der Spaltstoffreste, die im Reaktor nicht mehr ausgenutzt werden, von besonderer Bedeutung. Die Verfahrenstechnik der Spaltstoffe umfaßt nahezu alle Grundverfahren von der einfachen Hartzerkleinerung über komplizierte Apparate zum Stoff- und Wärmeaustausch bis zur Isotopentrennung.

Nach W. Mialki[6] kann dieser Aufgabenbereich zweckmäßig in zwei Gruppen aufgeteilt werden:

[1] Nuclear Eng. Handbook, S. 10/50, New York: McGraw-Hill 1958, und Reactor Handbook Materials. United States Atomic Energy Comm. New York: McGraw-Hill 1955.

[2] Jägersberger, J.: die atomwirtschaft, Nr. 5/1961, S. 283/288.

[3] Starr, C.: Proc. Conf. on Peaceful Uses of Atomic Energy, Geneva, 1955, III, S. 8/115.

[4] Unbehaun, W. E.: U. S. Atomic Energy Commission Publ., 1953, AECD-3712, 61ff.

[5] Wyatt, L. M.: Nuclear Power, 1956, I, 23/28.

[6] Mialki, W.: Kernverfahrenstechnik. Berlin/Göttingen/Heidelberg: Springer 1958.

1. Gewinnung der Spaltstoffe aus den Rohstoffen und Herstellung der Spaltstoffelemente und -lösungen.

2. Aufbereitung „ausgebrannter" Spaltstoffe zur Beseitigung der Spaltprodukte und zur Wiedergewinnung der Spaltstoffreste.

Zu 1. Für die Uranaufbereitungsanlagen werden entsprechend den verschiedenen Verfahren, die aber alle über das Uranoxyd bis zum Urantetrafluorid gehen, austenitische Stähle wie Stahl 19 (AISI 302) und Stahl 26 (AISI 316) nach Zahlentafel 138, S. 616 verwendet[1, 2].

Für besonders hochbeanspruchte Ventile in diesen Anlagen kommen Hastalloy-Legierungen (s. S. 468) mit Erfolg zum Einsatz, aber auch Monelmetall wird insbesondere für Reduktionsöfen zur Erzeugung von metallischem Uran in verschiedenen Ländern herangezogen[3, 4]. Inconel, eine Ni-Cr-Legierung mit 1% Mn und etwaigen Zusätzen von Al, Ti, Mo, Nb (s. S. 471), hat sich in den Vereinigten Staaten von Amerika für die Reduktion von Urantrioxyd zu Dioxyd und die Behandlung mit Fluorwasserstoffsäure zu Tetrafluorid bewährt.

Umfangreiche Untersuchungen über das Verhalten der Stähle AISI 302, 304, 309, 316 und 347 (s. Zahlentafel 139) in Aufbereitungsanlagen wurden von R. H. J. Gerke und D. Lewis[5] durchgeführt.

Zu 2. Die Trennung von Plutonium und der Spaltprodukte von Uran, welches im Reaktor ausgebrannt wurde, ist ein rein chemischer Prozeß, der vielfältig abläuft und wegen der Aktivität des zu behandelnden Materials mit besonderer Vorsicht durchgeführt werden muß. Im wesentlichen verläuft der Prozeß so, daß die bestrahlten Brennstoffelemente mit Salpetersäure behandelt werden und dabei das sechswertige Uran und das vierwertige Plutonium extrahiert werden; die Spaltprodukte bleiben zurück.

Für die überwiegende Zahl der Apparate und Rohrleitungen einer radiochemischen Aufbereitungsanlage werden die üblichen austenitischen Chrom-Nickel-Stähle, und zwar im besonderen die extrem niedrig gekohlten, verwendet, die ausreichende Korrosionsbeständigkeit gegen die chemischen Lösungen des genannten Prozesses aufweisen.

Die Schweißtechnik spielt im Reaktorbau eine besondere Rolle. Man muß an die Güte der Schweißverbindungen (z. B. für die großen Re-

---

[1] Craib, S.: S. Afric. Min., Engng. Inl. Bd. 66 (1955) S. 457/465 u. 511/519.

[2] Lillie, D. F.: Trans. Canad. Inst. Min. Met. Bd. 59 (1956) S. 162/167.

[3] Hollis, R. F.: Proc. Conf. on Peaceful Uses of Atomic Energy, Genève, 1955, VIII, S. 54/63.

[4] Jacobson, J.: Industr. Engng. Chem. Bd. 47 (1955) S. 878/883.

[5] Gerke, R. H. J., u. D. Lewis: US. Atomic Energy Commission Publ., 1954, AECD-3702, S. 11ff.

aktordruckkessel) sehr hohe Anforderungen stellen, so daß man der Schweißbarkeit der verwendeten Stähle erhöhte Aufmerksamkeit schenkt[1–6].

12. Ventilstähle[7]

In ventilgesteuerten Verbrennungskraftmaschinen sind die Ventile und besonders die Auslaßventile die höchstbeanspruchten Teile. Man verlangt vor allem hohe Warmfestigkeit, Wechselfestigkeit, an den Sitzflächen Warmverschleißfestigkeit, Korrosions- und Zunderbeständigkeit gegen die besonders bei klopffesten, bleihaltigen Kraftstoffzusätzen auftretenden Verbrennungsrückstände sowie am Schaft genügende Härte und Verschleißfestigkeit. Diese Beständigkeit muß bis zu den jeweils am Ventil auftretenden Höchsttemperaturen gewährleistet werden. Am Auslaßventil sind schon bis 900 °C, am Einlaßventil hingegen nur bis etwa 500 °C gemessen worden. Weiters verlangt man vom Ventilstahl, daß im Bereich dieser Temperaturen keine schädlichen Umwandlungs- oder Anlaß- und Ausscheidungsvorgänge vor sich gehen, die eine Versprödung oder andere Eigenschaftsänderung verursachen und damit eine Funktionsstörung des Ventils zur Folge hätten.

Von fertigungstechnischer Seite fordert man noch Warmverformbarkeit und Zerspanbarkeit sowie in Sonderfällen gute Schweißbarkeit und Gießbarkeit. Auslaß- wie Einlaßventile werden sowohl in Voll- als auch in Hohlbauweise und in Fällen hoher Temperaturbeanspruchung mit Natrium- oder Salzfüllung zwecks besserer Wärmeabführung erzeugt. Da Einlaßventile wesentlich geringeren Anforderungen unterliegen, werden sie vielfach aus weniger warmfesten Stählen gefertigt; jedoch wählt man bei Konstruktionen, bei denen eine Verwechslungs-

---

[1] Brit. Weld. J. Bd. 4 (1957) 10, S. 482/488.

[2] Weld. Metal Fabricat., London Bd. 2 (1957) S. 196/203.

[3] Weld. J. New York Bd. 36 (1957) S. 881/887.

[4] Kjellberg-ESAB-Schriften, Solingen 4/57/4.

[5] Davis, F. W., u. E. B. La Velle: Schweißen u. Schneiden Jg. 9 (1957) S. 5.

[6] Brown Boveri Mitt. Bd. 45 (1958) S. 272/279.

[7] Atchinson, L.: Proc. Instn. Automobile Engrs. Bd. 14 (1920) S. 39. — Hatfield, W. H.: J. Iron Steel Inst. Bd. 117 (1928) S. 573/610. — Boegehold, A. L., u. J. B. Johnson: Symp. on Effect of Temp. on the Properties of Metals. Amer. Soc. Mech. Engrs. & Amer. Soc. Test. 1931 S. 169/200, s. bes. S. 176 u. 191. — Handforth, J. R.: J. Iron Steel Inst. Bd. 126 (1932) S. 93/157; vgl. Stahl u. Eisen Bd. 52 (1932) S. 1003/1004. — Musatti, I., u. A. Reggiori: Metallurg. ital. Bd. 26 (1934) S. 475/498, 569/599 u. 765/793; vgl. Stahl u. Eisen Bd. 56 (1936) S. 576/578. — Cornelius, H.: Stahl u. Eisen Bd. 64 (1944) S. 433/438 u. 453/458. — Krainer, H.: Werkstoff-Handbuch Stahl und Eisen. Düsseldorf: Stahleisen 1953. — Houdremont, E.: Handbuch der Sonderstahlkunde, 3. Aufl., S. 1121. Berlin/Göttingen/Heidelberg: Springer u. Düsseldorf: Stahleisen 1956.

möglichkeit der Ventile besteht, den höherwertigeren Stahl des Auslaßventils auch für das Einlaßventil. Durch den Bau rasch laufender Verbrennungsmotoren mit höchsten Beanspruchungen, wie sie die Luftfahrtindustrie mit sich brachte, sind im Laufe der Entwicklung wohl alle erfolgversprechenden Legierungsmöglichkeiten erprobt worden. Man unterscheidet heute im allgemeinen folgende Gruppen von Ventilstählen:

1. Härtbare Stähle, die wieder zu unterscheiden sind in solche, die durch Abschrecken und jene, die durch Anlassen nach dem Abschrecken entweder durch Austenitzerfall zu Martensit oder/und durch Ausscheidungshärtung Arbeitsfestigkeit erreichen.
2. Als große Gruppe die austenitischen schmelzbaren Stähle und
3. als kleinere Gruppe die austenitischen Stähle als Stahlguß.

Aus Zahlentafel 163, die sich im wesentlichen auf die Angaben von H. CORNELIUS[1] aufbaut, ist eine Reihe der wichtigsten Ventilstähle nach Art und Zusammensetzung mit Verwendungsangabe ersichtlich.

Zu 1. Die für Fahrzeugmotore bislang gebräuchlichen, härtbaren Si-Cr-Stähle zeigen zwar gute Beständigkeit gegen Abgase, wie genügende Verschleißfestigkeit und demnach gute Laufeigenschaften, sind jedoch im Vergleich zu austenitischen Ventilstählen von geringer Warmfestigkeit. Sie sind auch empfindlich in der Wärmebehandlung und werden bei Außerachtlassung genauer Vorschriften leicht spröde. Zur Vermeidung muß man nach der Warmformgebung sowie nach der Glühung rasch abkühlen. Die Glühung selbst ist kurzzeitig durchzuführen. Die Versprödungsneigung dieser Stähle ist besonders bei nachfolgender Kaltverformung (Ziehen) zu beachten. Da Si-Cr-legierte Stähle, wie Stahl 3, an der Grenze der ferritischen Stähle liegen (s. S. 182 und 263), besteht die Gefahr der groben Rekristallisation. Es sind daher die auf S. 106/108 gegebenen Anweisungen zu berücksichtigen.

Für Beanspruchungen über 700 °C kommen nur noch Abstufungen wie Stahl 7, der durch Ausscheidung der Sigma-Phase gehärtet wird, und die nachfolgende Reihe der austenitischen Stähle zur Anwendung.

Durch besondere Maßnahmen an den stärker beanspruchten Stellen des Ventilkegels, das sind der Tellerrand, das Schaftende, der Schaft im Bereich der Ventilführung sowie der dem Verbrennungsraum zugekehrte Ventilboden, kann man beachtenswerte Verbesserungen erzielen.

Der Tellerrand wird mit Aufschweißhartlegierungen bewehrt, in Deutschland meist mit einer, die rund 1,2 bis 1,5% C, 25,0 bis 27,0% Cr, 60,0 bis 65,0% Co (bzw. 34,0 bis 36,0% Co) und 3 bis 6,0% W enthält (s. S. 868). Das Aufschweißen dieser Legierungen geschieht mittels einer Azetylenflamme und erfordert eine besondere Erfahrung. Eine andere aus England stammende Aufschweißlegierung ist Brightray

[1] CORNELIUS, H.: Stahl u. Eisen Bd. 64 (1944) S. 433/438 u. 453/458.

Zahlentafel 163. *Übersicht über die wichtigsten Ventilstähle* (nach H. Cornelius)

Nr.	Stahlart		C	Si	Mn	Cr	Ni	W	Sonstiges	Verwendung
			Zusammensetzung in %							
1	durch Abschrecken		0,60—0,70	1,50—1,80	0,40	—	—	—	—	schwach beanspruchte Ventile für Fahrzeugmotoren
2	durch Abschrecken		0,40—0,50	3,80—4,20	0,40	2,50—3,00	—	—	—	wie 1
3	durch Abschrecken		0,40—0,50	3,00—3,50	0,40	8,00—11,00	—	—	—	gebräuchlicher Stahl für Fahrzeugmotoren
4	durch Abschrecken		0,25—0,40	0,30	0,60	12,00—14,00	1,00—4,50	—	—	für Fahrzeugmotoren und Einlaßventile von Flugmotoren
5	durch Abschrecken		0,60—0,85	1,50—2,75	0,40	19,00—23,00	1,00—2,00	—	—	wie 4
6	durch Anlassen	a)	0,25—0,35	1,70—3,00	0,50	12,00—13,50	7,00—8,00	—	—	Einlaßventile von Flugmotoren
7	durch Anlassen	b)	0,40—0,50	0,50—1,30	0,80—1,20	23,00—25,00	4,50—5,50	—	Mo 2,50—3,00	Auslaßventile hochbeanspruchter Fahrzeugmotoren
8	nicht härtbar, austenitisch		0,30—0,45	2,50—3,30	0,50	17,00—20,00	7,00—9,00	—	—	wie 7
9	nicht härtbar, austenitisch		0,20—0,50	0,70—1,00	0,50	21,00—22,00	11,00—12,00	—	—	wie 7
10	nicht härtbar, austenitisch		0,40—0,55	1,00—1,50	0,50—1,00	14,00—17,00	12,00—15,00	2,00—3,00	—	innengekühlte Auslaßventile und ungekühlte Einlaßventile von Flugmotoren
11	nicht härtbar, austenitisch		0,40	0,30	0,50	13,00	13,00	1,70	bis 0,5 Mo, 0,2 V, 0,6—1,0 Co	wie 10
12	nicht härtbar, austenitisch		0,40—0,50	2,20—3,00	0,80—1,50	18,00—20,00	8,00—10,00	0,80—1,50	—	wie 10
13	nicht härtbar, austenitisch		0,40—0,50	0,30—0,80	0,60	24,00—26,00	13,00—15,00	—	Mo 2,50	wie 10
14	nicht härtbar, austenitisch		0,10	1,00	0,50	18,00	8,00	2,00	TaNb 1,00	wie 10, bes. dauerstandfest
15	gegossen, austenitisch		0,95—1,20	2,00—3,00	0,60	15,00—16,00	13,00—15,00	—	—	Ventile für Fordmotoren
16	gegossen, austenitisch		0,50	1,00	1,00	20,00	32,00	—	—	wie 7

a) Martensitbildung durch Austenitzerfall beim Anlassen. b) Ausscheidungshärtung.

(0,5% C, 0,3% Si, 1,0% Mn, 20,0% Cr, 74,0% Ni, Rest Fe); sie ist in ihrer Verzunderungs- sowie Korrosionsbeständigkeit der vorhin genannten Hartlegierung überlegen, aber weicher.

Dem Verschleiß am Schaftende ist bei den härtbaren Stahlsorten durch entsprechende Härtung zu begegnen. Bei austenitischen Stählen ist dies nicht möglich, weshalb man hier ein Plättchen aus Hartmetall oder gehärtetem Stahl mechanisch befestigt oder stumpf schweißt. Es kann auch eine Panzerung durch Auftragung einer Aufschweißhartlegierung von höherer Härte, als sie an der Sitzfläche des Ventils verwendet wird, erfolgen.

Zur Erzielung günstiger Laufeigenschaften des in der Ventilführung gleitenden Schaftabschnittes ist eine Nitrierung oder auch Kaltverformung üblich.

Ein weiterer unmittelbar zum Ventilkegel gehöriger Bauteil ist der Ventilsitzring. Er ist erst mit der Entwicklung von Hochleistungsmotoren und besonders bei Leichtmetall-Zylinderblöcken für Flugmotoren notwendig geworden. Die Betriebstemperatur dieser Bauteile liegt durch die bessere Kühlwirkung vom Zylinder her wesentlich tiefer als die der Ventilkörper und kann beim Auslaßteil auf 400 bis 500 °C geschätzt werden. Die Beanspruchungen sind ähnlich wie die der Ventilkörper selbst, jedoch dürfen die Ventilsitzringe bei obengenannter Temperatur nicht locker werden (Wärmeausdehnung) und sich nicht verziehen. Von den zahlreichen vorgeschlagenen Werkstoffen sind in der Zahlentafel 164 einige Stähle angeführt.

In hochbeanspruchten Motoren mit Leichtmetallgehäusen kommen ausschließlich austenitische Ventilsitzringe zum Einbau. Obwohl die Temperaturbeanspruchung geringer ist als bei Ventilkegeln, ist dies wegen des Ausdehnungskoeffizienten — 18 bis $20 \cdot 10^{-6}$ gegenüber $12 \cdot 10^{-6}$ bei perlitischen Stählen — erforderlich.

Zahlentafel 164. *Übersicht der wichtigsten Stähle für Ventilsitzringe*

Nr.	Stahlart	Zusammensetzung in %						Verwendung
		C	Si	Mn	Cr	Ni	Sonstiges	
1	Härtbare Stähle	0,40—0,50	3,00—3,50	0,40	8,00—9,00	—	—	Fahrzeug-Auslaßventile
2		1,80—2,20	0,35	0,50	11,00—13,00	—	—	wie 1
3	Nicht härtbare Stähle, austenitisch	0,25—0,40	0,50	17,00—19,00	1,00—2,00	—	—	Flugmotoren-Einlaßventil
4		0,50—0,60	0,30	5,00	3,50—5,00	11,00—13,00	—	Flugmotoren-Ein- und -Auslaßventil

Neben den beiden Mn-legierten austenitischen Stählen 3 und 4 der Zahlentafel 164 findet noch der Stahl 10 der Zahlentafel 163 als Ventilsitzring für höchste Beanspruchung Verwendung.

Obwohl nicht zu den Ventilstählen gehörend, sei in diesem Zusammenhang auf einen kleinen, aber wichtigen Teil von Dieselmotoren hingewiesen. Es sind dies die Brennstoffdüsen und -nadeln. Für diese lebenswichtigen Teile des Motors, die an Gewicht wenig ausmachen, ist es nicht angebracht zu sparen. Es sind hierfür Stähle mit geringem Verzug und hohem Verschleißwiderstand erforderlich. Ein geeigneter Stahl für diesen Verwendungszweck ist der auf S. 157, 763 als Stahl mit regelmäßiger Formänderung näher beschriebene Chrom-Mangan-Wolfram-Stahl. Neben diesem finden noch andere Werkzeugstähle ähnlicher Art, z. B. die für Schnitte gebräuchlichen, in Zahlentafel 167, S. 732 genannten verzugsarmen Ölhärtestähle I bis M, wie auch der Ventilstahl Nr. 2, der ledeburitische Chromstahl mit 1,6% C und 12% Cr sowie Schnellarbeitsstähle Anwendung. Für die Düsen werden in zunehmendem Maße Chrom-Nickel-legierte Einsatzstähle verwendet.

Die Auswahl richtet sich nach dem Querschnitt der Teile, der Betriebstemperatur, die ihrerseits die erforderliche Anlaßbeständigkeit vorschreibt, und schließlich nach der Zerspanbarkeit.

13. Stähle für Dampfturbinenschaufeln[1]

Die Beanspruchung ist bei Dampfturbinenschaufeln mehrfacher Art. Sie ist entweder Ausfressung (Erosion) durch den mit großer Geschwindigkeit schußartig auftreffenden Dampfstrom oder Korrosion, welche durch die aus dem Dampf niedergeschlagenen Salze, Kieselsäure, Eisenphosphat, Sulfide und andere chemische Produkte aus dem Kesselspeisewasser kommend, sehr bedeutend sein kann[2]. Durch die vor etwa 15 Jahren einsetzenden Bestrebungen, Dampfturbinen bis 600 °C Betriebstemperatur und auch darüber zu entwickeln, sind nun auch verstärkte Angriffe durch Zunderbildung zu beachten. Die bis 500 °C noch fest haftende geschlossene Zunderschicht auf niedriglegierten Stählen bricht bereits über 525 °C auf und kann durch den Temperaturwechsel und mechanische Beanspruchung abblättern[3]. Schließlich tritt eine Beanspruchung auf Warm- und Zeitstandfestigkeit sowie Dauerfestigkeit bei erhöhter Temperatur auf.

[1] In diesem Abschnitt ist nur von Schaufeln für Dampfturbinen die Rede. Auf diesem Gebiet gilt die Entwicklung als mehr oder weniger abgeschlossen; bei Gasturbinen hingegen sind ständig Änderungen zu erwarten. Für die letzteren sei auf Abschnitt „Warmfeste Stähle“ (S. 464, 468, 470 ff.) verwiesen.

[2] Pohl, E. J.: Die Revision der Turbogeneratoren. Masch.-Schaden Bd. 27 (1954) Nr. 7/8 S. 90/101. München u. Berlin, Allianz Versicherungs-AG.

[3] Brennecke, C., u. R. Schinn: VDI-Z. Bd. 99 (1957) Nr. 24 S. 1165/1171; Nr. 25 S. 1233/1244.

In der Entwicklung der Stähle für Dampfturbinenschaufeln ging man wegen der schweren Folgen eines etwaigen Fehlschlages anfangs nur zögernd weiter, doch nötigte die Wahl höherer Dampfdrücke und Dampftemperaturen zum Einsatz leistungsfähigerer Werkstoffe. Folgende drei Stahlgruppen findet man im Dampfturbinenbau vertreten: Vergütungsstähle, rostbeständige Chromstähle und schließlich austenitische Chrom-Nickel-Stähle.

Vergütungsstähle hatten sich zu Anfang der Entwicklung eingebürgert, obwohl sie weder besonderen Korrosions- noch Erosionswiderstand, noch große Warmfestigkeit haben. Ihre ausgezeichnete Eigenschaft ist die Zähigkeit. Der fast ausschließlich verwendete Stahl hatte eine Zusammensetzung von 0,10 bis 0,14% C und etwa 5% Ni; sein Einbau erfolgte in den meisten Fällen vergütet auf eine Festigkeit von 65 bis 75 kg/mm², doch kamen auch Festigkeiten von 80 kg/mm² zur Anwendung.

Der 5%ige Nickelstahl wurde im Laufe der Zeit durch billigere nickelarme bzw. nickelfreie Vergütungsstähle, die höhere Dauerstandfestigkeiten und Dauerfestigkeiten in der Wärme aufweisen, vollständig verdrängt. Über die Eignung derartiger Stähle berichtete F. Lüben[1]. Danach bewähren sich neben Chrom-Molybdän-Stählen auch Chrom-Mangan-Vanadin-Stähle gleich gut wie der 5%ige Nickelstahl, haben aber den Vorteil, auch für höhere Dampftemperaturen anwendbar zu sein.

Es ist möglich, diese Stähle im Niederdruckteil mit Ausnahme der letzten Stufen, in denen die Dampfnässe über 6 bis 8% liegt, sowie im Mitteldruckteil auch an Stelle des 14%igen Cr-Stahles zu verwenden. Ebenso wird in Leitschaufeln für Temperaturen über 400 °C der 5%ige Nickelstahl durch die erwähnten Chrom-Molybdän-Stähle ersetzt.

Rostbeständige Vergütungsstähle. Schon in den Anfangszeiten des Dampfturbinenbaues war das Bedürfnis nach korrosionsbeständigen Turbinenschaufeln vorhanden. Da damals die rostbeständigen Chromstähle noch nicht bekannt waren, verwendete man sogar einen 25%igen Nickelstahl. Heute ist in Deutschland ein Stahl mit 0,12 bis 0,23% C und 14% Cr gebräuchlich. Über die Höhe des Kohlenstoffgehaltes gehen die Meinungen auseinander, doch dürfte die vorerwähnte Kohlenstofflage für die meist vorkommenden Vergütungsfestigkeiten von 75 bis 85 kg/mm² richtig gewählt sein. Sinkt der Kohlenstoff unter 0,12%, so ist nicht mehr einwandfreie Vergütbarkeit gewährleistet, da der Stahl in das halbferritische Gebiet kommen kann. In Fällen, wo man die Schaufeln eingießt oder wo Lötverbindungen, z. B. beim Einlöten von Bindedrähten, durchgeführt werden, bevorzugt man allerdings noch niedrigere Kohlenstoffgehalte und geht bis unter 0,10% C, um beim Erwärmen über die Härtetemperatur dieses Stahles ein übermäßiges Aufhärten zu ver-

[1] Lüben, F.: Jahrbuch der AEG-Forschung, Bd. 6, Berlin: Springer 1939, S. 130/144.

meiden. Die Forderung nach Weichheit wird auch bei bestimmten Befestigungsarten, die in einem Aufstauchen durch Nieten bestehen, erhoben.

Für den Hochdruckteil reicht die Dauerstandfestigkeit des 14%igen Chromstahles nicht immer aus. Durch Zulegieren von Molybdän sowie Vanadin und Wolfram als karbidbildende Elemente sind diese Stähle bis über 600 °C mit guter Zeitstandfestigkeit verwendbar. Nach J. H. G. MONYPENNY[1] wird auch ein Stahl mit 0,15% C, 17% Cr und 2% Ni mit Vorteil im Hochdruck- und Zwischendruckteil sehr großer Turbinen eingebaut, da er sich gegen durch Chloride verunreinigten Dampf gut beständig erweist. Dem besonderen Erosionsangriff an den Schaufelkanten kann bei vergütbaren Stählen nach einem von H. ZSCHOKKE[2] entwickelten Verfahren der örtlichen Härtung der Schaufeln wirksam begegnet werden.

Austenitische Chrom-Nickel-Stähle[3]. Neben den rostsicheren Chromstählen stehen auf der ganzen Welt noch austenitische Chrom-Nickel-Stähle für Turbinenschaufeln im Gebrauch. Anfänglich benutzte man einen wolframhaltigen austenitischen Chrom-Nickel-Stahl, wie er ähnlich als Ventilstahl üblich ist, und zwar mit 0,5% C, 12% Cr, 12% Ni, 2% W. Das Wolfram diente dabei der Erhöhung der Warmfestigkeit. Natürlich können auch Vanadin und Molybdän denselben Zweck erfüllen. Ein ähnlich aufgebauter, zusätzlich mit Titan legierter Stahl mit der Zusammensetzung von 0,20% C, 2% Si, 0,80% Mn, 14% Cr, 13% Ni, 2% W und 1,20% Ti von P. B. MICHAILOW-MICHEJEW[4] würde vorteilhafter sein, doch dürfte die ohnehin schwierige Herstellbarkeit dieser Stähle durch den Titangehalt weiter verschlechtert werden. Heute bevor-

Zahlentafel 165. *Zusammensetzungen und Festigkeiten üblicher Dampfturbinenschaufelstähle*

	Stahlbezeichnung	Zusammensetzung in %				Sonstiges	Verwendungszustand	Streckgrenze kg/mm² mind.	Zugfestigkeit kg/mm²
		C	Cr	Ni	Mo				
Vergütungsstähle	25 CrMo 5	0,25	1,10	–	0,20		vergütet	50	65–80
	24 CrMoV 55	0,24	1,40	–	0,55	V 0,20	vergütet	65	80–95
Rostbeständige Chromstähle	X 15 CrMo 12 1	0,15	12,00	–	1,10		vergütet	50	70–85
	X 20 CrMo 12 1	0,20	12,00	–	1,20		vergütet	50	70–85
	X 22 CrMoWV 12 1	0,20	12,00	–	1,00	W 0,50 V 0,30	vergütet	60	80–95
Austenitische Chrom-Nickel-Stähle	X8CrNiNb1613	< 0,10	16,00	13,00	–	Nb > 10 × %C	lösungsgegl.	22	50–65
	X 8 CrNiMoNb 16 16	< 0,10	16,00	16,00	2,00	Nb 1,20	lösungsgegl.	22	52–70
	X 8 CrNiMoVNb 16 13	< 0,10	16,00	13,00	1,30	V 0,80 Nb > 10 × %C	lösungsgegl. ausscheidungsgehärtet	25	55–75
	X 40 CrNiCo 13 13	0,40	13,00	13,00	2,00	W 2,50 Co 10,00 Nb 3,00	lösungsgegl. ausscheidungsgehärtet	35	65–85

[1] MONYPENNY, J. H. G.: Korrosion u. Metallsch. Bd. 13 (1937) Nr. 10/11 S. 365/375.

[2] ZSCHOKKE, H.: Korrosion u. Metallsch. Bd. 13 (1937) Nr. 10/11 S. 386/392.

[3] Die austenitischen Stähle werden auch für den Gasturbinenbau gebraucht.

[4] MICHAILOW-MICHEJEW, P. B.: Katschestw. Stal Jg. 4 (1936) S. 34/44.

zugt man Chrom-Nickel-Stähle mit Tantal-Niob- oder Titanzusätzen, Zahlentafel 138, S. 616, die sich durch höhere Dauerstandfestigkeit auszeichnen und bei den oft vorkommenden scharfkantigen Turbinenschaufelprofilen durch höhere Zähigkeit vorteilhafter sind. Die niedrige Streckgrenze dieser austenitischen Stähle hebt man durch eine entsprechende Wärmebehandlung auf Werte über 35 kg/mm². Abschrecken wäre in diesem Fall ungünstig und ist auch nicht erforderlich, da die Ansprüche an die Korrosionsbeständigkeit nicht so hoch sind. Man glüht entweder bei 700 bis 900 °C, wodurch eine Festigkeitssteigerung, verbunden mit einer durch die Karbidausscheidung bewirkten Erhöhung der Erosionsfestigkeit, eintritt. Das beste Verfahren ist jedoch, die Endwarmformgebung bei niederen Temperaturen vorzunehmen. Für höchste Dampftemperaturen von 600 °C und darüber verwendete man in Amerika den aus dem Gasturbinenbau kommenden Stahl „Timken 16—25—6"[1] der Timken Roller Bearing Corp., der 0,1% C, 16% Cr, 25% Ni und 6% Mo enthält.

Es hat auch nicht an Versuchen gefehlt, die Schaufelkante der austenitischen Stähle durch Auflöten von Hartmetallstreifen oder Aufschweißen von Hartlegierungen erosionsfester zu machen. Bei Anwendung von Dampftemperaturen über 550 °C sind derartige Bewehrungen für die Schaufeln der Aktionsräder schon üblich.

Erwähnt sei, daß Dampfturbinenschaufeln und auch die in diesem Abschnitt nicht behandelten Gasturbinenschaufeln in zunehmendem Maße durch das Präzisionsschmieden hergestellt werden. Dieses Verfahren bringt eine Verbilligung mit sich durch geringeren Stahlaufwand und dem Fortfall der hohen Bearbeitungskosten für das Blatt und dürfte außerdem durch den günstigen Faserverlauf einen gütemäßigen Vorteil bringen.

In der Zahlentafel 165 sind die für Dampfturbinenschaufeln meist gebräuchlichen Stähle zusammengefaßt.

14. Werkzeugstähle[2]

Eine strenge Unterscheidung zwischen Werkzeugstählen und Baustählen ist wohl nach der Verwendung, nicht immer aber nach der chemischen Zusammensetzung möglich.

---

[1] OLIVER, D. A.: Iron Coal Tr. Rev. Bd. 154 (1947) S. 1131/1134; vgl. Stahl u. Eisen Bd. 69 (1949) S. 311.

[2] Zusammenfassende Darstellungen über das Gebiet der Werkzeugstähle geben: SCHMIDT, M.: Werkzeugstähle, Stahleisen-Buch Bd. 5. Düsseldorf: Stahleisen m. b. H. 1943. — GILL, J. P.: Tool Steels. Amer. Soc. for Met. Cleveland, Ohio, 1951. — HAUFE, W.: Werkzeugstähle und ihre Wärmebehandlung. Füssen: C. F. Winter'sche Verlagshandlung 1955. — Metals Handbook. Herausgegeben von der American Society for Metals, Cleveland, Ohio, 1961, 8. Aufl.

Die Werkzeugstähle dienen zur Anfertigung von Werkzeugen für die Formgebung, Trennung und Zerkleinerung der verschiedenen Stoffe, und man wird je nach Arbeitsweise sagen können, ob es sich um einen Werkzeugstahl handelt oder nicht. Nach der chemischen Zusammensetzung hingegen ist eine sichere Grenze zwischen Bau- und Werkzeugstählen nicht gegeben. So werden manche Maschinenteile aus Stählen mit solchen physikalischen Eigenschaften und chemischer Zusammensetzung hergestellt, die auch als Werkzeugstähle geeignet sind; so z. B. kann man die für Kugellager üblichen Chromstähle auch für Werkzeuge, etwa Kaltwalzen, gebrauchen oder Chrom-Nickel-Vergütungsstähle als Gesenkstähle, Einsatzstähle für Werkzeuge zum Pressen von Kunststoffen. Andererseits werden Werkzeugstähle für Bauteile verwendet wie z. B. maßänderungsarme Schnittstähle für Einspritzpumpen in Dieselmotoren oder unlegierte Werkzeugstähle für Kolben in Preßluftwerkzeugen. Bei den Baustählen läßt sich, wenn auch mit Vorbehalt, das Verhalten im Betrieb durch Angabe von Streckgrenze, Festigkeit, Dehnung und Einschnürung, Kerbzähigkeit, Festigkeitseigenschaften in der Wärme, Dauerschwingfestigkeit, Kerbempfindlichkeit in der Kälte und in der Wärme kennzeichnen. Bei den Werkzeugstählen gibt es bis jetzt nur beschränkte Möglichkeiten, durch zahlenmäßige Angaben von mechanischen oder physikalischen Eigenschaften einen genauen Maßstab für die Verwendungsfähigkeit des Stahles zu finden. Es sind jedoch im zunehmenden Maße Bestrebungen festzustellen, auch bei Werkzeugstählen für die Verwendung kennzeichnende Eigenschaften durch Messung zu bestimmen. Neben der Messung der Härte, die bisher meist die alleinige Beurteilungsgrundlage abgab, versucht man das Zähigkeitsverhalten durch statische und dynamische Prüfverfahren, wie z. B. Biege- und Verdrehversuche, zu ermitteln. Die Verdrehschlagprobe — angewendet auf unlegierte Stähle — wurde S. 140 behandelt. K. Bungardt, O. Mülders und W. Schmidt[1] finden, daß der statische Verdrehversuch das Zähigkeitsverhalten von Werkzeugstählen (geprüft wurde ein Ölhärtestahl, der in der geprüften Abmessung durchhärtet) wiedergeben könnte. Dabei werden als wichtigste Meßgrößen die Verdrehstreckgrenze und die plastische Verdreharbeit angesehen. Ebenso wie beim Verdrehschlagversuch wurde zwischen 200 und 300 °C ein Sprödigkeitsbereich gefunden. Nach Ansicht des Verfassers wird es weiterer Arbeit bedürfen, um zu einer Auswertung für das praktische Verhalten zu gelangen. Besonders schwierig wird es bei Warmarbeitsstählen sein, wo schwankende und auf das Werkzeug ungleichmäßig verteilte Temperaturen vorliegen (s. dazu auch S. 818).

[1] Bungardt, K., O. Mülders u. W. Schmidt: Stahl u. Eisen Bd. 81 (1961) S. 670/675.

Einteilung der Werkzeugstähle

Die Einteilung der Werkzeugstähle kann nach dem Legierungsaufbau oder den Anwendungsgebieten erfolgen. Die im folgenden getroffene Einteilung stellt den Versuch dar, eine Gliederung nach Verwendungsgebieten vorzunehmen. Dabei wird in zwei Hauptgruppen, und zwar in Stähle für Kaltarbeitswerkzeuge, getrennt in spanabhebende und spanlos umformende, sowie in Stähle für Warmarbeitswerkzeuge wie folgt unterteilt:

I. Stähle für Kaltarbeitswerkzeuge

A. Stähle für spanabhebende Werkzeuge.

a) Stähle für Zerspanungswerkzeuge. Allgemein.
b) Stähle für Feilen,
c) Stähle für Sägen,
d) Stähle für Holzbearbeitungswerkzeuge.

B. Stähle für Werkzeuge zur spanlosen Umformung.

a) Stähle für Werkzeuge der Stanzereitechnik,
b) Stähle für Maschinenmesser,
c) Stähle für Kaltschlagwerkzeuge,
d) Stähle für Fließpreßwerkzeuge,
e) Stähle für Werkzeuge zum Ziehen von Rohren, Stangen und Draht,
f) Stähle für Kaltwalzen,
g) Stähle für Kunststoffpreßformen.

C. Sonstige Kaltarbeitswerkzeuge.

a) Stähle für Bergbau- und Gesteinsbearbeitungswerkzeuge,
b) Stähle für die Hartzerkleinerung,
c) Stähle für Druckluftwerkzeuge,
d) Stähle für die Landwirtschaft,
e) Stähle für Meßwerkzeuge.

II. Stähle für Warmarbeitswerkzeuge

a) Stähle für Schmiede- und Preßwerkzeuge,
b) Stähle für Schrauben, -Nieten- und Mutternpreßwerkzeuge,
c) Stähle für Metallrohr- und Strangpreßwerkzeuge,
d) Stähle für Spritz- und Preßgußwerkzeuge,
e) Stähle für Pilgerdorne,
f) Stähle für Warmwalzen,
g) Stähle für Warmschermesser.

Die auf den verschiedenen Gebieten des Werkzeugstahls bestehenden Erfahrungen sind so mannigfaltig, daß es unmöglich ist, alles zu übersehen; Unvollständigkeit und Widersprüche sind zwangsweise die Folge davon. Dazu kommt noch, daß in den einzelnen Ländern die Entwicklung der Werkzeugstähle und auch die gepflogene Auswahl für bestimmte Verwendungszwecke sehr verschiedene Wege ging. Jedes Land hat gewissermaßen seine eigene Geschichte des Werkzeugstahles. Es wurden daher von den ausländischen, insbesondere von amerikanischen Werkzeugstählen, nur jene berücksichtigt, deren internationale Verwendung sich schon abzuzeichnen beginnt oder deren Verwendung in Europa aus technischen oder wirtschaftlichen Gründen gefördert zu werden verdient. Über die gebräuchlichsten amerikanischen Werkzeugstähle gibt die Zahlentafel 166 Aufschluß.

Zahlentafel 166. *Einteilung und Anhaltsangaben für die chemische Zusammensetzung der in den Vereinigten Staaten von Amerika gebräuchlichen Werkzeugstähle* (nach Metals Handbook 1954, Supplement S. 22 und Steel Products Manual, Tool Steels, April 1955)

Stahlbezeichnung[1,2] nach AISI und SAE	Chemische Zusammensetzung[3]							
	% C	% Mn	% Si oder Ni	% Cr	% V	% W	% Mo	% Co
	Wasserhärtende Werkzeugstähle							
W 1*	0,60—1,40[4]	—	—	—	—	—	—	—
W 2*	0,60—1,40[4]	—	—	—	0,25	—	—	—
W 3	0,60—1,40[4]	—	—	—	0,50	—	—	—
W 4	0,60—1,40[4]	—	—	0,25	—	—	—	—
W 5	0,60—1,40[4]	—	—	0,50	—	—	—	—
W 6	0,60—1,40[4]	—	—	0,25	0,25	—	—	—
W 7	0,60—1,40[4]	—	—	0,50	0,20	—	—	—
	Schlagzähe Werkzeugstähle							
S 1*	0,50	—	—	1,50	—	2,50	—	—
S 2	0,50	—	1,00 Si	—	—	—	0,50	—
S 3	0,50	—	—	0,75	—	1,00	—	—
S 4*	0,50	0,80	2,00 Si	—	—	—	—	—
S 5*	0,50	0,80	2,00 Si	—	—	—	0,40	—
	Ölhärtende Kaltarbeitsstähle							
O 1*	0,90	1,00	—	0,50	—	0,50	—	—
O 2	0,90	1,60	—	—	—	—	—	—
O 6	1,45	0,75	1,00 Si	—	—	—	0,25	—
O 7	1,20	—	—	0,75	—	1,75	0,25+	—
	Lufthärtende mittellegierte Kaltarbeitsstähle							
A 2*[5]	1,00	—	—	5,00	—	—	1,00	—
A 4	1,00	2,00	—	1,00	—	—	1,00	—
A 5	1,00	3,00	—	1,00	—	—	1,00	—
A 6	0,70	2,00	—	1,00	—	—	1,00	—
A 7	2,25	—	—	5,25	4,50	—	1,00	—
	Kaltarbeitsstähle mit hohem Chrom- und Kohlenstoffgehalt							
D 1	1,00	—	—	12,00	—	—	1,00	—
D 2*[5]	1,50	—	—	12,00	—	—	1,00	—
D 3*[5]	2,25	—	—	12,00	—	—	—	—
D 4*	2,25	—	—	12,00	—	—	1,00	—
D 5[5]	1,50	—	—	12,00	—	—	1,00	3,00
D 6	2,25	—	1,00 Si	12,00	—	1,00	—	—
D 7[5]	2,35	—	—	12,00	4,00	—	1,00	—
	Chrom-Warmarbeitsstähle							
H 11	0,35	—	—	5,00	0,40	—	1,50	—
H 12*	0,35	—	—	5,00	0,40	1,50	1,50	—
H 13*[5]	0,35	—	—	5,00	1,00	—	1,50	—
H 14	0,40	—	—	5,00	—	5,00	—	—
H 15	0,40	—	—	5,00	—	—	5,00	—
H 16	0,55	—	—	7,00	—	7,00	—	—

[1] AISI = American Iron and Steel Institute, SAE = American Society of Automative Engineers.

[2] Die mit * versehenen Stähle sind allgemein erhältlich und werden von den meisten Herstellern von Werkzeugstahl gefertigt.

[3] Gehalte mit $^+$: wahlweise.

[4] Verfügbar mit unterschiedlichen Kohlenstoffgehalten in Spannen von 0,10%.

[5] Erhältlich auch mit besserer Zerspanbarkeit.

Zahlentafel 166 (Fortsetzung)

Stahlbezeichnung[1,2] nach AISI und SAE	Chemische Zusammensetzung[3] % C	% Mn	% Si oder Ni	% Cr	% V	% W	% Mo	% Co
	Wolfram-Warmarbeitsstähle							
H 20	0,35	—	—	2,00	—	9,00	—	—
H 21*	0,35	—	—	3,50	—	9,00	—	—
H 22	0,35	—	—	2,00	—	11,00	—	—
H 23	0,30	—	—	12,00	—	12,00	—	—
H 24	0,45	—	—	3,00	—	15,00	—	—
H 25	0,25	—	—	4,00	—	15,00	—	—
H 26	0,50	—	—	4,00	1,00	18,00	—	—
	Molybdän-Warmarbeitsstähle							
H 41	0,65	—	—	4,00	1,00	1,50	8,00	—
H 42	0,60	—	—	4,00	2,00	6,00	5,00	—
H 43	0,55	—	—	4,00	2,00	—	8,00	—
	Wolfram-Schnellarbeitsstähle							
T 1*[5]	0,70	—	—	4,00	1,00	18,00	—	—
T 2[5]	0,85	—	—	4,00	2,00	18,00	—	—
T 3[5]	1,05	—	—	4,00	3,00	18,00	—	—
T 4	0,75	—	—	4,00	1,00	18,00	—	5,00
T 5	0,80	—	—	4,00	2,00	18,00	—	8,00
T 7	0,80	—	—	4,00	2,00	14,00	—	—
T 8	0,80	—	—	4,00	2,00	14,00	—	5,00
T 15	1,55	—	—	4,00	5,00	12,00	—	5,00
	Molybdän-Schnellarbeitsstähle							
M 1[5]	0,80	—	—	4,00	1,00	1,50	8,50	—
M 2*[5]	0,85	—	—	4,00	2,00	6,25	5,00	—
M 3[5,6]	1,00	—	—	4,00	2,40	6,00	5,00	—
M 4	1,30	—	—	4,00	4,00	5,50	4,50	—
M 6	0,80	—	—	4,00	1,50	4,00	5,00	12,00
M 7	1,00	—	—	4,00	2,00	1,75	8,75	—
M 10[5]	0,85	—	—	4,00	2,00	—	8,00	—
M 15	1,50	—	—	4,00	5,00	6,50	3,50	5,00
M 30	0,80	—	—	4,00	1,25	2,00	8,00	5,00
M 33	0,90	—	—	3,75	1,15	1,75	9,50	8,00
M 34	0,90	—	—	4,00	2,00	2,00	8,00	8,00
M 35	0,80	—	—	4,00	2,00	6,00	5,00	5,00
M 36	0,80	—	—	4,00	2,00	6,00	5,00	8,00
	Niedriglegierte Werkzeugstähle für Sonderzwecke							
L 1	1,00	—	—	1,25	—	—	—	—
L 2	0,50—1,10[4]	—	—	1,00	0,20	—	—	—
L 3	1,00	—	—	1,50	0,20	—	—	—

[1] AISI = American Iron and Steel Institute, SAE = American Society of Automotive Engineers.

[2] Die mit * versehenen Stähle sind allgemein erhältlich und werden von den meisten Herstellern von Werkzeugstahl gefertigt.

[3] Gehalte mit $^+$: wahlweise.

[4] Verfügbar mit unterschiedlichen Kohlenstoffgehalten in Spannen von 0,10%.

[5] Erhältlich auch mit besserer Zerspanbarkeit.

[6] Erhältlich auch mit 3% V.

Stahlbezeichnung[1, 2] nach AISI und SAE	Chemische Zusammensetzung[3]							
	% C	% Mn	% Si oder Ni	% Cr	% V	% W	% Mo	% Co
L 4	1,00	0,60	—	1,50	0,20	—	—	—
L 5	1,00	1,00	—	1,00	—	—	0,25	—
L 6	0,70	—	1,50 Ni	0,75	—	—	0,25+	—
L 7	1,00	0,35	—	1,40	—	—	0,40	—
Wolfram-Werkzeugstähle mit hohem Kohlenstoffgehalt								
F 1	1,00	—	—	—	—	1,25	—	—
F 2	1,25	—	—	—	—	3,50	—	—
F 3	1,25	—	—	0,75	—	3,50	—	—
Formenstähle mit niedrigem Kohlenstoffgehalt								
P 1	0,10 max.	—	—	—	—	—	—	—
P 2	0,07 max.	—	0,50 Ni	1,25	—	—	0,20	—
P 3	0,10 max.	—	1,25 Ni	0,60	—	—	—	—
P 4	0,07 max.	—	—	5,00	—	—	—	—
P 5	0,10 max.	—	—	2,25	—	—	—	—
P 6	0,10	—	3,50	1,50	—	—	—	—
P 20	0,30	—	—	0,75	—	—	0,25	—

Sonstige Werkzeugstähle

	% C	% Mn	% Si od. Ni	% Cr	% V	% W	% Mo	% Co
6 G	0,55	0,80	0,25 Si	1,00	0,10	—	0,45	—
6 F 2	0,55	0,75	0,25 Si 1,00 Ni	1,00	0,10+	—	0,95	—
6 F 3	0,55	0,60	0,85 Si 1,80 Ni	1,00	0,10+	—	0,75	—
6 F 4	0,20	0,70	0,25 Si 3,00 Ni	—	—	—	3,35	—
6 F 5	0,55	1,00	1,00 Si 2,70 Ni	0,50	0,10	—	0,50	—
6 F 6	0,50	—	1,50 Si	1,50	—	—	0,20	—
6 F 7	0,40	0,35	4,25 Ni	1,50	—	—	0,75	—
6 H 1	0,55	—	—	4,00	0,85	—	0,45	—
6 H 2	0,55	0,40	1,10 Si	5,00	1,00	—	1,50	—

[1] AISI = American Iron and Steel Institute, SAE = American Society of Automotive Engineers.

[2] Die mit * versehenen Stähle sind allgemein erhältlich und werden von den meisten Herstellern von Werkzeugstahl gefertigt. [3] Gehalte mit +: wahlweise.

I. Stähle für Kaltarbeitswerkzeuge[1]

Für die folgenden Abschnitte sind die häufig wiederkehrenden Kaltarbeitsstähle in der Zahlentafel 167 zusammengestellt. Die Gruppierung ist nach zusammengehörigen kennzeichnenden Eigenschaften vorgenommen. Auf eine systematische Bezeichnung wurde verzichtet, da keine allgemein gebräuchlichen Ansätze hierzu bestehen. In Bild 452 ist für einige Stähle das Bruchaussehen im geschmiedeten, weichgeglühten, gehärteten und überhitzt gehärteten Zustand wiedergegeben. Die Beurteilung des Bruchaussehens an Hand derartiger Bruchproben ist außerordentlich aufschlußreich und stellt ein wichtiges Hilfsmittel in der Edelstahlerzeugung, insbesondere für die Werkzeugstähle dar.

[1] s. a. Stahleisen-Werkstoffblatt 150 (Ausg. Sept. 1958) Unlegierte Stähle für Werkzeuge; Stahleisen-Werkstoffblatt 200 (Ausg. Sept. 1958) Legierte Kaltarbeitsstähle.

A. Stähle für spanabhebende Werkzeuge

a) Stähle für Zerspanungswerkzeuge, Allgemein. *Dreh-, Hobel- und Stoßmesser* können, soweit es sich um niedrige Schnittgeschwindigkeiten und die Zerspanung von Nichteisenmetallen und weichen Stählen handelt, aus legierten und unlegierten Werkzeugstählen gefertigt werden, wenngleich man auch hierfür heute immer mehr Schnellarbeitsstähle verwendet. Geeignet sind hierfür neben dem Stahl mit 1,40% C und 0,50% Cr die Stähle A, B, S und T der Zahlentafel 166 sowie die unlegierten Stähle d, f und g. Die Riffelstähle A und B haben sich ein breites Anwendungsfeld als Feinstdrehwerkzeuge in der Uhrenindustrie erobert. Sie sind auf diesem Gebiet den Schnellarbeitsstählen sowohl leistungsmäßig überlegen als auch einfacher in der Wärmebehandlung.

Die hohen Schnittgeschwindigkeiten der modernen Bearbeitungsmaschinen erfordern in den meisten Fällen den Einsatz von Schnellarbeitsstählen und Hartmetallen, insbesondere bei der Zerspanung von Stählen; das Hobeln und Stoßen von Stahl mit Hartmetall ist heute nach Entwicklung besonders zäher Legierungen mit höheren Bruchfestigkeiten ebenfalls üblich.

Riffelmesser dienen zum Zerspanen sehr harter Werkstoffe, wo man mit einer geringen Schnittgeschwindigkeit arbeiten muß und auch mit Schnellarbeitsstahl keinen besseren Erfolg erreichen würde. Hierbei wird weniger die Warmhärte als der Abnützungswiderstand bei niedrigen Temperaturen in Anspruch genommen. Der wichtigste Fall auf diesem Gebiet war seinerzeit die Bearbeitung von Mühlenwalzen, ein Vorgang, der „Riffeln" genannt wird. Die hierfür verwendeten Stähle bezeichnete man als Riffelstähle und gebraucht diesen Ausdruck auch weiter, wenn sie auch für andere Zwecke eingesetzt werden. Stähle dieser Art sind unter A, B und C in Zahlentafel 167 genannt. Durch die Entwicklung von besonders harten, gesinterten Hartmetallen sind die Riffelstähle weitgehend von diesem Gebiet verdrängt worden, doch finden sie noch für andere Zerspanungsvorgänge Anwendung, z.B. für *Hinterdrehmesser* und einige in diesem Abschnitt noch zu behandelnde Werkzeuge, wie Reibahlen, Schaber, Stichel, Gewehrlaufbohrer, Drallziehmesser, Fassonmesser usw. Bei manchen dieser Werkzeuge erlaubt die Bauart der Maschine und die Art des Zerspanungsvorganges keine hohen Schnittgeschwindigkeiten.

Schaber und *Stichel* erfordern harte, verschleißfeste und schneidhaltige Stähle. Üblich sind die oben erwähnten Riffelstähle, ein Stahl mit 1,40% C und 0,50% Cr sowie unlegierte hochgekohlte Stähle mit 1,30 bis 1,50% C. Stichel für Graviermaschinen werden vielfach aus Schnellarbeitsstählen hergestellt, und zwar sowohl aus den hochvanadinlegierten 14-4-4-Stählen mit und ohne Co als auch aus dem zäheren 18-4-1-Stahl.

Zahlentafel 167. *Zusammensetzungen, Härtungscharakteristik und kennzeichnende Verwendungszwecke allgemein gebräuchlicher legierter und unlegierter Kaltarbeitsstähle*

Bezeichnung		Chemische Zusammensetzung in %								Glühfestigkeit kg/mm²	Härtungscharakteristik				Kennzeichnende, jedoch nicht ausschließliche Verwendungszwecke
		C	Si	Mn	Cr	W	Mo	V	Ni		Härtetemperatur °C	Härtemittel	Höchsthärte HRC[1]	Einhärtung bei 50 ⌀	
142 WV 13	A	1,45	—	—	0,0 1,0	3,5	—	0,3	—	90/100	780— 800	Wasser	66—69	Schalenhärter	Stähle höchster Härte, Riffelstähle, Kaltziehmatrizen und Stempel
X 130 W 5	B	1,30	—	—	—	5,0	—	—	—	85/95	780— 820	Wasser	65—68		
—	C	1,45	—	—	—	1,0	—	1,4	—	85/95	780— 820	Wasser	65—68		
X 210 CrW 12	D	2,1	—	—	12,5	1	—	0,15	—	70/80	950—1000	Luft, WB, Öl	62—65	Durchhärter, auch in größeren Querschnitten	Hochleistungs-Schnittstähle, geringste Maßänderungen beim Härten, hoch verschleißfest. Universelle Verwendung für Werkzeuge zur spanlosen Formgebung
X 210 Cr 12	E	2	—	—	12,0	—	—	—	—	70/80	930— 980	WB, Öl			
X 165 CrMoV 12	F	1,65	—	—	12,0	0,5	1	0,1	—	70/80	970—1020	Luft, WB, Öl			
105 WCr 6	G	1	—	1	1	1,5	—	—	—	70/80	790— 850	Öl, WB	63—66	Durchhärter	Maßänderungsarme Ölhärter für Schnitt- und Stanzwerkzeuge. Gewindeschneid- und Meßwerkzeuge. Vielseitige Verwendung für Zerspanungswerkzeuge, Maschinenmesser, Holzbearbeitung, Kunststoffpreßformen, verschleißfeste Bauteile usw.
100 MnCrW 4	H	1	—	1	0,5	0,5	—	0,15	—	65/75	780— 850	Öl, WB	63—66		
90 MnV 8	I	0,9	—	2	—	—	—	0,15	—	60/70	760— 830	Öl, WB	63—66		
145 Cr 6	J	1,4	—	—	1,5	—	—	0 0,15	—	70/80	830— 870	Öl, WB Öl, WB	63—66 63—66	Tiefe Schalenhärter	
105 MnCr 4	K	1,05	—	1	0,5	—	—	—	—	60/70	790— 830				
X 45 NiCrMo 4	L	0,45	—	—	1,3	—	0,25	—	4,0	75/85	850— 880	Luft, WB, Öl	53—57	Durchhärter, auch in großen Querschnitten	Massivprägewerkzeuge, Einsenkpfaffen
50 NiCr 13	M	0,50	—	—	1,0	—	0,20	—	3,5	75/85	810— 850	Luft, WB, Öl	55—60		
55 NiCrMoV 6	N	0,55	—	—	0,7	—	0,3	0,1	1,7	65/75	830— 850	Öl, WB	52—58		
100 Cr 6	O	1	—	—	1,5	—	—	—	—	60/70	830— 860 800— 820	Öl Wasser	62—69 64—67	Tiefer Schalenhärter	Verschleißfeste Werkzeuge und Bauteile
105 Cr 4	P	1,05	—	—	1	—	—	—	—	60/70	800— 830 830— 860	Wasser Öl	63—67 62—65	Schalenhärter	Kaltschlagwerkzeuge, Massiv- und Hohlprägewerkzeuge
—	Q	0,9	—	—	—	—	—	0,2	0,7	60/70	770— 850	Wasser	63—66	Schalenhärter mit regelbarer Einhärtetiefe	
100 V 1	R	0,95	—	—	—	—	—	0,1	—	58/68	800— 830	Wasser	64—67		

[1] Gilt für die Oberflächenhärte der Abmessung 20 mm ⌀.

Zahlentafel 167 (Fortsetzung)

Bezeichnung	Chemische Zusammensetzung in %									Glüh-festig-keit kg/mm²	Härtungscharakteristik				Kennzeichnende, jedoch nicht ausschließliche Verwendungszwecke
		C	Si	Mn	Cr	W	Mo	V	Ni		Härte-temperatur °C	Härtemittel	Höchst-härte HRC[1]	Einhärtung bei 50 ⌀	
120 W 4	S	1,20	—	—	0,20	1,00	—	—	—	60/70	780— 810	Wasser (Öl)	64—66	Schalenhärter	Spiralbohrer, Gewindebohrer, Lochstempel, Paßstifte, Bolzen
120 WV 4	T	1,20	—	—	—	1,00	—	0,1	—	60/70	790— 850	Wasser (Öl)	64—66		
60 WCrV 7	U	0,55	1	—	1,7	2,5	—	—	—	70/80	900— 950	Öl	56—60	Durchhärter	Dauerstähle für schlagbeanspruchte Werkzeuge, wie Kaltlochstempel, Preßluftmeißel, Döpper, Holzbearbeitungswerkzeuge, Maschinenmesser
45 WCrV 7	V	0,45	1	—	1	2	—	—	—	65/75	900— 950	Öl	54—58	Durchhärter	
35 WCrV 7	W	0,38	1	—	1	2	—	—	—	65/75	860— 910	Wasser	55—59	Durchhärter	
61 CrSiV 5	X	0,60	1	—	1,2	—	—	0,1	—	65/75	850— 880	Öl	59—63	Durchhärter	
45 SiCrV 6	Y	0,45	1,5	—	1,5	—	—	0,15	—	60/70	900— 950 850— 880	Öl Wasser	} 55—59	Durchhärter	
C 110 W 1	a	1,1	0,2	0,2	P < 0,02 S < 0,02					55/65	760— 800	Wasser	64—67	Schalenhärter	Extrastähle Unleg. Werkzeugstähle 1. Güte (Verwendungszweck s. S. 144)
C 100 W 1	b	1	0,2	0,2						55/65	770— 800	Wasser	64—67	Schalenhärter	
C 85 W 1	c	0,85	0,2	0,2						55/65	790— 810	Wasser	64—67	Schalenhärter	
C 130 W 2	d	1,3	0,2	0,25	P < 0,025 S < 0,025					60/70	760— 780	Wasser	64—67	Schalenhärter	Primastähle Unleg. Werkzeugstähle 2. Güte (Verwendungszweck s. S. 144)
C 115 W 2	e	1,15	0,2	0,25						58/68	760— 780	Wasser	64—67	Schalenhärter	
C 100 W 2	f	1	0,2	0,25						58/68	780— 800	Wasser	64—67	Schalenhärter	
C 85 W 2	g	0,85	0,2	0,25						58/68	790— 810	Wasser	64—67	Schalenhärter	
C 70 W 2	h	0,7	0,2	0,25						58/68	800— 830	Wasser	63—64	Schalenhärter	
C 90 W 3	i	0,90	0,3	0,8	P < 0,04 S < 0,04					60/70	780— 810	Öl	58—62	Tiefer Schalenhärter	Handelsgüte Unleg. Werkzeugstähle 3. Güte (Verwendungszweck s. S. 144)
C 75 W 3	j	0,7	0,3	0,7						60/70	800— 830	Öl	57—61		
C 60 W 3	k	0,6	0,3	0,6						60/70	810— 840 (790— 810)	Öl (Wasser)	56—60 (61—64)		
C 45 W 3	l	0,5	0,3	0,6						55/65	800— 830 (820— 850)	Wasser (Öl)	58—62 (54—59)		

[1] Gilt für die Oberflächenhärte der Abmessung 20 mm ⌀.

Fräser. Schwierig zu härtende Fräser fertigt man bevorzugt aus den verzugsarmen Stählen G, H, I, J und K*, ebenso Fräser für die Zerspanung von Nichteisenmetallen und Gewindefräser. Für kleine Fräser wählt man auch Wasserhärter, z. B. mit 1,40% C, 0,50% Cr sowie unlegierte Stähle mit 1,10 bis 1,50% C. Die Mehrzahl der höher beanspruch-

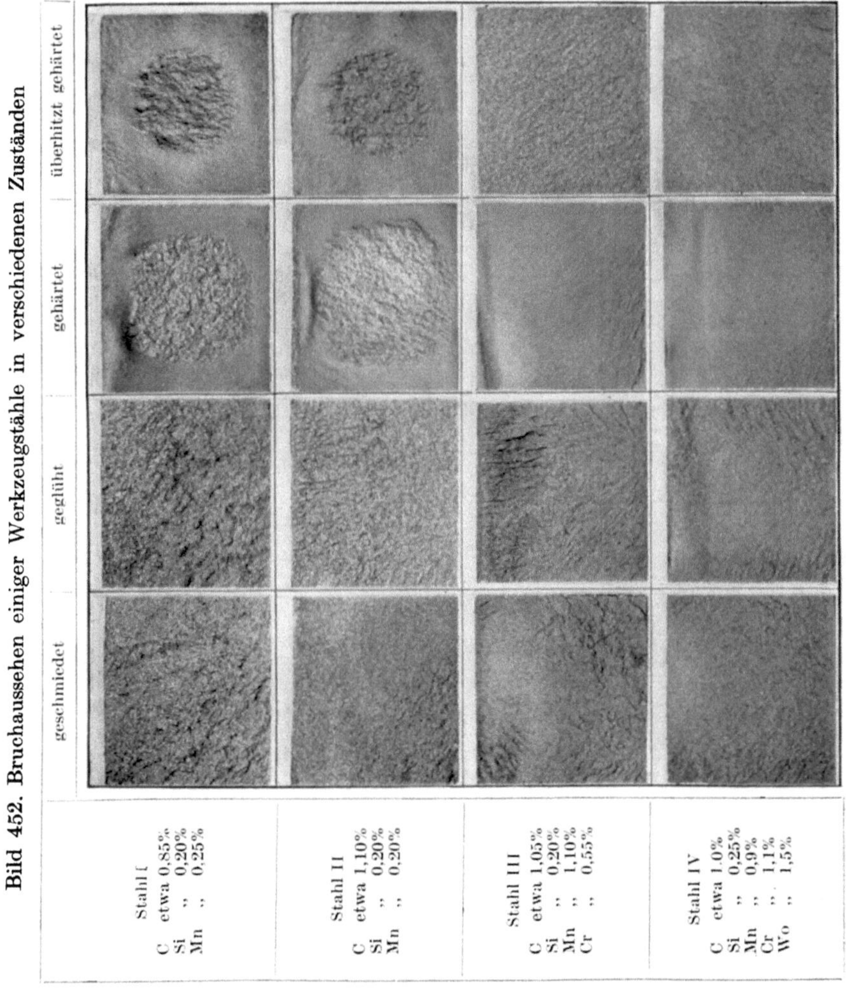

Bild 452. Bruchaussehen einiger Werkzeugstähle in verschiedenen Zuständen

ten Fräser wird jedoch aus Schnellarbeitsstählen jeder Leistungsgruppe gemacht; ebenso sind Messerköpfe vorwiegend mit Schnellarbeitsstahl, vielfach mit Hartmetall bestückt. Auch der ledeburitische Chromstahl

* Die mit Buchstaben bezeichneten Stähle sind in Zahlentafel 167 enthalten.

mit 1,60 bis 2,20% C und 13% Cr findet z. T. sowohl für Metall- als auch Stahlbearbeitung Anwendung. Holzfräser s. S. 740.

Reibahlen. Üblich sind die Ölhärtestähle G, H, I, J, K sowie von den Wasserhärtern die Stähle S und T und die unlegierten Stähle a, d, e. Aber auch Schnellstahl-Reibahlen und hartmetallbestückte, insbesondere

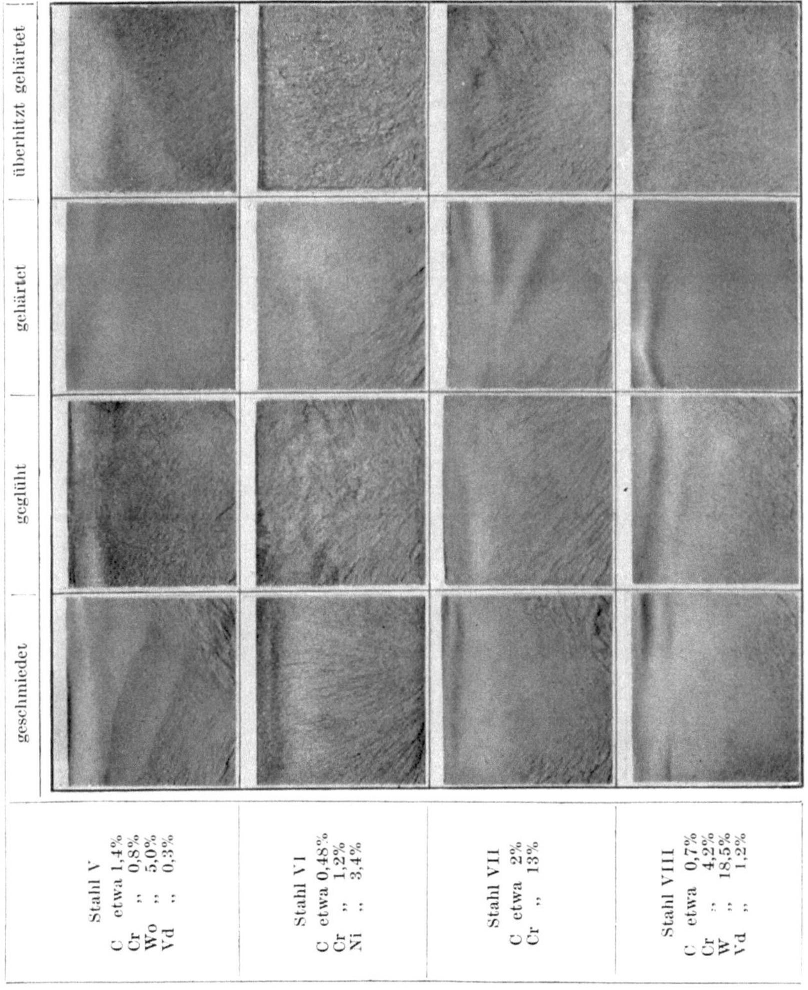

nachstellbare Reibahlen sind vielfach im Gebrauch, fallweise auch aus Riffelstählen.

Spiralbohrer. Die Herstellung der Spiralbohrer erfolgt, wenn nicht aus Schnellarbeitsstahl, aus geschliffenem und poliertem Blankstahl, sogenanntem „Silberstahl“, der sowohl unlegiert entsprechend Stahl a, d, e, f, legiert als Stahl S und T zur Lieferung kommt. Am häufigsten wurde früher Stahl S in zwei Abstufungen, und zwar mit 1 bis 1,15% C und 1,15 bis 1,30% C und jeweils 1% W für Spiralbohrer herangezogen, doch ist in Stahl T mit 1,10% C, 1% Cr, 0,10% V ein gleichwertiger, billigerer Stahl gefunden worden, der sich zudem durch Ölhärtbarkeit in dünnen Abmessungen auszeichnet. Auch Ölhärtestähle wie G, H, I und K werden zu Spiralbohrern verarbeitet. Holzbohrer s. S. 741. Die konstruktiv schwierige Aufgabe der Herstellung hartmetallbestückter Spiral- und sonstiger Bohrer bis herab zu 5 mm ∅ ist heute ebenfalls als gelöst zu betrachten, so daß ihre Verwendung zunimmt.

Senker. Diese werden aus den schon unter Reibahlen und Spiralbohrer genannten Stählen je nach Beanspruchungsart hergestellt.

Gewindeschneidwerkzeuge. Von diesen Werkzeugen wird eine sehr hohe Schneidhaltigkeit gefordert und zudem eine geringe, regelmäßige Formänderung beim Härten. In neuerer Zeit kommt dieser letzten Forderung nicht mehr so viel Bedeutung zu, da man Gewindeschneidwerkzeuge zur Erhöhung der Genauigkeit vielfach durch Schleifen aus dem Vollen herstellt. Trotzdem sind die ursprünglich verwendeten Stähle beibehalten worden, und zwar sind dies hauptsächlich die bekannten maßänderungsarmen Ölhärter-Stähle G bis K* für Gewindebohrer, Gewindeschneideisen und -backen, Stehbolzenbohrer, Gewindesträhler und -fräser. Als Wasserhärter sind neben dem wolframlegierten Stahl S und dem Chrom-Vanadin-Stahl T die unlegierten Stähle a, d und e gebräuchlich. Ist höchste Leistung erforderlich, so nimmt man Schnellstahl und bei einzahnigen Strählern mit bestem Erfolg Hartmetall; ebenso bei dem Verfahren der Herstellung von Gewinden nach dem Gewindewirbel- oder Schlagfräsverfahren.

Räumnadeln. Als maßgebende Faktoren für die schwierige und oftmals noch umstrittene Werkstoffauswahl für Räumnadeln sind zu nennen: Festigkeit des zu zerspanenden Werkstoffes, Form und Querschnitt der Räumnadel, zu leistende Gesamtstückzahl, Härtereieinrichtung. Für Festigkeiten unter 90 kg/mm² wird man neben dem unlegierten Stahl a mit 1,10% C, der den Vorzug guter Richtmöglichkeit besitzt, hauptsächlich den ledeburitischen Chromstahl D mit den die Lufthärtung begünstigenden Zusätzen von Wolfram oder Molybdän wählen. Auch die Ölhärter G, H, J und K kommen hierfür in Betracht. Bei Forderung nach größter Bruchsicherheit greift man auch auf Einsatzstähle. Für Werkstoffestigkeiten über 90 kg/mm² verdienen Schnellarbeitsstähle den Vorzug. Außerdem werden heute Schnellarbeitsstähle auch häufig für Werkstoffestigkeiten unter 90 kg/mm² verwendet.

---

* Die mit Buchstaben bezeichneten Stähle sind in Zahlentafel 167, S. 732, enthalten.

Sonstige Zerspanungswerkzeuge. Für *Gewehrlaufbohrer* sind Riffelstähle üblich, doch werden diese in zunehmendem Maße durch Schnellarbeitsstähle, die höhere Bohrgeschwindigkeit erlauben, verdrängt. *Drallziehmesser* werden heute fast ausschließlich aus Schnellarbeitsstahl gefertigt. *Kanonenbohrer*, sowohl Voll- als Kernbohrer, erfordern Schnellarbeitsstähle oder Hartmetalle; vielfach hat sich eine Kombination beider bewährt. *Messer für die Stahlwollefertigung* macht man aus dem hochgekohlten Chromstahl E, *Zieheisenbohrer* aus dem Chromstahl J sowie dem Wasserhärter mit 1,40% C, 0,50% Cr oder auch Stahl A.

b) Stähle für Feilen. Die Feile ist ein spanabhebendes Werkzeug und erfordert hochharte, schneidhaltige Stähle. Vorwiegend finden unlegierte Stähle sowohl in Elektro- als auch SM-Güte mit Kohlenstoffgehalten von 0,70 bis 1,5% C Verwendung. Sonderfeilen sind zusätzlich noch mit Chrom, Vanadin oder Wolfram legiert. Eine Übersicht der gebräuchlichsten Feilenstähle gibt die Zahlentafel 168 nach O. PATTERMANN[1]. Raspeln zählt man auch zu den Feilen; zu ihrer Fertigung dienen weichere Stähle mit etwa 0,45% C bzw. 0,15% C für Holzraspeln, die aufgekohlt werden.

Zahlentafel 168

Gebräuchliche Zusammensetzung von Feilen- und Raspelstählen (nach O. PATTERMANN)

Stahlsorte und Verwendung	C %	Si %	Mn %	Cr %	W %	V %
Für Maschinenfeilen	Schnellarbeitsstahl					
Cr-W-V-Stahl für Fräserfeilen . . .	1,2	0,2	0,2	0,2	1,2	0,15
Cr-V-Stahl hochlegiert für Bezugfeilen und Fräserfeilen	1,4	0,2	0,4	1,5	—	0,1
Cr-V-Stahl für besonders schneidhaltige und zähe Präzisionsfeilen	1,4	0,2	0,3	0,6	—	0,1
Härtester Feilenstahl, legiert, für Präzisionsfeilen und Prüffeilen . .	1,4	0,2	0,3	0,7	—	—
Härtester Feilenstahl, unlegiert, Normalqualität für Schärffeilen u. dgl.	1,4	0,2	0,3	—	—	—
Harter Feilenstahl, Normalqualität für Werkstattfeilen.	1,2	0,2	0,4	—	—	—
Zäher Feilenstahl, Normalqualität für schwere Werkstattfeilen. . .	0,75	0,2	0,8	—	—	—
Harter Raspelstahl für Hufraspeln u. dgl.	0,45	0,3	0,6	—	—	—
Zäher Raspelstahl für Holzraspeln.	0,15	0,2	0,4	—	—	—

Feilenstähle werden naturhart geliefert. Der Herstellungsgang einer Feile besteht in mehr als zwanzig Arbeitsgängen, deren wichtigste im folgenden genannt sind: Abscheren des Walzstahles, Schmieden des Feilenkörpers und der Angel, gut weichglühen, damit ein scharfer Hieb erzielt wird, vollständiges Abschleifen der vom Walzen und Weichglühen herrührenden entkohlten Oberflächenschichte, Behauen, Här-

[1] PATTERMANN, O.: Über Feilen und Feilenstähle. Österr. Maschinenmarkt Bd. 5 (1950) S. 484/494 und Bd. 6 (1951) S. 63/66 und 97/99.

ten, Anlassen der Angel. Die Härtung erfordert Sorgfalt. Benutzt man Bleibäder, so werden die Feilen mit einer leicht aufkohlenden Paste bestrichen, wogegen die immer häufiger verwendeten kohlenstoffabgebenden Salzbäder diese Maßnahme erübrigen. Abgeschreckt wird in Salzwasser. Da mit Ausnahme schwerer Feilen immer Durchhärtung eintritt, ist es verständlich, daß für die Feilenfertigung härtesichere Stähle mit Edelstahlcharakter erforderlich sind. Näheres über Feilenstähle und Feilenfertigung siehe bei O. Dick[1], B. Buxbaum[2], H. Briefs und S. Ammareller[3] und K. Gebhard[4]. Feilenhauermeißel werden vorzugsweise aus Schnellarbeitsstahl 18-4-1 gefertigt.

c) Stähle für Sägen. Sägen sind Zerspanungswerkzeuge; ihre Zähne müssen verschleißfest und schneidhaltig sein sowie ausreichende Zähigkeit gegen Verbiegen und Losreißen aufweisen. Man unterscheidet Langsägen, die sowohl für Hand- als auch maschinelle Betätigung gebraucht werden, während Kreis- und Bandsägen nur Maschinensägen sein können. Nach der Art der zu sägenden Stoffe ist folgende Unterteilung zweckmäßig:

1. Metallsägen (zum Sägen von Eisenwerkstoffen und Nichteisenmetallen),
2. Holzsägen (auch zur Trennung sonstiger organischer Werkstoffe),
3. Gesteinssägen.

Über Zusammensetzung, Wärmebehandlung und Verwendung von Sägen macht R. W. Leveringhaus[5] genaue Angaben. In der nachfolgenden Zahlentafel 169 sind die gebräuchlichsten Sägenstähle mit ihrer Zusammensetzung wiedergegeben.

Metallsägen. Je nach geforderter Leistung und Sägenart sind die in Zahlentafel 169 angeführten Stähle 1 bis 7 gebräuchlich. Metallsägen jeder Art werden vor der Härtung durch Fräsen verzahnt und geschränkt oder gewellt. Die Härtung erfolgt bei Langsägen zur Gänze, bei Kreissägen ebenfalls oder zur Mitte verlaufend, während Bandsägen im Durchlaufverfahren gehärtet und angelassen werden. Vorrichtungen zur Verringerung des Verzuges sind unerläßlich. Nach dem Härten erfolgt ein Anlassen auf 62 bis 65 HRC. Kaltkreissägen mit eingebauten Segmenten aus Schnellarbeitsstahl, wie sie vorwiegend für Durchmesser über

---

[1] Dick, O.: Die Feile und ihre Entwicklungsgeschichte. Berlin: Springer 1925.

[2] Buxbaum, B.: Feilen, 2. Aufl. (—H. 46). Berlin/Göttingen/Heidelberg: Springer 1955. Werkstattbücher.

[3] Briefs, H., u. S. Ammareller: Werkstoff-Handbuch Stahl u. Eisen, 3. Aufl., P 41, Düsseldorf 1953.

[4] Gebhard, K.: Techn. Zbl. prakt. Metallbearb. Bd. 47 (1937) Nr. 17/18 S. 681/82, 684 u. 686/87.

[5] Leveringhaus, R. W.: Werkstoff-Handbuch, 3. Aufl., P 71, Düsseldorf, 1953. S. a.: W. Eilender, A. Walz u. O. Meyer: Arch. Eisenhüttenw. Bd. 9 (1935/36) S. 601/605; vgl. Stahl u. Eisen Bd. 56 (1936) S. 717. — K. Häusler: Stahl u. Eisen Bd. 56 (1936) S. 490/492. — Roeder, K., W. Gruner, W. Kerner u. G. Pahlitzsch: Steinbearbeitung, Bd. 10. Berlin: VDI-Verlag G. m. b. H. 1933.

Zahlentafel 169. *Zusammensetzung und Verwendung üblicher Sägenstähle*

	C %	Si %	Mn %	Cr %	W %	V %	Sonst.	Art der Sägen
				Metallsägen				
1	Schnellarbeitsstahl							Metall-Langsägen, Metallkreissägen, Kreissägensegmente, alles für höchste Leistung
2	1,6	—	—	12,5	bis 1	—	bis 3 Co bis 1 Mo	Metall-Langsägen für hohe Leistung
3	1,2	—	—	0,40	1,0 2,0	0 0,20	—	Metall-Langsägen für Maschinen- und Handgebrauch, Metallkreissägen
4	1,0	—	0,3 1,0	1,0	—	—	—	Metallkreissägen geringer Leistung
5	1,0 1,3	0,3	0,3 0,5	—	—	—	—	Metall-Langsägen für Handgebrauch, Bandsägen
6	0,55 0,7	0,3	1,0	—	—	—	—	Warmkreissägen
7	0,65	0,3	0,8	—	—	—	—	Stammblätter für Kaltkreissägen mit Segmenten aus Schnellarbeitsstahl
				Holzsägen				
8	0,85	0,3	0,4	0,5	—	bis 0,2	bis 0,5 Ni	Bandsägen, Maschinensägen hoher Leistung
9	0,85 1,10	0,3	0,3	—	—	—	—	Handsägen guter Leistung für die Forstwirtschaft
10	0,85	0,3	0,7	—	—	—	—	Gatter- und Kreissägen, Blockband- und Trennbandsägen, Handsägen
				Gesteinssägen				
11	0,25	0,3	0,6	—	—	—	—	Marmor-Lang-, Band- und Kreissägen
12	0,85	0,3	0,8	—	—	—	—	Granit-Lang-, Band- u. Kreissägen, gezahnte Sägen

200 mm ausgeführt werden, erfahren vor dem Zusammenbau eine getrennte Wärmebehandlung von Stammblatt und Segmenten. *Warmkreissägen*, eigentlich zu den Warmarbeitsstählen zählend, sind hier mit erwähnt. Stahl 6, naturhart, mit einer Festigkeit von 75 bis 95 kg/mm^2 oder bei vergüteten Zähnen mit einer Festigkeit bis zu 140 kg/mm^2 ist hierfür allgemein üblich.

Holzsägen[1]. Hochwertige Holzsägen werden in der Regel aus Elektrostahl hergestellt, um volle Sicherheit gegen Spaltungen, verursacht

[1] WÜSTER, E.: Die Herstellung der Sägeblätter für Holz. Wien: Springer 1952.

durch Faserbruch, zu haben. Vorwiegend nimmt man unlegierte Stähle; für höchste Leistung sind geringe Zusätze von Chrom, Vanadin und Nickel üblich, wie aus Zahlentafel 169, Stahl 8, ersichtlich. Der Nickelgehalt des Bandsägenstahles 8 soll eine sichere Vermeidung von Weichflecken erreichen lassen und dadurch die Bruchsicherheit der auf Biegewechselfestigkeit beanspruchten Bandsägen erhöhen. Während Metallsägen vor der Härtung verzahnt werden, geschieht dies bei Holzsägen meist im gehärteten und angelassenen Zustand durch Stanzen. Die Arbeitshärte liegt in den ziemlich weiten Grenzen von 38 bis 51 HRC, wobei die unteren Werte für Sägen normaler Leistung, die oberen für Gatter- und gute Handsägen der Forstwirtschaft gelten, während Kreis- und Bandsägen im Mittel bei 45 HRC liegen. Vielfach werden Lang- und Bandsägen aus handelsüblichem, bereits vergütetem Bandstahl gefertigt.

Gesteinssägen sind vorwiegend unverzahnt. Die eigentliche Schneidarbeit leisten die in die Schnittfuge eingebrachten Zusätze, wie Quarz- oder Stahlsand, Rohdiamanten, Siliziumkarbid u. ä. Für weichere Gesteine nimmt man Stahl 11, naturhart, mit einer Festigkeit von etwa 50 kg/mm^2, für hartes Gestein Stahl 12, ebenfalls naturhart, mit etwa 90 kg/mm^2. In Anwendung stehen Lang-, Kreis- und Bandsägen. Sehr weiche Gesteine, wie z. B. Sandsteine, werden mit gezahnten Sägen geschnitten. Die Herstellung der Steinsägen erfolgt durch Stanzen naturharter Bleche.

d) Stähle für Holzbearbeitungswerkzeuge. Die überwiegende Mehrheit der Holzbearbeitungswerkzeuge arbeitet zerspanend, weshalb es wohl berechtigt erscheint, diese Gruppe von Werkzeugen zur Gänze unter den spanabhebenden Werkzeugen zu führen. Infolge der meist hohen Arbeitsgeschwindigkeiten und der erforderlichen großen Spanwinkel, also geizigen Schneiden, ist die Verschleiß- und Temperaturbeanspruchung oft recht erheblich und kann sogar den Einsatz von anlaßbeständigen, höher legierten Werkzeugstählen, in gewissen Fällen sogar von Schnellarbeitsstahl oder Hartmetall, bedingen. Wegen der geizigen Schneiden ist auch auf ausreichende Zähigkeit bei der Werkstoffwahl Bedacht zu nehmen.

Drehmesser, Profilmesser, Holzfräser fertigt man bei mittlerer Beanspruchung aus wasserhärtbaren, unlegierten bzw. legierten Stählen der folgenden Art: Stahl a, f, g, h, i, l, S, T*. Für hochbeanspruchte Werkzeuge, insbesondere für Fräser, eignen sich der Stahl U mit 0,55% C, 1% Si, 1,8% Cr, 2,5% W und vor allem der hochgekohlte Chromstahl F, die einem Schnellarbeitsstahl in diesem Fall kaum nachstehen. Auch die bekannten ölhärtbaren Schnittstähle G bis K werden vielfach für

* Die mit Buchstaben bezeichneten Stähle sind in Zahlentafel 167, S. 732, enthalten.

Holzbearbeitungswerkzeuge herangezogen. Hochleistungsmaschinen erfordern wegen der starken Schneidenerwärmung Drehwerkzeuge aus Schnellarbeitsstahl. Die Arbeitshärten liegen zwischen 59 und 62 HRC, für den Wolframstahl bei 56 bis 58 HRC.

Hackmesser, wie sie in der Zelluloseindustrie zum Zerkleinern von Rundholz zu Holzschnitzel verwendet werden, sind außerordentlich beansprucht. Am besten bewährt sich hier Stahl V mit 0,45% C, 1% Si, 1% Cr, 2% W mit einer Arbeitshärte von 50 bis 55 HRC und ein Stahl mit 0,55% C, 8,5% Cr, 1% W, 1% Mo, 0,15% V.

Streifenhobelmesser, *Holzwollemesser*, *Furniermesser* u. ä. siehe Abschnitt „Maschinenmesser", S. 746.

Holzhacken, *Äxte*, *Beile*. Je nachdem ob es sich um Massenware oder Qualitätserzeugnisse handelt, wird die Güte der meist hierfür verwendeten unlegierten Werkzeugstähle ausgewählt. Zur Herstellung billiger Werkzeuge dient der Wasserhärter l mit 0,50% C, 0,30% Si, 0,60% Mn oder der höher gekohlte Ölhärter k mit 0,60% C. Höherwertige Hacken und Beile, so vor allem Zimmermannsbeile, werden aus Stahl h, seltener auch aus einem chromlegierten Stahl mit 0,85% C und 0,50% Cr gefertigt.

Maßgebend für die Leistung ist eine mit Erfahrung geführte Wärmebehandlung. Die Schneiden dürfen weder zu hart sein, da sie sonst ausbrechen, aber auch wegen des Umbiegens nicht zu weich sein. Eine Arbeitshärte von 54 bis 57 HRC ist anzustreben. Hacken aus Wasserhärtern wie auch aus Ölhärtern werden nur an der Schneide gehärtet.

Holzsägen s. Abschnitt „Stähle für Sägen", S. 739.

Stemmeisen (*Holzbeitel*) erzeugt man aus den bereits für Holzhacken erwähnten Stählen l, k und h sowie den Stählen e, f, g* mit einer Arbeitshärte von 60 bis 62 HRC. *Holzbohrer* Stahl h.

Holzhobelmesser können sowohl aus Vollstahl wie Verbundstahl hergestellt werden. Unlegierte Stähle d bis h, ein chromlegierter Stahl mit 1,4% C und 0,50% Cr sowie die wolframlegierten Stähle S und U, gehärtet und auf 62 bis 64 HRC angelassen u. a., sind hierfür üblich.

Zähne für Kettensägen sind nicht nur auf Verschleiß beansprucht, sondern wegen ihrer Form und der sehr unterschiedlichen Härte von grünem Holz und Ästen stark bruchgefährdet. Zähe, nickelhaltige Stähle mit 0,80 bis 1% C, 0,50 bis 1,50% Cr, 0,50 bis 1,50% Ni sollen sich in dieser Hinsicht besser bewähren als die unter „Holzfräser" angeführten Stähle.

B. Stähle für Werkzeuge zur spanlosen Umformung

a) Stähle für Werkzeuge der Stanzereitechnik. Unter dem Begriff „Stanzen" faßt man eine große Anzahl Arbeitsvorgänge der Kalt-

* Die mit Buchstaben bezeichneten Stähle sind in Zahlentafel 167, S. 732, enthalten.

verarbeitung zusammen, die Werkzeugstähle mit verschiedenen Eigenschaften erfordern.

Im Sprachgebrauch sind die Bezeichnungen für die einzelnen Werkzeuge noch nicht vollkommen gefestigt; es ist zweckmäßig, die vom Ausschuß für wirtschaftliche Fertigung (AWF) festgelegten Begriffsbestimmungen für stanzereitechnische Arbeitsverfahren anzuwenden. Die folgende Darstellung hält sich im wesentlichen daran und an die von F. Rapatz und J. Frehser[1] gemachten Angaben. Danach werden die Arbeiten in folgende Gruppen eingeteilt:

I. a) Schneiden,	III. Ziehen,
b) Stechen,	IV. Drücken,
II. Stanzen im engeren Sinne,	V. Pressen.

Die für die einzelnen Werkzeuge angeführten Stähle sind in Zahlentafel 167 näher gekennzeichnet.

Zu I. a) Mit „Schneiden" bezeichnet man ein Werkstofftrennen durch

1. Abscheren mittels Tafel-, Schlag-, Kurbel- oder Kreisschere. Für diese Werkzeuge (Scheren) werden folgende Stahlarten der Zahlentafel 167 verwendet:

a) Stahl a, e, f, g, h*, wobei sich die Höhe des Kohlenstoffgehaltes nach der Stärke des zu schneidenden Werkstoffes richtet. Bei dicken Querschnitten wird die Schneide auf Abnutzung, Druck und Biegung, bei dünnen Werkstoffen vornehmlich auf Abnutzung beansprucht. Je mehr die Beanspruchung auf Druck und Biegung im Vordergrund steht, desto niedriger muß der Kohlenstoffgehalt sein. Niedriggekohlte Stähle sind zwar zäher, haben aber geringeren Abnutzungswiderstand als Stähle mit höherem Kohlenstoffgehalt; man kann also keine allzu hohen Leistungen hinsichtlich Haltbarkeit der Werkzeuge erwarten. Da bei geringen Druck- und Biegebeanspruchungen eine Bruchgefahr weniger zu befürchten ist, wird man dort, um größeren Widerstand gegen Abnutzung zu erzielen, Stähle mit höherem Kohlenstoffgehalt wählen.

b) Für hohe Beanspruchungen wählt man legierte Stähle, vor allem den wolframlegierten Dauerstahl, Stahl V, doch ist auch ein Stahl mit 0,6% C, 1,5% Si, 1% Mn wegen seiner guten Schneidleistung sehr gebräuchlich. Schwere, durch höchste Schnittdrücke bruchgefährdete Schermesser fertigt man aus den zähen Chrom-Nickel-Molybdän-Stählen L, M und N.

[1] Rapatz, F., u. J. Frehser: Stähle für Werkzeuge der Stanzereitechnik. Werkstoff-Handbuch Stahl u. Eisen, 3. Aufl., P 63, Düsseldorf 1953. Siehe Weiteres: G. Oehler: Universal-Schnitt- und Stanzwerkzeuge. München: Hanser 1950. — H. Hilbert: Stanzereitechnik, Bd. 1 (1954), Bd. 2 (1956). München: Hanser. — G. Oehler u. F. Kaiser: Schnitt-, Stanz- und Ziehwerkzeuge. 3. Aufl. Berlin/Göttingen/Heidelberg: Springer 1957.

* Die mit Buchstaben bezeichneten Stähle sind in Zahlentafel 167, S. 732, enthalten.

c) Für Werkzeuge mit hohem Abnutzungswiderstand, aber geringer Zähigkeit wählt man Stahl F, der zahlreiche harte Chromkarbide enthält und deshalb besonders verschleißfest ist. Siehe hierzu auch den Abschnitt über Maschinenmesser, S. 746.

2. Ab- und Ausscheren mittels „Schnitt", der aus Ober- und Unterstempel bzw. Oberstempel und Schnittplatte besteht. Für diese Werkzeuge (Schnitte) werden die unlegierten Stähle a, e, f, g, h*, in stärkerem Maße die verzugsarmen Ölhärter G, H, I, J, K und für Hochleistungsschnitte vor allem die ledeburitischen Chromstähle D bis F verwendet. Unlegierte Stähle wird man für einfache, nicht verzugsempfindliche Formen wegen ihrer guten Zerspanbarkeit und Bruchsicherheit wählen. Die legierten Ölhärter G bis K sind ebenfalls noch gut bearbeitbar, maßänderungsarm und bieten größere Bruchsicherheit als die hochlegierten Chromstähle. Für Hochleistungsschnitte sind die öl- und lufthärtbaren Chromstähle D bis F den vorgenannten Stählen überlegen. Sie zeichnen sich durch geringste Maßänderung und höchste Verschleißfestigkeit aus, sind aber naturgemäß infolge ihres hohen Karbidgehaltes nicht sehr zäh und bei ihrer etwas hochliegenden Glühfestigkeit von 75 bis 85 kg/mm² und des großen Karbidgehaltes schwerer zu bearbeiten. Glüht man sie weicher, so leidet ihre Leistung im gehärteten Zustand. Stahl D mit Wolfram-, Vanadin- oder Molybdänzusätzen eignet sich besonders für Lufthärtung und verdient den Vorzug für komplizierte Schnitte höchster Stückleistung für die Verarbeitung der stark verschleißenden siliziumlegierten Dynamobleche. In Amerika verwendet man für Schnitte geringerer Stückzahlen einen Stahl mit 1% C, 5% Cr, 1% Mo und 0,2% V, der auch allgemein als Kaltarbeitsstahl[1] sehr verbreitet ist. In Europa findet dieser Stahl verhältnismäßig wenig Anwendung. Höchstbeanspruchte Schnitte werden auch aus Schnellarbeitsstählen angefertigt, die beim Härten aufgekohlt werden. Die besten Leistungen brachte ein Stahl des Typs 6-5-4-2 (s. S. 813).

Aus Rücksicht auf die beschränkte Zähigkeit der ledeburitischen Chromschnittstähle ist die Dicke der damit verarbeitbaren Bleche mit 3 mm, im äußersten Falle mit 5 mm begrenzt[2]. Die übliche Arbeitshärte für Schnitte beträgt 60 bis 64 HRC. Für schwere Schnittarbeiten greift man auch auf die wolframlegierten Dauerstähle U, V und W, insbesondere auf Stahl U, wobei mit entsprechend niedrigen Arbeitshärten von 52 bis 60 HRC gearbeitet wird.

Kaltabgratwerkzeuge sind ähnlich beansprucht wie Schnitte und erfordern die gleichen Stähle, wobei man jedoch die unlegierten Stähle bevorzugt.

---

* Die mit Buchstaben bezeichneten Stähle sind in Zahlentafel 167, S. 732, enthalten.

[1] Sanderson, L.: Heat Treat. Forg. Bd. 27 (1941) S. 135 u. 144.

[2] Über Stahlformguß für diese Werkzeuge s. S. 846 u. 851.

Kaltlochstempel arbeiten wie Schnittstempel. Bei großen Werkstoffdicken ist der höhergekohlte Wolfram-Dauerstahl U am geeignetsten, während für das Lochen dünner Bleche niedriger Festigkeit die wasserhärtbaren Stähle a, f sowie S und T ausreichen. Arbeitshärte 58 bis 61 HRC.

3. Ausschneiden mittels Messerschnittes, der einen Hohlstempel (Oberstempel) mit messerartigen Schnittkanten darstellt. Für solche Werkzeuge (Messerschnitte) werden die unlegierten Stähle f, g, h, die Ölhärter G bis K und U, V* verwendet, jedoch dürfen sie nicht so hart sein wie für Scheren und Schnitte, weil die Werkzeuge meist dünner sind. Häufig werden noch niedriger gekohlte Stähle als anfangs erwähnt in Blechform angewendet, aus der durch Zusammenfalten und Zusammenschweißen der Messerschnitt hergestellt wird. Gehärtet wird dann nur die Schneidkante.

Zu I. b) „*Stechen*" (Durchreißen) ist ein Werkstofftrennen ohne allseitige Lösung des Werkstoffzusammenhanges, also ein nicht völliges Abtrennen des Ausschnittes. Für diesen Verwendungszweck werden vornehmlich unlegierte Stähle sowie die Dauerstähle U bis Y als auch besonders zähe Stähle wie der Chrom-Nickel-Molybdän-Stahl L genommen.

Zu II. „*Stanzen*" ist ein Werkstoffumformen durch „Biegen", „Rollen", „Formstanzen", „Flachstanzen" und „Prägen". Diese einzelnen Stanzverfahren sind wie folgt begrifflich bestimmt.

1. „*Biegen*" *mittels* „*Biegestanze*" ist ein Umformen eines Teiles zwischen Ober- und Unterstempel mit zum Werkzeug winklig stehenden, im allgemeinen zueinander parallelen Flächen derart, daß keine wesentliche Änderung in der Dicke des Werkstoffes eintritt. Bei diesen Werkzeugen ist im allgemeinen der Oberstempel etwas weniger beansprucht als der Unterstempel. Der Oberstempel wird meist aus Stahl a oder f hergestellt. Gehärtet wird nur die Arbeitsfläche im Unterteil. Für den stärker beanspruchten Unterstempel wird ein Stahl mit 1,4% C und 0,5% Cr oder Stahl A bis E verwendet, wobei die Härtung nur an der Arbeitsfläche erfolgt. Arbeitshärte 61 bis 63 HRC.

2. „*Rollen*" *mittels* „*Rollstanze*" ist ein Umformen durch zusätzlich freies Biegen eines Teiles mit angekipptem bzw. hochgezogenem Rand zwischen Stempel und Gegenlage derart, daß durch Druck auf den Rand dieser an einer am Stempel angebrachten Hohlkehle entlanggleitet und dadurch einen Wulst bildet. Diese Werkzeuge werden auch vielfach Planierrollen genannt. Es werden hierfür hauptsächlich die Stähle a, f, G, K, D und E verwendet. Arbeitshärte 61 bis 63 HRC.

---

* Die mit Buchstaben bezeichneten Stähle sind in Zahlentafel 167, S. 732, enthalten.

3. *„Formstanzen" mittels „Formstanze"* ist Umformen eines Teiles zwischen Ober- und Unterstempel von beliebiger Form, an denen sich aber der Dicke des Werkstoffes entsprechende Vertiefungen und Erhöhungen gegenüberstehen. Diese Werkzeuge dürfen wegen der schlagenden Beanspruchung nur dann vollhart sein, wenn das Innere zäh ist. Durchhärtende Stähle müssen geringere Härte aufweisen. Für den Formstempel nimmt man die unlegierten Stähle a, f, g, h* sowie den Chromstahl E, während der Unterstempel aus den Stählen U, V und L, M, N gefertigt wird. Arbeitshärte für Formstempel 61 bis 63 HRC, für Unterstempel 57 bis 60 HRC.

4. *„Flachstanzen"* (Planieren) mittels „Flachstanze" (Planierstanze) ist das Richten eines Teiles durch die ebenen, glatten oder gerauhten Flächen zweier Stempel. Für solche Werkzeuge, die großen Abnutzungswiderstand und großen Widerstand gegen das Eindrücken erfordern, werden vielfach die Stähle E, G bis K und der unlegierte Stahl f verwendet. Arbeitshärte 61 bis 63 HRC.

5. *„Prägen" mittels „Prägestanze"*[1] ist ein Umformen eines Teiles zwischen Ober- und Unterstempel derart, daß Änderungen in der Fläche und Dicke des Werkstoffes eintreten und daß der Werkstoff vorhandene Vertiefungen in den Stempelflächen durch Werkstoffwanderung ausfüllt. Diese Werkzeuge dienen zur Herstellung von Münzen, Medaillen, Schmuckgegenständen, Bestecken und formen das Metall ohne Gratbildung unter meist hohem Druck. Man bezeichnet diesen Arbeitsvorgang mit Massivprägung zum Unterschied von Hohlprägung, die sich auf die Umformung von Blech ohne Dickenänderung und dementsprechend geringerer Druckbeanspruchung beschränkt (s. Formstanzen). Ob man bei der Stahlauswahl auf Schalenhärter verschieden tiefer Einhärtung greifen muß oder Durchhärter wählt, wird von der Form der Werkzeuge und den auftretenden Drücken bestimmt. In der Münz- und Medaillenprägung sind unlegierte Stähle, hauptsächlich Stahl a*, sowie etwas tiefer einhärtende vanadinlegierte Stähle R gebräuchlich. Für größere Medaillenprägewerkzeuge u. ä. sind stärker einhärtende Stähle, z. B. der nickellegierte Stahl Q oder ein Chromstahl P erforderlich. Größere Prägewerkzeuge wie Besteckstanzen fertigt man vorwiegend aus dem durchhärtenden, luft- und ölhärtbaren Chrom-Nickel-Molybdän-Stahl L und M sowie auch aus den Ölhärtern N. Stahl M sowie die Stähle E und F nimmt man auch für Eindrückpfaffen. Prägewerkzeuge aus Schalenhärtern hält man in ihrer Arbeitshärte etwa zwischen 59 bis 61 HRC, Durchhärter zwischen 54 bis 58 HRC. Pfaffen aus den Chromstählen E und F werden mit einer Härte von 59 bis 61 HRC eingebaut.

---

* Die mit Buchstaben bezeichneten Stähle sind in Zahlentafel 167, S. 732, enthalten. [1] Über Stahlformguß für diese Werkzeuge s. S. 846 u. 851.

Zu III. „*Ziehen*" (*Tiefziehen*) mittels „Zug" ist ein Umformen von flachen Teilen zu Hohlkörpern durch Ziehring und Stempel und nötigenfalls unter Verwendung von Niederhaltern, wobei eine mehr oder weniger erhebliche Werkstoffwanderung eintritt. Bei diesem Vorgang, der den Werkstoff viel stärker umformt als der ähnliche Vorgang des Biegens, wird der Stempel stärker der Abnützung ausgesetzt als beim Biegen. Für Stempel und Ziehringe dienen hauptsächlich die unlegierten Stähle a, f, g, h, ein Chromstahl mit 1,4% C, 0,5% Cr und die hochlegierten Chromstähle E und F. Arbeisthärte 61 bis 63 HRC.

Zu IV. „*Drücken*" *mittels* „*Drückwerkzeug*" (z. B. Planierrollen) ist das Umformen von Teilen aus Blech unter Umlauf mittels Formfutters und Drückwerkzeugen, wobei der Werkstoff teils gestaucht, teils gestreckt wird. Drückrollen unterliegen hoher Verschleißbeanspruchung: unlegierte Stähle d und e sowie die Chromstähle O, J und E eignen sich dafür. Drückfutter fertigt man aus den Stählen g, h und O. Drückwerkzeuge erfordern Vollhärte von 64 bis 66 HRC.

Zu V. „*Pressen*" *mittels* „*Preßwerkzeug*" ist das Umformen eines Werkstoffes zwischen Ober- und Untergesenk derart, daß die vom Gesenk gebildete Hohlform voll ausgefüllt und überschüssiger Werkstoff ausgeschieden wird. Dieser Vorgang verlangt wegen der auftretenden Gratbildung eine größere Zähigkeit des Werkzeuges als bei dem ähnlichen Vorgang des Prägens. Es eignen sich hierfür die Prägestähle L, M und N. Arbeitshärte 50 bis 56 HRC.

b) Stähle für Maschinenmesser können sowohl spanabhebend als auch trennend arbeiten, weshalb ihre Einordnung an dieser Stelle und nicht unter Abschnitt I A oder I B erfolgt. Sie werden in fast allen Industriezweigen in verschiedenster Form zum Trennen, Teilen, Zerkleinern, Zerspanen usw. benutzt. Je nach Form und Beanspruchung benützt man Vollstahlmesser oder Messer mit Stahlauflage. Vollstahl wird dann zur Fertigung von Maschinenmessern gewählt, wenn starke Schlag-, Stoß- oder Druckbeanspruchung vorliegt, wie z. B. bei Holzhackmessern für die Zelluloseindustrie, Knüppelscheren usw., ebenso bei sehr dünnen Messern, wie Streifenhobelmessern, da in diesen Fällen die Stahlauflage zu dünn würde. Verbundstahl, hergestellt durch Zusammengießen in der Kokille oder durch Schmiede- oder Walzschweißung, bietet für die Fertigung und Verwendung von Maschinenmessern mehrere Vorteile. Wegen der Längenänderung beim Härten können die Befestigungslöcher erst nach der Härtung angebracht werden, was nur in dem weichen Träger der Stahlauflage möglich ist. Verbundstahlmesser sind auch nachgiebiger und brechen bei Überbeanspruchungen nicht so leicht aus. Ein Hauptvorteil ist jedoch die leichtere Richtbarkeit.

Von den Stählen für Maschinenmesser wird vor allem Schneidhaltigkeit verlangt. Für Vollstahlmesser bedient man sich üblicher Werkzeugstähle, und zwar sowohl unlegierter als auch hauptsächlich legierter, wie z.B. der ölhärtbaren Schnittstähle, der Dauerstähle und einiger Schnellarbeitsstähle, während Verbundstahlmesser wegen der für die Herstellung notwendigen guten Schweißbarkeit und der hochgezüchteten Schneideigenschaften eine besondere Zusammensetzung aufweisen; sie enthalten kein oder wenig Chrom, ihre Schneideigenschaften beruhen auf einem mäßigen Wolframgehalt und Vanadinzusatz bei hohem Kohlenstoffgehalt. Auch Schnellarbeitsstahl kann für Verbundstahlmesser herangezogen werden, doch ist in diesem Falle die Verbindung mit dem weichen Messerkörper nur durch ein besonderes Lötverfahren möglich. Für die wichtigsten Messerarten enthält Zahlentafel 170 Angaben über die gebräuchlichsten Stähle und ihre ungefähren Arbeitshärten.

c) Stähle für Kaltschlagwerkzeuge. Schrauben, Bolzen, Nieten werden neben der Fertigung auf warmem Wege, die hauptsächlich für stärkere Abmessung angewendet wird, im größten Maßstab auf kaltem Wege erzeugt. Ebenso Nägel, Nadeln, Kugeln usw. Ausgangswerkstoff ist Draht- oder Stangenmaterial, von dem bestimmte Eigenschaften hinsichtlich der Kaltstauchfähigkeit gefordert werden. Die Stauchung erfolgt meist auf sogenannten Doppelschlag-Kaltpressen, die entweder mit Rundmatrizen oder Vierkantbacken arbeiten. Der Kopf wird durch zwei verschieden geformte Döpper, einen Vor- und einen Fertigdöpper, die hintereinander zum Schlag kommen, geformt. Vierkantbacken geben bessere Ausnutzung des Werkzeugstahles, während die Rundbacken den gesonderten Arbeitsgang des Schaftreduzierens einsparen lassen, da während des Stauchens gleichzeitig reduziert wird. Näheres über diese Verfahren bringt E. LICKTEIG[1] und J. BILLIGMANN[2]. Kaltschlagwerkzeuge sind außerordentlich hoch beansprucht, und zwar auf Verschleiß, Druck, Schlag und Sprengwirkung. Aus Rücksicht auf die erforderliche Zähigkeit werden häufig Schalenhärter verschieden starker Einhärtung verwendet. Bei höchster Beanspruchung müssen Rundmatrizen ein- und auch mehrfach armiert werden, wodurch entsprechende Druckvorspannungen in der Matrizenbohrung aufgebracht werden. Am meisten gebraucht werden für *Kaltschlagbacken* und *-matrizen* sowie *Döpper* die unlegierten Stähle a und b* mit 1,1 bzw. 1,0% Kohlenstoff. In zunehmendem Maße bevorzugt man heute jedoch etwas tiefer einhärtende Stähle. Ein Stahl mit 0,95% C und geringem Vanadinzusatz (Stahl R) bringt bei etwas gesteigerter Härtetemperatur bereits den gewünschten Erfolg. Eine weitergehende Regelung der Einhärtetiefe in Abhängigkeit

[1] LICKTEIG, E.: Stahleisenbuch Schraubenherstellung. Düsseldorf: Stahleisen 1950.

[2] BILLIGMANN, J.: Stauchen und Pressen. München: C. Hanser 1953.

* Die mit Buchstaben bezeichneten Stähle sind in Zahlentafel 167, S. 732, enthalten.

Zahlentafel 170. *Gebräuchliche Stähle für Maschinenmesser*

[1]		Messerart	[2]	[3]	C %	Cr %	W %	V %	Sonst.	Härte HRC
	Metallindustrie	Schermesser für Kaltarbeit	o	—	0,6	—	—	—	1,0% Mn 1,5% Si	53—57
V			o	—	0,45	1,0	2,0	—	1,0% Si	50—55
I			o	—	0,9	—	—	0,15	2,0% Mn	55—60
F			o	—	1,6	12,0	0,5	—	1,0% Mo 0,1% V	55—60
		Schermesser für Warmarbeit	o	—	Siehe S. 771		—	—	—	—
V		Kreismesser	o	—	0,45	1,0	2,0	—	1,0% Si	54—58
F			o	—	1,65	12,0	0,5	—	1,0% Mo 0,1% V	58—62
			o	—	Schnellarbeitsstahl					58—62
	Papierindustrie	Papierschneidmesser	—	o	1,1	—	1,2	0,2	—	60—63
			—	o	0,9	—	1,2	0,3	—	60—63
		Teller- und Kreismesser, Kartonstanzmesser, Bobinenschneidmesser	o	—	0,9	—	1,2	0,3	—	60—63
K			o	—	1,05	0,5	—	—	1,0% Mn	60—63
		Querschneidmesser	—	o	0,9	—	1,2	0,3	—	60—63
V			o	—	0,45	1,0	2,0	—	1,0% Si	55—58
K		Rindenschälmesser	o	—	1,05	0,5	—	—	1,0% Mn	55—58
U			o	—	0,55	1,8	2,5	—	1,0% Si	55—58
V		Hackmesser für Zellulose-Ind.	o	—	0,45	1,0	2,0	—	1,0% Si	50—55
	Holzindustrie	Streifenhobelmesser	o	—	1,1	—	1,2	0,2	—	60—63
F			o	—	1,65	12,0	0,5	—	1,0% Mo 0,1% V	60—63
			o	—	Schnellarbeitsstahl					60—63
		Dicktenhobelmesser	—	o	1,1	—	1,2	0,2	—	60—63
			—	o	0,9	—	1,2	0,3	—	60—63
			—	o	Schnellarbeitsstahl					60—63
		Furniermesser	—	o	1,1	—	1,2	0,2	—	60—63
			o	o	0,9	—	1,2	0,3	—	60—63
			o	—	1,1	1,2	—	0,3	0,5% Ni	58—60
			o	—	0,8	0,7	2,5	0,15	0,5% Mo	58—60
	Verschiedene	Tabakschneidmesser	—	o	1,1	—	1,2	0,2	—	62—66
			o	—	0,9	—	1,2	0,3	—	62—66
K		Hanfschneidmesser	o	—	1,05	0,5	—	—	1,0% Mn	55—58
		Lederschneidmesser, -spaltmesser, Glockenmesser	—	o	0,9	—	1,2	0,3	—	60—64
			o	—	1,1	1,2	—	0,13	0,5% Ni	60—64

[1] Stahlbezeichnung nach Zahlentafel 167. [2] Vollstahlmesser. [3] Verbundstahlmesser.

von der Härtetemperatur bietet Stahl Q auf Grund seines höheren Vanadingehaltes. Sehr hoch beanspruchte Kaltschlagwerkzeuge, besonders solche mit Querschnitten über 50 mm ∅, bei welchen die anderen Schalenhärter zum Setzen neigen, werden mit Vorteil aus dem tiefer einhärtenden Stahl Q mit 0,90% C, 0,8% Ni, 0,2% V gefertigt. Auch der Chromstahl P findet in solchen Fällen Anwendung. Systematische Untersuchungen über Stähle für Kaltschlagwerkzeuge wurden von K. SCHIMZ[1] sowie E. LICKTEIG[2] vorgenommen und bestätigen im wesentlichen die vorhin angegebene Stahlauswahl. Über die Herstellung und Vorteile geprägter Werkzeuge für die Nieten- und Bolzenfertigung berichtet W. KOCH[3].

Reduziermatrizen haben die Aufgabe, den Schaft in jenem Teil, der später das Gewinde trägt, im Durchmesser zu verkleinern. Dies gilt nur für Schrauben mit gewalztem Gewinde, die heute vorherrschend sind, da das Aufwalzen mit einer Durchmesservergrößerung verbunden ist. Es werden für Reduziermatrizen dieselben unlegierten und gering mit Vanadin legierten Stähle genommen wie für die Kaltschlagwerkzeuge. Durch Einsätze aus 12%igen Cr-Stählen (Stahl D), Schnellarbeitsstahl und vor allem Hartmetall lassen sich außerordentliche Leistungssteigerungen erzielen.

Stiftenbacken, Kopfstempel und *Stiftenmesser* für die Drahtstiften- und Nagelerzeugung können aus den unlegierten Wasserhärtern a, b, c* sowie aus den Chromstählen E und F gemacht werden. Für Stiftenmesser eignet sich auch der gering einhärtende vanadinlegierte Stahl R.

Nähnadelschlagbacken und *-reduzierbacken* fertigt man vorzugsweise aus einem Stahl mit 1,4% C und 0,5% Cr. Mit Schnellarbeitsstählen und vor allem Hartmetallen lassen sich bei den eben genannten Werkzeugen ganz erhebliche Leistungssteigerungen erzielen.

Die Härtung von geschlossenen Kaltschlagmatrizen, Döppern und Kopfstempeln erfolgt mit Unterwasserstrahl gegen die Arbeitsfläche. Backen sind gut abzuschwenken. Geschlossene Matrizen können auch nur Innenhärtung durch Wasserstrahl erfahren. Als gebräuchlichste Härte für Kaltschlagwerkzeuge gilt 58 bis 60 HRC.

Gewindewalzbacken und -rollen fertigt man vorwiegend aus den Stählen D bis F mit Arbeitshärten von 59 bis 62 HRC[4].

d) Stähle für Fließpreßwerkzeuge. Metallische Werkstoffe haben die Eigenschaft, sich bei rasch einwirkender hoher Druckbeanspruchung plastisch zu verformen. Es gelingt daher mit einer Werkzeuganordnung,

[1] SCHIMZ, K.: Stahl u. Eisen Bd. 60 (1940) S. 649/655.

[2] LICKTEIG, E.: Stahl u. Eisen Bd. 65 (1945) S. 85/95.

[3] KOCH, W.: Mitt. Forsch.-Anst. Gutehoffn. Bd. 10 (1944) S. 101/105.

* Die mit Buchstaben bezeichneten Stähle sind in Zahlentafel 167, S. 732, enthalten.

[4] ASSMANN, H.: Werkst. u. Betr. Bd. 82 (1949) Nr. 11 S. 390/396 und Nr. 12 S. 435/440.

wie ähnlich bei einer Metallrohrpresse, Körper verschiedener Form auf kaltem Wege zu erzeugen. Diesen Vorgang nennt man Fließpressen. Das Verfahren kann auf verschiedene Arten, wovon in Bild 453 drei grundsätzliche wiedergegeben sind, zur Ausführung kommen. Näheres s. hierüber bei H. D. FELDMANN[1, 2, 3] und H. FISCHER[4] sowie K. SIEBER[5]. Größte praktische Bedeutung besitzt das Verfahren a für die Erzeugung von Tuben jeglicher Art und ähnlicher Teile. Da der ganze Vorgang in der Kälte vor sich geht, müssen sehr hohe Drücke aufgewendet werden, woraus sich die außerordentliche Werkzeugbeanspruchung erklärt. Es dürften bei diesem Verfahren die höchsten spezifischen Belastungen von Werk-

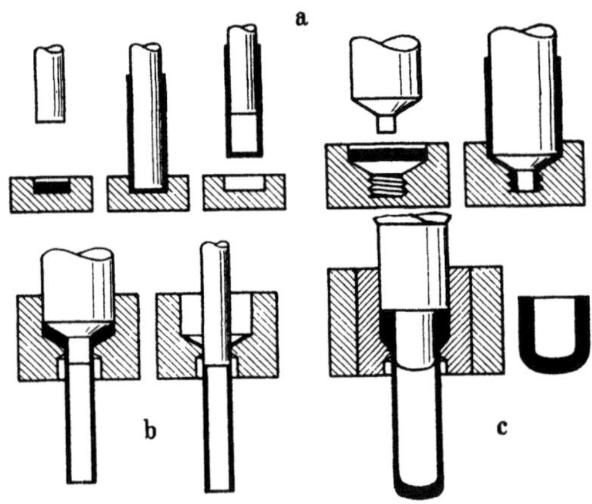

Bild 453 a—c. Kaltspritzverfahren
a) Tubenpressen; b) Hoocker-Verfahren; c) Neumeyer-Verfahren

zeugen überhaupt vorkommen, und zwar solche von über 200 kp/mm². Die für Tubenpreßwerkzeuge geeignetsten Stähle haben sich auf Grund jahrzehntelanger Erfahrungen klar herausgestellt. So werden die Stempel fast ausschließlich aus dem ledeburitischen Chromstahl E*, die etwas weniger beanspruchten Matrizen aus dem unlegierten Stahl a oder auch aus Stahl E oder Schnellarbeitsstahl gefertigt. Auch diese Matrizen werden bei höchster Beanspruchung armiert, d. h. in Stahlfassung eingeschrumpft[6]. Ein weiteres Anwendungsgebiet hat sich das Fließpressen

[1] FELDMANN, H. D.: Z. VDI Bd. 93 (1951) S. 439/443; Z. VDI Bd. 100 (1958) S. 1300/1303.

[2] FELDMANN, H. D.: Mitt. Forsch.-Ges. Blechverarbeitung 1957 Nr. 18 S. 201/207.

[3] FELDMANN, H. D.: Fließpressen von Stahl. Berlin/Göttingen/Heidelberg: Springer 1959. [4] FISCHER, H.: Werkstattstechn. u. Masch.-Bau Bd. 40 (1950) Nr. 6, S. 237/241; vgl. Stahl u. Eisen Bd. 70 (1950) S. 889/891.

[5] SIEBER, K.: Draht Bd. 7 (1956) S. 209/213.

* Die mit Buchstaben bezeichneten Stähle sind in Zahlentafel 167, S. 732, enthalten.

[6] SIEBER, K.: Beanspruchung, Konstruktion, Fertigung und Standzeit hochbeanspruchter Preßmatrizen besonders zum Kaltfließpressen von Stahl. Draht Bd. 3 (1952) S. 1/6.

in der Schraubenindustrie[1] erobert. Zapfen und Vorsprünge an kleinen Teilen werden ebenfalls fließgepreßt, d. h. man bringt das Teilchen unter so hohen Druck, daß die Zapfen oder Vorsprünge hochsteigen. Unlegierte oder leichtlegierte Werkzeugstähle mit etwa 1% Kohlenstoff haben sich hierfür bewährt.

Wird das Kaltspritzen nach b und c ausgeführt, so treten andere Werkzeugbeanspruchungen auf. Für den Spritzring wird ein verschleißfester chromlegierter Stahl (P) mit 1,05% C und 1% Cr verwendet, während sich für den auf Zug beanspruchten Spritzzapfen und den auf Druck beanspruchten Stempel durchhärtende, zähe Stähle, wie sie auch für Prägewerkzeuge üblich sind, gut bewährt haben. Es sind dies die Stähle L, M, N der Zahlentafel 167. Das Verfahren c ist als Neumeyer-Verfahren bekannt und dient zur Fertigung von Hohlkörpern aus Stahl.

e) Stähle für Werkzeuge zum Ziehen von Rohren, Stangen und Draht. Das Ziehen von Metallen kann aus mehreren Gründen vorgenommen werden, und zwar zur Querschnittverminderung, zur Erzielung enger Maßtoleranzen sowie glatter Oberfläche und schließlich auch zur Beeinflussung der Werkstoffeigenschaften, wie Festigkeit, Streckgrenze, Zerspanbarkeit usw. Ziehwerkzeuge haben eine oder mehrere sich verjüngende Öffnungen, durch die der Werkstoff meist unter Anwendung von Schmiermitteln durchgezogen wird. Dabei treten an den Arbeitsflächen des Werkzeuges hohe Drücke und damit eine starke Verschleißwirkung auf. Für Ziehwerkzeuge kommen ausnahmslos hochgekohlte unlegierte sowie legierte Stähle in Betracht, deren engere Auswahl noch von der Form des Ziehprofils und dem zu ziehenden Werkstoff abhängt. Ausführliche Angaben über Ziehwerkzeuge und deren Leistungen machen H. Ahsmann[2] und A. Mackert[3].

Ziehscheiben, Ziehringe für Stangen-, Profil- und Rohrzug für die Verarbeitung von Stahl und Nichteisenmetallen fertigt man aus wasserhärtbaren Stählen mit 1 bis 1,3% C, häufiger aus den folgenden Chromstählen mit 1,4% C, 0,5% Cr; 1,05% C, 1% Cr (Stahl P*); 1,4% C, 1,5% Cr (Stahl J) sowie Wolframstählen mit 1,3 bis 1,5% C, 3 bis 5% W (Stahl B) mit Chromgehalten bis 0,8%. Gut bewährt hat sich auch der Vanadinstahl C mit 1,5% C, 0,5% Cr, 1% W, 1,3% V. Diese Stähle bringen als Schalenhärter die für Ziehwerkzeuge wichtige Voraussetzung mit sich, daß sie bei der Härtung eine Verengung des Ziehloches erfahren, wodurch eine wiederholte Verwendung verschlissener Werkzeuge durch Ausglühen und neues Härten möglich wird. Meist wird nur die Arbeits-

---

[1] F. Hatebur-Verfahren: vgl. Machinery, Lond. Bd. 75 (1949) S. 347; H. Heine: Werkstattstechn. u. Masch.-Bau Bd. 40 (1950) S. 214/220.

[2] Ahsmann, H.: Metallwirtsch. Bd. 18 (1939) S. 656/660, 693/698 u. 711/714.

[3] Mackert, A.: VDEh. Vertraulicher Bericht Nr. 45, 1943.

* Die mit Buchstaben bezeichneten Stähle sind in Zahlentafel 167, S. 732, enthalten.

fläche einer Innenstrahlhärtung unterworfen; unlegierte Stähle können jedoch auch zur Gänze gehärtet werden.

Für Profilmatrizen bevorzugt man wegen des geringen Verzuges die hochgekohlten Chromstähle D und E für Luft- oder Ölhärtung.

Die guten Erfahrungen mit Hartmetallziehsteinen für den Drahtzug gaben Anlaß, diesen Werkstoff auch für Stangenziehmatrizen, ja selbst für Profile zu verwenden.

Ziehdorne für den Rohrzug macht man aus einem Chromstahl mit 1,4% C, 0,5% Cr oder aus dem ledeburitischen Chromstahl E. Für die Verarbeitung von austenitischen korrosionsbeständigen Stählen sind Ziehdorne aus Schnellarbeitsstahl oder Hartmetall vorzuziehen.

Zieheisen. Durch die erfolgreiche Verwendung von Hartmetall-Ziehsteinen wurden die Zieheisen, mit Ausnahme solcher für den Grobzug, weitgehend verdrängt. Wo sie noch Anwendung finden, kommen Wolframstähle mit 1,5 bis 1,8% C, 1,5 bis 2% Cr und etwa 8,0% W zum Einsatz. In der normalen Stahldraht- und Metalldrahtherstellung benutzt man, falls nicht Hartmetall verwendet wird, hochgekohlte Chromstähle mit 2% C und 13% Cr, häufig auch mit Zusätzen von 1% Wolfram. Je nach Beanspruchung wählt man den schmiedeharten Zustand oder vergütet auf Festigkeiten von 110 bis 170 kg/mm^2. Den gehärteten Zustand vermeidet man bei diesen Werkzeugen, damit das Nachstellen durch Zuklopfen möglich ist. Vanadin- und Kupferzusatz haben sich bei diesen Legierungen nicht dauernd einführen können. Auch niedriglegierte Chromstähle mit etwa 2% C und 2% Cr eignen sich zum Ziehen mittelharter Stahldrähte.

f) Stähle für Kaltwalzen. Hierfür hatte man früher Hartgußwalzen verwendet, doch sind diese schon seit Jahren durch geschmiedete und gehärtete Stahlwalzen weitgehend verdrängt. Der Vorteil geschmiedeter und gehärteter Walzen liegt in ihrer größeren Härte von 95 bis 105° Shorehärte, höherer Festigkeit und Zähigkeit, größerem Widerstand gegen das Mattwerden der Oberfläche und dadurch längeren Lebensdauer. Kaltwalzen werden fast ausschließlich aus Chromstahl hergestellt. Die Zusammensetzung schwankt von 0,80 bis 1,10% C und 1 bis 2% Cr. Bei der Auswahl des Kohlenstoff- und Chromgehaltes ist grundsätzlich zu berücksichtigen, daß man, um die Gefahren bei der Härtung dieser heiklen Werkzeuge zu mindern, mit dem Kohlenstoffgehalt heruntergeht, je größer der Durchmesser ist. Um die nötige Härtbarkeit zu erzielen, muß man dafür den Chromgehalt erhöhen. Die Hauptschwierigkeit bei der Herstellung von Kaltwalzen bildet die Härtung, die zur Erreichung der erforderlichen Härte in Wasser erfolgen muß, obwohl diese Chromstähle z. T. bereits in die Gruppe der Ölhärter gehören. Diese Schwierigkeiten beim Härten werden heute durch induktives Härten sehr verringert. Als weiterer Vorteil ergibt sich eine regelbare Einhärtetiefe. Um die Gefahr des Härteausschusses bei der Härtung zu verringern und ein einwandfreies Arbeiten der Walzen zu erreichen, müssen eine Reihe von Bedingungen bei der Erschmelzung, Warmverarbeitung, Wärmebehandlung und Fertigbearbeitung sorgfältig beachtet werden. Näheres s. hierüber in den Arbeiten von R. SCHERER[1], K. GEBHARD[2], G. A. V. RUSSELL und S. S. SMITH[3], R. HOHAGE[4], W. HESSE[5], N. S. WASSILTSCHENKO[6], A. ROSE und L. RADEMACHER[7] sowie J. DUGAN[8].

Hier sei nur auf einige Punkte hingewiesen. Der Stahl muß mit hohem Reinheitsgrad erschmolzen und einer gründlichen Vorerprobung unterzogen werden. Über die Höhe des zweckmäßigen Verschmiedungsgrades bestehen unterschiedliche Auffassungen; er darf jedenfalls nicht zu hoch sein und bewegt sich zwischen zwei- bis sechsfacher Verformung. Vor der Härtung wird zum Gefügeausgleich normalisiert oder sogar vorvergütet. Größere Walzen werden zur Erreichung günstigerer Spannungsverteilung[9] auch in der Bohrung gehärtet. Der Oberflächenzustand der Bohrung ist sehr zu beachten, da Dauerbrüche häufig von unsauberen oder korrodierten Bohrungen ihren Ausgang nehmen. Mit zunehmendem Walzendurchmesser steigt naturgemäß die Gefahr der Weichfleckigkeit. Große Achtsamkeit erfordert das Vor- und Fertigschleifen gehärteter Kaltwalzen. Geringer Vorschub und reichliche Kühlung verhindern die Entstehung von netzförmigen Schleifrissen oder Ausbröckelungen.

Die Lebensdauer von Kaltwalzen wird jedoch maßgebend von der Behandlung im Betrieb mitbestimmt. Vorzeitiges Unbrauchbarwerden kann durch Überbeanspruchung, Stehenlassen unter Druck, Rutschen und damit starke Oberflächenerwärmung, fehlerhaftes Nachschleifen — um nur einige Gefahrenquellen zu nennen — hervorgerufen werden. Auch die Güte der Politur ist von Einfluß auf die Lebensdauer.

g) Stähle für Kunststoffpreßformen. Die heutigen Kunststoffe bestehen im wesentlichen aus makromolekularen organischen Verbindungen. Hinsichtlich ihres unterschiedlichen Wärmeverhaltens kann man sie in zwei Hauptgruppen, die Duroplaste und Thermoplaste, ein-

[1] SCHERER, R.: Stahl u. Eisen Bd. 59 (1939) S. 1105/1111.

[2] GEBHARD, K.: Z. VDI Bd. 83 (1939) S. 269/275.

[3] RUSSELL, G. A. V., u. S. S. SMITH: J. Iron Steel Inst. Bd. 134 (1936) S. 47 bis 101; vgl. Stahl u. Eisen Bd. 56 (1936) S. 1291/1293; Bd. 57 (1937) S. 456.

[4] HOHAGE, R.: Stahl u. Eisen Bd. 59 (1939) S. 1197/1200.

[5] HESSE, W.: Stahl u. Eisen Bd. 77 (1957) S. 715/727.

[6] WASSILTSCHENKO, N. S.: Stal Bd. 18 (1958) S. 917/920; vgl. Stahl u. Eisen Bd. 80 (1960) S. 1347/1348.

[7] ROSE, A., u. L. RADEMACHER: Stahl u. Eisen Bd. 80 (1960) S. 1148/1160.

[8] DUGAN, J.: Iron Steel Engr., Nov. 1958, S. 65/76; vgl. Stahl u. Eisen Bd. 80 (1960) S. 65/76.

[9] TREPPSCHUH, H.: Arch. Eisenhüttenw. Bd. 13 (1939/40) S. 429/436.

teilen. Die ersteren werden bevorzugt durch Form- und Spritzpressen, die letzteren im Spritzguß verarbeitet.

Die Temperaturbeanspruchung der zur Verarbeitung dienenden Werkzeuge ist gering, und man kann sie nicht als Warmarbeitswerkzeuge ansprechen, doch unterliegen sie einem starken Verschleiß. Über die Auswahl der Stähle für den Formenbau geben die Arbeiten der nachgenannten Verfasser Aufschluß: F. RAPATZ[1,2], H. BRIEFS[3], E. T. GILL und G.N. GEE[4], W. BUCKSCH[5], C.C. HANSON[6] und J. JÄGERSBERGER[7].

An die Stähle für den Formenbau werden eine Reihe von Forderungen gestellt, wie hoher Reinheitsgrad und Gleichmäßigkeit, gute Bearbeitbarkeit, insbesondere Kalteinsenkbarkeit; außerdem geringe Maßänderung bei der Wärmebehandlung, gute Polierfähigkeit, hohe Verschleißfestigkeit, entsprechende Druckfestigkeit bei ausreichender Zähigkeit und oft auch Korrosionsbeständigkeit gegenüber chemisch-aggressiven Stoffen.

Es ist verständlich, daß diese Vielfalt von Eigenschaften von einem Stahl nicht gleichzeitig erfüllt werden kann; daher richtet sich die Stahlauswahl nach den vorherrschenden Anforderungen, die maßgebend von der Form und Größe der Werkzeuge beeinflußt werden. In Zahlentafel 171[8] sind die heute gebräuchlichsten Stähle für Kunststoffpreßformen enthalten. Es hat sich eine Gliederung in sechs Gruppen herausgebildet, und zwar in: Einsatzstähle, öl- und lufthärtbare Stähle für mittlere und große Formen, maßänderungsarme Werkzeugstähle für kleine Formen, Stähle für Verwendung im Anlieferungszustand, Stähle für Nitrierhärtung und Stähle für die Verarbeitung von chemisch angreifenden Massen.

Im überwiegenden Maße finden Einsatzstähle für den Formenbau Verwendung. Die Gründe für diese Bevorzugung sind in ihrer Härtesicherheit, der guten Verschleißfestigkeit der hochharten Oberflächenschichte und der leichten Verarbeitbarkeit zu erblicken. Ihre Polierfähigkeit ist gut, denn diese ist ganz allgemein für harte Stähle besser als für weiche. Der Gehalt an Schlackeneinschlüsse soll möglichst gering sein, da diese die Polierfähigkeit beeinträchtigen. Gerade diese Forderung stößt bei der Herstellung niedriggekohlter Stähle auf

---

[1] RAPATZ, F.: Stahl u. Eisen Bd. 52 (1932) S. 1271.

[2] RAPATZ, F.: Kunststoffe Bd. 28 (1938) Nr. 11, S. 281/283.

[3] BRIEFS, H.: Kunststoffe Bd. 29 (1939) Nr. 7, S. 185/190.

[4] GILL, E. T., u. G. N. GEE: Iron Steel Bd. 20 (1947) S. 185/188.

[5] BUCKSCH, W., u. H. BRIEFS: Preßwerkzeuge in der Kunststofftechnik. Berlin/Göttingen/Heidelberg: Springer 1953.

[6] HANSON, C. C.: Metallurgia, Manchester Bd. 56 (1957) Nr. 335.

[7] JÄGERSBERGER, J.: Schweizer Arch. angew. Wiss. Techn. Bd. 25 (1959) Nr. 12, S. 439/450.

[8] Über Stahlguß für diese Werkzeuge s. S. 846 u. 851.

Zahlentafel 171. *Zusammensetzung gebräuchlicher Stähle für Kunststoffpreßformen*

Lfd. Nr.	Stahlart und Verwendung	C %	Mn %	Cr %	Ni %	Mo %	V %	Arbeitsfestigkeit bzw. Oberflächenhärte	Anlieferungszustand
1	Einsatzstähle	0,05 0,10 0,16	— 0,40 1,2	4,0 — 1,0	— — —	0,5 — —	— — —	62—64 HRC	weichgeglüht, kalt einsenkbar
		Cr-Ni-Stähle nach DIN 1662[1] ECN 35, ECN 45, Cr-Mn-Stähle nach DIN 17210 16 MnCr 5, 20 MnCr 5 Sonstige Cr-Ni-Stähle, wie z. B. 18 CrNi 8						62—64 HRC	weichgeglüht, für spanabhebende Bearbeitung
2	Öl- und lufthärtende Stähle für mittlere und große sowie komplizierte Formen	0,35 0,50 0,50	0,5 0,5 0,5	1,3 1,5 0,8	4,5 3,5 1,8	— 0,30 0,30 bis 0,70	— — —	160—180 kg/mm²	weichgeglüht weichgeglüht weichgeglüht
3	Maßänderungsarme Ölhärter (übliche Schnittstähle) für kleine Formen	1,60 1,00 1,10 0,90 1,40	0,30 1,00 1,00 2,00 0,30	13,00 1,00 0,50 — 1,50	— W 1,5 — — —	— — — — —	— — — 0,20 —	62—64 HRC	weichgeglüht weichgeglüht weichgeglüht weichgeglüht weichgeglüht
4	Stähle für Verwendung im Anlieferungszustand für große Formen	0,50 0,50 0,50	0,50 1,00 0,70	0,80 0,70 —	1,80 — —	0,30 — —	— — —	bis 120 kg/mm² ~85 kg/mm² ~70 kg/mm²	vergütet normalisiert normalisiert
5	Stähle für Nitrierhärtung	0,30 0,30	0,50 0,50	1,50 2,40	Al 1,20 —	(0,20) 0,20	— 0,20	~900 HV ~750 HV	vergütet vergütet
6	Stähle zum Pressen chemisch angreifender Massen	0,40 bis 0,55 0,80 $<0{,}15$	— — —	13,00 bis 14,00 16,— 13,00 bis 14,00	— — —	— 1,00 —	— — —	54—57 HRC 57—60 HRC ≈ 47	weichgeglüht weichgeglüht weichgeglüht, kalt einsenkbar

[1] Alte, nicht mehr gültige Norm.

metallurgische Schwierigkeiten, weshalb bei Bestellung von Einsatzstählen nach Baustahlnormen der Hinweis auf die Verwendung für Kunststoffpreßformen nicht unterbleiben sollte. Der Verwendung von Elektrostahl ist hier unbedingt der Vorzug zu geben.

Die Herstellung der Formen aus Einsatzstahl erfolgt entweder durch Kalteinsenken oder Zerspanung. Beim Kalteinsenken wird ein Stempel, auch Pfaffe genannt, in den Formenwerkstoff, erforderlichenfalls unter Einschaltung von Zwischenglühung, eingedrückt. Nur unlegierte oder niedriglegierte Stähle sind genügend weichglühbar, um für dieses Verfahren geeignet zu sein. Es sind in der Regel Wasserhärter, und daher verbietet sich ihre Anwendung bei verzugsempfindlichen Formen. Näheres über das Kalteinsenken siehe H. SCHLIPPES[1], E. SIEBEL und E. ULRICH[2], K. E. THELNING[3], K. BUNGARDT und O. MÜLDERS[4], W. HAUFE und E. BÜRKLIN[5], K. SCHIMZ[6], G. FOLKE[7], J. H. HAYES[8] und J. JÄGERSBERGER[9]. Ölhärtbare Einsatzstähle haben den Vorteil geringeren Härteverzuges, höherer Kernhärte bis zu 150 kg/mm² und eignen sich daher für höhere Druckbeanspruchung, sind jedoch meist nur noch spanabhebend bearbeitbar. Der gebräuchlichste Stahl ist hier ECN 35, doch sind auch Chrom-Molybdän- und Chrom-Mangan-Stähle üblich.

Mittlere und große Formen hoher Druckbeanspruchung sowie auch kompliziertere werden mit Vorteil aus luft-, allenfalls auch ölhärtbaren Stählen gefertigt. Stähle wie ECN 45 oder der Prägestahl mit 0,50% C, 1,50% Cr, 3,50 bis 4,5% Ni, 0,25% Mo sowie der Warmgesenkstahl mit 0,55% C, 0,80% Cr, 1,80% Ni, 0,70% Mo stehen neben Chrom-Mangan-Molybdän-Stählen in Verwendung. Wegen des Vorteiles gleichmäßiger Härte begnügt man sich mit der niedrigeren, über den ganzen Querschnitt reichenden Festigkeit von 160 bis 180 kg/mm² und daher gegenüber Einsatzstählen etwas geringeren Verschleißfestigkeit und Polierbarkeit.

Kleine Formen werden vorteilhaft aus maßänderungsarmen ölhärtbaren Werkzeugstählen gefertigt; sie vereinen hohe Härtesicherheit, geringeren Verzug, großen Verschleißwiderstand und gute Polierfähigkeit. Ihre Arbeitshärte liegt bei 62 bis 64 HRC.

---

[1] SCHLIPPES, H.: Kunststoffe Bd. 32 (1942) S. 151/154.

[2] SIEBEL, E., u. E. ULRICH: Mitt. Forsch.-Ges. Blechverarb. 1954 Nr. 12, S. 133/143.

[3] THELNING, K. E.: Werkstattstechn. u. Masch.-Bau Bd. 48 (1958) H. 4, S. 209/215.

[4] BUNGARDT, K., u. O. MÜLDERS: Arch. Eisenhüttenw. Bd. 28 (1957) S. 383/395.

[5] HAUFE, W., u. E. BÜRKLIN: Techn. Zbl. prakt. Metallbearb. Bd. 45 (1953) Nr. 17/18.

[6] SCHIMZ, K.: Feinwerktechnik Bd. 59 (1955) S. 234/238.

[7] FOLKE, G.: Kunststoffe Bd. 44 (1954) Nr. 9, S. 388/395.

[8] HAYES, J. H.: Amer. Mach. Bd. 100 (1956) Nr. 21, S. 949/960.

[9] JÄGERSBERGER, J.: Schweizer Arch. angew. Wiss. Techn. Bd. 2[illegible] (1959) Nr. 12, S. 439/450.

Ähnlich wie bei der Gesenkfertigung umgeht man bei sehr großen Formen die Schwierigkeiten der Wärmebehandlung durch die Verwendung von Stählen im Anlieferungszustand. Aus Rücksicht auf die Zerspanungsarbeit können Festigkeiten über 120 kg/mm² nicht gewählt werden. Gebräuchliche Stähle sind in Zahlentafel 171 Nr. 4 enthalten. In neuerer Zeit gewinnt die Anwendung der Nitrierhärtung für große Formen Bedeutung. W. HAUFE[1] untersucht die Verwendbarkeit der Nitrierstähle mit 0,30% C, 1,30% Cr, 1% Al sowie 0,30% C, 2,40% Cr, 0,20% V und hebt die spannungs- und verzugsfreie Härtung hervor.

Formen zum Pressen von synthetischen Thioharnstoffen erfordern wegen ihrer korrodierenden Wirkung rostsichere, härtbare Chromstähle mit 13 bis 14% Cr. Je nach gewählter Kohlenstofflage in den Grenzen von 0,40 bis 0,50% C lassen sich Härten von 54 bis 57 HRC erzielen. Härten von 57 bis 60 HRC gibt ein Stahl mit 0,80% C, 16% Cr, 1% Mo. Rostsichere Chromstähle sind auch für das Verfahren des Kalteinsenkens brauchbar, wenn sie mit Kohlenstoffgehalten unter 0,15%, gut weichgeglüht, geliefert werden.

Stähle für Einsenkpfaffen sind auf S. 745 unter Prägewerkzeuge genannt.

C. Sonstige Kaltarbeitswerkzeuge

a) Stähle für Bergbau- und Gesteinsbearbeitungswerkzeuge. *Gesteinsbohrer für Handbohrung* fertigt man aus unlegierten Stählen mit Kohlenstoffgehalten von 0,6 bis 1,4% (Stahl d, e, g, k*), wobei man für hartes Gestein die höheren Kohlenstoffgehalte vorzieht.

Hohl- und Vollbohrer für maschinelle Bohrung. Im allgemeinen werden unlegierte Stähle mit 0,7% C (Stahl h) und 0,85% C (Stahl g) verwendet, weil bei höheren Kohlenstoffgehalten der bei diesen Werkzeugen so gefürchtete Dauerbruch zu häufig auftritt. Für sehr hartes Gestein sind jedoch auch Stähle mit 1% C vereinzelt gebräuchlich. Zur Erleichterung der Wärmebehandlung auf der Arbeitsstelle macht man diese Stähle mitunter durch geringen Vanadinzusatz überhitzungsunempfindlicher. In dem Bestreben nach Leistungssteigerung wählt man Stähle mit 0,9 bis 1% C, 1% Cr und Zusätzen von Molybdän und Vanadin einzeln oder zusammen. Die höhere Festigkeit im walzharten Zustand ergibt eine Steigerung der Dauerfestigkeit. Natürlich steigt auch die Schneidleistung der Bohrerschneiden, doch interessieren solche Stähle vor allem für Bohrer mit eingesetzten Hartmetallschneiden bzw. für Bohrstangen, die Stahl- oder Hartmetallkronen tragen. Für Bohrstangen kommen auch Vergütungsstähle in Betracht[2].

[1] HAUFE, W.: Kunststoffe Bd. 33 (1943) S. 151/158.

* Die mit Buchstaben bezeichneten Stähle sind in Zahlentafel 167, S. 732, enthalten.

[2] ZEPPERNICK, G.: Glückauf Bd. 86 (1950) S. 1109/1110.

Die Herstellung von Hohlbohrern erfordert viel Erfahrung und Sorgfalt, um vorzeitige Dauerbrüche zu vermeiden. Glatte entkohlungsfreie Oberfläche außen und in der Bohrung sind Voraussetzung, ebenso möglichst zentrische Lage der Bohrung und faltenloser Faserverlauf im warm angestauchten Bund am Einsteckende. Beim Anstauchen von Schneide und Einsteckende ist eine Schmiedeüberhitzung zu vermeiden. Die Schneide wird kurz erwärmt, gehärtet und auf eine Arbeitsfestigkeit von 59 bis 62 HRC angelassen, während das Einsteckende auf Festigkeiten von 140 bis 180 kg/mm^2 vergütet wird.

Beträchtliche Leistungssteigerungen im Bohrbetrieb brachten die mit Hartmetall bestückten Schneidenköpfe (Monoblocbohrer) und die Hartmetall-Bohrkronen, wozu aber für die Verbindung von Krone und Bohrstange erst konstruktive Lösungen gefunden werden mußten.

Näheres über Gesteinsbohrstähle siehe bei R. Hohage[1,2], W. H. Hatfield[3], W. G. Agnew[4].

Erdbohrmeißel. Das schlagende Bohren ist heute weitgehend durch das rotierende Bohren (Rotary-Verfahren) verdrängt. Soweit man die Bohrwerkzeuge nicht mit Hartmetall panzert, nimmt man hierfür Stähle mit 0,45 bis 0,55% C und 0,6 bis 0,8% Mn, die man an den Schneiden härtet. Meist werden die Bohrmeißel aus aufgepanzerten, nickellegierten Einsatzstählen gefertigt. Aufgeschweißt werden gegossene, leicht schmelzbare Hartlegierungen (S. 871), in die Wolframkarbidsplitter und Bohrformstücke von gesinterten Karbiden eingebettet sind. Zur Aufschweißung gebraucht man aber auch in Eisenröhrchen gefüllte Karbidsplitter, die entweder gesinterter und in neuerer Zeit in zunehmendem Maße geschmolzener Herkunft sein können.

Gepanzerte Erdbohrmeißel s. bei K. L. Zeyen[5], C. H. Shapiro[6], H. Fauland[7].

Steinsägen s. Abschnitt „Sägen", S. 740.

Handwerkzeuge für die *Steinbearbeitung,* wie Kron- und Stockhämmer, Schlägel, Matzel, Fäustel, Pocher, Keile, werden aus unlegierten Stählen gefertigt und schwanken in ihrer Kohlenstofflage von 0,5 bis 0,9% C gemäß Stahl g, h, j, k und l. Spitzeisen, Steinmeißel,

[1] Hohage, R.: Vorträge Werkstofftagung Berlin 1927, Bd. 4 S. 14/21. Düsseldorf: Stahleisen 1928; Techn. Bl. Bd. 17 (1927) Nr. 11, S. 81/82.

[2] Hohage, R.: Stahl u. Eisen Bd. 45 (1925) S. 992/995.

[3] Hatfield, W. H.: Iron Coal Tr. Rev. Bd. 126 (1933) S. 642/643 u. 707/708; vgl. Stahl u. Eisen Bd. 53 (1933) S. 681.

[4] Agnew, W. G.: Rep. Invest. Bur. Mines 1941, Nr. 3566, nach Rev. Industr. min 1948 Nr. 534 S. 516/520.

[5] Zeyen, K. L.: Techn. Mitt. Krupp, B.: Techn. Ber. Bd. 7 (1939) S. 15/30; Autogene Metallbearb. Bd. 32 (1939) S. 117/123 u. 133/141.

[6] Shapiro, C. H.: Metal Progr. Bd. 35 (1939) S. 363/367.

[7] Fauland, H.: Bergbau-, Bohrtechniker- u. Erdöl-Ztg. Bd. 64 (1948) S. 9/12. Wien: Urban-Verlag.

Pickhämmer, Kronhämmer und Mühlpicken, Messerpicken für die Bearbeitung sehr harten Gesteins erfordern hochgekohlte Stähle mit 1 bis 1,4% C (Stahl d und e); auch ein leichtlegierter Stahl mit 1,4% C und 0,5% Cr wird hierfür gebraucht.

Steindreh- und Steinhobelmesser, Steinkreismesser. Hierfür bewähren sich Riffelstähle (Stahl A, B und C), der Chromstahl mit 1,4% C und 0,5% Cr sowie harte unlegierte Stähle mit 1,3% C.

Schrämpicken, Kohlen-Ein- und Zweispitze fertigt man aus den unlegierten Stählen f, g und h mit Kohlenstoffgehalten von 0,7 bis 1% C.

Schrämmeißel für das maschinelle Schrämen fertigt man meist aus Schnellarbeitsstählen und aus Hartmetallen[1].

Brikettpreßwerkzeuge. Bestimmend für die Stahlauswahl ist die große Verschleißwirkung, den die Kohle bei diesem unter hohem Druck vor sich gehenden Arbeitsprozeß[2] ausübt. Es kommen daher nur höher gekohlte Stähle in Betracht, und zwar für den *Preßstempel* z. B. ein Stahl mit 1,8% Mn und 0,7% C, vergütet auf 130 bis 150 kg/mm², einsatzgehärtete und in letzter Zeit immer häufiger oberflächengehärtete Stähle. Für *Schwalbungen* bewährt sich der Chromstahl mit 2% C und 2% bis 6% Cr. In Sonderfällen kommt auch Manganhartstahl zur Anwendung. Auch höher legierte Stähle mit 12 und mehr Prozent Chrom, gegossen oder geschmiedet, sind versucht worden, ohne jedoch eindeutig bessere Ergebnisse gebracht zu haben. Für lange Schwalbungen wird wegen der Bruchgefahr auch der weniger verschleißfeste Manganstahl mit 1,8% Mn genommen. Die Arbeitsfestigkeit liegt je nach Form und Betriebsbedingungen zwischen 120 und 160 kg/mm². *Seiteneinlagen* werden aus unlegiertem Stahl oder vergüteten Federstählen mit einer Festigkeit von 130 bis 170 kg/mm² oder aus gehärtetem Verbundstahl (s. S. 747) gefertigt. Für Brikettierwalzen zur Herstellung von Steinkohlenbriketts in Eierform werden Stähle mit 2% C, 2% Cr, 1% Mn oder mit 2% C und 12% Cr sowie auch der Manganhartstahl (S. 157, 158) verwendet.

b) Stähle für die Hartzerkleinerung. Im Aufbereitungsbetrieb hat sich für *Brechbacken, Brechmäntel, Walzen, Walzenmäntel, Panzerplatten, Roststäbe* usw. der Manganhartstahl, sowohl gegossen (S. 851) als auch geschmiedet, ein breites Anwendungsfeld gesichert. Voraussetzung für die Überlegenheit gegenüber anderen Werkstoffen, wie naturharten oder vergüteten Stählen, ist eine Kaltverfestigung durch das Mahlgut. Bei weichen Stoffen, wie z. B. Graphit und Talk, tritt keine Kalthärtung der Werkzeugoberfläche ein und es versagt dieser Stahl (s. S. 162). In solchen Fällen ist naturharten Stählen, vor allem aber zähen Vergütungsstählen auf der Chrom-Nickel- (Molybdän-) Grund-

[1] MENKE, J.: Glückauf Bd. 68 (1932) S. 337/343.
[2] WUJETZ, P.: Braunkohle, Wärme u. Energie 1955 S. 139/148.

lage, oder Chromstählen entsprechend Stahl D, E, P, O*, vergütet auf Festigkeiten von 110 bis 180 kg/mm² oder bis 200 bis 220 kg/mm², der Vorzug zu geben; vielfach wird hierfür auch mit Erfolg Schalenhartguß herangezogen.

Schläger für Mühlen macht man sowohl aus Manganhartstahl als auch aus vergüteten, an der Arbeitsfläche gehärteten und auf etwa 160 kg/mm² angelassenen 2%igen Manganstählen mit etwa 0,45 bis 0,90% C, wobei die an der unteren C-Grenze liegenden Stähle noch für Verbindungsschweißungen geeignet sind. Aufpanzern abgenützter Schläger mit verschiedenartigen Aufschweißlegierungen ist allgemein üblich (S. 868).

Mahlkugeln (Mahlkörper) werden vorwiegend aus naturhartem Stahl mit 0,70 bis 1% C und 0,80% Mn gefertigt und weisen eine Festigkeit von 80 bis 110 kg/mm² auf. Sind höhere Festigkeiten erforderlich, so sind chromlegierte Stähle, ebenfalls naturhart oder vergütet, üblich. Zylpebs[1] werden in der Regel aus unlegierten Stählen hergestellt und einer Vergütung unterzogen.

Baggerzähne und *Eimerschneiden* sind ebenfalls aus naturhartem, unlegiertem Stahl mit 0,70 bis 0,90% C und 0,80% Mn, vergütetem 2%igen Manganstahl oder Manganhartstahl gefertigt. Die beiden letztgenannten Stähle nimmt man auch für Baggerbolzen und Baggerbüchsen. Baggerbolzen aus oberflächengehärteten Vergütungsstählen (s. S. 82) haben sich gleichfalls gut bewährt. Für sehr große Baggerbolzen werden Cr-Ni-Vergütungsstähle, vergütet auf etwa 100 kg/mm², verwendet. Für Baggerschaken nimmt man naturharte oder vergütete unlegierte Stähle mit 0,60% C.

c) Stähle für Druck- (Preß)luftwerkzeuge. Soweit derartige Werkzeuge nicht im Abschnitt „Stähle für Bergbauwerkzeuge und Gesteinsbearbeitungswerkzeuge“, S. 757, beschrieben sind, werden sie hier behandelt.

Druckluftmeißel und *Döpper* sind dauernden Schlägen und Stößen ausgesetzt, müssen daher aus Stählen mit hoher Dauerfestigkeit hergestellt werden. Außerdem verlangt man von ihnen je nach Verwendungszweck Schneidhaltigkeit, Verschleißfestigkeit, Warmfestigkeit und Zähigkeit. Für diese Werkzeuge hat sich eine eigene Stahlgruppe herausgebildet, die sogenannten Dauerstähle, die neben Wolfram und Chrom immer einen Siliziumgehalt von 1 bzw. 1,5% aufweisen. Siehe hierzu Zahlentafel 167, Stahl V, W und Y*. In Amerika wird abweichend hiervon vielfach ein Stahl mit 0,55% C, 0,8% Mn, 1,5 bis 2% Si und 0,4% Mo als Dauerstahl benutzt. Druckluftmeißel und -stemmer werden mit Vorteil aus dem wasserhärtbaren Stahl W und dem wahlweise ebenfalls

---

* Die mit Buchstaben bezeichneten Stähle sind in Zahlentafel 167, S. 732, enthalten.

[1] d. s. Mahlkörper meist hoher Härte.

wasserhärtbaren Stahl Y gefertigt. Döpper und sonstige Druckluftwerkzeuge der metallverarbeitenden Industrie, wie *Durchschläge*, *Bördeleisen* usw., können wahlweise aus den drei genannten Stählen gemacht werden, ebenso *Stampfer* und *Gleisstopfhacken*, sofern nicht die unlegierten Stähle g, h oder l gewählt werden. Preßluftwerkzeuge aus legierten Stählen erhalten zur Gänze eine Arbeitshärte von 55 bis 58 HRC, während solche aus unlegierten Stählen an den Arbeitsflächen härter (58 bis 62 HRC), am Einsteckende weicher (150 bis 180 kg/mm^2) zu halten sind.

Hohl- und *Vollbohrer* s. unter „Stähle für Bergbauwerkzeuge", S. 757.

Abbauspieße für Kohle und mittelhartes Gestein, *Abbruchspieße* für schwere Arbeiten in Beton und hartem Gestein, *Spieße* zum Kernausstoßen, *Spaten* für Straßen- und Abbrucharbeiten, *Stampfschuhe* für Sand, Lehm und Beton, *Spaltkeile* fertigt man vorwiegend aus einem unlegierten Wasserhärter mit 0,50 bis 0,55% C, 0,30% Si und 0,60% Mn. Die Werkzeuge werden zur Gänze gehärtet, an den Arbeitsflächen auf 54 bis 58 HRC angelassen, während Einsteckende und Schäfte durch höheres Anlassen auf eine Festigkeit von 150 bis 180 kg/mm^2 gebracht werden.

Für *Keillochmeißel* nimmt man u. a. den hochgekohlten Stahl e mit 1,15% C, für *Stockeinsätze* für Marmorbearbeitung den Dauerstahl V* mit 0,45% C, 1% Si, 2% W, für Granitbearbeitung höher gekohlte unlegierte Stähle mit 0,85 bis 1,3% C (Stahl d, e, f, g) oder auch wolframlegierte Riffelstähle sowie hartmetallbestückte Einsätze.

Kolben für *Druckluftwerkzeuge*. Obwohl als Maschinenbestandteil ins Gebiet der Baustähle gehörend, werden diese Teile hier besprochen, da sie fast durchweg aus Werkzeugstählen angefertigt werden. Vollkolben erfordern Stähle mit nicht zu seichter Härteschicht, damit ein Eindrücken der Aufschlagfläche vermieden wird. Verwendet werden Stähle mit 1 bis 1,1% C (Stahl a und b). Hohlkolben müssen wegen der stellenweise vorkommenden dünnen Wandstärken aus Stählen geringer Einhärtung erzeugt werden. Teile mit Wandstärken von 8 bis 10 mm Dicke dürfen bei beiderseitiger Härtung nicht durchhärten, da ein zäher Kern erhalten bleiben muß. Durch besonders metallurgische Vorkehrungen lassen sich unlegierte Stähle, die diesen Anforderungen genügen, herstellen (s. S. 138, 142). Einige Erzeuger von Preßluftwerkzeugen machen jedoch die Hohlkolben aus den vorhin für Vollkolben erwähnten legierten Stählen.

d) Stähle für die Landwirtschaft. *Sensen* haben einen komplizierten Erzeugungsgang und erfordern Stähle großer Gleichmäßigkeit. Es

* Die mit Buchstaben bezeichneten Stähle sind in Zahlentafel 167, S. 732, enthalten.

werden hierfür unlegierte Elektro- und SM-Stähle hoher Reinheit verwendet. Der Kohlenstoff liegt meist in den Grenzen von 0,75 bis 0,80%, doch verlangen einzelne Hersteller Eingrenzungen auf zwei bis drei hundertstel Prozent Kohlenstoff. Der Siliziumgehalt wird niedrig gehalten, wodurch die Eigenschaft des Abschüttens, d. h. das Abspringen des Zunders beim Härten, erreicht wird. Gehärtet wird in Öl und anschließend auf eine Härte von 45 bis 52 HRC angelassen.

Sicheln fertigt man aus einem weicheren Stahl mit 0,50% C, 0,25% Si, 0,60% Mn.

Mähmaschinenmesser haben schneidhaltig und wegen des gelegentlichen Einklemmens von Fremdkörpern auch zäh zu sein. Es eignen sich hierfür die unlegierten Stähle g und h* mit 0,85% C bzw. 0,70% C sowie der billigere Stahl j. Genaue Vorschriften über die einzuhaltenden Arbeitshärten enthält DIN 11300 und 11364.

Pflugscharen werden aus den unlegierten Stählen h, k und l, deren Kohlenstoffgehalte zwischen 0,45 und 0,75% liegen, gefertigt. Nach DIN Land 100 ist ein Stahl mit höchstens 0,5% C und einer Festigkeit von 70 bis 80 kg/mm^2 vorgeschrieben. Spitze und fallweise auch die Schneide werden gehärtet und auf eine Härte von etwa 55 HRC angelassen.

Messer, wie Futter- und Häckselmesser, Rübenmesser, Krauthobelmesser, Strohmesser, Rebscheren, werden aus den billigeren Stählen k und l mit 0,60 bzw. 0,45% C oder dem höherwertigen Stahl h mit 0,70% C, Schafscheren aus Stahl e mit 1,15% C oder aus dem chrom-wolframlegierten Stahl V, Gärtnermesser, Okuliermesser und Hufmesser aus den Stählen f, g mit 1,0 bzw. 0,85% C hergestellt, doch ist bei solchen Werkzeugen die Stahlauswahl keineswegs einheitlich.

Heugabeln, Dunggabeln macht man aus dem wasserhärtbaren Stahl l mit 0,40% C oder dem in Öl zu härtenden Stahl k mit 0,60% C.

Eggenzinken, Kultivatorzinken sind nach DIN 1484 bis 1486 aus St. 70.11 anzufertigen und finden im naturharten Zustand Verwendung.

Von *Heurechenzinken, Heuwendergabeln* fordert man federnde Eigenschaften, weshalb sie aus Federstählen, vergütet auf übliche Federstärke, gefertigt werden.

Für *Schlagleisten* ist nach DIN 11701 St. 50.11, naturhart, vorgeschrieben.

Spaten, Hauen usw. sind aus den unlegierten Stählen i, j und k*, naturhart oder verlaufend gehärtet und angelassen, gefertigt. In neuester Zeit kommen solche Werkzeuge in selbstschärfender Ausführung auf den Markt; man erreicht dies durch Verwendung von Verbundstahl oder durch einseitiges, induktives Oberflächenhärten. Der weichere Stahlteil verschleißt mehr und die Schneide erneuert sich dadurch von selbst.

---

* Die mit Buchstaben bezeichneten Stähle sind in Zahlentafel 167, S. 732, enthalten.

Dengelwerkzeuge, also Dengelhämmer und Dengelambosse, fertigt man aus den unlegierten Stählen h, k oder l, Arbeitsbahn gehärtet und auf 60 bis 62 HRC angelassen bzw. entspannt.

e) Stähle für Meßwerkzeuge. Die Anforderungen an diese Werkzeuge sind: gute Härtbarkeit, große Verschleißfestigkeit und regelmäßige Formänderungen beim Härten, die letztere Forderung, damit nicht zuviel Schleifarbeit entsteht. Geboten ist ferner möglichst vollkommenes Gleichbleiben der Abmessungen im Gebrauch. Für Meßwerkzeuge sind unlegierte Einsatzstähle für Wasserhärtung sowie legierte Einsatzstähle für Ölhärtung wegen des geringeren Verzuges in Verwendung. Auch benützt man dieselben Ölhärter, wie sie für Schnitte in Gebrauch sind. Den hochgekohlten 13%igen Chromstahl wird man dabei im allgemeinen für Kaliber und Endmaße verwenden und fallweise die Lufthärtbarkeit zur Erreichung besonders geringen Verzuges ausnützen. Die niedriglegierten Ölhärter G bis K sowie auch die Einsatzstähle finden für Lineale, Grenzrachenlehren, Schublehren usw. Verwendung. An unlegierten Werkzeugstählen nimmt man z. B. Stahl l, g, h für Zirkel, Taster, Schublehren, Stahl f, g, h für Lineale, Winkel, Stahl a für Endmaße. Auch rostsichere Chromstähle werden in zunehmendem Maße für Lineale, Schublehren und Schablonen herangezogen, ebenso hochprozentige Nickelstähle mit geringster Wärmeausdehnung wie der Stahl mit 36% Nickel. Nitrierstähle bieten den Vorteil höchster Härte und völlig verzugsfreier Wärmebehandlung.

Praktisch vollkommenen Verschleißwiderstand ergibt die Verwendung von Hartmetall für die Meßflächen und Tastspitzen von Meßwerkzeugen.

Einige Bedeutung hat auch das Hartverchromen von Meßwerkzeugen erlangt, da es rostsichere, sehr verschleißfeste Tastflächen ergibt. Es eignet sich auch zur Erneuerung abgenutzter Meßwerkzeuge. Über die zur Hartverchromung am besten geeigneten Stähle machen M. Schmidt und K. Gebauer[1] Angaben.

Über die Maßnahmen, die Maßänderung beim Härten möglichst zu verhindern, s. Zahlentafel 235, S. 954.

Was die Abnützungswiderstandsfähigkeit betrifft, so bestehen darüber keine einheitlichen Ansichten. Siehe hierüber Abschnitt „Verschleißwiderstand".

Das Altern der Stähle wurde von A. Weber[2] und W. Stenzel[3] behandelt. Es gelingt dadurch, die nachträglichen Volumenänderungen des

[1] Schmidt, M., u. K. Gebauer: Techn. Zbl. prakt. Metallbearb. Bd. 50 (1940) Nr. 17/18, S. 466; Nr. 19/20, S. 525/526.

[2] Weber, A.: Die natürliche und künstliche Alterung des gehärteten Stahles. Berlin: Springer 1926; vgl. Stahl u. Eisen Bd. 46 (1926) S. 1437.

[3] Stenzel, W.: Härterei-Techn. Mitt. Bd. 4 (1949) S. 27/51.

gehärteten Stahles vorwegzunehmen, indem man den Stahl je nach seiner Zusammensetzung auf 110 bis 140 °C erwärmt (bis 200 Stunden) und dadurch die sonst im Laufe der Zeit eintretenden Volumänderungen schon vorher auslöst (s. S. 65).

II. Stähle für Warmarbeitswerkzeuge

Neben den allgemein für Werkzeuge erforderlichen Eigenschaften verlangt man von Stählen für Warmarbeit noch ausreichende Warmfestigkeit, Anlaßbeständigkeit und Warmverschleißfestigkeit sowie möglichst geringe Warmrißempfindlichkeit. Durch diese besonderen Eigenschaften werden die Werkzeuge befähigt, ihre Form trotz Erwärmung

Bild 454. Brandrisse an einem Warmarbeitswerkzeug

durch die Berührung mit dem zu verarbeitenden heißen Metall eine bestimmte Zeit weitgehend beizubehalten. Da diese Berührung in den allermeisten Fällen nur eine zeitweise, in bestimmten Abständen wiederkehrende, ist, ergibt sich durch den Temperaturwechsel eine zusätzliche Beanspruchung, die allmählich zur Bildung von netzförmigen Rissen, den netzförmigen Brandrissen, oder einzelnen tiefer gehenden Warmrissen führt. Es wird nicht zu hoch gegriffen sein, wenn man annimmt, daß 80% aller Warmarbeitswerkzeuge durch Warmrisse unbrauchbar werden. Bild 454 zeigt an der Arbeitsfläche eines Warmarbeitswerkzeuges solche Warmrisse in einem verhältnismäßig weit vorgeschrittenen Zustand. Trotz dieser großen Bedeutung der Warmrißbildung liegen noch wenig Untersuchungen darüber vor; dies mag durch die Schwierigkeit der Übertragung von Versuchsergebnissen auf die praktischen Verhältnisse bedingt sein. Den Vorgang der Brandrißbildung[1] hat man sich etwa folgendermaßen vorzustellen. Bei der plötzlichen Berührung des zwar vorgewärmten Werkzeuges mit dem heißen Metall erwärmt sich eine

[1] Northcott, L., u. H. G. Baron: J. Iron Steel Inst. Bd. 184 (1956) S. 385/403; vgl. Stahl u. Eisen Bd. 80 (1960) S. 1805.

dünne Oberflächenschichte auf höhere Temperaturen. Sie versucht sich auszudehnen, wird jedoch durch die anschließenden kälteren Werkzeugteile daran gehindert. Dadurch entstehen in der Oberfläche Druckspannungen, die sich bei Überschreiten der Warmstreckgrenze z. T. plastisch abbauen. Inzwischen ist das heiße Werkstück ausgeworfen worden, wodurch die Oberfläche, häufig durch Kühlung unterstützt, in ihrer Temperatur sinkt. Nun hat die heißere Oberflächenschicht das Bestreben, sich mehr zusammenzuziehen als das kältere Werkzeuginnere und gerät unter Zugspannungen. Dieser Wechsel von Zug- und Druckspannungen, die — was erschwerend ist — durch die feste Einspannung dreiachsig sind[1], führt allmählich zur Rißbildung, da die Dauerfestigkeit des Stahles überschritten wird. Begünstigt wird der Ermüdungsvorgang durch einen, wenn auch geringen Oxydationsvorgang, fallweise auch durch die korrodierende Wirkung der Metalle bzw. Legierungen. Über Maßnahmen zur Bekämpfung der Brandrißbildung s. a. S. 776. Weitere Angaben über Brandrißbildung, -bekämpfung, Prüfmethoden zur Feststellung des Widerstandes von Stählen gegen Brandrisse machen E. MICKEL[2], R. HOHAGE, W. VÖLKER und R. TINTI[3] und H. KRAINER, K. SWOBODA und F. RAPATZ, F. RAPATZ[4] und J. FREHSER[5] und W. RÄDEKER[6, 7]. L. NORTHCOTT und H. G. BARON[1] schlagen ein neues Verfahren zur Prüfung der Empfindlichkeit gegen Warmrisse vor.

Die Lebensdauer von Warmarbeitswerkzeugen kann außer durch Brandrißbildung auch noch durch andere Einflüsse vermindert werden. Werkzeugkanten sind starker mechanischer Abnützung ausgesetzt; hohe Härte und Warmfestigkeit wirken dem entgegen. Einspringende Kanten führen häufig zur Ausbildung von tiefgehenden Warmrissen. Hier helfen Abrundungen, soweit sie aus konstruktiven Gründen zulässig sind. Dem Sprengen von Werkzeugen begegnet man durch sorgsames Abstimmen der Arbeitsfestigkeit. Das Kleben von metallischen Werkstoffen kann in manchen Fällen durch Nitrieren oder flüchtiges Aufkohlen der Werkzeuge verringert werden. Große Beachtung verdient die Vorwärmung von Warmarbeitswerkzeugen, denn von ihr hängt die Lebensdauer im hohen Maße ab. Als Regel gilt, langsam auf eine Temperatur erwärmen, die der mittleren Arbeitstemperatur entspricht. Kühlvorrichtungen müssen verläßlich arbeiten; eine zeitweise aussetzende Wasserkühlung kann die Lebensdauer eines Werkzeuges ebenso stark herabsetzen wie eine

---

[1] s. Fußn. 1 S. 764. [2] MICKEL, E.: Z. VDI Bd. 87 (1943) S. 341/345.

[3] HOHAGE, R., W. VÖLKER u. R. TINTI: Arch. Eisenhüttenw. Bd. 17 (1943/44 S. 57/64; vgl. Stahl u. Eisen Bd. 63 (1943) S. 924.

[4] KRAINER, H., K. SWOBODA u. F. RAPATZ: Arch. Eisenhüttenw. Bd. 20 (1949) S. 111/114; vgl. Stahl u. Eisen Bd. 69 (1949) S. 342.

[5] RAPATZ, F., u. J. FREHSER: Aluminium Bd. 21 (1939) S. 747/754.

[6] RÄDEKER, W.: Stahl u. Eisen Bd. 74 (1954) S. 929/943.

[7] RÄDEKER, W.: Stahl u. Eisen Bd. 75 (1955) S. 1252/1263.

zu intensive Kühlung. Über Maßnahmen zur pfleglichen Behandlung von Warmarbeitswerkzeugen berichtet auch W. HAUFE[1].

Eine bisher noch nicht ganz geklärte Erscheinung ist die Warmversprödung (S. 227). Aus den ausführlichen Untersuchungen von K. BUNGARDT, O. MÜLDERS und G. LENNARTZ[2] sowie von W. PETER, H. KLEIN und H. FINKLER[3] scheint hervorzugehen, daß bei Wolframstählen, die Vanadin oder Molybdän enthalten, bei hohen Härten die Versprödung nicht zu vermeiden ist; sie verschwindet erst beim Anlassen auf Festigkeiten unter 120 kp/mm^2. Voranlassen auf 400 °C, wobei die Sonderkarbide in feiner Form ausfallen, drängt die Versprödung zurück, ebenso wirkt erhöhter Chromzusatz. Wolframstähle ohne Vanadin oder Molybdän verspröden wohl nicht, sind aber nicht genügend warmfest.

Eine zusammenfassende Übersicht über Warmarbeitsstähle geben H. M. HILLER[4,5], W. HAUFE[6], K. BUNGARDT und O. MÜLDERS[7] sowie K. BUNGARDT, G. HOCH und O. MÜLDERS[8].

Im folgenden werden die wichtigsten Verwendungsgebiete von Warmarbeitsstählen besprochen.

a) Stähle für Schmiede- und Preßwerkzeuge. *Einfache Schmiedewerkzeuge.* Das Strecken, Stauchen und Freiformschmieden von Stahl auf Hämmern und Pressen erfolgt mittels *Flach- oder Profilsätteln.* Ihre Wärmebeanspruchung ist unbedeutend, so daß unlegierte Stähle mit 0,55 bis 0,90% C in der Regel ausreichen. Unter Berücksichtigung der mit zunehmender Werkzeuggröße abnehmenden spezifischen Beanspruchung genügt bei größeren Sätteln der Einbau im ungehärteten, meist normalgeglühten Zustand, während kleine Sättel mit gehärteter und angelassener Bahn Verwendung finden. Höher beanspruchte Formsättel können bereits den Einsatz niedriglegierter Warmarbeitsstähle verlangen, z. B. mit 0,40% C, 1% Si, 1% Cr, 2% W, bis 0,20% V oder 0,45% C, 1,50% Si, 1,50% Cr, 0,20% V. Diese Stähle dienen neben unlegierten Wasserhärtern auch zur Anfertigung von *Hammerkernen.* In der Sensenindustrie hat sich für die hochbeanspruchten Breithammerkerne fast ausschließlich der ledeburitische 12%ige Chromstahl mit 1,60 bis 2,20% C, nur an der Bahn gehärtet, eingebürgert.

---

[1] HAUFE, W.: Techn. Zbl. prakt. Metallbearb. Bd. 52 (1942) Nr. 13/14, S. 141/143, 163/165, 185/187.

[2] BUNGARDT, K., O. MÜLDERS u. G. LENNARTZ: Arch. Eisenhüttenw. Bd. 32 (1961) S. 823/841.

[3] PETER, W., H. KLEIN u. H. FINKLER: Arch. Eisenhüttenw., demnächst.

[4] HILLER, H. M.: Stahl u. Eisen Bd. 73 (1953) S. 1565/1574.

[5] HILLER, H. M.: Metall Bd. 14 (1960) S. 310/317.

[6] HAUFE, W.: Werkzeugstähle und ihre Wärmebehandlung. Füssen: C. F. Winter 1954.

[7] BUNGARDT, K., u. O. MÜLDERS: Stahl u. Eisen Bd. 78 (1958) S. 1119/1126.

[8] BUNGARDT, K., G. HOCH u. O. MÜLDERS: Stahl u. Eisen Bd. 75 (1955) S. 1035/1046.

Schmiedegesenke[1]. Werden Bauteile in größeren Stückzahlen benötigt, so kann deren Anfertigung als Gesenkschmiedestück wirtschaftlich sein; darüber hinaus bringt die Warmformgebung im Gesenk einen qualitativen Vorteil durch den günstigeren Faserverlauf gegenüber den aus Vollstahl hergestellten Teilen. In der Entwicklung der Stähle für die Gesenke ist eine Übereinstimmung in fast allen Staaten festzustellen. Während die Stähle für kleinere Werkzeuge vorwiegend mit Wolfram legiert waren, werden für Gesenke aus Wirtschaftlichkeitsgründen und wegen der metallurgisch einfacheren und sicheren Herstellung großer Abmessungen Cr-Ni-Stähle, meist Mo-legiert, verwendet. So sind neben dem heute seltener verwendeten ausgesprochenen Lufthärter mit 0,45% C, 1,50% Cr und 4 bis 5% Ni die Stähle mit 0,55% C, 0,80% Cr, 1,80% Ni und 0,70% Mo als Luft- und Ölhärter, bzw. mit 0,30% Mo als Ölhärter international gebräuchlich. Versuche mit Cr-Mo-Stählen vom Typ 0,40% C, 5% Cr, 1,3% Mo und 1% V und Mo-Ni-W-Stählen mit 0,30% C, 2% Cr, 2,5% Ni, 1% W, 2,5% Mo zur Leistungssteigerung zeigten in manchen Fällen zu große Formänderungen infolge der im Vergleich zu den üblichen Cr-Ni-Mo-Stählen höheren Härtetemperaturen und den damit verbundenen größeren Wärmespannungen. Aber auch Cr-Mn-Mo-Stähle mit 0,25 bis 0,45% C, 1 bis 2% Mn, 1,8 bis 2,5% Cr, 0,3 bis 0,7% Mo ergeben leistungsfähige Gesenke, die sich durch gute Kantenbeständigkeit auszeichnen. Die Möglichkeit, diese Stähle bereits durch Lufthärtung ohne Anlassen auf richtige Arbeitsfestigkeit zu bringen, sollte man nicht überschätzen; sie lassen sich durch Ölhärtung und Anlassen sicherer beherrschen.

Auf die bisher genannten Stähle wird man bei Vorliegen entsprechender Stückzahlen zurückgreifen, um ihren Legierungsgehalt voll auszunützen. Werden noch größere Leistungen verlangt bzw. größere Anforderungen an die Toleranzen gestellt, so werden bei Verwendung von Gesenkeinsätzen auch höher legierte Warmarbeitsstähle auf Wolfram-Molybdän-Grundlage verwendet. Für höchstbeanspruchte Gesenke hat sich auch der Stahl mit 0,3% C, 3% Mo, 3% Cr und 0,5% V gut bewährt. Wird besonders hoher Warmverschleißwiderstand verlangt, so hat der Stahl mit 0,4% C, 5% Cr, 1,4% Mo, 1,4% W und 0,4% V gut entsprochen[2]. Die Wahl der Arbeitsfestigkeit ist von der Gesenkform sowie vom Herstellungsgang des Gesenkes abhängig. Ist ein Gesenkhersteller für die Wärmebehandlung nicht gut eingerichtet oder will er grundsätzlich jede mit einer Härtung verbundene Schwierigkeit ausschalten, so verwendet er bereits vergütete Gesenkblöcke. Aus Rücksicht auf die Zerspanungsarbeit wird die Festigkeit der Blöcke 125 kg/mm² nicht viel über-

---

[1] LANGE, K.: Gesenkschmieden von Stahl, Berlin/Göttingen/Heidelberg: Springer 1958, Angaben über die Werkzeuggestaltung macht H. KAESSBERG: Gesenkschmieden von Stahl, 2. Aufl., Werkstattb. H. 58. Teil 2, Berlin/Göttingen/Heidelberg: Springer 1951.

[2] HECHT, H., u. H. M. HILLER: Schmiedetechn. Mitt. 1959 S. 645/648.

schreiten dürfen. Für Gesenke mit Tiefgravuren wird diese Vorgangsweise ganz allgemein zu empfehlen sein, da hier die Wärmebehandlung immer gefährlich ist und andererseits höhere Festigkeiten wegen der Sprenggefahr ohnehin nicht angewendet werden dürfen. Durch den Einsatz von lufthärtbaren Stählen können allerdings die Gefahren der Wärmebehandlung weitgehend vermindert werden. Dabei muß aber berücksichtigt werden, daß beim nachträglichen Anlassen das in größerer Abmessung während der Lufthärtung entstandene Zwischenstufengefüge schlechtere Zähigkeit ergeben kann (s. S. 67).

Wird höchste Stückleistung verlangt, so ist die Arbeitsfestigkeit so hoch zu wählen, als es die Bruchgefahr gerade noch zuläßt. Für sehr flache Gravuren liegt die obere Grenze bei 170 kg/mm². In all diesen Fällen benützt man weichgeglühte Gesenkblöcke, deren Bearbeitung wirtschaftlicher ist, und vergütet die fertigen Formen.

W. Naujoks und D. C. Fabel[1] legen fünf Vergütungsstufen für Gesenke in Abhängigkeit von Form und Größe fest, und zwar beginnend mit 40 bis 45° Shore entsprechend etwa 250 bis 290 HB für Gesenke mit tiefen, schwierigen Formen, bis zu 60 bis 65° Shore entsprechend etwa 420 bis 465 HB für sehr flache, kleinere Gesenke. Angaben über die Einbaufestigkeit von Gesenken, bezogen auf das Gesenkblockgewicht, gibt B. Schürmeyer[2].

Empirisch und rechnerisch ermittelte Nomogramme zur Wahl der Gesenkfestigkeit erstellten F. Neuberger und H. Lippmann[3].

Sind nur geringe Stückzahlen einer Form herzustellen, so zieht man schmiedeharte Gesenkblöcke vor. Ein hierfür häufig verwendeter Stahl mit 0,50 bis 0,60% C, 0,50 bis 1,00% Mn und 0,50 bis 0,80% Cr erreicht in diesem Zustand 75 bis 85 kg/mm² Festigkeit. Sehr große und größte Gesenke werden aus Gründen der Wirtschaftlichkeit vorwiegend aus diesem naturharten Stahl gefertigt, doch kann er für kleinere Gesenke auch vergütet werden, ist aber etwas härteempfindlich. Als billiger wasserhärtbarer Gesenkstahl ist ein Mn-Stahl mit 0,45 bis 0,55% C, 0,80 bis 1% Mn sehr verbreitet.

Die Wärmebehandlung von Gesenken erfordert einige Erfahrung. Vor allem muß für eine ausreichend langsame und wirklich durchgreifende Erwärmung sowohl beim Härten als auch beim Anlassen gesorgt werden. Anwärmzeiten hierfür gibt W. Haufe[4]. Berücksichtigt werden müssen außerdem noch entsprechende Haltezeiten. Es ergeben

[1] Sartorius, R. G.: Auswahl von Gesenken. Darin Tafel aus „Forging Handbook" von W. Naujoks und D. C. Fabel über die Auswahl der Gesenke je nach der Beanspruchung. Iron Age Bd. 159 (1947) Nr. 4. S. 50.

[2] Schürmeyer, B.: Schmiedetechn. Mitt. Bd. 1 (1951 S. 23/28.

[3] Neuberger, F., u. H. Lippmann: Schmiedetechn. Mitt. Bd. 5 (1957) S. 584 bis 588.

[4] Haufe, W.: Härterei-Techn. Mitt. Bd. 2 (1943) S. 188.

sich daher z.B. für ein Gesenk mit 300 mm² Querschnitt etwa 15 Stunnde nur zum Anwärmen und Halten auf Härte- und Anlaßtemperatur. Üblicherweise läßt man die Gesenkblöcke bzw. fertigen Gesenke zur Vermeidung von Härterissen nicht vollständig im Öl erkalten, sondern überführt sie bei Temperaturen von 150 bis 200 °C unmittelbar in den Anlaßofen.

Um für Gesenke den Stahl und die Arbeitsfestigkeit richtig zu wählen, wäre es nötig, die Beanspruchung zu kennen. Angaben darüber machen G. Beck[1] und J. Stöter[2–3].

Preßgesenke (-einsätze). Schwermetall- und Leichtmetallegierungen werden durch Pressen in zweiteiligen Formen serienmäßig verarbeitet. Stahl wird ebenfalls, wenn auch in geringerem Umfang, nach diesem Verfahren verformt. Die längere Berührungsdauer der Gesenke mit dem heißen Preßgut schreibt für Stahl- und Schwermetallverarbeitung Warmarbeitsstähle auf der Wolfram-, Molybdän- oder Wolfram-Molybdän-Grundlage vor. Verwendet werden 8- bis 10%ige bzw. 4,5%ige Wolfram-Vanadin-Stähle, 3%ige Molybdänstähle mit und ohne Nickel (Stähle 25, 26, 27 der Zahlentafel 173), für geringere Beanspruchung auch der Wolfram-Molybdän-Vanadin-Stahl mit 0,4 bis 0,5% C, 1,0 bis 2,0% Cr, 0,4 bis 0,6% W, 0,4 bis 0,6% Mo und 0,8 bis 1,0% V sowie ein Cr-Ni-Mo-Gesenkstahl. Leichtmetalle werden unter hohen Drücken verpreßt und wirken dadurch und außerdem noch durch anhaftendes Aluminiumoxyd stark verschleißend auf die Formen. Es werden daher sehr zähe und genügend warm- und verschleißfeste Stähle herangezogen, so z. B. die Cr-Ni-Mo-Gesenkstähle und der vorhin schon erwähnte Cr-Mo-V-Stahl Nr. 9. Daneben kommen aber auch die für Schwermetallverarbeitung genannten Warmarbeitsstähle zur Verwendung. Auch ein Stahl entsprechend 35NiCr18 findet hierfür Anwendung. Je nach Sprenggefährlichkeit der Form bewegt sich die Arbeitsfestigkeit zwischen 130 und 180 kg/mm².

Backen und Stempel für Schmiedemaschinen. Obwohl diese Werkzeuge eine ähnliche Arbeit verrichten wie Gesenke, werden sie infolge ihrer kleineren Abmessungen und des schnelleren Arbeitstempos höher beansprucht. Man bevorzugt daher höher legierte Warmarbeitsstähle, wie sie auch für die Werkzeuge zur Schraubenbolzen- und Nietenfertigung (s. S. 770) gebräuchlich sind, doch finden auch Cr-Ni-Mo-Gesenkstähle (S. 767), außer für Kopfstempel, Anwendung. Lochstempel erfordern hochprozentige Wolfram-Warmarbeitsstähle (Stahl 12 Zahlentafel 173), häufig sogar Schnellarbeitsstähle. Angaben über Stähle für Schmiedestauchmaschinen macht W. Haufe[4].

---

[1] Beck, G.: Stahl u. Eisen Bd. 78 (1958) S. 1556/1563.

[2] Stöter, J.: Werkstattstechn. u. Masch.-Bau Bd. 48 (1958) Nr. 12, S. 676/678.

[3] Stahleinsatzliste 185—58, Sept. 1958.

[4] Haufe, W.: Werkzeugstähle und ihre Wärmebehandlung. Füssen: C. F. Winter 1955, S. 225.

Schlagsäume. Darunter versteht man ausgesprochene Flachgesenke, wie sie zum Schlagen von Scheren, Fleischmaschinenmessern und ähnlichen flachen Teilen dienen. Ihre Beanspruchung nähert sich schon sehr der von Kaltarbeitswerkzeugen. Unlegierte Stähle mit 0,70 bis 0,85% C, ein Cr-legierter Stahl mit 1% C und 1% Cr sowie der S. 768 erwähnte wasserhärtbare Mn-Gesenkstahl werden im gehärteten und angelassenen Zustand mit einer Einbauhärte bis zu 60 HRC für Schlagsäume herangezogen.

Abgratwerkzeuge. Dicke Grate werden in der Regel in der Wärme entfernt und erfordern daher Stähle mit entsprechender Anlaßbeständigkeit, z. B. mit 1,60% C und 12% Cr oder 0,40% C, 1% Si, 1% Cr, 2% W, bis 0,20% V. Dünne Grate erkalten rasch, weshalb zum Entgraten harte, schneidhaltige Stähle notwendig sind; es wird hierfür fast ausschließlich ein unlegierter Wasserhärter mit 0,70, seltener 0,85% C im gehärteten und angelassenen Zustand verwendet. Abgenützte Abgratwerkzeuge können mit bestem Erfolg durch Aufschweißen von Hartlegierungen wiederholt erneuert werden.

b) Stähle für Schrauben-, Nieten- und Mutternpreßwerkzeuge. Die Schraubenherstellung auf warmem Wege[1,2] erfolgt auf Hämmermaschinen und nach dem Halbwarmverfahren unter Verwendung von Vierkantschlagbacken, während auf Friktionsspindelpressen mit geschlossenen Rundmatrizen gearbeitet wird. Backen und Matrizen zählen zu den höchstbeanspruchten Warmarbeitswerkzeugen. Lange Zeit glaubte man nur mit dem 8- bis 10%igen Wolfram-Vanadin-Stahl (Stahl 12 Zahlentafel 173) das Auslangen finden zu können. Inzwischen ist die von Mitteleuropa ausgehende Erkenntnis, daß niedriger legierte Stähle in diesem Falle infolge höheren Widerstandes gegen Brandrißbildung leistungsfähiger sind, bereits Allgemeingut geworden. So gibt ein Stahl mit 0,3% C, 2,5% Cr, 1,5% W, 0,6% V 50 bis 100% Mehrleistung, ein solcher mit 0,45% C, 4,5% Cr, 0,5% W, 0,5% Mo, 0,9% V sogar bis 200%. Verlangt die Beanspruchung wirklich einen Stahl mit höherer Warmfestigkeit, so wird neben oder anstatt des 9%igen W-Stahles Nr. 25 vorteilhafter der 3%ige Mo-Stahl Nr. 27 verwendet. Für geringere Leistung greift man auf einen Stahl mit 0,35% C, 1,5% Cr, 0,7% Mo, 0,3% V oder auf die bekannten Wolfram-Dauerstähle (S. 760). Den eigentlichen Stauchvorgang führen die Kopfstempel bzw. Hämmer durch; obwohl etwas niedriger beansprucht, werden sie aus denselben Stählen wie die Backen gefertigt. Als zweckmäßigste Arbeitsfestigkeit wird allgemein für Backen, Kopfstempel und Hämmer 150 bis 170 kg/mm², für Matrizen je nach Kühlung 130 bis 160 kg/mm² angesehen[3].

---

[1] s. Stahleisenbuch: E. Lickteig: Schraubenherstellung. Düsseldorf: Stahleisen 1950.

[2] Billigmann, J.: Stauchen und Pressen. München: Hanser 1953.

[3] Stahleinsatzliste 170—58, Sept. 1958.

In der Warmmutternfertigung finden für Matrizen, Hohlstempel und Lochdorne wegen der langen Berührungszeiten mit dem heißen Preßgut ebenfalls die für hochbeanspruchte Backen angeführten Stähle Verwendung. Fallweise werden diese Stähle erfolgreich mit Hartlegierungen gepanzert.

Für die Matrizen zum elektrischen Stauchen der Ventilkegel und sonstiger nach diesem Verfahren hergestellter Teile bewährt sich immer noch der 8- bis 10%ige Wolfram-Vanadin-Stahl. Noch bessere Leistung bringen 11- bis 15%ige Wolframstähle. Eine Übersicht über die Stähle für Werkzeuge der Schrauben-, Bolzen-, Nieten- und Mutternfertigung gibt die Stahleinsatzliste des VDEh[1].

c) Stähle für Warmschermesser. Das Schneiden metallischer Werkstoffe erfolgt bei großen Querschnitten oder hohen Festigkeiten im warmen Zustande, da man sonst zu unzulässig hohen Schnittdrücken käme. Die Anordnung von Ober- und Untermesser ist dieselbe wie bei Kaltscheren. Bestimmend für die Stahlauswahl ist die Temperatur des zu schneidenden Werkstoffes, die Dauer des einzelnen Schnittes, das Tempo der Arbeitsfolge, die Art der Kühlung und schließlich die Messerform. Bei Berücksichtigung dieser die Beanspruchung bestimmenden Umstände ergibt sich die in Zahlentafel 172 getroffene Werkstoffwahl. Die Arbeitsfestigkeit bewegt sich im Bereich von 140 bis 180 kg/mm², unlegierte Warmschermesser werden gehärtet und angelassen auf 55 bis 60 HRC eingebaut.

Zahlentafel 172. *Gebräuchliche Stähle für Warmschermesser*

Werkzeugbeanspruchung			C %	Cr %	W %	Mo %	V %	Sonst.
		1	Schnellarbeitsstahl					
Starke Erwärmung des Messers	ungekühlt, luft- oder ölgekühlt	2	0,30	2,50	8—10	—	0,50	—
		3	0,30	2,50	4,50	—	0,70	—
		4	0,45	1,50	0,50	0,50	0,90	—
	wassergekühlt	5	0,30	1,00	4,00	—	0,25	—
Geringere Erwärmung des Messers	ungekühlt, luft- oder ölgekühlt	6	0,55	0,80	—	0,30	—	1,8 Ni
		7	0,45	1,50	—	0,70	0,30	—
		8	0,40	1,00	2,00	—	0—0,2	1,0 Si
	auch wasserkühlbar	9	0,45	1,50	—	—	0,20	1,5 Si
Unwesentliche Erwärmung des Messers	langsame Schnittfolge	10	0,70 1,00	— —	— —	— —	— —	— —

d) Stähle für Metallrohr- und Strangpressen[2]. Dieses Arbeitsverfahren kann geradezu als ein Schulbeispiel für die gleichzeitige Verwendung verschiedenster Warmarbeitsstähle gelten. Beginnend mit den höchstlegierten Warmarbeitsstählen, z. B. den 8- bis 12%igen Wolfram-

[1] Stahleinsatzliste 170—58, 1. Ausg. Sept. 1958.
[2] Stahleinsatzliste 195—59, April 1959.

stählen mit Kobaltzusatz und sogar austenitischen Stählen, finden fast alle bekannteren Warmarbeitsstähle bis herab zu jenen mit schon überwiegendem Baustahlcharakter gleichzeitig Verwendung. Über das Verfahren selbst und die dabei auftretenden Werkzeugbeanspruchungen s. S. PLANKENSTEINER[1], H. TREPPSCHUH[2] und F. RAPATZ und J. FREHSER[3], C. E. PEARSON[4], K. LAUE[5], E. MÜLLER[6] und A. D. LANDICHOW[7].

Umfassende zahlenmäßige Angaben über Leistungen von Werkzeugen für Rohr- und Strangpressen gibt K. LAUE[8]. Für die wichtigsten Werkzeuge sind in Zahlentafel 173 die heute gebräuchlichsten Stähle mit ihren üblichen Zusammensetzungen und Arbeitsfestigkeiten angeführt. Im einzelnen ist hierzu kurz auszuführen:

Innenbüchsen. Diese sind in der Wärme hohen radialen Druck- und tangentialen Zugspannungen ausgesetzt, müssen daher gute Warmfestigkeit, Verschleißfestigkeit und vor allem Sicherheit gegen Reißen aufweisen. Ihre Leistung hängt wesentlich vom Zusammenbau mit dem Preßmantel ab, d. h. von der Bemessung des Mantels, dessen Festigkeit und vor allem dem richtigen Schrumpfmaß. Nachdem man von den ursprünglich fast ausschließlich verwendeten hochwolframlegierten Stählen abging, war lange Zeit der niedriglegierte Mo-V-Cr-Stahl mit 0,45% C, 1,8% Cr, 0,6% Mo und 0,3% V als Standardstahl in Verwendung. Infolge der Steigerung der Beanspruchung genügt heute dieser Stahl in vielen Fällen nicht mehr und man greift wieder zu höher legierten Stählen. Gut bewährt haben sich die Stähle 3 oder 4 der Zahlentafel 173. Als niedriglegierter Stahl, der bei höherer Beanspruchung gute Leistung gibt, gilt der W-Mo-V-Stahl mit 0,45% C, 1,5% Cr, 0,5% W, 0,5% Mo, 0,9% V. Als Arbeitsfestigkeit wählt man meist 135 bis 150 kg/mm^2. Vereinzelt werden für das Verpressen schwerpreßbarer Legierungen auch noch hochlegierte Wolframstähle eingesetzt. Hier sei erwähnt, daß man für Werkzeuge zu Metallrohr- und Strangpressen, wegen der längeren Beanspruchungsdauer, auch die Zeit-Dehnwerte (S. 440) wird berücksichtigen müssen.

Preßmäntel. Dem Mantel obliegt die Aufgabe, durch Schrumpfspannungen die Innenbüchse teilweise zu entlasten. Kohlenstoffstähle werden heute kaum noch verwendet. Bei unbeheizten Blockaufnehmern

[1] PLANKENSTEINER, S.: Stahl u. Eisen Bd. 56 (1936) S. 1497/1504.

[2] TREPPSCHUH, H.: Stahl u. Eisen Bd. 63 (1943) S. 189/199.

[3] RAPATZ, F., u. J. FREHSER: Aluminium Bd. 21 (1939) S. 747/754.

[4] PEARSON, C. E.: The Extrusion of Metals. London: Chapman & Hall 1953.

[5] LAUE, K.: Z. Metallkde. Bd. 46 (1955) S. 1/6.

[6] MÜLLER, E.: Hydr. Pressen und Druckflüssigkeitsanlagen, 3. Band, Pressen für die Herstellung von Rohren, voll- und hohlprofilierten Stangen für Metall- und Kabelwerke. Berlin/Göttingen/Heidelberg Springer: 1959.

[7] LANDICHOW, A. D.: Herstellung von Rohren, Stangen und Profilen aus N. E. Metallen. Leipzig: Fachbuchverlag 1955.

[8] LAUE, K.: Dissertation T. H. Aachen (1943).

Zahlentafel 173. *Zusammensetzung und Einbaufestigkeit gebräuchlicher Stähle für Rohr- und Strangpreß-Werkzeuge*[1,2]

Werkzeugart	[3]	Lfd. Nr.	C %	Cr %	Ni %	Mo %	W %	V %	Sonstig. %	Einbau-festigkeit kg/mm²
Innenbüchsen	S L	1	0,45	1,6	—	0,6	—	0,3		130—145
	S L	2	0,45	1,6	—	0,5	0,5	0,9		
	S	3	0,33	2,85	—	2,85	—	0,5		
	S	4	0,29	1,9	2,6	2,6	0,9	Nb		
Zwischenbüchsen	S L	5	0,54	1,1	1,7	0,6	—	0,1		110—130
	S L	6	0,45	1,6	—	0,6	—	0,3		
Mäntel	S L	7	0,54	1,1	1,7	0,6	—	0,1		95—110
	S L	8	0,45	1,6	—	0,6	—	0,3		100—120
	S L	9	0,36	5,0	—	1,3	—	0,35	Si 1,1	100—120
Preßmatrizen	S	10	0,45	13,5	13,0	—	1,3	1,2	Si 1,4	110—125
	S	11	0,30	2,3	—	—	9,0	0,35	Co 3,5	140—160
	S L	12	0,30	2,7	—	—	9,0	0,35	—	
	S	13	0,30	2,4	—	—	4,3	0,60	—	
	L	14	0,36	5,0	—	1,3	—	0,35	Si 1,1	
	L	15	0,45	1,6	—	0,5	0,5	0,9		
	S L	16	gegossene Stellite als Einsätze							
Preßstempel für liegende Pressen	S L	17	0,54	1,1	1,7	0,6	—	0,1		150—180
	S L	18	0,52	1,1	3,3	0,2	—	—	—	
	S L	19	0,36	5,0	—	1,3	—	0,35	Si 1,1	
für stehende Pressen	S L	20	0,30	2,7	—	—	9,0	0,35	—	140—170
	S L	21	0,33	2,85	—	2,85	—	0,5		
	S L	22	0,30	2,4	—	—	4,3	0,60	—	
Dorne	S	23	0,55	3,8	—	0,85	9,5	0,7	—	150—160
	S	24	0,30	2,3	—	—	9,0	0,35	Co 3,5	
	S (L)	25	0,30	2,7	—	—	9,0	0,35	—	
	S L	26	0,29	1,9	2,6	2,6	0.9	Nb		
	S L	27	0,33	2,85	—	2,85	—	0,5		
	S L	28	0,45	1,6	—	0,5	0,5	0,9		
	S L	29	0,36	5,0	—	1,3	—	0,35	Si 1,1	
Matrizenhalter	L	30	0,45	1,6	—	0,6	—	0,3		125—135
	S L	31	0,45	1,6	—	0,5	0,5	0,9		
	S	32	0,30	2,4	—	—	4,3	0,60		
	S	33	0,30	2,7	—	—	9,0	0,35	—	
	L	34	0,55	0,7	1,7	0,30	—	0,1	—	

[1] s. a. Stahleinsatzliste 195—59, April 1959. [2] Auf die Stähle dieser Zahlentafel wird auch bei anderen Verwendungszwecken Bezug genommen (s. z. B. S. 770).
[3] S = Schwermetall-Legierung, L = Leichtmetall-Legierung.

finden Stähle wie einer mit 0,6% C, 1% Si, 1% Mn für die Mäntel Verwendung. Bei geheizten Rezipienten sind im Hinblick auf die hohen Temperaturen (bis 550 °C) neben Cr-Ni-Mo-Stählen warmfestere Stähle folgender Zusammensetzungen üblich: 0,45% C, 1,8% Cr, 0,6% Mo, 0,3% V und vereinzelt auch 0,35% C, 5,0% Cr, 1,5% Mo, 0,4% V. Die Festigkeit der Mäntel zwischen 95 und 120 kg/mm², je nach Abmessung und Beanspruchung, schwankt.

Zwischenbüchsen. An der Innenbüchse treten die großen Zugbeanspruchungen nur in der Innenwand und nahe derselben auf, fallen jedoch nach außen rasch ab. Aus wirtschaftlichen Überlegungen ist es daher in vielen Fällen, insbesondere bei hohen spezifischen Pressungen, zweckmäßig, den Innenbüchsendurchmesser zu verringern und dafür eine Zwischenbüchse aus einem Chrom-Nickel-Molybdän-legierten Warmgesenkstahl oder Mo-V-Cr-Stahl einzusetzen, z. B. die Stähle 5 oder 6. Dreiteilige Rezipienten ergeben außerdem günstigere Spannungsverteilung. Übliche Einbaufestigkeit 110 bis 130 kg/mm².

Preßmatrizen. Diese zählen zu den höchstbeanspruchten Werkzeugen. Unter hohem Druck fließt das Preßgut durch den meist engen Querschnitt, erwärmt das Werkzeug durch Berührung und Reibung. Nur hochwarmfeste Stähle vermögen genügend Widerstand gegen das Einziehen und Verengen zu leisten. Das Unbrauchbarwerden erfolgt häufig durch radiale Brandrisse, hervorgerufen durch Temperaturwechselbeanspruchung. Eine Darstellung der Beanspruchung von Preßmatrizen gibt H. SCHLIPPES[1].

In der Schwermetallverarbeitung beherrschen die hochlegierten Wolframstähle, austenitische und auch ausscheidungshärtbare Stähle das Feld. Für die Leichtmetallverarbeitung kommen hauptsächlich die Stähle mit 0,35% C, 5,0% Cr, 1,5% Mo, 0,4% V und 0,45% C, 1,5% Cr, 0,5% W, 0,5% Mo, 0,9% V in Frage. Daneben für höhere Beanspruchung auch noch der 8- bis 10%ige Wolframstahl, allerdings hauptsächlich in Form von Einsätzen. Anwendung finden für hochbeanspruchte Matrizen auch 3- und 4%ige Mo-Stähle. Für Kammer- und Brückenwerkzeuge können ausscheidungshärtbare Stähle[2] mit Erfolg eingesetzt werden. Die Arbeitsfestigkeit dieser Werkzeuge liegt zwischen 140 und 160 kg/mm².

Für sehr schwer preßbare Legierungen, vor allem Stähle, bewähren sich austenitische Matrizen gut. Man wählt hierfür eine Zusammensetzung mit z. B. 0,45% C, 12% Cr, 12% Ni, 1,3% W. Bei anfänglichem Setzen der Matrize tritt nach mehrmaligem Nacharbeiten ein Zustand ein, in dem dieser Stahl einem 9%igen Wolframstahl überlegen ist. Eine Weiterentwicklung dieser Stähle führt zu Legierungen, die den Nachteil des Einziehens der Matrizenöffnung nicht mehr aufweisen[2].

Eine weitere Leistungssteigerung von Warmpreßmatrizen hat man durch Heranziehung von gegossenen Hartlegierungen erreicht. Man kann dabei so vorgehen, daß man einen gegossenen Ring in eine entsprechend warmfeste Fassung einzieht oder eine schweißbare Hartlegierung auf einen Warmarbeitsstahl auftropft. Bei richtiger Ausführung und richtiger Wahl der Härte der Hartlegierungen (S. 865) erzielt man mit solchen

---

[1] SCHLIPPES, H.: Techn. Zbl. prakt. Metallbearb. Bd. 53 (1943) Nr. 1/2, S. 10/11 u. Nr. 3/4, S. 31/32. [2] Stähle, die im Übergangsgebiet Martensit-Austenit liegen (9% Ni und 9% Cr) und bei 1100 °C abgeschreckt und etwa bei 850 °C angelassen werden.

Matrizen Leistungen, die ein Mehrfaches der Leistung von Matrizen aus hochwertigen Warmarbeitsstählen ausmachen, aber sehr vorsichtige Behandlung erfordern.

Daneben gewinnen für höchste Beanspruchung ausscheidungshärtbare Stähle immer mehr an Bedeutung.

Preßstempel. Während man bei Büchsen den spezifischen Druck aus dem Nenndruck der Presse nur unter der nicht zutreffenden Annahme hydrostatischer Druckverteilung ausrechnen kann, trägt der Stempel den Preßdruck in seiner vollen Größe. Da hierbei spezifische Drücke bis zu 120/140 kg/mm^2 auftreten können, ist oft eine Vergütefestigkeit bis 180 kg/mm^2 notwendig. Bei liegenden Pressen ist der Preßstempel vor unmittelbarer Berührung mit dem Preßgut durch die Preßscheibe geschützt, doch muß er trotzdem eine gewisse Warmfestigkeit haben, um bei Temperaturen von etwa 350 °C durch die hohen spezifischen Drücke keine Verformung zu erleiden.

Bei stehenden Pressen muß infolge der meist unmittelbaren Berührung des Preßstempels mit dem Preßgut dieser oder zumindest der Stempelkopf aus einem Stahl mit ausreichender Warmfestigkeit gefertigt werden. Zahlentafel 173 enthält auch Angaben über Stähle für Preßstempel.

Preß- und Lochdorne. Preßdorne sind vorherrschend auf Zug beansprucht, da das vorbeifließende Metall den Dorn mitzuziehen bestrebt ist. Bei der unterschiedlichen Beanspruchung der Dorne für Schwer- bzw. Leichtmetallverarbeitung ist zu berücksichtigen, daß bei Leichtmetall oft die mechanische Beanspruchung überwiegt. Die Dornleistung ist hier weniger von der Warmfestigkeit als vielmehr von der Temperaturwechselunempfindlichkeit beeinflußt. Bei Lochdornen treten auch noch Druck- und Knickungsbeanspruchungen dazu. Von den Dornen verlangt man weiter Warmverschleißfestigkeit, außerdem soll keine Neigung zum Kleben des zu verpressenden Werkstoffes an der Dornfläche bestehen. Je nach Pressenkonstruktion müssen die Dorne druckluft- oder ölkühlbar oder wasserkühlbar sein. Anwendung findet auch eine Innenkühlung der Dorne, insbesonders bei langen Preßzeiten. Ganz allgemein gilt, daß mit abnehmendem Dorndurchmesser die Beanspruchung sehr zunimmt. Leistungsangaben über Preßdorne bringt H. ASSMANN[1].

Die Stahlauswahl für Preß- und Lochdorne sowie auch die Festlegung der zweckentsprechenden Arbeitsfestigkeit muß sich also nach den vorstehend genannten Bedingungen richten. Für Dorne zur Verarbeitung von Schwermetall finden für hohe Beanspruchung nur hoch-wolframlegierte Warmarbeitsstähle Verwendung. Liegen die Durchmesser dabei unter 40 mm ∅, so sind vielfach schnellstahlartige Stähle mit 0,60% C, 4% Cr, 10% W, 2% V, ein weicherer 18-4-1-Stahl (S. 813) oder der 8- bis 10%ige Wolfram-Vanadin-Stahl, gegebenenfalls mit Kobaltzusatz, Stähle 11 und 12 erforderlich. Bei geringerer Beanspruchung wird auch der 5%ige

[1] ASSMANN, H.: Metall 1948, Nr. 7/8, S. 106/114, Nr. 9/10, S. 153/157.

W-Stahl mit Erfolg verwendet. Er wird auch für Leichtmetallverarbeitung eingesetzt. Gut bewährt haben sich auch die Stähle 27 und 28 der Zahlentafel 173 (S. 773). Die Einbaufestigkeit liegt je nach Kühlart zwischen 130 bis 170 kg/mm².

Matrizenhalter (auch Mundringe) bedürfen eines warmfesten Stahles, da nicht zuletzt von ihrem starren Verhalten bei Aufnahme der hohen Preßdrücke das einwandfreie Arbeiten der Matrize abhängt. Der schon für Innenbüchsen erwähnte Cr-Mo-V-Stahl 1 und der W-Mo-V-Stahl 2 bewährt sich in den Fällen, wo Berührung mit dem Preßgut vorkommt, während sonst warmfeste Cr-Mo-(V)- oder Cr-V-Vergütungsstähle ausreichen.

Werkzeughalter. Hierfür genügen Stähle mit gutem Durchvergütevermögen.

e) Stähle für Druckgußwerkzeuge. Die Großserienfertigung von Teilen aus Leicht- und z. T. Schwermetallegierungen geschieht auf Spritzguß- und Preßgußmaschinen. Es wird dabei das flüssige oder teigige Metall unter hohem Druck in Stahlformen gedrückt. Man spricht von Spritzguß, wenn das Metall aus beheizter Druckkammer im flüssigen Zustand in die Form gedrückt wird, während beim Preßguß mit ungeheizter Druckkammer und teigigem Metall gearbeitet wird. Leichtmetallegierungen werden vorwiegend im Spritzgußverfahren verarbeitet, Schwermetallegierungen im Preßgußverfahren, da dieses infolge der kalten, unbeheizten Druckkammer die Anwendung hoher Drücke gestattet. Diese hohen Drücke sind erforderlich, um die Schwermetalllegierungen im teigigen Zustand verarbeiten zu können, wodurch man erst zu Preßtemperaturen kommt, die eine wirtschaftliche Lebensdauer der Preßgußformen erreichen lassen. Näheres über Spritz- und Preßgußverfahren s. bei A. GROSSMANN[1], K. MATTHEUS[2] und V. VON REIMER[3].

Stähle für Druckgußformen (Spritz- und Preßgußformen) müssen warmfest und anlaßbeständig sein und dem Verschleiß sowie allenfalls einer korrodierenden Wirkung des Metalls widerstehen. Ihre wichtigste Eigenschaft ist jedoch der Widerstand gegen Brandrißbildung (S. 764). E. MICKEL[4] empfiehlt zur Eindämmung der Brandrißbildung folgende Bedingungen im Betrieb, Formenbau und in der Werkstoffauswahl:

im Betrieb: niedrige Gießtemperatur, hohe Mitteltemperatur der Form, gleichmäßige sanfte Kühlung, gleichmäßiges, flottes Arbeitstempo;

im Formenbau: gleichmäßige Verteilung der Kühlkanäle, keine zusätzliche Kühlung besonders heiß werdender Stellen, sehr glatte und dichte Oberflächenbeschaffenheit;

bei der Werkstoffauswahl: niedrige Wärmeausdehnungszahl, hohe Dauerwechselfestigkeit vor allem in der Wärme bei gleichzeitig hoher

[1] GROSSMANN, A.: Gießerei Bd. 29 (1942) S. 95/104.

[2] MATTHEUS, K.: Die Spritz- und Preßgußindustrie. Gießerei Bd. 29 (1942) S. 201/208. [3] REIMER, V. VON: Druckguß. München: Hanser 1959.

[4] MICKEL, E.: Z. VDI Bd. 87 (1943) S. 341/345.

Zeitfestigkeit, hohe Dämpfungsfähigkeit, geringe Oberflächen- und Korrosionsempfindlichkeit bei Dauerwechselbeanspruchung. Endgültig geklärt jedoch sind die Zusammenhänge zwischen Brandrißbildung und Werkstoffeigenschaften noch nicht.

Richtlinien für die Stahlauswahl für Druckgußformen geben J. L. Erickson[1], H. Treppschuh[2] und M. Bardot[3], H. M. Hiller[4,5], H. Briefs[6] und H. Pollack[7]. In Zahlentafel 174 sind heute gebräuchliche Stähle für Druckgußformen zusammengestellt. Es muß hier festgestellt werden, daß voll befriedigende Stähle für die Schwermetallverarbeitung noch nicht gefunden wurden.

In der Schwermetallverarbeitung beherrschen 8- bis 10%ige Wolfram-Vanadin-Warmarbeitsstähle das Feld. Auch ein Stahl mit 0,30% C, 2% Cr, 2,50% Ni, 2,50% Mo, 1% W mit und ohne Co-Zusatz hat sich gut

Zahlentafel 174. *Stähle für Druckgußformen*[8]

	Werkzeugart	Lfd. Nr.	C %	Cr %	W %	Mo %	V %	Co %	Sonstige
Druckgußformen für die Verarbeitung von	Schwermetall-legierungen	1	0,25 0,35	2,0 3,0	8,0 10,0	— —	0,1 0,5	0,0 3,0	0—2,0 Ni
		2	0,30	2,0	1,0	2,5	—	(3,5)	0,0—2,5 Ni
		2a	0,45	1,5	0,5	0,5	0,9	0,0	—
		3	0,30	2,0 3,5	9,0 11,0	— —	0,3 1,0	— —	*
		4	0,40	3,0 4,0	15,0 —	— —	0,5 —	— —	*
		5	0,30	7,5	7,5	—	1,0	—	*
		6	0,30	12,0	12,0	—	1,0	—	*
	Leichtmetall-legierungen	7	0,40	5,0	—	0,80 1,80	1,0 1,5	—	1,0 Si
		8	0,35	5,0	1,0 1,5	0,80 1,80	0,0 0,5	—	1,0 Si
		9	Stahl, lfd. Nr. 2						
		10	0,35	5,0	—	8,0	0,0	—	* —
	Zinn-, Zink- und Bleilegierungen	11	0,45	1,5	—	0,7	0,3	—	—
		12	0,45	1,5	—	—	0,1	—	1,5 Si
		13	0,50	—	—	—	—	—	—
Kerne, Schieber und Verteilerstifte		14	Stahl, lfd. Nr. 1, jedoch ohne Co und Ni						
		15	0,30	2,5	4,5	—	0,6	—	—

[1] Erickson, J. L.: Mater. & Meth. Bd. 24 (1946) Nr. 2 S. 389/396.

[2] Treppschuh, H.: Stahl u. Eisen Bd. 63 (1943) S. 189/199.

[3] Bardot, M.: Fonderie 1947 Nr. 22 S. 827/842.

[4] Hiller, H. M.: Gießerei Bd. 40 (1953) S. 16/24. [5] Hiller, H. M.: Gießerei Bd. 44 (1957) S. 141/149. [6] Briefs, H.: Gießerei Bd. 44 (1957) S. 588/593. [7] Pollack, H.: Werkstoff-Handbuch Stahl u. Eisen, 3. Aufl., P 62. Düsseldorf: Stahleisen 1953. [8] s. a. Stahleinsatzliste 198—58, Sept. 1958. * In Amerika gebräuchliche Stähle nach J. L. Erickson.

bewährt; ebenso der als sehr brandrißbeständig geltende Stahl mit 0,45% C, 1,50% Cr, 0,50% Mo, 0,50% W, 0,90% V, vor allem bei dünnwandigen Werkstücken. In Amerika bevorzugt man nach J. L. ERICKSON[1] 9- bis 11%ige Wolfram-Vanadin-Stähle mit 2% Cr sowie auch mit 3,50% Cr, doch sind auch solche Stähle mit 15% W gebräuchlich. Die neueste Entwicklung führte zu Stählen mit einem Verhältnis von Chrom zu Wolfram von 1 : 1; es werden zwei Typen genannt, und zwar mit 7% Cr, 7% W und 12% Cr und 12% W bei einem Gehalt von 1% V und 0,35% C, doch ist über ihre Bewährung noch nichts bekannt.

Für die Leichtmetallverarbeitung werden von den hochlegierten Warmarbeitsstählen vorwiegend die 3%igen Mo-Stähle 26 und 27 der Zahlentafel 173 herangezogen. Als Standardstahl hierfür gilt jedoch heute auch in Europa der 5%ige Cr-Stahl mit Molybdän. Er ist in Amerika namentlich für diesen Zweck entwickelt worden und besitzt die Vorteile niedrigerer Härtetemperatur und Lufthärtbarkeit, somit verzugsfreier Härtung ohne wesentlicher Verzunderung. Dieser 5%ige Chromstahl wird in verschiedenen Abwandlungen erzeugt, und zwar mit 0,4% C, 0,20 bis 0,40% V und 0,80 bis 1,80% Mo oder 1% V und 1 bis 1,5% Mo oder schließlich mit 0 bis 0,30% V, 1 bis 1,50% Mo.

Kerne, Schieber und Verteilerstifte erfordern sowohl bei Schwer- wie Leichtmetallverarbeitung fast immer die Heranziehung hochlegierter Wolframstähle.

Druckgußformen für die Verarbeitung leicht schmelzbarer Legierungen auf der Grundlage Zinn, Zink und Blei bedürfen keiner höherwertigen Stähle. Es genügen hier Chrom-Vanadin- (Stahl Y, S. 733) oder unlegierte Stähle.

Die Arbeitsfestigkeit von Druckgußformen liegt im Bereich von 100 bis 160 kg/mm². Für hochlegierte W-Stähle bei Schwermetallverarbeitung wählt man Einbaufestigkeiten zwischen 100 bis 120 kg/mm², für Leichtmetall 130 bis 150 kg/mm².

f) Stähle für Warmwalzen. Stähle für Warmwalzen müssen hohen Widerstand gegen Verschleiß sowie gegen Brandrißbildung aufweisen und außerdem der hohen mechanischen Beanspruchung auf Biegung und Torsion standhalten. Die Vielheit der auftretenden Sonderforderungen wird von den einzelnen Walzenerzeugern auf verschiedene Art berücksichtigt, und es ist schwierig, einen geschlossenen Überblick über die verwendeten Werkstoffe zu geben, da eine zusammenfassende Veröffentlichung über dieses Gebiet fehlt. Die beste Übersicht geben R. HOHAGE und R. ROLLET[2], M. SCHMIDT[3] und H. TREPPSCHUH[4],

[1] s. Fußnote 1 S. 777. [2] HOHAGE, R., u. R. ROLLET: Werkstoff-Handbuch Stahl u. Eisen, 2. Aufl., P 61. Düsseldorf: Stahleisen 1937.

[3] SCHMIDT, M.: Stahleisen-Bücher, Bd. 5, Werkzeugstähle. Düsseldorf: Stahleisen 1943, S. 263. [4] TREPPSCHUH, H.: Werkstoff-Handbuch Stahl u. Eisen, 3. Aufl., P 61. Düsseldorf: Stahleisen 1953.

auf welche Arbeiten sich die folgenden Angaben im wesentlichen stützen.

Dreierlei Werkstoffe dienen zur Anfertigung von Warmwalzen: Gußeisen, Stahlguß und geschmiedeter Stahl.

Gegossene Walzen werden in größtem Umfang verwendet und besitzen den Vorzug guter Verschleißfestigkeit. Walzen für Blech- und Bandwalzwerke und für die Fertigstrecken von Stab- und Drahtstrecken werden vorteilhaft aus Schalenhartguß gefertigt. Mildhartguß, also solcher mit abgedrehter harter Schale, findet für Vorwalzen in Stab- und Profilwalzwerken, vereinzelt auch für Blechwalzen, Verwendung. Für kleinere Blockwalzen nimmt man ausnahmslos Grauguß.

Aus unlegiertem Stahlguß mit einer Festigkeit von 60 bis 85 kg/mm² fertigt man Block-, Profil- und Schrägwalzen sowie Blechvorwalzen, während für sehr auf Verschleiß beanspruchte Walzen, wie z. B. Drahtwalzen, Profilwalzen, Breitband-, Platinen- und Blechwalzen, Vorwalzen von kontinuierlichen Strecken sowie Pilgerwalzen, legierter Stahlguß erforderlich ist. Legierungen mit 1,3% C, 2% Cr, 1 bis 2% W sind hierfür gebräuchlich. Derartige Walzen werden luftvergütet auf Festigkeiten zwischen 100 und 140 kg/mm².

Geschmiedete Walzen sind wesentlich bruchsicherer als Hartgußwalzen und beständiger gegen Brandrisse, doch weniger verschleißfest. Schwere Block- und Profilwalzen liegen aus Rücksicht auf die Zähigkeit meist unter 85 kg/mm² Festigkeit und werden in der Regel aus unlegierten, normalisierten Stählen mit 0,75 bis 0,85% C, häufig mit erhöhtem Mangangehalt, Chromzusätzen bis 0,8% und einem geringen Molybdängehalt gefertigt. Mit fallendem Durchmesser kann die Festigkeit im Bereich von 95 bis 140 kg/mm² steigen. Für kleinere Warmwalzen sind die gleichen chromlegierten Stähle wie für Kaltwalzen gebräuchlich. In Sonderfällen können auch die bekannten wolfram-vanadin-legierten Warmarbeitsstähle erforderlich sein, wenn z. B. sehr hohe Walztemperaturen vorkommen.

Großen wirtschaftlichen Erfolg bringt in vielen Fällen die Auftragsschweißung, vornehmlich die automatische Unterpulver-(UP-)Schweißung[1, 2].

g) Stähle für Pilgerdorne. Die Herstellung nahtloser Rohre erfolgt hauptsächlich auf Pilgerwalzwerken. Bei diesem Walzverfahren wird die auf dem Schrägwalzwerk gewonnene Rohrluppe zwischen dem Dorn und den Pilgerwalzen in ihrer Wandstärke verringert und entsprechend zum Rohr verlängert. Der Dorn ist dabei unter rascher Erwärmung durch das eng anliegende heiße Rohr dem starken Walzdruck ausgesetzt und wird nach jeder Walzung einer kombinierten Luft-Wasser-Kühlung

---

1 Becker, H.: Stahl u. Eisen Bd. 74 (1954) S. 1144/1159.

2 Kauhausen, E.: Schweißtechnik, Wien 1957 Nr. 6, S. 66/71.

ausgesetzt. Naturgemäß führt dies zur bekannten Brandrißbildung, die nur so lange einen natürlichen Verschleiß der Dorne bewirkt, als es sich um nicht tiefgehende, netzförmige Risse handelt, während tiefe Längsrisse zum vorzeitigen Unbrauchbarwerden führen. Legierungsgehalt und Festigkeit, beides in Abhängigkeit vom Dorndurchmesser, müssen daher so abgestimmt sein, daß ein möglichst hoher Widerstand gegen Brandrißbildung erreicht wird. Dies um so mehr, als es üblich ist, die durch den Walzvorgang dünner gewordenen Dorne durch Stauchen und Überschmieden wiederholt auf den ursprünglichen Durchmesser zu bringen. Man bezeichnet den genannten Vorgang als „Stempeln", und es ist begreiflich, daß nur Dorne mit nicht tiefgehenden Rissen dieser Behandlung gewachsen sind. Für Pilgerdorne haben sich bestimmte, mit abnehmendem Durchmesser im Legierungsgehalt steigende Stähle eingeführt. Zahlentafel 175 gibt einige Beispiele hierfür, doch soll damit nicht gesagt sein, daß nicht auch andere Legierungskombinationen erfolgreich angewendet werden können. Pilgerdorne kommen bzw. vergütet zum Einbau, wobei für kleinere Dorndurchmesser auf Grund der Legierungshöhe Festigkeiten von 100 bis 120 kg/mm², für größere bis herab zu 70 kg/mm² erreicht werden. Durch besondere Maßnahmen verleiht man den Dornen eine glatte, dünne, festanhaftende Zunderhaut. Für neuzeitliche, kontinuierlich arbeitende Walzenstraßen werden heute vielfach innengekühlte Pilgerdorne verwendet, die eine erhebliche Mehrleistung bringen.

Zahlentafel 175. *Zusammensetzungen gebräuchlicher Stähle für Pilgerdorne*

	Dorndurchmesser in mm	C %	Si %	Mn %	Cr %	Ni %	Mo %	W %	V %
1	< 60 ⌀	0,25	—	—	0,80	4,50	0,30	4,00	—
2	< 60 ⌀	0,30	—	—	0,80	4,50	1,50	—	—
3	< 80 ⌀	0,30	—	—	0,80	2,50	0,60	—	—
4	< 120 ⌀	0,30	—	—	0,80	1,50	0,30	—	0,20
5	< 180 ⌀	0,30	—	—	0,80	1,20	—	—	0,20
6	< 250 ⌀	0,45	1,10	1,10	—	—	—	—	—

h) Stähle für Walzstopfen s. S. 193, 194, 846, 851.

15. Schnellarbeitsstähle[1]

Der Schnellarbeitsstahl gehört zu den folgenreichsten metallkundlichen Erfindungen. Durch ihn war es möglich, die Bearbeitungsgeschwindigkeiten

[1] Zusammenfassendes Schrifttum: GROSSMANN, M. A., u. E. C. BAIN: High Speed Steel. London: Chapman & Hall 1931. — SCHERER, R., u. W. CONNERT: Entwicklung der Schnellarbeitsstähle, Stahl u. Eisen Bd. 70 (1950) S. 984 u. SCHERER, R., u. R. OPPENHEIM: Werkstoff-Handbuch Stahl u. Eisen, 4. Aufl., demnächst. — GILL, J. P., G. A. ROBERTS, H. G. JOHNSTIN u. BURNS GEORGE: Tool Steels, Cleveland: Amer. Soc. Met. 1946. — HAUFE, W.: Schnellstähle und ihre Wärmebehandlung. München 1951. — COPE, S. G.: Metal Treatm. Drop Forg. Bd. 21 (1954) Nr. 100, S. 3/10, Nr. 101, 67/74, Nr. 102, 123/130, 137, Nr. 103, 183/190, Nr. 104, 225/233, Nr. 105, 295/302, Nr. 106, 343/347, Nr. 107, 365/368.

gegenüber den Geschwindigkeiten, die mit den vorher üblichen Werkzeugstählen gebräuchlich waren, auf das Mehrfache zu erhöhen, was zu einer Umwälzung in der Werkstattstechnik sowie im Bau von Bearbeitungsmaschinen führte.

Die ersten Ansätze zur Erfindung der Schnellarbeitsstähle waren die leicht legierten Wolframstähle, die in den sechziger Jahren des vorigen Jahrhunderts aufkamen. Als unmittelbare Vorläufer der Schnellarbeitsstähle gelten die Mushet-Stähle mit etwa 2% C, 5 bis 10% W und bis 2% Mn. Die für Schnellarbeitsstahl unbedingt nötige hohe Härtetemperatur wendete R. MUSHET noch nicht an, sondern erst F. W. TAYLOR und WHITE[1]. Ungefähr gleichzeitig fanden TAYLOR und WHITE auch, daß es günstig ist, den Kohlenstoffgehalt zu erniedrigen und den Wolframgehalt zu erhöhen und Chrom hinzuzufügen. Die beiden Forscher kamen so ungefähr auf einen Schnellarbeitsstahl mit etwa 0,7% C, 18% W, 4% Cr, 0,30% V. Dieser war mit Ausnahme des Vanadins, das später J. A. MATHEWS[2] auf etwa 1% erhöhte, der lange Zeit üblichste Schnellarbeitsstahl.

Das Verdienst, den Schnellarbeitsstahl erfunden zu haben, wird TAYLOR und WHITE mehrfach bestritten. So glaubt L. DEMOZAY[3], daß in Wirklichkeit G. BRÜSTLEIN der Erfinder gewesen wäre. Der von den genannten amerikanischen Forschern verwandte Stahl sei erst nach Vorlage französischer Muster erzeugt worden. Das Hauptverdienst an dieser weittragenden Erfindung haben aber wohl TAYLOR und WHITE, denen zweifellos die Auffindung der völlig neuartigen Wärmebehandlung zuzuschreiben ist. Eine wichtige Änderung brachten auch die Zusätze von Kobalt und Molybdän, die in den betreffenden Abschnitten beschrieben werden.

Grundlegende metallkundliche Eigenschaften des Schnellarbeitsstahles

Damit ein Stahl Schnellarbeitsstahleigenschaften hat, muß er anlaßbeständig und warmfest sein und muß außerdem in der gehärteten Grundmasse eine gewisse Menge harter Karbide eingebettet haben. Gehärteter unlegierter Stahl büßt seine Härte schon bei 300 °C zum großen Teil ein. Wenn sich der Stahl also durch den Arbeitsvorgang auf 300 °C und darüber erwärmt, so wird das Werkzeug durch Zerstörung des Martensits in kurzer Zeit unbrauchbar. Schnellarbeitsstahl hingegen behält den Martensit bis 550—600 °C bei. Schädigende Anlaßwirkungen durch Reibungs- und Verformungswärme zeigen sich erst bei diesen Temperaturen. Es ist daher ohne weiteres verständlich, daß mit Schnellarbeitsstahl höhere Arbeitsgeschwindigkeiten möglich

[1] Deutsche Ausgabe F. W. TAYLOR-A. WALLICHS: Über Dreharbeit und Werkzeugstähle. Berlin: Springer 1920. [2] A. P. 779171.

[3] DEMOZAY, L.: Rev. Métall. Bd. 26 (1929) S. 115/116.

sind. Für die Widerstandsfähigkeit bei erhöhter Arbeitsbeanspruchung genügt es aber nicht, daß das Martensitgefüge bis zu 600 °C bestehenbleibt, sondern es muß der Stahl auch warmfest sein: so z. B. sind martensitische Mangan- oder Nickelstähle mit beispielsweise 1% Kohlenstoff und 5% Mangan oder Nickel bis zu hohen Temperaturen anlaßbeständig und auch karbidhaltig. Trotzdem eignen sich solche Stähle, abgesehen von ihrer schwierigen Schmiede- und Glühbarkeit, nicht für Schnellarbeitsstähle, weil sie trotz ihres beständigen Martensits viel geringere Warmhärte haben als die Schnellarbeitsstähle. In geringerem Grade trifft dies auch schon für die bedeutend anlaßbeständigeren, hochprozentigen Cr-Stähle zu. Anlaßbeständigkeit und Warmhärte würden allein dem Stahl noch nicht den genügenden Verschleißwiderstand geben, wenn nicht gleichzeitig noch ungelöste grobere Karbide vorhanden wären. Schon das Eisenkarbid, noch mehr aber die wolfram-, molybdän- und vanadinhaltigen Sonderkarbide übertreffen an Härte sowohl in der Kälte als auch in der Wärme den Martensit bedeutend und erhöhen den Verschleißwiderstand (s. S. 793). Die Karbide sind aber spröder als der Martensit und verringern, in großer Menge vorhanden, die Zähigkeit.

Um diese grundlegenden Eigenschaften, Anlaßbeständigkeit, Warmhärte und Karbidgehalt zu erzielen, muß der Stahl bestimmte Legierungsgehalte aufweisen und einer bestimmten Wärmebehandlung unterzogen werden. Anfangs wurde als Legierungsgrundlage Wolfram und Chrom verwendet. Man hielt einen Wolframgehalt von mindestens 12% für nötig, um überhaupt von Schnellstahl sprechen zu können. Heute hingegen hat man erkannt, daß auch viel niedrigere Wolframgehalte zu Schnellarbeitsstählen führen, als man früher allgemein annahm. Es ist nur notwendig, daß im gehärteten Stahl Anlaßbeständigkeit, Warmhärte und Restkarbide vorhanden sind. Als ungefährer Anhaltspunkt möge dienen, daß Stähle mit 18% W, 4% Cr, 1% V oder 6% W, 5% Mo, 4% Cr, 2% V oder schließlich 3% W, 3% Mo, 4% Cr, 2,5% V, um nur einige Beispiele zu nennen, unter bestimmten Schnittbedingungen praktisch gleichwertig sein können. Die Verteilung der Legierungszusätze zwischen Karbiden und Grundmasse ist keineswegs gleichmäßig. Sie unterliegt verwickelten Gesetzen, die nur in allgemeinen Linien bekannt sind. Die Frage wird dadurch noch verwickelter, daß die Verteilung von beispielsweise Wolfram und Chrom zwischen Grundmasse und Karbid eine andere ist, wenn diese Elemente allein zugegen sind oder wenn etwa noch Vanadin oder Molybdän zugesetzt werden. In allgemeinen Zügen läßt sich über die Verteilung der Elemente zwischen Grundmasse und Karbid etwa folgendes sagen: Der Kohlenstoff ist im gehärteten Stahl in der Grundmasse in der Menge von 0,3 bis 0,4% gelöst; der übrige Teil findet sich in den Karbiden vor. Von den metallischen Zusätzen sind Eisen und Kobalt in größerer Menge in der Grundmasse, als dem Durchschnittsgehalt entspricht. Wolfram, Molybdän und Vanadin häufen sich in den Karbiden an, und zwar Vanadin am meisten, dann Molybdän und Wolfram. Chrom verteilt sich gleichmäßig auf beide Bestandteile[1]. Zur Erhöhung der Warmhärte tragen nur die beim Härten in der Grundmasse gelösten Karbide bei (s. S. 785). Mit dem Ansteigen des Gehaltes an Wolfram, Molybdän und Vanadin nehmen bis zu einer gewissen Grenze Anlaßbeständigkeit und die Menge der löslichen Karbide noch zu. Über diese Grenze hinaus verlieren die Legierungen wieder ihre Schnellstahleigenschaften, da sie nicht mehr genügend härtbar sind. Dieser Verlust der Härtbarkeit bei hohen Gehalten an Wolfram, Vanadin und Molybdän entsteht dadurch, daß diese Elemente in Form von Karbiden den Kohlenstoff an sich ziehen und in der gehärteten Grundmasse zu wenig davon übriglassen. Man kann dies wohl durch Erhöhung des Kohlenstoffgehaltes zum Teil ausgleichen, über eine gewisse Höhe hinaus geht aber die Schmiedbarkeit verloren.

In den letzten Jahren setzte nun eine Entwicklung ein, in diesem Grenzgebiet der schwierigen Verformbarkeit sogenannte Super-Schnellarbeitsstähle[2] herzustellen. Diese Stähle besitzen C-Gehalte mit über 1,5% und einem Mindest-V-Gehalt von 5%. Obwohl das geringe Ausbringen derzeit noch einige Schwierigkeiten bereitet, nimmt die Verwendung von Super-Schnellarbeitsstählen für Werkzeuge, die sehr hohen Verschleißwiderstand aufweisen sollen, ständig zu[3].

Die Legierungskunst besteht nun darin, die Menge der Legierungselemente so zu wählen, daß sie sich in richtiger Weise zwischen den Karbiden und der Grundmasse verteilen, daß also sowohl Warmhärte wie Schmiedbarkeit sowie auch die nötige Menge an Karbiden gegeben sind.

Härtetemperatur und ihr Einfluß auf Anlaßbeständigkeit und Warmhärte. Unlegierte und schwachlegierte Stähle werden aus Temperaturen, die nicht wesentlich über Ac_1 liegen, gehärtet, so z. B. ein unlegierter Stahl mit 0,9% C, dessen Haltepunkt bei 725 °C liegt, zwischen 750 bis 820 °C als äußerste Grenztemperaturen. Bei schwachlegierten Stählen liegen ähnliche Verhältnisse vor. Höhere Temperaturen werden nicht angewendet, da der Stahl dadurch weder härter noch irgendwie praktisch bemerkbar anlaßbeständiger, wohl aber überhitzt und spröde wird. Je mehr der Gehalt an Legierungsmetall, wie Wolfram, Molybdän, Chrom, Vanadin, ansteigt, desto unempfindlicher wird der Stahl gegen Überhitzung und desto mehr nimmt die Beständigkeit des Härtegefüges gegen Erwärmung zu. Wie sonst in keinem Falle wird die Erhitzung

[1] Über die Zusammensetzung der Karbide s. S. 122, 790.

[2] Aciers à coupe rapide surcarburés. Les aciers fins et spéciaux français 1953 (14) S. 16/17.

[3] Die beim Härten ungelösten Karbide — überwiegend Ledeburitkarbide — haben auf die Warmhärte keinen Einfluß. Sie wirken nur wie harte eingesetzte Zähne.

weit über den Haltepunkt bei Schnellarbeitsstählen angewendet. Die Haltepunkte Ac_1 (die bei diesen Stählen schwer bestimmbar sind) dürften bei Schnellarbeitsstählen zwischen 780 bis 840 °C[1] liegen. Die Härtetemperaturen liegen zwischen 1150 bis 1350 °C. Der Schnellstahl wird also mehrere hundert Grad über den Haltepunkt erhitzt. Die Wirkung dieser hohen Erhitzung auf die Warmhärte ist aus den Beispielen des Bildes 455 nach F. RAPATZ und H. KALLEN[2] ersichtlich[3].

Nach Bild 456 ist die Ausgangshärte, ob der Stahl bei 980 oder 1280 °C abgeschreckt wurde, nicht wesentlich verschieden. Dagegen zeigt sich ein großer Unterschied, wenn die verschieden gehärteten Stähle angelassen werden. Je höher die Härtetemperatur, desto anlaßbeständiger wird der Stahl. Bei Härtetemperaturen oberhalb 1200 °C ist er nach Erwärmen auf 600° gleich hart oder härter als im nicht angelassenen Zustand. Allerdings nimmt in dem Anlaßbereich von etwa 300 bis 500 °C die Härte zuerst ab, um bei weiterer Steigerung der Anlaßtemperatur wieder zuzunehmen. Mit der Härtetemperatur steigt, wie aus Bild 455 zu ersehen war, auch die Warmhärte. Höhere Anlaßbeständigkeit und höhere Warmhärte machen es erklärlich, daß hochgehärteter Schnellstahl gegen Reibung in der Wärme beständiger, also verschleißfester ist als niedriggehärteter. Trotz der starken Erhitzung über den Haltepunkt behält der Stahl das feine Bruchaussehen und wird nicht spröder. Natürlich gibt es eine Grenze, über die auch Schnellarbeitsstähle, ohne Schaden zu nehmen, nicht erwärmt werden

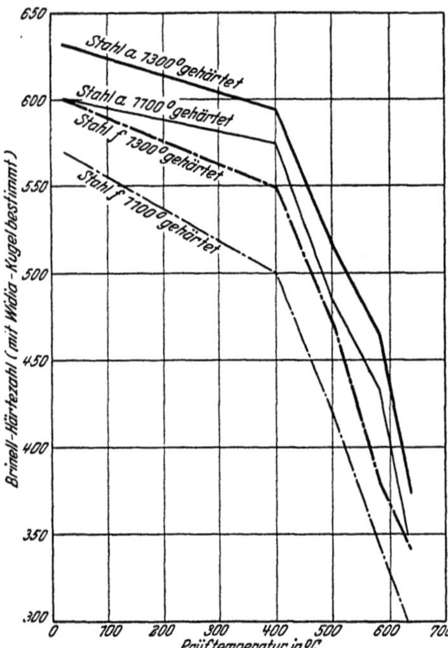

Bild 455. Einfluß von Legierung und Härtetemperatur auf die Warmhärte der Schnellstähle (nach F. RAPATZ und H. KALLEN)

[1] PÖLZGUTER, F.: Stahl u. Eisen Bd. 44 (1924) S. 1708/1713.

[2] RAPATZ, F., u. H. KALLEN: Stahl u. Eisen Bd. 51 (1931) S. 1340.

[3] Zum Bild 455 sei bemerkt, daß die Zusammensetzung dieser Stähle folgende war:

Nr.	C %	Co %	Cr %	W %	Mo %	V %
a	0,72	9,0	4,6	15,5	0,65	1,15
f	0,75	—	4,00	16,0	0,40	—

woraus auch der Einfluß der höheren Legierung auf die Warmhärte ersichtlich ist

dürfen. Diese Grenze liegt dort, wo sich an den Korngrenzen neues Ledeburiteutektikum zu bilden beginnt, sie fällt also ungefähr mit dem Schmelzpunkt des Ledeburits zusammen. Dieser Schmelzpunkt liegt bei Schnellarbeitsstählen nicht, wie bei unlegierten Stählen, bei 1140 °C, sondern, je nach der Legierung, zwischen 1200 und 1350 °C. Mit zunehmendem Wolframgehalt steigt innerhalb der üblichen Zusammensetzungsgrenzen des Schnellarbeitsstahls diese Temperatur etwas an, auch Kobaltzusatz äußert sich in derselben Richtung. Bei den wenig Wolfram enthaltenden Molybdän- und Molybdän-Vanadin-Schnellarbeitsstählen liegt die Härtetemperatur tiefer. Daraus ergibt sich, daß die höchstzulässige Härtetemperatur des Schnellarbeitsstahles, je nach der Zusammensetzung, zwischen 1180 bis 1350 °C schwankt.

Vorgänge beim Härten und Anlassen des Schnellarbeitsstahles

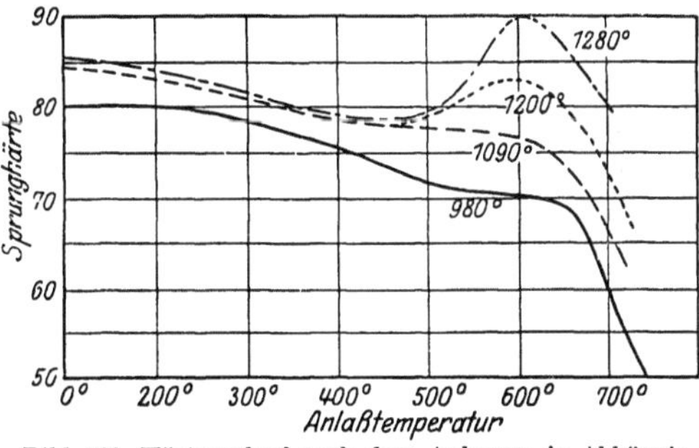

Bild 456. Härteverlauf nach dem Anlassen, in Abhängigkeit von der Härtetemperatur

Über die Ursachen der Warmhärte des aus hoher Temperatur gehärteten Schnellarbeitsstahles macht man sich ganz bestimmte klare Vorstellungen. Sie folgen den von E. Houdremont[1] und seinen Mitarbeitern ausgesprochenen Gedanken über die Rolle der Sonderkarbide. Diese Gedanken sind eine Fortsetzung der Deutungen von E. C. Bain und Z. Jeffries[2] und bringen ein abschließendes Bild über das Wesen der sogenannten Rotgluthärte, die auf die verlangsamte Ausscheidung der schwer in Lösung gehenden und schwer sich abscheidenden Sonderkarbide zurückzuführen ist. Sie erhöhen durch ihre verzögerte Zusammenballung die Anlaßbeständigkeit und damit den Widerstand gegen Verformung, womit die Wärmhärte gegeben ist.

Während also über das Wesen der Rotgluthärte und über die Bedeutung der Härtetemperatur seit längerer Zeit ein abschließendes Urteil vorliegt, so sind die Vorgänge beim Abschrecken des Näheren erst später einer umfassenden Klärung zugeführt worden. Sie haben gezeigt, daß sich dabei verwickeltere Vorgänge abspielen, als man es sich vor 40 Jahren dachte.

Auch bezüglich des Anlassens war die landläufige Vorstellung die, daß es sich nur darum handelt, den beim Abschrecken verbliebenen

[1] Houdremont, E.: Arch. Eisenhüttenw. Bd. 6 (1932/33) S. 24/34; vgl. Stahl u. Eisen Bd. 52 (1932) S. 693. [2] Bain, E. C., u. Z. Jeffries: Iron Age Bd. 112 (1923) S. 805/810; Stahl u. Eisen Bd. 44 (1924) S. 989/990.

Austenit in Martensit umzuwandeln; erreichte man dies, so war man zufrieden.

Ausführliche Darstellungen über das Umwandlungsverhalten der Schnellarbeitsstähle geben heute eine gute wissenschaftlich begründete Vorstellung über die kinetischen Vorgänge bei der Wärmebehandlung[1,2,3].

Zum Verständnis ist es geboten, hier weiter auszuholen und hierbei von den ZTU-Schaubildern auszugehen (S. 24).

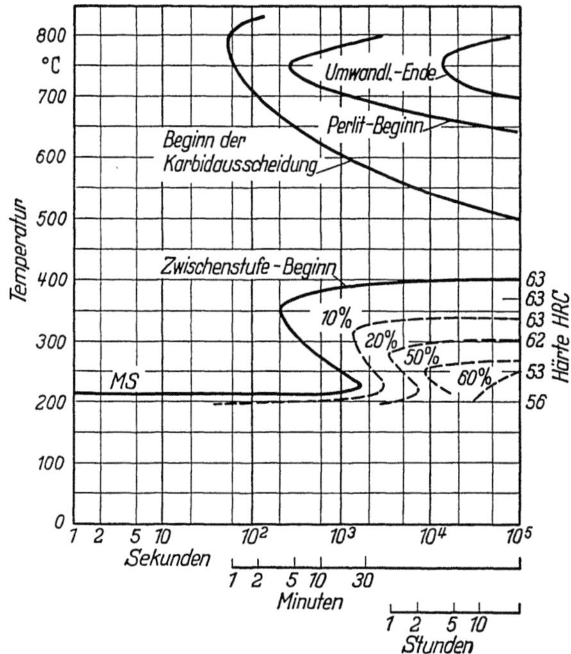

Bild 457. Isothermisches ZTU-Schaubild eines Schnellarbeitsstahles E 18 Co 5 mit 0,9% C, 4,5% Cr, 18% W, 2% V, 1% Mo und 5% Co, abgeschreckt aus 1300 °C (nach A. Rose, W. Peter, W. Strassburg und L. Rademacher[4])

Zeit-Temperatur-Umwandlungsschaubilder wurden in den letzten Jahren von verschiedenen Seiten zur Kennzeichnung des Umwandlungsverhaltens der Schnellarbeitsstähle aufgestellt.

Unter den für die praktische Härtung angewendeten Austenitisierungsbedingungen weisen die Umwandlungsschaubilder der verschiedenen Schnellarbeitsstähle eine weitgehende Ähnlichkeit auf.

---

[1] Haufe, W.: Schnellstähle und ihre Wärmebehandlung. München: Hanser 1951.

[2] Cohen, M., u. P. Gordon: Iron Age Bd. 157 (1946) Nr. 9 S. 42/47; Nr. 10 S. 52/57; Nr. 11 S. 68/73; Nr. 12 S. 61/65; Nr. 13 S. 55/62.

[3] Cope, S. G.: Metal Treatm. Drop Forg. Bd. 21 (1954) Nr. 100, S. 3/10, Nr. 101, 67/74, 81, Nr. 102, 123/130, 137, Nr. 103, 183/190, 204, Nr. 104, 225/233, Nr. 105, 295/302, Nr. 106, 343/347, Nr. 107, 365/368. [4] s. Fußnote 1, S. 787.

Bild 457 zeigt die Verhältnisse bei der isothermischen Abkühlung eines Schnellarbeitsstahles E 18 Co 5 (S. 813). Die bei den Kurven angeschriebenen Zahlen bedeuten die Menge des umgewandelten Austenits[1].

Die voreutektoide Karbidausscheidung ist der erste Zerfallsvorgang des Austenits, der bei der Abkühlung von der Austenitisierungstemperatur einsetzt. Eine unmittelbare Beobachtung der voreutektoiden Karbidteilchen ist im allgemeinen nur mit dem Elektronenmikroskop möglich.

Man sieht, daß in dem Temperaturbereich von etwa 400 bis 600 °C auch nach einer Haltezeit von vielen Stunden Austenit bestehenbleibt. Dieser Bereich umfaßt auch die Temperatur des Hochanlassens des Schnellstahls (bei der sich bei normalen Haltezeiten aus dem verbliebenen Austenit noch kein Martensit bildet. Er entsteht erst nach der Abkühlung aus dieser Temperatur). Bei Temperaturen von 400 bis 600 °C bleibt allerdings der Stahl nicht ganz unverändert, es scheiden sich Karbide aus, die die Zusammensetzung der Grundmasse ändern und die Bereitschaft zur Umwandlung beim Abkühlen erhöhen.

Beim Halten in Abschreckbädern unterhalb von etwa 400 °C sehen wir, daß sich in verhältnismäßig kurzer Zeit ein großer Teil des Austenits umwandelt. So verschwinden bei einer Temperatur von etwa 300 °C in 4 Stunden 60% des Austenits. Es entsteht hierbei nicht Martensit, sondern Zwischenstufengefüge (Bainit). Diesem Zwischenstufengefüge wird größere Zähigkeit als dem Martensit zugeschrieben, weil es bei höherer Temperatur entsteht, bei der der Stahl noch plastischer ist als bei 150 bis 200 °C, der Temperatur der Martensitbildung, bei welcher Temperatur die Spannungen so hoch sind, daß sie sogar zu Mikrorissen führen können. Um den nach der Abkühlung aus dem Bad von 260 °C verbliebenen Austenit auch in Zwischenstufengefüge überzuführen, erwärmt man den Stahl nochmals auf etwa 500 °C und gibt ihn wieder in das Bad von etwa 260 °C, in dem dann der restliche Teil des Austenits zum größten Teil zu Zwischenstufengefüge wird. Es kommt also zu dem primär entstandenen noch der Sekundärbainit hinzu.

Die Härte des aus dem Zwischenbad abgekühlten Stahles ist verhältnismäßig niedrig. Sie beträgt etwa 57 Rockwelleinheiten, was wohl auf die große Menge des Restaustenits zurückzuführen ist. Bei vollständiger Umwandlung in Zwischenstufengefüge und Martensit (welch letzteres Gefüge bei der Abkühlung auch mehr oder weniger entsteht) und Anlassen ist die Härte dieselbe wie beim Anlassen des normalen Martensit-Austenit-Gefüges.

Kehren wir wieder zu Bild 457 zurück, so sehen wir, daß im Gebiet von 200 bis 250 °C der Austenit wieder verhältnismäßig beständig ist.

[1] Rose, A., W. Peter, W. Strassburg u. L. Rademacher: Atlas zur Wärmebehandlung der Stähle, Teil II (II—265 F). Düsseldorf: Stahleisen 1954/56/58.

So sind bei 200 °C in 5 Stunden erst etwa 50% umgewandelt und in einer Stunde noch nicht 20%.

Bei Abkühlung auf noch tiefere Temperaturen, also unterhalb des Martensitpunktes, entsteht von Anfang an immer mehr Martensit, je tiefer die Temperatur ist.

Über die inneren Vorgänge beim Anlassen ist das letzte Wort nicht gesprochen. Wir wollen uns aber ungefähr der Darstellung von R. Mitsche, E. Onitsch u. W. Blüthgen[1] anschließen. Danach soll zunächst nur von dem bei der üblichen Abschreckbehandlung entstehenden Mischgefüge Martensit-Austenit die Rede sein und nicht von dem oben besprochenen Bainit.

Die erste Änderung, die beim Anlassen vor sich geht, ist der Übergang des tetragonalen Abschreckmartensits bei 300 °C in kubischen, primären Anlaßmartensit. Damit beginnt eine Ausscheidung von Eisenkarbid, die den Härteabfall in diesem Temperaturbereich zur Folge hat, da dieses Karbid in unterkritischer Größe ausfällt[2].

Geht man mit der Anlaßtemperatur auf 400 bis 600 °C hinauf, so fallen auch die legierten Karbide aus und der Restaustenit wird dadurch ärmer an Wolfram, Molybdän, Vanadin. (Wie die Ausscheidung auf den Restaustenit und Martensit verteilt ist, bleibt offen.) Die Umwandlung des Restaustenits in Martensit erfordert längere Zeiten, so daß selbst nach mehreren Stunden Austenit erhalten bleibt. Sie erfolgt erst nach der Abkühlung aus diesen höheren Anlaßtemperaturen. Dieser so entstandene sekundäre Anlaßmartensit ist wegen der Ausscheidung der Karbide legierungsärmer als der primäre Anlaßmartensit. Zur 90%igen Zersetzung des Austenits ist in der Regel zwei- oder dreimaliges Anlassen erforderlich. Um es schon bei einmaligem Anlassen zu erreichen, ist bei einem 18/4/1-Stahl 24stündiges Halten auf 540 °C oder $2^1/_2$stündiges auf 565 °C nötig. Dies gilt aber nur für den besagten Stahl und ist auch nur als ein Beispiel zu werten.

Ein Voranlassen bei 300 bis 400 °C könnte nach R. Mitsche und E. Onitsch dadurch vorteilhaft sein, daß es das Eisenkarbid vorzeitig zum Abscheiden bringt. Bleibt letzteres mit den übrigen Karbiden in Lösung, so würde es die Sonderkarbide leicht aus der Lösung reißen. Geht hingegen dem hohen Anlassen ein niedriges Anlassen voraus, so ist das Eisenkarbid schon unter 500 °C in überkritischer Größe ausgeschieden und beschleunigt nicht mehr die Ausfällung der Sonderkarbide in überkritischer Größe und damit das Erweichen.

[1] Mitsche, R., E. Onitsch u. W. Blüthgen: Berg- u. hüttenm. Mh. Bd. 92 (1947) S. 13/25.

[2] Schon früh hatten E. Maurer u. G. Schilling [Stahl u. Eisen Bd. 45 (1925) S. 1152/1169] darauf hingewiesen, daß dieser Härteabfall der teilweisen Ausfällung der in Lösung befindlichen Sonderkarbide zuzuschreiben ist, und zwar deswegen, weil die Ausscheidung zunächst in unterkritischer Größe erfolgt, aber bei weiterem Anlassen kritische Teilchengrößen erreicht und damit Härteanstieg nach sich zieht.

Formal kann der Anlaßvorgang, wie auch von A. ROSE, L. RADEMACHER und J. M. VAN WYK[1] dargestellt (Bild 458), in 4 getrennten Teilvorgängen gezeigt werden. Danach stellt Kurve *I* die Ausscheidung submikroskopisch kleiner Karbide [ε-Karbid (s. S. 27), Zementit und Sonderkarbid] aus dem stark übersättigten Martensit und Restaustenit dar. Als Folge der Ausscheidung aus dem Martensit (Kurve *II*) geht die Übersättigung und damit die Verzerrung des Martensits zurück, und die Härte nimmt ab. Der Zerfall des Restaustenits führt wieder zu einer Härtezunahme (Kurve *III*). Diese 3 Teilvorgänge werden überlagert von einer zunehmenden Einformung (Kurve *IV*) der zunächst in sehr fein verteilter Form ausgeschiedenen Karbide. Diese Einformung hat einen Härteabfall zur Folge. Jeder Teilvorgang, besonders die Ausscheidung der Karbide und deren Struktur, wurde schon eingehend untersucht[2,3,4].

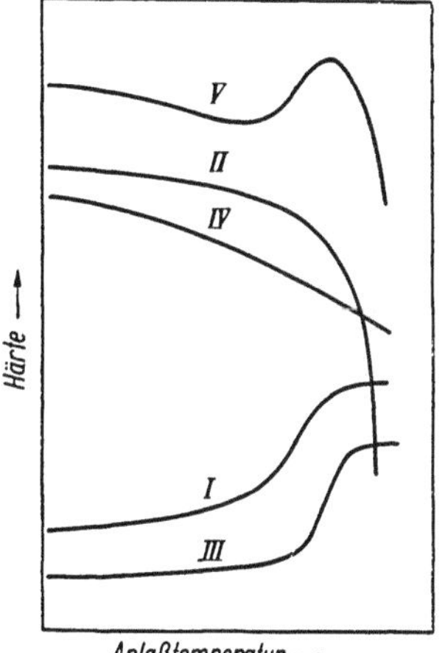

Bild 458. Schematische Darstellung der Teilvorgänge beim Anlassen des Schnellarbeitsstahles (nach A. ROSE, L. RADEMACHER und J. M. VAN WYK)

Es kann hierzu auch gesagt werden, daß der Restaustenitzerfall nicht die größte Rolle bei der Sekundärhärte der Schnellarbeitsstähle spielt, sondern vielmehr die Ausscheidungsvorgänge.

Bei weiterer Steigerung der Anlaßtemperatur auf 600 °C und darüber tritt schließlich Erweichung ein, und zwar dadurch, daß auch die Sonderkarbide sich in überkritischer Größe ausscheiden und sowohl der Martensit wie der Restaustenit zersetzt werden.

Es ist von der Legierung abhängig, wie lange und bei welcher Temperatur der Stahl der Erweichung widersteht, wobei zu beachten ist, daß geringe Unterschiede in der Erweichungstemperatur, große Unterschiede in der Schneidhaltigkeit des Schnellstahles anzeigen. So ist ein Unterschied von 20 °C bei gleicher Erwärmungsdauer schon gleichbedeutend mit dem Unterschied zwischen zwei Schnellstahlklassen[5]. Der Anlaßvorgang ist also außerordentlich verwickelt, vor allem bedingt durch die Abscheidung verschiedener Karbide und der daraus folgenden Veränderung der Grundmasse. Die Abfolge der Vorgänge ist aber auch wieder davon abhängig, wie lange der Stahl auf den verschiedenen

[1] ROSE, A., L. RADEMACHER u. J. M. VAN WYK: Stahl u. Eisen Bd. 79 (1959) S. 1243/1258. [2] KUO, K.: J. Iron Steel Inst. Bd. 174 (1953) S. 223/228.

[3] GOLDSCHMIDT, H. J.: J. Iron Steel Inst. Bd. 170 (1952) S. 189/204.

[4] COHEN, M., u. P. K. KOH: Trans. Amer. Soc. Met. Bd. 27 (1939) S. 1015/1051.

[5] RAPATZ, F., H. POLLACK u. J. HOLZBERGER: Stahl u. Eisen Bd. 58 (1938) S. 266.

Temperaturen gehalten wird und ob er daraus langsamer oder rascher abkühlt.

Die Schnellstahlkarbide s. a. S. 782. Da die Karbide im Schnellstahl eine große Rolle spielen, ist es angezeigt, auf sie näher einzugehen[1–3]. Aus der oben angegebenen ungleichmäßigen Verteilung der Legierungselemente von Grundmasse und Karbide ergeben sich schon Anhaltspunkte für die Zusammensetzung der letzteren.

Es ist als sicher anzunehmen, daß die Karbide keine gleichbleibende Zusammensetzung haben, da sich im Verlauf der Abscheidung sowohl die Karbide selbst ändern als auch die Zusammensetzung der Grundmasse, wodurch sich aber neuerlich die im Verlauf der Abkühlung sich abscheidenden Karbide ändern. Die Verhältnisse werden noch dadurch verwickelter, daß sich die Ausscheidung und Lösung der Karbide nicht immer nach einem Schema abspielt, sondern daß sich stabilere Karbidarten bilden können. So dürfte die bei Schnellstählen manchmal beobachtete schwerere Härtbarkeit auf Bildung schwerlöslicher Wolframkarbide zurückzuführen sein. Auch das Vanadin, das noch mehr zur Bildung stabiler Karbide neigt, kann reines Vanadinkarbid abscheiden (s. S. 245).

Vom Wolframkarbid WC ist bekannt, daß es zu den härtesten Körpern zählt und dem Diamant wenig nachsteht. Auch von den Karbiden der Schnellarbeitsstähle muß man wohl eine ähnlich hohe Härte annehmen. Diese, die des Eisenkarbids übertreffende Härte, trägt zweifellos zur Schneidwirkung des Schnellstahles bei.

Über die Bedingungen, unter denen sich die verschiedenen Karbide bilden, wurden in den Abschnitten „Karbide" S. 115/126, insbes. S. 122, und „Wolframstähle" (S. 116) nähere Ausführungen gemacht.

Ausführliche Untersuchungen über die Zusammensetzung der Karbide liegen vor von J. P. Gill[4] mit einem Stahl mit 0,71% C, 0,28% Si, 0,21% Mn, 17,94% W, 4,01% C und 1,02% V. Die chemische Untersuchung der Karbide ergab in Anlehnung an das oben Gesagte nicht unbeträchtliche Abweichungen in der Zusammensetzung in Abhängigkeit von der Wärmebehandlung des Stahles. Zahlentafel 176 gibt die wichtigsten Ergebnisse Gills wieder.

Röntgenographisch konnte nur das Eisen-Wolfram-Karbid Fe_4W_2C nachgewiesen werden. Gill zieht den Schluß, daß der Karbidrückstand fast ausschließlich aus Fe_4W_2C und wahrscheinlich kleinen Mengen

[1] Blickwede, D. J., M. Cohen u. G. A. Roberts: Trans. Amer. Soc. Met. Bd. 42 (1950) S. 1161/1196.

[2] Goldschmidt, H. J.: J. Iron Steel Inst. Bd. 170 (1952) S. 189/204.

[3] Kuo, K.: J. Iron Steel Inst. Bd. 174 (1953) S. 223/228.

[4] Gill, J. P.: Trans. Amer. Soc. Met. Bd. 24 (1936) S. 735/782; vgl. Stahl u. Eisen Bd. 57 (1937) S. 1030.

Zahlentafel 176

Zusammensetzung des Karbidrückstandes eines 18-4-1-Schnellarbeitsstahles

		C %	W %	Cr %	V %
1	175 mm Block Gußzustand	1,94	62,38	3,08	2,72
2	wie 1, jedoch geglüht	2,00	62,91	4,14	3,00
3	25 mm Stab, bei 885 °C geglüht	2,09	67,12	4,94	2,87
4	25 mm Stab geglüht, von 1275 °C gehärtet, nicht angelassen	1,52	61,22	2,40	1,33
5	25 mm Stab wie 4, jedoch bei 550 °C angelassen	1,47	56,74	2,67	1,50
6	25 mm Stab geglüht, von 1330 °C gehärtet	1,43	61,70	2,26	1,23
7	50 mm Stab geglüht, 8 Std. bei 1260 °C gehalten und nochmals geglüht	1,69	65,44	2,85	1,81
8	50 mm Stab geglüht, 8 Std. bei 1300 °C gehalten, dann im Ofen erkaltet	2,27	63,76	2,63	3,45

Chromkarbid und Vanadinkarbid zusammengesetzt ist. Die Frage, ob das Eisen-Wolfram-Karbid Chrom und Vanadin enthalten kann, ist auf Grund dieser Ergebnisse nicht eindeutig zu entscheiden. Eine gewisse geringe Löslichkeit von Chrom und Vanadin in Fe_4W_2C ist nicht unwahrscheinlich. Die mit dem Vanadingehalt gleichzeitig verlaufenden Änderungen des Kohlenstoffs in den von GILL untersuchten Karbidrückständen sprechen eindeutig dafür, daß neben Fe_4W_2C zumindest noch geringe Mengen Vanadinkarbid im untersuchten Stahl vorhanden sind, die ihrer geringen Menge wegen röntgenographisch nicht erfaßt werden können. Bei höheren Temperaturen löst sich das Vanadinkarbid, ebenso auch das Chromkarbid leichter in der Grundmasse als das Eisen-Wolfram-Karbid, was auch aus den Versuchen J. P. GILLS herauszulesen ist.

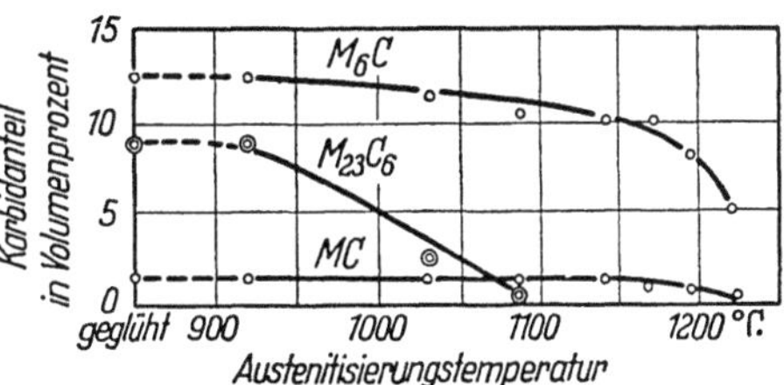

Bild 459. Auflösungsverhalten der Karbide $M_{23}C_6$, M_6C und MC eines Stahles mit 6% W, 5% Mo, 2% V (nach D. J. BLICKWEDE und M. COHEN)

Bei der Untersuchung der Karbidmengen im weichgeglühten Zustand zeigen nach F. KAYSER und M. COHEN[1] die gebräuchlichen Schnellarbeitsstähle verschiedenster Zusammensetzung untereinander eine gewisse Ähnlichkeit.

Größere Unterschiede zwischen den einzelnen Schnellarbeitsstählen ergeben sich erst bei der Verteilung der Anteile der Karbide, die bei verschiedenen Temperaturen in Lösung gehen. In Bild 459 ist nach D. J. BLICKWEDE und M. COHEN[2] das Auflösungsverhalten der Karbide wiedergegeben:

[1] KAYSER, F., u. M. COHEN: Metal Progr. Bd. 61 (1952) Nr. 6, S. 79/85.

[2] BLICKWEDE, D. J., u. M. COHEN: J. Metals Trans. Bd. 185 (1949) Nr. 9, S. 578/584.

In Schnellarbeitsstählen treten 3 Arten von Karbiden auf:

1. Das chromreiche Karbid $M_{23}C_6$, das sich bei Temperaturen über 1100 °C vollständig in Lösung befindet.

2. Das wolfram- und molybdänreiche Karbid M_6C, das sich bei Härtetemperatur in verschiedenen Mengen löst.

3. Das vanadinreiche Karbid MC, das eine geringe Lösungstendenz aufweist.

Die unterschiedliche Leistung der einzelnen Schnellarbeitsstähle ist weitgehend durch die verschiedenen Mengenanteile der Karbide M_6C (Härte 1495 bis 1812 HV, errechnet aus Mikrohärte 25 g) und MC (Härte 2700 bis 2990 HV) bestimmt[1].

Das Auflösungsverhalten der Karbide bei einer bestimmten Härtetemperatur wird hauptsächlich durch die Zahl, Größe und Verteilung der Karbide bestimmt. Während der Umfang der Karbidlösung besonders die Anlaßhärte, Anlaßbeständigkeit und Warmhärte beeinflußt, wirkt sich die Korngröße besonders auf die Zähigkeit aus. Zahl, Größe und Verteilung der Karbide werden aber außer durch die Gießbedingungen und die Weiterverarbeitung letzten Endes auch durch die Wärmebehandlung bestimmt.

Auch A. Rose, L. Rademacher und J. M. van Wyk[2] haben die Karbidmengen in verschiedenen Wärmebehandlungszuständen durch elektrochemische Isolierung[3] sowie durch ein neuentwickeltes photometrisches Verfahren ermittelt. Danach bewegen sich bei den Stählen ABC III, DMO 5, B 18 und E 18 Co 5 (s. Zahlentafel 179, S. 813) im weichgeglühten Zustand die Mengen zwischen 16,2 und 31,4%. Bei der niedrigen Austenitisierungstemperatur nehmen die Mengen auf 8,6 bis 21,1% ab, bei der hohen auf 7,6 bis 18,8. Dem entspricht eine gelöste Karbidmenge von 5,6 bis 13,7 bzw. 8,6 bis 16,3%. Die ungelöste Karbidmenge nimmt mit dem W-Gehalt der Stähle zu.

H. Krainer und R. Mitsche[4] machten an Karbiden, die aus geglühten Schnellstählen extrahiert waren, röntgenographische Feingefügeaufnahmen und fanden dabei, daß in Wolframschnellstählen mit mehr als 2% Vanadin neben Fe_4W_2C das Vanadinkarbid V_4C_3 oder VC zugegen ist. In einem Stahl mit 1% C, 3,75% Cr, 1,3% W, 2,5% Mo, 2,85% V bestehen die Karbide vorwiegend aus VC; da Fe_3Mo_3C gleich kristallisiert wie Fe_4W_2C, wird in diesem Stahl auch letzteres Karbid als Mischkristall $(FeMoW)_6C$ angetroffen.

---

[1] Leckie-Ewing, P.: Trans. Amer. Soc. Met. Bd. 44 (1952) S. 348/366.

[2] Rose, A., L. Rademacher u. J. M. van Wyk: Stahl u. Eisen Bd. 79 (1959) S. 1243/1258.

[3] Koch, W., u. H. Sundermann: Arch. Eisenhüttenw. Bd. 29 (1958) S. 219/224; vgl. Stahl u. Eisen Bd. 78 (1958) S. 682.

[4] Krainer, H., u. R. Mitsche: Arch. Eisenhüttenw. Bd. 20 (1949) S. 197/198; vgl. Stahl u. Eisen Bd. 69 (1949) S. 532 u. H. Krainer Bd. 21 (1950) S. 33/38 u. S. 39/41; vgl. Stahl u. Eisen Bd. 70 (1950) S. 240.

In welcher Weise sich das Vanadinkarbid aus dem Gußzustand abscheidet, soll weiter unten behandelt werden. Dieses Vanadinkarbid ist nach den Untersuchungen R. MITSCHE und E. M. ONITSCH härter als die Mehrfachkarbide und würde dadurch zur Schneidwirkung besonders beitragen. Aber auch die anderen Sonderkarbide übertreffen das Eisenkarbid bedeutend an Härte.

Nach P. LECKIE-EWING ist das Vanadinkarbid das härteste der in Schnellarbeitsstählen auftretenden Karbide; es ist noch etwas härter als das Wolframkarbid WC in Hartmetallen (Zahlentafel 177).

Zahlentafel 177
Härte von Karbiden in Schnellarbeitsstählen (nach P. LECKIE-EWING[1])

	Härte HRC bestimmt aus dem Vickerseindruck	Vickers-Mikrohärte (25 g) berechnet aus dem Eindruck
Gehärtete Grundmasse	65—67	1043—1141
M_6C	73,5—77	1495—1812
VC	83,5—85	2700—2990
WC in Hartmetall	82,5	2470

Feingefüge des Schnellarbeitsstahles nach verschiedener Wärmebehandlung. Alle Legierungszusätze des Schnellarbeitsstahles (vielleicht mit alleiniger Ausnahme des Kobalts) verringern die Löslichkeit des Kohlenstoffs im Eisen. Jedenfalls liegt der dem Punkt E des Eisenkohlenstoff-Schaubildes entsprechende Punkt, der bei Kohlenstoffstahl bei 1,7% liegt, unterhalb des Kohlenstoffgehaltes der Schnellarbeitsstähle und wahrscheinlich zwischen 0,3 bis 0,4% Kohlenstoff. Der Schnellarbeitsstahl gehört also zu den ledeburitischen Stählen, deren Karbide beim Erhitzen nur zum Teil gelöst werden können. Der gelöste Karbidanteil ist am größten knapp unterhalb des Schmelzpunktes des Ledeburits, ein Umstand, der für die beste Härtung der Schnellstähle von größter Bedeutung ist.

Im geglühten Zustand liegen in der Grundmasse, die vornehmlich Eisen und Chrom enthält, Karbide verschiedener Größe und Zusammensetzung. Bei Erwärmung auf höhere Temperaturen lösen sie sich teilweise auf, bis je nach Zusammensetzung bei 1200 bis 1350 °C nur noch Ledeburitkarbide übrigbleiben. Das Polyedergefüge, das man in der Vorstellung mit dem gehärteten Schnellarbeitsstahl gewöhnlich verbindet, erscheint erst bei einer Härtung aus Temperaturen oberhalb 1180 °C. Die Polyeder sind zuerst klein und undeutlich, wachsen mit der Härtetemperatur und erhalten deutlichere Korngrenzen. Die Gefügearten bei verschiedenen Temperaturen gehärteten Schnellstahls mit 0,75% C, 14% W, 4,0% Cr, 0,8% V sind aus den Bildern 460 bis 463 ersichtlich. Stähle mit niedrigem Wolframgehalt haben die Neigung, größere Polyeder zu bilden als solche mit hohem Gehalt.

[1] LECKIE-EWING, P.: Trans. Amer. Soc. Met. Bd. 44 (1952) S. 348/366.

Bei Bild 464 liegt das Gefüge eines bei 1300 °C gehärteten höher legierten Stahles vor.

Diese Bilder zeigen das Gefüge, wie es sich nach Ätzung mit Salpetersäure darstellt. Man könnte aus der Strukturlosigkeit des Kornes und seiner scharfen Umgrenzung schließen, daß es sich um Austenit handelt.

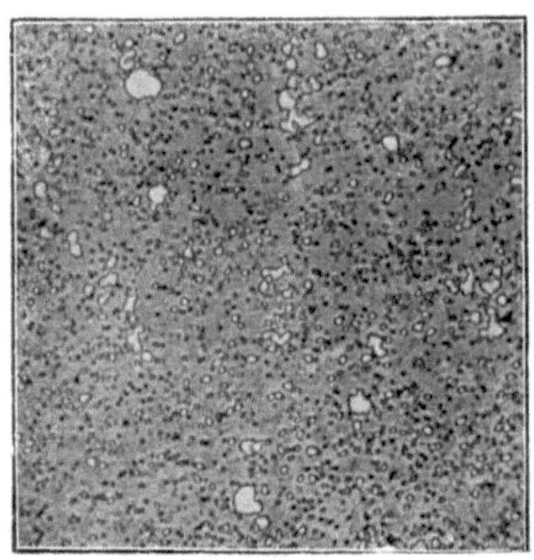

Bild 460. Schnellstahl mit 14% W aus 1100 °C gehärtet. V = 500

Bild 461. Stahl wie nach Bild 460 aus 1200 °C gehärtet. V = 500

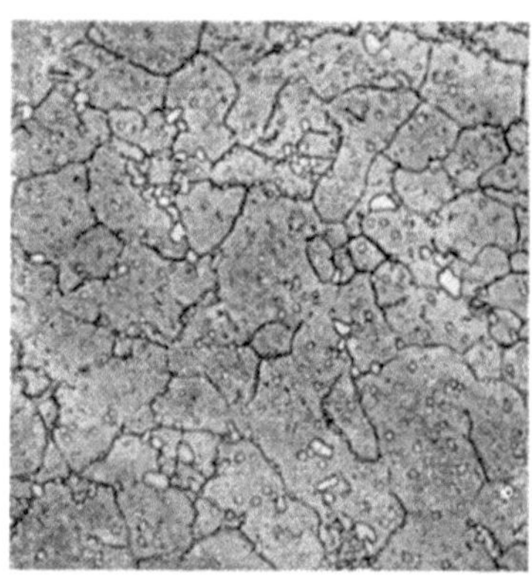

Bild 462. Stahl wie nach Bild 460 aus 1250 °C gehärtet. V = 500

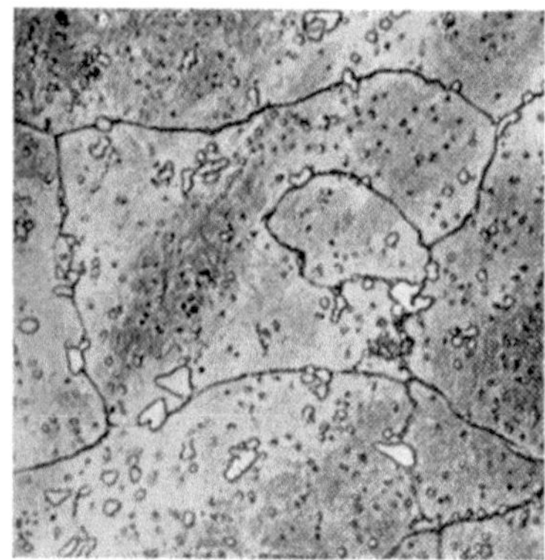

Bild 463. Stahl wie nach Bild 460 aus 1300 °C gehärtet. V = 500

Ätzt man aber z. B. mittels alkoholischer Salzsäure, so wird das Gefüge aufgelöst (Bild 465) und es erscheinen die kennzeichnenden Formen des Martensits.

Das Gefüge des gehärteten, aber noch nicht angelassenen Schnellstahles ist also dem Wesen nach Martensit mit einer Beimengung von Austenit.

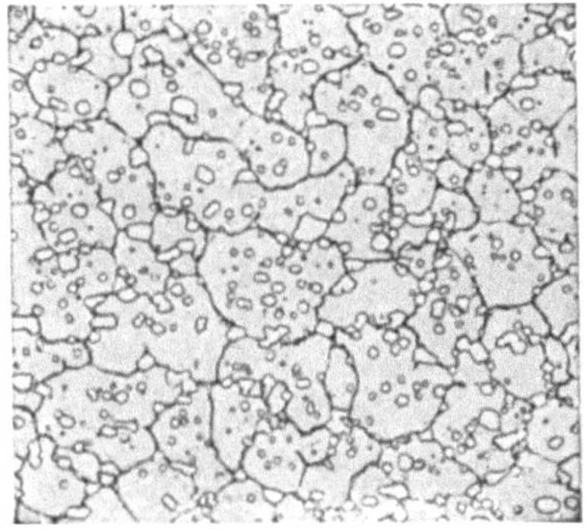

Bild 464. Gehärteter Schnellstahl (hoher W-Gehalt). Karbide in einer polyedrischen Grundmasse. V = 500

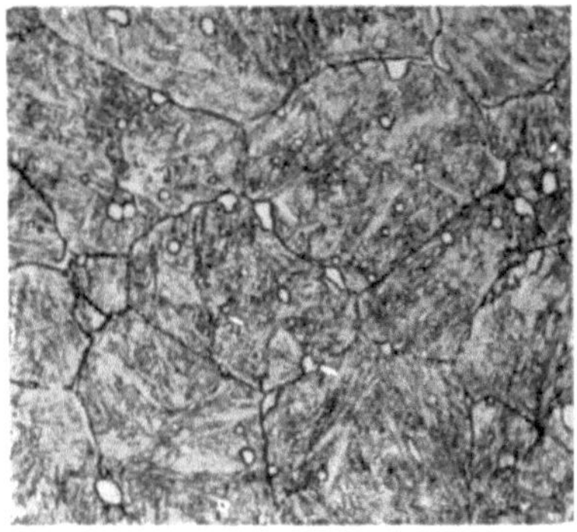

Bild 465. Gefüge eines gehärteten Schnellstahles in alkoholischer Salzsäure geätzt. V = 500

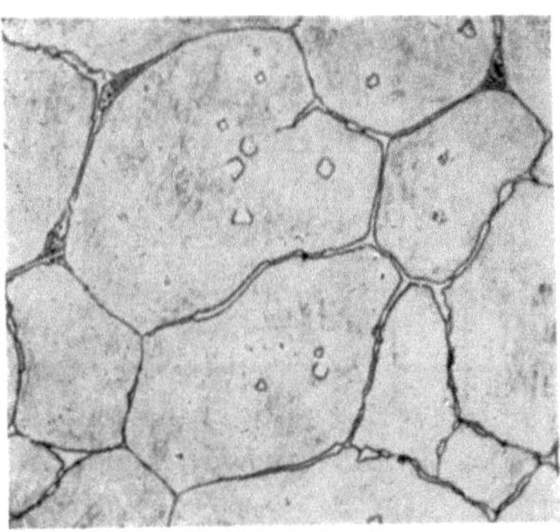

Bild 466. Schnellstahl, beim Härten leicht überhitzt. Beginnende Neubildung von Ledeburit. V = 500

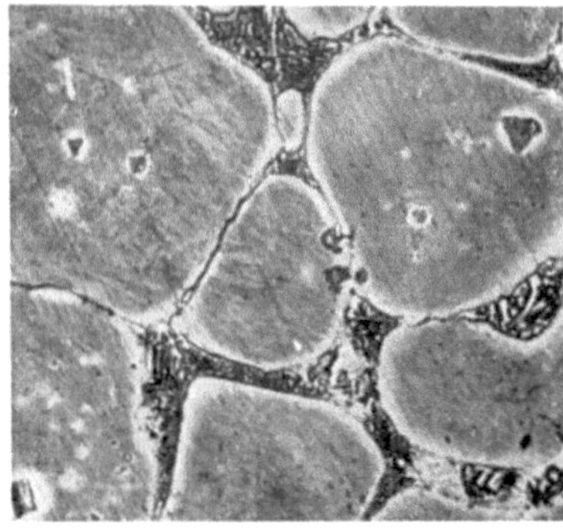

Bild 467. Schnellstahl, beim Härten stark überhitzt. Karbide in Eutektikum übergegangen. V = 500

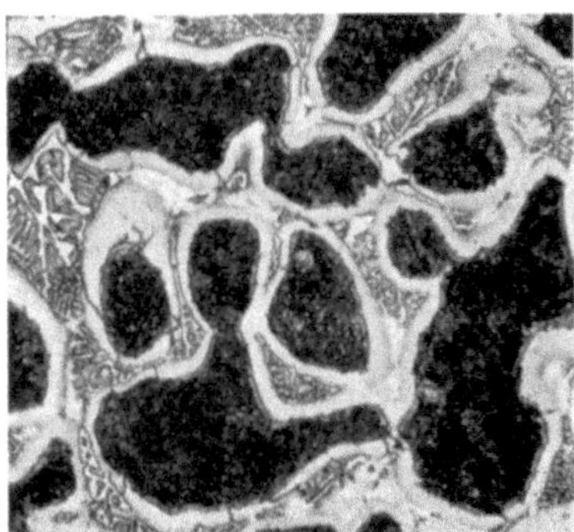

Bild 468. Schnellstahl, beim Härten verbrannt. Vollkommene Neubildung des Gußgefüges. V = 500

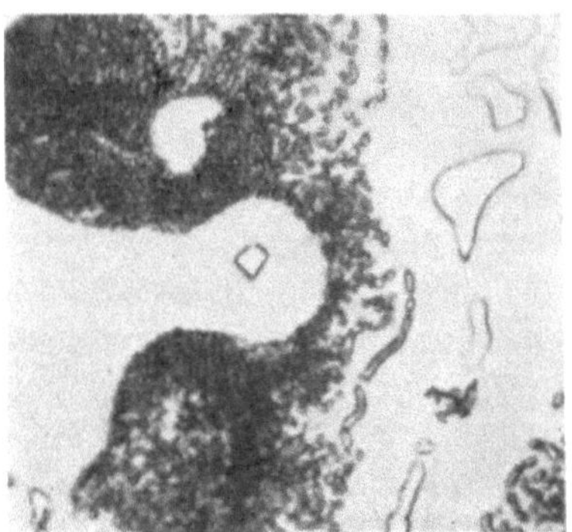

Bild 469. Gefüge überhitzten Schnellstahles bei starker Vergrößerung. In Bildung begriffener Ledeburit. V = 1500

Das überhitzte Gefüge nach Salpetersäureätzung zeigen Bild 466 bis 469, und zwar Bild 466 das schwach überhitzte und Bild 467 das stark überhitzte, Bild 469 das verbrannte Gefüge; während in dem Bild 466 erst kleine Mengen von neugebildetem Ledeburit zu sehen sind, war im Stahl des Bildes 468 bereits ein großer Teil des Stahles geschmolzen. Ein überhitztes Gefüge bei starker Vergrößerung gibt Bild 469 wieder.

Durch Anlassen bei 550 bis 600 °C und Abkühlen wird der Austenit teilweise in Martensit verwandelt, und das Gefüge sieht auch nach Salpetersäureätzung nadelig aus. Der mehr oder weniger vollständige Übergang vom strukturlosen zum nadeligen Gefügeaussehen nach Salpetersäureätzung ist ein Kennzeichen dafür, ob der Stahl nach dem Härten mehr oder weniger vollständig angelassen war. In Bild 470 ist das Gefüge eines unvollständig und in Bild 471 eines vollständig angelassenen Stahles zu sehen. Dadurch, daß beim Anlassen die Polyederumgrenzung undeutlich wird, ist es schwer, im angelassenen Stahl aus dem Gefüge zu erkennen, ob die Härtung bei richtiger Temperatur vorgenommen wurde. Bei scharfer Beobachtung ist es dem geübten Metallographen aber doch möglich, die Spuren der Polyederumgrenzungen zu sehen. Das Gefüge eines bei niedriger Temperatur gehärteten und nachher angelassenen Stahles ist dadurch gekennzeichnet, daß eine größere Menge ungelöster Karbide sichtbar ist (s. Bild 472). Ist neugebildetes Eutektikum vorhanden, so bleibt dies durch das Anlassen natürlich erhalten und läßt ohne weiteres auf Überhitzung schließen. Aber auch perlschnurartige Karbidbildungen legen nahe, daß der Stahl an der obersten Grenze gehärtet war.

Die bisher gezeigten Gefügebilder bezogen sich auf geschmiedeten Stahl, in dem das Karbidnetzwerk des Gußzustandes zertrümmert ist.

Bilder 473 und 474 zeigen das Gefüge des Schnellarbeitsstahles im gegossenen und dann geglühten Zustand, in dem das Gußnetzwerk noch unverletzt besteht. Das Gefüge nach Bild 473 ist durch Ätzung mit Salpetersäure und das nach Bild 474 durch eine Ätzung entstanden, bei der die Karbide schwarz erscheinen.

Man sieht dreierlei Gefügebestandteile: Ledeburit, einen an Ledeburit grenzenden gleichmäßig erscheinenden Bestandteil und als dritten eine dunkle Zone, die aus dem zuerst erstarrten Mischkristall stammt und mit feinen Sekundärkarbiden durchsetzt ist. Über die Natur des gleichförmigen Bestandteils sprechen sich M. A. Grossmann und E. C. Bain[1] dahin aus, daß er mit Legierungselementen angereichert ist, welcher Ansicht sich R. Mitsche und E. M. Onitsch[2] anschließen. Sie bestimmen die Mikrohärte dieser 3 Gefügebestandteile und finden, daß

[1] Grossmann, M. A., u. E. C. Bain: High Speed Steel, 1. Aufl., London: Chapman & Hall 1931.

[2] Mitsche, R., u. E. M. Onitsch: Berg- u. hüttenm. Mh. Bd. 92 (1947) S. 13/25.

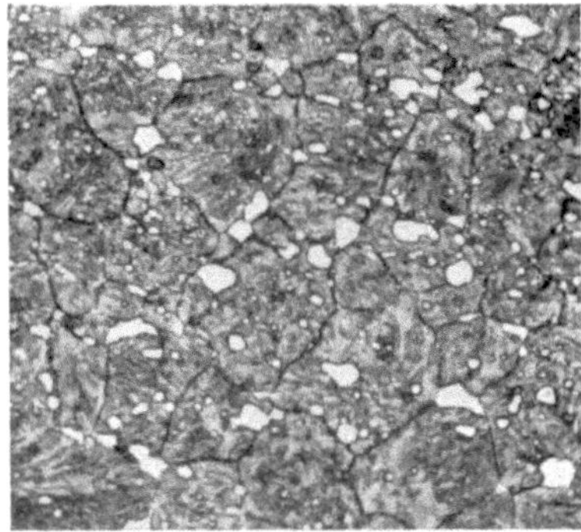

Bild 470. Schnellstahl gehärtet und unvollständig bei 600 °C angelassen. Polyeder sind noch erhalten. V = 500

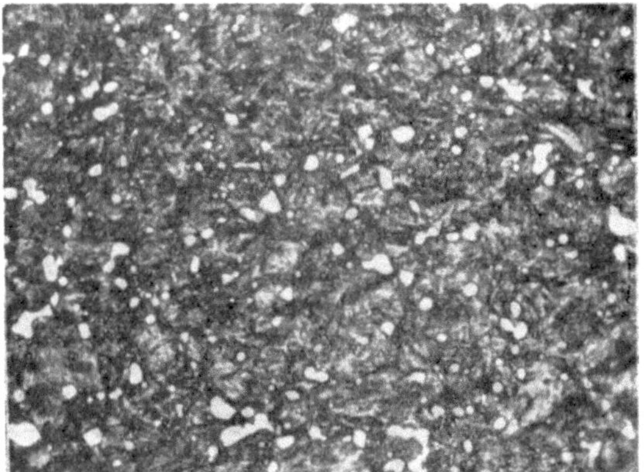

Bild 471. Richtig gehärteter und vollständig angelassener Schnellstahl. V = 500

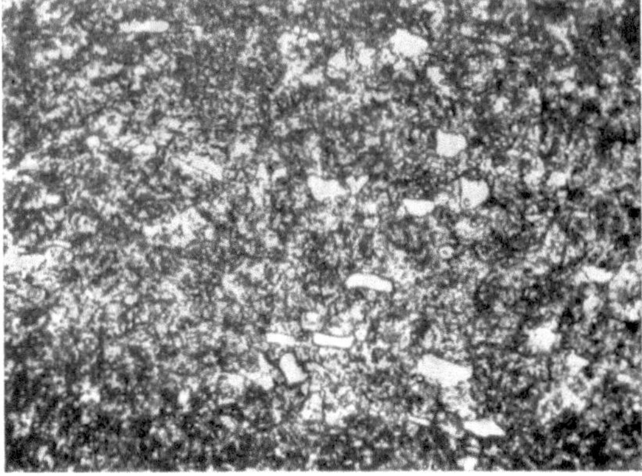

Bild 472. Bei zu niedriger Temperatur gehärteter und angelassener Schnellstahl. V = 500

die Härte der gleichmäßigen mittleren Zone zwischen der des Eutektikums und der des primär ausgeschiedenen Mischkristalls liegt, also gegenüber dem Mischkristall an Legierungselementen angereichert sein könnte. Diese verschiedenen Gebiete sind durch Diffusion bei hoher Temperatur schwer auszugleichen, selbst nach mehrstündigem Erwärmen auf 1200 °C bleiben die Anzeichen dieses Gefüges bestehen. Es ist anzunehmen, daß diese Ungleichmäßigkeiten beseitigt werden müssen, um ein gutes Schnellstahlgefüge zu erreichen. Durch Warmverformung verschwindet die Begrenzung der Gefügearten, da die Karbide in den strukturlosen Bestandteil hineingeknetet werden. Eine besondere Ausbildung des Erstarrungsgefüges haben Stähle mit mehr als 2% Vanadin. R. Mitsche und E. M. Onitsch kommen zu dem bemerkenswerten Ergebnis, daß bei solchen Stählen Vanadinkarbid in einem besonderen Gefügeanteil neben dem Eutektikum, das die übrigen Sonderkarbide enthält, auftritt. Bild 475 zeigt dieses und das übliche Eutektikum nebeneinander. Es handelt sich dabei um einen Stahl mit 1,07% C, 4,14% Cr, 1% W, 2,45% Mo, 2,22% V. Die Schmelztemperatur des Vanadineutektikums liegt etwas höher als die des anderen. Bei Stählen mit niedrigen Gehalten an Wolfram und Molybdän, wie es bei Austauschstählen (S. 815) mit etwa 2,0% W oder weniger und etwa 2,0% Molybdän der Fall ist, bleibt nur noch das Vanadineutektikum übrig und die übrigen Sonderkarbide sind in anderen Gefügeteilen enthalten.

Karbidverteilung. Über die Auswirkungen der Karbidverteilung auf die Leistung, Bruchsicherheit und Härtesicherheit von Schnellarbeitsstahlwerkzeugen liegen nur wenige verläßliche Angaben vor, die sich zum Teil widersprechen. Es kann jedoch heute kein Zweifel darüber bestehen, daß Bruchsicherheit und Sicherheit gegen Härteausschuß mit besser werdender Karbidverteilung steigen. Eine Beurteilung der Güte von Schnellarbeitsstahl muß neben der Karbidverteilung auch noch Karbidseigerungen, Karbidgröße und Austenitkorngröße berücksichtigen.

Diese Karbidverteilung ist in ihrer Art aber derart verwickelt, daß sie nur nach Richtreihen erfaßbar ist und kann daher auch nur subjektiv beurteilt werden. Sie hängt ab von der Gießtemperatur, Blockgröße und Blockform und damit von den Erstarrungsbedingungen, dem Verformungsgrad und möglicherweise auch von der Verformungsart.

Es ist auch nicht ohne weiteres sicher, daß die feinsten Karbide gerade die besten sein müssen; die Verschleißwirkung ist so verwickelt, daß auch mitunter größere Karbide mehr Widerstand gegen das Ausbrechen bieten können. Bei keinem anderen Stahl spielt aber die Karbidverteilung eine solche Rolle wie bei den Schnellarbeitsstählen.

Die Bilder 476 und 477 geben das Gefüge des Schnellstahles im gegossenen Zustand wieder. Bild 476 zeigt das Ledeburitgefüge eines Schnellstahlblockes (250 mm Durchmesser) in der Nähe der Blockober-

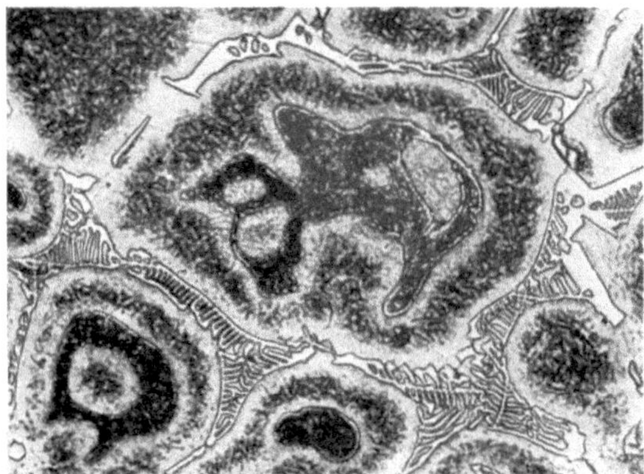

Bild 473. Gefüge eines Schnellarbeitsstahles im gegossenen und geglühten Zustand nach Ätzung mit Salpetersäure. V = 500

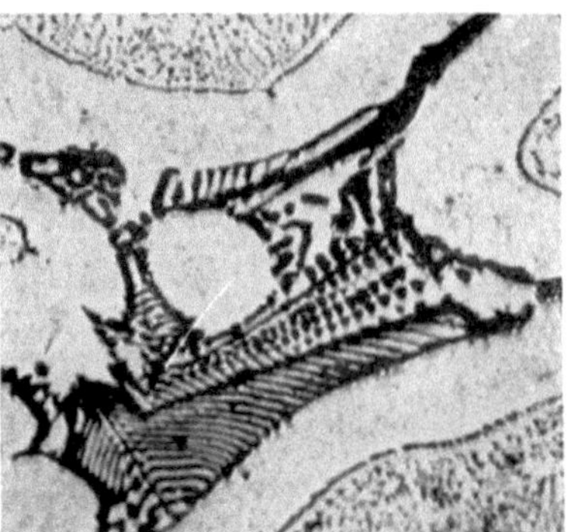

Bild 474. Gefüge eines Schnellarbeitsstahles im Gußzustande. Natriumpikrat. V = 500

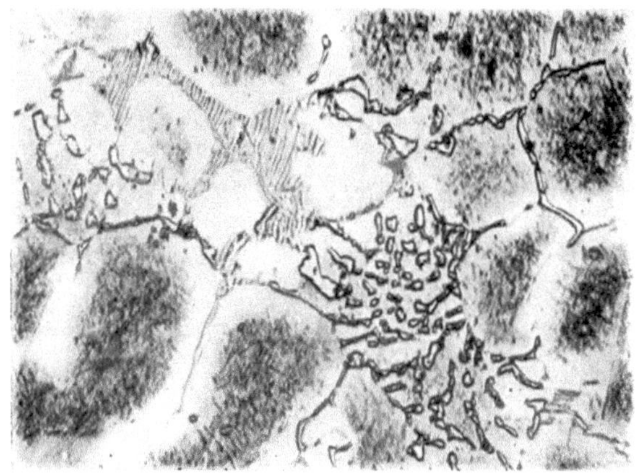

Bild 475. Vanadinkarbide im Gefügebild eines Schnellarbeitsstahles mit mehr als 2% Vanadin. V = 500

fläche, Bild 477 in der Mitte des Blockes. Der Unterschied zwischen Blockrand und Blockmitte ist, wie sich aus den verschiedenen Erstarrungsgeschwindigkeiten ergibt, sehr groß. Die Größe des Karbidnetzwerkes hängt bei diesen Stählen eben vom Primärgefüge ab, und es bedarf nicht wie bei anderen Stählen einer beson-

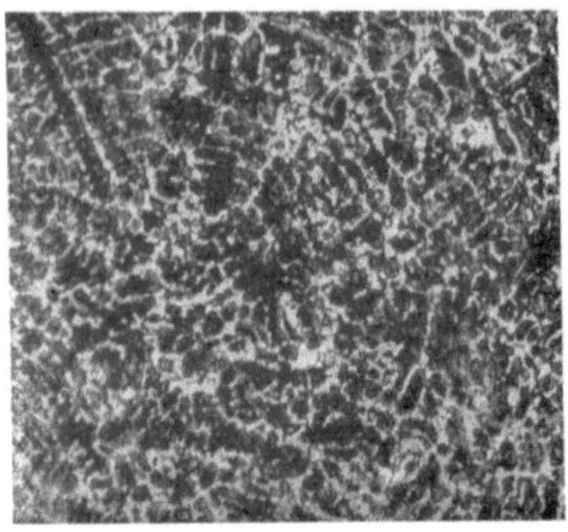

Bild 476. Gefüge eines Schnellstahlblockes in der Nähe der Blockoberfläche. V = 100

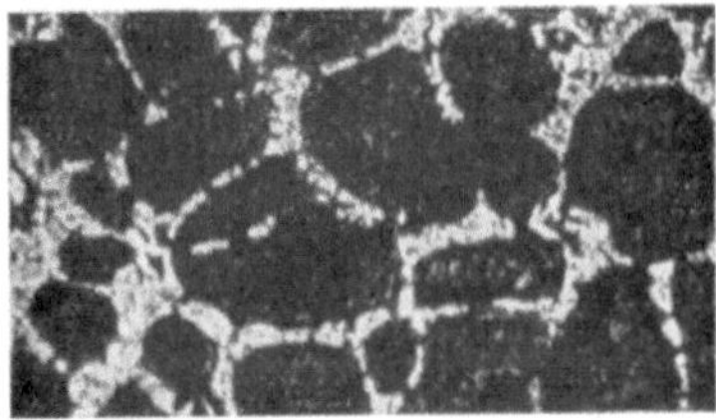

Bild 477. Gefüge eines Schnellstahlblockes in der Blockmitte. V = 100

deren Ätzung, um letzteres sichtbar zu machen. An der Kokillenwand ist das Primärkorn und damit das Ledeburitnetzwerk äußerst fein und wird um so größer, je mehr man sich vom Blockrand in die Mitte entfernt.

Bild 478. Schnellstahlkarbide nach 300facher Streckung im Querschnitt. V = 200

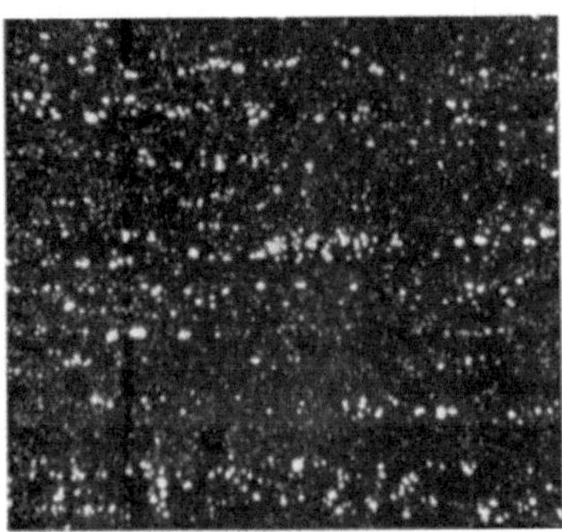

Bild 479. Schnellstahlkarbide nach 300facher Streckung im Längsschliff. V = 200

Je größer der Block, desto größer wird im Inneren das Karbidnetzwerk, und desto gröber werden die bei der Streckung durch Walzen oder Schmieden erfolgenden Zeilen. Natürlich ist für die Größe des Karbidnetzwerkes im Block nicht allein die Blockgröße verantwortlich, sondern auch die anderen Umstände, welche die Primärkorngröße beeinflussen. Es sind dies vor allem Gießtemperatur und Gießgeschwindigkeit, Wanddicke der Kokille und auch anderes; Seigerungen mit groben Karbidnestern werden noch mehr als grobes Ledeburitnetzwerk zur groben Zeilenbildung beitragen. Durch Sorgfalt beim Erschmelzen und Gießen läßt sich hier wie in anderen Fällen viel erreichen, um die Zeilenbildung möglichst unschädlich zu machen.

Bild 480. 4- bis 5fach gestreckter Schnellstahl. Verzerrtes Ledeburitnetzwerk. V = 200

Durch Schmieden oder Walzen wird das Ledeburitnetzwerk mechanisch zerrissen und gestreckt. Durch weitgehende Streckung erreicht man, im Querschliff gesehen, einigermaßen gleichmäßige Verteilung der Karbide (s. Bild 478). Im Längsschliff (Bild 479) dagegen hat jeder Schnellstahl auch bei stärkster Verschmiedung oder Verwalzung kein gleichmäßiges Gefüge, sondern Zeilen, da die Ledeburitkarbide sich wie Einschlüsse verhalten und der Schnellstahl bei Schmiede- oder Walztemperatur nicht wie andere Stähle aus einer gleichmäßigen austenitischen Masse besteht.

Bei größeren Abmessungen, z. B. bei Fräsern, wo die Verschmiedung vom Block auf das Fertigmaß nicht so groß ist, ist das Ledeburitnetzwerk in verzerrter Form noch zu bemerken. Die Karbidverteilung in einem größeren Schnellstahlstab zeigt Bild 480.

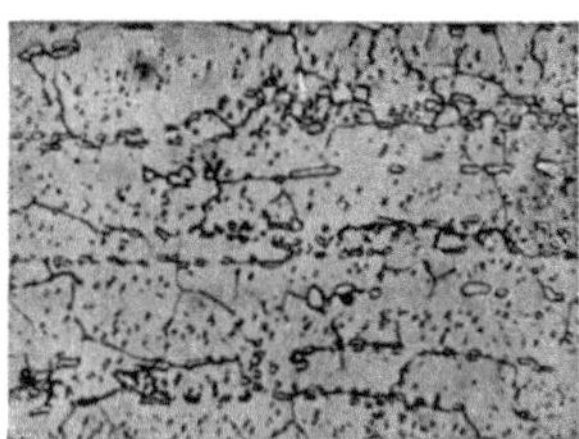

Bild 481. Karbidverteilung am Rand eines gehärteten Fräsers. V = 500

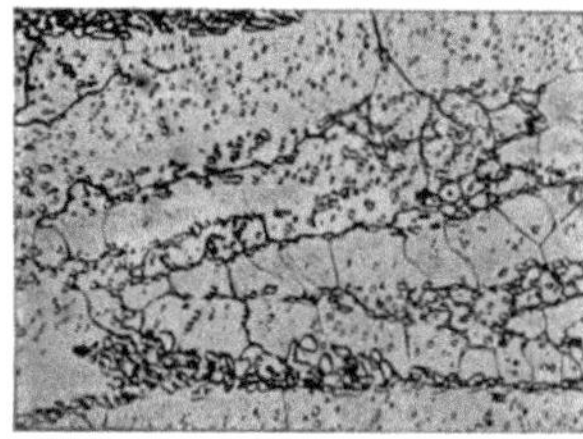

Bild 482. Karbidverteilung in der Mitte eines gehärteten Fräsers. V = 500

Diese normale Karbidverteilung wird von Abnehmern oft beanstandet, ohne Rücksicht darauf, daß diese Gefügeausbildung bei größeren Abmessungen eine unvermeidliche Erscheinung ist.

Bilder 481 und 482 zeigen die Ausbildung des Karbidgefüges einer gehärteten Fräserscheibe am Rand und in der Mitte[1].

[1] In diesen beiden letzten Bildern scheint gegenüber dem Bild 480 die Grundmasse heller, da die Ätzung mit Salpetersäure und nicht wie dort mit schwefliger Säure erfolgte.

Aus dem Maß der Verzerrung des Netzwerks kann unmittelbar auf das Verschmiedungsmaß geschlossen werden. Ist die Verschmiedung noch nicht zu weit gegangen, so läßt sich berechnen, wieviel der Block auf den Stabstahl gestreckt wurde. Wenn man in einer Anzahl (etwa 10) von gestreckten Ledeburitpolyedern das Verhältnis der Länge zur Breite nimmt, so wird der Durchschnitt der Messungen etwa der Verschmiedungsgrad sein, wenn man unter Verschmiedungsgrad die Verlängerung vom Block auf Stabstahl oder die Verringerung des Querschnittes versteht. Dieses Verfahren wird um so ungenauer, je mehr die Streckung fortschreitet, und ist bei 8facher Streckung kaum noch anzuwenden, da dann nur noch parallele Zeilen erscheinen. R. HOHAGE und R. ROLLET[1] haben sich mit der Frage befaßt, ob man günstigere Gefügeausbildung erzielt, wenn man kleine Blöcke gießt und sie einer geringeren Verschmiedung unterzieht oder wenn man größere Blöcke stärker verschmiedet. HOHAGE und ROLLET empfehlen mindestens 10fache Verschmiedung. Weil man bei großen Abmessungen, um auf 10fache Streckung zu kommen, sehr große Blöcke verwenden müßte, läßt sich eine solche Verschmiedung bei Durchmessern von über 200 mm nicht mehr erzielen. Es empfiehlt sich, überhaupt wegen der Schwierigkeiten beim Schmieden oberhalb dieses Durchmessers, wenn möglich nicht Stabstahl, sondern gestauchte Scheiben zu verwenden, was natürlich auch bei kleineren Abmessungen vom Gütestandpunkt vorzuziehen ist.

Die Bilder 483a—c zeigen die Karbidverteilung bei verschiedenen Abmessungen sogenannter Spiralbohrgüte eines Mo-Schnellstahles.

Es fehlt nicht an Versuchen, die Karbidverteilung in Schnellarbeitsstählen an Hand von Richtreihen zu kennzeichnen.

So wurden bereits Richtreihen von W. EILENDER und H. AREND[2], H. DIERGARTEN[3], K. H. TWELE[4], W. HAUFE[5], die Richtreihe der Firma Steyr Daimler Puch, die Richtreihe des Vereins Deutscher Eisenhüttenleute[6] und die Richtreihe der russischen Staatsnorm GOST 1952/51 bekannt.

Die jüngste Richtreihe stammt von O. FELGEL-FARNHOLZ[7], welche die Primärkorngrößen, den Verschmiedungsgrad, die Zeilenbreite, die Größe und Form der Einzelkarbide sowie den Abstand innerhalb der Karbid-

[1] HOHAGE, R., u. R. ROLLET: Stahl u. Eisen Bd. 48 (1928) S. 1243/1247.

[2] EILENDER, W., u. H. AREND: Stahl u. Eisen Bd. 64 (1944) S. 742/746.

[3] DIERGARTEN, H.: Gefügerichtreihen im Dienste der Werkstoffprüfung, 3. Aufl., Düsseldorf: VDI-Verlag 1951.

[4] TWELE, K. H.: Gefügeatlas der Schnellstähle. Metallkundliche Berichte 29 (1952) S. 7/24. Berlin: Verlag Technik.

[5] HAUFE, W.: Schnellstähle und ihre Wärmebehandlung. München: Hanser 1951.

[6] Stahl-Eisenprüfblatt 1615 (1959).

[7] FELGEL-FARNHOLZ, O.: Über die metallographische Prüfung von Schnellarbeitsstählen. Berg- u. hüttenm. Mh. Bd. 103 (1958) H. 11, S. 223/230.

anhäufungen erfassen will. Diese umfassende Beschreibung, die noch durch die Kombination der einzelnen Zustände vervielfacht wird, führte zu einer Vielzahl von Gefügebildern, deren Handhabung nicht gerade einfach ist.

Ob einer Beurteilung von Schnellstahl an Hand von Karbidrichtreihen eine Bedeutung zukommen wird, muß die Zukunft erweisen, da

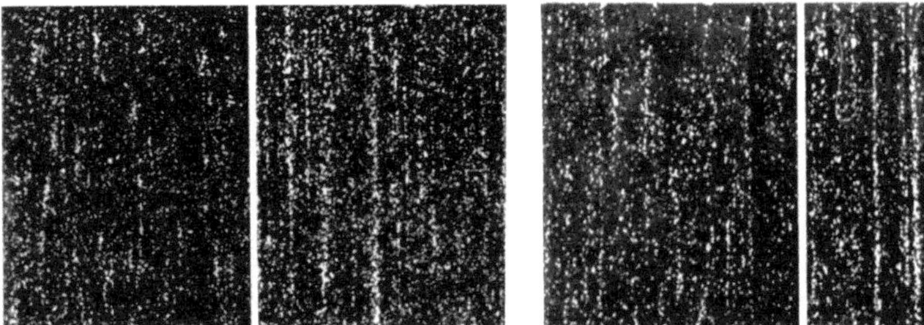

Bild 483a. Karbidverteilung am Rand und in der Mitte, ⌀ 20

Bild 483b. Karbidverteilung am Rand und in der Mitte, ⌀ 40

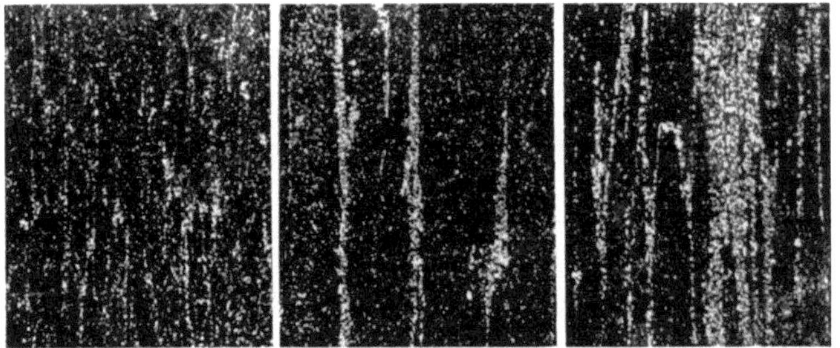

Bild 483c. Karbidverteilung am Rand, im halben Radius und in der Mitte, ⌀ 120

Bild 483a—c. Karbidverteilung am Rand und im Innern eines Mo-Schnellarbeitsstahles für Spiralbohrer mit 0,82% C, 5% Mo, 6,5% W, 1,8% V im weichgeglühten Zustand. V = 120

bis heute noch kein eindeutiger Zusammenhang zwischen Karbidverteilung und Standzeit nachgewiesen werden konnte. Versuche von K. Bungardt und R. Oppenheim[1] lassen eher erkennen, daß die Leistung eines bestimmten Schnellarbeitsstahles mehr vom Anteil der beim Härten gelösten Karbide abhängt als von der Art der Zeilen. Aus dieser Erkenntnis wird mitunter die Höchstkarbidgröße vorgeschrieben.

Über Karbidanhäufungen und grobe Zeilen kann man zusammenfassend etwa folgende Regeln aufstellen:

1. Bei Drehmeißeln für Grobschnitt werden die bei geschmiedetem oder gewalztem Stahl üblicherweise auftretenden Zeilen kaum zu be-

[1] Bungardt, K., u. R. Oppenheim: Stahl u. Eisen Bd. 76 (1956) S. 689/700.

achten sein. Bei Drehmeißeln mit aufgelegten Plättchen kann man die Wirkung der Zeilen dadurch mildern, daß man die Hauptschneide quer zur Längsrichtung der Zeilen anordnet[1].

2. Bei Bohrern sind grobe Zeilen schädlich. Bei im Feinschnitt arbeitenden Werkzeugen, wie Gewindeschneidwerkzeuge oder auch Drehmeißel, werden grobe Zeilen die Leistung beeinträchtigen. Man kann daher bei aus Stäben verfertigten Werkzeugen dieser Art eine nicht unerhebliche Verbesserung dadurch erzielen, daß man zur gleichmäßigen Verteilung der Zeilen den Block oder das vorgeformte Halbzeug staucht und dieses querverformte Stück weiter walzt oder schmiedet, welches Erzeugnis man ferner dadurch verbessern kann, daß man den aus der Blockmitte stammenden Anteil entfernt. Ob sich diese Mehrarbeiten lohnen, muß aber sorgfältig erwogen werden.

3. Bei Fräsern für Feinschnitt wird sich ihre Herstellung aus gestauchten Scheiben in den meisten Fällen lohnen. Die Verformung beim Schmieden ist so zu führen, daß der Werkstoff, der aus der Mitte des Blockes stammt, in die Mitte der Scheibe zu liegen kommt.

4. Darüber hinausgehende Maßnahmen werden meist unwirtschaftlich sein.

Gegossene Schnellstahlwerkzeuge. Um von der Schmiedbarkeit unabhängig zu sein und die kostspielige Warm- und Kaltformgebung, letztere wenigstens teilweise, zu ersparen, ist man dazu übergegangen, Schnellstahlwerkzeuge als Stahlformguß herzustellen.

Die Einsparung von Bearbeitungs- und Materialkosten ist besonders bedeutsam für verwickelte Stückformen sowie bei der Verwendung von hochwertigen, schwer verformbaren und schlecht zerspanbaren Werkzeugbaustoffen.

Wenn wohl für größere Blöcke eine Schmiedung unbedingt notwendig ist, um das Karbidnetzwerk zu zertrümmern, so trifft dies für kleine gegossene Schnellstahlwerkzeuge nicht in diesem Maße zu.

Infolge der raschen Erstarrung, z. B. bei Fräserzähnen oder kleineren Gußstücken, weisen diese eine weitaus günstigere Karbidverteilung auf, als das bei Blöcken der Fall ist. Versuche des Verfassers haben gezeigt, daß man mit gegossenen Fräsern im Grobschnitt dieselben, wenn nicht sogar bessere Leistungen gegenüber geschmiedeten erzielen konnte. Um das ungleichmäßige Gußgefüge, wie z. B. nach Bild 457, auszugleichen, ist allerdings eine dem Härten vorangehende Diffusionsglühung zu empfehlen.

Auch K. A. Krekeler[2] konnte durch Warmhärteuntersuchungen sowie durch Dreh- und Fräsversuche nachweisen, daß sich gegossene

[1] Schmidt, M.: Masch.-Bau Betrieb Bd. 20 (1941) S. 63/64.

[2] Krekeler, K. A.: Stahl u. Eisen Bd. 78 (1958) S. 1575/1585.

Werkzeuge aus Schnellarbeitsstählen mit 1. rd. 2,8% Mo, 2,5% V und 3% W (Stahl ABC III), 2. 1% Mo, 4% V und 12% W (EV 4) und 3. 5% Co, 1% Mo, 4% V und 12% W (EV 4 Co), sofern sie einen günstigen C-Gehalt haben und in zweckmäßiger Weise diffusionsgeglüht wurden, bei nicht zu hoher Temperaturbeanspruchung besser verhalten als geschmiedete Werkzeuge aus den gleichen Stählen.

Auch die durch Auftragsschweißung neu hergestellten oder instand gesetzten Schnellstahlwerkzeuge[1] sind als gegossener Werkstoff anzusehen, und sie haben sich für viele Verwendungszwecke als brauchbar erwiesen. Mitunter übertreffen sie in der Schneidleistung sogar das geschmiedete Werkzeug, welcher Umstand vielleicht auf die Aufnahme von Stickstoff beim Elektroschweißen zurückzuführen ist. Über die Wirkung des Stickstoffes s. S. 291. Die nur geringe Verschlechterung durch das Gußgefüge ist erklärlich, weil die niedergeschweißten kleinen Gußkörper rasch erstarren und eine verhältnismäßig feine Karbidverteilung haben.

Dem Verlangen nach dem Fertigguß kommen die Fortschritte der letzten Jahre auf dem Gebiet des Genaugußverfahrens sehr entgegen. Vor allem der nach dem Modellausschmelzverfahren arbeitende Feinguß bietet für die Herstellung kleiner, verwickelt gestalteter Schnellarbeitsstahlwerkzeuge große Möglichkeiten[2] (s. S. 849).

Einfluß der Zusammensetzung auf die Güte des Schnellstahles. Die Darstellung wird dadurch erschwert, daß stets mehrere Elemente vorhanden sind, deren Wirkungen sich gegenseitig ergänzen, verstärken, aber auch schwächen können.

Über die ungefähre Wirkung der einzelnen Legierungselemente und ihre Verteilung auf Grundmasse und Karbide war das Allgemeine schon auf S. 125, 781, 783, 791, 793 gesagt. Diesem soll noch folgendes hinzugefügt werden.

Wolfram. Das Wolfram ist dasjenige Element, das man zuerst für Schnellstahllegierungen verwendete. Schon mit mehr als 5% Wolfram bilden Stähle aus hoher Temperatur abgeschreckt anlaßbeständigen Martensit und bei genügendem Kohlenstoffgehalt ungelöste, harte Karbide. Entgegen der Ansicht älterer Forscher, z. B. K. Honda und T. Murakami[3], haben heute auch die Röntgenuntersuchungen bewiesen, daß die aus der Grundmasse ausgeschiedenen Teile nicht Wolframide (Fe_2W), sondern Karbide sind (s. S. 117). Nach dem Aufkommen der

---

[1] Rapatz, F., u. A. Schmidt: Werkstattstechnik u. Betrieb Bd. 37 (1943) S. 301 bis 304. — Hummitzsch, W.: Autogene Metallbearb. Bd. 37 (1944) S. 123/129.

[2] Krekeler, K. A.: Stahl u. Eisen Bd. 76 (1956) S. 1360/1365.

[3] Honda, K., u. T. Murakami: J. Iron Steel Inst. 1920, S. 647/657; vgl. Stahl u. Eisen Bd. 40 (1920) S. 1677/1678.

Schnellstähle hielt man sich lange Zeit an hohe Wolframgehalte, etwa zwischen 18 und 20%. R. Hohage und A. Grützner[1] fanden, daß bei Abwesenheit von Vanadin die Schneidleistung bis zu 23% Wolfram ansteigt. Mit steigendem Vanadingehalt kann der Wolframgehalt ohne Schädigung des Stahles gesenkt werden. Seit etwa 1930 ist man der Überzeugung, daß bei 14% W und genügendem Vanadingehalt die Grenze des besten Wolframgehaltes erreicht ist und bei diesem Gehalt auch die Härteempfindlichkeit nicht mehr als erschwerend angesehen werden kann.

Nach R. Scherer und W. Connert[2] kann auch der Schluß gezogen werden, daß bei unverändertem C-Gehalt eine W-Absenkung auf 8 bis 9% unter gleichzeitiger Erhöhung des V-Gehaltes auf etwa 2% für Schnellarbeitsstähle guter Leistung tragbar erscheint (s. S. 814).

Diese Schlußfolgerungen gelten aber nur für Stähle, die Mo-frei sind.

Molybdän. Das Molybdän spielt im wesentlichen keine andere Rolle als das Wolfram, hat aber infolge seines niedrigen Atomgewichtes eine größere Wirkung: eine genaue Angabe ist nicht möglich, sie kann doppelt so groß, aber auch größer sein. Schon F. W. Taylor[3] untersuchte die Möglichkeit des Wolframersatzes durch Molybdän und fand, daß man etwa 2% Wolfram durch 1% Molybdän ersetzen könnte. Über die Eigenschaften dieser Stähle sagte Taylor aus, daß sie gegenüber den Wolframstählen eine niedrigere Härtetemperatur, einen engeren Härtebereich und größere Überhitzungsempfindlichkeit aufwiesen, was auch der Grund war, von diesen Stählen vorerst wieder abzukommen. Während des ersten Weltkrieges griff man den Gedanken der Molybdänschnellarbeitsstähle wieder auf und erzeugte Stähle folgender Zusammensetzung: 4% Cr, 1% W, 8% Mo[4], ohne daß Veröffentlichungen hierüber vorlägen. Die ersten Veröffentlichungen über planmäßige Untersuchungen an Molybdänschnellarbeitsstählen gab J. V. Emmons[5]. Er ging von den Stählen mit 18% W, 4% Cr, 1% V als Grundlage aus und ersetzte zunächst das ganze Wolfram durch etwa 6% Molybdän. Die Schneidhaltigkeit verringerte sich dadurch erheblich. Ungefähr gleichwertige Stähle wurden aber schon erhalten, wenn man in der Legierung 1 bis 2% Wolfram beließ. In Deutschland wurde nach dem Jahre 1933 aus Gründen der Devisenersparnis der Erforschung der Molybdänschnellarbeitsstähle wieder mehr Augenmerk zugewandt.

---

[1] Hohage, R., u. A. Grützner: Krupp. Mh. Bd. 6 (1925) S. 105/112; vgl. Stahl u. Eisen Bd. 45 (1925) S. 1126/1130.

[2] Scherer, R., u. W. Connert: Stahl u. Eisen Bd. 70 (1950) S. 984/994.

[3] Deutsche Ausgabe Taylor-Wallichs: Über Dreharbeit und Werkzeugstähle. Berlin: Springer 1920.

[4] z. B. Böhler Bellum 0,60 bis 0,75% C, 3,5% Cr, 1% W, 7 bis 8% Mo.

[5] Emmons, J. V.: Trans. Amer. Soc. Steel Treat. 1933, S. 193/232.

H. Pohl, H. Pollack und R. Scherer[1] untersuchten Stähle mit 4% Cr, 8% Mo, 2% W und 1% V und fanden, daß sie den üblichen Schnellarbeitsstählen mit 18% W, 4% Cr und 1% V in der Leistung gleichzusetzen sind[2]. Versuche des Verfassers ergaben, daß man auch schon mit dem überraschend niederen Molybdängehalt von 3% und nur etwa 0,7% Vanadin bei gleichzeitig üblichen Chromgehalten zu Schnellstählen kommt. Der weiter unten behandelte sogenannte Dreierstahl (S. 814) mit 2 bis 3% Mo, 2 bis 3% W, 2 bis 3% V ist auch als Molybdänstahl anzusehen, da sein tragender Legierungsbestandteil das Molybdän ist, denn auch ohne Wolfram kann man bei 2% Molybdän Legierungen mit Schnellarbeitsstahlcharakter erreichen, die durch geringe Wolframgehalte von 1 bis 2% stark verbessert werden.

Über die Entkohlungsgefahr der Stähle mit mehr als 3% Mo s. S. 240.

Vanadin. Welchen eigenartigen Einfluß das Vanadin auf die Gefügeausbildung hat, wurde auf S. 796 besprochen. Das Vanadin ist ein unentbehrlicher Bestandteil der Schnellstähle geworden. Es wäre unrichtig, Wolfram- oder Molybdänschnellarbeitsstähle mit einem geringeren Gehalt als etwa 0,6% Vanadin herzustellen. Ebenso wie das Wolfram verlangt das Vanadin einen entsprechenden Kohlenstoffgehalt, und es sind sogar bestimmte Verhältniszahlen zwischen Vanadin und Kohlenstoff vorgeschlagen worden[3]. Wenn man von 0,6% C und dem üblichen Wolframgehalt von 18 bis 20% ausgeht, so soll für je 1% V der Kohlenstoffgehalt um 0,16% erhöht werden. Er beträgt demnach zweckmäßig bei 3% V 0,92% C, bei 5% V 1,24% C. Die wichtigste Entdeckung über die Wirkung von Vanadin in Wolfram-Schnellstählen wurde von E. Becker gemacht[4,5]. Danach ist es möglich, mit Wolframgehalten von 8 bis 13% und entsprechend gesteigerten Vanadingehalten die Leistungen der hochprozentigen Wolframstähle zu erreichen.

Der Höhe des Vanadinzusatzes sind jedoch Grenzen gesetzt, deren Überschreitung keine weitere Verbesserung der Schneidleistung ergibt und mitunter sogar zu einer Verschlechterung führt. Aus einer Reihe von Veröffentlichungen[6,7,8] geht hervor, daß die besten Schneidleistungen

---

[1] Pohl, H., H. Pollack u. R. Scherer: Stahl u. Eisen Bd. 55 (1935) S. 1001 bis 1005. Siehe weiter: E. Houdremont u. H. Schrader: Stahl u. Eisen Bd. 57 (1937) S. 1317/1322; Techn. Mitt. Krupp Bd. 5 (1937) S. 227/239. F. Rapatz, H. Pollack u. J. Holzberger: Stahl u. Eisen Bd. 58 (1938) S. 265/276. R. Scherer u. H. Beutel: Techn. Zbl. prakt. Metallbearb. Bd. 48 (1938) S. 427/430.

[2] Dieser Stahl ist unter der Bezeichnung „Mo-Max" bekannt.

[3] DRP Nr. 605834 Stahlwerk Becker Akt.-Ges. in Willich, Rhld. Januar 1927.

[4] Becker, E.: Stahl u. Eisen Bd. 60 (1940) S. 609/616.

[5] DRP Nr. 651662 E. Becker, Kladno, Febr. 1930.

[6] Houdremont, E., u. H. Schrader: Stahl u. Eisen Bd. 57 (1937) S. 1317 bis 1322; Techn. Mitt. Krupp Bd. 5 (1937) S. 227/239.

[7] Scherer, R.: Stahl u. Eisen Bd. 57 (1937) S. 1355/1359.

[8] Rapatz, F., H. Pollack u. J. Holzberger: Stahl u. Eisen Bd. 58 (1938) S. 265/276.

von 18%igen Wolframstählen bei etwa 2,5% V erreicht werden. Wie aber aus Zahlentafel 179 (S. 813) hervorgeht, gibt es auch bei niederen Wolframgehalten Stähle mit 4% Vanadin. Diese haben im Feinschnitt, wo der Verschleiß gegenüber der Anlaßwirkung mehr hervortritt, höhere Schnittleistung als solche mit niedrigem Vanadingehalt. Beim Grobschnitt ist der Wert umstritten[1].

Die Leistungssteigerung ist nicht nur vom Vanadingehalt abhängig, sondern vor allem vom gleichzeitig vorhandenen Wolframgehalt. Bei niedrigem Wolframgehalt macht sich das Vanadin stärker bemerkbar als bei hohem. R. Hohage und A. Grützner[2] sagten sogar, daß bei Gegenwart von über 25% Wolfram Vanadin keinen Einfluß mehr hätte. Wahrscheinlich wurde aber von diesen beiden Forschern übersehen, bei hohem Vanadingehalt auch den Kohlenstoffgehalt entsprechend zu erhöhen, denn ohne Einfluß ist das Vanadin auch bei diesem hohen Wolframgehalt nicht. Trotzdem aber bleibt die Tatsache bestehen, daß Vanadin bei niedrigem Wolframgehalt wirksamer ist (s. S. 806).

Chrom. Chrom erhöht zwar in den Grenzen, in denen es für Schnellstähle verwendet wird, die Warmhärte und Anlaßbeständigkeit nur unwesentlich, ist aber zur Ergänzung der Legierungswirkung des Wolframs, Molybdäns und Vanadins nötig.

Chromfreie Wolfram-, Molybdän- oder Vanadinstähle sind bei höheren Legierungsgehalten nicht oder nur schlecht härtbar. E. Maurer und G. Schilling[3] haben nachgewiesen, daß durch Chromzusatz die Härtbarkeit erhöht wird; dickere Werkzeuge würden ohne Chromzusatz überhaupt nicht durchhärten.

Es ist bemerkenswert, daß chromfreie Stähle keine Härtesteigerung beim Anlassen aufweisen, was wohl auf ihren geringen Gehalt an Restaustenit zurückzuführen sein wird. Über die Verteilung des Chroms zwischen Grundmasse und Karbid geben M. A. Grossmann und E. C. Bain[4] an, daß im nichtabgeschreckten Stahl 40 bis 72%, im abgeschreckten 80% des Chroms in der Grundmasse vorhanden sind. Bei Wolfram sind die entsprechenden Zahlen hingegen nur wenige Prozent im nichtabgeschreckten und 45% im abgeschreckten Zustand. H. Krainer und R. Mitsche[5] finden sogar, daß in den Rest-Karbiden überhaupt kein Chrom zugegen sein kann.

Nach Untersuchungen von K. Kuo[6] über die Ausscheidung der die

[1] G. A. Roberts und J. C. Hamaker wollen durch sehr hohe Vanadin- und Kohlenstoffgehalte Rockwell-Härten bis zu 70 und damit besondere Leistungen erreichen [Steel Bd. 148 (1961) Nr. 24, S. 140/144].

[2] Hohage, R., u. A. Grützner: Stahl u. Eisen Bd. 45 (1925) S. 1126/1130.

[3] Maurer, E., u. G. Schilling: Stahl u. Eisen Bd. 45 (1925) S. 1168.

[4] Grossmann, M. A., u. E. C. Bain: High Speed Steel. London: Chapman & Hall 1931. Und E. Maurer u. G. Schilling: Stahl u. Eisen Bd. 45 (1925) S. 1158.

[5] Krainer, H., u. R. Mitsche: Arch. Eisenhüttenw. Bd. 20 (1949) S. 197/198; vgl. Stahl u. Eisen Bd. 69 (1949) S. 532.

[6] Kuo, K.: J. Iron Steel Inst. Bd. 174 (1953) S. 223/228.

Rotgluthärte bewirkenden Karbide W_2C und Mo_2C in Warm- und Schnellarbeitsstählen dürfte die Ursache der Wirksamkeit des Chroms ebenso wie der des Kobalts in erster Linie darin zu suchen sein, daß diese Elemente die Ausscheidung der genannten Karbide bzw. deren Einformung verzögern.

Die im Schnellstahl übliche Menge des Chroms schwankt zwischen 3 bis 6%. Da es dazu da ist, die mit ansteigendem Wolfram-, Molybdän- und Vanadingehalt abnehmende Härtbarkeit wieder zu verstärken, so ergäbe sich daraus, daß es zweckmäßig ist, mit dem Wolfram auch gleichzeitig das Chrom ansteigen zu lassen. Im allgemeinen aber kann gesagt werden, daß der Chromgehalt innerhalb der angegebenen Grenzen fast ohne Einfluß ist.

Kobalt. Das Kobalt ist für die Schnellarbeitsstähle ein wertvoller Bestandteil. Es findet sich nicht in den Karbiden, sondern in der Grundmasse und ruft dort erhöhte Anlaßbeständigkeit und Warmfestigkeit hervor.

Nach den Feststellungen von H. J. GOLDSCHMIDT[1] und F. KAYSER und M. COHEN[2] kann Kobalt zwar auch beim Glühen z. B. in das Karbid M_6C in geringer Menge einwandern.

Der Unterschied in der Warmfestigkeit zwischen dem kobalthaltigen und dem kobaltfreien Stahl ist bemerkenswert, noch beträchtlicher aber ist der Unterschied in der Anlaßbeständigkeit. Während kobaltfreie Stähle auf 600 °C angelassen schon nach 2 Stunden erweichen, sind solche mit 10% Kobalt nach 20 Stunden Anlaßdauer noch schneidfähig. Diese Erhöhung der Warmfestigkeit und Anlaßbeständigkeit hat hauptsächlich darin ihren Grund, daß das Kobalt vollkommen in die Grundmasse geht, wo es ihre Festigkeit erhöht und die Ausscheidung und Zusammenballung der Karbide verzögert. K. KUO[3] hat dies durch Karbidisolierungen nachgewiesen.

Um eine praktisch merkbare Wirkung hervorzurufen, bedarf es eines größeren Zusatzes als z. B. bei Vanadin. Der Mindestgehalt, bei dem sich das Kobalt gut bemerkbar macht, ist etwa 2%. Der höchste übliche Kobaltgehalt beträgt heute etwa 20%. Diese Grenze ist dem Kobaltzusatz durch die Erschwerung der Schmiedbarkeit und in der bei hohen Gehalten doch deutlicher werdenden Austenitbildung gesetzt. Stähle mit sehr hohem Kobaltgehalt sind nach dem Abschrecken verhältnismäßig weich, oft 58 bis 60 HRC, und sind nur durch eine schwierige Anlaßbehandlung auf eine genügende Schneidhärte von über 62 Rockwelleinheiten zu bringen. Auch die Weichglühbarkeit wird durch hohen Kobaltzusatz sehr erschwert. Der günstige Einfluß des Kobalts auf die Leistung der Wolfram-Schnellarbeitsstähle ist heute allgemein bekannt.

---

[1] GOLDSCHMIDT, H. J.: J. Iron Steel Inst. Bd. 170 (1952) S. 189/204.

[2] KAYSER, F., u. M. COHEN: Metal Progr. Bd. 61 (1952) S. 79/85.

[3] s. Fußnote 6 auf S. 808.

Auch bei den Stählen mit höheren Molybdängehalten kann eine günstige Wirkung als gesichert gelten.

Nickel. Am ausführlichsten hat V. EHMCKE[1] den Zusatz von Nickel zu den Schnellstählen studiert. Durch Nickel nimmt die Wärmebeständigkeit des Abschreckgefüges zu. 3% genügen aber noch nicht, um eine verwertbare Verstärkung von Anlaßbeständigkeit und Warmhärte zu erzielen, wohl aber ist dieser Nickelgehalt schon daran hinderlich, den Stahl auf die erforderliche niedrige Festigkeit weichzuglühen. Höhere Gehalte, etwa von 5% angefangen, erzeugen schon einen Stahl mit überwiegend austenitischem Gefüge, und solche mit 12% Nickel sind vollkommen austenitisch und können als hochwarmfeste Stähle gebraucht werden. Nickelgehalte machen sich schon bei 0,5% dadurch bemerkbar, daß sie das Weichglühen erschweren. und im Abschreckgefüge zu großen Austenitanteil erscheinen lassen.

Mangan. Für dieses Element gilt nahezu dasselbe wie für Nickel.

Stickstoff. Aus den Ausführungen auf S. 290 über die Wirkung der Sondernitride auf die Warmfestigkeitseigenschaften kann schon gefolgert werden, daß die Sondernitride den Schnellstahl verbessern. Sie verstärken und ersetzen zum Teil die Wirkung der Sonderkarbide auf die Rotgluthärte, und der Einfluß zeigt sich schon bei wenigen Hundertstel Prozent Stickstoff, an den die Elemente Titan, Zirkon, Aluminium und vermutlich auch Niob-Tantal gebunden sind. Es ist auch nicht ausgeschlossen, daß sich auch das Vanadin daran beteiligt. Da der Elektrostahl unbeabsichtigt Stickstoffgehalte bis zu 0,02% enthält, bilden sich bei Zusatz der genannten Legierungsmetalle Sondernitride, und manche bisher unerklärliche Schwankungen in der Leistung der Schnellstähle dürften wenigstens zum Teil darauf zurückzuführen sein. Nach Untersuchungen von F. RAPATZ und J. FREHSER[2] wird durch solche Stickstoffgehalte die Anlaßbeständigkeit um 20 °C gehoben, was bedeutet, daß die Schneidhaltigkeit um eine Schnellstahlgruppe verbessert wird. Die Bindung willkürlicher Sondernitridmengen im Stahl geschieht dadurch, daß man dem Stahlbad stickstoffhaltiges Ferrochrom zufügt und den Stickstoff dann durch Zugabe von Titan bindet. Es lassen sich freilich größere Stickstoffmengen wegen des Schäumens des Bades nicht festhalten.

Aluminium. Der Zusatz dieses Elementes zu Schnellstahl zeigte nach R. MITSCHE und E. M. ONITSCH[3] Ergebnisse, die eine Verbesserung erwarten ließen. Es handelt sich dabei um Gehalte bis zu 1%, deren Wirkung bei wolframarmen Stählen als durchaus gesichert anzusehen

---

[1] EHMCKE, V.: Arch. Eisenhüttenw. Bd. 4 (1930/31) S. 23/35; vgl. Stahl u. Eisen Bd. 50 (1930) S. 1131/1132.

[2] RAPATZ, F., u. J. FREHSER: Stahl u. Eisen Bd. 69 (1949) S. 605/607.

[3] MITSCHE, R., u. E. M. ONITSCH: Berg- u. hüttenm. Mh. Bd. 92 (1947) S. 18.

ist. Die Leistungsergebnisse waren, wenn man den Aluminiumgehalt betrachtet, mitunter schwankend. Die Widersprüche aber erklären sich nach Ansicht des Verfassers, wenn man nicht allein den Aluminiumgehalt betrachtet, sondern das durch Aluminiumzusatz sich bildende Aluminiumnitrid, dessen Menge von dem in dem Stahl enthaltenen Stickstoff abhängig ist, der sehr schwanken kann. In diesem Fall braucht der Aluminiumgehalt entsprechend dem gebundenen Stickstoff natürlich nur sehr gering zu sein. Mitsche und Onitsch ziehen zur Erklärung der Wirkung des Aluminiums seinen dem Wolfram und Molybdän ähnlichen Atomradius heran sowie seine diffusionshemmende Wirkung auf Karbidausscheidungen beim Anlassen. Aluminium hätte durch seine Bindungsfreudigkeit zu Stickstoff noch einen weiteren Einfluß, der günstig verwertet werden könnte; es erleichtert die Badnitrierung der Schnellstahlwerkzeuge, die auf S. 825 behandelt wird[1]. In die Praxis haben sich Al-legierte Stähle nicht eingeführt.

Schwefel. In neuerer Zeit hat sich die Tendenz gezeigt, molybdänlegierte Schnellarbeitsstähle, im besonderen die Sorte DMo 5 (s. Zahlentafel 179, S. 813), in einer geschwefelten Ausführung auf den Markt zu bringen.

Der Schwefelgehalt von etwa 0,15% wird meist in Form von MoS_2 in den Stahl eingebracht. Der Vorteil dieses Schwefelgehaltes beruht hauptsächlich in der verbesserten Bearbeitbarkeit und wirkt sich besonders bei Werkzeugen aus, die weitgehend zerspant werden, z. B. hinterdrehte Werkzeuge. Die für geschwefelte Schnellstähle angeführte „Selbstschmierung" ist noch nicht bewiesen worden. Werkzeuge, die aus geschwefeltem Schnellstahl durch Zerspanen hergestellt werden, sollen auch eine bessere Oberfläche aufweisen als solche ohne Schwefelzusatz. Die Verwendung dieser Schnellstahlsorten ist jedoch in jenen Fällen nicht empfehlenswert, wo das Hauptaugenmerk auf die Standzeit gelegt wird.

Titan. Als Element, dessen Karbide noch stabiler und schwerer löslich sind als die des Vanadins, kann man vom Titan nur erwarten, daß es in jenen Mengen günstig ist, die auch noch Kohlenstoff für andere Legierungsmetalle übriglassen. Tatsächlich hat sich auch gezeigt, daß bei Gehalten von höchstens 0,7% diese Grenze erreicht ist. Die Ergebnisse bei geringeren Gehalten waren ungleich und auch die dabei in solchen Fällen erzielten Verbesserungen nicht erheblich. H. Schrader[1] gibt an, daß schon bei einem Gehalt von 0,1% Titan der Härtebereich erweitert wird, ohne die Leistung zu verbessern. Auch hier zeigt sich, nach Untersuchungen von F. Rapatz und J. Frehser[2], daß, ähnlich wie bei Aluminium, schon durch einen Gehalt von 0,02% Stick-stoff, der als Titannitrid gebunden ist, die Standzeit merklich gehoben wird.

---

[1] Schrader, H.: Stahl u. Eisen Bd. 64 (1944) S. 648/650.

[2] Rapatz, F., u. J. Frehser: Stahl u. Eisen Bd. 69 (1949) S. 605/607.

Niob-Tantal. Über Niob-Tantal wurde schon vor Jahrzehnten von H. J. FRENCH und T. G. DIGGES[1] berichtet, daß diese Elemente keine Verbesserung mit sich bringen. Dabei wendeten sie das Niob-Tantal sowohl als teilweisen wie als völligen Ersatz für das Wolfram an. Was über Titan als karbidstabilisierendes Element gesagt wurde, gilt auch für Tantal-Niob. Über die Auswirkungen dieser beiden Metalle bei Gegenwart von Stickstoff kann auch ähnliches vermutet werden. Die Erfahrungen, die verschiedene Forscher mit Tantal-Niob gemacht haben, sind wohl auch deshalb nicht einheitlich, weil die Trennung von Tantal und Niob sowohl bei der Herstellung als auch bei der chemischen Untersuchung sehr schwierig ist und man vor nicht allzulanger Zeit nicht wußte, zu welchem Anteil man es mit Tantal und zu welchem mit Niob zu tun hat. Diese Unsicherheit gilt wahrscheinlich auch für die Versuche von H. FRENCH und T. H. DIGGES. Diese Zusätze kommen aber schon aus wirtschaftlichen Gründen nicht in Frage.

Zirkon, Uran, Cer. Ohne daß verläßliche Versuche vorliegen, kann wohl gesagt werden, daß das Verhalten dieser drei Elemente sich von Titan wenig unterscheiden wird. Bor s. S. 307.

Die meist gebrauchten Schnellarbeitsstähle. Die Zusammensetzung der Schnellstähle hat im festländischen Europa etwa nachstehende Entwicklung genommen[2]:

Bis zum ersten Weltkrieg galt folgender Stahl als bester: 0,60 bis 0,80% C, 4% Cr, 18 bis 20% W, 1,0 bis 1,2% V. Dann fanden ungefähr um das Jahr 1921 die Kobaltstähle mit einer Zusammensetzung von 0,60 bis 0,80% C, 4% Cr, 18 bis 20% W, 1,20 bis 2,0% V, 2 bis 3% Co Eingang. Der Kobaltgehalt wurde allmählich bis auf 20% heraufgesetzt, wobei die Entwicklung gleichzeitig dahin ging, auch den Vanadingehalt bis zu 4% zu erhöhen, so daß schon im Jahre 1936 Stähle nach Zahlentafel 178 üblich waren.

Die heute bei uns hauptsächlich gebrauchten Stähle sind in Zahlentafel 179 zusammengestellt. In den Vereinigten Staaten gebraucht man Wolfram-Schnellarbeitsstähle nach Zahlentafel 180.

Neben diesen Stählen, die Wolfram als Hauptlegierungsbestandteil enthalten, bildeten sich im Laufe der Jahre andere Stähle aus dem Bedürfnis heraus aus, dasjenige Metall zu bevorzugen, das dem betreffenden Lande oder dem betreffenden Erzeuger leichter oder verhältnismäßig billiger zur Verfügung steht als das Wolfram. Die Entwicklung ging hier nach drei Richtungen vor sich, einmal zu Stählen, die im wesentlichen durch den Austausch Molybdän statt Wolfram ge-

---

[1] FRENCH, H. J., u. T. G. DIGGES: Trans. Amer. Soc. Bd. 8 (1925) S. 681/699; Stahl u. Eisen Bd. 46 (1926) S. 751.

[2] SCHERER, R., u. W. CONNERT: Entwicklung der Schnellarbeitsstähle. Stahl u. Eisen Bd. 70 (1950) S. 984/994.

Zahlentafel 178. *Beispiele von in Deutschland üblichen alten Schnellstählen*

Stahl	C %	W %	V %	Mo %	Co %	Härtetemperatur °C	Anlaßtemperatur °C
1	0,60—0,80	14—16	0,5—1	0,70			
2	0,60—0,80	18—20	1 —1,5			1250/1300	540/570
3	0,80—1,00	14—16	1,5—2	1 —1,5			
4	1,10—1,30	12—14	3,5—4,5	1,5—2		1230/1250	
5	0,60—0,80	18—20	1,5—2		2—3	1270/1320	
6	0,70—0,90	17—20	1,5—2	0,5—1	4—6		570/590
7	0,70—0,90	17—20	1,5—2	1,5—2	8—12	1300/1350	
8	0,60—0,80	17—20	1,5—2	0,5—1,5	16—20		

Stahl 4 enthält etwa 5% Cr, alle anderen Stähle etwa 4% Cr

Zahlentafel 179. *Gebräuchliche Schnellarbeitsstähle nach Stahl-Eisen-Werkstoffblatt 320-59* (4. Ausgabe, April 1959)

Stahlsorte Kurzname	Stoffnummer	% C	% Co	% Cr	% Mo	% V	% W
ABC III	33 33	0,92—1,02	—	3,8—4,5	2,5—2,8	2,2—2,5	2,7— 3,0
BMo 9	33 46	0,78—0,86	—	3,5—4,2	8,0—9,2	1,0—1,3	1,5— 2,0
DMO 5	33 43	0,78—0,86	—	3,8—4,5	4,8—5,3	1,7—2,0	6,0— 6,7
ABC II	33 16	0,78—0,86	—	3,8—4,5	0,7—1,0	1,4—1,7	8,3— 9,0
D	33 18	0,82—0,90	—	3,8—4,5	0,7—1,0	2,3—2,6	11,5—12,5
EV 4	33 02	1,20—1,30	—	3,8—4,5	0,7—1,0	3,5—4,0	11,5—12,5
ECO 3	32 11	0,77—0,85	2,5— 3,0	3,8—4,5	0,7—1,0	1,7—2,0	11,5—12,5
EV 4 Co	32 02	1,25—1,40	4,5— 5,0	3,8—4,5	0,7—1,0	3,5—4,0	11,5—12,5
B 18	33 55	0,70—0,78	—	3,8—4,5	—	1,0—1,2	17,5—18,5
E 18 Co 5	32 55	0,75—0,83	4,5— 5,0	3,8—4,5	0,5—0,8	1,4—1,7	17,5—18,5
E 18 Co 10	32 65	0,72—0,80	9,0—10,0	3,8—4,5	0,5—0,8	1,4—1,7	17,5—18,5

Zahlentafel 180. *W-Schnellarbeitsstähle nach AISI*

AISI Type	Chem. Zusammensetzung in % C	Cr	V	W	Co
T 1	0,70	4,00	1,00	18,0	—
T 2	0,80	4,00	2,00	18,0	—
T 3	1,05	4,00	3,00	18,0	—
T 4	0,75	4,00	1,00	18,0	5,00
T 5	0,80	4,00	2,00	18,0	8,00
T 6	0,80	4,50	1,50	20,0	12,00
T 7	0,75	4,00	2,00	14,0	—
T 8	0,75	4,00	2,00	14,0	5,00
T 9	1,20	4,00	4,00	18,0	—
T 15	1,50	4,00	5,00	12,0	5,00

kennzeichnet sind, zum zweiten zu Stählen mit herabgesetztem Wolfram- und heraufgesetztem Vanadingehalt und schließlich drittens zu solchen, bei denen sich Wolfram und Molybdän die Waage halten.

Die Molybdänstähle wurden bereits auf S. 806 angeführt. Sie kommen in den Vereinigten Staaten in größtem Umfang zur Verwendung (Zahlentafel 182) und haben sich auch in Europa schon sehr gut eingeführt. Die anfänglichen Mängel der Mo-Schnellarbeitsstähle sind als längst überholt anzusehen; ihre Wärmebehandlung ist nicht schwieriger als die der W-Schnellarbeitsstähle, ja es kann in manchen Fällen ihre niedrigere Härtetemperatur als Vorteil gewertet werden.

Die Stähle mit herabgesetztem Wolfram- und höherem Vanadingehalt sind eine Fortsetzung der Stähle mit etwa 14% Wolfram, die schon seit langem verwendet werden. Es zeigt sich, daß, ohne die Überhitzungsempfindlichkeit untragbar zu steigern und die Härtetemperatur wesentlich zu erniedrigen, der Wolframgehalt bis etwa 8% fallen kann, wobei das Vanadin etwa im Verhältnis 6 : 1 gesteigert wird. Es kamen Stähle mit 9 bis 12% Wolfram und 1,7 bis 4,5% Vanadin in Verwendung. Wie ungenau allerdings solche Verhältniszahlen sind, ergibt sich daraus, daß ein Stahl mit 10% Wolfram, 1,7% Vanadin als fast gleich schneidhaltig anzusehen ist wie ein Stahl mit 18% Wolfram und 1% Vanadin, allerdings bei etwas stärkerer Überhitzungsempfindlichkeit[1].

Die Entwicklung der dritten Reihe endete in dem sogenannten „Dreierstahl", dessen Zusammensetzung in den Zahlentafeln 179 und 182 angegeben ist. Das wichtigste Element ist in diesem Fall das Molybdän, neben welchem die Einflüsse des Wolframs und Vanadins zurücktreten. Es haben z. B. Stähle mit 0,9% C, 2,5% Mo, 2% V oder mit 0,9% C, 2,0% W, 2,5% Mo, 0,7% V schon ausgesprochen Schnellstahleigenschaften, während ein Wegbleiben des Molybdäns oder auch ein Heruntergehen unter 1,5% bei so niedrigen Wolframgehalten keinen Schnellstahl mehr ergibt (s. S. 807). Dieser Stahl ist das beste Beispiel der auf S. 219 erwähnten, erhöhten Wirkung mehrfacher Legierung. Der Dreierstahl hatte im zweiten Weltkrieg große Bedeutung und machte jahrelang den größten Teil der deutschen Schnellstahlerzeugung aus. Er nahm von zwei Stellen seinen Ausgangspunkt: von einer Erfindung des Verfassers[2] und von Untersuchungen E. Houdremonts und H. Schraders[3,4]. Über das Verhalten dieses Stahles bei der Härtung s. S. 821. Seine Leistung ist bei weicheren Werkstücken etwa gleich der des Stahles 18/4/1, bei härteren hingegen etwas unterlegen. In der Praxis konnte dieser Schnellstahl aber für den Wolframstahl 18/4/1 bei allen Werkzeugen, mit Ausnahme von dünnen Spiralbohrern, eintreten; soweit

---

[1] s. Fußnote 4, 5 auf S. 807.

[2] DRP 763968 F. Rapatz, H. Pollack, Nov. 1936.

[3] Schrader, H.: Stahl u. Eisen Bd. 64 (1944) S. 645/654.

[4] Houdremont, E., u. H. Schrader: Techn. Mitt. Krupp Bd. 5 (1937) Nr. 8, S. 277/239; vgl. Stahl u. Eisen Bd. 57 (1937) S. 1317/1322.

man sich über den Stahl beklagt, betrifft dies nicht die geringe Schneidhaltigkeit, sondern die schwierigere Wärmebehandlung.

Zahlentafel 181

Beispiele von in Deutschland üblichen wolframarmen Schnellarbeitsstählen

Nr.	C %	W %	Mo %	V %	Härte- temperaturen °C	Anlaß- temperaturen °C
1	1,00	3,0	2,8	2,5	1210—1240	530—550
2	0,80	9,0	1,0	1,7	1230—1260	540—560
3	0,85	12,5	1,0	2,6	1240—1270	550—570
4	0,90	12,5	1,0	2,2	1240—1270	560—580
5	1,35	12,5	1,0	4,0	1250—1280	560—580

Weitere Untersuchungen über den Dreierstahl haben R. SCHERER[1], ferner F. RAPATZ, H. POLLACK, J. HOLZBERGER[2] und J. KREIM[3] und F. HOMMA[4], H. SCHRADER[5], R. SCHERER und W. CONNERT[6] veröffentlicht.

Die besonders in Deutschland gebrauchten Sparstähle sind in Zahlentafel 181 zusammengefaßt.

Zahlentafel 182. *Mo-Schnellarbeitsstähle* (nach AISI)

AISI Type	Chem. Zusammensetzung in % C	Cr	V	W	Mo	Co
M 1	0,80	4,00	1,00	1,50	8,00	—
M 2	0,80	4,00	2,00	6,00	5,00	—
M 3	1,00	4,00	2,70	6,00	5,00	—
M 4	1,30	4,00	4,00	5,50	4,50	—
M 6	0,80	4,00	1,50	4,00	5,00	12,00
M 7	1,00	4,00	2,00	1,75	8,75	—
M 8	0,80	4,00	1,50	5,00	5,00	—
M 10	0,85	4,00	2,00	—	8,00	—
M 15	1,50	4,00	5,00	6,50	3,50	5,00
M 30	0,80	4,00	1,25	2,00	8,00	5,00
M 33	0,90	3,75	1,15	1,50	9,50	—
M 34	0,90	4,00	2,00	2,00	8,00	8,00
M 35	0,80	4,00	2,00	6,00	5,00	5,00
M 36	0,80	4,00	2,00	6,00	5,00	8,00

Die in den Vereinigten Staaten üblichen wolframarmen, mit Molybdän legierten Schnellarbeitsstähle sind aus der Zahlentafel 182 ersichtlich. Dort sind seit 15 Jahren Stähle mit 0,8% C, etwa 6% W, 5% Mo,

[1] SCHERER, R.: Stahl u. Eisen Bd. 57 (1937) S. 1355/1359.

[2] RAPATZ, F., H. POLLACK u. J. HOLZBERGER: Stahl u. Eisen Bd. 58 (1938) S. 265/276.

[3] KREIM, J.: Techn. Zbl. prakt. Metallbearb. Bd. 52 (1942) S. 155/156.

[4] HOMMA, F.: Metallwirtsch. Bd. 23 (1944) S. 14/21.

[5] SCHRADER, H.: Stahl u. Eisen Bd. 64 (1944) S. 645/654.

[6] SCHERER, R., u. W. CONNERT: Stahl u. Eisen Bd. 70 (1950) S. 984/994.

2% V stark in Gebrauch, denen man auch 5 oder 12% Co zusetzt. Diese amerikanischen Stähle sind legierungsreicher als der Dreierstahl und daher entsprechend schneidhaltiger. Ihr Wolframgehalt genügt, die unangenehmen Eigenschaften der Molybdänstähle nicht in Erscheinung treten zu lassen

Der 6-5-4-2-Typ (AISI M 2) wird heute auch bei uns ebenso allgemein angewendet wie der 18-4-1-Schnellarbeitsstahl. In der Zähigkeit übertrifft der Mo-Stahl noch den als besonders zäh bezeichneten 18%igen W-Stahl.

Obwohl die Sparstähle nach dem Kriege an Bedeutung zurückgegangen sind, können sie durch mögliche Erschöpfung der Wolframvorräte oder ihrer schweren Erreichbarkeit wegen vielleicht wieder an Bedeutung gewinnen.

Ersatzstähle auf der Chromgrundlage. Der verhältnismäßig niedere Preis des Chroms verleitete zu Versuchen, Schnellstähle mit Chrom als Hauptlegierungselement zu finden. Diese Versuche erschienen um so erfolgversprechender, als der bekannte Stahl mit 13% Cr und 2% C eine erheblich höhere Schnittleistung hat als unlegierter Stahl. Seine Anlaßbeständigkeit nach austenitischem (von über 1100°C) Abschrecken (s. S. 186) ist verhältnismäßig hoch. Er bleibt bis 500°C anlaßbeständig und hat eine große Menge ungelöster Karbide. Es zeigte sich jedoch, daß man durch Zulegieren von Wolfram oder Molybdän zu 12%igen Chromstählen erst dann zu schnellstahlähnlichen Leistungen kommt, wenn der Legierungsgehalt so hoch liegt wie bei sonst üblichen Schnellarbeitsstählen. Chrom-Vanadin-Stähle rücken bei keinem Vanadingehalt in ihrer Leistung in die Nähe der Schnellstähle[1, 2].

Die Eigenschaften des Siliziums, die Härtetemperatur zu erhöhen, brachte einzelne Forscher auf den Gedanken, dieses Element heranzuziehen, wobei man sich vorstellte, daß bei der hohen Härtetemperatur ein anlaßbeständiges Gefüge erzielt werden könnte. Aber auch diese Versuche waren erfolglos. Es handelt sich dabei um Stähle mit etwa 1,5% C, 10% Cr und 3% Si.

Alle diese Stähle erheben sich in ihrer Schnittleistung, gemessen an v_{60} (s. S. 817), auf etwa das Doppelte der unlegierten Stähle, bleiben aber gegenüber Schnellstählen, bei denen v_{60} (s. S- 896) mindestens das 6fache der unlegierten beträgt, zurück. Zusammenfassend berichten über das Gebiet R. Fizia, K. Gebhard, F. Rapatz und R. Scherer[3], die einer größeren Reihe eigener Versuche eine große Anzahl fremder Versuche

[1] Rapatz, F., H. Krainer u. K. Swoboda: Arch. Eisenhüttenw. Bd. 20 (1949) S. 115/123; vgl. Stahl u. Eisen Bd. 69 (1949) S. 342.

[2] Connert, W., E. Maurer u. R. Scherer: Arch. Eisenhüttenw. Bd. 20 (1949) S. 179/188; vgl. Stahl u. Eisen Bd. 69 (1949) S. 531.

[3] Fizia, R., K. Gebhard, F. Rapatz u. R. Scherer: Stahl u. Eisen Bd. 59 (1939) S. 985/990.

gegenüberstellen, die zeigen, welchen Wert man diesem Gegenstand, insbesondere den wolfram- und molybdänarmen Schnellstählen, in allen Ländern entgegenbringt. Auch mit Chrom und Kobalt allein oder mit Molybdän-Kobalt-Stählen hat man sich beschäftigt. Beispiele für die Zusammensetzungen solcher Stähle sind:

3 bis 10% Cr, 1 bis 5% Co, 1 bis 2% Mn
oder 0,6% C, 6% Mo, 4% Cr, 6% Co
oder 1,5% C, 12% Cr, 3,5% Co.

Eine Erklärung für die geringe Schneidhaltigkeit der Chromstähle geben F. RAPATZ, H. KRAINER und K. SWOBODA[1]. Sie liegt in erster Linie nicht in der geringeren Anlaßbeständigkeit, sondern in der geringeren Warmhärte bei den in Betracht kommenden Schneidtemperaturen und wohl auch in der geringeren Härte der Karbide.

Einen Leistungsvergleich, bezogen auf v_{60} zwischen Kohlenstoffstählen, Chromstählen und Schnellarbeitsstählen, bringt Zahlentafel 183[2]. Über die Leistung der verschiedenen Schnellarbeitsstähle gibt Zahlentafel 216 auf S. 911 Aufschluß.

Zahlentafel 183. *Schneidleistung unlegierter und chromlegierter Stähle im Vergleich zu Schnellarbeitsstählen*
Spantiefe = 2 mm, Vorschub = 1,12 mm/U, Einstellwinkel = 45°, S.-M.-Stahl mit 75 kg/mm² Festigkeit

Stahl	C	Cr	W	Mo	V	Verhältniswerte v_{60}
1	1,0	—	—	—	—	1
2	2,0	13,0	—	—	—	1,2
3	1,3	14,0	—	—	2,0	2,1
4	1,3	14,0	—	2,4	—	2,2
5	0,75	4,0	18,5	—	0,6	5,8
6	0,75	3,5	2,5	3,5	0,8	7,8
7	0,80	5,0	10,5	0,80	1,0	8,2
8	0,80	6,0	2,8	4,7	0,8	9,8

Zähigkeit der Schnellarbeitsstähle. Es fehlte in den letzten Jahrzehnten nicht an Versuchen, die Zähigkeit von Werkzeugstählen und im besonderen von Schnellarbeitsstählen durch entsprechende Kenngrößen zu erfassen. Es gibt aber bis heute keine allgemein anwendbare Prüfmethode, um die Zähigkeit zu bestimmen; dies liegt weitgehend in der uneinheitlichen Auslegung des Begriffes Zähigkeit.

Die bisher versuchten Prüfmethoden ergeben uneinheitliche oder sogar widersprechende Ergebnisse über Wärmebehandlungsverfahren zur Erlangung der größtmöglichen Zähigkeit. Man kann daher eine Zähig-

[1] RAPATZ, F., H. KRAINER u. K. SWOBODA: Arch. Eisenhüttenw. Bd. 20 (1949) S. 115/123.

[2] Siehe auch die Referate von G. HIEBER über russische Versuche mit Sparschnellstählen. Stahl u. Eisen Bd. 59 (1939) S. 1254.

keitsbestimmung nur durch eine der betrieblichen Beanspruchung angepaßte Prüfung durchführen, wenn man Aussagen über das Gebrauchsverhalten eines Stahles haben will. So gibt der Torsionsversuch nur über zähes Verhalten bei Drehbeanspruchung, wie sie etwa im Schaft eines Spiralbohrers vorliegt, Auskunft. Der Schlagbiegeversuch und der statische Biegeversuch ahmen die Beanspruchung eines Drehmessers nach. Weiter wird die Neigung eines ungenügend zähen Werkzeuges zum Ausbrechen an der im Eingriff stehenden Schneide am ehesten durch den Biegeversuch zu prüfen sein, da der Schneidenbereich immer einer Schlag- oder statischen Biegebeanspruchung ausgesetzt ist. Dem Biegeversuch kommt somit eine allgemeinere Bedeutung bei der Zähigkeitsbestimmung zu. Der Schlagbiegeversuch liefert mit der Bruchschlagarbeit nur eine die Zähigkeit kennzeichnende Größe, während der statische Biegeversuch[1–4] mehrere Werte angibt und so das Zähigkeitsverhalten besser beschreibt. Nach K. BUNGARDT[5] und Mitarbeitern ist der Schlagbiegeversuch zwar durchaus geeignet, einen Einfluß der chemischen Zusammensetzung und der Wärmebehandlung auf die Zähigkeit zu finden, der erforderliche Stichprobenumfang, d. h. die Parallelprobenzahl für eine hinreichende Aussagesicherheit, ist aber nahezu 10mal so groß wie beim statischen Versuch (s. S. 726).

Wie bereits erwähnt, widersprechen sich die bei den verschiedenen Prüfverfahren erhaltenen Ergebnisse oder Aussagen, z. B. finden G. V. LUERSSEN und O. V. GREENE[6] sowie R. SCHERER und H. KIESSLER[7] beim Schlagverdrehversuch ein ausgeprägtes Zähigkeitsmaximum bei 450 bis 475 °C Anlaßtemperatur, A. GROBE und G. ROBERTS, die den statischen Biegeversuch benutzten, geben einen Zähigkeitshöchstwert für Schnellarbeitsstahl an, der bei oder kurz über der Temperatur des Sekundärhärtebereiches liegt, während sie bei 475 °C ein Zähigkeitsminimum finden. Aus den statischen Biegeversuchen an Schnellarbeitsstählen verschiedener Zusammensetzung geht nach S. WILMES[8] hervor (Bild 484, 485), daß sich die die Zähigkeit sehr harter Stähle kennzeichnenden Werte der Biegestreckgrenze, der Bruchbiegespannung und der Biegearbeit an verschiedenen Schnellarbeitsstählen in gleicher Weise

---

[1] HOYLE, G., u. E. INESON: J. Iron Steel Inst. Bd. 191 (1959) S. 44/55.

[2] BUNGARDT, K., O. MÜLDERS u. W. SCHMIDT: Stahl u. Eisen Bd. 79 (1959) S. 1258/1263.

[3] GROBE, A. H., u. G. A. ROBERTS: Trans. ASM Bd. 40 (1948) S. 435/490 u. Bd. 42 (1950) S. 686/719.

[4] HAMAKER jr., J. C., V. C. STRANG u. G. A. ROBERTS: Trans. ASM Bd. 49 (1957) S. 550/575.

[5] BUNGARDT, K., O. MÜLDERS u. W. SPYRA: Stahl u. Eisen Bd. 77 (1957) S. 1878/1883.

[6] LUERSSEN, G. V., u. O. V. GREENE: Amer. Soc. Test. Mat. Bd. 33 II (1933) S. 315/332. [7] SCHERER, R., u. H. KIESSLER: Stahl u. Eisen Bd. 63 (1943) S. 353/360. [8] WILMES, S.: Stahl u. Eisen Bd. 81 (1961) S. 676/684.

ändern. Alle Zähigkeitswerte steigen beim Anlassen bis 300 °C Anlaßtemperatur zunächst an und fallen bei höherer Temperatur wieder ab. Bei der Anlaßtemperatur im Sekundärhärtebereich steigt die Zähigkeit

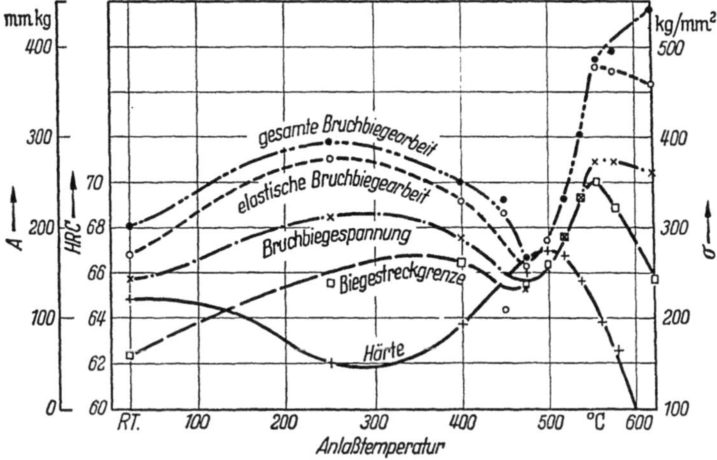

Bild 484. Härte, Brucharbeit und Bruchbiegespannung nach verschiedenen Anlaßtemperaturen eines Schnellarbeitsstahles E 18 Co 10 (nach S. WILMES)

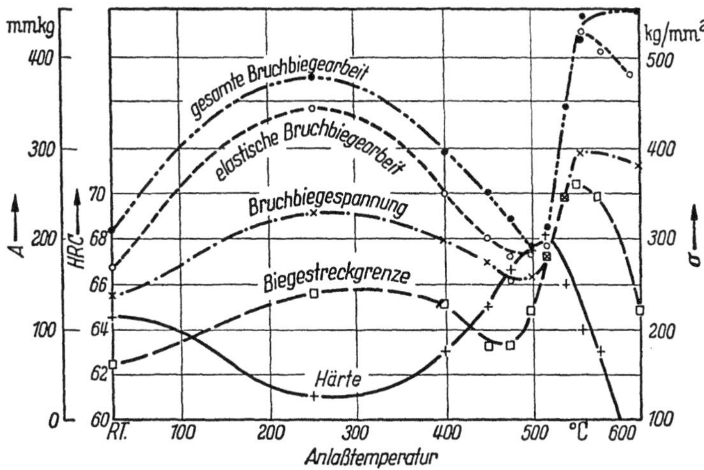

Bild 485. Härte, Brucharbeit und Bruchbiegespannung nach verschiedenen Anlaßtemperaturen eines Mo-Schnellarbeitsstahles EW 9 Co 10 (nach S. WILMES)

dann sprunghaft sehr stark an. Die größte Zähigkeit liegt bei allen untersuchten Schnellarbeitsstählen etwa 20 °C oberhalb der Anlaßtemperatur für Härtehöchstwerte. Die Biegestreckgrenze fällt bei weiterer Erhöhung der Anlaßtemperatur sofort wieder ab, während die

Bruchbiegespannung zunächst nicht oder nur geringfügig abnimmt. Die gesamte Bruchbiegearbeit nimmt in der Regel weiter zu, da oberhalb des Härtemaximums der plastische Anteil der Biegearbeit ansteigt. Für Zerspanungswerkzeuge ist jedoch der zäheste Zustand durch die Anlaßtemperaturen, die etwa 20 °C oberhalb des Sekundärhärtebuckels liegen, festgelegt.

Nach Untersuchungen von F. FALLER[1] mit dem statischen Verdrehversuch ändert sich die Zähigkeit, die durch die Bruchverdreharbeit charakterisiert wird, im gleichen Sinne wie die Härte. Der Zähigkeitshöchstwert fällt also mit der Höchsthärte zusammen.

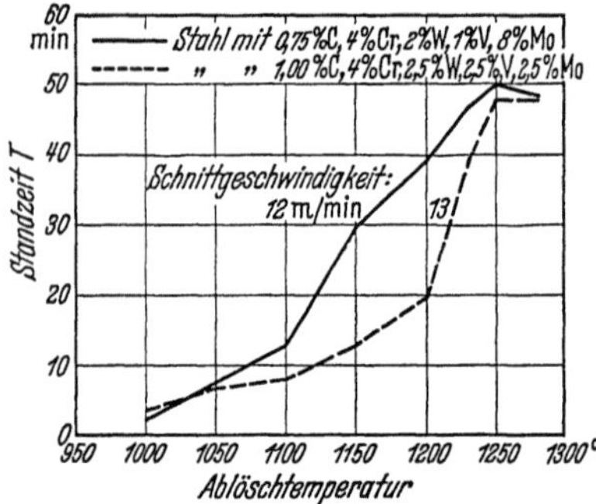

Bild 486. Einfluß der Härtetemperatur auf die Standzeit von Schnellarbeitsstahl

Es ist heute auch schon erwiesen, daß für einen bestimmten Härtewert die höchste Zähigkeit durch eine Wärmebehandlung mit möglichst niedriger Härtetemperatur und entsprechender längerer Tauchzeit eingestellt werden kann. Die maximale Zähigkeit bleibt für einen größeren Härtetemperatur-Tauchzeitbereich konstant, fällt aber mit stärkerer Wärmeeinwirkung auf Härtetemperatur sehr schnell und stark ab.

Empfehlungen für das Härten und Anlassen. Zur Erzielung der besten Leistung ist eine sorgfältige Wärmebehandlung notwendig. Wie ausschlaggebend die Härtetemperatur auf die Leistung ist, zeigt Bild 486. Viel geringeren Einfluß hat dagegen die Abschreckgeschwindigkeit.

Das Härten der Werkzeuge aus Schnellstahl kann auf mehrere Arten durchgeführt werden.

1. *Salzbadhärtung.* Das heute am häufigsten angewandte Verfahren zur Härtung des Schnellstahles ist das Härten aus dem Salzbad. In der Anwendung eines Salzbades hat man ein Mittel in der Hand, die Erwärmung gleichmäßig zu gestalten, weil man dem Salzbad eine gleichmäßige Temperatur erteilen kann, welche die für das Werkzeug erstrebte Härtetemperatur örtlich nicht überschreitet. Als Bad verwendet man heute meist Bariumchlorid.

Einige der heute im Handel befindlichen Salze für Hochtemperaturbäder gewährleisten eine entkohlungsfreie Wärmebehandlung bzw. Härtung. Voraussetzung dafür ist jedoch die laufende Überwachung des Bades.

Eine wesentliche Einflußgröße bei der Härtung von Schnellarbeitsstahl ist das Verweilen auf Härtetemperatur. In der Praxis wird statt der

[1] FALLER, F.: Werkst. u. Betr. Bd. 89 (1956) S. 553/557.

Haltezeit auf Härtetemperatur die Tauchzeit angegeben, unter der man die Gesamtzeit vom Überführen des Werkzeuges aus der letzten Vorwärmestufe in das Hochtemperaturbad bis zur Herausnahme aus dem Hochtemperaturbad versteht. Die Tauchzeit setzt sich also aus der Anwärmezeit, die erforderlich ist, um das Werkstück von der Temperatur der letzten Vorwärmestufe auf die Härtetemperatur zu bringen, und der Haltezeit auf Härtetemperatur zusammen. Die Tauchzeit ist von der Zusammensetzung des Stahles sowie von der Abmessung und der Werkzeugform abhängig.

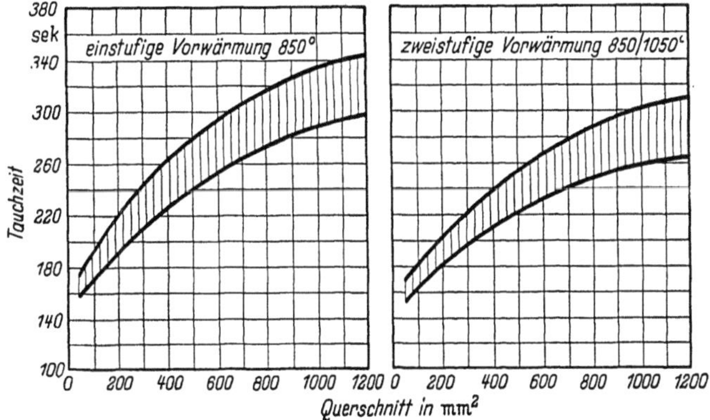

Bild 487. Tauchzeiten für die Härtung von Werkzeugen aus Schnellarbeitsstählen mit quadratischem oder nahezu quadratischem Querschnitt (nach Stahl-Eisen-Werkstoffblatt 320–59)

Als Anhalt für die Härtung sind in Bild 487 die Tauchzeiten für einfache, d. h. quadratische oder annähernd quadratische oder auch runde Querschnitte bei ein- und zweistufiger Vorwärmung wiedergegeben.

Tauchzeiten an der oberen Grenze des Streubandes empfehlen sich für Schnellarbeitsstähle mit hohen Wolframgehalten, solche an der unteren Grenze für niedriglegierte Schnellarbeitsstähle, wie z. B. der Dreierstahl, der wegen der Gefahr des „Überzeitens" (Grobkornbildung und dadurch Versprödung) kürzer auf Temperatur gehalten werden muß.

Untersuchungen von K. Bungardt und R. Oppenheim[1] an einem Mo-Schnellarbeitsstahl DMO 5 (siehe Zahlentafel 179, S. 813) über den Einfluß von Härtetemperatur und Zeit auf die Vorgänge im Gefüge, wie Karbidlösung, Kornwachstum und Aufschmelzerscheinungen, auf den Restaustenitgehalt und die Härte im abgeschreckten Zustand, auf die Restaustenitumwandlung, die Anlaßhärte und Anlaßbeständigkeit sowie auf die Schneidleistung führten zur Ermittlung einer ziemlich eindeutigen Wechselbeziehung zwischen Härtetemperatur und Haltezeit, die mit einiger Annäherung auch auf andere Schnellarbeitstypen übertragen werden kann.

Die für Zustände gleicher Karbidlösung gefundenen Zeit-Temperatur-

[1] Bungardt, K., u. R. Oppenheim: Stahl u. Eisen Bd. 76 (1956) S. 689/700.

Beziehungen bei dem Schnellstahl DMO 5 lassen sich nach K. BUNGARDT und R. OPPENHEIM[1] in folgende Arbeitsregel zusammenfassen:

Zur Erzielung gleicher Karbidlösung muß bei einer Temperaturerniedrigung um 12 bis 13 °C die Haltezeit verdoppelt, bei einer Temperaturerhöhung um 12 bis 13 °C diese halbiert werden. Diese Regel gilt nur bis zu einer Haltezeit von etwa 3,5 Minuten, darüber hinaus wird die Karbidlösung verzögert. Die gleiche Arbeitsregel trifft ohne die zeitliche Einschränkung auch für das Anlassen von Schnellarbeitsstählen im üblichen Anlaßbereich auf Erzielung gleicher Härte zu.

2. Steht ein Salzbad für die Härtung von Schnellstählen nicht zur Verfügung, so kann behelfsmäßig in verschiedenen Öfen, wie Kammerofen, Silitstabofen, aus der Verpackung gehärtet werden. Das Werkzeug wird in einer Kiste mit ausgebranntem Koksgrieß, Holzkohle oder Papier eingepackt, luftdicht verschlossen und dann auf Härtetemperatur gebracht. Da der Koksgrieß bzw. die Holzkohle bei der Erwärmung auf Härtetemperatur selbst große Wärmemengen abgibt, darf der Ofen nie genau auf die Härtetemperatur, sondern etwas unterhalb eingestellt werden. Anschließend wird es aus der Verpackung herausgenommen und wie üblich abgeschreckt.

Große Beachtung gebührt der Erwärmung auf Härtetemperatur durch Induktion. Sie ermöglicht rasche Erhitzung auf Härtetemperatur, da die Wärme nicht von außen zugeführt wird, sondern im Werkzeug selbst erzeugt wird. Vorteile dieses Verfahrens sind geringe Verzunderung infolge der raschen Erwärmung, geringes Verziehen, die Möglichkeit, nicht das ganze Werkzeug, sondern nur den schneidenden Teil zu erhitzen, wodurch der übrige Teil zäh bleiben kann.

Die Härtung im Warmbad verdient eine besondere Erläuterung. Wie schon aus den Ausführungen auf S. 787 ersichtlich, ist es bei der Härtung nicht erforderlich, das Temperaturintervall der Martensitbildung rasch zu durchlaufen, sondern es hat sich vielmehr gezeigt, daß es ausreichend ist, den Stahl bzw. das Werkzeug von seiner Härtetemperatur bis oberhalb der Martensitbildungstemperatur so rasch abzukühlen, daß der Austenit erhalten bleibt.

Wird dann langsam abgekühlt, so wandelt sich der Austenit gleichmäßig über den ganzen Querschnitt in Martensit um. Daraus ergeben sich verschiedene Vorteile. Oberhalb der Martensitbildungstemperatur ist der Austenit längere Zeit beständig. Kühlt man die Werkstücke also in einem Bad von etwa 500 bis 550 °C ab, so kann man sie genügend lange darin halten, bis sich die Temperatur über den ganzen Querschnitt ausgeglichen hat, ohne daß sich der Austenit, abgesehen von geringen Karbidausscheidungen, verändert. Bei der anschließenden Luftabkühlung entsteht dann der Martensit.

[1] s. Fußnote 1 auf S. 821.

Mitunter muß man bei der Warmbadhärtung mit etwas geringer Härte, als bei der üblichen Ölhärtung erzielt wird, rechnen. Sie verbessert nicht die Schneidleistung, sondern vermindert nur die Riß- und Verzugsgefahr. Ein weiterer Vorteil dieser Behandlung liegt in der Möglichkeit des gefahrlosen Richtens im Bereich der Warmbadtemperatur bis hinunter zu 200 °C, weil der Stahl bis zu dieser Temperatur in weichem austenitischem Zustand vorliegt.

Das Anlassen erfolgt im neutralen Salzbad oder in einem Luftumwälzofen. Die Werkzeuge sind stets langsam auf die vorgeschriebene Anlaßtemperatur zu erwärmen und auf ihr je nach Größe der Werkzeuge ein

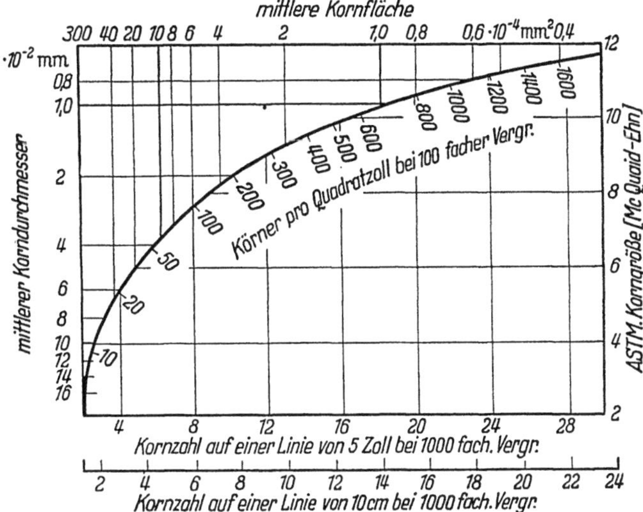

Bild 488. Intercept-Korngröße. Meßverfahren (nach R. W. SNYDER und H. F. GRAFF)

bis drei Stunden zu halten. Ein mehrmaliges, aber mindestens zweimaliges Anlassen mit Zwischenabkühlung an Luft ist nach obigem zur Steigerung von Zähigkeit und Leistung zu empfehlen.

Austenitkorngröße. Bei der Überwachung einer gleichmäßigen und fehlerfreien Wärmebehandlung von Schnellarbeitsstahlwerkzeugen gewinnt neben der Härtemessung die Bestimmung der Austenitkorngröße an Bedeutung. Die Größe und Gleichmäßigkeit des Austenitkornes geben wichtige Hinweise auf die Güte der Wärmebehandlung und in bestimmtem Ausmaße auch einen Anhalt über die Eigenschaften des gebrauchsfertigen Werkzeuges. Die Austenitkorngröße ist jedoch nicht selbst die Ursache von Eigenschaftsveränderungen des Werkzeuges, sondern sie zeigt nur an, daß in den die Eigenschaften des Schnellarbeitsstahles beeinflussenden Faktoren Veränderungen vorgegangen sind.

Von den bekannten Korngrößen-Meßmethoden wird bevorzugt das sog. Intercept-Verfahren (entwickelt nach Bild 488 von R.W. SNYDER und

H. F. GRAFF[1]) verwendet. Hierbei wird die Anzahl der von einer 0,127 mm (0,005 inch) langen Geraden geschnittenen Korngrenzen als Maßzahl der Austenitkorngrößen gebraucht (0,127 mm deshalb, weil diese Strecke bei 1000facher Vergrößerung 5″ ergibt). Der Mittelwert von 10 Messungen an beliebigen Stellen des Werkzeuges gibt die Intercept-Korngröße an. Der bei Schnellarbeitsstahl übliche Korngrößenbereich liegt zwischen 10 und 20 Austenitkörnern je 0,127 mm.

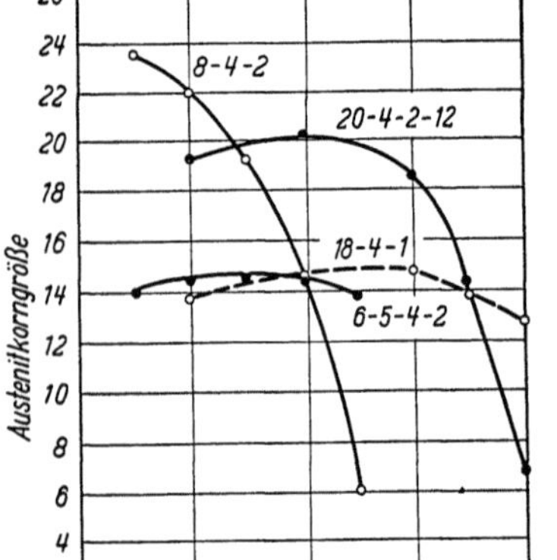

Bild 489. Austenitkorngröße von W- und Mo-Schnellarbeitsstählen in Abhängigkeit von der Härtetemperatur (nach A. H. GROBE, G. A. ROBERTS und D. S. CHAMBERS)

Die wichtigsten, die Austenitkorngröße beeinflussenden Faktoren sind die Härtetemperatur und die Haltezeit. Hierzu kommt noch der Einfluß des Ausgangsgefüges, besonders der Karbide, und schließlich der Einfluß der Stahlzusammensetzung.

Hinsichtlich der Höhe der Härtetemperatur und Haltezeit ist zu sagen, daß das Austenitkorn sowohl bei konstanter Austenitisierungstemperatur und längerer Haltezeit als auch bei konstanter Haltezeit und steigender Temperatur größer wird.

Bei niedrigeren Härtetemperaturen ist allerdings innerhalb der betrieblich meist angewandten Tauchzeiten der Zeiteinfluß relativ gering, bei höheren Härtetemperaturen jedoch ein beachtlicher Faktor. Der Temperatureinfluß ist im allgemeinen von größerer Bedeutung.

A. H. GROBE, G. A. ROBERTS und D. S. CHAMBERS[2] geben Kornwachstumkurven für W- und Mo-Schnellarbeitsstähle mit vergleichbarem Ausgangszustand (Bild 489) an. Man erkennt zwei typische Wachstumtendenzen:

Die W-Stähle ergeben über einen weiten Bereich ein gleich großes Korn, das erst ab einer bestimmten Temperatur wächst. Das Korn des Mo-Stahles ist bedeutend feiner, wächst aber kontinuierlich mit dem Steigen der Härtetemperatur. Wenn man dieses Wachstum auch als grundsätzlich für die genannten Stähle annehmen kann, ist doch die Vorgeschichte des Stahles (Schmelzen, Warmformgebung und Glühen) von solchem Einfluß, daß sich ein gegebener Stahl auch nach dem anderen Wachstumtyp vergröbern kann.

---

[1] SNYDER, R. W., u. H. F. GRAFF: Metal Progr. Bd. 33 (1938) S. 377/380.

[2] GROBE, A. H., G. A. ROBERTS u. D. S. CHAMBERS: Trans. ASM Bd. 46 (1954) S. 759/798.

Zusätzlich zu den Härte- und Anlaßverfahren sei noch einiges über Sonderverfahren gesagt. An Versuchen, die Leistung von Zerspanungswerkzeugen durch eine Oberflächenbehandlung nach dem Härten zu steigern, hat es nicht gefehlt[1]. Einige Verfahren, wie z. B. das Badnitrieren und das Dampfanlassen, haben sich schon gut bewährt und werden laufend angewendet, während andere Verfahren über das Versuchsstadium noch nicht hinweggekommen sind. So hat H. D. WECKENER[2] die wichtigsten Oberflächenbehandlungen für Werkzeuge beschrieben und Hinweise für die praktische Anwendung gegeben.

Das *Badnitrieren* ergibt bei Schnellarbeitsstählen eine beträchtliche Steigerung der Oberflächenhärte und damit des Verschleißwiderstandes, aber keine Verbesserung der Rotgluthärte.

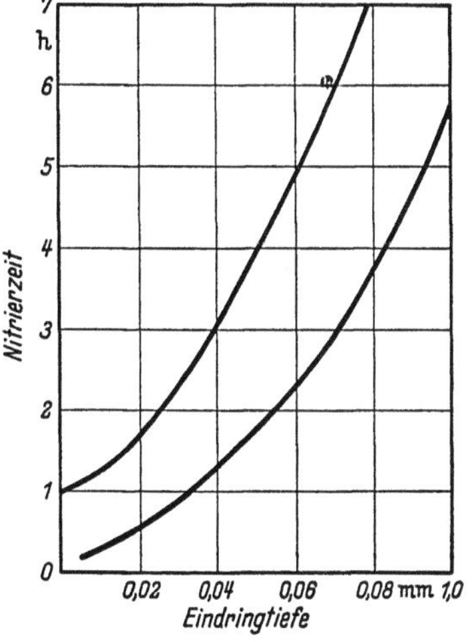

Bild 490. Durchschnittliche Nitriertiefen bei Schnellarbeitsstählen bei verschiedenen Badtemperaturen und Behandlungszeiten

Dieses zusätzliche Oberflächenverfahren, das Schichten bis zu Hundertstelmillimetern ergibt, wird vor allem für solche Werkzeuge sinnvoll angewandt, die vornehmlich auf Verschleiß beansprucht werden, wie z. B. für Gewindefräser und Reibahlen, also Werkzeuge, die hauptsächlich Schlichtarbeiten durchführen. Bei Schrupparbeiten würde diese Schicht nur kurze Zeit standhalten.

Die angelassenen und geschliffenen Werkzeuge werden in ein zum Nitrieren bestimmtes Bad gebracht, dessen Temperatur rund 20 °C unter der letzten Anlaßtemperatur, in der Regel bei etwa 510 bis 560 °C liegt. Die Dauer des Nitrierens beträgt je nach Abmessung, Nitriertemperatur und der gewünschten Nitriertiefe 10 bis 60 Minuten. Die Bilder 490 und 491 geben Aufschluß über Eindringtiefen und Oberflächenhärten, wobei in Bild 490 die linke Kurve für 510° und die rechte für 560 °C gilt.

Es ist nicht zu empfehlen, das Nitrierbad gleichzeitig als Warmbad zu verwenden. Vorteile des Badnitrierens kommen nur dann zur vollen Auswirkung, wenn die Werkzeuge erst nitriert werden, nachdem sie in neutralen Bädern gehärtet und angelassen worden sind.

---

[1] PIMISHOFER, H.: Kritische Betrachtungen über die Verfahren zur Standzeiterhöhung von Werkzeugen. Fertigungstechn. Bd. 5 (1955) S. 395/398.

[2] WECKENER, H. D.: Werkst. u. Betr. Bd. 91 (1958) S. 33/38.

A. RÜHENBECK[1] und W. HAUFE[2] bringen unter Darlegung der praktischen Erfahrungen des Badnitrierens an kennzeichnenden Beispielen die ganz erhebliche Steigerung der Schnittleistungen von Schnellstahlwerkzeugen.

Das *Dampfanlassen* (steam homo) ist ein in Amerika entwickeltes Verfahren[3]. Man erwärmt hierbei die Werkzeuge nach dem Fertigschleifen in einer Dampfatmosphäre bei etwa 500 °C, wodurch sich eine sehr dünne Oxydschicht bildet. Diesem schwarzblauen Oxydüberzug wird der Vorteil zugeschrieben, daß sich die Aufbauschneide (s. S. 902) weniger leicht bildet und somit eine Standzeiterhöhung eintritt.

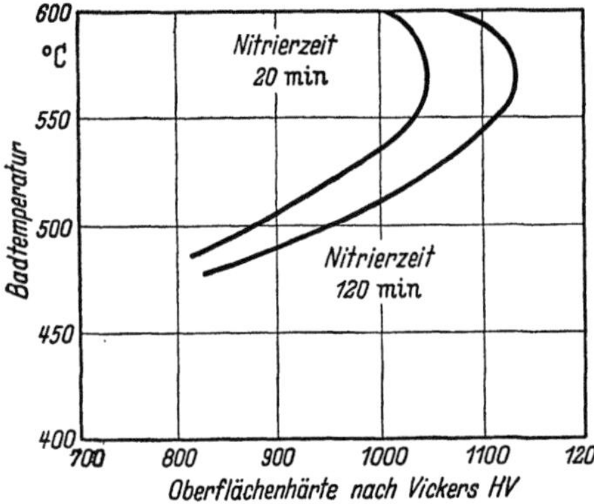

Bild 491. Durchschnittliche Oberflächenhärten der Nitrierschicht bei Schnellarbeitsstählen bei verschiedenen Badtemperaturen und Behandlungszeiten

Tieftemperaturbehandlung. Aus dem Bild 457 (S.786) war zu erkennen, daß bei tiefen Temperaturen die Beständigkeit des Austenits abnimmt und dieser Gefügebestandteil bei −100 °C bis auf 8% verschwindet. Durch Abschrecken in flüssiger Luft können die dafür notwendigen Temperaturen leicht erreicht werden. Die mit diesem Verfahren verbundenen Erwartungen auf verbesserte Schneidhaltigkeit scheinen aber wenig begründet. Es kann sich dabei höchstens darum handeln, die Umwandlung des Austenits in Martensit zu erleichtern und möglicherweise mit einem einmaligen Anlassen auszukommen.

Auch das Ergebnis einer kritischen Auswertung des Schrifttums von E. KUNZE[4] über die Tieftemperaturbehandlung von Stählen bringt keine Hinweise, wie weit die Tiefkühlung praktisch verwertbar und wo sie wirtschaftlich anwendbar ist. Es kann also gesagt werden, daß bei Schnellarbeitsstählen kein besonderer Vorteil durch das Tiefkühlen, weder leistungs- noch kostenmäßig, zu erwarten ist, wenn die Härtung und ein mindestens zweimaliges Anlassen sofort durchgeführt wird.

Zwischenstufenhärtung. Über die theoretische Seite der Zwischenstufenhärtung wurde schon auf S. 55 einiges angeführt[5].

[1] RÜHENBECK, A.: Metalloberfläche, Ausg. A, 9. Jg. (1955) S. 65/68.

[2] HAUFE, W.: Schnellstähle und ihre Wärmebehandlung. München: Hanser 1951.

[3] PARSHALL, H. M.: Machinery, Lond. Bd. 74 (1949) S. 844/846.

[4] KUNZE, E.: Stahl u. Eisen Bd. 70 (1950) S. 227/233.

[5] Weiteres Schrifttum über die Zwischenstufenhärtung: BAER, C. K., u. P. PAYSON: Trans. Amer. Soc. Met. Bd. 39 (1947) S. 488/511. — BAER, C. K., u. A. E. NEHRENBERG: Iron Age, 18. Sept. 1947, S. 77/82 u. 4. Sept., S. 65/70.

Bei Schnellarbeitsstählen hat die Anwendung der Zwischenstufenhärtung zur Verbesserung der Zähigkeit der Werkzeuge und Erhöhung der Standzeit, insbesondere bei unterbrochenem Schnitt, eine gewisse Bedeutung erlangt.

Erschwerend für diese Wärmebehandlung ist jedoch die Notwendigkeit zusätzlicher Bäder und sehr langer Haltezeiten.

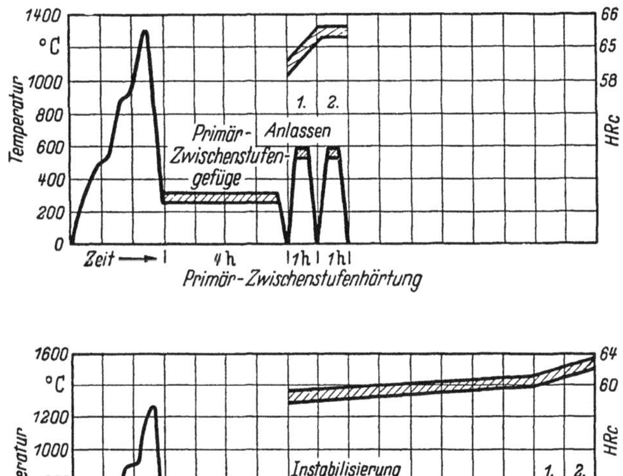

Bild 492. Ein Beispiel für die abgekürzte und ein Beispiel für die verlängerte Zwischenstufenhärtung eines Schnellarbeitsstahles

Die Entscheidung über die Anwendung der Zwischenstufenhärtung ist somit nicht nur von den zu erzielenden besseren Eigenschaften abhängig, sondern es sind in sehr vielen Fällen auch die wirtschaftlichen Überlegungen zu beachten. Die Zwischenstufenhärtung, in Amerika Bainithärtung genannt, wird so durchgeführt, daß die Werkzeuge zuerst wie üblich auf Härtetemperatur gebracht und nach entsprechender Tauchzeit in ein Salzbad übergeführt werden, dessen Temperatur über dem MS-Punkt liegt und je nach Lage der Zwischenstufe im Umwandlungsschaubild dort gewählt wird, wo die optimale Zwischenstufenumwandlung stattfindet. Diese Temperatur liegt in Abhängigkeit von dem Legierungsgehalt der Stähle zwischen 260 bis 300 °C. Rasche Abkühlung auf die angeführte Temperatur wird deshalb empfohlen, um vorzeitige Karbidausscheidung zu verhindern.

Als Abschreckmittel werden heute meist Salpetersalzbäder verwendet. Diese Salpetersalzbäder haben aber eine sehr schroffe Abschreckwirkung auf die Werkzeuge, und außerdem besteht die Gefahr der Kantenverbrennung durch Reaktion des Salpetersalzes mit dem Werkzeug. Es ist deshalb eine Zwischenabschreckung in einem Chloridsalzbad erforderlich. Cyanidsalze sollen zur Zwischenabschreckung nicht verwendet werden, weil Cyanidsalze und Salpetersalze nicht miteinander in Berührung gebracht werden dürfen. In dem Zwischentemperaturbad werden die Werkzeuge kurz gehalten, bis der Temperaturausgleich stattgefunden hat, dann erfolgt die Überführung in das Zwischenstufenbad.

In dem Zwischenstufenbad werden die Werkzeuge so lange gehalten, bis die Umwandlung des größten Teiles des Austenits in Bainit stattgefunden hat. Nach dieser Behandlung werden die Werkzeuge an der Luft abgekühlt und einem normalen Anlassen unterworfen. Neben dieser sogenannten Primär-Bainithärtung kann auch eine Sekundär-Bainithärtung durchgeführt werden (s. Bild 492).

X. Erzeugnisse nach Sonderverfahren

1. Stahlguß[1]

Der Stahlguß ist nur zögernd der Stahlentwicklung gefolgt. Wie H. JURETZEK[2] ausführt, hielt man bis vor etwa 35 Jahren den Stahlguß nur bis zu einer Festigkeit von 55 kg/mm wettbewerbsfähig mit geschmiedetem Stahl. Darüber hinaus, so fürchtete man, würden die Zähigkeitswerte auf ein unzulässiges Maß sinken. Das Mißtrauen der Konstrukteure war lange nicht zu überwinden, und es fehlten wohl auch die technischen Erfahrungen in der Gießtechnik. Heute aber ist man so weit, daß man Stahlgußteile aus Vergütestählen bis zu 120 kg/mm^2 Festigkeit herstellt, ohne befürchten zu müssen, daß selbst bei der Härtung unzulässiger Ausschuß entsteht.

Die Herstellung von korrosionsbeständigen, zunderbeständigen, hochwarmfesten und Magnetstählen im Stahlguß beweisen die Brauchbarkeit dieses Verfahrens für hochlegierte Stähle.

Mehr wie anderswo ist hier eine enge Zusammenarbeit zwischen Konstrukteur und Gießerei erforderlich, um schon beim Entwurf von Stahlgußkonstruktionen auf die modell-, form- und gießtechnischen Besonderheiten Rücksicht zu nehmen. Bei verwickelten und sperrigen Stahlgußstücken eröffnen sich für den Konstrukteur durch die Fortschritte in der Schweißtechnik bisher wenig beachtete Möglichkeiten. Durch das Zusammenschweißen von geteilt hergestellten Gußstücken kann die Erzeugung solch schwieriger Stahlgußteile vereinfacht werden, ja unter Umständen ist deren Herstellung überhaupt erst auf diese Weise möglich.

Die Schweißverbindung ergibt eine Fülle von Kombinationsmöglichkeiten zwischen Blechkonstruktionsteilen und Gußstücken sowie bei Gußteilen aus verschiedenen Stahlgußlegierungen, wenn nur bestimmte Teile zufolge der besonderen Beanspruchung (z. B. auf Verschleiß oder hohe Temperatur) aus hochwertigem Werkstoff hergestellt sein müssen,

---

[1] *Schrifttum über Stahlguß:* POETTER, H.: Stahlguß. Berlin: Verlag Technik 1955. — Handbuch der Gießerei-Technik, s. Abschnitt: „Der Werkstoff Stahlguß" von Dr. W. TROMMER, Eschweiler: Die Verwendungsgebiete von Stahlguß: Baustahlguß. Verschleißfester Stahlguß. (Verschleißfestigkeit des ganzen Bauelementes; Verschleißfestigkeit durch Oberflächenschutz.) Kaltzäher Stahlguß. Warmfester Stahlguß. Korrosionsfester Stahlguß. (Chemisch beständiger Stahlguß; korrosions- und verschleißfester Stahlguß; zunderbeständiger Stahlguß; kavitationsbeständiger Stahlguß.) Berlin/Göttingen/Heidelberg: Springer 1959.

[2] JURETZEK, H.: Gießerei Bd. 29 (1942) Nr. 13, S. 217/226; Nr. 14, S. 243/249. Siehe darüber auch H. L. KORSCHAN: Gießerei Bd. 28 (1941) S. 325/332 u. S. 350/355.

während der übrige Teil des Gußstückes außerhalb der stark beanspruchten Zone liegt. Stahlguß und geschweißte Körper brauchen sich also nicht als Gegner gegenüberzustehen, sondern ergänzen sich oft gegenseitig.

Der Schleuderguß[1], der Maskenguß[2] und die Feingußtechnik (s. S. 846) eröffnen dem Stahlguß neue Möglichkeiten.

Vergleicht man die physikalischen Werte von Stahlguß mit denen geschmiedeten Stahles, so zeigt es sich, daß Stahlguß, alles in allem genommen, nicht die Nachteile hat, die man einem gegossenen unverformten Teil zuzuschreiben früher geneigt war. Wie aus der Zahlentafel 185 und auch den weiteren Tafeln ersichtlich ist, erfüllen Festigkeit, Dehnung und Kerbschlagzähigkeit meist die Mindestvorschriften, wie sie für geschmiedete und gewalzte Stähle gelten, wobei noch der Vorteil zu verzeichnen ist, daß keine Schwächung in der Querrichtung, wie sie bei gewalztem und geschmiedetem Werkstoff durch die Faser verursacht wird, vorliegt. Es dürften im Durchschnitt also die Werte des geschmiedeten Stahles in der Längsrichtung wohl unterschritten, dagegen in der Querrichtung etwas überschritten werden.

Die Zahlentafel 184 gibt drei Beispiele, welche Festigkeitswerte nach eigenen Erfahrungen dieselbe Stahlgattung als Stahlguß und warmverformt in der Längsrichtung hat.

Bei der Dauerfestigkeit liegen die Werte desto ungünstiger im Vergleich zu Walzstahl, je glatter die Oberfläche ist. So findet Juretzek bei Chrom-Molybdän-Stahlguß an glatten Stäben das Verhältnis der Biegewechselfestigkeit zur statischen Zugfestigkeit bei Chrom-Molybdän-Stählen mit 0,38 und A. Pomp und M. Hempel (s. S. 341) mit 0,52 in Walzstahl; bei Chrom-Nickel-Einsatzstählen finden die beiden Forscher die entsprechenden Werte mit 0,42 und 0,44. Bei gekerbten Stäben hingegen liegen die Werte bei 0,35 und 0,26, bzw. 0,40 und 0,27 nach H. Juretzek, für Stahlguß günstiger. Es erklärt sich dies daraus, daß bei Stahlguß auch an glatten Stäben infolge der Gußkorngrenzen, Mikrolunkern und anderen unvermeidlichen Fehlstellen Kerben vorhanden sind, die auch den roher bearbeiteten Gußteil nicht viel schlechter erscheinen lassen als den glatt bearbeiteten.

E. B. Evans, L. J. Ebert und C. W. Briggs[3] finden dies bestätigt, wie es im Bild 493 dargestellt wird. Es handelt sich dabei um niedriglegierten Stahlguß. Der Einfluß der Querschnittsgröße zeigte sich an

[1] *Schrifttum über Schleuderguß:* Pölzguter, F.: Gießerei Bd. 42 (1955) S. 493/500; s. a.: Aciers fins. spéc. Franç. 1954 S. 105/112; Stahl u. Eisen Bd. 75 (1955) S. 237; Ahern, P. J., u. J. F. Wallace: Foundry Bd. 83 (1955) Nr. 7 S. 130/135; Stahl u. Eisen Bd. 75 (1955) S. 1344.

[2] *Schrifttum über Maskenguß:* Pölzguter, F.: Gießerei Bd. 43 (1956) S. 270/280.

[3] Evans, E. B., L. J. Ebert u. C. W. Briggs: Dauerfestigkeit gegossener und warm verformter Stähle bei Umlaufbiegeversuchen. Mach. Design Bd. 28 (1956) Nr. 23, S. 128 u. 130, s. Konstruktion Bd. 9 (1957) S. 171.

kleinen ungekerbten Proben gleicher Abmessungen, die aus Stahlgußstücken quadratischen Querschnitts mit 32, 76 und 152 mm Seitenlänge in der Mitte und nahe der Oberfläche entnommen wurden. Das Verhältnis — gekerbt-glatt — war am niedrigsten bei den Proben aus der Mitte des 152-mm-Querschnitts, am höchsten bei denen von der Oberfläche des 32-mm-Querschnitts. Das Verhältnis war 46 bis 50% für Stahlguß mit 0,3% C, 34 bis 42% für normalisierten Stahlguß mit 0,4 bis 0,7% Ni, 0,4 bis 0,6% Cr, 0,15 bis 0,25% Mo und 0,35% C; für den letztgenannten Stahlguß, vergütet, war das Verhältnis 34 bis 38%. Für ein gewalztes Stück 160 mm im Quadrat aus Stahl mit 0,3% C war kaum ein Unterschied zwischen Mitte und Randschicht zu erkennen; dagegen änderte sich das Verhältnis von 51 bis 53% in Längsrichtung zu 43 bis 44% in Querrichtung.

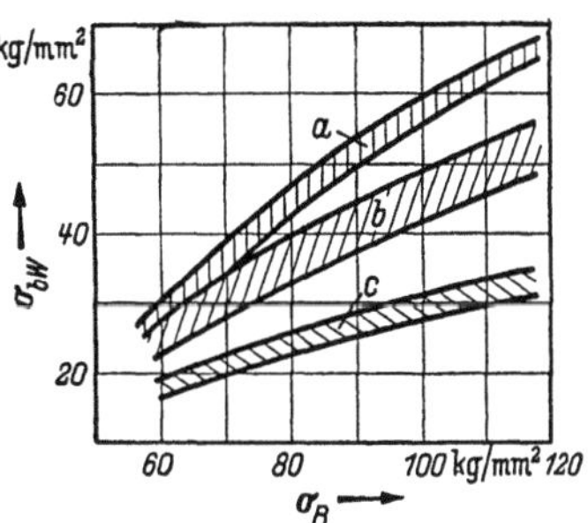

Bild 493. Dauerbiegewechselfestigkeit kleiner Probestäbe je nach der Zugfestigkeit. *a* warmverformter Stahl, ungekerbt; *b* Stahlguß, ungekerbt; *c* Stahlguß und warmverformter Stahl, gekerbt (nach E. B. Evans, L. J. Ebert und C. W. Briggs)

Die Warmfestigkeit und die Dauerstandfestigkeit sind bei Stahlguß eher höher als bei geschmiedetem Stahl, weil sich hier der Einfluß des groben Kornes im günstigen Sinne zeigt (s. S. 446). Es sei in diesem Zusammenhang auch auf Ausführungen von R. Schinn und R. v. Tinti[1] verwiesen.

Auch der Verschleißwiderstand ist, soweit man bei der Vielfalt der Verschleißarten dies überhaupt allgemein sagen kann, nicht geringer und im Durchschnitt besser als bei verformtem Stahl, vielleicht wegen des Fehlens der Faser. Als interessantes Beispiel mögen die während des Krieges in großer Zahl im Schleuderguß hergestellten Kanonenrohre genannt werden, die bis zum Unbrauchbarwerden eine erheblich größere Schußzahl aushielten als die geschmiedeten; die Ursache hierfür wird wohl in keinem anderen Umstand zu finden sein als in der Abwesenheit der Längsfaser.

Was die Korrosionsbeständigkeit betrifft, so kann der Guß gegenüber warmverformtem Stahl durch den geringeren Konzentrationsausgleich im Nachteil sein. Es betrifft dies sowohl die allgemeine Oberflächenkorrosion wie auch den Kornzerfall.

Bei der Entscheidung zwischen Stahlguß und formgeschmiedeten oder geschweißten Körpern ist zugunsten des Stahlgusses zu sagen, daß er den Forderungen des Konstrukteurs näherkommt als geschmiedete oder geschweißte Bauteile, welch letzteren, abgesehen von den Unregelmäßigkeiten der Naht und der Einbrandkerben, noch andere Nachteile

[1] Schinn, R., u. R. v. Tinti: Stahl u. Eisen Bd. 63 (1943) Nr. 7, S. 125/133; Nr. 8, S. 151/153.

Zahlentafel 184. *Vergleichende Festigkeitswerte von Guß und warmverformtem Stahl*

Nr.	Stahl	Zusammensetzung %	Streckgrenze Guß kg/mm² mind.	Streckgrenze Warmverformt kg/mm² mind.	Festigkeit Guß kg/mm² mind.	Festigkeit Warmverformt kg/mm² mind.	Dehnung $L_0 = 5 d_0$ Guß % mind.	Dehnung $L_0 = 5 d_0$ Warmverformt % mind.
1[1]	24 CrMo 5	C 0,25 Cr 1,1 Mo 0,2	30	45[2]	50	65/80[2]	20	15[2]
2	42 CrMo 4	C 0,4 Cr 1,1 Mo 0,2	65	70[3]	90	90/105[3]	10[4]	12[3]
3	30 Mn 5	C 0,3 Mn 1,4	30	38[3]	65	60/75[3]	14[4]	18[3]

werkstofflicher Art mit sich bringen (verschiedene Zusammensetzung von Schweiße und Grundwerkstoff sowie die von der Schweiße ausgehende Wärmebeeinflussung S. 395, 964). Für den Guß spricht oft die günstigere Lieferfrist gegenüber Gesenkschmiedestücken, welcher Umstand besonders dann zum Ausdruck kommt, wenn die Gußmodelle schon vorhanden sind. Liegen vom Verbraucher Wünsche über besondere Zusammensetzungen vor, so entschließt man sich hierfür leichter als bei gewalztem oder geschmiedetem Stahl, weil letztere beim Durchlaufen verschiedener Betriebe mehr Sondervorschriften erfordern. Zugunsten der geschweißten Teile spricht die leichtere Möglichkeit zu improvisieren.

Im folgenden seien Angaben über die Eigenschaften verschiedener Stahlgußarten gemacht.

Stahlguß für Vergütungs- und für Einsatzhärtung. Alle üblichen Vergütungs- und Einsatzstähle können als Stahlformguß gebraucht werden. Zunächst sei aus dem DIN-Blatt 1681 die Zahlentafel 185 gebracht. In dieser Tafel sind allerdings nicht die Werte für den gehärteten und angelassenen, sondern nur die für den normal geglühten Zustand angegeben, wobei die Eigenschaften dem vergüteten nicht viel nachstehen.

Von der Vielzahl der verwendeten Vergütungs- und Einsatzstähle gibt H. Juretzek[5] in den Zahlentafeln 186 und 187 die chemische Zusammensetzung und die Festigkeitswerte an. Zu dieser Zahlentafel ist die Bemerkung zu machen, daß Stähle mit hohem Kohlenstoffgehalt und

[1] Bei Stahl Nr. 1 sind verhältnismäßig niedrige Festigkeiten angegeben, da Stahlformguß meist luftvergütet wird. [2] Gültig für 100 bis 150 Durchmesser.

[3] Gültig für 40 bis 100 Durchmesser.

Für Guß liegen die dieser Festigkeit entsprechenden Abmessungen nicht vor; die Wandstärken übersteigen aber selten 100 mm.

[4] Bei warmverformtem Stahl läßt sich aus der Brinellhärte die Festigkeit mit der Zahl 0,35 umrechnen; bei Guß liegt die Festigkeit um 5 bis 10 kg/mm² niedriger als bei Walz- und Schmiedestahl derselben Brinellhärte.

[5] Juretzek, H.: Gießerei Bd. 29 (1942) Nr. 13, S. 217/226; Nr. 14, S. 243/249. Siehe darüber auch H. L. Korschan: Gießerei Bd. 28 (1941) S. 325/332 u. S. 350/355.

Zahlentafel 185

Eigenschaften von normal geglühtem, unlegiertem Stahlguß nach DIN 1681 (Ausg. März 1942)

Normalgüten

Markenbezeichnungen nach DIN 17006 Blatt 4	bisher	Zugfestigkeit σ_B kg/mm² mindestens	Streckgrenze σ_S kg/mm² mindestens	Bruchdehnung δ_5 % mindestens	Einschnürung[1] % mindestens	Kerbzähigkeit kgm/cm² mindestens VGB	DVM	Faltversuch (Biegeprobe) Biegewinkel 180° a = Probendicke D = Dorndurchmesser
GS — 38	Stg 38.81	38	—	20	—	—	—	—
GS — 45	Stg 45.81	45	—	16	—	—	—	—
GS — 52	Stg 52.81	52	—	12	—	—	—	—
GS — 60	Stg 60.81	60	—	8	—	—	—	—
				Sondergüten				
GS — 38.1	Stg 38.81 S[2]	38	18	25	—	—	—	—
GS — 38.3	Stg 38.81 K	38	18	25	—	7	5	—
GS — 38.2	Stg 38.81 B	38	18	25	25	—	—	D = 2 a
GS — 38.5	Stg 38.81 BK	38	18	25	25	7	5	D = 2 a
GS — 45.1	Stg 45.81 S	45	22	22	—	—	—	—
GS — 45.3	Stg 45.81 K	45	22	22	—	6	4	—
GS — 45.2	Stg 45.81 B	45	22	22	20	—	—	D = 3 a
GS — 45.5	Stg 45.81 BK	45	22	22	20	6	4	D = 3 a
GS — 52.1	Stg 52.81S[3]	52	25	18	—	—	—	—
GS — 52.3	Stg 52.81 K	52	25	18	—	4	3	—
GS — 52.2	Stg 52.81 B	52	25	18	17	—	—	D = 4 a
GS — 52.5	Stg 52.81 BK	52	25	18	17	4	3	D = 4 a
GS — 60.1	Stg 60.81 S[4]	60	36	15	—	—	—	—

Die Buchstaben am Schluß der Markenbezeichnung bedeuten Gewährleistung von: S = Streckgrenze B = Faltversuch (Biegeprobe) und K = Kerbzähigkeit

[1] Für die Abnahme nicht verbindlich. [2] Ersatz für Stg 38.81 R. [3] Ersatz für Stg 50.81 R. [4] Die Festigkeitseigenschaften dieses Stahles sind je nach Abmessung und Gewicht des Gußstücks gegebenenfalls nur durch Erschmelzung des Werkstoffes im Elektroofen oder durch Vergüten oder durch beide Maßnahmen erreichbar.

höherer Legierung schwer schweißbar sind und solche wie unter 7, 8 und 9 nur bei Anwendung besonderer Vorsichtsmaßnahmen (s. S. 399). Stahl Nr. 1 ist auch für Einsatzhärtung zu gebrauchen. Für den Vergleich von Vergütungsstählen im Stahlguß und im warmverformten Zustand wurden Beispiele in Zahlentafel 184 gebracht.

Eine weitere Zusammenstellung liegt in den Zahlentafeln 188, 189 und 190 von W. C. Newell[1] vor.

Bemerkenswert ist der Vergleich zwischen saurem und basischem Stahl, worüber auch W. C. Newell[1] in Zahlentafel 189 ein Beispiel gibt. Danach zeigt sich der basische Stahl günstiger. Wie auf S. 376, 972, 990 ausgeführt, liegt die Ursache wahrscheinlich darin, daß der saure Stahl

[1] Newell, W. C.: The casting of steel S. 526/527. London: Pergamon Press 1955.

Zahlentafel 186. *Chemische Zusammensetzung und Festigkeitseigenschaften der als Baustähle verwendeten Stahlgußgüten* (nach H. JURETZEK)
Chrom-, chrom-molybdän-, chrom-mangan-, ohne und mit Vanadinzusätzen legierte Stahlgußgüten

Stahlguß-güte	Chemische Zusammensetzung C %	Mn %	Cr %	Mo %	V %		Festigkeitseigenschaften 0,2-Grenze kg/mm²	Zugfestigkeit kg/mm²	Bruchdehnung $L_0 = 5d_0$; %	Brucheinschnürung %	Kerbschlagzähigkeit mkg/cm²
1	0,23 bis 0,30	0,50 bis 0,75	0,80 bis 1,10	0,15 bis 0,25	—	Vergütungsstufe a)	> 40	60 bis 75	18 bis 32	50 bis 70	etwa 18
2	0,23 bis 0,30	0,50 bis 0,75	0,80 bis 1,10	(0,10)	0,10 bis 0,20	Vergütungsstufe b)	> 55	75 bis 90	12 bis 22	40 bis 65	etwa 14
3	0,25 bis 0,32	0,70 bis 0,90	0,90 bis 1,20	—	—	Vergütungsstufe c)	> 70	90 bis 110	8 bis 17	30 bis 60	5 bis 12
4	0,23 bis 0,30	1,40 bis 1,60	0,00 bis 0,50	— —	0,10 bis 0,15	Vergütungsstufe d)	> 90	110 bis 125	7 bis 15	30 bis 55	> 4
5	0,18 bis 0,25	1,00 bis 1,40	1,20 bis 1,80	(0,20 bis 0,35)	—		> 90	110 bis 125	7 bis 15	30 bis 55	> 3,5
6	0,13 bis 0,23	0,70 bis 1,00	0,80 bis 1,20	(0,20 bis 0,30)	—		> 33	> 55	> 18	50 bis 70	18
7	0,35 bis 0,50	0,60 bis 1,00	0,70 bis 1,20	0,20 bis 0,40	—		45 bis 70	75 bis 110	8 bis 18	—	4 bis 9
8	0,35 bis 0,50	0,60 bis 1,00	0,70 bis 1,20	—	0,10 bis 0,30						
9	0,40 bis 0,60	0,70 bis 1,20	0,90 bis 1,50	—	—		> 60	80 bis 95	> 10	—	> 4
10	0,10 bis 0,20	0,80 bis 1,50	2,00 bis 3,00	(0,40 bis 0,50)	0,20		> 40	60 bis 70	> 18	—	25 bis 40

Zahlentafel 187

Mangan-, mangan-silizium- und siliziumlegierte Stahlgußgüten (nach H. JURETZEK)

Stahl-guß-güte	Chemische Zusammensetzung C %	Mn %	Si %	0,2-Grenze kg/mm²	Festigkeitseigenschaften Zug-festigkeit kg/mm²	Bruch-dehnung $L_0 = 5d_0$; %	Kerbschlag-zähigkeit mkg/cm²
11	0,90 bis 1,20	11,0 bis 14,0	0,4 bis 0,7	> 30	75 bis 90	30 bis 40	20
12	0,30 bis 0,40	1,2 bis 1,4	0,4	> 45	65 bis 75	> 18	> 6
13	0,18 bis 0,25	1,0 bis 1,6	0,4 bis 0,8	> 27	55	> 20	—
14	0,23 bis 0,35	1,0 bis 1,6	0,5 bis 1,5	> 40	60 bis 80	> 18	8
15	0,35 bis 0,45	1,0 bis 1,4	0,5 bis 1,0	> 50	70 bis 90	> 10	—
16	0,50 bis 0,60	1,0 bis 1,5	0,5 bis 1,5	—	> 90	—	—
17	0,40 bis 0,50	0,5 bis 0,7	bis	> 44	70 bis 80	14 bis 26	—

infolge seiner oft glasartigen Schlackeneinschlüsse mehr zu Korngrenzenschwächungen oder gar Korngrenzenrissen neigt.

H. BÜHLER[1] behandelt die Entwicklung des Stahlgusses von Wanddicken bis 600 mm für hohe Festigkeitsbeanspruchungen und kommt zum Schluß, daß man hierfür den Nickelgehalt erniedrigen und den Chromgehalt erhöhen müsse. Außerdem sei in manchen Fällen doppelte Härtung und besonders langes Anlassen notwendig.

Rost- und säurebeständiger Stahlguß. In den Zahlentafeln 192 bis 195 sind Zusammensetzung, Festigkeitseigenschaften, physikalische Eigenschaften und Verwendungszwecke dieser Stahlgußgruppe angegeben.

Beispiele amerikanischer korrosionsbeständiger Stahlgußsorten sind in der Zahlentafel 196 gegeben.

Warmfester Stahlguß. Aus dem DIN-Blatt 17245[2] sind in den Zahlentafeln 197 bis 200 die chemische Zusammensetzung, Prüfwerte sowie Anhaltsangaben für die Wärmebehandlung und die Langzeitwarmfestigkeitswerte von leichtlegiertem warmfesten Stahlguß wiedergegeben. Warmfestigkeitswerte austenitischer Cr-Ni-Stahlgußlegierungen sind in

[1] BÜHLER, H.: Gießerei Bd. 45 (1958) H. 4, S. 87/92.

[2] DIN 17245, Jan. 1959, Blatt 1 u. 2.

Zahlentafel 188. *Werte verschiedener Vergütungs- und Einsatzstähle im Stahlguß* (nach W. C. Newell)[1]

Stahl	Zusammensetzung	Wärmebehandlung	Festigkeitswerte: Streckgrenze t/Quadratzoll	Festigkeit t/Quadratzoll	Dehnung %	Einschnürung %	Kerbschlagzähigkeit Fuß-lbs/sq.in.
1	0,13 C, 0,75 Mn	geglüht	15,0	24,0	30,0	40,0	25
		doppelt gehärtet	19,0	32,0	28,0	40,0	30
2	0,20 C, 0,80 Mn	geglüht	18,0	30,0	29,0	40,0	20
		normalgeglüht	19,0	32,0	25,0	35,0	20
		ölgehärtet und angelassen	20,0	34,0	25,0	40,0	25
3	0,20 C, 1,35 Mn	geglüht	20,0	34,0	28,0	40,0	20
		normalgeglüht	21,0	35,0	25,0	35,0	20
		ölgehärtet und angelassen	23,0	36,0	25,0	40,0	25
4	0,36 C, 1,40 Mn	geglüht	20,0	37,0	23,0	35,0	15
		normalgeglüht	21,0	38,0	20,0	30,0	10
5	0,40 C, 1,40 Mn	geglüht	24,0	40,0	16,0	25,0	10
		normalgeglüht	25,0	41,0	16,0	25,0	10
		ölgehärtet und angelassen	27,0	43,0	20,0	30,0	15
6	0,25 C, 1,40 Mn	geglüht	22,0	35,0	27,0	40,0	20
		normalgeglüht	24,0	36,0	26,0	40,0	20
		ölgehärtet und angelassen	25,0	37,0	25,0	40,0	25
7	0,23 C, 0,60 Mn	geglüht	16,0	28,0	25,0	35,0	15

[1] Bei dieser Zahlentafel handelt es sich nicht um Mindestwerte, sondern um Durchschnittswerte.

Zahlentafel 189. *Eigenschaften von normal geglühtem, leicht legiertem Stahlguß* (nach Newell) *(sauer und basisch)*

Stahl	C %	Mn %	Si %	Mo %	Wärmebehandlung	Streckgrenze to/sq.in.	Festigkeit to/sq.in.	Dehnung %	Einschnürung %
Saurer S.M.-Stahl	0,43	0,59	0,25	—	860 °C	20,0	36,0	18,5	21,6
	0,38	1,44	0,42	—	850 °C	21,2	37,6	23,0	30,8
	0,26	1,30	0,28	0,25	850/860 °C 650 °C	25,6	36,16	26,0	43,4
Basischer Elektrostahl	0,26	1,03	0,30	—	900 °C	23,6	37,6	31,0	50,0

den Zahlentafeln 192 und 205 wiedergegeben. Auch die Werte der Zahlentafel 145, S. 682, gelten annähernd auch für Guß.

Angaben über hochwarmfeste Gußlegierungen sind im Abschnitt „Warm- und dauerstandfeste Stähle“ zu finden (S. 468 ff.).

Zahlentafel 190. *Werte verschiedener Vergütungsstähle (ölgehärtet und angelassen)* (nach W. C. NEWELL)[1]

Stahl	Zusammensetzung						Wärmebehandlung	Festigkeitswerte				
	C %	Mn %	Si %	Ni %	Cr %	Mo %		Streckgrenze t/Quadratzoll	Festigkeit t/Quadratzoll	Dehnung %	Einschnürung %	Kerbschlagzähigkeit Fuß-lbs/sq.in.
1	0,30 0,27/0,33	0,85 0,7/1,0	0,40 0,35/0,50	1,00 0,75/1,25	— —	— —	ölgehärtet und angelassen	28,0	41,0	20,0	40,0	30
2	0,30 0,29/0,33	0,65 0,55/0,75	0,40 0,35/0,50	1,5 1,4/1,6	— —	0,30 0,20/0,40	ölgehärtet und angelassen	32,0	43,0	20,0	40,0	30
3	0,35 0,33/0,38	0,65 0,55/0,75	0,40 0,35/0,50	1,50 1,4/1,6	1,00 0,8/1,2	0,30 0,20/0,40	ölgehärtet und angelassen	34,0	45,0	20,0	40,0	35
4	0,35 0,33/0,38	0,65 0,55/0,75	0,40 0,35/0,50	3,0 2,8/3,2	0,85 0,75/0,95	0,35 0,25/0,45	ölgehärtet und angelassen	40,0	50,0	20,0	45,0	40
5	0,35 0,33/0,38	0,65 0,55/0,75	0,40 0,35/0,50	3,95 3,75/4,5	1,00 0,9/1,10	0,40 0,30/0,50	ölgehärtet und angelassen ölgehärtet und angelassen	43,0 41,0	53,0 50,0	20,0 20,0	40,0 40,0	40 35
6	0,43 0,40/0,46	1,45 1,4/1,5	0,35 0,30/0,40	— —	0,80 0,7/0,9	— —	ölgehärtet und angelassen	40,0	50,0	10,0	20,0	—
7	0,43 0,40/0,46	1,45 1,4/1,5	0,35 0,30/0,40	— —	0,80 0,7/0,9	0,30 0,25/0,35	ölgehärtet und angelassen	42,0	55,0	10,0	20,0	—
8	0,27 0,25/0,30	1,40 1,35/1,45	0,35 0,30/0,40	— —	— —	0,25 0,20/0,30	ölgehärtet und angelassen	30,0	42,0	18,0	35,0	20

[1] Die Werte verstehen sich auf Stücke von 60 mm Dicke.

Zahlentafel 191. *Chemische Zusammensetzung der nichtrostenden Stahlgußsorten (Schmelzenanalyse)* (nach Stahl-Eisen-Werkstoffblatt 410–60, Ausg. März 1960)

Stahlsorte: Kurzname nach DIN 17006	Werkstoffnummer nach DIN 17007 Blatt 2[1]	% C	% Si	% Mn	% Cr	% Mo	% Ni	% Sonstiges[2]
G-X 25 Cr 14	4027	0,15/0,25	≦ 1,0	≦ 1,0	12,5/14,5	—	(≦ 1,0)	
G-X 22 CrNi 17	4059	0,15/0,25	≦ 1,0	≦ 1,0	15,5/17,5	—	1,0/2,0	
G-X 70 Cr 29	4085	0,50/0,90	≦ 2,0	≦ 1,0	27,0/29,0	—	—	
G-X 120 Cr 29	4086	0,90/1,30	≦ 2,0	≦ 1,0	27,0/30,0	—	—	
G-X 70 CrMo 29 2	4136	0,50/0,90	≦ 2,0	≦ 1,0	27,0/30,0	2,0/2,5	—	
G-X 120 CrMo 29 2	4138	0,90/1,30	≦ 2,0	≦ 1,0	27,0/29,0	2,0/2,5	—	
G-X 40 CrNi 27 4	4340	0,30/0,50	≦ 2,0	≦ 1,5	26,0/28,0	—	3,5/5,5	
G-X 15 CrNi 18 8	4312	≦ 0,15	≦ 2,0	≦ 2,0	17,0/19,0	—	8,0/10,0	
G-X 6 CrNi 18 9	4308	≦ 0,08	≦ 2,0	≦ 2,0	17,5/20,0	—	9,0/11,0	
G-X 10 CrNiNb 18 9	4552	≦ 0,10	≦ 1,5	≦ 2,0	17,5/20,0	—	9,0/11,0	Nb > 8 × % C[3]
G-X 15 CrNiMo 18 9	4410	≦ 0,15	≦ 2,5	≦ 2,0	17,0/19,0	2,0/2,5	9,0/11,0	
G-X 5 CrNiMo 18 10	4408	≦ 0,08	≦ 2,0	≦ 2,0	17,0/19,5	2,0/2,5	10,0/12,0	
G-X 10 CrNiMoNb 18 10	4580	≦ 0,10	≦ 1,0	≦ 2,0	16,5/18,5	2,0/2,5	10,5/12,5	Nb > 8 × % C[3]
G-X 5 CrNiMo 17 13	4448	≦ 0,08	≦ 1,5	≦ 2,0	16,0/18,0	4,0/5,0	12,5/14,5	(Nb ≦ 1,0)
G-X 8 CrNiMoCu 18 18	4585	≦ 0,08	≦ 1,5	≦ 2,0	16,5/18,5	2,0/2,5	19,0/21,0	Cu 1,8/2,4 (Nb ≦ 1,0)
G-X 5 NiCrMoCu 25 20	4500	≦ 0,08	≦ 1,5	≦ 2,0	19,0/21,0	2,5/3,5	24,0/26,0	Cu 1,5/2,5 (Nb ≦ 1,0)

[1] z. Z. Entwurf.
[2] Der Phosphorgehalt darf höchstens 0,045% und der Schwefelgehalt höchstens 0,040% betragen.
[3] Ein Teil des Niobs kann durch die doppelte Menge Tantal ersetzt werden.

Zahlentafel 192. *Anhaltsangaben über die mechanischen Eigenschaften bei Raumtemperatur und über die Warmstreckgrenze der nichtrostenden Stahlgußsorten (Gewährleistungswerte s. Stahl-Eisen-Lieferbedingungen 410)* (nach Stahl-Eisen-Werkstoffblatt 410–60, Ausg. März 1960)

Stahlsorte: Kurzname nach DIN 17006	Werkstoffnummer nach DIN 17007 Blatt 2[1]	Wärmebehandlungszustand	Härte HB	Streckgrenze kg/mm² mind.	Zugfestigkeit[2] kg/mm²	Bruchdehnung ($L_0=5d_0$) % mind.	Streckgrenze[3] bei 100 °C	150 °C	200 °C	250 °C	300 °C	350 °C	400 °C
							kg/mm² mindestens						
G-X 25 Cr 14	4027	vergütet[4]	180—240	40	60—80	12	37	36	35	34	34	32	31
G-X 22 CrNi 17	4059	vergütet[4]	220—290	45	70—90	6	42	39	37	36	35	33	31
G-X 70 Cr 29	4085	(geglüht)	210—280	—	—	—	—	—	—	—	—	—	—
G-X 120 Cr 29	4086	(geglüht)	260—330	—	—	—	—	—	—	—	—	—	—
G-X 70 CrMo 29 2	4136	(geglüht)	210—280	—	—	—	—	—	—	—	—	—	—
G-X 120 CrMo 29 2	4138	(geglüht)	260—330	—	—	—	—	—	—	—	—	—	—
G-X 40 CrNi 27 4	4340	(geglüht)	210—260	—	50—80	[5]	—	—	—	—	—	—	—
G-X 15 CrNi 18 8	4312	abgeschreckt	130—180	20	45—65	20	17	15,5	14	13,5	13	12,5	12
G-X 6 CrNi 18 9	4308	abgeschreckt	130—180	20	45—65	20	17	15,5	14	13,5	13	12,5	12
G-X 10 CrNiNb 18 9	4552	abgeschreckt	130—180	20	45—65	20	17	15,5	14	13,5	13	13	12,5
G-X 15 CrNiMo 18 9	4410	abgeschreckt	130—180	21	45—65	20	17,5	16,5	15	14,5	14	13,5	13
G-X 5 CrNiMo 18 10	4408	abgeschreckt	130—180	21	45—65	20	17,5	16,5	15	14	13,5	13	12,5
G-X 10 CrNiMoNb 18 10	4580	abgeschreckt	130—180	21	45—65	20	17,5	16,5	15	14,5	14	13,5	13
G-X 5 CrNiMo 17 13	4448	abgeschreckt	130—180	18	40—60	15	14	13	12	11,5	11	10,5	10
G-X 8 CrNiMoCu 18 18	4585	abgeschreckt	130—180	18	45—65	15	14	13	2	11,5	11	10,5	10
G-X 5 NiCrMoCu 25 20	4500	abgeschreckt	130—180	20	45—65	15	16,5	13	13,5	13	12,5	12	11,5

[1] z. Z. Entwurf.

[2] Die Zugfestigkeit läßt sich angenähert aus der Brinellhärte durch Malnehmen mit 0,35 errechnen; für austenitische Stahlsorten ist dieser Beiwert als Anhalt mit 0,40 anzunehmen. Da erhebliche Streuungen auftreten können, ist aber der Zugversuch maßgebend.

[3] Ermittelt nach DIN 50112. Über das Zeitstandverhalten für hochwarmfeste Zwecke s. Stahl-Eisen-Werkstoffblatt 671 — Hochwarmfester Stahlguß — (in Vorbereitung).

[4] Höhere Festigkeitswerte sind durch Änderung der Anlaßtemperatur zu erreichen.

[5] Der Werkstoff ist zäher als die Chrom- und Chrom-Molybdän-Legierungen; die Bruchdehnung beträgt rd. 4%.

Zahlentafel 193. *Beispiele für die Verwendung der nichtrostenden Stahlgußsorten* (nach Stahl-Eisen-Werkstoffblatt 410–60, Ausg. März 1960)

Stahlsorte: Kurzname nach DIN 17006	Werkstoffnummer nach DIN 17007 Blatt 2[1]	Verwendungsbeispiele
G-X 25 Cr 14	4027	Vergütbare nichtrostende Gußstücke mit guten Festigkeitseigenschaften, besonders für Wasserturbinen, Peltonräder, Dampfturbinen, Ventile für Wasser und Dampf, Armaturen
G-X 22 CrNi 17	4059	Vergütbare, korrosionsbeständige Gußstücke, z. B. für Teile in Berührung mit sauren Grubenwässern und Meerwasser
G-X 70 Cr 29 G-X 120 Cr 29	4085 4086	Gußstücke mit Festigkeitseigenschaften eines hochwertigen Gußeisens bei hoher Korrosionsbeständigkeit, besonders auch der nicht bearbeiteten noch mit der Gußhaut behafteten Stücke; Anwendung in der Molkerei-, Nahrungsmittel- und chemischen Industrie sowie im Bergbau
G-X 70 CrMo 29 2 G-X 120 CrMo 29 2	4136 4138	Hochkorrosionsbeständige Gußstücke, besonders für die chemische Industrie und den Kalibergbau usw. und bei Angriff von schwefliger Säure und Chloriden
G-X 40 CrNi 27 4	4340	Gegenüber 4085 und 4086 besonders für größere und formschwierigere Gußstücke, bei denen die Zähigkeitseigenschaften dieser Werkstoffe nicht ausreichen, z. B. für große Pumpengehäuse und Laufräder, für die chemische Industrie und den Bergbau
G-X 15 CrNi 18 8	4312	Gußstücke mit hoher Zähigkeit und Korrosionsbeständigkeit, besonders für Pumpen und Armaturen der chemischen Industrie
G-X 6 CrNi 18 9	4308	Wie bei 4312, bei geschweißten Teilen, an denen nach der Schweißung keine Wärmebehandlung erforderlich ist
G-X 10 CrNiNb 18 9	4552	Wie bei 4312 für die chemische Industrie mit Kornzerfallsbeständigkeit nach umfangreichen Schweißungen ohne nachträgliche Wärmebehandlung und bei Betriebstemperaturen über 300 °C
G-X 15 CrNiMo 18 9	4410	Wie bei 4312 wegen hoher Korrosionsbeständigkeit gegen schweflige Säure, organische Säuren und Chloride, besondere Anwendung in der Sulfitzellstoff-, Textil- und chemischen Industrie
G-X 5 CrNiMo 18 10	4408	Wie bei 4410 bei Teilen, an denen nach der Schweißung keine Wärmebehandlung erforderlich ist
G-X 10 CrNiMoNb 18 10	4580	Wie bei 4410 für die chemische Industrie mit Kornzerfallsbeständigkeit, nach umfangreichen Schweißungen ohne nachträgliche Wärmebehandlung und bei Betriebstemperaturen über 300 °C
G-X 5 CrNiMo 17 13	4448	Wie bei 4410, Gußstücke bei verstärktem Angriff durch Chloride, Sulfite, organische Säuren usw.
G-X 8 CrNiMoCu 18 18 G-X 5 NiCrMoCu 25 20	4585 4500	Gußstücke besonders bei Angriff von Schwefelsäure und Lösungen ihrer Salze

[1] z. Z. Entwurf.

Zahlentafel 194. *Anhaltsangaben über das Schweißen der nichtrostenden Stahlgußsorten* (nach Stahl-Eisen-Werkstoffblatt 410–60, Ausg. März 1960)

Stahlsorte: Kurzname nach DIN 17006	Stahlsorte: Werkstoffnummer nach DIN 17007 Blatt 2[1]	Geeigneter Schweißzusatzwerkstoff Werkstoffnummer[2]	Hinweise für das Schweißen und die Nachbehandlung
G-X 25 Cr 14	4027	4021, 4723 (4302, 4551)	Nach dem Schweißen Anlassen oder Vergüten erforderlich
G-X 22 CrNi 17	4059	4015 (4302, 4551)	
G-X 70 Cr 29	4085	4773 (4820)	Nur in Sonderfällen im rotwarmen Zustand (700 bis 800 °C) schweißen und langsam im Ofen abkühlen lassen
G-X 120 Cr 29	4086	4773 (4820)	
G-X 70 CrMo 29 2	4136	4137 (4581)	
G-X 120 CrMo 29 2	4138	4137 (4581)	
G-X 40 CrNi 27 4	4340	4820 (4302, 4551)	Teile im kalten oder vorgewärmten Zustand schweißbar. Wärmebehandlung nach dem Schweißen zu empfehlen
G-X 15 CrNi 18 8	4312	4302, 4551	Bei größeren Schweißungen nachträgliche Wärmebehandlung notwendig
G-X 6 CrNi 18 9	4308	4302, 4551	Keine nachträgliche Wärmebehandlung nach dem Schweißen erforderlich
G-X 10 CrNiNb 18 9	4552	4551	
G-X 15 CrNiMo 18 9	4410	4402, 4581	Bei größeren Schweißungen nachträgliche Wärmebehandlung notwendig
G-X 5 CrNiMo 18 10	4408	4402, 4581	Keine nachträgliche Wärmebehandlung nach dem Schweißen erforderlich
G-X 10 CrNiMoNb 18 10	4580	4581	
G-X 5 CrNiMo 17 13	4448	4589	Bei größeren Schweißungen nachträgliche Wärmebehandlung erforderlich
G-X 8 CrNiMoCu 18 18	4585	4507	
G-X 5 NiCrMoCu 25 20	4500	4500[2]	

[1] z. Z. Entwurf.

[2] Chemische Zusammensetzung s. Zahlentafel 191. Die eingeklammerten Werkstoffnummern geben den höher legierten Schweißzusatzwerkstoff an.

Zahlentafel 195. *Chemische Zusammensetzung der Schweißzusatzwerkstoffe*[1] *für Verbindungs- und Auftragsschweißung nichtrostender Stahlgußsorten*[2] (nach Stahl-Eisen-Werkstoffblatt 410–60, Ausg. März 1960)

Stahlsorte: Kurzname nach DIN 17006	Werkstoffnummer nach DIN 17007 Blatt 2[3]	% C	% Si	% Mn	% Cr	% Mo	% Ni	% Sonstiges[4]
X 5 CrNi 19 9	4302	$\leq$ 0,06	$\leq$ 1,5	$\leq$ 1,5	18,0/20,0	—	8,5/10,5	—
X 5 CrNiMo 19 10	4402	$\leq$ 0,06	$\leq$ 1,5	$\leq$ 1,5	18,0/20,0	2,0/2,5	9,0/11,0	—
X 8 CrNiNb 19 9	4551	$\leq$ 0,10	$\leq$ 2,0	$\leq$ 1,5	18,0/20,0	—	8,0/10,0	Nb > 12 × % C
X 8 CrNiMoNb 19 10	4581	$\leq$ 0,10	$\leq$ 2,0	$\leq$ 1,5	18,0/20,0	2,0/2,5	9,5/11,5	Nb > 12 × % C
X 8 CrNiMoNb 25 25	4587	$\leq$ 0,10	$\leq$ 1,5	$\leq$ 1,5	25,0/27,0	2,0/2,5	24,0/26,0	Nb > 12 × % C
X 8 CrNiMoNb 17 13	4589	$\leq$ 0,07	$\leq$ 1,5	$\leq$ 1,5	17,0/19,0	4,5/5,0	12,5/14,5	Nb > 12 × % C
X 8 NiCrMoCuNb 20 18	4507	$\leq$ 0,08	$\leq$ 1,5	$\leq$ 1,5	17,5/19,5	2,0/2,5	20,0/22,0	1,8/2,2% Cu, Nb > 10 × % C
X 12 CrNi 25 4	4820	$\leq$ 0,15	$\leq$ 1,5	$\leq$ 1,5	25,0/27,0	—	3,5/5,5	—
X 20 Cr 13	4021	0,17/0,22	$\leq$ 1,0	$\leq$ 1,0	12,0/14,0	—	($\leq$ 1,0)	—
X 8 Cr 15	4723	$\leq$ 0,12	1,0/2,0	$\leq$ 1,5	13,5/15,5	—	($\leq$ 1,0)	—
X 8 Cr 18[5]	4015	$\leq$ 0,10	$\leq$ 1,5	$\leq$ 1,5	16,5/18,5	—	($\leq$ 1,0)	—[5]
X 8 Cr 30	4773	$\leq$ 0,10	$\leq$ 2,0	$\leq$ 1,5	29,0/31,0	—	($\leq$ 2,0)	—
X 8 CrMo 30 2	4137	$\leq$ 0,10	$\leq$ 2,0	$\leq$ 1,5	29,0/31,0	2,0/2,5	($\leq$ 2,0)	N 0,10/0,15

[1] s. a. Stahl-Eisen-Werkstoffblatt 880–59: Gewalzte und gezogene Stähle für Schweißzusatzwerkstoffe. Verschleißfeste Auftragswerkstoffe s. Stahl-Eisen-Werkstoffblatt 980: Hartlegierungen (in Vorbereitung).

[2] Wegen der Zuordnung von Schweißzusatzwerkstoff und Grundwerkstoff s. Zahlentafel 194.

[3] z. Z. Entwurf.

[4] Bei austenitischen Stählen darf der Phosphorgehalt höchstens 0,025% und der Schwefelgehalt höchstens 0,020%, bei ferritischen und perlitischen Stählen der Phosphorgehalt und Schwefelgehalt höchstens je 0,030% betragen.

[5] Bei zusätzlich Nb $\leq$ 12 × % C hat der Stahl den Kurznamen X 8 CrNb 17 und die Werkstoffnummer 4511.

Zahlentafel 196[1]. *Chemische Zusammensetzung und Festigkeitswerte einiger in den Vereinigten Staaten von Amerika genormten korrosions- und hitzebeständigen Stahlgußsorten*

Benennung nach			Chemische Zusammensetzung						Festigkeitseigenschaften				Wärmebehandlung nach „Steel Castings Handbook"[2]
ACI	SAE	ASTM	C %	Si %	Mn %	Cr %	Ni %	Sonstiges %	Zugfestigkeit kg/mm²	Streckgrenze kg/mm²	Bruchdehnung (L=50,8 mm) %	Einschnürung %	
CA — 15	60410	Gr. 10	< 0,15	< 1,5	< 1,0	11,5—14	< 1,0	< 0,5 Mo	> 63,0	> 45,5	> 18	> 30	Erhitzen auf 980 bis 1010 °C, Abkühlen an Luft oder im Ofen und Anlassen auf 650 bis 760 °C
CA — 40	60420	—	0,20—0,40	< 1,5	< 1,0	11,5—14	< 1,0	< 0,5 Mo	> 63,0	> 45,5	> 18	—	
CB — 30	60442	Gr. 11	< 0,30	< 1,0	< 1,0	18—22	< 2,0	—	> 45,5	> 21,0	—	—	Erhitzen auf 816 bis 840 °C, Abkühlen im Ofen und Anlassen bis 590 °C
CC — 50	60446	Gr. 12	< 0,50	< 1,0	< 1,0	26—30	< 4,0	—	> 38,5		—	—	Erhitzen auf 790 bis 810 °C, Abkühlen im Ofen und Anlassen bis 590 °C
CE — 30	60312	Gr. 9	< 0,30	< 2,0	< 1,5	26—30	8—11	—	> 56,0	> 28,0	> 10	—	Erhitzen auf 1100 °C und Abschrecken in Wasser
CF — 8	60304	Gr. 1	< 0,08	< 2,0	< 1,5	18—21	8—11	—	> 49,0	> 19,6	> 35	—	Erhitzen auf 1040 bis 1050 °C und Abschrecken in Wasser
CF — 20	—	—	< 0,20	< 2,0	< 1,5	18—21	8—11	—	53—61	25—32	45—55	50—60	
CF — 8 M	60316	Gr. 4	< 0,08	< 1,5	< 1,5	18—21	9—12	2,0—3,0 Mo	> 49,0	> 21,0	> 30	—	
CF — 12 M	—	—	< 0,12	< 1,5	< 1,5	18—21	9—12	2,0—3,0 Mo	—	—	—	—	Erhitzen auf 1040 bis 1050 °C und Abschrecken in Wasser
CF — 8 C	60347	Gr. 5	< 0,08	< 2,0	< 1,5	18—21	9—12	Nb > 8 x% C ≦ 1,0	> 49,0	> 21,0	> 30	—	
CF — 16 F	60303	Gr. 6	< 0,16	< 2,0	< 1,5	18—21	9—12	< 1,5 Mo, < 0,17 P, 0,2—0,35 Se	> 49,0	> 21,0	> 25	—	
CF — 16 F	60303 A	Gr. 6	< 0,16	< 2,0	< 1,5	18—21	9—12	0,4—0,8 Mo, 0,2—0,4 S	> 49,0	> 21,0	> 25	—	
CG — 12	—	—	< 0,12	< 2,0	< 1,5	20—23	10—13	—	—	—	—	—	
CH — 10	—	—	< 0,10	< 2,0	< 1,5	22—26	12—15	—	—	—	—	—	
CH — 20	60309	Gr. 7	< 0,20	< 2,0	< 1,5	22—26	12—15	—	> 49,0	> 21,0	> 30	—	
CK — 20	60310	Gr. 8	< 0,20	< 2,0	< 1,5	23—27	19—22	—	> 45,5	> 19,6	> 30	—	
CN — 7 MCu	—	—	< 0,07	verschied.	< 1,5	18—22	21—31	verschied. Mo, Cu	—	—	—	—	

[1] ROESCH, K.: Entwicklung und Stand des nichtrostenden Stahlgusses. Stahl u. Eisen Bd. 70 (1950) Nr. 14, S. 596/607.

[2] Steel Castings Handbook. Cleveland 1945.

Zahlentafel 197

Chemische Zusammensetzung von warmfestem Stahlguß nach DIN 17245 (Juli 1957)

Stahlsorte Kurzname nach DIN 17006	Werkstoffnummer nach DIN 17007	Chemische Zusammensetzung[1] % C	% Si	% Mn	% Cr	% Mo	% V	Schweißbarkeit
GS-C 25	0619	.18/.25[2]	.30/.50	.50/.80	<.30	—	—	schmelzschweißbar
GS-22 Mo 4	5419	.18/.25	.30/.50	.50/.80	<.30	.35/.45		schmelzschweißbar
GS-22 CrMo 5 4	7354	.18/.25	.30/.50	.50/.80	.80/1.1	.40/.50		
GS-20 MoV 5 3	5404	.16/.23	.30/.50	.70/.90	<.30	.45/.55	.25/.35	
GS-20 MoV 8 4	5406	.16/.23	.30/.50	.50/.80	<.30	.80/.90	.35/.45	

Zahlentafel 198. *Gewährleistete Prüfwerte von warmfestem Stahlguß nach Zahlentafel 197*

Stahlsorte Kurzname nach DIN 17006	Werkstoffnummer nach DIN 17007	Zugfestigkeit kg/mm² mind.	Streckgrenze bei 20°	200°	300°	350°	400°	450°	500° kg/mm² mind.	Bruchdehnung ($L_0 = 5 d_0$) % mind.	Kerbschlagzähigkeit DVM-Probe kgm/cm² mind.
GS-C 25	0619	45—60	25	24	17	15	13	9		22	5
GS-22 Mo 4	5419	45—60	25	24	21	19	17	14	10	22	5
GS-22 CrMo 5 4	7354	53—70	30	29	28	26	24	21	17	20	4
GS-20 MoV 5 3	5404	50—70	30	29	28	26	24	22	18	18	4
GS-20 MoV 8 4	5406	60—80	40	35	32	31	29	26	22	15	4

Zahlentafel 199

Anhaltsangaben für die Wärmebehandlung von warmfestem Stahlguß

Stahlsorte Kurzname nach DIN 17006	Werkstoffnummer nach DIN 17007	Normalglüh- oder Härtetemperatur °C	Anlaßtemperatur[3] °C mind.
GS-C 25	0619	900—950	620
GS-22 Mo 4	5419	≦950	680
GS-22 CrMo 5 4	7354	≦950	680
GS-20 MoV 5 3	5404	≦980	680
GS-20 MoV 8 4	5406	≦980	700

Hitzebeständiger Stahlguß. In den Zahlentafeln 201 bis 204, entnommen aus dem Stahl-Eisen-Werkstoffblatt[4], sind chemische Zu-

[1] Der Phosphor- und Schwefelgehalt darf bei dem Stahl GS-C 25 höchstens je 0,050%, bei den übrigen Stählen höchstens je 0,040% betragen. Für sauren Stahl sind höhere P- und S-Gehalte nach Vereinbarung zulässig.

[2] Soll der Stahlguß für größere Schweißarbeiten (z. B. für Einschweißarmaturen) verwendet werden, so ist bei der Bestellung besonders zu vereinbaren, daß der Kohlenstoffgehalt auch am Stück 0,25% nicht überschreitet.

[3] Nach dem Anlassen Abkühlung im Ofen.

[4] Stahl-Eisen-Werkstoffblatt 471—54, 3. Ausg., Mai 1954: Hitzebeständiger Stahlguß.

Zahlentafel 200. *Vorläufige Anhaltsangaben für die Langzeit-Warmfestigkeitswerte von warmfestem Stahlguß (die Werte sind die Mittelwerte des bisher erfaßten Streubereichs) nach DIN 17245* (Juli 1957)

Stahlsorte Kurzname nach DIN 17006	Temperatur °C	1%-Zeitdehngrenze für 10000 h kg/mm²	1%-Zeitdehngrenze für 100000 h kg/mm²	Zeitstandfestigkeit für 10000 h kg/mm²	Zeitstandfestigkeit für 100000 h kg/mm²
GS-C 25	400	13	9	16	13
	425	9,5	6,5	12	9
	450	7	4,5	9	6,5
	475	4,9	3	7	4,7
	500	3,5	2,1	5	3,5
GS-22 Mo 4	400	28	21	43	32
	425	25	19	38	28
	450	22	16	31	22
	475	19	13	24	17
	500	15	10	18	12
GS-22 CrMo 5 4	450	24	20	34	27
	475	21	16	29	22
	500	17	12	24	17
	525	12	7,5	17	10
	550	7,5	3,5	11	5
GS-20 MoV 5 3	450	25	19	32	25
	475	20	15	26	19
	500	16	11	20	14
	525	12	7,5	15	10
	550	8,5	5	11	6,5
GS-20 MoV 8 4	450	32	25	38	30
	475	26	19	31	23
	500	20	14	25	16
	525	15	10	18	12
	550	12	6,5	14	8

sammensetzung, Gebrauchseigenschaften, Verwendung, Wärmebehandlung und Schweißzusatzwerkstoffe der hitzebeständigen Stahlgußsorten wiedergegeben.

Über die Zunderbeständigkeit verschiedener Stahlgußsorten s. Zahlentafel 202 und besonders auch Zahlentafel 145, S. 682; über Dynamostahlguß s. S. 587, Zahlentafel 123.

Stahlguß für Werkzeugstähle. In Zahlentafel 206 sieht man Beispiele von Stahlgußlegierungen für Werkzeuge.

Stahl Nr. 1 der Zahlentafel ist der klassische Stahl für Zerkleinerungswerkzeuge, über den auf S. 158 Ausführliches gesagt wurde. Seine Festigkeit schwankt zwischen 80 und 100 kg/mm² bei einer Dehnung von 30 bis 50% und einer Streckgrenze von etwa 30 kg/mm². Dieser Stahl hat im Guß keine schlechteren Festigkeitseigenschaften als geschmiedet und gewalzt. Es rührt dies vielleicht davon her, daß die manganreichen, nichtmetallischen Bestandteile die Korngrenzen stärker verfestigen, als es bei anderen Stählen der Fall ist.

Zahlentafel 201. *Chemische Zusammensetzung der hitzebeständigen Stahlgußsorten*[1] (nach Stahl-Eisen-Werkstoffblatt 471–60, Ausg. März 1960)

Stahlsorte Kurzname nach DIN 17006	Werkstoffnummer nach DIN 17007 Blatt 2[2]	% C	% Si	% Mn	% Cr	% Ni
G-X 30 CrSi 6	4710	0,15/0,35	1,0/2,5	≦ 1,0	6,0/7,0	—
G-X 45 CrSi 13	4729	0,30/0,60	1,0/2,5	≦ 1,0	12,0/14,0	—
G-X 40 CrSi 17	4740	0,30/0,60	1,0/2,5	≦ 1,0	16,0/18,0	—
G-X 160 CrSi 18	4743	1,40/1,80	1,0/2,5	≦ 1,0	17,0/19,0	—
G-X 40 CrSi 22	4745	0,30/0,60	1,0/2,5	≦ 1,0	22,0/24,0	—
G-X 40 CrSi 29	4776	0,30/0,60	1,0/2,5	≦ 1,0	27,0/30,0	—
G-X 130 CrSi 29	4777	1,20/1,40	1,0/2,5	≦ 1,0	27,0/30,0	—
G-X 40 CrNi 27 4	4823	0,30/0,50	1,0/2,0	≦ 1,5	26,0/28,0	3,5/5,5
G-X 25 CrNiSi 18 9	4825	0,15/0,35	1,0/2,5	≦ 1,5	17,0/19,0	8,0/10,0
G-X 40 CrNiSi 22 9	4826	0,30/0,50	1,0/2,5	≦ 1,5	21,0/23,0	9,0/11,0
G-X 25 CrNiSi 20 14	4832	0,15/0,35	1,0/2,5	≦ 1,5	19,0/21,0	13,0/15,0
G-X 35 CrNiSi 25 12	4837	0,20/0,50	1,0/2,5	≦ 1,5	24,0/26,0	11,0/14,0
G-X 40 CrNiSi 26 14	4866	0,20/0,50	1,0/2,5	≦ 1,5	25,0/28,0	13,0/16,0
G-X 40 CrNiSi 25 20	4848	0,20/0,50	1,0/2,5	≦ 1,5	24,0/27,0	19,0/21,0
G-X 15 CrNiSi 25 20	4849	0,10/0,20	1,0/2,0	≦ 1,5	24,0/27,0	19,0/21,0
G-X 40 NiCrSi 36 16	4865	0,20/0,50	1,0/2,5	≦ 1,5	16,0/19,0	36,0/39,0

[1] Der Phosphorgehalt darf höchstens 0,045% und der Schwefelgehalt höchstens 0,03% betragen.
[2] z. Z. Entwurf.

Stahl Nr. 2 wird im letzten Jahrzehnt deshalb für Guß herangezogen, weil er im gehärteten Zustand sehr verschleißfest ist und als Stahlguß nicht so viel Bearbeitung erfordert als geschmiedete Teile, die für diesen Zweck wegen der schwierigen Bearbeitbarkeit kaum verwendet werden könnten. Diese Gußstücke dienen z. B. für Schnittmesser im Großwerkzeugbau für Blechdicken bis etwa 3 mm.

Stahl Nr. 3 dient ähnlichen Zwecken wie Stahl Nr. 2, ist aber zäher und kann auch für Druck- und Prägewerkzeuge herangezogen werden.

Stahl Nr. 4 gebraucht man zur Warmformgebung von Blechen sowie für Werkzeuge in der Kunststoffverarbeitung.

Stahl Nr. 5 ist ein viel gebrauchter Stahl für Pilgerdorne.

Stahl Nr. 6 verwendet man für Walzstopfen bei der Herstellung nahtloser Rohre.

Stahlguß für Magnete. Der Vollständigkeit halber mögen hier noch die auf S. 522 behandelten ausscheidungshärtbaren Nickel-Aluminium-Stähle erwähnt werden, die, abgesehen vom gesinterten Zustand, nur als Guß erzeugt werden können.

Feinguß. Die neuzeitlichen Verfahren der Herstellung des eingangs erwähnten Feingusses kommen dem Bestreben der Fertigungstechnik entgegen, zerspanende Arbeit dadurch einzusparen, daß man

Zahlentafel 202. *Anhaltsangaben über die Zunderbeständigkeit in Luft und Beispiele für die Verwendung der hitzebeständigen Stahlgußsorten* (nach Stahl-Eisen-Werkstoffblatt 471–60, Ausg. März 1960)

Stahlsorte: Kurzname nach DIN 17006	Stahlsorte: Werkstoffnummer nach DIN 17007 Blatt 2[1]	Anwendbarkeit in Luft bis etwa °C	Verwendungsbeispiele[2]
G-X 30 CrSi 6	4710	850	Gußteile für Anlaßöfen, Herdstutzen von Generatorfahrzeugen
G-X 45 CrSi 13	4729	900	Ofenteile mit niedriger mechanischer Beanspruchung, z. B. Herdplatten, Türrahmen
G-X 40 CrSi 17	4740	950	Ofenteile mit niedriger mechanischer Beanspruchung, Überhitzeraufhängungen
G-X 160 CrSi 18	4743	950	Gußstücke mit hohem Verschleißwiderstand, z. B. Roststäbe, Rührzähne
G-X 40 CrSi 22	4745	1050	Ofenteile mit niedriger mechanischer Beanspruchung, Überhitzeraufhängungen, Teile für Zementöfen
G-X 40 CrSi 29	4776	1150	Ofenteile mit niedriger mechanischer Beanspruchung, Glühretorten, Teile für Zementöfen, Brennermundstücke
G-X 130 CrSi 29	4777	1100	Gußstücke mit hoher Verschleißfestigkeit, besonders Rührzähne
G-X 40 CrNi 27 4	4823	1150	Ofenteile mit höherer mechanischer Beanspruchung bei hohen Temperaturen und guter Beständigkeit gegen schwefelhaltige Gase, Überhitzeraufhängungen, Herdplatten, Glühretorten, Teile für Zementöfen
G-X 25 CrNiSi 18 9	4825	850	Ofenteile mit hoher mechanischer Beanspruchung, besonders von Durchlauföfen, wie Herdschienen, Transportroste, gegossene Einsatzkästen, Schneckenretorten, Teile für Kracköfen, Herdrollen
G-X 40 CrNiSi 22 9	4826	1000	
G-X 25 CrNiSi 20 14	4832	1000	
G-X 35 CrNiSi 25 12	4837	1100	
G-X 40 CrNiSi 26 14	4846	1150	
G-X 40 CrNiSi 25 20	4848	1150	
G-X 15 CrNiSi 25 20	4849	1050	
G-X 40 NiCrSi 36 16	4865	1100	

soweit als möglich fertig geformte oder wenigstens bis auf Schleifmaß vorgeformte Teile zu verwenden sucht.

Das Grundverfahren sieht nach K. A. KREKELER[3] folgendermaßen aus. Ein Modell wird aus einem ausbrennbaren oder ausschmelzbaren Werkstoff hergestellt. Hierfür können Wachse, warmbildsame Kunststoffe oder niedrig schmelzende Metalle und Legierungen Verwendung finden. Um das Modell wird eine ringsum geschlossene Form gebildet,

[1] z. Z. Entwurf.

[2] Grundsätzlich wird mit zunehmendem Nickelgehalt die Beständigkeit gegen Angriff von schwefelhaltigen oder reduzierenden Gasen geringer.

[3] KREKELER, K. A.: Stahl u. Eisen Bd. 76 (1956) S. 1360/1365.

Zahlentafel 203. *Anhaltsangaben über das Schweißen der hitzebeständigen Stahlgußsorten* (nach Stahl-Eisen-Werkstoffblatt 471–60, Ausg. März 1960)

Stahlsorte Kurzname nach DIN 17006	Werkstoffnummer nach DIN 17007 Blatt 2[1]	Geeigneter Schweißzusatzwerkstoff Werkstoffnummer[2]	Hinweise für das Schweißen und die Nachbehandlung
G-X 30 CrSi 6	4710	4723	Schweißen im vorgewärmten Zustand; im Falle einer Bearbeitung nach dem Schweißen glühen
G-X 45 CrSi 13	4729	4723 (4302, 4829)	
G-X 40 CrSi 17	4740	4015 (4302, 4829)	
G-X 160 CrSi 18	4743	—	Schweißen nicht üblich
G-X 40 CrSi 22	4745	4820 (4842)	Nur in Sonderfällen im rotwarmen Zustand (700 bis 800 °C) schweißen und langsam im Ofen abkühlen lassen
G-X 40 CrSi 29	4776	4820 (4842)	
G-X 130 CrSi 29	4777	—	Schweißen nicht üblich
G-X 40 CrNi 27 4	4823	4820 (4842)	Schweißen im kalten oder vorgewärmten Zustand
G-X 25 CrNiSi 18 9	4825	4302, 4829	Schweißen im kalten Zustand oder mit geringer Vorwärmung; keine Nachbehandlung erforderlich
G-X 40 CrNiSi 22 9	4826	4829	
G-X 25 CrNiSi 20 14	4832	4829	
G-X 35 CrNiSi 25 12	4837	4842	
G-X 40 CrNiSi 26 14	4846	4842	
G-X 40 CrNiSi 25 20	4848	4842	
G-X 15 CrNiSi 25 20	4849	4842	
G-X 40 NiCrSi 36 16	4865	4863	

[1] z. Z. Entwurf.

[2] Chemische Zusammensetzung s. Zahlentafel 201. Die eingeklammerten Werkstoffnummern geben den höher legierten Schweißzusatzwerkstoff an.

die lediglich eine Öffnung frei läßt, aus der der Modellwerkstoff herausgeschmolzen und in die der Stahl hineingegossen wird.

Einer der Vorteile gegenüber anderen Gießverfahren liegt darin, daß die Form nicht mehrteilig ausgeführt werden muß, da kein Modell aus Holz oder Metall vor dem Guß zu entfernen ist und somit die Gratbildung entlang Trennebenen unterbleibt. Aus diesem Grunde können die Gußstücke mit weit höherer Genauigkeit gegossen werden. Das Gußstück darf weiterhin nahezu beliebig gestaltet sein, d. h. auf Hinterschnitte und Höhlungen braucht keine Rücksicht genommen zu werden, wogegen diese beim Sandguß nur mit einer verwickelten Kerntechnik zu erzeugen sind.

Mit den heute zur Verfügung stehenden hochhitzebeständigen Formstoffen können schließlich die Feingußformen bis zu Temperaturen von 1100 °C vor dem Guß aufgeheizt werden. Die erhitzte Form gestattet das Ausfüllen auch sehr enger Hohlräume und ergibt somit eine hohe Abbildegenauigkeit. Diese kann noch zusätzlich durch Anwendung des

Zahlentafel 204. *Chemische Zusammensetzung der Schweißzusatzwerkstoffe*[1, 2] *für Verbindungs- und Auftragsschweißung hitzebeständiger Stahlgußsorten*[3] (nach Stahl-Eisen-Werkstoffblatt 471–60, Ausg. März 1960)

Stahlsorte		% C	% Si	% Mn	% Cr	% Ni
Kurzname nach DIN 17006	Werkstoff-nummer nach DIN 17007 Blatt 2[4]					
X 8 Cr 15	4723	≦0,12	1,0/2,0	≦1,5	13,5/15,5	(≦1,0)
X 8 Cr 18	4015	≦0,10	≦1,5	≦1,5	16,5/18,5	(≦1,0)
X 8 Cr 30	4773	≦0,10	≦2,0	≦1,5	29,0/31,0	(≦2,0)
X 12 CrNi 25 4	4820	≦0,15	≦1,5	≦1,5	25,0/27,0	3,5/5,5
X 5 CrNi 19 9	4302	≦0,06	≦1,5	≦1,5	18,0/20,0	8,5/10,5
X 12 CrNi 22 12	4829	≦0,15	≦2,0	≦2,0	21,0/23,0	10,0/12,0
X 12 CrNi 25 20	4842	≦0,15	≦1,5	1,0/2,5	24,0/26,0	19,0/21,0
X 12 NiCr 36 18	4863	≦0,20	≦2,0	≦2,0	17,0/19,0	36,0/40,0

Schleuder- oder Druckgußverfahrens verbessert werden. Äußerst feinkörnige Formstoffe tragen zur Erzielung einer hohen Oberflächengüte der Gußstücke bei[5]. Das Verwendungsgebiet des Feingußverfahrens liegt dort, wo kleine, verwickelt geformte Teile langwierige und kostspielige Fertigungsgänge durchmachen müssen. Es wird also keinen Eingang finden, wenn Werkstücke allein durch Dreh- oder sogar Automatenarbeiten billiger erzeugt werden können, es sei denn beispielsweise, die benötigte Stückzahl liege so niedrig, daß sich die Anschaffung eines Automaten nicht lohnte.

Geeignete Legierungen für den Feinguß sind in Zahlentafel 207 angegeben; s. hierzu auch Inconel (S. 472), Udimet (S. 472).

Die Zahlentafel 208 gibt eine Aufstellung über die Festigkeitseigenschaften von zwei austenitischen Legierungen, im Feinguß hergestellt. Diese Eigenschaften stehen dem des geschmiedeten Stahls wohl noch erheblich nach.

Vielversprechend ist nach K.-A. KREKELER die Anwendung des Feingusses für die Herstellung von Werkzeugen aus Schnellarbeitsstahl[6]. Die Herstellungskosten für schwierig geformte Werkzeuge, z.B.

[1] s. a. Stahl-Eisen-Werkstoffblatt 880–56. Gewalzte und gezogene Stähle für Schweißzusatzwerkstoffe. Hitzebeständige Auftragswerkstoffe s. a. Stahl-Eisen-Werkstoffblatt 980: Hartlegierungen (in Vorbereitung).

[2] Bei austenitischen Stählen darf der Phosphorgehalt höchstens 0,025% und der Schwefelgehalt höchstens 0,020%, bei ferritischen und perlitischen Stählen der Phosphor- und Schwefelgehalt höchstens je 0,030% betragen.

[3] Wegen der Zuordnung von Schweißzusatzwerkstoff und Grundwerkstoff s. Zahlentafel 203.

[4] z. Z. Entwurf.

[5] Über nähere Einzelheiten s. a.: WOOD, R. L.: Investment Castings for Engineers. New York 1952. — LUDWIG, D. V.: Investment Castings. New York 1952. — KREKELER, K.-A.: Konstruktion Bd. 8 (1956) S. 307/313.

[6] KREKELER, K.-A.: Stahl u. Eisen Bd. 78 (1958) S. 1575.

Zahlentafel 205. *Anhaltsangaben über die mechanischen Eigenschaften bei Raumtemperatur und über die 1%-1000 h-Zeitdehngrenze der hitzebeständigen Stahlgußsorten (Gewährleistungswerte s. Stahl-Eisen-Lieferbedingungen 471)* (nach Stahl-Eisen-Werkstoffblatt 471–60, Ausg. März 1960)

Stahlsorte: Kurzname nach DIN 17006	Stahlsorte: Werkstoffnummer nach DIN 17007 Blatt 2[1]	Wärmebehandlungszustand	Härte HB	Zugfestigkeit[2] kg/mm²	Bruchdehnung ($L_0=5d_0$) % rd.	1%-1000 h-Zeitdehngrenze[3] bei 600 °C (kg/mm² mindestens)	700 °C	800 °C	900 °C	1000 °C	1100 °C
G-X 30 CrSi 6	4710	(geglüht)	200—280	50—75	4	2,7	0,8	0,3	(0,1)	—	—
G-X 45 CrSi 13	4729	(geglüht)	200—300	50—80	4	3,0	0,9	0,3	0,12	—	—
G-X 40 CrSi 17	4740	(geglüht)	200—300	50—80	2	3,0	1,0	0,4	0,15	(0,05)	—
G-X 160 CrSi 18	4743	(geglüht)	250—350	—	—	3,0	1,0	0,4	0,15	(0,05)	—
G-X 40 CrSi 22	4745	(geglüht)	200—300	—	—	3,0	1,0	0,4	0,15	0,07	(0,03)
G-X 40 CrSi 29	4776	(geglüht)	200—300	—	—	3,0	1,0	0,4	0,15	0,07	0,03
G-X 130 CrSi 29	4777	(geglüht)	250—350	—	—	3,0	1,0	0,4	0,15	0,07	0,03
G-X 40 CrNi 27 4	4823	(geglüht)	200—300	50—80	[4]	—	—	0,7	0,3	0,1	0,04
G-X 25 CrNiSi 18 9	4825	abgeschreckt	130—200	45—65	15	8,0	3,5	1,6	—	—	—
G-X 40 CrNiSi 22 9	4826	abgeschreckt	150—220	45—65	12	9,0	4,0	1,7	0,7	0,3	—
G-X 25 CrNiSi 20 14	4832	abgeschreckt	150—220	45—65	12	9,0	4,5	2,0	0,9	0,4	—
G-X 35 CrNiSi 25 12	4837	abgeschreckt	130—200	45—65	10	9,0	4,0	1,7	0,7	0,3	—
G-X 40 CrNiSi 26 14	4846	abgeschreckt	150—220	45—65	8	—	—	2,3	1,1	0,5	0,12
G-X 40 CrNiSi 25 20	4848	abgeschreckt	150—220	45—65	8	—	—	2,7	1,3	0,6	0,15
G-X 15 CrNiSi 25 20	4849	abgeschreckt	130—200	45—65	25	—	4,5	2,0	0,9	0,4	(0,12)
G-X 40 NiCrSi 36 16	4865	abgeschreckt	150—220	40—60	8	10,0	5,0	3,0	1,4	0,7	0,2

[1] z. Z. Entwurf.

[2] Die Zugfestigkeit läßt sich angenähert aus der Brinellhärte durch Malnehmen mit 0,35 errechnen; für austenitische Stähle ist dieser Beiwert als Anhalt mit 0,4 anzunehmen. Da erhebliche Streuungen auftreten können, ist aber der Zugversuch maßgebend.

[3] Das ist die auf den Ausgangsquerschnitt bezogene Spannung, die in 1000 h zu einer bleibenden Dehnung von 1% führt. — Über das Zeitstandverhalten von Stahlguß für hochwarmfeste Zwecke s. a. Stahl-Eisen-Werkstoffblatt 671: Hochwarmfester Stahlguß (in Vorbereitung).

[4] Der Werkstoff ist zäher als die Chrom-Silizium-Legierungen; die Bruchdehnung beträgt rd. 4%.

Zahlentafel 206. *Beispiele für als Stahlguß verwendete Werkzeugstähle*

Stahl Nr.	Chemische Zusammensetzung C %	Si %	Mn %	Cr %	Mo %	V %	Verwendungszustand gehärtet und Wärmebehandlung
1	1,2	0,5	13	(1—2)	—	—	aus 950—1000 °C in Wasser
2	2	0,4	—	12	(0,5—1)	(0,1—0,2)	aus 950—1000 °C in Öl und angelassen auf 58 bis 64 HRC
3	1	0,3	0,6	1,5	—	—	aus 830—850 °C in Öl und angelassen auf 54 bis 62 HRC
4	0,55	0,3	0,6	1,5	—	—	vergütet durch Härten aus 830-850 °C in Öl und angelassen auf 500-650 °C auf 80/120 kg/mm² Festigkeit
5	1,2	—	1	2	1,5 W	—	abgeschreckt aus 850 °C und angelassen auf 500—650 °C und 80 bis 120 kg/mm² Festigkeit
6	1,4	—	—	20	wechselnde Zusätze von W, Mo, Co von je 1—5%		luftgekühlt bei 1100 °C

Zahlentafel 208[1]
Festigkeitseigenschaften zweier austenitischer Legierungen, im Feinguß hergestellt

Stahl	Zusammensetzung	Streckgrenze kg/mm²	Festigkeit kg/mm²	Dehnung $L_0 = 5\,d_0$ %	Einschnürung %	Kerbschlagzähigkeit kg/cm²
1	C 0,1% Cr 18% Ni 9% + Nb	20	55	30	25	6
2	C 0,1% Cr 18% Ni 11% Mo 2% + Nb	20	55	40	30	6

für Formfräser, liegen meist niedriger als die von spanabhebend aus geschmiedetem Schnellarbeitsstahl gefertigten; dies gilt vor allem dann, wenn hochwertige Legierungen notwendig oder erwünscht sind, die sich schwer oder nicht schmieden lassen. Die Werkzeuge dürfen allerdings nicht so groß sein, daß sich an den Schneiden durch zu geringe Abkühlungsgeschwindigkeiten ein zu grobes Gußkorn ergibt.

[1] Zahlentafel 207 siehe nächste Seite.

Zahlentafel 207. *Chemische Zusammensetzung einiger für Feinguß geeigneter Werkstoffe*

Lfd. Nr.	Werkstoffart	C %	Si %	Mn %	Co %	Cr %	Mo %	Ni %	W %	Sonstiges %
1	Einsatzstahl	0,15	0,3	0,5	—	—	0,12	1,7	—	—
1a	Einsatzstahl	0,15	0,3	1,0	—	1,2	0,2	—	—	—
2	Einsatzstahl	0,17	0,3	0,5	—	2,0	2,0	2,0	—	—
3	Nitrierstahl	0,3	0,3	0,6	—	2,5	0,2	—	—	0,15 V
4	Vergütungsstahl	0,4	0,3	0,7	—	1,1	0,2	—	—	—
5	Vergütungsstahl	0,25	0,3	0,5	—	1,0	0,25	4,0	—	—
6	Vergütungsstahl	0,52	0,3	0,8	—	1,1	—	—	—	0,1 V
7	Werkzeugstahl	0,45	0,9	0,3	—	1,0	—	—	1,9	—
8	Werkzeugstahl	1,05	0,2	1,0	—	0,55	—	—	—	—
9	Werkzeugstahl	1,05	0,2	0,9	—	1,10	—	—	1,5	—
10	Werkzeugstahl	1,65	0,35	0,3	—	11,5	0,6	—	0,5	0,1 V
11	Werkzeugstahl	1,45	0,2	0,3	—	0,3	—	—	3,3	0,25 V
12	Schnellarbeitsstahl	0,7—1,5	—	—	0—20	4,0	1,0—10	—	3—18	1—5 V
13	Hartlegierung	2,50	0,3	1,0	50,0	32,0	—	—	14,0	Rest Fe
13a	Hartlegierung	2,5	0,8	0,5	45,0	31,0	—	—	18,0	Rest Fe
14	Schneidlegierung	2,5	0,5	0,15	43,0	30,0	—	—	19,0	Ta/Nb + B Rest Fe
15	Nichtrostender Stahl	0,8	0,3	0,4	—	17,5	1,2	—	—	—
16	Nichtrostender Stahl	0,20	0,6	0,8	—	19,5	—	7,5	—	—
17	Nichtrostender Stahl	0,07	0,15	0,6	—	—	28,0	64,0	—	—
18	Zunderbeständiger Stahl	0,43	2,5	0,9	—	18,5	—	9,5	1,3	—
19	Hitzebeständiger Stahl	0,32	2,0	0,8	—	24,0	—	13,5	—	—
20	Warmfester Stahl	0,15	0,30	0,40	—	0,30	0,8	—	—	0,30 V
21	Warmfester Stahl	0,40	1,10	1,25	10,0	13,0	2,0	13,5	2,5	3,0 Ta/Nb
22	Warmfester Stahl	0,50	0,50	1,0	20,0	20,0	4,0	20,0	4,0	4,0 Ta/Nb
23	Magnetstahl	0,05	0,05	0,08	—	—	—	25,3	—	13,5 Al
24	Magnetstahl	0,05	0,05	0,08	24,0	—	—	14,2	—	8,0 Al 3,0 Cu
25	Magnetisch weiches Eisen	0,08	4,1	0,15	—	—	—	—	—	—

2. Gesinterte Stähle[1]

Die bei der Herstellung nichtmetallischer, keramischer Körper angewandten Verfahren zur Herstellung von Formkörpern aus Pulver sind in der letzten Zeit in ausgedehntem Maße auf metallische Körper übertragen worden. Der damit zusammenhängende Zweig der Technik wird, dem englischen Sprachgebrauch folgend, am besten mit dem Wort „Pulvermetallurgie" bezeichnet. R. KIEFFER[1] bezeichnet als Ziel der Pulvermetallurgie die Überführung der Pulver von Metallen, Metalloiden oder Metallverbindungen durch Druck und Wärme in feste Metallkörper, ohne sie zu schmelzen. Die Formgebung durch Pressen wird meist in der Kälte durchgeführt, aber auch durch Heißpressen vorgenommen. Die „Sinterung" ist nur die Wärmebehandlung, die der Formgebung folgt oder beim Heißpressen gleichzeitig damit stattfindet. Aus diesem Grunde ist nach R. KIEFFER der Ausdruck „Sintermetallurgie" abzulehnen, da durch diese Bezeichnung die Pulverherstellung selbst nicht berücksichtigt würde.

Die Pulvermetallurgie an sich ist nicht neu. Bevor man sie auf Eisen anwandte, ging man bei schwer schmelzbaren Legierungen und Metallen den Weg des Pressens und Sinterns; so wurden z. B. Platinmünzen schon vor einem Jahrhundert und länger durch Pressen und Sintern angefertigt.

Die gesinterten Teile haben gegenüber den gegossenen und durch Schmieden und Walzen hergestellten Vorteile und Nachteile. Die Vorteile sind wirtschaftlicher, unter Umständen aber auch werkstofflicher Art.

Der wirtschaftliche Vorteil kann dadurch gegeben sein, daß die formgepreßten und gesinterten Stahlkörper maßgenauer sind als der übliche Stahlguß oder die formgeschmiedeten Stücke, so daß man sich dadurch die mechanische Bearbeitung ganz oder teilweise ersparen kann. Es ist dies ein wichtiger Vorteil bei der Beurteilung der Wettbewerbsfähigkeit des pulvermetallurgischen Verfahrens mit Formguß und Formschmieden oder sonstigen Herstellungsarten. Dieser Vorteil spielt besonders dann eine Rolle, wenn es sich um kleine Teile handelt. Für solche Teile liegen das Sintern und der Feinguß miteinander im Wettstreit. Die Ersparung an Bearbeitungskosten fällt um so mehr ins Gewicht, je schwie-

---

[1] *Zusammenfassendes Schrifttum:* KIEFFER, R., u. W. HOTOP: Pulvermetallurgie und Sinterwerkstoffe. Berlin: Springer 1943. — KIEFFER, R., u. W. HOTOP: Sintereisen und Sinterstahl. Wien: Springer 1948. — EISENKOLB, FR.: Die neuere Entwicklung der Pulvermetallurgie. Berlin: VEB Verlag Technik 1955. — Pulvermetallurgie. Vorträge, gehalten auf dem 1. Plansee-Seminar „De re metallica", 22. bis 26. 6. 1952, Reutte (Tirol). Hrsg. von F. BENESOVSKY, Wien 1953. — Planseeberichte für Pulvermetallurgie. Hrsg. P. SCHWARZKOPF, Metallwerk Plansee, GmbH., Reutte (Tirol). Siehe Stahl u. Eisen Bd. 75 (1955) S. 856/861.

riger die Bearbeitung durch Spanabheben oder Schleifen ist, z. B. bei Sintermagneten. Eine Reihe von neuzeitlichen Sondererzeugnissen lassen sich ohne Sintern überhaupt nicht in der erforderlichen Güte herstellen, z. B. Karbidhartmetalle und oxydkeramische Körper.

Von der Werkstoffseite aus gesehen sind die gesinterten Teile hinsichtlich der klassischen Festigkeitseigenschaften natürlich im Nachteil, da infolge der noch immer verbleibenden Hohlräume die Festigkeit und Dehnung kleiner ist als bei gegossenen oder geschmiedeten Stahlteilen derselben Zusammensetzung. Diese Hohlräume können aber auch von Vorteil sein, z. B. bei Verwendung von Sintereisenlagern, die in Öl getränkt eine zusammenhängende, lange Zeit haltende Schmierfläche bilden. Ein weiterer Vorteil liegt darin, daß Sinterteile infolge der verbleibenden Hohlräume nach dem Sintern bis zu einem gewissen Grade noch kalt preßbar und schmiegsam sind, besonders wenn man nicht zu hohe Preßdrücke und Sintertemperaturen angewendet wurden.

Durch die Herstellung auf dem pulvermetallurgischen Weg ergeben sich aber auch Vorteile rein werkstofflicher Art, die sich sonst nicht erzielen lassen, z. B. bei gesinterten Karbidmetallen oder dadurch, daß man Körper beimengt, die sonst nicht in die richtige Verteilung zu bringen sind, oder daß man die Hohlräume mit leicht flüssigen Metallen oder Metallegierungen tränkt.

Der Ausgangswerkstoff für unlegierte und unter Umständen auch für legierte Stähle ist Eisenpulver, das auf verschiedene Weise hergestellt wird.

Der Darstellung von W. Hotop und G. Ritzau[1] folgend seien hier die wichtigsten angeführt.

1. Mechanische Zerkleinerung kompakter Ausgangsstoffe in geeigneten Mühlen, z. B. nach dem Hametag-Wirbelschlag-Verfahren. Teilchengröße des Pulvers ist in weiten Grenzen veränderlich (etwa 10 bis 400 μm), ebenso Gestalt der Teilchen.

2. Zerstäuben oder Verdüsen von geschmolzenen Metallen oder Legierungen im Wasser-, Dampf- oder Preßluftstrom mit oder ohne mechanische Einwirkung mittels schnell rotierender Schlagkörper. Hierunter fallen das DPG-Schleuderverfahren[2] (Deutsche Pulvermetallurgische Gesellschaft) und das von G. Naeser und Mitarbeitern entwickelte Roheisen-Zunder-Verfahren[3]. Die beim Zerstäuben des Roheisens gebildete Oxydschicht wird durch nachträgliches Glühen unter Luftabschluß durch den noch vorhandenen Kohlenstoff wieder reduziert.

---

[1] Hotop, W., u. G. Ritzau: Sinterwerkstoffe. Werkstoff-Handbuch Stahl u. Eisen 1953, J 41—1/4.

[2] s. z. B. Rapatz, F., u. F. Schmidt: Öst. Chem.-Ztg. Bd. 49 (1948) S. 180.

[3] Naeser, G., u. Mitarb.: Stahl u. Eisen Bd. 68 (1948) S. 346. — Buchholtz, H.: Stahl u. Eisen Bd. 69 (1949) S. 247/256 (Aussch. Pulvermetallurgie 2).

3. Reduktionsverfahren. Durch Reduktion von Walzzunder mit Kohlenstoff erhält man das Walzzunder-Eisenpulver. Durch Reduktion von feingemahlenem Magnetit mit Kohle wird Schwammeisenpulver nach dem Höganäs-Verfahren hergestellt. Die Teilchen bestehen im wesentlichen aus mehr oder weniger großen schwammartigen Gebilden, die ihrerseits aus Feinstpulverteilchen aufgebaut sind.

4. Die Elektrolyse von Metallsalzlösungen liefert Pulver von hohem chemischem Reinheitsgrad und dendritischer Teilchenform. Korngröße in weiten Grenzen veränderlich zwischen 5 und 500 μm.

5. Das Karbonylverfahren liefert durch thermische Zersetzung der flüssigen Karbonyle (Eisen und Nickel) Pulver von durchweg kugeliger Gestalt, die durch große Kornfeinheit (weniger als 10 μm) und hohe chemische Reinheit gekennzeichnet sind.

Bei der Herstellung legierter Sinterstähle mischt man diesem Pulver die Legierungsmetalle auch in Pulverform bei oder man geht so vor, daß man den auf übliche Weise erzeugten Stahl durch Zerstäuben oder mechanische Zerkleinerung in das Pulver überführt.

Die einzelnen Pulverarten sind verschieden gut preßbar. Es ist nicht gleichgültig, ob es sich um kugelige, eckige oder zerspritzte Teilchen handelt. Über das Verhalten beim Pressen berichtet ausführlich H. UNCKEL[1].

Die Vorgänge beim Sintern wurden von verschiedenen Seiten sehr ausführlich behandelt. Nach Untersuchungen von G. GRUBE, L. SCHLECHT, R. KIEFFER und W. HOTOP[2] zeigt sich schon bei Temperaturen von 300 °C angefangen eine Verfestigung durch die Reduktion von Oxydhäuten und Verschwinden von eingeschlossenen Gasen. Oberhalb von 500 bis 600 °C machen Zusammenwachsen der Kristalle und Rekristallisationserscheinungen den Sinterkörper fester.

J. A. HEDVALL[3] untersuchte das Zusammenbacken von Pulvern durch Rekristallisation und die dabei stattfindenden chemischen Umsätze. Rekristallisation ändert Form, Größe und Berührungsfläche der Körner und beeinflußt dadurch die später bei höheren Temperaturen verlaufenden Vorgänge.

Wichtig für den Ablauf des Sinterns sind die Eigenschaften der Kornoberfläche, da dort die Teilchen eine größere Beweglichkeit haben[4]. Mit

---

[1] UNCKEL, H.: Arch. Eisenhüttenw. Bd. 18 (1945) S. 161/167.

[2] GRUBE, G., L. SCHLECHT, R. KIEFFER u. W. HOTOP: Z. Elektrochem. Bd. 44 (1938) S. 367.

[3] HEDVALL, J. A.: Ber. dtsch. keram. Ges. Bd. 30 (1953) S. 8/13; Stahl u. Eisen Bd. 75 (1955) S. 858.

[4] Zusammenfassende Darstellungen über Vorstellungen, die man sich über den Verlauf des Sinterns machte, wurden gegeben durch F. EISENKOLB: Die neuere Entwicklung der Pulvermetallurgie S. 123 u. 187. Berlin: VEB Verlag Technik 1955.

den Sintervorgängen bei nicht und schwer bildsamen Metallen beschäftigt sich W. DAWIHL[1] und P. LAURENT[2].

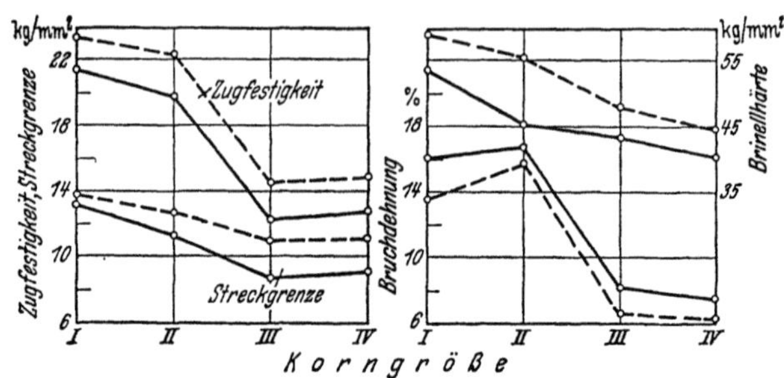

Bild 494. Einfluß der Ausgangspulverkorngröße auf die Festigkeitseigenschaften und Härte von Sintereisen (Sinterung 1/2 Stunde bei 1130 °C unter Wasserstoff bzw. im Unterdruck) (nach EILENDER und SCHWALBE)

Gefüge und Festigkeitsänderungen von Pulver aus weichem Stahl bei verschiedenem Preßdruck und Sintertemperaturen wurden von mehreren Forschern, z. B. F. SAUERWALD[3], L. SCHLECHT und seinen Mitarbeitern[4] sowie von W. EILENDER und R. SCHWALBE[5] untersucht.

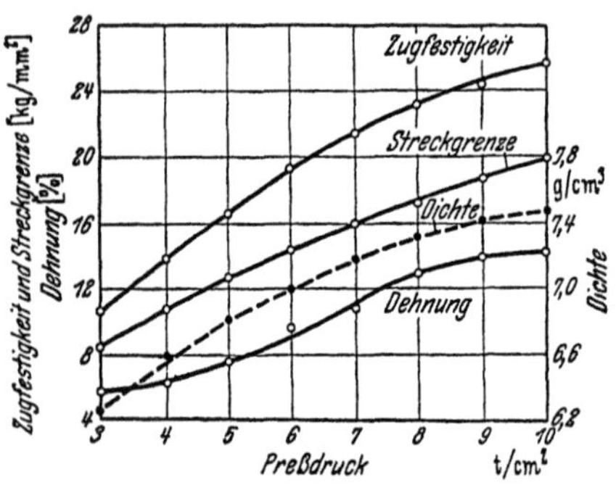

Bild 495. Einfluß des Preßdruckes auf die Festigkeitseigenschaften und die Dichte von Sintereisen aus Hametagpulver mit einer Korngröße von 75 bis 100 μm (Sinterung 1/2 Stunde bei 800 °C unter Wasserstoff) (nach EILENDER und SCHWALBE)

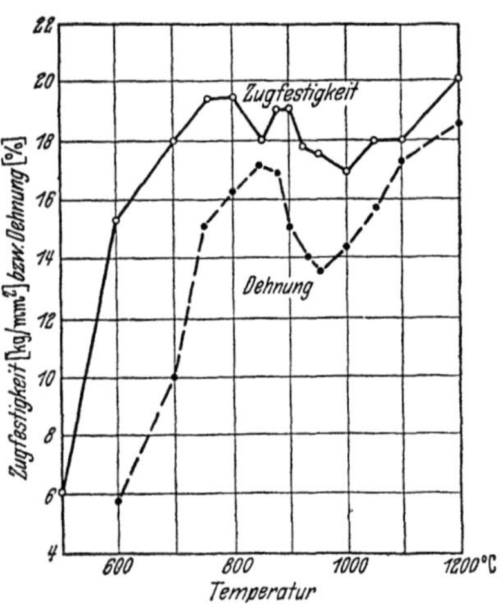

Bild 496. Einfluß der Sintertemperatur auf die Festigkeitseigenschaften von Sintereisen aus Hametagpulver (nach EILENDER und SCHWALBE)

[1] DAWIHL, W.: Arch. Eisenhüttenw. Bd. 23 (1952) S. 483/488 (Aussch. Pulvermetallurgie 17).

[2] LAURENT, P., u. M. EUDIER: Rev. Métall., Mém., Bd. 50 (1953) S. 382/388.

[3] SAUERWALD, F.: Metallwirtsch. Bd. 20 (1941) S. 649/655 u. 671/677.

[4] SCHLECHT, L., u. Mitarbeiter: Z. Elektrochem. Bd. 37 (1931) S. 485.

[5] EILENDER, W., u. R. SCHWALBE: Arch. Eisenhüttenw. Bd. 13 (1939/40) S. 267.

Das Bild 494 bringt Korngröße und Festigkeitseigenschaften, das Bild 495 angewandten Preßdruck und Festigkeitseigenschaften in Zusammenhang, Bild 496 Sintertemperatur und Festigkeitseigenschaften.

Die Verbesserung der Güteeigenschaften (Bild 495) mit zunehmendem Preßdruck ist aus der damit verbundenen Vergrößerung der Berührungsflächen ohne weiteres zu erklären.

Der vorübergehende Abfall der Festigkeit bei 800 bis 900 °C von gesinterten Teilen ist nach EILENDER und SCHWALBE[1] auf die Umwandlung von α- in γ-Eisen zurückzuführen, wo durch Volumsverminderung sich Gefügeverzerrungen einstellen; im allgemeinen verbessert aber zunehmende Sintertemperatur die Festigkeit. Die zunehmende Festigkeit ist auf das allmähliche Abnehmen des Porenhohlraumes zurückzuführen. Im Gegensatz zu EILENDER und SCHWALBE findet H. BERNSTORFF[2] diesen Festigkeitsabfall nicht. Vielleicht ist dies darauf zurückzuführen, daß H. BERNSTORFF mit DPG-Schleuderpulver arbeitete, von dem er annimmt, daß es weniger aktiv ist.

Auch mit zunehmendem Preßdruck nimmt der Porenhohlraum ab und dadurch die Festigkeit zu. Völlig verschwinden die Poren aber erst durch Warmverformung des gepreßten und gesinterten Körpers, und erst dann werden die Eigenschaften denjenigen warmverformter Stahlkörper gleich[3]. Einen ähnlichen Erfolg erzielt man aber auch schon dann, wenn man das oben erwähnte Heißpressen anwendet. Gegenüber üblichem Stahl sind solche Körper seigerungsfrei.

Zur Herstellung von Schweißdraht, dem nichtmetallische Körper beigemischt sind, wurde versuchsweise ein Verfahren angewendet, das Pulvergemenge in ein Rohr zu verschließen und es auszuwalzen.

M. HEMPEL und H. WIEMER[4] befassen sich mit Zug- und Wechselfestigkeit von Sinterweicheisen und Sinterstahl verschiedener Herstellungsverfahren und finden Werte, wie sie in den Bildern 497, 498, 499 wiedergegeben sind. Es ist wieder ersichtlich, daß sich mit zunehmender Dichte die Festigkeitseigenschaften verbessern.

F. BENESOVSKY[5] gibt nach Zahlentafel 209 Zusammensetzung und Festigkeitseigenschaften von Sintereisen, unlegierten Stählen sowie einem legierten Einsatzstahl an.

---

[1] EILENDER, W., u. R. SCHWALBE: Arch. Eisenhüttenw. Bd. 13 (1939/40) S. 267.

[2] BERNSTORFF, H.: Arch. Metallkde. Bd. 2 (1948) H. 3, S. 103.

[3] DUFTSCHMID, F., L. SCHLECHT u. W. SCHUBARDT: Stahl u. Eisen Bd. 52 (1932) S. 845/849. — OFFERMANN, E. K.: Mitt. Kohle- u. Eisenforschg. Bd. 95 (1950) S. 145.

[4] HEMPEL, M., u. H. WIEMER: Arch. Metallkde. Jg. 3 (1949) S. 11/17.

[5] BENESOVSKY, F.: Werkst. u. Betr. Bd. 83 (1950) S. 257. Entnommen aus dem Buch von F. EISENKOLB: Die neuere Entwicklung der Pulvermetallurgie S. 267. Berlin: VEB Verlag Technik 1955.

Zahlentafel 209. *Eigenschaften von Sinterwerkstoffen auf Eisenbasis* (nach F. BENESOVSKY)

Nr.	Werkstoff	Dichte g/m³	Porositätsgrad % etwa	Härte HV kg/mm²	Zugfestigkeit kg/mm²	Dehnung %	Schlagfestigkeit[1] mkg/cm²
1	Sintereisen C < 0,1%	6,8—7,0[2]	13—11	70— 80	20—23	10—15	5— 7
2	,,	7,2—7,4	8— 6	80— 90	25—28	25—30	8—10
3	Sinterstahl mit etwa 0,5% C	6,5—6,7	17—14	130—150	35—40	4— 6	2— 4
4	,,	7,2—7,4	8— 6	160—180	42—47	6— 8	3— 5
5	Sinterstahl mit etwa 0,9% C	6,5—6,7	17—14	170—190	50—55	2— 4	1— 3
6	,,	7,2—7,4	8— 6	200—220	60—65	4— 6	2— 4
7	Sintereisen, kupfergetränkt[3]	8,0	—	190—210	45—50	8—10[4]	4— 5
8	Sinterstahl mit etwa 0,5% C, kupfergetränkt[3]	8,0	—	230—260	65—70	5—7[5]	3— 4
9	Sinterstahl mit etwa 0,9% C, kupfergetränkt[3]	8,0	—	280—300	75—80	3—5[6]	2— 3
10	Einsatzsinterstahl, nickellegiert	7,4—7,6	5— 3	180—200[8]	45—50[7]	8—10	5— 7

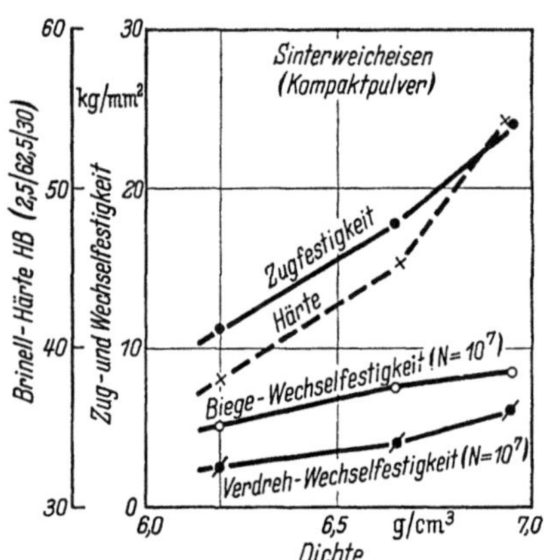

Bild 497. Härte, Zugfestigkeit und Wechselfestigkeit von durch Kaltpressen aus Kompaktpulver hergestelltem Sinterweichstahl in Abhängigkeit von der Dichte (nach M. HEMPEL und H. WIEMER)

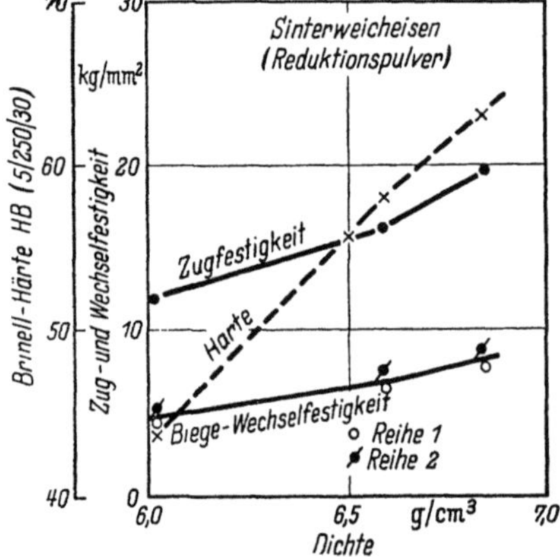

Bild 498. Härte, Zugfestigkeit und Wechselfestigkeit von durch Kaltpressen aus Reduktionspulver hergestelltem Sinterweichstahl in Abhängigkeit von der Dichte (nach M. HEMPEL und H. WIEMER)

[1] Bestimmt an Flachstäben von 6×10 mm Querschnitt, ohne Kerbe.

[2] Bei selbstschmierenden Lagern ist die Dichte etwa 5,8 bis 6,0 g/cm³, dementsprechend sind auch die Festigkeiten niedriger.

[3] Kupfergehalt etwa 10 bis 15 Vol.-%.

[4] Durch Vergütung kann die Dehnung bei etwa gleichbleibender Festigkeit auf 15 bis 18% gesteigert werden.

[5] Durch Vergütung kann die Dehnung auf 10 bis 14% gesteigert werden.

[6] Durch Vergütung kann die Dehnung auf 8 bis 10% gesteigert werden.

[7] Kernfestigkeit.

[8] Kann durch Einsatzhärtung auf eine Oberflächenhärte von 58 bis 61 HRC gebracht werden.

Gesinterte Stähle sind Oberflächenbehandlungen, bei denen Diffusionsvorgänge eine Rolle spielen wie Einsatzhärtung und Nitrierung, zugänglicher als homogener Stahl. Es ist dies begreiflich, da das Eindringen des Kohlenstoffs und des Ammoniaks auch von Stellen, die unterhalb der Oberfläche liegen, erfolgt.

Auffallend ist das Verhalten gegen Ammoniak. Auch bei unlegiertem Sinterstahl tritt Stickstoff lebhaft in die Oberfläche ein und die Wirkung beginnt schon bei 200 °C*. Die Oberflächenschicht ist hart und in verhältnismäßig hohem Grad korrosionsbeständig.

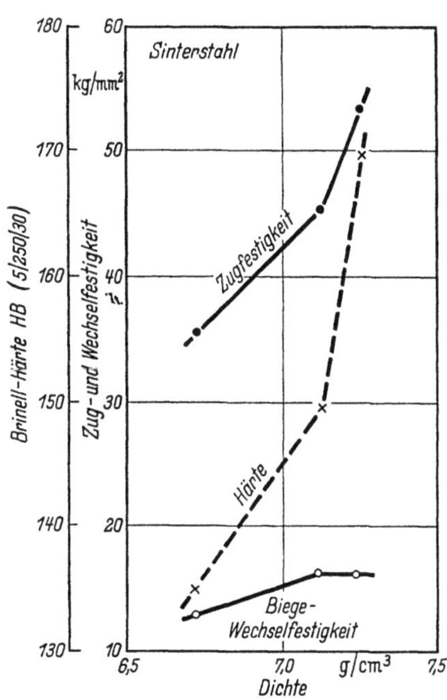

Bild 499. Härte, Zugfestigkeit und Wechselfestigkeit von durch Kaltpressen aus Hametagpulver hergestelltem Sinterstahl in Abhängigkeit von der Dichte (nach M. HEMPEL und H. WIEMER)

Die Herstellung gesinterter Stähle mit höherem Kohlenstoffgehalt und solcher mit Legierungsmetallen war natürlich auch schon Gegenstand vieler Untersuchungen.

Schon was die Kohlenstoffstähle betrifft, so könnte man zunächst der Ansicht sein, daß es schwierig ist, einen genauen Kohlenstoffgehalt einzuhalten, weil bei einem bestimmten Kohlenstoffgehalt eine genau zugemessene Zusammensetzung der Gasatmosphäre, bestehend aus Kohlenoxyd, Kohlendioxyd und Wasserstoff sowie eine bestimmte Temperatur eingehalten werden müßte, welche Zusammensetzung einzuhalten nicht leicht erscheint. Die praktischen Erfahrungen haben aber gezeigt, daß sich ohne viel Umstände beliebige Kohlenstoffgehalte erzielen lassen. Es gibt hierfür dreierlei Verfahren, entweder die Aufkohlung des fertigen Sinterkörpers durch kohlenstoffhaltige Gase oder durch Zumischung von Roheisen oder Graphit zum Pulver. Welche Eigenschaften man in einem bestimmten Fall bei verschiedenen Kohlenstoffgehalten und unter verschiedenen Sinterbedingungen erreichte, zeigt Bild 500.

Die Herstellung legierter Stähle, besonders höher legierter Stähle, begegnet größeren Schwierigkeiten als die unlegierter. Es ist schon nicht einfach, die verschiedenen Legierungsmetalle in Form von feinem Pulver zu bekommen. Ein Hindernis besteht ferner in der Schwer-

* Persönliche Mitteilung K. KONOPICKY.

reduzierbarkeit mancher Oxyde, wie der des Aluminiums, Chroms und Siliziums, und schließlich sind bei Mehrstofflegierungen die Diffusionsvorgänge sehr verwickelt, welche Kompliziertheit noch dadurch vermehrt wird, daß die Reihenfolge und das Ausmaß der Einzelvorgänge davon abhängt, ob reine Metalle oder Vorlegierungen gebraucht werden und welche Korngrößen man anwendet.

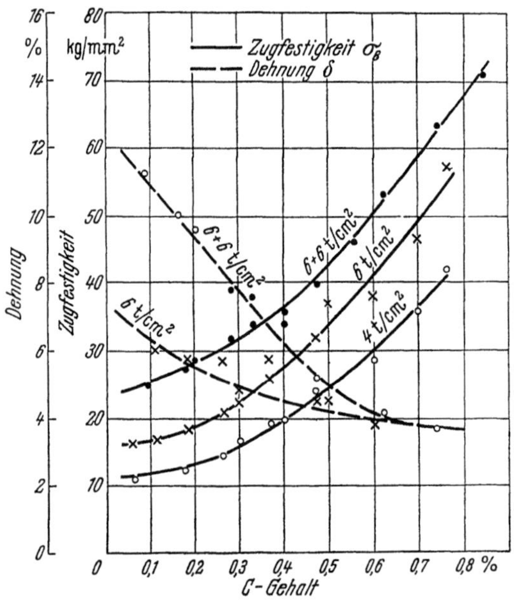

Bild 500. Zugfestigkeit und Dehnung von Sinterstahl aus DPG-Weicheisenschleuderpulver < 0,15 mm und Pudergraphit, hergestellt nach der Einfachpreßtechnik (4 bzw. 6 t/cm²) und Doppelpreßtechnik (6 × 6 t/cm²) in Abhängigkeit vom C-Gehalt (Sinterbedingungen: Einfachpreßtechnik: 2 Stunden bei 1220 °C, Doppelpreßtechnik: Vorsinterung 1 Stunde bei 800°, Fertigsinterung 2 Stunden bei 1220 °C, Sinteratmosphäre: CO-haltiger Wasserstoff)

F. Benesovsky und R. Kieffer[1] verwenden zur Herstellung von Manganstählen Hametagpulver mit Zusätzen von mechanisch zerkleinertem Ferromangan. Die Festigkeitseigenschaften solcher Stähle sind in Bild 501 angegeben. Bei Nickelstählen wird dem Hametagpulver Nickelkarbonyl- und Graphitpulver zugemischt. Es ergeben sich dann Eigenschaften nach Bild 502.

Die korrosionsbeständigen Chrom-Nickel-Stähle waren Gegenstand des Interesses, weil man die Fertigungskosten durch Einsparung der Zerspanung zu verringern hofft. Außerdem schreibt man für bestimmte Verwendungszwecke dem gesinterten Stahl Vorteile zu, z. B. bei Metall-

[1] Benesovsky, F., u. R. Kieffer: Berg- u. hüttenm. Mh. Bd. 95 (1950) S. 145.

filtern und Gleitlagern. Obwohl man besonders in den Vereinigten Staaten sehr viel von diesem Gegenstand schreibt, hat er sich nach F. EISEN-

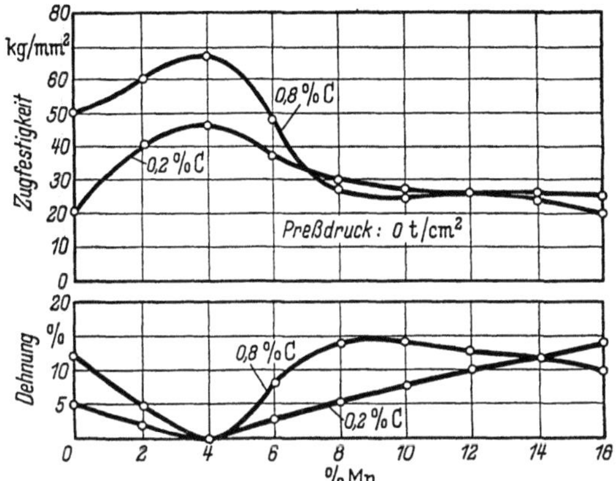

Bild 501. Festigkeitseigenschaften von gesinterten Manganstählen (nach F. BENESOVSKY und R. KIEFFER[1])

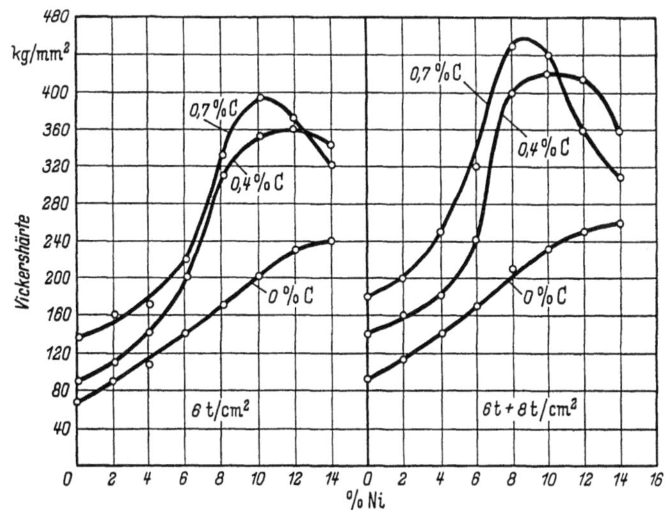

Bild 502. Festigkeitseigenschaften von gesinterten Nickelstählen (nach F. BENESOVSKY und R. KIEFFER[1])

KOLB[2] wenig eingeführt. Trotzdem ist er wegen der zukünftigen Möglichkeiten nicht zu vernachlässigen.

[1] Aus F. EISENKOLB: Die neuere Entwicklung der Pulvermetallurgie. Berlin: VEB Verlag Technik 1955.

[2] EISENKOLB, F.: Stahl u. Eisen Bd. 78 (1958) S. 141/148.

Zahlentafel 210[1]

Typische Eigenschaften von Teilen aus rostbeständigem Metallpulver (nach A. ADLER)

Preß-druck in tons/in²	Preßdruck beim Nachkalibrieren tons/in²	Sinter-tempe-ratur in °F	Dichte			Zug-festigkeit in psi	Dehnung Meßlänge 1 Zoll	Rockwell-härte
			Roh	gesintert	nach-kalibriert			
30	—	2100	5,55	5,79	—	29000	9,0	H-87
50	—	2100	6,04	6,32	—	42500	14,0	B-40
50	50	2100	6,04	6,32	6,89	60000	20,0	B-60
30	—	2200	5,55	5,79	—	31000	10,0	H-89
50	—	2200	6,04	6,40	—	49000	15,0	B-41
50	50	2200	6,04	6,40	6,89	63000	21,0	B-60
30	—	2300	5,55	6,05	—	38000	12,0	H-90
50	—	2300	6,04	6,60	—	53000	16,0	B-42
50	50	2300	6,04	6,60	7,00	67000	25,0	B-61

Die Werte sind auf metrische Maße umzurechnen.

a) Durchschnittliche Zusammenpressung von 1,88 auf 1,00 Pulvergröße 150 mesh.

b) $1^1/_2$ Stunden im trockenen Wasserstoff gesintert und in $^1/_2$ Stunde auf Raumtemperatur abgekühlt.

c) Nach dem Sintern nachkalibriert und geglüht.

d) Durchschnittliche Dichte (7,75—15,0%).

e) Schrumpfung beim Sintern 0,80%.

Die Eigenschaften gesinterter, korrosionsbeständiger Stähle vom Typ 18/8 Cr/Ni bei verschiedenen Drücken und Sintertemperaturen sind in der Zahlentafel 210 wiedergegeben.

Von den Verfahren zur Erzeugung brauchbaren Metallpulvers aus austenitischen Legierungen wäre besonders interessant die Herstellung des Pulvers durch interkristalline Korrosion, d. h. Auflösen der Korngrenzen von kornzerfallsanfälligen Stählen (s. S. 565), die aber leider zu teuer ist. Die beste Aussicht hat wegen ihrer Wirtschaftlichkeit die Zerstäubung aus dem flüssigen Zustand. Für nicht austenitische Stähle ist auch die mechanische Zerkleinerung in Betracht zu ziehen; austenitische Stähle sind hierfür zu zähe.

Für Metallfilter, wo man großen Porenanteil wünscht, ist die Herstellung nicht schwierig, jedoch bei geringer Porigkeit wegen der schlechten Sintereigenschaften dieser Pulver schwer zu erreichen. Aus Bild 503[2] ist das Korrosionsverhalten in Abhängigkeit vom Porengehalt an einem Beispiel zu ersehen.

Zur Erleichterung des Sinterns der austenitischen Chrom-Nickel-Stähle empfehlen F. BENESOVSKY und W. HOTOP[3] den Zusatz einer

[1] ADLER, A.: Material & Methods Bd. 41 (1955) Nr. 3, S. 119.

[2] Nach F. EISENKOLB, S. 147.

[3] BENESOVSKY, F., u. W. HOTOP: Stahl u. Eisen Bd. 78 (1958) S. 149/152.

niedrig schmelzenden Nickel-Chrom-Bor-Legierung mit rd. 4,2% B, 18% Cr und 72% Ni.

Die Festigkeitswerte können bei der Porigkeit von 10% bis über 40 kg/mm² ansteigen. Ein Vorteil der gesinterten Chrom-Nickel-Stahl-Legierung besteht darin, daß man durch das Sintern im Wasserstoff den Kohlenstoff bis auf eine so niedrige Grenze entfernen kann, daß kein Kornzerfall mehr zu befürchten ist. Im ganzen ist aber die Herstellung teuer und deshalb die größere Einführung in der Praxis fraglich.

Schwer schmiedbare Legierungen, z. B. solche mit hohen Gehalten an Molybdän, wie hastelloy- und stellitähnliche (s. S. 468 und 868), werden gesintert und wie bei der Herstellung von Molybdän-Wolfram-Drähten durch Hämmern zu einem homogenen Körper umgewandelt. Es gelingt in neuerer Zeit aber durch Schmelzen im Vakuum, solche Legierungen auch aus dem gegossenen Zustand warm zu verformen.

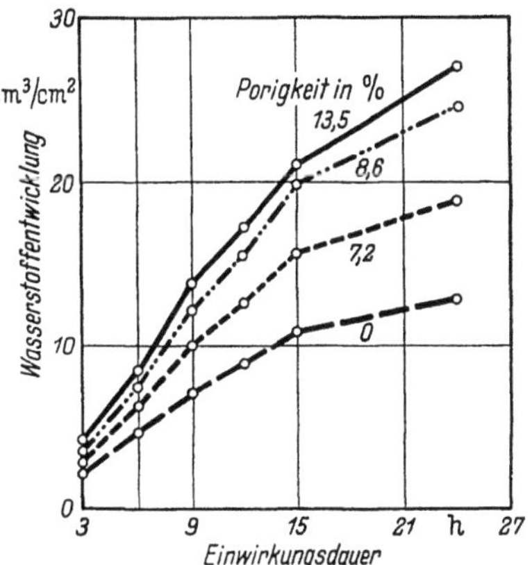

Bild 503. Korrosionsverhalten von gesintertem austenitischem Cr-Ni-Stahl in $n/2$ Salzsäure, gemessen an der Wasserstoffentwicklung (nach F. EISENKOLB)

Bemerkenswerte Wirkungen erreicht man nach R. KIEFFER, W. HOTOP[1] und F. BENESOVSKY[2] dadurch, daß man den porösen gesinterten Körper mit einer leicht schmelzbaren Legierung tränkt. Ein Beispiel dafür ist das Tränken des porösen Sintereisens mit Kupfer (s. Zahlentafel 209). Dadurch bildet sich ein Verbundkörper, der einerseits aus unlegiertem oder schwach legiertem Eisen besteht und andererseits aus einem stark kupferhaltigen Skelettkörper. Den Anteil des Skelettkörpers kann man dadurch vermehren, daß man durch Anwendung geringer Preßdrücke das Porenvolumen vergrößert. Diese kupfergetränkten Verbundkörper verbinden z. B. die hohe Leitfähigkeit des Kupfers mit größerer Festigkeit, die noch durch eine Ausscheidungsbehandlung (S. 280, 282) gesteigert werden kann.

Die wichtigsten Sinterlegierungen sind heute die Ni-Al-(Co)-Stahlmagnete, deren Sinterung besonderen Vorkehrungen bedarf. Die Verwendung von zerkleinertem Pulver oder geschmolzener Legierung in der gewünschten Zusammensetzung scheitert daran, daß diese Legierung zu spröde ist und man daraus selbst bei hohen Drücken keinen form-

---

[1] KIEFFER, R., u. W. HOTOP: Pulvermetallurgie und Sinterwerkstoffe. Berlin: Springer 1943, S. 200/220; dieselben: Sintereisen und Sinterstahl. Wien: Springer 1948, S. 514/540. [2] s. Fußnote S. 457.

beständigen Preßling herstellen kann[1]. Die Verwendung einer Pulvermischung aus reinen Legierungsmetallen ist deshalb nicht angängig, weil das Aluminium einen zu niedrigen Schmelzpunkt hat und außerdem dieses Metall leicht allen greifbaren Sauerstoff aufnimmt und das Aluminiumoxyd sehr schwer reduzierbar ist. Man hat sich dadurch geholfen, daß man eine Eisen-Aluminium-Vorlegierung heranzieht, die etwa 50% Aluminium enthält, leicht zu Pulver zu zerkleinern ist und bei 1100 bis 1200 °C schmilzt. Diese Vorlegierung wirkt nach dem Schmelzen diffusionsfördernd und beschleunigt den Ausgleich mit dem als Karbonylpulver vorhandenen Nickel. Für die Reduktion des im Aluminium nie ganz vermeidbaren Oxyds dienen am besten Hydride, z. B. Titanhydrid[2] (s. a. S. 273, 521).

Die Sintertechnik ist heute so fortgeschritten, daß die auf diese Weise hergestellten Magnete den gegossenen in ihren magnetischen Eigenschaften nicht nachstehen. Sie sind außerdem frei von größeren Hohlräumen, wie sie bei gegossenen oft vorkommen. Hauptvorteil ist die leichtere Herstellbarkeit kleinerer Magnete, so daß gesinterte Magnete aus Nickel-Aluminium-Stahl heute schon einen großen Anteil der gesamten Magnete ausmachen. In den letzten Jahren sind diese aber wieder durch die Oxydmagnete zu einem großen Teil verdrängt worden (s. S. 523, 529).

Beobachtet man die Entwicklung der letzten Jahre, so sieht man, daß die Erwartungen, die man an die vielseitige Verwendung gesinterter Stahlteile gesetzt hatte, nicht ganz erfüllt worden sind. Es liegt dies wohl daran, daß andere Fertigungsverfahren, insbesondere der Feinguß und das Präzisionsschmieden, sich weiterentwickelt haben, abgesehen von der fortschreitenden Rationalisierung in der Zerspanungstechnik. Feinguß und Präzisionsschmieden haben außerdem den Vorteil, daß sie nicht durch die Schwierigkeiten behindert sind, die mit dem Sintern verschiedener Legierungen verbunden sind.

Ein sehr beachtenswerter und die Verwendung gesinterter Körper einschränkender Umstand ist der, daß die Preßwerkzeuge kostspielig sind und die Wettbewerbsfähigkeit gesinterter Körper gegen andere nur bei großer Stückzahl gegeben ist. Man nennt 5000 bis 10000 als Mindestzahl. Wo also große Stückzahlen vorliegen, z. B. in der amerikanischen Fahrzeugindustrie, haben auch unlegierte, gesinterte Stahlteile in den letzten Jahren beachtlichen Eingang gefunden[3].

Die gesinterten Hartmetalle werden in einem besonderen, nun folgenden Abschnitt dieses Buches behandelt.

---

[1] Kieffer, R., u. W. Hotop: Sintereisen und Sinterstahl S. 479. Wien: Springer 1948. [2] Mater. & Meth. Bd. 7 (1948) Nr. 6 S. 121.

[3] s. a. zusammenfassendes Schrifttum über Herstellung von Blechen und Bändern aus Metallpulver: Ern, H.: Stahl u. Eisen Bd. 82 (1962) S. 221.

3. Hartmetalle und Hartlegierungen

Unter diesem Titel sollen Legierungen zusammengefaßt werden, deren Bezeichnungsweise schwankt. Wir wollen sie einteilen in:

1. Gegossene leicht schmelzbare Mehrstofflegierungen,
2. gegossene schwer schmelzbare Karbide,
3. Sinterhartmetalle.

Sie enthalten Eisen meist nur zu einem sehr geringen Anteil, oft nur als Verunreinigung. Sie sollen aber, da sie großenteils Erzeugnisse der Edelstahlwerke sind, hier behandelt werden. Die Verwendung des Hartmetalls liegt überwiegend auf dem Gebiet der Zerspanungswerkzeuge und der Auftragsschweißung für Bergbauwerkzeuge und die der leicht schmelzbaren Mehrstofflegierungen auf dem Gebiet der Auftragsschweißung für verschiedene Werkzeuge und Maschinenteile.

Gegossene leicht schmelzbare Mehrstofflegierungen. Die ältesten dieser Legierungen sind Chrom-Kobalt-Wolfram-Legierungen, die in Amerika die Markenbezeichnung „Stellit“ bekamen[1], und auch in Deutschland faßt man sie oft unter diesem Namen zusammen. Sie waren ursprünglich als Schneidlegierungen gedacht und beruhen im wesentlichen auf einer Erfindung E. HAYNES[2]. Das Legierungsgebiet für die heute nur noch selten gebrauchten Schneidmetalle liegt etwa innerhalb folgender Grenzen: 2 bis 3% Kohlenstoff, 35 bis 55% Kobalt, 25 bis 33% Chrom, 10 bis 25% Wolfram, 0 bis 10% Eisen. Bei Aufschweißlegierungen ist der Kohlenstoff häufig niedriger und der Kobaltgehalt höher aber auch niedriger.

Das Kobalt bleibt größtenteils in der Grundmasse und trägt zur Zähigkeit bei. Bei Gehalten von über 50% läßt die Verschleißfestigkeit und Schneidhaltigkeit aber bereits erheblich nach, und die Legierungen sind für Schneidzwecke nicht verwendbar. Es war naheliegend, das teure Kobalt durch das billigere Nickel zu ersetzen. Erfolge waren dabei aber bisher nicht einmal bei einem teilweisen Ersatz des Kobalts zu verzeichnen, da die Härte bei Raumtemperatur und in der Wärme herabgesetzt wird. Es zeigt sich auch hier wieder, wie erheblich verschieden die Legierungswirkung von Kobalt und Nickel ist. Einer genaueren Erklärung über die Wirkung der einzelnen Bestandteile ist diese verwickelt zusammengesetzte Legierung noch nicht voll zugänglich. Man kann die Wirkungsweise etwa wie folgt kennzeichnen:

Das Wolfram erhöht durch Karbidbildung den Verschleißwiderstand und die Warmhärte, aber auch die Sprödigkeit. Legierungen mit mehr

[1] Die europäischen Legierungen dieser Art sind z. B. Celsit (Böhler), Akrit (Deutsche Edelstahlwerke).

[2] Diese Erfindung ist im amerikanischen Patent 873745 (1907) niedergelegt, das einen sehr weiten Bereich hat und in dem viele nicht gebrauchte Legierungen genannt sind.

als 20% Wolfram sind zu spröde. Das Chrom bildet mit dem Wolfram die Hauptmasse der Karbide, geht aber auch in die Grundmasse und ist dort als Kobalt-Chrom-Legierung der Träger der Zähigkeit. Vanadin ist in Gehalten bis zu 5% versucht worden, ohne daß man damit besondere Erfolge erzielt hätte; auch bei Tantal- und Niobzusätzen sind keine eindeutigen Ergebnisse zu verzeichnen gewesen. Auch Bor ist zunächst in der Absicht versucht worden, das Gußgefüge zu verfeinern, ohne daß dadurch diese Absicht erreicht worden wäre. Eine merkliche Verbesserung durch Bor erzielt man aber, wenn man eine borhaltige Legierung einer Ausscheidungshärtung unterzog. Eine solche Legierung ist als Schneidwerkstoff versucht worden.

Eisen wird bei Schneidlegierungen als Verunreinigung angesehen. Über die Höhe des zulässigen Gehaltes ist man verschiedener Ansicht. Die zulässige Grenze liegt bei etwa 5%. Bei Schweißlegierungen ersetzt man für viele Zwecke das Kobalt teilweise oder ganz durch Eisen.

Über diese Legierungen siehe die Arbeiten von M. SCHMIDT, W. LAMARCHE und E. KAUHAUSEN[1], H. CORNELIUS[2,3] und M. RIDDIHOUGH[4]. Diese Arbeiten beschäftigen sich u. a. eingehend mit dem Gefügeaufbau dieser Legierungen, insbesondere mit der Gefügebeständigkeit der Grundmasse. Entsprechend der Gepflogenheit bei Eisenlegierungen, wird dabei das kubisch-raumzentrierte Gitter mit α, das kubisch-flächenzentrierte mit γ bezeichnet. Alle gebräuchlichen kobalthaltigen Aufschweißlegierungen erfahren unter 900 °C keine Gefügeänderung, und zwar bleiben sie bis herab zu 27% Kobalt flächenzentriert. Legierungen mit weniger als 27% Kobalt sind nicht mehr umwandlungsbeständig, doch genügen einige Prozente Molybdän, um die Umwandlung in raumzentriertes α-Gitter zu unterdrücken. Im Hinblick auf hohe Warmfestigkeit und Temperaturwechselempfindlichkeit sind für Aufschweißlegierungen, die in der Wärme beansprucht werden, Zusammensetzungen zu wählen, die eine umwandlungsfreie γ-Grundmasse gewährleisten. Wohl zeigen alle gegossenen leicht schmelzbaren Mehrstofflegierungen beim ersten Erhitzen aus dem Guß- oder Schweißzustand bei 700 bis 1000 °C eine dilatometrisch feststellbare, nicht umkehrbare kleine Verkürzung, die auf Karbidausscheidungen zurückzuführen ist. Mit der Karbidausscheidung ist eine Härtesteigerung verbunden. Somit ist mit 27% Kobalt die Grenze gefunden, bis zu welcher man das Kobalt durch Eisen austauschen kann, ohne eine unstetige Eigenschaftsänderung zu erhalten. Entsprechend der Gefügeausbildung spricht

[1] SCHMIDT, M., W. LAMARCHE u. E. KAUHAUSEN: Arch. Eisenhüttenw. Bd. 14 (1940/41) S. 357/362.

[2] CORNELIUS, H.: s. a. Stahl u. Eisen Bd. 61 (1941) S. 764; Arch. Eisenhüttenw. Bd. 15 (1941/42) S. 47/58.

[3] CORNELIUS, H.: Stahl u. Eisen Bd. 64 (1944) S. 529.

[4] RIDDIHOUGH, M.: Hardfacing by Welding, London: Iliffe & Sons 1949.

man von untereutektischen, eutektischen und übereutektischen Legierungen. Das Auftreten des einen oder anderen Gefügezustandes ist nicht allein vom Kohlenstoff, sondern auch vom Gehalt an Wolfram, Chrom und Kobalt abhängig. So verschiebt z. B. die Ermäßigung des Kobaltgehaltes die eutektische Zusammensetzung zu höheren Kohlenstoffgehalten. Übereutektische Legierungen weisen grobe Karbidnadeln auf, die etwa mit dem Primärzementit der reinen Eisen-Kohlenstoff-Legierungen vergleichbar sind. Dieser Bestandteil ist vor allem für die bei höherem Kohlenstoffgehalt oft eintretende Sprödigkeit verantwortlich; es gelingt jedoch, die grobe Ausbildung dieser Nadeln durch beschleunigte Abkühlung weitgehend zu unterbinden.

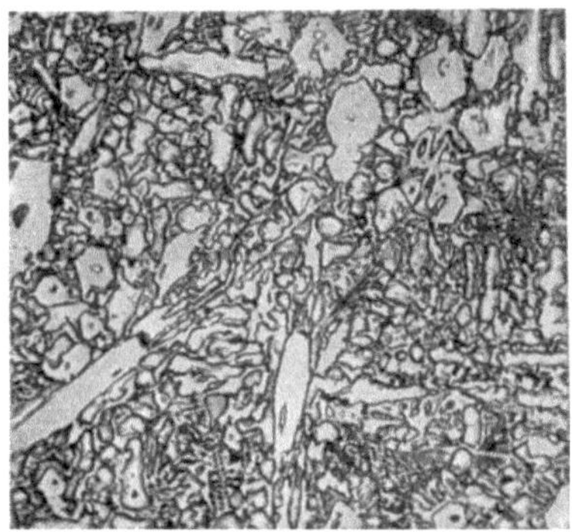

Bild 504. Kleingefüge eines Schneidmetalls mit mittlerem C-Gehalt. V = 200

Bild 504 zeigt das Gefüge einer Legierung mit etwa 2,2% Kohlenstoff aus dem Innern eines quadratischen Stabes mit 20 mm Seitenlänge bei durchschnittlicher Erstarrungsgeschwindigkeit. Da sich bei der Vielheit der Bestandteile und der Raschheit der Erstarrung sicher der Gleichgewichtszustand noch nicht einstellt, so ändert sich auch die Verteilung der Legierungsbestandteile auf die einzelnen Gefügeteile in Abhängigkeit von der Erstarrungsgeschwindigkeit. Bei langsamer Erstarrung werden die Gefügeteile sich dem Gleichgewichtszustand nähern, bei rascher sich von ihm entfernen.

Die Stellite (Hastelloy) sind heute bis 1% C zu Blech und bis 0,6% C auch zu Draht verarbeitbar[1] und nach dem Vorhergehenden nicht härtbar[2]. Die bei diesen Metallen vorhandene Härte ist im Wesen Naturhärte und durch die Abkühlungsgeschwindigkeit aus irgendwelcher Temperatur unterhalb der Schmelztemperatur wenig beeinflußbar. Durch Anlassen ist infolgedessen nach der Abkühlung keine Erweichung festzustellen. Wenn nun auch durch Abkühlung unterhalb der Schmelztemperatur nur eine geringe Beeinflussung möglich ist, so können doch erhebliche Unterschiede der Zähigkeit von Legierungen derselben Zusammensetzung dadurch entstehen, daß die Legierung verschieden rasch aus dem Schmelzfluß erstarrt. Die Schneidhaltigkeit hängt nicht allein von der Zusammensetzung ab, sondern auch stark davon, ob das Gußgefüge grob

[1] Es handelt sich um die hochsäure- und warmfesten Legierungen, die auf S. 468 behandelt wurden.

[2] Mit Ausnahme einer Beeinflussung durch Ausscheidungshärtung, wie z. B. durch Bor.

Zahlentafel 210 a. *Zusammensetzung, Härte und Verwendung leicht schmelzbarer Mehrstofflegierungen*

Nr.	C %	Co %	Cr %	W %	Fe %	HRC bei Raumtemperatur	HRC bei 600 °C	Verwendung
				Kobaltreiche, eisenarme Legierungen				
1	1,2	65	27	4,5	Rest	etwa 43	etwa 32	Für Auftragsschweißungen, für Auftragungen an korrosionsbeständigen Armaturen, für Schneidenpanzerungen an Warmschnitten, für Auftragungen an höchstbeanspruchten Auslaßventilen
2	2	56	25	14	Rest	etwa 53	etwa 45	Ähnlich wie unter 1, aber verschleißfester und weniger zäh; säurefester Guß
3	2,7	45	32	19	Rest	etwa 57	etwa 51	Bei Auftragungen mit gleitender Reibung und Ansprüchen an hohe Warmhärte und Korrosionsbeständigkeit sowie für Förderschnecken, Führungsschienen spitzenloser Schleifmaschinen
4	2,5	43	31	17	Rest	etwa 60	etwa 54	Für Zerspanungswerkzeuge[1], Panzern von zähen, warm- und korrosionsfesten Auftragungen, z. B. Dichtungsflächen von Gas-, Dampf- und Säurearmaturen, insbesondere an Höchstdruck-Dampfschiebern
				Kobaltarme und kobaltfreie Legierungen				
5	1,7	33	27	6 Mn	30	etwa 43	etwa 24	Für Ventildichtungsflächen an Gas-, Wasser- und Dampfarmaturen, Panzerung von Warmarbeitswerkzeugen, für Kaltabgratschnitte
6	3—4	—	33	1	Rest	etwa 57	gering	Für aufgeschweißte Gegenstände bei Raumtemperatur, Förderschnecken, Gleitführungen, Maschinenteile bis 200 °C, Aufschweißungen auf 12%igen Manganhartstahl
				Ledurite				
7	1,8 bis 2,6	—	2 bis 15	1	Rest	etwa 57	gering	Panzern von Kaltwerkzeugen, z. B. Meß-, Zieh-, Preßwerkzeuge, Verschleißteile

[1] Hierfür Sonderzusätze, z. B. Bor.

oder fein ist. Es muß daher bei Schneidlegierungen auf die Erzielung feinen Gußgefüges großes Augenmerk gelegt werden. Rasch erstarrende Stücke haben feines Gußgefüge, sind zäher und trotzdem etwas härter als langsam erstarrende. Es ist nun sehr schwierig, das Erstarrungsgefüge zu beherrschen, da es bei dieser Legierung ganz besonders empfindlich von den Gußbedingungen abhängt. Außerdem handelt es sich meist um kleine, schwierig gießbare Formen, wo man die Gießtemperatur aus gießtechnischen Gründen nicht so niedrig halten kann, als es für ein feines Gußgefüge wünschenswert wäre.

Für Schneidwerkzeuge haben die Kobalt-Chrom-Wolfram-Legierungen viel von ihrer Bedeutung eingebüßt. Sie sind durch die gesinterten Karbide größtenteils verdrängt worden (s. S. 871). Immer größere Verwendung finden diese Legierungen hingegen für Auftropfschweißungen, die auf Verschleiß und Korrosion beansprucht werden, z. B. zur Herstellung von Werkzeugen, die auf korrosionsbeständige austenitische Trägerkörper aufgetropft werden (Zellulose-Hackmesser). Sie sind in Wasser und an der Luft vollkommen beständig, gut beständig gegen Salzsäure, schwefelige Säure, Königswasser. Diese Korrosionsbeständigkeit macht die Legierung bei Verarbeitung von stark angreifenden Mitteln nützlich. Verwendungszwecke sind für solche Fälle z. B. Preßformzeuge für Trockenbatterien, Bearbeitungswerkzeuge von Salzkrusten. Sie bewahren bis 600 °C den größten Teil ihrer Härte und sind deshalb für warmfeste Werkzeuge verwendbar (s. Zahlentafel 210a). Eine zweite Art leicht schmelzbarer Mehrstofflegierungen, die zum Aufschweißen verwendet werden, sind solche mit 25 bis 35% Chrom, einem Mangangehalt bis zu 6%, hohem C-Gehalt und dem Rest aus Eisen. Ihre Warmhärten nehmen bis 400 °C in gleichem Maße ab wie die Kobaltlegierungen; oberhalb 400 °C fällt ihre Härte aber rasch ab. Schließlich sind Auftragsschweißlegierungen entwickelt worden mit Chromgehalten unter 15%. Man hat diesen wegen des roheisenähnlichen Gefüges den Namen „Ledurite“ gegeben.

Zusammensetzung und Verwendung dieser Legierungen werden z.B. von W. Hummitzsch[1] angegeben.

Die Zahlentafel 210a gibt Beispiele von kobaltreichen, kobaltarmen und kobaltfreien Legierungen, ihrer Härte bei Raumtemperatur und 600° sowie für ihre Verwendung.

Auch Borstähle in der Zusammensetzung 0,35% C, 1,5 bis 3% B, 3 bis 5% Si, 15% Cr, Rest Nickel, werden gebraucht. Sie haben den Vorteil des niedrigen Schmelzpunktes und dadurch geringeren Verzuges beim Schweißen.

[1] Hummitzsch, W.: Autogene Metallbearb. Bd. 37 (1944) S. 124/125.

Karbidhartmetalle[1]

Die Eigenschaften der wichtigsten, entweder schon verwendeten oder für die Zukunft in Betracht kommenden Karbide und Nitride und anderer harter Körper sind in der Zahlentafel 211 zusammengefaßt.

Zahlentafel 211. *Eigenschaften der wichtigsten Hartstoffe* (nach R. KIEFFER und C. SCHWARZKOPF)

	Dichte gef. g/cm³	Härte[2] kp/mm²	Schmelzpunkt °C	Wärmeleitfähigkeit cal/cm·sec·grd C
TiC	4,93	3200	3140 ± 90	0,041
ZrC	6,9	2600	3530 ± 125	0,049
HfC	12,2	[3]	3890 ± 150	—
VC	5,36	2800	2830	—
NbC	7,82	2400	3500 ± 125	0,034
TaC	14,48	1800	3880 ± 150	0,053
Cr_3C_2	6,68	1300	1895	—
Mo_2C	9,18	1500	2690 ± 50	—
WC	15,7	2400	2870 ± 50 zers.	—
W_2C	17,2	3000[4]	2730 ± 15	0,07
TiN	5,213	—	2950 ± 50	—
ZrN	6,93	—	2980 ± 50	—
VN	6,04	—	2050 ?	—
NbN	8,4	—	2050 ?	—
TaN	14,1	—	3090 ± 50	—
CrN	6,1	—	—	—
Diamant	3,52	10060[5]	3700 ± 100	0,33
Borkarbid	2,52	H_M 3700	2450	n. b.
Siliziumkarbid	3,2	H_M 3500	~2200	0,037
Sinterkorund	3,8—3,9	H_M 2800	2050	0,047
Geschmolzenes Wolframkarbid	~16	1800—2000	~2800	0,07
TiC heißgepreßt	4,9	H_M 3200	3140 ± 90	0,041
WC heißgepreßt	15,6	1600—1800	2800	—
WC-Co 94/6	14,9	1600	—	0,19
WC-Co 89/11	14,2	1400	—	0,16

Eine vergleichende Zusammenstellung über die Härte verschiedener Karbide und auch einiger anderer harter Stoffe gibt in Zahlentafel 212 E. J. TANGERMAN[6].

Die gegossenen Karbide. Nach der Erstarrung aus dem Schmelzfluß liegt ein Gemenge von W_2C und WC, unter Umständen auch Graphit vor. Geschmolzenes Karbidmetall hat sich wegen seiner Sprödigkeit für

[1] KIEFFER, R., u. C. SCHWARZKOPF: Hartstoffe und Hartmetalle. Wien: Springer 1953. — HINNÜBER, J., u. W. KINNA: Stahl u. Eisen Bd. 82 (1962) S. 31/46.

[2] Mikrohärte, 50 p Belastung.

[3] Aus Literaturangaben kann auf eine Härte ähnlich wie bei ZrC geschlossen werden.

[4] W_2C-WC geschmolzen.

[5] Mikrohärte nach M. M. KRUŠOV u. E. S. BERKOVICH: Zavodskaja Laboratorija Bd. 16 (1950) Nr. 2 S. 193/196.

[6] TANGERMAN, E. J.: Amer. Mach. Bd. 100 (1956) Nr. 6 S. 154/172.

Zahlentafel 212

Vergleich der Härte verschiedener sehr harter Werkstoffe (nach E. J. TANGERMAN)

Werkstoff	Knoophärte K_{100} kp/mm²
Gehärteter Werkzeugstahl, 65 HRC	740
Quarz (SiO_2)	820
Granat ($Al_2O_3 \cdot 3FeO \cdot 3SiO_2$)	1360
Gesinterte Hartmetalle (WC-Grundlage)	1400—1800
Wolframkarbid (WC)	1800
Aluminiumoxyd-Kristall (Al_2O_3)	2000
Titankarbid (TiC)	2470
Siliziumkarbid (SiC)	2500
Titanborid (TiB_2)	2700
Borkarbid (B_4C)	2800
Diamant (C)	~6500

Zerspanungszwecke nicht bewährt. Ursachen der Sprödigkeit sind:

W_2C ist spröder als WC,
Fehlen einer zähen Bindemasse, wie etwa das Kobalt bei dem gesinterten Wolframkarbid,
Gußspannungen,
Schwankungen in der Zusammensetzung, da bei der hohen Schmelztemperatur im Kohlerohrofen und der kurzen Schmelzdauer der Kohlenstoffgehalt nicht genau beherrscht wird. Es liegen deshalb Gefüge und Härte in weiten Grenzen.

Ein großer Verbrauch in geschmolzenem Metall ergibt sich aber für die Panzerung von Erdbohrmeißeln, wie es entweder in größeren Stücken oder als Pulver in Eisenrohre gefüllt, gebraucht wird (s. S. 758). Es verhält sich beim Reibverschleiß günstiger als das gesinterte Metall, da bei dem letzten leichter Teile aus der Bindemasse losgelöst werden. Als Gesamtkörper sind die geschmolzenen Hartmetalle aber, wie oben gesagt, stoßempfindlicher als die gesinterten. Hingegen ist die Korrosionsbeständigkeit des geschmolzenen Metalls besser als die des gesinterten.

Die gesinterten Karbidhartmetalle[1]. Das wichtigste Karbid für die gesinterten Hartmetalle ist das Wolframkarbid WC. Man stellt es durch Erhitzung bei etwa 1400 bis 1600 °C eines Gemenges von Wolframsäure und Kohlenstoff oder Wolfram und Kohlenstoff her. Bei diesen Temperaturen und auch noch bis unterhalb des Schmelzpunktes bildet sich überwiegend WC. Über die Karbide W_2C und WC liegen eine Reihe von Sonderuntersuchungen vor, z. B. H. KRAINER und K. KONOPICKY[2]. Danach ist W_2C im gesinterten Hartmetall zu vermeiden, da es die Güte des Metalls verschlechtert. Das Kleingefüge eines mit Kobaltzusatz gesinterten Wolframkarbids ist aus Bild 505 zu ersehen.

[1] Über die Herstellung der gesinterten Karbide s. KIEFFER-SCHWARZKOPF: Hartstoffe und Hartmetalle (Fußnote 1 S. 870).

Eigenschaften der Karbidhartmetalle sind auch im Abschnitt „Zerspanbarkeit" behandelt.

[2] KRAINER, H., u. K. KONOPICKY: Berg- u. hüttenm. Mh. Bd. 92 (1947) S. 166/177.

Das nächstwichtige Karbid ist Titankarbid, das üblicherweise aus Titansäure und Kohlenstoff hergestellt wird. Es ist in Wirklichkeit ein TiC-TiO-Mischkristall, dessen Sauerstoffgehalt dafür verantwortlich ist, daß die titanhaltigen Karbidmetalle oft porös sind (s. S. 115).

Die Titan- und Wolframkarbide bilden Mischkristalle zweierlei Art, und zwar solche mit überwiegendem Wolframkarbid und solche mit überwiegendem Titan-Karbid-Gehalt. Nach H. Krainer und K. Konopicky enthalten gut entsprechende Hartmetalle der Grundzusammensetzung 75% WC und 25% TiC einen TiC-Mischkristall, der wenigstens 55% WC gelöst enthält, schlechte hingegen enthalten einen Mischkristall, der nur 35 bis 45% gelöstes WC hat. Mit dem System WC-TiC befassen sich H. Nowotny und R. Kieffer[1], H. Krainer und K. Konopicky[2], A. G. Metcalfe[3], L. D. Brownlee, G. A. Geach und T. Raine[4], V. P. Lvovskaja und J. S. Umanski[5], R. Kieffer[6], L. P. Molkov und I. V. Vikker[7].

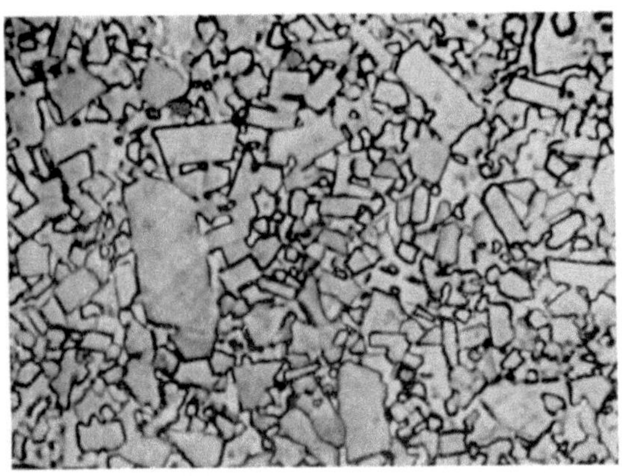

Bild 505. Kleingefüge eines gesinterten Wolframkarbidhartmetalls mit 6% Co. V = 1500

Bild 506 gibt das Gefüge eines Karbidmetalls mit 14% Titankarbid und 10% Kobalt wieder. Man sieht nebeneinander kantige und runde Karbide. Die scharfkantigen enthalten überwiegend Wolframkarbid mit geringen Mengen gelöstem Titankarbid und die runden Titankarbid mit darin gelöstem Wolframkarbid. Es handelt sich also bei beiden um Mischkristalle. Bei sehr hohen Titangehalten hat man das Nickel als Bindemetall versucht. Man ist aber bisher beim Kobalt geblieben.

Ähnlich dem Titankarbid vermag nach H. Krainer und K. Konopicky[2] auch Vanadinkarbid Vanadinoxyd-Mischkristalle zu bilden.

---

[1] Nowotny, H., u. R. Kieffer: Metallforschg. Bd. 2 (1947) S. 257/265.

[2] Krainer, H., u. K. Konopicky: Berg- u. hüttenm. Mh. Bd. 92 (1947) S. 166 bis 178. [3] Metcalfe, A. G.: J. Inst. Met. Bd. 73 (1947) S. 591/607.

[4] Brownlee, L. D., G. A. Geach u. T. Raine: Iron Steel Inst., Spec. Rep. Nr. 38, London (1947) S. 73/78.

[5] Lvovskaja, V. P., u. J. S. Umanski: Žurnal Techničeskoi Fisiki Bd. 20 (1950) S. 1167/1174. [6] Kieffer, R.: Metallforschg. Bd. 2 (1947) S. 236/238.

[7] Molkov, L. P., u. I. V. Vikker: Vestnik Metallopromyšlennosti Bd. 16 (1936) S. 75/82.

Die Oxydbildung und damit die Entstehung der Poren wird weitgehend hintangehalten, wenn man die Karbide im Hochvakuum herstellt und auch darin sintert.

Schließlich spielt als drittes Karbid, das Tantalkarbid, bei den gesinterten Karbidhartmetallen eine Rolle. Es wird dem Wolframkarbid zusätzlich zum Titankarbid beigefügt. Über das System WC-TiC-TaC berichten H. NOWOTNY, R. KIEFFER und O. KNOTEK[1] sowie K. WHITEHEAD und L. D. BROWNLEE[2].

Die gesinterten Hartmetalle haben sich für die Zerspanung in großem Maße eingeführt und ihre Technik außerordentlich beeinflußt.

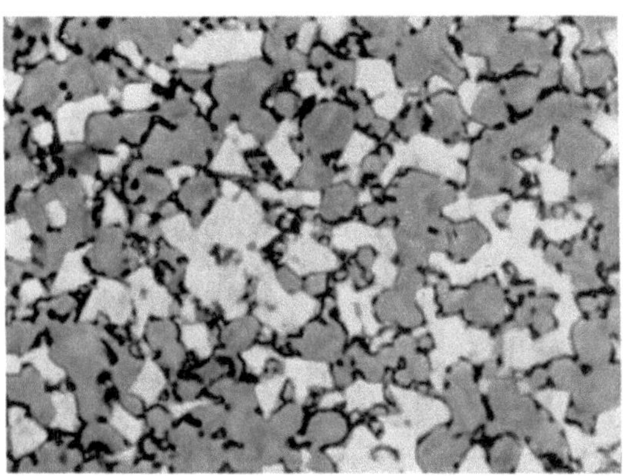

Bild 506. Kleingefüge eines gesinterten WC-TiC-Hartmetalls mit 14% TiC und 10% Co. V = 1500

Das Sintern beruht darauf, daß man die hochschmelzenden Karbide in fein zerkleinertem Zustand mit einem leicht schmelzbaren Zusatzkörper, in diesem Falle Kobalt, mischt und auf Temperaturen unterhalb des Schmelzpunktes der Karbide erhitzt, wobei die Temperatur und Zeitdauer der Erhitzung so gewählt wird, daß die Karbide zusammenfritten. Man hat dadurch gegenüber den geschmolzenen Karbiden drei Vorteile:

1. den der niedrigeren Erzeugungstemperatur (Sintertemperaturen der Karbidmetalle liegen zwischen 1400 bis 1700 °C, die Schmelzpunkte hingegen über 2500°);

2. kann man durch die Wahl der Korngröße des Karbidpulvers dem Metall die Korngröße bis zu einem gewissen Grade aufzwingen;

3. die harten Karbide bleiben in der weicheren Grundmasse eingebettet, wodurch der Körper bedeutend zäher wird.

---

[1] NOWOTNY, H., R. KIEFFER u. O. KNOTEK: Berg- u. hüttenm. Mh. Bd. 96 (1951) S. 6/8.

[2] WHITEHEAD, K., u. L. D. BROWNLEE, in: KIEFFER, R., u. P. SCHWARZKOPF: Hartstoffe und Hartmetalle. Wien: Springer 1953, S. 203.

Das erste marktfähige gesinterte Karbidmetall war das mit Kobalt als Bindemittel gesinterte Wolframkarbid WC. Wegen der besonderen Wichtigkeit dieses Metalls seien die Ansprüche der beiden Patente angeführt, auf die sich die Herstellung und Zusammensetzung dieses Metalls gründet.

DRP 420689[1]: 1. Gesinterte, harte Metallegierung für Arbeitsgeräte und Werkzeuge, insbesondere Ziehsteine, dadurch gekennzeichnet, daß dieselbe aus einem Wolframkarbid mit etwa 3 bis 7% Kohlenstoffgehalt und einem zusätzlichen Hilfsmetall von wesentlich niedrigerem Schmelzpunkt, wie etwa Eisen, Kobalt oder Nickel, in Mengen bis höchstens 10% besteht.

2. Gesinterte Metallegierung nach Anspruch 1, dadurch gekennzeichnet, daß dieselbe gleichzeitig zwei oder mehrere Hilfsmetalle bis 10% der Gesamtmenge der Legierung enthält.

3. Verfahren zur Herstellung der Metallegierungen nach Anspruch 1, 2, dadurch gekennzeichnet, daß pulverförmiges 3 bis 10% Kohlenstoffgehalt aufweisendes Wolframkarbid gemeinsam mit einem höchstens 10% der Gesamtmenge betragenden feinverteilten Hilfsmetall zu Körpern gepreßt und bis zur Sinterung erhitzt wird.

DRP 434527: Gesinterte, harte Metallegierung, Arbeitsgeräte und Werkzeuge gemäß Patent 420689, dadurch gekennzeichnet, daß der Gehalt an zusätzlichen Hilfsmitteln 10 bis 20% der gesamten Legierungsmenge beträgt.

Diese Legierungen haben heute außer Wolframkarbid noch 3 bis 20%, bei schneidenden Werkzeugen und bei Schlagwerkzeugen bis 30% Kobalt. Es ist ohne weiteres einleuchtend, daß die Zähigkeit der Metalle zunimmt, je mehr der Kobaltgehalt ansteigt. Es gelingt aber nicht, durch steigenden Kobaltgehalt Legierungen zu finden, die in ihrer Schneidhaltigkeit stetig abfallen. Bei einem bestimmten Kobaltgehalt hört die überragende Schneidhaltigkeit auf.

Bei der Sinterung hatte sich im Kobalt zweifellos ein Teil des Wolframkarbids gelöst, das sich nach S. L. HOYT[2] beim Abkühlen vollkommen ausscheidet, so daß als Bindemasse reines Kobalt vorliegen soll. Untersuchungen von H. KRAINER, K. KONOPICKY[3] und L. D. BROWNLEE[4] lassen es aber zweifelhaft erscheinen, ob die Bindemasse reines Kobalt ist. Statt einer längeren Erwärmung kann das Karbid auch durch eine Drucksinterung, d. h. durch Heißpressen zwischen Graphitelektroden, hergestellt werden. Wählt man Temperatur, Druck und Zeit richtig, so steht das Erzeugnis dem kalt gepreßten, gesinterten nicht

[1] Erfinder: K. SCHRÖTER, Osram, Berlin. [2] HOYT, S. L.: Trans. Amer. Inst. min. metallurg. Engrs. 1930 S. 9/58. [3] KRAINER, H., u. K. KONOPICKY: Berg- u. hüttenm. Mh. Bd. 92 (1947) S. 166/177. [4] BROWNLEE, L.D.: Internat. Pulvermetallurgie-Tagung, T.H. Graz (1948), Referat Nr. 15.

nach. Die Schwierigkeit liegt aber im großen Formenverbrauch, da häufig bei 2- bis 3maliger Pressung eine Form zugrunde geht.

Das Wolframkarbidhartmetall brachte für die Zerspanung von Grauguß und anderen kurzspanenden Werkstücken gegenüber dem Schnellarbeitsstahl überraschend gute Zerspanungsleistungen, enttäuschte aber bei Stahl. Erst ein Zusatz von Titankarbid hat die Sinterkarbidmetalle für das Zerspanen von Stahl wettbewerbsfähig gemacht. Die zuerst verwendeten Wolframkarbide waren bei Eisenwerkstoffen fast nur für die Graugußbearbeitung in Gebrauch. Schon ein geringer Gehalt von etwa 2% Titankarbid erhöht die Schneidfähigkeit an Stahl bedeutend. Die Schneidhaltigkeit würde bei ansteigendem Titangehalt immer höher werden, wenn nicht gleichzeitig die Sprödigkeit anstiege[1], so daß Legierungen mit mehr als 15% Titankarbid nur für Feinschnitt im Gebrauch sind und auch dabei in letzter Zeit von oxydkeramischen Schneidstoffen teilweise verdrängt werden[2]. Als Bindemittel wird auch bei den üblichen titanhaltigen Hartmetallen Kobalt verwendet. Die Herstellung titanhaltiger Karbidhartmetalle begegnet deshalb größeren Schwierigkeiten, weil, wie schon auf S. 871 erwähnt, das Titankarbid sauerstoffhaltig ist und während des Sinterns die Neigung zeigt, Kohlenoxyd zu bilden und porös zu werden.

Die Erklärung, warum durch Titanzusatz die Schneidhaltigkeit bei Stahlbearbeitung ansteigt und bei Hartgußbearbeitung abfällt, kann nicht in der verschiedenen Warmhärte liegen. Bei der Graugußbearbeitung kommt der zerbröckelnde Span nicht viel über die Schneide hinaus auf die Spanfläche, sondern maßgebend ist der Abrieb der Schneidkanten. In diesem Falle erstreckt sich daher die Abnützung auf einen engeren Bereich, in welchem der größte Teil der Reibungswärme angehäuft wird. Dabei spielt nun die Wärmeleitfähigkeit eine ausschlaggebende Rolle. Das Titankarbidmetall, das die Wärme viel schlechter leitet, erhitzt sich örtlich sehr stark und verschleißt dadurch schneller. Bei der Stahlzerspanung hingegen steht die Schneide selbst fast frei, aber die Spanfläche verschleißt durch Auskolkung, und die Berührungsfläche ist wesentlich größer, daher spielt dabei die Wärmeleitfähigkeit keine so große Rolle[3]. Hier kommt die Härte des Titankarbids zur Geltung, die nach Zahlentafel 212 (S. 871) höher ist als die des Wolframkarbids. Dies ist aus dem hohen Schmelzpunkt des Titankarbids und der Verwandtschaft des Titans zum Kohlenstoff auch begreiflich. W. Dawihl[4] erklärt dies auch mit der verschiedenen Adhä-

---

[1] Rapatz, F., H. Pollack u. J. Holzberger: Stahl u. Eisen Bd. 58 (1938) S. 265/276. [2] Rapatz, F., u. F. Motalik: Zusammenfassender Bericht Stahl u. Eisen Bd. 79 (1959) S. 1292. [3] Rapatz, F., H. Pollack u. J. Holzberger: Stahl u. Eisen Bd. 58 (1938) S. 265/276.

[4] Dawihl, W.: Stahl u. Eisen Bd. 61 (1941) S. 210/213.

sionseigenschaft in der Wärme am zerspanenden Werkstoff. T. N. LOLADSE[1] sucht die Erklärung hierfür in dem verschiedenen Diffusionsverschleiß (s. S. 894).

In den letzten Jahren setzt man dem Wolframkarbid außer Titankarbid noch Tantalkarbid (meist bis 5%, in Einzelfällen 20%) hinzu. Hierdurch wird die durch das Titankarbid verursachte erhöhte Sprödigkeit gemildert und die Verschleißhärte nicht herabgesetzt. Diese Metalle mit wenigen Prozent Tantalkarbid haben sich stark eingeführt.

In Amerika hat man versucht, das Titankarbid ganz durch das Tantalkarbid zu ersetzen oder es gar zur Hauptgrundlage des gesinterten Schneidmetallkarbids zu machen. Diese Metalle haben sich aber weniger schneidhaltig erwiesen als diejenigen, die Titankarbid enthalten. Darüber siehe die Ausführungen von P. M. McKENNA[2].

Zahlentafel 213 gibt Aufschluß über Zusammensetzung und Verwendung der in Mitteleuropa hauptsächlich gebrauchten Hartmetalle.

Schon seit 1930 befaßte man sich damit, wolframkarbidfreie Hartmetalle herzustellen. Eine zusammenfassende Arbeit darüber liegt von R. KIEFFER und F. KÖLBL vor[3]. Demnach wurden hierfür drei Wege beschritten:

1. Die Erzeugung einer Titankarbid-Molybdänkarbid-Legierung, wobei Nickel als Bindemetall diente.

2. Den zweiten Weg gingen die Amerikaner, nachdem sie Legierungen auf der Grundlage des reinen Tantalkarbids anfertigten.

3. Nach den Untersuchungen von R. KIEFFER und F. KÖLBL[3] sowie J. HOLZBERGER und H. KRAINER[4] näherte man sich durch die Erzeugung von Titankarbid-Vanadinkarbid-Hartmetallen den Eigenschaften der titanhaltigen Wolframkarbidmetalle, ohne sie aber zu erreichen.

Alle diese drei Wege haben also bisher zu keinem Erfolg geführt. Es ist aber nicht ausgeschlossen, daß man bei großem Wolframmangel mit diesen Metallen einigermaßen auskäme. Man braucht aber kaum zu befürchten, daß der Wolframmangel jemals so große Ausmaße annehmen wird.

Über die Schneidleistung der Karbidmetalle im Verhältnis zu den stellitähnlichen Legierungen und Schnellstahl wird noch im Abschnitt „Zerspanbarkeit“ die Rede sein (S. 915).

---

[1] LOLADSE, T. N.: Arbeitstagung Zerspanungsfragen, Aachen, Jan. 1959. Ind.-Anz. Bd. 81 (1959) S. 991/996; s. a. Stahl u. Eisen Bd. 79 (1959) S. 1287.

[2] McKENNA, P. M.: Trans. Amer. Inst. Min. Metallurg. Engrs., Techn. Publ. Nr. 897 12 S.; Metals Techn. Bd. 5 (1938) Nr. 2.

[3] KIEFFER, R., u. F. KÖLBL: Internat. Pulvermetallurgie-Tagung, T.H. Graz (1948), Referat Nr. 28; Powder Met. Bull. Bd. 4 (1949) S. 4/17.

[4] HOLZBERGER, J., u. H. KRAINER: Diskussionsvortrag Internat. Pulvermetallurgie-Tagung, T.H. Graz (1948).

Zahlentafel 213. *Ungefähre Zusammensetzung und Eigenschaften der den Anwendungsgruppen zugeordneten Hartmetalle*

Zerspanungs-Hauptgruppen	Bezeichnung nach ISO-Vorschlag 1958 und Anwendungsbereiche: Anwendungsbereich	Anwendungsgruppen	Kennzeichnende Merkmale	Zusammensetzung: % WC etwa	% TiC + TaC etwa	% Co etwa	Wichte g/cm³ etwa	Vickershärte HV 30 kp/mm etwa	Biegefestigkeit kp/mm² etwa	Elastizitätsmodul kp/mm²	Wärmeausdehnungskoeffizient[2] 10^{-6}/grd	Wärmeleitfähigkeit[2] cal/cm grd
P	Langspanende Werkstoffe, z. B. für Stahl, Stahlguß und langspanenden Temperguß	P 01.2	Zunehmende Schnittgeschwindigkeit bzw. steigernde Verschleißfestigkeit ↑; Zunehmende Vorschübe bzw. steigende Zähigkeit ↓ (für P, M, K)	30	64	6	7,2	1800	75	—	—	—
		P 01.3 (F 1)[3]		51	43	6	8,6	1750	90	46000	7,5	0,04
		P 10 (S 1)[3]		63	28	9	10,7	1600	130	53000	6,5	0,07
		P 20 (S 2)[3]		76	14	10	11,9	1500	150	54000	6	0,08
		P 25		71	20	9	12,5	1450	170	—	6	—
		P 30 (S 3)[3]		82	8	10	13,1	1450	170	56000	5,5	0,14
		P 40		75	12	13	12,7	1400	190	56000	5,5	0,14
		P 50		68	15	17	12,5	1300	220	—	—	—
M	Mehrzwecksorten für die Bearbeitung von lang- und kurzspanenden Werkstoffen, z. B. für Stahl, Stahlguß, Manganhartstahl, legiertes Gußeisen, Gußeisen mit Kugelgraphit, Temperguß, austenitische Stähle, Automatenstahl	M 10		84	10	6	13,1	1700	135	58000	5,5	0,12
		M 20		82	10	8	13,4	1550	160	56000	5,5	0,15
		M 40		80	6	14	13,6	1300	200	—	—	—
K	für kurzspanende Werkstoffe, z. B. für Gußeisen, Hartguß, kurzspanenden Temperguß, gehärteten Stahl, Nichteisenmetalle, Kunststoffe	K 01		91	4	5	15,0	1800	110	—	5	0,19
		K 05 (H 2)[3]		91	3	6	14,6	1750	135	63000	5	0,19
		K 10 (H 1)[3]		92	2	6	14,8	1650	150	63000	5	0,19
		K 20 (G 1)[3]		92	2	6	14,8	1550	170	62000	5	0,19
		K 30		89	2	9	14,5	1450	190	—	—	0,17
		K 40 (G 2)[3]		88	—	12	14,3	1300	210	58000	5,5	0,16
G[1]	für auf Verschleiß beanspruchte Teile, z. B. auch bei der spanlosen Formgebung	G 05	Zunehmende Härte und Verschleißfestigkeit ↑ bzw. abnehmende Zähigkeit	94	—	6	14,8	1600	150	63000	5	0,19
		G 10		94	—	6	14,8	1550	170	62000	5	0,19
		G 15		91	—	9	14,5	1450	190	59000	—	0,17
		G 20		88	—	12	14,3	1300	210	58000	5,5	0,16
		G 30		85	—	15	14	1200	240	54000	6	—
		G 40		80	—	20	13,5	1100	260	50000	6,5	—
		G 50		75	—	25	13,1	1000	270	47000	7	—
		G 60		70	—	30	12,8	900	280	46000	7,5	—

[1] Zur Normung vorgesehen. [2] Für Temperaturen im Bereich bis rd. 800 °C. [3] Bei den eingeklammerten Kennzeichen handelt es sich um die den neuen Bezeichnungen in etwa entsprechenden, jetzt überholten Bezeichnungen nach DIN 4990.

Die Grundlage für die verschiedene Zerspanungsleistung der Schneidlegierungen ergibt sich aus Bild 507, worin in grober Annäherung die Warmhärten der Schneidlegierungen und Schneidstähle angegeben sind. Der Härteabfall erfolgt bei Kohlenstoffstahl bereits bei Temperaturen über 300 °C, bei Schnellarbeitsstahl über 600 °C, ziemlich rasch, während bei den gegossenen und gesinterten Schneidmetallen die Härten auch bei Temperaturen bis 1000 °C viel weniger beeinflußt werden. Die Warmhärte allein ist allerdings nur ein sehr grober Maßstab für den Verschleißwiderstand in der Wärme, da damit noch nicht unmittelbar die Härte und der Verschleißwiderstand der Karbide gemessen wird. Er genügt aber für die Erklärung der bei diesen Metallen zulässigen hohen Schnittgeschwindigkeit, die eben hohe Schneidtemperaturen hervorrufen.

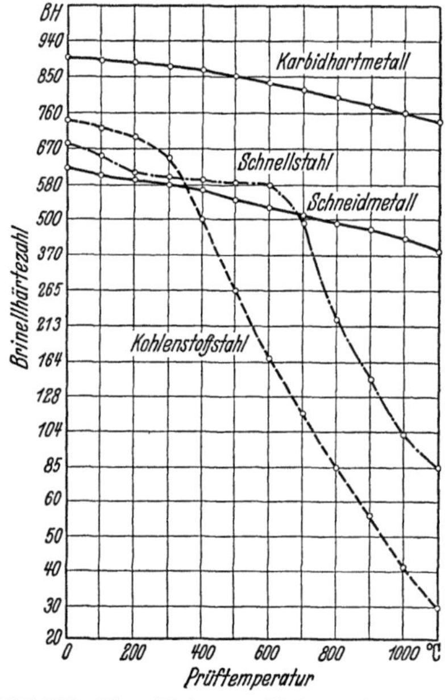

Bild 507. Warmhärte verschiedener Schneidlegierungen

Schließlich wird gesintertes Wolframkarbidhartmetall auch für Auftragsschweißungen gebraucht. Der gesinterte Hartmetallschweißstab wird elektrisch, wie jede andere Auftragselektrode, aufgeschweißt. Gegenüber in Eisenröhrchen gefülltes geschmolzenes Wolframkarbid (s. S. 758) haben diese Stäbe den Vorteil, daß die Auftragung fast eisenfrei ist. Die Härte und Verschleißfestigkeit entspricht den Wolframkarbiden[1].

Schon während des zweiten Weltkrieges versuchte man, *keramische* Schneidwerkstoffe zu erzeugen, die auf der Grundlage gesinterten Aluminiumoxydes hergestellt wurden. Man hat diesen Weg unmittelbar nach dem Krieg wieder verlassen, versucht aber, besonders in Rußland, neuerdings diese Metalle einzuführen. Sie sind wegen ihres nichtmetallischen Aufbaues spröder, an Härte sowohl in der Kälte wie in der Wärme, und an Verschleißwiderstand den Karbidmetallen überlegen, haben aber eine geringe Wärmeleitfähigkeit und vertragen schlecht Temperaturwechsel und örtliche Erhitzung. Bei vorsichtiger Behandlung gelingt es bis jetzt, bei Feinbearbeitung die Schnittgeschwindigkeit um das 2- bis

[1] Knotek, O., u. I. Birk: Hochverschleißfeste Auftragsschweißung aus Fachbuchreihe Schweißtechnik Bd. 7 „Große Schweißtechnische Tagung 1956, Vorträge". Braunschweig: Vieweg & Sohn 1956, S. 13/17.

Zahlentafel 214. *Eigenschaften von Karbidlegierungen für Hochtemperatur* (nach R. KIEFFER und C. SCHWARZKOPF)

Bezeichnung	Zusammensetzung in %					Dichte	Härte H_v	Biegebruch-festigkeit
	TiC	TaC (NbC)	Ni	Co	Cr	g/cm³	kp/mm²	kp/mm²
WZ Ib . .	60	—	32	—	8	6,20	1010	135—150
WZ Ic. . .	50	—	40	—	10	6,40	830	150—170
WZ 2 . . .	60	—	—	28	12	6,10	1160	110—125
WZ 3 . . .	50	10	32	—	8	6,30	1070	140—150
WZ 12a . .	75	—	15	5	5	6,00	1220	105—115
WZ 12b . .	60	—	24	8	8	6,20	1090	130—145
WZ 12c . .	50	—	30	10	10	6,40	860	150—165
WZ 12d . .	35	—	39	13	13	6,65	720	170—180

3fache gegenüber dem Karbidmetall zu erhöhen. Die bemerkenswerteste Untersuchung hierüber liegt von J. HINNÜBER vor[1]. Aus der auf S. 434 angeführten hohen Warmfestigkeit erklärt sich die anwendbare große Schnittgeschwindigkeit. Ein Vorteil der oxydkeramischen Stoffe gegenüber Wolfram-Sinterkarbiden ist ihre Beständigkeit gegen Zundern. Über ihre Schneidleistung s. a. S. 916.

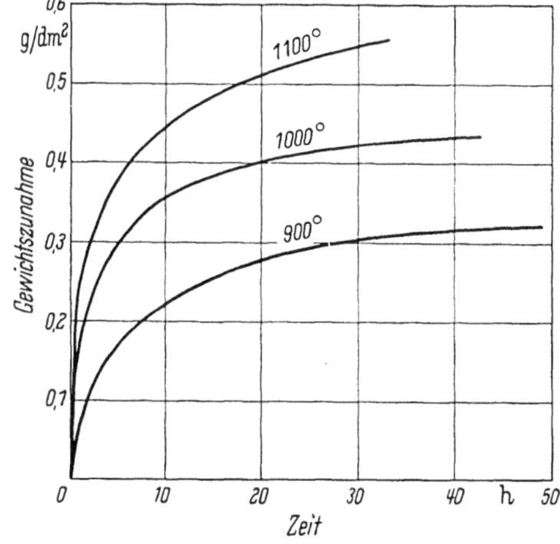

Bild 508. Zunderisothermen von WZ 12b bei 900, 1000 und 1100 °C (nach R. KIEFFER und F. KÖLBL)

Gesinterte Karbide finden in letzter Zeit auch Eingang als Hochtemperaturwerkstoffe. Als Beispiele seien gesinterte Karbide nach Zahlentafel 214[2] angeführt.

Es handelt sich hauptsächlich um Titankarbide mit Nickel und Chrom als Bindestoff. Die Gewichtsabnahmen bei verschiedenen Zundertemperaturen für WZ 12 b zeigt Bild 508[2]. J. HINNÜBER, O. RÜDIGER und W. KINNA[3] untersuchten Titankarbidverbindungen,

[1] HINNÜBER, J.: Ind.-Anz. Bd. 78 (1956) S. 1082/1084. Siehe auch: P. P. GRUDOW u. M. P. TSYGANOWA: Stanki i Instrument 1952 Nr. 4 S. 10/12; nach Engr. Dig. Bd. 14 (1953) Nr. 2 S. 59/61.

Mit keramischen Stoffen bestückte Schneidwerkzeuge. Amer. Mach. Bd. 98 (1954) Nr. 25, S. 113/115; s. a. RICHTER, W., u. G. KAMMERICH: Silikattechn. Bd. 6 (1955) S. 528/534; Amer. Mach. Bd. 100 (1956) Nr. 6, S. 153/174; ebenda Bd. 100 (1956) Nr. 26, S. 113/136. — BLANPAIN, E.: Les outils en ceramique. Paris 1955. Eyrolles.

[2] KIEFFER, R., u. C. SCHWARZKOPF: Hartstoffe und Hartmetalle. Wien: Springer 1953.

[3] HINNÜBER, J., O. RÜDIGER u. W. KINNA: Arch. Eisenhüttenw. Bd. 27 (1956) S. 259/267.

die anstatt Nickel Kobalt enthalten. Die Zunderverluste bei 1000 °C zeigt Bild 509.

Ein weiterer Beitrag zu den hochwarm- und zunderfesten Sinterwerkstoffen liegt von F. Benesovsky und R. Kieffer vor[1]. Danach sind außer den schon am weitesten entwickelten Hartmetallen auf Titankarbidgrundlage noch die besonders zunderfesten Sinterkörper auf Molybdänsilizid- und Zirkonboridgrundlage zu beachten.

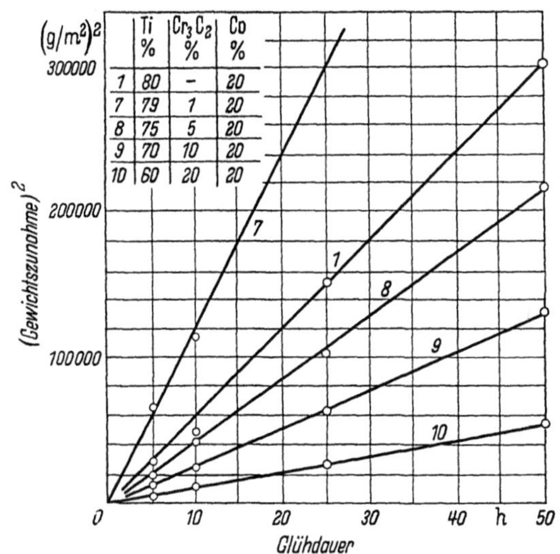

Bild 509. Zunderisothermen von Titankarbid-Chromkarbid-Kobalt-Legierungen für die Oxydation an Luft bei 1000° (nach J. Hinnüber, O. Rüdiger und W. Kinna)

4. Oberflächenschutzverfahren

Oberflächenschutzverfahren haben den Zweck, der Oberfläche einen größeren Widerstand gegen Korrosion oder Verschleiß zu geben, als es der Grundwerkstoff hat.

Die Einsatzhärteverfahren durch Einbringung von Kohlenstoff oder Stickstoff, die auch Oberflächenschutzverfahren sind, wurden auf S. 73ff., 291 betrachtet.

Hier seien folgende anderen Verfahren beschrieben:

Verchromen/Inchromieren. Um teuren rostbeständigen Stahl einzusparen, versieht man Gegenstände aus unlegierten oder schwachlegierten Stählen mit einer rostbeständigen Oberflächenschicht aus Chrom.

---

[1] Benesovsky, F., u. R. Kieffer: Neue Hütte Bd. 2 (1957) S. 545/554.

Bei dem Verchromen unterscheidet man zweierlei Verfahren: die Einsatzverfahren, nach denen man bei hohen Temperaturen Chrom in die Oberfläche bringt, und die elektrolytischen Verfahren, bei denen reines Chrom als mehr oder weniger gut haftende Lage angebracht wird.

Die ersten Versuche, Stahl mit Chrom einzusetzen, wurden von F. W. KELLEY[1] unternommen. Man konnte damit am Rande eine Stahlschicht mit mehr als 12% Chrom und damit Rostbeständigkeit erzielen. KELLEY verchromte in einem Einsatzpulver, das zur Hälfte aus Chrom und zur Hälfte aus Tonerde bestand, durch Erhitzen in einer Wasserstoffatmosphäre auf 1300 bis 1400 °C; um Schichten bis zu etwa 0,4 mm Tiefe zu erreichen, bedurfte es einiger Stunden Einsatzdauer. Es ist begreiflich, daß dieses Verfahren wegen der hohen Einsatztemperatur keine Bedeutung erlangte.

Ein neueres Verfahren der Einsatzverchromung von G. BECKER, K. DAEVES und F. STEINBERG[2] besteht darin, über die zu verchromenden Gegenstände, die auf etwa 1000 bis 1100 °C erhitzt werden, Chromochlorid, $CrCl_2$, zu leiten. An der Oberfläche des Eisens findet ein Austausch in der Weise statt, daß das Chromatom im Kristallgitter den Platz des herausgelösten Eisenatoms einnimmt. Das leichter flüchtige Eisenchlorid strömt ab und es steht wieder eine umsetzungsfähige Oberfläche zur Verfügung. Der Chromgehalt fällt dabei innerhalb einer etwa 0,10 mm dicken korrosionsbeständigen Diffusionszone von etwa 35% auf 12% ab. Die weiter innen liegende Schicht mit geringeren Chromgehalten ist natürlich nicht mehr beständig.

Die Korrosionsbeständigkeit der äußersten Schicht entspricht daher der eines Chromstahls mit etwa 30% Chrom. Die Zunderbeständigkeit nimmt oberhalb 800 °C durch Diffusion des Chroms in den Kern allmählich ab. Dauertemperaturen über 800 °C werden also nicht ertragen. Dieses Verhalten, das sich unter dem Namen ,,Inchromieren" bekannt gemacht hat, ist nicht für jeden Grundwerkstoff anwendbar. Schädlich ist in erster Linie der Kohlenstoff, der die Diffusionsgeschwindigkeit dadurch verzögert, daß das Chrom sich mit dem Kohlenstoff verbindet. Selbst Kohlenstoffgehalte von 0,1% sind schon dadurch hinderlich, daß nach Bindung des Kohlenstoffs der Randschicht Kohlenstoff aus dem Inneren zuwandert und so außen chromkarbidreiche Schichten bildet. Die Schwierigkeit wurde dadurch überwunden, daß man dem Stahl Elemente zulegierte, die Kohlenstoff binden und das Chrom in der Grundmasse lassen. Als solches Element kommt für die praktische Verwendung hauptsächlich Titan in Frage. Die Verwendungsfähigkeit ist in erster Linie auf

[1] KELLEY, F. W.: Vorgetragen auf der Tagung der American Electrochemical Society 1923; vgl. Stahl u. Eisen Bd. 43 (1923) S. 1286.

[2] BECKER, G., K. DAEVES u. F. STEINBERG: Stahl u. Eisen Bd. 61 (1941) S. 289/294.

fertige Gegenstände beschränkt, da bei der Blechverarbeitung rostende Schnittkanten entstehen. Eine Verbindung inchromierter Teile durch Schmelzschweißung mit Zusatzwerkstoffen ist wegen der großen Aufmischung mit den im Innern liegenden Stahlteilen kaum möglich, dagegen kommt vorsichtig angewandte Punkt- oder Rollenschweißung, Widerstandsschweißung oder Hartlötung in Frage.

Das elektrolytische Verfahren überzieht den Stahl mit einer Schicht aus reinem Chrom. Man unterscheidet die rein dekorative Glanzverchromung und die Hartverchromung. Die erstere ist ein glänzender, polierbarer, letztere ein naturharter, nicht polierbarer Chromniederschlag. Man erreicht die Verschiedenheit des Chromniederschlags durch die Änderung der Badzusammensetzung. Durch Abstimmung von Badzusammensetzung und Stromstärke ist es gelungen, verhältnismäßig gut haftende Überzüge zu erzielen.

Nach R. BILFINGER[1] hat der Hartchromniederschlag je nach den Arbeitsbedingungen eine Härte zwischen 400 bis 1100, meist 800 bis 900 Vickerseinheiten. Die Härte ist entweder dem mit dem Chrom abgeschiedenen Wasserstoff oder einer besonderen Chrommodifikation zuzuschreiben, wobei die erstere Annahme als die wahrscheinlichere anzusehen ist. Die hohe Härte bleibt bei der Erwärmung nur bis etwa 400 °C bestehen und kehrt bei der Abkühlung nicht wieder. Um Korrosionsschutz zu erreichen, soll die Schicht zwischen 20 bis 40 μm stark sein. Die Hartverchromung dient nicht nur zur Verhinderung der Korrosion, sondern auch zur Verlängerung der Haltbarkeit von Werkzeugen, Maschinenteilen und chemischen Geräten. So wird bei manchen Zieh- und Preßwerkzeugen die Haltbarkeit auf das Mehrfache gesteigert. Sie hat sich auch bewährt bei Kunstharzpreßverfahren oder bei Maschinenteilen, wie hydraulischen Kolbenstangen, Lagerzapfen in chemischen Geräten, wie Autoklaven, Papierwalzen und ähnlichem. Weitere Angaben über die Verchromung machen M. SCHMIDT und K. GEBAUER[2].

Die elektrolytische Verchromung reicht für den Schutz gegen Korrosionsangriff aus, versagt aber bei Gegenständen, die zunderbeständig sein sollen.

Alitieren[3]. Beim Alitieren erzeugt man durch Diffusion in Aluminium abgebenden Mitteln eine Oberflächenschicht mit angereichertem Aluminiumgehalt, die bis zu einem gewissen Grad zunderbeständig ist.

Man unterscheidet hierfür drei verschiedene Verfahren[4]:

---

[1] BILFINGER, R.: Metallwirtsch. Bd. 22 (1943) S. 466.

[2] SCHMIDT, M., u. K. GEBAUER: Techn. Zbl. prakt. Metallbearb. Bd. 50 (1940) S. 466 u. 525.

[3] s. W. SEITH u. CH. OCHSENFART: Z. Metallkde. Bd. 35 (1943) S. 242/245.

[4] KREMER, G., u. K. E. VOLK: Stahl u. Eisen Bd. 66/67 (1947) S. 250/257 (Werkstoff-Aussch. 653).

Beim Spritz-Alitieren wird mit einer Spritzpistole das flüssige Aluminium auf das Werkstück gespritzt und danach erfolgt eine 4stündige Diffusionsglühung bei 850 °C. Der Stahl ist dann bei 800 °C etwa 2000 Stunden beständig.

Beim Tauch-Alitieren wird der Stahl in das Aluminiumbad bei 700 bis 800 °C eingetaucht. Die Diffusionsglühung erfolgt bei 1000 bis 1100 °C. Der Stahl ist bei 950 °C 2000 Stunden beständig.

Das Pulver-Alitieren erfolgt durch Erwärmen auf 900 bis 1050 °C in einem Pulver aus Aluminium, Tonerde und Aluminiumchlorid. Auch dadurch wird der Stahl bei 950 °C 2000 Stunden zunderbeständig.

Nach A. HAUTTMANN[1] muß die in die Oberflächenschicht eingeführte Aluminiummenge mindestens 10% betragen, und der Stahl müßte sich in bezug auf das Abzundern so verhalten wie ein 10%iger Aluminiumstahl. Zwei Umstände sind es aber, die die alitierte Oberfläche rascher zur Zerstörung bringen. Der eine Umstand ist das allmähliche Rissigwerden der alitierten Oberflächenschicht, die einen 10%igen spröden Aluminiumstahl darstellt. Durch diese Risse dringen die Feuergase ein und zerstören das Metall von innen heraus. Der zweite Umstand ist das allmähliche Hineindiffundieren des Aluminiums in das Innere, wodurch sich die Oberflächenschicht an Aluminium verdünnt und unbeständig wird. Das Alitieren wird heute kaum noch verwendet. Es wurde durch die zunderbeständigen Stähle verdrängt.

Über das Walzplattieren Stahl/Aluminium berichten W. REIMANN, K. KLÖPPER und G. v. D. DUNK[2].

Silizieren-Insilizieren. Am ausführlichsten befaßt sich damit E. FITZER[3]. Auf unlegiertem Stahl ist die Bildung einer fest haftenden, porenfreien Schutzschicht mit 14 bis 15% Silizium durch Diffusionsverfahren nicht möglich. Man kommt nur bis etwa 11%, was für die Beständigkeit gegen Säuren nicht genügt (S. 629). Hierfür sind mindestens 12% nötig. Die Zunderschutzgrenze hingegen liegt bei 6%. E. FITZER empfiehlt für das Insilizieren ein Verfahren, das ähnlich dem Inchromieren ist, also mit Chlorid arbeitet. Verwendet man als Begleiter des Siliziums Chrom, indem man z. B. Chrom-Nickel-Stähle insiliziert, so sollen die Schichten auch säurebeständig und porenfrei sein. Dieses teuere Verfahren hat jedoch wenig Aussicht, angewendet zu werden. Bemerkenswert ist wohl die Beständigkeit der silizierten Chrom- und Chrom-Nickel-Stähle gegen Vanadinpentoxydverzunderung. Sie fiel bei einem 3stündigen Versuch etwa auf den 30. Teil der Verzunderung eines Stahles des Typs 18/8.

[1] HAUTTMANN, A.: Stahl u. Eisen Bd. 51 (1931) S. 65.

[2] REIMANN, W., K. KLÖPPER u. G. v. D. DUNK: Stahl u. Eisen Bd. 66/67 (1947) S. 255 (Erörterung).

[3] FITZER, E.: Arch. Eisenhüttenw. Bd. 25 (1954) S. 455/463, S. 601/612 und Bd. 26 (1955) S. 159/169.

Über den Versuch, Beryllium zur Erzeugung harter Oberflächenschichten zu verwenden, s. S. 318.

Phosphatieren und Bondern. Phosphatschichten schützen den Stahl nicht nur gegen das Rosten, sondern erleichtern auch seine Verformungsfähigkeit. W. MACHU[1] gibt darüber eine zusammenfassende Darstellung. In sauren Lösungen der Phosphate des Zinks, Mangans und Eisens scheiden sich an dem Stahl Schwermetallphosphate ab, die in die Oberfläche hineinwachsen und eine starke Haftung bewirken. Die Phosphatschicht bleibt während des Umformungsvorgangs als trennend wirkende Schicht bestehen und verhindert dadurch das Reiben und Fressen von Metall zu Metall. Diese Phosphatschichten sind außerdem porig. Diese Porigkeit ist die Ursache für das Aufsaugvermögen für Öle und andere Flüssigkeiten.

Was den Einfluß der Legierungen betrifft, so lassen sich nach W. MACHU Stähle bis zu 3% Nickel, 3% Chrom und 4% Silizium sowie einem geringen Gehalt an Molybdän ebenso phosphatieren wie Kohlenstoffstähle. Dieses für den Rostschutz seit 60 Jahren bekannte Verfahren wird auch zur Verbesserung der Kaltverformung gebraucht, und zwar als Ersatz für das früher angewandte Verkupfern, dem es überlegen ist[2]. Wenn das Phosphatieren zur Kaltverformung verwendet wird, nennt man es oft auch Bondern.

Zum Bondern korrosionsbeständiger Stähle, insbesondere der Chrom-Nickel-Stähle vom Typ 18/8, wird nicht Phosphorsäure, sondern Oxalsäure gebraucht. Es bilden sich dabei schützende Ferrooxalatschichten[3].

Plattieren[4]. Um teuere Werkstoffe zu sparen, stellt man Verbundwerkstoffe her, die zum größeren Teil aus dem billigen, z. B. unlegierten Stahl bestehen und zum geringeren Teil aus dem wertvolleren. Meist wird das Walzschweißplattieren angewendet, wobei die auf Schweißhitze erwärmten Platinen des Grund- und Auflagemetalls gemeinsam ausgewalzt werden.

Die Vollständigkeit der Verschweißung hängt ab vom Druck, mit dem die Flächen aufeinandergepreßt werden, vom Oberflächenzustand, vom Widerstand der Werkstoffe gegen die Angleichung der Oberflächenunebenheiten und von dem Reinheitsgrad der Oberfläche. Um die Oberflächenreinheit zu gewährleisten, muß der Einfluß der Atmosphäre ausgeschaltet werden. Dies geschieht bei der Plattierung mit nichtrostendem

---

[1] MACHU, W.: Stahl u. Eisen Bd. 78 (1958) S. 383; s. a. Korrosion u. Metallsch. Bd. 19 (1943) S. 269/274.

[2] s. dazu H. BERKENHOFF: Stahl u. Eisen Bd. 73 (1953) S. 1391/1394; W. DAHL u. W. LUEG: Stahl u. Eisen Bd. 77 (1957) S. 1369.

[3] Hausmitt. d. Techn. Abt. d. Metallgesellschaft AG., Frankfurt a. M., Januar 1954.

[4] CANZLER, C.: Bauwesen und Verbundwerkstoffe. Metallwirtsch. Bd. 19 (1957) S. 928/930. — RÄDEKER, W.: Prüfung plattierter Stahlbleche. Stahl u. Eisen Bd. 58 (1938) S. 1153/1160. — RÄDEKER, W.: Plattierte Stähle. Werkstoff-Handbuch Stahl u. Eisen 1953, O 100.

Stahl entweder durch Verschweißen am Umfang der Auflageflächen oder durch Einpacken in eine Blechhülle, die wiederum dicht verschweißt wird, oder durch Arbeiten im Schutzgas. Über die Verformung beim Walzen dieser Körper bei verschiedenen Fließvorgängen brachten A. POMP und W. LUEG[1] ausführliche Angaben.

Die Herstellung sowohl starker wie dünner Bleche beschreibt H. KALPERS[2]. Die Fertigung plattierter Rohre durch Pilgern wird von W. SCHEURER, P. GRÜNER und A. POMP[3] behandelt.

Die Plattierung von korrosionsbeständigen Stählen hat besondere Bedeutung erlangt, z. B. in der chemischen Industrie, in der Petroleumindustrie und für Atomreaktoren[4].

Die wirtschaftliche Bedeutung des Plattierens erfährt insofern eine Einschränkung, als diese Arbeit eine geringere Leistung der Blechwalzwerke mit sich bringt und viel Sorgfalt erfordert. Es sind daher Plattierungen bei Gesamtblechstärken von unter 5 mm nicht mehr wirtschaftlich, es sei denn, man verfolgt besondere Zwecke, z. B. hohe Festigkeit des Mutterwerkstoffes, die bei austenitischen Stählen allein nicht erreichbar wäre.

Eine unangenehme Begleiterscheinung ist auch, daß der Schrott nicht mehr zur Herstellung hochlegierter korrosionsbeständiger Stähle verwendet werden kann.

Das zweite Verfahren, das auch noch für die Plattierung angewendet wird, ist das Zusammengießen beider Werkstoffe mit nachfolgender Warmverformung. Man braucht es z. B. für größere Maschinenmesser. Dieses Verfahren ist dadurch begrenzt, daß leicht oxydierbare Metalle, wie Chrom und Vanadin, das Zusammenschweißen verhindern. Die zulässige Grenze für das Chrom liegt bei 2% und für das Vanadin bei 0,3%. Bei rost- und zunderbeständigen Stählen ist man daher auf die Walzplattierung angewiesen.

Es wurde vorgeschlagen, rostbeständige Stähle aufzuspritzen und diesen Verbundwerkstoff weiterzuwalzen. Ein weiteres Verfahren soll darin bestehen, Legierungsgut aus gekörntem Ferrochrom bzw. Nickelgranalien durch Kohlelichtbogenschweißung auf den Grundwerkstoff aufzuschweißen und anschließend auszuwalzen. Dabei soll eine gute Haftfähigkeit der Schichten erzielt werden[5]. Es ist nicht bekannt, ob dieser Vorschlag in die Wirklichkeit umgesetzt wurde.

---

[1] POMP, A., u. W. LUEG: Mitt. K.-Wilh.-Inst. Eisenforschg. Bd. 24 (1942) S. 123/137; Stahl u. Eisen Bd. 63 (1943) S. 36/37.

[2] KALPERS, H.: Blech Bd. 1 (1953/54) Nr. 2, S. 16/19; Blech Bd. 4 (1957) Nr. 1, S. 21/24.

[3] SCHEURER, W., P. GRÜNER u. A. POMP: Stahl u. Eisen Bd. 71 (1951) S. 760/768.

[4] VAN SWAAL, J. H.: Iron Age Bd. 168 (1951) Nr. 19, S. 138/142 (für chemische Industrie und Petroleumindustrie).

[5] KINKEAD, R. E.: Iron Age Bd. 143 (1939) Nr. 7, S. 36/41.

Eine weitere Möglichkeit, Deckschichten aufzulegen, ergibt sich daraus, die aufzulegende Schicht, die am besten in Pulverform vorliegt, mit Hilfe von Hochfrequenzströmen, die eine beliebige Schicht erwärmen können, aufzuschmelzen. Diesem Aufschmelzen könnte, wenn nötig, eine Warmverformung folgen.

Das Schweißen plattierter Bleche erfordert besondere Maßnahmen. Es muß dabei nicht nur eine feste Verbindung hergestellt, sondern auch dafür gesorgt werden, daß das hochwertige Metall sich an der Angriffsseite nicht mit der Unterlage vermischt. H. DAHMS[1] gibt dafür ausführliche Ratschläge.

[1] DAHMS, H.: Schweißen u. Schneiden Jg. 11 (1959) S. 221/223.

XI. Verschiedene andere Gebrauchseigenschaften

1. Zerspanbarkeit (Bearbeitbarkeit)[1]

Bei der spanabhebenden Bearbeitung sind die zu bearbeitenden Stücke der Menge nach zwar nicht überwiegend Edelstähle; wohl aber zählen zum Gegenstand dieses Buches die Werkzeugstoffe, sowohl Schnellstahl als auch Hartmetall. Es ist daher richtig, die Bearbeitbarkeit auch in diesem Buch zu behandeln.

Zur begrifflichen Klarstellung ist zu bemerken, daß „Zerspanbarkeit" und „Bearbeitbarkeit" dasselbe bedeutet und daß Bearbeitbarkeit nicht mit „Verarbeitbarkeit", die sich nur auf das Verhalten bei der spanlosen Verformung bezieht, verwechselt werden darf.

Für die Zwecke dieses Buches ist es in erster Linie von Belang, wie die Zerspanbarkeit durch die Stoffeigenschaften des Werkstückes und des Werkzeuges beeinflußt wird. Die Werkzeugformen gehören nur, soweit unbedingt nötig in den Rahmen dieses Buches.

Darauf, daß der Begriff der Zerspanbarkeit oft nicht eindeutig verstanden wird, ist ein gut Teil der Unklarheit, die auf diesem Gebiet

[1] *Zusammenfassendes Schrifttum:* KREKELER, K.: Die Zerspanbarkeit der metallischen und nichtmetallischen Werkstoffe. Berlin/Göttingen/Heidelberg: Springer 1951. — KRONENBERG, M.: Grundzüge der Zerspanungslehre. Theorie und Praxis der Zerspanung für Bau und Betrieb von Werkzeugmaschinen. 2. Aufl., Bd. 1: Einschneidige Zerspanung. Berlin: Springer 1954. — VIEREGGE, G.: Zerspanung der Eisenwerkstoffe. (Stahleisen-Bücher, Bd. 16.) Düsseldorf: Stahleisen 1959. — WITTHOFF, J.: Die Hartmetallwerkzeuge in der spanabhebenden Formung. München: Hanser 1952. — LOLADSE, T. N.: Spanbildung beim Schneiden von Metallen. Übersetzung aus dem Russischen. Berlin: Verlag Technik 1954. — OPITZ, H., u. H. AXER: Beeinflussung des Verschleißverhaltens bei spanenden Werkzeugen durch flüssige und gasförmige Kühlmittel und elektrische Maßnahmen. Forschungsber. Nr. 271 des Wirtschafts- u. Verkehrsministeriums Nordrhein-Westfalen. Köln: Westdeutscher Verlag 1956. — RAPATZ, F., u. F. MOTALIK: Stand der Kenntnisse auf dem Gebiet der Zerspanbarkeit von Eisen und Stahl. Stahl u. Eisen Bd. 76 (1956) S. 477/485. — RAPATZ, F., u. F. MOTALIK: Stand der Kenntnisse auf dem Gebiet der Zerspanbarkeit (Übersicht über das Schrifttum seit dem Jahre 1956). Stahl u. Eisen Bd. 79 (1959) S. 1285/1292. — OPITZ, H., u. G. WEBER: Einfluß der Wärmebehandlung von Baustählen auf Spanentstehung, Schnittkraft und Standzeitverhalten. (Forschungsber. Nr. 215 des. Wirtschafts- u. Verkehrsministeriums Nordrhein-Westfalen.) Köln-Opladen: Westdeutscher Verlag 1956; s. a. die Arbeiten von W. KATTWINKEL, K. J. KÜSTERS, H. AXER: 7. Aachener Werkzeugmaschinen-Kolloquium 1954, Essen 1954. — WEVER, F., H.-J. WIESTER, F. H. STRASSBURG, H. OPITZ u. K. H. FRÖHLICH: Einfluß des Gefüges auf die Zerspanbarkeit von Einsatz- und Vergütungsstählen. Forschungsber. Nr. 284 Nordrhein-Westfalen, Köln 1957.

herrschte und noch herrscht, zurückzuführen. Grundsätzlich kann man die Zerspanbarkeit eines Werkstoffes beurteilen:

1. nach der Spanmenge, die unter sonst gleichen Arbeitsbedingungen bis zum Nachschleifen des Werkzeuges erzielt werden kann. Als Maßstab hierfür dient meist entweder die Schnittgeschwindigkeit bei einer bestimmten Standzeit[1] oder auch die Standzeit bei einer bestimmten Geschwindigkeit;
2. nach der Oberflächengüte des Stückes;
3. nach dem Arbeitsverbrauch bei der Zerspanung.

Diese drei Arten der Beurteilung der Zerspanbarkeit stehen nicht miteinander im Zusammenhang; ein Werkstoff kann von einem Standpunkt aus gut, vom anderen schlecht zerspanbar sein. Auch die erzielte Spanform (Wendel, Wirrspan, Bandspan u. ä.) wird mitunter als Kriterium der Zerspanbarkeit angesehen. Ein strenges Auseinanderhalten der Begriffe ist also nötig. Häufig trennt man auch mit mehr oder weniger Berechtigung die Zerspanbarkeit nach verschiedenen Zerspanungsvorgängen, also z. B. die Drehbarkeit, Bohrbarkeit, Fräsbarkeit.

Wir wenden uns nun der ersten und wichtigsten Beurteilungsweise der Zerspanbarkeit, der Beurteilung nach der abgehobenen Spanmenge bzw. dem Standzeitverhalten zu.

Die Kenntnisse darüber, welche Eigenschaften, z.B. Härte, Zugfestigkeit, Streckgrenze, Dehnung, Gefüge, Reinheit des Stahles und besondere Zusätze, das Spanabheben beeinflussen, sind leider noch lückenhaft. Es hat, um die Beurteilung zu erleichtern, nicht an Versuchen gefehlt, die Zerspanbarkeit mit Hilfe von Kurzversuchen zu bestimmen. Diese Versuche ergeben aber keine für die Werkstätte unmittelbar brauchbaren Zahlen, sondern höchstens Vergleichswerte. Man ist deshalb gezwungen, die Bedingungen des Betriebes durch den „Standzeitversuch“ nachzuahmen. Der Standzeitversuch besteht darin, bei gegebener Spanzusammensetzung die Schneidhaltigkeit des Werkzeuges für verschiedene Schnittgeschwindigkeiten festzustellen. Man findet ein Schaubild nach Bild 510, das eine starke Abhängigkeit der Standzeit von der Schnittgeschwindigkeit zeigt.

Die in der Zerspanungstechnik gebräuchlichen Meßgrößen zur Kennzeichnung des Verschleißes an Werkzeugen sind in Bild 511 und die Meßwerte des Spanes in Bild 512 wiedergegeben.

Bei der Auswertung der Standzeitversuche sind grundsätzlich zwei Vergleichsmöglichkeiten vorhanden. Die erste ist die, daß man bei gleichbleibender Schnittdauer des Werkzeuges bis zum Nachschleifen die erzielbare Schnittgeschwindigkeit mißt und diese als Maß für die Zerspanbarkeit nimmt; die zweite Möglichkeit ist der Vergleich

[1] Standzeit ist die Zeit, während der ein neugeschärftes Werkzeug bis zu einem bestimmten Grad der Abstumpfung im Schnitt steht.

der Standzeit bei gleicher Schnittgeschwindigkeit und natürlich auch sonst gleichen Arbeitsbedingungen. Ob bei dem Vergleich der eine oder der andere Maßstab angelegt wird, beeinflußt die Einreihung der Werkstoffe nach ihrer Zerspanbarkeit natürlich nicht, wohl aber sind, wie aus Bild 510 ersichtlich ist, die zahlenmäßigen Unterschiede bei der zweiten Art der Bewertung größer, s. S. 910.

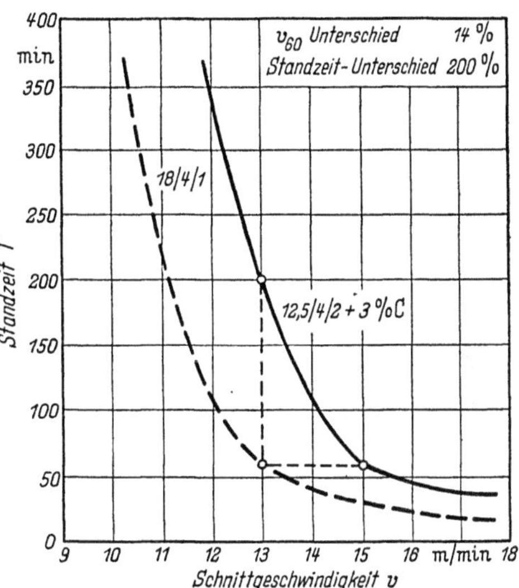

Bild 510. Bewertung der Zerspanbarkeit nach Schnittgeschwindigkeit oder Standzeit

Bei erster Betrachtung sagt man sich, daß die zwei Haupteinflüsse die Temperaturerhöhung an der Schneide und die Scheuerwirkung des auf dem Werkzeug abfließenden Spanes sind und daß auf den ersten Blick hauptsächlich von diesen Einflüssen der Reibverschleiß an der Werkzeugschneide abhängt.

Die bei der Zerspanung entstehende Wärmemenge entsteht aus der Verformungsarbeit bei der Abtrennung und Verquetschung des Spanes sowie aus der Reibung des Werkzeuges mit Werkstück und Span. Es wäre interessant zu wissen, wie groß der aus der Verformungsarbeit und aus der Reibung entstehende Wärmeanteil ist. Was die Verformungsarbeit anbelangt, so könnte man vielleicht glauben, daß man aus den Ergebnissen des Zerreißversuches annähernd die Größe der Verformungsarbeit ableiten könnte; bei näherer Prüfung ergibt sich aber, daß

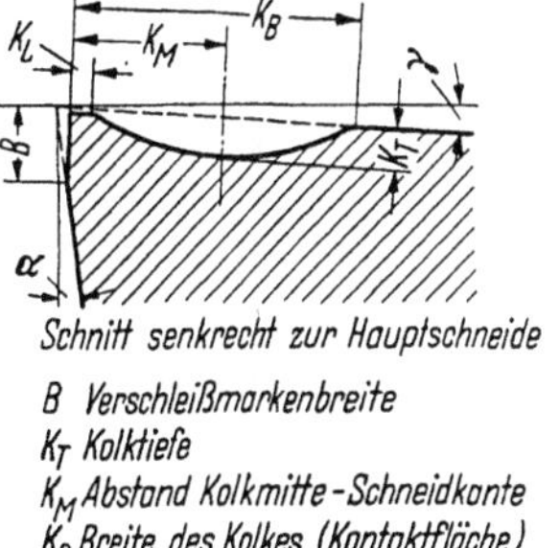

Bild 511. Meßgrößen zur Kennzeichnung des Verschleißes an der Hauptschneide von Zerspanungswerkzeugen. α Freiwinkel, γ Spanwinkel

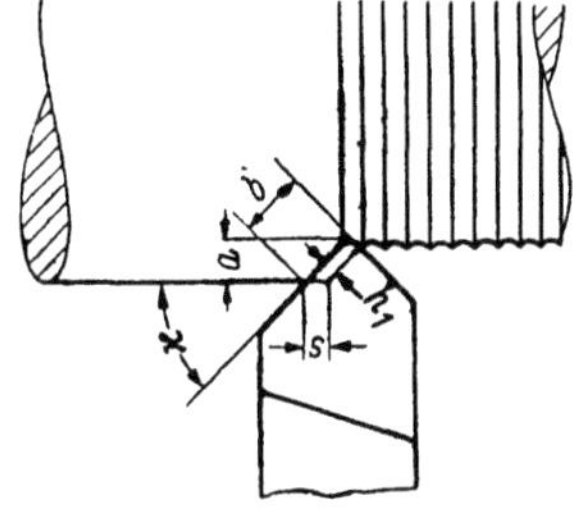

Bild 512. Meßwerte des Spanes. a Spantiefe, s Vorschub, $\varkappa$ Einstellwinkel, $h_1 = \varrho \cdot \sin \varkappa$ = Ausgangssegmentdicke, b Spanbreite

ein wesentlicher Unterschied zwischen der Verformungsarbeit im Zerreißversuch und der bei der Spanabtrennung besteht. Das Spannungs-Dehnungsschaubild des Zerreißversuches zeigt etwa bis zur Streckgrenze die Verformungsarbeit, die sich auf den ganzen Stab verteilt, und im weiteren Verlaufe die Verformung bis zum Bruch, an der aber nur ein kleinerer der Bruchstelle zunächstliegender Bereich des Probestabes teilnimmt. Bei der Zerspanung verläuft der Verformungsvorgang durchaus verschieden: der gesamte abgetrennte Span wird gleichmäßig weit über die Streckgrenze verformt. Die Größe der Reibungswärme rechnerisch zu erfassen ist noch schwieriger als die aus der Verformungsarbeit er-

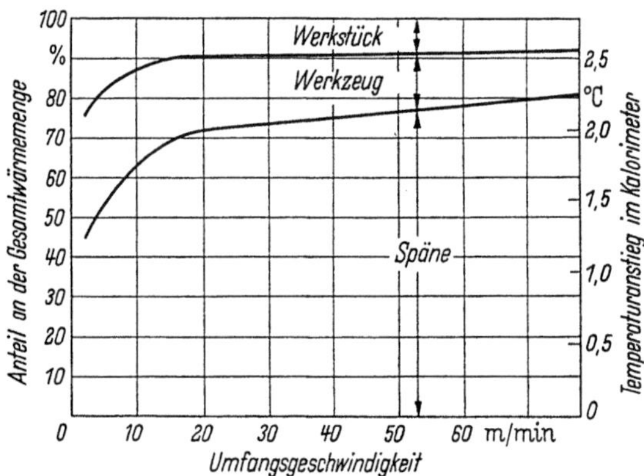

Bild 513. Anteil der beim Bohren entstehenden Wärmemengen auf Werkstück, Werkzeug und Späne in Abhängigkeit von der Schnittgeschwindigkeit. Vorschub $s = 0{,}25$ (nach A. V. SCHMIDT)

folgende. Man ist daher auf den Versuch mit Hilfe der Temperatur- und Wärmemessung angewiesen. Über die Wärmemenge und über die Verteilung der Temperatur am Werkzeug, am Span und am Werkstück lassen sich wegen der Vielzahl der Möglichkeiten natürlich nur einzelne Beispiele anführen. Es soll besonders auf die Arbeiten von A. O. SCHMIDT[1] und G. VIEREGGE[2, 3] hingewiesen werden. Man sieht aus Bild 513 nach A. O. SCHMIDT, daß der größte Teil der Wärme mit den Spänen weggeht und nur wenig zum Werkstück fließt.

Über die Höhe der entstehenden Temperatur zeigt Bild 514 — nach G. VIEREGGE — ein Beispiel. Bei der Temperaturverteilung ist bemerkenswert, daß die höchste Temperatur nicht an der Schneidkante auftritt, sondern in einiger Entfernung davon an der Spanfläche, dort, wo das Werkzeug auskolkt. Die Temperaturen können bei betriebsmäßigen Bearbeitungsvorgängen höher sein als die im Bild angegebenen. So

---

[1] SCHMIDT, A. O.: Ind. Organis. Bd. 19 (1950) S. 335/346.

[2] VIEREGGE, G.: Werkst. u. Betr. Bd. 88 (1955) S. 227/230.

[3] VIEREGGE, G.: Werkst. u. Betr. Bd. 86 (1953) S. 691/703.

fanden W. DAWIHL[1] und E. M. TRENT[1] beim Drehen mit Hartmetall Temperaturen bis zu 1325 °C. Über die Höhe der Temperaturen im Zusammenhang mit den Schnittbedingungen fand K. J. KÜSTERS[2], daß eine Steigerung der Schnittgeschwindigkeit von 45 auf 120 m/min die Höchsttemperaturen von 830° auf 1080 °C verschob.

Beim Fräsen fanden H. OPITZ und J. KOB[3], daß eine Steigerung der Schnittgeschwindigkeit von 200 auf 600 m/min denselben Temperaturanstieg von 700° auf 950 °C bewirkte wie eine Erhöhung des Vorschubs von 0,1 auf 0,4 mm/Zahn. Dieser große Einfluß des Vorschubs auf die

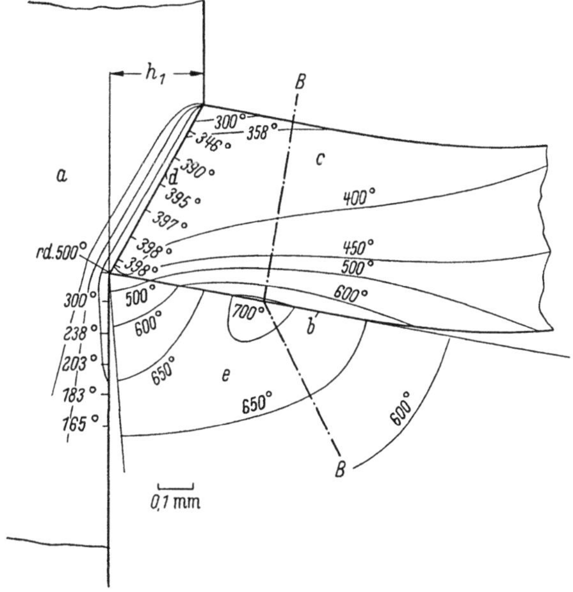

Bild 514. Beispiel über die Temperaturverteilung im Werkstück, Span und Werkzeug beim Drehen (nach G. VIEREGGE)

Schnittemperatur ist um so bemerkenswerter, weil die beschriebene Geschwindigkeitserhöhung dem Beobachter auffälliger erscheint als die Erhöhung des Vorschubs.

Der zweite zerstörende Einfluß, die scheuernde Abnutzung, wird durch die Eigenschaften des Werkstückes (Härte, Verformungseigenschaften u. a.), Schnittgeschwindigkeit, Spanstärke, Werkzeugeigenschaften bedingt. Die Härte des Spanes ist nicht allein von der Festig-

[1] DAWIHL, W.: Stahl u. Eisen Bd. 61 (1941) S. 210/213. — TRENT, E. M.: Machinist, Lond. 1951 S. 1651/1655 u. 1693/1696.

[2] KÜSTERS, K. J.: Das Temperaturfeld im Drehmeißel. In: Fortschrittliche Fertigung und moderne Werkzeugmaschinen. Vorträge und Diskussionen. 7. Aachener Werkzeugmaschinen-Kolloquium 1954. Essen: Girardet, S. 67/71.

[3] OPITZ, H., u. J. KOB: Werkst. u. Betr. Bd. 85 (1952) S. 81/85.

keit des Werkstückes abhängig, sondern auch von der Kalthärtbarkeit. Diese kann recht verschieden sein; Werkstoffe derselben Zugfestigkeit lassen bis zum Bruch sehr unterschiedliche Kaltverformung und damit verschiedene Kalthärtung zu. Ein hervorstechendes Beispiel hierfür ist der hochlegierte Manganstahl, der wesentlich dehnbarer und stärker kalthärtbar als ein Kohlenstoffstahl gleicher Zugfestigkeit ist (s. S. 161). Aber nicht allein die bloße, durch Messungen erfaßbare Härte des Spanes ist maßgebend, sondern auch die in den Stählen eingeschlossenen harten Bestandteile. Als solche kommen vor allem Karbide in Frage, die wegen ihrer großen Härte und wegen der durch Absplittern entstehenden scharfen Kanten das Werkzeug verletzen, während sie an den bildsamen Verformungen, die den Kraftverbrauch hauptsächlich bestimmen, nicht teilnehmen. Neben der Festigkeit und Kalthärtbarkeit muß auch die Kratzwirkung der Karbide berücksichtigt werden. Ein dieser Wirkung ähnlicher Einfluß dürfte auch dann vorhanden sein, wenn andere härtere Gefügebestandteile, z. B. Martensitreste, in einer weicheren Grundmasse liegen; dadurch wird der Stahl schwerer bearbeitbar, als seine Festigkeit annehmen läßt. Harte nichtmetallische Einschlüsse beschleunigen in ähnlicher Weise wesentlich den Verschleiß des Werkzeuges. Andererseits gibt es wieder Zusätze, die bei gegebener Festigkeit die Zerspanbarkeit erleichtern, so der Zusatz von Schwefel oder Blei, wie dies bei Automatenstählen der Fall ist.

Temperaturerhöhung und Scheuerwirkung greifen ineinander. Größere Scheuerwirkung erhöht die Temperatur des Werkzeuges; höhere Temperatur wieder macht das Werkzeug weicher und weniger widerstandsfähig.

Der Abnutzungsvorgang setzt sich nach H. Axer[1] aber außerdem noch aus einer Reihe verschiedener Einflüsse zusammen, deren verwickeltes Zusammenspiel man erst in den letzten Jahren genügend beachtet hat.

Diese Einflüsse sind folgender Art:

Verschweißen der Schneide mit dem Werkstückstoff,
mechanische Spannungen im Schneidstoff,
Gefügeveränderungen des Schneidstoffes,
Überschreiten der Warmhärte mit nachfolgender plastischer Verformung des Schneidstoffes,
chemischer Verschleiß durch Reaktionen zwischen Schneidstoff und den Gasen der Luft,
elektrochemischer Verschleiß,
Adhäsions- und Diffusionsverschleiß,
elektrochemische Vorgänge.

Das Verschweißen des Schneidstoffes mit dem Werkstückstoff führt zur Bildung der „Aufbauschneide" oder auch „Schneidenansatz" genannt. Bei der Besprechung des Oberflächenaussehens soll davon näher

[1] s. Fußnote 1 S. 893.

die Rede sein (s. S. 902). Hier wollen wir nur sagen, daß sie sich ausgeprägt nur bei niedriger Schnittgeschwindigkeit zeigt und bei ihrer Erhöhung allmählich verschwindet. Der Schneidenansatz bewirkt, daß statt der scharfen Schneidkante ein unförmiger Klumpen in das Werkstück eindringt. Dies hat einmal rauhe Oberfläche zur Folge, aber auch Ausreißen von Teilen des Schneidstoffes und dadurch vorzeitiges Unbrauchbarwerden schon bei niedriger Schnittgeschwindigkeit. Es sind daher Standzeitversuche bei Geschwindigkeiten, wo sich der Schneidenansatz bildet, wertlos, da sie zu völlig unzuverlässigen und unregelmäßigen Ergebnissen führen.

Die mechanischen Spannungen im Schneidstoff können schon bei der Herstellung des Werkzeuges, bei Hartmetallen besonders beim Schleifen und Auflöten des Werkzeuges, entstehen. Sie haben Ausbrechen der Schneidkante oder völligen Bruch des Werkzeuges zur Folge. Die Gefügeveränderungen bestehen bei den Schneidstählen im Zerfall des Martensits. Hand in Hand damit geht ein Nachlassen der Warmhärte, besonders wirksam bei Schnellarbeitsstählen erst bei Temperaturen über etwa 580 °C, eine Temperatur, die auch bei Bearbeitung mit Schnellarbeitsstahl örtlich oft vorliegt. Aber selbst bei Hartmetallen, wo, wie oben erwähnt, Temperaturen bis zu 1325 °C auftreten können, wird der Schneidwerkstoff erweicht.

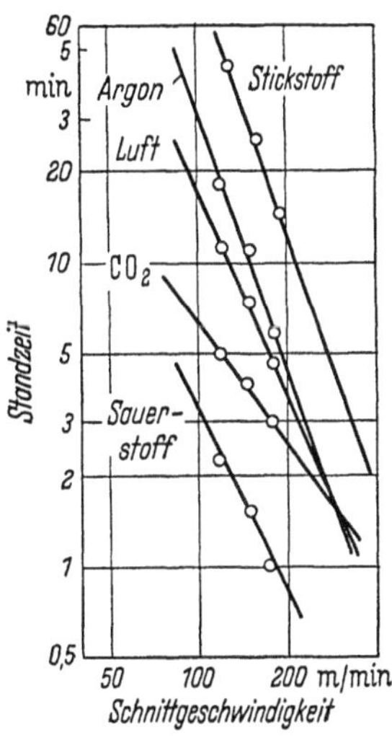

Bild 515. Standzeitgerade für das Drehen von Stahl mit Hartmetall P 30[2] (S 3) bei Zufuhr verschiedener Gase in die Berührungszone zwischen Freifläche und Werkstück (Spanquerschnitt $a \cdot s = 2 \cdot 0{,}2\,mm^2$, Erliegekennzeichen. Verschleißmarkenbreite $B = 0{,}2$ mm) (nach H. Axer)

Über den chemischen Verschleiß, der erst in letzter Zeit Beachtung fand, führt H. Axer[1] nach Bild 515 ein Beispiel an. Axer zeigt in diesem Bild, wie der chemische Verschleiß durch Zufuhr verschiedener Gase in die Berührungszone zwischen Span und Meißel beeinflußt wird. Man sieht vor allem, wie sehr der Sauerstoff durch Erhöhung der Oxydation die Standzeit erniedrigt. Stickstoff und Argon wären auch deshalb günstig, weil sie kühlend wirken. Nach den bekannten Forschungsergebnissen von K. Gottwein[3] und W. Reichel[4] entsteht zwischen Strom und Werkzeug unter dem Einfluß der Schnittemperatur ein Thermostrom.

[1] Axer, H.: Zur Physik des Werkzeugverschleißes. In: Fortschrittliche Fertigung und moderne Werkzeugmaschinen. Vorträge und Diskussionen. 7. Aachener Werkzeugmaschinen-Kolloquium 1954, Essen 1954, S. 64/67.

[2] Nach Zahlentafel 213.

[3] Gottwein, K.: Stahl u. Eisen Bd. 46 (1926) S. 1758/1759.

[4] Reichel, W.: Masch.-Bau Betrieb Bd. 15 (1936) S. 187/191.

Dadurch kommt nach H. AXER ein elektrochemischer Verschleiß hinzu, der den rein chemischen Verschleiß verstärkt.

Es wurde von H. AXER gefunden, daß schon bei 400 °C einzelne Gefügebestandteile des Hartmetalls mit den Luftgasen reagieren; bei 600 °C quillt die Bindephase aus der Oberfläche heraus, und bei 800 °C sind sämtliche Wolframkarbide und die Bindephase stark verzundert. Da die entstehenden Aufwachsschichten pulverförmig auf dem Hartmetall sitzen und sehr leicht abgerieben werden können, stellt der Zundervorgang eine Verschleißursache dar, dem u. a. der Kolkverschleiß zuzuschreiben ist. (Zu hohe Flächenpressung auf der Spanfläche!)

Das Kobalt der Bindephase weist gegenüber dem Karbidskelett einen mehrfachen höheren Wärmeausdehnungskoeffizienten auf, was zur Folge hat, daß das Hilfsmetall Co eine Art Sprengwirkung ausübt.

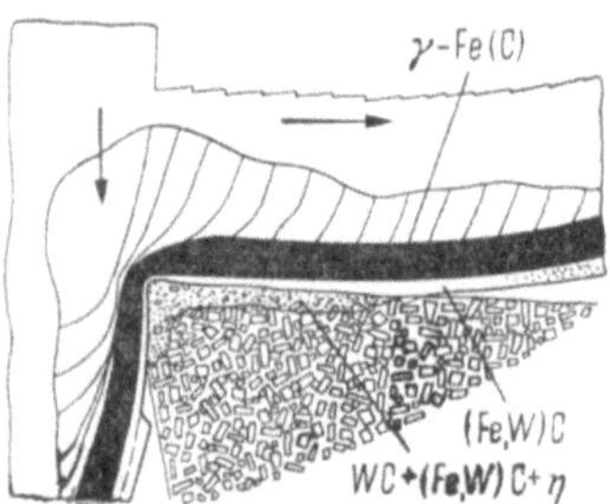

Bild 516. Schematische Darstellung der beim Zerspanen sich bildenden Diffusionsschichten (nach T. N. LOLADSE)

Es wäre deshalb wünschenswert, Werkzeugbaustoffe zu finden, die chemisch widerstandsfähiger sind. Bei metallischen Stoffen sieht man dazu heute noch keinen Weg. Eine Möglichkeit böten keramische Stoffe (S. 878), die reaktionsträge sind.

Zu dem chemischen Verschleiß kommt noch der Adhäsions- und der Diffusionsverschleiß dazu.

Über den Diffusionsverschleiß bringt T. N. LOLADSE[1] interessante Ergebnisse. Es zeigen sich Diffusionsschichten nach Bild 516. Man sieht darin eine weiße Diffusionsschicht, die mit Wolfram angereichert ist, während das Eisen in das Hartmetall hereindiffundiert. Die dunkle Schicht entsteht nach T. N. LOLADSE durch Hineinwandern des leicht beweglichen Kohlenstoffs bis zu einem Maße, daß die Schicht härtbar wird. Diese Diffusionsvorgänge tragen zur Zerstörung des Hartmetalls erheblich bei. Aus diesen Erscheinungen erklärt T. N. LOLADSE auch das verschiedene Verhalten des titanhaltigen und titanfreien Hartmetalls gegenüber verschiedenen Werkstücken. Beim Zerspanen von Grauguß ist die Temperatur niedriger als beim Schneiden von Stahl und der Diffusionsverschleiß deshalb gering. Gebraucht man titanfreie Metalle zum Schneiden von Stahl, so wird die Schnittemperatur so hoch, daß das Wolframkarbid sehr stark angegriffen wird. Das Titankarbid ist gegen diese Art Temperaturverschleiß widerstandsfähiger. Titanfreie Metalle sind beim Zerspanen von Leichtmetallen, Kupfer und Titan deshalb gut verwendbar, weil bei diesen Metallen solche Reak-

[1] LOLADSE, T. N.: Zerspanungstechn. Tagung im Januar 1959, Aachen, s. a. Stahl u. Eisen Bd. 79 (1959) S. 1287; vgl. Ind.-Anz. Bd. 81 (1959) S. 991/996.

tionen nicht stattfinden. G. VIEREGGE[1] will feststellen, aus welchen Einzelkomponenten sich der Gesamtverschleiß zusammensetzt und findet Linien nach Bild 517.

Man sieht, wenn man das Gesagte überblickt, welche Vielzahl von Einflüssen den Verschleiß der Schneide fördert oder vermindert, und man wird daraus wohl verstehen, daß es einfache Beziehungen nicht gibt. Es ist wohl auch kaum zu erwarten, daß man sie in nächster Zeit finden wird.

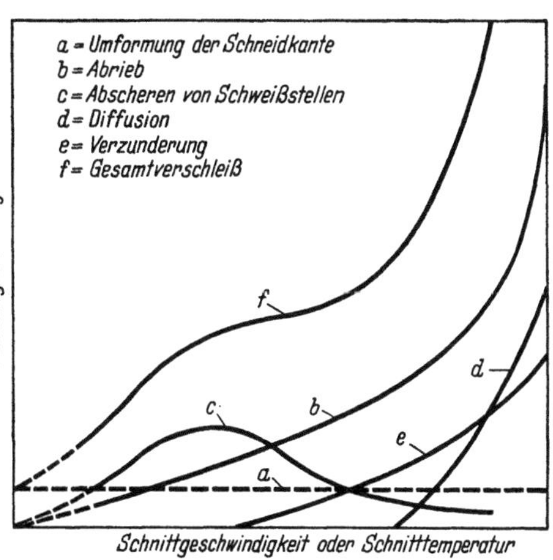

Bild 517. Werkzeugabnutzung durch die verschiedenen Verschleißarten in Abhängigkeit von der Schneidentemperatur bzw. Schnittgeschwindigkeit nach konstanter Drehzeit oder Drehlänge (schematisch) (nach G. VIEREGGE)

Vor etwa 30 Jahren glaubte man, einfache Beziehungen für die Zerspanbarkeit der verschiedenen Stähle, wenigstens soweit es sich um unlegierte oder schwachlegierte Baustähle handelt, gefunden zu haben. Die Zugfestigkeit ist eine so vielfach gebrauchte Werkstoffeigenschaft und von so großer Bedeutung, daß es nicht wundernehmen kann, wenn versucht wurde, sie auch als ein Maß der Zerspanbarkeit heranzuziehen. Wenn man auch schon bald erkannte, daß die Zugfestigkeit bei sonst ganz verschieden gearteten Werkstoffen nicht maßgebend ist und man beispielsweise auch schon wußte, daß gezogene Stähle und Automatenstähle besser zerspanbar sind als ihrer Zugfestigkeit entspricht, so wurde doch von vielen Fachleuten längere Zeit die Ansicht vertreten, daß bei ähnlichen Stählen, z. B. Vergütestählen, seien sie unlegiert oder mit Chrom, Mangan und Vandin, Mangan oder Chrom und Vanadin legiert, für den Maschinenbau die Verschleißwirkung praktisch doch nur von der Zugfestigkeit abhängt. Leider ist diese bequeme Vorstellung wenig begründet. Auf dieser jetzt überholten Annahme fußend, glaubten A. WALLICHS und H. DABRINGHAUS[2] nach den Bildern 518 und 519 Beziehungen aufstellen zu können, die beim Drehen von Stählen bei verschiedenen Schnitt-

[1] VIEREGGE, G.: Verschleiß von Hartmetall und von Schnellstahl. Stahl u. Eisen Bd. 77 (1957) S. 1233/1244.

[2] WALLICHS, A., u. H. DABRINGHAUS: Gießerei Bd. 17 (1930) S. 1169/1177 u. 1197/1201; vgl. Stahl u. Eisen Bd. 51 (1931) S. 1375; Masch.-Bau Betrieb Bd. 9 (1930) S. 257/262.

bedingungen anwendbar seien, wenn man eine Standzeit des Werkzeuges von 1 Stunde voraussetzt. Die Stunden-Schnittgeschwindigkeit v_{60} wurde als Bezugsgröße angenommen und als Kennzeichen für das Ende der Standzeit das völlige Unbrauchbarwerden der Schneide, die sogenannte Blankbremsung, gewählt. Aber selbst wenn man v_{60} als brauchbaren Maßstab für richtig hielte und die Blankbremsung als Kennzeichen gelten ließe, so haben spätere Versuche verschiedener Forscher, z. B. die von M. Lang[1] (Bild 520) und die von H. Schallbroch[2] ausgearbeiteten AWF-Blätter (Bild 521), große Unstimmigkeiten und Widersprüche mit den Tafeln von A. Wallichs und H. Dabringhaus gezeigt. Trotzdem wurde hier auf die Anführung der Tafeln Wallichs-Dabringhaus nicht verzichtet, weil von ihrer Kritik die späteren Arbeiten ausgingen.

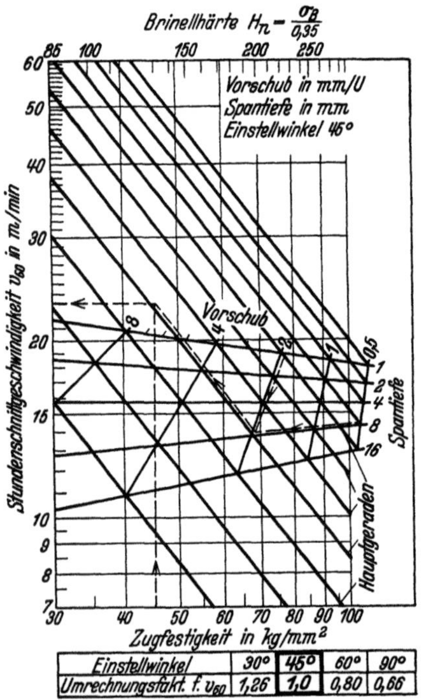

Bild 518. v_{60}-Bestimmungstafel für das Drehen von Stahl und Stahlguß. Meißel aus Schnellstahl E 18 Co 3; trockener Schnitt (nach A. Wallichs und H. Dabringhaus)

Eine weitere früher geltende vereinfachte Vorstellung bedarf der Einschränkung. Zunächst ist zu sagen, daß nicht nur die der Standzeit von 60 Minuten zugeordnete Schnittgeschwindigkeit von Bedeutung ist, sondern daß die Werkstattpraxis auch nach den Schnittgeschwindigkeiten bei längeren Standzeiten fragt. Denn die Zeit zwischen zwei Nachschliffen beträgt in sehr vielen Fällen mehr als 1 Stunde. Nach unseren Erfahrungen sind im Durchschnitt 3 bis 4 Stunden für die Standzeit anzusetzen und in Sonderfällen sogar 8 Stunden und mehr. Es ist nun aber nicht immer möglich, von der Stundenschnittgeschwindigkeit v_{60} auf die diesen längeren Standzeiten zugeordneten Schnittgeschwindigkeiten, z. B. v_{240} oder v_{480}, zu schließen. Man kann zwar innerhalb kurzer Bereiche, etwa zwischen v_5 und v_{40} oder v_{10} und v_{100}, die Standzeitlinie im doppellogarithmischen Netz näherungsweise als eine Gerade ansehen, dagegen steht ein geradliniger Verlauf über längere

[1] Vgl. Stahl u. Eisen Bd. 73 (1953) S. 1170.

[2] Schallbroch, H.: AWF-Betriebsblatt 158, 5. Aufl., Berlin 1949; AWF-Richtwerte für spanabhebende Bearbeitung. AWF 1001, Berlin 1944.

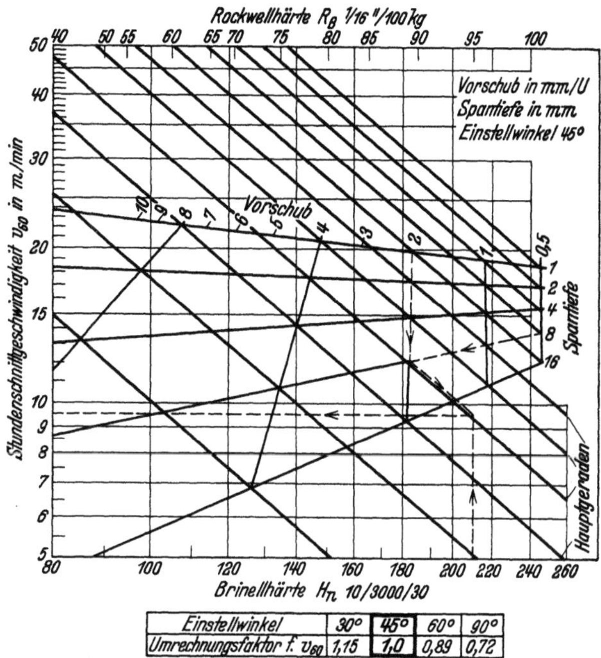

Einstellwinkel	30°	45°	60°	90°
Umrechnungsfaktor f. v_{60}	1,15	1,0	0,89	0,72

Bild 519. v_{60}-Bestimmungstafel für das Drehen von Gußeisen. Meißel aus Schnellstahl E 18 Co 3; trockener Schnitt (nach A. WALLICHS und H. DABRINGHAUS)

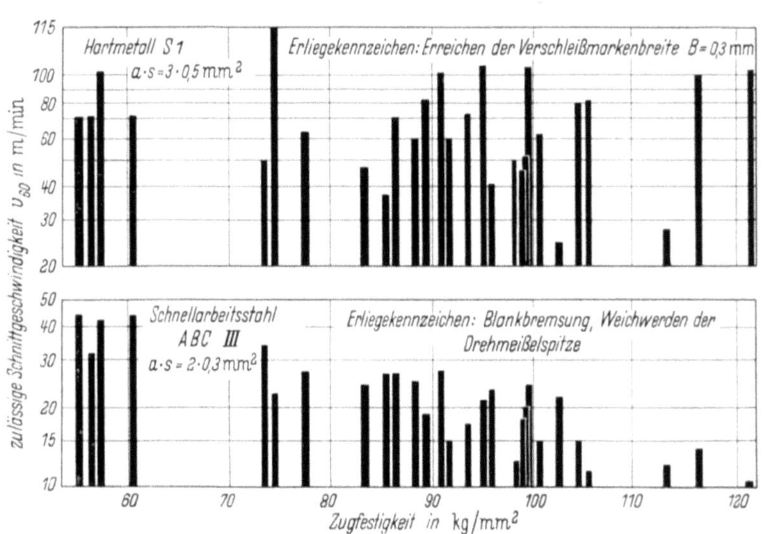

Bild 520. v_{60}-Werte für Baustähle verschiedener Zugfestigkeit beim Drehen mit Schnellarbeitsstahl und Hartmetall (nach M. LANG)

Bereiche durchaus nicht fest, sondern, wie Bild 522 zeigt, können die Linien sowohl nach links als auch nach rechts ausbiegen, wodurch bei längeren Standzeiten erhebliche Fehler entstehen können, wenn anstatt des richtigen Verlaufes die Geradlinigkeit angenommen würde.

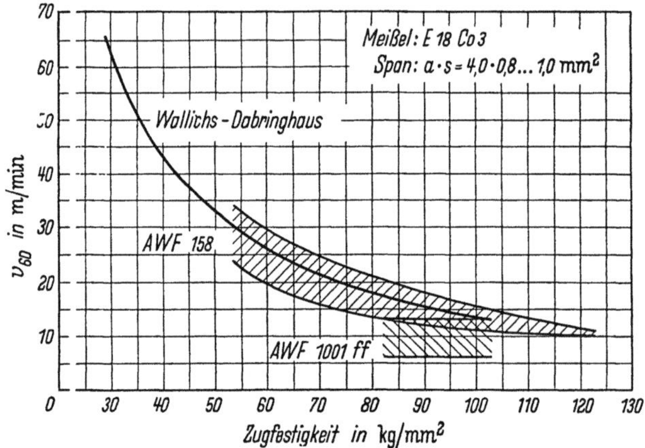

Bild 521. Streuungen der v_{60}-Werte bei Baustählen gleicher Zugfestigkeit (nach H. SCHALLBROCH)

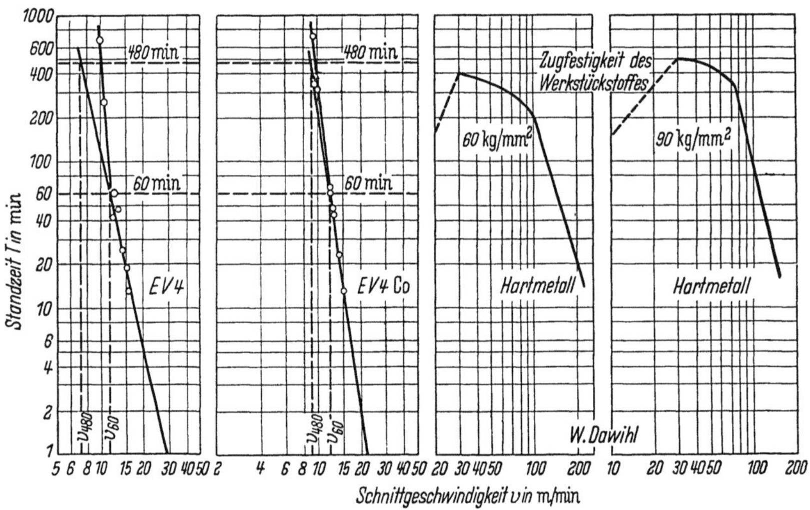

Bild 522. Verlauf von Standzeit-Schnittgeschwindigkeitskurven über große Standzeitbereiche

Die Beantwortung der Frage nach allgemeingültigen Gesetzen wird noch dadurch weiter verwickelt, daß das Erliegekriterium, d. h. das Kennzeichen für das Ende der Standzeit, für verschiedene Zerspanungsfälle sehr unterschiedlich sein kann. Anstatt der Blankbremsung werden nach Bild 511 Verschleißmarkenbreite B und Kolkkennzahl K

das Verhältnis Kolktiefe K_1 zur Kolkmitte K_M, als Kennzeichen herangezogen. Die Größe der zulässigen Verschleißmarkenbreite und des Kolkverschleißes richten sich dann nicht allein nach dem angewandten Vorschub und der Schnittiefe, sondern auch danach, was von der Oberfläche an Genauigkeit und Aussehen verlangt wird und wie weit man die Werkzeuge mit Rücksicht auf die Kosten der Wiederinstandsetzung verschleißen läßt. Die Ausnutzung von Hartmetallwerkzeugen bis zum vollkommenen Erliegen ist schon wegen der hohen Schleifkosten abzulehnen; auch bei Schnellarbeitsstählen gilt annähernd dasselbe.

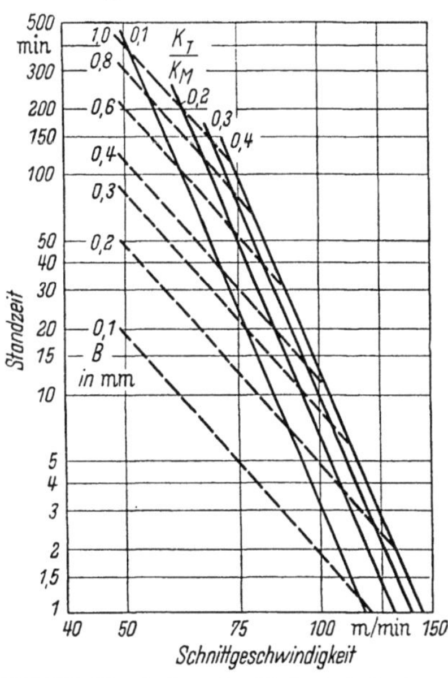

Bild 523. Standzeitgeraden für den beim Drehen mit einem Meißel aus Hartmetall S 3 (P 30) auftretenden Kolk- und Freiflächenverschleiß (Werkstoff unlegierter Stahl mit 0,68% C, Spanquerschnitt $a \cdot s = 2{,}0 \cdot 0{,}56$ mm, Einstellwinkel $\varkappa = 45°$) (nach G. WEBER)

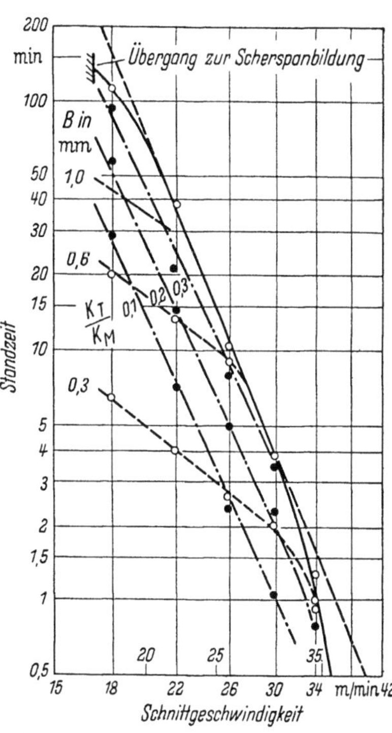

Bild 524. Standzeitgeraden für den beim Drehen mit einem Meißel aus Schnellarbeitsstahl B 18 auftretenden Kolk- und Freiflächenverschleiß (Werkstoff unlegierter Stahl mit 0,68% C, Spanquerschnitt $a \cdot s = 3{,}0 \cdot 0{,}4$ mm, Einstellwinkel $\varkappa = 45°$) (nach G. WEBER)

Die Bilder 523 und 524 zeigen[1], wie verschieden die Standzeiten für verschiedene Freiflächen- und Kolkverschleißgrößen beim Bearbeiten von Werkstücken mit Meißeln aus Hartmetall und Schnellarbeitsstahl unter annähernd gleichen Schnittbedingungen sein können. In diesen Schaubildern kommt dann der in früheren Jahren ausschließlich be-

[1] WEBER, G.: Beitrag zur Analyse des Standzeitverhaltens. In: Fortschrittliche Fertigung und moderne Werkzeugmaschinen. Vorträge und Diskussionen. 7. Aachener Werkzeugmaschinen-Kolloquium 1954. Essen: Girardet, S. 80/87. — RAPATZ, F., u. F. MOTALIK: Stahl u. Eisen Bd. 76 (1956) S. 479.

trachteten Standzeitkurve für das Erliegekriterium des völligen Schneidenzusammenbruchs nur die Bedeutung einer nicht überschreitbaren Grenzkurve zu, die aber alle Fragen nach dem Zustand des Werkzeuges innerhalb des Bereiches der möglichen Schnittbedingungen offenläßt.

Es wird einleuchten, daß man mit Kurzprüfverfahren — so wünschenswert sie wären — nicht alle Einflußgrößen erfassen kann. Sie können daher keine allgemeine Gültigkeit beanspruchen und — wenn überhaupt — höchstens zum Vergleich ähnlicher Werkstoffe dienen.

Als naheliegendes Kurzprüfverfahren bot sich schon vor Jahrzehnten die Schnittkraftmessung an. Sie ist notwendig für die Festigkeitsberechnung der Werkzeugmaschinen, ist aber kein Maßstab für den Werkzeugverschleiß[1]. Als weitere wichtige, rasch meßbare Einflußgröße kam die Schneidentemperatur[2] in Frage. Diese Temperatur ist wohl von großem Einfluß, aber nicht allein maßgebend. G. WEBER[3,4] glaubt, daß die Schubspannung in der Scherebene ein guter Maßstab für den Verschleiß wäre, aber auch dies ist umstritten. Ob das Messen des Verschleißes durch Verwendung radioaktiver Werkzeuge[5] für ein Kurzprüfverfahren geeignet ist, muß sich noch erweisen. Unter den vielen vorgeschlagenen Verfahren seien erwähnt das Geschwindigkeitssteigerungsverfahren[6] und der Breithobelversuch nach J. KRYSTOF und H. SCHALLBROCH[7].

In immer stärkerem Maße beschäftigt man sich heute mit der Feingestalt der Oberfläche und der Messung der Oberflächengüte. Die Notwendigkeit der zahlenmäßigen Erfassung der Oberflächengüte ergibt sich aus den immer größeren Ansprüchen, die an die Bauteile, besonders des Fahrzeug- und Flugzeugbaues, gestellt werden. Für die Werkstoffleute ist das deshalb wichtig, weil je nach der Zusammensetzung und der Wärmebehandlung der Stähle die Oberflächen nach der spanabhebenden Formgebung verschieden rauh sein können. Anfangs begnügte man sich einfach mit der Messung der Rauhtiefe. Später kam der Wunsch dazu, auch die Form in Zahlenwerten festzulegen; eine durch span-

---

[1] HUCKS, H.: Fortschrittliche Fertigung und moderne Werkzeugmaschinen, Vorträge und Diskussionen, 7. Aachener Werkzeugmaschinen-Kolloquium 1954. Essen: Girardet, S. 74.

[2] GOTTWEIN, K.: Masch.-Bau Betrieb Bd. 4 (1925) S. 1129/1135; s. a. Stahl u. Eisen Bd. 46 (1926) S. 1758; ferner W. REICHEL: Masch.-Bau Betrieb Bd. 11 (1932) S. 473/477, sowie M. LANG: Prüfung der Zerspanbarkeit durch Messung der Schneidentemperatur. München: Hanser 1949.

[3] WEBER, G.: Stahl u. Eisen Bd. 78 (1958) S. 1678/1690.

[4] HUCKS, H.: Werkst. u. Betr. Bd. 85 (1952) S. 1/6.

[5] OPITZ, H.: Verschleißmessungen beim Drehen mit aktivierten Hartmetallwerkzeugen. (Forschungsber. Nr. 112 des Wirtschafts- und Verkehrsministeriums Nordrhein-Westfalen.) Köln 1954. [6] Stahl-Eisen-Prüfblatt 1166, Ausg. März 1952.

[7] KRYSTOF, J., u. H. SCHALLBROCH: Grundlagen der Zerspanung. Betriebswissenschaftl. Arbeiten Bd. 12. Berlin: VDI-Verlag 1938.

abhebende Bearbeitung entstandene Oberfläche sieht in starker Vergrößerung wie ein Gebirge mit verschiedenen Steilwänden aus, und die Aufgabe, ein solches Rauhigkeitsgebirge durch eine einzige Maßzahl zu beschreiben, ist sehr schwer, vielleicht sogar unlösbar[1]. Die Verschiedenheit der Normblätter der wichtigsten Industriestaaten läßt deutlich erkennen, wie sehr man sich dieser Schwierigkeiten bewußt ist. Die Kenntnisse auf diesem Gebiete sind also noch sehr lückenhaft, und es wird noch viel darüber zu erarbeiten sein.

Im allgemeinen gilt, daß hohe Schnittgeschwindigkeiten, höhere Werkstoffestigkeit und günstige Werkzeugformen zur Erzielung guter Oberflächen erforderlich sind. Bei niedrigen Schnittgeschwindigkeiten bildet sich die Aufbauschneide, die wahrscheinlich die eigentliche Ursache dafür ist, daß beim Bearbeiten mit niedrigen Schnittgeschwindigkeiten im allgemeinen sehr rauhe Oberflächen entstehen.

Über die Entstehungsbedingungen rauher und glatter Oberflächen gaben vor allem die Untersuchungen von F. SCHWERD[2] sehr interessante Aufschlüsse. F. SCHWERD unterscheidet die in Bild 525 dargestellten drei Spanformen: Fließspan, Scherspan und Reißspan. SCHWERD hat die Zerspanungsvorgänge während des Drehens gefilmt und selbst bei Schnittgeschwindigkeiten von 1500 m/min scharfe Bilder erhalten.

Der Fließspan ist durch ein, dem Anschein nach kontinuierliches Abfließen gekennzeichnet, in Wirklichkeit aber mit so häufigen Oszillationen, daß er kontinuierlich erscheint. Beim Scherspan sieht man ein deutlich intermittierendes Abscheren des Spanes. Der Reißspan tritt nur bei ganz spröden Werkstoffen, wie z. B. Hartguß, auf. Er führt zu sehr stark zerrissenen Oberflächen.

Zu diesen drei Arten kommt noch als zusätzliche Erscheinung der

---

[1] SCHMALTZ, G.: Technische Oberflächenkunde. Berlin: Springer 1936. — PERTHEN, J.: Prüfen und Messen der Oberflächengestalt. München 1949. (Technisches Messen in Einzeldarstellungen, Bd. 3.) — SCHLESINGER, G.: Messung der Oberflächengüte. Berlin/Göttingen/Heidelberg: Springer 1951. — SCHORSCH, H.: Gütebestimmung an technischen Oberflächen. Stuttgart: Wiss. Verlagsges. 1958. — DJATSCHENKO, P., u. M. O. JAKOBSON: Die Beschaffenheit der Oberfläche bei der Zerspanung von Metallen. Berlin: Verlag Technik 1952. — BICKEL, E., u. E. FREITAG: Ind. Organis. Bd. 21 (1952) S. 131/142. — IRRGANG, E.: Ind.-Anz. Bd. 76 (1954) S. 1513/1518. — WEINGRABER, H. v.: Werkstattstechn. u. Masch.-Bau Bd. 44 (1954) S. 480/481; Stahl u. Eisen Bd. 80 (1960) S. 1933/1939. — SCHMIDT, W.: Metalloberfläche, Ausg. A, 7 (1953) S. 33/38. — KIENZLE, O., u. A. HEISS: Werkstattstechn. u. Masch.-Bau Bd. 41 (1951) S. 73/81. — PEKELHARING, A. J., u. R. A. SCHUERMANN: Werkstattstechn. u. Masch.-Bau Bd. 45 (1955) S. 49/53. — KRAMER, J.: Metalloberfläche, Ausg. A, 9 (1955) Nr. 1, S. 1/6; Nr. 2, S. 28/31. — BAUER, M. H.: Werkst. u. Betr. Bd. 81 (1948) S. 256/259. — HEISS, A.: Werkstattstechn. u. Masch.-Bau Bd. 41 (1951) S. 233/238. — FORSTER, A.: Werkstattstechn. u. Masch.-Bau Bd. 39 (1949) S. 161/166. DIN 4760, Ausgabe Juli 1960; 4761, Ausgabe August 1960; 4762, Ausgabe August 1960.

[2] SCHWERD, F.: Stahl u. Eisen Bd. 51 (1931) S. 481/491.

Schneidenansatz (s. Bilder 526, 527, 528). Er zeigt sich bei geringen und mittleren Schnittgeschwindigkeiten und eher bei zähen als bei spröden Werkstoffen. Meist ist er auch vom Scherspan begleitet. Der Schneidenansatz fällt in rascher Aufeinanderfolge ab und bildet sich wieder neu. Bild 527 zeigt, daß er die Folge einer außerordentlich starken Kaltverformung ist, woraus man wieder schließen kann, daß schlechter kaltverformbare, also sprödere Werkstoffe weniger zur Ausbildung des Schneidenansatzes neigen.

Fließspan

Scherspan

Reißspan

Bild 525. Die drei Grundformen der Spanabtrennung (nach F. SCHWERD)

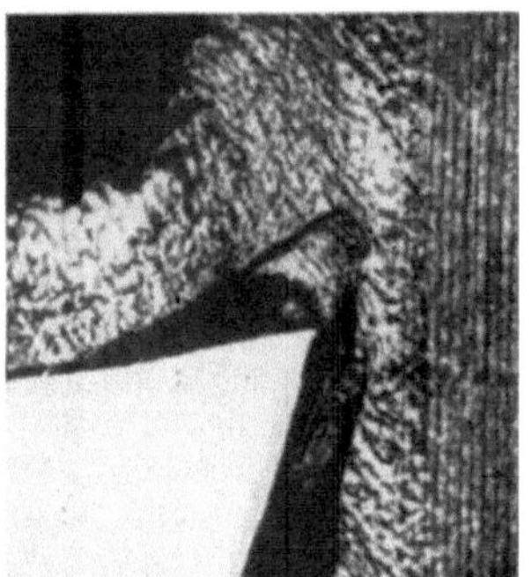

Bild 526. Meißelschneide mit Schneidenansatz (nach F. SCHWERD)

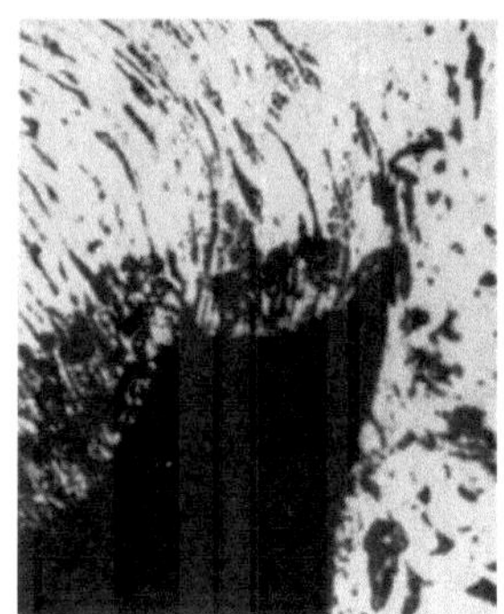

Bild 527. Kaltverformung von Span und Schneidenansatz

Die Oberfläche des bearbeiteten Werkstückes wird, wie aus Bild 525 hervorgeht, durch die verschiedenen Spanformen beeinflußt. Sie ist am besten beim Fließspan, der vor allem durch hohe Schnittgeschwindigkeit begünstigt wird. Die Oberfläche ist gut, aber doch im Rhythmus der Oszillationen etwas gewellt, beim Scherspan schlechter; und bei der Aufbauschneide tief aufgerissen und außerdem begleitet von schuppenförmigen Überlappungen, die im Rhythmus des Abgleitens und der Neubildung der Aufbauschneide entstehen. Diese Verletzung der Oberfläche ist nach dem, was auf S. 893 ausgeführt wird, verständlich.

In Bild 528 sind Ausbildungsformen der Spanabtrennung bei Schnittgeschwindigkeiten zwischen 9 und 709 m/min gegenübergestellt, woraus zu erkennen ist, daß mit zunehmender Schnittgeschwindigkeit der Schneidenansatz verschwindet; er ist im gezeigten Beispiel bei $v = 9$ m/min deutlich zu erkennen, aber nicht mehr bei den höheren Schnittgeschwindigkeiten. Schon dieser Umstand allein bewirkt im Sinne des vorher Gesagten eine Verbesserung der Oberfläche. Dazu gesellt sich der Übergang vom Scherspan auf den Fließspan, wie es

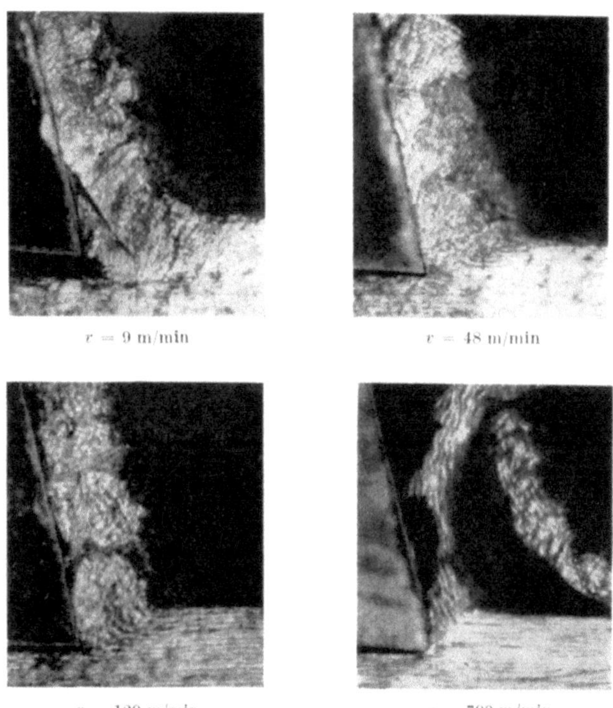

Bild 528. Einfluß der Schnittgeschwindigkeit auf die Spanentstehung (nach F. SCHWERD) (10 : 1)

besonders aus den Bildern bei 120 und 709 m/min Schnittgeschwindigkeit zu ersehen ist, was eine weitere Verbesserung der Oberfläche mit sich bringt. Zugleich ist zu bemerken, daß mit zunehmender Schnittgeschwindigkeit der an der Spanwurzel deutlich erkennbare Scherwinkel größer wird, während die Spanstauchung abnimmt. Durch diese Verringerung der Spanstauchung ist die Abnahme der spezifischen Schnittkraft mit wachsender Schnittgeschwindigkeit erklärlich.

Erlauben die Zerspanungsbedingungen keine Anwendung hoher Schnittgeschwindigkeiten, wie z. B. beim Räumen, Hinterdrehen oder Stoßen, so können besondere Maßnahmen ergriffen werden, um die erforderliche Oberflächengüte zu bekommen. Es kann dann entweder ein härterer oder ein spröderer Werkstoff, als er üblicherweise vorliegt, gewählt werden. Eine entsprechende Vorbehandlung ist besonders bei Einsatzstählen bedeutungsvoll geworden, da sie in diesem Falle durch das nachträgliche Einsetzen wieder aufgehoben wird. Diese Verfahren haben vor allem in den Vereinigten Staaten von Amerika für die umfangreiche Zahnraderzeugung für Kraftwagen starke Beachtung gefunden. Sie bestehen einmal darin, daß der Stahl auf höhere Festigkeiten vergütet oder durch sogenannte Grobkornglühung absichtlich versprödet wird. Beides, die Erhöhung der Festigkeit und das Verspröden, verengt die Bedingungen für die Bildung des Schneidenansatzes. Siehe darüber die Ausführungen über den Einfluß des Gefüges auf diese Eigenschaft (S. 907).

Eine gute Oberfläche wird auch durch geringe Spanabnahme leichter erzielt. Dieser Umstand und die Oberflächenverbesserung durch hohe Geschwindigkeit sind eine Erklärung dafür, daß beim Schleifen immer eine gute Oberfläche erhalten wird. Hier spielt die starke Kaltverformung eine Rolle, die bei der Abnahme von feinen Spänen auch bei niedriger Schnittgeschwindigkeit gute Oberfläche zur Folge hat.

Die Zahlentafel 215 gibt ungefähre Anhaltspunkte über die Grenzgeschwindigkeit, bei der rauhe Oberfläche verschwindet. „Ungefähr“ deshalb, weil nicht nur die Festigkeitseigenschaften allein, sondern auch Kerbschlagzähigkeit (s. S. 908), Schmelzungsart, nichtmetallische Einschlüsse von Einfluß sind.

Zahlentafel 215. *Schnittgeschwindigkeit und Oberflächenaussehen*

Werkstoff	Geschwindigkeit, bei der glatte Oberfläche eintritt (mittlerer Span)
Weicher Flußstahl 37 kg/mm²	etwa 40 m/min
Mittelharter Flußstahl 76 kg/mm²	etwa 35 m/min
Cr-Ni-Stahl (VCN 35) vergütet auf 85 kg/mm²	etwa 18 m/min
Rostbeständiger Cr-Stahl 57 kg/mm²	etwa 20 m/min
Rostbeständiger Cr-Ni-Stahl 70 kg/mm²	etwa 10 m/min
Unlegierter Werkzeugstahl, geglüht	etwa 20 m/min

Verläßlich glatte Oberflächen bekommt man, wie Versuche von F. Schwerd zeigen, bei hohen Bearbeitungsgeschwindigkeiten, wie sie vor allem die Hartmetall- und die oxydkeramischen Werkzeuge ermöglichen. Eine allgemeine Anwendung scheitert oft an den Maschinen, denen die für die Erzielung der Maßgenauigkeit notwendige Starrheit fehlt.

Der große Einfluß des Reibungsbeiwertes[1] auf die Spanbildung und das Oberflächenaussehen veranlaßten erfolgreiche Versuche, durch Aufbringen von dünnen Oxydschichten oder durch Verchromen die Reibung

[1] Hucks, H.: Werkst. u. Betr. Bd. 85 (1952) S. 1/6.

zwischen Werkstück und Werkzeug zu verringern. Vor allem wird dadurch die Aufbauschneide schon bei niederer Schnittgeschwindigkeit verhindert.

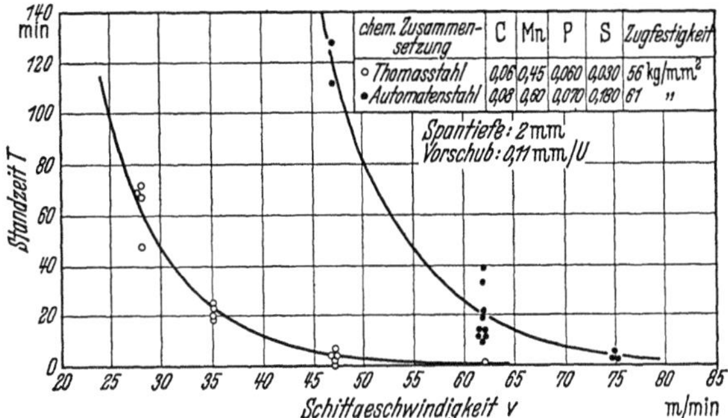

Bild 529. Schnittgeschwindigkeits-Standzeit-Kurven verschiedener Automatenstähle (nach A. WALLICHS und H. OPITZ[1])

Unter den Werkstoffen, deren Zerspanbarkeit sich von den übrigen heraushebt, sind die Automatenstähle zu nennen.

Ihre Eigenart zeigt sich einmal darin, daß man bei demselben Werkzeugverschleiß höhere Schnittgeschwindigkeiten als bei anderen Stählen derselben Zugfestigkeit anwenden kann, und darin, daß sie eine glattere Oberfläche ergeben.

Wie sehr sich Automatenstähle von anderen Stählen in ihrer Verschleißwirkung auf das Werkzeug unterscheiden, zeigt Bild 529, aus dem ersichtlich ist, daß die Stundenschnittgeschwindigkeit beim Drehen von Automatenstahl etwa doppelt so groß sein kann als bei gleich festem Thomasstahl. Auch zwischen den einzelnen Automatenstählen können, wie Bild 530 zeigt, große Unterschiede in der Zerspanbarkeit bestehen.

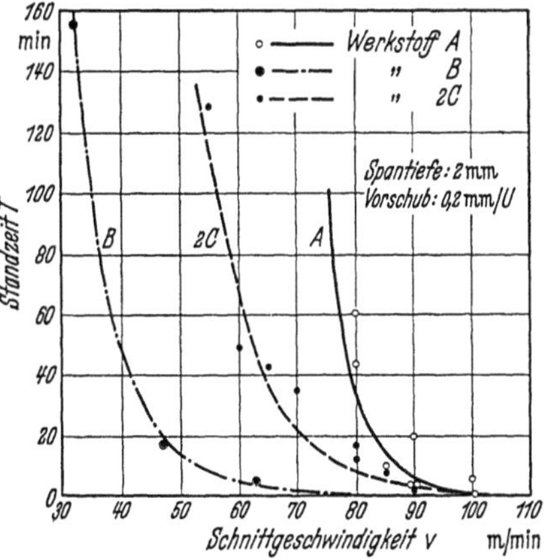

Bild 530. Schnittgeschwindigkeits-Standzeit-Kurven von Thomas- und Automatenstahl annähernd gleicher Zugfestigkeit und Zusammensetzung (*A* und *2C*: Automatenstahl, *B*: Thomasstahl) (nach A. WALLICHS und H. OPITZ[2])

Eine hervortretende Eigenschaft der Automatenstähle ist es auch, daß sie auch bei niedriger Geschwindigkeit leichter eine glatte Ober-

[1] WALLICHS, A., u. H. OPITZ: Masch.-Bau Bd. 12 (1933) S. 303/306; vgl. Stahl u. Eisen Bd. 54 (1934) S. 580/582.

[2] WALLICHS, A., u. H. OPITZ: Arch. Eisenhüttenw. Bd. 4 (1930/31) S. 254.

fläche aufweisen als andere Stähle. Diese Eigenschaft ist bei den Automatenstählen in verschieden starker Weise ausgeprägt.

Es ist naheliegend, anzunehmen, daß die in den Automatenstählen vorhandenen Schwefel- und Phosphorzeilen die Spanabtrennung erleichtern. Die Sulfide sind nicht allein wegen der Zeilenanordnung günstig, sondern sie haben auch eine Schmierwirkung auf die Werkzeugschneide. Der Phosphor hingegen ruft bei der Kaltverformung stärkere Versprödung und damit glattere Abtrennung des Spanes hervor. In dieser Wirkung wird der Phosphor vom Stickstoff unterstützt. Für den günstigen Einfluß des Stickstoffes spricht, daß im Thomasverfahren erzeugte Automatenstähle nach überwiegender Ansicht besser zerspanbar sind als SM-Stähle.

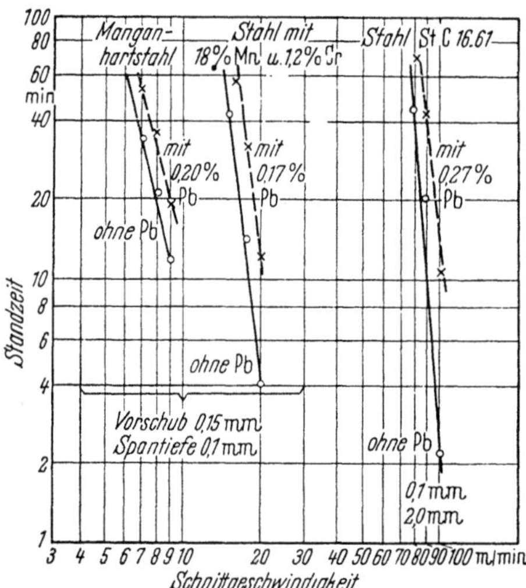

Bild 531. Wirkung von Bleizusätzen auf die Lage der Standzeit-Schnittgeschwindigkeitslinie für die Zerspanung von Stahl StC 16.61, Manganhartstahl und einem unmagnetisierbar Chrom-Manganstahl (nach H. SCHRADER und H. SCHALLBROCH)

Ein vollkommen neuer Weg[1] zur Schaffung von Automatenstählen[2] ging von Amerika aus. Man fand die bemerkenswerte Tatsache, daß die Zerspanbarkeit durch Zusatz von Blei (0,1 bis 0,25%) in beachtlichem Maße verbessert wird, ohne daß dadurch die Festigkeitseigenschaften beeinträchtigt werden.

W. E. FALBERG[3] gibt an, daß bleihaltige Automatenstähle eine Erhöhung der Erzeugung um 50% erlauben, was mit Berücksichtigung der Nebenzeiten eine mehr als 50%ige Erhöhung der Schnittgeschwindigkeit bedeuten würde.

Der Zusatz von Blei ist nicht auf die üblichen Automatenstähle beschränkt; H. SCHRADER[4] sowie H. SCHRADER und H. SCHALLBROCH[5] (s. Bild 531) wiesen nach, daß man auch höher legierten Stählen bessere Zerspanbarkeit geben kann. Die Wirkung des Bleies wird auf geringeren Arbeitsaufwand bei der Zerspanung (niedrigere Schnitt-

---

[1] Über korrosionsbeständige Automatenstähle s. S. 310, 616.

[2] MÜLLER, G., u. P. VEIT: Stahl u. Eisen Bd. 60 (1940) S. 368.

[3] FALBERG, W. E.: Mater & Meth. Bd. 39 (1954) Nr. 6, S. 90/92.

[4] s. dort Literaturzusammenstellung: SCHRADER, H.: Arch. Eisenhüttenw. Bd. 17 (1943/44) S. 65/76; vgl. Stahl u. Eisen Bd. 63 (1943) S. 924; s. a. H. BECKER u. H. HOFF: Stahl u. Eisen Bd. 77 (1957) S. 1215/1220.

[5] SCHRADER, H., u. H. SCHALLBROCH: Technik Bd. 3 (1948) S. 97/104.

kräfte), Schmierwirkung des ablaufenden Spanes und Spanbrechung durch submikroskopische Einschlüsse zurückgeführt. Es wurde eine Erhöhung der Schnittgeschwindigkeit um 8 bis 9% gefunden. Über Blei im Stahl vgl. auch S. 309. Blei- gegenüber Schwefelzusatz hat den Vorteil der Unempfindlichkeit gegen Risse beim Walzen.

Der Schwefelzusatz erhöht auch bei anderen Stählen die Zerspanbarkeit in demselben Sinne wie bei den Automatenstählen, ohne daß darüber genaue Versuche vorliegen. Es wird aber z. B. gesagt, daß schon eine Erhöhung des Schwefelgehaltes von 0,025 auf 0,035% die Bearbeitbarkeit bei den legierten und unlegierten Einsatz- und Vergütungsstählen sowie auch bei Kugellagerstählen deutlich verbessert. Hier treten allerdings oft Bedenken auf, daß die sonstigen Werkstoffeigenschaften durch die Erhöhung des Schwefelgehaltes verschlechtert werden.

Man verlangt sogar mitunter — wieder von Amerika ausgehend — Schwefelzusatz bei Schnellarbeitsstählen, um die Herstellung von Werkzeugen, wie Spiralbohrer und Fräser, zu verbilligen. Dies erschwert wieder die feine Karbidverteilung, da Schwefel auch hier grobe Zeilenanordnung fördert.

Der höhere Schwefelgehalt, der bei Siemens-Martin-Stählen gegenüber den Elektrostählen meistens vorhanden ist, ist wohl der Grund dafür, daß man in mehr oder weniger bestimmter Weise von der besseren Zerspanbarkeit der SM-Stähle gegenüber den Elektrostählen spricht. Allgemein von der besseren Zerspanbarkeit eines nach einem bestimmten Schmelzverfahren erzeugten Stahles zu sprechen, ist aber nicht zulässig. Zu erwähnen ist hier die Arbeit von E. Koerfer, H. Schenck und H. K. Görlich[1]. Sie vergleichen das Verhalten des Elektrostahles, SM-Stahles, verbesserten Konverterstahles und Konverterstahl nach altem Verfahren miteinander. Sie fanden, daß beim Drehen die Bearbeitbarkeit in der Reihenfolge verbesserter Konverterstahl, Elektrostahl, SM-Stahl, Konverterstahl abfällt und beim Bohren wieder der verbesserte Konverterstahl die erste Stelle einnehme und die übrigen drei gleich seien. Der Verfasser bemerkt hierzu, daß diese Einreihungen wohl für die untersuchten Stahlschmelzungen zutreffen, daß aber eine Verallgemeinerung nicht zulässig sei. Das unterschiedliche Verhalten liegt sicher zum größten Teil an der verschiedenen Ausbildung der nichtmetallischen Einschlüsse[2], die sowohl einen nützlichen Einfluß, wie die Schwefeleinschlüsse, und einen schädlichen, wie die Aluminiumeinschlüsse, haben können. In welcher Weise sich diese Einflüsse überlagern, ist noch lange nicht geklärt. Diese Klärung ist eine vordringliche Aufgabe der Zerspanungsforschung.

Über die Frage, ob man bei einem bestimmten Stahl durch Änderungen des Gefüges die Zerspanbarkeit günstig beeinflussen könne, liegen

[1] Koerfer, E., H. Schenck u. H. K. Görlich: Stahl u. Eisen Bd. 76 (1956) S. 125/133.

[2] Dafür sprechen schon allein die Eigenschaften der Automatenstähle.

eine große Zahl von Arbeiten vor. Vor allem seien angeführt die Untersuchungen von F. WEVER, H.-J. WIESTER, W. STRASSBURG, H. OPITZ und K. H. FRÖHLICH[1]. Die Verfasser kommen zu dem Schluß, daß für gutes Standzeitverhalten im allgemeinen Gefügezustände günstig sind, die bei verhältnismäßig niedriger Festigkeit geringe Kerbschlagzähigkeitswerte ergeben. Unlegierte und chrom-mangan-legierte Einsatzstähle weisen im ferritisch-lamellarperlitischen Zustand mit gleichmäßig grobem Korn das beste Standzeitverhalten auf. Gefüge mit ungleichmäßiger Korngröße sind beim Drehen nicht schlechter als feinkörnige, jedoch bleiben die Standzeiten unter den Werten, die mit gleichmäßig grobkörnigen Zuständen erreicht werden. Bei den Chrom-Nickel-Einsatzstählen hat sich ferritisch-perlitisches Gefüge ebenfalls als günstig für die Zerspanbarkeit erwiesen; doch ergibt auch angelassenes Zwischenstufengefüge mit kleinen Mengen Ferrit gute Werte. Es ist daher bei diesen Stählen auch möglich, durch Luftvergütung zu guten Zerspanungseigenschaften zu kommen. Die Versuche der genannten fünf Verfasser beschäftigten sich nicht mit dem Oberflächenaussehen bei niedrigen Schnittgeschwindigkeiten, was beim Stoßen der Zahnräder wichtig ist. Man kann aber annehmen, daß nicht nur für die Standzeit bei höherer Schnittgeschwindigkeit, sondern gerade auch für das Oberflächenaussehen bei niedrigen Schnittgeschwindigkeiten die versprödende Behandlung günstig ist.

Ein Beispiel für die Sprödbehandlung ist das Glühen des Schnellstahles mit nachfolgender, sehr langsamer Abkühlung auf unterhalb 600 °C, was bei der schwierigen Arbeit des Hinterdrehens von Fräsern manchmal zum Erfolg führt.

Zusammenfassend und wiederholend ist zu sagen, daß bei hohen Schnittgeschwindigkeiten, also dort, wo Fließspan vorliegt, niedrige Festigkeiten die Standzeit erhöhen. Auch grobes, sprödes Gefüge tut, wie wir eben sahen, gute Dienste. Muß man mit niedrigen Geschwindigkeiten arbeiten, dann ist der Stahl auf höhere Festigkeit zu bringen oder durch eine Wärmebehandlung zu verspröden, um Aufbauschneiden und Scherspanbildung zu vermeiden (S. 902).

In Stählen mit höheren Kohlenstoffgehalten soll der Zementit möglichst in kugeligem Zustand vorliegen. Nach Erfahrungen von Kugellagerfabriken wirken z. B. schon geringe Anteile von lamellarem Perlit stark verschleißend auf das Werkzeug. Gewißheit darüber besteht jedoch nicht, ob die Zementitkugeln klein oder groß sein sollen. Oft und besonders in Amerika wird im Schrifttum die Behauptung gefunden, daß Stähle mit niedrigem Kohlenstoffgehalt im lamellarperlitischen, also im härteren Zustand ein besseres Standzeitverhalten zeigen als im weichgeglühten Zustand. Dieser anscheinende Widerspruch klärt sich dadurch

[1] WEVER, F., H.-J. WIESTER, W. STRASSBURG, H. OPITZ u. K. H. FRÖHLICH: Arch. Eisenhüttenw. Bd. 27 (1956) S. 381/400; vgl. Stahl u. Eisen Bd. 76 (1956) S. 833.

auf, daß diese weichen Stähle eher zur Bildung von Aufbauschneiden neigen. Man zieht in diesem Fall den härteren Gefügezustand vor, weil dabei die Aufbauschneide schon bei verhältnismäßig niedrigen Schnittgeschwindigkeiten vermieden wird und die Festigkeit doch noch nicht zu hoch ist, um die Schneide zu früh zu verschleißen. Bei höheren Kohlenstoffgehalten hingegen wird anstatt auf lamellaren besser auf kugeligen Zementit geglüht, weil bei diesen Stählen auch in diesem Zustand die Festigkeit hoch genug ist, um bei niedrigen Schnittgeschwindigkeiten keine Aufbauschneide entstehen zu lassen; ungeglüht wären diese Stähle zu hart. Deshalb finden die fünf Verfasser[1] auch, daß Vergütungsstähle im Gegensatz zu Einsatzstählen im weichgeglühten Zustand das beste Standzeitverhalten haben.

Die Beurteilung der Versuche über den Einfluß des Gefüges wird dadurch erschwert, daß oft nicht bekannt ist, ob im Fließ- oder Scherspanbereich gearbeitet wurde, oder ob gar im Bereich der Bildung einer Aufbauschneide. In diesem letzteren Fall wird die Schneidkante leicht verletzt, und die Versuchsergebnisse sind daher nicht mit den im Fließspangebiet erreichten Standzeiten zu vergleichen. Deshalb sind die Ergebnisse von Standzeitversuchen, wie schon S. 893 erwähnt, nur dann vergleichbar, wenn im Fließspanbereich gearbeitet wird.

Die Verfahren zur *Bearbeitung härtester Werkstoffe* wurden weiter entwickelt und eingeführt. Müssen Hartmetalle oder gehärtete Stähle eine Bearbeitung erfahren, so hat sich die Elektroerosion dafür gut eingeführt. Der Vorgang der Abtragung durch elektrische Entladungen[2] beruht in erster Linie auf den im Auftreffpunkt entstehenden hohen Temperaturen, die ein Verdampfen, Schmelzen oder Abplatzen des Werkstoffes bewirken.

Das Centre National de la Recherche Scientifique de Paris hat eine Maschine ausgestellt[3], die eine Abtragung von 500 mm^3/min in gehärtetem Stahl und Hartmetall erzielte. Beschrieben wird das Herstellen eines Gewindestrählers, einer Hartmetallschnittmatrize und einiger Prägestempel. Für die Herstellung von Profilen oder Durchbrüchen wurden Messingwerkzeuge verwendet.

Für die Bearbeitung nichtleitender Hartstoffe wird Ultraschall erfolgreich verwendet. Bohren mit Ultraschallschwingungen beruht auf

---

[1] s. Fußnote S. 908.

[2] BALLHAUSEN, CARL: Werkst. u. Masch.-Bau 1953 S. 236/242; 1955 S. 557. — OPITZ, H., u. H. AXER: Untersuchung und Weiterentwicklung neuartiger elektrischer Bearbeitungsverfahren. Forsch.-Ber. Wirtsch.- u. Verk.-Min. Nordrhein-Westf., N. 295, Köln u. Opladen: Westd. Verlag 1956; s. H. OPITZ: Z. VDI Bd. 99 (1957) S. 1389/1395.

[3] Microtecnic Bd. 9 (1955) Nr. 5, S. 267/271.

der allmählichen Zerpulverung des Werkstückmaterials durch ein suspendiertes Schleifmittel, das zwischen Bohrer und Werkstück gebracht wird. E. A. NEPPIRAS und R. D. FOSKETT[1] beschreiben eine solche Maschine.

Die Schneidleistung verschiedener Werkzeugstoffe

Die hauptsächlichsten Schneidstoffe sind Schnellstahl, Hartmetall und in neuester Zeit auch oxydkeramische Schneidstoffe, daneben aber auch heute noch in geringerem Umfang schwachlegierte, ja sogar unlegierte Werkzeugstähle. Auf den Seiten 731 bis 739 sind dafür Beispiele zu finden. Es handelt sich um solche Werkzeuge, bei denen die mit Schnellarbeitsstählen erzielbare höhere Schnittgeschwindigkeit nicht ausgenutzt werden kann, z. B. gewisse Spiralbohrer, Laufbohrer (Kanonenbohrer), Reibahlen, Gewindeschneidwerkzeuge. Bei diesen Werkzeugen wird auch versucht, die Schneidhaltigkeit zu verbessern und das Ansetzen der Aufbauschneide zu verhindern, wenn man sie mit einer Oberflächenschicht versieht, sei es einer Hartverchromung oder einer Oxydschicht. Für Schnellstahlwerkzeuge ist diese Art der Oberflächenbehandlung von wenig Erfolg, da die bei der hohen Schnittgeschwindigkeit auftretende höhere Temperatur die Oberflächenschicht zum Abblättern bringt. Über die Schneidhaltigkeit von unlegierten und Chromstählen im Vergleich zu Schnellarbeitsstählen brachte Zahlentafel 183 (S. 817) einen Vergleich.

Die bei dem Vergleich der Werkstücke (zu zerspanende Werkstoffe) so verwirrend erscheinende Vielfalt liegt bei dem Vergleich der Schneidstoffe nicht in demselben Maße vor. Sie verhalten sich im großen und ganzen bei dem Zerspanen ein und desselben Werkstückes, was den Ablauf des Verschleißvorganges betrifft, innerhalb derselben Schneidstoffgruppe (schwachlegierte Werkzeugstähle, Schnellstähle, Hartmetall) vergleichbar. Für den Vergleich der Schneidstoffe untereinander liegen aber wenig andere Vergleichsversuche vor als solche bis zur Blankbremsung. Wir müssen daher wohl oder übel diese als Vergleichsgrundlage hinnehmen. Wie auf S. 888 ausgeführt, kann man Schneidstoffe entweder nach der Geschwindigkeit beurteilen, die bei einer bestimmten Standzeit erreicht wird, oder nach der Standzeit bei gleichbleibender Geschwindigkeit. Infolge der Steilheit der Standzeitschnittgeschwindigkeitskurven ergibt die Beurteilung nach der erreichten Standzeit bei gleichgehaltener Schnittgeschwindigkeit erheblich größere Verhältniszahlen, was durch ein Beispiel aus Bild 510 zu entnehmen war (S. 889). Für diesen Fall sind die Unterschiede in v_{60} etwa 15% und in der Standzeit etwa 230%.

[1] NEPPIRAS, E. A., u. R. D. FOSKETT: Philips techn. Rdsch. Bd. 19 (1957/58) Nr. 2, S. 37/48; Nr. 3, S. 98/110, s. a. Stahl u. Eisen Bd. 79 (1959) S. 1290.

Zahlentafel 216. *Vergleichswerte für v_{60} und Standzeit bis zur Blankbremsung verschiedener Schnellarbeitsstähle*

Stahlmarke	Stahllegierung				Verhältniswerte	
	W	Cr	V	ferner	v_{60}	Standzeit
ABC III	3	– 4	– 2,5	+ 2,8 Mo	82%	45%
B	18	– 4	– 1		84%	50%
DMo 5	6,5	– 4	– 2,0	+ 5 Mo	90%	65%
EV 4	13	– 4,5	– 4	– (1,25 C)	95%	80%
E 18 Co 3	18	– 4	– 1,6	+ 2,5 Co	100%	100%
E 18 Co 5	18	– 4	– 2	+ 5 Co	110%	140%
E 18 Co 10	18	– 4	– 1,6	+ 10 Co	119%	200%

Man kann die Stundengeschwindigkeit und die Standzeit bei gleichbleibender Geschwindigkeit bei verschiedenen Schnellstählen etwa in ein Verhältnis setzen, das aus der Zahlentafel 216 zu ersehen ist.

Zu diesen groben Vergleichszahlen kann man erweiternd etwa sagen, daß die Unterschiede bei längeren Standzeiten als 60 Minuten und demgemäß geringeren Schnittgeschwindigkeiten zusammenschrumpfen.

Es wurde auf den Seiten 892 bis 899 eingehend ausgeführt, daß es *allgemeingültige Werte für Schnittgeschwindigkeiten und Standzeiten* nicht gibt. Trotzdem sei, um wenigstens in sehr grober Annäherung etwas zu bieten, auf die Bilder 518 und 519 verwiesen, aus denen die Stundenschnittgeschwindigkeiten (v_{60}) für Stähle verschiedener Festigkeiten und Graugußarten unterschiedlicher Härten abzulesen sind. Es sei hinzugefügt, daß v_{240} etwa 65 bis 75% des v_{60}-Wertes und v_{480} 50 bis 60% des v_{60}-Wertes beträgt. Ferner seien noch aus den AWF-Betriebsblättern auszugsweise einige Werte nach Zahlentafel 217 herausgenommen, wobei eine große Genauigkeit dieser Zahlen nicht vorausgesetzt wird.

Verweisend auf die Bewertungsreihe der Schnellarbeitsstähle beim Drehen nach Zahlentafel 216 sei hervorgehoben, daß beim Feinschnitt die Bewertungsreihenfolge, wie aus Zahlentafel 218 hervorgeht, eine andere ist.

Zahlentafel 217. *Einige Richtwerte v_{240} und v_{480} für das Drehen mit Schnellarbeitsstahl mittlerer Güte* (nach AWF-Blättern)

Baustähle	Festigkeit des Werkstoffs	Standzeiten des Werkzeuges in min			
		240	480	240	480
		Vorschübe in mm/U			
		0,2		1,6	
	kg/mm²	Schnittgeschwindigkeiten v in m/min			
Stahl	bis 50	43	36	18	15
	85—100	18	15	7,5	6,3
Gußeisen	Brinellhärte				
	bis 200	34	28	11	9
	200—250	22	19	6,7	5,6

Zahlentafel 218[1]. *Leistungsvergleich beim Feinschnitt und Schruppen*

Stahlgattung	Zusammensetzung W	Cr	V	Co	Verhältniswerte von Standzeit beim Schruppen	Verhältniswerte von Standzeit beim Schlichten
E 18 Co 3 . . .	18,0	4,0	1,6	2,5	100	100
EV 4	13,0	4,0	4,0	—	80	300
D	14,0	4,0	2,5	—	65	165
B	18,0	4,0	1,0	—	50	40

Man sieht, wie verschieden die Bewertungsreihe beim Schruppen und Schlichten ist. Die hier angegebenen Zahlen gelten natürlich nur für einen bestimmten Zerspanungsfall.

Über die vergleichsweise Leistung von Bohrern aus schwachlegiertem Werkzeugstahl und Schnellarbeitsstahl gibt Zahlentafel 219 einen Aufschluß[2].

Zahlentafel 219. *Richtwerte über Schnittgeschwindigkeiten und Vorschub bei Spiralbohrern* (nach H. SCHALLBROCH)

Für Bohrer aus	Schnitt-geschwin-digkeit m/min	Werkstoff	Vorschub Drehzahl	Bohrer 0 in mm: 1	8	16	40
				Vorschub und Drehzahl			
Werkzeugstahl	10—18	Unlegierte Baustähle bis 50 kg/mm²	mm/U U/min	0,015 4000	0,12 630	0,18 315	0,22 100
Werkzeugstahl	9—12	Unlegierte Baustähle über 50 kg/mm²	mm/U U/min	0,015 3150	0,11 500	0,16 250	0,20 80
Schnellstahl	25—40	Unlegierte Baustähle bis 50 kg/mm²	mm/U U/min	0,015 8000	0,16 1600	0,26 800	0,4 250
Schnellstahl	25—32	Unlegierte Baustähle 50—70 kg/mm²	mm/U U/min	0,015 8000	0,14 1250	0,22 630	0,4 200
Schnellstahl	12—20	Legierte Stähle 70—90 kg/mm²	mm/U U/min	0,008 4000	0,10 800	0,18 315	0,28 100
Schnellstahl	15—25	Gußeisen über 18 kg/mm²	mm/U U/min	0,012 5000	0,14 1000	0,25 500	0,36 125
Schnellstahl	7—12	Rostbeständiger Stahl V2A	mm/U U/min	0,006 2500	0,10 500	0,18 250	0,28 63

Schwachlegierte Werkzeugstähle lassen demnach etwa 30% der Schnittgeschwindigkeit zu, die bei Schnellarbeitsstählen anwendbar ist.

Bei hochlegierten Stählen, z. B. austenitischen, und solchen höherer Festigkeit, wird nur Schnellarbeitsstahl empfohlen. Obwohl diese Werte

[1] RAPATZ, F.: Der heutige Stand der Schnellarbeitsstähle, aus Werkstattstechn. u. Masch.-Bau Jg. 42 (1952) H. 11 S. 450.

[2] Die Zahlentafel ist auszugsweise dem Buch von H. SCHALLBROCH: „Bohrarbeit und Bohrmaschine“, München: Hanser 1951, entnommen.

wegen der Verschiedenartigkeit der Werkstoffe und wegen der Anwendung verschiedener Schnellarbeitsstähle schwanken, können sie trotzdem für die Praxis als allgemeine Richtlinien angewandt werden.

Für das Fräsen Werte anzugeben, ist recht schwierig, weil die Form der Fräser und die Schnittbedingungen zu verschiedenartig sind.

Über Sonderfälle des Fräsens siehe S. 891, 917.

Für das Sägen gibt K. Krekeler[1] Werte nach Zahlentafel 220. Diese Werte gelten mit denselben Einschränkungen wie die für Bohrer. Bemerkenswert ist aber auch hier die schwierige Zerspanbarkeit von austenitischen, nichtrostenden Stählen und solchen mit viel Karbiden. Diese Stähle haben Zerreißfestigkeiten zwischen 60 und 80 kg/mm² und sind ebenso schwierig sägbar als solche mit 100 kg/mm² Festigkeit.

Zahlentafel 220. *Erfahrungswerte für Schnittgeschwindigkeiten an Kaltkreissägen aus Schnellstahl* (nach K. Krekeler)

Werkstoff	Schnittgeschwindigkeit für		
	feine Zahnteilung 1—5 mm bis 10 mm Tiefe bis 20 mm Länge m/min	mittlere Zahnteilung 3—10 mm bis 25 mm Tiefe über 100 mm Länge m/min	grobe Zahnteilung 7,5—14 mm bis 100 mm Tiefe über 100 mm Länge m/min
Stahl bis 50 kg/mm² . .	80—100	70—80	40—50
50— 70 kg/mm² . .	70— 90	60—70	30—40
70— 90 kg/mm² . .	50— 60	40—50	20—30
90—110 kg/mm² . .	30— 40	25—40	15—20
ungehärtet { Werkzeugstahl . . / Schnellstahl . . . / Nichtrostender Stahl	30— 40	25—40	15—20

Zahlentafel 221[2] gibt Hinweise für die Verwendung der Schnellarbeitsstähle nach der Art der Werkstücke und der Bearbeitung.

Wenn die Frage gestellt wird, ob hochwertigerer, teuerer oder weniger hochwertiger, billiger Schnellstahl wirtschaftlicher ist, so darf die Bewertung nicht allein nach dem Verhältnis der erzielbaren Schnittgeschwindigkeit oder Standzeit erfolgen. Man wird allgemein sagen können, daß ein teurer Stahl dann mehr am Platze ist, wenn die Gemeinkosten groß sind, wenn also schon durch verhältnismäßig geringes Einsparen von Löhnen große Vorteile erreicht werden.

Obwohl die gegossenen, leicht schmelzbaren Schneidlegierungen (s. S. 867) für spanabhebende Werkzeuge kaum noch angewandt werden, so möge doch gesagt sein, daß die Steigerung der Schnittgeschwindigkeit

[1] Krekeler, K.: Die Zerspanbarkeit der Werkstoffe, 3. Aufl. Wb. H. 61. Berlin/Göttingen/Heidelberg: Springer 1949.

[2] Rapatz, F.: Der heutige Stand der Schnellarbeitsstähle. Werkstattstechn. u. Masch.-Bau Jg. 42 (1952) S. 451.

Zahlentafel 221. *Richtlinien für die Verwendung der verschiedenen Schnellarbeitsstähle*

Stahlmarke	Zusammensetzung C	W	V	Mo	Co	Verwendung	Zur Bearbeitung von	Eigenschaften	Stahlmarke
ABC III	1,0	3,0	2,5	2,8		für alle Arten von Werkzeugen	Werkstücken bis 90 kg/mm² Festigkeit		ABC III
B 18	0,75	19,0	1,2				Werkstücken bis 100 kg/mm² Festigkeit	beste Zähigkeit und Schleifbarkeit	B 18
ABC II	0,80	9,0	1,7	1,0					ABC II
D	0,85	12,5	2,6	1,0			Werkstücken auch über 100 kg/mm² Festigkeit		D
D Mo 5	0,85	6,75	2,05	5,25				Schneidfähigkeit angenähert E 18 Co 3	D Mo 5
E 18 Co 3	0,75	18,0	1,6	1,0	2,5	für alle Werkzeuge, besonders für Schrupparbeiten	Werkstücken hoher Festigkeit	hoher Widerstand gegen Wärmeentwicklung bei der Arbeit	E 18 Co 3
E Co 3	0,90	12,5	2,2	1,0	3,0				E Co 3
E 18 Co 5	0,80	18,5	1,7	1,0	5,0				E 18 Co 5
E Co 5	0,80	13	2,0	1,5	5,0				E Co 5
EV 4	1,30	12,5	4,0	1,0		für Feinschnitt und Automatenarbeit (Kühlung zweckmäßig)		hoher Verschleißwiderstand (Hartdreher)	EV 4
EV 4 Co	1,35	12,5	4,0	1,0	5,0		auch zum Schruppen, aber nicht bei unterbrochenem Schnitt		EV 4 Co

Zahlentafel 222. *Stundenschnittgeschwindigkeit v_{60} beim Drehen von Stahl und Grauguß mit gegossenem Schneidmetall H und Schnellarbeitsstahl S*

	Vorschub	Bearbeitetes Werkstück: Stahl mit 47 kg/mm² Zugfestigkeit – Schnittgeschwindigkeit v_{60} in m/min für Schnittiefe von			Gußeisen mit 200 Brinellhärte – Schnittgeschwindigkeit v_{60} in m/min für Schnittiefe von		
	mm/U	2 mm	4 mm	Mehrleistung von Schneidmetall	2 mm	4 mm	Mehrleistung von Schneidmetall
H	1	85	55	etwa 1,7fach	52	47	etwa 2,5fach
S		46	34		21	19	
H	2	53	41	etwa 1,5fach	40	32	
S		34	26		16	13	
H	3	42	35		32	22	
S		29	22		12	9	
H	4	35	31		25	18	
S		25	20		10	7	

gegenüber Schnellstahl höherer Klasse bei der Bearbeitung von Stählen etwa 50% und bei Bearbeitung von Grauguß durchschnittlich 200% beträgt. Diese Steigerung gegenüber Schnellarbeitsstahl hat nicht genügt, um diese Legierungen als Zwischenglied zum Schnellstahl und Karbidhartmetall in größerem Maße einzuführen.

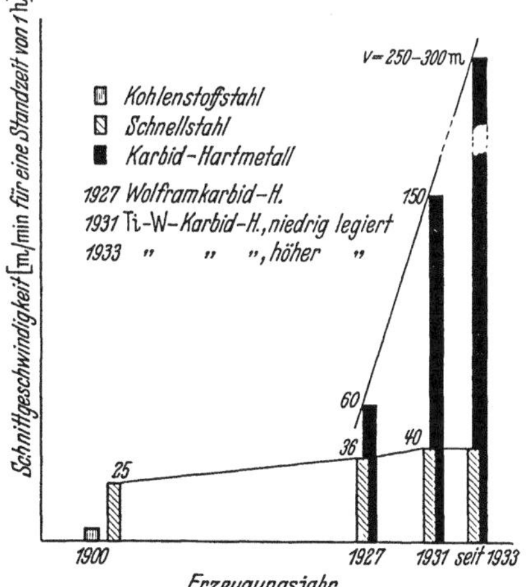

Bild 532. Die Steigerung der Schnittleistung beim Drehen von Stahl seit dem Jahre 1900

Dagegen haben die gesinterten Karbidhartmetalle in den Werkstätten in ähnlicher Weise revolutionierend gewirkt wie die Schnellarbeitsstähle gegenüber den vor 1900 verwendeten unlegierten und leichtlegierten Stählen. Das Hauptverwendungsgebiet der Karbidhartmetalle, das Drehen, ist der wichtigste Zerspanungsfall. Dabei kann gegenüber Schnellarbeitsstahl die Schnittgeschwindigkeit auf das 5- bis 10fache erhöht werden, wobei sich die höheren Werte auf die schmalen Spanquerschnitte und höheren Werkstückfestigkeiten beziehen. Es ergibt sich dies bei Stahl daraus, daß dabei Hartmetall mit höherem Titangehalt, das verschleißfester ist, angewendet werden kann als bei stärkeren Spanquerschnitten, die höhere Titangehalte wegen zu geringer Zähigkeit nicht zulassen.

Auch bei Grauguß ist die Steigerung der Schnittgeschwindigkeit ungefähr dieselbe, wobei titanfreies oder solches mit geringen Titangehalten in Frage kommt.

Zur erfolgreichen Anwendung von Hartmetall gehören kräftige, gut gepflegte und ruhig laufende Maschinen mit genügender Antriebsleistung und entsprechend hohem Drehzahlbereich, ebenso wie gut geschulte Arbeiter und eine einwandfreie Werkzeugschleiferei.

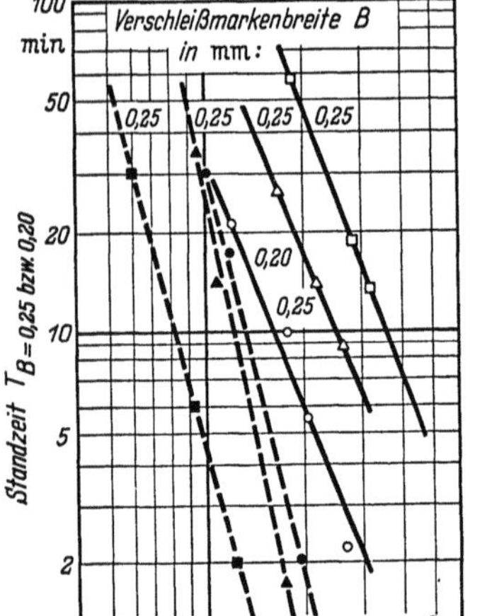

Schnittgeschwindigkeit v

Schneidstoff-Werkstückstoff-Paarung

	Schneidstoff	Werkstückstoff
□—□ ■---■	Oxydkeramik Hartmetall	Grauguß (GG 26)
△—△ ▲---▲	Oxydkeramik Hartmetall	Stahl mit rd. 0,5% C 0,3% Si, 0,9% Mn 1% Cr, 0,2% Mo
○—○ ●---●	Oxydkeramik Hartmetall	Stahl mit rd. 0,43% C

Bild 533. Standzeitvergleich für einen oxydkeramischen Schneidstoff und Hartmetall-Legierungen. Schneidengeometrie 1. beim Drehen mit Hartmetall: Freiwinkel $\alpha = 7°$, Spitzenwinkel $\gamma = 7°$, Neigungswinkel $\lambda = 0°$, Einstellwinkel $\varkappa = 90°$, Spitzenwinkel $\varepsilon = 75°$, Schneidenradius $r = 0{,}8$ mm; 2. beim Drehen mit Oxydkeramik: $\alpha = 3°$, $\gamma = -2°$, $\lambda = -2°$, $\varkappa = 45°$, $\varepsilon = 120°$, $r = 1{,}5$ mm (nach A. O. SCHMIDT)

In der Automatendreherei hat sich vielfach die gleichzeitige Anwendung von Hartmetall und Schnellstahl als zweckmäßig erwiesen, um die verschiedenen Beanspruchungen aufeinander abzustimmen und gleiche Standzeiten der eingesetzten Werkzeuge zu erzielen. Beim Drehen von Radsätzen wird heute fast ausschließlich Hartmetall verwendet.

Wiewohl stoßweise Beanspruchung für Hartmetall im allgemeinen ungünstig ist (beachte dagegen die Verwendung der Hartmetallsorte G2[1] zur Bestückung von Kronen der Schlagbohrwerkzeuge für Gesteinsbearbeitung), setzt sich doch das Hobeln mit Hartmetall immer mehr durch. Zum Bohren kurzspanender, stark verschleißender Werkstoffe, wie hartes Gußeisen, Bronzen, hochsilizierte Leichtmetalle (z. B. Kolbenlegierungen), Glas, keramische Werkstoffe, Isolierstoffe sowie für austenitischen Manganhartstahl sind hartmetallbestückte Bohrer oftmals unerläßlich. Im übrigen ist das Bohren von Stahl vorwiegend den Schnellstahlbohrern vorbehalten, wenn vom Tieflochbohren mit Sonderbohrköpfen abgesehen wird.

Beim Fräsen war der wirtschaftliche Einsatz von Hartmetall bis vor kurzem auf die Bearbeitung von Gußeisen, Leichtmetallen und Kunst-

[1] s. Zahlentafel 213, S. 877.

stoffen beschränkt. Heute aber geht man auch schon zum Fräsen von Stahl über. Es handelt sich dabei wohl hauptsächlich um Stirnfräser. Infolge der großen Verschleißwirkung dieser Werkstoffe lassen sich mit Hartmetall beträchtlich höhere Standzeiten erreichen. Für schlagende Zerspanungswerkzeuge, z. B. Schlagzahnfräser, haben sich die Hoffnungen, die in dieses Metall gesetzt wurden, noch nicht erfüllt. Über Fräsen siehe die Arbeiten von F. TÖPFL[1], H. OPITZ und J. KOB[2] sowie H. J. BURMESTER[3].

Für Senken, Reiben, Räumen u. ä. wird Hartmetall heute schon sehr viel verwendet. Bei größeren Werkzeugen werden Plättchen eingesetzt, kleinere ganz aus Hartmetall hergestellt.

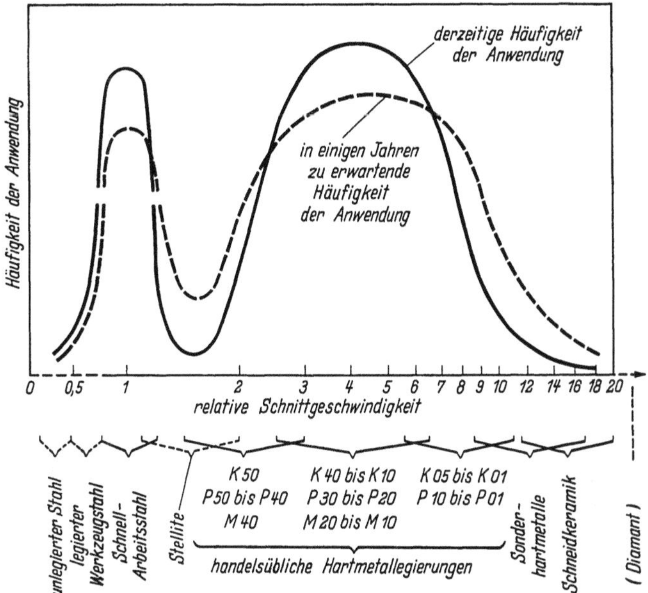

Bild 534. Geschätzte Häufigkeit der Anwendung der wichtigsten Schneidwerkstoffe (nach F. KÖLBL)

In Bild 532, das vielleicht etwas einfach anmutet, aber anschaulich ist, sei noch ein Überblick über den Fortschritt in der Zerspanungstechnik seit dem Jahre 1900 gegeben. Man erkennt einmal den Sprung von dem unlegierten Stahl auf Schnellarbeitsstahl und andererseits den vom Schnellarbeitsstahl auf das Hartmetall. In wenigen Jahrzehnten ist dadurch eine Steigerung der Zerspanungsgeschwindigkeit und damit

[1] TÖPFL, F.: Masch.-Bau u. Wärmewirtschaft Bd. 8 (1953) S. 81/84; vgl. Stahl u. Eisen Bd. 73 (1953) S. 1238/1239.

[2] OPITZ, H., u. J. KOB: Werkst. u. Betr. Bd. 85 (1952) S. 81/85.

[3] BURMESTER, H. J.: Werkzeugmaschinenbau und Fertigungstechnik (1956) S. 25, Sowjetische Erfahrungen mit Hartmetallstirnfräsern und ihre Anwendbarkeit unter deutschen Verhältnissen; Ind.-Anz. Bd. 78 (1956) Nr. 11 S. 135/139.

verbunden eine Verbilligung in der Fertigung eingetreten, die man im Jahre 1900 für völlig unmöglich gehalten hätte. Diese Fortschritte sind allein Erfindungen metallkundlicher Art zu verdanken, und was die Hartmetalle betrifft, ein Verdienst deutscher Technik.

Über Schnittleistungen der oxydkeramischen Werkstoffe (s. S. 878) im Vergleich zu Hartmetall (G 50 nach Zahlentafel 213) zeigt A. O. SCHMIDT[1] ein Bild 533. Dabei ist zu bemerken, daß sich der Gebrauch dieser Werkzeuge hauptsächlich auf den Feinschnitt beschränkt. Wie schon auf S. 894 angedeutet, sind diese Werkzeugstoffe frei vom chemischen und vom Diffusionsverschleiß.

Die Entwicklung der Werkzeugbaustoffe geht immer mehr zu solchen, die hohe Schnittgeschwindigkeiten gestatten. F. KÖLBL[2] schätzt die Anteile der verschiedenen Werkzeugbaustoffe für heute und in nächster Zukunft, wie es in Bild 534 dargestellt ist.

2. Schneideigenschaften von Messerwaren

In diesem Abschnitt sollen hauptsächlich die Schneideigenschaften von Messern für den täglichen Gebrauch, wie Rasiermesser, Taschenmesser, Tischmesser, behandelt werden.

Der Vorgang der Werkstofftrennung bei diesen Messern ist von dem bei der Zerspanung verschieden. Es handelt sich hier in erster Linie um das Eindringen eines Keiles in eine weichere Masse ohne Spanbildung. Dabei kann das Ziehen der Schneide gegenüber den Drücken über den zu trennenden Körper überwiegen oder das Drücken gegenüber dem Ziehen. Man kann dann von einem überwiegenden Zugschnitt — wie etwa beim freihändigen Durchtrennen eines Papierstreifens mit einem guten Taschenmesser — oder von einem überwiegenden Druckschnitt sprechen, wie er beispielsweise bei einem Rasiermesser vorliegt. Es gibt aber weder einen reinen Zug- noch einen reinen Druckschnitt. Wo überwiegender Zugschnitt vorkommt und es sich um eine gröbere Zerkleinerung handelt, wie etwa bei Brot- oder Fleischmessern, wird durch die Anwendung von Zähnen die sägende Wirkung zu Hilfe genommen.

Bei flüchtiger Betrachtung könnte man sich fragen, warum zum Schneiden so weicher Gegenstände, z. B. Brot oder Fleisch, gehärteter Stahl nötig ist und dafür nicht etwa weiches Eisen genügt. Die Antwort auf diese Frage liegt darin, daß durch die Kleinheit der gedrückten Flächen der spezifische Druck auch bei diesen einfachen Vorgängen außerordentlich groß ist und sehr bald die Streckgrenze oder gar die Festigkeit von weichem Stahl übersteigt, wodurch sofort Verformungen

[1] SCHMIDT, A. O.: s. a. Stahl u. Eisen Bd. 79 (1959) S. 1292; Machinery, London, Bd. 90 (1957) S. 577/583; s. a. K. F. MEYER: Industrieanzeiger. Essen 1962, Nr. 11, S. 33/38.

[2] KÖLBL, F.: Planseeberichte für Pulvermetallurgie Bd. 6, August 1958, S. 64.

und Unbrauchbarwerden der Schneide eintreten würden. Nach einer rohen Schätzung ist z. B. die Druckbeanspruchung einer Rasiermesserschneide größer als die hochbeanspruchter Teile von Arbeitsmaschinen und Werkzeugen.

Die Abnützung der Schneide durch das Eindringen des Messerkeils besteht aus zwei Vorgängen: aus dem allmählichen Abreiben von kleinsten Teilchen und in dem seitlichen Ausbrechen oder Ausbiegen durch Biegebeanspruchung. Kommt noch die sägende Wirkung hinzu, dann brechen vorstehende Spitzen der Schneide auch durch Umbiegen in der Längsrichtung ab. Eine einmal eingetretene Schneidenverletzung durch Ausbrechen von Teilen beschleunigt das Ausbrechen weiterer Teilchen der Schneide.

Um die Schneide gegen bloße Abnutzung kleinster Teilchen widerstandsfähig zu machen, muß sie große Härte haben. Damit sie aber gegen Ausbrechen widerstandsfähig sein soll, muß sie zäh, also weniger hart sein. Es gilt daher auch hier, den richtigen Mittelweg zwischen Härte und Zähigkeit zu finden. Untersuchungen über den Einfluß der Eigenschaften des Stahles werden dadurch erschwert, daß sie von den Einflüssen der Schneidenform sehr oft verwischt werden. Zahlenmäßige Untersuchungen über die Schneidfähigkeit von Messern und ihren Zusammenhang mit den Stahleigenschaften liegen von K. HONDA und K. TAKAHASI[1,2] sowie von W. KNAPP und F. KUREK[3] vor. Sie unterscheiden zwischen Schneidfähigkeit und Schneidhaltigkeit, die sie an einer hierfür gebauten Prüfmaschine ermittelten. Unter Schneidfähigkeit verstanden sie die Anzahl der Hübe, die notwendig waren, um einen Papierstreifen zu durchschneiden. Die Schneidhaltigkeit wurde dadurch bestimmt, in welchem Maße die Schneidfähigkeit abnimmt, also wieviel mehr Hübe im Verlauf der Schneidenabnutzung gebraucht wurden, um den Streifen zu durchschneiden. Bei dieser Prüfvorrichtung handelte es sich um überwiegenden Zugschnitt.

KNAPP und KUREK fanden dabei folgende Gesetzmäßigkeiten:

1. Die Schneidfähigkeit nimmt, wie wohl zu erwarten war, mit dem Druck zu.

2. Zunehmende Schnittgeschwindigkeit steigert die Schneidfähigkeit und ebenso die Schneidhaltigkeit.

3. Je kleiner der Schnittwinkel ist, desto besser ist die Schneidfähigkeit. Die Schneide wird „schärfer". Deshalb ist es bei Rasiermessern sehr wichtig, das Schärfen so vorzunehmen, daß die Schnittwinkel dadurch nicht stumpfer werden. Die von KNAPP und KUREK

[1] HONDA, K., u. K. TAKAHASI: Stahl u. Eisen Bd. 48 (1928) S. 109/110.

[2] HONDA, K., u. K. TAKAHASI: J. Iron Steel Inst. Bd. 116 (1927) S. 357/384; vgl. Stahl u. Eisen Bd. 49 (1929) S. 82/84.

[3] KNAPP, W., u. F. KUREK: Stahl u. Eisen Bd. 49 (1929) S. 82.

gefundene Beziehung, daß auch die Schneidfähigkeit mit abnehmendem Schnittwinkel zunimmt, darf wohl von Schneiden mit so geringen Drücken gelten, wie es bei Rasiermessern der Fall ist. Bei gröberen Schneidvorgängen bricht die Schneide aus.

4. Sägezahnartige Ausbildungen von Rasiermesserschneiden sind nicht zu empfehlen. Die gerade und nicht gezackte Schneide ist die beste, weil es sich um einen zarten, überwiegenden Druckschnitt handelt.

Oft wird die Ansicht geäußert, daß das Schneiden immer eine Art Sägen sei, daß daher gute Messer keine gerade Schneide, sondern eine gezahnte, sägenartige Schneide haben müßten. Diese Verallgemeinerung trifft, wie wir bei Rasiermessern gesehen haben, sicher nicht zu.

Die guten Erfahrungen, die mit sägeartigen Messern beim Brot- und Fleischschneiden gemacht werden, sprechen aber dafür, den Befund von W. Knapp und F. Kurek[1] nicht zu verallgemeinern, weil es sich bei dieser Art Messer um Zugschnitt handelt.

5. Was den Einfluß des Kohlenstoffgehaltes und der Legierung betrifft, so wurde gefunden, daß durch Steigerung des Kohlenstoffgehaltes von 0,38% auf 1,34% sowohl die Schneidfähigkeit als auch die Schneidhaltigkeit auf das Mehrfache erhöht wird. Hier ist wieder darauf hinzuweisen, daß die Rockwellhärte durchaus kein vollständiges Maß für den Verschleißwiderstand ist, denn über 0,70% C steigt die Rockwellhärte des gehärteten Stahles nicht mehr weiter an.

6. Bei einem Vergleich mit rostbeständigen Messern aus einem Stahl mit 0,45% C und 13% Cr zeigte es sich, daß die Schneidhaltigkeit einem unlegierten Stahl an die Seite gestellt werden könnte, der etwa 0,80% C enthält, also die Schneidhaltigkeit von Messern aus unlegiertem Stahl mit etwa 0,50% C übertrifft. Bei richtiger Behandlung trifft demnach die den nichtrostenden Messern vielfach nachgesagte schlechte Schneidhaltigkeit nicht zu. Unter richtiger Behandlung sind dabei genügend hohe Härtetemperaturen und nicht zu heftiges Schleifen verstanden (S. 602).

H. Klemm[2] legt zur Prüfung der Schneidfähigkeit und Schneidhaltigkeit eine neuere Arbeit vor. Er wendet ausschließlich das Druckschnittverfahren an. Ihm genügt ein einmaliges Aufdrücken auf einen Prüfkörper, in diesem Falle Blei, um von der Länge des Eindruckes auf die Schneidfähigkeit zu schließen. Die Schneidhaltigkeit soll erfaßt werden durch den Widerstand der Schneide durch Ausweichen infolge des Druckes, also durch die Länge der Scharte. Als Prüfkörper dient ein hochgehärteter, zylindrischer Körper, gegen den die Schneide gedrückt wird; die Sehnenlänge am Prüfkörper soll ein Maß für die Schneidhaltigkeit sein.

[1] s. Fußnote 3 S. 919.

[2] Klemm, H.: Stahl u. Eisen Bd. 75 (1955) S. 644/646.

Wenn diese Prüfungsart auch ein neuer Gedanke ist, so scheint es wohl nicht ganz gerechtfertigt, die Schneidfähigkeit durch einen einzigen Eindruck zu messen. Immerhin zeigen die Versuche einige bemerkenswerte Ergebnisse, die zum Teil auch mit denen von W. KNAPP und F. KUREK übereinstimmen.

H. KLEMM[1] findet:

1. Mit kleinerem Schnittwinkel steigt, wie zu erwarten war, die Schneidfähigkeit. Im Gegensatz zu KNAPP und KUREK findet KLEMM, daß mit größeren Abzugswinkeln die Schneidfähigkeit zunimmt, vielleicht deshalb, weil die Schneide weniger verbogen wird.

2. Die Schneidhaltigkeit nimmt mit der Druckzunahme ab, offenbar weil die Schneide bald verletzt wird.

3. Wenn man Schneidfähigkeit und Schneidhaltigkeit in ein Verhältnis bringt, so findet man Werte nach Zahlentafel 223. Damit soll die unter Punkt 2 angeführte Verbesserung der Schneidhaltigkeit durch Vergrößerung des Abzugswinkels bewiesen werden.

Zahlentafel 223. *Abhängigkeit des Verhältnisses SF/SH von der Messerhärte und dem Abzugswinkel* (nach H. KLEMM)

Stahl	Abzugswinkel °	Sehnenlänge in 10^{-3} cm bei 10 mm Probendurchmesser und 10 kp Prüflast SF	SH	SF/SH
I	21	705	256	2,75
	42	613	181	3,38
	102	511	116	4,41
II	21	698	268	2,60
	42	608	191	3,18
	102	510	124	4,11
III	21	626	393	1,59
	42	565	295	1,92
	102	496	203	2,44

Da die Rasiermesser und Rasierklingen besonderes Interesse beanspruchen, möge diese Frage noch einmal berührt werden. Die Beanspruchung der Schneide ist eine sehr hohe, wobei es nicht nur auf die Abnützung kleinster Teilchen ankommt, sondern auch auf Widerstandsfähigkeit gegen Biegekräfte. Die Erfahrung hat gelehrt, daß Rasiermesser durchschnittlich dann die beste Abnutzungswiderstandsfähigkeit und auch die nötige Zähigkeit in sich vereinigen, wenn der Kohlenstoffgehalt etwa 1,2 bis 1,4% beträgt. Diese Zusammensetzung ergibt nach dem Härten ein Gefüge, in dem in der Grundmasse eine genügend große Anzahl harter Karbide eingebettet ist, welche die Abnützungswiderstandsfähigkeit erhöhen. Um die nötige Zähigkeit zu er-

[1] s. Fußnote 2 S. 920.

reichen, darf der Stahl nicht mit voller Härte, sondern in auf etwa 230 bis 250 °C angelassenem Zustand verwendet werden. Für die Zähigkeit ist es günstig, wenn die Karbide in kugeligem Zustand und fein verteilt sind. Zur Verfeinerung des Karbidgefüges trägt der Chromgehalt von etwa 0,5% bei. Grobe Karbide und Zeilen schädigen die Schneidhaltigkeit durch Ausbröckeln. Für Rasierklingen wählt man gewöhnlich einen etwas niedrigeren Kohlenstoff- und Chromgehalt, aus Gründen, die wahrscheinlich mit der etwas heikleren Form der aus Bandstahl gefertigten Klinge zusammenhängen. Die Feinheit der Karbide und damit ihre Zahl im geglühten Bandstahl ist vielfach vorgeschrieben, da man annimmt, daß grobe, nach dem Härten stehengebliebene Karbide die Zähigkeit ungünstig beeinflussen.

Mit diesen kurzen Ausführungen ist natürlich die Vielfältigkeit der Schneidvorgänge von Messerwaren für den Hausgebrauch noch keineswegs erfaßt.

3. Verschleißwiderstand[1]

Nach H. Wahl versteht man unter Verschleiß (als Vorgang) die durch mechanischen Angriff, insbesondere Reibung, erfolgende unbeabsichtigte allmähliche Abtragung der Oberfläche eines festen Körpers. Gleichzeitig versteht man unter Verschleiß (als Ergebnis) auch die während eines Verschleißvorganges von der Oberfläche losgetrennte Volumenmenge bzw. die eingetretene Längen- oder Breitenveränderung. Die je Zeiteinheit eingetretene Veränderung senkrecht zur verschleißenden Oberfläche bezeichnet man als Verschleißgeschwindigkeit.

Unter dem Begriff Verschleiß sind eine große Reihe von Vorgängen zusammengefaßt, z. B. der Verschleiß von Schienen, Radreifen, Zerkleinerungswerkzeugen, Preßformteilen, Turbinenschaufeln, Lehren, Schnitten und anderen Werkzeugen. Schließlich gehört dazu auch der Verschleiß von spanabhebenden Werkzeugen. Um zu erfassen, welche Eigenschaften den Stahl möglichst verschleißfest machen, müßte man zuerst wissen, wie die Abnützung sich in ihren Einzelheiten bei verschiedenen Eigenschaften des abgenützten und abnützenden Mittels abspielt. Vor etwa 40 Jahren haben manche Stahlverbraucher, die die Kompliziertheit der Frage nicht kannten, erwartet, daß man den Verschleißwiderstand des Stahles in einer Zahl wird angeben können, ebenso wie man Zerreißfestigkeit, Kerbzähigkeit, Härte und ähnliche Werte angibt. Eine solche Verschleißzahl hoffte man mit einer Prüfmaschine mehr oder weniger

---

[1] Eichinger, A.: Verschleiß metallischer Werkstoffe. Mitt. K.-Wilh.-Inst. Eisenforschg. Bd. 23 (1941) S. 247/265; Stahl u. Eisen Bd. 61 (1941) S. 1023/1025. — Wahl, H.: Verschleißtechnik. Technik Bd. 3 (1948) S. 193/204. — Wahl, H.: Werkstoff-Handbuch Stahl und Eisen, 3. Aufl. (1953) D 21.

einfach feststellen zu können. Es ist verständlich, daß die Erwartungen getäuscht wurden, sind doch die Abnützungsvorgänge so verschieden, daß ein Stahl, der für einen Zweck gut ist, für den anderen schlecht sein kann.

Es ist nach H. WAHL[1] nicht möglich, das Verschleißverhalten eines Werkstoffes gegenüber verschiedensten Verschleißbeanspruchungen durch eine einzige, allgemeingültige Kennzahl anzugeben, denn je nach Art und Oberflächenbeschaffenheit der sich reibenden Stoffe, je nach Art, Eigenschaften und Abführung der dabei gebildeten Verschleißerzeugnisse (Abrieb) oder auch bereits vorhandener Staubteile, je nach der relativen Bewegung und Geschwindigkeit der Teile und schließlich auch je nach der Art der gasförmigen oder flüssigen Zwischenschichten und der Höhe der Temperatur kann der Verschleiß eines Werkstoffes ganz verschieden sein und auch die Bewährungsfolge verschiedener Werkstoffe verändert werden.

Um dem Verschleißvorgang näherzukommen, muß jeder Fall gesondert untersucht werden und es sind Verallgemeinerungen sorgfältig zu vermeiden. So ist es unmöglich, eine Verschleißprüfmaschine als verläßlich anzusehen, die nicht den Verschleißvorgang der Wirklichkeit nachahmt. Es kann z. B. eine Maschine, die die Widerstandsfähigkeit gegen Abnützung bei rollender Reibung gibt, keine verläßlichen Ergebnisse gegen Abnützung im Bergbau geben.

Bei metallischen Grundkörpern lassen sich etwa folgende Verschleißarten unterscheiden:

Gleitverschleiß und *Rollverschleiß*, je mit flüssigen, gasförmigen oder festkörnigen Zwischenstoffen. Eine weitere Verschleißart ist die *Erosion* (auch Strahlverschleiß, d. i. Auswaschen durch geschlossen strömende Medien, meist vermischt mit festen Bestandteilen). Bei Beaufschlagen durch rasch sich wiederholende Stöße zusammenstürzender Hohlsog-Gebiete spricht man von *Kavitation* (Sog-Verschleiß), bei Beaufschlagen durch rasch wiederholte Stöße frei fliegender Flüssigkeitsteile von *Tropfenschlag-Verschleiß*[2].

[1] WAHL, H.: Werkstoff-Handbuch Stahl und Eisen 1953, D 21.

[2] F. C. ALTHOF macht für DIN 50320 folgende Vorschläge zu den Begriffen Erosion und Kavitation:

Erosion: Mechanisch bedingte Oberflächenabtragung von festen Stoffen durch Festkörperteilchen enthaltende strömende Gase, Dämpfe oder Flüssigkeiten oder durch Flüssigkeitsteilchen enthaltende strömende Dämpfe oder Gase. Sonderfälle der durch Flüssigkeitsteilchen verursachten Bedingungen werden auch Tropfenschlag oder Kavitation und die damit verbundene Zerstörung Tropfenschlagerosion (Tropfenschlag-Verschleiß) oder Kavitationserosion (Hohlsog-Verschleiß) genannt.

Bei den Begriffsbestimmungen für Verschleiß wird die Bezeichnung Strahlverschleiß der Bezeichnung Erosion vorgezogen (Entwurf DIN 50320).

Verschiedentlich wird der Begriff Erosion gegenüber dem hier festgelegten eingeengt. In der Geologie z. B. wurde in genauer Auslegung des Wortsinnes ursprüng-

Je nach der Art des Lostrennens der Teilchen aus dem Verband der Oberfläche hat man weiterhin zu unterscheiden zwischen verschiedenen Verschleißformen, z. B. metallischem oder oxydischem Abrieb, *Fressen, Grübchenbildung, Auswaschung, Auskolkung* u. a. Dazu kommen noch die besonderen Bedingungen bei Abnützung von Werkzeugen.

Diese verschiedenen Abnützungsarten treten selten allein auf, sondern meist in Verbindung miteinander, wobei außerdem noch Verschiedenheiten des Druckes, der Geschwindigkeit und Temperatur ganz verschiedene Wirkungen erzielen können. Die Unverläßlichkeit der Prüfmaschinen beruht darauf, daß es unmöglich ist, an einer Maschine die Verhältnisse des wirklichen Abnützungsvorganges genau nachzuahmen, so daß man sich letzten Endes nur auf das praktische Verhalten verlassen kann. Ganz allgemein läßt sich nur sagen, daß die Abnutzungswiderstandsfähigkeit mit der Härte, der Kalthärtbarkeit, dem Karbidgehalt zunimmt, daß aber die Zähigkeit des Stahles gleichzeitig von Wichtigkeit ist.

Über die Kalthärtung beim Abnützungsvorgang hat E. G. Herbert[1] ausführliche Untersuchungen gemacht. Er fragte sich, welche höchstmögliche Härte durch Kaltverformung dem Stahl zu erteilen ist, und fand Werte, wie sie in Zahlentafel 224 angegeben sind.

Zahlentafel 224. *Härte und „höchste erzeugte Härte" einiger Stähle* (E. G. Herbert)

	Ursprüngliche Härte		Höchste erzeugte Härte	
	Zeithärte	Brinellhärte	Zeithärte	Brinellhärte
Weicher Stahl	21,2	162	31,5	315
Manganstahl (austenitisch)	21,0	158	57,2	572
Gehärteter Nickelstahl	54,5	735	88,7	1197
Gehärteter Kohlenstoffstahl	55,4	794	71,4	964

Bemerkenswert ist die große Härtesteigerung des austenitischen Manganstahles. Herbert fand, daß im Betrieb abgenützte Teile genau

lich Erosion nur bei strömender flüssiger Phase mit linienhafter Zerstörung angewandt. Obwohl entsprechende Begriffe festliegen, finden sich neuerdings auch Zeichen einer Ausweitung auf andere Phasenbedingungen, wie Wind-Erosion statt Korrosion für mit Wind zusammenhängende Abtragung zu sagen.

Vielfach treten Erosion und Korrosion gemeinsam auf. Sie sind dann oft nicht leicht voneinander zu trennen oder es läßt sich nicht entscheiden, ob die Zerstörung der Erosion oder Korrosion zuzuschreiben ist.

Kavitation: Hohlraumbildung durch Entgasung oder Dampfbildung in strömenden Flüssigkeiten infolge Absinken des Druckes (Zerreißbeanspruchung der Flüssigkeit). Verschiedentlich auch mit Hohlsog bezeichnet (Entwurf DIN 50320). Die damit verbundene Zerstörung sollte *nicht* in den Begriff miteinbezogen werden, weil Kavitation nicht unbedingt zerstörend wirken muß. Weiter ist nicht genügend geklärt, ob die an Kavitation gebundene Zerstörung unter Erosion, Korrosion oder beides fällt.

[1] Herbert, E. G.: J. Iron Steel Inst. Bd. 116 (1927) S. 265/291; vgl. Stahl u. Eisen Bd. 48 (1928) S. 86/87.

die gleiche Härtesteigerung erfahren, wie sie bei Kleinversuchen als höchst erreichbar möglich ist. In diesen Fällen wird der Abnützungswiderstand gut sein; wo hingegen eine Abnützung eintritt, bevor größte Kalthärtung erreicht ist, ist der Verschleißwiderstand geringer.

Die Klärung der Vorgänge beim Trockenverschleiß ist durch die Untersuchungen von K. Dies[1] und R. Mailänder und K. Dies[2] sehr gefördert worden, wodurch die älteren Veröffentlichungen von H. Meyer und F. Nehl[3], Masuhiro Suzuki[4], A. Stadeler[5] usw. überholt erscheinen. Mailänder und Dies haben gezeigt, daß der Verschleiß sich aus einer Reihe von mechanischen und chemischen Vorgängen zusammensetzt. Es greifen ineinander Kaltverformung, Erwärmung, Werkstoffabtrennung, Oxydation, Nitrierung, Angriffe durch Wasser und Wasserstoff, woraus sich natürlich eine große Mannigfaltigkeit ergibt, die noch dadurch gesteigert wird, daß bei verschiedenen Werkstoffen und verschiedenen Werkstoffpaaren, die gegeneinander verschleißen, neue Variationen auftauchen.

Besonders die Tatsache, daß dabei die chemischen Vorgänge gleich wichtig sind wie die mechanischen, eine Tatsache, auf die zuerst M. Fink und U. Hofmann[6] hingewiesen haben, ließ den Verschleiß in einem neuen Licht erscheinen. Die chemische Einwirkung ist in erster Linie gegeben durch den Sauerstoff, den Stickstoff und Wasserdampf der Luft. Man möchte zunächst vielleicht annehmen, daß die Temperaturen zu niedrig sind, um eine merkbare Einwirkung der Gase in kurzer Zeit zu ermöglichen. Mißt man die Temperaturen durch ein Thermoelement, so sind die dabei an der Reibstelle festgestellten Temperaturen zwar nicht sehr hoch, man muß dabei aber bedenken, daß die Messung nicht, Höchst-, sondern Durchschnittstemperaturen anzeigt.

Zeitweise steigt die Erwärmung bis zur Rekristallisation. Sie kann, wie man aus Entkohlungserscheinungen beispielsweise sah, sogar bis zu 1000 °C steigen, wobei nach K. Dies gleitende Reibung und eine Pressung von nicht mehr als 11,5 kg/cm^2 mit einer Geschwindigkeit von wenigen Metern vorlag. Wenn man noch dazu bedenkt, daß die abgeriebenen Teilchen sehr klein sind, daß die Metalloberflächen und Hohlräume Gas absorbieren und daß die Reaktionsfähigkeit durch die Verzerrung des Kristallgitters erhöht wird, kann man leicht verstehen, welche Rolle rein chemische Vorgänge beim Verschleiß spielen. Die Oxydationsprodukte, die an den Reibstellen unter Einwirkung der Luft und der Feuchtigkeit

[1] Dies, K.: Arch. Eisenhüttenw. Bd. 16 (1942/43) S. 399/407; vgl. Stahl u. Eisen Bd. 63 (1943) S. 368/369. [2] Mailänder, R., u. K. Dies: Arch. Eisenhüttenw. Bd. 16 (1942/43) S. 385/398; vgl. Stahl u. Eisen Bd. 63 (1943) S. 368.

[3] Nehl, F.: Stahl u. Eisen Bd. 44 (1924) S. 457. [4] Suzuki, M.: Stahl u. Eisen Bd. 49 (1929) S. 703/706. [5] Stadeler, A.: Stahl u. Eisen Bd. 45 (1925) S. 1195/1198. [6] Fink, M., u. U. Hofmann: Arch. Eisenhüttenw. Bd. 6 (1932/33) S. 161/164; vgl. Stahl u. Eisen Bd. 52 (1932) S. 1026.

entstehen, wirken verschieden, je nachdem sie mehr oder weniger haften, sie können ähnlich wie Zunderschichten den weiteren Angriff verlangsamen oder, wenn sie leicht abblättern, den Verschleiß befördern, oder sie können auf das Gegenstück verschleißend einwirken. Man faßt diese Vorgänge, soweit sie sich auf die Einwirkung des Sauerstoffs beziehen, unter dem Ausdruck „Reiboxydation" zusammen.

Die Reiboxydation ist in der Technik nicht nur deshalb unangenehm, weil sie unmittelbar die Verschleißursache ist und selbst mechanisch gering beanspruchte Teile bald unbrauchbar macht, sondern auch deshalb, weil sie durch Verschlechterung der Oberflächeneigenschaften den Dauerbruch einleitet und fördert. Ein Beispiel, wo die Reiboxydation in überraschender Weise den Verschleiß vergrößert, ist die Entstehung von Aluminiumoxyd bei der Verarbeitung und Zerspanung von Aluminium, wo Aluminiumoxyd als Korund anzusehen ist und selbst gehärteten Stahl stark angreift.

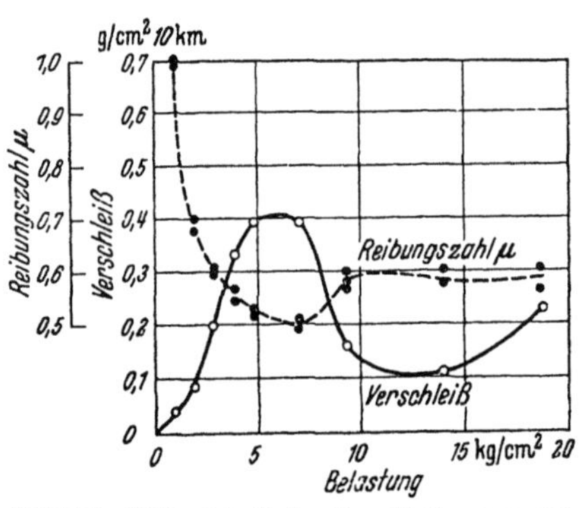

Bild 535. Abhängigkeit des Verschleißes von der Belastung bei rollender Reibung (nach R. MAILÄNDER und K. DIES)

Außer dem Sauerstoff tritt auch der Stickstoff in das Spiel ein. Es bilden sich Nitride, die ähnlich wie die Oxyde entweder verschleißmindernd oder fördernd wirken. Welche Rolle der Wasserstoff im einzelnen spielt, ist noch zu klären. Er wurde aber auch im Abrieb gefunden. Infolge von Versuchsschwierigkeiten war es noch nicht möglich, die Vorgänge bei genügend reinen Gasen zu studieren.

Ein Beispiel, in welcher Weise Sauerstoff und Stickstoff der Luft zusammen einwirken, ist die Reiboxydation des rostbeständigen austenitischen Cr-Ni-Stahles, bei dem K. DIES[1] in dem Abriebpulver folgende Zusammensetzung fand: 56,6% Eisen, 3,3% Nickel, 6,7% Chrom, 33,2% Sauerstoff, 0,021% Stickstoff. Über den Einfluß des Stickstoffes im Zusammenhang mit der Bildung des Oxydfilms machte M. FINK[2] ausführliche Untersuchungen. Schmiermittel stellen auch deshalb einen so großen Schutz gegen den Verschleiß dar, weil sie den Gasen den Zutritt zur Reibfläche verwehren.

Als kennzeichnendes Beispiel des Ablaufes des Verschleißvorganges sei aus der Arbeit R. MAILÄNDER und K. DIES[3] die rollende Reibung

[1] DIES, K.: Arch. Eisenhüttenw. Bd. 16 (1942/43) S. 399/407; vgl. Stahl u. Eisen Bd. 63 (1943) S. 368/369. [2] FINK, M.: Jahrbuch des Eisenbahnw., Folge 8, 1957, S. 135/148. [3] MAILÄNDER, R., u. K. DIES: Arch. Eisenhüttenw. Bd. 16 (1942/43) S. 385/398; vgl. Stahl u. Eisen Bd. 63 (1943) S. 368.

zwischen Weicheisen und einem gehärteten Chromstahl (0,86% C, 1,64% Cr) angeführt. Im Bild 535 ist dargestellt, wie sich mit zunehmendem Druck der Verschleiß ändert. Man sieht, daß mit steigender Belastung der Verschleiß zunächst zunimmt, dann nach einem Streugebiet auf eine tiefe Lage abfällt, um wieder allmählich zu steigen. Die beiden Forscher nehmen an, daß dies, wie sich aus dem Bild 535 ergibt, mit der Änderung der Reibungszahl zusammenhängt. Bei großer Reibungszahl ist die Oxydation groß, es bilden sich gut haftende Oxydschichten, die vor weiterem Angriff schützen. Bei kleiner Reibung reibt, mehr oder weniger, Metall auf Metall. Solange die Oxydschicht ein Film bleibt und trockener Verschleiß vorliegt, wirkt sie im allgemeinen schützend, oxydischer Abrieb hingegen verstärkt den Verschleiß.

Da die Oxydationsfähigkeit von der Temperatur abhängt, ist es verständlich, daß sich diese Verhältnisse durch Kühlung verschieben. Die Reibungszahl und damit die Lage der Umkehrungspunkte wird durch das umgebende Gas vermindert oder erhöht. Bei noch größerem Ansteigen der Belastung, etwa auf 30 kg/cm^2, nimmt der Verschleiß auf das Vielfache zu. Es tritt „Fressen" ein. Dabei geht gleichzeitig die Reiboxydation immer mehr zurück und der abgeriebene Werkstoff besteht mehr und mehr aus Metall. Das „Fressen" ist mehr dem Zerspanen als dem Abreiben zu vergleichen. Der Verschleiß von Eisenbahnschienen liegt im Übergangsgebiet zwischen Reiboxydation und Fressen. Der Übergang von der Reiboxydation zum Fressen wird sich um so früher zeigen, je weicher und verformungsfähiger der Werkstoff ist. Der Abtrennungsvorgang beim Schleifen oder bei Sandabrieb ist dem des Fressens ähnlich. Auch hier wird weniger die Zähigkeit als die Härte und der Karbidgehalt für den Widerstand maßgebend sein. Einschlüsse rufen sowohl von der Oberfläche aus, wie auch von innen, wenn sie nicht zu weit von der Oberfläche entfernt sind, Abblätterungen hervor. Besonders bei Kugellagerstahl ist diese Art von Verschleiß gefürchtet.

Die metallographische Untersuchung der Verschleißschicht zeigte unter den anhaftenden Oxyden eine stark verformte Schicht, bestehend aus einem Haufwerk feiner und feinster Werkstoffteilchen, die verformt und verschmiert sind, Oxyde und Nitride und wohl auch okkludierte Gase eingeschlossen enthalten. Die Härte dieser Schicht ist größer, als sie sonst durch Kaltverformung je erreicht werden kann. Für Kugellagerstahl hatte schon früher H. Redenz[1] eine Martensit übersteigende Härte gefunden. Andere ältere Versuche, wie die von E. G. Herbert[1] (s. S. 924), zeigen ähnliche Ergebnisse. Die Versuche Herberts wurden allerdings noch nicht mit dem neuzeitlichen Mikrohärteprüfverfahren durchgeführt. Dabei handelte es sich auch nicht um die Härte von

[1] Redenz, H.: Stahl u. Eisen Bd. 44 (1924) S. 1703/1708; s. a. E. G. Herbert: Stahl u. Eisen Bd. 48 (1928) S. 86.

metallischen Werkstoffen, Oxyden, Nitriden und Hydriden, sondern um die Härte des regellosen Haufwerkes.

Interessant war nach R. MAILÄNDER und K. DIES[1] das Ergebnis der Versuche über den Einfluß des Kohlenstoffgehaltes und des Gefüges bei Reibung auf gehärtetem Stahl. Um den Einfluß der chemischen Vorgänge möglichst auszuschalten und nur den Einfluß von Härte und Gefüge in Erscheinung treten zu lassen, wohl auch um die Versuche zu vereinfachen, wurden die Versuche unter Bedingungen des „Fressens" durchgeführt. Aus Bild 536 wird deutlich, daß im allgemeinen wohl die Härte für die Höhe des Verschleißes maßgeblich ist, daß aber doch erhebliche Unregelmäßigkeiten bestehen. Ferner ist es auffällig, daß, wie man aus Bild 536 sieht, bei derselben Härte Normalisiergefüge widerstandsfähiger machen als Anlaßgefüge, eine Ansicht, die mit der von H. MEYER[2] schon vor 35 Jahren vertretenen Ansicht übereinstimmt, daß vergütete Eisenbahnschienen sich ungünstiger verhalten als naturharte. Diese Feststellungen wurden damals nur für rollenden Verschleiß, wie er bei Eisenbahnschienen vorliegt, gemacht. Auch sieht man aus Bild 537, daß bei höherem Kohlenstoffgehalt zwischen dem nicht angelassenen und dem bei 400 °C angelassenen kaum ein Unterschied besteht, obwohl die Härte stark verschieden ist.

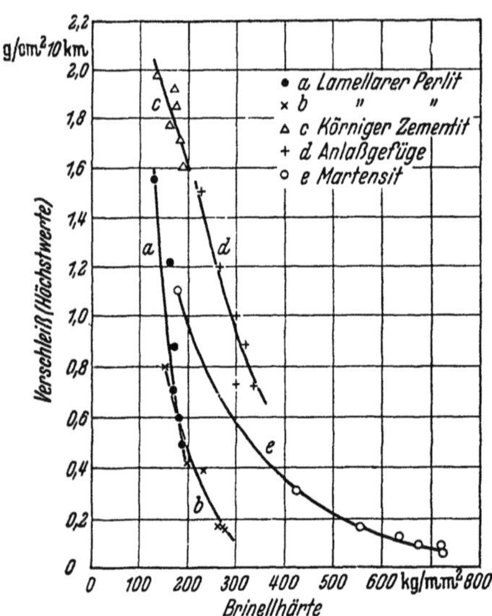

Bild 536. Verschleiß unter Bedingungen des „Fressens" eines Kohlenstoffstahles in Abhängigkeit vom Gefüge (nach R. MAILÄNDER und K. DIES)

Wichtig für die Erkenntnis über den Ablauf eines Verschleißvorganges ist es, wie weit er zwischen reiner Reiboxydation und dem „Fressen" liegt. Bei Teilen mit geschliffener Oberfläche, wie Zahnräder[3], Kugellager, Meßwerkzeuge, hat man bei dem normalen Verschleiß wohl mit Reiboxydation zu rechnen. Erst bei Überbeanspruchung wird „Fressen" in Erscheinung treten. Bei Werkzeugen, die in der

[1] MAILÄNDER, R., u. K. DIES: Arch. Eisenhüttenw. Bd. 16 (1942/43) S. 385 bis 398; vgl. Stahl u. Eisen Bd. 63 (1943) S. 368.

[2] MEYER, H.: Stahl u. Eisen Bd. 44 (1924) S. 457/464.

[3] ULRICH, M.: Forschungsarbeiten für das Kraftfahrwesen. Versuchsbericht Nr. 4. Stuttgart. März 1932. Verschleißversuche mit Zahnrädern für Kraftwagen, Reichsverband der Automobilindustrie, Berlin.

Zahlentafel 225[1]
Verschleiß und Härte der verschiedenen Werkstoffe für Meßwerkzeuge
(nach O. NIEBERDING)

Werkstoff	Abnutzungsvolumen V 1/1000 μm^3		Shore-Härte		Rockwell-C-Härte	
	a	b	a	b	a	b
Werkzeugstahl	0,528	1,580	89	88	65	64
Einsatzstahl	0,390	1,235	92	94	65	65
Schnellarbeitsstahl	0,410	0,905	72	84	61	62
Ölhärtender Stahl	0,590	0,886	85	85	59	60
Kugellagerstahl	0,619	0,790	72	80	49	55
Nitrierstahl	0,326	0,717	101	101	—	—
Verchromter Stahl	0,221	0,455	—	—	—	—
Austenitischer Stahl	0,790	3,55	65	62	30	12
Celsit	0,205	1,275	—	—	—	—

a = Stahlscheibe; b = gußeiserne Scheibe.

martensitischen Grundmasse auch noch Karbide enthalten, wird zu beachten sein, daß der im Bereich der Reiboxydation sich abspielende Verschleißabrieb durch die Karbide verlangsamt wird, weil sie das Ausreiben des zwischen ihnen liegenden weicheren Werkstoffes offenbar verzögern, wobei Härte, Größe und Art der Karbide eine große Rolle spielen werden. Über den Verschleiß von Kaltarbeitswerkzeugen s. S. 162, 726, 759; von Warmarbeitswerkzeugen s. S. 764 und von Zerspanungswerkzeugen s. S. 892.

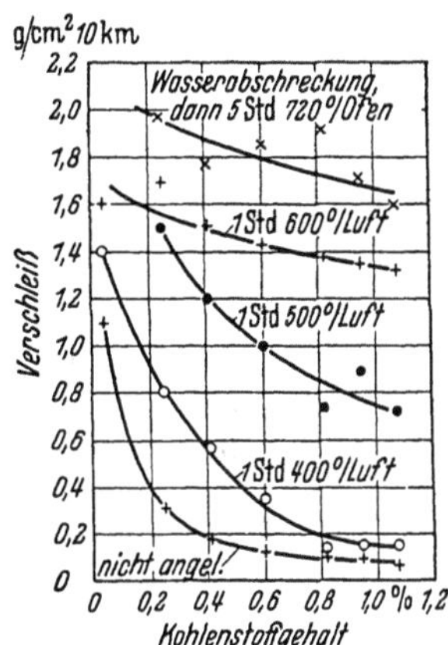

Bild 537. Verschleiß unter Bedingungen des „Fressens" verschiedener Kohlenstoffstähle nach verschiedener Wärmebehandlung (nach R. MAILÄNDER und K. DIES)

Über den Sonderfall des Verschleißes bei Lehren sei auf eine ältere Arbeit von O. NIEBERDING[1] verwiesen. Die Ergebnisse sind in Zahlentafel 225 zusammengefaßt. Dabei sind unter a die Zahlen an einer Stahl- und b an einer Gußscheibe als abnützendes Mittel gemeint. Überraschend ist die Feststellung, daß der größte Verschleißwiderstand nicht bei größter Härte auftritt, sondern bei einer Rockwellhärte von etwa 50, eine Erscheinung, die in etwa mit der von R. MAILÄNDER und K. DIES gefundenen verhältnismäßig guten Verschleißwiderstandsfähigkeit von bei 400 °C angelassenen Werkzeugstählen übereinstimmt.

Der als verschleißwiderstandsfähig oft genannte austenitische 12%ige Manganstahl, auch Hartstahl genannt — eine Bezeichnung, die bei diesem, für einen Werkzeugstahl weichen Werkstoff sehr wenig zutreffend

[1] NIEBERDING, O.: Stahl u. Eisen Bd. 51 (1931) S. 916. — Ber. betriebswiss. Arb. Bd. 5 (1930) S. 1/25, Berlin: VDI-Verlag.

ist —, ist nur unter besonderen Bedingungen verschleißfest. Im Bereiche reiner Reiboxydation wird er Werkstoffen gleicher Härte nicht viel überlegen sein. Die gute Oxydationsfähigkeit des Manganstahles wird sich sogar als schädlich erweisen. Bei stark scheuernder Beanspruchung, wie bei Abschleifen, kann man den Widerstand als etwa gleich groß annehmen wie bei einem gleich schwer zerspanbaren Stahl, also etwa einem Vergütungsstahl mit 140 kg/mm² Festigkeit. Die Vorteile des austenitischen Manganstahles liegen wahrscheinlich in dem Bereich, bei dem unter Druck der metallische Kleinabrieb vorzuwiegen beginnt und die Lostrennung des zähen austenitischen Werkstoffes sehr erschwert ist[1] (s. S. 162).

Abschließend muß man zum Gegenstand Verschleiß sagen, daß durch die letzten Arbeiten wohl neue Erkenntnisse gewonnen sind, daß sich aber andererseits eine große Vielfalt der Erscheinungen gezeigt hat, mit der in absehbarer Zeit fertig zu werden, noch wenig Aussicht besteht.

H. Wahl[2] empfiehlt, für die Werkstoffauswahl folgende Grundsätze zu beachten:

1. Bei Trocken-Gleit-Verschleiß führt die Paarung zweier gleichartiger Werkstoffe oft zum Fressen. In vielen Fällen ergibt schon das Härten des einen der beiden zusammenarbeitenden Teile (Einsatzhärten, Autogenhärten, Kalthärten usw.), die Paarung von Gußeisen mit Stahl, von einsatzgehärteten mit naturharten Stählen, von verschieden zusammengesetzten, mit Metallschichten überzogenen oder phosphatierten Stählen wirksame Abhilfe. Kann mit ausreichendem Druck für eine Kalthärtung gerechnet werden, so ist Manganhartstahl gut geeignet.

2. Bei Trocken- (und Schmier-) Rollverschleiß tritt beim Überschreiten einer bestimmten „Walzenfestigkeit“ Zerstörung durch Grübchenbildung ein. Härten der beiden zusammenarbeitenden Teile (im Einsatz, Zyanbad, autogen, induktiv, durch Tauchen usw.) erhöht im allgemeinen die Walzenfestigkeit.

3. Ein körniger Zwischenstoff (Korn-Gleit-Verschleiß) bettet sich meist in den weicheren Teil eines Verschleißpaares ein und kann daher den härteren Teil stärker verschleißen.

4. Bei mineralischem Gegenstoff (Metall/Mineral-Gleit-Verschleiß) bildet die Härte des verschleißenden Grundkörpers kein sicheres Maß für dessen Verschleißwiderstand. Besonders verschleißfest sind bei dieser Beanspruchung Sinterhartmetalle, Fe-Cr-C-Legierungen, Hartguß, Stellite, Hartchromschichten, bei gleichzeitiger Kalthärtung auch Manganhartstahl. Das Bewährungsverhältnis dieser Stoffe untereinander wechselt stark mit der Art des angreifenden Minerals.

5. Bei Erosion (Strahl-Verschleiß) ist je nach der Größe des Anströmwinkels zu unterscheiden zwischen Gleit-Strahl-Verschleiß, für den das unter 4 Gesagte gilt. Bei senkrechtem Anstrahlen (Prall-Strahl-Verschleiß) ist die absteigende Gütefolge im Sandstrahl etwa: Sinterhartmetall bzw. einzelne Gummisorten ausreichender Dicke, ungehärteter Stahl, Hartguß, keramische Hartstoffe.

[1] Eine übersichtliche Darstellung über den Verschleiß gibt R. Walzel: Berg- u. hüttenm. Mh. Bd. 93 (1948) S. 28/33.

[2] Wahl, H.: Werkstoff-Handbuch Stahl und Eisen, 3. Aufl. (1953), D 21.

4. Wärmeleitfähigkeit

Unter Wärmeleitfähigkeit (Wärmeleitzahl) versteht man die Wärmemenge in Kalorien, die in der Sekunde durch den Querschnitt von 1 cm² hindurchfließt, wenn senkrecht zu diesem Querschnitt ein Temperaturgefälle von 1 °C auf eine Länge von 1 cm herrscht. Die Ermitt-

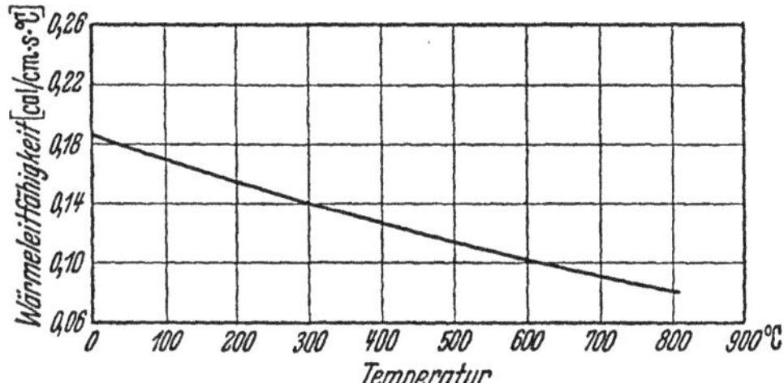

Bild 538. Wärmeleitfähigkeit des reinen Eisens in Abhängigkeit von der Temperatur (nach F. BOLLENRATH und W. BUNGARDT)

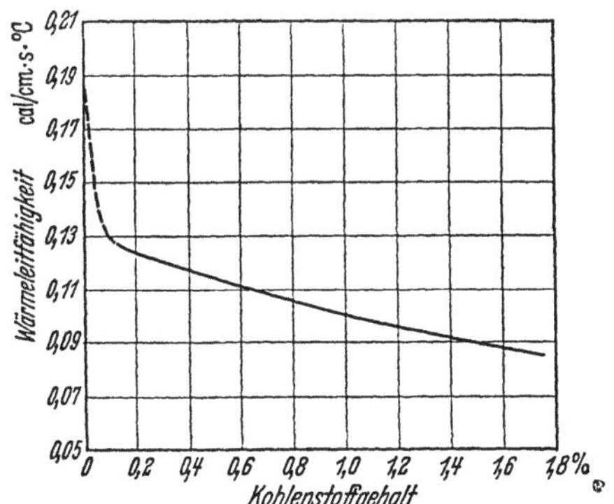

Bild 539. Wärmeleitfähigkeit unlegierter Stähle bei Zimmertemperatur in Abhängigkeit vom Kohlenstoffgehalt (nach F. BOLLENRATH und W. BUNGARDT)

lung der Wärmeleitfähigkeit ist verhältnismäßig schwierig, und nur bei ganz besonders sorgfältiger Durchführung ist es möglich, zuverlässige Werte zu erhalten. Deshalb streuen auch die im Schrifttum enthaltenen Angaben über die Wärmeleitfähigkeit nicht unerheblich.

Die Wärmeleitfähigkeit spielt eine wichtige Rolle bei Körpern, die den Transport größerer Wärmemengen übernehmen müssen, wie Kesselböden, Heizungsrohre und Kühlvorrichtungen, sowie bei Werkzeugen, wo es

Zahlentafel 226

Einfluß des Kohlenstoffgehaltes auf die Wärmeleitfähigkeit (nach F. BOLLENRATH und W. BUNGARDT)

Kohlenstoffgehalt %	λ in Cal/cm·s·grd
0,1	0,127
0,3	0,121
0,6	0,111
1,0	0,101
1,5	0,090

meist vorteilhaft ist, daß die Wärme rasch abgeführt wird. Es ist zu beachten, daß die Wärmeleitfähigkeit vom Stahl im Verhältnis Kupfer und Aluminium sehr gering ist. Besonders gering ist sie bei hoch-

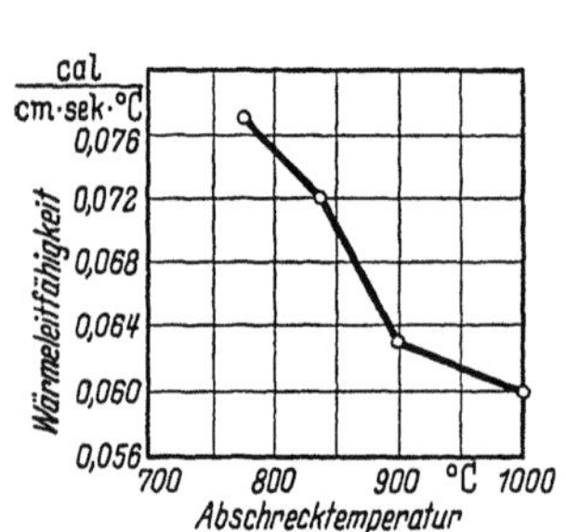

Bild 540. Einfluß der Abschrecktemperatur auf die Wärmeleitfähigkeit eines unlegierten Stahles (1,14% C, 0,12% Si, 0,21% Mn) (nach W. JELLINGHAUS)

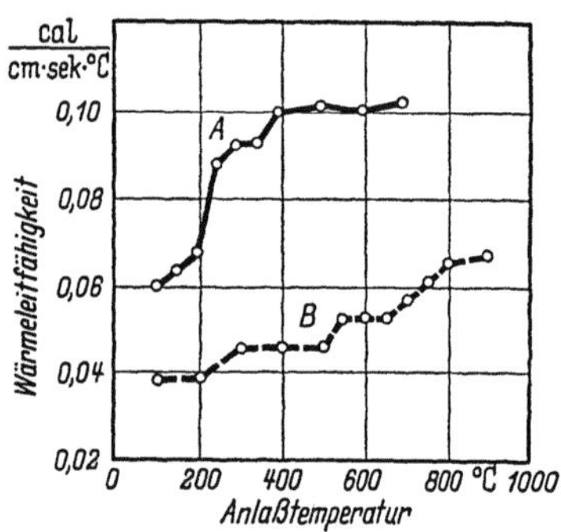

Bild 541. Einfluß der Anlaßtemperatur auf die Wärmeleitfähigkeit gehärteter Stähle. Meßtemperatur rund 100 °C (nach W. JELLINGHAUS) A = unlegiert (1,14% C, 0,12% Si, 0,21% Mn) von 1000 °C in Wasser gehärtet; B = Schnellarbeitsstahl (0,67% C, 0,8% Co. 3,4% Cr, 0,3% Mo, 0,85% V, 19,2% W) von 1300°C in Öl abgeschreckt

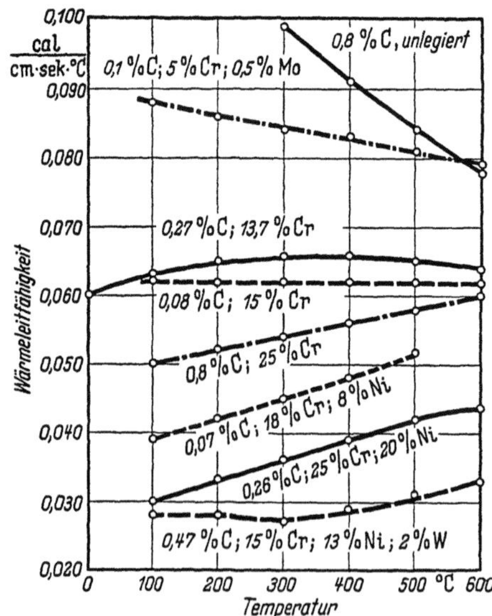

Bild 542. Temperaturabhängigkeit des Wärmeleitvermögens verschiedener legierter Stähle (nach W. JELLINGHAUS)

legierten Stählen. Wichtig ist es daher, daß man schon bei der Erwärmung auf Schmiede-, Walz- oder auf Härte- und Anlaßtemperatur auf vorsichtiges und langsames Erwärmen achtet.

Die Wärmeleitfähigkeit steht nach dem WIEDEMANN-FRANZ-LORENZschen Gesetz im Zusammenhang mit der elektrischen Leitfähigkeit. Untersuchungen von R. W. POWELL[1] ergaben, daß die Wärmeleitzahl λ mit der elektrischen Leitfähigkeit $\varkappa$ durch nachstehende Formel verbunden ist: $\lambda = 0{,}625 \cdot 10^{-8}\, \varkappa\, T + 0{,}006$.

Die Wärmeleitfähigkeit nimmt wie bei allen Metallen so auch beim Eisen und seinen Legierungen durch geringe Beimengungen zunächst sehr stark und dann langsam ab. Einflüsse in gleicher Richtung verursachen Störungen des Gitters, wie sie durch Kaltverformen oder Härten hervorgerufen werden.

Ohne auf einzelne Untersuchungen einzugehen, sollen nur die wichtigsten Werte angegeben werden. Bild 538 zeigt die Wärmeleitfähigkeit des reinen Eisens in Abhängigkeit von der Temperatur nach F. BOLLENRATH und W. BUNGARDT[2]. Das Bild 539 zeigt nach den gleichen Verfassern die Abhängigkeit der Wärmeleitfähigkeit vom Kohlenstoffgehalt des Stahles bei Raumtemperatur. Hierbei wurden unlegierte Stähle untersucht. Für unlegierte Stähle mit etwa 0,2% Si und 0,5% Mn geben F. BOLLENRATH und W. BUNGARDT Werte der Wärmeleitzahlen in Abhängigkeit des Kohlenstoffgehaltes nach Zahlentafel 226 an.

H. MASUMOTO[3] hat, wie auch eine Reihe anderer Forscher, eine Formel zur Berechnung der Wärmeleitfähigkeit von gewalztem Stahl aufgestellt; sie lautet:

$$\frac{1}{\lambda} = 5{,}744 + 2{,}432\,\mathrm{C} + 5{,}087\,\mathrm{Si} + 2{,}461\,\mathrm{Mn}\,.$$

Gehärtete Stähle haben geringere Wärmeleitfähigkeit als geglühte, wie aus Bild 540[4] ersichtlich ist. Sie nimmt nach Bild 541[4] durch Anlassen natürlich wieder zu.

Bei höheren Temperaturen nimmt bei unlegierten Stählen die Wärmeleitfähigkeit ab, wie man aus Bild 538 und 539 ersah.

Bei legierten Stählen ist der Einfluß der Temperatur geringer, und bei hochlegierten Stählen können sogar Änderungen im ungekehrten Sinne eintreten, wie man aus Zahlentafel 227 und Bild 542 und Bild 543 sieht. In der Zahlentafel 227 befinden sich auch oft gefragte Werte der rost- und hitzebeständigen Chrom-, Chrom-Nickel- und Chrom-Silizium-Stähle.

---

[1] POWELL, R. W.: Second Report of the Alloy Steels Research Committee, London 1939 (Spec. Rep. Iron Steel Inst. Nr. 24), S. 253/268; s. a. Stahl u. Eisen Bd. 59 (1939) S. 1184.

[2] BOLLENRATH, F., u. W. BUNGARDT: Arch. Eisenhüttenw. Bd. 9 (1935/36) S. 253/262; vgl. Stahl u. Eisen Bd. 55 (1935) S. 1222.

[3] MASUMOTO, H.: Science Rep. Tôhoku Univ. Bd. 16 (1927) S. 417/435.

[4] JELLINGHAUS, W.: Werkstoff-Handbuch Stahl und Eisen, 3. Aufl. (1953), B 17.

Zahlentafel 227. *Wärmeleitfähigkeit von chromhaltigen Stählen in*

Reihe	Nr.	Zusammensetzungen der Stähle bzw. Legierungen										
		C %	Si %	Mn %	Ni %	Cr %	W %	Mo %	V %	Co %	P %	S %
Chromstähle bis 10% Cr	1	0,01	0,02	0,04	—	4,98	—	—	—	—	nicht bestimmt	nicht bestimmt
	2	0,44	3,36	0,85	—	8,82	—	—	0,27	—		
	3	0,41	4,33	0,33	—	2,04	—	—	—	—		
	4	0,39	3,36	0,48	—	2,05	—	—	—	—		
	5	0,45	3,62	0,36	—	2,91	—	—	—	1,43		
Chromstähle von 10 bis 20% Cr	6	0,07	0,02	0,04	—	13,08	—	—	—	—		
	7	1,52	0,38	0,38	—	13,10	—	—	—	—		
	8	1,36	0,46	0,47	—	13,35	—	1,13	—	1,89		
	9	0,07	0,03	0,06	—	20,63	—	—	—	—		
	10	0,07	0,51	0,42	—	20,47	—	—	—	26,00		
Chrom-Nickel-Stähle bis 10% Ni	11	0,16	0,26	0,46	0,50	13,30	—	—	—	—		
	12	0,11	0,48	0,53	8,85	17,50	—	—	—	—		
	13	0,15	0,84	0,80	1,73	27,93	—	—	—	—		
	14	0,19	0,50	0,51	4,22	24,50	—	—	—	—		
Chrom-Nickel-Stähle von 10 bis 20% Ni	15	0,13	2,20	0,71	12,60	20,25	—	—	—	—		
	16	0,12	2,38	1,40	20,30	22,75	—	—	—	—		
	17	0,48	1,22	1,44	12,23	12,85	2,88	—	—	—		
	18	0,53	1,07	1,17	11,90	13,34	9,92	—	—	—		
Chrom-Nickel-Legierungen	19	0,12	0,51	1,00	62,85	16,95	Rest Eisen					
	20	0,09	0,75	0,88	82,25	12,98						
	21	0,04	1,13	1,81	75,15	19,93						
Nickel	22	—	—	—	99,23	—	—	—	—	—	—	—
Armco-Eisen	23	—	—	—	—	—	—	—	—	—	—	—
reinstes Eisen	24	0,02	0,01	0,08	—	—	—	—	—	—	0,016	0,022
reinster C-Stahl	25	0,45	0,08	0,07	—	—	—	—	—	—	0,010	0,014

D. Hattori[1] untersuchte die Wärmeleitfähigkeit von den in Zahlentafel 228 angegebenen Schnellstählen in ölabgeschrecktem Zustand. Die

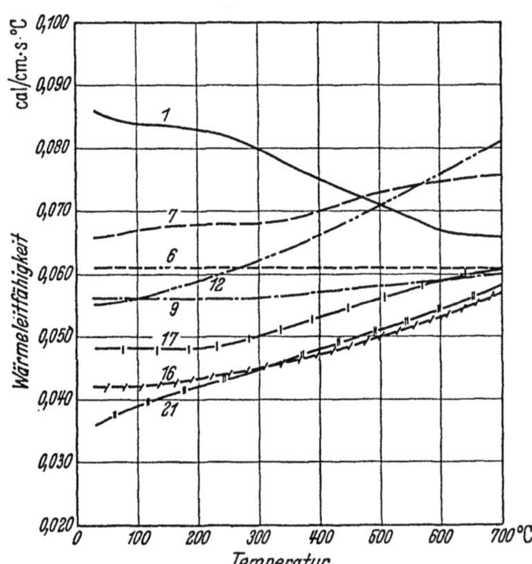

Bild 543. Wärmeleitfähigkeit von Chromstählen in Abhängigkeit von der Temperatur. Zusammensetzung s. Zahlentafel 227 (nach E. Maurer)

[1] Hattori, D.: J. Iron Steel Inst. Bd. 129 (1934) S. 289/309; vgl. Stahl u. Eisen Bd. 54 (1934) S. 934/935.

Abhängigkeit von der Temperatur [s. a. Bild 543 (nach E. MAURER)]

Wärmeleitzahlen [cal/cm·s·grd] für eine mittlere Temperatur von °C													
30	50	100	200	300	400	500	600	700	800	900	1000	1100	1200
0,086	0,085	0,084	0,083	0,080	0,075	0,071	0,067	0,066	0,065	0,065	0,065	0,065	0,065
0,053	0,053	0,054	0,055	0,059	0,062	0,066	0,070	0,073	0,075	0,075	0,075	—	—
0,048	0,049	0,050	0,054	0,059	0,064	0,067	0,070	0,071	0,072	0,072	0,072	—	—
0,058	0,059	0,061	0,065	0,071	0,076	0,079	0,080	0,080	0,081	0,081	0,081	0,081	0,081
0,063	0,063	0,063	0,064	0,067	0,071	0,071	0,078	0,080	0,083	0,083	0,083	0,083	—
0,061	0,061	0,061	0,061	0,016	0,061	0,061	0,061	0,061	0,061	0,061	0,061	0,061	—
0,066	0,066	0,067	0,068	0,068	0,071	0,073	0,075	0,076	0,077	0,077	0,077	0,077	—
0,060	0,060	0,061	0,062	0,063	0,064	0,064	0,065	0,065	0,065	0,065	0,065	0,065	—
0,056	0,056	0,056	0,056	0,056	0,057	0,058	0,059	0,060	0,063	0,066	0,070	—	—
0,048	0,048	0,049	0,057	0,061	0,065	0,069	0,072	0,076	0,080	0,083	—	—	—
0,053	0,053	0,053	0,054	0,055	0,056	0,057	0,058	0,060	0,063	0,067	0,074	0,080	—
0,055	0,055	0,056	0,059	0,062	0,066	0,071	0,076	0,081	0,086	0,092	0,011	0,113	—
0,049	0,049	0,050	0,053	0,058	0,062	0,066	0,069	0,073	0,078	0,083	0,089	0,098	—
0,050	0,050	0,051	0,054	0,057	0,060	0,063	0,066	0,070	0,074	0,079	0,085	0,093	0,103
0,042	0,042	0,042	0,043	0,045	0,048	0,050	0,053	0,056	0,059	0,061	0,064	0,068	0,073
0,042	0,042	0,042	0,043	0,045	0,047	0,050	0,053	0,057	0,061	0,065	0,069	0,075	0,081
0,048	0,048	0,048	0,048	0,050	0,053	0,056	0,059	0,061	0,064	0,068	0,073	0,078	0,086
0,043	0,043	0,045	0,048	0,053	0,057	0,061	0,065	0,069	0,074	0,078	0,083	0,092	—
0,042	0,042	0,043	0,045	0,048	0,052	0,057	0,062	0,067	0,072	0,077	0,082	0,092	—
0,042	0,043	0,043	0,045	0,047	0,051	0,054	0,059	0,063	0,067	0,072	0,077	0,082	0,087
0,036	0,037	0,039	0,042	0,045	0,048	0,051	0,054	0,058	0,061	0,065	0,071	0,079	—
0,199	0,194	0,182	0,158	0,133	0,113	0,121	0,129	0,138	0,146	0,154	0,162	0,165	0,166
0,173	0,170	0,161	0,146	0,131	0,117	0,104	0,095	0,090	0,086	0,083	0,083	0,085	0,087
0,126	0,126	0,126	0,123	0,116	0,108	0,098	0,090	0,083	0,079	0,078	0,078	0,079	0,080
0,097	0,097	0,097	0,097	0,096	0,090	0,082	0,075	0,069	0,063	0,063	0,065	0,066	0,067

Wärmeleitfähigkeit dieser Stähle in Abhängigkeit von der Temperatur kann dem Bild 544 entnommen werden.

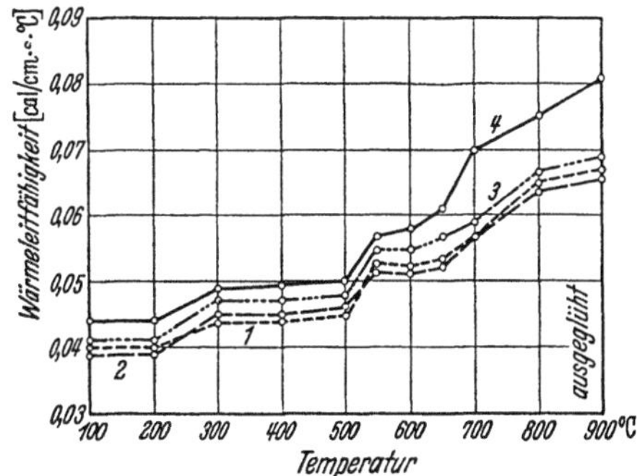

Bild 544. Wärmeleitfähigkeit ölabgeschreckter Schnellarbeitsstähle (nach D. HATTORI)

Zahlentafel 228

Chemische Zusammensetzung der von D. HATTORI *untersuchten Schnellarbeitsstähle*

Nr.	C %	Cr %	V %	W %	Mo %	Co %
1	0,73	4,07	1,93	18,65	0,73	4,9
2	0,67	3,45	0,85	19,22	0,28	0,8
3	0,61	3,29	1,13	15,53	—	—
4	0,71	3,24	0,86	15,05	—	—

Die Störungen des geraden Verlaufs der Linien sind durch die Anlaßvorgänge des Schnellstahles bedingt (s. S. 789).

Aus Bild 542 nach W. JELLINGHAUS[1] und Bild 543 nach E. MAURER[2] ersieht man, daß bei steigender Temperatur die Wärmeleitzahlen der verschieden legierten Stähle sich im allgemeinen einander nähern.

5. Wärmeausdehnung[3]

Die Wärmeausdehnungszahl ist die Zahl, die die Änderung der Länge auf 1 °C Temperaturänderung angibt. Man nennt sie den Ausdehnungsbeiwert. Abgesehen von wenigen Fällen, wie z. B. bei Temperaturmessung, Verwendung von Bimetall und beim Aufschrumpfverfahren, ist die Wärmeausdehnung eine unerwünschte Eigenschaft. Durch die Volumänderungen entstehen Spannungen, die zu Formänderungen führen können.

Die Regelmäßigkeit der mit der Erwärmung verbundenen Volumzunahme wird durch Gefügeänderungen gestört. Der Übergang von Ferrit in Austenit verstärkt im ganzen die Zunahme (oberhalb Ac_1) und bei gehärtetem Stahl wird sie durch den Zerfall des Härtegefüges abgeschwächt.

Durch Kaltverformung zeigt sich bei ferritischen und perlitischen Stählen kein merkbarer Einfluß, wohl aber bei austenitischen Stählen, weil sich durch die Kaltbearbeitung der Austenit teilweise in Martensit umwandelt und die Wärmeausdehnung durch den Martensitzerfall abnimmt.

Gehärteter Stahl hat in der Regel eine etwas geringere Ausdehnungszahl als geglühter. Es gibt aber auch Ausnahmen (s. Zahlentafel 233, S. 943). Erwärmt man den Stahl auf höhere Temperaturen, so tritt durch die Gefügeveränderung, die im Wesen eine Zersetzung des Martensits ist, eine Volumenverminderung ein. In geringerem Maße kann noch durch Umwandlung der Austenitreste in Martensit eine Volumenvermehrung Platz greifen, die aber neben der Martensitzersetzung zurücktritt. Über den Verlauf der Volumenänderung gehärteten Stahles beim Erwärmen gehen die Angaben der verschiedenen Beobachter auseinander, da die durch die Zersetzung des Martensits eintretende stufenweise Volumenänderung sich immer wieder anders abspielt. Erwärmungsgeschwindigkeit und Erwärmungsdauer in den verschiedenen Temperaturbereichen, Schwankungen der Härtetemperatur und im Gefüge sowie

---

[1] JELLINGHAUS, W.: Werkstoff-Handbuch Stahl und Eisen, 3. Aufl. (1953), B 17 [Bild zusammengestellt aus: F. BOLLENRATH u. W. BUNGARDT: Arch. Eisenhüttenw. Bd. 9 (1935/36) S. 253/262; vgl. Stahl u. Eisen Bd. 55 (1935) S. 1222, Metals Handbook (1948), S. 309/314, The American Society for Metals, Cleveland 3 (Ohio)].

[2] MAURER, E.: Arch. Eisenhüttenw. Bd. 10 (1936/37) S. 145/154; vgl. Stahl u. Eisen Bd. 56 (1936) S. 1286.

[3] ROSE, A.: Werkstoff-Handbuch Stahl und Eisen, 3. Aufl. (1953), B 15.

auch die Herstellungsweise des Stahles sind Umstände, welche die Gefüge- und Volumenveränderungen beim Anlassen in ihren Einzelheiten immer wieder anders gestalten (s. S. 952).

Ein Beispiel, wie ein gehärteter Stahl mit 1,2% C sich verhalten kann, gibt F. STÄBLEIN[1] (Bild 545). STÄBLEIN hat bei diesen Versuchen die Probe zuerst auf 100 °C erwärmt, dann wieder abgekühlt. Man sieht, daß dadurch schon eine bleibende Verkürzung, also eine Anlaßwirkung, entstanden ist. Die zweite Anlaßstufe äußerte sich bei 160 °C. Die Zersetzung des Restaustenits setzt sich fort bis etwa 280 °C, was sich in einer stärkeren Volumenzunahme auswirkt. Nach 300 °C ist dieser Vorgang beendet, und es beginnt eine neue Verkürzung. Zwischen 300 bis 400 °C entsteht die größte Anlaßwirkung und die größte damit verbundene Verkürzung. Bei 400 °C ist die Anlaßwirkung fast beendet. Die Umwandlung von α- in γ-Eisen ist zunächst mit einer Verkürzung verbunden. Im γ-Gebiet ist aber die Ausdehnungszahl größer, eine Eigenschaft, welche die austenitischen Stähle auch bei gewöhnlicher Temperatur zeigen.

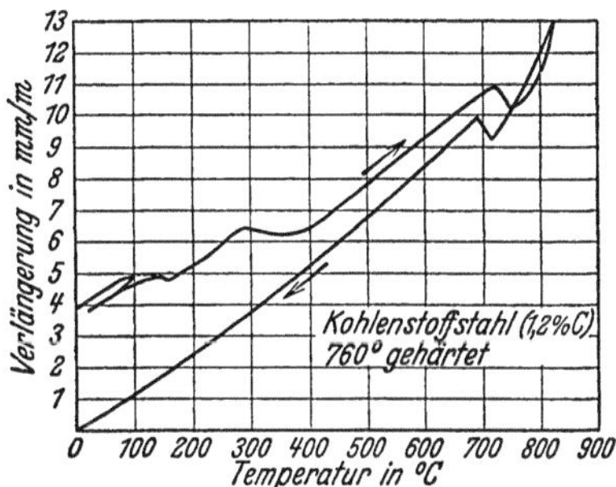

Bild 545. Längenänderung eines gehärteten Kohlenstoffstahles beim Erwärmen und Abkühlen (nach F. STÄBLEIN)

Die Legierungsbeimengungen haben etwa folgenden Einfluß auf die Wärmeausdehnung: Mit steigendem Kohlenstoffgehalt nimmt sie nach Zahlentafel 229 etwas zu. Solange der Stahl noch nicht austenitisch wird, haben alle Legierungsmetalle einen geringen Einfluß. Bei Chrom und Wolfram ist die Verringerung der Ausdehnungszahl etwas deutlicher. Die austenitischen Stähle haben eine höhere Ausdehnung; sie schwankt zwischen 16 bis $20 \cdot 10^{-6}$ grd^{-1}. Eine Ausnahme bilden Nickelstähle in einem engeren Bereich der Zusammensetzung, wie anschließend nach Zahlentafel 231 ausgeführt wird.

In den Zahlentafeln 230, 232 sind Ausdehnungsbeiwerte von Chrom- und Chrom-Nickel-Stählen und in Zahlentafel 233 auch die Werte gehärteter Stähle angegeben, wobei bei den letzteren auch der Unterschied zwischen dem geglühten, abgeschreckten (und angelassenen Zustand) berücksichtigt ist. — Eine weitere Zusammenstellung von Ausdehnungszahlen einiger Stähle in verschiedenen Zuständen gibt Bild 546[2].

[1] STÄBLEIN, F.: Krupp. Mh. (Dez. 1928) S. 186.

[2] Die Wärmeausdehnungskurven wurden mit einem Differentialdilatometer mit optischer Aufzeichnung nach CHEVENARD in der Metallographischen Anstalt P. F. Dujardin, Düsseldorf, aufgenommen. Die Stromregulierung erfolgte mittels einer Vorrichtung zur automatischen Widerstandsein- und -ausschaltung nach CHEVENARD.

Die gehärteten Stücke wurden vor der Messung bei 200 °C gründlich angelassen, so daß es sich bei den angegebenen Werten bis 200 °C um die reine Ausdehnung ohne die Nebenwirkung von Anlaßerscheinungen handelt. Bei höheren Temperaturen treten natürlich auch hier Anlaßerscheinungen auf.

Wie auch aus den Zahlentafeln 230, 231, 232 hervorgeht, nimmt die Ausdehnungszahl mit steigender Temperatur zu. Eine sprunghafte Ände-

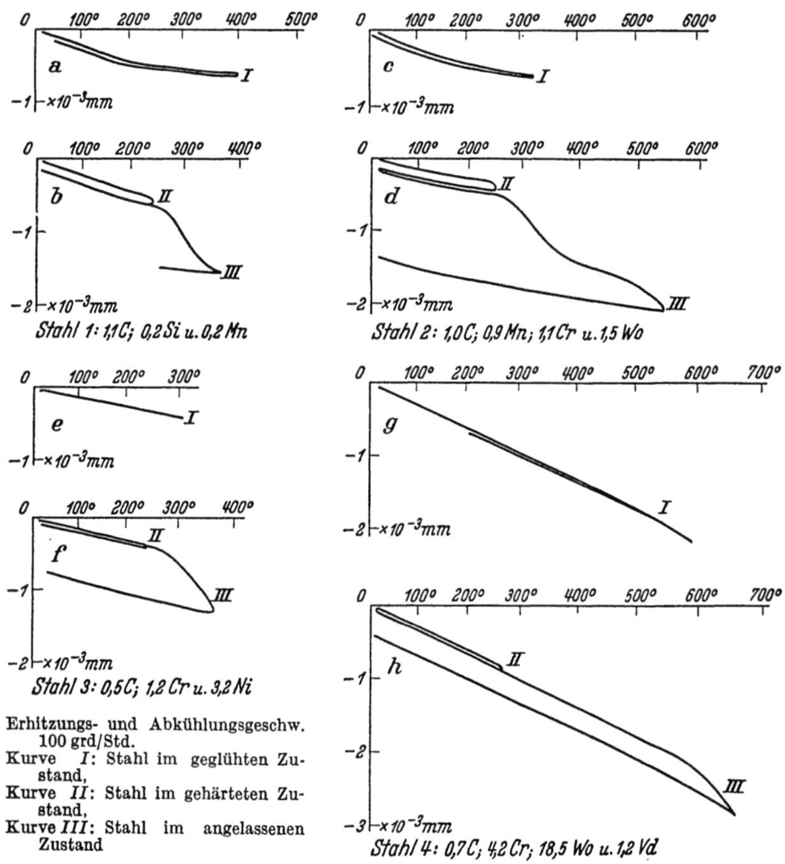

Bild 546. Wärmeausdehnungskurven[1] einiger Stähle in verschiedenen Zuständen

rung tritt selbstverständlich beim Übergang von der α- in die γ-Phase ein. Die Kaltverformung hat bei unlegierten Stählen keinen merkbaren Einfluß. Die Messungen werden dann jedoch durch Spannungsausgleich bei der Erwärmung gestört. Die größere Wärmedehnzahl austenitischer

[1] s. Fußnote 2 S. 937.

Zahlentafel 229[1]. *Wärmedehnzahl von Kohlenstoffstählen* (nach A. Rose)

C %	Si %	Mn %	P %	S %	Wärmedehnzahl in 10^{-6} grd^{-1} 100 °C	600 °C	Bemerkung
0,08	0,01	0,09	—	—	12,4	13,9	
0,25	—	0,06	0,01	0,04	11,1	14,3	
0,42	0,02	0,68	0,01	0,03	9,4	14,3	
0,59	0,25	0,92	0,02	0,03	11,1	14,6	
0,1	—	—	—	—	—	—	−191 bis 16 °C ≙ $9{,}2 \cdot 10^{-6}$ grd

(Chemische Zusammensetzung: C, Si, Mn, P, S)

Stähle im Vergleich zu nicht austenitischen ist aus der Zahlentafel 232 ersichtlich. Der vierte Stahl ist halb austenitisch und halb ferritisch und daher je nach der Wärmebehandlung schwankend in der Wärmeausdehnung.

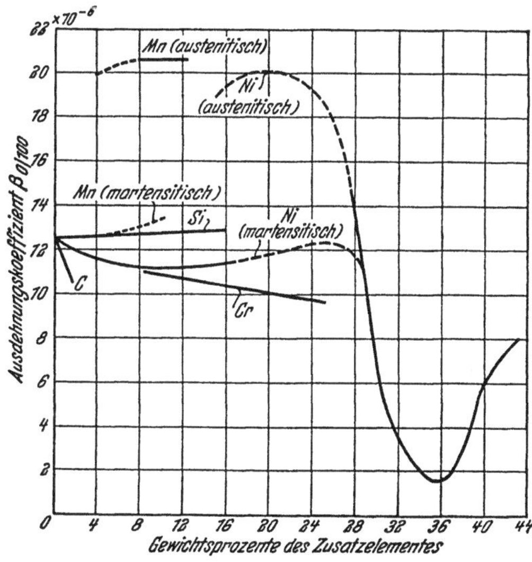

Bild 547. Einfluß der Stahllegierung auf die Wärmeausdehnung (nach A. Rys)

Bemerkenswerte Angaben über die Ausdehnung der Stahlgußlegierungen hat A. Rys[2] gemacht (Bild 547). Man sieht daraus wieder den hohen Ausdehnungskoeffizienten der austenitischen Stähle, der für manche Verwendung, z. B. beim Schweißen, wegen des starken Verziehens von Nachteil ist.

Eine bevorzugte Stellung in bezug auf die Ausdehnung in der Wärme nehmen die Nickelstähle ein, wie aus dem Bild 547 ersichtlich ist.

---

[1] Rose, A.: Werkstoff-Handbuch Stahl und Eisen, 3. Aufl. (1953), B 15.

[2] Rys, A.: Stahl u. Eisen Bd. 50 (1930) S. 423/438.

Zahlentafel 230[1]. *Wärmedehnzahl von Chromstählen* (nach A. Rose)

Werkstoff	Chemische Zusammensetzung C %	Si %	Mn %	P %	S %	Al %	Co %	Cr %	Cu %	Mo %	Ni %	V %	W %	Wärmedehnzahl in 10^{-6} grd^{-1} von 20 °C bis 100 °C	600 °C	Bemerkungen
Chromstähle	0,5	1,5	—	—	—	—	—	6,0	—	—	—	—	—	11,7[1])	—	1) 0 bis 100 °C, geschmiedet, gewalzt, hitzebeständig bis 800 °C
	<0,1	0,5	—	—	—	0,9	—	6,5	—	—	—	—	—	11,4[1])	—	
	0,45	3,5	0,4	—	—	—	—	8,5	—	—	—	—	—	—	13,7[2])	2) 20 bis 800 °C, hochlegierter Si-Cr-Stahl (Ventilstahl) vergütet; von 1050 bis 1070 °C in Ölabgeschreckt und 2 Std. bei 800 bis 840 °C in Luft angelassen
	0,3—0,4	—	—	—	—	—	—	13,0	—	—	—	—	—	10,0	12,2	
	<0,1	1,0	—	—	—	2,0	—	23,0	—	—	—	—	—	13,1[3])	13,0[4]) 16,0[5])	3) 0 bis 100 °C; 4) 0 bis 500 °C; 5) 0 bis 1000 °C geschmiedet, gewalzt, hitzebeständig bis 1200 °C
	0,03—0,05	—	—	—	—	—	—	25,0	—	—	—	—	—	—	12,0[6])	6) Messung bis 700 °C
	—	—	—	—	—	5,0	—	30	—	—	—	—	—	15,5	—	
		—	—	—	—	—	—	27*	—	—	—	—	—	5,6	—	
	1,28	—	0,37	—	—	—	—	0,19	—	—	—	—	—	11,0	14,1	
	0,4	4,0	0,4	—	—	—	—	2,8	—	—	—	—	—	—	14,7[7])	7) Messungen von 20 bis 800 °C; Si-Cr-Stahl (Ventilstahl) vergütet. Von 930 bis 950 °C in Wasser oder Öl abgeschreckt und 2 Std. bei 800 °C in Luft angelassen

[1] Rose, A.: Werkstoff-Handbuch Stahl und Eisen, 3. Aufl. (1953), B 15.

* Nach Iron Age, März 1933, S. 399; der Ausdehnungskoeffizient ist etwa der des Glases.

Zahlentafel 231[1]. *Wärmedehnzahl von Nickelstählen* (nach A. ROSE)

Werkstoff	Chemische Zusammensetzung C %	Si %	Mn %	P %	S %	Al %	Co %	Cr %	Cu %	Mo %	Ni %	V %	W %	Wärmedehnzahl in 10^{-6} grd^{-1} von 20 °C bis 100 °C	600 °C	Bemerkungen
Nickelstähle	0,41	0,12	1,11	0,05	0,05	—	—	—	—	—	2,0	—	—	11,6	14,4	
	0,326	0,094	0,78	0,014	0,035	—	—	—	—	—	3,59	—	—	10,9	13,8	
	0,14	—	—	—	—	—	—	—	—	—	34,5	—	—	3,7	13,6	
	0,39	—	0,39	—	—	—	—	—	—	—	36,1	—	—	1,5	—	Zwischen 600 und 900 °C $= 20{,}3 \cdot 10^{-6}$
	—	—	—	—	—	—	6,0	—	—	—	30,5	—	—	0,0	—	Super-Invar
	—	—	—	—	—	—	4,0	—	—	—	32,5	—	—	0,0	—	20 °C Super-Invar
	—	—	—	—	—	—	—	—	—	—	36	—	—	—0,04	—	12 °C Indilatans
	—	—	—	—	—	—	—	—	—	—	36	—	—	—0,04	—	100 °C
	—	—	—	—	—	—	—	—	—	—	35/37	—	—	2,0	—	ZT Indilatans geglüht
	—	—	—	—	—	—	—	—	—	—	35/37	—	—	1,5	—	ZT Indilatans abgeschreckt von Glühtemperatur
	—	—	—	—	—	—	—	—	—	—	35/37	—	—	0,5	—	ZT Indilatans nach starker Kaltreckung
	<0,15	<0,30	0,65	—	—	—	—	<1	—	—	36	—	—	1,3	7,5¹)	Glaseinschmelzlegierung
	<0,10	<0,20	1,0	—	—	—	—	1	—	—	49	—	—	9,1	9,7²)	Glaseinschmelzlegierung
	<0,15	<0,20	<1,0	—	—	—	18	<1	—	—	29	—	—	6,2	5,9²)	Glaseinschmelzlegierung ¹) von 20 bis 400 °C ²) von 20 bis 500 °C
Nickelguß	2—3	—	—	—	—	—	—	2,0	7,0	—	14,0	—	—	17,1	18,0	Niresist, Wärmedehnzahl ähnlich der von Al

[1] ROSE, A.: Werkstoff-Handbuch Stahl und Eisen, 3. Aufl. (1953), B 15.

Zahlentafel 232[1]. *Wärmedehnzahl von Chrom-Nickel-Stählen* (nach A. Rose)

Werkstoff	Chemische Zusammensetzung													Wärmedehnzahl in 10^{-6} grd^{-1} von 20 °C bis		Bemerkungen
	C %	Si %	Mn %	P %	S %	Al %	Co %	Cr %	Cu %	Mo %	Ni %	V %	W %	100 °C	600 °C	
Chrom-Nickel-Stähle	0,45	1,5	1,0	—	—	—	—	15	—	—	13	—	2,5	—	19,2[1])	[1]) 20 bis 800 °C; Cr-Ni-W-Stahl (Ventilstahl) vergütet, von 1000 °C in Wasser abgeschreckt und 1 Std. bei 700 bis 800 °C in Luft angelassen
	0,17	0,14	0,01	0,01	0,03	—	—	2,50	—	—	3,94	0,39	—	10,8	13,3	
	~0,12	~0,50	~0,50	—	—	—	—	~18,0	—	—	~8,0	—	—	16[1])	17,5[2]) 18,5[3])	[1]) 0 bis 100 °C; [2]) 0 bis ~300 °C; [3]) 0 bis 500 °C; Cr-Ni-Stahl, nichtrostend,
	1,15	1,24	1,16	—	—	1,57	—	21,66	0,1	—	8,41	—	—	10,8 bis 15,4	12,6 bis 17,3	säurebeständig, β verschieden, je nach Wärmebehandlung
	0,06	2,28	2,36	0,02	0,01	—	—	17,7	—	—	9,6	—	—	16,5	18,6	Nirosta, abgeschreckt
	0,35	1,0	—	—	—	—	—	20,0	—	—	30,0	—	—	15,0[4])	17,0[5]) 19,0[6])	[4]) 0 bis 100 °C; [5]) 0 bis 500 °C [6]) 0 bis 1000 °C; gegossen

[1] Rose, A.: Werkstoff-Handbuch Stahl und Eisen, 3. Aufl. (1953), B 15.

Den Einfluß des Nickelgehaltes auf die Wärmeausdehnung zeigt auch Bild 548 und Zahlentafel 231. Bis etwa 20% Nickel steigt die Ausdehnungszahl an. Bei höheren Gehalten fällt die Wärmeausdehnung rasch, um bei 36% Nickel fast auf 0 zu fallen. Diese Legierung hat den Namen Invarstahl[1]. Der Stahl hat eine Ausdehnungszahl, die bis etwa 200° außerordentlich gering ist. Von da ab steigt die Kurve, wie Bild 549 nach F. Stäblein[2] anzeigt, allerdings ebenso steil an wie für Flußeisen.

Eine Verbesserung dieses Stahles hat Ch.-Ed. Guilleaume[3] durch Zusatz von etwa 12% Chrom vorgeschlagen. Dadurch wird der Stahl noch beständiger, so daß die Längenänderungen nur $0{,}1 \cdot 10^{-6}$% betragen. Bei den Nickelstählen (Invarstahl) muß man den Nickelgehalt in engen Grenzen halten, damit man im Bereiche kleiner Längenänderungen bleibt. Durch den Chromzusatz erreicht man, daß der Nickelgehalt zwischen weiteren Grenzen

[1] Vom französischen Wort invariable.

[2] Stäblein, F.: Krupp. Mh. 1928 S. 187.

[3] Guilleaume, Ch.-Ed.: Génie civ. 1922 S. 88; s. a. Stahl u. Eisen Bd. 42 (1922) S. 350.

Zahlentafel 233[1]. *Wahrer Ausdehnungskoeffizient verschiedener Stähle.* $\alpha \times 10^{-6}$ bei t °C (nach F. Wever u. A. Rose)

t °C	Stahl 1: C 1,10%, Si 0,20%, Mn 0,20%		Stahl 2: C 1,0%, Mn 0,90%, Cr 1,10%, W 1,5%		Stahl 3: C 0,48%, Cr 1,2%, Ni 3,4%		Stahl 4: C 0,70%, Cr 4,2%, W 18,5%, V 1,2%		Stahl 5: C 0,70%, Cr 4,4%, W 18,5%, V 1,6%, Co 2,4%		Stahl 6: C 0,15%, Si 0,80%, Mn 2,0%, Cr 18%, Ni 40%	
	geglüht	gehärtet und angelassen	geglüht	gehärtet und angelassen	geglüht	gehärtet und angelassen	geglüht	gehärtet und angelassen	geglüht	gehärtet und angelassen	nicht abgeschreckt	abgeschreckt
20	10,8	10,6	10,7	11,2	11,3	10,8	10,3	10,0	10,1	9,8	12,9	13,9
100	11,9	11,7	11,6	12,4	12,4	11,8	10,9	10,7	10,8	10,6	14,1	14,9
200	13,5	13,0	13,0	13,6	13,2	12,9	11,7	11,5	11,5	11,4	15,0	16,1
300	15,2	—	14,5	—	14,0	—	12,5	12,2	12,2	12,0	15,9	16,8
400	16,4	—	—	—	—	—	13,1	12,8	12,9	12,5	16,6	17,5
500	—	—	—	—	—	—	13,6	13,4	13,5	12,9	17,4	18,1
600	—	—	—	—	—	—	—	—	—	—	18,5	19,0

[1] Wever, F., u. A. Rose: Werkstoff-Handbuch Stahl u. Eisen, 2. Aufl. (1937), B 15.

schwanken kann. Dieser Stahl hat vor dem Invarstahl noch den Vorteil, daß auch der Elastizitätsmodul innerhalb eines weiteren Tempe-

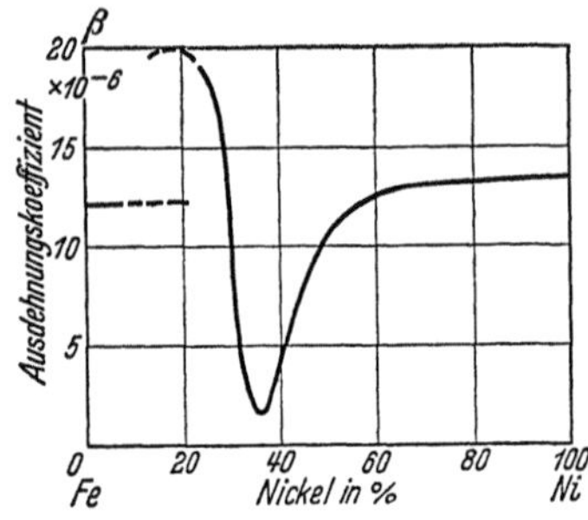

Bild 548. Mittlere Ausdehnungskoeffizienten zwischen 0 und 100 °C der Eisen-Nickel-Reihe (nach F. STÄBLEIN)

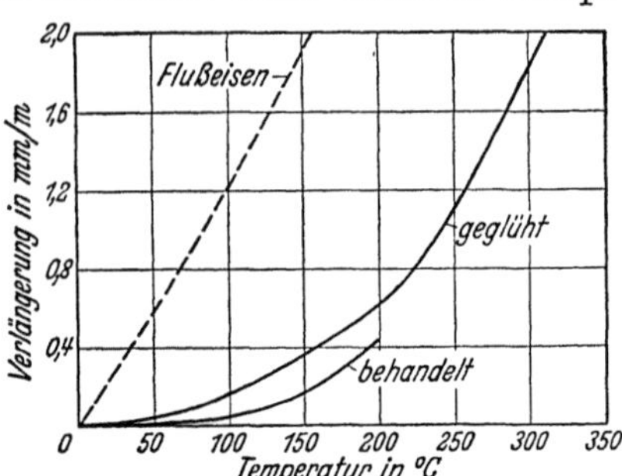

Bild 549. Temperaturabhängigkeit des Ausdehnungskoeffizienten von 36%igem Nickelstahl (nach F. STÄBLEIN)

raturbereiches unveränderlich bleibt; aus diesem Grunde wurde ihm der Name „Elinvar“ (elasticité invariable) gegeben. Er ist außerdem rostbeständig und beständig gegen verdünnte, oxydierende Säuren.

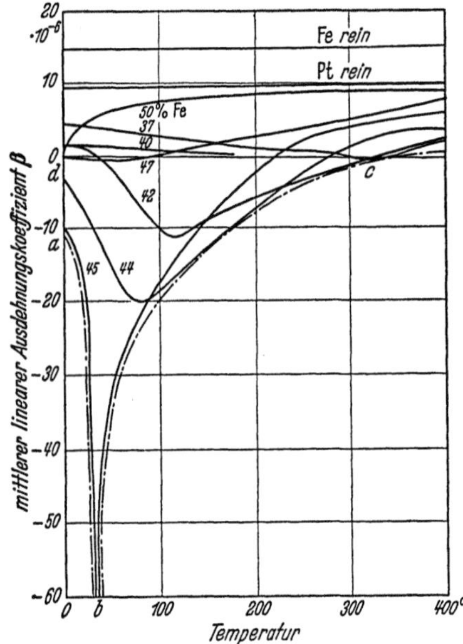

Bild 550. Ausdehnungsverhalten von Eisen-Platin-Legierungen nach DRP 683445

Durch die Wahl des Nickelgehaltes von 36 bis 60% erhält man beliebige Ausdehnungskoeffizienten zwischen 0 und dem des unlegierten Eisens. Ein Stahl mit etwa 50% Nickel hat dieselbe Ausdehnung wie Platin und wird zur Einschmelzung in Glas verwendet. Die unangenehme Begleiterscheinung dieser Legierung ist, daß die Ausdehnung von der Wärmebehandlung abhängt. Durch Hinzulegieren von etwa 5% Molybdän wird nach H. HIEMENZ[1] diese Unregelmäßigkeit beseitigt.

Eine interessante Ausnutzung der verschiedenen Ausdehnung von Stählen mit verschiedenem Nickelgehalt ist das sogenannte Bimetall. Es besteht aus zwei zusammengeschweißten Blechen

[1] HIEMENZ, H.: Festschrift zum 70. Geburtstag von W. Heraeus, Hanau: G. M. Albertis Hofbuchh. 1930 S. 69/79.

verschiedenen Nickelgehalts, z. B. 25 und 36% Nickel. Infolge der ungleichen Ausdehnung krümmen sich die Streifen bei der Erwärmung. Diese Krümmung wird dazu verwendet, um bei bestimmten Temperaturen Vorgänge auszuschalten oder zu steuern. W. ROHN[1], der eine genaue Beschreibung der Verwendung und des Verhaltens von Bimetall gibt, empfiehlt ein Paar aus einem Stahl mit 43% Ni und einem Stahl mit 27% Ni und 5% Mo.

Im DRP 683445[2] werden interessante Legierungen mit negativen Ausdehnungskoeffizienten beschrieben. Die Legierungen enthalten 40 bis 47% Fe, Rest Platin und werden für Formstücke verwendet, die bei Temperaturerhöhung eine Kontraktion erfordern, wie z. B. Relais oder Meßvorrichtungen mit der Maßgabe, daß für den gewünschten Temperaturbereich aus der genannten Legierungsgruppe die Legierungen ausgewählt werden. Die negativen Ausdehnungskoeffizienten können dem Bild 550 entnommen werden.

6. Form- und Maßänderungen bei der Wärmebehandlung[3,4,5]

Zu den vielen Anforderungen, die an einen Werkstoff, insbesondere an Werkzeugstähle, gestellt werden, zählt auch jene nach Maßbeständigkeit bei der Wärmebehandlung. Man sprach früher von verzug- oder maßänderungsfreien Stählen. Diese nicht ganz richtige Bezeichnung wird zum Teil auch heute noch angewendet. Wärmebehandlung ohne Maßänderung kommt aber nur in Ausnahmefällen vor. Stähle, die bei der Wärmebehandlung nur geringe Maßänderungen aufweisen, bezeichnet man richtiger als maßänderungsarm.

Spricht man von Maßänderung, so ist zuerst klarzustellen, was man darunter versteht, um ein Verwechseln mit den Begriffen Verzug und Werfen zu vermeiden. Die Ausdrücke Verzug, Verziehen und Maßänderung umfassen mehrere Erscheinungen, die zu trennen sind.

Unter „Maßänderung" sollte man richtiger nur die unvermeidlichen Änderungen der Abmessungen, hervorgerufen entweder durch Wärmespannungen oder durch Volumenänderungen bei Umwandlungsvorgängen, verstehen, mit „Verzug" hingegen die meist vermeidbaren, durch Werfen infolge unsachgemäßer Handhabung, ungleichmäßiger

[1] ROHN, W.: Z. Metallkde. Bd. 21 (1929) S. 259/264.

[2] Erfinder: M. AUWÄRTER, A. KUSSMANN, K. RUTHARDT.

[3] FREHSER, J., u. O. LOWITZER: Vorgang der Maßänderung bei der Wärmebehandlung von Werkzeugstählen. Stahl u. Eisen Bd. 77 (1957) S. 1221/1233.

[4] FREHSER, J., u. O. LOWITZER: Wärmebehandlung von Schnittstählen zur Erzielung geringster Maßänderung. Werkstattstechn. u. Masch.-Bau Jg. 47 (1957) S. 558/563.

[5] LEMENT, B. S.: Distortion in Tool Steels. Amer. Soc. for Met. 1959.

Abkühlung, Einwirkung des Eigengewichtes usw. entstehenden Formänderungen bezeichnen.

An dem Entstehen der Maßänderung sind nachstehende Einflußgrößen beteiligt:

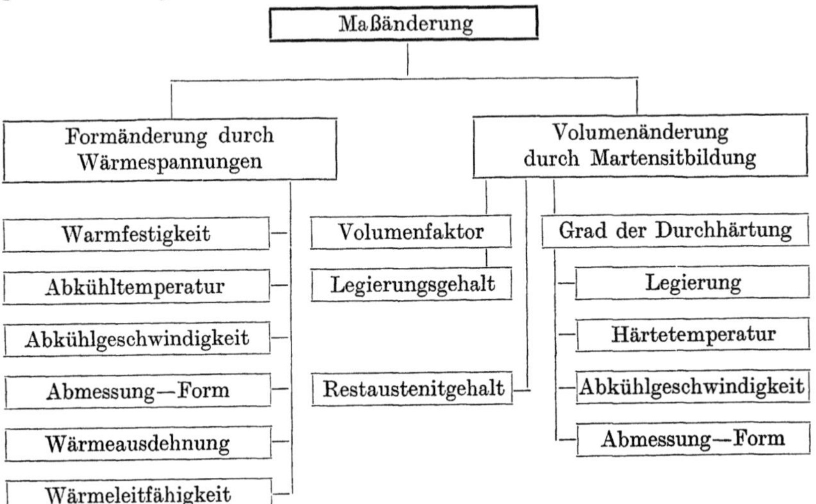

Die genannten Einflußgrößen wirken über die beiden Hauptfaktoren „Formänderungen durch Wärmespannungen" und „Volumenänderung durch Martensitbildung", die ihrerseits wiederum die Maßänderungen, wie nachstehend gezeigt wird, beeinflussen.

Formänderung durch Wärmespannungen. Wärmespannungen sind eine der Haupteinflußgrößen der Maßänderung, doch wird ihr Einfluß bei der Beurteilung von Maßänderungsproblemen oft nicht oder nicht genügend berücksichtigt.

Es ist zu unterscheiden zwischen Wärmespannungen, die sich im Verlauf einer Abkühlung im Bereich plastischer Verformbarkeit unter Verformungen abbauen, und solchen, die im Werkstück als Restspannungen[1, 2, 3] verbleiben. Für die entstehenden Maßänderungen sind die Spannungen interessant, die zu Maß- bzw. Formänderungen führen, bevor eine Volumenänderung durch Martensitbildung eintritt. Zusammenfassend[4] kann über diese Spannungen gesagt werden, daß durch ihren Abbau alle von der Kugelgestalt abweichenden Körperformen be-

[1] BUCHHOLTZ, H., u. H. BÜHLER: Arch. Eisenhüttenw. Bd. 6 (1932/33) S. 335 bis 340; vgl. Stahl u. Eisen Bd. 53 (1933) S. 174.

[2] BÜHLER, H., H. BUCHHOLTZ u. E. H. SCHULZ: Arch. Eisenhüttenw. Bd. 5 (1931/32) S. 413/418; vgl. Stahl u. Eisen Bd. 52 (1932) S. 174.

[3] BÜHLER, H., u. E. SCHEIL: Arch. Eisenhüttenw. Bd. 7 (1933/34) S. 359/363; vgl. Stahl u. Eisen Bd. 53 (1933) S. 1311.

[4] AMEEN, E.: Trans. Amer. Soc. Met. Bd. 28 (1940) S. 472/512.

strebt sind, ihre Form derjenigen der Kugel anzugleichen. Dies besagt, daß würfelförmige Körper mit zunehmender Abkühlgeschwindigkeit durch stärker werdende Ausbauchungen der Flächen versuchen, ihre Gestalt der Kugelform zu nähern. Prismatische Körper werden kürzer und dicker. Die plattenförmigen Körper werden durch Vergrößerung der Plattendicke und Verringerung der Flächenmaße die genannte Annäherung erreichen.

Die Wärmespannungen und damit auch die Formänderungen vergrößern sich mit zunehmender Abkühlungsgeschwindigkeit, Abschrecktemperatur, Abmessung und abnehmender Warmfestigkeit und Wärmeleitfähigkeit des Werkstoffes.

Volumenänderung durch Martensitbildung. Beim Härten tritt infolge Martensitbildung eine Volumenzunahme ein. Bild 551 nach J. FREHSER und O. LOWITZER[1] gibt für verschiedene Stahlgruppen die Volumenzunahme beim Härten an. Die dort gezeigten Volumenvergrößerungen gelten nur für kleine Abmessungen und vollständige Durchhärtung. Die größte Volumenzunahme haben also unlegierte, wasserhärtende Stähle mit 0,85 bis 0,95%; dann folgen die mittellegierten Ölhärter mit 0,35 bis 0,45%, während die hochlegierten, maßänderungsarmen Stähle, das sind vor allem die ledeburitischen Chromstähle, mit abgestuften Kohlenstoffgehalten und verschiedenen Legierungszusätzen eine Volumenzunahme von 0,10 bis 0,25% aufweisen.

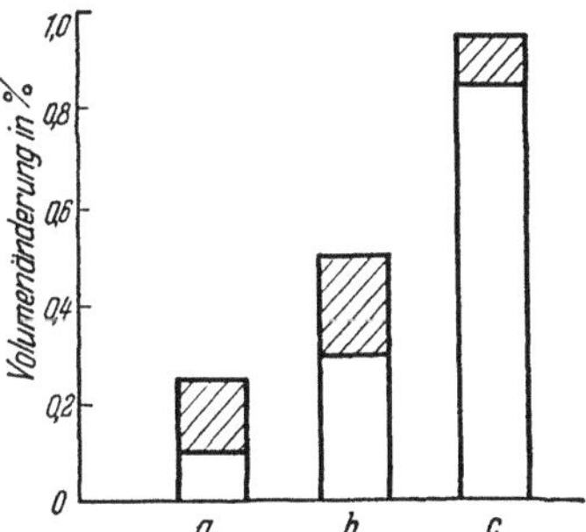

Bild 551. Volumenänderung verschiedener Werkzeugstähle beim Härten (nach FREHSER und LOWITZER[1]) *a* 13%ige Cr-Schnittstähle; *b* mittellegierte Ölhärter; *c* Wasserhärter mit 0,9% C

Dieser Volumenfaktor ist leider kein ausreichendes Kennzeichen für das Maßänderungsverhalten, da der Einfluß der verschieden hohen Durchhärtung bei größeren Abmessungen berücksichtigt werden muß[2,3].

Die Abhängigkeit der Volumenzunahme von der Durchhärtung muß besonders hervorgehoben werden. Mit zunehmender Abmessung verringert sich die Durchhärtung von Werkzeugen und damit auch die Volumenzunahme, die dann wesentlich niedriger liegt, als in Bild 552 gezeigt wird. Die Volumenzunahmen von Werkzeugen verschiedener Ab-

[1] FREHSER, J., u. O. LOWITZER: Werkstattstechn. u. Masch.-Bau Jg. 47 (1957) S. 559.

[2] RAPATZ, F., u. H. POLLACK: Masch.-Bau Betrieb Bd. 2 (1923) S. 94/97; Stahl u. Eisen Bd. 44 (1924) S. 1698/1703.

[3] HOUDREMONT, E.: Erörterungsbeitrag. Arch. Eisenhüttenw. Bd. 24 (1953) S. 493/495.

messung sind also stark von der Härtbarkeit des Stahles abhängig. Es sei in diesem Zusammenhang darauf hingewiesen, daß sich die mittel-

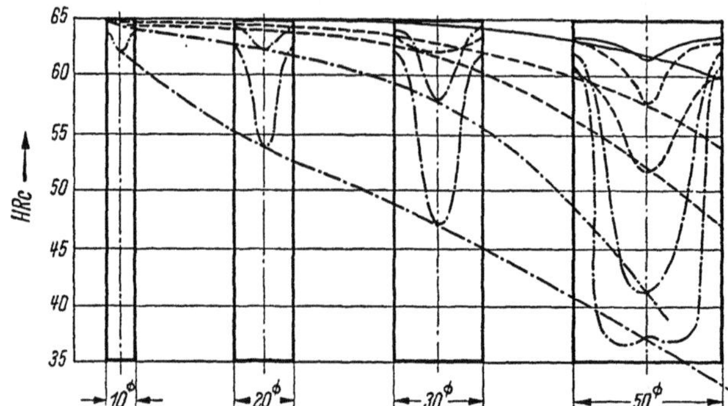

Bild 552. Durchhärtbarkeit mittellegierter maßänderungsarmer Stähle
Stahl I Härtetemp. 790 °C Öl Stahl H Härtetemp. 810 °C Öl Stahl G Härtetemp. 810 °C Öl
Stahl J Härtetemp. 860 °C Öl Stahl K Härtetemp. 800 °C Öl (nach J. FREHSER und O. LOWITZER)

legierten Ölhärter G, H, I, J und K (Zahlentafel 167) in ihrer Härtbarkeit wesentlich voneinander unterscheiden[1,2].

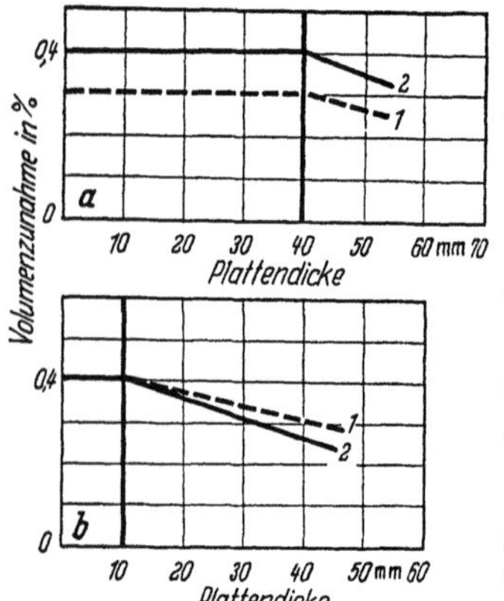

Bild 553. Volumenzunahme in Abhängigkeit der Plattendicke bei einem Stahl mit hoher Härtbarkeit *a* und mit geringer Härtbarkeit *b* (schematische Darstellung)
1 obere Härtetemperaturgrenze; *2* untere Härtetemperaturgrenze (nach J. FREHSER und O. LOWITZER[3])

Die unterschiedliche Härtbarkeit wirkt sich auf die Volumenzunahme von plattenförmigen Körpern verschiedener Abmessung, wie in Bild 553 gezeigt, aus.

Ein Stahl mit hoher Härtbarkeit, z. B. Stahl I, verändert seine Volumenzunahme bis zu einer bestimmten Grenzabmessung (worunter jene Abmessung verstanden werden muß, bei der auf Grund des Legierungsgehaltes des betreffenden Stahles noch vollständige Durchhärtung gewährleistet wird) nicht. Bei einem Stahl mit geringer Härtbarkeit, z. B. Stahl J, fällt die Volumenzunahme mit zunehmender Abmessung bereits bei einer Plattendicke von 10 mm ab. Unterschiedlich ist auch der Einfluß verschiedener Härtetemperaturen, je nachdem, ob ein Stahl

[1] WEVER, F., A. ROSE, W. PETER, W. STRASSBURG u. L. RADEMACHER: Atlas zur Wärmebehandlung der Stähle. Hrsg. vom Max-Planck-Institut für Eisenforschung in Zusammenarbeit mit Werkstoffausschuß des Vereins Deutscher Eisenhüttenleute. Düsseldorf 1954/56/58; vgl. II–225 u. II–226.

[2] KRONEIS, M., R. GATTRINGER, K. EBNER u. H. KRAINER: Arch. Eisenhüttenw. Bd. 24 (1953) S. 333/351 u. 447; vgl. Stahl u. Eisen Bd. 73 (1953) S. 1185.

[3] FREHSER, J., u. O. LOWITZER: Werkstattstechn. u. Masch.-Bau Jg. 47 (1957) S. 559.

mit hoher oder geringer Härtbarkeit vorliegt. Es zeigt sich, daß Stähle geringer Durchhärtung durch Erhöhung der Härtetemperatur infolge verstärkter Durchhärtung höhere Volumenzunahme erleiden. Im Gegensatz hierzu bringt bei Stählen mit großer Durchhärtung die Härtetemperaturerhöhung infolge höheren Restaustenitgehaltes geringere Volumenzunahme mit sich.

Der Grad der Durchhärtung wird auch von der Abkühlungsgeschwindigkeit beeinflußt, und zwar derart, daß mit ihrer Abnahme, z. B. in Richtung Öl, Warmbad, Luft, die Volumenzunahmen kleiner werden. Dabei muß aber keineswegs die geringere Volumenzunahme bei der Warmbad- oder Lufthärtung immer eine geringere Maßänderung im Vergleich zur Ölhärtung zur Folge haben.

Es wurden bisher nur die Volumenänderungen betrachtet, ohne eine Aufteilung in Längen- und Dickenmaßveränderungen vorzunehmen. Angaben über die Maßänderungen in den einzelnen Dimensionen eines Körpers können nur für eine bestimmte geometrische Grundform und Abmessung bei Berücksichtigung aller Einflußgrößen gemacht werden.

Maßänderungen beim Härten. Die Maßänderungen ergeben sich aus der Art des Zusammenwirkens der beiden Haupteinflußgrößen „Formänderungen durch reine Wärmespannungen" und „Volumenänderungen durch Martensitbildung".

Aus der Art dieses Zusammenwirkens ergibt sich das vielseitige Erscheinungsbild der Maßänderungen, das oft den Eindruck der Unberechenbarkeit erweckt. Es zeigt sich jedoch, daß es sich hierbei um gesetzmäßige Vorgänge handelt, die durch den nachfolgend gezeigten Maßänderungsmechanismus erklärbar sind. Dieser Maßänderungsmechanismus gilt allgemein für alle Stähle, ganz gleich, ob sie eine Volumenänderung durch Martensitbildung erleiden oder die Volumenzunahme durch Martensitbildung durch Restaustenitgehalte ausgeglichen wird; ebenso auch für austenitische Stähle beim Ablöschen. In diesem Fall verläuft der Maßänderungsmechanismus nach den Kurven *2* und *5* des Bildes 554 nach J. Frehser und O. Lowitzer.

Würden Werkzeuge bei der Härtung lediglich die Volumenzunahme durch Martensitbildung erleiden, so müßten ihre Maße in allen Richtungen, dem Grad der Durchhärtung entsprechend, prozentual gleich wachsen. Es zeigt sich jedoch, daß zylindrische oder prismatische Körper beim Härten in der Dicke mehr wachsen als in der Länge, plattenförmige Körper mehr in der Dicke als in der Fläche. Lediglich würfelförmige Körper zeigen in allen Richtungen gleiche Längenzunahme nach dem Härten. Ursache hierfür ist die vor dem eigentlichen Härtevorgang eingetretene Verformung der Körper im Sinne der Annäherung an die Kugelgestalt. Wenn es zur Martensitbildung kommt, liegt nicht mehr der ursprüngliche Körper vor, sondern ein in seinen Maßen bereits durch

Wärmespannungen veränderter. Auf diese Form baut sich nun die Volumenzunahme durch Martensitbildung auf. Das Volumen nimmt in allen Richtungen prozentual um den gleichen Betrag zu; bezogen auf die Ausgangsmaße und Form im geglühten Zustand, jedoch nicht in allen Richtungen gleich. Das ist eine der Hauptursachen dafür, daß die auftretenden Maßänderungen so verworren erscheinen. An plattenförmigen Körpern mit gleichbleibender Dicke und zunehmenden Flächenmaßen

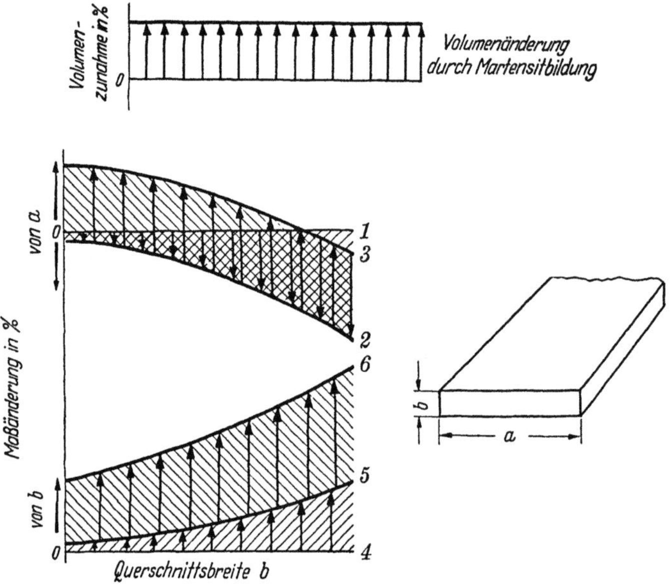

Bild 554. Maßänderungsmechanismus (schematisch)

1 im Glühzustand, *2* verändert durch Wärmespannungen, *3* verändert durch Wärmespannungen und Volumenänderungen infolge Martensitbildung, *4* im geglühten Zustand, *5* verändert durch Wärmespannungen und Volumenänderung infolge Martensitbildung, *6* verändert durch Wärmespannung, ////// Formänderung durch reine Wärmespannungen, \\\\ Maßänderung durch Wärmespannung und Volumenänderung (nach J. Frehser und O. Lowitzer[1])

sei dies erläutert. Durch Wärmespannungen verringern sich die Flächenmaße, die Dickenmaße steigen entsprechend an. Auf diese veränderten Abmessungen baut sich die Volumenzunahme bei der Härtung auf, d. h., die Dicken wachsen weiter, während die Flächenschrumpfungen in Flächenmaßzunahmen umgewandelt werden. Es wird dabei die bemerkenswerte Tatsache sichtbar, derzufolge mit zunehmender Plattengröße die Flächenmaßzunahmen kleiner werden, obwohl die Volumenzunahme gleichbleibt. Bei großen Plattenabmessungen kann dies dazu führen, daß der Ausgleich durch Martensitbildung nicht mehr ausreicht, die Flächenmaßschrumpfungen aufzuwiegen. In diesem Fall hat die ge-

[1] Frehser, J., u. O. Lowitzer: Stahl u. Eisen Bd. 77 (1957) S. 1227; Werkstattstechn. u. Masch.-Bau Jg. 47 (1957) S. 560.

härtete Platte negative Maßänderungen. Aus den gezeigten Zusammenhängen ist auch ersichtlich, daß ein Stahl mit der Volumenänderung Null keineswegs die Voraussetzungen für maßänderungsfreies Härten in sich trägt.

Eine weitere Einflußgröße auf die Maßänderungen stellt die Abkühlungsgeschwindigkeit dar. Sie wirkt einmal unmittelbar durch geringere Volumenzunahme, da mit abnehmender Abkühlungsgeschwindigkeit, z. B. in Richtung Öl, Warmbad, Luft, die Einhärtung sinkt und dem bei der milderen Abkühlung entsprechenden Martensit ein kleineres Volumen infolge geringerer tetragonaler Verzerrung zukommt. Mittelbar wirkt sich die geringere Abkühlungsgeschwindigkeit in einer

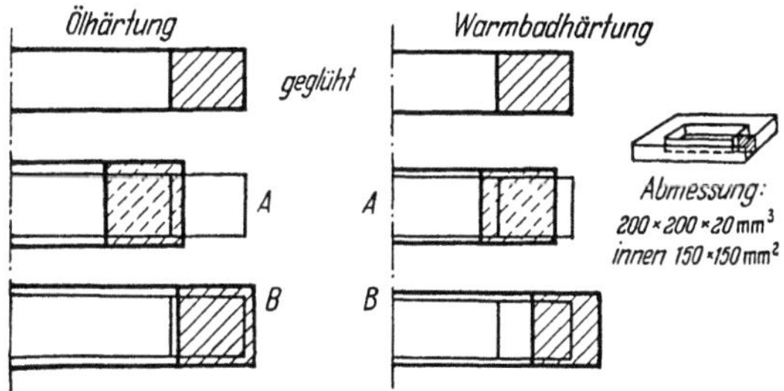

Bild 555. Einfluß des Abschreckmittels auf die Maßänderung (schematisch)
A Formänderung durch reine Wärmespannungen (Ck 10, abgeschreckt aus 800 °C in Wasser).
B Maßänderung nach dem Härten (Stahl J, gehärtet aus 870 °C in Öl) (nach J. FREHSER und O. LOWITZER[1])

geringeren Annäherung an die Kugelgestalt infolge kleinerer Wärmespannungen aus, d. h. also, daß zu Beginn der Martensitbildung bei der Warmbad- und Lufthärtung andere Abmessungen vorliegen als bei der Ölhärtung[1] (Bild 555). Dies kann in bestimmten, nicht selten vorkommenden Fällen bei der Warmbadhärtung zu größeren Maßänderungen führen. Es wird allgemein die Ansicht vertreten, daß Warmbadhärtung kleinere Maßänderungen bringt als Ölhärtung. Wie oben gezeigt wurde, kann es auch umgekehrt sein. Wohl aber trifft es zu, daß Riß- und Verzugsgefahr bei der Warmbadhärtung geringer sind.

Maßänderungen beim Anlassen. Durch das Anlassen werden die beim Härten eintretenden Maßänderungen durch Auslösung von Eigenspannungen aus Wärme- und Umwandlungsspannungen und durch Volumenänderungen infolge Martensit- oder Restaustenitzersetzung verändert.

Bei den niedrig- und mittellegierten Ölhärtern wirkt sich das Anlassen wie folgt aus:

Beim Anlassen unter 200 °C treten kleine Volumenverringerungen durch Gefügeänderungen des Martensits ein. Es verkleinern sich alle Maße gegenüber dem gehärteten Zustand.

---

[1] FREHSER, J., u. O. LOWITZER: Werkstattstechn. u. Masch.-Bau Jg. 47 (1957) S. 560.

Zwischen 200 °C und etwa 320 °C ergeben sich Volumenvergrößerungen durch Restaustenitzersetzung, d. h., die Maße vergrößern sich gegenüber dem gehärteten Zustand. Eine weitere Steigerung der Anlaßtemperatur bringt bei diesen Stählen Volumenverkleinerung.

Bei Stählen mit hohen Legierungsgehalten verkleinern sich die Maße auch noch bei Anlaßtemperaturen über 200 °C, da der Restaustenit erst bei Anlaßtemperaturen von 500 bis 600 °C zerfällt.

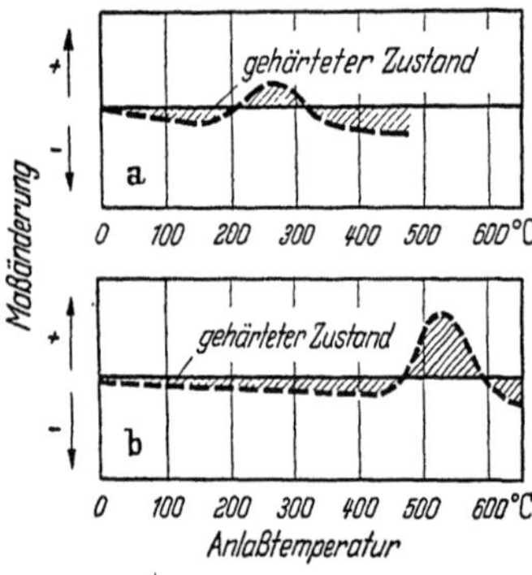

Bild 556. Schematische Darstellung der Volumenänderung beim Anlassen (nach J. FREHSER und O. LOWITZER[1])
a mittellegierte maßänderungsarme Ölhärter; b 13%ige Chrom-Schnittstähle

Bild 556 gibt eine schematische Darstellung[1] der Volumänderung beim Anlassen.

Maßänderungen der mittellegierten Ölhärter. Das Maßänderungsverhalten dieser Stähle ist durch den beschriebenen Maßänderungsmechanismus gekennzeichnet. Richtwerte über die Maßänderungen von plattenförmigen Körpern aus diesen Stählen, die in Zahlentafel 234 angeführt sind, geben J. FREHSER und O. LOWITZER[2].

Angaben über das Maßänderungsverhalten der in Europa weniger gebräuchlichen lufthärtenden Mangan-Chrom-Molybdän-Stähle mit z. B. 1% C, 2% Mn, 2% Cr und 1% Mo oder 2% Mn, 1% Cr und 1% Mo macht G. M. BUTLER[3].

Zahlentafel 234. *Chemische Zusammensetzung der gebräuchlichsten maßänderungsarmen Stähle* (nach J. FREHSER und O. LOWITZER[2])

	C %	Si %	Mn %	Cr %	W %	Mo %	V %
Manganstahl	0,90	0,20	1,90	—	—	—	0,15
Chromstahl	1,45	0,20	0,40	1,50	—	—	0,10
Wolfram-Mangan-Chrom-Stähle	0,95	0,20	1,00	0,55	0,50	—	—
	1,05	0,20	0,90	1,10	1,50	—	—
Mangan-Chrom-Stahl	1,00	0,20	1,00	0,55	—	—	—
Chrom-Molybdän-Stahl	1,00	0,30	0,70	5,30	—	1,00	0,15
Hochchromlegierte Stähle	2,10	0,30	0,30	12,00	—	—	—
	2,10	0,30	0,30	12,00	0,70	—	—
	1,65	0,30	0,30	12,00	—	—	0,10

Gemeinsam ist allen plattenförmigen Körpern aus diesen Stählen, daß sie mit zunehmender Plattengröße abnehmende Flächenmaßvergrößerungen aufweisen. Für jeden Stahl gibt es demnach in Abhängig-

[1] FREHSER, J., u. O. LOWITZER: Stahl u. Eisen Bd. 77 (1957) S. 1228/1229.

[2] FREHSER, J., u. O. LOWITZER: Werkstattstechn. u. Masch.-Bau Jg. 47 (1957) S. 561.

[3] BUTLER, G. M.: Trans. Amer. Soc. Met. Bd. 40 (1942) S. 191/233.

keit von Härtetemperatur und Abschreckmittel eine Plattengröße, die günstigstes Maßänderungsverhalten zeigt. Da bekannt ist, wie die Maßänderung für einfache Körperformen entsteht, aus denen sich letzten Endes auch die verwickelten Werkzeuge aufbauen, können Vorschläge zur Erhöhung der Maßgenauigkeit bei der Wärmebehandlung gemacht werden.

Maßnahmen zur Erhöhung der Maßbeständigkeit können auch aus Zahlentafel 235 entnommen werden.

Maßänderungen der hochgekohlten 13%igen Chrom-Schnittstähle. Die bisher behandelten grundsätzlichen Vorgänge über die Entstehung der Maßänderungen gelten auch für diese Stahlgruppe. Es kommen jedoch weitere nur für diese Stähle zutreffende Einflußgrößen hinzu, die es erforderlich machen, diese Gruppe in ihrem Maßänderungsverhalten gesondert zu betrachten. Eingehende Untersuchungen über die Maßänderungen bei der Wärmebehandlung dieser Stähle, insbesondere über die Ursachen der anisotropen Maßänderung, liegen von J. FREHSER[1] vor. Von den vorhin beschriebenen Stählen unterschieden sich die hochgekohlten Chrom-Schnittstähle durch die von der Verformungsrichtung des geschmiedeten oder gewalzten Stahles abhängige unterschiedliche Maßänderung in der Quer- und Längsrichtung[3, 4]. Bild 557 veranschaulicht diese Verhältnisse. Wichtig ist bei diesen Stählen auch der mit Härtetemperatur in weiten Grenzen veränderliche Restaustenitgehalt[5] und die damit ebenfalls veränderlichen Volumenzunahmen. Hinzu kommt, daß diese Stähle nach Bild 551 an sich die kleinste Volumenzunahme (0,10 bis 0,25%) unter den maßänderungsarmen Stählen aufweisen.

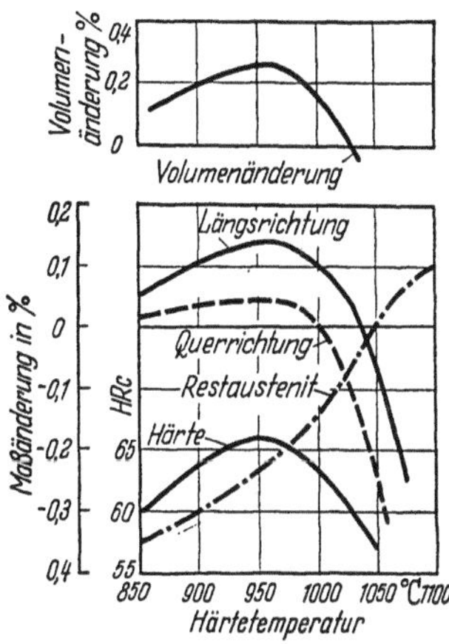

Bild 557. Volumen- und Maßänderung von 13%igen Cr-Werkzeugstählen (nach J. FREHSER und O. LOWITZER[2])

Die Anwendung von Härtetemperaturen, bei denen bereits so erhebliche Mengen Restaustenit vorhanden sind, daß die Volumenzunahme auf Werte von 0,15% und weniger absinkt, ist durch den glücklichen

[1] FREHSER, J.: Anisotrope Maßänderungen bei der Wärmebehandlung ledeburitischer Chrom-Werkzeugstähle. Arch. Eisenhüttenw. Bd. 24 (1953) S. 483/495; vgl. Stahl u. Eisen Bd. 74 (1954) S. 48.

[2] FREHSER, J., u. O. LOWITZER: Werkstattstechn. u. Masch.-Bau Jg. 47 (1957) S. 561.

[3] FREHSER, J.: Unveröff. Untersuchungen aus dem Jahre 1935.

[4] SCOTT, H., u. T. H. GRAY: Trans. Amer. Soc. Met. Bd. 29 (1941) S. 503/518.

[5] RAPATZ, F., H. KRAINER u. K. SWOBODA: Arch. Eisenhüttenw. Bd. 20 (1949) S. 115/123; vgl. Stahl u. Eisen Bd. 69 (1949) S. 342.

Zahlentafel 235. *Auswirkungen von Änderungen der die Wärme- und verschieden geformter Körper aus Stählen mit niedrigen oder*

	1		2	3	4
	Körperform		Wirkung der Einflußgrößen a) bis e) auf die durch *reine Wärmespannungen* verursachten Maßänderungen	Wirkung der auf die durch *Wärme- und* Härtbarkeit	Härtetemperatur
A		Grundfläche	Die Grundflächen vergrößern sich, die Vergrößerungen nehmen zu: a) bei Erhöhung der Abkühlungsgeschwindigkeit, b) bei Erhöhung der Abschrecktemperatur, c) bei größerer Wärmeausdehnung, d) bei abnehmender Warmfestigkeit, e) bei niedriger Wärmeleitfähigkeit.	Mit zunehmender Einhärtung vergrößert sich die Grundflächenzunahme.	Eine Erhöhung der Härtetemperatur bewirkt bei hoher Durchhärtung[3] Verkleinerung der Grundflächenzunahmen, bei geringer Durchhärtung Vergrößerung.
		Länge	Die Längen verkürzen sich bei Erhöhung der Wärmespannungen und folglich bei den oben unter a bis e angegebenen Änderungen der Einflußgrößen.	Mit zunehmender Einhärtung werden die durch die Wärmespannungen verursachten Längenverkürzungen wieder aufgehoben und bei entsprechend tiefer Einhärtung in Verlängerungen umgewandelt.	Die Längenänderungen werden durch die Härtetemperatur wie die Maßänderungen der Grundflächen beeinflußt.
B			Die Maßänderungen sind in allen Richtungen gleich groß. Die Flächen bauchen sich aus. Die Kanten verkürzen sich (Annäherung an Kugelgestalt). Die Wirkung steigt bei Erhöhung der Wärmespannungen und folglich bei den in A 2 unter a bis e angegebenen Änderungen der Einflußgrößen.	Tiefe Einhärtung vergrößert Kantenverlängerung.	Eine Erhöhung der Härtetemperatur bewirkt bei hoher Durchhärtung[3] geringere Volumenzunahmen und somit kleinere Kantenverlängerungen, bei geringer Durchhärtung[3] Vergrößerung der Kantenverlängerungen.
C	Abmessung: <400 mm □	Grundfläche[5]	Die Grundflächen verkleinern sich mit zunehmenden Wärmespannungen und folglich bei den in A 2 unter a bis e angegebenen Änderungen der Einflußgrößen.	Der Grad der Einhärtung beeinflußt die Flächenmaßänderung unwesentlich. Ob Flächenmaße zu- oder abnehmen, hängt in starkem Maße von den in Spalte 6 wiedergegebenen Zusammenhängen ab.	Eine Erhöhung der Härtetemperatur bewirkt bei hoher Durchhärtung[3] Verringerung der Flächenmaßzunahme bis Schrumpfung, bei geringer Durchhärtung[3] Vergrößerung der Flächenmaßzunahmen.
		Dicke	Die Dickenmaße vergrößern sich mit zunehmenden Wärmespannungen und folglich bei den in A 2 unter a bis e angegebenen Änderungen der Einflußgrößen.	Tiefe Einhärtung vergrößert Dickenwachstum mehr als geringe Einhärtung.	Eine Erhöhung der Härtetemperatur bewirkt größere Dickenzunahmen.

Umwandlungsspannungen beeinflussenden Größen auf die Maßänderungen mittleren Legierungsgehalten (nach J. FEHSER und O. LOWITZER[1])

3 bis 7			8
Einflußgrößen 3 bis 7 *Umwandlungsspannungen* verursachten Maßänderungen			Maßnahmen zur Erhöhung der Maßbeständigkeit
5 Abschreckmittel	6 Probenabmessung	7 Anlassen	
Eine Verringerung der Abkühlungsgeschwindigkeit (Öl-Warmbad-Luft) bringt eine Verkleinerung der Grundflächenzunahme mit sich.	Mit steigender Abmessung ergeben sich in Prozenten ausgedrückt geringere Maßzunahmen für Grundfläche und Länge. Bei weiterer Steigerung der Schalenhärtung ein, damit ist auch eine Verkürzung der Länge möglich.		Gegen Vergrößerungen der Grundflächen: a) Verwendung von tiefeinhärtenden Stählen[2] und Erhöhung der Härtetemperatur, b) Verwendung von Stählen geringer Härtbarkeit[2] und Senkung der Härtetemperatur, c) Warmbad- oder Lufthärten, d) Anlassen sinngemäß nach Spalte 7. Verkleinerungen der Grundfläche kommen nicht vor.
Eine Verringerung der Abkühlungsgeschwindigkeit kann die Verlängerungen vergrößern oder verkleinern.			Gegen Verlängerungen: a), b) und d) wie oben. Gegen Verkürzungen: a) Verwendung von Stählen hoher Härtbarkeit, b) bei Stählen mit geringer Einhärtungstiefe Härtetemperatur erhöhen, c) Anlassen sinngemäß nach Spalte 7.
Eine Verringerung der Abkühlungsgeschwindigkeit verursacht kleinere Volumen- und Maßzunahmen.	Mit steigender Abmessung erhält man geringe Maßzunahmen (in %).	a) Für niedriglegierte Ölhärter, z.B. für die Stähle 145 CrV 6, 90 MnV 8, 95 W-CrV 2, 105 WCr 6, 105 MnCr 4 gilt: bei Anlaßtemperaturen unter 200° treten Maßverkleinerungen, von 200 bis 320° Maßvergrößerungen, darüber hinaus wieder Verkleinerungen auf. b) Bei mittellegierten Öl- und Lufthärtern, z.B. bei dem Stahl X 100 CrMoV 51, treten bis 500° Maßverkleinerungen, von 500 bis 570° Maßvergrößerungen auf. Die hier genannten Maßverkleinerungen bzw. -vergrößerungen beziehen sich auf die Maße im gehärteten Zustand.	Gegen Maßvergrößerungen: a), b), c), d) wie unter A 8 (Grundflächen). Gegen Maßverkleinerungen: kommen nicht vor[4].
Eine Verringerung der Abkühlungsgeschwindigkeit durch Warmbad oder Lufthärtung hat etwas geringere Flächenmaßveränderungen zur Folge.	Mit größer werdenden Flächenabmessungen werden die Flächenmaßzunahmen (in %) kleiner, und es können auch Schrumpfungen auftreten. Für eine gegebene Flächenabmessung steigt mit zunehmender Plattendicke die Flächenmaßzunahme (Härtung auf gleiche prozentuale Volumenzunahme vorausgesetzt).		Gegen Flächenmaßvergrößerungen: a) Bei Stählen hoher Härtbarkeit[2], Härtetemperatur erhöhen, Plattendicke verkleinern. b) Bei Stählen geringer Härtbarkeit[2] Härtetemperatur herabsetzen, Plattendicke vergrößern. c) Warmbad- oder Lufthärten (wirkt aber weniger als a und b). d) Anlassen sinngemäß nach Spalte 7. Gegen Flächenmaßverkleinerungen: a) Bei Stählen geringer Härtbarkeit[2] Härtetemperatur erhöhen, Plattendicke *verkleinern*. b) Bei Stählen hoher Härtbarkeit[2] Härtetemperatur herabsetzen, Plattendicke *vergrößern*. c) Anlassen sinngemäß nach Spalte 7.
Eine Verringerung der Abkühlungsgeschwindigkeit durch Warmbad oder Lufthärtung bewirkt bei hoher Durchhärtung[3] Dickenzunahmen, die an der unteren Grenze der bei der Ölhärtung auftretenden Dickenzunahmen liegen. Bei geringer Durchhärtung[3] sind die Dickenzunahmen wesentlich geringer als bei Ölhärtung.	Mit zunehmender Dicke bei gegebener Flächenabmessung wird Dickenzunahme geringer (Härtung auf gleiche prozentuale Volumenzunahme vorausgesetzt).		

Zahlentafel 235.

	1		2	3	4
	Körperform		Wirkung der Einflußgrößen a) bis e) auf die durch *reine Wärmespannungen* verursachten Maßänderungen	Wirkung der auf die durch *Wärme- und*	
				3 Härtbarkeit	4 Härtetemperatur
D	Abmessung: < 400 mm □	Außenmaße	Die Außenmaße verkleinern sich mit zunehmenden Wärmespannungen und folglich bei den in A 2 unter a bis e angegebenen Änderungen der Einflußgrößen.	Bei tiefer Einhärtung ergeben sich mitunter Außenmaßzunahmen, mitunter Schrumpfungen. Geringe Einhärtung bringt meist Außenmaßzunahmen.	Eine Erhöhung der Härtetemperatur hat bei hoher Durchhärtung[3] Verringerung der Außenmaßzunahmen bis Schrumpfung, bei geringer Durchhärtung[3] meist Verringerung der Außenmaßzunahmen zur Folge.
		Innenmaße	Für die Innenmaße gilt dasselbe wie für die Außenmaße.	Die Flächenmaße können größer oder infolge der doppelten Abhängigkeit von und der Ringbreitenänderung.	
		Dicke	Die Dickenmaße vergrößern sich mit zunehmenden Wärmespannungen und folglich bei den in A 2 unter a bis e angegebenen Änderungen der Einflußgrößen.	Bei tiefer Einhärtung ist die Dickenzunahme bei fallender Ringbreite konstant. Bei geringer Einhärtung erhält man eine Vergrößerung der Dickenzunahme (infolge Steigerung der Durchhärtung bei abfallender Ringbreite).	Eine Erhöhung der Härtetemperatur bewirkt in der Regel vergrößerte Dickenzunahmen

[1] FREHSER, J., u. O. LOWITZER: Stahl u. Eisen Bd. 77 (1957) S. 1228/1229.

[2] Als tief einhärtende Stähle oder Stähle hoher Härtbarkeit werden hier die Stähle bezeichnet. die sich bei der Härtung ähnlich verhalten wie die Stähle 90 MnV 8 und X 100 CrMoV 5 1. Zu den Stählen mit geringer Einhärtungstiefe oder geringer Härtbarkeit werden z. B. die Stähle 145 CrV 6, 95 WCrV 2, 105 WCr 6 und 105 MnCr 4 gerechnet.

[3] Mit „hoher Durchhärtung" ist hier ein Vorgang gemeint, bei dem infolge von Restaustenitbildung der Höchstwert der bei der Härtung möglichen Volumenzunahme schon überschritten wird. Entsprechend soll durch „geringe Durchhärtung" angedeutet werden, daß auf Grund der Härtbarkeit, der angewendeten Abkühlungsgeschwindigkeit und der Abmessung der Proben durch eine

Umstand gegeben, daß trotz der hohen Restaustenitgehalte nach F. RAPATZ, H. KRAINER und K. SWOBODA[1] eine noch ausreichende Härte erzielt wird. In Kenntnis der vorangeführten Eigenschaften der 13%igen Chrom-Schnittstähle lassen sich nachstehende Regeln für die Beeinflussung der Maßänderung aufstellen:

Für plattenförmige Körper mit liegender Faser

Geht man für die Herstellung von Schnitten von Flachstahl aus und ist die Hauptverformungsrichtung in Stabstahlachse, so spricht man von liegender Faser. Die in diesem Fall in Längs- und Querrichtung

[1] s. Fußnote 5 S. 953.

(Fortsetzung)

3 bis 7			8
Einflußgrößen 3 bis 7 *Umwandlungsspannungen* verursachten Maßänderungen			Maßnahmen zur Erhöhung der Maßbeständigkeit
5 Abschreckmittel	6 Probenabmessung	7 Anlassen	
Eine Verringerung der Abkühlgeschwindigkeit durch Warmbadhärtung führt bei hoher Durchhärtung[3] zu einer Schrumpfung der Außenmaße. Bei geringer Durchhärtung[3] sind die Außenmaße nach einer Warmbadhärtung kleiner, gleich oder größer als nach der Ölhärtung.			Voraussagen über die Maßänderung sind nur schwer möglich. Faustformeln, nach denen Innenabmessungen von Ringen aus Stählen hoher Härtbarkeit unverändert bleiben oder sich vergrößern, stimmen keinesfalls, da auch Verkleinerungen vorkommen. Gegen Schrumpfen der Innenmaße ist Härten im Warmbad zu empfehlen.
kleiner werden der Außenmaß-	Es sind keine allgemeinen Aussagen möglich.		
Eine Verringerung der Abkühlgeschwindigkeit Warmbadhärtung bewirkt bei hoher Durchhärtung[3] Dickenzunahmen, die an der unteren Grenze der bei der Ölhärtung auftretenden Dickenzunahmen liegen; bei geringer Durchhärtung[3] sind die Dickenzunahmen wesentlich geringer als bei der Ölhärtung.			

Erhöhung der Härtetemperatur die Volumenzunahme infolge von Martensitbildung noch gesteigert werden kann.

[4] Maßverkleinerungen kommen nur bei ledeburitischen Chromstählen vor; über ihr Maßänderungsverhalten siehe „Anisotrope Maßänderungen bei der Wärmebehandlung ledeburitischer Chrom-Werkzeugstähle": Arch. Eisenhüttenw. Bd. 24 (1953) S. 483/495.

[5] Plattenförmige Körper mit Bohrungen oder nicht zusammenhängenden verhältnismäßig kleinen Ausnehmungen verhalten sich wie volle Platten. Die Lochabstände verändern sich proportional den Flächenmaßänderungen.

unterschiedliche Maßänderung kann in ihrer Größe durch die Wahl der Härtetemperatur und des Abschreckmittels, wie das Bild 558a[1] zeigt, beeinflußt werden. Geringste Maßänderungen ergibt in der Regel die Ölhärtung. Lufthärtung bringt hier erheblich größere Maßänderungen, während jene der Warmbadhärtung dazwischen liegen. Diese zunächst überraschend erscheinende Reihung erklärt sich zwangslos aus dem unterschiedlichen Dickenwachstum.

Eine Erhöhung der Härtetemperatur wirkt sich so aus, daß sich die Volumzunahmen verkleinern und schließlich im Bereich der Volum-

[1] Frehser, J., u. O. Lowitzer: Werkstattstechn. u. Masch.-Bau Jg. 47 (1957) S. 562.

abnahme — also bei hohen Härtetemperaturen — durch weiter steigende Härtetemperatur noch weitere Volumverminderungen eintreten. Dem Umstand, daß die Maßänderungen in der Längsrichtung größer sind als in der Querrichtung, begegnet man dadurch, daß man jene Richtung, für die höchste Genauigkeit gefordert wird, quer zur Hauptverformungsrichtung legt. Diese Beeinflussung der Maßänderung durch die Wahl entsprechender Härtetemperatur und entsprechender Abschreckmittel ist noch viel zuwenig bekannt und wird daher kaum ausgenutzt.

Die Veränderungen der Abmessungen beim Anlassen folgen den im Abschnitt „Anlassen“ für diese Stähle angegebenen Beziehungen. Dem-

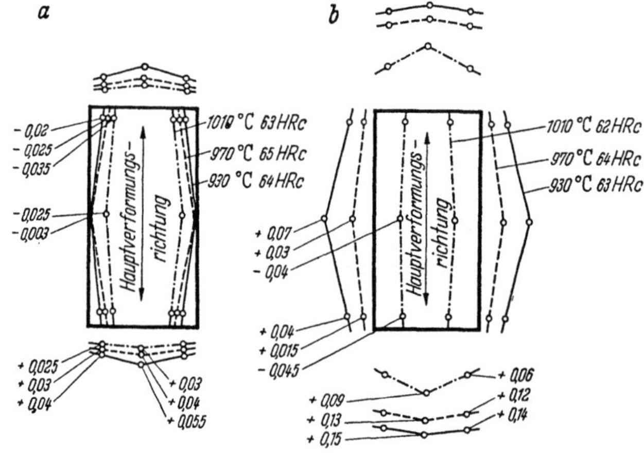

Bild 558. Maßänderung von Platten aus 13% Chrom-Werkzeugstählen
a Ölhärtung und *b* Lufthärtung; Plattenmaße: 300 × 150 × 30 mm. Maßänderung in mm.

nach können durch ein Anlassen im Bereich bis 450 °C beim Härten größer gewordene Abmessungen verkleinert, also günstig beeinflußt werden, während beim Härten kleiner gewordene Abmessungen durch ein Anlassen weiter verkleinert, also ungenauer werden. In diesem Sinne kann das Anlassen innerhalb der zulässigen Grenzen der Arbeitshärte zur Verbesserung der Maßgenauigkeit ausgenützt werden.

Plattenförmige Körper, die als Scheiben von Stabstahl, runden, quadratischen oder rechteckigen Querschnitten abgesägt werden, haben die Hauptverformungsrichtung senkrecht zur Plattenebene. Man spricht von stehender Faser. Es liegt kein Richtungseffekt in der Plattenebene vor, da sich dieser in der meist weniger interessanten Plattendicke auswirkt. Zum anderen neigen Platten mit stehender Faser im Gegensatz zu solchen mit liegender, die meist größer werden, zum Schrumpfen. Die Ölhärtung gibt in diesem Fall die ungünstigste Maßänderung, während Warmbad- und Lufthärtung maßgenauer sind. Auch hier werden beim Härten kleiner werdende Maße durch Senken der Härtetemperatur, größer werdende durch Erhöhung im Sinne höherer Maßgenauigkeit beeinflußt (Bild 559[1]).

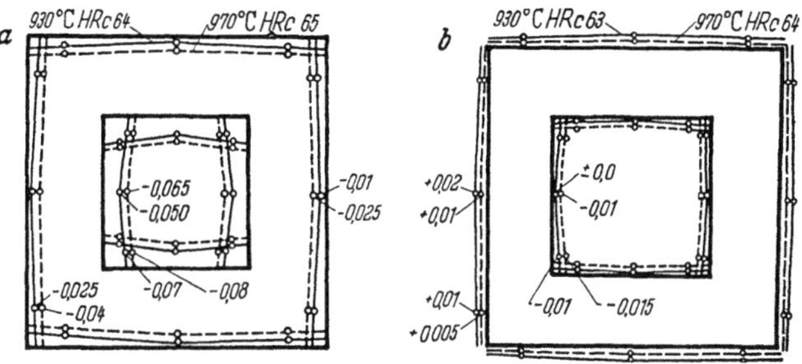

Bild 559. Maßänderung beim Härten schematisierter Werkzeugformen aus 13% Chrom-Werkzeugstählen mit stehender Faser
a in Öl, *b* in Luft; Plattenmaße: außen 120 × 120 × 30 mm, innen 60 × 60 mm; Maßänderung in mm (nach J. FREHSER und O. LOWITZER[1])

Ringförmige Körper aus 13%igen Chromstählen zeigen dasselbe Verhalten. Das Anlassen wirkt im selben Sinne wie bei stehender Faser. Da meist ein Schrumpfen vorliegt, soll die Anlaßtemperatur so niedrig gewählt werden, wie es die Arbeitshärte gestattet, damit der Schrumpfvorgang nicht noch verstärkt wird.

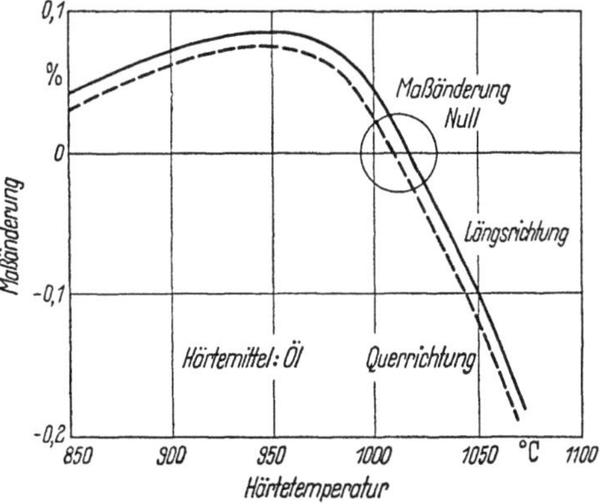

Bild 560. 13%iger Chromstahl mit richtungsgleicher, regelbarer Maßänderung

Mit Rücksicht auf die Behandlung von Schnitten ist hier hauptsächlich von Platten die Rede. Es soll aber auch noch kurz darauf hingewiesen werden, daß prismatische und zylindrische Körper, deren Längsachse in der Hauptverformungsrichtung liegt, beim Härten durch den Richtungseffekt in der Längsrichtung trotz kleinerer Volumenzunahme mehr wachsen als dieselben Körper aus mittellegierten Ölhärtern.

Es ermöglichen also selbst die hochlegierten Chrom-Werkzeugstähle, die geringste Volumenzunahme beim Härten aufweisen, keine maßänderungsfreie Härtung, da ihre Maßänderung in Längs- und Querrichtung unterschiedlich ist. Die Eigenschaft dieser Stähle, durch Ver-

---

[1] FREHSER, J., u. O. LOWITZER: Werkstattstechn. u. Masch.-Bau Jg. 47 (1957) S. 563.

änderung der Härtetemperatur die Maßänderung zu regeln, kann nur sehr bedingt ausgenützt werden.

Durch ein besonderes Erzeugungsverfahren gelingt es jedoch, diese Hochleistungschromstähle in Form von Flachabmessungen mit richtungsgleicher, regelbarer Maßänderung herzustellen. Erst dadurch ist es möglich, die Maßänderungen systematisch zu beherrschen. Mit diesen Stählen gelingt eine praktisch maßänderungsfreie Wärmebehandlung (Bild 560).

7. Abriß über die Metallurgie des Schweißens[1]

Das Schweißen ist ein so großes Gebiet geworden, daß es in diesem Abschnitt nur soweit behandelt wird, als es das Verständnis für das Schweißen erleichtert. Hinweise über das Schweißen der verschiedenen Stahlarten, z. B. Baustähle, korrosionsbeständige, werden in den betreffenden Abschnitten gebracht.

Das Schweißen ist die Verbindung zweier Metallteile im teigigen Zustand durch Zusammenpressen oder im flüssigen Zustand durch Zusammenschmelzen. Im ersten Falle spricht man von Preßschweißung, im letzteren von Schmelzschweißung, wobei jedoch zur Preßschweißung auch Verfahren gezählt werden, bei denen während des Schweißvorganges zum Teil auch der flüssige Zustand vorliegt.

Preßschweißen. Da das Preßschweißen in diesem Buch in den verschiedenen Abschnitten nicht behandelt und auch sonst im Schrifttum etwas vernachlässigt wird, so sollen an dieser Stelle darüber nähere Ausführungen gemacht werden.

Die älteste Art des Preßschweißens ist das auch heute noch oft geübte Hammerschweißen.

Das Preßschweißen wird so vorgenommen, daß man die zu verbindenden Stahlteile auf hohe Temperatur erwärmt und durch Hammerschläge oder durch Walzen oder Pressen so miteinander verbindet, daß sich beide Teile verformen. Während dieses Vorganges werden die bei der Erwärmung entstandenen, aus Oxyden bestehenden Zwischenschichten herausgepreßt, und Stahl verbindet sich mit Stahl durch Zusammenwachsen der Kristalle und durch Diffusion so innig miteinander, daß man oft die Trennungsschicht nur im Feingefüge erkennen kann. Bei Stählen

[1] *Als zusammenfassendes Schrifttum für das Schweißen* kann empfohlen werden: ZEYEN, K. L., u. W. LOHMANN: Schweißen der Eisenwerkstoffe, 2. Aufl. Düsseldorf: Stahleisen 1948. — KOMERS, M., u. W. PÜNGEL: Werkstoff-Handbuch Stahl und Eisen: Schweißbarkeit, Schweißen und Schweißdrähte, 3. Aufl. 1953, E 11; SCHIMPKE, P., u. H. HORN: Praktisches Handbuch der gesamten Schweißtechnik, Bd. 1, 2. Berlin/Göttingen/Heidelberg: Springer. Bd. 1: Gasschweiß- und Schneidtechnik, 4. Aufl. 1948. — Bd. 2: Elektrische Schweißtechnik, 5. Aufl. 1950. — Bd. 3: Berechnen und Entwerfen der Schweißkonstruktionen, 2. Aufl. 1959.

mit niedrigem Kohlenstoffgehalt ist die Verbindung ohne besondere Mittel möglich. Bei höherem Kohlenstoffgehalt steigt die Schwierigkeit im Massenbetrieb für die Feuerschweißung schon so stark an, daß man 0,3% C als obere Grenze für die Massenfertigung ansehen kann. Es lassen sich aber noch Stähle bis 0,6% C durch Preßschweißung, ohne Zuhilfenahme von Schweißmitteln, bei gebotener Vorsicht vereinigen.

Man nimmt an, daß leichtere oder schwerere Entfernbarkeit der aus den Oxyden gebildeten Schlacke die Preßschweißbarkeit bedingt. Das reine Eisen ist deshalb gut preßschweißbar, weil das Eisenoxyduloxyd (Fe_3O_4) für sich allein eine leichtflüssige und leicht entfernbare Schlacke ergibt. Das Manganoxydul bildet mit den Eisenoxyden Verbindungen mit ähnlichen Eigenschaften. Nickel oxydiert bei Gegenwart von Eisen und Mangan nicht, so daß Mangan und Nickel die Hammer- und Walzschweißbarkeit wenig beeinträchtigen. Dagegen bilden die leichter als Eisen oxydierenden Metalle, wie Chrom und Silizium, Oxyde, die recht schwer schmelzbare Verbindungen geben. Beim Wolfram ist diese etwas weniger ausgeprägt. Molybdän dagegen verbindet sich zu leicht schmelzbaren Schlacken. Der Kohlenstoff, der auf den ersten Blick keinen Einfluß hat, da er die Oxyde nicht wesentlich beeinflußt, ist deshalb zu berücksichtigen, weil höhere Kohlenstoffgehalte so hohe Verformungstemperaturen, wie sie für das Flüssigmachen der Schlacke notwendig sind, nicht gestatten. Man muß daher Schweißmittel zusetzen, welche die Oxyde auch bei niedrigen Verformungstemperaturen verflüssigen.

Als Schweißmittel werden z. B. Borax, Soda, Eisenpulver und verschiedene mehr oder weniger willkürliche Zusammensetzungen gebraucht. Diese Schweißmittel helfen bis zu einem gewissen Gehalt auch bei legierten Stählen, so daß man mit Hilfe dieser Mittel die Hammer- und Walzschweißung bis zu 1,5% C und bis zu einem Chrom-, Wolfram- oder Siliziumgehalt von etwa 3% durchführen kann, wobei Wolfram weniger hinderlich ist als Chrom und Silizium. Hochlegierte Stähle, wie die rostbeständigen und die Schnellarbeitsstähle, sind auch bei Gegenwart von Schweißmitteln nicht mehr hammer- oder walzschweißbar.

Für die mangelnde Preßverschweißbarkeit der hochlegierten Wolfram- und Chromstähle mit unlegierten Stählen ist nicht allein die schlechte Entfernbarkeit der Oxyde verantwortlich, sondern in hohem Maße auch der große Unterschied der Warmfestigkeit von der unlegierten Unterlage; dies bedingt ein verschiedenes Fließen beim Schmieden oder Walzen, wodurch die zwei Stahlteile bei der Warmverformung immer wieder auseinanderreißen. Die hochlegierten Mangan- und Nickelstähle sind auch deshalb hammerschweißbar, weil sie nicht besonders warmfest sind. Schweißt man durch bloßes Aufdrücken ohne Verformung, wie beim Auflegen der Schnellstahlplättchen, so erzielt man auch bei diesen Stählen eine, wenn auch unvollkommene, aber echte Schweißung.

Eine immer mehr Eingang findende Verbindungsart ist die elektrische Widerstandsschweißung. Die zu verschweißenden Stücke werden dabei durch niedriggespannten Wechselstrom hoher Stromstärke oder durch Induktion erwärmt. Die auf diese Weise nach kurzer Zeit auf Schweißhitze gebrachten Stoßstellen werden durch Druck oder Schlag vereinigt.

Beim Punktschweißen werden durch Punktschweißelektroden (Schweißstempel) Bleche zusammengedrückt und mit einem kurzen, geregelten Stromstoß örtlich bis zum Schmelzpunkt erhitzt. Die Widerstands-Schweißmaschinen lassen je nach Art der Steuerung sehr kurze Stromstöße zu, was besonders für das Verschweißen austenitischer Bleche und für die Nahtschweißung wichtig ist.

Beim Widerstands-Abbrennschweißen werden durch wiederholtes kurzes Berühren der Stoßflächen Schmelztröpfchen erzeugt, die als Brücken eine Stromleitung übernehmen. Hierdurch tritt an den Stoßstellen ein fortlaufendes Abbrennen ein, das die Oberflächen des zu verschweißenden Werkstückes einformt. Das Verschweißen erfolgt durch schlagartiges Zusammenpressen.

Beim Widerstands-Stumpfschweißen wird der Strom durch zwei Spannbackenpaare zugeführt, in denen die zu verbindenden Teile eingespannt sind. Nach Erreichen der Schweißhitze wird durch Stauchdruck das Verschweißen herbeigeführt.

Im Gegensatz zum Abbrennschweißen erfordert das Widerstands-Stumpfschweißen metallisch saubere Flächen. Auch beim Naht- und Punktschweißen muß die Oberfläche an den zu verschweißenden Stellen metallisch blank sein, da sonst starke Funkenbildung (Verbrennung) und Entkohlung (Reaktion mit Rost und Zunder) zu Schweißfehlern führen können.

Man greift heute meist zur Abbrennstumpfschweißung, wobei unregelmäßig vorstehende Teile weggeschmolzen und der flüssige Stahl herausgepreßt wird. Dieses Verfahren könnte daher ebensogut zum Schmelzschweißen gezählt werden. Die Abbrennstumpfschweißung wird nicht nur zur Verbindung kleiner, sondern auch großer Querschnitte gebraucht. Die Erwärmung und die damit verbundene Gefügeänderung macht sich bei den bisher geübten Verfahren in einem Streifen mehr oder weniger geltend, so daß höher legierte Stähle in diesem Bereich stark härten. Dadurch entsteht die Gefahr des Reißens, wenn nicht langsame Abkühlung oder Vorwärmung erfolgen. Von der Kenntnis ausgehend, daß der erwärmte Streifen um so breiter wird, je länger die Erwärmung dauert, wurde in letzter Zeit ein Verfahren ausgebildet, wobei durch kurze, aber sehr starke Stromstöße die Erwärmung nicht länger als 1 Sekunde dauert[1]. Auf diese Weise wird der erwärmte Streifen auf

[1] Forschungsinstitut für Schweißtechnik, Preßburg (pers. Mitt. von Prof. J. Čabelka Oktober 1958).

wenige hundertstel Millimeter begrenzt, so daß diese Schicht das Festigkeitsverhalten des ganzen Stückes sehr wenig beeinflußt und auch bei höher legierten Stählen eine unmittelbare Abkühlung an der Luft erfolgen kann. Es gelingt dadurch, z. B. Kurbelwellen so herzustellen, daß man Lagerwelle und Hub einzeln gewalzt oder geschmiedet anfertigt und zusammenschweißt, soweit der Verzug so gering ist, daß die Teile vorher vergütet werden können. Ein anderes Beispiel wäre die einfachere Herstellung von Kugellagerringen dadurch, daß man Flachstäbe rund biegt und, wie geschildert, zusammenschweißt. Eine Herstellung von Kugellagerringen aus Rohren würde sich dadurch erübrigen. In diesem letzteren Fall wäre natürlich nachträgliche Härtung erforderlich.

Schmelzschweißen[1]. Die Bedeutung des Schmelzschweißens wird deutlich, wenn man bedenkt, daß die Massenstähle bis zu $^1/_3$ der Gesamterzeugung durch Schmelzschweißen zu Gebrauchsgütern verarbeitet werden. Es ist aber auch bis zu den höchstlegierten Stählen herauf Schweißbarkeit erforderlich. So ist bei den warmfesten, korrosions- und zunderbeständigen Stählen ihre Verwendbarkeit geradezu an ihre Schweißbarkeit gebunden. Auch bei Werkzeugstählen ist Schweißbarkeit von Bedeutung, allerdings weniger für Verbindungs- als für Auftragsschweißung zur Instandsetzung und auch zur Neuanfertigung.

Beim Schmelzschweißen wird zwischen die zu verbindenden Teile ein Stahlkörper meist aus einem Zusatzwerkstoff oder auch aus den zu verschweißenden Teilen selbst niedergeschmolzen. Als Wärmequelle dient der elektrische Lichtbogen oder die Azetylen-Sauerstoffflamme. Das erstere Verfahren ist das Lichtbogenschweißen; das letztere das Gasschmelzschweißen.

Für das Gasschmelzschweißen gebraucht man blanke Drähte, für das Lichtbogenschweißen an freier Luft zum Schutz gegen die Einwirkung des Sauerstoffs und des Stickstoffs sowie zur besseren Lichtbogenführung eine Umhüllung, die zum großen Teil aus nichtmetallischen Körpern besteht[2]. Dieser Umhüllung werden zum Ausgleich des Abbrandes durch die Oxydation an der Luft oder auch zur Auflegierung Legierungsmetalle zugesetzt, z. B. Mangan und Chrom. Bei der verdeckten Lichtbogenschweißung, oder auch Unterpulverschweißung genannt, wird ein blanker Draht unter der Decke des Pulvers geeigneter Zusammensetzung abgeschmolzen. Anstatt die nichtmetallischen Bestandteile in die Umhüllung zu geben, kann man sie auch in das Innere verlegen und erhält so die sogenannten Seelendrähte, die aber heute nur noch selten gebraucht

---

[1] Hier sei auf das S. 960 angezogene Schrifttum verwiesen.

[2] RAPATZ, F., u. W. HUMMITZSCH: Wirkung und Zweck der Umhüllungsmassen bei Elektroschweißdrähten. Stahl u. Eisen Bd. 65 (1945) S. 109/118 u. 141/148. — HUMMITZSCH, W., u. F. RAPATZ: Stahl u. Eisen Bd. 71 (1951) S. 925/940.

werden. Bei der Lichtbogenschweißung mit Schutzgas gebraucht man als Schutzgas Helium, Argon oder Kohlensäure, wobei natürlich die Drähte nicht umhüllt sind.

Das Schweißen im Wasserstrom heißt Arcatomverfahren. Hier wird der Zusatzwerkstoff in einem Lichtbogen niedergeschmolzen, der zwischen zwei Wolframelektroden gezündet wird. Beim Schweißen im Helium, dem Heliarc-Verfahren, und beim Schweißen im Argon, dem Argonarc-Verfahren, brennt der Lichtbogen zwischen einer Wolframelektrode und dem Grundwerkstoff. Beim Schweißen austenitischer oder nichtrostender Stähle kann auch ohne Wolframelektrode gearbeitet werden, wobei der Zusatzdraht durch eine handliche Schweißpistole zugeführt wird. Um das Schweißen im Schutzgas billiger zu gestalten, hat man auch Kohlensäure mit Erfolg angewendet. Dabei ist darauf zu achten, daß dieses Gas etwas oxydierend wirkt[1].

Es wird oft die Frage gestellt, was unter Schweißbarkeit des Stahles zu verstehen ist. Dazu ist zu sagen, daß es nicht richtig ist, von einer „Schweißbarkeit" an sich zu sprechen. Ein Stahl ist nur für einen bestimmten Zweck schweißbar oder nicht schweißbar. Ein Beispiel möge dies deutlich machen. Korrosionsbeständiger Stahl mit 18% Cr, 8% Ni und einem Kohlenstoffgehalt von 0,07 bis 0,10%, ohne kohlenstoffstabilisierende Elemente (S. 574), ist für Hausgeräte und Zierzwecke schweißbar, d. h., die hergestellten Gegenstände sind haltbar. Will man aber aus demselben Stahl einen chemischen Apparat, der Säureangriffen ausgesetzt ist, herstellen, so wird dieser geschweißte Gegenstand, wie auf S. 657 ausgeführt wurde, durch interkristalline Korrosion angegriffen. Der Stahl ist für diesen Fall nicht schweißbar.

Der niedergeschmolzene Körper soll bei Konstruktionsschweißungen denselben Anforderungen an statische und dynamische Beanspruchung genügen wie der Grundwerkstoff oder bei korrosions- und zunderbeständigen Stählen sich gleich verhalten wie der Grundkörper. Die Erwärmung des Grundwerkstoffes auf verschiedene Temperaturen und die Abkühlung mit verschiedener Geschwindigkeit bringt eine Reihe von Veränderungen mit sich. Was die korrosionsbeständigen Stähle betrifft, so wurde hierüber ausführlich auf S. 652 bis 664 berichtet.

Bei den härtbaren perlitischen und martensitischen Stählen wird der Grundwerkstoff in Abhängigkeit von der Härtbarkeit des Stahles und von der Blechstärke verschieden stark aufgehärtet. Bei Stählen mit geringerer kritischer Abkühlungsgeschwindigkeit und größerer Härtbarkeit ist daher die Verbindungsschweißung begrenzt. Darüber wurden bei den Baustählen nähere Ausführungen gemacht (s. S. 395 bis 399). T. Norén[2]

---

[1] Hummitzsch, W.: Schweißen u. Schneiden Bd. 12 (1960) S. 368.

[2] Norén, T.: Werkstoffkunde für die Lichtbogenschweißung von Eisen und Stahl (1955). Kjellberg-Esab, Solingen (Übers. aus dem Schwed.).

versucht die Schweißbarkeit durch den Abstand zu kennzeichnen, bei dem in der Stirnabschreckprobe aus einer Härtetemperatur von 1100 °C 300 oder 350 HB vorliegen. Je größer der Abstand, desto größer die Härtbarkeit und um so schwieriger die Schweißbarkeit (bei größerer Entfernung langsamere Abkühlung). Siehe dazu die kritischen Bemerkungen S. 398.

Einen Hinweis für die Schweißbarkeit geben auch die ZTU-Kurven, wobei auf Bild 244 (S. 396) verwiesen wird. Um die unerwünschten Härtungserscheinungen zu vermindern, wärmt man den Stahl beim Schweißen auf bestimmte Temperaturen an und kühlt ihn langsam ab. Das am wenigsten Aufwand erfordernde Verfahren ist das Erwärmen bis oberhalb des Martensitpunktes mit langsamer Abkühlung. Dadurch kann beim Schweißen kein härteres Gefüge als Zwischenstufengefüge entstehen. Bei stärker härtbaren Stählen, wo auch das Zwischenstufengefüge zu hart ist, ist man gehalten, bei Temperaturen im Perlitbereich zu schweißen und langsam abzukühlen. Die Schweißungen bei so hohen Temperaturen bringen aber so viele Unannehmlichkeiten mit sich, daß man in solchen Fällen meist von „Nichtschweißbarkeit" spricht. Stähle, die, wie z. B. der Stahl nach Bild 238 (S. 365), in einem Bereich von etwa 450° bis 500 °C größere Austenitbeständigkeit haben, kann man nach Abkühlung aus dem γ-Bereich bei diesen Temperaturen ungefährdet schweißen, muß nachträglich aber auf die Perlitstufe erwärmen, um den Austenit zur Umwandlung in Perlit zu zwingen.

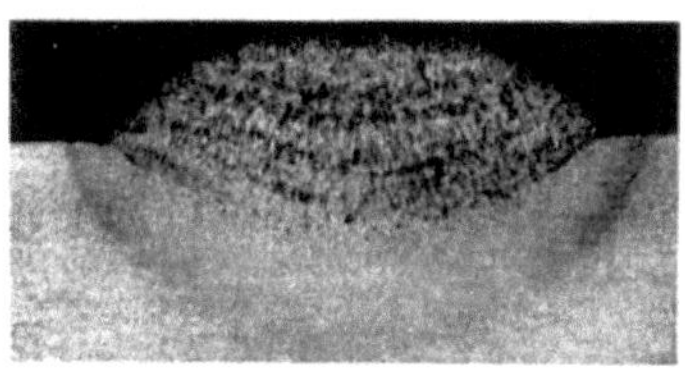

Bild 561. Schweißraupe auf ebener Fläche aufgeschweißt, den Einbrand zeigend. Dunkle Fläche im Grundwerkstoff ist wärmebeeinflußte Zone

Um dem Schweißkörper die gewünschte chemische Zusammensetzung zu geben, muß nicht nur auf die Zusammensetzung des Zusatzwerkstoffes geachtet werden, sondern auch auf die Veränderungen durch die Einwirkung der Luft, der Ummantelungsmassen und den Einbrand. Unter Einbrand versteht man den Teil des Grundwerkstoffes, der in der ersten Schweißlage mit aufgeschmolzen wird (s. Bild 561). Um dies bei der Prüfung auf die Größe des Einbrandes deutlich zu machen, wird auf einer ebenen Unterlage eine Schweißraupe aufgebracht. Man sieht, wieviel von der Unterlage in die Schweißraupe einging. Die erste Unterlage kann unter Umständen zur Hälfte aus aufgeschmolzenem Grundwerkstoff bestehen, wodurch natürlich die Zusammensetzung der ersten Lage sehr von der Zusammensetzung des Grundwerkstoffes beeinflußt wird.

Mitunter ist der Zusatzwerkstoff oft von ganz anderer Art als der Grundwerkstoff. Will man Bleche, die auf hohe Festigkeit vergütet sind, wie z. B. Panzerbleche, verschweißen, so gebraucht man hierfür austenitische Schweißdrähte. Die zähe austenitische Schweiße übernimmt dann die notwendig auftretenden kleinen Verformungen, die der hochvergütete und neben der Schweiße aufgehärtete Grundkörper nicht ertragen würde. An der Übergangsstelle zeigt sich dann, wie aus Bild 562 ersichtlich, eine ausgesprochen martensitische Zone.

Eine besondere Art der Schweißung stellt die Thermitschweißung dar. Die zu verschweißenden Teile werden mit einer exothermen Mischung von Eisenoxyden und Aluminium umgeben, die Mischung zur Entzündung gebracht und die Teile zusammengepreßt. Hier könnte man sowohl von Schmelzschweißung wie von Preßschweißung sprechen.

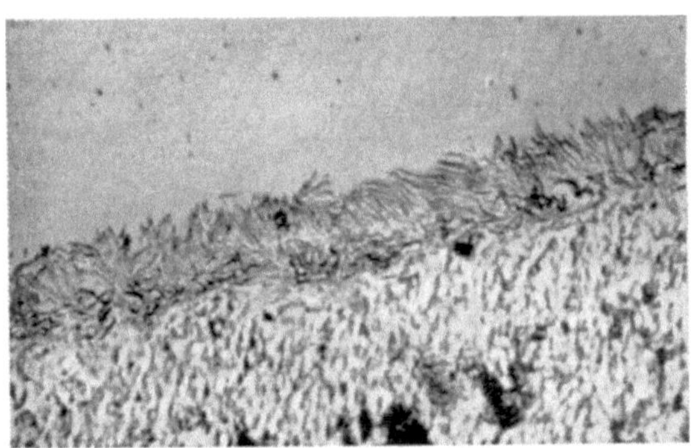

Bild 562. Übergang vom perlitischen Grundwerkstoff zur austenitischen Schweiße

Bei der Auftragsschweißung, wo es sich um Teile handelt, die an der Oberfläche verschleiß- oder korrosionsfest sein sollen, ist die Schweiße meist anderer Zusammensetzung als der Grundwerkstoff. Diese Art Schweißung hat eine sehr vielfältige Anwendung. Wichtig ist nicht nur die Schweißung von Stahl auf Stahl, sondern die Schweißung von Hartlegierungen auf Stahl.

Artgleiche Auftragsschweißung liegt z. B. bei der Instandsetzung von Werkzeugen vor.

Löten[1]. Unter Löten versteht man das Verbinden erhitzter, im festen Zustand bleibender Metalle und Legierungen durch besonders zusammengesetzte niedriger schmelzende metallische Bindemittel, die „Lote".

Lote mit Schmelzpunkten bis zu 300 °C nennt man „Weichlote", ihre Verarbeitung bei entsprechenden Temperaturen „Weichlöten". Zum „Hartlöten" verwendet man „Hartlote" mit Schmelztemperaturen ober-

[1] Fischer, O.: Vorgänge und Festigkeiten beim Hartlöten. Berlin: VDI-Verlag 1939. — Loebich, O.: Über die Arbeitstemperatur von Silberloten. Metall Bd. 5 (1951) S. 548/550. — Klougt, W.: Das Löten von Eisen und Stahl. Werkstoff-Handbuch Stahl und Eisen, 1953, E 13.

halb 700 °C. Dazwischen liegt das sogenannte „Silberlot“ mit einer Löttemperatur von 630 bis 650 °C. Die üblichen Hartlote, die für das Löten der Nichteisenmetalle gebraucht werden, kann man auch für Stahl verwenden. Durch Löten sind alle Stahllegierungen miteinander zu verbinden. Veränderungen der Eigenschaften durch Löten treten naturgemäß desto weniger ein, je geringer der Kohlenstoffgehalt und der Legierungsgehalt des Stahles ist. Härtbare Stähle müssen daher mit größerer Sorgfalt behandelt werden, entweder dadurch, daß man niedrig schmelzende Lote oder, wenn hohe Löttemperatur nötig war, langsame Abkühlung anwendet. Bei Silberloten liegt die Temperatur gerade dort, wo die Umwandlung noch nicht eingetreten ist. Man kann also ohne wesentliche Beeinflussung der Eigenschaften löten, wenn die Festigkeit durch Härtung oder Vergütung nicht schon vorher so hoch gelegen hat, daß durch das Löten ein Erweichen stattfindet.

Die Festigkeit der Lötverbindung ist größer als man von vornherein annehmen könnte. Sie schwankt, je nachdem, ob es sich um Weich- oder Hartlote handelt, zwischen 10 und 40 kg/mm². Sogar die Dauerfestigkeit ist nicht zu unterschätzen. Sie soll etwa die Hälfte der obigen Werte betragen. Die Lötung wird auch heute noch, trotz des Vordringens des Schweißens, häufig angewendet, wenn es sich um kleine Teile und schwer zugängliche Stellen handelt oder wenn sich die Schweißung wegen des Verziehens verbietet. Man wendet das Löten z. B. an bei Gewehrläufen, bei rostbeständigen Gegenständen, Turbinenschaufeln, Haushaltungsgeräten. Sehr wichtig ist das Löten beim Auflegen der Hartmetalle auf Stahlhalter geworden, wo Kupfer als Hartlot zur Anwendung kommt.

Eine unangenehme Erscheinung beim Löten ist die Lötrissigkeit, die dadurch entsteht, daß das Lot in die Kristallgrenzen eindringt und das Gefüge lockert. Sie kann sowohl bei Hart- als auch bei Weichlötung entstehen.

XII. Stahlfehler

In diesem Abschnitt werden Stahlfehler, ihre Ursachen und ihre Folgen behandelt. Dabei ist es meist weniger schwierig, einen Fehler zu erkennen, als seine Ursache zu finden. So sind z. B. Faser, Risse oder Oberflächenfehler leicht zu sehen, schwer aber ist es oft zu sagen, woher sie rühren. Außerdem können Ursachen und Folgen von verschiedenen Beobachtern verschieden gedeutet werden.

Die Stahlfehler sind die Folgen unrichtiger Behandlung beim Schmelzen, beim Vergießen, beim Schmieden und Walzen, beim Glühen und beim Vergüten. Die Fehler sind so mannigfaltiger Art und ihre Herkunft oft so umstritten, daß es eines besonderen Buches bedürfte, um diesen Gegenstand einigermaßen erschöpfend zu behandeln. Hier seien nur die wichtigsten Gesichtspunkte hervorgehoben.

Die Güte des Stahles ist bei bestimmter Zusammensetzung in erster Linie nicht durch irgendwelche geheimnisvollen Eigenschaften gegeben, sondern, soweit es möglich ist, durch die Abwesenheit von Fehlern. *Einen idealen, fehlerfreien Stahl gibt es nicht.* Es wird immer davon abhängen, bis zu welchem Ausmaß man Fehler mit Rücksicht auf die Verwendung zulassen kann. Dies erfordert allerdings viel Erfahrung, Einsicht und Verantwortungsgefühl. Einen großen Schritt nach vorwärts in der Beurteilung für die Brauchbarkeit des Stahles bieten die zerstörungsfreien Prüfverfahren[1].

[1] Krainer, H. u. E.: Erfahrungen über die zerstörungsfreie Werkstoffprüfung mit Ultraschall. Radex-Rdsch. (1951) H. 8 S. 323/329. — Möller, H., W. Grimm u. H. Weeber: Versuche über die Leistung eines 31-MeV-Betatrons bei der Durchstrahlung von Stahl [Arch. Eisenhüttenw. Bd. 25 (1954) S. 279/291; Mitt. Max-Planck-Inst. Eisenforschg. Abh. 598] und Versuche über die Leistung eines 15-MeV-Betatrons bei der Durchstrahlung von Stahl [Arch. Eisenhüttenw. Bd. 26 (1955) S. 603 bis 609; Mitt. Max-Planck-Inst. Eisenforschg. Abh. 645] und Möller, H., u. H. Weeber: Die Durchstrahlungsleistung von radioaktiven Isotopen [Arch. Eisenhüttenw. Bd. 28 (1957) S. 543/546; Mitt. Max-Planck-Inst. Eisenforschg. Abh. 727]. — Rauterkus, W.: Eigenschaften von Stahl im Lichte zerstörungsfreier Prüfverfahren. Ausz. „Schweißtechnik" Wien (1958) H. 4 S. 50. — Schinn, R.: Werkstoff- und Werkstückprüfung in der Abnahme. Stahl u. Eisen Bd. 77 (1957) S. 1674 bis 1686. — Schinn, R., u. U. Wolff: Einige Ergebnisse der Überschallprüfung schwerer Schmiedestücke mit dem Impulsechoverfahren. Stahl u. Eisen Bd. 72 (1952) S. 695/702. — Schinn, R.: Prüfung schwerer Schmiedestücke für die Läufer von Turbinen und Stromerzeugern durch Hohlbohrerproben. Z. VDI Bd. 94 (1952) S. 837/842. Erfahrungen mit der Ultraschallprüfung bei der Abnahme von Rotoren für Turbosätze. Metall Bd. 7 (1953) S. 502/506. — Felix, W.: Erfahrungen über die zerstörungsfreie Werkstoffprüfung mit Ultraschall. Techn. Rdsch., Sulzer (1952) Nr. 2 S. 19/31.

Es muß dabei noch vermerkt werden, daß in dem einen Verwendungsfall bestimmte Eigenschaften erwünscht sind, in dem anderen aber als Fehler angesehen werden, z. B. sind Zeilen im Manganfederstahl oder Automatenstahl günstig, während sie im Vergütungs- und Einsatzstahl bekämpft werden. In der folgenden Darstellung werden zuerst Fehler besprochen, die vom Schmelzen und Gießen, dann solche, die vom Walzen, Schmieden und Glühen herrühren. Die Faser und Zeilen als besonders wichtiger Abschnitt werden gesondert behandelt, ebenso die Oberflächenfehler, obwohl beiderlei Fehler Mängeln beim Schmelzen, Gießen, bei der Warmverformung oder bei der Erhitzung in den Wärmeöfen zuzuschreiben sind.

Hauptsächlich dem Schmelzen und Gießen zuzuschreibende Fehler

Lunker und seine Folgen. Der Lunker ist der durch die Schwindung des erstarrenden und erkaltenden Stahlkörpers entstandene Hohlraum.

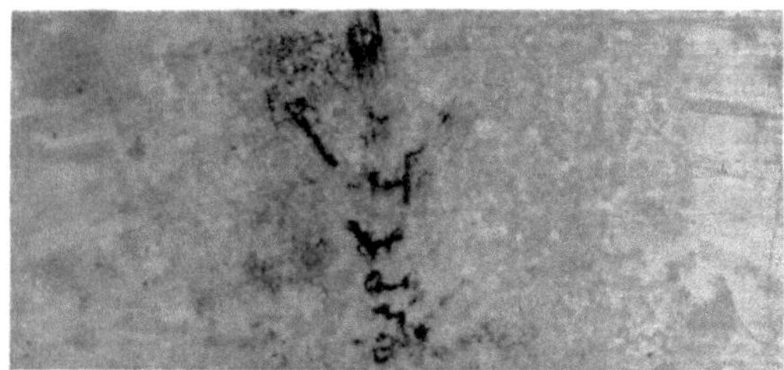

Bild 563. Sekundärlunker im mittleren Blockteil

Man verlegt ihn bei Edelstahlerzeugnissen immer in den oberen Teil des Blockes, den sogenannten verlorenen Kopf, den man durch Aufsetzen einer erwärmten, schlecht wärmeleitenden keramischen Masse oder durch exothermische Massen warm hält, während der Hauptteil durch rasches Ableiten der Wärme in die Kokille schneller erstarrt (Näheres darüber siehe Sonderwerke[1]); dieser verlorene Kopf wird dem Schrottabfall zugeteilt und wieder eingeschmolzen. Wenn nun Teile des Hohlraumes in den für die Verwendung bestimmten Teil des Stahles gelangen, so spricht man von lunkerigem Stahl. Hängt dieser Teil mit dem Hohlraum im verlorenen Kopf zusammen, so spricht man von offenen Primärlunkern. Hat die Erstarrung im Kopfbereich des Blockes bereits eingesetzt und noch flüssigen Stahl eingeschlossen, so bilden sich weiter unterhalb Hohlräume, die vom Hauptlunker getrennt sind. Man spricht dann von Sekundär- oder V-Lunkern.

Bild 563 zeigt ein Beispiel von Sekundärlunkern im mittleren Blockteil (Primärätzung). Je nach dem Ausmaß dieser Unregelmäßigkeiten

[1] Brearley, A. W., u. H. Brearley: Blöcke und Kokillen. Deutsche Bearbeitung von F. Rapatz. Berlin: Springer 1926. — Sommer, F., Pollack, H.: Elektrostahlerzeugung. Düsseldorf: Stahleisen 1950. — Leitner, F., u. E. Plöckinger: Die Edelstahlerzeugung. Wien: Springer 1950.

und je nachdem, ob sie von der Luft abgeschlossen sind, sind die daraus entstehenden Fehler größer oder kleiner. Bei Luftabschluß verschwinden sie bei der Warmverformung zum großen Teil.

Sind die Hohlräume mit Schlacke angereichert oder während der Warmverformung nach außen offen, so verschweißen sie bei der Warmverformung nicht oder nur unvollständig. Dadurch entstehen Unterbrechungen des Gefüges in allen Stufen, von groben, mit dem bloßen Auge sichtbaren Fehlern bis zur feinen, nur mit dem Mikroskop sichtbaren Faser.

Bild 564 zeigt das Bruchaussehen eines Werkzeuges aus lunkerigem Stahl. In diesem Fall handelt es sich um Folgen eines offenen Lunkers. Fehler so grober Art kommen heute allerdings selten vor.

In Bild 565 ist ein Fehler zu sehen, wie er etwa die Folge von Sekundärlunkern ist.

Fremdeinschlüsse. Nach keinem der heutigen Verfahren ist es möglich, einen Stahl zu erschmelzen, der aus einer vollkommen gleichmäßigen metallischen Masse besteht. Jeder ist durch nichtmetallische Verunreinigungen sozusagen getrübt. Diese Verunreinigungen lassen sich in ihrer Hauptmasse ungefähr mit einem milchigen Niederschlag, wie er bei chemischen Fällungsreaktionen häufig ist, vergleichen, dessen Teilchen infolge ihrer Kleinheit im Schwebezustand erhalten blieben und keine Zeit mehr hatten, sich an der Oberfläche abzuscheiden. Die Größe dieser Teilchen ist sehr verschieden. Sie können so klein sein, daß man sie selbst bei stärksten Vergrößerungen nicht mehr wahrnehmen kann, oder auch so grob, daß sie mit freiem Auge sichtbar sind.

Bild 564. Bruchaussehen eines Werkzeuges aus lunkerigem Stahl

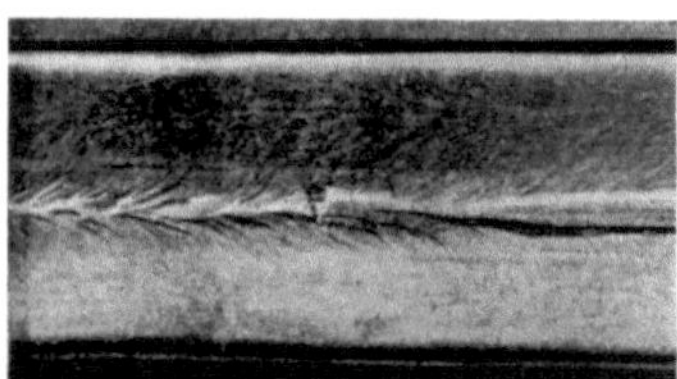

Bild 565. Längsbruch mit Mittelfehler aus Sekundärlunker herrührend

Die Einschlüsse können herrühren: 1. von der das Stahlbad bedeckenden Reaktionsschlacke, 2. von der Desoxydation und Denitrierung, wobei Oxyde des Mangans, Siliziums, Aluminiums, Vanadins usw. sowie auch Nitride entstehen, 3. von der Herdzustellung, 4. von herabtropfenden Gewölbeteilchen, die mit der übrigen Zustellung wieder mehr oder weniger reagieren können, 5. von den Pfannen, Stopfenteilen und Kanalsteinen, 6. von den Verunreinigungen der Legierungsmetalle, die meist stark mit Schlacken durchsetzt sind, und schließlich kann es sich 7. um Sulfide, 8. um nichtaufgeschmolzene Legierungsbestandteile (Chrom, Wolfram, Mangan, Nickel) als metallische Einschlüsse handeln. Der größte Teil der Einschlüsse stammt aus den unter 1. und 2. genannten Schlacken und bestimmt ihren allgemeinen Charakter[1]. Nach H. SCHENCK[2] ist das Hauptbestreben darauf zu richten, die suspendierten Teile durch die Desoxydationszusätze so in ihrer Zusammensetzung zu halten, daß sie leicht koagulieren und aufsteigen.

Die wichtigste Folge der *Fremdeinschlüsse* sind *Faser* und *Zeilen*, welche Fragen auf S. 985ff. genauer behandelt werden.

Kleinste Einschlüsse submikroskopischer Art, seien es Oxyde oder Nitride, erzeugt man aber in der Schmelze auch absichtlich dann und will sie im Stahl erhalten, wenn man durch Keimwirkung die *kritische Abkühlungsgeschwindigkeit* verringern und dadurch den Stahl weniger härtbar machen will, was besonders bei schweißbaren Stählen von Wichtigkeit ist. Zu diesem Zweck verwendet man hauptsächlich Aluminium und auch Titanzusätze, die sich mit Sauerstoff und Stickstoff zu Oxyden oder Nitriden verbinden.

Leicht schmelzende Einschlüsse haben insofern schädlichen Einfluß, als sie den *Rotbruch* des Stahles herbeiführen können. Als Rotbruch bezeichnet man ein Aufreißen des Stahles an den Korngrenzen bei der Warmverformung. Er entsteht dann, wenn die Schmelz- oder auch schon Erweichungstemperatur der Einschlüsse unterhalb der Verformungstemperatur liegt; es genügt mitunter auch schon, wenn sie weicher sind als der Stahl bei dieser Temperatur. Die gefährlichsten Einschlüsse dieser Art sind Eisensulfid und Eisenoxyd. Das Eisensulfid schmilzt bei 988°. Sein Schmelzpunkt wird durch Hinzutreten von Eisenoxyd noch herabgesetzt[3]. Es ist seit langem bekannt, daß die Rotbruchgefahr durch *Manganzusatz* beseitigt wird, weil Mangan sowohl Schwefel wie Sauerstoff bindet und Mangansulfid und Manganoxydul höher schmelzen als die Eisenverbindungen.

---

[1] Über die sehr verwickelte Frage verschiedener Einschlußarten s. M. BAEYERTZ: Nonmetallic Inclusions in Steel. The American Society for Metals, Cleveland, Ohio (1947); E. PLÖCKINGER: Stahl u. Eisen Bd. 76 (1956) S. 739/748 u. Bd. 76 (1956) S. 810/824; E. PLÖCKINGER u. R. ROSEGGER: Stahl u. Eisen Bd. 77 (1957) S. 701/714; W. KOCH, J. BRUCH u. H. ROHDE: Arch. Eisenhüttenw. Bd. 31 (1960) S. 279/286; vgl. Stahl u. Eisen Bd. 80 (1960) S. 770.

[2] SCHENCK, H.: Stahl u. Eisen Bd. 77 (1957) Nr. 21 S. 1442 u. Nr. 23 S. 1698.

[3] OLSCHANSKI, JA. I.: Doklady Akademii Nauk SSSR Bd. 80 (1951) S. 893/896. — HOUDREMONT, E.: Handbuch der Sonderstahlkunde, Bd. 2 (1956) S. 1411.

Die Einschlüsse sind in bezug auf den Rotbruch weniger gefährlich, wenn sie nicht in zusammenhängenden Schnüren vorliegen. Durch eine Diffusionsglühung werden die Einschlüsse teilweise aufgelockert. Dies ist neben der verbessernden Wirkung auf die Querwerte (s. S. 376) ein weiterer günstiger Einfluß der Diffusionsglühung.

Der Rotbruch ist aber nicht allein eine Folge von an Eisen gebundenen Schwefel oder Sauerstoff, sondern es sind bei *Nickelstählen* besonders die Nickelsulfide, die den Stahl gegen Rotbruch empfindlich machen. Bekannt ist die Rotbrüchigkeit von Legierungen mit hohem Nickelgehalt schon bei sehr geringem Schwefelgehalt im Heizgas (s. S. 175, 324).

Der nach den Erfahrungen des Verfassers größere Ausschuß beim Schmieden und Walzen von *saurem Stahl* gegenüber basischem ist eine Folge des niedrigen Schmelzpunktes der Einschlüsse (S. 990) und unter die Rotbrucherscheinungen einzureihen.

Leicht flüssige Einschlüsse erschweren nicht nur die Warmverformung, sondern sind oft auch die Ursache von *Warmrissen* gegossener Körper, sowohl in Blöcken wie in Stahlguß. Auch Risse im Schweißgut (s. S. 662) können aus dieser Ursache hergeleitet werden.

Das in letzter Zeit aufkommende Schmelzen im Vakuum verspricht Stähle mit weniger und gleichmäßiger verteilten Einschlüssen herstellen zu können. Dadurch werden schwer warmverformbare Legierungen leichter schmiedbar und walzbar (S. 1009).

Seigerungen. Die Seigerungen entstehen im Verlauf der Abkühlung durch mangelnden Konzentrationsausgleich entweder bei der Erstarrung aus dem flüssigen Zustand, wo man von Primärseigerungen spricht, oder unterhalb der Soliduslinie, wo man sie als Sekundärseigerungen bezeichnet.

Bei den *Primärseigerungen* unterscheidet man zwischen Kristall-, Block- und Gasblasenseigerungen.

Die Kristallseigerung ist bei jedem Primärkristall wirksam, was schon durch die Tatsache der Ätzbarkeit auf dendritisches Gefüge (s. Bild 566) gegeben ist.

Obwohl innerhalb der Primärkristallite auch nach dem Härten und Vergüten noch Härteunterschiede vorliegen[1], kann man diese Erscheinung nicht als Fehler ansehen, weil sie nicht ganz zu vermeiden ist.

Die durch die Dendriten kenntlich gemachten Seigerungen bleiben auch nach starker Warmverformung im Ätzbild als helle Linien bestehen (s. S. 994, Bild 602).

Die *Blockseigerung* kommt dadurch zustande, daß zwischen den zuerst und den zuletzt erstarrten Teilen des Blockes Unterschiede in der Zusammensetzung bestehen; in den zuletzt erstarrten Teilen reichern

[1] Krainer, H., u. K. Swoboda: Vertraulicher Bericht Nr. 63 des Vereins Deutscher Eisenhüttenleute, Düsseldorf (April 1944).

sich Phosphor, Schwefel und Stickstoff sowie Legierungsmetalle an. Je größer der Block ist, desto stärker sind die Blockseigerungen ausgebildet.

Die *Gasblasenseigerung* entsteht dadurch, daß in den Gasblasen bei der Erkaltung der Druck sinkt und die Restschmelze angesaugt wird.

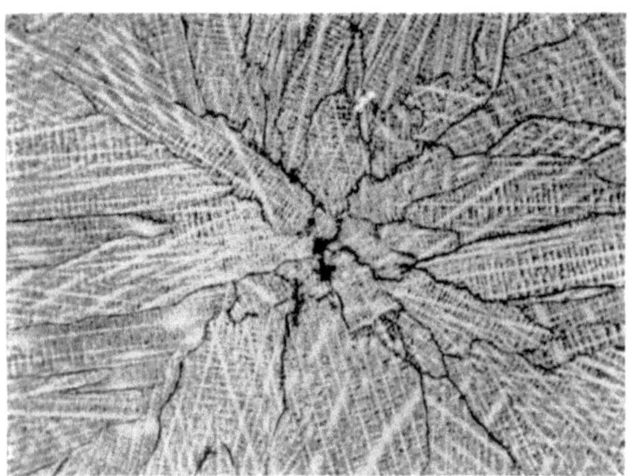

Bild 566. Kristallseigerung. Dendritischer Aufbau der Primärkristallite eines Stahles mit 0,15% C, 4,5% Ni, 1,1% Cr (Tiefätzung X 1) (nach F. RAPATZ und H. POLLACK[1]). V = 1:1

Auch hier reichern sich dieselben Legierungselemente wie bei der Blockseigerung an.

Sowohl in der Block- wie in der Gasblasenseigerung sind Fremdeinschlüsse in größerer Menge zugegen als in den übrigen Teilen des Blockes.

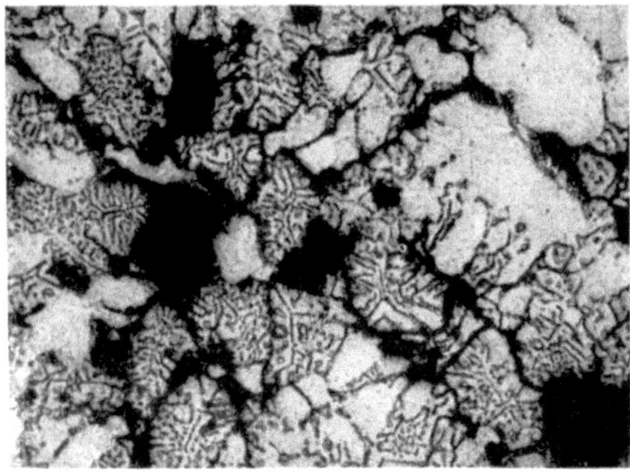

Bild 567. Blockseigerung mit Mikrolunkern in einem Schnellarbeitsstahl (Ätzung MURAKAMI). V = 70

Ein Beispiel einer Blockseigerung ist in Bild 567 dargestellt, dabei sind auch *Mikrolunker* zu sehen, wozu zu bemerken ist, daß man Block- und Gasblasenseigerung oft schwer unterscheiden kann.

[1] RAPATZ, F., u. H. POLLACK: Stahl u. Eisen Bd. 54 (1934) S. 1201/1210.

Randfehler des Blockes. Die hauptsächlichsten Randfehler des Blockes sind Randporen, Blasen, Längsrisse, Kaltschweißen und Schlackenhäute. Gasblasen und Poren entstehen einmal dadurch, daß der Stahl während der Erstarrung Gase abgibt; der Block ist porös, wenn er beim Schmelzen und Gießen nicht genügend entgast wurde, was zu der eben besprochenen Gasblasenseigerung führt. Die Gasblasen sind aber auch die Folge unachtsamen Gießens bei an sich genügend gasfreiem Stahl. Bei nicht genau geregelter Gießgeschwindigkeit wird

Bild 568. Querschnitt eines Blockes mit Poren und darin eingeschlossener Schlacke

die am Flüssigkeitsspiegel schwimmende Schlacke in den Stahl gerissen und reagiert unter Entwicklung von Kohlenoxydgas (CO), das Hohlräume bildet. In diesen Hohlräumen ist oft Schlacke mit eingeschlossen.

Fehler dieser Art zeigt Bild 568.

Ähnliche Fehler bilden sich, wenn aus dem Kokillenlack entweichender Wasserstoff in den Stahl gerät. Ein Beispiel darüber zeigt Bild 569.

Wenn zu diesen Hohlräumen die Luft keinen Zutritt hat und etwa darin enthaltene Verunreinigungen nicht in zu großem Maß vorhanden sind, verschweißen diese Fehler bei der Warmverformung, allerdings nicht ohne Hinterlassung mehr oder weniger grober Faser. Unmittelbar am Rande befindliche Poren geben Anlaß zu Oberflächenfehlern, die bei lufthärtenden Stählen, nach unvorsichtiger Abkühlung aus der Walz- oder Schmiedetemperatur, zu klaffenden, aber auch zu feinen Rissen führen können.

Ein *Blocklängsriß* ist in den Bildern 570 und 571 gezeigt. Er konnte erst durch Schleifen der gefrästen Blockoberfläche sichtbar gemacht werden. Am Verlauf des Risses erkennt man, daß es sich um Primär-

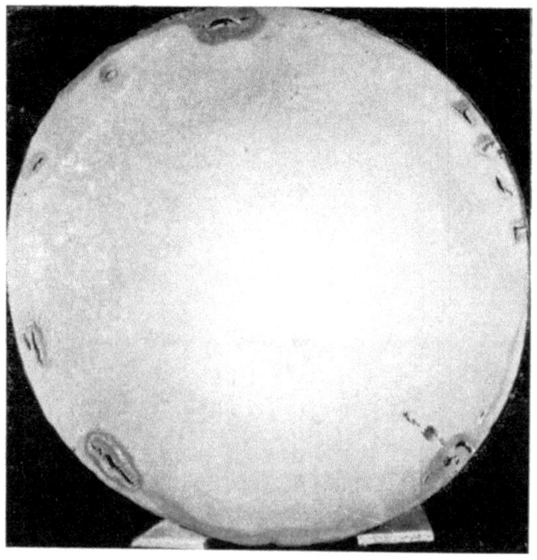

Bild 569. Poren in der Randzone, hervorgerufen durch Kokillenlack

korngrenzenrisse handelt. Dies wird auch durch Bild 571 deutlich gemacht, an dem man sieht, daß der durch Zundern geschwärzte tiefgehende Blockriß an den Primärkristallgrenzen verläuft. Solche Risse

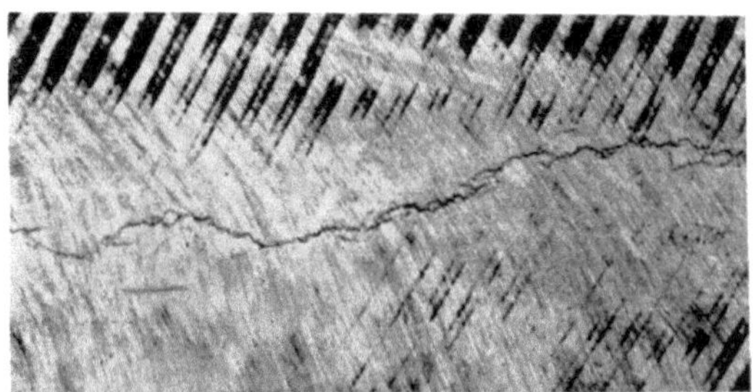

Bild 570. Blocklängsriß durch Schleifen an gefräster Blockoberfläche sichtbar gemacht

verschweißen bei der Warmverformung nicht, da sie mit der Luft in Verbindung stehen. Sie haben im Gegenteil dabei die Neigung, noch tiefer zu gehen, wovon Bild 572 ein Beispiel gibt.

Kennzeichnend für solche aus Blocklängsrissen entstandene Risse ist das muschelig-faserige Aussehen. (Der untere Teil des Bildes ist ein Sägeschnitt zur Vorbereitung des Bruches.) Diese Fehler sind die Folge

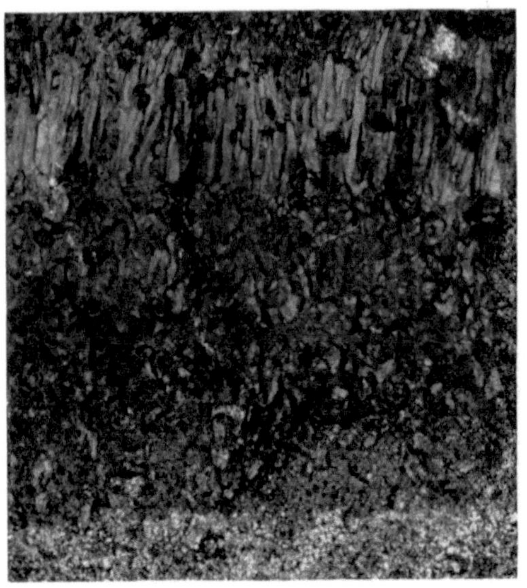

Bild 571. Riß wie Bild 570 in der Bruchfläche sichtbar gemacht

Bild 572. Knüppel aus Block wie nach Bild 571, gewalzt. Oben muscheliger, faseriger Bruch, aus der Fehlstelle entstanden

zu heißen Gießens, weil dann die erstarrte Haut dünner ist als bei kälterem Gießen und dem ferrostatischen Druck nicht standhält. Solche Risse werden durch grobe Transkristallisation (s. S. 207) begünstigt, weil die Korngrenzen grober Kristallite lockerer sind als die weniger groben und so den Ausgangspunkt zu Rissen bilden.

Durch die Warmverformung entstandene, oder sichtbar gemachte Fehler

Die hier beschriebenen Fehler sind nicht allein Mängeln bei der Warmverformung zuzuschreiben. Sie können auch im Block gelegen haben und erst beim Walzen oder Schmieden sichtbar geworden sein. Schon das Anwärmen des Stahles auf Schmiede- oder Walztemperatur erfordert Vorsicht. Bei zu rascher Erwärmung kann der Innenteil dem Außenteil in der Ausdehnung nicht folgen, und es entstehen Schrumpfrisse. Diese Gefahr ist besonders bei großen Stücken zu beachten. Solche Risse treten in allen Abstufungen auf und können bei weiterer Verformung zu Innenfehlern führen, die man oft fälschlich dem Block zuschreibt.

Zu Beginn der Verformung des Blockes treten häufig Querrisse auf, ein Umstand, der bei Beginn des Walzens oder Schmiedens behutsamere Behandlung erfordert als im späteren Verlauf der Warmverformung. Solche Querrisse sind in Bild 573 zu finden. Es ist nicht immer leicht, die Ursache dieser Risse festzustellen. Sie kann sowohl in zu heißer wie in zu kalter Walzung oder zu großer Verformungsgeschwindigkeit liegen. Beim Walzen auf Knüppel, z.B. bei Schnellarbeitsstählen oder 18-8-Stählen, kann solche *Kantenbrüchigkeit* auftreten, deren Ursachen seltener in zu heißer Walzung, als in zu kalter Walzung liegen. In dem letzteren Fall können die Kantenrisse dadurch entstehen, daß bei diesen hochlegierten, träge rekristallisierenden Stählen (S. 96, 448) an den kälter gewordenen Kanten die Verformungsgeschwindigkeit für eine Rekristallisation zu groß ist. Erniedrigung der Walzgeschwindigkeit, verbunden mit zweckmäßiger Kalibrierung kann Abhilfe schaffen.

Bild 573. Querrisse an Schnellstahlwalzknüppeln

Örtliche Anrisse beim Walzen sind meist Blockfehlern zuzuschreiben (z. B. Kaltschweißen, mangelnde Oberflächenbearbeitung, auch Schleifrisse). Treten hingegen beim Schmieden örtliche Fehler auf, dann kann es sich ebensogut um einen Schmiedefehler handeln.

In Bild 574 sind *Hakenrisse* dargestellt, die verschiedene Ursachen haben. Sie können Folgen der eben besprochenen Kantenrisse sein, die sich bei weiterer Verformung zu Hakenrissen umlegen, sie können ferner Folgen grober Kaltschweißen und Randporen (Bild 568) sein und schließlich durch zu harte Schläge bei niedriger Schmiedetemperatur entstehen.

Fehler nach Bild 575 sind die Folge von Stauchfalten beim Walzen. Diese Falten entstehen vorwiegend bei Anwendung von Ovalkalibern. Bild 575 zeigt eine Stauchfalte, die beim Umlegen in das Rundkaliber entstanden war. Die Stauchfalten erkennt man auch daran, daß sie meist an zwei gegenüberliegenden Stellen des Umfangs zu sehen sind

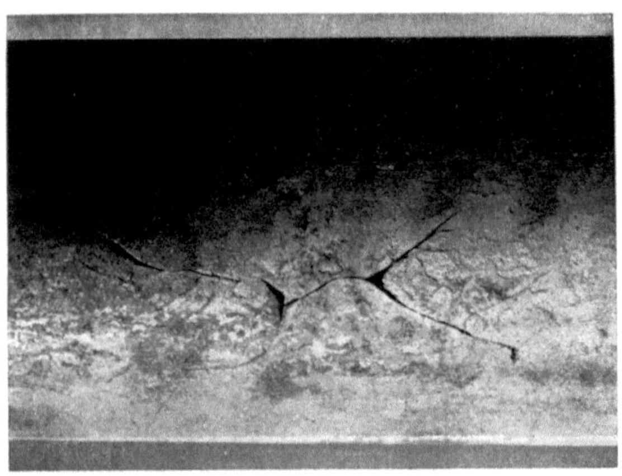

Bild 574. Hakenrisse an einem Schmiedestab, deren Ursache verschieden sein kann

und bei der metallographischen Untersuchung stärkere Entkohlung erkennen lassen.

Ein weiteres Beispiel einer umgelegten Walznaht ist in Bild 576 zu sehen. Solche Fehler führen im Enderzeugnis zu schweren Oberflächen-

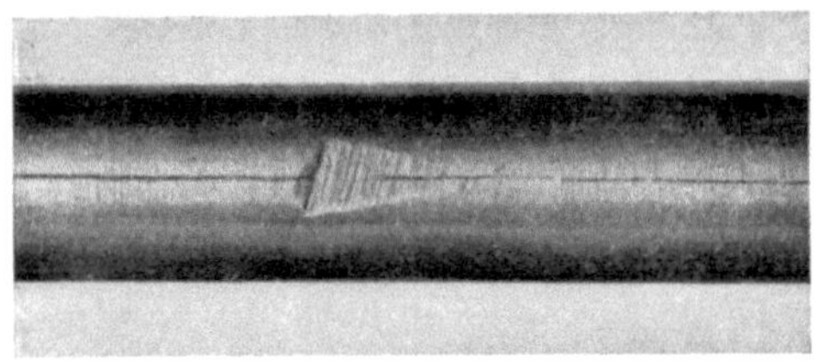

Bild 575. Stauchfalten an einem Walzstab

mängeln. In Bild 577 ist der Schnitt durch eine solche umgelegte Walznaht zu sehen; zu der Oberflächenbeschädigung kommt die Entkohlung dazu.

Die Bilder 578 und 579 geben Innenfehler wieder, die man häufig unter dem Namen *Zerschmiedung* oder *Zerwalzung* zusammenfaßt. Es ist eine alte Streitfrage, ob die Vorbedingungen für diese Fehler in dem Block gegeben waren oder ob dafür den Walzer oder Schmied die Schuld trifft. Der unparteiische Beobachter wird hier die Schuld verteilen müssen. Nach den Erfahrungen des Verfassers wäre der Schmiede- und Walzbetrieb öfter zur Verantwortung zu ziehen als der Stahlwerker. Ist das Aussehen so, wie es in Bild 580 dargestellt wird, dann kann man nicht entscheiden, ob die Warmverformung für die erwähnten Mängel verantwortlich ist oder ob Blockfehler die Ursache sind. Meist scheint es daran zu liegen, daß der Stahl bei zu kalter Endtemperatur verformt wurde (Planieren von grobrund auf Endmaß), aber auch bei richtiger Verformungstemperatur können derartige Fehler dann eintreten, wenn der Verformungskeil durch zu schwache Hammerschläge oder zu schwachem Preßdruck zu wenig tief eingedrungen war.

Bild 576. Knüppel mit umgelegter Walznaht

Bei der Zerwalzung und Zerschmiedung hochlegierter Stähle, z. B. von Schnellstählen, wie sie Bilder 578, 579 zeigen, ist die Ursache im Walz-

Bild 577. Einwalzung oder Überwalzung an einem Walzknüppel im Querschnitt

oder Schmiedevorgang selbst zu suchen. Hochlegierte Stähle haben bei der Warmverformung mehr als andere die Neigung, im Kern stehenzubleiben und dadurch den Zusammenhalt mit den Randteilen zu verlieren und aufzureißen. Aber auch bei unlegierten Stählen nach Bild 579 kann dieser Fehler auftreten. Es würde den Rahmen dieses Buches übersteigen, auf die Frage näher einzugehen, welchen Einfluß hier die Walzendurchmesser, Verformungsgeschwindigkeit und Temperatur haben. In dem Falle der Bilder 578 und 579, wo sich innen ein ringförmiger Körper vom Außenteil ablöst, war entweder schlechte Durchwärmung die Ursache, so daß dem harten Kern sozusagen das Fell weggezogen wurde, oder die Verformung war zu wenig durchgreifend infolge zu schwacher Schläge oder Preßdrücke oder unzweckmäßiger Hammersättel. Seigerungskränze begünstigen das Aufreißen dieser Art.

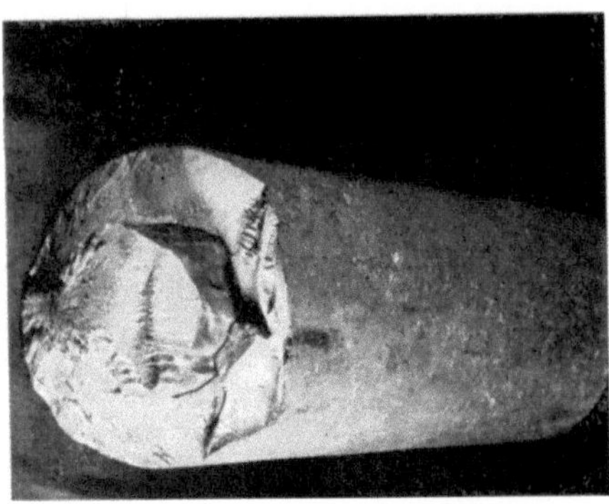
Bild 578. Zerschmiedeter Schnellarbeitsstahl

Bild 581 stellt den Bruch eines Walzknüppels mit Innenzerreißungen aus Schnellarbeitsstahl dar, die entweder durch ungenügenden Walzdruck oder infolge geringer Durchwärmung entstanden waren. Diese Fehler verschwinden beim Weiterwalzen zu kleineren Abmessungen wieder und ergeben eine homogene Innenzone. Aus der Eigenart des Walzdruckes, wo der Verformungsdruck mehr oder weniger allseitig ist, ergibt sich, daß die Gefahr von Zerreißungen dort geringer und die Möglichkeit des Zusammenschweißens größer ist als beim Schmieden, wo der Werkstoff ausweichen kann, weil ein großer Teil der Oberfläche nicht vom Druck erfaßt wird.

Bild 579. Zerwalzter Stahl

Reste solcher Innenzerreißungen eines in Einzelteile geschnittenen Knüppels sind in Bild 582 zu sehen. Hier leistete die Prüfung mit Ultraschall besonders gute Dienste, da nur eine Länge von 190 mm des Stabes fehlerhaft war. Ohne Ultraschallprüfung wären die Fehler unbemerkt geblieben, da die Enden gut waren.

Bild 583 gibt ein Beispiel der von den Warmverformern so gefürchteten *Stauchrisse* wieder. Völlig homogener Werkstoff muß sich beim Stauchen ebenso einwandfrei verhalten wie beim Strecken. Das Stauchen ist im Verhältnis zum Strecken nur deshalb so gefährlich, weil schon geringfügige Längsfehler bei der Verformung senkrecht zur Längs-

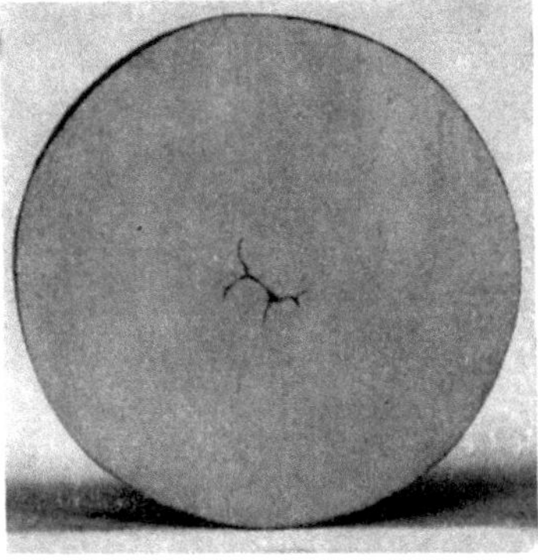

Bild 580. Querschnitt eines Stabes aus Schnellarbeitsstahl mit aufgerissenem Innentei

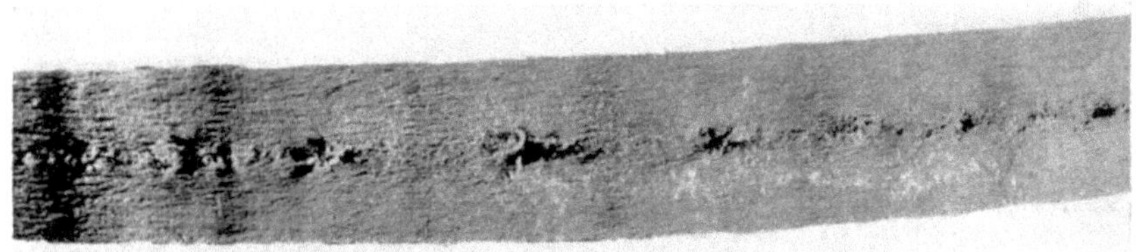

Bild 581. Walzknüppel aus Schnellarbeitsstahl mit Innenzerreißungen

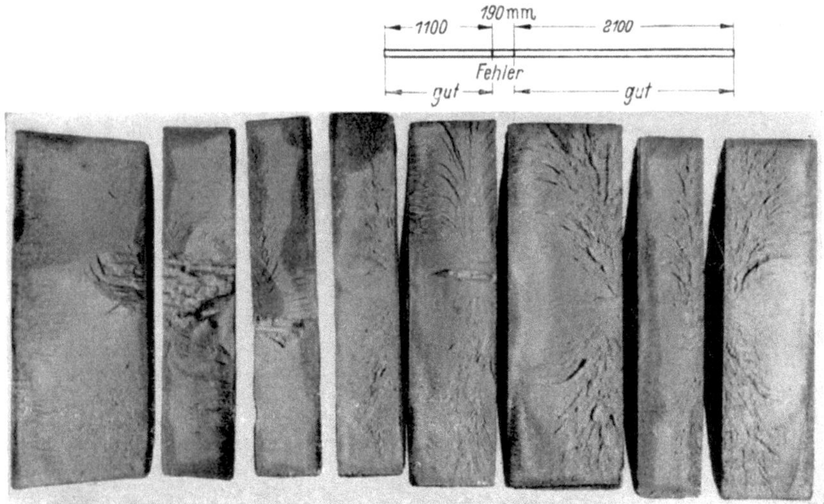

Bild 582. Knüppel mit örtlichen Innenzerreißungen, oben Skizze der Ultraschall-Anzeige

richtung dieser Fehler eine völlige Werkstofftrennung zur Folge haben können; bei der Streckung aber werden diese Fehlstellen zusammengepreßt. Die bei Beginn der Stauchung sich bildenden Trennungen verschwinden, wenn die Stauchung ein gewisses Maß überschritten hat. Man wird hierfür wohl die Stauchung mindestens auf halbe Höhe fordern müssen.

Bild 583. Beim Schmieden entstandene Stauchrisse

Die Frage des Stauchens und Streckens wurde auch im Abschnitt „Schwere Schmiedestücke" erörtert (S. 388).

A. Tomlinson und J. D. Stringer[1] machten den Versuch, an fehlerhaften Stäben festzustellen, welches Stauchmaß notwendig ist, um Innenfehler zum Verschweißen zu bringen. Sie benutzten hierfür Probenkörper von 100 mm ∅ und 100 bis 200 mm Länge, die sie mit einer Bohrung von 6,5 mm versahen.

Das Bild 584 führt das Verhalten bei zunehmender Stauchung vor. Der Fehler begann wohl schon bei halber Höhe zu verschweißen, verschwand aber erst vollkommen, als das Verhältnis von Höhe zu Durchmesser 1 : 4 betrug. Es ist fraglich, ob sich solche Kleinversuche auf große Stücke übertragen lassen. Diese Versuche geben nur die wahrscheinliche Verschweißung bei verschiedenen Stauchgraden in diesem besonderen Fall wieder.

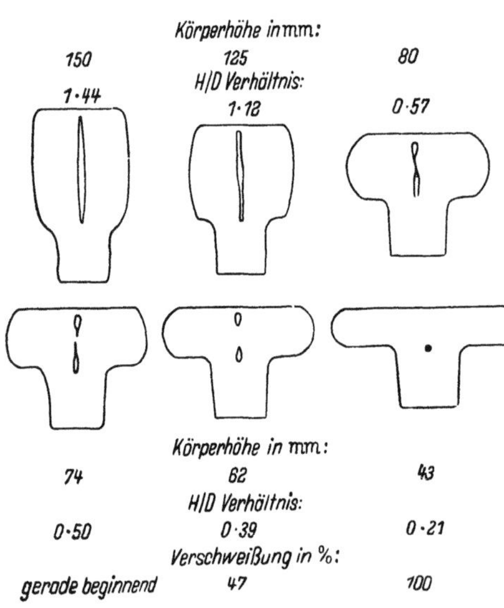

Bild 584. Allmähliches Verschweißen des Innenfehlers bei fortschreitender Stauchung zwischen flachen Werkzeugen (nach A. Tomlinson und J. D. Stringer).

Stauchrisse als Innenrisse sind aber nicht nur beim Schmieden, sondern auch beim Walzen zu beachten, wo das Breiten als ein Vorgang anzusehen ist, der zwischen Strecken und Stauchen liegt.

[1] Tomlinson, A., u. J. D. Stringer: J. Iron Steel Inst. (1958) Nr. 3 S. 209/217; Eisen u. Stahl Bd. 79 (1959) S. 44.

Bild 585 zeigt den Bruch eines nach den Diagonalen aufgerissenen Schmiedestabes. Dieser Fehler, *Schmiedekreuz*[1] genannt, kommt sehr selten vor und soll nur der Merkwürdigkeit halber gezeigt werden. Er entsteht wahrscheinlich dann, wenn der Rutschkeil bei der Verformung in der Diagonale gleitet und dort Temperaturerhöhung und Erhitzung eintritt. Solche Erscheinungen können vielleicht auch durch den Bodenkegel oder die Bodenpyramide verursacht sein, längs welcher Flächen ein geschwächtes Erstarrungsgefüge vorliegt.

Überhitzung beim Walzen und Schmieden. Im Abschnitt „Warmverformung" wurde hervorgehoben, welchen wichtigen Einfluß auf die

Bild 585. Schmiedekreuz

Endeigenschaften die richtige Verformungstemperatur hat, wobei sowohl die Anfangstemperatur wie auch die Endtemperatur zu beachten ist. Nur unter dieser Bedingung lassen sich aus dem Werkstoff bei nachträglichem Vergüten die besten Zähigkeitswerte, gemessen durch Kerbschlagzähigkeit oder Biegeproben, herausholen. Die Schädigung selbst bei untereutektoiden Stählen ist auch dann nicht unerheblich, wenn die Stähle nachträglich richtig wärmebehandelt, z. B. vergütet werden. Es erfolgt zwar in diesem Fall eine völlige Umkristallisierung, wodurch das grobe Gefüge verschwindet. Warum allerdings trotz der Umkristallisierung noch eine geringe bleibende Verschlechterung bestehenbleibt, ist eine nicht ganz geklärte Frage. Es dürften wohl Reste der bei erhitzter Warmverformung gebildeten groben Austenitkorngrenzen bestehenbleiben.

Bei übereutektoiden Stählen hingegen ist die Schädigung durch überhitztes Schmieden oder Walzen nachhaltiger. Wenn man z. B. einen

[1] GRÜNER, P., u. TH. PRÜGGEMANN: Stahl u. Eisen Bd. 71 (1951) S. 25.

Stahl mit etwa 1,4% C, wie es richtig ist, bis etwa 850 °C herunterschmiedet oder walzt, so wird das sich schon bei 1000 °C bildende Karbidnetzwerk im Verlauf der Warmverformung zertrümmert. Hört die Verformung hingegen bei hoher Temperatur auf, so bleibt das grobe Karbidnetzwerk bestehen. Dieses grobe Netzwerk wird durch eine übliche Weichglühbehandlung nicht aufgebrochen und bleibt auch beim Härten kaum berührt. Die Folge davon ist grober und spröder Bruch auch bei richtiger Härtetemperatur. Das grobe Karbidgefüge ist, sofern man nicht eine weitere Warmverformung vornimmt, dadurch zu beseitigen, daß man den Stahl aus 1000 °C normalglüht oder in Öl ab-

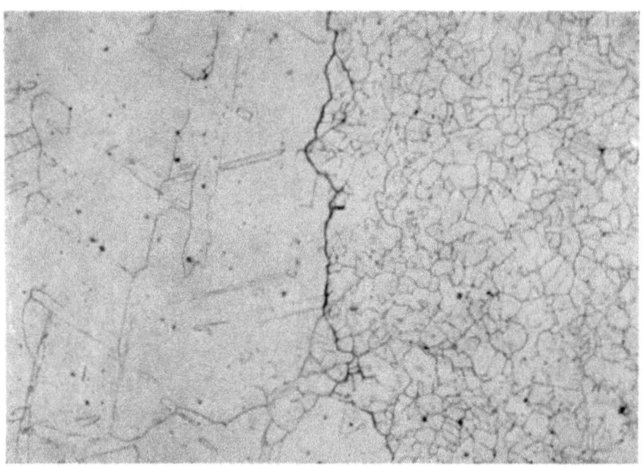

Bild 586. Grob rekristallisierter Bereich neben normalem Gefüge. Austenitischer Chrom-Nickel-Stahl. V = 500

schreckt und dann weichglüht, wodurch das einem weichgeglühten Werkzeugstahl zukommende Gefüge kugeligen Zementits erzielt wird.

Weniger empfindlich gegen überhitztes Schmieden sind die Stähle, die im ledeburitischen Gebiet liegen, z. B. der Stahl mit 2% C und 13% Cr oder Schnellarbeitsstähle. Bei diesem ist das Bruchkorn durch die Art des Ledeburitnetzwerkes gegeben, das beim Schmieden oder Walzen gestreckt wird und von der Verformungstemperatur in hohem Maße unabhängig ist.

Die Verformungstemperatur darf natürlich nicht oberhalb des Ledeburitschmelzpunktes liegen, weil dann dieser flüssige Anteil unweigerlich zu Rotbruch führt. Diese Temperatur liegt bei hochprozentigen Chromstählen bei 1200° und bei Schnellarbeitsstählen zwischen 1180° und 1300°.

Bei den Schnellarbeitsstählen machen die mit hohem Molybdängehalt (etwa über 4%) eine Ausnahme. Sie sind gegen Überhitzung oder lange Wärmedauer auf Schmiede- oder Walztemperatur auch dann empfindlich, wenn man verhältnismäßig weit unterhalb des Ledeburitschmelzpunktes bleibt, aber lange auf Temperatur hält.

Es äußert sich dies so, daß die Karbide zu groben Formen zusammenfließen.

Eine eigenartige Erscheinung, die mit der groben Rekristallisation zusammenhängt, zeigt sich bei nichtumkristallisierenden Stählen, das sind die austenitischen und ferritischen. Bei der Verformung auf die Endabmessung, bei der die Temperatur schon gefallen ist, ist es oft nicht möglich, an allen Stellen den kritischen Verformungsgrad und die kritische Temperatur zu vermeiden (s. S. 108). Vor allem ist dies nicht möglich beim Schmieden, wo durch das Wenden des Stückes oft unübersichtliche Verformungsgrade an verschiedenen Stellen vorkommen. Beim Walzen läßt sich dies infolge der besser regelbaren Verformung über den ganzen Querschnitt leichter verhindern. Bild 586 zeigt eine Stelle, wo grobe und normale Kristallisation zusammenstoßen. Bei Schmiedestücken austenitischer Stähle wurde unter ungünstigen Umständen eine so starke Kornvergröberung gefunden, daß sie auf die Ultraschallprüfung ansprach. Solches Gefüge ist, wie aus dem Bild ersichtlich, mit lockeren Korngrenzen verbunden, die auch, sofern die Teile geschweißt werden, leichter reißen. Im ganzen darf die Gefährlichkeit dieser interessanten Erscheinung nicht übertrieben werden.

Bild 587. Spannungsriß, verursacht durch zu rasches Abkühlen aus der Walztemperatur. Durch Abschleifen des Zunders sichtbar gemacht. Riß in Anschliffstelle

Zu den Fehlern beim Walzen und Schmieden sind auch die Härtespannungsrisse nach dem Abkühlen aus der Verformungstemperatur zu rechnen. Bei Stählen mit kleiner kritischer Abkühlungsgeschwindigkeit tritt gefährliche Härtung sowohl im Zwischenstufen- wie auch im Martensitbereich ein, wenn sie an der Luft abkühlen. Die Folge davon sind Spannungsrisse. Zur Vermeidung müssen die Stähle aus der Verformungstemperatur in Wärmeöfen gegeben werden, deren Temperatur im Perlitbereich liegen muß, welcher Bereich aus dem ZTU-Schaubild zu ersehen ist (s. S. 93). Ein Riß, wie er bei unvorsichtigem Abkühlen entsteht, zeigt Bild 587.

Über „Rotbruch“ und „Heißbruch“ s. S. 324, 666 und 971.

Faser und Zeilengefüge

Allgemeines. Faser ist der Fehler, der die Güte des Stahles zu einem großen Teil bestimmt. Sie äußert sich dadurch, daß der Stahl in der

Richtung der Warmverformung zeilenartige Ungleichmäßigkeiten zeigt, die zur Folge haben, daß der Stahl in der Querrichtung weniger zäh ist als in der Längsrichtung.

Die Faser hat verschiedene Ursachen, worauf in den vorhergehenden Abschnitten (S. 970, 973) schon hingewiesen wurde. In der Hauptsache sind es gestreckte Fremdeinschlüsse und Seigerungen, deren Wirkung bei untereutektoiden Stählen durch Ferrit- und bei übereutektoiden durch Karbidzeilen verstärkt werden kann (s. S. 996). Bei Ledeburitstählen bildet sich Zeilengefüge in jedem Fall, da die Schmiedetemperatur unterhalb des Ledeburitschmelzpunktes liegen muß (S. 90, 209 und 801).

Bild 588. Längsbruch eines Einsatzstahles mit stark ausgeprägter Faser

In Bild 588 sieht man das Bruchaussehen eines Einsatzstahles mit stark ausgeprägter Faser, die durch Walzen bei zu niedriger Temperatur verstärkt wurde, und in Bild 589 eine weniger ausgeprägte Faser eines Stahles mit 1,1% C, hervorgerufen durch starke Karbidzeilen, die aus Blockseigerungen herrührten.

Bild 589. Längsbruch eines faserigen, unlegierten Werkzeugstahles mit 1,1% C

Bild 590 zeigt in schematischer Weise, in welchen Fällen die Faser gefährlich ist und in welchen man sie als weniger schädlich ansehen kann. In den Fällen *1* und *2*, wo die Beanspruchung die Faser zu trennen bestrebt ist, wird sie gefährlich sein. Es gilt dies vor allem bei den in *2* dargestellten Fällen der auf Sprengung beanspruchten Körper, wie z. B. Turbinenläufer und Geschützrohre. In den Fällen *3* und *4*, wo die Faser nur unter Biegung oder unter Zug steht, wird man sie weniger zu fürchten brauchen, unter Umständen sie sogar vorziehen. Ein solcher Fall sind z. B. die Blattfedern (S. 428). Die Faser ist also, von wenigen Ausnahmefällen abgesehen, schädlich. Dabei muß man aber bedenken, daß es völlig faserfreien Walz- oder Schmiedestahl nicht gibt und daß es sich nur darum handeln kann, den Fehler auf ein erträgliches und den jeweiligen Bedürfnissen angepaßtes Maß herabzusetzen.

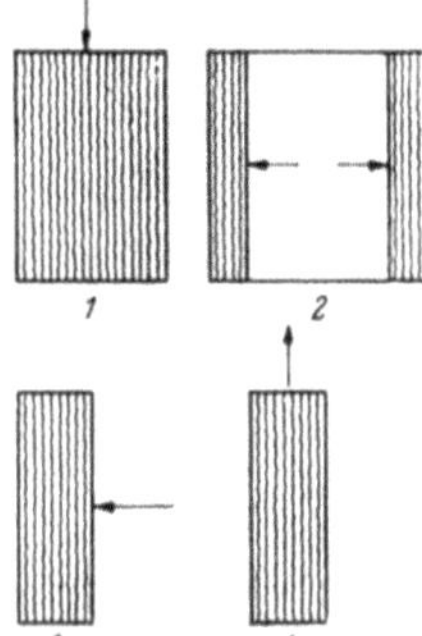

Bild 590. Faserverlauf und mögliche Richtung der Hauptbeanspruchung

Ursachen, Beurteilung und Prüfung der Faser. Die Ursachen der Faser sind zusammengefaßt folgende, wobei der Leser auch auf die vorangegangenen Seiten zurückgreifen muß.

1. Fremdeinschlüsse, die im flüssigen Stahl enthalten sind, 2. Schlackenhäute im oberen Blockteil, die durch Überrinnen des Stahles über die den Stahl bedeckende Schlacke in die Kokille und nach innen gezogen werden. Diese Schlacken und die daraus erfolgende örtliche Faser sind wohl von denjenigen zu unterscheiden, die Ergebnisse der Schmelzführung und der Erstarrungsvorgänge sind, 3. Reste von Lunkern, Sekundärlunkern, von Zerschmiedungen oder Zerwalzungen, 4. Primärseigerungen, 5. Sekundärseigerungen als Ferrit- oder Karbidzeilen, 6. Karbidzeilen in ledeburitischen Stählen.

Als Hauptursache der Faser sind aber die Fremdeinschlüsse anzusehen. Sie sind durch die Schmelzführung und die Erstarrungsvorgänge gegeben und überwiegend im Blockzentrum zugegen. Ihre

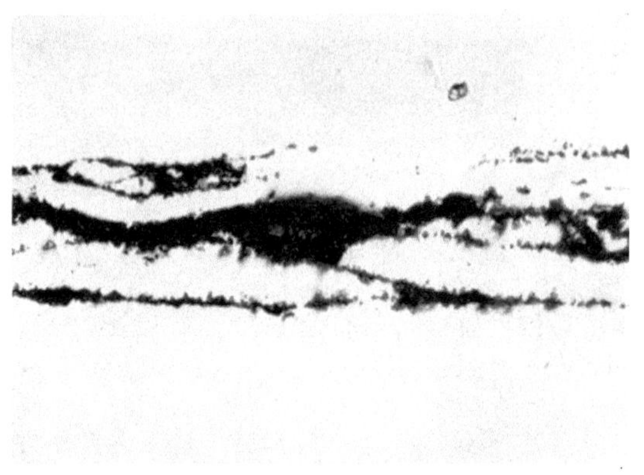

Bild 591. Grobe Oxydschlacken nach 5facher Verformung. V = 120

grobere oder feinere Ausbildung ist nicht allein von der Art und der Größe ihrer Ansammlung abhängig, maßgeblich ist auch der Verformungsgrad.

Einschlüsse, wie sie nach 5facher Verformung nach Bild 591 zu finden sind, sind als grobe Fehler anzusehen, während sie, wenn sie nach 100facher Verformung vorliegen, als schwache Faser übrigbleiben (s. Bild 592).

Die Frage, in welchem Verhältnis die Schädlichkeit der Einschlüsse zum Verformungsgrad steht, ist Gegenstand mancher Erörterung. Man kann nicht für alle Fälle sagen, daß große Verformung von Nutzen ist, da dies von der Beanspruchung abhängt. Bei dem auf S. 987 erwähnten Fall, der auf Sprengung beanspruchten Körper, zeigt die Erfahrung, daß die Querwerte bei der Verformung, die über das 9- bis 10fache hinausgeht, wieder abnehmen. (Siehe große Schmiedestücke S. 374, 375.) Man könnte dies vielleicht damit erklären, daß geschlossene Schlackenbänder, die den Querzusammenhang mehr stören als verstreute Schlackenansammlungen, erst bei einem größeren Verformungsgrad

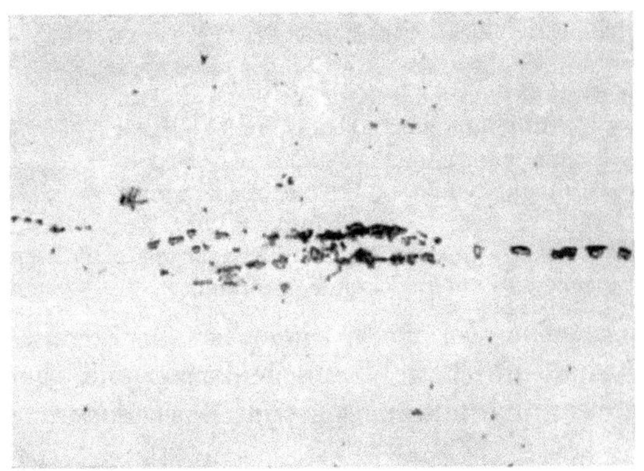

Bild 592. Veränderung grober Oxydschlacken nach 100facher Verformung

zustande kommen. Eine gewisse Verformung, das ist etwa die 2- bis 3fache, ist natürlich notwendig, um das Blockgefüge zu zerstören[1].

Die Veränderung der Querwerte mit dem Verformungsgrad, über die relative Schädlichkeit der verschiedenen Einschlüsse und über die Möglichkeit, ihren schädlichen Einfluß durch Wärmebehandlung zu mildern, wurde auf S. 376 besprochen.

Die Zeilen durch nicht aufgeschmolzene Reste von Legierungsmetallen sind Fehler, die bei einigermaßen sorgfältigem Schmelzen nicht vorkommen dürfen, aber doch nicht immer vermieden werden. So kann es z. B. sein, daß in Stählen mit 2% Mn oder 2% Cr Zeilen mit viel höherem Legierungsgehalt liegen. Auch Ferrolegierungen können, weil sie sehr oft mit Schlacken durchsetzt sind, dadurch unangenehme Faserträger sein.

[1] Der günstigste Verformungsgrad bei Querbeanspruchung zwischen 2- und 9facher Verformung gilt nicht für solche Stellen mit sehr groben Einschlüssen, wie sie in Bild 591 zu sehen waren. Dort genügt der geringe Verformungsgrad zur Zerteilung der Einschlüsse nicht.

Zur technologischen Prüfung des Stahles auf grobe Schlacken jeder Art wird die Blaubruchprobe oder die Tiefätzung in Salzsäure angewandt. Beim Blaubruch wird der Stahl auf 300 bis 400° erwärmt und der Bruch, wie Bild 593 zeigt, sichtbar gemacht. In diesem Fall handelt es sich um

Bild 593. Blaubruchprobe. Gestreckte, nichtmetallische Einschlüsse, hellglänzend

Schlackenhäute nach 2., S. 987. Die hell glänzenden Streifen rühren von Schlackeneinschlüssen her, die nicht wie der Stahl Anlauffarbe bekommen. Die Tiefätzung wird an einer geschliffenen Querschnittsfläche durch Ätzen mit Salzsäure vorgenommen und macht grobe Einschlüsse auch mit freiem Auge sichtbar. Bild 594 zeigt Schlackennester, die wie bei Bild 593 aus hereingezogenen Schlackenhäuten herrühren.

Bild 594. Prüfung auf Schlackenfaser durch Tiefätzung mit verdünnter Salzsäure, im Querschliff

Der Verfasser zieht die Tiefätzung vor, weil dabei der ganze Querschnitt geprüft wird, während nach der Blaubruchprobe die Bruchfläche in dem Falle nach Bild 594 durch einen fehlerfreien Teil fallen könnte und dadurch faserfreien Stahl vortäuschen würde.

Was die Schädlichkeit der verschiedenartigen Einschlüsse betrifft, so zeigt die Erfahrung des Verfassers, daß, abgesehen von dem erwähnten Verformungsgrad (s. S. 374, 377), im großen gesehen kristalline, zerbröckelnde Einschlüsse nach Bild 595 den Querwerten weniger schaden als glasige, sauere Einschlüsse nach Bild 596. Die Ursache hierfür ist, daß letztere bei der Walztemperatur bildsam sind und zusammenhängendere Trennschichten ergeben als die überwiegend kristallinen, beim Walzen zerbröckelnden, basischen Schlackeneinschlüsse.

Zahlentafel 236. *Querschlagkerbzähigkeit basisch und sauer erschmolzener Rohrstähle*

	C	Mn	Cr	Ni	Mo	V	Basischer Herd	Saurer Herd
Stahl 1 . .	0,3	0,4	1,25	2,75	0,2	—	8 bis 9 kg/cm²	6 bis 7 kg/cm²
Stahl 2 . .	0,4	0,7	2,5	—	—	0,15	5 bis 6 kg/cm²	5 bis 5 kg/cm²

Die Zahlentafel 236[1] gibt vergleichende Durchschnittswerte aus einer mehrjährigen Erfahrung für basisch und sauer erschmolzene Kanonenrohre wieder.

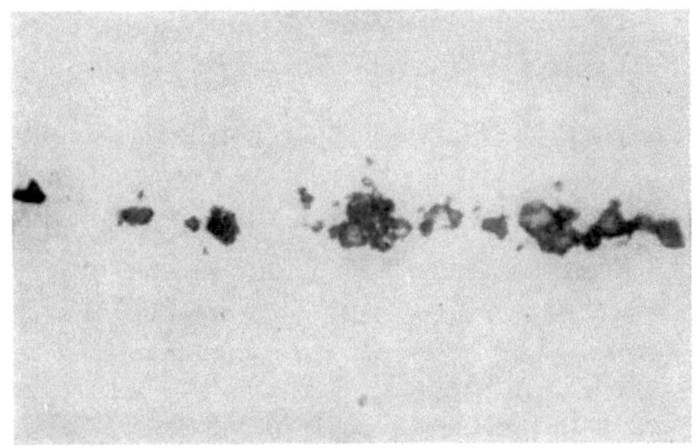

Bild 595. Kristalline, basische, bei der Streckung zerbröckelnde Schlacke. V = 500

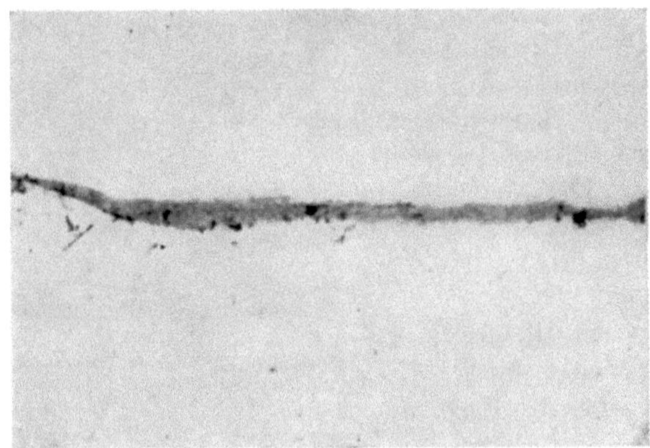

Bild 596. Glasige, saure, bei der Streckung zusammenhängend bleibende Schlacke. V = 500

Für die metallographische Beurteilung der aus der Reaktions- und Ofenschlacke herrührenden Zeilen nach Form, Größe und Menge haben

[1] Rapatz, F.: Radex-Rdsch. 1948 H. 1/2 S. 10.

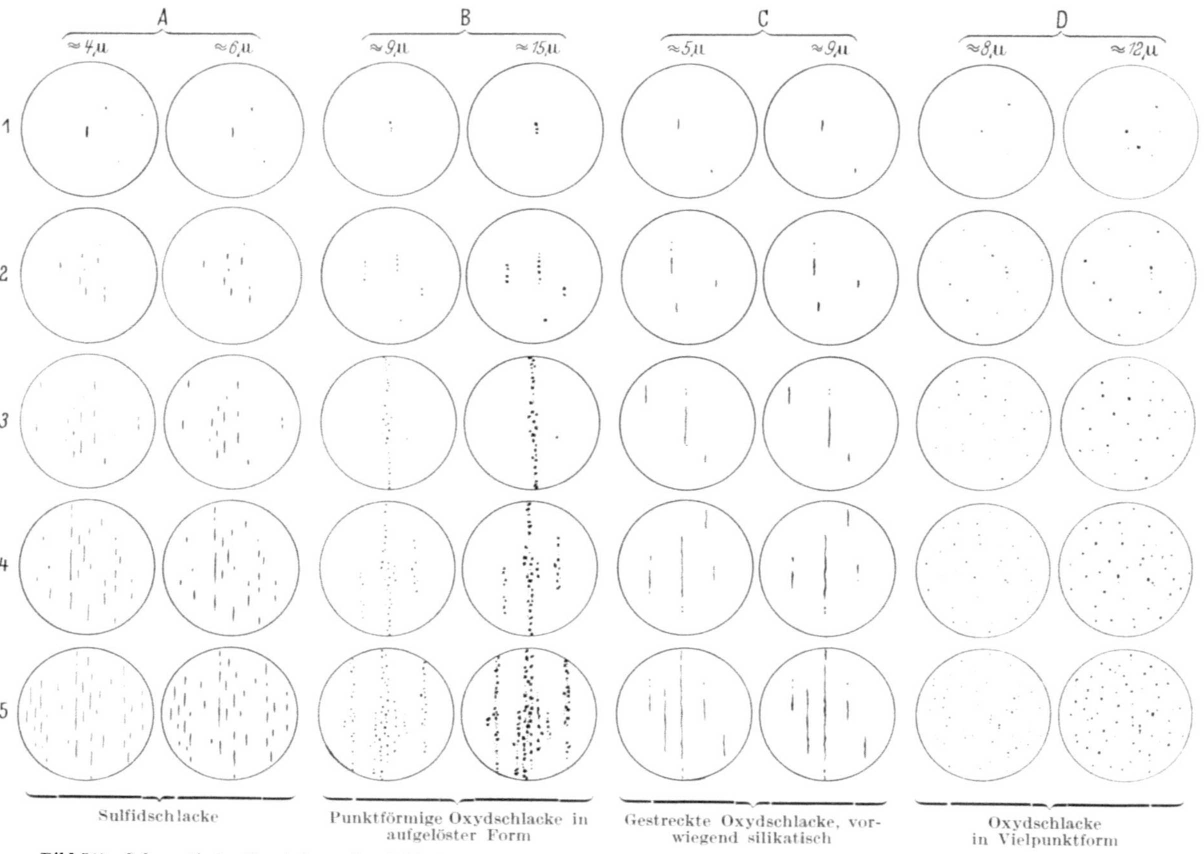

Bild 597. Schematische Darstellung der Schlackenskalen nach dem Jernkontor von B. Rinman, H. Kjerrman und B. Kjerrman

sich B. Rinman, H. Kjerrman und B. Kjerrman[1] sowie H. Diergarten[2] Verdienste erworben. Die beiden ersteren, vom Jernkontoret herausgegebenen Schlackenskalen geben die Schlackenform schematisch wieder. Nach Bild 597 des Jernkontor sind die Schlacken A als Sulfid-

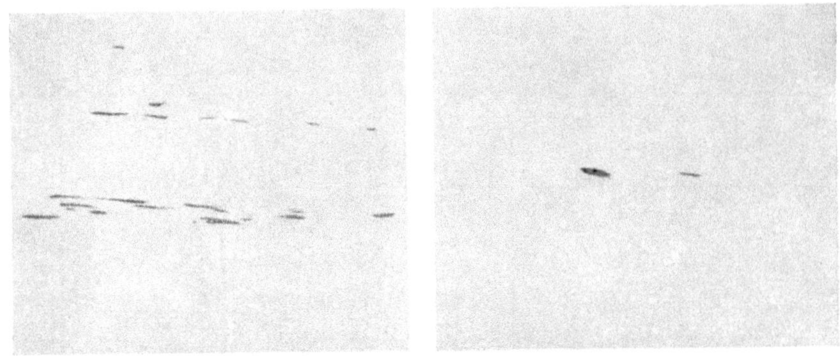

Bild 598. Sulfidschlacke nach Diergarten, entspricht A-Schlacke gemäß Bild 597. V = 100

schlacken die harmlosesten, die B-Schlacken unerwünschter, weil sie härter sind; noch weniger erwünscht sind die C-Schlacken, die nach Ansicht vom Jernkontor den Verschleißwiderstand der Wälzlager am

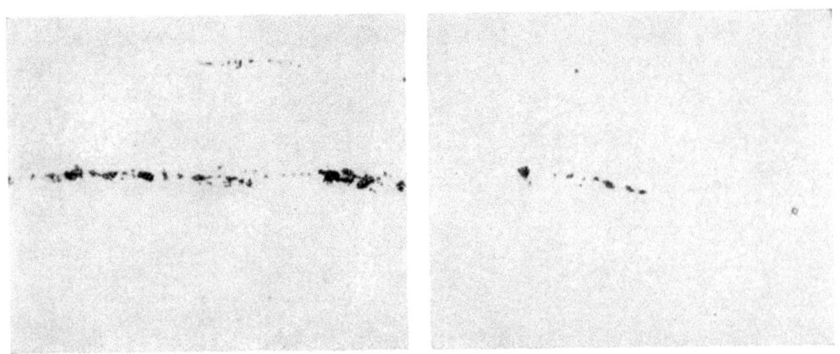

Bild 599. Aufgelöste Oxydschlacke nach Diergarten, entspricht B-Schlacke gemäß Bild 597. V = 100

meisten schädigen. Die Vielpunktschlacken sind feinere und gröbere, oxydische Schlacken, die keine Streckung erfahren, für dieses auf-

[1] Schlackenskala für die Beurteilung von Schlackeneinschlüssen im Stahl-Jernkontoret, Ann. 120, Stockholm, von B. Rinman, H. Kjerrman u. B. Kjerrman, Upsala 1936, Nr. 5, S. 199/226.

[2] Diergarten, H.: Gefügerichtreihen im Dienst der Werkstoffprüfung in der stahlverarbeitenden Industrie, 2. Aufl. Düsseldorf: Deutscher Ingenieurverlag 1951.

fällige Verhalten steht die Erklärung noch aus. H. DIERGARTEN hingegen hat für seine Schlackenreihen die im Mikroskop (100 : 1) kennzeichnenden, sichtbaren Schlacken benutzt. Sie sind in den Bildern 598, 599, 600, 601 wiedergegeben. In Anbetracht von Schlackenmisch-

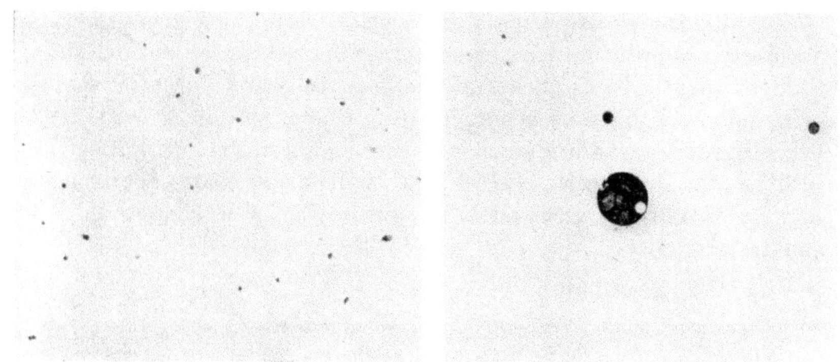

Bild 600. Vielpunktformschlacke nach DIERGARTEN, entspricht D-Schlacke nach Bild 597 und Schlacke in Kugelform. V = 100

formen und deren vielfältiger Verteilungsart je Schliff, wie sie in der Praxis auftreten, ist es schwierig, der einen oder anderen Darstellungsart den Vorzug zu geben. In Deutschland wird vorwiegend die Dier-

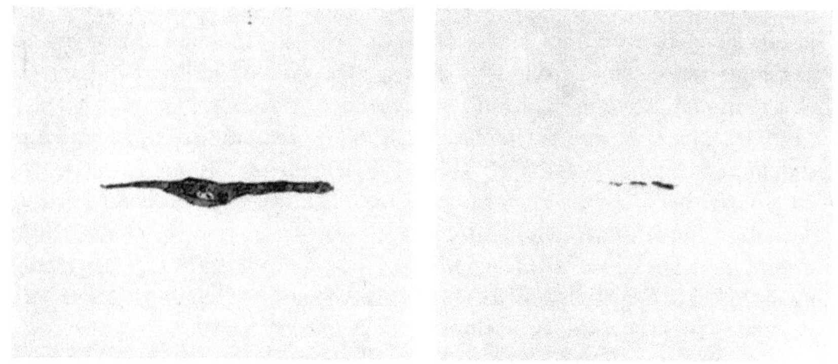

Bild 601. Silikatschlacke nach DIERGARTEN, entspricht C-Schlacke nach Bild 597. V = 100

garten-Schlackenreihe benutzt, u. a. besonders für Kugellagerstahl und Automatenstahl; in den übrigen Ländern (Vereinigte Staaten nach ASTM) verwendet man meist die Jernkontor-Skala, auch für Einsatz- und Vergütungsstähle. Die Ansichten über die Schädlichkeit dieser verschiedenen Schlackenformen sind nicht einheitlich, und die Zulässigkeit der Formgröße und Menge richtet sich auch nach der Stahlgattung; so wird Kugellagerstahl strenger beurteilt als Vergütungs- oder Einsatzstahl.

Bei der Gütebeurteilung der Stähle nach dem Schlackenreinheitsgrad muß man auf den subjektiven Charakter der obigen Bestimmungsarten besonders hinweisen.

Zur objektiven Beurteilung der Schlackenarten und -mengen nimmt die Bestimmung nach dem Isolierungsverfahren an Bedeutung zu.

Sehr wichtig ist es auch, daß die Zerspanbarkeit durch Einschlüsse nicht unerheblich, meist in ungünstigem Sinne, beeinflußt wird. Leider liegen darüber keine gründlichen Untersuchungen vor. Eine Ausnahme machen die sulfidischen Einschlüsse, welche die Zerspanbarkeit verbessern. Es gilt dies nicht allein für Automatenstähle, sondern auch für andere (s. S. 907).

Bild 602. Durch die Warmverformung gestreckte Dendriten. Ätzung wie bei Bild 566

Blockrandfehler. Eine weitere Ursache der Zeilen sind die auf S. 974 beschriebenen Randfehler des Blockes. Die in diesen Fehlstellen angesammelten Fremdeinschlüsse sind meist grober Art und führen zu Erscheinungen, wie es in Bild 593 gezeigt wurde.

Zerschmiedung und Zerwalzung (s. S. 980). Zerschmiedungen und Zerwalzungen bleiben entweder als grobe Innenrisse bestehen oder verschwinden bei weiterer Verformung ganz oder teilweise. Vor der Einführung der zerstörungsfreien Prüfung war das Feststellen solcher Fehler dann unmöglich, wenn sie nicht gerade am abgeschnittenen und geprüften Endstück des Stabes lagen. Bei der Durchschallung können sie nun, wie Bild 582 (S. 981) zeigte, mit Sicherheit gefunden werden.

Seigerungen. Was die Faser, die aus Seigerungen (s. S. 972) entsteht, betrifft, so sind Unregelmäßigkeiten, die daraus entstehen, nie völlig zu vermeiden. Schon die Tatsache, daß die Primärkristallite durch Ätzungen sichtbar gemacht werden können, hat Seigerungen zur Voraussetzung. Die bei der Primärätzung zu sehenden Verästelungen sind Phosphorseigerungen, die auch bei sehr geringen Phosphorgehalten auftreten. Diese Linien bleiben auch bei warmverformtem Werkstoff als Streifen bestehen (s. Bild 602). Seigerungen innerhalb der Kristallite sind selten so stark, daß man von einer schädlichen Beeinflussung sprechen kann.

Über die Kristallseigerungen hinaus gehen die auf S. 973 beschriebenen Block- und Gasblasenseigerungen.

Sie gleichen sich im Wärmeofen und bei der Warmverformung nur zum Teil aus und bilden mit den Fremdeinschlüssen die Hauptursache grober Faser.

Die aus der Blockseigerung ledeburitischer Stähle erfolgenden groben Zeilen sind weniger Schlackenzeilen als Anhäufungen von Ledeburitkarbiden.

Ein Beispiel einer solchen Seigerung ist aus den Bildern 603 und 604 zu entnehmen. Bild 603 zeigt den Längsschliff eines Schnellstahlstabes in natürlicher Größe und Bild 604 eine grobe Karbidzeile in stärkerer Vergrößerung.

Bild 603. Zeilen von Ledeburitkarbiden, stammend aus Blockseigerungen. Teil eines Schnellstahlstabes ⌀ 213. Primärätzung. V = 1

Sekundärseigerungen entstehen unterhalb der Linie GOS als Ferritstreifen und unterhalb der Linie SE als Zementitstreifen.

Die Bedingung für die Entstehung von Ferritzeilen ist dann gegeben, wenn die Endverformung unterhalb der Linie GOS gelegen hatte oder wenn bei langsamer Abkühlung zwischen SOS und PS Ferrit sich an Schlackenstreifen zeilenförmig anlagert. Solche Ferritzeilen sind in Bild 605 zu sehen.

Bild 588 zeigte das Bruchaussehen eines, bei niedriger Temperatur zu Ende gewalzten Einsatzstahles. Bei höherer Endwalztemperatur wäre die Faser kaum sichtbar. Eine Normalglühung hätte denselben Erfolg.

Natürlich beeinflußt die Walz- oder Schmiedetemperatur und die Abkühlungsgeschwindigkeit daraus, hauptsächlich nur die Ferrit- oder Karbidzeilen und nur in geringem Grad die Schlackenzeilen selbst.

E. Plöckinger und A. Randak[1] behandeln ausführlich die Entstehungsbedingungen des Ferritzeilengefüges und die Bedingungen für ihre Zurückdrängung durch eine Diffusionsglühung (130 Stunden bei 1150 °C). Die Diffusionsglühung soll bei niedrigen Kohlenstoffgehalten weniger wirksam sein als bei hohen. Zusätzlich ist aber die Verformungstemperatur auch von Bedeutung.

Das Kleingefüge eines übereutektoiden Stahles mit Karbidfaser ist in Bild 606 zu sehen.

[1] Plöckinger, E., u. A. Randak: Stahl u. Eisen Bd. 78 (1958) S. 1041/1058.

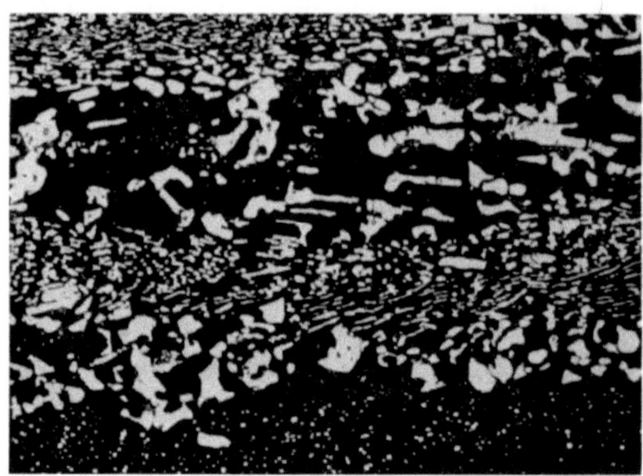

Bild 604. Vergrößertes Teilbild einer groben Karbidzeile nach Bild 603. Ursache Blockseigerung. V = 120

Bild 605. Ferritzeilen in der Mitte eines Walzknüppels eines Mangansilizium-Vergütungsstahles. Ursache langsame Abkühlung. V = 100

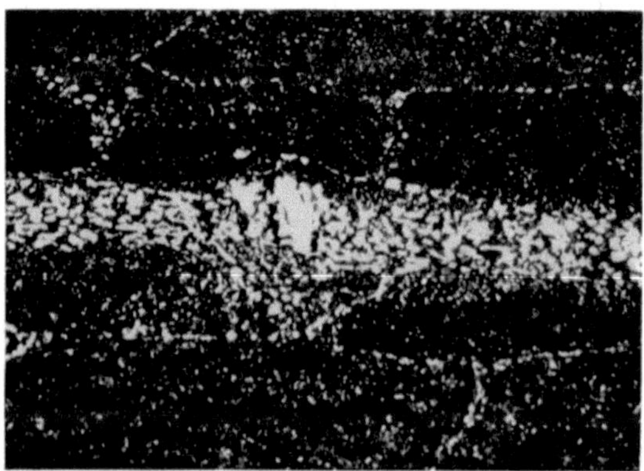

Bild 606. Karbidzeilen eines Stahles mit 1,4% C und 1,5% Cr. Ursache Blockseigerung. V = 100

Bei untereutektoiden Stählen läßt sich die Zeilenbildung vermeiden, wenn die Verformungstemperatur bis gegen Ende oberhalb GOS gehalten wird und die Abkühlung nicht zu langsam erfolgt. Schwierig ist es, bei Stählen mit Kohlenstoff über 1,2% die Verformung oberhalb der

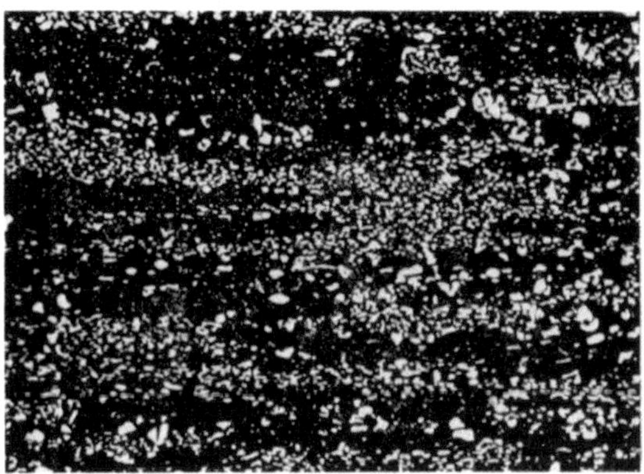

Bild 607. Karbidverteilung in der Mitte eines Schnellstahlstabs nach 100facher Verformung. V = 100

Linie SE (Bild 2) vorzunehmen, weil dann grobes Korn die Folge ist. Man muß sich hier mit einem Mittelweg zu helfen wissen und die Endverformungstemperatur nicht über 850° halten (s. S. 87).

Bild 608. Karbidverteilung in der Mitte eines Schnellstahlstabs nach 10facher Verformung. V = 100
Abmessung wie Bild 607

Ledeburitzeilen[1]. Zeilen in Ledeburitstählen sind, wie es sich naturnotwendig ergibt, Karbidzeilen, die man nicht vermeiden kann. Es handelt sich nur darum, die Zeilen möglichst fein und gleichmäßig zu

[1] s. dazu auch im Abschnitt „Chromstähle" über den Ledeburitstahl mit 2% C und 12% Cr S. 208.

halten. Im Zusammenhang mit den Schnellarbeitsstählen wurde die Frage erörtert, ob es günstiger ist, kleinere Blöcke zu verwenden und von einem feineren Netzwerk auszugehen oder größere Blöcke, wo man, um auf dieselbe Abmessung zu kommen, stärker verformen muß.

Aus den Bildern 607 und 608 sind die Karbidzeilen eines Schnellarbeitsstahles nach 10facher und 100facher Verformung zu sehen, wobei es sich nicht, wie bei Bild 604, um Seigerungen handelt. Man ersieht daraus, daß schwerere Blöcke nach großer Verformung feinere Karbidzeilen ergeben als kleinere Blöcke nach kleiner Verformung. Die Anwendbarkeit großer Blöcke hat aber ihre Grenzen bei etwa 800 bis 1000 kg Blockgewicht, weil darüber hinaus die Verarbeitungskosten zu hoch werden und außerdem größere Blöcke stark seigerungsanfällig sind; auch die Karbide sind gröber (s. S. 792, 804), was unerwünscht ist.

Oberflächenfehler

Die Vermeidung von Oberflächenfehlern ist eine der wichtigsten Maßnahmen zur Erzeugung fehlerfreien Edelstahles. Die Fehler schwanken von groben Fehlern bis zu feinen, oft kaum erkennbaren Mängeln. In der Hauptsache handelt es sich um Risse, Schlackenzeilen, Überlappungen und Entkohlung. Da die Oberfläche des Blockes nie so gut ist, daß sie ohne weitere Maßnahmen im Enderzeugnis eine gute Oberfläche gewährleistet, muß entweder der Block oder das Halbzeug — Knüppel oder Bramme — geputzt werden. Die Meinungen darüber, ob das Hauptgewicht der Putzarbeit auf den Block oder das Halbzeug gelegt werden soll, sind geteilt. In Amerika und Schweden z. B. verlegt man sich fast ausschließlich auf das Putzen des Halbzeuges, in Deutschland und Österreich überwiegend auf das des Blockes. Am Block oder Halbzeug verbliebene Risse oder andere Oberflächenfehler vergrößern sich bei der Warmverformung. Trotz gereinigten Vormaterials erfordert die weitere Verarbeitung daher noch immer die Beachtung einer Reihe von Fehlermöglichkeiten.

Streifen aus Blockrandfehlern. Randfehler des Blockes, wie sie in Bild 568 und 569 zu sehen waren, die aber unter der geputzten Oberfläche noch bestehengeblieben sind, haben Schlackenzeilen und auch Hakenrisse in verschiedener Stärke zur Folge. Einen gröberen Fehler, wie er erst nach dem Abdrehen sichtbar wurde, und aus Randfehlern, wie Bild 569, stammt, zeigt Bild 609. Bild 610 zeigt eine feine, kaum sichtbare Zeile, die kein eigentlicher Riß, sondern mehr eine Schlackenzeile ist. Dieser Fehler kann in verschiedener Entfernung von der Oberfläche liegen; oft unmittelbar am Rand, in anderen Fällen weiter im Innern (s. Bild 593, S. 989). Diese Zeilen können sich, besonders wenn sie am Rande sind, zu Rissen ausweiten.

Stauchfalten. Ein ähnlicher, aber damit nicht zu verwechselnder Oberflächenfehler ist die Folge von Stauchfalten (Bilder 575, 576, S. 978). Die Werkstofftrennungen greifen in diesem Fall meist tiefer und sind, wie auf S. 979, Bild 577, ausgeführt wurde, von einer Entkohlung begleitet.

Abkühlungsspannungsrisse. Häufige Fehler sind Spannungsrisse, die sich bei gut härtbaren Stählen als Folge raschen Abkühlens aus der

Bild 609. Schlackenriß aus Blockrandfehler entstanden und nach Abdrehen sichtbar

Walz- oder Schmiedetemperatur bilden. Dieser Fall wurde schon unter Walz- und Schmiedefehler behandelt und ein Beispiel S. 985, Bild 587, gezeigt. Diese Risse sind Fehler von feinsten bis zu sehr tief gehenden Rissen.

Wenn man schon den Stahl nicht unmittelbar nach der Verformung, noch in der Schmiede- oder Walzhitze entspannt (s. S. 93), dann soll

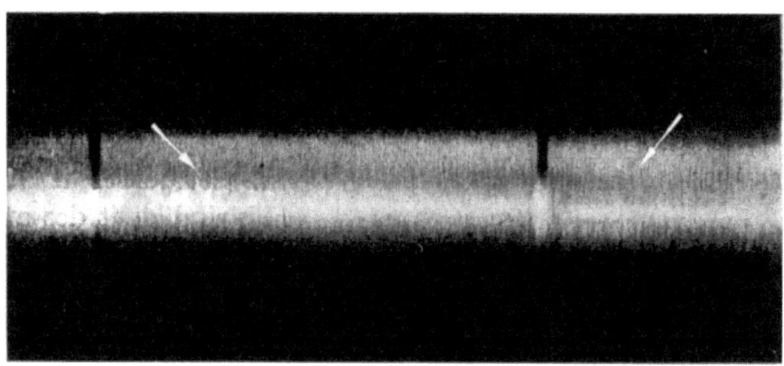

Bild 610. Durch Abdrehen bloßgelegte, kaum sichtbare Schlackenzeile

man das Glühen möglichst rasch nachher besorgen, weil anfänglich kleine, noch harmlose Risse sich beim Lagern erweitern und erst oft nach Tagen sichtbar werden.

Anwärmungsspannungsrisse. Ähnliche Risse sind auch die Folge unvorsichtigen Anwärmens beim Glühen von solchen Stücken, die nach dem Walzen nicht genügend entspannt waren.

Ein Beispiel ist aus Bild 611 zu sehen. Man kann diesen Riß von solchen, die durch Schlacken entstanden sind, dadurch unterscheiden, daß er von der Verformungsrichtung abweicht.

Oberflächenentkohlung. Zu den Oberflächenfehlern gehört auch die entkohlte Oberfläche. Der Stahl wird nach den heutigen Verfahren beim Anwärmen zum Walzen oder Schmieden oder beim Glühen entkohlenden Gasen ausgesetzt. Diese Gase sind Sauerstoff, Kohlensäure und Wasserdampf. Der Stahl zundert dabei nicht nur, sondern er gibt allmählich Kohlenstoff an das umgebende Gas in Form von CO oder CO_2 ab, und es bildet sich auf diese Weise eine Oberflächenschicht mit geringerem Kohlenstoffgehalt, die in ihren Eigenschaften nicht mehr dem gewünschten Stahl entspricht. Wenn diese Schicht nicht entfernt wird, so gibt sie im fertigen, gehärteten oder vergüteten Teil Anlaß zum erhöhten Verschleiß und begünstigt bei schwingender Beanspruchung den Dauerbruch.

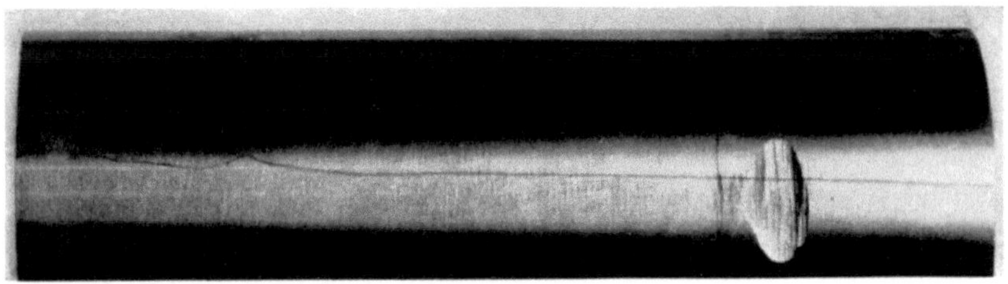

Bild 611. Spannungsriß, entstanden durch unvorsichtiges Anwärmen

Beim Glühen kann die Entkohlung durch Erwärmung in inerten Gasen oder im Vakuum wohl vermieden werden, setzt aber die Anwendung kostspieliger Verfahren voraus.

Die Randentkohlung ist ein Vorgang, der nicht für sich allein, sondern im Zusammenspiel mit dem Zundern zu betrachten ist. Ist die Verzunderung so stark, daß die Diffusionsgeschwindigkeit des aus dem Inneren nachfolgenden Kohlenstoffs nicht groß genug ist, um dem Zundern zuvorzukommen, dann bildet sich eine entkohlte Zone (s. z. B. „Siliziumstähle", S. 264).

Die bei der Entkohlung sich abspielenden Reaktionen, die von G. Bandel[1] und G. Neumann[2] beschrieben wurden, sind sehr verwickelter Natur. Sie hängen von der Zusammensetzung der Gase ab. Es ändern geringe Schwankungen in ihrer Zusammensetzung das Verhältnis der Geschwindigkeit von Zundern zu Entkohlen. Es ist klar, daß auch die Zusammensetzung des Stahles von Einfluß ist.

Im allgemeinen ist es das sicherste Verfahren, offen zundernd zu glühen, d. h. den Stahl unmittelbar den Flammengasen auszusetzen,

[1] Bandel, G.: Arch. Eisenhüttenw. Bd. 11 (1937/38) S. 139/144; vgl. Stahl u. Eisen Bd. 57 (1937) S. 1058; Stahl u. Eisen Bd. 58 (1938) S. 1317/1326.

[2] Neumann, G.: Arch. Eisenhüttenw. Bd. 14 (1940/41) Nr. 9 S. 429/438; Nr. 10 S. 479/488; vgl. Stahl u. Eisen Bd. 61 (1941) Nr. 12 S. 299/300; Nr. 17 S. 424.

damit das Entkohlen nicht voreilt. Man erreicht dies dadurch, daß man sich durch Anwendung von Luftüberschuß im Gas, von der Grenzlage wegbewegt.

U. a. empfiehlt auch W. HÜLSBRUCH[1], der sich viel mit dieser Frage befaßt hat, dieses Verfahren, trotz der Werkstoffverluste. Die Regel, mit Luftüberschuß zu arbeiten, gilt nicht nur für das Glühen, sondern auch für das Erwärmen in Walz- und Schmiedeöfen.

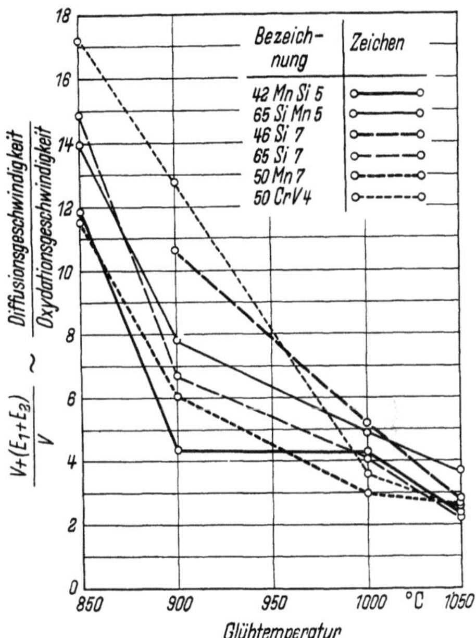

Bild 612. Zusammenhang zwischen Diffusionsgeschwindigkeit des Kohlenstoffes und der Oxydation des Stahles bei verschiedenen Temperaturen und Stählen (nach S. AMMARELLER)

S. AMMARELLER[2] findet bei seinen Untersuchungen nach Bild 612, daß die Verzunderungsgeschwindigkeit gegenüber der Diffusionsgeschwindigkeit des Kohlenstoffs mit steigender Temperatur zunimmt; demnach ist die Entkohlungsgefahr bei niedriger Temperatur größer als bei höherer. Wenn in Wärmeöfen zum Walzen oder Schmieden trotz der dort angewandten hohen Temperaturen stärkere Entkohlung vorkommt, so ist dies einem zu geringen Luftüberschuß zuzuschreiben. Mitunter ist die Entkohlung nicht gleichmäßig über die Oberfläche verteilt, sondern sie findet sich in Streifen vor. Ein Beispiel zeigt Bild 613. Zundergruben oder Walzrisse sind hierfür verantwortlich. Die Entkohlung, die in Walz- oder Schmiedewärmeöfen entsteht, fällt dadurch weniger ins Gewicht, daß sie sich bei der Endabmessung im Verhältnis zum Verformungsgrad des Halbzeuges abschwächt, also um so kleiner wird, je größer die Abmessung des zur Verarbeitung gelangten Halbzeuges war.

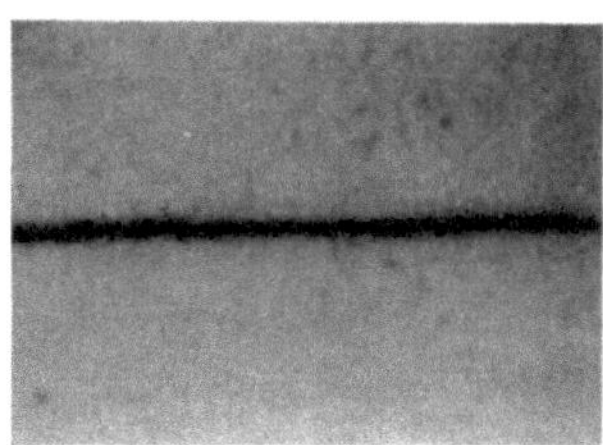
Bild 613. Entkohlter Streifen auf einen Rundstab abgeschliffenen Kugellagerstahles

[1] HÜLSBRUCH, W.: Arch. Eisenhüttenw. Bd. 17 (1943/44) S. 17/22; Stahl u. Eisen Bd. 63 (1943) S. 739/740; Bd. 70 (1950) S. 641/653.

[2] AMMARELLER, S.: Stahl u. Eisen Bd. 72 (1952) S. 475/489.

Was den Einfluß von Legierungselementen anlangt, so ergibt sich aus der Tatsache, daß Chrom, Silizium und Aluminium das Zundern verlangsamen, die Folge, daß die Entkohlung verhältnismäßig stärker fortschreitet als das Zundern; solche Stähle neigen also zur Entkohlung. Eine stärkere Neigung zur Entkohlung haben auch Molybdänstähle mit mehr als etwa 2% Mo. Hier sind andere Gründe maßgebend als bei den vorgenannten Stählen. Es spielt dabei das beim Zundern gebildete oxydierend wirkende Molybdänoxyd eine besondere Rolle. Man muß daher bei Molybdänschnellstählen mehr auf die Entkohlungsgefahr achten als bei anderen (s. S. 240).

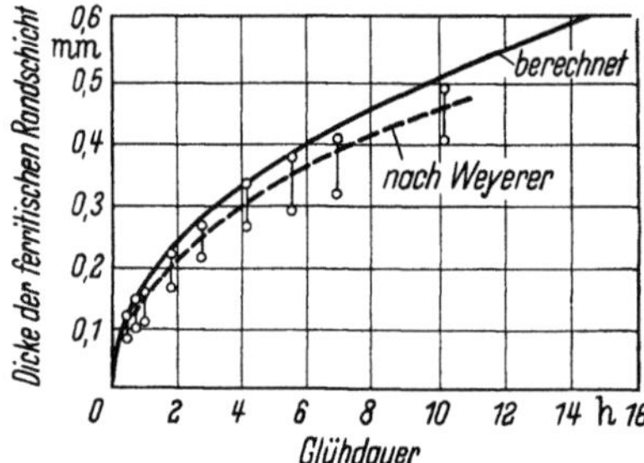

Bild 614. Entkohlung eines Stahles mit 0,41% C im Wasserstoffgas bei 800 °C (nach H. Weyerer und K. Lücke)

Die Entkohlung kann nicht so weit vermieden werden, daß die äußerste Randzone ohne weiteres für Gegenstände verwendbar ist, die volle Oberflächenhärte haben müssen; wenn schon nicht völlige Entkohlung eingetreten ist, so liegt Verminderung des Kohlenstoffgehaltes vor. Bei der Zugabe des Bestellmaßes zum Fertigmaß muß man dies berücksichtigen. Eine irrtümliche Auffassung ist es auch, daß gezogener Stahl keine weiche Haut hat. Dies ist nur dann zu erreichen, wenn der Stahl nicht nur gezogen, sondern auch geschliffen wird[1]. Die beim rücksichtslosen Schleifen gehärteter Stähle entstandene weiche Haut (Weichschleifen) ist eine bloße Anlaßwirkung und hat mit Entkohlung nichts zu tun (S. 1007).

Ein stark entkohlendes Gas ist auch der Wasserstoff. Natürlich bildet sich dabei kein Zunder, sondern nur eine weiche Oberflächenschicht. Besonders wirksam ist der Wasserstoff, wenn er Feuchtigkeit enthält. Über die Entkohlungsgeschwindigkeit durch Wasserstoff und seine Temperatur- und Zeitabhängigkeit machte K. Lücke[2] eine eingehende Untersuchung. Er stellt hierfür eine Formel auf, aus der man die Dicke der ferritischen Randschicht berechnen kann. Die Ergebnisse, die in Bild 614 die Verhältnisse bei 800 °C darstellen, stimmen mit älteren Versuchen von H. Weyerer[3] nahezu überein.

Diese Eigenschaft des Wasserstoffs ist dann zu beachten, wenn man Wasserstoff als Schutzgas verwendet, wie es z. B. auch bei der Herstellung von Hartmetallen der Fall ist. Wie stark der Wasserstoff den Kohlenstoff angreifen kann, wurde auch in dem Abschnitt „Druckwasserstoffbeständige Stähle" beschrieben.

In Flammengasen tritt die Wirkung des Wasserstoffs zurück.

[1] s. Nachtrag S. 1010. [2] Lücke, K.: Arch. Eisenhüttenw. Bd. 25 (1954) S. 181/185; vgl. Stahl u. Eisen Bd. 74 (1954) S. 665.

[3] Weyerer, H.: Dissertation, Göttingen 1952.

Flocken

Das Aussehen dieses Fehlers ist aus Bild 615 zu entnehmen. Es zeigen sich mattglänzende, metallisch aussehende Stellen fast runder oder elliptischer Form. Die Flocken sind Risse, die sich bei der Abkühlung nach der Warmformgebung bilden. In Blöcken und Gußstücken erscheint der Fehler weniger oft, weil der Wasserstoff, der, wie wir sehen, die Hauptursache ist, Gelegenheit hat, an den lockeren Primärkorngrenzen zu entweichen. Im Querschnitt zeigen sich Flocken als gerade, unorientierte Risse, z. B. an tiefgeätzten Scheiben. Flocken können bei allen Stählen, ausgenommen bei Kohlenstoffstählen unter 0,2% C und hochlegierten lufthärtenden Stählen, z. B. Schnellstahl, martensitischen oder austenitischen Stählen, beobachtet werden. Besonders flockenanfällig sind Chrom-Nickel-, Chrom- und Manganstähle.

Bild 615. Flocken. Nat. Größe

Über die Ursachen der Flockenbildung besteht ein umfangreiches Schrifttum[1]. Nach Untersuchungen von H. BENNEK, H. SCHENCK und A. MÜLLER[2] sowie weiteren von R. E. CRAMER und E. C. BAST[3] sowie H. BENNEK und G. KLOTZBACH[4], E. HOUDREMONT und H. SCHRADER[5,6], H. SCHRADER und V. G. PARANJPE[7] ist Wasserstoff an der Bildung von Flocken maßgeblich beteiligt. BENNEK, SCHENCK und MÜLLER gelang es, in Versuchsgüssen durch Regelung der Wasserstoffzufuhr zur Schmelze Flocken zu erzeugen oder zu vermeiden[8].

Der bei hoher Temperatur in fester Lösung gebundene Wasserstoff geht bei der Abkühlung in den gasförmigen Zustand über und verursacht — unterstützt durch Umwandlungs- (Zwischenstufe und Martensitbildung) und Verformungsspannungen — so hohe Drücke, daß Risse entstehen. Die kritische Temperatur liegt bei etwa 200 °C. Für die Wirkung des Wasserstoffes ist es gleichgültig, ob er beim Schmelzen in den

[1] s. E. HOUDREMONT u. H. KORSCHAN: Stahl u. Eisen Bd. 55 (1935) S. 297/304.
[2] BENNEK, H., H. SCHENCK u. A. MÜLLER: Stahl u. Eisen Bd. 55 (1935) S. 321/331.
[3] CRAMER, R. E., u. E. C. BAST: Trans. Amer. Soc. Met. Bd. 27 (1939) S. 433/457.
[4] BENNEK, H., u. G. KLOTZBACH: Stahl u. Eisen Bd. 61 (1941) S. 597/606.
[5] HOUDREMONT, E., u. H. SCHRADER: Stahl u. Eisen Bd. 61 (1941) S. 649/653.
[6] HOUDREMONT, E., u. H. SCHRADER: Stahl u. Eisen Bd. 61 (1941) S. 675/680.
[7] SCHRADER, H., u. V. G. PARANJPE: Tisco Bd. 1 (1954) S. 13/29.
[8] Über die Löslichkeit von Wasserstoff in Eisen s. S. 326.

Stahl gekommen war oder ob er im Wärmofen zum Schmieden, Walzen oder Glühen aus den Gasen aufgenommen wurde. I. MUSATTI und A. REGGIORI[1] sowie R. E. CRAMER[2] konnten in flockenfreien Stählen durch längeres Glühen bei 1150 bis 1200 °C in Wasserstoff nach der Abkühlung Flocken feststellen. In dünneren Abmessungen, die zunächst flockenfrei waren, kann also durch die Erwärmung in wasserstoffhaltigen Gasen wieder Flockengefahr entstehen.

Bei unlegierten und leichtlegierten Stählen läßt sich der Wasserstoff durch Anlassen bei 100 bis 200° entfernen; bei mittellegierten Vergütungsstählen wird man hierzu Temperaturen von etwa 400 °C benötigen, bei den höher legierten Stählen ist jedoch eine Anlaßtemperatur von 500 bis 600 °C zu seiner Austreibung erforderlich. Eine solche Glühung hat aber nur dann Zweck, wenn dem Glühen eine Warmverformung folgt, die etwa entstandene Flocken wieder zum Verschwinden bringt.

H. ESSER, W. EILENDER und A. BUNGEROTH[3] sind der Meinung, daß zunächst nicht elementarer, sondern gebundener Wasserstoff (z. B. Chromhydrid) ausgeschieden würde. Ob nun diese Übergangsphase vorliegt oder nicht, im Endzustand haben wir gasförmigen, elementaren Wasserstoff mit Drücken von mehreren tausend atü.

J. B. GERO und A. R. TROIANO[4] sowie F. J. SHORTSLEEVE und A. R. TROIANO[5] greifen auf die seinerzeit von P. BARDENHEUER[6] vertretene Theorie der Umwandlungsspannungen zurück und meinen, daß diese die Hauptursache seien und Wasserstoff nur begünstigend wirke. In Deutschland hält man aber einheitlich an der Wasserstofftheorie fest, wenn man auch zugeben muß, daß Seigerungen durch Verzögerung der Umwandlung im Seigerungsbereich mitwirken können. Auch Einschlüsse verstärken durch kleine Hohlräume, die die Wasserstoffansammlung begünstigen, die Neigung zur Flockenbildung.

Durch das von A. TIX[7] zuerst beschriebene Gießen im Vakuum, wodurch sich der Wasserstoffgehalt stark vermindert, wird die Annahme, daß der Wasserstoff der Hauptträger der Flocken ist, weiter erhärtet. Es ist dabei auch zu bedenken, daß Eisen bei so hoher Temperatur mit Feuchtigkeit augenblicklich unter Wasserstoffbildung reagiert. So-

[1] MUSATTI, I., u. A. REGGIORI: Rev. Métall. Mém, Bd. 32 (1935) S. 531/552; vgl. Stahl u. Eisen Bd. 56 (1936) S. 629/630.

[2] CRAMER, R. E.: Trans. Amer. Soc. Met. Bd. 25 (1937) S. 923/934.

[3] ESSER, H., W. EILENDER u. A. BUNGEROTH: Arch. Eisenhüttenw. Bd. 8 (1934/35) S. 419/423; vgl. Stahl u. Eisen Bd. 55 (1935) S. 342.

[4] GERO, J. B., u. A. R. TROIANO: Iron Age Bd. 171 (1953) Nr. 13 S. 133/137; vgl. Stahl u. Eisen Bd. 74 (1954) S. 1546/1547.

[5] SHORTSLEEVE, F. J., u. A. R. TROIANO: Interim Technical Report Nr. 1 Contract Nr. DA-33-019 ORD-897, Case Institute of Technology 15. Jan. 1953; Stahl u. Eisen Bd. 77 (1957) S. 168.

[6] BARDENHEUER, P.: Stahl u. Eisen Bd. 45 (1925) S. 1782/1783.

[7] TIX, A.: Stahl u. Eisen Bd. 76 (1956) S. 61/68.

lange aber während des Schmelzens Bewegung im Bad herrscht, wird der Wasserstoff durch das sich entwickelnde CO-Gas entfernt. Nach Aufhören der Badbewegung, was im basischen Ofen gegen Ende des Schmelzens der Fall ist, nimmt der Wasserstoffgehalt sofort zu. Auf saurem Herd erschmolzene Stähle sind nicht nur deshalb weniger anfällig, weil die

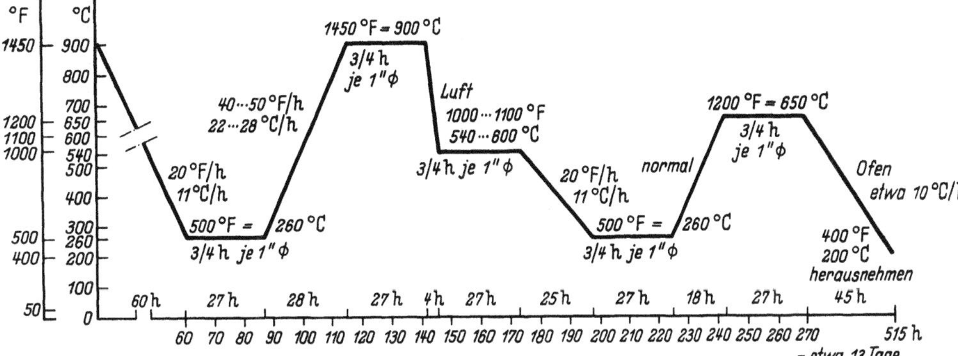

Bild 616. Ein amerikanisches Glühverfahren zur Vermeidung von Flocken in schweren Schmiedestücken

Gefahr der Einbringung der Feuchtigkeit durch Kalk nicht vorliegt, sondern auch deshalb, weil die Badbewegung bis zuletzt anhält.

Es ist verständlich, daß sich bei größeren Abmessungen eher Flocken bilden, weil der Wasserstoff dort längere Zeit zum Entweichen braucht.

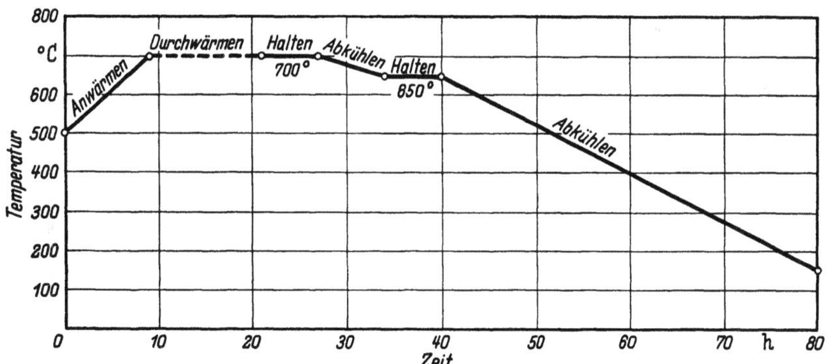

Bild 617. Temperaturverlauf für ein vereinfachtes Glühverfahren zur Vermeidung von Flocken

Bei Abmessungen etwa unter 50 mm ∅, in Blechen unter 30 mm Stärke kommen deshalb Flocken seltener vor. Größere Stücke müssen bei Flockenverdacht langsam abgekühlt oder besonders geglüht werden. Die langsame Abkühlung schwerer Stücke bis auf etwa 200 °C erfordert Wochen. Um sie abzukürzen, werden verschiedene Glühverfahren angewendet, um den Wasserstoff früher zum Entweichen zu bringen.

Zwei hierfür vorgeschlagene Glühverfahren sind in den Bildern 616 und 617 zu sehen.

Flockenhaltige Stähle werden, wie erwähnt, bei weiterer Warmverformung flockenfrei, weil dabei die Risse zusammenschweißen.

Einige andere Stahlfehler

Schwarzbruch. In härteren Stählen zeigt sich oft ein Teil des Bruches mehr oder weniger schwarz. In manchen Fällen hat die Mitte normalen Bruch; oft ist jedoch die Mitte schwarz und der Rand normal, oder es kann sich der schwarze Bruch über den ganzen Querschnitt erstrecken. Wie schon aus dem äußeren Ansehen zu schließen ist, handelt es sich um Ausscheidungen von Temperkohle. F. RAPATZ und H. POLLACK[1] haben festgestellt, daß sich die Temperkohle dann abscheidet, wenn der Stahl aus hoher Temperatur langsam abkühlt. Verformung bei niedrigen Temperaturen streckt die Temperkohle und erzeugt den Schwarzbruch. Später wurde von H. HÜTTENHAIN[2] nachgewiesen, daß auch die durch ungleichmäßige Erwärmung beim Walzen oder Schmieden hervorgerufenen Spannungen Schwarzbruch fördern können. Nachdem die Ursache des Schwarzbruches aufgedeckt wurde, ist diese Erscheinung als Stahlfehler zu einer Seltenheit geworden.

Wenn man an das Verhalten des Siliziums und anderer Metalle in Grauguß denkt, ist es verständlich, daß höherer Siliziumgehalt die Entstehung des Schwarzbruchs fördert, Chrom und Mangan dagegen verhindern ihn.

Eine dem Schwarzbruch verwandte Erscheinung wurde bei Langzeitbeanspruchung von dauerstandfesten Molybdänstählen in Hochdruckanlagen in den Vereinigten Staaten beobachtet; in Deutschland stieß man auf solche Schadensfälle noch nicht. Es ist dies vielleicht darauf zurückzuführen, daß bei uns chromfreie Stähle nicht gebraucht werden, da Chrom die Graphitausscheidung verhindert. In ähnlicher Weise wie Chrom wirken Titan und Niob.

H.-J. WIESTER[3] berichtet über die Ergebnisse der Untersuchung amerikanischer Schadensfälle.

Schleiffehler. Durch Schleifen kann man nicht nur bei gehärteten, fertigen Gebrauchsstücken Schleifrisse erzeugen, sondern auch im Halbzeug, die bei der weiteren Verarbeitung sich in so grober Weise auswirken können, wie auf S. 977 gezeigt wurde.

Man kann beim Schleifen aber nicht nur dadurch Fehler hervorrufen, daß man Schleifrisse erzeugt, sondern man kann in der Oberfläche auch durch zu starkes Erwärmen Anlaßwirkung hervorrufen und dadurch

---

[1] RAPATZ, F., u. H. POLLACK: Stahl u. Eisen Bd. 44 (1924) S. 1509/1514.

[2] HÜTTENHAIN, H.: Stahl u. Eisen Bd. 49 (1929) S. 916.

[3] WIESTER, H.-J.: Arch. Eisenhüttenw. Bd. 22 (1951) S. 177/184; vgl. Stahl u. Eisen Bd. 71 (1951) S. 631.

weiche Stellen verursachen. Untersuchungen von F. RAPATZ[1] ergaben, daß beim Schleifen gehärteter Stähle in der Werkstatt oft Schleifhaut verschiedener Dicke entsteht. Sie ist unter gleichen Schleifbedingungen bei legierten Stählen stärker als bei unlegierten; Schnellstähle machen wegen ihrer hohen Anlaßbeständigkeit davon eine Ausnahme. Einsatzstähle scheinen besonders zur Bildung einer Schleifhaut zu neigen. Weiter setzt die Schleifhaut die Schneidhaltigkeit von Werkzeugen stark herab. Auch bei Maschinenteilen führt das Vorhandensein von Schleifhaut rascheren Verschleiß herbei. Aus diesen Gründen ist dem Schleifvorgang große Beachtung zu schenken, mit Sorgfalt und wenn möglich immer mit Kühlung zu schleifen; ebenso empfiehlt es sich in manchen Fällen, durch Schleifen entstandene Oberflächenspannungen durch Anlassen zu beseitigen. Bei manchen Stählen, z. B. den Chrom-Molybdän- und Chrom-Mangan-Einsatzstählen, ist, um Schleifrisse zu vermeiden, Anlassen vor dem Schleifen unbedingt nötig.

Außer diesen Stahlfehlern gibt es noch eine Reihe anderer, die bereits in früheren Abschnitten behandelt wurden und auf die hier nur verwiesen sei. Es sind dies: Überhitzung beim Härten (S. 56 und 136); Anlaßsprödigkeit (S. 69, 215, 231, 322); Interkristalline Korrosion (S. 269); Versprödung bei hohen Temperaturen (S. 177, 591).

[1] RAPATZ, F.: Stahl u. Eisen Bd. 57 (1937) S. 250/252.

XIII. Erzeugung

Es ist hier nicht der Raum, um sich mit den verschiedenen Erzeugungsweisen des Stahles zu befassen und sie zu beschreiben[1]. Der Verfasser beschränkt sich darauf, kurz die verschiedenen Verfahren anzuführen.

Für die Erschmelzung der Edelstähle dienen basisch oder sauer zugestellte Elektroöfen und die Siemens-Martin-Öfen.

Der Tiegelofen, in dem in früheren Zeiten der Hauptanteil des Edelstahls erschmolzen wurde, steht nur noch ganz vereinzelt in Anwendung.

Der basische Siemens-Martin-Ofen dient hauptsächlich zur Erzeugung von unlegierten und niedriglegierten Bau- und wohl auch Werkzeugstählen.

Im sauren Siemens-Martin-Ofen ist man imstande, auch höher legierte Stähle zu erzeugen, weil Legierungsmetalle, wie Chrom und Silizium, leichter im Bade zu halten sind. Der Nachteil dieser Ofenart ist, daß sich darin Phosphor und Schwefel nur zu einem geringen Teil entfernen lassen, was dazu zwingt, teueren schwefel- und phosphorarmen Schrott heranzuziehen. Es ist dies ein Nachteil gegenüber dem basischen Siemens-Martin-Ofen, dessen Schmelzführung die Entfernung von Phosphor und Schwefel besser ermöglicht. Der saure Siemens-Martin-Ofen wird vielfach als höherwertig angesehen; jedoch wird er auf dem europäischen Festland nur wenig gebraucht, da man dort der Ansicht ist, daß der basische Siemens-Martin-Stahl dem sauren an Güte nicht nachsteht, zumal wenn die neuen Erfahrungen des Gießens im Vakuum angewendet werden (s. S. 1004).

Der Hauptgrund der Verwendung des sauren Siemens-Martin-Ofens ist, daß saurer Siemens-Martin-Stahl ärmer an Wasserstoff und daher leichter flockenfrei zu erzeugen ist. Durch das Gießen im Vakuum fällt aber auch dieser Vorteil weg.

Der wichtigste Ofen für die Erschmelzung von Edelstählen ist heute der Lichtbogen-Elektroofen. Durch die Erstellung großer Ofeneinheiten verdrängt er auch teilweise den basischen Siemens-Martin-Ofen. Er ist überwiegend basisch zugestellt. Basische Zustellung zieht man vor, weil die Möglichkeit der Verwendung phosphor- und schwefelreichen Schrottes gegeben ist, wie beim Siemens-Martin-Ofen.

---

[1] Sonderwerke auf diesem Gebiete: F. Leitner u. E. Plöckinger: Die Edelstahlerzeugung. Wien: Springer 1950. — F. Sommer u. H. Pollack: Elektrostahlerzeugung. Düsseldorf: Stahleisen 1950. — F. Sommer: Der Elektroofen in der Stahl- und Eisenindustrie und Charakteristik der Edelstähle. Leipzig: Akademische Verlagsgesellschaft Geest & Portig K.G. 1954.

Was den Vergleich sauren und basischen Stahles sowohl aus Siemens-Martin-Öfen wie Elektroöfen betrifft, so gehen die Erfahrungen des Verfassers dahin, daß bei sorgfältiger Erzeugung basischer Stahl dem sauren überlegen ist[1]. Nachteilig für den auf saurem Herd erschmolzenen Stahl ist es auch, daß er leichter zu Warmrissen sowohl im Gußgefüge wie auch bei der Warmverformung neigt.

Außer den Lichtbogenöfen gibt es Induktionsöfen, von denen heute fast nur noch die sogenannten Hochfrequenzöfen (richtiger: Mittelfrequenzöfen) gebaut werden. Mit diesen Öfen glaubte man seinerzeit besonders guten Stahl erzeugen zu können, da man sich von der wirbelnden Bewegung des Bades eine stärkere Schlackenabscheidung versprach, als sie sonst erreichbar ist. Es hat sich aber gezeigt, daß die Schlackenhaltigkeit dieser Stähle nicht niedriger ist als die der Lichtbogenöfen. Ein metallurgischer Nachteil der Induktionsöfen ist die entgegen allen anderen Stahlherstellungsprozessen niedrige Schlackentemperatur, als Folge der von innen heraus vor sich gehenden Erwärmung. Dadurch ist eine richtige Schlackenarbeit nicht möglich. Der einzige unbestreitbare metallurgische Vorteil der Hochfrequenzöfen liegt in der verhältnismäßig leichten Erzeugung von Stählen niedrigen und niedrigsten Kohlenstoffgehaltes.

Neue Wege für die Erschmelzung sind das eben erwähnte Gießen im Vakuum zur Abscheidung der Gase und verstärkten Reduktion der Oxyde und Sulfide[2]. Das Schmelzen im Vakuum ist besonders für hochlegierte Stähle wichtig, um sie reiner von fremden Einschlüssen und besser warmverformbar zu machen.

Eine neue Entwicklung ist das Vakuumschmelzen im Elektronenstrahlofen, in dem die Wärmezufuhr besser lenkbar ist[3].

Die Menge des erzeugten Edelstahles beträgt in den verschiedenen Ländern 3 bis 10%[4] der Gesamtstahlerzeugung.

---

[1] Krifka, O., u. F. Rapatz: Vertraul. Bericht Verein Deutscher Eisenhüttenleute Nr. 77 (1944), 6 S. — Rapatz, F.: Auskleidung der Schmelzöfen und Stahlgüte. Radex-Rdsch. 1948 S. 9/14; s. a. S. 424, 844, 990.

[2] Brotzmann, K., K. Rüttiger, K. Förster u. R. Hentrich: Meßtechnische Überwachung der Entgasung von Stahlschmelzen im Vakuum. Stahl u. Eisen Bd. 79 (1959) S. 410/414. — Knüppel, H., A. Drevermann u. F. Oeters: Die Entfernung des Sauerstoffs bei der Behandlung von Stahlschmelzen im Vakuum. Stahl u. Eisen Bd. 79 (1959) S. 414/419. — Tix, A.: Betriebliche Anwendung der Stahlentgasung im Vakuum, besonders bei großen Schmiedeblöcken. Stahl u. Eisen Bd. 76 (1956) S. 61/68. — Bungardt, K., u. H. Vollmer: Beitrag zur Erschmelzung von Stählen und Legierungen im Induktions- und im Lichtbogen-Vakuumofen. Stahl u. Eisen Bd. 82 (1962) S. 401/419. — Peter, W., u. H. Spitzer: Versuche zur Herstellung von legierten Stählen im Lichtbogen-Vakuumofen. Arch. Eisenhüttenw., demnächst. [3] v. Ardenne, M., S. Schiller, W. Küntscher, H. Thiel u. L. Meyer: Hochvakuumschmelzen von Stahl in einem Elektronenstrahl-Mehrkammerofen. Neue Hütte, 6 (1961) S. 198/211.

[4] An der oberen Grenze liegen Österreich und Schweden.

Berichtigung zu Bild 2. Das Eisen-Kohlenstoff-Diagramm hat gegenüber dem in Bild 2 gezeigten Verlauf einige kleine Abänderungen, nach Bild 2a, gebracht. Es müßte dann auf Seite 3

	statt	1539°	1536°,	statt	768°	769°,
auf Seite 4	statt	1145°	1147°,	statt	721°	723°,
	statt	906°	911°,	statt	1400°	1392°

heißen. Die größte Änderung zeigte sich beim Punkt D, der von 1520° auf 1320° abgesenkt wird.

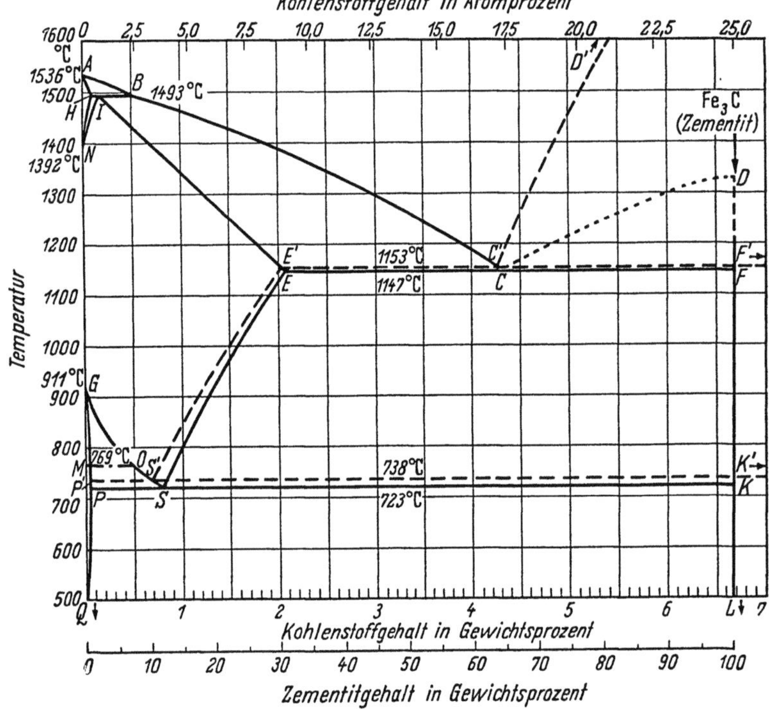

Bild 2a. Das Zustandsschaubild (Doppelschaubild) Eisen-Kohlenstoff (geändert) nach Werkstoffausschußbericht 180. Düsseldorf: Stahleisen 1961

Nachtrag zu S. 308. Borgehalte von höchstens 0,01% erhöhen bei austenitischen Stählen die Zeitstandfestigkeit bei 650° bis zu einem Drittel. Höhere Borgehalte schädigen die Walzbarkeit und Schweißbarkeit (Warmrisse)[1].

Nachtrag zu S. 1002. Durch Einhaltung einer kontrollierten Gasatmosphäre (Verhältnis $CO:CO_2$) und einer bestimmten Temperatur lassen sich entkohlte Schichten aufkohlen, sei es auf den früheren oder — innerhalb bestimmter Grenzen — beliebig anderen Kohlenstoffgehalt. Man erwartet von diesem Verfahren auch ein Weichglühen ohne Verzunderung und Entkohlung[2].

[1] Bungardt, K., u. A. v. d. Steinen: Techn. Berichte Bd. 1 (1961) S. 138/150 der Deutschen Edelstahlwerke - Krefeld. [2] Laidler, D. S., u. J. Taylor: J. Iron Steel Inst. Bd. 165 (1950) S. 23/39. — Armour, J. D.: Wire & W. Prod. Bd. 28 (1953) S. 1305/1309. — Koebel, N. K.: Metal Progr. Bd. 66 (1954) S. 110/114. — Rädeker, W., u. W. Lauprecht: Arch. Eisenhüttenw., demnächst.

Namenverzeichnis

[1] Im Text S. 281 soll es heißen: Harrison.

[1] In der Bildunterschrift S. 359 soll es heißen: Kallen.

Sachverzeichnis[1]

Die durch stärkere Schrift hervorgehobenen Seitenzahlen bezeichnen die Stelle, an der das Stichwort ausführlich behandelt wird

[1] Ein alphabetisches Verzeichnis korrosions- und rostbeständiger Gegenstände mit den dazugehörigen Stählen findet sich auf S. 650 und ein alphabetisches Verzeichnis korrodierender Mittel mit dem Verhalten der Stähle dagegen auf S. 630.

[1] Riffelwalzen S. 651 ist ungültig.

III 18/97 721/12/62

MIX
Papier aus verantwortungsvollen Quellen
Paper from responsible sources
FSC® C105338

If you have any concerns about our products, you can contact us on
ProductSafety@springernature.com

In case Publisher is established outside the EU, the EU authorized representative is:
Springer Nature Customer Service Center GmbH
Europaplatz 3, 69115 Heidelberg, Germany

Printed by Libri Plureos GmbH
in Hamburg, Germany